BIOCHEMISCHES HANDLEXIKON

BEARBEITET VON

H. ALTENBURG-BASEL, I. BANG-LUND, K. BARTELT-PEKING, FR. BAUM-GÖRLITZ, C. BRAHM-BERLIN, W. CRAMER-EDINBURGH, K. DIETERICH-HELFENBERG, R. DIT-MAR-GRAZ, M. DOHRN-BERLIN, H. EINBECK-BERLIN, H. EULER-STOCKHOLM, E. ST. FAUST-WÜRZBURG, C. FUNK-LONDON, O. v. FÜRTH-WIEN, O. GERNGROSS-BERLIN, V. GRAFE-WIEN, O. HESSE-FEUERBACH, K. KAUTZSCH-BERLIN, FR. KNOOP-FREIBURG I. B., R. KOBERT-ROSTOCK, R. LEIMBACH-HEIDELBERG, J. LUNDBERG-STOCKHOLM, O. NEUBAUER-MÜNCHEN, C. NEUBERG-BERLIN, M. NIERENSTEIN-BRISTOL, O. A. OESTERLE-BERN, TH. B. OSBORNE-NEW HAVEN, CONNECT., L. PINCUSSOHN-BERLIN, H. PRINGSHEIM-BERLIN, K. RASKE-BERLIN, B. v. REINBOLD-KOLOZSVÁR, BR. REWALD-BERLIN, A. ROLLETT-SCHWANHEIM, P. RONA-BERLIN, H. RUPE-BASEL, FR. SAMUELY-FREIBURG I. B., H. SCHEIBLER-BERLIN, J. SCHMID-BRESLAU, J. SCHMIDT-STUTTGART, E. SCHMITZ-FRANKFURT A. M., M. SIEGFRIED-LEIPZIG, E. STRAUSS-FRANKFURT A. M., A. THIELE-BERLIN, G. TRIER-ZÜRICH, W. WEICHARDT-ERLANGEN, R. WILLSTÄTTER-ZÜRICH, A. WINDAUS-FREIBURG I. B., E. WINTERSTEIN-ZÜRICH, E. WITTE-BERLIN, G. ZEMPLÉN-SELMECZBÁNYA, E. ZUNZ-BRÜSSEL

HERAUSGEGEBEN VON

PROFESSOR DR. EMIL ABDERHALDEN

DIREKTOR DES PHYSIOLOG. INSTITUTES DER TIERÄRZTLICHEN
HOCHSCHULE IN BERLIN

I. BAND, 1. HÄLFTE

KOHLENSTOFF, KOHLENWASSERSTOFFE,
ALKOHOLE DER ALIPHATISCHEN REIHE, PHENOLE

SPRINGER-VERLAG BERLIN HEIDELBERG GMBH
1911

ISBN 978-3-642-51209-4   ISBN 978-3-642-51328-2 (eBook)
DOI 10.1007/978-3-642-51328-2

Softcover reprint of the hardcover 1st edition 1911

Vorwort.

Wir besitzen im „Beilstein" ein Werk von unvergänglichem Werte, das uns über jede einzelne organische Verbindung lückenlos orientiert. Die Zahl der mitgeteilten Verbindungen übersteigt bereits 100 000! Unter diesen Stoffen befinden sich zahlreiche, die den physiologischen Chemiker und den auf verwandten Gebieten Arbeitenden besonders interessieren. Es sind dies alle in der Natur vorkommenden Stoffe. Diese unter der großen Zahl von ausschließlich im Laboratorium synthetisch dargestellten Körpern herauszufinden ist keine leichte Aufgabe und oft mit großen Zeitverlusten verknüpft. Wir besitzen mehrere Werke, welche uns über einige der wichtigsten Verbindungen dieser Art Auskunft geben. Es sei an das Werk von H. Thierfelder: Felix Hoppe-Seylers Handbuch der physiologisch-chemischen Analyse usw., an die Deskriptive Biochemie von Sigmund Fränkel, an Olof Hammarstens physiologische Chemie erinnert. Dem Zwecke dieser Werke entsprechend sind nur die allerwichtigsten Verbindungen und einige ihrer charakteristischsten Derivate angeführt. Will man sich über irgendeine Gruppe von Verbindungen eingehendere Auskunft verschaffen, dann ist man genötigt, sich des „Beilsteins" zu bedienen oder die Originalliteratur nachzusehen. Nur für einige wenige Klassen von Verbindungen, wie z. B. für die Fette, Eiweißstoffe, Fermente usw., besitzen wir Monographien.

Je weiter die Forschung auf dem Gebiete der physiologischen Chemie fortschreitet, um so mehr lehnt sie sich in ihrer ganzen Forschungsart und ihren Arbeitsmethoden an die reine Chemie an. Die physiologische Chemie war und wird nie die ausschließliche Domäne des Mediziners werden. Bis vor kurzem verwandte der physiologische Chemiker im wesentlichen analytische Methoden zu seinen Arbeiten. Die Synthese blieb dem Chemiker von Fach überlassen. Jetzt wird hüben und drüben analytisch und synthetisch gearbeitet. Immer mehr beginnt auch der physiologische Chemiker sich der synthetischen Methoden zu bedienen. Seitdem Emil Fischer auf dem Gebiete der Eiweißchemie gezeigt hat, wie erfolgreich die Synthese beim Aufsuchen von komplizierteren Abbaustufen aus Proteinen sein kann, wird der Versuch, durch Aufbau mannigfaltiger Verbindungen den Nachweis von in der Natur vorkommenden Stoffen zu erleichtern, nicht mehr aus der Reihe der Aufgaben des physiologischen Chemikers verschwinden. Noch auf einem anderen Gebiete ist ein erfolgreicher Vorstoß mit Hilfe synthetischer Methoden unternommen worden, nämlich beim Studium des intermediären Stoffwechsels. Die Frage der Art des Abbaus bestimmter Verbindungen hat zur Darstellung einer großen Reihe von Körpern geführt, die gestatten, von Stufe zu Stufe zu verfolgen, an welcher Stelle des Moleküls die Zelle mit ihren Fermenten den Angriff eröffnet und über welche Stufen der Abbau führt. Ganz neue Probleme und zum Teil ganz unerwartete Ergebnisse folgten diesen Studien. Es sei nur an die erfolgreichen Untersuchungen von Neubauer über den Abbau aromatischer Säuren, an die Verfolgung des Abbaues von Fettsäuren durch Knoop, Friedmann u. a. und an die Arbeiten über die Bildung der Acetonkörper von Embden, Blum, Friedmann, Dakin u. a. erinnert. Endlich sei auch noch auf das große Gebiet der Fermentstudien hingewiesen. Seitdem Emil Fischer auf die Beziehungen zwischen Struktur resp. Konfiguration des Substrates und dessen Angreifbarkeit durch Fermente hingewiesen hat, sind auch hier für den physiologischen Chemiker eine Fülle von Problemen aufgetaucht, die er nur mit Hilfe synthetischer Arbeit nach allen Richtungen erschöpfen kann.

Vorwort.

…e auf einzelne Arbeitsgebiete mögen zeigen, wie sehr der physio-
…tage auf die Ergebnisse der reinen Chemie angewiesen ist. Er muß
…as, was bereits erforscht ist. Es muß ihm die Möglichkeit geschaffen
…i einzelnen Gebiete ohne großen Zeitverlust zu erfahren, welche Verbindungen
, wie weit ihre Konstitution aufgeklärt ist, welche Derivate die wichtigsten und
…j jetzt dargestellt sind. Auch die Ergebnisse der rein physiologischen Forschung
…i ihm zugänglich gemacht werden. Der physiologische Chemiker muß ebenso, wie der
…emiker, die Grenzen seines Arbeitsgebietes genau kennen und wissen, an welchen Stellen
seine Arbeit einzusetzen hat.

Der Plan, ein Werk zu schaffen, das der Eigenart des Arbeitsgebietes des physiologischen
Chemikers Rechnung trägt und über das gesamte Material der in der Natur vorkommenden
Stoffe Aufschluß gibt, liegt schon mehrere Jahre zurück. Seiner Ausführung standen mancher-
lei Bedenken entgegen. Vor allem erschien es uns von manchen Gesichtspunkten aus bedenk-
lich, dem so vorzüglich redigierten „Beilstein“ ein in gewissem Sinne analoges Werk auf dem
Gebiete der physiologischen Chemie zur Seite zu stellen. Dann kam hinzu, daß es fast un-
möglich ist, ein derartiges Werk lückenlos zu gestalten, ohne es seines Charakters zu berauben.
Der physiologische Chemiker ist gewohnt, die einzelnen Verbindungen nach ihrer physiologischen Zusammengehörigkeit zu betrachten und erst in zweiter Linie nach ihrer chemischen
Zusammensetzung. Unser Grundplan war, die Eigenschaften aller Verbindungen, die
in der Natur vorkommen, zusammenzufassen, und zwar sowohl die chemischen, physikalischen als auch die physiologischen. Nur in einzelnen Fällen sind wir über diese
Grenze hinausgegangen, und zwar dann, wenn es sich um Verbindungen handelt, die der physiologische Chemiker häufiger braucht: so sind z. B. die racemischen Polypeptide, racemische
Aminosäuren und auch zum Teil Antipoden der in der Natur vorkommenden optisch-aktiven
Aminosäuren aufgenommen worden, ebenso synthetisch aufgebaute Glucoside, die bis jetzt in
der Natur nicht aufgefunden worden sind, ferner die Grundstoffe der Alkaloide usw.

Soweit es, ohne allzu häufige Wiederholungen, möglich war, sind die einzelnen Verbindungen in zusammengehörenden Gruppen abgehandelt worden. So finden sich die Proteine
mit ihren Abbaustufen und ihren Bausteinen vereinigt, ferner die Fette, Phosphatide, Ste-
rine usw. Nur im ersten Bande kommt eine mehr rein chemische Einteilung zum Durchbruch.
Hier war eine gewisse Anlehnung an den „Beilstein“ ganz unvermeidlich.

Das gewählte System der Einteilung des ganzen Stoffes hatte den Vorteil, daß es eine
Gruppierung ergab, die dem physiologischen Chemiker geläufig ist, und ferner war es möglich,
bestimmte Gebiete in einen Band zu vereinigen. Es bietet den Nachteil, daß Wiederholungen
unvermeidbar waren, und daß manche Verbindungen wohl trotz aller Aufmerksamkeit fehlen
dürften. Es betrifft dies in erster Linie diejenigen Körper, für die noch keine bestimmte Zu-
gehörigkeit erwiesen ist. Bei einer fortlaufenden alphabetischen Anordnung des gesamten
Materials oder bei einer Einteilung nach rein chemischen Gesichtspunkten wäre dieser Fehler
viel eher vermieden worden.

Auch innerhalb der einzelnen Gebiete erfolgte die Anordnung, soweit das nach dem Stand
der ganzen Forschung möglich war, in erster Linie nach der Zusammengehörigkeit der einzelnen Verbindungen.

Die Hauptschwierigkeit ergab sich bei der Abgrenzung des ganzen Materials und vor
allem der Derivate. Der Plan, nur die wichtigsten Derivate anzuführen, scheiterte an der
Unmöglichkeit, von Fall zu Fall zu entscheiden, welche Derivate aufzunehmen waren und welche
nicht. Derivate, die dem einen Forscher unentbehrlich erscheinen, sind für einen anderen
weniger wertvoll und umgekehrt. Es gab aus diesem Dilemma nur den einen Ausweg, nämlich
alle Derivate zu bringen, sofern sie direkt mit den in der Natur vorkommenden Verbindungen in
Zusammenhang stehen. Derivate von Derivaten sind im allgemeinen nicht aufgenommen worden.

Trotz aller Bemühungen ist es nicht gelungen, im ganzen Werke eine vollständige Ein-
heitlichkeit zu erzielen. In manchen Gebieten macht sich die Individualität des Bearbeiters
mehr oder weniger geltend, doch dürfte im allgemeinen überall der Grundplan — entsprechend
dem Zweck des ganzen Werkes — uneingeschränkt zum Ausdruck kommen.

Bemerkt sei noch, daß bei der Darstellung der Methoden zur Gewinnung der einzelnen Verbindungen Rücksicht auf das Handbuch der biochemischen Arbeitsmethoden genommen worden ist. Besondere Sorgfalt wurde auf die Auswahl der Literatur gelegt. Im allgemeinen ist jede angeführte Tatsache mit einem Zitate belegt, so daß es leicht sein dürfte, sich von den einzelnen Angaben aus in der Originalliteratur weiter zu orientieren.

Das große Werk verdankt seine Entstehung in erster Linie der Bereitwilligkeit zahlreicher Fachgenossen, die Bearbeitung der einzelnen Gebiete zu übernehmen. Es gereicht mir zur großen Freude, auch an dieser Stelle ihnen allen für die unermüdliche Mitarbeit meinen herzlichsten Dank aussprechen zu dürfen. Besonderer Dank gebührt vor allen aber den Forschern, die sich bereit finden ließen, ihr eigenes Arbeitsgebiet für dieses Werk zu bearbeiten und dadurch ihre persönlichen Kenntnisse und Erfahrungen zum Ausdruck zu bringen.

Zum Schlusse gebe ich dem Wunsche Ausdruck, es möchten mir Irrtümer und Lücken mitgeteilt werden. Fortlaufende Ergänzungsbände sollen das Werk stets auf der Höhe der Zeit erhalten.

Berlin, Juni 1910. **Emil Abderhalden.**

Nachwort.

Das biochemische Handlexikon soll über die in der Natur vorgebildeten organischen Verbindungen und deren Bausteine möglichst lückenlos orientieren. Tier- und Pflanzenwelt sind gleichmäßig berücksichtigt. Der auf dem Gebiete der Biochemie Forschende soll erfahren, welche Substanzen bereits bekannt sind, wo sie vorkommen, welche Eigenschaften sie haben usw. Er soll auch mit Leichtigkeit feststellen können, wo sich noch Lücken finden.

Schon im Vorwort ist der mannigfaltigen Schwierigkeiten gedacht worden, die der Redigierung eines ein so gewaltiges Gebiet umfassenden Werkes entgegenstehen. Sie betreffen einerseits die möglichst gleichartige Bearbeitung der einzelnen Kapitel, andererseits die Auswahl des Stoffes. Hier war der Gedanke maßgebend, daß ein derartiges Werk viele Jahre hindurch ein brauchbarer Führer sein muß. Gebiete, die dem Biochemiker heute noch ziemlich ferne liegen, können morgen schon im Mittelpunkt des Interesses stehen. Es gilt dies besonders von den zahlreichen Substanzen, die die Pflanzenwelt hervorbringt. Eine Fülle dieser Verbindungen sind in ihren Beziehungen zum Zellstoffwechsel der Pflanze noch gar nicht erforscht, und noch weniger wissen wir über ihr Verhalten im tierischen Organismus. Sollte das Lexikon dazu beitragen, durch die Zusammenstellung der in der Natur vorkommenden Substanzen Anregungen zu neuen Fragestellungen zu geben, dann wäre schon ein bedeutungsvoller Zweck des ganzen Werkes erfüllt.

Gewiß hat das Werk noch viele schwache Stellen. Die Bearbeitung ist nicht überall eine gleichmäßige. Es fehlen sicher auch noch einige Substanzen. Auffallen wird besonders, daß die Derivate speziell im ersten Bande eine ziemlich ausführliche Wiedergabe erfahren haben. Man wird einwenden, daß hier wohl der „Beilstein" genügt hätte. Bei genauerem Zusehen wird man jedoch erkennen, daß gerade in der Auswahl der Derivate viel Überlegung und Arbeit steckt. Ein Zuviel erschien besser als ein Zuwenig. Das Lexikon ist kein Lehrbuch; es ist vielmehr in erster Linie ein Werk zum Nachschlagen. Finden sich Derivate, die zurzeit noch weniger Interesse haben, so können diese übergangen werden. Kein Derivat ist ohne eine bestimmte Absicht aufgenommen worden. Bald waren Beziehungen zu anderen Substanzen maßgebend, bald sollten wichtige Umwandlungen angedeutet werden, bald gemeinsame Gruppenreaktionen usw.

Viel Kopfzerbrechen verursachte die Erstellung der Register der einzelnen Bände. Das zweckmäßigste wäre ohne Zweifel ein möglichst ausführliches Sachregister gewesen. Jedes Derivat, jeder Hinweis auf ein bestimmtes Vorkommen, jede Beziehung zu anderen Stoffen usw., müßte im Register zu finden sein. Der Durchführung eines so ausführlichen Sachregisters traten jedoch große Bedenken rein praktischer Art entgegen. Das ganze Werk hat bereits einen sehr großen Umfang angenommen. Ein ausführliches Sachregister würde diesen über $^1/_3$ vermehren! Eine erhebliche Steigerung des Preises des ganzen Werkes wäre die Folge. Diese Überlegung führte zu einem Kompromiß. Es sind im allgemeinen nur die Verbindungen selbst im Sachregister angeführt. Die Derivate dagegen sind meist weggelassen. Diese findet man ohne Mühe im Text. Sie sind ja innerhalb jeder Verbindung registerartig geordnet. Erweist sich das Werk als nützlich, dann wird es ein leichtes sein, in einem Generalregister all das oben Angeführte wiederzugeben.

Wie bereits im Vorwort betont worden ist, besteht die Absicht, das Werk durch Ergänzungsbände, die alle zwei Jahre erscheinen sollen, fortlaufend zu vervollständigen. Dabei wird sich auch Gelegenheit finden, noch vorhandene Lücken auszumerzen. In der Folge wird sich das Werk zu einem Jahresbericht über alle Forschungen auf dem Gebiete der Biochemie entwickeln. Möge es in weiten Kreisen gute Aufnahme finden und den angestrebten Zweck möglichst vollständig erfüllen. Hinweise auf Fehler und auf Lücken werden stets mit großem Dank entgegengenommen.

Berlin, 1. August 1911.   **Emil Abderhalden.**

Inhaltsverzeichnis.

Die Phenole. Von Dr. phil. H. Einbeck - Berlin.

Aldehyde und Ketone der aliphatischen Reihe. Von Dr. phil. Albrecht Thiele-Berlin.

Seite

Kohlenstoff.

Von

Albrecht Thiele - Berlin.

Kohlenstoff.
C.
Atomgewicht 12,00.

Vorkommen: Kohlenstoff findet sich in der Natur sowohl in reinem Zustande als auch durch Beimengungen verunreinigt. In reiner Form nur krystallinisch als Diamant und als Graphit (metallischer Kohlenstoff: 99—90% C); als letzter viel häufiger, ein Bestandteil ältester Gebirgsformationen; in Meteorsteinen kommen beide Modifikationen vor. Amorpher Kohlenstoff, verunreinigt mit anderen Elementen (Sauerstoff, Wasserstoff, Stickstoff, Mineralsubstanzen), ist als Hauptbestandteil der Zersetzungsprodukte organischer Materie, Überreste uralter Vegetation, auf der Erde weit verbreitet (Kohle); Anthrazit 94% C, Steinkohle 86% C, Braunkohle 66% C, Torf 55% C. Im dampfförmigen Zustande über der Chromosphäre der Sonne[1]).

Bildung: Die natürliche Kohle, welche in den verschiedenen geologischen Formationen vorkommt als Anthrazit, Steinkohle, Braunkohle, Torf, entstammt der vorweltlichen Flora und Fauna, aus Pflanzen- und Tierstoffen gebildet bei mangelndem Zutritt von Luft und Wasser im Boden unter Abspaltung flüchtiger Zersetzungsprodukte (Kohlensäure, Wasser, Sumpfgas) und dadurch bewirkter Anreicherung von Kohlenstoff (Verkohlung); Theorie der fossilen Kohlenbildung[2]). Künstlicher, amorpher Kohlenstoff (Koks, Gaskohle, Holzkohle, Tierkohle, Glanzkohle, Ruß) bildet sich bei der trocknen Destillation oder unvollständigen Verbrennung von Tier- und Pflanzenstoffen (Steinkohle, Holz, Knochen, Blut), Ruß bildet sich bei der unvollständigen Verbrennung kohlenstoffreicher, organischer Körper, wobei sich die entstehenden Kohlenwasserstoffe schon bei verhältnismäßig niedriger Temperatur in C-ärmere Kohlenwasserstoffe und Kohle (Ruß) zerlegen. Amorpher Kohlenstoff bildet sich ferner aus Kohlenwasserstoffen durch Einwirkung der Elektrizität[3]); aus Leuchtgas über rotglühendes Fe_2O_3, $PbCl_2$ und andere Verbindungen geleitet[4]); aus Acetylen oder Carbiden[5]); aus Diamant bei der unvollständigen Verbrennung in Sauerstoff oder Luft[6]) oder durch Kathodenstrahlen im hohen Vakuum[7]); aus CO durch Dissoziation: $2\,CO = CO_2 + C$ in der Glühhitze (über 1000°)[8])

---

[1]) **Lockyer**, Jahresber. d. Chemie **1878**, 185. — **Trowbridge u. Hutchins**, Jahresber. d. Chemie **1878**, 343.

[2]) **Stein**, Geolog. Centralbl. **1**, 607 [1901]. — **Hoffmann**, Zeitschr. f. angew. Chemie **15**, 821 [1902]. — **Stremme**, Chem.-Ztg. **28**, 865 [1904]. — **Hinrichs**, Chem.-Ztg. **28**, 593 [1904]. — **Donath u. Bräunlich**, Chem.-Ztg. **28**, 180, 953 [1904]. — **Stahl**, Chem.-Ztg. **29**, 665 [1905]. — **Donath**, Zeitschr. f. angew. Chemie **19**, 657 [1906]. — **Potonié**, Berichte d. Deutsch. pharmaz. Gesellschaft **17**, 180 [1907]. — **Kraemer**, Chem.-Ztg. **31**, 675 [1907].

[3]) **Machtolf**, D. R. P. 207 520 [1907].

[4]) **Gore**, Jahresber. d. Chemie **1884**, 366; Chem. News **50**, 125 [1884].

[5]) **Frank**, Zeitschr. f. angew. Chemie **18**, 1733 [1905]. — **Donath**, Chem. Centralbl. **1906**, II, 1585.

[6]) **Berthelot**, Compt. rend. de l'Acad. des Sc. **135**, 1018 [1902].

[7]) **Parsons u. Swinton**, Proc. Roy. Soc. **80 A**, 184 [1908].

[8]) **Koenig**, Zeitschr. f. Elektrochemie **12**, 441 [1906]. — **Claire - Deville**, Jahresber. d. Chemie **1864**, 128; Compt. rend. de l'Acad. des Sc. **59**, 873 [1864].

oder durch den Induktionsfunken[1]); aus CS_2 beim Durchleiten durch glühende Röhren[2]); aus CO_2 oder Carbonaten durch Reduktion[3]).

Über die Bildung des Graphits in der Natur[4]), in Hochöfen[5]); Graphit aus Diamant im elektrischen Ofen[6]); aus Kohle oder aus Carbiden im elektrischen Ofen[7]); aus Acetylen bei 780° oder bei 400—500° bei Gegenwart von Kupferpulver[8]) oder durch wässeriges H_2O_2 bei 150° unter Druck[9]); aus Carbonaten durch Magnesium[10]). Modifikationen des Graphits, aufblähende (Graphite), nicht aufblähende (Graphitite)[11]). Über die Bildung des Diamanten in der Natur[12]); Bildung von künstlichen Diamanten vgl. Darstellung.

Darstellung: Zur Darstellung von reinem, amorphem Kohlenstoff wird Ruß in bedeckten Tiegeln geglüht[13]), „Verkohlung" im Gegensatz zur „trocknen Destillation", bei welcher die flüchtigen Destillationsprodukte gesammelt werden; fernere Darstellung durch Verkohlen von Zucker im Porzellantiegel[13]); aus Acetylen oder Metallcarbiden[14]); beim Überleiten von CCl_4 über Natrium auf einer Kalkschicht[15]); durch Zersetzung von CS_4 (verunreinigt)[16]); durch Elektrolyse von Schwefelsäure zwischen zwei Kohlenelektroden[17]). Amorpher, bei niedriger Temperatur und gewöhnlichem Druck hergestellter Kohlenstoff ist stets verunreinigt mit Wasserstoff, Asche[16]). Darstellung der künstlichen Kohlen: 1. Koks (bis 99% C, entspricht dem Anthrazit), Destillationsrückstand der Steinkohlen, „Verkokung"[18]); 2. Gaskohle (Retortenkohle) findet sich in den oberen Wölbungen der Retorten der Gasanstalten; 3. Holzkohle durch trockne Destillation des Holzes[19]); 4. Tierkohle durch Verkohlung von Tiersubstanzen (Knochen, Blut, einzelner Weichteile)[20]), Reinigung[21]); 5. Glanzkohle durch Verkohlung schmelzender Substanzen (Zucker, Leim, Stärke); 6. Ruß (bis 99% C) durch unvollständige Verbrennung von harzreichem Holz (Kienruß), Kolophonium, Naphtalin, Teerölen, Campher und andere Substanzen (Lampenschwarz, Ölschwarz).

---

[1]) Claire - Deville, Jahresber. d. Chemie **1865**, 59; Compt. rend. de l'Acad. des Sc. **60**, 884 [1865].

[2]) Sidot, Compt. rend. de l'Acad. des Sc. **70**, 605 [1870].

[3]) Dragendorf, Jahresber. d. Chemie **1861**, 111. — Keßler, Berichte d. Deutsch. chem. Gesellschaft **2**, 369 [1869]. — Winkler, Berichte d. Deutsch. chem. Gesellschaft **23**, 2642 [1890]. — Brunner, Berichte d. Deutsch. chem. Gesellschaft **38**, 1432 [1905]. — Phipson, Chem. News **93**, 119 [1906].

[4]) Wagner, Jahresber. d. Chemie **1870**, 1268. — Kretschmer, Chem. Centralbl. **1902**, II, 910. — Weinschenk, Zeitschr. f. prakt. Geol. **1903**, 16.

[5]) Wagner, Jahresber. d. Chemie **1870**, 1110. — Neumann, Stahl u. Eisen **29**, 906 [1909].

[6]) Vogel u. Tammann, Zeitschr. f. physikal. Chemie **69**, 598 [1909]. — Despretz, Jahresber. d. Chemie **1849**, 35; Compt. rend. de l'Acad. des Sc. **29**, 709 [1849]. — Bettendorf, Jahresber. d. Chemie **1870**, 287. — Moissan, Compt. rend. de l'Acad. des Sc. **119**, 976 [1894]; Annales de Chim. et de Phys. [7] **8**, 466 [1896].

[7]) Acheson, Elektrochem. Zeitschr. **6**, 226 [1900]. — Fitzgerald, Journ. Soc. Chem. Ind. **20**, 444 [1901]; Chem. Centralbl. **1903**, I, 6. — Rudolphs u. Härdén, D. R. P. 123 692 [1900]. — Ditz, Chem.-Ztg. **28**, 167 [1904].

[8]) Erdmann u. Köthner, Zeitschr. f. anorgan. Chemie **18**, 48 [1898]. — Frank, Zeitschr. f. angew. Chemie **18**, 1733 [1905].

[9]) Bergmann, D. R. P. 96 427 [1897].

[10]) Ellis, Chem. News **98**, 309 [1908].

[11]) Moissan, Compt. rend. de l'Acad. des Sc. **120**, 17 [1895] — Jaczewsky, Zeitschr. f. Krystallographie **38**, 197 [1903] — Dagegen Weinschenk, Zeitschr. f. Krystallographie **28**, 291 [1897].

[12]) Werth, Compt. rend. de l'Acad. des Sc. **116**, 323 [1893]. — Moissan, Annales de Chim. et de Phys. [7] **8**, 466 [1896]. — Friedländer, Chem. Centralbl. **1898**, II, 225. — Williams, Chem. Centralbl. **1905**, I, 1610.

[13]) Berzelius, Lehrbuch **1**, 273.

[14]) Frank, D. R. P. 112 416 [1899]; 174 846 [1904]. — Morani, D. R. P. 141 884 [1901]. — Frank, Zeitschr. f. angew. Chemie **18**, 1733 [1905]. — Donath, Chem. Centralbl. **1906**, II, 1585.

[15]) Porcher, Jahresber. d. Chemie **1881**, 198; Chem. News **44**, 203 [1881].

[16]) Moissan, Annales de Chim. et de Phys. [7] **8**, 289 [1896].

[17]) Coehn, Zeitschr. f. Elektrochemie **2**, 541, 616 [1895/96]. — Vogel, Zeitschr. f. Elektrochemie **2**, 581 [1895/96].

[18]) Fischer, Handb. d. chem. Technol. **1**. Leipzig 1900.

[19]) Fischer, Handb. d. chem. Technol. **2**. Leipzig 1902. — Waißbein, Zeitschr. f. angew. Chemie **1899**, 153.

[20]) Takahashi, Pharmaz. Centralhalle **47**, 707 [1906].

[21]) Banfi, D. R. P. 186 034 [1904]. — Hoppe, D. R. P. 195 188 [1906].

Graphit wird dargestellt durch Krystallisation des amorphen Kohlenstoffs aus geschmolzenen Metallen[1]), aus Acetylen bei 780°[2]) oder durch H_2O_2 bei 150° unter Druck[3]), aus Carbiden[4]) im elektrischen Ofen; technische Darstellung aus Carbiden[5]); Reinigung[6]). Der Diamant wird dargestellt aus Kohle in geschmolzenen Metallen bei schneller Abkühlung[7]), aus Graphit[8]), aus Acetylen[9]).

Nachweis: Der Kohlenstoffgehalt einer Substanz wird durch Verkohlung derselben beim Erhitzen für sich auf Platinblech oder durch Erwärmen mit konz. H_2SO_4 im Reagensrohr nachgewiesen oder durch Oxydation mittels CuO zu CO_2. Nachweis des Graphits durch Oxydation zu Graphitsäure mittels $KClO_3$ und HNO_3[10]). Identifizierung des Diamanten[11]).

Bestimmung: Die quantitative Bestimmung des Kohlenstoffs neben Wasserstoff oder anderen Elementen (N, Halogen, S, P) oder anorganischen Substanzen erfolgt durch völlige Oxydation mittels CuO in der Hitze zu CO_2 und Absorption derselben durch Alkali[12]). Vereinfachte Elementaranalyse nach Dennstedt[13]). Bestimmung mittels Alkalipersulfaten[14]); durch Glühen mittels Elektrizität[15]); gasanalytische Bestimmung durch Verbrennung im Vakuum[16]). Bestimmung des C in schwer verbrennlichen oder explosiven Substanzen durch Oxydation mittels Na_2O_2[17]), in Cyaniden[18]), in Feuerungsmaterialien[19]), in Böden[20]), im H_2O[21]). Bestimmung des Gesamtkohlenstoffs im Harn erfolgt entweder auf nassem Wege a) durch Wägen, b) durch Titration des gebildeten, in Baryt aufgefangenen CO_2[22]), oder

---

[1]) Moissan, Compt. rend. de l'Acad. des Sc. **119**, 1245 [1894].

[2]) Erdmann u. Köthner, Zeitschr. f. anorgan. Chemie **18**, 48 [1898].

[3]) Bergmann, D. R. P. 96 427 [1897].

[4]) Acheson, Elektrochem. Zeitschr. **6**, 226 [1900]. — Fitzgerald, Journ. Soc. Chem. Ind. **20**, 444 [1901]; Chem. Centralbl. **1903**, I, 6; Zeitschr. f. angewandte Chemie **18**, 1733 [1905].

[5]) Donath, Stahl u. Eisen **26**, 1249 [1906].

[6]) Winkler, Jahresber. d. Chemie **1866**, 111. — Löwe, Annalen d. Chemie u. Pharmazie **114**, 6 [1860]. — Stingl, Berichte d. Deutsch. chem. Gesellschaft **6**, 391 [1873]. — Langbein, D. R. P. 109 533 [1898]; 125 304 [1900].

[7]) Moissan, Compt. rend. de l'Acad. des Sc. **118**, 320 [1894]; **123**, 206 [1896]; **140**, 185, 277 [1905]. — Majorana, Atti della R. Accad. dei Lincei Roma [5] **6**, II, 141 [1897]. — Ludwig, Chem.-Ztg. **25**, 979 [1901]; **26**, 677 [1902]. — Kossel, Compt. rend. de l'Acad. des Sc. **123**, 113 [1896]. — Borchers, Zeitschr. f. Elektrochemie **3**, 393 [1896/97]. — Hoyermann, Chem.-Ztg. **26**, 481 [1902]. — Dagegen: Combes, Moniteur scient. [4] **17**, 785 [1903]; **19**, 492 [1905].

[8]) Crookes, Proc. Roy. Soc. **76** A, 458 [1905]; Chem. News **92**, 135, 147, 159 [1905].

[9]) Rousseau, Compt. rend. de l'Acad. des Sc. **117**, 164 [1893].

[10]) Moissan, Compt. rend. de l'Acad. des Sc. **119**, 976 [1894]; **121**, 538 [1895]. — Staudenmaier, Berichte d. Deutsch. chem. Gesellschaft **31**, 1481 [1898]; **32**, 1394 [1899].

[11]) Moissan, Annales de Chim. et de Phys. [7] **8**, 466 [1896].

[12]) Abderhaldens Handb. d. biochem. Arbeitsmethoden. Berlin-Wien 1910. **1**, 295 ff. — Liebig, Poggend. Annalen d. Physik **21**, 1 [1831]. — Pregl, Berichte d. Deutsch. chem. Gesellschaft **38**, 1434 [1905].

[13]) Dennstedt, Anleitung zur vereinfachten Elementaranalyse. Hamburg 1906. — Abderhaldens Handb. d. biochem. Arbeitsmethoden. Berlin-Wien 1910. **1**, 324.

[14]) Brunner, Schweiz. Wochenschr. f. Pharmazie **35**, 280 [1897].

[15]) Carrasco u. Plancher, Atti della R. Accad. dei Lincei Roma [5] **14**, II, 613 [1905]. — Morse u. Gray, Amer. Chem. Journ. **35**, 451 [1906].

[16]) Mörner, Zeitschr. f. analyt. Chemie **37**, 1 [1898]. — Klingemann, Annalen d. Chemie u. Pharmazie **275**, 92 [1893].

[17]) v. Konek, Zeitschr. f. angew. Chemie **17**, 888 [1904].

[18]) Muller, Bulletin de la Soc. chim. [3] **33**, 951 [1905].

[19]) Parr, Journ. Amer. Chem. Soc. **26**, 294 [1904].

[20]) Pettit u. Schaub, Journ. Amer. Chem. Soc. **26**, 1640 [1904]. — Hall, Miller u. Marmu, Journ. Chem. Soc. **89**, 595 [1906].

[21]) Popowsky, Archiv f. Hyg. **65**, 1 [1908].

[22]) Neubauer-Huppert, Analyse des Harns. Wiesbaden 1910. S. 506 ff. — Brunner, Jahresber. d. Chemie **1855**, 773. — Messinger, Berichte d. Deutsch. chem. Gesellschaft **21**, 2910 [1888]; **23**, 2756 [1890]. — Fritsch, Annalen d. Chemie u. Pharmazie **294**, 79 [1896]. — Schulz, Centralbl. f. inn. Medizin **18**, 353, 377 [1897]. — Pettenkofer, Annalen d. Chemie u. Pharmazie, Suppl. **2**, 23, 36 [1862]. — Ogata, Archiv f. Hyg. **14**, 364 [1892]. — Mc Farlane u. Gregory, Chem. News **94**, 133 [1906]. — Pouget u. Chouchak, Bulletin de la Soc. chim. [4] **3**, 75 [1908]. — Warburg, Zeitschr. f. physiol. Chemie **61**, 261 [1909].

durch die Elementaranalyse[1]) oder mittels der calorimetrischen Bombe gasanalytisch oder gewichtsanalytisch[2]). Bestimmung von Graphit durch Verbrennung mit Fe_2O_3 [3]).

Physiologische Eigenschaften: Assimilation des Kohlenstoffs durch Pflanzen und Mikroben siehe unter „Kohlendioxyd". — Der im Harn ausgeschiedene Kohlenstoff ist über 50% „dysoxydabel"; das Verhältnis des Gesamtkohlenstoffs zum Gesamtstickstoff im Harn ist wesentlich von der Art der Ernährung, nicht von Ruhe und Arbeit abhängig[4]), im Hunger scheiden Herbivoren und Carnivoren in demselben Verhältnis N und C aus (Spiro); bei Fleischnahrung ist der Quotient C : N am niedrigsten, bei Kohlehydratnahrung am höchsten; über das Verhältnis von C : N beim Hungern, bei Fett- oder Kohlehydratnahrung bei Menschen und Säugetieren[5]), bei anormalen Zuständen[6]). — Über die Verwandlung von Kohlenstoff in Körpersubstanz[7]). Übereinstimmung des Lungenpigments mit Rußkohle[8]). Über die paralysierende Wirkung des Kohlenstoffs[9]). Erzeugung typischer Epithelwucherungen nach Injektion von Ruß in Paraffin[10]). Ruß verursacht den Hodenkrebs der Schornsteinfeger (Carcinom asbolicum). Die Kohle (Carbo animalis, weniger Carbo vegetabilis) wirkt als Antidot weniger chemisch als physikalisch, indem sie frisch geglüht Gase, auch gelöste vegetabilische oder mineralische (Arsen, Sublimat) Gifte zu resorbieren vermag[11]). Trypsin wird durch Tierkohle fixiert[12]); Absorption von Albumosen[13]) oder Kohlehydraten[14]) durch Tierkohle. Infolge ihrer antiseptischen Wirkung, welche nach Stenhouse auf einer raschen Oxydation der organischen Substanz durch den in den Poren verdichteten Sauerstoff beruht, findet die Tierkohle Verwendung zur Desinfektion[15]), Absorption schädlicher Gase, übelriechender Ausdünstungen, Gifte; die Holzkohle als Streupulver, zur Absorption flüchtiger Fäulnisprodukte, zur Reinigung von Trinkwasser. Für Bakterien sind Kohlenfilter durchlässig[16]).

Physikalische und chemische Eigenschaften: Die drei allotropen Modifikationen des Kohlenstoffs (amorpher Kohlenstoff, Graphit, Diamant) zeigen physikalisch große Verschiedenheiten, sie stimmen aber darin überein, daß sie bei höchsten Temperaturen nicht flüchtig sind und wesentlich dieselben chemischen Produkte bilden, z. B. beim Erhitzen mit Sauerstoff CO_2;

---

[1]) Steyrer, Beiträge z. chem. Physiol. u. Pathol. **2**, 312 [1902]. — Spiro, Beiträge z. chem. Physiol. u. Pathol. **10**, 277 [1907]; **11**, 144 [1907]. — Magnus - Alsleben, Zeitschr. f. klin. Medizin **68** [1909]. — Mancini, Biochem. Zeitschr. **26**, 151 [1910]. — Desgrez, Compt. rend. de la Soc. de Biol. **49**, 1077 [1897]. — Richardson, Malys Jahresber. d. Tierchemie **31**, 703 [1902]. — Gailhat, Bulletin de la Soc. chim. [4] **1**, 1016 [1907].

[2]) Zuntz u. Frentzel, Berichte d. Deutsch. chem. Gesellschaft **30**, 380 [1897]. — Tangl, Archiv f. Physiol. **1899**, Suppl. 251. — Kellner, Landw. Versuchsstationen **47**, 275 [1896]. — Hempel, Berichte d. Deutsch. chem. Gesellschaft **30**, 202 [1897]; Zeitschr. f. angew. Chemie **1896**, 350. — Grafe, Zeitschr. f. physikal. Chemie **65**, 15 [1910]. — Fries, Journ. Amer. Chem. Soc. **31**, 272 [1909].

[3]) Browne, Chem. News **98**, 51 [1908].

[4]) Richardson, Malys Jahresber. d. Tierchemie **31**, 703 [1902]. — Langstein u. Steinitz, Jahrb. f. Kinderheilk. **61**, 94 [1905]. — Spiro, Beiträge z. chem. Physiol. u. Pathol. **10**, 277 [1907]; **11**, 144 [1907].

[5]) Rubner u. Heubner, Zeitschr. f. Biol. **38**, 315 [1899]; Berl. klin. Wochenschr. **1899**, Nr. 1. — Kellner (bei Spiro), Beiträge z. chem. Physiol. u. Pathol. **10**, 277 [1907]. — Spiro, Beiträge z. chem. Physiol. u. Pathol. **11**, 144 [1907]. — Tangl, Archiv f. Physiol. **1899**, Suppl. 251. — Meißl, Zeitschr. f. Biol. **22**, 63 [1896]. — v. Oordt, Zeitschr. f. Biol. **43**, 46 [1903].

[6]) Magnus - Alsleben, Zeitschr. f. klin. Medizin **68**, 358 [1909].

[7]) Atwater, Woods u. Benedict, Zeitschr. f. Unters. d. Nahr.- u. Genußm. **8**, 61 [1898].

[8]) Wiesner, Monatshefte f. Chemie **13**, 371 [1892].

[9]) Curci, Terapia moderna **1891**, Gennajo, S. 33.

[10]) Benthin, Zeitschr. f. Krebsforschung **10** [1911]. — Meyer, Zieglers Beiträge z. pathol. Anat. **46**, 437 [1909].

[11]) Husemann, Realenzyklopädie der Pharmazie **1**, 412 [1886]. — Kobert, Lehrbuch der Intoxikationen. Stuttgart 1902. **1**, 74.

[12]) Hedin, Zeitschr. f. physiol. Chemie **50**, 497 [1907]. — Dreyer u. Douglas, Proc. Roy. Soc. **82**, B, 168 [1910].

[13]) Michaelis u. Rona, Biochem. Zeitschr. **15**, 196 [1908].

[14]) Rona u. Michaelis, Biochem. Zeitschr. **16**, 489 [1909]. — Herzog, Zeitschr. f. physiol. Chemie **60**, 79 [1909].

[15]) Stenhouse, Jahresber. d. Chemie **1854**, 298; **1873**, 217; Annalen d. Chemie u. Pharmazie **90**, 186 [1854]; Journ. f. prakt. Chemie **62**, 90 [1854]. — Stanford, Journ. Chem. Soc. [2] **11**, 14 [1873].

[16]) Lafar, Handb. d. techn. Mykologie. Jena 1904/06. **3**, 368.

Entzündung und Verbrennung in Sauerstoff[1]); jede C-Modifikation geht bei hinreichender Temperaturerhöhung in Graphit über (Moissan). Über die Beziehungen der Modifikationen zueinander[2]).

Amorpher Kohlenstoff. Schwarze, undurchsichtige, nicht flüchtige Masse vom Schmelzp. 3600°[3]). Siedep. wahrscheinlich gegen 7000°[4]). Spez. Gewicht 1,57 (Holzkohle), bis 1,88 (Gaskohle). Spez. Wärme[4]). Verbrennungswärme[5]) (für reinen C zu CO_2) = 969,8 Cal.; 976,5 Cal. Verbrennungstemperatur 1678°. Spektrum[6]). Leitet die Elektrizität gut, die Leitfähigkeit nimmt mit steigender Temperatur zu. Über das asymmetrische C-Atom[7]). Über die basischen Eigenschaften des Kohlenstoffs[8]). Löslich in schmelzendem Eisen. Verbrennt an der Luft leichter als Diamant oder Graphit zu CO_2; im elektrischen Ofen verflüchtigt sich amorpher Kohlenstoff ohne zu schmelzen und geht bei der Kondensation der Dämpfe in Graphit über; Beschaffenheit des verflüchtigten Kohlenstoffs[9]). Unter dem Einfluß von H_2O verbrennt C zu $H_2 + CO$; CO-Bildung aus C[10]). Mit anderen Elementen vereinigt sich C direkt erst bei hoher Temperatur, nur Fluor verbindet sich mit Ruß direkt $C + 2 F_2 = CF_4$; direkte Vereinigung von C mit H[11]), mit Cl[12]), nicht mit N[13]) bei hohen Temperaturen oder im elektrischen Lichtbogen. SO_2 und glühende Kohle verbinden sich zu $CO_2 + S$. Einwirkung von Cl und H_2O-Dampf auf glühende Kohle[14]). Verhalten im elektrischen Ofen gegen geschmolzene Metalle[15]). $KMnO_4$ oxydiert Kohlenstoff zu Mellitsäure, $KOCl_3$ + rauchende HNO_3 zu humusartigen Substanzen. Einwirkung von H_2SO_4 auf C[16]). Bei höherer Temperatur wirkt Kohle auf sauerstoffhaltige Körper reduzierend, so auf Metalloxyde. Die Existenz der zahllosen Kohlenstoffverbindungen, welche die organische Natur und die Synthese hervorbringt, beruht auf der fast unbegrenzten Verkettungsfähigkeit des Kohlenstoffs. — Darstellung von Metallcarbiden: CaC_2[17]); Al_4C_3[18]), SiC[19]).

Natürliche und künstliche Kohlen. Der Anthrazit, die C-reichste Kohle, glas- bis halbmetallisch glänzend, verbrennt mit schwacher Flamme unter geringer Rauchentwicklung. Verbrennungswärme 8200 Cal. Die Steinkohle dient nicht nur zu Heizungs- und Beleuchtungszwecken, sie ist für die organische Chemie auch deshalb von größter Bedeutung, weil aus dem Steinkohlenteer fast sämtliche organische Verbindungen ihren Ursprung ableiten;

[1]) Moissan, Compt. rend. de l'Acad. des Sc. **135**, 921 [1902].

[2]) Moissan, Le four électrique. Paris 1897 u. 1900; Revue génér. de Chimie pure et appl. [7] **8**, 157 [1905]. — Schenck u. Heller, Berichte d. Deutsch. chem. Gesellschaft **38**, 2139 [1905].

[3]) Despretz, Compt. rend. de l'Acad. des Sc. **29**, 709 [1849]; **30**, 367 [1850]. — Violle, Compt. rend. de l'Acad. des Sc. **120**, 868 [1895].

[4]) Dewar, Berichte d. Deutsch. chem. Gesellschaft **5**, 814 [1872].

[5]) Ostwald, Lehrbuch **2**, I, 172.

[6]) De Gramont, Bulletin de la Soc. chim. [3] **19**, 548 [1898]. — Herbert, Chem. Centralbl. **1902**, II, 628.

[7]) van't Hoff, Die Lagerung der Atome im Raum. Braunschweig 1894. — Mohr, Journ. f. prakt. Chemie [2] **68**, 369 [1903].

[8]) Walden, Berichte d. Deutsch. chem. Gesellschaft **35**, 2018 [1902]. — Gomberg, Berichte d. Deutsch. chem. Gesellschaft **40**, 1847 [1907].

[9]) Berthelot, Compt. rend. de l'Acad. des Sc. **137**, 589 [1903].

[10]) Ernst, Journ. f. prakt. Chemie [2] **48**, 31 [1893]. — Dixon, Journ. Chem. Soc. **75**, 630 [1899]. — Baker, Chem. Centralbl. **1899**, II, 86.

[11]) Bone u. Jerdan, Chem. News **74**, 268 [1896]; Journ. Chem. Soc. **71**, 41 [1897]; **79**, 1042 [1901]. — Bone u. Coward, Journ. Chem. Soc. **93**, 1975 [1908]. — Pring u. Hutton, Journ. Chem. Soc. **89**, 1591 [1906]. — Pring, Journ. Chem. Soc. **97**, 498 [1910].

[12]) v. Bolton, Zeitschr. f. Elektrochemie **8**, 165 [1902]; **9**, 209 [1903]. — Lorenz, Zeitschr. f. Elektrochemie **8**, 203 [1902]; Zeitschr. f. angew. Chemie **6**, 313 [1893]; Annalen d. Chemie u. Pharmazie **247**, 226 [1888].

[13]) Berthelot, Compt. rend. de l'Acad. des Sc. **144**, 354 [1907].

[14]) Lorenz, Zeitschr. f. anorgan. Chemie **10**, 74 [1895]. — Naumann, Zeitschr. f. angew. Chemie **1897**, 197; Berichte d. Deutsch. chem. Gesellschaft **30**, 347 [1897].

[15]) Moissan, Compt. rend. de l'Acad. des Sc. **123**, 16 [1896].

[16]) Berthelot, Annales de Chim. et de Phys. [7] **14**, 206 [1898]. — Verneuil, Compt. rend. de l'Acad. des Sc. **118**, 195 [1894]. — Giraud, Bulletin de la Soc. chim. [3] **11**, 389 [1894].

[17]) Moissan, Compt. rend. de l'Acad. des Sc. **126**, 302 [1898]; **127**, 915 [1899]. — Wolff, D. R. P. 105 631 [1898].

[18]) Moissan, Compt. rend. de l'Acad. des Sc. **125**, 839 [1897]. — Bullier, D. R. P. 118 177 [1899].

[19]) Acheson, D. R. P. 76 629 [1882]; Journ. Soc. Chem. Ind. **16**, 863 [1897].

Teerfarbstoffe[1]); Verarbeitung des Steinkohlenteers[2]). Über die Autoxydation der Steinkohle[3]). Verbrennungswärme 8000 Cal. Koks bildet eine blasige, metallglänzende Kohle. Leitet Wärme und Elektrizität gut. Absorbiert Gase[4]). Als Füllmaterial bei der intermittierenden Filtration[5]). Gaskohle. Spez. Gewicht 2,356. Spez. Wärme 0,2036. Die Tierkohle und Holzkohle zeichnen sich durch ihre Absorptionsvermögen für Gase, Riechstoffe, Farbstoffe (Wein)[6]), Bitterstoffe, Kohlenhydrate, Glykoside, Alkaloide, Mineralsalze in gelöster Form aus; diese Fähigkeit beruht auf ihrer enormen Oberflächenentwicklung, bedingt durch die ursprünglich zellige Natur des Stammaterials, d. h. die absorbierten Substanzen werden an der Oberfläche abgelagert ohne zersetzt zu werden Frisch geglühte Holzkohle absorbiert ihr mehrfaches Vol. Luft, sie nimmt Sauerstoff leichter auf als Stickstoff oder Wasserstoff; Luftabsorptionsvermögen verschiedener Pflanzenkohlen[7]); Absorption von CO_2 durch Kohle[8]); Absorption von Radiumemanation[9]). Tierkohle vereinigt sich leichter als Holzkohle mit Sauerstoff; der absorbierte Sauerstoff wirkt oxydierend, die Kohle selbst wird nicht oxydiert[10]), Anwendung als Desinfektionsmittel. Durch Gärung oder Erhitzen bei Luftabschluß können die absorbierten Bestandteile entfernt werden (Wiederbelebung der Kohle)[11]). Durch Behandlung mit Säuren oder Alkalien wird das Absorptionsvermögen nicht geändert[12]). Bei niedriger Temperatur (Abkühlung in flüssiger Luft) vergrößert sich das Absorptionsvermögen[13]); Anwendung bei der Vakuumdestillation[14]). Holzkohle wird durch HNO_3 zu Mellitsäure oxydiert[15]). Alkohol zerfällt beim Überleiten über ausgeglühte Holzkohle in H_2 und Aldehyd; H_2O_2 unter O-Entwicklung; Jodsäure unter Jodabscheidung; Oxalsäure unter CO_2-Abspaltung[16]); bei 350° zersetzt Tierkohle Alkohol zu $CH_2O + CH_4$ und in $CH_2 : CH_2 + H_2O$[17]). Reduzierende Wirkung der Knochenkohle[18]). Einwirkung der Tierkohle auf Salze[19]). Selbsterhitzung der Knochenkohle in den Zuckerraffinerien bei der Regenerationsgärung[20]). Ruß findet Verwendung zu Druckerschwärze, Firnissen, Tusche usw.

Graphit. Eisengrauer, metallisch glänzender Körper. Spez. Gewicht 2,2 (natürlicher); 2—2,5 (künstlicher); die künstlichen Graphite sind krystallinisch und amorph. Entzündungstemperatur im Sauerstoff 660°. Härte $1/2$—1. Spez. Wärme 0,2019[21]); 18° bis —78° = 0,1341. Verbrennungswärme (für 1 g) = 7796,6 cal. Leitet die Elektrizität gut. Graphite enthalten 4,5—72% Asche[22]), außerdem noch flüchtige Substanzen. Wird von Säuren und Basen nicht angegriffen. Oxydationsmittel oxydieren zu CO_2 und CO; $KClO_3 + HNO_3$ zu Graphitsäure[23]),

[1]) Schultz, Chemie des Steinkohlenteers. Braunschweig 1900.

[2]) Lunge, Industrie des Steinkohlenteers. Braunschweig 1900.

[3]) Habermann, Chem. Centralbl. **1906**, II, 270. — Stoklasa, Ernest u. Chocensky, Berichte d. Deutsch. botan. Gesellschaft **25**, 38 [1907]. — Dennstedt u. Bünz, Zeitschr. f. angew. Chemie **21**, 1825 [1908]. — Mohr, Wochenschr. f. Brauerei **26**, 561 [1909].

[4]) Craig, Chem. News **90**, 109 [1904].

[5]) Dibdin, The purification of sewage and water. 1903.

[6]) Fineschi, Stazioni agrar. sperim. ital. **40**, 545 [1907].

[7]) Piutti u. Magli, Gazzetta chimica ital. **40**, I, 569 [1910]. — Rosenthaler u. Türk, Archiv d. Pharmazie **244**, 517, 535 [1906].

[8]) Geddes, Annalen d. Physik [4] **29**, 797 [1909].

[9]) Boyle, Journ. of physical. Chemistry **12**, 484 [1908].

[10]) Crace-Calvert, Journ. Chem. Soc. [2] **5**, 293 [1867]; Journ. f. prakt. Chemie **101**, 397 [1867]; Bulletin de la Soc. chim. [2] **9**, 49 [1868]. — Dennstedt u. Haßler, D. R. P. 203848 [1907]. — Dupony, Pharmaz. Centralhalle **38**, 705 [1897].

[11]) Lux, D. R. P. 92 922 [1894].

[12]) Pelet-Jolivet u. Mazzoli, Bulletin de la Soc. chim. [4] **5**, 1011 [1909].

[13]) Dewar, Chem. News **97**, 4, 16 [1908]; Compt. rend. de l'Acad. des Sc. **139**, 261 [1904].

[14]) Wohl u. Losanitsch, Berichte d. Deutsch. chem. Gesellschaft **38**, 4149 [1905].

[15]) Dickson u. Easterfield, Proc. Chem. Soc. **1897/98**, Nr. 197, 163.

[16]) Lemoine, Compt. rend. de l'Acad. des Sc. **144**, 357 [1907].

[17]) Senderens, Compt. rend. de l'Acad. des Sc. **144**, 381 [1907].

[18]) Heintz, Annalen d. Chemie u. Pharmazie **187**, 227 [1877].

[19]) Liebermann, Malys Jahresber. d. Tierchemie **7**, 75 [1878].

[20]) Wehmer, Chem.-Ztg. **22**, 1079 [1898].

[21]) Regnauld, Annalen d. Chemie u. Pharmazie **141**, 119 [1867]; Annales de Chim. et de Phys. [3] **1**, 202 [1841].

[22]) Schöffel, Jahresber. d. Chemie **1866**, 912. — Maine, Compt. rend. de l'Acad. des Sc. **14**, 1091 [1842].

[23]) Brodie, Annalen d. Chemie u. Pharmazie **114**, 6 [1860]. — Moissan, Compt. rend. de l'Acad. des Sc. **121**, 538 [1895]. — Staudenmaier, Berichte d. Deutsch. chem. Gesellschaft **32**, 1394, 2824 [1899].

Graphitoxyde[1]), Mellitsäure[2]). Verbrennt im Sauerstoffstrom schwerer als Diamant. Verwendung in der Bleistiftfabrikation, in der Galvanoplastik, zu Schmelztiegeln, Ofenschwärze.

Diamant. Regulär krystallinischer Kohlenstoff in reinstem Zustande. Farblos bis schwarz. Spez. Gewicht 3,5. Härte 10. Spez. Wärme $8° — 98° = 0,1469$; $15° — 1040° = 0,336$. Ausdehnungskoeffizient bei $—42° = 0$. Verbrennungswärme (für 1 g zu CO_2) $= 7833,3$ cal. Molekulargewicht[3]). Brechungskoeffizient 2,487. Optische Eigenschaften[4]). Leitet Elektrizität nicht, Wärme schlecht. Wird durch Reiben positiv elektrisch. Verbrennt bei Weißglut zu CO_2. Wird durch $K_2Cr_2O_7 + H_2SO_4$ bei $180—230°$ zu CO_2 oxydiert; Sodaschmelze führt in CO über. Verwendung als Edelstein.

---

[1]) Berthelot, Jahresber. d. Chemie 1870, 978; Annales de Chim. et de Phys. [4] 19, 399 [1870]. — Hyde, Journ. Soc. Chem. Ind. 23, 300 [1904]. — Charpy, Compt. rend. de l'Acad. des Sc. 148, 920 [1909].

[2]) Hübener, Chem. Centralbl. 1890, I, 822. — Luzi, Chem. Centralbl. 1892, I, 290.

[3]) Kolbe, Journ. f. prakt. Chemie [2] 7, 119 [1873].

[4]) Brewster, Jahresber. d. Chemie 1852, 160.

Kohlenwasserstoffe. Natürliche Bitumina (Das Erdöl und seine Verwandten).

Von

Fritz Baum-Berlin.

Einleitung.

Außer den Terpenkohlenwasserstoffen, die in den ätherischen Ölen, Harzen und Kautschukarten weit verbreitet sind und in einem besonderen Abschnitt dieses Handbuches behandelt werden, sind im Pflanzenreiche nur vereinzelt paraffin- oder polymethylenartige Kohlenwasserstoffe aufgefunden worden. Im rezenten Tierreich ist ein Vorkommen von Kohlenwasserstoffen wohl nicht bekannt. Nur sekundär kommt es durch Fermentwirkung von Bakterien bei biologischen Prozessen der Ernährung zur Bildung von Methan, vorwiegend aus Cellulose, ein Vorgang, der auch beim Modern von Pflanzenresten in der sog. Sumpfgasgärung sich vielerorts in bedeutendem Umfang abspielt.

Um so größer und verschiedenartiger ist der Reichtum an Kohlenwasserstoffen, die sich in den natürlichen Bituminas, dem Erdöl mit seinen Verwandten, dem Erdgas, dem Erdteer, Bergteer oder Maltha, dem Erdwachs (Ozokerit), dem Erdpech und dem Asphalt, vorfinden. Das Vorkommen solcher Bitumina, teils in fester, teils in flüssiger oder gasförmiger Form wird zwar schon in den ältesten Aufzeichnungen verschiedener Kulturvölker erwähnt, und viele Fundorte waren längst bekannt und sind auch in sehr bescheidenem Maße schon in alter Zeit bis in die jüngste Gegenwart ausgebeutet worden[1]), doch erst die moderne Petroleumindustrie, die durch die glückliche Einführung der Erdbohrung auf Erdölbrunnen von dem Amerikaner Drake im Jahre 1859 ins Leben gerufen wurde, hat die ungeheuren Vorräte an Erdöl, die im Erdinnern vorkommen, kennen gelehrt. Die gewaltige Entwicklung, die sie genommen hat, ist nicht nur technisch-ökonomisch von größter Bedeutung geworden, sondern ist auch der Erweiterung und Vertiefung unserer Kenntnisse von den geologischen Verhältnissen des Erdöls in hohem Maße zugute gekommen, so daß wir heute mit Gewißheit annehmen dürfen, das Erdöl, zu dem die anderen, angeführten Bitumina in naher genetischer Beziehung stehen, sei vorwiegend tierischen Ursprungs, und die reichen Erdölvorkommen seien ebenso die Massengräber einer sehr reichen, marinen Fauna — ein Umstand, der speziell dem Biochemiker ein besonderes Interesse abzugewinnen geeignet ist. Eine große Anzahl der verschiedenartigen Bestandteile, wenn auch noch lange nicht alle, die das komplizierte Gemenge der verschiedenen Erdöle ausmachen, sind durch eingehende Untersuchungen, namentlich noch in den letzten Jahren, genau bestimmt worden; von grundlegender Bedeutung sind aber auch die von Carl Engler und seiner Schule ausgeführten Versuche über die Druckdestillation von Fetten aller Art und von Kohlenwasserstoffen, die den chemischen Vorgang bei der Entstehung des Erdöls aufzuklären vermögen und für das Verständnis der Bildung scheinbar so grundverschiedener Petroleumarten, wie des pennsylvanischen auf der einen, des kaukasischen auf der anderen Seite, durch verwandte Prozesse eine befriedigende und einfache Grundlage bieten[2]). Der systematischen Beschreibung der einzelnen in der Natur aufgefundenen Kohlenwasserstoffe mit ihren Derivaten ist eine solche des Erdöls und

---

[1]) S. die ausführliche Darstellung der Geschichte des Erdöls mit reicher Literaturangabe in dem Kapitel „Geschichte" in Hans Höfer, „Das Erdöl und seine Verwandten". 2. Aufl. Braunschweig 1906.

[2]) S. unter „Bildung des Erdöls".

seiner Verwandten vorangeschickt. Derselben liegt die klassische Darstellung dieses Gegenstands in dem Werke von Hans Höfer „Das Erdöl und seine Verwandten"[1] zugrunde. Ihr schließt sich die Darstellung der neuen Ansichten über die Entstehung des Erdöls und der sie begründenden experimentellen Arbeiten an.

Die natürlichen Bitumina.

Einteilung der Bitumina: Die bituminösen Körper können eingeteilt werden in:

I. Gase: 1. Erdgas (natürliche Brenngase, Naturgas).

II. Flüssigkeiten (Erdöle): 2. Erdöl oder Rohöl (flüssig, ziemlich flüchtig, wasserklar oder gefärbt); 3. Erdteer, Bergteer oder Maltha (zähflüssig, braunschwarz).

III. Feste Körper: 4. Erdwachs (knetbar bis starr, gelb bis braun); 5. Erdpech (knetbar, in sehr dünnen Lagen braun); 6. Asphalt (spröde, schwarz).

Die nach dem Erdöl genannten, schwereren Glieder sind meist durch partielle Verdunstung, teils durch chemische Umänderung aus den leichteren entstanden. Es kommen noch Gemenge 1. mit Mineralkohle: a) mit Braunkohle, Dysodil, Jet; b) mit Schwarzkohle: Cannel-, Boghead-, Plattelkohle, Torbanit und 2. Gemenge mit anorganischen Massen (Gesteinen) vor: a) Bituminöse Gesteine bei geringem Bitumengehalt; b) Ölsteine, z. B. Ölschiefer, Ölsandstein (mit Erdöl oder Erdteer); c) Asphaltgesteine, z. B. Asphaltkalk, Asphaltsand (mit Asphalt, zum Teil auch Erdteer). — Verschiedenartige Namen dieser Bitumina[2].

Erdgas.

Brennbare Erdgase sind fast stetige Begleiter des Erdöls; im Erdinneren unter hohem Druck darin gelöst, veranlassen sie bei der Erbohrung einer Quelle die Ölspringbrunnen. Gasausbrüche ohne oder mit nur wenig Erdöl sind seit alters bei Baku (die ewigen Feuer) bekannt; in Pennsylvanien sind Erdgasquellen von sehr großer Ergiebigkeit erbohrt, die umfangreiche, industrielle Verwertung finden. Der Druck, unter welchem die Gase den bereits in Ausbeute begriffenen Bohrlöchern entströmen, ist an einzelnen Stellen zu ca. 25 bis 30 Atmosphären, bis zu 100 Atmosphären gemessen worden. Die Gase bestehen vorwiegend aus Methan und seinen nächsten Homologen. Daneben findet sich in abwechselnder Menge Äthylen, Wasserstoff, Kohlensäure und Stickstoff; Sauerstoff und Kohlenoxyd finden sich nicht oder in nur ganz geringer Menge. In der Zusammensetzung nahestehend, doch mitunter auch sehr erheblich abweichend, sind die Gase der sog. Schlammvulkane oder Salsen, bei denen Eruptionen, die mit vulkanischen Vorgängen aber nichts zu tun haben, aus sandigem und lehmigem Boden erfolgen. — Analysen von Erdgasen[3]. Über ein Erdgas (Nowowosensk, Gouvernement Ssamara) mit bis 40°/₀ Stickstoff neben 5,3°/₀ Methan[4]. Über einen gewaltigen, seit drei Jahren brennenden Gasausbruch bei Louisiana[5].

Das Erdöl.

Vorkommen: Die bedeutendsten Vorkommen sind die Vereinigten Staaten von Nordamerika (Öldistrikt von Pennsylvania; Ohio, Kalifornien, Kansas, Texas, Louisiana) und Rußland (Kaukasus: Baku auf der Halbinsel Apscheron, Terekgebiet bei Grosnyj u. a.; Turkestan: Insel Tscheleken am östlichen Ufer des Kaspischen Meeres u. a.); ferner Galizien (am Nordabhang der Karpathen: Boryslaw, Schodnika u. a.); Rumänien (Bustenari), die Sundainseln, Sumatra, Java, Borneo, und Indien (Burma, Erdölquellen von Rangun am Irawaddy). In Deutschland findet es sich in Pechelbronn im Elsaß, in Oelheim bei Peine (Pr. Hannover), in Wietze-Steinförde (in der Lüneburger Heide) und Tegernsee (Bayern). Ferner in Kanada, Mexiko, Japan (Provinz Echigo) und Norditalien; außerdem noch in unbedeutendem Vorkommen anderwärts.

---

[1] Braunschweig 1906. 2. Aufl.

[2] Höfer, Das Erdöl und seine Verwandten. Braunschweig 1906. 2. Aufl. S. 2.

[3] Höfer, Das Erdöl und seine Verwandten. Braunschweig 1906. 2. Aufl. S. 101—103.

[4] B. Doss, Rigasche Industrie-Ztg. **35**, 81 [1909]; Zeitschr. f. angew. Chemie **23**, 1301 [1910].

[5] Ubbelohde. Zeitschr. f. angew. Chemie **22**, 781 [1909].

Weltproduktion an Petroleum in Barrels im Jahr 1908 (und 1907)[1]: Vereinigte Staaten von Nordamerika 179 722 479 (166 095 325); Rußland 62 186 447 (61 850 734); Galizien 12 612 295 (8 445 841); Sumatra, Java, Borneo 8 752 107 (8 377 099); Rumänien 8 252 157 (8 118 207); Indien 5 047 038 (4 344 962); Mexiko 3 481 410 (1 000 000); Japan 2 070 929 (2 010 633); Peru 1 011 180 (741 226); Deutschland 1 009 278 (756 872); Kanada 527 987 (788 872); Italien 60 000 (59 875); andere Länder 30 000 (30 000). Gesamtproduktion 284 614 022 (262 629 621) Barrels. (1 Barrel = 42 Gallonen = 159 l.)

Physikalische und chemische Eigenschaften: Das Erdöl ist ölig, dünn bis dickflüssig, meist braun bis schwarz, seltener wasserhell oder gelb, in verschiedenem Grade durchsichtig. Der Erdteer ist zähflüssig, klebrig, läßt sich zu Fäden ziehen und ist schwarz oder braunschwarz. Beide fühlen sich fettig an und haben Fettglanz. Die Dichte des Erdöls liegt zwischen 0,73 und 0,97, die des Erdteers zwischen 0,9 und 1,016. Das Öl aus größerer Tiefe hat in der Regel ein geringeres spez. Gewicht als das aus den oberen Schichten. Der Ausdehnungskoeffizient ist bei pennsylvanischem Öl 0,000840, bei russischem Öl 0,000817; er fällt mit steigendem spez. Gewicht[2]. Die Viscosität einzelner Fraktionen nimmt mit der Dichte zu. Verschiedene Erdöle zeigen untereinander, auch in den gleichen Fraktionen, nicht dieselbe Viscosität. An der Luft verflüchtigt sich das Erdöl teilweise, wird dadurch dichter, weniger beweglich und endlich zähflüssig oder fest; es verflüchtigt sich um so leichter, je reicher es an Wasserstoff und je ärmer an Kohlenstoff ist.

Chemische Zusammensetzung: Die Erdöle sind Gemische verschiedener Kohlenwasserstoffe, in denen entweder die Methan- oder Naphthenreihe vorherrscht; daneben finden sich noch Glieder der Olefinreihe und der aromatischen Kohlenwasserstoffe, sowie vereinzelte Glieder der Kohlenwasserstoffe C_nH_{2n-2} bis C_nH_{2n-12}, die mehr oder weniger gesättigt sind (z. T. doppelte Polymethylenringe).

Je nach dem Vorwiegen der Methane oder der Naphthene kann man unterscheiden:

1. Methanöle mit mehr als zwei Drittel Methanen; dazu gehören die Erdöle von Tegernsee und Pennsylvanien, von Galizien, Pechelbronn, Anapa (Westkaukasus), Zarskiji Kolodzi (Gouv. Tiflis), Kuba (Gouv. Baku), von Kanada, Ohio.

2. Naphthenöle mit mehr als zwei Drittel Naphthenen, z. B. Bakuöl (Balackani bis Surackany, Bibi Eybat); Erdöl von Oberitalien (Velleja, Salso maggiore, Ozzano-Taro), von Wietze, Borneo, Java, Japan.

3. Naphthamethanöle.

Die paraffinreichen (leichten) Öle liefern vorwiegend reiche Ausbeute an Leuchtöl neben Benzin und Paraffin; die schweren russischen Öle liefern weniger Leuchtöl, vorwiegend wertvolle Schmieröle, kein Paraffin.

Die genetischen Beziehungen zwischen dem Vorkommen von Paraffinen, Olefinen, Polyolefinen und Schmierölen in den verschiedenen Erdölarten siehe weiter unten bei **Bildung.**

Zur Unterscheidung dieser verschiedenen Ölarten kann man sich eines Gemisches aus gleichen Teilen Äthylalkohol und Chloroform bedienen; Methanöle brauchen davon mehr als Naphthenöle bis zur Erzielung einer klaren Lösung. Die verbrauchte Anzahl Kubikzentimeter auf 4 g Öl dient zur Charakterisierung verschiedener Erdölarten (Riche und Halphen)[3]. Elementaranalysen zahlreicher Erdöle[4]. Durch Verdampfen von Rohöl bei gewöhnlicher Temperatur können direkt feste Paraffine abgeschieden werden, sie sind also nicht etwa Produkte einer destruktiven Destillation[5]. Über ein sehr paraffinreiches Erdöl in Belle-Isle (Mississippidelta), welches nach 24 Stunden bei 20° an der Luft erstarrt[6]. Neben den Kohlenwasserstoffen enthalten die Erdöle in geringer Menge Sauerstoffverbindungen (Erdölsäuren), Stickstoff, Schwefel und anorganische Beimengungen.

---

[1] Zit. nach Ref. Zeitschr. f. angew. Chemie **23**, 1302 [1910].

[2] Iron Age **38**, Nr. 7. — Singer, Chem. Revue üb. d. Fett- u. Harzind. **3**, 265 [1896].

[3] Charitschkoff, Chem.-Ztg. **1896**, 21. — Cecchi Mengarini, Gazzetta chimica ital. **29**, I [1898].

[4] Höfer, Das Erdöl und seine Verwandten. Braunschweig 1906. 2. Aufl. S. 55—56.

[5] Ch. F. Mabery u. O. J. Sieplein, Amer. Chem. Journ. **33**, 251 [1905].

[6] Ubbelohde, Zeitschr. f. angew. Chemie **22**, 781 [1909].

Die Naphthensäuren des Erdöls.[1]

$$C_nH_{2n-2}O_2.$$

Die Naphthensäuren kommen fertiggebildet im Erdöl vor und werden ihm bei der Raffination der Destillate mit Ätzkali entzogen. Beim Neutralisieren mittels Mineralsäuren scheidet sich das Gemisch der Naphthensäuren als ölige, unangenehm und charakteristisch riechende Flüssigkeit von hellgelber bis dunkelbrauner Farbe aus. Sie läßt sich im Vakuum destillieren und bildet Ester, Chloride, Amide und Salze; letztere sind meist pflaster- bis salbenartig. Es sind verschiedene Naphthensäuren isoliert worden[2]. Die Anwesenheit einer Carboxylgruppe ist für die Heptanaphthencarbonsäure $C_7H_{13} \cdot COOH$ durch Reduktion mit Jodwasserstoff zum Octonaphthen C_8H_{16} nachgewiesen worden[3]. Die durch Hydrierung der Benzoesäure erhaltene Säure $C_7H_{12}O_2$ ist völlig verschieden von der isomeren Hexanaphthencarbonsäure; dies spricht dafür, daß den Naphthenen ein besonderer, vom Hexahydrobenzol verschiedener Hexamethylentypus zugrunde liegt.

Nachweis der Naphthensäuren (und Naphthenkohlenwasserstoffen) durch die in Benzin löslichen, grünen Kupfersalze[4].

Hexanaphthencarbonsäure (o-Methylpentamethylencarbonsäure).

Mol.-Gewicht 128.

Zusammensetzung: 65,7% C, 9,4% H, 24,9% O.

$$C_7H_{12}O_2 = C_6H_{11} \cdot COOH.$$

$$CH_2\!-\!CH_2$$
$$CH_2 \quad CH\!-\!CH_3$$
$$C$$
$$H \quad COOH$$

Aus der Fraktion 166,5—167,5 der Methylester von Rohsäuren aus Bakuer Erdöl durch Verseifen gewonnen[5]. Dicke, farblose, nach Baldrian riechende, ölige Flüssigkeit; erstarrt in Eis nicht. Siedep. 215—217° (korr.)[5]; 215—216° bei 746 mm[6]. Spez. Gew. 0,95025 bei 18,4°[5]; 0,9712 bei 0°[6]. In Wasser sehr schwer löslich. — Calciumsalz krystallisiert mit 4 H_2O. In kaltem Wasser ziemlich, in Alkohol leicht löslich. — Bariumsalz, glänzende Blätter; sehr leicht in Alkohol, schwer in kaltem Wasser löslich.

Methylester $C_8H_{14}O_2 = C_6H_{11} \cdot COOCH_3$. Farblose Flüssigkeit, riecht anfangs angenehm, wirkt aber auf die Dauer ekelerregend. Siedep. 165,5—167,5° (korr.)[5], 164—165°[6]. Spez. Gew. 0,90547 bei 18,4°[5]; 0,92297 bei 0°[6].

Chlorid $C_6H_{11} \cdot COCl$. Siedep. 167—169°[5].

Amid $C_6H_{11} \cdot CONH_2$. Schmelzp. 123,5°[5]. Ist in Wasser ziemlich leicht löslich, sehr leicht in Alkohol.

Amin $C_6H_{11} \cdot NH_2$. Aus dem Amid durch Brom und Kalilauge[6]. Farblose, an der Luft stark rauchende Flüssigkeit, die stark nach Ammoniak riecht, sich in kaltem Wasser etwas leichter als in heißem löst. Siedep. 121—122° bei 734 mm.

Hexahydrobenzoesäure[7][8][9] hat den Schmelzp. 28°[7] bzw. 30,5—31°[9]; Siedep. 232—233°.

[1] Vgl. Wischin, Die Naphtene. Braunschweig 1900. S. 28.

[2] Markownikoff u. Oglobin, Journ. d. russ. physikal.-chem. Gesellschaft 15, 345 [1883].

[3] Aschan, Berichte d. Deutsch. chem. Gesellschaft 23, 687 [1890]; 24, 1864, 2617, 2710 [1891]; 25, 370, 886, 3661 [1892]; Annalen d. Chemie u. Pharmazie 271, 231 [1892].

[4] Charitschkoff, Chem. Revue über d. Fett- u. Harzind. 16, 110 [1909].

[5] Aschan, Berichte d. Deutsch. chem. Gesellschaft 23, 867 [1890].

[6] Markownikoff, Journ. d. russ. physikal.-chem. Gesellschaft 31, 241 [1899]; Annalen d. Chemie u. Pharmazie 307, 367 [1899].

[7] Aschan, Berichte d. Deutsch. chem. Gesellschaft 24, 1864, 2617 [1891]; 25, 886 [1892]; Annalen d. Chemie u. Pharmazie 271, 261 [1892].

[8] Perkin jun. u. Haworth, Journ. Chem. Soc. 65, 103 [1894].

[9] Bucherer, Berichte d. Deutsch. chem. Gesellschaft 27, 1230 [1894].

α-Octonaphthensäure (Heptamethylencarbonsäure, Heptanaphthencarbonsäure, 1,2-Dimethylcyclohexansäure).

Mol.-Gewicht 142.
Zusammensetzung: 67,6% C, 9,9% H, 22,5% O.

$$C_8H_{14}O_2.$$

Aus der bei 238° siedenden Fraktion der rohen Petrolsäuren aus der kaukasischen Naphtha durch Esterifizieren und Fraktionieren der Ester[1]). Farblose, ölige Flüssigkeit von fettsäureähnlichem Geruch. In kaltem Wasser nur sehr wenig löslich, etwas löslicher in heißem Wasser. Erstarrt nicht bei —20°. Siedep. 237—238° (i. D.)[1]); 237—239° (i. D.)[2]). Spez. Gew. 1,0020 bei 0°; 0,98805 bei 20°[1]); 0,9982 bei 0°; 0,9830 bei 20°[2]). Brechungsindex n_D = 1,4486. Molekular-Refraktion 38,7[2]).

Methylester $C_9H_{16}O_2$ = $C_7H_{13} \cdot COOCH_3$. Siedep. 189—190° (korr.)[1]); 190—192° (i. D.). Spez. Gew. 0,9357 bei 18°[2]).

Chlorid $C_8H_{13}OCl$ = $C_7H_{13} \cdot COCl$. Siedep. 193—195°.

Amid $C_8H_{15}ON$ = $C_7H_{13} \cdot CONH_2$. Schmelzp. 128—129°, aus heißem Wasser[1]). Schmelzp. 133°. Silberglänzende Platten oder Nadeln aus Ligroinäther. Siedep. 250° unter teilweiser Zersetzung[2]).

Nitril $C_8H_{13}N$ = $C_7H_{13} \cdot CN$. Siedep. 199—201°; Brechungsindex n_D = 1,4452[2]).

Nononaphthensäure (Octonaphthencarbonsäure).

Mol.-Gewicht 156.
Zusammensetzung: 69,3 C, 10,2% H, 20,5% O.

$$C_9H_{16}O_2 = C_8H_{15} \cdot COOH.$$

Aus den Abfallaugen des Bakuer Petroleums[3])[4]). Farblose Flüssigkeit. Siedep. 251 bis 253° (korr.). Spez. Gew. 0,9893 bei 0°; 0,9795 bei 20°. Brechungsindex n_D = 1,453. Molekular-Refraktion 43,0.

Methylester $C_{10}H_{18}O_2$ = $C_8H_{15} \cdot COO \cdot CH_3$. Siedep. 211—213° (korr.). Spez. Gew. 0,9352 bei 18,4°.

Chlorid $C_9H_{15}OCl$ = $C_8H_{15} \cdot COCl$. Flüssigkeit vom Siedep. 206—209°.

Amid $C_9H_{17}ON$ = $C_8H_{15}CONH_2$. Krystalle. Schmelzp. 128—130°.

Dekanaphthensäure (Nononaphthencarbonsäure).

Mol.-Gewicht 170.
Zusammensetzung: 70,5% C, 10,6% H, 18,9% O.

$$C_{10}H_{18}O_2 = C_9H_{17} \cdot COOH.$$

Aus kaukasischem Petroleum isoliert[3]).

Methylester $C_{10}H_{20}O_2$ = $C_9H_{17} \cdot CO \cdot OCH_3$. Flüssigkeit vom Siedep. 220—225°.

Amid $C_{10}H_{19}ON$ = $C_9H_{17} \cdot CONH_2$. Dünne, kurze, flache Prismen aus Wasser. Schmelzp. 101—105°. Schwer in kaltem Wasser löslich, viel leichter in heißem; leicht löslich in Alkohol, Äther, Chloroform und Benzol.

---

[1]) Markownikoff, Journ. d. russ. physikal.-chem. Gesellschaft **19**, 156 [1887]; **25**, 646 [1893].

[2]) Aschan, Berichte d. Deutsch. chem. Gesellschaft **24**, 2710 [1891].

[3]) Markownikoff, Journ. d. russ. physikal.-chem. Gesellschaft **19**, 156 [1887].

[4]) Aschan, Berichte d. Deutsch. chem. Gesellschaft **24**, 2723 [1891].

Undekanaphthensäure.

Mol.-Gewicht 184.

Zusammensetzung: 71,8% C, 10,9% H, 17,3% O.

$$C_{11}H_{20}O_2 = C_{10}H_{19} \cdot COOH.$$

Aus Erdöl isoliert[1][2][3]). Ölige Flüssigkeit. Erstarrt nicht bei —80°. Siedep. 258 bis 261° bei 741 mm. Spez. Gew. 0,982 bei 0°; 0,969 bei 23°.

Äthylester $C_{13}H_{24}O_2 = C_{10}H_{19} \cdot COO \cdot C_2H_5$. Flüssigkeit vom Siedep. 236—240° bei 739 mm; spez. Gew. 0,939 bei 0°; 9,19 bei 27°.

Amid $C_{11}H_{21}ON = C_{10}H_{19} \cdot CONH_2$. Krystalle vom Schmelzp. 126—129°.

Pentadekanaphthensäure.

Mol.-Gewicht 240.

Zusammensetzung: 75,0% C, 11,7% H, 13,3% O.

$$C_{15}H_{28}O_2 = C_{14}H_{27} \cdot COOH.$$

Aus Erdöl isoliert[4]). Siedep. 300—310°; 240—250° bei 140 mm.

Methylester. Siedep. 280—290°.

Stickstoffhaltige Verbindungen des Petroleums:[5]) Im kalifornischen Petroleum, ebenso im japanischen sind bis über 2% Stickstoff gefunden worden; die Bestimmung muß durch Verbrennung mit Kupferoxyd erfolgen. Isolierung geschieht durch Ausschütteln mit verdünnter Schwefelsäure, Fällung mit Alkali und fraktionierte Destillation im Vakuum. Es wurden die Fraktion Siedep. 130—140° = $C_{12}H_{17}N$; Siedep. 197—199° = $C_{19}H_{29}N$; Siedep. 270—275° = $C_{17}H_{21}N$ erhalten, wahrscheinlich Verbindungen mit einem Tetrahydropyridin- oder Tetrahydrochinolinring. Es sind schwache Basen mit hoher Dichte, durchdringendem Nicotingeruch und bilden keine gut definierten Salze.

Eine große Zahl Untersuchungen über den Stickstoffgehalt im Erdöl findet sich zusammengestellt bei Höfer[6]). Das Vorkommen desselben ist für die Frage der Entstehung des Erdöls aus tierischen Resten von Interesse. Auch für den Stickstoffgehalt der Kohlen nimmt man jetzt allgemein an, daß er von eingeschlossenen tierischen Resten herrührt[7]).

Schwefelhaltige Körper des Petroleums: Siehe über den Schwefelgehalt[8]). Aus Ohioöl und kanadischem Öl sind durch Extraktion mit konz. Schwefelsäure und Fällen daraus mit Wasser schwefelhaltige Körper[9]) isoliert worden, die nach erfolgter Fraktionierung des auf diese Weise abgeschiedenen Gemenges derselben mit ungesättigten Kohlenwasserstoffen und anderen Verbindungen durch Fällen der alkoholischen Lösungen mit Quecksilberchlorid isoliert und dann durch Schwefelwasserstoff in Freiheit gesetzt wurden.

Es wurden isoliert: Siedep. 71—73° bei 50 mm = $C_7H_{14}S$; Siedep. 79—81° = $C_8H_{16}S$; Siedep. 97—98° bei 50 mm = $C_8H_{16}S$; Siedep. 110—112° bei 50 mm = $C_9H_{18}S$; Siedep. 114 bis 116° bei 50 mm = $C_{10}H_{20}S$; Siedep. 129—131° bei 50 mm = $C_{11}H_{22}S$; Siedep. 168—170° bei 50 mm = $C_{14}H_{28}S$; Siedep. 198—200° bei 50 mm = $C_{18}H_{36}S$.

Auch der Schwefelgehalt ist für den tierischen Ursprung des Erdöls (Eiweißschwefel) von Interesse; zum Teil ist er auch wohl anorganischen Ursprungs, durch Reduktion der Sulfate des Meereswassers entstanden. — Erdöl löst Jod und Schwefel, auch die festen Bitumina. Durch Verdunstung an der Luft ohne Sauerstoffaufnahme geht es allmählich in Erdteer über, schließlich, wenn es reichlich paraffinhaltig war, in Ozokerit (Erdwachs). — Gleichzeitige Sauerstoffaufnahme führt unter Wasserabspaltung zu äthylenartigen Verbindungen vom Typus C_nH_{2n} usw. oder zur Bildung von Naphthensäuren, zur Verharzung. Beide

[1]) Hell u. Medinger, Berichte d. Deutsch. chem. Gesellschaft **7**, 1217 [1874]; **10**, 451 [1877].

[2]) Markownikoff, Journ. d. russ. physikal.-chem. Gesellschaft **15**, 345 [1883]; **19**, 156 [1887].

[3]) Zaloziecki, Berichte d. Deutsch. chem. Gesellschaft **24**, 1808 [1891].

[4]) Krämer u. Böttcher, Berichte d. Deutsch. chem. Gesellschaft **20**, 598 [1887].

[5]) Ch. Mabery u. S. Takano, Journ. Soc. Chem. Ind. **19**, 502—508 [1900]; Chem. Centralbl. **1900**, II, 453.

[6]) Höfer, Das Erdöl und seine Verwandten. Braunschweig 1906. 2. Aufl. S. 78.

[7]) Höfer, Das Erdöl und seine Verwandten. Braunschweig 1906. 2. Aufl. S. 180.

[8]) Höfer, Das Erdöl und seine Verwandten. Braunschweig 1906. 2. Aufl. S. 80.

[9]) Ch. Mabery u. W. O. Quayle, Journ. Soc. Chem. Ind. **19**, 502—508 [1900]; Chem. Centralbl. **1900**, II, 453.

Prozesse allein oder in Verbindung mit Verdunstung lassen als Endprodukt den Asphalt entstehen, dessen Zusammensetzung bezüglich Sauerstoffgehalt zwischen 23 und 1% schwanken kann. Chemisch-technische Untersuchung[1]).

Übersicht der Erdölfraktionen (aus amerikanischem Erdöl)[2]):

I. Leichtflüssige Öle (Essenzen), bis 150° C. (Vorwiegend die Glieder C_5H_{12} bis C_8H_{18} umfassend.)

1. Rhigolen, Siedep. 18,3° C, Dichte 0,600; als Anaestheticum verwendet.

2. Petroleumäther (Keroselen, Sheerwoodöl): Siedep. 40—70°, Dichte 0,65 bis 0,66. Verwendung: Lösungsmittel für Harze, Kautschuk und Öle; zur Lokalanästhesie und zur Kälteerzeugung; zur Entfuselung von Spiritus. Leitfähigkeit[3]).

3. Gasolin, Siedep. 70—80°; Dichte 0,66—0,69. Zur Extraktion von Ölen, zur Wollentfettung, zur Gascarburierung usw.

4. C - Petroleumnaphtha (Petroleumbenzin, Fleckwasser, Safetyöl, Dauforthoil): Siedep. 80—100°; Dichte 0,69—0,70. Verwendung: ähnlich wie 3; als Fleckwasser.

5. B - Petroleumnaphtha (Ligroine). Siedep. 80—120°; Dichte 0,71—0,73. Verwendung: Zum Brennen in Ligroinlampen, zur Bereitung von Leuchtgas, in der Malerei statt Terpentinöl (rascher trocknend), als Lösungsmittel, zur Knochenfettextraktion.

6. A - Petroleumnaphtha (Benzinputzöl). Siedep. 120—150°; Dichte 0,73—0,75. Verwendung: Zum Putzen von Maschinenteilen, als Surrogat des Terpentinöls, zum Verdünnen von Ölfarben, Lacken, zum Carburieren des Leuchtgases. C-, B- und A-Naphtha zusammengefaßt finden als Motorenbenzin in großem Maße Verwendung.

II. Das Leuchtöl (Petroleum, Kerosin, Kerosen). Siedep. 150—300°, bei Naphthenölen bis 270°; Dichte 753—0,864. (In den Methanölen sind die Reihen C_7H_{16} bis $C_{16}H_{34}$ enthalten.) Unterscheidung von Petroleumsorten verschiedener Herkunft[4]).

III. Aus den Rückständen des Leuchtöls, Siedep. über 300°, Dichte verschieden, über 0,83, werden Schmieröle von 0,775—0,859 und Paraffinöle von 0,859—0,959 Dichte gewonnen nebst Koks. Aus dem Paraffinöl wird das Paraffin und aus manchen Sorten Erdölrückständen das Vaselin gewonnen.

Paraffine sind weiße, wachsähnliche, zum Teil krystallinische, geruch- und geschmacklose, sich etwas fettig anfühlende Körper; spez. Gew. 0,869—0,943, Schmelzpunkt zwischen 38 bis 61°. Bei tagelangem Erhitzen nehmen sie Sauerstoff auf und werden braun. Sind in Wasser unlöslich; leicht löslich in Äther, Erd-, Terpentin- und Olivenöl, Photogen, Benzol und Chloroform. In kaltem Alkohol schwer löslich. (Quantitative Bestimmung durch Äther-Alkoholmischung bei —20°[5]). Mit Fetten zusammengeschmolzen scheiden sie sich beim Abkühlen wieder von ihnen ab. Mit Wachs, Stearin und Palmitinsäure und mit Harz lassen sie sich homogen verschmelzen.

Zusammensetzung des käuflichen Paraffins[6]): Es wurden die Paraffine $C_{23}H_{48}$ bis $C_{26}H_{50}$ und $C_{28}H_{60}$ und $C_{29}H_{62}$ isoliert. Dichte bei —188° 0,9770, Ausdehnungskoeffizient zwischen —188° und +17°: 3567·10^{-7}[7]). Brechungsexponenten der festen, aus pennsylvanischem Petroleum isolierten Kohlenwasserstoffe[8]). Dielektrizitätskonstanten von Paraffinen[9]). Löslichkeit von Paraffin des Handels in verschiedenen Lösungsmitteln[10]); in Silicium-

---

[1]) Höfer, Das Erdöl und seine Verwandten. Braunschweig 1906. 2. Aufl. S. 86. — D. Holde, Untersuchung der Mineralöle und Fette. Berlin 1905. 2. Aufl.

[2]) Nomenklatur der Derivate des russischen Erdöls, wie sie neuerdings von der russischen Regierung nach Einvernehmen mit der Kaiserl. Technischen Gesellschaft in Baku aufgestellt worden ist, s. bei Holde, Untersuchung der Mineralöle und Fette. 1905. 2. Aufl. S. 6.

[3]) George Jaffé, Chem. Centralbl. **1909**, I, 1085. — Caec. Böhm, Wendt u. E. v. Schweidler, Chem. Centralbl. **1909**, II, 96.

[4]) F. Schwarz, Mitt. des Kgl. Material-Prüfungsamts **27**, 25 [1909].

[5]) D. Holde, Untersuchung der Mineralöle und Fette. Berlin 1906. 2. Aufl. S. 21.

[6]) Mabery, Amer. Chem. Journ. **33** [1905].

[7]) Dewar, Chem. News **91**, 216 [1905]; Chem. Centralbl. **1905**, I, 1689.

[8]) Mabery, Amer. Chem. Journ. **28**, 165 [1905]. — Mabery, Shepered, Amer. Chem. Journ. **29**, 274 [1906].

[9]) W. G. Hormell, Philos. Mag. [6] **3**, 52.

[10]) Pawlewski u. Filemonowicz, Berichte d. Deutsch. chem. Gesellschaft **21**, 2973 [1888].

chloroform und Siliciumtetrachlorid [1]). Einwirkung von Chlor auf erhitztes Paraffin [2]); von Chromsäure [3]); von Salpeter-Schwefelsäure [4]). Verhalten beim Erhitzen an der Luft [5]), bei der Erhitzung unter hohem Druck [6]).

Vaselin [7]) (Mineralfett, Adeps mineralis) ist eine salbenartige Mischung von Paraffin mit flüchtigen Ölen, die sich in ihrer Zusammensetzung mehr der Äthylen- als der Methanreihe nähern. Es dient als Salbenkörper, zur Bereitung von Pomaden, Schminken, Goldcrems, als Schutzüberzug für Metalle und Legierungen, zum Einölen von Maschinen, des Leders und als Wasserfett.

Vasogen und Vasol sind Gemenge von Paraffinöl und Ammoniumoleat, Naphthalan ein Gemisch von Kohlenwasserstoffen und Seife. Sie dienen als Grundsubstanzen für die Herstellung von Salben.

Zusammensetzung der käuflichen Vaseline [8]): Enthält hochsiedende flüssige Kohlenwasserstoffe der Reihen C_nH_{2n}, C_nH_{2n-2} und C_nH_{2n-4} und so viel feste Paraffinkohlenwasserstoffe, daß diese eine Emulsion in den flüssigen Kohlenwasserstoffen, worin sie zum Teil gelöst sind, bilden.

Physiologische Eigenschaften: Rohpetroleum. Bei den Berufsarbeitern in den Erdöldistrikten Rußlands und Pennsylvaniens treten gelegentlich Hautkrankheiten auf; nach Lewin geht der Entzündungsprozeß von den Haarfollikeln und Talgdrüsen aus [9]). Eine besondere Erkrankung zeigt sich auch bei den Arbeitern der Paraffin- und Braunkohlenindustrie, der sog. Paraffin- oder Schornsteinfegerkrebs [10]). Wirkung bei innerlicher Einnahme [9]).

Raffinierte Erdölfraktionen: **Pentan** ruft an Kaninchen bei der Einatmung schwache Narkose, mit Muskelzittern verbunden, hervor. Bei Hunden und Katzen kann nur unvollständige Anästhesie hervorgerufen werden, es wird mitunter sogar die Reflexerregbarkeit erhöht [11]).

Benzin, hauptsächlich aus **Hexan** und **Heptan** bestehend, bewirkt lokale Reizung des Intestinaltractus und Lähmung des Zentralnervensystems, Nierenreizung, Cyanose. Sowohl durch Einatmen der Dämpfe als auch durch innerliche Einnahme kommen Vergiftungserscheinungen akuter Art zustande, die besonders bei kleinen Kindern öfters rasch einen letalen Verlauf genommen haben, häufig aber wieder in Genesung auslaufen. Ausführlichere Beschreibung und Literaturzusammenstellung [12]). Chronische Vergiftungen verraten sich durch nervöse Erscheinungen, Parästhesie, Parese, allgemeine physische Depression, Gliederschmerzen, Magen- und Darmstörungen [13]).

Petroleum. Einreibungen damit, als Volksmittel vielfach z. B. gegen Krätze angewendet, rufen regelmäßig Ödeme, Hautentzündung, Dermatitis petrolica, selbst Albuminurie hervor. Vaselin hat früher bei Verwendung als Salbengrundlage auch zu Dermatitis Veranlassung gegeben; durch sorgfältige Reinigung gelang es, weniger reizende Sorten zu fabrizieren [14]). Wirkung von innerlich genommenem Paraffin oder Paraffinöl (langdauernde Somnolenz) [14]).

Bei Einspritzung von Paraffinum liquidum, das als Vehikel zur intramuskulären Einspritzung für Hydrargyrum salicylicum oft benutzt wird, können Lungenembolien vorkommen, falls ein Blutgefäß angestochen wird [14]). Bei innerlicher Darreichung von Paraffinum liquidum und von Vaselin tritt bei Katzen, Kaninchen und Hunden Durchfall, häufig Appetitlosigkeit und nach erfolgter Resorption Somnolenz ein. Die Empfindlichkeit der Versuchstiere

---

[1]) Ruff u. Albert, Berichte d. Deutsch. chem. Gesellschaft **38**, 2222 [1905].

[2]) Bolley, Annalen d. Chemie u. Pharmazie **106**, 230 [1858].

[3]) Gill u. Mensel, Zeitschr. f. Chemie **1869**, 65.

[4]) Champion u. Pellet, Jahresber. d. Chemie **1872**, 352. — Bouchet, Bulletin de la Soc. chim. **23**, 111 [1875].

[5]) Bolley u. Tuchschmid, Zeitschr. f. Chemie **1868**, 500.

[6]) Thorpe u. Joung, Annalen d. Chemie u. Pharmazie **165**, 1 [1873].

[7]) R. Wagner, Dinglers Polytechn. Journ. **223**, 515. — Moß, Jahrb. f. reine Chemie **1876**, 471. — Miller, Deutsche Industrie-Ztg. **1875**, 18. — C. Engler u. M. Böhm, Dinglers Polytechn. Journ. **262**, 468.

[8]) Mabery, Amer. Chem. Journ. **33**, [1905].

[9]) Kobert, Lehrbuch der Intoxikationen. 1906. 2. Aufl. **2**, 668.

[10]) Kobert, Lehrbuch der Intoxikationen. 1906. 2. Aufl. **2**, 670.

[11]) Elfstrand, Archiv f. experim. Pathol. u. Pharmakol. **43**, 435 [1900].

[12]) Kobert, Lehrbuch der Intoxikationen. 1906. 2. Aufl. **2**, 924—925.

[13]) Wichern, Fabriksfeuerwehr **16**, 10 [1909]; Chem.-Ztg. Rep. **1909**, 357.

[14]) Kobert, Lehrbuch der Intoxikationen. 1906. 2. Aufl. **2**, 669.

gegen diese Behandlung sinkt in der angegebenen Reihenfolge[1]). Wiederholte äußerliche Einreibungen bewirkten bei einem Kaninchen den Tod.

Erdwachs (Ozokerit).[2]) Der Ozokerit (von ὄζω, riechen und κηρός, das Wachs) wird bergmännisch in Boryslaw (Galizien) gewonnen. Seine Konsistenz schwankt von der salbenartigen Beschaffenheit des Kendebal, welcher eine Mischung von Erdöl mit Erdwachs ist, bis zum Marmorwachs (Borylsawit), das hart und spröde ist. Weiche Sorten haben flachmuscheligen, harte einen körnigen Bruch. Die Farbe variiert von Hellgelb, Braun, Grau bis Schwarz und hängt vom Gehalt an Oxydationsprodukten ab. Der Geruch wird durch flüchtige Kohlenwasserstoffe bedingt und nimmt mit diesen ab; harte Sorten sind geruchlos. Die Dichte schwankt zwischen 0,845—0,930[3]); für gute Sorten ist sie 0,93—0,94[2]). Der Schmelzpunkt variiert gleichfalls mit der Zusammensetzung. Marmorwachs schmilzt zwischen 85° bis über 100°; grobkörniges Hartwachs zwischen 75° und 89°; mindere Sorten schließlich schon bei 50°. Das Erdwachs besteht vorwiegend aus festen Gliedern der Methanreihe; flüssige und gasförmige treten zurück. Ungesättigte und aromatische Kohlenwasserstoffe sind im Erdwachs nachgewiesen; selten fehlen harzartige, sauerstoffhaltige Körper.

Das Erdwachs ist leicht löslich in Erdöl, Benzin, Benzol, Terpentinöl und Schwefelkohlenstoff, schwerer in Äther und Äthylalkohol. Es wird in der Wärme von Salpetersäure, auch von Schwefelsäure unter Oxydation angegriffen. Auch an der Luft kann Sauerstoffaufnahme und dadurch Nachdunkeln erfolgen. Zugleich kann durch Entweichen leichtflüchtiger Bestandteile der Geruch verloren gehen, das Gewicht abnehmen und der Schmelzpunkt steigen.

Hauptsächlich dient der Ozokerit zur Ceresinerzeugung. Ferner findet er für sich oder mit Asphalt u. dgl. vermischt als Isoliermittel (für Kabel) und Imprägnierungsmittel Verwendung. Mit dem Ozokerit sind folgende Organolithe verwandt: 1. Hartit, C_5H_8 oder C_6H_{10}, von Glognitz, Köflach, Voitsberg (Österreich). 2. Fichtelit, $C_{15}H_{12}$ oder $C_{15}H_{28}$, im Torf von Redwitz (Bayern). 3. Könleinit (und Scheererit) C_5H_4 (?) in Uznach (Schweiz) und Redwitz (Bayern). 4. Hattchettin, dem Ozokerit sehr nahestehend, in Böhmen. 5. Elaterit, C_nH_{2n}, elastisch wie Kautschuk, als Überzug auf Blei-, Quarz-, und Kalkspatgängen Englands und Frankreichs.

Asphalt. Reiner Asphalt ist von dunkelbrauner bis tiefschwarzer Farbe, undurchsichtig, bei gewöhnlicher Temperatur fest und zerreiblich. Er wird durch Erwärmen knetbar und schmilzt zwischen 110—140°. Er ist leicht entzündlich, mit helleuchtender Flamme verbrennend. Die Dichte liegt bei ca. 1,0, kann aber durch unorganische Beimengung beträchtlich steigen. Die Härte verschiedener Sorten beträgt 1—2, 2, 3 und 3—4°. Er besitzt einen sehr großen elektrischen und thermischen Leitungswiderstand (Isoliermittel) und wird von Wasser, verdünnten Säuren und Alkalien nicht angegriffen und nicht gelöst. In Alkohol sind verschiedene Sorten Asphalt teilweise bis zu einigen Prozent, in Äther teilweise ca. zur Hälfte, in Chloroform, Petroleum, Terpentinöl und Schwefelkohlenstoff vollkommen löslich. Asphaltlösungen geben beim Verdunsten glänzende, schwarze Lacke. Durch Belichtung kann die Löslichkeit des Asphalts stark vermindert oder ganz aufgehoben werden, durch Polymerisationsprozesse. Die Veränderung erstreckt sich besonders auf die nur in Chloroform und Terpentinöl löslichen Anteile. Man benutzt dieses Verhalten zum sog. „Asphaltdruck"[4]).

Über die Zusammensetzung des Asphalts herrscht noch große Unsicherheit. Nach den grundlegenden Untersuchungen von R. Kayser[4]) kommen im Asphalt geschwefelte Kohlenwasserstoffe vor (der Schwefelgehalt ist früher meist übersehen worden)[5]). Sauerstoff findet sich nicht oder in Spuren. Nach Clifford Richardson[6]) ist der Schwefelgehalt für die physikalischen Eigenschaften direkt bestimmend, da spröder Asphalt 8—10%, harter 4—6,5%, weicher nie mehr als 2,3% Schwefel enthält; der Sauerstoff soll nur von unlöslichen, anorganischen Beimengungen herrühren. Das Asphaltmineral Grahamit weist jedoch 14,68% Sauerstoff auf[7]). Auch geologische Gründe sprechen dafür, daß der Sauerstoff neben dem Schwefel an der Konstitution des Asphalts teilnimmt. Analysen s. Höfer, S. 112. Über die

---

[1]) Kobert, Lehrbuch der Intoxikationen. 1906. 2. Aufl. **2**, 671.

[2]) J. Muck, Der Erdwachsbau in Boryslaw. Berlin 1903.

[3]) M. Reicher, Über das Harz des galizischen Erdwachses. Inaug.-Diss. Bern 1888.

[4]) R. Kayser, Untersuchungen über natürliche Asphalte mit Berücksichtigung ihrer photochemischen Eigenschaften. Nürnberg 1879.

[5]) Terreil, Jahresber. d. Chemie **1864**, 868. — Helm, Archiv d. Pharmazie **8**, [1877]; **10**, [1878]. — Delachanal, Compt. rend. de l'Acad. des Sc. **97**, 491 [1883].

[6]) Clifford Richardson, Journ. Soc. Chem. Ind. **1898**, 13.

[7]) Hite, Wagners Jahresb. **1898**, 1205.

Natur der Kohlenstoffverbindungen ist noch sehr wenig bekannt, vermutlich sind es größtenteils ungesättigte Kohlenwasserstoffe mit offener Kette und wahrscheinlich auch Naphthene.

Die Zerlegung des Asphalts in seine Bestandteile ist durch fraktionierte Destillation und durch fraktionierte Lösung versucht worden. Auf ersterem Wege kommt Kayser[1]) zu der Ansicht, daß der Asphalt von Pechelbronn eine Lösung eines festen, geschwefelten Kohlenwasserstoffs (Asphalten) in einem flüssigen Kohlenwasserstoff (Petrolen) darstellt. Man hat ferner den Asphalt getrennt in Petrolen, den in Petroläther (bzw. in Petroläther, Äthyläther oder Aceton) löslichen Teil, und Asphalten, den in Chloroform und Schwefelkohlenstoff löslichen Teil[2]). Nach einer etwas abweichenden Methode wurden schwefelfreier Kohlenwasserstoff $C_{26}H_{30}$ (Asphaltogen) sowie $C_{26}H_{36}O_2$, $C_{26}H_{36}O_4$ und $C_{26}H_{20}O_{12}$ isoliert[3]).

Asphalt kommt als oberflächliche Ansammlung vor, [Pechsee von Trinidad, die Asphaltvorkommen bei Cavitambo (Peru) und Sota de La Marina (Mexiko)]; als reiner, harter Asphalt, in Gängen auftretend (Albertit, Uintahit, Wurtzelit) oder in Lagern: in Selenitza (Albanien), Guaracaro (Trinidad) und in Kurdistan. Im Toten Meer erscheinen von Zeit zu Zeit Klumpen reinen Asphalts auf der Wasserfläche, wo sie erhärten. Es ist noch unentschieden, ob sie aus der Tiefe emporgetrieben werden oder von mit heißen Quellen aufsteigendem flüssigen Asphalt herrühren. In den Asphaltgesteinen bildet der Asphalt Imprägnierungen von Sandgestein.

Verwendung: Reiner Asphalt wird in der Elektrotechnik zur Isolierung von Kabeln, als Isolieranstrich und Kitt, ferner zur Erzeugung von Kohlen verwendet, ferner in der Gummi-, Firnis-, Lack- und Farbenfabrikation und in der Reproduktionstechnik. Ausgedehnte Verwendung finden „Asphaltsteine", besonders „Asphaltkalk" als Stampf- oder Gußasphalt für Straßenpflasterung, Fußbodenbelag, Dichtung von Steinzeugrohren bei der Kanalisation u. a. m. Außer dem „natürlichen Asphalt" werden große Mengen künstlicher Asphalt aus den pechartigen Rückständen der Petroleum- und Steinkohlenteerdestillation durch Behandeln mit Säure und heißer Luft oder durch Lösen in hochsiedenden Destillaten hergestellt.

Bildung des Erdöls:[4]) Die durchschlagenden geologischen Gründe, welche die Möglichkeit einer Entstehung des Erdöls aus anorganischen Verbindungen nach der Mendelejeff-Berthelotschen Hypothese ausschließen, auch nachdem dieselbe durch die Untersuchungen Moissans über die Metallcarbide, sowie die Kohlenwasserstoffsynthesen von Sabatier und Senderens neue experimentelle Stützpunkte gewonnen hat, sind von H. Höfer[5]) in überzeugender Weise kritisch zusammengestellt. Von großer Bedeutung für die organische Abstammung des Erdöls ist neuerdings das Studium seiner optischen Aktivität geworden. Dasselbe erklärt sich am ungezwungensten durch die Annahme pflanzlicher und tierischer Reste als Muttersubstanzen, die auch das Vorkommen pyridinartiger oder nahe verwandter stickstoffhaltiger Basen in sämtlichen untersuchten Erdölen zu begründen vermag. Als Rohmaterialien des Erdöls kommen hauptsächlich tierische Reste in Betracht, da im allgemeinen ein genetischer Zusammenhang zwischen den massenhaften, notorisch fossilen Pflanzenresten (Steinkohle, Braunkohle usw.) und dem Erdöl nicht besteht, sondern Petroleum und Kohle vollkommen unabhängig voneinander vorkommen. Von einer fauligen Gärung abgesehen, bei der zum Teil Methan entsteht, können aber Pflanzenreste nur unter gleichzeitiger Bildung eines kohligen Rückstands in Kohlenwasserstoffe übergehen, und es müßten daher in den Petroleumlagerstätten sich kohlige Reste finden, was nirgends der Fall ist[6]). Der im Erdöl vorkommende sog. „Molekularkohlenstoff" ist nach Marcusson kolloidaler Asphalt[7]). Neben den tierischen Resten dürfte noch nach den Untersuchungen von G. Krämer und Spilker über Diatomeenschlamm[8]) und von Potonié über den Schlamm von Myexocystis

[1]) R. Kayser, Untersuchungen über natürliche Asphalte mit Berücksichtigung ihrer photochemischen Eigenschaften. Nürnberg 1879.

[2]) Richardson, Journ. Soc. Chem. Ind. **1898**, 13.

[3]) Endemann, Journ. Soc. Chem. Ind. **15**, 871 [1896]; **16**, 191 [1897].

[4]) Die nachfolgende Darstellung ist geschöpft aus „Die neueren Ansichten über die Entstehung des Erdöls" von Carl Engler. Berlin 1907; s. auch Zeitschr. f. angew. Chemie **21**, 1585 [1908] und: „Über Naphthenbildung". VI. Schlußfolgerungen auf die mögliche Bildung der Kohlenwasserstoffe und auf die Erhaltung der optischen Aktivität des Erdöls. Berichte d. Deutsch. chem. Gesellschaft **43**, 405 [1910]. — Die Entstehung des Erdöls. Fortschritte der naturwiss. Forschung. Herausgegeben von Emil Abderhalden 1910, Bd. I.

[5]) Höfer, Das Erdöl und seine Verwandten. Braunschweig 1906. 2. Aufl. S. 168.

[6]) Höfer, Das Erdöl und seine Verwandten. Braunschweig 1906. 2. Aufl. S. 181.

[7]) Marcusson, Chem.-Ztg. **31**, 421 [1907].

[8]) Krämer u. Spilker, Berichte d. Deutsch. chem. Gesellschaft **24**, 2785 [1891]. — Höfer, Das Erdöl und seine Verwandten. Braunschweig 1906. 2. Aufl. S. 184.

flos aquae (Wasserblüte), der schon mit 20% Fett angereichert ist[1]), auch noch eine Mikroflora
für die Petroleumbildung in Betracht kommen, da sich Algen und ähnliche pflanzliche Gebilde
wie die Tierleiber der Makro- und Mikrofauna ohne die Bildung kohliger oder huminartiger
Stoffe zersetzen und so unter Hinterlassung von Pflanzenfett, Wachs usw. das Rohmaterial
für das Erdöl geliefert haben können[1]).

Dagegen betont Hans Höfer, der zuerst aus geologischen Gründen sich für den nur
animalischen Ursprung des Erdöls ausgesprochen hat[2]), denselben aufs neue[3]), da die Beteiligung von Diatomeen wegen des Fehlens ihres Panzerskeletts in den Lagerstätten ausgeschlossen erscheint (Foraminiferenkieselschalen finden sich daselbst vor).

Zu einem großen Prozentsatz mag das Erdöl aus dem Fett unfossilierbarer tierischer
Organismen, die gegenwärtig die Meere reich bevölkern, früher vielleicht in noch größeren
Quantitäten vorgeherrscht haben, herstammen (Zincken 1883). Nach R. Leuckart können zu
solchen unfossilierbaren Tierformen gezählt werden: Infusorien mit Einschluß der Noktiluken,
Aktinien, weiche Polypen, Medusen, Würmer mit Einschluß der Gephyreen, Nacktschnecken,
schalenlose Cephalopoden, möglicherweise kleine Krebse mit weichen Schalen, wie Daphniaden,
Zyklopen (bzw. Cladoceren und Copepoden), die in ungeheurer Menge die Meere bewohnen[4]). —
Die Bildung des Erdöls verläuft in mehreren Phasen. In der ersten Phase der Umwandlung „verschwinden" nach Engler die notorisch leichter zersetzlichen Nichtfettstoffe, die
Proteinstoffe, Zellsubstanz, Zucker, Gummi usw. durch fermentative Zersetzung unter
Spaltung in Wasser, Gase (Kohlensäure, Sumpfgas, Stickstoff usw.), während die Fettstoffe,
feste und flüssige, inklusive der Fettwachse und Wachse, zurückbleiben. Nach Neuberg[5])
mischen sich diesen Fettresten die durch Zersetzung und Fäulnis von Eiweiß aus den Amino-
fettsäuren gebildeten Fettsäuren bei, können aber nach Engler quantitativ nur einen sehr
geringen Teil ausmachen.

Die weiteren Metamorphosen bei der natürlichen Bildung des Erdöls aus
Fettresten sind die Verseifung, die wohl zum Teil schon neben der ersten Phase verläuft,
und die darauffolgende Umwandlung der Fettsäueren in Erdöl. Die Verseifung[6]) kann im
Anschluß an die reichliche Fermentwirkung, durch die die stickstoffhaltige Substanz und
andere Nichtfettstoffe der tierischen und pflanzlichen Reste der Hauptsache nach beseitigt
werden, gleichfalls fermentativ, oder auch durch Wasser allein erfolgen. (Hammeltalg und
Schweineschmalz können durch kaltes Wasser zu freier Säure verseift werden.) Eine weitgehende Spaltung hochmolekularer Fettsäuren durch Fermentwirkung erscheint aber, wenn
nicht ausgeschlossen, so doch sehr wenig wahrscheinlich[7]). Auf die Verseifung dürfte die
Abspaltung von Kohlensäure aus den Säuren oder Estern, von Wasser aus Alkoholen, Oxysäuren usw. folgen, unter Zurücklassung von hochmolekularen, noch mit sauerstoffhaltigen
Resten vermischten Kohlenwasserstoffgemischen (Ozokerit, Seeschlickbitumen). Dann erst
folgt in einer weiteren Phase die Bildung des flüssigen Kohlenwasserstoffgemischs des Erdöls
in einer gewaltsamen Reaktion unter Zersplitterung der hochmolekularen Zwischenprodukte
in leicht flüchtige bis gasige Produkte. Ihre Bildung kann nur auf die gleichzeitige Wirkung
von Druck und Wärme zurückgeführt werden, da sich nur unter diesen Bedingungen Fettstoffe so umsetzen, daß sich vorwiegend Kohlenwasserstoffe und wenig oder keine kohligen
Rückstände bilden[8]). Der in unendlich langen Zeitperioden erfolgende, natürliche Bildungs-

[1]) Engler, Die neueren Ansichten über die Entstehung des Erdöls. Berlin 1907. S. 10. —
Höfer, Das Erdöl und seine Verwandten. Braunschweig 1906. 2. Aufl. S. 209.

[2]) Höfer, Das Erdöl und seine Verwandten. Braunschweig 1906. 2. Aufl. S. 195.

[3]) Höfer, Österr. Zeitschr. f. Berg- u. Hüttenwesen 57, 331 [1909]; Chem. Centralbl. 1909, II, 745.

[4]) Höfer, Das Erdöl und seine Verwandten. Braunschweig 1906. 2. Aufl. S. 188.

[5]) Neuberg, Biochem. Zeitschr. 1, 368 [1907].

[6]) Ob auch die Wachsester dabei ganz oder teilweise hydrolytisch gespalten werden, bleibt
vorerst dahingestellt; s. dazu: Krämer, Chem.-Ztg. 1907, 677.

[7]) Über Bildung von Kohlenwasserstoffen durch Fermentwirkung s. Oliviero, Bildung von
Cinnamen aus Zimtsäure durch Penicilium glaucum und Aspergillus niger; bestätigt durch Versuche von Ripke (Engler, Neuere Anschauungen usw. S. 15). — Nach Weinlandt entstehen
ohne bakterielle Mitwirkung aus dem im Brei der Puppen von Calliphora enthaltenem Fette unter
Abspaltung von Kohlensäure und Wasserstoff wahrscheinlich Kohlenwasserstoffe (Zeitschr. f. Biol.
48, 87 [1906]; nach Engler, Neuere Anschauungen usw. S. 15).

[8]) Über die Möglichkeit der Bildung des Petroleums aus Kalkseifen s. A. Künkler u.
H. Schwedhelm, Seifensieder-Ztg. 35, 165, 1285 [1907]; Chem. Centralbl. 1908, I, 1322; 1909,
I, 871. Aus Öl- und Fettsubstanz bei gewöhnlichem Druck s. A. Künkler, Seifensieder-Ztg. 37,
291 [1910]; Chem. Centralbl. 1910, I, 2031.

prozeß kann auch bei nur wenig gesteigerter Temperatur verlaufen, indem die Temperaturwirkung durch Zeit, sowie durch sehr hohe Druckwirkungen (geologisch durch Faltungen, Werfungen usw. bedingt) kompensiert wird. (Bei der Druckdestillation hochmolekularer Fette und Kohlenwasserstoffe entstehen durch richtige Regulierung von Druck und Temperatur beliebige Spaltungsprodukte; bei mäßiger Temperatur und Druck entstehen Mittelöle, bei hoher Temperatur und hohem Druck leichte flüchtige Produkte.)

Auf das Stadium des gewaltsamen Abbaus unter Bildung ungesättigter Verbindungen folgt ein zweites langsameres Stadium des Aufbaus durch Polymerisation eines Teils der ungesättigten Produkte unter Bildung wieder höher molekularer Produkte, von Schmierölen. Bei den in der Erdkruste mit der Zeit verlaufenden Temperaturschwankungen können diese Umwandlungsphasen in- und übereinandergreifen, einzelne Stoffe schon in Endprodukte umgewandelt sein, während andere, die Äthylene z. B., noch in Zwischenstufen vorliegen, schließlich andere noch gar nicht verändert sind (Wachsester), so daß die Erdöllager als noch in steter, langsamer Umwandlung begriffen angesehen werden können.

Die Selbstpolymerisation der bei der Zersetzung hochmolekularer Verbindungen durch Druckdestillation entstehenden ungesättigten Restspaltstücke ist an den künstlichen Druckdestillaten von Tran, sowie an den Destillaten hochsiedender Teile von Erdöl, Braunkohlenteeröl u. a. experimentell nachgewiesen[1]), ebenso die Bildung von Schmierölen in künstlichen Petroleumdestillaten[2]). Sie läßt sich bei frisch destillierten Mineralschmierölen scharf an dem allmählichen Zuwachs der Zähigkeit bei längerem Aufbewahren erkennen[3]). Von den einzelnen Kohlenwasserstoffgruppen sind hochmolekulare Paraffine als die ersten Umwandlungsprodukte der zunächst gebildeten Bitumina anzusehen. Diese zerfallen beim Erhitzen unter Druck, wie zuerst Thorpe und Joung[4]) gezeigt haben, in kohlenstoffärmere, teils gasförmige Glieder der Methanreihe und in Olefine. Die Möglichkeit, daß die schweren Erdöle durch Polymerisation solcher ungesättigter Kohlenwasserstoffe entstanden seien, hat zuerst Le Bel (1871) ausgesprochen. Über die Bildung der Naphthene und der in ihrer Konstitution noch sehr wenig erforschten Schmieröle herrschte lange Zeit Unsicherheit. Eine künstliche Bildung von Schmierölen ist zuerst durch Einwirkung von Aluminiumchlorid auf die ungesättigten Teile niedriger siedender Fraktionen von schottischen Schieferölen[5]) festgestellt worden; bei der Einwirkung auf ein einfaches Olefin (Amylen) wurde außerdem die Bildung von Naphthenen[6]) konstatiert. Die Frage, wie die in den russischen Erdölen z. B. in so überwiegender Menge vorhandenen Naphthene, die ja Derivate verschiedengliedriger Ringmethylene sind, sich ebenso wie die Paraffine der amerikanischen Erdöle aus tierischen oder pflanzlichen Fett- und Wachsstoffen gebildet haben können, ist erst in jüngster Zeit durch Versuche von C. Engler in befriedigender Weise gelöst worden[7]). Diese Versuche zeigen, daß sowohl die Produkte der Druckerhitzung einfacher Olefine (Amylen, Hexylen), wie der aus ihnen durch Einwirkung von Aluminiumchlorid gewonnenen künstlichen Schmieröle dieselben sind, wie bei der Druckerhitzung eines natürlichen Schmieröls, nämlich: in den niedriger siedenden Fraktionen nur Paraffine, mit steigendem Siedepunkt mehr und mehr Naphthene, bis letztere überwiegen. Da die Olefine bei der Druckerhitzung von Fettresten und von Paraffinen in erheblicher Menge entstehen, so kann auch auf dem Umwege über sie die Bildung der Naphthene und Schmieröle aus Fettstoffen bei der Petroleumbildung erfolgt sein. Wesentlich ist dabei nur, daß die Naphthene erst bei höherer Temperatur durch Zerfall von Schmierölen entstehen, die sich ihrerseits aus den ersten ungesättigten Spaltungsprodukten hochmolekularer Paraffine durch Selbstpolymerisation bilden. Diese Selbstpolymerisation verläuft schon an sich von selbst, wenn auch sehr langsam, und wird durch Temperatur und Drucksteigerung befördert. Sie ist immer von der Bildung niedriger Paraffine begleitet. Steigt die Temperatur noch höher, dann erfolgt ein neuer Zerfall der bereits gebildeten hochmolekularen Polyolefine

[1]) Engler, Berichte d. Deutsch. chem. Gesellschaft **30**, 2358 [1897]. — A. Kronstein, Berichte d. Deutsch. chem. Gesellschaft **35**, 4150, 4153 [1902].

[2]) Engler u. Singer, Berichte d. Deutsch. chem. Gesellschaft **26**, 1449 [1893].

[3]) Ubbelohde, zit. nach Engler, Neuere Ansichten usw. S. 21.

[4]) Thorpe u. Joung, Annalen d. Chemie u. Pharmazie **165**, 1 [1872].

[5]) Fr. Heusler, Zeitschr. f. angew. Chemie **1896**, 288, 318; vgl. Über die Einwirkung von $AlCl_3$ auf Petroleum: Abel, Engl. Patent [1878] 4769; Journ. Soc. Chem. Ind. **1878**, 411.

[6]) Aschan, Annalen d. Chemie u. Pharmazie **324**, 1 [1902].

[7]) Engler, Berichte d. Deutsch. chem. Gesellschaft **42**, 4610 [1909]; **43**, 405 [1910]. — Engler u. Routala, Berichte d. Deutsch. chem. Gesellschaft **42**, 4613, 4620 [1909]; **43**, 388 [1910]. — Engler u. Halmai, Berichte d. Deutsch. chem. Gesellschaft **43**, 397 [1910].

(der Schmieröle), wobei sich nun Naphthene, noch wasserstoffärmere Polyolefine (Schmieröle) und gleichfalls die niederen, gasförmigen und flüssigen Paraffine bilden.

Für Erdöle, welche gleichzeitig reich an Schmierölen und Naphtenen sind (Baku, Wietze), wird man ein gewaltsames Stadium während des Umwandlungsprozesses anzunehmen haben, bei paraffinreichen Ölen (Pennsylvanien, Tegernsee, Elsaß) hat man es entweder mit einer jüngeren Bildung zu tun, oder aber mit einem zwar sehr alten, aber wenig gewaltsamen Abbau der Ausgangsmaterialien, wobei die Bildung von Olefinen fast ganz oder größtenteils unterblieb. Daraus erklärt sich, daß man paraffinreiche Öle mit nur sehr wenig Naphthenen und Schmierölen findet, aber keine naphthenreichen Öle ohne relativ erhebliche Mengen von Paraffinkohlenwasserstoffen in den leichtest flüchtigen Fraktionen. Denn diese bilden sich stets mit den Naphthenen, das Umgekehrte aber findet nicht statt. Mitteltypen des Erdöls (galizische und rumänische) können entweder unter besonderen mittleren Bedingungen von Temperatur, Druck und Zeit entstanden sein, oder es kann ein ursprünglich rein paraffinreiches Öl nachträglich einer erhöhten Temperatur ausgesetzt worden sein. Die Naphthenbildung ist nicht reversibel. Ganz langsamer Abbau bei verhältnismäßig niedriger Temperatur führt also zu vorwiegend paraffinreichen Ölen, wobei je nach dem Zersetzungsstadium die ursprünglichen hochmolekularen Paraffine teilweise schon in leichte Paraffine und Olefine (die weiter Naphthene und Schmieröle bilden) gespalten sein können. Ist im Ausgangsmaterial ein Fettsäureglycerid vorhanden, so treten Olefine eventuell auch als Primärprodukte auf.

Die Bildung der aromatischen Kohlenwasserstoffe, von Benzol und seinen Homologen, die nach neueren Beobachtungen in einzelnen Erdölen reichlich vertreten sind, kann auf Eiweißstoffe, auf Harze oder auch auf die Naphthene (z. B. Dehydrierung derselben durch Schwefel) zurückgehen.

Der Ursprung der optisch - aktiven Bestandteile des Erdöls. Spaltprodukte des Eiweiß, Reste von Harzen, Balsamen, Terpenen, Gerbsäuren u. a. können nur in untergeordnetem Maße daran beteiligt sein, Harze und Terpene schon deswegen, weil man nur Rechtsdrehung beobachtet, diese aber sowohl gleich zahlreich in rechts- wie linksdrehenden Repräsentanten vorkommen.

Für die Beimischung einer einheitlichen, sehr stark drehenden Substanz in geringer Menge spricht, daß die Siedetemperaturen der optisch aktiven Fraktionen von Erdölen verschiedener Provenienz sich in ihrem Maximum durchwegs in einer Höhenlage bewegen.

Maxima des Drehungsvermögens.

Erdöl von	Fraktionen	Saccharim.-Grade bei 200 mm
Wietze (Hannover)	235—275° bei 12 mm	$+10{,}4°$
Baku (Bibi Eybat)	230—278° „ 12—13 mm	$+17{,}0°$
Galizien (Schodnica)	260—285° „ 12 mm	$+22{,}8°$ (25)
Rumänien (Campina)	250—270° „ 12 „	$+22{,}0°$
Java (Koeti IV).	282—286° „ 17 „	$+14{,}3°$
Pennsylvanien	255—297° „ 14 „	$+ 1{,}0°$

Fast alle Öle zeigen erst in den Fraktionen über 200 oder 250° (bei 1 Atm.) einen nachweisbaren Gehalt an optisch-aktiven Bestandteilen, der bis zu dem Maximum, das für Öle verschiedener Gebiete sehr wechselt, meist langsam zunimmt, dann aber rasch sinkt. In einem einzelnen Fall (Pechelbronner Öl) sind zwei Maxima, ein unteres niedriges und ein oberes, mit dem der übrigen Öle übereinstimmendes, mit dazwischenliegenden inaktiven Fraktionen beobachtet worden. Unter gewöhnlichem Druck destilliert, geht durch Racemisierung seine Gesamtaktivität erheblich zurück, die beiden Maxima, nach unten verschoben, bleiben erhalten. Java-Erdöle zeigen in ihren unteren Fraktionen Linksdrehung (unter 190° bis —4,8°), diese werden dann inaktiv und zuletzt stark rechtsdrehend, wobei ebenfalls das Maximum mit dem der übrigen Erdöle zusammenfällt.

Nachdem Marcusson zuerst die Bildung rechtsdrehender Öle bei der Destillation von Wollfettabfällen und Cholesterin nachgewiesen[1]) und auf die Ähnlichkeit ihres optischen Verhaltens mit den von Engler und Kintzi erhaltenen optisch-aktiven Fraktionen des galizischen Erdöls aufmerksam gemacht hat[2]), haben weitere[3]) Versuche ergeben, daß bei

<hr>

1) Marcusson, Mitteil. d. Techn. Versuchsanstalt Berlin 22, 96 [1904]; Chem. Centralbl. 1904, II, 962.

2) Marcusson, Chem. Revue üb. d. Fett- u. Harzind. 12, 1 [1905].

3) Engler, Neuere Ansichten usw. S. 47.

der Destillation von Cholesterin sehr verschiedenartige Produkte erhalten werden können. Im Vakuum geht es fast unzersetzt über und bleibt linksdrehend. Bei gewöhnlichem Druck rasch destilliert, gibt es ein im ganzen rechtsdrehendes oder schwach linksdrehendes Destillat, das im Vakuum in leichter siedende linksdrehende, in später destillierende inaktive, zuletzt in hochsiedende stark rechtsdrehende Fraktionen zerlegt werden kann. Langsame oder wiederholte Destillation bei gewöhnlichem Druck ergab einmal ein Öl von $+112°$, in einem zweiten Fall $+128°$ (200 mm Sacch.-Grad), dessen niedrigste Fraktion Siedep.$_{15}$ = $100—193°$ $—1,2°$, dessen höchste Fraktion Siedep.$_{15}$ = $280—288°$ $+164°$ (200 mm Sacch.-Grad) zeigten.

Durch Zusatz von Cholesterindestillat aktivierte Kunstrohöle zeigen die optischen Maxima in der Fraktion zwischen etwa $250—290°$ bei 14 mm geradeso wie die natürlichen Rohöle. Das Verhalten der Erdöle von Java entspricht dem eines Cholesterindestillats; die linksdrehenden und die folgenden optisch-inaktiven Fraktionen desselben lassen sich wie die Cholesterindestillate durch wiederholtes Destillieren oder längeres Erhitzen auf höhere Temperatur in rechtsdrehende Produkte verwandeln. Es läßt dies auf einen nicht so weit vorgeschrittenen Umwandlungsprozeß dieses Erdöls schließen. Alle angeführten Tatsachen finden ihre Erklärung am besten durch die Annahme, daß Cholesterine (und ebenso Phytosterine) vorwiegend die optisch-aktiven Bestandteile des Erdöls geliefert haben, besonders wegen der Änderung der optischen Drehung, die auf gewaltsame Prozesse bei der Bildung des Erdöls schließen lassen. Wie widerstandsfähig dieser optisch-aktive Bestandteil des Erdöls ist, lehrt die Beobachtung, daß ein natürliches Schmieröl bei wiederholtem stundenlangen Erhitzen auf 400° nur sehr langsam ein wenig an optischer Aktivität einbüßte[1]).

Engler faßt seine Ansichten über die Erdölbildung in folgenden Sätzen zusammen[2]):

I. Das Petroleum ist in der Hauptsache aus den Fettstoffen (feste und flüssige Fette, Fettwachse und Wachse) untergegangener tierischer und pflanzlicher Lebewesen entstanden, nachdem die übrigen organischen Bestandteile derselben durch Fäulnis und Verwesung sich zersetzt hatten. Indirekt können daran auch — doch nur in geringem Maße — die Eiweißstoffe durch Abspaltung von Fettsäuren beteiligt sein.

II. Die Umwandlung der Fettstoffe in Petroleum hat sich unter sehr verschiedenen Bedingungen des Drucks, der Temperatur und in langen Zeitperioden von verschiedener Dauer vollzogen.

III. Die Verschiedenheit der natürlichen Erdöle ist in der Hauptsache durch die verschiedenen Bildungsbedingungen (Druck, Temperatur, Zeit) verursacht und erst in zweiter Linie durch die Natur der Fettstoffe verschiedener Abstammung.

IV. Insoweit es sich um gewöhnliche Fette (Glyceride) handelt, bestand der erste Vorgang des Abbaues wahrscheinlich in der Abspaltung des Glycerins durch Wirkung von Wasser oder von Fermenten, oder von beiden, und also der Ausscheidung freier Fettsäuren. Der Abbau der Wachse kann auch — muß aber nicht — ohne vorherige Verseifung vor sich gegangen sein.

V. Die Möglichkeit der Bildung weiterer Abbau-Zwischenprodukte durch Abspaltung von Kohlensäure und Wasser ist zuzugeben.

VI. Die endgültige Umwandlung dieser Fett-, Wachs- usw. Reste in Erdöl vollzog sich in zwei Stadien: 1. primär: in einer wahrscheinlich langsam verlaufenden gewaltsamen Zersetzung derselben entweder nach Analogie der Druckdestillation oder unter Wärmedruckwirkung ohne Destillation in gesättigte und ungesättigte Spaltstücke (Kohlenwasserstoffe). 2. sekundär: in einem darauf ganz allmählich vor sich gehenden Wiederaufbau komplexer Molekeln (Schmieröle) durch Polymerisation und Addition, sowie der Bildung von Naphthenen durch Umlagerung aus ungesättigten Spaltstücken der primären Zersetzung, eventuell auch noch der Bildung asphaltartiger Produkte durch Anlagerung von Sauerstoff und von Schwefel.

VII. Die optische Aktivität der Erdöle ist auf die Beimischung relativ ganz geringer Mengen einer stark aktiven Ölfraktion zurückzuführen, deren Hauptbestandteil wahrscheinlich aus Cholesterinen (inkl. Phytosterinen) entstanden ist. Geringe Beimischung aktiver Substanzen stammen vielleicht auch von Spaltprodukten der Proteine, von Harzen, Gerbsäuren usw.

---

[1]) Engler, Berichte d. Deutsch. chem. Gesellschaft **43**, 411 [1910].
[2]) Engler, Neuere Ansichten usw. S. 67.

Grenzkohlenwasserstoffe (Paraffine, Methankohlenwasserstoffe).

Vorkommen: Außer in den verschiedenen Erdölsorten, von denen manche, wie das pennsylvanische Erdöl, vorwiegend aus Paraffinkohlenwasserstoffen bestehen, während auch in den sehr naphthenreichen, z. B. russischen Ölen, wenigstens in den niedrigsiedenden Fraktionen reichlich Paraffine vorhanden sind, finden sich reichliche Paraffinkohlenwasserstoffmengen im Braunkohlenteer (in der Provinz Sachsen gewonnen) und in den Destillationsprodukten bituminöser Schiefer (Schottland, Hessen) vor, die zu einem größeren Teil wenigstens nicht erst bei der Destillation entstanden, sondern schon im Ausgangsmaterial vorgebildet sind. Eine besondere Rolle spielt noch das Methan, daß sich durch bakterielle Fäulnisprozesse aus Pflanzenresten, besonders aus Cellulose, aber auch aus anderen Stoffen in der Natur in bedeutendem Umfange bildet, und auch regelmäßig durch ähnliche Prozesse bei den biologischen Vorgängen der Ernährung im Tierreich auftritt. Sonst trifft man Paraffine im rezenten Tierleben nicht, im Pflanzenleben vereinzelt als mehr untergeordnete Bestandteile mancher ätherischen Öle an.

Physiologisch von besonderem Interesse ist die unter bestimmten Bedingungen· zutage tretende Fähigkeit des tierischen Organismus, sowie von tierischen und pflanzlichen Mikroorganismen, Methyl- oder Äthylgruppen zu bilden, wie dies durch die Bildung von Alkylderivaten des Arsens, Tellurs und Selens in die Erscheinung tritt.

Physiologische Eigenschaften: Die Kohlenwasserstoffgruppe ruft als wirksamer Bestandteil in zahllosen Verbindungen der Fettreihe eine narkotische Wirkung, d. i. eine Verminderung der Funktionen des Großhirns, hervor. Dieser Grundcharakter der Wirkung kommt auch den gasförmigen und flüssigen Kohlenwasserstoffen und besonders ihren Halogenderivaten zu. Tetrachlorkohlenstoff CCl_4 ruft wie das Perchloräthylen C_2Cl_4, neben der Narkose durch direkte Erregung des „Krampfzentrums" Konvulsionen hervor. Die Wirkung hängt von der Flüchtigkeit ab[1]. Über die Wirkung siehe auch beim Kapitel Erdöl[2]).

Physikalische und chemische Eigenschaften: Die Anfangsglieder der Methanreihe sind bei gewöhnlicher Temperatur gasförmig, von den Pentanen an flüssig, ungefähr von den Hexadekanen an fest. Der Schmelzpunkt steigt allmählich, der Siedepunkt viel rascher an; die höheren Homologen sieden nur noch unter vermindertem Druck unzersetzt. Die normalen Kohlenwasserstoffe sieden am höchsten, der Siedepunkt liegt um so niedriger, je verzweigter die Kohlenstoffkette ist. Die Differenz für eine Methylengruppe CH_2 beträgt anfangs 30°, bei den höheren Gliedern 25—13°[3]). Die Paraffine besitzen unter den Kohlenwasserstoffen mit gleicher Kohlenstoffzahl das größte Molekularvolumen, also das niedrigste spez. Gewicht. Dies bietet ein sehr wichtiges Unterscheidungsmerkmal von den in ihrem chemischen Verhalten sonst sehr wenig abweichenden, naphthenartigen Kohlenwasserstoffen C_nH_{2n}.

Die Paraffine sind farblos, mit Wasser nicht mischbar; in Alkohol und Äther lösen sich die mittleren Glieder leicht, die höheren nur schwer auf. (Paraffinbestimmungsmethode nach Holde mit einer Alkohol-Äthermischung bei —20°[4]). Sie sind chemisch sehr widerstandsfähig. Nur Chlor wirkt in der Kälte, besonders im Sonnenlicht ein und bildet namentlich bei den ersten Gliedern ein Gemenge verschiedener Substitutionsprodukte; Anwesenheit von Jod begünstigt die Chlorierung. Von Brom und von konz. Schwefelsäure werden sie (zum Unterschied von· den ungesättigten Kohlenwasserstoffen) nicht angegriffen. Rauchende Salpetersäure sowie Chromsäure greifen in der Kälte fast gar nicht an, beim Erhitzen verbrennen sie meist zu Kohlendioxyd und Wasser. Durch Erhitzen mit Salpetersäure vom spez. Gew. 1,075 auf 130—140° entstehen

Nitroderivate.[5]) Aus mittleren normalen Paraffinen entstehen durch längeres Kochen

---

[1]) Schmiedeberg, Grundriß der Arzneimittellehre. Leipzig 1895. 3. Aufl.

[2]) Siehe S. 15.

[3]) Formeln zur Berechnung der Siedepunkte homologer Paraffine, Alkohole, Aldehyde und Ketone hat Ramage (Chem. Centralbl. **1904**, I, 1514) aufgestellt.

[4]) D. Holde, Untersuchung der Mineralöle und Fette. 1905. 2. Aufl. S. 21.

[5]) Konowaloff, Journ d. russ. physikal.-chem. Gesellschaft **25**, 472 [1893]; **26**, 86 [1894]. — Markownikoff, Berichte d. Deutsch. chem. Gesellschaft **33**, 1907 [1900].

mit Salpetersäure oder Salpeterschwefelsäure 1-Nitro- und 1-1-Dinitroderivate[1]). Isoparaffine geben hauptsächlich tertiäre Nitroverbindungen[2]).

Die Mononitroderivate sind echte Nitrokörper $C_nH_{2n+1} \cdot NO_2$, ihre Salze aber Isonitrokörper $C_nH_{2n} : NO \cdot OH$ [3]). Bei vorsichtiger Neutralisation ist die freie Isonitroverbindung vorübergehend beständig; Zersetzung derselben durch überschüssige Säure[4]). Anderweitige Isomerisation der Nitroverbindungen[5]). Mit Zinnchlorür und Chlorwasserstoff werden Nitroparaffine zu β-Alkylhydroxylaminen $R \cdot NH \cdot OH$ [6]), durch starke Salzsäure zu Aldoximenen $R \cdot CH = N \cdot OH$ reduziert[7]). Aus den Grenzkohlenwasserstoffen bilden sich durch Einwirkung rauchender Schwefelsäure beim Siedepunkt der Kohlenwasserstoffe

Sulfonsäuren $C_nH_{2n+1} \cdot SO_2 \cdot OH$ [8]).

Methan (Sumpfgas, Grubengas, Methylwasserstoff, Formen).

Mol.-Gewicht 16.

Zusammensetzung: 75,00% C, 25,00% H.

$$CH_4.$$

$$CH_4 = H - \overset{\displaystyle H}{\underset{\displaystyle H}{\overset{|}{\underset{|}{C}}}} - H.$$

Vorkommen: Als Sumpfgas zuerst beobachtet von Volta (1778)[9][10]). In den meisten Roherdölen und den sie beim Ausströmen begleitenden Gasen. Entströmt häufig für sich und mit anderen Homologen und anderen Gasen der Erde als Erdgas (siehe dieses). In den Exhalationen des Mont Pelée (5,5%)[11]). In den Gasen der sog. Salsen oder Schlammvulkane. Im Grubengas, das mit Luft gemischt, die schlagenden Wetter in (Kohlen-) Bergwerken verursacht[12]). Im sog. Knistersalz von Wieliczka. Biologisch bei fermentativer (bakterieller) Zersetzung von Kohlehydraten. (Im Darmgas des Menschen, von Ommi- und Herbivoren, im Pansen der Wiederkäuer, im Sumpfgas.)

Bildung: Aus den Elementen: a) direkt. Durch direkte Vereinigung von Kohlenstoff und Wasserstoff bei 1200° [13])[14]) und beim Überspringen der elektrischen Lichtbogen zwischen Kohlenspitzen in einer Wasserstoffatmosphäre[14]). Aus Kohlenstoff und Wasserstoff[15]). Aus Kohlenstoff und Wasserstoff (oder Wasserdampf) bei Gegenwart von Co, Ni und Fe[16]). Aus Kohlenstoff (0,03 g reine Zuckerkohle) in einem trocknen Wasserstoffstrom bei 1150° bei Anwendung praktisch bleifreier Porzellanröhren innerhalb 17—25 Stunden in einer Ausbeute von 95%[17]); b) indirekt. Beim Durchschlagen elektrischer Funken durch ein Gemisch

[1]) Worstall, Amer. Chem. Journ. **20**, 202 [1898].

[2]) Konowalow, Journ. d. russ. physikal.-chem. Gesellschaft **31**, 57 [1899]; Chem. Centralbl. **1899**, I, 1063.

[3]) Hantzsch u. Veit, Berichte d. Deutsch. chem. Gesellschaft **32**, 607 [1899].

[4]) Nef, Annalen d. Chemie u. Pharmazie **280**, 267 [1894]. — V. Meyer, Berichte d. Deutsch. chem. Gesellschaft **28**, 203 [1895].

[5]) Bamberger u. Rüst, Berichte d. Deutsch. chem. Gesellschaft **35**, 45 [1902].

[6]) Hoffmann u. V. Meyer, Berichte d. Deutsch. chem. Gesellschaft **24**, 3528 [1891]. — Kirpal, Berichte d. Deutsch. chem. Gesellschaft **25**, 1714 [1892].

[7]) Konowalow, Journ. d. russ. physikal.-chem. Gesellschaft **30**, 960 [1898]; Chem. Centralbl. **1899**, I, 597.

[8]) Worstall, Amer. Chem. Journ. **20**, 664 [1898].

[9]) Lettere del Sign. Alessandro Volta sull' aria infiammabile nativa delle paludi. Milano 1777. — Hoppe-Seyler, Zeitschr. f. physiol. Chemie **10**, 201 [1886].

[10]) Bunsen, Gasometrische Methoden. Braunschweig 1871. S. 157.

[11]) Moissan, Compt. rend. de l'Acad. des Sc. **135**, 1085 [1903]; Bulletin de la Soc. chim. [3] **29**, 437 [1903].

[12]) Hoppe-Seyler, Zeitschr. f. physiol. Chemie **10**, 203 [1886].

[13]) Bone u. Jerdan, Journ. Chem. Soc. **71**, 42 [1897].

[14]) Bone u. Jerdan, Journ. Chem. Soc. **79**, 1044 [1901].

[15]) Berthelot, Compt. rend. de l'Acad. des Sc. **144**, 53 [1907].

[16]) M. Meyer, V. Altmeyer u. J. Jacoby, Journ. f. Gasbel. **52**, 166, 194, 238, 282, 305, 326 [1909]; Chem. Centralbl. **1909**, I, 1853.

[17]) W. A. Bone u. H. F. Coward, Sitzungsber. d. Chem. Soc. London v. 2. Juni 1910; Chem.-Ztg. **1910**, 751; Journ. Chem. Soc. **97**, 1219—25 [1910].

von Kohlenoxyd und Wasserstoff[1]). Bildung beim Durchleiten eines Gemenges von reinem Co und der 3fachen Menge Wasserstoff durch erhitzte Porzellanröhren zwischen 400—1250° (Optimum bei 1000°)[2]). — Beim Überleiten eines Gemisches von Wasserstoff und Kohlenoxyd oder Kohlensäure über reduziertes Nickel oder Kobalt bei 250 bzw. 300°[3]). Bei der Zersetzung von Aluminiumcarbid[4]), Berylliumcarbid[5]), Thoriumcarbid[6]), von Uraniumcarbid und Mangancarbid[7]), z. B. Al_4C_3 (Aluminiumcarbid) $+ 6 H_2O = 2 Al_2O_3 + 4 CH_4$. Aus Schwefelkohlenstoff und Wasserdampf oder Schwefelwasserstoff beim Überleiten des Gemisches über rotglühendes Eisen[8])

$$C{<}^{\substack{S \quad Fe_2 \quad S{<}^{H}_{H}}}_{\substack{S + Fe_2 + S{<}^{H}_{H}}} = C{<}^{\substack{H\\H}}_{\substack{H\\H}} + 2 Fe_2S_2.$$

Aus Schwefelkohlenstoff beim Erhitzen mit Phosphoniumjodid PH_4J auf 120—140°[9]). — Durch Reduktion. Aus Chloroform $CHCl_3$ oder Kohlenstofftetrachlorid CCl_4 beim Durchleiten durch ein glühendes Rohr in Gegenwart von überflüssigem Wasserstoff oder beim Erhitzen mit Kupfer, Jodkalium und Wasser im Rohr[0]). Bei der Einwirkung von Kaliumamalgam auf eine Lösung von Chloroform in Alkohol[11]). Aus Äthylen beim Überleiten über hoch erhitztes, fein verteiltes Nickel[12]); aus Äthylen und Wasserstoff durch reduziertes Nickel oder Nickeloxyd unter hohem Druck und Temperaturen von 130—140°[13]). Durch Belichtung von Aceton in wässeriger Lösung unter Luftabschluß[14]). — Durch pyrogene Zersetzung. Bei der pyrogenen Zersetzung von Äthylalkohol[15])[16]), Acetaldehyd, Paraldehyd und ähnlichen Verbindungen[16]). — Bei der trocknen Destillation von Holz, Steinkohlen (im Leuchtgas), Braunkohlen und anderen Stoffen neben anderen gasförmigen Zersetzungsprodukten derselben. Bei der trocknen Destillation von Bariumformiat neben C_2H_4 und C_3H_6 [17]). Aus Acetaten beim Glühen mit Baryt[18]), mit einem Gemenge von Natriumcarbonat und pulverigem gelöschten Kalk[19]). Durch Fäulnisprozesse (siehe unter Sumpfgasgärung). — Aus Halogen- und Metallalkylen. Aus verkupferten Zinkgranalien, Methyljodid und Methylalkohol[20])[21]). Aus Zinkmethyl[22])[23]) oder Jod (Brom-, Chlor-)methylmagnesium[24]) bei der Zersetzung mit Wasser oder Alkohol.

$$Mg{<}^{J}_{CH_3} + \frac{HOH}{(HOC_2H_5)} = Mg{<}^{J}_{OH} \left(resp.\ Mg{<}^{J}_{OC_2H_5}\right) + CH_4.$$

[1]) Brodie, Annalen d. Chemie u. Pharmazie **169**, 270 [1873].

[2]) Gautier, Compt. rend. de l'Acad. des Sc. **150**, 1564 [1910].

[3]) Sabatier u. Senderens, Compt. rend. de l'Acad. des Sc. **134**, 514, 689 [1902]. — Georg Orlow, Berichte d. Deutsch. chem. Gesellschaft **42**, 893 [1909]. — Herbert G. Elworthy u. E. Henry Williamson, D. R. P. 161 666, Chem. Centralbl. **1905**, II, 1000; D. R. P. 183 412, Chem. Centralbl. **1907**, II, 870; D. R. P. 190 207, Chem. Centralbl. **1908**, I, 187; D. R. P. 191 026, Chem. Centralbl. **1908**, I, 689.

[4]) Moissan, Bulletin de la Soc. chim. [3] **11**, 1012 [1894]; **15**, 1285 [1896]. — Moissan u. Chavanne, Compt. rend. de l'Acad. des Sc. **140**, 407 [1905].

[5]) Lebeau, Compt. rend. de l'Acad. des Sc. **121**, 498 [1895].

[6]) Moissan u. Étard, Annales de Chim. et de Phys. [7] **12**, 429 [1897]. — Moissan, Bulletin de la Soc. chim. [3] **17**, 15 [1897].

[7]) Moissan, Compt. rend. de l'Acad. des Sc. **122**, 423 [1896].

[8]) Berthelot, Annales de Chim. et de Phys. [3] **53**, 69 [1858].

[9]) Jahn, Berichte d. Deutsch. chem. Gesellschaft **13**, 127 [1880].

[10]) Berthelot, Jahresber. d. Chemie **1857**, 267.

[11]) Gerhardt-Regnault, Traité de chimie organique **1**, 603.

[12]) Sabatier u. Senderens, Compt. rend. de l'Acad. des Sc. **124**, 617 [1897].

[13]) Ipatiew, Berichte d. Deutsch. chem. Gesellschaft **42**, 2090 [1909].

[14]) Ciamician u. Silber, Berichte d. Deutsch. chem. Gesellschaft **36**, 1582 [1903].

[15]) Ipatiew, Berichte d. Deutsch. chem. Gesellschaft **34**, 3575 [1901]; **35**, 1408 [1902]; **36**, 1992 [1903].

[16]) Ehrenfeld, Journ. f. prakt. Chemie [2] **67**, 58 [1903].

[17]) Berthelot, Jahresber. d. Chemie **1857**, 426.

[18]) Dumas, Annalen d. Chemie u. Pharmazie **33**, 181 [1841].

[19]) Schorlemmer, Chem. News **29**, 7 [1873].

[20]) Gladstone u. Tribe, Journ. Chem. Soc. **45**, 154 [1884].

[21]) Wright, Journ. Chem. Soc. **47**, 200 [1885].

[22]) Frankland, Annalen d. Chemie u. Pharmazie **71**, 213 [1849]; **85**, 329 [1853]; **99**, 342 [1856].

[23]) Ladenburg u. Krügel, Berichte d. Deutsch. chem. Gesellschaft **32**, 1820 [1899].

[24]) Tissier u. Grignard, Compt. rend. de l'Acad. des Sc. **132**, 835 [1901].

Aus Jodmethylmagnesium und Anilin (sowie anderen primären und sekundären Aminen)[1]. Kaliumhydrür KH setzt sich mit Chlormethyl zu CH_4 und KCl um[2]. Aus Chlormethyl und Natriumammonium in flüssigem Ammoniak[3]. Aus Calciumhydrür[4]. Aus Natriummethylarsinat $CH_3 \cdot AsO_3Na$ und Natronhydroxyd bei 250—280°[5]. — Bildet sich beim Erhitzen von Tetramethylphosphoniumhydroxyd neben $P(CH_3)_3O$. Bildung aus Azomethan $CH_3N:NCH_3$ siehe dieses. — Bildung bei der Einwirkung von Aluminiumchlorid auf Olefine[6], beim Erhitzen derselben (Amylen, Hexylen) unter Druck[7], beim Erhitzen natürlicher[8] und künstlicher[9] Schmieröle unter Druck.

Darstellung:[10][11][12][13][14] Am bequemsten bereitet man das Methan zurzeit mit Hilfe von Jodmethylmagnesium[11][12]. Diffusion[15], durch Quarz bei 1300°[16]. Man benutzt diese Reaktion auch zur Bestimmung des aktiven Wasserstoffs in Hydroxylgruppen durch Methanentwicklung aus $MgJCH_3$ in einer Lösung in Amyläther[17].

Sumpfgasgärung: Tritt durch bakterielle Fäulnisvorgänge in faulenden Pflanzenresten (in Sümpfen) und ebenso sekundär im Verdauungstractus vom Menschen und von Tieren ein. Die Hauptquelle für die Sumpfgasgärung bildet die Cellulose; sie zerfällt dabei vorwiegend unter Bildung von flüchtigen Säuren (Essigsäure und Isobuttersäure), daneben in ein Gemisch von Methan und Kohlensäure. Außer der Cellulose kommen als Quelle der Methanbildung bei der Fäulnis noch Eiweißstoffe (gekochtes Hühnereiweiß, Gelatine, faulende Wolle, Peptone), Furfurol liefernde Substanzen wie Gummi arabicum, ferner Essigsäure, Buttersäure, Milchsäure und Milchzucker in Betracht[18], auch Lecithin. Methan tritt regelmäßig in den Enddarmgasen bei Omnivoren und Herbivoren auf, auch bei reiner Fleischnahrung. Ferner bildet es sich regelmäßig im Vormagen (Pansen) der Wiederkäuer, bei der Aufschließung der cellulosehaltigen Nahrung; beim Ochsen gehen durch diese Gasbildung ca. 10% ihres Energieinhalts verloren. Im Darmgas des Menschen finden sich normalerweise ca. 30% Methan, im Gase aus dem Pansen der Wiederkäuer (neben ca. 60% CO_2) 20—30% Methan. (Nach Oppenheimer, Handbuch der Biochemie des Menschen und der Tiere, III. Band, 2. Hälfte [1909]; S. 46, 136, 140, 142 und 162)[19].

Nach M. L. Söhngen[20] können die Salze der Fettsäuren mit einer geraden Anzahl von Kohlenstoffatomen, sowie auch die ameisensauren Salze einer Methangärung unterliegen; nebenbei entsteht noch Kohlensäure resp. deren Kalksalz. Bei der Gärung reiner Cellulose werden noch erhebliche Mengen Wasserstoffgas absorbiert; auch bei der Methanbildung aus den fettsauren Salzen kann dies eintreten. Bei Anwesenheit von Wasserstoff wird selbst Kohlensäure nach der einfachen Gleichung

$$CO_2 + 4\,H_2 = CH_4 + 2\,H_2O$$

[1]) Houben, Berichte d. Deutsch. chem. Gesellschaft **38**, 3017 [1905].

[2]) Moissan, Compt. rend. de l'Acad. des Sc. **134**, I, 391 [1902].

[3]) Lebeau, Compt. rend. de l'Acad. des Sc. **140**, 1042 [1905].

[4]) M. Mayer u. V. Altmeyer, Berichte d. Deutsch. chem. Gesellschaft **41**, 3074 [1908].

[5]) Anger, Compt. rend. de l'Acad. des Sc. **146**, 1280 [1908].

[6]) Engler u. Routala, Berichte d. Deutsch. chem. Gesellschaft **42**, 4614 [1909].

[7]) Engler u. Routala, Berichte d. Deutsch. chem. Gesellschaft **42**, 4622, 4628 [1909].

[8]) Engler u. Routala, Berichte d. Deutsch. chem. Gesellschaft **43**, 388 [1910].

[9]) Engler, Halmai, Berichte d. Deutsch. chem. Gesellschaft **43**, 397 [1910].

[10]) Schorlemmer. Chem. News **29**, 7 [1873].

[11]) Gladstone u. Triebe, Journ. Chem. Soc. **45**, 154 [1884].

[12]) Wrigt, Journ. Chem. Soc. **47**, 200 [1885].

[13]) Frankland, Annalen d. Chemie u. Pharmazie **71**, 213 [1849]; **85**, 329 [1853]; **99**, 342 [1856].

[14]) Ladenburg u. Krügel, Berichte d. Deutsch. chem. Gesellschaft **32**, 1820 [1899].

[15]) Kassner, Archiv d. Pharmazie **244**, 63 [1906].

[16]) Berthelot, Compt. rend. de l'Acad. des Sc. **140**, 821, 905 [1905].

[17]) Tschugaeff, Berichte d. Deutsch. chem. Gesellschaft **35**, 3912 [1902]. — Zerewitinoff, Berichte d. Deutsch. chem. Gesellschaft **40**, 2031 [1907]; **41**, 2235, 2237 [1908]. (Unterscheidung primärer, sekundärer und tertiärer Amine).

[18]) W. Omelianski, Centralbl. f. Bakt. u. Parasitenkde. **15**, II, 673—687; Chem. Centralbl. **1906**, I, 1034.

[19]) Weitere Literaturzusammenstellung s. noch bei Czapek, Biochemie der Pflanzen. 1905. 2. Aufl. **1**, 290, 291.

[20]) M. L. Söhngen, Sur le rôle du méthane dans la vie organique. Recueil des travaux chim. des Bays-Bas **29**, 239 [1910].

in Methan und Wasser umgewandelt. Die Gärungserreger sind zwei verschiedene Mikroben, die im Schlamm enthalten sind, eine Sarcine und ein Stäbchenbacterium. Die beiden Formen können dadurch getrennt werden, daß die Stäbchen beim Trocknen bei 40° zugrunde gehen, die Sarcinen nicht. Das durch diese Bakterien bei den verschiedensten Anlässen gebildete Methan wird jedoch nie oder in den seltensten Fällen frei in der Natur gefunden. Das liegt daran, daß es selbst wieder für verschiedene Arten von Mikroben als Energiequelle dienen kann. Besonders an den Wasserpflanzen sitzen Mikroben — ein besonderer ist der Bacillus methanicus — die sich von Methan nähren können; es kann ihnen als einzige Nahrungs- und Energiequelle dienen: Die von ihnen verbrauchten Mengen Methan sind sehr erhebliche.

Farb- und geruchloses Gas. Spez. Gew. 0,559. Verflüssigung des Methans[1]). Siedep. —155 bis —160°[2]); Siedep. —130,9° bei 6,7 Atm.; —113,4° bei 16,4 Atm., —98,2° bei 24,9 Atm.; —73,5° bei 56,8 Atm.; Siedep.$_{749}$ = —152,5°[3]). Weiße Nadeln; Schmelzp. —184°. Siedep.$_{760}$ = —164°[4]), Siedep.$_{751}$ = —162°[5]). Spez. Gew. (flüssig) 0,415 bei —164°[6]). Schmelzp. 89° (in abs. Maß), Siedep. 113° (in abs. Maß bei 760 mm)[7]). Kritischer Druck 54,9 Atm.; kritische Temperatur —81,8°; Siedep. —164°; Erstarrp. —185,8°[8]). Dichte: 1 Normalliter bei 0° und 760 mm, auf dem Meeresspiegel und 45. Breitegrad 0,7168 g (nach der Ballonmethode)[9]). (Daraus berechnet. Atomgewicht des C = 12,004.) Dichte[10]). Ausdehnungskoeffizient[11]). Konstanten[12]). 1 Vol. Wasser löst bei t° = (0,05449 — 0,0011807 t + 0,000010278 t^2) Vol. Methan[13]). 1 Vol. abs. Alkohol löst bei t° = 0,522586 — 0,0028655 t + 0,0000142 t^2 Vol. Methan[13]). Löslichkeit in Wasser[14]). Löslichkeit in Methylalkohol, bzw. Aceton[15]). Brennt mit blasser Flamme; Leuchtkraft derselben[16]). Verbrennungswärme 211,930 Cal. für 1 Grammol. bei 18°[17]); 213,5 Cal. bei konstantem Druck[18]). Molekulare Zersetzungswärme[19]). Thermochemie[20]). Molekulares Brechungsvermögen 10,36[21]). Lichtdispersion[22]). Dielektrizitätskonstante[23]). Ionisierungskurve[24]). Kathodengefälle und Spektrum[25]). Glimmlichtspektrum[26]). Dichte und Absorption ultravioletter Strahlen[27]). Molekularzustand in flüssigem Sauerstoff[28]). Kolloidale Lösung von Kalium und Natrium in Methan[29]); Erstarrungspunkt von Methanlösungen in verschiedenen Flüssigkeiten[30]). Okklusion in Metallen, Entstehung dabei durch sekundäre Reaktion[31]).

[1]) Cailletet, Jahresber. d. Chemie 1877, 221.
[2]) Wroblewski, Jahresber. d. Chemie 1884, 197.
[3]) Ladenburg u. Krügel, Berichte d. Deutsch. chem. Gesellschaft 32, 1820 [1899].
[4]) Moissan, Bulletin de la Soc. chim. [3] 11, 1012 [1894]; 15, 1285 [1895].
[5]) Ladenburg u. Krügel, Berichte d. Deutsch. chem. Gesellschaft 33, 638 [1900].
[6]) Olszewski, Jahresber. d. Chemie 1887, 72.
[7]) H. Erdmann, Chem.-Ztg. 31, 1075 [1907].
[8]) K. Olszewski, Chem. Centralbl. 1908, II, 1328.
[9]) G. Baume u. F. L. Perrot, Compt. rend. de l'Acad. des Sc. 148, 39 [1909]. — Ph. A. Guye, Memoires de la soééités de la physique et d'histoire naturelle de Genève 35, 547—694 [1909]; Bulletin de la Soc. chim. [3] 40, 339 [1909].
[10]) Leduc, Compt. rend. de l'Acad. des Sc. 140, 642 [1905].
[11]) Leduc, Compt. rend. de l'Acad. des Sc. 148, 1173 [1909].
[12]) Nernst, Chem. Centralbl. 1906, II, 399.
[13]) Bunsen, Gasometrische Methoden. S. 157.
[14]) Winkler, Berichte d. Deutsch. chem. Gesellschaft 34, 1417 [1901]; Zeitschr. f. physikal. Chemie 55, 344 [1906].
[15]) Levi, Gazzetta chimica ital. 31, II, 525 [1901].
[16]) Wright, Journ. Chem. Soc. 47, 200 [1885].
[17]) Thomson, Thermochemische Untersuchungen 4, 49 [1889].
[18]) Berthelot u. Matignon, Bulletin de la Soc. chim. [3] 11, 739 [1894].
[19]) Mixter, Chem. Centralbl. 1901, II, 1250.
[20]) H. Stanley u. Redgrove, Chem. News 95, 301 [1872].
[21]) Kanonnikow, Journ. f. prakt. Chemie [2] 31, 361 [1885].
[22]) Stanislas Loria, Chem. Centralbl. 1909, I, 1085.
[23]) J. Amar, Compt. rend. de l'Acad. des Sc. 144, 482 [1907].
[24]) Bragg u. Cooke, Philos. Mag. [6] 14, 425 [1909]; Chem. Centralbl. 1909, II, 1396.
[25]) Gehlhoff, Annalen d. Physik [4] 24, 553 [1909].
[26]) Himstedt u. H. v. Dechend, Physikal. Zeitschr. 9, 852 [1908].
[27]) Eva v. Bahr, Annalen d. Physik [4] 29, 780 [1909].
[28]) Hunter, Chem. Centralbl. 1906, II, 485.
[29]) The Svedberg, Chem. Centralbl. 1908, I, 88.
[30]) P. Falciola, Atti della R. Accad. dei Lincei Roma [5] 17, 324 [1908].
[31]) B. Delachanal, Compt. rend. de l'Acad. des Sc. 148, 561 [1909].

Ist chemisch sehr indifferent. Bleibt beim Durchleiten durch ein bis zum Erweichen erhitztes Kaliglasrohr bis auf eine geringe Bildung von Naphthalin unverändert. Thermische Zersetzung[1]. Gleichgewicht $CH_4 \rightleftarrows C + 2\,H_2$ in Gegenwart von Ni und Co[2]. Berechnung[3]. Der Funken eines kräftigen Induktionsapparates verwandelt Methan in Kohlenstoff, Wasserstoff und etwas Acetylen[4]. Wirkung des elektrischen Lichtbogens auf Methan[5]. Bildet mit Luft ein explosives Gemisch. Methanknallgas[6]. Explosionsgrenze mit Luft[7]. Entzündungstemperatur[8]. Explosionsgeschwindigkeit[9]. Einfluß von Wasserstoff auf die Entzündlichkeit des Grubengases[10]. Oxydiert sich mit Sauerstoff bei 300—500° allmählich zu Wasser, Kohlenoxyd und Kohlendioxyd, wobei als Zwischenprodukt Formaldehyd auftritt[11]. Oxydation mit Luft bei gewöhnlicher Temperatur zu Formaldehyd mittels Rinde[12]. Oxydation durch Mikroorganismen[13]. Beim Erhitzen mit Wasserdampf auf 954—1054° entstehen Kohlenoxyd und Wasserstoff[14]. Zersetzung durch Magnesium[15] und Aluminium[16] beim Glühen. Zersetzung durch Magnesium[17]. Konz. Schwefelsäure absorbiert Methan sehr langsam[18]. Trocknes Chlor reagiert im Dunkeln nicht mit Methan; im Sonnenlicht explodiert das Gemisch der beiden Gase; im diffusen Licht wird Methan durch Chlor substituiert. Einwirkung der dunkeln elektrischen Entladung in Gegenwart von Nickel[19]: auf feuchtes Methan[20]; auf Methan und Acetylen[21]; auf Methan und Benzol[22].

Bestimmung: In Wasserstoff- (und Äthan-, Äthylen-) Luftgemisch durch fraktionierte Verbrennung mit Palladium(asbest)[23]; mit CuO[24]. Verbrennungstemperatur von Methan bei Gegenwart von Palladiumasbest[25]. Unvollständige Verbrennung bei der gewöhnlichen Elementaranalyse, Bedingungen vollständiger Verbrennung[26]. Methan als Fehlerquelle bei

[1]) Bone u. Coward, Journ. Chem. Soc. **93**, 1197 [1908].

[2]) Mayer u. Altmeyer, Berichte d. Deutsch. chem. Gesellschaft **40**, 2134 [1906].

[3]) H. v. Wartenberg, Zeitschr. f. physikal. Chemie **61**, 366 [1908]; **63**, 269 [1908].

[4]) Berthelot, Annalen d. Chemie u. Pharmazie **123**, 211 [1862].

[5]) Bone u. Jerdan, Journ. Chem. Soc. **71**, 59 [1897].

[6]) W. Mistelli, Journ. f. Gasbel. **48**, 802 [1905]; Chem. Centralbl. **1905**, II, 1075.

[7]) Nic. Teclu, Journ. f. prakt. Chemie [2] **75**, 212 [1907].

[8]) Dixon u. Coward, Journ. Chem. Soc. **95**, 514 [1909].

[9]) Emich, Berichte d. Deutsch. chem. Gesellschaft **42**, 2462 [1909].

[10]) L. Volf, Österr. Zeitschr. f. Berg- u. Hüttenwesen **56**, 323 [1908]; Chem. Centralbl. **1908**, II, 455.

[11]) Bone u. Wheeler, Journ. Chem. Soc. **81**, 541 [1902]; **83**, 1074 [1903]. — Bone u. Drugman, Journ. Chem. Soc. **89**, 676 [1906].

[12]) Sauerstoff- und Stickstoffindustrie, Hausmann & Co., D. R. P. 214 155; Chem. Centralbl. **1909**, II, 1510.

[13]) H. Kaserer, Zeitschr. f. landw. Versuchswesen in Österreich **8**, 789—794 [1905]; Chem. Centralbl. **1905**, II, 980. — N. L. Söhngen, Centralbl. f. Bakt. u. Parasitenkde. **15**, II, 513—517 [1906]; Chem. Centralbl. **1906**, I, 949; **1906**, II, 622. Siehe auch oben bei Sumpfgasgärung S. 25.

[14]) Lang, Zeitschr. f. physikal. Chemie **2**, 166 [1888].

[15]) Kusnezow u. Lidow, Journ. d. russ. physikal.-chem. Gesellschaft **37**, 940 [1905]; Chem. Centralbl. **1906**, I, 330.

[16]) M. Kusnezow, Berichte d. Deutsch. chem. Gesellschaft **40**, 2871 [1907].

[17]) Novák, Zeitschr. f. physikal. Chemie **73**, 513 [1910].

[18]) Worstall, Amer. Chem. Soc. **21**, 246 [1899].

[19]) Berthelot, Compt. rend. de l'Acad. des Sc. **126**, 568 [1898].

[20]) W. Loeb, Zeitschr. f. Elektrochemie **12**, 282 [1906]; Berichte d. Deutsch. chem. Gesellschaft **41**, 87 [1908].

[21]) Losanitsch, Berichte d. Deutsch. chem. Gesellschaft **40**, 4656 [1907].

[22]) Losanitsch, Berichte d. Deutsch. chem. Gesellschaft **41**, 2683 [1908].

[23]) K. Charitschkow, Journ. d. russ. physikal.-chem. Gesellschaft **34**, 710—716 [1902]; Chem. Centralbl. **1903**, I, 195. — V. Marci, L'industria chimica **6**, 285—289 [1904]; Chem. Centralbl. **1904**, II, 1337. — F. Richardt, Inaug.-Diss. Karlsruhe. I. Teil; Journ. f. Gasbel. **47**, 566—570 [1904]; Chem. Centralbl. **1904**, II, 365. — W. Misteli, Journ. f. Gasbel. **48**, 802 [1905]; Chem. Centralbl. **1905**, II, 1075. — Nesmjelow, Zeitschr. f. analyt. Chemie **48**, 232 [1909].

[24]) Jäger, Journ. f. Gasbel. **1898**, 764. — G. v. Knorre, Chem.-Ztg. **33**, 717 [1909].

[25]) Haas, Chem. Centralbl. **1906**, II, 68.

[26]) Dennstedt u. Hassler, Journ. f. Gasbel. **49**, 45—47 [1906]; Chem. Centralbl. **1906**, I, 868.

der Stickstoffbestimmung[1]). Eudiometrische Methanbestimmung[2]). Fortlaufende Analyse in Gasgemischen[3]). Gehalt der Bunsenflamme an Methan[4]), in den Explosionsgasen von Sprengstoffen[5]). Bestimmung nach der Verbrennung durch elektrometrische Kohlensäurebestimmung[6]).

Hydrat $CH_4 \cdot 6 H_2O$ [7]).

Methylfluorid CH_3Fl. Durch Erhitzen von methylschwefelsaurem Kalium und Kaliumfluorid[8]). Aus Tetramethylammoniumfluorid durch Erhitzen[9]). Aus Methylchlorid und Silberfluorid[10])[11]). Wirkt narkotisch und gleichzeitig durch den Fluorgehalt giftig[12]). Gas. Kritischer Zustand 44,9° und 47 123 mm[9]). Tension des flüssigen Methylfluorids: 11 365 mm bei —5°; 14 696 mm bei 0°; 20 091 mm bei 10°; 46 010 mm bei 45°. Ätzt Glas nicht. 1 Vol. Wasser löst bei 15° $1^2/_3$ Vol. Methylfluorid. Chlor erzeugt im Sonnenlicht Fluorchlormethylen CH_2FlCl, das durch Wasser langsam in Chlorwasserstoffsäure und Flußsäure zerlegt wird[9]).

Methylenfluorid CH_2F_2. Aus Methylenchlorid und Fluorsilber bei 180°[11])[13]). Gas. Alkoholisches Kali bildet Fluorkalium und Formaldehyd.

Fluoroform CHF_3. Aus Jodoform und Chloroform durch Silberfluorid[11])[14]). Wirkt wie das Chloroform, hat aber durch den Fluorgehalt schädliche Nachwirkungen[12]). Gas. Verflüssigt sich bei 20° und 40 Atm. Druck.

Fluorkohlenstoff CFl_4. Durch direkte Einwirkung von Fluor auf fein verteilten Kohlenstoff, Methan, Chloroform oder Tetrachlorkohlenstoff[15]). Aus Tetrachlorkohlenstoff und Silberfluorid[11])[15]). Gas. Verflüssigt sich bei —15° oder bei +10° und 5 Atm. Druck. Wenig löslich in Wasser. Greift Glas in der Hitze an.

Methylchlorid (Chlormethyl, Methylium chloratum).

Mol.-Gewicht 50,35.

Zusammensetzung: 23,8% C, 5,9% H, 70,3% Cl.

$$CH_3Cl.$$

Bildung: Durch Chlorieren von Methan[16]). Durch Erhitzen von Methylalkohol, Kochsalz und Schwefelsäure[17]). Durch Einwirken von Zink auf Monochlormethyläther[18]). Durch Spaltung zahlreicher, die Methoxylgruppe enthaltender Verbindungen beim Erhitzen mit konz. Salzsäure unter Druck. Durch trockne Destillation von salzsaurem Trimethylamin $N \cdot (CH_3)_3 \cdot HCl$ (aus Rübenschlempe) bei 325—350°[19]).

Darstellung: Man löst geschmolzenes Chlorzink in der doppelten Menge Methylalkohol und leitet in die kochende Lösung trockne Chlorwasserstoffsäure ein[20]). Aus Dimethylsulfat

[1]) H. G. Denham, Journ. Soc. Chem. Ind. **24**, 1202.

[2]) N. Grehant, Compt. rend. de l'Acad. des Sc. **143**, 813 [1907]; **144**, 555 [1907]; **145**, 622 [1908]; **146**, 1199 [1908].

[3]) A. Koepsel, Zeitschr. f. chem. App.-Kunde **3**, 377 [1908]; Chem. Centralbl. **1908**, II, 1289; **1909**, II, 148; Verhandl. d. Deutsch. physikal. Gesellschaft **11**, 237 [1909].

[4]) Lacy, Zeitschr. f. physikal. Chemie **64**, 633 [1908].

[5]) Poppenberg u. Stephan, Zeitschr. f. d. ges. Schieß- u. Sprengstoffwesen **4**, 281 [1909]; Chem. Centralbl. **1909**, I, 1507.

[6]) G. Bodländer, Zeitschr. f. Elektrochemie **11**, 185 [1905].

[7]) De Forcrand, Compt. rend. de l'Acad. des Sc. **135**, 959 [1902].

[8]) Dumas u. Peligot, Annalen d. Chemie u. Pharmazie **15**, 59 [1835].

[9]) Collie, Journ. Chem. Soc. **55**, 110 [1889].

[10]) Moissan u. Meslans, Jahresber. d. Chemie **1888**, 931.

[11]) Chabrié, Bulletin de la Soc. chim. [3] **7**, 22 [1892].

[12]) C. Binz, Verhandl. d. internat. med. Kongr. zu Berlin **2**, 63.

[13]) Moissan, Berichte d. Deutsch. chem. Gesellschaft **23**, Ref. 461 [1891].

[14]) Meslans, Berichte d. Deutsch. chem. Gesellschaft **23**, Ref. 377 [1890]; Annales de Chim. et de Phys. [7] **1**, 395 [1894].

[15]) Moissan, Berichte d. Deutsch. chem. Gesellschaft **23**, Ref. 272, 426 [1891].

[16]) Berthelot, Annales de Chim. et de Phys. [3] **52**, 97 [1858].

[17]) Dumas u. Peligot, Annalen d. Chemie u. Pharmazie **15**, 17 [1835].

[18]) Fileti u. De Gaspari, Gazzetta chimica ital. **27**, II, 293 [1897].

[19]) Vincent, Jahresber. d. Chemie **1878**, 1135.

[20]) Groves, Annalen d. Chemie u. Pharmazie **174**, 378 [1874].

und Kaliumchlorid) (bequeme Arbeitsmethode)[1]). Aus aromatischen Dimethylsäureamiden, z. B. $C_6H_5 \cdot CON(CH_3)_2$ durch Erhitzen mit Phosphorpentachlorid[2]). Kommt als Flüssigkeit komprimiert in eisernen Flaschen in den Handel.

Physiologische Eigenschaften: Man benutzt die durch die starke Verdunstungskälte hervorgerufene Kälteanästhesie in der kleinen Chirurgie; gewöhnlich verwendet man eine Mischung mit Äthylchlorid. Es kommt zu diesem Zweck in kleinen Metallzylindern mit Druckverschluß in den Handel. Eine gesättigte Lösung von Chlormethyl in Chloroform, sog. Compound-liquid-Richardson, ist als Ersatz für Chloroform in der Narkose vorgeschlagen worden. Chlormethyl besitzt den vierten Teil der narkotischen Wirkung des Chloroforms[3]). Zur Prüfung auf seine Reinheit für medizinische Zwecke leitet man etwas Gas in kaltes Wasser und prüft auf neutrale Reaktion, Abwesenheit von Salzsäure (mit Silbernitrat) und von Chlor (mit Jodkaliumstärkekleisterpapier).

Physikalische und chemische Eigenschaften: Farbloses, ätherisch riechendes Gas. Schmelzp. —103,6° [4]); —91,5° [5]). Siedep. —23,73° [6]); —21° [7]). Spez. Gew. 0,99145 bei —23,7°; 0,95231 bei 0°; 0,91969 bei 17,9°; 0,87886 bei 39° [8]). Gewicht eines Normalliters bei 0° und 760 mm, unter 45° Breite am Meeresspiegel: 2,3045 g [9]); Gewicht eines Liters bei 0° und 547,4 mm: 1,6495 g, bei 0° und 341,45 mm: 1,0228 g[10]). Verflüssigung[11]); kritisches Volumen[12]); kritische Konstanten $T_c = 143,2°$; $p_c = 65,85$ Atm.[13]). Kompressibilität[9])[13]). Kompressibilitäts-Koeffizient bei 0° zwischen 0 bis 1 Atm.: $+0,02215$ [10]). Ausdehnungskoeffizienten (Berechnung)[14]). Verbrennungswärme für 1 Mol. bei 18°: 164,770 Cal.[15]). Verdampfungswärme 96,9 Cal.[16]). Löslichkeit: 1 Vol. Wasser löst 4 Volumteile, 1 Vol. abs. Alkohol löst 35 Volumteile, 1 Vol. Eisessig löst 40 Volumteile gasförmiges Chlormethyl[7]). Molekulare Erhöhung der kritischen Temperatur durch Auflösung fremder Substanzen[17]). Starke dissoziierende Wirkung als Lösungsmittel[18]). Erstarrungskurve des binären gasförmigen Systems Chlormethyl-Methyläther[5]). Spezifische magnetische Empfindlichkeit[19]). Eignet sich wegen des niedrigen Siedepunkts bequem zur Erzielung bestimmter, niedriger Außentemperaturen durch Verdampfen unter vermindertem Druck bei genauen kryoskopischen Messungen (Verwendungsbereich bis —22°, Äther bis 0°)[20]). Methylchlorid gibt mit Chlor im Sonnenlicht Methylenchlorid, Chloroform und Tetrachlorkohlenstoff. Zur vollständigen Chlorierung leitet man die Dämpfe von Chlor und Chlormethyl bei 250—350° über Tierkohle. Unter gleichen Bedingungen entsteht mit Brom Methylenbromid, Bromoform und Tetrabromkohlenstoff[21]). Mit Wasserstoff über fein verteiltes, auf 210° erhitztes Nickel geleitet, zerfällt Chlormethyl in Kohlenstoff, Wasserstoff und Chlorwasserstoff[22]). Einwirkung von Natriumammonium[23]) (Methanbildung); von

---

1) Weinland u. Schmid, Berichte d. Deutsch. chem. Gesellschaft **38**, 2327 [1905].
2) E. Merck, D. R. P. 168 728; Chem. Centralbl. **1906**, I, 1469.
3) Kionka, zit. nach Kobert, Lehrbuch der Intoxikationen. 1906. 2. Aufl. **2**, 897.
4) Ladenburg u. Krügel, Berichte d. Deutsch. chem. Gesellschaft **32**, 1821 [1899].
5) Baume, Compt. rend. de l'Acad. des Sc. **148**, 1322 [1909].
6) Regnault, Annalen d. Chemie u. Pharmazie **33**, 328 [1840].
7) Berthelot, Annales de Chim. et de Phys. [3] **52**, 97 [1858].
8) Vincent u. Delachanal, Bulletin de la Soc. chim. **31**, 11 [1879].
9) G. Baume, Journ. de Chim. phys. **6**, 1—91 [1908]; Chem. Centralbl. **1908**, I, 1142.
10) Ph. Guye, Memoires de la société de physique et d'histoire naturelle de Genève **35**, 547 bis 694 [1908]; Chem. Centralbl. **1909**, I, 977.
11) Caubet, Chem. Centralbl. **1900**, II, 465.
12) Centnerszwer, Zeitschr. f. physikal. Chemie **49**, 199 [1904].
13) Ph. Guye, Memoires de la société de physique et d'histoire naturelle de Genève **35**, 547 bis 694 [1908]; Chem. Centralbl. **1909**, I, 713.
14) Leduc, Compt. rend. de l'Acad. des Sc. **148**, 1173 [1909].
15) Thomson, Thermochemische Untersuchungen **4**, 89 [1889].
16) Chappius, Annales de Chim. et de Phys. [6] **15**, 517 [1888].
17) Centnerszwer, Zeitschr. f. physikal. Chemie **61**, 356 [1907].
18) Timmermans, Bulletin de la Soc. chim. de Belg. **20**, 305 [1907]; Chem. Centralbl. **1907**, I, 1006.
19) Pascal, Compt. rend. de l'Acad. des Sc. **148**, 413 [1909].
20) Giran, Bulletin de la Soc. chim. [4] **1**, 290 [1907].
21) Damoiseau, Jahresber. d. Chemie **1881**, 376.
22) Sabatier u. Mailhe, Compt. rend. de l'Acad. des Sc. **138**, 407 [1904].
23) Lebeau, Compt. rend. de l'Acad. des Sc. **140**, 1042 [1905].

Kaliumhydrür KH (Methanbildung)[1]). Einwirkung von Ammoniak[2]). Reaktionsgeschwindig keit bei der Bildung von Thiosulfatester[3]).

Hydrat $CH_3Cl \cdot 6 H_2O$. Entsteht aus Wasser und Chlormethyl unter Druck bei niederer Temperatur, reguläre Krystalle[4]).

Methylenchlorid CH_2Cl_2. Aus Methylchlorid und Chlor[5]). Aus Methylenjodid und Chlor[6]). Aus Chloroform durch Reduktion mit Zink und alkoholischem Ammoniak[7]). Darstellung: Man chloriert unter Wasser befindliches Methylenjodid[8]). Auf mit dem 2—3fachen Volumen Alkohol versetztes Chloroform läßt man Zink und Salzsäure einwirken[9]). Flüssigkeit. Siedep. 41,6° (korr.); spez. Gew. 1,37777 bei 0—4°[10]). Verbrennungswärme für 1 Mol. bei konstantem Druck 106,8 Cal.[11]). Mit überschüssigem Wasserstoff über fein verteiltes Nickel bei 200° geleitet, zerfällt es in Kohlenstoff und Chlorwasserstoff[12]). Einwirkung von Natriumacetat[13]). Mit Einfach- und Dreifach-Chlorjod entstehen bei 100—220° Chloroform und Hexachlorbenzol[14]). Mit Bromjod bei 110—180° Jodoform, Chlordijodmethan und Dichlordijodmethan. Einwirkung von Dreifach-Bromjod[15]). Beim Erhitzen mit Jod auf 200° entsteht Dijodmethan. Einwirkung von Kaliumjodid und Alkohol bei 180—200°[14]). Langes Erhitzen mit Wasser zersetzt Methylenchlorid in Kohlenoxyd, Salzsäure, Chloroform und Ameisensäure[15]). Mit methylalkoholischem Ammoniak bildet sich Hexamethylentetramin. Verwendung: Methylenchlorid (Methylenum chloratum, Methylenum bichloratum) ist wiederholt, zuletzt von **Eichholz** und **Genther**, als Ersatz des Chloroforms empfohlen worden. Soll so schnell, aber weniger nachhaltig wie Chloroform wirken, auf Puls und Respiration aber nicht so gefährlich wie dieses[16]). Ein als „Englisches Methylenchlorid", „Methylenchlorid-Richardson" anempfohlenes Präparat erwies sich als eine Mischung von 1 Vol. Methylalkohol und 4 Vol. Chloroform.

Hydrat $CH_2Cl_2 \cdot 6 H_2O$. Aus Methylenchlorid und Wasser bei niederer Temperatur. Reguläre Krystalle, bis $+ 2°$ unter Atmosphärendruck beständig[17]).

Chloroform (Trichlormethan).

Mol.-Gewicht 119,1.
Zusammensetzung 10,1 C, 0,8% H, 89,1% Cl.

$$CHCl_3 = H-\overset{\displaystyle Cl}{\underset{\displaystyle Cl}{C}}-Cl.$$

Bildung: Bei der Einwirkung von Chlorkalk auf Aceton[18]) und Äthylalkohol[19]), nicht auf Methylalkohol[20]). Eeim Erwärmen von Chloral $CCl_3 \cdot CHO$ mit Alkalien unter gleichzeitiger Bildung von Ameisensäure[18]). Beim Kochen von Trichloressigsäure $CCl_3 \cdot COOH$ mit

---

[1]) Moissan, Compt. rend. de l'Acad. des Sc. **134**, I, 391 [1902].
[2]) Dubowski, Chem. Centralbl. **1899**, I, 1066.
[3]) Slator, Journ. Chem. Soc. **85**, 1286 [1904].
[4]) Villard, Annales de Chim. et de Phys. [7] **11**, 377 [1896].
[5]) Regnault, Annalen d. Chemie u. Pharmazie **33**, 328 [1840].
[6]) Butlerow, Annalen d. Chemie u. Pharmazie **111**, 251 [1859].
[7]) Perkin, Zeitschr. f. Chemie **1868**, 714.
[8]) Butlerow, Zeitschr. f. Chemie **1869**, 276.
[9]) Greene, Jahresber. d. Chemie **1879**, 490.
[10]) Thorpe, Journ. Chem. Soc. **37**, 195 [1880].
[11]) Berthelot u. Ogier, Bulletin de la Soc. chim. **36**, 68 [1881].
[12]) Sabatier u. Mailhe, Compt. rend. de l'Acad. des Sc. **138**, 407 [1904].
[13]) Arnold, Annalen d. Chemie u. Pharmazie **240**, 204 [1887].
[14]) Höland, Annalen d. Chemie u. Pharmazie **240**, 231 [1887].
[15]) André, Jahresber. d. Chemie **1886**, 627.
[16]) Villard, Annales de Chim. et de Phys. [7] **11**, 377 [1898].
[17]) Eichholz u. Geuther, Deutsche Medizinal-Ztg. **1887**, 749.
[18]) Liebig, Annalen d. Chemie u. Pharmazie **1**, 199 [1832].
[19]) Soubeiran, Annales de Chim. et de Phys. [2] **48**, 131.
[20]) Bĕlohoubek, Annalen d. Chemie u. Pharmazei **165**, 349 [1873].

Ammoniak[1]). Durch Elektrolyse einer verdünnten, alkoholischen Chlorkaliumlösung[2]). Bildung aus Jodoform und Chlorsilber bei gelindem Erwärmen und Verreiben mit wässerigem Alkohol[3]).

Darstellung: Wenig Alkohol wird mit einem Gemisch aus Chlorkalk, Ätzkalk und Wasser verrieben, dann abdestilliert. Das gebildete Chloroform scheidet sich als schwere Schicht ab, wird abgetrennt, mit konz. Schwefelsäure wiederholt gewaschen und fraktioniert destilliert[4]). Man fügt allmählich zu einem Chlorkalkbrei Aceton[5]). Man unterwirft mit Chlor behandelten, damit möglichst gesättigten Alkohol der gleichzeitigen Einwirkung von Chlorkalk und Alkalien unter Erwärmen und nach dem Gegenstromprinzip[6]).

Zur Gewinnung eines für offizinelle Zwecke geeigneten Chloroforms, das von den nach obigem Verfahren häufig vorhandenen Verunreinigungen frei ist, behandelt man wasserfreies Chloral mit der dreifachen Menge Natronlauge vom spez. Gew. 1,1. Oder man reinigt das Chloroform über die Doppelverbindung mit o-Kresotid oder Tetrasalicylid[7]). In einem 150—200 ccm fassenden Zylinder mit aufgesetztem Rückflußkühler werden 100 ccm Wasser, 20 g Kochsalz und 4 ccm Aceton mittels einer zylindrischen Platinanode und einer drahtförmigen Platinkathode mit 6 oder weniger Ampere elektrolysiert. Nach 8—10 Ampèrestunden scheidet sich Chloroform am Boden des Gefäßes ab, ein Teil wird durch Aceton in Lösung gehalten. Während der Elektrolyse muß das sich bildende Alkali durch Durchleiten eines langsamen Chlorstroms dauernd neutralisiert werden[8]). Darstellung durch Elektrolyse einer wässerig-alkoholischen Chlorcalciumlösung[9]).

Physiologische Eigenschaften: Durch Einatmen mit Luft verdünnter Chloroformdämpfe wird zuerst allmähliches Erschlaffen der Gefäßgebiete (zentrale Lähmung der Gefäßnervenursprünge), dann vollständiges Schwinden der Empfindungen, des Bewußtseins, der willkürlichen und reflektorischen Bewegungen herbeigeführt, während die Atmung und die Herzkontraktionen (bei Verminderung der Funktionsfähigkeit der motorischen Herzganglien) sich verlangsamen, aber regelmäßig und genügend kräftig bleiben. An zahlreichen Tierarten, auch an Affen, ist sicher festgestellt, daß bei einer regelrecht bis zum Tod fortgeführten Narkose die Respiration vor der Herztätigkeit zum Stillstand kommt. [Pariser (1855), englische (1864) Kommission, indische „Hyderabad Chloroform-Commissionen" (1889, 1890).] Durch zu starke Dosierung (besonders bei forcierter Atmung) kann jedoch plötzlicher Herzstillstand infolge starken Sinkens des Blutdrucks (durch Lähmung des Herzens und Verminderung des zentralen Gefäßnerventonus) verursacht werden. Am besten hilft dann noch abwechselnde Entleerung und Füllung des Herzens durch länger fortgesetzten, rhythmisch ausgeübten Druck auf den Brustkorb. Auch bei normaler Narkose kann bei Menschen der Tod durch primären Stillstand des Herzens eintreten, wenn die Muskulatur des letzteren durch Verfettung, Dilatation oder andere Veränderungen geschwächt ist[10]). Eine eingehende Besprechung der akuten, der protrahiert akuten und chronischen Vergiftung bei der Inhalation von Chloroform, sowie der Vergiftung bei innerlicher Einnahme findet sich in Kobert, „Lehrbuch der Intoxikationen, 2. Aufl., II. Band (1906), S. 896ff., ebendort ein ausführliches Literaturverzeichnis. Erste Versuche am Tier[11]). Erste Versuche am Menschen[12]). Statistik: Bei 163 493 Narkosefällen im Jahre 1890—1894 wurden insgesamt 61 Todesfälle gezählt (1 : 2655). Bei reinem Chloroform kam 1 Todesfall auf 2655 Narkosen, bei Chloroform mit Äther 1 auf 8014, bei Billroth-Mischung 1 auf 4890, bei Bromäther 1 auf 3662, bei Äther allein 1 auf 26 268[13]).

---

[1]) Dumas, Annalen d. Chemie u. Pharmazie **32**, 113 [1839].

[2]) Chem. Fabrik vorm. Schering, D. R. P. 29 771; Friedländer, Fortschritte der Teerfabrikation **1**, 576.

[3]) Oechsner de Coninck, Bulletin de la Soc. chim. [4] **5**, 626 [1909].

[4]) Goldberg, Journ. f. prakt. Chemie [2] **24**, 114 [1881].

[5]) Orndorff u. Jessel, Amer. Chem. Journ. **10**, 365 [1888].

[6]) Besson, D. R. P. 129 237; Chem. Centralbl. **1902**, I, 789.

[7]) Anschütz, Berichte d. Deutsch. chem. Gesellschaft **25**, 3512 [1892]; D. R. P. 70 614, Friedländer, Fortschritte der Teerfabrikation **3**, 825.

[8]) Teeple, Journ. Amer. Chem. Soc. **26**, 536 [1904].

[9]) Trechcinski, Journ. d. russ. physikal.-chem. Gesellschaft **38**, 734 [1906]; Chem. Centralbl. **1907**, I, 13.

[10]) Zit. nach Schmiedeberg, Grundriß der Arzneimittellehre. 1895. 3. Aufl. S. 22ff.

[11]) Flourens, Compt. rend. de l'Acad. des Sc. **8**, 342 [1847].

[12]) Simpson, Account on a new anaesthetic agent as a substitute for sulfuric ether. Communication to the medico-chir. Soc. of Edinburgh. 15. Nov. 1847.

[13]) Gurlt, Chirurgenkongreß 1894.

Über Verteilung des Chloroforms in den einzelnen Stadien der Narkose in den verschiedenen Organen, über Übergang von Mutter auf Foetus usw., Einfluß auf Blutdruck, Zusammensetzung der Blutgase siehe die Arbeiten von Tissot und Mitarbeitern[1]), Nicloux und Mitarbeitern[2]), Frisson[3]); ferner die Gießener Dissertationen A. Gumtrow [1904], Schneider [1905], Günther, Hölscher [1906], Möller, Sturhan, Dunker [1907] und die Utrechter Dissertation G. A. van Berg [1904].

Inspiriertes und exspiriertes Chloroform[4]), Absorption in den späteren Stadien der Anästhesie[5]). Bei der Anästhesierung des Hundes werden ca. 50% des vom Blut und von den Geweben fixierten Chloroforms zersetzt (Zersetzung des Chloroforms durch Blut s. unten bei physikalisch-chemische Eigenschaften)[6]). Die anästhesierende und die tödliche Dosis des Chloroforms im Blute[7]). Maximalaufnahme durch das Blut während der Anästhesie[7]). Beteiligung der Paralyse der Vasoconstrictoren der Gefäße der Eingeweide und der Nieren an der Blutdruckerniedrigung bei der Chloroforminhalation[8]). Einwirkung auf die Leber[9])[10]), auf den Herzmuskel[11]). Absorption des Chloroforms durch die Haut[12]). Mehrtägige Hyperleukocytose bei gesunden Kaninchen nach überstandener Narkose[13]). Einwirkung auf die Froschhaut[14]). Ausscheidung durch die Nieren[15])[16]). Über Chloroformanästhesie[17]). Vergleich der Äther- und Chloroformanästhesie: Die absolute Äthermenge im Blut ist größer als die Chloroformmenge. Ausscheidung des Äthers erfolgt rascher. Äther verteilt sich zwischen Plasma und Blutkörperchen, sowie zwischen Gehirn und Medulla gleich; von Chloroform sind in den Blutkörperchen 7—8mal größere Mengen als im Plasma, in der Medulla 1,5mal mehr als im Gehirn[18]). Acetonurie bei Chloroformanästhesie[19]). Blutdruck und Respiration bei der akuten Chloroformvergiftung[20]). Reaktionszeit bei der Gehörreizung in der Chloroformnarkose[21]). Einfluß auf die intravitale Methylenblaufärbung[22]). Einfluß von flüssigem und dampfförmigem Chloroform auf die Keimfähigkeit von getrocknetem Samen[23]). Wachstumsförderung (bei Erbse) durch Behandeln des Nährbodens mit Chloroform zwecks Sterilisierung (wahrscheinlich hervorgerufen durch die Reizwirkung zurückgebliebener Reste oder deren Zersetzungsprodukte auf die junge Pflanze)[24]). Einfluß auf die Enzyme des Hefesafts[25]). Über entgegengesetzte Beeinflussung des Tierorganismus durch Chloroform und durch Cocain oder Strychnin und umgekehrt, über Anwendung dieser entgegengesetzten Wirkungen bei toxischer Wirkung des Chloroforms bzw. Cocains[26]). Anwendung des Chloroforms zur Darstellung von Lymphe (Chloroformwasser [1 : 200] vermag in 1—6 Stunden ohne Beeinträchtigung der spezifischen

---

[1]) Tissot und Mitarbeiter, Compt. rend. de l'Acad. des Sc: 140, 384, 459, 681, 806 [1905]; Compt. rend. de la Soc. de Biol. 60, 195—206, 238—269 [1905].

[2]) Nicloux u. Mitarbeiter, Compt. rend. de la Soc. de Biol. 60, 88—96, 144—148, 193—195, 206—209, 243—250, 373—375 [1905]; 62, 1153; 63, 220, 391; Compt. rend. de l'Acad. des Sc. 142, 302—305 [1906].

[3]) Frisson, Thèse Paris 1907.

[4]) A. J. Waller u. B. J. Collingwood, Journ. of Physiol. 32, 24 [1907].

[5]) B. J. Collingwood, Journ. of Physiol. 32, 28 [1907].

[6]) Nicloux, Compt. rend. de l'Acad. des Sc. 150, 1260 [1910].

[7]) J. A. Buckmaster u. Gardner, Proc. Roy. Soc. 78, 414 [1907]; 79, 309, 555 [1907].

[8]) Embley u. Martin, Journ. of Physiol. 32, 147 [1907].

[9]) Doyon u. Billet, Compt. rend. de l'Acad. des Sc. 140, 1276 [1905].

[10]) H. G. Weller, Journ. of biol. Chemistry 5, 129 [1908].

[11]) A. Bornstein, Archiv f. Anat. u. Physiol., Physiol. Abt. 1907, 383.

[12]) Schwenkenbecher, Archiv f. Anat. u. Physiol., Physiol. Abt. 1904, 121.

[13]) A. Perrucci, Arch. di Farmacol. 5, 479 [1906].

[14]) Alcock, Chem. Centralbl. 1906, II, 897.

[15]) Vitali, Chem. Centralbl. 1899, II, 61.

[16]) Nicloux, Journ. de Pharm. et de Chim. [6] 24, 64 [1906]. Im Hundeharn 6—8 mg Chloroform in 100 ccm nach der Narkose.

[17]) Bergmann, Skand. Archiv f. Physiol. 17, 60 [1905].

[18]) Nicloux, Compt. rend. de l'Acad. des Sc. 142, 163, 303 [1906]; 144, 341 [1907].

[19]) Baldwin, Chem. Centralbl. 1906, I, 862.

[20]) Polimanti, Archive di Farmacol. sperim. 6, 251 [1907].

[21]) C. A. Herter u. Richards, Amer. Journ. of Physiol. 12, 207 [1905].

[22]) Archetti, Chem. Centralbl. 1902, II, 258.

[23]) Becquerel, Compt. rend. de l'Acad. des Sc. 140, 1049 [1905].

[24]) Nobbe u. Richter, Landw. Versuchsstationen 60, 433 [1904].

[25]) F. Duchaček, Biochem. Zeitschr. 18, 391 [1909].

[26]) J. Dogiel, Archiv f. d. ges. Physiol. 127, 357—442 [1909].

Wirkung die Bakterien zu töten, wozu bei der Einwirkung von Glycerin einige Wochen erforderlich sind)[1]; als Gegenmittel nach Einatmung nitroser Dämpfe[2]. Es fällt Hämoglobinlösungen beim Schütteln bei 50—55°[3], dabei erleidet das Hämoglobin eine Veränderung seines spektralen Verhaltens[4]. Koaguliert Eiweiß[5][6]. Besitzt größere Löslichkeit in Serum, Hämoglobinlösung[7] und in Blut[8] als in Wasser. Wird durch Zusatz von Lecithin (und umgekehrt) zur Aufnahme von Lab und Trypsin befähigt[9].

Zersetzlichkeit des Chloroforms. Für die Anwendung des Chloroforms zur Narkose sind die Verunreinigungen, die dem Chloroform von der Darstellung her beigemischt sind, aber auch in ganz reinen Präparaten durch die leichte Zersetzlichkeit durch Licht und Luft sich bilden (Bildung von Phosgen $COCl_2$), sehr zu beachten. Ganz reines Chloroform ruft in anästhesierenden Dosen keine oder fast gar keine Wirkung auf den Blutdruck, das Herz und das Gefäßsystem hervor. Diese gewöhnlich auftretenden Erscheinungen können zum scharfen biologischen Nachweis von Verunreinigungen durch eingetretene Zersetzung dienen[10]. Nachweis organischer Verunreinigungen, die von der Fabrikation herstammen, durch Schütteln mit konz. Schwefelsäure; Färbung nach 4—5stündigem, eventuell bis 12stündigem Stehen zeigt solche an. Die Verfärbung tritt schon nach wenigen Minuten ein mit Formaldehydschwefelsäure[11]. Zersetzung durch Gasflammen[12], Demonstration derselben[13], Zerfall durch Licht und Luft[14], Zerfall in pflanzlichen Ölen[15]. Zur Konservierung setzt man dem Chloroform etwas Alkohol (ca. 1%) zu[16][17]. Auch Terpentinöl, Walrat, Menthol, Terpentinöl, Citronellol, Geraniol, Methyl- und Amylsalicylat, Guajacol, Thymol, Safrol, Jonon und Methylprotocatechualdehyd in Mengen von 2—4⁰/₀₀ konservieren das Chloroform in diffusem Licht in ungefärbten Gläsern. Prüfung auf beginnende Zersetzung (Säurebildung) durch ein mit Kongorot gefärbtes Stückchen Holundermark, welches dauernd im Chloroform liegen bleibt[18]. Reaktion des alkoholhaltigen Chloroforms mit Ätzkali[19][20]. Trocknes Präparat zur Herstellung von Chloroform[21]. Bereitung von Chloroformwasser[22].

Bestimmung des Chloroforms: Durch Reduktion von Fehlingscher Lösung[23]. Durch Abspaltung von Chlorkalium mit alkoholischer Kalilauge im Rohr bei 100°[24]. Bestimmung in Blut und Organen[25][26]: Das Chloroform wird unter Zusatz von Alkohol und einer organischen Säure [Oxalsäure[25] oder Weinsäure[26]] abdestilliert und unter Einhaltung bestimmter Versuchsbedingungen durch $1/_2$—$3/_4$stündiges Erhitzen unter Rückfluß[26] oder längeres Stehenlassen[25] das Chlor durch alkoholisches Kali quantitativ abgespalten. Bestimmung[27]

[1]) Green, Proc. Roy. Soc. 72, 1 [1903].
[2]) Seyffert, Chem. Centralbl. 1904, I, 472.
[3]) Formánek, Zeitschr. f. physiol. Chemie 29, 416 [1900].
[4]) Fr. Krüger, Beiträge z. chem. Physiol. u. Pathol. 3, 67 [1902].
[5]) E. Salkowski, Chem. Centralbl. 1901, I, 333.
[6]) Loew u. Aso, Bull. Coll. Agric. Tokio; Chem. Centralbl. 1902, II, 388.
[7]) B. Moore u. H. E. Roaf, Proc. Roy. Soc. 73, 382 [1904]; 77, 86—102 [1906].
[8]) A. D. Waller, Proc. Roy. Soc. 74, 55 [1905].
[9]) E. Reiß, Berl. klin. Wochenschr. 1904, Nr. 45; Chem. Centralbl. 1905, I, 1001.
[10]) Joh. Feigel u. H. Meier, Biochem. Zeitschr. 1, 317 [1906].
[11]) Stadelmeyer, Pharmaz. Post 43, 418 [1910]. — Linke, Apoth.-Ztg. 25, 426 [1910].
[12]) Schomburg, Chem. Centralbl. 1898, II, 1012.
[13]) Gerlinger, Archiv f. experim. Pathol. u. Pharmakol. 47, 438 [1902].
[14]) Schorl u. Van den Berg, Pharmac. Weekblad 43, 8 [1905]; Chem. Centralbl. 1905, II, 1623; 1906, I, 442.
[15]) Popow, Journ. d. russ. physikal.-chem. Gesellschaft 38, 1114 [1907]; Chem. Centralbl. 1907, I, 843.
[16]) Masson, Chem. Centralbl. 1899, II, 88.
[17]) Adrian, Apoth.-Ztg. 18, 430 [1903]; Chem. Centralbl. 1903, II, 306.
[18]) Breteau u. Woog, Compt. rend. de l'Acad. des Sc. 143, 1193 [1906].
[19]) Van der Harst, Pharmac. Weekblad 43, 1306 [1906]; Chem. Centralbl. 1907, I, 368.
[20]) F. Stengel, Zeitschr. d. allg. österr. Apoth.-Vereins 46, 279 [1907]; Chem. Centralbl. 1908, I, 262.
[21]) Liebreich, Chem. Centralbl. 1906, II, 1789.
[22]) Mansier, Chem. Centralbl. 1898, II, 372.
[23]) Baudrimont, Zeitschr. f. Chemie 1869, 728.
[24]) Saint-Martin, Zeitschr. f. analyt. Chemie 30, 497 [1891].
[25]) Tissot u. Masson, Compt. rend. de la Soc. de Biol. 60, 238 [1905].
[26]) Nicloux, Bulletin de la Soc. chim. [3] 35, 321 [1906]; Compt. rend. de la Soc. de Biol. 60, 238 [1906]; 63, 391 [1907].
[27]) Coutelle, Chem. Centralbl. 1906, I, 821.

in der Luft[1]). Bestimmung in Leichenteilen[2]). Gerichtliche Ermittlung[3]). Bestimmung in Pastillen[4]). Hemmender Einfluß eines Chloroformzusatzes auf die Nylander-Reaktion des Harns[5]). Bestimmung des Alkoholgehalts[6]). Nachweis des Alkohols nach Überführung in Aldehyd durch die Reaktion von Simon - Rimini (Blaufärbung mit Nitroprussidnatrium und Dimethylaminlösung)[7]).

Farbenreaktion. Erhitzt man eine alkoholische Thymollösung unter Zusatz von wenig Pottasche (wasserfrei) mit 1 Tropfen Chloroform kurze Zeit zum Sieden, fügt nach dem Abkühlen 1 ccm konz. Schwefelsäure hinzu und erhitzt aufs neue, so tritt prachtvolle Violettfärbung ein, mit charakteristischem, dem Oxyhämoglobin ähnlichem Absorptionsspektrum. Ähnlich reagieren Bromoform und Jodoform[8]). Farbenreaktion mit Resorcin und Natronlauge[9]). Nachweis durch die Isonitrilreaktion siehe S. 36. Apparate zur Extraktion von Lösungen mit Chloroform[10]).

Physikalische und chemische Eigenschaften: Ätherisch riechende, süßlich schmeckende Flüssigkeit, deren Dämpfe stark betäubend wirken. Schmelzp. $-70°$[11]), $-62,2°$[12]), $-63,2°$[13]). Siedep. $61,2°$ bei 760 mm[14]); $60,6°$ bei 754,3 mm; $62,2°$ bei 759,6 mm[12]); $60,4°$ bei 755,0 mm[13]). Spez. Gew. 1,52 637 bei $0°/4°$[15]) 1,52 635 bei $0°/4°$[14]); 1,48 069 bei $25°$[16]); 1,5039 bei $11,8°/4°$; $1,4081°$ bei $60,9°/4°$[17]). 1000 ccm Wasser von $22°$ lösen 4,2 ccm Chloroform, 1000 ccm Chloroform nehmen 1,52 ccm Wasser auf[18]). Löslichkeit in Wasser und Tension des mit Wasser gesättigten Chloroforms[19]). Absorptionskoeffizient des Chloroformdampfs für Wasser[20]). Oberflächenspannung an der Grenzfläche Chloroform-Wasser[21]). Ausdehnungskoeffizient[22]). Ausdehnungskoeffizient unter Druck[23]). Capillaritätskonstante beim Siedep. $a^2 = 3,150$[24]). Gesteigerte Viscosität einer Aceton-Chloroformmischung als Zeichen der Bildung molekularer Verbindungen ($CHCl_3 + CH_3 \cdot CO \cdot CH_3 \rightleftharpoons CH_3 \cdot COCH_3 \cdot CHCl_3$)[25]). Binnendruck 1680[26]). Kompressibilität[27])[28]). Innere Reibung[29]). Molekulare Attraktion[30]). Wärmekapazität[31]) des Dampfes[32]). Lösungs- und Mischungswärme für verschiedene Flüssigkeiten[33]). Kontrak-

[1]) Harcourt, Chem. Centralbl. **1899**, II, 1140; **1900**, I, 229.

[2]) Seyda, Chem. Centralbl. **1897**, II, 815.

[3]) Kippenberger, Chem. Centralbl. **1900**, I, 879.

[4]) Douzard, Amer. Journ. of Pharmacy **80**, 511 [1908]; Chem. Centralbl. **1909**, I, 46.

[5]) H. Bechold, Zeitschr. f. physiol. Chemie **46**, 371 [1905].

[6]) Nicloux, Chem. Centralbl. **1906**, II, 362.

[7]) Rusconi, Arch. de Farmacol. experim. **8**, 157 [1909].

[8]) Dupouy, Chem. Centralbl. **1903**, II, 603.

[9]) Schwarz, Zeitschr. f. analyt. Chemie **27**, 668 [1888].

[10]) Lentz, Chem. Centralbl. **1901**, II, 1245. — Baum, Chem. Centralbl. **1905**, I, 317. — Winter, Chem. Centralbl. **1905**, I, 417.

[11]) Berthelot, Bulletin de la Soc. chim. **29**, 3 [1878].

[12]) Carrara u. Coppadoro, Gazzetta chimica ital. **33**, I, 329 [1903].

[13]) Archibald u. McIntosh, Journ. Amer. Chem. Soc. **26**, 305 [1904].

[14]) J. Timmermans, Bulletin de la Soc. chim. Belg. **24**, 244—269 [1910]. Chem. Centralbl. **1910**, II, 442.

[15]) Thorpe, Journ. Chem. Soc. **37**, 196 [1880].

[16]) Linebarger, Amer. Chem. Journ. **18**, 442 [1896].

[17]) R. Schiff, Annalen d. Chemie u. Pharmazie **220**, 95 [1883].

[18]) Herz, Berichte d. Deutsch. chem. Gesellschaft **31**, 2670 [1898].

[19]) Rex, Zeitschr. f. physikal. Chemie **55**, 355 [1906].

[20]) Winkler, Zeitschr. f. physikal. Chemie **55**, 344 [1906].

[21]) G. Antonow, Journ. d. russ. physikal.-chem. Gesellschaft **39**, 342 [1907]; Chem. Centralbl. **1907**, II, 1295.

[22]) Thorpe, Journ. Chem. Soc. **37**, 196 [1880].

[23]) Grimaldi, Gazzetta chimica ital. **17**, 19 [1887].

[24]) R. Schiff, Annalen d. Chemie u. Pharmazie **223**, 72 [1884].

[25]) D. E. Tsakalotos, Bulletin de la Soc. chim. [4] **3**, 234 [1908].

[26]) Chr. Winther, Zeitschr. f. physikal. Chemie **60**, 756 [1907].

[27]) Richards u. Stull, Chem. Centralbl. **1904**, I, 1638; **1904**, II, 635.

[28]) A. Ritzel, Zeitschr. f. physikal. Chemie **60**, 319 [1907].

[29]) Beck, Zeitschr. f. physikal. Chemie **48**, 641 [1904]. — Beck u. Ebbinghaus, Zeitschr. f. physikal. Chemie **58**, 409 [1907].

[30]) J. E. Mills, Journ. of phys. Chemistry **13**, 512 [1906]; Chem. Centralbl. **1909**, II, 2113.

[31]) Timofejew, Chem. Centralbl. **1905**, II, 429.

[32]) Dalton, Philos. Mag. [6] **13**, 536 [1907].

[33]) Timofejew, Chem. Centralbl. **1905**, II, 432.

tion[1]) und Temperaturerhöhung[2]) beim Mischen mit trocknem Äther (Maximalkontraktion entsprechend der Bildung der Verbindung $CHCl_3 \cdot (C_2H_5)_2O$ 1,4% bei 20—22°[1]); Temperatursteigerung bei 15° 12—15°, vermutliche Konstitution der Verbindung: $(C_2H_5) \cdot (CCl_3) \cdot O \cdot (C_2H_5) \cdot H$[2]). Molekulare Konstitution von Acetonchloroformgemischen aus dem Partialdruck der reinen Flüssigkeit bestimmt. Dichtenkurve der Mischung[3]). Messung des Partialdampfdrucks von Acetonchloroformgemisch[4]). Verhalten des Chloroforms bei Verwendung zu ebulioskopischen Bestimmungen[5]). Verdampfungsgeschwindigkeit des Chloroforms aus stark gealtertem Chloroformgel des Myricylalkohols[6]). Elektrische Wanderung und elektrolytische Zersetzung des Chloroforms[7]). Molekulare Verbrennungswärme bei konstantem Druck 89,2 Cal.[8]). Verbrennungswärme als Dampf bei 18° 107,030 Cal.[9]). Kryoskopisches Verhalten in Anilin- und Dimethylanilinlösung[10]), in flüssiger Blausäure[11]). Einfluß von Alkohol und Chloräthyl auf den Siedepunkt[12]). Molekulares Brechungsvermögen 39,59[13]). Brechungsexponent $n_D^{15°} = 1,4466$[14]), $n = 1,4490$[15]), Absorptionsspektrum[15])[16]) und Dielektrizitätskonstante[17])[18]). Einwirkung des Chloroforms auf die Drehung von gelöstem Äthyltartrat[19]). Spezifische molekulare Ionisierung, durch α-, β- und γ-Strahlen[20]). Ionisierung durch γ-Strahlen und durch Röntgenstrahlen[21]). Einwirkung auf die n- und n_1-Strahlung[22]). Ionisierung durch sekundäre γ-Strahlen[23]). Einwirkung von gelösten Oleaten auf das Induktionsvermögen[24]). Chemische Konstanten des Chloroforms[25]).

Beim Durchleiten von Chloroformdämpfen durch ein rotglühendes, mit Asbest gefülltes Rohr entstehen Perchlorbenzol C_6Cl_6, Perchloräthan C_2Cl_6 und wenig Perchloräthylen C_2Cl_4[26]). Reaktion bei Gegenwart von etwas Jod[27]). Wird Chloroform mit überschüssigem Wasserstoff bei 210° über feinverteiltes Nickel geleitet, so zerfällt es in Kohlenstoff und Salzsäure[28]). Reduktionsmittel, Zink und Schwefelsäure, liefern Methylenchlorid, Alkohol und Zinkstaub Methan, Kaliumamalgan bildet Acetylen. Einwirkung von Natrium bei Gegenwart von wenig Alkohol[29]). Einwirkung von Ozon bei niedriger Temperatur[30]): Bildung einer blauen Lösung, die sich schon nach $1/4$ Stunde unter Bildung von $COCl_2$, HCl und O_2 entfärbt. Einwirkung von Chlor[31]). Brom führt bei 225—275° Chloroform in Bromtrichlormethan, Dibromdichlor-

[1]) Georgijewsky, Journ. d. russ. physikal.-chem. Gesellschaft **34**, physikal. Teil, 565 [1902].

[2]) Rosenthaler, Archiv d. Pharmazie **244**, 24 [1906]; Pharmaz. Centralhalle **48**, 557 [1907].

[3]) Doležalek, Zeitschr. f. physikal. Chemie **64**, 727 [1908].

[4]) Rosanoff u. Easley, Journ. Amer. Chem. Soc. **31**, 953 [1909].

[5]) E. Beckmann, Zeitschr. f. physikal. Chemie **63**, 177 [1908].

[6]) Fischer u. Bobertag, Biochem. Zeitschr. **18**, 58 [1909].

[7]) F. Botazzi, Atti della R. Accad. dei Lincei Roma [5] **18**, II, 133 [1909].

[8]) Berthelot, Annales de Chim. et de Phys. [6] **28**, 134 [1893].

[9]) Thomsen, Themochemische Untersuchungen **4**, 108 [1889].

[10]) Ampola u. Rimatori, Gazzetta chimica ital. **27**, I, 37, 54 [1897].

[11]) Lespieau, Compt. rend. de l'Acad. des Sc. **140**, 855 [1905].

[12]) J. Wade u. H. Finnemore, Journ. Chem. Soc. **85**, 938 [1904].

[13]) Kanonikow, Journ. f. prakt. Chemie [2] **31**, 352 [1885].

[14]) Beithien u. Hennicke, Pharmaz. Centralhalle **48**, 1005 [1907].

[15]) v. Kazay, Pharmaz. Post **40**, 531 [1906]; Chem. Centralbl. **1907**, II, 773.

[16]) Spring, Recueil des travaux chim. des Pays-Bas **16**, 1 [1897].

[17]) Drude, Zeitschr. f. physikal. Chemie **23**, 309 [1897].

[18]) Gorke, Köppe u. Staiger, Berichte d. Deutsch. chem. Gesellschaft **41**, 1156 [1908].

[19]) Patterson, Proc. Chem. Soc. **21**, 78 [1904]; Journ. Chem. Soc. **87**, 313 [1905].

[20]) Kleeman, Proc. Roy. Soc. **79**, Ser. A, 220 [1907].

[21]) Eve, Chem. Centralbl. **1904**, II, 1586.

[22]) J. Becquerel, Compt. rend. de l'Acad. des Sc. **138**, 1159 [1904]. — Meyer, Compt. rend. de l'Acad. des Sc. **138**, 1335 [1904].

[23]) Kleeman, Chem. Centralbl. **1909**, II, 1196.

[24]) Kahlenberg u. Anthony, Chem. Centralbl. **1906**, II, 1818.

[25]) Nernst, Chem. Centralbl. **1906**, II, 399.

[26]) Ramsey u. Joung, Jahresber. d. Chemie **1886**, 628.

[27]) Besson, Bulletin de la Soc. chim. [3] **9**, 175 [1893].

[28]) Sabatier u. Mailhe, Compt. rend. de l'Acad. des Sc. **138**, 407 [1904].

[29]) Hardy, Annales de Chim. et de Phys. [3] **65**, 340 [1862].

[30]) Erdmann, Annalen d. Chemie u. Pharmazie **362**, 133 [1908]; Chem. Centralbl. **1908**, I, 1089. — Harries, Annalen d. Chemie u. Pharmazie **343**, 311—375 [1906]; Chem. Centralbl. **1905**, II, 542.

[31]) Mouneyrat, Bulletin de la Soc. chim. [3] **19**, 262 [1898].

methan und Tribromchlormethan über[1]). Schwefelsäureanhydrid bildet Kohlenoxyd, Chlorsulfonsäure $SO_2\diagdown_{OH}^{Cl}$ und Pyrosulfurylchlorid $Cl \cdot SO_2 \cdot O \cdot SO_2Cl$ [2]). Pyroschwefelsäure oxydiert zu Carbonylchlorid $COCl_2$, desgleichen Chromsäure[3]). Bei längerem Erhitzen mit rauchender Salpetersäure entstehen geringe Mengen Chlorpikrin[4]). Bei der Einwirkung von wässeriger oder alkoholischer Kalilauge entsteht Ameisensäure und Salzsäure[5]), daneben entweicht etwas Kohlenoxyd[5)6]). Bildung von Äthylen dabei[7]). Auch im Blut geht Chloroform teilweise in Kohlenoxyd über[8]). Lösungen von der Alkalinität des Blutes sowie Blut zersetzen Chloroform fast ausschließlich nach der Gleichung $CHCl_3 + 3\,KOH = 3\,KCl + CO + 2\,H_2O$ unter Kohlenoxydentwicklung[9]). Auch Hefezellen zersetzen das zur Sterilisation zugesetzte Chloroform unter Kohlenoxydbildung[10]). Mit Natriumäthylat entsteht Orthoameisensäureäthylester[11]). Wässeriges Ammoniak, auch Wasser allein, bildet bei 220—225° Ameisensäure, Kohlensäure und Salzsäure[12]); alkoholisches Ammoniak, besonders in Gegenwart von etwas Kali, erzeugt Blausäure und Salzsäure[13]). Phenole geben mit Chloroform und Kalilauge Aldehyde[14]). Mit primären Basen (Anilin) und alkoholischem Kali bildet Chloroform beim Erwärmen Isonitrile $R \cdot N = C$ von charakteristischem, durchdringendem üblen Geruch (Nachweis des Chloroforms)[15]). Einwirkung von Natriumammonium[16]), von amalgamiertem Aluminiumpulver bei 70°[17]), von Arsen[18]). Acetylnitrat $CH_3 \cdot CO \cdot ONO_2$ bildet Chlorpikrin $CCl_3 \cdot NO_2$ [19]). Beständigkeit gegen Bleinitrat[20]). Mit Wasser bildet Chloroform ein Hydrat $CHCl_3 + 18\,H_2O$, das bei 1,6° schmilzt und dabei in die Komponenten zerfällt[21]). Hydrat[22]) und Thiohydrat[23]).

Tetrachlorkohlenstoff.

Mol.-Gewicht 153,4.
Zusammensetzung: 7,8% C, 192,2% Cl.

$$CCl_4 .$$

$$\begin{array}{c} Cl \\ | \\ Cl-C-Cl. \\ | \\ Cl \end{array}$$

Bildung: Durch Einwirken von Chlor auf Methan[24]), sowie von Chlor[25]) oder Chlorjod[26]) auf Chloroform. Aus Schwefelkohlenstoff und Chlor[27]), besonders bei Gegenwart von Alu-

[1]) Besson, Berichte d. Deutsch. chem. Gesellschaft **25**, Ref. 188 [1892].

[2]) Armstrong, Zeitschr. f. Chemie **1870**, 247.

[3]) Emmerling u. Lengyel, Annalen d. Chemie u. Pharmazie, Suppl. **7**, 101 [1869].

[4]) Mills, Annalen d. Chemie u. Pharmazie **160**, 117 [1871].

[5]) Geuther, Annalen d. Chemie u. Pharmazie **123**, 121 [1862].

[6]) Desgrèz, Compt. rend. de l'Acad. des Sc. **125**, 780 [1897]. — Thiele u. Dent, Annalen d. Chemie u. Pharmazie **302**, 273 [1898].

[7]) G. Mossler, Monatshefte f. Chemie **29**, 573 [1908].

[8]) Desgrèz u. Nicloux, Compt. rend. de l'Acad. des Sc. **126**, 758 [1898].

[9]) Nicloux, Compt. rend. de l'Acad. des Sc. **150**. 1777 [1910].

[10]) Bouchard, Compt. rend. de l'Acad. des Sc. **150**, 1780 [1910].

[11]) Coutelle u. Guthzeit, Journ. f. prakt. Chemie **73**, 49 [1906].

[12]) André, Compt. rend. de l'Acad. des Sc. **102**, 553 [1886]. — Heintz, Poggend. Annalen **98**, 266 [1856].

[13]) A. W. Hofmann, Annalen d. Chemie u. Pharmazie **144**, 116 [1867].

[14]) Reimer u. Tiemann, Berichte d. Deutsch. chem. Gesellschaft **9**, 1268 [1876].

[15]) A. W. Hofmann, Annalen d. Chemie u. Pharmazie **128**, 151 [1863]; **146**, 107 [1868].

[16]) Chablay, Compt. rend. de l'Acad. des Sc. **140**, 1262 [1905].

[17]) Hoffmann u. Seiler, Berichte d. Deutsch. chem. Gesellschaft **38**, 3058 [1905].

[18]) Auger, Compt. rend. de l'Acad. des Sc. **145**, 808 [1907].

[19]) Pictet u. Khotinsky, Berichte d. Deutsch. chem. Gesellschaft **40**, 1163 [1907].

[20]) Oechsner de Coninck, Revue génér. du Chimie pure et appl. **12**, 20 [1909].

[21]) Chancel u. Parmantier, Zeitschr. f. analyt. Chemie **25**, 118 [1886].

[22]) Villard, Chem. Centralbl. **1897**, II, 242.

[23]) Forcrand, Compt. rend. de l'Acad. des Sc. **135**, 1344 [1903].

[24]) Dumas, Annalen d. Chemie u. Pharmazie **33**, 187 [1840].

[25]) Regnault, Annalen d. Chemie u. Pharmazie **33**, 332 [1840].

[26]) Friedel u. Silva, Bulletin de la Soc. chim. **17**, 537 [1872].

[27]) Kolbe, Annalen d. Chemie u. Pharmazie **45**, [1843]; **54**, 156 [1845].

miniumchlorid. Bei allmählichem Zusatz von Perchlormethylformiat $Cl \cdot COO \cdot CCl_3$ zu Aluminiumchlorid[1]).

Darstellung: Man leitet Chlor und Schwefelkohlenstoff über erhitztes Aluminiumchlorid[2]) oder Antimonpentachlorid[3]). Durch Behandeln von Schwefelkohlenstoff und Schwefelchlorür mit Eisenpulver[4]). Auch Manganochlorid kann zur Chlorübertragung verwendet werden (Coté, Pierron, 1902) und an Stelle von Schwefelkohlenstoff ein zur Rotglut erhitztes Gemisch aus Holzkohle und Schwefel mit Chlor behandelt werden (Combes 1904). Das Überleiten von Schwefelchlorür S_2Cl_2 über glühende Kohle kann vorteilhaft bei Anwesenheit einer Kontaktsubstanz, Jod oder eines Chlorids von Arsen, Antimon oder Phosphor, oder des Chlorids eines Metalles, das mehrere Oxydationsstufen bildet, erfolgen[5]). Über Befreiung des Tetrachlorkohlenstoffs von Schwefelkohlenstoff[6]), über Bestimmung von Schwefelkohlenstoff in Tetrachlorid: Überführung in xanthogensaures Kali durch alkoholisches Kali, Titration der Verbindung $C{=}S$ ($\nearrow$SH, OC_2H_8) nach dem Ansäuern mit $^1/_{10}$ Jodlösung[7]).

Physiologische Eigenschaften: Wirkt anästhetisch[8]). Die anästhetische Wirkung ist halb so groß wie die des Chloroforms[9]). Er wirkt direkt auch erregend auf das „Krampfzentrum" (von Ley 1899)[10]). Er besitzt keimtötende Wirkung, während Benzin eine solche bactericide Wirkung entgegen der gewöhnlich gemachten Annahme nicht besitzt; es kommt dies für die Verwendung zur Entfettung von Kleidern und Gebrauchsgegenständen in chemischen Putzereien und Wäschereien in Betracht[11]). Eine vergleichende Prüfung über die schädliche (narkotische) Wirkung beim Arbeiten mit Tetrachlorkohlenstoff und Benzin fällt zugunsten des Tetrachlorkohlenstoffs aus[12]). Die narkotische Wirkung des letzteren ist aber noch größer als die von Acetylentetrachlorid[13]).

Physikalische und chemische Eigenschaften: Farblose Flüssigkeit. Erstarrt bei $-19{,}5°$ bei 210 Atm., bei $0°$ bei 620 Atm., bei $19{,}5°$ bei 1160 Atm. Druck[14]). Abhängigkeit des Schmelzpunkts vom Druck[15]). Siedep. $75{,}6\text{—}75{,}7°$ bei $753{,}7$ mm[16]), $76{,}7°$ bei 754 mm[17]), $76{,}75°$ bei 760 mm[18]). Spez. Gew. $1{,}6084$ bei $9{,}5°/4°$; $1{,}4802$ bei $75{,}6°/4°$[16]); $1{,}63195$ bei $0°/4°$; $1{,}59742$ bei $25°$[17]); $1{,}63255$ bei $0°/4°$[18]). Kritische Temperatur $285{,}3°$[19]); [20]); [21]). Löslichkeit in Wasser, Tension des mit Wasser gesättigten Tetrachlorkohlenstoffs[22]). Ausdehnungskoeffizient[23]). Capillaritätskonstante beim Siedep. $a^2 = 2{,}756$[24]). Oberflächenenergie[25])[26]). Molekularattraktion[27]).

---

[1]) Mouneyrat. Bulletin de la Soc. chim. [3] **19**, 262 [1898].

[2]) Kolbe, Annalen d. Chemie u. Pharmazie **45**, [1843]; **54**, 156 [1845].

[3]) Hofmann, Annalen d. Chemie u. Pharmazie **115**, 264 [1860].

[4]) Müller u. Dubois. D. R. P. 72 999; Friedländer. Fortschritte der Teerfarbenfabrikation **3**, 8.

[5]) A. Ch. Combes u. P. R. Combes. D. R. P. 204 492; Chem. Centralbl. **1909**, I, 326.

[6]) Schmitz u. Dumont. Chem.-Ztg. **21**, 511 [1897].

[7]) Gastine, Compt. rend. de l'Acad. des Sc. **98**, 1588 [1884]. — Radcliff, Journ. Soc. Chem. Ind. **28**, 229 [1909].

[8]) J. H. Simpson, Annalen d. Chemie u. Pharmazie **65**, 122 [1848].

[9]) Kionka, zit. nach Kobert, Intoxikationen. 2. Aufl. **2**. 897. [1906].

[10]) Schmiedeberg, Arzneimittellehre. 1895. 3. Aufl. S. 17.

[11]) F. J. Farrel u. F. Howless, Journ. Soc. Deyers and Colours **24**, 109 [1908].

[12]) Chemische Fabrik Grießheim, Chem. Centralbl. **1906**, I, 1279. — Vgl. auch Wichern, Fabriksfeuerwehr **16**, 10 [1909]; Chem.-Ztg. Rep. **1910**, 357.

[13]) Konsortium für elektrochemische Industrie, Chem. Centralbl. **1908**, II, 292.

[14]) Amagat, Jahresber. d. Chemie **1887**, 150.

[15]) Tammann, Annalen d. Physik **66**, 489.

[16]) R. Schiff, Annalen d. Chemie u. Pharmazie **220**, 95 [1883].

[17]) Linebarger, Amer. Chem. Journ. **18**, 441 [1896].

[18]) J. Timmermans, Bulletin de la Soc. chim. Belg. **24**, 244 [1910].

[19]) Pawlewsky, Berichte d. Deutsch. chem. Gesellschaft **16**, 2633 [1883].

[20]) Vespignani, Gazzetta chimica ital. **33**, 73 [1903].

[21]) Morgan u. Higgins, Journ. Amer. Chem. Soc. **30**, 1055 [1908]; Zeitschr. f. physikal. Chemie **64**, 170 [1908].

[22]) Rex. Zeitschr. f. physikal. Chemie **55**, 355 [1906].

[23]) Thorpe, Journ. Chem. Soc. **37**, 199 [1880].

[24]) R. Schiff. Annalen d. Chemie u. Pharmazie **223**, 72 [1884].

[25]) Whittaker, Proc. Roy. Soc., Ser. A., **81**, 21 [1908].

[26]) Renard u. Guye, Journ. de Chim. phys. **5**, 81 [1907]; Chem. Centralbl. **1907**, I, 1478.

[27]) J. E. Mills, Journ. of phys. Chemistry **13**, 512 [1909]; Chem. Centralbl. **1909**, II, 2113.

Binnendruck[1]). Kompressibilität[2]). Capillarität und Molekulargewicht[3]). Kritische Temperatur und Dielektrizitätskonstante[4]). Partialdampfdruck des Gemisches mit Benzol[5]). Konstitution des Benzoldampfgemisches[6]). Siedepunkt im Gemisch mit Alkoholen und anderen Verbindungspaaren[7]). Wärmekapazität[8]). Molekulare Lösungs- und Mischungswärme mit verschiedenen Flüssigkeiten[9]). Verbrennungswärme als Dampf bei 18° 75,930 Cal.[10]). Molekulare Verbrennungswärme bei konstantem Druck 37,3 Cal.[11]). Brechungsindex $n_D = 1,4630$ bei 20°[12]). Absorptionsspektrum[13]). Dielektrizitätskonstante[14])[15]). Einfluß auf die magnetische Drehung der elektrischen Entladung[16]). Ionisation durch Radiumstrahlen[17]). Dielektrizitätskonstanten und Farbenintensität der Lösung[18]). Spezifische molekulare Ionisation durch α-, β- und γ-Strahlen[19]). Ionisation durch X-Strahlen[20]); durch sekundäre γ-Strahlen[21]). Ionenbeweglichkeit im Wasserstoffstrom. Einfluß der Difusion[22]). Einfluß gelöster Oleate auf das Induktionsvermögen[23]). Chemische Konstanten[24]).

Beim Durchleiten durch ein rotglühendes Rohr bildet sich neben Chlor Perchloräthan C_2Cl_6 und Perchloräthylen C_2Cl_4. Pyrogenes Verhalten[25]). Zersetzung in elektrischen Lichtbogen[26]). Mit Kupferpulver bei 120°, mit molekularem Silber[27]) bei 200° entsteht Perchlormethan. Magnesium- und Aluminiumoxyd geben beim Glühen im Chlorkohlenstoffstrom die entsprechenden Metallchloride[28]). Verhalten von geglühtem Titanoxyd TiO_2 und Nioboxyd Nb_2O_5[29]). Verflüchtigung von Phosphorsäure, Vanadinsäure und Borsäure im Tetrachlorkohlenstoffstrom[30]). Wasserstoff reduziert Tetrachlorkohlenstoff beim gemeinsamen Durchleiten durch ein rotglühendes, mit Bimssteinstücken gefülltes Rohr zu Chloroform, Dichlormethan, Perchloräthylen und Perchloräthan[31]). Mit überschüssigem Wasserstoff über feinverteiltes Nickel bei 270° geleitet, zerfällt Tetrakohlenstoff in Salzsäure und Perchloräthan, das weiterhin in C_2Cl_4 und HCl, letzteres schließlich in Kohlenstoff und HCl zerfallen kann[32]). Reduktion durch gasförmigen Wasserstoff in Gegenwart vom kolloidalen Platin[33]). Jod-

[1]) Winther, Zeitschr. f. physikal. Chemie **60**, 590 [1907].

[2]) Richards u. Stull, Journ. Amer. Chem. Soc. **26**, 399 [1903]; Zeitschr. f. physikal. Chemie **49**, 1 [1904].

[3]) Dutoit u. Mojoin, Zeitschr. f. physikal. Chemie **65**, 129, 257 [1909].

[4]) Happel, Physikal. Zeitschr. **10**, 687 [1909].

[5]) Rosanoff u. Easley, Journ. Amer. Chem. Soc. **31**, 953 [1909].

[6]) Doležalek, Zeitschr. f. physikal. Chemie **64**, 727 [1908].

[7]) Holley u. Weaver, Journ. Amer. Chem. Soc. **27**, 1049 [1905].

[8]) Timofejew, Chem. Centralbl. **1905**, II, 429.

[9]) Timofejew, Chem. Centralbl. **1905**, II, 432.

[10]) Thomsen, Thermochemische Untersuchungen **2**, 339 [1890].

[11]) Berthelot, Annales de Chim. et de Phys. [6] **28**, 133 [1893].

[12]) Beitthien u. Hennicke, Pharmaz. Centralhalle **48**, 1005 [1907].

[13]) Spring, Recueil des travaux chim. des Pays-Bas **16**, 1 [1897].

[14]) Drude, Zeitschr. f. physikal. Chemie **23**, 309 [1897].

[15]) Veley, Philos. Mag. [6] **11**, 73 [1905]; Chem. Centralbl. **1906**, I, 430.

[16]) Mallik, Philos. Mag. [6] **16**, 531 [1908].

[17]) Jaffée, Annalen d. Physik [4] **25**, 257 [1908]; Chem. Centralbl. **1908**, I, 918.

[18]) Gorke, Köppe u. Staiger, Berichte d. Deutsch. chem. Gesellschaft **41**, 1156 [1908].

[19]) Kleeman, Proc. Roy. Soc. **79**, Ser. A., 220 [1907].

[20]) Eve, Chem. Centralbl. **1904**, II, 1586. — Crowther, Proc. Roy. Soc. **82**, 358 [1909]; Chem. Centralbl. **1909**, II, 1379.

[21]) Kleeman, Proc. Roy. Soc., Ser. A, **82**, 358 [1909].

[22]) Welling, Chem. Centralbl. **1900**, II, 1521.

[23]) Kahlenberg u. Anthony, Chem. Centralbl. **1906**, II, 1818.

[24]) Nernst, Chem. Centralbl. **1906**, II, 399.

[25]) Loeb, Chem. Centralbl. **1901**, I, 1042.

[26]) Schall, Zeitschr. f. physikal.-chem. Unterricht **21**, 385 [1908]; Chem. Centralbl. **1909**, I, 717.

[27]) Goldschmidt, Berichte d. Deutsch. chem. Gesellschaft **14**, 928 [1881].

[28]) L. Meyer, Berichte d. Deutsch. chem. Gesellschaft **20**, 682 [1887].

[29]) Hall u. Smith, Proc. Amer. Philos. Soc. **44**, 177 [1905]; Chem. Centralbl. **1905**, II, 1162.

[30]) Jannasch u. Jilke, Journ. f. prakt. Chemie [2] **80**, 113 [1909]. — Jannasch u. Harwood, Journ. f. prakt. Chemie [2] **80**, 127 [1909].

[31]) Besson, Bulletin de la Soc. chim. [3] **11**, 917 [1894].

[32]) Sabatier u. Mailhe, Compt. rend. de l'Acad. des Sc. **138**, 407 [1904].

[33]) Fokin, Journ. d. russ. physikal.-chem. Gesellschaft **40**, 276 [1908]; Chem. Centralbl. **1908**, II, 1996.

wasserstoffsäure reduziert bei 130° zu Jodoform[1]); Natriumamalgan reduziert in alkoholischer Lösung zu Chloroform usw. Beim Erhitzen mit alkoholischem Kali, auch schon mit Wasser allein bei 250°, entsteht Kohlensäure; mit wenig Wasser ensteht Kohlenoxychlorid als Zwischenprodukt[2]). Bildung von Kohlenoxydchlorid erfolgt durch Pyroschwefelsäure[3]) oder Schwefelsäureanhydrid[4]). Darstellung von Kohlenoxychlorid aus CCl_4 und rauchender Schwefelsäure[5]). Einwirkung von Phosphorsäureanhydrid[6]). Beim Erhitzen mit Schwefel auf 220° entstehen Schwefelkohlenstoff und Schwefelchlorür[7]). Einwirkung von Natriumammonium[8]). Einwirkung von Arsen[9]). Primäre Amine, z. B. Anilin, geben beim Erhitzen mit Tetrachlorkohlenstoff und alkoholischem Kali, wie mit Chloroform, Isonitrile[10]). Mit Phenolen bilden sich bei Einwirkung von Natronlauge Oxysäuren[11]). Tetrachlorkohlenstoff bildet gemischte Hydrate mit Schwefelwasserstoff, Selenwasserstoff, Acetylen, Äthylen, Kohlensäure und schwefliger Säure, z. B. $CCl_4 \cdot 2 H_2S + 23 H_2O$ [12])[13]).

Anwendung: Wegen seines großen Lösungsvermögens ist Tetrachlorkohlenstoff in der Analyse vielfach zur Verwendung vorgeschlagen worden; zur raschen Bestimmung von Fetten in Nahrungs- und Genußmitteln[14]); zum Nachweis von Farbstoff in Teigwaren[15]); zum Extrahieren von Bitumen aus Asphalt (wobei sich ein etwas abweichendes Verhalten von dem sonst angewandten Schwefelkohlenstoff zeigt)[16]); zur Lösung und fraktionierten Fällung (mittels Alkohol) von Paraffin und zur Bestimmung der Jodzahl im Paraffin[17]). In der letzten Zeit ist der Tetrachlorkohlenstoff vielfach in der Technik an Stelle von Benzin zur Extraktion von Pflanzenfett und Knochenfett verwendet worden, ebenso in der Lack- und Firnisfabrikation. Über die Vorzüge gegenüber Benzin [Unentflammbarkeit, Geruchlosigkeit, geringere Giftigkeit (betäubende Wirkung), Verwendbarkeit für feuchtes Material][18])[19]). Über Nachteile dem Benzin gegenüber [höherer Preis, Angriff der Eisenapparatur, größerer Wärmeverbrauch][20]). Erforderliche Menge CCl_4 als Zusatz zu Naphthenölen verschiedener Dichte, um bei Verwendung der letzteren Feuers- und Explosionsgefahr auszuschließen[21]). Das Lösungsvermögen für Harze ist beim Tetrachlorkohlenstoff an sich nicht sehr bedeutend, aber in Verbindung mit auch nur geringen Mengen anderer Lösungsmittel, wie Terpentinöl oder Spiritus, vermag er fast alle Harze leicht zu lösen und schnell zu klären. Er ist mit trocknenden und nichttrocknenden Ölen, mit Kienöl, mit Firnissen, Anstrichfarben und fetten Lacken mischbar, ebenso mit Benzin, Alkohol, Äther und Benzoldestillaten[22]). Anwendung bei der Acetylierung der Cellulose[23]). Mischbarmachen mit Wasser[24]).

Methylbromid CH_3Br.

---

[1]) Walfisz, Bulletin de la Soc. chim. [3] 7, 256 [1892].

[2]) Goldschmidt, Berichte d. Deutsch. chem. Gesellschaft 14, 928 [1881].

[3]) Emmerling u. Lengyel, Annalen d. Chemie u. Pharmazie, Suppl. 7, 101 [1869].

[4]) Schützenberger, Zeitschr. f. Chemie 1869, 631.

[5]) H. Erdmann, Berichte d. Deutsch. chem. Gesellschaft 26, 1993 [1893].

[6]) Gustavson, Zeitschr. f. Chemie 1871, 615.

[7]) Klason, Berichte d. Deutsch. chem. Gesellschaft 20, 2363 [1887].

[8]) Chablay, Compt. rend. de l'Acad. des Sc. 140, 1262 [1905].

[9]) Auger, Compt. rend. de l'Acad. des Sc. 145, 808 [1907].

[10]) Krafft u. Merz, Berichte d. Deutsch. chem. Gesellschaft 8, 1298 [1875].

[11]) Tiemann u. Reimer, Berichte d. Deutsch. chem. Gesellschaft 9, 2185 [1876].

[12]) Forcrand, Annales de Chim. et de Phys. [5] 28, 19 [1883].

[13]) Forcrand u. Thomas, Compt. rend. de l'Acad. des Sc. 125, 109 [1897].

[14]) Bryant, Journ. Amer. Chem. Soc. 26, 568 [1904].

[15]) Piutti u. Ventivoglio, Chem. Centralbl. 1906, II, 1629. — Vetere, Chem. Centralbl. 1907, I, 1359.

[16]) Richardson u. Forrest, Journ. Soc. Chem. Ind. 24, 310 [1905].

[17]) Graefe, Chem. Revue üb. d. Fett- u. Harzind. 13, 30 [1906].

[18]) Brücke, Chem. Revue üb. d. Fett- u. Harzind. 12, 100, 299 [1905]. — Bianchini, Stazione sperimentale agraria italiana 37, 171 [1904].

[19]) Andrée, Seifensieder-Ztg. 32, 498 [1905]; Chem. Centralbl. 1905, II, 364. — Chemische Fabrik Grießheim, Chem. Centralbl. 1907, I, 1711.

[20]) Hirsch, Seifensieder-Ztg. 32, 799 [1905]; Chem. Centralbl. 1905, II, 1470. — Stern, Chem. Revue üb. d. Fett- u. Harzind. 12, 236 [1905].

[21]) E. A. Barrier, Journ. of Industrie and Engeneer. Chemie 2, 16 [1910]; Chem. Centralbl. 1910, II, 47

[22]) Andrée, Seifensieder-Ztg. 32, 498 [1905]; Chem. Centralbl. 1905, 364.

[23]) Lederer, D. R. P. 200916; Chem. Centralbl. 1908, II, 738.

[24]) Stockhausen, Chem. Centralbl. 1906, II, 731.

Bildung: Aus Methylalkohol, Brom und gelbem Phosphor[1]). Aus methoxylhaltigen Substanzen beim Erhitzen mit Bromwasserstoffeisessig unter Rückfluß[2]). Durch Erhitzen von Kakodylsäure $(CH_3)_2AsO \cdot OH$ mit Bromwasserstoff[3]).

Darstellung: Aus Methylalkohol, Brom und rotem Phosphor[4]).

Physiologische Eigenschaften: Verursacht Trunkenheit, Verlangsamung der Atmung und der Reflexe, zuletzt jedoch epileptiforme Krämpfe. (Ähnlich dem Bromäthylen.) Nach Sistierung der Einatmung dauert die Giftwirkung fort, die Nachwirkung kann letal werden[5]).

Physikalische und chemische Eigenschaften: Siedep. 4,5° bei 757,6 mm[4]). Bei —84° noch vollkommen flüssig, erstarrt in flüssiger Luft zu einer weißen krystallinischen Masse. Spez. Gew. 1,732 bei 0°. — Bildet ein krystallisiertes Hydrat $CH_3Br + 20\ H_2O$ (?), das nur in der Kälte beständig ist[6]). Einwirkung von Ammoniak[7]). Reaktionsgeschwindigkeit bei der Bildung von Thiosulfatester[8]). Totale Ionisation durch α-Uranstrahlen 1,02 (Luft 1,00)[9]). Spezifische molekulare Ionisation durch α-, β- und γ-Strahlen[10]). Ionisation durch sekundäre γ-Strahlen[11]).

Methylenbromid CH_2Br_2. **Bildung:** Aus mit Wasser überschichtetem Methylenjodid und Brom[12]). Aus Brom und Bromoform bei 250°[13]). Beim Eintragen von Trioxymethylen in Aluminiumbromid, das auf 100° erhitzt ist[14]). — **Darstellung**[12]). — **Physikalische und chemische Eigenschaften:** Flüssigkeit. Siedep. 96,5—97,5° (korr.); 98,5° bei 756 mm. Spez. Gew. 2,541 bei 0°[14]); 2,4930 bei 0°[15]); 2,4985 bei 15°[16]); 2,47745 bei 25°[16]). Phosphorpentachlorid bewirkt Bildung von Methylenchlorid, jedoch nicht der Verbindung CH_2BrCl; bei 120—190° entstehen Tetrachlor- und Tetrabromkohlenstoff[17]). Einwirkung von Wasser und überschüssigem Bleioxyd[18]).

Bromoform.

$CHBr_3$.

Bildung: Aus Kalilauge und Bromal $CBr_3 \cdot CHO$[19]). Aus Tribrombrenztraubensäure $CBr_3 \cdot C(OH)_2 \cdot COOH$ und Wasser oder Ammoniak[20]). Aus Brom und alkoholischer Kalilauge[21]). Bei der Elektrolyse einer Kaliumbromidlösung und Alkohol[22]) oder Aceton[23]). Aus Chloroform und Aluminiumbromid[24]). Aus Brom und alkalischer Äpfel- oder Citronensäure[25]). Bei der Darstellung von Brom aus den Mutterlaugen der Salinen als Verunreinigung[26]).

---

[1]) Pierre, Annalen d. Chemie u. Pharmazie **56**, 146 [1845].

[2]) R. Störmer, Berichte d. Deutsch. chem. Gesellschaft **41**, 321 [1908].

[3]) Bunsen, Annalen d. Chemie u. Pharmazie **46**, 44 [1843].

[4]) W. Steinkopf u. W. Frommel, Berichte d. Deutsch. chem. Gesellschaft **38**, 1865 [1905].

[5]) A. Jaquet, Deutsches Archiv f. klin. Medizin **71**, 370 [1901].

[6]) Merrill, Journ. f. prakt. Chemie [2] **18**, 293 [1878].

[7]) Dubowsky, Chem. Centralbl. **1899**, I, 1066.

[8]) Slator, Journ. Chem. Soc. **85**, 1286 [1904].

[9]) Laby, Proc. Roy. Soc., Ser. A, **79**, 209 [1907].

[10]) Kleeman, Proc. Roy. Soc., Ser. A, **79**, 220 [1907].

[11]) Kleeman, Proc. Roy. Soc., Ser. A., **82**, 358 [1909].

[12]) Butlerow, Annalen d. Chemie u. Pharmazie **111**, 251 [1859].

[13]) Steiner, Berichte d. Deutsch. chem. Gesellschaft **7**, 507 [1874].

[14]) Gustavson, Journ. d. russ. physikal.-chem. Gesellschaft **23**, 255 [1891].

[15]) Henry, Annales de Chim. et de Phys. [5] **30**, 268 [1883].

[16]) Perkin, Journ. Chem. Soc. **45**, 520 [1884].

[17]) Höland, Annalen d. Chemie u. Pharmazie **240**, 229 [1887].

[18]) Eltekow, Berichte d. Deutsch. chem. Gesellschaft **6**, 558 [1873].

[19]) Loewig, Annalen d. Chemie u. Pharmazie **3**, 295 [1832].

[20]) Richter-Anschütz, Lehrbuch der organischen Chemie. I, **1895**.

[21]) Dumas, Annalen d. Chemie u. Pharmazie **16**, 165 [1835].

[22]) Chem. Fabrik vorm. Schering, D. R. P. 29 771; Friedländer, Fortschritte der Teerfarbenfabrikation **1**, 576.

[23]) P. Conghlin, Amer. Chem. Journ. **27**, 63 [1902]. — Elbs u. Herz, Zeitschr. f. Elektrochemie **4**, 113 [1897].

[24]) G. Pouret, Chem. Centralbl. **1900**, I, 1201; **1901**, I, 666.

[25]) Cahours, Annalen d. Chemie u. Pharmazie **64**, 351 [1847].

[26]) Hermann, Annalen d. Chemie u. Pharmazie **95**, 211 [1855].

Darstellung: Man sättigt Kalkmilch mit Brom, fügt Äthylalkohol hinzu und destilliert ab[1]). Darstellung durch Elektrolyse[2]): Eine Lösung aus 75 ccm Wasser, 25 g Bromkalium und 10 ccm Aceton werden mit 3,8 Ampère auf 1 qcm bei einer genau eingehaltenen Temperatur von 25° unter Anwendung eines Diaphragmas elektrolysiert. (Ausbeute quantitativ.) Mit Alkohol erhält man nun eine geringe Menge $CHBr_3$[2]). Darstellung ohne Diaphragma[3]). Elektrolytische Darstellung aus wässerig-alkoholischer Bromcalciumlösung[4]).

Physiologische Eigenschaften: Wirkung ähnelt der des Chloroforms. Seit etwa 25 Jahren als innerliches Mittel gegen Keuchhusten der Kinder empfohlen. Beschreibung von 24 Vergiftungsfällen, darunter drei letalen, bei Bromoformeinnahme[5]).

Physikalische und chemische Eigenschaften: Flüssigkeit. Erstarrt bei 2,5°[6]). Schmelzp. 7,6°[7]); 9°[8]); 7,8°[9]). Siedep. 151,2 (korr.)[6]); 150,5°[10]); 146°[8]). 120,3° (korr.) bei 330 mm[9]); 68,2° bei 54,46 mm; 61,8° bei 37,88 mm; 54,6° bei 25,24 mm; 50,6° bei 20,8 mm; 46° bei 15,14 mm[10]); 40—47° bei 10—12 mm[11]). Spez. Gew. 2,83 413 bei 0°/4°[6]); 2,775 bei 14,5[12]); 2,9045 bei 15°; 2,88421 bei 25°[9]); 2,8899 bei 20°/4°[11]). Ausdehnungskoeffizient[6]). Kryoskopisches Verhalten in Anilin- und Dimethylanilinlösung[13]). Als kryoskopisches Lösungsmittel für Schwefel[14])[15]); für Wasserstoffhydrosulfid[16]). Dielektrizitätskonstante[17]). Kompressibilität[18]). Turbulente Reibung[19]). Minimalsiedepunkte der Flüssigkeitspaare im Gemisch mit Alkoholen u. a.[20]). Einfluß auf die Drehung von Äthyltartrat[11]). Bildet mit alkoholischem Kali Kohlenoxyd und Äthylen[21]). Ebenso mit wässeriger Kalilauge[22]). Silberpulver führt Bromoform beim Erhitzen in Bromsilber und Acetylen über. Mit Zinnchlorid findet fast kein Umsatz statt[23]). Pyrogene, elektrische Zersetzung[24]). Zersetzung durch Sonnenlicht und Luft[25]). Durch Gasglühlicht[26]). Beständigkeit des Bromoforms[27]) gegen Bleinitrat. Einwirkung von Aluminiumbromid[28]).

Analyse: Nachweis und Bestimmung[29]). Toxikologischer Nachweis[30]). Farbenreaktion beim Erhitzen mit Phenolen (Thymol) in Gegenwart wasserfreier Pottasche in alkoholischer Lösung, sodann mit Schwefelsäure, Violettfärbung mit charakteristischem Absorptionsspektrum zwischen D und Rot (für die Trihalogenderivate des Methans charakteristisch)[31]).

[1]) Günther, Jahresber. d. Chemie **1887**, 741.

[2]) P. Conghlin, Amer. Chem. Journ. **27**, 63 [1902]. — Elbs u. Herz, Zeitschr. f. Elektrochemie **4**, 113 [1897].

[3]) Müller u. Loebe, Zeitschr. f. Elektrochemie **10**, 409 [1904].

[4]) Trechcinski, Journ. d. russ. physikal.-chem. Gesellschaft **38**, 734 [1906]; Chem. Centralbl. **1907**, I, 13.

[5]) Kobert, Lehrbuch der Intoxikationen. 2. Aufl. **2**, 914. [1906].

[6]) Thorpe, Journ. Chem. Soc. **37**, 201 [1880].

[7]) Steudel, Poggend. Annalen [N. F.] **16**, 373.

[8]) Wolff u. Schwabe, Annalen d. Chemie u. Pharmazie **291**, 241 [1896].

[9]) Perkin, Journ. Chem. Soc. **45**, 533 [1884].

[10]) Kahlbaum, Siedetemperatur und Druck. S. 96.

[11]) Th. St. Patterson u. D. Thomson, Journ. Chem. Soc. **93**, 355 [1908].

[12]) Schmidt, Berichte d. Deutsch. chem. Gesellschaft **10**, 194 [1877].

[13]) Ampola u. Rimatori, Gazzetta chimica ital. **27**, I, 39, 58 [1897].

[14]) Paternò, Atti della R. Accad. dei Lincei Roma [5] **17**, II, 627 [1908].

[15]) Bruni u. Amadori, Atti della R. Accad. dei Lincei Roma [5] **18**, I, 138 [1909].

[16]) Bruni u. Borgo, Atti della R. Accad. dei Lincei Roma [5] **18**, I, 353 [1909].

[17]) Drude, Zeitschr. f. physikal. Chemie **23**, 309 [1897].

[18]) Richards u. Stull, Journ. Amer. Chem. Soc. **26**, 399 [1904].

[19]) Bose u. Rauert, Physikal. Zeitschr. **10**, 406 [1909].

[20]) Holley u. Weaver, Journ. Chem. Soc. **27**, 1049 [1905].

[21]) Hermann u. Long, Annalen d. Chemie u. Pharmazie **194**, 23 [1878].

[22]) Desgrez, Compt. rend. de l'Acad. des Sc. **125**, 780 [1897].

[23]) Gustavson, Journ. d. russ. physikal.-chem. Gesellschaft **23**, 255 [1891].

[24]) Loeb u. Joist, Zeitschr. f. Elektrochemie **11**, 938 [1905].

[25]) Schorl u. van den Berg, Pharmac. Weekblad **43**, 2, 8 [1906]; Chem. Centralbl. **1906**, I, 441, 442.

[26]) Schorl u. van den Berg, Pharmac. Weekblad **43**, 47 [1906]; Chem. Centralbl. **1906**, I, 696.

[27]) Oechsner de Coninck, Revue génér. de Chimie pure et appl. **12**, 20 [1909].

[28]) Pouret, Chem. Centralbl. **1901**, I. 661.

[29]) Richaud, Chem. Centralbl. **1899**, I, 860.

[30]) Vitali, Chem. Centralbl. **1901**, I, 1067.

[31]) Dupouy, Chem. Centralbl. **1903**, II. 603.

Tetrabromkohlenstoff CBr_4. Bildung: Durch Oxydation von Alkohol mit Brom[1]). Aus Bromoform oder Brompikrin und Bromjod oder Antimonpentabromid bei 150°). Aus Brom und Schwefelkohlenstoff in Gegenwart von Aluminiumchlorid[2]). Aus Bromoform, Brom und verdünnter Kalilauge im Sonnenlicht[3]). Desgleichen durch Einwirkung von Hypobromid auf Alkohole, Phenole, Zucker, ungesättigte Säuren, Alkaloide usw.[4]). Aus Tetrajodkohlenstoff und Brom[5]). Aus verdünnten alkalischen Lösungen von Aceton oder Ketosäuren durch Brom[6]). Aus Aluminiumbromid und Tetrachlorkohlenstoff bei 100°[7]). Bei der Darstellung von Brom als unvermeidliche Beimengung[8]).

Darstellung: 2 T. Schwefelkohlenstoff, 3 T. Jod und 14 T. Brom werden 4 Tage auf 150° erhitzt[9])[10]).

Physikalische und chemische Eigenschaften: Tafeln, trotz der ganz symmetrischen Struktur des Moleküls nicht regulär[11]). Schmelzp. 92,5°. Siedep. 189,5° (bei geringer Zersetzung). Ausdehnung bei der polymorphen Umwandlung[12]). Fängt schon bei gewöhnlicher Temperatur zu sublimieren an. Bei 350° tritt allmählicher Zerfall in Brom, Perbromäthylen C_2Br_4 und endlich in Perbrombenzol[13]) ein. Alkoholische Lösungen zerfallen beim Kochen in Aldehyd, Bromal und Bromwasserstoffsäure. Alkoholisches Kali wirkt rasch verseifend. Natriumamalgam reduziert in wässerig-alkoholischer Lösung zu Bromoform und Methylenbromid. Mit Zinnchlorid tritt bei 130° allmählich Austausch des Halogens ein[14]).

Chlorbrommethan CH_2ClBr [15]). Bleibt bei —55° flüssig, siedet bei 68—69°; spez. Gew. 1,9907 bei 19° (Henry), 1,90 bei 15° (Besson).

Chlordibrommethan $CHClBr_2$ [16]). Erstarrt bei —22°; siedet bei 118—120° unter 730 mm Druck (geringe Zersetzung); spez. Gew. 1,9254 bei 15°.

Chlortribrommethan $CClBr_3$ [17]). Blätter. Schmelzp. 55°, Siedep. 160°; spez. Gew. 2,71 bei 15°.

Dichlorbrommethan $CHCl_2Br$ [18]). Flüssigkeit. Siedep. 91—92°; spez. Gew. 1,9254 bei 15°.

Dichlordibrommethan CCl_2Br_2. Schmelzp. 38°; Siedep. 150,2°[19]) (korr.). Schmelzp. 22°; Siedep. 135°; spez. Gew. 2,71 [20]).

Trichlorbrommethan CCl_3Br [21]). Flüssigkeit, vom Geruch des Tetrachlorkohlenstoffs. Siedep. 104,07° (korr.); Schmelzp. —21°[20]); spez. Gew. 2,05 496 bei 0°/4°.

---

1) Schäffer, Berichte d. Deutsch. chem. Gesellschaft **4**, 366 [1871].
2) Mouneyrat, Bulletin de la Soc. chim. [3] **19**, 262 [1898].
3) Habermann, Annalen d. Chemie u. Pharmazie **167**, 174 [1873].
4) Collie, Journ. Chem. Soc. **65**, 264 [1894].
5) Gustavson, Annalen d. Chemie u. Pharmazie **172**, 176 [1873].
6) Wallach, Annalen d. Chemie u. Pharmazie **275**, 149 [1893]. — v. Bartal, Chem.-Ztg. **29**, 377 [1905]. — Höchster Farbwerke, D. R. P. 76 362; Berichte d. Deutsch. chem. Gesellschaft **27**, Ref. 930 [1894].
7) Gustavson, Journ. d. russ. physikal.-chem. Gesellschaft **13**, 286 [1881].
8) Hamilton, Journ. Chem. Soc. **39**, 48 [1881].
9) Höland, Annalen d. Chemie u. Pharmazie **240**, 238 [1887].
10) Bolas u. Groves, Annalen d. Chemie u. Pharmazie **156**, 60 [1870].
11) Le Bell, Bulletin de la Soc. chim. [3] **3**, 790 [1890].
12) Steinmetz, Zeitschr. f. physikal. Chemie **52**, 449 [1905].
13) Wahl, Berichte d. Deutsch. chem. Gesellschaft **11**, 2239 [1878].
14) Gustavson, Journ. d. russ. physikal.-chem. Gesellschaft **13**, 286 [1881].
15) Besson, Berichte d. Deutsch. chem. Gesellschaft [2] **25**, 15 [1892]. — Henry, Journ. f. prakt. Chemie [2] **32**, 431 [1885].
16) Jacobsen u. Neumeister, Berichte d. Deutsch. chem. Gesellschaft **15**, 601 [1882]. — Besson, Berichte d. Deutsch. chem. Gesellschaft [2] **25**, 15 [1892]. — Levy u. Zedlicka, Annalen d. Chemie u. Pharmazie **249**, 74 [1888].
17) Besson, Berichte d. Deutsch. chem. Gesellschaft **25**, Ref. 188 [1892].
18) Jacobsen u. Neumeister, Berichte d. Deutsch. chem. Gesellschaft **15**, 601 [1882]. — Arnhold, Annalen d. Chemie u. Pharmazie **240**, 207 [1887].
19) Arnhold, Annalen d. Chemie u. Pharmazie **240**, 208 [1887].
20) Besson, Berichte d. Deutsch. chem. Gesellschaft **25**, Ref. 188 [1892].
21) Löw, Zeitschr. f. Chemie **1869**, 624. — Paternò, Jahresber. f. Chemie **1871**, 259. — Friedel u. Silva, Bulletin de la Soc. chim. **17**, 538 [1873]. — Hoff, Berichte d. Deutsch. chem. Gesellschaft **10**, 678 [1877]. — Thorpe, Journ. Chem. Soc. **37**, 203 [1880].

Methyljodid CH_3J. Mol.-Gewicht 142. Zusammensetzung: 8,5% C, 2,1% H, 89,4% J.

Bildung: Aus Methylalkohol, Jod und Phosphor. Aus methoxylhaltigen Verbindungen beim Kochen mit Jodwasserstoffsäure vom spez. Gew. 1,70 (Nachweis der Methoxylgruppe)[1]. Beim Erhitzen der Jodhydrate am Stickstoff methylierter Basen auf 200—300°.

$$R : N{<}^{CH_3}_{\ \ J}{-}H \rightarrow CH_3J + R : NH \ [2].$$

Bildung bei der Elektrolyse von Essigsäure in Gegenwart von Jod[3].

Darstellung: In einen Brei von 1 Gwt rotem Phosphor und 5 Gwt Methylalkohol trägt man allmählich 10 Gwt Jod ein[4]. Bei Verwendung gelben Phosphors trägt man diesen unter Kühlung in ein Gemenge von Methylalkohol und Jod ein, zu dem man später noch mehr Jod fügt[5]. Man läßt zu einer Lösung eines Jodids (Kaliumjodid, Magnesiumjodid) Dimethylsulfat zutropfen, unter mäßiger Erwärmung; sehr bequeme Methode[6], auch geeignet zur Regeneration aus Jodmagnesiumlösungen bei der Barbier - Grignardschen Synthese.

Physiologische Eigenschaften: Wird neuerdings als ableitendes Mittel empfohlen (Garnier)[7].

Physikalische und chemische Eigenschaften: Farblose Flüssigkeit, von eigenartigem Geruch, die sich beim Aufbewahren durch Jodabscheidung rötlich färbt. Schmelzp. —63,4°[8]; —64,4°[9]. Siedep. 43° bei 758,5 mm[8]; 42,8°, 42,3° (korr.), 42,1 bis 42,14°[10]. Spez. Gew. 2,3346 bei 0°; 2,28517 bei 15°; 2,25288 bei 25°[11]; 2,27899 bei 20°/4°[10]. Ausdehnung $V = 1 + 0,0011440\,t + 0,0000040465\,t^2 + 0,000000027393\,t^3$[12]. Spezifische Zähigkeit[13]. Brechung und Dispersion[14]. Ionisation durch X-Strahlen[15]. Spezifische molekulare Ionisation durch α-, β- und γ-Strahlen[16]. Ionisation durch sekundäre γ-Strahlen[17]. 1 Vol. Jodmethyl löst sich in 12,5 T. Wasser von 15°[18]. Löslichkeit in Wasser und Tension des mit Wasser gesättigten Jodmethyls[19]. Minimalsiedepunkte binärer Gemische mit Alkoholen u. a. Verbindungen[20]. Einfluß auf die Rotation von Äthyltartrat[21]. Zerfällt beim Erhitzen mit dem mehrfachen Volumen Wasser auf 109° in Methylalkohol und Jodwasserstoffsäure[22]. Über abnormale Säurebildung bei der Einwirkung auf Metallsalze[23]. Liefert beim Überleiten eines Gemischs mit überschüssigem Wasserstoff über feinverteiltes Nickel bei 360° Methan neben etwas Äthylen[24]. Pyrogener Zerfall beim Erhitzen für sich und in Gegenwart von Zink und von Bariumsuperoxyd[25]. Bildung von Jodmethylmagnesium und von Jod-

<hr>

[1] Zeisel, Monatshefte f. Chemie **6**, 989 [1885]; **7**, 406 [1886]; Bericht üb. d. VII. internat. Kongreß f. angew. Chemie, Wien, **2**, 63 [1898].

[2] Herzig u. Meyer, Berichte d. Deutsch. chem. Gesellschaft **27**, 319 [1894]; Monatshefte f. Chemie **15**, 613 [1894]; **16**, 599 [1895]; **18**, 379 [1897].

[3] Kauffler u. Herzog, Berichte d. Deutsch. chem. Gesellschaft **42**, 3858 [1909].

[4] Beilstein, Annalen d. Chemie u. Pharmazie **126**, 250 [1863].

[5] Jpatjew, Journ. d. russ. physikal.-chem. Gesellschaft **27**, 364 [1895].

[6] Weinland u. Schmid, Berichte d. Deutsch. chem. Gesellschaft **38**, 2327 [1905]; D. R. P. 175 209; Chem. Centralbl. **1906**, II, 1589.

[7] Garnier, Pharmaz. Ztg. **48**, 324 [1909].

[8] Carrara u. Coppadoro, Gazzetta chimica ital. **33**, I, 329 [1903].

[9] Guttmann, Journ. Chem. Soc. **87**, 1073 [1905].

[10] Patterson u. Thomson, Journ. Chem. Soc. **93**, 355 [1908].

[11] Perkin, Journ. f. prakt. Chemie [2] **31**, 500 [1885].

[12] Dobriner, Annalen d. Chemie u. Pharmazie **243**, 23 [1888].

[13] Přibram u. Handl, Monatshefte f. Chemie **2**, 644 [1881].

[14] Erfle, Annalen d. Physik [4] **24**, 672 [1907].

[15] Crowther, Proc. Roy. Soc., Ser. A, **82**, 358 [1909]; Proc. Cambridge Philos. Soc. **15**, 34, 38 [1909]; Chem. Centralbl. **1909**, I, 1378, 1379; Proc. Roy. Soc. **82**, 103 [1909].

[16] Kleeman, Proc. Roy. Soc., Ser. A., **79**, 220 [1907].

[17] Kleeman, Proc. Roy. Soc., Ser. A, **82**, 358 [1909].

[18] Bardy u. Bordet, Annales de Chim. et de Phys. [5] **16**, 569 [1871].

[19] Rex, Zeitschr. f. physikal. Chemie **55**, 355 [1906].

[20] Holley u. Weaver, Journ. of Amer. Chem. Soc. **27**, 1049 [1905].

[21] Patterson u. Thomson, Journ. Chem. Soc. **93**, 355 [1908].

[22] Niederist, Annalen d. Chemie u. Pharmazie **196**, 350 [1879].

[23] Wegscheider u. Franke, Monatshefte f. Chemie **28**, 79 [1907].

[24] Sabatier u. Mailhe, Compt. rend. de l'Acad. des Sc. **138**, 407 [1904].

[25] Zelda Kahan, Proc. Chem. Soc. **23**, 307 [1907]; Journ. Chem. Soc. **93**, 132 [1908].

methylzink s. S. 54. Einwirkung auf Ammoniak[1]), auf Jodstickstoff[2]), auf Arsen[3]), auf Natriumsulfantimoniat[4]), auf Magnesium[5]), auf Magnesium bei Gegenwart von Dimethylanilin[6]), auf Aluminium[7]). Verbindung mit Bleiacetat[8]). Liefert beim Erwärmen mit einer konz. Cyankaliumlösung auf dem Wasserbad 95% Methylcyanid und nur Spuren des Isonitrils[9]). Reaktionsgeschwindigkeit bei der Bildung des Thiosulfatesters[10]). Mit Wasser bildet Methyljodid ein **Hydrat** $CH_3J \cdot H_2O$, das bis $+5°$ beständig ist[11]). Verbindung mit Pyridin[12]).

Methyljodidchlorid $CH_3J \cdot Cl_2$. Aus Methyljodid und Chlor bei sehr niedriger Temperatur. Zersetzungsp. $-28°$ unter Bildung von CH_3Cl und Chlorjod ClJ. Mit Jodwasserstoff entsteht bei $-60°$ Jodmethyl[13])[14]).

Methyljodidbromid $CH_3J \cdot Br_2$. Stark glänzende, orangegelbe Blättchen. Zersetzungsp. $-45°$[13])[14]). Aus einer Auflösung von Jod in überschüssigem Jodmethyl scheiden sich im Äther-Kohlensäuregemisch braune, goldglänzende Krystalle des **Trijodids** $CH_3J \cdot J_2$. Schwärzen sich bei höherer Temperatur unter Jodausscheidung[14]).

Methylenjodid $C_2H_2J_2$. Bildung: Beim Kochen von Jodoform mit Natriumalkoholat[15]). Beim Erhitzen von Jodoform für sich oder mit Jod gemischt[16]). Beim Erhitzen von Chloroform oder Jodoform mit Jodwasserstoffsäure[17]). Aus in Äther gelöstem Diazomethan und Jod[18]).

Darstellung: In ein siedendes Gemisch von Jodoform und der vierfachen Menge Jodwasserstoff trägt man allmählich Phosphor ein[19]).

Physikalische und chemische Eigenschaften: Flüssigkeit. Erstarrt bei $0°$ zu Blättern, die bei $4°$ schmelzen. Siedep. $180°$ (unter geringer Zersetzung). Siedep. $151—153°$ bei 330 mm. Spez. Gew. 3,28 528 bei $15°$; 3,3394 bei $12,2°$; 3,3326 bei $15°$; 3,26 555 bei $25°$[20]); 3,2445 bei $92°$[21]). Magnetisches Drehungsvermögen[21]) 18,68 bei $12,2°$; Dispersion[22]). Gibt beim Erhitzen mit feinverteiltem Silber oder für sich allein Kohlenstoff, Methan, Äthylen usw.[23]), jedoch kein Methylen. Mit Wasser und Kupfer gibt es bei $100°$ gleichfalls Äthylen und Homologe[24]). Brom und Chlor bewirken Umsetzung in Methylenbromid bzw. -chlorid. Umsetzung mit Natriumisobutylat[25]). Zinkäthyl liefert Butan[26]). Silberacetat liefert Methylenacetat; Silberoxalat dagegen Trioxymethylen. Quecksilber wird unter Bildung von $CH_2J \cdot HgJ$ addiert. Addiert sich zu organischen Basen unter Bildung zusammengesetzter Jodide, z. B. $CH_2J \cdot N(R)_3 \cdot J$. Methylenjodid ist ein gutes Lösungsmittel für Phosphor; es löst bei gewöhnlicher Temperatur mehr, als sein eigenes Gewicht an Phosphor. Es wird zur spezifischen Gewichtsbestimmung nach der Schwebemethode, besonders bei Mineralien, verwendet, indem man durch Mischen mit Chloroform oder mit Alkohol eine Mischung von gleichem spez. Gewicht herstellt, in der das zu untersuchende Objekt schwebt.

[1]) Dubowsky, Chem. Centralbl. **1899**, I, 1066.
[2]) Silberrad u. Smart, Proc. Chem. Soc. **22**, 15 [1906].
[3]) Auger, Compt. rend. de l'Acad. des Sc. **145**, 808 [1907].
[4]) Bror Holmberg, Zeitschr. f. anorgan. Chemie **56**, 385 [1908].
[5]) Spencer u. Crewdson, Proc. Chem. Soc. **93**, 1821 [1908].
[6]) Tschelinzeff, Berichte d. Deutsch. chem. Gesellschaft **37**, 4539 [1904]; **38**, 3664 [1905].
[7]) Spencer u. Wallace, Proc. Chem. Soc. **24**, 194 [1908]; Journ. Chem. Soc. **93**, 1827 [1908].
[8]) White u. Nelson, Chem. Centralbl. **1906**, I, 1410.
[9])·Auger, Compt. rend. de l'Acad. des Sc. **145**, 1287 [1908].
[10]) Slator, Journ. Chem. Soc. **85**, 1286 [1904].
[11]) Villard, Annales de Chim. et de Phys. [7] **11**, 386 [1897].
[12]) Aten, Chem. Centralbl. **1906**, I, 1410.
[13]) Thiele u. Peter, Berichte d. Deutsch. chem. Gesellschaft **38**, 2842 [1905].
[14]) Thiele u. Peter, Annalen d. Chemie u. Pharmazie **369**, 119 [1909].
[15]) Bulterow, Annales de Chim. et de Phys. [3] **53**, 313 [1858].
[16]) Hofmann, Annalen d. Chemie u. Pharmazie **115**, 267 [1860].
[17]) Lieben, Zeitschr. f. Chemie **1868**, 712.
[18]) Pechmann, Berichte d. Deutsch. chem. Gesellschaft **27**, 1889 [1894].
[19]) Baeyer, Berichte d. Deutsch. chem. Gesellschaft **5**, 1095 [1872].
[20]) Perkin, Journ. f. prakt. Chemie [2] **31**, 505 [1885].
[21]) Perkin, Journ. Chem. Soc. **69**, 1237 [1896].
[22]) Madan, Proc. Chem. Soc., Nr. 193.
[23]) Sudborough, Chem. Centralbl. **1897**, II, 180.
[24]) Butlerow, Annalen d. Chemie u. Pharmazie **120**, 356 [1861].
[25]) Gorbow u. Keßler, Journ. d. russ. physikal.-chem. Gesellschaft **19**, 454 [1887].
[26]) Lwow, Berichte d. Deutsch. chem. Gesellschaft **4**, 479 [1871].

Jodoform.

Mol.-Gewicht 394.

Zusammensetzung: 3,0% C, 0,3% H, 96,7% J.

$$CHJ_3.$$

Bildung: Entsteht, wenn man Alkali und Jod auf Alkohol[1][2]), Aceton, Aldehyd, Iso-propylalkohol, Milchsäure und ähnliche Verbindungen[3]) einwirken läßt (Methylalkohol, Äthyläther, Essigsäure, normaler Propylalkohol liefern die Reaktion nicht). Bei der Elektro-lyse einer verdünnten alkoholischen Kaliumjodidlösung unter Durchleiten von Kohlensäure[4]). Aus Chloroform und krystallisiertem Jodcalcium bei 100° [5]). Aus Acetylenquecksilberchlorid $Hg \cdot C_2H_2 \cdot Cl_2$, Jod und Natronlauge[6]). Über Bildung aus Kohlensäure, Jod, Ammoniak, Ätznatron und Natriumhypochlorit[7]), bedingt durch Verunreinigung des angewandten Am-moniaks[8]).

Darstellung: Zu einer gelinde erwärmten Lösung von Alkalicarbonat in verdünntem Alkohol fügt man allmählich Jod hinzu; Jodoform scheidet sich aus. Durch Einleiten eines Chlorstroms kann man das gleichzeitig gebildete Jodat und Jodid wieder nutzbar machen[9]). An Stelle des Alkohols kann Aceton[10]) verwendet werden. Man versetzt eine schwach alkalische Lösung von Jodkalium und Aceton in Wasser allmählich mit einer Lösung von unterchlorig-saurem Natron, wodurch sofort Jodoformbildung eintritt. $KJ + NaClO = KCl + NaJO$; $C_2H_6O + 3\,NaJO = CHJ_3 + CH_3 \cdot COONa + 2\,NaOH$. Sehr reines Jodoform wird elektro-lytisch gewonnen[11]). Über elektrolytische Darstellung[12][13]), aus Aceton[14]). Elektrolytische Darstellung aus Aceton[15]): In einer ziemlich tiefen Krystallisierschale werden 25—30 g Jod-kalium, 200—250 ccm Wasser und 2 ccm Aceton bei einer Dichte von 1—6 Ampère pro Quadrat-dezimeter und bei einer Temperatur von 25° oder weniger unter Rühren oder mit rotierender Anode (Platin) elektrolysiert, bei 3—12 Volt Spannung. Ohne Diaphragma 50% Strom-ausbeute, bei Neutralisation des gebildeten KOH durch Kohlensäure, Salzsäure, Jodwasserstoff-säure oder Jod steigt die Stromausbeute auf 89—96%, Ausbeute an Jodoform bei Anwendung einer rotierenden Anode und von Jod als Neutralisationsmittel 3,34 g pro Ampèrestunde. (Nach dem Verfahren von Elbs und Herz[12]) aus Alkohol 1,43 g und nach Abbot[14]) aus Aceton 1,46 g)[15]). Reaktionsvorgang bei der Bildung[16][17]).

Physiologische Eigenschaften: Zur Wunddesinfektion in hervorragender Weise geeignet und verwendet. Dabei können heftige Vergiftungserscheinungen auftreten. Ein seltener Fall ist das Jodoformekzem; bei Tieren kann ein akuter, meist exzitativer Jodoformismus be-obachtet werden, beim Menschen zeigt sich nach Einbringung zu großer Dosen in Wunden, seröse Höhlen oder Gelenke ein subakuter, mehr depressiver Jodoformismus (teils katatonische Psychose, teils Paranoia). Bei Vergiftung durch innerliche Einnahme zu großer Dosen zeigen sich heftige Darmreizungen und Geruch des Atems nach Jodoform. Das Zustandekommen der Jodoformwirkung beruht auf Abspaltung von Jod, die durch Berührung mit dem lebenden Gewebe, besonders mit Fett, aber auch durch bakterielle Einwirkung erfolgt. Die Zellen des Hodens, der Dickdarmschleimhaut und der Prostata wirken energisch zerlegend. Pathologisch-anatomisch zeigen sich dieselben Wirkungen wie die des freien Jods (Verfettung, Blutaustritt). Die Ausscheidung durch den Harn erfolgt als Jodid, als Jodat, als Jodglucuronsäure und als

[1]) Serullas, Annales de Chim. et de Phys. [2] **20**, 165 [1821]; **22**, 172 [1823]; **25**, 311 [1824].

[2]) Bouchardt, Annalen d. Chemie u. Pharmazie **22**, 225 [1837].

[3]) Lieben, Annalen d. Chemie u. Pharmazie, Suppl. **7**, 218, 377 [1870].

[4]) Chem. Fabrik vorm. Schering, D. R. P. 29 771. — Friedländer, Fortschritte der Teer-farbenfabrikation **1**, 576.

[5]) Spindler, Annalen d. Chemie u. Pharmazie **231**, 263 [1885].

[6]) Le Comte, Journ. de Pharm. et de Chim. [6] **16**, 297 [1902].

[7]) Guerin, Journ. de Pharm. et de Chim. [6] **29**, 54 [1909].

[8]) A. Labat, Journ. de Pharm. et de Chim. [6] **30**, 107 [1909].

[9]) Rother, Jahresber. d. Chemie **1874**, 317.

[10]) Suilliot u. Raynaud, Bulletin de la Soc. chim. [3] **1**, 3 [1889].

[11]) Chem. Fabrik vorm. Schering D. R. P. 29 771. — Friedländer, Fortschritte der Teer-farbenfabrikation **1**, 576.

[12]) Elbs u. Herz, Zeitschr. f. Elektrochemie **4**, 118 [1897].

[13]) Förster u. Mewes, Chem. Centralbl. **1898**, I, 31.

[14]) Abbot, Journ. of physical Chemistry **7**, 84 [1903].

[15]) Teeple, Amer. Chem. Journ. **26**, 170 [1904].

[16]) Eschbaum, Chem. Centralbl. **1897**, I, 688.

[17]) Dony-Hénault, Chem. Centralbl. **1900**, II, 719.

feste Jodeiweißverbindung[1]). Verhalten des Jodoforms im Tierkörper, Ausscheidung, letale Dosis, Intoxikation[2]). Verteilung im Organismus, (gegenüber der gleichmäßigen Verteilung des Jodkaliums erweist sich Jodoform als lipotrop; auffallend hoch ist der Jodgehalt in der Speicheldrüse, relativ gering im Blut.)[3]) Über desinfizierende Wirkung[4]). Zustandekommen der Wirkung, (reines Jodoform besitzt keine bakterientötende Kraft, die Wirkung kommt durch die den Organen allgemein zukommende spaltende Wirkung auf das Jodoform zustande, die Wirksamkeit der Spaltprodukte tritt jedoch nur bei Sauerstoff-(Luft-)abschluß ein.)[5]) Neue Anwendungsform[6]). Sterilisation mit Paraformaldehyd[7]). Sterile Jodoformgaze des Handels[8]). Herstellung und Gehaltsbestimmung von Jodoformwatte und -gaze[9]). Verfälschung von Jodoformverbandstoffen durch Färbung mit Curcuma[9]). Jodoformium liquidum[10]).

Analytisches: Qualitativer Nachweis[11]). Nachweis im faulen Fleisch[12]). Farbenreaktion[13]). Quantitative Bestimmung[14]), im Gase[15]). Bestimmung durch Titration[16]). Prüfung des Jodoforms[17]). Bestimmung des Jods im Jodoform[18]): Man erwärmt die ätherisch-alkoholische Lösung mit $1/10$ n-Silbernitratlösung unter Zusatz von 1 ccm rauchender Salpetersäure auf dem Wasserbad bis zum Verschwinden des Geruchs nach Stickoxyden und titriert mit Rhodankalium zurück, oder führt die Verseifung durch zweistündiges Erwärmen mit alkoholischer Lauge aus und bestimmt dann das Jodkalium titrimetrisch. Gravimetrisch kann die Jodbestimmung durch einstündiges Erhitzen mit einer 25 proz. wässerigen Silbernitratlösung in einer Druckflasche auf 100° ausgeführt werden. Zur Bestimmung des Jodoforms in Gaze kann man auch dasselbe durch 5 stündiges Erhitzen mit Zinkstaub und 25 proz. Schwefelsäure[19]) zu Jodzink reduzieren und in der Jodzinklösung das Jod bestimmen, (Abscheidung durch Natriumnitrit, Aufnahme in Chlorofo m oder Schwefelkohlenstoff und Titrieren mit $1/10$ Thiosulfatlösung). Untersuchung von Jodgaze[20]). Veränderung derselben[21]). Grenze der Wahrnehmbarkeit[22]) (durch den Geruch: $1/100$ eines Billiontel Gramm).

Physikalische und chemische Eigenschaften: Gelbe, hexagonale Tafeln[23])[24]), von charakteristischem Geruch. Schmelzp. 119°. Mit Wasserdämpfen flüchtig. Spez. Gew. 4,008 bei 17°[25]). Spez. Gewicht bei —188° 4,4459. Ausdehnungskoeffient zwischen —188° und +17° $2930,10^{-7}$[26]). 1 T. Jodoform löst sich in 67 T. 90,5 proz. Alkohol bei 17—18°; in 9 T. bei

---

[1]) Zit. nach Kobert, Lehrbuch der Intoxikationen. 2. Aufl. [1906]. **2**, 196. Daselbst ausführliche Literatur.

[2]) P. Mulzer, Zeitschr. f. experim. Pathol. u. Ther. **1**, 446 [1905].

[3]) Osw. Loeb, Archiv f. experim. Pathol. u. Pharmakol. **56**, 320 [1907].

[4]) Hesse, Chem. Centralbl. **1897**, I, 424. — Grimmusky, Chem. Centralbl. **1897**, I, 1097.

[5]) Heile, Archiv f. klin. Chir. **71**, Heft 3; Chem. Centralbl. **1903**, II, 1459.

[6]) Bianchi, Boll. di Chim. e di Farmacol. **44**, 702 [1905]; Chem. Centralbl. **1905**, II, 1817.

[7]) Chem. Fabrik vorm. Schering, D. R. P. 95 465; Chem. Centralbl. **1898**, I, 646.

[8]) Anselmino, Pharmaz. Centralhalle **48**, 1056 [1907]; Chem. Centralbl. **1908**, I, 456.

[9]) A. W. Gerrard, Pharmaceutical Journal [4] **25**, 675 [1907].

[10]) Pharmaz. Ztg. **51**, 313 [1905].

[11]) Lustgarten, Monatshefte f. Chemie **3**, 717 [1882]. — Schmidt, Chem. Centralbl. **1901**, I, 1095.

[12]) Stortenbecker, Recueil des travaux chim. des Pays-Bas **24**, 66 [1905].

[13]) Dupouy, Chem. Centralbl. **1903**, II, 603; vgl. näheres bei Chloroform.

[14]) Richmond, Berichte d. Deutsch. chem. Gesellschaft [2] **25**, 130 [1892]. — Gresshoff, Zeitschr. f. analyt. Chemie **29**, 209 [1890]; **32**, 361 [1893].

[15]) Schacherl, Chem. Centralbl. **1897**, I, 568.

[16]) Stubenrauch, Chem. Centralbl. **1898**, II, 1285.

[17]) Borri, Chem. Centralbl. **1903**, II, 632.

[18]) Game u. Webster, Pharmaceutical Journal [4] **28**, 555 [1909]. — Utz, Apoth.-Ztg. **1903**, Dezemberheft.

[19]) Paolini, Moniteur scient. [4] **23**, II, 648 [1909]; Chem. Centralbl. **1909**, II, 1590.

[20]) Lehmann, Chem. Centralbl. **1900**, I, 693; **1900**, II, 397. — Frerichs, Chem. Centralbl. **1900**, II, 785; **1901**, I, 210. — Utz, Chem. Centralbl. **1900**, II, 1182. — Thomann, Chem. Centralbl. **1902**, II, 812. — Utz, Pharmaz. Centralhalle **45**, 985 [1904]; Chem. Centralbl. **1905**, I, 289. — Kremel, Pharmaz. Post **38**, 263 [1905]; Chem. Centralbl. **1905**, I, 1748.

[21]) P. Rouvet, Chem. Centralbl. **1899**, I, 706.

[22]) Berthelot, Compt. rend. de l'Acad. des Sc. **138**, 1249 [1904].

[23]) Rammelsberg u. Kokscharow, Jahresber. d. Chemie **1857**, 431.

[24]) Pope, Journ. Chem. Soc. **75**, 46 [1899].

[25]) Beyerinck, Chem.-Ztg. **21**, 853 [1897].

[26]) Dewar, Chem. Centralbl. **1905**, I, 1689.

Siedehitze[1]). 100 T. Eisessig lösen 1,307 T. Jodoform bei 15°; 2,109 T. bei 30°[2]). Löslichkeit in flüssigem Schwefelwasserstoff unter Ionisation[3]). Verbrennungs- und Bildungswärme[4]). Innere Reibung[5]). Ionisierbarkeit durch Röntgenstrahlen[6]). Einwirkung von Radiumstrahlen[7][8]). Oxydation durch Radiumbromid[9]). Abspaltung von Jod[10]). Zersetzung der Lösung[11]) in Chloroform[12][13]). Zersetzung in Pflanzenölen beim Erwärmen auf 50—55°[14]). Zersetzung am Licht[15][16]); durch Sauerstoff und Licht[17][18][19]). Zersetzung beim Erwärmen mit Bleinitratlösung[20]). Einwirkung von Natriumalkoholat[21]); von Natriumbutylat[22]). Gibt mit konz. Silbernitratlösung Silberjodid und Kohlenoxyd[23][24]). Reaktion mit Silberpulver in ätherischer oder alkoholischer Lösung[25]). Entwickelt mit Silber, Zink und anderen Metallen Acetylen[26]). Wird von Eisenfeile und Wasser zu Methylenjodid und Methyljodid reduziert[27]). Verbindung mit Ammoniak[28]). Verhalten gegen Quecksilbercyanid[29]). Gegen Chlor- und Fluorsilber[30]). Gegen Arsen[31]), gegen Schwefel (Bildung der in langen, hellgelben Prismen vom Schmelzp. 93° krystallisierenden Verbindung $CHJ_3 \cdot 3 S_8$, durch Lösen der Komponenten in Schwefelkohlenstoff; an der Luft beständig, im Licht sich rot färbend)[32]). Verhalten gegen Quecksilbercyanid[29]). Bildung fester geruchloser Verbindungen mit Eiweißkörpern[33]). Die Bildung von Jodoform aus Aceton und einer alkalischen Jodlösung (Liebensche Reaktion) dient zur quantitativen Bestimmung des Acetons[34]), z. B. im Holzgeist.

Weitere Kohlenwasserstoffe.

Jodkohlenstoff CJ_4. Bildung: Aus Tetrachlorkohlenstoff und Aluminiumjodid[35]) oder krystallisiertem Calciumjodid[36]) oder Borjodid[37]). — Physikalische und chemische

[1]) Vulpius, Berichte d. Deutsch. chem. Gesellschaft **26**, Ref. 327 [1893].

[2]) Klobukow, Zeitschr. f. physikal. Chemie **3**, 353 [1889].

[3]) Magri u. Antony, Gazzetta chimica ital. **35**, I, 206 [1905]; Chem. Centralbl. **1905**, I, 1691.

[4]) Berthelot, Chem. Centralbl. **1900**, I, 1192.

[5]) Beck, Zeitschr. f. physikal. Chemie **48**, 641 [1904].

[6]) Eve, Philos. Mgg. **8**, 618 [1904]; Chem. Centralbl. **1904**, II, 1586.

[7]) Jorissen u. Ringer, Chem. Centralbl. **1906**, I, 442; **1907**, II, 287.

[8]) Van Aubel, Physikal. Zeitschr. **5**, 637 [1904].

[9]) Hardy u. Willcock, Chem. Centralbl. **1904**, I, 992.

[10]) Altenberg, Chem. Centralbl. **1901**, II, 1212.

[11]) Bougault, Chem. Centralbl. **1898**, II, 759.

[12]) Jorrisson u. Ringer, Chem. Centralbl. **1900**, II, 1007.

[13]) Jorisson u. Ringer, Chem. Centralbl. **1906**, I, 442; **1906**, II, 223.

[14]) Popoff, Journ. d. russ. physikal.-chem. Gesellschaft **38**, 1114 [1906]; Chem. Centralbl. **1907**, I, 843.

[15]) Daccomo, Gazzetta chimica ital. **16**, 251 [1886].

[16]) Kremers u. Kocke, Chem. Centralbl. **1898**, II, 1280. — Fleury, Chem. Centralbl. **1897**, II, 613.

[17]) Van Aubel, Physikal. Zeitschr. **5**, 637 [1904].

[18]) Schorl u. van den Berg, Chem. Centralbl. **1905**, II, 1718; **1906**, I, 442, 696.

[19]) Hardy u. Willcock, Proc. Roy. Soc. **72**, 200 [1903].

[20]) Oechsner de Coninck, Revue général de Chimie pnre et appliemé **12**, 20 [1909].

[21]) Butlerow, Annalen d. Chemie u. Pharmazie **114**, 204 [1860].

[22]) Gorbow u. Kessler, Journ. d. russ. physikal.-chem. Gesellschaft **19**, 448 [1887].

[23]) Greshoff, Recueil d. travaux chim. des Pays-Bas **7**, 342 [1888].

[24]) v. Stubenrauch, Chem. Centralbl. **1898**, II, 1285.

[25]) Fleury, Chem. Centralbl. **1897**, II, 613.

[26]) Cazeneuve, Bulletin de la Soc. chim. **41**, 107 [1884].

[27]) Cazeneuve, Jahresber. d. Chemie **1884**, 569.

[28]) Chablay, Chem. Centralbl. **1905**, II, 25.

[29]) Longi u. Mazzolino, Gazzetta chimica ital. **26**, I, 274 [1896].

[30]) Oechsner de Coninck, Chem. Centralbl. **1909**, I, 831.

[31]) Auger, Compt. rend. de l'Acad. des Sc. **145**, 808 [1907].

[32]) Auger, Compt. rend. de l'Acad. des Sc. **146**, 477 [1908].

[33]) Knoll & Co., D. R. P. 95 580; Chem. Centralbl. **1898**, I, 812.

[34]) Krämer, Berichte d. Deutsch. chem. Gesellschaft **13**, 1000 [1880]. — Vignon u. Arachequenne, Compt. rend. de l'Acad. des Sc. **110**, 534, 642 [1890]. — Vgl. dazu auch Messinger, Berichte d. Deutsch. chem. Gesellschaft **21**, 3366 [1888]. — Vincent u. Dellechanal, Bulletin de la Soc. chim. [3] **3**, 681 [1890].

[35]) Gustavson, Annalen d. Chemie u. Pharmazie **172**, 173 [1874].

[36]) Spindler, Annalen d. Chemie u. Pharmazie **231**, 264 [1885].

[37]) Moissan, Berichte d. Deutsch. chem. Gesellschaft **24**, Ref. 733 [1891].

Eigenschaften: Dunkelrote, reguläre Oktaeder. Spez. Gew. 4,32 bei 20°. Zersetzt sich beim Erhitzen an der Luft oder im Sonnenlicht. Mit Silber entsteht Jod und Tetrajodäthylen. Jodwasserstoffsäure oder kochendes Wasser führt es in Jodoform über.

Chlorjodmethan CH_2ClJ [1]). Ölige Flüssigkeit. Siedep. 109°; spez. Gew. 2,447 bei 11°, 2,444 bei 14,5°, 2,49 bei 20°.

Dichlorjodmethan CH_2ClJ [2]). Flüssigkeit. Siedep. 131°; spez. Gew. 2,454 bei 0°.

Dichlordijodmethan CCl_2J_2 [3]). Schmelzp. 85° (unter Zersetzung). Zersetzt sich beim Lösen in Alkohol.

Trichlorjodmethan CCl_3J [4]). Schmelzp. —19°; Siedep. ca. 42°, unter teilweisem Zerfall in C_2Cl_6 und Jod; spez. Gew. 2,36 bei 17°.

Bromjodmethan CH_2BrJ [5]). Flüssigkeit. Siedep. 138—140°; spez. Gew. 2,926 bei 17°.

Nitromethan $CH_3O_2N = CH_3 \cdot NO_2$. Bildung: Durch Umsetzung von Methyljodid mit Silbernitrit [6][7]). Durch Kochen von chloressigsaurem Kalium mit Kaliumnitrit [8]). — Darstellung: Aus chloressigsaurem Natrium und Natriumnitrit [9]), s. ferner Auger [10]). Öl. Siedep. 101 — 101,5° bei 764,7 mm [11]). Spez. Gew. 1,1441 bei 15° [12]); 1,1330 bei 25° [12]); 1,0236 bei 101°/4° [11]). Eigenschaften [13]). Siedekonstanten [14]). Assoziationsfaktor [15]). Brechungsvermögen [16]). Absorptionsspektrum [17]). Spektrum im Ultraviolett [18]). Spezifische Wärme 28,75 Cal. [19]). Lösungswärme [20]). Neutralisationswärme 7,0 Cal. [19]). Thermochemie [21]). Molekulare Verbrennungswärme bei konstantem Druck 169,8 Cal. Verhalten als Lösungsmittel [22]), als Ionisierungsmittel [23]); als Lösungsmittel für Nitro- und Acetylcellulose [24]). Einwirkung der dunklen elektrischen Entladung in Gegenwart von Stickstoff [25]). Dichte, Ausdehnungskoeffizient, Oberflächenspannung [26]). Mit alkoholischer Natronlauge erhält man das Natriumsalz $CH_2Na \cdot (NO_2) \cdot C_2H_5OH$, das in doppelter Umsetzung mit den Salzen der Schwermetalle die Nitromethansalze der letzteren liefert [27]). Quecksilbersalz als Initialzünder [28]). Nitromethan [29]) in der Wärme mit alkoholischem Kali, oder Natriumnitromethan mit Hydroxylaminchlorhydrat [30]), geben **Methazonsäure** $CH_2:N(O) \cdot CH:N(O)OH$. Schmelzp. 79°.

---

[1]) Sakurai, Journ. Chem. Soc. **41**, 362 [1882]; **47**, 198 [1885].

[2]) Schlagdenhauffen, Jahresber. d. Chemie **1856**, 576. — Höland, Annalen d. Chemie u. Pharmazie **240**, 234 [1887]. — Borodin, Annalen d. Chemie u. Pharmazie **126**, 239 [1863].

[3]) Höland, Annalen d. Chemie u. Pharmazie **240**, 233 [1887].

[4]) Besson, Bulletin de la Soc. chim. [3] **9**, 179 [1892].

[5]) Henry, Journ. f. prakt. Chemie [2] **32**, 341 [1885].

[6]) V. Meyer, Annalen d. Chemie u. Pharmazie **171**, 32 [1873].

[7]) Bewald, Journ. d. russ. physikal.-chem. Gesellschaft **24**, 126 [1892].

[8]) Preibisch, Journ. f. prakt. Chemie [2] **8**, 316 [1873].

[9]) W. Steinkopf u. G. Kirchhoff, Berichte d. Deutsch. chem. Gesellschaft **42**, 3439 [1909]. — Wahl, Bulletin de la Soc. chim. [4] **5**, 180 [1909].

[10]) Auger, Chem. Centralbl. **1900**, I, 1263. — Walden, Chem. Centralbl. **1907**, II, 975.

[11]) R. Schiff, Berichte d. Deutsch. chem. Gesellschaft **19**, 567 [1886].

[12]) Perkin, Journ. Chem. Soc. **55**, 687 [1889].

[13]) Hantzsch, Chem. Centralbl. **1899**, I, 869.

[14]) Walden, Chem. Centralbl. **1906**, I, 1649. — Ley u. Hantzsch, Chem. Centralbl. **1906**, II, 1389.

[15]) Carrara u. Ferrari, Chem. Centralbl. **1906**, II, 224.

[16]) Brühl, Zeitschr. f. physikal. Chemie **16**, 214 [1895].

[17]) Baley u. Desch, Chem. Centralbl. **1908**, II, 1995.

[18]) Hedley, Chem. Centralbl. **1908**, I, 1887.

[19]) Berthelot u. Matignon, Annales de Chim. et de Phys. [6] **30**, 567 [1893].

[20]) Brunner, Chem. Centralbl. **1903**, II, 1164.

[21]) Swietoslawski, Journ. d. russ. physikal.-chem. Gesellschaft **41**, 920 [1909]; Chem. Centralbl. **1909**, II, 2144.

[22]) Walden, Zeitschr. f. physikal. Chemie **58**, 479 [1907].

[23]) Walden, Chem. Centralbl. **1906**, I, 539.

[24]) E. Fischer, D. R. P. 201 907; Chem. Centralbl. **1908**, II, 1398.

[25]) Berthelot, Compt. rend. de l'Acad. des Sc. **126**, 787 [1898].

[26]) Walden, Chem. Centralbl. **1909**, I, 818.

[27]) Preibisch, Journ. f. prakt. Chemie [2] **8**, 316 [1873].

[28]) Wöhler u. Matter, Chem. Centralbl. **1907**, II, 1997.

[29]) Lecco, Berichte d. Deutsch. chem. Gesellschaft **9**, 705 [1876].

[30]) Schultze, Berichte d. Deutsch. chem. Gesellschaft **29**, 2228 [1896]. — Scholl, Berichte d. Deutsch. chem. Gesellschaft **34**, 867 [1901].

Beim Kochen mit überschüssiger Lauge geht das Nitromethan[1] (resp. die zuerst gebildete Methazonsäure) in Nitroessigsäure $CH_2(NO_2) \cdot COOH$ über. Verhalten gegen konz. Salzsäure[2]) und gegen Chlorwasserstoffgas[3]). Rauchende Schwefelsäure zersetzt zu Hydroxylamin und Kohlenoxyd[4]). Bei der Reduktion mit Zinn und Salzsäure entsteht Methylamin und β-Methyl-hydroxylamin $CH_3NH \cdot OH$. Reduktion[5]). Mit aromatischen Aldehyden finden vielfache Kondensationen statt[6][7][8][9]). Absorption von 2 Molekülen Stickoxyd bei Gegenwart von 2 Molekülen Natriumäthylat, Bildung von Nitromethylisonitramin $CH_2(NO_2) \cdot N_2O_2H$ [10][11]). Mit Bromcyan und Äther bildet sich Bromnitromethan[12]). Einwirkung von Zinkmethyl[13]).

Trichlornitromethan, Chlorpikrin $CO_2NCl_3 = CCl_3 \cdot NO_2$. Bildung: Bei der Destillation von Nitrokörpern mit Chlorkalk[14]). Aus Alkohol und Salpetersäure[15]). Aus Chloral[16]). — **Darstellung:** Chlorkalk wird mit Wasser zum Brei verrieben und mit einer 30° warmen Lösung von $^1/_{10}$ seines Gewichtes an Pikrinsäure versetzt. Nachdem die erste, lebhafte Reaktion beendet ist, destilliert man das Chlorpikrin ab[17]). Flüssigkeit, von heftigem, zu Tränen reizendem Geruch. Schmelzp. $-64°$ [18]); $-69,2°$ [19]). Siedep. $111,91°$ [20]); Siedep. $112,8°$ bei 743 mm[21]). Spez. Gew. $1,69\,225$ bei $0°/4°$ [20]). Brechungsvermögen[22]). Fast unlöslich in Wasser. Einwirkung von salzsaurem Zinnchlorür[23]). Gibt mit Natriumalkoholat Orthokohlensäureester[24]) und mit Ammoniak Guanidin[25]). Mit Alkalidisulfit gibt es Formyltrisulfosäure[26]).

Brompikrin $CBr_3(NO_2)$. Bildet sich analog dem Chlorpikrin[27][28]). Aus Nitromethan, Brom und Kalilauge[29]). Kann unter stark vermindertem Druck unzersetzt destilliert werden. Flüssigkeit. Schmelzp. $+10°$. Verunreinigung mit Dibromdinitromethan $C(NO_2)_2Br_2$ [30]).

Dinitromethan $CH_2O_4N_2 = CH_2(NO_2)_2$. Darstellung aus Dibromdinitromethan, Kalilauge und arseniger Säure[31]). Bei $-15°$ flüssig, sehr unbeständig. Leitfähigkeit[32]).

Trinitromethan, Nitroform $CHO_6N_3 = CH(NO_2)_3$. Aus Trinitroacetonitril $C(NO_3)_3 \cdot CN$ und Wasser[33]). $C(NO_2)_3 \cdot CN + 2\,H_2O = (NO_2)_2 \cdot C = NOONH_4$ (Isonitroformammonium) $+ CO_2$. Farblose Krystalle, Schmelzp. 15°, in wasserfreien Lösungsmitteln farblos, die sich in Wasser mit gelber Farbe lösen. Die Salze sind gelb gefärbt, entsprechen wahrscheinlich dem Isonitroform $(NO_2)_2C = NOOH$. Nitroform ist eine starke einbasische (Pseudo- [?]) Säure,

[1]) Steinkopf, Berichte d. Deutsch. chem. Gesellschaft **42**, 3927 [1909].

[2]) V. Meyer u. Locher, Annalen d. Chemie u. Pharmazie **180**, 164 [1875].

[3]) Pfungst, Journ. f. prakt. Chemie [2] **34**, 35 [1886].

[4]) Preibisch, Journ. f. prakt. Chemie [2] **8**, 316 [1873].

[5]) Pierron, Chem. Centralbl. **1899**, II, 700. — Bevad, Chem. Centralbl. **1900**, II, 945.

[6]) Thiele, Berichte d. Deutsch. chem. Gesellschaft **32**, 1293 [1899].

[7]) Posner, Berichte d. Deutsch. chem. Gesellschaft **31**, 656 [1898].

[8]) Priebs, Annalen d. Chemie u. Pharmazie **225**, 321 [1884].

[9]) Bouveault u. Wahl, Chem. Centralbl. **1902**, II, 449. — Gabriel, Chem. Centralbl. **1903**, I, 710. — Knoevenagel u. Walter, Chem. Centralbl. **1905**, I, 251.

[10]) Traube, Annalen d. Chemie u. Pharmazie **300**, 107 [1898].

[11]) Scholle, Berichte d. Deutsch. chem. Gesellschaft **29**, 2416 [1896].

[12]) Hantzsch u. Hillard, Berichte d. Deutsch. chem. Gesellschaft **31**, 2065 [1898].

[13]) Stenhouse, Annalen d. Chemie u. Pharmazie **66**, 241 [1848].

[14]) Kekulé, Annalen d. Chemie u. Pharmazie **101**, 212 [1857].

[15]) Kekulé, Annalen d. Chemie u. Pharmazie **106**, 144 [1858].

[16]) Hofmann, Annalen d. Chemie u. Pharmazie **139**, 111 [1866].

[17]) Haase, Berichte d. Deutsch. chem. Gesellschaft **26**, 1053 [1893].

[18]) Schneider, Zeitschr. f. physikal. Chemie **19**, 158 [1896].

[19]) Thorpe, Journ. Chem. Soc. **37**, 198 [1880].

[20]) Cossa, Jahresber. d. Chemie **1872**, 298.

[21]) Brühl, Zeitschr. f. physikal. Chemie **16**, 214 [1895].

[22]) Raschig, Berichte d. Deutsch. chem. Gesellschaft **18**, 3326 [1885].

[23]) Bassett, Annalen d. Chemie u. Pharmazie **132**, 54 [1864].

[24]) Hofmann, Berichte d. Deutsch. chem. Gesellschaft **1**, 145 [1868].

[25]) Geisse, Annalen d. Chemie u. Pharmazie **109**, 284 [1859].

[26]) Stenhouse, Annalen d. Chemie u. Pharmazie **91**, 307 [1854].

[27]) Groves u. Bolas, Annalen d. Chemie u. Pharmazie **155**, 253 [1870].

[28]) Meyer u. Tscherniak, Annalen d. Chemie u. Pharmazie **180**, 122 [1875].

[29]) Scholl u. Brenneisen, Berichte d. Deutsch. chem. Gesellschaft **31**, 654 [1898].

[30]) Duden, Berichte d. Deutsch. chem. Gesellschaft **26**, 3004 [1893]. — Villiers, Bulletin de la Soc. chim. **41**, 282 [1909].

[31]) Hantzsch u. Veit, Berichte d. Deutsch. chem. Gesellschaft **32**, 610, 624 [1899].

[32]) Schischkow, Annalen d. Chemie u. Pharmazie **103**, 364 [1852].

[33]) Hantzsch u. Rinkenberger, Berichte d. Deutsch. chem. Gesellschaft **32**, 631 [1899].

besitzt auch in wässeriger Lösung wahrscheinlich die Isoform. Mit Wasserdämpfen flüchtig. Explodiert heftig beim Erhitzen. Das Kaliumsalz explodiert frisch bereitet bei 97—99° und zersetzt sich beim Aufheben auch in trockner Luft von selbst. Nitroformammonium, gelbe Nadeln, verpuffen bei 200°. Das Silbersalz ist in Wasser und in Äther leicht löslich, zersetzlich.

Bromnitroform, Bromtrinitromethan $C(NO_2)_3Br$. Aus Nitroform und Brom im Sonnenlicht[1]), rascher aus der wässerigen Lösung des Quecksilbersalzes von Nitroform durch Eintragen von Brom. Krystalle; Schmelzp. 12°; spez. Gew. 2,8. Mit Wasserdämpfen unzersetzt flüchtig.

Tetranitromethan, Nitrokohlenstoff $C(NO_2)_4$. Aus Nitroform durch Erwärmen mit einem Gemenge von rauchender Salpetersäure und konz. Schwefelsäure[2]). Krystalle; Schmelzp. 13°, Siedep. 126°. Sehr beständig, explodiert nicht beim Erhitzen, sondern destilliert.

Azomethan[3]) $C_2H_6N_2 = CH_3N : NCH_3$ (41,38% C, 10,34% H, 48,28% N). Darstellung aus Hydrazomethan-bis-hydrochlorid $CH_3NH \cdot NHCH_3$, 2 HCl und Kaliumchromat[3]). Farbloses Gas, auch in dicker Schicht. Siedep. 1,5° bei 751 mm, 1,8° bei 756 mm; sehr leicht löslich in Wasser mit neutraler Reaktion; erinnert im Geruch an niedere, ungesättigte Kohlenwasserstoffe. Als Flüssigkeit deutlich, aber sehr schwach gelblich gefärbt. Farbe verschwindet bei —78°, dicht darunter erstarrt das Azomethan zu farblosen Blättern, die in Kohlensäure-Äthergemisch ganz langsam wieder schmelzen. Mit Wasser nicht vollständig, mit organischen Lösungsmitteln vollständig mischbar. Das Gas ist explosiv, verbrennt mit stark leuchtender Flamme. Mit Kohlensäure genügend verdünnt, zerfällt es beim Erhitzen ohne Explosion wesentlich in Stickstoff und Äthan. In untergeordneter Menge bildet sich Äthylen und Methan. Letztere und Wasserstoff treten sehr reichlich auf bei der Explosion durch den elektrischen Funken.

Diazomethan, Azimethylen $CH_2N_2 = CH{<}^{N}_{N}\|$ [4]). Aus Nitrosomethylurethan und Alkalien, über methylazosaures Alkali[5]) $CH_3N{<}^{NO}_{CO_2C_2H_5} \rightarrow CH_3 \cdot N = N \cdot OK \rightarrow CH_2{<}^{N}_{N}\|$.

Bei gewöhnlicher Temperatur ein farb- und geruchloses, sehr giftiges Gas, das die Augen, Haut und Lungen stark angreift. Sehr reaktionsfähig; besonders geeignet zu Methylierungen.

Methylsulfosäure $CH_4O_3S = CH_3 \cdot SO_2 \cdot OH$ [6]). Aus Trichlormethylsulfosäurechlorid (aus Schwefelkohlenstoff und feuchtem Chlor): $CCl_3 \cdot SO_2Cl$ (Schmelzp. 135°, Siedep. 170°) über die Trichlormethylsulfosäure $CCl_3 \cdot SO_3H + H_2O$, die durch Reduktion mit Natriumamalgam die Chloratome schrittweise gegen Wasserstoff austauscht. $CS_2 \rightarrow CCl_3 \cdot SO_2Cl \rightarrow CCl_3 \cdot SO_3H \rightarrow CH_3 \cdot SO_3H$. Aus Methylrhodanid und Chlorkalk[7]). Sirup, zersetzt sich oberhalb 130°.

Methylsulfochlorid $CH_3 \cdot SO_2Cl$ [8]). Siedep. 160°; spez. Gew. 1,51 [9]).

Alkylverbindungen der Metalloide und der Metalle.

Von diesen eigentümlichen Kohlenwasserstoffderivaten beanspruchen besonders solche des Tellurs, Selens und Arsens ein biochemisches Interesse wegen ihrer leichten Bildung durch bestimmte biologische Prozesse. Insbesondere sind solche als Ursache der namentlich früher des öfteren beobachteten Vergiftungsfälle bei Benutzung arsenikhaltiger Farbstoffe (besonders bei Tapeten) erkannt worden. Das Wichtigste über das physiologische Verhalten dieser Verbindungen sei hier zusammenfassend vorausgeschickt.

Der tierische Organismus besitzt in ausgesprochener Weise die Fähigkeit, Selen- oder Tellurverbindungen in flüchtige, riechende Körper zu verwandeln[1][2][3][4][5][6][7]. Beim Arbeiten mit Tellurverbindungen (Fr. Wöhler) nimmt der Atem und mitunter der Schweiß wochenlang starken Geruch nach Knoblauch an; nach Einnehmen von tellurigsaurem Kali tritt der Geruch schon in der ersten Minute auf[2]. Der Geruch wird durch das Auftreten von Tellurmethyl, bei mit selenigsaurem Natron vergifteten Tieren durch Selenmethyl hervorgerufen[4]. Die Tellurmethylbildung tritt auch bei Kaltblütern und Wirbellosen ein[4]. Im Pflanzenkörper ist eine solche Bildung nicht wahrgenommen worden, dagegen bei Mikroorganismen[8]. Letztere bilden aber nicht Methyl-, sondern Äthylderivate[9]. (Nachweis: Auffangen der Athemluft bzw. der Pilzgase in konz. Jodjodkaliumlösung; Nachweis von Selen resp. Tellur in derselben; die alkalisch gemachte Jodlösung entwickelt mit Schwefelnatrium den charakteristischen Geruch nach Schwefelmethyl, bzw. den nicht zu verkennenden Geruch nach Schwefeläthyl.)[9][10]

Diese Methyl- und Äthylsynthesen verlaufen unter gleichzeitiger Reduktion der entsprechenden Sauerstoffverbindungen bis zum Element; beide Prozesse stehen in Beziehung zueinander, doch ist die Bildung des Tellurmethyls nicht von der Abscheidung des Tellurs als solchem abhängig (Hofmeister). Die reduzierende Eigenschaft der Zellen (bei Tieren und Mikroorganismen) ist durch eine Substanz bedingt, die auch losgelöst von der Zelle ihre Wirkung entfalten kann. Im Gegensatz dazu erscheint das Methylierungs- und Äthylierungsvermögen mit der Lebenstätigkeit der Zelle zusammenzuhängen, ein rein vitaler Prozeß zu sein[11].

Tetraäthylphosphonium $(C_2H_5)_4P \cdot OH$ hat weder ganz die Wirkung des Phosphors noch die der typischen Ammoniumbasen. Giftigkeit ist gering. Bei Fröschen curareartige Lähmung, bei Warmblütern zentrale Lähmung[12][13].

Die Phosphine besitzen nach Tappeiner für Amöben stark deletäre Wirkung, nicht aber für Hefepilze und Bakterien[13].

Selendimethyl $C_2H_6Se = Se(CH_3)_2$ [14]. Aus Natriumselenid und methylschwefelsaurem Kalium. Höchst unangenehm riechende Flüssigkeit. Siedep. 58,2°. Schwerer als Wasser; darin unlöslich.

Selentrimethyl $C_3H_9Se = Se(CH_3)_3$ [15]. Aus dem Jodid $Se(CH_3)_3J \cdot J_2$, Schmelzp. 39°, das aus Selen und Jodmethyl bei 80° erhalten wird, durch Reduktion mit Schwefelwasserstoff.

Tellurdimethyl $C_2H_6Te = (CH_3)_2Te$. Aus methylschwefelsaurem Barium und Tellurkalium[16]. Schweres gelbes Öl, sehr unangenehm riechend; Siedep. 82°. Verbindet sich mit Sauerstoff, Chlor, Jodalkylen u. a. m.

Das **Jodid** $(CH_3)_2TeJ_2$ bildet sich auch leicht aus Tellur und Methyljodid bei 80°[17]. Salze[18].

Dimethyltelluroxyd $(CH_3)_2TeO$. Ein krystallinischer, zerfließlicher Körper, der seinen basischen Eigenschaften nach mit CaO oder PbO verglichen werden kann; reagiert stark

---

[1] Chr. Gmelin, Versuche über die Wirkung des Baryts, Strontians usw. Tübingen 1824. S. 43.

[2] Hansen, Annalen d. Chemie u. Pharmazie **86**, 208 [1853].

[3] Czapek u. Weil (Se- und Te-Wirkung auf den tierischen Organismus), Archiv f. experim. Pathol. u. Pharmakol. **32**, 438 [1893].

[4] Hofmeister (Über Methylierung im Tierkörper), Archiv f. experim. Pathol. u. Pharmakol. **33**, 198 [1894].

[5] J. L. Beyer, Archiv f. Physiol. von Du Bois-Reymond **1895**, 225.

[6] Mead u. Gies, Amer. Journ. of Physiol. **5**, 104 [1901].

[7] Rabuteau, Gazette hebdom. **16**, 241 [1869].

[8] A. Maßen, Arbeiten a. d. Kaiserl. Gesundheitsamt **18**, 484 [1902].

[9] A. Maßen, Arbeiten a. d. Kaiserl. Gesundheitsamt **18**, 485 [1902].

[10] Hofmeister (Über Methylierung im Tierkörper), Archiv f. experim. Pathol. u. Pharmakol. **33**, 198 [1894].

[11] A. Maßen, Arbeiten a. d. Kaiserl. Gesundheitsamt **18**, 488 [1902].

[12] Lindemann, Archiv f. experim. Pathol. u. Pharmakol. **41**, 19 [1902].

[13] Kobert, Lehrbuch der Intoxikationen. 2. Aufl. **2**, 319 [1906].

[14] Jackson, Annalen d. Chemie u. Pharmazie **179**, 1 [1875].

[15] A. Scott, Proc. Chem. Soc. **20**, 156 [1904].

[16] Wöhler u. Dean, Annalen d. Chemie u. Pharmazie **93**, 233 [1855].

[17] Demarcay, Bulletin de la Soc. chim. **40**, 100 [1883].

[18] Heeren, Jahresber. d. Chemie **1861**, 566.

alkalisch, verdrängt aus Ammoniumsalzen Ammoniak und neutralisiert Säuren unter Bildung von Salzen.

Trimethyltellurhydroxyd $(CH_3)_3Te(OH)$. Aus dem Jodid, aus Tellurdimethyl und Jodmethyl entstehend, und feuchtem Silberoxyd[1]).

Methylphosphin $CH_5P = CH_3 \cdot PH_2$. Aus Jodmethyl und Jodphosphonium PH_4J bei 6stündigem Erhitzen auf 150° bei Gegenwart von Zinkoxyd[2]). Von gleichzeitig gebildetem Dimethylphosphin wird es durch Wasserdampfdestillation getrennt, da sein Jodhydrat durch Wasser zerlegt wird. Heftig riechendes Gas. Siedep. —14° bei 758,5 mm. Bei leichtem Erwärmen an der Luft selbstentzündlich. Mit konz. Salzsäure, besser noch mit konz. Jodwasserstoffsäure, bildet es leicht Salze, die schon durch Wasser gespalten werden. Durch rauchende Salpetersäure wird es oxydiert zu

Methylphosphinsäure $CH_5PO_3 = CH_3 \cdot PO(OH)_2$[3]). Bildung[4]). In Wasser leicht lösliche Krystalle. Schmelzp. 105°. — **Chlorid** $CH_3 \cdot POCl_2$. Schmelzp. 32°, Siedep. 163°[5]).

Dimethylphosphin $C_2H_7P = (CH_3)_2PH$. Durch Destillation des jodwasserstoffsauren Salzes mit Kalilauge (s. Methylphosphin). Siedep. 25°. Farblose, stark lichtbrechende Flüssigkeit von äußerst starkem, betäubendem Geruch; reagiert neutral, sofort an der Luft sich entzündend[6]), in Wasser unlöslich; rauchende Salpetersäure oxydiert zu

Dimethylphosphinsäure $C_2H_7PO_2 = (CH_3)_2PO \cdot OH$[7]). In Wasser sehr leicht lösliche Krystalle. Schmelzp. 76°; unzersetzt flüchtig. — **Chlorid** $(CH_3)_2POCl$. Krystalle. Schmelzp. 66°; Siedep. 204°[8]).

Trimethylphosphin $C_3H_9P = (CH_3)_3P$. Aus Phosphortrichlorid und Zinkmethyl[9]). Aus Jodphosphonium und Methyläther bei 120—140° (1—2 Stunden)[10]). In Wasser unlösliche Flüssigkeit von unerträglichem Geruch. Siedep. 40—42°.

Trimethylphosphinoxyd $C_3H_9PO = (CH_3)_3PO$. Beim Erhitzen von Tetramethylphosphoniumhydroxyd[11]) $(CH_3)_4P \cdot OH = (CH_3)_3PO + CH_4$. Zerfließliche Krystalle. Schmelzp. 137—138°; Siedep. 214—215° (korr.).

Tetramethylphosphoniumjodid $C_4H_{12}PJ = (CH_3)_4PJ$. Aus Trimethylphosphin und Jodmethyl[12]). Aus 1 Mol. Jodphosphonium und 3 Mol. Methylalkohol bei 180°, neben $(CH_3)_3P$[10])[13]). Krystalle, in Wasser leicht löslich, gegen Alkali beständig; mit feuchtem Silberoxyd entsteht

Tetramethylphosphoniumhydrat $C_4H_{13}OP = (CH_3)_4 \cdot P \cdot OH$. Stark kaustische Masse; Zerfall in $(CH_3)_3PO$: siehe oben.

Methylarsenverbindungen: Monomethylarsin CH_5AsH_2. Durch Reduktion von Monomethylarsinsäure mit amalgamiertem Zinkstaub, Alkohol und Salzsäure[14]). Gas. Siedep. $+2°$.

Methylarsendichlorid $CH_3AsCl_2 = CH_3AsCl_2$. Aus Kakodyltrichlorid $(CH_3)_2AsCl_3$ beim Erwärmen auf 40—50°: $(CH_3)_2AsCl_3 \rightarrow (CH_3)AsCl_2 + CH_3Cl$[15]). Aus Kakodylsäure und Salzsäure: $(CH_3)_2AsO \cdot OH + 3\,HCl = CH_3AsCl_2 + CH_3Cl + 2\,H_2O$[16]). Gegen Luft und Wasser beständige Flüssigkeit. Siedep. 130°. Bei —10° bildet es mit Chlor das krystallisierte Tetrachlorid $As(CH_3)Cl_4$, das bereits bei 0° in $AsCl_3$ und CH_3Cl zerfällt.

Methylarsenoxyd $CH_3OAs = CH_3 \cdot AsO$. Aus dem Dichlorid durch Pottasche[17]). Schmilzt bei 95°.

[1]) A. Scott, Proc. Chem. Soc. **20**, 156 [1904].
[2]) Hofmann, Berichte d. Deutsch. chem. Gesellschaft **4**, 605 [1871].
[3]) Hofmann, Berichte d. Deutsch. chem. Gesellschaft **5**, 106 [1872].
[4]) Michaelis u. Kähne, Berichte d. Deutsch. chem. Gesellschaft **31**, 1050, 1054 [1898].
[5]) Hofmann, Berichte d. Deutsch. chem. Gesellschaft **6**, 306 [1872].
[6]) Hofmann, Berichte d. Deutsch. chem. Gesellschaft **4**, 610 [1871].
[7]) Hofmann, Berichte d. Deutsch. chem. Gesellschaft **5**, 109 [1872].
[8]) Hofmann, Berichte d. Deutsch. chem. Gesellschaft **6**, 307 [1873].
[9]) Hofmann u. Cahours, Annalen d. Chemie u. Pharmazie **104**, 29 [1857].
[10]) Firemann, Berichte d. Deutsch. chem. Gesellschaft **30**, 1089 [1897]. — S. ferner: Drechsel u. Finkelstein, Berichte d. Deutsch. chem. Gesellschaft **4**, 205, 430 [1871]. — Drechsel, Journ. f. prakt. Chemie [2] **10**, 180 [1874].
[11]) Hofmann u. Collie, Journ. Chem. Soc. **53**, 636 [1888].
[12]) Hofmann u. Cahours, Annalen d. Chemie u. Pharmazie **104**, 31 [1857].
[13]) Hofmann, Berichte d. Deutsch. chem. Gesellschaft **4**, 208 [1871].
[14]) Palmer u. Dehn, Chem. Centralbl. **1901**, II, 1340.
[15]) Bayer, Annalen d. Chemie u. Pharmazie **107**, 263 [1858].
[16]) Bunsen, Annalen d. Chemie u. Pharmazie **46**, 1 [1843].
[17]) Bayer, Annalen d. Chemie u. Pharmazie **107**, 276 [1858].

Methylarsensulfid $As(CH_3)S$. Aus dem Chlorid[1]) oder Oxyd mit Schwefelwasserstoff. In Wasser unlöslich, ziemlich leicht in Alkohol und in Äther, sehr leicht in Schwefelkohlenstoff. Schmelzp. 110°.

Monomethylarsinsäure, Methylarsonsäure $CH_5O_3As = CH_3AsO(OH)_2$. Aus dem Chlorid durch überschüssiges Silberoxyd oder aus dem Oxyd durch Quecksilberoxyd[2]); aus Natriumarsenit und Methyljodid in wässerig-alkoholischer Lösung: $Na_3AsO_3 + CH_3J = Na_2As(CH_3)O_3 + NaJ$ [3]). In Wasser leicht lösliche Krystalle; starke zweibasische Säure. Bei der Reduktion entsteht Monomethylarsin. Das Natriumsalz findet unter dem Namen Arrhenal medizinische Verwendung.

Dimethylarsenverbindungen: Dimethylarsin, Kakodylwasserstoff $C_2H_7As = (CH_3)_2AsH$. Durch Reduktion von Kakodylchlorid mit platiniertem Zink, Alkohol und Salzsäure[4]). An der Luft entzündliche Flüssigkeit. Siedep. 36—37°; leicht beweglich, mit starkem Kakodylgeruch.

Dimethylarsen, Kakodyl $C_4H_{12}As_2 = \begin{matrix}(CH_3)_2As \\ | \\ (CH_3)_2As\end{matrix}$. Aus Kakodylchlorid und Zink bei 100° in einer Kohlensäureatmosphäre.

$$\begin{matrix}(CH_3)_2As\,Cl \\ (CH_3)_2As\,Cl\end{matrix} + Zn = ZnCl_2 + \begin{matrix}As(CH_3)_2 \\ | \\ As(CH_3)_2\end{matrix}\ [5]).$$

Widerlich riechendes Öl. Siedep. 170°. Erstarrt bei —6°. In Wasser wenig löslich, darin untersinkend. Dampfdichte entsprechend der Formel $[As(CH_3)_2]_2$. Verhält sich wie ein ein- oder dreiwertiges Radikal (oder Metall). Entzündet sich an der Luft. Verbindet sich direkt mit den Halogenen, mit Schwefel.

Kakodyloxyd, Alkarsin $C_4H_{12}OAs_2 = \begin{matrix}(CH_3)_2As\!\diagdown \\ (CH_3)_2As\!\diagup\end{matrix}O$. Bildet den Hauptbestandteil der „Cadetschen, rauchenden, arsenikalischen Flüssigkeit", von Cadet im Jahre 1760 zuerst bei der Destillation von Kaliumacetat mit arseniger Säure erhalten. $As_2O_3 + 4\,K \cdot C_2H_3O_2 = \begin{matrix}(CH_3)_2As\!\diagdown \\ (CH_3)_2As\!\diagup\end{matrix}O + 2\,K_2CO_3 + 2\,CO_2$. Bei der Destillation gleicher Gewichtsteile entsteht außerdem nur noch wenig Kakodyl $[As(CH_3)_2]_2$ [6]). Reindarstellung aus Kakodylchlorid und Kalilauge[7]). In Wasser schwer lösliches Öl von unerträglichem, zu Tränen reizendem Geruch. Erstarrt bei —25°. Siedep. 120°; spez. Gew. 1,462 bei 15°. Die Dampfdichte entspricht der Formel $As_2(CH_3)_4O$. Mit rauchender Salzsäure destilliert, geht Kakodylchlorid über. Durch seinen fürchterlichen Geruch liefert das Kakodyl eine scharfe Reaktion auf Arsen einerseits, auf Essigsäure anderseits.

Kakodylchlorid $C_2H_6AsCl = (CH_3)_2AsCl$. Aus Kakodyloxyd und rauchender Salzsäure[8]). Flüssigkeit, in Wasser unlöslich, schwerer als Wasser. Verbindet sich mit Chlor zu $As(CH_3)_2 \cdot Cl_3$, das bei 50° in $As(CH_3)Cl_2$ und CH_3Cl zerfällt.

Kakodylsäure $C_2H_7O_2As = (CH_3)_2AsO \cdot OH$. Durch Oxydation von Kakodyloxyd mit Quecksilberoxyd[9]). Geruchlose, schiefrhombische Säulen. Schmelzp. 200°. In Wasser sehr leicht löslich. Sehr beständig. Nicht giftig[10]). Ist einbasisch; die Salze sind in Wasser löslich.

Kakodyltrichlorid $C_2H_6Cl_3As = (CH_3)_2AsCl_3$. Aus Kakodylsäure und Phosphorpentachlorid[11]). Entsteht auch direkt aus dem Monochlorid $(CH_3)_2AsCl$ und Chlor. An der Luft rauchende Krystalle. Zerfall in Monomethylarsenchlorid (s. daselbst).

---

[1]) Bayer, Annalen d. Chemie u. Pharmazie **107**, 279 [1858].

[2]) Bayer, Annalen d. Chemie u. Pharmazie **107**, 281 [1858].

[3]) G. Meyer, Berichte d. Deutsch. chem. Gesellschaft **16**, 1440 [1883]. — Klinger u. Kreutz, Annalen d. Chemie u. Pharmazie **249**, 149 [1888].

[4]) Palmer, Berichte d. Deutsch. chem. Gesellschaft **27**, 1378 [1894].

[5]) Bunsen, Annalen d. Chemie u. Pharmazie **37**, 1 [1841]; **42**, 14 [1842]; **46**, 1 [1843].

[6]) Bunsen, Annalen d. Chemie u. Pharmazie **31**, 175 [1839]; **37**, 6 [1841].

[7]) Bayer, Annalen d. Chemie u. Pharmazie **107**, 282 [1858].

[8]) Bunsen, Annalen d. Chemie u. Pharmazie **31**, 175 [1839]; **37**, 6 [1841]. — Bayer, Annalen d. Chemie u. Pharmazie **107**, 282 [1857].

[9]) Bunsen, Annalen d. Chemie u. Pharmazie **46**, 2 [1843].

[10]) Bunsen, Annalen d. Chemie u. Pharmazie **46**, 7 [1843]. — Marshall u. Greene, Amer. Chem. Journ. **8**, 128 [1886].

[11]) Bayer, Annalen d. Chemie u. Pharmazie **107**, 263 [1858].

Trimethylarsin $As(CH_3)_3$. Aus Zinkmethyl und $AsCl_3$ [1]). Darstellung aus Tetramethylarsoniumjodid und festem Kali[2]). Unangenehm riechende Flüssigkeit; siedet unter 100°; verbindet sich direkt mit Sauerstoff, Schwefel, den Halogenen und mit Jodmethyl.

Tetramethylarsoniumjodid $As(CH_3)_4J$. Aus Methyljodid und Arsennatrium [3]). Krystalle. Wird von wässeriger Kalilauge nicht angegriffen. Mit feuchtem Silberoxyd liefert es

Tetramethylarsoniumhydroxyd[4]) $As(CH_3)_4 \cdot OH$. Stark alkalisch reagierende, zerfließliche, krystallinische Masse.

Antimonverbindungen: Trimethylstibin $C_3H_9Sb = Sb(CH_3)_3$. Darstellung aus Antimonnatrium und Methyljodid[5]). Zwiebelartig riechende Flüssigkeit. Siedep. 80,6°; spez. Gewicht 1,523 bei 15°. In Wasser wenig löslich, an der Luft selbstentzündlich. Verbindet sich mit Sauerstoff, Schwefel und den Halogenen. Mit Methyljodid entsteht

Tetramethylstiboniumjodid $(CH_3)_4SbJ$ [6]). Krystallisiert in sechsseitigen, hexagonalen Tafeln. Mit feuchtem Silberoxyd entsteht daraus

Tetramethylstiboniumhydroxyd $(CH_3)_4Sb \cdot OH$. Stark alkalische, zerfließliche, krystallinische Masse, die dem Ätzkali gleicht. Sublimiert zum Teil unzersetzt. Die Salze krystallisieren und wirken nicht brechenerregend.

Tetramethylstibin $C_4H_{12}Sb = (CH_3)_4Sb$. Aus Zinkmethyl und $Sb(CH_3)_3J_2$ [7]). Siedep. 86—96°; daneben bildet sich noch

Pentamethylstibin $C_5H_{15}Sb = (CH_3)_5Sb$. Siedep. 96—100°.

Wismuttrimethyl $Bi(CH_3)_3$. Aus Zinkmethyl und Wismuttribromid [8]). Unangenehm riechende Flüssigkeit, mit Wasserdämpfen leicht flüchtig. Nur im Vakuum unzersetzt destillierbar, an der Luft erhitzt, heftig explodierend. Zerfällt mit konz. Salzsäure in Methan und Wismuttrichlorid. Vermag keine Tetramethylstiboniumverbindung zu geben, entsprechend der mehr metallischen Natur des Wismuts.

Bortrimethyl $C_3H_9B = B(CH_3)_3$ [9]). Aus Zinkmethyl und Borsäuremethylester $B(OCH_3)_3$. Gas. Spez. Gew. 1,9108; an der Luft selbst entzündlich, von äußerst scharfem Geruch. Mit Salzsäure entsteht Methan und Bordimethylchlorid $B(CH_3)_2Cl$.

Siliciumtetramethyl $C_4H_{12}Si = Si(CH_3)_4$. Aus $SiCl_4$ und $Zn(CH_3)_2$ bei 120° [10]). Flüssigkeit; Siedep. 30°; leichter als Wasser.

Zinntetramethyl $Sn(CH_3)_4$. Aus Zinnatrium und Jodmethyl neben $Sn(CH_3)_3J$. Siedep. 170° [11]). Farblose, ätherisch riechende Flüssigkeit. Siedep. 78°; spez. Gew. 1,3138 bei 0°; unlöslich in Wasser. Durch Halogene werden die Alkylgruppen schrittweise unter Bildung von $Sn(CH_3)_3J$, $Sn(CH_3)_2J_2$ usw. losgelöst unter gleichzeitiger Bildung von Halogenalkyl; ebenso wirkt Salzsäure unter Abspaltung von Methan.

Natriummethyl CH_3Na. In freiem Zustand nicht bekannt; bildet sich durch Lösen von Natrium in Zinkmethyl unter Ausscheidung von Zink[12]).

Magnesiumbrommethyl $Mg(CH_3)Br$ und

Magnesiumjodmethyl $Mg(CH_3)J$ [13]) entstehen sehr leicht durch Lösen von Magnesium in der ätherischen Lösung von Brommethyl bzw. Jodmethyl. Ungemein reaktionsfähig, zu synthetischen Zwecken bequemer als die Zinkalkyle. Sehr reiche Literatur.

Zinkmethyl $C_2H_6Zn = Zn(CH_3)_2$. Bei der Einwirkung von Zink auf Jodmethyl[14]). Zuerst entsteht Methylzinkjodid, das sich beim Erhitzen in Zinkmethyl und Jodzink umsetzt. $CH_3J + Zn = JZnCH_3$, $2 J \cdot ZnCH_3 = Zn(CH_3)_2 + ZnJ_2$. Aus Quecksilbermethyl und

[1]) Hofmann, Jahresber. d. Chemie **1855**, 538.

[2]) Cahours u. Riche, Annalen d. Chemie u. Pharmazie **92**, 361 [1854].

[3]) Cahours u. Riche, Annalen d. Chemie u. Pharmazie **92**, 361 [1854]. — Cahours, Annalen d. Chemie u. Pharmazie **122**, 192 [1862].

[4]) Cahours, Annalen d. Chemie u. Pharmazie **122**, 192 [1862].

[5]) Landolt, Jahresber. d. Chemie **1861**, 569.

[6]) Landolt, Annalen d. Chemie u. Pharmazie **84**, 44 [1852].

[7]) Buckton, Jahresber. d. Chemie **1860**, 374.

[8]) Marquardt, Berichte d. Deutsch. chem. Gesellschaft **20**, 1523 [1887].

[9]) Frankland, Annalen d. Chemie u. Pharmazie **124**, 129 [1862].

[10]) Friedel u. Crafts, Annalen d. Chemie u. Pharmazie **136**, 203 [1865].

[11]) Ladenburg, Annalen d. Chemie u. Pharmazie, Suppl. **8**, 75 [1872]. — Cahours, Annalen d. Chemie u. Pharmazie **144**, 372 [1867].

[12]) Wanklyn, Annalen d. Chemie u. Pharmazie **111**, 234 [1859].

[13]) Grignard u. Tissier, Compt. rend. de l'Acad. des Sc. **132**, 835 [1899].

[14]) Frankland, Annalen d. Chemie u. Pharmazie **85**, 346 [1853]; **111**, 62 [1859].

Zink[1]): $Hg(CH_3)_2 + Zn = Zn(CH_3)_2 + Hg$. Darstellung[2][3][4]). An der Luft stark rauchende, leicht selbstentzündliche Flüssigkeit. Schmelzp. —40°[5]); Siedep. 46°; spez. Gew. 1,386/10°. Erstarrt beim Abkühlen. Ruft auf der Haut schmerzhafte Brandwunden hervor. Außerordentlich reaktionsfähig. An der Luft entsteht bei langsamer Oxydation $(CH_3)ZnO_2$, superoxydartige, leicht explodierbare Verbindung. Mit Wasser oder Alkoholen entsteht Methan, durch Halogene Halogenmethyl, mit den Chloriden der Schwermetalle und der Metalloide die Methylverbindungen der letzteren. Sehr wichtig für Kernsynthesen.

Cadmiummethyl $C_2H_6Cd = Cd(CH_3)_2$. Wird in sehr geringer Menge bei 20—25stündigem Erhitzen von Cadmium und Jodmethyl auf 110° gebildet[6]). Sehr unangenehm riechende Flüssigkeit. Siedep. 104°. Erstarrt in der Kältemischung. Steht in seinen Eigenschaften dem Zinkmethyl nahe.

Quecksilbermethyl, Mercurimethyl $C_2H_6Hg = Hg(CH_3)_2$. Bei der Einwirkung von Natriumamalgam auf Methyljodid unter Zusatz von Essigester; dieser spielt dabei eine noch nicht aufgeklärte Rolle. $2 CH_3J + Na_2Hg = (CH_3)_2Hg + 2 NaJ$[7]). Aus Quecksilber und Jodmethyl im Sonnenlicht bildet sich $JHg(CH_3)$, Schmelzp. 143°[8]). Das Mercurimethyl ist eine farblose, leicht flüchtige Flüssigkeit. Siedep. 95°; spez. Gew. 3,069. Von schwachem, eigentümlichem Geruch. Die Dämpfe wirken äußerst giftig. In Wasser wenig löslich; darin und an der Luft erleidet es keine Veränderung. Beim Erhitzen leicht entzündlich.

Aluminiumtrimethyl $Al(CH_3)_3$. Aus Aluminium und Quecksilbermethyl bei 100°[9]). Farblose, selbstentzündliche Flüssigkeit; Siedep. 130°; erstarrt bei 0°. Mit Wasser gibt es stürmische Methanbildung.

Bleitetramethyl $Pb(CH_3)_4$. Aus Zinkmethyl und Chlorblei[10]), aus Jodmethyl und Bleinatrium[11]). Ähnlich dem $Sn(CH_3)_4$. Siedep. 110°. Spez. Gew. 2,034 bei 0°. Dampfdichte 9,59 (bzw. 9,25)[12]).

Wolframtetramethyljodid $Wo(CH_3)_4J_2$[13]). Aus Wolfram und Methyljodid bei 240°. Destillierbar. Schmelzp. 110°. Liefert die Base $Wo(CH_3)_4OH$.

Äthan (Äthylwasserstoff, Dimethyl, Methylmethan).

Mol.-Gewicht 30,0.
Zusammensetzung: 80,0% C, 20,0% H.

$$C_2H_6.$$

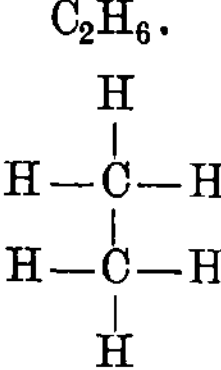

Vorkommen: Nach Schorlemmer[14]) und Chandler[15]) findet sich Äthan neben den höheren Gliedern der Methanreihe im pennsylvanischen Rohöl. Das Erdöl von Coli-

---

[1]) Frankland u. Duppa, Annalen d. Chemie u. Pharmazie **130**, 118 [1864].

[2]) Butlerow, Annalen d. Chemie u. Pharmazie **144**, 2 [1867]. — Ladenburg, Annalen d. Chemie u. Pharmazie **173**, 147 [1874].

[3]) Gladstone u. Tribe, Journ. Chem. Soc. **35**, 569 [1879].

[4]) Simonowitsch, Journ. d. russ. physikal.-chem. Gesellschaft **31**, 38 [1899]; Chem. Centralbl. **1899**, I, 1066. — Worobjew, Journ. d. russ. physikal.-chem. Gesellschaft **31**, 45 [1899]; Chem. Centralbl. **1899**, I, 1067. — Ipatjew, Journ. d. russ. physikal.-chem. Gesellschaft **27**, 364 [1895].

[5]) Haase, Berichte d. Deutsch. chem. Gesellschaft **26**, 1053 [1893].

[6]) Löhr, Annalen d. Chemie u. Pharmazie **261**, 50 [1891].

[7]) Frankland u. Duppa, Annalen d. Chemie u. Pharmazie **130**, 105 [1864].

[8]) Frankland, Annalen d. Chemie u. Pharmazie **85**, 361 [1853].

[9]) Buckton u. Odling, Annalen d. Chemie u. Pharmazie, Suppl. **4**, 112 [1866].

[10]) Cahours, Annalen d. Chemie u. Pharmazie **122**, 67 [1862].

[11]) Cahours, Jahresber. d. Chemie **1861**, 552.

[12]) Butlerow, Jahresber. d. Chemie **1863**, 476.

[13]) Riche, Jahresber. d. Chemie **1856**, 373. — Cahours, Annalen d. Chemie u. Pharmazie **122**, 70 [1862]. — Vgl. dagegen Barnett, Amer. Chem. Soc. **21**, 1013 [1899].

[14]) Schorlemmer, Proc. Manchester Phil. Soc. **1863**; Chem. News **11**, 225 [1865]; Journ. Chem. Soc. **28**, 3011 etc. [1875]; Trans. Roy. Soc. [5] **14**, 168; Annalen d. Chemie u. Pharmazie **127**, 311 [1863].

[15]) Chandler, Amer. Chimist **1872**, Nr. 11; **1876**, Nr. 77.

bazi[1]) (Rumänien) enthält ebenfalls Äthan. Im Erdgas von Pittsburg, East Liberty, Gnapeville und Bloomfield sind 2,94—12,3% Äthan gefunden worden[2]), in denen von Salsomaggiore[3]) 14,78 bis 15,6%, von Berekeisk (Kaukasus) 19,92%; selbst bis 29%[4]) sind in Erdgas gefunden worden.

Bildung: Bei der Elektrolyse der Essigsäure oder ihrer Salze[5]). Aus Methyljodid und Zink[6]) oder Natrium[7]). Bei Einwirkung von Wasser auf Zinkäthyl oder beim Erhitzen von Äthyljodid mit Zink und Wasser auf 180°[8]). Beim Erhitzen von Äthyljodid mit Aluminiumchlorid auf 140—150°[9]). Aus Quecksilberäthyl und Vitriolöl[10]). Beim Erhitzen von Bariumperoxyd mit Essigsäureanhydrid und Sand[11])[12]). Aus Acetylen und Wasserstoff beim Überleiten über reduziertes Nickel[13]), Kobalt, Kupfer, Eisen oder Platinschwarz. Aus Äthylen und Palladiumhydrosol[14]); aus Azomethan[15]). Aus Äthylalkohol beim Überleiten über noch nicht glühende Holzkohle[16]). Beim Übergehen des elektrischen Lichtbogens zwischen Kohlenspitzen in einer Wasserstoffatmosphäre[17]). Durch elektrolytische Reduktion von Acetylen[18]). Aus Äthyljodid und Kaliumhydrid (6 Stunden) bei 180—200°[19]). Aus Magnesiumäthyljodid und Wasser[20]). Aus Jod oder Bromäthylmagnesium und primären Aminen (zur Darstellung geeignet)[21]). Aus Äthyljodid und Natriumammonium in flüssigem NH_3[22]).

Darstellung: Durch Zutropfen von Wasser zu gekühltem Zinkäthyl. Durch Aufgießen eines Gemisches von Äthyljodid und Alkohol auf verkupfertes Zink[23])[24]). Aus Äthyljodid, Alkohol und Zinkstaub[25]). Man leitet ein Gemisch gleicher Raumteile Äthylen und Wasserstoff bei 150° über reduziertes Nickel[26]). Am einfachsten ist die Darstellung aus Äthylmagnesiumjodid und Wasser, Alkohol oder einem primären Amin.

Physikalische und chemische Eigenschaften: Farb- und geruchloses Gas, das bei 4° unter 46 Atmosphären flüssig wird[27]). Schmelzp. —171,4°. Siedep. —85,4° bei 749 mm[28]). Siedep. —93°[29]); 0° bei 23,8 Atm.; 29° bei 46,7 Atm. Siedep. —89,5° bei 735 mm[30]). Spez. Gew.

---

[1]) Poni, Intérets pétrol. Roumains **3**, No. 54—57 [1902].

[2]) Höfer, Das Erdöl. 1906. 2. Aufl. S. 101.

[3]) Nazzini u. Salvadori, Gazzetta chimica ital. **30** [1900]. — Höfer, Österr. Zeitschr. f. Berg- u. Hüttenwesen **49**, 145 [1891].

[4]) Höfer, Das Erdöl. 1906. 2. Aufl. S. 148.

[5]) Kolbe, Annalen d. Chemie u. Pharmazie **69**, 279 [1849]. — Höfer u. v. Miller, Berichte d. Deutsch. chem. Gesellschaft **28**, 2427 [1895]. — Kaufler u. Herzog, Berichte d. Deutsch. chem. Gesellschaft **42**, 3858 [1909]. — Brown u. Walker, Annalen d. Chemie u. Pharmazie **261**, 107 [1891]. — Schall, Zeitschr. f. Elektrochemie **3**, 86 [1896]. — Kekulé, Annalen d. Chemie u. Pharmazie **131**, 79 [1864]. — Bourgoin, Annales de Chim. et de Phys. [4] **157** [1868].

[6]) Frankland, Annalen d. Chemie u. Pharmazie **71**, 213 [1849].

[7]) Wanklyn u. Bucheisen, Annalen d. Chemie u. Pharmazie **116**, 329 [1860].

[8]) Frankland, Annalen d. Chemie u. Pharmazie **71**, 203 [1849]; **85**, 360 [1853]; **95**, 53 [1855].

[9]) Köhnlein, Berichte d. Deutsch. chem. Gesellschaft **16**, 562 [1883].

[10]) Schorlemmer, Annalen d. Chemie u. Pharmazie **132**, 234 [1864].

[11]) Schützenberger, Zeitschr. f. Chemie **1865**, 703.

[12]) Darling, Annalen d. Chemie u. Pharmazie **150**, 216 [1869].

[13]) Sabatier u. Sanderens, Compt. rend. de l'Acad. des Sc. **128**, 1173 [1899]; **130**, 1761 [1900]; **131**, 40 [1900].

[14]) Paal u. Hartmann, Chem. Centralbl. **1909**, II, 422.

[15]) Thiele, Berichte d. Deutsch. chem. Gesellschaft **42**, 2575 [1909].

[16]) Ehrenfeld, Journ. f. prakt. Chemie [2] **67**, 59 [1903].

[17]) Bone u. Jerdan, Journ. Chem. Soc. **79**, 1042 [1901].

[18]) Billitzer, Monatshefte f. Chemie **23**, 209 [1902].

[19]) Moissan, Compt. rend. de l'Acad. des Sc. **134**, 389 [1902].

[20]) Tissier u. Grignard, Compt. rend. de l'Acad. des Sc. **132**, 835 [1901].

[21]) Louis Meunier, Compt. rend. de l'Acad. des Sc. **136**, 758 [1903]. — Houben, Berichte d. Deutsch. chem. Gesellschaft **38**, 3017 [1905].

[22]) Lebeau, Compt. rend. de l'Acad. des Sc. **140**, 1042 [1905].

[23]) Gladstone u. Tribe, Berichte d. Deutsch. chem. Gesellschaft **6**, 203 [1873].

[24]) Frankland, Journ. Chem. Soc. **47**, 236 [1885].

[25]) Sabanejew, Berichte d. Deutsch. chem. Gesellschaft **9**, 1810 [1876].

[26]) Sabatier u. Senderens, Compt. rend. de l'Acad. des Sc. **124**, 1360 [1897].

[27]) Cailletet, Jahresber. d. Chemie **1877**, 68.

[28]) Ladenburg u. Krügel, Berichte d. Deutsch. chem. Gesellschaft **32**, 1821 [1899].

[29]) Olszewsky, Berichte d. Deutsch. chem. Gesellschaft **27**, 3306 [1894].

[30]) Hainlen, Annalen d. Chemie u. Pharmazie **282**, 245 [1894].

(flüssig) 0,446 bei 0°; 0,396 bei 10,5°[1]). Spez. Gew. (gasförmig) 1,036. Gewicht eines Liters bei 0° und 760 mm 1,3567 g[2]). Kritische Konstanten[3])[1])[4])[5]). Dielektrizitätskonstante[6]). Dispersion[7]). Ausdehnungskoeffizient[8]). 100 Raumteile Wasser lösen bei $t° = 9,4556 — 0,35324 t + 0,006278 t^2$[9]); $8,71 — 0,33242 t + 0,00603 t^2$[10]). 1 Vol. Alkohol löst $1^1/_2$ Vol. Äthan[11]). Thermochemie[12]). Brennt mit blasser Flamme, deren Leuchtkraft halb so groß ist wie die des Äthylens[13]). Molekulare Verbrennungswärme 370,440 Cal.[14]); 389,3 Cal.[15]) bei konstantem Druck; 372,3 Cal.[16]) bei konstantem Druck. Molekularzustand in flüssigem Sauerstoff[17]). Wird bei 325° in Gegenwart von reduziertem Nickel in Methan und Kohlenstoff umgewandelt. Zersetzung durch glühendes Magnesium[18]), Aluminium[19]). Verhalten bei der dunkeln elektrischen Entladung in Gegenwart von Stickstoff[20])[21]). Verbrennung mit Sauerstoff[22]); in Gegenwart von Palladium[23]). Gibt bei der langsamen Oxydation zunächst Acetaldehyd, dann Formaldehyd, Kohlenoxyd, Kohlensäure und Wasser[24]). Flüssiges Äthan löst leicht Salzsäure, ist gegen Chlor indifferent[25]). Chlor erzeugt Äthylchlorid und höher chlorierte Derivate[26])[27]). Wird von kalter, konz. Schwefelsäure etwas stärker als Methan absorbiert[28]). Einwirkung von Ozon[29]); neben Acetaldehyd und Spuren von Formaldehyd bildet sich Äthylalkohol. Entflammung und Detonation in Gemischen mit Sauerstoff[30]). Explosive Verbrennung[31]). Gleichgewicht $C_2H_6 \rightleftharpoons C_2H_4 + H_2$[32])[33]). Thermische Zersetzung[34]). Bestimmung im Ölgas neben Methan[34]).

Hydrat des Äthans $C_2H_6 \cdot 7 H_2O$[35]).

[1]) Hainlen, Annalen d. Chemie u. Pharmazie **282**, 245 [1894].

[2]) Ph. Guye, Memoires de la Société de physique et d'histoire naturelle de Genève **35**, 547 [1909]; Bulletin de la Soc. chim. [4] **5**, 339 [1909]. — Beaume u. Perrot, Compt. rend. de l'Acad. des Sc. **148**, 39 [1909].

[3]) Olszewsky, Berichte d. Deutsch. chem. Gesellschaft **27**, 3306 [1894].

[4]) Kuenen, Chem. Centralbl. **1897**, II, 540.

[5]) Kuenen u. Robson, Philos. Mag. [6] **3**, 622 [1902].

[6]) Amar, Compt. rend. de l'Acad. des Sc. **144**, 482 [1907].

[7]) Loria, Anzeiger d. Akad. d. Wissensch. Krakau **1909**, 195—207; Chem. Centralbl. **1909**, I, 1744.

[8]) Leduc, Compt. rend. de l'Acad. des Sc. **148**, 1173 [1909].

[9]) Schickendantz, Annalen d. Chemie u. Pharmazie **109**, 116 [1859].

[10]) Bunsen, Gasometrische Methoden. — Winkler, Berichte d. Deutsch. chem. Gesellschaft **34**, 1419 [1901].

[11]) Berthelot, Jahresber. d. Chemie **1867**, 344.

[12]) Redgrove, Chem. News **95**, 301 [1907]. — Thomlinson, Chem. News **93**, 37 [1906].

[13]) Frankland, Journ. Chem. Soc. **47**, 236 [1885].

[14]) Thomson, Thermochemische Untersuchungen **4**, 51 [1889].

[15]) Berthelot, Annales de Chim. et de Phys. [5] **23**, 180, 229 [1881].

[16]) Berthelot u. Matignon, Annales de Chim. et de Phys. [6] **30**, 559 [1893].

[17]) Hunter, Chem. Centralbl. **1906**, II, 485.

[18]) Lidow u. Kusnezow, Journ. d. russ. physikal.-chem. Gesellschaft **37**, 940—943 [1905]; Chem. Centralbl. **1906**, I, 330.

[19]) M. Kusnezow, Berichte d. Deutsch. chem. Gesellschaft **40**, 2871 [1907].

[20]) Berthelot, Compt. rend. de l'Acad. des Sc. **126**, 569 [1898].

[21]) Briner u. Durand, Journ. de Chimie physique **7**, 1 [1909].

[22]) Bone Drugman u. Andrew, Journ. Chem. Soc. **89**, 664, 1616 [1905].

[23]) Richardt, Zeitschr. f. anorgan. Chemie **38**, 87 [1904]; Gas **47**, 593 [1904].

[24]) Bone u. Stockings, Journ. Chem. Soc. **85**, 696 [1903]. — Armstrong, Proc. Roy. Soc. **74**, 86 [1904].

[25]) Stock u. Siebert, Berichte d. Deutsch. chem. Gesellschaft **38**, 3842 [1905].

[26]) Schorlemmer, Annalen d. Chemie u. Pharmazie **131**, 76 [1864]; **132**, 234 [1864].

[27]) Darling, Annalen d. Chemie u. Pharmazie **150**, 216 [1869].

[28]) Worstall, Amer. Chem. Soc. **21**, 249 [1899].

[29]) Bone, Drugman u. Andrew, Journ. Chem. Soc. **89**, 652, 660, 1614 [1906].

[30]) Bone u. Drugman, Proc. Chem. Soc. **20**, 127 [1904].

[31]) Bone, Chem. News **97**, 196 [1908]. — Bowne u. Coward, Journ. Chem. Soc. **93**, 1197 [1908].

[32]) J. Sand, Zeitschr. f. physikal. Chemie **60**, 237 [1907].

[33]) v. Wartenberg, Zeitschr. f. physiol. Chemie **61**, 366 [1907].

[34]) Ed. Graefe, Journ. f. Gasbel. **46**, 524 [1903].

[35]) De Forcrand, Compt. rend. de l'Acad. des Sc. **135**, 959 [1902].

Äthylfluorid $C_2H_5Fl = CH_3 \cdot CH_2Fl$. Durch Einwirkung von Fluorsilber auf Äthyljodid[1]). Wirkt narkotisch und zugleich durch seinen Fluorgehalt giftig[2]). — Gas. Verflüssigt sich bei —32°. Spez. Gew. 1,7. Sehr leicht löslich in abs. Alkohol.

Äthylenfluorid $C_2H_4Fl_2 = CH_2Fl \cdot CH_2Fl$. Aus $C_2H_4 \cdot Br_2$ und Fluorsilber[3]). Gas.

Fluorchlorderivate des Äthans.[4])

Äthylchlorid (Chloräthyl, Aether chloratus).

Mol.-Gewicht 64,35.

Zusammensetzung: 37,3% C, 7,8% H, 54,9% Cl.

$$C_2H_5Cl = CH_3 \cdot CH_2 \cdot Cl.$$

Bildung: Aus Chlorameisensäureäthylester und Aluminiumchlorid. Aus Chlorschwefel oder Metallchloriden wie Antimonchlorid, Zinchlorür, Eisenchlorid, Wismutchlorid und Aluminiumchlorid und Alkohol[5]). Aus Alkohol und Salzsäure[6]). Aus Äthan und Chlor[7]).

Darstellung: In eine durch Eis gekühlte Lösung von geschmolzenem Zinkchlorid in der doppelten Menge 95proz. Alkohols leitet man gasförmige Salzsäure; dann erwärmt man unter Rückflußkühlung und wäscht das entweichende Äthylchlorid mit Wasser und Schwefelsäure[8])[9]). Äthylalkohol und möglichst konz. wässerige Salzsäure werden unter Druck (bei 40 Atm.) längere Zeit auf 150° erhitzt (Technisches Verfahren). Apparat zur Verflüssigung[10]).

Physiologische Eigenschaften: Wird als lokales Anästhesierungsmittel (durch die Erzeugung starker Verdunstungskälte) verwendet. Seit etwa fünfzehn Jahren ist es auch zur allgemeinen Inhalationsnarkose in Anwendung gekommen. Es eignet sich zu nicht tiefen, kurzen Narkosen. War früher als Hauptbestandteil des Spiritus Aetheris chlorati als Excitans fast in allen Ländern offizinell.

Letale Dosis, die Stillstand des mit Kochsalzgummilösung gespeisten isolierten Froschherzens nach 30 Minuten bewirkt, bei einer Konzentration von 0,0248 Gramm-Molen per Liter[11]). Löslichkeit im Blut doppelt so groß wie im Wasser, die Wirkung auf Herzmuskulatur, auf das Zentralvasomotorensystem, auf Respiration und Blutdruck ist der des Chloroforms ähnlich, aber nicht so intensiv (zur Erzielung der gleichen Wirkung ist die 19fache Konzentration erforderlich)[12]). Mit einem Sauerstoffgemisch läßt sich an Tieren ohne Zwischenfall einstündige Narkose erzielen[13]). Äthylchlorid dringt ohne Gefahr für den Organismus, sehr rasch ins Blut, da es sehr leicht wieder entfernt wird; bei Intoxikationsfällen bietet deshalb künstliche Atmung große Sicherheit[14]). Über toxische Wirkung siehe noch Kobert[15]).

Physikalische und chemische Eigenschaften: Flüssigkeit. Schmelzp. —142,5°[16]); —141,6°[17]). Siedep. +12,5°[18]). Spez. Gew. 0,9214 bei 0°[19]); 0,9176 bei 8°[19]); 0,92295 bei 2°[19]); 0,91708 bei 6°[19]). Dampftension[20]). Binnendruck[21]). Verbrennungswärme (bei 18°) 321,930 Cal.[22]). Verhältnis der spezifischen Wärmen bei konstantem Druck und bei

[1]) Moissan, Annales de Chim. et de Phys. [6] **19**, 272 [1890].
[2]) C. Binz, Verhandl. d. internat. med. Kongr. zu Berlin **2**, 63.
[3]) Chabrié, Berichte d. Deutsch. chem. Gesellschaft **24**, Ref. 40 [1891].
[4]) Fréd. Swarts, Chem. Centralbl. **1903**, I, 13.
[5]) Rouelle [1759].
[6]) Basse [1801].
[7]) Darling, Annalen d. Chemie u. Pharmazie **150**, 216 [1869].
[8]) Groves, Annalen d. Chemie u. Pharmazie **174**, 372 [1874]. — Krüger, Journ. f. prakt. Chemie [2] **14**, 195 [1876].
[9]) Geuther, Zeitschr. f. Chemie **1871**, 147.
[10]) Krécy, Chem.-Ztg. **29**, 310 [1905].
[11]) R. Zöpfle, Archiv d. Pharmazie **49**, 89 [1844].
[12]) Embley, Proc. Roy. Soc., Ser. B, **78**, 391 [1907].
[13]) Rosenthaler u. Berthelot, Compt. rend. de l'Acad. des Sc. **146**, 43 [1907].
[14]) Nicloux u. Camus, Chem. Centralbl. **1908**, I, 878.
[15]) Kobert, Lehrbuch der Intoxikationen. 1906. 2. Aufl. S. 910—911.
[16]) Schneider, Zeitschr. f. physikal. Chemie **22**, 233 [1897].
[17]) Guttmann, Proc. Chem. Soc. **21**, 206 [1905]; Journ. Chem. Soc. **87**, 1037 [1905].
[18]) Regnault, Jahresber. d. Chemie **1863**, 67.
[19]) Perkin, Journ. f. prakt. Chemie [2] **31**, 491 [1885].
[20]) Regnault u. Schacherl, Annalen d. Chemie u. Pharmazie **206**, 70 [1880].
[21]) Winther, Chem. Centralbl. **1908**, I, 98.
[22]) Thomsen, Thermochemische Untersuchungen **4**, 91 [1889].

konstantem Volumen $\frac{c_p}{c_v}$ [1]). Leitfähigkeit und Dielektrizitätskonstante[2]). Äthylchlorid als ebullioskopisches Mittel[3]), als dissoziierendes Mittel[4]). Ionisierungsvermögen[5]), molekulares[6]). Ionisation durch α-Uranstrahlen[7]), durch X-Strahlen[8]), durch sekundäre γ-Strahlen[9]). Ionenbeweglichkeit und Diffusion[10]). Äthylchlorid färbt die Flamme grün. Verbindungen mit Schwefelsäureanhydrid[11]). Beim Leiten über glühenden Kalk entstehen Methan, Wasserstoff und Essigsäure[12]). Wird durch überschüssigen Wasserstoff und reduziertes Nickel unterhalb 250° in Chlorwasserstoff und Äthylen gespalten[13]). Ebenso wirken oberhalb 260° die zweiwertigen, wasserfreien Chloride der Metalle Fe, Ni, Co, Cd, Pb, Ba u. a.[14]). Einwirkung von Brom auf Äthylchlorid im Sonnenlicht[15]). Mit Brom und Eisendraht entsteht bei 100° Äthylbromid und Äthylenbromid[16]). Chlor reagiert im Sonnenlicht leicht mit Äthylchlorid; Chlorderivate[17])[18])[19])[20])[21]). Primäre Bildung von Äthylidenchlorid bei der Einwirkung von Chlor[22]). Einwirkung auf Magnesium[23]). Mit Wasser bildet Äthylchlorid bei 0° ein Hydrat[24]). Mischbarkeit wässeriger Lösungen[25]). Geschwindigkeit der Bildung[26]).

Äthylenchlorid (Elaylchlorid, Liquor hollandicus) $C_2H_4Cl_2=CH_2Cl \cdot CH_2Cl$. **Bildung:** Beim Chlorieren von Äthylen[27]). Beim Einleiten von Äthylen in Antimonpentachlorid oder geschmolzenes Kupferchlorid[28]). Aus Äthylchlorid und Antimonpentachlorid im Rohr bei 100°[29]). Aus Äthylendiamin und Nitrosylchlorid[30]). — **Darstellung:** In ein Gemenge von 2 T. Braunstein, 3 T. Kochsalz, 4 T. Wasser und 5 T. Schwefelsäure leitet man Äthylen. Ist das Gemisch gelb geworden, so destilliert man ab[31]). **Anwendung:** Wie Chloroform zu reizenden und schmerzstillenden Einreibungen: als Inhalations-Anaestheticum (nicht ungefährlicher als Chloroform)[32]). Bei Kaninchen hat man langsam vorübergehende intensive Hornhauttrübung entstehen sehen[33]), auch bei innerlicher und subcutaner Applikation (schäd-

[1]) Fürstenau, Chem. Centralbl. **1909**, I, 254.

[2]) Everstein, Chem. Centralbl. **1902**, II, 318.

[3]) Beckmann u. Junker, Chem. Centralbl. **1907**, II, 1771.

[4]) Timmermans, Chem. Centralbl. **1907**, I, 1006.

[5]) Braggs u. Kleeman, Chem. Centralbl. **1906**, I, 1523.

[6]) Kleeman, Chem. Centralbl. **1907**, II, 128.

[7]) Laby, Chem. Centralbl. **1907**, II, 127.

[8]) Crowther, Chem. Centralbl. **1909**, I, 1378, 1379.

[9]) Kleeman, Chem. Centralbl. **1909**, II, 1196.

[10]) Wellisch, Chem. Centralbl. **1909**, I, 1376.

[11]) Purgold, Zeitschr. f. Chemie **1868**, 669; Berichte d. Deutsch. chem. Gesellschaft **6**, 502 [1873].

[12]) L. Meyer, Annalen d. Chemie u. Pharmazie **139**, 282 [1866].

[13]) Sabatier u. Mailhe, Compt. rend. de l'Acad. des Sc. **138**, 407 [1904].

[14]) Sabatier u. Mailhe, Compt. rend. de l'Acad. des Sc. **141**, 328 [1905].

[15]) Denzel, Annalen d. Chemie u. Pharmazie **195**, 204 [1878].

[16]) V. Meyer u. Petrenko, Berichte d. Deutsch. chem. Gesellschaft **25**, 3307 [1892].

[17]) Beilstein, Annalen d. Chemie u. Pharmazie **113**, 110 [1860].

[18]) Geuther, Jahresber. d. Chemie **1870**, 436; Zeitschr. f. Chemie **1871**, 147.

[19]) Städel, Zeitschr. f. Chemie **1871**, 197, 513; Berichte d. Deutsch. chem. Gesellschaft **6**, 1403 [1873]; Annalen d. Chemie u. Pharmazie **195**, 182 [1878].

[20]) Krämer, Berichte d. Deutsch. chem. Gesellschaft **3**, 257 [1870].

[21]) Pierre, Annalen d. Chemie u. Pharmazie **80**, 125 [1851].

[22]) Städel, Chem. Centralbl. **1909**, II, 1840. — D'Ans u. Kautzsch, Chem. Centralbl. **1909**, II, 1840.

[23]) Spencer u. Crewdson, Chem. Centralbl. **1899**, I, 146.

[24]) Villard, Annales de Chim. et de Phys. [7] **11**, 384 [1897].

[25]) Fühner, Chem. Centralbl. **1909**, I, 1537.

[26]) Kailan, Annalen d. Chemie u. Pharmazie **351**, 186 [1907]; Monatshefte f. Chemie **28**, 559 [1907].

[27]) Deiman, Troostwyk, Bondt u. Lauwerenburgh, Crells Annalen **2**, 200 [1795].

[28]) Wöhler, Poggend. Annalen **13**, 297.

[29]) V. Meyer u. Müller, Berichte d. Deutsch. chem. Gesellschaft **24**, 4249 [1891]; Journ. f. prakt. Chemie [2] **46**, 173 [1892]. — Krämer, Berichte d. Deutsch. chem. Gesellschaft **3**, 259 [1870]. Städel, Zeitschr. f. Chemie **1871**, 197; Annalen d. Chemie u. Pharmazie **195**, 183 [1878].

[30]) Solonina, Journ. d. russ. physikal.-chem. Gesellschaft **30**, 606 [1898]; Chem. Centralbl. **1899**, I, 25.

[31]) Limpricht, Annalen d. Chemie u. Pharmazie **94**, 245 [1855].

[32]) R. Dubois, Compt. rend. de l'Acad. des Sc. **107**, 482 [1888].

[33]) Panas, Archive d'Ophtalmie **1889**, 77. — Faravelli, Arch. per la sciences medic. **16**, 79 [1892]. — Bullot, Soc. belg. d'Ophtalmol. **1896**, 20. Dez.

liche Wirkung der Substanz vom Kammerwasser aus, siehe Ähnliches bei Naphthalin: Naphthalinkatarakt). — Physikalische und chemische Eigenschaften: Flüssigkeit. Schmelzp. —36° (korr.)[1]; —42,0°[2]. Siedep. 83,5° (korr.)[3]; 83,3° bei 749 mm[4]; 84,5 bis 85° bei 750,9 mm[5]; 83,7° bei 760 mm[6]. Spez. Gew. 1,28082 bei 0°/4°[3]; 1,28238 bei 0°/4°[6]; 1,2656 bei 9,8°/4°[4]; 1,2562 bei 20°[7]; 1,2521 bei 20°/4°[5]; 1,1576 bei 83,3°/4°[4]; $1,280149 - 0,0015277\,t + 0,0_5136\,t^2$. Löslichkeit in Wasser[8]. Binnendruck[9]. Kompression und Oberflächenspannung[10]. Molekulardepression in Äthylencyanid[11]. Molekulare Siedepunktserhöhung und Verdampfungswärme[12]. Partialdampfdruck im Gemisch mit Benzol[13]. Refraktionskoeffizient[14] bei t°: $n_A = 1,441466 - 0,000446\,t$[15]. Refraktionskoeffizient $\mu\,t/D = 1,455464 - 0,00055386\,t$[16]. Molekularrefraktion 34,06[15]. Capillaritätskonstante beim Siedep. $a^2 = 4,198$[17]. Verbrennungswärme als Dampf bei 18° = 272,000 Cal.[18]. Absorptionsspektrum[19]. Verdampfungswärme[20]. Magnetisches Drehungsvermögen[21]. Zerfall bei dunkler Rotglut (über Bimsstein geleitet)[22]. Alkoholisches Kali, sowie Kalium[23], zersetzen Äthylenchlorid unter Bildung von Vinylchlorid und Chlorkalium. Durch Einwirkung von Ammoniak entstehen Basen, in denen zwei Wasserstoffatome des Ammoniaks durch die Äthylengruppe ersetzt sind, wie $N_2H_4 \cdot C_2H_4$, $N_2H_2 \cdot (C_2H_4)_2$ und andere. Thermischer Zerfall in HCl und Monochloräthylen[24]. Einwirkung von Aluminiumchlorid[25]; von Metallammonium[26]. Bei 50 Atm. Druck und 0° existiert ein Hydrat[27].

Äthylidenchlorid $C_2H_4Cl_2 = CH_3 \cdot CHCl_2$. Bildung: Aus Äthylchlorid und Chlor[28][29]. Aus Aldehyd und Phosphorpentachlorid[30]. Aus Acetylenkupfer und konz. Salzsäure[31]. Als Nebenprodukt bei der Chloralfabrikation. Ferner Müller[32]. — Physiologische Eigenschaften: Es ist als Ersatz für Chloroform empfohlen worden, besitzt aber gefährliche Nebenwirkungen, da es exzitierend wirkt und Herzschwäche hervorruft[33]. — Physikalische und chemische Eigenschaften: Flüssigkeit. Schmelzp. —101,5°[34]. Siedep. 59,9° (korr.)[35]; 57,4—57,6° bei 750,9 mm[36]. Spez. Gew.[36] 1,2044 bei 0°[35]; 1,1863 bei 12,24°/4°[35]; 1,1743

[1] Schneider, Zeitschr. f. physikal. Chemie **19**, 157 [1896].
[2] Haase, Berichte d. Deutsch. chem. Gesellschaft **26**, 1053 [1893].
[3] Thorpe, Journ. Chem. Soc. **37**, 182 [1880].
[4] R. Schiff, Annalen d. Chemie u. Pharmazie **220**, 96 [1883].
[5] Brühl, Annalen d. Chemie u. Pharmazie **203**, 10 [1880].
[6] J. Timmermans, Bulletin de la Soc. chim. Belg. **24**, 244 [1910].
[7] Haagen, Bulletin de la Soc. chim. **10**, 355 [1868].
[8] Rex, Zeitschr. f. physikal. Chemie **55**, 355 [1906].
[9] Winther, Zeitschr. f. physikal. Chemie **60**, 756 [1907].
[10] Richards u. Mathews, Chem. Centralbl. **1908**, I, 1020.
[11] Bruni u. Manuelli, Zeitschr. f. Elektrochemie **11**, 860 [1905].
[12] Walden, Chem. Centralbl. **1909**, I, 893.
[13] Rosanoff u. Easley, Journ. Amer. Chem. Soc. **31**, 953 [1909].
[14] Landolt u. Jahn, Zeitschr. f. physikal. Chemie **10**, 313 [1892].
[15] Kanonnikow, Diss. Kasan 1880. S. 105.
[16] Weegmann, Zeitschr. f. physikal. Chemie **2**, 236 [1888].
[17] R. Schiff, Annalen d. Chemie u. Pharmazie **223**, 72 [1884].
[18] Thomsen, Thermochemische Untersuchungen 4, 104 [1889].
[19] Spring, Recueil des travaux chim. des Pays-Bas **16**, 1 [1897].
[20] Jahn, Zeitschr. f. physikal. Chemie **11**, 791 [1893].
[21] Perkin, Journ. Chem. Soc. **69**, 1237 [1896]. — Schönrock, Zeitschr. f. physikal. Chemie **11**, 785 [1893].
[22] Biltz, Berichte d. Deutsch. chem. Gesellschaft **35**, 3524 [1902].
[23] Liebig, Annalen d. Chemie u. Pharmazie **14**, 37 [1836].
[24] Biltz u. Küpper, Berichte d. Deutsch. chem. Gesellschaft **37**, 2398 [1804].
[25] Mouneyrat, Bulletin de la Soc. chim. [3] **19**, 446 [1898].
[26] Chablay, Compt. rend. de l'Acad. des Sc. **142**, 93 [1906].
[27] Villard, Annales de Chim. et de Phys. [7] **11**, 388 [1897].
[28] Regnault, Annalen d. Chemie u. Pharmazie **33**, 312 [1840].
[29] Damoiseau, Bulletin de la Soc. chim. **27**, 113 [1877].
[30] Beilstein, Annalen d. Chemie u. Pharmazie **113**, 110 [1859].
[31] Sabanejew, Annalen d. Chemie u. Pharmazie **178**, 111 [1875].
[32] Müller, Annalen d. Chemie u. Pharmazie **258**, 53 [1890].
[33] Kobert, Lehrbuch der Intoxikationen. 2. Aufl. **2**, 912.
[34] Schneider, Zeitschr. f. physikal. Chemie **22**, 233 [1897].
[35] Thorpe, Journ. Chem. Soc. **37**, 183 [1880].
[36] R. Schiff, Annalen d. Chemie u. Pharmazie **221**, 96 [1883].

bei 20°/4° [1]). Refraktionskoeffizient[2]) bei 24,7° $n_A = 1,405724$. Refraktionskoeffizient $\mu\ t/D = 1,428807 - 0,00060111\ t$ [3]). Molekularrefraktion 34,10 [4]). Kritische Temperatur 254,5° [5]). Capillaritätskonstante beim Siedep. $a^2 = 3,684$ [6]). Spezifische Zähigkeit[7]). Verdampfungswärme[8]). Verbrennungswärme für 1 Mol. bei konstantem Druck 267,1 Cal.[9]). Verbrennungswärme (als Dampf bei 18°) 272,050 Cal.[10]). Dielektrizitätskonstante[11]). Elektromagnetische Drehung[12]). Alkoholisches Kali bewirkt Zerfall in Chloräthylen und Salzsäure. Einwirkung von Natrium bei 180—200°[13]). Durch Chlorieren erhält man zunächst 1, 1, 1-Trichloräthan und 1, 1, 2-Trichloräthan. Äthylidenchlorid und Äthylamin[14]). Thermischer Zerfall in Salzsäure und Äthylenchlorid[15]). Mit Wasser bildet Äthylidenchlorid bei 0° ein Hydrat, das aus regulären Krystallen besteht[16]).

Äthenyltrichlorid; 1, 1, 1-Trichloräthan $C_2H_3Cl_3 = CH_3 \cdot CCl_3$. Aus Äthylchlorid durch Chlorieren[17])[18]). Flüssigkeit. Siedep. 74,5°. Spez. Gew. 1,3657 bei 0°; 1,3249 bei 26°/4°. Refraktionskoeffizient bei 21° $n_A = 1,419\,861$. Molekularrefraktion 42,0 [19]). Einwirkung von Natriumalkoholat[20]).

Chloräthylenchlorid; 1, 1, 2-Trichloräthan $C_2H_3Cl_3 = CH_2Cl \cdot CHCl_2$. Bildung: Aus Äthylchlorid und Chlor[21]) oder Antimonpentachlorid[22]). Aus 1, 1-Dichloräthan und Antimonpentachlorid[23]). Aus α-Dichloräthylalkohol und Phosphorpentachlorid[24]). Aus Äthylenchlorid und Phosphorpentalchlorid[25]). Bildung[26]). — Flüssigkeit. Siedep. 114°; 113,5—114° bei 753,2 mm. Spez. Gew. 1,4784 bei 0°; 1,4406 bei 25,5°/0°; 1,4577 bei 9,4°/4°; 1,29\,453 bei 113,5°/4° [27]). Refraktionskoeffizient bei 22° 1,471928. Molekularrefraktion 42,26 [28]). Verbrennungswärme (als Dampf bei 18°) 262,480 Cal.[29]). Einwirkung von Ammoniak[30]), von Natrium[31]).

a-Tetrachloräthan $C_2H_2Cl_4 = CCl_3 \cdot CH_2Cl$. Durch Chlorieren von Chloräthylenchlorid[32]) oder Äthylenchlorid[33]). Aus s-Tetrachloräthan in Gegenwart von Aluminiumchlorid

[1]) Brühl, Annalen d. Chemie u. Pharmazie **203**, 11 [1880].

[2]) Landolt u. Jahn, Zeitschr. f. physikal. Chemie **10**, 313 [1892].

[3]) Weegmann, Zeitschr. f. physikal. Chemie **2**, 236 [1888].

[4]) Kanonnikow, Dissertation Kasan 1880. S. 107.

[5]) Pawlesky, Berichte d. Deutsch. chem. Gesellschaft **16**, 2633 [1883].

[6]) R. Schiff, Annalen d. Chemie u. Pharmazie **223**, 73 [1884].

[7]) Přibram u. Handl, Monatshefte f. Chemie **2**, 650 [1881].

[8]) Jahn, Zeitschr. f. physikal. Chemie **11**, 791 [1893].

[9]) Berthelot u. Ogier, Bulletin de la Soc. chim. **36**, 68 [1881].

[10]) Thomsen, Thermochemische Untersuchungen 4, 105 [1889].

[11]) Jahn u. Möller, Zeitschr. f. physikal. Chemie **13**, 386 [1894].

[12]) Schönrock, Zeitschr. f. physikal. Chemie **11**, 785 [1893].

[13]) Tollens, Annalen d. Chemie u. Pharmazie **137**, 311 [1866].

[14]) Hofmann, Berichte d. Deutsch. chem. Gesellschaft **17**, 1907 [1884].

[15]) Boltz u. Küpper, Berichte d. Deutsch. chem. Gesellschaft **37**, 2398 [1904].

[16]) Villard, Annales de Chim. et de Phys. [7] **11**, 387 [1897].

[17]) Regnault, Annalen d. Chemie u. Pharmazie **33**, 317 [1840].

[18]) Geuther, Jahresber. d. Chemie **1870**, 435.

[19]) Kannonikow, vgl. Städel, Berichte d. Deutsch. chem. Gesellschaft **15**, 2563 [1882].

[20]) Geuther, Zeitschr. f. Chemie **1871**, 128.

[21]) Krämer, Berichte d. Deutsch. chem. Gesellschaft **3**, 261 [1870].

[22]) Regnault, Annales de Chim. et de Phys. [2] **69**, 151 [1838].

[23]) V. Meyer u. Müller, Journ. f. prakt. Chemie [2] **46**, 174 [1892].

[24]) De Lacre, Bulletin de la Soc. chim. **47**, 959 [1887].

[25]) Colson u. Gautier, Jahresber. d. Chemie **1886**, 628.

[26]) Müller, Annalen d. Chemie u. Pharmazie **258**, 58 [1890].

[27]) R. Schiff, Annalen d. Chemie u. Pharmazie **220**, 97 [1883]. — Vgl. Pierre, Annalen d. Chemie u. Pharmazie **80**, 127 [1851]. — Städel, Berichte d. Deutsch. chem. Gesellschaft **15**, 2563 [1882].

[28]) Kanonnikow, Diss. Kasan 1880.

[29]) Thomsen, Thermochemische Untersuchungen 4, 110 [1889].

[30]) Engel, Bulletin de la Soc. chim. **48**, 97 [1887].

[31]) Brunner u. Brandenburg, Berichte d. Deutsch. chem. Gesellschaft **10**, 1496 [1877]; **11**, 61 [1878].

[32]) Regnault, Annales de Chim. et de Phys. [2] **69**, 162 [1838].

[33]) Laurent, Annales de Chim. et de Phys. **22**, 292 [1837].

durch Umlagerung bei 110° [1]. Bildung [2]. — Flüssigkeit. Siedep. 135,1° (korr.) [3]; 129,5 bis 130°; 130—135°. Spez. Gew. 1,5825 bei 0°; 1,5424 bei 26°/0°. Refraktionskoeffizient bei t° $n_A = 1,477156 — 0,000437$ t. Molekularrefraktion 50,72 [4].

s-Tetrachloräthan $C_2H_2Cl_4 = CHCl_2 \cdot CHCl_2$. Aus Äthylenchlorid [5] oder Dichloraldehyd [6] und Phosphorpentachlorid. Aus Acetylen und Antimonpentachlorid [7]. Darstellung größerer Mengen aus Acetylen und Chlor [8]. — Flüssigkeit. Siedep. 147° (korr.). Spez. Gew. 1,614 bei 0°; 1,578 bei 24,3° [6]; 1,6258 bei 0°; 1,5897 bei 26°/0°. Refraktionskoeffizient bei t° $n_A = 1,490509 — 0,000443$ t. Molekularrefraktion 50,60 [4]. Gibt mit alkoholischem Kali Trichloräthylen [7]; mit Zink in alkoholischer Lösung Acetylen. Lagert sich beim Erhitzen mit Aluminiumchlorid auf 110° teilweise in a-Tetrachloräthan um [9]. Bei viertägigem Erhitzen auf 360° tritt Zerfall in Perchlorbenzol und Salzsäure ein. Bromieren in Gegenwart von Aluminiumchlorid [9].

Pentachloräthan $C_2HCl_5 = CHCl_2 \cdot CCl_3$. Beim Chlorieren von Äthylchlorid [10] oder Äthylenchlorid [11]. Aus Chloral und Phosphorpentachlorid [12] oder Aluminiumchlorid [13]. — Erstarrt unterhalb —18°. Siedep. 159,1° (korr.) [14]; 161,7° [15]. Spez. Gew. 1,70 893 bei 0° [14]; 1,69 263 bei 10,15°/4° [14]. Ausdehnungskoeffizient [14]. Refraktionskoeffizient bei 25,1° $n_A = 1,487 094$. Molekularrefraktion 59,05 [15]. Zerfällt mit alkoholischem Kali in Tetrachloräthylen und Chlorkalium.

Hexachloräthan; Perchloräthan $C_2Cl_6 = CCl_3 \cdot CCl_3$. Beim Chlorieren verschiedener Äthan- und Äthylenverbindungen, so z. B. Äthylchlorid [16], Äthylenchlorid [17], Äthyläther [18], Perchloräthylen [16], aus Acetylentetrabromid und Äthylenbromid (in Gegenwart von Aluminiumchlorid) [19]. Aus Isopropylchlorid oder Isobutylchlorid und Jodtrichlorid bei 200° [20]. Ferner aus Perchlorameisensäureäthylester durch Aluminiumchlorid [21]. Aus Acetylchlorid und viel Phosphorpentachlorid bei 180° [22]. Aus Pentabromäthan und Antimonpentachlorid [23]. Aus Chloral durch Halogene (außer Fluor) in Gegenwart von Aluminiumchlorid [16]. Pyrogene Bildung aus Perchlormethan [24] mittels Kupfer und mittels molekularem Silber [25] [26]. Aus Chlorstickstoff in Chloroformlösung im Sonnenlicht [27]. — **Darstellung**: Aus Pentachloräthan (1 T.), Aluminiumchlorid ($^1/_5$ T.) und trocknem Chlor bei 70°. Oder aus Acetylentetrachlorid, Aluminiumchlorid und trocknem Chlor bei 120° [28] [29] [30] [31]. — **Physiologische Eigen-**

---

[1] Mouneyrat, Annales de Chim. et de Phys. [3] **19**, 499 [1898].

[2] Müller, Annalen d. Chemie u. Pharmazie **258**, 59 [1890].

[3] Geuther u. Brockhoff, Jahresber. d. Chemie **1873**, 317. — Pierre, Annalen d. Chemie u. Pharmazie **80**, 130 [1851]. — Städel, Berichte d. Deutsch. chem. Gesellschaft **15**, 2563 [1882]; Annalen d. Chemie u. Pharmazie **195**, 187 [1879].

[4] Kanonnikow, Diss. Kasan 1880.

[5] Colson u. Gautier, Jahresber. d. Chemie **1886**, 628.

[6] Paternò u. Pisati, Jahresber. d. Chemie **1871**, 508.

[7] Berthelot u. Jungfleisch, Annalen d. Chemie u. Pharmazie, Suppl. **7**, 254 [1870].

[8] Mouneyrat, Bulletin de la Soc. chim. [3] **19**, 447 [1898].

[9] Mouneyrat, Bulletin de la Soc. chim. [3] **19**, 499 [1898].

[10] Regnault, Annalen d. Chemie u. Pharmazie **33**, 321 [1840].

[11] Pierre, Annalen d. Chemie u. Pharmazie **80**, 130 [1851].

[12] Paternò, Annalen d. Chemie u. Pharmazie **151**, 117 [1869].

[13] Mouneyrat, Bulletin de la Soc. chim. [3] **19**, 182 [1898].

[14] Thorpe, Journ. Chem. Soc. **37**, 192 [1880].

[15] Kanonnikow, Diss. Kasan 1880.

[16] Laurent, Annales de Chim. et de Phys. [2] **64**, 328 [1837].

[17] Faraday, Annales de Chim. et de Phys. [2] **18**, 48 [1821].

[18] Regnault, Annales de Chim. et de Phys. **34**, 29 [1840].

[19] Mouneyrat, Bulletin de la Soc. chim. [3] **17**, 794 [1897].

[20] Kraft u. Merz, Berichte d. Deutsch. chem. Gesellschaft **8**, 1298 [1875].

[21] Müller, Annalen d. Chemie u. Pharmazie **258**, 63 [1890].

[22] Hübner u. Müller, Zeitschr. f. Chemie **1870**, 328.

[23] Elbs u. Neumann, Journ. f. prakt. Chemie [2] **58**, 254, 1185 [1898].

[24] Kolbe, Annalen d. Chemie u. Pharmazie **54**, 147 [1845].

[25] Radiszewski, Berichte d. Deutsch. chem. Gesellschaft **17**, 834 [1884].

[26] Goldschmidt, Berichte d. Deutsch. chem. Gesellschaft **14**, 928 [1881].

[27] Hentschel, Berichte d. Deutsch. chem. Gesellschaft **30**, 1437 [1897].

[28] Mouneyrat, Bulletin de la Soc. chim. [3] **19**, 454 [1898].

[29] Michel, Chem. Centralbl. **1906**, II, 746.

[30] Salzbergwerk Neustaßfurt, Chem. Centralbl. **1906**, II, 1297.

[31] Konsortium für elektrochemische Industrie, Chem. Centralbl. **1907**, II, 2089.

schaften: In öliger Lösung subcutan injiziert, ruft Hexachloräthan Schlafsucht, anderseits auch Krämpfe hervor. Innerlich wird es nur langsam und unvollkommen resorbiert[1]. — Krystalle aus Alkohol-Äthergemisch, campherartig riechende Tafeln. Existiert in drei Formen[2]. Krystallographische Bestimmung[3]. Ausdehnung bei der polymorphen Umwandlung[4]. Siedep. 185° (korr). Siedep. 187°[5]. Spez. Gew. 2,011. Molekulare Verbrennungswärme bei konstantem Druck 110 Cal.[6]. Einwirkung von alkoholischem Kali im Rohr bei 100°[7]. Fixes Alkali erzeugt bei 200° Oxalsäure[8]. Einwirkung von Natriumalkoholat[9]. Nascierender Wasserstoff, alkoholisches Kaliumsulfhydrat bewirken Bildung von Perchloräthylen; ebenso wirkt fein verteiltes Silber und Leiten von Hexachloräthandämpfen durch rotglühende Röhren[10]. Nebenprodukte dabei[11]. Bildet sich stets bei den Explosionen, die beim Chlorieren von Acetylen stattfinden[12].

Äthylbromid (Bromäthyl, Aethylum bromatum, Aether bromatus, Aether hydrobromicus).

Mol.-Gewicht 109.
Zusammensetzung: 22,0% C, 4,6% H, 73,4% Br.

$$C_2H_5Br = CH_3 \cdot CH_2Br.$$

Bildung: Aus Brom[13] oder Phosphortribromid[14], oder Phosphor, Brom[15] und Alkohol. Durch Anlagerung von Bromwasserstoffsäure an Äthylen in Gegenwart von Aluminiumbromid[16]. Bei der trocknen Destillation von $AlBr_3 \cdot (C_2H_5)_2O$ [17].

Darstellung:[18] Man destilliert ein Gemisch von 7 T. 95proz. Alkohol, 12 T. konz. Schwefelsäure und 12 T. Kaliumbromid. Das mit Kaliumcarbonat und mit Wasser gewaschene Rohprodukt wird nach dem Trocknen über Chlorcalcium mit $1/_{10}$ seines Gewichtes Mandel- oder Olivenöl gemischt und aus dem Wasserbad rektifiziert (Deutsches Arzneibuch). Für medizinische Zwecke wird auch die Darstellung aus Äthylschwefelsäure und Bromkalium empfohlen[19]. Darstellung aus Alkohol: Zu einem Gemisch von 10 g rotem Phosphor und 60 g Alkohol von 95% läßt man allmählich 60 g Brom unter Umschütteln und Abkühlung zufließen. Nach einigen Stunden destilliert man das gebildete Bromäthyl aus dem Wasserbad ab; das Destillat wird nach wiederholtem Waschen mit Sodalösung und Wasser und nach dem Trocknen mit Chlorcalcium rektifiziert[20]. Darstellung[21]. Prüfung des Aether bromatus[22]. Trennung von Äther[23].

Verwendung: Zu sehr zahlreichen organischen Synthesen (Alkylierungen). Zur Anästhesierung.

---

[1] Kobert, Lehrbuch der Intoxikationen. 1906. 2. Aufl. **2**, 638.
[2] Lehmann, Journ. f. Chemie **1883**, 369.
[3] Gossner, Zeitschr. f. Krystallographie **38**, 111 [1903]; Chem. Centralbl. **1903**, II, 1053.
[4] Steinmetz, Zeitschr. f. physikal. Chemie **52**, 449 [1905].
[5] Hahn, Berichte d. Deutsch. chem. Gesellschaft **11**, 1735 [1878].
[6] Berthelot, Annales de Chim. et de Phys. [6] **28**, 132 [1893].
[7] Berthelot, Jahresber. d. Chemie **1858**, 396.
[8] Geuther, Jahresber. d. Chemie **1859**, 277.
[9] Geuther u. Brockhoff, Jahresber. f. Chemie **1873**, 316.
[10] Prudhomme, Annalen d. Chemie u. Pharmazie **156**, 342 [1870].
[11] Armstrong, Jahresber. d. Chemie **1870**, 397.
[12] Nieuwland, Zeitschr. f. Gasbel. **48**, 387 [1904]; Chem. Centralbl. **1905**, I, 156.
[13] Loewig, Annalen d. Chemie u. Pharmazie **3**, 288 [1832].
[14] Sachs, Journ. d. russ. physikal.-chem. Gesellschaft **31**, 43 [1899]; Chem. Centralbl. **1899**, I, 1066.
[15] Serullas, Annales de Chim. et de Phys. [2] **34**, 99 [1826].
[16] Gustavson, Journ. d. russ. physikal.-chem. Gesellschaft **16**, 95 [1884].
[17] Plotnikow, Journ. d. russ. physikal.-chem. Gesellschaft **40**, 1247 [1908]; Chem. Centralbl. **1909**, 493.
[18] De Vriy, Jahresber. d. Chemie **1857**, 441.
[19] Wagners Jahresber. **1878**, 538; Pharmaz. Centralhalle **31**, 167 [1890].
[20] Meyer u. Jacobson, Lehrbuch der organischen Chemie. **1**, 188 [1893].
[21] Fournier, Chem. Centralbl. **1906**, II, 1042.
[22] Schweissinger, Pharmaz. Centralhalle **49**, 931—932 [1908]; Chem. Centralbl. **1909**, I, 51.
[23] Riedel, D. R. P. 52982. — Friedländer, Fortschritte der Teerfarbenfabrikation **2** 551.

Physiologische Eigenschaften: Wurde 1858 von Tournville und Nunnely als Anaestheticum empfohlen. Anästhetische Wirkung[1][2]). Langgard (1887) wies die Schädlichkeit der mit Hilfe von Bromphosphor erhaltenen Präparate nach. In Dampfform eingeatmet bewirkt es wie Äther Anästhesie. Puls und Atmung werden anfangs beschleunigt, dann verlangsamt. Die Anästhesie tritt schneller als bei Chloroform (schon nach $1/_2$ bis 1 Minute) ein, geht aber rasch vorüber, so daß von Minute zu Minute neue Zufuhr von Bromäthyl nötig ist. Länger als 10—15 Minuten läßt sich die Narkose nicht gut erhalten. Während derselben ist das Bewußtsein nicht aufgehoben, aber die Schmerzempfindung; die Muskeln werden nicht entspannt. Verwendungsgebiet: Kleinere Operationen, bei denen Komplikationen (Stillung größerer Blutungen) ausgeschlossen und Entspannung der Muskulatur (Einrichtung von Luxationen) nicht indiziert ist[3]).

Wird in größeren Dosen als Chloroform gegeben. Für Kinder 5—10 g, für Erwachsene 10—20 g. Größere Dosen rufen leicht Cyanose und Kollaps hervor. Bei Trinkern wirkt es exzitierend. Neigt zu Lähmungswirkungen auf Atemzentrum und Herz[4]) (wie CH_2Cl_2); kann Cheyne - Stokessches Atmen und Koma veranlassen. Ruft 1—2 Tage dauernden Geruch des Atems nach Knoblauch hervor. Ausscheidung aus dem Körper erfolgt langsamer als beim Chloräthyl[5]). Verursacht schwere Degenerationen in Herz, Niere, Gehirn[6]). Literatur[7]).

Man hüte sich vor der Verwechslung mit dem giftigen Äthylenbromid $CH_2Br \cdot CH_2Br$ (Aethylenum bromatum).

Physikalische und chemische Eigenschaften: Farblose, stark lichtbrechende, schwere Flüssigkeit. Schmelzp. —125,5°[8]); —116°[9]); —117,8°[10]). Siedep. 38,37°[11]); 38,4° bei 760 mm[12]). Spez. Gew. 1,50138 bei 0°/4°[12]); 1,44988 bei 15°[13]); 1,43250 bei 25°[13]); 1,4134 bei 38,4°/4°[14]). Spez. Gew. bei t°/4° 1,496439 — 0,0020450 t. Brechungsexponent μ t/D = 1,436464 — 0,00062995 t[15]); n_D = 1,4554 bei 15°[16]). Absorptionsspektrum[17]). Dielektrizitätskonstante[18]). Kritische Temperatur[19]). Spannkraft der Dämpfe[20]). Dissoziationsvermögen·als Lösungsmittel[21]). Löslichkeit in Wasser und Tension der mit Wasser gesättigten Flüssigkeit[22]). Spezifische Wärme bei tiefer Temperatur[23]). Kompressibilität und Oberflächenspannung[24]). Spezifische Kohäsion, Oberflächenspannung[25]). Ionisierung durch X-Strahlen[26]), durch sekundäre Strahlen[27]), durch sekundäre γ-Strahlen[28]). Reagiert bei Siedetemperatur mit Silbernitrat[29]). Liefert mit Wasser bei 200° Äther[30]). Reaktion mit

[1]) Robin, Jahresber. d. Chemie **1851**, 508.
[2]) Rabuteau, Berichte d. Deutsch. chem. Gesellschaft **10**, 95 [1877].
[3]) B. Fischer, Die neuen Arzneimittel. 3. Aufl. 1894.
[4]) S. Tscherwinski, Die Narkotica unter den Derivaten des Methans. Jurjew 1898.
[5]) Dreser, Archiv f. experim. Pathol. u. Pharmakol. **36**, 285 [1895].
[6]) B. Müller, Deutsche med. Wochenschr. **1905**, 297.
[7]) Kobert, Lehrbuch der Intoxikationen. 2. Aufl. **2**, 913 [1906].
[8]) Schneider, Zeitschr. f. physikal. Chemie **22**, 233 [1897].
[9]) Ladenburg u. Krügel, Berichte d. Deutsch. chem. Gesellschaft **32**, 1821 [1899].
[10]) Guttmann, Journ. Chem. Soc. **87**, 1037 [1905].
[11]) Regnault, Jahresber. d. Chemie **1863**, 70.
[12]) J. Timmermans, Bulletin de la Soc. chim. Belg. **24**, 249 [1910].
[13]) Perkin, Journ. f. prakt. Chemie [2] **31**, 497 [1885].
[14]) R. Schiff, Berichte d. Deutsch. chem. Gesellschaft **19**, 563 [1886].
[15]) Weegmann, Zeitschr. f. physikal. Chemie **2**, 234 [1888].
[16]) Beythien u. Hennicke, Pharmaz. Centralhalle **48**, 1005 [1907]; Chem. Centralbl. **1908**, I, 299.
[17]) Spring, Recueil des travaux chim. des Pays-Bas **16**, 1 [1897].
[18]) Drude, Zeitschr. f. physikal. Chemie **23**, 309 [1897].
[19]) Pawleski, Berichte d. Deutsch. chem. Gesellschaft **16**, 2633 [1883].
[20]) Regnault, Jahresber. d. Chemie **1860**, 39; **1863**, 67.
[21]) Timmermans, Bulletin de la Soc. chim. de Belg. **20**, 305 [1906].
[22]) Rex, Zeitschr. f. physikal. Chemie **55**, 355 [1906].
[23]) Battelli, Atti della R. Accad. dei Lincei Roma [5] **16**, I, 243 [1907].
[24]) Richards u. Matthews, Chem. Centralbl. **1908**, I, 1020.
[25]) Walden, Chem. Centralbl. **1909**, I, 893.
[26]) Crowther, Proc. Roy. Soc., Ser. A, **82**, 103 [1909].
[27]) Crowther, Proc. Roy. Soc. **82**, 358 [1909].
[28]) Kleeman, Proc. Roy. Soc., Ser. A, **82**, 358 [1909].
[29]) Euler, Chem. Centralbl. **1906**, II, 1414.
[30]) Reynoso, Jahresber. d. Chemie **1856**, 567.

Ag_2CrO_4 [1]). Spaltung durch überschüssigen Wasserstoff und Nickel[2]), sowie durch Metallchloride[3]) in Äthylen und Chlorwasserstoff. Chlorierungsprodukte[4]). Bromierung[5]). Bei Gegenwart von Aluminiumbromid entsteht nur Äthylenbromid[6]). Komplexverbindung mit Aluminiumbromid, Brom und Schwefelkohlenstoff; gelbe Krystalle, Schmelzp. 69—71° [7]). Nebenprodukte bei Darstellung von Äthylbromid aus Alkohol, Brom und rotem Phosphor[8]). Einwirkung von Aluminiumbromid; Bildung von Grenzkohlenwasserstoffen[9]). Reagiert sehr leicht mit Magnesium in ätherischer Lösung unter Bildung von Bromäthylmagnesium[10]). Wirkung auf Magnesium[11]). Wirkung auf K_2S_2 [12]). Reaktionsgeschwindigkeit bei der Bildung von Thiosulfatestern[13]). Hydrat[14]).

Äthylenbromid, 1, 2-dibromäthan (Aethylenum, bromatum). Mol.-Gewicht 188. Zusammensetzung: 12,8% C, 2,1% H, 85,1% Br. $C_2H_4Br_2 = CH_2Br \cdot CH_2Br$.

Bildung: Durch Addition von Brom an Äthylen[15]). Bei der Einwirkung von Brom auf Äthylbromid bei 180°, neben 1,1,2-Tribromäthan[16]). Aus Brom und Äthylchlorid oder Äthylbromid bei Gegenwart von Eisen[17]). Bildet sich aus Äthylidenbromid beim Erhitzen (Gleichgewichtseinstellung) durch Isomerisation[18]).

Darstellung: Zu 220 g Äthylbromid und 260 g Brom werden 30 g Aluminiumbromid und 60 g Brom zugefügt und die Mischung auf 65—70° erwärmt[19]).

Physiologische Eigenschaften: Gegenüber dem Äthylbromid ist die narkotische Kraft des Äthylenbromids geringer, es ist aber sonst viel giftiger. (Gefährliche Verwechslung!) Veranlaßt anhaltendes Erbrechen, Totenblässe, große Schwäche, Ohrensausen und Herzschwäche. Als Nachwirkung tritt häufig gesteigerte Reflexerregbarkeit hervor[20]). Äthylenbromid bewirkt bei weißen Mäusen, Kaninchen und Hunden keine Narkose beim Einatmen der Dämpfe, dagegen Verflachung der Respiration, und (durch Einwirkung auf das Herz) Absinken des Blutdrucks; es treten charakteristische Nachwirkungen, Reizung der Luftwege, Trübung der Cornea ein, die, mit der Herzwirkung vereint, nach längerer Zeit den Tod herbeiführen[21]).

Physikalische und chemische Eigenschaften: Schmelzp. $+9,53°$ [22]); $7,6—7,8°$ [23]). Siedep. 129,9° [24]); 131,6° [22]); 129,5° bei 745 mm [25]); 130,3° bei 759,5° [23]); 25,5° bei 9,38 mm; 35° bei 18,9 mm; 52,1° bei 50,78 mm [24]); 34° bei 14 mm [26]). Eine Druckänderung von 1 mm ruft zwischen 739 und 753 mm eine Siedepunktsänderung von 0,049° hervor. Einfluß der Schwerkraft (in verschiedenen Breitegraden) auf den Siedepunkt[27]). Spez. Gew. 2,21324 bei 0°; 2,19011 bei 10,9°/4°; 2,1785 bei 20°/4° [25]); 1,9246 bei 130,3°/4° [23]); 2,1816 bei 20°/4° [26]).

[1]) Jaques, Chem. News **96**, 77 [1907].
[2]) Sabatier u. Mailhe, Compt. rend. de l'Acad. des Sc. **138**, 407 [1904].
[3]) Sabatier u. Mailhe, Compt. rend. de l'Acad. des Sc. **141**, 238 [1905].
[4]) Lescoeur, Bulletin de la Soc. chim. **29**, 483 [1878].
[5]) Tawildarow, Annalen d. Chemie u. Pharmazie **176**, 12 [1874].
[6]) Mouneyrat, Bulletin de la Soc. chim. [3] **19**, 498 [1898].
[7]) Plotnikow, Journ. d. russ. physikal.-chem. Gesellschaft **34**, 697 [1902]; Chem. Centralbl. **1903**, I, 19.
[8]) Bertrand u. Finot, Bulletin de la Soc. chim. **34**, 28 [1880].
[9]) Gustavson, Journ. f. prakt. Chemie [2] **34**, 167 [1886].
[10]) Tissier u. Grignard, Compt. rend. de l'Acad. des Sc. **132**, 835 [1899].
[11]) Spencer u. Crewdson, Proc. Chem. Soc. **24**, 194 [1908]; Journ. Chem. Soc. **93**, 1821 [1908].
[12]) Bror Holmberg, Zeitschr. f. anorgan. Chemie **56**, 385 [1908].
[13]) Slator, Journ. Chem. Soc. **85**, 1286 [1903].
[14]) Villard, Annales de Chim. et de Phys. [7] **11**, 388 [1897].
[15]) Balard, Annales de Chim. et de Phys. [2] **32**, 375 [1826].
[16]) Tawildarow, Annalen d. Chemie u. Pharmazie **176**, 14 [1874].
[17]) V. Meyer u. Müller, Berichte d. Deutsch. chem. Gesellschaft **24**, 4249 [1891]. — V. Meyer u. Petrenko, Berichte d. Deutsch. chem. Gesellschaft **25**, 3307 [1892].
[18]) Faworski, N. Ssokownin u. Schinewski, Annalen d. Chemie u. Pharmazie **354**, 325 [1907].
[19]) Mouneyrat, Bulletin de la Soc. chim. [3] **19**, 497 [1898].
[20]) Zit. nach Kobert, Lehrbuch der Intoxikationen. 1906. 2. Aufl. **2**, 914; daselbst ausführliche Literaturangaben.
[21]) Scherbatscheff, Archiv f. experim. Pathol. u. Pharmakol. **47**, 1 [1902].
[22]) Regnault, Jahresber. d. Chemie **1863**, 74.
[23]) R. Schiff, Berichte d. Deutsch. chem. Gesellschaft **19**, 564 [1886].
[24]) Kahlbaum, Siedetemperatur und Druck. S. 94.
[25]) Anschütz, Annalen d. Chemie u. Pharmazie **221**, 137 [1883].
[26]) Patterson u. Thomson, Journ. Chem. Soc. **93**, 355 [1908].
[27]) Krafft u. Lohmann, Journ. f. prakt. Chemie [2] **80**, 469 [1909].

Spez. Gew. bei $t°/4° = 2,217490 - 0,0019950\ t - 0,00000194\ t^2$. Ausdehnungskoeffizient[1]).
Brechungsexponent $\mu\ t/D = 1,549299 - 0,00057057\ t$ [2]). Absorptionsspektrum[3]). Wärme-
kapazität[4]). Molekulare Lösungs- und Mischungswärmen[5]). Kryoskopisches Verhalten in
Anilin und Dimethylanilin[6]). Binnendruck[7]). Kompression und Oberflächenspannung[8]).
Dielektrizitätskonstante[9]). Molekulare Depression in Äthylencyanid[10]). Molekulargewicht[11]).
Capillarität und Molekulargewicht[12]). Einfluß einer Mischung von Äthylenbromid und Nitro-
benzol, oder Chinolin auf die Rotation von gelöstem Weinsäureester[13]). Einwirkung rauchender
Salpetersäure[14]). Zink zerlegt die alkoholische Lösung in Methan[15]); ebenso Kupfer, Jodkalium und Wasser bei höherer Temperatur[16]). Kaliumjodid und Wasser bewirken beim Erhitzen die Bildung von Äthan. Alkoholisches Kali bildet Monobromäthylen bzw. Acetylen;
ähnlich wirkt wässerige Kalilauge[17]). Verdünnte Alkalicarbonatlösungen liefern beim Kochen
Monobromäthylen neben Glykol, Wasser, Glykol[18]). Bei Zusatz von Bleioxyd findet Oxydation des intermediär gebildeten Glykols zu Aldehyd statt[19])[20]). Entbromung[21]). Einwirkung von Hydrazinhydrat[22]). Feuchtes Silberoxyd oxydiert zu Aldehyd, mit Silbercarbonat
entsteht Glykol. Verhalten gegen Silbersulfat[23]). Beim Kochen mit konz. Jodwasserstoffsäure
findet Austausch der Halogene statt[24]). Einwirkung von Brom und Aluminiumbromid[25])[26]),
von Chlor[26]). Einwirkung von Magnesium[27])[28])[29]); von Natriumsulfantimoniat[30]); von Zink
und Essigsäure[31]) (Bildung von Äthylen); von Zinkstaub (Reaktionsgeschwindigkeit)[32]).

    Äthylidenbromid, 1,1-dibromäthan $C_2H_4Br_2 = CH_3 \cdot CHBr_2$. Durch Bromierung
von Äthylbromid bei $170°$ [33])[34]). Bei der Einwirkung von PCl_3Br_2 auf Aldehyd[35]). Durch
Anlagerung von Bromwasserstoffsäure an Bromäthylen[36]). — Flüssigkeit. Siedep. $107-108°$ [37]);
Siedep. $109-110°$ bei 751 mm [38]); Siedep. $112,5°$ bei 755,1 mm [39]); Siedep. $108-110°$

[1]) Thorpe, Journ. Chem. Soc. **37**, 177 [1880].
[2]) Weegmann, Zeitschr. f. physikal. Chemie **2**, 236 [1888].
[3]) Spring, Recueil des travaux chim. des Pays-Bas **16**, 1 [1897].
[4]) Timofejew, Chem. Centralbl. **1905**, I, 429.
[5]) Timofejew, Chem. Centralbl. **1905**, I, 432.
[6]) Ampola u. Rimatori, Gazzetta chimica ital. **27**, I, 37, 57 [1897].
[7]) Winther, Zeitschr. f. physikal. Chemie **60**, 756 [1907].
[8]) Richards u. Matthews, Chem. Centralbl. **1908**, I, 1020.
[9]) Jahn u. Möller, Zeitschr. f. physikal. Chemie **13**, 386 [1894].
[10]) Bruni u. Mannelli, Zeitschr. f. Elektrochemie **11**, 860 [1905].
[11]) Walden, Chem. Centralbl. **1909**, I, 893.
[12]) Dutoit u. Mojoiu, Zeitschr. f. physikal. Chemie **65**, 129, 257 [1909].
[13]) Patterson u. Montgomerie, Journ. Chem. Soc. **95**, 1128 [1909]. — Patterson u.
Thomson, Journ. Chem. Soc. **93**, 355 [1908].
[14]) Kachler, Monatshefte f. Chemie **2**, 559 [1881].
[15]) Gladstone, Berichte d. Deutsch. chem. Gesellschaft **7**, 364 [1874].
[16]) Berthelot, Jahresber. d. Chemie **1857**, 267.
[17]) Stempnevsky, Annalen d. Chemie u. Pharmazie **192**, 240 [1878].
[18]) Niederist, Annalen d. Chemie u. Pharmazie **196**, 354 [1879]; vgl. **186**, 393 [1877].
[19]) Eltekow, Berichte d. Deutsch. chem. Gesellschaft **6**, 558 [1873].
[20]) Nevole, Berichte d. Deutsch. chem. Gesellschaft **9**, 447 [1876].
[21]) Michael u. Mighill, Berichte d. Deutsch. chem. Gesellschaft **34**, 4215 [1901].
[22]) Stollé, Journ. f. prakt. Chemie [2] **67**, 143 [1903].
[23]) Beilstein u. Wiegand, Berichte d. Deutsch. chem. Gesellschaft **15**, 1368 [1882].
[24]) Sorokin, Zeitschr. f. Chemie **1870**, 519.
[25]) Mouneyrat, Bulletin de la Soc. chim. [3] **19**, 184 [1898].
[26]) Mouneyrat, Bulletin de la Soc. chim. [3] **17**, 800 [1897].
[27]) Grignard u. Tissier, Compt. rend. de l'Acad. des Sc. **132**, 836 [1901].
[28]) Ahrens u. Stapler, Berichte d. Deutsch. chem. Gesellschaft **38**, 1296, 3259 [1905].
[29]) Bischoff, Berichte d. Deutsch. chem. Gesellschaft **38**, 2078 [1905].
[30]) Bror Holmberg, Zeitschr. f. anorgan. Chemie **56**, 385 [1908].
[31]) Zelinsky u. Schlesinger, Berichte d. Deutsch. chem. Gesellschaft **41**, 2429 [1908].
[32]) Petrenko, Kritschenko u. Könschin, Chem. Centralbl. **1905**, II, 1577.
[33]) Hofmann, Jahresber. d. Chemie **1860**, 346.
[34]) Caventou, Annalen d. Chemie u. Pharmazie **120**, 322 [1861].
[35]) Paternò u. Pisati, Berichte d. Deutsch. chem. Gesellschaft **5**, 289 [1872].
[36]) Reboul, Zeitschr. f. Chemie **1870**, 199.
[37]) V. Meyer u. Müller, Journ. f. prakt. Chemie [2] **46**, 168 [1892].
[38]) Denzel, Annalen d. Chemie u. Pharmazie **195**, 202 [1878].
[39]) Anschütz, Annalen d. Chemie u. Pharmazie **235**, 302 [1886].

(korr.)[1]). Spez. Gew. 2,10006 bei 17,5°[2]); 2,08905 bei 20,5°[2]); 2,10294 bei 15°[1]); 2,08540 bei 25°[1]). Spez. Gew. bei $t°/4° = 2,099625 - 0,0022283\ t - 0,00000097\ t^2$ [3]). Brechungsexponent $\mu\ t/D = 1,524548 - 0,00058907\ t$ [3]). Verhalten gegen alkoholisches Kaliumsulfhydrat; gegen Ammoniak, Bleioxyd und Wasser; gegen Antimonpentachlorid[4]). Beim Kochen mit Brom und Eisendraht entsteht 1, 1, 2-Tribromäthan.

Bromäthylenbromid; 1, 1, 2-tribromäthan $C_2H_3Br_3 = CH_2Br \cdot CHBr_2$. Durch Einwirkung von Brom auf Äthylbromid oder Jodäthylen bei Temperaturen von 170—200° [5])[6]). Flüssigkeit. Schmelzp. —26° [7]). Siedep. 186,5° bei 721 mm [5]); 187—188° bei 751,5 mm [8]); Siedep. 73° bei 11,5 mm; Siedep. 83° bei 18 mm. Spez. Gew. bei $t°/4° = 2,623483 - 0,0022513\ t + 0,00000126\ t^2$. Spez. Gew. 2,6189 bei 17,5°/4° [9]); 2,6107 bei 21,5°/4° [9]). Brechungsexponent $\mu\ t/D = 1,599911 - 0,00054444\ t$ [10]). Mit Kaliumacetat oder mit in Wasser suspendiertem Bleioxyd entsteht bei 150° 1,1-Dibromäthylen. Einwirkung von Natriumalkoholat[11])[12])[13]). Alkoholisches Kali bewirkt Bildung der zwei isomeren Dibromäthylene neben Acetylen und Bromacetylen. Einwirkung von überschüssigem abs. Alkohol bei 160—180° [14]); von Silbercyanid[15]); von Ammonsulfitlösung[16]).

s-Acetylentetrabromid; 1, 1, 2, 2-tetrabromäthan $C_2H_2Br_4 = CHBr_2 \cdot CHBr_2$. Durch Bromieren von Acetylen[17])[18])[19]), von Acetylendibromid[20]); von Äthylenbromid bei Anwesenheit von Aluminiumbromid[21]).

Darstellung: Man leitet Acetylen in mit Wasser überschichtetes Brom. Das entstehende rohe Tetrabromid wird durch Reduktion in Dibromid übergeführt. Dieses läßt sich von Nebenprodukten leicht durch Destillation trennen; dann bromiert man das so gereinigte Dibromid wieder[20]).

Physikalische und chemische Eigenschaften: Flüssigkeit. Siedep. 137—137,2° bei 36 mm[20]); Siedep. 114° bei 12 mm; Siedep. 124—126° bei 15 mm [22]); Siedep. 151° bei 54 mm[22]). Erstarrt nicht bei —20° [23]). Spez. Gew. 2,9710 bei 17,5°/4°; 2,9629 bei 21,5°/4°. Spez. Gew. bei $t°/4° = 3,013830 - 0,0024050\ t + 0,00000379\ t^2$. Brechungsexponent $\mu\ t/D = 1,647884 - 0,00049663\ t$ [24]). Geht leicht durch Reduktion[25]) in Äthylen- und Acetylenderivate über. Einwirkung von Aluminiumchlorid in der Hitze [26]). Brom oxydiert Acetylentetrabromid in Gegenwart von Aluminiumbromid zu Hexabromäthan[27]). Chlor führt es in Dichlor-tetrabromäthan[28]) und endlich bei Anwesenheit von Aluminiumchlorid auch in Hexachloräthan über[25])[29]).

[1]) Perkin, Journ. Chem. Soc. **45**, 523 [1884].

[2]) Anschütz, Annalen d. Chemie u. Pharmazie **235**, 302 [1886].

[3]) Weegmann, Zeitschr. f. physikal. Chemie **2**, 236 [1881].

[4]) Henry, Bulletin de la Soc. chim. **42**, 262 [1884].

[5]) Würtz, Annalen d. Chemie u. Pharmazie **104**, 243 [1857].

[6]) Simpson, Jahresber. d. Chemie **1857**, 461. — Hofmann, Jahresber. d. Chemie **1860**, 364. — Caventou, Annalen d. Chemie u. Pharmazie **120**, 323 [1861]. — Tawildarow, Annalen d. Chemie u. Pharmazie **176**, 22 [1874].

[7]) Bouchardat, Jahresber. d. Chemie **1885**, 1165.

[8]) Denzel, Annalen d. Chemie u. Pharmazie **195**, 202 [1879].

[9]) Anschütz, Annalen d. Chemie u. Pharmazie **221**, 138 [1883].

[10]) Weegmann, Zeitschr. f. physikal. Chemie **2**, 236 [1888].

[11]) Tawildarow, Annalen d. Chemie u. Pharmazie **176**, 22 [1874].

[12]) Michael, Amer. Chem. Journ. **5**, 192 [1883/84].

[13]) Gray, Journ. Chem. Soc. **71**, 1024 [1897].

[14]) Glöckner, Annalen d. Chemie u. Pharmazie, Suppl. **7**, 110 [1870].

[15]) Orlowsky, Journ. d. russ. physikal.-chem. Gesellschaft **9**, 282 [1872].

[16]) Monari, Berichte d. Deutsch. chem. Gesellschaft **18**, 1343 [1885].

[17]) Sabanejew, Annalen d. Chemie u. Pharmazie **178**, 113 [1875].

[18]) Reboul, Annalen d. Chemie u. Pharmazie **124**, 269 [1862].

[19]) Berthelot, Bulletin de la Soc. chim. **5**, 97 [1863].

[20]) Anschütz, Annalen d. Chemie u. Pharmazie **221**, 138 [1883].

[21]) Mouneyrat, Bulletin de la Soc. chim. [3] **19**, 498 [1898].

[22]) Crossley, Proc. Chem. Soc., Nr. 201.

[23]) Bourgoin, Annales de Chim. et de Phys. [5] **12**, 427 [1877].

[24]) Weegmann, Zeitschr. f. physikal. Chemie **2**, 236 [1888].

[25]) Elbs u. Neumann, Journ. f. prakt. Chemie [2] **58**, 245 [1898].

[26]) Anschütz, Annalen d. Chemie u. Pharmazie **235**, 169 [1886].

[27]) Mouneyrat, Bulletin de la Soc. chim. [3] **19**, 177 [1898].

[28]) Bourgoin, Bulletin de la Soc. chim. **23**, 4 [1875].

[29]) Mouneyrat, Bulletin de la Soc. chim. [3] **17**, 799 [1879].

α - Acetylentetrabromid; 1, 1, 1, 2-tetrabromäthan $C_2H_2Br_4 = CH_2Br \cdot CBr_3$. **Bildung:** Durch Bromieren aus 1, 1-Dibromäthylen[1])[2]); aus Äthylbromid[3]); aus 1, 1, 2-Tribromäthan[4]); aus Natriumalkoholat und Brom[5]); aus Brenzweinsäure und Brom[6]). — Flüssigkeit. Siedet nicht unzersetzt bei 200°. Siedep. 103,5° bei 13,5 mm. Erstarrt im Kältegemisch. Spez. Gew. 2,9292 bei 17,5°/4°[7]); 2,9216 bei 21,5°/4°[7]). Spez. Gew. bei $t°/4° = 2,919824 - 0,0022500\, t$. Brechungsexponent $\mu\, t/D = 1,638465 - 0,00053718\, t$ [8]).

Pentabromäthan $C_2HBr_5 = CHBr_2 \cdot CBr_3$. Bei der Bromierung vieler Äthanderivate, so von Tribromäthylen[9])[10]), Bromacetylen[11]), Tetrabromäthan[12]) (bei 165°), Tetrabromäthylen[13]) (bei 160°) und Bernsteinsäure[14]) (bei 120°). Tribromäthylen geht auch durch Stehen an der Luft in Pentabromäthan und Dibromessigsäure über. — Prismatische Nadeln. Schmelzp. 53°; 54°; 56—57°[12]); 48—50°[11]). Siedep. 210° bei 300 mm (unter Zers.)[15]). Löslich in Alkohol, sehr leicht löslich in Äther. Reagiert mit Chlor bei 200—205 unter Bildung von Monochlorpentabromäthan; Antimonpentachlorid liefert Hexachloräthan.

Perbromäthan, Hexabromäthan $C_2Br_6 = CBr_3 \cdot CBr_3$. Durch Erhitzen von Pentabromäthan, Brom und Wasser im Rohr auf 180°[16]). Aus einem Gemisch von Tetrachlorkohlenstoff, Hexachloräthan oder Perchloräthylen und Brom durch Eintragen von fein verteiltem Aluminium[17]). Durch Bromieren von Acetylentetrabromid in Gegenwart von Aluminiumbromid[18]). — **Darstellung:** Acetylentetrabromid wird mit wenig Aluminiumbromid versetzt und dann allmählich bei 90—110° die ungefähr gleiche Menge Brom zugesetzt[19]). — Prismen. Schmelzp. 200—210° bzw. 210—215°[20]) unter Abspaltung von Brom. Schwer löslich in siedendem Alkohol oder Äther, leicht löslich in Schwefelkohlenstoff. Im Gegensatz zum Perbromäthylen mit Wasserdämpfen nicht flüchtig[21]).

Fluorbromäthane.[22]) — **Chlorbromäthane** C_2H_4ClBr. **1-Chlor-2-bromäthan** $CH_2Cl \cdot CH_2Br$[23]). Flüssigkeit. Siedep. 107—108°; spez. Gew. 1,79 bei 0°; 1,705 bei 11°; 1,689 bei 19°.

1, 1-Chlorbromäthan $CH_3 — CHClBr$[24]). Siedep. 84—84,5° (in Dampf) bei 750 mm; Siedep. 82,7° (in Dampf) bei 760 mm (Städel). Schmelzp. 16,6° [korr.] (Schneider).

Chlordibromäthane $C_2H_3ClBr_2$. **1-Chlor-1,1-dibromäthan** $CH_3 \cdot CClBr_2$[25]). Siedep. 123—124° (in Dampf) bei 753 mm; spez. Gew. 2,134 bei 16°.

[1]) Lennox, Annalen d. Chemie u. Pharmazie **122**, 124 [1862].
[2]) Reboul, Annalen d. Chemie u. Pharmazie **124**, 270 [1862].
[3]) Tawildarow, Annalen d. Chemie u. Pharmazie **176**, 22 [1874].
[4]) Denzel, Berichte d. Deutsch. chem. Gesellschaft **12**, 2207 [1879].
[5]) Sell u. Salzmann, Berichte d. Deutsch. chem. Gesellschaft **7**, 496 [1874].
[6]) Bourgoin, Annales de Chim. et de Phys. [5] **12**, 427 [1877].
[7]) Anschütz, Annalen d. Chemie u. Pharmazie **221**, 140 [1883].
[8]) Weegmann, Zeitschr. f. physikal. Chemie **2**, 232 [1888].
[9]) Lennox, Annalen d. Chemie u. Pharmazie **122**, 125 [1862].
[10]) Elbs u. Neumann, Journ. f. prakt. Chemie [2] **58**, 254 [1898].
[11]) Reboul, Annalen d. Chemie u. Pharmazie **124**, 268 [1862].
[12]) Bourgoin, Bulletin de la Soc. chim. **23**, 173 [1875].
[13]) Bourgoin, Berichte d. Deutsch. chem. Gesellschaft 8, 437 [1875].
[14]) Orlowsky, Journ. d. russ. physikal.-chem. Gesellschaft 9, 280 [1877].
[15]) Denzel, Berichte d. Deutsch. chem. Gesellschaft **12**, 2208 [1879].
[16]) Reboul, Annalen d. Chemie u. Pharmazie **124**, 271 [1862].
[17]) Gustavson, Journ. d. russ. physikal.-chem. Gesellschaft **13**, 287 [1881].
[18]) Elbs u. Neumann, Journ. f. prakt. Chemie [2] **58**, 249 [1898].
[19]) Mouneyrat, Bulletin de la Soc. chim. [3] **19**, 177 [1898].
[20]) Biltz, Berichte d. Deutsch. chem. Gesellschaft **30**, 1209 [1897].
[21]) Merz u. Weith, Berichte d. Deutsch. chem. Gesellschaft **11**, 2239 [1878].
[22]) Swarts, Recueil des travaux chim. des Pays-Bas **17**, 232 [1898]; Chem. Centralbl. **1899**, II, 281; **1907**, II, 1099.
[23]) Henry, Annalen d. Chemie u. Pharmazie **156**, 14 [1870]. — Lössner, Journ. f. prakt. Chemie [2] **13**, 421 [1876]. — Montgolfier u. Girand, Bulletin de la Soc. chim. **33**, 12 [1880]. — Demole, Berichte d. Deutsch. chem. Gesellschaft 9, 556 [1872]. — Lesceur, Bulletin de la Soc. chim. **29**, 484 [1878]. — James, Journ. f. prakt. Chemie [2] **26**, 380 [1882]. — Simpson, Bulletin de la Soc. chim. **31**, 410 [1879].
[24]) Reboul, Annalen d. Chemie u. Pharmazie **155**, 215 [1870]. — Denzel, Annalen d. Chemie u. Pharmazie **195**, 193 [1879]. — Lescoeur, Bulletin de la Soc. chim. 29, 483 [1878]. — Städel, Berichte d. Deutsch. chem. Gesellschaft 15, 2563 [1882]. — Spindler, Annalen d. Chemie u. Pharmazie **231**, 278 [1885]. — Schneider, Zeitschr. f. physikal. Chemie **19**, 157 [1896].
[25]) Denzel, Annalen d. Chemie u. Pharmazie **195**, 196 [1879].

1 - Chlor - 1, 2 - dibromäthan $CH_2Br \cdot CHClBr$ [1]). Siedep. 162,5—163° (i. Dampf); spez. Gew. 2,268 bei 16°.

1-Chlor-2, 2-dibromäthan $CH_2Cl \cdot CHBr_2$ [2]).

1 - Chlor - 1, 1, 2 - tribromäthan $C_2H_2ClBr_2 = CH_2Br \cdot CClBr_2$ [3]). Siedep. 200—201° (unter schwacher Zersetzung) bei 735 mm; 170—171° bei 335 mm; 165—167° bei 285 mm. Spez. Gew. 2,602 bei 16°.

1 - Chlor - 1, 1, 2, 2 - tetrabromäthan $C_2HClBr_4 = CHBr_2 \cdot CBr_2Cl$ [4]). Krystalle. Schmelzpunkt 32—33°. Siedep. 200—205° bei 285 mm; 150° bei 30 mm; spez. Gew. 3,366 bei 16°. Riecht campherartig.

Chlorpentabromäthan C_2ClBr_5 [5]). Krystalle. Schmelzp. 170° unter lebhafter Zersetzung.

Dichlorbromäthane $C_2H_3ClBr_2$. **1, 1, 1-Dichlorbromäthan** $CH_3 \cdot CCl_2Br$ [6]). Siedep. 98—99° (in Dampf) bei 758 mm; spez. Gew. 1,752 bei 16°.

1, 1-Dichlor-2-bromäthan $CH_2Br \cdot CHCl_2$ [7]). Siedep. 138°.

Dichlordibromäthane $CH_2Cl_2Br_2$. **1, 1-Dichlor-1, 2-dibromäthan** $CH_2Br \cdot CBrCl_2$ [8]). Siedep. 176—178°; spez. Gew. 2,270 bei 16°.

1, 1-Dichlor-2, 2-dibromäthan $CHBr_2 \cdot CHCl_2$ [9]). Siedep. 195—200°; spez. Gew. 2,391 bei 19°.

1, 2-Dichlor-1, 2-dibromäthan $CHBrCl \cdot CHBrCl$ [10]). Flüssigkeit; Siedep. 190—195°; 140° bei 70 mm; 194—195° bei 760 mm (Mouneyrat). Mit Wasserdämpfen flüchtig.

1, 1-Dichlor-1, 2, 2-tribromäthan $CHBr_2 \cdot CCl_2Br$ [11]). Siedep. 215—220°.

1, 2-Dichlor-1, 1, 2-tribromäthan $CBr_2Cl \cdot CHBrCl$ (?) [12]). Farblose Flüssigkeit. Siedep. 133° bei 35 mm. Erstarrt bei —5°. Spez. Gew. 2,6263 bei 21,5°. Brechungsindex 1,5980 bei 15,5°.

Dichlortetrabromäthane $C_2Cl_2Br_4$. **1, 2 - Dichlor - 1, 2, 2, 2 - tetrabromäthan** $CBr_3 \cdot CCl_2Br$ [13]). Schmilzt bei 175—180° unter Zersetzung.

1, 2 - Dichlor - 1, 1, 2, 2 - tetrabromäthan $CBr_2Cl \cdot CBr_2Cl$ (?) [14]). Große Krystalle. Schmelzp. 191° (unter Bromentwicklung von 140° an). Löslich in Chloroform und Benzol, schwer löslich in Alkohol und Äther.

1, 1, 1-Trichlor-2-bromäthan $C_2H_2Cl_3Br = CH_2Br \cdot CCl_3$ [15]). Siedep. 151—153°; spez. Gew. 1,8839.

1, 1, 1-Trichlor-2, 2-dibromäthan $CHCl_3Br_2 = CHBr_2 \cdot CCl_3$ [16]). Siedet unter teilweiser Zersetzung bei 200°; Siedep. 93—95° bei 14 mm; spez. Gew. 2,317 bei 0°; 2,295 bei 19,5°.

Trichlortribromäthan $C_2Cl_3Br_3 = CCl_2Br \cdot CClBr_2$. Riecht campherartig; verflüchtigt sich bei 235° [17]); sublimiert in Prismen. Schmelzp. 178—180° unter Zersetzung; spez. Gew. 2,44 bei 18° [18]).

---

[1]) H. Müller, Annalen d. Chemie u. Pharmazie, Suppl. **3**, 287 [1864]. — Denzel, Annalen d. Chemie u. Pharmazie **195**, 196 [1879]. — Henry, Bulletin de la Soc. chim. **42**, 263 [1884].

[2]) Henry, Bulletin de la Soc. chim. **42**, 263 [1884].

[3]) Denzel, Annalen d. Chemie u. Pharmazie **195**, 197 [1879]. — Henry, Bulletin de la Soc. chim. **42**, 262 [1884].

[4]) Denzel, Annalen d. Chemie u. Pharmazie **195**, 199 [1879]. — Wallach, Annalen d. Chemie u. Pharmazie **203**, 89 [1880]. — Mabery, Amer. Chem. Journ. **5**, 255 [1883]. — Swarts, Chem. Centralbl. **1899**, I, 588.

[5]) Denzel, Berichte d. Deutsch. chem. Gesellschaft **12**, 2207 [1879]. — Elbs u. Neumann, Journ. f. prakt. Chemie [2] **58**, 250 [1898].

[6]) Denzel, Annalen d. Chemie u. Pharmazie **195**, 199 [1879].

[7]) Henry, Bulletin de la Soc. chim. **42**, 262 [1884].

[8]) Denzel, Annalen d. Chemie u. Pharmazie **195**, 200 [1879].

[9]) Sabanejew, Annalen d. Chemie u. Pharmazie **216**, 217 [1882].

[10]) Sabanejew, Annalen d. Chemie u. Pharmazie **216**, 262 [1882]. — Mouneyrat, Bulletin de la Soc. chim. [3] **19**, 500 [1897].

[11]) Denzel, Annalen d. Chemie u. Pharmazie **195**, 201 [1879].

[12]) Swarts, Chem. Centralbl. **1899**, I, 588.

[13]) Denzel, Berichte d. Deutsch. chem. Gesellschaft **12**, 2207 [1879].

[14]) Swarts, Chem. Centralbl. **1899**, I, 588.

[15]) Henry, Bulletin de la Soc. chim. **42**, 262 [1884].

[16]) Paternò, Jahresber. d. Chemie **1871**, 512.

[17]) Mouneyrat, Bulletin de la Soc. chim.]3] **19**, 501 [1897].

[18]) Besson, Bulletin de la Soc. chim. [3] **11**, 920 [1893].

Tetrachlordibromkohlenstoff $C_2Cl_4Br_2$. **Symmetrisches 1,1,2,2-Tetrachlordibrom-äthan** $CCl_2Br \cdot CCl_2Br$ [1]). Tafeln aus Ätheralkohol; zerfällt bei 200° in Brom und C_2Cl_4.

Unsymmetrisches 1,1,1,2-Tetrachlordibromäthan $CCl_3 \cdot CClBr_2$ [2]). Prismen aus Alkohol, sublimiert bei vorsichtigem Erhitzen, ohne zu schmelzen; entwickelt bei 185° Chlor.

Äthyljodid $C_2H_5J = CH_3 \cdot CH_2J$.

Bildung: Aus Alkohol, Jod und Phosphor[3]). Aus Alkohol und Jodwasserstoff-säure[4]). Aus Äther und gefrorenem Jodwasserstoff[5]). Bei der Elektrolyse von propion-saurem Natrium und Kaliumjodid neben Jodoform und jodsaurem Natrium[6]). Aus Äthylchlorid und Jodwasserstoff[7]). Beim Erhitzen äthoxylhaltiger Substanzen mit Jod-wasserstoffsäure vom spez. Gew. 1,7 (qualitativer und quantitativer Nachweis der Äthoxyl-gruppe)[8]).

Darstellung[9]): Man übergießt roten Phosphor (10 g) mit der fünffachen Menge Alkohol von 95% und trägt allmählich die zehnfache Menge Jod ein[10]); nach zwölfstündigem Stehen destilliert man aus dem Wasserbad und wäscht das erhaltene Jodäthyl mit verdünnter Natron-lauge und Wasser. Nach dem Trocknen über Chlorcalcium rektifiziert man es. Darstellung aus Jodkalium und Diäthylsulfat[11]).

Physiologische Eigenschaften: Absorption durch die Haut[12]). Verteilung im Organismus[13]).

Physikalische und chemische Eigenschaften: Farblose, stark lichtbrechende Flüssigkeit, die sich durch Jodausscheidung rot färbt. Schmelzp. —118°[14]); —108,5°[15]); —105°[16]). Siedep.$_{756}$ = 71,9—72°[17]); Siedep. 72,5°; 72,3° bei 759,1 mm; 72,25—72,3°. Spez. Gew. 1,93706 bei 20°/4°[18]); 1,93015 bei 25°[19]); 1,9574 bei 11°; 1,9492 bei 15°; 1,8698 bei 64,3°; 1,9444 bei 14,5°[20]); 1,96527 bei 4°; 1,94332 bei 15°; 1,92431 bei 25°[21]); 1,1810 bei 72,2°/4°[22]); 1,9795 bei 0°. Löslichkeit in Wasser, Tension der mit Wasser gesättigten Flüssig-keit[23]). Verbrennungs- und Bildungswärme[24]). Ausdehnung $V = 1 + 0{,}0_21152\,t + 0{,}0_626031\,t^2 + 0{,}0_714181\,t^3$[25]). Kompressibilität und Oberflächenspannung[26]). Dichte, Oberflächenspannung spezifische Kohäsion[27]). Brechungsexponent $n_D^{18,5} = 1{,}5133$[28]). Absorptionsspektrum[29]). Ein-

1) Malagutti u. Bourgoin, Bulletin de la Soc. chim. **24**, 114 [1875]. — Mouneyrat, Bulletin de la Soc. chim. [3] **19**, 180 [1897].

2) Bourgoin, Bulletin de la Soc. chim. **23**, 4 [1875]. — Paternò, Jahresber. d. Chemie **1871**, 259.

3) Serullas, Annales de Chim. et de Phys. [2] **25**, 323 [1824]; [2] **42**, 119 [1829].

4) Gay-Lussac, Annales de Chim. et de Phys. [1] **91**, 89.

5) Cottrell u. Rogers, Amer. Chem. Journ. **21**, 64 [1899].

6) Miller, Hofer u. Reindl, Berichte d. Deutsch. chem. Gesellschaft **28**, 2436 [1895].

7) Lieben, Zeitschr. f. Chemie **1868**, 712.

8) Zeisel, Monatshefte f. Chemie **6**, 989 [1885].

9) Walker Journ. Chem. Soc. **61**, 718 1892].

10) Rieth u. Beilstein, Annalen d. Chemie u. Pharmazie **126**, 250 [1863].

11) Weinland u. Schmid, Chem. Centralbl. **1906**, II, 1589.

12) Schwenkenbecher, Archiv f. Anat. u. Physiol., Physiol. Abt. **1904**, 121; Chem. Centralbl. **1904**, I, 1020.

13) O. Loeb, Archiv f. experim. Pathol. u. Pharmakol. **56**, 320 [1907].

14) Schneider, Zeitschr. f. physikal. Chemie **22**, 233 [1897].

15) Guttmann, Journ. Chem. Soc. **87**, 1037 [1905].

16) Carrara u. Coppadoro, Gazzetta chimica ital. **33**, I, 329 [1903].

17) Cottrell u. Rogers, Amer. Chem. Journ. **21**, 64 [1899].

18) Patterson u. Thomson, Journ. Chem. Soc. **93**, 355—371 [1908]; Chem. Centralbl. **1908**, I, 1680.

19) Linebarger, Amer. Chem. Journ. **18**, 439 [1896].

20) Linnemann, Annalen d. Chemie u. Pharmazie **160**, 204 [1871].

21) Perkin, Journ. f. prakt. Chemie [2] **31**, 501 [1885].

22) R. Schiff, Berichte d. Deutsch. chem. Gesellschaft **19**, 364 [1886].

23) Rex, Zeitschr. f. physikal. Chemie **55**, 355 [1906].

24) Berthelot, Chem. Centralbl. **1900**, I, 1192.

25) Dobriner, Annalen d. Chemie u. Pharmazie **243**, 24 [1888].

26) Richards u. Matthews, Chem. Centralbl. **1908**, I, 1020.

27) Walden, Chem. Centralbl. **1909**, 889.

28) Cattrell u. Rogers, Amer. Chem. Journ. **21**, 64 [1899].

29) Spring, Recueil des travaux chim. des Pays-Bas **16**, 1 [1897].

fluß auf die Rotation von Äthyltartrat[1]). Dielektrizitätskonstante[2]). Molekulare Ionisation[3]). Ionisierung durch X-Strahlen[4]). Durch sekundäre γ-Strahlen[5]). Magnetisches Drehungsvermögen[6]) 10,1 bei 11°. Beim Einleiten von Jodäthyldämpfen in eine alkoholische Silbernitratlösung erfolgt sofort quantitativ Umsetzung[7]) unter Abscheidung der gelben Doppelverbindung $AgJ \cdot 2\,AgNO_3$[8]). (Quantitative Bestimmung der Äthoxylzahl.) Setzt sich mit Silbersalzen, Metallen, Ammoniak usw. leicht um. Löst sehr leicht Magnesium in ätherischer Lösung unter Bildung von Jodäthylmagnesium $JMg \cdot C_2H_5$. Brom und Chlor ersetzen das Jod sofort[9]). Salpetersäure oxydiert sofort unter Jodabscheidung[10]). Mit Silber bildet sich Butan. Jodwasserstoffsäure reduziert bei 150° zu Äthan. Wasser führt bei 150° zur Ätherbildung[11]); überschüssiges alkoholisches Kali ebenso neben kleinen Mengen Äthylen[12]). Wird zu sehr zahlreichen organisch-synthetischen Reaktionen verwendet. Hydrat[13]). Reaktion mit Mercuronitrit[14]), mit Silbernitrat[15]), mit Kaliumhydrür (Bildung von Äthan)[16]), mit Kaliumalannit[17]). Eine konz. wässerige Cyankaliumlösung liefert bei Wasserbadtemperatur nur 12% Äthylcyanid, mit einer Lösung in 1 T. Wasser und 3 T. Methylalkohol verläuft die Reaktion glatt (jedoch lassen sich Äthylcyanid und Alkohol nicht durch Fraktionieren trennen)[18]). Mit Calcium und Äther bildet sich Äthylcalciumjodid $C_2H_5 \cdot CaJ + (C_2H_5)_2O$[19]). Reaktion mit Magnesium und Dimethylanilin[20]). Pyrogene Zersetzung beim Erhitzen für sich und in Gegenwart von Zink und von Natrium[21]). Reaktionsgeschwindigkeit bei der Bildung des Thiosulfatesters[22]).

Äthyljodidchlorid. Aus Äthyljodid und Chlor, $C_2H_5J \cdot Cl_2$, nur bei tiefen Temperaturen beständig[23]); zersetzt sich bei —38°[24]). Aus einer Lösung von Jod in überschüssigem Äthyljodid scheiden sich im Äther-Kohlensäuregemisch braune, goldglänzende Krystalle des Trijodids $C_2H_5J \cdot J_2$ aus; schwärzen sich bei höherer Temperatur durch Ausscheidung von Jod[24]).

Äthylenjodid $C_2H_4J_2 = CH_2J \cdot CH_2J$. Aus Äthylen und Jod im Sonnenlicht[25]); in der Wärme[26])[27]); aus Äthylenchlorid und Jodcalcium bei 80°[28]). — Säulen oder Tafeln. Schmelzp. 81—82°[29]). Spez. Gew. 2,07. Zersetzt sich beim Erhitzen. Verbindet sich in der Hitze mit Alkohol unter Jodwasserstoffaustritt. Mit Quecksilberchlorid tritt in der Kälte teilweiser, in der Hitze vollkommener Halogenaustausch ein[30]).

---

[1]) Patterson u. Thomson, Journ. Chem. Soc. **93**, 355—371 [1908]; Chem. Centralbl. **1908**, I, 1679.

[2]) Drude, Zeitschr. f. physikal. Chemie **23**, 309 [1897].

[3]) Kleeman, Chem. Centralbl. **1907**, II, 128.

[4]) Crowther, Chem. Centralbl. **1909**, II, 1110.

[5]) Kleeman, Chem. Centralbl. **1909**, II, 1196.

[6]) Perkin, Journ. Chem. Soc. **69**, 1237 [1896].

[7]) M. Zeisel, Monatshefte f. Chemie **6**, 989 [1885].

[8]) Fanto, Monatshefte f. Chemie **24**, 477 [1903].

[9]) Dumas u. Stas, Annalen d. Chemie u. Pharmazie **35**, 162 [1840].

[10]) Marchand, Journ. f. prakt. Chemie **33**, 186 [1844].

[11]) Reynoso, Jahresber. d. Chemie **1856**, 567.

[12]) Lieben u. Rossi, Annalen d. Chemie u. Pharmazie **158**, 166 [1871].

[13]) Villard, Annales de Chim. et de Phys. [7] **11**, 388 [1897].

[14]) Rây, Chem. Centralbl. **1900**, I, 278.

[15]) Biron, Chem. Centralbl. **1901**, I, 366.

[16]) Moissan, Compt. rend. de l'Acad. des Sc. **134**, 389 [1902].

[17]) Pfeiffer, Berichte d. Deutsch. chem. Gesellschaft **35**, 3303 [1902].

[18]) Auger, Compt. rend. de l'Acad. des Sc. **145**, 1287 [1907].

[19]) Beckmann, Berichte d. Deutsch. chem. Gesellschaft **38**, 904 [1905].

[20]) Tschelinzeff, Chem. Centralbl. **1996**, II, 16.

[21]) Zelda Kahan, Proc. Chem. Soc. **23**, 307 [1907]; Journ. Chem. Soc. **93**, 132 [1908].

[22]) Slator, Journ. Chem. Soc. **85**, 1286 [1904].

[23]) Thiele u. Peter, Berichte d. Deutsch. chem. Gesellschaft **38**, 2842 [1905].

[24]) Thiele u. Peter, Annalen d. Chemie u. Pharmazie **369**, 119 [1909].

[25]) Faraday, Gmelins Handbuch der organischen Chemie 4, 682.

[26]) Regnault, Annalen d. Chemie u. Pharmazie **15**, 67 [1835].

[27]) Semenow, Jahresber. d. Chemie **1864**, 483.

[28]) Spindler, Annalen d. Chemie u. Pharmazie **231**, 265 [1885].

[29]) Aronstein u. Kramps, Berichte d. Deutsch. chem. Gesellschaft **13**, 489 [1880].

[30]) Maumené, Jahresber. d. Chemie **1869**, 345.

Äthylidenjodid $C_2H_4J_2 = CH_3 \cdot CHJ_2$. Durch Addition von Jodwasserstoffsäure an Acetylen[1][2]). Aus Äthylidenchlorid und Jodcalcium[3]) oder Jodaluminium[4]); aus Vinylbromid und Jodwasserstoff[5]). — Flüssigkeit. Siedep. 177—179°. Spez. Gew. 2,84 bei 0°. Mit alkoholischem Kali entsteht Vinyljodid.

1, 1, 1-Trijodäthan $C_2H_3J_3 = CH_3 \cdot CJ_3$ [6]). Gelbe Oktaeder, aus Alkohol; Schmelzp. 95° unter Zersetzung. Sehr leicht löslich in Äther, Schwefelkohlenstoff und Benzol, etwas weniger in Ligroin, schwer in kaltem Alkohol.

Chlorjodäthane C_2H_4ClJ. **1-Chlor-2-jodäthan** $CH_2Cl \cdot CH_2J$ [7]). Schmelzp. —15,6° (korr.)[8]). Siedep. 140°[9]); 140,1° (korr.)[10]); 137—138°[11]). Spez. Gew. 2,16439 bei 0°; 2,13363 bei 15,3°/0°[10]).

1, 1-Chlorjodäthan $CH_3 \cdot CHClJ$ [12]). Flüssigkeit; Siedep. 117—119°; spez. Gew. 2,054 bei 19°.

1, 1-Dichlor-2-jodäthan $C_2H_3Cl_2J = CH_2J \cdot CH \cdot Cl_2$ [13]). Siedep. 171—172°; spez. Gew. 2,2187.

Bromjodäthane C_2H_4BrJ. **1-Brom-2-jodäthan** $CH_2Br \cdot CH_2J$ [14]). Lange Nadeln. Schmelzp. 28°; Siedep. 163°; spez. Gew. 2,516 bei 29°. Wenig in kaltem, leicht in siedendem Alkohol löslich.

1, 1-Bromjodäthan $CH_3 \cdot CHBrJ$ [15]). Bei —20° flüssig; Siedep. 142—143°. Spez. Gew. 2,50 bei 1°; 2,452 bei 16°.

Jodäthylenbromid $C_2H_3JBr_2$ [16]). Flüssigkeit. Siedep. 170—180°; spez. Gew. 2,86 bei 29°.

Jodäthylenchlorobromid C_2H_3ClBrJ. Flüssigkeit. Siedep. 190—200°[17]). Siedep. 185 bis 195°; spez. Gew. 2,53 [18]).

Nitroäthan $C_2H_5O_2N = CH_3 \cdot CH_2 \cdot NO_2$. Bei der Einwirkung von Äthyljodid auf Silbernitrit entstehen ungefähr gleiche Teile von Äthylnitrit und Nitroäthan[19]). Darstellung[20]). Brennbare, in Wasser unlösliche Flüssigkeit. Siedep. 114—114,8 bei 760,7 mm[21]); Siedep. 113—114° bei 737,1 mm[19]). Spez. Gew. 1,0583 bei 13°[19]); 0,9329 bei 114,5°/4°[21]). Spezifische Zähigkeit[22]). Brechungsvermögen[23]). Molekulare Verbrennungswärme bei konstantem Druck 322,3 Cal.; spezifische Wärme 33,8 Cal. Neutralisationswärme 10,1 Cal.[24]). Einwirkung der dunkeln elektrischen Entladung in Gegenwart von Stickstoff[25]). Dissoziierende

[1]) Berthelot, Annalen d. Chemie u. Pharmazie 132, 122 [1864].
[2]) Semenow, Zeitschr. f. Chemie 1865, 725.
[3]) Spindler, Annalen d. Chemie u. Pharmazie 231, 266 [1885].
[4]) Gustavson, Journ. d. russ. physikal.-chem. Gesellschaft 6, 164 [1874].
[5]) Friedel, Berichte d. Deutsch. chem. Gesellschaft 7, 823 [1874].
[6]) Boissieu, Bulletin de la Soc. chim. 49, 16 [1888].
[7]) Simpson, Annalen d. Chemie u. Pharmazie 125, 101 [1863].
[8]) Schneider, Zeitschr. f. physikal. Chemie 19, 157 [1896].
[9]) Sorokin, Zeitschr. f. Chemie 1870, 519.
[10]) Thorpe, Journ. Chem. Soc. 37, 189 [1880].
[11]) Meyer u. Wurster, Berichte d. Deutsch. chem. Gesellschaft 6, 964 [1873].
[12]) Simpson, Bulletin de la Soc. chim. 31, 411 [1879].
[13]) Henry, Bulletin de la Soc. chim. 42, 263 [1884].
[14]) Reboul, Annalen d. Chemie u. Pharmazie 155, 213 [1870]. — Simpson, Jahreseber. d. Chemie 1874, 326. — Friedel, Berichte d. Deutsch. chem. Gesellschaft 7, 655 [1874]. — Lagermark, Berichte d. Deutsch. chem. Gesellschaft 7, 907 [1874]. — Gagarin, Journ. d. russ. physikal.-chem. Gesellschaft 6, 203 [1874].
[15]) Pfaundler, Jahresber. d. Chemie 1865, 483. — Reboul, Annalen d. Chemie u. Pharmazie 155, 212 [1870]. — Simpson, Bulletin de la Soc. chim. 31, 412 [1879]. — Lagermark, Berichte d. Deutsch. chem. Gesellschaft 7, 912 [1874].
[16]) Simpson, Jahresber. d. Chemie 1874, 327.
[17]) Simpson, Annalen d. Chemie u. Pharmazie 136, 142 [1865].
[18]) Henry, Bulletin de la Soc. chim. 42, 263 [1884].
[19]) V. Meyer, Annalen d. Chemie u. Pharmazie 171, 1 [1873]; 175, 88 [1874].
[20]) Götting, Annalen d. Chemie u. Pharmazie 243, 115 [1888].
[21]) R. Schiff, Berichte d. Deutsch. chem. Gesellschaft 19, 567 [1886]. — Perkin, Journ. Chem. Soc. 55, 687 [1889].
[22]) Přibram u. Handl, Monatshefte f. Chemie 2, 652 [1881].
[23]) Brühl, Zeitschr. f. physikal. Chemie 16, 214 [1895].
[24]) Berthelot u. Matignon, Annales de Chim. et de Phys. [6] 30, 570 [1893].
[25]) Berthelot, Compt. rend. de l'Acad. des Sc. 126, 787 [1898].

Wirkung auf Elektrolyte[1]). Nitroäthan ist eine schwache Säure. Das Natriumsalz ist in Wasser sehr leicht löslich; sehr schwer in Alkohol (charakteristische Reaktion). Setzt sich mit Metallsalzen zu den Metallsalzen des Nitroäthans um. Verhalten siehe Einleitung[2]). Nitroäthan zerfällt beim Erhitzen mit konz. Salzsäure auf 140° in Essigsäure und Hydroxylamin[3]). Rauchende Schwefelsäure reagiert lebhaft unter Bildung von Äthandisulfonsäure $C_2H_4(SO_3H)_2$. Einwirkung von Acetylchlorid[4]) und Benzoylchlorid[3]).

Mit Brom und Kalilauge entsteht je nach den Mengenverhältnissen

1, 1 - Bromnitroäthan $C_2H_4O_2NBr = CH_3 \cdot CH(NO_2)Br$ [5]). In Wasser unlösliche Flüssigkeit. Siedep. 146—147°, schwache Säure, und

1, 1, 1 - Dibromnitroäthan $C_2H_3O_2NBr_2 = CH_3 \cdot C(NO_2)Br_2$ [6]), indifferente, in Wasser unlösliche Flüssigkeit, Siedep. 165°.

1, 1 - Chlornitroäthan $C_2H_4O_2NCl = CH_3 \cdot CHCl \cdot NO_2$ [7]). Aus Chlor und alkalischer Nitroäthanlösung[7]). Farblose Flüssigkeit. Siedep. 124—125° bei 758 mm; spez. Gew. 1,247 bei 7,5 mm.

Äthansulfonsäure $C_2H_6O_3S = CH_3 \cdot CH_2 \cdot SO_2 \cdot OH$. Aus Äthyldisulfid und Salpetersäure von 50% in der Kälte und nachfolgendem Erwärmen[8]). Zerfließliche, krystallinische Masse; sehr beständig.

Methylester $C_3H_8SO_3 = C_2H_5 \cdot SO_2 \cdot OCH_3$ [9]). Siedep. 197,5—200,5°.

Äthylester $C_4H_{10}O_3S = C_2H_5 \cdot SO_2 \cdot OC_2H_5$ [10]). Siedep. 213,4° (korr.); spez. Gew. 1,1712 bei 0°; 1,14517 bei 20°/4°.

Äthansulfonsäurechlorid $C_2H_5 \cdot SO_2Cl$ [11]). Siedep. 177,5° (korr.); spez. Gew. 1,357 bei 22,5°.

Amid $C_2H_5 \cdot SO_2 \cdot NH_2$ [12]). Aus dem Chlorid und Ammoniak. Glänzende, lange Prismen (aus Äther). Schmelzp. 58°.

Diazoäthan. Aus methylalkoholischer Kalilauge und ätherischer Nitrosoäthylurethanlösung $C_2H_5 \cdot N(NO) \cdot CO_2 \cdot C_2H_5$ [13]). Gas, dem Diazomethan ganz ähnlich.

Tellurdiäthyl $C_4H_{10}Te = Te(C_2H_5)_2$ [14]). Rotgelbe, widerlich riechende Flüssigkeit. Siedep. 137—138°. In Wasser kaum löslich; oxydiert sich an der Luft.

Tellurtriäthyl $C_6H_{15}Te = Te(C_2H_5)_3$ [15]). Chlorid[16]), [Bromid[16]), Jodid[17])] $Te(C_2H_5)_3$ Cl(Br, J).

Selenäthylmercaptan $C_2H_6Se = C_2H_5 \cdot SeH$ [18]). Aus Natriumhydroselenidlösung und Jod-(Brom-)äthyl in einer Wasserstoffatmosphäre. Schwere, mit Wasser nicht mischbare, farblose Flüssigkeit, von widrigem, lange haftendem Geruch. Siedep. 53,5° (korr.) bei 760 mm. Spez. Gew. 1,3954 bei 24°/4°; mittlerer Ausdehnungskoeffizient $\alpha_{24} = 0,0018$; Brechungsexponent $n_D^{24} = 1,47715$; Mol.-Refr. 22,12 (Atomrefraktion des Se $[\alpha]_D = 10,81$). Reagiert lebhaft mit Quecksilberoxyd und den sämtlichen Schwermetallsalzen. Geht leicht schon an der Luft in Diselenid $C_2H_5 \cdot Se_2 \cdot C_2H_5$ über.

[1]) Dutoit u. Aston, Compt. rend. de l'Acad. des Sc. **125**, 240 [1897].
[2]) Vgl. S. 23.
[3]) Meyer u. Locher, Annalen d. Chemie u. Pharmazie **180**, 163 [1875].
[4]) Kisel, Journ. d. russ. physikal.-chem. Gesellschaft **14**, 43 [1882].
[5]) Tscherniak, Annalen d. Chemie u. Pharmazie **180**, 126 [1875].
[6]) V. Meyer, Berichte d. Deutsch. chem. Gesellschaft **7**, 1313 [1874]. — V. Meyer u. Tscherniak, Annalen d. Chemie u. Pharmazie **180**, 114 [1875].
[7]) Henry, Chem. Centralbl. **1898**, I, 192.
[8]) Franchimont u. Klobbie, Recueil des travaux chim. des Pays-Bas **5**, 275 [1886].
[9]) Carius, Jahresber. d. Chemie **1870**, 728.
[10]) Carius, Jahresber. d. Chemie **1870**, 726. — Kurbatow, Annalen d. Chemie u. Pharmazie **173**, 7 [1874].
[11]) Spring u. Winssinger, Berichte d. Deutsch. chem. Gesellschaft **15**, 447 [1882]. — Carius, Jahresber. d. Chemie **1870**, 727.
[12]) James, Journ. f. prakt. Chemie [2] **26**, 384 [1882].
[13]) v. Pechmann, Berichte d. Deutsch. chem. Gesellschaft **31**, 2643 [1898].
[14]) Wöhler, Annalen d. Chemie u. Pharmazie **84**, 69 [1853]. — Mallet, Annalen d. Chemie u. Pharmazie **79**, 223 [1851].
[15]) Heeren, Jahresber. d. Chemie **1861**, 565.
[16]) Marquardt u. Michaelis, Berichte d. Deutsch. chem. Gesellschaft **21**, 2043 [1888].
[17]) Becker, Annalen d. Chemie u. Pharmazie **180**, 263 [1875]. — Cahours, Annales de Chim. et de Phys. [5] **10**, 50 [1877]. — Marquardt u. Michaelis, Berichte d. Deutsch. chem. Gesellschaft **21**, 2044 [1888].
[18]) Tschugajew, Berichte d. Deutsch. chem. Gesellschaft **42**, 49 [1909]. — Wöhler u. Siemens, Annalen d. Chemie u. Pharmazie **61**, 360 [1847].

Selentriäthyl $C_6H_{15}Se = Se(C_2H_5)_3$ [1]).

Phosphine: Äthylphosphin $C_2H_7P = C_2H_5 \cdot PH_2$ [2]). Flüssigkeit. Siedep. 25°. Jodid $C_2H_5 \cdot PH_2 \cdot HJ$ wird durch Wasser vollständig zersetzt. — **Chlorid** $C_2H_5 \cdot PCl_2$ [3]). Siedep. 110° [3]), 114—117° [4]); spez. Gew. 1,2952 bei 19°.

Äthylphosphinige Säure $C_2H_5 \cdot HPO \cdot OH$ [4]). Sirupdicke Flüssigkeit; erstarrt in starker Kälte; in Wasser ziemlich, in Alkohol und Äther leicht löslich.

Äthylphosphinsäure $C_2H_5 \cdot PO(OH)_2$ [5]). In Wasser äußerst leicht löslich; Schmelzp. 44°; siedet unzersetzt.

Diäthylphosphin $C_4H_{11}OP = (C_2H_5)_2PH$ [6]). Penetrant riechende Flüssigkeit; Siedep. 85°; leichter als Wasser. Nimmt sehr leicht Sauerstoff auf. Die Säure $(C_2H_5)_2PO \cdot OH$ ist flüssig.

Triäthylphosphin $C_6H_{15}P = (C_2H_5)_3 \cdot P$ [7]). Betäubend riechende, in Wasser unlösliche Flüssigkeit. Siedep. 127,5° bei 744 mm; spez. Gew. 0,812 bei 15°. Brechungsvermögen $\mu_D = 1,45799$. Darstellung [8]). Verhalten [9]).

Triäthylphosphinoxyd $C_6H_{15}OP = (C_2H_5)_3PO$ [10]). Aus 1 T. weißem Phosphor und 13 T. Jodmethyl 24 Stunden bei 180°, Kochen des Reaktionsprodukts mit Alkohol bis zur Farblosigkeit und Destillation des Rückstands mit 4 T. Ätznatron [11]). Nadeln. Schmelzp. 52,9° [12]). Siedep. 242,9°. In Wasser und in Alkohol in jedem Verhältnis löslich, wenig flüchtig; sehr beständig [13]).

Tetraäthylphosphoniumjodid $C_8H_{20}JP = (C_2H_5)_4 \cdot PJ$ [14]). Bildet sich auch neben dem Triäthylphosphinoxyd. In Wasser sehr lösliche Krystalle, durch Kalilauge nicht verändert. Mit Silberoxyd entsteht die freie **Phosphoniumbase** $(C_2H_5)_4P(OH)$. Zerfließliche, stark kaustische Masse [15]). Physiologische Wirkung [16]).

Arsenäthylchlorid $(C_2H_5)Cl_2As$ [17]). Siedep. 156°. Stark reizend; in Wasser ziemlich, in Alkohol, Äther, Benzol leicht löslich. Jodid $(C_2H_5)_2AsJ_2$ [18]).

Äthylarsinsäure $(C_2H_5)_2AsO \cdot (OH)_2$ [19]). Krystallisiert.

Arsendiäthyl $(C_4H_{10}As)_2 = [As(C_2H_5)_2]_2$ [20]). Höchst unangenehm riechende, in Wasser unlösliche, selbstentzündliche Flüssigkeit; schwerer als Wasser; Siedep. 185—190°.

Arsendiäthylsäure (Arsenkakodylsäure) [21]) $C_4H_{11}O_2As = As(C_2H_5)_2O \cdot OH$. In Wasser leicht lösliche Blättchen. Schmelzp. 190°. Sehr beständig.

---

[1]) A. Scott, Proc. Chem. Soc. **20**, 156 [1904].

[2]) Hofmann, Berichte d. Deutsch. chem. Gesellschaft **4**, 432 [1871]; **6**, 302 [1873].

[3]) Guichard, Berichte d. Deutsch. chem. Gesellschaft **32**, 1574 [1899].

[4]) Guichard, Berichte d. Deutsch. chem. Gesellschaft **32**, 1575 [1899].

[5]) Hofmann, Berichte d. Deutsch. chem Gesellschaft **5**, 110 [1872].

[6]) Hofmann, Berichte d. Deutsch. chem. Gesellschaft **4**, 433 [1871].

[7]) Berlé, Jahresber. d. Chemie **1855**, 590. — Hofmann, Annalen d. Chemie u. Pharmazie Suppl. **1**, 4 [1861]. — Cahours u. Hofmann, Annalen d. Chemie u. Pharmazie **104**, 1 [1857]; Suppl. **1**, 2 [1861]. — Fireman, Berichte d. Deutsch. chem. Gesellschaft **30**, 1088 [1897]. — Cahours, Annalen d. Chemie u. Pharmazie **122**, 331 [1862]. — Drechsel u. Finkelstein, Berichte d. Deutsch. chem. Gesellschaft **4**, 352 [1871].

[8]) Hofmann, Berichte d. Deutsch. chem. Gesellschaft **4**, 207 [1871].

[9]) Jorissen, Zeitschr. f. physikal. Chemie **22**, 35 [1897]. — Engler u. Wild, Berichte d. Deutsch. chem. Gesellschaft **30**, 1673 [1897]. — Engler u. Weißberg, Berichte d. Deutsch. chem. Gesellschaft **31**, 3055 [1898].

[10]) Cahours u. Hofmann, Annalen d. Chemie u. Pharmazie **104**, 18 [1857]. — Wichelhaus, Berichte d. Deutsch. chem. Gesellschaft **1**, 80 [1867].

[11]) Crafts u. Silva, Zeitschr. f. Chemie **1871**, 359. — Carius, Annalen d. Chemie u. Pharmazie **137**, 119 [1866].

[12]) Pebal, Annalen d. Chemie u. Pharmazie **120**, 194 [1861].

[13]) Engler u. Wild, Berichte d. Deutsch. chem. Gesellschaft **30**, 1673 [1897].

[14]) Cahours u. Hofmann, Annalen d. Chemie u. Pharmazie **104**, 16 [1857]. — Masson u. Kirkland, Journ. Chem. Soc. **55**, 140 [1889]. — Crafts u. Silva, Zeitschr. f. Chemie **1871**, 359. — Carius, Annalen d. Chemie u. Pharmazie **137**, 119 [1866].

[15]) Fireman, Berichte d. Deutsch. chem. Gesellschaft **30**, 1088 [1897]. — Partheil u. van Haaren, Archiv d. Pharmazie **238**, 36 [1889].

[16]) s. S. 51.

[17]) La Coste, Annalen d. Chemie u. Pharmazie **208**, 33 [1881].

[18]) Cahours, Annalen d. Chemie u. Pharmazie **116**, 367 [1860].

[19]) La Coste, Annalen d. Chemie u. Pharmazie **208**, 34 [1881].

[20]) Landolt, Annalen d. Chemie u. Pharmazie **89**, 319 [1854]; **92**, 369 [1854].

[21]) Landolt, Annalen d. Chemie u. Pharmazie **92**, 365 [1854].

Arsentriäthyl $C_6H_{15}As = As(C_2H_5)_3$ [1]). Unangenehm riechende Flüssigkeit, an der Luft rauchend, aber erst beim Erwärmen entzündlich. Unlöslich in Wasser. Siedep. 140° (unter schwacher Zersetzung) bei 736 mm. Spez. Gew. 1,151 bei 16,7°. Liefert bei der Oxydation [2])

Arsentriäthyloxyd $C_6H_{15}OAs = As(C_2H_5)_3O$. In Wasser unlösliches Öl.

Arsenäthyliumjodid $C_8H_{20}JAs = As(C_2H_5)_4J$ [3]). Ölig. Gibt mit Silberoxyd das stark kaustische **Tetramethylarsoniumhydroxyd** $As(C_2H_5)_4 \cdot OH$.

Hexahydrodiarsoniumhydroxyd $C_{12}H_{32}O_2As_2 = As_2(C_2H_5)_6(OH)_2$ [4]). Gleicht der Methylverbindung.

Antimontriäthyl $C_6H_{15}Sb = Sb(C_2H_5)_3$ [5]). Zwiebelartig riechende Flüssigkeit. Unlöslich in Wasser. Siedep. 158,5° bei 730 mm; spez. Gew. 1,3244 bei 16°. Mit rauchender Salzsäure entsteht Antimontriäthylchlorid und Wasserstoff.

Antimontriäthyloxyd [6]) $C_6H_{15}OSb = Sb(C_2H_5)_3O$. In Wasser leicht lösliches Öl; fällt Metalloxyde; verbindet sich mit Säuren. Salze [7]).

Antimontetraäthyliumjodid $C_8H_{20}JSb + 1\frac{1}{2} H_2O = Sb(C_2H_5)_4J + 1\frac{1}{2} H_2O$ [8]). Krystallisiert hexagonal, in Wasser mäßig löslich. Liefert mit Silberoxyd

Antimontetraäthylhydroxyd $Sb(C_2H_5)_4OH$. Stark kaustisches dickes Öl, mit Wasser leicht mischbar. Verbindet sich direkt mit Schwefelwasserstoff ohne Abscheidung von Schwefelantimon. Salze [9]).

Wismutäthylchlorid $C_2H_5Cl_2Bi = Bi(C_2H_5) \cdot Cl_2$ [10]) [11]). Blättchen. Jodid $Bi(C_2H_5)J_2$, goldgelbe sechsseitige Blättchen.

Wismutdiäthylbromid $C_4H_{10}BrBi = Bi(C_2H_5)_2Br$ [11]). An der Luft entzündliches Pulver.

Wismuttriäthyl $C_6H_{15}Bi = Bi(C_2H_5)_3$ [12]). Höchst unangenehm riechendes, in Wasser unlösliches Öl; mit Wasserdämpfen flüchtig. Zersetzt sich beim Erhitzen unter Explosion; bei 79 mm siedet es unzersetzt. Siedep. 107°; spez. Gew. 1,82.

Bortriäthyl $C_6H_{15}B = B \cdot (C_2H_5)_3$ [13]). Scharf riechende Flüssigkeit. Siedep. 95°; spez. Gew. 0,6961 bei 23°.

Das **Bortriäthyloxyd** $C_6H_{15}BO_2$ siedet nicht ganz unzersetzt bei 125°.

Siliciumtetraäthyl, Silicononan $C_8H_{20}Si = Si(C_2H_5)_4$ [14]) [15]). Siedep. 153°; spez. Gew. 0,8341 bei 0° [14]); 0,76819 bei 22,5°/4°; $n_D = 1,42628 - 1,42715$ [16]). Unlöslich in Wasser und konz. Schwefelsäure. Sehr beständig.

Hexaäthylsilicium $C_{20}H_{30}Si = Si_2(C_2H_5)_6$ [17]). Siedep. 250—253°; spez. Gew. 0,8510 bei 0°; 0,8403 bei 20°.

---

[1]) Landolt, Annalen d. Chemie u. Pharmazie **89**, 321 [1854]. — Hofmann, Annalen d. Chemie u. Pharmazie **103**, 357 [1854]. — Cahours u. Riche, Annalen d. Chemie u. Pharmazie **92**, 365 [1854].

[2]) Landolt, Annalen d. Chemie u. Pharmazie **89**, 325 [1854].

[3]) Landolt, Annalen d. Chemie u. Pharmazie **89**, 331 [1854]. — Cahours u. Riche, Annalen d. Chemie u. Pharmazie **89**, 364 [1857]. — Cahours, Annalen d. Chemie u. Pharmazie **122**, 200 [1862].

[4]) Partheil, Amort u. Gronover, Berichte d. Deutsch. chem. Gesellschaft **31**, 596 [1898]; Archiv d. Pharmazie **237**, 139 [1898].

[5]) Löwig u. Schweizer, Annalen d. Chemie u. Pharmazie **75**, 315 [1850]. — Hofmann, Annalen d. Chemie u. Pharmazie **103**, 357 [1857]. — Buckton, Jahresber. d. Chemie **1860**, 373; **1863**, 470.

[6]) Löwig, Annalen d. Chemie u. Pharmazie **88**, 223 [1853].

[7]) Löwig u. Schweizer, Annalen d. Chemie u. Pharmazie **75**, 315 [1850]. — Merck, Annalen d. Chemie u. Pharmazie **97**, 329 [1856]. — Strecker, Annalen d. Chemie u. Pharmazie **105**, 306 [1858].

[8]) Löwig, Annalen d. Chemie u. Pharmazie **97**, 322 [1856].

[9]) Jörgensen, Journ. f. prakt. Chemie [2] **3**, 340 [1871].

[10]) Dünhaupt, Annalen d. Chemie u. Pharmazie **92**, 371 [1854].

[11]) Marquardt, Berichte d. Deutsch. chem. Gesellschaft **20**, 1521 [1887].

[12]) Breed, Annalen d. Chemie u. Pharmazie **82**, 106 [1852]. — Marquardt, Berichte d. Deutsch. chem. Gesellschaft **20**, 1519 [1887].

[13]) Frankland, Jahresber. d. Chemie **1876**, 469.

[14]) Friedel u. Craffts, Annalen d. Chemie u. Pharmazie **138**, 19 [1866].

[15]) Kipping u. Lloyd, Proc. Chem. Soc. Nr. 212 [1901]; Chem. Centralbl. **1901**, I, 999.

[16]) Abati, Gazzetta chimica ital. **27**, II, 452 [1897].

[17]) Friedel u. Ladenburg, Annales de Chim. et de Phys. [5] **19**, 401 [1880].

Natriumäthyl C_2H_5Na [1]) und **Kaliumäthyl**[2]) C_2H_5K. In freiem Zustand nicht bekannt. Die Metalle Natrium und Kalium lösen sich leicht in Zinkäthyl unter Abscheidung von Zink.

Berylliumäthyl $Be(C_2H_5)_2$ [3]). An der Luft rauchende, bei gelindem Erwärmen entzündliche Flüssigkeit. Siedep. 185—188°.

Magnesiumäthyl $Mg(C_2H_5)_2$ [4]). Fast nicht flüchtige, leicht entzündliche Masse.

Magnesiumbromäthyl $Mg(C_2H_5) \cdot Br$ und

Magnesiumjodäthyl $Mg(C_2H_5) \cdot J$ [5]) entstehen sehr leicht durch Lösen von Magnesium in einer Lösung von etwas mehr als 1 Mol. Bromäthyl bzw. Jodäthyl in trocknem Äther. Man übergießt die Magnesiumspäne mit trocknem Äther und fügt das ebenfalls mit Äther verdünnte Halogenalkyl allmählich zu der bald lebhaft reagierenden Mischung. Sehr reaktionsfähig.

Zinkäthyl $C_4H_{10}Zn = Zn(C_2H_5)_2$. Bildungsreaktion siehe bei Zinkmethyl. Darstellung [6])[7])[8])[9]). Farblose Flüssigkeit. Siedep. 118°; spez. Gew. 1,182 bei 18°. Entzündet sich an der Luft. Apparat zur Destillation [10]).

Cadmiumäthyl $Cd(C_2H_5)_2$ [11]). Siehe Methylverbindung. An der Luft entzündlich.

Quecksilberäthyl $C_4H_{10}Hg = Hg(C_2H_5)_2$ [12]). Flüssigkeit. Siedep. 159°; spez. Gew. 2,444. In Wasser unlöslich; sehr giftig.

Aluminiumäthyl $C_6H_{15}Al = Al(C_2H_5)_3$ [13]). Siedet bei 194°; entzündet sich an der Luft; wird von Wasser sehr heftig zersetzt.

Thalliumäthyl, Chlorid $Tl(C_2H_5)_2Cl$ [14]). Krystalle; verpuffen bei 190°.

Germaniumäthyl $Ge(C_2H_5)_4$ [15]). Lauchartig riechende Flüssigkeit. Siedep. 160°. An der Luft beständig, in Wasser unlöslich.

Zinntetraäthyl $C_8H_{20}Sn = Sn(C_2H_5)_4$ [16]). Siedet bei 181° unzersetzt; in Wasser unlöslich.

Bleitriäthyl $C_{12}H_{30}Pb_2 = Pb_2(C_2H_5)_6$ [17]). In Wasser unlösliche, nicht unzersetzt siedende Flüssigkeit. Spez. Gew. 1,471 bei 10°. (Unreines $Pb(C_2H_5)_4$ [?])[18]).

Bleitetraäthyl $C_8H_{20}Pb = Pb(C_2H_5)_4$ [18])[19]). Siedep. 152° bei $7^1/_2$ Zoll; bei Atmosphärendruck nicht unzersetzt bei 200°. Spez. Gew. 1,62. Unlöslich in Wasser.

[1]) Wanklyn, Annalen d. Chemie u. Pharmazie **108**, 67 [1858]; Zeitschr. f. Chemie **1866**, 253.

[2]) Wanklyn, Annalen d. Chemie u. Pharmazie **111**, 234 [1859].

[3]) Cahours, Jahresber. d. Chemie **1873**, 520.

[4]) Hallwachs u. Schaffařik, Annalen d. Chemie u. Pharmazie **109**, 206 [1859]. — Cahours, Annalen d. Chemie u. Pharmazie **114**, 240 [1860]. — Löhr, Annalen d. Chemie u. Pharmazie **261**, 79 [1891]. — Fleck, Annalen d. Chemie u. Pharmazie **276**, 129 [1893].

[5]) Grignard u. Tissier, Compt. rend. de l'Acad. des Sc. **132**, 835 [1899].

[6]) Frankland, Annalen d. Chemie u. Pharmazie **95**, 28 [1855]. — Beilstein u. Alexejew, Bulletin de la Soc. chim. **2**, 51 [1860]. — Beilstein u. Rieth, Annalen d. Chemie u. Pharmazie **123**, 245 [1862]; **126**, 248 [1863]. — Wichelhaus, Annalen d. Chemie u. Pharmazie **152**, 321 [1869].

[7]) Rathke, Annalen d. Chemie u. Pharmazie **152**, 220 [1869]. — Fileti u. Cantalupo, Gazzetta chimica ital. **22**, II, 388 [1892].

[8]) Gladstone u. Tribe, Journ. Chem. Soc. **35**, 569 [1879]. — Lachmann, Amer. Chem. Journ. **19**, 410 [1897]; **21**, 446 [1899].

[9]) Simonowitsch, Journ. d. russ. physikal.-chem. Gesellschaft **31**, 38 [1899]; Chem. Centralbl. **1899**, I, 1066.

[10]) Kaulfuß, Berichte d. Deutsch. chem. Gesellschaft **20**, 3104 [1887].

[11]) Wanklyn, Jahresber. d. Chemie **1856**, 553. — Löhr, Annalen d. Chemie u. Pharmazie **261**, 62 [1891].

[12]) Buckton, Annalen d. Chemie u. Pharmazie **109**, 216 [1859].

[13]) Chapman, Zeitschr. f. Chemie **1866**, 376. — Frankland u. Duppa, Annalen d. Chemie u. Pharmazie **130**, 109 [1864].

[14]) Buckton u. Odling, Annalen d. Chemie u. Pharmazie, Suppl. **4**, 112 [1866].

[15]) Hanson, Berichte d. Deutsch. chem. Gesellschaft **3**, 9 [1870]. — Hartwig, Annalen d. Chemie u. Pharmazie **176**, 256 [1874].

[16]) Winkler, Journ. f. prakt. Chemie [2] **36**, 204 [1887].

[17]) Buckton, Annalen d. Chemie u. Pharmazie **109**, 225 [1859]. — Lawrence, Journ. Chem. Soc. **35**, 130 [1879]; Annalen d. Chemie u. Pharmazie **112**, 223 [1859]. — Frankland, Annalen d. Chemie u. Pharmazie **111**, 46 [1859].

[18]) Löwig, Annalen d. Chemie u. Pharmazie **88**, 318 [1853]. — Klippel, Jahresber. d. Chemie **1860**, 380.

[19]) Ghira, Gazzetta chimica ital. **24**, I, 44, 320 [1894].

[20]) Buckton, Annalen d. Chemie u. Pharmazie **112**, 226 [1859]. — Frankland u. Lawrence, Journ. Chem. Soc. **35**, 245 [1879].

Propan.

Mol.-Gewicht 44.
Zusammensetzung: 81,8% C, 18,2% H.

$$C_3H_8.$$

$$\begin{array}{c} CH_3 \\ | \\ CH_2 \\ | \\ CH_3 \end{array}$$

Vorkommen: Im Rohpetroleum von Pennsylvanien[1]), von Colibazi (Rumänien)[2]).

Bildung: Aus Aceton, Glycerin, Propionitril, Allyljodid und ähnlichen Verbindungen beim Erhitzen mit Jodwasserstoffsäure (spez. Gew. 1,8) auf 280°[3]). — Aus Propyljodid beim Erhitzen mit Aluminiumchlorid auf 130—140°[4]). — Aus Trimethylenbromid $CH_2Br \cdot CH_2$ $\cdot CH_2Br$ bei der Einwirkung von Zinkstaub und Wasser[5]). — Beim Überleiten von Propylen und Wasserstoff über reduziertes Nickel[6]). — Aus Natriumammonium und Propyljodid, oder Isopropyljodid, oder Isopropylchlorid in flüssigem Ammoniak[7]).

Darstellung: Aus Isopropyljodid durch Reduktion mit Zink und verdünnter Salzsäure[8]). Aus Propylmagnesiumjodid oder -bromid durch Zersetzung mit Wasser oder Alkohol[9]).

Physikalische und chemische Eigenschaften: Gas. Siedep. —38° bis —39°[10]); —45°[11]); —37° bei 760 mm[12]); 0° bei 5 Atm., 20° bei 8,8 Atm., 43° bei 17,7 Atm.[11]) Spez. Gew. (flüssig): 0,535 bei 0°, 0,512 bei 15,9°[10]); 0,536 bei 0°, 0,524 bei 6,2°, 0,520 bei 11,5°, 0,515 bei 15,9°[11]). Dampfspannung bei verschiedenen Temperaturen[10]); kritische Konstanten[11])[12]). Löslichkeit: 6 Volumina Propan lösen sich in 1 Vol. abs. Alkohols[13]). Molekulare Verbrennungswärme: 529,210 Cal.[14]); 528,4 Cal.[15]); bei konstantem Druck: 553,5 Cal.[13]). Thermochemie[16]). Siedep. —44,5°; kritische Temperatur 97,5°; kritischer Druck 45 Atm.; bei —195° noch flüssig. Löslichkeit in Wasser, abs. Alkohol, Äther, Chloroform, Benzol, Terpentinöl; flüssiges Propan löst in der Nähe seines Siedepunktes Jod unter Violettfärbung[17]). Bei der Einwirkung von Chlor in Gegenwart von Jod oder im Sonnenlicht entstehen aus Propan Mono- bis Hexachlorpropane[18]). Über die Explosion mit Sauerstoff[19]). Entzündungstemperatur[20]). Derivate des Propans. Halogenderivate.

n-Propylchlorid.

Mol.-Gewicht 78,35.
Zusammensetzung: 45,9% C, 8,9% H, 45,2% Cl.

$$C_3H_7Cl = CH_3 \cdot CH_2 \cdot CH_2Cl.$$

Bildung: Chlor reagiert in Gegenwart von Jod mit Propan im wesentlichen unter Bildung von n-Propylchlorid; daneben entsteht Propylenchlorid $CH_3 \cdot CHCl—CH_2Cl$, ferner Tri-

---

[1]) Ronalds, Zeitschr. f. Chemie **1865**, 523. — Lefèvre, Zeitschr. f. Chemie **1869**, 185.
[2]) Poni, Moniteur intérets petrol. roumains **3**, Nr. 54—57 [1902].
[3]) Berthelot, Bulletin de la Soc. chim. **7**, 60 [1867]; **9**, 13, 184 [1868].
[4]) Köhnlein, Berichte d. Deutsch. chem. Gesellschaft **16**, 561 [1883].
[5]) Olszewsky, Berichte d. Deutsch. chem. Gesellschaft **27**, 3306 [1894].
[6]) Sabatier u. Senderens, Compt. rend. de l'Acad. des Sc. **134**, 1127 [1902].
[7]) P. Lebeau, Compt. rend. de l'Acad. des Sc. **140**, 1042 [1905].
[8]) Schorlemmer, Annalen d. Chemie u. Pharmazie **150**, 209 [1869].
[9]) Grignard u. Tissier, Compt. rend. de l'Acad. des Sc. **132**, 835 (1899).
[10]) L. Meyer, Berichte d. Deutsch. chem. Gesellschaft **26**, 2071 [1893].
[11]) Olszewsky, Berichte d. Deutsch. chem. Gesellschaft **27**, 3306 [1894].
[12]) Hainlen, Annalen d. Chemie u. Pharmazie **282**, 245 [1894].
[13]) Berthelot, Bulletin de la Soc. chim. **9**, 13 [1868].
[14]) Thomsen, Thermochemische Untersuchungen **4**, 52 [1889].
[15]) Berthelot u. Matignon, Annales de Chim. et de Phys. [6] **30**, 560 [1893].
[16]) Thomlinson, Chem. News **93**, 37 [1906]. — Redgrove, Chem. News **95**, 301 [1907].
[17]) P. Lebeau, Compt. rend. de l'Acad. des Sc. **140**, 1454 [1905]; Bulletin de la Soc. chim. **33**, 1137 [1905].
[18]) Schorlemmer, Annalen d. Chemie u. Pharmazie **150**, 209 [1869]; **152**, 159 [1869].
[19]) Bone u. Drugman, Journ. Chem. Soc. **89**, 671 [1905].
[20]) Dixon u. Cowards, Journ. Chem. Soc. **95**, 514 [1908].

chlorpropan, Tetrachlorpropan und als letztes Chlorierungsprodukt Hexachlorpropan[1]). Beim Einwirken von Chlorjod oder Quecksilberchlorid auf n-Propyljodid[2]). Beim Einwirken von Nitrosylchlorid in Toluollösung bei —15° bis —20° auf n-Propylamin[3]). Aus n-Propylalkohol und Phosphortrichlorid oder Salzsäure[4]).

Physikalische und chemische Eigenschaften: Flüssigkeit. Siedep. 46,4°[2])[4]); 44° bei 744 mm[5]); 46,5°. Spez. Gew. 0,9156 bei 0°[4]); 0,8915 bei 17,8°; 0,8959 bei 19°[2]); 0,8918 bei 19,8°[4]); 0,8671 bei 39°[4]); 0,8561 bei 46°/4°[6]). Ausdehnungskoeffizient[7]). Capillaritätskonstante beim Siedep. $a^2 = 4{,}359$[8]). Verbrennungswärme als Dampf bei $18° = 480{,}200$ Cal.[9]). n-Propylchlorid geht beim Erhitzen mit Brom und Eisendraht in 1,2 Dibrompropan über. Mit Chlorjod liefert es bei 200° Tetrachlorkohlenstoff und Perchloräthan[10]). Aluminiumhalogenide zerlegen es in Salzsäure und Propylen[11]).

Isopropylchlorid $C_3H_7Cl = CH_3 \cdot CHCl \cdot CH_3$. Aus Isopropyljodid und Quecksilberchlorid[12]). Aus Propylenchlorid $CH_3CHCl \cdot CH_2Cl$ und Jodwasserstoffsäure[12]). Aus Isopropylamin und Nitrosylchlorid bei —15 bis —20°[3]). — Flüssigkeit. Siedep. 36,5°. Spez. Gew. 0,8588 bei 20°. Ausdehnungskoeffizient[13]). Spezifische Zähigkeit[14]). Chlor bewirkt bei Sonnenlicht im wesentlichen Bildung von Acetonchlorid neben wenig Propylenchlorid. Chlorjod läßt bei 120° nur Propylenchlorid entstehen[15]). Brom und Eisendraht bilden mit Isopropylchlorid 1, 2-Dichlorpropan.

1, 2-Dichlorpropan (Propylenchlorid).

Mol.-Gewicht 113,7.
Zusammensetzung: 31,7% C, 5,3% H, 63,0% Cl.

$$C_3H_6Cl_2 = CH_2Cl \cdot CH_2 \cdot CH_2Cl.$$

Bildung: Beim Chlorieren von Propylen[16])[17]) oder Propan[18]), oder 1-Chlorpropan[19]). Aus Isopropylchlorid und Chlorjod bei 100°[20]). Durch Einwirkung von Salzsäure auf Allylchlorid $CH_2 : CH \cdot CH_2Cl$ bei 100°[21]). Aus 1- oder 2-Chlorpropan und Antimonpentachlorid[22]).

Physikalische und chemische Eigenschaften: Flüssigkeit. Siedep. 96,8° (korr.)[23]); 97,5 bis 98,5°[24]). Spez. Gew. 1,1656 bei 14°[23]); 1,0470 bei 98°/4°[24]). 1, 2-Dichlorpropan ist beständig gegen Natriumamalgam und ein Gemenge von Zink und Essigsäure. Beim Erhitzen mit Bleioxyd und Wasser auf 150° entsteht Propylenglykol, bei höheren Temperaturen entsteht Propionaldehyd. Jodwasserstoff bewirkt bei 150° im Rohr die Bildung von Isopropylchlorid. Alkoholisches Kali erzeugt 3-Chlorpropylen neben wenig 2-Chlorpropylen. Antimon-

---

[1]) Schorlemmer, Annalen d. Chemie u. Pharmazie **150**, 209 [1869]; **152**, 159 [1869].
[2]) Linnemann, Annalen d. Chemie u. Pharmazie **161**, 37 [1872].
[3]) Solonina, Journ. d. russ. physikal.-chem. Gesellschaft **30**, 431 [1898]; Chem. Centralbl. 1898, II, 888.
[4]) Pierre u. Puchot, Annalen d. Chemie u. Pharmazie **163**, 266 [1872].
[5]) Brühl, Annalen d. Chemie u. Pharmazie **200**, 179 [1879].
[6]) R. Schiff, Annalen d. Chemie u. Pharmazie **220**, 98 [1883].
[7]) Zander, Annalen d. Chemie u. Pharmazie **214**, 156 [1882].
[8]) R. Schiff, Annalen d. Chemie u. Pharmazie **223**, 73 [1884].
[9]) Thomsen, Thermochemische Untersuchungen **4**, 93 [1908].
[10]) Krafft u. Merz, Berichte d. Deutsch. chem. Gesellschaft **8**, 1296 [1875].
[11]) Kerez, Annalen d. Chemie u. Pharmazie **231**, 306 [1885].
[12]) Linnemann, Annalen d. Chemie u. Pharmazie **136**, 41 [1865].
[13]) Zander, Annalen d. Chemie u. Pharmazie **214**, 157 [1882].
[14]) Přibram u. Handl, Monatshefte f. Chemie **2**, 645 [1881].
[15]) Friedel u. Silva, Zeitschr. f. Chemie **1871**, 489.
[16]) Cahours, Annalen d. Chemie u. Pharmazie **76**, 283 [1850].
[17]) Reynolds, Annalen d. Chemie u. Pharmazie **77**, 124 [1851].
[18]) Schorlemmer, Annalen d. Chemie u. Pharmazie **150**, 214 [1869].
[19]) Mouneyrat, Bulletin de la Soc. chim. [3] **21**, 618 [1899].
[20]) Friedel u. Silva, Bulletin de la Soc. chim. **16**, 3 [1872].
[21]) Reboul, Jahresber. d. Chemie **1873**, 321.
[22]) V. Meyer u. Müller, Journ. f. prakt. Chemie [2] **46**, 176 [1892].
[23]) Linnemann, Annalen d. Chemie u. Pharmazie **161**, 62 [1872].
[24]) R. Schiff, Berichte d. Deutsch. chem. Gesellschaft **19**, 563 [1886].

pentachlorid bildet 1, 1, 2-Trichlorpropan, Chlor in Gegenwart von Aluminiumchlorid und Chlorjod bilden daneben noch 1, 2, 2-Trichlorpropan.

2, 2-Dichlorpropan, Chloracetol $C_3H_6Cl_2 = CH_3 \cdot CCl_2 \cdot CH_3$. Aus Aceton und Phosphorpentachlorid[1]). Aus Allylen und rauchender Salzsäure in der Kälte[2]). Aus Isopropylchlorid und Chlor[3]). Darstellung[4]). — Siedep. 69,7° (korr.)[5]). Spez. Gew. 1,827 bei 16°[5]).

1, 3-Dichlorpropan (Trimethylenchlorid) $C_3H_6Cl_2 = CH_2Cl \cdot CH_2 \cdot CH_2Cl$. Durch Erhitzen von 1, 3-Dibrompropan mit Quecksilberchlorid[6]) oder Silberchlorid[7]) und Wasser. Aus Trimethylenglykol und rauchender Salzsäure bei 100°[8]). Beim Chlorieren von Trimethylen[9]). — Flüssigkeit. Siedep. 125°[7]); Siedep. 119° bei 740 mm. Spez. Gew. 1,201 bei 15°[6]); 1,1896 bei 17,6°/4°[8]). Alkoholisches Kali führt zur Bildung von Allylchlorid. Antimonpentachlorid erzeugt bei 120° 1, 1, 3-Trichlorpropan.

Propylidenchlorid, 1-1-Dichlorpropan $CH_3 \cdot CH_2 \cdot CHCl_2$. Aus Propionaldehyd und Phosphorpentachlorid[10]). Siedep. 85—87°; spez. Gew. 1,143 bei 10°.

Trichlorpropan $C_3H_5Cl_3$. **Chlorpropylenchlorid,** 1, 1, 2-Trichlorpropan $CH_3 \cdot CHCl \cdot CHCl_2$[11]). Siedep. 140°; spez. Gew. 1,402 bei 0°, 1,372 bei 25°. Siedep. 132° (Herzfelder); spez. Gew. 1,353 bei 16° (Mouneyrat).

Gechlortes Acetol, 1, 2, 2-Trichlorpropan $CH_3 \cdot CCl_2 \cdot CH_2Cl$. Aus Propylen und Chlor[12]). Weitere Bildungen[13]). Darstellung[14]). Siedep. 123°; spez. Gew. 1,350 bei 0°, 1,318 bei 25°.

1, 1, 3-Trichlorpropan $CH_2Cl \cdot CH_2 \cdot CHCl_2$. Aus Acrolein oder β-Chlorpropionaldehyd und Phosphorpentachlorid[15]). Beim Chlorieren von Trimethylen[16]). Siedep. 146—148°; spez. Gew. 1,362 bei 15°.

1, 1, 1-Trichlorpropan $CH_3 \cdot CH_2 \cdot CCl_3$[17]). Flüssigkeit. Siedep. 145—150°.

1, 2, 3-Trichlorpropan, Trichlorhydrin $C_3H_5Cl_3 = CH_2Cl \cdot CHCl \cdot CH_2Cl$.

Bildung: Durch Chlorieren von Propan[18]), von Allylchlorid[19]), Allyljodid[20]) oder Isopropylchlorid[21])[22]). Durch Einwirkung von Phosphorpentachlorid auf Dichlorhydrin[23]). Aus Propylenchlorid und trocknem Chlorjod[24]).

Darstellung: Aus Glycerin, Eisessig und Salzsäure dargestelltes rohes Dichlorhydrin wird langsam auf Phosphorpentachlorid gegossen[25]).

Physikalische und chemische Eigenschaften: Flüssigkeit. Siedep. 154—156°[18]); 158°[26]). Spez. Gew. 1,41 bei 0°[19]); 1,417 bei 15°[21]). Liefert beim Erhitzen mit Wasser auf

---

[1]) Friedel, Annalen d. Chemie u. Pharmazie **112**, 236 [1859].

[2]) Reboul, Zeitschr. f. Chemie **1871**, 704; Jahresber. d. Chemie **1873**, 321.

[3]) Friedel u. Silva, Zeitschr. f. Chemie **1871**, 489.

[4]) Friedel u. Ladenburg, Annalen d. Chemie u. Pharmazie **142**, 315 [1867].

[5]) Linnemann, Annalen d. Chemie u. Pharmazie **161**, 67 [1872].

[6]) Reboul, Annales de Chim. et de Phys. [5] **14**, 460 [1878].

[7]) Herzfelder, Berichte d. Deutsch. chem. Gesellschaft **26**, 2434 [1893].

[8]) Freund, Monatshefte f. Chemie **2**, 638 [1881].

[9]) Gustavson, Journ. f. prakt. Chemie [2] **50**, 380 [1894].

[10]) Reboul, Annales de Chim. et de Phys. [5] **14**, 458 [1878].

[11]) Friedel u. Silva, Zeitschr. f. Chemie **1871**, 683. — Friedel, Bulletin de la Soc. chim. **34**, 129 [1880]. — Herzfelder, Berichte d. Deutsch. chem. Gesellschaft **26**, 1258, 2434 [1893]. — Mouneyrat, Bulletin de la Soc. chim. [3] **21**, 619 [1898].

[12]) Bielohoubek, Berichte d. Deutsch. chem. Gesellschaft **9**, 924 [1876].

[13]) Friedel u. Silva, Zeitschr. f. Chemie **1871**, 535. — Mouneyrat, Bulletin de la Soc. chim. [3] **21**, 619 [1898].

[14]) Herzfelder, Berichte d. Deutsch. chem. Gesellschaft **26**, 1259, 2435 [1893].

[15]) Geuther, Zeitschr. f. Chemie **1865**, 29. — Romburgh, Bulletin de la Soc. chim. **37**, 130 [1882].

[16]) Gustavson, Journ. f. prakt. Chemie [2] **50**, 381 [1894].

[17]) Spring u. Lecrenier, Bulletin de la Soc. chim. **48**, 625 [1887].

[18]) Schorlemmer, Annalen d. Chemie u. Pharmazie **152**, 159 [1869].

[19]) Herzfelder, Berichte d. Deutsch. chem. Gesellschaft **26**, 2435 [1893].

[20]) Oppenheim, Annalen d. Chemie u. Pharmazie **133**, 383 [1865].

[21]) Linnemann, Annalen d. Chemie u. Pharmazie **136**, 45 [1865].

[22]) Berthelot, Annalen d. Chemie u. Pharmazie **155**, 108 [1870].

[23]) Berthelot u. Luca, Jahresber. d. Chemie **1857**, 477.

[24]) Friedel u. Silva, Zeitschr. f. Chemie **1871**, 683.

[25]) Fittig u. Pfeffer, Annalen d. Chemie u. Pharmazie **135**, 359 [1865].

[26]) Carius, Annalen d. Chemie u. Pharmazie **124**, 223 [1862].

160° Glycerin. Mit alkoholischem Kali entstehen Äthylchlorallyläther $CHCl = CH \cdot CH_2OC_2H_5$ und Äthylpropargyläther $CH \equiv C \cdot CH_2OC_2H_5$ [1]). Mit festem Kali wird hauptsächlich α- oder β-Epichlorhydrin gebildet. Einwirkung von Triäthylamin[2]).

Tetrachlorpropane $C_3H_4Cl_4$. **1,1,2,2-Tetrachlorpropan** $CH_3 \cdot CCl_2 \cdot CHCl_2$ [3]). Flüssigkeit. Siedep. 153°; spez. Gew. 1,47 bei 13°.

1,2,2,3-Tetrachlorpropan $CH_2Cl \cdot CCl_2 \cdot CH_2Cl$ [4]). Flüssigkeit. Siedep. 164°; spez. Gew. 1,496 bei 17°.

1,1,2,3-Tetrachlorpropan $CH_2Cl \cdot CHCl \cdot CHCl_2$ [5]). Flüssigkeit. Siedep. 179—180° bei 756,6 mm; spez. Gew. 1,521 bei 15° (Romburgh); 1,503 bei 17,5° (Herzfelder).

Tetrachlorpropan[6]) beim Chlorieren von Propan an der Sonne. Kleine Nadeln. Schmelzp. 177—178°. Riecht campherähnlich, verflüchtigt sich schnell an der Luft.

Hexachlorpropan $C_3H_2Cl_6$ [6]). Beim Chlorieren von Propan an der Sonne. Flüssigkeit. Siedep. gegen 250°. Besitzt Camphergeruch. Identisch (?) mit[7])

1,1,2,2,3,3-(symm.)Hexachlorpropan $CHCl_2 \cdot CCl_2CHCl_2$ [8]). Flüssigkeit. Siedet bei 184—188° unter geringer Zersetzung.

Heptachlorpropan C_3HCl_7 [7]). Aus Propylenchlorid und Chlor. Siedep. 260°; spez. Gew. 1,731.

1,1,1,2,2,3,3-Heptachlorpropan[9]) $CHCl_2 \cdot CCl_2 \cdot CCl_3$. Krystallinische, campherähnlich riechende Masse. Schmelzp. 30°. Siedep. 150—151° bei 50 mm, 247—248°.

Perchlorpropan C_3Cl_8 [10]). Blättrige Krystallmasse; sehr leicht löslich in Alkohol, Äther und Ligroin. Schmelzp. 160°. Siedep. 268—269° bei 734 mm.

Propylbromid C_3H_7Br.

(n-)1-Brompropan $C_3H_7Br = CH_3 \cdot CH_2 \cdot CH_2Br$. Aus n-Propylalkohol und Bromwasserstoffsäure. — Flüssigkeit. Siedep. 70,82° (korr.); 71°. Spez. Gew. 1,388 bei 0°; 1,3640 bei 15°; 1,3577 bei 16°; 1,3536 bei 19°; 1,3520 bei 20°/4° [11]); 1,3012 bei 65,5°. Ausdehnungskoeffizient[12]). Magnetisches Drehungsvermögen 6,89 bei 10,7° [13]). Brechungsvermögen[14]). Brompropan gibt mit Brom Dibrompropan; bei Anwesenheit von Aluminiumbromid bilden sich auch Tri- und Tetrabrompropane[15]). Kochen mit Aluminiumbromid oder Erhitzen auf 280° bewirkt Überführung in Isopropylbromid; die Umwandlung ist jedoch keine vollständige[16]); vollständig[17]).

2-Brompropan $C_3H_7Br = CH_3 \cdot CHBr \cdot CH_3$. Aus Isopropylalkohol und Bromwasserstoffsäure bei 150° [18]). Aus Propylenbromid und Jodwasserstoffsäure bei 150° [19]). Aus Normalpropylbromid beim Kochen mit Aluminiumbromid[20]). — Darstellung: Unter starker Kühlung läßt man zu Isopropyljodid $1^1/_2$ Mol. Brom tropfen[21]). — Flüssigkeit. Siedep. 59

1) Baeyer, Annalen d. Chemie u. Pharmazie **138**, 196 [1866].

2) Reboul, Bulletin de la Soc. chim. **39**, 522 [1883].

3) Borsche u. Fittig, Annalen d. Chemie u. Pharmazie **133**, 114 [1865]. — Pinner, Annalen d. Chemie u. Pharmazie **179**, 47 [1875]. — Szenic u. Taggesell, Berichte d. Deutsch. chem. Gesellschaft **28**, 2667 [1895].

4) Fittig u. Pfeffer, Annalen d. Chemie u. Pharmazie **135**, 360 [1865]. — Herzfelder, Berichte d. Deutsch. chem. Gesellschaft **26**, 2436 [1893].

5) Hartenstein, Journ. f. prakt. Chemie [2] **7**, 313 [1873]. — Romburgh, Bulletin de la Soc. chim. **36**, 553 [1881]. — Herzfelder, Berichte d. Deutsch. chem. Gesellschaft **26**, 2435 [1893]. — Mouneyrat, Bulletin de la Soc. chim. [3] **21**, 621 [1898].

6) Schorlemmer, Annalen d. Chemie u. Pharmazie **152**, 162 [1869].

7) Cahours, Annalen d. Chemie u. Pharmazie **76**, 283 [1850].

8) Levy u. Curchod, Annalen d. Chemie u. Pharmazie **252**, 335 [1889].

9) Fritsch, Annalen d. Chemie u. Pharmazie **297**, 314 [1879].

10) Krafft u. Merz, Berichte d. Deutsch. chem. Gesellschaft **8**, 1269 [1875].

11) Brühl, Annalen d. Chemie u. Pharmazie **203**, 13 [1880].

12) Zander, Annalen d. Chemie u. Pharmazie **214**, 159 [1882].

13) Perkin, Journ. Chem. Soc. **69**, 1237 [1896].

14) Eykman, Recueil des travaux chim. des Pays-Bas **12**, 274 [1893].

15) Mouneyrat, Compt. rend. de l'Acad. des Sc. **127**, 273 [1898].

16) Aronstein, Berichte d. Deutsch. chem. Gesellschaft **14**, 608 [1881]; Recueil des travaux chim. des Pays-Bas **1**, 134 [1882].

17) Gustavson, Journ. d. russ. physikal.-chem. Gesellschaft **15**, 61 [1883].

18) Linnemann, Annalen d. Chemie u. Pharmazie **136**, 41 [1865].

19) Linnemann, Annalen d. Chemie u. Pharmazie **161**, 57 [1872].

20) Kekulé u. Schröter, Berichte d. Deutsch. chem. Gesellschaft **12**, 2279 [1879].

21) R. Meyer, Journ. f. prakt. Chemie [2] **34**, 105 [1886].

bis 59,5° bei 740 mm; 60°. Spez. Gew. 1,3583 bei 0°; 1,3097 bei 20°/4° [1]); 1,3190 bei 19°.
Spezifische Zähigkeit[2]). Ausdehnungskoeffizient[3]). Chlor verändert Isopropylbromid in der
Kälte nicht.

Dibrompropane C_3H_6Br. **1, 2-Dibrompropan (Propylenbromid)** $C_3H_6Br_2 = CH_3$
$\cdot CHBr \cdot CH_2Br$. Mol.-Gew. 202. Zusammensetzung: 17,9% C, 2,9% H, 79,2% Br.

Bildung: Aus Propylen und Brom[4]); aus Propylchlorid, Isopropylchlorid oder Isopropylbromid durch Bromieren in Gegenwart von Eisendraht[5][6][7]); aus Allylbromid
$CH_2 = CH \cdot CH_2Br$ und konz. Bromwasserstoffsäure bei 100°[8]).

Darstellung: Man läßt langsam eine Lösung von wasserfreiem Aluminiumbromid in
vollkommen trocknem Brom zu einer Mischung von 1-Brompropan und Brom bei 45—50°
zutropfen und hält auf dieser Temperatur bis zum Aufhören der Bromwasserstoffentwicklung[9]).

Physikalische und chemische Eigenschaften: Flüssigkeit. Siedep. 141,6 (korr.);
141,5—141,9°. Spez. Gew. 1,9463 bei 17°[5]); 1,955 bei 9°; 1,9307 bei 18°. Ausdehnungskoeffizient[10]). Liefert mit Zink und Essigsäure, desgleichen mit Natriumamalgam in alkoholischer Lösung Propylen[11]). Mit Wasser und Bleioxyd bei 140—150° Aceton, Propionaldehyd
und Propylenglykol[12]). Mit Wasser und Silberoxyd nur Propionaldehyd[13]). Wasser liefert
bei anhaltendem Kochen Propylenglykol neben wenig Aceton[14]). Jodwasserstoffsäure bewirkt
bei 150° Bildung von Isopropylbromid. Alkoholisches Kali bildet zwei isomere Brompropylene
bei großem Überschuß von Allylen. Brom liefert nur wenig 1, 2, 3-Tribrompropan, meist
1, 1, 2-Tribrom- und 1, 1, 2, 3-Tetrabrompropan. Einwirkung von Metallammonium[15]).

1, 3-Dibrompropan (Trimethylenbromid) $C_3H_6Br_2 = CH_2Br \cdot CH_2 \cdot CH_2Br$. Aus Allylbromid oder Trimethylenglykol und rauchender Bromwasserstoffsäure bei 100°[8][16]). Neben
Propylenbromid bei der Behandlung von Trimethylen mit Brom in Bromwasserstoffsäure[17]). —
Darstellung: Man sättigt bei —16 bis —19° trocknes Allylbromid mit Bromwasserstoffsäure[18]), läßt dann im Dunkeln bei 35—40° stehen und sättigt von neuem[19]). Reinigung[20]). —
Flüssigkeit. Siedep. 165°[21]); 164,5—165,5° bei 731 mm; 165,25°[20]). Spez. Gew. 1,9736 bei 16,7°;
2,017 bei 0°/0°. Ausdehnungskoeffizient[21]). Brechungsvermögen[22]). Aluminiumbromid bewirkt
bei 10stündigem Stehen Umlagerung in 1, 2-Dibrompropan[23]). Anhaltendes Kochen mit viel
Wasser oder kürzeres Kochen mit Silberoxyd bewirkt Bildung von Trimethylenglykol. Alkoholisches Kali liefert Allylbromid $CH_2=CH—CH_2Br$ und Äthylallyläther $CH_2=CH—CH_2OC_2H_5$.
Alkoholisches Ammoniak liefert schon in der Kälte Trimethylendiamin. Bildet in ätherischer
Lösung mit Magnesium gasförmiges Trimethyle neben Propylen (und $MgBr_2$)[24]); als Neben-
reaktion bildet sich nach

$$2\,CH_2 \begin{cases} {\diagup}CH_2Br \rightarrow Br \cdot CH_2 \cdot CH_2\ CH_2MgBr \\ {\diagdown}CH_2Br \rightarrow Br \cdot Mg\ CH_2 \cdot CH_2 \cdot CH_2 \cdot MgBr \end{cases}$$

[1]) Brühl, Annalen d. Chemie u. Pharmazie **203**, 13 [1880].
[2]) Přibram u. Handl, Monatshefte f. Chemie **2**, 646 [1881].
[3]) Zander, Annalen d. Chemie u. Pharmazie **214**, 160 [1882].
[4]) Reynolds, Annalen d. Chemie u. Pharmazie **77**, 120 [1850]. — Cahours, Jahresber.
d. Chemie **1850**, 496. — Würtz, Annalen d. Chemie u. Pharmazie **104**, 244 [1857].
[5]) Linnemann, Annalen d. Chemie u. Pharmazie **136**, 51 [1865]; **161**, 41 [1872].
[6]) V. Meyer u. Müller, Berichte d. Deutsch. chem. Gesellschaft **24**, 4250 [1891].
[7]) Herzfelder, Berichte d. Deutsch. chem. Gesellschaft **26**, 1260 [1893].
[8]) Geromont, Annalen d. Chemie u. Pharmazie **158**, 370 [1871].
[9]) Mouneyrat, Compt. rend. de l'Acad. des Sc. **127**, 274 [1898].
[10]) Zander, Annalen d. Chemie u. Pharmazie **214**, 175 [1882].
[11]) Linnemann, Berichte d. Deutsch. chem. Gesellschaft **10**, 1111 [1877].
[12]) Eltekow, Journ. d. russ. physikal.-chem. Gesellschaft **10**, 212 [1878].
[13]) Beilstein u. Wiegand, Berichte d. Deutsch. chem. Gesellschaft **15**, 1497 [1882].
[14]) Niederist, Annalen d. Chemie u. Pharmazie **196**, 358 [1879].
[15]) Chablay, Compt. rend. de l'Acad. des Sc. **142**, 93 [1906].
[16]) Freund, Monatshefte f. Chemie **2**, 639 [1881].
[17]) Gustavson, Chem. Centralbl. **1899**, I, 731; **1900**, II, 465.
[18]) Roth, Berichte d. Deutsch. chem. Gesellschaft **14**, 1351 [1881].
[19]) Erlenmeyer, Annalen d. Chemie u. Pharmazie **197**, 180 [1879].
[20]) Gustavson, Journ. f. prakt. Chemie [2] **59**, 303 [1899].
[21]) Zander, Annalen d. Chemie u. Pharmazie **214**, 176 [1882]. — Reboul, Annales de
Chim. et de Phys. [5] **14**, 472 [1878].
[22]) Eykman, Recueil des travaux chim. des Pays-Bas **12**, 273 [1893]; **14**, 189 [1894].
[23]) Gustavson, Journ. f. prakt. Chemie [2] **36**, 303 [1887].
[24]) Grignard u. Tissier, Compt. rend. de l'Acad. des Sc. **132**, 835 [1901].

ein Produkt, aus dem durch Addition von Kohlensäure Korksäure

$$CH_2 \cdot CH_2 \cdot CH_2 \cdot COOH$$
$$|$$
$$CH_2 \cdot CH_2 \cdot CH_2 \cdot COOH$$

entsteht[1]). Einwirkung von Metallammonium[2]). Gleichgewicht

$$CH_2Br \cdot CH_2 \cdot CH_2Br \rightleftarrows BrCH—CHBr$$
$$\diagdown\diagup$$
$$CH_2$$

bei 230—240°[3]).

Bromacetol, 2, 2-Dibrompropan $CH_3CBr_2 \cdot CH_3$[4]). Flüssigkeit. Siedep. 114—114,5° bei 740 mm; spez. Gew. 1,8149 bei 0°; 1,7825 bei 20° (Friedel, Ladenburg); 1,875 bei 10° (Reboul).

1, 1-Dibrompropan $CH_3 \cdot CH_2 \cdot CHBr_2$[5]). Siedep. ca. 130°.

Tribrompropane $C_3H_5Br_3$. **1, 1, 2-Tribrompropan,** Brompropylenbromid[6]) $CH_3 \cdot CHBr \cdot CHBr_2$. Siedep. 200 bis 201° (korr.); spez. Gew. 2,356 bei 18°.

1, 2, 2-Tribrompropan, gebromtes Bromacetol[7]) $CH_3CBr_2 \cdot CH_2Br$. Siedep. 190 bis 191° (korr.); spez. Gew. 2,349 bei 8°; 2,33 bei 12°.

1, 2, 3-Tribrompropan[8]), Tribromhydrin $CH_2Br \cdot CHBr \cdot CH_2Br$. Prismen. Schmelzp. 16—17°; Siedep. 219—221° (Henry); spez. Gew. 2,436 bei 23° (Würtz). Siedep. 115—120° bei 30 mm; 218—222° bei 760 mm (Mouneyrat).

Tetrabrompropane $C_3H_4Br_4$. **Allyltetrabromid,** 1, 1, 2, 2-Tetrabrompropan $CH_3 \cdot CBr_2 \cdot CHBr_2$[9]). Flüssigkeit. Siedep. 110—130° bei 10 mm, 225—230° (unter teilweiser Zersetzung). Spez. Gew. 2,94 bei 0°.

s-Allylentetrabromid 1, 2, 2, 3-Tetrabrompropan $CH_2Br \cdot CBr_2CH_2Br$[10]). Erstarrungspunkt —18°; Schmelzp. 0°; Siedep. 215—230° (unter Zersetzung). Spez. Gew. 2,729 bei 0°; 2,653 bei 18°/0°. Farblose, campherähnlich riechende Flüssigkeit. Schmelzp. 10—11°; Siedep. 169—170° bei 80 mm; spez. Gew. 2,739 bei 0°[11]).

1, 1, 2, 3 - Tetrabrompropan $CH_2Br \cdot CHBr \cdot CHBr_2$[12]). Erstarrt nicht bei —70°. Siedep. 179—180° bei 80 mm; spez. Gew. 2,76 bei 0° (Lespieau). Siedep. 138—140° bei 17 mm (Mouneyrat).

Pentabrompropane $C_3H_3Br_5$. **Propargylpentabromid,** 1, 2, 2, 3, 3-Pentabrompropan[13]) $CHBr_2 \cdot CBr_2 \cdot CH_2Br$. Zähe, nicht flüchtige Flüssigkeit; spez. Gew. 3,01 bei 10°[13]); Siedep. 166—168° bei 20 mm[14]).

1, 1, 2, 3, 3-Pentabrompropan $CHBr_2CHBr \cdot CHBr_2$[15]). Siedep. 165—175° bei 17 mm.

[1]) Zelinsky u. Gutt, Berichte d. Deutsch. chem. Gesellschaft **40**, 3049 [1907].

[2]) E. Chablay, Compt. rend. de l'Acad. des Sc. **142**, 93 [1906].

[3]) Sokowin, Chem.-Ztg. **30**, 826 [1906].

[4]) Linnemann, Annalen d. Chemie u. Pharmazie **138**, 125 [1866]; **161**, 67 [1871]. — Friedel u. Ladenburg, Zeitschr. f. Chemie **1868**, 48. — Reboul, Annales de Chim. et de Phys. [5] **14**, 465 [1878].

[5]) Reboul, Annales de Chim. et de Phys. [5] **14**, 467 [1878].

[6]) Reboul, Annales de Chim. et de Phys. [5] **14**, 481 [1878]. — Langbein, Annalen d. Chemie u. Pharmazie **248**, 325 [1888]. — Würtz, Annalen d. Chemie u. Pharmazie **104**, 246 [1857]. — Linnemann, Annalen d. Chemie u. Pharmazie **136**, 61 [1865]. — Mouneyrat, Compt. rend. de l'Acad. des Sc. **127**, 247 [1898].

[7]) Reboul, Annales de Chim. et de Phys. [5] **14**, 476 [1878].

[8]) Berthelot u. Luca, Annalen d. Chemie u. Pharmazie **101**, 76 [1857]. — Henry, Annalen d. Chemie u. Pharmazie **154**, 369 [1870]. — Würtz, Annalen d. Chemie u. Pharmazie **104**, 247 [1857]. — Linnemann, Annalen d. Chemie u. Pharmazie **136**, 63 [1865]. — Mouneyrat, Compt. rend. de l'Acad. des Sc. **127**, 274 [1898].— Lespieau, Bulletin de la Soc. chim. [3] **7**, 260 [1892]. — Gustavson, Journ. f. prakt. Chemie [2] **46**, 159 [1892].

[9]) Oppenheim, Annalen d. Chemie u. Pharmazie **132**, 124 [1864]; Zeitschr. f. Chemie **1865**, 719. — Pinner, Annalen d. Chemie u. Pharmazie **179**, 59 [1875].

[10]) Gustavson u. Demjanow, Journ. f. prakt. Chemie [2] **38**, 204 [1888].

[11]) Lespieau, Annales de Chim. et de Phys. [7] **11**, 252 [1897]. — Reboul, Annalen d. Chemie u. Pharmazie, Suppl. **1**, 232 [1861].

[12]) Mouneyrat, Bulletin de la Soc. chim. [3] **19**, 807 [1897]; Compt. rend. de l'Acad. des Sc. **127**, 276 [1898]. — Lespieau, Annales de Chim. et de Phys. [7] **11**, 253 [1897].

[13]) Henry, Berichte d. Deutsch. chem. Gesellschaft **7**, 761 [1874].

[14]) Lespieau, Annales de Chim. et de Phys. [7] **11**, 265 [1897].

[15]) Mouneyrat, Compt. rend. de l'Acad. des Sc. **127**, 276 [1898]; Bulletin de la Soc. chim. [3] **19**, 809 [1897].

Chlorbrompropane C_3H_6ClBr. **(n)-Trimethylenchlorobromid,** 1,3-Chlorbrompropan, $CH_2Cl \cdot CH_2 \cdot CH_2Br$ [1]). Siedep. 140—142° bei 746 mm; spez. Gew. 1,63 bei 8°.

1-Chlor-2-brompropan $CH_3 \cdot CHBr \cdot CH_2Cl$ [2]). Siedep. 120°. Wahrscheinlich identisch mit **Chlorobromid** aus Propylen und Chlorbrom [3]). Siedep. 118—120°.

Chlorbromacetol, 2,2-Chlorbrompropan $CH_3 \cdot CClBr \cdot CH_3$ [4]). Siedep. 93—95,5° bei 745°; spez. Gew. 1,474 bei 21°.

Propylidenchlorobromid, 1,1-Chlorbrompropan $CH_3 \cdot CH_2CHBrCl$. Siedep. 110 bis 112°; spez. Gew. 1,59 bei 20° [4]).

Chlordibrompropane $C_3H_5 \cdot ClBr_2$. α-**Chlorpropylenbromid,** 1-Chlor-1,2-dibrompropan $CH_3 \cdot CHBr \cdot CHClBr$ [5]). Siedep. 177—177,5° (korr.).

β-**Chlorpropylenbromid,** 2-Chlor-1,2-dibrompropan $CH_3 \cdot CClBr \cdot CH_2Br$ [6]). Siedep. 169—170°; spez. Gew. 2,064 bei 0°.

γ-**Chlorpropylenbromid,** 1-Chlor-2,3-dibrompropan $CH_2Br \cdot CHBr \cdot CH_2Cl$ [7]). Siedep. 195° (Oppenheim), 195—200° (Darmstädter), 202—203° (Reboul). Spez. Gew. 2,085 bei 9° (Reboul), 2,004 bei 15° (Darmstädter).

Chlordibromhydrin, 2-Chlor-1,3-diprompropan $CH_2Br \cdot CHCl \cdot CH_2Br$ [8]). Siedep. 200°.

Dichlorbrompropane $C_3H_5Cl_2Br$. **Brompropylenchlorid**(?) $CH_3 \cdot CHCl \cdot CHBrCl$(?)[9]). Siedep. 156—160°.

1,3-Dichlor-2-brompropan $CH_2Cl, CHBr, CH_2Cl$ [10]); Siedep. 176°.

Dichlordibrompropane $C_3H_4Cl_2Br_2$. **1,2-Dichlor-1,2-dibrompropan** $CH_3 \cdot CClBr \cdot CHClBr$ [11]). Siedep. 190° (Friedel, Silva); 188° (Pinner).

1,2-Dichlor-2,3-dibrompropan $CH_2Cl \cdot CClBr \cdot CH_2Br$ [12]). Siedep. 205°; spez. Gew. 2,161 bei 0°; 2,112 bei 25°.

1,3-Dichlor-2,3-dibrompropan $CH_2Cl \cdot CHBr \cdot CHClBr$ [13]). Siedep. 220—221°; spez. Gew. 2,10 bei 13° (Reboul). Siedep. 220—225°; spez. Gew. 2,190 bei 0°, 2,147 bei 25° (Friedel, Silva). Siedep. 212°; spez. Gew. 2,083 bei 17,5° (Hartenstein).

2,2-Dichlor-1,3-dibrompropan $CH_2Br \cdot CCl_2 \cdot CH_2Br$ [14]). Siedep. 203—207° (im Dampf).

1-Jodpropan $C_3H_7J = CH_3 \cdot CH_2 \cdot CH_2J$. Flüssigkeit [15]). Siedep. 102,2° (korr.); 101,7° bei 740,9 mm. Spez. Gew. 1,7427 bei 20°/4° [16]). Ausdehnung [17]). Molekulares Brechungsvermögen 47,0 [18]). Mit Aluminiumjodid entsteht Propan; mit Aluminiumchlorid oder -bromid aber Propylen.

---

[1]) Reboul, Annales de Chim. et de Phys. [5] **14**, 487 [1878]. — Perkin, Berichte d. Deutsch. chem. Gesellschaft **27**, 216 [1894].

[2]) Reboul, Annales de Chim. et de Phys. [5] **14**, 487 [1878].

[3]) Simpson, Bulletin de la Soc. chim. **31**, 410 [1879]. — Friedel u. Silva, Bulletin de la Soc. chim. **17**, 532 [1872].

[4]) Reboul, Annales de Chim. et de Phys. [5] **14**, 482 [1887].

[5]) Reboul, Bulletin de la Soc. chim. **26**, 278 [1876].

[6]) Friedel u. Silva, Berichte d. Deutsch. chem. Gesellschaft **17**, 533 [1884]. — Friedel, Annalen d. Chemie u. Pharmazie **112**, 237 [1859]. — Reboul, Bulletin de la Soc. chim. **26**, 278 [1876]. — A. Oppenheim, Annalen d. Chemie u. Pharmazie, Suppl. **6**, 372 [1868].

[7]) Oppenheim, Annalen d. Chemie u. Pharmazie, Suppl. **6**, 373 [1868]. — Reboul, Annalen d. Chemie u. Pharmazie, Suppl. **1**, 230 [1861]. — Darmstädter, Annalen d. Chemie u. Pharmazie **152**, 320 [1869].

[8]) Berthelot u. Luca, Jahresber. d. Chemie **1857**, 476. — Gustavson, Journ. f. prakt. Chemie [2] **46**, 157 [1892].

[9]) Linnemann, Annales de Chim. et de Phys. **138**, 123 [1866].

[10]) Berthelot u. Luca, Jahresber. d. Chemie **1857**, 477.

[11]) Friedel u. Silva, Jahresber. d. Chemie **1872**, 322. — Pinner, Annalen d. Chemie u. Pharmazie **179**, 44 [1875].

[12]) Friedel u. Silva, Jahresber. d. Chemie **1872**, 323.

[13]) Reboul, Annalen d. Chemie u. Pharmazie, Suppl. **1**, 231 [1861]. — Friedel u. Silva, Jahresber. d. Chemie **1872**, 324. — Hartenstein, Journ. f. prakt. Chemie [2] **7**, 313 [1873].

[14]) Gustavson, Journ. f. prakt. Chemie [2] **42**, 498 [1890].

[15]) Linnemann, Annalen d. Chemie u. Pharmazie **160**, 240 [1871].

[16]) Brühl, Annalen d. Chemie u. Pharmazie **203**, 15 [1880].

[17]) Dobriner, Annalen d. Chemie u. Pharmazie **243**, 25 [1888].

[18]) Eykman, Recueil des travaux chim. des Pays-Bas **12**, 181 [1893].

2-Jodpropan (Isopropyljodid) $C_3H_7J = CH_3 \cdot CHJ \cdot CH_3$. Mol.-Gewicht 170. Zusammensetzung: 21,2% C, 4,1% H, 74,7% J.

Bildung: Beim Destillieren von Glycerin[1]) oder Propylenglykol[2]) mit Jodwasserstoffsäure. Durch Addition von Jodwasserstoffsäure an Propylen[3])[4])[5]). Aus Allyljodid und Jodwasserstoffsäure[6]). Aus Jodwasserstoffsäure und Propylenchlorojodid[7]).

Darstellung: Man trägt 55 T. gelben Phosphor allmählich in kleinen Stücken in ein Gemenge von 200 T. Glycerin (spez. Gew. 1,25), 160 T. Wasser und 300 T. Jod ein und destilliert dann, solange noch ein öliger Körper übergeht. Die Destillation wird wiederholt, das übergegangene Öl mit Soda und Wasser gewaschen, dann mit Chlorcalcium getrocknet und rektifiziert[8]).

Physikalische und chemische Eigenschaften: Flüssigkeit. Siedep.[9])[10]) 89,5° (korr.)[11]); 88,6—88,9° bei 737,2 mm[12]). Spez. Gew.[9])[10]) 1,7109 bei 15°[11]); 1,7033 bei 20°/4°[12]). Dampfspannung[9])[10]). Spezifische Zähigkeit[13]). Zerfällt mit 15 T. Wasser bei 100° im Rohr in Isopropylalkohol und Jodwasserstoffsäure[14]). Die Bildung des Isopropyljodids aus Glycerin durch siedende Jodwasserstoffsäure dient zur quantitativen Bestimmung des Glycerins[15]).

Dijodpropan $C_3H_6J_2$. **Propylenjodid**, 1,2-Dijodpropan $CH_3 \cdot CHJ \cdot CH_2J$ [16]). Flüssigkeit; zerfällt bei der Destillation heftig in Propylen und Jod. Spez. Gew. 2,490 bei 18,5°.

Normales Propylenjodid, Trimethylenjodid, 1,3-Dijodpropan $CH_2J \cdot CH_2 \cdot CH_2J$ [17]). Bei —20° flüssig (Henry). Siedep. 227° unter Zersetzung; destilliert unzersetzt bei 168—170° und 170 mm. Spez. Gew. 2,5631 bei 19°/4° (Freund). Siedep. 210—220° bei 720 mm, 79° bei 250 mm. Spez. Gew. 2,59617 bei 4°; 2,57612 bei 15°; 2,56144 bei 25° (Perkin).

Jodacetol, 2,2-Dijodpropan $CH_3 \cdot CJ_2 \cdot CH_3$ [18]). Flüssigkeit. Siedet unter starker Zersetzung bei 147—148°. Mit Wasserdämpfen unzersetzt flüchtig. Spez. Gew. 2,15 bei 0° (Oppenheim); 2,4458 bei 0° (Semenow).

Chlorjodpropan C_3H_6ClJ. **2-Chlor-1-jodpropan** $CH_3 \cdot CHCl—CH_2J$ [19]). Siedep. 148 bis 149° (Simpson); 40—43° bei 10—12 mm (Friedel, Silva). Spez. Gew. 1,932 bei 0°, 1,889 bei 25°.

Chlorjodacetol, 2,2-Chlorjodpropan $CH_3 \cdot CJCl \cdot CH_3$ [20]). Nicht unzersetzt bei Atmosphärendruck destillierbar. Siedep. 110—130° bei 10 mm. Spez. Gew. 1,824 bei 0°.

1,3-Chlorjodpropan $CH_2Cl \cdot CH_2 \cdot CH_2J$ [21]). Flüssigkeit. Siedep. 170—172° bei Atmosphärendruck. Spez. Gew. 1,904 bei 20°.

Bromjodacetol $CH_3 \cdot CBrJ \cdot CH_3$ [22]). Siedep. 147—148° (korr.) unter geringer Zersetzung. Spez. Gew. 2,20 bei 11°.

Nitroderivate des Propans: Nitropropan $C_3H_7NO_2$. **1-Nitropropan** $CH_3 \cdot CH_2 \cdot CH_2 \cdot NO_2$. Aus Propyljodid und Silbernitrit[23]). Mit Wasser nicht mischbares Öl. Siedep. 130,5

---

[1]) Erlenmeyer, Annalen d. Chemie u. Pharmazie **126**, 305 [1863]; **139**, 211 [1866].

[2]) Würtz, Annalen d. Chemie u. Pharmazie, Suppl. **1**, 381 [1861].

[3]) Berthelot, Annalen d. Chemie u. Pharmazie **104**, 184 [1857].

[4]) Erlenmeyer, Annalen d. Chemie u. Pharmazie **139**, 228 [1866].

[5]) Butlerow, Annalen d. Chemie u. Pharmazie **145**, 275 [1868].

[6]) Simpson, Annalen d. Chemie u. Pharmazie **129**, 127 [1864].

[7]) Sorokin, Zeitschr. f. Chemie **1870**, 519.

[8]) Markownikow, Annalen d. Chemie u. Pharmazie **138**, 364 [1866]. — Malbot, Annales de Chim. et de Phys. [6] **19**, 345 [1885].

[9]) Brown, Jahresber. d. Chemie **1877**, 22.

[10]) Zander, Annalen d. Chemie u. Pharmazie **214**, 162 [1882].

[11]) Linnemann, Annalen d. Chemie u. Pharmazie **161**, 50 [1872].

[12]) Brühl, Annalen d. Chemie u. Pharmazie **203**, 15 [1880].

[13]) Přibram u. Handel, Monatshefte f. Chemie **2**, 647 [1881].

[14]) Niederist, Annalen d. Chemie u. Pharmazie **186**, 392 [1877].

[15]) Zeisel u. Fanto, Zeitschr. f. analyt. Chemie **42**, 551 [1903].

[16]) Berthelot u. Luca, Jahresber. d. Chemie **1854**, 453.

[17]) Freund, Monatshefte f. Chemie **2**, 640 [1881]. — Perkin, Journ. Chem. Soc. **51**, 13 [1887]. — Henry, Berichte d. Deutsch. chem. Gesellschaft **18**, 519 [1885].

[18]) Oppenheim, Zeitschr. f. Chemie **1865**, 719. — Semenow, Zeitschr. f. Chemie **1865**, 725.

[19]) Simpson, Annalen d. Chemie u. Pharmazie **127**, 372 [1863]. — Friedel u. Silva, Bulletin de la Soc. chim. **17**, 536 [1873].

[20]) Oppenheim, Annalen d. Chemie u. Pharmazie, Suppl. **6**, 359 [1868].

[21]) Henry, Bulletin de la Soc. chim. [3] **17**, 93 [1896].

[22]) Reboul, Annales de Chim. et de Phys. [5] **14**, 483 [1878].

[23]) V. Meyer, Annalen d. Chemie u. Pharmazie **171**, 36 [1874].

bis 131,5° (korr.). Spez. Gew. 1,0221 bei 4°; 1,10108 bei 15°; 1,0023 bei 25° [1]); 1,009 bei 12°; 0,9999 bei 16,5° [2]). Spezifische Zähigkeit [3]). Verhalten zu alkoholischem Kali bei 140° [4]). Brechungsvermögen [5]). Mit Brom und Ätzkali entsteht **Bromnitropropan** $CH_3 \cdot CH_2 \cdot CH(NO_2) \cdot Br$. Siedep. 160—165°. Löslich in Ätzkali [6]).

2-Nitropropan $CH_3CH(NO_2) \cdot CH_3$. Aus Isopropyljodid und Silbernitrit [7]). Siedep. 115—118° [7]). Spezifische Zähigkeit [8]). Siedep. 117—120°; spez. Gew. 1,024 bei 0° [9]). Liefert ein **Bromnitropropan** $CH_3 \cdot C(NO_2)Br \cdot CH_3$ [6]). Stechend riechendes Öl. Siedep. 148 bis 150°; in Alkalien unlöslich.

Propansulfonsäuren: Isopropylsulfonsäure $(CH_3)_2CH \cdot SO_2 \cdot OH$. Aus Isopropylmercaptan und Salpetersäure [10]). Krystallinisch; schmilzt unter 100°. Salze äußerst löslich.

Propansulfonsäure $CH_3 \cdot CH_2 \cdot CH_2 \cdot SO_2 \cdot OH$ [11]).

Propandisulfonsäuren $C_3H_8O_6S_2$. **1,2-Propandisulfonsäure** $CH_3 \cdot CH(SO_3H) \cdot CH_2SO_3H$ [12]). Sirup, sehr leicht löslich in Wasser und Alkohol.

1,3-Propandisulfonsäure (Trimethylendisulfonsäure) $SO_3H \cdot CH_2 \cdot CH_2 \cdot CH_2 \cdot SO_3H$ [13]). Zerfließliche, in Alkohol und Wasser sehr leicht lösliche Nadeln; zersetzen sich beim Schmelzen.

Propyldichlorphosphin $C_3H_7Cl_2P = CH_3 \cdot CH_2 \cdot CH_2PCl_2$ [14]). Flüssigkeit. Siedep. 140 bis 143°; spez. Gew. 1,1771 bei 19°.

Isopropylphosphin $(CH_3)_2 \cdot CH \cdot PH_2$ [15]). Siedep. 41°. Leichter als Wasser, darin unlöslich.

Isopropylphosphinchlorid $(CH_3)_2CH \cdot PCl_2$ [16]). Flüssigkeit. Siedep. 135°; 135—138°. Spez. Gew. 1,2181 bei 23° [14]).

Isopropylphosphinsäure $C_3H_9PO_3 = (CH_3)_2CH \cdot PO \cdot (OH)_2$ [17]). Paraffinartige Masse. Schmelzp. 60—70°; 71° [18]).

Diisopropylphosphin $C_6H_{15}P = (C_3H_7)_2 \cdot PH$. Siedep. 118° [15]).

Triisopropylphosphin $C_9H_{21}P = (C_3H_7)_3P$ [19]). Flüssig; gibt ein gut krystallisierendes Jodhydrat $(C_3H_7)_3P \cdot JH$. Sehr leicht löslich in Wasser.

n-Propylkakodylsäure $C_6H_{15}O_2As = (C_3H_7)_2AsO \cdot OH$ [20]). Farblose Blättchen. Schmelzp. 123°.

Arsentripropyl $As \cdot (C_3H_7)_3$ [21]).

Tripropylarsinoxyd $C_9H_{21}OAs = (C_3H_7)_3AsO$ [22]). $(C_3H_7)_3AsO \cdot 2\,HgCl_2$. Nadeln aus Alkohol. Schmelzp. 60—60,5°.

Hexapropyldiarsoniumhydroxyd $C_{18}H_{44}O_2As_2 = As_2(C_3H_7)_6(OH)_2$ [23]). Nur in Lösung bekannt. Stark kaustisch.

[1]) Perkin, Journ. Chem Soc. **55**, 688 [1889].

[2]) Pauwels, Chem. Centralbl. **1898**, I, 193.

[3]) Přibram u. Handl, Monatshefte f. Chemie **2**, 653 [1881].

[4]) Sokolow, Journ. d. russ. physikal.-chem. Gesellschaft **20**, 498 [1888].

[5]) Brühl, Zeitschr. f. physikal. Chemie **16**, 214 [1895].

[6]) Meyer u. Tscherniak, Annalen d. Chemie u. Pharmazie **180**, 112 [1875].

[7]) V. Meyer, Annalen d. Chemie u. Pharmazie **171**, 39 [1874]. — Kisel, Journ. d. russ. physikal.-chem. Gesellschaft **16**, 135 [1884]. — Bewad, Journ. d. russ. physikal.-chem. Gesellschaft **24**, 125 [1892].

[8]) Přibram u. Handl, Monatshefte f. Chemie **2**, 654 [1881].

[9]) Bewad, Journ. f. prakt. Chemie [2] **48**, 352 [1893].

[10]) Claus, Berichte d. Deutsch. chem. Gesellschaft **5**, 660 [1872]; **8**, 533 [1875]. — Stuffer, Berichte d. Deutsch. chem. Gesellschaft **23**, 3228 [1890].

[11]) Spring u. Winssinger, Berichte d. Deutsch. chem. Gesellschaft **16**, 328 [1883].

[12]) Buckton u. Hofmann, Annalen d. Chemie u. Pharmazie **100**, 153 [1856]. — Baumstark, Annalen d. Chemie u. Pharmazie **140**, 83 [1866]. — Monari, Berichte d. Deutsch. chem. Gesellschaft **18**, 1344 [1885].

[13]) Monari, Berichte d. Deutsch. chem. Gesellschaft **18**, 1345 [1885].

[14]) Guichard, Berichte d. Deutsch. chem. Gesellschaft **32**, 1574 [1899].

[15]) Hofmann, Berichte d. Deutsch. chem. Gesellschaft **6**, 294 [1873].

[16]) Michaelis, Berichte d. Deutsch. chem. Gesellschaft **13**, 2175 [1880].

[17]) Hofmann, Berichte d. Deutsch. chem. Gesellschaft **6**, 295 [1873].

[18]) Guichard, Berichte d. Deutsch. chem. Gesellschaft **32**, 1579 [1899].

[19]) Hofmann, Berichte d. Deutsch. chem. Gesellschaft **6**, 304 [1873].

[20]) Partheil, Amort u. Gronover, Berichte d. Deutsch. chem. Gesellschaft **31**, 596 [1898]; Archiv d. Pharmazie **237**, 135 [1898].

[21]) Cahours, Jahresber. d. Chemie **1873**, 519.

[22]) Partheil, Amort u. Gronover, Archiv d. Pharmazie **237**, 136 [1898].

[23]) Partheil, Amort u. Gronover, Berichte d. Deutsch. chem. Gesellschaft **31**, 597 [1898]; Archiv d. Pharmazie **237**, 134 [1898].

Hexaisopropyldiarsoniumhydroxyd $C_{18}H_{44}O_2As_2 = As_2(C_3H_7)_6 \cdot (OH)_2$. Gleicht der Normalpropylverbindung[1]).

Siliciumpropylwasserstoff (Silicodecan) $C_9H_{22}Si = SiH(C_3H_7)_3$ [2]). Schwach riechende Flüssigkeit. Siedep. 170—171°. Spez. Gew. 0,7723 bei 0°/4°; 0,7621 bei 15°/4°. In Wasser und Vitriolöl unlöslich, löslich in Alkohol und Äther.

Siliciumtetrapropyl $C_{12}H_{28}Si = Si(C_3H_7)_4$ [3]). Flüssigkeit. Siedep. 213—214°. Spez. Gew. 0,7979 bei 0°/4°; 0,7883 bei 15°/4°. Löslichkeit wie bei der Tripropylverbindung.

Berylliumpropyl $Be(C_3H_7)_2$ [4]). An der Luft rauchende, aber sich nicht entzündende Flüssigkeit. Siedep. 244—246°.

Zinkpropyl $ZnC_6H_{14} = Zn(CH_2CH_2 \cdot CH_3)_2$ [5]). Siedep. 146°.

Zinkisopropyl $Zn[CH(CH_3)_2]_2$ [6]). An der Luft rauchende Flüssigkeit. Siedep. 94—98° bei 40 mm (unzersetzt); 135—137° unter schwacher Zersetzung.

Quecksilberpropyl $HgC_6H_{14} = Hg(C_3H_7)_2$. Siedep. 189—191°. Spez. Gew. 2,214 bei 16° [7]). Siedep. 179—182° [8]).

Aluminiumpropyl $AlC_9H_{21} = Al(C_3H_7)_3$ [9]). An der Luft entzündliche Flüssigkeit. Siedep. 248—252°.

Zinndipropyljodid $SnC_6H_{14}J_2 = Sn(C_3H_7)_2J_2$ [10]). Siedep. 270—273°.

Zinntripropyljodid $SnC_9H_{21}J = Sn(C_3H_7)_3J$ [11]). Siedep. 260—262°; spez. Gew. 1,692 bei 16°.

Zinntetrapropyl $SnC_{12}H_{28} = Sn(C_3H_7)_4$ [12]). Siedep. 222—225°; spez. Gew. 1,179 bei 14°.

Butane C_4H_{10}.

Mol.-Gewicht 58.

Zusammensetzung: 82,8% C, 17,2% H.

1. Normales Butan (Diäthyl, Methylpropyl).

$$C_4H_{10}.$$

$$CH_3$$
$$|$$
$$(CH_2)_2$$
$$|$$
$$CH_3$$

Vorkommen: Im rohen Petroleum[13]) (vielleicht identisch mit Isobutan). Kommt im amerikanischen Petroleum nicht vor[14]).

Bildung: Aus Äthyljodid und Zink bei 150° [15]); und Quecksilber im Sonnenlicht[16]); und Natriumamalgam[17]); aus Methylenjodid und Zinkäthyl[18]); aus Butyljodid und Aluminiumamalgam[19]).

---

[1]) Partheil, Amort u. Gronover, Berichte d. Deutsch. chem. Gesellschaft **31**, 597 [1898]; Archiv d. Pharmazie **237**, 140 [1898].

[2]) Pape, Annalen d. Chemie u. Pharmazie **222**, 359 [1883].

[3]) Pape, Annalen d. Chemie u. Pharmazie **222**, 370 [1883].

[4]) Cahours, Jahresber. d. Chemie **1873**, 520.

[5]) Schtscherbakow, Journ. d. russ. physikal.-chem. Gesellschaft **13**, 350 [1881].

[6]) Ragosin, Journ. d. russ. physikal.-chem. Gesellschaft **24**, 550 [1892]. — Bohm, Journ. d. russ. physikal.-chem. Gesellschaft **31**, 38 [1899]; Chem. Centralbl. **1899**, I, 1067.

[7]) Cahours, Jahresber. d. Chemie **1873**, 517.

[8]) Schtscherbakow, Journ. d. russ. physikal.-chem. Gesellschaft **13**, 353 [1881].

[9]) Cahours, Annalen d. Chemie u. Pharmazie **114**, 242 [1860].

[10]) Cahours u. Demarçay, Bulletin de la Soc. chim. **34**, 475 [1880].

[11]) Cahours u. Demarçay, Bulletin de la Soc. chim. **34**, 475 [1880]. — Cahours, Jahresber. d. Chemie **1873**, 519.

[12]) Cahours, Jahresber. d. Chemie **1873**, 519.

[13]) Pelouze u. Cahours, Journ. f. prakt. Chemie **1863**, 524. — Ronalds, Zeitschr. f. Chemie **1865**, 523. — Lefèvre, Zeitschr. f. Chemie **1869**, 185.

[14]) Mabery u. Hudson, Amer. Chem. Journ. **19**, 524 [1897].

[15]) Frankland, Annalen d. Chemie u. Pharmazie **71**, 173 [1849].

[16]) Frankland, Annalen d. Chemie u. Pharmazie **77**, 224 [1849].

[17]) Löwig, Jahresber. d. Chemie **1860**, 397.

[18]) Lwow, Journ. d. russ. physikal.-chem. Gesellschaft **3**, 170 [1871].

[19]) Wislicenus, Journ. f. prakt. Chemie [2] **54**, 52 [1896].

Physikalische und chemische Eigenschaften: Farbloses Gas, verflüssigt sich bei $+1°$[1]. Spez. Gew. 2,046 (bezogen auf Luft); 0,60 flüssig bei $0°$[2]. Löslichkeit in abs. Alkohol: 18,13 Vol. Butan in 1 Vol.[3]. Chlor[4]) erzeugt Monochlorbutan vom Siedep. 65—70°[5]. Brom[3]) liefert bei 100° Dibrombutan vom Siedep. 155—162°[6]), schließlich entsteht Tetrabromäthylen[7]). Über Explosion des Butans mit Sauerstoff[8]).

Ein Kohlenwasserstoff C_4H_{10} wurde von Warren[9]) in den pennsylvanischen Ölen gefunden, neben einer Anzahl höherer Homologen, die der Methanreihe isomer sind. Er siedet bei 8—9°, sein spez. Gew. ist 0,610.

Halogenderivate des n-Butans: n-Butylchlorid $C_4H_9Cl = CH_3 \cdot CH_2 \cdot CH_2 \cdot CH_2Cl$. Flüssigkeit. Siedep. 77,96°[10]); 77,6° bei 741,3 mm[11]). Spez. Gew. 0,9074 bei $0°$[10])[11]); 0,8972 bei 14°[10]); 0,8874 bei 20°[11]).

n-Brombutan (Butylbromid) $C_4H_9Br = CH_3 \cdot (CH_2)_2 \cdot CH_2Br$. Aus n-Butylalkohol und Bromwasserstoffsäure[11]). — Siedep. 100,4°[11]); 99,88°[12]). Spez. Gew. 1,3050 bei 0°; 1,2571 bei 40°.

sec.-Butylbromid (2-Brombutan) $C_4H_9Br = CH_3 \cdot CH_2 \cdot CHBr \cdot CH_3$. Durch Einwirkung von Bromwasserstoff auf Butanol (2)[13]). — Öl. Siedep. 90—93°. Liefert beim Bromieren in Gegenwart von Eisendraht 2, 3-Dibrombutan.

1, 2-Dibrombutan $C_4H_8Br_2 = CH_3 \cdot CH_2 \cdot CHBr \cdot CH_2Br$.

Bildung: Durch Bromieren von Butylen[14]), n-Butylbromid[15]) oder Chlorbutan[16]); bei letzterem dient Eisen als Reaktionsvermittler. Darstellung[17]).

Physikalische und chemische Eigenschaften: Siedep. 165,6—166°. Spez. Gew. 1,876 bei 0°[14]); 1,8204 bei 20°/4°[18]).

sec.-Butyljodid (2-Jodbutan) $C_4H_9J = CH_3 \cdot CH_2 \cdot CHJ \cdot CH_3$.

Bildung: Aus n-Butylen[14]) oder Erythrit[19]) und Jodwasserstoffsäure.

Physikalische und chemische Eigenschaften: Siedep. 117—118°[19]); 119—120°[20]). Spez. Gew. 1,6263 bei 0°; 1,5787 bei 30°/0°. Liefert beim Erhitzen mit Aluminiumchlorid je nach den Temperaturen Butan oder Propan[21]).

1-Nitrobutan $C_4H_9O_2N = CH_3 \cdot CH_2 \cdot CH_2 \cdot CH_2(NO_2)$. Aus Normalbutyljodid und Silbernitrit[22]). — Flüssigkeit. Siedep. 151—152° (korr.).

2-Nitrobutan $C_4H_9O_2N = CH_3 \cdot CH_2 \cdot CH(NO_2) \cdot CH_3$. Aus sekundärem Butyljodid und Silbernitrit[23]) oder aus Zinkäthyl und Brom- bzw. Dibromnitroäthan[24])[25]). — Flüssigkeit. Siedep. 138—139° bei 747 mm. Spez. Gew. 0,9877 bei 0°.

Butylennitrit $C_4H_8O_4N_2$. Beim Kochen der Fraktion 40—50° des Petroleums von Tiflis mit konz. Salpetersäure[26]). — Glänzende, breite Nadeln. Schmelzp. 95—96°.

[1]) Butlerow, Zeitschr. f. Chemie **1867**, 363.

[2]) Ronalds, Zeitschr. f. Chemie **1865**, 523.

[3]) Frankland, Annalen d. Chemie u. Pharmazie **77**, 224 [1851].

[4]) Schöyen, Annalen d. Chemie u. Pharmazie **130**, 233 [1864].

[5]) Pelouze u. Cahours, Journ. f. prakt. Chemie **1863**, 524. — Ronalds, Zeitschr. f. Chemie **1865**, 523. — Lefèvre, Zeitschr. f. Chemie **1869**, 185.

[6]) Carius, Annalen d. Chemie u. Pharmazie **126**, 215 [1863].

[7]) Merz u. Weith, Berichte d. Deutsch. chem. Gesellschaft **8**, 1299 [1875].

[8]) Bone u. Drugman, Journ. Chem. Soc. **89**, 671, 1620 [1905].

[9]) Warren, Mem. Amer. Acad. of Arts and Science **9, 10**; Amer. Journ. of Science **39**, 327; **40, 41, 45,** 262; **46.**

[10]) Linnemann, Annalen d. Chemie u. Pharmazie **161**, 197 [1872].

[11]) Lieben u. Rossi, Annalen d. Chemie u. Pharmazie **158**, 161 [1871].

[12]) Linnemann, Annalen d. Chemie u. Pharmazie **161**, 193 [1872].

[13]) V. Meyer u. Müller, Journ. f. prakt. Chemie [2] **46**, 183 [1892].

[14]) Würtz, Annalen d. Chemie u. Pharmazie **152**, 23 [1869].

[15]) Linnemann, Annalen d. Chemie u. Pharmazie **161**, 199 [1872].

[16]) Herzfelder, Berichte d. Deutsch. chem. Gesellschaft **26**, 1260 [1893].

[17]) Reboul, Bulletin de la Soc. chim. [3] **7**, 125 [1892].

[18]) Grabowsky u. Saytzew, Annalen d. Chemie u. Pharmazie **179**, 332 [1875].

[19]) Luynes, Bulletin de la Soc. chim. **2**, 3 [1860].

[20]) Lieben, Annalen d. Chemie u. Pharmazie **150**, 96 [1869].

[21]) Kluge, Annalen d. Chemie u. Pharmazie **282**, 227 [1894].

[22]) Züblin, Berichte d. Deutsch. chem. Gesellschaft **10**, 2083 [1877].

[23]) V. Meyer u. Locher, Annalen d. Chemie u. Pharmazie **180**, 134 [1875].

[24]) Bewad, Journ. d. russ. physikal.-chem. Gesellschaft **20**, 133 [1888]; **21**, 49 [1889].

[25]) Bewad, Journ. f. prakt. Chemie [2] **48**, 356 [1893].

[26]) Beilstein u. Kurbatow, Berichte d. Deutsch. chem. Gesellschaft **14**, 1621 [1881].

2. Sekundäres Butan (Isobutan, 2-Methylpropan, Trimethylmethan).

$$C_4H_{10}.$$

$$CH_3$$
$$|$$
$$CH(CH_3)$$
$$|$$
$$CH_3$$

Vorkommen: Im pennsylvanischen und im Ohio-Petroleum[1]), im Erdöl von Colibasi (Rumänien)[2]).

Bildung: Aus tertiärem Butyljodid und Zink in Gegenwart von Wasser[3]). Beim Erhitzen von Isobutyljodid beim Erhitzen mit Aluminiumchlorid auf 120°[4]).

Darstellung: Durch vielfaches Fraktionieren von pennsylvanischem oder Ohio-Petroleum[1]).

Physikalische und chemische Eigenschaften: Gas, das bei —17° flüssig wird[5]). Siedep. ca. 0° bei 760 mm[1]). Spez. Gew. 0,6029 bei 0°[1]). Verbrennungswärme 687,190 Cal.[5]). Chlor erzeugt tertiäres Butylchlorid[6]). Bei der Chlorierung entsteht Isobutylchlorid[1]). Mit Chlorjod entsteht schließlich Tetrachlorkohlenstoff und Octochlorpropan[6]). Mit Brom entsteht das tertiäre Bromid $(CH_3)_3CBr$[2]). Ein Kohlenwasserstoff C_4H_{10} vom spez. Gew. 0,599[7]) und der Dampfdichte 2,110[7]) findet sich in den pennsylvanischen Ölen[8]). Nach Pelouze liegt sein Siedepunkt etwas über 0°[9]).

Isobutylchlorid $C_4H_9Cl = (CH_3)_2CH \cdot CH_2Cl$. Mol.-Gewicht 92,5. Zusammensetzung: 51,9% C, 9,7% H, 38,4% Cl.

Bildung: Aus Isobutan durch Chlorieren im gedämpften Sonnenlicht[10]).

Physikalische und chemische Eigenschaften: Flüssigkeit. Siedep. 68,5°[11]). Spez. Gew. 0,88356 bei 15°[12]); 0,8798 bei 15°[11]); 0,87393 bei 25°[12]); 0,8073 bei 68°/4°[13]).

Tertiäres Butylchlorid $C_4H_9Cl = (CH_3)_3 \cdot CCl$.

Bildung: Beim Chlorieren von Trimethylmethan[14]). Aus Isobutylen und Salzsäure[15])[16]). Aus Trimethylcarbinol und Phosphortrichlorid[17]). — Darstellung: Man sättigt Trimethylcarbinol mit Salzsäuregas[18]). — Flüssigkeit. Siedep. 51—52° (korr.). Spez. Gew. 0,84712 bei 15°[12]). Beim Erhitzen mit Wasser liefert es leicht Trimethylcarbinol[19]).

Isobutylbromid (1-Brom-2-methylpropan) $C_4H_9Br = (H_3C)_2 \cdot CH \cdot CH_2Br$. Durch Einwirkung von Brom auf Isobutylalkohol in Gegenwart von Phosphor[20]). — Siedep. 92,33° (korr.). Spez. Gew. 1,2038 bei 16°[21]); 1,1456 bei 91°/4°[22]). Wandelt sich bei 240° fast ganz in tertiäres Butylbromid $(CH_3)_3CBr$ um.

---

[1]) Mabery u. Hudson, Amer. Chem. Journ. **19**, 254 [1897].

[2]) Poni, Moniteur intérets pétrol. Roumains **3**, Nr. 54—57 [1902]; Ananele Acad. romane **23**. I; Annales scient. de l'University de Jassy **1**, 223 [1900]; Chem. Centralbl. **1900**, II, 452; **1901**, 1, 60; **1902**, II, 1370.

[3]) Butlerow, Annalen d. Chemie u. Pharmazie **144**, 10 [1867].

[4]) Köhnlein, Berichte d. Deutsch. chem. Gesellschaft **16**, 562 [1883].

[5]) Thomsen, Thermochemische Untersuchungen **4**, 54 [1889].

[6]) Krafft u. Merz, Berichte d. Deutsch. chem. Gesellschaft **8**, 1299 [1875].

[7]) Ronalds, Journ. Chem. Soc. [2] **3**, 54 [1863]; Bulletin de la Soc. chim. **5**, 135 [1866].

[8]) Warren, Mem. Amer. Acad. of Arts and Science **9**; **10**; Amer. Journ. of Science **39**, 327; **40**; **41**; **45**, 262; **46**.

[9]) Pelouze u. Cahours, Annales de Chim. et de Phys. [4] **1**, 5 [1865].

[10]) Mabery u. Hudson, Amer. Chem. Journ. **19**, 245 [1897].

[11]) Linnemann, Annalen d. Chemie u. Pharmazie **162**, 17 [1872].

[12]) Perkin, Journ. f. prakt. Chemie [2] **31**, 493 [1885].

[13]) R. Schiff, Berichte d. Deutsch. chem. Gesellschaft **19**, 562 [1886].

[14]) Butlerow, Jahresber. d. Chemie **1864**, 497 .

[15]) Zalessky, Berichte d. Deutsch. chem. Gesellschaft **5**, 480 [1872]. — Le Bel, Bulletin de la Soc. chim. **28**, 462 [1877].

[16]) Puchot, Annales de Chim. et de Phys. [5] **28**, 549 [1883].

[17]) Jaroschenko, Journ. d. russ. physikal.-chem. Gesellschaft **29**, 225 [1897]; Chem. Centralbl. **1897**, II, 334.

[18]) Schramm, Monatshefte f. Chemie **9**, 619 [1888].

[19]) Butlerow, Annalen d. Chemie u. Pharmazie **144**, 33 [1867].

[20]) Würtz, Annalen d. Chemie u. Pharmazie **93**, 114 [1855].

[21]) Linnemann, Annalen d. Chemie u. Pharmazie **162**, 16 [1872].

[22]) Schiff, Berichte d. Deutsch. chem. Gesellschaft **19**, 563 [1886].

Isobutyljodid (1-Jod-2-methylpropan) $C_4H_9J = (CH_3)_2 \cdot CH \cdot CH_2J$. Aus Isobutyl-alkohol und Jod bei Gegenwart von Phosphor[1]. — Flüssigkeit. Siedep. 120° (korr.)[2]; Siedep. 83—83,3° bei 250 mm. Spez. Gew. 1,6401 bei 0°; 1,60066 bei 25°[3].

Tertiäres Butyljodid (2-Jod-2-methylpropan) $C_4H_9J = (CH_3)_3CJ$. Aus Trimethyl-carbinol oder Isobutylen und Jodwasserstoffsäure[4]. — Flüssigkeit. Siedep. 98—99° (Zers.); 100,3°. Spez. Gew. 1,571 bei 0°; 1,479 bei 53°[5]. Silberoxyd oder Kaliumhydroxyd bewirken Bildung von Isobutylen und Jodwasserstoffsäure[6]. Wasser setzt sich schon in der Kälte mit tertiärem Butyljodid zu Trimethylcarbinol um. Einwirkung von Natrium[7]. Aluminium-chlorid reagiert bei höheren Temperaturen unter Bildung von Butan und Propan[8].

Nitroisobutan, 1-Nitromethylpropan $C_4H_9O_2N = (CH_3)_2CH \cdot CH_2NO_2$. Aus Iso-butylbromid oder -jodid und Silbernitrit[9]. — Darstellung[10]. — Siedep. 137—140°[9]; 152—155° bei 746 mm[10]. Spez. Gew. 0,9783 bei 0°.

Pentane C_5H_{12}.

Mol -Gewicht 72.
Zusammensetzung: 83,3% C, 16,7% H.

1. Primäres Pentan (Normales Pentan).

C_5H_{12}.

$$CH_3$$
$$|$$
$$(CH_2)_3$$
$$|$$
$$CH_3$$

Vorkommen: Im Petroleum[11]. Im amerikanischen Petroleum[12]. Im Petroleum von Zarskiji Kolodzi[13].

Bildung: Bei der trocknen Destillation von Bogheadkohle[14], Kannelkohle[15], Harzen[16]. Aus Pyridin beim Erhitzen mit konz. Jodwasserstoffsäure auf über 300°[17]. Aus Acetylaceton und konz. Jodwasserstoffsäure bei 180°[18]. Beim Erhitzen von Hexan mit Aluminium-chlorid[19].

Physikalische und chemische Eigenschaften: Flüssig; Siedep. 36—36,5 (korr.)[20]; 36,3[21]; 36,3° bei 760 mm[22]. Spez. Gew. 0,63373 bei 15°; 0,62503 bei 25°[20]; 0,6475 bei 0°; 0,6120 bei 36,3°[21]; 0,6454 bei 0°[22]. Thermische Ausdehnung $1 + 0,0014646\,t + 0,0_5309319\,t^2 + 0,0_716084\,t^3$[21]. Spezifische Wärme bei 0° 0,512; bei —78° 0,476[23]. Latente Verdamp-

[1] Würtz, Annalen d. Chemie u. Pharmazie **93**, 116 [1855].
[2] Linnemann, Annalen d. Chemie u. Pharmazie **160**, 240 [1871]; **192**, 69 [1878].
[3] Perkin, Journ. f. prakt. Chemie [2] **31**, 503 [1885].
[4] Butlerow, Annalen d. Chemie u. Pharmazie **144**, 5, 22 [1867].
[5] Puchot, Annales de Chim. et de Phys. [5] **28**, 546 [1883].
[6] Butlerow, Zeitschr. f. Chemie **1867**, 362.
[7] Dobrin, Journ. Chem. Soc. **37**, 236 [1880].
[8] Kluge, Annalen d. Chemie u. Pharmazie **282**, 227 [1894].
[9] Demole, Annalen d. Chemie u. Pharmazie **175**, 142 [1874].
[10] Bewad, Journ. f. prakt. Chemie [2] **48**, 380 [1893].
[11] Warren, Zeitschr. f. Chemie **1865**, 668.
[12] Young, Journ. Chem. Soc. **73**, 906 [1898].
[13] Beilstein u. Kurbatoff, Berichte d. Deutsch. chem. Gesellschaft **14**, 1620 [1881].
[14] Schorlemmer, Annalen d. Chemie u. Pharmazie **125**, 105 [1863].
[15] Williams, Annalen d. Chemie u. Pharmazie **125**, 107 [1863].
[16] Renard, Annales de Chim. et de Phys. [6] **1**, 225 [1884].
[17] Hofmann, Berichte d. Deutsch. chem. Gesellschaft **16**, 590 [1883].
[18] Combes, Annales de Chim. et de Phys. [6] **12**, 233 [1887].
[19] Friedel u. Gorgeu, Compt. rend. de l'Acad. des Sc. **127**, 593 [1898].
[20] Perkin, Journ. f. prakt. Chemie [2] **31**, 488 [1885].
[21] Thorpe u. Jones, Journ. Chem. Soc. **63**, 274 [1893].
[22] Young, Journ. Chem. Soc. **71**, 446 [1897].
[23] Schlesinger, Zeitschr. f. physikal. Chemie **15**, 210 [1909]; Chem. Centralbl. **1909**, I, 1880.

fungswärme 74,89 [1]). Kritische Konstanten[2]). Elektromagnetische Drehung 5,811 [3]). Ausdehnung unter Druck[4]). Elektrische Leitfähigkeit[5]). Absorptionsvermögen für α-Strahlen des Radiums (3,14 mal so groß wie für Luft)[6]). Liefert beim Durchleiten durch ein glühendes Rohr C_2H_4, C_3H_6, gasförmige Kohlenwasserstoffe der Reihe C_nH_{2n+2} und etwas C_4H_6 [7]). Chlor erzeugt 1- und 2-Chlorpentan[8]). Ein Kohlenwasserstoff C_5H_{12} vom Siedep. 37°, dem spez. Gew. 0,644 und der Dampfdichte 2,514 findet sich in den pennsylvanischen Ölen[9]).

Halogenderivate des n-Pentans: 1-Chlorpentan $C_5H_{11}Cl = CH_3 \cdot (CH_2)_3 \cdot CH_2Cl$.

Bildung: Beim Chlorieren von Pentan, neben 2-Chlorpentan[8]). Aus n-Amylalkohol und Salzsäure[10]). — Flüssigkeit. Siedep. 106,6° bei 739,8 mm[10]). Spez. Gew. 0,9013 bei 0°; 0,8834 bei 20°.

2-Chlorpentan $C_5H_{11}Cl = CH_2(CH_2)_2 \cdot CHCl \cdot CH_3$. Beim Chlorieren von Pentan neben 1-Chlorpentan[8]).

3-Chlorpentan $C_5H_{11}Cl = (C_2H_5)_2CHCl$. Durch Einwirkung von Phosphorpentachlorid auf Diäthylcarbinol[11]). — Flüssigkeit. Siedep. 103—105°. Spez. Gew. 0,916 bei 0°.

2, 3 - Dichlorpentan $C_5H_{10}Cl_2 = CH_3 \cdot CH_2 \cdot CHCl \cdot CHCl \cdot CH_3$. Aus $CH_3 \cdot CH_2 \cdot CH$: $CH \cdot CH_3$ beim Chlorieren[12]). — Flüssigkeit. Siedep. 138—139,5°.

n-Brompentan (Amylbromid) $C_5H_{11}Br = CH_3 \cdot (CH_2)_3 \cdot CH_2Br$. Aus n-Amylalkohol durch Einwirkung von Bromwasserstoffsäure[13]). — Flüssigkeit. Siedep. 128,7°. Spez. Gew. 1,2234 bei 20°. Dielektrizitätskonstante[14]).

2-Brompentan $C_5H_{11}Br = CH_3 \cdot (CH_2)_2 \cdot CHBr \cdot CH_3$. Durch Einwirkung von Bromwasserstoffsäure auf s-Methyläthyläthylen[15]). Durch Umlagerung von Isoamylbromid $(CH_3)_2 \cdot CH \cdot CH_2 \cdot CH_2Br$ bei 230°[16]). — Flüssigkeit. Siedep. 113°.

n-Amyljodid, 1-Jodpentan $C_5H_{11}J = CH_3 \cdot (CH_2)_3CH_2J$. Aus n-Amylchlorid und Jodwasserstoffsäure[17]). — Flüssigkeit. Siedep. 151.7°; 155,4° (korr.) bei 739,3 mm. Spez. Gew. 1,5174 bei 20°.

2-Jodpentan $C_5H_{11}J = CH_3 \cdot (CH_2)_2 \cdot CHJ \cdot CH_3$. Aus Propyläthylen und Jodwasserstoffsäure[18]). Aus Acetylaceton durch konz. Jodwasserstoffsäure[19]) bei 100°. — Flüssigkeit. Siedep. 144—145°. Spez. Gew. 1,539 bei 0°[20]).

3-Jodpentan $C_5H_{11}J = (C_2H_5)_2 \cdot CHJ$. Aus Diäthylcarbinol und Jodwasserstoffsäure[21]). Flüssigkeit. Siedep. 145—146°. Spez. Gew. 1,528 bei 0°.

Primäres n-Nitropentan $C_5H_{11}O_2N = CH_3 \cdot CH_2 \cdot CH_2 \cdot CH_2 \cdot CH_2 \cdot NO_2$ [22]). Bei der Destillation einer Lösung von normal-α-bromcapronsaurem Natrium $CH_3 \cdot (CH_2)_3CHBr \cdot COONa$ mit Natriumnitrit entstehen neben der Oxycapronsäure 18% n-Nitropentan $CH_3 \cdot (CH_2)_3CH_2NO_2$. — Farblose, bewegliche Flüssigkeit von ranzigem Geruch und süßem Geschmack; beständig. Siedep. 172—173° bei 760 mm, 88—90° bei 64 mm. Spez. Gew. 0,9475 bei 20°. Brechungsexponent n = 1,4218. Refraktion 31,37. Dampfdichte 3,84.

[1]) Jahn, Zeitschr. f. physikal. Chemie **11**, 790 [1893].
[2]) Young u. Altschul, Zeitschr. f. physikal. Chemie **11**, 590 [1893].
[3]) Schönrock, Zeitschr. f. physikal. Chemie **11**, 785 [1893].
[4]) Grimaldi, Gazzetta chimica ital. **17**, 19 [1887].
[5]) Schlesinger, Zeitschr. f. physikal. Chemie **15**, 210 [1909]; Chem. Centralbl. **1909**, I, 1380.
[6]) W. H. Bragg, Philos. Mag. [6] **11**, 617 [1906].
[7]) Norton u. Andrews, Amer. Chem. Journ. **8**, 7 [1886].
[8]) Schorlemmer, Annalen d. Chemie u. Pharmazie **161**, 268 [1872].
[9]) Warren, Mem. Amer. Acad. of Arts and Science **9**; **10**; Amer. Journ. of Science **39**, 327; **40**; **41**; **54**, 262; **46**.
[10]) Lieben u. Rossi, Annalen d. Chemie u. Pharmazie **159**, 72 [1871].
[11]) Wagner u. Saytzew, Annalen d. Chemie u. Pharmazie **179**, 321 [1875].
[12]) Kondakow, Berichte d. Deutsch. chem. Gesellschaft **24**, 931 [1891].
[13]) Lieben u. Rossi, Annalen d. Chemie u. Pharmazie **159**, 73 [1871].
[14]) Jahn u. Möller, Zeitschr. f. physikal. Chemie **13**, 386 [1894].
[15]) Würtz, Annalen d. Chemie u. Pharmazie **125**, 118 [1863].
[16]) Eltekow, Berichte d. Deutsch. chem. Gesellschaft **8**, 1244 [1875].
[17]) Lieben u. Rossi, Annalen d. Chemie u. Pharmazie **159**, 74 [1871].
[18]) Würtz, Annalen d. Chemie u. Pharmazie **148**, 131 [1868].
[19]) Combes, Annales de Chim. et de Phys. [6] **12**, 234 [1887].
[20]) Wagner u. Saytzew, Annalen d. Chemie u. Pharmazie **179**, 318 [1875].
[21]) Wagner u. Saytzew, Annalen d. Chemie u. Pharmazie **179**, 317 [1875].
[22]) Henry, Bulletin de l'Acad. roy. Belg. **1905**; Chem. Centralbl. **1905**, II, 214.

2. Sekundäres Pentan (2-Methylbutan).

$$C_5H_{12}.$$

$$\begin{array}{c} CH(CH_3)_2 \\ | \\ CH_2 \\ | \\ CH_3 \end{array}$$

Vorkommen: Im Petroleum[1]. Im amerikanischen[2][3] galizischen[4] Petroleum und in dem von Grosny[5]. Beim Überleiten von Trimethyläthylen und Wasserstoff über reduziertes Nickel bei 150°[6].

Bildung: Bei Einwirkung von Zink und Wasser auf Isoamyljodid bei 140°[7]. Aus Fuselöl bei Einwirkung von Chlorzink neben anderen Kohlenwasserstoffen[8]. Bei Einwirkung von Zink und Salzsäure auf die alkoholische Lösung von aktivem Amyljodid in der Kälte[9].

Darstellung: Wird durch Zusatz von Brom aus rohem Amylen abgeschieden[10].

Physikalische und chemische Eigenschaften: Flüssig. Siedep. 30,5—31,5°[11]; 30,4°[12]; Siedep. 27,95° bei 760 mm[13]. Wird bei —24° nicht fest[11]. Spez. Gew. 0,6282 bei 13,7°/4°; 0,6132 bei 30,5°/4°[11]); 0,63872 bei 0°; 0,60857 bei 30,4°[12]); 0,63930 bei 0°[13]). Kritische Temperatur 194,8°[14]; 193°[15]. Kritische Konstanten[13]. Thermische Ausdehnung $1 + 0,00146834\,t + 0,0_5509626\,t^2 + 0,0_86979\,t^3$[12]. Spezifische Wärme[16].

Chlor erzeugt Tetrachlorpentan $C_5H_8Cl_4$. Gibt beim Überleiten der Dämpfe mit Luft über glühendes Platin Äthylen, Propylen, Butylene, Isobutylen, Isoamylene, Butadien (?), Formaldehyd, Wasser und Kohlensäure[17]. Liefert mit rauchender Salpetersäure Trinitrosopentan, Dinitroisobutan und Oxyisobuttersäure[18]. Ein Kohlenwasserstoff C_5H_{12}, vom Siedep. 30,2°, dem spez. Gew. 0,639 und der Dampfdichte 2,538 findet sich in den pennsylvanischen Ölen[19].

Isoamylchlorid (4-Methyl-1-chlorbutan) $C_5H_{11}Cl = (CH_3)_2 \cdot CH \cdot CH_2 \cdot CH_2Cl$. Mol.-Gewicht 106,35. Zusammensetzung: 56,4% C, 10,4% H, 33,2% Cl. **Bildung:** Durch Einwirkung von Phosphorpentachlorid[20]), Salzsäure[21]) oder Sulfurylchlorid[22]) auf Isoamylalkohol. Darstellung[23]). — **Physikalische und chemische Eigenschaften:** Flüssigkeit. Siedep. 100,9° (korr.). Spez. Gew. 0,8859 bei 0°; 0,7903 bei 99,5°/4°[24]). Wasser wirkt nur langsam zersetzend ein[25][26].

---

[1]) Warren, Zeitschr. f. Chemie **1865**, 668.

[2]) Young, Journ. Chem. Soc. **73**, 906 [1898].

[3]) Allen, Commerc. organ. Analys. II.

[4]) Lachowicz, Berichte d. Deutsch. chem. Gesellschaft **14**, 1620 [1881].

[5]) Charitschkoff, Chem. Revue üb. d. Fett- u. Harzind. **6**, 198 [1899].

[6]) Sabatier u. Senderens, Compt. rend. de l'Acad. des Sc. **134**, 1129 [1901].

[7]) Frankland, Annalen d. Chemie u. Pharmazie **74**, 53 [1850].

[8]) Bauer, Jahresber. üb. d. Fortschritte d. Chemie **1860**, 405.

[9]) Just, Annalen d. Chemie u. Pharmazie **220**, 152 [1883].

[10]) Beilstein, Handb. d. organ. Chemie. 3. Aufl. **1**, 102 [1893].

[11]) Schiff, Annalen d. Chemie u. Pharmazie **220**, 87 [1883].

[12]) Thorpe u. Jones, Journ. Chem. Soc. **63**, 275 [1893].

[13]) Young u. Thomas, Journ. Chem. Soc. **71**, 440 [1897].

[14]) Schmidt, Annalen d. Chemie u. Pharmazie **266**, 287 [1891].

[15]) Pawlewski, Berichte d. Deutsch. chem. Gesellschaft **16**, 2633 [1883].

[16]) Dieterici, Annalen d. Physik [4] **12**, 174.

[17]) v. Stepski, Monatshefte f. Chemie **23**, 777 [1902].

[18]) Poni, Annales scient. de l'Université de Jassy **2**, 53; Chem. Centralbl. **1902**, II, 16; vgl. Analele de Acad. romane **23**, 1; Chem. Centralbl. **1900**, II, 452; Annales scient. de l'Université de Jassy **1**, 205; Chem. Centralbl. **1901**, I, 60.

[19]) Warren, Mem. Amer. Acad. of Arts and Science **9**; **10**; Amer. Journ. of Science **39**, 327; **40**; **41**; **45**, 262; **46**.

[20]) Cahours, Annalen d. Chemie u. Pharmazie **37**, 164 [1841].

[21]) Balard, Annalen d. Chemie u. Pharmazie **52**, 312 [1844].

[22]) Carius u. Fries, Annalen d. Chemie u. Pharmazie **109**, 2 [1859].

[23]) Malbot, Bulletin de la Soc. chim. [3] **1**, 603 [1889].

[24]) R. Schiff, Berichte d. Deutsch. chem. Gesellschaft **19**, 562 [1886].

[25]) Butlerow, Annalen d. Chemie u. Pharmazie **144**, 34 [1867].

[26]) Niederist, Annalen d. Chemie u. Pharmazie **186**, 392 [1877].

2-Methyl-2-chlorbutan $C_5H_{11}Cl$

$$CH_3 \cdot \underset{\underset{Cl}{|}}{\overset{\overset{CH_3}{|}}{C}} - CH_2 - CH_3$$

Aus Dimethyläthylcarbinol[1]) oder Methylisopropylcarbinol[2]) und Phosphorpentachlorid. Flüssigkeit. Siedep. 86°. Spez. Gew. 0,889 bei 0°; 0,86219 bei 25°[3]).

3-Methyl-1, 2-dichlorpentan $C_5H_{10}Cl_2$

$$CH_3 \cdot \underset{\underset{CH_3}{|}}{\overset{\overset{H}{|}}{C}} - \underset{\underset{Cl}{|}}{\overset{\overset{H}{|}}{C}} - \underset{\underset{Cl}{|}}{\overset{\overset{H}{|}}{C}} \cdot H$$

Aus Isopropyläthylen beim Chlorieren[4]). — Flüssigkeit. Siedep. 143—145°. Spez. Gew. 1,1106 bei 0°; 1,0923 bei 17,5°.

1-Brom-3-methylbutan (Isoamylbromid) $C_5H_{11}Br$

$$CH_3 \cdot \underset{\underset{CH_3}{|}}{\overset{\overset{H}{|}}{C}} - \underset{\underset{H}{|}}{\overset{\overset{H}{|}}{C}} - \underset{\underset{Br}{|}}{\overset{\overset{H}{|}}{C}} \cdot H$$

Mol.-Gewicht 151. Zusammensetzung: 39,7% C, 7,3% H, 53,0% Br.

Bildung: Aus Isoamylalkohol und Brom in Gegenwart von Phosphor[5]). Aus Isoamylchlorid und Brom bei Anwesenheit von Eisen[6]).

Physikalische und chemische Eigenschaften: Siedep. 120,4° bei 745 mm [7]); 118,5° bei 756,3 mm [8]); 118,6° bei 760 mm [9]). Spez. Gew. 1,2358 bei 0° [7]); 1,2058 bei 22° [10]); 1,0881 bei 118° [8]).

2-Brom-3-methylbutan $C_5H_{11}Br$

$$CH_3 \cdot \underset{\underset{CH_3}{|}}{\overset{\overset{H}{|}}{C}} - \underset{\underset{Br}{|}}{\overset{\overset{H}{|}}{C}} - \underset{\underset{H}{|}}{\overset{\overset{H}{|}}{C}} \cdot H$$

Aus Isopropyläthylen und Bromwasserstoffsäure[11]). Flüssigkeit. Siedep. 114—116°.

Isoamyljodid $C_5H_{11}J$

$$CH_3 \cdot \underset{\underset{CH_3}{|}}{\overset{\overset{H}{|}}{C}} - \underset{\underset{H}{|}}{\overset{\overset{H}{|}}{C}} - \underset{\underset{J}{|}}{\overset{\overset{H}{|}}{C}} \cdot H$$

Mol.-Gewicht 198. Zusammensetzung: 30,3% C, 5,6% H, 64,1% J.

Bildung: Aus Isoamylalkohol und Jodphosphor[12]).

Physikalische und chemische Eigenschaften: Flüssigkeit. Siedep. 148,2° (korr.). Spez. Gew. 1,4676 bei 0° [13]); 1,4734 bei 20° [14]); 1,3098 bei 148°/4° [15]). Liefert beim Erhitzen mit Aluminiumchlorid Butan[16]).

---

[1]) Wyschnegradsky, Annalen d. Chemie u. Pharmazie **190**, 336 [1877].

[2]) Winogradow, Annalen d. Chemie u. Pharmazie **191**, 131 [1878].

[3]) Perkin, Journ. f. prakt. Chemie [2] **31**, 494 [1885].

[4]) Kondakow, Journ. d. russ. physikal.-chem. Gesellschaft **20**, 144 [1888].

[5]) Cahours, Annalen d. Chemie u. Pharmazie **30**, 298 [1839].

[6]) Herzfelder, Berichte d. Deutsch. chem. Gesellschaft **26**, 1261 [1893].

[7]) Balbiano, Jahresber. d. Chemie **1876**, 348.

[8]) R. Schiff, Berichte d. Deutsch. chem. Gesellschaft **19**, 563 [1886].

[9]) Kahlbaum, Siedetemperaturen und Druck. S. 90.

[10]) Lachowicz, Annalen d. Chemie u. Pharmazie **220**, 171 [1883].

[11]) Wyschnegradsky, Annalen d. Chemie u. Pharmazie **190**, 357 [1877].

[12]) Cahours, Annalen d. Chemie u. Pharmazie **30**, 297 [1839].

[13]) Kopp, Annalen d. Chemie u. Pharmazie **95**, [1855].

[14]) Hagen, Poggend. Annalen **123**, 595.

[15]) R. Schiff, Berichte d. Deutsch. chem. Gesellschaft **19**, 564 [1886].

[16]) Kluge, Annalen d. Chemie u. Pharmazie **282**, 227 [1894].

2-Jod-3-methylbutan $C_5H_{11}J = (CH_3)_2 \cdot CH \cdot CHJ \cdot CH_3$. Aus Isopropyläthylen durch Addition von Jodwasserstoffsäure[1]. — Flüssigkeit. Siedep. 137—139°. Geht beim Erwärmen mit aufgeschlämmtem Bleioxyd in Dimethyläthylcarbinol über.

Nitropentan, 4-Nitro-2-methylbutan $C_5H_{11}O_2N = (CH_3)_2 \cdot CH_2 \cdot CH_2NO_2$. Aus Isoamyljodid durch Umsetzung mit Silbernitrit[2]. Siedep. 164° bei 755,5 mm[3]; 64—65° bei 21 mm. Spez. Gew. 0,9605 bei 20°/40.

3. Tertiäres Pentan (2,2-Dimethylpropan, Tetramethylmethan).

$$C_5H_{12}.$$

$$\begin{array}{c} CH_3 \\ | \\ C-(CH_3)_2 \\ | \\ CH_3 \end{array}$$

Vorkommen: In der kaukasischen Naphtha[4], im Erdöl von Colibasi (Rumänien)[5].

Bildung: Bei Einwirkung von Zinkmethyl auf tertiäres Butyljodid[6]. Aus Acetonchlorid und Zinkmethyl[7].

Physikalische und chemische Eigenschaften: Flüssig; Siedep. 9,5°; 9°[4]. Erstarrt bei —20°. Verbrennungswärme 847,110 Cal. bei 18°[8].

Pentan (unbekannter Struktur). Aus dem Rohpetroleum von Ohio und Pennsylvanien[9]. Siedep. 29—30°. Liefert ein Monochlorpentan $C_5H_{11}Cl$ vom Siedep. 96—97°, ein Pentylacetat vom Siedep. 134—135°, einen Alkohol $C_5H_{11} \cdot OH$ vom Siedep. 117—120°.

Hexane C_6H_{14}.

Mol.-Gewicht 86.
Zusammensetzung: 83,7% C, 16,3% H.

1. Normales Hexan.

$$C_6H_{14}.$$

$$\begin{array}{c} CH_3 \\ | \\ (CH_2)_4 \\ | \\ CH_3 \end{array}$$

Vorkommen: Im amerikanischen[10][11], im galizischen[12], im kaukasischen[13][14] Petroleum; Hauptbestandteil des Petroleumäthers (Gasolin, Canadol).

Bildung: Bei der trocknen Destillation von Bogheadkohle[15], Kannelkohle[16] und Harzen (?)[17]. Aus β-Hexyljodid bei Einwirkung von Zink und Schwefelsäure oder Zink und

---

[1]) Wyschnegradsky, Annalen d. Chemie u. Pharmazie **190**, 356 [1877].

[2]) V. Meyer, Annalen d. Chemie u. Pharmazie **171**, 43 [1873]; **175**, 135 [1874].

[3]) Brühl, Zeitschr. f. physikal. Chemie **16**, 216 [1895].

[4]) Markownikow, Berichte d. Deutsch. chem. Gesellschaft **32**, 1449 [1899].

[5]) Poni, Moniteur intérets pétrol. Roumains **3**, No. 54—57 [1902].

[6]) Lwow, Zeitschr. f. Chemie **1870**, 520.

[7]) Lwow, Zeitschr. f. Chemie **1871**, 257.

[8]) Thomsen, Thermochemische Untersuchungen **4**, 56 [1889].

[9]) Mabery u. Hudson, Amer. Chem. Journ. **19**, 251 [1897].

[10]) Pelouze u. Cahours, Jahresber. d. Chemie **1862**, 410.

[11]) Young, Journ. Chem. Soc. **73**, 906 [1898].

[12]) Lachowicz, Berichte d. Deutsch. chem. Gesellschaft **14**, 1620 [1881]; Annalen d. Chemie u. Pharmazie **220**, 188 [1883].

[13]) Markownikow, Chem.-Ztg. **24**, 352 [1890].

[14]) Beilstein u. Kurbatoff, Berichte d. Deutsch. chem. Gesellschaft **14**, 1620 [1881].

[15]) Williams, Annalen d. Chemie u. Pharmazie **102**, 127 [1857].

[16]) Schorlemmer, Annalen d. Chemie u. Pharmazie **125**, 107 [1863].

[17]) Renard, Annales de Chim. et de Phys. [6] **1**, 226 [1884].

Alkohol[1]). Bei Einwirkung von Natrium auf Propyljodid[2]), vorteilhaft unter Zusatz von Acetonitril[3]). Bei der Destillation von Korksäure mit Bariumoxyd[4]). Aus sekundärem Hexyljodid mit Zink und Salzsäure in der Kälte[5]). Beim Überleiten von β-Hexen und Wasserstoff über reduziertes Nickel bei 150°[6]). Aus 2-Hexylhydrazin und Ferricyankalium[7]).

Physikalische und chemische Eigenschaften: Flüssig. Siedep. 68,4—68,8° bei 744 mm [8]); 69° (im Dampf)[9]); 68,95°[10]); 68,6°[11]). Spez. Gew. 0,6630 bei 17°[8]); 0,6583 bei 20,9°[9]); 0,6681 bei 10,8°/4°[11]); 0,61425 bei 68,6°/4°[12]); 0,67693—0,67713 bei 0°/4°[13]); 0,6603 bei 20°/4°[11]). Capillaritätskonstante beim Siedep. $a^2 = 4{,}514$[14]). Kritische Temperatur 250,3°[15]). Kritische Konstanten[16]). Molekulare Verbrennungswärme 989,2 Cal.[17]); 991,2 Cal.[18]); 997,8 Cal.[19]). Ausdehnungskoeffizient[9])[20]). Latente Verdampfungswärme 89,16[21]). Elektromagnetische Drehung 6,661[22]). Brechungsvermögen[23])[24]). Dielektrizitätskonstante und Brechungsvermögen[25]). Elektrische Leitfähigkeit[26]). Dampfdruck[27]).

Beim Durchleiten durch ein glühendes Rohr entstehen C_2H_4, C_3H_6, gasförmige Glieder der Reihe C_nH_{2n+2} und wenig C_5H_{10}, C_6H_{12}, C_4H_8, Benzol[28]). Beim Überleiten der Dämpfe mit Luft über glühendes Platin entstehen Äthylen, Propylen, Butylene, Amylene, Hexylene, Butadien $CH_2 : CH—CH : CH_2$(?), Formaldehyd $H \cdot CHO$, Kohlensäure und Wasser[29]). Reagiert mit Chromylchlorid[30]). Aus Hexan und Brom entsteht Dibromhexan $C_6H_{12}Br_2$[31]). Überschüssiges Brom erzeugt bei 120—125° krystallisiertes $C_6H_4Br_8$ neben $C_6H_6Br_8$ und $C_6H_8Br_6$; bei 130—140° entsteht krystallisiertes C_6Br_8[32]). Beim Eintröpfeln von Brom in siedendes Hexan entsteht nur sekundäres Hexylbromid[33]). Bei Zusatz von Brom zu siedendem Hexan entsteht in Gegenwart von Eisendraht 1, 2, 3, 4, 5, 6-Hexabromhexan[34]). Siedendes Hexan und Brom im Sonnenlicht geben wenig 1-Bromhexan, hauptsächlich 2- und 3-Bromhexan[11]). Beim Erhitzen mit Aluminiumchlorid entsteht Pentan[11]). Verdünnte Salpetersäure

[1]) **Erlenmeyer**, Jahresber. d. Chemie **1863**, 521.

[2]) **Schorlemmer**, Annalen d. Chemie u. Pharmazie **161**, 277 [1871]. — **Michael**, Amer. Chem. Journ. **25**, 421 [1902].

[3]) **Michael** u. **Garner**, Berichte d. Deutsch. chem. Gesellschaft **34**, 4028 [1901].

[4]) **Riche**, Annalen d. Chemie u. Pharmazie **113**, 106 [1860]. — **Dale**, Annalen d. Chemie u. Pharmazie **131**, 245 [1864].

[5]) **Lebel** u. **Wassermann**, Jahresber. d. Chemie **1885**, 1211.

[6]) **Sabatier** u. **Senderens**, Compt. rend. de l'Acad. des Sc. **134**, 1129 [1901].

[7]) **Kishner**, Journ. d. russ. physikal.-chem. Gesellschaft **31**, 1036 [1899]; Chem. Centralbl. **1900**, I, 957.

[8]) **Brühl**, Annalen d. Chemie u. Pharmazie **200**, 184 [1879].

[9]) **Zander**, Annalen d. Chemie u. Pharmazie **214**, 165 [1882].

[10]) **Young**, Journ. Chem. Soc. **73**, 906 [1898].

[11]) **Friedel** u. **Gorgeu**, Compt. rend. de l'Acad. des Sc. **127**, 592 [1898].

[12]) **Schiff**, Annalen d. Chemie u. Pharmazie **220**, 87 [1883].

[13]) **Francis** u. **Young**, Journ. Chem. Soc. **73**, 930 [1898].

[14]) **Schiff**, Annalen d. Chemie u. Pharmazie **223**, 104 [1884].

[15]) **Pawlewski**, Berichte d. Deutsch. chem. Gesellschaft **16**, 2634 [1883].

[16]) **Altschul**, Zeitschr. f. physikal. Chemie **11**, 590 [1893].

[17]) **Stohmann** u. **Kleber**, Journ. f. prakt. Chemie [2] **43**, 9 [1891].

[18]) **Stohmann**, Annalen d. Chemie u. Pharmazie **278**, 115 [1894].

[19]) **Subow**, Journ. d. russ. physikal.-chem. Gesellschaft **33**, 722 [1901]; Chem. Centralbl. **1902**, I, 161.

[20]) **Thomas** u. **Young**, Journ. Chem. Soc. **67**, 1071 [1895].

[21]) **Jahn**, Zeitschr. f. physikal. Chemie **11**, 790 [1893].

[22]) **Schönrock**, Zeitschr. f. physikal. Chemie **11**, 785 [1893].

[23]) **Brühl**, Berichte d. Deutsch. chem. Gesellschaft **27**, 1066 [1894].

[24]) **Eykman**, Recueil des travaux chim. des Pays-Bas **14**, 187 [1895].

[25]) **Landolt** u. **Jahn**, Zeitschr. f. physikal. Chemie **10**, 297 [1892].

[26]) **G. Jaffée**, Annalen d. Physik [4] **28**, 326—370 [1908]; Chem. Centralbl. **1909**, I, 1085.

[27]) **Norton** u. **Andrews**, Amer. Chem. Journ. **8**, 3 [1886].

[28]) **Woringer**, Zeitschr. f. physikal. Chemie **34**, 257 [1900].

[29]) **Stepski**, Monatshefte f. Chemie **23**, 789 [1902].

[30]) **Etard**, Berichte d. Deutsch. chem. Gesellschaft **10**, 236 [1877]; Annales de Chim. et de Phys. [5] **22**, 282 [1880].

[31]) **Pelouze** u. **Cahours**, Jahresber. d. Chemie **1862**, 411.

[32]) **Wahl**, Berichte d. Deutsch. chem. Gesellschaft **10**, 402 1234 [1877].

[33]) **Schorlemmer**, Annalen d. Chemie u. Pharmazie **188**, 250 [1877].

[34]) **Herzfelder**, Berichte d. Deutsch. chem. Gesellschaft **26**, 2437 [1893].

erzeugt bei 120° zwei Nitrohexane[1]). Liefert beim Kochen mit konz. Salpetersäure unter Rückfluß primäres Mononitrohexan und primäres 1,1-Dinitrohexan neben Kohlendioxyd, Essigsäure, Bernsteinsäure $COOH \cdot CH_2 \cdot CH_2 \cdot COOH$ und Oxalsäure $COOH \cdot COOH$[2]). — Ein Kohlenwasserstoff C_6H_{14}, vom Siedep. 68,5°, dem spez. Gew. 0,668 und der Dampfdichte 3,038, findet sich in den pennsylvanischen Ölen[3]).

1-Chlorhexan $C_6H_{13}Cl = CH_3(CH_2)_4CH_2Cl$.

Bildung: Beim Chlorieren von Petrolhexan[4]). — Siedep. 125—128°. Spez. Gew. 0,892. Reines 1-Chlorhexan, aus n-Hexylalkohol (dargestellt durch Reduktion von n-Capronsäureester mit Natrium), durch starke Salzsäure. Farblose, bewegliche Flüssigkeit von angenehmem Geruch und anregendem Geschmack. In Wasser unlöslich. Siedep. 134—136° (im Dampf) bei 763 mm. Spez. Gew. 0,8720. Brechungsindex n = 1,42441. Molekular-Refraktion 35,26. Dampfdichte 4,20.

2-Chlorhexan $C_6H_{13}Cl = CH_3 \cdot (CH_2)_3 \cdot CHCl \cdot CH_3$. Aus sec. Hexylalkohol und konz. Salzsäure[5]). Beim Chlorieren von n-Hexan[6]). — Siedep. 125—126°[6]).

Hexylchlorid $C_6H_{13}Cl$. Aus β-Hexylen und Salzsäure bei verschiedenen Temperaturen[7][8]). Siedep. 116—118°[7]); 122—124°[7]); 123,5°[8]). Spez. Gew. 0,871 bei 24°[8]).

Dichlorhexan $C_6H_{12}Cl_2$. Aus (Petroleum-) Hexan beim Chlorieren[4]). — Flüssigkeit. Siedep. 180—184°. Spez. Gew. 1,087 bei 20°.

n-Bromhexan, n-Hexylbrom $C_6H_{13}Br = CH_2Br \cdot (CH_2)_4 \cdot CH_2Br$.

Bildung: Aus n-Hexylalkohol und Bromwasserstoffsäure[9]). Beim Bromieren von siedendem n-Hexan (siehe 2-Bromhexan). — Flüssigkeit. Siedep. 155,5° (korr.) bei 743,8 mm. Spez. Gew. 1,1725 bei 20°.

2-Bromhexan $CH_3 \cdot (CH_2)_3CHBr \cdot CH_3$. Entsteht hauptsächlich zusammen mit 3-Bromhexan und wenig 1-Bromhexan aus siedendem Hexan und Brom[10][11]).

3-Bromhexan $CH_3 \cdot (CH_2)_2 \cdot CHBr \cdot CH_2 \cdot CH_3$. Bildung siehe bei 2-Bromhexan.

Hexylidenbromid $C_6H_{12}Br_2$. Bildung: Beim Bromieren von rohem Petroleumhexan[12]). — Flüssigkeit. Siedep. 210—212°.

$C_6H_8Br_6$: aus n-Hexan und überschüssigem Brom bei 130—140°[13]).

$C_6H_6Br_8$: neben $C_6H_8Br_6$[13]) und $C_6H_4Br_8$.

Hexabromhexan $C_6H_8Br_6$. 1,2,3,4,5,6-Hexabromhexan $CH_2Br \cdot CHBr \cdot CHBr \cdot CHBr \cdot CHBr \cdot CH_2Br$. Durch Bromieren von siedendem Hexan bei Gegenwart von Eisendraht[14]).

n-Jodhexan, n-Hexyljodid $C_6H_{13}J = CH_3 \cdot (CH_2)_4 \cdot CH_2J$. Aus n-Hexylalkohol und Jodwasserstoffsäure[15]). — Flüssigkeit. Siedep. 181,4° (korr.) bei 746,8 mm[16]); 179,5°[15]). Spez. Gew. 1,4115 bei 17,5°[15]); 1,4363 bei 20°[16]).

2-Jodhexan $C_6H_{13}J = CH_3 \cdot (CH_2)_3 \cdot CHJ \cdot CH_3$. Durch Einwirkung von Jodwasserstoffsäure auf Dulcit[17]), Mannit, Hexylen[18]) oder Diallyloxyd[19]). — Darstellung[20][21][22]).

[1]) Konowalow, Journ. d. russ. physikal.-chem. Gesellschaft **26**, 476 [1894]; **27**, 418, [1895].

[2]) Worstall, Amer. Chem. Journ. **20**, 206 [1898].

[3]) Warren, Mem. Amer. Acad. of Arts and Science **9**; **10**; Amer. Journ. of Science **39**, 327; **40**; **41**; **45**, 262; **46**.

[4]) Cahours, Jahresber. d. Chemie **1863**, 525.

[5]) Erlenmeyer u. Wanklyn, Jahresber. d. Chemie **1864**, 509.

[6]) Schorlemmer, Annalen d. Chemie u. Pharmazie **161**, 272 [1892].

[7]) Morgan, Annalen d. Chemie u. Pharmazie **177**, 305 [1875].

[8]) Domac, Monatshefte f. Chemie **2**, 213 [1881]. — Schorlemmer, Annalen d. Chemie u. Pharmazie **199**, 141 [1879].

[9]) Lieben u. Janeček, Annalen d. Chemie u. Pharmazie **187**, 137 [1877].

[10]) Friedel u. Gorgeu, Compt. rend. de l'Acad. des Sc. **127**, 592 [1898].

[11]) Michael u. Garner, Berichte d. Deutsch. chem. Gesellschaft **34**, 4028 [1901].

[12]) Pelouze u. Cahours, Annalen d. Chemie u. Pharmazie **124**, 293 [1862].

[13]) Wahl, Berichte d. Deutsch. chem. Gesellschaft **10**, 402, 1234 [1877].

[14]) Herzfelder, Berichte d. Deutsch. chem. Gesellschaft **26**, 2437 [1893].

[15]) Franchimont u. Zincke, Annalen d. Chemie u. Pharmazie **163**, 196 [1872].

[16]) Lieben u. Janeček, Annalen d. Chemie u. Pharmazie **187**, 138 [1877].

[17]) Wanklyn u. Erlenmeyer, Jahresber. d. Chemie **1861**, 731; **1862**, 480.

[18]) Würtz, Annalen d. Chemie u. Pharmazie **132**, 306 [1864].

[19]) Jekyll, Jahresber. d. Chemie **1870**, 449.

[20]) Domac, Monatshefte f. Chemie **2**, 310 [1881].

[21]) Hecht, Annalen d. Chemie u. Pharmazie **165**, 148 [1873]; **209**, 311 [1881].

[22]) Erlenmeyer u. Wanklyn, Annalen d. Chemie u. Pharmazie **135**, 130 [1865].

Flüssigkeit. Siedep. 167° bei 721,3 mm [1]); 125,8—126,5° bei 220 mm [2]). Spez. Gew. 1,4526 bei 0° [1]); 1,41631 bei 25° [2]). Zerfällt bei langem Kochen mit viel Wasser in sek. Hexylalkohol und etwas Hexylen [3]). Beim Erhitzen mit Jod auf 256° wird Hexan gebildet [4]). Liefert beim Erhitzen mit Aluminiumchlorid Hexan, Butan und Propan [5]).

1-Nitrohexan $C_6H_{13}O_2N$

$$\begin{array}{c} CH_3 \\ | \\ (CH_2)_4 \\ | \\ CH_2 \cdot NO_2 \end{array}$$

Bildung: Durch Behandeln von n-Hexan mit rauchender Salpetersäure [6]) neben 1,1-Dinitrohexan, Kohlensäure, Essigsäure, Bernsteinsäure $COOH \cdot CH_2 \cdot CH_2 \cdot COOH$ und Oxalsäure $COOH \cdot COOH$. Aus Hexyljodid und Silbernitrit neben dem Nitrit (Siedep. 129—130°) [7]).

Physikalische und chemische Eigenschaften: Hellgelbes Öl von ätherischem Geruch, mit Wasserdämpfen flüchtig [6]). Farblose, bewegliche Flüssigkeit von schwachem Geruch, süßem Geschmack; in Wasser unlöslich [7]). Siedep. 180—181° [6]); 193—194° bei 765 mm; 112° bei 75 mm [7]). Spez. Gew. 0,9605 bei 17° [6]); 0,9488 bei 20° [7]). Leicht löslich in Alkohol und alkoholischen Alkalien, schwer löslich in wässerigen Alkalien, unlöslich in Wasser. Liefert die Nitrolsäurereaktion. Bei der Reduktion mit Eisen und Essigsäure entsteht primäres Hexylamin. Salzsäure bewirkt bei 120° Bildung von Hexansäure.

2-Nitrohexan $C_6H_{13}O_2N$

$$\begin{array}{c} CH_3 \\ | \\ (CH_2)_3 \\ | \\ CH \cdot NO_2 \\ | \\ CH_3 \end{array}$$

Bildung: Beim Erhitzen von Normalhexan mit verdünnter Salpetersäure (D 1,075) auf 135° [8]).

Physikalische und chemische Eigenschaften: Siedep. 176° (korr.). Spez. Gew. 0,9357 bei 20°/0°. Leicht löslich in kochender konz. Kalilauge.

1, 1-Dinitrohexan $C_6H_{12}O_4N_2$

$$\begin{array}{c} CH_3 \\ | \\ (CH_2)_3 \\ | \\ CH_2 \\ | \\ O_2N-C-NO_2 \\ | \\ H \end{array}$$

Bildung: Bei der Einwirkung von Salpetersäure auf Methylhexylketon [9]), Önanthaldehyd [10]) oder n-Hexan [11]).

Physikalische und chemische Eigenschaften: Gelbes Öl, leicht löslich in Alkohol und Äther, nicht unzersetzt destillierbar. Wird durch Reduktion in n-Capronsäure übergeführt. Liefert Salze des Typus $MeC_6H_{11}N_2O_4$.

[1]) Hecht, Annalen d. Chemie u. Pharmazie **165**, 148 [1873]; **209**, 311 [1881].
[2]) Perkin, Journ. f. prakt. Chemie [2] **31**, 504 [1885].
[3]) Niederist, Annalen d. Chemie u. Pharmazie **196**, 351 [1879].
[4]) Rayman u. Preis, Annalen d. Chemie u. Pharmazie **213**, 332 [1882].
[5]) Kluge, Annalen d. Chemie u. Pharmazie **282**, 227 [1894].
[6]) Worstall, Amer. Chem. Journ. **20**, 207 [1898]; **21**, 219 [1899].
[7]) Henry, Bulletin de l'Acad. roy. Belg. **1905**; Chem. Centralbl. **1905**, II, 214.
[8]) Konowalow, Journ. d. russ. physikal.-chem. Gesellschaft **26**, 476 [1894].
[9]) Chancel, Jahresber. d. Chemie **1882**, 454.
[10]) Poncio, Journ. f. prakt. Chemie [2] **53**, 432 [1896].
[11]) Worstall, Amer. Chem. Journ. **20**, 208 [1898]; **21**, 222 [1899].

2. Isohexan (2-Methylpentan, Äthylisobutyl).

$$C_6H_{14}.$$

$$CH_3$$
$$|$$
$$CH(CH_3)$$
$$|$$
$$(CH_2)_2$$
$$|$$
$$CH_3$$

Vorkommen: Im amerikanischen Petroleum[1][2]. Findet sich auch im rumänischen Erdöl (?)[3]. Im galizischen Erdöl[4].

Bildung: Aus Äthyljodid und Isobutyljodid bei Einwirkung von Natrium[5]. Bei 16stündigem Erhitzen von α-Oxy-β-Propylidenbuttersäure mit rotem Phosphor und Jodwasserstoffsäure (spez. Gew. 1,96) auf 180°[6].

Physikalische und chemische Eigenschaften: Flüssigkeit. Siedep. 62°[5]. Spez. Gew. 0,7011 bei 0°[5]; 0,6766 bei 0°; 0,61744 bei 62°[7]. Thermische Ausdehnung $1 + 0,00137022\, t + 0,0_697649\, t^2 + 0,0_729819\, t^3$[7]. Gibt ein tertiäres Nitroprodukt durch Salpeterschwefelsäure (1 T. HNO_3, D 1,40, 3 T. H_2SO_4, D 1,84)[8]. Beim Durchleiten durch ein glühendes Rohr entstehen hauptsächlich C_2H_4, C_3H_6 und Gase der Reihe C_nH_{2n+2} neben wenig C_4H_8, C_5H_{10}, C_6H_{12} und C_4H_6[9]. Ein Kohlenwasserstoff C_6H_{14} vom Siedep. 61,3°, dem spez. Gew. 0,675 und der Dampfdichte 3,053, findet sich in den pennsylvanischen Ölen[10].

2-Methyl-3-chlorpentan $C_6H_{13}Cl = (CH_3)_2 \cdot CHCl \cdot CH_2 \cdot CH_3$. Aus Äthylisopropylcarbinol und Phosphorpentachlorid[11]. Flüssigkeit. Siedep. 115—116,5° (unter Zersetzung) bei 752 mm.

2-Methyl-5-brompentan $C_6H_{13}Br = CH_3 \cdot CH(CH_3) \cdot (CH_2)_2 \cdot CH_2Br$. Aus dem entsprechenden Alkohol durch Bromwasserstoffsäure[12]. Flüssigkeit. Siedep. 142—145° (korr.). Liefert mit viel Wasser auf 150° erhitzt Hexylen.

3. 3-Methylpentan.

$$C_6H_{14}.$$

$$CH_3$$
$$|$$
$$CH_2$$
$$|$$
$$CH \cdot CH_3$$
$$|$$
$$CH_2$$
$$|$$
$$CH_3$$

Vorkommen: Findet sich im rumänischen Petroleum (?)[3]. Flüssigkeit. Siedep. 63—65° bei 748 mm; spez. Gew. 0,6681 bei 19°/4°.

---

[1] Warren, Zeitschr. f. Chemie **1865**, 668.

[2] Young, Journ. Chem. Soc. **73**, 906 [1898].

[3] Poni u. Costachesco, Annales scientific. de l'Universitée de Jassy **3**, 95 [1904]; Chem. Centralbl. **1905**, I, 217.

[4] Zaloziecki u. Frasch, Berichte d. Deutsch. chem. Gesellschaft **35**, 386—391 [1902].

[5] Würtz, Jahresber. d. Chemie **1855**, 574.

[6] Johanny, Monatshefte f. Chemie **15**, 426 [1894].

[7] Thorpe u. Jones, Journ. Chem. Soc. **63**, 276 [1893].

[8] Zaloziecki u. Frasch, Berichte d. Deutsch. chem. Gesellschaft **35**, 386—391 [1902]. — Markownikoff, Berichte d. Deutsch. chem. Gesellschaft **35**, 1584 [1902].

[9] Norton u. Andrews, Amer. Chem. Journ. **8**, 6 [1886].

[10] Warren, Mem. Amer. Acad. of Arts and Science **9**; **10**; Amer. Journ. of Sc. **39**, 327; **40**; **41**; **45**, 262; **46**.

[11] Grigorowitsch u. Pawlow, Journ. d. russ. physikal.-chem. Gesellschaft **23**, 166 [1891].

[12] Lieben u. Zeisel, Monatshefte f. Chemie **4**, 33 [1883].

3-Methyl-3-chlorpentan $C_6H_{13}Cl$

$$CH_3$$
$$|$$
$$CH_2$$
$$|\quad/Cl$$
$$C<$$
$$|\quad\backslash CH_3$$
$$CH_2$$
$$|$$
$$CH_3$$

Durch Einwirkung von Phosphorpentachlorid auf Methyldiäthylcarbinol [1]). Flüssigkeit. Siedep. 110° (Zersetzung).

4. 2,3-Dimethylbutan (Diisopropyl, s-Tetramethyläthan).

$$C_6H_{14}.$$

$$CH_3$$
$$|$$
$$CH \cdot CH_3$$
$$|$$
$$CH \cdot CH_3$$
$$|$$
$$CH_3$$

Vorkommen: Im Petroläther von Baku[2]). In der kaukasischen Naphtha[3]). Im Gasolin[4]).

Bildung: Bei Einwirkung von Natrium auf eine ätherische Lösung von Isopropyljodid[5])[6]). Aus Pinakon bei Einwirkung von überschüssigem Jodwasserstoff[7]). Beim Glühen von önanthsaurem Barium[8]). Aus Diallyl und Jodwasserstoff[9]). Aus Mannit und überschüssigem Jodwasserstoff[10])[11]). Durch Elektrolyse von isobuttersaurem Kalium[6]).

Physikalische und chemische Eigenschaften: Siedep. 58° [12]). Spez. Gew. 0,6680 bei 17,5° [12]). Ausdehnungskoeffizient[12]). Verbrennungswärme (als Gas) 999,200 Cal. bei 18° [13]). Beim Chlorieren entsteht hauptsächlich tertiäres Monochlordiisopropyl und nur wenig der primären Monochlorverbindungen[2]). Wird durch Chromsäure zu Essigsäure und Kohlensäure oxydiert[14]). Chlorsulfonsäure erzeugt in lebhafter Reaktion ein fusel- und sulfidartig riechendes Öl [15]).

2,3-Dimethyl-1-chlorbutan $C_6H_{13}Cl$

$$CH_3$$
$$|$$
$$CH \cdot CH_3$$
$$|$$
$$CH \cdot CH_3$$
$$|$$
$$H—C—H$$
$$|$$
$$Cl$$

Bildung: Beim Chlorieren von Diisopropyl neben anderen Produkten[5])[16])[17]). Flüssigkeit. Siedep. 123—125° [17]); 122°.

[1]) Butlerow, Bulletin de la Soc. chim. **5**, 24 [1866].
[2]) Aschan, Berichte d. Deutsch. chem. Gesellschaft **31**, 1801 [1898].
[3]) Markownikoff, Annalen d. Chemie u. Pharmazie **301**, 179 [1898].
[4]) Allen, Commerc. organ. Analys. II (s. Anm. Petroleum **1**, 209).
[5]) Schorlemmer, Annalen d. Chemie u. Pharmazie **144**, 184 [1867].
[6]) Young u. Fortly, Journ. Chem. Soc. **77**, 1126 [1900].
[7]) Bouchardat, Zeitschr. f. Chemie **1871**, 699.
[8]) Riche, Annales de Chim. et de Phys. [3] **59**, 437 [1860].
[9]) Berthelot, Bulletin de la Soc. chim. **9**, 268 [1868].
[10]) Bouchardat, Annales de Chim. et de Phys. [5] **6**, 124 [1875].
[11]) Lebel u. Wassermann, Jahresber. d. Chemie **1855**, 1211.
[12]) Zander, Annalen d. Chemie u. Pharmazie **214**, 167 [1882].
[13]) Thomsen, Thermochemische Untersuchungen **4**, 58 [1889].
[14]) Beilstein, Handb. d. organ. Chemie. 3. Aufl. **1**, 103 [1893].
[15]) Beilstein, Handb. d. organ. Chemie. 3. Aufl. Ergänzungsband **1**, 13 [1901].
[16]) Silva, Berichte d. Deutsch. chem. Gesellschaft **6**, 36 [1873]; **7**, 953 [1874].
[17]) Aschan, Berichte d. Deutsch. chem. Gesellschaft **31**, 1802 [1898].

Tertiäres Monochlordiisopropyl.

Diisopropylchlorid $C_6H_{12}Cl_2$. Aus Diisopropyl durch Chlorieren[1][2]. Krystalle. Schmelzp. 160°.

Tertiäres Mononitrodiisopropyl $C_6H_{13}O_2N$

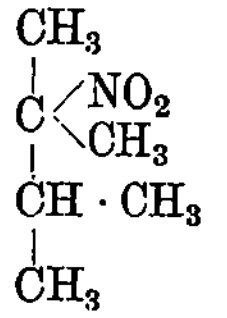

$$CH_3$$
$$C\langle{}^{NO_2}_{CH_3}$$
$$CH \cdot CH_3$$
$$CH_3$$

Neben anderen Produkten bei der Nitrierung von Diisopropyl aus amerikanischem (A) und russischem (B) Benzin, vom Siedep. 55—60°[3]. Siedep. 168—169°; spez. Gew. 0,9716 bei 0°/0° (A); 0,9796 bei 0°/0° (B). Erstarrt unter —20° (B). Liefert bei der Reduktion mit Zinn und Salzsäure **das Amin**[3]

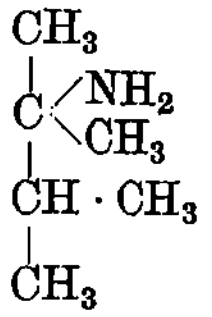

$$CH_3$$
$$C\langle{}^{NH_2}_{CH_3}$$
$$CH \cdot CH_3$$
$$CH_3$$

Siedep. 104—105° bei 751 mm; spez. Gew. 0,7683 bei 0°/0°; 0,7514 bei 27°/0°. Brechungsindex 1,4096 bei 17°. Aus dem Chlorhydrat und Kaliumnitrit entsteht Dimethylisopropylcarbinol[4]. $(CH_3)_2 \cdot C(OH) \cdot C(CH_3)_2$ (Identifizierung).

Ditertiäres Dinitrodiisopropyl $C_6H_{12}O_4N_2$

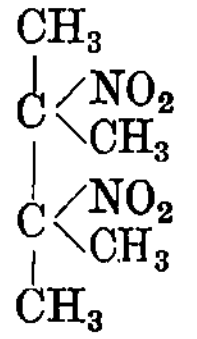

$$CH_3$$
$$C\langle{}^{NO_2}_{CH_3}$$
$$C\langle{}^{NO_2}_{CH_3}$$
$$CH_3$$

Entsteht neben der Mononitroverbindung[3]. Schmelzp. 208°. Unlöslich in wässerigem oder alkoholischem Alkali, wenig löslich in Äther und Petroläther.

5. Tertiäres Hexan (2, 2-Dimethylbutan, Trimethyläthylmethan).

$$C_6H_{14}.$$

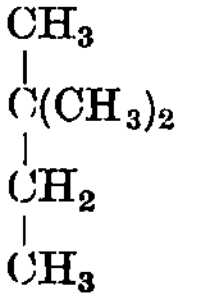

$$CH_3$$
$$C(CH_3)_2$$
$$CH_2$$
$$CH_3$$

Vorkommen: In der kaukasischen und amerikanischen Naphtha[5], in der Fraktion 50—51°.

Bildung: Aus tertiärem Butyljodid und Zinkäthyl[6]. Aus Äthylzinkjodid und tertiärem Butyljodid bei 95° neben Äthylen und Isobutylen[5][7].

Physikalische und chemische Eigenschaften: Flüssigkeit. Siedep. 43—48°[6]; 49.6 bis 49,7° bei 760 mm[7]. Spez. Gew. 0,6488 bei 20°/0°[5].

[1] Schorlemmer, Annalen d. Chemie u. Pharmazie **144**, 187 [1867].

[2] Silva, Bulletin de la Soc. chim. **6**, 36 [1866]; **7**, 953 [1867].

[3] M. Konowalow, Journ. d. russ. physikal.-chem. Gesellschaft **37**, 1119 [1905]; Chem. Centralbl. **1906**, I, 737; vgl. auch Konowalow, Journ. d. russ. physikal.-chem. Gesellschaft **25**, 498 [1893].

[4] Pawlow, Annalen d. Chemie u. Pharmazie **196**, 123 [1862].

[5] Markownikoff, Berichte d. Deutsch. chem. Gesellschaft **32**, 1446 [1899]; Journ. d. russ. physikal.-chem. Gesellschaft **31**, 528 [1899]; Chem. Centralbl. **1899**, II, 472.

[6] Goriainow, Annalen d. Chemie u. Pharmazie **165**, 107 [1872].

[7] Limonowitsch, Journ. d. russ. physikal.-chem. Gesellschaft **31**, 38 [1899].

6. Methyldiäthylmethan, 2-Äthylbutan.

$$C_6H_{12}.$$

$$CH_3$$
$$|$$
$$CH \cdot CH_2 \cdot CH_3$$
$$|$$
$$CH_2$$
$$|$$
$$CH_3$$

Vorkommen: Im galizischen Erdöl[1]). Gibt mit einem Nitriergemisch aus 1 T. Salpeter-säure (spez. Gew. 1,404) und 3 T. Schwefelsäure (1,84) tertiäre Nitroderivate[2]).

Heptane C_7H_{16}.

Mol.-Gewicht 100.
Zusammensetzung: 84,0% C, 16,0% H.

1. Normales Heptan.

$$C_7H_{16}.$$

$$CH_3$$
$$|$$
$$(CH_2)_5$$
$$|$$
$$CH_3$$

Vorkommen: Im amerikanischen[3][4]), im galizischen[5]) Petroleum, im Petroleum von Grossny[6]), von Zarskiji Kolodzi[7]). Im Harz von Pinus Sabiniana Douyl[8])[9])[10]), im Sekrete von Pinus Jeffreyi und Murrayana, Abies concolor var. Lowiniana und Pseudotsuga toxifolia[11]).

Bildung: Bei der trocknen Destillation von Kannelkohle[12]). Aus Azelainsäure (CO_2H) $\cdot (CH_2)_7 \cdot CO_2H$ beim Destillieren mit Bariumhydroxyd[13]). Aus Heptylhydrazin und Ferri-cyankalium[14]). Aus Heptin und Wasserstoff beim Überleiten über Nickel[15]).

Darstellung: Durch Fraktionieren von Benzin.

Physikalische und chemische Eigenschaften: Flüssigkeit. Siedep. 98°[3]); 100,5°[13]); 98,4°[8]); 98,2—98,5°[4]). Spez. Gew. 0,7085 bei 0°; 0,7006 bei 0°[8]); 0,68856 bei 14,9°; 0,6840 bei 20,5°[13]); 0,70186 bei 0°/4°[16]); 0,6665 bei 50°[17]); 0,6416 bei 95°. Brechungsindex, Zähigkeit[8]). Magnetisches Drehungsvermögen 7,666 bei 15°[17]). Elektrische Leitfähigkeit[18])-Kritische Konstanten[16])[19]). Beim Eintropfen von Brom in siedendes Heptan entsteht sekun-

---

1) Zaloziecki u. Frasch, Berichte d. Deutsch. chem. Gesellschaft **35**, 386 [1902].

2) Zaloziecki u. Frasch, Berichte d. Deutsch. chem. Gesellschaft **35**, 386 [1902]. — Mar-kownikoff, Berichte d. Deutsch. chem. Gesellschaft **35**, 1584 [1902].

3) Warren, Zeitschr. f. Chemie **1865**, 668.

4) Young, Journ. Chem. Soc. **73**, 906 [1898].

5) Lachowicz, Berichte d. Deutsch. chem. Gesellschaft **14**, 1620 [1881].

6) Charitschkoff, Chem. Revue üb. d. Fett- u. Harzind. **6**, 198 [1899].

7) Beilstein u. Kurbatoff, Berichte d. Deutsch. chem. Gesellschaft **14**, 1620 [1881].

8) Thorpe, Annalen d. Chemie u. Pharmazie **198**, 364 [1879]; Berichte d. Deutsch. chem. Gesellschaft **12**, 850, 2175 [1879].

9) Schorlemmer u. Thorpe, Annalen d. Chemie u. Pharmazie **217**, 150 [1883].

10) Renard, Compt. rend. de l'Acad. des Sc. **91**, 419 [1880].

11) Blasdale, Amer. Chem. Soc. **23**, 162 [1901]. — Wenzell, Chem. Centralbl. **1905**, I, 145.

12) Schorlemmer, Annalen d. Chemie u. Pharmazie **125**, 109 [1863].

13) Dale, Annalen d. Chemie u. Pharmazie **132**, 247 [1864].

14) Kishner, Journ. d. russ. physikal.-chem. Gesellschaft **31**, 1037 [1899]; Chem. Centralbl. **1900**, I, 957.

15) Sabatier u. Senderens, Compt. rend. de l'Acad. des Sc. **135**, 88 [1901].

16) Francis u. Young, Journ. Chem. Soc. **73**, 921 [1898].

17) Perkin, Journ. Chem. Soc. **69**, 1236 [1896].

18) G. Jaffé, Annalen d. Physik [4] **28**, 326—370 [1909]; Chem. Centralbl. **1909**, I, 1805.

19) Young, Journ. Chem. Soc. **73**, 675 [1896].

däres Heptylbromid[1][2]). Beim Kochen mit Salpetersäure unter Rückfluß entstehen Mono- und Dinitroheptan neben Kohlendioxyd, Bernsteinsäure und Oxalsäure[3]). Ein Kohlenwasserstoff C_7H_{14} vom Siedep. 98,1°, dem spez. Gew. 0,729 und der Dampfdichte 3,551 findet sich in den pennsylvanischen Ölen[4]).

Heptan (?) aus der Harzessenz[5]), den flüchtigeren Bestandteilen des rohen Harzöls aus Kolophonium. Siedep. 95—97°. Spez. Gew. 0,763 bei 15°.

1-Chlorheptan $C_7H_{15}Cl$

$$\begin{array}{c} CH_3 \\ | \\ (CH_2)_5 \\ | \\ H-C-H \\ | \\ Cl \end{array}$$

Bildung: Durch Einwirkung von Salzsäure auf Önanthylalkohol[6]). Beim Chlorieren von Petroleumheptan (Siedep. 98°), neben 2-Chlorheptan (siehe dieses). Flüssigkeit. Siedep. 159,2° bei 750 mm. Spez. Gew. 0,881 bei 16°.

2-Chlorheptan $C_7H_{15}Cl$

$$\begin{array}{c} CH_3 \\ | \\ (CH_2)_4 \\ | \\ CHCl \\ | \\ CH_3 \end{array}$$

Bildung: Beim Chlorieren von Petroleumheptan (Siedep. 98°) neben n-Heptylchlorid[7]).

Heptylchlorid $C_7H_{15}Cl$ (Konstitution?). Aus Petroleumheptan (Siedep. 90°) beim Chlorieren[8]). Flüssigkeit. Siedep. 144—158°.

n-Heptylbromid, 1-Bromheptan $C_7H_{15}Br$

$$\begin{array}{c} CH_3 \\ | \\ (CH_2)_5 \\ | \\ H-C-H \\ | \\ Br \end{array}$$

Bildung: Beim Behandeln von n-Heptylalkohol mit Bromwasserstoffsäure[6]). Beim Bromieren von n-Heptan[9]). — Flüssigkeit. Siedep. 178,5° bei 750,6 mm[6]); 93° bei 70 mm[9]). Spez. Gew. 1,133 bei 16°; 1,1577 bei 0°/4°[9]). Gibt beim langen Kochen mit alkoholischem Kali Äthylheptyläther $CH_3 \cdot (CH_2)_5 \cdot CH_2OC_2H_5$[10]).

2-Bromheptan $C_7H_{15}Br$

$$\begin{array}{c} CH_3 \\ | \\ (CH_2)_4 \\ | \\ CHBr \\ | \\ CH_3 \end{array}$$

Bildung: Beim Bromieren von Heptan verschiedener Herkunft[2][11]). — Flüssigkeit. Siedep. 165—167° (geringe Zersetzung). Spez. Gew. 1,422 bei 17,5°.

Natriumalkoholat verwandelt es unter Bromwasserstoffabspaltung in **Heptylen.**

[1]) Venable, Berichte d. Deutsch. chem. Gesellschaft **13**, 1650 [1880].
[2]) Schorlemmer, Annalen d. Chemie u. Pharmazie **188**, 253 [1877].
[3]) Worstall, Amer. Chem. Journ. **20**, 209 [1898].
[4]) Warren, Mem. Amer. Acad. of Arts and Science **9**; **10**; Amer. Journ. of Science **39**, 327; **40**; **41**; **45**, 262; **46**.
[5]) W. A. Tilden, Berichte d. Deutsch. chem. Gesellschaft **13**, 1604 [1880].
[6]) Cross, Annalen d. Chemie u. Pharmazie **189**, 3 [1877].
[7]) Pelouze u. Cahours, Jahresber. d. Chemie **1863**, 528.
[8]) Schorlemmer, Annalen d. Chemie u. Pharmazie **166**, 172 [1873].
[9]) Francis u. Young, Journ. Chem. Soc. **73**, 921 [1898].
[10]) Welt, Berichte d. Deutsch. chem. Gesellschaft **30**, 1494 [1897].
[11]) Venable, Berichte d. Deutsch. chem. Gesellschaft **13**, 1650 [1880].

1, 2-Dibromheptan $C_7H_{14}Br_2 = CH_3 \cdot (CH_2)_4 \cdot CHBr \cdot CH_2Br$. Durch Bromieren von Hepten (1) [1]. Flüssigkeit. Siedep. 105—107° bei 15 mm. Alkoholisches Kali führt es in Monobromheptylen und Heptyliden über.

n-Heptyljodid, 1-Jodheptan $C_7H_{15}J$

$$
\begin{array}{c}
CH_3 \\
| \\
(CH_2)_5 \\
| \\
H-C-H \\
| \\
J
\end{array}
$$

Bildung: Durch Einwirkung von Jodwasserstoffsäure auf n-Heptylalkohol[2]. Darstellung[3]. Flüssigkeit. Siedep. 203,8°. Spez. Gew. 1,4008 bei 0°.

2-Jodheptan $C_7H_{15}J = CH_3 \cdot CHJ \cdot (CH_2)_4 \cdot CH_3$. Aus 2-Bromheptan durch Umsetzung mit Kaliumjodid in alkoholischer Lösung[4]. Flüssigkeit. Siedep. 98° bei 50 mm. Zerfällt beim Sieden unter gewöhnlichem Druck in Heptylen und Jodwasserstoffsäure.

1-Nitroheptan $C_7H_{15}O_2N$

$$
\begin{array}{c}
CH_3 \\
| \\
(CH_2)_5 \\
| \\
H-C-H \\
| \\
NO_2
\end{array}
$$

Bildung: Durch Nitrieren von n-Heptan[5].
Physikalische und chemische Eigenschaften: Hellgelbes Öl. Siedep. 193—195°. Spez. Gew. 0,9476 bei 17°. Leicht löslich in Alkohol und Äther. Eisenfeile und Essigsäure reduzieren es zu Heptylamin. Gibt die Nitrolsäurereaktion. Bildet Salze.

2-Nitroheptan $C_7H_{15}O_2N$

$$
\begin{array}{c}
CH_3 \\
| \\
(CH_2)_4 \\
| \quad NO_2 \\
C \\
| \quad H \\
CH_3
\end{array}
$$

Bildung: Bei langem Erhitzen von Heptan mit verdünnter Salpetersäure (1,075) auf 130°[6]. Beim Kochen der bei 95—100° siedenden Fraktion des amerikanischen Petroleums mit Salpetersäure (1,38)[7].
Physikalische und chemische Eigenschaften: Siedep. 194—198°[6]; 193—197°[7]. Spez. Gew. 0,9466 bei 0°[6]; 0,9369 bei 13°[7]. Löslich in warmer, konz. Kalilauge.

1, 1-Dinitroheptan $C_7H_{14}O_4N_2$

$$
\begin{array}{c}
CH_3 \\
| \\
(CH_2)_5 \\
| \\
H-C-NO_2 \\
| \\
NO_2
\end{array}
$$

Bildung: Durch Nitrieren von n-Heptan[5]. Hellgelbes Öl. Leicht löslich in Alkohol und Äther. Zinn und Salzsäure reduzieren es zu Hydroxylamin und Ammoniak. Liefert Salze; die alkalische Lösung ist tiefrot gefärbt.

---

[1] **Welt**, Berichte d. Deutsch. chem. Gesellschaft **30**, 1495 [1897].
[2] **Cross**, Annalen d. Chemie u. Pharmazie **189**, 4 [1877].
[3] **Jourdan**, Annalen d. Chemie u. Pharmazie **200**, 104 [1879].
[4] **Venable**, Berichte d. Deutsch. chem. Gesellschaft **13**, 1650 [1880].
[5] **Worstall**, Amer. Chem. Journ. **20**, 210 [1898]; **21**, 226 [1899].
[6] **Konowalow**, Journ. d. russ. physikal.-chem. Gesellschaft **25**, 481 [1893].
[7] **Beilstein u. Kurbatow**, Berichte d. Deutsch. chem. Gesellschaft **13**, 2029 [1880].

2. Isoheptan (2-Methylhexan, Äthylisoamyl).

$$C_7H_{14}.$$

$$CH_3$$
$$|$$
$$CH \cdot CH_3$$
$$|$$
$$(CH_2)_3$$
$$|$$
$$CH_3$$

Vorkommen: Im amerikanischen Petroleum[1]), in dem von Grossny[2]).

Bildung: Aus Äthyljodid und Isoamyljodid bei Einwirkung von Natrium[3]). Aus Äthylbromid und Isoamylbromid durch Natrium[4]). Aus Methylisoamylcarbinoljodid $(CH_3)CHJ\left(CH_2 \cdot CH_2 \cdot CH {<}{CH_3 \atop CH_3}\right)$ beim Behandeln mit Zink und Salzsäure[5]). Bei der Elektrolyse eines Gemisches von essigsaurem und önanthsaurem Kalium[6]).

Physikalische und chemische Eigenschaften: Flüssigkeit. Siedep. 90,5°[7]); 90,3° (korr.)[8]); 89,9—90,4°[1]). Spez. Gew. 0,6819 bei 17,5°[7]); 0,69691 bei 0°/4°[8]); 0,70670 bei 0°/4°[1]). Ein Kohlenwasserstoff C_7H_{16} vom Siedep. 90,4°, dem spez. Gew. 0,717 und der Dampfdichte 3,547 findet sich in den pennsylvanischen Ölen[9]).

Isoheptylbromid $C_7H_{15}Br$. Beim Bromieren von Isoheptan (aus amerikanischem Petroleum)[10]). Flüssigkeit. Siedep. 83—84° bei 70 mm. Spez. Gew. 1,1667 bei 0°/4°.

Heptylenbromid $C_7H_{14}Br_2$. Aus Heptylen (aus Paraffin) beim Bromieren[11]). Flüssigkeit. Spez. Gew. 1,5146 bei 18,5°. Zersetzt sich bei 150°.

Heptylenbromid $C_7H_{14}Br_2$. Beim Bromieren von Heptylen, welches aus Pinus sabiniana gewonnen wurde[12]). Flüssigkeit. Siedep. 209—211°. Alkoholisches Kali spaltet Bromwasserstoffsäure ab.

Jodheptan $C_7H_{15}J$ (Konstitution?). Beim Behandeln von Heptan (aus Petroleumheptan [Siedep. 98°]) mit Jodphosphor[13]). Flüssigkeit. Siedep. 190°.

Jodheptan $C_7H_{15}J$ (Konstitution?). Durch Addition von Jodwasserstoff an aus Petroleumheptan hergestelltem Heptylen[14]). Flüssigkeit. Siedep. 170°.

3. Dimethyl-2,4-pentan, Tetramethylpropan.

$$C_7H_{16}.$$

$$CH_3$$
$$|$$
$$CH \cdot CH_3$$
$$|$$
$$CH$$
$$|$$
$$CH - CH_3$$
$$|$$
$$CH_3$$

Vorkommen: In der Fraktion 80—82° der kaukasischen Naphtha[15]).

[1]) Francis u. Young, Journ. Chem. Soc. **73**, 906, 922 [1898].
[2]) Charitschkoff, Chem. Revue üb. d. Fett- u. Harzind. **6**, 198 [1908].
[3]) Würtz, Annales de Chim. et de Phys. [3] **44**, 275 [1855].
[4]) Grimshaw, Annalen d. Chemie u. Pharmazie **166**, 163 [1873].
[5]) Purdie, Journ. Chem. Soc. **39**, 467 [1881].
[6]) Würtz, Annalen d. Chemie u. Pharmazie **96**, 372 [1855].
[7]) Schorlemmer, Annalen d. Chemie u. Pharmazie **136**, 259 [1865].
[8]) Thorpe, Journ. Chem. Soc. **37**, 216 [1880].
[9]) Warren, Mem. Amer. Acad. of Arts and Science **9**; **10**; Amer. Journ. of Science **39**, 327; **40**; **41**; **45**, 262; **46**.
[10]) Francis u. Young, Journ. Chem. Soc. **73**, 921 [1898].
[11]) Thorpe u. Young, Annalen d. Chemie u. Pharmazie **165**, 12 [1873].
[12]) Venable, Journ. Amer. Chem. Soc. **4**, 255 [1882].
[13]) Schorlemmer, Annalen d. Chemie u. Pharmazie **127**, 316 [1863].
[14]) Schorlemmer, Annalen d. Chemie u. Pharmazie **127**, 318 [1863].
[15]) G. Chonin, Journ. d. russ. physikal.-chem. Gesellschaft **41**, 327—344 [1909]; Chem. Centralbl. **1909**, II, 587.

Bildung: Aus Dimethylisobutylcarbinol $(CH_3)_2CH \cdot CH_2 \cdot C(OH) \cdot (CH_3)_2$ (nach Grignard-Masson aus Isovaleriansäureäthylester und Jodmethylmagnesium; Siedep. 133° bei 749 mm; spez. Gew. 0,8326 bei 0°/0°, 0,8158 bei 20°/0°) über das Jodid Dimethyl-2-4-jod-4-pentan $(CH_3)_2CH \cdot CH_2 \cdot C(J) \cdot (CH_3)_2$, (Siedep. 140—142° bei 756 mm), durch Erhitzen des Jodids mit rauchender Jodwasserstoffsäure im Rohr auf 200—230° durch 7 Stunden[1]).

Physikalische und chemische Eigenschaften: Leicht bewegliche, nach Petroleum riechende Flüssigkeit. Siedep. 83—84°. Spez. Gew. 0,9671 bei 0°/0°; 0,6805 bei 20°/0°. Brechungsexponent $n_{D_{20}} = 1,3825$. Leicht löslich in Salpetersäure von 1,52 Dichte.

Dimethyl-2, 4-nitro-4-pentan

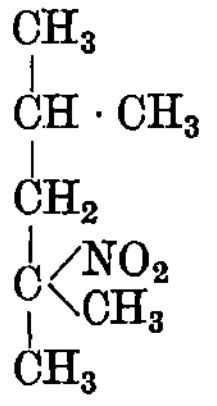

$$CH_3$$
$$|$$
$$CH \cdot CH_3$$
$$|$$
$$CH_2$$
$$|\quad\diagup NO_2$$
$$C\diagdown CH_3$$
$$|$$
$$CH_3$$

aus dem Dimethyl-2-4-pentan mit verdünnter Salpetersäure (spez. Gew. 1,11)[2] im Einschmelzrohr bei 100—105° während 9 Stunden. Fast farblose Flüssigkeit von campherartigem Geruch. Siedep. 181—182° bei 742 mm. Spez. Gew. 0,9559 bei 0°/0°; 0,9309 bei 30°/0°. Brechungsindex 1,4235.

Dimethyl-2, 4-amino-4-pentan[2])

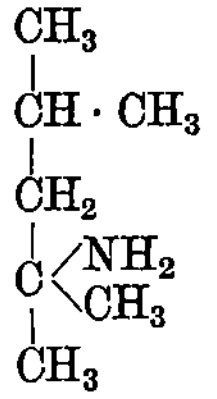

$$CH_3$$
$$|$$
$$CH \cdot CH_3$$
$$|$$
$$CH_2$$
$$|\quad\diagup NH_2$$
$$C\diagdown CH_3$$
$$|$$
$$CH_3$$

aus der Nitroverbindung mit Zinn und Salzsäure. Farblose Flüssigkeit vom Siedep. 121—122,2° bei 753 mm. Spez. Gew. 0,7887 bei 0°/0°; 0,7720 bei 20°/0°. Brechungsexponent $n_{14,5} = 14199$. Das synthetische Amin und seine Derivate (Hydrochlorid, Schmelzp. ca. 208—209°, Platinchlorid [Zersetzungsp. 180—183], Phenylthioharnstoffderivat, Schmelzp. 111—112°) sind identisch mit den aus der Naphtha dargestellten Verbindungen.

Octane C_8H_{18}.

Mol.-Gewicht 114.
Zusammensetzung: 84,2% C, 15,8% H.

1. Normales Octan.

$$C_8H_{18}.$$

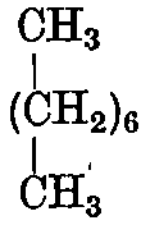

$$CH_3$$
$$|$$
$$(CH_2)_6$$
$$|$$
$$CH_3$$

Vorkommen: Im Petroleum (Ligroin).

---

[1]) G. Chonin, Journ. d. russ. physikal.-chem. Gesellschaft **40**, 731 [1908]; Chem. Centralbl. **1908**, II, 813. — M. Konowalow, Journ. d. russ. physikal.-chem. Gesellschaft **37**, 910 [1905]; Chem. Centralbl. **1906**, I, 330.

[2]) G. Chonin, Journ. d. russ. physikal.-chem. Gesellschaft **40**, 731 [1908]; Chem. Centralbl. **1908**, II, 813. — M. Konowalow, Journ. d. russ. physikal.-chem. Gesellschaft **37**, 1122 [1905]; Chem. Centralbl. **1906**, I, 737.

Bildung: Beim Erhitzen von Sebacynsäure $CO_2H \cdot (CH_2)_7 \cdot CO_2H$ mit Baryt[1]). Aus n-Butyljodid bei Einwirkung von Natrium[2]). Aus dem Jodid $CH_3 \cdot CHJ \cdot C_6H_{13}$ des Methylhexylcarbinols durch Reduktion mit Zink und Salzsäure[3]). Aus dem normalen Octyljodid durch Reduktion mit Natriumamalgam[4]). Bei Einwirkung von Wasser auf die Verbindung $TiCl_4 \cdot 2\,Zn(C_2H_5)_2$ [5]). Beim Überleiten von α-Octen und Wasserstoff über reduziertes Nickel bei 150° [6]). Aus 2-Octylhydrazin und Ferricyankali[7]).

Physikalische und chemische Eigenschaften: Flüssigkeit. Siedep. 125,46° (korr.); 124° (korr.)[7]). Spez. Gew. 0,71883 bei 0°/4°. Ausdehnungskoeffizient[8]). Verdampfungswärme. Spez. Wärme[9]). Verbrennungswärme[10]). Kritische Konstanten[11]). Dielektrizitätskonstante, Brechungsvermögen[12]). Elektromagnetische Drehung[13]). Dampfdruck[14]). Beim Kochen mit Salpetersäure (spez. Gew. 1,42) entstehen Mono- und Dinitrooctan neben Kohlendioxyd, Essigsäure, Bernsteinsäure und Oxalsäure[15]). Ein Kohlenwasserstoff C_8H_{18} vom Siedep. 127,6°, dem spez. Gew. 0,751 und der Dampfdichte 3,990 findet sich in den pennsylvanischen Ölen[16]).

n-Chloroctan $C_8H_{17}Cl = CH_3 \cdot (CH_2)_6 \cdot CH_2Cl$. Aus n-Octylalkohol und Salzsäure[17]). Flüssigkeit. Siedep. 179,5—180,5°; 182,5—183,5° (korr.)[18]); 183,6—184,6 [19]). Spez. Gew. 0,87857 bei 15° [18]).

2-Chloroctan $C_8H_{17}Cl = CH_3 \cdot CHCl \cdot (CH_2)_5 \cdot CH_3$. Durch Einwirkung von Salzsäure oder Phosphorpentachlorid auf Methylhexylcarbinol[20]). Darstellung[21]). Flüssigkeit. Siedep. 171—173° (korr.). Spez. Gew. 0,87075 bei 15° [18]).

n-Bromoctan $C_8H_{17}Br = CH_3 \cdot (CH_2)_4 \cdot CH_2Br$. Durch Einwirkung von Brom bei Gegenwart von Phosphor auf n-Octylalkohol[22]). Flüssigkeit. Siedep. 198—200°; 200,3—202,3° [19]). Spez. Gew. 1,1178 bei 13° [19]); 1,116 bei 16° [22]).

2-Bromoctan $C_8H_{17}Br = CH_3 \cdot CHBr \cdot (CH_2)_5 \cdot CH_3$. Aus Methylhexylcarbinol und Bromphosphor[23]) oder Bromwasserstoffsäure[24]). Flüssigkeit. Siedep. 191° [25]); 187,5—188,5° bei 741 mm. Spez. Gew. 1,0989 bei 22° [26]).

1-Jodoctan $C_8H_{17}J = CH_3 \cdot (CH_2)_4 \cdot CH_2J$. Aus n-Octylalkohol und Jodphosphor[27]) oder Jodwasserstoffsäure[28]). Flüssigkeit. Siedep. 194° bei 330 mm; 99° bei 15 mm. Spez. Gew. 1,337 bei 16°/4° [29]); 1,2994 bei 81,9°. Ausdehnung[30]).

[1]) Riche, Annalen d. Chemie u. Pharmazie **117**, 265 [1861].

[2]) Schorlemmer, Annalen d. Chemie u. Pharmazie **161**, 280 [1871].

[3]) Schorlemmer, Annalen d. Chemie u. Pharmazie **147**, 227 [1868]; **152**, 152 [1869]; **161**, 281 [1871].

[4]) Zincke, Annalen d. Chemie u. Pharmazie **152**, 15 [1869].

[5]) Paternò u. Peratoner, Berichte d. Deutsch. chem. Gesellschaft **22**, 467 [1889].

[6]) Sabatier u. Senderens, Compt. rend. de l'Acad. des Sc. **134**, 1129 [1901].

[7]) Kishner, Journ. d. russ. physikal.-chem. Gesellschaft **31**, 1037 [1899]; Chem. Centralbl. **1900**, I, 957.

[8]) Thorpe, Journ. Chem. Soc. **37**, 217 [1880].

[9]) Longuinine, Annales de Chim. et de Phys. [7] **13**, 289 [1898].

[10]) Zoubow, Journ. d. russ. physikal.-chem. Gesellschaft **30**, 926 [1898].

[11]) Altschul, Zeitschr. f. physikal. Chemie **11**, 590 [1893]. — Young, Journ. Chem. Soc. **77**, 1145 [1900].

[12]) Landolt u. Jahn, Zeitschr. f. physikal. Chemie **10**, 297 [1892].

[13]) Schönrock, Zeitschr. f. physikal. Chemie **11**, 785 [1893].

[14]) Woringer, Zeitschr. f. physikal. Chemie **34**, 257 [1900].

[15]) Worstall, Amer. Chem. Journ. **20**, 212 [1898].

[16]) Warren, Mem. Amer. Acad. of Arts and Science **9**; **10**; Amer. Journ. of Science **39**, 327; **40**; **41**; **45**, 262; **46**.

[17]) Zincke, Annalen d. Chemie u. Pharmazie **152**, 4 [1869].

[18]) Perkin, Journ. f. prakt. Chemie [2] **31**, 495 [1885].

[19]) Perkin, Journ. Chem. Soc. **69**, 1237 [1896].

[20]) Bonis, Annalen d. Chemie u. Pharmazie **92**, 398 [1854].

[21]) Malbot, Bulletin de la Soc. chim. [3] **3**, 69 [1890].

[22]) Zincke, Annalen d. Chemie u. Pharmazie **152**, 5 [1869].

[23]) Bonis, Annales de Chim. et de Phys. [3] **44**, 130 [1855].

[24]) Alechin, Journ. d. russ. physikal.-chem. Gesellschaft **15**, 175 [1883].

[25]) Chapman, Jahresber. d. Chemie **1865**, 514.

[26]) Lachowicz, Annalen d. Chemie u. Pharmazie **220**, 185 [1883].

[27]) Zincke, Annalen d. Chemie u. Pharmazie **152**, 2 [1869].

[28]) Möslinger, Annalen d. Chemie u. Pharmazie **185**, 55 [1877].

[29]) Krafft, Berichte d. Deutsch. chem. Gesellschaft **19**, 2222 [1886].

[30]) Dobriner, Annalen d. Chemie u. Pharmazie **243**, 29 [1888].

2-Jodoctan $C_8H_{17}J = CH_3 \cdot CHJ \cdot (CH_2)_5CH_3$. Aus Methylhexylcarbinol und Jodphosphor [1]). Flüssigkeit. Siedep. 210°; 190° (unter Zersetzung) [2]). Spez. Gew. 1,310 bei 16°. Liefert beim Erhitzen mit Aluminiumchlorid Butan [3]).

1-Nitrooctan $C_8H_{17}O_2N$

$$CH_3$$
$$|$$
$$(CH_2)_6$$
$$|$$
$$H\!-\!C\!-\!H$$
$$|$$
$$NO_2$$

Bildung: Aus Normaloctan und Salpetersäure (1,14) beim Kochen [4]). Aus Octyljodid und Silbernitrit [5]).

Physikalische und chemische Eigenschaften: Hellgelbe, angenehm riechende Flüssigkeit. Siedep. 206—210° [3]); 205—212° [5]). Spez. Gew. 0,9346 bei 20° [4]).

2-Nitrooctan $C_8H_{17}O_2N$

$$CH_3$$
$$|$$
$$(CH_2)_5$$
$$|$$
$$CH \cdot NO_2$$
$$|$$
$$CH_3$$

Bildung: Beim Erhitzen von Octan mit verdünnter Salpetersäure (1,075) auf 130° [6]).

Physikalische und chemische Eigenschaften: Siedep. 123—124° bei 40 mm; Siedep. 210—212° (geringe Zersetzung). Spez. Gew. 0,93645 bei 0°.

1,1-Dinitrooctan $C_8H_{16}O_4N_2$

$$CH_3$$
$$|$$
$$(CH_2)_6$$
$$|$$
$$H\!-\!C\!-\!NO_2$$
$$|$$
$$NO_2$$

Bildung: Beim Nitrieren von n-Octan [7]).

Physikalische und chemische Eigenschaften: Gelbes Öl. Zersetzt sich in der Hitze leicht. Liefert Salze; die Lösung in Alkalien ist rot. Spez. Gew. 1,0638 bei 23°.

Octan aus Ohiopetroleum [8]). Flüssigkeit. Siedep. 124—125°. Spez. Gew. 0,7134 bei 20°. Liefert ein Octylchlorid $C_8H_{17}Cl$ vom Siedep. 173—174° bei 760 mm; 89—91° bei 50 mm.

Octan aus Ohiopetroleum [8]). Flüssigkeit. Siedep. 119,5° bei 760 mm. Spez. Gew. 0,7243 bei 20°. Liefert ein Octylchlorid $C_8H_{17}Cl$ vom Siedep. 164—166° bei 760 mm, 83—84° bei 50 mm. Ein Kohlenwasserstoff C_8H_{18} vom Siedep. 119,5°, dem spez. Gew. 0,736 und der Dampfdichte 3,992 findet sich in den pennsylvanischen Ölen [9]).

Nonane C_9H_{20}.

Mol.-Gewicht 128.

Zusammensetzung: 84,4% C, 15,6% H.

α-Nonan (Konstitution?).

C_9H_{20}.

α-**Nonan.** Aus Petroleum [10]). Flüssigkeit. Siedep. 135—137°. Spez. Gew. 0,742 bei 12,4°. Ein Kohlenwasserstoff C_9H_{20} vom Siedep. 150,8°, dem spez. Gew. 0,755, der Dampfdichte 4,60 findet sich in den pennsylvanischen Ölen [9]).

[1]) Bonis, Jahresber. d. Chemie **1855**, 526.

[2]) Alechin, Journ. d. russ. physikal.-chem. Gesellschaft **15**, 174 [1883].

[3]) Kluge, Annalen d. Chemie u. Pharmazie **282**, 227 [1894].

[4]) Worstall, Amer. Chem. Journ. **20**, 213 [1898]; **21**, 228 [1899].

[5]) Eichler, Berichte d. Deutsch. chem. Gesellschaft **12**, 1883 [1879].

[6]) Konowalow, Journ. d. russ. physikal.-chem. Gesellschaft **25**, 491 [1893].

[7]) Worstall, Amer. Chem. Journ. **20**, 214 [1898]; **21**, 231 [1899].

[8]) Mabery u. Hudson, Amer. Chem. Journ. **19**, 255 [1897].

[9]) Warren, Mem. Amer. Acad. of Arts and Science **9**; **10**; Amer. Journ. of Science **39**, 327; **40**; **41**; **45**, 262; **46**.

[10]) Lemoine, Bulletin de la Soc. chim. **41**, 164 [1884].

β-Nonan (Konstitution?).

C_9H_{20}.

β-Nonan. Aus Petroleum[1]). Flüssigkeit. Siedep. 129,5—131,5° bei 751 mm; 59—60° bei 65 mm; 37,2—40° bei 22 mm. Spez. Gew. 0,743 bei 0°; 0,734 bei 12,7°; 0,725 bei 24,7°.

n-Jodnonan $C_9H_{19}J = CH_3 \cdot (CH_2)_7 \cdot CH_2J$. Aus n-Nonylalkohol und Jodwasserstoff[2]). Flüssigkeit. Siedep. 117° bei 15 mm. Spez. Gew. 1,3052 bei 0°/4°.

1-Nitrononan $C_9H_{19}O_2N$

$$\begin{array}{c} CH_3 \\ | \\ (CH_2)_7 \\ | \\ H-C-H \\ | \\ NO_2 \end{array}$$

Bildung: Beim Kochen von Nonan mit Salpetersäure (D = 1,080)[3]).

Physikalische und chemische Eigenschaften: Hellgelbe Flüssigkeit. Siedep. 215 bis 218° (Zersetzung). Spez. Gew. 0,9227 bei 17°.

Decane $C_{10}H_{22}$.

Mol.-Gewicht 142.

Zusammensetzung: 84,5% C, 15,5% H.

1. Normales Decan.

$C_{10}H_{22}$.

$$\begin{array}{c} CH_3 \\ | \\ (CH_2)_8 \\ | \\ CH_3 \end{array}$$

Vorkommen: Im Petroleum[4]). Im pennsylvanischen, kanadischen und im Ohio-petroleum[5]).

Bildung: Aus Caprinsäure $CH_3(CH_2)_8 \cdot COOH$ oder dem Chlorid $C_{10}H_{20}Cl_2$ (aus dem Keton $C_8H_{17} \cdot CO \cdot CH_3$) beim Erhitzen mit Jodwasserstoff und rotem Phosphor auf 210 bis 240°[6]). Bei Einwirkung von Natrium auf ein Gemisch von normalem Octylbromid und Äthyljodid[7]).

Physikalische und chemische Eigenschaften: Flüssigkeit. Erstarrt im Kältegemisch und schmilzt dann bei —30 bis —32°. Siedep. 63° bei 15 mm; 90° bei 50 mm; 107° bei 100 mm; 173° bei 760 mm[6]); 161°[4]); 67,5° bei 36 mm[8]); 173—174°[5]). Spez. Gew. 0,7454 bei 0°; 0,7342 bei 15°; 0,7304 bei 20°; 0,6690 bei 99,3°[6]); 0,757 bei 16°[4]); 0,764 bei 0°[8]); 0,753 bei 15,6°; 0,739 bei 33,5°; 0,7467 bei 20°[5]). n = 1,4093[5]). Latente Verdampfungswärme 60,83 Cal.[9]). Ein Kohlenwasserstoff $C_{10}H_{20}$ vom Siedep. 174,9° findet sich im nordamerikanischen Erdöle[10]).

---

1) Lemoine, Bulletin de la Soc. chim. **41**, 164 [1884].

2) Krafft, Berichte d. Deutsch. chem. Gesellschaft **19**, 2221 [1886].

3) Worstall, Amer. Chem. Journ. **21**, 233 [1899].

4) Pelouze u. Cahours, Jahresber. d. Chemie **1862**.

5) Mabery, Amer. Chem. Journ. **19**, 419 [1897]. — Mabery u. Hudson, Amer. Chem. Journ. **19**, 482 [1897].

6) Krafft, Berichte d. Deutsch. chem. Gesellschaft **15**, 1695 [1882].

7) Lachowicz, Annalen d. Chemie u. Pharmazie **220**, 179 [1883].

8) Lemoine, Bulletin de la Soc. chim. **41**, 105 [1884].

9) Longuinine, Bulletin de la Soc. chim. [3] **15**, 47 [1896].

10) Warren, Mem. Amer. Acad. of Arts and Science **9**; Amer. Journ. of Science [2] **40**. — Vgl. Höfer, Das Erdöl und seine Verwandten. Braunschweig 1906. 2. Aufl. S. 66.

n-Chlordecan $C_{10}H_{21}Cl$

$$
\begin{array}{c}
CH_3 \\
| \\
(CH_2)_8 \\
| \\
H-C-H \\
| \\
Cl
\end{array}
$$

Bildung: Durch Chlorieren von n-Decan (aus amerikan. Petroleum)[1][2]. — Flüssigkeit. Siedep. 130—140° bei 80 mm. Spez. Gew. 0,8874. Brechungsexponent n = 1,4445.

1,1-Dichlordecan $C_{10}H_{20}Cl_2$

$$
\begin{array}{c}
CH_3 \\
| \\
(CH_2)_8 \\
| \\
H-C-Cl \\
| \\
Cl
\end{array}
$$

Bildung: Beim Chlorieren des n-Decans (aus amerikanischem Petroleum)[1][2]. — Flüssigkeit. Siedep. 170—171° bei 80 mm; 235—240° bei 747 mm. Brechungsexponent $n_D = 1,4604$.

n-Decyljodid $C_{10}H_{21}J = CH_3 \cdot (CH_2)_8 \cdot CH_2J$. Aus n-Decylalkohol und Jodwasserstoffsäure[3]. Flüssigkeit. Siedep. 132° bei 15 mm. Spez. Gew. 1,2768 bei 0°/4°.

1-Nitrodecan $C_{10}H_{21}O_2N$

$$
\begin{array}{c}
CH_3 \\
| \\
(CH_2)_8 \\
| \\
H-C-H \\
| \\
NO_2
\end{array}
$$

Bildung: Beim Kochen von Decan mit Salpetersäure (1,080)[4].

Physikalische und chemische Eigenschaften: Gelbe Flüssigkeit. Spez. Gew. 0,9105 bei 15°. Destilliert nicht unzersetzt.

2. 2,7-Dimethyloctan (Diisoamyl).

$$C_{10}H_{22}.$$

$$
\begin{array}{c}
CH_3 \\
| \\
CH \cdot CH_3 \\
| \\
(CH_2)_4 \\
| \\
CH \cdot CH_3 \\
| \\
CH_3
\end{array}
$$

Vorkommen: Im pennsylvanischen, kanadischen und im Ohiopetroleum[5].

Bildung: Aus Isoamyljodid[6] oder Isoamylbromid[7] beim Erhitzen mit Natrium auf 140—150°. Bei der Elektrolyse von capronsaurem Alkali[8].

Physikalische und chemische Eigenschaften: Flüssigkeit. Siedep. 159,5° bei 751,9 mm[9]; 157,1° bei 732,8 mm[10]; 163°[3]; 159,66°[11]. Spez. Gew. 0,7358 bei 9,8°/4°; 0,6126 bei 159,4°/4°[9];

[1]) Mabery, Amer. Chem. Journ. **19**, 419 [1897].
[2]) Mabery u. Hudson, Amer. Chem. Journ. **19**, 482 [1897].
[3]) Krafft, Berichte d. Deutsch. chem. Gesellschaft **19**, 2219 [1886].
[4]) Worstall, Amer. Chem. Journ. **21**, 237 [1899].
[5]) Mabery, Amer. Chem. Journ. **19**, 419 [1897]. — Mabery u. Hudson, Amer. Chem. Journ. **19**, 482 [1897].
[6]) Würtz, Jahresber. d. Chemie **1855**, 575.
[7]) Grimshaw, Berichte d. Deutsch. chem. Gesellschaft **10**, 1602 [1877].
[8]) Brazier u. Gossleth, Annalen d. Chemie u. Pharmazie **75**, 265 [1850].
[9]) Schiff, Annalen d. Chemie u. Pharmazie **200**, 88 [1879].
[10]) Lachowicz, Annalen d. Chemie u. Pharmazie **220**, 172 [1883].
[11]) Longuinine, Annales de Chim. et de Phys. [7] **13**, 289 [1898].

0,72156 bei 22°[1]); 0,7479 bei 20°[2]). Löst sich in 12 T. kaltem Eisessig und in 5 T. Eisessig von 65°[1]). Capillaritätskonstante beim Siedep. $a^2 = 3,579$[3]). $n = 1,4083$[2]). Spezifische Wärme, Verdampfungswärme[4]). Brechungsvermögen, Dielektrizitätskonstante[5]). Kritische Temperatur 330,4°. Kritischer Druck 21,3[6]). Elektromagnetische Drehung 10,988[7]). Liefert mit Salpetersäure zwei Mononitroderivate und ein Dinitroderivat[8]).

Monochlordiisoamyl $C_{10}H_{21}Cl$. Aus Diisoamyl (aus amerikanischem Petroleum) beim Chlorieren[9][10][11]). Flüssigkeit. Siedep. 200°[9]); 125—130°[10])[11]) bei 80 mm. Spez. Gew. 0,8914 bei 20°. Brechungsexponent $n = 1,4424$.

Diisoamylenhydrochlorid $C_{10}H_{21}Cl$. Aus Diisoamylen und Salzsäure[12]). Flüssigkeit. Siedep. 87—89° bei 19 mm. Spez. Gew. 0,8894 bei 14,5°. Wird von alkoholischem Kali unter Abspaltung von Salzsäure in Diisoamylen übergeführt.

Diisoamylenhydrobromid $C_{10}H_{21}Br$. Aus Diisoamylen und Bromwasserstoffsäure[13]). Flüssigkeit. Siedep. 99—101° bei 18 mm. Spez. Gew. 1,0420 bei 0°.

Diisoamylenhydrojodid $C_{10}H_{21}J$. Aus Diisoamylen und Jodwasserstoffsäure[14]). Flüssigkeit. Siedep. 114—116° bei 16 mm. Spez. Gew. 1,2340 bei 14,5°.

Nitrodiisoamyl $C_{10}H_{21}O_2N$

$$\begin{array}{l} CH_3 \\ | \\ CH\cdot CH_3 \\ | \\ (CH_2)_4 \\ | \quad {\diagup}NO_2 \\ C{\diagdown}CH_3 \\ | \\ CH_3 \end{array}$$

Bildung: Aus Diisoamyl beim Nitrieren mit Salpetersäure (1,075) bei 105°[15]). — Flüssigkeit. Siedep. 235—237° bei 749 mm (unter Zersetzung); Siedep. 125° bei 22,5 mm. Spez. Gew. 0,9092 bei 20°/4°. Brechungskoeffizient[16]). Die flüssige, labile Modifikation entsteht beim Ansäuern des Kaliumsalzes mit Schwefelsäure unter starker Kühlung[17]).

Dinitrodiisoamyl $C_{10}H_{20}O_4N_2$

$$\begin{array}{l} CH_3 \\ | \quad {\diagup}NO_2 \\ C{\diagdown}CH_3 \\ | \\ (CH_2)_4 \\ | \quad {\diagup}NO_2 \\ C{\diagdown}CH_3 \\ | \\ CH_3 \end{array}$$

Aus Diisoamyl oder Mononitrodiisoamyl und Salpetersäure neben anderen Körpern[18]). —
Physikalische und chemische Eigenschaften: Lange Prismen (aus Benzol). Schmelzp. 101,5—102°. Sublimiert leicht. Leicht löslich in Benzol, ziemlich schwer löslich in Äther.

---

[1]) Lachowicz, Annalen d. Chemie u. Pharmazie **220**, 172 [1883].
[2]) Würtz, Jahresber. d. Chemie **1855**, 575.
[3]) Schiff, Annalen d. Chemie u. Pharmazie **223**, 104 [1884].
[4]) Longuinine, Annales de Chim. et de Phys. [7] **13**, 289 [1898].
[5]) Landolt u. Jahn, Zeitschr. f. physikal. Chemie **10**, 297 [1892].
[6]) Altschul, Zeitschr. f. physikal. Chemie **11**, 590 [1893].
[7]) Schönrock, Zeitschr. f. physikal. Chemie **11**, 785 [1893].
[8]) Konowalow, Berichte d. Deutsch. chem. Gesellschaft **29**, 2199 [1896]; Chem. Centralbl. **1906**, II, 314.
[9]) Schorlemmer, Annalen d. Chemie u. Pharmazie **129**, 246 [1864].
[10]) Mabery, Amer. Chem. Journ. **19**, 419 [1897].
[11]) Mabery u. Hudson, Amer. Chem. Journ. **19**, 482 [1897].
[12]) Kondakow, Journ. d. russ. physikal.-chem. Gesellschaft **28**, 800 [1896].
[13]) Kondakow, Journ. f. prakt. Chemie [2] **54**, 459 [1896].
[14]) Kondakow, Journ. d. russ. physikal.-chem. Gesellschaft **28**, 801 [1896].
[15]) Konowalow, Journ. d. russ. physikal.-chem. Gesellschaft **28**, 1855 [1896].
[16]) Konowalow, Journ. d. russ. physikal.-chem. Gesellschaft **27**, 418 [1895].
[17]) Konowalow, Berichte d. Deutsch. chem. Gesellschaft **29**, 2198 [1896].
[18]) Konowalow, Berichte d. Deutsch. chem. Gesellschaft **29**, 2199 [1896].

Decan aus Paraffin durch Druckdestillation[1]). Siedep. 166—168°. Spez. Gew. 0,7399 bei 13,5°. Dampfdichte 72,8 (ber. 71).

Decan aus Rosenöl[2]), durch Erhitzen von Roseol mit 30—40 Vol. bei 0° gesättigter Jodwasserstoffsäure auf 180—200° (12 Stunden). Siedep. 158—159° bei 745 mm.

Decan aus Pennsylvania-[3]), Ohio-[4]), Kanadapetroleum[5]); die Fraktion 162—163° enthält reichlich Mesitylen, das durch Behandeln mit Salpeter-Schwefelsäure entfernt wird. Siedep. 163—164° bei 760 mm. Spez. Gew. 0,7479 bei 20°. Dampfdichte nach Hofmann 4,91 (ber. 4,91), Mol.-Gew. nach Beckmann 142 (ber. 142). Absorbiert leicht Chlor unter Erwärmung und lebhafter Salzsäureentwicklung. Es bildet dabei ein

Monochlordecan $C_{10}H_{21}Cl$. Siedep. 125—130° bei 80 mm; 197—203° unter Zersetzung. Spez. Gew. 0,8914 bei 20°. (Von Pelouze und Cahours ist ein Monochlorid: Siedep. 200 bis 204° erhalten worden), und ein

Dichlordecan $C_{10}H_{20}Cl_2$. Siedep. 160—170° bei 80 mm. Spez. Gew. 1,0187 bei 20°.

Decan aus Pennsylvania-[6]), Ohio-[7]) und Kanadapetroleum[8]).

Undecane $C_{11}H_{24}$.

Mol.-Gewicht 156.
Zusammensetzung: 84,6% C, 15,4% H.

1. Normales Undecan.

$$C_{11}H_{24}$$

$$CH_3$$
$$|$$
$$(CH_2)_9$$
$$|$$
$$CH_3$$

Vorkommen: Im pennsylvanischen und im Ohiopetroleum[9])[10]). Im flüchtigen Ameisenöl, das bei der Destillation von Formica rufa L. mit Wasser oder Alkohol erhalten wird (?)[11]).

Bildung: Aus Undecylsäure oder aus dem aus Rautenöl und Phosphorpentachlorid entstehenden Chlorid $C_{11}H_{22}Cl_2$ beim Erhitzen mit Jodwasserstoff und Phosphor auf 210—240°[12]).

Physikalische und chemische Eigenschaften: Flüssigkeit. Erstarrt in der Kälte und schmilzt dann bei —26,5°[12]). Siedep. 81° bei 15 mm; 96,5° bei 30 mm; 127° bei 100 mm; 194,5° bei 760 mm[12]); 196—197°[10]); 127,8—128,2° bei 100 mm; 192—194° bei 720 mm[11]). Spez. Gew. 0,7559 bei 0°/4°; 0,7448 bei 15°/4°; 0,7411 bei 20°/4°; 0,6816 bei 99°/4°[12]); 0,7581 bei 20°[10]); 0,73995[11]). n = 1,4158[10]).

n-Chlorundecan $C_{11}H_{23}Cl$

$$CH_3$$
$$|$$
$$(CH_2)_9$$
$$|$$
$$H—C—H$$
$$|$$
$$Cl$$

Bildung: Beim Chlorieren von n-Undecan (aus amerikanischem Petroleum)[10])[13]). — Flüssigkeit. Siedep. 145—150° bei 80 mm. Spez. Gew. 0,8721 bei 20°. Brechungsexponent n = 1,4433.

1) Thorpe u. Young, Annalen d. Chemie u. Pharmazie **165**, 23 [1873].
2) Markownikoff u. Reformatzki, Journ. f. prakt. Chemie [2] **48**, 308 [1893].
3) Mabery, Amer. Chem. Journ. **19**, 425 [1897].
4) Mabery, Amer. Chem. Journ. **19**, 446 [1897].
5) Mabery, Amer. Chem. Journ. **19**, 460 [1897].
6) Mabery, Amer. Chem. Journ. **19**, 429 [1897].
7) Mabery, Amer. Chem. Journ. **19**, 448 [1897].
8) Mabery, Amer. Chem. Journ. **19**, 464 [1897].
9) Mabery, Amer. Chem. Journ. **19**, 419, 433, 454, 484 [1897].
10) Mabery u. Hudson, Amer. Chem. Journ. **19**, 482 [1897].
11) Schall, Berichte d. Deutsch. chem. Gesellschaft **25**, 1489 [1892].
12) Krafft, Berichte d. Deutsch. chem. Gesellschaft **15**, 1697 [1882].
13) Mabery, Amer. Chem. Journ. **19**, 419 [1897].

Undecylenchlorid $C_{11}H_{22}Cl_2$

$$CH_3 - (CH_2)_8 - CCl_2 - CH_3$$

Durch Behandeln von Rautenöl ($CH_3COC_9H_{19}$) mit Phosphorpentachlorid[1]). Flüssigkeit. Siedep. 270°. Spaltet schon bei der Destillation ein Molekül Salzsäure ab, mit alkoholischer Kalilauge leicht auch das zweite Molekül.

1, 2-Dibromundecan $C_{11}H_{22}Br_2$. Siedep._{18} = 161° [2]).

n-Nitroundecan $C_{11}H_{23}O_2N$

$$CH_3 - (CH_2)_9 - \underset{NO_2}{CH} - H \quad (?)$$

Bildung: Beim Kochen von n-Undecan mit Salpetersäure[3]). — Gelbe Flüssigkeit. Spez. Gew. 0,9001. Destilliert nicht unzersetzt. Leicht löslich in Alkohol und Äther.

Normales Dodecan.

Mol.-Gewicht 170.
Zusammensetzung: 84,7% C, 15,3% H.

$$C_{12}H_{26}$$

$$CH_3 - (CH_2)_{10} - CH_3$$

Vorkommen: Im pennsylvanischen und im Ohiopetroleum[4]) [5]).

Bildung: Aus Laurinsäure $CH_3 \cdot (CH_2)_{10} \cdot COOH$ beim Erhitzen mit Jodwasserstoffsäure und Phosphor auf 210—240° [6]). Aus β-Hexyljodid bei Einwirkung von Zink und Salzsäure (?) oder bei der Elektrolyse von önanthsaurem Alkali(?)[7]).

Physikalische und chemische Eigenschaften: Flüssigkeit. Erstarrt in der Kälte und schmilzt dann bei —12° [6]). Siedep. 98° bei 15 mm[6]); 113,8° bei 30 mm; 145,5° bei 100 mm; 214,5° bei 760 mm; 201° [7]); 214—216° bei 760 mm[7]). Spez. Gew. 0,7655 bei 0°/4° [6]); 0,7548 bei 15°/4°; 0,7511 bei 20°/4°; 0,6930 bei 99,1°/4°; 0,7738 bei 17° [7]); 0,7684 bei 20°. n = 1,4209 [5]). Ein von Pelouze und Cahours[8]) beschriebenes Dodecan, Siedep. 196°, dessen Chlorid bei 242—245° siedet und das spez. Gewicht 0,933 bei 22° besitzt, ist ein Undecan[9]).

n-Chlordodecan $C_{12}H_{25}Cl$

$$CH_3 - (CH_2)_{10} - \underset{NO_2}{CH} - H$$

Bildung: Aus n-Dodecan (aus amerikanischem Petroleum) beim Chlorieren[4]) [5]). — Flüssigkeit. Siedep. 142—153° bei 80 mm. Spez. Gew. 0,8919 bei 20°. Brechungsexponent n = 1,4456.

[1]) Giesecke, Zeitschr. f. Chemie **1870**, 431.
[2]) Jeffreys, Amer. Chem. Journ. **22**, 40 [1900].
[3]) Worstall, Amer. Chem. Journ. **21**, 237 [1899].
[4]) Mabery, Amer. Chem. Journ. **19**, 419 [1897].
[5]) Mabery u. Hudson, Amer. Chem. Journ. **19**, 482 [1897].
[6]) Krafft, Berichte d. Deutsch. chem. Gesellschaft **15**, 1697 [1882].
[7]) Schorlemmer, Annalen d. Chemie u. Pharmazie **161**, 277 [1872].
[8]) Pelouze u. Cahours, Jahresber. d. Chemie **1863**, 530.
[9]) Mabery, Journ. Soc. Chem. Ind. **19**, 502 [1907]; Chem. Centralbl. **1900**, II, 452.

n-Dichlordodecan $C_{12}H_{24}Cl_2$

$$CH_3$$
$$|$$
$$(CH_2)_{10}$$
$$|$$
$$H\!-\!C\!-\!Cl$$
$$|$$
$$Cl$$

Bildung: Beim Chlorieren von n-Dodecan (aus Ohiopetroleum) [1] [2]. — Flüssigkeit. Siedep. 190—200° bei 80 mm. Brechungsexponent n = 1,4650.

Dodecylenbromid $C_{12}H_{24}Br_2$. Durch Bromieren von Dodecylen [3]. — Flüssigkeit. Schmelzp. —15°.

Tridecan.

Mol.-Gewicht 184.
Zusammensetzung: 84,78% C, 15,22% H.

$$C_{13}H_{28} = CH_3(CH_2)_{11}CH_3.$$

Vorkommen: Im pennsylvanischen Petroleum [4].

Bildung: Beim Erhitzen der Tridecylsäure oder ihres Chlorides mit Phosphor und Jodwasserstoffsäure im Rohr auf 210—240° [5]. Bei der Destillation von myristinsaurem Barium mit Natriummethylat im Vakuum [6].

Physikalische und chemische Eigenschaften: n-Tridecan: Schmelzp. —6,2°. Siedep. 114° bei 15 mm; 234° bei 760 mm. Spez. Gew. 0,7715 bei 0°/4°; 0,7608 bei 15°; 0,7008 bei 99° [5].

Tridecan aus kanadischem Petroleum: Siedep. 221—222°. Spez. Gew. 0,7834 bei 20°. Brechungsindex 1,4354 bei 20° [4]. Molekularrefraktion 66,67. Gibt ein

Monochlortridecan [7] $C_{13}H_{27}Cl$. Siedep. 135—140° bei 12 mm. Spez. Gew. 0,8973 bei 20°. Brechungsindex n = 1,451.

Ein als **Tridecan** beschriebener Kohlenwasserstoff mit Siedep. 216° und einem Monochlorderivat vom Siedep. 258—260°, der von Pelouze und Cahours [8] isoliert wurde, ist ein Dodecan [9].

Tetradecan.

Mol.-Gewicht 198.
Zusammensetzung: 84,85% C, 15,15% H.

$$C_{14}H_{30}$$

$$CH_3$$
$$|$$
$$(CH_2)_{12}$$
$$|$$
$$CH_3$$

Vorkommen: Im pennsylvanischem Rohöl [7].

Bildung: Beim Erhitzen von Myristinsäure $CH_3 \cdot (CH_2)_{12} \cdot CO_2H$ mit Phosphor und Jodwasserstoffsäure [7]. Aus Normalheptyljodid und Natrium [10].

Physikalische und chemische Eigenschaften: n-Tetradecan: Schmelzp. +5,5°. Siedep. 129,5° bei 15 mm; 145,5° bei 30 mm; 158° bei 50 mm; 178,5° bei 100 mm; 252,5° bei 760 mm. Spez. Gew. 0,7738 bei 5,4°; 0,7715 bei 10°; 0,7645 bei 20°; 0,7078 bei 99,2° [11].

[1] Mabery, Amer. Chem. Journ. **19**, 419 [1897].
[2] Mabery u. Hudson, Amer. Chem. Journ. **19**, 482 [1897].
[3] Krafft, Berichte d. Deutsch. chem. Gesellschaft **17**, 1371 [1884].
[4] Mabery, Amer. Chem. Journ. **28**, 170 [1902].
[5] Krafft, Berichte d. Deutsch. chem. Gesellschaft **15**, 1699 [1882]. — Sorabji, Journ. Chem. Soc. **47**, 37 [1885].
[6] Mai, Berichte d. Deutsch. chem. Gesellschaft **22**, 2134 [1889].
[7] Mabery, Amer. Chem. Journ. **28**, 171 [1902].
[8] Pelouze u. Cahours, Jahresber. d. Chemie **1863**, 530.
[9] Krafft, Berichte d. Deutsch. chem. Gesellschaft **19**, 1700 [1886].
[10] Sorabji, Journ. Chem. Soc. **47**, 91 [1885].
[11] Krafft, Berichte d. Deutsch. chem. Gesellschaft **19**, 2223 [1886].

Petroleumtetradecan: Siedep. 142—143° bei 50 mm; 236—238° (unter geringer Zersetzung) bei 760 mm. Spez. Gew. 0,7814 bei 20°. Brechungsindex 1,4360 [1]). Molekularrefraktion 66,36. Gibt bei der Chlorierung ein

Monochlortetradecan[2]) $C_{14}H_{29}Cl$. Siedep. 150—153° bei 20 mm; spez. Gew. 0,9185 bei 20°; und ein

Dichlortetradecan[3]) $C_{14}H_{28}Cl_2$. Siedep. 175—180° bei 17 mm; spez. Gew. 1,032 bei 20°.

Ein **Chlortetradecan** $C_{14}H_{29}Cl$, vom Siedep. 280°, aus einem amerikanischen Petroleum[4]).

Pentadecane.

Mol.-Gewicht 212.

Zusammensetzung: 84,90% C, 15,10% H.

$$C_{15}H_{32}$$

$$CH_3$$
$$|$$
$$(CH_2)_{13}$$
$$|$$
$$CH_3$$

Vorkommen: In Kämpferiaarten[5]). Im pennsylvanischen Petroleum[6]).

Bildung: Beim Erhitzen von Pentadecylsäure oder ihrem Chloride mit Jodwasserstoffsäure und Phosphor auf 240°[7]). Bei der Destillation von palmitinsaurem Barium mit Natriummethylat im Vakuum[8]).

n-Pentadecan: Schmelzp. 10°. Siedep. 144° bei 15 mm; 160° bei 30 mm; 173° bei 50 mm; 194° bei 100 mm; 270,5° bei 760 mm. Spez. Gew. 0,7758 bei 10°; 0,7724 bei 15°; 0,7698 bei 20°; 0,7136 bei 99,3°[7]).

Pentadecan aus Petroleum.[6]) Siedep. 158—159° bei 50 mm; 256—257° bei Atmosphärendruck. Spez. Gew. 0,7896 bei 20°. Brechungsindex 1,4413. Molekularrefraktion 70,49. Gibt ein

Dichlorid $C_{15}H_{30}Cl_2$[9]). Siedep. 175—180° bei 13 mm. Spez. Gew. 1,0045 bei 20°. Mol.-Gew. in Benzol 283,2 (ber. 281).

Monochlorid $C_{15}H_{29}Cl$ aus einem Petroleumpentadecan[4]).

n-Pentadecylbromid $C_{15}H_{31}Br = C_{14}H_{29} \cdot CH_2Br$. Aus n-Pentadecylalkohol und Bromwasserstoffsäure[10]). Schmelzp. 14—15°.

Hexadecane.

Mol.-Gewicht 226.

Zusammensetzung: 84,94% C, 15,06% H.

$$C_{16}H_{34}$$

$$CH_3$$
$$|$$
$$(CH_2)_{14}$$
$$|$$
$$CH_3$$

Vorkommen: Ein Hexadecan ist im Rosenöl, wo es den festen geruchlosen Bestandteil bildet, gefunden worden[11]); ferner im pennsylvanischen Petroleum[12]).

---

[1]) **Mabery**, Amer. Chem. Journ. **28**, 171 [1902].

[2]) **Mabery**, Amer. Chem. Journ. **28**, 172 [1902].

[3]) **Mabery**, Amer. Chem. Journ. **28**, 173 [1902].

[4]) **Pelouze** u. **Cahours**, Jahresber. d. Chemie **1863**, 530.

[5]) **Van Romburgh**, Chem. Centralbl. **1903**, I, 1086.

[6]) **Mabery**, Amer. Chem. Journ. **28**, 173 [1902]; Journ. Soc. Chem. Ind. **19**, 502—508 [1900]; Chem. Centralbl. **1900**, II, 453.

[7]) **Krafft**, Berichte d. Deutsch. chem. Gesellschaft **15**, 1700 [1882].

[8]) **Mai**, Berichte d. Deutsch. chem. Gesellschaft **22**, 2134 [1889].

[9]) **Mabery**, Amer. Chem. Journ. **28**, 174 [1902].

[10]) **Panics**, Monatshefte f. Chemie **15**, 12 [1894].

[11]) **Reformatzky** u. **Markownikoff**, Journ. d. russ. physikal.-chem. Gesellschaft **24**, 685 [1892].

[12]) **Ch. F. Mabery**, Journ. Soc. Chem. Ind. **19**, 502 [1900]; Chem. Centralbl. **1900**, II, 452; Amer. Chem. Journ. **28**, 174 [1902].

Bildung: Das n-Hexadecan $CH_3 \cdot (CH_2)_{14} \cdot CH_3$ wird erhalten durch Erhitzen von Palmitinsäure mit Jodwasserstoffsäure und Phosphor auf 240°[1]). Aus normalem Octyljodid und Natrium[2]); aus Octyljodid mit Zink und Salzsäure[3]).

Physikalische und chemische Eigenschaften: n-Hexadecan: Perlmutterglänzende Blättchen. Schmelzp. 19—20°[4]). Siedep. 157,5° bei 15 mm. Spez. Gew. 0,7754 bei 18°/4°.

Hexadecan aus Petroleum.[5]) Siedep. 174—175° bei 50 mm; 274—275° bei 760 mm. Spez. Gew. 0,7911 bei 20°. Brechungsindex 1,4413. Molekularrefraktion 78,55. Liefert ein **Dichlorhexadecan** $C_{16}H_{32}Cl_2$[6]), Siedep. 208—210° bei 16 mm; spez. Gew. 1,0314 bei 20°.

Hexadecan aus Rosenöl. Tafeln aus Alkohol. Schmelzp. 36,5—36,8°; Siedep. 350 bis 380°. Schwer löslich in Alkohol von 75%.

Cetylchlorid $C_{16}H_{33}Cl = CH_3 \cdot (CH_2)_{14} \cdot CH_2Cl$. Aus Cetylalkohol durch Einwirkung von Phosphorpentachlorid[7]). Siedep. 113° bei 0,0 mm[8]); 289° (unter Zersetzung)[7]). Spez. Gew. 0,8412 bei 12°.

Cetylbromid $C_{16}H_{33}Br = CH_3 \cdot (CH_2)_{14} \cdot CH_2Br$. Aus Cetylalkohol und Bromphosphor[9]). Schmelzp. 15°.

Cetyljodid $C_{16}H_{33}J = CH_3(CH_2)_{14} \cdot CH_2J$. Aus Cetylalkohol durch Jodphosphor[10]). Physikalische und chemische Eigenschaften: Blättrige Krystalle. Schmelzp. 22°[10]). Siedep. 128°[8]) bei 0,0 mm; 211° (korr.)[10]) bei 15 mm. Spez. Gew. 1,0733 bei 80,8°/4°[8]). Brechungsvermögen[11]). Liefert bei der Einwirkung von Natriumamalgam den Kohlenwasserstoff Dotriacontan $C_{32}H_{66}$[10]) [12]) [13]).

Cetenbromid $C_{16}H_{32}Br_2$. Aus Ceten und Brom[14]). Krystalle aus Alkohol. Schmelzp. 13,5°. Siedep. 225—227° bei 15 mm[15]). Bromabspaltung durch Alkali[16]).

α-α-β-β-**Tetrabromhexadecan** $C_{16}H_{30}Br_4$. Flüssigkeit[17]).

Heptadecane.

Mol.-Gewicht 240.
Zusammensetzung: 85,0% C, 15,0% H.

$$C_{17}H_{36}$$

$$CH_3$$
$$|$$
$$(CH_2)_{15}$$
$$|$$
$$CH_3$$

Vorkommen: Im pennsylvanischen Petroleum[18]); im Braunkohlenparaffin[19]).

Bildung des n-Heptadecans $CH_3 \cdot (CH_2)_{15}CH_3$. Beim Erhitzen von Margarinsäure $C_{17}H_{34}O_2$ oder des Chlorids $C_{17}H_{34}Cl_2$ (aus dem Keton $C_{15}H_{31} \cdot CO \cdot CH_3$) mit Jodwasserstoff

[1]) Krafft, Berichte d. Deutsch. chem. Gesellschaft **15**, 1702 [1882].
[2]) Zincke, Annalen d. Chemie u. Pharmazie **152**, 15 [1869].
[3]) Sorabji, Journ. Chem. Soc. **47**, 38 [1885].
[4]) Lachowicz, Annalen d. Chemie u. Pharmazie **220**, 181 [1883].
[5]) Ch. F. Mabery, Journ. Chem. Soc. Ind. **19**, 502 [1900]; Chem. Centralbl. **1900**, II, 452; Amer. Chem. Soc. **28**, 174 [1902].
[6]) Mabery, Amer. Chem. Journ. **28**, 175 [1902].
[7]) Tüttschew, Jahresber. d. Chemie **1860**, 406.
[8]) Krafft u. Weilandt, Berichte d. Deutsch. chem. Gesellschaft **29**, 1325 [1896].
[9]) Fridau, Annalen d. Chemie u. Pharmazie **83**, 15 [1852].
[10]) Krafft, Berichte d. Deutsch. chem. Gesellschaft **19**, 2219 [1886].
[11]) Eykman, Recueil des travaux chim. des Pays-Bas **12**, 181 [1893]; **14**, 188 [1895].
[12]) Lebedew, Journ. d. russ. physikal.-chem. Gesellschaft **16** [2], 299 [1884].
[13]) Sorabji, Berichte d. Deutsch. chem. Gesellschaft **19**, 2219 [1886].
[14]) Krafft, Berichte d. Deutsch. chem. Gesellschaft **17**, 1373 [1884].
[15]) Krafft u. Grosjean, Berichte d. Deutsch. chem. Gesellschaft **23**, 2353 [1890].
[16]) Krafft u. Reuter, Berichte d. Deutsch. chem. Gesellschaft **25**, 2245 [1892].
[17]) Krafft u. Reuter, Berichte d. Deutsch. chem. Gesellschaft **33**, 3586 [1900].
[18]) Mabery, Journ. Soc. Chem. Ind. **19**, 502 [1900]; Chem. Centralbl. **1900**, II, 452.
[19]) Krafft, Berichte d. Deutsch. chem. Gesellschaft **21**, 2261 [1888].

und Phosphor[1]). Aus stearinsaurem Barium und Natriummethylat bei der Destillation im Vakuum[2]).

n-Heptadecan. Schmelzp. 22,5°. Siedep. 187,5° bei 30 mm; 201,5° bei 50 mm; 223° bei 100 mm; 303° bei 760 mm. Spez. Gew. 0,7766 bei 22,5°/4°[1]); 0,7714 bei 30°; 0,7245 bei 99°. Siedep. 81° bei 0,0 mm; 170° bei 15 mm[3]); Brechungsindex[4]).

Heptadecan aus Petroleum. Siedep. 188—189° bei 50 mm; 288—289° bei 760 mm (unter geringer Zersetzung). Schmelzp. 10°[5]). Gibt ein

Monochlorheptadecan $C_{17}H_{35}Cl$ [6]). Siedep. 175—177° bei 15 mm. Spez. Gew. 0,8962 bei 20°.

Octodecane.

Mol.-Gewicht 254.

Zusammensetzung: 85,04% C, 14,96% H.

$$C_{18}H_{38}$$

$$CH_3$$
$$|$$
$$(CH_2)_{16}$$
$$|$$
$$CH_3$$

Vorkommen: Im Braunkohlenparaffin[7]). Im canadischen[8]) und pennsylvanischen[6]) Petroleum.

Bildung des n-Octodecan: Beim Erhitzen von Stearinsäure mit Jodwasserstoffsäure und Phosphor[1]). Aus n-Nonyljodid und Natrium[9]).

Physikalische und chemische Eigenschaften: Schmelzp. 28°. Siedep. 181,5° bei 15 mm; 200° bei 30 mm; 214,5° bei 50 mm; 236° bei 100 mm; 317° bei 760 mm[1]); 98° bei 0 mm[3]). Brechungsindex[4]). Spez. Gew. 0,7768 (flüssig) bei 28°/4°; 0,7754 bei 30°; 0,7685 bei 40°; 0,7288 bei 99°[1]).

Octodecan aus Petroleum.[8]) Siedep. 199—200° bei 50 mm; 300—301° bei 760 mm (unter teilweiser Zersetzung). Schmelzp. 20°. Spez. Gew. 0,7830 bei 20°/20°. Brechungsindex $n_{20} = 1,440$. Molekularrefraktion 84,53. Gibt ein

Octodecanchlorid $C_{18}H_{37}Cl$ [10]). Siedep. 185—190° bei 15 mm. Spez. Gew. 0,9041 bei 20°.

Octodecylenbromid $C_{18}H_{36}Br_2$. Aus Octodecylen und Brom[11]). Silberglänzende Blättchen (aus Alkohol). Schmelzp. 24°.

Octodecyljodid $C_{18}H_{37}J$.

Bildung: Aus n-Octylalkohol und Jodwasserstoff. — Blättchen (aus Ligroin). Schmelzp. 42—43°[12]); 33,5°[13]). Schwer löslich in kaltem Alkohol.

Nonadecane.

Mol.-Gewicht 268.

Zusammensetzung: 85,07% C, 14,93% H.

$$C_{19}H_{40}$$

$$CH_3$$
$$|$$
$$(CH_2)_{17}$$
$$|$$
$$CH_3$$

[1]) Krafft, Berichte d. Deutsch. chem. Gesellschaft **15**, 1702 [1882].
[2]) Mai, Berichte d. Deutsch. chem. Gesellschaft **22**, 2133 [1889].
[3]) Krafft u. Weilandt, Berichte d. Deutsch. chem. Gesellschaft **29**, 1323 [1896].
[4]) Eykman, Recueil des travaux chim. des Pays-Bas **15**, 57 [1896].
[5]) Mabery, Amer. Chem. Journ. **28**, 176 [1902].
[6]) Mabery, Amer. Chem. Journ. **28**, 177 [1902].
[7]) Krafft, Berichte d. Deutsch. chem. Gesellschaft **21**, 2261 [1888].
[8]) F. Mabery, Journ. Soc. Chem. Ind. **19**, 502 [1900]; Chem. Centralbl. **1900**, II, 452.
[9]) Krafft, Berichte d. Deutsch. chem. Gesellschaft **19**, 2221 [1886].
[10]) Mabery, Amer. Chem. Journ. **28**, 178 [1902].
[11]) Krafft, Berichte d. Deutsch. chem. Gesellschaft **17**, 1373 [1884].
[12]) Schweizer, Jahresber. d. Chemie **1884**, 1193.
[13]) Krafft, Berichte d. Deutsch. chem. Gesellschaft **19**, 2984 [1886].

Vorkommen: Im Braunkohlenparaffin[1]); im canadischen[2]) und pennsylvanischen[3]) Petroleum.

Bildung des n-Nonadecan: Durch Erhitzen des Chlorides $C_{17}H_{35} \cdot CCl_2 \cdot CH_3$ mit Phosphor und Jodwasserstoffsäure[4]).

Physikalische und chemische Eigenschaften des n-Nonadekan: Schmelzp. 32°. Siedep. 111° bei 0 mm[5]); 193° bei 15 mm; 212° bei 30 mm; 226,5° bei 50 mm; 248° bei 100 mm; 330° bei 760 mm[4]). Spez. Gew. 0,7774 (flüssig) bei 32°/4°; 0,7720 bei 40°/4°; 0,7323 bei 99°/4°[4]). Brechungsindex[6]).

Nonadecan aus Petroleum[3]). Siedep. 210—212° bei 50 mm. Schmelzp. 33—34°. Spez. Gew. 0,7725 bei 30°/30°. Brechungsindex 1,4522. Molekularrefraktion 88,68.

Eikosane.

Mol.-Gewicht 282.
Zusammensetzung: 85,11% C, 14,89% H.

$$C_{20}H_{42}$$

$$CH_3$$
$$|$$
$$(CH_2)_{18}$$
$$|$$
$$CH_3$$

Vorkommen: Im Braunkohlenparaffin[7]); im pennsylvanischen Erdöl[8]).

Bildung des n-Eikosan: Aus dem Chlorid $C_{20}H_{40}Cl_2$ (aus dem Keton $C_{13}H_{37} \cdot CO \cdot CH_3$) durch Erhitzen mit Jodwasserstoff und Phosphor auf 240°[8]). Beim Erhitzen von n-Decyljodid mit Natrium[9]).

Physikalische und chemische Eigenschaften: Schmelzp. 36,7°[9]). Siedep. 111° bei 0 mm[5]). Siedep. 205° bei 15 mm[9]). Spez. Gew. 0,7779 (flüssig) bei 36,7°/4°; 0,7487 bei 80,2°/4°; 0,7363 bei 99,2°/4°. Brechungsindex[6]).

Bryonan.

$$C_{20}H_{42}$$

Vorkommen: In den Blättern von Bryonia dioica[10]).

Physikalische und chemische Eigenschaften: Nadeln. Schmelzp. 69°. Siedep. 400°. Unlöslich in Alkohol.

Heneikosane.

Mol.-Gewicht 296.
Zusammensetzung: 85,14% C, 14,86% H.

$$C_{21}H_{44}.$$

Vorkommen: Im canadischen[11]) und pennsylvanischen[12]) Petroleum. Im Braunkohlenparaffin[1]).

---

[1]) Krafft, Berichte d. Deutsch. chem. Gesellschaft **21**, 2261 [1888].

[2]) F. Mabery, Journ. Soc. Chem. Ind. **19**, 502 [1900]; Chem. Centralbl. **1900**, II, 452.

[3]) F. Mabery, Amer. Chem. Journ. **28**, 181 [1902].

[4]) Krafft, Berichte d. Deutsch. chem. Gesellschaft **15**, 1704 [1882].

[5]) Krafft u. Weilandt, Berichte d. Deutsch. chem. Gesellschaft **29**, 1323 [1896].

[6]) Eykman, Recueil des travaux chim. des Pays-Bas **15**, 57 [1896].

[7]) Krafft, Berichte d. Deutsch. chem. Gesellschaft **21**, 2261 [1888]. — Lippmann u. Hamliczek, Berichte d. Deutsch. chem. Gesellschaft **12**, 69 [1879].

[8]) Krafft, Berichte d. Deutsch. chem. Gesellschaft **15**, 1717 [1882].

[9]) Krafft, Berichte d. Deutsch. chem. Gesellschaft **19**, 2220 [1886].

[10]) Étard, Berichte d. Deutsch. chem. Gesellschaft **25**, Ref. 287 [1892].

[11]) Mabery, Journ. Soc. Chem. Ind. **19**, 502 [1900].

[12]) Mabery, Amer. Chem. Journ. **28**, 185 [1902].

Bildung des n-Heneikosans: Aus dem Chlorid $C_{10}H_{21} \cdot CCl_2 \cdot C_{10}H_{21}$ beim Erhitzen mit Jodwasserstoff und Phosphor auf 240° [1]). Aus erucasaurem Barium und Natriummethylat beim Destillieren im Vakuum [2]).

Physikalische und chemische Eigenschaften: Schmelzp. 40,4°. Siedep. 129° bei 0 mm [3]); 215° bei 15 mm. Spez. Gew. 0,7783 bei 40,4°/4°; 0,7557 bei 74,7°/4°; 0,7406 bei 98,9°/4° [1]). Siedep. 201—202° bei 11 mm. Spez. Gew. 0,8048 bei 15°; 0,8015 bei 20°; 0,7981 bei 25° [2]). Brechungsindex [4]).

Petroleumheneikosan. [5]) Siedep. 230—231° bei 50 mm. Schmelzp. 40—41°. Leicht löslich in Äther, unlöslich in Alkohol.

Dokosane.

Mol.-Gewicht 308.
Zusammensetzung: 85,16% C, 14,84% H.

$$C_{22}H_{46}.$$

Vorkommen: Im canadischen [6]) und pennsylvanischen [7]) Petroleum. In den Destillationsprodukten von Schwelkohle [8]). Im Braunkohlenparaffin [9]).

Bildung des n-Dokosan: Aus dem Chlorid $C_{15}H_{31} \cdot CCl_2 \cdot C_6H_{13}$ durch Erhitzen mit Jodwasserstoff und Phosphor auf 210° [1]).

Physikalische und chemische Eigenschaften: Schmelzp. 44,4°. Siedep. 136,5° bei 0 mm [3]); 224,5° bei 15 mm [1]). Spez. Gew. 0,7782 bei 44,4°/4°; 0,7549 bei 79,6°/4°; 0,7422 bei 99,2°/4°. Brechungsindex [4]).

Dokosan aus pennsylvanischem Petroleum [7]). Siedep. 240—242° bei 50 mm. Schmelzp. 44°. Spez. Gew. 0,7796 bei 60°.

Dokosan. Aus dem Benzolextrakt von Schwelkohle [8]), bildet weiße Nädelchen vom Schmelzp. 52—53°, die aus der Fraktion vom Siedep. 195—220° bei 20 mm isoliert wurden.

Trikosane.

Mol.-Gewicht 322.
Zusammensetzung: 85,18% C, 14,82% H.

$$C_{23}H_{48} = CH_3(CH_2)_{21}CH_3.$$

Vorkommen: Im Braunkohlenparaffin [9]). Im amerikanischen Handelsparaffin [10]). Im canadischen [6]) und pennsylvanischen [11]) Petroleum.

Bildung des n-Trikosan: Durch Erhitzen des Chlorids $C_{11}H_{23} \cdot CCl_2 \cdot C_{11}H_{23}$ mit Jodwasserstoffsäure und Phosphor auf 240° [1]).

Physikalische und chemische Eigenschaften des n-Trikosan: [1]) Glänzende Blättchen aus Alkohol-Äthergemisch. Schmelzp. 47,7°. Siedep. 142,5° bei 0 mm [3]); 234° bei 15 mm [9]). Spez. Gew. 0,7785 bei 47,7°/4°; 0,7570 bei 80,8°/4°; 0,7456 bei 98,8°/4°. Brechungsindex [4]).

Trikosan aus Paraffin [10]). Siedep. 256—258° bei 40 mm. Schmelzp. 48°. Spez. Gew. 0,7836 bei 60°. Mol.-Gewicht 319.

Trikosan aus canadischem Petroleum. [6]) [11]) Siedep. 258—260° bei 50 mm. Schmelzp. 45°. Spez. Gew. 0,7897 bei 60°.

---

[1]) Krafft, Berichte d. Deutsch. chem. Gesellschaft **15**, 1718 [1882].
[2]) Mai, Berichte d. Deutsch. chem. Gesellschaft **22**, 2135 [1889].
[3]) Krafft u. Weilandt, Berichte d. Deutsch. chem. Gesellschaft **29**, 1323 [1896].
[4]) Eykman, Recueil des travaux chim. des Pays-Bas **15**, 57 [1896].
[5]) Mabery, Amer. Chem. Journ. **28**, 185 [1902].
[6]) Mabery, Journ. Soc. Chem. Ind. **19**, 502 [1900].
[7]) Mabery, Amer. Chem. Journ. **28**, 186 [1902].
[8]) Hübner, Chem. Centralbl. **1906**, II, 180.
[9]) Krafft, Berichte d. Deutsch. chem. Gesellschaft **21**, 2261 [1888].
[10]) Mabery, Amer. Chem. Soc. **33**, 286 [1905].
[11]) Mabery, Amer. Chem. Journ. **28**, 188 [1902].

Tetrakosane.

Mol.-Gewicht 338.

Zusammensetzung: 85,21% C, 14,79% H.

$$C_{24}H_{50} = CH_3(CH_2)_{22}CH_3.$$

Vorkommen: Im canadischen[1]) und pennsylvanischen[2]) Rohöl; im Handelsparaffin[3]); in der salbenförmigen, hellgelben Masse, die sich in beträchtlicher Menge aus dem Rohöl einiger pennsylvanischer Petroleumquellen, besonders bei Coreopolis, abscheidet[4]).

Bildung des n-Tetrakosans. Durch Erhitzen des Chlorids $C_{17}H_{35} \cdot CCl_2 \cdot C_6H_{23}$ mit Jodwasserstoffsäure und Phosphor auf 240°[5]).

Physikalische und chemische Eigenschaften des n-Tetrakosans: Schmelzp. 51,1°. Siedep. 243° bei 15 mm. Spez. Gew. 0,7786 (flüssig) bei 51,1°/4°; 0,7628 bei 76°/4°; 0,7481 bei 98,9°/4°.

Tetrakosan aus pennsylvanischem Rohpetroleum[2]). Siedep. 272—274° bei 50 mm. Schmelzp. 50—51°. Spez. Gew. 0,7900 bei 60°.

Tetrakosan aus Handelsparaffin[3]). Siedep. 272—274° bei 40 mm. Schmelzp. 50 bis 51°. Mol.-Gewicht 335.

Tetrakosan aus canadischem Petroleum[1])[2]). Siedep. 272—274° bei 50 mm. Schmelzp. 48°. Spez. Gew. 0,7742 bei 60°/4°.

Tetrakosan aus fester Abscheidung[4]). Siedep. 272—274° bei 50 mm. Schmelzp. 50 bis 51°. Spez. Gew. 0,7900 bei 60°.

Pentakosane.

Mol.-Gewicht 352.

Zusammensetzung: 85,23% C, 14,77% H.

$$C_{25}H_{52}.$$

Vorkommen: Aus amerikanischem Handelsparaffin isoliert[4]). Siedep. 282—284° bei 40 mm; Schmelzp. 53—54°; spez. Gew. 0,7941 bei 60°. — Auch aus canadischem[1]) und pennsylvanischem[6]) Petroleum. Siedep. 280—282° bei 50 mm; Schmelzp. 53—54°.

Hexakosane.

Mol.-Gewicht 366.

Zusammensetzung: 85,24% C, 14,76% H.

$$C_{26}H_{34} = CH_3(CH_2)_{24} \cdot CH_3.$$

Vorkommen: Aus amerikanischem Handelsparaffin isoliert[4]). Siedep. 294—296° bei 40 mm; Schmelzp. 55—56°; spez. Gew. 0,7968 bei 60°[4]). — Aus canadischem[1]), pennsylvanischem[7]) und japanischem[8]) Petroleum. Siedep. 292—294° bei 50 mm; Schmelzp. 58°; spez. Gew. 0,7977 bei 60°.

Heptakosane.

Mol.-Gewicht 380.

Zusammensetzung: 85,27% C, 14,73% H.

$$C_{27}H_{56} = CH_3 \cdot (CH_2)_{25} \cdot CH_3.$$

Vorkommen: Im Bienenwachs[9]). Im amerikanischen Tabak[10]).

---

1) **Mabery**, Journ. Soc. Chem. Ind. **19**, 502 [1900].
2) **Mabery**, Amer. Chem. Journ. **28**, 190 [1905].
3) **Mabery**, Amer. Chem. Journ. **33**, 287 [1905].
4) **Mabery**, Amer. Chem. Soc. **33**, 280 [1905].
5) **Krafft**, Berichte d. Deutsch. chem. Gesellschaft **15**, 1718 [1882].
6) **Mabery**, Amer. Chem. Journ. **28**, 192 [1902].
7) **Mabery**, Amer. Chem. Journ. **28**, 193 [1902].
8) **Mabery** u. **Shinichi Takano**, Amer. Chem. Journ. **25**, 304 [1901].
9) **Schwalb**, Annalen d. Chemie u. Pharmazie **235**, 117 [1886].
10) T. E. **Thorpe** u. **Holmes**, Proc. Chem. Soc. **17**, 170 [1901]; Chem. Centralbl. **1901**, II, 395.

Bildung des n-Heptakosans: Aus dem Chlorid $C_{13}H_{27} \cdot CCl_2 \cdot C_{13}H_{27}$ durch Erhitzen mit Jodwasserstoffsäure und Phosphor auf 240° [1].

Physikalische und chemische Eigenschaften des n-Heptakosans: Schmelzp. 59,5°. Siedep. 270° bei 15 mm [1]; Siedep. 172° bei 0 mm [2]. Spez. Gew. 0,7796 bei 59°/4°; 0,7659 bei 80,8°/4°; 0,7545 bei 99°/4°. Fast unlöslich in Alkohol, ziemlich löslich in Äther.

Heptakosan. Aus Tabakblättern [3]. Im Petrolätherextrakt amerikanischer Tabake neben dem Kohlenwasserstoff $C_{31}H_{64}$ aufgefunden. Schmelzp. 59,3—59,8°. Beide Kohlenwasserstoffe kommen zu etwa $1^0/_{00}$ vor. Die in den Tabaken vorhandene Mischung schmilzt bei 63—65°. Sie dürfte identisch sein mit der aus Kentuckytabak extrahierten weißen Substanz vom Schmelzp. 63—65° [4] und der auch aus dem Tabakrauch isolierten Verbindung vom Schmelzp. 64,5° [4], die als Melissinsäuremelissylester angesprochen worden ist [4].

Heptakosan (?) aus Neroliöl [5]. Silberglänzende Blättchen aus Essigäther. Schmelzp. 54—56°. Der Kohlenwasserstoff ist mit dem in der Literatur erwähnten, beim Abkühlen des Öls oder beim Lösen in Alkohol sich ausscheidenden Nerolicampher oder Aurate, dem früher eine wesentliche Wirkung im Geruch des Neroliöls zugeschrieben wurde, welches aber geruchlos ist, identisch [6].

Octokosane.

Mol.-Gewicht 394.
Zusammensetzung: 85,28% C, 14,72% H.

$$C_{28}H_{58}.$$

Kohlenwasserstoff aus dem canadischen [7] und pennsylvanischen [8] Petroleum. Siedep. 310—312° bei 50 mm. Schmelzp. 60°. Spez. Gew. 0,7945 bei 70°. — Aus Handelsparaffin [9]. Schmelzp. 60°. Siedep. 316—318° bei 40 mm.

Nonokosane.

Mol.-Gewicht 408.
Zusammensetzung: 85,30% C, 14,70% H.

$$C_{29}H_{60}.$$

Kohlenwasserstoff aus Handelsparaffin [10]. Schmelzp. 62—63°. Siedep. 346—348° bei 40 mm.

Hentriakontane.

Mol.-Gewicht 436.
Zusammensetzung: 85,32% C, 14,68% H.

$$C_{31}H_{64} = CH_3 \cdot (CH_2)_{29} \cdot CH_3.$$

Vorkommen: Im Bienenwachs [11]. Im amerikanischen Tabak [3]. In festen Abscheidungen aus pennsylvanischen Rohölsorten [12]. In den Blättern von Gymnema silvestre R. Br. (Wachsüberzug?) [13]. Im Gummilack [14].

Bildung des n-Hentriakontans: Durch Erhitzen des Chlorids $C_{15}H_{31} \cdot CCl_2 \cdot C_{15}H_{31}$ mit Jodwasserstoffsäure und Phosphor auf 240° [1]. Aus erucasaurem Barium und Natriummethylat bei der Destillation im Vakuum [15].

[1] Krafft, Berichte d. Deutsch. chem. Gesellschaft 15, 1714 [1882].
[2] Krafft u. Weilandt, Berichte d. Deutsch. chem. Gesellschaft 29, 1323 [1896].
[3] Chem. Centralbl. 1901, II, 395.
[4] Kißling, Berichte d. Deutsch. chem. Gesellschaft 16, 2432 [1883].
[5] H. u. E. Erdmann, Berichte d. Deutsch. chem. Gesellschaft 32, 1214 [1899].
[6] Hesse u. Zeitschel, Journ. f. prakt. Chemie [2] 66, 493 [1902].
[7] Mabery, Journ. Soc. Chem. Ind. 19, 502 [1900].
[8] Mabery, Amer. Chem. Journ. 28, 195 [1902].
[9] Mabery, Amer. Chem. Soc. 33, 242 [1905].
[10] Mabery, Amer. Chem. Soc. 33, 243 [1905].
[11] Schwalb, Annalen d. Chemie u. Pharmazie 235, 117 [1886].
[12] Mabery, Amer. Chem. Soc. 33, 251 [1905].
[13] F. B. Power u. Fr. Tutin, Pharmazeut. Journ. [4] 19, 234 [1904].
[14] Etard u. Wallée, Chem. Centralbl. 1906, II. 243.
[15] Mai, Berichte d. Deutsch. chem. Gesellschaft 22, 2135 [1889].

Physikalische und chemische Eigenschaften des n-Hentriakontans: Schmelzp. 68,1° [1]).
Siedep. 302° bei 15 mm [1]); 199° bei 0,0 mm [2]). Spez. Gew. 0,7808 bei 68,1°/4° (flüssig);
0,7730 bei 80,8°/4°; 0,7619 bei 98,8°/4° [1]).

Hentriakontan aus Petroleum. Schmelzp. 66°. Spez. Gew. 0,7997 bei 70°. Siedep.
316—318° bei 50 mm [3]).

Hentriakontan aus Tabakblättern [4]). Schmelzp. 67,8—68,5°. Siehe bei Heptakosan
aus Tabakblättern.

Dotriakontane.

Mol.-Gewicht 450.
Zusammensetzung: 85,33% C, 14,67% H.

$$C_{32}H_{66} = CH_3(CH_2)_{30}CH_3.$$

Vorkommen: In festen Abscheidungen gewisser pennsylvanischer Rohölsorten [5]).
Bildung des n-Dotriakontan: Aus Cetyljodid und Natriumamalgam [6]) [7]) [8]).
Physikalische und chemische Eigenschaften des n-Dotriakontan: Schmelzp. 70,5° [8]).
Siedep. 205° bei 0 mm [2]); 310° bei 15 mm [8]) ohne Zersetzung. Spez. Gew. 0,8005 bei 75°. In
kaltem Alkohol und Ligroin fast unlöslich; löslich in siedendem Äther; leicht löslich in kochen-
dem Eisessig.

Dotriakontan aus Petroleum [5]). Siedep. 328—330° bei 50 mm. Schmelzp. 67—68°.
Spez. Gew. 0,8005 bei 75°.

Tetratriakontane.

Mol.-Gewicht 478.
Zusammensetzung: 85,36% C, 14,64% H.

$$C_{34}H_{70} = CH_3 \cdot (CH_2)_{32} \cdot CH_3.$$

Vorkommen: In festen Abscheidungen gewisser pennsylvanischer Rohöle [5]). Schmelzp.
71—72°. Spez. Gew. 0,8009 bei 80°. Siedep. 366—368° bei 50 mm.

Pentatriakontane.

Mol.-Gewicht 492.
Zusammensetzung: 85,37% C, 14,63% H.

$$C_{35}H_{72}.$$

Vorkommen: In festen Abscheidungen gewisser pennsylvanischer Rohöle [9]).
Bildung des n-Pentatriakontan: Beim Erhitzen des Chlorids $C_{17}H_{35} \cdot CCl_2 \cdot C_{17}H_{35}$ mit
Jodwasserstoffsäure und Phosphor auf 240° [10]).
Physikalische und chemische Eigenschaften des n-Pentatriakontan: Schmelzp. 74,70° [10]).
Siedep. 331° bei 15 mm [10]). Spez. Gew. 0,7816 (flüssig) bei 74,7°/4° [10]); 0,7775 bei 80,8°/4°;
0,7664 bei 99,2°/4°. Schwer löslich in siedendem Äther.

Pentatriakontan aus Petroleum [9]). Schmelzp. 76°. Siedep. 380—384° bei 50 mm.
Spez. Gew. 0,8052 bei 80°.

Ein **Paraffin** vom Schmelzp. 61°, spez. Gew. 0,7966 bei 70°, ist aus pennsylvanischem
Rohöl durch bloßes Verdunsten im Luftstrom und Fällen des Rückstandes mit Amylalkohol-
Alkohol zu wiederholten Malen isoliert worden [11]).

[1]) Krafft, Berichte d. Deutsch. chem. Gesellschaft **15**, 1714 [1882].
[2]) Krafft u. Weilandt, Berichte d. Deutsch. chem. Gesellschaft **29**, 1323 [1896].
[3]) Mabery, Amer. Chem. Soc. **33**, 251 [1905].
[4]) Chem. Centralbl. **1901**, II, 395.
[5]) Mabery, Amer. Chem. Soc. **33**, 5 [1905].
[6]) Lebedew, Journ. d. russ. physikal.-chem. Gesellschaft [2] **16**, 299 [1884].
[7]) Sorabji, Journ. Chem. Soc. **47**, 39 [1885].
[8]) Krafft, Berichte d. Deutsch. chem. Gesellschaft **19**, 2219 [1886].
[9]) Mabery, Amer. Chem. Soc. **33**, 6 1905].
[10]) Krafft, Berichte d. Deutsch. chem. Gesellschaft **15**, 1715 [1882].
[11]) Mabery u. Sieplein, Amer. Chem. Soc. **33**, 277 [1905].

Olefine C_nH_{2n}.

Äthylen (Äthen, Elayl, ölbildendes Gas).

Mol.-Gewicht 26.

Zusammensetzung: 85,71% C, 14,29% H.

$$C_2H_4.$$

$$H—C—H$$
$$\|$$
$$H—C—H$$

Vorkommen: Ist im nordamerikanischen Petroleum (Schorlemmer und Chandler) nachgewiesen worden; in verschiedenen Erdgasen findet es sich zu mehreren Zehnteln bis einigen Prozenten[1]). Im Leuchtgas.

Bildung: Aus Alkohol durch Wasserabspaltung, durch Kochen mit konz. Schwefelsäure, zuerst erhalten im Jahre 1795[2]); bei der trocknen Destillation organischer Substanzen; beim Überleiten von Schwefelwasserstoff- und Schwefelkohlenstoffdämpfen über glühendes Kupfer[3]). Aus Äthylidenchlorid $CH_3 \cdot CHCl_2$ und Natrium[4]); aus Urancarbid und Wasser (neben anderen Kohlenwasserstoffen)[5]); aus Glykolbromhydrin $CH_2(OH) \cdot CH_2Br$ durch Zinkstaub und Alkohol[6]); aus Natriumammonium und Acetylen[7]).

Darstellung: 1 Gewichtsteil abs. Alkohol wird mit 6 Gewichtsteilen konz. Schwefelsäure in einem geräumigen Kolben auf 160—170° bis zur beginnenden Gasentwicklung erhitzt, und diese unter Vermeidung zu heftigen Schäumens durch Zutropfen eines Gemisches aus 1 Gewichtsteil Alkohol und 2 Gewichtsteilen Schwefelsäure in lebhaftem Gang erhalten. Äther- und Alkoholdämpfe werden durch konz. Schwefelsäure, sodann durch Natronlauge schweflige Säure absorbiert[8]). In der Wirkungsweise auf Alkohol kann die Schwefelsäure durch Borsäureanhydrid ersetzt werden[9]); die Reinigung des Äthylens kann durch Verdichten und nochmaliges Sieden bei —80° erzielt werden[9]). Ganz reines Äthylen erhält man aus Äthylenbromid und Zink in alkoholischer Lösung[10]).

Physikalische und chemische Eigenschaften: Farbloses Gas. Schmelzp. —169°. Erstarrungsp. —181°[11]). Siedep. —105°[12]); —103 bis —104°[13]); —102,7° bei 757 mm[14]); —103° bei 750 mm; —105° bei 546 mm; —108° bei 441 mm; —115,5° bei 246 mm; —126° bei 170 mm; —139° bei 51 mm; —150,4° bei 9,8 mm[15]). Verflüssigt sich bei —1,1° und 42½ Atm., bei +1° und 45 Atm., bei 4° und 50 Atm., bei 8° und 56 Atm., bei 10° und 60 Atm.[2]). Kritische Temperatur 13°. Spez. Gew. 0,9784 (Luft 1). Spez. Gew. des flüssigen Äthylens 0,386 bei 3°; 0,361 bei 6°; 0,306 bei 6,2°; 0,335 bei 8°; 0,353 bei —3,7°; 0,414 bei —21°[16]); 0,6095 bei —102,7°[17]). Dampfspannung für die Temperatur von —104° bis 9,9°[18]). Brechungsvermögen des flüssigen Äthylens[19]), des gasförmigen[20]). Absorption durch

<hr>

[1]) Höfer, Das Erdöl und seine Verwandten. Braunschweig 1906. 2. Aufl. S. 65, 101, 102.

[2]) Deimann, Paets v. Troostwyk, Bondt u. Lauworenburgh, Crells chemische Annalen **1795** [2], 195, 310, 430.

[3]) Berthelot, Annalen d. Chemie u. Pharmazie **108**, 194 [1858].

[4]) Tollens, Annalen d. Chemie u. Pharmazie **137**, 311 [1866].

[5]) Moissan, Bulletin de la Soc. chim. [3] **17**, 15 [1897].

[6]) Mokiewsky, Journ. d. russ. physikal.-chem. Gesellschaft **30**, 900 [1898]; Chem. Centralbl. **1899**, I, 591.

[7]) Moissan, Compt. rend. de l'Acad. des Sc. **127**, 914 [1898].

[8]) Erlenmeyer u. Bunte, Annalen d. Chemie u. Pharmazie **168**, 64 [1873]; **192**, 244 [1878].

[9]) Villard, Annales de Chim. et de Phys. [7] **10**, 389 [1897].

[10]) Sabanejew, Journ. d. russ. physikal.-chem. Gesellschaft **30**, 900 [1898]; Chem. Centralbl. **1899**, I, 591.

[11]) Olszewski, Monatshefte f. Chemie **8**, 72 [1887].

[12]) Cailletet, Compt. rend. de l'Acad. des Sc. **94**, 1224 [1882].

[13]) Wroblewski u. Olszewski, Monatshefte f. Chemie **4**, 338 [1883].

[14]) Ladenburg u. Krügel, Berichte d. Deutsch. chem. Gesellschaft **32**, 49, 1821 [1899].

[15]) Olszewski, Jahresber. d. Chemie **1884**, 198.

[16]) Cailletet u. Mathias, Jahresber. d. Chemie **1886**, 66.

[17]) Ladenburg u. Krügel, Berichte d. Deutsch. chem. Gesellschaft **32**, 1417 [1899].

[18]) Villard, Annales de Chim. et de Phys. [7] **10**, 395 [1897].

[19]) Bleekrode, Recueil des travaux chim. des Pays-Bas **4**, 80 [1885].

[20]) Kannonikow, Journ. f. prakt. Chemie [2] **31**, 361 [1885].

Wasser beträgt für $t°$ $0,25629 - 0,0091363\,t + 0,000188108\,t^2$ Volumina Äthylen[1]). Absorption durch Alkohol vom spez. Gew. 0,792 bei 20° für $t°$ $3,59498 - 0,057716\,t + 0,0006812\,t^2$ Volumina Äthylen[2]). Verbrennungswärme für 1 Mol. (bei 18°) 333,350 Cal.[3]); bei konstantem Druck 341,1 Cal.[4]). Verbrennt mit leuchtender Flamme.

Äthylen ist bis 350° beständig, bei höherem Erhitzen[5])[6]) wird es unter Bildung polymerer Alkylene und von Kohlenwasserstoffen der Paraffin-, der Acetylen- und der aromatischen Reihe zerlegt[7])[8]). — Durch den Induktionsfunken bildet sich Acetylen und Wasserstoff, dann weiter Kohle und Wasserstoff[9]). Beim Überleiten über feinverteiltes Nickel bildet sich bei 300° Kohlenstoff, Wasserstoff, Methan und Äther. Palladium, Platin, Eisen, Kobalt und Kupfer üben keine derartige Wirkung aus[10]). Zerfall durch den elektrischen Funken[11]). Verhalten zu glühendem Magnesium[12]).

Äthylen läßt sich nicht wie seine Homologen durch Kondensationsmittel (Schwefelsäure, Chlorzink, Fluorbor) polymerisieren[13]). Polymerisation durch dunkle elektrische Entladung[14])[15]). — Reaktion bei Gegenwart von Stickstoff[16]). Polymerisation mittels Aluminiumchlorid[17]).

Addition von Wasserstoff erfolgt erst bei Rotglut; es stellt sich ein Gleichgewicht $C_2H_4 + H_2 \leftrightarrows C_2H_6$ ein[18]). Die Reaktion verläuft vollständig bei gewöhnlicher Temperatur durch Platinmohr[19]).

Mit Sauerstoff gibt Äthylen ein heftig explodierendes Gemenge, noch leichter mit ozonisiertem Sauerstoff[20]). Mit wenig Sauerstoff bildet sich bei 400° viel Trioxymethylen, mit Kohlensäure entsteht unter denselben Bedingungen Aldehyd[21]). — Äthylen-Knallgasgemisch[11]). Fraktionierte Verbrennung in Methan(Äthan)wasserstoffgemisch[22]).

Eine 5 proz. Kaliumpermanganatlösung oxydiert Äthylen fast sofort[23]). In der Kälte bildet sich Äthylenglykol und wenig Ameisensäure[24]). Rauchende Salpetersäure oxydiert zu Oxalsäure. Höchstkonzentrierte Salpetersäure bildet Äthylennitrat; Chromsäure bewirkt erst bei 120° Oxydation zu Aldehyd[25]); vollständige Oxydation[26]).

Addition von Halogenwasserstoff: Brom- und Jodwasserstoff, jedoch nicht Chlorwasserstoff, werden bei 100° addiert zu $CH_3 \cdot CH_2X$[27]). Bei Gegenwart von Aluminiumbromid entsteht Bromäthyl bereits bei 0°. Bei 60—70° verläuft dann die Reaktion unter Bildung

---

1) Bunsen, Gasometrische Methoden. Braunschweig 1871. 2. Aufl. S. 217.

2) Carius, Annalen d. Chemie u. Pharmazie **94**, 133 [1855].

3) Thomson, Thermochemische Untersuchungen 4, 64 [1889]. — Berthelot, Annales de Chim. et de Phys. [5] **23**, 180 [1881].

4) Berthelot u. Matignon, Annales de Chim. et de Phys. [6] **30**, 557 [1893].

5) Beilsteins Handbuch d. organ. Chemie. 3. Aufl. **1**, 112.

6) Berthelot, Annalen d. Chemie u. Pharmazie **139**, 277 [1866].

7) Day, Amer. Chem. Journ. **8**, 159 [1886].

8) Norton u. Noyes, Amer. Chem. Journ. **8**, 362 [1886].

9) De Wilde, Zeitschr. f. Chemie **1866**, 735.

10) Sabatier u. Senderens, Compt. rend. de l'Acad. des Sc. **124**, 616, 1358 [1897].

11) W. Misteli, Journ. f. Gasbel. **48**, 802 [1905]; Chem. Centralbl. **1905**, II, 1075.

12) Lidow u. Kusnezow, Journ. d. russ. physikal.-chem. Gesellschaft **37**, 940—943 [1905]; Chem. Centralbl. **1906**, I, 330.

13) Butlerow u. Goriainow, Annalen d. Chemie u. Pharmazie **169**, 146 [1873].

14) Losanitsch u. Jovitschitsch, Berichte d. Deutsch. chem. Gesellschaft **30**, 138 [1897].

15) J. N. Collie, Proc. Chem. Soc. **21**, 201 [1905].

16) Berthelot, Compt. rend. de l'Acad. des Sc. **126**, 569 [1898].

17) Aschan, Annalen d. Chemie u. Pharmazie **324**, 1 [1902].

18) Berthelot, Annales de Chim. et de Phys. [4] **9**, 431 [1867]; Bulletin de la Soc. chim. **39**, 145 [1883].

19) De Wilde, Berichte d. Deutsch. chem. Gesellschaft **7**, 354 [1874].

20) Houzean u. Renard, Jahresber. d. Chemie **1873**, 319.

21) Schützenberger, Bulletin de la Soc. chim. **31**, 482 [1879].

22) F. Richardt, Inaug.-Diss. Karlsruhe S. 1; Journ. f. Gasbel. **47**, 566 [1904]; Chem. Centralbl. **1904**, II, 365.

23) V. Meyer u. Saam, Berichte d. Deutsch. chem. Gesellschaft **30**, 1939 [1897].

24) Wagner, Berichte d. Deutsch. chem. Gesellschaft **21**, 1234 [1888]. — Einwirkung von Wasserstoffsuperoxyd: Carius, Annalen d. Chemie u. Pharmazie **126**, 209 [1863].

25) Berthelot, Annalen d. Chemie u. Pharmazie **150**, 373 [1869].

26) O. u. F. Zeidler, Annalen d. Chemie u. Pharmazie **197**, 246 [1879].

27) Berthelot, Annalen d. Chemie u. Pharmazie **104**, 184 [1857]; **115**, 114 [1860].

von viel Grenzkohlenwasserstoffen und der Verbindung $AlBr_3 \cdot C_4H_8$: einer dicken Flüssigkeit, die von Wasser unter Bildung schwer flüchtiger ungesättigter Kohlenwasserstoffe (Polyolefine) zersetzt wird[1]).

Addition von Halogenen, besonders von Chlor und Brom, erfolgt sehr leicht und unter Wärmeentwicklung. Leitet man ein äthylenhaltiges Gas durch Brom, so wird das Äthylen (nebst anderen ungesättigten Kohlenwasserstoffen) absorbiert, und nach dem Lösen des überschüssigen Broms mit Alkali kann das Äthylenbromid als in Wasser unlösliches Öl leicht isoliert werden (Regenerierung durch Zinkstaub s. oben).

Leitet man Äthylen in vollkommen trocknen Äther und läßt gleichzeitig flüssige Untersalpetersäure eintropfen, so bildet sich

1, 2 (s)-Dinitroäthan $CH_2(NO_2) \cdot CH_2(NO_2)$[2]). Vierseitige Prismen oder Tafeln, Schmelzp. 37,5°, die in Wasser unlöslich, in Äther und Alkohol leicht löslich sind und bei höherer Temperatur unter teilweiser Zersetzung sublimieren.

Beim Durchleiten von Stickstoffdioxyd durch die ätherische Lösung von Äthylen entsteht

Äthylennitrosit $CH_2(NO_2) \cdot CH : N(OH)$ (?)[3]). Glänzende, nadelförmige Krystalle. Schmelzp. 116—117° (unter Zersetzung). Läßt sich zu Äthylendiamin reduzieren.

Stickstoffdioxyd bildet Äthylennitrit, Salpetersäureanhydrid Äthylenglykoldinitrat[3]).

Schwefeltrioxyd verbindet sich mit Äthylen zu Carbylsulfat[4])

$$\begin{array}{l} CH_2\!\!-\!\!\!-\!\!\!-\!\!SO_2 \\ \ \ | \qquad\qquad \searrow O. \\ CH_2\!\!-\!\!O \cdot SO_2 \nearrow \end{array}$$

Auch rauchende Schwefelsäure absorbiert Äthylen leicht. Geschwindigkeit der Absorption durch konz. Schwefelsäure[5]). Bei 160—170° absorbiert dieselbe vollkommen[6]) unter Bildung von Äthylschwefelsäure[7]).

Mit Chlorsulfonsäure[8]) bildet Äthylen Äthylschwefelsäurechlorid

$$\begin{array}{l} CH_2\!\!-\!\!O \cdot SO_2Cl \\ \ \ | \\ CH_3 \end{array}$$

daneben Äthionsäurechlorid

$$\begin{array}{l} CH_2\!\!-\!\!SO_2Cl \\ \ \ | \\ CH_2\!\!-\!\!O\!\!-\!\!SO_2Cl \end{array}$$

Unterchlorige Säure HOCl, in wässeriger Lösung, absorbiert Äthylen unter Bildung von Glykolchlorhydrin[9])

$$\begin{array}{l} CH_2OH \\ \ \ | \\ CH_2Cl \end{array}$$

Unterchlorigsäureanhydrid bewirkt Bildung von Chloressigsäurechloräthylester. Chlordioxyd und Äthylen bilden Chloressigsäure. Chlorschwefel (S_2Cl_2 und SCl_2) und Äthylen bilden $C_2H_4SCl_2$ und $(C_2H_4)_2S_2Cl_2$, nicht unzersetzt flüchtige Verbindungen[10]).

Additionsprodukte des Äthylens mit Eisenbromür, Platinchlorür und -bromür, Iridiumchlorid und anderen Metallhaloidsalzen[11]).

Äthylenplatinchlorür[12]) $C_2H_4 \cdot PtCl_2$. Bildet sich auch beim Erwärmen von Platinchlorid mit Alkohol unter teilweiser Oxydation des Alkohols zu Aldehyd.

$$PtCl_4 + 2\,C_2H_5 \cdot OH = C_2H_4 \cdot PtCl_2 + CH_3 \cdot CHO + H_2O + 2\,HCl.$$

[1]) Gustavson, Journ. f. prakt. Chemie [2] **34**, 161 [1886].

[2]) Semenow, Jahresber. d. Chemie **1864**, 480.

[3]) Demjanow, Chem. Centralbl. **1899**, I, 1064.

[4]) Regnault, Annalen d. Chemie u. Pharmazie **25**, 32 [1838]. — Magnus, Poggend. Annalen **47**, 509 [1839].

[5]) Fritsche, Journ. f. prakt. Chemie **20**, 266 [1879].

[6]) Butlerow u. Gorjainow, Berichte d. Deutsch. chem. Gesellschaft **6**, 196 [1873].

[7]) Faraday u. Hennel, Poggend. Annalen **9**, 21.

[8]) Baumstark, Zeitschr. f. Chemie **1867**, 566.

[9]) Carius, Annalen d. Chemie u. Pharmazie **126**, 197 [1863].

[10]) Guthrie, Annalen d. Chemie u. Pharmazie **113**, 270 [1860]; **116**, 235 [1860]; **119**, 90 [1861]; **121**, 108 [1862]. — Niemann, Annalen d. Chemie u. Pharmazie **113**, 288 [1860].

[11]) Chojnacki, Zeitschr. f. Chemie **1870**, 419. — Sadtler, Bulletin de la Soc. chim. **17**, 54 [1872].

[12]) Zeise, Poggend. Annalen **21**, 497; **40**, 234. — Griess u. Martius, Annalen d. Chemie u. Pharmazie **120**, 324 [1862]. — Birnbaum, Annalen d. Chemie u. Pharmazie **145**, 67 [1868].

Chloräthylen (Vinylchlorid) $C_2H_3Cl = CH_2 : CHCl$. Durch Einwirkung von alkoholischem Kali auf Äthylenchlorid $CH_2Cl—CH_2Cl$ [1]) oder Äthylidenchlorid $CH_3 \cdot CHCl_2$ [2]).
Darstellung: Man erwärmt ein Gemisch von Äthylenchlorid und alkoholischem Kali, das 4 Tage in der Kälte gestanden hat. Gas. Siedep. —18 bis —15°. Polymerisiert sich im Sonnenlicht.

1, 2-Dichloräthylen $C_2H_2Cl_2 = ClHC : CHCl$. Bildung: Bei der Destillation der Antimonpentachlorid-Acetylendoppelverbindung $(C_2H_2 \cdot SbCl_5)$ [3]). Durch Einleiten von Acetylen in eine wässerige Chlorjodlösung neben anderen Produkten [4]). Durch Reduktion der alkoholischen Lösung des symmetrischen Dibromdichloräthans mit Zink [5]). Flüssigkeit. Siedep. 55°.

1, 1-Dichloräthylen $C_2H_2Cl_2 = CH_2 \cdot CCl_2$. Bildung: Aus Chloräthylenchlorid $(CH_2Cl \cdot CCl_2H)$ und alkoholischem Kali [6]).
Darstellung: Aus (28 g) Essigsäuretrichloräthylester, (100 g) 98 proz. Alkohol und (30 g) Zinkspänen [7]). — Flüssigkeit. Siedep. 37° [8]); 33,5—35°. Spez. Gew. 1,250 bei 15°. Addiert Chlor. Polymerisiert sich leicht unter Bildung einer amorphen Masse.

Trichloräthylen $C_2HCl_3 = CHCl : CCl_2$. Bildung: Aus Hexachloräthan durch Reduktion mit Zink und Schwefelsäure [8]). Aus Tetrachloräthan durch Einwirkung von alkoholischem Kali [9]). — Flüssigkeit. Siedep. 88°. Gibt beim Erhitzen mit alkoholischem Kali den Äther $CHCl = CCl(OC_2H_5)$.

Perchloräthylen $C_2Cl_4 = CCl_2 : CCl_2$. Bildung: Aus Hexachloräthan durch Chlorabspaltung bei starker Hitze [10]) oder durch Reduktionsmittel (z. B. alkoholisches Kaliumsulfhydrat) [11]). Beim Durchleiten von Tetrachlorkohlenstoff durch ein rotglühendes Rohr [11]). Bei anhaltendem Kochen aus Chloral und Aluminiumchlorid [12]). — Darstellung: Perchloräthan wird mit der doppelten Menge Anilin destilliert; das Destillat wird dann nochmals der Destillation mit der doppelten Menge Anilin unterworfen [13]). Man erhitzt Pentachloräthan mit $^1/_{20}$ seines Gewichtes an Aluminiumchlorid langsam auf 100° [14]). — Flüssigkeit. Siedep. 120—121° bei 743,7 mm; Siedep. 121°. Spez. Gew. 1,6595 bei 0°; 1,619 bei 20°; 1,6312 bei 9,4°/4°, 1,44865 bei 120°/4° [15]). Addiert im Sonnenlichte Chlor; unter Wasser wird gleichzeitig Trichloressigsäure gebildet. Natriumalkoholat bildet bei 100—120° im wesentlichen Dichloressigester und diäthylätherglyoxylsaures Natrium [16]). Ozon erzeugt Phosgen und Trichloracetylchlorid [17])[18]).

Bromäthylen, Vinylbromid $C_2H_3Br = CHBr : CH_2$. Bildung: Aus Äthylenbromid [19]) oder Äthylidenbromid [20]) und alkoholischem Kali. Aus Acetylen und Bromwasserstoffsäure [21]). — Darstellung: Man überschichtet Äthylenbromid mit wässeriger Kalilauge und läßt Alkohol zutropfen, bis vollkommene Mischung eintritt [22]) und erwärmt dann auf 40—50°. — Leicht bewegliche, ätherisch riechende Flüssigkeit, in Wasser etwas löslich. Siedep. 16° bei

---

[1]) Regnault, Annalen d. Chemie u. Pharmazie **14**, 28 [1835].
[2]) Würtz u. Frapolli, Annalen d. Chemie u. Pharmazie **108**, 224 [1858].
[3]) Berthelot u. Jungfleisch, Annalen d. Chemie u. Pharmazie, Suppl. **7**, 253 [1870].
[4]) Sabanejew, Annalen d. Chemie u. Pharmazie **216**, 262 [1882].
[5]) Regnault, Journ. f. prakt. Chemie **18**, 80 [1840].
[6]) Faworsky u. Jocitsch, Journ. d. russ. physikal.-chem. Gesellschaft **30**, 998 [1898]; Chem. Centralbl. **1899**, I, 777.
[7]) Krämer, Berichte d. Deutsch. chem. Gesellschaft **3**, 261 [1870].
[8]) Fischer, Jahresber. d. Chemie **1864**, 481.
[9]) Berthelot u. Jungfleisch, Annalen d. Chemie u. Pharmazie, Suppl. **7**, 255 [1870].
[10]) Faraday, Annales de Chim. et de Phys. [2] **18**, 48 [1821].
[11]) Regnault, Annalen d. Chemie u. Pharmazie **33**, 324, 333 [1840].
[12]) Combes, Annales de Chim. et de Phys. [6] **12**, 269 [1887].
[13]) Bourgoin, Bulletin de la Soc. chim. **23**, 344 [1875].
[14]) Mouneyrat, Bulletin de la Soc. chim. [3] **19**, 182 [1898].
[15]) R. Schiff, Annalen d. Chemie u. Pharmazie **220**, 97 [1883].
[16]) Geuther u. Fischer, Jahresber. d. Chemie **1864**, 316. — Geuther u. Brockhoff, Jahresber. d. Chemie **1873**, 314.
[17]) Besson, Bulletin de la Soc. chim. [3] **11**, 918 [1894].
[18]) Swarts, Chem. Centralbl. **1899**, I, 588.
[19]) Regnault, Annalen d. Chemie u. Pharmazie **15**, 63 [1835].
[20]) Beilstein, Jahresber. d. Chemie **1861**, 609.
[21]) Reboul, Jahresber. d. Chemie **1872**, 304. — Baumann, Annalen d. Chemie u. Pharmazie **163**, 312 [1872].
[22]) Semenow, Jahresber. d. Chemie **1864**, 141. — Glinsky, Jahresber. d. Chemie **1867**, 675.

750° mm [1]). Spez. Gew. 1,5286 bei 11°/4°, 1,5167 bei 14°/4° [1]). Im Sonnenlicht polymerisiert es sich zu einer festen weißen Masse, welche das spez. Gew. 2,075 besitzt und in Alkohol und Äther vollständig unlöslich ist. Zusatz von Jod verhindert die Polymerisation. Heißes alkoholisches Kali erzeugt Acetylen[2]), ebenso in Wasser suspendiertes Bleioxyd beim Kochen[3]). Wird leicht von konz. Schwefelsäure absorbiert; bei der Destillation entsteht Crotonaldehyd CH_3 · CH : CH · CHO [4]).

1, 2-Dibromäthylen $C_2H_2Br_2$ = CHBr : CHBr. **Bildung:** Beim Bromieren von Acetylen in alkoholischer Lösung[5]). Durch Reduktion von Acetylentetrabromid mit Zink[6]) oder amalgamiertem Aluminium[7]). — **Darstellung**[7]). — Flüssigkeit. Siedep. 110—112°; 109,4° (korr.). Spez. Gew. 2,2983 bei 0°[8]). Ausdehnung[8]). Mit alkoholischem Kali entsteht Bromacetylen CBr $\equiv$ CH, Acetylen und Dibromvinyläthyläther[9]).

1, 1-Dibromäthylen $C_2H_2Br_2$ = CBr_2 : CH_2. **Bildung:** Aus Bromäthylenbromid $BrCH_2$ · $CHBr_2$ und alkoholischem Kali[10]). — **Darstellung:** Ein Gemisch von 1 Mol. Bromäthylenbromid, 2 Mol. Kaliumacetat, 1/2 Mol. Kaliumcarbonat und überschüssigem Alkohol erhitzt man 24 Stunden zum Sieden[11]). — Flüssigkeit. Siedep. 91—92° bei 754°. Spez. Gew. 2,1780 bei 20,6°/4°[12]). Polymerisiert sich zu einer festen Verbindung.

Perbromäthylen C_2Br_4 = CBr_2 : CBr_2. **Bildung:** Bei der Einwirkung von Brom auf Alkohol oder Äther[13]). Bei der Einwirkung von alkoholischem Kali auf Pentabromäthan[14]). Beim vorsichtigen Versetzen von geschlämmtem Acetylensilber mit Brom[15]). — Tafeln. Schmelzp. 53°; 56°. Siedep. 100° bei 15 mm.

Vinyljodid C_2H_3J = CH_2 : CHJ. **Bildung:** Durch Einwirkung einer alkoholischen Jodkaliumlösung auf Äthylenchlorid[16]) oder Äthylidenchlorid[17]). — Flüssigkeit. Siedep. 56°. Spez. Gew. 2,09 bei 0°.

Propylen.

Mol.-Gewicht 42.

Zusammensetzung: 85,7% C, 14,3% H.

$$C_3H_6.$$

$$\begin{array}{c} CH_2 \\ \| \\ CH \\ | \\ CH_3 \end{array}$$

Vorkommen: Es findet sich im amerikanischen[18]) und galizischen[19]) Petroleum.

---

[1]) Anschütz, Annalen d. Chemie u. Pharmazie **221**, 141 [1883]. — Lwow, Berichte d. Deutsch. chem. Gesellschaft **11**, 1259 [1878].

[2]) Miasnikow, Annalen d. Chemie u. Pharmazie **118**, 330 [1861],

[3]) Kutscherow, Berichte d. Deutsch. chem. Gesellschaft **14**, 1534 [1881].

[4]) Zeisel, Annalen d. Chemie u. Pharmazie **191**, 370 [1878].

[5]) Gray, Journ. Chem. Soc. **71**, 1023 [1897]. — Sabanejew, Annalen d. Chemie u. Pharmazie **178**, 116 [1875].

[6]) Sabanejew, Annalen d. Chemie u. Pharmazie **216**, 252 [1882].

[7]) Mouren, Bulletin de la Soc. chim. [3] **21**, 99 [1899].

[8]) Weegmann, Zeitschr. f. physikal. Chemie **2**, 236 [1888].

[9]) Sabanejew, Journ. d. russ. physikal.-chem. Gesellschaft **17**, 173 [1885].

[10]) Sawitsch, Annalen d. Chemie u. Pharmazie **122**, 183 [1862]. — Reboul, Annalen d. Chemie u. Pharmazie **124**, 270 [1862]. — Fontaine, Annalen d. Chemie u. Pharmazie **156**, 260 [1870].

[11]) Demole, Bulletin de la Soc. chim. **29**, 205 [1878].

[12]) Anschütz, Annalen d. Chemie u. Pharmazie **221**, 142 [1883].

[13]) Löwig, Poggend. Annalen **16**, 397.

[14]) Merz u. Weith, Berichte d. Deutsch. chem. Gesellschaft **11**, 2238 [1878].

[15]) Nef, Annalen d. Chemie u. Pharmazie **298**, 334 [1897].

[16]) Regnault, Annalen d. Chemie u. Pharmazie **15**, 69 [1835]. — Baumann, Annalen d. Chemie u. Pharmazie **163**, 309, 319 [1872].

[17]) Gustavson, Berichte d. Deutsch. chem. Gesellschaft **7**, 731 [1874].

[18]) Warren, Mem. Amer. Acad. of Arts and Science **9**; Amer. Journ. of Science [2] **40**.

[19]) Sutschew, Journ. f. prakt. Chemie **93**, 394 [1864]. — Lachowicz, Annalen d. Chemie u. Pharmazie **220**, 188 [1883].

Bildung: Durch Einwirkung von Zinkstaub auf die alkoholischen Lösungen von 1-Brompropyläthyläther oder Allylbromid[1]). Beim Durchleiten vieler organischer Verbindungen in Dampfform durch rotglühende Röhren, insbesondere aus Fuselöl[2]), Petroläther[3]) und Trimethylen[4]). Beim Glühen eines Gemisches von Calciumoxalat und Kaliumacetat[5]). Durch Einwirkung von Zinkäthyl auf Tetrachlorkohlenstoff[6]), Bromoform[7]) oder Dichloracetal[8]). Durch Einwirkung von Natrium auf $CH_3 \cdot CCl_2 \cdot CH_3$ [9]) oder $CH_3 \cdot CBr_2 \cdot CH_3$ [10]), von alkoholischem Kali auf Normal-[11]) oder Isopropyljodid[12]). Aus Allyljodid durch Reduktion mit Zink und Schwefelsäure[13]). Beim Erwärmen von Thymol mit Phosphorsäureanhydrid[12]).

Darstellung: Man läßt eine Lösung von Allyljodid in Alkohol oder Eisessig auf Zink fließen[14])[15])[16]). Man versetzt Isopropylalkohol mit der $3\frac{1}{4}$fachen Menge geschmolzenen Zinkchlorides und destilliert nach 24 Stunden[17]). Man läßt Propylalkohol auf Phosphorsäureanhydrid träufeln[18]). Man gewinnt es als Nebenprodukt bei der Darstellung von Allyljodid aus Glycerin und PJ_2 [19]).

Physikalische und chemische Eigenschaften: Gas. Siedep. 50,2° bei 749 mm[20]); absoluter Siedep. 93°[21]). Verflüssigung unter Druck[22]). Verbrennungswärme bei konstantem Druck (für 1 Mol.) 499,3 Cal.[23]) bei 18°; 492,740 Cal.[24]). Molekularbrechungsvermögen[25]). Absorption durch Wasser[26]). Abs. Alkohol löst 12—13 Vol., konz. Schwefelsäure 200 Vol. Propylen[27]) bzw. 1 g H_2SO_4 löst 470 ccm Propylen[28]). Die Lösung in Schwefelsäure gibt beim Kochen mit Wasser Isopropylalkohol. Addiert Halogenwasserstoff unter Bildung von Isopropylhalogeniden. ·

3-Chlorpropylen, Allylchlorid $C_3H_5Cl = CH_2 = CH—CH_2Cl$. **Bildung.** Aus Allylalkohol und Salzsäure[29]), bzw. Phosphortrichlorid[30]). Aus Allyljodid durch Umsetzung mit Quecksilberchlorid[31]). — **Darstellung**[29]). — Flüssigkeit. Siedep. 46°[30]); Siedep. 44,8—45° bei 756,2 mm[32]). Spez. Gew. 0,9547 bei 0°[30]); 0,90565 bei 44,8°/4°[32]). Ausdehnungskoeffizient[32]). Addiert Salzsäure unter Bildung von Propylenchlorid $CH_3 \cdot CHCl—CH_2Cl$. Mit

---

[1]) Wolkow u. Menschutkin, Journ. d. russ. physikal.-chem. Gesellschaft **30**, 559 [1898]; Berichte d. Deutsch. chem. Gesellschaft **31**, 3071 [1898].

[2]) Reynolds, Annalen d. Chemie u. Pharmazie **77**, 118 [1851].

[3]) Prunier, Jahresber. d. Chemie **1873**, 347.

[4]) Tanatar, Berichte d. Deutsch. chem. Gesellschaft **32**, 702, 1965 [1899].

[5]) Dusart, Annalen d. Chemie u. Pharmazie **97**, 127 [1856].

[6]) Beilstein u. Rieth, Annalen d. Chemie u. Pharmazie **124**, 242 [1862].

[7]) Beilstein u. Alexejew, Jahresber. d. Chemie **1864**, 470.

[8]) Paternò, Annalen d. Chemie u. Pharmazie **150**, 134 [1869].

[9]) Friedel u. Ladenburg, Zeitschr. f. Chemie **1868**, 48.

[10]) Reboul, Annales de Chim. et de Phys. [5] **14**, 488 [1878].

[11]) Freund, Monatshefte f. Chemie **3**, 633 [1882].

[12]) Erlenmeyer, Annalen d. Chemie u. Pharmazie **139**, 228 [1866].

[13]) Berthelot u. Luca, Annalen d. Chemie u. Pharmazie **92**, 309 [1854].

[14]) Engelhardt u. Latschinow, Zeitschr. f. Chemie **1869**, 616.

[15]) Linnemann, Annalen d. Chemie u. Pharmazie **161**, 54 [1872].

[16]) Gladstone u. Tribe, Berichte d. Deutsch. chem. Gesellschaft **6**, 1550 [1873]. — Niederist, Annalen d. Chemie u. Pharmazie **196**, 358 [1879].

[17]) Friedel u. Silva, Jahresber. d. Chemie **1873**, 322.

[18]) Beilstein u. Wiegand, Berichte d. Deutsch. chem. Gesellschaft **15**, 1498 [1882].

[19]) Berthelot u. Luca, Annalen d. Chemie u. Pharmazie **92**, 309 [1854]. — Oppenheim, Annalen d. Chemie u. Pharmazie, Suppl. **6**, 354 [1868].

[20]) Ladenburg u. Krügel, Berichte d. Deutsch. chem. Gesellschaft **32**, 1821 [1899].

[21]) Nadeschdin, Journ. d. russ. physikal.-chem. Gesellschaft **15**, [2], 26 [1883].

[22]) Molschanowski, Journ. d. russ. physikal.-chem. Gesellschaft **21**, 32 [1889].

[23]) Berthelot u. Matignon, Bulletin de la Soc. chim. [3] **11**, 739 [1894].

[24]) Thomsen, Thermochemische Untersuchungen **4**, 66 [1886]. — Berthelot, Annales de Chim. et de Phys. [5] **23**, 184 [1891].

[25]) Kanonnikow, Journ. f. prakt. Chemie [2] **31**, 361 [1885].

[26]) Thau, Annalen d. Chemie u. Pharmazie **123**, 187 [1862].

[27]) Berthelot, Jahresber. d. Chemie **1855**, 611.

[28]) Berthelot, Annales de Chim. et de Phys. [7] **4**, 104 [1895].

[29]) Eltekow, Journ. d. russ. physikal.-chem. Gesellschaft **14**, 394 [1882].

[30]) Tollens, Annalen d. Chemie u. Pharmazie **156**, 154 [1870].

[31]) Oppenheim, Annalen d. Chemie u. Pharmazie **140**, 205 [1866].

[32]) R. Schiff, Annalen d. Chemie u. Pharmazie **220**, 98 [1883]. — Brühl, Annalen d. Chemie u. Pharmazie **200**, 179 [1879].

rauchender Bromwasserstoffsäure entsteht n-Propylen-1-chloro-3-bromid neben wenig CH_2Cl · $CHBr$ · CH_3. Jodwasserstoffsäure bildet Isopropyljodid. Brom liefert das Additionsprodukt $CH_2Br—CHBr—CH_2Cl$. Siedep. 195°. Verhalten gegen konz. Schwefelsäure und Wasser[1]. Alkoholisches Kali erzeugt Äthylallyläther $CH_2{=}CH—CH_2OC_2H_5$.

2-Chlorpropylen C_3H_5Cl

$$CH_2{=}\underset{\underset{\displaystyle Cl}{|}}{C}—CH_3$$

Bildung: Aus Propylenchlorid[2] CH_3 · $CHCl—CH_2Cl$ oder Chloracetol[3] $(CH_3)_2CCl_2$ und alkoholischem Kali. Bei der Einwirkung von Phosphorpentachlorid auf Aceton[3]. — Flüssigkeit. Siedep. 23°[4]. Spez. Gew. 0,931 bei 0°[4].

1-Chlorpropylen C_3H_5Cl

$$\begin{array}{c} CH_3 \cdot C \cdot H \\ \| \\ Cl \cdot C \cdot H \end{array}$$

Bildung: Aus Propylenchlorid[5] oder Propylidenchlorid[2] durch Einwirkung von alkoholischem Kali. — Flüssigkeit. Siedep. 35—36°. Alkoholisches Kali führt es in Allylen CH_3 · $C \equiv CH$ über.

Iso-1-chlorpropylen C_3H_5Cl

$$\begin{array}{c} CH_3 \cdot C \cdot H \\ \| \\ H \cdot C \cdot Cl \end{array}$$

Bildung: Durch Kochen von α, β-Dichlorbuttersäure mit einem Überschuß von Natriumcarbonat[6]. — Flüssigkeit. Siedep. 33,2—33,5° bei 752 mm. Die Zerlegung in Allylen und Salzsäure durch alkoholisches Kali erfolgt sehr schnell.

1-Allylbromid $C_3H_5Br = CH_2 : CH \cdot CH_2Br$. Bildung: Aus Allylalkohol und Phosphortribromid[7]. — Darstellung: Man kocht Allylalkohol, welcher bei 0° mit Bromwasserstoff gesättigt wurde, mehrere Stunden[8]. — Flüssigkeit. Siedep. 70—71° bei 753,3 mm. Spez. Gew. 1,461 bei 0°; 1,463 bei 15°; 1,4336 bei 17°.

2 (β)-Brompropylen C_3H_5Br

$$CH_2{=}\underset{\underset{\displaystyle Br}{|}}{C}—CH_3$$

Bildung: Aus Bromacetol[9] oder Propylenbromid[10] und alkoholischem Kali. Aus Allylen $CH \equiv C \cdot CH_3$ und konz. Bromwasserstoffsäure[9]. — Flüssigkeit. Siedep. 47—48° bei 742 mm. Spez. Gew. 1,362 bei 20°.

Iso-3-brompropylen C_3H_5Br

$$\begin{array}{c} CH_3 \cdot C \cdot H \\ \| \\ H \cdot C \cdot Br \end{array}$$

Bildung: Neben der β-Verbindung beim Behandeln von Propylenbromid mit alkoholischem Kali[11]. — Flüssigkeit. Siedep. 59,5—60° bei 740 mm. Spez. Gew. 1,428 bei 19,5°.

Allyljodid $C_3H_5J = CH_2 : CH \cdot CH_2J$. Bildung: Durch Einwirkung von Jod und gelbem Phosphor auf Glycerin[12]. — Darstellung[13][14]. — Flüssigkeit. Siedep. 101,5—102°; 102,5—102,8°. Spez. Gew. 1,848 bei 12°. Zerfällt beim langen Erhitzen mit viel Wasser in Allylalkohol und Jodwasserstoffsäure[15].

[1]) Oppenheim, Annalen d. Chemie u. Pharmazie, Suppl. **6**, 367 [1868].
[2]) Reboul, Annales de Chim. et de Phys. [5] **14**, 462 [1878].
[3]) Friedel, Annalen d. Chemie u. Pharmazie **134**, 263 [1865].
[4]) Oppenheim, Annalen d. Chemie u. Pharmazie, Suppl. **6**, 357 [1868].
[5]) Cahours, Jahresber. d. Chemie **1850**, 496.
[6]) Wislicenus, Annalen d. Chemie u. Pharmazie **248**, 297 [1888].
[7]) Tollens, Annalen d. Chemie u. Pharmazie **156**, 152 [1870].
[8]) Jacobi u. Merling, Annalen d. Chemie u. Pharmazie **278**, 11 [1894].
[9]) Reboul, Annales de Chim. et de Phys. [5] **14**, 474 [1878].
[10]) Reynolds, Annalen d. Chemie u. Pharmazie **77**, 122 [1851].
[11]) Reboul, Annales de Chim. et de Phys. [5] **14**, 479 [1878].
[12]) Berthelot u. Luca, Annales de Chim. et de Phys. [3] **43**, 257 [1855].
[13]) Wagner, Berichte d. Deutsch. chem. Gesellschaft **9**, 1810 [1876].
[14]) Béhal, Bulletin de la Soc. chim. **47**, 876 [1887].
[15]) Niederist, Annalen d. Chemie u. Pharmazie **196**, 350 [1879].

2 (β)-Jodpropylen C_3H_5J

$$CH_2 = CH - CH_3$$
$$|$$
$$J$$

Bildung: Durch Einwirkung von alkoholischem Kali auf Jodacetol $CH_3 \cdot CJ_2 \cdot CH_3$ [1] [2]. — Physikalische und chemische Eigenschaften: Siedep. $82°$ [1]; $93—103°$ [9]. Spez. Gew. 1,8028 bei $16,4°$ [2].

1-Nitropropen; Nitroallyl $C_3H_5O_2N = CH_2 : CH \cdot CH_2 \cdot NO_2$. **Bildung:** Aus Allylbromid oder -jodid und Silbernitrit [3] [4]. — Farblose Flüssigkeit. Unlöslich in Wasser, löslich in Alkohol und Äther. Siedep. $87—89°$ bei 180 mm; Siedep. $125—130°$ bei 760 mm. Spez. Gew. 1,051 bei $21°$.

γ-Butylen = Methylpropen (Isobutylen).

Mol.-Gewicht 56.
Zusammensetzung: 85,7% C, 14,3% H.

$$C_4H_8 \cdot$$

$$CH_2$$
$$\|$$
$$C - CH_3$$
$$|$$
$$CH_3$$

Vorkommen: Im nordamerikanischen Rohöl [5].

Bildung: Bei der Destillation von Steinkohlen [6], Fetten [7], überhaupt beim Erhitzen von organischen Substanzen auf hohe Temperaturen [8] [9]. Durch Einwirkung von alkoholischem Kali auf Butyljodid oder Isobutyljodid [10]. Beim Erhitzen von Trimethylcarbinol mit verdünnter Schwefelsäure [10].

Darstellung: Aus Isobutylalkohol uno Schwefelsäure [11] [12] [13]. Aus alkoholischem Kali und Isobutyljodid [14].

Physikalische und chemische Eigenschaften: Gas. Siedep. $-6°$ [14]. Verflüssigt sich bei $15—18°$ und $2—2^1/_2$ Atm. [14]. Absoluter Siedep. $150,7°$ [15]. Butylen aus Petroleum, Siedep. $-5°$ [13]. Verbrennungswärme (bei $18°$) 650,620 Cal. [16]. Addiert Haloidsäuren unter Bildung von tertiärem Butyljodid bzw. -cnlorid. Jodwasserstoffsäure ($D = 1,75$) führt zur teilweisen Bildung von Trimethylcarbinol $(CH_3)_3 \cdot C(OH)$. Wird von 3 T. Schwefelsäure und 1 T. Wasser völlig absorbiert; bei der Destillation dieser Lösung geht Trimethylcarbinol über. Mit unterchloriger Säure entsteht $(CH_3)_2 \cdot CCl \cdot CH_2OH$, mit Acetylchlorid in Gegenwart von Zinkchlorid $(CH_3)_2CCl \cdot CH_2 \cdot CO \cdot CH_3$ [17]. Chlor liefert Isobutenylchlorid und Isocrotylchlorid [18]. Über Oxydation durch Kaliumpermanganat s. Wagner [19] und F. und O. Zeidler [20]. Isobutylen polymerisiert sich leicht zu Triisobutylen.

[1] Semenow, Zeitschr. f. Chemie **1865**, 725.
[2] Oppenheim, Zeitschr. f. Chemie **1865**, 719.
[3] V. Meyer u. Askenasy, Berichte d. Deutsch. chem. Gesellschaft **25**, 1701 [1892].
[4] Henry, Chem. Centralbl. **1898**, I, 192.
[5] Schorlemmer u. Chandler, zit. nach H. Höfer, Das Erdöl und seine Verwandten. Braunschweig 1906. 2. Aufl. S. 65.
[6] Colson, Bulletin de la Soc. chim. **48**, 57 [1887].
[7] Faraday, Poggend. Annalen **5**, 303.
[8] Würtz, Annalen d. Chemie u. Pharmazie **104**, 249 [1857].
[9] Butlerow, Annalen d. Chemie u. Pharmazie **145**, 277 [1868]. — Prunier, Jahresber. d. Chemie **1873**, 347.
[10] Butlerow, Annalen d. Chemie u. Pharmazie **144**, 19 [1867].
[11] Puchot, Annales de Chim. et de Phys. [5] **28**, 508 [1883].
[12] Lermontow, Annalen d. Chemie u. Pharmazie **196**, 117 [1879].
[13] Schestukow, Journ. d. russ. physikal.-chem. Gesellschaft **16**, 510 [1884]; **18**, 211 [1886].
[14] Butlerow, Zeitschr. f. Chemie **1870**, 238. — Saytzew wendet die doppelte Menge KOH wie Butlerow an.
[15] Nadeschdin, Journ. d. russ. physikal.-chem. Gesellschaft [2] **15**, 27 [1883].
[16] Thomsen, Thermochemische Untersuchungen 4, 70 [1886].
[17] Kondakow, Journ. d. russ. physikal.-chem. Gesellschaft **26**, 12 [1894].
[18] Schestukow, Journ. d. russ. physikal.-chem. Gesellschaft **16**, 488 [1884].
[19] Wagner, Berichte d. Deutsch. chem Gesellschaft **21**, 1232 [1888].
[20] F. u. O. Zeidler, Annalen d. Chemie u. Pharmazie **197**, 251 [1879].

Triisobutylen $C_{12}H_{24}$ = $(CH_3)_2C : C(C[CH_3]_3)_2$. Aus Isobutylen und Schwefelsäure[1]). Aus Isobutylen, Calciumoxyd und Trimethylcarbinoljodid bei 100°[2])[3]). Bei der Einwirkung von Zinkoxyd auf tertiäres Butyljodid in der Kälte[4]). Durch Kondensation von Isobutylalkohol und Isobutylchlorid mit Zinkchlorid[5]).

Darstellung[6]).

Physikalische und chemische Eigenschaften: Flüssigkeit. Siedep. 177,5 bis 178,5°[2]). Spez. Gew. 0,774 bei 0°. Absorbiert langsam Sauerstoff; Chromsäure und Permanganat oxydieren lebhaft; desgleichen Brom. Hierbei entstehen Additions- und Substitutionsprodukte.

2-Methyl-3-chlorpropylen C_4H_7Cl

$$CH_2 = C - CH_2Cl$$
$$\mid$$
$$CH_3$$

Aus Isobutylen und Chlor neben Isocrotylchlorid[7]).

$$(CH_3)_2 \cdot C = CH_2 + Cl_2 = (CH_3)_2 \cdot CCl - CH_2Cl \begin{cases} \nearrow (CH_3) \cdot C - CH_2Cl \\ \qquad \qquad \| \\ \qquad \qquad CH_2 \\ \searrow (CH_3)_2 \cdot C = CHCl \end{cases}$$

Flüssigkeit. Siedep. 72—75°. Spez. Gew. 0,9555 bei 0°. Mit alkoholischem Kali gibt es Äthylisobutenyläther $CH_2 : C(CH_3) \cdot CH_2OC_2H_5$; mit Kaliumcarbonat Isopropylcarbinol $(CH_3)_2CH \cdot CH_2OH$.

2-Methyl-1-chlorpropylen C_4H_7Cl

$$CH = C - CH_3$$
$$\mid \qquad \mid$$
$$Cl \qquad CH_3$$

Bildung: Aus Isobutylidenchlorid und alkoholischem Kali oder Ammoniak[8]). Beim Chlorieren von Isobutylen neben Isobutylchlorid[9]). Durch Einwirkung von Zinkstaub auf die alkoholische Lösung von Acetonchloroform

$$(CH_3)_2 \cdot C \begin{smallmatrix} \diagup OCl \\ \diagdown CHCl_2 \end{smallmatrix} {}^{10})$$

Flüssigkeit. Siedep. 62—65°[9]); 65—68°[10]). Spez. Gew. 0,9785 bei 12°[10]). Liefert beim Erhitzen mit viel Wasser quantitativ Isobutyraldehyd $CHCl = C(CH_3)_2 \rightarrow CH(OH) = C(CH_3)_2 \rightarrow CHO \cdot CH(CH_3)_2$. Natriumalkoholat erzeugt Äthylisocrotyläther.

Nitrobutylen $C_4H_7O_2N$. Bildung: Beim Behandeln von Trimethylcarbinol mit Salpetersäure[11]). — Darstellung[12]). — Schwachgelbes Öl. Siedep. 154—158° (unter Zersetzung). Bildet beim Kochen mit viel Wasser Aceton und Nitromethan.

Isobutylennitrit $C_4H_8O_4N_2$. Aus Isobutylen und konz. Salpetersäure[13]). — Krystalle.

Amylene.

Mol.-Gewicht 70.

Zusammensetzung: 85,7% C, 14,3% H.

$$C_5H_{10}.$$

Vorkommen: Amylene kommen im pennsylvanischen Petroleum vor[14]), ferner im Destillat des Erdpechs von Pechelborn (nativ?).

---

1) Butlerow, Berichte d. Deutsch. chem. Gesellschaft **6**, 561 [1873].
2) Lermontow, Journ. d. russ. physikal.-chem. Gesellschaft **10**, 238 [1878].
3) Lermontow, Annalen d. Chemie u. Pharmazie **196**, 119 [1879].
4) Dobrin, Journ. Chem. Soc. **37**, 239 [1880].
5) Malbot u. Gentil, Annales de Chim. et de Phys. [6] **19**, 394 [1890].
6) Butlerow, Journ. d. russ. physikal.-chem. Gesellschaft **11**, 198 [1879].
7) Schestukow, Journ. d. russ. physikal.-chem. Gesellschaft **16**, 495 [1884].
8) Oeconomides, Bulletin de la Soc. chim. **35**, 498 [1881].
9) Schestukow, Journ. d. russ. physikal.-chem. Gesellschaft **16**, 498 [1884].
10) Jocitsch, Journ. d. russ. physikal.-chem. Gesellschaft **30**, 921 [1898]; Chem. Centralbl. **1899**, I, 606.
11) Haitinger, Annalen d. Chemie u. Pharmazie **193**, 366 [1878].
12) Haitinger, Monatshefte f. Chemie **2**, 286 [1881].
13) Haitinger, Monatshefte f. Chemie **2**, 287 [1881].
14) Warren, Mem. Amer. Acad. of Arts and Science **9**; Amer. Journ. of Science [2] 40. — Schorlemmer, Annalen d. Chemie u. Pharmazie **161**, 269 [1872].

Bildung: Bei der Einwirkung von Zinkäthyl auf Allyljodid sollte normalerweise das Amylen $C_2H_5 \cdot CH_2 - CH = CH_2$ (Propyläthylen) entstehen:

$$Zn(C_2H_5)_2 + 2\,J \cdot CH_2 \cdot CH : CH_2 = ZnJ_2 + 2\,C_2H_5 \cdot CH_2 \cdot CH : CH_2.$$

Es bildet sich aber ein Gemenge verschiedener Kohlenwasserstoffe[1]).

Auch die in der Natur vorkommenden Amylene sind in ihrer Konstitution verschiedenartig und nicht bestimmt aufzuklären. Es hängt dies mit ihrer großen Veränderlichkeit zusammen, die leicht zu Umlagerungen und Polymerisationen führen.

Darstellung: Zur Darstellung von Amylen wird dem gewöhnlichen Gärungsamylalkohol Wasser entzogen. Geschieht die Wasserentziehung über das Jodid durch Behandeln desselben mit alkoholischem Kali[2]), so erhält man aus dem Gärungsamylalkohol, der vorwiegend aus dem inaktiven Isobutylcarbinol $\dfrac{CH_3}{CH_3}\!\!>\!\!CH \cdot CH_2 \cdot CH_2(OH)$ neben wenig optisch aktivem Sekundärbutylcarbinol $CH_3 \cdot \dfrac{CH_2}{CH_3}\!\!>\!\!CH \cdot CH_2(OH)$ besteht, dementsprechend[3]) ein Gemisch von Isopropyläthylen $(CH_3)_2 \cdot CH \cdot CH : CH_2$ und unsymmetrischem Methyläthyläthylen $(CH_3)(C_2H_5)C : CH_2$, das bei 23—27° siedet. Zur Trennung des Gemenges behandelt man mit Schwefelsäure (2 Vol. konz. H_2SO_4 und 1 Vol. H_2O), die das Isopropyläthylen ungelöst läßt.

Das gewöhnliche „käufliche Amylen" wird durch Einwirkung von Chlorzink auf Fuselöl erhalten[4]) und siedet bei 22—45°. Es enthält nicht nur ungesättigte Kohlenwasserstoffe, darunter ein Amylen mit unverzweigter Kohlenstoffkette, sondern auch reichliche Mengen Pentan[5]). Beim Behandeln mit Schwefelsäure (1 Vol. H_2SO_4 und 1 Vol. H_2O) bei niederer Temperatur bleiben das normale Amylen und das Pentan ungelöst. Der Hauptbestandteil des Reaktionsprodukts ist aber nicht das direkt aus dem inaktiven Amylalkohol durch Wasserabspaltung entstehende Isopropyläthylen, sondern hauptsächlich das daraus durch die umlagernde Wirkung des Chlorzinks gebildete Trimethyläthylen $(CH_3)_2C : CH(CH_3)$:

$$\dfrac{CH_3}{CH_3}\!\!>\!\!CH \cdot CH : CH_2 \;\rightarrow\; \dfrac{CH_3}{CH_3}\!\!>\!\!C : CH \cdot CH_3$$

Der in der Schwefelsäure lösliche Teil des „käuflichen Amylens" besteht daher überwiegend aus diesen Trimethyläthylen und ferner aus dem unsymmetrischen Methyläthyläthylen $(CH_3)(C_2H_5) \cdot C : CH_2$, das aus dem optisch aktiven Amylalkohol gebildet wurde. Durch Zersetzung der schwefelsauren Lösung mit Wasser entsteht daher fast quantitativ tertiärer Amylalkohol $(CH_3)_2 \cdot C(OH) \cdot CH_2 \cdot CH_3$, den man als Schlafmittel empfohlen hat[6]).

Die physikalisch-chemischen Eigenschaften der verschiedenen Amylene enthält folgende Tabelle:

Name	Formel	Schmelzp. °C	Siedep. °C	Spez. Gewicht bei 0°
Symm. Methyläthyläthylen[7]) . . .	$CH_3 \cdot CH : CH \cdot C_2H_5$	—	+36	—
Isopropyläthylen[8])	$(CH_3)_2CH \cdot CH : CH_2$	—	+20—21	0,648
Unsymm. Methyläthyläthylen[9]) . .	$(CH_3)(C_2H_5)C : CH_2$	—	31—32	0,670
Trimethyläthylen[9])	$(CH_3)_2C : CH(CH_3)$	—	36—38	0,678

2-Chlor-penten $C_5H_9Cl = CH_2 : CCl \cdot CH_2 \cdot CH_2 \cdot CH_3$. Durch alkoholisches Kali aus 2, 2-Dichlorpentan[10]). Flüssigkeit. Siedep. 95—97°. Spez. Gew. 0,872 bei 5,1°.

[1]) Würtz, Annalen d. Chemie u. Pharmazie **123**, 203 [1862]; **127**, 55 [1863]; **148**, 131 [1868].

[2]) Flawitzky, Annalen d. Chemie u. Pharmazie **179**, 347 [1875].

[3]) Wischnegradsky, Annalen d. Chemie u. Pharmazie **190**, 351 [1877]. — Eltekoff, Berichte d. Deutsch. chem. Gesellschaft **10**, 707 [1877].

[4]) Balard, Annales de Chim. et de Phys. [3] **12**, 320 [1844]. — Würtz, Annalen d. Chemie u. Pharmazie **128**, 225, 316 [1863]. — Bauer, Journ. f. prakt. Chemie **84**, 257 [1861]. — Etard, Compt. rend. de l'Acad. des Sc. **86**, 488 [1878].

[5]) Wischnegradsky, Annalen d. Chemie u. Pharmazie **190**, 328 [1877].

[6]) Pharmaz. Centralhalle **28**, 338; **29**, 15; **30**, 7, 68.

[7]) Wagner u. Saytzeff, Annalen d. Chemie u. Pharmazie **175**, 373 [1874].

[8]) Flawitzky, Berichte d. Deutsch. chem. Gesellschaft **11**, 992 [1878].

[9]) Le Bel, Jahresber. d. Chemie **1876**, 347.

[10]) Bruylants, Berichte d. Deutsch. chem. Gesellschaft **8**, 411 [1875].

Nitropenten $C_5H_9O_2N$

$$CH_2 : CH - CH - CH - CH_3$$
$$| $$
$$NO_2$$

Aus Allyljodid und Kaliumnitroäthan in alkoholischer Lösung[1]). Öl, das sich beim Destillieren zersetzt. Bei der Reduktion liefert es ein Amin $C_5H_9NH_2$ vom Siedep. 85°.

Amylene im Destillat des Erdpeches von Pechelbronn (Elsaß). Es finden sich zwei Amylene vor[2]). Bei Einwirkung von Salzsäure entstehen Dimethyläthylcarbinolchlorid und Methylpropylcarbinolchlorid, so daß den Amylenen die Formeln $(CH_3)_2 \cdot C : CH \cdot CH_3$ oder $(C_2H_5) \cdot C(CH_3) : CH_2$ bzw. $CH_3 \cdot CH_2 \cdot CH : CH \cdot CH_3$ oder $CH_3 \cdot CH_2 \cdot CH_2 \cdot CH : CH_2$ zukommen.

Amylen beim Überhitzen von Paraffin. Siedep. 35—37°[3]).

Amylen bei der Destillation der Kalkseifen aus Fischtran[4]). Siedep. 34,5—35,6°.

Polymethylene und Terpene.

Cyclische Polymethylene C_nH_{2n}.

Allgemeine Eigenschaften der Naphtene:[5]) Die cyclischen Polymethylene stehen in ihrem Verhalten den Paraffinen nahe. Die Naphthene des Erdöls[6]) leiten sich vom Penta- und Hexamethylen[7]) und von Hexahydrobenzolderivaten ab. Mit Ausnahme der Halogene sind sie gegen die meisten Reagenzien sehr beständig. Mit verdünnter Salpetersäure liefern sie wie die Paraffine beim Erhitzen Nitroprodukte, die sich zu Aminen reduzieren lassen. Von konz. Salpetersäure werden sie weitgehend oxydiert, von Salpeterschwefelsäure bei gewöhnlicher Temperatur nicht angegriffen und können so von aromatischen Beimischungen befreit werden[8]). Bei der Oxydation mit Salpetersäure bilden sich vorwiegend zweibasische Säuren. Aus Hexamethylen Adipinsäure, aus Pentamethylen Glutarsäure. Kaliumpermanganat greift bei neutraler und alkalischer Reaktion kaum an. Jodwasserstoff wirkt auf cyclische Polymethylene isomerisierend; die zuerst von Wreden[9]) durch Erhitzen von Benzol, Toluol, Xylol und Cymol mit Jodwasserstoffsäure in Gegenwart von Phosphor auf 150—280° erhaltenen Hexahydroderivate haben sich als Derivate des Methylpentamethylens erwiesen[10]). Brom wirkt beim Erwärmen und schon bei gewöhnlicher Temperatur unter Bromwasserstoffabspaltung ein, besonders bei Gegenwart von etwas Aluminiumbromid. In diesem Fall erstreckt sich die Wirkung nur auf den Kern, der dabei in einen Benzolkern umgelagert wird[11]). Chlor wirkt unter Bildung von Mono- und Polysubstitutionsprodukten ein, um so leichter, je einfacher die Struktur des Kohlenwasserstoffs ist. Chlorieren mit feuchtem Chlor (man läßt den zu chlorierenden Kohlenwasserstoff auf Wasser schwimmen) begünstigt die Bildung von Monochloriden. Die Chloride lassen sich durch Halogenwasserstoffabspaltung leicht in Naphthylene verwandeln; die Dichloride liefern dabei terpenartige Kohlenwasserstoffe C_nH_{2n-4}. Durch etwa 24stündiges Erhitzen mit der sechsfachen Menge rauchender Jodwasserstoffsäure auf 130—140° gehen die Chloride in Jodide über. Diese liefern in der Kälte mit Silberacetat Essigsäureester der Naphthenole. Von konz. Schwefelsäure werden die Naphthene nicht angegriffen, durch rauchende Schwefelsäure im Überschuß entstehen Sulfosäuren und Harze neben flüchtigen Verbindungen.

---

[1]) Gal, Jahresber. d. Chemie **1873**, 333.

[2]) Le Bel, Bulletin de la Soc. chim. **17**, 3 [1872]; **18**, 166 [1872].

[3]) Thorpe u. Young, Annalen d. Chemie u. Pharmazie **165**, 7 [1873].

[4]) Warren u. Storer, Jahresber. d. Chemie **1868**, 229.

[5]) Siehe R. A. Wischin, Die Naphthene. Braunschweig 1901.

[6]) Beilstein u. Kurbatoff, Journ. d. russ. physikal.-chem. Gesellschaft **5**, 238, 307 [1873]; Berichte d. Deutsch. chem. Gesellschaft **13**, 1818, 2028 [1880].

[7]) Markownikoff u. Oglobin, Journ. d. russ. physikal.-chem. Gesellschaft **15**, 237, 307 [1883]; Berichte d. Deutsch. chem. Gesellschaft **16**, 1873 [1883].

[8]) Markownikoff, Berichte d. Deutsch. chem. Gesellschaft **32**, 1441 [1899].

[9]) Wreden, Journ. d. russ. physikal.-chem. Gesellschaft **9**, 242 [1877]; Annalen d. Chemie u. Pharmazie **187**, 163 [1877].

[10]) Kißner, Journ. d. russ. physikal.-chem. Gesellschaft **23**, 20 [1891]; **24**, 450 [1892].

[11]) Gustavson, Journ. d. russ. physikal.-chem. Gesellschaft **15**, 401 [1883].

Zur Darstellung der Nitroderivate erhitzt man nach Konowaloff etwa 5 ccm des Kohlenwasserstoffs mit 25 ccm Salpetersäure im geschlossenen Rohr 12 Stunden auf 120 bis 130°. Je nach der Natur des Kohlenwasserstoffs benutzt man eine Säure vom spez. Gew. 1,025, 1,050 oder 1,075. Das rohe Nitrierungsprodukt enthält neben unangegriffenem Kohlenwasserstoff ein Gemisch von sekundären und tertiären Mononitro- und von Dinitrokörpern, die zunächst durch Fraktionieren getrennt werden. Die Mononitroprodukte trennt man dann mittels Natriummethylat und Wasser durch Bildung der löslichen sekundären Natriumsalze.

Pentamethylen (Cyclopentan).

Mol.-Gewicht 70.
Zusammensetzung: 85,7% C, 14,3% H.

$$C_5H_{10}$$

$$
\begin{array}{cc}
CH_2 & CH_2 \\
CH_2 & CH_2 \\
& CH_2
\end{array}
$$

Vorkommen: Im kaukasischen Petroleum (in der Fraktion 48—51°)[1]. Im amerikanischen Petroleum[2].

Bildung: Aus Pentamethylenbromid $CH_2Br \cdot (CH_2)_3 \cdot CH_2Br$ durch Einwirkung von Zinkstaub und Alkohol[3]. Aus Jodcyclohexan durch Reduktion mit granuliertem Zink und rauchender Salzsäure in alkoholischer Lösung[4].

Physikalische und chemische Eigenschaften: Ölige Flüssigkeit vom Siedep. 50,2—50,8°. Spez. Gew. 0,7506 bei 20,5°/4°. Brechungsvermögen[4]. Salpetersäure liefert einen (sekundären) Nitrokörper und Glutarsäure. Brom wirkt erst bei höherer Temperatur substituierend.

Kohlenwasserstoffe C_6H_{12}.

Mol.-Gewicht 84.
Zusammensetzung: 85,7% C, 14,3% H.

Hexanaphthen aus Erdöl.

$$C_6H_{12}.$$

$$
\begin{array}{c}
CH_2 \\
H_2C \quad CH_2 \\
H_2C \quad CH_2 \\
CH_2
\end{array}
$$

Vorkommen: Wurde aus dem kaukasischen[5], aus dem galizischen und amerikanischen[6] Erdöl isoliert. Im italienischen Erdöl von Valleia[7].

Darstellung: Aus der Fraktion 80—82° der kaukasischen Naphtha[8]. Aus Hexamethylendibromid und Natrium[9]; durch Reduktion des Pimelinketons

$$
\begin{array}{c}
CH_2 - CH_2 - CH_2 \\
CH_2 - CH_2 - CO
\end{array}
$$

über den Alkohol und das Jodid[10].

[1] Markownikoff, Berichte d. Deutsch. chem. Gesellschaft 30, 975 [1897]

[2] Young, Journ. Chem. Soc. 73, 906 [1898].

[3] Gustavson u. Demjanow, Journ. d. russ. physikal.-chem. Gesellschaft 21, 344 [1889].

[4] J. Wislicenus u. Hentzschel, Annalen d. Chemie u. Pharmazie 275, 327 [1898].

[5] Markownikoff u. Konowaloff, Berichte d. Deutsch. chem. Gesellschaft 28, 577, 1234 [1895]; Journ. d. russ. physikal.-chem. Gesellschaft 30, 156 [1898].

[6] E. C. Fortey, Proc. Chem. Soc. 71, 161 [1897]. — Mabery u. Hudson, Chem. Centralbl. 1900, II, 453.

[7] L. Balbiano u. M. Palladini, Gazzetta chimica ital. 32, I, 437—447 [1902]. — Balbiano u. Zeppa, Gazzetta chimica ital. 33, II, 42 [1903].

[8] Markownikoff, Annalen d. Chemie u. Pharmazie 301, 154 [1898].

[9] E. Haworth u. W. H. Perkin jun., Chem.-Ztg. 28, 787 [1894].

[10] Bayer, Annalen d. Chemie u. Pharmazie 278, 111 [1894]. — Zelinsky, Journ. d. russ. physikal.-chem. Gesellschaft 17, 215 [1895]; Berichte d. Deutsch. chem. Gesellschaft 28, 1341 [1895].

Physikalische und chemische Eigenschaften: Flüssigkeit von reinem Benzingeruch. Siedep. 80—82° [1]); 80,5—80,6° [2]); 77—80° [3]); 81—82° bei 74 mm[4]). Spez. Gew. 0,769 bei 15° [1]); 0,7722 bei 0° [2]); 0,7764 bei 20°/4° [4]). Erstarrt bei —46°, nach dem Absaugen des flüssig gebliebenen Teils bei —11° [5]).

Chlorid $C_6H_{11} \cdot Cl$. Durch feuchtes Chlor unter Ausschluß direkten Sonnenlichts. Farblose Flüssigkeit, in reinem Zustand ziemlich beständig. Siedep. 142° bei 750 mm[1]); 141,3—141,6° bei 768 mm[2]). Spez. Gew. 0,978 bei 15° [1]); 0,9991 bei 0° [2]). Reagiert mit alkoholischer Kalilauge ziemlich schwierig unter Bildung des ungesättigten Kohlenwasserstoffs C_6H_{10} neben dem Äther $C_6H_{11} \cdot OC_2H_5$.

Dichlorid $C_6H_{10}Cl_2$. Durch trocknes Chlor aus dem siedenden Naphten neben Mono- und Polychloriden. Farblose, an der Luft rasch blau werdende Flüssigkeit. Siedep. 194 bis 195° [2]).

Jodid $C_6H_{11} \cdot J$. Aus dem Chlorid in sehr schlechter Ausbeute mit Jodwasserstoff und rotem Phosphor bei 140—145° [6]), auch aus Cyclohexanol und Jodwasserstoff bei Wasserbadtemperatur[7]). Leicht veränderlich. Siedep. 193° bei 765 mm. Spez. Gew. 1,626 bei 15°.

1, 4-Dijodcyclohexan $C_6H_{10}J_2$. Entsteht in zwei Formen, der flüssigen Cis- und der krystallinischen Transform, aus Chinit durch Erhitzen mit rauchender Jodwasserstoffsäure auf 100°. Cisform: Flüssigkeit. Transform: In Alkohol lösliche Krystalle vom Schmelzp. 144—145° [8]).

Bromid $C_6H_{11}Br$. Farblose Flüssigkeit. Siedep. 162—163° (unter schwacher Zersetzung) [2]).

Bromid ($C_6H_{11}Br_8 + C_6H_5Br_7$). Farblose Prismen. Schmelzp. 121,5—122,5° [9]).

Nitrohexanaphthen $C_6H_{11} \cdot NO_2$. Mit Salpetersäure 1,52 in der Kälte oder bei 50°. Vorteilhaft erhitzt man mit verdünnter Salpetersäure (1,076) den Kohlenwasserstoff 10 Stunden auf 115—120° [6]). Die Fraktion 106—110° des Reaktionsprodukts wird mit methylalkoholischer Natronlauge von tertiären Nitrokörpern befreit. Das reine Nitrat ist eine gelbliche Flüssigkeit vom Siedep. 109° bei 40 mm und 205,5—206° bei 768 mm. Erstarrt bei —34° [10]). Riecht nitrobenzolähnlich. Spez. Gew. 1,0759 bei 0°; 1,0605 bei 20°. Liefert bei der Reduktion mit Zinkstaub das

Amidohexanaphthen $C_6H_{11} \cdot NH_2$. Farblose Flüssigkeit vom Siedep. 134—135°. Spez. Gew. 0,88216 bei 0°; 0,86478 bei 20°. Riecht stark nach Ammoniak, ist in Wasser leicht löslich, gibt mit Kohlensäure carbaminsaure Salze.

Hydrochlorid $C_6H_{11} \cdot NH_2 \cdot HCl$. Schmelzp. 204—205° aus konz. wässeriger Lösung, 206—208,5° aus alkoholischer Lösung mit Äther gefällt.

Benzoylderivat $C_6H_{11}NH \cdot C_7H_5O$. Farblose Nadeln. Schmelzp. 146—146,5°. Schwer löslich in verdünntem Alkohol, leicht löslich in abs. Alkohol und in Äther.

Hexamethylen wird durch 8stündiges Erhitzen zum Teil zu einem niedriger siedenden Kohlenwasserstoff, wahrscheinlich Methylpentamethylen[11])

$$\begin{array}{l} CH_2 - CH_2 \\ \quad\quad\quad\quad\quad\; \rangle C \cdot CH_3 \\ CH_2 - CH_2 \end{array}$$

isomerisiert; ähnlich wirkt bei gelinder Einwirkung Aluminiumchlorid.

[1]) Markownikoff u. Konowaloff, Berichte d. Deutsch. chem. Gesellschaft **28**, 577, 1234 [1895]; Journ. d. russ. physikal.-chem. Gesellschaft **30**, 156 [1898].

[2]) E. C. Fortey, Proc. Chem. Soc. **71**, 161 [1897].

[3]) E. Haworth u. W. H. Perkin jun., Chem.-Ztg. **28**, 787 [1894].

[4]) Bayer, Annalen d. Chemie u. Pharmazie **278**, 111 [1894]. — Zelinsky, Journ. d. russ. physikal.-chem. Gesellschaft **17**, 215 [1895]; Berichte d. Deutsch. chem. Gesellschaft **28**, 1341 [1899].

[5]) Markownikoff, Journ. d. russ. physikal.-chem. Gesellschaft **31**, 356 [1899].

[6]) Markownikoff, Annalen d. Chemie u. Pharmazie **302**, 15 [1898].

[7]) Bayer, Annalen d. Chemie u. Pharmazie **278**, 107 [1894].

[8]) Bayer, Annalen d. Chemie u. Pharmazie **278**, 96 [1894].

[9]) Markownikoff, Journ. d. russ. physikal.-chem. Gesellschaft **30**, 161 [1898].

[10]) Markownikoff, Compt. rend. de l'Acad. des Sc. **31**, 356 [1899]; Chem. Centralbl. **1899**, II, 19.

[11]) Aschan, Annalen d. Chemie u. Pharmazie **324**, 1 [1902].

Methylpentamethylen.

$$C_6H_{12}$$

$$\begin{array}{c} H_2C\!\!-\!\!-\!\!CH_2 \\ H_2C\quad CH_2 \\ CH \\ | \\ CH_3 \end{array}$$

Vorkommen: In der bei 70° siedenden Fraktion des Erdöls von Apscheron[1] (Baku). Im italienischen Erdöl von Valleia[2].

Darstellung: Entsteht durch molekulare Umlagerung bei der Hydrogenisierung von Benzol mit Jodwasserstoffsäure[3]. Aus dem Dibromid $CH_2Br \cdot CH_2 \cdot CH_2 \cdot CH_2CHBr \cdot CH_3$ und Natrium[4]. Durch Reduktion des Ketons aus dem β-methyladipinsauren Calcium über Alkohol und Jodid oder über das Amin[5].

Physikalische und chemische Eigenschaften: Flüssigkeit. Siedep. 70—71° (Perkin); 71—73° (Kißner). Spez. Gew. 0,7648 bei 0°; 0,7488 bei 20° (Kißner); 0,743 bei 20° (Markownikoff). Brechungsindex 1,4101 bei 20°. Molekularrefraktion 27,80 (Kißner). Erstarrt nicht bei —79°.

Einwirkung von Chlor. Erfolgt leicht bei gewöhnlicher Temperatur. Vorteilhaft leitet man Chlor bei 45° durch Wasser, auf welchem der Kohlenwasserstoff schwimmt. Das Reaktionsprodukt siedet bei 125—127°, wobei es fast vollständig in Salzsäure und das Hexanaphthylen $C_6H_{10} = CH_3 \cdot C = CH - CH_2 - CH_2 - CH_2$, Siedep. 70—72°, zerfällt.

Tertiäres Chlorid $CH_3 \cdot CCl \cdot CH_2 \cdot CH_2 \cdot CH_2 \cdot CH_2$ erhält man außer bei der Chlorierung des Methylpentamethylens auch aus dem entsprechenden Alkohol mit rauchender Salzsäure; siedet unter Zersetzung in das Naphthylen und Salzsäure bei 122—123°; unzersetzt bei ca. 400 mm Druck von 97—98°[6].

Sekundäres o-Methylnitropentamethylen

$$\begin{array}{c} CH \cdot CH(NO_2) \cdot CH_2 \cdot CH_2 \cdot CH_2 \\ | \\ CH_3 \end{array}$$

Durch Ausziehen des Nitrierungsproduktes, das man durch zweimal 9stündiges Erhitzen der Fraktion 70—73° aus Erdöl (Baku) mit Salpetersäure vom spez. Gew. 1,075 auf 115° erhält, mit starker alkoholischer Natronlauge, die das tertiäre Nitroprodukt nicht aufnimmt. Farblose Flüssigkeit, deren Geruch an Anisöl und gleichzeitig an Nitrobenzol erinnert. Siedep. 97—99° bei 40 mm; 184—185° bei 758 mm. Spez. Gew. 1,0462 bei 0°.

Das **sekundäre Amin** siedet bei 121—122° (bei 738 mm). Spez. Gew. 0,8179 bei 0°. Nimmt leicht Wasser auf, ist dagegen in Wasser schwer löslich.

Tertiäres Methylnitropentamethylen

$$\begin{array}{c} C(NO_2) \cdot CH_2 \cdot CH_2 \cdot CH_2 \cdot CH_2 \\ | \\ CH_3 \end{array}$$

Bildung s. das sekundäre Produkt. Farblose Flüssigkeit von campherähnlichem Geruch. Siedet unter 40 mm bei 92° unzersetzt; bei 755 mm von 177—184° unter Zersetzung. Spez. Gew. 1,0568 bei 0°; 1,0453 bei 15°.

---

[1] Markownikoff, Konowaloff u. Miller, Journ. d. russ. physikal.-chem. Gesellschaft **27**, 179 [1895]; Berichte d. Deutsch. chem. Gesellschaft **28**, 1234 [1895].

[2] Balbiano u. Palladini, Gazzetta chimica ital. **32**, I, 437—449 [1902]. — Balbiano u. Zeppa, Gazzetta chimica ital. **33**, II, 42 [1903].

[3] N. Kißner, Journ. d. russ. physikal.-chem. Gesellschaft **26**, 375 [1894]; **29**, 210, 531, 584 [1897].

[4] Perkin jun., Journ. Chem. Soc. **53**, 213 [1888].

[5] Semmler, Berichte d. Deutsch. chem. Gesellschaft **25**, 3513 [1893]; **26**, 774 [1894]. — Markownikoff, Journ. d. russ. physikal.-chem. Gesellschaft **30**, 11 [1898]; Annalen d. Chemie u. Pharmazie **307**, 335 [1899].

[6] Markownikoff, Journ. d. russ. physikal.-chem. Gesellschaft **31**, 234 [1899]; Chem. Centralbl. **1899**, I, 1212.

Tertiäres Amin. Farblose Flüssigkeit von ammoniakalischem Geruch; raucht an der Luft; ist in Wasser leicht löslich. Siedep. 114° bei 753 mm. Spez. Gew. 0,8367 bei 0°; 0,8197 bei 20°.

Kohlenwasserstoffe C_7H_{14}.

Mol.-Gewicht 98.

Zusammensetzung: 85,7% C, 14,3% H.

Methylcyclohexan.

C_7H_{14}.

$$CH_2$$
$$H_2C \diagup \diagdown CH_2$$
$$H_2C \diagdown \diagup CH_2$$
$$CH$$
$$|$$
$$CH_3$$

Vorkommen: In der kaukasischen Naphtha. Im kalifornischen Petroleum[1]).

Bildung:[2]) Durch Reduktion von β-Methylcyclohexylbromid mit Zinkstaub und Alkohol und Reinigen des Reaktionsproduktes vor der Fraktionierung mit Kaliumpermanganatlösung und Salpeterschwefelsäure.

Physikalische und chemische Eigenschaften: Reines Methylcyclohexan[2]). Siedep. 100,2° bei 751 mm; 28° bei 60 mm. Schmelzp. —146°. Spez. Gew. 0,7859 bei 0°/0°; 0,7697 bei 20°/0°; 0,774 bei 15°/15°. Gibt mit Brom und einer Spur Aluminiumbromid Pentabromtoluol[3]); mit roter rauchender Salpetersäure unter heftiger Reaktion hauptsächlich Bernsteinsäure. Jodwasserstoff ist bei hoher Temperatur ohne Einwirkung. Rauchende Schwefelsäure mit 15% Anhydrid löst langsam ohne Bildung von Toluolsulfosäure.

Heptanaphthen aus Erdöl.[4]) Aus der Fraktion 85—105° der Apscheronschen Naphtha. Siedep. 100—101°. Spez. Gew. 0,7778 bei 0°; 0,7624 bei 17,5°. Dampfdichte 3,57.

1-Methyl-3-chlorcyclohexan $C_7H_{13}Cl$

$$CH_2 \quad CH_2 \quad \cdot CH \cdot CH_3$$
$$|\qquad\qquad\quad |$$
$$CH_2 — CHCl — CH_2$$

Aus β-Methylcyclohexanol und Salzsäure (D = 1,19) bei 70°; entsteht in zwei Stereoisomeren[5]). Siedep. 63,5—65° bei 40 mm. Spez. Gew. 0,9664 bei 20°; 0,9844 bei 0°/0°. Identisch mit dem aus dem Naphthakohlenwasserstoff erhaltenen Chlorid. Mit Jodwasserstoff und rotem Phosphor entsteht bei 130—140°

1-Methyl-2-chlorcyclohexan. Siedep. 65—67° bei 40 mm. Spez. Gew. 0,960 bei 15°/15°. Beim Destillieren sehr beständig. Findet sich neben der 3-Chlorverbindung in dem Chlorierungsprodukt des Naphthakohlenwasserstoffes.

Das Chlorid gibt ein **Heptanaphthylen**[3]) C_7H_{12}. Farblose bewegliche Flüssigkeit. Siedep. 102—104°. Spez. Gew. 0,8085 bei 0°; 0,7910 bei 20°.

1-Methyl-3-jodcyclohexan.[6]) Bildet sich auch aus β-Methylcyclohexanol und Jodwasserstoff vom spez. Gew. 1,96 in der Kälte. Zwei Stereoisomere. Siedep. des beständigen Jodids 107° bei 40 mm; 101—102° bei 30 mm; 205—206° bei 734 mm. Spez. Gew. 1,523 bei 15°/15°.

[1]) Mabery u. Hudson, Chem. Centralbl. **1900**, II, 453.

[2]) Markownikoff, Journ. d. russ. physikal.-chem. Gesellschaft **35**, 1023 [1903]; Chem. Centralbl. **1904**, I, 1345.

[3]) Spindler, Journ. d. russ. physikal.-chem. Gesellschaft **23**, 40 [1891].

[4]) J. Milkowsky, Journ. d. russ. physikal.-chem. Gesellschaft **17**, 37 [1885]. Über Fraktionierung des Chlorids vgl. auch Spindler, Journ. d. russ. physikal.-chem. Gesellschaft **23**, 40 [1891].

[5]) Markownikoff, Journ. d. russ. physikal.-chem. Gesellschaft **32**, 302, 305 [1900]; Chem. Centralbl. **1900**, II, 630.

[6]) Zelinsky, Berichte d. Deutsch. chem. Gesellschaft **30**, 1534 [1897]. — Knoevenagel, Annalen d. Chemie u. Pharmazie **297**, 154 [1897]. — Wallach, Annalen d. Chemie u. Pharmazie **289**, 343 [1896].

Kohlenwasserstoff aus kaukasischer Naphtha[1]). Siedep. 91—93°. Daraus ein tertiäres Nitroprodukt $C_7H_{13} \cdot NO_2$. Siedep. 98—99° bei 40 mm. Tertiäres Amin, Siedep. 131 bis 132°. Spez. Gew. 0,8299 bei 0°/0°; 0,8122 bei 20°/0°. Daraus ein Alkohol, Siedep. 144 bis 145,0°. Spez. Gew. 0,8806 bei 0°/0°.

Kohlenwasserstoff aus kalifornischem Petroleum[2]). Siedep. 96—98°. Spez. Gew. 0,7413. **Chlorid** $C_7H_{13}Cl$ [3]).

Dimethylpentamethylen, im italienischen Erdöl von Valleia[4]).

Heptamethylen[5]) aus Harzessenz. Siedep. 95—98°. Spez. Gew. 0,742.

Kohlenwasserstoffe C_8H_{16}.

Mol.-Gewicht 112.

Zusammensetzung: 85,7% C, 14,3% H.

Octonaphthen. Kohlenwasserstoff aus dem kaukasischen Erdöl, aus der Fraktion 116—120° isoliert[6]). Siedep. 119°. Spez. Gew. 0,7649 bei 0°; 0,7503 bei 18°. Durch **Chlor** entstehen mehrere isomere Chloride: a) Siedep. 164—167°. Spez. Gew. 0,9159 bei 20°; b) Siedep. 169—172°. Spez. Gew. 0,923 bei 20°; c) Siedep. 174—176°. Spez. Gew. 0,9374 bei 20° [7]). Aus Chlorid a) erhält man über das Jodid einen Alkohol, der zu einem Keton oxydiert werden kann. Chlorid c) liefert ein Acetat vom Siedep. 196—200°. Chlorid b) liefert[7]) mit Zinkstaub in Benzol (nicht in Toluol)[8]) das **Octonaphthylen** C_8H_{14}. Siedep. 118—121°.

Isooctonaphthen findet sich nach dem Octonaphthen in der Fraktion 122—125° [9]). Siedep. 122—124°; größtenteils 122,3°. Spez. Gew. 0,7768 bei 0°; 0,7637 bei 17,5°.

Das Gemisch der **Chloride** destilliert hauptsächlich bei 176—182°, wobei sich **Isooctonaphthylen** C_8H_{14}, Siedep. 128—129°, bildet; das **Nitroprodukt** bei 123—126°, das Amin bei 160°. Spez. Gew. des Amins 0,8580 bei 0°.

Kohlenwasserstoff aus kalifornischem Petroleum[10]). Siedep. 124—125°. Spez. Gew. 0,7532 bei 20°. Chlorid $C_8H_{15}Cl$ [11]).

Kohlenwasserstoff aus japanischem Petroleum[12]).

Kohlenwasserstoff aus Harzessenz[13]). Siedep. 120—123°. Spez. Gew. 0,764.

Kohlenwasserstoff aus Bergamottöl und Citronenöl[14]). Liefert bei der Oxydation mit Kaliumpermanganat Buttersäure.

Kohlenwasserstoffe C_9H_{18}.

Mol.-Gewicht 126.

Zusammensetzung: 85,7% C, 14,3% H.

Nononaphthen aus Erdöl von Apscheron, aus der Fraktion 135—140° [15]). Siedep. 135—136°. Spez. Gew. 0,7808 bei 0°; 0,7652 bei 20° (Markownikoff und Oglobin). Ausdehnungskoeffizient zwischen 0° und 20° 0,00078. Optisch inaktiv. Verbrennungswärme 10 958 Cal. Liefert beim Chlorieren neben etwas Nononaphthylen C_9H_{16} ein Gemisch isomerer Mono- und Polychloride.

---

1) Markownikoff, Berichte d. Deutsch. chem. Gesellschaft **30**, 976 [1897].

2) Mabery u. Hudson, Amer. Chem. Journ. **25**, 257, 266, 270, 273, 275, 279 [1901].

3) Mabery u. Sieplein, Amer. Chem. Journ. **25**, 286 [1901].

4) Paolini u. Zeppa, Gazzetta chimica ital. **33**, II, 42 [1903].

5) Renard, Bulletin de la Soc. chim. **39**, 540 [1883].

6) Beilstein u. Kurbatoff, Berichte d. Deutsch. chem. Gesellschaft **13**, 1820 [1880]. — Markownikoff u. Oglobin, Journ. d. russ. physikal.-chem. Gesellschaft **15**, 329 [1883].

7) Jakowkin, Journ. d. russ. physikal.-chem. Gesellschaft **16**, 294 [1884].

8) Shukowski, Journ. d. russ. physikal.-chem. Gesellschaft **27**, 303 [1895].

9) M. Putochin, Journ. d. russ. physikal.-chem. Gesellschaft **16**, 295 [1884].

10) Mabery u. Hudson, Amer. Chem. Journ. **25**, 259, 266, 270, 273, 276, 280 [1901].

11) Mabery u. Sieplein, Amer. Chem. Journ. **25**, 290 [1901].

12) Mabery u. Shinicho Takano, Amer. Chem. Journ. **25**, 297 [1901].

13) Renard, Bulletin de la Soc. chim. **39**, 541 [1883].

14) Burgess u. Page, Proc. Chem. Soc. **20**, 181 [1904].

15) Markownikoff u. Oglobin, Journ. d. russ. physikal.-chem. Gesellschaft **15**, 331 [1883]; Berichte d. Deutsch. chem. Gesellschaft **16**, 1873 [1883]. — Kurbatow, Berichte d. Deutsch. chem. Gesellschaft **16**, 966 [1883]. — Konowaloff, Journ. d. russ. physikal.-chem. Gesellschaft **16**, 296 [1884]; **22**, 4, 118 [1890]; **23**, 446 [1891]; **25**, 389, 422 [1893].

a) **Chlorid** $C_9H_{17}Cl$. Siedep. 182—184°. Spez. Gew. 0,9288 bei 20°. Gibt ein **Acetat** $C_9H_{17} \cdot OC_2H_3O$ vom Siedep. 200—203°, das nach Früchten riecht.

b) **Chlorid** $C_9H_{17} \cdot Cl$. Siedep. 185—188°. Spez. Gew. 0,9375 bei 20°. Gibt einen Alkohol, Siedep. 185—195°, dieser ein Keton; ferner ein Jodid, Siedep. 100—110° bei 24 mm, das einen Alkohol $C_9H_{17} \cdot OH$ vom Siedep. 190—192° liefert.

c) **Dichlorid** $C_9H_{16}Cl_2$. Siedep. 225—235°.

Nononaphthylen C_9H_{16}. Aus dem Monojodid und Silbernitrat[1]). Siedep. 135—137°. Spez. Gewicht 0,8086 bei 0°. Gibt ein Bromid $C_9H_{16}Br_2$. Aus Chlornaphthen und alkoholischem Kali bildet sich ein isomeres Nononaphthylen, das bei 131—133° siedet.

Mit Brom und etwas Aluminiumbromid entsteht Tribrompseudocumol (Schmelzp. 225 bis 226°). Mit rauchender Schwefelsäure entsteht Pseudocumolmono- und Disulfosäure.

Nitroprodukte. Durch Erhitzen des Kohlenwasserstoffs mit dem 4fachen Volumen Salpetersäure (1 T. Säure 1,38 und 2 T. Wasser) während 5—6 Stunden auf 120—130° erhält man das **Nitroprodukt** $C_8H_{15} \cdot NO_2$. Schwach gelbliches, in konz. Lauge nur wenig lösliches Öl vom Siedep. 218—220°. Gibt bei der Reduktion ein Amin vom Siedep. 170—174°, dessen Hydrochlorid aus konz. wässeriger Lösung in Blättern oder Nadeln krystallisiert.

Durch verdünnte Salpetersäure entsteht ein

sekundäres Nitroprodukt $C_9H_{17} \cdot NO_2$. Siedep. 130—132° bei 40 mm; 224—226° bei 1 Atm., spez. Gew. 0,9947 bei 0°, das mit Brom und Kalilauge das **Bromid** $C_9H_{16}Br \cdot NO_2$, spez. Gew. 1,3330 bei 0°, und bei der Reduktion neben wenig **Keton** $C_9H_{16}O$ das **Amin** $C_9H_{17} \cdot NH_2$, farblose, bewegliche Flüssigkeit vom Siedep. 175,5—177,5° bei 752 mm und dem spez. Gew. 0,8434 bei 0° liefert. Zugleich mit dem sekundären Nitroprodukt entsteht ein

tertiäres Nitroprodukt $C_9H_{17} \cdot NO_2$. Farblose Flüssigkeit. Siedep. 128—130° bei 40 mm; 220—226° bei 1 Atm. (unter starker Zersetzung). Spez. Gew. 0,9905 bei 0°. Das Amin $C_9H_{17} \cdot NH_2$ siedet von 173—175° bei 751 mm.

Acetat $CH_3 \cdot CO \cdot O \cdot C_9H_{17}$. Aus dem Jodid und Silberacetat. Ist eine farblose, angenehm riechende Flüssigkeit vom Siedep. 208,5°. Spez. Gew. 0,9200 bei 20°/20°; 0,91836 bei 20°/0°. Erstarrt beim Abkühlen.

Nononaphthen im Steinkohlenteer. In den Abfällen der Nitroxylolbereitung aus Steinkohlenteerxylol findet sich ein Nononaphthen C_9H_{18}[2]). Siedep. 137—139°. Spez. Gewicht 0,7662 bei 15°, das sich dem Nononaphthen aus dem Erdöl von Apscheron sehr ähnlich verhält. Nitrierung durch 8stündiges Erwärmen mit dem 5fachen Volumen Salpetersäure (Dichte 1,075) auf 125—130° liefert ein Nitriergemisch vom Siedep. 125—135° bei 40 mm, hauptsächlich tertiäre, weniger sekundäre und keine primären Nitroverbindungen enthaltend.

Sekundäres Nitronononaphthen $C_9H_{17}O_2N$. Farblose, sich allmählich gelb färbende Flüssigkeit, von scharfem, charakteristischem Geruch. Siedep. 220—224° unter Zersetzung; 115—120° bei 15 mm. Spez. Gewicht 0,9778 bei 20°. Gibt mit Brom ein Bromid $C_6H_{16}O_2NBr$. Das sekundäre **Amin** $C_9H_{17}NH_2$ hat den Siedep. 175—177° bei 748 mm. Spez. Gewicht 0,8314 bei 20°, Brechungsindex 1,445 bei 20°. — Pikrat $C_{15}H_{22}O_7N_4$. Viereckige Blättchen. Schmelzp. 173—174°. — Chloroplatinat $(C_9H_{17}NH_2 \cdot HCl)_2PtCl_4$. Glänzende, gelbe Blättchen und Nadeln, verkohlt bei 290°. — **Oxalat** zersetzt sich bei 205°.

Tertiäres Nitronononaphthen $C_9H_{17}O_2N$. Anfangs farblos, später gelb. Siedep. 217 bis 225° unter Zersetzung; 102—105° bei 12 mm. Dichte 0,9771 bei 20°. Brechungskoeffizient 1,449 bei 20°. Das bei der Reduktion entstehende Amin läßt sich durch sein Pikrat zerlegen. Dasselbe löst sich nur zum Teil in Benzol, der Rückstand kann aus heißem Wasser umkrystallisiert werden. — **Tertiäres Amin** $C_9H_{17}NH_2$ aus dem in Benzol löslichen Pikrat. Siedep. 175—176° bei 760 mm. Spez. Gewicht 0,8205 bei 15°; Brechungsindex 1,447 bei 21°. — Pikrat $C_{15}H_{22}O_7N_4$. Schmelzp. 176—177°. — Hydrochlorid $C_9H_{17}NH_2 \cdot HCl$. Schmelzp. ungefähr 155°. — Oxalat $C_{20}H_{40}O_4N_2$. Zersetzt sich bei ca. 270° unter Bräunung. — Platinchloriddoppelsalz ölig, später erstarrend. — **Tertiäres Amin** $C_9H_{17}NH_2$ aus dem in Benzol unlöslichen Pikrat. Siedep. 172—173° bei 773 mm. Spez. Gewicht 0,85 bei 20°; Brechungsindex 1,448. — Pikrat $C_{15}H_{22}O_7N_4$. Schmelzp. 187—188°. — Hydrochlorid $C_9H_{17}NH_2 \cdot HCl$. Schmelzp. 184—185°. $(C_9H_{17}NH_2 \cdot HCl)_2PtCl_4$. Orangegelbe, kuvertförmige Blättchen. Zersetzt sich bei 290°, das Goldsalz bei 193—194°, das Oxalat bei 265°. Bei der Chlorierung mit feuchtem Chlor bei 30° in zerstreutem Tageslicht entstehen Monochloride $C_9H_{17}Cl$.

---

1) Konowalow, Journ. d. russ. physikal.-chem. Gesellschaft **22**, 131 [1890].
2) F. B. Ahrens, L. v. Mozdzenski, Zeitschr. f. angew. Chemie **21**, 1411 [1908].

Siedep. 103—104° bei 40 mm. Spez. Gewicht 0,9229 bei 20°. Das Bromierungsprodukt zersetzt sich bei der Destillation unter Bromwasserstoffabspaltung. Mit Brom und Aluminiumbromid entsteht **Tribrompseudocumol.** Schmelzp. 234°.

Kohlenwasserstoff aus kalifornischem Petroleum[1]), Siedep. 134—135°, spez. Gew. 0,7591. Liefert mit Salpetersäure ein Nitroderivat vom Schmelzp. 85° (Dinitromesitylen Schmelzp. 86° [?]). **Chlorid** $C_9H_{17}Cl$ [2]).

Kohlenwasserstoff aus japanischem Petroleum[3]).

Nonylen aus der Harzessenz: **Hexahydrocumol**

$$\begin{array}{c} H\diagdown\;\diagup C_3H_7 \\ H_2C\diagup\;\diagdown CH_2 \\ H_2C\diagdown\;\diagup CH_2 \quad {}^{4)\,5)} \\ CH_2 \end{array}$$

Siedep. 147—150°. Spez. Gew. 0,787 bei 20°.

Kohlenwasserstoffe $C_{10}H_{20}$.

Mol.-Gewicht 140.

Zusammensetzung: 85,7% C, 14,3% H.

I. **α-Decanaphthen** aus der Naphtha von Apscheron; findet sich in der Fraktion 155 bis 165°[6])[7]). Siedep. 160—162°[6]); 162—164°[7]). Spez. Gew. 0,795 bei 0°; 0,783 bei 15°[6]); 0,7936 bei 0°[7]). Liefert mit Chlor ein **Monochlorid** $C_{10}H_{19}Cl$. Siedep. 202—206°. Spez. Gew. 0,9390 bei 0°[6]). Siedep. 206—209°. Spez. Gew. 0,9335 bei 0°[7]). Das **Acetat** $C_{10}H_{19}O \cdot C_2H_3O$, angenehm nach Früchten riechende Flüssigkeit, siedet bei 227 bis 229°, spez. Gew. 0,9269 bei 0°, entsteht aus dem Chlorid mit Natriumacetat neben zwei isomeren Naphthylenen $C_{10}H_{18}$. Der **Alkohol** $C_{10}H_{19} \cdot OH$ siedet bei 215°. Spez. Gew. 0,8856 bei 0°. **Dichlorid** $C_{10}H_{18}Cl_2$ siedet bei 60 mm von 160—165°. Gibt mit Chinolin ein **Terpen** $C_{10}H_{16}$ vom Siedep. 162—170°. **Chlorid** $C_{10}H_{17}Cl_3$. Siedep. 180—190° bei 60 mm.

II. **β-Decanaphthen** aus der Fraktion 160—170° der Naphtha von Apscheron[8]): **s-Dimethyläthylnaphthen** $C_{10}H_{20}$ [9]).

$$\begin{array}{c} H_5C_2\;\diagdown\;\diagup\,H \\ C \\ H_2C\diagup\;\diagdown CH_2 \\ H\diagdown\;\diagup\;\diagdown\,H \\ H_3C\diagup C\quad C\diagup CH_3 \\ CH_2 \end{array}$$

Die nach wiederholtem Fraktionieren und Behandeln mit rauchender Schwefelsäure resultierende Fraktion 168—170° enthält noch 2% Pseudocumol; nach Behandeln mit Salpeter-Schwefelsäure erhält man reines Decanaphthen[10]). Siedep. 168,5—170° bei 752 mm. Spez. Gew. 0,7929 bei 20°/0°. Brom liefert bei Gegenwart von etwas Aluminiumbromid ein Gemisch von $C_{10}H_{11}Br_3$ und $C_{10}H_{10}Br_4$. Jod liefert unter anderen Produkten einen Kohlenwasserstoff, der beim Bromieren das Bromid $C_{10}H_{11}Br_3$ gibt, das wahrscheinlich mit dem **Tribromid** des **s-Dimethyläthylbenzols** identisch ist.

[1]) Mabery u. Hudson, Amer. Chem. Journ. **25**, 260 [1901].

[2]) Mabery u. Sieplein, Amer. Chem. Journ. **25**, 291 [1901].

[3]) Mabery u. Shinichi Takano, Amer. Chem. Journ. **25**, 302 [1901].

[4]) Kelbe, Berichte d. Deutsch. chem. Gesellschaft **19**, 1970 [1886].

[5]) Renard, Annales de Chim. et de Phys. [1] **6**, 229 [1885].

[6]) Markownikoff u. Oglobin, Journ. d. russ. physikal.-chem. Gesellschaft **15**, 332 [1883].

[7]) Zubkoff, Journ. d. russ. physikal.-chem. Gesellschaft **22**, 64 [1890].

[8]) Markownikoff u. Subkoff, Journ. d. russ. physikal.-chem. Gesellschaft **25**, 385 [1893]; Chem. Centralbl. **1893**, II, 857.

[9]) Markownikoff, Journ. d. russ. physikal.-chem. Gesellschaft **30**, 605 [1898]; Chem. Centralbl. **1899**, I, 177.

[10]) Markownikoff u. Rudewitsch, Journ. d. russ. physikal.-chem. Gesellschaft **30**, 586 [1898]; Chem. Centralbl. **1899**, I, 176.

Mit Chlor entstehen 2 **Monochloride** $C_{10}H_{19}Cl$. I. Siedep. 145—147° bei 110 mm; 213—216° bei ca. 760 mm. Spez. Gew. 0,9464 bei 20°/0°; 0,9612 bei 0°/0°. — II. Siedep. 147 bis 149° bei 110 mm; 216—219° bei ca. 760 mm. Spez. Gew. 0,9637 bei 0°/0°. — Ferner ein **Dichlorid** $C_{10}H_{18}Cl_2$. Siedep. 164—167° bei 60 mm. Spez. Gew. 1,0865 bei 20°/0°; 1,1022 bei 0°/0° und Polychloride.

Naphthylene $C_{10}H_{18}$. Aus den Monochloriden mit Natriumacetat neben den Essigestern. α) Siedep. 167,5—169°. β) Siedep. 169—171°. Liefern mit Brom ein

Decanaphthylendibromid $C_{10}H_{18}Br_2$. Siedep. 135—145° bei 23 mm neben wenig

Decanaphthenbromid $C_{10}H_{19}Br$. Siedep. 100—110° bei 23 mm.

Nitrosylchloridderivat. Ölig.

Essigsäuredecanaphthenester Siedep. 236—239°, besitzt Fruchtgeruch, spez. Gew. 0,9323 bei 0°/0°. Gibt durch Verseifung das

Decanaphthenol $C_{10}H_{19} \cdot OH$. Farblose Flüssigkeit; bei —18° noch flüssig. Siedep. 223,5—225,5°. Spez. Gew. 0,9064 bei 0°/0°; 0,8932 bei 20°/0°. Gibt ein Keton vom Siedep. 213—218°.

Terpen $C_{10}H_{16}$. Aus dem Dichlorid $C_{10}H_{18}Cl_2$ und Chinolin. Siedep. 173—177° bei 747 mm. Spez. Gew. 0,8618 bei 0°/0°.

Kohlenwasserstoff $C_{10}H_{14}$. In geringer Menge mit wasserfreiem Kupfersulfat (bei 280°) aus den Naphthylenen oder aus Decanaphthenchlorid.

Salpetersäure 1,41 wirkt in der Kälte auf das β-Decanaphthen nicht ein, nach 6stündigem Erwärmen resultiert ein auch bei 20 mm nicht unzersetzt destillierendes Öl, das bei der Reduktion ein neutrales Produkt, Siedep. 210—215°, und ein Amingemisch, Siedep. 204 bis 220°, liefert.

Mit verdünnter Salpetersäure (spez. Gew. 1,075) entsteht bei 5—6stündigem Erhitzen auf 120—125° ein Gemisch von tertiären und sekundären Nitroprodukten.

Tertiäres Nitrodecanaphthen $C_{10}H_{19}NO_2$. Siedep. 146—148° bei 40 mm. Spez. Gew. 0,9977 bei 0°/0°; 0,9831 bei 20°/0°. Liefert ein

tertiäres Aminodecanaphthen. Siedep. 199—201° bei 754 mm. Spez. Gew. 0,8675 bei 0°/0°; 0,85305 bei 20°/0°. Brechungsexponent $n_D^{20} = 1,45209$.

Sekundäres Nitrodecanaphthen $C_{10}H_{19}NO_2$. Siedep. 148—150° bei 40 mm. Spez. Gew. 0,9931 bei 0°/0°; 0,9778 bei 20°/0°. Brechungsexponent $n_D^{20} = 1,4529$. Gibt mit Brom und Kalilauge ein

Bromonitrodecanaphthen $C_{10}H_{18}Br \cdot NO_2$. Farbloses, mit Wasserdämpfen flüchtiges Öl. Spez. Gew. 1,3740 bei 0°/0°; 1,3552 bei 20°/0°. Bei der Reduktion gibt das sekundäre Nitrodecanaphthen ein

sekundäres Aminodecanaphthen, Siedep. 202—204° bei 757 mm. Spez. Gew. 0,8683 bei 0°/0°; 0,85499 bei 20°/0°. Brechungsexponent $n_D^{20} = 1,45679$.

Keton aus tertiärem Amidodecanaphthen, Siedep. 200—210°, und

Keton aus sekundärem Amidodecanaphthen, Siedep. 200—215°, werden aus den neutralen Reduktionsprodukten durch Wasserdampfdestillation erhalten.

Naphthenol $C_{10}H_{20}O$. Aus dem tertiären Amidodecanaphthen (neben Naphthylen $C_{10}H_{18}$, Siedep. 167,5—171°. Spez. Gew. 0,8316 bei 0°/0°). Siedep. 204—206° bei 749 mm.

Naphthenol $C_{10}H_{20}O$, aus sekundärem Amidodecanaphthen, Siedep. 207—211°, ist ein Gemisch von tertiärem und sekundärem Alkohol.

III. **Isodecanaphthen** aus dem Erdöl von Balachany und Bibi-Eybat. Siedep. 150 bis 152°. Spez. Gew. 0,8043 bei 0° (Balachany) und 0,8072 bei 0° (Bibi-Eybat). **Chlorid** $C_{10}H_{19}Cl$. Siedep. 197—200°. Spez. Gew. 0,9679 bei 0°, neben anderen Chloriden. Liefert ein **Jodid** $C_{10}H_{19}Cl$, Siedep. 140—143° bei 40 mm, spez. Gew. 1,3437 bei 0° und ein Isomeres vom Siedep. 137—140°.

Deken aus dem Erdöl von Burmah[1]). Siedep. 175,8° (korr.). Spez. Gew. 0,823 bei 0°.

Kohlenwasserstoff aus kalifornischem Petroleum[2]). Siedep. 161—162°. Spez. Gew. 0,7841 bei 20°. **Chlorid** $C_{10}H_{19}Cl$ [3]). Siedep. 105—110° bei 50 mm. Spez. Gewicht 0,9470 bei 20°.

Kohlenwasserstoff aus dem japanischen Petroleum[4]). Siedep. 160—162°. Spez. Gewicht 0,7902 bei 20°. Brechungsindex 1,4418.

---

[1]) Warren u. Storer, Zeitschr. f. Chemie **1868**, 231.

[2]) Mabery u. Hudson, Amer. Chem. Journ. **25**, 262, 267, 271, 273, 280 [1901].

[3]) Mabery u. Sieplein, Amer. Chem. Journ. **25**, 292 [1901].

[4]) Mabery u. Shinichi Takano, Amer. Chem. Journ. **25**, 302 [1901].

Kohlenwasserstoffe $C_{11}H_{22}$.

Mol.-Gewicht 154.

Zusammensetzung: 85,7% C, 14,3% H.

Kohlenwasserstoff aus canadischem Petroleum[1][2]). Siedep. 196—197°. Spez. Gew. 0,7729 bei 20°. Brechungsexponent n = 1,4219.

Kohlenwasserstoff aus California-Petroleum[3]). Siedep. 195°. Spez. Gew. 0,8044 bei 20°. Siedep. 125—130° bei 35 mm. Spez. Gewicht 0,9583 bei 20°. Brechungsindex 1,476. Gibt ein **Chlorid** $C_{11}H_{21}Cl$[4]).

Kohlenwasserstoff aus japanischem Petroleum[5]). Siedep. 190—192°. Spez. Gewicht 0,8061 bei 20°.

Kohlenwasserstoff aus der Fraktion 180—185° der Naphtha von Apscheron[6]). Siedep. 179—181°. Spez. Gew. 0,8119 bei 0°. Liefert beim Chlorieren in der Hitze ein flüssiges Gemenge von Isomerin[7]). Siedep. 210—225°.

Kohlenwasserstoffe $C_{12}H_{24}$.

Mol.-Gewicht 168.

Zusammensetzung: 85,7% C, 14,3% H.

Kohlenwasserstoff aus dem Trentonkalkpetroleum von Ohio[8]). Siedep. 211—213°. Spez. Gew. 0,7970 bei 20°. Brechungsindex 1,4350. Molekularrefraktion 55,0 (ber. 54,24). Mol.-Gew. 173 (ber. 168).

Kohlenwasserstoff aus dem canadischen Petroleum[9]). Siedep. 216° bei 760 mm. **Chlorid** $C_{12}H_{23}Cl$. Siedep. 160° bei 15 mm. Spez. Gew. 0,9145 bei 20°.

Ein **Kohlenwasserstoff** $C_{12}H_{24}$ vom Siedep. 216,2° findet sich im nordamerikanischen Erdöle[2]).

Kohlenwasserstoff aus dem Erdöl von Burmah[10]). Siedep. 232,7° (korr.). Spez. Gew. 0,8445 bei 0°.

Kohlenwasserstoff aus dem californischen Petroleum (Santa Barbara)[11]). Siedep. 216°. Brechungsexponent 1,4649. **Chlorid** $C_{12}H_{13}Cl$[12]). Siedep. 130—135° bei 17 mm. Spez. Gewicht 0,9616 bei 20°. Brechungsindex 1,480.

Kohlenwasserstoff aus japanischem Petroleum[13]).

Kohlenwasserstoff aus der Fraktion 196—197° der Naphtha von Apscheron[14]). Siedep. 196,9—197°. Spez. Gew. 0,8055 bei 14°.

Kohlenwasserstoffe $C_{13}H_{26}$.

Mol.-Gewicht 182.

Zusammensetzung: 85,7% C, 14,3% H.

Kohlenwasserstoff aus dem canadischen Petroleum[9]). Siedep. 228—230° bei 760 mm. Spez. Gew. 0,8087 bei 20°. **Chlorid** $C_{13}H_{25}Cl$[15]). Siedep. 165° bei 15 mm. Spez. Gew. 0,9221 bei 20°.

---

[1]) Mabery, Amer. Chem. Journ. **19**, 467 [1897].

[2]) Warren, Mem. Amer. Acad. of Arts and Science **9**; **10**; Amer. Journ. of Science **39**, 327; **40**; **41**; **45**, 262; **46**.

[3]) Mabery u. Hudson, Amer. Chem. Journ. **25**, 263, 268, 271, 280 [1901].

[4]) Mabery u. Sieplein, Amer. Chem. Journ. **25**, 293 [1901].

[5]) Mabery u. Shinichi Takano, Amer. Chem. Journ. **25**, 302 [1901].

[6]) Kißner, Journ. d. russ. physikal.-chem. Gesellschaft **15**, 335 [1883].

[7]) Markownikoff u. Oglobin, Journ d. russ. physikal.-chem. Gesellschaft **15**, 337 [1883].

[8]) Ch. Mabery u. O. Palm, Amer. Chem. Journ. **33**, 254 [1905].

[9]) Mabery, Amer. Chem. Journ. **33**, 264 [1905].

[10]) Warren u. Storer, Zeitschr. f. Chemie **1868**, 231.

[11]) Mabery u. Hudson, Amer. Chem. Journ. **25**, 264 [1901].

[12]) Mabery u. Sieplein, Amer. Chem. Journ. **25**, 294 [1901].

[13]) Mabery u. Shinichi Takano, Amer. Chem. Journ. **25**, 303 [1901].

[14]) Markownikoff u. Oglobin, Journ. d. russ. physikal.-chem. Gesellschaft **15**, 338 [1883].

[15]) Mabery, Amer. Chem. Journ. **33**, 265 [1905].

Kohlenwasserstoff aus dem Trentonkalkpetroleum (Ohio)[1]. Siedep. 223—225°; 123—125° bei 30 mm. Spez. Gew. 0,8055 bei 20°. Brechungsindex 1,4400. Molekularrefraktion 59,55. Mol.-Gew. 181,6.

Kohlenwasserstoff aus California-Petroleum[2]. Siedep. 230—232°. Spez. Gewicht 0,8134 bei 20°. Brechungsindex 1,4745. **Chlorid** $C_{13}H_{25}Cl$[3]. Siedep. 140—145° bei 17 mm. Spez. Gewicht 0,9747 bei 20°.

Ein **Kohlenwasserstoff** $C_{13}H_{26}$ vom Siedep. 235,0° findet sich im nordamerikanischen Erdöl[4].

Kohlenwasserstoff aus dem Erdöl von Burmah[5]. Siedep. 232,7° (korr.). Spez. Gew. 0,8445 bei 0°.

Kohlenwasserstoffe $C_{14}H_{28}$.

Mol.-Gewicht 196.

Zusammensetzung: 85,7% C, 14,3% H.

Kohlenwasserstoff aus canadischem Petroleum[6]. Siedep. 141—143° bei 50 mm. Spez. Gew. 0,8096 bei 20°. **Chlorid** $C_{14}H_{27}Cl$. Siedep. 180° bei 15 mm. Spez. Gew. 0,9288 bei 20°.

Kohlenwasserstoff aus Trentonkalkpetroleum (Ohio)[7]. Siedep. 138—140° bei 30 mm. Spez. Gew. 0,8129 bei 20°. Brechungsindex 1,4437. Molekularrefraktion 64,10. Mol.-Gew. 195,2.

Tetradecanaphthen aus Californiapetroleum[8]. Siedep. 144—146° bei 50 mm. Spez. Gewicht 0,8154. Brechungsindex 1,4423. **Chlorid** $C_{14}H_{29}Cl$[3]. Siedep. 150—155° bei 13 mm. Spez. Gewicht 0,9748 bei 20°/20°. Brechungsindex 1,493.

Tetradecanaphthen aus russischem Petroleum (Baku)[9]. Siedep. 240—241° (korr.). Spez. Gew. 0,8390 bei 0°; 0,8190 bei 17°.

Kohlenwasserstoff aus russischem Petroleum. Siedep. 240—250°[10].

Kohlenwasserstoffe $C_{15}H_{30}$.

Mol.-Gewicht 210.

Zusammensetzung: 85,7% C, 14,3% H.

Kohlenwasserstoff aus canadischem Petroleum[11]. Siedep. 159—160° bei 50 mm. Spez. Gew. 0,8192 bei 20°. Brechungsindex 1,452. **Chlorid** $C_{15}H_{29}Cl$[12]. Siedep. 190° bei 15 mm. Spez. Gew. 0,9358 bei 20°. Brechungsindex 1,455.

Kohlenwasserstoff aus Trentonkalkpetroleum (Ohio)[13]. Siedep. 152—154° bei 30 mm. Spez. Gew. 0,8204 bei 20°. Brechungsindex 1,4480. Molekularrefraktion 68,50. Mol.-Gew. 208,3.

Kohlenwasserstoff aus californischem Petroleum[8]. Siedep. 160—162° bei 50 mm. Spez. Gew. 0,8171. — **Chlorid** $C_{15}H_{29}Cl$[3]. Siedep. 170—175° bei 14 mm. Spez. Gew. 0,9771 bei 20°/20°. Brechungsindex 1,493.

Pentadecanaphthen aus russischem Petroleum (Baku)[14]. Siedep. 246—248°. Spez. Gew. 0,8294 bei 17°; 0,8265 bei 20°. Liefert bei der Oxydation mit Kaliumpermanganat Oxalsäure, Essigsäure und andere flüchtige Säuren.

Kohlenwasserstoff aus russischem Petroleum[15]. Siedep. 240—250°.

[1] Mabery u. Palm, Amer. Chem. Journ. **33**, 265 [1905].
[2] Mabery u. Hudson, Amer. Chem. Journ. **25**, 281 [1901].
[3] Mabery u. Sieplein, Amer. Chem. Journ. **25**, 295 [1901].
[4] Warren, Mem. Amer. Acad. of Arts and Science **9; 10**; Amer. Journ. of Science **39, 327; 40; 41; 45**, 262; **46**.
[5] Warren u. Storer. Zeitschr. f. Chemie **1868**, 232.
[6] Mabery, Amer. Chem. Journ. **33**, 265 [1905].
[7] Mabery u. Palm, Amer. Chem. Journ. **33**, 255 [1905].
[8] Mabery u. Hudson, Amer. Chem. Journ. **25**, 282 [1901].
[9] Markownikoff u. Oglobin, Journ. d. russ. physikal.-chem. Gesellschaft **15**, 339 [1883].
[10] Markownikoff u. Oglobin, Journ. d. russ. physikal.-chem. Gesellschaft **14**, 36 [1882].
[11] Mabery, Amer. Chem. Journ. **33**, 267 [1905].
[12] Mabery, Amer. Chem. Journ. **33**, 268 [1905].
[13] Mabery u. Palm, Amer. Chem. Journ. **33**, 256 [1905].
[14] Mabery u. Sieplein, Amer. Chem. Journ. **25**, 296 [1901].
[15] Markownikoff u. Oglobin, Berichte d. Deutsch. chem. Gesellschaft **15**, 734 [1882].

Kohlenwasserstoffe $C_{16}H_{32}$.

Mol.-Gewicht 224.

Zusammensetzung: 85,7% C, 14,3% H.

Kohlenwasserstoff aus Trentonkalkpetroleum (Ohio)[1]. Siedep. 164—168° bei 30 mm. Spez. Gew. 0,8254 bei 20°. Brechungsindex 1,4510. Molekularrefraktion 73,08. Mol.-Gew. 226.

Kohlenwasserstoffe $C_{17}H_{34}$.

Mol.-Gewicht 238.

Zusammensetzung: 85,7% C, 14,3% H.

Kohlenwasserstoff aus Trentonkalkpetroleum (Ohio)[1]. Siedep. 177—179° bei 30 mm. Spez. Gew. 0,8335 bei 20°. Brechungsindex 1,4545. Molekularrefraktion 77,50. Mol.-Gew. 238.

Kohlenwasserstoffe $C_{18}H_{36}$.

Mol.-Gewicht 252.

Zusammensetzung: 85,7% C, 14,3% H.

Anthemen. Aus den Blüten von Anthemis nobilis durch Extraktion mit Ligroin[2]. Feine mikroskopische Nadeln. Schmelzp. 63—64°. Siedep. 440°. Spez. Gew. 0,942 bei 15°. Geruch- und geschmacklos.

Kohlenwasserstoffe $C_{19}H_{38}$.

Mol.-Gewicht 266.

Zusammensetzung: 85,7% C, 14,3% H.

Kohlenwasserstoff aus pennsylvanischem Petroleum[3]. Brechungsindex 1,4515. Mol.-Gew. 267.

Kohlenwasserstoffe $C_{21}H_{42}$.

Mol.-Gewicht 294.

Zusammensetzung: 85,7% C, 14,3% H.

Kohlenwasserstoff aus dem pennsylvanischen Petroleum[4]. Siedep. 230—232° bei 50 mm. Spez. Gew. 0,8424 bei 20°.

Kohlenwasserstoffe $C_{22}H_{44}$.

Mol.-Gewicht 308.

Zusammensetzung: 85,7% C, 14,3% H.

Kohlenwasserstoff aus dem pennsylvanischen Petroleum[5]. Siedep. 240—242° bei 50 mm. Spez. Gew. 0,8296 bei 20°.

Kohlenwasserstoffe $C_{23}H_{46}$.

Mol.-Gewicht 322.

Zusammensetzung: 85,7% C, 14,3% H.

Kohlenwasserstoff aus pennsylvanischem Petroleum[6]. Siedep. 258—260° bei 50 mm. Spez. Gew. 0,8569 bei 20°. Brechungsindex 1,4714. Molekularrefraktion 105,31.

Kohlenwasserstoffe $C_{24}H_{48}$.

Mol.-Gewicht 336.

Zusammensetzung: 85,7% C, 14,3% H.

Kohlenwasserstoff aus pennsylvanischem Petroleum[7]. Siedep. 272—274° bei 50 mm. Spez. Gew. 0,8582 bei 20°/40°. Brechungsindex 1,4726. Molekularrefraktion 109,75.

[1] Mabery u. Palm, Amer. Chem. Journ. **33**, 257 [1905].

[2] Naudin, Bulletin de la Soc. chim. **41**, 484 [1884].

[3] Mabery, Amer. Chem. Journ. **28**, 182 [1902].

[4] Mabery, Amer. Chem. Journ. **28**, 185 [1902].

[5] Mabery, Amer. Chem. Journ. **28**, 186 [1902].

[6] Mabery, Amer. Chem. Journ. **28**, 188 [1902].

[7] Mabery, Amer. Chem. Journ. **28**, 190 [1902].

Kohlenwasserstoffe $C_{26}H_{52}$.

Mol.-Gewicht 364.

Zusammensetzung: 85,7% C, 14,3% H.

Kohlenwasserstoff aus pennsylvanischem Petroleum[1]). Siedep. 280—282° bei 50 mm. Spez. Gew. 0,8580 bei 20°. Brechungsindex 1,4725. Molekularrefraktion 119,12.

Kohlenwasserstoffe $C_{27}H_{54}$.

Mol.-Gewicht 378.

Zusammensetzung: 85,7% C, 14,3% H.

Ceroten.

$C_{27}H_{54}$.

Vorkommen: Im Wiesenheu[2]). Krystalle. Schmelzp. 65—66°.

Bei der Destillation von chinesischem Wachs wird ein **Ceroten** $C_{27}H_{54}$[3]) erhalten, das eine paraffinartige Masse vom Schmelzp. 57—58° vorstellt.

Kohlenwasserstoffe $C_{30}H_{60}$.

Mol.-Gewicht 420.

Zusammensetzung: 85,7% C, 14,3% H.

Melen.

$C_{30}H_{60}$.

Vorkommen: Es findet sich im pennsylvanischen Petroleum[4]).

Bildung: Bei der Destillation von Bienenwachs[5]) [6]).

Physikalische und chemische Eigenschaften: Krystalle. Schmelzp. 62°.

Cyclische Polymethylene C_nH_{2n-2} (Naphthylene).

Die ungesättigten cyclischen Kohlenwasserstoffe geben mit Formaldehyd und Schwefelsäure feste, schwer lösliche Kondensationsprodukte, sog. Formolite, und können dadurch von den anderen Kohlenwasserstoffen getrennt werden[7]). Zum Teil liegen in den wasserstoffärmeren Verbindungen C_nH_{2n-2} nicht ungesättigte Verbindungen vor, sondern polycyclische Ringsysteme; jedoch ist diese Frage noch sehr wenig geklärt.

Kohlenwasserstoffe C_7H_{12}.

Mol.-Gewicht 96.

Zusammensetzung: 87,5% C, 12,5% H.

Kohlenwasserstoff aus der Harzessenz, Tetrahydrotoluol[8]).

$$\begin{array}{c}
CH \\
HC \diagup \quad \diagdown C \diagup H \diagdown CH_3 \\
\mid \qquad \mid \\
H_2C \diagdown \quad \diagup CH_2 \\
CH_2
\end{array}$$

[1]) **Mabery**, Amer. Chem. Journ. **28**, 192 [1902].

[2]) **König** u. **Kiesow**, Berichte d. Deutsch. chem. Gesellschaft **6**, 500 [1873].

[3]) **Brodie**, Annalen d. Chemie u. Pharmazie **67**, 210 [1848].

[4]) **Storer**, Zeitschr. f. Chemie **1868**, 231.

[5]) **Ettling**, Annalen d. Chemie u. Pharmazie **2**, 255 [1832].

[6]) **Brodie**, Annalen d. Chemie u. Pharmazie **71**, 156 [1849].

[7]) **Nastjukoff**, Journ. d. russ. physikal.-chem. Gesellschaft **36**, 881 [1904]; Chem. Centralbl. **1904**, II, 1043. — V. F. **Herr**, Petroleum **1909**, 1339; Chem.-Ztg. **34**, 893 [1910].

[8]) **Renard**, Annales de Chim. et de Phys. [6] **1**, 231 [1884]. — **Maquenne**, Compt. rend. de l'Acad. des Sc. **114**, 677, 918, 1066 [1892]; Bulletin de la Soc. chim. **9**, 129, [1893].

Siedep. 103—105°. Spez. Gew. 0,797 bei 18°. Absorbiert lebhaft Sauerstoff. Mit konz. Schwefelsäure entstehen neben Hexahydrotoluol und etwas Toluol zwei isomere Diheptine $(C_7H_{12})_2$, Siedep. 230—235°, von denen das eine in der Schwefelsäure löslich und an der Luft leicht oxydierbar, das andere darin unlöslich und an der Luft beständig ist.

Kohlenwasserstoffe C_8H_{14}.

Mol.-Gewicht 110.

Zusammensetzung: 87,3% C, 12,7% H.

Kohlenwasserstoff aus Louisianapetroleum (Jennings) [1]. Siedep. 120,5°. Spez. Gew. 0,7747 bei 24°/4°. Brechungsindex 1,4260 bei 25°.

Kohlenwasserstoff aus der Harzessenz, Tetrahydroxylol $C_6H_8(CH_3)_2$ [2]. Siedep. 129—132°. Spez. Gewicht 0,8158 bei 20°. Addiert in Äther 2 Atome Brom; bei direkter Bromeinwirkung entsteht ein **Tribromderivat** $C_6H_{11}Br_3$. Krystalle aus Äther. Schmelzp. 246°.

Kohlenwasserstoffe C_9H_{16}.

Mol.-Gewicht 124.

Zusammensetzung: 12,9% C, 87,1% H.

Kohlenwasserstoff aus Louisianapetroleum [1]. Siedep. 145,7°. Spez. Gew. 0,7992 bei 24°/4°. Brechungsindex 1,4370 bei 25°.

Kohlenwasserstoff aus der Harzessenz [3], Tetrahydrocumol $C_6H_9(C_3H_7)$. Siedep. 155°.

Kohlenwasserstoffe $C_{10}H_{18}$.

Mol.-Gewicht 138.

Zusammensetzung: 87,0% C, 13,0% H.

Kohlenwasserstoff aus Harzessenz. Siedep. 149—152° [4]. Wird von Chlorwasserstoff, Salpetersäure oder Brom (im Dunkeln) nicht angegriffen.

Kohlenwasserstoff aus Louisianapetroleum (Jennings) [1]. Siedep. 168—170° bei 760 mm. Spez. Gew. 0,8146 bei 22°/4°. Brechungsindex 1,4460 bei 25°.

Kohlenwasserstoffe $C_{11}H_{20}$.

Mol.-Gewicht 152.

Zusammensetzung: 86,8% C, 13,2% H.

Kohlenwasserstoff aus Louisianapetroleum (Jennings) [5]. Siedep. 180—185° bei 760 mm; 110—115° bei 80 mm. Spez. Gew. 0,8373 bei 22°. Riecht terpentinartig.

Kohlenwasserstoffe $C_{12}H_{22}$.

Mol.-Gewicht 166.

Zusammensetzung: 86,8% C, 13,2% H.

Kohlenwasserstoff aus Louisianapetroleum (Anse la Butte) [6]. Siedep. 205—210° bei 760 mm. Spez. Gew. 0,8479 bei 27 mm. Besitzt Terpentinölgeruch.

Kohlenwasserstoff aus Louisianapetroleum (Welsh) [5]. Siedep. 145—150° bei 80 mm. Spez. Gew. 0,8551 bei 22°. Brechungsindex 1,4662 bei 25°.

Kohlenwasserstoff aus Louisianapetroleum (Jennings) [1]. Siedep. 215—217° bei 760 mm. Spez. Gew. 0,8511 bei 22°/4°. Brechungsindex 1,4640 bei 25°.

[1] Coates, Journ. Amer. Chem. Soc. **28**, 387 [1906].
[2] Renard, Annales de Chim. et de Phys. [6] **1**, 236 [1884].
[3] Renard, Annales de Chim. et de Phys. [6] **1**, 239 [1884].
[4] Renard, Bulletin de la Soc. chim. **36**, 215 [1881]; **38**, 252 [1882].
[5] Coates u. Best, Journ. Amer. Chem. Soc. **27**, 1317 [1905].
[6] Coates u. Best, Journ. Amer. Chem. Soc. **25**, 1158 [1903].

Kohlenwasserstoffe $C_{13}H_{24}$.

Mol.-Gewicht 180.

Zusammensetzung: 86,7% C, 13,3% H.

Kohlenwasserstoff aus californischem Rohöl (Santa Barbara)[1]. Siedep. 150—155° bei 60 mm. Spez. Gew. 0,8621 bei 20°. Brechungsindex 1,4681. Mol.-Gewicht 181,5.

Kohlenwasserstoff aus Louisianapetroleum (Jennings)[2]. Siedep. 150—155° bei 80 mm; 235—238° bei 760 mm[3]. Spez. Gew. 0,8649 bei 22°. Brechungsindex 1,4692 bei 25°.

Kohlenwasserstoff aus Louisianapetroleum (Welsh)[2]. Siedep. 165—170° bei 100 mm. Spez. Gew. 0,8679 bei 25°. Brechungsindex 1,4666 bei 25°.

Kohlenwasserstoff aus Louisianapetroleum (Bayon Bouillou)[2]. Siedep. 140—145° bei 33 mm. Spez. Gew. 0,8557 bei 25°. Brechungsindex 1,4691 bei 25°.

Kohlenwasserstoffe $C_{14}H_{26}$.

Mol.-Gewicht 196.

Zusammensetzung: 85,7% C, 14,3% H.

Kohlenwasserstoff aus Louisianapetroleum[4] (Anse la Butte). Siedep. 160—165° bei 60 mm. Spez. Gew. 0,8785 bei 29°.

Kohlenwasserstoff aus Texaspetroleum[5]. Siedep. 125—130° bei 25 mm. Spez. Gew. 0,8711. Mol.-Refr. 62,39.

Kohlenwasserstoff aus Gondangwachs[6] (Cera fici cerifluae) (nativ?). Siedep. 220°.

Kohlenwasserstoffe $C_{15}H_{28}$.

Mol.-Gewicht 208.

Zusammensetzung: 86,5% C, 13,5% H.

Kohlenwasserstoff aus Texaspetroleum[7]. Siedep. 140—145° bei 25 mm. Spez. Gew. 0,8788.

Kohlenwasserstoffe $C_{16}H_{30}$.

Mol.-Gewicht 222.

Zusammensetzung: 86,5% C, 13,5% H.

Kohlenwasserstoff aus Texaspetroleum[7]. Siedep. 160—165° bei 25 mm. Spez. Gew. 0,8894. Brechungsindex 1,4672.

Kohlenwasserstoff aus californischem Rohöl (Santa Barbara)[8]. Siedep. 175—180° bei 60 mm. Spez. Gew. 0,8808 bei 20°. Brechungsindex 1,47°. Mol.-Gewicht 216,7.

Kohlenwasserstoffe $C_{17}H_{32}$.

Mol.-Gewicht 236.

Zusammensetzung: 86,4% C, 13,6% H.

Kohlenwasserstoff aus Louisianapetroleum (Welsh)[2]. Siedep. 175—180° bei 33 mm. Spez. Gew. 0,8736 bei 28°. Brechungsindex 1,4760 bei 25°.

Kohlenwasserstoff aus Texaspetroleum[7]. Siedep. 175—180° bei 25 mm. Spez. Gewicht 0,8966.

Kohlenwasserstoffe $C_{19}H_{36}$.

Mol.-Gewicht 264.

Zusammensetzung: 86,4% C, 13,6% H.

Kohlenwasserstoff aus Trentonkalkpetroleum[9] (Ohio). Siedep. 198—202° bei 30 mm. Spez. Gew. 0,8471 bei 20°. Brechungsindex 1,4614. Molekularrefraktion 85,57.

[1] Mabery, Amer. Chem. Journ. **33**, 271 [1905].
[2] Coates u. Best, Journ. Amer. Chem. Soc. **27**, 1317 [1905].
[3] Coates, Journ. Amer. Chem. Soc. **28**, 387 [1906].
[4] Coates u. Best, Journ. Amer. Chem. Soc. **25**, 1158 [1903].
[5] Mabery u. Buck, Journ. Amer. Chem. Soc. **22**, 554 [1900].
[6] Greshoff u. Sack, Recueil des travaux chim. des Pays-Bas **20**, 73 [1901].
[7] Mabery u. Buck, Journ. Amer. Chem. Soc. **22**, 555 [1900].
[8] Mabery, Amer. Chem. Journ. **33**, 272 [1905].
[9] Mabery u. Palm, Amer. Chem. Journ. **33**, 258 [1905].

Kohlenwasserstoff aus Texaspetroleum[1]). Siedep. 195—200° bei 25 mm. Spez. Gew.
0,9070.

Kohlenwasserstoff aus dem Petroleum von Grossny[2]). Spez. Gew. 0,908.

Kohlenwasserstoffe $C_{21}H_{40}$.

Mol.-Gewicht 292.

Zusammensetzung: 86,3% C, 13,7% H.

Kohlenwasserstoff aus Trentonkalkpetroleum (Ohio)[3]). Siedep. 213—217° bei 30 mm.
Spez. Gew. 0,8417 bei 20°. Brechungsindex 1,4650.

Kohlenwasserstoff aus Petroleum von Grossny[2]). Spez. Gew. 0,908.

Kohlenwasserstoffe $C_{22}H_{42}$.

Mol.-Gewicht 306.

Zusammensetzung: 86,3% C, 13,7% H.

Kohlenwasserstoff aus Trentonkalkpetroleum (Ohio)[4]). Siedep. 224—227° bei 30 mm.
Spez. Gew. 0,8614 bei 20°. Brechungsindex 1,4690.

Kohlenwasserstoff aus Petroleum von Grossny[2]). Spez. Gew. 0,908.

Kohlenwasserstoffe $C_{24}H_{46}$.

Mol.-Gewicht 334.

Zusammensetzung: 86,2% C, 13,8% H.

Kohlenwasserstoff aus Trentonkalkpetroleum (Ohio)[5]). Siedep. 237—240°. Spez.
Gew. 0,8639 bei 20°. Brechungsindex 1,4715.

Kohlenwasserstoff aus dem Petroleum von Grossny[2]). Spez. Gew. 0,913.

Kohlenwasserstoffe $C_{27}H_{52}$.

Mol.-Gewicht 376.

Zusammensetzung: 86,2% C, 13,8% H.

Kohlenwassserstoff aus pennsylvanischem Petroleum[6]). Siedep. 292—294° bei 50 mm.
Spez. Gew. 0,8688 bei 26°. Brechungsindex 1,4722. Molekularrefraktion 1,4722.

Kohlenwasserstoffe $C_{28}H_{54}$.

Mol.-Gewicht 390.

Zusammensetzung: 86,1% C, 13,9% H.

Kohlenwasserstoff aus pennsylvanischem Petroleum[7]). Siedep. 310—312° bei 50 mm.
Spez. Gew. 0,8694 bei 20°. Brechungsexponent 1,480. Molekularrefraktion 126,78.

Kohlenwasserstoffe $C_{35}H_{68}$.

Mol.-Gewicht 488.

Zusammensetzung: 86,1% C, 13,9% H.

Kohlenwasserstoff aus dem Petroleum von Grossny[2]). Spez. Gew. 0,916.

Kohlenwasserstoffe C_nH_{2n-4}.

Kohlenwasserstoffe C_6H_8.

Mol.-Gewicht 80.

Zusammensetzung: 90,0% C, 10,0% H.

Hexen aus dem Steinöl von Amiano[8]). Siedep. 85,5°.

---

[1]) **Mabery** u. **Buck**, Journ. Amer. Chem. Soc. **22**, 555 [1900].

[2]) **Charitschkoff**, Chem. Revue üb. d. Fett- u. Harzind. **10, 11** [1903/04]; Chem. Centralbl.
1904, I, 409.

[3]) **Mabery** u. **Palm**, Journ. Amer. Chem. Soc. **33**, 258 [1900].

[4]) **Mabery** u. **Palm**, Amer. Chem. Journ. **33**, 259 [1905].

[5]) **Mabery** u. **Palm**, Amer. Chem. Journ. **33**, 260 [1905].

[6]) **Mabery**, Amer. Chem. Journ. **28**, 193 [1902].

[7]) **Mabery**, Amer. Chem. Journ. **28**, 195 [1902].

[8]) **Dumas**, Annalen d. Chemie u. Pharmazie **6**, 257 [1833].

Kohlenwasserstoffe $C_{10}H_{16}$.

Mol.-Gewicht 136.
Zusammensetzung: 88,2% C, 11,8% H.
Kohlenwasserstoff aus Naphtha[1]). Siedep. 173—176°.

Kohlenwasserstoffe $C_{14}H_{24}$.

Mol.-Gewicht 192.
Zusammensetzung: 88,5% C, 11,5% H.
Kohlenwasserstoff aus (Kännelkohle-)Teeröl[2]). Siedep. 240°.

Kohlenwasserstoffe $C_{16}H_{28}$.

Mol.-Gewicht 218.
Zusammensetzung: 87,3% C, 12,7% H.
Kohlenwasserstoff aus Teeröl der Kännelkohle[3]) (nativ?). Siedep. 280°.
Kohlenwasserstoff aus Louisianapetroleum[4]) (Jennings). Siedep. 200—205° bei 80 mm. Spez. Gew. 0,8801 bei 22°. Brechungsindex 1,4805 bei 25°.
Kohlenwasserstoff aus Louisianapetroleum[4]) (Bayon Bouillou). Siedep. 170—175° bei 33 mm. Spez. Gew. 0,8871 bei 29°. Brechungsindex 1,4828 bei 25°.

Kohlenwasserstoffe $C_{17}H_{30}$.

Mol.-Gewicht 234.
Zusammensetzung: 87,2% C, 12,8% H.
Kohlenwasserstoff aus Louisianapetroleum (Anse la Butte)[5]). Spez. Gew. 0,9009 bei 29°. Wahrscheinlich ein Derivat des Dihexahydrofluorens

$$
\begin{array}{ccccc}
 & CH_2 & & CH_2 & \\
H_2C & CH & CH & CH_2 \\
H_2C & CH & CH & CH_2 \\
 & CH_2 & CH_2 & CH_2 &
\end{array}
$$

Kohlenwasserstoff aus Santa-Barbarapetroleum (Californien)[6]). Siedep. 190—195° bei 60 mm. Spez. Gew. 0,8919 bei 20°. Brechungsindex 1,4778. Mol.-Gew. 240.
Kohlenwasserstoff aus Louisianapetroleum (Bayon Bouillou)[4]). Siedep. 190—195° bei 33 mm. Spez. Gew. 0,8966 bei 27°. Brechungsindex 1,4883.

Kohlenwasserstoffe $C_{18}H_{32}$.

Mol.-Gewicht 248.
Zusammensetzung: 87,1% C, 12,9% H.
Kohlenwasserstoff aus Louisianapetroleum[4]) (Bayon Bouillou). Siedep. 200—205° bei 33 mm. Spez. Gew. 0,9006 bei 27°. Brechungsindex 1,4916 bei 25°.
Kohlenwasserstoff aus Santa-Barbarapetroleum (Californien)[7]). Siedep. 210—215° bei 60 mm. Spez. Gew. 0,8996 bei 20°. Brechungsindex 1,484 bei 20°. Mol.-Refrakt. 78,86. Mol.-Gew. 248.

---

[1]) Rudewitsch, Journ. f. prakt. Chemie [2] **48**, 191 [1893]; Journ. d. russ. physikal.-chem. Gesellschaft **25**, 284 [1893].
[2]) Schorlemmer, Annalen d. Chemie u. Pharmazie **139**, 245 [1866].
[3]) Schorlemmer, Annalen d. Chemie u. Pharmazie **139**, 246 [1866].
[4]) Coates u. Best, Journ. Amer. Chem. Soc. **27**, 1317 [1905].
[5]) Coates u. Best, Journ. Amer. Chem. Soc. **25**, 1158 [1903].
[6]) Mabery, Amer. Chem. Journ. **33**, 272 [1905].
[7]) Mabery, Amer. Chem. Journ. **33**, 273 [1905].

Kohlenwasserstoffe $C_{19}H_{34}$.

Mol.-Gewicht 262.

Zusammensetzung: 87,0% C, 13,0% H.

Kohlenwasserstoff aus dem Louisianapetroleum (Bayon Bouillou)[1]. Siedep. 225 bis 230° bei 33 mm. Spez. Gew. 0,9104 bei 28°. Brechungsindex 1,4972 bei 25°.

Kohlenwasserstoffe $C_{21}H_{38}$.

Mol.-Gewicht 290.

Zusammensetzung: 86,9% C, 13,1% H.

Kohlenwasserstoff aus Texaspetroleum[2]. Siedep. 215—220° bei 25 mm. Spez. Gew. 0,9163.

Kohlenwasserstoffe $C_{23}H_{42}$.

Mol.-Gewicht 318.

Zusammensetzung: 86,8% C, 13,2% H.

Kohlenwasserstoff aus dem Trentonkalkpetroleum (Ohio)[3]. Siedep. 253—255° bei 30 mm. Spez. Gew. 0,8842 bei 20°. Brechungsindex 1,4797.

Kohlenwasserstoff aus dem Texaspetroleum[2]. Siedep. 240—245° bei 25 mm. Spez. Gew. 0,9306.

Kohlenwasserstoffe $C_{24}H_{44}$.

Mol.-Gewicht 332.

Zusammensetzung: 86,8% C, 13,2% H.

Kohlenwasserstoff aus Trentonkalkpetroleum (Ohio)[4]. Siedep. 263—265° bei 30 mm. Spez. Gew. 0,8864 bei 20°. Brechungsindex 1,4802.

Kohlenwasserstoff aus Santa-Barbarapetroleum (Californien)[5]. Siedep. 250—255° bei 60 mm. Spez. Gew. 0,9299 bei 20°. Mol.-Gewicht in Naphthalin 329, 330.

Kohlenwasserstoff $C_{25}H_{46}$.

Mol.-Gewicht 346.

Zusammensetzung: 86,7% C, 13,3% H.

Kohlenwasserstoff aus Trentonkalkpetroleum (Ohio)[4]. Siedep. 275—278° bei 30 mm. Spez. Gew. 0,8912 bei 20°. Brechungsindex 1,4810.

Kohlenwasserstoff aus Texaspetroleum[2]. Siedep. 270—275° bei 25 mm. Spez. Gew. 0,9410.

Kohlenwasserstoffe $C_{27}H_{50}$.

Mol.-Gewicht 374.

Zusammensetzung: 86,6% C, 13,4% H.

Kohlenwasserstoff aus dem canadischen Petroleum. Spez. Gew. 0,8688 bei 26°.

Kohlenwasserstoffe C_nH_{2n-6}.

Kohlenwasserstoff $C_{10}H_{14}$.

Mol.-Gewicht 134.

Zusammensetzung: 89,6% C, 10,4% H.

Wurde im Petroleum von Colibasi in Rumänien gefunden[6], in den zwischen 90° und 200° übergehenden Anteilen. Weder seiner physikalischen noch seiner chemischen Beschaffenheit nach näher untersucht.

1) Coates u. Best, Journ. Amer. Chem. Soc. 27, 1317 [1905].

2) Mabery u. Buck, Journ. Amer. Chem. Soc. 22, 555 [1900].

3) Mabery u. Palm, Amer. Chem. Journ. 33, 261 [1905].

4) Mabery u. Palm, Amer. Chem. Journ. 33, 262 [1905].

5) Mabery, Amer. Chem. Journ. 33, 274 [1905].

6) Poni, Moniteur intéréts pétrol. Roumains 3 [1902]. — Höfer, Das Erdöl und seine Verwandten. Braunschweig 1906. 2. Aufl. S. 73.

Kohlenwasserstoff $C_{11}H_{16}$.

Mol.-Gewicht 148.

Zusammensetzung: 89,2% C, 10,8% H.

Vorkommen: Im kaukasischen Petroleum, in den Fraktionen 180—190° [1]).

Darstellung: Durch Behandeln der Fraktion mit rauchender Schwefelsäure und Trennung der Calciumsalze der entstandenen Sulfosäuren mittels Alkohols, in dem $(C_{11}H_{15} \cdot SO_3)Ca$ ungelöst bleibt. Dieses Salz wird ins Natriumsalz übergeführt und dieses aus Alkohol umkrystallisiert. Krystallisiert mit H_2O : $C_{11}H_{15} \cdot SO_3Na + 4 H_2O$. In Wasser leicht, in Alkohol schwer löslich.

Physikalische und chemische Eigenschaften: Flüssigkeit.

Kohlenwasserstoffe C_nH_{2n-8}.

Kohlenwasserstoff $C_{11}H_{14}$.

Mol.-Gewicht 146.

Zusammensetzung: 90,4% C, 9,6% H.

Vorkommen: In der Fraktion 240—250° des Petroleums von Baku [2]).

Darstellung: Die Trennung von den beigemengten Kohlenwasserstoffen erfolgt in Form ihrer Sulfosäuresalze (s. bei $C_{11}H_{16}$). Aus dem Salz $C_{11}H_{13} \cdot SO_3Na$ erhält man den Kohlenwasserstoff durch Erhitzen mit konz. Salzsäure auf 170° [3]).

Physikalische und chemische Eigenschaften: Flüssigkeit vom Siedep. 240°.

Derivate: Bromid $C_{11}H_{13}Br$ entsteht aus $C_{11}H_{14}$ durch Einwirkung von Brom in der Kälte.

Sulfosäure entsteht durch Einwirkung rauchender Schwefelsäure auf $C_{11}H_{14}$. Bildet ein in Alkohol leicht lösliches und durch Äther ausfällbares Natriumsalz.

Kohlenwasserstoffe $C_{27}H_{46}$.

Mol.-Gewicht 370.

Zusammensetzung: 87,6% C, 12,4% H.

Kohlenwasserstoff aus Santa-Barbarapetroleum (Californien) [4]). Aus der Fraktion vom Siedep. 310—315° bei 60 mm, die sehr dickflüssig und viscos ist und zur Reinigung mit konz. Säure zuvor mit Gasolin verdünnt wurde. Spez. Gew. 0,9451 bei 20°. Brechungsindex 1,5146. Mol.-Gew. 372.

Kohlenwasserstoffe $C_{29}H_{50}$.

Mol.-Gewicht 398.

Zusammensetzung: 87,4% C, 12,6% H.

Kohlenwasserstoff aus Santa-Barbarapetroleum (Californien) [5]). Aus der Fraktion vom Siedep. 340—345° bei 60 mm isoliert wie $C_{27}H_{46}$. Sehr viscöses, hellgelbes Öl, das bei gewöhnlicher Temperatur kaum fließt. Spez. Gew. 0,9778 bei 20°.

Kohlenwasserstoffe C_nH_{2n-10}.

Kohlenwasserstoff $C_{11}H_{12}$.

Mol.-Gewicht 144.

Zusammensetzung: 91,7% C, 8,3% H.

Im Petroleum von Baku in den Fraktionen 240—250° [6]). Flüssigkeit. Siedep. 245 bis 255°. Gibt bei der Einwirkung von Brom ein **Bromid** $C_{11}H_{11}Br$.

---

[1]) Markownikoff, Annalen d. Chemie u. Pharmazie **234**, 98 [1886].

[2]) Markownikoff u. Oglobin, Annalen d. Chemie u. Pharmazie **234**, 111 [1886].

[3]) Markownikoff u. Oglobin, Journ. d. russ. physikal.-chem. Gesellschaft **15**, 323 [1833].

[4]) Mabery, Amer. Chem. Journ. **33**, 274 [1905].

[5]) Mabery, Amer. Chem. Journ. **33**, 275 [1905].

[6]) Markownikoff, Annalen d. Chemie u. Pharmazie **234**, 113 [1886].

Kohlenwasserstoff $C_{12}H_{14}$.

Mol.-Gewicht 158.

Zusammensetzung: 91,1% C, 8,9% H.

Vorkommen: Im Petroleum von Baku, in den Fraktionen 240—250° [1]).

Darstellung: Durch Einwirkung rauchender Schwefelsäure werden die Kohlenwasserstoffe dieser Fraktion in Sulfosäure übergeführt, die durch fraktionierte Krystallisation ihrer Kalksalze getrennt werden. Zuerst krystallisiert das am schwersten lösliche sulfosaure Salz des Kohlenwasserstoffs $C_{13}H_{14}$ aus. Die übrigen sulfosauren Salze werden in Natronsalze übergeführt und mit Alkohol behandelt, wobei das sulfosaure Salz des Kohlenwasserstoffs $C_{11}H_{14}$ in Lösung geht, während das des Kohlenwasserstoffs $C_{12}H_{14}$ zurückbleibt.

Physikalische und chemische Eigenschaften: Flüssigkeit. Siedep. 240—245° [2]). Spez. Gew. 0,982 bei 15° [2]). Vereinigt sich nicht direkt mit Halogenen.

Derivat: Disulfosäure $C_{12}H_{14}S_2O_6 = C_{12}H_{12}(SO_3H)_2$. Bildet ein in Alkohol schwer lösliches Natriumsalz $C_{12}H_{12}(SO_3Na)_2 \cdot 3 H_2O$ und ein in kaltem Wasser sehr schwer, in heißem leichter lösliches Bariumsalz $C_{12}H_{12}(SO_3)_2Ba \cdot 6 H_2O$.

Kohlenwasserstoffe C_nH_{2n-12}.

Kohlenwasserstoff $C_{13}H_{14}$.

Mol.-Gewicht 170.

Zusammensetzung: 91,8% C, 8,2% H.

Aus dem Petroleum von Baku, in den Fraktionen 240—250° (neben $C_{11}H_{14}$ und $C_{12}H_{14}$) [3]).

Darstellung: Durch Überführung des Kohlenwasserstoffs der Fraktion 240—250° in ihre Sulfosäuren (s. bei $C_{12}H_{14}$) [3]).

Physikalische und chemische Eigenschaften: Flüssigkeit. Vereinigt sich nicht direkt mit Halogenen.

Derivat: Sulfosäure $C_{13}H_{14} \cdot SO_3 = C_{13}H_{13} \cdot SO_3H$. Entsteht durch Einwirkung rauchender Schwefelsäure auf $C_{13}H_{14}$. Bildet in Wasser sehr schwer lösliche Barium- und Calciumsalze; ferner in kaltem Wasser schwer, in heißem leicht lösliches Natronsalz $C_{13}H_{13}$ $\cdot SO_3Na \cdot H_2O$.

Kohlenwasserstoffe C_nH_{2n-16}.

Sequoien.

Mol.-Gewicht 166.

Zusammensetzung: 94,0% C, 6,0% H.

$$C_{13}H_{10}.$$

Vorkommen: In den Nadeln von Sequoia gigantea Torr. (californischer Riesenbaum) [4]).

Darstellung: Aus den Nadeln durch Wasserdampfdestillation. Es sammelt sich in den ersten Destillaten (während die späteren flüssige Kohlenwasserstoffverbindungen enthalten), aus denen es beim Ausäthern in den Äther geht. Nach dem Abdestillieren des Äthers wird der feste Rückstand aus verdünnter Essigsäure umkrystallisiert.

Physikalische und chemische Eigenschaften: Kleine, blattförmige Krystalle von schwach bläulicher Fluorescenz. Geruchlos [5]). Schmelzp. 105°. Siedep. 290—300°. Löst sich in konz. Schwefelsäure nicht in der Kälte, erst beim Erwärmen. Liefert ein rotes Pikrat. Rauchende Salpetersäure wirkt nitrierend und liefert einen krystallisierten Nitrokörper. Chromsäure (mit Essigsäure) liefert unter anderen Oxydationsprodukten eine Verbindung $C_{13}H_{10}O_2$ (?) vom Schmelzp. 170°. In Benzol schwer löslich; krystallisiert daraus in feinen Nädelchen; in Alkalien unlöslich.

---

1) Markownikoff u. Oglobin, Annalen d. Chemie u. Pharmazie **234**, 111 [1886].

2) Krämer u. Böttcher, Berichte d. Deutsch. chem. Gesellschaft **20**, 601 [1893].

3) Markownikoff u. Oglobin, Annalen d. Chemie u. Pharmazie **234**, 110 [1886].

4) Lunge u. Steinkauler, Berichte d. Deutsch. chem. Gesellschaft **13**, 1656 [1880].

5) Lunge u. Steinkauler, Berichte d. Deutsch. chem. Gesellschaft **14**, 2203 [1881].

Kohlenwasserstoffe unbestimmter Konstitution.

Kohlenwasserstoffe $(CH_2)_n$. Zusammensetzung: 85,7% C, 14,3% H. **Leken,** aus dem Ozokerit von Tscheleken[1]). Schmelzp. 79°. Spez. Gew. 0,9392.

Kohlenwasserstoffe (C_2H_4). Zusammensetzung: 85,7% C, 14,3% H. Ein paraffinartiger Kohlenwasserstoff (C_2H_4)[2]) ist aus Chrysanthemum cinnerariaefolium (dem Hauptbestandteil des gewöhnlichen Insektenpulvers) isoliert worden. Farblose Schuppen von Perlmutter glanz. Schmelzp. 64°. Sehr leicht löslich in Äther, Benzol, Chloroform; fast unlöslich in kaltem Alkohol, wenig löslich in warmem.

Kohlenwasserstoff (C_4H_3)[3]). Mol.-Gewicht $(51)_n$. Zusammensetzung: 94,3% C, 5,7% H. In den letzten Anteilen der Destillationsprodukte des Petroleums von Sagara (Japan). Kleine Krystalle aus Benzol. Siedep. 280—285°. In Äther, Chloroform, Benzol, Alkohol und Ligroin löslich. Gibt mit Chromsäure ein rotes Chinon, wird von Brom unter Bromwasserstoffentwicklung angegriffen. Bildet ein rötlichbraunes, wenig beständiges Pikrat.

Kohlenwasserstoff $(C_5H_8)_n$[4]). Mol.-Gewicht 68. Zusammensetzung 88,2% C, 11,8% H. Aus dem Milchsaft von Asclepias syriaca L.; noch nicht ganz rein isoliert; kautschukähnlich.

Kohlenwasserstoff $C_{15}H_{10} = (C_3H_2)_n$. Mol.-Gewicht 190. Zusammensetzung: 94,7% C, 5,3% H. **Succisteren** (nativ?)[5]). In den zuletzt übergehenden Destillationsprodukten des Bernsteins. Weiße, platte Nadeln. Schmelzp. 178°. Siedep. oberhalb 300° unter geringer Zersetzung.

Pertusaren.

Mol.-Gewicht 820.
Zusammensetzung: 87,8% C, 12,2% H.

$$C_{60}H_{100}.$$

Vorkommen: In Pertusaria communis neben Pertusarin und Pertusaridin (atlasglänzende blattförmige Krystalle vom Schmelzp. 242°)[6]).

Physikalische und chemische Eigenschaften: Blättchenförmige Krystalle vom Schmelzp. 286°. Destilliert anscheinend ohne Zersetzung. In Alkohol sehr schwer löslich, besser in heißem Chloroform; in Alkalien oder Säuren unlöslich.

---

[1]) Beilstein u. Wiegand, Berichte d. Deutsch. chem. Gesellschaft **16**, 1548 [1883]; **32**, 2944 [1899].

[2]) F. Marino Zuco, Gazzetta chimica ital. **19**, 209 [1889].

[3]) Divers u. Nakamura, Journ. Chem. Soc. **47**, 925 [1885].

[4]) Marek, Journ. f. prakt. Chemie [2] **68**, 393 [1903].

[5]) Pelletier u. Walter, Annales de Chim. et de Phys. [3] **9**, 96 [1843].

[6]) Hesse, Journ. f. prakt. Chemie [2] **58**, 505 [1898].

Kohlenwasserstoffe der Terpenreihe.[1]

I. Terpene.

Terpene.

Mol.-Gew. 122.

Zusammensetzung: 88,52% C, 11,48% H.

$$C_9H_{14}.$$

Santen C_9H_{14}

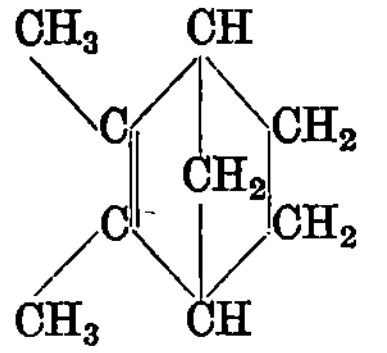

Siedep. 31—33° bei 9 mm. Spez. Gew. 0,863 bei 20°. Brechungsexponent $n_D = 1,46658$.
Pol. ± 0.
   (Bd. VII, S. 266.)

Olefinische Terpene.

Mol.-Gew. 136.

  Zusammensetzung: 88,24% C, 11,76% H.

$$C_{10}H_{16}.$$

Myrcen $C_{10}H_{16}$ (2, 6-Dimethyloctatrien-2, 6 (9), 7).

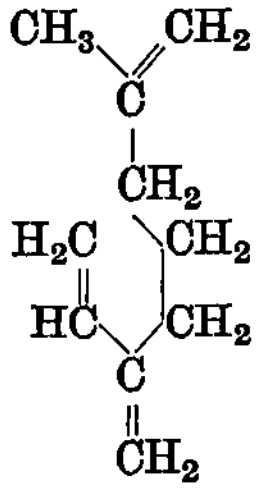

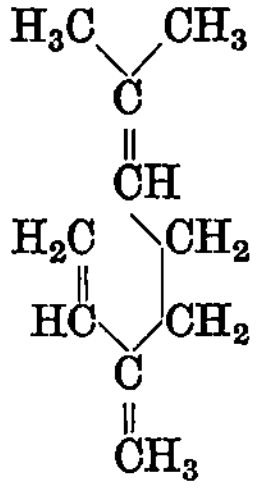

Siedep. 166° bei 760 mm. Spez. Gew. 0,8013 bei 15°. Brechungsexponent $n_D = 1,4700$.
Optisch inaktiv. Dispersion 2,24.
   (Bd. VII, S. 271.)

   Ocimen $C_{10}H_{16}$ (2, 6-Dimethyloctatrien-2, 5, 7).

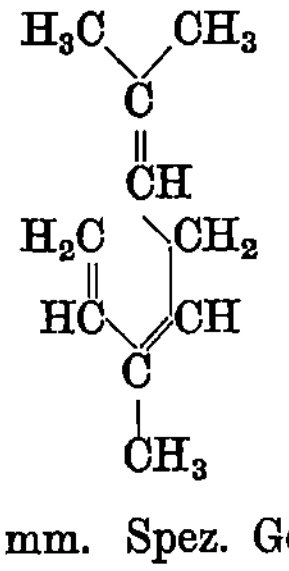

Siedep. 73—74° bei 21 mm; 81° bei 30 mm. Spez. Gew. 0,831 bei 15°. Brechungsexponent
$n_D = 1,4861$ (Enklaar). Spez. Gew. 0,801 bei 15°; 0,794 bei 22°. Brechungsexponent
$n_D = 1,4861$ (van Romburgh). Optisch inaktiv. Dispersion 2,24.
   (Bd. VII, S. 272.)

---

[1] Dieselben werden hier nur ganz kurz angeführt und es wird bei jedem von ihnen auf die
ausführliche Behandlung in dem Abschnitt „Terpene und Campher" von K. Bartelt, Peking,
des VII. Bandes dieses Handlexikons hingewiesen.

Cyclische Terpene.

Mol.-Gewicht 136.

Zusammensetzung: 80,24% C, 11,76% H.

$$C_{10}H_{16}.$$

Limonen $C_{10}H_{16}$ ($\Delta^{1,8(9)}$-p-Menthadien)

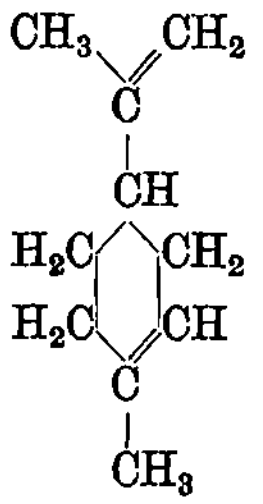

$$
\begin{array}{c}
CH_3 \quad CH_2 \\
C \\
CH \\
H_2C \quad CH_2 \\
H_2C \quad CH \\
C \\
CH_3
\end{array}
$$

Synonyma: Citren, Hesperiden, Carven, Camphen, Isoterpen, Terpilen. Siedep. 175—176°. Spez. Gew. 0,843 bei 20°. Brechungsexponent $n_D = 1,4746$. Spez. Drehung $[\alpha]_D = +123,40°$ (aus Kümmelöl); $[\alpha]_D = +125° 36'$ (100 mm-Rohr) (synthetisch aus Limonentetrabromid); $[\alpha]_D = —106°$ (aus dem Öl von Pinus silvestris).

Dipenten = i-Limonen. Siedep. des Dipenten 177—178°. — (Bd. VII, S. 273.)

Terpinolen $C_{10}H_{16}$ ($\Delta^{1,4(8)}$-p-Menthadien)

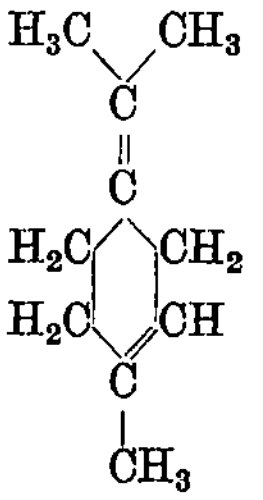

$$
\begin{array}{c}
H_3C \quad CH_3 \\
C \\
\| \\
C \\
H_2C \quad CH_2 \\
H_2C \quad CH \\
C \\
CH_3
\end{array}
$$

Siedep. 184—188° (unter Polymerisation); 75° bei 14 mm. Spez. Gew. ca. 0,855 bei 20°. Optisch inaktiv. — (Bd. VII, S. 285.)

Terpinen $C_{10}H_{16}$. Siedep. ca. 178—181°. Spez. Gew. ca. 0,845 bei 20°. Brechungsexponent n_D ca. 1,479—1,485. Das Nitrit hat den Schmelzp. 155°. Terpinen ist wahrscheinlich (vgl. Bd. VII, S. 286) ein Gemenge von:

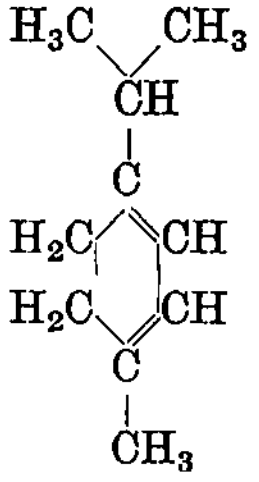

$$
\begin{array}{c}
H_3C \quad CH_3 \\
CH \\
C \\
H_2C \quad CH \\
H_2C \quad CH \\
C \\
CH_3
\end{array}
\qquad\text{und}\qquad
\begin{array}{c}
H_3C \quad CH_3 \\
CH \\
C \\
HC \quad CH_2 \\
H_2C \quad CH \\
C \\
CH_3
\end{array}
$$

Carvenen   γ-Terpinen
(Bd. VII, S. 287)   (Bd. VII, S. 291)

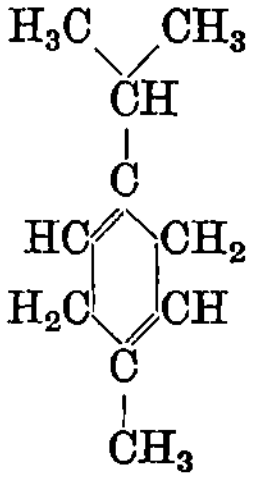

Ob Carvenen in der Natur vorkommt, ist zweifelhaft. — γ-Terpinen: Siedep. 179—181°. Spez. Gew. 0,846 bei 20°. Brechungsexponent $n_D = 1,480$. Pol. ∓ 8 (Mittelwerte).

Phellandrene $C_{10}H_{16}$ ($\Delta^{2,6}$-p-Menthadien und $\Delta^{1(7)2}$-p-Menthadien)

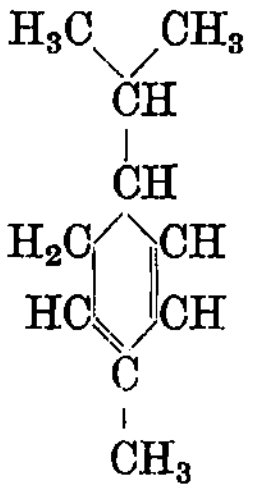

$$
\begin{array}{c}
H_3C \quad CH_3 \\
CH \\
CH \\
H_2C \quad CH \\
HC \quad CH \\
C \\
CH_3
\end{array}
\qquad\text{und}\qquad
\begin{array}{c}
H_3C \quad CH_3 \\
CH \\
CH \\
H_2C \quad CH \\
H_2C \quad CH \\
C \\
\| \\
CH_2
\end{array}
$$

n-(α)-Phellandren   pseudo-(β)-Phellandren.

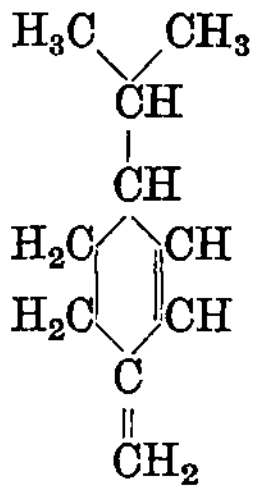

Die in der Natur vorkommenden „Phellandrene" sind gewöhnlich ein Gemisch der beiden angeführten Terpene.

n-Phellandren: Siedep. ca. 62—65° bei 12 mm; 173—176°. Spez. Gew. 0,842 bei 20°. — Pseudo-Phellandren: Siedep. 170—172°. Spez. Gew. 0,848 bei 20°. Brechungsexponent $n_D = 1,4788$. Optisch aktiv, sowohl in rechts wie linksdrehender Modifikation.

(Bd. VII, S. 295.)

Silvestren $C_{10}H_{16}$ ($\Delta^{1,8(9)}$-m-Menthadien; **Carvestren** = i-Silvestren)

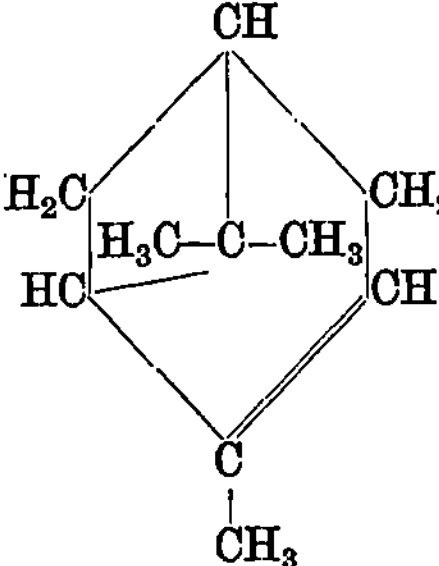

Siedep. 175—176°. Spez. Gew. 0,848 bei 20°. Brechungsexponent $n_D = 1,47573$. Höchste beobachtete Drehung $[\alpha]_D = 66,32°$.

(Bd. VII, S. 301.)

Pinen $C_{10}H_{16}$ (1, 7, 7-Trimethylbicyclo-[1, 1, 3]-hepten-1)

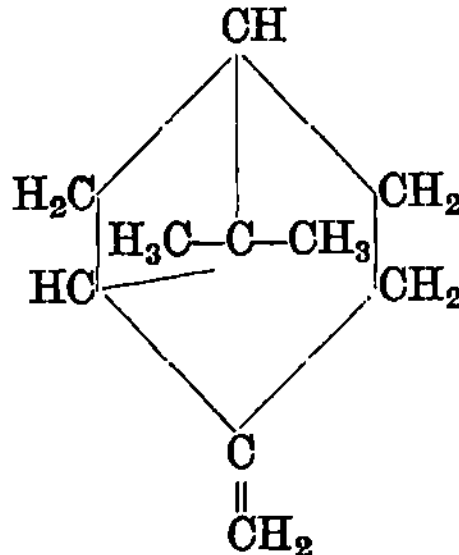

Frühere Bezeichnungsweise für Pinen: Australen (d-Pinen, Terebenthen, l-Pinen), Eucalypten, Massogen, Lauren und andere, je nach dem Ausgangsmaterial. Siedep. 155—156°. Spez. Gew. 0,858 bei 20°. Brechungsexponent $n_D = 1,4655$. Höchste beobachtete optische Drehung ist $[\alpha]_D = +45,04°$ (aus Pinus cembra L.); $[\alpha]_D = -43,36°$ (aus französischem Terpentinöl).

(Bd. VII, S. 304.)

Firpen $C_{10}H_{16}$. Durch Destillation des rohen Harzes der Douglas-Fichte (Pseudo-tsuga taxifolia) gewonnen[1]. Siedep. 153—153,7°. Spez. Gew. 0,8598 bei 20°. Brechungsexponent $n_{D_{20}} = 1,47299$. Spez. Drehung $[\alpha]_D = -47,2°$.

(Bd. VII, S. 328.)

Nopinen $C_{10}H_{16}$ (β-Pinen, 1-Methen-7, 7-dimethylbicyclo-[1, 1, 3]-hepten).

Siedep. ca. 160—165°. Spez. Gew. 0,868—0,870 bei 20°. Brechungsexponent $n_D = $ ca. 1,470.

(Bd. VII, S. 329.)

---

[1] **Frankforter** u. **Frary**, Journ. Amer. Chem. Soc. **28**, 1467 [1906]; Chem. Centralbl. **1906**, II, 1843.

Camphen $C_{10}H_{16}$ (6-Methen-5, 5-dimethylbicyclo-[1, 2, 2]-hepten

$$
\begin{array}{c}
CH \\
H_3C \diagdown C \diagup \quad CH_2 \\
H_3C \diagup \quad CH_2 \\
H_2C = C \diagdown \quad CH_2 \\
CH
\end{array}
$$

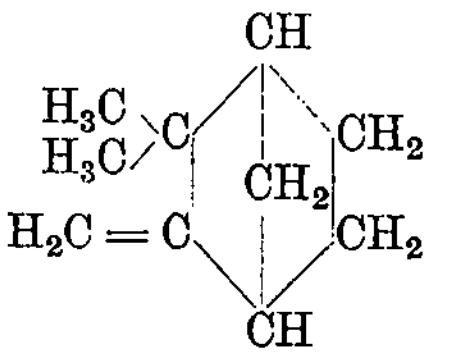

Schmelzp. 51—52°. Erstarrungsp. 50°. Siedep. 158,5—159,5°. Brechungsexponent $n_{D_{54}}$ = 1,45514 (für synthetisches Camphen aus Pinenhydrochlorid). Schmelzp. 53,5—54°. Erstarrungsp. 53—52,5°. Spez. Gew. 0,83808 bei 58,6°/4°. Brechungsexponent $n_{D_{58,6}}$ = 1,45314 (für synthetisches Camphen aus Borneol). Das in der Natur aufgefundene Camphen sowie das nicht völlig gereinigte Handelsprodukt schmelzen bei 48—49°.
(Bd. VII, S. 332.)

Fenchene $C_{10}H_{16}$ (Trimethylbicyclo-[1, 2, 2]-heptene). Nicht einheitliche Gemische von sowohl ringungesättigten wie semicyclischen Fenchenen, deren Konstitution noch nicht festgelegt ist. Für ein ziemlich einheitliches d, l- und auch l, d-Fenchen, aus Fenchylamin durch Einwirkung von salpetriger Säure, nimmt Wallach die Formel eines tricyclischen Terpens an

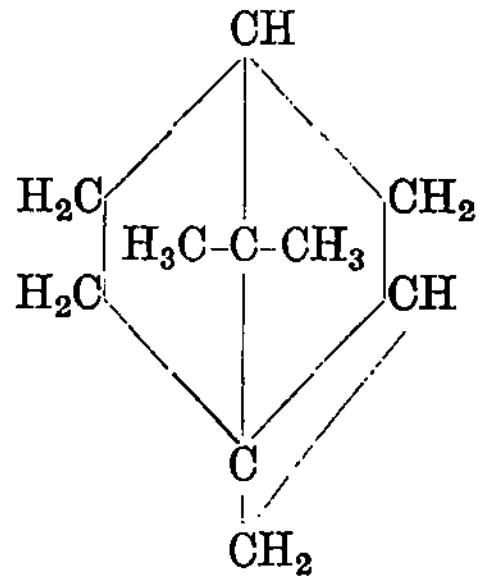

$$
\begin{array}{c}
CH \\
H_2C \diagup \quad \diagdown CH_2 \\
H_3C\text{-}C\text{-}CH_3 \\
H_2C \diagdown \quad CH \\
C \\
CH_2
\end{array}
$$

Mittelwerte für ringungesättigte Fenchene: Siedep. 140—145°. Spez. Gew. ca. 0,840 bei 20°. Brechungsexponent n_D = ca. 1,45°. — Die semicyclischen Fenchene sieden etwas höher (Siedep. ca. 155°) und haben ein etwas höheres Volumgewicht und etwas höheren Brechungsexponenten (d_{20} = ca. 0,866, n_D = ca. 1,467).
(Bd. VII, S. 344.)

Sabinen $C_{10}H_{16}$ (1-Methen-4-isopropylbicyclo-[0, 1, 3]-hexan)

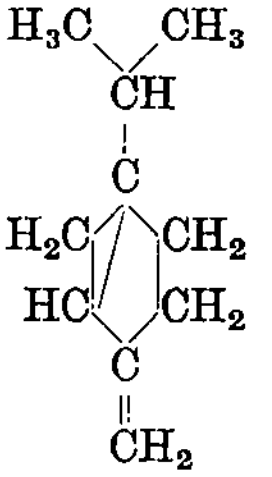

$$
\begin{array}{c}
H_3C \diagdown \diagup CH_3 \\
CH \\
C \\
H_2C \diagup \diagdown CH_2 \\
HC \diagdown \diagup CH_2 \\
C \\
CH_2
\end{array}
$$

Siedep. 167—168°. Spez. Gew. 0,840 bei 20°. Brechungsexponent n_D = 1,468. Optisch aktiv (ca. 61°).
(Bd. VII, S. 348.)

II. Sesquiterpene.

Mol.-Gewicht 204.
Zusammensetzung: 88,24% C, 11,76% H.

$$C_{15}H_{24}.$$

Leichtes Sesquiterpen aus Citronellöl. Siedep. 157° bei 15 mm. Spez. Gew. 0,8643. Brechungsexponent n_D = 1,51845. Schwach rechtsdrehend.
(Bd. VII, S. 351.)

Zingiberen. Siedep. ca. 270° (unter Zersetzung); 160—161° bei 32 mm. Spez. Gew. 0,8731 bei 20°. Brechungsexponent $n_D = 1,49399$. Optisch linksdrehend.
(Bd. VII, S. 352.)

Sesquiterpen im Birkenrindenöl. Siedep. 255—256° bei 744 mm. Spez. Gew. 0,8844 bei 20°. $[\alpha]_D = -2,05°$.
(Bd. VII, S. 352.)

Limen. Siedep. 262—263° bei 756 mm. Spez. Gew. 0,873 bei 15°. Brechungsexponent $n_{D_{15}} = 1,4935$.
(Bd. VII, S. 352.)

Carlinen. Siedep. 139—141° bei 20 mm. Spez. Gew. 0,8733 bei 22,8°. Brechungsexponent $n_D = 1,492$.
(Bd. VII, S. 353.)

Bisabolen. Siedep. 259—260,3°. Spez. Gew. 0,8914 bei 17°. Brechungsexponent $n_D = 1,4608$ (regeneriert aus Trihydrochlorid).
(Band VII, S. 353.)

Cadinen. Siedep. 270—275°. Spez. Gew. 0,925 bei 15°. Brechungsexponent $n_{D_{20}} = 1,508$. Optisch rechts- und linksdrehend. Leicht löslich in Äther, schwer löslich in Alkohol und Eisessig.
(Bd. VII, S. 353.)

Caryophyllen. Als Gemisch Siedep. 255—258°; 119—120° bei 9 mm. Spez. Gew. 0,902 bei 20°. Brechungsexponent $n_D = 1,501$. Optisch aktiv. Isoliert wurden daraus die Kohlenwasserstoffe:

I. Siedep. 132—134° bei 16 mm. Spez. Gew. 0,90346 bei 20°. Brechungsexponent $n_D = 1,49973$; $[\alpha]_{D_{20}} = -4,67°$.

II. Siedep. 128—128,5° bei 17 mm. Spez. Gew. 0,91034 bei 17°. Brechungsexponent $n_{D_{17}} = 1,49899$; $[\alpha]_{D_{17}} = -23,57°$.

Neben diesen beiden Kohlenwasserstoffen scheint noch ein dritter vorhanden zu sein, dem folgende Daten zukämen: Siedep. 123—124° bei 14,5 mm. Spez. Gew. 0,899 bei 20°. Brechungsexponent $n_{D_{20}} = 1,49617$. Zweifach ungesättigt.
(Bd. VII, S. 354.)

Santalene. α-Santalen: Siedep. 118—120° bei 9 mm. Spez. Gew. 0,8984 bei 20°. Brechungsexponent $n_D = 1,491$; $[\alpha]_D = -15°$. — β-Santalen: Siedep. 125—127° bei 9 mm. Spez. Gew. 0,892 bei 20°. Brechungsexponent $n_D = 1,4932$; $[\alpha]_D = -35°$.
(Bd. VII, S. 356.)

Humulen. Siedep. 260—262°. Spez. Gew. 0,900 bei 15 mm. Brechungsexponent $n_\alpha = 1,4978$. Optisch rechtsdrehend ($[\alpha]_D = +1°$ bis ca. $+5°$).
(Bd. VII, S. 357.)

Über weitere Sesquiterpene $C_{15}H_{24}$, über **Patschulene, Cedrene, Cloven, Vetiven** und den Sesquiterpenen aus verschiedenen ätherischen Ölen s. Bd. VII, S. 358—361; über **Diterpene** und **Polyterpene,** die bisher nicht als fertig gebildete Produkte unter den Bestandteilen der ätherischen Öle aufgefunden wurden, sondern nur als Derivate, über **Colophen, Metaterebenthen, Diterpilen, Diterpen** aus Menthon, **Dicinen, Paracajeputen** und **Dicarvenen** von der Zusammensetzung $C_{20}H_{32}$, über **Amyriline** $C_{30}H_{48}$ und über **Tetraterpen** $C_{40}H_{64}$ s. ebenda S. 361—363.

Aromatische Kohlenwasserstoffe.

Von

Fritz Baum-Berlin.

Benzol.

Mol.-Gewicht 78.
Zusammensetzung: 92,3% C, 7,7% H.

$$C_6H_6.$$

$$
\begin{array}{c}
CH \\
HC{-}\!\!\diagup\;\diagdown\!\!{-}CH \\
HC{-}\!\!\diagdown\;\diagup\!\!{-}CH \\
CH
\end{array}
$$

Vorkommen: Benzol, sowie seine Homologen Toluol $C_6H_5 \cdot CH_3$, die Xylole $C_6H_4 \cdot (CH_3)_2$, Cumol $C_6H_5 \cdot CH \cdot (CH_3)_2$, Cymol $C_6H_4(CH_3)CH \cdot (CH_3)_2$, 1,3,5-Trimethylbenzol $C_6H_3(CH_3)_3$ (Mesitylen), 1,2,4-Trimethylbenzol $C_6H_3(CH_3)_3$ (Pseudocumol) und andere, sind im Erdöl ziemlich verbreitet, meist jedoch nur in geringer Menge. Reichliche Mengen wurden im kalifornischen Petroleum[1]), etwas weniger im japanischen[1]), noch geringere Mengen im pennsylvanischen[1]) Erdöl gefunden. Das Erdöl von Kolibasi[2]) (Rumänien) gibt in der Fraktion 90—200° ca. 29% aromatische Kohlenwasserstoffe, Grossnyer Naphtha in der Fraktion bis 105° 3,79% Benzol[3]). Siehe ferner über den Nachweis von Benzol im nordamerikanischen[4]) Petroleum, im galizischen von Klenczani[5]), im rumänischen von Berka bei Buzen[6]), im Erdöl von Baku[7]), von Zarskiji Kolodzi (Gouvernement Tiflis)[8]), von Rangun (Ostindien)[9]), von Echigo (Japan)[10]) und im italienischen von Valleia[11]). Benzol im Erdöl von Kryg (Galizien)[12]). Die Bildung der aromatischen Kohlenwasserstoffe in Petroleum ist wahrscheinlich auf die aromatischen Kerne der Eiweißreste zurückzuführen, die im ersten Stadium der Petro-

---

[1]) Mabery, Journ. Soc. Chem. Ind. **19**, 502 [1902]; Chem. Centralbl. **1900**, II, 452.

[2]) Poni, Moniteur d'intérèts Pétrol. Roumains **3** [1902].

[3]) Markownikoff, Journ. d. russ. physikal.-chem. Gesellschaft **34**, 635 [1902]; Chem. Centralbl. **1902**, II, 1227.

[4]) Warren de la Rue u. H. Müller, Annalen d. Chemie u. Pharmazie **115**, 19 [1860]. — Schorlemmer, Annalen d. Chemie u. Pharmazie **127**, 311 [1863]. — Mabery, Proc. Amer. philos. Soc. **36**, 133 [1897]. — Joung, Journ. Chem. Soc. **73**, 906 [1898].

[5]) Pebal, Annalen d. Chemie u. Pharmazie **113**, 151 [1860]. — Lachowicz, Annalen d. Chemie u. Pharmazie **220**, 188 [1883]; Berichte d. Deutsch. chem. Gesellschaft **16**, 2663 [1883]. — Pawlewski, Berichte d. Deutsch. chem. Gesellschaft **18**, 1915 [1885].

[6]) Edeleanu u. Filiti, Bulletin de la Soc. chim. [3] **23**, 382 [1900].

[7]) Markownikoff u. Oglobin, Berichte d. Deutsch. chem. Gesellschaft **16**, 1875 [1883]. — De Boissieu, Chem.-Ztg. **1892**.

[8]) Beilstein u. Kurbatoff, Berichte d. Deutsch. chem. Gesellschaft **13**, 1818, 2028 [1880].

[9]) Warren de la Rue u. Müller, Annalen d. Chemie u. Pharmazie **115**, 19 [1860].

[10]) Shinichi-Takano, Congrès internat. de Petrol, Paris 1900.

[11]) Balbiano u. Palladini, Gazzetta chimica ital. **32**, I, 437 [1902]. — Balbiano u. Zeppa, Gazzetta chimica ital. **33**, II, 42 [1903].

[12]) Zaloziecki, Anzeiger d. Akad. d. Wissensch. Krakau **1903**, 228; Chem. Centralbl. **1903**, II, 194.

leumbildung der Fäulnis unterlagen[1]). Auch eine nachträgliche Oxydation von hydrierten Kohlenwasserstoffen, den Naphthenen, ist dafür nicht ausgeschlossen, da sie durch Erhitzen mit Schwefel in aromatische Kohlenwasserstoffe übergeführt werden können[2]). Für das Benzol selbst ist aber ein derartiger Prozeß wegen der großen Leichtigkeit, mit der Hexahydrobenzol zu Methylpentamethylen isomerisiert wird, wenig wahrscheinlich[3]).

Die Entdeckung des Benzols[4]) fällt in das Jahr 1825, in dem Faraday es als flüssige Abscheidung in leuchtschwach gewordenem, aus Öl bereitetem, komprimiertem Leuchtgas auffand. Im Steinkohlenteer wurde es im Jahre 1845 von A. W. Hofmann aufgefunden.

Bildung: Benzol bildet sich bei der Destillation von Benzoesäure $C_6H_5 \cdot COOH$ [5]), von Phthalsäure $C_6H_4{<}^{COOH}_{COOH}$ [6]) und der Chinasäure, Hexahydrotetraoxybenzoesäure $C_6H \cdot H_6 \cdot (OH)_4 \cdot CO_2H$ mit Natronkalk[7]); durch Oxydation von Toluol mit Bleioxyd bei 335°[8]). Beim Überleiten von Chlorbenzol oder höher chlorierten Benzolen mit Wasserstoffgas über fein verteiltes Nickel bei 270° neben Salzsäuregas und etwas Diphenyl. Bromide reagieren analog, aber schwieriger; bei Jodderivaten hört die Reaktion durch Bildung von Jodnickel bald auf[9]). Durch Polymerisation von Acetylen bei Rotglut[10]). Ebenso entsteht es beim Durchleiten der Dämpfe von Petroleum, Terpentinöl und anderen organischen Substanzen durch rotglühende Röhren[11]). Ferner bildet es sich auch bei der trocknen Destillation der Steinkohle, wodurch es in größten Mengen gewonnen wird.

Das Steinkohlenbenzol ist immer schwefelhaltig und gibt infolgedessen beim Schütteln mit Isatin und Vitriolöl eine intensive Blaufärbung. Benzol aus reinem benzoesauren Kalk zeigt diese Reaktion nicht. Dies wurde die Veranlassung zur Entdeckung des Thiophens durch Victor Meyer[12]).

Darstellung: Zur Darstellung ganz reinen Benzols destilliert man, wie schon erwähnt, Benzoesäure mit der dreifachen Menge Kalk. Im großen wird es aus dem leichten Steinkohlenteeröl gewonnen, ferner aus den Kokereigasen durch Waschen derselben mit schweren Ölen. Zur Reinigung wird es mit Lauge und Säure behandelt und rektifiziert. Von den gleichsiedenden Kohlenwasserstoffen kann es durch Ausfrieren und Auspressen befreit werden. Zur Befreiung von Thiophen

$$C_4H_4S = \begin{matrix} HC{-}CH \\ HC{}CH \\ S \end{matrix}$$

schüttelt man mit wenig konz. Schwefelsäure, die das Thiophen rascher unter Sulfurierung löst als Benzol. Die Verluste an Benzol sind dabei geringer, und die nötige Menge Schwefelsäure wird vermindert, wenn man das Benzol vorher bis zu etwa 0,2—0,5% mit Salpetrigsäuregas (aus Natriumnitrit und Schwefelsäure) einige Stunden stehen läßt, das auf das Thiophen verharzend wirkt, wodurch es von der konz. Schwefelsäure leichter angegriffen wird[13]). Zur Befreiung von Thiophen kann man das Benzol auch mit Aluminiumchlorid kochen und davon abdestillieren[14]). Oder man erhitzt ½ Stunde mit einer essigsauren, wässerigen Lösung von Quecksilberoxyd auf dem Wasserbade, wodurch die Thiophenquecksilberverbindung $C_4H_2S(HgOCOCH_3) \cdot Hg(OH)$ quantitativ abgeschieden wird[15]) (S. 166). Durch tagelanges Erhitzen mit 15% Chlorschwefel wird das Benzol auch thiophenfrei[16]).

[1]) Neuberg, Biochem. Zeitschr. **1**, 368 [1907].
[2]) Markownikoff u. Spady, Journ. d. russ. physikal.-chem. Gesellschaft **19**, 516 [1887].
[3]) Aschan, Annalen d. Chemie u. Pharmazie **324**, 1 [1902].
[4]) A. W. Hofmann, Berichte d. Deutsch. chem. Gesellschaft **23**, 1270 [1890].
[5]) Mitscherlich, Annalen d. Chemie u. Pharmazie **9**, 39 [1834].
[6]) Marignac, Annalen d. Chemie u. Pharmazie **42**, 217 [1842].
[7]) Wöhler, Annalen d. Chemie u. Pharmazie **51**, 146 [1844].
[8]) Vincent, Bulletin de la Soc. chim. [3] **4**, 7 [1890].
[9]) Sabatier u. Mailhe, Compt. rend. de l'Acad. des Sc. **138**, 245 [1904]. — Vgl. dazu Berthelot, Compt. rend. de l'Acad. des Sc. **138**, 248 [1904].
[10]) Berthelot, Annales de Chim. et de Phys. [4] **9**, 469 [1866].
[11]) Beilstein, Handb. d. organ. Chemie, 3. Aufl., **2**, 22.
[12]) V. Meyer, Berichte d. Deutsch. chem. Gesellschaft **16**, 1465 [1883].
[13]) Schwalbe, Zeitschr. f. Farb- u. Textilchemie **4**, 113 [1906].
[14]) Haller u. Michel, Bulletin de la Soc. chim. [3] **15**, 1067 [1896]; D. R. P. 79 505; Friedländers Fortschritte der Teerfarbenfabrikation **4**, 31.
[15]) Dimroth, Berichte d. Deutsch. chem. Gesellschaft **32**, 759 [1899].
[16]) Lippmann u. Pollak, Monatshefte f. Chemie **23**, 669 [1902].

Reinigung von thiophenhaltigem Benzol durch Kondensation des Thiophens mit Formaldehyd, Acetaldehyd, Phthalsäurealdehyd oder anderen Aldehyden mittels eines geeigneten Kondensationsmittels und Abtreiben des gereinigten Benzols mittels Wasserdampf[1]).

Zur Befreiung des Benzols von Schwefelkohlenstoff[2]) behandelt man das feuchte Benzol mit etwas Ammoniakgas (0,25%). Thiophenfreies, zugleich auch phenol- und pyridinfreies Benzol und dessen Homologe lassen sich nach dem Verfahren von Nikiforoff durch Erhitzen von Naphtha oder Naphtharückständen zuerst auf 525—550° bei 1 Atm., dann auf 1200° bei 2 Atm. gewinnen[3])[4]).

Physiologische Eigenschaften: Benzol wirkt nicht ätzend, aber auf Wunden schmerzhaft. Die eingeatmeten Dämpfe erzeugen Kopfschmerz, Schwindel, Ohrensausen usw., dann leichte, motorische zentrale Erregungen, die sich bis zu Konvulsionen steigern können, schließlich narkoseartige Lähmung. Auch kann es zu chronischen Veränderungen der Organe kommen. In Fabriken ist es bei mangelhafter Ventilation oder beim Reinigen geleerter, großer Reservoire durch angehäufte Benzoldämpfe wiederholt zu schweren Vergiftungsfällen gekommen, einige darunter mit tödlichem Ausgang. Regelmäßig zeigten sich hämolytische Wirkungen.

Die Ausscheidung aus dem Körper erfolgt teils durch die Atemluft, teils nach der Oxydation zu Phenol als gepaarte Schwefelsäure. Für niedere Organismen ist Benzol ein starkes Gift[5]). Quantitative Untersuchungen über die Aufnahme von Benzol durch Tier und Mensch[6]). Die Löslichkeit des Benzols ist in Serum größer als in Wasser (bei 15° 0,6%, resp. 0,15%)[7]).

Bei der Leuchtgasvergiftung läßt sich die Benzolvergiftung von der Kohlenoxydvergiftung unterscheiden (Vahlen und Kunkel). Ein Leuchtgasstrom wirkt ebenso wie ein Luftstrom mit dem gleichen Benzolgehalt auf den isolierten Froschmuskel (Sartorius) so ein, daß sich derselbe zu kontrahieren beginnt, und nach etwa $1/2$ Stunde maximal kontrahiert ist und opak und starr wird; von Benzol befreites Leuchtgas läßt wie eine CO- oder N-Atmosphäre den Muskel mehrere Stunden erregbar. Die Wirkung des Benzols wird weder durch Toluol, Xylol, Methan, Acetylen, noch die aus Petroleum durch Luft austreibbaren Kohlenwasserstoffe hervorgerufen. Auch die Erregungszustände lebender Frösche in einer Leuchtgasatmosphäre sind durch den Benzolgehalt hervorgerufen[8]).

Ein mit Benzol sterilisierter und dann gut durchlüfteter Boden gibt einen erhöhten Ertrag bei Kulturversuchen mit Erbse[9]).

Physikalische und chemische Eigenschaften: Flüssigkeit, erstarrt bei 0° zu rhombischen Prismen[10]). Schmelzp. 5,42°[11]), 5,4°[12]), 5,44°[13]). Änderung des Schmelzpunktes mit dem Druck[14]). Siedep. 80,36° (Regnault), 80,2°[15]), 80,12° bei 757,3 mm[12]). Spez. Gewicht 0,89864 bis $0,0009393\,t + 0,00000206\,t^2$. Spez. Gewicht des luftfreien Benzols 0,89408 bei 0°/4°, 0,88885 bei 5°/4°, 0,88376 bei 10°/4°, 0,87868 bei 15°/4°, 0,87360 bei 20°/4°, 0,87255 bei 25°/4°, 0,86718 bei 30°/4°, 0,86184 bei 35°/4°, 0,85649 bei 40°/4°, 0,85106 bei 45°/4°, 0,84393 bei 50°/4°, 0,83968 bei 55°/4°, 0,83450 bei 60°/4°, 0,82893 bei 65°/4°, 0,82339 bei 70°/4°, 0,81789 bei 75°/4°, 0,81239 bei 80°/4°, 0,81196 bei 80,4°/4°[16]). Spez. Gewicht 0,87661 bei 25°/25°[12]), 0,8799 bei 20°/4°[17]),

[1]) Badische Anilin- u. Sodafabrik, D. R. P. 211 239; Chem. Centralbl. **1909**, II, 666.

[2]) Schwalbe, Zeitschr. f. Farben- u. Textilchemie **3**, 461 [1905].

[3]) W. N. Oglobin, Zeitschr. f. Farben- u. Textilchemie **3**, 293 [1905].

[4]) A. Nikiforoff, D. R. P. 229 070 [1908]; Chem. Centralbl. **1910**, II, 513.

[5]) Nach Kobert, Lehrbuch der Intoxikationen. 2. Aufl. Stuttgart 1906. **2**, 133, 926. Ebd. ausführliche Literaturangaben.

[6]) Lehmann, Archiv f. Hyg. **72**, 307—326 [1910].

[7]) B. Moore u. E. Roaf, Proc. Roy. Soc. **77** B, 86 [1904].

[8]) R. Stähelin, Chem. News **89**, 74 [1904].

[9]) Nobbe u. Richter, Landw. Versuchsstationen **60**, 433 [1905].

[10]) Groth, Jahresber. d. Chemie **1870**, 2.

[11]) Lachowicz, Berichte d. Deutsch. chem. Gesellschaft **21**, 2207 [1888].

[12]) Linnebarger, Amer. Chem. Journ. **18**, 437 [1896].

[13]) Meyer, Chem. Centralbl. **1909**, II, 1842.

[14]) Hulett, Zeitschr. f. physikal. Chemie **28**, 653 [1899]. — Tamann, Wiedemanns Annalen d. Physik **66**, 481.

[15]) Longuinine, Annales de Chim. et de Phys. [7] **3**, 289 [1894].

[16]) Lachowicz, Berichte d. Deutsch. chem. Gesellschaft **21**, 2210 [1888].

[17]) Brühl, Berichte d. Deutsch. chem. Gesellschaft **27**, 1066 [1894].

0,89137 bei $8,5°/4°$[1]). Spez. Gewicht $D_4^t = 0,8991 (1—0,001192 t)$[2]). Ältere Bestimmungen[3-5]), Siedepunkt und spez. Gewicht bei vermindertem Druck[6]). Tension des Benzols bei verschiedenen Temperaturen[7]). Dampfspannung gegen Wasser[8]). Kritische Temperatur $296,4°$[9]); $290,5°$[10]), kritischer Druck 50,1 Atm.[10]). Capillaritätskonstante beim Siedep. $a^2 = 5,245$[11]). Capillaritätskonstante (und Mol.-Gewicht)[12]). Tropfengewicht (Beziehung zu Mol.-Gewicht und kritischer Temperatur)[13]). Oberflächenspannung[14]) $= 27,97$[15]), $\gamma_t = 30,64 (1—0,00416 t)$[2]). Spez. Kohäsion $\alpha_t^2 = 6,970 (1—0,00329 t)$[2]), Beziehung zwischen spez. Kohäsion, Mol.-Gewicht und abs. Siedetemperatur[2]). Kompressibilität[15]). Binnendruck 1792[16]). Molekulare Attraktion[17]). Turbulente Reibung[18]). 1000 ccm Wasser lösen 0,82 ccm Benzol; 1000 ccm Benzol lösen 2,11 ccm Wasser[19]). Spez. Wärme[20])[21])[22]). Mittlere spez. Wärme zwischen t und $t_1°$: $0,3834 + 0,0005215 (t + 1_1°)$. Spez. Wärme zwischen $—185$ und $+20°$: 0,176[23]).

Schmelzwärme 29,089 Cal.[24]); 30,39 (unter Berechnung der Menge des geschmolzenen Benzols aus seiner Volumänderung und Zuführung einer gemessenen Wärmemenge durch den elektrischen Strom)[25]). Verdampfungswärme 93,4 Cal.[26]). Thermochemie[27]). Verbrennungswärme des flüssigen Benzols 776,000 Cal.[28]); 779,530 Cal.[29]); des dampfförmigen bei 17° 787,488 Cal.[29]). Die Verbrennungswärme des Benzols ist 797,9 Cal., nicht nach Berthelot 782,2 Cal.[30]). Verhältnis der Verbrennungswärme des Benzols zu der des Zuckers (adiabatisch bestimmt) 2,5342 : 1 (nach Stohmann 2,527 : 1)[31]).

Molekulare Siedep.-Erhöhung für 100 g Benzol 24,3°, für 100 ccm Benzol 29,7°[32]). Abnorme Gefrierpunktserniedrigungen in Benzol, Einfluß der Substituenten darauf[33]). Kryoskopisches Verhalten in Anilin- und Dimethylanilinlösung[34]). Genaue Bestimmung des Molekulargewichts aus der Dampfdichte[35]).

---

1) Perkin, Journ. Chem. Soc. **77**, 273 [1900].

2) Walden, Chem. Centralbl. **1909**, I, 892.

3) Adricenz, Berichte d. Deutsch. chem. Gesellschaft **6**, 442 [1873].

4) Pisati u. Paternò, Jahresber. d. Chemie **1874**, 368.

5) Janovsky, Monatshefte f. Chemie **1**, 311, 514 [1880].

6) Neubeck, Zeitschr. f. physikal. Chemie **11**, 590 [1893].

7) Kahlbaum, Zeitschr. f. physikal. Chemie **26**, 586 [1898].

8) Anthonow, Journ. d. russ. physikal.-chem. Gesellschaft **39**, 342 [1907]; Chem. Centralbl. **1907**, II, 1295.

9) Schmidt, Annalen d. Chemie u. Pharmazie **266**, 287 [1891].

10) Altschul, Zeitschr. f. physikal. Chemie **11**, 590 [1898].

11) R. Schiff, Annalen d. Chemie u. Pharmazie **223**, 104 [1884].

12) Dutoit u. Mojoiu, Journ. de Chim. phys. **7**, 169 [1909].

13) Morgan u. Higgins, Chem. Centralbl. **1908**, II, 1316.

14) Renard u. Guye, Journ. de Chim. phys. **5**, 81 [1907].

15) Ritzel, Zeitschr. f. physikal. Chemie **60**, 319 [1907].

16) Winther, Berichte d. Deutsch. chem. Gesellschaft **38**, 397 [1905].

17) Mills, Chem. Centralbl. **1909**, II, 2113.

18) Bose u. Rauert, Chem. Centralbl. **1909**, II, 407.

19) Herz, Berichte d. Deutsch. chem. Gesellschaft **31**, 2671 [1898].

20) Longuinine, Annales de Chim. et de Phys. [7] **13**, 289 [1898].

21) Faurcrand, Compt. rend. de l'Acad. des Sc. **136**, 945 [1903].

22) Timofejew, Chem. Centralbl. **1908**, II, 429.

23) Nordmeyer u. Bernoulli, Berichte d. Deutsch. physikal. Gesellschaft **5**, 175 [1907].

24) Petterson, Journ. f. prakt. Chemie [2] **24**, 160 [1881].

25) Meyer, Chem. Centralbl. **1909**, II, 1842.

26) R. Schiff, Annalen d. Chemie u. Pharmazie **234**, 344 [1886]. — Jahn, Zeitschr. f. physikal. Chemie **11**, 790 [1893].

27) Redgrove, Chem. Centralbl. **1907**, II, 678.

28) Berthelot, Annales de Chim. et de Phys. [5] **23**, 193 [1881].

29) Stohmann, Radatz u. Herzberg, Journ. f. prakt. Chemie [2] **33**, 257 [1886].

30) Thomsen, Zeitschr. f. physikal. Chemie **51**, 657 [1905].

31) Richards, Henderson u. Frevert, Zeitschr. f. physikal. Chemie **59**, 532 [1907].

32) Beckmann, Zeitschr. f. physikal. Chemie **53**, 137 [1905].

33) Auwers, Mann u. Gierig, Zeitschr. f. physikal. Chemie **42**, 513 [1903].

34) Ampola u. Rimatori, Gazzetta chimica ital. **27**, I, 39, 51 [1897].

35) W. Ramsay u. Steel, Zeitschr. f. physikal. Chemie **44**, 348 [1903].

Brechungsexponent $n_D^t = 1{,}514742 - 0{,}00066500\ t$ [1]). $n_D^{15} = 1{,}50095$ [2]). $n_\alpha^{18} = 1{,}50043$ [3]); $n_\alpha^{20} = 1{,}4967$ [4]). Molekulares Brechungsvermögen [5-8]). Brechungsexponent und Dispersion [9]). Brechungsvermögen und „neutralkonjugierter Zustand" des Benzols [10]). Inkrement der Molekularrefraktion bei Ersatz eines in Verbindung mit anderen ungesättigten Gruppen stehenden Wasserstoffatoms durch C_6H_5 [11]).

Chemische Konstanten des Benzols [12]). Absorptionsspektrum des Benzols [13) 14]); des Dampfs [15]); des Benzoldampfs bei verschiedenen Temperaturen und Drucken und von Benzollösungen [16]). Absorptionsspektrum im Ultraviolett [17) 18) 19]). Über ultraviolette Fluorescenz [20) 21]); Phosphorescenz [22]). Dispersion des elektrischen Spektrums [23]). Magnetisches Drehungsvermögen 11,29 bei 12,8° [24]). Dielektrizitätskonstante [25) 26) 27]). Erhöhung des Leitvermögens durch Radiumstrahlen [28) 29]). Über Luminiscenz durch Radiumstrahlen [30]). Spez. molekulare Ionisation durch α-, β- und γ-Strahlen [31]).

Beziehungen zwischen chemischer und krystallographischer Struktur des Benzols [32]). Über stereochemische Formulierung des Benzols [33-36]). Über das Ringsystem in Benzolderivaten [37]). Fluorescenz als Zustandsänderung des Benzolrings [38]). Valenzhypothesen des Benzols [39]). Konstitution des Benzols und Ozonidbildung [40]). Die Doppelbindungen des Ben-

---

[1]) Weegmann, Zeitschr. f. physikal. Chemie **2**, 236 [1888].

[2]) A. Pauly, Zeitschr. f. wissensch. Mikroskopie **22**, 344 [1906].

[3]) Eykmann, Recueil des travaux chim. des Pays-Bas **12**, 174 [1898].

[4]) Brühl, Berichte d. Deutsch. chem. Gesellschaft **27**, 1066 [1894].

[5]) Kanonnikow, Journ. f. prakt. Chemie [2] **31**, 352 [1885].

[6]) Landolt u. Jahn, Zeitschr. f. physikal. Chemie **10**, 303 [1892].

[7]) Perkin, Journ. Chem. Soc. **77**, 273 [1898].

[8]) Chilesotti, Gazzetta chimica ital. **30**, I, 151 [1900].

[9]) Erfle, Annalen d. Physik [4] **24**, 672 [1907].

[10]) Brühl, Berichte d. Deutsch. chem. Gesellschaft **40**, 878 [1907].

[11]) Ida Smedley, Proc. Chem. Soc. **23**, 295 [1907].; Journ. Chem. Soc. **93**, 372 [1908].

[12]) Nernst, Chem. Centralbl. **1906**, II, 399.

[13]) Spring, Recueil des travaux chim. des Pays-Bas **16**, 1 [1898].

[14]) Hartley u. Dobbie, Journ. Chem. Soc. **73**, 695 [1898].

[15]) Konie, Jahresber. d. Chemie **1885**, 326.

[16]) Hartley, Proc. Roy. Soc. **80 A**, 162 [1908].

[17]) Baly u. Collie, Journ. Chem. Soc. **87**, 1332 [1905].

[18]) W. Friedrichs, Zeitschr. f. wissensch. Photogr., Photophysik u. Photochemie **3**, 154 [1905].

[19]) Grebe, Zeitschr. f. wissensch. Photogr., Photophysik u. Photochemie **3**, 376 [1905].

[20]) Stark, Physikal. Zeitschr. **8**, 81 [1907].

[21]) Stark u. Meyer, Physikal. Zeitschr. **8**, 250 [1907].

[22]) Dzierzbicki u. Kowalski, Chem. Centralbl. **1909**, II, 959.

[23]) Colley, Journ. d. russ. physikal.-chem. Gesellschaft, Physikal. Abt. **40**, 283 [1908]; Chem. Centralbl. **1908**, II, 1425.

[24]) Perkin, Journ. Chem. Soc. **69**, 1241 [1896]; **91**, 806 [1907]; Proc. Chem. Soc. **23**, 110 [1906].

[25]) Landolt u. Jahn, Zeitschr. f. physikal. Chemie **10**, 298 [1892].

[26]) Drude, Zeitschr. f. physikal. Chemie **23**, 309, 313 [1897].

[27]) Turner, Zeitschr. f. physikal. Chemie **35**, 412 [1900].

[28]) Rhighi, Atti della R. Accad. dei Lincei Roma [5] **14**, II, 207 [1908].

[29]) Jaffé, Annalen d. Physik [4] **28**, 257 [1908].

[30]) Webster, Chem. News **94**, 293 [1906]. — Francesconi u. Bargellini, Atti della R. Accad. dei Lincei [5] **15**, II, 184 [1906].

[31]) Kleeman, Proc. Roy. Soc. **79 A**, 220 [1907].

[32]) Barlow u. Pope, Proc. Chem. Soc. **22**, 264 [1906].

[33]) Graebe, Berichte d. Deutsch. chem. Gesellschaft **35**, 526 [1902].

[34]) Marckwald, Berichte d. Deutsch. chem. Gesellschaft **35**, 703 [1902].

[35]) Marsh, Proc. Chem. Soc. **18**, 164 [1902].

[36]) H. J. Jones u. Kewley, Proc. of the Cambridge Philosophic Soc. **12**, 122 [1903]; Chem. Centralbl. **1903**, I, 1338.

[37]) Kauffmann, Berichte d. Deutsch. chem. Gesellschaft **35**, 3668 [1902]. — Kauffmann u. Beiswenger, Berichte d. Deutsch. chem. Gesellschaft **36**, 561 [1903].

[38]) Kauffmann u. Beiswenger, Berichte d. Deutsch. chem. Gesellschaft **37**, 2612 [1904]. — Kauffmann, Berichte d. Deutsch. chem. Gesellschaft **37**, 2941 [1904].

[39]) Michael, Journ. f. prakt. Chemie [2] **68**, 487 [1903].

[40]) Harries, Annalen d. Chemie u. Pharmazie **343**, 311 [1906].

zols erscheinen vollständig gesättigt, da die Verbrennungswärme der Doppelbindungen doppelt so groß ist wie die der einfachen Bindungen[1].. Übertragung der Thieleschen Benzolformel auf die Elektronentheorie[2]. Ring- und Valenzelektronen des Benzolkerns[3].

Benzol löst leicht Harze, Fette usw. Es löst Jod mit intensiv roter Farbe und ist dadurch als Indicator in der Jodometrie brauchbar (empfindlicher als Stärkekleisterlösung)[4].

Bei der pyrogenen Zersetzung entsteht aus Benzol Diphenyl $C_6H_5 \cdot C_6H_5$, Diphenylbenzol $C_6H_5 \cdot C_6H_4 \cdot C_6H_5$ und Isodiphenylbenzol, Triphenylen $C_{18}H_{12}$ und andere Produkte[5]. Produkte bei Gegenwart von Äthylen[6][7]. Durchspringende Induktionsfunken erzeugen aus flüssigem Benzol ein Gasgemisch von etwa $^2/_5$ Acetylen und $^3/_5$ Wasserstoff[8]. Zersetzung durch elektrische Schwingungen[9]. Pyrogene Zersetzung des Benzols bei verschiedenen Temperaturen[10]. Zersetzung durch glühendes Magnesium[11]. Einwirkung der dunklen elektrischen Entladung[12] bei Gegenwart von Wasserstoff, von Methan, Äthylen, Acetylen, Kohlenoxyd und Schwefelkohlenstoff[12], bei Gegenwart von Stickstoff[13], bei Gegenwart von Argon und Quecksilber[14]. Jodwasserstoff greift Benzol nur in stärkster Konzentration erst bei 280° an[15][16]; es resultiert aber nicht Hexahydrobenzol

$$\begin{array}{c} CH_2 \\ H_2C \diagup \diagdown CH_2 \\ H_2C \diagdown \diagup CH_2 \\ CH_2 \end{array}$$

sondern durch Isomerisation des letzteren Methylpentamethylen[17]

$$\begin{array}{c} H_2C \text{---} CH_2 \\ H_2C \diagdown \diagup CH_2 \\ CH \\ | \\ CH_3 \end{array}$$

Hydrierung durch Platin- oder Palladiummoor bei gewöhnlicher Temperatur[18]. Über Reduktionskatalyse[19]..

Benzol (25 g) geht mit Nickeloxydul (2 g) und mit auf 100—120 Atm. komprimiertem Wasserstoff bei 250° in $1^1/_2$ Stunden vollständig in Hexahydrobenzol

$$\begin{array}{c} CH_2 \\ H_2C \diagup \diagdown CH_2 \\ H_2C \diagdown \diagup CH_2 \\ CH_2 \end{array}$$

---

[1] Swietoslawski, Journ. d. russ. physikal.-chem. Gesellschaft **40**, 1692 [1908]; Chem. Centralbl. **1909**, I, 980.

[2] Kauffmann, Physikal. Zeitschr. **9**, 34 [1908].

[3] Stark, Physikal. Zeitschr. **9**, 85 [1908].

[4] Schwezow, Zeitschr. f. analyt. Chemie **44**, 85 [1905].

[5] Berthelot, Jahresber. d. Chemie **1856**, 540. — Schultz, Annalen d. Chemie u. Pharmazie **174**, 229 [1874]. — Schmidt, Berichte d. Deutsch. chem. Gesellschaft **7**, 1365 [1874]; Annalen d. Chemie u. Pharmazie **203**, 118 [1880].

[6] Berthelot, Bulletin de la Soc. chim. **7**, 275 [1862].

[7] Ferko, Berichte d. Deutsch. chem. Gesellschaft **20**, 660 [1887].

[8] Destrem, Bulletin de la Soc. chim. **42**, 267 [1884].

[9] De Hemptinne, Zeitschr. f. physikal. Chemie **25**, 298 [1898].

[10] G. W. Mc Kee, Journ. Soc. Chem. Ind. **23**, 403 [1904].

[11] Novak, Zeitschr. f. physikal. Chemie **73**, 513 [1910].

[12] Losanitsch, Berichte d. Deutsch. chem. Gesellschaft **41**, 2683 [1908].

[13] Berthelot, Compt. rend. de l'Acad. des Sc. **124**, 528 [1897].

[14] Berthelot, Compt. rend. de l'Acad. des Sc. **129**, 78 [1899].

[15] Wreden, Journ. d. russ. physikal.-chem. Gesellschaft **9**, 252 [1877]; Annalen d. Chemie u. Pharmazie **187**, 163 [1877].

[16] Berthelot, Bulletin de la Soc. chim. **28**, 498 [1877].

[17] Kißner, Journ. d. russ. physikal.-chem. Gesellschaft **23**, 20 [1891]; **24**, 450 1892]; **26**, 375 [1894]; **29**, 210, 491, 584, 953 [1897].

[18] Lunge u. Akunow, Zeitschr. f. angew. Chemie **24**, 191 [1910].

[19] Ipatiew, Chem. Centralbl. **1906**, II, 87.

über. Bei 290° zerfällt letzteres in Methan, Benzol und Kohlenstoff. Nickeloxyd wirkt langsamer als Nickeloxydul, aber bedeutend rascher als Nickel. Eine Reduktion des Nickel-oxyds findet nur ganz unbedeutend statt[1]). Oxydation durch den elektrischen Strom in alkoholisch-schwefelsaurer Lösung zu Hydrochinon[2]). Oxydation zu Phenol durch Palladium-wasserstoff bei Gegenwart von Luft und Wasser[3]). Oxydation durch Wasserstoffsuperoxyd zu Phenol und Oxalsäure[4]), Reaktion bei Gegenwart von Ferrosulfat[5]). Oxydation durch Carosche Säure und Kaliumpermanganat[6]), durch Braunstein und verdünnteSchwefel-säure[7]), durch Chromylchlorid in Eisessiglösung[7]). Oxydation durch Silberperoxyd (Mischung von Kaliumpersulfat und Silbernitrat) zu Benzochinon[8])

$$\begin{array}{c} CO \\ HC \diagup \diagdown CH \\ HC \diagdown \diagup CH \\ CO \end{array}$$

Ozon trocken bei höchstens 10° 10—12 Stunden durch reines Benzol geleitet, gibt Ozo-benzol $C_6H_6O_6$, amorphes, sehr leicht zersetzliches Pulver. Mit Wasser bildet sich sogleich Kohlensäure, Ameisensäure und Essigsäure[9]). Neben dem Ozobenzol bildet sich nur wenig Phenol [vgl. dazu die älteren Untersuchungen [4])[10])[11])]. Benzol nimmt kein Ozon auf; die beschriebenen Ozonide (Honzeau und Renard, Weiß und Harries) bilden sich bei sorg-fältiger Trocknung des ozoniserten Luftstroms nur in ganz untergeordnetem Maße[12]).

Benzol reagiert in mannigfaltiger Weise bei Gegenwart von Aluminiumchlorid. Beim Erhitzen von 5 T. Benzol mit 1 T. Aluminiumchlorid im Rohr auf 200° entstehen Toluol, Äthylbenzol und Diphenyl[13]). Läßt man Benzol mit fein pulverisiertem Aluminiumchlorid nach Sättigen mit Chlorwasserstoff[14]) mehrere Wochen stehen oder erwärmt unter Druck einige Stunden auf dem Wasserbad, so läßt sich aus dem Reaktionsprodukt 1-Methyl-3-phenylcyclopentan

$$\begin{array}{c} C_6H_5 \cdot CH - CH_2 \\ | \quad | \\ CH_2 \quad CH_2 \\ \diagdown \diagup \\ CH \\ | \\ CH_3 \end{array}$$

(Siedep. 230—232°, $D_4^{16} = 0{,}937$, Brechungsindex $n_D^{16} = 1{,}521$°. Mol.-Gewicht 51,97) isolieren. Ferner findet sich Diphenylcyclohexan $C_6H_{10}{\diagup C_6H_5 \atop \diagdown C_6H_5}$ vor. Siedep. 170°.

Leitet man durch das Benzol-Aluminiumchloridgemisch bei 75—85° Chlormethyl, so entsteht wesentlich s. Durol $C_6H_2(CH_3)_4$[15])

$$\begin{array}{c} CH_3 \\ \diagup \diagdown \cdot CH_3 \\ H_3C \cdot \diagdown \diagup \\ CH_3 \end{array}$$

<hr>

[1]) Ipatiew, Berichte d. Deutsch. chem. Gesellschaft **40**, 1281 [1907]; Journ. d. russ. physikal.-chem. Gesellschaft **39**, 693 [1907].

[2]) Gattermann u. Friedrichs, Berichte d. Deutsch. chem. Gesellschaft **27**, 1942 [1894]·

[3]) Hoppe, Annalen d. Chemie u. Pharmazie **12**, 1552 [1834].

[4]) Leeds, Berichte d. Deutsch. chem. Gesellschaft **14**, 975 [1881].

[5]) Cross, Beavan u. Heiberg, Berichte d. Deutsch. chem. Gesellschaft **33**, 723 [1900].

[6]) Bayer u. Villiger, Berichte d. Deutsch. chem. Gesellschaft **33**, 2496 [1900].

[7]) Carius, Annalen d. Chemie u. Pharmazie **148**, 50 [1868].

[8]) Kempf, Berichte d. Deutsch. chem. Gesellschaft **38**, 3963 [1905].

[9]) Renard, Bulletin de la Soc. chim. [3] **13**, 940 [1895].

[10]) Renard u. Houzean, Annalen d. Chemie u. Pharmazie **170**, 123 [1873].

[11]) Nencki u. Giacosa, Zeitschr. f. physiol. Chemie **4**, 339 [1880].

[12]) Molinari, Berichte d. Deutsch. chem. Gesellschaft **40**, 4154 [1907].

[13]) Friedel u. Crafts, Bulletin de la Soc. chim. **39**, 306 [1883].

[14]) Gustavson, Compt. rend. de l'Acad. des Sc. **146**, 640 [1908].

[15]) Friedel u. Crafts, Annales de Chim. et de Phys. [6] **1**, 459 [1884].

Auch andere Chloride und Bromide können verwendet werden. Dabei tritt bei primären Chloriden eine Umlagerung ein, indem der Benzolkern nicht an die Stelle des Chlors, sondern an ein benachbartes, wasserstoffärmeres Kohlenstoffatom tritt[1]. Sekundäre und tertiäre Chloride reagieren normal. Verhalten des Isoamyl- und Isobutylrests[2]. Benzol reagiert ferner in Gegenwart von Aluminiumchlorid[3] mit Chloriden der ein- und zweiwertigen Säuren unter Bildung von Ketonen, mit Kohlenoxychlorid, mit Chlorcyan $ClCN$, mit Phosphortrichlorid PCl_3 und mit Chlorschwefel ClS. Es entstehen die Verbindungen $CH_3CO \cdot C_6H_5$, $CO(C_6H_5)_2$, $C_6H_5 \cdot CN$, $C_6H_5PCl_2$ und Phenylmercaptan $(C_6H_5)SH$, Phenylsulfid $(C_6H_5)_2S$ und Diphenylensulfid $(C_6H_4)_2S_2$[4]. Bei der Einwirkung von Bromcyan bildet sich das Nitril sowie Brombenzol nur als Nebenprodukt, als Hauptprodukt entsteht Kyaphenin

$$(C_6H_5 \cdot CN)_3 = \begin{matrix} C_6H_5 \cdot C = N \\ | \qquad | \\ N \qquad C \cdot C_6H_5 \ (?)\,[5] \\ | \qquad | \\ C_6H_5 \cdot C = N \end{matrix}$$

Kondensation von Benzol und Oxalylchlorid mittels Aluminiumchlorids zu Benzophenon $(C_2H_5)_2CO$ oder zu $C_6H_5 \cdot COCl$[6].

Über den Verlauf der **Friedel-Craftss**chen Reaktion mit Aluminiumchlorid[7][8]. Ersatz des Aluminiumchlorids bei der **Friedel-Craftss**chen Synthese durch Aluminium und Quecksilberchlorid[9]. Reaktion zwischen Aluminium, Quecksilberchlorid und Benzol[10].

Bei Gegenwart von Aluminiumchlorid reagiert Benzol ferner mit Tetrachlorkohlenstoff (unter Bildung von Triphenylchlormethan $Cl \cdot C \langle\substack{C_6H_5 \\ C_6H_5 \\ C_6H_5}$[11], mit Pentachloräthan, Hexachloräthan oder Perchloräthylen (unter Bildung von Anthracen $C_{14}H_{10}$)[12], mit Methylenchlorid[13], mit Trichloräthan[14], mit Dichloräthan[14], mit Äthylchlormethyläther[15], mit Chloral[16]. Benzol und Chlorpikrin[17] CCl_3NO_2 liefern mit Aluminiumchlorid hauptsächlich Triphenylmethan $CH(C_6H_5)_3$ neben Triphenylcarbinol $C(C_6H_5)_3 \cdot OH$[18]; Äthylnitrat gibt so Nitrobenzol[18]. Umsetzung mit Knallquecksilber[19].

Einwirkung von Nickelcarbonyl auf Benzol in Gegenwart von Aluminiumchlorid[20]. Schwefel und Aluminiumchlorid geben mit siedendem Benzol Thiophenol, Phenylsulfid und Phenylensulfid $(C_6H_5S)_2$[21]. Schweflige Säure wird in der Kälte bereits von Benzol in Gegenwart von Aluminiumchlorid absorbiert, unter Bildung von Benzolsulfinsäure $C_6H_5 \cdot SO_2H$. In der Siedehitze entsteht Diphenylsulfoxyd $C_6H_5 \cdot SO \cdot C_6H_5$, ebenso beim Kochen mit Thionylchlorid $SOCl_2$[13]. Durch Erhitzen mit Sulfurylchlorid SO_2Cl_2 auf 150—160° liefert

---

[1] Schramm, Monatshefte f. Chemie **9**, 624 [1888].

[2] Konowalow u. Egorow, Journ. d. russ. physikal.-chem. Gesellschaft **30**, 1031 [1898]; Chem. Centralbl. **1899**, I, 776. — Konowalow, Journ. d. russ. physikal.-chem. Gesellschaft **30**, 1036 [1898]; Chem. Centralbl. **1899**, I, 777.

[3] Friedel u. Crafts, Annales de Chim. et de Phys. [6] **1**, 449 [1884].

[4] Friedel u. Crafts, Annales de Chim. et de Phys. [6] **1**, 530 [1884].

[5] Scholl u. Nörr, Berichte d. Deutsch. chem. Gesellschaft **33**, 1052 [1900].

[6] Staudinger, Berichte d. Deutsch. chem. Gesellschaft **41**, 3558 [1908].

[7] Gustavson, Journ. f. prakt. Chemie [2] **68**, 209 [1903]; Compt. rend. de l'Acad. des Sc. **140**, 940 [1904].

[8] Boeseken, Recueil des travaux chim. des Pays-Bas **19**, 19 [1900]; **20**, 103 [1901]; **22**, 301 [1903]; **24**, 209 [1905].

[9] Radziewanowski, Berichte d. Deutsch. chem. Gesellschaft **28**, 1139 [1895].

[10] Gulewitsch, Berichte d. Deutsch. chem. Gesellschaft **37**, 1560 [1905].

[11] Gomberg, Berichte d. Deutsch. chem. Gesellschaft **33**, 3144 [1900].

[12] Mouneyrat, Bulletin de la Soc. chim. [3] **19**, 554, 557 [1898].

[13] Friedel u. Crafts, Annales de Chim. et de Phys. [6] **11**, 264 [1887].

[14] Gardeur, Chem. Centralbl. **1898**, I, 439.

[15] Verley, Bulletin de la Soc. chim. [3] **17**, 914 [1897].

[16] Biltz, Annalen d. Chemie u. Pharmazie **296**, 219 [1897].

[17] Elbs, Berichte d. Deutsch. chem. Gesellschaft **16**, 1274 [1883].

[18] Boedtker, Bulletin de la Soc. chim. [4] **3**, 726 [1908].

[19] Scholl, Berichte d. Deutsch. chem. Gesellschaft **32**, 3495 [1899].

[20] Dewar u. Jones, Journ. Chem. Soc. **85**, 212 [1904].

[21] Friedel u. Crafts, Annales de Chim. et de Phys. [6] **17**, 437 [1889].

Benzol Chlorbenzol, bei Gegenwart von Aluminiumchlorid erfolgt die Reaktion leichter und liefert auch noch Benzolsulfosäurechlorid neben wenig Sulfobenzid[1]). Auch durch Eisenchlorid erfolgt Chlorierung zu Chlorbenzol[2]). Einwirkung von Ferribromid[3]). Ohne Aluminiumchlorid reagiert Schwefelchlorid SCl mit Benzol erst bei 250° und bildet C_6H_5Cl; durch Zinkstaub kann die Reaktionstemperatur bedeutend heruntergesetzt werden[4]) und es entstehen dieselben Produkte wie mit $AlCl_3$. Schwefeldichlorid liefert mit Benzol bei 120° in Gegenwart von Jod Diphenylhexasulfid, Antimontrisulfid gibt bei Rotglut Diphenyl[5]). Aluminiumamalgam gibt mit Schwefelchlorür und Benzol Diphenylendisulfid[6]) $(C_6H_4S)_2$. Durch Erhitzen mit Alkyljodiden allein auf 250° bei Gegenwart von Jod kann Benzol in Homologe verwandelt werden, mit Jodmethyl z. B. in Toluol[7]). Unterchlorige Säure addiert sich an Benzol zu Phenoxtrichlorhydrin $C_6H_9O_3Cl_3$ [8])

$$\begin{array}{c} CH \cdot OH \\ Cl \cdot HC \cdot \diagup \diagdown CH \cdot Cl \\ HO \cdot HC \cdot \diagdown \diagup CH \cdot OH \\ CH \cdot Cl \end{array}$$

Einwirkung von Chlormonoxyd[9]); Chlordioxyd wirkt substituierend, zugleich oxydierend. Einwirkung von Phosphorpentoxyd auf Benzol (Bildung von Benzoldimetaphosphorsäure $C_6H_5 \cdot P_2O_5H$) [10]).

Kondensation von Benzol mit Formaldehyd durch konz. Schwefelsäure: Formolitreaktion[11]). Benzol, Toluol, sowie sonstige, aber nur cyclische ungesättigte Kohlenwasserstoffe (aus der Naphtha) reagieren energisch mit Formaldehyd und konz. Schwefelsäure unter Bildung fester, gelbbrauner, amorpher, unschmelzbarer und in den gewöhnlichen Lösungsmitteln unlöslicher Produkte.

Über Gesetzmäßigkeiten bei der Substitution des Benzols und seiner Derivate[12–15]). Einfluß der Substituenten[15]), fortschreitende Chlorierung des Benzols bei Gegenwart von Aluminiumquecksilber[16]), Chemische Dynamik bei der Reaktion zwischen Chlor und Benzol unter dem Einfluß verschiedener katalytischer Agenzien und von Licht[17]). Hemmender Einfluß von gelöstem Sauerstoff bei der photochemischen Reaktion[18]). Chlorierung mit Bleisuperchloridchlorammonium $PbCl_4 \cdot 2\,NH_4Cl$ [19]). Einwirkung von Nitriltetrasulfat (Nitriltetrasulfat $NO_2 \cdot OSO_2 \cdot O \cdot SO_2 \cdot O \cdot SO_2 \cdot OSO_2 \cdot NO_2$, entsteht durch Einleiten von N_2O_5 in Schwefelsäureanhydrid SO_3; destilliert vollständig zwischen 210—220°, erstarrt zu Krystallen vom Schmelzp. 124—125°), auf Benzol führt zur Bildung von Nitrobenzol und Benzolsulfosäure; läßt man umgekehrt das Benzol zum Nitroltetrasulfat zulaufen, so bildet sich m-Dinitrobenzol[20]). Einwirkung von Benzoylnitrat $C_6H_5 \cdot CO \cdot ONO_2$ [21]).

[1]) Thöl u. Eberhard, Berichte d. Deutsch. chem. Gesellschaft 26, 2941 [1893].
[2]) Thomas, Compt. rend. de l'Acad. des Sc. 126, 212 [1898].
[3]) Thomas, Compt. rend. de l'Acad. des Sc. 128, 1577 [1898].
[4]) Schmidt, Berichte d. Deutsch. chem. Gesellschaft 11, 1173 [1878].
[5]) Merz u. Weith, Berichte d. Deutsch. chem. Gesellschaft 4, 394 [1871].
[6]) Cohen u. Skirrow, Journ. Chem. Soc. 75, 887 [1899].
[7]) Raymann u. Preis, Annalen d. Chemie u. Pharmazie 223, 317 [1884].
[8]) Carius, Annalen d. Chemie u. Pharmazie 136, 323 [1865].
[9]) Scholl u. Nörr, Berichte d. Deutsch. chem. Gesellschaft 33, 723 [1900].
[10]) Giran, Compt. rend. de l'Acad. des Sc. 129, 964 [1899].
[11]) Nastjukoff, Journ. d. russ. physikal.-chem. Gesellschaft 35, 824 [1903]; 36, 881 [1904]; Chem. Centralbl. 1903, II, 1425; 1904, II, 1042. — F. Herr, Chem.-Ztg. 34, 893 [1910].
[12]) Vorländer, Annalen d. Chemie u. Pharmazie 320, 122 [1901].
[13]) Flürscheim, Journ. f. prakt. Chemie [2] 66, 321 [1902].
[14]) Kauffmann, Journ. f. prakt. Chemie [2] 67, 334 [1903]; Zeitschr. f. Farben- u. Textilchemie 2, 109 [1904].
[15]) Blanksma, Recueil des travaux chim. des Pays-Bas 23, 202 [1904].
[16]) Cohen u. Hartley, Journ. Chem. Soc. 87, 1360 [1905].
[17]) Slator, Proc. Chem. Soc. 19, 135 [1903]; Journ. Chem. Soc. 83, 729 [1903]; Zeitschr. f. physikal. Chemie 48, 513 [1904].
[18]) E. Goldberg, Zeitschr. f. wissensch. Photographie, Photophysik u. Photochemie 4, 61 [1906].
[19]) Seyewetz u. Biot, Compt. rend. de l'Acad. des Sc. 135, 1120 [1902]; Bulletin de la Soc. chim. [3] 29, 221 [1903[.
[20]) Pictet u. Karl, Compt. rend. de l'Acad. des Sc. 145, 238 [1907].
[21]) Francis Francis, Berichte d. Deutsch. chem. Gesellschaft 39, 3798 [1906].

Benzol addiert bei —75° 3 Mol. Chlorwasserstoff unter Bildung einer flüssigen Verbindung[1]). Benzol verbindet sich mit Aluminiumchlorid zu $3\,C_6H_6 \cdot AlCl_3$ [2]), mit Aluminiumbromid zu $3\,C_6H_6 \cdot AlBr_3$ [3]), mit Antimontrichlorid zu $2\,C_6H_6 \cdot 3\,SbCl_3$ [4]). Die Zerlegung der Benzol-Aluminiumbromidverbindung durch Elektrolyse[5]) erfolgt unter Abscheidung von 3 Gramm-Molen Benzol für ein elektrochemisches Äquivalent. Gemäß dem Erstarrungsdiagramm bildet Benzol mit Aluminiumchlorid und -bromid überhaupt keine Molekularverbindung[6]), dagegen existieren mit Antimon die Verbindungen $2\,SbCl_3 \cdot C_6H_6$ und $2\,SbBr_3 \cdot C_6H_6$ [7]). Benzol und Metallsulfide[8]).

Mit $CrO_2 \cdot Cl_2$ entsteht beim Kochen die Verbindung $C_6H_4 \cdot 2\,CrO_2Cl$, die mit Wasser Chinon liefert[9]).

Aus Benzol und Kalium entsteht bei 240—250° Benzolkalium C_6H_5K und $C_6H_4K_2$ [10]), das sich an der Luft heftig entzündet[10]). Verhalten des Benzols gegen Natrium[11]). Benzol bildet mit einer ammoniakalischen Nickelcyanammoniaklösung eine feste Verbindung $Ni(CN)_2 \cdot NH_3$ C_6H_6, violettlichweißes, krystallinisches Pulver, das sich über Schwefelsäure im Vakuum wochenlang unzersetzt hält. Die Homologen des Benzols geben diese Reaktion nicht[12]).

Benzol reagiert mit Quecksilberacetat erst bei mehrstündigem Erhitzen auf 110—120° unter Bildung von Phenylendiquecksilberacetat $C_6H_4(Hg \cdot OC_2H_3O)_2$ neben Phenylquecksilberacetat $C_6H_5 \cdot Hg \cdot C_2H_3O_2$ [13]) [14]), während etwa beigemischtes Thiophen schon durch $1/2$ stündiges Erwärmen mit einer essigsauren, wässerigen Quecksilberacetatlösung als $C_4H_2S(HgOCOCH_3$ $Hg \cdot OH$ abgeschieden wird[14]). Einwirkung von NO_2 [15]).

Benzolpikrat $C_{12}H_9O_7N = C_6H_6 \cdot C_6H_2(NO_2)_3 \cdot OH$. Bildet sich beim Lösen von Pikrinsäure in siedendem Benzol. Hellgelbe, rhombische Krystalle vom Schmelzp. 85—90°. Wird durch Wasser zersetzt, löst sich in Alkohol und in Äther, kann aber nicht daraus umkrystallisiert werden. Gibt an der Luft sehr leicht Benzol ab[16]). Durch Ammoniak kann die Pikrinsäure leicht abgespalten werden. Schmelzp. des Pikrats 84,3° [17]).

Trennung des Benzols und seiner Homologen von wasserstoffreicheren Kohlenwasserstoffen[18]). Die aromatischen Kohlenwasserstoffe werden durch rauchende Schwefelsäure leicht unter Bildung von Sulfonsäuren gelöst. Durch Erhitzen der Sulfonsäuren oder ihrer Salze mit dem gleichen Gewicht Vitriolöl auf 110—170° und Durchleiten von Wasserdampf können die Kohlenwasserstoffe wieder abgespalten werden. Die Säuren isomerer Kohlenwasserstoffe lassen sich dabei durch den verschiedenen Grad ihrer Zersetzlichkeit voneinander trennen[19]) [20]). Über die Ausführung siehe [21]) [22]), über die Spaltung mit Phosphorsäure[23]).

Benzol und seine Homologen lassen sich auch durch ihre Löslichkeit in rauchender Salpetersäure von den Fettkohlenwasserstoffen trennen. Es entstehen Nitroderivate. Zur

[1]) Vorländer u. Joebert, Annalen d. Chemie u. Pharmazie **341**, 80—98 [1905].

[2]) Gustavson, Journ. d. russ. physikal.-chem. Gesellschaft **10**, 390 [1878]; Berichte d. Deutsch. chem. Gesellschaft **11**, 2151 [1878]; **22**, 447 [1889]. — Vgl. dagegen Friedel u. Crafts, Annales de Chim. et de Phys. [6] **14**, 467 [1888].

[3]) Gustavson, Journ. d. russ. physikal.-chem. Gesellschaft **10**, 305 [1878]; **14**, 354 [1882]; **15**, 53 [1883].

[4]) Smith u. Watson, Journ. Chem. Soc. **41**, 411 [1882].

[5]) Neminski u. Plotnikow, Chem. Centralbl. **1908**, II, 1505.

[6]) Menschutkin, Chem. Centralbl. **1910**, I, 168.

[7]) Menschutkin, Chem. Centralbl. **1910**, II, 378.

[8]) Jordis u. Schweizer, Chem. Centralbl. **1910**, I, 1582.

[9]) Etard, Annales de Chim. et de Phys. [5] **22**, 269 [1881].

[10]) Abeljanz, Berichte d. Deutsch. chem. Gesellschaft **9**, 10 [1876].

[11]) Schützenberger, Bulletin de la Soc. chim. **37**, 50 [1882].

[12]) Hoffmann u. Arnoldi, Berichte d. Deutsch. chem. Gesellschaft **39**, 339 [1906].

[13]) Dimroth, Berichte d. Deutsch. chem. Gesellschaft **31**, 2154 [1898].

[14]) Dimroth, Berichte d. Deutsch. chem. Gesellschaft **32**, 759 [1899].

[15]) Leeds, Amer. Chem. Journ. **2**, 277 [1880].

[16]) Fritzsche, Annalen d. Chemie u. Pharmazie **109**, 247 [1859].

[17]) Schultz u. Würth, Journ. f. Gasbeleuchtung **48**, 125 [1905]; Chem. Centralbl. **1905**, I, 1443.

[18]) Beilstein, Annalen d. Chemie u. Pharmazie **133**, 34 [1865].

[19]) Armstrong u. Müller, Journ. Chem. Soc. **45**, 148 [1884].

[20]) Friedel u. Crafts, Bulletin de la Soc. chim. **42**, 66 [1884].

[21]) Kelbe, Berichte d. Deutsch. chem. Gesellschaft **19**, 93 [1886].

[22]) Heinichen, Annalen d. Chemie u. Pharmazie **253**, 274 [1889].

[23]) Friedel u. Crafts, Bulletin de la Soc. chim. [2] **22**, 577 [1874].

gleichzeitigen Trennung von den Naphthenen empfiehlt sich Nitroschwefelsäure[1]) (Gemenge aus 2 Vol. Schwefelsäure + 1 Vol. rauchender Salpetersäure = $OH \cdot SO_2 \cdot O \cdot NO(OH)_2$.

Zum Nachweis des Benzols reduziert man das beim Behandeln mit Salpetersäure erhaltene Nitroprodukt und prüft mit Chlorkalk auf Anilin (Violettfärbung). Mit Salpeterschwefelsäure entsteht Dinitrobenzol[1]). Quantitative Bestimmung des Benzols als Dinitrobenzol[2])[3])[4]).

Bestimmung des Gesamtschwefels[5])[6]); des Schwefelkohlenstoffs[5])[6])[7]) und des Thiophens[5]); Bestimmung des Schwefelkohlenstoffs als Schwefelsäure durch Oxydation des bei der Behandlung mit alkoholischem Kali gebildeten Xanthogenats mit Wasserstoffsuperoxyd[8]), Gesamtschwefelgehalt des Rohbenzols liegt unter 0,8%, des 90 proz. Handelsbenzols unter 0,4%[9]). Bestimmung des Benzols im Leuchtgas durch Absorption in abs. Alkohol[10]), in einer ammoniakalischen Nickelhydroxydlösung[11]), durch eine ammoniakalische Nickelcyanidlösung[12]), durch Ausschütteln eines bestimmten Volumens mit Salpeter-Schwefelsäure[13])[14]). Ferner[15])[16]). Nachweis von Toluol durch Behandeln des Nitrierungsproduktes mit pulverigem Ätznatron[17]). Gelbbraunfärbung zeigt Nitrotoluol an (Ätznatron reagiert im Gegensatz zu Ätzkali bei gewöhnlicher Temperatur nicht mit Nitrobenzol[18]). Nachweis und Abscheidung von Benzol (aus Petroleum) durch Nickelcyanammoniak siehe S. 166. Nachweis von Benzol in Terpentinöl[19]). Quantitativer und qualitativer Nachweis kleiner Mengen Benzol im Spiritus[20]).

Sulfurierung des Benzols. Benzol wird durch konz. Schwefelsäure leicht in Benzolsulfosäure $C_6H_5 \cdot SO_3H$ übergeführt. Mit rauchender Schwefelsäure entsteht ein Gemisch von Meta- und Paradisulfobenzoesäure $C_6H_4(SO_3H)_2$, beim Erhitzen unter Zusatz von Phosphorpentoxyd auf 280—290° können 3 Sulforeste in den Kern eingeführt werden. Zur Abscheidung der gebildeten Sulfosäuren verdünnt man das Rohprodukt mit dem doppelten Volumen Wasser und sättigt mit festem Kochsalz[21]). Das auf diese Weise ausgefällte Natriumsalz der Sulfosäure wird aus Alkohol umkrystallisiert. Benzolsulfosäurechlorid $C_6H_5 \cdot SO_2Cl$ wird durch Zink und Schwefelsäure zu Thiophenol $C_6H_5 \cdot SH$ reduziert. Durch Reduktion mit Zinkstaub in ätherischer Lösung erhält man das Zinksalz der Benzolsulfinsäure $C_6H_5 \cdot SO \cdot OH$[22]), ebenso aus den Chloriden der Benzoldisulfosäuren Benzoldisulfinsäure $C_6H_4 \cdot (SO \cdot OH)_2$[23]).

Benzolsulfonsäure $C_6H_6O_3S$

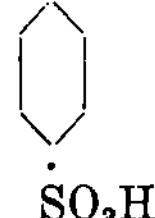

SO_3H

[1]) Markownikow, Annalen d. Chemie u. Pharmazie **301**, 162 [1898].

[2]) Harbeck u. Lunge, Zeitschr. f. anorgan. Chemie **16**, 26 [1904].

[3]) Pfeiffer, Chem. Centralbl. **1899**, II, 976.

[4]) Haber, Chem. Centralbl. **1900**, I, 1309.

[5]) G. Schwalbe, Zeitschr. f. Farben- u. Textilchemie **4**, 113 [1906].

[6]) Johnson, Chem. Centralbl. **1906**, II, 1283.

[7]) Goldberg, Zeitschr. f. angew. Chemie **9**, 12, 75 [1896].

[8]) Stavoronius, Journ. f. Gasbeleuchtung **49**, 8 [1906]. — Vgl. Petersen, Zeitschr. f. analyt. Chemie **42** [1903].

[9]) Spilker, Chem.-Ztg. **34**, 677 [1910].

[10]) Hempel u. Dennis, Berichte d. Deutsch. chem. Gesellschaft **24**, 1162 [1891].

[11]) L. M. Dennis u. J. G. O'Neill, Journ. Amer. Chem. Soc. **25**, 503 [1903]. — Vgl. dagegen Morton, Journ. Amer. Chem. Soc. **28**, 1728 [1906].

[12]) Dennis u. Mc Carthy, Journ. Amer. Chem. Soc. **30**, 233 [1908].

[13]) Harbeck u. Lunge, Zeitschr. f. anorgan. Chemie **16**, 41 [1904].

[14]) Otto u. Pfeiffer, Journ. f. Gasbeleuchtung **42**, 697 [1904]; Chem.-Ztg. **28**, 884 [1904].

[15]) Sainte Claire Deville, Journ. f. Gasbeleuchtung **32**, 652 [1894].

[16]) Haber u. Öchelhäuser, Berichte d. Deutsch. chem. Gesellschaft **29**, 2700 [1896]. — Journ. f. Gasbeleuchtung **48**, 804 [1905].

[17]) Raikow u. Urewitsch, Chem.-Ztg. **30**, 295 [1906].

[18]) Vgl. S. 176.

[19]) Böhme, Chem. Centralbl. **1906**, II, 560.

[20]) Holde u. Winterfeld, Chem.-Ztg. **32**, 313 [1908]; Mitteil. d. Königl. Mater.-Prüfungsamts Groß-Lichterfelde-West **26**, 154 [1908].

[21]) Gattermann, Berichte d. Deutsch. chem. Gesellschaft **24**, 2121 [1891].

[22]) Schiller u. Otto, Berichte d. Deutsch. chem. Gesellschaft **9**, 1585 [1876].

[23]) J. Troeger u. W. Meine, Journ. f. prakt. Chemie [2] **68**, 313 [1903].

Wurde zuerst von Mitscherlich aus Benzol und rauchender Schwefelsäure erhalten[1]). Zur Darstellung mischt man gleiche Volumina Benzol und englische Schwefelsäure und erhitzt gelinde 20—30 Stunden am Rückflußkühler[2]), oder läßt nach Zumischen von trockner, geglühter Infusorienerde in solcher Menge, daß sich ein noch beweglicher Brei bildet, einen Tag stehen[3]). Ausfällung des Natriumsalzes aus dem Sulfurierungsgemisch mit Kochsalzlösung (spez. Gewicht 1,151)[4]). Zerfließliche Nadeln[5]) mit $1^1/_2 H_2O$[6]), große Tafeln mit $1 H_2O$[7]). Läßt sich im Vakuum des Kathodenlichts unzersetzt destillieren und liefert so eine strahlig-krystallinische Masse vom Schmelzp. 65—66°. Siedep. 135—137° bei 0 mm[8]). Nach älteren Angaben ist der Schmelzp. der wasserhaltigen Säure 43,0—44,0°, der wasserfreien 50—51°[9]). Ist sehr leicht löslich in Alkohol und in Wasser, sehr schwer in Benzol, unlöslich in Äther und Schwefelkohlenstoff.

Einfluß auf die alkoholische Gärung[10]). Bildungs- und Neutralisationswärme[11]); elektrisches Leitvermögen der Säure und der Alkalisalze[12]), des Magnesiumsalzes[13]). Adsorptionsgleichgewicht von Lösungen der Säure mit Tierkohle[14]). Molekulargewicht in absoluter Schwefelsäure[15]). Salze der Benzolsulfonsäure[5])[16-19]). Bildung von Äthern aus Alkoholen mittels Benzolsulfosäure[20])[21]). Bildungsgeschwindigkeit einfacher Äther aus Benzolsulfosäureestern und primären Grenzalkoholen[22]). Verseifungskinetik des Benzolsulfosäuremethylesters[23])[24]). Geschwindigkeit der Nitrierung[25]).

Methylester $C_7H_8O_3S = C_6H_5 \cdot SO_3 \cdot CH_3$[26])[27]). Flüssig. Siedep. 150° bei 15 mm[27]), 149° bei 13 mm[25]). Aus dem Chlorid und Methylalkohol.

Ätyhlester $C_8H_{10}O_3S = C_6H_5 \cdot SO_3 \cdot C_2H_5$[26-29]). Flüssig. Siedep. 156° bei 15 mm[27]).

Anhydrid $C_{12}H_{10}S_2O_3 = (C_6H_5 \cdot SO_2)_2O$. Aus benzolsulfonsaurem Silber und Benzolsulfochlorid bei 160—180°[30]). Zerfließliche Prismen aus Chloroform. Schmelzp. 54°.

Benzolsulfochlorid $C_6H_5 \cdot SO_2Cl$

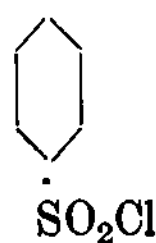

---

[1]) Mitscherlich, Poggend. Annalen d. Physik **31**, 283, 634 [1835].
[2]) Michael u. Adair, Berichte d. Deutsch. chem. Gesellschaft **10**, 585 [1877].
[3]) Wendt, D. R. P. 71 556; Friedländers Fortschritte der Teerfarbenfabrikation **3**, 19.
[4]) Hochstetter, Amer. Chem. Soc. **20**, 550 [1898].
[5]) Freund, Annalen d. Chemie u. Pharmazie **120**, 80 [1861].
[6]) Otto, Annalen d. Chemie u. Pharmazie **141**, 369 [1867].
[7]) R. Hübner, Annalen d. Chemie u. Pharmazie **223**, 240 [1884].
[8]) Krafft u. Wilke, Berichte d. Deutsch. chem. Gesellschaft **33**, 3207 [1900].
[9]) Norton u. Westenhoff, Amer. Chem. Journ. **10**, 129 [1888].
[10]) Rosenblatt u. Rozenband, Compt. rend. de l'Acad. des Sc. **149**, 309 [1909].
[11]) Berthelot, Annales de Chim. et de Phys. [5] **9**, 297 [1876].
[12]) Ostwald, Zeitschr. f. physikal. Chemie **1**, 76, 81, 84, 86 [1887].
[13]) Walden, Zeitschr. f. physikal. Chemie **1**, 531 [1887].
[14]) Freundlich, Zeitschr. f. physikal. Chemie **57**, 385 [1907].
[15]) Hantzsch, Zeitschr. f. physikal. Chemie **65**, 41 [1909].
[16]) Kalle, Annalen d. Chemie u. Pharmazie **119**, 161 [1861].
[17]) Norton u. Schmidt, Amer. Chem. Journ. **10**, 136 [1888]. — Norton, Chem. Centralbl. **1897**, II, 1139.
[18]) Loeb u. Nernst, Zeitschr. f. physikal. Chemie **2**, 975 [1888].
[19]) Curtius u. Lorenzen, Journ. f. prakt. Chemie [2] **58**, 177 [1898].
[20]) Krafft u. Roos, Berichte d. Deutsch. chem. Gesellschaft **25**, 2255 [1892].
[21]) Schroeter u. Sondag, Berichte d. Deutsch. chem. Gesellschaft **41**, 1924 [1908].
[22]) M. Rosenfeld u. Freiberg, Journ. d. russ. physikal.-chem. Gesellschaft **34**, 422 [1902]; Chem. Centralbl. **1902**, II, 86.
[23]) R. Wegscheider, Zeitschr. f. physikal. Chemie **41**, 52 [1902]. — R. Wegscheider u. M. Furche, Monatshefte f. Chemie **23**, 1097 [1904].
[24]) A. Praetorius, Monatshefte f. Chemie **26**, 1 [1907]; **27**, 465 [1908]; **28**, 767 [1909].
[25]) Martinsen, Zeitschr. f. physikal. Chemie **59**, 605 [1907].
[26]) R. Hübner, Annalen d. Chemie u. Pharmazie **223**, 237 [1884].
[27]) Krafft u. Roos, Berichte d. Deutsch. chem. Gesellschaft **25**, 2257 [1892].
[28]) Schiller u. Otto, Berichte d. Deutsch. chem. Gesellschaft **9**, 1639 [1876].
[29]) Otto u. Rössing, Berichte d. Deutsch. chem. Gesellschaft **19**, 1225 [1886].
[30]) Abrahall, Journ. Chem. Soc. **49**, 692 [1886].

Entsteht aus benzolsulfonsauren Salzen und Phosphorpentachlorid[1]). Zur Darstellung erhitzt man ein inniges Gemisch von 10 T. sorgfältig getrocknetem benzolsulfonsauren Natrium mit 5,5 T. Phosphorpentachlorid ca. 4 Stunden auf 130° unter Rückflußkühlung. Ausbeute 97%[2]). Darstellung durch langsames Zutropfen von Benzol zu überschüssiger Chlorsulfonsäure bei 20—25°[3]). Flüssigkeit. Schmelzp. 14,5°[4]). Siedep. 116,3° bei 10,7 mm, 177° bei 100 mm; siedet oberhalb 350 mm nur unter teilweiser Zersetzung[2]). Siedep. 251,5[5]). Spez. Gewicht 1,3949 bei 4°, 1,3842 bei 15°/15°. 1,3766 bei 25°/25°[5]). Magnetisches Drehungsvermögen 14,16 bei 16,6°[5]).

Das Benzolsulfochlorid ist in Wasser fast unlöslich und wird nur wenig davon angegriffen; leicht löslich in Alkohol unter langsamer Esterbildung. Reagiert lebhaft mit wässerigem Ammoniak unter Bildung von Amid, sowie mit primären und sekundären Basen (siehe unten).

Es wird durch Zink und Schwefelsäure, auch durch konz. Jodkaliumlösung[6]) zu Thiophenol

SH

reduziert. Verhalten gegen Schwefelwasserstoff[7]). Bei der elektrolytischen Reduktion an Nickeldraht-Elektroden in zweifach-normaler Schwefelsäure mit oder ohne Zusatz von Titantetrachlorid bei 80° entsteht auch Benzolmercaptan[8]).

Trennung primärer und sekundärer Basen durch Benzolsulfochlorid. Die ursprünglich von Hinsberg angegebene Methode[9]), die auf der Alkalilöslichkeit der Produkte aus primären, und der Alkaliunlöslichkeit der Produkte aus sekundären Basen beruht, bedarf einer Modifikation, da sich bei der Darstellung der Monobenzolsulfonylderivate R · NH · SO$_2$ · C$_6$H$_5$ anormalerweise[10]) auch alkaliunlösliche Dibenzolsulfonamide R · N(SO$_2$ · C$_6$H$_5$)$_2$ bilden können, ferner deswegen, weil die Monobenzolsulfonylprodukte der höheren primären Amine (von der Reihe C$_6$ an) in wässerigem Alkali unlöslich sind. Die anormalen Dibenzolsulfonamide lassen sich mit alkoholischem Natriumäthylat in der Wärme leicht verseifen zu den normalen Derivaten R · NH · SO$_2$ · C$_6$H$_5$[11]). Die primären Benzolsulfonamide mit mehr als 6 C-Atomen geben mit Natrium und Äther unter Wasserstoffentwicklung ätherunlösliche Natriumsalze, dagegen sind die Benzolsulfonamide sekundärer Basen ausnahmslos in Äther löslich und werden von Natrium nicht angegriffen[11]).

Bei der Trennung primärer Basen mit weniger als 7 Kohlenstoffatomen[11]) von sekundären Basen fügt man zu dem Gemisch der Basen mit 4 Mol.-Gewichten 12 proz. Kalilauge (bei leicht flüchtigen Aminen unter Eiskühlung) 1¹/₂ Mol. Benzolsulfochlorid allmählich zu, erwärmt zum Schluß zur Zerstörung des Chlorids, säuert mit Salzsäure an und äthert aus oder saugt den Niederschlag ab. Das Rohprodukt wird mit Natriumäthylatlösung (in der Fettreihe auch eventuell nur mit überschüssiger 12 proz. Kalilauge) ¹/₄ Stunde gekocht, mit Wasser verdünnt, der Alkohol verjagt und das ungelöste Benzolsulfonamid der sekundären Base abfiltriert. Aus dem Filtrat erhält man durch Ansäuern das primäre Benzolsulfonamid. Es läßt sich durch Erhitzen mit Salzsäure oder Schwefelsäure auf 120—150° spalten.

Bei der Trennung aliphatischer und hydrocyclischer Basen mit mehr als 6 Kohlenstoffatomen[11]) wird nach der Behandlung mit Natriumäthylat das trockne Rohprodukt in trocknem Äther 6—8 Stunden mit Natrium erwärmt. Es bleibt das unlösliche Natriumsalz der

[1]) Gerhardt u. Chiozza, Annalen d. Chemie u. Pharmazie **87**, 299 [1853].
[2]) Bourgeois, Recueil des travaux chim. des Pays-Bas **18**, 432 [1899]. — Vgl. Otto, Zeitschr. f. Chemie **1866**, 106.
[3]) Pummerer, Berichte d. Deutsch. chem. Gesellschaft **42**, 1802, 2274 [1909]. — Ullmann, Berichte d. Deutsch. chem. Gesellschaft **42**, 2058 [1909].
[4]) Krafft u. Roos, Berichte d. Deutsch. chem. Gesellschaft **25**, 2257 [1892].
[5]) Perkin, Journ. Chem. Soc. **69**, 1244 [1896].
[6]) Langmuir, Berichte d. Deutsch. chem. Gesellschaft **28**, 96 [1895].
[7]) Otto, Journ. f. prakt. Chemie [2] **37**, 213 [1888]; [2] **49**, 380 [1894].
[8]) Fichter u. Bernoulli, Zeitschr. f. Elektrochemie **13**, 310 [1907].
[9]) Hinsberg, Berichte d. Deutsch. chem. Gesellschaft **23**, 2963 [1880].
[10]) Vgl. Solonina, Journ. d. russ. physikal.-chem. Gesellschaft **29**, 404 [1897]; **31**, 640 [1899]; Chem. Centralbl. **1897**, II, 848; **1899**, II, 687.
[11]) Hinsberg u. Keßler, Berichte d. Deutsch. chem. Gesellschaft **38**, 906 [1905].

primären Benzolsulfonamide zurück, während im Äther die Benzolsulfonderivate der sekundären Basen gelöst bleiben.

Benzolsulfonsäureamid $C_6H_7NO_2S$

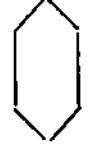

$$SO_2 \cdot NH_2$$

Aus Benzolsulfochlorid und Ammoniak bzw. Ammoniumcarbonat[1]). Durch Reduktion von Benzolsulfonazid mit Zink und Eisessig[2]). Aus benzolsulfinsaurem Ammonium und Natriumhypochloritlösung[3]). Nadeln (aus Wasser), Blättchen (aus Alkohol). Schmelzp. 147—148°[4]); 149°[5]); 150°[6]); 153°[2]); 156°[7]). Leicht löslich in Alkohol und Äther, in Wasser lösen sich bei 16° 4,3 g im Liter[4]). Bei der Einwirkung von Kaliumamid in flüssigem Ammoniak entstehen Mono- und Dikaliumbenzolsulfonamid $C_6H_5 \cdot SO_2NHK$ und $C_6H_5 \cdot SO_2NK_2$[8]).

Halogenderivate des Benzolsulfonamids: Durch Auflösen des Sulfamids in Chlorkalklösung und Ansäuern mit Essigsäure entsteht das sehr beständige, gut krystallisierende

Benzolsulfondichloramid[8])[9]) $C_6H_5O_2NCl_2S$

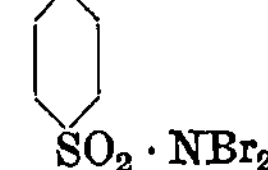

$$SO_2 \cdot NCl_2$$

Farblose Platten. Schmelzp. 76°, Zersetzungsp. 200°. Wird durch siedendes Wasser nicht hydrolysiert. Reagiert mit Halogenwasserstoffsäuren heftig unter Freiwerden von Halogen und Regenerierung von Sulfamid, ebenso mit Alkohol unter Bildung von Unterchlorigsäureester $C_2H_5 \cdot OCl$. Löst sich in Alkali unter Bildung des Alkalisalzes von Benzolsulfomonochlorid:

$$C_6H_5 \cdot SO_2 \cdot NCl_2 + 2 KOH = C_6H_5 \cdot SO_2K : NCl + KOCl + HCl.$$

Beim Ansäuern liefert dieses Salz ein Gemisch von Benzolsulfamid und Benzoldichlorsulfonamid:

$$2 C_6H_5 \cdot SO_2H : NCl = C_6H_5 \cdot SO_2 \cdot NH_2 + C_6H_5 \cdot SO_2 \cdot NCl_2.$$

Benzolsulfondibromamid $C_6HO_2NBr_2S$

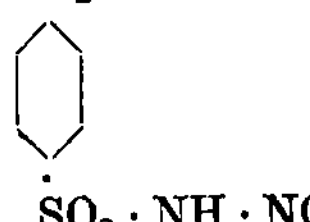

$$SO_2 \cdot NBr_2$$

Aus Benzolsulfonamid und unterbromigsaurem Kalium auf Zusatz von verdünnter Essigsäure[10]), oder durch Eintragen des feingepulverten Amids in eine gekühlte Lösung von unterbromiger Säure (aus Brom und gelbem Quecksilberoxyd)[11]). Schmelzp. 115—116°.

Benzolsulfonnitramid $C_6H_6O_4 \cdot N_2S$

$$SO_2 \cdot NH \cdot NO_2$$

Aus Benzolsulfonamid, stickoxydfreier Salpetersäure vom spez. Gewicht 1,48 und Vitriolöl[12]). Große Tafeln aus Alkohol, schmelzen gegen 100° unter stürmischer Zersetzung. Sehr leicht löslich in Wasser, Alkohol und Äther.

---

1) Gerhardt u. Chancel, Jahresber. d. Chemie **1852**, 434.
2) Stenhouse, Annalen d. Chemie u. Pharmazie **140**, 294 [1866].
3) John u. Thomas, Journ. Chem. Soc. **95**, 342 [1909].
4) Meyer u. Ador, Annalen d. Chemie u. Pharmazie **159**, 11 [1871].
5) Otto, Annalen d. Chemie u. Pharmazie **141**, 374 [1867].
6) Schotten u. Schlömann, Berichte d. Deutsch. chem. Gesellschaft **24**, 3695 [1891].
7) Hybbeneth, Annalen d. Chemie u. Pharmazie **221**, 206 [1883].
8) Franklin u. Stafford, Amer. Chem. Journ. **28**, 83 [1902]; Chem. Centralbl. **1902**, II, 788. — Vgl. auch Sachs, Chem. Centralbl. **1906**, II, 1431.
9) Chattaway, Proc. Chem. Soc. **20**, 167 [1904]; Journ. Chem. Soc. **87**, 145 [1905].
10) Hoogewerff u. van Dorp, Recueil des travaux chim. des Pays-Bas **6**, 378 [1887].
11) Chattaway, Journ. Chem. Soc. **87**, 145 [1905]; Chem. Centralbl. **1905**, I, 1011.
12) Hinsberg, Berichte d. Deutsch. chem. Gesellschaft **25**, 1093 [1892].

Benzolsulfondichlorphosphoramid $C_6H_6O_2NCl_2SP$

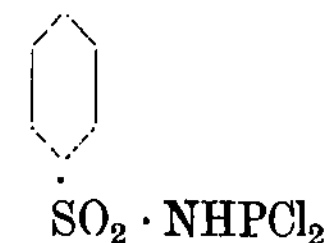

$$SO_2 \cdot NHPCl_2$$

Bildet sich beim Erwärmen von Benzolsulfamid mit Phosphorpentachlorid[1]):

$$C_6H_5 \cdot SO_2NH_2 + PCl_5 = C_6H_5 \cdot SO_2 \cdot NHPCl_2 + HCl + Cl_2.$$

Schmelzp. 130—131°.

Benzsulfhydroxamsäure $C_6H_7O_3NS$ [2])

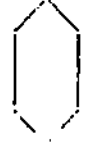

$$SO_2 \cdot NH \cdot OH$$

Entsteht neben benzsulfonsaurem Hydroxylamin bei allmählichem Eintragen von Benzolsulfonchlorid in eine abs. alkoholische Hydroxylaminlösung. Rhombische Tafeln aus Wasser. Schmelzp. ca. 126° unter beginnender Zersetzung. — **Diacetylderivat** $C_{10}H_{11}O_5NS = C_6H_5$ $(C_2H_3O)_2O_3NS$. Dünne Prismen aus abs. Alkohol. Schmelzp. 85°.

Benzoldisulfonsäuren $C_6H_6O_6S_2 = C_6H_4 \cdot (SO_3H)_2$. Bei 3—4stündigem Erhitzen von 500 g Benzol mit 1500 g rauchender Schwefelsäure entsteht hauptsächlich m- und p-Benzoldisulfosäure[3])[4]). Die Bildung der p-Säure überwiegt beim Einleiten von Benzoldämpfen in auf 240° erhitzte Schwefelsäure[5]), auch Erhöhung der Temperatur und Verlängerung der Einwirkung begünstigt ihre Bildung. Zur Trennung der Isomeren fraktioniert man die Kaliumsalze aus Alkohol, wobei zuerst fast nur reines m-Salz, dann ein Gemisch der beiden Isomeren und schließlich fast nur reines p-Salz erhalten wird. Zur Prüfung dient die Darstellung der Chloride. Schmelzp. des m-Chlorids $C_6H_4 \cdot (SO_2Cl)_2$ 61°, des p-Chlorids $C_6H_4(SO_2Cl)_2$ 132° [4]). Die Trennung kann durch Überführung der Kaliumsalze in Chloride oder Amide vervollständigt werden[6]).

Beim Sulfonieren von Benzol mit reiner konz. Schwefelsäure bei 240—250° entsteht fast nur Metadisulfonsäure, Paradisulfonsäure nur in kleiner Menge (bis 1%). Durch Zusatz von wenig Quecksilber zur Schwefelsäure entstehen Meta- und Paradisulfonsäure im Verhältnis 2 : 1. Sie lassen sich leicht in Gestalt der Natronsalze trennen, da das Salz der Parasäure in einer konz. Lösung des Salzes der Metasäure fast unlöslich ist. Die freien Säuren werden durch Erhitzen mit konz. Schwefelsäure und wenig Quecksilber als Katalysator auf 240—250° bis zur Erreichung eines Gleichgewichts ineinander umgewandelt, das bei etwa 1 T. Parasäure auf 2 T. Metasäure liegt. Die Natronsalze beider Säuren werden durch Erhitzen mit reiner konz. Schwefelsäure auf 240—250° in 1, 3, 5-Benzoltrisulfosäure verwandelt[7]). Bei der Kalischmelze bilden beide Säuren nur Resorcin, dagegen entsteht bei der Destillation der Kalisalze mit Cyankalium aus der m-Verbindung Isophthalsäurenitril

aus der p-Verbindung Terephthalsäurenitril

[1]) Wichelhaus, Berichte d. Deutsch. chem. Gesellschaft **2**, 502 [1869].
[2]) Piloty, Berichte d. Deutsch. chem. Gesellschaft **29**, 1560 [1896].
[3]) Barth u. Senhofer, Berichte d. Deutsch. chem. Gesellschaft **8**, 1477 [1875].
[4]) J. Troeger u. W. Meine, Journ. f. prakt. Chemie [2] **68**, 313 [1903].
[5]) Egli, Berichte d. Deutsch. chem. Gesellschaft **8**, 817 [1875].
[6]) Körner u. Monselise, Berichte d. Deutsch. chem. Gesellschaft **9**, 583 [1876].
[7]) Behrend u. Mertelsmann, Annalen d. Chemie u. Pharmazie **378**, 365 [1911].

m-Benzoldisulfonsäure $C_6H_4 \cdot (SO_3H)_2 + 2^1/_2 H_2O$

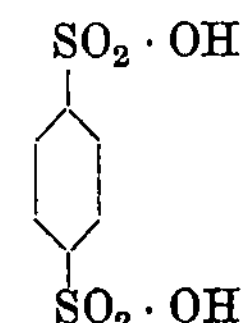

Zur Darstellung siehe noch[1]). Ist sehr zerfließlich[2]). Salze[2])[3])[4]). — **Chlorid** m-C_6H_4 $\cdot (SO_2Cl_2)_2$[5]). Aus dem Natriumsalz und Phosphorpentachlorid[6]). Große monokline[7]) Prismen. Schmelzp. 63°[8]); Siedep. 145° bei 1,0 mm, 155° bei 10,5 mm, 210,7° bei 20 mm[6]). — **Amid** $C_6H_8O_4N_2S_2 = m$-$C_6H_4(SO_2NH_2)_2$[3])[9]). Nadeln. Schmelzp. 229°.

p-Benzoldisulfosäure $C_6H_6O_6S_2$

$$\begin{array}{c} SO_2 \cdot OH \\ \big| \\ SO_2 \cdot OH \end{array}$$

Bildung siehe oben. Salze[3])[10]).

p-Benzoldisulfosäurechlorid $C_6H_4O_4Cl_2S_2 = p$-$C_6H_4 \cdot (SO_2Cl)_2$. Schmelzp. 131°[11]), 139°[12]).

p-Benzoldisulfosäureamid $C_6H_8O_4N_2S_2 = p$-$C_6H_4(SO_2NH_2)_2$. Schmelzp. 288°[11]).

o-Benzoldisulfosäure $C_6H_6O_2S_2$

$$\begin{array}{c} \text{—SO}_2 \cdot OH \\ SO_2 \cdot OH \end{array}$$

ist, ausgehend von der m-Nitrobenzolsulfosäure, durch weiteres Sulfurieren der m-Amidobenzolsulfosäure und Eliminierung der NH_2-Gruppe dargestellt worden[13]). Abweichende Eigenschaften von der so gewonnenen Disulfosäure zeigt die aus derjenigen 4-Brombenzoldisulfosäure-(1, 2) durch Kochen mit Zinkstaub und Natronlauge gewonnene Disulfosäure, die bei der Oxydation von 4-Bromphenyl-xanthogensäureäthylester-sulfosäure-(2) mit Permanganat gewonnen wird[14]). Salze[13])[14]). — **Chlorid** $C_6H_4O_2Cl_2S_2 = o$-$C_6H_4 \cdot (SO_2Cl_2)_2$. Vierseitige Tafeln. Schmelzp. 105°[13]). Monokline Prismen. Schmelzp. 143°[14]). — **Amid** $C_6H_8O_4N_2S_2 = o$-$C_6H_4(SO_2NH_2)_2$. Nadeln. Schmelzp. 238—239°[13]). Monokline Prismen, 252°[14]).

Benzoltrisulfonsäure $C_6H_6O_9S_3$. 1, 3, 5-Benzoltrisulfonsäure $C_6H_3(SO_3H)_3 + 3 H_2O$

$$HO \cdot O_2S \cdot \begin{array}{c} SO_2 \cdot OH \\ \big| \\ SO_2OH \end{array} + 3 H_2O$$

Man stellt sie entweder durch direktes Erhitzen von Benzol mit Vitriolöl und Phosphorpentoxyd auf 280—290°[15]), oder aus m-benzoldisulfonsaurem Kalium durch starkes Erhitzen mit Vitriolöl

[1]) Heinzelmann, Annalen d. Chemie u. Pharmazie **188**, 159 [1877].
[2]) Barth u. Senhofer, Berichte d. Deutsch. chem. Gesellschaft **8**, 1478 [1875].
[3]) Körner u. Monselise, Berichte d. Deutsch. chem. Gesellschaft **9**, 583 [1876].
[4]) Reiche, Annalen d. Chemie u. Pharmazie **203**, 69 [1880].
[5]) Heumann u. Köchlin, Berichte d. Deutsch. chem. Gesellschaft **16**, 483 [1883].
[6]) Bourgeois, Recueil des travaux chim. des Pays-Bas **18**, 444 [1899].
[7]) Köbig, Berichte d. Deutsch. chem. Gesellschaft **19**, 2424 [1886].
[8]) Vgl. Pazschke, Journ. f. prakt. Chemie [2] **2**, 418 [1871].
[9]) Vgl. Nölting, Berichte d. Deutsch. chem. Gesellschaft **8**, 1113 [1874].
[10]) Garrick, Zeitschr. f. Chemie **1869**, 550.
[11]) Körner u. Monselise, Gazzetta chimica ital. **6**, 141 [1876].
[12]) Jackson u. Wing, Amer. Chem. Journ. **9**, 332 [1887].
[13]) Drebes, Berichte d. Deutsch. chem. Gesellschaft **9**, 553 [1876].
[14]) Armstrong u. Napper, Proc. Chem. Soc. Nr. 226.
[15]) Senhofer, Annalen d. Chemie u. Pharmazie **174**, 243 [1874].

dar[1]). Krystallisiert in flachen, zerfließlichen Nadeln. Hält bei 100° noch 3 H_2O zurück. Salze[1] [2] [3]).

Benzoltrisulfonsäuretriäthylester $C_{12}H_{18}O_9S_3 = C_6H_3 \cdot SC_2 \cdot OC_2H_5)_3$ [4]). Trikline Krystalle aus Benzol. Schmelzp. 147°.

Benzoltrisulfonsäurechlorid $C_6H_3O_6Cl_3S_3 = C_6H_3(SO_2Cl)_3$ [4]). Seidenglänzende Nadeln aus Chloroform. Schmelzp. 184°.

Benzoltrisulfonsäureamid $C_6H_9O_6N_3S_3 = C_6H_3(SO_2 \cdot NH_2)_3$ [5]). Seideglänzende Nadeln. Schmelzp. 310—315°.

Benzolsulfinsäure $C_6H_6SO_2$

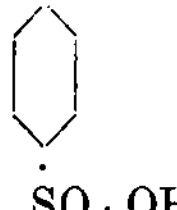

$$SO \cdot OH$$

Aus Benzol und schwefliger Säure bei Gegenwart von Aluminiumchlorid[6] [7]). An Stelle von schwefliger Säure kann auch Thionylchlorid verwendet werden[8]). Zur Darstellung reduziert man Benzolsulfochlorid in alkoholischer Lösung mit Zinkstaub[9]) oder läßt schweflige Säure auf Diazoniumsulfat $C_6H_5 \cdot N \cdot (O \cdot SO_3H)$ bei Gegenwart von Kupferpulver[10]), Kupfer-

$$\underset{N}{\overset{|||}{}}$$

oxydul oder Kupferoxydulhydrat[11]) einwirken. Dabei ist ein Zusatz von Alkohol nützlich[12]). Prismen. Schmelzp. 83—84°[13]). Farblose Nadeln. Schmelzp. 85°[14]). Zersetzt sich über 100°. Schwer löslich in kaltem Wasser, leicht in heißem, in Alkohol und Äther. Schon bei gewöhnlicher Temperatur, besonders bei Anwesenheit von Salzsäure zersetzlich[15]).

Eisenchlorid erzeugt einen orangegelben Niederschlag[16]), aus stark saurer Lösung wird dadurch die Sulfinsäure quantitativ als Ferrisalz $C_{18}H_{21}O_6S_3Fe = (C_6H_5SO \cdot O)_3Fe$ gefällt[14]). Mit Alkali gibt dasselbe die Alkalisalze der Benzolsulfinsäure[14]). Aus der konz. wässerigen Lösung der Alkalisalze wird die Benzolsulfinsäure durch Mineralsäuren krystallinisch gefällt. Das Natriumsalz der Sulfinsäure wird durch eine Lösung von unterchlorigsaurem Natrium in Benzolsulfochlorid $C_6H_5 \cdot SO_2Cl$ verwandelt[14]); zersetzt man das Eisensalz mit Ammoniak und fügt dann unterchlorigsaures Natrium hinzu, so bildet sich Benzolsulfamid $C_6H_5 \cdot SO_2 \cdot NH_2$ [14]).

Benzolsulfinsäureäthylester $C_8H_{10}O_2S = C_6H_5 \cdot SO \cdot OC_2H_5$ [17]) [18]). Nicht destillierbare, in Wasser unlösliche Flüssigkeit. Spez. Gewicht 1,1410 bei 20°.

Benzolsulfinsäureanhydrid $C_{12}H_{10}O_3S_2 = C_6H_5 \cdot SO \cdot OSO \cdot C_6H_5$ [19]). Aus Benzolsulfinsäure durch Einwirkung von Acetanhydrid. Schmelzp. 66—67°.

[1]) Jackson u. Wing, Amer. Chem. Journ. **9**, 329 [1887].

[2]) Senhofer, Annalen d. Chemie u. Pharmazie **174**, 243 [1874].

[3]) Huntington, Amer. Chem. Journ. **9**, 333 [1887].

[4]) Jackson u. Wing, Amer. Chem. Journ. **9**, 337 [1887].

[5]) Jackson u. Wing, Amer. Chem. Journ. **9**, 339 [1887].

[6]) Friedel u. Crafts, Annales de Chim. et de Phys. [6] **14**, 443 [1888].

[7]) Adrianowsky, Journ. d. russ. physikal.-chem. Gesellschaft **11**, 119 [1879].

[8]) S. Smiles u. R. Le Rosignol, Proc. Chem. Soc. **24**, 61 [1908]; Journ. Chem. Soc. **93**, 745 [1908]; Chem. Centralbl. **1908**, II, 237. — Vgl. auch Knoll & Co., D. R. P. 171 789; Chem. Centralbl. **1906**, II, 469.

[9]) Schiller u. Otto, Berichte d. Deutsch. chem. Gesellschaft **9**, 1585 [1876].

[10]) Gattermann, Berichte d. Deutsch. chem. Gesellschaft **32**, 1136 [1899]; D. R. P. 95 830; Chem. Centralbl. **1898**, I, 813.

[11]) Gattermann, D. R. P. 100 702; Chem. Centralbl. **1899**, I, 765.

[12]) Basler chemische Fabrik, D. R. P. 130 119; Chem. Centralbl. **1902**, I, 959.

[13]) R. Otto, Journ. f. prakt. Chemie [2] **30**, 177 [1884].

[14]) J. Thomas, Journ. Chem. Soc. **95**, 342 [1909]; Chem. Centralb. **1909**, I, 1649.

[15]) Otto, Annalen d. Chemie u. Pharmazie **145**, 317 [1868]. — Pauly u. Otto, Berichte d. Deutsch. chem. Gesellschaft **10**, 2181 [1877].

[16]) Piloty, Berichte d. Deutsch. chem. Gesellschaft **29**, 1563 [1896].

[17]) Otto u. Rössing, Berichte d. Deutsch. chem. Gesellschaft **18**, 2495 [1885].

[18]) Otto, Berichte d. Deutsch. chem. Gesellschaft **26**, 309 [1893].

[19]) Knoevenagel u. Polack, Berichte d. Deutsch. chem. Gesellschaft **41**, 3323 [1908].

Nitrobenzol.

$$C_6H_5O_2N = C_6H_5 \cdot NO_2.$$

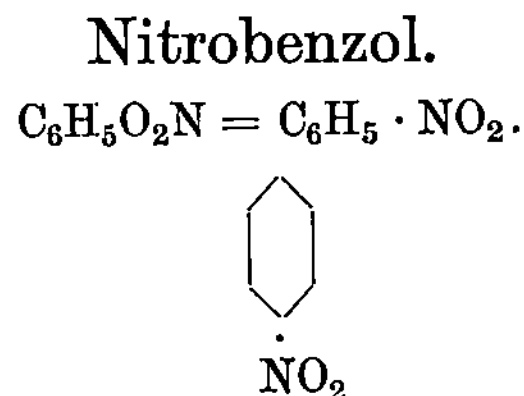

$$NO_2$$

Bildung: Wurde 1834 von Mitscherlich bei der Behandlung von Benzol mit Salpetersäure entdeckt[1]). Es bildet sich auch durch Rückoxydation von Anilin[2]) [3]), Phenylhydroxylamin[4]) und Nitrosobenzol[5]) durch verschiedene Oxydationsmittel. Wird aus Anilin auch durch Behandeln der Diazoverbindung mit frisch bereitetem Kupferoxydul erhalten[6]):

$$C_6H_5 \cdot N_2 \cdot NO_2 + Cu_2O = C_6H_5 \cdot N\!\!-\!\!-\!\!N\!\!-\!\!ONO$$

$$CuO \quad CuO$$

$$= C_6H_5 \cdot NO_2 + Cu_2O + N_2.$$

Auch Quecksilbernitrit und fein verteiltes Kupfer wirken auf das Benzoldiazoniumnitrat in gleicher Weise[7]).

Zur technischen Darstellung läßt man zu Benzol ein Gemenge von ungefähr gleichen Teilen Salpeter- und Schwefelsäure unter lebhaftem Rühren in einem gußeisernen Zylinder zufließen. Das Reaktionsprodukt wird mit Wasser und Alkali gewaschen, dann unverändertes Benzol zum größten Teil mit Wasserdampf abgeblasen und der Rückstand rektifiziert[8]). Geschwindigkeit der Nitrierung, Einfluß der Mengenverhältnisse der reagierenden Stoffe auf den Reaktionsverlauf[9]).

Physiologische Eigenschaften: In einem Fall von Nitrobenzolvergiftung[10]) wurde im Harn Nitrobenzol, Glykuronsäure und ein beträchtlicher Teil p-Aminophenol aufgefunden. Nachweis des Aminophenols durch die Indophenolreaktion, Abscheidung als Diacetyl- und als Benzoylverbindung. Bei einem Kaninchen rufen 0,5—0,7 g per os nach 4—6 Stunden leichte Vergiftungserscheinungen hervor. Exspirationsluft und Harn riechen nach Nitrobenzol. Im Harn ist p-Aminophenol nachweisbar. Auf der Höhe der Vergiftung ist das Blut braunrot, mit einem Absorptionsstreifen in Rot[10]).

Nitrobenzol ist im Gegensatz zu seinen Homologen, die im Körper leicht zu Carbonsäuren verbrannt werden, giftig[11]).

Physikalische und chemische Eigenschaften: Gelbe Flüssigkeit von bittermandelähnlichem Geruch. Erstarrt bei +3° zu Nadeln[1]). Schmelzp. +3,6°[12]), +5°[13]). Der Schmelzp. des ganz wasserfreien Nitrobenzols ist 5,71—5,72°; er sinkt an der Luft sehr leicht durch Feuchtigkeitsaufnahme auf 5,23°[14]). Abhängigkeit des Schmelzpunktes vom Druck[15]). Siedep. 210,8°[16])[17]). Siedep. 84,5° bei 8,66 mm, 95° bei 16,68 mm, 108° bei 32,84 mm, 116,4° bei 51 mm, 121,3° bei 76 mm, 209,4° bei 745,4 mm, 209° (korr.) bei 760 mm[18]), 210,85 bei 760 mm[19]). Siedep.

1) Mitscherlich, Poggend. Annalen d. Physik **31**, 625 [1835].

2) Bamberger u. Meimberg, Berichte d. Deutsch. chem. Gesellschaft **26**, 496 [1893].

3) Caro, Zeitschr. f. angew. Chemie **1898**, 845.

4) Bamberger, Berichte d. Deutsch. chem. Gesellschaft **33**, 118 [1900]. — Bamberger u. Brady, Berichte d. Deutsch. chem. Gesellschaft **33**, 273 [1900].

5) Schmidt, Berichte d. Deutsch. chem. Gesellschaft **32**, 2918 [1899].

6) Sandmeyer, Berichte d. Deutsch. chem. Gesellschaft **20**, 1494 [1887].

7) Hantzsch u. Blagden, Berichte d. Deutsch. chem. Gesellschaft **33**, 2551 [1900].

8) G. Schultz, Chemie des Steinkohlenteers.

9) Giersbach u. Keßler, Zeitschr. f. physikal. Chemie **2**, 693 [1888].

10) E. Meyer, Zeitschr. f. physiol. Chemie **46**, 497 [1905].

11) Jaffé, Berichte d. Deutsch. chem. Gesellschaft **7**, 1673 [1885].

12) Linebarger, Amer. Chem. Journ. **18**, 437 [1896].

13) Friswell, Journ. Chem. Soc. **71**, 1011 [1897].

14) Hansen, Zeitschr. f. physikal. Chemie **48**, 593 [1904].

15) Tammann, Wiedemanns Annalen d. Physik **66**, 491.

16) Perkin, Journ. Chem. Soc. **69**, 1239 [1896].

17) Brühl, Annalen d. Chemie u. Pharmazie **200**, 188 [1879].

18) Kahlbaum, Siedetemperatur und Druck.

19) Timmermans, Bulletin de la Soc. chim. de Belg. **24**, 244 [1910].

und spez. Gewicht bei vermindertem Druck[1]). Spez. Gewicht 1,2002 bei 0°; 1,1866 bei 14,4° [2]); 1,2220 bei 3,8°/4°; 1,2116 bei 13°/4°; 1,1931 bei 28°/4° [3]); 1,2020 bei 25° [4]); 1,2193 bei 4°/4°; 1,2093 bei 15°/15°; 1,2020 bei 25°/25°; 1,1836 bei 60°/60° [3]) [1,20328 bei 20°/4°; 1,3440 bei 1,5°/4° (fest)]; 1,2229 bei 0°/4° [5]). Latente Schmelzwärme 22,30 Cal. [6]). Latente Verdampfungswärme 89,85 [7]). Dispersion [8]). Absorptionsspektrum [9]). Nitrobenzoldampf ist schwach grünlichgelb gefärbt, es gibt im durchfallenden Licht kein Bandenspektrum [10]). Kryoskopisches Verhalten [11]) [12]). Molekulare Siedepunktserhöhung 50,1° [7]), 50,4° [13]). Die Gefrierkonstante des Nitrobenzols [14]) liegt über 80 (höchster Wert, mit J_2 beobachtet, 84,6, mit Benzil 81,4); durch die starke Hygroskopizität sinkt der Wert leicht bis auf 70. Wirkt nicht dissoziierend; wirkt auf Benzoesäure vollständig, auf Zimtsäure teilweise assoziierend [14]). Elektrischer Widerstand bei 18° 437 000 — 600 000 Ω [14]). Dielektrizitätskonstante [15–18]). Elektrische Absorption [17]). Magnetisches Drehungsvermögen 9,36 bei 1° [3]).

Nitrobenzol wird von Chlor und von Brom bei gewöhnlicher Temperatur nicht angegriffen, bei Gegenwart von Jod oder von Antimonchlorid bildet sich m-Chlornitrobenzol neben wenig p-Chlornitrobenzol. Bei 250° entsteht aus Nitrobenzol und Brom fast nur Tetrabrombenzol [19]). Reaktionskinetik der Chlorierung bei Gegenwart von $SnCl_4$, $AlCl_3$ und $FeCl_3$ als Katalysatoren [20]). Bei ca. 250° wird konz. Salzsäure von Nitrobenzol oxydiert unter Bildung von Dichloranilin; Bromwasserstoff reagiert schon bei niedrigerer Temperatur unter Bildung von Di- und Tribromanilin. Jodwasserstoff reduziert bei 100° zu Anilin [21]). Nitrierung des Nitrobenzols [22]) [23]). Reaktionskinetik der Nitrierung in konz. Schwefelsäure [24]).

Reduktion des Nitrobenzols siehe S. 202. Bei der Reduktion des Nitrobenzols (und anderer aromatischer Nitroverbindungen) durch Salzsäure und ein Metall oder ein Metallchlorid entsteht als Nebenprodukt leicht eine kernsubstituierte Chlorverbindung. Folgendes Reaktionsschema [25]) klärt dies auf:

$$C_6H_5 \cdot NO_2 + 2\,H_2 = C_6H_5 \cdot NHOH + H_2O$$

$$C_6H_5 \cdot NHOH + HCl = C_6H_5 \cdot NHCl + H_2O$$

$$C_6H_5 \cdot NHCl \rightarrow Cl \cdot C_6H_4 \cdot NH_2 \ (\text{o- und p-}).$$

Die Bildung dieses Nebenprodukts wird durch langsames Reduzieren (um das Phenylhydroxylamin nicht direkt zu Anilin zu reduzieren) und durch Säureüberschuß und Siedetemperatur (zur rascheren Umlagerung des Phenylhydroxylamins) begünstigt [25]). Reduktionsverlauf mit

[1]) Neubeck, Zeitschr. f. physikal. Chemie 1, 655 [1887].
[2]) Kopp, Annalen d. Chemie u. Pharmazie 98, 369 [1856].
[3]) Perkin, Journ. Chem. Soc. 69, 1239 [1896].
[4]) Linebarger, Amer. Chem. Journ. 18, 437 [1896].
[5]) Timmermans, Bulletin de la Soc. chim. de Belg. 24, 244 [1910],
[6]) Petterson, Journ. f. prakt. Chemie [2] 24, 161 [1881].
[7]) Bachmann u. Dziewonski, Berichte d. Deutsch. chem. Gesellschaft 36, 921 [1903]; Bulletin de la Soc. chim. [3] 29, 386 [1903].
[8]) Kahlbaum, Zeitschr. f. physikal. Chemie 26, 646 [1898].
[9]) Spring, Recueil des travaux chim. des Pays-Bas 16, 1 [1897].
[10]) Friswell, Journ. Chem. Soc. 71, 1011 [1897].
[11]) Ampolla u. Rimatori, Gazzetta chimica ital. 27, I, 36, 55 [1897].
[12]) Bruni u. Berti, Atti della R. Accad. dei Lincei Roma [5] 9, I, 274 [1900].
[13]) Biltz, Berichte d. Deutsch. chem. Gesellschaft 36, 1110 [1903].
[14]) Beckmann u. Lockemann, Zeitschr. f. physikal. Chemie 60, 385 [1907].
[15]) Löwe, Wiedemanns Annalen d. Physik 66, 398.
[16]) Abegg u. Seitz, Zeitschr. f. physikal. Chemie 29, 247 [1899].
[17]) Drude, Zeitschr. f. physikal. Chemie 23, 309 [1897].
[18]) Turner, Zeitschr. f. physikal. Chemie 35, 426 [1900].
[19]) Kekulé, Annalen d. Chemie u. Pharmazie 137, 169 [1866].
[20]) Goldschmidt, Chem. Centralbl. 1903, II, 820. — Goldschmidt u. Larsen, Zeitschr. f. physikal. Chemie 48, 424 [1904].
[21]) Baumhauer, Annalen d. Chemie u. Pharmazie, Suppl. 7, 204 [1870].
[22]) Holleman u. de Bruyn, Recueil des travaux chim. des Pays-Bas 19, 79 [1900].
[23]) Holleman, Chem. Centralbl. 1906, II, 28.
[24]) Martinsen, Chem. Centralbl. 1905, I, 438.
[25]) J. J. Blanksma, Recueil des travaux chim. des Pays-Bas 25, 365 [1906].

Zinkstaub und Salzsäure[1]), mit Zinnchlorür und wechselnden Mengen Salzsäure[2]). Reduktion mit Natrium in ätherischer Lösung[3]).

Elektrolytische Reduktion. Reduktion eines Nitrobenzolschwefelsäuregemischs liefert p-Aminophenol bzw. p-Aminophenolsulfosäure[4]). Ausführung der Reduktion durch Suspendierung des stets im Überschuß gehaltenen Nitrobenzols in verdünnter Schwefelsäure[5]), bei Suspendierung in einer wässerigen Essigsäure-Natriumacetatlösung[6]). Reaktionsverlauf in alkalischer und in saurer alkoholischer Lösung[7]), in ammoniakalisch-alkoholischer Salmiaklösung[8]), in rauchender Salzsäure[9]), in verdünnter Essigsäure[10]), in anderen organischen Säuren[11]). Einfluß des Kathodenmaterials[12])[13]), der Konzentration, der Stromdichte und des Kathodenpotentials[12]) auf den Reaktionsverlauf. Messung des Kathodenpotentials[14]), in saurer und alkalischer Lösung.

Reduktion des Nitrobenzols durch photochemische Prozesse in alkoholischer Lösung, im Gemisch mit aliphatischen Alkoholen und mit aromatischen Aldehyden[15]).

Einwirkung der dunklen, elektrischen Entladung bei Gegenwart von Stickstoff[16]). Durch fein verteiltes Kali wird Nitrobenzol bei Ausschluß von Luftsauerstoff in o-Nitrophenol verwandelt[17]). Über Prüfung auf Nitrotoluol durch festes Ätznatron siehe S. 167.

Reines Nitrobenzol bleibt auf Zusatz eines Tropfens Kalilauge farblos; bei Anwesenheit von Dinitrothiophen in Spuren entsteht Rotfärbung[18]).

o-Nitrophenylquecksilberchlorid[19]) $NO_2 \cdot C_6H_4 \cdot HgCl$

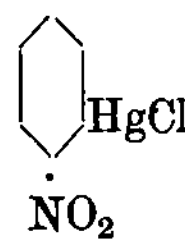

wird durch Erhitzen von Mercuriacetat mit der fünffachen Menge Nitrobenzol auf 150° bis zur erfolgten Lösung, Zusatz von Kochsalzlösung und Übertreiben des überschüssigen Nitrobenzols mit Wasserdampf abgeschieden. Gelbliche Blättchen aus Eisessig. Schmelzp. 181 bis 182°. Löslich in Äther, unlöslich in Wasser. Wird durch 2stündiges Schütteln mit Bromkaliumlösung in o-Nitrobrombenzol

Schmelzp. 41—42°, verwandelt[20]). Verbindungen mit Quecksilberhalogeniden[20]).

---

[1]) Gintl, Zeitschr. f. angew. Chemie **15**, 1329 [1902].

[2]) Flürschheim, Journ. f. prakt. Chemie [2] **71**, 497 [1905].

[3]) Schmidt, Berichte d. Deutsch. chem. Gesellschaft **32**, 2911 [1899]. — Löb, Berichte d. Deutsch. chem. Gesellschaft **30**, 1572 [1897].

[4]) Gattermann, Berichte d. Deutsch. chem. Gesellschaft **26**, 1844 [1893]; D. R. P. 75 620; Friedländers Fortschritte der Teerfarbenfabrikation 3, 53. — Noyes u. Clement, Berichte d. Deutsch. chem. Gesellschaft **26**, 990 [1893].

[5]) Darmstätter, D. R. P. 154 086; Chem. Centralbl. **1904**, II, 1012.

[6]) Brand, Berichte d. Deutsch. chem. Gesellschaft **38**, 3076 [1905].

[7]) H. Schmidt, Zeitschr. f. physikal. Chemie **32**, 271 [1900].

[8]) Haber, Zeitschr. f. Elektrochemie 4, 506 [1898].

[9]) Loeb, Berichte d. Deutsch. chem. Gesellschaft **29**, 1896 [1896].

[10]) Haber, Zeitschr. f. Elektrochemie 5, 77 [1898].

[11]) Loeb, Chem. Centralbl. **1897**, I, 987.

[12]) Haber u. Ruß, Zeitschr. f. physikal. Chemie **47**, 257 [1904]. — Vgl. auch Tafel u. Naumann, Zeitschr. f. physikal. Chemie **50**, 641 [1905].

[13]) Loeb u. Moore, Zeitschr. f. Elektrochemie **9**, 753 [1903]; Zeitschr. f. physikal. Chemie **47**, 418 [1904].

[14]) Sand, Philos. Magaz. **9**, 20 [1905].

[15]) Paternò u. Chieffi, Gazzetta chimica ital. **39**, 341 [1909].

[16]) Berthelot, Compt. rend. de l'Acad. des Sc. **126**, 788 [1898].

[17]) Wohl, Berichte d. Deutsch. chem. Gesellschaft **32**, 3486 [1899].

[18]) V. Meyer u. Stadler, Berichte d. Deutsch. chem. Gesellschaft **17**, 2780 [1884].

[19]) Dimroth, Berichte d. Deutsch. chem. Gesellschaft **35**, 2032 [1902].

[20]) Mascarelli, Chem. Centralbl. **1906**, II, 1832.

Nitrobenzol gibt mit Aluminiumchlorid eine Doppelverbindung $C_6H_5 \cdot NO_2 \cdot AlCl_3$, mit Chromylchlorid entsteht die Verbindung $C_6H_3 \cdot (NO_2) \cdot 2 CrO_2Cl$ [1]).

Der Nachweis des an seinem charakteristischen Geruch erkennbaren Nitrobenzols erfolgt durch Reduktion zu Anilin und Identifizierung des letzteren. Quantitative Bestimmung mittels titrierter Zinnchlorürlösung [2]).

Bei energischer Nitrierung entsteht aus Benzol vorwiegend m-Dinitrobenzol, daneben nur wenig o- und p-Verbindung. Durch einen sehr großen Überschuß stärkster Salpeterschwefelsäure läßt sich m-Dinitrobenzol zu 1, 3, 5-Trinitrobenzol nitrieren.

m-Dinitrobenzol $C_6H_4O_4N_2 = C_6H_4 \cdot (NO_2)_2$

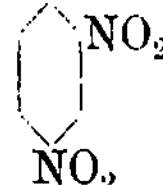

Aus Nitrobenzol und rauchender Salpetersäure [3]) oder Salpeterschwefelsäure [4]). Zur Darstellung löst man Benzol in doppelten Volumen Salpetersäure (Dichte 1,52), zum Schluß unter gelindem Erwärmen vollständig auf, setzt kalt $3\frac{1}{3}$ Vol. konz. Schwefelsäure zu und kocht nochmals auf. Nach dem Erkalten fällt man das Dinitrobenzol durch Wasser aus, krystallisiert es aus verdünntem Alkohol [5]) um und reinigt es von etwa beigemengtem Dinitrothiophen, das sich durch Rotfärbung der sonst farblos bleibenden, alkoholischen Lösung bei Zusatz von Alkali [6]) zu erkennen gibt, durch Erwärmen mit überschüssigem, alkoholischem Natron [7]). Bildet dünne, rhombische Tafeln [8]). Schmelzp. $91°$ [9]). Siedep. $297°$ [10]). Schmelzp. $89,72°$; Siedep. $188°$ bei 33 mm, $222,4°$ bei 108 mm, $275,2°$ bei 420 mm, $302,8°$ bei 770,5 mm [11]). Spez. Gewicht (flüssig) bei $t°$ $1,369 - 0,03995 (t - 89,1) - 0,05613 (t - 89,1°)$ [12]) [13]).

Chlor verdrängt in der Hitze (bei $210°$) eine oder beide Nitrogruppen [14]), in Gegenwart eines Chlorüberträgers wirkt es aber in der Wärme substituierend (Bildung von 1, 3-Dinitro-5-chlorbenzol, Schmelzp. $59°$) [15]). Brom verdrängt auch (erst bei $230°$) die Nitrogruppen [16]) und kann bei Gegenwart eines Bromüberträgers den Benzolkern vollständig substituieren. Bei $330°$ verdrängt auch Jod eine Nitrogruppe und bildet m-Nitrojodbenzol [17]). Auch durch alkoholische Cyankaliumlösung wird eine Nitrogruppe ausgetauscht; zugleich tritt eine Alkoxylgruppe in den Kern, so daß sich die Verbindung $(RO) \cdot C_6H_3(NO_2)CN$ bildet [17]). Alkalische Ferricyankaliumlösung oxydiert zu Dinitrophenol, hauptsächlich

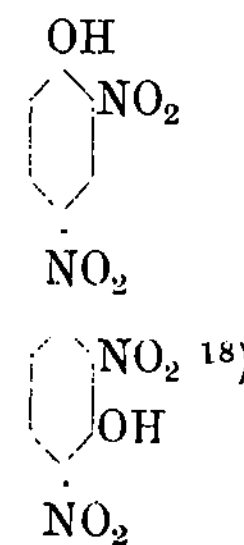

neben wenig

[1]) Etard, Annales de Chim. et de Phys. [5] **22**, 272 [1881].
[2]) Hans Meyer, Analyse u. konstit. Ermittl. org. Verbd. S. 918. 2. Aufl. 1909.
[3]) Deville, Annales de Chim. et de Phys. [3] **3** [1843].
[4]) Muspratt u. Hofmann, Annalen d. Chemie u. Pharmazie **57**, 214 [1846].
[5]) Beilstein u. Kurbatow, Annalen d. Chemie u. Pharmazie **176**, 43 [1874].
[6]) V. Meyer u. Stadler, Berichte d. Deutsch. chem. Gesellschaft **17**, 2780 [1884].
[7]) Willgerodt, Berichte d. Deutsch. chem. Gesellschaft **25**, 608 [1892].
[8]) Bodewig, Jahresber. d. Chemie **1876**, 375.
[9]) Willgerodt, Berichte d. Deutsch. chem. Gesellschaft **25**, 609 [1892].
[10]) V. Meyer u. Stadler, Berichte d. Deutsch. chem. Gesellschaft **17**, 2649 [1884].
[11]) Lobry de Bruyn, Recueil des travaux chim. des Pays-Bas **13**, 116 [1894].
[12]) Mascarelli, Chem. Centrabl. **1906**, II, 1832.
[13]) R. Schiff, Annalen d. Chemie u. Pharmazie **223**, 259 [1884].
[14]) Lobry de Bruyn, Berichte d. Deutsch. chem. Gesellschaft **24**, 3749 [1891].
[15]) Aktiengesellschaft für Anilinfabrikation, D. R. P. 108 165; Chem. Centralbl. **1900**, I, 1115.
[16]) Lobry de Bruyn u. Leent, Recueil des travaux chim. des Pays-Bas **15**, 86 [1896].
[17]) Lobry de Bruyn, Recueil des travaux chim. des Pays-Bas **2**, 205 [1883]. — Hodgekinson u. Hope, Chem. News **80**, 210 [1899].
[18]) Hepp, Annalen d. Chemie u. Pharmazie **215**, 356 [1882].

Einwirkung von Natronlauge[1]). m-Dinitrobenzol läßt sich zu 1, 3-Nitranilin und m-Phenylendiamin reduzieren. Durch Elektrolyse in konz. Schwefelsäure entsteht 1,3-Diaminophenol-(4)[2]).

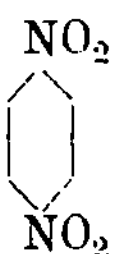

o-Dinitrobenzol $C_6H_4 \cdot (NO_2)_2$

(siehe oben)[3]). Die Rückstände der Darstellung von m-Dinitrobenzol werden mit dem doppelten Gewicht Salpetersäure (Dichte 1,4) gekocht und dann in das 5—6fache Volumen kalte Salpetersäure gegossen; es scheidet sich die o-Verbindung ab[4]). Schmelzp. 116,5°, Siedep. 181,7° bei 18 mm, 231,1° bei 96 mm, 276,5° bei 311 mm, 319° bei 773,5 mm. Spez. Gewicht 1,59 bei 18 mm[4]). In heißem Wasser ist es ein wenig löslicher (38 : 10 000) als die reine p-Verbindung (18 : 10 000)[4]).

p-Dinitrobenzol $C_6H_4 \cdot (NO_2)_2$

(siehe oben)[3])[5]). Scheidet sich aus der alkoholischen Mutterlauge des m-Dinitrobenzols bei einigem Stehen ab, während o-Dinitrobenzol und etwas m-Verbindung noch gelöst bleiben[6]). Man erhält es auch bei der Oxydation von Chinondioxim mit kalter[7]) Salpetersäure[8]). Monokline[9]), leicht sublimierende Nadeln. Schmelzp. 171—172°. Siedep. 183,6° bei 34 mm, 230,4° bei 153 mm, 299° bei 777 mm. Spez. Gewicht 1,625 bei 18°[8]).

Symm. 1, 3, 5-Trinitrobenzol $C_6H_3O_6N_3 = C_6H_3 \cdot (NO_2)_3$

m-Dinitrobenzol wird mit der 16fachen Menge krystallisierter, rauchender Schwefelsäure und der 8fachen Menge Salpetersäure vom spez. Gewicht 1,52 1 Tag auf 100° und 4 Tage auf 110° erhitzt[11]). Entsteht auch aus 2, 4, 6-Trinitrotoluol mit rauchender Salpetersäure bei 180°[12]) oder aus 2, 4, 6-Trinitrobenzoesäure beim Erhitzen mit Wasser[13]). Hochgelbe Prismen. Schmelzp. 121—122°. Bei vorsichtigem Erhitzen sublimierbar. Löst sich spurenweise in Kalilauge oder Ammoniak mit blutroter Farbe[10]), ohne Abspaltung von salpetriger Säure[12]). Bildet mit Benzol eine an der Luft nicht beständige, krystallisierende Verbindung $C_6H_3 \cdot (NO_3)_3 \cdot C_6H_6$[13]); auch mit Anilin vereinigt es sich direkt zu einer in kaltem Alkohol unlöslichen Verbindung (Trennung von Dinitrobenzol).

---

[1]) Lobry de Bruyn, Recueil des travaux chim. des Pays-Bas **13**, 116 [1894].

[2]) Lobry de Bruyn, Recueil des travaux chim. des Pays.-Bas. **2**, 205 [1883]. — Hodgekinson u. Hope, Chem. News **80**, 210 [1899].

[3]) Rinne u. Zincke, Berichte d. Deutsch. chem. Gesellschaft **7**, 1372 [1874]. — Körner, Gazzetta chimica ital. **4**, 356 [1884].

[4]) Lobry de Bruyn, Berichte d. Deutsch. chem. Gesellschaft **26**, 266 [1893]; Recueil des travaux chim. des Pays-Bas **13**, 106 [1894].

[5]) Rinne u. Zincke, Berichte d. Deutsch. chem. Gesellschaft **7**, 850 [1874].

[6]) Rinne u. Zincke, Berichte d. Deutsch. chem. Gesellschaft **7**, 870 [1874].

[7]) Nietzki u. Genterman, Berichte d. Deutsch. chem. Gesellschaft **21**, 430 [1888].

[8]) Lobry de Bruyn, Recueil des travaux chim. des Pays-Bas **13**, 111 [1894].

[9]) Bodewig, Jahresber. d. Chemie **1876**, 375.

[10]) Hepp, Annalen d. Chemie u. Pharmazie **215**, 345 [1882].

[11]) Lobry de Bruyn, Recueil des travaux chim. des Pays-Bas **13**, 149 [1894].

[12]) V. Meyer, Berichte d. Deutsch. chem. Gesellschaft **29**, 849 [1896].

[13]) Hepp, Annalen d. Chemie u. Pharmazie **215**, 376 [1882].

1, 3, 5-Trinitrochlorbenzol, Pikrylchlorid $C_6H_2O_6N_3Cl = C_6H_2(NO_2)_3 \cdot Cl$

$$\underset{NO_2}{\overset{Cl}{\underset{\quad}{\bigcirc}}}{NO_2}$$

Entsteht aus Pikrinsäure und Phosphorpentachlorid nach der Gleichung[1])

$$\underset{NO_2}{\overset{OH}{\bigcirc}}NO_2 + PCl_5 = \underset{NO_2}{\overset{Cl}{\bigcirc}}NO_2 + HCl + POCl_3$$

Darstellung[2]). (Schmelzp. 83°.) Das Chloratom ist sehr leicht beweglich, kann durch Soda-lösung gegen OH, durch Ammoniak gegen NH_2, durch alkoholisches Kali gegen OC_nH_{2n+1} ausgetauscht werden[3]). Mit Natriumalkoholaten lassen sich hierbei rote Additionsprodukte $C_6H_2 \cdot (NO_2)_3 \cdot (OR) \cdot RONa$ als Zwischenprodukte isolieren[4]). Wird durch Zinn und Salzsäure zu symmetrischem Triaminobenzol reduziert[5]). Verbindet sich mit Benzol[6]), Naphthalin und anderen Kohlenwasserstoffen[3]) und mit α-Naphthylamin[7]).

Nitrobenzolsulfonsäuren. Durch Sulfurieren von Nitrobenzol[8]) mit rauchender Schwefel-säure entsteht vorwiegend m-Nitrobenzolsulfonsäure neben geringen Mengen der o- und p-Ver-bindung. Diese bilden sich in etwas größerer Menge beim Nitrieren der Benzolsulfonsäure[9]). Durch andauernde, energische Einwirkung von Salpeter-Schwefelsäure läßt sich die m-Nitro-benzolsulfonsäure in 1, 2-Dinitrobenzol-3-sulfonsäure (nebst einer isomeren Säure)[10]) [11]) und in eine Dinitrobenzoldisulfonsäure verwandeln[12]).

m-Nitrobenzolsulfonsäure $C_6H_5O_5NS$

$$\overset{}{\bigcirc} \cdot SO_3H$$
$$\underset{NO_2}{}$$

200 g Benzol werden mit 300 ccm rauchender Schwefelsäure gemischt, nach 1—2 Stunden noch ungelöstes Benzol abgehoben und dann tropfenweise Salpetersäure (Dichte 1,5) zuge-geben, bis zum Aufhören einer Einwirkung. Nach dem Eingießen in Wasser entfernt man abgeschiedenes Dinitrobenzol und sättigt mit Kalkmilch. Die Calciumsalze werden entweder in die Barytsalze verwandelt[8]) und diese fraktioniert, krystallisiert, oder besser fraktionsweise über die Kaliumsalze in Chlorid und Amid verwandelt. Zuerst erhält man reichlich m-Chlorid, bei den späteren Fraktionen werden die Amide durch Umlösen aus Wasser fraktioniert; die o-Verbindung ist am schwersten löslich, leichter löst sich die m-Verbindung, am leichtesten die p-Verbindung. Die Zerlegung der Amide erfolgt mit Salzsäure bei 150°[9]). Zerfließliche Blätter.

m-Nitrobenzolsulfonsäurechlorid[9]) $C_6H_4O_4NClS = C_6H_4\!\!\begin{array}{l}NO_2 \quad 1 \\ SO_2Cl \ 3\end{array}$. Schmelzp. 60,5°.

m-Nitrobenzolsulfonsäureamid[9]) $C_6H_6O_4N_2S = C_6H_4\!\!\begin{array}{l}NO_2 \qquad 1 \\ SO_2 \cdot NH_2 \ 3\end{array}$. Schmelzp. 161°.

---

[1]) Pisani, Annalen d. Chemie u. Pharmazie **92**, 326 [1854].

[2]) Clemm, Journ. f. prakt. Chemie [2] **1**, 145 [1870]. — Jackson u. Gazzolo, Amer. Chem. Journ. **23**, 384 [1900]. — Chem. Fabrik Griesheim, D. R. P. 78 309; Friedländers Fortschritte der Teerfarbenfabrikation **4**, 35.

[3]) Liebermann u. Palm, Berichte d. Deutsch. chem. Gesellschaft **8**, 378 [1875].

[4]) Jackson u. Boos, Amer. Chem. Journ. **20**, 444 [1898].

[5]) Flesch, Monatshefte f. Chemie **18**, 760 [1897].

[6]) Mertens, Berichte d. Deutsch. chem. Gesellschaft **11**, 844 [1878].

[7]) Bamberger u. Müller, Berichte d. Deutsch. chem. Gesellschaft **33**, 102 [1900].

[8]) R. Schmitt, Annalen d. Chemie u. Pharmazie **120**, 164 [1861].

[9]) Limpricht, Annalen d. Chemie u. Pharmazie **177**, 60 [1875].

[10]) Limpricht, Berichte d. Deutsch. chem. Gesellschaft **9**, 554 [1876].

[11]) Sachse, Annalen d. Chemie u. Pharmazie **188**, 144 [1877].

[12]) Limpricht, Berichte d. Deutsch. chem. Gesellschaft **9**, 289 [1876].

o-Nitrobenzolsulfonsäure $C_6H_5O_5NS$ [1] [2]

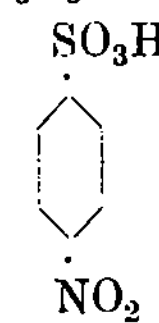

Bildet sehr leicht lösliche Salze.

o-Nitrobenzolsulfonsäurechlorid [2] $C_6H_4O_4NClS = C_6H_4{<}^{NO_2}_{SO_2Cl}\ {}^1_2$. Schmelzp. 67°.

o-Nitrobenzolsulfonsäureamid [2] $C_6H_6N_2SO_4 = C_6H_4{<}^{NO_2}_{SO_2 \cdot NH_2}\ {}^1_2$. Schmelzp. 186°

Sehr schwer löslich in kaltem Wasser.

p-Nitrobenzolsulfonsäure [1] [2] $C_6H_5O_5NS$

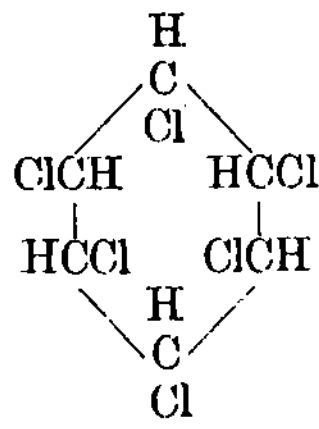

p-Nitrobenzolsulfonsäurechlorid [2] $C_6H_4O_4N \cdot ClS = C_6H_4{<}^{NO_2}_{SO_2Cl}\ {}^1_4$. Rotes Öl.

p-Nitrobenzolsulfonsäureamid [2] $C_6H_6N_2SO_4 = C_6H_4{<}^{NO_2}_{SO_2 \cdot NH_2}\ {}^1_4$. Schmelzp. 131°.

Ziemlich leicht löslich in heißem Wasser.

1, 2-Dinitrobenzol-3-sulfonsäure [3] [4] $C_6H_4O_7N_2S$

Wird bei 14—16 tägigem gelinden Sieden von m-Nitrobenzolsulfonsäure mit dem gleichen Volumen rauchender Schwefelsäure und dem 3fachen Volumen möglichst starker Salpetersäure gebildet, neben einer isomeren Säure, die bei der Reinigung der Säure über die Barytsalze in der Mutterlauge bleibt. Zerfließliche Krystalle. — **Chlorid** [2] $C_6H_3 \cdot (NO_2)_2SO_2Cl$. Schmelzp. 89°. — **Amid** [4] $C_6H_3(NO)_2 \cdot SO_2 \cdot NH_2$. Schmelzp. 238°.

Dinitrobenzoldisulfonsäure [5] $C_6H_4O_{10}N_2S_2 = C_6H_2(NO_2)_2(SO_3H)_2$. Krystallinisch. Amid und Chlorid krystallisieren und zersetzen sich, ohne vorher zu schmelzen.

Halogenderivate des Benzols: Additionsprodukte. Benzol addiert im Sonnenlicht 6 Atome Chlor oder Brom unter Bildung von Benzolhexachlorid $C_6H_6 \cdot Cl_6$ und Benzolhexabromit $C_6H_6 \cdot Br_6$, die in je zwei stereoisomeren Formen existieren.

(α-)Trans-Benzolhexachlorid $C_6H_6 \cdot Cl_6$

Aus Benzol und Chlor im Sonnenlicht [6] oder beim Einleiten von Chlor in siedendes Benzol [7] [8] [9]; vorteilhaft ist dabei ein Zusatz von 1 proz. Natronlauge [10]. Man trennt von der (β)-cis-Verbin-

---

[1] R. Schmitt, Annalen d. Chemie u. Pharmazie **120**, 164, [1861].

[2] Limpricht, Annalen d. Chemie u. Pharmazie **177**, 60, [1875].

[3] Limpricht, Berichte d. Deutsch. chem. Gesellschaft **9**, 554 [1876].

[4] Sachse, Annalen d. Chemie u. Pharmazie **188**, 144 [1877].

[5] Limpricht, Berichte d. Deutsch. chem. Gesellschaft **9**, 289 [1876].

[6] Faraday, Annales de Chim. et de Phys. [2] **30**, 274 [1825]. — Mitscherlich, Poggend. Annalen d. Physik **35**, 375 [1832].

[7] Lesimple, Annalen d. Chemie u. Pharmazie **137**, 123 [1866]. — Heys, Zeitschr. f. Chemie **1871**, 293.

[8] J. Meunier, Annales de Chim. et de Phys. [6] **10**, 227 [1887].

[9] Schüpphaus, Berichte d. Deutsch. chem. Gesellschaft **17**, 2256 [1884].

[10] Matthews, Journ. Chem. Soc. **59**, 166 [1891].

dung durch Destillation mit Wasserdampf; die trans-Verbindung geht dabei ins Destillat[1]). Oder man benutzt zur Trennung Chloroform, worin die β-Verbindung sich viel schwerer löst[2]). Monokline Krystalle[3]). Schmelzp. 157°; Siedep. 288°, unter Zerfall in Chlorwasserstoff und 1, 2, 4-Trichlorbenzol. Siedep. 218° bei 345—351 mm; spez. Gewicht 1,87 bei 20° [1]).

(β-)Cis-Benzolhexachlorid $C_6H_6 \cdot Cl_6$ [1])[4])

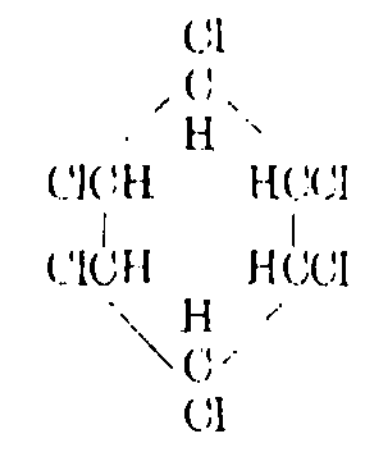

$$\begin{array}{c}
Cl \\
C \\
H \\
ClCH \qquad HCCl \\
\mid \qquad\qquad \mid \\
ClCH \qquad HCCl \\
H \\
C \\
Cl
\end{array}$$

Würfelartige, hexagonale (?) Krystalle, schmilzt und sublimiert gegen 310°. Spez. Gewicht 1,89 bei 19°. Viel beständiger als das α-Derivat.

α-Trans-Benzolhexabromid $C_6H_6 \cdot Br_6$

$$\begin{array}{c}
H \\
C \\
Br \\
BrCH \qquad HCBr \\
\mid \qquad\qquad \mid \\
HCBr \qquad BrCH \\
H \\
C \\
Br
\end{array}$$

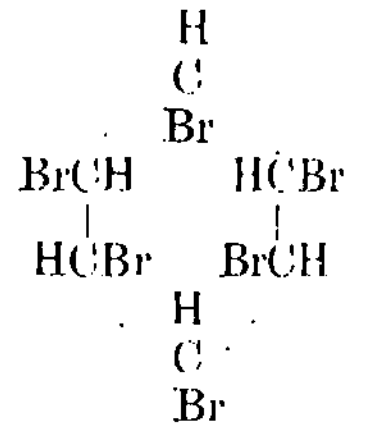

Aus Benzol und Brom in der Sonne[5]), besonders aus siedendem Benzol und Brom[6])[7]). Monokline Prismen[8]) aus Xylol, monokline Tafeln aus Chloroform[9]). Schmelzp. 212°. In Alkohol und Äther wenig löslich.

β-Cis-Benzolhexabromid $C_6H_6 \cdot Br_6$ [10])

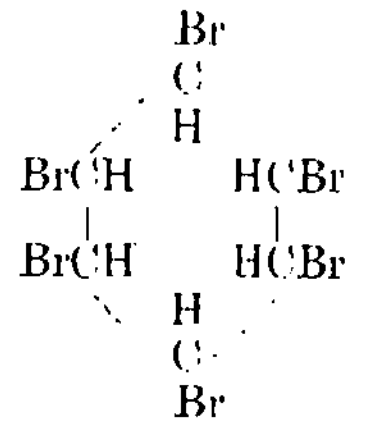

$$\begin{array}{c}
Br \\
C \\
H \\
BrCH \qquad HCBr \\
\mid \qquad\qquad \mid \\
BrCH \qquad HCBr \\
H \\
C \\
Br
\end{array}$$

Wird in geringer Menge neben dem α-Derivat erhalten, wenn man in ein eiskaltes Gemisch von Benzol und 1 proz. Natronlauge langsam Brom einträgt. Man trennt es durch seine geringere Löslichkeit in Chloroform von der α-Verbindung. Reguläre Krystalle aus Benzol. Schmelzp. 253° unter geringer Zersetzung.

Substitutionsprodukte. Bei Anwesenheit eines Halogenüberträgers wie Jod[11]) oder eines der Chloride wie Antimonpentachlorid[11]), Molybdänpentachlorid[12]), Thalliumchlorid, Eisen-

---

[1]) J. Meunier, Annalen de Chim. et de Phys. [6] **10**, 227 [1887].

[2]) Friedel, Bulletin de la Soc. chim. [3] **5**, 136 [1891].

[3]) Bodewig, Jahresber. d. Chemie **1879**, 387. — Zingel, Jahresber. d. Chemie **1885**. 729.

[4]) Schüpphaus, Berichte d. Deutsch. chem. Gesellschaft **17**, 2256 [1884].

[5]) Mitscherlich, Poggend. Annalen d. Physik **35**, 374 [1832].

[6]) Meunier, Annales de Chim. et de Phys. [6] **10**, 270 [1887].

[7]) Matthews, Journ. Chem. Soc. **73**, 243 [1898].

[8]) Des Cloizeaux, Annales de Chim. et de Phys. [6] **10**, 272 [1887].

[9]) Gill, Amer. Chem. Journ. **18**, 318 [1896].

[10]) Orndorff u. Howells, Amer. Chem. Journ. **18**, 315 [1896]. — Vgl. dagegen Matthews, Journ. Chem. Soc. **73**, 243 [1898].

[11]) H. Müller, Jahresber. d. Chemie **1862**, 415.

[12]) Aronheim, Berichte d. Deutsch. chem. Gesellschaft **8**, 1400 [1875].

chlorid[1]), Wismuttrichlorid, Aluminiumchlorid, Zinntetrachlorid[2]) und Quecksilberchlorid oder -bromid[3]) kann das Benzol sukzessive vollständig durch Chlor oder Brom substituiert werden[4]). Ferner kann als Halogenüberträger eine geringe Menge Pyridin, Chinolin oder Isochinolin dienen[5]). Über Reaktionsgeschwindigkeit der Bromierung des Benzols mit Jodzusatz und ohne solchen[6]); beschleunigende Wirkung des Bromwasserstoffs auf die Bromierung[7]).

Fluorbenzole erhält man aus Diazoniumchloriden und Flußsäure[8]). Jod wirkt nicht direkt auf Benzol ein; es kann aber durch Erwärmen mit trocknem Eisenchlorid auf 100°[9]), oder durch Erhitzen mit Vitriolöl[10]) in den Benzolkern eingeführt werden.

Fluorbenzol C_6H_5Fl[8])

Fl

Bleibt bei —20° flüssig, siedet bei 85°. Spez. Gewicht 1,0236 bei 20°/4°[11]); 1,0418 bei 4°/4°, 1,0290 bei 15°/15°, 1,020° bei 20°/20°[12]). Magnetisches Drehungsvermögen 9,96 bei 19°[12]).

Chlorbenzol C_6H_5Cl

Cl

Bildung[13])[14]) beim Erhitzen von Benzol mit Eisenchlorid[15]). Zur Darstellung leitet man in Benzol, das mit Jod oder Molybdänpentachlorid (1%) versetzt ist, Chlor ein, bis die Gewichtszunahme 2 Atomen Chlor entspricht[16]). Durch Einwirkung von Sonnenlicht werden die beigemengten Jodverbindungen entfernt. Man chloriert bei 50—55° unter Zusatz von 3% wasserfreiem Aluminiumchlorid[17]). Als Chlorüberträger wird auch ein Gemisch von Eisenchlorid mit feingepulvertem, metallischem Eisen empfohlen[18]). Darstellung aus Benzoldiazoniumchlorid und Kupferchlorid durch Elektrolyse[19]). — Eine Diazoniumlösung aus 46,5 g Anilin, 380 g Wasser, 170 g 23proz. Salzsäure und 150 g Eis läßt man bei Zimmertemperatur unter Kühlung von außen zu einer Lösung von 50 g Kupferchlorür in 500 g 23proz. Salzsäure und 200 g Wasser zufließen, erhitzt nach mehrstündigem Stehenlassen auf dem Wasserbad und destilliert mit Wasserdampf; Reinausbeute über 90%[20]). Schmelzp. — 45° (korr.)[21]); Siedep. 131,8—131,9 bei 757 mm[22]); 132,0° bei 760 mm[23]).

[1]) Page, Annalen d. Chemie u. Pharmazie **235**, 200 [1884]. — Thomas, Compt. rend. de l'Acad. des Sc. **126**, 1211 [1898]; **127**, 184 [1898]; **128**, 1576 [1899]; **144**, 32 [1907].

[2]) Willgerodt, Journ. f. prakt. Chemie [2] **34**, 286 [1886]; **35**, 391 [1887].

[3]) Lazarew, Journ. d. russ. physikal.-chem. Gesellschaft **22**, 387 [1890].

[4]) Bancroft, Journ. of biol. Chemistry **12**, 209 [1908]. — Schluederberg, Journ. of biol. Chemistry **12**, 574 [1908].

[5]) W. E. Cross u. J. B. Cohen, Proc. Chem. Soc. **24**, 15 [1908].

[6]) Bruner, Chem. Centralbl. **1900**, II, 257.

[7]) Gustavson, Journ. f. prakt. Chemie [2] **62**, 281 [1900].

[8]) Valentiner u. Schwarz, D. R. P. 96 153; Chem. Centralbl. **1898**, I, 1224.

[9]) Lothar Meyer, Annalen d. Chemie u. Pharmazie **231**, 195 [1885].

[10]) Neumann, Annalen d. Chemie u. Pharmazie **241**, 33 [1887]. — Istrati, Bulletin de la Soc. chim. [3] **5**, 160 [1891]. — Kekulé, Annalen d. Chemie u. Pharmazie **137**, 161 [1865].

[11]) Wallach u. Heussler, Annalen d. Chemie u. Pharmazie **243**, 221 [1888].

[12]) Perkin, Journ. Chem. Soc. **69**, 1243 [1896].

[13]) Gerhardt u. Laurent, Annales de Chim. et de Phys. [4] **14**, 186 [1867]. — Dubois, Zeitschr. f. Chemie **1866**, 705.

[14]) E. Schmidt, Berichte d. Deutsch. chem. Gesellschaft **11**, 1173 [1878].

[15]) Thomas, Compt. rend. de l'Acad. des Sc. **126**, 1212 [1898].

[16]) Haase, Berichte d. Deutsch. chem. Gesellschaft **26**, 1053 [1893].

[17]) Mouneyrat u. Pouret, Compt. rend. de l'Acad. des Sc. **127**, 1026 [1898].

[18]) Saccharinfabrik Aktiengesellschaft vorm. Fahlberg, List & Co., D. R. P. 219 242; Chem. Centralbl. **1910**, I, 1074.

[19]) Votoček u. Zenisek, Chem. Centralbl. **1899**, I, 1146.

[20]) G. Heller, Zeitschr. f. angew. Chemie **23**, 389 [1910].

[21]) Schneider, Zeitschr. f. physikal. Chemie **22**, 232 [1897].

[22]) Linnebarger, Amer. Chem. Journ. **18**, 437 [1896].

[23]) Timmermans, Bulletin de la Soc. chim. de Belg. **24**, 194 [1908].

Spez. Gewicht 1,1230 bei -4/4, 1,1125 bei 15/15°, 1,1042 bei 25°/25°, 1,0868 bei 50°/50°, 1,0623 bei 100°/100° [1]), 1,12795 bei 0°/4° [2]). Volumen eines Grammes Chlorbenzoldampf bei 130° 295,5 ccm, bei 210° 55,3 ccm, bei 359,2° (kritische Temperatur) 2,737 ccm [3]). Bei der Einwirkung von Chlor im Sonnenlicht bilden sich die Verbindungen $C_6H_5Cl \cdot Cl_4$, $C_6H_4Cl_6$ und andere[4]). Chlorbenzol ist sowohl beim langen Kochen für sich, sowie beim Kochen mit Aluminiumchlorid beständig[5]); wird von Jodwasserstoffsäure und Phosphor bei 300° nicht angegriffen[6]). Über Einwirkung von Jod und Schwefelsäure in der Hitze[7]). Braunstein und Schwefelsäure oxydiert zu Ameisensäure und p-Chlorbenzoesäure. Darstellung der Magnesiumverbindung des Chlorbenzols[8]): Reaktion mit Aluminium[9]) und mit Magnesium[10]). Im Hundeorganismus geht Chlorbenzol in Chlorphenylmercaptursäure über $C_{12}H_{12}O_3ClNS$.

Weitere Chlorierungsprodukte des Benzols: Bei der Chlorierung des Benzols mit 2 Mol. Chlor in Gegenwart von Jod[11]) oder von Aluminiumchlorid[12]) ist p-Dichlorbenzol das Hauptprodukt der Reaktion neben wenig o- [11]) [12]) und m- [12]) Dichlorbenzol. Ebenso verhält sich Monochlorbenzol[12]). Bei weiterem Chlorieren des p-Dichlorbenzols[4]) bei Gegenwart von $AlCl_3$ [13]) entsteht 1, 2, 4-(a)-Trichlorbenzol, aus dem m-Dichlorbenzol entstehen so alle drei möglichen Trichlorbenzole[13]), das 1, 2, 3-(v)-, das 1, 2, 4-(a)- und das 1, 3, 5-(s)-Trichlorbenzol. Von den Tetrachlorbenzolen bilden sich 1, 2, 3, 5-(a)- [14]) und 1, 2, 4, 5-(s)-Tetrachlorbenzol[4]) [13]). Schließlich läßt sich die Chlorierung über das Pentachlorbenzol bis zum Hexachlorbenzol durchführen.

o-Dichlorbenzol $C_6H_4Cl_2$

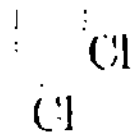

Zur Trennung von dem festen p-Dichlorbenzol saugt man ab und löst in einem Gemisch gleicher Teile Vitriolöl und Pyroschwefelsäure in der Kälte, wobei noch vorhandene Paraverbindung zurückbleibt[15]). Den Rest derselben fällt man durch wenig Wasser und erhitzt das Filtrat im Dampfstrom auf 200°, zuletzt auf 240°. Anfangs geht noch etwas p-Dichlorbenzol über, dann folgt o-Dichlorbenzol[16]). Einfacher stellt man es aus o-Chlorphenol und Phosphorpentachlorid her[15]). Erstarrt nicht bei —14°; Siedep. 179° (i. D.). Spez. Gewicht 1,3278 bei 0° [15]). Spez. Gewicht 1,3254 bei 0° [16]).

m-Dichlorbenzol $C_6H_4Cl_2$

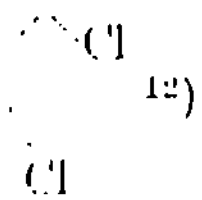

Siedep. 172 (i. D.) bei 767 mm. Spez. Gewicht 1,307 bei 0° [17]). Es kann leicht aus 2fach gechlortem Anilin durch Eliminierung der Amidogruppe dargestellt werden[17]) [18]).

[1]) Perkin, Journ. Chem. Soc. **69**, 1243 [1896].
[2]) Timmermans, Bulletin de la Soc. chim. de Belg. **24**, 194 [1908].
[3]) S. Joung, Zeitschr. f. physikal. Chemie **70**, 620 [1910].
[4]) Jungfleisch, Annales de Chim. et de Phys. [4] **14**, 186 [1868].
[5]) Vandevelde, Chem. Centralbl. **1898**, 1, 438.
[6]) Klages u. Liecke, Journ. f. prakt. Chemie [2] **61**, 319 [1900].
[7]) Istrati, Chem. Centralbl. **1897**, 1, 1161.
[8]) A. Hesse, D. R. P. 189476; Chem. Centralbl. **1908**, 1, 685.
[9]) Spencer u. Wallace, Proc. Chem. Soc. **24**, 194 [1908].
[10]) Spencer u. Crewdson, Proc. Chem. Soc. **24**, 194 [1908]; Journ. Chem. Soc. **93**, 1821 [1908].
[11]) H. Müller, Jahresber. d. Chemie **1864**, 524.
[12]) Mouneyrat u. Pouret, Compt. rend. de l'Acad. des Sc. **127**, 1026 [1898].
[13]) Mouneyrat u. Pouret, Compt. rend. de l'Acad. des Sc. **127**, 1027 [1898].
[14]) Istrati, Annales de Chim. et de Phys. [6] **6**, 391 [1885].
[15]) Beilstein u. Kurbatow, Annalen d. Chemie u. Pharmazie **176**, 40 [1874].
[16]) Friedel u. Crafts, Annales de Chim. et de Phys. [6] **10**, 413 [1887].
[17]) Beilstein u. Kurbatow, Annalen d. Chemie u. Pharmazie **182**, 97 [1876].
[18]) Chattaway u. Evans, Journ. Chem. Soc. **69**, 850 [1896].

p-Dichlorbenzol $C_6H_4Cl_2$

Bildet sich auch aus Monochlorbenzol und Eisenchlorid beim Kochen[3]. Monokline Blätter aus Alkohol; sublimiert schon bei gewöhnlicher Temperatur. Schmelzp. 53°. Siedep. 172°. Siedep. 173,7° (i. D.)[4]. Spez. Gewicht 1,4581 bei 20,5°, 1,1366 bei 161°[5]. Spez. Gewicht 1,2675 bei 55°/55°, 1,2545 bei 90°/90°[4]. In heißem Alkohol, in Äther, Benzol und anderen Lösungsmitteln leicht löslich. Bleioxyd bewirkt bei 250—300° eine teilweise Isomerisierung zum m-Dichlorbenzol[6].

1, 2, 4-(a)-Trichlorbenzol $C_6H_3Cl_3$

Schmelzp. 16°[5]); 17°[7]). Siedep. 213° (i. D.). Spez. Gewicht 1,5470 (fest) bei 10°, 1,468 (flüssig) bei 10°[5].

1, 2, 3-(v)-Trichlorbenzol $C_6H_3Cl_3$

Schmelzp. 53—54°. Siedep. 218—219°[8]).

1, 3, 5-(s)-Trichlorbenzol $C_6H_3Cl_3$

Schmelzp. 63°. Siedep. 209°[7]). Kann auch leicht aus 1, 3, 5-Trichloranilin durch Eliminierung der Amidogruppe erhalten werden[9]).

1, 2, 3, 5-(a)-Tetrachlorbenzol $C_6H_2Cl_4$

Nadeln. Schmelzp. 50—51°. Siedep. 246°[11]).

1, 2, 4, 5-(s)-Tetrachlorbenzol $C_6H_2Cl_4$

---

[1]) H. Müller, Jahresber. d. Chemie **1864**, 524.

[2]) Mouneyrat u. Pouret, Compt. rend. de l'Acad. des Sc. **127**, 1026 [1898].

[3]) Thomas, Compt. rend. de l'Acad. des Sc. **126**, 1212 [1898].

[4]) Perkin, Journ. Chem. Soc. **69**, 1243 [1896].

[5]) Jungfleisch, Annales de Chim. et de Phys. [4] **14**, 186 [1868].

[6]) Istrati, Bulletin de la Soc. chim. [3] **3**, 186 [1890].

[7]) Mouneyrat u. Pouret, Compt. rend. de l'Acad. des Sc. **127**, 1027 [1898].

[8]) Beilstein u. Kurbatow, Annalen d. Chemie u. Pharmazie **192**, 234 [1878].

[9]) Körner, Jahresber. d. Chemie **1875**, 317. — Jackson u. Lamar, Amer. Chem. Journ. **18**, 667 [1896].

[10]) Istrati, Annales de Chim. et de Phys. [6] **6**, 391 [1885].

[11]) Beilstein u. Kurbatow, Annalen d. Chemie u. Pharmazie **192**, 237 [1878].

Schmelzp. 137—138°. Siedep. 243—246 (i. D.)[1]). Spez. Gewicht 1,7344 bei 10°[2]). Schmelzp.
140—141°. Spez. Gewicht 1,858 bei 21,5[3]). Bildet sich auch beim Erhitzen von Benzol
mit FeCl$_3$[4]).

Pentachlorbenzol C_6HCl_5

$$\begin{array}{c} Cl \\ Cl \diagup \diagdown Cl \\ Cl \end{array}\ ^2)\,^4)\,^5)$$

$$Cl$$

Schmelzp. 85—86°. Siedep. 275—277[6]). Spez. Gewicht 1,8422 bei 10[2]).

Perchlorbenzol C_6Cl_6

$$\begin{array}{c} Cl \\ Cl \quad Cl \\ Cl \quad Cl \\ Cl \end{array}$$

Bei vollständigem Chlorieren des Benzols bei Gegenwart von Antimonchlorid[4])[5])[7]). Lange
Prismen aus Benzol-Alkohol. Schmelzp. 226°. Siedp. 326°. Spez. Gewicht 1,569 bei 236°[2]).
Schmelzp. 227°. Spez. Gewicht 2,044 bei 23,5°[8]). Unlöslich in kaltem, sehr schwer löslich in
siedendem Alkohol, leichter in kochendem Benzol, schwer löslich in Äther. Perchlorbenzol
bildet sich auch bei der vollständigen Chlorierung von Toluol und von Xylol[9]), sowie aus
einer Reihe anderer Verbindungen[10]), durch Chlorieren mit überschüssigem Chlorjod bei 200°.
Zur Darstellung erhitzt man 6 g Chloranil mit 6 g Phosphorpentachlorid und 3 g Phosphortrichlorid 4 Stunden auf 200[11]).

p-Chlorbenzolsulfonsäure $C_6H_5O_3ClS$

$$Cl$$

$$SO_3H$$

Bei der Einwirkung von rauchender[12]) oder gewöhnlicher[13]) Schwefelsäure auf Chlorbenzol.
Bildet zerfließliche Nadeln, durch Destillation im abs. Vakuum eine strahlig-krystallinische
Masse[14]). Schmelzp. 68°. Siedep. 147—148° bei 0 mm. — **Methylester** $C_7H_7O_3ClS = C_6H_4Cl$
$\cdot SO_3 \cdot CH_3$[15]). Schmelzp. 50,5°. Siedep. 165—166° bei 15 mm. — **Äthylester** $C_8H_9O_3ClS$
$= C_6H_4Cl \cdot SO_3 \cdot C_2H_5$[15]). Schmelzp. 25—26°. Siedep. 171—172° bei 15 mm. — **Chlorid**
$C_6H_4O_2Cl_2S = C_6H_4 \cdot Cl \cdot SO_2Cl$[15]). Schmelzp. 53. Siedep. 141° bei 15 mm. — **Amid**
$C_6H_6O_2NClS = C_6H_4Cl \cdot SO_2NH_2$[16]). Blättchen. Schmelzp. 143—144°.

Chlornitrobenzole. Chlorbenzol liefert beim Nitrieren o- und p-Chlornitrobenzol. m-Chlornitrobenzol wird durch Chlorieren von Nitrobenzol bei Gegenwart eines Chlorüberträgers
erhalten. Bei stärkerer Einwirkung liefert Chlorbenzol (bzw. die Chlornitrobenzole (a)-4-Chlor-
1-3-dinitrobenzol neben wenig (v)-2-Chlor-1-3-dinitrobenzol.

[1]) Beilstein u. Kurbatow, Annalen d. Chemie u. Pharmazie **192**, 236 [1898].
[2]) Jungfleisch, Annales de Chim. et de Phys. [4] **14**, 186 [1868].
[3]) Fels, Zeitschr. f. Krystallographie **32**, 365 [1903].
[4]) Thomas, Compt. rend. de l'Acad. des Sc. **126**, 1212 [1898].
[5]) Mouneyrat u. Pouret, Compt. rend. de l'Acad. des Sc. **127**, 1027 [1898].
[6]) Ladenburg, Annalen d. Chemie u. Pharmazie **172**, 344 [1874].
[7]) Müller, Jahresber. d. Chemie **1864**, 523.
[8]) Fels, Zeitschr. f. Krystallographie **32**, 367 [1903].
[9]) Beilstein u. Kuhlberg, Annalen d. Chemie u. Pharmazie **150**, 309 [1869].
[10]) Ruoff, Berichte d. Deutsch. chem. Gesellschaft **9**, 1483 [1876].
[11]) Graebe, Annalen d. Chemie u. Pharmazie **263**, 30 [1891].
[12]) Otto u. Brummer, Annalen d. Chemie u. Pharmazie **143**, 102 [1867].
[13]) Glutz, Annalen d. Chemie u. Pharmazie **143**, 184 [1876].
[14]) Krafft u. Wilke, Berichte d. Deutsch. chem. Gesellschaft **33**, 3208 [1900].
[15]) Krafft u. Roos, Berichte d. Deutsch. chem. Gesellschaft **25**, 2260 [1892].
[16]) Goßlich, Annalen d. Chemie u. Pharmazie **180**, 106 [1875].

o-Chlornitrobenzol $C_6H_4O_2NCl$

Neben der p-Verbindung beim Nitrieren von Chlorbenzol[1]. Bleibt in der alkoholischen Mutterlauge der p-Verbindung und kann durch starkes Abkühlen, aber nicht ganz rein, abgeschieden werden[2]. Zur Trennung des Gemischs wendet man abwechselnd fraktionierte Destillation und fraktionierte Krystallisation an[3]. Reines o-Chlornitrobenzol stellt man aus o-Nitroanilin durch Einwirkung von Kupferpulver auf die diazotierte salzsaure Lösung her[4]. Schmelzp. 32,5°. Siedep. 243°[5]. Siedep. 119,0° bei 8 mm, 245,5° bei 753 mm[3]. Siedep. 241,5° (korr.) bei 728 mm[12]. Spez. Gewicht 1,368[2].

p-Chlornitrobenzol $C_6H_4O_2NCl$

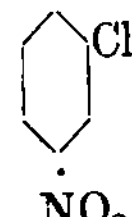

Man löst Chlorbenzol in kalter rauchender Salpetersäure, fällt mit Wasser und krystallisiert aus Alkohol um[2]. Siehe weiteres bei o-Chlornitrobenzol. Reines p-Chlornitrobenzol erhält man aus p-Chlorbenzoldiazoniumsulfat und frisch bereitetem Kaliumcupronitrit[6]. Rhombische Blätter. Schmelzp. 83°. Siedep. 242° bei 761 mm[2]. Monokline Prismen[7]. Siedep. 113° bei 8 mm, 238,5 bei 753 mm[3]. Spez. Gewicht 1,520 bei 18°[7].

m-Chlornitrobenzol $C_6H_4O_2NCl$

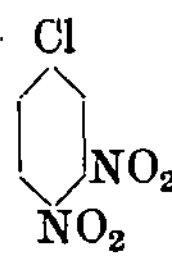

Beim Chlorieren von Nitrobenzol in Gegenwart von Jod[8], oder von Antimonpentachlorid[9], oder von Eisenchlorid[10]. Rhombische Krystalle[11]. Schmelzp. 44,4°. Siedep. 235,6° (korr.)[12]. Spez. Gewicht 1,534[13]. Existiert noch in einer zweiten Modifikation, die durch rasches, starkes Abkühlen der Schmelze erhalten wird. Schmelzp. 23,7°[14].

a-4-Chlor-1, 3-dinitrobenzol $C_6H_3O_4N_2Cl$

Beim Behandeln von o- oder p-Chlornitrobenzol mit Salpetersäure entstehen zwei Modifikationen[15][16] des 4-Chlor-1, 3-dinitrobenzols, die sich chemisch verschieden verhalten. Die

[1] Sokolow, Zeitschr. f. Chemie **1866**, 621. — Riche, Annalen d. Chemie u. Pharmazie **121**, 357 [1862].
[2] Jungfleisch, Jahresber. d. Chemie **1866**, 343.
[3] Chem. Fabrik Griesheim, D. R. P. 97 013; Chem. Centralbl. **1898**, II, 238.
[4] Ullmann, Berichte d. Deutsch. chem. Gesellschaft **29**, 1879 [1896].
[5] Beilstein u. Kurbatow, Annalen d. Chemie u. Pharmazie **182**, 107 [1876].
[6] Hantzsch u. Blagden, Berichte d. Deutsch. chem. Gesellschaft **33**, 2553 [1900].
[7] Fels, Zeitschr. f. Krystallographie **32**, 375 [1903].
[8] Laubenheimer, Berichte d. Deutsch. chem. Gesellschaft **7**, 1765 [1874].
[9] Beilstein u. Kurbatow, Annalen d. Chemie u. Pharmazie **182**, 102 [1876].
[10] Varkholt, Journ. f. prakt. Chemie [2] **36**, 25 [1887].
[11] Bodewig, Berichte d. Deutsch. chem. Gesellschaft **8**, 1621 [1875].
[12] Laubenheimer, Berichte d. Deutsch. chem. Gesellschaft **8**, 1622 [1875].
[13] Schröder, Berichte d. Deutsch. chem. Gesellschaft **13**, 1071 [1880].
[14] Laubenheimer, Berichte d. Deutsch. chem. Gesellschaft **9**, 766 [1876].
[15] Jungfleisch, Jahresber. d. Chemie **1868**, 345.
[16] J. Ostromisslensky, Journ. f. prakt. Chemie [2] **78**, 260 [1908].

labile (α)-Modifikation bildet rhombische[1][2]) Prismen. Schmelzp. 42°. Siedep. 315°. Spez. Gewicht 1,6867 bei 16,5°. Die β-Modifikation bildet rhombische[2]) Krystalle, Schmelzp. 50°. Siedep. 315° unter schwacher Zersetzung. Spez. Gewicht 1,697 bei 22°. Die α-Modifikation geht beim Berühren mit einem Krystall der β-Modifikation in diese über. Die letztere wird auch durch direkte Nitrierung von Chlorbenzol durch allmähliches Eintragen in eine Lösung von 2 Mol.-Gewicht Kaliumnitrat in Vitriolöl erhalten[3]).

v-2-Chlor-1, 3-dinitrobenzol $C_6H_3O_4N_2Cl$

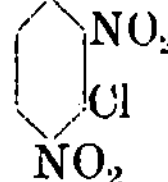

Entsteht in geringer Menge neben der 4, 1, 3-Verbindung beim Erwärmen von o-Chlornitrobenzol mit je 5 T. Schwefelsäure und roter, rauchender Salpetersäure[4]). Verfilzte Nädelchen. Schmelzp. 38°.

Brombenzol $C_6H_5 \cdot Br$

Im Sonnenlicht vereinigt sich -Brom und Benzol bei gewöhnlicher Temperatur nur zu ca. 50% zu Brombenzol[5]). Die Reaktion verläuft vollständiger durch Zusatz von Jod[6]), Aluminiumchlorid[7]) oder amalgamiertem Aluminium[8]). Auch Pyridin, Chinolin, oder Isochinolin wirken in geringer Menge als gute Bromüberträger[9]). Zur Bromierung kann auch Bromschwefel und Salpetersäure[10]), sowie wässerige unterbromige Säure dienen[11]). Über Bildung von Brombenzol aus Phenylhydrazin und Brom in saurer (quantitativ) und alkalischer Lösung[12]). Zur Darstellung setzt man Brom in Gegenwart von amalgamiertem Aluminium zu überschüssigem Benzol[8]). Flüssigkeit. Schmelzp. —31,1°[13]); —30,5° (korr.)[14]). Siedep. 156,6° bei 758,6 mm[15]); 155,6°[16]); 156,15° bei 760 mm[17]). Siedep. unter verschiedenem Druck[18]). Dampfspannungskurve[19]). Dampfspannung bei niedriger Temperatur[20]). Spez. Gewicht[21])[22]) 1,5203 bei 0°[16]). Spez. Gewicht 1,5105 bei 4°/4°; 1,4991 bei 15°/15°, 1,4886 bei 25°/25°, 1,4416 bei 100°/100°[23]). Spez. Gewicht 1,49095 bei 20°/4°[24]); 1,30223 bei 1566,°[15]); 1,52193 bei 0°/4°[17]). Volumen eines Grammes gesättigter Dampf bei 150° 242,4 ccm, bei 220° 57,3 ccm, bei 397° (kritische Temperatur) 2,061 ccm[25]).

Physiologische Eigenschaften: Brombenzol ist viel weniger giftig als Nitrobenzol. Beim Hunde treten nach der Eingabe von Brombenzol im Harn **p-Bromphenylmercaptursäure,**

[1]) De Cloizeaux, Annales de Chim. et de Phys. [4] **15**, 231 [1868].
[2]) Bodewig, Jahresber. d. Chemie **1877**, 425.
[3]) Einhorn u. Frey, Berichte d. Deutsch. chem. Gesellschaft **27**, 2457 [1894].
[4]) Ostromisslensky, Journ. f. prakt. Chemie [2] **78**, 260 [1908].
[5]) Schramm, Berichte d. Deutsch. chem. Gesellschaft **18**, 606 [1885].
[6]) Rilliet u. Ador, Berichte d. Deutsch. chem. Gesellschaft **8**, 1287 [1875].
[7]) Leroy, Bulletin de la Soc. chim. **48**, 211 [1887].
[8]) Cohen u. Dakin, Journ. Chem. Soc. **78**, 894 [1899].
[9]) W. E. Cross u. J. B. Cohen, Proc. Chem. Soc. **24**, 15 [1908].
[10]) Edinger u. Goldberg, Berichte d. Deutsch. chem. Gesellschaft **33**, 2884 [1900].
[11]) O. Stark, Berichte d. Deutsch. chem. Gesellschaft **43**, 670 [1910].
[12]) Chattaway, Journ. Chem. Soc. **95**, 1065 [1909].
[13]) Haase, Berichte d. Deutsch. chem. Gesellschaft **26**, 1053 [1893].
[14]) Schneider, Zeitschr. f. physikal. Chemie **22**, 232 [1897].
[15]) Feitler, Zeitschr. f. physikal. Chemie **4**, 70 [1889].
[16]) Weger, Annalen d. Chemie u. Pharmazie **221**, 71 [1883].
[17]) J. Timmermann, Bulletin de la Soc. chim. de Belg. **24**, 244 [1910].
[18]) Kahlbaum, Siedetemperatur und Druck. S. 88.
[19]) Kahlbaum, Zeitschr. f. physikal. Chemie **26**, 584 [1898].
[20]) L. Rolla, Atti della R. Accad. dei Lincei Roma [5] **18**, II, 365 [1909].
[21]) Feitler u. Joung, Journ. Chem. Soc. **55**, 487 [1889].
[22]) Adrieenz, Berichte d. Deutsch. chem. Gesellschaft **6**, 443 [1873].
[23]) Perkin, Journ. Chem. Soc. **69**, 1243 [1896].
[24]) Seubert, Berichte d. Deutsch. chem. Gesellschaft **22**, 2520 [1889].
[25]) S. Young, Zeitschr. f. physikal. Chemie **70**, 620 [1970].

sowie isomere Bromphenole und Bromdioxyphenole, die mit Schwefelsäure gepaart sind, auf [1]). Gegen Kochen allein ist Brombenzol sehr beständig [2]), bei Gegenwart von Aluminiumchlorid spaltet es sich in Benzol und isomere Dibrombenzole [3]). Bei der Einwirkung der 10fachen Menge konz. Schwefelsäure bilden sich 1, 3, 5-Dibrombenzolsulfonsäure und zwei isomere Brombenzoldisulfonsäuren [4]). Jodwasserstoff und Phosphor greifen bei 218° nicht an [5]). Mit Magnesium und Äther entsteht leicht Bromphenylmagnesium C_6H_5MgBr [6]).

Dibrombenzole. Beim Bromieren von Benzol bildet sich vorwiegend p-Dibrombenzol [7]) neben wenig o-Verbindung [7])[8]); in Gegenwart von Aluminiumchlorid bildet sich m-Dibrombenzol [9]) neben viel mehr p-Dibrombenzol.

o-Dibrombenzol $C_6H_4Br_2$

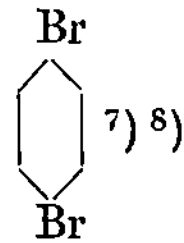

Erstarrt bei —6°, schmilzt bei —1°. Siedep. 223,8° bei 751,6 mm [10]). Spez. Gewicht 2,003 bei 0°, 1,997 bei 17,6°, 1,858 bei 99° [10]).

m-Dibrombenzol $C_6H_4Br_2$

Erstarrt bei starkem Abkühlen; Schmelzp. 1—2° [10]). Siedep. 219,4° bei 758,4 mm. Spez. Gewicht 1,955 bei 18,6°/4,2° [11]).

p-Dibrombenzol $C_6H_4Br_2$

Zur Darstellung von p-Dibrombenzol versetzt man Benzol mit etwa $1/10$—$1/8$ seines Gewichts Jod [12]) oder mit $1/8$ seines Gewichts Aluminiumchlorid [13]) und läßt langsam 2 Mol.-Gew. Brom (die 4fache Gewichtsmenge) zufließen. Man wäscht nach vollendeter Absorption des Broms mit Natronlauge, dann mit heißem Wasser und preßt ab [12]). Monokline Tafeln [14]). Schmelzp. 87,04° [15]), 89,3° (korr.) [16]). Siedep. 219°. Spez. Gewicht 2,220 [16]). Beim Kochen mit Vitriolöl entstehen Tetrabrombenzol (Schmelzp. 136—138°) und etwas Perbrombenzol, aber keine Sulfosäure [17]). Durch Aluminiumchlorid wird es in Brombenzol, m-Dibrombenzol und 1, 2, 4- und 1, 3, 5-Tribrombenzol gespalten [13]). Durch Jodwasserstoff und Phosphor wird es bei 302° zu Benzol reduziert [18]).

Beim Bromieren der drei Dibrombenzole mit Brom und Wasser entsteht 1, 2, 4-Tribrombenzol [19]), aus p-Dibrombenzol erhält man ferner durch Bromieren das 1, 2, 4, 5-

[1]) Baumann u. Preuße, Zeitschr. f. physiol. Chemie **5**, 340 [1881].
[2]) Vandevelde, Chem. Centralbl. **1898**, I, 438.
[3]) Dumreicher, Berichte d. Deutsch. chem. Gesellschaft **15**, 1867 [1882].
[4]) Herzig, Monatshefte f. Chemie **2**, 192 [1881].
[5]) Klages u. Liecke, Journ. f. prakt. Chemie [2] **61**, 319 [1900].
[6]) Tissier u. Grignard, Compt. rend. de l'Acad. des Sc. **132**, 1183 [1901].
[7]) Couper, Annales de Chim. et de Phys. [3] **53**, 209 [1858].
[8]) Riese, Annalen d. Chemie u. Pharmazie **164**, 176 [1872].
[9]) Leroy, Bulletin de la Soc. chim. **48**, 213 [1887].
[10]) Körner, Gazzetta chimica ital. **4**, 337 [1874].
[11]) F. Schiff, Monatshefte f. Chemie **11**, 335 [1890].
[12]) Jannasch, Berichte d. Deutsch. chem. Gesellschaft **10**, 1355 [1877].
[13]) Leroy, Bulletin de la Soc. chim. **48**, 211 [1887].
[14]) Fels, Zeitschr. f. Krystallographie **32**, 362 [1903].
[15]) Mills, Philos. Mag. [5] **14**, 27 [1906].
[16]) Schröder, Berichte d. Deutsch. chem. Gesellschaft **12**, 563 [1879].
[17]) Herzig, Monatshefte f. Chemie **2**, 195 [1881].
[18]) Klages u. Liecke, Journ. f. prakt. Chemie [2] **61**, 320 [1900].
[19]) Wroblewski, Berichte d. Deutsch. chem. Gesellschaft **7**, 1060 [1874].

Tetrabrombenzol[1]), schließlich läßt sich direkt aus Benzol oder aus p-Brombenzol das Perbrombenzol C_6Br_6 gewinnen.

1, 2, 4-Tribrombenzol $C_6H_3Br_3$

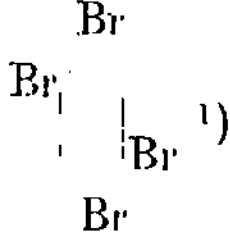

Nadeln. Schmelzp. 44,0°. Siedep. 275—276°.

1, 2, 4, 5-Tetrabrombenzol $C_6H_2Br_4$

Aus Benzol, Brom und Eisenchlorid[3]). Monokline Prismen[4]). Schmelzp. 174—175°[5]). Spez. Gew. 3,027[4]). Gibt mit einem Gemisch von rauchender Salpetersäure und Schwefelsäure Hexabrombenzol[6]).

Perbrombenzol C_6Br_6

Beim Bromieren von Benzol (oder Toluol) mit Bromjod unter hohem Erhitzen[7]). Zur Darstellung läßt man Benzol zu überschüssigem, trocknen Brom bei Gegenwart von etwas Eisenchlorid zutropfen[8]), oder bromiert p-Dibrombenzol unter Benutzung von amalgamiertem Aluminium als Bromüberträger[9]). Monokline Prismen[10]), schmelzen oberhalb 315°. In kochendem Alkohol fast unlöslich, schwer löslich in Toluol, Chloroform und Benzol. Über Bildung aus Nitrobenzol und Brom neben 1, 2, 4, 5-Tetrabrombenzol[11]).

Chlorbrombenzole. Chlorbenzol wird durch Kochen mit Brom[12]), durch Eisenbromid[13]), durch Bromieren in Gegenwart von Aluminiumchlorid[14]) oder amalgamiertem Aluminium[9]) in p-Chlorbrombenzol verwandelt, durch überschüssiges Brom und Aluminiumchlorid in Chlorpentabrombenzol[15]). p-Dichlorbenzol geht mit Brom und Eisen in 1, 4-Dichlor-2, 5 (?)-Dibrombenzol[16]) und durch überschüssiges Brom und Aluminiumchlorid in 1, 4-Dichlortetrabrombenzol[15]) über. Auch 1, 2, 4-Trichlor- und 1, 2, 4, 5-Tetrachlorbenzol lassen sich auf diesem Wege noch vollständig bromieren zu 1, 2, 4-Trichlortribrombenzol bzw. 1, 2, 4, 5-Tetrachlordibrombenzol[15]).

p-Dibrombenzol wird durch wasserfreies Eisenchlorid in p-Chlorbrombenzol[13]), in zwei isomere Trichlorbrombenzole[17]) vom Schmelzp. 93° und 138° und schließlich in Pentachlor-

[1]) Riche u. Bérard, Annalen d. Chemie u. Pharmazie **133**, 52 [1865].
[2]) Wroblewski, Berichte d. Deutsch. chem. Gesellschaft **7**, 1060 [1874].
[3]) Schuefelen, Annalen d. Chemie u. Pharmazie **231**, 187 [1885].
[4]) Fels, Zeitschr. f. Krystallographie **32**, 364 [1903].
[5]) R. Meyer, Berichte d. Deutsch. chem. Gesellschaft **15**, 48 [1882].
[6]) Jackson u. Calvert, Amer. Chem. Journ. **18**, 310 [1897].
[7]) Geßner, Berichte d. Deutsch. chem. Gesellschaft **9**, 1507 [1876].
[8]) Scheufelen, Annalen d. Chemie u. Pharmazie **231**, 189 [1885].
[9]) Cohen u. Dakin, Journ. Chem. Soc. **75**, 895 [1904].
[10]) Fels, Zeitschr. f. Krystallographie **32**, 368 [1903].
[11]) Jacobson u. Loeb, Berichte d. Deutsch. chem. Gesellschaft **33**, 704 [1900].
[12]) Körner, Gazzetta chimica ital. **4**, 342 [1874].
[13]) Thomas, Compt. rend. de l'Acad. des Sc. **126**, 1213 [1898]; **128**, 1576 [1899].
[14]) Mouneyrat u. Pouret, Compt. rend. de l'Acad. des Sc. **129**, 606 [1899]; Bulletin de la Soc. chim. [3] **19**, 801 [1898].
[15]) Mouneyrat u. Pouret, Compt. rend. de l'Acad. des Sc. **129**, 607 [1899].
[16]) Wheeler u. Mac Farland, Amer. Chem. Journ. **19**, 366 [1897].
[17]) Thomas, Compt. rend. de l'Acad. des Sc. **128**, 1576 [1898].

brombenzol[1]) verwandelt.   Über Chlorierung des Brombenzols bei Gegenwart von Thallochlorid[2]).

p-Chlorbrombenzol $C_6H_4 \cdot BrCl$

Schmelzp. 67,4°. Siedep. 196,3° bei 756,1 mm[2]).

Chlorpentabrombenzol C_6ClBr_5

Nadeln. Schmelzp. 299—300°.

1, 4-Dichlor-2, 5(?)-dibrombenzol $C_6H_2Cl_2Br_2$

Farblose Nadeln oder Prismen. Schmelzp. 148°.

1, 4-Dichlortetrabrombenzol $C_6Cl_2Br_4$

Nadeln. Schmelzp. 278—278,5°.

1, 2, 4-Trichlortribrombenzol $C_6Cl_3Br_3$

Schmelzp. 260—261°.

1, 2, 4, 5-Tetrachlordibrombenzol $C_6Cl_4Br_2$

Schmelzp. 246—246,5°.

Pentachlorbrombenzol CCl_5Br

Weiße, sublimierbare Nadeln. Schmelzp. 238°[10]).

[1]) Thomas, Compt. rend. de l'Acad. des Sc. **127**, 184 [1898]; Bulletin de la Soc. chim. [3] **21**, 185 [1899].

[2]) Thomas, Compt. rend. de l'Acad. des Sc. **144**, 32 [1906].

[3]) Cohen u. Dakin, Journ. Chem. Soc. **75**, 895 [1904].

[4]) Jacobsen u. Loeb, Berichte d. Deutsch. chem. Gesellschaft **33**, 704 [1900].

[5]) Thomas, Compt. rend. de l'Acad. des Sc. **126**, 1213 [1898]; **128**, 1576 [1899].

[6]) Mouneyrat u. Pouret, Compt. rend, de l'Acad, des Sc. **129**, 606 [1899]; Bulletin de la Soc. chim. [3] **19**, 801 [1898].

[7]) Mouneyrat u. Pouret, Compt. rend. de l'Acad. des Sc. **129**, 607 [1899].

[8]) Wheeler u. Mac Farland, Amer. Chem. Journ. **19**, 366 [1897].

[9]) Thomas, Compt. rend. de l'Acad. des Sc. **127**, 184 [1898].

[10]) Thomas, Compt. rend. de l'Acad. des Sc. **128**, 1576 [1898].

Brombenzol liefert beim Sulfurieren nur p-Bromsulfonsäure[1]), durch Bromieren des benzolsulfonsauren Silbers entsteht m-Brombenzolsulfonsäure[1]). Beim Kochen mit 10 T. Vitriolöl entstehen zwei Brombenzoldisulfonsäuren, die sich durch die Löslichkeit der Bleisalze unterscheiden; außerdem bildet sich auch 2,5-Dibrombenzol-1-sulfonsäure[2]).

p-Brombenzolsulfonsäure $C_6H_5O_3BrS$

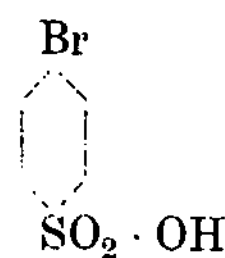

Beim Lösen von Brombenzol in rauchender Schwefelsäure[1])[3]) oder Chlorsulfonsäure[1])[4]). Zerfließliche Nadeln. Schmelzp. 88°. Schmelzp. 102—103°. Siedep. 155° bei 0 mm[5]). Salze[1])[3])[6])[7]). Liefert beim Schmelzen mit Kali Resorcin[8]), durch Glühen des Kaliumsalzes mit Blutlaugensalz aber Terephthalsäurenitril p-$C_6H_4(CN)_2$[9]).

p - Brombenzolsulfonsäuremethylester $C_7H_7O_3BrS$ = p - C_6H_4 · (Br) · (SO$_2$ · OCH$_3$). Schmelzp. 60°. Siedep. 176° bei 15 mm[10]).

p - Brombenzolsulfonsäureäthylester $C_8H_9O_3BrS$ = p-C_6H_4 · (Br) · (SO$_2$ · OC$_2$H$_5$). Schmelzp. 39,5°. Siedep. 181—182° bei 15 mm[10]).

p-Brombenzolsulfonsäurechlorid $C_6H_4O_2ClBrS$ = p-C_6H_4 · (Br) · (SO$_2$Cl). Schmelzp. 75°[11]). Siedep. 153° bei 15 mm[10]).

p-Brombenzolsulfonsäureamid $C_6H_5O_2BrNS$ = p-C_6H_4 · (Br) · (SO$_2$NH$_2$). Schmelzp. 160—161°[6]). Schmelzp. 166°[1]). — **Acetylderivat** C_6H_4 · Br · SO$_2$ · NH · COCH$_3$. Schmelzp. 199°[1]).

m-Brombenzolsulfonsäure $C_6H_5O_3BrS$

Zerfließliche Krystalle. Bildet ein öliges Chlorid und ein Amid vom Schmelzp. 154°[14]).

3,5-Dibrombenzol-1-sulfonsäure $C_6H_4O_3Br_2S$

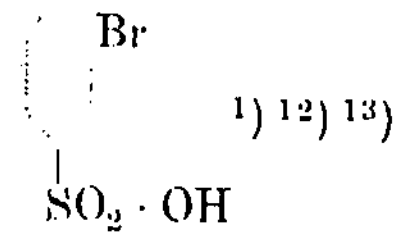

Undeutliche Krystalle[15])[16]). Nadeln mit 1 Mol. Krystallwasser. Schmelzp. 84—86°[17]). — **Chlorid** $C_6H_3O_2ClBr_2S$ = $C_6H_3Br_2$ · SO$_2$Cl. Schmelzp. 57,5°[15])[16]). — **Amid** $C_6H_5O_2Br_2NS$ = $C_6H_3Br_2$ · SO$_2$ · NH$_2$. Schmelzp. 203°[15])[16]).

Bromnitrobenzole. Beim Nitrieren von Brombenzol entsteht o- und p-Bromnitrobenzol. Beim Nitrieren mit Salpeter-Schwefelsäure bildet sich hauptsächlich 4-Brom-1,3-dinitro-

[1]) Nölting, Berichte d. Deutsch. chem. Gesellschaft 8, 819 [1875].
[2]) Herzig, Monatshefte f. Chemie 2, 192 [1881].
[3]) Garrick, Zeitschr. f. Chemie 1869, 549.
[4]) Armstrong, Zeitschr. f. Chemie 1871, 321.
[5]) Krafft u. Wilke, Berichte d. Deutsch. chem. Gesellschaft 33, 3208 [1900].
[6]) Goslich, Annalen d. Chemie u. Pharmazie 180, 93 [1876].
[7]) Rinne, Berichte d. Deutsch. chem. Gesellschaft 20, 3085 [1887].
[8]) Limpricht, Berichte d. Deutsch. chem. Gesellschaft 7, 1352 [1874].
[9]) Limpricht, Annalen d. Chemie u. Pharmazie 180, 88 [1876].
[10]) Krafft u. Roos, Berichte d. Deutsch. chem. Gesellschaft 25, 226 [1892].
[11]) Hübner u. Alsberg, Annalen d. Chemie u. Pharmazie 156, 326 [1870].
[12]) Limpricht, Annalen d. Chemie u. Pharmazie 186, 135 [1877].
[13]) Vgl. Garrick, Zeitschr. f. Chemie 1869, 549. — Genz, Berichte d. Deutsch. chem. Gesellschaft 2, 405 [1869].
[14]) Berndsen, Annalen d. Chemie u. Pharmazie 177, 92 [1875].
[15]) Lenz, Annalen d. Chemie u. Pharmazie 181, 25 [1876].
[16]) Limpricht, Annalen d. Chemie u. Pharmazie 181, 201 [1876].
[17]) Schmidt, Annalen d. Chemie u. Pharmazie 120, 158 [1861].

benzol. Nitrobenzol wird durch Bromieren bei Gegenwart von Eisenchlorid in m-Bromnitrobenzol[1]) bzw. in 2, 5-Dibromnitrobenzol verwandelt[2]).

o-Bromnitrobenzol $C_6H_4O_2NBr$

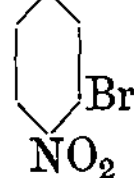

Entsteht[3]) neben 2 T. der p-Verbindung[4]) bei —12°[5]). Zur Trennung der Isomeren
krystallisiert man aus verdünntem Alkohol um[4]); die para-Verbindung scheidet sich zuerst
ab[6]). Um das Rohprodukt von beigemengtem 1, 2, 4-Bromdinitrobenzol zu befreien, destilliert man mit Wasserdampf[7]). Darstellung aus diazotiertem o-Nitranilin und Kupfer-
bromür[8]). Siehe auch[9]). Schwach gelbliche Krystalle. Schmelzp. 43,1°[10]). Schmelzp. 41,5°.
Siedep. 261° (i. D.)[11]), 260° bei 734 mm[8]). Läßt sich auch durch seine Leichtlöslichkeit in
dem gleichen Volumen rauchender Schwefelsäure von den darin unlöslichen p-Isomeren
trennen[10]).

p-Bromnitrobenzol $C_6H_4O_2NBr$

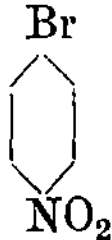

Siehe die o-Verbindung, ferner[12]). Kann auch aus p-Brombenzoldiazoniumsulfat und frisch
bereiteter Cuprinitritlösung dargestellt werden[13]). Monokline Prismen[14]). Schmelzp. 126 bis
127°[14])[15]). Siedep. 255—256° (i. D.)[15]). Spez. Gew. 1,934 bei 22°[14]). Trennung von der o-Verbindung durch die Schwerlöslichkeit in verdünntem Alkohol[4]).

m-Bromnitrobenzol $C_6H_4O_2NBr$

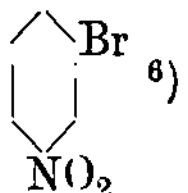

Zur Darstellung erhitzt man 30 g Nitrobenzol und 3 g Eisen auf 120° und läßt im Verlauf von
$^3/_4$ Stunden 60 g Brom zutropfen; dann erhitzt man nochmals ebensolange[16]). Man gewinnt
64—85% der Theorie m-Bromnitrobenzol. Hellgelbe, rhombische[17]) Blättchen. Schmelzp.
56,4°[10]). Gegen Kalilauge und alkoholisches Ammoniak beständig[18]).

4-Brom-1, 3-Dinitrobenzol $C_6H_3O_4B_3N_2$

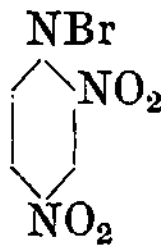

1) Scheufelen, Annalen d. Chemie u. Pharmazie **231**, 165 [1885].
2) Scheufelen, Annalen d. Chemie u. Pharmazie **231**, 169 [1885].
3) Hübner u. Alsberg, Annalen d. Chemie u. Pharmazie **156**, 316 [1870].
4) Coste u. Parry, Berichte d. Deutsch. chem. Gesellschaft **29**, 788 [1896].
5) Jedlicka, Journ. f. prakt. Chemie [2] **48**, 196 [1893].
6) Walker u. Zincke, Berichte d. Deutsch. chem. Gesellschaft **5**, 114 [1872].
7) Bandrowsky, Chem. Centralbl. **1900**, II, 848.
8) Ullmann, Berichte d. Deutsch. chem. Gesellschaft **29**, 1880 [1896].
9) Dobbie u. Marsden, Journ. Chem. Soc. **73**, 254 [1898].
10) Körner, Jahresber. d. Chemie **1875**, 321.
11) Fittig u. Mayer, Berichte d. Deutsch. chem. Gesellschaft **7**, 1179 [1874].
12) Couper, Annalen d. Chemie u. Pharmazie **104**, 226 [1857].
13) Hantzsch u. Blagden, Berichte d. Deutsch. chem. Gesellschaft **33**, 2553 [1900].
14) Fels, Zeitschr. f. Krystallographie **32**, [1903].
15) Fittig u. Mayer, Berichte d. Deutsch. chem. Gesellschaft **7**, 1175 [1874].
16) Wheeler u. Mac Farland, Amer. Chem. Journ. **19**, 366 [1897].
17) Bodewig, Jahresber. d. Chemie **1877**, 423.
18) Rinne u. Zincke, Berichte d. Deutsch. chem. Gesellschaft **7**, 870 [1874].

Beim Eintragen von Brombenzol in kalte Salpeter-Schwefelsäure[1]). In der Wärme entsteht in geringer Menge auch ein Isomeres[2]). Gelbe Krystalle. Schmelzp. 72°[1]). Schmelzp. 70,60°[3]). Verbindet sich mit Benzol zu $2\,C_6H_3 \cdot (NO_2)_2 \cdot Br + C_6H_6$. Schmelzp. 65°. An der Luft nicht beständig[4]).

2, 5-Dibromnitrobenzol $C_6H_3O_2BrN$

$$\begin{array}{c} Br \\ \bigcirc Br \\ NO_2 \end{array}$$

Beim Erwärmen von Nitrobenzol mit Brom und etwas Eisenchlorid im geschlossenen Rohr erst auf 60°, dann auf 80°[5]). Schmelzp. 84°[6]), Schmelzp. 85,4°[7]), Schmelzp. 83,49°[3]). Trikline Tafeln. Schmelzp. 82—82,5°[8]).

Jodbenzol C_6H_5J. Siehe S. 182. Zur Darstellung läßt man Chlorjod auf Benzol, das mit etwas Aluminiumchlorid versetzt ist, einwirken[9]). Aus Benzol, Jod und etwas Eisenchlorid bei 100°[10]), mittels Jodschwefel und Salpetersäure[11]). Darstellung aus diazotiertem Anilin und Jodkalium[12]), aus Phenylhydrazin und Jodjodkaliumlösung[13]). Schmelzp. 29,8°—[14]), — 28,5° (korr.)[15]). Siedep. 188,36° bei 755,75 mm. Spez. Gewicht 1,56682 bei 188,36°[16]). Spez. Gewicht 1,83206 bei 20°/4°[17]), siehe ferner[18]) [19]). Volum eines Gramm gesättigten Dampfs bei 180° 211,3 ccm; bei 230° 77,2 ccm, bei 448° (kritische Temperatur) 1,720 ccm[20]). Dampfdruck bei niederer Temperatur[21]). Ist gegen Jodwasserstoff und Phosphor bei 182° beständig[22]). Wird von Sulfomonopersäure[23]), von unterchloriger und unterbromiger Säure zu Jodobenzol $C_6H_5 \cdot JO_2$ (s. unten) oxydiert. Über das Verhalten zu Eisenchlorid und Eisenbromid[24]), über Chlorierung bei Gegenwart von Thallochlorid[25]). Durch Vitriolöl entsteht aus Jodbenzol nach der Gleichung

$$2\,C_6H_5J + H_2SO_4 = C_6H_4J_2 + C_6H_5(SO_3H) + H_2O$$

Dijodbenzol[26]). Mit Magnesium entsteht in ätherischer Lösung sehr leicht Jodphenylmagnesium $C_6H_5 \cdot MgJ$[27]). Verhalten zu Lithium[28]), Calcium[28]) [29]) und Aluminium[30]).

[1]) Kekulé, Annalen d. Chemie u. Pharmazie **137**, 167 [1866].
[2]) Walker u. Zincke, Berichte d. Deutsch. chem. Gesellschaft **5**, 117 [1872].
[3]) Mills, Philos. Mag. [5] **14**, 27 [1906].
[4]) Spiegelberg, Annalen d. Chemie u. Pharmazie **197**, 259 [1879].
[5]) Scheufelen, Annalen d. Chemie u. Pharmazie **231**, 169 [1885].
[6]) Kekulé, Annalen d. Chemie u. Pharmazie **137**, 168 [1866].
[7]) Körner, Jahresber. d. Chemie **1875**, 307.
[8]) Fels, Zeitschr. f. Krystallographie **32**, 395 [1903].
[9]) Greene, Bulletin de la Soc. chim. **36**, 234 [1881].
[10]) Lothar Meyer, Annalen d. Chemie u. Pharmazie **231**, 195 [1885].
[11]) Edinger u. Goldberg, Berichte d. Deutsch. chem. Gesellschaft **33**, 2876 [1900].
[12]) P. Gries, Jahresber. d. Chemie **1866**, 447.
[13]) E. Meyer, Journ. f. prakt. Chemie [2] **26**, 115 [1882].
[14]) Haase, Berichte d. Deutsch. chem. Gesellschaft **26**, 1053 (1893).
[15]) Schneider, Zeitschr. f. physikal. Chemie **19**, 157 [1896].
[16]) Feitler, Zeitschr. f. physikal. Chemie **4**, 71 [1889].
[17]) Seubert, Berichte d. Deutsch. chem. Gesellschaft **22**, 2520 [1889].
[18]) R. Schiff, Berichte d. Deutsch. chem. Gesellschaft **19**, 564 [1886].
[19]) Perkin, Journ. Chem. Soc. **69**, 1243 [1896].
[20]) Young, Zeitschr. f. physikal. Chemie **70**, 620 [1910].
[21]) L. Rolla, Atti della R. Accad. dei Lincei Roma [5] **18**. II. 365 [1909].
[22]) Klages u. Liecke, Journ. f. prakt. Chemie [2] **61**, 319 [1900].
[23]) Bamberger u. Hill, Berichte d. Deutsch. chem. Gesellschaft **33**, 534 [1900].
[24]) Thomas, Compt. rend. de l'Acad. des Sc. **128**, 577 [1899].
[25]) Thomas, Compt. rend. de l'Acad. des Sc. **144**, 32 [1906].
[26]) Neumann, Annalen d. Chemie u. Pharmazie **241**, 33 [1887].
[27]) Tissier u. Grignard, Compt. rend. de l'Acad. des Sc. **132**, 1183 [1900].
[28]) Spencer u. Price, Journ. Chem. Soc. **97**, 385 [1910].
[29]) Beckmann, Berichte d. Deutsch. chem. Gesellschaft **38**, 904 [1905].
[30]) Spencer u. Wallace, Journ. Chem. Soc. **93**, 1827 [1909].

Jodbenzol addiert 2 Atome Chlor unter Bildung des Phenyljodidchlorids $C_6H_5 \cdot \overset{III}{J}\langle^{Cl}_{Cl}$ [1]).

Das Chlor ist leicht gegen Sauerstoff austauschbar, es entsteht Jodosobenzol $C_6H_5 \cdot \overset{III}{J} = O$ [2]).

Dieses läßt sich zu Jodobenzol $C_6H_5 \cdot \overset{V}{J}\langle^O_O$ [3]) oxydieren. Bei Behandeln eines molekularen Gemischs von Jodoso- und Jodobenzol mit Silberoxyd bildet sich nach der Gleichung

$$C_6H_5 \cdot JO + C_6H_5 \cdot JO_2 + Ag \cdot OH = (C_6H_5)_2 \cdot \overset{III}{J} - OH + AgJO_3$$

das stark basische, in Wasser leicht lösliche Jodoniumhydroxyd[4]).

Phenyljodidchlorid $C_6H_5 \cdot JCl_2$

Durch Einleiten von Chlor in eine Lösung von Jodbenzol in Chloroform[1]). Gelbe, beim Erwärmen unbeständige Nadeln. Zersetzt sich auch beim Aufbewahren, besonders im Sonnenlicht[5]). Es bildet sich dabei **p-Chlorjodbenzol** (Schmelzp. 56°. Siedep. 227,6° bei 751,3 mm)[6]) und Salzsäure[5]). Scheidet aus wässerigem Jodkalium und aus Äthyljodid Jod aus, auf Äthylbromid ist es auch beim Kochen ohne Wirkung.

Jodosobenzol $C_6H_5 \cdot JO$

Man verseift das Phenyljodidchlorid durch mehrstündiges Stehen mit 4—5 proz. überschüssiger Natronlauge[2]), oder durch allmählichen Zusatz von Wasser zu einer Lösung in Pyridin[7]). Ist amorph, explodiert bei etwa 210°. Ist in heißem Wasser und Alkohol leicht löslich, schwer in Äther, Aceton, Benzol und Ligroin. Durch Kochen mit Wasser zerfällt es glatt nach der Gleichung[8]):

$$2 C_6H_5 \cdot JO = C_6H_5 \cdot J + C_6H_5 \cdot JO_2.$$
Jodbenzol   Jodobenzol

In gleicher Weise zersetzt es sich beim Aufbewahren[9]). Mit konz. Schwefelsäure bildet es das Sulfat des Phenyl-p-jodphenyljodoniumhydroxyds[4]):

$$2 C_6H_5 \cdot JO = (C_6H_5)(J \cdot C_6H_4) \cdot J \cdot OH + O.$$

Durch Jodwasserstoff wird es zu Jodbenzol reduziert, von Phosphorpentachlorid in Phenyljodidchlorid verwandelt. Verbindet sich leicht mit Säuren, z. B. zum Nitrat $C_6H_5 \cdot J(O \cdot NO_2)_2$ [10]); beim Lösen in Eisessig bildet sich das

Jodosobenzolacetat $C_6H_5 \cdot J(O \cdot COCH_3)_2$ [11]). Prismen. Schmelzp. 156—157°.

Jodobenzol $C_6H_5 \cdot JO_2$

Bildung aus Jodosobenzol und Wasser, siehe oben. Zur Darstellung oxydiert man Jodosobenzol mit einer Lösung von unterchloriger Säure oder unterchlorigsaurem Salz[1]). Auch

[1]) Willgerodt, Journ. f. prakt. Chemie [2] **33**, 155 [1886].

[2]) Willgerodt, Berichte d. Deutsch. chem. Gesellschaft **25**, 3495 [1892]; **26**, 1307 [1893]. — Vgl. Askenasy u. V. Meyer, Berichte d. Deutsch. chem. Gesellschaft **26**, 1354 [1893].

[3]) Willgerodt, Berichte d. Deutsch. chem. Gesellschaft **25**, 3500 [1892].

[4]) Hartmann u. V. Meyer, Berichte d. Deutsch. chem. Gesellschaft **27**, 426, 502, 1592 [1894].

[5]) Keppler, Berichte d. Deutsch. chem. Gesellschaft **31**, 1136 [1898].

[6]) Beilstein u. Kurbatow, Annalen d. Chemie u. Pharmazie **176**, 33 [1875]. — Körner, Jahresber. d. Chemie **1875**, 319.

[7]) Ortoleva, Chem. Centralbl. **1900**, I, 722; Gazzetta chimica ital. **30**, I, 3 [1900].

[8]) Willgerodt, Berichte d. Deutsch. chem. Gesellschaft **26**, 358, 1310 [1893].

[9]) Willgerodt, Berichte d. Deutsch. chem. Gesellschaft **27**, 1826 [1894].

[10]) Beckenkamp, Berichte d. Deutsch. chem. Gesellschaft **26**, 1309 [1893].

[11]) Willgerodt, Berichte d. Deutsch. chem. Gesellschaft **29**, 1568 [1896].

Phenyljodidchlorid läßt sich so oxydieren, langsam auch Jodbenzol[1]). Zur Oxydation des Jodbenzols behandelt man dieses in etwas wasserhaltigem Pyridin mit einem langsamen Chlorstrom[2]) unter Vermeidung einer Temperatursteigerung, oder schüttelt längere Zeit mit einer eiskalten Mischung von Kaliumpersulfat und Schwefelsäure[3]). Lange Nadeln aus heißem Wasser, die bei 227—230° explodieren. Macht aus saurer Jodkaliumlösung 4 Atome Jod frei unter Bildung von Jodbenzol. Beim Kochen mit konz. Jodkaliumlösung entsteht das Diphenyljodoniumperjodid $(C_6H_5)_2J \cdot J_3$, bei Anwesenheit von Ätzbaryt das Diphenyljodoniumjodid $(C_6H_5)_2 \cdot J \cdot J$[4]). Wird im Organismus[5]) leichter zu Jodbenzol reduziert als Jodosobenzol, ist daher weniger giftig. Das Jodbenzol wird dann als **Acetyljodphenylmercaptursäure**

$$CH_2 \cdot S \cdot \langle \quad \rangle J$$
$$|$$
$$CH \cdot NH \cdot COCH_3$$
$$|$$
$$COOH$$

ausgeschieden. Bei Versuchen an Fröschen zeigt sich keine curareähnliche Wirkung.

Diphenyljodoniumhydroxyd $C_{12}H_{14}OJ = (C_6H_5)_2 \cdot J \cdot OH$

$$III$$
$$\cdots J \cdots$$
$$|$$
$$OH$$

Bildung (siehe oben)[6]). Entsteht auch aus Jodobenzol und Barytwasser[7]); oder als Chlorid aus feuchtem Jodosobenzol und unterchlorigsaurem Natron[8]). Bildung des Jodids (siehe oben)[4]). Die freie Base ist nur in wässeriger Lösung bekannt, die stark alkalisch reagiert.

Diphenyljodoniumchlorid $C_{12}H_{10}ClJ = (C_6H_5)_2 \cdot J Cl$. Schwach gelbliche Nadeln, zersetzen sich bei 230°.

Diphenyljodoniumbromid $C_{12}H_{10}BrJ = (C_6H_5)_2 \cdot J \cdot Br$. Nadeln. Zersetzungsp. 230°.

Diphenyljodoniumjodid $C_{12}H_{10}J_2 = (C_6H_5)_2J \cdot J$. (Siehe oben)[4]). Entsteht auch aus dem Perjodid durch wiederholtes Kochen mit Wasser[4]). Zersetzungsp. 182°[9]).

Diphenyljodoniumperjodid $C_{12}H_{10}J_4 = (C_6H_5)_2 \cdot J \cdot J_3$. (Siehe oben)[4][6]). Dunkelrote, diamantglänzende Nadeln. Schmelzp. 138.

Diphenyljodoniumnitrat $C_{12}H_{10}O_3NJ = (C_6H_5)_2 \cdot J \cdot NO_3$. Aus dem Chlorid durch Kochen mit roter, rauchender Salpetersäure[10]). Schmelzp. 153—154°.

Diphenyljodoniumsulfat $C_{12}H_{13}O_4JS = (C_6H_5)_2J \cdot HSO_4$. Schmelzp. 153—154°.

p-Joddiphenyljodoniumhydroxyd $C_{12}H_{10}OJ_2 = (C_6H_5)(C_6H_4J) \cdot J \cdot OH$. (Siehe bei Jodosobenzol)[11]). Die freie Base reagiert stark alkalisch und ist leicht zersetzlich. Jodid: Gelber flockiger Niederschlag. Schmelzp. 144° unter Zersetzung.

Mehrfachjodbenzole. Beim Erhitzen von Benzol mit Jod und Jodsäure entsteht p-Dijodbenzol und 1, 2, 4-Trijodbenzol[12]).

p-Dijodbenzol $C_6H_4 \cdot J_2$[12])

[1]) Willgerodt, Berichte d. Deutsch. chem. Gesellschaft **29**, 1568 [1896].
[2]) Ortoleva, Chem. Centralbl. **1900**, I, 722; Gazzetta chimica ital. **30**, I, 4 [1906].
[3]) Bamberger u. Hill, Berichte d. Deutsch. chem. Gesellschaft **33**, 534 [1900].
[4]) Willgerodt, Berichte d. Deutsch. chem. Gesellschaft **29**, 2008 [1896].
[5]) Luzatto u. Satta, Arch. di Farmacol. sperim. 8, 554 [1909]; 9, 241 [1910]; Chem. Centralbl. **1910**, I, 753; II, 400.
[6]) Hartmann u. V. Meyer, Berichte d. Deutsch. chem. Gesellschaft **27**, 506 [1894]; D. R. P. 77 320; Friedländers Fortschritte der Teerfarbenfabrikation **4**, 1106.
[7]) Willgerodt, Berichte d. Deutsch. chem. Gesellschaft **29**, 2009 [1896].
[8]) Willgerodt, Berichte d. Deutsch. chem. Gesellschaft **29**, 1569 [1896].
[9]) Willgerodt, Berichte d. Deutsch. chem. Gesellschaft **30**, 57 [1897].
[10]) Hartmann u. Meyer, Berichte d. Deutsch. chem. Gesellschaft **27**, 1592 [1894].
[11]) V. Meyer u. Hartmann, Berichte d. Deutsch. chem. Gesellschaft **27**, 427 [1894]; D. R. P. 76 349; Friedländers Fortschritte der Teerfarbenfabrikation **4**, 1105.
[12]) Kekulé, Annalen d. Chemie u. Pharmazie **137**, 161 [1866].

Bildet sich auch aus Jodbenzol, beim Erhitzen mit der gleichen Gewichtsmenge Schwefelsäure auf 170—180° durch 2 Stunden (siehe bei Jodbenzol)[1]. Schmelzp. 129,4°[2]. Siedep. 285° (korr.)[3].

1, 2, 4-Trijodbenzol $C_6H_3 \cdot J_3$

Schmelzp. 76°, sublimierbar[3]).

Beim Erhitzen von Benzol mit Jod und Vitriolöl[4]) erhält man zwei

Trijodbenzole[4]) $C_6H_3 \cdot J_3$ vom Schmelzp. 83—84° und 182—184°, von denen das letztere in Chloroform viel schwerer löslich ist, sowie zwei

Tetrajodbenzole[4]) $C_6H_2J_4$. **α-Derivat:** Nadeln, Schmelzp. 247°. Siedep. 290° bei 15 mm. Sehr schwer löslich in heißem Alkohol, Äther oder Benzol. — **β-Derivat:** Gelbe Krystalle. Schmelzp. 220°. Leichter als das α-Derivat löslich.

p-Jodbenzolsulfonsäure $C_6H_5O_3JS$, p $\cdot C_6H_4 \cdot J \cdot SO_3H$[5]).

Aus Jodbenzol und 4 T. rauchender Schwefelsäure (1 T. rauchender Schwefelsäure und 1 T. Vitriolöl) bei 100°; das mit dem gleichen Volumen Wasser verdünnte Reaktionsprodukt wird mit Kochsalzlösung ausgesalzen[6]). Zerfließliche Nadeln. — **Äthylester** $C_8H_9O_3JS$ = $C_6H_4J \cdot SO_3 \cdot C_2H_5$[7]). Prismen aus Äther. Schmelzp. 51°. — **Chlorid** $C_6H_4O_2ClJS$ = $C_6H_4J \cdot SO_2Cl$[8]). Platten aus Äther, Schmelzp. 86—87°. — **Amid** $C_6H_6O_3NJS = C_6H_4J$ $\cdot SO_2NH_2$[8]). Schmelzp. 183°. Schwer löslich in Wasser, leicht in verdünntem Alkohol.

Jodbenzol gibt beim Nitrieren o- und p-Jodnitrobenzol; bei weiterer Nitrierung entsteht 4-Jod-1, 3-dinitrobenzol, aus der o-Verbindung auch ein wenig 2-Jod-1, 3-dinitrobenzol.

o-Jodnitrobenzol $C_6H_4O_2NJ$, o $\cdot C_6H_4{<}^{J}_{NO_2}$ [9])

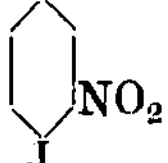

Bleibt beim Umlösen des Reaktionsproduktes, das durch Lösen von Jodbenzol in Salpetersäure erhalten wird, in der alkoholischen Mutterlauge. Flache, citronengelbe Nadeln. Schmelzpunkt 49,4°.

p-Jodnitrobenzol $C_6H_4O_2NJ$, p $\cdot C_6H_4{<}^{J}_{NO_2}$ [9]) [10])

Schwachgelbe Nadeln. Schmelzp. 171,5°.

[1]) Neumann, Annalen d. Chemie u. Pharmazie **241**, 47 [1887].
[2]) Körner, Jahresber. d. Chemie **1875**, 357.
[3]) Kekulé, Annalen d. Chemie u. Pharmazie **137**, 161 1866.
[4]) Istrati u. Georgescu, Berichte d. Deutsch. chem. Gesellschaft **24**, Ref. 191 [1891].
[5]) Körner u. Paternò, Jahresber. d. Chemie **1872**, 588.
[6]) Languinin, Berichte d. Deutsch. chem. Gesellschaft **28**, 91 [1895].
[7]) Kastle u. Murrill, Amer. Chem. Journ. **17**, 292 [1895].
[8]) Lenz, Berichte d. Deutsch. chem. Gesellschaft **10**, 1135 [1878].
[9]) Körner, Jahresber. d. Chemie **1875**, 320.
[10]) Kekulé, Annalen d. Chemie u. Pharmazie **137**, 168 [1866].

4-Jod-1,3-dinitrobenzol $C_6H_3O_4N_2J$, $C_6H_3 \cdot (NO_2)_2 \cdot J$

Aus o- oder p-Jodnitrobenzol und Salpeterschwefelsäure[1]). Gelbe, trikline[2]) Blättchen. Schmelzp. 88,5°.

2-Jod-1,3-dinitrobenzol $C_6H_3O_4N_2J$, $C_6H_3 \cdot (NO_2)_2 \cdot J$

Tief orangegelbe, trikline[2]) Tafeln. Schmelzp. 113,7°. In kaltem Alkohol viel leichter löslich als die isomere 4, 1, 3-Verbindung.

Phosphenylchlorid $C_6H_5PCl_2$

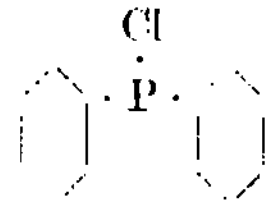

Beim Durchleiten von Benzol und Phosphortrichlorid durch ein glühendes Rohr; aus Queck-silberphenyl und PCl_3 bei 180°[3]). Durchdringend riechende Flüssigkeit; raucht an der Luft; siedet unter 57 mm bei 140—142°. Spez. Gewicht 1,319 bei 20°[3]). Siedep. 224,6° (korr.), spez. Gewicht 1,3428 bei 0°/4°[4]). Mit Benzol und Schwefelkohlenstoff mischbar. Zerfällt mit Wasser in Salzsäure und **phosphenylige Säure**[5]) $C_6H_7PO_2 = PH(C_6H_5)O \cdot OH$. Schmelzp. 70°. Löslich in Wasser, Alkohol und Äther. Liefert bei der Destillation[6]) nach der Gleichung $3 C_6H_5P(OH)_2 = C_6H_5 \cdot PH_2 + 2 C_6H_5 \cdot PO(OH)_2$ neben **Phosphenylsäure** $C_6H_7PO_3$ $= C_6H_5PO(OH)_2$, schiefrhombische Blättchen, Schmelzp. 158°, spez. Gewicht 1,475[7]).

Phenylphosphin C_6H_7P

Höchst durchdringend riechende Flüssigkeit. Siedep. 160—161°. Spez. Gewicht 1,001 bei 15°. Oxydiert sich an der Luft sehr schnell zu phosphenyliger Säure. Darstellung[8]).

Diphenylphosphin $C_{12}H_{11}P = PH(C_6H_5)_2$. Beim Eintröpfeln von Diphenylphosphor-chlorür $(C_6H_5)_2PCl$ in verdünnte Natronlauge neben Diphenylphosphinsäure $(C_6H_5)_2 \cdot POOH$[9]). Stark und unangenehm riechendes Öl. Siedep. 280°. Spez. Gewicht 1,07 bei 16°[10]). In Wasser und verdünnten Säuren unlöslich; löslich in konz. Salzsäure; leicht löslich in Alkohol, Äther und Benzol.

Diphenylphosphorchlorür $C_{12}H_{10}PCl$, $(C_6H_5)_2PCl$[11]) [12])

[1]) Körner, Jahresber. d. Chemie **1875**, 322.
[2]) La Valle, Jahresber. d. Chemie **1878**, 478.
[3]) Michaelis, Annalen d. Chemie u. Pharmazie **181**, 280 [1876].
[4]) Thorpe, Journ. Chem. Soc. **37**, 347 [1880].
[5]) Michaelis, Annalen d. Chemie u. Pharmazie **181**, 303 [1876].
[6]) Michaelis u. Ananow, Berichte d. Deutsch. chem. Gesellschaft **7**, 1689 [1874].
[7]) Schröder, Berichte d. Deutsch. chem. Gesellschaft **12**, 564 [1879].
[8]) Köhler u. Michaelis, Berichte d. Deutsch. chem. Gesellschaft **10**, 808 [1877].
[9]) Michaelis u. Gleichmann, Berichte d. Deutsch. chem. Gesellschaft **15**, 7801 [1882].
[10]) Dörken, Berichte d. Deutsch. chem. Gesellschaft **21**, 1508 [1888].
[11]) Michaelis, Berichte d. Deutsch. chem. Gesellschaft **10**, 627 [1877]. — Michaelis u. La Coste, Berichte d. Deutsch. chem. Gesellschaft **18**, 2109 [1885].
[12]) Michaelis u. Link, Annalen d. Chemie u. Pharmazie **207**, 208 [1881].

Aus Diphenylquecksilber und überschüssigem Phosphenylchlorid bei 220—230°. Dicke Flüssigkeit. Siedep. 320°. Spez. Gewicht 1,2293 bei 15° [1]). Siedep. 210—215° bei 57 mm [2]). Bildet an feuchter Luft

Diphenylphosphinsäure $C_{12}H_{11}PO_2$, $(C_6H_5)_2PO \cdot OH$ [3]) [4])

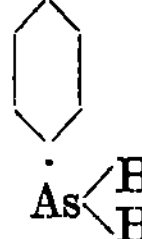

Nadeln aus Salpetersäure. Schmelzp. 190°.

Triphenylphosphin $C_{18}H_{15}P = P(C_6H_5)_3$. Aus Phosphenylchlorid und Brombenzol durch Natrium in ätherischer Lösung [4]), aus Phosphortrichlorid (1 Mol.) und Brombenzol (3 Mol.) durch Natrium in ätherischer Lösung [5]). Darstellung [6]). Große, durchsichtige, glasglänzende monokline Tafeln oder Prismen (aus Äther). Schmelzp. 79°. Im Wasserstoffstrom siedet es oberhalb 360° fast unzersetzt. Spez. Gewicht 1,194. In Wasser unlöslich; leicht löslich in Benzol, Chloroform und Eisessig; sehr leicht in Äther; schwerer in Alkohol. Unzersetzt löslich in rauchender Schwefelsäure.

Arsenderivate des Benzols: Monophenylarsin C_6H_7As, $C_6H_5 \cdot AsH_2$

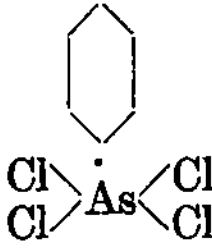

Durch Reduktion von phenylarsinsaurem Natrium $C_6H_5 \cdot AsO(ONa)_2$ mit amalgamiertem Zinkstaub und Salzsäure [7]). Stark lichtbrechendes Öl. Siedep. 93° bei 70 mm; 148° bei 760 mm. Leicht löslich in Alkohol und Äther. Riecht nach Phenylisonitril, stark verdünnt hyazinthenartig.

Phenylarsenchlorür $C_6H_5 \cdot AsCl_2$. Bildet sich beim Durchleiten eines Gemenges von Benzol und Arsentrichlorid durch ein glühendes Rohr, neben Biphenyl. Zur Darstellung erhitzt man Triphenylarsin mit überschüssigem Arsentrichlorid auf 250° [8]). Stark lichtbrechende Flüssigkeit. Siedep. 252—255°. Wirkt auf die Haut stark ätzend. Addiert Chlor zu

Phenylarsentetrachlorid $C_6H_5 \cdot AsCl_4$ [9])

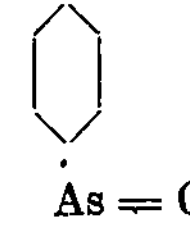

Erstarrt bei 0° zu gelben Nadeln und schmilzt dann bei 45°. Gibt mit viel Wasser

Phenylarsinsäure $C_6H_5 \cdot AsO(OH)_2$ [10]). Lange Säulen aus Wasser. Spez. Gewicht 1,840. Ist in kaltem Wasser ziemlich, in heißem Wasser sehr leicht löslich; löslich in abs. Alkohol. Geht beim Erhitzen auf 140° in das amorphe Anhydrid $C_6H_5 \cdot AsO_2$ über, das sich beim weiterem Erhitzen ohne zu schmelzen zersetzt.

Phenylarsenoxyd $C_6H_5 \cdot AsO$

[1]) Michaelis u. Link, Annalen d. Chemie u. Pharmazie **207**, 208 [1881].
[2]) Michaelis, Berichte d. Deutsch. chem. Gesellschaft **10**, 627 [1877]. — Michaelis u. La Coste, Berichte d. Deutsch. chem. Gesellschaft **18**, 2109 [1885].
[3]) Michaelis u. Gräff, Berichte d. Deutsch. chem. Gesellschaft **8**, 1305 [1875].
[4]) Michaelis u. Gleichmann, Berichte d. Deutsch. chem. Gesellschaft **15**, 802 [1882].
[5]) Michaelis u. Reese, Berichte d. Deutsch. chem. Gesellschaft **15**, 1610 [1882].
[6]) Michaelis u. Soden, Annalen d. Chemie u. Pharmazie **229**, 299 [1885].
[7]) Palmer u. Dehn, Berichte d. Deutsch. chem. Gesellschaft **34**, 3598 [1901].
[8]) Michaelis u. Reese, Berichte d. Deutsch. chem. Gesellschaft **15**, 2876 [1882].
[9]) Michaelis u. La Coste, Annalen d. Chemie u. Pharmazie **201**, 191 [1880].
[10]) Michaelis u. La Coste, Annalen d. Chemie u. Pharmazie **201**, 203 [1880].

Aus dem Phenylarsenchlorür $C_6H_5AsCl_2$ und Sodalösung[1]. Schmelzp. 119—120°. Besitzt anisartigen Geruch; reizt erwärmt die Schleimhäute heftig. Ist unlöslich in Wasser, schwer in Alkohol, leicht in Benzol löslich. Durch Reduktionsmittel geht es über in

Arsenobenzol $C_{12}H_{10}As_2 = C_6H_5 \cdot As : As \cdot C_6H_5$ [2]). Gelbliche Nadeln. Schmelzp. 196°. Unlöslich in Wasser und Äther; schwer löslich in Alkohol; leicht in Benzol, Schwefelkohlenstoff und Chloroform.

Diphenylarsenchlorür $C_{12}H_{10}AsCl = (C_6H_5)_2AsCl$

$$\begin{array}{c} Cl \\ | \\ As - \end{array}$$

Aus Phenylarsenchlorür und Diphenylquecksilber $Hg(C_6H_5)_2$ [3]). Darstellung[4]). Gelbes, schwach riechendes Öl. Siedep. 333° (im Kohlensäurestrom). Spez. Gewicht 1,4223 bei 15°. In Wasser unlöslich, leicht löslich in abs. Alkohol, Äther und Benzol. Liefert beim Erhitzen mit alkoholischem Kali

Diphenylarsenoxyd $C_{24}H_{20}As_2O = [(C_6H_5)_2As]_2O$ [5])

$$\text{>As} \cdot O \cdot As\text{<}$$

Krystalle aus Äther. Schmelzp. 91—92°. Wird von phosphoriger Säure reduziert zu

Phenylkakodyl $C_{24}H_{20}As_2 = (C_6H_5)_2 \cdot As \cdot As(C_6H_5)_2$ [6]). Schmelzp. 135°. Etwas in Alkohol, wenig in Äther löslich. Zerfällt bei der trocknen Destillation in Arsen und

Triphenylarsin $C_{18}H_{15}As = As(C_6H_5)_3$. Wird aus Arsenchlorür und Brombenzol durch Natrium in ätherischer Lösung dargestellt[7]). Dünne, rhombische Tafeln. Schmelzp. 58—59°; Siedep. oberhalb 360° (im Kohlensäurestrom). Spez. Gewicht 1,306. Unlöslich in Wasser und Salzsäure, schwer löslich in kaltem Alkohol, sehr leicht löslich in Äther und Benzol.

Triphenylstibin $C_{18}H_{15}Sb = Sb(C_6H_5)_3$. Aus Antimontrichlorid und Chlorbenzol durch Natrium in Benzollösung neben der Verbindung $(C_6H_5)_2SbCl_3$ und $(C_6H_5)_3SbCl_2$ [8]). Erstere[9]) wird durch salzsäurehaltigen Alkohol gelöst, der Rückstand durch Behandeln mit Chlor vollständig in $(C_6H_5)_3SbCl_2$ übergeführt und dieses mit Schwefelwasserstoff reduziert: $(C_6H_5)_3SbCl_2 + H_2S = (C_6H_5)_3Sb + 2 HCl + S$. Darstellung aus Phenylmagnesiumbromid und Antimontrichlorid: $3 C_6H_5MgBr + SbCl_3 = Sb)C_6H_5(_3 + 3 MgBrCl$ [10]). Triphenylstibin bildet durchsichtige, trikline[11]) Tafeln vom Schmelzp. 48°. Siedet nicht unzersetzt oberhalb 360°. Spez. Gewicht 1,4998 bei 12°. Ist in Wasser und verdünnten Säuren unlöslich, ziemlich in Alkohol, sehr leicht löslich in Äther, Benzol, Ligroin, Chloroform, Schwefelkohlenstoff und Eisessig. Adiert in Eisessiglösung leicht zwei Atome Brom. Das gebildete **Triphenylstibindibromid,** $(C_6H_5)SbBr$, aus Benzol sehr gut krystallisierende, glasglänzende Krystalle, Schmelzp. 216°[12]), wird durch Schwefelammonium in Triphenylstibinsulfid $(C_6H_5)_3$ SbS, weiße Nadeln aus Alkohol, Schmelzp. 119—120°, verwandelt[13]).

Wismuttriphenyl $C_{18}H_{15}Bi = Bi(C_6H_5)_3$. Aus Brombenzol und Wismutnatrium bei 160° bei Gegenwart von etwas Essigäther[14]). Krystallisiert in monoklinen, langen Säulen.

[1]) Michaelis u. La Coste, Annalen d. Chemie u. Pharmazie **201**, 191 [1880].
[2]) Michaelis u. Schulte, Berichte d. Deutsch. chem. Gesellschaft **14**, 912 [1881].
[3]) La Coste u. Michaelis, Annalen d. Chemie u. Pharmazie **201**, 215 [1880].
[4]) Michaelis u. Link, Annalen d. Chemie u. Pharmazie **207**, 115 [1881].
[5]) Michaelis u. La Coste, Annalen d. Chemie u. Pharmazie **201**, 216 [1880].
[6]) Michaelis u. Schulte, Berichte d. Deutsch. chem. Gesellschaft **15**, 1954 [1882].
[7]) Michaelis u. Reese, Berichte d. Deutsch. chem. Gesellschaft **15**, 2876 [1882]. — Philips, Berichte d. Deutsch. chem. Gesellschaft **19**, 1031 [1886].
[8]) Michaelis u. Reese, Annalen d. Chemie u. Pharmazie **233**, 43 [1886].
[9]) Michaelis u. Reese, Annalen d. Chemie u. Pharmazie **233**, 58 [1886].
[10]) P. Pfeiffer, Berichte d. Deutsch. chem. Gesellschaft **37**, 4620 [1904].
[11]) Arzruni, Annalen d. Chemie u. Pharmazie **233**, 46 [1886].
[12]) Michaelis u. Reese, Annalen d. Chemie u. Pharmazie **233**,50 [1886].
[13]) Kaufmann, Berichte d. Deutsch. chem. Gesellschaft **27**, 64 [1908].
[14]) Michaelis u. Polis, Berichte d. Deutsch. chem. Gesellschaft **20**, 55 [1887]. — Michaelis u. Marquardt, Annalen d. Chemie u. Pharmazie **251**, 324 [1889].

Schmelzp. 78°; mitunter in monoklinen Blättchen vom Schmelzp. 75°. Spez. Gewicht 1,5851 bei 20°. Ist schwer löslich in kaltem Alkohol, sehr leicht in den anderen organischen Lösungs-mitteln. Gibt mit Wismutbromid in ätherischer Lösung

Diphenylwismutbromid $C_{12}H_{10}BrBi = (C_6H_5)_2BiBr$ [1]. Gelbe Warzen aus Chloro-form. Schmelzp. 157—158°. Unlöslich in Äther, leicht löslich in Chloroform; wird durch Alkohol zersetzt.

Phenylborchlorid $C_6H_5 \cdot B \cdot Cl_2$. Aus Borchlorid und Quecksilberphenyl bei 180 bis 200° [2]. Darstellung [3]. Erstarrt in der Kälte, schmilzt dann bei etwa 0°. Siedep. 175°. Zersetzt sich mit Wasser unter Zischen und bildet

Phenylborsäure [4] $C_6H_7BO_2 = C_6H_5 \cdot B(OH)_2$. Büschelförmig vereinigte Nadeln. Schmelzp. 216° [5]. Schwer in kaltem, leicht in heißem Wasser, in Alkohol und Äther löslich. Rötet Lackmuspapier schwach.

Phenylsiliciumchlorid $C_6H_5 \cdot SiCl_3$ [6]. Aus Chlorsilicium und Quecksilberphenyl bei 300°. An der Luft schwach rauchende Flüssigkeit vom Siedep. 197°. In Äther und Chloro-form unverändert löslich. Gibt mit Alkohol in der Kälte

Phenylsiliciumtriäthyläther [6], Orthophenylsiliconäther, Orthosiliconbenzoeäther $C_{20}H_{20}SiO_3 = C_6H_5Si(OC_2H_5)_3$

Aromatisch und stechend riechende Flüssigkeit vom Siedep. 235°, spez. Gewicht 1,0133 bei 0°, 1,0055 bei 10°. Mit Jodwasserstoffsäure (1,7) (oder aus Phenylsiliciumchlorid und verdünn-tem Ammoniak) entsteht

Phenylsiliconsäure [6], Silicobenzoesäure $C_6H_6SiO_2$, $C_6H_5 \cdot SiO \cdot OH$

Durchsichtige, glasige Masse aus Äther. Schmelzp. 92°. Salze lassen sich nicht darstellen.

Siliciumtetraphenyl [7] $C_{24}H_{20}Si$, $Si(C_6H_5)_4$

Aus Chlorbenzol und Siliciumchlorid durch Natrium in ätherischer Lösung, unter Zusatz von etwas Äthylacetat oder fertig gebildetem Siliciumtetraphenyl. Tetragonale [8] Krystalle aus Chloroform. Schmelzp. 233°. Spez. Gewicht 1,0780 bei 20°. Siedet unzersetzt ober-halb 530°. Ist in Wasser unlöslich; in Alkohol und Äther schwer, in Schwefelkohlenstoff, Chloroform, Eisessig und Aceton leichter löslich; am leichtesten in siedendem Benzol. Un-zersetzt löslich in heißem Vitriolöl. Liefert beim Erhitzen mit Phosphorpentachlorid auf 180° und höher

[1]) Michaelis u. Marquardt, Annalen d. Chemie u. Pharmazie **251**, 327 [1889].
[2]) Michaelis u. Becker, Berichte d. Deutsch. chem. Gesellschaft **13**, 59 [1880].
[3]) Michaelis u. Becker, Berichte d. Deutsch. chem. Gesellschaft **15**, 180 [1882].
[4]) Michaelis u. Becker, Berichte d. Deutsch. chem. Gesellschaft **15**, 181 [1882].
[5]) Michaelis, Berichte d. Deutsch. chem. Gesellschaft **27**, 245 [1894].
[6]) Ladenburg, Annalen d. Chemie u. Pharmazie **173**, 151 [1874].
[7]) Polis, Berichte d. Deutsch. chem. Gesellschaft **18**, 1541 [1885]; **19**, 1013 [1886].
[8]) Arzruni, Berichte d. Deutsch. chem. Gesellschaft **19**, 1013 [1886].

Siliciumtriphenylchlorid[1] $C_{18}H_{15}SiCl = (C_6H_5)_3SiCl$. Krystalle aus Ligroin. Schmelzp. 88—89°. Im Vakuum unzersetzt destillierbar, und

Siliciumdiphenylchlorid[2] $C_{12}H_{10}SiCl_2 = (C_6H_5)_2SiCl_2$. Flüssigkeit vom Siedep. 230 bis 237° bei 90 mm.

Quecksilberphenyl $C_{12}H_{10}Hg$, $Hg(C_6H_5)_2$

Aus Brombenzol und Natriumamalgam[3]. Schmelzp. 120°. Spez. Gewicht 2,318[4], Schmelzp. 125—126°[5]). Unlöslich in Wasser; leicht löslich in Chloroform, Schwefelkohlenstoff, Benzol; mäßig löslich in Äther und siedendem Alkohol. Liefert mit Alkohol und Quecksilberchlorid bei 100°

Quecksilberphenylchlorid $C_6H_5 \cdot HgCl$[6]). Rhombische Täfelchen. Schmelzp. 250°. In kaltem Wasser, Benzol oder Alkohol kaum löslich, etwas löslicher in der Siedehitze.

Quecksilberphenylacetat $C_6H_5 \cdot Hg \cdot C_2H_3O_2$[7]). Entsteht aus Quecksilberphenyl beim Kochen mit Eisessig, aus Benzol bei mehrstündigem Kochen mit Quecksilberacetat[8]). Schmelzp. 149—150°. In letzterem Falle bildet sich auch

1, 4-Phenyldiquecksilberacetat[9]) $C_{10}H_{10}HgO_4$, $C_6H_4(Hg \cdot OC_2H_3O)_2$

Schmilzt gegen 230°. In Wasser unlöslich, in Alkohol und siedendem Benzol wenig löslich.

Magnesiumphenyl $C_{12}H_{10}Mg$, $Mg(C_6H_5)_2$[10]) [11])

Aus Quecksilberphenyl und Magnesium bei 200—210°. Entzündet sich an der Luft; unlöslich in Äther, Schwefelkohlenstoff, Ligroin und Benzol; leicht löslich in einem Gemisch aus gleichen Teilen Äther und Benzol. Zerfällt mit Wasser in Benzol und $Mg(OH)_2$.

Magnesiumphenylbromid $C_6H_5 \cdot MgBr$ und **Magnesiumphenyljodid** C_6H_5MgJ. Bilden sich leicht aus Brom- bzw. Jodbenzol, wasserfreiem Äther und Magnesium[12]). Sehr reaktionsfähig.

Zinntetraphenyl $C_{24}H_{20}Sn = Sn(C_6H_5)_4$[13])

[1]) Polis, Berichte d. Deutsch. chem. Gesellschaft **19**, 1018 [1886].
[2]) Polis, Berichte d. Deutsch. chem. Gesellschaft **19**, 1019 [1886].
[3]) Otto u. Dreher, Annalen d. Chemie u. Pharmazie **154**, 93 [1870]. — Aronheim, Annalen d. Chemie u. Pharmazie **194**, 148 [1878].
[4]) Schröder, Berichte d. Deutsch. chem. Gesellschaft **12**, 564 [1879].
[5]) Forster, Journ. Chem. Soc. **73**, 790 [1898].
[6]) Otto u. Dreher, Annalen d. Chemie u. Pharmazie **154**, 112 [1870].
[7]) Otto u. Dreher, Annalen d. Chemie u. Pharmazie **154**, 118 [1870].
[8]) Dimler, Berichte d. Deutsch. chem. Gesellschaft **31**, 2154 [1898].
[9]) Dimroth, Berichte d. Deutsch. chem. Gesellschaft **32**, 760 [1899]. — S. auch Pesci, Chem. Centralbl. **1899**, I, 734.
[10]) Fleck, Annalen d. Chemie u. Pharmazie **276**, 138 [1893].
[11]) Waga, Annalen d. Chemie u. Pharmazie **282**, 321 [1894].
[12]) Tissier u. Grignard, Compt. rend. de l'Acad. des Sc. **132**, 1183 [1900].
[13]) Polis, Berichte d. Deutsch. chem. Gesellschaft **22**, 2917 [1889].

Aus Zinnatrium und Brombenzol unter Zusatz von etwas Essigsäureäthylester. Dünne, tetragonale Prismen aus Chloroform. Schmelzp. 225—226°. Siedet oberhalb 420°. Sehr schwer löslich in Alkohol und Äther; leicht in siedendem Benzol, Schwefelkohlenstoff, Chloroform und Eisessig. Läßt sich am besten aus Pyridin umkrystallisieren[1]).

Bleitetraphenyl $C_{24}H_{20}Pb = Pb(C_6H_5)_4$ [2]). Aus Brombenzol und Bleinatrium unter Zusatz von Essigester. Kleine Nadeln aus Benzol. Schmelzp. 224—225°. Spez. Gewicht 1,5298 bei 20°. Zersetzt sich von 270° an. Sehr schwer löslich in Alkohol, Äther, Ligroin und Eisessig; leichter in Benzol, Chloroform und Schwefelkohlenstoff.

Reduktionsprodukte des Nitrobenzols (und seiner Homologen): Je nachdem die Reduktionswirkung sich auf eine einzelne Nitrogruppe erstreckt oder die Sauerstoffentziehung aus zwei Molekülen der Nitroverbindung gleichzeitig erfolgt, ergeben sich folgende zwei Reihen von Reduktionsprodukten:

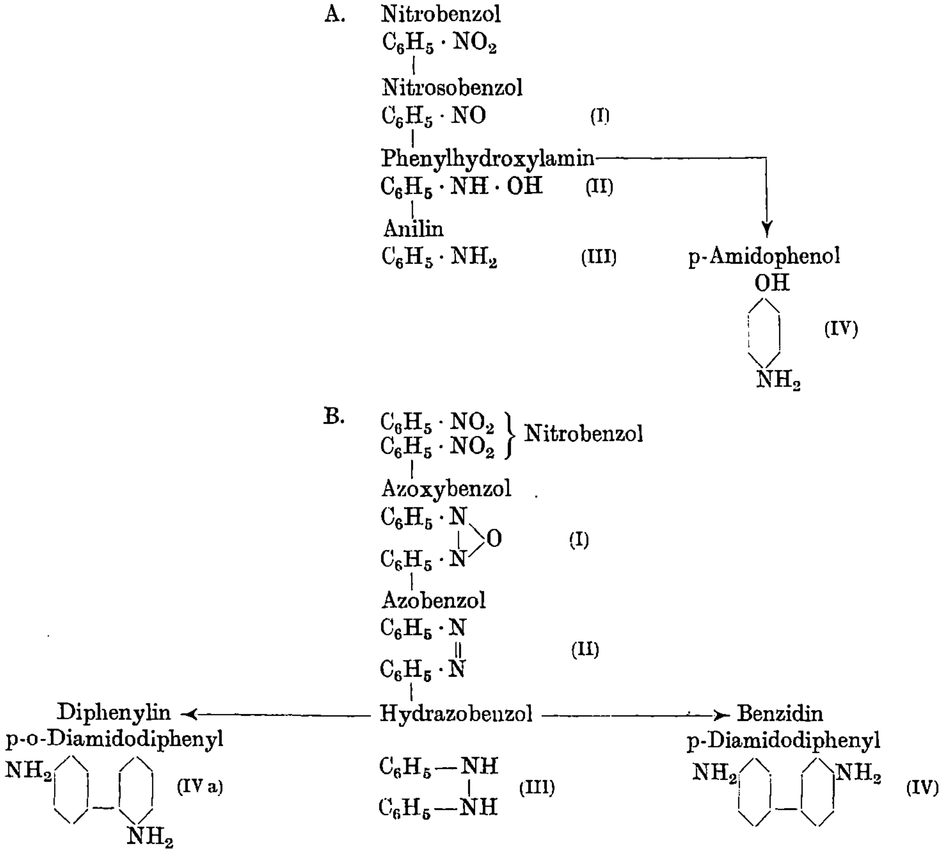

A. Nitrobenzol
$C_6H_5 \cdot NO_2$
|
Nitrosobenzol
$C_6H_5 \cdot NO$ (I)
|
Phenylhydroxylamin
$C_6H_5 \cdot NH \cdot OH$ (II)
|
Anilin
$C_6H_5 \cdot NH_2$ (III)   p-Amidophenol

(IV)

B. $\left.\begin{array}{l} C_6H_5 \cdot NO_2 \\ C_6H_5 \cdot NO_2 \end{array}\right\}$ Nitrobenzol
|
Azoxybenzol
$\begin{array}{l} C_6H_5 \cdot N \\ C_6H_5 \cdot N \end{array}\!\!>\!O$ (I)
|
Azobenzol
$\begin{array}{l} C_6H_5 \cdot N \\ \;\; \| \\ C_6H_5 \cdot N \end{array}$ (II)
|

Diphenylin ⟵——————— Hydrazobenzol ———————⟶ Benzidin
p-o-Diamidodiphenyl   p-Diamidodiphenyl

(IV a) $\begin{array}{l} C_6H_5 - NH \\ \;\;\; | \\ C_6H_5 - NH \end{array}$ (III)   (IV)

Bei der schrittweisen Reduktion in der Reihe A kann Nitrosobenzol (I) nicht direkt, sondern nur durch Rückoxydation von Phenylhydroxylamin (II) gewonnen werden. Dieses erleidet unter bestimmten Bedingungen leicht eine Umlagerung in p-Amidophenol (IV).

In der Reihe B erleidet das Endglied, das Hydrazobenzol, durch saure Agenzien gleichfalls sehr leicht eine Umlagerung in das p-Diamidodiphenyl, Benzidin (IV), neben wenig o-p-Diamidodiphenyl, Diphenylin (IVa).

Nitrosobenzol $C_6H_5 \cdot NO$

NO

---

[1]) **Werner**, Zeitschr. f. angew. Chemie **17**, 99 [1904].
[2]) **Polis**, Berichte d. Deutsch. chem. Gesellschaft **20**, 717, 3331 [1887].

Durch Oxydation von β-Phenylhydroxylamin $C_6H_5 \cdot NH \cdot OH$ mit Chromsäure[1])[2]), oder mit Kaliumpermanganat in saurer Lösung[3]); auch aus Anilin mit Kaliumpermanganat in saurer Lösung[3]), oder mit Sulfomonopersäure[4]) oder Benzoylwasserstoffsuperoxyd[5]) $C_6H_5 \cdot CO \cdot O \cdot OH$. Zur Darstellung[1])[2])[6]) suspendiert man 30 g Nitrobenzol in einer Lösung von 15 g Salmiak in 750 ccm Wasser und trägt nach und nach unter beständigem Rühren bei einer 15° nicht übersteigenden Temperatur 40 g Zinkstaub ein. Nach Verschwinden des Nitrobenzolgeruchs saugt man die gebildete Phenylhydroxylaminlösung vom Zinkschlamm ab, kühlt sie auf 0° ab, gießt in eiskalte, verdünnte Schwefelsäure (180 g konz. Säure, 900 ccm Wasser) und versetzt sofort mit einer eiskalten Kaliumbichromatlösung (24 g in 1 l Wasser). Es scheidet sich Nitrosobenzol ab, das durch Wasserdampfdestillation gereinigt werden kann. Farblose Krystalle. Schmelzp. 67,5—68°, die in schnell abgekühltem Schmelzfluß in zwei physikalisch-isomeren Modifikationen[7]) existieren. Ist im geschmolzenen oder gelösten Zustand grün gefärbt, vermutlich durch Übergang aus dem dimeren in den monomolekularen Zustand[8]). Mit Anilin bildet es in Eisessig sofort Azobenzol[9])

$$C_6H_5 \cdot NO + NH_2 \cdot C_6H_5 = C_6H_5 \cdot N - N - C_6H_5;$$

mit Phenylhydroxylamin entsteht Azoxybenzol[10])

$$C_6H_5 \cdot NO + NH \cdot OH \cdot C_6H_5 = C_6H_5 \cdot \underset{\diagdown O \diagup}{N - N} - C_6H_5 + H_2O;$$

mit Hydroxylamin entsteht Isodiazobenzol

$$C_6H_5 \cdot NO + NH_2 \cdot OH = C_6H_5 \cdot N : N \cdot OH + H_2O\ [11]).$$

Phenylhydroxylamin C_6H_7ON, $C_6H_5 \cdot NH \cdot OH$

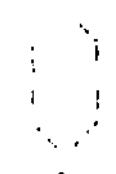

NH · OH

Reduktion des Nitrobenzols zu Phenylhydroxylamin mit Zinkstaub und Wasser[12])[13]), unter Zusatz von Chlorcalcium[14]), mit Aluminiumamalgam[15]), durch elektrolytische Reduktion in essigsaurer[16]) oder in alkoholisch-alkalischer Salmiaklösung[17]). Zur Darstellung sättigt man die wie oben bereitete Phenylhydroxylaminlösung (s. Nitrosobenzol) mit Kochsalz. Siehe auch[13])[18]). Durch Oxydation von Anilin erhält man Phenylhydroxylamin mittels Sulfomonopersäure[4]). Vgl. auch Nitrobenzol. Glänzende Nadeln. Schmelzp. 81—82°. Mäßig in kaltem Wasser (1 : 50), ziemlich in heißem Wasser (1 : 10) löslich, in den organischen Lösungsmitteln mit Ausnahme von Ligroin sehr leicht löslich.

---

[1]) Bamberger, Berichte d. Deutsch. chem. Gesellschaft **27**, 1349 [1894].

[2]) Wohl, Berichte d. Deutsch. chem. Gesellschaft **27**, 1435 [1894].

[3]) Bamberger u. Tschirner, Berichte d. Deutsch. chem. Gesellschaft **31**, 1524 [1898]; **32**, 342 [1899]; Annalen d. Chemie u. Pharmazie **311**, 78 [1900].

[4]) Caro, Zeitschr. f. angew. Chemie **1898**, 845; D. R. P. 110 575; Chem. Centralbl. **1900**, II, 462. — Bamberger u. Tschirner, Berichte d. Deutsch. chem. Gesellschaft **32**, 1675 [1898].

[5]) Bayer u. Villiger, Berichte d. Deutsch. chem. Gesellschaft **33**, 1578 [1900].

[6]) Kalle & Co., D. R. P. 89 978; Friedländers Fortschritte der Teerfarbenfabrikation **4**, 48.

[7]) Schaum, Annalen d. Chemie u. Pharmazie **308**, 38 [1899].

[8]) Bamberger u. Rising, Berichte d. Deutsch. chem. Gesellschaft **34**, 3877 [1901]. — Vgl. auch Bamberger, Berichte d. Deutsch. chem. Gesellschaft **30**, 2280, Anm. [1897]. — Auwers, Zeitschr. f. physikal. Chemie **32**, 54 [1900].

[9]) Mills, Journ. Chem. Soc. **67**, 928 [1895]. — Spitzer, Chem. Centralbl. **1900**, II, 1108.

[10]) Bamberger u. Renauld, Berichte d. Deutsch. chem. Gesellschaft **30**, 2278 [1897].

[11]) Bamberger u. Stegelmann, Berichte d. Deutsch. chem. Gesellschaft **32**, 3554 [1899].

[12]) Bamberger, Berichte d. Deutsch. chem. Gesellschaft **27**, 1348, 1548 [1894].

[13]) Wohl, Berichte d. Deutsch. chem. Gesellschaft **27**, 1432 [1894]; D. R. P. 84 138, 84 891; Friedländers Fortschritte der Teerfarbenfabrikation **4**, 44, 46.

[14]) Goldschmidt, Berichte d. Deutsch. chem. Gesellschaft **29**, 2307 [1896].

[15]) H. Wislicenus, Berichte d. Deutsch. chem. Gesellschaft **29**, 494 [1896]; Journ. f. prakt. Chemie [2] **54**, 57 [1896].

[16]) Haber, Chem. Centralbl. **1898**, II, 634.

[17]) Haber u. Schmidt, Zeitschr. f. physikal. Chemie **32**, 272 [1900].

[18]) Bamberger u. Knecht, Berichte d. Deutsch. chem. Gesellschaft **29**, 864 [1896].

Phenylhydroxylamin bildet mit Natrium in ätherischer Lösung das Mononatriumsalz $C_6H_5 \cdot NH \cdot ONa$ [1]). Eine wässerige oder alkoholische Lösung ist auch bei Lichtabschluß sehr veränderlich [2]).

Das **Dinatriumsalz** $C_6H_5 \cdot NONa_2$ bildet sich bei der Einwirkung von Natrium auf eine Lösung von Nitrobenzol in Äther oder Toluol [3]). Schwarzes, an der Luft entzündliches Pulver.

Phenylhydroxylamin wird leicht zu Anilin reduziert, sehr leicht auch zu Nitrosophenol (s. dieses) oxydiert. Dieses kann dabei auch bis zu Nitrobenzol oxydiert werden oder sich mit noch unverändertem Phenylhydroxylamin zu Azoxybenzol $\begin{matrix} C_6H_5N \\ \ \ \ \ | \ \ \rangle O \\ C_6H_5N \end{matrix}$ kondensieren [4]).

Mineralsäuren lagern Phenylhydroxylamin leicht in p-Amidophenol (Schmelzp. 184° unter Zersetzung) um;

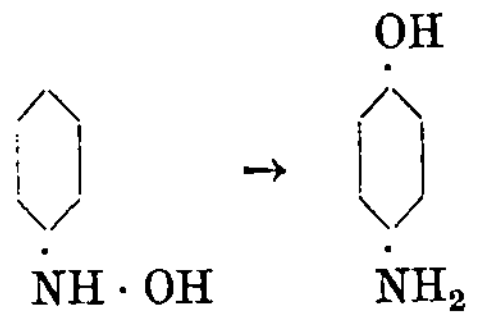

$$\underset{NH \cdot OH}{\bigcirc} \rightarrow \underset{NH_2}{\overset{OH}{\bigcirc}}$$

außerdem können noch einige andere Produkte, darunter Azoxybenzol, dabei entstehen [5]).

Azoxybenzol $C_{12}H_{10}ON_2 = (C_6H_5)_2N_2O$

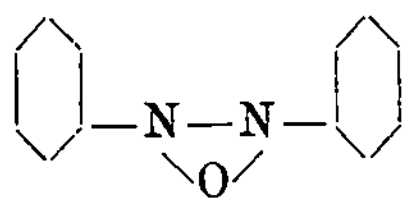

$$\bigcirc\!\!-\!N\!-\!N\!-\!\!\bigcirc \ \ (\text{mit } O)$$

Aus Nitrobenzol durch alkoholisches Kali [6]) [7]), durch Natriumamalgam [8]) oder durch arsenigsaures Natrium [9]). Zur Darstellung erhitzt man 150 g Nitrobenzol mit einer Lösung von 200 g Natronhydroxyd in 1000 ccm Methylalkohol (acetonfrei) 3 Stunden lang und gießt nach dem Abdestillieren des Alkohols in Wasser [10]). Oder man reduziert Nitrobenzol (1 T.) mit Eisen (7,5 T.) und Natronlauge (8 T.) von 35° Bé bei 110—120° [11]). Die Reduktion kann auch elektrolytisch in wässerig-alkalischer Lösung ausgeführt werden [12]) [13]). Bildet sich auch aus Nitrosobenzol durch wässerige Natronlauge neben zahlreichen anderen Verbindungen, die dabei in geringerer Menge entstehen [14]). Reaktionsmechanismus bei der Reduktion des Nitrobenzols durch Alkohol in Gegenwart von Alkali [15]); Ersatz des Natriumalkoholats durch Alkali und Alkohol bietet keinen Vorteil; Natriummethylat kann durch Bariumhydroxyd oder Bariumoxyd und Alkohol, nicht durch Magnesium-, Calcium- oder Aluminiumoxyd ersetzt werden; an Stelle des Alkohols kann als Verdünnungsmittel auch Benzol, Toluol und andere Lösungsmittel verwendet werden [11]). Lange, gelbe, rhombische [16])

---

1) Bamberger u. Tschirner, Berichte d. Deutsch. chem. Gesellschaft **33**, 272 [1900].

2) Bamberger u. Brady, Berichte d. Deutsch. chem. Gesellschaft **33**, 271 [1900].

3) J. Schmidt, Berichte d. Deutsch. chem. Gesellschaft **32**, 2911 [1899].

4) Bamberger u. Tschirner, Berichte d. Deutsch. chem. Gesellschaft **32**, 342, Anm. [1899].

5) Bamberger u. Lagutt, Berichte d. Deutsch. chem. Gesellschaft **31**, 1501 [1898].

6) Zinin, Journ. f. prakt. Chemie **36**, 93 [1845].

7) Klinger, Berichte d. Deutsch. chem. Gesellschaft **15**, 866 [1882].

8) Alexejew, Bulletin de la Soc. chim. **1**, 324 [1864]. — Molsschanowsky, Journ. d. russ. physikal.-chem. Gesellschaft **14**, 224 [1882].

9) Lösner, Journ. f. prakt. Chemie [2] **50**, 564 [1894]; D. R. P. 77 563; Friedländers Fortschritte der Teerfarbenfabrikation 4, 42.

10) Lachmann, Journ. Amer. Chem. Soc. **24**, 1180 [1902].

11) Chem. Fabrik Weiler Ter - Meer, D. R. P. 138 496; Friedländers Fortschritte der Teerfarbenfabrikation 4, 1292.

12) Löb, Berichte d. Deutsch. chem. Gesellschaft **33**, 2331 [1900]; Zeitschr. f. physikal. Chemie **34**, 662 [1900]; D. R. P. 116 467; Chem. Centralbl. **1901**, I, 149.

13) Höchster Farbwerke, D. R. P. 127 727; Chem. Centralbl. **1902**, I, 446.

14) Bamberger, Berichte d. Deutsch. chem. Gesellschaft **33**, 1939 [1900].

15) Rotarski, Chem. Centralbl. **1905**, II, 893.

16) Bodewig, Jahresber. d. Chemie **1879**, 495.

Nadeln. Schmelzp. 36°. Spez. Gewicht 1,248 bei 20°/20° [1]). Mit überhitztem Wasserdampf bei 140—150° leicht flüchtig [2]).

Azobenzol $C_{12}H_{10}N_2 = (C_6H_5)_2N_2$

Entsteht aus Nitrobenzol durch Reduktion mit alkoholischem Kali [3]) oder mit Natriumamalgam [4]), auch mit Zinkstaub und etwas Alkali [5]). Zur Darstellung destilliert man 1 T. Azoxybenzol $C_6H_5 \cdot N - N \cdot C_6H_5$ mit 3 T. Eisenfeile [6]) oder läßt das Eisen bei Gegenwart von Natronlauge auf das Azoxybenzol [7]) oder auf Nitrobenzol [7]) einwirken. Quantitativ läßt sich Nitrobenzol elektrolytisch bei Gegenwart von Natronlauge zu Azobenzol reduzieren [8]); Ausführung der Elektrolyse unter Verwendung von Bleikathoden oder Bleiverbindungen [9]), unter Suspension des Nitrobenzols in konz. Natronlauge oberhalb 95° [10]). Orangegelbe, monokline [11]) [12]) Blättchen. Schmelzp. 68° [13]); Siedep. 293°; Siedep. 295—297° (korr.) bei 749 mm [14]). Spez. Gewicht 1,203 [15]). Eine Lösung von Azobenzol in Essigsäure wird durch etwa die doppelte Menge 30 proz. Wasserstoffsuperoxyd im Verlauf einiger Tage glatt zu Azoxybenzol oxydiert; vermutlich besitzt letzteres in fünfwertiges Stickstoffatom: $C_6H_5 \cdot N : N \cdot C_6H_5 + H_2O_2 = C_6H_5 \cdot N : N \cdot C_6H_5 + H_2O$ [16]). Azobenzol wird von Schwefelammonium [17]) oder Zinkstaub [5]) zu Hydrazobenzol $C_6H_5 \cdot NH \cdot NH \cdot C_6H_5$ reduziert. Bei —75° verbindet sich Azobenzol mit 2 Mol. Chlorwasserstoff zu $C_6H_5 \cdot N_2 \cdot C_6H_5 \cdot 2 HCl$ [18]). Einwirkung von methylalkoholischer Salzsäure (Bildung von Anilin, Benzidin, p-Chloranilin und wenig Tetrachloramidodiphenylamin) [19]).

Hydrazobenzol $C_{12}H_{12}N_2$, $C_6H_5 \cdot NH - NH - C_6H_5$

Durch Reduktion von Azobenzol oder Nitrobenzol mit alkoholischem Schwefelammonium [20]), mit Natrium- [21]) oder Aluminiumamalgam [22]), mit Zinkstaub [5]) oder mit fein verteiltem Blei [23]) in alkalischer Lösung, oder durch Eisen und Natronlauge [24]), oder durch elektrolytische

[1]) Robertson, Journ. Chem. Soc. **81**, 1242 [1902].

[2]) Rassow u. Rülke, Journ. f. prakt. Chemie [2] **65**, 105, Anm. [1902].

[3]) Mitscherlich, Annalen d. Chemie u. Pharmazie **12**, 311 [1834].

[4]) Werigo, Annalen d. Chemie u. Pharmazie **135**, 176 [1865].

[5]) Alexejew, Zeitschr. f. Chemie **1868**, 497.

[6]) Schmidt u. Schultz, Annalen d. Chemie u. Pharmazie **207**, 329 [1881].

[7]) Chemische Fabriken Weiler Ter-Meer, D. R. P. 138 496; Chem. Centralbl. **1903**, I, 372.

[8]) Löb, Berichte d. Deutsch. chem. Gesellschaft **33**, 2331 [1900].

[9]) Bayer & Co., D. R. P. 121 899, Chem. Centralbl. **1901**, II, 153; D. R. P. 121 900, Chem. Centralbl. **1901**, II, 153.

[10]) Höchster Farbwerke, D. R. P. 141 535; Chem. Centralbl. **1903**, I, 1283.

[11]) Marignac, Jahresber. d. Chemie **1855**, 642. — Calderon, Jahresber. d. Chemie **1880**, 371.

[12]) Boeris, Atti della R. Accad. dei Lincei Roma [5] **8**, I, 575, 585 [1899].

[13]) P. Grieß, Berichte d. Deutsch. chem. Gesellschaft **9**, 134 [1876].

[14]) Jacobson u. Lischke, Annalen d. Chemie u. Pharmazie **303**, 369, Anm. [1898].

[15]) Schröder, Berichte d. Deutsch. chem. Gesellschaft **12**, 563 [1879].

[16]) Angeli, Atti della R. Accad. dei Lincei Roma [5] **19**, I, 793 [1910].

[17]) Hofmann, Jahresber. d. Chemie **1863**, 429.

[18]) Korczinski, Berichte d. Deutsch. chem. Gesellschaft **41**, 4379 [1908].

[19]) P. Jacobson, Bartsch u. Steinbrenck, Annalen d. Chemie u. Pharmazie **367**, 304 [1909].

[20]) Hofmann, Jahresber. d. Chemie **1863**, 33.

[21]) Alexejew, Zeitschr. f. Chemie **1867**, 33.

[22]) Wislicenus, Journ. f. prakt. Chemie [2] **54**, 65 [1896].

[23]) Wohl, R. D. P. 81 129; Friedländers Fortschritte der Teerfarbenfabrikation **4**, 43.

[24]) Chemische Fabrik Weiler Ter-Meer, D. R. P. 138 496; Friedländers Fortschritte der Teerfarbenfabrikation **6**, 1290.

Reduktion in alkalischer Suspension in Gegenwart von Bleiverbindungen[1]). Elektrolytische Reduktion von Azoxybenzol in alkalischer oder alkalisalzhaltiger Suspension[2]). Farblose Tafeln. Schmelzp. 131°; Schmelzp. 126—127°[3]). Wird in siedender alkoholischer Lösung durch Luft nur sehr langsam zu Azobenzol oxydiert, rasch aber bei Gegenwart von etwas Alkali[4])[5]), unter gleichzeitiger Bildung von Wasserstoffsuperoxyd[6]). Wird durch Kochen mit Säuren[7])[8]) umgelagert in

Benzidin $C_{12}H_{11}N_2 = NH_2 \cdot C_6H_4 \cdot C_6H_4 \cdot NH_2$

$$NH_2\text{—}\langle\rangle\text{—}\langle\rangle\text{—}NH_2$$

Über Umlagerung siehe auch[9]). Bildet sich aus Azobenzol oder Azoxybenzol durch Reduktion in saurer Lösung[10]). Man kann auch direkt Nitrobenzol zuerst in alkalischer, dann in saurer Lösung elektrolytisch reduzieren[11]) oder das Reduktionsprodukt aus 100 g Nitrobenzol, 80 g Natronlauge vom spez. Gewicht 1,4, 500 ccm Wasser und 160 g Zinkstaub, der allmählich im Laufe von 6—8 Stunden zugegeben worden ist, in $1^1/_2$ l konz. kalte Salzsäure (spez. Gewicht 1,2) eintragen. Durch Glaubersalz wird das unlösliche Benzidinsulfat abgeschieden, aus dem mit Ammoniak die Base wieder in Freiheit gesetzt wird[12]). Auch Azo- und Azoxybenzol können in schwefelsaurer alkoholischer Lösung elektrolytisch zu Benzidin reduziert werden[13]). Über Darstellung siehe ferner[14]). Große, glänzende Blättchen aus Wasser. Schmelzp. 122°. Schmelzp. 127,5—128°. Siedep. 400—401° bei 740 mm[15]). In kaltem Wasser sehr schwer, in heißem Wasser mäßig schwer löslich. Das

Benzidinsulfat $C_{12}H_{12}N_2 \cdot H_2SO_4$ ist fast unlöslich in siedendem Wasser. Man verwendet daher ein leicht lösliches Benzidinsalz, z. B. Benzidinchlorhydrat, zur quantitativen Bestimmung der Schwefelsäure.

Bestimmungsmethoden der Schwefelsäure, die auf der Unlöslichkeit des Benzidinsulfats beruhen[16]). Vergleich der verschiedenen Methoden[17]). Es wird folgende Ausführungsform empfohlen[17]): Die auf 0,1—0,2% H_2SO_4 verdünnte Lösung der Schwefelsäure oder des sauren Sulfats wird mit dem gleichen Volumen einer Lösung, die im Liter 6,7 g Benzidinbase und 20 ccm Chlorwasserstoffsäure von der Dichte 1,12 enthält, versetzt. Nach 10—15 Minuten saugt man das Benzidinsulfat ab, wäscht mit 15—20 ccm kaltem Wasser und titriert im Niederschlag die Schwefelsäure mit $^1/_{10}$ n-Natronlauge und mit Phenolphthalein als Indicator. Die Methode ist für die Analyse aller Sulfate anwendbar, falls keine das Benzidin angreifende

1) Bayer & Co., D. R. P. 121 899; Chem. Centralbl. **1901**, II, 153.

2) F. Darmstädter, D. R. P. 189 312; Chem. Centralbl. **1907**, II, 2002.

3) Passon u. Lummerzheim, Journ. f. prakt. Chemie [2] **64**, 138 [1901].

4) Manchot, Chem. Centralbl. **1900**, I, 132.

5) Bistrzycki, Berichte d. Deutsch. chem. Gesellschaft **33**, 476 [1900].

6) Herzog, Annalen d. Chemie u. Pharmazie **316**, 331 [1901].

7) Zinin, Journ. f. prakt. Chemie **36**, 93 [1845].

8) Hofmann, Jahresber. d. Chemie **1863**, 424.

9) Nef, Chem. Centralbl. **1898**, I, 371. — Meisenheimer u. Witte, Chem. Centralbl. **1904**, I, 284.

10) Zinin, Annalen d. Chemie u. Pharmazie **137**, 376 [1866]. — Werigo, Annalen d. Chemie u. Pharmazie **165**, 202 [1873]. — Sendzink, Zeitschr. f. Chemie **1870**, 267.

11) Löb, Zeitschr. f. physikal. Chemie **34**, 660 [1900].

12) Teichmann, Zeitschr. f. angew. Chemie **1893**, 67. — Vgl. auch Erdmann, Zeitschr. f. angew. Chemie **1893**, 163. — Schmidt u. Schulz, Annalen d. Chemie u. Pharmazie **207**, 330 [1881].

13) Löb, Berichte d. Deutsch. chem. Gesellschaft **33**, 2331 [1900]; Zeitschr. f. physikal. Chemie **7**, 320, 333, 597 [1901]; D. R. P. 11 467, Chem. Centralbl. **1901**, I, 149; D. R. P. 122 046, Chem. Centralbl. **1901**, II, 249.

14) Farbwerke Höchst a. M., Chem. Centralbl. **1906**, II, 724. — Lilienfeld, Chem. Centralbl. **1904**, I, 133.

15) Nerz u. Strasser, Journ. f. prakt. Chemie [2] **60**, 168 [1899],

16) Vaubel, Zeitschr. f. analyt. Chemie **35**, 163 [1896]. — Conturier, Diss. Tübingen 1897. — W. Müller, Berichte d. Deutsch. chem. Gesellschaft **35**, 1587 [1902]; Zeitschr. f. angew. Chemie **16**, 653 [1905]. — Raschig, Zeitschr. f. angew. Chemie **16**, 617, 818 [1905]; Chem. Centralbl. **1906**, I, 1046. — Dürkes, Zeitschr. f. analyt. Chemie **42**, 477 [1903]. — Knorre, Chem. Centralbl. **1905**, I, 628, 901. — Vgl. auch Huber, Chem. Centralbl. **1906**, I, 159.

17) Friedheim u. Nydegger, Zeitschr. f. angew. Chemie **20**, 9 [1909].

Substanzen und nicht allzu große Mengen von anderen Salzen und Säuren zugegen sind. Unter Einhaltung bestimmter Versuchsbedingungen kompensieren sich die Fehler, die sonst bei der Fällung des Benzidinsulfats auftreten können.

Nachweis von Blut in Faeces, Blutflecken usw. durch Benzidin. Nach Schumm[1]) gibt eine alkoholische Benzidinlösung, mit Essigsäure und Wasserstoffsuperoxyd versetzt, in Gegenwart von Blut eine bläulichgrüne Färbung (Empfindlichkeit 1 : 200 000, abhängig von der Reinheit des verwendeten Benzidins)[2]). Die Reaktion ist als Vorprobe und besonders als Massenprobe zur Untersuchung von Faeces geeignet. Es empfiehlt sich[3]), 10—12 Tropfen einer konz. alkoholischen (oder Eisessig-) Lösung im Reagensglas mit $2^1/_2$—3 ccm 3proz. Wasserstoffsuperoxydlösung zu versetzen und dann einige Tropfen der zu untersuchenden Lösung zuzugeben. Die entstehende Färbung ist um so tiefer blau, je größer der Blutgehalt ist. Bei sehr geringem Blutgehalt dauert es einige Zeit bis zum Farbeneintritt. Blutverdächtige Flecken werden mit Kochsalzlösung ausgezogen. Aufkochen der Lösung beeinträchtigt die Reaktion nicht. Die Reaktion übertrifft an Schärfe alle bisher bekannten[3]). Eiter gibt dieselbe Reaktion wie Blut. Eisenverbindungen, außer Eisenchlorid, geben die Reaktion nicht[3]). Die Reaktion läßt sich auch mit einem Benzidinpapier ausführen[4]).

Wirkung und Schicksal im Tierkörper[5]): Das nach Klingenberger[6]) ganz ungiftige Benzidin gibt bei Fütterung oder bei subcutaner Injektion des milchsauren oder salzsauren Salzes typische Vergiftungserscheinungen. Kleinere Gaben werden vom Hunde ohne Schaden ertragen, größere Gaben rufen Übelkeit, Erbrechen und motorische Unruhe (mit eigenartigen, typischen Bewegungen des Kopfs und der vorderen Extremitäten) hervor; beim Kaninchen sind die äußeren Symptome weniger auffallend. Beim Frosch zeigt sich zentrale Lähmung. Beim Hunde tritt Glykosurie auf, die durch gleichzeitige Antipyrindarreichung gehemmt wird. Im Kaninchenharn treten regelmäßig größere Mengen „fixierte" Blutkörperchen auf, die den Farbstoff in destilliertem Wasser und in Solanin- oder Saponinlösung vollständig zurückhalten. Pathologisch-anatomisch zeigen sich subakute Störungen, die das Benzidin als Blutgift erscheinen lassen[5]).

Anilin.

$$C_6H_7N = C_6H_5 \cdot NH_2.$$

$$NH_2$$

Das Anilin wurde im Jahr 1826 von Unverdorben[7]) entdeckt, der es bei der Destillation von Indigo auffand und wegen der Krystallisierbarkeit seiner Salze Krystallin nannte. Im Jahre 1834 fand es Runge[8]) im Steinkohlenteeröl und gab ihm wegen der Blaufärbung mit Chlorkalk den Namen Kyanol. 1841 stellte Fritzsche[9]) durch Destillation von Indigo mit Kalilauge eine Base dar, der er nach der Bezeichnung der Indigopflanze Indigofera Anil den Namen Anilin gab. Durch Reduktion von Nitrobenzol mit Schwefelammonium erhielt zur etwa gleichen Zeit Zinin[10]) das „Benzidam". Im Jahre 1843 wies dann A. W. Hofmann die Identität aller vier Basen nach[11]). Auch im Tieröl findet sich Anilin[12]). Zur Reduktion des Nitrobenzols zu Anilin können noch zahlreiche andere Reduktionsmittel dienen (s. auch

[1]) Schumm, Zeitschr. f. physiol. Chemie **41**, 59 [1904]; **46**, 510 [1905]; Münch. med. Wochenschrift **54**, 258 [1907]. — Vgl. auch Schlesinger u. Holst, Deutsche med. Wochenschr. **32**. Nr. 36 [1906].
[2]) Schumm, Pharmaz. Ztg. **52**, 604 [1907].
[3]) F. Utz, Chem.-Ztg. **31**, 737 [1907]. — Vgl. auch Gregor, Zeitschr. d. allg. österr. Apoth.-Vereins **45**, 470 [1907].
[4]) Weinberger, Münch. med. Wochenschr. **55**, 2538 [1908].
[5]) O. Adler, Archiv f. experim. Pathol. u. Pharmakol. **58**, 167 [1908].
[6]) Klingenberger, Inaug.-Diss. Rostock 1891.
[7]) Unverdorben, Poggend. Annalen d. Physik **8**, 397 [1826].
[8]) Runge, Poggend. Annalen d. Physik **31**, 65 [1834].
[9]) Fritzsche, Annalen d. Chemie u. Pharmazie **36**, 84 [1840]; **39**, 76 [1841].
[10]) Zinin, Annalen d. Chemie u. Pharmazie **44**, 283 [1841].
[11]) A. W. Hofmann, Annalen d. Chemie u. Pharmazie **47**, 37 [1843].
[12]) Anderson, Annalen d. Chemie u. Pharmazie **70**, 32 [1849].

bei Nitrobenzol): Zinnchlorür, Zink und Salzsäure[1]), Eisen und Salzsäure oder Essigsäure[2]), Zinkstaub und Wasser[3]), arsenige Säure und Alkali[4]), Traubenzucker und konz. Kalilauge[5]) und andere. Aus den Pferdenieren ist ein durch Wasser extrahierbares Enzym[6]) isoliert worden, das auch Nitrobenzol zu Anilin reduziert. Ebenso verhält sich das Philothion der Hefe und die Hefenreduktase[7]).

Anilin entsteht auch aus benzolsulfonsaurem Kalium und Natriumamid[8]), aus Phenol und Chlorzinkammoniak bei 300°[9]), besser bei 330° oder unter Zusatz von Chlorammonium[10]).

Zur technischen Darstellung des Anilins reduziert man Nitrobenzol mit Eisen und etwa $1/40$ der nach der Gleichung

$$C_6H_5 \cdot NO_2 + 2\,Fe + 6\,HCl = C_6H_5 \cdot NH_2 + Fe_2Cl_6 + 2\,H_2O$$

erforderlichen Säuremenge, da das zunächst gebildete Eisenchlorür $FeCl_2$ wahrscheinlich als Überträger die direkte Reduktion des Nitrobenzols durch Eisen und Wasser bewirkt.[11]):

$$C_6H_5 \cdot NO_2 + 2\,Fe + 4\,H_2O = C_6H_5 \cdot NH_2 + Fe_2(OH)_6.$$

Bei Gegenwart von Kupferverbindungen kann durch Erhitzen unter Druck mit Ammoniak das sonst nicht austauschbare Chloratom im Chlorbenzol durch NH_2 ersetzt werden (Ausbeute 80%)[12]). Aus Brombenzol, Ammoniumbicarbonat und Natronkalk erfolgt Bildung von Anilin bei 360—380°[13]). Darstellung durch Reduktion von Nitrobenzol mit Natriumdisulfid Na_2S_2 unter gleichzeitiger Gewinnung von Natriumthiosulfat[14]); durch elektrolytische Reduktion von Nitrobenzol in alkalischer oder alkalisalzhaltiger Suspension mittels Kupferkathoden[15]).

Physiologische Eigenschaften: Anilin wirkt auf das Zentralnervensystem, hauptsächlich durch eine Art narkotische Wirkung auf die wärmeregulierenden Gehirnzentren, Fiebertemperaturen herabsetzend, während es zugleich auf andere Gebiete des Zentralnervensystems und auf die Zirkulationsorgane im Vergleich zu dieser Wirkung nur einen geringen Einfluß ausübt[16]). Verschiedene Derivate des Anilins, besonders das Acetanilid $C_6H_5 \cdot NH \cdot COCH_3$ und Phenacetin $C_2H_5 \cdot O \cdot C_6H_5 \cdot NHCOCH_3$, sind als Antipyretica sehr geschätzt. Vergleichende Untersuchung des Einflusses des Acetyl- und Semicarbazidderivats des Anilins (und Phenetidins) auf die respiratorische Kapazität des Blutes[17]). Nachweis der Methämoglobinbildung bei Anilinvergiftung im zirkulierenden Blut durch spektroskopische Untersuchung des Ohrs[18]). Absorption des Anilins durch die Haut[19]). Tödliche Konzentration gegenüber Paramaecium aurelia[20]). Anilinsulfat hebt — in unvollkommener Weise — den diastolischen Muscarinstillstand am Froschherzen auf[21]).

Physikalische und chemische Eigenschaften: Anilin ist ein schwach aromatisch riechendes, farbloses Öl, das sich an der Luft rasch gelblichbraun färbt. Es bleibt jedoch farblos, wenn man es durch Kochen mit Aceton von schwefelhaltigen Beimengungen befreit[22]). Die Rot-

---

1) Hofmann, Annalen d. Chemie u. Pharmazie **55**, 200 [1845].
2) Béchamp, Annales de Chim. et de Phys. [3] **42**, 401 [1854].
3) Kremer, Jahresber. d. Chemie **1863**, 410.
4) Wöhler, Annalen d. Chemie u. Pharmazie **102**, 127 [1857].
5) Vohl, Jahresber. d. Chemie **1863**, 410.
6) Abélons u. Gérard, Compt. rend. de l'Acad. des Sc. **130**, 420 [1900].
7) Jackson u. Wing, Berichte d. Deutsch. chem. Gesellschaft **19**, 903 [1886].
8) Pozzi-Eskot, Bulletin de l'Assoc. de Chimie de Sucrerie et Distillerie **21**, 1073 [1903].
9) Merz u. Weith, Berichte d. Deutsch. chem. Gesellschaft **13**, 1298 [1880].
10) Merz u. Müller, Berichte d. Deutsch. chem. Gesellschaft **19**, 2916 [1886].
11) Wohl, Berichte d. Deutsch. chem. Gesellschaft **27**, 1436, 1815 [1894].
12) Aktien-Gesellschaft für Anilinfabrikation, D. R. P. 204 951; Chem. Centralbl. **1909**, I, 475.
13) Merz u. Paschkowezky, Journ. f. prakt. Chemie [2] **48**, 465 [1893].
14) Kunz, D. R. P. 144 809; Chem. Centralbl. **1903**, II, 813.
15) C. F. Böhringer u. Söhne, D. R. P. 130 742, Chem. Centralbl. **1902**, I, 960.
16) Schmiedeberg, Arzneimittellehre 3. Aufl., S. 138, 141, [1895].
17) H. Dreser, Archiv f. experim. Pathol. u. Pharmakol. **1908**, Suppl., 138.
18) Rost, Franz u. Heise, Arbeiten a. d. Kaiserl. Gesundheitsamt **32**, 223 [1909].
19) Schwenkenbecher, Archiv f. Anat. u. Physiol., physiol. Abt. **1904**, 121.
20) Barrat, Proc. Roy. Soc. **74**, 100 [1904].
21) Schmiedeberg, Arzneimittellehre 3. Aufl., S. 97 [1895].
22) Hantzsch u. Freese, Berichte d. Deutsch. chem. Gesellschaft **27**, 2531, 2966 [1894].

färbung des Anilins erfolgt unter dem Einfluß von Sauerstoff (oder Ozon) und Licht; es bilden sich dabei 2, 5-Dianilinochinon, 2, 5 - Dianilinochinonanil, Azophenin und Azobenzol[1]). Schmelzp. —8°[2]); Erstarrungsp. —5,96°[3]). Siedep. 182,5—182,6° bei 738,4 mm[4]); Siedep. 181—181,1° bei 731 mm, 180,6—180,7° bei 728 mm[5]); Siedep. 71° bei 81 mm, 86° bei 23,4 mm, 92,4° bei 32,98 mm, 103,8° bei 58,8 mm, 110,1° bei 87,02 mm, 182° bei 760 mm[6]), 184°[7]), 184,4° bei 760 mm[8]). Spez. Gewicht 1,0367 bei 0°; spez. Gewicht 1,0342 bei 4°/4°; 1,0254 bei 15°/15°; 1,0191 bei 25°/25°; 1,0038 bei 55°/55°; 0,9919 bei 95°/95°[9]). Spez. Gew. 1,0166 bei 24°[5]); 1,02060 bei 25°/25°[7]); 1,03895 bei 0°/4°[8]). Molekularvolumen 5,06 (Wasser = 1)[8]). Dampfspannungskurve[10]). Kritische Temperatur 425,4—425,9°, kritischer Druck 52,25—52,5 Atm.[5]). Ausdehnungskoeffizient[11]), Oberflächenspannung[12]). Oberflächenspannung und spezifische Kohäsion[13]). Tropfengewicht, Beziehung zu Dichte und kritischer Temperatur[14]). Wahre spezifische Wärme bei $t° = 0,4706 + 0,037\,t$[15]). Spezifische Wärme und Schmelzwärme[16]). Wärmekapazität und Verdampfungswärme[17])[18]). Molekulare Verbrennungswärme 817,8 Cal. bei konstantem Volumen[19]); 810,7 Cal. bei konstantem Druck[20]). Bildungswärme —8,5 Cal.; Verbrennungswärme 815,3 Cal.[21]). Neutralisationswärme durch verschiedene Säuren[22]); durch Pikrinsäure 14,75 Cal.[23]). Brechungskoeffizient[24])[25]), $n_D^{22} = 1,5846$[5]). Dielektrizitätskonstante, elektrische Absorption[26]); Dielektrizitätskonstante bei niedriger Temperatur[27]); Dissoziationskonstante $K = 5,7 \cdot 10^{-10}$[28]). Magnetisches Drehungsvermögen 16,1 bei 12,4°[29]). Fluorescenz im ultravioletten Spektrum[30]). Absorption der Dämpfe im Ultraviolett[31]). Löslichkeit von Anilin in 1000 ccm Wasser 34,81 ccm, von Wasser in 1000 ccm Anilin 52,22 ccm[32]). Gegenseitige Löslichkeitskoeffizienten[33]). Erhöhte

---

[1]) Gibbs, The Philippine Journ. of Sc. 5, Sect. A, 9—16 [1910]; Chem. Centralbl. 1910, II, 559.

[2]) Lucius, Berichte d. Deutsch. chem. Gesellschaft 5, 154 [1872].

[3]) Ampola u. Rimatori, Gazzetta chimica ital. 27, I, 62 [1897].

[4]) Brühl, Annalen d. Chemie u. Pharmazie 200, 187 [1879].

[5]) Guye u. Mallet, Compt. rend. de l'Acad. des Sc. 134, 168 [1901]; Arch. Sc. Phys. natur. de Genève [4] 13, 274 [1902]; Chem. Centralbl. 1902, I, 1315.

[6]) Kahlbaum, Siedetemperatur und Druck. S. 84. — Vgl. auch Neubeck, Zeitschr. f. physikal. Chemie 1, 655 [1887].

[7]) Holmes u. Sageman, Journ. Chem. Soc. 95, 1919 [1909].

[8]) Timmermans, Bulletin de la Soc. chim. Belg. 24, 244 [1910].

[9]) Perkin, Journ. Chem. Soc. 69, 1207 [1896].

[10]) Kahlbaum, Zeitschr. f. physikal. Chemie 23, 451 [1897].

[11]) Thorpe, Journ. Chem. Soc. 37, 221 [1880].

[12]) Dutoit u. Friderich, Compt. rend. de l'Acad. des Sc. 130, 328 [1900].

[13]) Walden, Chem. Centralbl. 1909, I, 888; Zeitschr. f. physikal. Chemie 65, 129—229 [1909].

[14]) Morgan u. Higgins, Chem. Centralbl. 1908, II, 1316.

[15]) R. Schiff, Zeitschr. f. physikal. Chemie 1, 383 [1887].

[16]) De Forcrand, Chem. Centralbl. 1903, I, 1167.

[17]) Kurbatow, Journ. d. russ. physikal.-chem. Gesellschaft 34, 766 [1902]; Chem. Centralbl. 1903, I, 571.

[18]) Longuinine, Chem. Centralbl. 1902, II, 892.

[19]) Petit, Annales de Chim. et de Phys. [6] 18, 149 [1889].

[20]) Stohmann, Journ. f. prakt. Chemie [2] 55, 266 [1897].

[21]) Lemoult, Compt. rend. de l'Acad. des Sc. 143, 746 [1906].

[22]) Vignon, Bulletin de la Soc. chim. 50, 156 [1880].

[23]) Vignon u. Evieux, Compt. rend. de l'Acad. des Sc. 147, 67 [1908].

[24]) Weegmann, Zeitschr. f. physikal. Chemie 2, 236 [1888].

[25]) Brühl, Annalen d. Chemie u. Pharmazie 200, 187 [1879]; Zeitschr. f. physikal. Chemie 16, 216 [1895].

[26]) Drude, Zeitschr. f. physikal. Chemie 23, 309 [1897]. — Jahn u. Müller, Zeitschr. f. physikal. Chemie 13, 388 [1894]. — Turner, Zeitschr. f. physikal. Chemie 35, 417 [1900].

[27]) Dewar u. Flemming, Chem. Centralbl. 1897, I, 564.

[28]) Löwenherz, Zeitschr. f. physikal. Chemie 25, 394 [1898].

[29]) Perkin, Journ. Chem. Soc. 69, 1244 [1896].

[30]) Ley u. v. Engelhardt, Berichte d. Deutsch. chem. Gesellschaft 41, 2988 [1908].

[31]) Grebe, Chem. Centralbl. 1906, I, 341.

[32]) Herz, Berichte d. Deutsch. chem. Gesellschaft 31, 2671 [1898]. — Vgl. W. Alexejew, Berichte d. Deutsch. chem. Gesellschaft 10, 709 [1879].

[33]) Aignan u. Dugas, Compt. rend. de l'Acad. des Sc. 129, 644 [1899].

Löslichkeit des Anilins in seinen Salzlösungen[1]). Kryoskopisches Verhalten[2])[3]). Molekular-depression 58,67. Molekulargewicht in abs. Schwefelsäure[4]).

Anilin bläut Lackmuspapier nicht, zieht keine Kohlensäure aus der Luft an, verbindet sich aber direkt mit Säuren zu beständigen, sauer reagierenden Salzen. Die Salze werden schon in der Kälte durch Alkali zerlegt; dagegen fällt Anilin aus den Ferro-, Ferri-, Zink- und Aluminiumsalzen die Metalloxyde aus und zersetzt in der Wärme auch Ammoniumsalze. Es reagiert gegen Phenolphthalein neutral und kann daher mit $^1/_{10}$ n-Lauge in seinen Salzen titriert werden[5])[6]). Gegen Helianthin reagiert Anilin als einsäurige Base[6]). Affinitätsgröße des Anilins[7]), $5,3 \cdot 10^{-10}$ bei $25°$[8]). Elektrometrische Bestimmung der Hydrolyse des Chlorhydrats[9]). Zersetzungsspannung der salzsauren und schwefelsauren Lösung[10]). Anilin bildet mit den Halogenderivaten der Schwermetalle Doppelverbindungen. Die Amidogruppe ist leicht acylierbar und alkylierbar. Acetylierungsgeschwindigkeit in Gegenwart und Abwesenheit verschiedener Mengen Chlor-, Brom- und Jodwasserstoff[11]).

Anilin und Acethydroxamsäurechlorid[12]) (Acethydroxamsäurechlorid $CH_3 \cdot C(Cl) = N \cdot OH$ wird durch Chlorieren einer salzsauren Lösung von Acetaldoxim $CH_3 \cdot CH = N \cdot OH$ gewonnen; wegen der großen Krystallisationsfähigkeit seiner Derivate eignet es sich zur Charakterisierung von Aminen und Phenolen. Besitzt vor dem Acetylchlorid den Vorzug der Beständigkeit gegen Wasser und Alkohol) gibt **Acetanilidoxim** $CH_3 \cdot C(: N \cdot OH) \cdot NH \cdot C_6H_5$, Blättchen aus Alkohol und wenig Wasser, Schmelzp. $121°$. Durch Erhitzen mit Natriumamid im Leuchtgasstrom entsteht **Natriumphenylamid** $C_6H_5 \cdot NHNa$. Graue, amorphe Masse[13]). Natrium wirkt auch bei tagelangem Erhitzen unter kräftigem Rühren bei $200°$ auf Anilin nicht ein, reagiert aber sehr leicht schon bei $140°$ wie Natriumamid in Gegenwart eines Katalysators, wie Kupfer, Kupferoxyd oder Kupfersalze; ähnlich wirken auch die Nickel- und Kobaltverbindungen[14]). Man kann die Umsetzung auch durch ein Gemisch von Natron-, besser Kalihydroxyd und Natrium bei $200°$[15]), oder mit Zinknatrium, Quecksilbernatrium und Magnesiumnatrium bewirken[16]). Das Natriumphenylamid ist sehr reaktionsfähig, es ist besonders als Kondensationsmittel geeignet. Kalium liefert beim Erhitzen mit Anilin Ammoniak und Azobenzol[17]). Letzteres bildet sich schon reichlich bei mehrstündigem Stehen von Anilin mit der 12fachen Menge Kaliumhydroxyd an der Luft[18]). Siedendes Anilin bildet mit Calcium (besser unter Druck bei $200°$) **Calciumanilid** $(C_6H_5 \cdot NH)_2Ca$; weißes, mikrokrystallinisches Pulver; $D_0 = 1,17$; unlöslich in Äther, Benzol, Ligroin. Zersetzt sich an der Luft, besonders an feuchter, augenblicklich; in trocknem Sauerstoff explosionsartig[19]). Pyrogene Zersetzung des Anilins[20]). Die Oxydation des Anilins verläuft je nach den Bedingungen sehr verschiedenartig. Es kann zu Phenylhydroxylamin und Nitrosobenzol (durch Carosche Säuren)[21])[22]) und zu Nitrobenzol durch Kaliumpermanganat in neutraler Lösung[23])

[1]) Lidow, Journ. d. russ. physikal.-chem. Gesellschaft **15**, 424 [1883]. — Sidgevick, Proc. Chem. Soc. **26**, 60 [1910].

[2]) Auwers, Zeitschr. f. physikal. Chemie **23**, 451 [1897].

[3]) Ampola u. Rimatori, Gazzetta chimica ital. **27**, I, 35, 62 [1897].

[4]) Oddo u. Scandola, Zeitschr. f. physikal. Chemie **62**, 243 [1908]; **66**, 138 [1909]; Gazzetta chimica ital. **38**, I, 603 [1908].

[5]) Menschutkin, Berichte d. Deutsch. chem. Gesellschaft **16**, 316 [1883].

[6]) Astruc, Compt. rend. de l'Acad. des Sc. **129**, 1021 [1899].

[7]) Lellmann u. Görtz, Annalen d. Chemie u. Pharmazie **274**, 139 [1893].

[8]) Farmer u. Warth, Proc. Chem. Soc. **20**, 244 [1905].

[9]) Denham, Proc. Chem. Soc. **23**, 260 [1908]; Journ. Chem. Soc. **93**, 41 [1908].

[10]) Gilchrist, Journ. of physical Chemie **8**, 539 [1904].

[11]) Menschutkin, Nachrichten d. Petersburger Polytechn. Inst. **1905**, 4, 181; Chem. Centralbl. **1906**, I, 551.

[12]) Wieland, Berichte d. Deutsch. chem. Gesellschaft **40**, 1676 [1907].

[13]) Titherley, Journ. Chem. Soc. **71**, 464 [1897].

[14]) Deutsche Gold- u. Silberscheideanstalt, D. R. P. 215 339; Chem. Centralbl. **1909**, II, 1512.

[15]) Basler chemische Fabrik, D. R. P. 205 493; Chem. Centralbl. **1909**, I, 807.

[16]) Belart, D. R. P. 207 981; Chem. Centralbl. **1909**, I, 1283.

[17]) Girard u. Caventon, Bulletin de la Soc. chim. **28**, 530 [1877].

[18]) Bacovescu, Berichte d. Deutsch. chem. Gesellschaft **42**, 2938 [1909].

[19]) Erdmann u van der Smissen, Annalen d. Chemie u. Pharmazie **361**, 32 [1908].

[20]) Hofmann, Jahresber. d. Chemie **1862**, 335.

[21]) Caro, Zeitschr. f. angew. Chemie **1898**, 845.

[22]) Bamberger u. Tschirner, Berichte d. Deutsch. chem. Gesellschaft **32**, 1675 [1899].

[23]) Glaser, Annalen d. Chemie u. Pharmazie **142**, 364 [1867].

oder durch Natriumsuperoxyd oxydiert werden. Azobenzol entsteht mit Kaliumpermanganat in alkalischer Lösung[1]) (neben Ammoniak und Oxalsäure)[2]), durch Kochen einer wässerigen Anilinlösung mit Wasserstoffsuperoxyd[3]) (neben anderen Produkten)[4])[5]), oder mit Bleisuperoxyd[6]) aus dem Chlorhydrat. Oxydation mit Kaliumpermanganat in schwefelsaurer Lösung[7]). Chromsäureanhydrid oxydiert zu Chinon und Hydrochinon[8]), unterchlorige Säure neben anderen Produkten zu p-Chinonchlorimid[7]), Salzsäure und Kaliumchlorat zu Chloranil und Trichlorphenol[9]). Leitet man durch siedendes Anilin andauernd Luft, so bräunt es sich und ist nach 25 Tagen fest[10]). Am wichtigsten ist die Oxydation des Anilins in saurer Lösung zu dem sogenannten Anilinschwarz, das als sehr echtes Schwarz direkt auf der Baumwollfaser durch Oxydation erzeugt wird. Dabei entsteht zunächst das grüne Emeraldin, das durch Kaliumbichromat in das Anilinschwarz übergeführt wird. Durch die grünliche Chromoxydasche sind solche Anilinschwarzfärbungen zu erkennen. Chemische Kinetik der Oxydation mit Schwefelsäure[11]) mit und ohne Katalysator.

Auf Oxydationsprozessen beruhen auch einige Farbenreaktionen. Zustandekommen der Chlorkalkreaktion des Anilins[12]): durch das Chloramin unter primärer Bildung von Phenylchloramin $(C_6H_5 \cdot NH_2 + NH_2Cl \rightarrow C_6H_5NHCl)$. Das Phenylchloramin löst sich nach kurzer Zeit mit der bekannten blauvioletten Farbe; die rein blaue Farbe des hierbei gebildeten blauen Indophenols ist durch gleichzeitig entstandenes gelbes Azobenzol und gelbes Phenylchinondiimid $C_6H_5 \cdot N = C_6H_4 = NH$ in die violette Mischfarbe verwandelt.

Durch Überleiten von Anilindämpfen mit überschüssigem Wasserstoff über auf 190° erhitztes Nickel[13]), oder durch Erhitzen des Anilins mit Nickeloxyd und auf 115—120 Atm. komprimierten Wasserstoff auf 220—230°[14]) entsteht

Cyclohexylamin

$$\begin{array}{c} NH_2\ H \\ \diagdown\diagup \\ H_2\diagup\quad\diagdown H_2 \quad (I), \\ H_2\diagdown\quad\diagup H_2 \\ H_2 \end{array}$$

Dicyclohexylamin $C_6H_{11} \cdot NH \cdot C_6H_{11}$ (II) und **Cyclohexylanilin** $C_6H_5 \cdot NH \cdot C_6H_{11}$ (III).

I.: Farblose Flüssigkeit von alkalischem betäubenden Geruch, Siedep. 134° (korr.), spez. Gewicht 0,87 bei 0°/0°. Starke Base; Hydrochlorid $C_6H_{11} \cdot NH_2 \cdot HCl$. Schmelzp. 206°; leicht löslich in Wasser, Alkohol; sehr wenig in Äther.

II.: $C_{12}H_{23}N$. Siedep. 145° bei 30 mm, 250° unter geringer Zersetzung. Spez. Gewicht 0,936 bei 0°/0°. Schmelzp. 20°.

III.: $C_{12}H_{17}N$. Schwachgelbe Flüssigkeit; Siedep. 171° bei 30 mm; 275° unter starker Zersetzung. Spez. Gewicht 1,016 bei 0°/0°.

Eine Elimination der NH_2-Gruppe durch Wasserstoff erfolgt direkt bei der Reduktion des Nitrobenzols mit Essigsäure und Eisen unter Druck (bei $8\frac{1}{2}$ Atm.)[15]).

---

[1]) Glaser, Annalen d. Chemie u. Pharmazie **142**, 364 [1867].

[2]) Hoogewerff u. van Dorp, Berichte d. Deutsch. chem. Gesellschaft **10**, 1936 [1877]; **12**, 1202 [1878].

[3]) Leeds, Berichte d. Deutsch. chem. Gesellschaft **14**, 1384 [1881].

[4]) Prud'hommé, Bulletin de la Soc. chim. [3] **7**, 622 [1892].

[5]) Schunck u. Marchlewski, Berichte d. Deutsch. chem. Gesellschaft **25**, 3574 [1892].

[6]) Börnstein, Chem. Centralbl. **1899**, II, 100.

[7]) Bamberger u. Tschirner, Berichte d. Deutsch. chem. Gesellschaft **31**, 1523 [1898]; **32**, 342 [1899]; Annalen d. Chemie u. Pharmazie **311**, 78 [1900].

[8]) Hofmann, Jahresber. d. Chemie **1863**, 415.

[9]) Hofmann, Annalen d. Chemie u. Pharmazie **47**, 67 [1843].

[10]) Istrati, Compt. rend. de l'Acad. des Sc. **135**, 742 [1902].

[11]) Bredig u. Brown, Zeitschr. f. physikal. Chemie **46**, 502 [1903].

[12]) F. Raschig, Zeitschr. f. angew. Chemie **20**, 2065 [1909]. — Vgl. R. Nietzki, Berichte d. Deutsch. chem. Gesellschaft **27**, 3263 [1894].

[13]) Sabatier u. Senderens, Chem. Centralbl. **1904**, I, 884.

[14]) Ipatiew, Berichte d. Deutsch. chem. Gesellschaft **41**, 991 [1908].

[15]) Scheurer, Bulletin de la Soc. chim. **1862**, 43.

Anilin liefert beim Erhitzen mit Estern auf 200—206° Acylderivate, das Chlorhydrat gibt Alkylderivate[1]). Fette werden durch Erhitzen mit Anilin in Glycerin und Säureanilide gespalten[2]). Erhitzt man Anilin und Chlorzink oder salzsaures Anilin mit Alkoholen auf hohe Temperaturen, so tritt ein Alkylrest in den aromatischen Kern. Über die Einwirkungsprodukte von Schwefel auf Anilin und dessen Chlorhydrat[3]). Einwirkung von Schwefelchlorür auf Anilin[4]). Überführung des Einwirkungsprodukts aus Anilinchlorhydrat in einen substantiven Schwefelfarbstoff[5]). Mit Schwefelkohlenstoff gibt Anilin unter Entziehung von H_2S Thiocarbanilid $C_6H_5 \cdot NH \cdot CS \cdot NHC_6H_5$, Schmelzp. 151°, aber nur bei Gegenwart von etwas Schwefel[6]). Arsenchlorür gibt Arsenanilinodichlorid $AsNH(C_6H_5)Cl_2$ und Arsendianilinochlorid $As(NH \cdot C_6H_5)_2Cl$ [7]); Produkte bei lang fortgesetzter Einwirkung des Arsenchlorür[8]). Einwirkung von Arsensäure auf Anilin: siehe Arsanilsäure[9]).

Bei der Einwirkung von Stickstoffpentoxyd auf Anilin[10]) oder von Essigsäureanhydrid auf salpetersaures Anilin[11]) entsteht ein Nitroamin (Diazosäure):

$$\text{a)} \quad 2\,C_6H_5 \cdot NH_2 + N_2O_5 = 2\,C_6H_5 \cdot NH \cdot NO_2 + H_2O,$$

$$\text{b)} \quad C_6H_5 \cdot NH_2 \cdot HNO_3 = C_6H_5NH \cdot NO_2 + H_2O$$

nebst anderen Produkten[12]).

Anilin gibt beim Erhitzen mit Dichloräther das Anilid $C_2H_3Cl \cdot NC_6H_5$, bei höherer Temperatur Indol[13]). Mit Glycerin und Chlorzink entsteht Skatol[14]). Mit Glycerin und Schwefelsäure gibt Anilin bei Gegenwart von Nitrobenzol (als Oxydationsmittel) Chinolin

$$C_{10}H_7N = \text{[15])}.$$

Mit Chloressigsäure gibt Anilin Phenylglycin $C_6H_5 \cdot NH \cdot CH_2 \cdot COOH$, das in der Kalischmelze Indigo liefert. Das Phenylglycin bzw. sein Nitril $C_6H_5 \cdot CH_2 \cdot CN$ kann aus Anilin auch durch Umsetzung mit Formaldehyd, Bisulfit und Cyankalium gewonnen werden.

Anilinsalze: Elektrische Leitfähigkeit des Hydrochlorids [16]) [17]) und Sulfats[16]). Elektrometrische Bestimmung der Hydrolyse des Chlorhydrats[18]). Zersetzungsspannung der salz- und schwefelsauren Lösung[19]). Hydrolyse des Acetats und Hydrochlorids in verdünntem Alkohol[20]). Bildungswärme der Anilinsalze[21]).

Salzsaures Anilin $C_6H_8NCl = C_6H_5 \cdot NH_2 \cdot HCl$. Große Blätter oder Nadeln. Sehr leicht löslich in Wasser und Alkohol. Schmelzp. 192°[22]). Schmelzp. 198°, Siedep. 243° bei

---

[1]) **Niementowski**, Berichte d. Deutsch. chem. Gesellschaft **30**, 3071 [1897].

[2]) **Liebreich**, D. R. P. 136274; Chem. Centralbl. **1902**, II, 1350. — Vgl. dagegen **Kulka**, Chem. Rev. **16**, 30 [1909].

[3]) **K. A. Hofmann**, Berichte d. Deutsch. chem. Gesellschaft **27**, 2807 [1894]. — O. **Hinsberg**, Berichte d. Deutsch. chem. Gesellschaft **38**, 1130 [1905].

[4]) **Edeleanu**, Bulletin de la Soc. chim. [3] **5**, 173 [1891].

[5]) **Société St. Denis**, D. R. P. 113893; Chem. Centralbl. **1900**, II, 797.

[6]) **Hugershoff**, Berichte d. Deutsch. chem. Gesellschaft **32**, 2245 [1899].

[7]) **Anschütz**, Annalen d. Chemie u. Pharmazie **261**, 284 [1891].

[8]) **Morgan u. Micklethwait**, Journ. Chem. Soc. **95**, 1473 [1909].

[9]) Seite 226.

[10]) **Bamberger**, Berichte d. Deutsch. chem. Gesellschaft **27**, 584 [1894].

[11]) **Bamberger**. Berichte d. Deutsch. chem. Gesellschaft **28**, 400 [1895].

[12]) **Hoff**, Annalen d. Chemie u. Pharmazie **311**, 101 [1900].

[13]) **Berlinerblau**, Monatshefte f. Chemie **8**, 181 [1887].

[14]) O. **Fischer u. Grimm**, Berichte d. Deutsch. chem. Gesellschaft **16**, 710 [1883].

[15]) **Skraup**, Monatshefte f. Chemie **1**, 317 [1880]. — **Königs**, Berichte d. Deutsch. chem. Gesellschaft **13**, 911 [1880].

[16]) v. **Niementowski u. v. Roszkowski**, Zeitschr. f. physikal. Chemie **22**, 148 [1897].

[17]) **Bredig**, Zeitschr. f. physikal. Chemie **13**, 322 [1894].

[18]) **Denfan**, Proc. Chem. Soc. **23**, 260 [1907]; Journ. Chem. Soc. **93**, 41 [1908].

[19]) **Gilchrist**, Journ. of physical. Chemie **8**, 539 [1904].

[20]) **Vesterberg**, Arkiv för Kemi, Miner. och Geol. **2**, Nr. 37, 1—18 [1907]; Chem. Centralbl. **1907**, II, 1328.

[21]) **Berthelot**, Annales de Chim. et de Phys. [6] **21**, 355 [1890].

[22]) **Pinner**, Berichte d. Deutsch. chem. Gesellschaft **14**, 1083 [1881].

728 mm, 245° bei 760 mm[1]). Spez. Gewicht 1,2215 bei 4°[2]). Platinchloriddoppelsalz $(C_6H_5 \cdot NH_2 \cdot HCl)_2PtCl_4$, gelbe Nadeln[3]).

Bei —75° gibt Anilin das Chlorid $C_6H_5 \cdot NH_2 \cdot 3\,HCl$[4]).

Anilinnitrat $C_6H_8O_3N = C_6H_5 \cdot NH_2 \cdot HNO_3$. Spez. Gewicht 1,358 bei 4°[5]). Bildet bei 190° Nitranilin[6]), Einwirkung von Acetanhydrid[7]).

Anilinsulfat $C_{12}H_{16}O_4N_2S = (C_6H_5 \cdot NH_2)_2 \cdot H_2SO_4$. Krystallisiert mit $^1/_2\,H_2O$[8]). Spez. Gewicht 1,377 bei 4°. Leicht löslich in Wasser, schwer löslich in abs. Alkohol, unlöslich in Äther.

Anilinbichromat $C_{12}H_{16}O_7N_2Cr = (C_6H_5 \cdot NH_2) \cdot H_2Cr_2O_7$. Gelbe, monokline Prismen. Löslichkeit in 1000 T. Wasser 4,63 T. bei 15°[9]).

Anilinperchromat $C_6H_8O_5NCr = C_6H_5 \cdot NH_2 \cdot CrO_5H$. Durch Mischen einer ätherischen Überchromsäurelösung mit einer ätherischen Anilinlösung[10]) und Fällen mit Ligroin. Permanganatähnliche Krystalle; in Äther leicht löslich, in Benzol und Ligroin unlöslich. Zersetzen sich leicht, meist unter Explosion.

Anilinhyposulfit $C_{12}H_{16}O_3N_2S_2 = (C_6H_5 \cdot NH_2)_2 \cdot H_2S_2O_3$. Aus Anilinchlorhydrat und Natriumhyposulfitlösung[11]). Unbeständig, verliert SO_2[12]).

Anilinborat[13]) wird durch Wasser sofort in seine Komponenten zerlegt. Kann durch Erhitzen der Komponenten unter Wasserausschluß in absolut alkoholischer Lösung erhalten werden[14]).

Anilincyanid. Der wässerigen Lösung wird durch Äther alles Anilin entzogen[15]).

Glycerinphosphorsaures Anilincalcium $C_{18}H_{30}O_{12}N_2P_2Ca$

$$Ca(C_3H_8 \cdot PO_6)_2 \cdot 2\,C_6H_5 \cdot NH_2 = Ca \begin{cases} O \cdot P \underset{\diagdown O \cdot C_3H_7O_2}{\overset{OH \cdot NH_2 \cdot C_6H_5}{\diagup}} \\ O \cdot P \underset{OH \cdot NH_2 \cdot C_6H_5}{\overset{O \cdot C_3H_7O_2}{}} \end{cases}$$

Ist in Wasser und Alkohol fast unlöslich[16]).

Milchsaures Anilin $C_9H_{13}O_3N = NH_2 \cdot C_6H_5 \cdot CH_3 \cdot CH(OH) \cdot COOH$. Scheidet sich beim Abkühlen der wässerigen Lösung auf —5° fast quantitativ ab; aus wenig Wasser farblose, kleine Nadeln. Schmelzp. 29°. Soll zur Abscheidung von Milchsäure aus der wässerigen Lösung geeignet sein[17]).

Anilinquecksilberchlorid $C_{12}H_{14}N_2Cl_2Hg = 2\,C_6H_5 \cdot NH_2 \cdot HgCl_2$ (Gerhardt)[18]). Beim Vermischen kalter, alkoholischer Lösungen von Anilin und Quecksilberchlorid.

Anilinaluminiumbromid[19]) $AlBr_3 \cdot 2\,C_6H_5 \cdot NH_2$: Schmelzp. 90°; $AlBr_3 \cdot 3\,C_6H_5 \cdot NH_2$: Schmelzp. 114°; $AlBr_3 \cdot 4\,C_6H_5 \cdot NH_2$: Schmelzp. 105°; $AlBr_3 \cdot 8\,C_6H_5 \cdot NH_2$: Schmelzp. 112°.

1, 3, 5-Trinitrobenzolanilin $C_6H_5 \cdot NH_2 \cdot C_6H_3(NO_2)_3$. Siehe Trinitrobenzol, S. 178. Glänzend rote Blättchen aus Benzol; feine, lange orangerote Nadeln aus Alkohol. Schmelzp. 123—124°. Ziemlich löslich in warmem Benzol, fast unlöslich in kaltem Alkohol. Verliert an der Luft und beim Waschen mit Alkohol Anilin[20]).

[1]) Ullmann, Berichte d. Deutsch. chem. Gesellschaft **31**, 1699 [1898].

[2]) Schröder, Berichte d. Deutsch. chem. Gesellschaft **12**, 613 [1879].

[3]) Hofmann, Annalen d. Chemie u. Pharmazie **47**, 60 [1843].

[4]) Korzinski, Berichte d. Deutsch. chem. Gesellschaft **41**, 4379 [1908].

[5]) Schröder, Berichte d. Deutsch. chem. Gesellschaft **12**, 1066 [1879].

[6]) Béchamp, Jahresber. d. Chemie **1861**, 495.

[7]) Hoff, Annalen d. Chemie u. Pharmazie **311**, 101 [1900].

[8]) Hitzel, Bulletin de la Soc. chim. [3] **11**, 1054 [1894].

[9]) Girard, Annales de Chim. et de Phys. [6] **22**, 403 [1891].

[10]) Wiede, Berichte d. Deutsch. chem. Gesellschaft **30**, 2187 [1897].

[11]) Wahl, Compt. rend. de l'Acad. des Sc. **133**, 1215 [1901].

[12]) Lumière u. Seyewetz, Bulletin de la Soc. chim. [3] **33**, 67 [1904].

[13]) Ditte, Compt. rend. de l'Acad. des Sc. **105**, 816 [1887].

[14]) Spiegel, Berichte d. Deutsch. pharmaz. Gesellschaft **14**, 350 [1904].

[15]) Claus u. Merck, Berichte d. Deutsch. chem. Gesellschaft **16**, 2737 [1883].

[16]) Adrian u. Trillat, Bulletin de la Soc. chim. [3] **19**, 687 [1897].

[17]) Blumenthal u. Chain, Chem. Centralbl. **1906**, I, 1718.

[18]) Gerhardt, Traitée de chimie organique.

[19]) Kablukow u. Ssachanow, Journ. d. russ. physikal.-chem. Gesellschaft **41**, 1755 [1909]; Chem. Centralbl. **1910**, I, 913.

[20]) Hepp, Annalen d. Chemie u. Pharmazie **215**, 356 [1882].

Thionylanilin $C_6H_5N : SO$

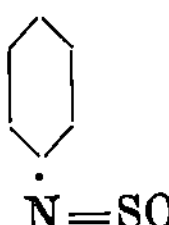

$\dot{N}=SO$

Durch Erhitzen von 1 T. Thionylchlorid $SO\!<^{Cl}_{Cl}$ und 1 T. Anilinchlorhydrat in 2 T. Benzol[1]). Gelbes Öl, siedet fast unzersetzt bei 200°[2]). Spez. Gewicht 1,2360. In abs. Alkohol unzersetzt löslich, durch Wasser wird es in Anilin und SO_2 gespalten.

Phenylsulfaminsäure $C_6H_5NHSO_3H$. Exisiert nur in den Salzen. Aus Anilin und SO_3 oder $SO_2\!<^{Cl}_{OH}$ in Chloroformlösung[3]); oder durch Erhitzen von Anilin mit Amidosulfonsäure $NH_2 \cdot SO_2 \cdot OH$[4]). Ammoniumsalz, Schmelzp. 152°[4]). Anilinsalz, Schmelzp. 192°[5]). Bildet sich auch beim Vermischen benzolischer Lösungen von Thionylanilin und Phenylhydroxylamin[6]).

Phosphorphenylamine: Phosphazobenzolchlorid $C_6H_5N : PCl$

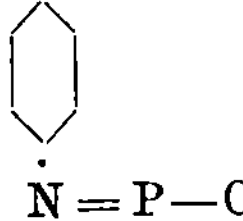

$\dot{N} = P — Cl$

Aus Anilinchlorhydrat und Phosphortrichlorid[7]). Schmelzp. 136—137°. Liefert mit Phenolnatrium

Phenoxylphosphazobenzol[7]) $C_6H_5N : P(OC_6H_5)$. Schmelzp. 189—190°; mit Anilin[8])

Phosphazobenzolanilid $C_6H_5 \cdot N : P \cdot NH \cdot C_6H_5 + H_2O$. Schmelzp. 152—153°.

Anilidophosphorsäuredichlorid $C_6H_6ONCl_2P = C_6H_5 \cdot NH \cdot POCl_2$

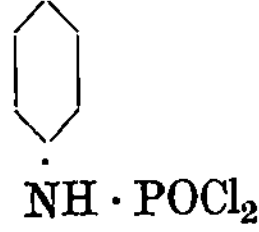

$\dot{N}H \cdot POCl_2$

Aus Anilinchlorhydrat und Phosphoroxychlorid $POCl_3$[9]). Schmelzp. 84°.

Orthophosphorsäureanilid $C_{18}H_{12}ON_3P$, $(C_6H_5 \cdot NH)_3 \cdot PO$

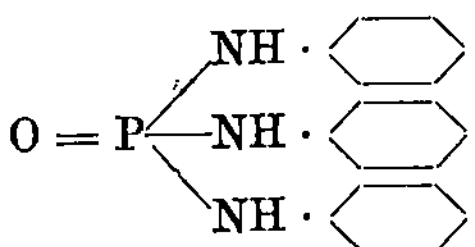

Aus Anilin und $POCl_3$[10]). Schmelzp. 208°.

Oxyphosphazobenzolanilid $C_{12}H_{11}ON_2P = C_6H_5NH \cdot PO : N \cdot C_6H_5$, $(C_{24}H_{22}O_2H_4P_2$?). Endprodukt der Einwirkung von Phosphoroxychlorid auf Anilin[11]). Schmelzp. 357°.

1) Michaelis u. Herz, Berichte d. Deutsch. chem. Gesellschaft **24**, 746 [1891]; D. R. P. 59 062; Friedländers Fortschritte der Teerfarbenfabrikation **3**, 990.

2) Michaelis, Annalen d. Chemie u. Pharmazie **274**, 201 [1893].

3) Traube, Berichte d. Deutsch. chem. Gesellschaft **23**, 1654 [1890].

4) Paal u. Kretzschmer, Berichte d. Deutsch. chem. Gesellschaft **27**, 1244 [1894]. — Paal u. Jänicke, Berichte d. Deutsch. chem. Gesellschaft **28**, 3161 [1895].

5) Wagner, Berichte d. Deutsch. chem. Gesellschaft **19**, 1158 [1886].

6) Michaelis u. Petow, Berichte d. Deutsch. chem. Gesellschaft **31**, 988 [1898].

7) Michaelis u. Schröter, Berichte d. Deutsch. chem. Gesellschaft **27**, 491 [1894].

8) Michaelis u. Schröter, Berichte d. Deutsch. chem. Gesellschaft **27**, 495 [1894].

9) Michaelis u. Schulze, Berichte d. Deutsch. chem. Gesellschaft **26**, 2939 [1893].

10) Schiff, Annalen d. Chemie u. Pharmazie **101**, 302 [1857]. — Michaelis u. Soden, Annalen d. Chemie u. Pharmazie **229**, 335 [1885].

11) Michaelis u. Schulze, Berichte d. Deutsch. chem. Gesellschaft **29**, 716 [1894]; Annalen d. Chemie u. Pharmazie **326**, 129 [1903].

Trichlorphosphanil $C_6H_5N = PCl_3$

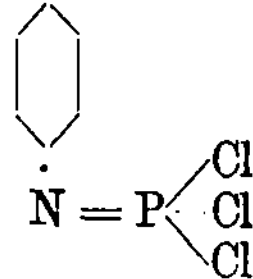

Aus Anilinchlorhydrat und Phosphorpentachlorid bei 170° als weißes Sublimat erhalten[1]).

Arsenphenylamine: Arsenanilidodichlorid $C_6H_5NHAsCl_2$. Aus Anilin und Arsentrichlorid in abs. ätherischer Lösung[2]). Gelbes Krystallpulver aus Äther. Schmelzp. 86—87°. Zersetzt sich an feuchter Luft. — **Arsendianilidomonochlorid** $(C_6H_5NH)_2AsCl$. Aus Arsentrichlorid und überschüssigem Anilin in ätherischer Lösung[3]). Schmelzp. 127—128°. — **Arsenanilidodibromid** $C_6H_5 \cdot NHAsBr_2$. Analog dargestellt wie das Dichlorid[4]). Gelbe Krystalle. Schmelzp. 111—113°. Sehr zersetzlich.

Anilin und Arsensäure s. Seite 226.

Anilide: Formanilid C_7H_7NO, $C_6H_5 \cdot NH \cdot CHO$ [5])

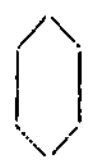

$$NH \cdot CHO$$

Anilin wird mit 1 Mol. möglichst konz. Ameisensäure[6]) erst auf dem Wasserbade unter vermindertem Druck (zur Verjagung des Wassers) erhitzt, dann bei gewöhnlichem Druck destilliert, bis das Thermometer 250° zeigt, dann der Inhalt des Destilliergefäßes ausgeleert[7]). Das Natriumsalz wird aus 1 Mol. Orthoameisensäureäther $H \cdot C(OOC_2H_5)_3$, 1 Mol. Natriumäthylat und 1 Mol. Anilin in ätherischer Lösung erhalten[8]). Monokline[9]), vierseitige Prismen. Schmelzp. 46°. Siedep. 216° bei 120 mm[10]). Spez. Gewicht 1,1473 bei 15°/15°[11]). Molekulare Verbrennungswärme 861,4 Cal.[12]). Elektrische Leitfähigkeit[13]). Ziemlich löslich in Wasser, leicht löslich in Alkohol. Verseifungsgeschwindigkeit mit Natronlauge[14]). Bei der Verfütterung an Kaninchen tritt p-Aminophenol im Harn auf[10]).

Formanilidnatrium $C_6H_5 \cdot N \cdot Na \cdot CHO + H_2O$. Aus Formanilid und konz. Natronlauge[15]); durch Alkohol daraus als glänzende Blättchen abgeschieden[6]). Wird durch Wasser zerlegt.

Formanilidsilber $C_6H_5 \cdot N \cdot Ag \cdot CHO$. Amorpher Niederschlag[16]). Liefert beim Erhitzen mit Jodmethyl **Methylisoformanilid** $C_6H_5 \cdot N : CH \cdot OCH_3$ [16]), Siedep. 196—197°; mit Jodäthyl **Äthylisoformanilid**[17]) $C_6H_5 \cdot N : CH \cdot OC_2H_5$, Siedep. 212°; mit überschüssigem Jodäthyl[18]) bei 100° **N-Äthylformanilid**[19]) $C_6H_5 \cdot N \cdot (C_2H_5) \cdot HCO$, Siedep. 258° (i. D.) bei 728 mm. **N-Methylformanilid** $C_6H_5 \cdot N(CH_3)HCO$. Aus Natriumformanilid und JCH_3 [20]),

[1]) Michaelis u. Kuhlmann, Berichte d. Deutsch. chem. Gesellschaft **28**, 2212 [1895]. — Gilpin, Amer. Chem. Journ. **19**, 354 [1897]; **27**, 444 [1902].

[2]) Anschütz u. Weyer, Annalen d. Chemie u. Pharmazie **261**, 282 [1891]. — Vgl. Morgan u. Micklethwait, Journ. Chem. Soc. **95**, 1473 [1909].

[3]) Anschütz u. Weyer, Annalen d. Chemie u. Pharmazie **261**, 282 [1891].

[4]) Anschütz u. Weyer, Annalen d. Chemie u. Pharmazie **261**, 288 [1891].

[5]) Gerhardt, Annalen d. Chemie u. Pharmazie **60**, 310 [1846]. — Hofmann, Annalen d. Chemie u. Pharmazie **142**, 121 [1867].

[6]) Tobias, Berichte d. Deutsch. chem. Gesellschaft **15**, 2443, 2866 [1882].

[7]) Wallach u. Wüsten, Berichte d. Deutsch. chem. Gesellschaft **16**, 145 [1883].

[8]) Claisen, Annalen d. Chemie u. Pharmazie **287**, 370 [1895].

[9]) Wheeler, Smith u. Warren, Amer. Chem. Journ. **19**, 765 [1897].

[10]) Kleine, Zeitschr. f. physiol. Chemie **22**, 327 [1896].

[11]) Perkin, Journ. Chem. Soc. **69**, 1246 [1896].

[12]) Stohmann, Journ. f. prakt. Chemie [2] **52**, 60 [1895].

[13]) Ewan, Journ. Chem. Soc. **69**, 96 [1896].

[14]) Davis, Journ. Chem. Soc. **95**, 1397 [1909].

[15]) Hofmann, Annalen d. Chemie u. Pharmazie **142**, 121 [1867].

[16]) Comstock u. Kleeberg, Amer. Chem. Journ. **12**, 498 [1890].

[17]) Comstock u. Clapp, Amer. Chem. Journ. **13**, 527 [1891].

[18]) Wheeler u. Johnson, Berichte d. Deutsch. chem. Gesellschaft **32**, 40 [1899].

[19]) Pictet u. Crépieux, Berichte d. Deutsch. chem. Gesellschaft **21**, 1108 [1888].

[20]) Norton u. Livermore, Berichte d. Deutsch. chem. Gesellschaft **20**, 2273 [1887].

Schmelzp. 12,5°, Siedep. 243—244°, oder aus Methylanilin und Ameisen-Essigsäureanhydrid[1]), Schmelzp. 8°, Siedep. 142° bei 20 mm, spez. Gewicht 1,107 bei 0°, entsteht auch durch Erhitzen des Methylisoformanilids (s. oben) auf 230—240° zu etwa 30—40% [2]).

Nitrosoformanilid $C_7H_6O_2N_2$, $C_6H_5 \cdot N(NO) \cdot CHO$

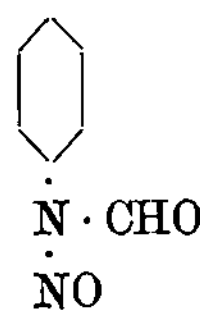

$$N \cdot CHO$$
$$NO$$

Aus Formanilid und salpetriger Säure in gekühlter Eisessiglösung[3]). Gelblichweiße Nadeln. Schmelzp. 39°. Sehr zersetzlich.

Formylchloraminobenzol, Phenylformylstickstoffchlorid $C_7H_6ONCl = C_6H_5 \cdot NCl \cdot CHO$. Aus einer gesättigten wässerigen Formanilidlösung mit unterchlorigsaurem Natrium[4]), oder mit überschüssigem Kaliumbicarbonat und Chlorkalk[5]). Prismen aus Chloroform-Äther. Schmelzp. 47° [5]); Schmelzp. 43—44° [4]).

Formylbromaminobenzol $C_7H_6ONBr = C_6H_5 \cdot NBr \cdot CHO$. Analog der Chlorverbindung[4])[5]). Blaßgelbe Prismen. Schmelzp. 88—89° unter geringer Zersetzung[5]). Schmelzpunkt 55—57° [4]).

Acetanilid [6]) **(Antifebrin)** C_8H_9NO, $C_6H_5 \cdot NH \cdot COCH_3$

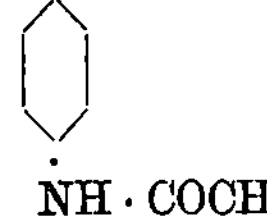

$$NH \cdot COCH_3$$

Durch 1—2 tägiges Kochen von Anilin mit Eisessig[7]) oder durch Erhitzen mit wasserhaltiger Essigsäure unter Druck[8]). Durch 1 stündiges Erhitzen von Anilinchlorhydrat mit etwas mehr als der gleichen Menge Acetanhydrid auf 130—140° [9]). Aus wässeriger Lösung von Anilin oder Anilinchlorhydrat mit Essigsäureanhydrid bei Gegenwart von Natriumacetat[10]). Man destilliert das gebildete Acetanilid und reinigt durch Umkrystallisieren aus Benzol. Rhombische[11]) Tafeln aus Wasser. Schmelzp. 112° [6]), Schmelzp. 115—116° [12]). Siedep. 301,5° (i. D.) bei 725 mm, 303,8° (i. D.) bei 760 mm[13]), 305° (i. D.)[14]). Löslichkeit in Wasser: 0,46% bei 20°, 0,84% bei 50°; 3,45% bei 80° [12]). Löslichkeit in Alkohol von verschiedener Stärke[15]). Molekulare Verbrennungswärme 1010,8 Cal.[16]), 1016,1 Cal.[17]). Einwirkung von Phosphorpentachlorid[18]), von Quecksilberacetat bei 100—115° [19]). Acetanilid geht, innerlich genommen, teilweise als p-Acetaminophenylschwefelsäure $C_6H_4{<}^{O \cdot SO_2 \cdot OH\ 1}_{NH \cdot COCH_3\ 4}$ in den Harn über; im Hundeharn erscheint Oxycarbanil $C_6H_4{<}^{NH}_{O}{>}CO$, im Kaninchenharn p-Aminophenol[20]). Geschwin-

[1]) **Béhal**, D. R. P. 115 334; Chem. Centralbl. **1900**, II, 1141.

[2]) **Wislicenus** u. **Goldschmidt**, Berichte d. Deutsch. chem. Gesellschaft **33**, 1470 [1900].

[3]) **Fischer**, Berichte d. Deutsch. chem. Gesellschaft **10**, 959 [1877].

[4]) **Slosson**, Berichte d. Deutsch. chem. Gesellschaft **28**, 3268 [1895].

[5]) **Chattaway** u. **Orton**, Journ. Chem. Soc. **75**, 1049 [1899]; Berichte d. Deutsch. chem. Gesellschaft **32**, 3579 [1899].

[6]) **Gerhardt**, Annalen d. Chemie u. Pharmazie **87**, 164 [1853].

[7]) **Williams**, Annalen d. Chemie u. Pharmazie **131**, 288 [1864].

[8]) **Matheson** u. **Co.**, D. R. P. 98 070; Chem. Centralbl. **1898**, II, 743.

[9]) **Franzen**, Berichte d. Deutsch. chem. Gesellschaft **42**, 2468 [1909].

[10]) **Pinnow**, Berichte d. Deutsch. chem. Gesellschaft **33**, 419 [1900].

[11]) **Bücking**, Jahresber. d. Chemie **1877**, 679.

[12]) **Pawlewski**, Berichte d. Deutsch. chem. Gesellschaft **31**, 661 [1898]; **32**, 1425 [1899].

[13]) **Pictet** u. **Crépieux**, Berichte d. Deutsch. chem. Gesellschaft **21**, 1111 [1888].

[14]) **Perkin**, Journ. Chem. Soc. **69**, 1217 [1896].

[15]) **Holleman** u. **Antusch**, Recueil des travaux chim. des Pays-Bas **13**, 293 [1894].

[16]) **Stohmann**, Journ. f. prakt. Chemie [2] **52**, 60 [1895].

[17]) **Berthelot** u. **Fogh**, Bulletin de la Soc. chim. [3] **4**, 230 [1890].

[18]) **Wallach**, Annalen d. Chemie u. Pharmazie **184**, 86 [1879].

[19]) **Pesci**, Chem.-Ztg. **23**, 58 [1899].

[20]) **Kleine**, Zeitschr. f. physiol. Chemie **22**, 327 [1896].

digkeit der Acetanilidbildung aus Anilin und Essigsäure[1]). Einfluß der Konzentration der Essigsäure auf die Acetanilidbildung[2]). Verseifungsgeschwindigkeit mit Natronlauge[3]). Nachweis und Reaktionen des Acetanilids[4]) [5]). Nachweis in Pyramidon durch Ausziehen mit Benzol[6]). Schnellbestimmung in Neuralgiemitteln (neben Coffein, Salol, Natriumdicarbonat, Zucker u. a.) durch Verseifen mit Salzsäure und Titration des Anilins nach Vaubel und Riedel mit Kaliumbromat (Phenacetin und Antipyrin stören die Titration)[7]).

Natriumacetanilid $C_6H_5 \cdot NNa \cdot COCH_3$ [8]). Aus 1 Mol. Natriumäthylat und 1 Mol. Acetanilid in konz. Lösung bei 150—160°[9]). Krystallinisches Pulver. Gibt mit Jodmethyl

Methylacetanilid[10]) $C_9H_{10}OH$, $C_6H_5 \cdot N \cdot CH_3 \cdot COCH_3$

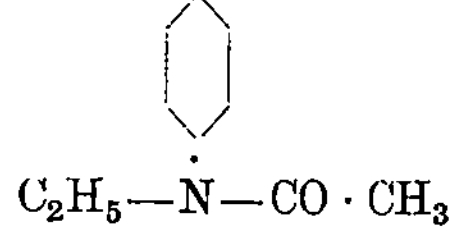

$$CH_3—N—CO \cdot CH_3$$

Schmelzp. 101—102°. Siedep. 245°, Siedep. 253° (i. D.) bei 712 mm. Schmelzp. 102—104°. Ist unter dem Namen **Exalgin** als Antineuralgicum empfohlen worden.

Äthylacetanilid $C_{10}H_{13}ON$, $C_6H_5 \cdot N \cdot C_2H_5 \cdot COCH_3$

$$C_2H_5—N—CO \cdot CH_3$$

Aus Acetanilidnatrium und Jodäthyl[11]), oder aus Acetanilid, alkoholischem Kali und Bromäthyl[12]). Schmelzp. 54,5°[13]). Siedep. 258° (i. D.) bei 731 mm[14]).

Äthylisoacetanilid, Acetanilid-o-äthyläther $C_{10}H_{13}ON = C_6H_5 \cdot N : CH(OC_2H_5)$. Zu dem heißen Gemisch von Acetanilid (13,5 g) und Äthyljodid (47 g) wird trocknes Silberoxyd (35 g) zugefügt[15]). Flüssigkeit, Siedep. 207—208°.

Nitrosoacetanilid $C_8H_8O_2N_2C_6H_5 \cdot N \cdot (NO) \cdot COCH_3$

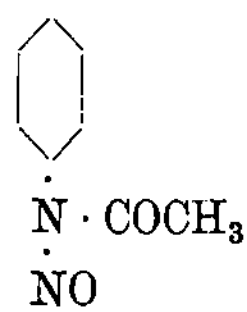

$$N \cdot COCH_3$$
$$NO$$

Schmelzp. 41—42°. Sehr unbeständig[16]); glänzende Nadeln. Schmelzp. 50,5—51°[17]). Verhält sich vielfach wie ein Diazoderivat[18]).

---

[1]) Menschutkin, Journ. f. prakt. Chemie [2] **26**, 608 [1882]; Journ. d. russ. physikal.-chem. Gesellschaft **16**, 358 [1884].

[2]) Tobias, Berichte d. Deutsch. chem. Gesellschaft **15**, 2868 [1882].

[3]) Davis, Journ. Chem. Soc. **95**, 1397 [1909].

[4]) Referiert: Zeitschr. f. analyt. Chemie **27**, 666 [1888]; **28**, 103 [1889].

[5]) Schär, Zeitschr. f. analyt. Chemie **35**, 121 [1896]. — Platt, Journ. Amer. Chem. Soc. **18**, 142 [1896].

[6]) Saporetti, Chem. Centralbl. **1909**, II, 469.

[7]) Seidell, Journ. Amer. Chem. Soc. **29**, 1091 [1907].

[8]) Bunge, Annalen d. Chemie u. Pharmazie, Suppl. **7**, 122 [1870].

[9]) Seifert, Berichte d. Deutsch. chem. Gesellschaft **18**, 1358 [1885].

[10]) Hepp, Berichte d. Deutsch. chem. Gesellschaft **10**, 328 [1877].

[11]) Elsbach, Berichte d. Deutsch. chem. Gesellschaft **15**, 690 [1882].

[12]) Pictet, Berichte d. Deutsch. chem. Gesellschaft **20**, 3423 [1887].

[13]) Reinhardt u. Städel, Berichte d. Deutsch. chem. Gesellschaft **16**, 30 [1883].

[14]) Pictet u. Crépieux, Berichte d. Deutsch. chem. Gesellschaft **21**, 1108 [1888].

[15]) Lander, Journ. Chem. Soc. **77**, 737 [1900].

[16]) Fischer, Berichte d. Deutsch. chem. Gesellschaft **9**, 463 [1876].

[17]) Bamberger, Berichte d. Deutsch. chem. Gesellschaft **27**, 915 [1894].

[18]) Bamberger, Berichte d. Deutsch. chem. Gesellschaft **30**, 368 [1898].

Acetylchloraminobenzol, Phenylacetylstickstoffchlorid C_8H_8ONCl, $C_6H_5 \cdot N(Cl) \cdot COCH_3$

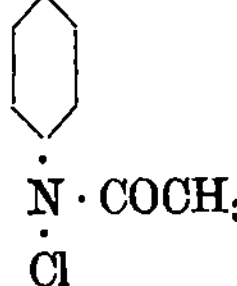

$\overset{\displaystyle N \cdot COCH_3}{\underset{\displaystyle Cl}{\vphantom{|}}}$

Aus Acetanilid und Chlorkalk in essigsaurer Lösung[1]), oder aus der gesättigten wässerigen Lösung des Acetanilids mit Natriumhypochloritlösung[2]), oder durch Behandeln von in gesättigter, wässeriger Kaliumbicarbonatlösung suspendiertem, Acetanilid mit Chlorkalk[3]). Schmelzp. 91°. In kaltem Wasser kaum löslich. Wird von Natronlauge in Acetanilid und NaOCl zerlegt. Lagert sich beim Erhitzen auf 172°, bei der Einwirkung von Säuren und von Alkohol in $p\text{-}ClC_6H_4 \cdot NH \cdot COCH_3$ (und $o\text{-}Cl\text{-}C_6H_4 \cdot NHCOCH_3$) um, ist aber bei Ausschluß von Säure beständig[4]). Gleichgewicht $C_6H_5 \cdot NH \cdot COCH_3 + Cl_2 \rightleftarrows C_6H_5 \cdot NCl \cdot COCH_3 + HCl$[5]).

Acetylbromaminobenzol, Phenylacetylstickstoffbromid C_8H_8ONBr, $C_6H_5 \cdot N(Br) \cdot COCH_3$ [6]) [7]).

$\overset{\displaystyle N \cdot COCH_3}{\underset{\displaystyle Br}{\vphantom{|}}}$

Schwefelgelbe, durchsichtige Platten aus Petroleumäther. Schmelzp. 88°[7]); Schmelzp. 75—80°[6]).

Carbanilsäuremethylester $C_7H_7O_2N = C_6H_5 \cdot NH \cdot CO_2 \cdot CH_3$. Aus Chlorameisensäureester $Cl \cdot COOCH_3$ und überschüssigem Anilin in Gegenwart von Wasser[8]). Schmelzp. 47°.

Carbanilsäureäthylester, Phenylurethan $C_9H_{11}NO_2 = C_6H_5 \cdot NH \cdot CO_2 \cdot C_2H_5$ [9]). Schmelzp. 51,5—52°[10]); Siedep. 237—238° unter geringer Zersetzung[11]). Bildet sich zu 70% aus Benzamid $C_6H_5 \cdot CONH_2$, Brom und Natriumäthylat[12]). Täfelchen. Fast unlöslich in Wasser, leicht löslich in Alkohol und Äther.

Phenylharnstoff $C_7H_8ON_2 = C_6H_5 \cdot NH \cdot CO \cdot NH_2$. Aus Anilinsulfat und cyansaurem Kalium[13]). Aus Carbanil $C_6H_5 \cdot N = CO$ und Ammoniak[14]). Monokline Nadeln. Schmelzp. 147°. Wenig in kaltem, reichlich in siedendem Wasser löslich.

Carbanilid, s-Diphenylharnstoff $C_{13}H_{12}O_2N = CO\diagup^{NHC_6H_5}_{\diagdown NHC_6H_5}$. Aus Anilin (3 T.) und Harnstoff (1 T.) bei 150—170°[15]), besser aus gleichen Molekülen Phenylharnstoff und Anilin bei 180—190°[16]). Aus Anilin und Kohlenoxychlorid[17]) [18]). Aus Anilin und Phenylurethan bei 160°[19]). Aus Phenylisocyanat und Wasser[20]). Aus Phenylharnstoff beim Kochen mit Wasser[21]). Prismen aus Alkohol. Schmelzp. 235°[18]). Schmelzp. 237—238°[21]). Siedep. 260°[18]). Sehr wenig löslich in Wasser, reichlich löslich in Alkohol und Äther.

---

[1]) **Bender**, Berichte d. Deutsch. chem. Gesellschaft **19**, 2272 [1886].
[2]) **Slosson**, Berichte d. Deutsch. chem. Gesellschaft **28**, 3268 [1895].
[3]) **Chattaway u. Orton**, Journ. Chem. Soc. **75**, 1050 [1899].
[4]) **Armstrong**, Journ. Chem. Soc. **77**, 1047 [1900].
[5]) **Orton u. Jones**, Journ. Chem. Soc. **95**, 1456 [1909].
[6]) **Slosson**, Berichte d. Deutsch. chem. Gesellschaft **28**, 3266 [1895].
[7]) **Chattaway u. Orton**, Berichte d. Deutsch. chem. Gesellschaft **32**, 3577 [1899].
[8]) **Hentschel**, Berichte d. Deutsch. chem. Gesellschaft **18**, 978 [1885].
[9]) **Weddige**, Journ. f. prakt. Chemie [2] **10**, 207 [1874].
[10]) **Wilm u. Wischin**, Annalen d. Chemie u. Pharmazie **147**, 157 [1868].
[11]) **Hofmann**, Berichte d. Deutsch. chem. Gesellschaft **3**, 654 [1870].
[12]) **Jeffreys**, Amer. Chem. Journ. **22**, 41 [1899].
[13]) **Hofmann**, Annalen d. Chemie u. Pharmazie **57**, 265 [1898]. — **Weith**, Berichte d. Deutsch. chem. Gesellschaft **9**, 820 [1876].
[14]) **Hofmann**, Annalen d. Chemie u. Pharmazie **74**, 13 [1850].
[15]) **Bayer**, Annalen d. Chemie u. Pharmazie **131**, 252 [1864].
[16]) **Weith**, Berichte d. Deutsch. chem. Gesellschaft **9**, 821 [1876].
[17]) **Hofmann**, Annalen d. Chemie u. Pharmazie **70**, 138 [1866].
[18]) **Hentschel**, Journ. f. prakt. Chemie [2] **27**, 499 [1883].
[19]) **Wilm u. Wischin**, Annalen d. Chemie u. Pharmazie **147**, 160 [1868].
[20]) **Hofmann**, Annalen d. Chemie u. Pharmazie **74**, 15 [1850].
[21]) **Joung u. Clark**, Journ. Chem. Soc. **73**, 367 [1898].

Diphenylsulfoharnstoff, Sulfocarbanilid $C_{13}H_{12}H_2S$, $C_6H_5 \cdot NHCS \cdot NHC_6H_5$ [1])

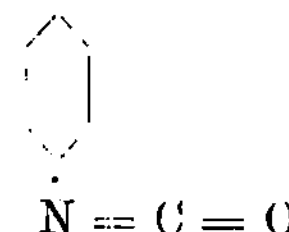

Man kocht zur Darstellung des Sulfocarbanilids Anilin mit 1 Mol. alkoholischem Kaliumhydroxyd und überschüssigem Schwefelkohlenstoff 1 Stunde lang, säuert an und verjagt den Alkohol[2]); oder erhitzt Anilin mit Schwefelkohlenstoff in Alkohol unter Zusatz von 10% Schwefel[3]). Man schüttelt ein Gemisch von 2 Mol.-Gew. Anilin und 1 Mol.-Gew. Schwefelkohlenstoff mit 1 Mol.-Gew. Wasserstoffsuperoxyd in 3proz. Lösung[4]). Trimetrische[5]) Blättchen. Schmelzp. 153°[6]), 150,5°[7]). Spez. Gewicht 1,3205 bei 4°[8]). Zerfällt bei der Destillation zum Teil in Schwefelwasserstoff, Schwefelkohlenstoff und Triphenylguanidin $N(C_6H_5) : C(NH \cdot C_6H_5)_2$[9]). Kaum löslich in Wasser, leicht löslich in Alkohol[5]) und Äther. Löslich in Alkalien, aus der alkalischen Lösung schon durch Kohlensäure fällbar[10]). — Thiocarbanilid geht durch heiße Schwefelsäure oder konz. Salzsäure[11]), am besten durch konz. Phosphorsäure[12]), auch durch Kochen mit Essigsäureanhydrid[13]) unter Abspaltung von Anilin, durch alkoholische Jodlösung unter gleichzeitiger Bildung von Triphenylguanidin[14]) in

Phenylsenföl $C_6H_5N = CS$, farblose, senfölartig riechende Flüssigkeit, Schmelzp. —21°, Siedep. 221°, über. In alkoholischer Lösung wird Thiocarbanilid durch HgO zu Carbanilid $CO(NHC_6H_5)$ entschwefelt, in benzolischer Lösung aber zu

Carbodiphenylimid $C(: N \cdot C_6H_5)_2$[15]). Dicke Flüssigkeit, Siedep. 218° bei 30 mm; 330—331° (korr.).

Phenylcarbonimid, Carbanil, Phenylisocyanat[16]) C_7H_5NO, $C_6H_5 \cdot NCO$

$$N = C = O$$

Aus Oxanilid $C_6H_5 \cdot NH \cdot CO \cdot CO \cdot NHC_6H_5$[17]), aus Carbanilid $(C_6H_5 \cdot NH)_2 \cdot CO$[18]) oder aus Carbanilsäure[19]) und Phosphorpentoxyd. Zur Darstellung leitet man Kohlenoxychlorid $COCl_2$ über salzsaures Anilin (oder Diphenylharnstoff)[20]): $C_6H_5 \cdot NH_2 + COCl_2 = C_6H_5 \cdot NCO + 2\,HCl$. Entsteht auch aus Phenylsenföl $C_6H_5 \cdot NCS$ und HgO bei 170°[21]) und aus Diazobenzolsalzen durch Einwirkung von Kaliumcyanat und Kupfer[22]). Beißend riechende Flüssigkeit, heftig zu Tränen reizend. Siedep. 166° bei 769 mm[23]). Spez. Gewicht 1,092 bei 15°.

[1]) Laurent u. Gerhardt, Annalen d. Chemie u. Pharmazie **68**, 39 [1848]. — Hofmann, Annalen d. Chemie u. Pharmazie **70**, 142 [1849].

[2]) Weith, Berichte d. Deutsch. chem. Gesellschaft **6**, 967 [1873].

[3]) Hugershoff, Berichte d. Deutsch. chem. Gesellschaft **32**, 2246 [1899].

[4]) v. Braun, Berichte d. Deutsch. chem. Gesellschaft **33**, 2726 [1900].

[5]) Arzruni, Berichte d. Deutsch. chem. Gesellschaft **19**, 1821 [1886].

[6]) Bamberger, Berichte d. Deutsch. chem. Gesellschaft **14**, 2638 [1881].

[7]) Lellmann, Annalen d. Chemie u. Pharmazie **221**, 21 [1883]. — Losanitsch, Berichte d. Deutsch. chem. Gesellschaft **19**, 1821 [1886].

[8]) Schröder, Berichte d. Deutsch. chem. Gesellschaft **12**, 1613 [1879].

[9]) Merz u. Weith, Zeitschr. f. Chemie **1868**, 513.

[10]) Rathke, Berichte d. Deutsch. chem. Gesellschaft **12**, 772 [1879].

[11]) Merz u. Weith, Zeitschr. f. Chemie **1869**, 589.

[12]) Hofmann, Berichte d. Deutsch. chem. Gesellschaft **15**, 986 [1882].

[13]) Werner, Journ. Chem. Soc. **59**, 400 [1888].

[14]) Hofmann, Berichte d. Deutsch. chem. Gesellschaft **2**, 453, 457 [1869].

[15]) Weith, Berichte d. Deutsch. chem. Gesellschaft **7**, 10 [1874]. — Schall, Berichte d. Deutsch. chem. Gesellschaft **27**, 2696 [1894]; Journ. f. prakt. Chemie [2] **58**, 461 [1898].

[16]) Hofmann, Annalen d. Chemie u. Pharmazie **74**, 9, 33 [1850].

[17]) Hofmann, Annalen d. Chemie u. Pharmazie **74**, 33 [1850].

[18]) Hofmann, Jahresber. d. Chemie **1858**, 348.

[19]) Hofmann, Berichte d. Deutsch. chem. Gesellschaft **3**, 655 [1870].

[20]) Hentschel, Berichte d. Deutsch. chem. Gesellschaft **17**, 1284 [1884]; D. R. P. 29 929; Friedländers Fortschritte der Teerfarbenfabrikation **1**, 578.

[21]) Kühn u. Liebert, Berichte d. Deutsch. chem. Gesellschaft **23**, 1536 [1890].

[22]) Gattermann, Berichte d. Deutsch. chem. Gesellschaft **23**, 1225 [1890]; **25**, 1086 [1892].

[23]) Hofmann, Berichte d. Deutsch. chem. Gesellschaft **18**, 764 [1886].

Zerfällt mit Wasser in Kohlensäure und Carbanilid $C_6H_5 \cdot NH \cdot CO \cdot NH \cdot C_6H_5$. Es verbindet sich mit Alkoholen und Phenolen zu Carbanilsäureestern und dient deshalb zum Nachweis der alkoholischen Hydroxyle[1]). Ähnlich reagiert es mit der SH-Gruppe und dem Hydroxyl der Aldoxime und Ketoxime. Dagegen reagiert es nicht mit der C : O- und der C : S-Gruppe[2]). Es verbindet sich aber mit der Methylengruppe des Acetessigesters $CH_3 \cdot CO \cdot CH_2 \cdot COOR$ zu Acetmalonanilidsäureester $C_6H_5NH \cdot COCH \cdot (CO \cdot CH_3) \cdot COOR$ [3]). Diese und andere[4]) Reaktionen gehen bei Abwesenheit von Wasser vor sich und eignen sich deshalb zu Konstitutionsbestimmungen[5]).

Phenylcarbylamin, Phenylisocyanid $C_6H_5 \cdot N = C$. Aus Anilin (100 g) und Chloroform (214 g) beim Kochen mit alkoholischem Kali (240 g in 800 ccm 99 proz. Alkohol)[6]). Aus Chloroform, Anilin und trocknem, gepulvertem Ätzkali[7]). Bildung aus Phenylhydrazin[8]). Farblose, abscheulich und anhaftend riechende Flüssigkeit von bitterem Geschmack. Siedet nicht unzersetzt bei 165—166°. Siedep. 64° bei 20 mm, 78° bei 40 mm. Spez. Gewicht 0,9775 bei 15°. Sehr leicht polymerisierbar und veränderlich. Wird bald hellblau, dann tiefblau und ist nach 3 Monaten in ein braunes Harz verwandelt.

Alkylierte Aniline. Durch Einwirkung von Alkylbromiden oder Alkyljodiden auf Anilin, schon bei gewöhnlicher Temperatur, entstehen sekundäre und tertiäre Basen, sowie quarternäre Ammoniumbasen[9]). Auch durch Erhitzen des Anilinchlorhydrats[10]), besser des Anilinbromhydrats[11]), mit Alkoholen auf 250° werden Alkylaniline erhalten. Im letzteren Fall tritt zum Teil auch eine Wanderung des Alkyls aus der Amidogruppe in den Kern ein[12])[13]). Dies ist auf den Zerfall des quarternären Anilinsalzes in tertiäre Base und Halogenalkyl und darauffolgende Substitution des Kerns durch das Halogenalkyl zurückzuführen[14]). Erhitzt man 1 Mol. salzsaures Anilin mit 1 Mol. Holzgeist, so tritt das erste Methyl in p-Stellung, dann in o-Stellung in den Kern[15]). Zur Reindarstellung sekundärer Basen geht man vom Acetanilid aus und setzt es entweder in Toluol- oder Xyllösung mit 1 Atom Natrium[16]) oder in alkoholischer Lösung mit 1 Mol. Kaliumhydroxyd[17]), sowie mit 1 Mol. Bromalkyl um und verseift das Reaktionsprodukt. Die Alkylierung des Anilins zu vorwiegend Monoalkylanilin kann durch Erhitzen mit p-Toluolsulfosäureester[18]) oder mit Dimethylsulfat[19]) bewirkt werden.

Aromatische Alkyle führt man in das Anilin durch Erhitzen des salzsauren Salzes mit Anilin usw. ein. Auch durch Erhitzen des Anilins mit Chlorzink und Phenolen, z. B. $C_6H_5 \cdot NH_2 + CH_3 \cdot C_6H_5 \cdot OH = C_6H_5 \cdot NH \cdot C_6H_4 \cdot CH_3$, erhält man Diphenylaminderivate[20]). Aus einem sauren Gemisch der primären, sekundären und tertiären Amine werden die sekundären Basen durch salpetrige Säure als Nitrosoverbindung abgeschieden, aus der mit Zinn und

---

[1]) H. Lloyd Snape, Berichte d. Deutsch. chem. Gesellschaft **18**, 2428 [1885]. — H. Tesmer, Berichte d. Deutsch. chem. Gesellschaft **18**, 2606 [1885].

[2]) H. Goldschmidt u. Zanoli, Berichte d. Deutsch. chem. Gesellschaft **25**, 2578 [1892].

[3]) Dieckmann, Berichte d. Deutsch. chem. Gesellschaft **33**, 2002 [1900].

[4]) H. Goldschmidt, Berichte d. Deutsch. chem. Gesellschaft **22**, 3109 [1888]. — Beneoh, Compt. rend. de l'Acad. des Sc. **130**, 920 [1901]. — Lambling, Chem. Centralbl. **1903**, I, 564.

[5]) H. Goldschmidt, Berichte d. Deutsch. chem. Gesellschaft **23**, 2179 [1890]. — Dieckmann, Berichte d. Deutsch. chem. Gesellschaft **33**, 2002 [1900].

[6]) Hofmann, Annalen d. Chemie u. Pharmazie **144**, 117 [1867]. — Nef, Annalen d. Chemie u. Pharmazie **270**, 274 [1892].

[7]) Biddle u. Goldberg, Annalen d. Chemie u. Pharmazie **310**, 7 [1900].

[8]) Brunner u. Eiermann, Berichte d. Deutsch. chem. Gesellschaft **31**, 1406 [1898].

[9]) Hofmann, Annalen d. Chemie u. Pharmazie **74**, 150 [1850].

[10]) Poirrier u. Chappat, Jahresber. d. Chemie **1866**, 903.

[11]) Städel u. Reinhardt, Berichte d. Deutsch. chem. Gesellschaft **16**, 29 [1883]. — Städel u. Bauer, Berichte d. Deutsch. chem. Gesellschaft **19**, 1939 [1886].

[12]) Hofmann u. Martins, Berichte d. Deutsch. chem. Gesellschaft **4**, 742 [1871].

[13]) Hofmann, Berichte d. Deutsch. chem. Gesellschaft **5**, 704 [1872]; **7**, 526 [1874]; **13**, 730 [1880].

[14]) Michael, Berichte d. Deutsch. chem. Gesellschaft **14**, 2107 [1881].

[15]) Limpach, Berichte d. Deutsch. chem. Gesellschaft **21**, 641 [1888].

[16]) Hepp, Berichte d. Deutsch. chem. Gesellschaft **10**, 327 [1878].

[17]) Pictet, Berichte d. Deutsch. chem. Gesellschaft **20**, 3423 [1888].

[18]) Höchster Farbwerke, D. R. P. 112 177; Chem. Centralbl. **1900**, II, 701.

[19]) Ullmann u. Wenner, Berichte d. Deutsch. chem. Gesellschaft **33**, 2476 [1900].

[20]) Merz u. Weith, Berichte d. Deutsch. chem. Gesellschaft **13**, 1298 [1880].

Salzsäure die Base zurückgewonnen wird[1]). Zur Trennung können auch die ferrocyanwasserstoffsauren Salze[2]) und die Metaphosphate[3]) dienen.

Methylanilin[4])[5])[6]) C_7H_9N, $C_6H_5 \cdot NH \cdot CH_3$

$$NH \cdot CH_3$$

(Darstellung siehe oben). Trennung des Basengemischs durch Acetylchlorid[7]), durch Essigsäureanhydrid[8]); Einfluß der Methylalkoholmenge auf die Zusammensetzung des Reaktionsprodukts[9]). Zur Darstellung behandelt man Anilin in ätherischer Lösung mit Dimethylsulfat. Neben methylschwefelsaurem Anilin und Methylanilin sind im Reaktionsprodukt nur sehr geringe Mengen Anilin und Dimethylanilin vorhanden[10]).

Man reduziert das Kondensationsprodukt aus Anilin und Formaldehyd mit Zinkstaub und Alkali[11]). Trennung mittels Formaldehydbisulfit von Dimethylanilin und Anilin[12]). Flüssigkeit; erstarrt bei $-80°$ glasig[13]). Siedep. $192°$ bei 754 mm[14]), $193,5$ (i. D.) bei 760 mm[15]). $193,8°$ bei 760 mm[16]), $195,5°$ (i. D.)[17]). Spez. Gewicht $0,98912$ bei $20°/4°$[15]). Spez. Gewicht $0,9993$ bei $4°/4°$; $0,9854$ bei $25°/25°$[17]). Gibt mit Chlorkalk keine Färbung[18]).

Chlorhydrat $C_6H_5 \cdot NH \cdot CH_3 \cdot HCl$. Durch Einleiten von Chlorwasserstoffgas in eine trockene ätherische[19]) oder benzolische[20]) Lösung unter Kühlung. Schmelzp. $121—122°$.

Bromhydrat $C_6H_5 \cdot NH \cdot CH_3 \cdot HBr$[21]). Schmelzp. $98°$[20]), $99°$[22]).

Nitrosomethylanilin, Methylphenylnitrosamin $C_7H_8N_2O = C_6H_5 \cdot N \cdot (NO) \cdot CH_3$. 3 T. rohes Methylanilin werden mit 4 T. Salzsäure (1,19) und 10 T. Wasser gelöst und unter kräftigem Schütteln bei $0°$ nach und nach mit einer neutralen, konz. Natriumnitritlösung versetzt. Sobald sich salzsaures Nitrosodimethylanilin (s. dort) auszuscheiden beginnt, äthert man das zuerst entstandene Nitrosomethylanilin aus und reinigt es noch durch Wasserdampfdestillation[23]). Erstarrt in der Kälte und schmilzt dann bei $12—15°$[24]). Reduktion mit Zinn und Salzsäure zu Methylanilin[1]). Durch Salzsäure in alkoholisch-ätherischer Lösung erfolgt bei einigem Stehen in der Kälte Umlagerung in

Methyl-p-nitrosanilin $C_6H_4 \cdot (NO) \cdot NHCH_3 = NO \cdot C_6H_4 \cdot NHCH_3$[25]). Große, blauschillernde Blätter aus Benzol. Schmelzp. $118°$. Zerfällt beim Erhitzen mit Natronlauge in p-Nitrosophenol $NO \cdot C_6H_4 \cdot OH$ bzw. $O = C_6H_4 = N \cdot OH$ und Methylamin.

[1]) Nölting u. Byasson, Berichte d. Deutsch. chem. Gesellschaft **10**, 795 [1877]. — Fischer, Berichte d. Deutsch. chem. Gesellschaft **8**, 1641 [1875].

[2]) E. Fischer, Annalen d. Chemie u. Pharmazie **190**, 184 [1878].

[3]) Nölting u. Byasson, Berichte d. Deutsch. chem. Gesellschaft **10**, 795 [1877]. — Reverdin u. de la Harpe, Berichte d. Deutsch. chem. Gesellschaft **22**, 1005 [1889]. — Schlömann, Berichte d. Deutsch. chem. Gesellschaft **26**, 1020 [1893].

[4]) Hofmann, Annalen d. Chemie u. Pharmazie **74**, 150 [1850].

[5]) Poirrier u. Chappat, Jahresber. d. Chemie **1866**, 903.

[6]) Hepp, Berichte d. Deutsch. chem. Gesellschaft **10**, 327 [1878].

[7]) Hofmann, Berichte d. Deutsch. chem. Gesellschaft **7**, 523 [1874].

[8]) Hofmann, Berichte d. Deutsch. chem. Gesellschaft **10**, 592 [1877].

[9]) Krämer u. Grodzky, Berichte d. Deutsch. chem. Gesellschaft **13**, 1006 [1880].

[10]) Ullmann u. Werner, Berichte d. Deutsch. chem. Gesellschaft **33**, 2476 [1900].

[11]) Geygy & Co., D. R. P. 75 854; Friedländers Fortschritte der Teerfarbenfabrikation **3**, 22.

[12]) Badische Anilin- u. Sodafabrik, D. R. P. 181 723; Chem. Centralbl. **1907**, I, 1652.

[13]) v. Schneider, Zeitschr. f. physikal. Chemie **22**, 233 [1897].

[14]) Städel u. Reinhardt, Berichte d. Deutsch. chem. Gesellschaft **16**, 29 [1883].

[15]) Pictet u. Crépieux, Berichte d. Deutsch. chem. Gesellschaft **21**, 1111 [1888].

[16]) Kahlbaum, Zeitschr. f. physikal. Chemie **26**, 606 [1898].

[17]) Perkin, Journ. Chem. Soc. **69**, 1244 [1896].

[18]) Hofmann, Berichte d. Deutsch. chem. Gesellschaft **7**, 526 [1874].

[19]) Scholl u. Escales, Berichte d. Deutsch. chem. Gesellschaft **30**, 3134 [1897].

[20]) Menschutkin, Journ. d. russ. physikal.-chem. Gesellschaft **30**, 252 [1898]; Chem. Centralbl. **1898**, II, 479.

[21]) Scholl u. Nörr, Berichte d. Deutsch. chem. Gesellschaft **33**, 1553 [1900].

[22]) Bischoff, Berichte d. Deutsch. chem. Gesellschaft **30**, 3174 [1897].

[23]) Hepp, Berichte d. Deutsch. chem. Gesellschaft **10**, 329 [1878]. — Fischer, Annalen d. Chemie u. Pharmazie **190**, 151 [1878].

[24]) Reverdin u. Harpe, Berichte d. Deutsch. chem Gesellschaft **22**, 1006 [1889].

[25]) O. Fischer u. Hepp, Berichte d. Deutsch. chem. Gesellschaft **19**, 2991 [1886].

Methylformanilid siehe S. 215.
Methylacetanilid siehe S. 217.
Dimethylanilin $C_8H_{11}N$, $C_6H_5 \cdot N(CH_3)_2$

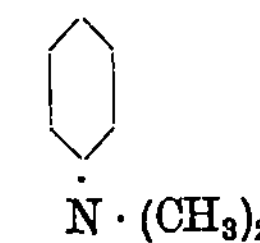

$$N \cdot (CH_3)_2$$

Bildung neben Methylanilin und Trennung siehe oben. Entsteht auch bei mehrtägigem Erhitzen von Jod- oder Brombenzol mit Dimethylamin auf 250—260° [1]). Käufliches Dimethylanilin kann durch Ausfrieren und Absaugen der öligen Teile gereinigt werden [2]). Technische Darstellung des Dimethylanilins aus Anilin, Methylalkohol und Schwefelsäure im Autoklaven [3]). Erstarrungsp. +1,96°; Schmelzp. +2,5° [4]). Siedep. 192° [5]); 192,6—192,7° bei 738,4 mm [6]); 195° bei 767,6 mm [7]); 193,1° bei 760 mm [8]). Spez. Gewicht 0,9575 bei 20°/4° [6]); 0,9580 bei 18° [4]); 0,9703 bei 4°/4°; 0,9621 bei 15°/15°; 0,9289 bei 100°/100° [9]). Dichte 0,9549 bei 21,5°. Siedep. 190,3—190,4° bei 714 mm; 190,1° bei 723 mm. Kritische Temperatur 414,1 bis 414,8°; kritischer Druck 35,3—36,1 Atm. Brechungsindex $n_D^{23} = 1,5565$ [10]). Wichtige Komponente für die Darstellung zahlreicher Farbstoffe. Wird als tertiäre Base vielfach zur Neutralisation von Halogenwasserstoff bei chemischen Reaktionen (ähnlich wie Pyridin oder Chinolin), sowie zur Einleitung von gewissen Kondensationen verwendet. Gibt mit salpetriger Säure **p-Nitrosodimethylanilin** (s. u.), bei der Oxydation mit Wasserstoffsuperoxyd **Dimethylanilinoxyd** (s. unten).

Dimethylanilinchlorhydrat. Dimethylanilin gibt mit wässeriger Salzsäure kein krystallisierendes Salz [11]). Das Monochlorhydrat $C_8H_{12}NCl = C_6H_5 \cdot N(CH_3)_2 \cdot HCl$ wird beim Einleiten von trocknem Salzsäuregas in die ätherische oder benzolische Lösung unter Kühlung erhalten [12]) [13]). Weiße, sehr hygroskopische Krystallmasse. Schmelzp. 85—95°. Ohne Kühlung bildet sich das zweisäurige Salz $C_8H_3NCl_2 = C_6H_5 \cdot N(CH_3)_2 \cdot 2\,HCl$, Schmelzp. 60—70° [12]).

Dimethylanilinoxyd $C_8H_{11}ON = C_6H_5 \cdot N(CH_3)_2 \cdot O$

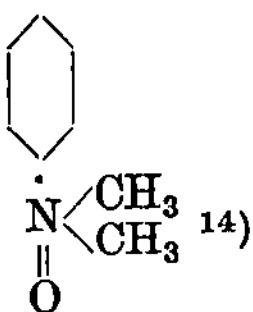

Durch Oxydation von 50 g Dimethylanilin mit 1410 ccm Wasserstoffsuperoxyd (3,2 proz.) bei 60—70°, Isolierung durch das Pikrat, das mit konz. Salzsäure in das Chlorid verwandelt wird. Aus dem Chlorid wird das Dimethylanilinoxyd mit Silberoxyd in Freiheit gesetzt und seine wässerige Lösung im Vakuum eingedunstet [14]). Glasglänzende, an der Luft zerfließliche Prismen. Schmelzp. 152—153°. Sehr leicht löslich in Wasser, Alkohol und Chloroform; fast unlöslich in Äther und Petroleumäther. Schmeckt intensiv bitter. Scheidet aus Jodkaliumlösung bei Zusatz von Ferrosulfat allmählich Jod ab.

---

[1]) Bamberger u. Menschutkin, Journ. d. russ. physikal.-chem. Gesellschaft **30**, 243 [1898]; Chem. Centralbl. **1898**, II, 478.
[2]) Hübner, Annalen d. Chemie u. Pharmazie **224**, 347 [1884].
[3]) J. Walter, Chem.-Ztg. **34**, 641, 667, 681, 690, 701 [1910].
[4]) Menschutkin, Chem. Centralbl. **1898**, II, 479.
[5]) Hofmann, Berichte d. Deutsch. chem. Gesellschaft **5**, 705 [1872].
[6]) Brühl, Annalen d. Chemie u. Pharmazie **235**, 14 [1886].
[7]) R. Schiff, Zeitschr. f. physikal. Chemie **1**, 383 [1887].
[8]) Kahlbaum, Zeitschr. f. physikal. Chemie **26**, 606 [1898].
[9]) Perkin, Journ. Chem. Soc. **69**, 1244 [1896].
[10]) Guye u. Mallet, Compt. rend. de l'Acad. des Sc. **134**, 168 [1902]; Arch. de Sc. phys. natur. de Genève; Chem. Centralbl. **1902**, I, 1315.
[11]) Lauth, Bulletin de la Soc. chim. **7**, 448 [1867].
[12]) Scholl u. Escoles, Berichte d. Deutsch. chem. Gesellschaft **30**, 3134 [1897].
[13]) Menschutkin, Journ. d. russ. physikal.-chem. Gesellschaft **30**, 252 [1898]; Chem. Centralbl. **1898**, II, 479.
[14]) Bamberger u. Tschirner, Berichte d. Deutsch. chem. Gesellschaft **32**, 1882 [1899].

Chlorhydrat $C_8H_{11}ON \cdot HCl$. Schmelzp. 124—125°. — **Pikrat** $C_8H_{11}ON \cdot C_6H_5O_7N_3$. Atlasglänzende, gelbe Nadeln mit violettem Oberflächenschimmer. Schmelzp. 137—138°. Ziemlich löslich in siedendem Wasser.

p-Nitrosodimethylanilin $C_6H_{10}ON_2$ [1])

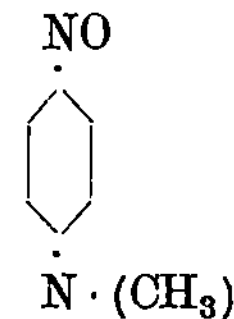

200 T. Dimethylanilin werden in 500 T. konz. Salzsäure und 1000 T. Wasser gelöst und allmählich mit der theoretischen Menge Natriumnitrit versetzt. Es entsteht ein Niederschlag von salzsaurem Nitrosodimethylanilin, der abgesaugt, mit konz. Salzsäure oder salzsaurem Alkohol gewaschen, dann in Wasser gelöst und mit Kaliumcarbonat zersetzt wird. Das in Freiheit gesetzte p-Nitrosodimethylanilin wird ausgeäthert [2]) [3]). Isolierung derselben als Nitrat [4]). Große, grüne Blätter. Schmelzp. 85° [2]); 87,8° [5]). Zerfällt beim Kochen mit Natronlauge in Dimethylamin und Nitrosophenol [1]).

Trimethylphenylammoniumhydroxyd $C_9H_{15}ON = C_6H_5N \cdot (CH_3)_3 \cdot OH$. Aus dem Jodid $C_6H_5 \cdot N \cdot (CH_3)_3J$ und Silberoxyd. Die freie Base ist krystallinisch, zerfließlich, stark kaustisch und schmeckt stark bitter. — **Jodid** $C_9H_{14}NJ = C_6H_5 \cdot N \cdot (CH_3)_3 \cdot J$. Aus Dimethylanilin und Jodmethyl [6]). Durch Mischen von Anilin mit 3 Mol. Methyljodid und 2 Mol. Kalilauge [7]). — **Bromid** $C_9H_{14}NBr = C_6H_5N \cdot (CH_3)_3Br$. Durch Einleiten von Methylbromid in die ätherische Lösung von Dimethylanilin [8]). Hygroskopische Prismen aus Alkohol. Schmelzp. 213—214°. Von bitterem Geschmack.

Äthylanilin $C_8H_{11}N$ [9])

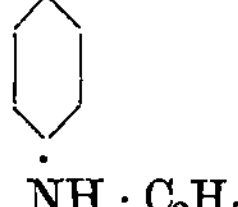

Unter —80° glasig [10]). Flüssigkeit. Siedep. 206° (i. D.) bei 760 mm [11]); 204,0° bei 760 mm [12]). Spez. Gewicht 0,954 bei 18° [4]); spez. Gewicht 0,96315 bei 20°/4° [12]); spez. Gewicht 0,9727 bei 4°/4°, 0,9643 bei 15°/15° [13]). Färbt sich nicht mit Chlorkalk.

Chlorhydrat $C_8H_{12}NCl = C_6H_5 \cdot NH \cdot C_2H_5 \cdot HCl$. Schmelzp. 176° [14]).
Bromhydrat $C_8H_{12}HBr = C_6H_5 \cdot NH \cdot C_2H_5 \cdot HBr$. Schmelzp. 165—166° [15]).
Äthylformanilid siehe S. 215.
Äthylacetanilid siehe S. 217.

---

[1]) **Bayer** u. **Caro**, Berichte d. Deutsch. chem. Gesellschaft **7**, 963 [1874]. — Badische Anilin- u. Sodafabrik, D. R. P. 1886; Friedländers Fortschritte der Teerfarbenfabrikation **I**, 247.

[2]) **Schraube**, Berichte d. Deutsch. chem. Gesellschaft **8**, 620 [1875].

[3]) **Wurster**, Berichte d. Deutsch. chem. Gesellschaft **12**, 523 [1879].

[4]) **Meldolla**, Journ. Chem. Soc. **39**, 37 [1881].

[5]) **Matignon** u. **Deligny**, Compt. rend. de l'Acad. des Sc. **125**, 1108 [1897].

[6]) **Lauth**, Bulletin de la Soc. chim. **7**, 448 [1867].

[7]) **Pawlinow**, Journ. d. russ. physikal.-chem. Gesellschaft **13**, 448 [1881].

[8]) **Bischoff**, Berichte d. Deutsch. chem. Gesellschaft **31**, 3017 [1898].

[9]) **Hoffmann**, Annalen d. Chemie u. Pharmazie **74**, 128 [1850]. — **Elsbach**, Berichte d. Deutsch. chem. Gesellschaft **15**, 690 [1882]. — **Piutti**, Annalen d. Chemie u. Pharmazie **227**, 182 [1885].

[10]) **v. Schneider**, Zeitschr. f. physikal. Chemie **22**, 233 [1897].

[11]) **Pictet** u. **Crépieux**, Berichte d. Deutsch. chem. Gesellschaft **21**, 1111 [1868].

[12]) **Kahlbaum**, Zeitschr. f. physikal. Chemie **26**, 606 [1898].

[13]) **Perkin**, Journ. Chem. Soc. **69**, 1244 [1896].

[14]) **Bischoff**, Berichte d. Deutsch. chem. Gesellschaft **30**, 3178 [1897]. — Vgl. **Reynolds**, Journ. Chem. Soc. **61**, 455 [1892].

[15]) **Bischoff**, Berichte d. Deutsch. chem. Gesellschaft **30**, 3178 [1897].

Nitrosoäthylanilin $C_8H_{10}O_2N$ [1])

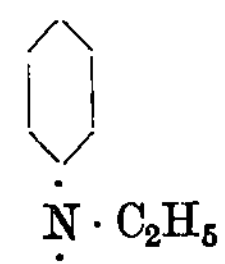

Gelbliches, nicht unzersetzt destillierbares Öl; riecht nach bitteren Mandeln. In Wasser unlöslich.

Äthyl-p-nitrosoanilin $C_8H_{10}O_2N$ [2])

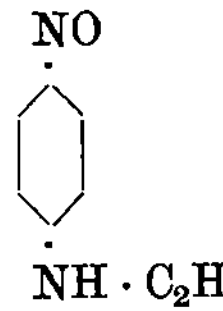

Grüne Blätter aus Benzol. Zerfällt mit Natronlauge in Nitrosophenol und Diäthylamin.

Diäthylanilin $C_{10}H_{15}N$ [3])

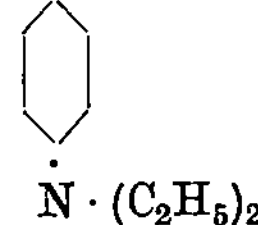

Schmelzp. —38,8° (korr.) [4]). Siedep. 93,5° bei 9,22 mm; 102,6° bei 19,12 mm; 127° bei 97,68 mm; 213,5° bei 760 mm [5]); 215,5° bei 760 mm [6]). Spez. Gewicht 0,93507 bei 20°/4° [6]); spez. Gewicht 0,9471 bei 4°/4°, 0,9389 bei 15°/15° [7]).

Diäthylanilinoxyd $C_{10}H_{15}ON$

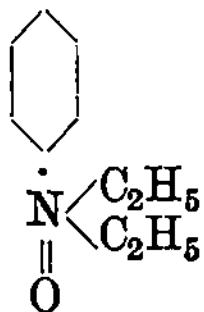

Aus Diäthylanilin und Wasserstoffsuperoxyd neben anderen Produkten [8]). — **Pikrat** $C_{10}H_{15}ON \cdot C_6H_3O_7N_3$. Grünstichige, dunkelgelbe, violett schimmernde Prismen. Schmelzp. 156,5—157°.

p-Nitrosodiäthylanilin $C_{10}H_{14}N_2O = NO \cdot$ ⟨ ⟩ $\cdot N(C_2H_5)_2$. Wie Nitrosodimethylanilin [9]). Große grüne Prismen. Schmelzp. 84°.

Triäthylphenylammoniumhydroxyd $C_{12}H_{21}ON = C_6H_5 \cdot N(C_2H_5)_3 \cdot OH$. Jodid $C_6H_5 \cdot N(C_2H_5)_3J$ [10]). Leitfähigkeit der freien Base [11]).

Methyläthylanilin $C_9H_{13}N = C_6H_5 \cdot N(CH_3)(C_2H_5)$. Aus Äthylanilin und Jodmethyl [12]). Aus Methylanilin und Jodäthyl [13]). Siedep. 201°.

Dimethyläthylphenyliumjodid $C_{10}H_{16}NJ = C_6H_5 \cdot N(CH_3)_2(C_2H_5)J$. Aus Dimethylanilin und Äthyljodid [14]). Aus Methyläthylanilin und Methyljodid [13]). Schmelzp. 124,5—126°. Sehr löslich in Wasser.

[1]) Grieß, Berichte d. Deutsch. chem. Gesellschaft **7**, 218 [1875].
[2]) O. Fischer u. Hepp, Berichte d. Deutsch. chem. Gesellschaft **19**, 2993 [1886]. — Fischer, Annalen d. Chemie u. Pharmazie **286**, 156 [1895].
[3]) Hofmann, Annalen d. Chemie u. Pharmazie **74**, 135 [1850].
[4]) v. Schneider, Zeitschr. f. physikal. Chemie **19**, 157 [1896].
[5]) Kahlbaum, Siedetemperatur und Druck. S. 93.
[6]) Kahlbaum, Zeitschr. f. physikal. Chemie **26**, 606 [1898].
[7]) Perkin, Journ. Chem. Soc. **69**, 1244 [1896].
[8]) Bamberger u. Tschirner, Berichte d. Deutsch. chem. Gesellschaft **32**, 352 [1899].
[9]) Kopp, Berichte d. Deutsch. chem. Gesellschaft **8**, 621 [1875].
[10]) Hofmann, Annalen d. Chemie u. Pharmazie **79**, 11 [1851].
[11]) Ostwald, Journ. f. prakt. Chemie [2] **33**, 365 [1866].
[12]) Hofmann, Annalen d. Chemie u. Pharmazie **74**, 152 [1850].
[13]) Claus u. Howitz, Berichte d. Deutsch. chem. Gesellschaft **17**, 1325 [1884].
[14]) Claus u. Rautenberg, Berichte d. Deutsch. chem. Gesellschaft **14**, 620 [1881].

Methyldiäthylphenyliumjodid $C_{11}H_{18}NJ = C_6H_5 \cdot N(CH_3)(C_2H_5)_2 \cdot J$. Aus Diäthylanilin und Jodmethyl, oder aus Methyläthylanilin und Jodäthyl[1]). Schmelzp. 102°.

Diphenylamin $C_{12}H_{11}N = C_6H_5 \cdot NH \cdot C_6H_5$

Bei 30—35stündigem Erhitzen von 1 Mol. salzsaurem Anilin mit $1^1/_2$ Mol. Anilin auf 210 bis 240°[2]). Durch Behandeln mit verdünnter, warmer Salzsäure wird das Diphenylamin abgeschieden und durch Destillation oder Umkrystallisieren aus Ligroin gereinigt. Entsteht auch aus Chlorzinkanilin und Phenol bei 250—260°[3]). Monokline[4]) Blättchen. Schmelzp. 54°[5]); Siedep. 302° (i. D.)[6]). Spez. Gewicht 1,159[7]). Bei 19,5° lösen 100 T. Methylalkohol 57,5 T. Diphenylamin, 100 T. Alkohol 56 T.[8]). Reagiert gegen Helianthin und Phenolphthalein neutral[9]).

Salpetrigsäure-Reaktion: Beim Vermischen mit konz. Schwefelsäure, die eine Spur salpetrige Säure enthält, entsteht eine tiefindigoblaue Färbung (Nachweis und colorimetrische Bestimmung der salpetrigen Säure)[10]).

Natriumverbindung $(C_6H_5)_2 \cdot N \cdot Na$. Durch Erhitzen mit Natriumamid im Leuchtgasstrom. Nadeln. Schmelzp. 265°[11]).

Kaliumverbindung $(C_6H_5)_2N \cdot K$. Durch Auflösen von Kalium in überschüssigem Diphenylamin unter Erhitzen im Vakuum und Fällen mit Äther. Gelbes, sandiges, unbeständiges Pulver[12]).

Nitrosodiphenylamin $C_{12}H_{10}N_2O$ [13])

Aus Diphenylamin in salzsaurer, alkoholischer Lösung und Natriumnitrit[14]) [15]). Blaßgelbe, vierseitige Tafeln aus Benzol-Alkohol. Schmelzp. 66,5°. Wird bei 0° durch Salzsäuregas in Diphenylamin und Nitrosochlorid zerlegt[15]). Durch kalte alkoholische Salzsäure wird das Nitrosodiphenylamin umgelagert in

p-Nitrosophenylanilin $C_{12}H_{10}N_2O$ [16])

Reinigung durch Lösen in Natronlauge und Fällen mit Kohlensäure[17]). Grüne Tafeln aus Benzol. Schmelzp. 143°. Schmelzp. 144,6°[18]). Löslich in konz. Natronlauge[17]).

[1]) Claus u. Howitz, Berichte d. Deutsch. chem. Gesellschaft **17**, 1326 [1884].

[2]) De Laire, Girard u. Chapoteaut, Zeitschr. f. Chemie **1866**, 438.

[3]) Merz u. Weith, Berichte d. Deutsch. chem. Gesellschaft **13**, 1298 [1880]. — Merz u. Müller, Berichte d. Deutsch. chem. Gesellschaft **19**, 2917 [1886].

[4]) Bodewig, Jahresber. d. Chemie **1879**, 442.

[5]) Merz u. Weith, Berichte d. Deutsch. chem. Gesellschaft **6**, 1511 [1873].

[6]) Graebe, Annalen d. Chemie u. Pharmazie **238**, 363 [1887].

[7]) Schröder, Berichte d. Deutsch. chem. Gesellschaft **12**, 563 [1879].

[8]) Lobry, Zeitschr. f. physikal. Chemie **10**, 784 [1892].

[9]) Astruc, Compt. rend. de l'Acad. des Sc. **129**, 1023 [1899].

[10]) Kopp, Berichte d. Deutsch. chem. Gesellschaft **5**, 284 [1872]. — S. auch Girard u. de Laire, Jahresber. d. Chemie **1872**, 1071.

[11]) Titherley, Journ. Chem. Soc. **71**, 465 [1897].

[12]) Häussermann, Journ. f. prakt. Chemie [2] **58**, 368 [1898].

[13]) Witt, Berichte d. Deutsch. chem. Gesellschaft **8**, 855 [1875].

[14]) Fischer, Annalen d. Chemie u. Pharmazie **190**, 174 [1878].

[15]) Lachmann, Berichte d. Deutsch. chem. Gesellschaft **33**, 1026 [1900].

[16]) O. Fischer u. Hepp, Berichte d. Deutsch. chem. Gesellschaft **19**, 2994 [1886].

[17]) Ikuta, Annalen d. Chemie u. Pharmazie **243**, 279 [1888].

[18]) Auwers, Zeitschr. physikal. Chemie **32**, 53 [1900].

p-Aminophenylarsinsäure, Arsanilsäure.

$$C_6H_8O_3NAs = NH_2 \cdot C_6H_4 \cdot AsO(OH)_2.$$

$$
\begin{array}{c}
NH_2 \\
\text{(Benzolring)} \\
HO-As-OH \\
\Vert \\
O
\end{array}
$$

Darstellung: Durch Erhitzen von arsensaurem Anilin $C_6H_5 \cdot NH_2 \cdot H_3AsO_4$ auf 190
bis 200° bildet sich nicht das Orthoarsensäureanilid $C_6H_5 \cdot NH \cdot AsO(OH)_2$ [1], sondern p-
Aminophenylarsinsäure

$$NH_2 \cdot \langle\overline{}\rangle \cdot AsO{\langle}^{OH}_{OH}\ [2].$$

Wird einfach durch Fällen von Atoxyl (s. unten) mit Salzsäure erhalten [3].

Physikalische und chemische Eigenschaften: Glänzende, weiße Nadeln, die bis 200°
ohne Zersetzung erhitzt werden können. Schwer in kaltem, leicht in heißem Wasser löslich;
leicht löslich in kaustischen und kohlensauren Alkalien. Leicht löslich in Methyl-, schwer in
Äthylalkohol und Eisessig, fast unlöslich in Äther, Aceton, Benzol und Chloroform. Spaltet
beim Erhitzen mit Alkalien oder mit starken Säuren fast kein Anilin ab [2] und verhält sich
ganz wie eine aromatische Arsinsäure (Bildung eines Niederschlags des Magnesium- oder
Calciumsalzes bei Zusatz von Magnesiamixtur oder Calciumchloridlösung zur siedenden ammoniakalischen Lösung, Ausbleiben des Niederschlags bei Mischung in der Kälte [4]. Die freie
Amidogruppe in der p-Aminophenylarsinsäure läßt sich durch die Bildung einer gut krystallisierenden Acetylverbindung, sowie durch ihre Diazotierbarkeit und die Kuppelungsfähigkeit
der erhaltenen Diazoverbindung zu arsenhaltigen Azofarbstoffen, die leicht in Soda löslich
sind, nachweisen [4]. Durch Jodwasserstoff wird p-Jodanilin $J \cdot \langle\overline{}\rangle \cdot NH_2$ gebildet, wodurch
die p-Stellung des Arsensäurerests erwiesen ist [4]. Die Bildung der p-Amidophenylarsinsäure
aus arsensaurem Anilin durch Erhitzen ist völlig analog der gleichen Bildung der p-Amino-
phenylsulfonsäure $NH_2{\langle}\overline{}{\rangle} \cdot SO_2OH$ aus schwefelsaurem Anilin. Nach der Bezeichnung der
letzteren als Sulfanilsäure hat die p-Amidophenylarsinsäure den Namen **Arsanilsäure** er-
halten [3].

Arsanilsäure besitzt noch schwach basische Eigenschaften und löst sich daher in über-
schüssiger Mineralsäure. Das **Chlorhydrat** $C_6H_9O_3NClAs = (OH)_2 \cdot OAs{\langle}\overline{}{\rangle}NH_2 \cdot HCl$
ist in Methyl- und Äthylalkohol unzersetzt löslich, erleidet aber in Wasser hydrolytische
Spaltung [3].

Farbenreaktionen der Arsanilsäure [5]. Arsanilsäure gibt mit einer salzsauren
Lösung von p-Dimethylaminobenzaldehyd $N \cdot (CH_3)_2 \cdot C_6H_4 \cdot CHO$ ein intensiv gelb ge-
färbtes Kondensationsprodukt, mit 1, 2-Naphthochinon-4-sulfosäure und etwas Soda eine
starke Blutorangefärbung. (Es sind dies Reaktionen der freien Amidogruppe, siehe auch die
Acetyl-p-aminophenylarsinsäure.)

p-Aminophenylarsinsaures Natrium, arsanilsaures Natrium, Atoxyl. Das seit
einiger Zeit im Handel befindliche, als „Atoxyl" bezeichnete Produkt ist nicht, wie früher
angenommen wurde, das Metaarsensäureanilid $C_6H_5 \cdot NH \cdot AsO_2$, sondern mit der Natriumverbindung des von Béchamp dargestellten „Orthoarsensäureanilids" identisch [6]; es ist
das Mononatriumsalz der Arsanilsäure $NH_2 \cdot \langle\overline{}\rangle AsO{\langle}^{ONa}_{OH}\ [7]$, das mit wechselndem

---

[1]) Béchamp, Compt. rend. de l'Acad. des Sc. **56**, I, 1172 [1863].

[2]) Ehrlich u. Bertheim, Berichte d. Deutsch. chem. Gesellschaft **40**, 3295 [1907].

[3]) Fourneau, Journ. de Pharm. et de Chim. [6] **25**, 332 [1907].

[4]) Ehrlich u. Bertheim, Berichte d. Deutsch. chem. Gesellschaft **40**, 3294 [1907].

[5]) Ehrlich u. Bertheim, Berl. klin. Wochenschr. **1907**, Nr. 10; Berichte d. Deutsch. chem.
Gesellschaft **40**, 3293 [1907].

[6]) E. Fourneau, Journ. de Pharm. et de Chim. [6] **25**, 332 [1907].

[7]) Ehrlich u. Bertheim, Berichte d. Deutsch. chem. Gesellschaft **40**, 3296 [1907]. — Über
Wassergehalt vgl. auch Zernik, Apoth.-Ztg. **23**, 68 [1908].

Krystallwassergehalt [2 H_2O [1]), 3 H_2O [2]) und 4 H_2O [3])] in den Handel kommt. Weißes krystallinisches Pulver von erfrischendem Geschmack; löslich in etwa 6 T. Wasser von 17°, leicht löslich in siedendem Wasser[4]), mit neutraler Reaktion[3]); leicht löslich in Methylalkohol, fast unlöslich in Äthylalkohol[3]). Durch vorsichtigen Zusatz von Mineralsäuren wird die Arsanilsäure gefällt, löst sich aber in Überschuß (s. oben). Essigsäure löst nicht mehr[3]).

Atoxyl wird zur Behandlung sämtlicher Hautkrankheiten, der Anämie, Tuberkulose usw. empfohlen. Spezifische Wirkung gegen Schlafkrankheit und gegen Syphilis (?)[4]), gegen Pelagra[5]). Die Atoxyllösungen zersetzen sich beim Kochen und müssen deshalb nach dem Tyndallschen Verfahren sterilisiert werden[4]).

p-Aminophenylarsinsaures Quecksilber (Aspirochyl)[6]) $Hg \cdot \left(\begin{smallmatrix} OH \\ O \end{smallmatrix} AsO \cdot C_6H_4 \cdot NH_2 \right)_2$.

Aus dem Natriumsalz und Quecksilberchlorid: wenig in kaltem, etwas mehr in heißem Wasser löslich, unlöslich in den gewöhnlichen organischen Lösungsmitteln. Löslich in verdünnten Alkalien und in Säuren. Einwirkung auf Blutdruck, auf Luespatienten. (Verwendung in Glycerin- oder Vaselinölsuspension.)[6])

Acetyl-p-aminophenylarsinsäure[7]) $C_8H_{10}O_4NAs$

$$NH \cdot CO \cdot CH_3$$

$$AsO(OH)_2$$

Aus arsanilsaurem Natrium und Essigsäureanhydrid unter Selbsterhitzung; auch durch die sonst üblichen Acetylierungsmethoden[8]). Glänzende, weiße Blättchen, die kaum noch basische Eigenschaften besitzen. Kann bis 200° ohne Veränderung erhitzt werden. Durch Kochen mit Säuren oder Alkalien leicht verseifbar. Das Natriumsalz $C_2H_3O \cdot NH \cdot C_6H_4 \cdot AsO(ONa)OH \cdot 5 H_2O$ wird erhalten durch Eintragen der Acetylverbindung in warme, konz. Natronlauge bis zur Neutralisation. Scheidet sich beim Erkalten in feinen weißen, äußerst leichten Nädelchen ab, die in Wasser und Methylalkohol leicht löslich sind. Es führt die Bezeichnung „**Arsacetin**"[9]); es ist unter allen Acylderivaten der Arsanilsäure das wirksamste, während die Giftigkeit gegenüber verschiedenen Tierarten 3—10 mal geringer ist. Seine wässerige Lösung läßt sich ohne Zersetzung bei 130° sterilisieren.

Physiologische Eigenschaften: **Atoxyl:** Mittlere Hunde vertragen 0,1 g Atoxyl, subcutan injiziert, wochenlang ohne krankhafte Erscheinungen; Dosen von 0,05 g steigern sogar das Körpergewicht. Mehrmalige Dosen von 0,2 g wirken letal. Ein Hund, der in $3^1/_2$ Monaten 8,425 g Atoxyl erhalten hatte, zeigte starken Haarausfall und schwere Nierenveränderungen. Katzen vertragen weniger. Methämoglobinbildung ist im Blute bei keinem der Tiere nachweisbar[10]). Pathologie und pathologische Anatomie der experimentellen Atoxylvergiftung bei Hund, Katze, Ratte, Kaninchen[11]). Verteilung des Arsens bei Atoxylverfütterung an zahme Ratten in den verschiedenen Organen; Ausscheidung durch Harn und Kot[12]). Ausscheidung im Harn bei Mensch und Kaninchen innerhalb 24—48 Stunden ohne nachweisbare

---

[1]) E. Fourneau, Journ. de Pharm. et de Chim. [6] **25**, 332 [1907].

[2]) Moore, Nierenstein u. Todd, Biochemical Journal **2**, 324 [1907].

[3]) Ehrlich u. Bertheim, Berichte d. Deutsch. chem. Gesellschaft **40**, 3296 [1907]; — Über Wassergehalt vgl. auch Zernik, Apoth.-Ztg. **23**, 68 [1908].

[4]) Fourneau, Journ. de Pharm. et de Chim. [6] **25**, 528—537 [1907].

[5]) V. Babès, Compt. rend. de l'Acad. des Sc. **145**, 137 [1907].

[6]) Mamelli u. Ciuffo, Clinica medica ital. **1909**, 339—353; Chem. Centralbl. **1909**, II, 1817. — Uhlenhut u. Mulzer, Deutsche med. Wochenschr. **36**, 1263 [1910]. — Uhlenhut u. Manteufel, Zeitschr. f. Immunitätsforschung u. experim. Ther. [I] **1**, 108 [1908]. — Blumenthal, Med. Klin. **1908**, Heft 44; Biochem. Zeitschr. **12**, 248 [1908].

[7]) Ehrlich u. Bertheim, Berichte d. Deutsch. chem. Gesellschaft **40**, 3296 [1907].

[8]) Kuratorium der Georg und Franziska Speyerschen Studienstiftung, D. R. P. 191 548 [1906]; Chem. Centralbl. **1908**, I, 779.

[9]) Ehrlich, Berichte d. Deutsch. chem. Gesellschaft **42**, 25 [1909].

[10]) J. Igersheim, Archiv f. experim. Pathol. u. Pharmakol. **1908**, Suppl., 282.

[11]) J. Igersheim u. Itami, Archiv f. experim. Pathol. u. Pharmakol. **61**, 18 [1909].

[12]) Wedemann, Arbeiten a. d. Kaiserl. Gesundheitsamt **28**, 585 [1908]. — Blumenthal u. Jakoby, Med. Klin. **1907**, Nr. 45. — Croner u. Seligmann, Deutsche med. Wochenschr. **35** [1909]. — Mioto, Archiv f. experim. Pathol. u. Pharmakol. **62**, 494 [1910].

Bildung von Anilin [1]); Ausscheidung im Pferdeharn [2]). Quantitative Bestimmung (auf colorimetrischer Grundlage vermittels der Azofarbstoffbildung durch α-Naphthol); Ausscheidungsgang im Harn und Kot, teilweise Umwandlung im Organismus, Gehalt des Bluts und einzelner Organe an Atoxyl; Verhalten bei der Autolyse [3]). Atoxyl im forensischen Arsennachweis; Unterscheidung von Orthoarsensäure- und Anilinchlorhydrat [4]). Über die Wirkung des Atoxyls [5]). Wirkung verschiedener Atoxylderivate bei Trypanosomiasis [6]). Behandlung der Schlafkrankheit mit Atoxyl und Anilinbrechweinstein [7]). Gemischte Therapie der Trypanosomiasen mit Atoxyl und Arsentrisulfid [8]). Wirkungsmechanismus auf Trypanosomen im tierischen Organismus [9]). Steigerung der Agglutininbildung durch Atoxyl beim Kaninchen [10]).

Acetylatoxyl: Das Natriumsalz, Arsacetin, ist gegenüber Atoxyl stark entgiftet, aber doch von gleichem Heilwert. Es kann, ohne Zersetzung zu erleiden, bei 130° im Autoklaven sterilisiert werden [11]). Wirkung auf Trypanosoma gambiensis [12]). Verwendung bei der Syphilisbehandlung [13]). Atoxyl und Arsacetin üben im Reagensglas keine Wirkung auf parasitenhaltiges Blut aus [14]); erst durch die Reduktionskraft der tierischen Gewebe, die das Arsen aus dem fünfwertigen in den dreiwertigen Zustand überführen, erlangen sie trypanocide Eigenschaften. Die aus ihnen auf chemischem Wege erhaltenen Reduktionsprodukte vom Typus $R \cdot AsO$ und $RAs \cdot AsR$ zeigen sowohl im Reagensglas wie in vivo eine sehr starke, abtötende Wirkung auf Trypanosomen [15]). Das Zustandekommen der Wirkung der Phenylarsinsäurederivate beruht sehr wahrscheinlich nur auf Reduktionsprozessen, andere Vorgänge synthetischer oder anderer Art spielen nicht mit. Man darf die Annahme eines besonderen „Arsenoceptors" für das dreiwertige Arsen im Protoplasma der Trypanosomenzellen machen [16]). Die Empfindlichkeit dieses Arsenoceptors kann schrittweise vermindert werden durch wiederholte Passage eines Trypanosomenstammes durch den Tierkörper und Behandlung mit verschiedenen Arsenikalien. Ein solcher Stamm kann nacheinander gegen Atoxyl, gegen Arsenophenylglycin und gegen Brechweinstein (Antimonylverbindungen) gefestigt werden; ein gegen arsenige Säure gefestigter Stamm konnte aber noch nicht erzielt werden.

Derivate: Halogenierte p-Aminophenylaminsäuren [17]). Während p-Aminophenylarsinsäure durch Bromwasser in Tribromanilin und Arsensäure gespalten wird, gelangt man durch Einwirkung von Halogen in wasserfreien Lösungsmitteln oder durch nascierendes Halogen zu den Monohalogenderivaten

$$\underset{\dot{N}H_2}{\overset{AsO_3H_2}{\bigotimes}Hlg}$$

<hr>

[1]) **Blumenthal** u. **Herschmann**, Biochem. Zeitschr. **10**, 240 [1908]. — **Blumenthal**, Deutsche med. Wochenschr. **34**, Nr. 52 [1908].

[2]) **Nierenstein**, Zeitschr. f. Immunitätsforschung u. experim. Ther. [I] **2**, 453 [1909].

[3]) **Ehrlich** u. **Bertheim**, Berichte d. Deutsch. chem. Gesellschaft **40**, 3292 [1907]; Chem.-Ztg. **32**, 1059 [1908]. — **Ehrlich**, Berichte d. Deutsch. chem. Gesellschaft **42**, 30 [1909]. — **Bougault**, Journ. de Pharm. et de Chim. [6] **26**, 13 [1907]. — **Lockemann** u. **Paucke**, Deutsche med. Wochenschr. **34**, Nr. 34 [1908]. — **Lockemann**, Deutsche med. Wochenschr. **35**, Nr. 5 [1909]. — **Covelli**, Chem.-Ztg. **32**, 1006 [1908].

[4]) **Gadamer**, Apoth.-Ztg. **22**, 566 [1907]. — **Monferrino**, Bolletino chimica Framaceutica **47**, 565 [1908]; Chem. Centralbl. **1908**, II, 1897. — **Carlson**, Zeitschr. f. physiol. Chemie **49**, 410—432 [1906].

[5]) **Ehrlich**, Berl. klin. Wochenschr. **44**, Nr. 9—12 [1907].

[6]) **Breinl** u. **Nierenstein**, Annals of tropical Medicine and parasitology, Liverpool **3**, 395 [1909]; Chem. Centralbl. **1910**, I, 1162. — **Blumenthal** u. **Jacoby**, Biochem. Zeitschr. **16**, 20 [1908].

[7]) P. **Laveran**, Compt. rend. de l'Acad. des Sc. **149**, 546 [1909].

[8]) **Laveran** u. **Thiroux**, Compt. rend. de l'Acad. des Sc. **145**, 739 [1907]. — **Thiroux** u. **Teppaz**, Compt. rend. de l'Acad. des Sc. **147**, 651 [1908].

[9]) **Jacoby** u. **Schütze**, Biochem. Zeitschr. **12**, 193 [1906]; **13**, 285 [1907]. — **Blumenthal** u. **Jacoby**, Biochem. Zeitschr. **16**, 20 [1908]. — **Breinl** u. **Nierenstein**, Zeitschr. f. Immunitätsforschung u. experim. Ther. [1] **1**, 620 [1908]. — **Röhl**, Berl. klin. Wochenschr. **46**, Nr. 11 [1908].

[10]) **Agazzi**, Zeitschr. f. Immunitätsforschung u. experim. Ther. [I] **1**, 736 [1908].

[11]) **Ehrlich** u. **Bertheim**, Berichte d. Deutsch. chem. Gesellschaft **40**, 3296 [1907].

[12]) **Salmon**, Compt. rend. de l'Acad. des Sc. **146**, 1342 [1908].

[13]) **Neisser**, Deutsche med. Wochenschr. **34**, 1500 [1908].

[14]) **Ehrlich**, Berichte d. Deutsch. chem. Gesellschaft **42**, 26 [1909].

[15]) **Ehrlich**, Berichte d. Deutsch. chem. Gesellschaft **42**, 28 [1909].

[16]) **Ehrlich**, Berichte d. Deutsch. chem. Gesellschaft **42**, 30 [1909].

[17]) **Bertheim**, Berichte d. Deutsch. chem. Gesellschaft **43**, 529 [1910].

und den Dihalogenderivaten

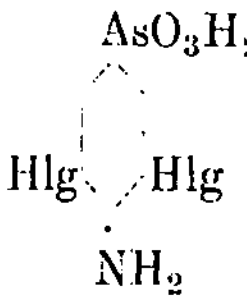

$$AsO_3H_2$$
$$Hlg \cdot Hlg$$
$$NH_2$$

Die Halogenarsanilsäuren sind schwächer basisch als die Arsanilsäure; sie sind viel toxischer als diese.

Monochlorarsanilsäure[1]) $C_6H_7O_3NClAs = NH_2 \cdot C_6H_3Cl \cdot AsO_3H_2$. Weiße Nädelchen. Leicht rosa gefärbt. Schmelzen und zersetzen sich nicht bis 240°. Wenig löslich in heißem Wasser und Mineralsäuren, leicht löslich in Alkalien. Ähnlich ist die **Monobromarsanilsäure**[1]) $C_6H_7O_3NBrAs = NH_2 \cdot C_6H_3Br \cdot AsO_3H_2$, und die **Monojodarsanilsäure**[1]) $C_6H_7O_3NJAs = NH_2 \cdot C_6H_3J \cdot AsO_3H_2$. Ferner sind die Dichlor-, Dibrom- und Dijodarsanilsäure[1]) erhalten worden.

Diazophenylarsinsäure wird durch Diazotieren leicht aus Arsanilsäure erhalten[2]) und läßt sich nach bekannten Umwandlungsprozessen der Diazogruppe in Phenylarsinsäure $C_6H_5 \cdot AsO \cdot (OH)_2$ und in p-substituierte Phenylarsinsäuren verwandeln[3]). Sie liefert so z. B. **p-Oxyphenylarsinsäure** $p \cdot OH \cdot C_6H_4 \cdot AsO(OH)_2$, kleine gelbliche Prismen, Schmelzp. 173 bis 174° (unter Zersetzung), die auch direkt aus Phenol und Arsensäure durch Erhitzen erhalten werden kann[4]).

Nitrophenylarsinsäure $NO_2 \cdot C_6H_3(OH) \cdot AsO_3H$

$$\begin{array}{c} As\substack{OH\\O\\OH} \\ \bigcirc \cdot NO_2 \\ OH \end{array}$$

Durch Nitrieren von p-Oxyphenylarsinsäure[5]). Gelblichweißes Krystallpulver; das sich beim Erhitzen unter Feuererscheinung zersetzt. Wenig in kaltem, ziemlich in heißem Wasser löslich; leicht löslich in Aceton, Alkohol und Eisessig. Löst sich in Alkali unter Bildung kräftig gelbgefärbter Salze. Durch kräftige Reduktion mit Natriumamalgam liefert die Nitroverbindung das Oxyaminophenylarsenoxyd

$$\begin{array}{c} OH \\ \bigcirc NH_2 \\ AsO \end{array}$$

während gelinde Reduktion mit Natriumhyposulfit zum
Diaminodioxyarsenobenzol[6]) $C_{12}H_{12}O_2N_2As_2$

$$OH \underset{NH_2}{\bigcirc} - As : As - \underset{NH_2}{\bigcirc} \cdot OH$$

führt. Gelbes Pulver. In verdünnter Salzsäure und in verdünnter Natronlauge, auch in Soda löslich. Essigsäure fällt die Lösung in Alkali wieder aus. Das Diaminodioxyarsenobenzol ist das zuerst unter dem Namen „Ehrlich-Hata 606", jetzt als „Salvarsan" in die Therapie eingeführte, sehr wirksame Spezificum gegen Syphilis.

Reduktion der Arsanilsäure und ihrer Derivate[7]). Reduktionsmittel führen das Arsen aus der fünfwertigen in die dreiwertige Stufe über und es bilden sich Aminophenylarsenoxyd $NH_2 \cdot C_6H_4 \cdot As : O$ und Diaminoarsenobenzol $NH_2 \cdot C_6H_4 \cdot As : As \cdot C_6H_4 \cdot NH_2$, eventuell Dihydroxydiaminoarsenobenzol $NH_2 \cdot C_6H_4 \cdot As(OH) \cdot As(OH) \cdot C_6H_4 \cdot NH_2$.

1) Bertheim, Berichte d. Deutsch. chem. Gesellschaft **43**, 529 [1910].

2) Ehrlich u. Bertheim, Berichte d. Deutsch. chem. Gesellschaft **40**, 3297 [1907].

3) Bertheim, Berichte d. Deutsch. chem. Gesellschaft **41**, 1853 [1908].

4) Farbwerke Meister, Lucius u. Brüning, D. R. P. 205616; Chem. Centralbl. **1909**, I, 807.

5) Farbwerke Meister, Lucius u. Brüning, D. R. P. 224953 [ab 10./6. 1909]; Chem. Centralbl. **1910**, II, 701.

6) Farbwerke Meister, Lucius u. Brüning, D. R. P. 224953 [ab 10./6. 1909]; Chem. Centralbl. **1910**, II, 702.

7) Ehrlich u. Bertheim, Berichte d. Deutsch. chem. Gesellschaft **43**, 925 [1910].

Aminophenylarsenoxyd [1] [2]

$$\text{NH}_2 - \text{C}_6\text{H}_4 - \text{AsO} + 2\,\text{H}_2\text{O}$$

Durch Reduktion der Arsanilsäure mit Jodwasserstoff, schwefliger Säure in salzsaurer Lösung oder mit Phenylhydrazin. Schöne, weiße Nadeln. Wenig löslich in kaltem Wasser, ziemlich leicht in heißem; wenig löslich in Ammoniak und Soda, leicht löslich in Natronlauge und verdünnten Säuren; leicht löslich in Alkohol, Aceton und Eisessig; schwer in Äther, Chloroform, Benzol. Erweicht von 80° ab unter Wasserabgabe; schäumt bei 100° lebhaft auf. Erweicht wasserfrei oberhalb 90°, schmilzt dann teilweise, wird wieder fest und ist dann bei 186—187° wieder klar geschmolzen.

Aminophenylarsenoxyd ist chemisch und biologisch sehr reaktionsfähig, da die Arsenkohlenstoffverbindung sehr gelockert ist und das Arsen die Tendenz hat, in den fünfwertigen Zustand überzugehen. Durch kurzes Kochen mit verdünnter Salzsäure entsteht Triaminotriphenylarsin $C_{18}H_{18}N_3As = [NH_2C_6H_4]_3As$ neben As_2O_3. Die Natriumverbindung addiert bei der Einwirkung von Chloressigsäure den Essigsäurerest unter Bildung von **p-Aminophenylarsinessigsäure** $C_8H_{10}O_4NAs$

$$\text{NH}_2 \cdot \langle \rangle \cdot \text{As} \overset{\text{CH}_2 \cdot \text{COOH}}{\underset{\text{OH}}{\overset{\text{O}}{=}}}$$

Ähnlich reagieren die Halogenalkyle.

Diaminoarsenbenzol [2] $NH_2 \cdot C_6H_4 \cdot As : As \cdot C_6H_4 \cdot NH_2$. Bei der Reduktion der Arsanilsäure mit Zinnchlorür. Schmelzp. 139—140°. In Wasser und den gewöhnlichen organischen Lösungsmitteln unlöslich, außer in Eisessig; löslich in verdünnter Salzsäure.

Dihydroxydiaminoarsenobenzol [2] $NH_2 \cdot C_6H_4 \cdot As(OH) \cdot As(OH)C_6H_4 \cdot NH_2$. Aus dem p-Aminophenylarsenoxyd mit Natriumamalgam. Gelbe Flocken. Löslich in Salzsäure. Schmelzp. 227°.

p-Arsenophenylglycin [2] $(\text{COOH} \cdot CH_2 \cdot NH \cdot C_6H_4 \cdot As)_2$. Die durch Kochen von 1 Mol. p-aminophenylarsinsaurem Natrium mit 2 Mol. Chloressigsäure erhaltene Phenylglycinarsinsäure $C_6H_4(NH \cdot CH_2 \cdot COOH)AsO(OH)_2$ wird mit schwefliger Säure reduziert. Rotbraunes Pulver; in Soda mit gelber Farbe leicht löslich; in Alkohol, Äther, Benzol und verdünnten Mineralsäuren unlöslich.

Physiologische Eigenschaften des Arsenophenylglycins (Spirarsyl). Wirkung bei Behandlung der Trypanosomiasis [3]. Bei Impfung mit Recurrensspirillen erzielt es weder Heilung noch Immunisierung [4]. Bei einmaliger Verabreichung wird es langsamer als Arsacetin und Atoxyl durch den Harn ausgeschieden. Bei wiederholter Darreichung verlangsamt sich die Abscheidung und erfolgt in größerem Umfang als bei Atoxyl und Arsacetin auch durch den Darm [5]. Nach Injektion erscheint beim Hunde in den ersten Stunden das Arsenophenylglycin fast quantitativ im Harn; zugleich zeigt sich im Blut eine beträchtliche Fett- oder Lecithinzunahme [6].

Arsenophenylglycin erweist sich auch auf sonst arsenikalfeste Trypanosomenstämme wirksam. Diese Wirkung dürfte durch einen besonderen Aceticoceptor neben dem Arsenicoceptor im Protoplasma der Trypanosomen bedingt sein, durch dessen Anwesenheit sich Arsenophenylglycin als das zurzeit kräftigste, trypanocide Mittel darbietet [7].

Isomere und homologe Arsanilsäuren. Darstellung der m-Aminophenylarsinsäure [8] [9], der o-Aminophenylarsinsäure [10]. Die Ähnlichkeit der o- und p-Arsanilsäure in

<hr>

[1] Ehrlich u. Bertheim, Berichte d. Deutsch. chem. Gesellschaft **43**, 925 [1910].

[2] Farbwerke Meister, Lucius u. Brüning, D. R. P. 224 953 [ab 10./6. 1909]; Chem. Centralbl. **1910**, II, 702.

[3] Plimmer u. Frey, Proc. Roy. Soc. [B] **81**, 354 [1909].

[4] Fränkel, Zeitschr. f. experim. Pathol. u. Ther. **6**, 711 [1909].

[5] Fischer u. Hoppe, Münch. med. Wochenschr. **56**, 1459 [1909].

[6] Breinl u. Nierenstein, Zeitschr. f. Immunitätsforschung u. experim. Ther. [I] **4**, 169 [1909].

[7] Ehrlich, Zeitschr. f. angew. Chemie **23**, 2 [1910].

[8] Bertheim, Berichte d. Deutsch. chem. Gesellschaft **41**, 1655 [1908].

[9] Farbwerke Meister, Lucius u. Brüning, D. R. P. 206 344.

[10] Benda, Berichte d. Deutsch. chem. Gesellschaft **42**, 3619 [1909].

chemischer Hinsicht erstreckt sich nicht in gleichem Maße auf ihre physiologischen Eigenschaften[1]).

Homologe der Arsanilsäure werden aus Homologen des arsensauren Anilins mit unbesetzter Parastellung durch Erhitzen auf 190—200° erhalten[2]). Daneben entstehen immer auch sekundäre Arsinsäuren (Diaminodiarylsäuren) der allgemeinen Formel $(p\text{-}NH_2Ar\cdot)_2$ $AsO\cdot OH$[3]). Sie sind schwächer basisch als die primären Säuren und fallen beim Ansäuern zuerst aus. Zur Trennung dient die Löslichkeit der sekundären Natriumsalze in verdünntem Alkohol, der die primären Natriumsalze aus der wässerigen Lösung ausfällt. Die homologen, primären Arsanilsäuren sind aus Wasser umkrystallisierbar; sie sind schwerer in Wasser löslich als die Arsanilsäure und besitzen im Gegensatz zu dieser scharfe Schmelzpunkte. In allen anderen Reaktionen zeigen sie vollständige Übereinstimmung mit derselben.

Toluol.

Mol.-Gewicht 92.

Zusammensetzung: $91,3\%$ C, $8,7\%$ H.

$$C_7H_8.$$

$$\begin{array}{c}CH\\HC\quad CH\\HC\quad CH\\C\\CH_3\end{array}$$

Vorkommen: Findet sich als Begleiter des Benzols an allen Fundstätten desselben (im Ohioöl zu $0,03\%$)[4]). Vorkommen im amerikanischen Petroleum[5]), im Erdöl von Kolibasi (Rumänien)[6]). Im tierischen Öl neben Äthylbenzol[7]).

Bildung: Entsteht bei der trocknen Destillation verschiedener Harze, des Tolubalsams[8]), des Drachenbluts[9]) und des Harzes von Pinus maritima[10]); ferner bei der Destillation von Steinkohle.

Darstellung: Die Gewinnung des Toluols erfolgt hauptsächlich aus dem Steinkohlenteer. Es ist dann in der Regel von etwas Thiotolen begleitet, von dem es in analoger Weise wie das Benzol von Thiophen befreit wird[11]). Aus Benzol und Chlormethan bei Anwesenheit von Aluminiumchlorid[12]). Aus Brombenzol, Natrium und Methyljodid[13]). Aus Benzolmagnesiumbromid $C_6H_5\cdot MgBr$ und Dimethylsulfat[14]). Aus Benzaldehyd oder Benzylalkohol mit Eisen und Wasserstoff durch Erhitzen unter hohem Druck[15]). Darstellung aus Naphtha[16]).

Physiologische Eigenschaften: Toluol tötet niedere Organismen ab, ist aber für Warmblüter viel weniger giftig als Benzol[17]). Wird vielfach bei Ausführung physiologisch-chemischer Versuche als Sterilisationsmittel verwendet, hemmt aber enzymatische Vorgänge. Über schädliche Wirkung auf das Harnpepsin[18]).

---

[1]) Benda, Berichte d. Deutsch. chem. Gesellschaft **42**, 3619 [1909].

[2]) L. Benda u. R. Kahn, Berichte d. Deutsch. chem. Gesellschaft **41**, 1672 [1908]. — O. u. R. Adler, Berichte d. Deutsch. chem. Gesellschaft **41**, 931 [1908]. — Pyman u. Reynolds, Proc. Chem. Soc. **24**, 143 [1907]; Journ. Chem. Soc. **93**, 1180 [1908].

[3]) Benda, Berichte d. Deutsch. chem. Gesellschaft **41**, 2367 [1908].

[4]) Höfer, Das Erdöl und seine Verwandten. Braunschweig 1906. 2. Aufl. S. 72.

[5]) Young, Journ. Chem. Soc. **73**, 906 [1898].

[6]) Poni, Annales scient. de l'Univers. de Jassy **2**, 16 [1902]; Chem. Centralbl. **1902**, II, 1370.

[7]) Weidel u. Ciamician, Berichte d. Deutsch. chem. Gesellschaft **13**, 70 [1880].

[8]) Deville, Annales de Chim. et de Phys. [3] **3**, 168 [1841].

[9]) Glenard u. Boudault, Compt. rend. de l'Acad. des Sc. **19**, 505 [1844].

[10]) Pelletier u. Walter, Annales de Chim. et de Phys. [2] **67**, 278 [1838].

[11]) C. Schwalbe, Zeitschr. f. Farben- u. Textilchemie **3**, 461 [1905].

[12]) Friedel u. Crafts, Annales de Chim. et de Phys. [6] **1**, 460 [1884].

[13]) Fittig u. Tollens, Annalen d. Chemie u. Pharmazie **131**, 303 [1864].

[14]) Werner u. Zilkens, Berichte d. Deutsch. chem. Gesellschaft **36**, 2116 [1903].

[15]) Ipatiew, Chem. Centralbl. **1908**, I, 2036.

[16]) Oglobin, Chem. Centralbl. **1904**, II, 830.

[17]) Kobert, Handbuch der Intoxikationen. 2. Aufl. **2**, 134 [1905].

[18]) Jul. A. Grober, Archiv f. d. ges. Physiol. **104**, 109 [1904].

Physikalische und chemische Eigenschaften: Flüssigkeit; Schmelzp. —93,2° [1]), —97° bis —99° (korr., mit Wasserstoffthermometer) [2]); —92,4° [3]). Siedep. 110,8° [4]); 110° bei 757,7 mm [5]); 14,5° bei 14,56 mm; 23,0° bei 26,58 mm; 31,9° bei 42,0 mm; 38° bei 56,6 mm; 46,8° bei 92 mm; 111,0° bei 760 mm [6]). Siedep. 110,7° bei 760 mm [7]); 110,2—110,6° bei 765 mm [2]). Spez. Gewicht 0,8708 bei 13,1°/4°; 0,77805 bei 109°/4° [8]); 0,85680 bei 25°/25° [5]); 0,8812 bei 4°/4°; 0,8723 bei 15°/15°; 0,8649 bei 25°/25° und 0,8237 bei 100°/100° [9]); 0,87757 bei 8,5°/4° [9]); 0,8656 bei 20°/4° [10]); 0,88418—0,00091617 bei 7°/4° [11]); 0,88448 bei 0°/4° [7]). Siedepunkt und spez. Gewicht bei vermindertem Druck [12]). Spez. Gewicht [13]) und Dampftension [13]) [14]) [15]) bei verschiedenen Temperaturen. Oberflächenspannung [16]). Capillaritätskonstanten beim Siedep. $a^2 = 4{,}746$ [17]). Kompressibilität [18]). Kritische Temperatur 320,8° [19]), kritischer Druck 41,6 Atm. [20]). Spez. Wärme [21]), bei niederen Temperaturen [22]). Verdampfungswärme 83,6° [21]), 87,43° [23]). Molekulare Verbrennungswärme 933,762 Cal. [24]). Kryoskopisches Verhalten in Anilin- und Dimethylanilinlösung [25]). Leitfähigkeit und Molekulargewicht in flüssigem HCl, HBr und H_2S [26]). Molekulargewicht aus der Dampfdichte [27]). Turbulente Reibung [28]). Brechungsvermögen [29]). Molekularrefraktion 50,06 [10]). Absorptionsspektrum [30]). Dielektrizitätskonstante [29]) [31]) [32]). Magnetisches Drehungsvermögen 12,16 bei 13,1° [33]). Elektromagnetische Drehung $s = 2{,}3541$ [34]). Dispersion im elektrischen Spektrum [35]), Phosphorescenz [36]). Ultraviolette Fluorescenz [37]). Beim Durchleiten von Toluoldämpfen durch

[1]) Ladenburg u. Krügel, Berichte d. Deutsch. chem. Gesellschaft **33**, 638 [1900]. — Altschul u. Schneider, Zeitschr. f. physikal. Chemie **16**, 25 [1895].

[2]) E. H. Archibald u. D. McIntosh, Journ. Amer. Chem. Soc. **26**, 305 [1904].

[3]) Leo Frank Guttmann, Proc. Chem. Soc. **21**, 206 [1905]; Journ. Chem. Soc. **87**, 1037 [1905].

[4]) Young, Journ. Chem. Soc. **73**, 906 [1898].

[5]) Linebarger, Amer. Chem. Journ. **18**, 437 [1896].

[6]) Kahlbaum, Siedetemperatur und Druck. S. 95.

[7]) Timmermans, Bulletin de la Soc. chim. de Belg. **24**, 244 [1910].

[8]) R. Schiff, Annalen d. Chemie u. Pharmazie **220**, 91 [1883].

[9]) Perkin, Journ. Chem. Soc. **69**, 1241 [1896]; **77**, 273 [1900].

[10]) Brühl, Berichte d. Deutsch. chem. Gesellschaft **25**, 3075 [1892].

[11]) Landolt u. Jahn, Zeitschr. f. physikal. Chemie **10**, 299 [1892].

[12]) Neubeck, Zeitschr. f. physikal. Chemie **1**, 656 [1887].

[13]) Naccari u. Pagliani, Jahresber. d. Chemie **1882**, 63 [1900].

[14]) Kahlbaum, Zeitschr. f. physikal. Chemie **26**, 586, 616 [1898]. — Woringer, Zeitschr. f. physikal. Chemie **34**, 257 [1900].

[15]) Barker, Zeitschr. f. physikal. Chemie **71**, 235 [1910].

[16]) Renard u. Guye, Chem. Centralbl. **1907**, I, 1478. — Pedersen, Chem. Centralbl. **1908**, I, 435.

[17]) R. Schiff, Annalen d. Chemie u. Pharmazie **223**, 104 [1886].

[18]) Ritzel, Chem. Centralbl. **1907**, II, 1825. — Winther, Chem. Centralbl. **1908**, I, 98.

[19]) Pawlowski, Berichte d. Deutsch. chem. Gesellschaft **16**, 2634 [1878].

[20]) Altschul, Zeitschr. f. physikal. Chemie **11**, 590 [1893].

[21]) R. Schiff, Annalen d. Chemie u. Pharmazie **234**, 344 [1886].

[22]) Batelli, Atti della R. Accad. dei Lincei Roma 5, [6] **16**, I, 243 [1907]; Physikal. Zeitschr. **9**, 671 [1908].

[23]) Brown, Chem. Centralbl. **1905**, I, 1315.

[24]) Stohmann, Journ. f. prakt. Chemie [2] **35**, 41 [1887].

[25]) Ampola u. Rimatori, Gazzetta chimica ital. **27**, I, 38, 53 [1897].

[26]) Steele u. McIntosh, Zeitschr. f. physikal. Chemie **55**, 129 [1906].

[27]) Ramsay u. Steele, Chem. Centralbl. **1903**, II, 411.

[28]) Bose u. Rauert, Chem. Centralbl. **1909**, II, 407.

[29]) Landolt u. Jahn, Zeitschr. f. physikal. Chemie **10**, 299 [1892]. — Perkin, Journ. Chem. Soc. **77**, 273 [1900].

[30]) Spring, Recueil des travaux chim. des Pays-Bas **16**, 1 [1897]. — Hartley, Chem. Centralbl. **1908**, I, 1457.

[31]) Drude, Zeitschr. f. physikal. Chemie **23**, 309 [1897].

[32]) Abegg, Wiedemanns Annalen d. Physik **60**, 56.

[33]) Perkin, Journ. Chem. Soc. **69**, 1241 [1896].

[34]) Schönrock, Zeitschr. f. physikal. Chemie **11**, 785 [1893].

[35]) A. R. Colley, Chem. Centralbl. **1908**, II, 228.

[36]) Dzierzbicki u. Kowalski, Chem. Centralbl. **1909**, II, 959.

[37]) Ley u. v. Engelhardt, Berichte d. Deutsch. chem. Gesellschaft **41**, 2988 [1908].

ein rotglühendes Porzellanrohr bilden sich Benzol, Naphthalin, Anthracen[1]; ferner Phenanthren[2], Styrol und Diphenyl[3]). Reaktionsverlauf bei Gegenwart von Äthylen[3]), von Benzol[4]), von erhitztem Bleioxyd[5]). Zersetzung durch glühendes Magnesium[6]). Induktionsfunken zerlegen Toluol unter Bildung eines Gasgemisches, das aus 23—24% Acetylen und 76—77% Wasserstoff besteht[7]). Elektrolysiert man Toluol in wässerig-alkoholischer Schwefelsäure, so bilden sich Benzaldehyd und Phenose $C_6H_6(OH)_6$ [8]). Einwirkung von Schwefel auf Toluol bei langem Erhitzen auf 250—300° [9]). Aus Toluol, $SOCl_2$ und $FeCl_3$ entsteht die Verbindung $C_{14}H_{14}OS \cdot FeCl_3$, ein bald erstarrendes, rotviolettes Öl, das zum Nachweis von Toluol im Petroleumheptan dienen kann. Diese Verbindung ist ein ziemlich spröder, undurchsichtiger, schwarzer, krystallinischer Körper, ähnlich Gußeisen. Schmelzp. 60,5° [10]). Formolitreaktion[11]). Beim Kochen mit Quecksilberacetat entsteht ein Gemenge von o- und p-Tolylquecksilberacetat[11]) [12]). Rauchende Jodwasserstoffsäure reduziert Toluol bei 280° zu Hexahydrotoluol, Dimethylpentamethylen und Methylpentamethylen[13]). Jodphosphonium liefert bei 350° einen Kohlenwasserstoff C_7H_{10}. Verdünnte Salpetersäure oxydiert zu Benzoesäure, ebenso Chromsäuregemisch. Mit Kaliumpersulfat entsteht daneben Dibenzyl und Benzaldehyd[14]). Mit Braunstein, Eisessig und Schwefelsäure bilden sich o- und p-Tolylphenylmethan $C_6H_4 \cdot (CH_3) — CH_2 — C_6H_5$ neben anderen Produkten[15]). Oxydation durch Katalyse bei Einwirkung erwärmter Luft (Katalysatoren Pt, Fe, Ni, Cu, MnO und Koks)[16]). Durch Cerdioxyd und 60proz. Schwefelsäure wird Toluol zu Benzaldehyd neben kleinen Mengen Tolylphenylmethan und Anthrachinon oxydiert[17]). Auch durch Überleiten von Toluoldämpfen und Luft über auf 150—300° erhitzte Kohlen oder Torf wird Benzaldehyd (und Benzoesäure) erhalten[18]). Über elektrolytische Oxydation[19]). Wird eine Emulsion von Toluol in verdünnter Schwefelsäure elektrolysiert, so bildet sich ausschließlich Kohlensäure und Wasser. Werden 100 g Toluol in Acetonlösung unter beständigem Umrühren mit verdünnter Schwefelsäure 120 Stunden mit einem Strom von 2 Ampere und 3,5—4,5 Volt behandelt, so bildet sich Benzaldehyd (nur 7%) und eine kleine Menge Benzylalkohol (?)[20]). Ozotoluol $C_7H_8O_6$ wird bei 0° durch Ozon erhalten; explosive, amorphe Masse, die durch Wasser zu Benzoesäure, Ameisensäure und Kohlensäure zerlegt wird[21]). Über das Triozonid[22]). Durch Kochen mit Aluminiumchlorid wird Toluol neben Äthyltoluol und Ditolyl[23]) in Benzol, m- und p-Xylol verwandelt[24]). Einwirkung von Äthylenchlorid[25]), Äthylidenchlorid[26]),

[1]) Berthelot, Bulletin de la Soc. chim. 7, 218 [1867].

[2]) Graebe, Berichte d. Deutsch. chem. Gesellschaft 7, 48 [1874].

[3]) Ferko, Berichte d. Deutsch. chem. Gesellschaft 20, 662 [1887].

[4]) Carnelly, Journ. Chem. Soc. 37, 702 [1880].

[5]) Lorenz, Berichte d. Deutsch. chem. Gesellschaft 7, 1098 [1874]. — Vincent, Bulletin de la Soc. chim. [3] 4, 7 [1890].

[6]) Nowak, Zeitschr. f. physikal. Chemie 73, 513 [1910].

[7]) Destrem, Berichte d. Deutsch. chem. Gesellschaft 27, 1606 [1894].

[8]) Rénard, Jahresber. d. Chemie 1881, 352. — J. v. Ostromisslensky, Zeitschr. f. physikal. Chemie 57, 341 [1906].

[9]) L. Aronstein u. van Nierop, Recueil des travaux chim. des Pays-Bas 21, 448 [1902].

[10]) K. Hofmann, Berichte d. Deutsch. chem. Gesellschaft 40, 4930 [1907].

[11]) Nastjukow, Chem. Centralbl. 1904, II, 1043.

[12]) Dimroth, Berichte d. Deutsch. chem. Gesellschaft 32, 760 [1899].

[13]) Markownikow u. Karpowitsch, Berichte d. Deutsch. chem. Gesellschaft 30, 1216 [1893].

[14]) Moritz u. Wolffenstein, Berichte d. Deutsch. chem. Gesellschaft 32, 432 [1899].

[15]) Weyler, Berichte d. Deutsch. chem. Gesellschaft 33, 464 [1900].

[16]) Woog, Compt. rend. de l'Acad. des Sc. 145, 124 [1906].

[17]) Farbwerke Meister ,Lucius u. Brüning, D. R. P. 158 609 (ab 18. Febr. 1902); Chem. Centralbl. 1905, I, 841.

[18]) Dennstedt u. Hassler, D. R. P. 203 848; Chem. Centralbl. 1908, II, 1750.

[19]) Merzbacher u. Smith, Amer. Chem. Soc. 22, 725 [1900].

[20]) Law u. Perkin, Transact. of the Faraday Soc. 1; Chem. Centralbl. 1905, I, 359. — Vgl. Rénard, Compt. rend. de l'Acad. des Sc. 91, 175 [1880]. — Puls, Chem.-Ztg. 25, 263 [1901].

[21]) Rénard, Bulletin de la Soc. chim. [3] 15, 462 [1896].

[22]) Harries u. Weiß, Chem. Centralbl. 1906, I, 546.

[23]) Friedel u. Crafts, Jahresber. d. Chemie 1885, 674.

[24]) Anschütz, Annalen d. Chemie u. Pharmazie 235, 178 [1886].

[25]) Friedel u. Crafts, Annales de Chim. et de Phys. [6] 11, 266 [1887].

[26]) Anschütz, Annalen d. Chemie u. Pharmazie 235, 313 [1886]. — Lavaux, Compt. rend. de l'Acad. des Sc. 141, 354 [1904].

Isobutylbromid und Schwefelchlorür[1]). Einwirkung von Methylenchlorid, von Acetylen-tetrabromid $CHBr_2 \cdot CHBr_2$ und Aluminiumchlorid auf Toluol[2]). Einwirkung von Acetylen-tetrabromid und Aluminiumchlorid auf Toluol[3]). Mit Äthylnitrat entsteht hauptsächlich o-Nitrotoluol neben wenig p-Nitrotoluol[4]). Addition ungesättigter und chlorsubstituierter Säuren[5]). Mit sublimiertem Aluminiumchlorid und Knallquecksilber entstehen zu etwa gleichen Teilen o- und p-Tolunitril; durch das Oxychlorid $AlOCl$ (Gemisch aus $AlCl_3$ und dem krystallwasserhaltigen $AlCl_3 \cdot 6\,H_2O$) vorwiegend ein Gemisch gleicher Teile des o- und p-Aldoxins $C_6H_4 \cdot (CH_3) \cdot CH = N \cdot OH$ [6]). Sulfinierung des Toluols durch Thionylchlorid oder SO_2 und Aluminiumchlorid[7]). Bei mehrwöchentlicher Belichtung von Toluol und Benzophenon bildet sich eine Verbindung $C_{26}H_{16}O$. Schmelzp. 79—82° [8]).

Toluolsulfonsäuren $C_7H_8O_3S = CH_3 \cdot C_6H_4 \cdot SO_3H$. Die Sulfurierung des Toluols[9]) durch Lösen in rauchender Schwefelsäure[10]) oder durch allmähliches Zufließenlassen von konz. Schwefelsäure zu siedendem Toluol[11])[12]) führt neben wenig o-Säure[12]) vorwiegend zu p-Säure. 40—50% Orthosäure können gewonnen werden, wenn man Toluol mit gewöhn-licher konz. Schwefelsäure bei einer 100° nicht übersteigenden Temperatur unter andauerndem Rühren sulfuriert[13]). Die m-Säure entsteht bei der Sulfurierung nicht[14]), auch nicht bei der Einwirkung von Chlorsulfonsäure, wie Klason und Vallin[15]) angenommen haben. Der Irrtum ist dadurch bedingt, daß die o- und p-Sulfonamide Mischungen von konstantem Schmelz-punkt geben, die als m-Sulfonamid angesehen wurden. Durch Einwirkung von Chlorsulfon-säure auf Toluol wird dieses fast quantitativ in Sulfochloride verwandelt, wenn man das Toluol bei einer 5° nicht übersteigenden Temperatur in die mindestens 4fache Menge Chlor-sulfonsäure einlaufen läßt[16]). Aus dem Gemenge der o- und p-Sulfochloride läßt sich letzteres durch Abkühlen zum Auskrystallisieren bringen. Zur Trennung der o- und p-Toluolsulfo-säure bringt man die Sulfurierungsmasse erst auf 66—71% Schwefelsäure, in der die p-Toluol-sulfosäure sehr wenig löslich ist; verdünnt man dann auf 45—55% Schwefelsäuregehalt, so fällt beim Abkühlen die o-Säure fast ganz frei von p-Säure aus[17]). Oxydation der Toluol-sulfosäuren zu Benzaldehydsulfosäuren in Gegenwart von rauchender Schwefelsäure[18]).

o-Toluolsulfonsäure $C_6H_4 \cdot (CH_3)(SO_3H) + 2\,H_2O$

$$\cdot SO_3H + 2\,H_2O$$

$$CH_3$$

Zur Überführung der aus dem Sulfurierungsgemisch erhaltenen Natriumsalze in die Chloride erwärmt man dieselben mit Phosphortrichlorid und leitet einen Chlorstrom darüber. Man trennt das Gemisch des o- und p-Chlorids durch Ausfrieren der p-Verbindung[13]) oder durch

[1]) Baur, Berichte d. Deutsch. chem. Gesellschaft **27**, 1606 [1894].

[2]) Lavaux, Compt. rend. de l'Acad. des Sc. **139**, 976 [1903]; Chem. Centralbl. **1905**, I, 256, 535.

[3]) Lavaux, Compt. rend. de l'Acad. des Sc. **141**, 204 [1904]; **146**, 135, 345 [1907].

[4]) Eywind u. Bödtker, Bulletin de la Soc. chim. [4] **3**, 726 [1908].

[5]) F. Eykmann, Chem. Weekblad **5**, 655 [1908].

[6]) Scholl u. Kacer, Berichte d. Deutsch. chem. Gesellschaft **36**, 322 [1903].

[7]) Knoll & Co., D. R. P. 171 789; Chem. Centralbl. **1906**, II, 469. — Smiles u. Rossignol, Proc. Chem. Soc. **24**, 61 [1907]; Journ. Chem. Soc. **93**, 745 [1908].

[8]) Paternò u. Chieffi, Gazzetta chimica ital. **39**, II, 415 [1909]. — Vgl. Klages u. Heil-mann, Berichte d. Deutsch. chem. Gesellschaft **37**, 1455 [1904].

[9]) Jaworsky, Zeitschr. f. Chemie **1**, 220 [1865].

[10]) Engelmann u. Latschinoff, Zeitschr. f. Chemie **5**, 617 [1869].

[11]) Chrustschow, Berichte d. Deutsch. chem. Gesellschaft **7**, 1167 [1874].

[12]) Bourgeois, Recueil des travaux chim. des Pays-Bas **18**, 436 [1899].

[13]) Fahlberg u. List, D. R. P. 35 221; Friedländers Fortschritte der Teerfarbenfabrikation **1**, 591.

[14]) Fahlberg, Berichte d. Deutsch. chem. Gesellschaft **12**, 1048 [1879].

[15]) Klason u. Valin, Berichte d. Deutsch. chem. Gesellschaft **12**, 1848 [1879].

[16]) Société chim. des Usines du Rhône, anc. Gilliard, P. Monnet et Cartier, D. R. P. 98 030 (ab 4. Aug. 1894); Chem. Centralbl. **1898**, II, 743.

[17]) Fabriques de produits chimiques de Thann et Mulhouse, D. R. P. 137 935; Chem. Centralbl. **1903**, I, 108.

[18]) Chemische Fabrik Sandoz, D. R. P. 154 528; Chem. Centralbl. **1904**, II, 1269.

Destillation im Vakuum[1]). Großblätterige Krystalle. Enthält 2 H_2O[2]). Liefert, mit Kali geschmolzen, Salicylsäure; mit Cyankalium erhitzt, liefert das Kaliumsalz o-Toluylsäurenitril[3]).
— **Chlorid** $C_7H_7O_2ClS = C_6H_4 \langle \begin{smallmatrix} CH_3 & 1 \\ SO_2Cl & 2 \end{smallmatrix} \rangle$. Das technische o-Toluolsulfochlorid enthält bedeutende Mengen der p-Verbindung[4]). Man erhält ziemlich reines o-Toluolsulfosäurechlorid, wenn man aus dem Rohprodukt 30—40 Gewichtsteile abdestilliert und dieses Verfahren öfters wiederholt[5]). Ganz rein[6]) gewinnt man das o-Toluolsulfochlorid aus o-Toluolsulfinsäure durch Einleiten eines raschen Chlorstroms in die mit wässerigem Alkali neutralisierte Lösung bei 30°. Siedep. 126° bei 10 mm. Spez. Gewicht 1,3443 bei 17°.

    o-Toluolsulfosäurebromid $C_7H_7O_2SBr = OCH_3 \cdot C_6H_4 \cdot SO_2Br$[7]). Aus o-Toluolsulfinsäure in Wasser durch allmählichen Zusatz von Brom. Schwachgelbes Öl. Schmelzp. 13°. Siedep. 137,5—138° bei 10 mm. Ein mit dem Schmelzp. 90° beschriebenes Bromid[8]) dürfte größtenteils das p-Toluolsulfosäurebromid gewesen sein[4]). — **Amid** $C_7H_9O_2NS$ $= C_6H_4 \langle \begin{smallmatrix} CH_3 & 1 \\ SO_2 \cdot NH_2 & 2 \end{smallmatrix} \rangle$. Aus dem Chlorid durch wässeriges Ammoniak[9]). Zur Reinigung löst man in siedendem Wasser und filtriert, sobald die Temperatur auf 70° gesunken ist[10]). Aus dem o-Bromid, Alkohol undkonz. Ammoniak auf dem Wasserbad[11]). Farblose Blättchen. Schmelzp. 153—154°. Bei der Oxydation mit Kaliumpermanganat liefert es beim Arbeiten in neutraler Lösung das **Anhydrid der o-Sulfaminbenzoesäure, Saccharin, o-Benzoesäuresulfinid** $C_7H_8NSO_3$

$$\text{(Benzene ring)} \cdot SO_2 \diagdown \atop CO —— \diagup NH \qquad [12])$$

Krystalle von sehr süßem Geschmack. Schmilzt unter teilweiser Zersetzung bei 220°; sublimierbar. Wenig löslich in kaltem, viel leichter in heißem Wasser.

    o-Toluolsulfanilid $C_{13}H_{13}O_2NS = CH_3 \cdot C_6H_4 \cdot SO_2 \cdot NH \cdot C_6H_5$[11]). Aus dem o-Bromid, Anilin und 2proz. Natronlauge. Farblose Krystalle aus Benzol. Schmelzp. 134°.

    p-Toluolsulfonsäure $C_7H_8SO_3 + 4 H_2O$

$$\underset{CH_3}{\overset{SO_3H}{\text{(Benzene ring)}}} + NH_2O$$

Blättchen oder Prismen[2]) vom Schmelzp. 92°[13]). Krystallmasse. Schmelzp. 34—35°. Siedep. 146—147° bei 0 mm[14]). — **Äthylester** $C_9H_{12}O_3S = C_7H_7 \cdot SO_3C_2H_5$. Aus dem Chlorid[15]) oder Bromid[16]) mit Alkohol[17]). Schmelzp. 32—33°. Siedep. 173° bei 15 mm. Spez. Gewicht

[1]) Majert u. Ebers, D. R. P. 95 338; Chem. Centralbl. **1898**, I, 542.
[2]) Klason u. Valin, Berichte d. Deutsch. chem. Gesellschaft **12**, 1851 [1879].
[3]) Fittig u. Ramsay, Annalen d. Chemie u. Pharmazie **168**, 242 [1873].
[4]) Ullmann u. Lehner, Berichte d. Deutsch. chem. Gesellschaft **38**, 730 [1905]; Chem. Centralbl. **1905**, I, 876.
[5]) D. R. P. 95 338.
[6]) D. R. P. 124 407. — Vgl. Ullmann u. Lehner, Berichte d. Deutsch. chem. Gesellschaft **38**, 731 [1905].
[7]) Ullmann u. Lehner, Berichte d. Deutsch. chem. Gesellschaft **38**, 732 [1905].
[8]) Tröger u. Voigtländer, Journ. f. prakt. Chemie [2] **54**, 523 [1896].
[9]) Fahlberg u. List, D. R. P. 35 211; Friedländers Fortschritte der Teerfarbenfabrikation **1**, 591.
[10]) Noyes, Amer. Chem. Journ. **8**, 176 [1886].
[11]) Ullmann u. Lehner, Berichte d. Deutsch. chem. Gesellschaft **38**, 733 [1905].
[12]) Fahlberg u. Remsen, Berichte d. Deutsch. chem. Gesellschaft **12**, 469 [1879]. — Fahlberg u. List, Berichte d. Deutsch. chem. Gesellschaft **21**, 244 [1888].
[13]) Norton u. Otten, Amer. Chem. Journ. **10**, 140 [1888].
[14]) Krafft u. Wilke, Berichte d. Deutsch. chem. Gesellschaft **33**, 3208 [1900].
[15]) Jaworsky, Zeitschr. f. Chemie **1865**, 221.
[16]) Otto, Annalen d. Chemie u. Pharmazie **142**, 100 [1867].
[17]) Ullmann u. Wenner, Annalen d. Chemie u. Pharmazie **327**, 122 [1903].

1,1736 bei 32° (flüssig)[1]. Verwendung zu Alkylierungen[2]. — **Chlorid** $C_7H_7SO_2ClCH_3$
· C_6H_4 · SO_2Cl. Darstellung s. bei o-Toluolsulfonsäure. Rhombische Tafeln aus Äther. Trikline
Krystalle vom Schmelzp. 69°[3]). Siedep. 145—146° bei 15 mm[1]); 136,1° bei 11 mm; 151,6°
bei 20 mm[4]); 80° bei 0° mm[5]). Ist gegen Wasser recht beständig. Rückverwandlung in
Toluol mit überhitztem Wasserdampf und Kohle unter Druck[6]). — **Bromid.** Aus p-Toluol-
sulfinsäure und Brom[7]). Schmelzp. 96°. — **Jodid.** Aus p-toluolsulfinsaurem Natrium und
Jod[8]). Schwefelgelbes Pulver, bräunt sich bei 84—85°. — **Amid.** Schmelzp. 137°.

(α)-Toluol-2, 4-disulfonsäure $C_7H_8S_2O_6$

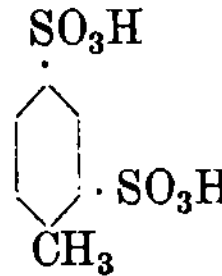

Bildung: Toluol wird mit krystallisierter, rauchender Schwefelsäure erhitzt[9]) oder Toluol-
dämpfe in auf 240° erhitzte, gewöhnliche Schwefelsäure geleitet[10]). Sowohl o- wie p-Toluolsulfonsäure liefern beim Erhitzen mit rauchender Schwefelsäure die α-Toluol-2, 4-disulfon-
säure[11]); p-Toluolsulfonsäurechlorid gibt dieselbe sowohl mit konzentrierter, wie mit rauchender
Schwefelsäure[12]). Die freie Säure ist dickflüssig. Die Salze werden aus der wässerigen Lösung
durch Alkohol gefällt (Trennung von den Monosulfonsäuren). — **Chlorid** $C_7H_6O_4Cl_2S_2 = CH_3$
· C_6H_3 · $(SO_2Cl)_2$. Prismen aus Äther. Schmelzp. 52—56°[13]). — **Amid** $C_7H_{10}N_2S_2O_4 = CH_3$
· C_6H_3 · $(SO_2NH_2)_2$. Prismen. Schmelzp. 185—186°. Ziemlich löslich in warmem Wasser;
leicht löslich in Alkohol und in Ammoniak. Wird durch Kaliumpermanganat in einem Kohlensäurestrom zu Disulfobenzoesäure oxydiert[12]).

(β)-Toluol-2, 5-disulfonsäure[14])

bildet sich neben der **Toluol-3, 5-disulfonsäure**[14]) [15])

durch 4stündiges Erhitzen von m-Toluolsulfonsäure mit der 2½fachen Menge starker rauchender Schwefelsäure auf 180°. Man trennt die Säuren über die Chloride, die man aus CS_2 umkrystallisiert und mit Barythydrat zerlegt. Das Barytsalz der 2, 5-Säure scheidet sich in der
Wärme zuerst ab. — **Chlorid** der 2, 5-Säure. Glänzende, rhombische Tafeln. Schmelzp. 96°.
Schwer löslich in Äther; leicht in Schwefelkohlenstoff[16]). Leicht löslich in Benzol, Chloro-

[1]) Krafft u. Roos, Berichte d. Deutsch. chem. Gesellschaft **25**, 2259 [1892].
[2]) Ullmann u. Wenner, Annalen d. Chemie u. Pharmazie **327**, 122 [1903].
[3]) Köbig, Berichte d. Deutsch. chem. Gesellschaft **19**, 1835 [1886].
[4]) Bourgeois, Recueil des travaux chim. des Pays-Bas **18**, 436 [1899].
[5]) Krafft u. Wilke, Berichte d. Deutsch. chem. Gesellschaft **33**, 3208 [1900].
[6]) Fahlberg u. List, D. R. P. 35 211; Friedländers Fortschritte der Teerfarbenfabrikation
1, 592.
[7]) Otto, Annalen d. Chemie u. Pharmazie **142**, 98 [1867].
[8]) Otto u. Tröger, Berichte d. Deutsch. chem. Gesellschaft **24**, 479 [1891].
[9]) Gnehm u. Forrer, Berichte d. Deutsch. chem. Gesellschaft **10**, 542 [1877].
[10]) Gnehm, Berichte d. Deutsch. chem. Gesellschaft **10**, 1276 [1877].
[11]) Klason u. Berg, Berichte d. Deutsch. chem. Gesellschaft **13**, 1170 [1877]. — Hakanson,
Berichte d. Deutsch. chem. Gesellschaft **5**, 1085 [1872].
[12]) Fahlberg, Berichte d. Deutsch. chem. Gesellschaft **12**, 1052 [1879]; Amer. Chem. Journ.
2, 192 [1880].
[13]) Wynne u. Bruce, Journ. Chem. Soc. **73**, 754, 756 [1898].
[14]) Klason, Berichte d. Deutsch. chem. Gesellschaft **19**, 2888 [1886]. — Hakanson, Berichte d. Deutsch. chem. Gesellschaft **5**, 1085 [1872].
[15]) Wynne u. Bruce, Journ. Chem. Soc. **73**, 738 [1898].
[16]) Klason, Berichte d. Deutsch. chem. Gesellschaft **20**, 354 [1887].

form, Essigäther und Äther; schwer löslich in Petroläther. Schmelzp. 98° [1]). — **Amid.** Mikroskopische, in Wasser schwer lösliche Prismen. Schmelzp. 224° [2]). — **Chlorid** der 3, 5-Säure. Schmelzp. 94—95° [2]) [3]) [4]). Ziemlich leicht in Äther, schwer in Ligroin löslich. — **Amid.** Schmelzp. 214° [2]); 210° [4]). Schwer löslich in Wasser, leichter in Alkohol und in Ammoniak.

2, 4, 6-Toluoltrisulfonsäure $C_7H_{20}O_{15}S_3$

$$\begin{array}{c} SO_3H \\ \bigcirc \\ SO_3H \quad SO_3H \; + \; 6\,H_2 \\ CH_3 \end{array}$$

Man erhitzt 1 Mol. 2, 4-toluoldisulfonsaures Kalium mit Schwefelsäurechlorhydrin $SO_2\!\!<^{OH}_{Cl}$ (3 Mol.) allmählich auf 240°. Die Säure wird über das Chlorid gereinigt, das beim Erhitzen mit der 12 fachen Menge Wasser auf 130—140° die freie Säure liefert [5]). Bildet lange, feine Nadeln, die bei 100° 3 Mol. H_2O verlieren. Die Säure zeigt dann den Schmelzp. 145°. Ist in Wasser sehr leicht löslich. — **Chlorid** [5]) $C_7H_5 \cdot (SO_2Cl)_3$. Schmelzp. 153°. Ist in siedendem Äther sehr schwer löslich. — **Amid** [5]) $C_7H_{11}O_6H_3S_3 = CH_3 \cdot C_6H_2 \cdot (SO_2 \cdot NH_2)_3$. Schmilzt über 300°. In Wasser fast unlöslich; leicht löslich in warmem Ammoniak.

6-Chlortoluol-3-sulfonsäure $C_7H_7O_3ClS + \frac{1}{2}H_2O$. Aus o-Chlortoluol und rauchender Schwefelsäure [6]) [7]). Lange Prismen. Charakteristisch ist das aus blauen, regulären Krystallen bestehende Kupfersalz $CuA_2 + \frac{1}{2}H_2O$. — **Chlorid** $C_7H_6O_2Cl_2S = CH_3 \cdot C_6H_3Cl \cdot SO_2Cl$. Perlmutterglänzende Prismen aus Ligroin. Schmelzp. 60—65° [7]). — **Bromid.** Schmelzp. 67,5°. — **Amid.** Schmelzp. 128° [7]).

o-Toluolsulfinsäure $C_7H_8O_2S$

$$\begin{array}{c} \bigcirc \cdot SO \cdot OH \\ CH_3 \end{array}$$

o-Toluolsulfochlorid wird mit einem warmen Gemisch von 3 Atomgewichten Zinkstaub und Wasser reduziert [8]). Durch Eintragen einer Kupferpaste in eine mit schwefliger Säure gesättigte eisgekühlte, schwefelsaure o-Toluoldiazoniumsulfatlösung [9]). Lange, in Äther leicht lösliche Nadeln. Schmelzp. 80°.

p-Toluolsulfinsäure $C_7H_8O_2S$

$$\begin{array}{c} SO \cdot OH \\ \bigcirc \\ CH_3 \end{array}$$

p-Toluolsulfonsäurechlorid wird mit Natriumamalgam [10]) oder Zinkstaub [11]) oder Natriumsulfit [12]) reduziert. In eine eisgekühlte, mit schwefliger Säure gesättigte schwefelsaure

[1]) Wynne u. Bruce, Journ. Chem. Soc. **73**, 754, 756[1898].
[2]) Klason, Berichte d. Deutsch. chem. Gesellschaft **20**, 354 [1887].
[3]) Wynne u. Bruce, Journ. Chem. Soc. **73**, 748 [1898].
[4]) Richter, Annalen d. Chemie u. Pharmazie **230**, 326 [1885].
[5]) Klason, Berichte d. Deutsch. chem. Gesellschaft **14**, 307 [1881].
[6]) Hübner u. Majert, Berichte d. Deutsch. chem. Gesellschaft **6**, 790 [1873].
[7]) Wynne, Journ. Chem. Soc. **61**, 1073 [1892].
[8]) Tröger u. Voigtländer, Journ. f. prakt. Chemie [2] **54**, 518 [1896].
[9]) Gattermann, Berichte d. Deutsch. chem. Gesellschaft **32**, 1140 [1899]; D. R. P. 95 830; Chem. Centralbl. **1898**, I, 813.
[10]) Gruber u. Otto, Annalen d. Chemie u. Pharmazie **142**, 92 [1867].
[11]) Schiller u. Otto, Berichte d. Deutsch. chem. Gesellschaft **9**, 1586 [1876].
[12]) Blomstrand, Berichte d. Deutsch. chem. Gesellschaft **3**, 965 [1870].

p - Toluoldiazonium sulfatlösungwird Kupferpaste eingetragen[1]). Dünne, rhombische Tafeln.
Schmelzp. 85°. In Alkohol, Äther, Benzol leicht, in kaltem Wasser schwer löslich.

    o-Nitrotoluol $C_7H_7O_2N$

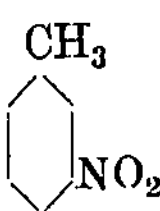

Beim Nitrieren von Toluol (neben der p-Verbindung). Von letzterer kann es durch 24 stündiges
Kochen mit verdünnter alkoholischer Natronlauge (1 T. NaOH, 1 T. H_2O und 2 T. Alkohol)
getrennt werden[2]), oder man erhitzt mit arsenigsauren Salzen, wobei nur die p-Verbindung
reduziert wird[3]); ähnlich wirken die Sulfide und Hydrosulfide der Alkalien und alkalischen
Erden[4]). Zur Reindarstellung behandelt man 1-Methyl-2-nitro-4-aminobenzol mit Äthylnitrit[5]) oder salpetriger Säure[6]). Über Nitrierung des Toluols bei verschiedenen Temperaturen mit Salpetersäure 1,475, Mengenverhältnis der entstandenen 3 Isomeren, des o-, m-
und p-Nitrotoluols[7]). Schmelzp. —10,5°[8]); —14,8° (korr.)[9]). Siedep. 220,4° bei 760 mm[10]),
218°[8]), 225,7° (i. D.)[11]) bei vermindertem Druck[12]). Spez. Gewicht 1,1742 bei 4°/4°[11]);
1,1643 bei 15°/15°[11]); 1,1572 bei 28°/28°[11]); 1,168 bei 15°[8]), außerdem[12]). Brechungsvermögen[13]). Absorptionsspektrum[14]). Dampfspannungskurve[15]). Magnetisches Drehungsvermögen 10,8 bei 18°. Dielektrizitätskonstante[16]). Liefert mit Kaliumpermanganat o-Nitro-
benzoesäure, gegen Chromsäure ist es aber beständig. Auf 170° erhitztes o-Nitrotoluol liefert
beim Bromieren Dibrom-o-aminobenzoesäure. Über die Chlorierung[17]). Elektrolyse in Vitriolöl[15]). Bei langem Stehen mit konz. Kali[18]) entsteht aus o-Nitrotoluol Anthranilsäure. Mit
metallischem Natrium tritt nach kurzem Stehen heftige Zersetzung unter Feuererscheinung
ein (Privatmitteilung). Aus o-Nitrotoluol und Salpetrigsäureester entsteht durch Natriumalkoholat o-Nitrobenzaldoxim[19]) — o-Nitrotoluol existiert in 2 Modifikationen, die durch verschieden starkes Abkühlen auf niedrige Temperaturen erhalten werden[20])[21])[22]). Der Unterschied beruht[20])[21]) vermutlich auf „Motoisomerie"[23]). α-Modifikation, lange, sternartige,
durchsichtige Nadeln. Schmelzp. —10,56°[20]) (—8,95°)[21]). β-Modifikation, undurchsichtige
Büschel. Schmelzp. —4,14°[20]) (—3,6°)[21]).

    m-Nitrotoluol $C_7H_7O_2N$

<hr>

[1]) Gattermann, Berichte d. Deutsch. chem. Gesellschaft **32**, 1141 [1899].

[2]) Reverdin u. Harpe, Bulletin de la Soc. chim. **50**, 44 [1888].

[3]) Lösner, Journ. f. prakt. Chemie [2] **50**, 567 [1894]; D. R. P. 78 002; Friedländers Fortschritte der Teerfarbenfabrikation **4**, 32.

[4]) Clayton Aniline Co., D. R. P. 92 991; Friedländers Fortschritte der Teerfarbenfabrikation
4, 32.

[5]) Beilstein u. Kuhlberg, Annalen d. Chemie u. Pharmazie **155**, 1 [1870].

[6]) Beilstein u. Kuhlberg, Annalen d. Chemie u. Pharmazie **158**, 348 [1871].

[7]) Van Arend u. Hollemann, Recueil des travaux chim. des Pays-Bas **27**, 260 [1908];
28, 408 [1909].

[8]) Streng, Berichte d. Deutsch. chem. Gesellschaft **24**, 1987 [1891].

[9]) Schneider, Zeitschr. f. physikal. Chemie **19**, 157 [1896].

[10]) Kahlbaum, Zeitschr. f. physikal. Chemie **26**, 624 [1898].

[11]) Perkin, Journ. Chem. Soc. **69**, 1239 [1896].

[12]) Neubeck, Zeitschr. f. physikal. Chemie **1**, 657 [1887].

[13]) Brühl, Zeitschr. f. physikal. Chemie **16**, 218 [1895].

[14]) Spring, Recueil des travaux chim. des Pays-Bas **16**, 1 [1897].

[15]) Kahlbaum, Zeitschr. f. physikal. Chemie **26**, 626 [1898].

[16]) Turner, Zeitschr. f. physikal. Chemie **35**, 421 [1900].

[17]) Kalle & Co., D. R. P. 110 010; Chem. Centralbl. **1900**, II, 460.

[18]) Preuß u. Binz, Zeitschr. f. angew. Chemie **1900**, 385; D. R. P. 114 839; Chem. Centralbl.
1900, II, 1092.

[19]) Höchster Farbwerke, D. R. P. 107 095; Chem. Centralbl. **1900**, I, 886.

[20]) J. v. Ostromisslensky, Zeitschr. f. physikal. Chemie **57**, 341 [1906].

[21]) E. Knoevenagel, Berichte d. Deutsch. chem. Gesellschaft **40**, 508 [1907].

[22]) D. R. P. 158 219; Chem. Centralbl. **1905**, I, 702.

[23]) Vgl. Knoevenagel, Berichte d. Deutsch. chem. Gesellschaft **36**, 2809 [1903].

Entsteht beim Nitrieren von Toluol in ganz geringer Menge[1][2]). Aus 3-Nitro-4-toluidin, durch salpetrige Säure[3]). Schmelzp. + 16°. Siedep. 230—231°. Wird von Chromsäure leicht zu m-Nitrobenzoesäure oxydiert.

p-Nitrotoluol $C_7H_7O_2N$

Beim Nitrieren von Toluol neben viel o-Nitrotoluol[4])[5])[6]). Man läßt zu kalt gehaltenem Toluol Salpetersäure (spez. Gewicht 1,475) bis zur Bildung einer homogenen Flüssigkeit zutropfen, fällt mit Wasser und fraktioniert nach dem Waschen mit Ammoniak. Die Fraktion über 230° erstarrt beim Abkühlen und gibt nach Abpressen und Umkrystallisieren aus Alkohol das reine p-Nitrotoluol. Aus der niedriger siedenden Fraktion wird o-Nitrotoluol herausfraktioniert. Große, dicke, rhombische Krystalle[7])[8]). Schmelzp. 54°[5]), 54,4°[9]). Siedep. 238°[5]), 237,7°[10]), außerdem[11]). Spez. Gewicht[12]) 1,1392 bei 55°/55°[13]); 1,1358 bei 65°/65°[13]); 1,0981 bei 80°[9]). Die Chlorierung erfolgt nur in Gegenwart von Aluminiumchlorid oder Jod; hierbei entsteht p-Nitrobenzylchlorid und p-Nitrobenzoesäure[14]). Auch beim Bromieren erfolgt Substitution in der Seitenkette. Beim Elektrolysieren in Vitriolöl entsteht Aminonitro-o-benzyltoluol. Bei der Reduktion in alkalischer Lösung entsteht p-Azotoluol, in salzsaurer Lösung entsteht p-Toluidin[15]). Bei der elektrolytischen Oxydation in essigschwefelsaurer Lösung entsteht p-Nitrobenzylalkohol[16]). Natrium wirkt auf die ätherische Lösung ein unter Bildung von p-Azoxy- und p-Azotoluol; außerdem entsteht eine schwarzbraune, selbstentzündliche Natriumverbindung[17]). p-Aminobenzaldehyd bzw. dessen Sulfosäure entsteht durch Erhitzen mit Lösungen von Schwefel in Alkalien oder in rauchender Schwefelsäure[18]). Amylnitrit und Natriumäthylat führen p-Nitrotoluol in das Oxim des p-Nitrobenzaldehyds über[19]). Oxalester und Natrium liefern, je nach den Mengenverhältnissen, mit p-Nitrotoluol p-Dinitrodibenzyl oder p-Nitrophenylbrenztraubensäure[20]).

1¹-Nitrotoluol, Phenylnitromethan $C_6H_5 \cdot CH_2 \cdot NO_2$

$$CH_2 \cdot NO_2$$

Durch 48stündiges Erhitzen von Toluol mit Salpetersäure (D. 1,12) in geschlossenen Röhren auf 100°. Zur Reinigung wird das Natriumsalz mit Kohlensäure oder Borsäure zerlegt[21]). Flüssig, auch im Kältegemisch. Siedep. 225—227° unter Zerfall in Benzaldehyd; siedet

[1]) Monnet, Reverdin u. Nölting, Berichte d. Deutsch. chem. Gesellschaft 12, 443 [1879].
[2]) Nölting u. Witt, Berichte d. Deutsch. chem. Gesellschaft 18, 1337 [1885].
[3]) Buchka, Berichte d. Deutsch. chem. Gesellschaft 22, 829 [1889].
[4]) Rosenstiehl, Zeitschr. f. Chemie 1869, 190.
[5]) Jaworsky, Zeitschr. f. Chemie 1865, 223.
[6]) Beilstein u. Kuhlberg, Annalen d. Chemie u. Pharmazie 155, 6 [1870].
[7]) Bodewig, Jahresber. d. Chemie 1879, 395.
[8]) Calderson, Jahresber. d. Chemie 1880, 371.
[9]) Hollemann u. van Arend, Recueil des travaux chim. des Pays-Bas 28, 408 [1909].
[10]) Kahlbaum, Zeitschr. f. physikal. Chemie 26, 624 [1898].
[11]) Neubeck, Zeitschr. f. physikal. Chemie 1, 659 [1887].
[12]) Schiff, Annalen d. Chemie u. Pharmazie 223, 261 [1884].
[13]) Perkin, Journ. Chem. Soc. 69, 1239 [1896].
[14]) Zimmermann u. Müller, Berichte d. Deutsch. chem. Gesellschaft 18, 996 [1885].
[15]) Löb, Chem. Centralbl. 1898, I, 987.
[16]) Elbs, Berichte d. Deutsch. chem. Gesellschaft 29, Ref. 1122 [1896].
[17]) Schmidt, Berichte d. Deutsch. chem. Gesellschaft 32, 2929 [1899].
[18]) Geigy & Co., D. R. P. 86 874; Friedländers Fortschritte der Teerfarbenfabrikation 4, 136.
[19]) Angeli u. Angelico, Atti della R. Accad. dei Lincei Roma [5] 8, II, 32 [1899]; D. R. P. 107 095; Chem. Centralbl. 1900, I, 886.
[20]) Reissert, Berichte d. Deutsch. chem. Gesellschaft 30, 1047, 1053 [1897].
[21]) Konowalow, Berichte d. Deutsch. chem. Gesellschaft 28, 1861 [1897]; Journ. d. russ. physikal.-chem. Gesellschaft 31, 254 [1899]; Chem. Centralbl. 1899, I, 1239.

unter geringer Zersetzung bei 141—142° und 35 mm. Spez. Gewicht 1,1756 bei 0°/0°; 1,1598 bei 20°/0°. Mit Alkalien entstehen die Salze des

Isophenylnitromethans $C_7H_7O_2N = C_6H_5 \cdot CH-\!\!\!-N \cdot OH$, das durch verdünnte Salz-

säure in der Kälte aus dem Natriumsalz gefällt wird. Kohlensäure liefert aber wieder Phenylnitromethan[1]). Schmelzp. 84°. Das Isophenylnitromethan geht beim Erwärmen seiner ätherischen oder alkoholischen Lösung sowie schon beim Stehen mit Salzsäure in das Phenylnitromethan über.

Dinitrotoluol $C_7H_6O_4N_2 = CH_3 \cdot C_6H_3 \cdot (NO_2)_2$.

a-2,4-Dinitrotoluol

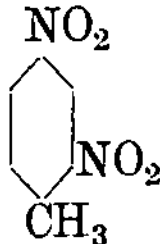

entsteht beim Eintragen von Toluol in rauchende Salpetersäure[2])[3]) neben der 2,5-Verbindung[4]). Auch p- und o-Nitrotoluol werden zu 2,4-Dinitrotoluol nitriert. Monokline Nadeln[5]). Schmelzp. 70,5°[6]); 69,21—69,57°[7]). Wird von Schwefelammonium in der Kälte nur zu 2-Nitro-4-toluidin, in der Hitze auch daneben zu 4-Nitro-2-amidotoluidin, durch Eisenchlorür und alkoholische Salzsäure nur zu 4-Nitro-2-toluidin reduziert.

b-2,5-Dinitrotoluol[4])

Nadeln aus Alkohol. Schmelzp. 48°[8]); 52°[9]).

2,4,6-Trinitrotoluol $C_7H_5O_6N_3 = C_6H_2 \cdot (NO_2)_3 \cdot CH_3$

Toluol wird mehrere Tage mit Salpeterschwefelsäure erhitzt[10]).

2-Nitrotoluol-4-sulfonsäure durch Lösen von o-Nitrotoluol in rauchender Schwefelsäure oder durch Nitrieren von p-Toluolsulfonsäure[11]). — **Chlorid** $C_7H_6(NO_2) \cdot SO_2Cl$. Ölig[12]). — **Amid** $C_7H_8O_4N_2S = C_7H_6(NO_2) \cdot SO_2 \cdot NH_2$. Vierseitige, rhombische Säulen. Schmelzp. 128°[12]).

4-Nitrotoluol-2-sulfonsäure $C_7H_6(NO_2) \cdot SO_3H + 2^1/_2 H_2O$. Wird durch Lösen von p-Nitrotoluol in rauchender Schwefelsäure erhalten[13]). Die freie Säure krystallisiert in rhombischen Säulen oder Tafeln; sie schmilzt bei 133,5°, wasserfrei bei 130°. — **Chlorid** $C_7H_6O_4NClS = C_7H_6(NO_2) \cdot SO_2Cl$. Rhombische Tafeln aus Äther. Schmelzp. 43—44,5°. — **Amid** $C_7H_8O_4N_2S = C_7H_6(NO_2) \cdot SO_2NH_2$. In kaltem Wasser, Alkohol und Äther schwer lösliche Nadeln. Schmelzp. 43—44,5°.

Dinitro-o-toluolsulfonsäure $C_7H_6O_7N_2S = CH_3 \cdot C_6H_2(NO_2)_2 \cdot SO_3H$. Aus o-Toluolsulfonsäure mit rauchender Salpetersäure[14]).

1) Hantzsch u. Schultze, Berichte d. Deutsch. chem. Gesellschaft **29**, 700 [1896].
2) Deville, Annalen d. Chemie u. Pharmazie **44**, 307 [1842].
3) Beilstein u. Kuhlberg, Annalen d. Chemie u. Pharmazie **155**, 13 [1870].
4) Limpricht, Berichte d. Deutsch. chem. Gesellschaft **18**, 1402 [1885].
5) Bodewig, Jahresber. d. Chemie **1879**, 395.
6) Deville, Berzelius' Jahresber. **22**, 361.
7) Mills, Philosophical Magazine [5] **14**, 27 [1906].
8) Nietzki u. Ginterman, Berichte d. Deutsch. chem. Gesellschaft **21**, 433 [1888].
9) Rozanski, Berichte d. Deutsch. chem. Gesellschaft **22**, 2679 [1889].
10) Willbrand, Annalen d. Chemie u. Pharmazie **128**, 178 [1863].
11) Beilstein u. Kuhlberg, Annalen d. Chemie u. Pharmazie **155**, 18 [1870]. — Bek, Zeitschr. f. Chemie **1869**, 210.
12) Otto u. Gruber, Annalen d. Chemie u. Pharmazie **145**, 23 [1868].
13) Beilstein u. Kuhlberg, Annalen d. Chemie u. Pharmazie **155**, 8 [1870]. — Jenssen, Annalen d. Chemie u. Pharmazie **172**, 230 [1874].
14) Schwanert, Annalen d. Chemie u. Pharmazie **186**, 348 [1877].

2, 6(?)-Dinitrotoluol-4-sulfonsäure $C_7H_6O_7N_2S + 2\,H_2O$. Aus p-Toluolsulfonsäure mit rauchender Salpetersäure oder Salpeterschwefelsäure[1]). Die freie Säure krystallisiert in flachen, rhombischen Säulen, schmilzt wasserfrei bei 165°. Ist in Wasser und Alkohol sehr leicht löslich. — **Chlorid** $C_7H_5(NO_2)_2 \cdot SO_2Cl$. Schmelzp. 123—125°. — **Amid** $C_7H_5 \cdot (NO_2)_2 \cdot SO_2 \cdot NH_2$. Schmelzp. 203°.

o-Chlortoluol $C_7H_7Cl = CH_3 \cdot C_6H_4 \cdot Cl$[2])

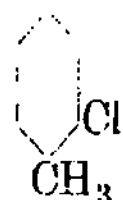

Toluol wird in Gegenwart von Jod[3]), besser von $FeCl_3$ oder $MoCl_5$[4]) chloriert. Darstellung aus o-Toluidin durch Diazotieren und Umsetzung mit Kupferchlorür[5]). Schmelzp. —34°[6]). Siedep. 155° bei 750 mm, 159,38° bei 760,07 mm. Spez. Gewicht 0,93952 bei 159,38°[7]); 1,0973 bei 4°/4°; 1,0877 bei 15°/15°[8]).

p-Chlortoluol $C_7H_7Cl = CH_3 \cdot C_6H_4 \cdot Cl$

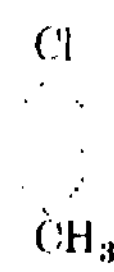

Bei Chlorieren von Toluol in Gegenwart von Jod[9]) oder besser von $MoCl_5$[10]). Geringe Beimengungen verhindern das Erstarren[11]). Schmelzp. 7,4°. Siedep. 162,3° bei 756,4 mm. Spez. Gewicht 0,92360 bei 162,3°[12]); 1,0847 bei 4°/4°; 1,0749 bei 15°/15°[8]).

Benzylchlorid, 1¹-Chlortoluol C_7H_7Cl

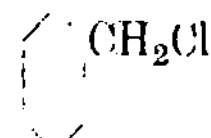

Beim Einleiten von Chlor in siedendes[13]) [14]) oder von der Sonne bestrahltes[15]) Toluol. Durch Einwirkung von Salzsäuregas auf Benzylalkohol[16]). Aus Benzylamin und Nitrosylchlorid in ätherischer Lösung bei —15° bis —20°[17]). Ein äquimolekulares Gemisch von Benzol und Chlormethylalkohol $CH_2{<}^{OH}_{Cl}$ in Schwefelkohlenstofflösung wird mit Chlorzink oder Zinkstaub und Salzsäure behandelt[18]). Flüssigkeit. Schmelzp. —48,0°[19]); —43,2° (korr.)[20]). Siedep.$_{760}$ = 179°[21]) [8]); Siedep.$_{12}$ = 64—64,2°[22]); Siedep.$_{769,3}$ = 175—175,2°[23]); unter vermindertem Druck[21]). Spez. Gewicht 0,94525[23]) bei 175°/4°; 1,1135 bei 4°/4°[8]); 1,1040 bei

[1]) Schwanert, Annalen d. Chemie u. Pharmazie **186**, 353 [1877]. — Marckwald, Annalen d. Chemie u. Pharmazie **274**, 349 [1893].

[2]) Pieper, Annalen d. Chemie u. Pharmazie **142**, 304 [1867].

[3]) Hübner u. Majert, Berichte d. Deutsch. chem. Gesellschaft **6**, 790 [1873].

[4]) Seelig, Annalen d. Chemie u. Pharmazie **237**, 152 [1887].

[5]) H. Erdmann, Annalen d. Chemie u. Pharmazie **272**, 145 [1893].

[6]) Haase, Berichte d. Deutsch. chem. Gesellschaft **26**, 1053 [1893].

[7]) Feitler, Zeitschr. f. physikal. Chemie **4**, 73 [1889].

[8]) Perkin, Journ. Chem. Soc. **69**, 1243 [1896].

[9]) Beilstein u. Geitner, Annalen d. Chemie u. Pharmazie **139**, 334 [1866].

[10]) Aronheim u. Dietrich, Berichte d. Deutsch. chem. Gesellschaft **8**, 1402 [1875].

[11]) Hübner u. Majert, Berichte d. Deutsch. chem. Gesellschaft **6**, 794 [1873].

[12]) Feitler, Zeitschr. f. physikal. Chemie **4**, 78 [1889].

[13]) Cannizzaro, Annales de Chim. et de Phys. [3] **45**, 468 [1855].

[14]) Beilstein u Geitner, Annalen d. Chemie u. Pharmazie **139**, 337 [1866].

[15]) Schramm, Berichte d. Deutsch. chem. Gesellschaft **18**, 608 [1885].

[16]) Cannizzaro, Annalen d. Chemie u. Pharmazie **88**, 130 [1853].

[17]) Solonina, Journ. d. russ. physikal.-chem. Gesellschaft **30**, 431 [1898]; Chem. Centralbl. **1898**, II, 887.

[18]) Grassi u. Maselli, Gazzetta chimica ital. **28**, II, 498 [1898].

[19]) Haase, Berichte d. Deutsch. chem. Gesellschaft **26**, 1053 [1893].

[20]) Schneider, Zeitschr. f. physikal. Chemie **22**, 233 [1897].

[21]) Kahlbaum, Siedetemperatur und Druck. S. 84.

[22]) Anschütz u. Berns, Berichte d. Deutsch. chem. Gesellschaft **20**, 1390 [1887].

[23]) R. Schiff, Annalen d. Chemie u. Pharmazie **220**, 99 [1883]; Berichte d. Deutsch. chem. Gesellschaft **19**, 563 [1886].

$15°/15°$ [1]); 1,0907 bei $25°/25°$ [1]). Absorptionsspektrum [2]). Magnetisches Drehungsvermögen 14,01 bei $15,3°$ [1]). Dielektrizitätskonstante [3]). Zersetzung durch langes Sieden [4]) [5]). Erhitzen mit Wasser auf $200°$ [6]). Beim Bromieren entsteht p-Brombenzylbromid [7]), beim Nitrieren Nitrobenzylchlorid, bei der Oxydation bildet sich Benzoesäure. Jodwasserstoffsäure reduziert bei $140°$ zu Toluol, Natrium oder Kupferpulver liefern Dibenzyl [8]). Mit Benzol und Aluminiumchlorid entstehen je nach dem Mengenverhältnis Diphenylmethan oder Anthracen im Überschuß neben anderen Verbindungen [9]). Aluminiumchlorid allein bildet einen unlöslichen Kohlenwasserstoff (C_7H_6) [10]). Beim Erhitzen von Benzylchlorid mit aromatischen Kohlenwasserstoffen und Zinkstaub tritt die Benzylgruppe in die Kohlenwasserstoffe ein, so entsteht z. B. mit Benzol Benzylbenzol. Eine kochende, wässerige Bleinitratlösung oxydiert zu Benzaldehyd. Mit Kalium- oder Silbersalzen entstehen Benzylester. Alkoholisches Ammoniak führt zur Bildung von Mono-, Di- und Tribenzylamin; beim Erhitzen mit Hydrazinhydrat entstehen Dibenzyl, Tolan, Stilben- bzw. α-Dibenzylhydrazin [11]).

2, 3-Dichlortoluol $C_6H_3Cl_2 \cdot CH_3$

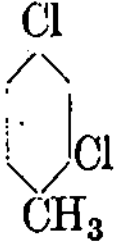

Aus Toluol durch Chlorieren bei Gegenwart von $FeCl_3$ oder $MoCl_5$, ebenso aus o-Chlortoluol [12]). Zur Trennung von 2, 4-Dichlortoluol wird das rohe Dichlorid sulfuriert, das Calciumsalz der 2, 3-Säure ist schwerer löslich als das der 2, 4-Säure und wird nach der Trennung von diesem mit Wasserdampf und Schwefelsäure bei $180°$ zerlegt. Siedep. $198—199°$ [12]), 207 bis $208°$ [13]).

2, 4-Dichlortoluol $C_6H_3Cl_2 \cdot CH_3$

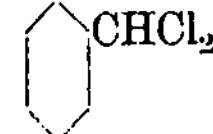

Aus Toluol und p-Chlortoluol durch Chlorieren [14]). Flüssig. Siedep. $194°$ bei 745 mm. Spez. Gewicht 1,24597 bei $20°$.

p-Chlorbenzylchlorid (1^1, 4-Dichlortoluol) $p\text{-}C_6H_4Cl \cdot CH_2Cl$. Entsteht aus Benzylchlorid durch Chlorieren bei Gegenwart von Jod, besser durch Chlorieren von p-Chlortoluol in der Siedehitze [15]) [16]) [17]). Schmelzp. $29°$. Siedep. $213—214°$. Leicht löslich in warmem, weniger in kaltem Alkohol; sehr leicht in Äther und Schwefelkohlenstoff. Der Dampf reizt heftig zu Tränen.

Benzylidenchlorid, Benzalchlorid $C_6H_5 \cdot CHCl_2$

[1]) Perkin, Journ. Chem. Soc. **69**, 1243 [1896].
[2]) Spring, Recueil des travaux chim. des Pays-Bas **16**, 1 [1897].
[3]) Jahn u. Möller, Zeitschr. f. physikal. Chemie **13**, 387 [1894].
[4]) Vandevelde, Chem. Centralbl. **1898**, I, 438.
[5]) Niederist, Annalen d. Chemie u. Pharmazie **196**, 353 [1879].
[6]) Zincke, Berichte d. Deutsch. chem. Gesellschaft **7**, 276 [1874].
[7]) Errera, Gazzetta chimica ital. **17**, 198 [1887].
[8]) Onufrowicz, Berichte d. Deutsch. chem. Gesellschaft **17**, 836 [1884].
[9]) Prost, Bulletin de la Soc. chim. **46**, 248 [1886].
[10]) Friedel u. Crafts, Bulletin de la Soc. chim. **43**, 53 [1885].
[11]) Rothenburg, Berichte d. Deutsch. chem. Gesellschaft **26**, 867 [1893].
[12]) Seelig, Annalen d. Chemie u. Pharmazie **237**, 168 [1887].
[13]) Wynne u. Greeves, Proc. Chem. Soc. Nr. 154.
[14]) Seelig, Annalen d. Chemie u. Pharmazie **237**, 162 [1887].
[15]) Neuhof, Annalen d. Chemie u. Pharmazie **146**, 320 [1868].
[16]) Ivan Raalte, Recueil des travaux chim. des Pays-Bas **18**, 387 [1899].
[17]) Walter u. Wetzlich, Journ. f. prakt. Chemie [2] **61**, 187 [1900].

Beim Chlorieren von Toluol in der Siedehitze[1] [2] [3]). Durch Einwirkung von Phosphorpentachlorid[4]), Thionylchlorid[5]), Succinylchlorid[6]) oder Phosgen[7]) auf Bittermandelöl. Aus Toluol und (2 Mol.) Phosphorpentachlorid[8]) bei 170—200°. Flüssigkeit. Schmelzp. —16,1° (korr.)[9]); —17[10]). Siedep. 212—214°; Siedep.$_{756,2}$ = 203,5°[11]). Spez. Gewicht 1,295 bei 16°[12]); 1,2699 bei 0°/4°[11]); 1,2122 bei 56,8°/4°[11]); 1,1877 bei 79,2°/4°[11]); 1,1257 bei 135,5°/4°[11]); 1,0407 bei 203,5°/4°[11]). Benzalchlorid geht leicht in Benzaldehyd über, z. B. beim Kochen mit Kaliumcarbonatlösung[13] [14]). Mit Methyljodid und Natrium entsteht Cumol. Beim Chlorieren oder Nitrieren entstehen im wesentlichen die p-Derivate[12]). Mit Ammoniak bildet sich Hydrobenzamid; hierüber und über das Verhalten gegen Anilin, Toluidin usw.[15]).

(s)-2, 4, 5-Trichlortoluol $C_7H_5Cl_3 = C_6H_2Cl_3 \cdot CH_3$

$$Cl$$
$$Cl \qquad Cl$$
$$CH_3$$

Beim Chlorieren von Toluol[16]) in Gegenwart von Jod[17]) oder $\frac{1}{2}$—1% Molybdänpentachlorid[18]) oder von sublimiertem Eisenchlorid[19]). Zur Trennung von dem gleichzeitig gebildeten 2, 3, 4-Trichlortoluol behandelt man das rohe Trichlorid mit rauchender Schwefelsäure bei 60°, wobei nur die 2, 3, 4-Verbindung in eine Sulfonverbindung übergeführt wird. Lange Säulen aus Alkohol. Schmelzp. 82°. Siedep. 229—230° bei 716 mm.

(v)-2, 3, 4-Trichlortoluol $C_6H_3Cl_3 \cdot CH_3$. Bildet sich neben der 2, 4, 5-Verbindung aus p- oder o-Chlortoluol beim Chlorieren in Gegenwart von Molybdänpentachlorid oder Eisenchlorid[20] [21]).

Dichlorbenzylchlorid $C_6H_3Cl_2 \cdot CH_2Cl$. Durch Chlorieren von Benzylchlorid bei Anwesenheit von Jod[16]). Siedep. 241°.

o-Chlorbenzylidenchlorid, 2, 1¹, 1¹-Trichlortoluol $C_6H_4Cl \cdot CHCl_2$. 750 g völlig trocknes o-Chlortoluol werden mit 23 g Phosphorpentachlorid unter Rückfluß und in hellem Tageslicht auf 15—180° erhitzt und ein lebhafter Chlorstrom durchgeleitet, bis zu einer Gewichtszunahme um 380—400 g[22]). Aus Salicylaldehyd und Phosphorpentachlorid[23]). Durch Überleiten von Chlor über o-Toluolsulfochlorid $C_6H_3Cl \cdot (SO_2Cl \cdot)CH_3$ bei 150—200°[24]). Siedep. 227—230°. Spez. Gewicht 1,413 bei 9°[23]). Siedep. 228,5°. Spez. Gewicht 1,399 bei 15°[25]).

p-Chlorbenzylidenchlorid, 4, 1¹, 1¹-Trichlortoluol $C_6H_4Cl \cdot CHCl_2$. Durch Chlorieren von Benzylidenchlorid in Gegenwart von Jod[26]). Neben der o-Verbindung beim Überleiten von Chlor über o-Toluolsulfochlorid bei 150—200°[24]). Siedep. 234°.

[1]) Beilstein, Annalen d. Chemie u. Pharmazie **116**, 336 [1860].
[2]) Beilstein u. Kuhlberg, Annalen d. Chemie u. Pharmazie **146**, 322 [1868].
[3]) Limpricht, Annalen d. Chemie u. Pharmazie **139**, 318 [1866].
[4]) Cahours, Annalen d. Chemie u. Pharmazie **70**, 39 [1849].
[5]) Hoering u. Baum, Berichte d. Deutsch. chem. Gesellschaft **41**, 1918 [1908].
[6]) Reinbold, Annalen d. Chemie u. Pharmazie **138**, 189 [1866].
[7]) Kempf, Zeitschr. f. Chemie **1871**, 79.
[8]) Colson u Gautier, Annales de Chim. et de Phys. [6] **11**, 21 [1887].
[9]) Schneider, Zeitschr. f. physikal. Chemie **22**, 234 [1897].
[10]) Altschul u. Seh, Zeitschr. f. physikal. Chemie **16**, 24 [1895].
[11]) R. Schiff, Berichte d. Deutsch. chem. Gesellschaft **19**, 563 [1886].
[12]) Hübner u Bente, Berichte d. Deutsch. chem. Gesellschaft **6**, 804 [1873].
[13]) Oppenheim, Berichte d. Deutsch. chem. Gesellschaft **2**, 213 [1869].
[14]) Jacobsen, D. R. P. 11 494, 13 127; Friedländers Fortschr. d. Teerfarbenfabrikation **1**, 24—26.
[15]) Bettinger, Berichte d. Deutsch. chem. Gesellschaft **11**, 840 [1878].
[16]) Beilstein u. Kuhlberg, Annalen d. Chemie u. Pharmazie **146**, 317 [1868].
[17]) Limpricht, Annalen d. Chemie u. Pharmazie **139**, 326 [1866].
[18]) Aronheim u. Dietrich, Berichte d. Deutsch. chem. Gesellschaft **8**, 1402 [1875].
[19]) Seelig, Annalen d. Chemie u. Pharmazie **237**, 131 [1887].
[20]) Seelig, Annalen d. Chemie u. Pharmazie **237**, 36 [1887].
[21]) Prenntzell, Annalen d. Chemie u. Pharmazie **296**, 180 [1897].
[22]) H. Erdmann, Annalen d. Chemie u. Pharmazie **272**, 151 [1893].
[23]) Henry, Berichte d. Deutsch. chem. Gesellschaft **2**, 135 [1869].
[24]) Gilliard, Monnet u. Cartier, D. R. P. 98 433; Chem. Centralbl. **1898**, II, 800.
[25]) Gill, Berichte d. Deutsch. chem. Gesellschaft **26**, 650 [1893].
[26]) Beilstein u. Kuhlberg, Annalen d. Chemie u. Pharmazie **146**, 317 [1868]. — Vgl. Hübner u. Bente, Berichte d. Deutsch. chem. Gesellschaft **6**, 804 [1873].

Benzotrichlorid, $1^1, 1^1, 1^1$-Trichlortoluol $C_7H_5Cl_3$

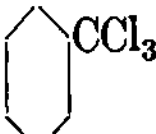

Beim völligen Chlorieren von siedendem Toluol[1]). Bei der Einwirkung von Phosphorpentachlorid auf Benzoylchlorid[2])[3]). Flüssigkeit. Schmelzp. $-22,5°$[4]); $-21,2°$ (korr.)[5]). Siedep. 213—214°. Spez. Gewicht 1,380 bei 14°. Liefert bei der Zersetzung mit Wasser bei 150° Benzoesäure. Mit Natriumalkoholat entsteht der Äther $C_6H_5C(OC_2H_5)_3$. Mit Dimethylanilin und Chlorzink entsteht Malachitgrün. Umsetzung mit Phenolen und mit Basen[6]). Aus Benzotrichlorid und m-Dialkylaminophenolen entstehen Benzorhodaminfarbstoffe[7]). Mit Phenolen und Natronlauge entstehen Benzoesäurephenylester, o-Oxybenzophenon und Benzaurin[8]). Fein verteiltes Kupfer reduziert Benzotrichlorid in der Wärme über Tolontetrachlorid zu Tolandichlorid. Beim Nitrieren von Benzotrichlorid entsteht m-Nitroebenzoesäure[9]). Anhaltendes Chlorieren führt zu einem Körper $C_{21}Cl_{26}$[10]).

Tetrachlortoluol $C_7H_4Cl_4$. Beim Chlorieren von Toluol zuletzt unter Zusatz von Antimonpentachlorid[11]). Kurze, feine Nadeln aus Alkohol. Schmelzp. 96°. Siedep. 276,9° (korr.)[12]). Schmelzp. 91—92°. Siedep. 271°[11]). Sehr leicht in Schwefelkohlenstoff und Benzol, schwerer in Alkohol löslich.

o-Chlorbenzotrichlorid, $2, 1^1, 1^1, 1^1$-Tetrachlortoluol $C_6H_4Cl \cdot CCl_3$. Aus Salicylsäure und Phosphorpentachlorid[13]). Krystalle. Schmelzp. 30°. Siedep. 260°. Spez. Gewicht 1,51 (flüssig).

p-Chlorbenzotrichlorid, $4, 1^1, 1^1, 1^1$-Tetrachlortoluol $C_6H_4Cl \cdot CCl_3$. Durch Chlorieren von Benzotrichlorid bei Gegenwart von Jod[14]). Siedep. 245°.

Pentachlortoluol $C_6Cl_5 \cdot CH_3$

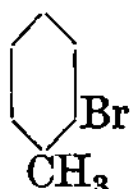

Beim Chlorieren von Toluol in Gegenwart von Jod, schließlich von Antimonpentachlorid[15]). Lange, haarfeine Nadeln aus Benzol. Schmelzp. 218°. Siedep. 301°.

Hexachlortoluol, Pentachlorbenzylchlorid $1^1, 2, 3, 4, 5, 6$-Hexachlortoluol $C_7H_2Cl_6 =$ $C_6Cl_5 \cdot CH_2Cl$. Beim Chlorieren von Benzylchlorid in Gegenwart von Antimonpentachlorid[16]). Feine Krystallnadeln aus Benzolalkohol. Schmelzp. 103°. Siedep. 325—327°.

o-Bromtoluol $C_6H_4Br \cdot CH_3$

Neben der p-Verbindung beim Bromieren von Toluol[17]). Einfluß des Lichts und von Jod auf die Mengenverhältnisse der gebildeten o- und p-Verbindung[18]). Die Trennung erfolgt durch Abpressen des flüssigen o-Bromtoluols aus dem stark gekühlten Reaktionsprodukt;

---

[1]) Limpricht, Annalen d. Chemie u. Pharmazie **135**, 80 [1865]; **139**, 323 [1866].

[2]) Schischkow u. Rösing, Jahresber. d. Chemie **1858**, 279.

[3]) Limpricht, Annalen d. Chemie u. Pharmazie **134**, 55 [1865].

[4]) Haase, Berichte d. Deutsch. chem. Gesellschaft **26**, 1053 [1893].

[5]) Schneider, Zeitschr. f. physikal. Chemie **22**, 234 [1897].

[6]) Döbner, Annalen d. Chemie u. Pharmazie **217**, 223 [1883]. — A.-G. f. Anilinfabr., D. R. P. 4322, 4988; Friedländers Fortschritte der Teerfarbenfabrikation **1**, 40—41.

[7]) Bad. Anilin- u. Sodafabrik, D. R. P. 56 018; Friedländers Fortschritte der Teerfarbenfabrikation **3**, 167.

[8]) Heiber, Berichte d. Deutsch. chem. Gesellschaft **24**, 3684 [1891].

[9]) Beilstein u. Kuhlberg, Annalen d. Chemie u. Pharmazie **146**, 333 [1868].

[10]) Smith, Jahresber. d. Chemie **1877**, 420; Berichte d. Deutsch. chem. Gesellschaft **13**, 33 [1880].

[11]) Beilstein u. Kuhlberg, Annalen d. Chemie u. Pharmazie **150**, 286 [1869].

[12]) Limpricht, Annalen d. Chemie u. Pharmazie **139**, 327 [1866].

[13]) Kolbe u. Lautemann, Annalen d. Chemie u. Pharmazie **115**, 195 [1860].

[14]) Döbner, Berichte d. Deutsch. chem. Gesellschaft **15**, 237 [1882].

[15]) Beilstein u. Kuhlberg, Annalen d. Chemie u. Pharmazie **150**, 298 [1869].

[16]) Beilstein u. Kuhlberg, Annalen d. Chemie u. Pharmazie **150**, 302 [1869].

[17]) Hübner u. Jannasch, Annalen d. Chemie u. Pharmazie **170**, 117 [1872].

[18]) Schramm, Berichte d. Deutsch. chem. Gesellschaft **18**, 607 [1885].

das noch beigemengte p-Bromtoluol zerstört man durch mehrtägiges Stehen mit Natrium in Benzollösung. Das bei 170—190° Siedende wird noch 3—4 mal in gleicher Weise behandelt[1]). Schmelzp. —25,9°[2]). Siedep. 180,33° bei 753,91 mm. Spez. Gewicht 1,21861 bei 180,33°[3]). Spez. Gewicht 1,4437 bei 4°/4°; 1,4309 bei 15°/15°; 1,4222 bei 25°/25°[4]). Geht im Kaninchenorganismus vollständig in die Bromhippursäure über. Ist von den 3 Isomeren am wenigsten giftig[5]).

p-Bromtoluol $C_6H_4Br \cdot CH_3$

Neben der o-Verbindung beim Bromieren von Toluol in der Kälte[6])[7]). Außer durch starkes Abkühlen[8]) kann die Trennung der beiden Isomeren durch Schütteln mit dem halben Volumen rauchender Schwefelsäure bewirkt werden. Die in der Kälte abgeschiedene feste Masse wird mit Wasser gewaschen, aus Alkohol umkrystallisiert. Rhombische Krystalle. Schmelzp. 28,5°. Siedep. 185,2° (i. D.)[9]). Siedep. 183,57° bei 758,05 mm. Spez. Gewicht 1,19306 bei 183,6°[10]). Spez. Gewicht 1,3959 bei 35°/35°; 1,3856 bei 50°/50°; 1,3637 bei 100°/100°[11]). Wird, in Äther gelöst, von Natrium leicht zersetzt unter Bildung von Bitolyl $C_{14}H_{14} = C_6H_5 \cdot CH_2 — CH_2 \cdot C_6H_5$ und Toluol (Unterschied und Trennung von den o-Isomeren, s. d.) und anderen Produkten[12]). Geht im Hundeorganismus als p-Brombenzoesäure und p-Bromhippursäure in den Harn über[13]). Im Kaninchenorganismus desgleichen[5]). Ist von den 3 Isomeren das giftigste[5]).

Benzylbromid, 1^1-Bromtoluol $C_6H_5 \cdot CH_2Br$

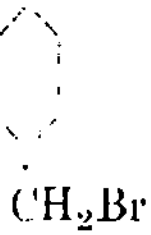

Bei der Einwirkung von Brom auf siedendes Toluol[14]) oder in direktem Sonnenlicht[15])[16]). Aus Benzylalkohol und Bromwasserstoff[17]). Siedep. 198—199°. Spez. Gewicht 1,4380 bei 22°/0°. Der Dampf reizt heftig zu Tränen.

Benzylidenbromid, $1^1, 1^1$-Dibromtoluol $C_6H_5 \cdot CHBr_2$. Aus Bittermandelöl und Phosphorpentabromid PBr_5[18]). Darstellung aus Benzaldehyd und PBr_5[19]). An der Luft rauchendes Öl. Siedep. 156° bei 23 mm. Spez. Gewicht 1,51 bei 15°; Brechungsindex $n_D = 1,541$[19]).

3,4-Dibromtoluol $C_6H_3Br_2 \cdot CH_3$

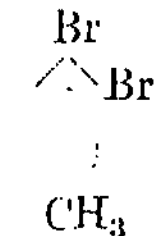

---

[1]) Reyman, Bulletin de la Soc. chim. **26**, 533 [1900]. — Vgl. Luginin, Berichte d. Deutsch. chem. Gesellschaft **4**, 514 [1871].

[2]) Haase, Berichte d. Deutsch. chem. Gesellschaft **26**, 1053 [1893].

[3]) Feitler, Zeitschr. f. physikal. Chemie **4**, 73 [1889].

[4]) Perkin, Journ. Chem. Soc. **69**, 1293 [1896].

[5]) Hilebrandt, Beiträge z. chem. Physiol. u. Pathol. **3**, 365 [1902].

[6]) Hübner u. Wallach, Annalen d. Chemie u. Pharmazie **154**, 293 [1870].

[7]) Glinzer u. Fittig, Annalen d. Chemie u. Pharmazie **136**, 301 [1865].

[8]) Michaelis u. Genzken, Annalen d. Chemie u. Pharmazie **242**, 165 [1888].

[9]) Hübner u. Post, Annalen d. Chemie u. Pharmazie **196**, 6 [1888].

[10]) Feitler, Zeitschr. f. physikal. Chemie **4**, 80 [1889].

[11]) Perkin, Journ. Chem. Soc. **69**, 1243 [1896].

[12]) Weiler, Berichte d. Deutsch. chem. Gesellschaft **32**, 1056 [1899].

[13]) Preußе, Zeitschr. f. physiol. Chemie **5**, 63 [1881].

[14]) Beilstein, Annalen d. Chemie u. Pharmazie **143**, 369 [1867].

[15]) Schramm, Berichte d. Deutsch. chem. Gesellschaft **18**, 608 [1885].

[16]) Grimaux u. Lauth, Bulletin de la Soc. chim. **7**, 108 [1892].

[17]) Kekulé, Annalen d. Chemie u. Pharmazie **137**, 190 [1866].

[18]) Michaelson u. Lippmann, Bulletin de la Soc. chim. **4**, 251 [1890].

[19]) Curtius u. Quedenfeldt, Journ. f. prakt. Chemie [2] **58**, 389 [1896].

Durch Bromieren von Toluol, besonders in der Sonne oder unter Zusatz von Jod[1]). Bleibt bei —20° flüssig. Siedep. 239—241°.

o-Brombenzylbromid, 1[1], 2-Dibromtoluol $C_6H_4Br \cdot CH_2Br$. Rohes Bromtoluol gibt beim Bromieren die o- und p-Verbindung; die erstere ist flüssig und kann durch Abpressen des abgekühlten Reaktionsprodukts abgeschieden werden[2]). Schmelzp. 30°[3]). Nicht unzersetzt destillierbar.

p-Brombenzylbromid, 1[1], 4-Dibromtoluol $C_6H_4Br \cdot CH_2Br$ [4]) [5]). Nadeln oder große, rhombische Prismen. Schmelzp. 61°.

Pentabromtoluol $C_7H_3Br_5 = C_6Br_5 \cdot CH_3$

$$\begin{array}{c} Br \\ Br \diagup \diagdown Br \\ Br \diagdown \diagup Br \\ CH_3 \end{array}$$

Chlorfreies, auf 0° abgekühltes Brom wird unter Zusatz von etwas Bromaluminium langsam mit Toluol versetzt[6]). Pentabromtoluol bildet sich ferner aus Cycloheptan mit Brom und etwas $AlBr_3$ [7]) und auch aus Cyclohexan[8]). Schmelzp. 279—280°[9]). Lange Nadeln. Schmelzpunkt 282—283°. Wird Toluol mit überschüssigem, jodhaltigem Brom, zuletzt auf 350 bis 400°, erhitzt, so wird Perbrombenzol C_6Br_6 gebildet[10]).

p-Chlorbenzylbromid, 4, 1[1]-Chlorbromtoluol $p\text{-}C_6H_4Cl \cdot CH_2Br$. p-Chlortoluol wird bei 160° bromiert[11]). Lange Nadeln oder Prismen. Schmelzp. 48,5°. Ist mit Wasserdämpfen flüchtig. Die Krystalle verflüchtigen sich an der Luft.

Chlorbromtoluol C_7H_6ClBr. p-Bromtoluol liefert beim Chlorieren o-Chlor-p-bromtoluol und m-Chlor-p-bromtoluol[12]).

o-Chlordibromtoluol $C_7H_5 \cdot ClBr_2 = C_6H_2ClBr_2 \cdot CH_3$. Durch Bromieren von o-Chlortoluol[13]). Nadeln. Schmelzp. 100°. Siedep. 275—280°.

Dichlor-p-bromtoluol $C_7H_5Cl_2Br = C_6H_2Cl_2Br_2 \cdot CH_3$. Durch Chlorieren von p-Bromtoluol unter Eisenzusatz[14]). Schmelzp. 87°. Siedep. 240—250°.

Trichlor-p-bromtoluol $C_7H_4Cl_3Br = C_6HCl_3Br \cdot CH_3$. Durch Chlorieren von p-Bromtoluol. Schmelzp. 55—60°. Siedep. 265—275°[14]).

Tetrachlor-p-bromtoluol $C_7H_3Cl_4Br = C_6Cl_4Br \cdot CH_3$. Durch Chlorieren von p-Chlortoluol. Schmelzp. 213°[14]).

4-Chlortoluol-2-sulfonsäure bildet sich neben **4-Chlortoluol-3-sulfonsäure** durch Lösen von p-Chlortoluol in Schwefelsäure. Das Bariumsalz der 3-Säure krystallisiert zuerst in Blättern aus[15]). **Chlorid** der 2-Sulfonsäure, $C_7H_6O_2Cl_2S$, hat den Schmelzp. 24°. Leicht löslich in Petroleumäther[16]). — Das **Chlorid** der 3-Sulfosäure hat den Schmelzp. 56°[17]). — Das **Amid** der 2-Sulfonsäure bildet lange Nadeln aus verdünntem Alkohol. Schmelzp. 142°[18]).

2, 3-Dichlortoluolsulfonsäure $C_7H_6O_3Cl_2S = CH_3 \cdot C_6H_2Cl_2 \cdot SO_3H$. Aus 2, 3-Dichlortoluol und rauchender Schwefelsäure[19]) bilden sich 2 Sulfosäuren[20]), die durch die Baryt-

[1]) **Jannasch,** Annalen d. Chemie u. Pharmazie **176,** 286 [1875].

[2]) **Jackson,** Berichte d. Deutsch. chem. Gesellschaft **9,** 932 [1876].

[3]) **Jackson** u. **White,** Amer. Chem. Journ. **2,** 391 [1880].

[4]) **Jackson,** Berichte d. Deutsch. chem. Gesellschaft **9,** 931 [1876].

[5]) **Schramm,** Berichte d. Deutsch. chem. Gesellschaft **17,** 2922 [184]; **18,** 350 [1885].

[6]) **Gustavson,** Journ. d. russ. physikal.-chem. Gesellschaft **9,** 286 [1877].

[7]) **Markownikow,** Journ. d. russ. physikal.-chem. Gesellschaft **25,** 544 [1892].

[8]) **Kursanow,** Berichte d. Deutsch. chem. Gesellschaft **32,** 2973 [1899].

[9]) **Zelinsky** u. **Generosow,** Berichte d. Deutsch. chem. Gesellschaft **29,** 732 [1896].

[10]) **Gessner,** Berichte d. Deutsch. chem. Gesellschaft **9,** 1508 [1876].

[11]) **Jackson** u. **Field,** Amer. Chem. Journ. **1,** 102 [1879].

[12]) **Willgerodt** u. **Salzmann,** Journ. f. prakt. Chemie [2] **39,** 465 [1889].

[13]) **Willgerodt** u. **Salzmann,** Journ. f. prakt. Chemie [2] **39,** 482 [1889].

[14]) **Willgerodt** u. **Salzmann,** Journ. f. prakt. Chemie [2] **39,** 480 [1889].

[15]) **Vogt** u. **Henninger,** Annalen d. Chemie u. Pharmazie **165,** 362 [1873]. — **Wynne,** Journ. Chem. Soc. **61,** 1078 [1892].

[16]) **Wynne** u. **Bruce,** Journ. Chem. Soc. **73,** 762 [1898].

[17]) **Wynne** u. **Bruce,** Journ. Chem. Soc. **73,** 760 [1898].

[18]) **Wynne** u. **Bruce,** Journ. Chem. Soc. **73,** 762 [1898]. — **Heffter,** Annalen d. Chemie u. Pharmazie **221,** 209 [1883].

[19]) **Seelig,** Annalen d. Chemie u. Pharmazie **237,** 159 [1887].

[20]) **Wynne** u. **Greeves,** Proc. Chem. Soc. Nr. 154.

salze getrennt werden. Das schwer löslichere Bariumsalz gibt die α-Säure, deren **Chlorid** bei 45°, deren **Amid** bei 221° schmilzt. Das leicht lösliche Salz ist das der **5-Sulfonsäure, Chlorid.** Schmelzp. 85°. — **Amid.** Schmelzp. 183°.

2,4-Dichlortoluolsulfonsäure. Aus 2,4-Dichlortoluol und rauchender Schwefelsäure[1]). — **Chlorid.** Schmelzp. 60°. — **Amid.** Schmelzp. 168°[2]).

6-Bromtoluol-3-sulfonsäure $C_7H_7O_3BrS = CH_3 \cdot C_6H_3Br \cdot SO_3H$. Aus o-Bromtoluol und rauchender Schwefelsäure[3]). **Chlorid.** Schmelzp. 61°. — **Bromid.** Schmelzp. 63,5°[4]). **Amid.** Schmelzp. 147°.

6-Bromtoluol-2-sulfonsäure bildet sich in kleiner Menge neben der 3-Sulfonsäure; bildet ein leichter lösliches Barytsalz[5]).

4-Bromtoluol-2-sulfonsäure. Durch Lösen von reinem p-Bromtoluol in rauchender H_2SO_4 bei gelinder Wärme neben der 4-Bromtoluol-3-sulfonsäure[6]). Das Barytsalz bildet schwer lösliche Tafeln. Die freie Säure krystallisiert in Blättern, ist schwer löslich in Äther, leicht in Alkohol, sehr leicht in Wasser. — **Chlorid** $C_7H_6Br \cdot SO_2Cl$. Schmelzp. 35°. Tafeln aus Chloroform[6]). — **Amid** $C_7H_8O_2BrNS = C_7H_6Br \cdot SO_2 \cdot NH_2$. Lange, feine Nadeln aus Wasser. Schmelzp. 166—167°[6]).

4-Bromtoluol-3-sulfonsäure $C_7H_7O_3BrS + H_2O$. Entsteht neben der 2-Säure in geringerer Menge. Schmelzp. 105—110°[7]). — **Chlorid** $C_7H_6Br \cdot SO_2Cl$. Allmählich erstarrendes Öl. Schmelzp. 62°[7]). — **Amid** $C_7H_6Br \cdot SO_2 \cdot NH_2$. Nadeln vom Schmelzp. 151—152°[6]).

p-Bromtoluoldisulfonsäure. Durch Einleiten von Schwefelsäureanhydrid in eine Lösung von p-Bromtoluol in dem gleichen Volumen rauchender Schwefelsäure[8]). Sehr zerfließlich. — **Chlorid** $C_7H_5O_4Cl_2BrS_2$ $(CH_3 \cdot C_6H_2Br \cdot (SO_2Cl)_2$. Rhombische Tafeln aus Äther. Schmelzp. 99°[8]). — **Amid** $C_7H_9O_4BrN_2S_2$ $CH_3 \cdot C_6H_2Br \cdot (SO_2 \cdot NH_2)_2$. Schmilzt oberhalb 260°. Sehr schwer in heißem Wasser, schwer in Alkohol löslich, unlöslich in Äther und Chloroform[8]).

Chlornitrotoluol $C_7H_6O_2NCl = CH_3 \cdot C_6H_3 \cdot Cl(NO_2)$.

2-Chlor-5-nitrotoluol. Durch Nitrieren von o-Chlortoluol[9]). Gelbliche Pyramiden. Schmelzp. 44°. Siedep. 248° bei 711 mm.

4-Chlor-2-nitrotoluol. p-Chlortoluol (100 g) wird durch Zutropfenlassen von Salpeterschwefelsäure (120 g konz. Salpetersäure und 170 g Vitriolöl) unter guter Kühlung nitriert[10])[11]). Lange Nadeln. Schmelzp. 38°. Siedep. 239,5—240° bei 718 mm[10]). Erstarrungsp. 38,2°. Spez. Gewicht 1,2296 bei 80°[12]).

2-Chlor-4-nitrotoluol. Aus p-Nitrotoluol und Antimonpentachlorid bei 100°[13]). Lange Spieße. Schmelzp. 65,5°[13]); 68°[14]). In Alkohol leicht, in heißem Wasser schwer löslich. Flüchtig mit Wasserdampf.

o-Nitrobenzylchlorid, 1-Chlor-2-nitrotoluol $C_6H_4(NO_2) \cdot CH_2Cl$. Aus Benzylchlorid und konz. Salpetersäure bei gewöhnlicher Temperatur neben der p-Verbindung[15])[16]). Aus 2 T. o-Nitrotoluol und 1 T. Schwefel durch Chlorieren bei 120—130°[17]). Schmelzp. 48—49°.

p-Nitrobenzylchlorid, 1-Chlor-4-nitrotoluol $C_6H_4 \cdot (NO_2) \cdot CH_2Cl$. Aus Benzylchlorid und rauchender Salpetersäure neben der o-Verbindung[16]). Man läßt Benzylchlorid zu der auf —15° abgekühlten Säure zutropfen, bis die Flüssigkeit dunkelbraun geworden ist, und

[1]) Seelig, Annalen d. Chemie u. Pharmazie **237**, 159 [1887].

[2]) Wynne u. Greeves, Proc. Chem. Soc. Nr. 154.

[3]) Hübner u. Post, Annalen d. Chemie u. Pharmazie **169**, 31 [1873].

[4]) Wynne, Journ. Chem. Soc. **61**, 1041 [1892].

[5]) Miller, Journ. Chem. Soc. **61**, 1030 [1892].

[6]) Hübner u. Post, Annalen d. Chemie u. Pharmazie **169**, 6 [1873].

[7]) Pechmann, Annalen d. Chemie u. Pharmazie **173**, 207 [1874].

[8]) Kornatzki, Annalen d. Chemie u. Pharmazie **221**, 192 [1883].

[9]) Goldschmidt u. Hönig, Berichte d. Deutsch. chem. Gesellschaft **20**, 200 [1887].

[10]) Goldschmidt u. Hönig, Berichte d. Deutsch. chem. Gesellschaft **19**, 2440 [1886].

[11]) Wroblewski, Annalen d. Chemie u. Pharmazie **160**, 203 [1871]. — Engelbrecht, Berichte d. Deutsch. chem. Gesellschaft **7**, 797 [1874].

[12]) Hollemann u. van Arend, Recueil des travaux chim. des Pays-Bas **28**, 408 [1909].

[13]) Wachendorf, Annalen d. Chemie u. Pharmazie **185**, 273 [1879]. — Lellmann, Berichte d. Deutsch. chem. Gesellschaft **17**, 534 [1884].

[14]) Green u. Lawson, Journ. Chem. Soc. **59**, 1017 [1891].

[15]) Nölting, Berichte d. Deutsch. chem. Gesellschaft **17**, 385 [1884]. — Kumpf, Annalen d. Chemie u. Pharmazie **224**, 110 [1884].

[16]) Beilstein u. Geitner, Annalen d. Chemie u. Pharmazie **139**, 337 [1866].

[17]) Häussermann u. Beck, Berichte d. Deutsch. chem. Gesellschaft **25**, 2445 [1892].

gießt dann in Wasser [1]). Man läßt auf p-Nitrotoluol Chlor (1 Mol.) bei 185—190° einwirken [2]). Schmelzp. 71°.

4-Chlor-2, 3-dinitrotoluol $C_7H_5O_4N_2Cl = C_6H_2Cl(NO_2)_2 \cdot CH_3$. Durch Nitrieren von p-Chlortoluol mit Salpetersäure vom spez. Gewicht 1,47 [3]). Schmelzp. 76°.

2, 3-Dichlor-4, 6-dinitrotoluol. Durch Nitrieren von 2, 3-Dichlortoluol mit der 10fachen Menge Salpeterschwefelsäure (2 T. rauchende Salpetersäure und 1 T. Vitriolöl) unter Abkühlung. Aus Methylalkohol Nadeln vom Schmelzp. 121—122° [4]).

2-Brom-4-nitrotoluol $C_7H_6O_2BrN = CH_3 \cdot C_6H_3Br \cdot NO_2$. p-Nitrotoluol wird mit 1 Mol. Brom und 10% seines Gewichts Eisenbromür auf 170° erhitzt [5]). In Äther und Schwefelkohlenstoff leicht lösliche Nadeln. Schmelzp. 77,5°.

4-Brom-2-nitrotoluol $C_7H_6O_2BrN = CH_3 \cdot C_6H_3 \cdot Br \cdot NO_2$. p-Bromtoluol gibt beim Nitrieren neben der 4-Brom-3-nitroverbindung das 4-Brom-2-nitrotoluol [6]). Erstere Verbindung scheidet sich zuerst flüssig ab und wird durch Abpressen in der Kälte entfernt. Feine, gelbliche Nadeln aus verdünntem Alkohol. Schmelzp. 45,5° [7]). Siedep. 256—257° [6]).

4-Brom-3-nitrotoluol [6]). Schmelzp. 28° [7]); 31—32° [8]). Siedep. 255—256°.

p-Nitrobenzylbromid, 1^1-Brom-4-nitrotoluol, p-$C_6H_4(NO_2) \cdot CH_2Br$. Aus p-Nitrobenzol und 1 Mol. Brom bei 125—130° [9]). Nadeln aus heißem Alkohol. Schmelzp. 99—100°.

4, 5-Dibrom-2-nitrotoluol $C_7H_5O_2NBr_2 = C_6H_2Br_2(NO_2) \cdot CH_3$. Durch Nitrieren von 3, 4-Dibromtoluol [10]). Nadeln vom Schmelzp. 86—87°.

2, 6-Dibrom-4-nitrotoluol $C_7H_5O_2NBr_2 = C_6H_2Br_2(NO_2) \cdot CH_3$. Durch Bromieren von p-Nitrotoluol unter Zusatz von Eisenbromür [11]). In heißem Alkohol, in Äther und Schwefelkohlenstoff leicht lösliche Nadeln. Schmelzp. 57—58°.

p-Nitrobenzotribromid, $1^1, 1^1, 1^1$-Tribrom-4-nitrotoluol [12]). p-Nitrotoluol wird mit 3 Mol. Brom erst auf 150°, zuletzt auf 190—195° erhitzt. Sehr unbeständig, zerfällt sofort in p-Nitrobenzoesäure.

Jodtoluole $CH_3 \cdot C_6H_4J$ werden aus den entsprechenden Toluidinen [13]) dargestellt. Mit Vitriolöl erhitzt liefern sie Di- und Trijodtoluol und Jodtoluolsulfonsäure. Mit Chlor geben sie die Jodidchloride $CH_3 \cdot C_6H_4J \cdot Cl_2$ [14]). Diese geben mit verdünnter Natronlauge Jodosotoluol $CH_3 \cdot C_6H_4 \cdot JO$ [15]), durch Oxydation des letzteren beim Kochen mit Wasser unter Luftzutritt Jodotoluol $CH_3 \cdot C_6H_4 \cdot JO_2$ [16]).

Nitrosotoluol $C_7H_7ON = CH_3 \cdot C_6H_4 \cdot NO$. Die drei isomeren Nitrosotoluole werden durch Oxydation der zugehörigen Tolylhydroxylamine erhalten [17]). — **o-Verbindung.** Nädelchen und glänzende Prismen. Schmelzp. 72—72,5°. Lösungen sowie die Schmelze besitzen grüne Farbe. — **m-Verbindung.** Schmelzp. 53—53,5°. — **p-Verbindung.** Schmelzp. 48,5°. Entsteht auch bei der Oxydation von p-Toluidin in schwefelsaurer Lösung in Gegenwart von etwas Formaldehyd [18]).

o-Toluidin $CH_3 \cdot C_6H_4 \cdot NH_2$

$$CH_3$$
$$\text{(Ringstruktur)} \cdot NH_2$$

<hr>

[1]) **Strakosch,** Berichte d. Deutsch. chem. Gesellschaft **6,** 1056 [1871].
[2]) **Wachendorf,** Annalen d. Chemie u. Pharmazie **185,** 271 [1877].
[3]) **Goldschmidt** u. **Hönig,** Berichte d. Deutsch. chem. Gesellschaft **19,** 2439 [1886].
[4]) **Seelig,** Annalen d. Chemie u. Pharmazie **237,** 163 [1887].
[5]) **Scheufelen,** Annalen d. Chemie u. Pharmazie **231,** 171 [1885].
[6]) **Wroblewski,** Annalen d. Chemie u. Pharmazie **168,** 176 [1873].
[7]) **Hübner** u. **Roos,** Berichte d. Deutsch. chem. Gesellschaft **6,** 799 [1873].
[8]) **Neville** u. **Winther,** Berichte d. Deutsch. chem. Gesellschaft **13,** 972 [1880].
[9]) **Wachendorff,** Annalen d. Chemie u. Pharmazie **185,** 266 [1877].
[10]) **Neville** u. **Winther,** Berichte d. Deutsch. chem. Gesellschaft **14,** 417 [1881].
[11]) **Scheufelen,** Annalen d. Chemie u. Pharmazie **231,** 178 [1885].
[12]) **Wachendorff,** Annalen d. Chemie u. Pharmazie **185,** 269 [1877].
[13]) **Beilstein** u. **Kuhlberg,** Annalen d. Chemie u. Pharmazie **158,** 347 [1871]. — **Mabery** u. **Robinson,** Amer. Chem. Journ. **4,** 101 [1882]. — **Körner,** Zeitschr. f. Chemie **1868,** 327.
[14]) **Wilgerodt,** Berichte d. Deutsch. chem. Gesellschaft **26,** 358, 360 [1893].
[15]) **Wilgerodt,** Berichte d. Deutsch. chem. Gesellschaft **26,** 359 [1893].
[16]) **Wilgerodt,** Berichte d. Deutsch. chem. Gesellschaft **26,** 361 [1893].
[17]) **Bamberger,** Berichte d. Deutsch. chem. Gesellschaft **28,** 247—249 [1895]. — **Bamberger** u. **Brady,** Berichte d. Deutsch. chem. Gesellschaft **33,** 274 [1900].
[18]) **Bamberger** u. **Tschirner,** Berichte d. Deutsch. chem. Gesellschaft **31,** 1524 [1898].

Durch Reduktion von o-Nitrotoluol[1]). Um reines o-Toluidin zu erhalten, trennt man es von dem in der Regel beigemischten p-Toluidin auf eine der folgenden Weisen[2]). Aus einer übersättigten salzsauren Lösung läßt man durch Impfen mit einem reinen Krystall entweder die o- oder p-Verbindung auskrystallisieren. 2. Durch Destillation mit einer zum Neutralisieren ungenügenden Menge Schwefelsäure wird vorwiegend das p-Toluidin zurückgehalten. 3. Man krystallisiert die Dioxalate entweder aus Wasser um, worin das o-Toluidinsalz weit löslicher ist, oder zieht diese mit Äther aus. Von den Nitraten ist die o-Verbindung in Wasser schwerer löslich als die p-Verbindung und als Anilin[3]). Trennung dieser drei Verbindungen durch Dinatriumphosphat[4]). Quantitative Bestimmung von Anilin und (o- + p-) Toluidin durch Titrieren der bromwasserstoffsauren Basen mit Kaliumbromat[5]). o-Toluidin bleibt bei —20° flüssig. Siedep. 198,4—198,5° bei 735,4 mm [6]); 199,7° bei 760 mm [7]). Spez. Gewicht 1,0112 bei 4°/4°, 1,0031 bei 15°/15°, 0,997 bei 25°/25° [8]). o-Toluidin gibt, in $H_2SO_4 \cdot H_2O$ gelöst und mit einer Lösung von CrO_3 in $H_2SO_4 \cdot H_2O$ versetzt, eine Blaufärbung[9]), die auf Zusatz von Wasser eine beständige Rotviolettfärbung[9]), mit etwas Salpetersäure eine Orangefärbung gibt[10]). Eine ätherische Lösung von o-Toluidin gibt mit einer verdünnten Chlorkalklösung nicht Blaufärbung (wie Anilin), sondern Gelb- bis Braunfärbung[11]). Siehe ferner Nietzki[12]). Verhalten der Touidine im Organismus; ein Übergang in Aminobenzol ist nicht konstatierbar[13]). — **Hydrochlorid** $C_7H_9N \cdot HCl$. Schmelzp. 214,5—215°; Siedep. 240,2° bei 728 mm; 242,2° bei 760 mm [14]). — **Methyltoluidin** $C_9H_{11}N = C_7H_7 \cdot NH(CH_3)$. Aus Nitrosomethyltoluidin $CH_3 \cdot C_6H_3(NO) \cdot NHCH_3$ mit Zinn und Salzsäure. Siedep. 207 bis 208° [15]). — **Dimethyltoluidin** $C_9H_{13}N = C_7H_7 \cdot N(CH_3)_2$. Bei der Destillation von Trimethyltoluidinhydrat. Flüssig. Siedep. 183° [15]) [16]). — **Trimethyltoluidinjodid** $C_{10}H_{16}NJ = C_7H_7 \cdot N(CH_3)_3J$. o-Toluidin wird wiederholt mit Methyljodid behandelt[16]).

o-Äthyltoluidin $C_9H_{13}N = C_7H_7 \cdot NH \cdot C_2H_5$. Bei —15° flüssig. Siedep. 213—214° [17]). Siedep. 204—206°. Spez. Gewicht 0,9534 bei 15,5° [18]). Siedep. 214—216° [19]).

Gibt ein **Nitrosoderivat**, Äthyltolylnitrosamin $C_9H_{12}ON_2 = C_7H_7 \cdot N \cdot (NO, C_2H_5)$. Dunkles, nicht destillierbares, mit Wasserdämpfen flüchtiges Öl[20]), das beim Stehen mit alkoholischer Salzsäure übergeht in **Äthyl-5-nitrosotoluidin** $CH_3 \cdot C_6H_3 \cdot (NO) \cdot NHC_2H_5$ [21]) [22]). Grüne Blättchen aus Benzol, mit blauem Schimmer. Schmelzp. 140°.

o-Diäthyltoluidin $C_{11}H_{17}N = C_7H_7 \cdot N(C_2H_5)_2$. Siedep. 208—209° bei 755 mm [17]); Siedep. i. D. 210° bei 768 mm [23]).

o-Thionyltoluidin $C_7H_7NSO = CH_3 \cdot C_6H_4 \cdot N : SO$. Durch Kochen von HCl-Toluidin mit Thionylchlorid[24]). Siedep. 184° bei 100 mm. Flüssig.

[1]) Beilstein u. Kuhlberg, Annalen d. Chemie u. Pharmazie **158**, 77 [1870].

[2]) Rosenstiehl, Bulletin de la Soc. chim. **17**, 7 [1872]. — Ihle, Journ. f. prakt. Chemie [2] **14**, 449 [1876]. — Bindschedler, Berichte d. Deutsch. chem. Gesellschaft **6**, 448 [1873].

[3]) Schad, Berichte d. Deutsch. chem. Gesellschaft **6**, 1361 [1873].

[4]) Lewy, Zeitschr. f. analyt. Chemie **23**, 269 [1884]; Berichte d. Deutsch. chem. Gesellschaft **19**, 2728 [1886]; D. R. P. 22 139; Friedländers Fortschritte der Teerfarbenfabrikation **1**, 16.

[5]) Reinhardt, Zeitschr. f. analyt. Chemie **33**, 90 [1894]. — Dobriner u. Schranz, Zeitschr. f. analyt. Chemie **34**, 734 [1895]. — Liebmann u. Studer, Chem. Centralbl. **1899**, I, 950.

[6]) Brühl, Annalen d. Chemie u. Pharmazie **200**, 189 [1879].

[7]) Kahlbaum, Zeitschr. f. physikal. Chemie **26**, 621 [1898].

[8]) Perkin, Journ. Chem. Soc. **69**, 1245 [1896].

[9]) Rosenstiehl, Bulletin de la Soc. chim. **10**, 200 [1868].

[10]) Lorenz, Annalen d. Chemie u. Pharmazie **172**, 180 [1874].

[11]) Rosenstiehl, Jahresber. d. Chemie **1876**, 700.

[12]) Nietzki, Berichte d. Deutsch. chem. Gesellschaft **10**, 1157 [1877].

[13]) Hildebrandt, Beiträge z. chem. Physiol. u. Pathol. **3**, 365 [1902].

[14]) Ullmann, Berichte d. Deutsch. chem. Gesellschaft **31**, 1699 [1898].

[15]) Nölting, Berichte d. Deutsch. chem. Gesellschaft **11**, 2279 [1878].

[16]) Thomson, Berichte d. Deutsch. chem. Gesellschaft **10**, 1586 [1877].

[17]) Reinhardt u. Städel, Berichte d. Deutsch. chem. Gesellschaft **16**, 31 [1883].

[18]) Norton, Amer. Chem. Journ. **7**, 118 [1885].

[19]) Friedländer u. Dinesmann, Monatshefte f. Chemie **19**, 631 [1898].

[20]) Norton, Amer. Chem. Journ. **7**, 119 [1885].

[21]) O. Fischer u. Hepp, Berichte d. Deutsch. chem. Gesellschaft **19**, 2994 [1886]. — O. Fischer, Annalen d. Chemie u. Pharmazie **286**, 163 [1895].

[22]) Weinberg, Berichte d. Deutsch. chem. Gesellschaft **25**, 1610 [1892].

[23]) Romburgh, Recueil des travaux chim. des Pays-Bas **3**, 402 [1884].

[24]) Michaelis, Annalen d. Chemie u. Pharmazie **274**, 226 [1893].

o - Formotoluid $C_8H_9ON = C_7H_7 \cdot NH \cdot CHO$. Durch anhaltendes Kochen von o-Toluidin mit Ameisensäure[1]). Aus Alkohol Tafeln vom Schmelzp. 62°[2]). Siedep. 288°. Sehr leicht löslich in Alkohol. Gibt mit Natriumamalgam in Benzollösung das Natriumsalz $C_7H_7N \cdot Na \cdot CHO$[3]).

o-Acettoluid $C_9H_{11}ON = C_7H_7 \cdot NH \cdot (COCH_3)$. Lange Nadeln. Schmelzp. 110°[4]). Siedep. 296°. Geht bei Hunden als gepaarte Verbindung des Methyloxycarbanils in den Harn über[5]). Gibt mit Kaliumhypochlorit bei gewöhnlicher Temperatur das

Tolylacetylstickstoffchlorid $C_9H_{10}OHCl = CH_3 \cdot C_6H_4 \cdot NCl \cdot COCH_3$[6]). Prismen oder Platten aus Petroläther. Schmelzp. 43°. Bei 160° geht es in 5-Chlor-o-acettoluid über.

Tolylacetylstickstoffbromid $C_9H_{10}ONBr = CH_3 \cdot C_6H_4 \cdot NBr \cdot COCH_3$. Bildung analog der des Chlorids[7]). Hellgelbe, vierseitige Platten aus Chloroform, Petroläther. Schmelzp. 100,5°.

m - Toluidin $CH_3 \cdot C_6H_4 \cdot NH_2$

Durch Reduktion des m-Nitrotoluols[8]). Zur Darstellung reduziert man m-Nitrobenzyliden-chlorid $C_6H_4(NO_2) \cdot CHCl_2$ mit Zinkstaub in salzsaurer, alkoholischer Lösung unterhalb 12°[9])[10]). Zur Trennung von der o-Base wird diese als Hydrochlorid zuerst größtenteils auskrystallisiert und der Rest als Dimethylderivat fraktioniert; die Abscheidung des m-Toluidins kann auch über das schwer lösliche, salzsaure Nitrosodimethyl-m-toluidin geschehen[11]). Flüssig. Wird bei —13° nicht fest. Siedep. 197°; 203,3° bei 760 mm. Spez. Gewicht 0,98 912 bei 20°/4°[12]). Farbenreaktionen des m-Toluidins[13]). Hydrierung mittels Nickel und Wasserstoff[14]). — **Hydrochlorid** $C_7H_9H \cdot HCl$. Schmelzp. 228°; Siedep. 247,8° bei 728 mm, 249,8° bei 760 mm[15]). — **m-Methyltoluidin** $C_8H_{11}N = C_7H_7 \cdot NH \cdot CH_3$[16]). Flüssig. Siedep. 206—207°. — **m - Dimethyltoluidin** $C_9H_{13}N = CH_3 \cdot C_6H_4 \cdot N(CH_3)_2$[16]). Siedep. 215°[17]), 208°[18]). — **m - Diäthyltoluidin** $C_{11}H_{17}N = C_7H_7 \cdot N \cdot (C_2H_5)_2$. Siedep. 227 bis 228°[18]). — **Thionyl-m-toluidin** $C_7H_7NSO = CH_3 \cdot C_6H_4 \cdot N : SO$. Gelbes Öl. Siedepunkt 220°[19]). — **Formo-m-toluid** $C_8H_9NO = C_7H_7 \cdot NH \cdot CHO$. Bleibt bei —18° flüssig. Siedet nicht unzersetzt bei etwa 278° bei 724 mm[20]). — **Acettoluid** $C_7H_{11}NO = C_7H_7 \cdot NH(C_2H_3O)$. Lange Nadeln. Schmelzp. 65,5°. Siedep. 303°[21]).

p-Toluidin $CH_3 \cdot C_6H_4 \cdot NH_2$

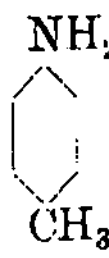

---

1) Ladenburg, Berichte d. Deutsch. chem. Gesellschaft **10**, 1129 [1877].

2) Nef, Annalen d. Chemie u. Pharmazie **270**, 310 [1892].

3) Wheeler, Amer. Chem. Journ. **23**, 466 [1900].

4) Alt, Annalen d. Chemie u. Pharmazie **252**, 319 [1889]. — Lehmann, Jahresber. d. Chemie 1882, 369.

5) Jaffé u. Hilbert, Zeitschr. f. physiol. Chemie **12**, 317 [1886].

6) Chattaway u. Orton, Journ. Chem. Soc. **77**, 790 [1900].

7) Chattaway u. Orton, Journ. Chem. Soc. **77**, 793 [1900].

8) Beilstein u. Kuhlberg, Annalen d. Chemie u. Pharmazie **156**, 83 [1870].

9) Ehrlich, Berichte d. Deutsch. chem. Gesellschaft **15**, 2011 [1882].

10) Widman, Berichte d. Deutsch. chem. Gesellschaft **13**, 677 [1880]; Bulletin de la Soc. chim. **36**, 216 [1881]. — Steiner u. Vienne, Bulletin de la Soc. chim. **35**, 429 [1881]. — Harz, Berichte d. Deutsch. chem. Gesellschaft **18**, 3398 [1885].

11) Wurster u. Riedel, Berichte d. Deutsch. chem. Gesellschaft **12**, 1802 [1879].

12) Kahlbaum, Zeitschr. f. physikal. Chemie **26**, 621, 648 [1898]. — Vgl. auch Perkin, Journ. Chem. Soc. **69**, 1245 [1896].

13) Lorenz, Annalen d. Chemie u. Pharmazie **172**, 180 [1874]. — Barsilowsky, Berichte d. Deutsch. chem. Gesellschaft **11**, 2155 [1878].

14) Sabatier u. Senderens, Compt. rend. de l'Acad. des Sc. **138**, 1257 [1903].

15) Ullmann, Berichte d. Deutsch. chem. Gesellschaft **31**, 1699 [1898].

16) Nölting, Berichte d. Deutsch. chem. Gesellschaft **11**, 2279 [1878].

17) Wurster u. Riedel, Berichte d. Deutsch. chem. Gesellschaft **12**, 1797 [1899].

18) Reinhardt u. Städel, Berichte d. Deutsch. chem. Gesellschaft **16**, 31 [1883].

19) Michaelis, Annalen d. Chemie u. Pharmazie **274**, 226 [1893].

20) Niementowsky, Berichte d. Deutsch. chem. Gesellschaft **20**, 1892 [1887].

21) Beilstein u. Kuhlberg, Annalen d. Chemie u. Pharmazie **156**, 183 [1870].

Durch Reduktion von p-Nitrotoluol [1]). Durch Erhitzen von salzsaurem Anilin mit Holzgeist oder von salzsaurem Methylanilin für sich auf 350° [2]). Durch Reduktion von p-Nitrobenzylchlorid mit Zn-Staub[3]). Zur Reinigung wird das feste p-Toluidin am besten aus Ligroin umkrystallisiert[4]). Zur Trennung von Anilin kann das schwer lösliche Oxalat[5]) oder Acetylderivat[6]) dienen. Die Trennung von o-Toluidin kann mittels der Löslichkeit des o-Toluidinoxalats in Äther bewirkt werden[7]). Zur Trennung kann man das Gemisch des o- und p-Toluidins in Salzsäure lösen und Formaldehyd zufügen. o-Toluidin geht in Diaminoditolylmethan $NH_2 \cdot C_6H_3 \cdot (CH_3) \cdot CH_2 \cdot (CH_3) \cdot C_6H_3 \cdot NH_2$ über; p-Toluidin bleibt unverändert und kann aus der alkalisch gemachten Lösung mit Wasserdampf abgeblasen werden[8]). p-Toluidin krystallisiert aus verdünntem Alkohol in Blättchen. Schmelzp.45°[9]), 42,77° [10]); Siedep.198° [11]), 200,4° bei 760 mm [12]). Schmelzp. 42,8°; Siedep. 200,3° (i. D.), spez. Gewicht 0,973 bei 50°/50° [13]). Erhitzt man 2 T. p-Toluidin mit 1,2 T. Schwefel auf über 180°, so entstehen die schwerlöslichen „Primulinbasen"; die Alkalisalze der Sulfosäuren der Primulinbasen liefern gelbe, direkt ziehende, auf der Faser diazotierbare Farbstoffe, das Handels-Primulin[14]). — **Hydrochlorid** $C_7H_9N \cdot HCl$. Nadeln aus Eisessig + Äther. Schmelzp. 238—240° [15]), 236° [16]); Schmelzp. 243°; Siedep. 255,5° bei 728 mm, 257,5° bei 760 mm [17]). — **Methyltoluidin** $C_8H_{11}N = CH_3 \cdot C_6H_4 \cdot NH(CH_3)$. Bildet sich beim Durchleiten von Methylchlorid durch erhitztes p-Toluidin[18]). Zur Trennung von Toluidin behandelt man mit Schwefelsäure, acetyliert den Rückstand mit Essigsäureanhydrid und trennt das unverändert gebliebene Dimethyltoluidin durch Destillation von dem Methylacettoluid. Zur Reindarstellung reduziert man die Nitrosoverbindung mit Zinn und Salzsäure[19]). Flüssig. Siedep. 208°. Hydrochlorid Schmelzpunkt 119,5° [20]).

Nitrosomethyltoluidin $C_8H_{10}ON_2 = CH_3 \cdot C_6H_4 \cdot N(CH_3) \cdot NO$. Aus salzsaurem Methyltoluidin in wässeriger, gut gekühlter Lösung und Kaliumnitrit[18]). Schmelzp. 54° [18]), 52—53° [20]). In Wasser unlöslich; leicht löslich in Alkohol und in Äther.

Dimethyl-p-toluidin $C_9H_{13}N = CH_3 \cdot C_6H_4 \cdot N(CH_3)_2$. Aus p-Toluidin und Methyljodid (oder Methylchlorid)[21]). Eine kochende, wässerige Lösung von Trimethyl-p-toluidinammoniumjodid wird mit PbO behandelt und die durch Eindampfen gewonnene Ammoniumbase destilliert[22]). Durch elektrolytische Reduktion von p-Nitrotoluol in konz. salzsaurer Lösung in Anwesenheit von Formaldehyd[23]). Siedep. 208°; spez. Gewicht 0,938 [24]); Siedep. 209,5° bei 760 mm; spez. Gewicht 0,92870 bei 20°/4° [25]). Siedep. 211,2°; spez. Gewicht 0,9502 bei 4°/4°; 0,9424 bei 15°/15° [13]). 1 g Dimethyltoluidin pro die wirkt bei Hunden gewöhnlich

[1]) **Muspratt u. Hofmann**, Annalen d. Chemie u. Pharmazie **54**, 1 [1845].
[2]) **Hofmann**, Berichte d. Deutsch. chem. Gesellschaft **5**, 720 [1874].
[3]) **Rudolf**, Jahresber. d. Chemie **1885**, 2082.
[4]) **H. Müller**, Jahresber. d. Chemie **1864**, 424.
[5]) **Brimmeyer**, Zeitschr. f. Chemie **1865**, 513.
[6]) **Weith u. Merz**, Berichte d. Deutsch. chem. Gesellschaft **2**, 433 [1869].
[7]) Vgl. S. 249.
[8]) **Höchster Farbwerke**, D. R. P. 87615; Friedländers Fortschritte der Teerfarbenfabrikation **4**, 66.
[9]) **Städeler u. Arndt**, Jahresber. d. Chemie **1864**, 425.
[10]) **Mills**, Philos. Mag. [5] **14**, 27 [1906].
[11]) **Muspratt u. Hofmann**, Annalen d. Chemie u. Pharmazie **54**, 16 [1845].
[12]) **Kahlbaum**, Zeitschr. f. physikal. Chemie **26**, 621 [1898].
[13]) **Perkin**, Journ. Chem. Soc. **69**, 1245 [1896].
[14]) **Green**, Berichte d. Deutsch. chem. Gesellschaft **22**, 968 [1889]. — **Jacobson**, Berichte d. Deutsch. chem. Gesellschaft **22**, 330 [1889]. — **Gattermann**, Berichte d. Deutsch. chem. Gesellschaft **22**, 422 [1889]. — **Gattermann u. Pfitzinger**, Berichte d. Deutsch. chem. Gesellschaft **22**, 1063 [1889]. — Vgl. **Friedländer**, Fortschritte der Teerfarbenfabrikation **2**, 286ff.
[15]) **Bischoff u. Walden**, Annalen d. Chemie u. Pharmazie **279**, 134 [1894].
[16]) **Krafft**, Berichte d. Deutsch. chem. Gesellschaft **32**, 1601 [1899].
[17]) **Ullmann**, Berichte d. Deutsch. chem. Gesellschaft **31**, 1699 [1898].
[18]) **Thomsen**, Berichte d. Deutsch. chem. Gesellschaft **10**, 1582 [1877].
[19]) **Nölting**, Berichte d. Deutsch. chem. Gesellschaft **11**, 2279 [1878].
[20]) **Bamberger u. Wulz**, Berichte d. Deutsch. chem. Gesellschaft **24**, 2081 [1891].
[21]) **Thomsen**, Berichte d. Deutsch. chem. Gesellschaft **10**, 1586 [1877].
[22]) **Hübner, Tölle u. Athenstädt**, Annalen d. Chemie u. Pharmazie **224**, 337 [1884].
[23]) **Löb**, Chem. Centralbl. **1898**, 1, 987.
[24]) **Hofmann**, Berichte d. Deutsch. chem. Gesellschaft **5**, 707 [1872].
[25]) **Kahlbaum**, Zeitschr. f. physikal. Chemie **26**, 623, 646 [1898].

in einigen Tagen tödlich [1]). Aus dem ätherischen Harnauszug wurde p-Dimethylenamino-
benzoesäure[1]), wahrscheinlich als gepaarte Glykuronsäure[2]), isoliert. Durch Einwirkung
von H_2O_2 auf p-Dimethyl-p-toluidin bei 60—70° erhält man das

Dimethyl-p-toluidinoxyd $C_9H_{13}ON = CH_3 \cdot C_6H_4 \cdot N \cdot (CH_3)_2 \cdot O$ [3]). Pikrat $C_9H_{13}ON$
$\cdot C_6H_3O_7N_3$, glänzende, schwefelgelbe Nadeln oder Prismen. Schmelzp. 106—107°.

Äthyltoluidin $C_9H_{13}N = CH_3 \cdot C_6H_4 \cdot NH \cdot (C_2H_5)$. Aus Toluidin und Äthyljodid[4]).
Flüssig. Siedep. 217°. Spez. Gewicht 0,9391 bei 15,5°.

Diäthyltoluidin $C_{11}H_{17}N = CH_3 \cdot C_6H_4 \cdot N(C_2H_5)_2$. Aus Äthyltoluidin und Jodäthyl[4]). Flüssig. Siedep. 229°. Spez. Gewicht 0,9242 bei 15,5°.

Formo-p-toluid $C_8H_9ON = CHO \cdot NH \cdot C_6H_4 \cdot CH_3$. Neben Oxatoluid beim Erwärmen
von oxalsaurem p-Toluidin[5]); beim Kochen von Toluidin mit Ameisensäure[6]).

Acet-p-toluid $C_9H_{11}ON = C_2H_3O \cdot NH \cdot C_7H_7$ [7]) [8]). Schmelzp. 153° [9]). Siedep.
307° [10]). Ist nicht giftig; geht beim Hund oder Kaninchen als p-Acetaminobenzoesäure in
den Harn über[11]). Beim Einleiten von salpetriger Säure in eine Eisessiglösung des p-Acet-
toluids erhält man das Nitroso-p-acettoluid $C_9H_{10}O_2N_2 = C_2H_3O \cdot (C_7H_7) \cdot N \cdot NO$ [12]).
Nadeln aus Ligroin. Schmelzp. 80° unter Zersetzung.

p-Tolylphosphindichlorid $C_7H_7PCl_2 = p\text{-}CH_3 \cdot C_6H_4 \cdot PCl_2$

Aus Toluol, Phosphorchlorür und Aluminiumchlorid[13]). Krystallinische Masse. Schmelzp. 25°.
Siedep. 245°. Mit Chlor entsteht

p-Tolylphosphintetrachlorid[13]) $C_7H_7PCl_4 = CH_3 \cdot C_6H_4 \cdot PCl_4$. Schmelzp. 42°. Liefert
mit überschüssigem Wasser

p-Tolylphosphinsäure[14]) $C_7H_9PO_3 = p\text{-}CH_3 \cdot C_6H_4 \cdot PO(OH)_2$. Schmelzp. 189°. Leicht
löslich in Alkohol und Äther.

p-Tolylphosphinigesäure[15]) $C_7H_9PO_2 = p\text{-}CH_3 \cdot C_6H_4 \cdot P(OH)_2$. Entsteht aus dem
Chlorid $C_7H_7PCl_2$ und Wasser. Quadratische Platten aus Alkohol. Schmelzp. 104—105°.
Sehr wenig in Wasser, leicht löslich in Alkohol, schwer in Äther.

Das **o-**[16]) und **m-**[17]) **Tolylphosphindichlorid** entstehen ebenso wie auch das p-Tolyl-
phosphinchlorid aus den drei isomeren o-, m- und p-Quecksilberditolylen und PCl_3. Sie liefern
eine Reihe analoger Derivate wie die p-Verbindung.

o-Tolylarsendichlorid[18]) $C_7H_7AsCl_2 = o\text{-}CH_3 \cdot C_6H_4 \cdot AsCl_2$. Aus o-Quecksilber-
ditolyl mit überschüssigem Arsenchlorür. Siedep. (im Kohlensäurestrom) 264—265°. Unlöslich in Wasser, leicht löslich in Alkohol, Äther und Benzol. Liefert mit Sodalösung

o-Tolylarsenoxyd[18]) $CH_3 \cdot C_6H_4 \cdot AsO$. In heißem Wasser leicht lösliches, in Äther
unlösliches Pulver. Schmelzp. 145—146°.

o-Tolylarsinsäure[19]) $C_7H_9AsO_3 = o\text{-}CH_3 \cdot C_6H_4 \cdot AsO(OH)_2$. Bildet sich bei der Zersetzung des Chlorids $C_7H_7AsCl_4$, einer honigdicken, gelben Flüssigkeit aus dem Dichlorid

[1]) Hildebrandt, Beiträge z. chem. Physiol. u. Pathol. 7, 433 [1905].
[2]) Jaffé, Zeitschr. f. physiol. Chemie 43, 374 [1904].
[3]) Bamberger u. Tschirner, Berichte d. Deutsch. chem. Gesellschaft 32, 353 [1899].
[4]) Morley u. Abel, Annalen d. Chemie u. Pharmazie 93, 313 [1855].
[5]) Hübner, Annalen d. Chemie u. Pharmazie 209, 372 [1881].
[6]) Tobias, Berichte d. Deutsch. chem. Gesellschaft 15, 2446 [1882].
[7]) Panebianco, Jahresber. d. Chemie 1878, 678.
[8]) Riche u. Bérard, Annalen d. Chemie u. Pharmazie 129, 77 [1864].
[9]) Feitler, Zeitschr. f. physikal. Chemie 4, 76 [1889].
[10]) Beilstein u. Kuhlberg, Annalen d. Chemie u. Pharmazie 156, 74 [1870].
[11]) Jaffé u. Hilbert, Zeitschr. f. physiol. Chemie 12, 308 [1886].
[12]) O. Fischer, Berichte d. Deutsch. chem. Gesellschaft 10, 959 [1877].
[13]) Michaelis u. Paneck, Annalen d. Chemie u. Pharmazie 212, 206 (1882].
[14]) Michaelis u. Paneck, Annalen d. Chemie u. Pharmazie 212, 224 [1882].
[15]) Michaelis u. Paneck, Annalen d. Chemie u. Pharmazie 212, 218 [1882].
[16]) Michaelis, Annalen d. Chemie u. Pharmazie 293, 292 [1896].
[17]) Michaelis, Annalen d. Chemie u. Pharmazie 293, 303 [1896].
[18]) La Coste u. Michaelis, Annalen d. Chemie u. Pharmazie 201, 246 [1880].
[19]) La Coste u. Michaelis, Annalen d. Chemie u. Pharmazie 201, 255 [1880].

und Chlor, mit Wasser. In heißem Wasser ziemlich leicht, in Alkohol sehr leicht lösliche Nadeln. Schmelzp. 159—160".

Analog entstehen

p-Tolylarsendichlorid[1]) p-CH$_3$ · C$_6$H$_4$ · AsCl$_2$. Tafeln. Schmelzp. 31°. Siedep. 267° (im Kohlensäurestrom).

p-Tolylarsenoxyd[1]) p-CH$_3$ · C$_6$H$_4$ · AsO. Schmelzp. 156°.

p-Tolylarsinsäure.[1]) Dünne Nadeln aus Wasser. Bräunt sich bei 300°, ohne zu schmelzen.

Tritolylstibin C$_{21}$H$_{21}$Sb = Sb(C$_6$H$_4$ · CH$_3$)$_3$. Die drei isomeren Verbindungen entstehen aus den drei isomeren Bromtoluolen, Antimontribromid SbBr$_3$ und Natrium in Benzollösung.

o-Tritolylstibin.[2]) Kleine, glänzende Krystalle aus Alkohol. Schmelzp. 79—80°. Sehr leicht löslich in Äther, Benzol, Chloroform und Petroläther, schwieriger in Alkohol. — **Chlorid** (C$_7$H$_7$)$_3$SbCl$_2$. Nadeln aus Alkohol und Chloroform. Schmelzp. 178—179". — **Bromid** (C$_7$H$_7$)$_3$SbBr$_2$. Schmelzp. 209—210". — **Jodid** (C$_7$H$_7$)$_3$SbJ$_2$. Schmelzp. 174—175° unter Zersetzung. — **Oxyd** (C$_7$H$_7$)$_3$SbO. Amorphes, in Essigsäure leicht lösliches Pulver. Schmelzp. gegen 220".

m-Tritolylstibin[3]). Krystalle aus Ligroin. Schmelzp. 67—68°. Spez. Gewicht 1,3957 bei 15,7°/4°. In Äther, Benzol, Chloroform, Eisessig sehr leicht, in Alkohol und Ligroin etwas schwieriger löslich. — **Chlorid.** Schmelzp. 137—138". — **Bromid.** Schmelzp. 113°. — **Jodid.** Schmelzp. 138—139" unter Zersetzung. — **Oxyd.** Amorphes Pulver, erweicht gegen 185°.

p-Tritolylstibin[4]). Große, wasserklare, hexagonale Rhomboeder[5]) aus Äther. Schmelzp. 127—128°. Spez. Gewicht 1,35 448 bei 15,6°/4°. Sehr leicht in Chloroform, weniger leicht in Äther und Benzol, schwierig in Alkohol und Ligroin löslich. — **Chlorid.** Schmelzp. 156—157". — **Bromid.** Schmelzp. 233—234". — **Jodid.** Schmelzp. 182—183°. — **Oxyd.** Amorphes Pulver, schmilzt gegen 220".

o-Wismuttritolyl C$_{21}$H$_{21}$Bi = (o-CH$_3$ · C$_6$H$_4$)$_3$Bi. Aus Wismutnatrium und o-Bromtoluol bei 180°[6]). Rhomboedrische Krystalle aus Benzol. Schmelzp. 128,5°. Leicht löslich in Chloroform und Benzol.

p-Wismuttritolyl (p-CH$_3$ · C$_6$H$_4$)$_3$Bi[7]). Aus p-Bromtoluol und Wismutnatrium unter Zusatz von etwas Essigäther bei 180°. Lange, flache Prismen aus Alkohol-Chloroform. Schmelzp. 120°. In Äther, Benzol, Chloroform und Ligroin leicht, in kaltem Alkohol schwer löslich.

o-Tolylborchlorid C$_7$H$_7$BCl$_2$ = o-CH$_3$ · C$_6$H$_4$ · BCl$_2$[8]). Aus Quecksilberdi-o-tolyl und Bortrichlorid bei 150—180°. Schmelzp. 6°. Siedep. 193°. Geht mit Wasser über in

o-Tolylborsäure C$_7$H$_9$BO$_2$ = o-CH$_3$ · C$_6$H$_4$ · B(OH)$_2$[9]). Nädelchen aus Wasser. Schwer löslich in kaltem Wasser und Ligroin, leicht in Alkohol und Äther. Bildet leicht das Anhydrid

o-Tolylboroxyd C$_7$H$_7$ · BO = o-CH$_3$ · C$_6$H$_4$ · BO[9]). Schmelzp. 160—161°.

p-Tolylborchlorid C$_7$H$_7$BCl$_2$ = p-CH$_3$ · C$_6$H$_4$ · BCl$_2$[10]). Schmelzp. 27°.

p-Tolylborsäure C$_7$H$_9$BO$_2$ = p-CH$_3$ · C$_6$H$_4$ · B(OH)$_2$[10]). Schmelzp. 240°.

p-Siliciumtolylchlorid C$_7$H$_7$SiCl$_3$ = CH$_3$ · C$_6$H$_4$ · SiCl$_3$. Aus p-Quecksilbertolyl und Chlorsilicium bei 300—320°[11]). Stark lichtbrechende, an der Luft rauchende Flüssigkeit. Schwerer als Wasser. Siedep. 218—220°. Gibt mit verdünntem Ammoniak

p-Siliciumtolylsäure C$_7$H$_8$SiO$_2$ = CH$_3$ · C$_6$H$_4$ · SiO · OH[12]). Aus Äther scheidet sie sich ölig ab, wird allmählich zäh. Geht beim Erhitzen in das Anhydrid (C$_7$H$_7$SiO)$_2$O über.

m-Siliciumtetratolyl C$_{28}$H$_{28}$Si = Si(m-CH$_3$ · C$_6$H$_4$)$_4$. Aus m-Bromtoluol, Siliciumtetrachlorid und Natrium[13]). Gelbe Prismen aus Äther. Schmelzp. 150,8°. Spez. Gewicht

[1]) La Coste u. Michaelis, Annalen d. Chemie u. Pharmazie **201**, 246 [1880].
[2]) Michaelis u. Genzken, Annalen d. Chemie u. Pharmazie **242**, 176 [1888].
[3]) Michaelis u. Genzken, Annalen d. Chemie u. Pharmazie **242**, 184 [1888].
[4]) Michaelis u. Genzken, Annalen d. Chemie u. Pharmazie **242**, 167 [1888].
[5]) Arzruni, Annalen d. Chemie u. Pharmazie **242**, 169 [1873].
[6]) Gillmeister, Berichte d. Deutsch. chem. Gesellschaft **30**, 2846 [1897].
[7]) Michaelis u. Marquardt, Annalen d. Chemie u. Pharmazie **251**, 331 [1889].
[8]) Michaelis u. Behrens, Berichte d. Deutsch. chem. Gesellschaft **27**, 247 [1894].
[9]) Michaelis u. Behrens, Berichte d. Deutsch. chem. Gesellschaft **27**, 248 [1894].
[10]) Michaelis u. Becker, Berichte d. Deutsch. chem. Gesellschaft **15**, 185 [1882].
[11]) Ladenburg, Annalen d. Chemie u. Pharmazie **173**, 165 [1874].
[12]) Ladenburg, Annalen d. Chemie u. Pharmazie **173**, 166 [1874].
[13]) Polis, Berichte d. Deutsch. chem. Gesellschaft **19**, 1021 [1886].

1,1188 bei 20°. Siedet unzersetzt oberhalb 550°. Leicht löslich in Benzol, Chloroform, etwas schwerer in Äther, Ligroin, Schwefelkohlenstoff; fast unlöslich in Alkohol.

p-Siliciumtetratolyl $C_{28}H_{28}Si = Si(p\text{-}CH_3 \cdot C_6H_4)_4$ [1]). Monoklin [2]). Schmelzp. 228°. Siedet unzersetzt oberhalb 450°. Spez. Gewicht 1,0793 bei 20°. Löslichkeit ähnlich dem o-Derivat.

Magnesiumbrom- und -jodtoluole [3]) $C_6H_3 \cdot C_6H_4 \cdot MgBr$ und $CH_3 \cdot C_6H_4MgJ$ bilden sich leicht aus den verschiedenen isomeren Brom- und Jodtoluolen und Magnesium in ätherischer Lösung bei Gegenwart von etwas Jod. Sind sehr reaktionsfähig.

Quecksilber-o-tolyl $C_{14}H_{14}Hg = (o\text{-}CH_3 \cdot C_6H_4)_2Hg$. Aus o-Bromtoluol, Natriumamalgam und Essigäther [4]). Große, trikline Tafeln aus Benzol. Schmelzp. 107°. Siedep. 219° bei 14 mm [5]).

Quecksilber-o-tolylchlorid $C_7H_7 \cdot HgCl$. Aus Quecksilber-o-tolyl und Quecksilberchlorid [6]). Aus Toluol entsteht beim Kochen mit Quecksilberacetat $Hg(C_2H_3O_2)_2$ o- und p-Quecksilbertolylacetat,

die mit Kochsalz in die entsprechenden Chloride übergehen [7]). Feine Nadeln aus Alkohol. Schmelzp. 145—146°.

Quecksilber-m-tolyl. [8]) Schmelzp. 102°.

Quecksilber-m-tolylchlorid. [9]) Schmelzp. 159—160°. — **m-Bromid** [10]) $m\text{-}CH_3 \cdot C_6H_4 \cdot HgBr$. Schmelzp. 183—184°. — **m-Jodid** [10]) $m\text{-}CH_3 \cdot C_6H_4 \cdot HgJ$. Schmelzp. 161—162°. — **m-Acetat** [10]) $m\text{-}CH_3 \cdot C_6H_4Hg \cdot OCOCH_3$. Schmelzp. 83—84°.

Quecksilber-p-tolyl. [11]) Schmelzp. 238° [12]). — **p-Chlorid** $p\text{-}C_7H_7 \cdot HgCl$ [13]). Schmelzp. 232—233°. — **p-Jodid** [11]) $p\text{-}C_7H_7 \cdot HgJ$. Schmelzp. 220°. — **p-Acetat** [11]) $p\text{-}C_7H_7 \cdot Hg \cdot C_2H_3O_2$. Schmelzp. 153°. In kaltem Wasser fast unlöslich.

p-Bleitetratolyl $C_{28}H_{28}Pb = Pb(C_6H_4 \cdot CH_3)_4$ [14]). Aus p-Bromtoluol und Bleinatrium unter Zusatz von Essigäther und Toluol. Schmelzp. 239—240°. Spez. Gewicht 1,4329 bei 20°. Bei der Einwirkung von Chlor in Schwefelkohlenstofflösung entsteht

p-Bleiditolylchlorid $C_{14}H_{14}Cl_2Pb = Cl_2Pb(C_6H_4 \cdot CH_3)_2$ [15]). In Äther und Alkohol unlösliches, in Chloroform, Schwefelkohlenstoff und Benzol schwer lösliches Pulver.

o-Xylol.

Mol.-Gewicht 106.
Zusammensetzung: 90,57% C, 9,43% H.

$$C_8H_{10}.$$

Vorkommen: Im Petroleum; es wurde nachgewiesen im galizischen Erdöl [16]), in dem von Baku [17]), ferner im rumänischen, indischen und pennsylvanischen Petroleum.

[1]) Polis, Berichte d. Deutsch. chem. Gesellschaft **18**, 1542 [1885].
[2]) Arzruni, Berichte d. Deutsch. chem. Gesellschaft **19**, 1019 [1886].
[3]) Tissier u. Grignard, Compt. rend. de l'Acad. des Sc. **132**, 1183 [1900].
[4]) Ladenburg, Annalen d. Chemie u. Pharmazie **173**, 162 [1874].
[5]) Zeiser, Berichte d. Deutsch. chem. Gesellschaft **28**, 1670 [1895].
[6]) Michaelis u. Genzken, Annalen d. Chemie u. Pharmazie **242**, 180 [1888].
[7]) Dimroth, Berichte d. Deutsch. chem. Gesellschaft **32**, 761 [1899].
[8]) Michaelis, Berichte d. Deutsch. chem. Gesellschaft **28**, 588 [1895].
[9]) Michaelis, Berichte d. Deutsch. chem. Gesellschaft **28**, 589 [1895].
[10]) Michaelis, Berichte d. Deutsch. chem. Gesellschaft **28**, 590 [1895].
[11]) Otto u. Dreher, Annalen d. Chemie u. Pharmazie **154**, 171 [1870].
[12]) Ladenburg, Annalen d. Chemie u. Pharmazie **173**, 163 [1874].
[13]) Otto, Journ. f. prakt. Chemie [2] **1**, 185 [1870].
[14]) Polis, Berichte d. Deutsch. chem. Gesellschaft **20**, 721 [1887].
[15]) Polis, Berichte d. Deutsch. chem. Gesellschaft **21**, 3425 [1888].
[16]) Pebal, Annalen d. Chemie u. Pharmazie **113**, 151 [1860].
[17]) De Boissieu, Chem.-Ztg. **1892**.

Bildung: Bei der trocknen Destillation der Steinkohlen. Aus p-Xylylsäure bei der Destillation mit Kalk[1]. Aus o-Bromtoluol und Methyljodid mit Natrium[2][3]. Rein aus Cantharidin beim Erhitzen mit überschüssigem Phosphorpentasulfid[4].

Darstellung: Rohxylol aus Steinkohlenteer wird mit konz. Schwefelsäure geschüttelt. Dabei werden o- und m-Xylol, nicht aber p-Xylol, in lösliche Sulfosäuren übergeführt[5]. Aus der Lösung der Natriumsalze dieser Sulfosäuren scheidet sich beim Einengen zuerst o-xylolsulfosaures Na ab, aus dem durch Erhitzen mit konz. Salzsäure im Rohr o-Xylol gewonnen wird. Man leitet in ein Gemenge von Toluol (5 T.) und AlCl$_3$ (1 T.) bei 80—85° Methylchlorid ein[6].

Physikalische und chemische Eigenschaften: Flüssigkeit. Erstarrt in einer Kältemischung. Erstarrungsp. —45°[7]. Schmelzp. —28° bis —28,5°[8]. Siedep. 141,9°[9]; 141° bei 756,2 mm[10]; 142,6° (i. D.); bei vermindertem Druck[11]. Spez. Gewicht 0,8932 bei 0°[9]; 0,7559 bei 141°[10]; 0,8903 bei 4°/4°; 0,8899 bei 8,5°/4°; 0,8818 bei 15°/15°; 0,8752 bei 25°/25°; bei vermindertem Druck[11]; ferner vgl. Landolt[12]. Dampfdruck bei verschiedenen Temperaturen[13]. Kritische Temperatur 358,3°[14]. Kritischer Druck 36,9°[14]. Molekulare Verbrennungswärme 1084,22 Cal.[15]. Ausdehnung V == 1 + 91734 · 10^{-8} · t + 13245 · 10^{-10} · t^2 + 19586 · 10^{-13} · t^1[9]. Capillaritätskonstante bei Siedep. a^2 == 4,437[10]. Brechungsvermögen[12][16]. Dielektrizitätskonstante[12][17]. Elektromagnetische Drehung s = 2,2596[18]. Magnetische Suszeptibilität[19]. Magnetisches Drehungsvermögen[20][21]. Verdünnte Salpetersäure oxydiert zu o-Toluylsäure. Salpeter-Schwefelsäuremischung bildet keine festen Nitrokörper (wie mit m- und p-Xylol). Chromsäuremischung verbrennt o-Xylol vollständig zu Kohlendioxyd[22]; während Chromsäure in einem Gemisch von Schwefelsäure und Essigsäureanhydrid zu Phthalaldehyd-Tetraacetat oxydiert[22][23]. Oxydation mit Kaliumpermanganat in kochender Lösung liefert Phthalsäure[22]. Elektrolytische Oxydation in Aceton-Schwefelsäurelösung (25—30°, o-Toluylaldehyd)[22]. Beim Erhitzen mit gesättigter Jodwasserstoffsäure auf 250—280° entstehen Toluol, Dimethylcyclohexan, Methylcyclohexan und methylierte Pentamethylene[24]. Beim Erhitzen mit Aluminiumchlorid im Salzsäurestrom auf 100° bildet sich hauptsächlich m-Xylol, daneben in geringen Mengen p-Xylol, Mesitylen und Pseudocumol[25].

a-o-Xylolsulfosäure, 1, 2-Xylol-4-sulfosäure $C_8H_9SO_3H \cdot 2 H_2O$[26)

$$CH_3 — \quad \boxed{ \quad — SO_3H } \quad + 2 H_2O$$
$$CH_3$$

[1] Fittig u. Bieber, Annalen d. Chemie u. Pharmazie **156**, 238 [1870]. — Zaloziecki, Anzeiger d. Akad. d. Wissensch. Krakau **1903**, 228; Chem. Centralbl. **1903**, II, 194.

[2] Jannasch u. Hübner, Annalen d. Chemie u. Pharmazie **170**, 117 [1873].

[3] Reymann, Bulletin de la Soc. chim. **26**, 532 [1876].

[4] Piccard, Berichte d. Deutsch. chem. Gesellschaft **12**, 580 [1879].

[5] Jacobsen, Berichte d. Deutsch. chem. Gesellschaft **10**, 1009 [1877].

[6] Jacobsen, Berichte d. Deutsch. chem. Gesellschaft **14**, 2628 [1881].

[7] Altschul u. Schneider, Zeitschr. f. physikal. Chemie **16**, 24 [1895].

[8] Colson, Annales de Chim. et de Phys. [6] **6**, 128 [1885].

[9] Pinette, Annalen d. Chemie u. Pharmazie **243**, 50 [1888].

[10] R. Schiff, Annalen d. Chemie u. Pharmazie **223**, 66 [1884].

[11] Neubeck, Zeitschr. f. physikal. Chemie **1**, 660 [1887].

[12] Landolt u. Jahn, Zeitschr. f. physikal. Chemie **10**, 300 [1892].

[13] Woringer, Zeitschr. f. physikal. Chemie **34**, 263 [1900].

[14] Altschul, Zeitschr. f. physikal. Chemie **11**, 590 [1893].

[15] Stohmann u. Altschul, Journ. f. prakt. Chemie [2] **35**, 41 [1887].

[16] Brühl, Journ. f. prakt. Chemie [2] **50**, 140 [1894].

[17] Drude, Zeitschr. f. physikal. Chemie **23**, 309 [1897].

[18] Schönrock, Zeitschr. f. physikal. Chemie **11**, 785 [1893].

[19] Freitag, Chem. Centralbl. **1900**, II, 156.

[20] Perkin, Journ. Chem. Soc. **69**, 124 [1896].

[21] Perkin, Journ. Chem. Soc. **77**, 277 [1900].

[22] Law u. Perkin, Faraday Lecture **1904**; Chem. Centralbl. **1905**, I, 359.

[23] Thiele u. Winter, Annalen d. Chemie u. Pharmazie **311**, 353 [1900].

[24] Markownikow, Berichte d. Deutsch. chem. Gesellschaft **30**, 1218 [1897].

[25] Heise u. Töhl, Annalen d. Chemie u. Pharmazie **270**, 168 [1892].

[26] Krüger, Berichte d. Deutsch. chem. Gesellschaft **18**, 1760 [1885].

Entsteht als einziges Produkt bei der Einwirkung schwach erwärmter gewöhnlicher Schwefelsäure auf o-Xylol. Krystalle aus verdünnter Schwefelsäure in Form langgestreckter, rechtwinkliger Tafeln. Die Stellung der Sulfogruppe geht aus der Bildung von p-Xylylsäure beim Erhitzen des Kaliumsalzes der Sulfosäure mit Natriumformiat hervor[1]). Salze[2]). Liefert bei der Einwirkung von Chlorsulfonsäure bei 150°

1, 2-Xylol-4, 6(?)-disulfosäure (a-o-Xyloldisulfosäure) [3]) $C_8H_{10}S_2O_6$

$$SO_3H - \bigcirc - SO_3H \ (?)$$
$$CH_3 - \quad \quad$$
$$CH_3$$

Nitrierung des o-Xylols[4]): Rauchende Salpetersäure erzeugt unterhalb —4° nur Dinitro-o-xylole; wird nicht wenigstens die sechsfache Menge Salpetersäure angewendet, so bleibt ein Teil des Kohlenwasserstoffs unverändert. 10 Gewichtsteile Salpetersäure erzeugen bei 22—25° die theoretische Menge Dinitroxylol; bei Zusatz von Essigsäure entsteht nur Mononitroxylol. Der Reaktionsverlauf ist anders, wenn die Salpetersäure zu dem Xylol hinzugefügt wird. Fügt man unterhalb 0° Salpeter-Schwefelsäure zu o-Xylol, so entsteht vorwiegend 3-Nitro- und etwas 4-Nitro-o-xylol. Setzt man das Xylol zur Salpeter-Schwefelsäure, so bildet sich nur Dinitroxylol. Erhitzt man eine Lösung von o-Xylol in etwa dem 10fachen Volumen Salpeter-Schwefelsäure (1 T. Salpetersäure D : 1,5, 2 T. konz. H_2SO_4) 15 Stunden auf dem Wasserbad, so erhält man 3, 4, 5-Trinitro-o-xylol und 3, 4, 6-Trinitro-o-xylol[5]).

Mononitro-o-xylole.[4]) Man läßt 1 Gewichtsteil o-Xylol tropfenweise zu 6 Gewichtsteilen mit dem halben Volumen Eisessig vermischen, rauchende Salpetersäure bei 20—25° zutropfen, gießt in Wasser, äthert aus, wäscht den Äther mit Natronlauge und Wasser und fraktioniert den getrockneten Ätherrückstand im Vakuum. Aus der bei 36 mm bis 196° übergegangenen Fraktion scheidet man durch Abkühlung und Absaugen in der Kälte, sowie durch nochmalige Fraktionierung des festen und öligen Teils das krystallisierende 4-Nitro-o-xylol $C_8H_9O_2N$ und das ölige 3-Nitro-o-xylol $C_8H_9O_2N$ ab.

(v- oder) 3-Nitro-o-xylol $C_8H_9O_2N$

$$\bigcirc - CH_3$$
$$\quad - CH_3$$
$$NO_2$$

Entsteht bei der Einwirkung einer gut gekühlten Salpeter-Schwefelsäuremischung auf o-Xylol neben dem isomeren 4-Nitroxylol[6]). Man wäscht mit Natronlauge und destilliert mit Wasserdampf, wobei zuerst das flüchtigere 3-Nitroxylol übergeht. Flüssigkeit vom Siedep. 250° (i. D.) bei 739 mm. Spez. Gewicht 1,147 bei 15°. Gelbliches Öl. Siedep. 245—246° bei 760 mm, 131° bei 20 mm[4]). Erstarrt in der Kältemischung; schmilzt bei 7—9°. Durch Salpetersäure 1,15 wird es zu 3-Nitrophthalsäure, gelbe Prismen, Schmelzp. 217°, Anhydrid 163 bis 164°, oxydiert.

(a- oder) 4-Nitro-o-xylol $C_8H_9O_2N$

$$NO_2$$
$$\bigcirc CH_3$$
$$CH_2$$

Entsteht bei der Einwirkung der 8—10fachen Menge kalter rauchender Salpetersäure auf o-Xylol[7]); s. f. 3-Nitroxylol[6]). Hellgelbe, glasglänzende Krystalle in Gestalt langer Nadeln vom Schmelzp. 29°. Siedep. 258° (i. D.) teilweise unter Zersetzung; 248° (i. D.) bei 580 mm ohne Zersetzung. Spez. Gewicht 1,139 bei 30°. Bei 0° in Alkohol ziemlich leicht löslich,

[1]) J a c o b s e n, Berichte d. Deutsch. chem. Gesellschaft **11**, 22 [1878].
[2]) J a c o b s e n, Berichte d. Deutsch. chem. Gesellschaft **10**, 1011 [1877].
[3]) P f a n n e n s t i l l, Journ. f. prakt. Chemie [2] **46**, 155 [1892].
[4]) A. W. C r o s s l e y u. N. R e n o u f, Journ. Chem. Soc. **95**, 202 [1909].
[5]) Vgl. dazu N ö l t i n g u. T h o m s e n, Berichte d. Deutsch. chem. Gesellschaft **35**, 628 [1902].
[6]) N ö l t i n g u. F o r e l, Berichte d. Deutsch. chem. Gesellschaft **18**, 2670 [1885].
[7]) J a c o b s e n, Berichte d. Deutsch. chem. Gesellschaft **17**, 160 [1884].

oberhalb 30° in jedem Verhältnis mischbar. Schmelzp. 30°. Siedep. 254° bei 748 mm, 143° bei 21 mm[1]). Leicht löslich in organischen Flüssigkeiten. Bei der Oxydation mit Salpetersäure 1,15 (10 ccm auf 1 g, 6 Stunden auf 170—180°) entsteht quantitativ 4-Nitrophthalsäure. Schmelzp. 165°. Anhydrid, Schmelzp. 119°.

o-Tolylnitromethan $C_8H_9O_2N$

$$\text{Ring} \begin{cases} -CH_3 \\ -CH_2 \cdot NO_2 \end{cases}$$

Aus o-Xylol und Salpetersäure. Spez. Gewicht 1,075 bei 110°[2]). Schmelzp. 12—14°. Siedep. 145—146° bei 23 mm. Spez. Gewicht 1,1423 bei 18°/0°. Brechungsindex 1,5439 bei 18°. Scheidet beim Stehen einen festen stickstoffreicheren Körper, Schmelzp. 238—242°, ab. Unlöslich in Wasser, Soda- und Alkalilösung. Cu-Salz ist in Äther und Benzol, Ag-Salz in Benzol löslich. Gibt bei der Reduktion das **Amin** $C_8H_{11}N = C_6H_4 \big\langle {}^{CH_3}_{CH_2NH_2}$ ${}^1_2$. Erstarrt in der Kälte, Siedep. 205,5—206° bei 745 mm. Spez. Gewicht 0,9768 bei 0°/0°; 0,9768 bei 19°/0°. Brechungsindex 1,5436 bei 19°. Chlorhydrat, Schmelzp. 219—220°.

4, 5-Dinitro-o-xylol $C_8H_8O_4N_2$ [1])

$$\begin{matrix} & CH_3 & \\ & \diagup\!\!\diagup \ CH_3 & \\ O_2N & | \quad | & \\ & NO_2 & \end{matrix}$$

Durch Einwirkung von Salpeter-Schwefelsäure auf 4-Nitro-o-xylol[3]). Aus warmer Schwefelsäure (10 T.) kommt es beim Abkühlen in weißen Nadeln heraus. Schmelzp. 115°. Wenig löslich in Petroläther, Alkohol; leicht löslich in anderen organischen Lösungsmitteln. Aus der schwefelsauren Mutterlauge fällt mit Wasser

4, 6-(3, 5)-Dinitro-o-xylol [1]) $C_8H_8O_4N_2$

$$\begin{matrix} & CH_3 & \\ O_2N & \diagup\!\!\diagup \ CH_3 & \\ & | \quad | & \\ & NO_2 & \end{matrix}$$

Man erhält es besser durch Zusatz von o-Xylol zur 10fachen Menge rauchender Salpetersäure bei 22—25°. Nach Abscheidung der 4-5-Verbindung mit konz. Schwefelsäure krystallisiert man aus Alkohol um. Gelbliche Nadeln aus Chloroform und Petroläthergemisch. Schmelzp. 75—76° nach Sintern von 71°. Aus den alkoholischen Mutterlaugen der Darstellung der 4, 6-Verbindung erhält man durch nochmaliges fraktioniertes Krystallisieren erst einmal aus Schwefelsäure, dann mehrfach aus Alkohol das

3, 4-Dinitro-o-xylol[1]) $C_8H_8O_4N_2$

$$\begin{matrix} & CH_3 & \\ & \diagup\!\!\diagup \ CH_3 & \\ & | \quad | NO_2 & \\ & NO_2 & \end{matrix}$$

Nadeln aus Alkohol. Schmelzp. 82°. Leicht löslich in den organischen Lösungsmitteln, außer Alkohol und Petroläther; krystallisiert aus konz. oder wenig verdünnter Schwefelsäure.

3, 6-Dinitro-o-xylol[1]) $C_8H_8O_4N_2$

$$\begin{matrix} & CH_3 & \\ NO_2 & \diagup\!\!\diagup \ CH_3 & \\ & | \quad | NO_2 & \end{matrix}$$

Entsteht als Nebenprodukt bei der Nitrierung von 3-Nitroxylol, wenn man 40 ccm rauchende Salpetersäure zu 20 g 3-Nitro-o-xylol hinzufügt, neben der 3, 4- und 3, 5-Verbindung. Ist

---

[1]) A. W. Crossley u. N. Renouf, Journ. Chem. Soc. **95**, 202 [1909].

[2]) M. Konowalow, Journ. d. russ. physikal.-chem. Gesellschaft **37**, 537 [1905]. — Vgl. Goldberg, Berichte d. Deutsch. chem. Gesellschaft **33**, 2818 [1900]. — W. Wislicenus u. Wren, Berichte d. Deutsch. chem. Gesellschaft **38**, 503 [1905].

[3]) Nölting u. Thesmar, Berichte d. Deutsch. chem. Gesellschaft **35**, 628 [1902].

in Alkohol und konz. Schwefelsäure am leichtesten von den Reaktionsprodukten löslich. Farblose Krystalle. Schmelzp. 56—60°. Sehr leicht löslich in den organischen Lösungsmitteln, nur in Alkohol und Petroläther wenig löslich.

3, 4, 5-Trinitroxylol[1]) $C_8H_7O_6N_3$

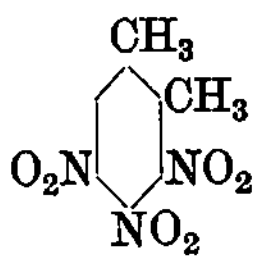

$$\begin{array}{c} CH_3 \\ \overset{CH_3}{\underset{NO_2}{O_2N \bigcirc NO_2}} \end{array}$$

Bildung siehe oben. Scheidet sich aus der Lösung des Reaktionsprodukts in der 10 fachen Menge Schwefelsäure ab. Farblose Nadeln aus Alkohol. Schmelzp. 115°. Leicht löslich in Chloroform, Benzol, Essigester, Aceton; löslich in Alkohol. Aus der schwefelsauren Mutterlauge wird mit Wasser ausgefällt das

3, 4, 6-Trinitro-o-xylol[1]) $C_8H_7O_6N_3$

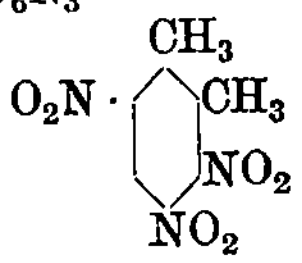

$$\begin{array}{c} CH_3 \\ \overset{CH_3}{\underset{NO_2}{O_2N \cdot \bigcirc NO_2}} \end{array}$$

Gelbliche Nadeln. Schmelzp. 72°. Leicht löslich in organischen Flüssigkeiten, außer Alkohol und Petroläther. Färbt sich am Licht gelb.

o-Xylolhexachlorid $C_6H_4Cl_6(CH_3)_2$

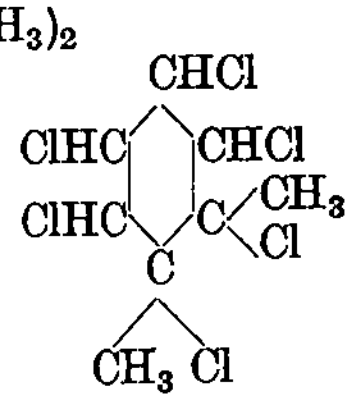

$$\begin{array}{c} CHCl \\ ClHC \bigcirc CHCl \\ ClHC \underset{C}{\bigcirc} C\!<\!\overset{CH_3}{Cl} \\ \overset{}{CH_3}\ Cl \end{array}$$

Entsteht in geringer Menge beim Chlorieren von o-Xylol in direktem Sonnenlicht[2]). Rhombische Krystalle. Schmelzp. 194,5°. Siedep. 260—265°.

3-Chlorxylol $C_8H_3Cl(CH_3)_2$

$$\begin{array}{c} Cl \\ \bigcirc CH_3 \\ CH_3 \end{array}$$

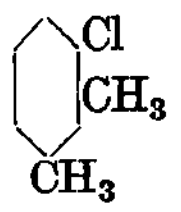

Aus o-Xylol durch Chlorieren bei Anwesenheit von Jod[3])[4]) neben 4-Chlorxylol. Die beiden Chlorderivate werden in Form der Bariumsalze ihrer Sulfosäuren, die sich in ihrer Wasserlöslichkeit stark unterscheiden, getrennt[3]). Flüssigkeit. Erstarrt nicht bei —20°. Siedep. 189,5° (korr.).

4-Chlorxylol $C_6H_3Cl(CH_3)_2$

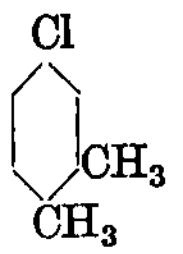

$$\begin{array}{c} Cl \\ \bigcirc \\ CH_3 \\ CH_3 \end{array}$$

Darstellung siehe bei 3-Chlorxylol[3]). Beim Chlorieren von o-Xylol entsteht nur 4-Chlor-o-xylol und 4, 5-Dichlor-o-xylol. Flüssigkeit. Erstarrt nicht bei —20°. Siedep. 191,5° (korr.). Spez. Gewicht 1,0692 bei 15°.

1¹-Chlorxylol, o-Xylylchlorid C_8H_9Cl

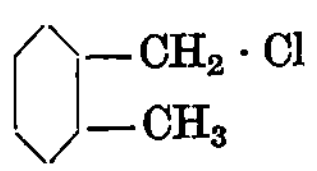

$$\begin{array}{c} \bigcirc\!\!-CH_2 \cdot Cl \\ \!\!-CH_3 \end{array}$$

Durch Einwirkung von Chlor in der Siedehitzte[5]) oder im direkten Sonnenlichte[2]). Flüssigkeit vom Siedep. 197—199°.

1) A. W. Crossley u. N. Renouf, Journ. Chem. Soc. **95**, 202 [1909].
2) Radziewanowski u. Schramm, Chem. Centralb. **1898**, I, 1019.
3) Krüger, Berichte d. Deutsch. chem. Gesellschaft **18**, 1755, 1757 [1885].
4) Claus u. Kautz, Berichte d. Deutsch. chem. Gesellschaft **18**, 1368 [1885]. — Claus u. Gronewey, Journ. f. prakt. Chemie [2] **43**, 256 [1891].
5) Rayman, Bulletin de la Soc. chim. **26**, 534 [1876].

4, 5-Dichlorxylol $C_8H_8Cl_2$

Existiert in zwei Modifikationen, die beide beim Chlorieren des o-Xylols entstehen, vorwiegend aber die flüssige [1][2]), die bei 0° zu Krystallen erstarrt, vom Schmelzp. 3°; Siedep. 227°. Die feste Modifikation krystallisiert aus Alkohol in langen Nadeln vom Schmelzp. 73°.

o-Xylylenchlorid, $1^1, 2^1$-Dichlor-o-xylol $C_8H_8Cl_2$

Entsteht bei der Einwirkung von Chlor im direkten Sonnenlichte[6]), oder durch Erhitzen von o-Xylol mit Phosphorpentachlorid auf 190° [4]). Auch aus Phthalylalkohol $C_6H_5(CH_2OH)_2$ mit konz. Salzsäure[5]). Lange, prismatische Krystalle vom Schmelzp. 54,6—54,8° [6]); 55° [3]). Siedep. 239—241° [6]). Spez. Gewicht 1,393 bei 0° [6]). Spez. Wärme zwischen 0° und 50° 0,283 [6]). Sehr leicht löslich in Äther, Alkohol, Chloroform, Ligroin. Lösungen besitzen äußerst stechenden Geruch.

o-Xylylidenchlorid, $1^1, 1^1$-Dichlor-o-xylol (?) $C_8H_8Cl_2$

Entsteht bei der Einwirkung von Chlor in der Siedehitze[7]). Tafelförmige Krystalle vom Schmelzp. 103°. Siedet nicht ohne Zersetzung bei 225°. Eine weitere Dichlorverbindung unbekannter Konstitution bei der Einwirkung von Chlor in der Siedehitze[7]). Schmelzp. 83°. In Äther sehr schwer löslich.

Trichlor-o-xylol $C_8H_7Cl_3$. Entsteht beim Chlorieren des o-Xylols[1]). Lange, glänzende, nadelförmige Krystalle vom Schmelzp. 93°. Siedep. 265°. In Äther sehr leicht, in Benzol oder Chloroform leicht, in kaltem Alkohol sehr wenig löslich.

3, 4, 5, 6-Tetrachlor-o-xylol $C_8H_6Cl_4$

Entsteht beim Chlorieren des o-Xylols[8]). Krystallisiert in langen Nadeln vom Schmelzp. 215° [8]). Sublimierbar. Spez. Gewicht 1,601[9]). Spez. Wärme[9]). Schmelzwärme[9]). Mit Wasserdämpfen nicht flüchtig. In Äther oder Benzol leicht, in kaltem Alkohol wenig löslich.

ω_2- oder $1^1, 1^1, 2^1, 2^1$-Tetrachlorxylol $C_8H_6Cl_4$

Entsteht beim Erhitzen von o-Xylol mit 4 Mol. Phosphorpentachlorid auf 150° [10]) oder durch Einwirkung von Chlor bei 140° und dann bei 160—170° [11]). Trikline[12]) Krystalle vom Schmelz-

[1]) Claus u. Kautz, Berichte d. Deutsch. chem. Gesellschaft **18**, 1368 [1885]. — Claus u. Gronewey, Journ. f. prakt. Chemie [2] **43**, 256 [1891].

[2]) Koch, Berichte d. Deutsch. chem. Gesellschaft **23**, 2321 [1890].

[3]) Radziewanowski u. Schramm, Chem. Centralb. **1898**, I, 1019.

[4]) Colson u. Gautier, Annales de Chim. et de Phys. [6] **6**, 109 [1885]; **11**, 22 [1887].

[5]) Hessert, Berichte d. Deutsch. chem. Gesellschaft **12**, 648 [1879].

[6]) Colson, Bulletin de la Soc. chim. **46**, 2 [1886].

[7]) Rayman, Bulletin de la Soc. chim. **26**, 534 [1876].

[8]) Claus u. Kautz, Berichte d. Deutsch. chem. Gesellschaft **18**, 1369 [1885].

[9]) Colson, Jahresber. d. Chemie **1887**, 752.

[10]) Colson u. Gautier, Annales de Chim. et de Phys. [6] **11**, 25—26 [1887].

[11]) Hjelt, Berichte d. Deutsch. chem. Gesellschaft **18**, 2879 [1885].

[12]) Wilk, Berichte d. Deutsch. chem. Gesellschaft **18**, 2879 [1885].

punkt 89° [1]); 86° [2]). Siedep. 273—274° [1]). Spez. Gewicht 1,601 bei 0° [3]). Spez. Wärme zwischen 0° und 50° = 0,240 [3]). Löst sich bei 15° in 1 T., bei 35° in $^1/_2$ T. Äther [2]).

ω- oder $1^1, 1^1, 1^1, 2^1, 2^1$-Pentachlorxylol $C_8H_5Cl_5$

$$\text{Benzolring} \quad -CCl_3 \quad -CHCl_2$$

Entsteht beim Erhitzen von o-Xylol mit Phosphorpentachlorid auf 200° [2]). Monokline Krystalle vom Schmelzp. 53,6°.

4-Bromxylol C_8H_9Br

$$\text{Br—Benzolring} \quad -CH_3 \quad -CH_3$$

Entsteht bei der Einwirkung von Brom auf o-Xylol in der Kälte, bei Zusatz von wenig Jod, als einziges Produkt [4]). Flüssigkeit, die unter 0° zu einer langfaserigen Krystallmasse erstarrt. Schmelzp. —0,2°. Siedep. 214,5° (i. D.). Spez. Gewicht 1,3693 bei 15°.

ω oder 1^1-Bromxylol, Xylylbromid C_8H_9Br

$$\text{Benzolring} \quad -CH_3 \quad -CH_2Br$$

Entsteht bei der Einwirkung von Brom auf o-Xylol in der Siedehitze [5]) oder in direktem Sonnenlicht [6]). Prismatische Krystalle. Schmelzp. 21°. Siedep. 216—217° bei 742 mm. Spez. Gewicht 1,3811 bei 23°.

v- oder 3, 4-Dibrom-o-xylol $C_8H_8Br_2$

$$\text{Br} \quad \text{Benzolring} \quad Br \quad -CH_3 \quad CH_3$$

Entsteht bei der Einwirkung von Brom (2 Atome) auf Monobromxylol in Gegenwart von Jod, neben dem s-Dibromxylol. Die Trennung von diesem, viel höher schmelzenden Isomeren erfolgt durch Erstarrenlassen und darauffolgendes Filtrieren des langsam auftauenden Gemisches [7]). Flüssigkeit bei gewöhnlicher Temperatur. Erstarrt bei tieferen Temperaturen zu Krystallen vom Schmelzp. 6,8°. Siedep. 277°. Spez. Gewicht 1,7842 bei 15°. Mit Methyljodid und Natrium (und etwas Essigäther) entsteht vorwaltend o-Xylol und daneben Hemellithol = v- oder 1, 2, 3-Trimethylbenzol [8]).

s- oder 4, 5-Dibrom-o-xylol $C_8H_8Br_2$

$$CH_3— \text{Benzolring} \quad Br \quad CH_3— \quad Br$$

Entsteht bei der Einwirkung von Brom (2 Atome) auf Monobromxylol in Anwesenheit von Jod, neben dem v-Dibromxylol (s. d.) [7]). Krystalle in Form großer, rhombischer Blättchen vom Schmelzp. 88°. Siedep. 278°. In kaltem Alkohol sehr schwer, in heißem sehr leicht löslich; sehr leicht löslich in Essigsäure.

$ω_2$- oder $1^1, 2^1$-Dibromxylol, o-Xylylenbromid $C_8H_8Br_2$

$$\text{Benzolring} \quad -CH_2Br \quad -CH_2Br$$

[1]) Hjelt, Berichte d. Deutsch. chem. Gesellschaft **18**, 2879 [1885].

[2]) Colson u. Gautier, Annales de Chim. et de Phys. [6] **11**, 25—26 [1887].

[3]) Colson, Bulletin de la Soc. chim. **46**, 2 [1886].

[4]) Jacobsen, Berichte d. Deutsch. chem. Gesellschaft **17**, 2372 [1884].

[5]) Radziszewski u. Wispek, Berichte d. Deutsch. chem. Gesellschaft **15**, 1747 [1882]; **18**, 1281 [1885].

[6]) Schramm, Berichte d. Deutsch. chem. Gesellschaft **18**, 1278 [1885].

[7]) Jacobsen, Berichte d. Deutsch. chem. Gesellschaft **17**, 2377 [1884].

[8]) Jacobsen u. Deike, Berichte d. Deutsch. chem. Gesellschaft **20**, 904 [1887].

Entsteht bei der Einwirkung von Brom auf o-Xylol in der Siedehitze[1]) oder in direktem Sonnenlicht[2]). Man verfährt bei der Darstellung in der Weise, daß man zu o-Xylol, das in einer Temperatur von 125—130° gehalten wird, sehr langsam 4 Atome Brom tropfen läßt; nach 1 tägigem Stehen werden die ausgeschiedenen Krystalle abgepreßt, mit Chloroform gewaschen und aus demselben umkrystallisiert[3]). Trimetrische[4]) Krystalle vom Schmelzp. 94,9°[5]). Siedet unter Zersetzung. Spez. Gewicht 1,988 bei 0°. Spez. Wärme (zwischen 0° und 50°) 0,183. Löslich in 5 T. Äther; löslich in 6 T. Ligroin; ziemlich löslich in Alkohol oder Chloroform. Verhalten gegen primäre, sekundäre und tertiäre Amine[6]). Verhalten gegen Basen und Verwendung zu deren Charakterisierung[7]). Verbindungen mit Alkaloiden[8]).

Tetrabrom-o-xylole $C_8H_6Br_4$.

(3, 4, 5, 6)-Tetrabromxylol

Entsteht beim Bromieren von o-Xylol in der Kälte[9]). Krystalle in Form länglicher, glänzender Nadeln vom Schmelzp. 262°[9]); 254—255°[10]). Siedep. 374—375°[10]). In heißem Benzol leicht, in heißem Alkohol sehr schwer löslich.

$1^1, 1^1, 2^1, 2^1$-Tetrabromxylol

Entsteht beim langsamen Eintropfen von Brom (8 Atome) in siedendes o-Xylol[11]). Krystalle vom Schmelzp. 115—117°. Löst sich leicht in Chloroform, ziemlich schwer in Alkohol, nicht in Ligroin.

a- oder 4-Jod-o-xylol C_8H_9J

Entsteht bei der Einwirkung von Jodschwefel und Salpetersäure auf in Benzin gelöstes o-Xylol bei Wasserbadtemperatur[12]). Ölige Flüssigkeit vom Siedep. 225°.

$1^1, 2^1$-Dijodxylol, o-Xylylenjodid $C_8H_8J_2$

Entsteht aus o-Xylylenbromid durch Einwirkung von Jodkalium in alkoholischer Lösung; oder aus o-Phthalylalkohol $C_6H_4(CH_2OH)_2$ durch Kochen mit Jodwasserstoff und wenig Phosphor[13]). Prismatische, gelblich gefärbte Krystalle vom Schmelzp. 109—110°.

3-Amino-o-xylol, v-o-Xylidin $C_8H_{11}N$

[1]) Radziszewski u. Wispek, Berichte d. Deutsch. chem. Gesellschaft **18**, 1281 [1889].

[2]) Schramm, Berichte d. Deutsch. chem. Gesellschaft **18**, 1279 [1885]. Bei gutem Sonnenlicht erfolgt die Bildung sehr gut (Privatmitteilung)

[3]) Perkin, Journ. Chem. Soc. **53**, 5 [1888].

[4]) Haushofer, Jahresber. d. Chemie **1884**, 581.

[5]) Colson, Annales de Chim. et de Phys. [6] **6**, 105 [1885]; Bulletin de la Soc. chim. **46**, 2 [1886].

[6]) M. Scholtz, Berichte d. Deutsch. chem. Gesellschaft **31**, 414, 627, 1154 [1898]. — Vgl. Partheil u. Schumacher, Berichte d. Deutsch. chem. Gesellschaft **31**, 591 [1898].

[7]) M. Scholtz, Berichte d. Deutsch. chem. Gesellschaft **31**, 1707 [1898].

[8]) M. Scholtz, Archiv d. Pharmazie **237**, 200 [1898].

[9]) Jacobsen, Berichte d. Deutsch. chem. Gesellschaft **17**, 2378 [1884].

[10]) Blümlein, Berichte d. Deutsch. chem. Gesellschaft **17**, 2493 [1884].

[11]) Gabriel u. Müller, Berichte d. Deutsch. chem. Gesellschaft **28**, 1830 [1895].

[12]) Edinger u. Goldberg, Berichte d. Deutsch. chem. Gesellschaft **33**, 2880 [1900].

[13]) Leser, Berichte d. Deutsch. chem. Gesellschaft **17**, 1826 [1884].

Entsteht aus v-Nitro-o-xylol durch Reduktion mit Eisenfeile und Essigsäure[1]) oder aus 4, 5-Dibrom-1, 2, 3-xylidin durch Reduktion mit Natriumamalgam[2]). Isolierung aus dem Rohxylidin des Handels[3]). Flüssigkeit. Erstarrt nicht bei —15°. Siedep. 223° (i. D.) bei 739 mm[1]). Spez. Gewicht 0,991 bei 15°[1]). Chromsäuremischung oxydiert zu Xylochinon.

4-Amino-o-xylol, a-o-Xylidin $C_8H_{11}N$

$$CH_3-\text{\Large\bigcirc}$$
$$CH_3-\text{\Large\bigcirc}-NH_2$$

Entsteht aus a-Nitro-o-xylol durch Reduktion mit Zinn und Salzsäure[4]); aus m-Toluidin-chlorhydrat $CH_3 \cdot C_6H_4 \cdot NH_2 \cdot HCl$ durch Erhitzen mit Methylalkohol auf 250°[5]); aus 1, 2, 4-Xylenol $(CH_3)_3 \cdot C_6H_3 \cdot OH$ durch Erhitzen mit Bromzinkammoniak und Ammonium-bromid auf 300—310°[6]). Isolierung aus dem Handelsxylidin[3]). Glasglänzende, rauten-förmige oder große monokline Krystalle vom Schmelzp. 49°. Siedep. 226°. Spez. Gewicht 1,0755 bei 17,5°. In kaltem Wasser wenig löslich, in Ligroin ziemlich leicht. Durch Chlorkalk keine Färbung; die Lösungen der Salze geben auf Fichtenholz intensiv gelbe Färbung.

3, 4-Diamino-1, 2-xylol $C_8H_{12}N_2$[7])

Aus 4-Nitro-3-aminoxylol. Quadratische Täfelchen. Schmelzp. 89°. Leicht löslich in Alkohol, Wasser, Benzol; wenig löslich in Ligroin. — **Diacetylverbindung** $C_{12}H_{16}O_2N_2 = (CH_3)_2$ $\cdot C_6H_2 \cdot (NHCOCH_3)_2$. Weiße Nadeln aus Benzol. Schmelzp. 196—197°.

4, 5-Diamino-1, 2-xylol $C_8H_{12}N_2$[7])

Aus dem entsprechenden Nitroxylidin. Perlmutterglänzende Blättchen aus Wasser. Schmelzp. 125—126°. Leicht löslich in Alkohol, siedendem Wasser; wenig löslich in kaltem Wasser und in Ligroin. — **Diacetylverbindung** $C_{12}H_{16}O_2N_2$. Weiße Nadeln. Schmelzp. 227—228°. Leicht löslich in Alkohol.

3, 5-Diamino-1, 2-xylol $C_8H_{12}N_2$[7])

Weiße Nadeln aus Alkohol. Schmelzp. 66—67°. Sehr leicht löslich in Wasser und Alkohol. — **Diacetylverbindung** $C_{12}H_{16}O_2N_2$. Schmelzp. 240—241°.

3, 6-Diamino-1, 2-xylol $C_8H_{12}N_2$[7])

Schwachgelbliche Nadeln aus Benzol. Schmelzp. 116°. Sehr leicht löslich in Wasser und Alkohol, leicht löslich in Benzol. — **Diacetylverbindung** $C_{12}H_{16}O_2N_2$. Weiße Nadeln. Schmelzp. 275—276°.

---

[1]) Nölting u. Forel, Berichte d. Deutsch. chem. Gesellschaft **18**, 2671 [1885].
[2]) Töhl, Berichte d. Deutsch. chem. Gesellschaft **18**, 2562 [1885].
[3]) Hodgkinson u. Limpach, Journ. Chem. Soc. **77**, 65 [1900].
[4]) Jacobsen, Berichte d. Deutsch. chem. Gesellschaft **17**, 160 [1884].
[5]) Limpach, Berichte d. Deutsch. chem. Gesellschaft **21**, 646 [1888].
[6]) Müller, Berichte d. Deutsch. chem. Gesellschaft **20**, 1040 [1887].
[7]) Nölting u. Thesmar, Berichte d. Deutsch. chem. Gesellschaft **35**, 628 [1902]; Chem. Centralbl. **1902**, I, 752.

Quecksilber-o-xylyl $C_{16}H_{18}Hg = Hg[C_6H_3(CH_3)_2]_2$ [1]). Aus Brom-o-xylol und Natriumamalgam. Lange, feine Nadeln aus Alkohol. Schmelzp. 150°. Fast unzersetzt destillierbar. Schwer löslich in Äther und heißem Alkohol; leicht in Benzol, Chloroform und Schwefelkohlenstoff.

o-Xylylborchlorid $C_8H_9Cl_2B = (CH_3)_2^{1,2} \cdot C_6H_3 \cdot BCl_2^4$ [2]). Aus o-Quecksilberxylyl und Bortrichlorid beim Erhitzen. Farblose Flüssigkeit. Erstarrt beim Abkühlen und schmilzt dann bei etwa 0°. Siedep. 272°.

o-Xylylborsäure $C_8H_{11}O_2B = (CH_3)_2^{1,2} \cdot C_6H_3 \cdot B(OH)_2^4$ [3]). Schmelzp. 190,5°.

o-Xylylboroxyd $C_8H_9OB = (CH_3)_2 \cdot C_6H_3 \cdot BO$ [3]). Schmelzp. 226°.

m-Xylol (Isoxylol).

Mol.-Gewicht 106.
Zusammensetzung: 90,57% C, 9,43% H.

$$C_8H_{10}.$$

$$CH_3$$

$$CH_3$$

Vorkommen: Im Petroleum. Es wurde nachgewiesen im Erdöl von Galizien[4]), vom Kaukasus[5]), von Baku[6]); von Ohio (zu 0,005%)[7]); von Colibasi (Rumänien)[8]).

Bildung: Bei der trocknen Destillation der Steinkohlen. Aus m-Jodtoluol und Jodmethyl mit Natrium[9]).

Darstellung: Aus Toluol und Methylchlorid mit Aluminiumchlorid, indem man durch ein Gemenge von Toluol (5 T.) und $AlCl_3$ (1 T.) bei 75—80° Methylchlorid leitet (daneben entsteht wenig p-Xylol)[10]) [11]). Rein gewinnt man m-Xylol aus Mesitylensäure[12]) oder Xylylsäure[13]), durch Destillation mit Kalk. Aus dem Rohxylol des Steinkohlenteers: 1. durch Schütteln mit konz. Schwefelsäure (s. bei o-Xylol); 2. durch längeres Kochen mit verdünnter Salpetersäure[12]) (1 Vol. rohe Säure + 2 Vol. Wasser). Hierbei bleibt m-Xylol unangegriffen, während die Isomeren zu Säuren oxydiert werden.

Physikalische Eigenschaften: Flüssigkeit. Erstarrt in einer Kältemischung, doch noch nicht bei —80°[14]). Schmelzp. —54 bis —53°[15]). Siedep. 138,9°[16]); 139,3° (i. D.)[17]); 139,2° bei 759,2 mm[18]); bei vermindertem Druck[19]). Spez. Gewicht 0,8812 bei 0°[16]); 0,8715 bei 12,3—12,4°[18]); 0,7572 bei 139,2—139,4°[18]); 0,8779 bei 4°/4°[17]); 0,87397 bei 8,4°/4°[17]); 0,8655 bei 20°/4°[20]); 0,8691 bei 15°/15°[17]); 0,8625 bei 25°/25°[17]); bei vermindertem Druck[19]). Dampfdruck bei verschiedenen Temperaturen[21]). Kritische Temperatur 345,6°[22]); kritischer

[1]) Jacobsen, Berichte d. Deutsch. chem. Gesellschaft **17**, 2374 [1884].
[2]) Michaelis u. Thevénot, Annalen d. Chemie u. Pharmazie **315**, 24 [1901].
[3]) Michaelis u. Thevénot, Annalen d. Chemie u. Pharmazie **315**, 25 [1901].
[4]) Pawlewski, Berichte d. Deutsch. chem. Gesellschaft **18**, 1915 [1885]. — Lachowicz, Annalen d. Chemie u. Pharmazie **220**, 188 [1883]; Berichte d. Deutsch. chem. Gesellschaft **16**, 2663 [1883].
[5]) Krämer, Sitzungsber. d. Ver. z. Beförd. d. Gewerbefl. **1885**, 290.
[6]) Markownikow u. Ogloblin, Berichte d. Deutsch. chem. Gesellschaft **16**, 1875 [1883].
[7]) Mabery, Proc. Amer. philos. Soc. **36**, 133 [1907].
[8]) Poni, Monit. intérêts Pétrol. Roumains **3** [1902]; Chem. Centralbl. **1902**, II, 1370.
[9]) Wroblewski, Annalen d. Chemie u. Pharmazie **192**, 200 [1878].
[10]) Friedel u. Crafts, Annales de Chim. et de Phys. [6] **1**, 461 [1884].
[11]) Ador u. Rilliet, Berichte d. Deutsch. chem. Gesellschaft **11**, 1627 [1878].
[12]) Fittig u. Velguth, Annalen d. Chemie u. Pharmazie **148**, 10 [1868].
[13]) Fittig u. Bieber, Annalen d. Chemie u. Pharmazie **156**, 236 [1871].
[14]) Altschul u. Schneider, Zeitschr. f. physikal. Chemie **16**, 25 [1895].
[15]) Colson, Annales de Chim. et de Phys. [6] **6**, 128 [1885].
[16]) Pinette, Annalen d. Chemie u. Pharmazie **243**, 50 [1888].
[17]) Perkin, Journ. Chem. Soc. **69**, 1241 [1896].
[18]) R. Schiff, Annalen d. Chemie u. Pharmazie **220**, 92 [1883].
[19]) Neubeck, Zeitschr. f. physikal. Chemie **1**, 660 [1887].
[20]) Brühl, Annalen d. Chemie u. Pharmazie **235**, 12 [1886].
[21]) Woringer, Zeitschr. f. physikal. Chemie **34**, 257 [1901].
[22]) Altschul, Zeitschr. f. physikal. Chemie **11**, 590 [1893].

Druck 35,8° [1]). Molekulare Verbrennungswärme 1084,22 Cal. [2]). Ausdehnung $V = 1 + 94866 \cdot 10^{-8} \cdot t + 97463 \cdot 10^{-11} \cdot t^2 + 51933 \cdot 10^{-13} \cdot t^3$ [3]). Spez. Wärme wie beim Benzol. Verdampfungswärme 78,3° [4]). Capillaritätskonstante beim Siedep. $a^2 = 4,437$ [5]). Oberflächenspannung [6]). Brechungsvermögen $\mu_\alpha = 1,49518$ [7]); ferner [8]). Dielektrizitätskonstante [9]) [10]). Elektromagnetische Drehung $s = 2,1620$ [11]). Magnetische Suszeptibilität [12]). Magnetisches Drehungsvermögen [13]) [14]).

Chemische Eigenschaften: m-Xylol wird von verdünnter Salpetersäure nicht angegriffen [15]), beim Erwärmen entsteht ein in Alkohol fast unlösliches Trinitroderivat vom Schmelzp. 176°. Chromsäuremischung und Permanganat [15]) oxydiert zu Isophthalsäure, Chromsäure in einem Gemisch von Schwefelsäure und Essigsäureanhydrid zu Isophthalaldehyd-Tetracetat [16]). Elektrolytische Oxydation zu m-Tolylaldehyd in Acetonlösung [15]). Bildet bei langem Erhitzen mit Schwefel [17]) auf 200—210° m, m-Dimethylbenzyl

$$CH_3 \langle\!\bigcirc\!\rangle - CH_2 - CH_2 \langle\!\bigcirc\!\rangle CH_3$$

neben gasförmigem Schwefelwasserstoff und etwas Stilben $CH_3 \cdot C_6H_4 \cdot CH = CH \cdot C_6H_4 \cdot CH_3$. Überschüssige, konz. Jodwasserstoffsäure reduziert beim Erhitzen auf 250—280° zu Hexahydroxylol (Dimethylcyclohexan ?), daneben bilden sich Benzol, Toluol, Methylcyclohexan, methylierte Pentamethylene [18]). Phosphoniumjodid liefert, selbst beim Erhitzen auf 350°, den nicht völlig hydrierten Kohlenwasserstoff C_8H_{14}. Beim Chlorieren im direkten Sonnenlicht entsteht neben m-Xylylchlorid Chlor-m-xylol und Xylenchlorid [19]). Beim Kochen mit Aluminiumchlorid resultieren: Benzol, Toluol, p-Xylol, Durol (Isodurol ?), Mesitylen, Pseudocumol [20]) [21]) [22]). Läßt man m-Xylol mit Äthylidenchlorid und Aluminiumchlorid stehen, so bilden sich Äthylxylol und Dixylyläthan [23]). Bei der Einwirkung von Acetylchlorid mit Aluminiumchlorid in Schwefelkohlenstoff entsteht Acetyl-m-xylol und Diacetyl-m-xylol. Wird durch AlOCl (Gemisch aus $AlCl_3$ und dem krystallwasserhaltigen $Al_2Cl_3 \cdot 6 H_2O$) und Knallquecksilber zu gleichen Teilen in Oxim und Nitril übergeführt. Im Rohoxim ist die anti-Form, Schmelzp. 85—86°, und die syn-Form, Schmelzp. 126°, des Oxims $(CH_3)_2^{2,4} \cdot C_6H_3 \cdot (CH : N \cdot OH)$ [23]) vorhanden; ferner bilden sich das vic.-m-Xylonitril $C_6H_3(CH_3^2, CH_3^6, CN$ [23]) und das asymmetrische Xylonitril $C_6H_3 \cdot (CH_3^2, CH_3^4, CN)$ [24]).

v-m-Xylolsulfosäure, 1, 3-Xylol-2-sulfosäure

$$CH_3 - \langle\!\bigcirc\!\rangle - CH_3$$
$$SO_3H$$

1) **Altschul**, Zeitschr. f. physikal. Chemie **11**, 590 [1893].
2) **Stohmann u. a.**, Journ. f. prakt. Chemie [2] **35**, 41 [1887].
3) **Pinette**, Annalen d. Chemie u. Pharmazie **243**, 50 [1888].
4) **R. Schiff**, Annalen d. Chemie u. Pharmazie **234**, 344 [1886].
5) **R. Schiff**, Annalen d. Chemie u. Pharmazie **223**, 104 [1884].
6) **Dutoit u. Friderich**, Compt. rend. de l'Acad. des Sc. **130**, 328 [1899].
7) **Brühl**, Annalen d. Chemie u. Pharmazie **235**, 12 [1896].
8) **Landolt u. Jahn**, Zeitschr. f. physikal. Chemie **10**, 303 [1892].
9) **Drude**, Zeitschr. f. physikal. Chemie **23**, 309 [1897].
10) **Turner**, Zeitschr. f. physikal. Chemie **35**, 427 [1900].
11) **Schönrock**, Zeitschr. f. physikal. Chemie **11**, 785 [1893].
12) **Freitag**, Chem. Centralbl. **1900**, II, 156.
13) **Perkin**, Journ. Chem. Soc. **69**, 1241 [1896].
14) **Perkin**, Journ. Chem. Soc. **77**, 278 [1900].
15) **Law u. Perkin**, Faraday Lecture **1904**; Chem. Centralbl. **1905**, I, 359.
16) **Thiele u. Winter**, Annalen d. Chemie u. Pharmazie **311**, 353 [1900].
17) **Aronstein u. van Nierop**, Recueil des travaux chim. des Pays-Bas **21**, 448 [1901].
18) **Markownikow**, Berichte d. Deutsch. chem. Gesellschaft **30**, 1218 [1897].
19) **Radziewanowski u. Schramm**, Chem. Centralbl. **1898**, I, 1019.
20) **Anschütz**, Annalen d. Chemie u. Pharmazie **235**, 182 [1886].
21) **Jacobsen**, Berichte d. Deutsch. chem. Gesellschaft **18**, 342 [1885].
22) **Heise u. Töhl**, Annalen d. Chemie u. Pharmazie **270**, 169 [1892].
23) **Anschütz**, Annalen d. Chemie u. Pharmazie **235**, 323 [1886].
24) **Scholl u. Kačer**, Berichte d. Deutsch. chem. Gesellschaft **36**, 322 [1903].

Entsteht beim Auflösen von m-Xylol in rauchender Schwefelsäure neben der a-m-Xylolsulfosäure[1]). Die Trennung der Isomeren erfolgt durch allmählichen Zusatz von Wasser, durch das die a-Xylolsulfosäure zuerst ausgefällt wird[2]). — **Chlorid.** Ölig. — **Amid** $C_8H_9 \cdot SO_2 \cdot NH_2$. Nadeln. Schmelzp. 95—96°.

a-m-Xylolsulfosäure, 1,3-Xylol-4-sulfosäure $C_8H_9 \cdot SO_3H \cdot 2H_2O$

$$CH_3 - \langle\ \rangle \begin{matrix} -SO_3H \\ -CH_3 \end{matrix} + 2H_2O$$

Entsteht vorwaltend bei der Einwirkung von Schwefelsäure auf m-Xylol (s. oben)[1])[2]). Krystalle in Form großer Blätter oder langer flacher Prismen. — **Chlorid** $C_8H_9 \cdot SO_2Cl$. Schmelzp. 34°. — **Amid** $C_8H_9 \cdot SO_2NH_2$. Lange Nadeln aus Wasser. Schmelzp. 137°. — **Methylamid** $(CH_3)_2 \cdot C_6H_3 \cdot SO_2 \cdot N \cdot H \cdot CH_3$. Krystalle aus Alkohol, Schmelzp. 43°[3]). — **Dimethylamid** $(CH_3)_2 \cdot C_6H_3 \cdot SO_2 \cdot N(CH_3)_2$. Krystalle aus Alkohol. Schmelzp. 35°[4]).

v-m-Xylol-disulfosäure, 1,3-Xylol-2,4-disulfosäure $C_8H_{10}O_6S_2$

$$CH_3 - \langle\ \rangle \begin{matrix} -SO_3H \\ -CH_3 \end{matrix}$$
$$SO_3H$$

Entsteht aus m-Xylol beim Erhitzen mit der vierfachen Menge krystallisierter Pyroschwefelsäure auf 150°[5]). Oder aus a-m-Xylolsulfosäure beim Erhitzen mit der doppelten Menge Schwefelsäureanhydrid auf 150°[6]). Oder aus v-m-Xylolsulfosäure beim Erhitzen mit Chlorsulfosäure auf 150°[7]). Feine nadelförmige Krystalle; zerfließlich. Salze, Diäthylester[6]). — **Chlorid.** Schmelzp. 129°. — **Amid.** Schmelzp. 249°.

1,3-Xylol-2,6 (?)-disulfosäure $C_8H_{10}O_6S_2$

$$SO_3H - \langle\ \rangle$$
$$CH_3 - \langle\ \rangle - CH_3$$
$$SO_3H$$

Entsteht bei der Einwirkung von Chlorsulfonsäure auf v-m-Xylolsulfosäure bei 150° als Nebenprodukt[7]). Kleine, nadelförmige Krystalle. — **Chlorid.** Dickflüssiges Öl. In Äther leichter löslich als das Chlorid der 2,4-Disulfonsäure. — **Amid.** Schmelzp. 210°. In Wasser leichter löslich als das Amid der 2,4-Disulfonsäure.

1[1]-Nitro-m-xylol, m-Tolylnitromethan $C_8H_9O_2N$

$$CH_3 - \langle\ \rangle - CH_2 \cdot NO_2$$

Entsteht bei der Einwirkung verdünnter Salpetersäure auf m-Xylol sowohl in offenem als auch geschlossenem Gefäße[8]). Gelbliche, ölige Flüssigkeit vom Siedep. 140° (unter Zersetzung) bei 35 mm[8]). Mit Wasserdampf flüchtig. Spez. Gewicht 1,1370 bei 0°/0°[8]); 1,1197 bei 20°/0°[8]). Löslich in Äther.

2,4-Dinitroxylol $C_8H_8O_4N_2$

$$CH_3 - \langle\ \rangle \begin{matrix} -NO_2 \\ -CH_3 \end{matrix}$$
$$NO_2$$

---

[1]) Jacobsen, Annalen d. Chemie u. Pharmazie **184**, 188 [1877]; Berichte d. Deutsch. chem. Gesellschaft **10**, 1015 [1877].

[2]) Jacobsen, Berichte d. Deutsch. chem. Gesellschaft **11**, 19, 20 [1878].

[3]) Schreinermakers, Recueil des travaux chim. des Pays-Bas **16**, 420 [1897].

[4]) Schreinermakers, Recueil des travaux chim. des Pays-Bas **16**, 421 [1897].

[5]) Wischin, Berichte d. Deutsch. chem. Gesellschaft **23**, 3113 [1890].

[6]) Pfannenstill, Journ. f. prakt. Chemie [2] **46**, 152 [1892].

[7]) Pfannenstill, Journ. f. prakt. Chemie [2] **46**, 154 [1892].

[8]) Konowalow, Journ. d. russ. physikal.-chem. Gesellschaft **31**, 262 [1899]; Chem. Centralbl. **1899**, I, 1238.

Entsteht bei der Einwirkung eines gut gekühlten Gemisches von Salpetersäure und Schwefelsäure auf m-Xylol, neben 4, 6-Dinitroxylol. Die Menge der sich bildenden 2, 4-Dinitroverbindung nimmt mit steigender Temperatur ab[1]). Die Trennung der beiden Isomeren erfolgt durch Lösen in Alkohol oder Eisessig, in denen die 2, 4-Verbindung sich viel leichter löst. Krystalle in Form schuppenähnlicher Blätter vom Schmelzp. 82°. Schwefelammon reduziert zu 2-Nitroxylidin.

4, 6-Dinitroxylol $C_8H_8O_4N_2$

Entsteht bei der Einwirkung rauchender Salpetersäure auf m-Xylol in der Wärme[2]); ferner vgl. 2, 4-Dinitroxylol. Lange, prismatische Krystalle vom Schmelzp. 93°[3]).

2, 4, 6-Trinitro-m-xylol $C_8H_7N_3O_6$

Entsteht bei der Einwirkung von Salpeter-Schwefelsäure auf m-Xylol[2])[4]) oder auf 2, 4- oder 4, 6-Dinitroxylol[1]). Feine, nadelförmige Krystalle vom Schmelzp. 182°[5]). In kaltem Alkohol fast unlöslich. Schwefelwasserstoff reduziert in Ammoniaklösung zu Monoamin und Diamin[6]).

a- oder 4-Chlor-m-xylol C_8H_9Cl

Entsteht bei der Einwirkung von Chlor auf m-Xylol in Anwesenheit von Jod[7]) oder aus 1, 3, 4-Xylidin beim Ersatz der Amidogruppe durch Chlor[8]). Flüssigkeit. Erstarrt nicht bei —20°. Siedep. 186,5° bei 767 mm[9]); 187—188° bei 755 mm[8]). Spez. Gewicht 1,0598 bei 20°[9]).

1¹-Chlor-m-xylol, m-Xylylchlorid C_8H_9Cl

Entsteht bei der Einwirkung von Chlor auf m-Xylol bei Siedetemperatur[7])[10]). Flüssigkeit vom Siedep. 195—196°. Spez. Gewicht 1,079 bei 0°; 1,064 bei 20°.

v- oder 2, 4-Dichlor-m-xylol $C_8H_8Cl_2$

Entsteht bei der Einwirkung von Chlor auf m-Xylol in der Kälte, bei Gegenwart von Jod; gleichzeitig entsteht die 4, 6-Verbindung (s. unten)[11]); ferner aus 4, 6-Dichlor-m-xylol beim

---

[1]) Grevingk, Berichte d. Deutsch. chem. Gesellschaft 17, 2423—2424 [1884].
[2]) Luhmann, Annalen d. Chemie u. Pharmazie 144, 274 [1867].
[3]) Fittig u. Velguth, Annalen d. Chemie u. Pharmazie 148, 5 [1868].
[4]) Bussenius u. Eisenstuck, Annalen d. Chemie u. Pharmazie 113, 156 [1860].
[5]) Tilden, Journ. Chem. Soc. 45, 416 [1884].
[6]) Miolati u. Lotti, Gazzetta chimica ital. 27, I, 295 [1897].
[7]) Vollrath, Zeitschr. f. Chemie 1866, 488.
[8]) Klages, Berichte d. Deutsch. chem. Gesellschaft 29, 310 [1896].
[9]) Jacobsen, Berichte d. Deutsch. chem. Gesellschaft 18, 1761 [1885].
[10]) Gundelach, Bulletin de la Soc. chim. 26, 43 [1876].
[11]) Koch, Berichte d. Deutsch. chem. Gesellschaft 23, 2319 [1890].

Erhitzen mit rauchender Schwefelsäure auf 220° [1]). Flüssigkeit. Erstarrt bei —20°. Siedep. 221,5°.

s- oder 4, 6-Dichlor-m-xylol $C_8H_8Cl_2$

$$\begin{array}{c} Cl \\ CH_3 - \underset{\underset{CH_3}{|}}{\bigcirc} Cl \end{array}$$

Entsteht bei der Einwirkung von Chlor auf m-Xylol bei Anwesenheit von metallischem Eisen[2]), oder von Jod (neben 2, 4-Dichlorxylol, s. oben) [1]). Blattförmige Krystalle vom Schmelzp. 68°. Siedep. 222°. In Äther, Chloroform, Benzol leicht löslich. Lagert sich beim Erhitzen mit Schwefelsäure zum Teil in die 2, 4-Verbindung um (s. dort) [1]).

$1^1, 3^1$-Dichlor-m-xyloml, -Xylylenchlorid $C_8H_8Cl_2$

$$\begin{array}{c} \bigcirc CH_2Cl \\ CH_2Cl \end{array}$$

Entsteht bei der Einwirkung von (2 Mol.) Phosphorpentachlorid auf m-Xylol bei 190° [3]), oder aus m-Tolylenalkohol $C_6H_4(CH_2OH)_2$ durch Einwirkung von Salzsäure[4]). Krystalle vom Schmelzp. 34,2°. Siedep. 250—255°. Spez. Gewicht 1,302 bei 20°; 1,202 bei 40°. Spez. Wärme[4]). Schmelzwärme[5]).

2, 4, 6-Trichlor-m-xylol $C_8H_7Cl_3$

$$\begin{array}{c} Cl \\ CH_3 - \underset{\underset{CH_3}{|}}{\overset{}{\bigcirc}} \\ Cl \qquad Cl \end{array}$$

Entsteht bei der Einwirkung von Chlor auf m-Xylol in Anwesenheit von metallischem Eisen[6]). Glänzende, nadelförmige Krystalle vom Schmelzp. 117°. In Äther, Chloroform, Benzol leicht löslich, schwerer in Alkohol.

2, 4, 5, 6-Tetrachlorxylol $C_8H_6Cl_4$

$$\begin{array}{c} Cl \\ CH_3 - \bigcirc Cl \\ Cl \qquad Cl \\ CH_3 \end{array}$$

Aus m-Xylol und Chlor bei Anwesenheit von Eisen[6]). Nadelförmige Krystalle vom Schmelzp. 210° [6]); 212° [7]). In Äther, Chloroform, Benzol leicht löslich; in kaltem Alkohol fast unlöslich.

ω_2-oder $1^1, 1^1, 3^1, 3^1$-Tetrachlorxylol $C_8H_6Cl_4$

$$\begin{array}{c} \bigcirc CHCl_2 \\ CHCl_2 \end{array}$$

Aus m-Xylol und Phosphorpentachlorid bei 190°. Siedep. 273° [8]). Spez. Gewicht 1,536 [8]).

[1]) Koch, Berichte d. Deutsch. chem. Gesellschaft 23, 2319 [1890].
[2]) Claus u. Burstert, Journ. f. prakt. Chemie [2] 41, 556 [1890]. — Vgl. Hollemann, Annalen d. Chemie u. Pharmazie 144, 268 [1867].
[3]) Colson u. Gautier, Annales de Chim. et de Phys. [6] 11, 23 [1887].
[4]) Colson, Annales de Chim. et de Phys. [6] 6, 113 [1885].
[5]) Colson, Jahresber. d. Chemie 1887, 752.
[6]) Claus u. Burstert, Journ. f. prakt. Chemie [2] 41, 560, 562 [1890].
[7]) Koch, Berichte d. Deutsch. chem. Gesellschaft 23, 2321 [1890].
[8]) Colson u. Gautier. Bulletin de la Soc. chim. 45, 509 [1886].

(v- oder) 2-Brom-m-xylol C_8H_9Br

Entsteht bei der Einwirkung einer Lösung von Brom in Salzsäure auf m-xylol-2-sulfonsaures Natrium in heißer verdünnter Lösung[1]). Flüssigkeit. Erstarrt nicht bei —10°. Siedep. 206°.

(a- oder) 4-Brom-m-xylol C_8H_9Br

Entsteht bei der Einwirkung von Brom auf m-Xylol[2]) oder von Bromschwefel und Salpetersäure auf m-Xylol in Benzinlösung[3]). Zur Darstellung bromiert man unter Zusatz von amalgamiertem Aluminium und wendet m-Xylol im Überschuß an[4]). Flüssigkeit vom Siedep. 203—204°; 205°[3]).

v- oder 2,4-Dibrom-m-xylol $C_8H_8Br_2$

Entsteht bei der Einwirkung von Brom auf m-Xylol neben s-Dibrom-m-xylol[5]); oder wenn man letzteres mit rauchender Schwefelsäure eine Viertelstunde lang auf 240° erhitzt[5]). Flüssigkeit. Erstarrt in der Kältemischung zu Krystallen vom Schmelzp. —8°; Siedep. 269° (i. D.).

s- oder 4,6-Dibrom-m-xylol $C_8H_8Br_2$

Entsteht bei der Einwirkung von Brom auf m-Xylol[6]) (neben v-Dibrom-m-xylol); besonders bei Anwendung überschüssigen Broms und bei Jodzusatz[7]). Entsteht ferner aus 6-Brom-m-xylol-4-sulfonsäure, beim Erwärmen mit Bromwasser[8]). Krystalle. Schmelzp. 72°. Siedepunkt 255—256°; 132° bei 12 mm. Lagert sich beim Erhitzen mit rauchender Schwefelsäure auf 230—240° in v-Dibrom-m-xylol um (s. dort)[5]).

Tetrabrom-m-xylol $C_8H_6Br_4$

Entsteht bei der Einwirkung von überschüssigem Brom auf m-Xylol bei längerem Stehen[9]); oder aus s-Tertiärbutyl-m-xylol $(CH_3)_2 \cdot C_6H_3 \cdot C(CH_3)_3$ und Brom mit Aluminiumbromid[10]). Kleine, nadelförmige Krystalle vom Schmelzp. 241°. Fast unlöslich in kaltem Alkohol, leicht löslich in Benzol.

[1]) Jacobsen u. Decke, Berichte d. Deutsch. chem. Gesellschaft **20**, 904 [1887].
[2]) Fittig, Annalen d. Chemie u. Pharmazie **147**, 31 [1868].
[3]) Edinger u. Goldberg, Berichte d. Deutsch. chem. Gesellschaft **33**, 2885 [1900].
[4]) Cohen u. Dakin, Journ. Chem. Soc. **75**, 894 [1899].
[5]) Jacobsen, Berichte d. Deutsch. chem. Gesellschaft **21**, 2824, 2827 [1888].
[6]) Fittig, Annalen d. Chemie u. Pharmazie **147**, 25 [1868]; **156**, 236 [1870].
[7]) Auwers u. Traun, Berichte d. Deutsch. chem. Gesellschaft **32**, 3312 [1899].
[8]) Kelbe u. Stein, Berichte d. Deutsch. chem. Gesellschaft **19**, 2139 [1880].
[9]) Fittig u. Bieber, Annalen d. Chemie u. Pharmazie **156**, 235 [1870].
[10]) Bodroux, Bulletin de la Soc. chim. [3] **19**, 889 [1898].

1^1-Brom-m-xylol. m-Xylylbromid C_8H_9Br

$$CH_3 - \langle \rangle - CH_2Br$$

Entsteht bei der Einwirkung von Brom auf m-Xylol in der Siedehitze[1]) oder in direktem Sonnenlichte[2]). Flüssigkeit. Siedep. 212—215° bei 735 mm, teilweise unter Zersetzung; 185° bei 340 mm[3]). Spez. Gewicht 1,3711 bei 23°.

$1^1, 3^1$-Dibrom-xylol, m-Xylylendibromid $C_8H_8Br_2$

$$CH_2Br - \langle \rangle - CH_2Br$$

Entsteht bei der Einwirkung von Brom auf m-Xylol in der Siedehitze[4]) oder im direkten Sonnenlichte[5]); bei der Einwirkung von Bromdampf (4 Atome) auf siedendes Xylol, neben m-Xylylbromid[6]). Krystalle in Form langer monokliner[7]) Prismen vom Schmelzp. 77°[8]). Siedep. 135—140° bei 20 mm. Spez. Gewicht 1,959 bei 0°[8]). Spez. Wärme (zwischen 0° und 50°) 0,184[8]). Leicht löslich in Äther oder Chloroform, weniger in Ligroin (in 3 T.).

a- oder 4-Jod-m-xylol

$$CH_3 - \langle \rangle - CH_3, \quad J$$

Entsteht bei der Einwirkung von Jodschwefel und Salpetersäure auf m-Xylol (in Benzinlösung) bei Wasserbadtemperatur[9]). Ferner aus a-m-Xylidin beim Ersatz der Amidogruppe durch Jod[10]) (durch Diazotieren und nachherige Behandlung mit Kaliumjodid)[11]). Flüssigkeit vom Siedep. 232°. Spez. Gewicht 1,6609 bei 13°. Gibt beim Kochen mit Jodwasserstoff und Phosphor m-Xylol[12]). Addiert Chlor unter Bildung von **m-Xylyl-(4-)jodidchlorid** $C_8H_9Cl_2J = (CH_3)_2 \cdot C_6H_3 \cdot JCl_2$, nadelförmige Krystalle von schwefelgelber Farbe, die bei 91° unter Zersetzung schmelzen[11]).

s- oder 4, 6-Dijod-m-xylol $C_8H_8J_2$

$$J\langle \rangle J, \quad CH_3 - \langle \rangle - CH_3$$

Entsteht aus a-Jod-m-xylol durch mehrwöchentliche Einwirkung von rauchender Schwefelsäure neben Jod-m-xylolsulfonsäure)[13])[14]). Lange, nadelförmige Krystalle vom Schmelzp. 72°. Sehr leicht löslich in heißem Alkohol, Äther, Chloroform, Benzol. Gibt beim Erhitzen mit Jodwasserstoff und Phosphor auf 140° glatt m-Xylol[15]).

2, 4, 5, 6-Tetrajod-m-xylol $C_8H_6J_4$

$$CH_3 - \langle \rangle - CH_3$$

Entsteht (neben einer Sulfosäure) aus s-Dijod-m-xylol bei 6 tägiger Einwirkung von rauchender Schwefelsäure[14]). Krystalle in Gestalt seidigglänzender Nadeln vom Schmelzp. 128°. Löslich in Eisessig.

[1]) Radziszewski u. Wispek, Berichte d. Deutsch. chem. Gesellschaft **15**, 1745 [1882]; **18**, 1282 [1885].

[2]) Schramm, Berichte d. Deutsch. chem. Gesellschaft **18**, 1277 [1885].

[3]) Poppe, Berichte d. Deutsch. chem. Gesellschaft **23**, 109 [1890].

[4]) Radziszewski u. Wispek, Berichte d. Deutsch. chem. Gesellschaft **18**, 1282 [1885].

[5]) Schramm, Berichte d. Deutsch. chem. Gesellschaft **18**, 1278 [1885].

[6]) Pellegrin, Recueil des travaux chim. des Pays-Bas **18**, 458 [1899].

[7]) Haushofer, Jahresber. d. Chemie **1885**, 742.

[8]) Colson, Bulletin de la Soc. chim. **46**, 2 [1886].

[9]) Edinger u. Goldberg, Berichte d. Deutsch. chem. Gesellschaft **33**, 2878 [1900].

[10]) Hammerich, Berichte d. Deutsch. chem. Gesellschaft **23**, 1634 [1890].

[11]) Willgerodt u. Howells, Berichte d. Deutsch. chem. Gesellschaft **33**, 842—843 [1900].

[12]) Klages u. Liecke, Journ. f. prakt. Chemie [2] **61**, 324 [1900].

[13]) Hammerich, Berichte d. Deutsch. chem. Gesellschaft **23**, 1635 [1890].

[14]) Töhl u. Bauch, Berichte d. Deutsch. chem. Gesellschaft **26**, 1105—1106 [1893].

[15]) Klages u. Liecke, Journ. f. prakt. Chemie [2] **61**, 324—325 [1900].

4-Amino-m-xylol, a-m-Xylidin $C_8H_{11}N$

$$CH_3 - \underset{\ }{\bigcirc} \begin{matrix} -NH_2 \\ -CH_3 \end{matrix}$$

Entsteht aus p-Toluidinchlorhydrat durch Erhitzen mit Methylalkohol auf 300° [1]); ebenso auch aus o-Toluidinchlorhydrat (neben Mesidin) [2]). Aus käuflichem Xylidin: Man trennt von dessen anderm Hauptbestandteil, dem p-Xylidin, durch Erwärmen mit rauchender Schwefelsäure und Eingießen der entstandenen Sulfosäuren in Wasser; hierbei scheidet sich die m-Xylidinsulfosäure ab, während p-Xylidinsulfosäure gelöst bleibt, und wird durch Erhitzen mit der fünffachen Menge Salzsäure auf 160—180° im geschlossenen Rohre zerlegt [3]). Oder man läßt das käufliche Xylidin mit $^1/_4$ seines Gewichts Eisessig gemischt 24 Stunden lang stehen, wobei sich m-Xylidinacetat abscheidet [4]). Oder man trennt die Chlorhydrate der Isomeren mittels Formaldehyd in wässeriger Lösung: p-Xylidin geht in Diaminodixylylmethan $(NH_2 \cdot C_8H_8)_2 \cdot CH_2$ über, worauf das m-Xylidin aus der alkalisch gemachten Lösung mit Wasserdampf abdestilliert wird [5]). Flüssigkeit vom Siedep. 212°. Spez. Gewicht 0,9184 bei 25° [1]). Brechungsvermögen [6]). Erzeugt in essigsaurer Lösung auf einem mit Chlorchinonimid getränkten Papiere nach $^1/_4$—$^1/_2$ Stunde einen rotbraunen Fleck [7]).

1¹-Amino-m-xylol, m-Xylylamin (m-Tolubenzylamin) $C_8H_{11}N$

$$CH_3 - \underset{\ }{\bigcirc} - CH_2 \cdot NH_2$$

Entsteht aus m-Tolylnitromethan $CH_3—C_6H_4—CH_2 \cdot NO_2$ durch Reduktion mit Zinn und Salzsäure [8]); aus Xylylchlorid $CH_3 \cdot C_6H_4 \cdot CH_2Cl$ beim Erhitzen mit alkoholischem Ammoniak auf 116° (neben Di- und Trixylylamin) [9]) [10]). Flüssigkeit. Siedep. 198—199° [10]); 201—202° bei 753 mm; 205—205,5° bei 750,5 mm [11]). Spez. Gewicht 0,9809 bei 0°/0° [11]); 0,9654 bei 20°/0°.

m-Xylylphosphindichlorid $C_8H_9Cl_2P$

$$\begin{matrix} P \cdot Cl_2 \\ \underset{\dot{C}H_3}{\bigcirc} CH_3 \ ^{12}) \end{matrix}$$

Aus m-Xylol, Phosphortrichlorid und Aluminiumchlorid. Schwach rauchende Flüssigkeit. Siedep. 256—258°.

m-Xylylphosphinsäure $C_8H_{11}PO_3 = (CH_3 \cdot)_2C_6H_3 \cdot PO \cdot (OH)_2$ [13]). Durch Einleiten von Chlor in das Dichlorid und Zerlegen des Produkts mit Wasser. Schmelzp. 194°. Mäßig in kaltem, ziemlich in heißem Wasser, sehr leicht in Alkohol löslich. In Äther etwas schwerer löslich. Neben dieser Säure findet sich in geringer Menge die in heißem Wasser viel leichter lösliche

s-Xylylphosphinsäure $C_8H_{11}PO_3 = (CH_3)_2 \cdot C_6H_3 \cdot PO(OH)_2 (CH_3 : CH_3 : P = 1 : 3 : 5$ [13]). Schmale Blättchen. Schmelzp. 164°. Sehr leicht löslich in Alkohol.

---

[1]) Hofmann, Berichte d. Deutsch. chem. Gesellschaft **9**, 1295 [1876].

[2]) Limpach, Berichte d. Deutsch. chem. Gesellschaft **21**, 641 [1888].

[3]) Nölting, Witt u. Forel, Berichte d. Deutsch. chem. Gesellschaft **18**, 2664 [1885]. — Witt, D. R. P. 34 854; Friedländers Fortschritte der Teerfarbenfabrikation **1**, 19.

[4]) Limpach, Berichte d. Deutsch. chem. Gesellschaft **20**, 871 [1887]; D. R. P. 39 947; Friedländers Fortschritte der Teerfarbenfabrikation **1**, 19.

[5]) Höchster Farbwerke, D. R. P. 87 615; Friedländers Fortschritte der Teerfarbenfabrikation **4**, 66.

[6]) Brühl, Zeitschr. f. physikal. Chemie **16**, 218 [1895].

[7]) Witt, Chem. Ind. 1887, Nr. 1.

[8]) Heilmann, Berichte d. Deutsch. chem. Gesellschaft **23**, 3165 [1890].

[9]) Pieper, Annalen d. Chemie u. Pharmazie **151**, 129 [1869].

[10]) Sommer, Berichte d. Deutsch. chem. Gesellschaft **33**, 1074—1075 [1900].

[11]) Konowalow, Journ. d. russ. physikal.-chem. Gesellschaft **31**, 263 [1899]; Chem. Centralbl. **1899**, I, 1238.

[12]) Weller, Berichte d. Deutsch. chem. Gesellschaft **20**, 1720 [1887]. — Vgl. Michaelis u. Paneck, Annalen d. Chemie u. Pharmazie **212**, 236 [1882].

[13]) Weller, Berichte d. Deutsch. chem. Gesellschaft **20**, 1721 [1887].

m-Trixylylphosphin $C_{24}H_{27}P = [(CH_3)_2 \cdot C_6H_3]_3P$, $(CH_3 : CH_3 : P = 1 : 3 : 4)$. Aus 4-Brom-m-xylol, Phosphortrichlorid und Natrium in trocknem Benzol[1]). Schmelzp. 124°. Leicht löslich in Äther und Petroläther, schwer in kaltem Alkohol, löslich in konz. Salzsäure und Schwefelsäure.

m-Xylylarsendichlorid, m-Xylylchlorarsin $C_8H_9Cl_2As = (CH_3)_2 \cdot C_6H_3 \cdot AsCl_2$. Aus m-Quecksilberxylyl und Arsentrichlorid bei gewöhnlicher Temperatur[2]). Farblose Nadeln. Schmelzp. 42—43°. Siedep. 278° fast ohne Zersetzung; 215° bei 320 mm. Mit Sodalösung entsteht

m-Xylylarsenoxyd $C_8H_9OAs = (CH_3)_2 \cdot C_6H_3 \cdot AsO$ [3]). Schmelzp. ca. 220°. Wird oxydiert zu

m-Xylylarsinsäure $C_8H_{11}O_3As = (CH_3)_2 \cdot C_6H_3 \cdot AsO(OH)_2$ [4]). Schmelzp. 210°.

Arseno - m - xylol $C_{16}H_{18}As_2 = (CH_3)_2 \cdot C_6H_3 \cdot As : As \cdot C_6H_3 \cdot (CH_3)_2$ [4]). Weißes Pulver oder Nadeln. Schmelzp. 194—196°. Addiert zwei Atome Jod zu

Jodarseno-m-xylol $C_{16}H_{18}J_2As_2 = (CH_3)_2 \cdot C_6H_3 \cdot AsJ \cdot AsJ \cdot C_6H_3 \cdot (CH_3)_2$ [4]). Schwach gelb gefärbte Krystalle. Schmelzp. 89°.

Wismut-m-trixylyl $C_{24}H_{27}Bi = [(CH_3)_2 \cdot C_6H_3]_3Bi$ [5]). Aus Brom-m-xylol und Wismutnatrium. Feine Nadeln aus Chloroformalkohol. Schmelzp. 175°. — **Chlorid** $C_{24}H_{27}Bi \cdot Cl_2$. Schmelzp. 161°. — **Bromid** $C_{24}H_{27}Bi \cdot Br_2$. Schmelzp. 117°.

m-Xylylborchlorid $C_8H_9Cl_2B = (CH_3)_2^{1,3} \cdot C_6H_3 \cdot BCl_2^4$ [6]). Aus m-Quecksilberxylyl und überschüssigem Bortrichlorid bei 200°. Farblose, an der Luft stark rauchende Flüssigkeit. Siedep. 218°. Erstarrt nicht beim Abkühlen.

m-Bromid $(CH_3)_2 \cdot C_6H_3 \cdot BBr_2$ [7]). Siedep. 125° bei 15 mm.

m-Xylylboroxyd $C_8H_9OB = (CH_3)_2C_6H_3 \cdot BO$ [8]). Aus dem Chlorid und Wasser. Weiße Nadeln aus Äther. Schmelzp. 202°. Fast unlöslich in kaltem Wasser, löslich in heißem Wasser, in Äther, Alkohol und Benzol. Gibt beim Erhitzen mit Wasser

m - Xylylborsäure $C_8H_{11}O_2B = (CH_3)_2 \cdot C_6H_3 \cdot B(OH)_2$ [9]). Krystalle aus Wasser. Geht leicht wieder in das Oxyd über.

Quecksilber-m-xylyl $C_{16}H_{18}Hg = Hg[C_6H_3 \cdot (CH_3)_2]_2$ [10]). Aus Brom-m-xylol und Natriumamalgam bei 140—150°. Feine Nadeln. Schmelzp. 169—170°. Schwer löslich in Alkohol, Äther und Benzol.

p-Xylol.

Mol.-Gewicht 106.

Zusammensetzung: 90,57% C, 9,43% H.

$$C_8H_{10}.$$

$$CH_3$$

$$CH_3$$

Vorkommen: Im galizischen Petroleum[11]); im Petroleum von Ohio[12]) (zu 0,006%).

Bildung: Bei der trocknen Destillation der Steinkohlen. Aus p-Bromtoluol und Methyljodid mit Natrium[13]) [14]), sowie aus p-Dibrombenzol und Methyljodid mit Natrium[15]) [16]).

[1]) Michaelis, Annalen d. Chemie u. Pharmazie **315**, 98 [1901].
[2]) Michaelis, Annalen d. Chemie u. Pharmazie **320**, 330 [1901].
[3]) Michaelis, Annalen d. Chemie u. Pharmazie **320**, 332 [1901].
[4]) Michaelis, Annalen d. Chemie u. Pharmazie **320**, 333 [1901].
[5]) Michael u. Marquardt, Annalen d. Chemie u. Pharmazie **251**, 333 [1882].
[6]) Michaelis u. Thevénot, Annalen d. Chemie u. Pharmazie **315**, 20 [1901].
[7]) Michaelis u. Richter, Annalen d. Chemie u. Pharmazie **315**, 32 [1901].
[8]) Michaelis u. Thevénot, Annalen d. Chemie u. Pharmazie **315**, 21 [1901].
[9]) Michaelis u. Thevénot, Annalen d. Chemie u. Pharmazie **315**, 22 [1901].
[10]) Weller, Berichte d. Deutsch. chem. Gesellschaft **20**, 1719 [1887].
[11]) Pawlewski, Berichte d. Deutsch. chem. Gesellschaft **18**, 1915 [1885].
[12]) Mabery, Proc. Amer. philos. Soc. **36**, 133 [1897].
[13]) Fittig u. Glinzer, Annalen d. Chemie u. Pharmazie **136**, 303 [1865].
[14]) Jannasch, Annalen d. Chemie u. Pharmazie **171**, 79 [1874].
[15]) V. Meyer, Berichte d. Deutsch. chem. Gesellschaft **3**, 753 [1870].
[16]) Jannasch, Berichte d. Deutsch. chem. Gesellschaft **10**, 1356 [1877].

Darstellung: Zu 50 g p-Dibrombenzol und 80 g Methyljodid werden 25 g Natrium, dünn zerschnitten, und abs. Äther zugefügt. Nach beendigter Reaktion wird der Äther abdestilliert und hierauf über freier Flamme fraktioniert[1]. Aus p-Bromtoluolmagnesium und Dimethylsulfat neben Di-p-Tolyl[2]. Aus dem Rohxylol des Steinkohlenteers durch Schütteln mit konz. Schwefelsäure, wobei nur o- und m-Xylol gelöst werden (s. dort). Der Rückstand wird mit schwach rauchender Schwefelsäure erwärmt, worauf beim Zusatz von Wasser p-Xylolsulfosäure ausfällt, da sie in verdünnter Schwefelsäure wenig löslich ist. Die p-Xylolsulfosäure wird dann durch Umkrystallisieren oder über das Natriumsalz gereinigt und durch Destillation mit Schwefelsäure zerlegt[3].

Physikalische Eigenschaften: Flüssigkeit. Erstarrt in einer Kältemischung zu monoklinen Prismen[4]. Schmelzp. $+15°$[4]; $13,4°$[5]. Siedep. $138°$[6]; $138,5°$ (i. D.)[5]; bei vermindertem Druck[7]. Spez. Gewicht $0,8801$ bei $0°$[6]; $0,86619$ bei $14,4°/4°$[5]; $0,8661$ bei $15°/15°$[8]; $0,8593$ bei $25°/25°$[8]; bei vermindertem Druck[7]; ferner Landolt, Jahn, Brühl[9][10]. Dampfdruck bei verschiedenen Temperaturen[11]. Kryoskopisches Verhalten in Anilin- und Dimethylanilinlösung[12]. Kritische Temperatur $344,4°$[13]; kritischer Druck $35,0°$[13]. Molekulare Verbrennungswärme $1084,22$ Cal.[14]. Ausdehnung $V = 1 + 97013 \cdot 10^{-8} \cdot t + 8714 \cdot 10^{-10} \cdot t^2 + 5287 \cdot 10^{-12} \cdot t^3$[4]. Spezifische Wärme wie beim Benzol. Capillaritätskonstante beim Siedep. $a^2 = 4,430$[15]. Capillaritätskonstante[16]. Brechungsvermögen[9][10]. Refraktion[5][8]. Dielektrizitätskonstante[9][17]. Elektromagnetische Drehung $s = 2,1718$[18]. Magnetische Suszeptibilität[19]. Magnetisches Drehungsvermögen[5][8].

Chemische Eigenschaften: Verdünnte Salpetersäure oxydiert zu p-Toluylsäure[20]; Permanganat oder Chromsäuregemisch zu Terephthalsäure[20]; Chromsäure mit einem Gemisch von Schwefelsäure und Essigsäureanhydrid zu Terephthalaldehyd-Tetracetat[21]. Dabei entsteht als Nebenprodukt p-Toluylaldehyddiacetat[22] $CH_3 \cdot C_6H_4 \cdot CH(OCOCH_3)_2$. Farblose Blättchen vom Schmelzp. $69°$, der bei $-2°$ bis $-10°$ zum Hauptprodukt wird. Bei der Elektrolyse in Acetonlösung bei Gegenwart von verdünnter Schwefelsäure entstehen $25-30\%$ p-Toluylaldehyd[23]. Beim Erhitzen mit konz. Jodwasserstoffsäure auf $250-280°$ entstehen Benzol, Toluol, Methylcyclohexan, methylierte Pentamethylene[24]. Beim Erhitzen mit Aluminiumchlorid im Salzsäurestrom auf $100°$ liefert es hauptsächlich m-Xylol, daneben in geringen Mengen o-Xylol, Mesitylen, Pseudocumol[25] (vgl. o-Xylol). Bei der Einwirkung von Aluminiumchlorid auf p-Xylol entsteht ein Gemisch von Xylolen, das bei der Oxydation mit Chromsäure Terephthal- und Isophthalsäure liefert[26]. Eine Wanderung der einen Methylgruppe aus der para- in die meta-Stellung findet auch bei der Ausführung der Gattermannschen Aldehyd-

[1] Jannasch, Berichte d. Deutsch. chem. Gesellschaft **10**, 1356 [1878].

[2] Werner u. Zilkens, Berichte d. Deutsch. chem. Gesellschaft **36**, 2116 [1903].

[3] Jacobsen, Berichte d. Deutsch. chem. Gesellschaft **10**, 1009 [1877]. — Vgl. auch Crafts, Zeitschr. f. analyt. Chemie **32**, 343 [1893].

[4] Jannasch, Annalen d. Chemie u. Pharmazie **171**, 80 [1874].

[5] Perkin, Journ. Chem. Soc. **77**, 278 [1900].

[6] Pinette, Annalen d. Chemie u. Pharmazie **243**, 51 [1888].

[7] Neubeck, Zeitschr. f. physikal. Chemie **1**, 661 [1887].

[8] Perkin, Journ. Chem. Soc. **69**, 1241 [1896].

[9] Landolt u. Jahn, Zeitschr. f. physikal. Chemie **10**, 300 [1892].

[10] Brühl, Journ. f. prakt. Chemie [2] **50**, 140 [1894].

[11] Woringer, Zeitschr. f. physikal. Chemie **34**, 257 [1901].

[12] Ampola u. Rimatori, Gazzetta chimica ital. **27**, I, 38, 54 [1897].

[13] Altschul, Zeitschr. f. physikal. Chemie **11**, 590 [1893].

[14] Stohmann u. a., Journ. f. prakt. Chemie [2] **35**, 41 [1887].

[15] R. Schiff, Annalen d. Chemie u. Pharmazie **223**, 67 [1884].

[16] Feustel, Annalen d. Physik [4] **15**, 61 [1904]; Chem. Centralbl. **1905**, I, 648.

[17] Drude, Zeitschr. f. physikal. Chemie **23**, 309 [1897].

[18] Schönrock, Zeitschr. f. physikal. Chemie **11**, 785 [1893].

[19] Freitag, Chem. Centralbl. **1900**, II, 156.

[20] Law u. Perkin, Faraday Lecture **1904**; Chem. Centralbl. **1905**, I, 359.

[21] Thiele u. Winter, Annalen d. Chemie u. Pharmazie **311**, 353 [1900].

[22] Claußner, Berichte d. Deutsch. chem. Gesellschaft **38**, 2860 [1905].

[23] Law u. Perkin, Faraday Lecture **1904**; Chem. Centralbl. **1905**, I, 360.

[24] Markownikow, Berichte d. Deutsch. chem. Gesellschaft **30**, 1218 [1897].

[25] Heise u. Töhl, Annalen d. Chemie u. Pharmazie **270**, 168 [1892].

[26] C. M. Mundici, Gazzetta chimica ital. **34**, II, 114 [1904].

synthese mittels nascierenden Formylchlorids HCOCl(HCl + CO), Aluminiumchlorids und Kupferchlorürs statt. Es resultiert nicht der 2, 5-Dimethylbenzaldehyd[1])

$$CH_3$$

$$CHO$$

$$CH_3$$

sondern ein m-Xylylaldehyd[2]). Beim Erhitzen mit S auf 200—210° durch viele Stunden bildet sich p-p-Dimethylbenzyl

$$CH_3 \cdot \quad \cdot CH_2 \cdot CH_2 \cdot \quad CH_3$$

und gasförmiger Schwefelwasserstoff, daneben auch etwas Stilben $CH_3 \cdot C_6H_4 \cdot CH = CH$ $\cdot C_6H_4 \cdot CH_3$[3]). Bei mehrwöchentlicher Belichtung von p-Xylol und Benzophenon entsteht neben dem Pinakon Dixylyl $C_{16}H_{18}$. Schmelzp. 85—86°, wahrscheinlich $CH_3 \cdot C_6H_4 \cdot CH_2$, $—CH_2—C_6H_4 \cdot CH_3$[4]).

1, 4-Xylol-2-sulfosäure $C_8H_{10}O_3S$

$$CH_3$$

$$—SO_3H$$

$$CH_3$$

Entsteht bei der Einwirkung schwach rauchender Schwefelsäure auf p-Xylol[5])[6]). Krystalle in Form großer Blätter oder langer flacher Prismen. Schmelzp. ungefähr 48°[7]). Siedep. 149° im Vakuum bei 0 mm[7]). Elektrolytische Dissoziation[8]). Salze[5])[9]). **Chlorid.** Schmelzp. 24—26°[7]). Siedep. 77° bei 0 mm[7]). — **Amid** $C_8H_9 \cdot SO_2 \cdot NH_2$. Nadeln. Schmelzp. 147 bis 148°[6]). Ziemlich schwer in heißem Wasser löslich.

1, 4-Xylol-1¹-sulfosäure, p-Tolubenzylsulfosäure $C_8H_{10}O_3S$

$$CH_3$$

$$CH_2 \cdot SO_3H$$

Entsteht bei der Einwirkung von Natriumsulfit auf 1¹-Chlorxylol[8]). Elektrolytische Dissoziation[8]).

a (?)-p-Xyloldisulfosäure, 1, 4-Xylol-2, 6 (?)-disulfosäure $C_8H_{10}O_6S_2$

$$CH_3$$

$$SO_3H— \quad —SO_3H$$

$$CH_3$$

Entsteht aus dem Chlorid der 2-Sulfosäure $(CH_3)_2 \cdot C_6H_3 \cdot SO_2Cl$ durch Erwärmen mit dem 4—5fachen Volumen rauchender Schwefelsäure[10])[11]). Nadelförmige Krystalle, in Wasser

---

[1]) Harding u. Cohen, Journ. Amer. Chem. Soc. **23**, 594 [1901].

[2]) L. Francesconi u. C. M. Mundici, Gazzetta chimica ital. **32**, II, 467 [1903]. — C. M. Mundici, Gazzetta chimica ital. **34**, II, 114 [1904].

[3]) Aronstein u. van Nierop, Recueil des travaux chim. des Pays-Bas **21**, 448 [1902].

[4]) Paternò u. Chieffi, Gazzetta chimica ital. **39**, II, 415; Chem. Centralbl. **1910**, I, 333. — Vgl. Wolffenstein u. Moritz, Berichte d. Deutsch. chem. Gesellschaft **32**, 2532 [1899].

[5]) Fittig u. Glinzer, Annalen d. Chemie u. Pharmazie **136**, 305 [1865].

[6]) Jacobsen, Berichte d. Deutsch. chem. Gesellschaft **10**, 1009 [1877]; **11**, 22 [1878].

[7]) Krafft u. Wilke, Berichte d. Deutsch. chem. Gesellschaft **33**, 3209 [1900].

[8]) Bonomi da Monte u. Zoso, Gazzetta chimica ital. **27**, II, 469 [1897].

[9]) Miers, Journ. Chem. Soc. **57**, 978 [1890].

[10]) Holmes, Amer. Chem. Journ. **13**, 372 [1891].

[11]) Pfannenstill, Journ. f. prakt. Chemie [2] **46**, 156 [1892].

sehr leicht löslich. Salze[1]). **Chlorid** $C_8H_8O_4Cl_2S_2 = (CH_3)_2 \cdot C_6H_2 \cdot (SO_3Cl)_2$. Krystalle, Schmelzp. 72—74°[1]), 74—75°[2]). — **Amid** $C_8H_{12}O_4H_2S_2 = (CH_3)_2 \cdot C_6H_2 \cdot (SO_2 \cdot NH_2)_2$. Schmelzp. 294—295° unter Zersetzung[1]).

2-Nitro-p-xylol $C_8H_9NO_2$

$$CH_3 - C_6H_3(-NO_2) - CH_3$$

Entsteht bei der Einwirkung rauchender Salpetersäure auf gekühltes p-Xylol neben höheren Nitrierungsprodukten, von denen es durch Wasserdampfdestillation getrennt wird[3]). Schwach gelblich gefärbte Flüssigkeit vom Siedep. 238,5—239° (i. D.) bei 739 mm[2]). Spez. Gewicht 1,132 bei 15°[4]).

1¹-Nitro-p-xylol, p-Tolylnitromethan $C_8H_9O_2N$

$$CH_3 - C_6H_4 - CH_2 \cdot NO_2$$

Entsteht bei der Einwirkung verdünnter Salpetersäure auf p-Xylol[5]). Krystalle vom Schmelzp. 11—12°. Siedep. 150—151° (unter beginnender Zersetzung). Spez. Gewicht 1,1234 bei 20°/0°. $n_D = 1,53106$ bei 20°.

α- oder 2, 6-Dinitro-p-xylol $C_8H_8O_4N_2$

$$CH_3 - C_6H_2(NO_2)_2 - CH_3$$

Entsteht in annähernd gleicher Menge[6]) zugleich mit β-Dinitroxylol (und neben geringen Mengen γ-Dinitroxylol s. d.) bei der Einwirkung rauchender Salpetersäure auf p-Xylol unter Erwärmen[7]). Man kann die beiden Isomeren, die sich aus Benzollösung in Form einer Doppelverbindung in rhombischen Prismen mit sphenoidischer Hemiedrie[8]) und dem Schmelzp. 99,5°[8]) abscheiden können, nach dem Umkrystallisieren des Rohprodukts (aus Toluol) mechanisch trennen, da die α-Verbindung in dünnen Nadeln, die β-Verbindung in Würfeln krystallisiert[9]). Krystalle in Form haarfeiner, langer Nadeln vom Schmelzp. 123,5°. In Alkohol, Eisessig ziemlich schwer löslich (Unterschied von der β-Verbindung[7]).

β- oder 2, 3-Dinitro-p-xylol $C_8H_8O_4N_2$

$$CH_3 - C_6H_2(NO_2)(NO_2) - CH_3$$

Entsteht zugleich mit der 2, 6-Verbindung (s. d.). Monokline Krystalle[8])[10]), würfelförmig vom Schmelzp. 93°. In Alkohol leicht löslich. Aus Eiessiglösung krystallisiert 2, 6-Dinitro-

[1]) Holmes, Amer. Chem. Journ. **13**, 372 [1891].

[2]) Pfannenstill, Journ. f. prakt. Chemie [2] **46**, 156 [1892].

[3]) Jannasch, Annalen d. Chemie u. Pharmazie **176**, 55 [1875].

[4]) Nölting u. Forel, Berichte d. Deutsch. chem. Gesellschaft **18**, 2680 [1885].

[5]) Konowalow, Journ. d. russ. physikal.-chem. Gesellschaft **31**, 264 [1899]; Chem. Centralbl. **1899**, I, 1238.

[6]) Fittig, Ahrens u. Mattheides, Annalen d. Chemie u. Pharmazie **147**, 17 [1868].

[7]) Fittig u. Glinzer, Annalen d. Chemie u. Pharmazie **136**, 307 [1865].

[8]) Barner, Berichte d. Deutsch. chem. Gesellschaft **15**, 2302—2303 [1882].

[9]) Nölting u. Kohn, Berichte d. Deutsch. chem. Gesellschaft **19**, 144 [1886].

[10]) Calderon, Jahresber. d. Chemie **1880**, 370.

xylol (in langen breiten Nadeln), während 2, 3-Dinitroxylol darin leichter löslich ist als die Doppelverbindung. Aus alkoholischer Lösung krystallisiert gleichfalls 2, 6-Dinitroxylol aus [1]).

γ- oder **2, 5-Dinitro-p-xylol.** Entsteht zugleich mit 2, 6- und 2, 3-Dinitroxylol bei der Einwirkung von Salpetersäure (vom spez. Gewicht 1,51) auf p-Xylol, in geringer Menge[2]). Die Trennung erfolgt durch Auslesen nach mehrtägigem Stehen des Nitrierungsproduktes und Umkrystallisieren aus Alkohol und Äther. Krystalle in Form langer, glasglänzender, gelber Nadeln vom Schmelzp. 147—148°. In kaltem Alkohol oder Äther schwer löslich. Alkoholisches Schwefelammon reduziert leicht zu Nitroxylidin.

2, 3, 6-Trinitro-p-xylol $C_8H_7N_3O_6$

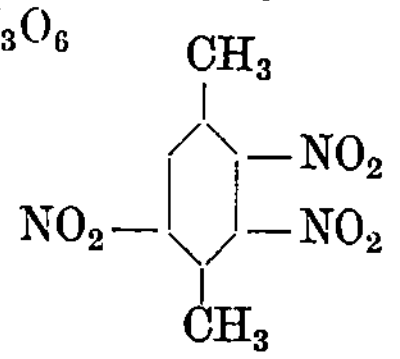

$$\text{CH}_3\text{—Ring mit —NO}_2\text{ (oben rechts), NO}_2\text{— (links), —NO}_2\text{ (unten rechts), CH}_3\text{ (unten)}$$

Entsteht bei der Einwirkung von Salpeterschwefelsäure auf p-Xylol in der Wärme[3]). Große Krystalle in Gestalt monokliner Nadeln[4]) vom Schmelzp. 137°[3]), 139—140°[5]). Kryoskopisches Verhalten[6]). Beim Kochen mit alkoholischem Ammoniak entsteht 3, 5-Dinitroxylidin.

2-Chlor-p-xylol C_8H_9Cl

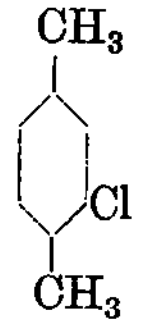

$$\text{CH}_3\text{—Ring mit Cl, CH}_3$$

Entsteht bei der Einwirkung von Chlor auf p-Xylol in Anwesenheit von Jod[7]). Flüssigkeit; erstarrt in der Kältemischung. Schmelzp. +2°. Siedep. 186°.

1¹-Chlor-p-xylol, p-Xylylchlorid C_8H_9Cl

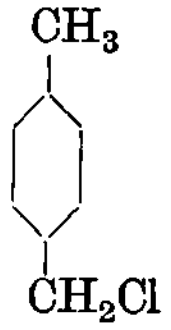

$$\text{CH}_3\text{—Ring mit CH}_2\text{Cl}$$

Entsteht bei der Einwirkung von Chlor auf p-Xylol bei Siedetemperatur[8]) oder im direkten Sonnenlichte[9]). Ferner aus p-Xylylalkohol $CH_3 \cdot C_6H_4 \cdot CH_2OH$. Durch Destillieren mit Salzsäure[10]). Flüssigkeit vom Siedep. 192°[8]); 200—202°[9]); 90° bei 20 mm[10]). Wirkt stark reizend auf das Auge.

s- oder 2, 5-Dichlor-p-xylol $C_8H_8Cl_2$

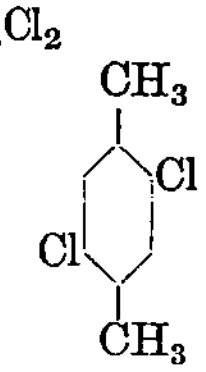

$$\text{CH}_3\text{—Ring mit Cl, Cl, CH}_3$$

Entsteht bei der Einwirkung von Chlor auf p-Xylol[7]); ferner aus 5-Chlorxylidin $(CH_3)_2 \cdot C_6H_2 \cdot Cl \cdot NH_4$ durch Ersatz der Amidogruppe durch Chlor[7]). Krystalle in Gestalt von Blättern oder flachen Nadeln. Schmelzp. 71°. Siedep. 221° (i. D.). In kaltem Alkohol schwer löslich.

---

[1]) **Jannasch** u. **Stünkel**, Berichte d. Deutsch. chem. Gesellschaft **14**, 1146 [1881]; **15**, 2304 [1882].

[2]) **Lellmann**, Annalen d. Chemie u. Pharmazie **228**, 250 [1885].

[3]) **Fittig** u. **Glinzer**, Annalen d. Chemie u. Pharmazie **136**, 307 [1865].

[4]) **Heintze**, Jahresber. d. Chemie **1885**, 773.

[5]) **Nölting** u. **Gleißmann**, Berichte d. Deutsch. chem. Gesellschaft **19**, 145 [1886].

[6]) **Bruni** u. **Berti**, Atti della R. Accad. dei Lincei Roma [5] **9**, I, 396 [1900].

[7]) **Kluge**, Berichte d. Deutsch. chem. Gesellschaft **18**, 2099 [1885].

[8]) **Lauth** u. **Grimaux**, Zeitschr. f. Chemie **1867**, 381.

[9]) **Radziewanowski** u. **Schramm**, Chem. Centralbl. **1898**, I, 1019.

[10]) **Curtius** u. **Sprenger**, Journ. f. prakt. Chemie [2] **62**, 111 [1900].

$1^1, 4^1$-Dichlorxylol, p-Xylylenchlorid $C_8H_8Cl_2$

$$CH_2Cl$$

$$CH_2Cl$$

Entsteht bei der Einwirkung von Chlor auf p-Xylol bei Siedetemperatur[1]) oder im direkten
Sonnenlichte[2]), oder bei der Einwirkung von Phosphorpentachlorid auf p-Xylol bei 190°[3]),
oder aus p-Tolylenglykol $C_6H_4(CH_2OH)_2$ beim Destillieren mit Salzsäure[4]). Krystalle in
Gestalt von Blättchen oder rhombischen Tafeln. Schmelzp 100°. Siedep. $240—250^\circ$ (unter
Zersetzung). Spez. Gewicht 1,417 bei 0°[5]). Spez. Wärme (zwischen 0° und 50°) 0,282[5]).

$(2, 3, 5, 6$-$)$Tetrachlorxylol $C_8H_6Cl_4$

$$CH_3$$

Entsteht bei 3 tägigem Einleiten von Chlor in eine Chloroformlösung des p-Xylols unter Kühlung und bei Gegenwart von Eisenpulver ($^1/_{10}$ der Gewichtsmenge des Xylols)[6]). Seideglänzende, nadelförmige Krystalle vom Schmelzp. 218°. In Äther, Benzol, siedendem Alkohol
leicht löslich, schwerer in Eisessig.

ω_2- oder $1^1, 1^1, 4^1, 4^1$-Tetrachlorxylol $C_8H_6Cl_4$

$$CHCl_2$$

$$CHCl_2$$

Entsteht bei 2—3 stündiger Einwirkung von Phosphorpentachlorid auf p-Xylol bei 190°[3]).
Krystalle vom Schmelzp. 93°. Spez. Gewicht 1,606 bei 0°[5]). Spezifische Wärme (zwischen
0° und 50°) 0,242[5]). Löslich in 1 T. kochenden, in $1^1/_2$ T. kalten Äther, in 14 T. Ligroin.

ω- oder $1^1, 1^1, 1^1, 4^1, 4^1, 4^1$-Hexachlor-p-xylol $C_8H_4Cl_6$

$$CCl_3$$

$$CCl_3$$

Entsteht bei der Einwirkung von (6,5 Mol.) Phosphorpentachlorid auf p-Xylol, durch Erhitzen im Druckrohr auf $180—200^\circ$[7]). Lanzenförmige Krystalle vom Schmelzp. 110°.

2-Brom-p-xylol C_8H_9Br

$$CH_3$$

$$CH_3$$

Durch Bromieren von Xylol (1 Mol.) mit Brom (2 Mol.), unter guter Kühlung und Reinigung des Reaktionsproduktes durch mehrstündiges Erhitzen mit einer Schwefelkaliumlösung,

1) Lauth u. Grimaux, Zeitschr. f. Chemie 1867, 381.
2) Radziewanowski u. Schramm, Chem. Centralbl. 1898, I, 1019.
3) Colson u. Gautier, Annales de Chim. et de Phys. [6] 11, 22, 24 [1899].
4) Grimaux, Zeitschr. f. Chemie 1870, 394.
5) Colson, Bulletin de la Soc. chim. 46, 2 [1886].
6) Rupp, Berichte d. Deutsch. chem. Gesellschaft 29, 1628 [1896].
7) Colson u. Gautier, Annales de Chim. et de Phys. [6] 11, 27 [1887].

wodurch die in der Seitenkette bromierten Verunreinigungen zerstört werden. Flüssigkeit, die bei 0° zu blättchen- oder tafelförmigen Krystallen erstarrt. Schmelzp. +9—10° [1]). Siedep. 199,5—200,5° [2]); 205,5° (i. D.) bei 755 mm [3]).

1¹-Brom-p-xylol, p-Xylylbromid C_8H_9Br

$$CH_3$$

$$CH_2Br$$

Entsteht beim Einleiten von Bromdampf in kochendes p-Xylol [4]) oder durch Bromieren in direktem Sonnenlicht [5]). Lange nadelförmige Krystalle vom Schmelzp. 35,5°. Siedep. 218 bis 220° bei 740 mm. Löst sich sehr leicht in siedendem Äther oder Chloroform.

s- oder 2, 5-Dibrom-p-xylol $C_8H_8Br_2$

$$CH_3$$

$$CH_3$$

Entsteht bei der Einwirkung von Brom auf p-Xylol in Gegenwart von Jod, neben a-Dibromxylol [6]). Blättrige oder tafelförmige Krystalle des monoklinen Systems [7]). Schmelzp. 75,5° [8]). Siedep. 261° [9]); 149,5° bei 21 mm [10]); 141° bei 15 mm [10]).

a- oder 2, 6-Dibrom-p-xylol $C_8H_8Br_2$

$$CH_3$$

$$CH_3$$

Entsteht bei der Einwirkung von Brom auf p-Xylol in geringer Menge, neben s-Dibromxylol [9]). Flüssigkeit. Erstarrt in der Kältemischung.

1¹, 4¹-Dibromxylol, p-Xylylen(di)bromid $C_8H_8Br_2$

$$CH_2Br$$

$$CH_2Br$$

Entsteht bei der Einwirkung von Brom auf p-Xylol in der Siedehitze [11]). Blättrige Krystalle vom Schmelzp. 143,5° [12]). Siedep. 240—250° [12]). Spez. Gewicht 2,012 bei 0° [13]). Spezifische

[1]) Jannasch, Annalen d. Chemie u. Pharmazie 171, 82 [1874]. — Fittig u. Jannasch, Annalen d. Chemie u. Pharmazie 151, 283 [1869].

[2]) Jacobsen, Berichte d. Deutsch. chem. Gesellschaft 17, 2379 [1884].

[3]) Jacobsen, Berichte d. Deutsch. chem. Gesellschaft 18, 356 [1885].

[4]) Radziszewski u. Wispek, Berichte d. Deutsch. chem. Gesellschaft 15, 1743 [1882]; 18, 1279 [1885].

[5]) Schramm, Berichte d. Deutsch. chem. Gesellschaft 18, 1277 [1885].

[6]) Fittig, Ahrens u. Mattheides, Annalen d. Chemie u. Pharmazie 147, 26 [1868].

[7]) Miers, Journ. Chem. Soc. 57, 975 [1890].

[8]) Jannasch, Berichte d. Deutsch. chem. Gesellschaft 10, 1357 [1877].

[9]) Jacobsen, Berichte d. Deutsch. chem. Gesellschaft 18, 358 [1885].

[10]) Auwers u. Baum, Berichte d. Deutsch. chem. Gesellschaft 29, 2343 [1896].

[11]) Grimaux, Zeitschr. f. Chemie 1870, 394.

[12]) Radziszewski u. Wispek, Berichte d. Deutsch. chem. Gesellschaft 15, 1744 [1882]; 18, 1280 [1885].

[13]) Colson, Bulletin de la Soc. chim. 46, 2 [1886].

Wärme (zwischen 0° und 50°) 0,180 [1]). Leicht löslich in Chloroform, schwerer in Äther. 100 T. lösen bei 20° 2,65 T. [2]).

$1^1, 1^1, 4^1$-Tribrom-p-xylol $C_8H_7Br_3$

$$CHBr_2$$

$$CH_2Br$$

Entsteht bei der Einwirkung von Brom auf p-Xylol in der Wärme [3]). Krystalle in Form rhombischer Tafeln [4]) vom Schmelzp. 106°; 116° (unter Zersetzung) [4]).

(en- oder) 2, 3, 5, 6-Tetrabrom-p-xylol $C_8H_6Br_4$.

$$CH_3$$
$$Br \qquad Br$$
$$Br \qquad Br$$
$$CH_3$$

Entsteht bei der Einwirkung von Brom auf p-Xylol [5]); ferner bei der Einwirkung von Brom in Gegenwart von Aluminiumbromid (1%) auf 1, 4-Dimethyl-2-äthylbenzol [6]) oder auf Hexahydro-p-xylol [7]). Lange dünne nadelförmige Krystalle vom Schmelzp. 253°. Siedep. 355° (fast ohne Zersetzung). Löst sich sehr schwer in heißem Alkohol, leichter in Toluol.

$1^1, 1^1, 4^1, 4^1$-Tetrabromxylol $C_8H_6Br_4$

$$CHBr_2$$

$$CHBr_2$$

Entsteht bei der Einwirkung von trocknem Brom auf p-Xylol, das stufenweise auf 140°, 170° und 200° erhitzt wird [8]). Glänzende, prismatische Krystalle des monoklinen [9]) Systems vom Schmelzp. 169°. In Äther oder Chloroform ziemlich schwer, in Alkohol schwer, in Benzol leicht löslich.

(2)-Jod-p-xylol C_8H_9J

$$CH_3$$
$$J$$
$$CH_3$$

Entsteht aus p-Xylidin durch Ersatz der Amidogruppe durch Jod [10]). Ölige Flüssigkeit vom Siedep. 217° [11]); 229° [10]). Mit Wasserdampf flüchtig. Beim Erhitzen mit Jodwasserstoff und Phosphor auf 140° entsteht p-Xylol.

---

[1]) Colson, Bulletin de la Soc. chim. **46**, 2 [1886].

[2]) Radziszewski u. Wispek, Berichte d. Deutsch. chem. Gesellschaft **15**, 1744 [1882]; **18**, 1280 [1885].

[3]) W. Löw, Annalen d. Chemie u. Pharmazie **231**, 363 [1885].

[4]) Allain, Bulletin de la Soc. chim. [3] **11**, 382 [1894].

[5]) Jacobsen, Berichte d. Deutsch. chem. Gesellschaft **18**, 359 [1885].

[6]) Bodroux, Bulletin de la Soc. chim. [3] **19**, 888 [1898].

[7]) Zelinsky u. Naumow, Berichte d. Deutsch. chem. Gesellschaft **31**, 3208 [1898].

[8]) Hönig, Monatshefte f. Chemie **9**, 1150 [1888].

[9]) Kohn, Monatshefte f. Chemie **9**, 1151 [1888].

[10]) Klages u. Liecke, Journ. f. prakt. Chemie [2] **61**, 325 [1900].

[11]) Edinger u. Goldberg, Berichte d. Deutsch. chem. Gesellschaft **33**, 2881 [1900].

$1^1, 4^1$-Dijodxylol, p-Xylylenjodid $C_8H_8J_2$

$$CH_2J$$
$$CH_2J$$

Entsteht aus p-Xylylenalkohol $C_6H_4(CH_2OH)_2$ beim Aufkochen mit Jodwasserstoff[1]). Feine nadelförmige Krystalle. Schmelzp. gegen 170° (unter beginnender Zersetzung). In heißem Alkohol oder in Chloroform löslich, wenig löslich in Äther.

(2-)Amino-p-xylol, p-Xylidin $C_8H_{11}N$

$$CH_3$$
$$—NH_2$$
$$CH_3$$

Entsteht durch Reduktion von Nitro-p-xylol mit Eisenfeile und Essigsäure[2]). Es wird gewonnen aus käuflichen Xylidin: Man löst in rauchender Schwefelsäure in der Wärme, gießt dann in Wasser (Abscheidung von m-Xylidinsulfosäure s. diese), neutralisiert das Filtrat mit Kalk, setzt das Kalksalz mit Soda um und läßt das Natriumsalz aus der Lösung auskrystallisieren; dieses wird unter Zusatz von wenig Kalk geglüht[3]). Oder man scheidet zunächst a-m-Xylidin (s. dieses) als Acetat ab und läßt dann das Filtrat tagelang mit Salzsäure stehen, wobei sich p-Xylidinchlorhydrat abscheidet[4]). Reindarstellung mit Hilfe von Schwefeldioxyd[5]), mit Hilfe seiner Benzylidenverbindung[6]) (gelbe Krystalle vom Schmelzp. 102—103°). Flüssigkeit, erstarrt bei starker Abkühlung und zeigt dann den Schmelzp. 15,5°. Siedep. 213,5°[7]); 215° (i. D.) bei 739 mm[3]). Spez. Gewicht 0,980 bei 15°[3]). Brechungsvermögen[8]). Erzeugt in Eisessiglösung auf einem mit Chlorchinonimid getränkten Papiere nach $1/4$ bis $1/2$ Stunde einen intensiv schwarzen Fleck[9]).

1^1-Amino-p-xylol, p-Tolylmethylamin (p-Tolubenzylamin) $C_8H_{11}N$

$$CH_3$$
$$CH_2 \cdot NH_2$$

Entsteht aus p-Tolylnitromethan $CH_3 \cdot C_6H_4 \cdot CH_2(NO_2)$ (s. dieses) durch Reduktion[10]); ferner aus p-Toluylsäurenitril $CH_3 \cdot C_6H_4 \cdot CN$. Durch Reduktion mit Natrium und abs. Alkohol[11]), aus p-Toluylthiamid $CH_3 \cdot C_6H_4 \cdot CS(NH_2)$ durch Reduktion mit Zink und Salzsäure in alkoholischer Lösung[12]), aus p-Xylylphthalimid

$$C_6H_4 \diagup \!\!\!\! \overset{CO}{\underset{CO}{\diagdown}} \!\!\!\! N \cdot CH_2 \cdot C_6H_4 \cdot CH_3$$

---

[1]) Grimaux, Zeitschr. f. Chemie **1870**, 395.

[2]) Schaumann, Berichte d. Deutsch. chem. Gesellschaft **11**, 1537 [1878].

[3]) Witt, Nölting u. Forel, Berichte d. Deutsch. chem. Gesellschaft **18**, 2064 [1885]; D. R. P. 34 854; Friedländers Fortschritte der Teerfarbenfabrikation **1**, 19.

[4]) Limpach, D. R. P. 39 947; Friedländers Fortschritte der Teerfarbenfabrikation **1**, 9.

[5]) Börnstein u. Kleemann, D. R. P. 56 322; Friedländers Fortschritte der Teerfarbenfabrikation **3**, 1001.

[6]) Bayer & Co., D. R. P. 71 969; Friedländers Fortschritte der Teerfarbenfabrikation **3**, 20.

[7]) R. Michael, Berichte d. Deutsch. chem. Gesellschaft **26**, 39 [1893].

[8]) Brühl, Zeitschr. f. physikal. Chemie **16**, 218 [1895].

[9]) Witt, Chem. Ind., **1887**, Nr. 1.

[10]) Konowalow, Journ. d. russ. physikal.-chem. Gesellschaft **31**, 265 [1898]; Chem. Centralbl. **1899**, I, 1238.

[11]) Bamberger u. Lodter, Berichte d. Deutsch. chem. Gesellschaft **20**, 1710 [1887].

[12]) Paternò u. Spica, Berichte d. Deutsch. chem. Gesellschaft **8**, 441 [1875].

durch 3 stündige Einwirkung von Eisessig und rauchender Salzsäure bei 155° [1]). Flüssigkeit bei gewöhnlicher Temperatur. Schmelzp. 12,6—13,2°. Siedep. 195°; 204° bei 739 mm. Spez. Gewicht 0,9520 bei 20°/0°. $n_D = 1,53639$ bei 20°. In Wasser schwer löslich. Zieht begierig Kohlensäure an. Salze[2]).

Quecksilber - p - xylyl $C_{16}H_{18}Hg = Hg[C_6H_3 \cdot (CH_3)_2]_2$ [3]). Aus Brom-p-xylol und Natriumamalgam. Schmelzp. 123°. Schwer in heißem Alkohol und in Äther, sehr leicht in Benzol, Chloroform und Schwefelkohlenstoff löslich.

Xylylphosphindichlorid $C_8H_9Cl_2P$

$$\begin{array}{c} CH_3 \\ \bigcirc\!\!\!\!\diagup P \cdot Cl_2 \\ CH_3 \end{array}$$

Aus p-Xylol, Phosphortrichlorid und Aluminiumchlorid[4]). Erstarrt bei —30° zu Nadeln; siedet bei 253—254°. Spez. Gewicht 1,25 bei 18°. — **Tetrachlorid** $C_8H_9PCl_4 = (CH_3)_2 \cdot C_6H_3 \cdot PCl_4$ [4]). Schmelzp. 60°.

p-Xylylphosphinsäure $C_8H_{11}PO_3 = (CH_3)_2 \cdot C_6H_3 \cdot PO(OH)_2$. Aus dem Tetrachlorid und Wasser[4]). Schmelzp. 179—180°. Mäßig leicht in Wasser, leicht in Alkohol, schwer in Äther löslich. — **Trixylylphosphin** $C_{24}H_{27}P = [(CH_3)_2 \cdot C_6H_3]_3P$, $(CH_3 : CH_3 : P = 1 : 4 : 2)$ [5]). Aus 4-Brom-p-xylol, Phosphortrichlorid und Natrium in trocknem Benzol. Schmelzp. 155°.

p-Xylylarsendichlorid $C_8H_9Cl_2As = (CH_3)_2^{1,4}C_6H_3 \cdot (AsCl_2)^2$ [6]). Aus p-Quecksilber-xylyl und Arsentrichlorid[6]) bei gewöhnnicher Temperatur. Weiße Nadeln. Schmelzp. 63°. Siedep. 285°.

p-Xylylarsenoxyd $C_8H_9OAs = (CH_3)_2 \cdot C_6H_3 \cdot AsO$ [7]). Schmelzp. 165°.

p-Xylylarsinsäure $C_8H_{11}O_3As = (CH_3)_2 \cdot C_6H_3 \cdot AsO(OH)_2$ [8]). Aus dem Dichlorid, Wasser und Chlor beim Erhitzen. Schmelzp. 223°. Wenig in kaltem, leichter in heißem Wasser und Alkohol löslich.

Arseno-p-xylol $C_{16}H_{18}As_2 = (CH_3)_2 \cdot C_6H_3 \cdot As : As \cdot C_6H_3 \cdot (CH_3)_2$ [7]). Weißes Pulver. Schmelzp. 208°. Addiert Jod zu

Jodarseno-p-xylol $C_{16}H_{18}J_2As_2 = C_8H_9 \cdot AsJ : AsJ \cdot C_8H_9$ [7]). Schmelzp. 97°.

Wismut - p - xylyl $C_{24}H_{27}Bi = [(CH_3)_2 \cdot C_6H_3]_3Bi$ [9]). Aus Brom-p-xylol und Wismutnatrium. Nadeln. Schmelzp. 194,5°. — **Dichlorid** $[(CH_3)_2C_6H_3]BiCl_2$. Schmelzp. 167,5°. — **Dibromid** $(CH_3)_2 \cdot C_6H_3) \cdot BiBr_2$. Schmelzp. 130°.

p-Xylylborchlorid $C_8H_9Cl_2B = (CH_3)_2^{1,4}C_6H_3 \cdot BCl_2$ [10]). An der Luft stark rauchende Flüssigkeit. Siedep. 205°. Erstarrt nicht beim Abkühlen.

p-Xylylborsäure $C_8H_{11}O_2B = (CH_3)_2 \cdot C_6H_3 \cdot B(OH)_2$ [11]). Nadeln aus heißem Wasser. Schmelzp. 186°.

p-Xylylboroxyd $C_8H_9OB = (CH_3)_2 \cdot C_6H_3 \cdot BO$. Schmelzp. 176° [11]).

Diäthylbenzol.

Mol.-Gewicht 106.
Zusammensetzung: 90,57% C, 9,43% H.

$$C_{10}H_{14} = C_6H_5 \cdot C_2H_5.$$

Vorkommen: Ein Diäthylbenzol unbekannter Struktur findet sich im kaukasischen Petroleum[12]).

---

[1]) **Lustig**, Berichte d. Deutsch. chem. Gesellschaft **28**, 2988 [1895].
[2]) **Bamberger** u. **Lodter**, Berichte d. Deutsch. chem. Gesellschaft **20**, 1710 [1887].
[3]) **Jacobsen**, Berichte d. Deutsch. chem. Gesellschaft **14**, 2112 [1881].
[4]) **Weller**, Berichte d. Deutsch. chem. Gesellschaft **21**, 1494 [1888].
[5]) **Michaelis**, Annalen d. Chemie u. Pharmazie **315**, 99 [1901].
[6]) **Michaelis**, Annalen d. Chemie u. Pharmazie **320**, 336 [1902].
[7]) **Michaelis**, Annalen d. Chemie u. Pharmazie **320**, 337 [1902].
[8]) **Michaelis**, Annalen d. Chemie u. Pharmazie **320**, 338 [1902].
[9]) **Gillmeister**, Berichte d. Deutsch. chem. Gesellschaft **30**, 2847 [1897].
[10]) **Michaelis** u. **Thevénot**, Annalen d. Chemie u. Pharmazie **315**, 23 [1901].
[11]) **Michaelis** u. **Thevénot**, Annalen d. Chemie u. Pharmazie **315**, 24 [1901].
[12]) **Markownikow**, Annalen d. Chemie u. Pharmazie **234**, 99, 101 [1886].

Isopropylbenzol (Cumol, Methoäthylphen).

Mol.-Gewicht 120.
Zusammensetzung 90,0% C, 10,0% H.

$$C_9H_{12}.$$

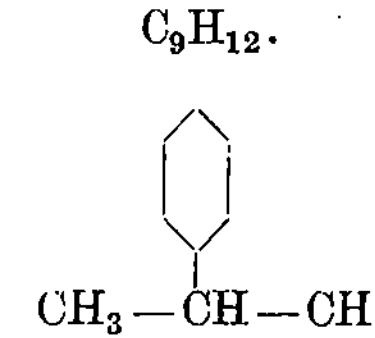

$$CH_3-CH-CH_3$$

Vorkommen: Im Petroleum. Es wurde nachgewiesen im galizischen[1], indischen[2], japanischen und verschiedenen amerikanischen[3] Erdölen.

Bildung: Aus Cuminsäure $(CH_3)_2 \cdot CH \cdot C_6H_4 \cdot COOH$ bei der Destillation mit Kalk oder Baryt[4]. Aus Brombenzol und Isopropyljodid mit Natrium[5]. Aus Benzol und Isopropylbromid mit Aluminiumchlorid[6] oder -bromid[7]; in letzterem Falle kann Isopropylbromid durch normales Propylbromid[7] ersetzt sein, das beim Erhitzen mit Aluminiumbromid sich in jenes umlagert[8]. Ebenso entsteht Cumol aus Benzol und Isopropyl- oder Propylchlorid, Allylchlorid, Dichlorpropan $CH_3 \cdot CCl_2 \cdot CH_3$ oder Chlorpropylen $CH_3 \cdot CCl : CH_2$ mit Aluminiumchlorid[9]. Aus Benzylidenchlorid und Zinkmethyl[10].

Darstellung: Man sättigt 300 g trocknes Benzol, dem 3 g Aluminiumspäne zugegeben wurden, mit Chlorwasserstoff und fügt 77 g Isopropylchlorid hinzu[11].

Physikalische Eigenschaften: Flüssigkeit. Siedep. 152,5—153° (i. D.)[10]; 152,9 (i. D.)[12]. Spez. Gewicht 0,87976 bei 0°[13] 0,8753 bei 4°/4°[14]; 0,8727 bei 7,9°/4°[12]; 0,8668 bei 15°/15°[14]: 0,85870 bei 25°[13]; 0,8603 bei 25°/25°[14]; 0,83756 bei 50°[13]; 0,79324 bei 100°[13]. Dampfdruck bei verschiedenen Temperaturen[15]. Kritische Temperatur 362,7°[16]. Kritischer Druck 32,2[16]. Molekulare Verbrennungswärme 1251,7 Cal.[17]. Brechungsvermögen[18]. Refraktion[12][14]. Dielektrizitätskonstante[18][19]. Elektromagnetische Drehung 2,1661[20]. Magnetisches Drehungsvermögen[12][14].

Chemische Eigenschaften: Bei der Oxydation mit Chromsäuremischung entsteht Benzoesäure. Oxydation mit Chromylchlorid liefert Hydratropaaldehyd $C_6H_5 \cdot CH(CH_3) \cdot CHO$ und Acetophenon. Beim Erhitzen mit Aluminiumchlorid im Salzsäurestrom auf 100° bilden sich Propan, Benzol und Diisopropylbenzole[21]. Mit Brom bei Gegenwart von wenig Aluminium entstehen Isopropylbromid, Perbrombenzol und Tribrompropan vom Siedep. 215—220°[7].

---

[1] Pebal, Annalen d. Chemie u. Pharmazie **113**, 151 [1860].
[2] Peckham, Rep. Prod. Tech. and Uses Petr.
[3] Mabery, Proc. Amer. philos. Soc. **36**, 133 [1897].
[4] Gerhardt u. Cahours, Annalen d. Chemie u. Pharmazie **38**, 88 [1841]
[5] Jacobsen, Berichte d. Deutsch. chem. Gesellschaft **8**, 1260 [1875].
[6] Konowalow, Journ. d. russ. physikal.-chem. Gesellschaft **27**, 457 [1895].
[7] Gustavson, Berichte d. Deutsch. chem. Gesellschaft **11**, 1251 [1878].
[8] Kekulé u. Schrötter, Berichte d. Deutsch. chem. Gesellschaft **12**, 2280 [1879].
[9] Silva, Bulletin de la Soc. chim. **43**, 317 [1885].
[10] Liebmann, Berichte d. Deutsch. chem. Gesellschaft **13**, 46 [1880].
[11] Radziewanowski, Berichte d. Deutsch. chem. Gesellschaft **28**, 1137 [1895].
[12] Perkin, Journ. Chem. Soc. **77**, 275 [1900].
[13] Pisati u. Paternò, Jahresber. d. Chemie **1874**, 389.
[14] Perkin, Journ. Chem. Soc. **69**, 1241 [1896].
[15] Woringer, Zeitschr. f. physikal. Chemie **34**, 263 [1900].
[16] Altschul, Zeitschr. f. physikal. Chemie **11**, 590 [1893].
[17] Stohmann u. a., Journ. f. prakt. Chemie [2] **35**, 41 [1887]. — Genvresse, Bulletin de la Soc. chim. [3] **9**, 220 [1898].
[18] Landolt u. Jahn, Zeitschr. f. physikal. Chemie **10**, 301 [1892].
[19] Drude, Zeitschr. f. physikal. Chemie **23**, 309 [1897].
[20] Schönrock, Zeitschr. f. physikal. Chemie **11**, 785 [1893].
[21] Heise u. Töhl, Annalen d. Chemie u. Pharmazie **270**, 159 [1892].

Mononitrocumole $C_9H_{11}O_2N$.   o- und p-Nitrocumol

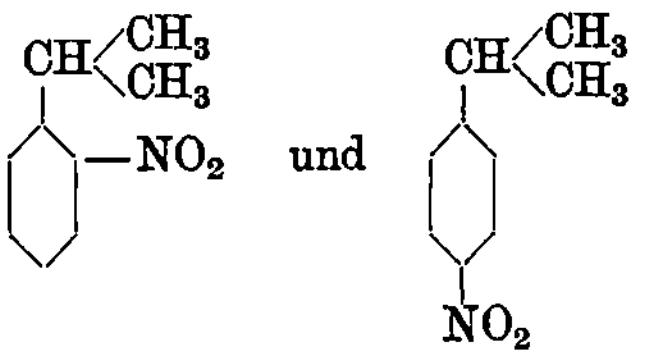

Ein Gemisch der beiden[1]) entsteht, wenn man Cumol in Salpetersäure (vom spez. Gewicht 1,52) allmählich unter Eiskühlung eintropfen läßt[2]). Das Nitrierungsprodukt wird mit Wasserdampf destilliert. Flüssig; erstarrt in fester Kohlensäure und schmilzt bei —35°. Läßt sich nicht destillieren.

1¹-Nitrocumol, Phenyldimethylnitromethan (1¹-Nitromethoäthylbenzol) $C_9H_{11}O_2N$

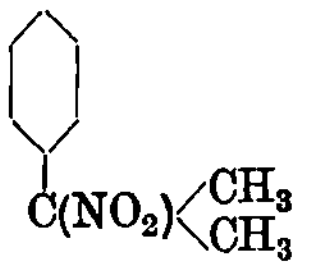

Entsteht bei 8stündiger Einwirkung von Salpetersäure (vom spez. Gewicht 1,075) auf Cumol in zugeschmolzenem Rohr bei 105—107° [3]). Ölige Flüssigkeit vom Siedep. 224° unter Zersetzung; 150—152° bei 40 mm; 125—127° bei 15 mm. Spez. Gewicht 1,1176 bei 0°/0°; 1,1025 bei 20°/0°. Brechungskoeffizient[4]). Bei der Reduktion mit Zinkstaub und Eisessig entsteht Acetophenon neben wenig 1¹-Aminomethoäthylbenzol.

2, 4, 6-Trinitrocumol $C_9H_9O_6N_3$

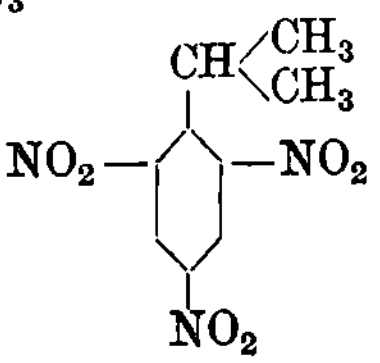

Entsteht bei der Einwirkung von Salpeterschwefelsäure auf Cumol[5]). Lange, nadelförmige Krystalle vom Schmelzp. 109°. In kaltem Alkohol schwer, in heißem leicht löslich.

Chlorisopropylbenzole: o-Chlorisopropylbenzol $C_9H_{11}Cl$

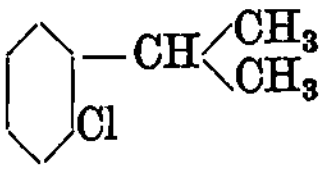

Entsteht aus o-Cumidin $(CH_3)_2 \cdot CH \cdot C_6H_4 \cdot NH_2$ durch Austausch von NH_2 gegen Chlor[6]). Flüssigkeit vom Siedep. 191° (i. D.) bei 742,6 mm.

p-Chlorisopropylbenzol $C_9H_{11}Cl$

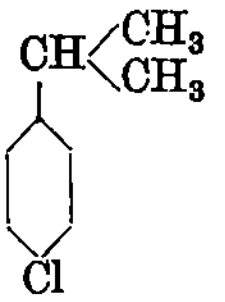

Entsteht beim Einleiten von Chlor in Isopropylbenzol in der Hitze[7]). Flüssigkeit. Siedep. 205—206° (unter geringer Zersetzung); 125° bei 20 mm.

[1]) Constam u. Goldschmidt, Berichte d. Deutsch. chem. Gesellschaft **21**, 1157 [1888].

[2]) Pospechow, Journ. d. russ. physikal.-chem. Gesellschaft **18**, 52 [1886].

[3]) Konowalow, Journ. d. russ. physikal.-chem. Gesellschaft **26**, 69 [1894]; Berichte d. Deutsch. chem. Gesellschaft **28**, 1856 [1895].

[4]) Konowalow, Journ. d. russ. physikal.-chem. Gesellschaft **27**, 418 [1895].

[5]) Fittig, Schäffer u. König, Annalen d. Chemie u. Pharmazie **149**, 328 [1869].

[6]) Peratoner, Gazzetta chimica ital. **16**, 420 [1886].

[7]) Genvresse, Bulletin de la Soc. chim. [3] **9**, 223 [1898].

o-Bromisopropylbenzol, o-Bromcumol $C_9H_{11}Br$

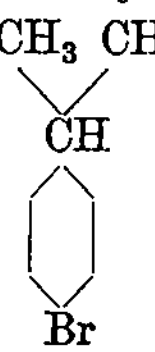

Entsteht bei der Einwirkung von Phosphorpentabromid auf o-Isopropylphenol $CH(CH_3)_2$ · C_6H_4 · OH [1]). Flüssigkeit vom Siedep. 205—207° (korr.) bei 740,6 mm.

p-Bromisopropylbenzol, p-Bromcumol $C_9H_{11}Br$

Zu 80 g reinem Cumol, die mit 10 g Jod versetzt sind und gut gekühlt werden, läßt man sehr langsam 107 g Brom zutropfen und reinigt das Reaktionsprodukt durch Waschen mit Alkali und Wasserdampfdestillation. Ausbeute 110 g fast ganz reines Bromid, ohne Jodzusatz nur 10 g aus 100 g Cumol. Flüssigkeit vom Siedep. 218—220° [2]); 217° [3]); 216° (korr.) [4]). Spez. Gewicht 1,3223 bei 13° [2]); 1,3014 bei 15° [3]).

Pentabromisopropylbenzol, Pentabromcumol $C_9H_7Br_5$

Entsteht durch Einwirkung von überschüssigem Brom auf Cumol, bei wochenlangem Stehen in der Kälte[2]). Nadelförmige Krystalle vom Schmelzp. 97° [5]). Löst sich schwer in kaltem, leicht in heißem Alkohol.

p-Isopropyljodbenzol $C_9H_{11}J$ [6])

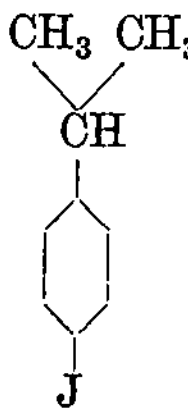

Durch Kochen von 70 g Isopropylbenzol, 75 g Jod, 28 g Jodsäure, 70 g Wasser und 350 g Eisessig. Siedep. 234—238°.

p-Isopropylbenzoljodidchlorid [6]) $C_9H_{11}JCl_2$

Zersetzt sich bei 110°.

[1]) Fileti, Gazzetta chimica ital. **16**, 131 [1886].
[2]) Meusel, Zeitschr. f. Chemie **1867**, 322.
[3]) Jacobsen, Berichte d. Deutsch. chem. Gesellschaft **12**, 430 [1879].
[4]) R. Meyer, Journ. f. prakt. Chemie [2] **34**, 93 [1886].
[5]) Fittig, Schäffer u. König, Annalen d. Chemie u. Pharmazie **149**, 326 [1869].
[6]) Schreiner, Journ. f. prakt. Chemie [2] **81**, 557 [1910].

p-Isopropyljodosobenzol $C_9H_{11}OJ = (CH_3)_2 \cdot CH \cdot$ $J \cdot O$.   Zersetzt sich bei 165°.

p-Isopropyljodobenzol $C_9H_{11}O_2J = (CH_3)_2 \cdot CH \cdot$ $J \cdot O_2$.   Aus dem Jodidchlorid und unterchlorigsaurem Natrium. Explodiert bei 191°.

o-Cumidin, o-Aminoisopropylbenzol $C_9H_{13}N$

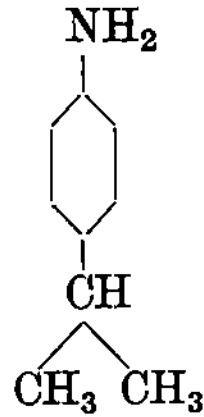

Entsteht durch Reduktion von o-Nitrocumol[1]) oder aus dem Bariumsalz der Aminocuminsäure durch Destillation mit Baryt[2]). Ölige Flüssigkeit. Erstarrt nicht in der Kältemischung. Siedep. 213,5—214,5° bei 732 mm. Beim Überleiten über erhitztes Bleioxyd entsteht Indol C_8H_7N [2]).

(p-)Cumidin, p-Aminoisopropylbenzol $C_9H_{13}N$

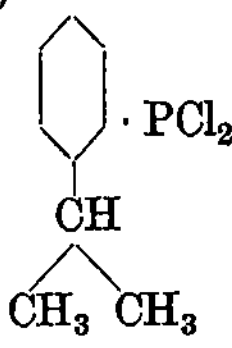

Entsteht durch Reduktion von p-Nitrocumol[1]) [3]); ferner aus Anilin und Isopropylalkohol durch Erhitzen mit Zinkchlorid auf 260—280° während 7—8 Stunden (neben seinem am Stickstoff substituierten Isopropylderivat[1]) [4]). Flüssigkeit. Erstarrt nicht bei —20° [1]). Siedep. 225°. Spez. Gewicht 0,9526.

Cumyldichlorphosphin $C_9H_{11}PCl_2$ [5])

Aus Isopropylbenzol Phosphortrichlorid und Aluminiumchlorid. Flüssigkeit. Siedep. 268 bis 270°. Spez. Gewicht 1,190 bei 12°. — **Chlorid** $C_9H_{11}PCl_4 = C_3H_7 \cdot C_6H_4 \cdot PCl_4$. Schmelzp. 53—55°.

    Cumylphosphinige Säure $C_9H_{13}PO_2 = (CH_3)_2 \cdot CH \cdot C_6H_4 \cdot P(OH)_2$ [6]). Aus dem Dichlorid und Wasser. Dickes Öl, schwer löslich in Wasser, sehr leicht in Alkohol und Äther.

    p - Cumylarsenchlorid, p - Cumylchlorarsin $C_9H_{11}Cl_2As = C_3H_7 \cdot C_6H_4 \cdot AsCl_2$ [7]). Siedep. 170° bei 30 mm. Erstarrt nicht beim Abkühlen.

    p-Cumylarsinsäure $C_9H_{13}O_3As = C_3H_7 \cdot C_6H_4 \cdot AsO(OH)_2$ [7]). Weiße Nadeln. Schmelzp. 152°. Leicht löslich in warmem Alkohol und heißem Wasser.

    Tri-p-cumylarsin $C_{27}H_{33}As = (C_3H_7 \cdot C_6H_4)_3As$ [8]). Aus p-Bromcumol, Arsentrichlorid und Natrium in wasserfreiem Äther. Farblose Prismen aus Äther-Alkohol. Schmelzp. 139 bis 140°. Leicht löslich in Äther, Chloroform und heißem Alkohol.

    Tri-p-cumylarsindichlorid $C_{27}H_{33}Cl_2As = (C_3H_7 \cdot C_6H_4)_3AsCl_2$ [9]). Nadeln aus Alkohol. Schmelzp. 276°.

1) Constam u. Goldschmidt, Berichte d. Deutsch. chem. Gesellschaft **21**, 1158—1159 [1888].
2) Fileti, Gazzetta chimica ital. **13**, 379, 378 [1883].
3) Nicholson, Annalen d. Chemie u. Pharmazie **65**, 58 [1848].
4) Louis, Berichte d. Deutsch. chem. Gesellschaft **16**, 111 [1883].
5) Michaelis, Annalen d. Chemie u. Pharmazie **294**, 48 [1897].
6) Michaelis, Annalen d. Chemie u. Pharmazie **294**, 49 [1897].
7) Michaelis, Annalen d. Chemie u. Pharmazie **320**, 340 [1901].
8) Michaelis, Annalen d. Chemie u. Pharmazie **321**, 235 [1902].
9) Michaelis, Annalen d. Chemie u. Pharmazie **321**, 236 [1902].

Tri-p-cumylarsindibromid $C_{27}H_{33}Br_2As = (C_3H_7 \cdot C_6H_4)_3AsBr_2$ [1]). Nadeln. Schmelzp. 142°.

Tri-p-cumylarsinoxyd $C_{27}H_{33}OAs = (C_3H_7 \cdot C_6H_4)_3 \cdot AsO$ [1]). Weiße Nadeln aus heißem Alkohol. Schmelzp. 129°.

p-Wismuttricumyl $C_{27}H_{33}Bi = [(CH_3)_2CH \cdot C_6H_4]_3Bi$ [2]). Aus p-Bromisopropylbenzol und Wismutnatrium. Glänzende Tafeln. Schmelzp. 159°. Leicht löslich in Benzol und Chloroform.

Pseudocumol (1, 2, 4-Trimethylbenzol).

Mol.-Gewicht 120.

Zusammensetzung: 90,0% C, 10,0% H.

$$C_9H_{12}.$$

$$\begin{array}{c} CH_3 \\ | \\ \langle \text{(Ring)} \rangle - CH_3 \\ | \\ CH_3 \end{array}$$

Vorkommen: Im Petroleum. Im elsässischen [3]), hannoverschen [3]), galizischen [3]), italienischen [3]), kaukasischen [4]), im Erdöl von Pennsylvanien, Ohio und Kanada [5]) Argentinien [3]) und Gemsah in Ägypten [6]).

Bildung: Bei der trocknen Destillation der Steinkohlen. Aus Xylylbromid, und zwar aus bromiertem m-Xylol [7]) oder p-Xylol [8]) und Methyljodid mit Natrium [9]). Aus Dibromtoluol und Methyljodid mit Natrium [10]). Aus Toluol und Methylchlorid mit Aluminiumchlorid [11]) [12]) (daneben entsteht wenig Mesitylen). Aus Phoron

$$\begin{array}{c} (CH_3)_2 \cdot C = CH \\ \qquad\qquad\qquad\diagdown CO \\ (CH_3)_2 \cdot C = CH \diagup \end{array}$$

mit Phosphorpentoxyd (oder Zinkchlorid) [13]).

Darstellung: Aus dem „Rohcumol" des Steinkohlenteers, das gleichzeitig Mesitylen enthält [14]):

1. Durch Erwärmen mit dem gleichen Volumen gewöhnlicher Schwefelsäure auf 80—90° wird nur Pseudocumol in Pseudocumol-5-sulfosäure verwandelt. Diese ist in verdünnter Schwefelsäure schwer löslich und wird daher durch Verdünnen mit Wasser ausgefällt und aus verdünnter Schwefelsäure umkrystallisiert. Durch Destillation oder durch Erhitzen mit rauchender Salzsäure auf 175° gewinnt man aus ihr den Kohlenwasserstoff [15]).

2. Das „Rohcumol" wird mit rauchender Schwefelsäure behandelt, die entstandenen Sulfosäuren mit Phosphorpentachlorid in Sulfochloride, diese mit konz. Ammoniak in Sulfamide übergeführt. Das schwerer lösliche Pseudocumolsulfamid scheidet sich beim Umkrystallisieren aus Alkohol zuerst ab und wird durch Erhitzen mit überschüssiger konz. Salzsäure auf 175° zersetzt [15]).

Physikalische Eigenschaften: Flüssigkeit. Siedep. 169,8° (korr.); 168,2° (i D.) [16]). Spez. Gewicht bei $t°/4° = 0,89458 — 0,00079507 \cdot t$ [17]); 0,8888 bei 4°/4° [18]); 0,88567 bei 8,4°/4° [16]);

[1]) Michaelis, Annalen d. Chemie u. Pharmazie **321**, 236 [1902].

[2]) Gillmeister, Berichte d. Deutsch. chem. Gesellschaft **30**, 2848 [1897].

[3]) Engler, Berichte d. Deutsch. chem. Gesellschaft **18**, 2234 [1885].

[4]) Markownikow u. Ogloblin, Berichte d. Deutsch. chem. Gesellschaft **16**, 1875 [1883].

[5]) Mabery, Proc. Amer. philos. Soc. **36**, 133 [1897].

[6]) Kast u. Künkler, Dinglers Polytechn. Journ. **278**, 34.

[7]) Fittig u. Laubinger, Annalen d. Chemie u. Pharmazie **151**, 257 [1869].

[8]) Fittig u. Jannasch, Annalen d. Chemie u. Pharmazie **151**, 286 [1869].

[9]) Fittig u. Ernst, Annalen d. Chemie u. Pharmazie **139**, 187 [1866].

[10]) Jannasch, Annalen d. Chemie u. Pharmazie **176**, 286 [1875].

[11]) Friedel u. Crafts, Annales de Chim. et de Phys. [6] **1**, 461 [1884].

[12]) Ador u. Rilliet, Berichte d. Deutsch. chem. Gesellschaft **12**, 329 [1879].

[13]) O. Jacobsen, Berichte d. Deutsch. chem. Gesellschaft **10**, 855 [1877].

[14]) Beilstein u. Kögler, Annalen d. Chemie u. Pharmazie **137**, 317 [1866].

[15]) Jacobsen, Annalen d. Chemie u. Pharmazie **184**, 198 [1879].

[16]) Perkin, Journ. Chem. Soc. **77**, 279 [1900].

[17]) Landolt u. Jahn, Zeitschr. f. physikal. Chemie **10**, 301 [1892].

[18]) Perkin, Journ. Chem. Soc. **69**, 1241 [1896].

0,8810 bei 15°/15° [1]); 0,8747 bei 25°/25° [1]); 0,8620 bei 50°/50° [1]); 0,8465 bei 95°/95° [1]);
ferner [2]). Dampfdruck bei verschiedenen Temperaturen [3]). Kritische Temperatur 381,2°.
Kritischer Druck 33,2 [4]). Molekulare Verbrennungswärme 1251,7 Cal. [5]). Mittlere spezi-
fische Wärme bei $t-t_1° = 0,3929 + 0,0005215(t + t_1)$ [6]). Verdampfungswärme 72,8 Cal. [6]).
Brechungsvermögen [1]) [7]). Refraktion [8]) [9]). Dielektrizitätskonstante [7]). Elektromagnetische
Drehung s = 2,0651 [10]). Magnetische Suszeptibilität [11]). Magnetisches Drehungsvermögen [9]).

Chemische Eigenschaften: Verdünnte Salpetersäure oxydiert zu Xylol- und Paraxylyl-
säure; daneben entsteht wenig Xylidinsäure. Beim Erwärmen mit etwas stärkerer Salpetersäure (vom spez. Gewicht 1,075) auf 120° entstehen 2 isomere Nitro-pseudocumole [12]). Verhalten gegen konz. Jodwasserstoff bei hoher Temperatur [13]). Beim Erhitzen mit Aluminiumchlorid bilden sich Benzol, Tolul, Xylole, Durol, Isodurol [14]), Toluol, m-Xylol, Mesitylen,
Durol, Isodurol, daneben wenig p-Xylol und Pseudocumol (die gleichen Produkte, wie aus
m-Xylol mit Aluminiumchlorid, doch in anderen Mengenverhältnissen) [15]).

Pseudocumol-5-sulfosäure, s-Pseudocumolsulfosäure $C_9H_{12}O_3S + 2\,H_2O$

$$CH_3 - \langle \rangle - SO_3H$$
$$CH_3 - \langle \rangle - CH_3 \quad + 2\,H_2O$$

Entsteht bei der Einwirkung von Schwefelsäure auf Pseudocumol. Aus dem Rohpseudo-
cumol des Steinkohlenteers, das außerdem Mesitylen enthält, wird die Sulfosäure rein erhalten, indem man längere Zeit mit dem gleichen Volumen gewöhnlicher Schwefelsäure auf 80—90°
erwärmt, das unveränderte Mesitylen durch Abheben trennt, die Sulfosäure durch Wasser
aus der schwefelsauren Lösung fällt und aus verdünnter Schwefelsäure umkrystallisiert [16])
(vgl. auch Darstellung des Pseudocumols). Würfelförmige Krystalle. Schmelzp. 111—112°
(ohne Zersetzung) [17]). Elektrisches Leitungsvermögen der Säure und der Alkalisalze [18]). In
verdünnter Schwefelsäure schwer löslich. Durch Erhitzen des Kalisalzes mit Natriumformiat
entsteht Durylsäure [19])

$$COOH$$
$$\langle \rangle CH_3$$
$$CH_3 \langle \rangle$$
$$CH_3$$

Salze [16]) [17]) [20]).

Pseudocumol-3-sulfosäure, γ-Pseudocumolsulfosäure $C_9H_{12}O_3S$

$$CH_3 - \langle \rangle$$
$$CH_3 - \langle \rangle - CH_3$$
$$SO_3H$$

[1]) Perkin, Journ. Chem. Soc. **69**, 1241 [1896].
[2]) Brühl, Journ. f. prakt. Chemie [2] **50**, 142 [1894]
[3]) Woringer, Zeitschr. f. physikal. Chemie **34**, 263 [1900].
[4]) Altschul, Zeitschr. f. physikal. Chemie **11**, 590 [1893].
[5]) Stohmann u. a., Journ. f. prakt. Chemie [2] **35**, 41 [1887]. — Genvresse, Bulletin de
la Soc. chim. [3] **9**, 220 [1893].
[6]) R. Schiff, Annalen d. Chemie u. Pharmazie **234**, 319, 344 [1886].
[7]) Landolt u. Jahn, Zeitschr. f. physikal. Chemie **10**, 301 [1892].
[8]) Perkin, Journ. Chem. Soc. **77**, 279 [1900].
[9]) Perkin, Journ. Chem. Soc. **69**, 1241 [1896].
[10]) Schönrock, Zeitschr. f. physikal. Chemie **11**, 785 [1893].
[11]) Freitag, Chem. Centralbl. **1900**, II, 156.
[12]) Konowalow, Journ. d. russ. physikal.-chem. Gesellschaft **25**, 541 [1893].
[13]) Konowalow u. Markownikow, Berichte d. Deutsch. chem. Gesellschaft **30**, 1220
[1897].
[14]) Jacobsen, Berichte d. Deutsch. chem. Gesellschaft **18**, 341 [1885].
[15]) Anschütz, Annalen d. Chemie u. Pharmazie **235**, 186 [1886].
[16]) Jacobsen, Annalen d. Chemie u. Pharmazie **184**, 199 [1877].
[17]) Kelbe u. Pathe, Berichte d. Deutsch. chem. Gesellschaft **19**, 1546, 1555 [1886].
[18]) Ostwald, Zeitschr. f. physikal. Chemie **1**, 77, 81, 86 [1887].
[19]) Reuter, Berichte d. Deutsch. chem. Gesellschaft **11**, 29 [1878].
[20]) Vgl. auch Fittig u. Ernst, Annalen d. Chemie u. Pharmazie **139**, 188 [1866]. — Loeb
u. Nernst, Zeitschr. f. physikal. Chemie **2**, 957 [1888].

Entsteht aus 5, 6-Dibrompseudocumol-3-sulfosäure (aus 5, 6-Dibrompseudocumol und Chlorsulfonsäure[1]) durch Enthalogenisieren mit Zinkstaub und Ammoniak[1]).

Pseudocumol-6-sulfosäure, a-Pseudocumolsulfosäure $C_9H_{12}O_3S$

$$CH_3-\underset{CH_3}{\overset{SO_3H}{\bigcirc}}-CH_3$$

Entsteht aus 5-Brompseudocumol-6-sulfosäure (aus 5-Brompseudocumol und rauchender Schwefelsäure)[1][2]) durch Enthalogenisieren mit Zinkstaub und Ammoniak[1]), oder mit Natriumamalgam[2]).

v- oder 3-Nitropseudocumol $C_9H_{11}O_2N$

$$CH_3-\underset{CH_3}{\overset{NO_2}{\bigcirc}}-CH_3$$

Entsteht bei der Einwirkung von Äthylnitrit auf 3-Nitropseudocumidin (5)[3]). Krystalle vom Schmelzp. 30°.

s- oder 5-Nitropseudocumol (?) $C_9H_{11}O_2N$

$$\underset{CH_3-\ \ -NO_2}{CH_3-\ \ -CH_3}\ (?)$$

Entsteht beim Lösen von Pseudocumol in Salpetersäure vom spez. Gewicht 1,54 unter Kühlung[4]), hierauf wird im Dampfstrom destilliert. Gelbliche Krystalle in Form langer Nadeln vom Schmelzp. 71°. Siedep. 265°.

a- oder 6-Nitropseudocumol $C_9H_{11}O_2N$

$$\underset{CH_3-}{CH_3-}\ \bigcirc\ -CH_3 \quad NO_2$$

Entsteht bei der Einwirkung von Äthylnitrit auf 6-Nitropseudocumidin (5)[5]). Ölige Flüssigkeit. Erstarrt beim Abkühlen zu großen, derben, prismatischen Krystallen vom Schmelzp. 20°.

3, 6-Dinitropseudocumol $C_9H_{10}O_4N_2$

$$NO_2-\underset{CH_3-}{\overset{CH_3-}{\bigcirc}}-CH_3-NO_2$$

Entsteht aus Dinitropseudocumidin durch Eliminierung der Amidogruppe durch Verkochen der Diazoverbindung mit Alkohol[6]). Orangegelbe Krystalle vom Schmelzp. 96°.

3, 5, 6-Trinitropseudocumol $C_9H_9N_3O_6$

$$NO_2-\underset{CH_3-\ \ -NO_2}{\overset{CH_3-\ \ -CH_3}{\bigcirc}}-NO_2$$

[1]) Jacobsen, Berichte d. Deutsch. chem. Gesellschaft **19**, 1218, 1221, 1222 [1886].

[2]) Kelbe u. Pathe, Berichte d. Deutsch. chem. Gesellschaft **19**, 1546, 1555 [1886].

[3]) Mayer, Berichte d. Deutsch. chem. Gesellschaft **20**, 972 [1887].

[4]) Schaper, Zeitschr. f. Chemie **1867**, 12.

[5]) Edler, Berichte d. Deutsch. chem. Gesellschaft **18**, 629 [1885].

[6]) Nietzki u. Schneider, Berichte d. Deutsch. chem. Gesellschaft **27**, 1429 [1894].

Entsteht durch tropfenweises Einfließen von Pseudocumol in Salpeterschwefelsäure, wobei zu Anfang gekühlt, nachher erwärmt wird[1]). Krystalle in Gestalt kleiner, quadratischer Prismen vom Schmelzp. 185°. In kochendem Alkohol sehr schwer, in kochendem Benzol oder Toluol sehr leicht löslich. Schwefelwasserstoff verwandelt es in kochender alkoholischer Lösung in Nitropseudocumidinsulfosäure.

Fluorpseudocumol $C_9H_{11}F = C_6H_2F(CH_3)_3$. Entsteht aus Piperidinazopseudocumol $(CH_3) \cdot C_6H_2 \cdot N_2 \cdot NC_5H_{10}$ (aus Diazopseudocumol und Piperidin) beim Erwärmen mit konz. Flußsäure[2]) oder aus Pseudocumoldiazoniumchlorid (in verdünnter wässeriger Lösung) beim Erwärmen mit Flußsäure. Schillernde, blättchenförmige Krystalle. Schmelzp. 27°[2]); 26°[3]); 24°[4]). Siedep. 174—175°[2]); 172°[3])[4]).

Beim Einleiten von Chlor in Fluorpseudocumol (bei Gegenwart von Jod)[5]) entsteht

Fluorchlorpseudocumol $(CH_3)_3C_6HFCl$, das sich auch bildet, wenn man das Natriumsalz der Fluorchlorpseudocumolsulfonsäure mit konz. Salzsäure auf 180° erhitzt[5]) (Flüssigkeit vom Siedep. 205°) und

Fluordichlorpseudocumol $(CH_3)_3C_6FCl_2$. Nadelförmige, seidenglänzende Krystalle vom Schmelzp. 150°, das auch aus Fluorchlorpseudocumol durch rauchende Schwefelsäure gebildet wird[5]).

Analog sind:

Fluorbrompseudocumol $(CH_3)_3C_6HFBr$, eine Flüssigkeit vom Siedep. 225—230°[5]), und

Fluordibrompseudocumol $(CH_3)_3C_6FBr_2$, nadelförmige, seidigglänzende Krystalle vom Schmelzp. 143—144°[5]).

5-Chlor-1, 2, 4-trimethylbenzol $C_9H_{11}Cl$

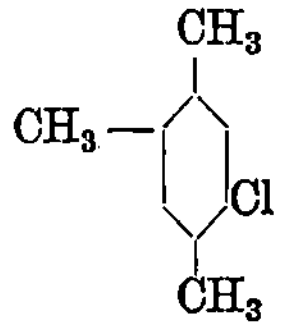

CH₃
CH₃—
Cl
CH₃

Entsteht aus Pseudocumidin $(CH_3)_3 \cdot C_6H_2 \cdot NH_2$ durch Austausch der Amidogruppe gegen Chlor[6]) oder aus Piperidinazopseudocumol $(CH_3)_3 \cdot C_6H_2 \cdot N_2 \cdot NC_5H_{10}$ (aus Diazopseudocumol und Piperidin) beim Behandeln mit konz. Salzsäure[2]). Blättrige Krystalle vom Schmelzp. 70—71°[2]). Siedep. 213—215°[2]).

ν- oder 3-Brompseudocumol $C_9H_{11}Br$

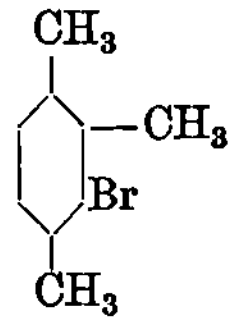

CH₃
—CH₃
Br
CH₃

Entsteht aus 3-Brompseudocumol-5-sulfosäure durch Einwirkung von Wasserdampf bei 200 bis 215°[7]) oder durch Zerlegen des Natriumsalzes mit Salzsäure bei 180°[8]). Es entsteht ferner bei der direkten Einwirkung von Brom auf Pseudocumol neben anderen Produkten, besonders neben festem 5-Brompseudocumol[8]); man trennt durch Abkühlen auf —25° und Absaugen der krystallisierten Bestandteile; durch Behandeln des Filtrats mit Chlorsulfonsäure und Einwirkung von alkoholischem Natron auf das entstandene Sulfosäurechlorid erhält man das Natriumsalz der Brompseudocumolsulfosäure, das gereinigt und durch Salzsäure bei 180° in Brompseudocumol übergeführt wird. Flüssigkeit. Erstarrt nicht bei —25°. Siedep. 226—229°[7]); 237—238° (i. D.)[8]).

[1]) Fittig u. Laubinger, Annalen d. Chemie u. Pharmazie **151**, 261 [1869].
[2]) Wallach u. Heusler, Annalen d. Chemie u. Pharmazie **243**, 232 [1888].
[3]) Töhl, Berichte d. Deutsch. chem. Gesellschaft **25**, 1525 [1892].
[4]) Valentiner u. Schwarz, D. R. P. 96 153; Chem. Centralbl. **1898**, I, 1224.
[5]) Töhl u. Müller, Berichte d. Deutsch. chem. Gesellschaft **26**, 1110, 1112 [1893].
[6]) S. Haller, Berichte d. Deutsch. chem. Gesellschaft **18**, 93 [1885].
[7]) Kelbe u. Pathe, Berichte d. Deutsch. chem. Gesellschaft **19**, 1551 [1886].
[8]) Jacobsen, Berichte d. Deutsch. chem. Gesellschaft **21**, 2822 [1888].

s- oder 5-Brompseudocumol

Entsteht aus Piperidinazopseudocumol $(CH_3)_3 \cdot C_6H_2 \cdot N_2 \cdot NC_5H_{10}$ (aus Diazopseudocumol und Piperidin) beim Behandeln mit konz. Bromwasserstoff[1]), oder aus s-Pseudocumidin beim Ersatz der Amidogruppe durch Brom[2]). Krystalle in Form glänzender Schuppen vom Schmelzp. 73°. Siedep. 233—235°[1]).

a- oder 6-Brompseudocumol

Entsteht aus 6-Brompseudocumol-3-sulfosäure beim Erhitzen mit Salzsäure auf 170°[3]). Flüssigkeit. Erstarrt nicht bei —15°. Siedep. 236—238°.

3, 6-Dibrompseudocumol $C_9H_{10}Br_2$

Entsteht bei der Einwirkung von Brom auf Pseudocumol im Dunkeln[4]); die bei der Fraktionierung des entstandenen Gemisches bei 292—300° übergehende Fraktion wird in warmem Ligroin gelöst, beim Abkühlen krystallisiert zuerst das beigemengte Tribrompseudocumol aus[3]). Krystalle in Form länglicher, platter Nadeln vom Schmelzp. 63,6°[3]). Siedep. 293 bis 294° (i. D.)[3]). Löst sich sehr leicht in Äther, Chloroform, Benzol, etwas schwerer in Alkohol.

ω_2- oder $1^1, 2^1$-Dibrompseudocumol

Entsteht bei der Einwirkung von Brom (4 Atomen) auf Pseudocumol im direkten Sonnenlichte[4]) oder bei 140°[5]). Krystalle in Gestalt sehr feiner, seideglänzender Nadeln vom Schmelzp. 97—97,5°. Läßt sich nicht destillieren. In Benzol leicht, in Alkohol schwerer löslich.

Tribrompseudocumol $C_9H_9Br_3$

[1]) Wallach u. Heusler, Annalen d. Chemie u. Pharmazie **243**, 233 [1888]. — S. auch Beilstein u. Kögler, Annalen d. Chemie u. Pharmazie **137**, 323 [1866].

[2]) Nölting u. T. Baumann, Berichte d. Deutsch. chem. Gesellschaft **18**, 1446 [1885].

[3]) Jacobsen, Berichte d. Deutsch. chem. Gesellschaft **19**, 1221, 1223 [1886].

[4]) Schramm, Berichte d. Deutsch. chem. Gesellschaft **19**, 217—218 [1886].

[5]) Hjelt u. Gadd, Berichte d. Deutsch. chem. Gesellschaft **19**, 867 [1886].

Entsteht bei der direkten Einwirkung von Brom auf Pseudocumol[1]) (Abscheidung aus
dem Bromierungsprodukt s. unter 3, 6-Dibrompseudocumol[2]), entsteht ferner aus 5-Brom-
pseudocumol mit rauchender Schwefelsäure in geringer Menge, neben Sulfosäuren[1]), oder
aus 3, 6-Dibrompseudocumol durch Behandeln mit Chlorsulfonsäure neben Sulfosäuren[2]).
Krystalle vom Schmelzp. 225—226°[3]); 233°[2]). Läßt sich sublimieren. In kochendem
Alkohol schwer löslich, in kochendem Eisessig etwas leichter, in heißem Toluol leicht
löslich.

Jodpseudocumol $C_9H_{11}J$

$$CH_3$$
$$CH_3 - - J$$
$$CH_3$$

Entsteht aus Piperidinazopseudocumol $(CH_3)_3 \cdot C_6H_2 \cdot N_2 \cdot NC_5H_{10}$ bei der Behandlung
mit Jodwasserstoff[4]). Krystalle vom Schmelzp. 37°. Siedep. 256—258°. Jodwasserstoff und
Phosphor reduziert bei 140° zu Pseudocumol[5]). In konz. Chloroformlösung mit Chlor unter
Kühlung behandelt, liefert es **α-Pseudocumyljodidchlorid**[6]). Gelbe säulenförmige Krystalle
vom Zersetzungsp. gegen 40°. In Eisessiglösung entsteht **β-Pseudocumyljodidchlorid**[6]),
gelbe prismatische Krystalle vom Zersetzungsp. ca. 67—68°.

Dijodpseudocumole $C_9H_{10}J_2 = (CH_3)_3C_6HJ_2$. Zwei Isomere dieser Zusammensetzung entstehen (neben Jodpseudocumolsulfosäure und s-Pseudocumolsulfosäure) bei
längerer Behandlung von Jodpseudocumol mit rauchender Schwefelsäure[7]). Sie werden
durch Fraktionieren im Vakuum isoliert. — **α-Dijodpseudocumol.** Krystalle in Gestalt
rhombischer Tafeln vom Schmelzp. 73°[7]). — **β-Dijodpseudocumol.** Flüssigkeit. Erstarrt
unterhalb 0°[7]).

v-Pseudocumidin, 3-Amino-1, 2, 4-trimethylbenzol $C_9H_{13}N$

$$CH_3 - $$
$$CH_2 - - CH_3$$
$$NH_2$$

Entsteht durch Einwirkung von Methylalkohol auf salzsaures 1, 2, 3-Xylidin bei 300—320°[8]),
oder aus v-Nitropseudocumol durch Reduktion[9]). Flüssigkeit. Erstarrt nicht bei —15°.
Siedep. 236°[9]); 240°[8]).

s-Pseudocumidin, s-Amino-1, 2, 4-trimethylbenzol $C_9H_{13}N$

$$CH_3 - - NH_2$$
$$CH_3 - - CH_3$$

Entsteht aus s-Nitropseudocumol durch Reduktion mit Zinn und Salzsäure[10]); aus a, o- oder
a, m-Xylidin, durch Einwirkung von Methylalkohol auf das salzsaure Salz bei 300—320°[8])[11]).
Es wird aus technischem Xylidin dargestellt[12]). Lange nadelförmige Krystalle vom Schmelzp.

[1]) Fittig u. Laubinger, Annalen d. Chemie u. Pharmazie **151**, 264 [1869].
[2]) Jacobsen, Berichte d. Deutsch. chem. Gesellschaft **19**, 1221—1222 [1886].
[3]) Jacobsen, Berichte d. Deutsch. chem. Gesellschaft **22**, 1580 [1889].
[4]) Wallach u. Heusler, Annalen d. Chemie u. Pharmazie **243**, 233 [1888].
[5]) Klages u. Liecke, Journ. f. prakt. Chemie [2] **61**, 326 [1900].
[6]) Willgerodt, Berichte d. Deutsch. chem. Gesellschaft **27**, 1903 [1894].
[7]) Kürzel, Berichte d. Deutsch. chem. Gesellschaft **22**, 1586 [1889].
[8]) Nölting u. Forel, Berichte d. Deutsch. chem. Gesellschaft **18**, 2680 [1885].
[9]) Mayer, Berichte d. Deutsch. chem. Gesellschaft **20**, 971 [1887].
[10]) Schaper, Zeitschr. f. Chemie **1867**, 13.
[11]) Hofmann, Berichte d. Deutsch. chem. Gesellschaft **15**, 2895 [1882].
[12]) Akt.-Ges. f. Anilinfabrikation, D. R. P. 22 265; Friedländers Fortschritte der Teerfarbenfabrikation **1**, 20.

63° [1]); 68° [2]). Siedep. 234—235° [1]). Wenig löslich in Wasser (1 T. löst bei 19,4° 1,198 g [3]). Dissoziationskonstante $K = 1,72 \cdot 10^{-9}$ [4]).

Nitrosopseudocumol $C_9H_{11}ON_2$

$$
\begin{array}{c}
CH_3 \\
\diagup\!\diagdown CH_3 \\
CH_3\diagdown\!\diagup \\
NO
\end{array}
$$

Man oxydiert Pseudocumidin bei 0—5° mit neutralisierter Caroscher Lösung und destilliert mit Wasserdampf[4]). Existiert in zwei durch Farbe, Schmelzpunkt und Löslichkeit sich unterscheidenden Formen. Blaugrüne Blättchen oder durchsichtige Tafeln. Schmelzp 45 bis 46°. Farblose Nadeln. Schmelzp. 65°. Durch längeres Erwärmen geht die grüne in die farblose Modifikation über.

p-Pseudocumylhydroxylamin $C_9H_{13}ON$

$$
\begin{array}{c}
CH_3 \\
\diagup\!\diagdown CH_3 \\
CH_3\diagdown\!\diagup \\
NH \cdot OH
\end{array}
$$

Durch Reduktion der Nitrosoverbindung. Farblose Nadeln. Schmelzp. 103,5—104,5°.

a-Pseudocumidin, 6-Amino-1, 2, 4-trimethylbenzol $C_9H_{13}N$

$$
\begin{array}{c}
CH_3 \!-\! \diagup\!\diagdown \!-\! CH_3 \\
CH_3 \!-\! \diagdown\!\diagup \\
NH_2
\end{array}
$$

Entsteht aus a-Nitropseudocumol durch Reduktion mit Eisen und Essigsäure[5]). Krystalle vom Schmelzp. 36°.

Pseudocumyldichlorphosphin (1, 2, 4, 5) $C_9H_{11}Cl_2P$ [6])

$$
\begin{array}{c}
CH_3 \\
\diagup\!\diagdown \!-\! CH_3 \\
Cl_2P \cdot \diagdown\!\diagup \\
CH_3
\end{array}
$$

Aus 1, 2, 4-Trimethylbenzol, Phosphortrichlorid und Aluminiumchlorid. Bei —20° nicht erstarrende Flüssigkeit. Siedep. 280°. Spez. Gewicht 1,2356 bei 20°. — **Tetrachlorid** $C_9H_{11}PCl_4$. Schmelzp. 74° [6]).

Pseudocumylphosphinige Säure $C_9H_{13}O_2P = (CH_3)_3 \cdot C_6H_2 \cdot P(OH)_2$ [7]). Aus dem Dichlorid und Wasser. Blätter aus Alkohol. Schmelzp. 128°. Leicht löslich in Wasser. Gibt bei der Destillation im Kohlensäurestrom

1, 2, 4, 5-Pseudocumylphosphin $C_9H_{13}P = (CH_3)_3 \cdot C_6H_2 \cdot PH_2$ [8]). Betäubend und widrig riechendes Öl. Siedep. 214—218°. Oxydiert sich rasch an der Luft.

Pseudocumolphosphinsäure $C_9H_{13}PO_3 = (CH_3)_3 \cdot C_6H_2 \cdot PO(OH)_2$ [9]). Glänzende Blättchen oder lange Nadeln. Schmelzp. 212°. Schwer in kaltem, mäßig in heißem Wasser löslich, unlöslich in Benzol.

[1]) Hofmann, Berichte d. Deutsch. chem. Gesellschaft **43**, 1842 [1910].
[2]) Auwers, Berichte d. Deutsch. chem. Gesellschaft **18**, 2661 [1885].
[3]) Löwenherz, Zeitschr. f. physikal. Chemie **25**, 412 [1898].
[4]) Bamberger, Berichte d. Deutsch. chem. Gesellschaft **43**, 1842 [1910].
[5]) Edler, Berichte d. Deutsch. chem. Gesellschaft **18**, 630 [1885].
[6]) Michaelis, Annalen d. Chemie u. Pharmazie **294**, 2 [1897].
[7]) Michaelis, Annalen d. Chemie u. Pharmazie **294**, 4 [1897].
[8]) Michaelis, Annalen d. Chemie u. Pharmazie **294**, 32 [1897].
[9]) Michaelis, Annalen d. Chemie u. Pharmazie **294**, 7 [1897].

Tripseudocumylphosphin $C_{27}H_{33}P$ [1])

$$CH_3-\langle\rangle-P-\langle\rangle-CH_3$$

Aus s-Brompseudocumol und Phosphortrichlorid durch Natrium in ätherischer Lösung. Nadeln aus Chloroform-Petroläther. Schmelzp. 216—217°. Schwer in Äther, leichter in Benzol, Chloroform und Schwefelkohlenstoff löslich.

Tripseudocumylphosphindibromid $C_{27}H_{33}Br_2P = (C_9H_{11})_3PBr_2$ [2]). Krystalle aus Alkohol.

Tripseudocumylphosphinoxyd $C_{27}H_{33}OP = (C_9H_{11})_3PO$ [2]). Prismen aus Alkohol. Schmelzp. 222°.

Tripseudocumylarsin $C_{27}H_{33}As$ [3])

$$CH_3-\langle\rangle-As-\langle\rangle-CH_3$$

Weiße Nadeln aus Benzol. Schmelzp. 233°.

Tribrompseudocumylarsindibromid $C_{27}H_{33}Br_2As = (C_9H_{11})_3AsBr_2$ [4]). Gelbes Pulver. Schmelzp. 224—225°.

Tripseudocumylarsinhydroxyd $C_{27}H_{35}O_2As = [(CH_3)_3C_6H_2]As(OH)_2$ [4]). Nadeln aus Alkohol-Wasser, enthalten 4 H_2O, verwittern leicht an der Luft; geben bei 120°

Tripseudocumylarsinoxyd $C_{27}H_{33}OCl_2 = (C_9H_{11})_3AsO$ [5]). Schmelzp. 227—228°.

Quecksilberpseudocumyl (1, 2, 4) $C_{18}H_{22}Hg = Hg[C_6H_3 \cdot (CH_3)_3]_3$. Aus 5-Brom-pseudo-cumol (1, 2, 4) und Natriumamalgam in Xyllösung unter Zusatz von Essigester [6]). Prismen aus Benzol. Schmelzp. 189°. In Benzol, Chloroform und Schwefelkohlenstoff leicht löslich, in kaltem Alkohol unlöslich. — $C_9H_{11}HgCl$ [6]). Schmelzp. 201°. — $C_9H_{11} \cdot HgBr$. Schmelzp. 211°. — $C_9H_{11}HgJ$. Schmelzp. 196—197°.

Mesitylen (1, 3, 5-Trimethylbenzol).

Mol.Gewicht 120.
Zusammensetzung 90,0% C, 10,0% H.

$$C_9H_{12}.$$

$$CH_3-\langle\rangle-CH_3$$

[1]) Michaelis, Annalen d. Chemie u. Pharmazie **315**, 100 [1901].
[2]) Michaelis, Annalen d. Chemie u. Pharmazie **315**, 101 [1901].
[3]) Michaelis, Annalen d. Chemie u. Pharmazie **321**, 227 [1902].
[4]) Michaelis, Annalen d. Chemie u. Pharmazie **321**, 228 [1902].
[5]) Michaelis, Annalen d. Chemie u. Pharmazie **321**, 229 [1902].
[6]) Michaelis, Berichte d. Deutsch. chem. Gesellschaft **28**, 591 [1895].

Vorkommen: Im Petroleum. Es wurde aufgefunden im hannoverschen und elsässischen[1]), galizischen[2]), italienischen[1]), rumänischen[3]), im Erdöl von Baku[4]) und Grosny (im Kaukasus)[5]) und von Gemsah in Ägypten[6]).

Bildung: Bei der trocknen Destillation der Steinkohlen; findet sich daher im Teeröl[7]). Aus Toluol und Methylchlorid mit Aluminiumchlorid (etwa zu einem Fünftel neben $^4/_5$ Pseudocumol)[8])[9]). Aus Mesitoyl- oder Benzoylmesitylen beim Erhitzen mit konz. Säuren auf 160 bis 190° [10]). Aus Diacetomesitylen durch Kochen mit Phosphorsäure[11]). Aus Aceton bei der Destillation mit Schwefelsäure[12]). Aus Allylen bei der Destillation seiner Lösung in konz. Schwefelsäure mit Wasser[13]). Aus Phoron mit rauchender Schwefelsäure[14]).

Darstellung: Aus dem Rohcumol des Steinkohlenteers: bei der Behandlung mit gewöhnlicher Schwefelsäure (s. bei Pseudocumol) bleibt Mesitylen unangegriffen und wird durch Abheben von der in Schwefelsäure gelösten Pseudocumolsulfosäure getrennt[15]). Aus Aceton[16-19]): 180 g Aceton werden unter Kühlung mit 300 g Schwefelsäure versetzt, einen Tag stehen gelassen und im Dampfstrom destilliert[17]). 300 g Aceton werden mit einer gekühlten Mischung von 300 ccm rauchender Schwefelsäure und 150 ccm Wasser allmählich versetzt und nach eintägigem Stehen langsam destilliert[18]).

Physikalische Eigenschaften: Flüssigkeit. Erstarrt in flüssiger Luft zu einer durchsichtigen Masse, die bei höherer Temperatur krystallinisch wird[20]). Schmelzp. $-57,5°$ [21]). Siedep. 163° [22])[23]); 164° [20]); 164,1° (i. D.)[24]); 164,5° bei 759,2 mm[25]); 163° bei 747 mm[26]). Spez. Gewicht 0,8768 bei 4°/4° [27]); 0,87397 bei 7,6°/4° [24]); 0,8694 bei 9,8°/4° [25]); 0,8685 bei 15°/15° [27]); 0,864 bei 20° [26]); 0,8620 bei 25°/25° [27]); 0,8493 bei 50°/50° [27]); 0,8328 bei 95°/95° [27]); 0,7372 bei 164,5°/4° [25]). Dampfdruck bei verschiedenen Temperaturen[28]). Kritische Temperatur 367,7°. Kritischer Druck 33,2 [29]). Molekulare Verbrennungswärme wie beim Cumol. Spezifische Wärme wie beim Pseudocumol. Verdampfungswärme 71,8 [30]). Capillaritätskonstante beim Siedep. $a^2 = 4,085$ [31]). Oberflächenspannung[32]). Brechungsvermögen[33])[34]).

[1]) Engler, Berichte d. Deutsch. chem. Gesellschaft **18**, 2234 [1885].

[2]) Lachowicz, Annalen d. Chemie u. Pharmazie **220**, 188 [1883]; Berichte d. Deutsch. chem. Gesellschaft **16**, 2663 [1883].

[3]) Poni, Manit. intérêts Pétrol. Roumains 3 [1902]; Chem. Centralbl. **1902**, II, 1370. — Edeleanu u. Filiti, Bulletin de la Soc. chim. **1900**.

[4]) Markownikow u. Ogloblin, Berichte d. Deutsch. chem. Gesellschaft **16**, 1875 [1883].

[5]) Konowalow u. Piatnikow, Zeitschr. f. angew. Chemie **1901**, 84.

[6]) Kast u. Künkler, Dinglers Polytechn. Journ. **278**, 34.

[7]) Fittig u. Wackenroder, Annalen d. Chemie u. Pharmazie **151**, 292 [1869].

[8]) Friedel u. Crafts, Annales de Chim. et de Phys. [6] **1**, 461 [1884].

[9]) Ador u. Rilliet, Berichte d. Deutsch. chem. Gesellschaft **12**, 329 [1879].

[10]) Weiler, Berichte d. Deutsch. chem. Gesellschaft **32**, 1908 [1899].

[11]) Klages u. Lickroth, Berichte d. Deutsch. chem. Gesellschaft **32**, 1563 [1899].

[12]) Michael, Journ. f. prakt. Chemie [2] **60**, 441 [1899].

[13]) Fittig u. Schrohe, Berichte d. Deutsch. chem. Gesellschaft 8, 17 [1875].

[14]) Jacobsen, Berichte d. Deutsch. chem. Gesellschaft **10**, 858 [1877].

[15]) Jacobsen, Annalen d. Chemie u. Pharmazie **184**, 198 [1879].

[16]) Theoretische Erklärung der Reaktion: Michael, Journ. f. prakt. Chemie [2] **60**, 441 [1899].

[17]) Varenne, Bulletin de la Soc. chim. **40**, 267 [1883]. — Orndorff u. Young, Amer. chem. Journ. **15**, 256 [1893]. — Fittig u. Brückner, Annalen d. Chemie u. Pharmazie **147**, 43 [1868].

[18]) Küster u. Stallberg, Annalen d. Chemie u. Pharmazie **278**, 210 [1894].

[19]) Noyes, Amer. Chem. Journ. **20**, 807 [1898].

[20]) Ladenburg u. Krügel, Berichte d. Deutsch. chem. Gesellschaft **32**, 1821 [1899].

[21]) Ladenburg u. Krügel, Berichte d. Deutsch. chem. Gesellschaft **33**, 638 [1900].

[22]) Brühl, Annalen d. Chemie u. Pharmazie **200**, 190 [1879].

[23]) Cahours, Annalen d. Chemie u. Pharmazie **74**, 107 [1850].

[24]) Perkin, Journ. Chem. Soc. **77**, 280 [1900].

[25]) R. Schiff, Annalen d. Chemie u. Pharmazie **220**, 94 [1883].

[26]) Lucas, Berichte d. Deutsch. chem. Gesellschaft **29**, 2885 [1896].

[27]) Perkin, Journ. Chem. Soc. **69**, 1241 [1896].

[28]) Woringer, Zeitschr. f. physikal. Chemie **34**, 263 [1900].

[29]) Altschul, Zeitschr. f. physikal. Chemie **11**, 590 [1893].

[30]) R. Schiff, Annalen d. Chemie u. Pharmazie **234**, 344 [1886].

[31]) R. Schiff, Annalen d. Chemie u. Pharmazie **223**, 68 [1884].

[32]) Dutoit u. Friderich, Compt. rend. de l'Acad. des Sc. **130**, 328 [1899].

[33]) Landolt u. Jahn, Zeitschr. f. physikal. Chemie **10**, 301 [1892].

[34]) Perkin, Journ. Chem. Soc. **69**, 1241 [1896]; **77**, 280 [1900].

Dielektrizitätskonstante[1]). Elektromagnetische Drehung $s = 1,9381$ [2]). Magnetische Suszeptibilität[3]). Magnetisches Drehungsvermögen[4]).

Chemische Eigenschaften: Verdünnte Salzsäure oxydiert zu Mesitylensäure und· Uvitinsäure[5]). Chromsäuremischung liefert nur Essigsäure[5]). Kaliumpermanganat oxydiert zu Uvitinsäure und Trimesinsäure[6]). Bei der Oxydation mit Braunstein und Schwefelsäure, die mit Eisessig verdünnt ist, bilden sich Pentamethyldiphenylmethan (13,6% der Theorie), wenig s-Dimethylbenzaldehyd und geringe Mengen von Dihydrotetramethylanthracen (?) und höheren Kohlenwasserstoffen wie $C_{18}H_{20}$ (oder $C_{18}H_{18}$? oder $C_{18}H_{22}$?) vom Schmelzp. 132 bis 133° und Siedep. 350° (bei 763 mm). Ersetzt man Eisessig durch Wasser, so wird s-Dimethylbenzaldehyd Hauptprodukt (31%) neben 11,5% Pentamethyldiphenylmethan[7]). Bei der Elektrolyse in Acetonlösung mit verdünnter Schwefelsäure entstehen 10—15% Mesitylaldehyd

$$\underset{H_3C}{\overset{CH_3}{\bigcirc}}\cdot CHO \quad ^{8)}$$

Chlorieren im direkten Sonnenlicht[9]). Beim Erhitzen mit Aluminiumchlorid im Salzsäurestrom resultieren m-Xylol und in kleineren Mengen Benzol und Toluol[10]). Mit Acetylchlorid in Schwefelkohlenstoff bei Gegenwart von Aluminiumchlorid liefert es Diacetomesitylen.

Mesitylensulfosäure $C_9H_{12}OS_3 \cdot 2\,H_2O$

$$CH_3-\underset{SO_3H}{\overset{CH_3}{\bigcirc}}-CH_3 \quad + 2\,H_2O$$

Entsteht aus Mesitylen beim Auflösen in schwach rauchender Schwefelsäure[11]). Rhombische Krystalle vom Schmelzp. 77°. Verliert beim Trocknen über Schwefelsäure sein Krystallwasser[12]). Salze[11)][13]).

Mesitylendisulfosäure $C_9H_{12}S_2O_6$

$$\underset{CH_3-}{\overset{CH_3}{SO_3H-}}\bigcirc\underset{-CH_3}{\overset{-SO_3H}{}}$$

Entsteht aus Mesitylen durch mehrtägige Einwirkung der 10fachen Gewichtsmenge rauchender Schwefelsäure bei 30—40° unter zeitweiligem Zusatz kleiner Mengen Phosphorpentoxyd (im ganzen die 3—4fache Menge des Mesitylens). Hierauf wird die schwefelsaure Lösung mit Wasser versetzt, mit Bleicarbonat neutralisiert, und das Bleisalz durch Behandeln mit Alkohol von dem beigemengten Bleisalz der Monosulfosäure befreit[14]). Nadelförmige Krystalle, sehr zerfließlich.

2-Nitromesitylen $C_9H_{11}O_2N$

$$CH_3-\underset{NO_2}{\overset{CH_3}{\bigcirc}}-CH_3$$

---

[1]) **Landolt** u. **Jahn**, Zeitschr. f. physikal. Chemie **10**, 785 [1893].
[2]) **Schönrock**, Zeitschr. f. physikal. Chemie **11**, 785 [1893].
[3]) **Freitag**, Chem. Centralbl. **1900**, II, 156.
[4]) **Perkin**, Journ. Chem. Soc. **69**, 1240 [1896]; **77**, 280 [1900].
[5]) **Fittig**, Annalen d. Chemie u. Pharmazie **141**, 142 [1867].
[6]) **Jacobsen**, Annalen d. Chemie u. Pharmazie **184**, 191 [1879].
[7]) **Weiler**, Berichte d. Deutsch. chem. Gesellschaft **33**, 465 [1900].
[8]) **Law** u. **Perkin**, Faraday Lecture **1904**; Chem. Centralbl. **1905**, I, 360.
[9]) **Radziewanowski** u. **Schramm**, Chem. Centralbl. **1898**, I, 1019.
[10]) **Jacobsen**, Berichte d. Deutsch. chem. Gesellschaft **18**, 342 [1885].
[11]) **Jacobsen**, Annalen d. Chemie u. Pharmazie **146**, 95 [1868].
[12]) **Rose**, Annalen d. Chemie u. Pharmazie **164**, 53 [1872].
[13]) **Jacobsen**, Annalen d. Chemie u. Pharmazie **184**, 195 [1879].
[14]) **Barth** u. **Herzig**, Monatshefte f. Chemie **1**, 808 [1880].

Entsteht in geringer Menge beim Nitrieren des Mesitylens mit konz. Salpetersäure (spez. Gewicht 1,38) auf dem Wasserbade, während rauchende Salpetersäure nur Dinitromesitylen liefert[1]). In besserer Ausbeute erhält man es als Nebenprodukt der Darstellung von Mesitylensäure, durch Behandeln von Mesitylen mit roher Salpetersäure und dem 2fachen Volumen Wasser; nach beendigter Oxydation wird mit Wasserdampf destilliert und das Destillat mit Soda abgesättigt, wobei Nitromesitylen ungelöst zurückbleibt[2]). Oder: man nitriert Mesitylen in Eisessiglösung mit rauchender Salpetersäure unter 1—1½stündigem Kochen, setzt hierauf Wasser zu und destilliert das sich abscheidende Öl nach Zusatz von Natron mit Wasserdampf[3]). Oder man reduziert Dinitromesitylen zu Nitromesidin, diazotiert dieses in alkoholischer Lösung und zersetzt die Diazoverbindung auf dem Wassserbade[4]). Trimetrische[5]) prismatische Krystalle von Zollänge. Schmelzp. 41—42° [2]) [4]); 44° [6]). Siedep. 255° [4]). Verbrennungswärme[7]). Löslich in Alkohol.

1[1]-Nitromesitylen, m-Xylylnitromethan $C_9H_{11}O_2N$

$$CH_3 - \langle \ \rangle - CH_3$$
$$CH_2 \cdot NO_2$$

Entsteht aus Mesitylen bei der Einwirkung verdünnter Salpetersäure[8]) oder bei der Einwirkung von 1 Vol. rauchender Salpetersäure und 5 Vol. Eisessig bei Siedetemperatur (neben 2-Nitromesitylen)[9])[10]). Spießförmige Krystalle vom Schmelzp. 46,8°. Siedep. 120—170° bei 25 mm bei gleichzeitiger Zersetzung. Mit Wasserdampf flüchtig. Verbrennungswärme[10]). In Alkohol, Äther, Benzol leicht, in Ligroin schwer löslich. Löst man die Nitroverbindung in Sodalösung und versetzt unter Kühlung mit verdünnter Schwefelsäure, so fällt ein Umlagerungsprodukt, eine Isonitroverbindung aus[10]). Seideglänzende nadelförmige Krystalle vom Schmelzp. ungefähr 63° unter Zersetzung. Leicht in Alkohol, Äther, Benzol, Aceton, Essigester, Soda, schwer in Ligroin löslich. Wenig beständig; wird allmählich schon bei gewöhnlicher Temperatur, schnell im Sonnenlichte oder beim Erwärmen in die echte Nitroverbindung rückverwandelt; ebenso beim Ausfällen aus der Lösung in Soda oder Kalilauge mit Kohlensäure[10]), während durch Schwefelsäure die Isonitromodifikation ausgefällt wird (s. oben).

2,4-Dinitromesitylen $C_9H_{10}O_4N_2$

$$CH_3 - \langle \ \rangle - CH_3$$
$$NO_2 - \langle \ \rangle - NO_2$$
$$CH_3$$

Entsteht bei der Einwirkung rauchender Salpetersäure auf Mesitylen schon in der Kälte[11]); zur Darstellung läßt man 20 ccm Mesitylen in 50 ccm rauchender Salpetersäure unter dauerndem Kochen tropfenweise einfließen[12]). Rhombische Krystalle in Prismenform vom Schmelzp. 86° [11]). Ebullioskopisches Verhalten[13]). Verbrennungswärme[14]). In heißem Alkohol ziemlich leicht löslich.

[1]) Fittig, Annalen d. Chemie u. Pharmazie **141**, 132 [1867].
[2]) Fittig u. Storer, Annalen d. Chemie u. Pharmazie **147**, 2 [1868].
[3]) G. Schultz, Berichte d. Deutsch. chem. Gesellschaft **17**, 477 [1884].
[4]) Ladenburg, Annalen d. Chemie u. Pharmazie **179**, 170 [1875].
[5]) Wickel, Jahresber. d. Chemie **1884**, 464; **1885**, 774.
[6]) Biedermann u. Ledoux, Berichte d. Deutsch. chem. Gesellschaft **8**, 58 [1875].
[7]) Konowalow, Berichte d. Deutsch. chem. Gesellschaft **29**, 2204 [1896]; Journ. d. russ. physikal.-chem. Gesellschaft **31**, 273 [1899]; Chem. Centralbl. **1899**, I, 1239.
[8]) Konowalow, Journ. d. russ. physikal.-chem. Gesellschaft **31**, 266 [1899]; Chem. Centralbl. **1899**, I, 1238.
[9]) Konowalow, Berichte d. Deutsch. chem. Gesellschaft **28**, 1862 [1895].
[10]) Konowalow, Berichte d. Deutsch. chem. Gesellschaft **29**, 2194, 2201, 2204 [1896].
[11]) Fittig, Annalen d. Chemie u. Pharmazie **141**, 132—133 [1867].
[12]) Küster u. Stallberg, Annalen d. Chemie u. Pharmazie **278**, 213 [1894].
[13]) Bruni u. Berti, Atti della R. Accad. dei Lincei Roma [5] **9**, I, 398 [1900].
[14]) Konowalow, Berichte d. Deutsch. chem. Gesellschaft **29**, 2202, 2204 [1896]; Journ. d. russ. physikal.-chem. Gesellschaft **31**, 269, 273 [1894]; Chem. Centralbl. **1899**, I, 1238—1239.

1¹, 2-Dinitromesitylen $C_9H_{10}O_4N_2$

$$CH_3 - \overset{}{\bigcirc} - CH_3$$
$$| \; -NO_2$$
$$CH_2 \cdot CO_2$$

Entsteht aus 1¹-Nitromesitylen bei der Einwirkung der 5fachen Menge Salpetersäure vom
spez. Gewicht 1,47)[1]. Krystalle in Oktaederform vom Schmelzp. 85,5—86°. Verbrennungswärme[1]. Sehr leicht löslich in Alkalien mit orangeroter Farbe.

2, 4, 6-Trinitromesitylen $C_9H_9O_6N_3$

$$CH_3$$
$$NO_2 - \overset{}{\bigcirc} - NO_2$$
$$CH_3 - \quad - CH_3$$
$$NO_2$$

Entsteht bei der Einwirkung eines Gemisches von 1 Vol. rauchender Salpetersäure und 2 Vol.
konz. Schwefelsäure auf Mesitylen, in der Kälte[2]. Farblose Krystalle, und zwar aus Alkohol
feine weiße Nadeln, aus Aceton große glasglänzende, durchsichtige trikline Prismen[3]. Schmelzp.
230—232°. In kaltem Alkohol fast unlöslich, in heißem schwer löslich, leichter löslich in heißem
Aceton. Kryoskopisches Verhalten (im Gegensatze zu anderen aromatischen Nitroverbindungen normal)[4]. Zinn und Salzsäure reduzieren (je nach den angewandten Mengen) zu Di-
aminomesitylen oder zu Triaminomesitylen[5].

1¹, 2, 4- oder 1¹, 2, 6-Trinitromesitylen $C_9H_9O_6N_3$

$$CH_2(NO_2) \qquad\qquad CH_2(NO_2)$$
$$\overset{}{\bigcirc} - NO_2 \qquad NO_2 - \overset{}{\bigcirc} - NO_2$$
$$CH_3 - \quad - CH_3 \quad \text{oder} \quad CH_3 - \quad - CH_3$$
$$NO_2$$

Entsteht bei der Einwirkung von Salpetersäure vom spez. Gewicht 1,51 auf 1¹-Nitro- oder
1¹, 2-Dinitromesitylen ohne Kühlung[6]. Krystalle in Form flacher Nadeln oder grober Täfelchen vom Schmelzp. 117,5—118,5°. In kaltem Alkohol sehr schwer, in Äther, Chloroform,
Benzol leicht löslich. Löslich in Alkalien mit blutroter Farbe; beim Ausfällen aus dieser Lösung mit Schwefelsäure entsteht keine Isonitroverbindung.

2-Chlormesitylen $C_9H_{11}Cl$

$$Cl$$
$$CH_3 - \overset{}{\bigcirc} - CH_3$$
$$CH_3$$

Entsteht beim Einleiten von trocknem Chlor in gekühltes Mesitylen[7]. Das Reaktionsprodukt, das gleichzeitig Di- und Trichlormesitylen enthält, wird in kochendem Alkohol gelöst, aus dem beim Erkalten das Trichlormesitylen auskrystallisiert. Mono- und Dichlormesitylen werden durch Fraktionieren voneinander geschieden. Flüssigkeit, die bei —20°
noch flüssig bleibt. Siedep. 204—206°[7].

---

[1]) **Konowalow**, Berichte d. Deutsch. chem. Gesellschaft **29**, 2202, 2204, [1896]; Journ.
d. russ. physikal.-chem. Gesellschaft **31**, 269, 273 [1894]; Chem. Centralbl. **1899**, I, 1238—1239.

[2]) **Fittig**, Annalen d. Chemie u. Pharmazie **141**, 134 [1867].

[3]) **Bodewig**, Jahresber. d. Chemie **1879**, 396.

[4]) **Bruni u. Berti**, Atti della R. Acad. dei Lincei Roma [5] **9**, I, 398 [1900].

[5]) **Weidel u. Wenzel**, Monatshefte f. Chemie **19**, 250 [1898].

[6]) **Konowalow**, Berichte d. Deutsch. chem. Gesellschaft **29**, 2202 [1896]; Journ. d. russ.
physikal.-chem. Gesellschaft **31**, 272 [1899]; Chem. Centralbl. **1899**, I, 1238.

[7]) **Fittig u. Hoogewerff**, Annalen d. Chemie u. Pharmazie **150**, 323 [1869].

ω- oder 1¹-Chlormesitylen $C_9H_{11}Cl$

$$CH_3 - \langle\ \rangle - CH_3$$
$$CH_2Cl$$

Entsteht beim Einleiten von Chlor in siedendes Mesitylen[1]. Flüssigkeit vom Siedep. 215 bis 220°.

2, 4-Dichlormesitylen $C_9H_{10}Cl_2$

$$CH_3 - \langle\ \rangle - CH_3$$
$$Cl \quad Cl$$
$$CH_3$$

Entsteht beim Einleiten von trocknem Chlor in kalt gehaltenes Mesitylen[2]. Trennung von den gleichzeitig sich bildenden Mono- und Trichlormesitylen (s. bei diesen). Prismatische Krystalle vom Schmelzp. 59°. Siedep. 243—244°. Schon bei gewöhnlicher Temperatur sehr flüchtig; ebenso mit Wasserdampf sehr leicht flüchtig. Sehr leicht löslich in Äther oder Benzol, leicht löslich in Alkohol. Sehr beständig gegen Oxydationsmittel.

ω₂- oder 1¹, 3¹-Dichlormesitylen $C_9H_{10}Cl_2$

$$CH_3$$
$$CH_2Cl - \langle\ \rangle - CH_2Cl$$

Entsteht beim Einleiten von Chlor in Mesitylen bei Siedetemperatur[3]. Blättchen oder nadelförmige Krystalle. Schmelzp. 41,5°. Siedep. 260—265°.

(en-)Trichlormesitylen $C_9H_9Cl_3$

$$CH_3$$
$$Cl \quad Cl$$
$$CH_3 - \langle\ \rangle - CH_3$$
$$Cl$$

Entsteht beim Einleiten von trocknem Chlor in gekühltes Mesitylen, neben Mono- und Dichlormesitylen (s. diese)[2]. Es scheidet sich aus der Lösung des Reaktionsproduktes in kochendem Alkohol beim Erkalten aus, während die beiden anderen Chlorverbindungen gelöst bleiben. Es bildet sich ferner aus o-Dichlorbenzol und Methylchlorid bei Anwesenheit von Aluminiumchlorid neben Hexamethylbenzol[4]. Krystalle in Form feiner langer Nadeln; sublimiert in spießförmigen Krystallen. Schmelzp. 204—205°[2]. Siedep. 280°[4]. Leicht löslich in Äther; in kaltem Alkohol fast unlöslich, in siedendem leichter löslich. Oxydationsmittel, wie konz. Salpetersäure oder Chromsäuremischung, wirken nicht ein.

Brommesitylen $C_9H_{11}Br$

$$CH_3$$
$$Br$$
$$CH_3 - \langle\ \rangle - CH_3$$

Entsteht bei der Einwirkung von Brom auf gekühltes Mesitylen[5] und bei Ausschluß von Tageslicht[6]. Flüssigkeit, wird in Kältemischung fest. Schmelzp. —1° Siedep. 225°. Spez. Gewicht 1,3191 bei 10°.

---

[1] Robinet, Bulletin de la Soc. chim. **40**, 315 [1883].
[2] Fittig u. Hoogewerff, Annalen d. Chemie u. Pharmazie **150**, 323 [1869].
[3] Robinet u. Colson, Bulletin de la Soc. chim. **40**, 110 [1883].
[4] Friedel u. Crafts, Annales de Chim. et de Phys. [6] **10**, 418 [1887].
[5] Fittig u. Storer, Annalen d. Chemie u. Pharmazie **147**, 6 [1868].
[6] Schramm, Berichte d. Deutsch. chem. Gesellschaft **19**, 212 [1886].

Mesitylbromid, 1¹-Brommesitylen $C_9H_{11}Br$

$$CH_3-\underset{CH_2Br}{\overset{CH_3}{\bigcirc}}$$

Entsteht bei der Einwirkung von ($^2/_3$ der theoretischen Menge) Brom auf Mesitylen bei 135 bis 145°[1]. Die Ausbeute beträgt 65%[2]. Lange nadelförmige Krystalle vom Schmelzp. 37,5—38°. Siedep. 229—231° bei 740 mm (unter geringer Zersetzung). In Alkohol, Äther, Chloroform leicht löslich.

2, 4-Dibrommesitylen $C_9H_{10}Br_2$

Entsteht bei der Einwirkung von 2 Mol. Brom auf Mesitylen im Dunkeln[3]. Krystalle in Form langer, spröder Nadeln vom Schmelzp. 60°[5]; 64°[3][4]. Siedep. 276—278°[4]; 285°[5]. In heißem Alkohol sehr leicht löslich.

1¹, 3¹-Dibrommesitylen $C_9H_{10}Br_2$

Entsteht bei der Einwirkung von dampfförmigem Brom auf Mesitylen in der Siedehitze[6]. Krystalle in Form länglicher Prismen vom Schmelzp. 66,4°. In kaltem Alkohol fast unlöslich, in kochendem Alkohol oder in Äther sehr leicht löslich.

1¹, 4-Dibrommesitylen, p-Brommesitylbromid $C_9H_{10}Br_2$

Entsteht bei der Einwirkung von 1 Mol. Brom auf Mesitylen[7] oder von 1 Mol. Brom auf das hierbei zunächst entstehende Monobrommesitylen im Sonnenlichte[3]. Flüssigkeit. Erstarrt nicht bei —19°. Zersetzt sich vollständig bei der Destillation.

2, 4, 6-Tribrommesitylen $C_9H_9Br_3$

Entsteht immer bei der Einwirkung von überschüssigem Brom auf Mesitylen in der Kälte[8]. Trikline Krystalle, aus Alkohol in Gestalt kleiner farbloser Nadeln, aus Benzol in Form kleiner, durchsichtiger Prismen. Schmelzp. 224°. In kaltem Alkohol fast unlöslich, in heißem sehr schwer löslich; leichter löslich in Benzol.

---

[1]) Wispek, Berichte d. Deutsch. chem. Gesellschaft **16**, 1577 [1883]. — Colson, Annales de Chim. et de Phys. [6] **6**, 89 [1885].

[2]) Weiler, Berichte d. Deutsch. chem. Gesellschaft **33**, 339 [1900].

[3]) Schramm, Berichte d. Deutsch. chem. Gesellschaft **19**, 212—213 [1896].

[4]) Süssenguth, Annalen d. Chemie u. Pharmazie **215**, 248 [1882].

[5]) Fittig u. Storer, Annalen d. Chemie u. Pharmazie **147**, 6 [1868].

[6]) Colson, Annales de Chim. et de Phys. [6] **6**, 91 [1885].

[7]) Robinet u. Colson, Bulletin de la Soc. chim. **40**, 110 [1883].

[8]) Fittig u. Storer, Annalen d. Chemie u. Pharmazie **147**, 11 [1868]. — Vgl. Cahours, Annales de Chim. et de Phys. [6] **6**, 96, 101 [1885]; — Hofmann, Annalen d. Chemie u. Pharmazie **71**, 128 [1849].

$1^1, 3^1, 5^1$-Tribrommesitylen $C_9H_9Br_3$

$$CH_2Br—\overset{\overset{\textstyle CH_2Br}{|}}{\bigcirc}—CH_2Br$$

Entsteht bei der Einwirkung von Brom auf Mesitylen in der Siedehitze[1]). Nadelförmige Krystalle vom Schmelzp. 94,5°. Siedep. 210—220° unter vermindertem Druck.

ω_2-Tribrommesitylen $CH_3 \cdot C_6H_2Br(CH_2Br)_2$. Entsteht bei der Einwirkung von Brom auf Mesitylen[1]). Krystalle vom Schmelzp. 81°.

$1^1, 3^1, 4$-Tribrommesitylen

$$CH_2Br—\overset{\overset{\textstyle CH_3}{|}}{\underset{}{\bigcirc}}Br—CH_2Br$$

Entsteht bei der Einwirkung von Brom auf p-Brommesitylbromid im Sonnenlicht[2]). Krystalle in Gestalt sehr feiner Nadeln vom Schmelzp. 120—122°.

(2-)Jodmesitylen $C_9H_{11}J$

$$CH_3—\overset{\overset{\textstyle CH_3}{|}}{\underset{\underset{\textstyle J}{|}}{\bigcirc}}—CH_3$$

Entsteht bei der Einwirkung von Jodschwefel und Salpetersäure auf Mesitylen (in Benzinlösung)[3]); ferner bei der Behandlung von Diazomesitylensulfat mit Kaliumjodid[4]). Nadelförmige Krystalle vom Schmelzp. 30,5°[5]). Siedep. 248—250°[5]). Leicht mit Wasserdampf flüchtig. Mit Chlorsulfosäure entsteht Trichlormesitylen[6]). Jodwasserstoff und Phosphor reduzieren beim Kochen zu Mesitylen[7]). Beim Chlorieren in Eisessiglösung (unter guter Kühlung) entsteht **Mesityljodidchlorid**[4]) $(CH_3)_3 \cdot C_6H_2 \cdot JCl_2$. Gelbe nadelförmige Krystalle. Beim Chlorieren in Chloroform oder Eisessiglösung ohne Kühlung entsteht **Chlorjodmesitylen**[4]) $(CH_3)_3 \cdot C_6HClJ$, nadelförmige Krystalle vom Schmelzp. 180°, das beim Chlorieren in Benzollösung **Chlormesitylenjodidchlorid**[4]) $(CH_3)_3 \cdot C_6HCl_2 \cdot JCl_2$ liefert, zersetzliche, gelbe, nadelförmige Krystalle.

(2, 4-)Dijodmesitylen $C_9H_{10}J_2$

$$CH_3—\overset{\overset{\textstyle CH_3}{|}}{\underset{}{\underset{J\quad J}{\bigcirc}}}—CH_3$$

Entsteht aus Jodmesitylen durch Schütteln mit Vitriolöl (neben Mesitylensulfosäure)[6]). Lange nadelförmige Krystalle vom Schmelzp. 82—83°.

(2, 4, 6-)Trijodmesitylen $C_9H_9J_3$

$$CH_3—\overset{\overset{\textstyle CH_3}{|}}{\underset{\underset{\textstyle J}{}}{\underset{J\quad J}{\bigcirc}}}—CH_3$$

Entsteht aus Jodmesitylen oder Dijodmesitylen durch Schütteln mit rauchender Schwefelsäure (neben Mesitylensulfosäure)[6]). Prismatische Krystalle vom Schmelzp. 208°. Sehr schwer löslich in Alkohol oder Äther, leichter in Benzol.

[1]) Colson, Bulletin de la Soc. chim. **41**, 362 [1884].
[2]) Schramm, Berichte d. Deutsch. chem. Gesellschaft **19**, 215 [1886].
[3]) Edinger u. Goldberg, Berichte d. Deutsch. chem. Gesellschaft **33**, 2881 [1900].
[4]) Willgerodt u. Roggatz, Journ. f. prakt. Chemie [2] **61**, 423, 429 [1900].
[5]) Töhl, Berichte d. Deutsch. chem. Gesellschaft **25**, 1522 [1892].
[6]) Töhl u. Eckel, Berichte d. Deutsch. chem. Gesellschaft **26**, 1104 [1893].
[7]) Klages u. Liecke, Journ. f. prakt. Chemie [2] **61**, 325 [1900].

Mesidin (Amino-1, 3, 5-Trimethylbenzol) $C_9H_{13}N$

$$CH_3-\underset{\underset{\displaystyle CH_3}{|}}{\overset{}{\bigodot}}\genfrac{}{}{0pt}{}{-CH_3}{-NH_2}$$

Entsteht aus Nitromesitylen durch Reduktion[1]); aus Anilin, o- oder p-Toluidin[2]), v-o-[3]) oder
a-m-Xylidin[4]), beim Erhitzen ihrer salzsauren Salze mit Methylalkohol auf 300°; aus Tri-
methylanilinjodid $C_6H_5 \cdot N(CH_3)_3J$ durch Erhitzen im geschlossenen Rohr auf 335°[5]).
Flüssigkeit vom Siedep. 227°[6]); 229—230°[7]). Spez. Gewicht 0,9633[5]). Salze[1]).

ω-Mesitylamin, 1¹-Amino-1, 3, 5-trimethylbenzol $C_9H_{13}N$

$$CH_3-\underset{\underset{\displaystyle CH_2 \cdot NH_2}{|}}{\overset{}{\bigodot}}-CH_3$$

Entsteht aus 1¹-Nitromesitylen durch Reduktion mit Zinn und Salzsäure[8]) oder aus Mesityl-
phthalimid

$$C_6H_4\genfrac{<}{>}{0pt}{}{CO}{CO}N \cdot CH_2 \cdot C_6H_3(CH_3)_2$$

durch 6stündiges Erhitzen mit der 5fachen Menge konz. Salzsäure auf 200°[9]). Ölige
Flüssigkeit vom Siedep. 217—218° bei 756 mm.

Quecksilbermesityl (1, 3, 5) $C_{18}H_{22}Hg = Hg \cdot [C_6H_3 \cdot (CH_3)_3]_2$. Aus Brommesitylen und
Natriumamalgam in Xylollösung bei Gegenwart von etwas Essigäther[10]). Nadeln. Schmelzp.
236°. — $C_9H_{11}HgCl.$[10]) Schmelzp. 200°. — $C_9H_{11}HgBr.$[10]) Schmelzp. 194°. — $C_9H_{11}HgJ.$[10])
Schmelzp. 178°.

Mesityldichlorphosphin $C_9H_{11}Cl_2P = (CH_3)_3C_6H_2 \cdot PCl_2$[11]). Aus Mesitylen $C_6H_3(CH_3)^{1, 3, 5}$
Phosphortrichlorid und Aluminiumchlorid. Große Tafeln. Schmelzp. 35—37°. Siedep. 273
bis 275°.

Mesitylphosphintetrachlorid $C_9H_{11}Cl_4P = (CH_3)_3 \cdot C_6H_2 \cdot PCl_4$[11]). Schmelzp. 70°.

Mesitylphosphinige Säure $C_9H_{13}O_2P = (CH_3)_3 \cdot C_6H_2P(OH)_2$[12]). Aus Mesityldichlori-
phosphin und Wasser. Nadeln aus Wasser. Schmelzp. 147°. Mäßig löslich in heißem Wasser,
unlöslich in Ligroin, sehr schwer in Äther, leicht löslich in Alkohol und Benzol. Bei der Destillation in Kohlensäure unter 25 mm Druck entsteht

1, 3, 5-Mesitylphosphin $C_9H_{13}P = (CH_3)_3 \cdot C_6H_3 \cdot PH_2$[13]). Dicke Nadeln. Schmelzp. 40°.
Siedep. 125° bei 25 mm. Riecht stark und unangenehm. Oxydiert sich rasch an der Luft.

Mesitylphosphinsäure $C_9H_{13}PO_3 = (CH_3)_3C_6H_3 \cdot PO(OH)_2$[14]). Aus dem Oxychlorid
$C_9H_{11} \cdot POCl_2$ und Wasser. Nadeln aus verdünntem Alkohol. Schmelzp. 167°. Schwer löslich in heißem Wasser, in Chloroform und Äther, leicht in Alkohol.

Trimesitylphosphin $C_{27}H_{33}P = [C_6H_2 \cdot (CH_3)_3] \cdot P$[15]). Aus Brommesitylen und Phosphortrichlorid durch Natrium in Benzollösung. Weißes, krystallinisches Pulver. Schmelzp.
205—206°.

1) Fittig u. Storer, Annalen d. Chemie u. Pharmazie **147**, 3 [1868].
2) Limpach, Berichte d. Deutsch. chem. Gesellschaft **21**, 641 [1888].
3) Nölting u. Forel, Berichte d. Deutsch. chem. Gesellschaft **18**, 2681 [1885].
4) Eisenberg, Berichte d. Deutsch. chem. Gesellschaft **18**, 2681 [1885].
5) Hofmann, Berichte d. Deutsch. chem. Gesellschaft **5**, 715 [1872]; 8, 61 [1875].
6) Biedermann u. Ledoux, Berichte d. Deutsch. chem. Gesellschaft **8**, 58 [1875].
7) Ladenburg, Annalen d. Chemie u. Pharmazie **179**, 172 [1875].
8) Konowalow, Berichte d. Deutsch. chem. Gesellschaft **28**, 1863 [1895]; Journ. d. russ.
physikal.-chem. Gesellschaft **31**, 268 [1899]; Chem. Centralbl. **1899**, I, 1238.
9) Landau, Berichte d. Deutsch. chem. Gesellschaft **25**, 3013 [1892].
10) Michaelis, Berichte d. Deutsch. chem. Gesellschaft **28**, 591 [1895].
11) Michaelis, Annalen d. Chemie u. Pharmazie **294**, 35 [1897].
12) Michaelis, Annalen d. Chemie u. Pharmazie **294**, 36 [1897].
13) Michaelis, Annalen d. Chemie u. Pharmazie **294**, 45 [1897].
14) Michaelis, Annalen d. Chemie u. Pharmazie **294**, 39 [1897].
15) Michaelis, Annalen d. Chemie u. Pharmazie **315**, 102 (1901].

Trimesitylenmethylphosphoniumjodid $C_{28}H_{36}JP = (C_9H_{11})_3P \cdot (CH_3)J$ [1]). Gelbes, krystallinisches Pulver. Schmelzp. 269°. Leicht löslich in Alkohol und in Wasser.

Trimesitylarsin $C_{27}H_{33}As = [(CH_3)^{1,3,5} \cdot C_6H_2]As$ [2]). Aus Brommesitylen und Arsentrichlorid durch Natrium in trocknem Äther bei Wasserbadtemperatur[3]). Prismatische Nadeln aus heißem Alkohol. Schmelzp. 170°. Sehr leicht in Äther, Chloroform und Ligroin, schwerer in Alkohol und Eisessig löslich.

Trimesitylarsindibromid $C_{27}H_{33}Br_2As = (C_9H_{11})_3AsBr_2$ [4]). Schmelzp. 237°. Unlöslich in Äther, ziemlich leicht in Alkohol, sehr leicht in Chloroform.

Trimesitylarsinoxyd $C_{27}H_{33}OAs = (C_9H_{11})_3AsO$ [5]). Schmelzp. 203—204°.

Methyltrimesitylarsoniumchlorid $C_{28}H_{36}ClAs = [(CH_3)_3 \cdot C_6H_2]_3As(CH_3)Cl$ [5]). Schmelzp. 192°. Sehr leicht in Wasser und Alkohol löslich.

Methyltrimesitylarsoniumjodid $C_{28}H_{36}JAs = [(CH_3)_3 \cdot C_6H_2]_3As(CH_3)J$ [5]). Aus Alkohol gelbrote, aus Wasser weiße Prismen. Schmelzp. 186°. Schwer löslich in heißem Wasser, leicht in Alkohol, sehr leicht in Chloroform.

(p-)Cymol, p-Methylisopropylbenzol.

Mol.-Gewicht 134.
Zusammensetzung: 89,55% C, 10,45% H.

$$C_{10}H_{14}.$$

$$CH_3$$

$$CH$$

$$CH_3 \quad CH_3$$

Vorkommen: Als natürlicher Bestandteil zahlreicher ätherischer Öle. Im Kümmelöl, aus der Frucht von Cuminum Cyminum[6]). Im Öl aus der Frucht von Cicuta virosa (Wasserschierling)[7]). Im Thymianöl (aus Thymus vulg.)[8]), im Quendelöl (aus Th. Serpyllum)[9]) und im Öl von Thymus capitatus[10]). Im Ayowanöl (von Ptychotis Ajowan)[11]). Im Bohnenkrautöl (von Satureja hortensis) und im Öl von Sat. Thymbra[14]). Im Eucalyptusöl (von Eucalyptus globulus)[12]). Im Öle von Monarda fistulosa[13]) und M. punctata[14]). Im Öle, das aus Tannenholz bei der Darstellung von Sulfitcellulose erhalten wird (als Hauptbestandteil)[15]). Ferner im Petroleum: im amerikanischen (Pennsylvanien, Ohio, Kanada)[16]) und spurenweise im japanischen[17]).

Bildung: Bei der Destillation von Fichtenharz findet sich p-Cymol in der Harzessenz[18]). Bei der Destillation des Harzöls unter Druck (neben anderen Produkten)[19]). Aus Campher

[1]) Michaelis, Annalen d. Chemie u. Pharmazie **315**, 103 [1901].
[2]) Michaelis, Annalen d. Chemie u. Pharmazie **321**, 238 [1902].
[3]) Michaelis, Annalen d. Chemie u. Pharmazie **321**, 239 [1902].
[4]) Michaelis, Annalen d. Chemie u. Pharmazie **321**, 240 [1902].
[5]) Gerhardt u. Cahours, Annalen d. Chemie u. Pharmazie **38**, 71, 101, 345 [1841].
[6]) Trapp, Annalen d. Chemie u. Pharmazie **108**, 386 [1858].
[7]) Lallemand, Annalen d. Chemie u. Pharmazie **102**, 119 [1857].
[8]) Febve, Compt. rend. de l'Acad. des Sc. **92**, 1290 [1881]; Jahresber. d. Chemie **1881**, 1028.
[9]) Bericht der Firma Schimmel & Co., Okt. **1889**, 56.
[10]) H. Müller, Berichte d. Deutsch. chem. Gesellschaft **2**, 130 [1869]. — Landolph, Berichte d. Deutsch. chem. Gesellschaft **6**, 936 [1873]. — Hainer, Journ. Chem. Soc. **8**, 289 [1856]; Jahresber. d. Chemie **1856**, 622.
[11]) Bericht der Firma Schimmel & Co., Okt. **1889**, 55.
[12]) Faust u. Homeyer, Berichte d. Deutsch. chem. Gesellschaft **7**, 1429 [1874].
[13]) Kremers, Chem. Centralbl. **1897**, II, 41.
[14]) Schumann u. Kremers, Chem. Centralbl. **1897**, II, 42.
[15]) Klason, Berichte d. Deutsch. chem. Gesellschaft **33**, 2343 [1900].
[16]) Mabery, Proc. Amer. philos. Soc. **36**, 133 [1897].
[17]) Shin-Tchi-Takano, Congrès intern. Paris 1900.
[18]) Kelbe, Berichte d. Deutsch. chem. Gesellschaft **19**, 1969 [1886].
[19]) Krämer u. Spilker, Berichte d. Deutsch. chem. Gesellschaft **33**, 2267 [1900].

bei der Einwirkung von Zinkchlorid (?)[1]; von Phosphorpentachlorid[2]; von Phosphorpentoxyd[3]; von Phosphorsulfid[4]. Aus Wurmsamenöl[5]), Wermutöl[6]), durch Einwirkung von Phosphorpentoxyd. Aus Thymol durch Einwirkung von Phosphorpentasulfid[4]), oder mit Phosphorpentachlorid und darauffolgende Reduktion des Chlorids $C_{10}H_{13}Cl$ mit Natriumamalgam[7]). Aus Carvenon $C_{10}H_{16}O$ durch Erhitzen mit Benzoylchlorid[8]). Aus Sabinol $C_{10}H_{16}O$ durch Einwirkung 10 proz. Salzsäure[9]) oder von Alkohol und wenig Schwefelsäure[10]). Aus Citral durch Einwirkung von Säuren[11]). Aus dem sauerstoffhaltigen Bestandteil des Eucalyptusöls durch Phosphorpentasulfid[5]). Aus den Terpenen $C_{10}H_{16}$ durch Aboxydation zweier Wasserstoffatome, durch Destillation von Terpentinöl usw. mit Brom[12]) oder durch Erhitzen mit Jod[13]), oder durch Schütteln mit konz. Schwefelsäure[14]), oder insbesondere durch Erhitzen mit Diäthylsulfat auf 120° [15]). Ebenso aus Menthen $C_{10}H_{18}$ durch Behandeln mit Brom[16]). Aus 1-Methyl-4-isopropylidencyclohexen(1)-ol(3) mit wasserabspaltenden Mitteln[17]). Aus p-Bromcumol und Methyljodid mit Natrium[18])[19]). Aus Isopropylchlorid und Toluol mit Aluminiumchlorid[20]). Aus Cuminalkohol $C_{10}H_{14}O$ durch Kochen mit Zinkstaub[21]).

Darstellung: Aus Campher durch Mischen mit der gleichen Menge Phosphorpentoxyd und Einleiten der Reaktion durch Anwärmen. Das entstandene Cymol wird über Natrium destilliert[22]). Aus Terpentinöl durch Versetzen mit wenig (4%) Phosphortrichlorid und Einleiten von Chlor bei 25°. Nach beendeter Reaktion wäscht man mit Wasser, trocknet und destiliert über Natrium[23]).

Physiologische Eigenschaften: Verläßt, innerlich eingenommen, den Organismus in der Form von Cuminsäure $C_{10}H_{22}O_2$ mit dem Harn[24]); nach späteren Versuchen als Cuminursäure $C_{12}H_{14}NO_2$ neben Spuren von Cuminsäure[25]). Verhalten im tierischen Organismus[26]).

Physikalische Eigenschaften: Flüssigkeit. Schmelzp. —73,5° [27]). Siedep. 175° (i. D.) [28]); 175,4—175,5° bei 749,5 mm[29]). Spez. Gewicht 0,87226 bei 0° [28]); 0,86700 bei 7,9°/4° [30]); 0,864 bei 9,8°/4° [29]); 0,85246 bei 25° [28]); 0,81219 bei 50° [28]); 0,79126 bei 100° [28]); 0,7248 bei 175,4°/4° [29]). Kritische Temperatur 378,6°. Kritischer Druck 28,6 [31]). Dampfdruck bei verschiedenen Temperaturen[32]). Capillaritätskonstante beim Siedep. $a^2 = 3,839$ [33]). Mittlere spezifische

[1]) Gerhardt, Annalen d. Chemie u. Pharmazie **48**, 234 [1843].
[2]) Wright, Jahresber. d. Chemie **1873**, 366.
[3]) Dumas u. Delalande, Annalen d. Chemie u. Pharmazie **38**, 342 [1841].
[4]) Pott, Berichte d. Deutsch. chem. Gesellschaft **2**, 121 [1869].
[5]) Faust u. Homeyer, Berichte d. Deutsch. chem. Gesellschaft **7**, 1428 [1874].
[6]) Beilstein u. Kupffer, Annalen d. Chemie u. Pharmazie **170**, 282 [1873].
[7]) Carstanjen, Jahresber. d. Chemie **1871**, 456.
[8]) Marsh u. Hartridge, Journ. Chem. Soc. **73**, 856 [1898].
[9]) Fromm u. Lischke, Berichte d. Deutsch. chem. Gesellschaft **33**, 1209 [1900].
[10]) Semmler, Berichte d. Deutsch. chem. Gesellschaft **33**, 1463 [1900].
[11]) Tiemann, Berichte d. Deutsch. chem. Gesellschaft **32**, 108 [1899].
[12]) Oppenheim, Berichte d. Deutsch. chem. Gesellschaft **5**, 94, 628 [1872]. — Barbier, Berichte d. Deutsch. chem. Gesellschaft **5**, 215 [1872].
[13]) Kekulé, Berichte d. Deutsch. chem. Gesellschaft **6**, 437 [1873].
[14]) Richter, Berichte d. Deutsch. chem. Gesellschaft **6**, 1257 [1873].
[15]) Bruère, Jahresber. d. Chemie **1880**, 444.
[16]) Beckett u. Wright, Jahresber. d. Chemie **1876**, 397.
[17]) Verley, Bulletin de la Soc. chim. [3] **21**, 410 [1900].
[18]) Widman, Berichte d. Deutsch. chem. Gesellschaft **24**, 450 [1891].
[19]) Jacobsen, Berichte d. Deutsch. chem. Gesellschaft **12**, 430, 434 [1879].
[20]) Silva, Bulletin de la Soc. chim. **43**, 321 [1885].
[21]) Kraut, Annalen d. Chemie u. Pharmazie **192**, 224 [1878].
[22]) Fittica, Annalen d. Chemie u. Pharmazie **172**, 307 [1874].
[23]) Naudin, Bulletin de la Soc. chim. **37**, 111 [1882].
[24]) Ziegler u. Nencki, Berichte d. Deutsch. chem. Gesellschaft **5**, 749 [1872].
[25]) Jacobsen, Berichte d. Deutsch. chem. Gesellschaft **12**, 1512 [1879].
[26]) Hildebrandt, Berichte d. Deutsch. chem. Gesellschaft **33**, 1209 [1900].
[27]) Ladenburg u. Krügel, Berichte d. Deutsch. chem. Gesellschaft **33**, 638 [1900].
[28]) Paternò u. Pisati, Jahresber. d. Chemie **1874**, 397.
[29]) R. Schiff, Annalen d. Chemie u. Pharmazie **220**, 94 [1883].
[30]) Perkin, Journ. Chem. Soc. **77**, 279 [1900].
[31]) Altschul, Zeitschr. f. physikal. Chemie **11**, 590 [1893].
[32]) Woringer, Zeitschr. f. physikal. Chemie **34**, 263 [1901].
[33]) R. Schiff, Annalen d. Chemie u. Pharmazie **223**, 69 [1884].

Wärme (zwischen $t°$ und $t_1°$) $= 0,4000 + 0,0005215\,(t + t_1)$ [1]. Verdampfungswärme 66,3 [1]. Brechungsvermögen [2] [3]. Molekularrefraktion 44,60 [4]. Dielektrizitätskonstante [3]. Elektromagnetische Drehung $s = 2,0004$ [5].

Chemische Eigenschaften: Beim Behandeln mit Salpetersäure (spez. Gewicht 1,4) in der Kälte entstehen: Nitrocymol, p-Methyltolylketon und das Dioxim $CH_3 \cdot C_6H_4 \cdot C \cdot C \cdot C_6H_4 \cdot CH_3$.
$$\overset{\|}{NOH} \quad \overset{\|}{NOH}$$

In der Wärme wird Cymol zu p-Toluylsäure oxydiert $CH_3 \cdot C_6H_4 \cdot COOH$. Chromsäure oxydiert zu Terephthalsäure. Kaliumpermanganat zunächst zu p-Oxypropyl-benzoesäure $(CH_3)_2 \cdot C(OH) \cdot C_6H_4 \cdot COOH$ und dann zu Terephthalsäure. Bei Einwirkung von Stickstoffdioxyd werden p-Toluylsäure und Oxalsäure gebildet [6]. Chlor liefert, bei Siedetemperatur eingeleitet, Cumylchlorid $(CH_3)_2CH \cdot C_6H_4 \cdot CH_2Cl$. Durch Brom wird bei Gegenwart von Aluminiumbromid bei 0° die Isopropylgruppe abgespalten und es resultieren Isopropylbromid $(CH_3)_2 \cdot CHBr$ und Pentabromtoluol $C_7H_3Br_5$ [7]. Beim Erhitzen mit Jod (der halben Gewichtsmenge) auf 250° entstehen Benzolhomologe von C_7H_8 bis $C_{13}H_{20}$ [8]. Bei 0° gesättigte Jodwasserstoffsäure wirkt bei 270° fast völlig zersetzend, es erfolgt Gasentwicklung und Verkohlung, daneben Bildung von Toluol und Hexahydrotoluol [9]. Beim Erhitzen mit Aluminiumchlorid auf 150° entsteht hauptsächlich Toluol [10].

Cymol-2-sulfosäure, α**-Sulfosäure** $C_{10}H_{13} \cdot SO_3H \cdot 2\,H_2O$

Entsteht als Hauptprodukt bei der Einwirkung gewöhnlicher Schwefelsäure auf Cymol bei 90—100° (neben β-Säure [11] [12] [13]). Tafelförmige Krystalle vom Schmelzp. 50—51° [12]); 78 bis 79° [13]) (krystallwasserfrei) 220° [13]). Schmelzen mit Kali führt in Carvacrol $CH_3 \cdot C_6H_3(OH) \cdot CH(CH_3)_2$ über. Salze [14]).

Cymol-3-sulfosäure, β**-Sulfosäure** $C_{10}H_{14}O_3S$

Entsteht aus Cymol durch Erhitzen mit der 5fachen Menge konz. Schwefelsäure während 6—8 Stunden [13]). Man befreit von gleichzeitig gebildeter α-Säure und Disulfosäure, indem man

[1]) R. Schiff, Annalen d. Chemie u. Pharmazie **234**, 344 [1886].

[2]) Perkin, Journ. Chem. Soc. **77**, 279 [1900].

[3]) Landolt u. Jahn, Zeitschr. f. physikal. Chemie **10**, 302 [1892].

[4]) Brühl, Berichte d. Deutsch. chem. Gesellschaft **25**, 171 [1892]; Annalen d. Chemie u. Pharmazie **235**, 19 [1886].

[15]) Schönrock, Zeitschr. f. physikal. Chemie **11**, 785 [1893].

[16]) Leed, Berichte d. Deutsch. chem. Gesellschaft **14**, 484 [1881].

[7]) Gustavson, Journ. d. russ. physikal.-chem. Gesellschaft **9**, 287 [1877]; Berichte d. Deutsch. chem. Gesellschaft **10**, 1101 [1877].

[8]) Rayman u. Preis, Berichte d. Deutsch. chem. Gesellschaft **13**, 344 [1880].

[9]) Orlow, Journ. d. russ. physikal.-chem. Gesellschaft **15**, 51 [1883].

[10]) Anschütz, Annalen d. Chemie u. Pharmazie **235**, 191 [1886].

[11]) Claus u. Cratz, Berichte d. Deutsch. chem. Gesellschaft **13**, 901 [1880]. — Vgl. Jacobsen, Berichte d. Deutsch. chem. Gesellschaft **11**, 1059 [1878].

[12]) Spica, Berichte d. Deutsch. chem. Gesellschaft **14**, 653 [1881].

[13]) Claus, Berichte d. Deutsch. chem. Gesellschaft **14**, 2139, 2142 [1881].

[14]) Beilstein u. Kupffer, Annalen d. Chemie u. Pharmazie **170**, 287 [1873].

die Lösung der Bariumsalze eindampft, wobei sich zuerst das schwerlösliche Salz der α-Säure abscheidet; die geringen Mengen beigemengten disulfosauren Salzes entfernt man aus der Mutterlauge durch Ausfällen mit Alkohol, in dem das Bariumsalz der β-Säure gelöst bleibt. Man erhält die Säure auch aus 2-Bromcymolsulfosäure durch Reduktion mit Natriumamalgam[1]) oder mit Zinkstaub und Ammoniak[2]). Körnchenähnliche Krystalle. Schmelzp. (der bei 100° getrockneten Säure) 130—131°. In Wasser sehr leicht, in Alkohol schwerer löslich, in Äther unlöslich.

Cymoldisulfosäure $C_{10}H_{14}O_6S_2 = CH_3 \cdot C_6H_2(SO_3H)_2 \cdot CH(CH_3)_2$. Entsteht bei der Einwirkung rauchender Schwefelsäure auf Cymol[3]). Die Trennung von den zugleich entstehenden Monosulfosäuren erfolgt in der bei β-Sulfosäure angegebenen Weise, wobei die Disulfosäure als Bariumsalz mittels Alkohol aus wässeriger Lösung ausgefällt wird[4]). Das Bariumsalz krystallisiert (undeutlich) mit einem Molekül Krystallwasser.

2-Nitro-p-cymol $C_{10}H_{13}O_2N$

$$CH_3-C_6H_4(NO_2)-CH(CH_3)_2$$

Entsteht aus Cymol durch Auflösen in Salpetersäure vom spez. Gewicht 1,4 bei 40—50°; von der gleichzeitig entstehenden nicht flüchtigen Verbindung $CH_3 \cdot C_6H_4 \cdot C(NOH) \cdot C(NOH) \cdot C_6H_4 \cdot CH_3$ trennt man durch Destillation mit Wasserdampf[5]), oder man nitriert mit Salpetersäure vom spez. Gewicht 1,52, beide gelöst in Eisessig, unter Eiskühlung[6]); oder man nitriert mit einer Mischung von Salpeter- und Schwefelsäure bei 20—25°, zum Schlusse bei 40°[7]). Ölige Flüssigkeit von aromatischem Geruche. Spez. Gewicht 1,085 bei 15°.

2, 6- (oder 3, 5- ?) Dinitrocymol $C_{10}H_{12}O_4N_2$

$$CH_3-C_6H_3(NO_2)_2-CH(CH_3)_2 \quad \text{oder} \quad CH_3-C_6H_3(NO_2)_2-CH(CH_3)_2 \quad (?)$$

Es sind 3 verschiedene isomere Dinitroderivate bekannt, die durch direkte Nitrierung aus Cymol erhalten wurden:

1. Aus Cymol (aus Römischkümmelöl) erhält man durch Einwirkung von Salpeter-Schwefelsäuremischung bei 50°[8]) einen Dinitrokörper, der auch aus Dinitrocymidin durch Eliminierung der Amidogruppe mittels Äthylnitrit entsteht[9]). Rhombische tafelförmige Krystalle vom Schmelzp. 54°.

2. Aus dem in Schwefelsäure unlöslichen Cymol des Steinkohlenteers entsteht bei mehrtägigem Stehen mit rauchender Salpetersäure ein festes Dinitrocymol (?) vom Schmelzp. 250°. In kaltem Alkohol fast unlöslich[10]).

3. Cymol aus Ptychotis ajowan liefert beim Nitrieren mit Salpetersäure vom spez. Gewicht 1,5 ein flüssiges Dinitroderivat. Mit Wasserdampf flüchtig. Spez. Gewicht 1,206 bei 18,5°; 1,204 bei 21°[5]).

---

[1]) Remsen u. Day, Amer. Chem. Journ. **5**, 154 [1883].

[2]) Kelbe u. Koschnitzky, Berichte d. Deutsch. chem. Gesellschaft **19**, 1733 [1886].

[3]) Kraut, Annalen d. Chemie u. Pharmazie **192**, 226 [1878].

[4]) Claus, Berichte d. Deutsch. chem. Gesellschaft **14**, 2140 [1881].

[5]) Landolph, Berichte d. Deutsch. chem. Gesellschaft **6**, 937 [1873].

[6]) Schumow, Journ. d. russ. physikal.-chem. Gesellschaft **19**, 119 [1887].

[7]) Söderbaum u. Widman, Berichte d. Deutsch. chem. Gesellschaft **21**, 2126 [1889]. — S. ferner Fittica, Annalen d. Chemie u. Pharmazie **172**, 314 [1874].

[8]) Kraut, Annalen d. Chemie u. Pharmazie **92**, 70 [1854].

[9]) Mazzara, Gazzetta chimica ital. **20**, 146 [1890].

[10]) Rommier, Jahresber. d. Chemie **1873**, 368.

2, 5-Dinitrocymol $C_{10}H_{12}O_4N_2$

Entsteht bei der Zersetzung von Nitrosodiazocymolnitrat $CH_3 \cdot C_6H_2(NO)(N_2NO_3) \cdot C_3H_7)$ in abs. ätherischer Lösung[1]. Farblose Krystalle vom Schmelzp. 77—78°.

Trinitrocymol $C_{10}H_{11}O_6N_3 = CH_3 \cdot C_6H(NO_2)_3 \cdot CH(CH_3)_2$. Entsteht aus Cymol (aus Campher) durch Einwirkung von Salpeter-Schwefelsäuremischung[2]. Dünne blättchenförmige Krystalle vom Schmelzp. 119°. In heißem Alkohol ziemlich leicht löslich. Ein Nitrierungsprodukt unbekannter Zusammensetzung, vielleicht ein Trinitrocymol, wurde bei der Einwirkung von Salpetersäure vom spez. Gewicht 1,5 auf Cymol (aus dem Öle von Ptychotis ajowan) in geringer Menge erhalten. Schmelzp. 178—180°[3].

2-Chlorcymol $C_{10}H_{13}Cl$

Entsteht durch Einwirkung von Chlor auf Cymol bei Anwesenheit von Jod[4] [5]; ferner aus Carvacrol $CH_3 \cdot C_6H_3(OH) \cdot C_3H_7$ [6], Carvenon $C_{10}H_{16}O$ [7] oder Eucarvon $C_{10}H_{14}O$ [8] durch Behandeln mit Phosphorpentachlorid, oder aus Brom-2-chlormenthadien $C_{10}H_{14}ClBr$ oder Carvondichlorid $C_{10}H_{14}Cl_2$ durch Erhitzen mit Chinolin[8]. Flüssigkeit. Siedep. 214—216°; 216—218° (i. D.) bei 746 mm[9]; 103—105° bei 19 mm[7]; 117,5° bei 35 mm[5]. Spez. Gewicht 1,014 bei 14°[4]; 1,01 bei 18°[8]; $n_D = 1,50782$ [8].

3-Chlorcymol

Entsteht aus Thymol $CH_3 \cdot C_6H_3(OH) \cdot C_3H_7$ durch Einwirkung von Phosphorpentachlorid[10]; oder aus 3-Chlormenthadien $C_{10}H_{15}Cl$ durch Einwirkung von 2 Atomen Brom und Erhitzen des entstehenden Produktes mit Chinolin[5]. Flüssigkeit vom Siedep. 213—214° (i. D.) bei 735,6 mm Quecksilber von 0°[11]; 113° bei 35 mm[5]. Spez. Gewicht 1,018. $n_D = 1,51796$. Beständig gegen Reduktionsmittel.

Beim Bromieren entsteht **3-Chlor-6-bromcymol**[12]. Flüssigkeit vom Siedep. 259—261° bei 750,9 mm.

---

[1]) Oliveri-Tortorici, Gazzetta chimica ital. **30**, I, 536 [1900].

[2]) Fittig, Köbrich u. Jilke, Annalen d. Chemie u. Pharmazie **145**, 142 [1868].

[3]) Landolph, Berichte d. Deutsch. chem. Gesellschaft **6**, 938 [1873].

[4]) Gerichten, Berichte d. Deutsch. chem. Gesellschaft **10**, 1249 [1877].

[5]) Jünger u. Klages, Berichte d. Deutsch. chem. Gesellschaft **29**, 315, 316 [1896].

[6]) Fleischer u. Kekulé, Berichte d. Deutsch. chem. Gesellschaft **6**, 1090 [1873].

[7]) Marsh u. Hartridge, Journ. Chem. Soc. **73**, 854 [1898].

[8]) Klages u. Kraith, Berichte d. Deutsch. chem. Gesellschaft **32**, 2554 [1899].

[9]) Fileti u. Crosa, Gazzetta chimica ital. **18**, 299 [1888].

[10]) Gerichten, Berichte d. Deutsch. chem. Gesellschaft **11**, 364 [1878].

[11]) Fileti u. Crosa, Gazzetta chimica ital. **16**, 288 [1886].

[12]) Plaucher, Gazzetta chimica ital. **23**, II, 69 [1893].

1¹-Chlorcymol, Cymylchlorid

$$CH_2Cl$$

$$CH$$

$$CH_3 \quad CH_3$$

Entsteht bei der Einwirkung von Chlor auf kochendes Cymol[1]. Flüssigkeit vom Schmelzp. 225—229° (unter Zersetzung). Beim Kochen zersetzt es sich unter Bildung eines Kohlenwasserstoffs $C_{20}H_{24}$. Natriumamalgam verwandelt es zurück in Cymol.

4²-Chlorcymol, (α-)p-Tolylpropylchlorid

$$CH_3$$

$$CH$$

$$CH_3 \quad CH_2Cl$$

Entsteht aus (α-)p-Tolylpropylalkohol $CH_3 \cdot C_6H_4 \cdot CH(CH_3) \cdot CH_2OH$ durch Einwirkung konz. Salzsäure bei 135° [2]. Siedet bei 228° unter Zersetzung.

2, 5-Dichlorcymol $C_{10}H_{12}Cl_2$

$$CH_3$$

$$Cl— \quad —Cl$$

$$CH$$

$$CH_3 \quad CH_3$$

Entsteht aus Cymol bei der Einwirkung von Chlor in Gegenwart von Jod[3]; ferner aus 6-Chlorthymol $CH_3 \cdot C_6H_2J(OH) \cdot C_3H_7$ durch Behandlung mit Phosphorpentachlorid[4]. Flüssigkeit vom Siedep. 240—244°.

1¹, 1¹-Dichlorcymol, Cumylidenchlorid

$$CHCl_2$$

$$CH$$

$$CH_3 \quad CH_3$$

Entsteht aus p-Cuminaldehyd (Cuminol) $(CH_3)_2CH \cdot C_6H_4 \cdot CHO$ durch Einwirkung von $2^1/_2$ T. Phosphorpentachlorid[5] [6]. Flüssigkeit vom Siedep. 255—260° [5]. Durch alkoholisches Kali oder durch Erhitzen mit Wasser auf 140—150° wird es in Cuminol zurückverwandelt[7].

---

[1]) Errera, Gazzetta chimica ital. **14**, 277 [1884].

[2]) Errera, Gazzetta chimica ital. **21**, 86 [1891]. — Vgl. Spica, Journ. f. prakt. Chemie **1875**, 414. — Paternò u. Spica, Jahresber. d. Chemie **1879**, 369.

[3]) Gerichten, Berichte d. Deutsch. chem. Gesellschaft **10**, 1252 [1877].

[4]) Bocchi, Gazzetta chimica ital. **26**, II, 405 [1896].

[5]) Cahours, Annalen d. Chemie u. Pharmazie **70**, 44 [1849].

[6]) Sieveking, Annalen d. Chemie u. Pharmazie **106**, 258 [1858].

[7]) Cahours, Annalen d. Chemie u. Pharmazie, Suppl. **2**, 311 [1863].

2-Bromcymol $C_{10}H_{13}Br$

Entsteht aus Cymol durch Einwirkung von Brom bei Gegenwart von Jod[1]); oder aus Cymol-sulfosäure beim Erwärmen mit Bromwasser[2]); ferner aus Carvon $C_{10}H_{14}O$ durch Behandeln mit Phosphorpentabromid und Abspaltung von Bromwasserstoff aus dem Reaktionsprodukt[3]). Flüssigkeit vom Siedep. 233—235° (i. D.). Spez. Gewicht 1,269 bei 17,5°.

3-Bromcymol $C_{10}H_{13}Br$

Entsteht aus 3-Brom-p-cymol-6-sulfosäure beim Erhitzen mit Schwefelsäure[2]). Zur Darstellung verwendet man Thymol $CH_3 \cdot C_6H_3(OH) \cdot C_3H_7$, das man mit Phosphorpentabromid mehrere Stunden erhitzt; hierauf wird mit Wasserdampf destilliert, das Destillat mit Kalilauge gewaschen und fraktioniert[4]). Flüssigkeit vom Siedep. 232—233° (i. D.) bei 740,9 mm Quecksilber von 0°. Gegen Natriumamalgam beständig.

s- oder 2, 5-Dibromcymol $C_{10}H_{12}Br_2$

Entsteht aus Cymol durch direkte Einwirkung von Brom[5]); ferner aus 6-Bromthymol $CH_3 \cdot C_6H_2Br(OH) \cdot C_3H_7$ durch Einwirkung von Phosphorpentabromid[6]). Flüssigkeit vom Siedep. 272°. Spez. Gewicht 1,596 bei 14°.

2- oder 3-Jod-p-cymol $C_{10}H_{13}J$

Entsteht aus Cymol (in Benzinlösung) durch Einwirkung von Jodschwefel und Salpetersäure[7]). Ölige Flüssigkeit vom Siedep. 80° bei 5 mm.

[1]) Landolph, Berichte d. Deutsch. chem. Gesellschaft **5**, 267 [1872]. — Vgl. Fittica, Annalen d. Chemie u. Pharmazie **172**, 310 [1874].

[2]) Kelbe u. Koschnitzky, Berichte d. Deutsch. chem. Gesellschaft **19**, 1731—1732 [1886].

[3]) Klages u. Kraith, Berichte d. Deutsch. chem. Gesellschaft **32**, 2557 [1899].

[4]) Fileti u. Crosa, Gazzetta chimica ital. **16**, 292 [1886].

[5]) Claus u. Wimmel, Berichte d. Deutsch. chem. Gesellschaft **13**, 903 [1880].

[6]) Mazzara, Gazzetta chimica ital. **18**, 518 [1888].

[7]) Edinger u. Goldberg, Berichte d. Deutsch. chem. Gesellschaft **33**, 2882 [1900].

p - Cymidin, 3 - Amino - 1 - methyl - 4 - methoäthylbenzol $C_{10}H_{15}N$ = $(CH_3)_2CH \cdot C_6H_3(NH_2) \cdot CH_3$

$$\begin{array}{c} CH_3 \\ | \\ \text{(Benzolring)} \!-\! NH_2 \\ | \\ CH \\ / \quad \backslash \\ CH_3 \quad CH_3 \end{array}$$

Entsteht aus 1^1, 1^1-Dichlor-3-nitrocymol $(CH_3)_2CH \cdot C_6H_3(NO_2) \cdot CHCl_2$ (aus dem entsprechenden Aldehyd mit Phosphorpentachlorid) durch Reduktion mit Zink und Salzsäure[1]),
ferner aus Thymol $C_{10}H_{13} \cdot OH$ durch Ersatz der Hydroxyl- durch die Amidogruppe (mittels
Ammoniumbromid und Bromzinkammoniak bei 350—360°) neben Dithymylamin $(C_{10}H_{13})_2NH$.
Ölige Flüssigkeit von unangenehmem Geruche. Siedep. 230°[2]). Mit Wasserdampf leicht
flüchtig. Löst sich in Alkohol, Äther, kaum in Wasser.

Carvacrylamin, 2 - Amino - 1 - methyl - 4 - methoäthylbenzol $C_{10}H_{15}N$ = $(CH_3)_2CH \cdot C_6H_3(NH_2) \cdot CH_3$

$$\begin{array}{c} CH_3 \\ | \\ \text{(Benzolring)} \!-\! NH_2 \\ | \\ CH \\ / \quad \backslash \\ CH_3 \quad CH_3 \end{array}$$

Entsteht aus Nitrocymol durch Reduktion mit Zinn und Salzsäure[3]). Ferner aus Carvacrol
$C_{10}H_{13} \cdot OH$ durch Ersatz der Hydroxyl- durch die Amidogruppe, beim Erhitzen mit Ammoniumbromid und Bromzinkammoniak neben Dicarvacrylamin $(C_{10}H_{13})_2 \cdot NH$[4]); oder
aus Tanacetonoxim $C_{10}H_{18} : NOH$ beim Kochen mit alkoholischer Schwefelsäure[5]), oder aus
Carvoxim $C_{10}H_{14} : NOH$ beim Erhitzen mit Kali[6]) oder aus Isocarvoxim $C_{10}H_{14} : NOH$ beim
Erhitzen mit Kali[7]) oder beim Kochen mit Zinkstaub und Eisessig[8]). Flüssigkeit. Erstarrungspunkt —16° (Krystalle). Siedep. 241—242°[2]); 118—121° bei 13 mm. Spez. Gewicht
0,9442 bei 20°. Molekulares Brechungsvermögen 49,30[5]). Liefert mit Chlorkalklösung eine
rote Färbung; das salzsaure Salz $C_{10}H_{15}N \cdot HCl$ erzeugt auf Fichtenholz intensiv gelbe
Färbung.

Cymylamin, 1^1-Amino-1-methyl-4-methoäthylbenzol $C_{10}H_{15}N$ = $(CH_3)_2CH \cdot C_6H_4 \cdot CH_2(NH_2)$

$$\begin{array}{c} CH_2 \cdot NH_2 \\ | \\ \text{(Benzolring)} \\ | \\ CH \\ / \quad \backslash \\ CH_3 \quad CH_3 \end{array}$$

Entsteht aus Cymylchlorid $(CH_3)_2CH \cdot C_6H_4 \cdot CH_2Cl$ durch Einwirkung alkoholischen Am-
moniaks bei 100°, neben Dicymylamin $(C_{10}H_{13})_2NH$ und Tricymylamin $(C_{10}H_{13})_3N$[9]). Ferner

[1]) Widmann, Berichte d. Deutsch. chem. Gesellschaft **15**, 167 [1882].
[2]) Lloyd, Berichte d. Deutsch. chem. Gesellschaft **20**, 1260 [1887].
[3]) Söderbaum u. Widmann, Berichte d. Deutsch. chem. Gesellschaft **21**, 2127 [1888]. —
Vgl. Barlow, Annalen d. Chemie u. Pharmazie **98**, 248 [1856].
[4]) Lloyd, Berichte d. Deutsch. chem. Gesellschaft **20**, 1262 [1887].
[5]) Semmler, Berichte d. Deutsch. chem. Gesellschaft **25**, 3352 [1882]; **30**, 325 [1897]; D. R. P.
69 327; Friedländers Fortschritte der Teerfarbenfabrikation **3**, 886.
[6]) Wallach u. Schrader, Annalen d. Chemie u. Pharmazie **279**, 374 [1894].
[7]) Wallach u. Neumann, Berichte d. Deutsch. chem. Gesellschaft **28**, 1660 [1895].
[8]) Goldschmidt, Berichte d. Deutsch. chem. Gesellschaft **26**, 2086 [1893].
[9]) Rossi, Annalen d. Chemie u. Pharmazie, Suppl. **1**, 141 [1863].

aus Cuminol: durch Reduktion des Oxims $(CH_3)_2CH \cdot C_6H_4 \cdot CH = NOH$ mit Natriumamalgam und Eisessig, in alkoholischer Lösung[1]), oder des Ammoniakadditionsproduktes (Hydrocuminamid) $(C_{10}H_{12})_3N_2$ mit Natriumamalgam und abs. Alkohol[2]), in letzterem Falle neben Dicymylamin. Oder aus Thiocuminamid $(CH_3)_2CH \cdot C_6H_4 \cdot CSNH_2$ durch Reduktion mit Zink und Salzsäure[3]). Flüssigkeit vom Siedep. 225—227° bei 724 mm[1]). Löst sich leicht in Alkohol, Äther, kaum in Wasser. Zieht Kohlensäure an.

Cymyldichlorphosphin $C_{10}H_{13}Cl_2P = (CH_3)_2CH \cdot C_6H_3 \cdot (CH_3) \cdot PCl_2$. Aus Cymol

$$C_6H_4 \Big\langle {}^{1}_{4} {}^{CH(CH_3)_2}_{CH_3}$$

, Phosphortrichlorid und Aluminiumchlorid. Siedep. 275—278°.

Cymylphosphinige Säure $C_{10}H_{15}O_2P = (CH_3)_2 \cdot CH \cdot C_6H_3 \cdot (CH_3) \cdot P(OH)_2$ [4]). Aus dem Dichlorid und Wasser. Flüssig.

Cymylphosphinsäure $C_{10}H_{15}O_3P = (CH_3)_2 \cdot CH \cdot C_6H_3 \cdot (CH_3) \cdot PO(OH)_2$ [4]). Aus dem Tetrachlorid $C_{10}H_{13} \cdot PCl_4$ und Wasser. Flüssig.

m-Cymol, m-Methylisopropylbenzol, Isocymol.

Mol.-Gewicht 134.

Zusammensetzung: 89,55% C, 10,45% H.

$$C_{10}H_{14}.$$

Vorkommen: Im Petroleum. Es wurde (neben p-Cymol) im amerikanischen[5]) und japanischen[6]) Erdöle nachgewiesen.

Bildung: Bei der Destillation von Fichtenharz; findet sich daher im leichten Harzöle[7])[8]). Aus Campher durch Einwirkung von Zinkchlorid, Phosphorpentoxyd[9]) oder Phosphorpentasulfid[10]) (neben p-Cymol). Aus Fenchon $C_{10}H_{16}O$ beim Erhitzen mit der anderthalbfachen Menge Phosphorpentoxyd auf 120° [11]). Aus Carvestren[12]) oder Sylvestren[12]) $C_{10}H_{16}$ durch aufeinanderfolgende Behandlung mit Bromwasserstoff, Brom und Wasserstoff. Aus Toluol und Isopropyljodid mit Aluminiumchlorid[7]).

Darstellung: Aus Harzessenz. Diese wird wiederholt mit mäßig verdünnter und konz. Schwefelsäure in der Kälte behandelt, mit Natronlauge von der Schwefelsäure befreit und dann mit Wasserdampf destilliert. Das Destillat wird hierauf mit schwach rauchender Schwefelsäure bei 90° sulfoniert; auf Zusatz von etwas Wasser ($1/_3$ des Volumens) bilden sich 2 Schichten, deren obere die m-Cymolsulfosäuren gelöst enthält. Nach dem Verdünnen dieser Lösung mit Wasser und mehrtägigem Stehen in der Wärme, wodurch harzige Beimengungen sich ausscheiden, wird mit Bariumcarbonat gefällt und der Niederschlag mit 50proz. Alkohol gekocht, wobei m-cymolsulfosaures Barium in Lösung geht. Dieses wird ins Natriumsalz übergeführt, das durch 2tägiges Erhitzen mit konz. Salzsäure auf 180—190° zerlegt wird[13]).

[1]) Goldschmidt u. Gessner, Berichte d. Deutsch. chem. Gesellschaft **20**, 2414 [1887].

[2]) Uebel, Annalen d. Chemie u. Pharmazie **245**, 304 [1888].

[3]) Czumpelik, Berichte d. Deutsch. chem. Gesellschaft **2**, 185 [1869].

[4]) Michaelis, Annalen d. Chemie u. Pharmazie **294**, 54 [1897].

[5]) Mabery, Proc. Amer. philos. Soc. **36**, 133 [1897]; zit. nach Höfer, Das Erdöl und seine Verwandten. 2. Aufl. Braunschweig 1906. S. 27.

[6]) Shin-Ichi-Takano, Congrès internat. Paris 1900.

[7]) Kelbe, Annalen d. Chemie u. Pharmazie **210**, 10 [1881].

[8]) Renard, Annales de Chim. et de Phys. [6] **1**, 249 [1884].

[9]) Armstrong u. Miller, Berichte d. Deutsch. chem. Gesellschaft **16**, 2258 [1883].

[10]) Spica, Gazzetta chimica ital. **12**, 487, 543 [1882].

[11]) Wallach, Annalen d. Chemie u. Pharmazie **275**, 158 [1893]; **284**, 324 [1895].

[12]) Baeyer, Berichte d. Deutsch. chem. Gesellschaft **31**, 1402, 2067 [1898].

[13]) Kelbe u. Warth, Annalen d. Chemie u. Pharmazie **221**, 158 [1883].

Physikalische und chemische Eigenschaften: Flüssigkeit. Erstarrt nicht bei —25°. Siedep. 175—176° [1]). Spez. Gewicht 0,862 bei 20° [1]). n_D = 1,49222 [1]). Molekulare Verbrennungswärme 1401,61 Cal. [2]). Verdünnte Salpetersäure oxydiert zu m-Toluylsäure $CH_3 \cdot C_6H_4 \cdot COOH$; Kaliumpermanganat zu Oxypropylbenzoesäure und Isophthalsäure. Chlor und Brom wirken heftig ein, substituieren aber immer in den Seitenketten. Kernsubstitutionsprodukte entstehen auf Umwegen, z. B. durch Bromierung der Sulfosäure.

m-Cymol-6-sulfosäure, α-**Sulfosäure** $C_{10}H_{14}O_3S$

$$SO_3H$$

$$-CH_3$$

$$CH$$

$$CH_3 \quad CH_3$$

Entsteht vorwiegend bei der Einwirkung von konz. Schwefelsäure auf m-Cymol in der Hitze neben der β-Sulfosäure [3]); die Trennung der beiden Isomeren beruht auf der fraktionierten Krystallisation der Bariumsalze, da das Salz der α-Säure in Wasser erheblich weniger löslich ist. Sirup, der beim Trocknen über Schwefelsäure im Vakuum zu blätterigen perlmutterglänzenden Krystallen erstarrt. Schmelzp. 88—90°. Sehr zerfließlich. Liefert in wässeriger Lösung mit Chlor erwärmt: Trichlor-m-cymolsulfosäure und en-Tetrachlor-m-cymol [4]) (s. dieses). Beim Behandeln der wässerigen Lösung mit Brom in der Kälte entstehen: Brom-m-cymolsulfosäure und 6-Brom-m-cymol [5]). Mit dieser Säure ist wahrscheinlich identisch eine durch Sulfonieren von m-Cymol (aus Campher) gewonnene **Sulfosäure** [6]), prismenförmige, sehr zerfließliche Krystalle vom Schmelzp. 86—87°. Löslich in Alkohol, Äther, Chloroform, Benzol.

m-Cymol-4-sulfosäure, β-**Sulfosäure**

$$SO_3H-\quad-CH_3$$

$$CH$$

$$CH_3 \quad CH_3$$

Entsteht neben der α-Sulfosäure (s. diese) beim Sulfonieren von m-Cymol mit heißer konz. Schwefelsäure, oder aus 6-Brom-m-cymol durch Überführen in die Sulfosäure und Reduktion der letzteren mit Natriumamalgam [7]). Beim Erwärmen der wässerigen Lösung mit Brom (in Bromwasserstofflösung) auf 40° entstehen 6-Brom-m-cymol (s. diese) und 6-Brom-m-cymol-4-sulfosäure [8]).

m-Cymol-γ-sulfosäure $CH_3 \cdot C_6H_3(SO_3H) \cdot CH(CH_3)_2$. Wurde beim Sulfonieren von m-Cymol (aus Harzessenz) erhalten [9]). Salze [9]).

Mononitro-m-cymol $C_{10}H_{13}NO_2 = CH_3 \cdot C_6H_3(NO_2) \cdot CH(CH_3)_2$. Entsteht aus m-Cymol durch Behandeln mit rauchender Salpetersäure unter Kühlung [10]). Flüssigkeit vom Siedep. 255—265° unter Zersetzung.

Trinitro-m-cymol $C_{10}H_{11}N_3O_6 = CH_3 \cdot C_6H(NO_2)_3 \cdot CH(CH_3)_2$. Entsteht aus m-Cymol beim Behandeln mit einer Mischung von 1 T. rauchender Salpetersäure und 4 T. konz.

[1]) Wallach, Annalen d. Chemie u. Pharmazie **275**, 158 [1893].

[2]) Stohmann u. a., Journ. f. prakt. Chemie [2] **35**, 41 [1887].

[3]) Kelbe, Annalen d. Chemie u. Pharmazie **210**, 30 [1881].

[4]) Kelbe, Berichte d. Deutsch. chem. Gesellschaft **16**, 618 [1883].

[5]) Kelbe, Berichte d. Deutsch. chem. Gesellschaft **15**, 40 [1882]; Annalen d. Chemie u. Pharmazie **210**, 37 [1881]. — Kelbe u. Czarnomski, Annalen d. Chemie u. Pharmazie **235**, 272 [1886].

[6]) Spica, Berichte d. Deutsch. chem. Gesellschaft **14**, 653 [1881]; Chem. Centralbl. **12**, 487, 546 [1882].

[7]) Kelbe u. Czarnomski, Berichte d. Deutsch. chem. Gesellschaft **17**, 1747 [1884]; Annalen d. Chemie u. Pharmazie **235**, 285 [1886].

[8]) Kelbe u. Czarnomski, Annalen d. Chemie u. Pharmazie **235**, 277, 281 [1886].

[9]) Armstrong u. Miller, Berichte d. Deutsch. chem. Gesellschaft **16**, 2748 [1883].

[10]) Kelbe u. Warth, Annalen d. Chemie u. Pharmazie **221**, 161 [1883].

Schwefelsäure, anfangs unter Kühlung und nachher während einiger Stunden bei 100°[1]). Ferner aus Tetrahydro-m-cymol (m-Menthen) durch Einwirkung von Salpeter-Schwefelsäuremischung[2]). Gelblichweiße blattförmige Krystalle vom Schmelzp. 72—73°. In Alkohol oder Äther sehr leicht löslich, schwerer in Ligroin.

5-Chlor-m-cymol, 5-Chlor-1, 3-cymol $C_{10}H_{13}Cl$

$$Cl-C_6H_3(CH_3)(CH(CH_3)_2)$$

Entsteht aus 5-Chlordihydro-m-cymol $CH_3 \cdot C_6H_5Cl \cdot C_3H_7$ durch Behandeln mit Brom und Destillieren des entstandenen Dibromids mit Chinolin[3]). Flüssigkeit vom Siedep. 222—223°.

en-Tetrachlor-m-cymol $C_{10}H_{10}Cl_4$

$$Cl_4-C_6(CH_3)(CH(CH_3)_2)$$

Entsteht aus α-Chlor-m-cymolsulfosäure durch Einleiten von Chlor in die wässerige Lösung dieser Säure bis zur Sättigung und Erwärmen auf 40°[4]). Lange, nadelförmige Krystalle vom Schmelzp. 158,5°. Sublimierbar. Löslich in Alkohol.

4-Brom-1, 3-cymol, 4-Brom-m-cymol $C_{10}H_{13}Br$

$$Br-C_6H_3(CH_3)(CH(CH_3)_2)$$

Entsteht aus α-m-Cymolsulfosäure durch Bromieren und darauffolgendes Zersetzen mittels konz. Salzsäure[5]). Flüssigkeit vom Siedep. 224°.

6-Brom-1, 3-cymol, 6-Brom-m-cymol $C_{10}H_{13}Br$

$$Br-C_6H_3(CH_3)(CH(CH_3)_2)$$

Entsteht aus α-m-Cymolsulfosäure durch Einwirkung von Brom in Bromwasserstofflösung[6]) oder aus β-Brom-m-cymolsulfosäure, durch Destillation des Ammonsalzes[7]). Flüssigkeit vom Siedep. 225°. Stark lichtbrechend. Wird leichter als das Isomere von verdünnter Salpetersäure angegriffen, die zu 6 Brom-m-toluylsäure oxydiert.

1) Kelbe, Annalen d. Chemie u. Pharmazie **210**, 54 [1881].
2) Knoevenagel, Annalen d. Chemie u. Pharmazie **289**, 163 [1896].
3) Gundlich u. Knoevenagel, Berichte d. Deutsch. chem. Gesellschaft **29**, 170 [1896].
4) Kelbe, Berichte d. Deutsch. chem. Gesellschaft **16**, 617 [1883].
5) Kelbe u. Czarnomski, Annalen d. Chemie u. Pharmazie **235**, 293 [1886].
6) Kelbe, Berichte d. Deutsch. chem. Gesellschaft **15**, 40 [1882].
7) Kelbe u. Czarnomski, Annalen d. Chemie u. Pharmazie **235**, 281 [1886].

4,6-Dibrom-m-cymol $C_{10}H_{12}Br_2$

Entsteht aus m-Cymol durch Einwirkung von Brom bei Gegenwart von Eisen[1]), oder aus
β-Brom-m-cymolsulfosäure (in wässeriger Lösung) durch Einwirkung von Brom bei 80°[2]).
Flüssigkeit vom Siedep. 281—283°[1]); 272—273°[2]).

m-Cymidin, m-Isocymidin, 4(?)-Amino-1-methyl-3-methoäthylbenzol $C_{10}H_{15}N$
$= (CH_3)_2CH \cdot C_6H_3(NH_2) \cdot CH_3$

Entsteht aus Nitro-m-cymol durch Reduktion mit Zinn und Salzsäure[3]). Gelbliche ölige
Flüssigkeit. Siedep. 232—233°.

Durol (s- oder 1,2,4,5-Tetramethylbenzol).

Mol.-Gewicht 134.
Zusammensetzung: 89,55% C, 10,45% H.

$$C_{10}H_{14}.$$

Vorkommen: Im Petroleum von Baku[4]), von Pennsylvanien, Ohio und Kanada[5]); im
Petroleum von Galizien[6]).

Bildung: Bei der trocknen Destillation der Steinkohlen, findet sich daher im Teeröl[7]).
In geringer Menge aus Terpentinöl beim Durchleiten durch glühende Röhren[8]). Aus Toluol
und Methylchlorid mit Aluminiumchlorid[9])[10])[11]). Aus Dibromxylol (aus käuflichem Xylol)[12])[13])
oder Dibrom-p-xylol[14]) und Methyljodid mit Natrium; ebenso aus Brompseudocumol und
Methyljodid mit Natrium[15]).

---

[1]) Claus u. Herfeldt, Journ. f. prakt. Chemie [2] **43**, 568 [1891].
[2]) Kelbe u. Czarnomski, Annalen d. Chemie u. Pharmazie **235**, 282 [1886].
[3]) Kelbe u. Warth, Annalen d. Chemie u. Pharmazie **221**, 163 [1883].
[4]) Markownikow u. Ogloblin, Berichte d. Deutsch. chem. Gesellschaft **16**, 1875 [1883].
— Doroschenko, Berichte d. Deutsch. chem. Gesellschaft **18**, Ref. 662 [1885].
[5]) Mabery, Proc. Amer. philos. Soc. **36**, 133 [1897].
[6]) Lachowicz, Annalen d. Chemie u. Pharmazie **220**, 188 [1883]; Berichte d. Deutsch. chem.
Gesellschaft **16**, 2663 [1880].
[7]) Schulze, Berichte d. Deutsch. chem. Gesellschaft **18**, 3032 [1885]; **20**, 409 [1887].
[8]) Montgolfier, Annales de Chim. et de Phys. [5] **19**, 164 [1880].
[9]) Friedel u. Crafts, Annales de Chim. et de Phys. [6] **1**, 461 [1884].
[10]) Ador u. Rilliet, Berichte d. Deutsch. chem. Gesellschaft **12**, 331 [1879].
[11]) Beaurepaire, Bulletin de la Soc. chim. **50**, 677 [1888].
[12]) Jannasch, Berichte d. Deutsch. chem. Gesellschaft **7**, 692 [1864].
[13]) Gißmann, Annalen d. Chemie u. Pharmazie **216**, 203 [1882].
[14]) Jannasch, Berichte d. Deutsch. chem. Gesellschaft **10**, 1357 [1877].
[15]) Jannasch u. Fittig, Zeitschr. f. Chemie **1870**, 161.

Darstellung: Aus o- oder p-Xylol oder Pseudocumol und Methylchlorid mit Aluminiumchlorid. Zu dem Kohlenwasserstoff wird $1/5$ Gewicht Aluminiumchlorid zugefügt und bei 80—85° Methylchlorid eingeleitet[1]). Aus Pseudocumol und Methyljodid mit Aluminiumchlorid in Schwefelkohlenstofflösung[2]).

Physikalische Eigenschaften: Krystalle, blättrige Masse, monoklin[3]). Besitzt campherartigen Geruch. Schmelzp. 79—80°[1]). Siedep. 189—191°[1]); 193—195°[4]). Sublimierbar, schon bei gewöhnlicher Temperatur ein wenig flüchtig. Spez. Gewicht 0,8380 bei 81,3°/4°[5]). Oberflächenspannung[6]). Molekulare Verbrennungswärme 1401,61 Cal.[7]). Molekulares Brechungsvermögen 73,72[5]). Löslichkeit: leicht löslich in Alkohol, Äther, Benzol; schwerer in kaltem Eisessig.

Chemische Eigenschaften: Bei der Oxydation mit verdünnter Salpetersäure entstehen: Cumylsäure, s-Dimethylisophthalsäure, s-Dimethylterephthalsäure. Oxydation mit Chromsäuremischung führt nur zu Essigsäure und Kohlendioxyd. Chromsäure mit Essigsäure oxydiert zu Cumylsäure. Bei anhaltender Wirkung der Oxydationsmittel entsteht Pyromellithsäure.

Durolmonosulfosäure $C_{10}H_{14}SO_3$

$$\begin{array}{c}
CH_3 \\
| \\
\diagup\!\diagdown\!-CH_3 \\
CH_3-\diagdown\!\diagup\!-SO_3H \\
| \\
CH_3
\end{array}$$

Entsteht bei der Einwirkung der $2^1/_2$ fachen Menge Chlorsulfonsäure SO_3HCl auf Durol in der Kälte, beim Zusatz von Eiswasser wird das Sulfochlorid $C_{10}H_{13} \cdot SO_2Cl$ und das entsprechende Sulfon $(C_{10}H_{13})_2SO_2$ ausgefällt, während die entstandene Sulfosäure in Lösung bleibt, aus der sie durch überschüssiges Natronhydrat als Natronsalz abgeschieden wird, da dieses in verdünnter Natronlauge fast unlöslich ist[8]). Die Säure wird ferner aus der Fraktion 190—200° des kaukasischen Petroleums bei Einwirkung von rauchender Schwefelsäure erhalten[9]). Kleine nadelförmige Krystalle. Die Säure ist aus der Lösung ihrer Salze durch konz. Säuren fällbar. Rauchende Schwefelsäure wirkt ein unter Rückbildung von Durol; bei 12stündiger Einwirkung bei 40—50° entstehen: Hexamethylbenzol, Prechnitolsulfosäure (1, 2, 3, 4-Tetramethylbenzolsulfosäure) und 2 Pseudocumolsulfosäuren[10]). Salze[8])[9]).

Duroldisulfosäure $C_{10}H_{14}O_6S_2$

$$\begin{array}{c}
CH_3 \\
| \\
SO_3H-\diagup\!\diagdown\!-CH_3 \\
CH_3-\diagdown\!\diagup\!-SO_3H \\
| \\
CH_3
\end{array}$$

Entsteht bei der Einwirkung von Pyroschwefelsäure auf Durol in der Kälte[10]).

Dinitrodurol $C_{10}H_{12}O_4N_2$

$$\begin{array}{c}
CH_3 \\
| \\
NO_2-\diagup\!\diagdown\!-CH_3 \\
CH_3-\diagdown\!\diagup\!-NO_2 \\
| \\
CH_3
\end{array}$$

Entsteht beim Nitrieren des Durols mittels Salpetersäure vom spez. Gewicht 1,53[11]) oder mittels Salpetersäure und eines großen Überschusses rauchender Schwefelsäure bei 15°[12]).

[1]) Jacobsen, Berichte d. Deutsch. chem. Gesellschaft **14**, 2629 [1881].
[2]) Claus u. Foecking, Berichte d. Deutsch. chem. Gesellschaft **20**, 3097 [1887].
[3]) Henniges, Jahresber. d. Chemie **1882**, 418.
[4]) Ador u. Rilliet, Berichte d. Deutsch. chem. Gesellschaft **12**, 331 [1879].
[5]) Eykman, Recueil des travaux chim. des Pays-Bas **12**, 175 [1893].
[6]) Dutoit u. Friderich, Compt. rend. de l'Acad. des Sc. **130**, 328 [1900].
[7]) Stohmann u. a., Journ. f. prakt. Chemie [2] **35**, 41 [1887].
[8]) Jacobsen u. Schnapauff, Berichte d. Deutsch. chem. Gesellschaft **18**, 2841 [1885].
[9]) Markownikow u. Oglobin, Annalen d. Chemie u. Pharmazie **234**, 99 [1886].
[10]) Jacobsen, Berichte d. Deutsch. chem. Gesellschaft **19**, 1210, 1217 [1886].
[11]) Fittig u. Jannasch, Zeitschr. f. Chemie **1870**, 162.
[12]) Cain, Berichte d. Deutsch. chem. Gesellschaft **28**, 967 [1895].

Krystalle in Form rhombischer Prismen. Schmelzp. 205°. Läßt sich ohne Zersetzung in Nadeln sublimieren. In kaltem Alkohol schwer, in Benzol ziemlich leicht, in Äther leicht löslich.

Chlordurol $C_{10}H_{13}Cl$

CH_3
$|$
$—CH_3$
$CH_3—$　$—Cl$
$|$
CH_3

Durch Einleiten eines Chlorstroms in die mit etwas Jod versetzte Lösung des Durols in Petroleumäther bis zur beginnenden Ausscheidung von Dichlordurol. In der Mutterlauge ist das Monochlordurol vorhanden. Große, tafelförmige Krystalle vom Schmelzp. 48° [1]). Siedep. 237—238° [1]).

Dichlordurol $C_{10}H_{12}Cl_2$

CH_3
$|$
$Cl—$　$—CH_3$
$CH_3—$　$—Cl$
$|$
CH_3

Entsteht bei fortgesetzter Chlorierung des Durols (s. Monochlordurol). Nadelförmige Krystalle vom Schmelzp. 189—190° [1]). Siedep. 275° [1]). In Alkohol oder Ligroin schwer löslich, leichter in Chloroform, Schwefelkohlenstoff oder Kohlenstofftetrachlorid.

en-Tetrachlordurol $C_{10}H_{10}Cl_4$

CH_2Cl
$|$
$—CH_2Cl$
$CH_2Cl—$
$|$
CH_2Cl

Entsteht bei der Einwirkung von Phosphorpentachlorid (4 Mol.) auf Durol[2]). Krystalle vom Schmelzp. 144°. Spez. Gewicht 1,479.

Monobromdurol $C_{10}H_{13}Br$

CH_3
$|$
$—CH_3$
$CH_3—$　$—Br$
$|$
CH_3

Entsteht bei 12stündigem Stehen von Durol in Eisessiglösung mit Brom bei 0°; man trennt von dem gleichzeitig gebildeten Dibromdurol durch Destillieren mit Wasser, wobei Monobromdurol zuerst übergeht[3]). Krystalle in Form dünner, perlmutterglänzender Blättchen vom Schmelzp. 61°. Siedep. 262—263° [4]). In kaltem Alkohol schwer, in Äther, Benzol sehr leicht löslich.

Dibromdurol $C_{10}H_{12}Br_2$

CH_3
$|$
$Br—$　$—CH_3$
$CH_3—$　$—Br$
$|$
CH_3

Entsteht bei der Einwirkung von Brom auf Durol[3]) [5]) (s. auch Monobromdurol); oder durch Einwirkung von Bromschwefel und Salpetersäure auf Durol in Benzinlösung[6]); ferner aus

[1]) Töhl, Berichte d. Deutsch. chem. Gesellschaft **25**, 1523 [1892].
[2]) Colson, Bulletin de la Soc. chim. **46**, 198 [1886].
[3]) Gißmann, Annalen d. Chemie u. Pharmazie **216**, 210 [1882].
[4]) Jacobsen, Berichte d. Deutsch. chem. Gesellschaft **20**, 2837—2838 [1887].
[5]) Fittig u. Jannasch, Zeitschr. f. Chemie **1870**, 161.
[6]) Edinger u. Goldberg, Berichte d. Deutsch. chem. Gesellschaft **33**, 2885 [1900].

Bromdurol bei mehrtägigem Stehen mit rauchender Schwefelsäure[1]). Lange, dünne nadelförmige Krystalle vom Schmelzp. 199°[2]); 202—203°[3]). Siedep. 317°[1]). Sublimierbar. In kaltem Alkohol fast unlöslich, in heißem schwer löslich.

(3-)Joddurol $C_{10}H_{13}J$

$$CH_3 - \underset{CH_3}{\overset{CH_3}{\bigodot}} \genfrac{}{}{0pt}{}{-CH_3}{-J}$$

Entsteht bei der Einwirkung von Jodschwefel und Salpetersäure auf Durol in Benzinlösung[4]), oder mittels Jod und Quecksilberoxyd[5]). Nadel- oder prismenförmige Krystalle vom Schmelzp. 80°[5]). Siedep. 285°—290°[5]). Löslich in Benzol.

(β- oder) Isodurol (asymm. oder 1, 2, 3, 5-Tetramethylbenzol).

Mol.-Gewicht 134.
Zusammensetzung: 89,55% C, 10,45% H.

$$C_{10}H_{14}.$$

$$CH_3 - \underset{CH_3}{\overset{CH_3}{\bigodot}} - CH_3$$

Vorkommen: Im Petroleum wie Durol (s. dieses).

Bildung: Aus Campher beim Behandeln mit Zinkchlorid oder Jod[6]). Als Nebenprodukt aus Aceton bei der Einwirkung von Schwefelsäure[7]). Aus Brommesitylen und Methyljodid mit Natrium[8]) bei Gegenwart von Benzol[9]).

Darstellung: Aus Mesitylen und Methylchlorid oder -jodid mit Aluminiumchlorid. Man fügt zu Mesitylen $^1/_5$ Gewicht Aluminiumchlorid und leitet bei 80—85° Methylchlorid ein[10]). Oder man erhitzt 100 g Mesitylen, 100 g Aluminiumchlorid und 140 g Methyljodid in Schwefelkohlenstoff zusammen 5 Tage lang[11]).

Physikalische Eigenschaften: Flüssigkeit. Erstarrt nicht in der Kältemischung. Siedep. 195—197°[12]). Spez. Gewicht 0,8961 bei 0°/4°[7]). Molekulare Verbrennungswärme wie beim Durol (s. dieses).

Chemische Eigenschaften: Oxydation mit verdünnter Salpetersäure liefert 3 isomere Säuren $C_{10}H_{12}O_2$ zu annähernd gleichen Teilen: 2, 3, 5-, 2, 4, 6- und 3, 4, 5-Trimethylbenzoesäure. Kaliumpermanganat oxydiert zu 3-Isodurylsäure[13]) und bei genügend langer Einwirkung zu Mellophansäure $C_{10}H_6O_8$

$$COOH - \underset{}{\overset{COOH}{\bigodot}} - COOH$$

[1]) Jacobsen, Berichte d. Deutsch. chem. Gesellschaft **20**, 2837—2838 [1887].
[2]) Fittig u. Jannasch, Zeitschr. f. Chemie **1870**, 161.
[3]) Friedel u. Crafts, Annales de Chim. et de Phys. [6] **1**, 515 [1884].
[4]) Edinger u. Goldberg, Berichte d. Deutsch. chem. Gesellschaft **33**, 2881 [1900].
[5]) Töhl, Berichte d. Deutsch. chem. Gesellschaft **25**, 1522 [1892].
[6]) Armstrong u. Miller, Berichte d. Deutsch. chem. Gesellschaft **16**, 2259 [1883].
[7]) Orndorff u. Young, Amer. Chem. Journ. **15**, 267 [1893].
[8]) Jannasch u. Weiler, Berichte d. Deutsch. chem. Gesellschaft **27**, 3441 [1893].
[9]) Jannasch, Berichte d. Deutsch. chem. Gesellschaft **8**, 356 [1875].
[10]) Jacobsen, Berichte d. Deutsch. chem. Gesellschaft **14**, 2629 [1881].
[11]) Claus u. Foecking, Berichte d. Deutsch. chem. Gesellschaft **20**, 3097 [1887].
[12]) Bielefeldt, Annalen d. Chemie u. Pharmazie **198**, 381 [1879].
[13]) Jacobsen, Berichte d. Deutsch. chem. Gesellschaft **15**, 1853 [1882].

Isodurol-monosulfosäure $C_{10}H_{14}O_3S \cdot 2\,H_2O$

$$\begin{array}{c} CH_3 \\ CH_3-\!\!\!\bigcirc\!\!\!-CH_3 \\ \quad\;\;-SO_3H \\ CH_3 \end{array} + 2\,H_2O$$

Entsteht bei der Einwirkung von Schwefelsäure auf Isodurol[1][2]. Tafel- oder blattförmige Krystalle. Schmelzp. unterhalb 100°. Salze[1].

Dinitroisodurol $C_{10}H_{12}O_4N_2$

$$\begin{array}{c} CH_3 \\ CH_3-\!\!\!\bigcirc\!\!\!-CH_3 \\ NO_2-\quad-NO_2 \\ CH_3 \end{array}$$

Entsteht bei der Nitrierung von Isodurol mittels einer Mischung von Salpeter- und Schwefelsäure[2]. Feine durchsichtige Krystalle in Prismenform. Schmelzp. 156°. In kaltem Alkohol schwer, in heißem sehr leicht löslich.

Monobromisodurol $C_{10}H_{13}Br$

$$\begin{array}{c} CH_3 \\ CH_3-\!\!\!\bigcirc\!\!\!-CH_3 \\ \quad\;\;Br \\ CH_3 \end{array}$$

Flüssigkeit. Erstarrt in der Kältemischung zu blättrigen Krystallen. Siedep. 252—254°[3].

Dibromisodurol $C_{10}H_{12}Br_2$

$$\begin{array}{c} CH_3 \\ CH_3-\!\!\!\bigcirc\!\!\!-CH_3 \\ Br-\quad-Br \\ CH_3 \end{array}$$

Nadelförmige Krystalle vom Schmelzp. 199°[4]; 209°[2]. Schwer löslich in kaltem Alkohol.

Isoduridin, 4-Amino-1, 2, 3, 5-tetramethylbenzol $C_{10}H_{15}N$

$$\begin{array}{c} CH_3 \\ CH_3-\!\!\!\bigcirc\!\!\!-CH_3 \\ NH_2- \\ CH_3 \end{array}$$

Entsteht aus Pseudocumidin durch Erhitzen des salzsauren Salzes mit 1 Mol. Methylalkohol anfangs auf 200° und schließlich noch 10 Stunden auf 300°[5]. Auch aus Mesidin soll auf gleiche Weise die Base darstellbar sein[5], doch wird dieser Angabe widersprochen[6]. Krystalle vom Schmelzp. 23—24°[6]. Siedep. 255°[6].

Wahrscheinlich ist mit dieser Base auch das aus salzsaurem Xylidin durch hohes Erhitzen mit Methylalkohol[7] gebildete **Aminotetramethylbenzol** $C_{10}H_{15}N = (CH_3)_4 \cdot C_6H \cdot NH_2$ identisch. Flüssigkeit. Erstarrt bei $+11°$ zu Krystallen vom Schmelzp. 14°. Siedep. 252—253°. Spez. Gewicht 0,978 bei 24°.

[1] Bielefeldt, Annalen d. Chemie u. Pharmazie **198**, 381 [1879].
[2] Jacobsen, Berichte d. Deutsch. chem. Gesellschaft **15**, 1853 [1882].
[3] Bielefeldt, Annalen d. Chemie u. Pharmazie **198**, 388 [1879].
[4] Jannasch, Berichte d. Deutsch. chem. Gesellschaft **8**, 356 [1875].
[5] Nölting u. Baumann, Berichte d. Deutsch. chem. Gesellschaft **18**, 1149 [1885].
[6] Limpach, Berichte d. Deutsch. chem. Gesellschaft **21**, 642. 646 [1888].
[7] Hofmann, Berichte d. Deutsch. chem. Gesellschaft **17**, 1913 [1884].

Symm. oder 1,3,5-Diäthyltoluol (1-Methyl-3,5-diäthylbenzol).

Mol.-Gewicht 148.
Zusammensetzung: 89,20% C, 10,80% H.

$$C_{11}H_{16}.$$

Vorkommen: Im Petroleum wie Durol (s. dieses).

Bildung: Aus Methyläthylketon (2 Mol.) und Aceton (1 Mol.) bei Behandlung mit Schwefelsäure[1]).

Darstellung: Man setzt zu Toluol Aluminiumchlorid zu, erhitzt zum Sieden und leitet während 3—4 Stunden Äthylen ein[2]).

Physikalische Eigenschaften: Flüssigkeit. Siedep. 199—200°. Spez. Gewicht 0,8790 bei 20°.

Chemische Eigenschaften: Verdünnte Salpetersäure oxydiert zu Uvitinsäure.

Trinitro-s-diäthyltoluol, Trinitro-1-methyl-3, 5-diäthylbenzol $C_{11}H_{13}O_6N_3$

Entsteht beim Nitrieren des 1-Methyl-3, 5-diäthylbenzols durch Eintragen in ein Gemisch von rauchender Salpetersäure und konz. Schwefelsäure[3]). Gelbe, blättchenförmige Krystalle vom Schmelzp. 86—87°. Löslich in Alkohol.

(2, 4, 6-)Tribromdiäthyltoluol $C_{11}H_{13}Br_3$

Feine nadelförmige Krystalle vom Schmelzp. 206°[4]). Schwer löslich in kaltem Alkohol.

4-Amino-1-methyl-3, 5-diäthylbenzol $C_{10}H_{17}N$

Entsteht aus salzsaurem p-Toluidin durch andauerndes Erhitzen mit Äthylalkohol auf 300°. Flüssigkeit vom Siedep. 238°[5]).

---

1) Jacobsen, Berichte d. Deutsch. chem. Gesellschaft **14**, 1434 [1881].
2) Gattermann, Fritz u. Beck, Berichte d. Deutsch. chem. Gesellschaft **32**, 1125 [1899].
3) Gattermann, Fritz u. Beck, Berichte d. Deutsch. chem. Gesellschaft **32**, 1126 [1899].
4) Jacobsen, Berichte d. Deutsch. chem. Gesellschaft **7**, 1435 [1874].
5) Höchster Farbwerke, D. R. P. 67 844; Friedländers Fortschritte der Teerfabrikation **3**, 174.

Isoamylbenzol.

Mol.-Gewicht 148.
Zusammensetzung: 89,20% C, 10,80% H.

$$C_{11}H_{16}.$$

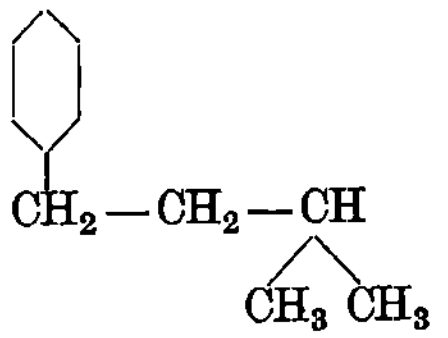

$$CH_2 - CH_2 - CH \overset{CH_3}{\underset{CH_3}{<}}$$

Vorkommen: Im Petroleum wie Durol (s. dieses).

Bildung und Darstellung: Aus Brombenzol und Isoamylbromid mit Natrium, bei Gegenwart von Benzol[1]). Durch Reduktion von Isobutylphenylketon mittels Jod und Phosphor[2]).

Physikalische Eigenschaften: Flüssigkeit. Siedep. 193°[1]). Spez. Gewicht 0,859 bei 12°[1]); 0,835 bei 18°[2]).

Chemische Eigenschaften: Chromsäuremischung oxydiert (doch nur sehr langsam) zu Benzoesäure. Beim Bromieren im direkten Sonnenlicht bildet sich ein fester Bromkörper vom Schmelzp. 128—129°[3]).

Isoamylbenzolsulfosäure $C_{11}H_{16}SO_2 = \overset{CH_3}{\underset{CH_3}{>}}CH-CH_2-CH_2-C_6H_4-SO_3H$. Strahlig-krystallinische Masse, äußerst zerfließlich[4]).

1¹-Nitroisoamylbenzol $C_{11}H_{15}NO_2$

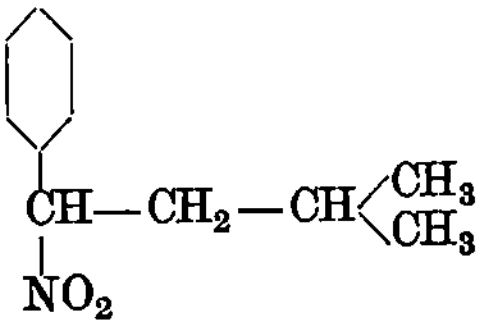

$$CH - CH_2 - CH \overset{CH_3}{\underset{CH_3}{<}}$$
$$|$$
$$NO_2$$

Entsteht bei der Einwirkung von Salpetersäure auf „Pseudoamylbenzol", ein Gemisch der Isomeren: Isoamylbenzol, Methylisopropylphenylmethan $C_6H_5 \cdot CH \cdot CH(CH_3)_2$ und Dimethyläthylphenylmethan $C_6H_5 \cdot C(CH_3)_2 \cdot C_2H_5$, bei 105° [neben $C_6H_5 \cdot C(CH_3) \cdot CH(CH_3)_2$][5]).

Flüssigkeit vom Siedep. 159—161° bei 20 mm. Spez. Gewicht 1,08991 bei 0°/0°; 1,07362 bei 20°/0°. $n_D = 1,53140$ bei 20°.

p-Bromisoamylbenzol $C_{11}H_{15}Br$

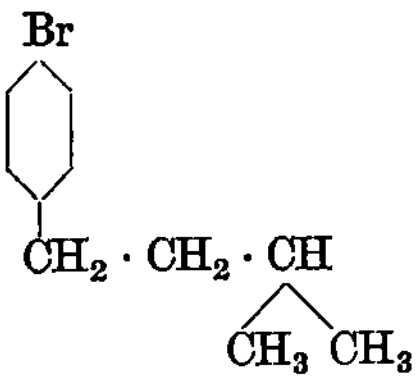

$$CH_2 \cdot CH_2 \cdot CH \overset{CH_3}{\underset{CH_3}{<}}$$

Flüssigkeit vom Siedep. 253—255° (i. D.) bei 736 mm[6]). Spez. Gewicht 1,2144 bei 75°[6]). Ein Bromid $C_6H_5 \cdot C_5H_{10}Br$ entsteht bei der Einwirkung von Brom auf Isoamylbenzol bei 150°[7]).

1) Fittig u. Tollens, Annalen d. Chemie u. Pharmazie **131**, 313 [1864].
2) Claus, Journ. f. prakt. Chemie [2] **46**, 490 [1892].
3) Schramm, Monatshefte f. Chemie **9**, 622 [1888].
4) Tollens u. Fittig, Annalen d. Chemie u. Pharmazie **131**, 315 [1864].
5) Konowalow u. Egorow, Journ. d. russ. physikal.-chem. Gesellschaft **30**, 1031 [1898]; Chem. Centralbl. **1899**, I, 776.
6) Schramm, Monatshefte f. Chemie **9**, 850 [1888].
7) Schramm, Annalen d. Chemie u. Pharmazie **218**, 393 [1883].

Dibromisoamylbenzol (Phenylisoamylenbromid) $C_{11}H_{14}Br_2 = C_6H_5 \cdot C_5H_9Br_2$. Entsteht bei Einwirkung von 4 Atomen Brom auf Isoamylbenzol bei 150°, ferner aus Phenylisoamylen $C_6H_5 \cdot C_5H_9$ durch Addition von Brom. Krystalle in Gestalt seideglänzender Nadeln vom Schmelzp. 128—129°[1]). In Alkohol schwer löslich, leicht in Äther, Benzol.

Tribromisoamylbenzol $C_{11}H_{13}Br_3 = C_6H_2Br_3 \cdot C_5H_{11}$. Entsteht bei der Einwirkung von Brom auf Isoamylbenzol, anfangs in der Kälte und danach durch Erhitzen im Rohr auf 100°[2]). Nadelförmige Krystalle vom Schmelzp. 140°. Leicht löslich in heißem Alkohol.

Aminoisoamylbenzol $C_{11}H_{17}N = (CH_3)_2 \cdot CH \cdot CH_2 \cdot CH_2 \cdot C_6H_4 \cdot NH_2$. Entsteht aus Isoamylalkohol und Anilin beim Erhitzen mit Zinkchlorid auf 270°[3])[4]). Aus Isoamylphenol $(CH_3)_2 \cdot CH \cdot CH_2 \cdot CH_2 \cdot C_6H_4 \cdot OH$ durch Erhitzen mit Bromzinkammoniak und Ammoniumbromid auf 330—340°[5]); aus salzsaurem Isoamylanilin $C_6H_5 \cdot NH(C_5H_{11}) \cdot HCl$ durch Umlagerung der Isoamylgruppe an den Kern, beim Erhitzen auf 300—340°[6]). Flüssigkeit vom Siedep. 256—258°[4]); 259—262°[5]).

α-Aminoisoamylbenzol [1¹-Aminometho(1³)-butylbenzol] $C_{11}H_{17}N$

$$CH\!-\!CH_2\!-\!CH$$
$$NH_2 \qquad CH_3 \; CH_3$$

Entsteht aus 1¹-Nitro-isoamylbenzol durch Reduktion[7]). Flüssigkeit vom Siedep. 232—235° bei 756 mm.

Styrol (Phenyläthylen, Vinylbenzol).

Mol.-Gewicht 104.

Zusammensetzung: 92,34% C, 7,69% H.

$$C_8H_8.$$

$$CH = CH_2$$

Vorkommen: Im flüssigen Storax[8]) (zu 1—5%).

Bildung: Aus flüssigem Storax bei der Destillation mit Wasser, in geringer Menge. Bei der trocknen Destillation der Steinkohlen; findet sich daher im Teeröl (als Begleiter des Rohxylols)[9])[10]). Aus Drachenblut durch trockne Destillation[11]); oder durch Destillation mit Zinkstaub[12]). Aus Zimtsäure bei längerem Kochen[13]); bei der Destillation mit Kalk[8])[10]) oder Baryt[14]); bei der Destillation des Kupfersalzes[15]); mit Mineralsäuren (HCl, HBr, H_2SO_4) auf 150—240° erhitzt, liefert Zimtsäure das polymere Distyrol[16]). Aus Zimtalkohol (Styron) durch Reduktion mit 15proz. Natriumamalgam und wenig Wasser[17]). Aus Methylphenyl-

[1]) Schramm, Annalen d. Chemie u. Pharmazie **218**, 393 [1883].
[2]) Bigot u. Fittig, Annalen d. Chemie u. Pharmazie **141**, 161 [1867].
[3]) Merz u. Weith, Berichte d. Deutsch. chem. Gesellschaft **14**, 2346 [1881].
[4]) Calm, Berichte d. Deutsch. chem. Gesellschaft **15**, 1642 [1882].
[5]) Lloyd, Berichte d. Deutsch. chem. Gesellschaft **20**, 1257 [1887].
[6]) Hofmann, Berichte d. Deutsch. chem. Gesellschaft **7**, 529 [1874].
[7]) Konowalow u. Egorow, Journ. d. russ. physikal.-chem. Gesellschaft **30**, 1033 [1898]; Chem. Centralbl. **1899**, I, 776.
[8]) Simon, Annalen d. Chemie u. Pharmazie **31**, 267 [1839].
[9]) Berthelot, Annalen d. Chemie u. Pharmazie, Suppl. **5**, 368 [1867].
[10]) Krämer u. Spilker, Berichte d. Deutsch. chem. Gesellschaft **23**, 3169, 3269 [1890].
[11]) Glénard u. Boudault, Annalen d. Chemie u. Pharmazie **53**, 325 [1845].
[12]) Bötsch, Monatshefte f. Chemie **1**, 610 [1880].
[13]) Howard, Jahresber. d. Chemie **1860**, 303.
[14]) Gerhardt u. Cahours, Annalen d. Chemie u. Pharmazie **38**, 96 [1841].
[15]) Hempel, Annalen d. Chemie u. Pharmazie **59**, 318 [1846].
[16]) Erlenmeyer, Annalen d. Chemie u. Pharmazie **135**, 122 [1865].
[17]) Hatton u. Hodgkinson, Journ. Chem. Soc. **39**, 319 [1881].

carbinol $C_6H_5 \cdot C(OH)H \cdot CH_3$ durch Wasserabspaltung mittels Phosphorsäure[1]); analog: aus Methylphenylcarbinol-Benzoat durch Destillation[2]); aus Trichlormethylphenylcarbinol mit Zinkstaub und Alkohol[3]) (neben ω-Chlorstyrol). Aus Phenylacetylen durch Reduktion mit Zinkstaub und Eisessig[4]). Aus Phenyläthylbromid beim Erhitzen[5]); oder bei Einwirkung von alkoholischem Kali. Aus Acetylen beim Erhitzen bis zur Schmelzhitze des Glases[6]). Aus Benzol und Äthylen beim Durchleiten durch ein Rohr bei Rotglut[7]). Aus Benzol und Vinylbromid mit Aluminiumchlorid (neben bromiertem Äthyl- und Diäthyl-benzol)[8]) [9]). Aus Benzol und Acetylen mit Aluminiumchlorid (neben Kohlenwasserstoffen $C_{14}H_{14}$)[10]).

Darstellung: Aus Zimtsäure durch anhaltendes Kochen[11]). Aus (β)-Brom- oder Jod-hydrozimtsäure mit kohlensaurem Alkali[12]). Die Säure erhält man, indem man Zimtsäure mit (bei 0° gesättigter) Brom- (resp. Jod-) wasserstoffsäure einige Tage stehen läßt. Beim Versetzen mit überschüssiger Sodalösung bildet sich schon in der Kälte unter Abspaltung von Kohlendioxyd und Halogenwasserstoff Styrol. Bei Anwendung der Jodsäure ist die Ausbeute nahezu theoretisch.

Physikalische Eigenschaften: Flüssigkeit von angenehmem, aromatischem Geruch. Siedep. 145,5°[13]); 144—144,5° (i. D.)[12]); 146,2° (i. D.)[14]); Siedep.$_{760}$ = 140°[15]); = 145,5 bis 146°[16]); Siedep.$_{17}$ = 43°[16]). Spez. Gewicht 0,920[17]) oder 0,925[18]) oder 0,9251[14]) bei 0°; 0,9329 bei 4°/4°[19]); 0,910 bei 12,1°[17]); 0,911 bei 15°/4°[16]); 0,9234 bei 15°/15°[19]); 0,908 bei 16,5°[17]); 0,90595 bei 17°/4°[13]); 0,9074 bei 20°/4°[15]); 0,9167 bei 25°/25°[19]); 0,899 bei 27,1°[17]); 0,879 bei 51,5°[17]); 0,852 bei 87°[17]); 0,7926 bei 143°/4°[20]). Ausdehnung $V^t = 1 + 95069 \cdot 10^{-8} \cdot t + 11580 \cdot 10^{-10} \cdot t^2 + 16704 \cdot 10^{-13} \cdot t^3$[14]). Ist optisch inaktiv[21]); das aus Storax gewonnene Styrol zeigt jedoch Linksdrehung[21]), die von Verunreinigungen herrührt[22]) [18]). Stark lichtbrechend[23]); Brechungsvermögen μ_α = 1,54030[15]); n_D = 1,5457[16]). Magnetisches Drehungsvermögen 16,01 bei 18,7°[19]). Löslichkeit: in Wasser unlöslich, mit Alkohol und Äther mischbar in jedem Verhältnis.

Chemische Eigenschaften: Polymerisiert sich sehr leicht zu Metastyrol (C_8H_8); allmählich schon bei gewöhnlicher Temperatur im Dunkeln bis zur Erreichung eines Grenz-zustands. Licht, besonders direktes Sonnenlicht, beschleunigt den Prozeß[24]). Rasch erfolgt die Umwandlung beim Erhitzen im Rohr auf 300°, augenblicklich durch Einwirkung konz. Schwefelsäure. Auch freies, ungelöstes Jod wirkt polymerisierend, während es in gelöstem Zustande, ebenso wie schon freies Chlor und Brom, addiert wird unter Bildung von α-β-Di-halogenäthylbenzol. Chlor- und Bromwasserstoff werden addiert zu α-Halogenäthylbenzol[25]). Jodwasserstoff wirkt reduzierend und bildet Äthylbenzol. Natriumbisulfit lagert sich beim

[1]) Klages u. Allendorff, Berichte d. Deutsch. chem. Gesellschaft **31**, 1298 [1898].
[2]) Klages u. Allendorff, Berichte d. Deutsch. chem. Gesellschaft **31**, 1003 [1898].
[3]) Jocitsch, Journ. d. russ. physikal.-chem. Gesellschaft **30**, 920 [1898]; Chem. Centralbl. **1899**, I, 607.
[4]) Aronstein u. Hollemann, Berichte d. Deutsch. chem. Gesellschaft **22**, 1184 [1889].
[5]) Thorpe, Zeitschr. f. Chemie **1871**, 130.
[6]) Berthelot, Annalen d. Chemie u. Pharmazie **141**, 181 [1867].
[7]) Berthelot, Annalen d. Chemie u. Pharmazie **142**, 257 [1867].
[8]) Henriot u. Gilbert, Jahresber. d. Chemie **1884**, 561.
[9]) Anschütz, Annalen d. Chemie u. Pharmazie **235**, 331 [1886].
[10]) Varet u. Vienne, Bulletin de la Soc. chim. **47**, 918 [1887].
[11]) Miller, Annalen d. Chemie u. Pharmazie **189**, 339 [1877].
[12]) Fittig u. Binder, Annalen d. Chemie u. Pharmazie **195**, 137 [1879]; Berichte d. Deutsch. chem. Gesellschaft **15**, 1983 [1882].
[13]) Nasini u. Bernheimer, Gazzetta chimica ital. **15**, 84 [1885].
[14]) Weger, Annalen d. Chemie u. Pharmazie **221**, 68 [1883].
[15]) Brühl, Annalen d. Chemie u. Pharmazie **235**, 13 [1886].
[16]) Biltz, Annalen d. Chemie u. Pharmazie **296**, 274 [1897].
[17]) Lemoine, Compt. rend. de l'Acad. des Sc. **125**, 530 [1897].
[18]) Krakau, Berichte d. Deutsch. chem. Gesellschaft **11**, 1260 [1878].
[19]) Perkin, Journ. Chem. Soc. **69**, 1246 [1896].
[20]) R. Schiff, Annalen d. Chemie u. Pharmazie **220**, 93 [1883].
[21]) Berthelot, Annalen d. Chemie u. Pharmazie **141**, 378 [1867].
[22]) Hoff, Berichte d. Deutsch. chem. Gesellschaft **9**, 5, 1339 [1876].
[23]) Hofmann u. Blyth, Annalen d. Chemie u. Pharmazie **53**, 294 [1845].
[24]) Lemoine, Compt. rend. de l'Acad. des Sc. **129**, 719 [1899].
[25]) Richter, Berichte d. Deutsch. chem. Gesellschaft **26**, 1709 [1893].

Kochen nicht an oder höchstens spurenweise[1]). Mit den Homologen des Benzols entstehen bei Anwesenheit von Schwefelsäure Kohlenwasserstoffe vom Typus C_nH_{2n-14}, z. B. mit Xylol β-Phenyl-α-tolylpropan[2]). Mit Jod und Quecksilberoxyd bildet sich ein undefiniertes, jodhaltiges Öl, das mit konz. Silbernitratlösung Phenylacetaldehyd liefert[3]). Verdünnte Salpetersäure oder Chromsäuremischung oxydieren zu Benzoesäure[4]). Schwefel liefert beim Erhitzen auf 150° Styrolsulfid C_8H_8S, während sich bei stärkerem Erhitzen (auf 230°) 2, 4- und 2, 5-Diphenylthiophen und Äthylbenzol bilden[5]). Verhalten[6]).

Metastyrol $(C_8H_8)_x$. Entsteht durch Polymerisation des Styrols schon bei längerem Liegen, besonders bei höherer Temperatur; augenblicklich beim Erhitzen im Rohr auf 200°; oder durch Berührung mit konz. Schwefelsäure[7]); oder durch Natriumbisulfitlösung bei 100—120° (neben einer Bisulfitverbindung $C_8H_8 \cdot NaHSO_3 = C_6H_5 \cdot CH \cdot CH_3$? vom Schmelzp.
$$\underset{SO_3H}{|}$$
306°)[8]). Durchsichtige, glasartige, feste Masse. Geruchlos. Spez. Gewicht 1,054 bei 13°[9]). Stark lichtbrechend. Optisch-inaktiv[10]). Unlöslich in Wasser, Alkohol; sehr schwer löslich in siedendem Äther. Wird beim Destillieren in Styrol zurückverwandelt. Rauchende Salpetersäure nitriert beim Kochen zu Nitrometastyrol $(C_8H_7 \cdot NO_2)_x$[11]) einem amorphen, in Alkohol oder Äther unlöslichen Pulver.

Distyrole $C_{16}H_{16} = (C_8H_8)_2$. **1. Festes Distyrol.** Entsteht aus Zimtsäure[12]) oder aus zimtsaurem Kalk[13]) beim Destillieren; ferner aus $1^1, 1^2$-Dibromäthylbenzol $C_6H_5 \cdot CHBr \cdot CH_2Br$ (aus Styrol durch Addition von Brom) beim Erhitzen mit Kalk[14]); oder aus β-Truxillsäure $C_{18}H_{16}O_4$ durch Abspaltung von Kohlendioxyd beim Destillieren[15]). Tafelförmige Krystalle vom Schmelzp. 124°[15]).

2. Flüssiges Distyrol

$$\text{---CH} = \text{CH---CH---}\underset{\underset{CH_3}{|}}{}(?)$$

Entsteht aus Zimtsäure durch Erhitzen mit Salzsäure auf 150—240°[16]) oder beim Erhitzen mit 50 proz. Schwefelsäure (neben Distyrensäure $C_{17}H_{16}O_2$)[17]); oder aus Styrol und m-Kresol durch Einwirkung von Eisessig und Schwefelsäure (neben Benzol-m-kresoläthan $C_6H_5 \cdot CH \cdot$
$$\underset{CH_3}{|}$$
$C_6H_3 \cdot OH$)[18]). Flüssigkeit vom Siedep. 310—312°[17]). Spez. Gewicht 1,027 bei 0°; 1,016
$$\underset{CH_3}{|}$$
bei 15°. Dampfdichte: gefunden 7,1; berechnet 7,2. Zeigt, frisch destilliert, blaue Fluorescenz, die nach einigem Stehen fast gänzlich verschwindet. Optisch-inaktiv. Durch längeres Kochen zerfällt es in Styrol, Toluol und Isopropylbenzol. Mit Chromsäuremischung entsteht als einziges Oxydationsprodukt Benzoesäure. Addiert leicht Brom (in Schwefelkohlenstofflösung)[17]); das gebildete **Bromid** $C_{16}H_{16}Br_2$ krystallisiert in seideglänzenden Nädelchen vom Schmelzp. 102°[17]), 238°[15]), die sich leicht in Äther, Benzol, Schwefelkohlenstoff, heißem Alkohol, Eisessig oder Ligroin lösen.

[1]) Labbé, Bulletin de la Soc. chim. [3] **21**, 1077 [1899].
[2]) Königs u. Carl, Berichte d. Deutsch. chem. Gesellschaft **24**, 3889 [1891].
[3]) Bougault, Compt. rend. de l'Acad. des Sc. **131**, 528 [1900].
[4]) Hofmann u. Blyth, Annalen d. Chemie u. Pharmazie **53**, 294 [1845].
[5]) Baumann u. Fromm, Berichte d. Deutsch. chem. Gesellschaft **28**, 890 [1895].
[6]) Berthelot, Bulletin de la Soc. chim. **6**, 295 [1866].
[7]) Berthelot, Bulletin de la Soc. chim. **6**, 296 [1866].
[8]) Miller, Annalen d. Chemie u. Pharmazie **189**, 341 [1877].
[9]) Scharling, Annalen d. Chemie u. Pharmazie **97**, 186 [1856].
[10]) Hoff, Berichte d. Deutsch. chem. Gesellschaft **9**, 1339 [1876].
[11]) Blyth u. Hofmann, Annalen d. Chemie u. Pharmazie **53**, 511 [1845].
[12]) Miller, Annalen d. Chemie u. Pharmazie **189**, 340 [1879].
[13]) Engler u. Leist, Berichte d. Deutsch. chem. Gesellschaft **6**, 256 [1873].
[14]) Radziszewski, Berichte d. Deutsch. chem. Gesellschaft **6**, 494 [1873].
[15]) Liebermann, Berichte d. Deutsch. chem. Gesellschaft **22**, 2255 [1889].
[16]) Erlenmeyer, Annalen d. Chemie u. Pharmazie **135**, 122 [1865].
[17]) E. Erdmann, Annalen d. Chemie u. Pharmazie **216**, 187 [1882].
[18]) Königs u. Mai, Berichte d. Deutsch. chem. Gesellschaft **25**, 2658 [1892].

1¹- oder α-Chloräthylbenzol C₈H₉Cl

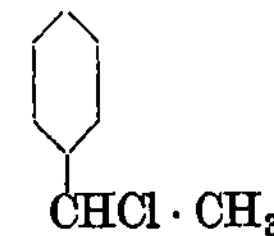

Entsteht aus Styrol durch Addition von Chlorwasserstoff[1]); ferner aus Methylphenylcarbinol C₆H₅ · CH(OH) · CH₃, durch Einwirkung von Salzsäure unter Kühlung[2]); aus Äthylbenzol durch Chlorieren in der Kälte im direkten Sonnenlichte[3]). Flüssigkeit vom Siedep. 194° (unter schwacher Zersetzung).

Styrolchlorid C₈H₈Cl₂

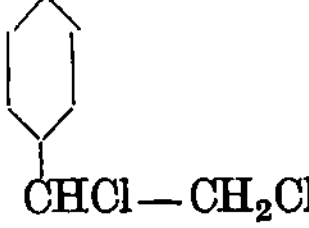

Aus Styrol durch Addition von Chlor[4]). Dicke Flüssigkeit, die sich nicht destillieren läßt. Gibt mit alkoholischem Kali ω-Chlorstyrol C₆H₅ · CH = CHCl.

Styrolbromid, 1¹, 1²-Dibromäthylbenzol C₈H₈Br₂

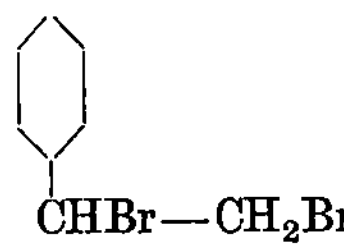

Entsteht aus Styrol durch Addition von Brom[5]) und wird auf diesem Wege gewonnen[6])[7]); entsteht ferner bei der Einwirkung von Brom (4 Atomen) auf Äthylbenzol bei 150°[8]); oder indem man zu erhitztem reinen Äthylbenzol Brom zutropfen läßt[9]); ferner bei der Einwirkung von Brom (2 Atomen) auf 1¹-Bromäthylbenzol (s. dort) bei 100° und unter Lichtabschluß[10]). Nadel- oder blättchenförmige Krystalle. Schmelzp. 73°[11]); 74—74,5°[7]). Siedet unter vermindertem Druck unzersetzt. Siedep. 139—141° bei 15 mm[12]). Schwer löslich in Benzol, leichter in (80proz.) Alkohol.

Styroljodid, 1¹, 2¹-Dijodäthylbenzol C₈H₈J₂

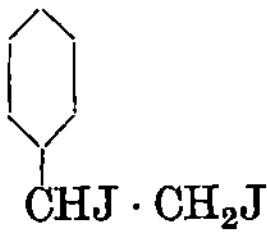

Entsteht aus Styrol beim Schütteln mit Jod in konz. Jodkalilösung[13]). Krystalle. Sehr leicht zersetzlich (zu Jod und Metastyrol). In Äther leicht löslich.

Styrolsulfid C₈H₈S. Entsteht aus Styrol durch 12stündiges Erhitzen mit (1 Atom) Schwefel auf 155°[14]). Rötliche, ölige Flüssigkeit, die auch im Vakuum nur mit Zersetzung siedet.

Styrolnitrosylchlorid C₈H₈ · NOCl. Entsteht aus Styrol beim Einleiten von Nitrosylchlorid NOCl in eine konz. Chloroformlösung (1 Vol. : 1 Vol.) bei —10°[15]). Kleine nadelförmige Krystalle vom Schmelzp. 97°.

[1]) Schramm, Berichte d. Deutsch. chem. Gesellschaft **26**, 1710 [1893].
[2]) Engler u. Bethge, Berichte d. Deutsch. chem. Gesellschaft **7**, 1127 [1874].
[3]) Schramm, Monatshefte f. Chemie **8**, 102 [1887].
[4]) Blyth u. Hofmann, Annalen d. Chemie u. Pharmazie **53**, 309 [1845].
[5]) Blyth u. Hofmann, Annalen d. Chemie u. Pharmazie **53**, 306 [1845].
[6]) Glaser, Annalen d. Chemie u. Pharmazie **154**, 154 [1870].
[7]) Zincke, Annalen d. Chemie u. Pharmazie **216**, 288 [1882].
[8]) Radziszewski, Berichte d. Deutsch. chem. Gesellschaft **6**, 493 [1873].
[9]) Friedel u. Balsohn, Bulletin de la Soc. chim. **35**, 55 [1881].
[10]) Schramm, Berichte d. Deutsch. chem. Gesellschaft **18**, 354 [1885].
[11]) Miller, Berichte d. Deutsch. chem. Gesellschaft **11**, 1450 [1878]. — Erdmann, Annalen d. Chemie u. Pharmazie **216**, 194 [1882].
[12]) Anschütz, Annalen d. Chemie u. Pharmazie **235**, 328 [1886].
[13]) Berthelot, Bulletin de la Soc. chim. **6**, 295 [1866]; **7**, 277 [1867].
[14]) Michael, Berichte d. Deutsch. chem. Gesellschaft **28**, 1636 [1895].
[15]) Tilden, Journ. Chem. Soc. **63**, 483 [1893].

Styrolnitrite $C_8H_8N_2O_3$. α-**Nitrit** $(C_8H_8N_2O_3)_2$

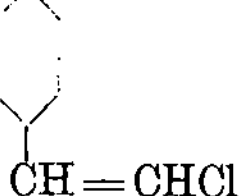

Entsteht aus Styrol (in ätherischer Lösung) durch Einleiten salpetriger Dämpfe bei 0° [1] (daneben entsteht ω-Nitrostyrol); ferner bei der Einwirkung von Natriumnitrit auf Styrol in Eisessiglösung (neben einer Verbindung $C_8H_6N_3O_4$ [?]), grünliche nadelförmige Krystalle vom Schmelzp. 103,5°, einer Verbindung $C_8H_7O_2$? vom Schmelzp. 123° und einer Verbindung vom Schmelzp. 200°) [1]. Krystalle vom Schmelzp. 158°.

β - **Nitrit** $C_8H_8N_2O_3 = C_6H_5 - CH - CH.$ Entsteht aus α - Nitrit durch Kochen
$$\underset{\text{NO}_2}{|} \quad \underset{\text{N} \cdot \text{OH}}{\|}$$
mit Wasser [1]. Krystalle vom Schmelzp. 96°. Löslich in Alkalien.

1²- (oder ω-)Nitrostyrol, Phenylnitroäthylen

$$CH = CH \cdot NO_2$$

Entsteht aus Styrol bei der Einwirkung von Salpetersäure in der Hitze [2] oder durch Einwirkung salpetriger Dämpfe bei 0° (in Ätherlösung) [3]. Aus Zimtsäure beim Destillieren im Dampfstrome mit einer Natriumnitritlösung [4]. Aus Benzaldehyd und Nitromethan in Gegenwart von Zinkchlorid bei 160° [3] oder in Gegenwart von konz. methylalkoholischer Kalilauge [5]. Gelbliche, rhombische, prismenförmige Krystalle von zimtartigem Geruche. Schmelzp. 58°. Siedep. 250—260° bei starker Zersetzung. Mit Wasserdampf flüchtig. In kaltem Wasser unlöslich; etwas leichter in heißem; leicht in Äther, Chloroform, Schwefelkohlenstoff usw. Reizt die Tränendrüsen und zieht auf der Haut Blasen. Wird von rauchender Schwefelsäure gelöst unter Bildung von o- **und p-Nitrophenylnitroäthylen** $NO_2 \cdot C_6H_4 \cdot CH : CH \cdot NO_2$, und zwar überwiegt in der Kälte die p-Verbindung, in der Wärme die o-Verbindung [6]. Phenylnitroäthylen polymerisiert sich bei längerem Liegen am Lichte zu einer Verbindung unbekannter Molekulargröße, die in Alkohol schwerer löslich ist und daraus in atlasglänzenden, rhombischen Blättchen oder Nadeln krystallisiert [6]. Schmelzp. 172—180°, unscharf und unter Zersetzung. Ein anderes (?) **Polymeres** $(C_6H_5 \cdot CH : CH \cdot NO_2)$ entsteht aus Phenylnitroäthylen unter der Einwirkung von Natriummalonsäureester [7]. Weiß, amorph. Schmelzp. gegen 280°. Unlöslich in den meisten Lösungsmitteln. o- [8], m- [9] und p- [10] Nitrostyrol $NO_2 \cdot C_6H_4 \cdot CH = CH_2$ werden aus den entsprechenden Nitrophenyl-β-brompropionsäuren $NO_2 \cdot C_6H_4 \cdot CH_2 - CHBr \cdot COOH$ mit heißer Sodalösung erhalten.

ω- **oder 1²-Chlorstyrol** C_8H_7Cl

$$CH = CHCl$$

Entsteht aus Zimtsäure durch Einwirkung von Chlor in alkalischer Lösung oder von Salzsäure und Kaliumchlorat [11]; aus Phenylchlormilchsäure $C_6H_5 \cdot CH(OH) \cdot CHCl \cdot COOH$

[1] Sommer, Berichte d. Deutsch. chem. Gesellschaft **28**, 1328 [1895]. — Vgl. Tönnies, Berichte d. Deutsch. chem. Gesellschaft **13**, 1849 [1880].

[2] Simon, Annalen d. Chemie u. Pharmazie **31**, 269 [1839]. — Blyth u. Hofmann, Annalen d. Chemie u. Pharmazie **53**, 297 [1845].

[3] Priebs, Annalen d. Chemie u. Pharmazie **225**, 321, 328 [1884].

[4] H. Erdmann, Berichte d. Deutsch. chem. Gesellschaft **24**, 2773 [1891].

[5] Thiele, Berichte d. Deutsch. chem. Gesellschaft **32**, 1293 [1899].

[6] Priebs, Annalen d. Chemie u. Pharmazie **225**, 340, 347 [1884].

[7] Vorländer u. Hermann, Chem. Centralbl. **1900**, I, 730.

[8] Einhorn, Berichte d. Deutsch. chem. Gesellschaft **16**, 2213 [1883].

[9] Prausnitz, Berichte d. Deutsch. chem. Gesellschaft **17**, 597 [1884].

[10] Basler, Berichte d. Deutsch. chem. Gesellschaft **16**, 3005 [1883].

[11] Stenhouse, Annalen d. Chemie u. Pharmazie **55**, 1 [1845]; **57**, 79 [1846].

durch Erhitzen mit Wasser auf 200—220°[1]); aus Phenyldichlorpropionsäure $C_6H_5 \cdot CHCl \cdot CHCl \cdot COOH$ durch Erwärmen mit Sodalösung auf dem Wasserbade (nahezu quantitativ!)[2]). Flüssigkeit, von hyacinthenähnlichem Geruche. Siedep. 199—199,2°[2]); 199° bei 766 mm; 89° bei 17,5 mm[2]); 112° bei 40 mm; 113° bei 44 mm[2]); 195,5—196,5° bei 715 mm[3]). Spez. Gewicht 1,1122 bei 15°/4°[2]); 1,112 bei 23°; 1,104 bei 25°/4°[2]); $n_D = 1{,}5808$—1,5736[2]).

α- oder 1^1-Chlorstyrol

$$\text{CCl} : \text{CH}_2$$

Entsteht aus Styrolchlorid C_8H_8Cl durch Destillation für sich oder mit Ätzkalk[4]); ferner aus Acetophenonchlorid $C_6H_5 \cdot CCl_2 \cdot CH_3$ durch Erhitzen mit alkoholischem Kali[5]). Flüssigkeit vom Schmelzp. 199°.

$1^1, 1^2$-Dichlorstyrol $C_8H_6Cl_2$

$$\text{CCl} = \text{CHCl}$$

Entsteht aus Dijodstyrol durch Einwirkung von Quecksilberchlorid bei 110°[6]); oder aus Dichloracetophenon $C_6H_5 \cdot CO \cdot CHCl_2$ durch Destillieren mit Phosphorpentachlorid[7]). Flüssigkeit vom Siedep. 221°[7]). Addiert Chlor unter Bildung von **Dichlorstyrolchlorid** ($1^1, 1^1, 1^2, 1^2$-**Tetrachloräthylbenzol**) $C_6H_5 \cdot CCl_2 \cdot CHCl_2$, einer Flüssigkeit, die beim Destillieren Salzsäure abspaltet.

$1^2, 1^2$-Dichlorstyrol

$$\text{CH} = \text{CCl}_2$$

Entsteht aus Benzol und Chloral durch Kondensation mit Hilfe von Aluminiumchlorid[8]), aus Phenyltrichloräthan $C_6H_5 \cdot CH_2 \cdot CCl_3$ mit alkoholischer Kalilauge[8]); aus Trichlormethylphenylcarbinol-Essigsäureester $C_6H_5 \cdot CH(OCO \cdot CH_3) \cdot CCl_3$ durch Behandlung mit Zinkspänen[9]). Flüssigkeit vom Siedep. 220—222°[9]); 225° bei 774 mm[8]); 103,5° bei 15 mm[8]); 123° bei 32 mm[8]). Spez. Gewicht 1,2678 bei 0°/0°[9]); 1,2499 bei 14°/0°[9]); 1,2651 bei 15°/4°[8]).

$1^1, 1^2, 1^2$-Trichlorstyrol, Phenyltrichloräthylen $C_8H_5Cl_3$

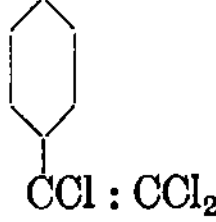

$$\text{CCl} : \text{CCl}_2$$

Entsteht aus Phenyltetrachloräthan durch Einwirkung alkoholischer Kalilauge[10]). Flüssigkeit vom Siedep. 235° bei 751 mm; 121° bei 23 mm; 130° bei 31 mm. Spez. Gewicht 1,376 bei 15°/4°. $n_D = 1{,}5861$.

ω- oder 1^2-Bromstyrol C_8H_7Br

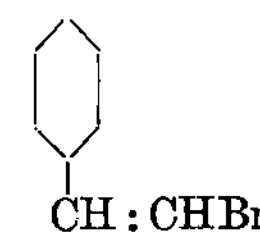

$$\text{CH} : \text{CHBr}$$

<hr>

[1]) Glaser, Annalen d. Chemie u. Pharmazie **154**, 166 [1870].

[2]) Biltz, Annalen d. Chemie u. Pharmazie **296**, 266 [1897].

[3]) Forrer, Berichte d. Deutsch. chem. Gesellschaft **17**, 983 [1884].

[4]) Blyth u. Hofmann, Annalen d. Chemie u. Pharmazie **53**, 310 [1845].

[5]) Friedel, Jahresber. d. Chemie **1868**, 411. — Erlenmeyer, Berichte d. Deutsch. chem. Gesellschaft **12**, 1609 [1879].

[6]) Peratonner, Gazzetta chimica ital. **22**, II, 74 [1892].

[7]) Dyckerhoff, Berichte d. Deutsch. chem. Gesellschaft **10**, 120, 533 [1877].

[8]) Biltz, Annalen d. Chemie u. Pharmazie **296**, 259, 268 [1897].

[9]) Faworsky u. Jocitsch, Journ. d. russ. physikal.-chem. Gesellschaft **30**, 998 [1898]; Chem. Centralbl. **1899**, I, 778.

[10]) Biltz, Annalen d. Chemie u. Pharmazie **296**, 270 [1897].

Entsteht aus Dibromhydrozimtsäure $C_6H_5 \cdot CHBr \cdot CHBr \cdot COOH$ (aus Zimtsäure mit Brom) beim Kochen mit Wasser[1]); oder bei 1stündigem Erhitzen mit 10proz. Sodalösung auf 100° (Darstellungsmethode)[2]); aus zimtsaurem Alkali durch Behandlung der wässerigen Lösung mit Brom in der Wärme[1]); aus Tribrommethyl-Phenylcarbinol $C_6H_5 \cdot CH(OH) \cdot CBr_3$ (oder dessen Essigsäureester) bei Behandlung mit Zinkstaub in alkoholischer Lösung (neben Styrol)[3][4]); aus Phenylbrommilchsäure $C_6H_5 \cdot CH(OH) \cdot CHBr \cdot COOH$ durch Erhitzen mit Wasser auf 200°[1]). Flüssigkeit von Hyacinthenblütengeruch. Erstarrt in der Kältemischung zu Krystallen vom Schmelzp. +7°. Siedep. 218—220°[4]); 219—221° (i. D.) unter geringer Zersetzung[5]); 108° bei 20 mm[2]); 122° bei 36 mm[2]). Spez. Gewicht 1,4482 bei 0°/0°[4]); 1,4289 bei 19°/0°[4]); 1,39 bei 24,8°[2]).

α- oder 1^1-Bromstyrol C_8H_7Br

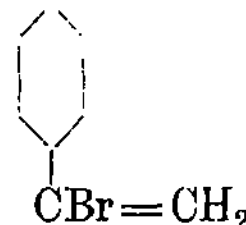

Entsteht aus Phenylacetylen $C_6H_5 \cdot C \equiv CH$ durch Addition von (trocknem) Bromwasserstoff in Eisessiglösung[6]). Aus Styroldibromid bildet sich bei Einwirkung von Wasser bei 190°[7]), oder von Kaliumacetat und Alkohol[8]), oder von alkoholischem Kali[1]) ein Gemisch, das wahrscheinlich aus ω- und α-Bromstyrol besteht[6]). Flüssigkeit vom Siedep. 86—87° bei 14 mm. Spez. Gewicht 1,38 bei 21°.

$1^1,1^2$-Dibromstyrol, Phenylacetylendibromid $C_8H_6Br_2$

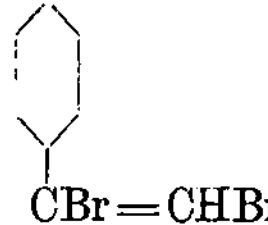

Entsteht aus Phenylacetylen durch Addition von Brom[6]). Ölige Flüssigkeit von angenehmem Geruch. Siedep. 132—135° bei 15 mm.

ω- oder $1^2, 1^2$-**Dibromstyrol**

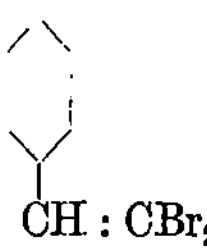

Entsteht aus ω-Bromstyroldibromiol $C_6H_5 \cdot CHBr \cdot CHBr_2$ durch Einwirkung von alkoholischer Kalilauge[6]). Ölige Flüssigkeit von angenehmem Geruche. Siedep. 135—136° bei 17 mm; 144° bei 24 mm. Spez. Gewicht 1,819 bei 22°. Ein **Dibromstyrol** unaufgeklärter Struktur[9]) bildet sich aus β-Phenyltribrompropionsäure $C_6H_5 \cdot C_2HBr_3 \cdot COOH$ beim Erhitzen mit Wasser. Ölige Flüssigkeit vom Siedep. 253—254° (unter schwacher Zersetzung). Mit Wasserdampf flüchtig.

1^1- oder α-**Bromäthylbenzol** C_8H_9Br

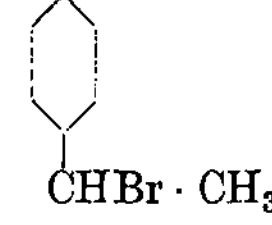

[1]) Glaser, Annalen d. Chemie u. Pharmazie **154**, 168 [1870].
[2]) Nef, Annalen d. Chemie u. Pharmazie **308**, 267 [1899].
[3]) Jocitsch, Journ. d. russ. physikal.-chem. Gesellschaft **30**, 920 [1898]; Chem. Centralbl. **1899**, I, 607.
[4]) Faworsky u. Jocitsch, Journ. d. russ. physikal. chem. Gesellschaft **30**, 998 [1898]; Chem. Centralbl. **1899**, I, 778.
[5]) Fittig, Annalen d. Chemie u. Pharmazie **195**, 142 [1879].
[6]) Nef, Annalen d. Chemie u. Pharmazie **308**, 271, 273, 310 [1899].
[7]) Radziszewski, Berichte d. Deutsch. chem. Gesellschaft **6**, 493 [1873].
[8]) Zincke, Annalen d. Chemie u. Pharmazie **216**, 290 [1882].
[9]) Kinnicutt u. Palmer, Amer. Chem. Journ. **5**, 385 [1883].

Entsteht aus Styrol durch Addition von Bromwasserstoff[1]), indem man ein Gemenge der beiden tagelang stehen läßt[2]); entsteht ferner durch Einwirkung von dampfförmigem Brom auf siedendes Äthylbenzol[3]) oder beim Bromieren des Äthylbenzols am Licht, namentlich im direkten Sonnenlicht[4]); ferner aus Methylphenylcarbinol $CH_3 \cdot CH(OH) \cdot C_6H_5$ beim Behandeln mit Bromwasserstoff[5]) [6]). Gelbliche Flüssigkeit von rosenähnlichem Geruch, ähnlich dem Benzylchlorid. Zersetzt sich beim Erhitzen in Styrol und Bromwasserstoff; läßt sich jedoch unter vermindertem Druck destillieren. Siedep. 148—152° bei 500 mm[7]); 97° bei 17 mm[8]). Spez. Gewicht 1,3108 bei 23°. Bei der Behandlung mit Brom bildet sich im direkten Sonnenlicht $1^1, 1^1$-Dibromäthylbenzol $C_6H_5 \cdot CBr_2 \cdot CH_3$, im diffusen Licht daneben auch Styrolbromid $C_6H_5 \cdot CHBr \cdot CH_2Br$, während im Dunkeln und bei 100° nur das letztere entsteht[4]) (s. dort).

       $1^1, 1^2$-Dijodstyrol, Phenylacetylenjodid $C_8H_6J_2$

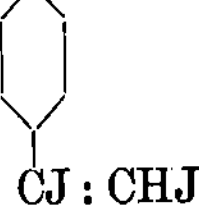

CJ : CHJ

Entsteht aus Phenylacetylen durch Addition von Jod (in Jodkalilösung); oder aus Zimtsäurejodid durch Erhitzen mit Wasser auf 110°; oder aus Phenyljodacetylen beim Stehen mit Jodwasserstoff in gesättigter Eisessiglösung[9]). Blattförmige Krystalle vom Schmelzp. 76°.

       $1^1, 1^2, 1^2$-Trijodstyrol, Phenyltrijodäthylen $C_8H_5J_3$

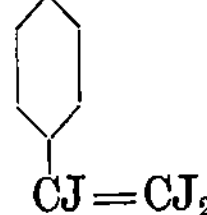

CJ = CJ_2

Entsteht aus Phenyljodacetylen durch Addition von Jod (in Schwefelkohlenstofflösung)[10]); oder aus Phenylacetylensilber mit Jod (in Jodkalilösung)[10]); oder aus Zimtsäurejodid durch Erhitzen mit Wasser auf 140°[9]). Nadelförmige Krystalle vom Schmelzp. 108°.

Naphthalin (Naphthen).

Mol.-Gewicht 128.
Zusammensetzung: 93,75% C, 6,25% H.

$C_{10}H_8$.

CH CH
CH⟋ ＼C⟋ ＼CH
CH⟍ ⟋C⟍ ⟋CH   11)
CH CH

Vorkommen: Im Petroleum von Rangun (Ostindien)[12]); in geringer Menge im Petroleum von Tegernsee und Ölheim (Hannover)[13]).

[1]) Schramm, Berichte d. Deutsch. chem. Gesellschaft **26**, 1710 [1893].
[2]) Bernthsen u. Bender, Berichte d. Deutsch. chem. Gesellschaft **15**, 1983 [1882].
[3]) Berthelot, Bulletin de la Soc. chim. **10**, 343 [1868].
[4]) Schramm, Berichte d. Deutsch. chem. Gesellschaft **18**, 351 [1885].
[5]) Radziszewski, Berichte d. Deutsch. chem. Gesellschaft **7**, 142 [1874].
[6]) Engler u. Bethge, Berichte d. Deutsch. chem. Gesellschaft **7**, 1126 [1874].
[7]) Thorpe, Zeitschr. f. Chemie **1871**, 131.
[8]) Anschütz, Annalen d. Chemie u. Pharmazie **235**, 328 [1886].
[9]) Peratonner, Gazzetta chimica ital. **22**, II, 69, 79 [1892].
[10]) Liebermann u. Sachse, Berichte d. Deutsch. chem. Gesellschaft **24**, 4115 [1891].
[11]) Konfiguration und räumliche Anordnung s. Sachse, Berichte d. Deutsch. chem. Gesellschaft **21**, 2534 [1888]. — Ciamician, Gazzetta chimica ital. **21**, II, 105 [1888].
[12]) Warren de la Rue u. Storer, Zeitschr. f. Chemie **1868**, 232. — Warren de la Rue u. H. Müller, Mem. Amer. Acad. **9**.
[13]) Krämer, Sitzungsber. d. Ver. z. Bef. d. Gewerbefl. **1885**, 299. — Krämer u. Böttcher, Berichte d. Deutsch. chem. Gesellschaft **20**, 595 [1887].

Bildung: Bei der trocknen Destillation der Stein- und Braunkohlen; findet sich daher im Teer der Stein-[1]) und Braunkohlen[2]). Durch pyrogene Kondensationen aus zahlreichen organischen Verbindungen. Beim Durchleiten von Acetylen, Äthylen, Toluol, eines Gemisches von Acetylen und Benzol[3]); ferner von Äther, Essigsäure, Campher, flüchtigen Ölen[4]), Alkohol[5]) usw. durch glühende Röhren. Beim Durchleiten von Petroleum[6]) oder Holzteer[7]) durch glühende Röhren, die mit Kohlestückchen beschickt sind. Beim Leiten von Isobutylbenzol über glühendes Bleioxyd[8]). Beim Leiten von dampfförmigem Phenylbutylen oder -bromid über glühenden Ätzkalk[9]).

Darstellung: Aus dem Steinkohlenteer durch Auskrystallisieren aus den zwischen 180 und 220° siedenden Anteilen. Die Reinigung erfolgt durch Waschen mit Natronlauge, mit verdünnter Schwefelsäure und Destillation mit Wasserdampf oder durch wiederholtes Erhitzen mit wenig rauchender Schwefelsäure auf 180° und darauffolgende Destillation mit Wasserdampf[10]). Phenole, die eine Rotfärbung der Krystalle veranlassen, kann man durch Erhitzen mit wenig Braunstein und konz. Schwefelsäure auf dem Wasserbade während 15—20 Minuten beseitigen[11]). Darstellung im großen[12]). Reines Naphthalin darf beim Erhitzenmit geschmolzenem Antimontrichlorid keine Rotfärbung zeigen[13]).

Quantitative Bestimmung: Man erhitzt mit einer gemessenen Menge wässeriger $^1/_{20}$ n-Pikrinsäurelösung und titriert den Überschuß an Pikrinsäure mit $^1/_{10}$ n-Barytlösung und Lackmoid zurück[14]). Bestimmung im Steinkohlengas[15]).

Physiologische Eigenschaften: Ruft bei reichlichem Einatmen (gelegentlich der Verwendung als Mottenschutzmittel) Kopfschmerzen, Übelkeit und Erbrechen hervor. Bei äußerlicher Anwendung gegen Krätze und Geschwüre bewirkt es Hautentzündung, und bei der innerlichen Magendarmreizung, nach der Resorption auch entzündliche Veränderungen der Ausscheidungsorgane. Der entleerte Harn wird braunrot oder dunkelt nach. Eine besondere Erkrankung, die bei Arbeitern auftritt, welche dem Staub und den Dämpfen von Naphthalin ausgesetzt waren, ist eine oberflächliche Hornhauttrübung. Bei Verfütterung kann leicht der sogenannte Naphthalinkatarakt hervorgerufen werden, eine Linsentrübung, die durch Zunahme der Kammerwassersalze bedingt wird. — **Monobromnaphthalin** und **Monochlornaphthalin** rufen beim Hunde profuse Durchfälle hervor. Erscheinen im Harn größtenteils unoxydiert in einer durch Salzsäure zerlegbaren Verbindung[16]). Naphthalin besitzt keine mikroben- und insektentötende Wirkung, mangels einer katalytischen Fähigkeit, Sauerstoff zu übertragen[17]).

Physikalische Eigenschaften: Krystalle in Form von Blättchen oder monoklinen Tafeln[18]) [19]), besitzen charakteristischen, gewürzhaften Geruch; mit Wasserdämpfen leicht flüchtig. Schmelzp. 80,06°[20]); Änderung des Schmelzpunktes durch Druck[21]).

[1]) Kidd, Berzelius' Jahresber. **3**, 186.

[2]) Heusler, Berichte d. Deutsch. chem. Gesellschaft **30**, 2744 [1897].

[3]) Berthelot, Bulletin de la Soc. chim. **7**, 218, 278, 306 [1867].

[4]) Berthelot, Jahresber. d. Chemie **1851**, 437, 504.

[5]) Reichenbach, Berzelius' Jahresber. **12**, 37.

[6]) Letny, Berichte d. Deutsch. chem. Gesellschaft **11**, 1210 [1878].

[7]) Atterberg, Berichte d. Deutsch. chem. Gesellschaft **11**, 1222 [1878].

[8]) Wreden u. Zustowicz, Berichte d. Deutsch. chem. Gesellschaft **9**, 1606 [1877].

[9]) Aronheim, Annalen d. Chemie u. Pharmazie **171**, 233 [1874].

[10]) Stenhouse u. Groves, Berichte d. Deutsch. chem. Gesellschaft **9**, 683 [1876].

[11]) Lunge, Berichte d. Deutsch. chem. Gesellschaft **14**, 1756 [1881].

[12]) Vohl, Journ. f. prakt. Chemie **102**, 29 [1867]. — Ballo, Jahresber. d. Chemie **1871**, 755.

[13]) Smith, Berichte d. Deutsch. chem. Gesellschaft **12**, 1420 [1879].

[14]) Küster, Berichte d. Deutsch. chem. Gesellschaft **27**, 1101 [1894].

[15]) Colman u. Smith, Chem. Centralbl. **1900**, I, 877.

[16]) Kobert, Lehrbuch der Intoxikationen. 2. Aufl. Stuttgart 1906. S. 672—674. Daselbst reichliche Literaturübersicht.

[17]) Berthelot, Compt. rend. de l'Acad. des Sc. **137**, 953 [1903]; Annales de Chim. et de Phys. [8] **2**, 181 [1904].

[18]) Groth, Jahresber. d. Chemie **1870**, 4.

[19]) Negri, Gazzetta chimica ital. **23**, II, 379 [1893].

[20]) Mills, Philos. Mag. [5] **14**, 27.

[21]) Hulett, Zeitschr. f. physikal. Chemie **28**, 664 [1899].

Siedepunkte[1]):

215,7°	bei	720,39 mm	216,9°	bei	740,35 mm	217,8°	bei	753,90 mm
215,9°	„	723,69 „	217,1°	„	743,72 „	218,0°	„	759,02 „
216,1°	„	727,0 „	217,3°	„	747,10 „	218,21°	„	760,74 „
216,3°	„	730,31 „	217,5°	„	750,50 „	218,3°	„	764,18 „
216,5°	„	733,65 „	217,6°	„	752,20 „	218,5°	„	767,63 „
216,7°	„	736,99 „						

Spez. Gewicht 1,145 bei 4°[2]); 1,1517 bei 15°[3]); 1,0070 bei 25°/25°[4]); (flüssig) 0,982 bei 79°/0°[5]); 1,0056 bei 95°/95°[4]); 0,96208 bei 98,4°/4°[6]); 0,9628 bei 99°/0°[7]); bei t° (flüssig) 0,9777 — 0,0002676 (t — 80°) — 0,000059538 (t — 80°)^2[8]). Dampfdruck[9]). Verbrennungswärme für 1 g = 9,295 Cal.[10]); molekul. = 1240,1 und 1241,1 Cal.[11]). Ausdehnung[5]) [V_{790} = 1] $V_t = 1 + 82314 \cdot 10^{-8} (t — 79) + 4155 \cdot 10^{-10} (t — 79)^2 + 39971 \cdot 10^{-13} (t — 79)^2$. Oberflächenspannung[12]). Brechungsvermögen[6]); molekul. = 78,08[13]). Absorptionsspektrum der Lösungen[14]). Magnetisches Drehungsvermögen 25,13 bei 15,8°[4]). Löslichkeit: in Äther sehr leicht löslich; ebenso in siedendem abs. Alkohol und siedendem Toluol.

100 T. Methylalkohol	lösen	8, 1 T.	Naphthalin	bei	19,5°[15])
100 T. abs. Alkohol	„	5,29 T.	„	„	15°[16])
100 T. abs. Alkohol	„	9, 5 T.	„	„	19,5°[15])
100 T. Toluol	„	31,94 T.	„	„	16,5°[16])

Löslichkeit in Chloroform, Schwefelkohlenstoff, Hexan[17]). Leicht löslich in flüssigem Schwefeldioxyd mit grünlich-gelber Farbe[18]).

Chemische Eigenschaften: Beim Durchleiten von Naphthalindampf durch eine rotglühende Röhre, die mit Kohlenstückchen beschickt ist, entsteht β-β-Dinaphthyl $(C_{10}H_7)_2$ in geringer Menge. Man erhält mehr Dinaphthyl, wenn man zugleich Antimontrichlorid oder Zinnchlorid durchleitet. Leitet man Naphthalindampf mit Äthylen durch ein glühendes Rohr, so bilden sich außer Dinaphthyl geringe Mengen von Phenanthren und Acenaphthen[19]). Oxydation mit verdünnter Salpetersäure bei 130°[20]) führt zu Phthalsäure; ebenso mit Kaliumpermanganat oder Chromsäuremischung[21]). Permanganate oder Manganate oxydieren zu Phthalsäure und Phenylglyoxyl-o-carbonsäure[22]) [23]). — Braunstein und verdünnte Schwefelsäure liefert Phthalsäure und Dinaphthyl[21]). Chromsäure und Essigsäure oxydiert zu α-Naphthochinon. Chromylchlorid liefert Dichlornaphthochinon. Durch Schwefelsäure bei Gegenwart von Quecksilber wird Naphthalin glatt zu Phthalsäure oxydiert (s. weiter unten). Reduktion mit Natrium und Äthylalkohol liefert Dihydronaphthalin, mit Natrium und Amylalkohol (Fuselöl) Tetrahydronaphthalin. Jodwasserstoff und Phosphor reduzieren beim Erhitzen

[1]) Crafts, Bulletin de la Soc. chim. **39**, 282 [1883].
[2]) Schröder, Berichte d. Deutsch. chem. Gesellschaft **12**, 1613 [1879].
[3]) Vohl, Journ. f. prakt. Chemie **102**, 29 [1867].
[4]) Perkin, Journ. Chem. Soc. **69**, 1195 [1896].
[5]) Lossen u. Zander, Annalen d. Chemie u. Pharmazie **225**, 111 [1884].
[6]) Nasini u. Bernheimer, Gazzetta chimica ital. **15**, 84 [1885].
[7]) Alluard, Annalen d. Chemie u. Pharmazie **113**, 159 [1860].
[8]) R. Schiff, Annalen d. Chemie u. Pharmazie **223**, 261 [1884].
[9]) Allen, Journ. Chem. Soc. **77**, 400 [1900].
[10]) Stohmann, Journ. f. prakt. Chemie [2] **31**, 295 [1885].
[11]) Berthelot, Annales de Chim. et de Phys. [6] **13**, 303 [1888].
[12]) Dutoit u. Friderich, Compt. rend. de l'Acad. des Sc. **130**, 329 [1900].
[13]) Kanonnikow, Journ. f. prakt. Chemie [2] **31**, 348 [1885].
[14]) Hartley, Journ. Chem. Soc. **39**, 161 [1881].
[15]) Lobry, Zeitschr. f. physikal. Chemie **10**, 784 [1892].
[16]) Bechi, Berichte d. Deutsch. chem. Gesellschaft **12**, 1978 [1879].
[17]) Etard, Bulletin de la Soc. chim. [3] **9**, 86 [1893].
[18]) Walden, Berichte d. Deutsch. chem. Gesellschaft **32**, 2864 [1899].
[19]) Ferko, Berichte d. Deutsch. chem. Gesellschaft **20**, 663 [1887].
[20]) Beilstein u. Kurbatow, Annalen d. Chemie u. Pharmazie **202**, 215 [1880].
[21]) Lossen, Annalen d. Chemie u. Pharmazie **144**, 71 [1867].
[22]) Tscherniac, D. R. P. 79 693, 86 914; Berichte d. Deutsch. chem. Gesellschaft **31**, 139 [1898]; Friedländers Fortschritte der Teerfarbenfabrikation 4, 162—163.
[23]) Procházka, Berichte d. Deutsch. chem. Gesellschaft **30**, 3108 [1897].

zu einem Gemisch von Kohlenwasserstoffen $C_{10}H_{10}$ bis $C_{10}H_{20}$. Chlor lagert sich direkt an zu Naphthalindi- und -tetrachlorid ($C_{10}H_8Cl_2$ und $C_{10}H_8Cl_4$); ein Überschuß wirkt substituierend. Brom wirkt nur substituierend. — Verhalten gegen Jod bei 250°[1]). Unterchlorige Säure wird addiert unter Bildung von Naphthendichlorhydrin $C_{10}H_8(OH)_2Cl_2$. Mit Chlordioxyd entstehen 3 isomere Dichlornaphthaline[2]). Beim Durchleiten von Naphthalindampf mit Cyan durch ein glühendes Rohr entsteht das Nitril der α-Naphthoesäure. Bromcyan gibt beim Erhitzen auf 250° Bromnaphthalin[3]). Schwefelchlorür liefert beim Erhitzen Dichlornaphthalin unter Entwicklung von Chlorwasserstoff[4]). Mit Bromschwefel und Salpetersäure entsteht α-Bromnaphthalin[5]) (daneben wenig Nitronaphthalin), mit Jodschwefel und Salpetersäure ein Gemenge von α- und β-Jodnaphthalin und Nitronaphthalin[5]). Beim Nitrieren entsteht α- (nicht β-)Nitronaphthalin[6]); daneben Dinitronaphthaline, besonders (1, 5- und 1, 8-)[7]) bei höherer Temperatur. Ebenso liefert Erhitzen mit Kaliumnitrat und Kaliumhydrosulfat auf 150—160° oder mit Natriumnitrat und Natriumhydrosulfat auf 350° nur α-, kein β-Nitronaphthalin[8]). Stickstoffperoxyd (NO_2) liefert Mono- und Dinitronaphthalin; erfolgt die Einwirkung bei 100°, so entstehen außerdem Tetraoxynaphthalin $C_{10}H_4(OH)_4$, farnkrautähnliche Krystalle vom Schmelzp. 225° und Naphthodichinon $C_{10}H_4O_4$, lange, prismenförmige Krystalle vom Schmelzp. 131°[9]). Beim Sulfurieren entsteht zuerst α-Sulfosäure, dann 1, 5-Disulfosäure; mit rauchender Schwefelsäure entstehen 1, 3, 5-, 1, 3, 6-Trisulfosäure und andere Polysulfosäuren[10])[11]). Erhitzen mit Schwefelsäuremonohydrat und Quecksilbersulfat auf 200° und höher führt zu Phthalsäure und Sulfophthalsäure[12]). Einwirkung von Aluminiumchlorid (20%) bei 100—160° führt zu Isodinaphthyl und anderen Produkten; überschüssiges Chloraluminium liefert Benzol und hydrierte Naphthaline[13]). Naphthalin und Methyljodid mit Aluminiumchlorid geben kein Methylnaphthalin. Äthyljodid liefert bei gleicher Behandlung β-Äthylnaphthalin, daneben spurenweise die α-Verbindung. Ebenso reagieren Isopropyl- und Isoamyljodid. Hohe Temperatur und lange Dauer der Einwirkung begünstigt hierbei die Bildung des β-Derivates[14]). Aus Naphthalin und Äthylenbromid mit Aluminiumchlorid bilden sich α- und β-Methylnaphthalin, β-β-Dinaphthyl und andere Kohlenwasserstoffe. Aus Naphthalin und Trichlornitromethan $CCl_3(NO_2)$ mit Aluminiumchlorid entsteht, beim Behandeln des Einwirkungsproduktes mit Wasser, Trinaphthylcarbinol $(C_{10}H_7)_3C(OH)$.

Naphthalindihydrür $C_{10}H_{10}$

$$\begin{array}{c} CH_2 \\ CH \\ CH \\ CH_2 \end{array}$$

Wird dargestellt aus Naphthalin durch Reduktion mit Natrium und abs. Alkohol[15]); in gleicher Weise auch aus α- oder β-Naphthonitril (neben $C_{10}H_{11} \cdot CH_2 \cdot NH_2$)[15]); ferner aus a, c-Tetrahydronaphthol beim Erhitzen mit festem Kali[16]); oder aus Tetrahydrür durch Einwirkung

[1]) Bleunard u. Vrau, Jahresber. d. Chemie **1882**, 428.

[2]) Hermann, Annalen d. Chemie u. Pharmazie **151**, 79 [1869].

[3]) Merz u. Weith, Berichte d. Deutsch. chem. Gesellschaft **10**, 756 [1877].

[4]) Laurent, Annalen d. Chemie u. Pharmazie **76**, 301 [1850].

[5]) Edinger u. Goldberg, Berichte d. Deutsch. chem. Gesellschaft **33**, 2882, 2885 [1900].

[6]) Beilstein u. Kuhlberg, Annalen d. Chemie u. Pharmazie **169**, 83 [1873]. — Vgl. Laurent, Annales de Chim. et de Phys. [2] **59**, 378 [1835].

[7]) Darmstädter u. Wichelhaus, Annalen d. Chemie u. Pharmazie **152**, 301 [1869].

[8]) Nägeli, Bulletin de la Soc. chim. [3] **21**, 786 [1900].

[9]) Leeds, Amer. Chem. Journ. **2**, 283 [1880].

[10]) Erdmann, Berichte d. Deutsch. chem. Gesellschaft **32**, 3186 [1899].

[11]) Gürke u. Rudolph, D. R. P. 38 281; Friedländers Fortschritte der Teerfarbenfabrikation **1**, 385.

[12]) Badische Anilin- u. Sodafabrik, D. R. P. 91 202; Friedländers Fortschritte der Teerfarbenfabrikation **4**, 164.

[13]) Friedel u. Crafts, Bulletin de la Soc. chim. **39**, 195 [1883].

[14]) Roux, Annales de Chim. et de Phys. [6] **12**, 357 [1887].

[15]) Bamberger u. Lodter, Berichte d. Deutsch. chem. Gesellschaft **20**, 1705, 1711, 3075 [1887]; Annalen der Chemie u. Pharmazie **288**, 75 [1895].

[16]) Bamberger u. Lodter, Berichte d. Deutsch. chem. Gesellschaft **23**, 208 [1890].

von Brom (in Schwefelkohlenstofflösung)[1]). Flüssigkeit; erstarrt in einer Kältemischung zu großen glasglänzenden, tafelförmigen Krystallen vom Schmelzp. 15,5°[2]). Siedep. 212°[1]).

Naphthalintetrahydrüre $C_{10}H_{12}$. α-**Verbindung** wird aus Naphthalin dargestellt durch Reduktion mit Jodwasserstoff (vom Siedep. 127°) und Phosphor bei 215—225° während 6—8 Stunden[3]); entsteht auch durch Erhitzen mit Phosphoniumjodid auf 170—190°[4]). Flüssigkeit von etwas durchdringendem Geruche. Siedep. 205° (i. D.). Spez. Gewicht 0,981 bei 12,5°. Liefert mit Brom ein Substitutionsprodukt, mit Schwefelsäure eine Sulfosäure[3]).

β-**Verbindung**

Entsteht aus Naphthalin durch Reduktion mit der gleichen Gewichtsmenge Natrium in amylalkoholischer Lösung[5]); außerdem aus α-Tetrahydronaphthylhydrazin $C_{10}H_{11} \cdot NH \cdot NH_2$ durch Kochen mit Kupfersulfatlösung[6]); oder aus Tetrahydronaphthylenoxyd $C_{10}H_{10}$—O durch 8stündiges Erhitzen mit Jodwasserstoff und Phosphor auf 180°[7]). Ölige Flüssigkeit vom Siedep. 204,5—205° (i. D.) bei 716 mm. Spez. Gewicht 0,978 bei 17°.

Naphthalinhexahydrür $C_{10}H_{14}$. Entsteht aus Naphthalin durch 55stündiges Erhitzen mit bei 0° gesättigtem Jodwasserstoff und (wenig) rotem Phosphor auf 245°[8]); oder durch 8—10stündiges Erhitzen mit der $1^1/_2$fachen Menge Jodwasserstoff vom Siedep. 127° und der etwa halben Gewichtsmenge roten Phosphors auf 240—250°[1]). Flüssigkeit vom Siedep. 199,5—200° (i. D.)[1]); 204,5—205,5° (i. D.)[9]). Spez. Gewicht 0,952[8]); 0,9419 bei 0°[10]); 0,934 bei 23°/0°[8]). Volumen bei t° (Volumen bei 0° = 1) = 1 + 7983 · 10⁻⁷ · t + 70012 · 10⁻¹¹ · t² + 14737 · 10⁻¹³ · t³ [10]). Brechungsvermögen[9]). Absorbiert Sauerstoff aus der Luft. Liefert mit rauchender Schwefelsäure 2 Disulfosäuren.

Naphthalinoktohydrür $C_{10}H_{16}$. Wird aus Naphthalin dargestellt durch 15—20stündiges Erhitzen mit der ungefähr 2fachen Gewichtsmenge Jodwasserstoff vom spez. Gewicht 1,7 und rotem Phosphor auf 260—265°[11]). Flüssigkeit von terpentinölähnlichem Geruche. Siedep. 185—190°. Spez. Gewicht 0,910 bei 0°; 0,892 bei 22°/0°. Absorbiert aus der Luft Sauerstoff.

Naphthalindekahydrür $C_{10}H_{18}$. Wird aus Naphthalin dargestellt durch 36stündiges Erhitzen mit überschüssigem, bei 0° gesättigtem Jodwasserstoff und etwas rotem Phosphor auf 260°[12]). Flüssigkeit vom Siedep. 173—180°. Spez. Gewicht 0,851 bei 0°; 0,837 bei 19°/0°.

Naphthalindodekahydrür $C_{10}H_{20}$. Entsteht aus Naphthalin durch 48stündiges Erhitzen mit sehr viel überschüssigem, bei 0° gesättigtem Jodwasserstoff auf 280°[13]). Flüssigkeit von petroleumähnlichem Geruche. Siedep. 153—158°. Spez. Gewicht 0,802 bei 0°; 0,788 bei 23°/0°.

α- oder **1, 4-Naphthochinon** $C_{10}H_6O_2$

---

[1]) Gräbe u. Guye, Berichte d. Deutsch. chem. Gesellschaft **16**, 3032 [1883].

[2]) Bamberger u. Lodter, Berichte d. Deutsch. chem. Gesellschaft **20**, 1705, 1711, 3075 [1887]; Annalen der Chemie u. Pharmazie **288**, 75 [1895].

[3]) Gräbe u. Guye, Berichte d. Deutsch. chem. Gesellschaft **16**, 3028 [1883]. — Vgl. Gräbe, Berichte d. Deutsch. chem. Gesellschaft **5**, 678 [1872].

[4]) Baeyer, Annalen d. Chemie u. Pharmazie **155**, 276 [1870].

[5]) Bamberger u. Kitschelt, Berichte d. Deutsch. chem. Gesellschaft **23**, 1561 [1890].

[6]) Bamberger u. Bordt, Berichte d. Deutsch. chem. Gesellschaft **22**, 631 [1889].

[7]) Bamberger u. Lodter, Annalen d. Chemie u. Pharmazie **288**, 94 [1895].

[8]) Wreden u. Znatowicz, Journ. d. russ. physikal.-chem. Gesellschaft **9**, 183 [1877].

[9]) Nasini u. Bernheimer, Gazzetta chimica ital. **15**, 84 [1885].

[10]) Lossen u. Zander, Annalen d. Chemie u. Pharmazie **225**, 112 [1884].

[11]) Guye, Inaug.-Diss. Genf 1884. S. 62.

[12]) Wreden, Journ. d. russ. physikal.-chem. Gesellschaft **8**, 149 [1876].

[13]) Wreden, Annalen d. Chemie u. Pharmazie **187**, 164 [1877].

Entsteht aus Naphthalin durch Oxydation mit Chromsäure in Eisessiglösung[1]); ferner durch Oxydation zahlreicher Naphthalinderivate mit Kaliumbichromat und Schwefelsäure oder mit Chromsäure und Eisessig, wie α-Naphthylamin[2]), 1, 4-Naphthylendmiain[3]), 4-Amino-α-naphthol[3]), 1, 4-Naphthylaminosulfosäure[2]), α-Naphtholacetat[4]). Gelbe nadelförmige Krystalle des triklinen Systems. Schmelzp. 125°. Leicht mit Wasserdampf flüchtig. Sublimierbar (schon unterhalb 100°). Hat charakteristischen Chinongeruch, wie Benzochinon.

β- oder 1, 2-Naphthochinon $C_{10}H_6O_2$

Wird durch Oxydation aus α-Amino-β-naphthol[5]), bzw. von β-Amino-α-naphthol[6]) erhalten. Nicht flüchtige geruchlose, leicht zersetzliche Krystalle, deren Zersetzungspunkt 115—120° ist.

Naphthalinmonosulfosäuren $C_{10}H_8SO_3$. Durch Einwirkung konz. Schwefelsäure auf Naphthalin entstehen α- und β-Monosulfosäure[7]) [8]) (daneben auch Disulfosäuren). Beide Isomere scheinen auch bei Anwendung von Schwefelsäureanhydrid[8]) oder Chlorsulfonsäure[9]) sich zu bilden. Höhere Temperatur[10]) und Überschuß an Schwefelsäure begünstigt die Bildung der beständigeren β-Säure. Die Trennung der beiden Säuren beruht auf der geringeren Löslichkeit der Salze der β-Säure.

α-Naphthalinsulfosäure $C_{10}H_8SO_3 \cdot H_2O$

Wird dargestellt durch 8—10stündige Einwirkung von 3 T. Schwefelsäure auf 4 T. Naphthalin bei höchstens 80°[10]); hierauf wird in Wasser gegossen und, nach dem Abfiltrieren des unveränderten Naphthalins, mit Bleicarbonat neutralisiert, wobei die Sulfosäuren als Bleisalze in Lösung bleiben. Beim Einengen scheidet sich zuerst das Salz der mitentstandenen β-Säure ab; ihre letzten Reste werden durch Lösen des α-Salzes in siedendem Alkohol (10—12 T.) entfernt, wobei β-Salz ungelöst bleibt[11]). Oder man führt die Säuren in Kalksalze über und trennt diese in analoger Weise[12]). Krystalle vom Schmelzp. 85—90°[13]). Zerfließlich. Löslich in Alkohol; schwer löslich in Äther. Erhitzen mit konz. Schwefelsäure lagert in die β-Säure um[10]). Erhitzen mit verdünnter Salzsäure auf 200° zersetzt in Naphthalin und Schwefelsäure; in ähnlicher Weise erfolgt durch Behandeln mit Natriumamalgam in saurer Lösung

[1]) Groves, Annalen d. Chemie u. Pharmazie **167**, 357 [1873]. — Plimpton, Journ. Chem. Soc. **37**, 634 [1880]. — Japp u. Miller, Journ. Chem. Soc. **39**, 220 [1881]. — Miller, Journ. d. russ. physikal.-chem. Gesellschaft **16**, 417 [1884].

[2]) Monnet, Reverdin u. Nölting, Berichte d. Deutsch. chem. Gesellschaft **12**, 2306 [1879].

[3]) Liebermann, Annalen d. Chemie u. Pharmazie **183**, 242 [1876]; Berichte d. Deutsch. chem. Gesellschaft **14**, 1796 [1881].

[4]) Zincke, Annalen d. Chemie u. Pharmazie **286**, 70 [1895]. — Rüssig, Journ. f. prakt. Chemie [2] **62**, 31 [1901]. — Miller, Berichte d. Deutsch. chem. Gesellschaft **14**, 1600 [1881].

[5]) Liebermann u. Jacobsen, Annalen d. Chemie u. Pharmazie **211**, 49 [1882]. — Grandmougin u. Mickel, Berichte d. Deutsch. chem. Gesellschaft **25**, 982 [1892]. — Russig, Journ. f. prakt. Chemie [2] **62**, 56 [1900].

[6]) C. Groves, Berichte d. Deutsch. chem. Gesellschaft **17**, Ref. 531 [1884]; **21**, 3472 [1888].

[7]) Faraday, Poggendorffs Annalen d. Physik **7**, 104. — Berzelius, Poggendorffs Annalen d. Physik **44**, 377.

[8]) Liebig u. Wöhler, Poggendorffs Annalen d. Physik **24**, 169.

[9]) Armstrong, Zeitschr. f. Chemie **1871**, 322.

[10]) Merz u. Weith, Berichte d. Deutsch. chem. Gesellschaft **3**, 195—196 [1870]. — Bezüglich der Darstellung vgl. Landshoff u. Meyer, D. R. P. 50 411; Friedländers Fortschritte der Teerfarbenfabrikation **2**, 241.

[11]) Merz, Zeitschr. f. Chemie **1868**, 394.

[12]) Merz u. Mühlhäuser, Berichte d. Deutsch. chem. Gesellschaft **3**, 710 [1870].

[13]) Regnault, Journ. f. prakt. Chemie **12**, 99.

Zerfall in Naphthalin und Schwefeldioxyd[1]). Permanganat oxydiert zu Phthalsäure[2]). Salze[3])[4]).

β-Naphthalinsulfosäure

$-SO_3H$

Wird dargestellt, indem man 5 T. Naphthalin mit 4 T. konz. Schwefelsäure während 8 Stunden auf 160° erhitzt und durch Überführung in das Kalksalz reinigt[5]). Es entsteht auch bei der Darstellung von α- und β-Dinaphthylsulfon (s. dort) durch mehrstündiges Erhitzen von 8 T. Naphthalin mit 3 T. konz. Schwefelsäure auf 180°[6]). Blätterige Krystalle, nicht zerfließlich (Unterschied von der α-Säure). Erhitzen mit verdünnter Salzsäure auf 200° zersetzt nicht (Unterschied von der α-Sulfosäure). Wird erst bei der Destillation in Naphthalin und Schwefelsäure zerlegt. Erhitzen mit rauchender Schwefelsäure liefert 1, 6-Disulfosäure[7]). Bei der Oxydation entsteht Phthalsäure[8]). Salze[9]).

Dinaphthylsulfone $C_{20}H_{14}SO_2$. Aus Naphthalin entstehen durch Einwirkung von Schwefelsäure bei höherer Temperatur α- und β-Dinaphthylsulfon. Zu ihrer Darstellung werden 8 T. reines Naphthalin und 3 T. konz. Schwefelsäure während mehrerer Stunden auf 180° erhitzt (bis keine Wasserdämpfe mehr entwickelt werden); dann wird bei 100° siedendes Wasser zugesetzt und vollkommen erkalten gelassen; es bilden sich 2 Schichten: die untere besteht aus nahezu reiner β-Naphthalinsulfosäure, die obere enthält die Sulfone. Nachdem unverändertes Naphthalin mit Wasserdampf abgetrieben ist, trennt man die beiden Isomeren durch Auskochen mit Schwefelkohlenstoff, der nur das α-Dinaphthylsulfon aufnimmt[10]).

α-Dinaphthylsulfon

$-SO_2-$

Darstellung s. oben. Entsteht ferner aus α-Naphthylsulfid $(C_{10}H_7)_2S$ mit Kaliumpermanganat und Eisessig[11]) oder mit Chromsäuremischung[12]). Kleine prismatische Krystalle vom Schmelzp. 123°[10]); 166°[11]); 187°[12]). In siedendem Alkohol ziemlich leicht, in Äther oder heißem Schwefelkohlenstoff wenig, in Ligroin sehr wenig löslich; in heißem Benzol oder Eisessig leicht löslich. Löst sich in konz. Schwefelsäure wahrscheinlich zu einer Sulfosäure.

β-β-Dinaphthylsulfon

$-SO_2-$

Darstellung s. oben. Entsteht außerdem aus β-Naphthylsulfid durch Oxydation mit Chromsäuremischung[13]). Seidig glänzende nadelförmige Krystalle vom Schmelzp. 177°. Siedep. 245° (im Vakuum)[14]). In Schwefelkohlenstoff, Ligroin, kaltem Benzol sehr schwer, in Alkohol, siedendem Äther schwer, in heißem Benzol, Eisessig ziemlich leicht löslich. In heißer konz. Schwefelsäure als Sulfosäure löslich. Beim Erhitzen mit Schwefel wird β-Naphthylsulfid zurückgebildet.

---

[1]) Friedländer u. Lucht, Berichte d. Deutsch. chem. Gesellschaft **26**, 3030 [1893].

[2]) Beilstein u. Kurbatow, Annalen d. Chemie u. Pharmazie **202**, 216 [1880].

[3]) Merz, Zeitschr. f. Chemie **1868**, 394.

[4]) Regnault, Journ. f. prakt. Chemie **12**, 99.

[5]) Merz u. Weith, Berichte d. Deutsch. chem. Gesellschaft **3**, 196 [1870].

[6]) Stenhouse u. Groves, Berichte d. Deutsch. chem. Gesellschaft **9**, 682 [1876].

[7]) Ewer u. Pick, D. R. P. 45 229; Friedländers Fortschritte der Teerfarbenfabrikation **2**, 244.

[8]) Beilstein u. Kurbatow, Annalen d. Chemie u. Pharmazie **202**, 215 [1880].

[9]) Merz, Zeitschr. f. Chemie **1868**, 396.

[10]) Stenhouse u. Groves, Berichte d. Deutsch. chem. Gesellschaft **9**, 682 [1876]. — Vgl. Berzelius, Annalen d. Chemie u. Pharmazie **28**, 39 [1838]. — Gericke, Annalen d. Chemie u. Pharmazie **100**, 216 [1856].

[11]) Leuckart, Journ. f. prakt. Chemie [2] **41**, 218 [1890].

[12]) Krafft, Berichte d. Deutsch. chem. Gesellschaft **23**, 2368 [1890].

[13]) Krafft, Berichte d. Deutsch. chem. Gesellschaft **23**, 2366 [1890].

[14]) Krafft u. Weilandt, Berichte d. Deutsch. chem. Gesellschaft **29**, 1327 [1896].

α- oder 1-Nitronaphthalin $C_{10}H_7 \cdot NO_2$

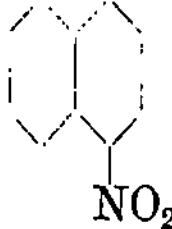

Entsteht aus Naphthalin durch Einwirkung von Salpetersäure[1]), und zwar als einziges Mononitroderivat[2]); man verfährt hierbei derart, daß man Naphthalin mit der 5—6fachen Menge Salpetersäure (vom spez. Gewicht 1,33) einige Tage in der Kälte stehen läßt[3]). Die Befreiung von höheren Nitrierungsprodukten erfolgt durch Lösen in Schwefelkohlenstoff, wobei diese ungelöst zurückbleiben, zuletzt wird aus Alkohol umkrystallisiert[1]). Eine weitere Darstellungsmethod ebesteht in der Elektrolyse eines Gemisches von Naphthalin und schwacher Salpetersäure[4]). Es entsteht ferner aus Nitro-α-naphthylamin durch Eliminierung der Amidogruppe[5]) oder aus 1, 5-Dinitronaphthalin durch Eliminierung einer Nitrogruppe[1]). Darstellung im großen[6])[7]). Krystalle in Form gelber, glänzender, langer feiner Nadeln. Schmelzp. 58,5°[1]); 61°[8]). Siedep. 304°[9]). Spez. Gewicht 1,331 bei 4°[10]). Spez. Gewicht (im flüssigen Zustande) bei $t° = 1,2226 — 0,0019\,(t — 61,5°)$[11]). Absorptionsspektrum[12]). Molekulares Brechungsvermögen 89,25[13]). Magnetisches Drehungsvermögen 20,84 bei 16,2°[14]). 100 T. Alkohol (von 87,5%) lösen 2,81 T. bei 15°[1]). Beim Nitrieren mit Salpeter-Schwefelsäuremischung entstehen 1, 5- und 1, 8-Dinitronaphthalin[15]).

β- oder 2-Nitronaphthalin

Entsteht aus 2-Nitro-1-naphthylamin in alkoholisch-schwefelsaurer Lösung durch Erwärmen mit überschüssigem Äthylnitrit[16]). Aus β-Naphthylamin, salpetriger Säure, frisch gefälltem, feuchtem Kupferoxydul[17]). Aus diazotiertem β-Naphthylamin, indem man es (resp. das Sulfat) mit frischem „Kaliumcupronitrit", d. i. einem Gemisch von Cuprocuprisulfit mit Natriumnitritlösung, behandelt. Ausbeute 25%[18]). Kleine gelbe, nadelförmige Krystalle von zimtähnlichem Geruche. Schmelzp. 79°; 78°[18]). Mit Wasserdampf flüchtig. In Alkohol, Äther, Chloroform, Eisessig leicht löslich.

α- oder 1, 5-Dinitronaphthalin $C_{10}H_6O_4N_2$

Entsteht aus Naphthalin beim Nitrieren neben der β-Verbindung; oder auch aus α-Nitronaphthalin, das in 4—5 T. konz. Schwefelsäure gelöst ist, durch Nitrieren mit der theoretischen

[1]) Beilstein u. Kuhlberg, Annalen d. Chemie u. Pharmazie **169**, 83 [1873].
[2]) Laurent, Annales de Chim. et de Phys. [2] **59**, 378 [1835].
[3]) Piria, Annalen d. Chemie u. Pharmazie **78**, 32 [1851].
[4]) Tryller, D. R. P. 100 417; Chem. Centralbl. **1899**, I, 720.
[5]) Liebermann, Annalen d. Chemie u. Pharmazie **183**, 235 [1876].
[6]) Witt, Chem. Ind. **1887**, 216.
[7]) Paul, Zeitschr. f. angew. Chemie **1897**, 146.
[8]) Aguiar, Berichte d. Deutsch. chem. Gesellschaft **5**, 370 [1872].
[9]) De Koninck u. Marquart, Berichte d. Deutsch. chem. Gesellschaft **5**, 12 [1872].
[10]) Schröder, Berichte d. Deutsch. chem. Gesellschaft **12**, 1613 [1879].
[11]) R. Schiff, Annalen d. Chemie u. Pharmazie **223**, 265 [1884].
[12]) Spring, Recueil des travaux chim. des Pays-Bas **16**, 1 [1897].
[13]) Kanonnikow, Journ. f. prakt. Chemie [2] **31**, 348 [1885].
[14]) Perkin, Journ. Chem. Soc. **69**, 1181 [1896].
[15]) Friedländer, Berichte d. Deutsch. chem. Gesellschaft **32**, 3531 [1899].
[16]) Lellmann u. Remy, Berichte d. Deutsch. chem. Gesellschaft **19**, 237 [1886].
[17]) Sandmeyer, Berichte d. Deutsch. chem. Gesellschaft **20**, 1497 [1887].
[18]) Hantzsch u. Blagden, Berichte d. Deutsch. chem. Gesellschaft **33**, 2553 [1900].

Menge Salpeter Schwefelsäuremischung (Verhältnis 1 : 2) bei 0°, gleichfalls neben der 1, 8-Verbindung[1]). Die Darstellung erfolgt, indem man Naphthalin mit roher Salpetersäure einen Tag lang bei gewöhnlicher Temperatur stehen läßt, dann konz. Schwefelsäure hinzufügt und einen Tag lang auf dem Wasserbade erhitzt. Das Nitrierungsprodukt wird durch Auskochen mit wenig Schwefelkohlenstoff von Spuren mitgebildeten Mononitronaphthalins befreit und dann wiederholt mit siedendem Aceton ausgezogen, das 1, 8-Dinitronaphthalin herauslöst; zum Schlusse wird aus siedendem Xylol umkrystallisiert[2])[3]). Zur Darstellung aus Nitronaphthalin löst man dieses in Schwefelsäure, fügt ein Gemisch von konz. Salpetersäure und Schwefelsäure (im Mengenverhältnis 1 : 5) zu, erwärmt auf 80° und läßt auf 20° abkühlen. Dabei fällt 1, 5-Dinitronaphthalin fast vollständig aus, während die 1, 8-Verbindung in Lösung bleibt[4]). Krystalle in Form 6seitiger Nadeln. Schmelzp. 211°[2])[5]); [216°][6]). In den gebräuchlichen Lösungsmitteln sehr wenig löslich; in Schwefelkohlenstoff fast unlöslich; in kaltem Benzol schwer, in siedendem leichter löslich. Löslich in ungefähr 125 T. kaltem Pyridin und in ungefähr 10 T. heißem. In kalter roher Salpetersäure fast unlöslich, in konz. Schwefelsäure schwer löslich. Konz. Salpetersäure nitriert bei 110° zu 1, 2, 5- und 1, 3, 5-Trinitronaphthalin[7]). Salpeter-Schwefelsäuremischung zu 1, 2, 5, 8- und 1, 3, 5, 8-Tetranitronaphthalin (neben einer in gelben Nadeln krystallisierenden Verbindung vom Schmelzp. 200°)[7]). Behandeln mit Phosphorpentachlorid läßt 1, 5-Dichlornaphthalin entstehen.

3- oder 1, 8-Dinitronaphthalin

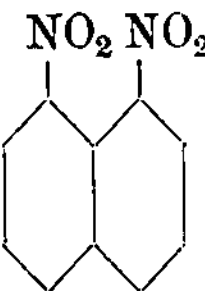

Entsteht beim Nitrieren[8]) aus Naphthalin[1]) oder aus 1-Nitronaphthalin. Zur Trennung von dem stets gleichzeitig gebildeten 1, 5-Dinitronaphthalin verwendet man Chloroform[8]), Benzol[9]), Eisessig[6]) oder Aceton[2]), die sämtlich die 1, 8-Verbindung leichter lösen als ihr Isomeres. Krystalle in Form dicker, gestreifter, rhombischer Tafeln. Schmelzp. 172°. Löslichkeit:

100 T. Chloroform	lösen bei 19°	1,096 T.
100 T. Benzol	„ „ 19°	0,72 T.
100 T. 88proz. Alkohol	„ „ 19°	0,1886 T.[10])

Löslich in ungefähr 10 T. kaltem und in ungefähr 1,5 T. heißem Pyridin; leicht löslich in konz. Schwefelsäure. Salpeter-Schwefelsäuremischung nitriert zu 1, 3, 8-Trinitronaphthalin[1]). Bei der Einwirkung von Phosphorpentachlorid entsteht, neben wenig 1, 8-Dichlornaphthalin[12]), vorwiegend 1, 4, 5-Trichlornaphthalin[11]).

Fluornaphthaline $C_{10}H_{17}F$. **α-Verbindung**

Entsteht aus α-Naphthylamin durch Lösen in konz. Fluorwasserstoffsäure und Zusatz von überschüssigem Kaliumnitrit[12]) oder aus 1, 5-Fluornaphthalinsulfosäurechlorid $C_{10}H_6F \cdot SO_2Cl$

1) Friedländer, Berichte d. Deutsch. chem. Gesellschaft **32**, 3531 [1899].
2) Beilstein u. Kurbatow, Annalen d. Chemie u. Pharmazie **202**, 219 [1880].
3) Gaßmann, Berichte d. Deutsch. chem. Gesellschaft **29**, 1244, 1522 [1896].
4) Friedländer u. Scherzer, Chem. Centralbl. **1900**, I, 409.
5) Hollemann, Zeitschr. f. Chemie **1865**, 556.
6) Aguiar, Berichte d. Deutsch. chem. Gesellschaft **5**, 372 [1872].
7) Will, Berichte d. Deutsch. chem. Gesellschaft **28**, 377, 368 [1895].
8) Darmstädter u. Wichelhaus, Annalen d. Chemie u. Pharmazie **152**, 301 [1869].
9) Aguiar, Berichte d. Deutsch. chem. Gesellschaft **3**, 29 [1870].
10) Beilstein u. Kuhlberg, Annalen d. Chemie u. Pharmazie **169**, 86 [1873].
11) Atterberg, Berichte d. Deutsch. chem. Gesellschaft **9**, 1188, 1732 [1876].
12) Ekbom u. Mauzelius, Berichte d. Deutsch. chem. Gesellschaft **22**, 1846 [1889].

durch Einwirkung überhitzten Wasserdampfes[1]). Flüssigkeit vom Siedep. 212° bei 768 mm; 216,5° (i. D.). Spez. Gewicht 1,135 bei 0°. Leicht löslich in Alkohol, Chloroform, Benzol, Eisessig.

β-Verbindung

Entsteht aus β-Naphthylamin, analog der α-Verbindung, mit Kaliumnitrit und Fluorwasserstoff[2]); oder aus diazotiertem β-Naphthylamin; durch Erwärmen des Diazoniumchlorids mit Fluorwasserstoff in wässeriger Lösung[3]). Glänzende blattförmige Krystalle vom Schmelzp. 59°. Siedep. 212,5°. Löslich in Alkohol.

Naphthalindichlorid $C_{10}H_8Cl_2$

Entsteht neben dem Tetrachlorid aus Naphthalin durch Zusammenreiben mit der theoretischen Menge Kaliumchlorat, $KClO_3$, und Eintragen dieses innigen, zu Kugeln geformten Gemenges in konz. Salzsäure. Das flüssige Dichlorid wird durch Abpressen von dem krystallisierten Tetrachlorid getrennt (hält aber noch Tetrachlorid in Lösung)[4]). Flüssigkeit, die schon bei 40—50°, schneller beim Erhitzen oder bei der Einwirkung von alkoholischem Kali Chlorwasserstoff abspaltet und in α-Chlornaphthalin[5]) (neben etwas β-Chlornaphthalin)[6]) übergeht. Mit Äther in jedem Verhältnis mischbar, in Alkohol, Benzol, Ligroin, Eisessig[4]) leicht löslich.

Naphthalintetrachlorid $C_{10}H_8Cl_4$

Entsteht nach dem beim Dichlorid (s. oben) angegebenen Verfahren aus Naphthalin mit Kaliumchlorat und Salzsäure; das nach der Trennung im Dichlorid gelöst bleibende Tetrachlorid fällt man aus ätheralkoholischer Lösung durch Zusatz von Wasser in kleinen Portionen[4]). Man stellt es ferner dar durch Einleiten getrockneten Chlors in eine Glocke, unter der sich Schichten von Naphthalin befinden. Das Produkt wird durch siedendes Ligroin von Dichlorid (und geringen Mengen Chlornaphthalintetrachlorids), durch siedenden Alkohol von Dichlornaphthalintetrachlorid befreit[7]). Es entsteht auch beim Chlorieren des Naphthalins in Chloroformlösung[8]). Große rhomboedrische Krystalle vom Schmelzp. 182°[9]). Molekulares Brechungsvermögen 109,91[10]). In siedendem Alkohol wenig löslich; etwas leichter in Äther. Spaltet leicht 2 Moleküle Chlorwasserstoff ab, und zwar entsteht bei raschem Erhitzen kleiner Mengen hauptsächlich 1, 4-Dichlornaphthalin, bei mäßigem Sieden größerer Mengen vorwiegend 1, 2- neben wenig 1, 4-Dichlornaphthalin[11]). Nach der Einwirkung alkoholischer Kalilauge findet man 1, 2-, 1, 3- und etwas 2, 3-Dichlornaphthalin vor. Bei der Oxydation mit heißer Salpetersäure entstehen Phthalsäure und Oxalsäure[12]) oder α-Dichlornaphthochinon.

[1]) Ma u zelius, Berichte d. Deutsch. chem. Gesellschaft **22**, 1845 [1889].
[2]) Ekbom u. Mauzelius, Berichte d. Deutsch. chem. Gesellschaft **22**, 1846 [1889].
[3]) Valentiner u. Schwarz, D. R. P. 96 153; Chem. Centralbl. **1898**, I, 1224.
[4]) E. Fischer, Berichte d. Deutsch. chem. Gesellschaft **11**, 735, 1411 [1878].
[5]) Laurent, Berzelius' Jahresber. **16**, 350.
[6]) Armstrong u. Wynne, Berichte d. Deutsch. chem. Gesellschaft **24**, II, 713 [1891].
[7]) Leeds u. Everhardt, Amer. Chem. Journ. **2**, 208 [1832].
[8]) Schwarzer, Berichte d. Deutsch. chem. Gesellschaft **10**, 379 [1877].
[9]) Faust u. Saame, Annalen d. Chemie u. Pharmazie **160**, 66 [1871].
[10]) Kanonnikow, Journ. f. prakt. Chemie [2] **31**, 348 [1885].
[11]) Krafft u. Becker, Berichte d. Deutsch. chem. Gesellschaft **9**, 1089 [1876].
[12]) Laurent, Berzelius' Jahresber. **21**, 506.

α-Chlornaphthalintetrachlorid $C_{10}H_7Cl_5$

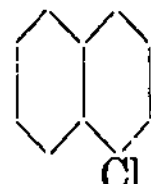

Entsteht aus geschmolzenem Naphthalin durch Einleiten von Chlor[1]), ferner aus α-Chlornaphthalin durch Chlorieren[2]). Monokline prismenförmige Krystalle vom Schmelzp. 131,5°[2]). Spaltet, mit alkoholischem Kali erhitzt, Salzsäure ab unter Bildung von α-Chlornaphthalin. Salpetersäure oxydiert zu Phthalsäure.

β-Chlornaphthalintetrachlorid $C_{10}H_7Cl_5$

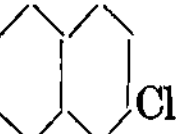

Entsteht aus β-Chlornaphthalin beim Chlorieren[3]). Gelbe, dickliche Flüssigkeit von terpentinähnlichem Geruche. In Alkohol schwer löslich, leicht in Ligroin.

Naphthendichlorhydrin $C_{10}H_{10}O_2Cl_2 = C_{10}H_8 \cdot (OH)_2Cl_2$. Entsteht aus Naphthalin durch Einwirkung überschüssiger unterchloriger Säure HOCl in konz. wässeriger Lösung[4]). Prismatische Krystalle von niedrigem Schmelzpunkt. In Wasser wenig, in Äther, Alkohol leicht löslich. Liefert beim Erwärmen mit Alkali in wässerig-alkoholischer Lösung

Naphthenalkohol $C_{10}H_{12}O_4 = C_{10}H_8(OH)_4$[4]). Prismatische Krystalle, die sich an der Luft sehr leicht braun färben; bildet mit Alkalien lösliche, mit Schwermetallen schwer lösliche Salze.

α- oder 1-Chlornaphthalin $C_{10}H_7Cl$

Wird aus Naphthalin dargestellt durch Einleiten von Chlor bei Siedetemperatur und Fraktionieren des Chlorierungsprodukts[5]); aus α-Naphthalindiazoniumchlorid $C_{10}H_7 \cdot N_2Cl$ durch Einwirkung von Salzsäure[6]); aus α-Naphthalinsulfosäure durch Einwirkung von Phosphorpentachlorid[7]); aus α-Nitronaphthalin beim Erhitzen mit Chlor[8]) oder durch Einwirkung von Phosphorpentachlorid[9]). Flüssigkeit vom Siedep. 263° (i. D.)[10]). Spez. Gewicht 1,2028 bei 6,4°[7]); 1,2025 bei 15°[9]); 1,1881 bei 16°[5]); 1,19382 bei 20°/4°. Gegen Reduktion (mit Jodwasserstoff und Phosphor bei 182°) sehr beständig[11]). Bildet ein Pikrat (citronengelbe, nadelförmige Krystalle vom Schmelzp. 137°)[12]).

β- oder 2-Chlornaphthalin $C_{10}H_7Cl$

Aus β-Naphthylamin durch Diazotieren. Zersetzen mit Kupferchlorür[13]). Aus β-naphthalinsulfosaurem Natrium durch Einwirkung von 1 Molekül Phosphorpentachlorid und darauf-

[1]) Faust u. Saame, Annalen d. Chemie u. Pharmazie **160**, 67 [1871].

[2]) Widman, Bulletin de la Soc. chim. **28**, 506 [1877].

[3]) Willgerodt u. Schlösser, Berichte d. Deutsch. chem. Gesellschaft **33**, 693 [1900].

[4]) Neuhoff, Annalen d. Chemie u. Pharmazie **136**, 342 [1865].

[5]) Rymarenko, Journ. d. russ. physikal.-chem. Gesellschaft **8**, 141 [1876].

[6]) Gasiorowski u. Wayss, Berichte d. Deutsch. chem. Gesellschaft **18**, 1939 [1885].

[7]) Carius, Annalen d. Chemie u. Pharmazie **114**, 145 [1860].

[8]) Atterberg, Berichte d. Deutsch. chem. Gesellschaft **9**, 317, 927 [1876].

[9]) De Koninck u. Marquart, Berichte d. Deutsch. chem. Gesellschaft **5**, 11 [1872].

[10]) Atterberg, Bulletin de la Soc. chim. **28**, 509 [1877].

[11]) Klages u. Liecke, Journ. f. prakt. Chemie [2] **61**, 623 [1900].

[12]) Roux, Bulletin de la Soc. chim. **45**, 515 [1886].

[13]) Chattaway u. Lewis, Journ. Chem. Soc. **65**, 877 [1895]. — Vgl. Liebermann, Annalen d. Chemie u. Pharmazie **183**, 270 [1876]. — Gasiorowski u. Wayss, Berichte d. Deutsch. chem. Gesellschaft **18**, 1940 [1885].

folgendes Destillieren (unter Zusatz eines zweiten Moleküls Phosphorpentachlorid)[1]). Entsteht ferner aus α-Chlornaphthalin durch 1stündiges Erhitzen mit Aluminiumchlorid auf 100°[2]); aus β-Naphthol[1])[3]) oder dem Sulfon $C_{10}H_7 \cdot SO_2 \cdot C_{10}H_7$[4]) durch Einwirkung von Phosphorpentachlorid; aus Quecksilbernaphthyl $(C_{10}H_7)_2Hg$ durch Einwirkung von Thionylchlorid $SOCl_2$[5]). Perlmutterglänzende, voluminöse, blattförmige Krystalle vom Schmelzp. 56°. Siedep. 264—266° (korr.) bei 751 mm. Spez. Gewicht 1,2656 bei 16°.

Perchlornaphthalin $C_{10}Cl_8$

Cl Cl
Cl⁄\/\Cl
Cl\ /Cl
Cl Cl

Entsteht aus Naphthalin als Endprodukt anhaltender Einwirkung von Chlor, zuletzt bei Zusatz von Antimontrichlorid[6]). Krystalle in Form langer, feiner Nadeln. Schmelzp. 203°[7]). Siedep. 403° (Luftthermometer)[6]). Ziemlich leicht löslich in Chloroform, Benzol, Ligroin; schwerer in Alkohol, Eisessig; Löslichkeit in Schwefelkohlenstoff: 20 ccm einer bei 14° gesättigten Lösung enthalten 5,162 g[6]).

Naphthalintetrabromid $C_{10}H_8Br_4$

H HBr
H⁄\/\HBr
H\ /HBr
H HBr

Entsteht, wenn man feingepulvertes Naphthalin mit 4 proz. Natronlauge und Eisstückchen verrührt und tropfenweise Brom unter Schütteln und Kühlung zufließen läßt. Ein Stereoisomeres ist nicht gefunden worden[8]). Durchsichtige monokline, prismenförmige Krystalle. Schmelzp. 111° unter Zersetzung. In Wasser oder kaltem Alkohol unlöslich; in heißem Alkohol sehr wenig löslich. Salpetersäure oxydiert zu Phthalsäure. Geht beim Erhitzen unter Verlust von Brom und Bromwasserstoff in 1,4-Dibromnaphthalin und 1-Bromnaphthalin über. Kochen mit alkoholischem Kali liefert 1-Bromnaphthalin.

α- oder 1-Bromnaphthalin $C_{10}H_7Br$

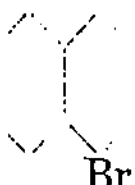

Entsteht aus Naphthalin durch Einwirkung von Brom[9]): entweder bromiert man in Schwefelkohlenstofflösung mit 2 Atomen Brom[10]), oder man behandelt feingepulvertes Naphthalin mit 2 Atomen Brom, das in verdünnter Natronlauge gelöst ist, und setzt nachher allmählich verdünnte Salzsäure zu[11]). Es entsteht ferner aus Naphthalin durch Erhitzen mit Bromcyan auf 250°[12]); oder aus Quecksilbernaphthyl $C_{10}H_7 \cdot Hg \cdot C_{10}H_7$ durch Einwirkung von Brom[13]). Flüssigkeit; erstarrt in der Kältemischung. Schmelzp. +4—5°[14]). Siedep. 279,5° (i. D.) bei 751 mm[15]). Spez. Gewicht 1,48875 bei 16,5°[15]); 1,47496 bei 28,1°/4°[15]); 1,42572 bei 77,6°/4°[15]). In jedem Verhältnis mischbar mit abs. Alkohol, Äther, Benzol. Wird durch Natriumamalgam in alkoholischer Lösung zu Naphthalin reduziert. Chromsäure in essig-

[1]) Rymarenko, Berichte d. Deutsch. chem. Gesellschaft **9**, 663 [1876].
[2]) Roux, Annales de Chim. et de Phys. [6] **12**, 349 [1887].
[3]) Clève u. Juhlin, Bulletin de la Soc. chim. **25**, 258 [1876].
[4]) Clève, Bulletin de la Soc. chim. **25**, 256 [1876].
[5]) Heumann u. Köchlin, Berichte d. Deutsch. chem. Gesellschaft **16**, 1627 [1883].
[6]) Berthelot u. Jungfleisch, Bulletin de la Soc. chim. **9**, 446 [1868].
[7]) Ruoff, Berichte d. Deutsch. chem. Gesellschaft **9**, 1487 [1876].
[8]) Orndorff u. Moyer, Amer. Chem. Journ. **19**, 262 [1897].
[9]) Laurent, Berzelius' Jahresber. **21**, 506. — Wahlforss, Zeitschr. f. Chemie **1865**, 3.
[10]) Glaser, Annalen d. Chemie u. Pharmazie **135**, 41 [1865].
[11]) Gnehm, Berichte d. Deutsch. chem. Gesellschaft **15**, 2721 [1882].
[12]) Merz u. Weith, Berichte d. Deutsch. chem. Gesellschaft **10**, 756 [1870].
[13]) Otto, Annalen d. Chemie u. Pharmazie **147**, 175 [1868].
[14]) Roux, Bulletin de la Soc. chim. **45**, 511 [1886].
[15]) Nasini u. Bernheimer, Gazzetta chimica ital. **15**, 84 [1885].

saurer Lösung oxydiert zu Phthalsäure[1]). Liefert ein citronengelbes Pikrat vom Schmelzp. 134—135°[2]).

β- oder 2-Bromnaphthalin

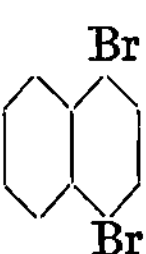

Entsteht aus α-Bromnaphthalin (in Schwefelkohlenstofflösung) durch Erhitzen mit Aluminiumchlorid (neben Dibromnaphthalin, Naphthalin und anderen Produkten)[3]), oder aus β-Naphthylamin beim Ersatz der Amidogruppe durch Brom[4]), oder aus β-Naphthol durch Einwirkung von Phosphorpentabromid[5]). Darstellungsmethode[6]). Orthorhombische Krystalle in Blättchenform. Schmelzp. 59°[3]). Siedep. 281—282° (korr.) bei 760 mm[5]). Spez. Gewicht 1,605 bei 0°[3]). Leicht löslich in Äther, Chloroform, Benzol, Schwefelkohlenstoff; bei 20° in 16 T. Alkohol (von 92%). Liefert ein gelbes Pikrat vom Schmelzp. 79°[3]); 86°[5]).

Dibromnaphthaline $C_{10}H_6Br_2$. Es sind nach der Theorie 10 isomere Substitutionsprodukte dieser Zusammensetzung möglich; ebensoviele sind bekannt. Von diesen wurden durch direkte Einwirkung von Brom auf Naphthalin erhalten:

1, 4-Dibromnaphthalin

Entsteht bei der Einwirkung von Brom auf Naphthalin[7]); zur Darstellung verfährt man derart, daß man durch ein mit Naphthalin beschicktes Rohr Luft durchleitet, die mit Bromdampf gesättigt ist und nach beendigter Reaktion aus Alkohol umkrystallisiert[8]). Lange nadelförmige Krystalle vom Schmelzp. 81—82°[8]). Siedep. 310°[8]). Löslich in 76 T. (93,5 proz.) Alkohols bei 11,4°, in 16,5 T. (93,5 proz.) Alkohols bei 56°[8]).

1, 5-Dibromnaphthalin

Entsteht aus Naphthalin beim Bromieren in Schwefelkohlenstofflösung neben 1, 4-Dibromnaphthalin[9]); man entfernt letzteres durch Auskochen mit weniger Alkohol, als zur vollständigen Lösung nötig wäre[10]). Glänzende, tafelförmige Krystalle vom Schmelzp. 130—131,5°. Siedep. 325—326°. Leicht löslich in Äther, schwer in Eisessig; löslich in 50 T. (93,5 proz.) Alkohols bei 56°.

2, 3(?)-Dibromnaphthalin

Entsteht aus Naphthalin beim Behandeln mit Brom[10]). Krystalle vom Schmelzp. 67,5—68°.

Von den (6) bekannten **Tribromnaphthalinen** $C_{10}H_5Br_3$ wurde nur eines direkt aus Naphthalin durch Bromieren erhalten[11]); es entsteht auch aus Dibromnaphthalindibromid durch Einwirkung alkoholischer Kalilauge[11]). Nadelförmige Krystalle vom Schmelzp. 75°. In Alkohol oder Äther leicht löslich.

---

[1]) Beilstein u. Kurbatow, Annalen d. Chemie u. Pharmazie **202**, 216 [1880].

[2]) Roux, Bulletin de la Soc. chim. **45**, 511 [1886].

[3]) Roux, Annales de Chim. et de Phys. [6] **12**, 344 [1887].

[4]) Liebermann, Annalen d. Chemie u. Pharmazie **183**, 268 [1876]. — Gasiorowski u. Wayss, Berichte d. Deutsch. chem. Gesellschaft **18**, 1941 [1885].

[5]) Brunel, Berichte d. Deutsch. chem. Gesellschaft **17**, 1179 [1884].

[6]) Oddo, Gazzetta chimica ital. **20**, 639 [1890].

[7]) Glaser, Annalen d. Chemie u. Pharmazie **135**, 41 [1865].

[8]) Guareschi, Annalen d. Chemie u. Pharmazie **222**, 267 [1883].

[9]) Guareschi, Berichte d. Deutsch. chem. Gesellschaft **15**, 528 [1882]. — Magatti, Gazzetta chimica ital. **11**, 358 [1881].

[10]) Guareschi, Annalen d. Chemie u. Pharmazie **222**, 270, 266 [1883].

[11]) Laurent, Berzelius' Jahresber. **21**. — Glaser, Annalen d. Chemie u. Pharmazie **135**, 43 [1865].

Hexabromnaphthalin $C_{10}H_2Br_6$. Entsteht aus Naphthalin durch allmähliches Eintragen in überschüssiges Brom bei Gegenwart von Aluminiumchlorid[1]). Krystalle in Form kleiner Nadeln. Schmelzp. 252°. Sublimiert schwer.

Bromverbindung $C_{10}H_5Br_7$. Entsteht aus Naphthalin bei andauernder Einwirkung überschüssigen Broms in der Wärme, zuletzt an der Sonne[2]). Trikline säulenförmige Krystalle. In Äther sehr wenig löslich.

α- oder 1-Jodnaphthalin $C_{10}H_7J$

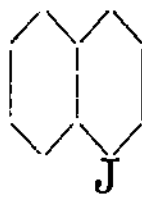

Entsteht aus Quecksilbernaphthyl $(C_{10}H_6)_2Hg$ (in Schwefelkohlenstofflösung) beim Behandeln mit Jod (4 Atomen)[3]), oder aus α-Diazonaphthalinsulfat durch Einwirkung von Jodwasserstoff[4]). Bildung aus Naphthalin direkt s. bei β-Jodnaphthalin. Dicke, ölige Flüssigkeit; erstarrt nicht in der Kältemischung. Siedep. 305° ohne Zersetzung[5]). Mischbar in jedem Verhältnis mit Alkohol, Äther, Benzol, Schwefelkohlenstoff. Jodwasserstoff reduziert beim Kochen zu Naphthalin[6]). Liefert ein goldgelbes Pikrat vom Schmelzp. 127°[5]).

Beim Einleiten von Chlor in eine Äther- oder Eisessiglösung des α-Jodnaphthalins unter Kühlung entsteht **α-Naphthyljodidchlorid** $C_{10}H_7 \cdot JCl_2$

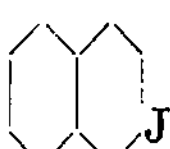

das aus der Lösung durch Ligroin ausgefällt wird[7]). Eigelbe, nadelförmige Krystalle. Schwer löslich. Zersetzt sich sehr leicht, wobei unter Abspaltung von Salzsäure und Jod 1-Chlor-4-jodnaphthalin und α-Chlornaphthalintetrachlorid entstehen.

β- oder 2-Jodnaphthalin $C_{10}H_7J$

Entsteht aus Naphthalin bei der Einwirkung von Jodschwefel und Salpetersäure (neben α-Jodnaphthalin und Nitronaphthalin)[8]); ferner aus β-Naphthylamin durch Austausch der Amidogruppe gegen Jod[9]). Blättchenförmige Krystalle vom Schmelzp. 54,5°. Siedep. 308 bis 310° (korr.)[10]). Mit Wasserdampf flüchtig. In Alkohol, Äther, Eisessig sehr leicht löslich. Jodwasserstoff mit Phosphor wirkt beim Kochen nicht ein, bei 140° entsteht Naphthalintetrahydrür[6]).

Liefert bei der Einwirkung von Chlor **β-Naphthyljodidchlorid** $C_{10}H_7 \cdot JCl_2$

Gelbe, nadelförmige Krystalle[11]).

Thionaphthalin $C_{10}H_6S$. Entsteht aus α-Nitronaphthalin beim Aufkochen mit Schwefel ($\frac{1}{5}$ der Gewichtsmenge Nitronaphthalin)[12]). Das Einwirkungsprodukt wird durch Aus-

[1]) Roux, Annales de Chim. et de Phys. [6] **12**, 347 [1887]. — Vgl. Gessner, Berichte d. Deutsch. chem. Gesellschaft **9**, 1510 [1876].

[2]) Laurent, Gmelins Handbuch **7**, 34.

[3]) Otto, Annalen d. Chemie u. Pharmazie **147**, 173 [1868].

[4]) Nölting, Berichte d. Deutsch. chem. Gesellschaft **19**, 135 [1886].

[5]) Roux, Annales de Chim. et de Phys. [6] **12**, 350 [1887].

[6]) Klages u. Liecke, Journ. f. prakt. Chemie [2] **61**, 323 [1900].

[7]) Willgerodt, Berichte d. Deutsch. chem. Gesellschaft **27**, 591 [1894]. — Willgerodt u. Schlösser, Berichte d. Deutsch. chem. Gesellschaft **33**, 692 [1900].

[8]) Edinger u. Goldberg, Berichte d. Deutsch. chem. Gesellschaft **33**, 2882 [1900].

[9]) Jacobsen, Berichte d. Deutsch. chem. Gesellschaft **14**, 804 [1881].

[10]) Hirtz, Berichte d. Deutsch. chem. Gesellschaft **29**, 1408 [1896].

[11]) Willgerodt, Berichte d. Deutsch. chem. Gesellschaft **27**, 592 [1894].

[12]) Herzfelder, Journ. Chem. Soc. **67**, 640 [1895].

kochen mit Alkohol gereinigt, dann mit viel siedendem Chloroform gelöst und durch Alkohol ausgefällt. Dunkelgrünes, amorphes Pulver. Schmelzp. 155°. Nicht flüchtig. Spez. Gewicht 1,225. In Äther, Alkohol unlöslich; löslich in Benzol, auch in Chloroform, Schwefelkohlenstoff; in Alkalien unlöslich.

β-**Arsenonaphthalinchlorid** $C_{10}H_7Cl_2As = C_{10}H_7 \cdot AsCl_2$ [1]). Aus β-Quecksilbernaphthyl und Arsentrichlorid durch Erhitzen. Schmelzp. 69°. Ziemlich löslich in Äther, Benzol und Alkohol; schwer löslich in Petroläther.

β-**Naphthylarsenoxyd** $C_{10}H_7OAs = C_{10}H_7 \cdot AsO$ [2]). Schmelzp. 270°.

β-**Arsenonaphthalin** $C_{20}H_{14}As_2 = C_{10}H_7 \cdot As : As \cdot C_{10}H_7$ [3]). Gelbes Pulver. Schmelzp. 234°.

β-**Naphthylarsinsäure** $C_{10}H_9O_3As = C_{10}H_7 \cdot AsO(OH)_2$ [3]). Schmelzp. 155°. Leicht löslich in Alkohol und in heißem Wasser; schwer löslich in kaltem Wasser.

β-**Trinaphthylarsin** $C_{30}H_{21}As = (C_{10}H_7)_3 \cdot As$ [4]). Schmelzp. 165°. Leicht löslich in Benzol, Schwefelkohlenstoff und Chloroform; schwer in Äther und heißem Eisessig. — **Quecksilberchloriddoppelsalz.** Schmelzp. 247°.

β-**Trinaphthylarsinoxyd** $C_{30}H_{21}OAs = (C_{10}H_7)_3AsO$ [5]). Nädelchen aus alkoholischem Benzol.

α-**Quecksilbernaphthyl** $C_{20}H_{14}Hg = Hg(C_{10}H_7)_2$ [6]). Aus α-Bromnaphthalin und Natriumamalgam in Xylollösung unter Zusatz von Essigäther. Mikroskopische Nadeln. Schmelzp. 243°. Spez. Gewicht 1,929 [7]). Nicht unzersetzt destillierbar. In Wasser unlöslich; in kochendem Alkohol, kaltem Benzol und Äther sehr wenig, in heißem Chloroform und Schwefelkohlenstoff leicht löslich.

α-**Quecksilbernaphthylchlorid** $C_{10}H_7 \cdot HgCl$. Aus α-Quecksilbernaphthyl und Quecksilberchlorid [8]). Aus dem rohen Naphthalinquecksilberacetat (s. unten) durch Einwirkung einer heißen Kochsalzlösung neben quecksilberreicheren Verbindungen [9]). Seideglänzende Täfelchen. Schmelzp. 187—188°.

α-**Quecksilbernaphthylbromid** $C_{10}H_7 \cdot HgBr$ [8]). Aus Quecksilbernaphthyl durch Einwirkung von Brom oder von Quecksilberbromid. Schmelzp. 195—196°.

α-**Quecksilbernaphthyljodid** $C_{10}H_7 \cdot HgJ$ [8]). Aus α-Quecksilbernaphthyl und Jod. Schmelzp. 185°.

α-**Quecksilbernaphthylacetat** $C_{12}H_{10}O_2Hg = C_{10}H_7 \cdot Hg \cdot C_2H_3O_2$. Aus Quecksilbernaphthyl und Eisessig [8]). Durch Verschmelzen von Naphthalin und Mercuriacetat neben anderen quecksilberreicheren Verbindungen [9]).

α-**Naphthyldichlorphosphin** $C_{10}H_7 \cdot PCl_2$ [10]). Aus α-Quecksilbernaphthyl und überschüssigem Phosphortrichlorid bei 180—200°. Flüssigkeit. Siedet nicht unzersetzt oberhalb 360°. Gibt ein einfaches Tetrachlorid.

Naphthylphosphinige Säure $C_{10}H_9O_2P = C_{10}H_7 \cdot P(OH)_2$ [10]). Aus dem Dichlorid und Wasser. Nadeln aus Wasser. Schmelzp. 125—126°. Spez. Gewicht 1,377. Schwer in kaltem, ziemlich leicht in heißem Wasser löslich, fast unlöslich in salzsäurehaltigem Wasser.

Naphthylphosphinsäure $C_{10}H_9O_3P = C_{10}H_7PO(OH)_2$ [11]). Aus dem Tetrachlorid $C_{10}H_7 \cdot PCl_4$ und Wasser. Schmelzp. 140°. Spez. Gewicht 1,440. Schwer in kaltem, leicht in heißem Wasser löslich.

Dinaphthylphosphinsäure $C_{20}H_{15}O_2P = (C_{10}H_7)_2PO \cdot OH$ [11]). Scheidet sich als unlösliches Öl beim Zerlegen des rohen Naphthylchlorphosphins mit Wasser aus. Nadeln. Schmelzpunkt 202—204°. Unlöslich in Wasser, leicht löslich in heißem Alkohol. Zerlegt Carbonate.

α-**Naphthylarsenchlorid** $C_{10}H_7 \cdot AsCl_2$ [1]) [12]). Aus α-Quecksilbernaphthyl und Arsentrichlorid. In Wasser unlösliches, in Alkohol, Benzol und anderen Lösungsmitteln leicht lösliches Krystallpulver. Schmelzp. 63°. Liefert mit Alkalien oder Soda

[1]) Michaelis, Annalen d. Chemie u. Pharmazie **320**, 342 [1901].
[2]) Michaelis, Annalen d. Chemie u. Pharmazie **320**, 343 [1901].
[3]) Michaelis, Annalen d. Chemie u. Pharmazie **320**, 344 [1901].
[4]) Michaelis, Annalen d. Chemie u. Pharmazie **321**, 246 [1902].
[5]) Michaelis, Annalen d. Chemie u. Pharmazie **321**, 247 [1902].
[6]) Otto, Annalen d. Chemie u. Pharmazie **147**, 157 [1868]; **154**, 188 [1870].
[7]) Schröder, Berichte d. Deutsch. chem. Gesellschaft **12**, 564 [1879].
[8]) Otto, Journ. f. prakt. Chemie [2] **1**, 185 [1870].
[9]) Dimroth, Chem. Centralbl. **1901**, I, 454; Berichte d. Deutsch. chem. Gesellschaft **35**, 2035 [1902].
[10]) Kelbe, Berichte d. Deutsch. chem. Gesellschaft **9**, 1051 [1876]; **11**, 1500 [1879].
[11]) Kelbe, Berichte d. Deutsch. chem. Gesellschaft **9**, 1052 [1876].
[12]) Michaelis u. Schulte, Berichte d. Deutsch. chem. Gesellschaft **15**, 1954 [1882].

α-**Naphthylarsenoxyd** $C_{10}H_7 \cdot AsO$ [1]). Schmelzp. 245°. In Wasser, Benzol und Äther unlöslich, schwer löslich in siedendem Alkohol. Wird durch phosphorige Säure reduziert zu

α-**Arsenonaphthalin** $C_{20}H_{14}As_2 = (C_{10}H_7)As : As(C_{10}H_7)$ [1]). Feine, gelbe Nadeln. Schmelzp. 221°. Wird von Salpetersäure oxydiert zu

α-**Naphthylarsinsäure** $C_{10}H_9O_3As = C_{10}H_7 \cdot AsO(OH)_2$ [2]). Entsteht auch aus dem Tetrachlorid $C_{10}H_7AsCl_4$ und Wasser. Nadeln. Schmelzp. 197°.

α-**Trinaphthylarsin** $C_{30}H_{21}As = (C_{10}H_7)_3As$ [3]). Aus α-Bromnaphthalin und Arsentrichlorid durch Natrium in wasserfreiem Äther. Schmelzp. 252°. Leicht löslich in Schwefelkohlenstoff und heißem Benzol, schwer in Chloroform, sehr wenig in Alkohol und Äther, unlöslich in Petroleumäther.

α-**Trinaphthylarsintetrachlorid** $C_{30}H_{21}Cl_4As = (C_{10}H_7)_3AsCl_4$ [4]). Schmelzp. 144°.

α-**Trinaphthylarsintetrabromid** $C_{30}H_{21}Br_4As = (C_{10}H_7)_3AsBr_4$ [4]). Schmelzp. 180°.

α-**Trinaphthylarsinhydroxyd** $C_{30}H_{23}O_2As = (C_{10}H_7)_3As(OH)_2$ [5]). Nadeln mit 2 Mol. Krystallwasser. Schmelzp. über 300°. Bei längerem Erhitzen auf 110° entsteht

α-**Trinaphthylarsinoxyd** $C_{30}H_{21}OAs = (C_{10}H_7)_3AsO$ [5]). Weißes Pulver.

β-**Quecksilbernaphthyl** $C_{20}H_{14}Hg = Hg(C_{10}H_7)_2$ [6]). Aus β-Bromnaphthalin und Natriumamalgam in Xylollösung unter Zusatz von etwas Essigäther. Schmelzp. 238°.

β-**Quecksilbernaphthylchlorid** [6]) $C_{10}H_7 \cdot HgCl$. Nadeln. Schmelzp. 271°.

β-**Quecksilbernaphthylbromid** [6]) $C_{10}H_7 \cdot HgBr$. Mikroskopische Nadeln. Schmelzp. 266°.

β-**Quecksilbernaphthyljodid** [6]) $C_{10}H_7 \cdot Hg \cdot J$. Blättchen. Schmelzp. 251°.

β-**Quecksilbernaphthylacetat** [7]) $C_{12}H_{10}O_2Hg = C_{10}H_7 \cdot Hg \cdot O \cdot COCH_3$. Feine Nadeln. Schmelzp. 147—148°.

α-**Naphthylborchlorid** $C_{10}H_7 \cdot BCl_2$ [8]). Aus α-Quecksilbernaphthyl und Bortrichlorid. Öl, das bei 25 mm gegen 164° siedet.

α-**Naphthylborsäure** $C_{10}H_9OB_2 = C_{10}H_7 \cdot B(OH)_2$ [8]). Aus dem Dichlorid und Wasser. Nadeln aus Wasser. Schmelzp. 259°. Schwer löslich in Ligroin und kaltem Wasser, leicht löslich in heißem Wasser, in Alkohol und in Äther. Geht leicht über in das Anhydrid

α-**Naphthylboroxyd** $C_{10}H_7BO$ [8]). In Äther und Ligroin schwer, in Alkohol leichter lösliches Krystallpulver.

β-**Naphthylborsäure** $C_{10}H_9BO_2 = C_{10}H_7B(OH)_2$ [7]). Breite Blätter aus Wasser. Schmelzp. 248°. Nädelchen aus verdünntem Alkohol, Schmelzp. 266°.

β-**Naphthylboroxyd** $C_{10}H_7 \cdot BO$ [7]). Feine Nadeln. Schmelzp. 260°. Unlöslich in Ligroin.

α-Methylnaphthalin.

Mol.-Gewicht 142.
Zusammensetzung: 92,96% C, 7,04% H.

$$C_{11}H_{10}.$$

$$CH_3$$

Vorkommen: Im Petroleum [9]).

Bildung: Bei der trocknen Destillation der Steinkohlen; findet sich daher im Teeröl [10]). Bei der trocknen Destillation (Leuchtgasbereitung) von Naphtharückständen; findet sich

[1]) Michaelis u. Schulte, Berichte d. Deutsch. chem. Gesellschaft **15**, 1954 [1882].

[2]) Kelbe, Berichte d. Deutsch. chem. Gesellschaft **11**, 1503 [1879].

[3]) Michaelis, Annalen d. Chemie u. Pharmazie **321**, 242 [1901].

[4]) Michaelis, Annalen d. Chemie u. Pharmazie **321**, 244 [1901].

[5]) Michaelis, Annalen d. Chemie u. Pharmazie **321**, 245 [1901].

[6]) Michaelis u. Behrens, Berichte d. Deutsch. chem. Gesellschaft **27**, 251 [1894].

[7]) Michaelis u. Behrens, Berichte d. Deutsch. chem. Gesellschaft **27**, 252 [1894].

[8]) Michaelis u. Behrens, Berichte d. Deutsch. chem. Gesellschaft **27**, 249 [1894].

[9]) Tammann, D. R. P. 95570; Chem. Centralbl. **1898**, I, 812.

[10]) Schulze, Berichte d. Deutsch. chem. Gesellschaft **17**, 844, 1528 [1884].

daher in dem dabei entstehenden Teer[1]). Bei der Destillation von Kolophonium mit Zinkstaub[2]). Aus α-Bromnaphthalin und Methyljodid mit Natrium[3]). Aus Naphthalin und Äthylenbromid mit Aluminiumchlorid, neben β-Methylnaphthalin, $\beta\beta$-Dinaphthyl und anderen Kohlenwasserstoffen[4]). Aus α-Naphthylessigsäure beim Glühen mit Kalk[5]).

Darstellung: Aus dem „Methylnaphthalin" des Teeröls: durch fraktioniertes Ausfrierenlassen und Abtropfenlassen werden Beimengungen entfernt und das Methylnaphthalin dann als Pikrat isoliert[6]) [7]).

Physikalische Eigenschaften: Flüssigkeit. Erstarrt in der Kältemischung. Erstarrungsp. —22°[7]). Siedep. 240—242° (i. D.)[7]); 241°. Spez. Gewicht 1,007; 1,0287 bei 11,5°[7]); 1,0005 bei 19°[7]). Löslichkeit: leicht löslich in Alkohol, Äther. Fluoresziert nicht in reinem Zustande.

Chemische Eigenschaften: Konz. Salpetersäure oxydiert bei längerem Kochen zu β-Naphthoesäure. Bei der Sulfurierung entstehen zwei isomere Monosulfosäuren, die durch fraktionierte Krystallisation der Bariumsalze getrennt werden[8]).

α - **Methylnaphthalinsulfosäuren** $C_{11}H_{10}O_3S = C_{10}H_6(SO_3H) \cdot CH_3$. Aus α-Methylnaphthalin entstehen durch Einwirkung von konz. Schwefelsäure (1 Mol.) zwei isomere Monosulfosäuren, die man in Form ihrer Bariumsalze durch fraktionierte Krystallisation trennt, da das in Wasser schwerer lösliche Salz der β-Säure zuerst auskrystallisiert[9]). — α-**Säure.** Mikroskopische Krystalle. Das Bariumsalz löst sich schon in 50 T. Wasser von 22°. — β-**Säure.** Bildet ein in Wasser schwer lösliches Bariumsalz (in 310 T. bei 22°).

Nitromethylnaphthalin $C_{11}H_9NO_2$. Entsteht beim Nitrieren von α-Methylnaphthalin in Eisessiglösung, durch Einfließenlassen von Salpetersäure (vom spez. Gewicht 1,48)[10]). Flüssigkeit. Erstarrt nicht bei —21°. Siedep. 194—195° bei 27 mm.

Chlormethylnaphthaline $C_{11}H_9Cl$. **en-Chlormethylnaphthalin** $C_{10}H_6Cl \cdot CH_3$. Entsteht aus α-Methylnaphthalin durch Einwirkung von Chlor im direkten Sonnenlicht[11]). Flüssigkeit vom Siedep. 167—169° bei 30 mm. Liefert ein orangegelbes Pikrat vom Schmelzp. 101—102°.

ω-**Chlormethylnaphthalin** $C_{10}H_7 \cdot CH_2 \cdot Cl$. Entsteht aus α-Methylnaphthalin durch Einwirkung von Chlor bei Siedetemperatur[11]). Flüssigkeit vom Siedep. 167—169° bei 25 mm. Siedet unzersetzt bei Atmosphärendruck.

Trichlormethylnaphthalin $C_{11}H_7Cl_3 = C_{10}H_4Cl_3 \cdot CH_3$. Entsteht aus α-Methylnaphthalin durch Einwirkung von Chlor bei gewöhnlicher Temperatur und Behandeln des entstandenen Produkts mit alkoholischer Kalilauge[11]). Nadelförmige Krystalle vom Schmelzp. 145—146°.

en-Brommethylnaphthalin $C_{11}H_9Br = C_{10}H_6Br \cdot CH_3$. Entsteht durch Einwirkung von 2 Atomen Brom auf α-Methylnaphthalin, beide in Schwefelkohlenstofflösung[12]) [13]). Flüssigkeit vom Siedep. 298° (korr.) unter geringer Zersetzung; 178—179° bei 30 mm (unzersetzt)[12]). Liefert ein tiefgelbes Pikrat vom Schmelzp. 105°.

β-Methylnaphthalin.

Mol.-Gewicht 142.

Zusammensetzung: 92,96% C, 7,04% H.

$$C_{11}H_{10}.$$

$—CH_3$

Vorkommen: Im Petroleum[14]).

[1]) Ljubawin, Journ. d. russ. physik.-chem. Ges. **31**, 358 [1899]; Chem. Centralbl. **1899**, II, 118.

[2]) Ciamician, Berichte d. Deutsch. chem. Gesellschaft **11**, 272 [1878].

[3]) Fittig u. Remsen, Annalen d. Chemie u. Pharmazie **155**, 114 [1870].

[4]) Roux, Annales de Chim. et de Phys. [6] **12**, 302 [1887].

[5]) Boessneck, Berichte d. Deutsch. chem. Gesellschaft **16**, 1547 [1883].

[6]) Wichelhaus, Berichte d. Deutsch. chem. Gesellschaft **24**, 3919 [1891].

[7]) Wendt, Journ. f. prakt. Chemie [2] **46**, 319 [1892].

[8]) Wendt, Journ. f. prakt. Chemie [2] **46**, 322 [1892]. — Fittig u. Remsen, Annalen d. Chemie u. Pharmazie **155**, 114 [1870].

[9]) Wendt, Journ. f. prakt. Chemie [2] **46**, 322 [1892]. — Vgl. Fittig u. Remsen, Annalen d. Chemie u. Pharmazie **155**, 115 [1870].

[10]) Scherler, Berichte d. Deutsch. chem. Gesellschaft **24**, 3932 [1891].

[11]) Scherler, Berichte d. Deutsch. chem. Gesellschaft **24**, 3927, 3930 [1891].

[12]) Schulze, Berichte d. Deutsch. chem. Gesellschaft **17**, 1528 [1884].

[13]) Scherler, Berichte d. Deutsch. chem. Gesellschaft **24**, 3930 [1891].

[14]) Tammann, D. R. P. 95 579; Chem. Centralbl. **1898**, I, 812.

Bildung: Bei der trocknen Destillation der Steinkohlen; findet sich daher im Teer[1]). Bei der trocknen Destillation von Naphtharückständen (Leuchtgasbereitung); findet sich daher in dem hierbei entstehenden Teer[2]). Aus β-Methyl-α-naphthol beim Erhitzen mit Zinkstaub[3]). Die der Gewinnung des α-Methylnaphthalins analoge Darstellung aus β-Bromnaphthalin und Methyljodid mit Natrium führt nicht zum Ziele[4]).

Darstellung: Aus dem „Methylnaphthalin" des Teeröls; wie bei α-Methylnaphthalin (s. dort)[5])[6]).

Physikalische und chemische Eigenschaften: Große, blätterige Krystalle (aus Alkohol)[1]). Glänzende, große, monokline[7]) Tafeln. Schmelzp. 32°; 32,5°[1]). Siedep. 240—242°; 241 bis 242°[1]). Beim Sulfurieren entstehen 2 isomere Monosulfosäuren, die durch fraktionierte Krystallisation der Bariumsalze getrennt werden[7])[8]).

Dimethylnaphthalin.

Mol.-Gewicht 156.
Zusammensetzung: 92,30% C, 7,70% H.

$$C_{12}H_{12} = C_{10}H_6{<}^{CH_3}_{CH_3}.$$

Vorkommen: Im Petroleum[9]).
Physikalische und chemische Eigenschaften: Flüssigkeit. Schmelzp. —20°. Siedep. 264°. Spez. Gewicht 1,008. Liefert ein orangefarbenes Pikrat vom Schmelzp. 180°.

Trimethylnapththalin.

Mol.-Gewicht 170.
Zusammensetzung: 97,77% C, 8,23% H.

$$C_{13}H_{14} = C_{10}H_5(CH_3)_3.$$

Vorkommen: Im Petroleum[9]).
Physikalische und chemische Eigenschaften: Flüssigkeit. Schmelzp. —20°. Siedep. 290°. Spez. Gewicht 1,007. Liefert ein Pikrat; dunkle, orangefarbene, nadelförmige Krystalle vom Schmelzp. 119°.

Tetramethylnaphthalin.

Mol.-Gewicht 184.
Zusammensetzung: 91,30% C, 8,70% H.

$$C_{14}H_{16} = C_{10}H_4(CH_3)_4.$$

Vorkommen: Im Petroleum[9]).
Physikalische und chemische Eigenschaften: Flüssigkeit. Schmelzp. —20°. Siedep. 320°. Liefert ein Pikrat; rote, nadelförmige Krystalle vom Schmelzp. 138°.

[1]) Schulze, Berichte d. Deutsch. chem. Gesellschaft **17**, 843 [1884].
[2]) Ljubawin, Journ. d. russ. physikal.-chem. Gesellschaft **31**, 358 [1899]; Chem. Centralbl. **1899**, II, 118.
[3]) Liebmann, Annalen d. Chemie u. Pharmazie **255**, 273 [1889].
[4]) Brunel, Berichte d. Deutsch. chem. Gesellschaft **17**, 1179 [1884]. — Roux, Annales de Chim. et de Phys. [6] **12**, 295 [1887].
[5]) Wichelhaus, Berichte d. Deutsch. chem. Gesellschaft **24**, 3920 [1891].
[6]) Wendt, Journ. f. prakt. Chemie [2] **46**, 319 [1892].
[7]) Fock, Berichte d. Deutsch. chem. Gesellschaft **27**, 1247 [1894].
[8]) Reingruber, Annalen d. Chemie u. Pharmazie **206**, 375 [1880].
[9]) Tammann, D. R. P. 95 579; Chem. Centralbl. **1898**, I, 812.

Anthracen.

Mol.-Gewicht 178.
Zusammensetzung: 94,46% C. 5,60% H.

$$C_{14}H_{10}.$$

$$\text{CH}\diagup\overset{\displaystyle\text{CH}}{\text{C}}\diagup\overset{\displaystyle\text{CH}}{\text{C}}\diagup\overset{\displaystyle\text{CH}}{}\text{CH}$$

[1]

Vorkommen: Im Teer des pennsylvanischen Petroleums[2] (vielleicht nicht ursprünglich im Erdöl vorhanden, sondern erst durch die Destillation gebildet). Ist die Stammsubstanz des Alizarins und anderer in der Natur vorkommender Oxyanthrachinonderivate.

Bildung: Entsteht durch pyrogene Kondensation aus zahlreichen organischen Verbindungen. Bei der trocknen Destillation, z. B. der Steinkohlen, harzreichen Holzes. (Vorkommen im Steinkohlenteer[3]). Beim Durchleiten der Dämpfe des Braunkohlenteers[4], Fichtenholzteers[5], Terpentinöls[6], von Naphthenen C_nH_{2n} (kaukasisches Erdöl)[7] durch glühende Röhren; ebenso beim Durchleiten der Dämpfe von Toluol oder eines Gemenges von Benzol und Äthylen oder Styrol und Äthylen durch glühende Röhren[8]. Aus o-Benzyltoluol $C_6H_5 \cdot CH_2 \cdot C_6H_4 \cdot CH_3$ beim Durchleiten durch glühende Röhren[9] oder beim Leiten über erhitztes Bleioxyd[10]. Bei der Einwirkung von Aluminiumchlorid auf Benzylchlorid (neben Toluol)[11], besonders bei Anwesenheit großer Mengen Benzol[12]. Aus o-Phenyltolylketon

$$\text{CO}$$
$$\text{CH}_3$$

beim Erhitzen mit Zinkstaub[13]. Aus o-Benzoylbenzoesäure

$$\text{COOH}$$
$$\text{CO}$$

beim Glühen mit Zinkstaub[14] oder beim Kochen mit Jodwasserstoff und Phosphor[15]. Aus Alizarin, Purpurin beim Erhitzen mit Zinkstaub[16].

Darstellung: Aus den höchsten Fraktionen des Steinkohlenteers. Diese werden fraktioniert destilliert, wobei der beim Erkalten erstarrende Anteil besonders aufgefangen wird, das gelbgrüne sog. „Schmierfett". Bei dessen Fraktionierung erhält man das von 340° bis über 360° siedende „Rohanthracen". Dieses wird durch wiederholte Destillation von den unterhalb 350° siedenden Beimengungen größtenteils befreit und mehrmals aus siedendem

---

[1] Über die Raumformel (Prismenformel) vgl. Wegscheider, Monatshefte f. Chemie **1**, 918 [1880].

[2] Prunier u. David, Bulletin de la Soc. chim. **31**, 158, 293 [1878]; Berichte d. Deutsch. chem. Gesellschaft **12**, 366, 843 [1879].

[3] Dumas u. Laurent, Annalen d. Chemie u. Pharmazie **5**, 10 [1883].

[4] Liebermann u. Burg, Berichte d. Deutsch. chem. Gesellschaft **11**, 723 [1878].

[5] Atterberg, Berichte d. Deutsch. chem. Gesellschaft **11**, 1222 [1878].

[6] Schultz, Berichte d. Deutsch. chem. Gesellschaft **7**, 113 [1874].

[7] Letny, Berichte d. Deutsch. chem. Gesellschaft **10**, 412 [1877]; **11**, 1210 [1878].

[8] Berthelot, Annalen d. Chemie u. Pharmazie **142**, 254 [1867].

[9] Dorp, Annalen d. Chemie u. Pharmazie **169**, 216 [1873].

[10] Behr u. Dorp, Berichte d. Deutsch. chem. Gesellschaft **6**, 754 [1873].

[11] Perkin u. Hodgkinson, Journ. Chem. Soc. **37**, 726 [1880].

[12] Schramm, Berichte d. Deutsch. chem. Gesellschaft **26**, 1706 [1893].

[13] Behr u. Dorp, Berichte d. Deutsch. chem. Gesellschaft **7**, 17 [1874].

[14] Gresly, Annalen d. Chemie u. Pharmazie **234**, 238 [1886].

[15] Ullmann, Annalen d. Chemie u. Pharmazie **291**, 18 [1896].

[16] Graebe u. Liebermann, Annalen d. Chemie u. Pharmazie, Suppl. **7**, 297 [1870].

Xylol umkrystallisiert, indem man jedesmal das beim Erkalten ausfallende Anthracen abpreßt. Zur Reinigung wird es aus Alkohol umkrystallisiert und sublimiert (bei möglichst tiefer Temperatur)[1]. Im großen[2]. Das Rohanthracen kann von den übrigen Bestandteilen[3]) befreit werden durch Extraktion mit Essigäther[3]) (oder Schwefelkohlenstoff oder Ligroin). Beim Behandeln des Rückstandes mit Eisessig bleiben sehr schwer lösliche Bestandteile zurück, während das Anthracen aufgenommen wird und in reinem Zustande aus der Lösung auskrystallisiert[4]). Oder: Rohanthracen wird aus organischen Basen (Anilin, Pyridin, Chinolin) oder aus Gemischen derselben und leichtem Teeröl umkrystallisiert[5]). Oder durch partielles Krystallisieren, Schmelzen mit Ätzkali und Waschen mit Benzol[6]). Oder durch Waschen mit flüssigem Ammoniak[7]). Oder durch Behandlung mit flüssigem Schwefeldioxyd[8]). Oder durch Auskochen mit Acetonöl (in dem Anthracen nahezu unlöslich ist)[9]). Von dem schwer zu entfernenden ständigen Begleiter des Anthracens im Rohanthracen, dem Chrysogen[10]), einem gelben Farbstoff unbekannter Konstitution, kann man befreien, indem man das Alizarin durch Stehenlassen einer kaltgesättigten Benzollösung im Sonnenlicht in das sich krystallinisch ausscheidende Paraanthracen $(C_{14}H_{10})_2$ überführt, das durch Schmelzen wieder rein weißes Anthracen zurückbildet[11]). Reines Anthracen erhält man auf schnellem Wege aus reinem Anthrachinon, das man durch Behandeln mit Zinkstaub, Ammoniak und Wasser in Hydroanthranol $C_6H_4{<}{CH(OH) \atop CH_2}{>}C_6H_4$ überführt[12]), das sehr leicht, z. B. beim Kochen mit Wasser oder schon beim Liegen an der Luft, unter Abspaltung von Wasser Anthracen liefert[12]). Auch durch Erhitzen mit Schwefel kann man Anthracen reinigen[13]).

Quantitative Bestimmung:[14]) 1 g Rohanthracen wird in einem Kölbchen mit aufgesetztem Kühler in 45 ccm reinem siedenden Eisessig gelöst und dann nach und nach, innerhalb von 2 Stunden, bei unausgesetztem Sieden eine frische, höchstens 14 Tage alte[15]) Lösung von 15 g reiner, schwefelsäurefreier[15]) Chromsäure (Mindestgehalt 98%)[15]) in 10 ccm reinem Eisessig + 10 ccm Wasser eingetragen. Die Lösung, die das gebildete Anthrachinon enthält, wird noch 2 Stunden gekocht und 12 Stunden stehen gelassen, worauf durch Zusatz von 400 ccm Wasser das Anthrachinon ausgefällt und nach 3 Stunden abfiltriert wird. Oder[16]) man kocht das Anthrachinon eine Stunde lang mit 2,5 ccm einer Lösung von 1,5 g Chromsäure in 10 ccm reiner konz. Salpetersäure, fällt nach 12stündigem Stehen mit 400 ccm Wasser und filtriert nach weiteren 3 Stunden ab. Das Anthrachinon wird erst mit kaltem Wasser, dann mit 1 proz. Natronlauge und zuletzt mit kochendem Wasser ausgewaschen, in eine Schale gespritzt, darin bei 100° getrocknet und dann 10 Minuten lang mit der 10fachen Menge konz. Schwefelsäure auf 100° erwärmt. Hierauf wird die Lösung in einer flachen Schale 12 Stunden an einem feuchten Orte stehen gelassen, um Wasser aufzunehmen. Auf Zusatz von 200 ccm kaltem Wasser scheidet sich Anthrachinon aus, das filtriert, mit reinem, alkalischen und zuletzt wieder mit reinem Wasser gewaschen, dann in einer Schale bei 100° getrocknet und schließlich gewogen wird. Nach dem Waschen wird noch verascht und der Aschenrückstand zurückgewogen. Bestimmung im Steinkohlenteer[17]).

Nachweis: Durch Überführung in Alizarin: Man oxydiert mit Chromsäure und Eisessig zu Anthrachinon, sulfoniert dieses durch Erhitzen mit rauchender Schwefelsäure und erhitzt

---

[1]) Berthelot, Bulletin de la Soc. chim. 8, 232 [1867].

[2]) Kopp, Jahresber. d. Chemie 1878, 1187; Friedländers Fortschritte der Teerfarbenfabrikation 1, 301, 304—306.

[3]) Zeidler, Annalen d. Chemie u. Pharmazie 191, 285, 288 [1878].

[4]) Zeidler, Jahresber. d. Chemie 1875, 403.

[5]) Zeidler, Jahresber. d. Chemie 1887, 2567; D. R. P. 42 053; Friedländers Fortschritte d. Teerfarbenfabrikation 1, 305.

[6]) Akt.-Ges. f. Teer- u. Erdölind., D. R. P. 111 359; Chem. Centralbl. 1900, II, 605.

[7]) Welton, D. R. P. 113 291; Chem. Centralbl. 1900, II, 830.

[8]) Bayer & Co., D. R. P. 68 474; Friedländers Fortschritte der Teerfarbenfabrikation 3, 194.

[9]) Bayer & Co., D. R. P. 78 861; Friedländers Fortschritte der Teerfarbenfabrikation 4, 270.

[10]) Fritzsche, Zeitschr. f. Chemie 1866, 139.

[11]) Fritzsche, Zeitschr. f. Chemie 1868, 404.

[12]) Perger, Journ. f. prakt. Chemie [2] 23, 139, 146 [1881].

[13]) Wartha, Berichte d. Deutsch. chem. Gesellschaft 3, 548 [1870].

[14]) Meister, Lucius u. Brüning, Zeitschr. f. analyt. Chemie 16, 61 [1877].

[15]) Bassett, Chem. News 79, 157 [1899].

[16]) Bassett, Zeitschr. f. analyt. Chemie 36. 247 [1907].

[17]) Nicol, Zeitschr. f. analyt. Chemie 14. 318 [1875]

das anthrachinondisulfosaure Barium mit Kali zum Schmelzen; es entsteht Alizarin[1]). Oder
als Pikrat (Schmelzp. 138°)[2]). Oder durch seine Verbindung mit „Fritzsches Reaktiv" (Dinitroanthrachinon).

Physikalische Eigenschaften: Krystalle in Form von Blättchen oder monoklinen Tafeln[3])
von violetter Fluorescenz, die schon durch Spuren beigemengten Chrysogens aufgehoben wird.
Schmelzp. 200,6°[4]); 216,55°[5]). Siedep. 351°[6]). Verbrennungswärme (für 1 g) 9,247 Cal.[7]);
9,5856 Cal.[8]). Brechungsvermögen[9]). Absorptionsspektrum der Lösungen[10]). Löslichkeit:
Bei 15° lösen je 100 T. Äther 1,175 T. Anthracen[11]), Chloroform 1,736 T. Anthracen[11]),
Schwefelkohlenstoff 1,478 T. Anthracen[11]), Benzol 1,661 T. Anthracen[11]), Ligroin 0,394 T.
Anthracen, Eisessig 0,444 T. Anthracen[11]), Methylalkohol (bei 19,5°) 1,8 T. Anthracen[12]),
Äthylalkohol (spez. Gewicht 0,800) bei 15°: 0,591 T. Anthracen[11]), Äthylalkohol (spez. Gewicht
0,830) bei 15°: 0,491 T. Anthracen[11]), Äthylalkohol (spez. Gewicht 0,840) bei 15°: 0,561 T.
Anthracen[11]), Äthylalkohol bei 19,5°: 1,9 T. Anthracen[12]), abs. Alkohol bei 16°: 0,076 T.
Anthracen[13]), abs. Alkohol bei Siedepunkt: 0,83 T. Anthracen[13]), Toluol bei 16°: 0,92 T.
Anthracen[13]), Toluol bei Siedepunkt: 12,94 T. Anthracen[13]).

Chemische Eigenschaften: Anthracen, in Xylol, Benzol usw. gelöst, geht beim Stehen
im Sonnenlicht in Paraanthracen $(C_{14}H_{10})_2$ über, das sich krystallinisch abscheidet[14]). Oxydationsmittel verwandeln in Anthrachinon $C_6H_4{<}^{CO}_{CO}{>}C_6H_4$; so Chromsäure, verdünnte
Salpetersäure. Bleisuperoxyd mit Eisessig liefert β-Oxyanthranol $C_6H_4{<}^{C(OH)}_{C(OH)}{>}C_6H_4$[15]). Nitroderivate lassen sich nicht gewinnen; verdünnte Salpetersäure wirkt nur oxydierend, stärkere
wirkt beim Kochen nitrierend und oxydierend zugleich, es entsteht Dinitroanthrachinon
(Fritzsches Reaktiv). Mit rauchender Salpetersäure und Nitrobenzol in alkoholischer Lösung
bildet sich Anthracenäthylnitrat $C_{14}H_{10} \cdot C_2H_5NO_3 = C_6H_4{<}^{CH(OC_2H_5)}_{CH(NO_2)}{-}{>}C_6H_4$ (?)[16]); auch aus
Anthracen, Äther und Salpetersäure in Benzollösung[17]). Analog entsteht Anthracenmethyl-
nitrat[16])[17]), -propyl-[17]) und -isobutylnitrat[17]). Wird aber Anthracen nur sehr langsam in
das Gemisch von Isobutylalkohol und rauchende Salpetersäure eingetragen, so resultiert
Nitroanthron $C_6H_4{<}^{CO}_{CH(NO_2)}{-}{>}C_6H_4$[17]) (vom Schmelzp. 140°). Salpetrige Säure, in eine
Lösung von Anthracen in Eisessig eingeleitet, bewirkt Fällung von Salpetersäureanthracen
$C_{14}H_{10} \cdot HNO_3$[18]), das bei 125° unter Entwicklung salpetriger Dämpfe schmilzt. Analog
erzeugt Stickstoffdioxyd: Untersalpetersäureanthracen $C_{14}H_{10} \cdot N_2O_4$[18]) (Schmelzp. 194°).
Reduktion mit Natriumamalgam in alkoholischer Lösung führt zu Anthracendihydrür[19]),
wahrscheinlich $C_6H_4{<}^{CH_2}_{CH_2}{>}C_6H_4$. Ebenso Erhitzen mit Jodwasserstoff[19]); jedoch liefert
Erhitzen mit der 20fachen Menge bei 0° gesättigter Jodwasserstoffsäure auf 280° Toluol neben
wenig Anthracendihydrür. Auch 1stündiges Erhitzen mit Jodwasserstoff und Phosphor führt

---

[1]) **Liebermann** u. **Chojnacki**, Annalen d. Chemie u. Pharmazie **162**, 326 [1872].

[2]) **Berthelot**, Bulletin de la Soc. chim. **7**, 34 [1867].

[3]) **Negri**, Gazzetta chimica ital. **23**, II, 376 [1893]. — **Kokscharow**, Jahresber. d. Chemie
1867, 601.

[4]) **Landolt**, Zeitschr. f. physikal. Chemie **4**, 371 [1889].

[5]) **Reissert**, Berichte d. Deutsch. chem. Gesellschaft **23**, 2245 [1890]. — Vgl. **Gräbe**, Annalen
d. Chemie u. Pharmazie **247**, 264, Anm. [1888].

[6]) **Schweitzer**, Annalen d. Chemie u. Pharmazie **264**, 195 [1891].

[7]) **Stohmann**, Journ. f. prakt. Chemie [2] **31**, 296· [1885].

[8]) **Berthelot** u. **Vieille**, Annales de Chim. et de Phys. [6] **10**, 444 [1885].

[9]) **Chilesotti**, Gazzetta chimica ital. **30**, I, 156 [1900].

[10]) **Hartley**, Journ. Chem. Soc. **39**, 162 [1881].

[11]) **Versmann**, Jahresber. d. Chemie **1874**, 423.

[12]) **Lobry**, Zeitschr. f. physikal. Chemie **10**, 784 [1892].

[13]) **Bechi**, Berichte d. Deutsch. chem. Gesellschaft **12**, 1978 [1879].

[14]) **Fritzsche**, Zeitschr. f. Chemie **1867**, 290. — **Richter**, Berichte d. Deutsch. chem. Gesellschaft **26**, Ref. 547 [1893].

[15]) K. **Schulze**, Berichte d. Deutsch. chem. Gesellschaft **18**, 3037 [1885].

[16]) **Perkin**, Journ. Chem. Soc. **59**, 648 [1891].

[17]) **Perkin** u. **Mackenzie**, Journ. Chem. Soc. **61**, 866, 868, 871 [1892].

[18]) **Liebermann** u. **Lindemann**, Berichte d. Deutsch. chem. Gesellschaft **13**, 1585 [1880].

[19]) **Gräbe** u. **Liebermann**, Annalen d. Chemie u. Pharmazie, Suppl. **7**, 265 [1870].

zu Anthracendihydrür[1]); erhitzt man aber 10—12 Stunden auf 200—220°, so entsteht Anthracenhexahydrür $C_{14}H_{16}$[2]); und beim Erhitzen auf 250° während 12 Stunden Perhydroanthracen $C_{14}H_{24}$[3]). Beim Chlorieren und Bromieren (in Schwefelkohlenstofflösung) werden zunächst 2 Atome Halogen addiert: Anthracenchlorid und -bromid[4]); bei weiterer Einwirkung entstehen Substitutionsprodukte. Jodderivate sind unbekannt. Jod und Quecksilberoxyd oxydieren zu Anthrachinon[5]). Beim Behandeln mit konz. Schwefelsäure entstehen 2 isomere Disulfosäuren. Mit verdünnter Schwefelsäure entsteht bei vorsichtiger Behandlung eine Monosulfosäure, β-Anthracensulfosäure[6]); auch bei mehrstündigem Erhitzen mit starker Schwefelsäure (53° Bé) auf 120—135° oder mit Alkalibisulfaten auf 140—150° entsteht neben Disulfosäuren eine Monosulfosäure[7]). Beim Erhitzen mit Phosgen $COCl_2$ auf 180—200° bildet sich das Chlorid der 9- oder α-Anthracencarbonsäure $C_6H_4{<}{C(COCl) \atop CH}{>}C_6H_4$[8]). Bei höherer Temperatur (240—250°) entstehen das Chlorid der 10-Chloranthracencarbonsäure $C_6H_4{<}{C(COCl) \atop CCl}{>}C_6H_4$[9]) und β-Dichloranthracen (Schmelzp. 209°).

Dianthracen, Paraanthracen $C_{28}H_{20} = (C_{14}H_{10})_2$. Entsteht durch Einwirkung des Sonnenlichts auf eine kaltgesättigte Lösung von Anthracen[10]); als Lösungsmittel verwendet man hierbei Benzol oder am besten Xylol, lerner auch Alkohol, Chloroform, Eisessig, nicht aber Schwefelkohlenstoff oder Äthylenbromid[11]). Die aus der Lösung sich ausscheidenden Krystalle werden aus Benzol umkrystallisiert. Krystalle in Gestalt rhombischer Tafeln[12]). Schmelzp. 244°[13]); 272—274°[14]). Spez. Gewicht 1,265 bei 27°/4°[15]). Löst sich sehr schwer in Alkohol, Äther, Benzol.

100 T. Äthylenbromid lösen bei Siedetemperatur 0,2273 T.
100 T. Pyridin   „   „   „   1,106 T.
100 T. Anisol   „   „   „   1,46 T.[15])

Ist gegen chemische Einwirkungen viel indifferenter als Anthracen. Verwandelt sich beim Schmelzpunkt in Anthracen zurück. Beständig gegen Brom; auch gegen Salpetersäure, erst Erwärmen mit rauchender Salpetersäure führt in Anthracen und Anthrachinon über. Liefert mit Pikrinsäure keine Verbindung[16]).

Anthracendihydrür $C_{14}H_{12}$

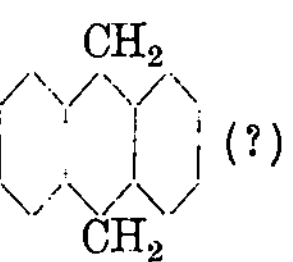

Entsteht aus Anthracen durch Erhitzen mit Jodwasserstoffsäure oder durch Einwirkung von Natriumamalgam in alkoholischer Lösung[2]). Bequemer ist die Darstellung aus Anthrachinon durch 1stündiges Kochen mit der 4fachen Menge Jodwasserstoff vom spez. Gewicht 1,7 und etwas weißem Phosphor[1]). Große Krystalle in Form monokliner Tafeln. Schmelzp. 108,5°[17]). Siedep. 313°. Sublimierbar zu Nadeln. Mit Wasserdampf leicht flüchtig. Zeigt in gelöstem Zustande blaue Fluorescenz, in festem Zustande gar keine. Löst sich leicht in Alkohol, Äther,

---

[1]) Topf u. Liebermann, Annalen d. Chemie u. Pharmazie **212**, 5 [1882].
[2]) Gräbe u. Liebermann, Annalen d. Chemie u. Pharmazie, Suppl. **7**, 265 [1870].
[3]) Lucas, Berichte d. Deutsch. chem. Gesellschaft **21**, 2510 [1888].
[4]) Perkin, Bulletin de la Soc. chim. **27**, 464 [1877].
[5]) Zeidler, Jahresber. d. Chemie **1875**, 403.
[6]) Heffter, Berichte d. Deutsch. chem. Gesellschaft **28**, 2258 [1895].
[7]) Soc. St. Denis, D. R. P. 72 226, 77 311; Friedländers Fortschritte der Teerfarbenfabrikation **3**, 195; **4**, 271.
[8]) Gräbe u. Liebermann, Berichte d. Deutsch. chem. Gesellschaft **2**, 678 [1869].
[9]) Behla, Berichte d. Deutsch. chem. Gesellschaft **20**, 704 [1887].
[10]) Fritzsche, Zeitschr. f. Chemie **1867**, 290.
[11]) Linebarger, Amer. Chem. Journ. **14**, 599 [1892].
[12]) Gill, Amer. Chem. Journ. **17**, 667 [1895].
[13]) Gräbe u. Liebermann, Annalen d. Chemie u. Pharmazie, Suppl. **7**, 264 [1870].
[14]) Elbs, Journ. f. prakt. Chemie [2] **44**, 467 [1891].
[15]) Orndorff u. Cameron, Amer. Chem. Journ. **17**, 666 [1895].
[16]) Schmidt, Journ. f. prakt. Chemie [2] **9**, 248 [1874].
[17]) Bamberger u. Lodter, Berichte d. Deutsch. chem. Gesellschaft **20**, 3076 [1887].

Benzol[1]). Beim Durchleiten durch ein glühende Rohr zerfällt es in Anthracen und Wasserstoff. Chromsäuremischung oxydiert zu Anthrachinon; trocknes Brom zu Dibromanthracen. Konz. Schwefelsäure oxydiert beim Erwärmen zu Anthracen.

Anthracenhexahydrür $C_{14}H_{16}$

Entsteht aus Dihydrür $C_{14}H_{12}$ durch 10—12stündiges Erhitzen mit 5 T. Jodwasserstoff vom Siedep. 127° und $^1/_3$ T. amorphem Phosphor auf 200 bis 220° [2]). Blättchenförmige Krystalle. Schmelzp. 63°. Siedep. 290°. Löst sich sehr leicht in Alkohol, Äther, Benzol. Zerfällt beim Durchleiten durch glühende Röhren in Anthracen und Wasserstoff. Wird von Salpetersäure noch schwerer angegriffen als Anthracendihydrür.

Perhydroanthracen, Anthracenperhydrür $C_{14}H_{24}$

Entsteht aus Anthracen durch 12stündige Einwirkung der etwa gleichen Menge roten Phosphors und der etwa 5fachen Menge Jodwasserstoffsäure vom spez. Gewicht 1,7 bei 250° [3]). Blättchenförmige Krystalle. Schmelzp. 88°. Siedep. 270°. Mit Wasserdampf leicht flüchtig. Löst sich leicht in Alkohol und andern Lösungsmitteln. Sehr beständig gegen Brom. Chromsäure oxydiert zu Kohlendioxyd und Wasser.

Untersalpetersäureanthracen $C_{14}H_{10} \cdot N_2O_4$. Entsteht durch Einleiten von Stick-stoffperoxyd in eine Lösung von Anthracen in 4 T. Eisessig bei 10—15°. Der sich ab-scheidende Niederschlag wird aus Toluol umkrystallisiert[4]). Anderer Mitteilung zufolge soll jedoch hierbei nahezu quantitativ Anthrachinon gebildet werden[5]). Kleine, blatt-förmige Krystalle vom Schmelzp. 194°. In Alkohol sehr schwer, etwas leichter löslich in siedendem Benzol.

Salpetersäureanthracen $C_{14}H_{10} \cdot HNO_3$. Entsteht durch schnelles Einleiten von sal-petriger Säure in eine übersättigte Eisessiglösung des Anthracens bei 20°. Der Niederschlag wird mit Alkohol gewaschen und aus Benzol umkrystallisiert[4]). Nadel- oder prismenförmige Krystalle. Schmelzp. 125° unter Abgabe salpetriger Dämpfe. Löst sich ziemlich leicht in Benzol. Ziemlich unbeständig. Wird durch Erwärmen mit Alkali zersetzt unter Bildung von 9-Nitroanthracen $C_{14}H_9NO_2$

(kleine blättchenförmige Krystalle vom Schmelzp. 194°) und **Nitrosohydranthron** $C_{14}H_{11}NO_2$

(fleischfarbene, sehr zersetzliche Masse)[4]) [6]).

1) Behla, Berichte d. Deutsch. chem. Gesellschaft **20**, 708 [1887].
2) Gräbe u. Liebermann, Annalen d. Chemie u. Pharmazie, Suppl. **7**, 273 [1870].
3) Lucas, Berichte d. Deutsch. chem. Gesellschaft **21**, 2510 [1888].
4) Liebermann u. Lindemann, Berichte d. Deutsch. chem. Gesellschaft **13**, 1585 [1880].
5) Leeds, Berichte d. Deutsch. chem. Gesellschaft **14**, 484 [1881].
6) Meisenheimer, Berichte d. Deutsch. chem. Gesellschaft **33**, 3548 [1900].

(α-?) Anthracenmonosulfosäure $C_{14}H_{10}O_3S$

$$SO_3H \quad (?)$$

Entsteht aus Anthracen durch mehrstündige Einwirkung von Schwefelsäure (von 53° Bé) bei 120—135° oder von Alkalibisulfaten bei 140 bis 150° (daneben entstehen Disulfosäuren) [1]; oder aus anthrachinonsulfosaurem Natron durch Reduktion mit Jodwasserstoff und weißem Phosphor (bei $^1/_2$ stündigem Kochen) [2] oder mit Natriumamalgam und Wasser (bei Siedetemperatur) [3] oder mit Zinkstaub und Ammoniak (bei Wasserbadtemperatur). Salze [2] sind schwer- oder unlöslich.

β-Anthracensulfosäure, Anthracensulfosäure (2) $C_{14}H_{10}O_3S$

$$—SO_3H$$

Entsteht aus Anthracen durch Einwirkung verdünnter Schwefelsäure [4] oder aus Anthracen-β-sulfosäurechlorid $C_{14}H_9 \cdot SO_2Cl$, durch Erhitzen mit Wasser auf 140° [4]. Schwach rötliche blättchenförmige Krystalle. Ziemlich löslich in siedendem Wasser, schwer in Alkohol, fast gar nicht in Äther, Benzol, Chloroform.

Nitroanthron $C_{14}H_9O_3N$

$$CO \quad CH \quad NO_2$$

Entsteht, wenn man Anthracen allmählich einträgt in ein Gemisch von Salpetersäure vom spez. Gewicht 1,5 und Isobutylalkohol [5]. Glänzende, nadelförmige Krystalle. Schmelzp. 140° unter Zersetzung in Anthrachinon und salpetrige Säure. Lagert sich beim Kochen mit alkoholischem Kali in das isomere **Nitroanthrol** $C_6H_4\!\!\begin{array}{c}C(OH)\\C(NO_2)\end{array}\!\!\!>\!C_6H_4$ um [5] (nebenher entsteht etwas Anthrachinon), nadelförmige Krystalle vom Schmelzp. 148°, die bei der Schmelztemperatur oder beim Kochen mit Essigsäureanhydryd in Anthrachinon übergehen.

Anthracendisulfosäuren $C_{14}H_{10}S_2O_6 = C_{14}H_8(SO_3H)_2$. Bei der Einwirkung der dreifachen Gewichtsmenge konz. Schwefelsäure auf Anthracen entstehen zwei isomere Disulfosäuren, die α-Säure entsteht vorwaltend bei tieferer Temperatur (60°). Zwecks Isolierung und Trennung von der β-Säure wird nach ungefähr einstündigem Erwärmen mit Wasser verdünnt, mit Bleicarbonat neutralisiert und die Bleisalze in Natronsalze umgewandelt, die durch fraktionierte Krystallisation getrennt werden; das Salz der α-Säure ist in Wasser und namentlich in Sodalösung viel weniger löslich als sein Isomeres [6] [7] und liefert bei der Kalischmelze Chrysazol = α-Dioxyanthracen. — Die **β-Säure** entsteht vorwaltend, wenn man auf 100° erwärmt, so lange, bis das Anthracen sich etwa zur Hälfte gelöst hat. Beim Schmelzen mit Kali wird Rufol = β-Dioxyanthracen gebildet.

Anthracendisulfosäure (2, 7)

$$HO_3S—\qquad—SO_3H$$

Entsteht aus Anthracen durch Einwirkung der 4—5fachen Menge Schwefelsäure von 53—58° Bé bei 140—145° [8], als Hauptprodukt neben Monosulfosäure und Flavanthracendisulfo-

---

[1] Soc. St. Denis, D. R. P. 72 226, 77 311; Friedländers Fortschritte der Teerfarbenfabrikation **3**, 195; **4**, 271.

[2] Liebermann, Annalen d. Chemie u. Pharmazie **212**, 48, 57 [1882].

[3] Bischof u. Liebermann, Berichte d. Deutsch. chem. Gesellschaft **13**, 47 [1880].

[4] Heffter, Berichte d. Deutsch. chem. Gesellschaft **28**, 2262 [1895].

[5] Perkin u. Mackenzie, Journ. Chem. Soc. **61**, 868, 869 [1892].

[6] Liebermann, Berichte d. Deutsch. chem. Gesellschaft **12**, 183 [1879].

[7] Liebermann u. Boeck, Berichte d. Deutsch. chem. Gesellschaft **11**, 1613 [1878].

[8] Soc. St. Denis, D. R. P. 73 961, 76 280; Friedländers Fortschritte der Teerfarbenfabrikation **3**, 197; **4**, 270.

säure[1]). Liefert bei der Oxydation (mit Salpetersäure oder Chromsäure) β-Anthrachinon-disulfosäure.

Anthracenchlorid $C_{14}H_{10}Cl_2$

Entsteht durch Einwirkung von Chlor auf eine Schwefelkohlenstofflösung des Anthracens in der Kälte[2]). Nadelförmige Krystalle. Löst sich wenig in Alkohol, Äther, Benzol, Schwefelkohlenstoff. Sehr unbeständig. Wandelt sich schon bei gewöhnlicher Temperatur unter Abspaltung von Chlorwasserstoff in Chloranthracen $C_{14}H_9Cl$ um[3]).

Dichloranthracendichlorid $C_{14}H_8Cl_4$

Entsteht durch Einwirkung von Chlor auf eine Chloroformlösung des Anthracens. Hierbei bildet sich zunächst 9, 10-Dichloranthracen, das bei fortgesetztem Einleiten von Chlor zwei weitere Atome aufnimmt[4]). Prismenförmige Krystalle vom Schmelzp. 149—150°. Löst sich schwer in Alkohol oder Äther, leicht in Benzol oder Chloroform. Spaltet beim Erhitzen auf 170°, langsam auch schon bei gewöhnlicher Temperatur, besonders leicht mit alkoholischem Kali[5]), Chlorwasserstoff ab und geht in Trichloranthracen $C_{14}H_7Cl_3$ über. Lange, gelbe Nadeln. Schmelzp. 162—163°.

Dichloranthracentetrachloride $C_{14}H_8Cl_6$. α-**Tetrachlorid.** Entsteht aus Anthracen durch andauernde Einwirkung von Chlor anfangs bei gewöhnlicher, nachher bei bis 230° steigender Temperatur[6]) [7]); oder aus 9, 10-Dichloranthracen durch Einwirkung von Chlor[7]). Nadelförmige Krystalle. Schmelzp. 187° unter Abspaltung von Chlorwasserstoff. Löst sich leicht in Äther oder Benzol, schwer in Alkohol oder Eisessig. Alkoholisches Kali spaltet Salzsäure ab unter Bildung von α-Tetrachloranthracen[8]). Goldgelbe Nadeln. Schmelzp. 220°[8]), 164°[7]). — β-**Tetrachlorid.** Entsteht aus 9-Nitroanthracen durch Einwirkung von Phosphorpentachlorid bei 180°[9]). Nadelförmige Krystalle vom Schmelzp. 205—207°. Löslich in Alkohol. Alkoholisches Kali spaltet Salzsäure ab unter Bildung von β-Tetrachloranthracen[9]). Gelbe Nadeln. Schmelzp. 152°.

Monochloranthracen $C_{14}H_9Cl$

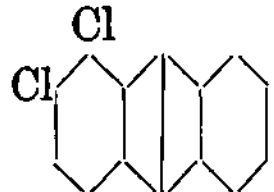

Entsteht aus Anthracenchlorid durch Verlust eines Moleküls Chlorwasserstoff[2]). Lange, goldgelbe, nadelförmige Krystalle vom Schmelzp. 103°. Löst sich sehr leicht in Äther, Benzol, Schwefelkohlenstoff. Liefert ein Pikrat, scharlachrote, nadelförmige Krystalle.

1, 2-Dichloranthracen $C_{14}H_8Cl_2$

Entsteht aus α-Tetrachloranthrachinon durch Einwirkung von Zinkstaub und Ammoniak bei Wasserbadtemperatur[10]). Feine, nadelförmige Krystalle vom Schmelzp. 255°.

---

[1]) Schüler, Berichte d. Deutsch. chem. Gesellschaft **15**, 1807—1808 [1882].
[2]) Perkin, Bulletin de la Soc. chim. **27**, 465 [1877].
[3]) Anderson, Annalen d. Chemie u. Pharmazie **122**, 306 [1862].
[4]) Schwarzer, Berichte d. Deutsch. chem. Gesellschaft **10**, 377 [1877].
[5]) Schwarzer, Berichte d. Deutsch. chem. Gesellschaft **10**, 378 [1877].
[6]) Diehl, Berichte d. Deutsch. chem. Gesellschaft **11**, 174 [1878].
[7]) Hammerschlag, Berichte d. Deutsch. chem. Gesellschaft **19**, 1108 [1886].
[8]) Gräbe u. Liebermann, Annalen d. Chemie u. Pharmazie, Suppl. **7**, 283 [1870].
[9]) Liebermann u. Lindemann, Berichte d. Deutsch. chem. Gesellschaft **13**, 1588 [1880].
[10]) Kircher, Annalen d. Chemie u. Pharmazie **238**, 347 [1887].

9, 10- oder β-Dichloranthracen

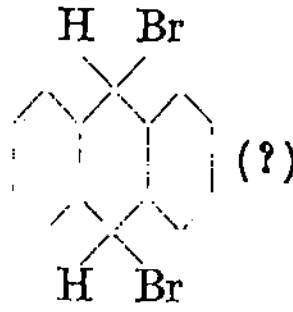

Entsteht aus Anthracen durch Einwirkung von Chlor bei 100° [1]) oder aus Chloranthracen beim Stehen in einer Chloratmosphäre bei gewöhnlicher Temperatur [2]). Gelbe Krystalle in Gestalt länglicher, glänzender Nadeln. Schmelzp. 209° [3]). Löst sich leicht in Benzol, schwer in Alkohol oder Äther. Liefert bei der Oxydation Anthrachinon. Verhalten gegen rauchende Schwefelsäure [4]). Durch längere Einwirkung dampfförmigen Broms entsteht

Dichloranthracentetrabromid $C_{14}H_8Cl_2Br_4$, atlasglänzende Nadeln vom Schmelzp. 166° [5]); 178° [6]), leicht löslich in Benzol, Chloroform, schwer in Alkohol, Äther. Es gibt beim Erhitzen auf 180—190° Brom und Bromwasserstoff ab und geht in **Dichlorbromanthracen** $C_{14}H_7Cl_2Br$ über [5]), kleine, grünlichgelbe, blattförmige Krystalle vom Schmelzp. 168°, in Benzol oder Chloroform leicht löslich. Beim Kochen mit alkoholischer Kalilauge wird nur Bromwasserstoff abgespalten und es entsteht **Dichlordibromanthracen** $C_{14}H_6Cl_2Br_2$ [5]) kleine, gelbe, nadelförmige Krystalle vom Schmelzp. 251—252°, löslich in Benzol, schwer löslich in Alkohol oder Eisessig.

Hexachloranthracen $C_{14}H_4Cl_6$. Entsteht durch Einwirkung von Chlor auf Anthracen, bei Gegenwart von Antimonpentachlorid [7]) [8]). Lange, gelbe, nadelförmige Krystalle. Schmelzp. 320—330° [8]) ohne Zersetzung. Sublimierbar. In Alkohol, Äther, Benzol (kalt), Eisessig unlöslich, in heißem Benzol oder Chloroform ziemlich, in Schwefelkohlenstoff oder Nitrobenzolgut löslich. Oxydation (mit Chromsäuremischung) liefert Tetrachloranthrachinon.

Heptachloranthracen $C_{14}H_3Cl_7$. Entsteht aus α-Dichloranthracentetrachlorid beim Erhitzen mit Antimonpentachlorid auf 260° [8]). Kleine, gelbe, nadelförmige Krystalle. Schmelzp. oberhalb 350°. Ohne Zersetzung sublimierbar. In Alkohol, Äther, Benzol, Eisessig unlöslich; in heißem Chloroform oder Toluol ziemlich, in Ligroin oder Nitrobenzol noch leichter löslich.

Octochloranthracen $C_{14}H_2Cl_8$. Entsteht aus niederen Chlorsubstitutionsprodukten des Anthracens durch Einwirkung von Antimonpentachlorid bei 275—280° [9]). Federartige Krystalle. Schmilzt noch nicht bei 350°. Sublimierbar. Wenig löslich in Schwefelkohlenstoff, Ligroin, Nitrobenzol. Einwirkung von Antimonpentachlorid auf die Chlorderivate des Anthracens bei 280—300° führt zur Spaltung des Moleküls; es entstehen Perchlorbenzol C_6Cl_6 und Perchlormethan CCl_4 [10]).

Anthracenbromid $C_{14}H_{10}Br_2$

Entsteht durch Einwirkung von Brom auf eine Schwefelkohlenstofflösung des Anthracens bei 0° [11]). Kleine, glänzende, farblose Krystalle. Löst sich wenig in Alkohol, Äther, Schwefel-

[1]) Gräbe u. Liebermann, Annalen d. Chemie u. Pharmazie, Suppl. **7**, 282 [1870].

[2]) Laurent, Annalen d. Chemie u. Pharmazie **34**, 294 [1840].

[3]) Gräbe u. Liebermann, Annalen d. Chemie u. Pharmazie **160**, 137 [1871].

[4]) Bayer & Co., D. R. P. 68 775; Friedländers Fortschritte der Teerfarbenfabrikation **3**, 209.

[5]) Schwarzer, Berichte d. Deutsch. chem. Gesellschaft **10**, 376 [1877].

[6]) Hammerschlag, Berichte d. Deutsch. chem. Gesellschaft **19**, 1106 [1886].

[7]) Bolas, Jahresber. d. Chemie **1873**, 392.

[8]) Diehl, Berichte d. Deutsch. chem. Gesellschaft **11**, 175—176 [1878].

[9]) Diehl, Berichte d. Deutsch. chem. Gesellschaft **11**, 177 [1878].

[10]) Ruoff, Berichte d. Deutsch. chem. Gesellschaft **9**, 1488 [1876].

[11]) Perkin, Bulletin de la Soc. chim. **27**, 464 [1877].

kohlenstoff. Sehr unbeständig; wandelt sich schon bei gewöhnlicher Temperatur unter Abspaltung von Bromwasserstoff in **Bromanthracen** $C_{14}H_9Br$

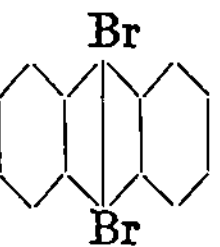

um. Lange, gelbe Nadeln. Schmelzp. 100°.

9,10-Dibromanthracen $C_{14}H_8Br_2$

Entsteht durch Einwirkung von (4 Atomen) Brom auf eine Schwefelkohlenstofflösung des Anthracens[1]). Ferner aus Triphenylmethan durch Einwirkung von Brom[2]). Goldgelbe, nadelförmige Krystalle vom Schmelzp. 221°. Ohne Zersetzung sublimierbar. In Alkohol, Äther sehr schwer löslich; löslich in heißem Benzol oder Toluol. Liefert bei der Oxydation Anthrachinon. Rauchende Salpetersäure wirkt zugleich nitrierend zu Nitro- und Dinitroanthrachinon. Einwirkung rauchender Schwefelsäure[3]).

Ein **Isodibromanthracen** entsteht aus Dibromanthrachinon durch Reduktion mit Jodwasserstoff und Phosphor bei 150°[4]). Glänzende, goldgelbe, tafelförmige Krystalle vom Schmelzp. 190—192°. Löst sich schwierig in Alkohol oder Benzol. Oxydationsmittel führen in Dibromanthrachinon über.

Dibromanthracentetrabromid $C_{14}H_8Br_6$. Entsteht durch Einwirkung von Brom auf Anthracen[5]) oder auf Dibromanthracen[1]). Farblose Krystalle in Form dicker Tafeln. Schmelzp. 170—180° unter Zersetzung. Löst sich schwer in Alkohol, Äther, kaltem Benzol; besser in siedendem Benzol. Liefert beim Erhitzen für sich auf 200° **Tribromanthracen** $C_{14}H_7Br_3$ unter Abgabe von Brom und Bromwasserstoff. Gelbe Nadeln. Schmelzp. 169°. Bei der Einwirkung alkoholischer Kalilauge entsteht **Tetrabromanthracen**[5]) $C_{14}H_6Br_4$. Lange, gelbe Nadeln. Schmelzp. 254°[1]). Einwirkung rauchender Schwefelsäure[6]).

Tetrabromanthracentetrabromid $C_{14}H_6Br_8$. Entsteht aus Tetrabromanthracen durch Einwirkung dampfförmigen Broms bei gewöhnlicher Temperatur[7]). Farblose, prismenförmige Krystalle. Schmelzp. 212° unter Zersetzung. Löst sich in 100 T. Schwefelkohlenstoff, in andern Lösungsmitteln noch schwerer. Geht beim Erhitzen auf 230° unter Entwicklung von Brom und Bromwasserstoff in **Pentabromanthracen** $C_{14}H_5Br_5$, Schmelzp. 212°, über[8]). Bei der Behandlung mit alkoholischer Kalilauge entsteht unter Abspaltung von Bromwasserstoff **Isohexabromanthracen** $C_{14}H_4Br_6$. Seidenglänzende, goldgelbe Nadeln, die noch nicht bei 370° schmelzen[8]). Rauchende Salpetersäure oxydiert und nitriert Tetrabromanthracentetrabromid zugleich zu Tetrabromdinitroanthrachinon.

α-Hexabromanthracen $C_{14}H_4Br_6$. Entsteht aus Dibromanthracen beim Erhitzen mit Brom unter Jodzusatz[9]). Hellgelbe Flocken. Schmelzp. 310—320°. Sublimierbar. Unlöslich in Alkohol, Äther, Eisessig; löslich in heißem Chloroform oder Benzol. Liefert bei der Oxydation Tetrabromanthrachinon vom Schmelzp. 295—300°.

Heptabromanthracen $C_{14}H_3Br_7$. Entsteht aus Dibromanthracen durch längere Einwirkung von Brom bei 200° unter Jodzusatz[10]). Gelbes Pulver, zu gelben, nadelförmigen Krystallen sublimierbar. Schmilzt noch nicht bei 350°. Unlöslich in Alkohol, Äther, Eisessig, Benzol, leichter in Chloroform oder Schwefelkohlenstoff.

Octobromanthracen $C_{14}H_2Br_8$. Entsteht aus Heptabromanthracen durch 8 tägiges Erhitzen mit Brom und Jod auf über 360°[10]). Dunkelgelbe Nadeln. Sublimierbar. Zeigt sehr geringe Löslichkeit, selbst in siedendem Nitrobenzol oder Anilin nur spärlich löslich.

1) Grähe u. Liebermann, Annalen d. Chemie u. Pharmazie, Suppl. **7**, 275 [1870].

2) Kölliker, Annalen d. Chemie u. Pharmazie **228**, 255 [1885].

3) Bayer & Co., D. R. P. 68 775; Friedländers Fortschritte der Teerfarbenfabrikation **3**, 209.

4) Miller, Annalen d. Chemie u. Pharmazie **182**, 367 [1876].

5) Anderson, Annalen d. Chemie u. Pharmazie **122**, 304 [1862].

6) Bayer & Co., D. R. P. 69 835; Friedländers Fortschritte der Teerfarbenfabrikation **3**, 211.

7) Hammerschlag, Berichte d. Deutsch. chem. Gesellschaft **10**, 1212 [1877].

8) Hammerschlag, Berichte d. Deutsch. chem. Gesellschaft **10**, 1213 [1877].

9) Diehl, Berichte d. Deutsch. chem. Gesellschaft **11**, 178 [1878].

10) Diehl, Berichte d. Deutsch. chem. Gesellschaft **11**, 178—179 [1878].

Phenanthren

Mol.-Gewicht 178.

Zusammensetzung: 94,39% C, 5,61% H.

$$C_{14}H_{10}.$$

(Strukturformel Phenanthren) 1)

Vorkommen: Im Teer des pennsylvanischen Petroleums[2]). Im „Stubb"oder „Stupp" aus den Quecksilbererzen von Idria (Krain); es bildet 45% des „Stubbfetts", des bei der Destillation des Stubbs übergehenden Gemischs von Kohlenwasserstoffen[3]).

Bildung: Bei der trocknen Destillation der Steinkohlen; findet sich daher im Steinkohlenteer. Beim Durchleiten von Toluoldampf durch glühende Röhren (neben Benzol, Anthracen, Chrysen und anderen Kohlenwasserstoffen)[4]). Aus β-Phenanthrencarbonsäure beim Destillieren[5]). Aus o-Brombenzylbromid

$$\text{(Strukturformel)} \quad -CH_2Br \quad -Br$$

mit Natrium[6]).

Darstellung: Aus den hochsiedenden Anteilen des Steinkohlenteeröls. Diese werden fraktioniert, das Destillat von 320—350°[7]) wiederum fraktioniert und das jetzt bei 339—342° Übergehende aufgefangen[8]). Dieses Destillat besteht hauptsächlich aus Phenanthren neben Anthracen. Man kann diese trennen, indem man aus viel Alkohol umkrystallisiert, wobei zuerst das weniger lösliche Anthracen sich ausscheidet, während Phenanthren zum größten Teil gelöst bleibt. Oder man oxydiert mit Kaliumbichromat und verdünnter Schwefelsäure, von denen Anthracen leichter angegriffen wird[9]). Oder man behandelt das Rohphenanthren in Xylollösung mit Pikrinsäure ($1^1/_2$facher Menge) und zersetzt das Pikrat mit Ammoniak[4]). Oder man löst das Rohphenanthren in warmem Toluol (im Verhältnis 3 : 5) und kühlt die Lösung auf 10° ab, wodurch das Anthracen zum größten Teil abgeschieden wird. Dieses Verfahren wird wiederholt und dann das Phenanthren aus 70proz. Alkohol umkrystallisiert[10]).

Physikalische Eigenschaften: Krystallisiert (aus Alkohol) in farblosen monoklinen[11]) Blättchen oder Tafeln. Schmelzp. 99°[4]). Siedep. 340° (i. D.). Sublimiert schon bei tiefer Temperatur. Spez. Gewicht bei t° (in flüssigem Zustand) 1,06305—0,0005 (t—100,5)[12]). Molekulare Verbrennungswärme bei konstantem (Volumen) 1699,0 Cal., gleich der des Anthracens[13]). Löslichkeit: Leicht löslich in kaltem Äther, Schwefelkohlenstoff, Eisessig, Benzol; in Alkohol: 48—50 T. 95proz. Alkohol lösen bei 13—14° 1 T. Phenanthren; 100 T. abs. Alkohol lösen bei 16° 2,62 T. Phenanthren[14]); 100 T. abs. Alkohol lösen bei Siedetemperatur 10,08 T. Phenanthren[14]); in Toluol: 100 T. Toluol lösen bei 16,5° 33,02 T. Phenanthren[14]); 100 T. Toluol lösen bei Siedehitze in jedem Verhältnis. Die Lösungen zeigen schwachblaue Fluorescenz. Absorptionsspektrum der Lösungen[15]).

[1]) Wegscheider, Monatshefte f. Chemie **1**, 916 (Prismenformel) [1880].

[2]) Prunier u. David, Bulletin de la Soc. chim. **31**, 158, 293 [1879]; Berichte d. Deutsch. chem. Gesellschaft **12**, 366, 843 [1879]; Compt. rend. de l'Acad. des Sc. **86**, 991 [1878].

[3]) Goldschmidt u. Schmiedt, Monatshefte f. Chemie **2**, 1 [1881].

[4]) Gräbe, Berichte d. Deutsch. chem. Gesellschaft **7**, 48 [1874].

[5]) Pschorr, Berichte d. Deutsch. chem. Gesellschaft **29**, 500 [1896].

[6]) Jackson u. White, Amer. Chem. Journ. **2**, 391 [1880].

[7]) Ostermayer, Berichte d. Deutsch. chem. Gesellschaft **7**, 1090 [1874].

[8]) G. Schmidt, Berichte d. Deutsch. chem. Gesellschaft **12**, 1159 [1879].

[9]) Anschütz u. Schultz, Annalen d. Chemie u. Pharmazie **196**, 34 [1879].

[10]) Wense, Berichte d. Deutsch. chem. Gesellschaft **19**, 761 [1886].

[11]) Negri, Gazzetta chimica ital. **23**, II, 377 [1893].

[12]) R. Schiff, Annalen d. Chemie u. Pharmazie **223**, 262 [1884].

[13]) Berthelot u. Vieille, Annales de Chim. et de Phys. [6] **10**, 446 [1887].

[14]) Bechi, Berichte d. Deutsch. chem. Gesellschaft **12**, 1978 [1879].

[15]) Hartley, Journ. Chem. Soc. **39**, 164 [1881].

Chemische Eigenschaften: Wird durch Oxydationsmittel in Phenanthrenchinon $C_{14}H_8O_2$ übergeführt: Kaliumpermanganat wirkt in der Kälte nicht ein. Natrium reduziert in kochender Fuselöllösung zu **Phenanthrentetrahydrür** $C_{14}H_{14}$ [1]) (Flüssigkeit, Schmelzp. 0° [2]), Siedep. 310°, spez. Gewicht 1,067 bei 10,2°). Dasselbe Reduktionsprodukt liefert Jodwasserstoff mit rotem Phosphor beim Erhitzen auf 210—240° während 6—8 Stunden [3]). Bei höherer Temperatur entsteht auch ein **Phenanthrenoctohydrür** $C_{14}H_{18}$ (?). Erhitzt man mit Jodwasserstoff und rotem Phosphor auf 250—260° während 12—16 Stunden, so erhält man **Phenanthrenperhydrür** $C_{14}H_{24}$ [4])

(Flüssigkeit, Schmelzp. —3°, Siedep. 270—275°, spez. Gewicht 0, 933 bei 20°). Von Natriumamalgam wird Phenanthren nicht reduziert. Chlor und Brom werden zunächst addiert; doch spalten die Additionsprodukte leicht Halogenwasserstoff ab und gehen in Substitutionsprodukte über. Salpetersäure wirkt nitrierend zu Nitrophenanthren. Rauchende Schwefelsäure liefert eine Monosulfosäure.

Nachweis: Durch Überführung in Phenanthrenchinon, siehe dieses. Trennung eines Gemisches von Anthracen und Phenanthren durch Lösen in Alkohol (von 80—85%) und Behandeln des Gelösten mit Salpetersäure.

Phenanthrenchinon $C_{14}H_8O_2$

Entsteht aus Phenanthren bei der Oxydation mit Chromsäure [5]). Zur Darstellung fügt man zu Phenanthren, das in 4—5 T. warmem Eisessig gelöst ist, 2,2 T. Chromsäure, gleichfalls in heißer Eisessiglösung und erhält das Gemisch einige Zeit im Sieden. Danach wird die Säure zum größten Teil abdestilliert und in dem Rückstand durch Wasserzusatz das Chinon ausgefällt. Zur Reinigung löst man dieses in Natriumbisulfit, fällt es durch Salzsäure in der Kälte wieder aus und krystallisiert aus Eisessig, Benzol oder Alkohol um [6]). Ähnlich erfolgt die Darstellung im großen, wobei man von Rohphenanthren ausgeht und es mit Kaliumdichromat und Schwefelsäure oxydiert [7]). Lange, nadelförmige Krystalle, orange gefärbt. Schmelzp. 202° [8]); 205° [6]). Siedep. oberhalb 360° ohne Zersetzung. Unzersetzt sublimierbar zu orangefarbenen Tafeln. Spez. Gewicht 1,4045 [9]). Molekulare Verbrennungswärme (bei konstantem Druck) 1548,0 Cal. [10]). Unlöslich in kaltem, etwas löslich in heißem Wasser; wenig löslich in Alkohol oder Äther, leicht löslich in heißem Eisessig. Löst sich in konz. Schwefelsäure mit dunkelgrüner Farbe. Leicht zu Hydrophenanthrenchinon $\begin{array}{c}C_6H_4-C(OH)\\ | \quad\quad \|\\ C_6H_4-C(OH)\end{array}$ reduzierbar; schon beim Einleiten von Schwefeldioxyd in eine erwärmte alkoholische Phenanthrenchinonlösung [11]). Beim Erhitzen mit Zinkstaub wird Phenanthren zurückgebildet. Liefert (in Wasser oder Alkohol) leicht lösliche Verbindungen mit Alkalibisulfiten.

---

[1]) Bamberger u. Lodter, Berichte d. Deutsch. chem. Gesellschaft **20**, 3076 [1887].
[2]) Gräbe, Berichte d. Deutsch. chem. Gesellschaft **8**, 1056 [1875].
[3]) Gräbe, Annalen d. Chemie u. Pharmazie **167**, 154 [1873].
[4]) Liebermann u. Spiegel, Berichte d. Deutsch. chem. Gesellschaft **22**, 779 [1889].
[5]) Fittig u. Ostermayer, Annalen d. Chemie u. Pharmazie **166**, 365 [1873].
[6]) Gräbe, Annalen d. Chemie u. Pharmazie **167**, 140 [1873].
[7]) Anschütz u. Schultz, Annalen d. Chemie u. Pharmazie **196**, 38 [1879].
[8]) Hayduck, Annalen d. Chemie u. Pharmazie **167**, 184 [1873].
[9]) Schröder, Berichte d. Deutsch. chem. Gesellschaft **13**, 1071 [1880].
[10]) Valeur, Bulletin de la Soc. chim. [3] **19**, 514 [1898].
[11]) Gräbe, Annalen d. Chemie u. Pharmazie **167**, 146 [1873].

Isophenanthrenchinon $C_{14}H_8O_2$. Entsteht als Nebenprodukt bei der Oxydation des Phenanthrens mit Chromsäure in Eisessiglösung: Beim Umkrystallisieren des Phenanthrenchinons aus Alkohol bleibt ein Öl in Lösung, das, durch Waschen mit Äther von beigemengtem Phenanthrenchinon befreit, die Zusammensetzung $C_{14}H_{10}O_2$ zeigt und durch Erhitzen mit Zinkstaub in geringer Menge Phenanthren zurückbildet. Dieses Öl wird durch Einwirkung von Chromsäure und Eisessig zu Isophenanthrenchinon oxydiert[1]). Gelbe Krystalle vom Schmelzp. 156°. In Wasser fast unlöslich, in heißem Alkohol sehr leicht löslich; löst sich in Alkalien.

Bismononitrodihydrophenanthrenoxyd? $C_{28}H_{20}N_2O_5 = C_{14}H_{10}\langle\overset{O}{\underset{NO_2\ NO_2}{}}\rangle C_{14}H_{10}$? Entsteht beim Einleiten salpetriger Säure in eine gekühlte Lösung von Phenanthren in Benzol, neben Bismononitrodihydrophenanthren (s. d.). Das Oxyd scheidet sich bei mehrstündigem Stehen aus der Benzollösung krystallinisch ab[2]). Würfelförmige, kleine Krystalle. Schmelzp. 154—155° unter Entwicklung von Stickstoffoxyden. Wenig löslich. Löslich in 250 T. siedendem Benzol. Liefert mit Benzol eine Verbindung $C_{28}H_{20}N_2O_5 \cdot C_6H_6$ vom Schmelzp. 134—135° unter Zersetzung.

Bismononitrodihydrophenanthren? $C_{28}H_{20}N_2O_4 = C_{14}H_{10}\underset{NO_2\ NO_2}{\overline{\hspace{2cm}}}C_{14}H_{10}$(?) Entsteht beim Einleiten salpetriger Säure in eine gekühlte Lösung von Phenanthren in Benzol, neben Bismononitrodihydrophenanthrenoxyd[3]) (s. dieses). Hellgelbe, kleine Krystalle. Schmelzp. 199—200° unter lebhafter Entwicklung salpetriger Dämpfe. Wenig löslich. Löst sich in konz. Schwefelsäure mit grünbrauner Farbe, die beim Erwärmen tiefgrün, beim Zusatz von Wasser und Übersättigen mit Alkali gelbbraun wird.

Phenanthrenmonosulfosäuren $C_{14}H_{10}SO_3 = C_{14}H_9 \cdot SO_3H$. Durch Erhitzen von Phenanthren mit der gleichen Menge konz. Schwefelsäure auf 100°[4]) entstehen zwei Monosulfosäuren, die durch die verschiedene Löslichkeit der Salze getrennt werden[5]). Die aus den schwerer löslichen Salzen gewonnene **α-Phenanthrensulfosäure** wird von Permanganat zu Phthalsäure oxydiert[6]). Salze[4]).

Die **β-Phenanthrensulfosäure**

$$
\begin{array}{c}
\text{SO}_3\text{H}\\
\vdots\\
\text{(Phenanthrengerüst mit H-Atomen)}
\end{array}
$$

gibt bei der Destillation des Natriumsalzes mit Kaliumferrocyanid das Nitril der β-Phenanthrencarbonsäure[5])

$$
\begin{array}{c}
C_6H_4\!-\!CH\\
|\qquad\ \|\\
C_6H_4\!-\!C\cdot CN
\end{array}
$$

Eine **Phenanthrensulfosäure** (von den Entdeckern[7]) β-Säure genannt) entsteht aus Phenanthren bei 3stündigem Erhitzen mit $^2/_3$ T. konz. Schwefelsäure auf 170°[7]). Feine, glänzende, nadelförmige Krystalle. In Wasser oder Alkohol leicht löslich. Die Salze sind viel schwerer löslich als die der beiden bekannten Isomeren.

Phenanthrendisulfosäure $C_{14}H_{10}S_2O_6 = C_{14}H_8(SO_3H)_2$. Entsteht aus Phenanthren durch $^1/_4$—$^1/_2$ stündiges Erwärmen mit 4 T. Pyroschwefelsäure bei Wasserbadtemperatur[8]). Braungelbe, sirupartige Masse von sehr saurem und bitterem Geschmacke. Die meisten Salze sind in Wasser löslich, in Alkohol unlöslich.

Mononitrophenanthrene $C_{14}H_9NO_2$. **α-Nitrophenanthren.** Entsteht als Hauptprodukt neben den β- und γ-Isomeren bei der Einwirkung von Salpetersäure auf Phenanthren[9]). Man

[1]) Hayduck, Annalen d. Chemie u. Pharmazie **167**, 185 [1873].
[2]) Schmidt, Berichte d. Deutsch. chem. Gesellschaft **33**, 3255 [1900].
[3]) Schmidt, Berichte d. Deutsch. chem. Gesellschaft **33**, 3259 [1900].
[4]) Gräbe, Annalen d. Chemie u. Pharmazie **167**, 152 [1863].
[5]) Japp, Journ. Chem. Soc. **37**, 83—84 [1880].
[6]) Anschütz u. Japp, Berichte d. Deutsch. chem. Gesellschaft **11**, 213 [1878].
[7]) Morton u. Geyer, Amer. Chem. Journ. **2**, 203 [1880].
[8]) E. Fischer, Berichte d. Deutsch. chem. Gesellschaft **13**, 314 [1880].
[9]) G. Schmidt, Berichte d. Deutsch. chem. Gesellschaft **12**, 1154, 1156 [1879].

läßt eine Mischung aus Phenanthren und $3^1/_2$ T. grobem Sand 3—4 Tage mit 8 T. Salpetersäure vom spez. Gewicht 1,35 bei 10° stehen und löst dann nach dem Waschen des Reaktionsproduktes mit Wasser und Sodalösung die drei Nitroprodukte durch Auskochen mit 90 proz. Alkohol. Krystalle in Form strohgelber Nädelchen vom Schmelzp. 73,75°. Chromsäure mit Eisessig oxydiert zu α-Nitrophenanthrenchinon[1]). Orangegelbe Blättchen vom Schmelzp. 215—220°.

β-**Nitrophenanthren.** Entsteht bei der Nitrierung des Phenanthrens (s. oben) in geringerer Menge als seine Isomeren; unterscheidet sich von dem α-Derivat durch geringere Löslichkeit in Äther. Krystalle vom Schmelzp. 126—127°. Liefert mit Chromsäure β-Nitrophenanthrenchinon[1]). Orangegelbe, flache Nadeln vom Schmelzp. 260—266°. Schwerer reduzierbar als seine Isomeren.

γ-**Nitrophenanthren.** Unterscheidet sich von den bei der Nitrierung des Phenanthrens gleichzeitig entstehenden Isomeren (s. oben) durch geringere Löslichkeit in Alkohol oder Äther. Kleine glänzende, blättchenförmige Krystalle vom Schmelzp. 170—171°. Liefert mit Chromsäure γ-Nitrophenanthrenchinon; orangegelbe, lange Nadeln vom Schmelzp. 263° (bei beginnender Zersetzung)[1]). Leicht reduzierbar.

9 (?)-Nitrophenanthren

Entsteht aus Bismononitrodihydrophenanthrenoxyd (s. dort) durch kurzes Kochen mit der gleichen Menge Natrium in methylalkoholischer Lösung[2]). Hellgelbe, nadelförmige Krystalle vom Schmelzp. 116—117°. In Chloroform, Benzol leicht löslich, in kalten Alkoholen, Äther schwerer, sehr schwer in Ligroin. Löst sich in konz. Schwefelsäure mit blutroter Farbe, die beim Erwärmen in Grün umschlägt.

Dinitrophenanthren $C_{14}H_8N_2O_4 = C_{14}H_8(NO_2)_2$. Entstehen durch Nitrieren des Phenanthrens mit konz. Salpetersäure bei 100°[3]). Gelbe Krystalle vom Schmelzp. 150—160°. In Eisessig löslich.

Monochlorphenanthren $C_{14}H_9Cl$

Entsteht bei der Einwirkung von Chlor auf Phenanthren in Eisessiglösung (neben Dichlorphenanthren und Dichlorphenanthrentetrachlorid)[4]). Ölige Flüssigkeit. Mit Alkohol und andern organischen Lösungsmitteln mischbar.

Dichlorphenanthren $C_{14}H_8Cl_2$

Entsteht aus Phenanthren beim Einleiten von Chlor (s. oben)[4]). Halbzähe Flocken. Zersetzt sich oberhalb 100°. In Alkohol, Eisessig und anderen Lösungsmitteln leicht löslich.

1) G. Schmidt, Berichte d. Deutsch. chem. Gesellschaft 12, 1154, 1156 [1879].

2) Schmidt, Berichte d. Deutsch. chem. Gesellschaft 33, 3257 [1900].

3) Gräbe, Annalen d. Chemie u. Pharmazie 167, 131, 154 [1863]; Berichte d. Deutsch. chem. Gesellschaft 8, 1056 [1875].

4) Zetter, Berichte d. Deutsch. chem. Gesellschaft 11, 165 [1878].

Dichlorphenanthrentetrachlorid $C_{14}H_8Cl_6$

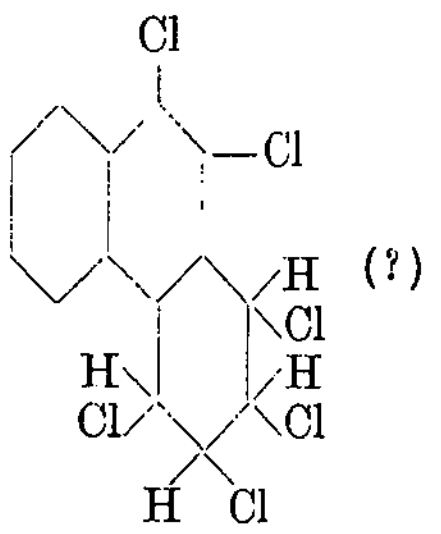

Entsteht aus Phenanthren beim Einleiten von Chlor (s. oben)[1]. Längliche, spießförmige Krystalle vom Schmelzp. 145°. In Alkohol, Äther, Benzol sehr leicht löslich. Wird beim Erhitzen für sich oder mit alkoholischer Kalilauge unter Abspaltung von Chlorwasserstoff in Tetrachlorphenanthren $C_{14}H_6Cl_4$ verwandelt.

Tetrachlorphenanthren $C_{14}H_6Cl_4$

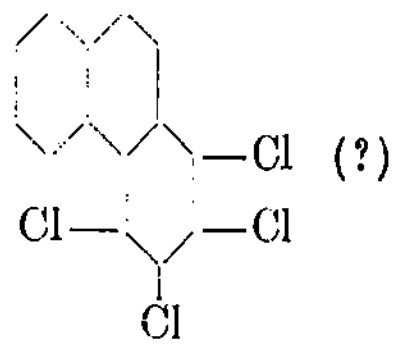

Entsteht aus Phenanthren durch allmähliches Zufließenlassen von 4 Mol. Antimonpentachlorid[1]. Kurze, gelbliche, nadelförmige Krystalle vom Schmelzp. 171—172°. Sublimierbar zu dünnen Spießen unter geringer Verkohlung. In Äther, Benzol leicht löslich; weniger in Eisessig; fast unlöslich in Alkohol.

Hexachlorphenanthren $C_{14}H_4Cl_6$

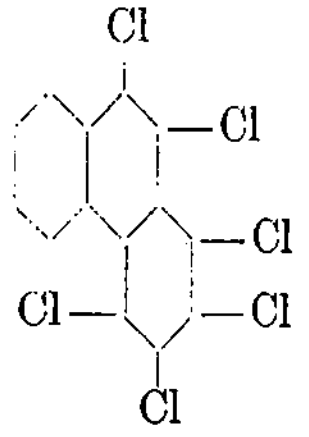

Entsteht aus Phenanthren beim Erhitzen mit 6 Mol. Antimonpentachlorid auf 120—140°[1]. Krystalle vom Schmelzp. 249—250°. Sublimierbar zu „federbartartigen" Nadeln. In Alkohol, Äther sehr schwer löslich, leichter in siedendem Eisessig.

Octochlorphenanthren $C_{14}H_2Cl_6$

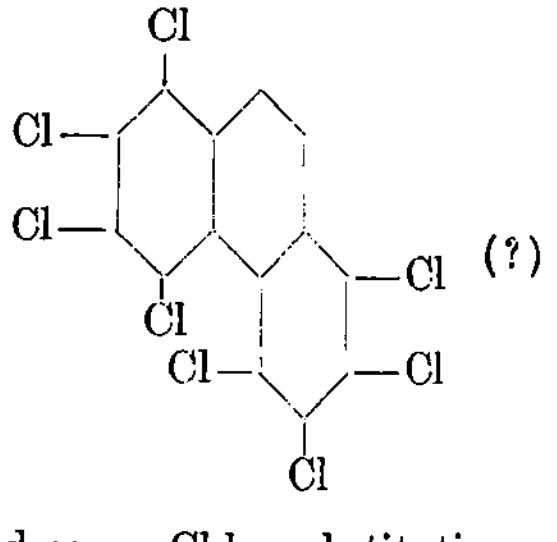

Entsteht aus Phenanthren (oder dessen Chlorsubstitutionsprodukten) beim Erhitzen mit Antimonpentachlorid auf 180—200°[1]. Undeutliche Körner, sublimierbar zu nadelförmigen Krystallen vom Schmelzp. 270—280°. In Alkohol, Äther fast unlöslich; löslich in heißem Eisessig; leicht löslich in Benzol. Beim weiteren Erhitzen mit Antimonpentachlorid oberhalb 200° entsteht Perchlorbenzol C_6Cl_6, oberhalb 270° Perchlorbenzol und Perchlormethan CCl_4[2].

[1] Zetter, Berichte d. Deutsch. chem. Gesellschaft **11**, 165 [1878].
[2] Ruoff, Berichte d. Deutsch. chem. Gesellschaft **9**, 1490 [1876].

Phenanthrendibromid $C_{14}H_{10}Br_2$

Entsteht beim Bromieren von Phenanthren in Schwefelkohlenstofflösung[1] [2]. Flache, prismatische Krystalle. Schmelzp. 98° unter Zersetzung; sehr unbeständig. Spaltet beim Erhitzen für sich oder mit Wasser (im zugeschmolzenen Rohr), ebenso bei der Einwirkung von Silberacetat und Essigsäure, Bromwasserstoff ab unter Bildung von Bromphenanthren[1]. Alkoholische Kalilauge oder alkoholisches Cyankali[3] führt in Phenanthren über.

Bromphenanthren $C_{14}H_9Br$

Entsteht aus Phenanthrendibromid (s. dort) durch Erhitzen auf 100°[4]. Dünne, prismatische Krystalle vom Schmelzp. 63°. Ohne Zersetzung sublimierbar. Siedep. oberhalb 360° (ohne Zersetzung)[5]. In Schwefelkohlenstoff, Eisessig leicht löslich. Wird von Chromsäure (in Eisessiglösung) zu Phenanthrenchinon oxydiert, von Natriumamalgam in Phenanthren rückverwandelt.

Dibromphenanthrene $C_{14}H_8Br_2$. **α-Dibromphenanthren.** Entsteht bei der Einwirkung von 4 Atomen Brom auf Phenanthren in gekühlter, ätherischer Lösung, neben β-Dibromphenanthren und andern Produkten[6]. Die Trennung der beiden Isomeren beruht auf der Unlöslichkeit der α-Verbindung in Äther. Lange, spießförmige Krystalle vom Schmelzp. 146—148°. Sublimierbar. Leicht löslich in Alkohol, Benzol und andern Lösungsmitteln.

β-**Dibromphenanthren.** Entsteht bei der Bromierung des Phenanthrens in Ätherlösung (s. oben) und scheidet sich beim Einengen des Filtrats der α-Verbindung aus[6]. Tafelförmige Krystalle vom Schmelzp. 158°. Nicht sublimierbar. In Alkohol und andern Mitteln leicht löslich.

Ein **Dibromphenanthren** (γ-**Dibromphenanthren**?) wurde beim Bromieren von Phenanthren in Schwefelkohlenstofflösung in geringer Menge erhalten[7]. Schmelzp. 202°. Löslich in Schwefelkohlenstoff; wenig löslich in heißem Alkohol, Eisessig; unlöslich in Äther.

Tribromphenanthren $C_{14}H_7Br_3$. Entsteht aus Dibromphenanthren durch Erhitzen mit Brom[7]. Krystalle in Form sehr feiner, seidenglänzender Nadeln. Schmelzp. 126°. Löslich in Eisessig.

Tetrabromphenanthren $C_{14}H_6Br_4$. Entsteht aus Phenanthren beim Erhitzen mit 8 Atomen Brom auf 200—210°[8]. Krystallkörner undeutlicher Form, in Nadeln sublimierbar. Schmelzp. 183—185°. In Alkohol, Äther fast unlöslich, in kaltem Eisessig schwer, in heißem leichter löslich; ziemlich leicht löslich in Benzol.

Hexabromphenanthren $C_{14}H_4Br_6$. Entsteht aus Phenanthren beim Erhitzen mit Brom auf 280° unter Zusatz von Jod (1 Mol.)[8]. Krystalle undeutlicher Form, in Nadeln sublimierbar. Schmelzp. 245°. In Alkohol, Äther unlöslich, leicht löslich in heißem Eisessig oder Benzol.

Heptabromphenanthren $C_{14}H_3Br_7$. Entsteht aus Phenanthren bei 50—60 stündigem Erhitzen mit Brom und Jod auf 360°[8]. Krystallkörner undeutlicher Form; in kleinen, gelblichen Nadeln sublimierbar. Schmelzp. oberhalb 270°. In Alkohol unlöslich, löslich in Benzol. Brom wirkt bei weiterem Erhitzen über 400° nicht mehr ein.

---

[1] Hayduck, Annalen d. Chemie u. Pharmazie **167**, 177 [1863].
[2] Fittig u. Ostermayer, Annalen d. Chemie u. Pharmazie **166**, 361 [1863].
[3] Anschütz, Berichte d. Deutsch. chem. Gesellschaft **11**, 1219 [1878].
[4] Hayduck, Annalen d. Chemie u. Pharmazie **167**, 181 [1863].
[5] Anschütz, Berichte d. Deutsch. chem. Gesellschaft **11**, 1218 (1878].
[6] Zetter, Berichte d. Deutsch. chem. Gesellschaft **11**, 170 [1878].
[7] Hayduck, Annalen d. Chemie u. Pharmazie **167**, 181, 183 [1863].
[8] Zetter, Berichte d. Deutsch. chem. Gesellschaft **11**, 171 [1878].

Fluoranthen (Idryl).

Mol.-Gewicht 190.

Zusammensetzung: 94,73% C, 5,27% H.

$$C_{15}H_{10}.$$

```
          CH
      CH /  \ CH
      CH \  / C
          C    \
          |      \
          C      CH
      CH / \ C / \ CH
      CH \  / C —— CH
          CH
```

Vorkommen: Im „Stubb" oder „Stupp", aus den Quecksilbererzen v n Idria (Krain)[1); bei der Destillation des von Quecksilber befreiten Stubbs wird das sog. „Stubbfett" gewonnen, ein Gemenge kohlenstoffreicher Kohlenwasserstoffe, das 12% Fluoranthen enthält[2).

Bildung: Bei der trocknen Destillation der Steinkohlen; findet sich daher im Steinkohlenteer[3).

Darstellung: Aus dem Stubb: Man extrahiert mit Alkohol, der die Hauptbestandteile Phenanthren, Pyren, Fluoranthen herauslöst, und unterwirft diese der fraktionierten Destillation. Zuerst geht Phenanthren über, dann ein Gemisch von Pyren und Fluoranthen. Aus dem „Rohphenanthren" des Steinkohlenteeröls: Bei der Vakuumdestillation erhält man bei 240—250° unter. 60 mm Druck eine Fraktion, die hauptsächlich Pyren und Fluoranthen enthält[4). Jenes entfernt man durch Ausfällen mit Pikrinsäure in alkoholischer Lösung, die man zu möglichst vollständiger Abscheidung stark einengen muß. Durch Zusatz von Ammoniak erhält man freies Fluoranthen, das aus Alkohol umkrystallisiert wird[3).

Physikalische und chemische Eigenschaften: Krystallisiert in langen, dünnen Nadeln (aus Alkohol), aus stark verdünnten Lösungen in großen monoklinen Tafeln[5). Schmelzp. 109—110°. Siedep. 250—251° bei 60 mm[4); 217° bei 30 mm[4). Löslichkeit: Leicht löslich in Äther, Schwefelkohlenstoff, Eisessig; in kaltem Alkohol schwer löslich, leicht in siedendem; löst sich in warmer, konz. Schwefelsäure mit blauer Farbe. Chromsäuremischung oxydiert beim Kochen zuerst zu Chinon $C_{15}H_8O_2$ und dann zu Diphenylenketoncarbonsäure $C_{14}H_{18}O_3$. Natriumamalgam reduziert in alkoholischer Lösung zu Idryldihydrür $C_{15}H_{12}$[4) (Nadeln, Schmelzp. 76°; Pikrat: Schmelzp. 186°). Dasselbe Reduktionsprodukt entsteht beim Erhitzen mit Jodwasserstoff und Phosphor auf 180°[6). Bei 250° wird Idryl durch Jodwasserstoff und Phosphor zu Idryloctohydrür $C_{15}H_{18}$ reduziert[6) (Flüssigkeit, Siedep. 309—311°; Pikrat ist unbeständig). Chlor und Brom liefern Substitutionsprodukte; Salpetersäure, Nitroprodukte.

Fluoranthenchinon $C_{15}H_8O_2$

```
          H
      H / \ H
      H |   |
         \ /
         CH   (?)
      H / \ CO
      H \  | — CO
          H
```

Entsteht aus Fluoranthen bei der Oxydation mit Chromsäure und Eisessig[7). Zur Darstellung wird ein Gemisch von Fluoranthen, Kaliumbichromat, konz. Schwefelsäure und dem 3fachen Volumen Wasser mehrere Stunden erwärmt: es bildet sich ein Niederschlag, der aus einer

[1) Goldschmiedt, Berichte d. Deutsch. chem. Gesellschaft **10**, 2022 [1877].

[2) Goldschmiedt u. Schmidt, Monatshefte f. Chemie **2**, 1 [1881].

[3) Fittig u. Gebhard, Annalen d. Chemie u. Pharmazie **193**, 142 [1878].

[4) Fittig u. Lippmann, Annalen d. Chemie u. Pharmazie **200**, 3 [1879].

[5) Groth, Jahresber. d. Chemie **1881**, 373.

[6) Goldschmiedt, Monatshefte f. Chemie **1**, 225 [1880].

[7) Goldschmiedt, Berichte d. Deutsch. chem. Gesellschaft **10**, 2029 [1877].

Doppelverbindung des Fluoranthens mit Fluoranthenchinon besteht (s. unten); diese wird mit Soda gewaschen und dann mit Natriumbisulfit zersetzt, wobei das Chinon gelöst wird. Auf Zusatz von Salzsäure fällt es wieder aus und wird schließlich aus Alkohl umkrystallisiert[1] [2]). Kleine, nadelförmige Krystalle von roter Farbe. Schmelzp. 188°. In Alkohol oder Eisessig ziemlich leicht löslich. In Natriumbisulfit ziemlich leicht löslich; daraus durch Salzsäure als farblose Hydroverbindung fällbar, die sich leicht wieder zu Chinon oxydiert (s. oben). Bildet mit Fluoranthen eine **Verbindung** $C_{15}H_8O_2 \cdot 2\,C_{15}H_{10}$ [2]). (Lange, flache nadelförmige Krystalle von rubinroter Farbe. Schmelzp. 102°), die teilweise schon beim Kochen mit Alkohol, sofort aber durch Einwirkung von Natriumbisulfit zerlegt wird.

Fluoranthen-(Idryl-)disulfosäure. $C_{15}H_{10}S_2O_6 = C_{15}H_8(SO_3H)_2$. Entsteht aus Fluoranthen durch Einwirkung der doppelten Menge konz. Schwefelsäure bei Wasserbadtemperatur[3]). Braungelbe, sirupöse Masse, die sich bei 100° zersetzt. Salze[3]). Durch Erhitzen des Kalisalzes entsteht eine in Kalilauge unlösliche Verbindung $C_{30}H_{20}O_3$. Glänzende blättchenförmige Krystalle (aus Alkohol) vom Schmelzp. 246°. Beim Glühen des Kalisalzes mit Cyankali bildet sich ein Nitril $C_{15}H_9 \cdot CN$.

Trinitrofluoranthen(-idryl) $C_{15}H_7(NO_2)_3$. Entsteht durch Einwirkung rauchender Salpetersäure auf Fluoranthen[4]). Glänzende, nadelförmige Krystalle von gelber Farbe. Schmelzp. noch nicht bei 300°. Löst sich sehr schwer in Alkohol, Äther, Schwefelkohlenstoff, Eisessig, auch bei Siedetemperatur; löst sich ziemlich leicht in heißer konz. Salpetersäure.

Trichlorfluoranthen(-idryl) $C_{15}H_7Cl_3$. Entsteht durch Einwirkung von Chlor ·auf Fluoranthen in Chloroformlösung[5]). Kleine, nadelförmige Krystalle. Löst sich in Alkohol sehr schwer, noch schwerer in Äther, ziemlich leicht in Benzol, leicht in siedendem Schwefelkohlenstoff oder Xylol.

Dibromfluoranthen(-idryl) $C_{15}H_8Br_2$. Entsteht bei der Einwirkung von Brom auf in Schwefelkohlenstoff 'gelöstes Fluoranthen in der Kälte[4]). Glänzende, nadelförmige Krystalle von gelblichgrüner Farbe. Schmelzp. 204—205°. Löst sich schwer in Alkohol, Äther, kaltem Schwefelkohlenstoff, Eisessig; ziemlich leicht in siedendem Schwefelkohlenstoff.

Tribromfluoranthen(-idryl) $C_{15}H_7Br_3$. Entsteht bei der Einwirkung von Brom auf in Eisessig gelöstes Fluoranthen[6]). Nadelförmige Krystalle. Schmelzp. noch nicht bei 345°. Löst sich sehr schwer in Lösungsmitteln.

Pyren (Phenylennaphthalin).

Mol.-Gewicht 207.
Zusammensetzung: 95,05% C, 4,95% H.

$$C_{16}H_{10}.$$

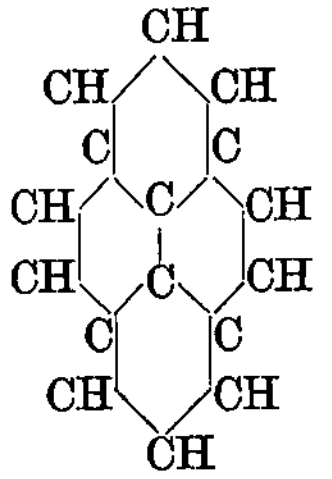

CH
CH   CH
C   C
CH C CH   [7])
CH C CH
C   C
CH   CH
CH

Vorkommen: Im Teer des pennsylvanischen Petroleums[8]). Im Stuppfett zu 20% [9]).

Bildung: Bei der trocknen Destillation der Steinkohlen bis zur Koksbildung, wobei Pyren neben Chrysen in den höchstsiedenden Fraktionen sich ansammelt[10]). Aus Thebenol

[1]) Fittig u. Gebhard, Annalen d. Chemie u. Pharmazie **193**, 149 [1878].
[2]) Fittig u. Liepmann, Annalen d. Chemie u. Pharmazie **200**, 3 [1879].
[3]) Goldschmiedt, Monatshefte f. Chemie **1**, 227 [1880].
[4]) Fittig u. Gebhard, Annalen d. Chemie u. Pharmazie **193**, 142 [1878].
[5]) Goldschmiedt, Monatshefte f. Chemie **1**, 222 [1880].
[6]) Goldschmiedt, Monatshefte f. Chemie **1**, 223 [1880].
[7]) Bamberger u. Philip, Annalen d. Chemie u. Pharmazie **240**, 158, 164 [1887].
[8]) Prunier u. David, Bulletin de la Soc. chim. **31**, 158, 293 [1879]; Berichte d. Deutsch. chem. Gesellschaft **12**, 366, 843 [1879]; Compt. rend. de l'Acad. des Sc. **86**, 991 [1878].
[9]) Goldschmiedt u. Schmidt, Monatshefte f. Chemie **2**, 1 [1881].
[10]) Gräbe, Annalen d. Chemie u. Pharmazie **158**, 285 [1871].

$C_{17}H_{14}O_3$ durch Zinkstaubdestillation oder durch Einwirkung von Jodwasserstoff und Phosphor[1]).

Darstellung: Aus den höchsten festen Fraktionen des Steinkohlenteers. Die Scheidung von Pyren und Chrysen erfolgt durch Schwefelkohlenstoff, in dem nur Pyren sich löst. Zur Reinigung wird es, nach dem Abdestillieren des Schwefelkohlenstoffs in alkoholischer Lösung, in das Pikrat übergeführt und dieses durch Ammoniak wieder zersetzt. Zur weiteren Reinigung wird mehrmals umkrystallisiert. Aus Stuppfett[2]).

Physikalische und chemische Eigenschaften: Tafelförmige monokline Krystalle[3])[4]) vom Schmelzp. 148—149°[3]). Siedep. weit oberhalb 360° (ohne Zersetzung). Löslichkeit: 100 T. abs. Alkohol lösen bei 16° 1,37 T.[5]); 100 T. abs. Alkohol lösen bei der Siedetemperatur 3,08 T.[5]); 100 T. Toluol lösen bei 18° 16,54 T.[5]). Leicht löslich in Äther, Schwefelkohlenstoff, Überschüssiger Jodwasserstoff reduziert unter Zusatz von etwas Phosphor bei 200° zu Pyrenhexahydrür $C_{10}H_{16}$ (Nadeln, Schmelzp. 127°)[6]). Chromsäuremischung oxydiert zu Pyrenchinon $C_{16}H_8O_2$ und Pyrensäure $C_{15}H_8O_5$. Bei der Einwirkung von überschüssigem Antimonpentachlorid bei hoher Temperatur (bis 360°) bilden sich Kohlenstofftetrachlorid und die Verbindungen $C_{15}Cl_{10}$ und $C_{14}Cl_{10}$[4]).

Pyrenchinon $C_{16}H_8O_2$

$$
\begin{array}{c}
O \\
H\diagup\ \diagdown H \\
H\diagup\ \diagup\ \diagdown H \\
H\diagdown\ \diagdown\ \diagup H \quad ^{7)} \\
H\diagdown\ \diagup H \\
O
\end{array}
$$

Entsteht aus Pyren durch Oxydation mit Chromsäure[8]). Die Darstellung erfolgt durch Einwirkung von Kaliumdichromat und Schwefelsäure in der Wärme; nach beendigter Reaktion wird noch eine Stunde gekocht, dann das Chinon durch Wasserzusatz ausgefällt, einen halben Tag lang mit Sodalösung bei 50° gewaschen[7]) und aus Eisessig wiederholt umkrystallisiert, bis alles unveränderte Pyren entfernt ist[9]). Hellziegelrote, nadelförmige Krystalle. Schmelzp. ungefähr 282° unter Zersetzung. Zum kleinen Teil ohne Zersetzung zu hellpurpurroten Nadeln sublimierbar. Löst sich schwer in Alkohol, Äther, Benzol, Schwefelkohlenstoff; leichter in heißem Eisessig; sehr leicht in Nitrobenzol. Löst sich in konz. Schwefelsäure mit brauner Farbe. Gibt in alkoholischer Lösung auf Zusatz eines Tropfens Natronlauge eine dunkelbordeauxrote Färbung, die auch beim Schütteln mit Luft bestehen bleibt. Löst sich in Natriumbisulfit. Vorsichtiges Erhitzen mit Zinkstaub im Wasserstoffstrome oder Erhitzen mit Natronkalk führt wieder in Pyren über. Beim Kochen mit Zinkstaub und Ammoniak wird es zu Hydropyrenchinon $C_{16}H_8(OH)_2$ reduziert; hellgelbe Krystalle, die sehr leicht wieder Pyrenchinon zurückbilden[9]).

Pyrendisulfosäure $C_{16}H_{10}S_2O_6 = C_{16}H_8(SO_3H)_2$. Entsteht bei der Einwirkung konz. Schwefelsäure auf Pyren bei Wasserbadtemperatur[10]). Teigartige Masse. Löst sich leicht in Wasser, schwer in Alkohol, nicht in Äther. Beim Schmelzen mit Kali entsteht eine Monosulfosäure (s. oben), bei fortgesetzter Einwirkung komplizierte Reaktionsprodukte.

Mononitropyren $C_{16}H_9 \cdot NO_2$. Entsteht aus Pyren beim Nitrieren mit einer Mischung gleicher Volumina Salpetersäure vom spez. Gewicht 1,2 und Wasser[6]) oder mit salpetriger Säure. Gelbe Krystalle in Form von Nadeln oder Säulen. Schmelzp. —149,5 bis 150,5°[3]). Schwer löslich in kaltem Alkohol, leichter in heißem, leicht löslich in Äther, Benzol.

Dinitropyren $C_{16}H_8N_2O_4$. Entsteht aus Pyren durch Einwirkung von Salpetersäure vom spez. Gewicht 1,45 beim Kochen[6]). Gelbe Krystalle in Form feiner Nadeln. Färbt sich

[1]) Freund u. Michaelis, Berichte d. Deutsch. chem. Gesellschaft **30**, 1357, 1374 [1897].
[2]) Bamberger u. Philip, Annalen d. Chemie u. Pharmazie **240**, 158, 164 [1887].
[3]) Hintz, Berichte d. Deutsch. chem. Gesellschaft **10**, 2143 [1877].
[4]) Brugnatelli, Annalen d. Chemie u. Pharmazie **240**, 164 [1887].
[5]) Merz u. Weith, Berichte d. Deutsch. chem. Gesellschaft **16**, 2880 [1883].
[6]) Gräbe, Annalen d. Chemie u. Pharmazie **158**, 285 [1871].
[7]) Bamberger u. Philip, Annalen d. Chemie u. Pharmazie **240**, 158, 166 [1887].
[8]) Gräbe, Annalen d. Chemie u. Pharmazie **158**, 295 [1871].
[9]) Goldschmiedt, Monatshefte f. Chemie **4**, 310, 320 [1883].
[10]) Goldschmiedt u. Wegscheider, Monatshefte f. Chemie **4**, 249 [1883].

bei 200° braun und zersetzt sich bei höherer Temperatur allmählich. Löst sich kaum in Alkohol, etwas leichter in Äther, Benzol, Chloroform, ziemlich leicht in Eisessig.

Tetranitropyren $C_{16}H_6N_4O_8$. Entsteht aus Dinitropyren durch anhaltendes Kochen mit Salpetersäure vom spez. Gewicht 1,5 [1]). Glänzende, gelbe Krystalle in Form von Blättchen oder breiten Nadeln. Schmelzp. etwas oberhalb 300°. Löst sich kaum in Alkohol, etwas leichter in Äther, Benzol oder kaltem Eisessig, noch leichter in siedendem Eisessig.

Chlorpyrene. Durch Einwirkung von Chlor auf eine Chloroformlösung des Pyrens [2]) entstehen ein Mono-, zwei Di- und ein Trichlor- und Tetrachlorpyren.

Monochlorpyren $C_{16}H_9Cl$. Goldgelbe, glänzende Krystalle in Gestalt länglicher, flacher Nädelchen. Schmelzp. 118—119°. Löst sich leicht in Alkohl, Essigester, warmem Ligroin oder Eisessig; noch leichter in Äther, Chloroform, Benzol, Schwefelkohlenstoff, veilchenblauer Fluorescenz. Liefert ein Pikrat vom Schmelzp. 177—178°.

α-Dichlorpyren $C_{16}H_8Cl_2$. Schwefelgelbe, glänzende Krystalle in Gestalt flacher Nadeln. Schmelzp. 154—156°. Löst sich schwer in Alkohol; leicht in Äther, Chloroform, Benzol, Essigester, Ligroin, heißem Eisessig, am meisten in Schwefelkohlenstoff. Die Lösung in Alkohol fluresciert blau, die in den übrigen Lösungsmitteln grün.

β-Dichlorpyren. Krystalle vom Schmelzp. 194—196°. Löst sich ziemlich schwer in Alkohol oder Eisessig, leichter in Chloroform.

Trichlorpyren $C_{16}H_7Cl_3$. Dünne, verfilzte, nadelförmige Krystalle. Schmelzp. 256—257°. Löst sich sehr wenig in Alkohol; schwer in Äther, Essigester, Eisessig; leichter in Amylalkohol, Chloroform, Ligroin; ziemlich leicht in Benzol, Schwefelkohlenstoff; leicht in heißem Xylol.

Tetrachlorpyren $C_{16}H_6Cl_4$ [2]). Blaßgelbe, seidigglänzende Krystalle in Gestalt langer, dünner Nadeln. Schmelzp. oberhalb 330°. Löst sich fast gar nicht in Alkohol, Äther, Essigester; sehr schwer in heißem Alkohol oder Äther, in kaltem Chloroform oder Eisessig; schwer in Schwefelkohlenstoff, heißem Chloroform oder Essigester oder Eisessig; leichter in heißem Amylalkohol; leicht in heißem Xylol.

Chlorderivat $C_{15}Cl_{10}$. Entsteht aus Pyren durch Einwirkung überschüssigen Antimonpentachlorids bei hoher Temperatur bis 360°, neben $C_{14}Cl_{10}$ (s. unten). Man trennt von diesem, indem man es, nach Entfernung des Antimons mittels Salzsäure, mit siedendem Benzol herauslöst, wobei $C_{15}Cl_{10}$ ungelöst zurückbleibt [3]). Krystalle in Form länglicher Blättchen oder viereckiger Tafeln. Schmelzp. oberhalb 300°. Löslich in Nitrobenzol; sehr wenig in Alkohol, Äther.

Chlorderivat $C_{14}Cl_{10}$. Entsteht neben $C_{15}Cl_{10}$ (s. oben) aus Pyren durch Erhitzen mit Antimonpentachlorid [3]). Krystalle in Form viereckiger Tafeln. Schmelzp. oberhalb 300°. Löslich in siedendem Benzol oder Ligroin.

Dibrompyrenbromid $C_{16}H_8Br_4 = C_{16}H_8Br_2 \cdot Br_2$. Entsteht durch Einwirkung dampfförmigen Broms auf Pyren [1]). Gelbliche, nadelförmige Krystalle. In Alkohol, Äther, Benzol fast unlöslich; löslich in Nitrobenzol oder Anilin.

Tribrompyren $C_{16}H_7Br_3$. Entsteht durch Einwirkung von Brom auf Pyren in Schwefelkohlenstofflösung [1]). Nadelförmige Krystalle. In Alkohol, Äther, Schwefelkohlenstoff fast unlöslich; leichter in siedendem Benzol; leicht in heißem Nitrobenzol oder Anilin.

Chrysen.

Mol.-Gewicht 228.
Zusammensetzung: 94,73% C, 5,27% H.

$$C_{18}H_{12}.$$

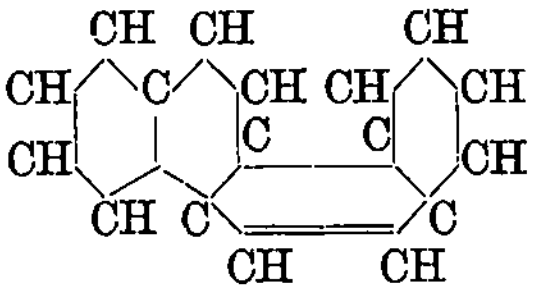

```
      CH  CH          CH
   CH/  \C/  \CH CH/  \CH
   CH|   |    C    C   |CH     4) 5)
   CH\  |    /CH
      CH C\______/C
         CH    CH
```

---

[1]) Gräbe, Annalen d. Chemie u. Pharmazie **158**, 285 [1871].

[2]) Goldschmiedt u. Wegscheider, Monatshefte f. Chemie 4, 238 [1883].

[3]) Merz u. Weith, Berichte d. Deutsch. chem. Gesellschaft **16**, 2880 [1883].

[4]) Zur Strukturformel vgl. Gräbe, Berichte d. Deutsch. chem. Gesellschaft **29**, 826 [1896]. — Ferner Liebermann, Annalen d. Chemie u. Pharmazie **158**, 299 [1871]. — E. Schmidt, Journ. f. prakt. Chemie [2] **9**, 270 [1874].

[5]) Bezüglich der Bezifferung vgl. Gräbe u. Hönigsberger, Annalen d. Chemie u. Pharmazie **311**, 257 [1900].

Vorkommen: Im Teer des pennsylvanischen Petroleums[1]). In geringer Menge im „Stubb" oder „Stupp" aus den Quecksilbererzen von Idria (Krain); es bildet 0,1% des „Stubbfetts", des bei der Destillation des Stubbs übergehenden Gemischs von Kohlenwasserstoffen[2]).

Bildung: Bei der trocknen Destillation der Steinkohlen, Braunkohlen, des Bernsteins (in geringen Mengen)[3]) und ähnlicher kohlenstoffhaltiger Körper; es findet sich daher im Steinkohlenteer, im Teer aus Fetten und Ölen[4]) und im Braunkohlenteer[5]), und zwar in den zuletzt übergehenden Anteilen. Es entsteht auch beim Durchleiten der Dämpfe von Benzylnaphthylmethan (s - Phenylnaphthyläthan) $C_6H_5 \cdot CH_2 \cdot CH_2 \cdot C_{10}H_7$ [6]) oder von Cumaron $C_6H_4\diagup_O^{CH}\diagdown CH$ und Naphthalin[7]) durch rotglühende Röhren; oder aus Inden $C_6H_4\diagup_{CH_2}^{CH}\diagdown CH$ durch Erhitzen (in guter Ausbeute)[8]).

Darstellung: Aus den höchsten Fraktionen des Steinkohlenteers, die außerdem Pyren enthalten; dieses wird durch Extrahieren mit kaltem Schwefelkohlenstoff herausgelöst und das zurückgebliebene Chrysen aus Xylol umkrystallisiert. Zur Zerstörung des anhaftenden gelben Farbstoffs kocht man mit Alkohol und etwas Salpetersäure oder erhitzt mit starker Jodwasserstoffsäure und rotem Phosphor auf 240°[9]). Oder man erhitzt chrysenhaltiges Anthracen mit Alkohol und Salpetersäure; es scheidet sich Dinitroanthrachinonchrysen ab, das durch Zinn und Salzsäure zersetzt wird. Nach dem Umkrystallisieren aus Benzol erhält man farbloses Chrysen[10]).

Physikalische und chemische Eigenschaften: Schuppenförmige Krystalle oder rhombische, flache Oktaeder, mit intensiver rotvioletter Fluorescenz. Schmelzp. 250°. Löslichkeit in Alkohol und Toluol[11]). In kaltem Äther, Schwefelkohlenstoff, Eisessig sehr schwer löslich; in kochendem Eisessig oder Benzol ziemlich leicht löslich. Chromsäure in essigsaurer Lösung oxydiert zu Chrysochinon $C_{18}H_{10}O_2$. Natriumamalgam reduziert nicht; ebensowenig Jodwasserstoff mit Phosphor bei 200°. Erst bei 260° liefert dieses Reduktionsmittel Chrysenhexakaidekahydrür $C_{18}H_{28}$ (flüssig, Siedep. gegen 360°) und Chrysenoctokaidekahydrür $C_{18}H_{30}$ (Krystalle, Schmelzp. 115°, Siedep. 335°)[12]). Die Halogene (Chlor, Brom) wirken substituierend, ebenso Salpetersäure. Mit Antimonpentachlorid im Überschuß erhitzt (bis zu 360°) entstehen Perchlormethan CCl_4, Perchloräthan C_2Cl_6 und Perchlorbenzol C_6Cl_6 [13]). Behandlung mit Schwefelsäure ergibt eine Sulfosäure. Mit Pikrinsäure in Benzollösung entsteht ein **Pikrat**[14]), lange, rote Nadeln[15]), das durch Alkohol wieder zerlegt wird (nicht aber durch alkoholische Pikrinsäure[12]). Charakteristisch ist die Verbindung des Chrysens mit Dinitroanthrachinon.

Chrysochinon $C_{18}H_{10}O_2$

Entsteht aus Chrysen durch Einwirkung der doppelten Menge Chromsäure, beides gelöst in Eisessig[16]) [17]). Zur Darstellung wird fein gepulvertes Chrysen mit der 4—5fachen Menge

[1]) Prunier u. David, Bulletin de la Soc. chim. **31**, 158, 293 [1879]; Berichte d. Deutsch. chem. Gesellschaft **12**, 366, 843 [1879]; Compt. rend. de l'Acad. des Sc. **86**, 991 [1878].

[2]) Goldschmiedt u. Schmidt, Monatshefte f. Chemie **2**, 1 [1881].

[3]) Pelletier u. Walter, Annalen d. Chemie u. Pharmazie **48**, 345 [1843].

[4]) Laurent, Annales de Chim. et de Phys. [2] **66**, 136 [1837]. — Williams, Jahresber. d. Chemie **1855**, 633.

[5]) Adler, Berichte d. Deutsch. chem. Gesellschaft **12**, 1891 [1879].

[6]) Bungener u. Gräbe, Berichte d. Deutsch. chem. Gesellschaft **12**, 1079 [1879].

[7]) Krämer u. Spilker, Berichte d. Deutsch. chem. Gesellschaft **23**, 84 [1890].

[8]) Spilker, Berichte d. Deutsch. chem. Gesellschaft **26**, 1544 [1893].

[9]) Liebermann, Annalen d. Chemie u. Pharmazie **158**, 299 [1871].

[10]) Schmidt, Journ. f. prakt. Chemie [2] **9**, 270 [1874].

[11]) Bechi, Berichte d. Deutsch. chem. Gesellschaft **12**, 1978 [1879].

[12]) Liebermann u. Spiegel, Berichte d. Deutsch. chem. Gesellschaft **22**, 135 [1889].

[13]) Merz u. Weith, Berichte d. Deutsch. chem. Gesellschaft **16**, 2881 [1883].

[14]) Schmidt, Journ. f. prakt. Chemie [2] **9**, 274 [1874].

[15]) Galletly, Jahresber. d. Chemie **1864**, 532.

[16]) Liebermann, Annalen d. Chemie u. Pharmazie **158**, 309 [1871].

[17]) Bamberger u. Burgdorf, Berichte d. Deutsch. chem. Gesellschaft **23**, 2437 [1890].

Natriumbichromat und der 10fachen Menge Eisessig 8—9 Stunden lang am Rückflußkühler zum Sieden erhitzt und dann in die ungefähr gleiche Menge heißes Wasser eingegossen[1]). Orangerote Nadeln (aus Benzol oder Toluol) oder Blättchen oder Tafeln (aus Eisessig). Schmelzpunkt 235°[2]); 239,5° (korr.)[1]). Sublimierbar zu roten Nadeln. Löst sich ziemlich schwer in heißem Alkohol, Benzol, Eisessig; in 550 T. Eisessig bei 15°; etwas leichter in Toluol (bei 15° in 230 T.); sehr schwer in Äther oder Schwefelkohlenstoff. Besitzt ein charakteristisches Absorptionsspektrum in konz. Schwefelsäure[1]). Verhalten der schwefelsauren Lösung gegen Wasserzusatz[3]). Oxydation mit Bleioxyd im Luftstrome zu **Chrysoketon** $C_{17}H_{10}O = C_{10}H_6$—$C_6H_4$[4]). (Goldgelbe nadelförmige oder orangerote, prismenförmige Krystalle vom

$$\underset{CO}{\underbrace{}}$$

Schmelzp. 132,5°.) Wird durch Kochen mit Zinkstaub und Kalilauge[5]) oder durch Erhitzen mit schwefliger Säure auf 100°[6]) zu farblosen Nadeln von **Chrysohydrochinon** $C_{18}H_{12}O_2$ reduziert. Erhitzen mit Phosphorpentachlorid und -oxychlorid auf 200° liefert **Dekachlorchrysen** und **Dichlorchrysochinon** $C_{18}H_8Cl_2O_2$[5]); durch Einwirkung von Brom bei gewöhnlicher Temperatur entsteht **Dinromchrysochinon** $C_{18}H_8Br_2O_2$[7]). Verbindet sich mit Alkalibisulfiten zu farblosen Additionsprodukten, die in bisulfitenthaltendem Wasser löslich sind, durch reines Wasser aber zerlegt werden (Trennung des Chrysochinons von unverändertem Chrysen)[6]). Liefert mit Hydroxylamin ein **Monoxim** $C_{18}H_{11}O_2N$, orangegelbe Krystalle vom Schmelzp. 160—161°[8]).

Nitrochrysen $C_{18}H_{11}O_2N$. Entsteht aus fein verteiltem Chrysen durch Einwirkung von 10 T. Eisessig und $^1/_2$ T. Salpetersäure vom spez. Gewicht 1,415 bei Wasserbadtemperatur während einiger Stunden[9—12]). Chromrote, dicke, sternförmig angeordnete, prismatische Krystalle vom Schmelzp. 209°[10])[11]). Ohne Zersetzung sublimierbar. Löst sich schwierig in kaltem Alkohol, Äther, Benzol, Schwefelkohlenstoff, Eisessig; leicht in heißem Nitrobenzol.

Dinitrochrysen $C_{18}H_{10}O_4N_2 = C_{18}H_{10}(NO_2)_2$. Entsteht aus fein verteiltem Chrysen durch längere Einwirkung von Salpetersäure vom spez. Gewicht 1,3 bei Siedehitze; neben etwas Mono- und Tetranitrochrysen. Reindarstellung durch Sublimation, wobei die Tetranitroverbindung zurückbleibt, und Umkrystallisieren aus Benzol (oder Eisessig)[10]). Feine, gelbe Nadeln. Schmelzp. oberhalb 300°. Löst sich kaum in Alkohol, Äther, Benzol; etwas mehr in siedendem Eisessig.

Tetranitrochrysen $C_{18}H_8O_8N_4 = C_{18}H_8(NO_2)_4$. Entsteht durch Einwirkung rauchender Salpetersäure auf Chrysen[11]). Gelbe, nadelförmige Krystalle. Schmelzp. oberhalb 300°. Nicht sublimierbar. Bei starkem Erhitzen verpufft es ziemlich heftig. Fast unlöslich in allen Lösungsmitteln, am meisten löslich in siedendem Eisessig. Liefert bei der Einwirkung von Brom **Tribromdinitrochrysen** $C_{18}H_7N_2O_4Br_3 = C_{18}H_7Br_3(NO_2)_2$[13]). Gelbrote, nadelförmige Krystalle. In siedendem Alkohol ziemlich leicht, in Äther, Benzol weniger löslich.

Dichlorchrysen $C_{18}H_{10}Cl_2$. Entsteht aus Chrysen beim Überleiten von Chlor bei 100°[14]). Nadelförmige Krystalle vom Schmelzp. 267°. Sublimierbar. Löst sich fast gar nicht in siedendem Alkohol, Äther, Schwefelkohlenstoff; leichert in Benzol.

Trichlorchrysen $C_{18}H_9Cl_3$. Entsteht aus Chrysen beim Überleiten von Chlor bei 160 bis 170°[14]). Feine, nadelförmige Krystalle. Schmelzp. oberhalb 300°. Löslich in siedendem Benzol; in den übrigen Lösungsmitteln kaum löslich.

---

[1]) Gräbe u. Hönigsberger, Annalen d. Chemie u. Pharmazie **311**, 262 [1900].

[2]) Schmidt, Journ. f. prakt. Chemie [2] **9**, 284 [1874].

[3]) Kehrmann u. Mattisson, Berichte d. Deutsch. chem. Gesellschaft **35**, 344 [1902].

[4]) Bamberger u. Kranzfeld, Berichte d. Deutsch. chem. Gesellschaft **18**, 1933 [1885]. — Bamberger u. Burgdorf, Berichte d. Deutsch. chem. Gesellschaft **23**, 2439 [1890].

[5]) Liebermann, Annalen d. Chemie u. Pharmazie **158**, 309 [1871].

[6]) Gräbe, Berichte d. Deutsch. chem. Gesellschaft **7**, 784 [1874].

[7]) Adler, Berichte d. Deutsch. chem. Gesellschaft **12**, 1892 [1879].

[8]) Gräbe u. Hönigsberger, Annalen d. Chemie u. Pharmazie **311**, 272 [1900].

[9]) Bamberger u. Burgdorf, Berichte d. Deutsch. chem. Gesellschaft **23**, 2444 [1900].

[10]) Schmidt, Journ. f. prakt. Chemie [2] **9**, 280 [1874].

[11]) Liebermann, Annalen d. Chemie u. Pharmazie **158**, 299 [1871].

[12]) Abbegg, Berichte d. Deutsch. chem. Gesellschaft **23**, 792 [1900].

[13]) Adler, Berichte d. Deutsch. chem. Gesellschaft **12**, 1894 [1879].

[14]) E. Schmidt, Journ. f. prakt. Chemie [2] **9**, 278 [1874].

Dekachlorchrysen $C_{18}H_2Cl_{10}$. Entsteht aus Chrysochinon beim Erhitzen mit Phosphorpentachlorid und -oxychlorid auf 200° (neben Dichlorchrysen)[1]. Gelbrotes Harz. In allen Lösungsmitteln sehr schwer löslich.

Dibromchrysen $C_{18}H_{10}Br_2$

Entsteht bei der Einwirkung von Brom auf in Schwefelkohlenstoff gelöstes Chrysen[2]. Glänzende, nadelförmige Krystalle vom Schmelzp. 273°. Sublimierbar ohne Zersetzung. In allen Lösungsmitteln sehr schwer löslich; am meisten löslich in siedendem Benzol. Chromsäure in essigsaurer Lösung oxydiert zu Chrysochinon. Durch Erhitzen mit alkoholischem Kali auf 170—180° oder mit Kalk wird Chrysen zurückgebildet.

Tetra- und Pentabromchrysen $C_{18}H_8Br_4$ und $C_{18}H_7Br_5$ scheinen durch Einwirkung von Bromdampf auf Chrysen ohne Anwendung eines Verdünnungsmittels zu entstehen[2]. Feine, weiße, nadelförmige Krystalle.

Reten (8-Methyl-5-methoäthyl-phenanthren).

Mol.-Gewicht 234.

Zusammensetzung: 92,30% C, 7,70% H.

$$C_{18}H_{18}.$$

Vorkommen:[3] Im Torf bei Redwitz in Bayern (neben Fichtelit). Als sog. „Scheererit" im Braunkohlenlager von Uznach in der Schweiz, im Erdharz von Kieferstämmen. Als sog. „Phylloretin" in Torfmooren von Holtegaard in Dänemark, im Erdharz von Fichtenstämmen.

Bildung: Bei der trocknen Destillation harzreichen Holzes; findet sich daher im Teer des Nadelholzes[4].

Darstellung: Aus Holzteer: Bei der Destillation desselben fängt man die beim Erkalten erstarrenden Destillate gesondert auf und erhält daraus durch Abpressen das Reten, das mit Äther ausgewaschen und mehrmals aus Alkohol umkrystallisiert wird. Aus Harzöl, das Tetrahydroreten $C_{18}H_{22}$ enthält, durch Erhitzen mit Schwefel[5].

Physikalische Eigenschaften: Krystallisiert in großen, glimmerähnlichen Blättchen vom Schmelzp. 98,5°. Siedep. 390°[6]; 135° bei 0 mm[7]. Spez. Gewicht 1,13 bei 16°; nach dem Schmelzen und Wiedererstarren 1,08[8]. Molekulare Verbrennungswärme 2321,7 Cal. (bei konstantem Volum)[9]. Löslichkeit: In siedendem Äther, in Benzol, Schwefelkohlenstoff, Ligroin leicht löslich. In siedendem Eisessig sehr leicht löslich. Schwerer löslich in Alkohol: 100 T. 95 proz. Alkohol lösen 3 T. bei gewöhnlicher Temperatur, 69 T. bei der Siedetemperatur[8].

[1] Liebermann, Annalen d. Chemie u. Pharmazie **158**, 313 [1871].

[2] Schmidt, Journ. f. prakt. Chemie [2] **9**, 274 [1874].

[3] Fritzsche, Jahresber. d. Chemie **1869**, 176.

[4] Fehling, Annalen d. Chemie u. Pharmazie **106**, 388 [1858]. — Fritzsche, Jahresber. d. Chemie **1858**, 740.

[5] Akt.-Ges. f. chem. Industrie, D. R. P. 43 802; Friedländers Fortschritte der Teerfarbenfabrikation **2**, 6.

[6] Berthelot, Bulletin de la Soc. chim. **8**, 389 [1867].

[7] Krafft u. Weilandt, Berichte d. Deutsch. chem. Gesellschaft **29**, 2241 [1896].

[8] Ekstrand, Annalen d. Chemie u. Pharmazie **185**, 75 [1879].

[9] Berthelot u. Recoura, Annales de Chim. et de Phys. [6] **13**, 298 [1888].

Chemische Eigenschaften: Wird bei der Destillation über glühendes Bleioxyd nicht verändert. Chromsäuremischung oxydiert zu Retenchinon $C_{18}H_{16}O_2$, Phthalsäure und Essigsäure. Bei der Oxydation mit Chromsäure und Eisessig bilden sich neben dem Hauptprodukte Retenchinon 2 Säuren $C_{16}H_{16}O_3$ und $C_{18}H_{18}O_2$. Kaliumpermanganatlösung wirkt nicht ein. Schmelzen mit Kali bewirkt keine Veränderung. Beim Durchleiten von dampfförmigem Reten und Wasserstoff durch glühende Röhren entsteht in großer Menge Anthracen[1]. Bei der Reduktion mit Natrium in kochender Fuselöllösung entsteht **Tetrahydroreten** $C_{18}H_{22}$; dickliche, ölige Flüssigkeit; Siedep. 280° bei 50 mm[2]. Bei der Reduktion mit Jodwasserstoff und Phosphor bei 260° entsteht **Retendodekahydrür**[3] $C_{18}H_{30}$ = Dehydrofichtelit[4]). Bläulich fluorescierende ölige Flüssigkeit; Siedep. 336°[3]; 344—348° (i. D.) bei 714 mm, 224—225° (i. D.) bei 38 mm[4]. Natriumamalgam oder Erhitzen mit Jodwasserstoff auf 200° bewirken keine Veränderung. Chlor oder Brom bilden leicht Substitutionsprodukte. Starke Schwefelsäure verwandelt in Disulfosäure[5]), rauchende in Trisulfosäure[6]).

Retenchinon $C_{10}H_{16}O_2$

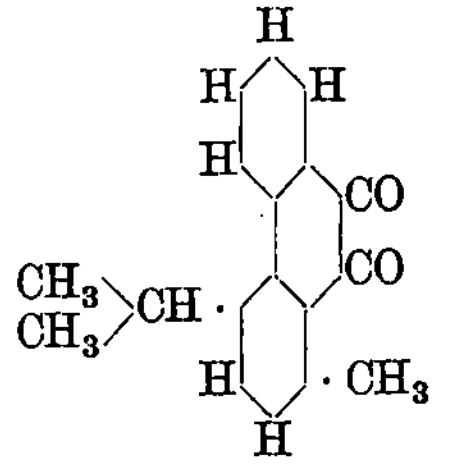

Entsteht aus Reten bei der Oxydation mit Chromsäuremischung[7]. Zur Darstellung werden Lösungen von Reten und von Chromsäure in Eisessig langsam gemischt, dann das Gemisch 1—2 Stunden zum Sieden erhitzt und erkalten gelassen. Das Chinon scheidet sich ab und wird mit 80proz. Alkohol gewaschen[8]). Lange, flache, nadelförmige Krystalle von orangeroter Farbe. Schmelzp. 197—197,5°. Teilweise unzersetzt sublimierbar. 10 000 T. Alkohol (von 83%) lösen 1—2 T.; 1000 T. Alkohol (von 95%) lösen bei Siedetemperatur 22—23 T.; 1000 T. Alkohol (von 95%) lösen bei 0,5° 1,5 T.[6]). Ferner in heißem Äther oder Ligroin schwer, in heißem Benzol oder Eisessig leichter, in siedendem Schwefelkohlenstoff sehr leicht löslich. Schwefeldioxyd reduziert zu **Retenhydrochinon** $C_{18}H_{18}O_2$. Liefert mit Hydroxylamin ein **Monoxim**[9]).

Retendisulfosäure $C_{18}H_{18}O_5S_2 \cdot 10\,H_2O = C_{18}H_{16}(SO_3H)_2 \cdot 10H_2O$. Entsteht aus Reten durch Lösen in einer Mischung gleicher Volumina rauchender und gewöhnlicher Schwefelsäure; nach 2—3 Wochen scheidet sich die Verbindung $C_{18}H_{16}(SO_3H)_2 \cdot 5\,H_2SO_4$ ab. Längliche, gebogene, sehr feine, nadelförmige Krystalle. Diese werden mit Hilfe von Wasser und Bariumcarbonat in die krystallwasserhaltige Säure verwandelt[10]) [11]). Kleine, nadelförmige Krystalle. Schwärzt sich bei 195°. In wasserfreiem Zustand und 2—3 T. kaltem Wasser, ferner sehr leicht in Alkohol löslich, in Äther unlöslich. Aus wässeriger Lösung durch Schwefelsäure fällbar. Bildet ein Chlorid vom Schmelzp. 175°[10]). Salze[10]).

Retentrisulfosäure $C_{18}H_{18}O_6S_3 = C_{18}H_{15}(SO_3H)_3$. Entsteht aus Reten durch Einwirkung rauchender Schwefelsäure bei 100°[10]). Kleine, prismenförmige Krystalle. In Wasser, Alkohol, Eisessig leicht löslich. Aus wässeriger Lösung durch Schwefelsäure **nicht** fällbar.

Chlorreten $C_{18}H_{17}Cl$[10]). Entsteht aus (getrocknetem) Reten durch Einwirkung von Chlor. Dieses wird addiert unter Bildung eines unbeständigen Chlorids $C_{18}H_{18}Cl_2$, das unter Abspaltung von Chlorwasserstoff in Chlorreten übergeht. Krystalle. In Alkohol sehr schwer löslich.

[1]) **Berthelot**, Bulletin de la Soc. chim. **7**, 231 [1867].

[2]) **Bamberger** u. **Lodter**, Berichte d. Deutsch. chem. Gesellschaft **20**, 3076 [1887].

[3]) **Liebermann** u. **Spiegel**, Berichte d. Deutsch. chem. Gesellschaft **22**, 780 [1889].

[4]) **Bamberger** u. **Strasser**, Berichte d. Deutsch. chem. Gesellschaft **22**, 3365 [1889].

[5]) **Ekstrand**, Annalen d. Chemie u. Pharmazie **185**, 75 [1879]. — Vgl. **Fritzsche**, Jahresber. d. Chemie **1860**, 476.

[6]) **Ekstrand**, Annalen d. Chemie u. Pharmazie **185**, 75 [1879].

[7]) **Wahlforss**, Zeitschr. f. Chemie **1869**, 73.

[8]) **Bamberger** u. **Hooker**, Annalen d. Chemie u. Pharmazie **229**, 117, 119, 128 [1885].

[9]) **Bamberger** u. **Hooker**, Annalen d. Chemie u. Pharmazie **229**, 122, 136 [1885].

[10]) **Ekstrand**, Annalen d. Chemie u. Pharmazie **185**, 90 [1879].

[11]) Vgl. **Fritzsche**, Jahresber. d. Chemie **1860**, 476.

Dibromreten $C_{18}H_{16}Br_2$

Entsteht aus Reten durch Einwirkung von 4 Atomen Brom bei Gegenwart von Wasser. Das Einwirkungsprodukt wird mit alkoholischer Kalilauge gekocht und hierauf mit Wasser, Alkohol und Äther behandelt[1]). Tafelförmige, farblose Krystalle vom Schmelzp. 180°. In Alkohol, Äther sehr schwer, in heißem Ligroin ziemlich leicht, in Schwefelkohlenstoff sehr leicht löslich.

Dibromretentetrabromid $C_{18}H_{16}Br_6 = C_{18}H_{16}Br_2—Br_4$. Entsteht aus Reten durch Einwirkung überschüssigen Broms bei 100° (in zugeschmolzenem Rohre)[1]). Zähe, gelbe Masse. In Äther löslich. Spaltet beim Erhitzen Bromwasserstoff ab und geht in ein glasiges Tetrabromreten über.

Tetrabromreten $C_{18}H_{14}Br_4$. Entsteht aus Reten durch Einwirkung überschüssigen Broms bei 100° (an der Luft)[1]). Prismenförmige Krystalle vom Schmelzp. 210—212°. In Alkohol unlöslich; in Äther, Eisessig wenig, in siedendem Benzol oder Schwefelkohlenstoff leicht löslich.

Fichtelit.

Mol.-Gewicht 248.

Zusammensetzung: 87,10% C, 12,90% H.

$$C_{18}H_{32}.$$

Vorkommen: Aus fossilen Stämmen von Pinus uliginosa N.[2]); in einem Torflager bei Redtwitz im Fichtelgebirge[3]); im Kolbermoor bei Rosenheim (Oberbayern).

Darstellung: Das Holz wird zerkleinert und mit siedendem Ligroin extrahiert[4])[5]).

Physikalische und chemische Eigenschaften: Monokline, prismenförmige Krystalle. Schmelzp. 46°[6]). Siedep. 355,2° (i. D.) bei 719 mm[6]); 235,6° (i. D.) bei 43 mm[6]). In Äther sehr leicht, in abs. Alkohol sehr wenig löslich. Beim Erwärmen mit rauchender Salpetersäure entsteht Oxalsäure und ein rotes Öl. Durch andere Oxydationsmittel, wie kochende Permanganatlösung, Chromsäuremischung, Destillieren über Bleioxyd, wird es nicht verändert. Beim Erhitzen mit Jod auf 120° bildet sich Retendodekahydrür $C_{18}H_{30}$[6]). Beim Behandeln geschmolzenen Fichtelits mit Brom resultieren ölige, rote Bromverbindungen $C_{18}H_{31}Br$ und $C_{18}H_{30}Br_2$ (?). In ähnlicher Weise werden durch Einleiten von Chlor ölige Substitutionsprodukte $C_{18}H_{31}Cl$ und $C_{18}H_{30}Cl_2$ (?) gewonnen[5]). Liefert beim Behandeln mit rauchender Schwefelsäure keine Sulfosäuren.

[1]) Ekstrand, Annalen d. Chemie u. Pharmazie **185**, 75 [1879].

[2]) Hell, Berichte d. Deutsch. chem. Gesellschaft **22**, 499 [1889].

[3]) Bromeis, Annalen d. Chemie u. Pharmazie **37**, 304 [1841].

[4]) Bamberger, Berichte d. Deutsch. chem. Gesellschaft **22**, 635 [1879].

[5]) Clark, Annalen d. Chemie u. Pharmazie **103**, 237 [1857].

[6]) Bamberger u. Strasser, Berichte d. Deutsch. chem. Gesellschaft **22**, 3362, 3365 [1889].

Idrialin.

Mol.-Gewicht 1046.
Zusammensetzung: 91,8% C, 5,1% H, 3,1% O.

$$C_{80}H_{54}O_2.$$

Vorkommen: In dem Quecksilbererz von Idria, dem Idrialit[1]).

Darstellung: Durch Extrahieren des Idrialits mit Xylol und Umkrystallisieren aus Xylol[2]). Man erhält glänzende Blättchen, die in einem indifferenten Gasstrom unzersetzt destilliert werden können. Leicht löslich in kochendem Terpentinöl, sehr leicht in Schwefelkohlenstoff, fast unlöslich in Alkohol und in Äther. Gibt mit rauchender Schwefelsäure eine Sulfonsäure.

Oxyidrialin $C_{80}H_{46}O_{10}$. Entsteht aus Idrialin durch Oxydation mit Chromsäure und Eisessig bei Siedehitze[3]). Roter, undeutlich krystallinischer Körper. Mit intensiv violetter Farbe in konz. Schwefelsäure löslich. Glühen mit Zinkstaub bildet Idrialin zurück. Bei der Destillation im Wasserstoffstrome entsteht Stearinsäure.

Nitroidrialin $C_{80}H_{43}O_{24}N_{11} = C_{80}H_{43}O_2(NO_2)_{11}$. Entsteht aus Idrialin durch Einwirkung konz. Salpetersäure bei Siedehitze[4]). Gelbes Pulver. In Alkohol fast unlöslich, löslich in Chloroform oder Benzol.

Nitroidrialin $C_{80}H_{34}N_{16}O_{36} = C_{80}H_{34}O_4(NO_2)_{16}$. Entsteht bei der Einwirkung rauchender Salpetersäure auf Idrialin[4]). Gelbe Flocken. Ziemlich löslich in Alkohol, Chloroform, Benzol, Eisessig.

Bromidrialin $C_{80}H_{42}O_2Br_{12}$. Entsteht durch Einwirkung von Brom auf Idrialin in Eisessiglösung bei Siedetemperatur[4]). Rotgelbes Pulver. Löst sich leicht in heißem Chloroform oder Benzol.

Bromidraliin $C_{80}H_{36}O_2Br_{18}$. Entsteht aus Idrialin beim Zusammenreiben mit Brom und Wasser[4]). Gelber Körper. Löst sich sehr schwer in Alkohol oder Eisessig, leicht in Chloroform oder Benzol.

---

1) D u m a s, Annalen d. Chemie u. Pharmazie **5**, 16 [1833]. — S c h r ö t t e r, Annalen d. Chemie u. Pharmazie **24**, 336 [1837]. — G o l d s c h m i e d t, Jahresber. d. Chemie **1879**, 366.

2) G o l d s c h m i e d t, Berichte d. Deutsch. chem. Gesellschaft **11**, 1579 [1878].

3) G o l d s c h m i e d t, Berichte d. Deutsch. chem. Gesellschaft **11**, 1580 [1878].

4) G o l d s c h m i e d t, Jahresber. d. Chemie **1879**, 366.

Alkohole.

Gesättigte, einwertige Alkohole der aliphatischen Reihe.

Von

Otto Gerngroß-Berlin.

Methylalkohol (Methanol).

Mol.-Gewicht 32,03.

Zusammensetzung: 37,46% C, 12,59% H, 49,95% O.

$$CH_4O = CH_3 \cdot OH.$$

Vorkommen: Der Methylalkohol ist in folgenden ätherischen Ölen nachgewiesen worden: Zypressenöl[1]) (*Cupressus sempervirens* L.), Sadebaumöl[2]) (*Juniperus sabina* L.), Vetiveröl[3]) (*Andropogon muricatus* Retz.), Kohobationswässer der Irisöldestillation[4]), Blätteröl von Indigoferaarten[5]) (*Indigofera galegoides* D. C. und *Indigofera disperma*), Cocablätteröl[6]) (*Erythroxylon Coca* Lam. var. *Spruceanum* Brck.), westindisches Sandelholzöl[7]) (*Amyris* spec.), Teeöl[8]) (*Thea chinensis* L.), Nelkenöl[9]) (*Eugenia caryophyllata* Thumb.), Öle der Gattung Myrcia und Pimenta[10]), Eucalyptusöl[11]) (*Eucalyptus amygdalina* Smith), Herakleumöl[12]) (*Heracleum giganteum* L.), Pastinaköl[13]) (*Pastinca sativa* L.), Öl der Früchte des Gartenkerbels[14]) (*Anthriscus cerefolium* Hoffm.), Bärenklauöl[15]) (*Heracleum sphondylium* L.), Ageratumöl[16]) (*Ageratum conyzoides*). In der Kalmuswurzel[17]). Im Ilang-Ilangöl (*Cananga* spec.[18]).

Der Methylalkohol findet sich entsprechend seiner leichten Löslichkeit in Wasser zum weitaus größten Teil in den Destillationswässern gelöst. Durch Aussalzen und darauffolgende Destillation kann er von beigemengten Substanzen getrennt werden.

Methylalkohol und Methylester finden sich auch in Wiesengras und Baumblättern[19]).

1) Bericht d. Firma Schimmel & Co., April **1903**, 23.

2) Bericht d. Firma Schimmel & Co., April **1903**, 71.

3) Bericht d. Firma Schimmel & Co., April **1900**, 46.

4) Bericht d. Firma Schimmel & Co., Oktober **1908**, 62.

5) Bericht d. Firma Schimmel & Co., April **1896**, 75.

6) Bericht d. Firma Schimmel & Co., Oktober **1895**, 47; April **1896**, 75.

7) Bericht d. Firma Schimmel & Co., April **1903**, 72.

8) Bericht d. Firma Schimmel & Co., April **1897**, 42; **1898**, 53. — Gerber, Chem. Centralbl. **1898**, I, 121.

9) Bericht d. Firma Schimmel & Co., Oktober **1896**, 57. — Gerber, Chem. Centralbl. **1898**, I, 121.

10) Bericht d. Firma Schimmel & Co., April **1901**, 12.

11) Bericht d. Firma Schimmel & Co., Oktober **1907**, 37.

12) Gutzeit, Annalen d. Chemie u. Pharmazie **177**, 344 [1875]; **240**, 243 [1887]; Berichte d. Deutsch. chem. Gesellschaft **12**, 2016 [1879].

13) Gutzeit, Annalen d. Chemie u. Pharmazie **177**, 372 [1875].

14) Gutzeit, Annalen d. Chemie u. Pharmazie **177**, 382 [1875].

15) W. Möslinger, Annalen d. Chemie u. Pharmazie **185**, 26 [1877]; Berichte d. Deutsch. chem. Gesellschaft **9**, 998 [1876].

16) Bericht d. Firma Schimmel & Co. **1898**, 57.

17) A. Geuther, Annalen d. Chemie u. Pharmazie **240**, 109 [1887].

18) R. F. Bacon, The Philippine Journ. of Sc. **3**, 65 [1908]; Chem. Centralbl. **1908**, II, 946.

19) Lieben, Monatshefte f. Chemie **19**, 353 [1898].

Als **Ester** an Säuren gebunden kommt der Methylalkohol in vielen ätherischen Ölen vor: Als **Benzoesäuremethylester**[1]) $C_8H_8O_2$

$$
\begin{array}{c}
CO \cdot OCH_3 \\
|\\
C\\
HC \diagup \quad \diagdown CH\\
HC \diagdown \quad \diagup CH\\
CH
\end{array}
$$

Im Tuberosenblütenöl[2]) (*Polyanthes tuberosa*), Ylang-Ylangöl[3]) (*Cananga* spec.), Cotorindenöl[4]), Nelkenöl[5]) (*Eugenia caryophyllata*).

Der Benzoesäuremethylester ist in den zwischen 190—205° siedenden Anteilen der Rohöle enthalten. Durch Verseifung zur Benzoesäure ist er leicht zu charakterisieren.

Als **Salicylsäuremethylester (Gaultheriaöl)**[6]) $C_8H_8O_3$

$$
\begin{array}{c}
CO \cdot OCH_3 \\
|\\
C\\
HC \diagup \quad \diagdown C \cdot OH\\
HC \diagdown \quad \diagup CH\\
CH
\end{array}
$$

Im ätherischen Öl von *Rodocarpus chinensis* Wall.[7]), *Rodocarpus nagera* R. Braun[7]), *Gnetum Gnemon* L. *β-ovalifolium*[7]), in verschiedenen Gramineen-Species[7]), im Tuberosenblütenöl[8]), im Öl aus *Betula lenta* und ev. *Betula lutea* Michaux[9]), aus *Castanopsis* spec.[7]) und *Quercus* spec.[7]), *Cecropia Schiedenana* Kltsch.[7]), *Ficus* spec.[7]), *Streblus mauritianus* Bl.[7]), *Sloetia sideroxylon* T. et B.[7]), *Gironniera* spec.[7]), Species der Familie der *Menispermaceae*[7]), im Blütenöl von *Cananga odorata* Hook et Thoms.[10]), in Species der Familie der *Myristicaceae*[7]), in *Spiraea* spec.[11]), in *Gaultheria punctata* und *Gaultheria leucocarpa*[12]), in vielen Species der Familie der *Leguminosae*[7]), im Cassieblütenöl[13]) (*Acacia* spec.), im Nelkenöl[14]) (*Oleum caryophyllorum*), in Cocablättern[15]) (*Erythroxylon coca* Lam.), in Species der Familie der *Rutaceae*[7]), so in *Ruta graveolens*[16]), in *Canarium* spec.[7]), in *Polygala* spec.[17]), *Epirrhizanthes elongata* Bl. und *Epirrhizanthes cylindrica* Bl.[18]), in vielen Species der Familie der *Euphorbiaceae*[18]), *Anacardiaceae*[18]), *Melianthaceae*[18]), *Staphyleaceae*[18]), *Sapindaceae*[18]), *Rhamneae*[18]), ferner in *Elaeocarpus resinosus* Bl.[18]), in Species der Familie der *Dilleniaceae*[18]), im ätherischen Öl von *Thea chinensis*[19]), in *Calpandria lanceolata* Bl.[19]), *Thea cochinchinensis* Lour.[19]), in Species der Gattung *Bixaceae*[20]), in *Viola tricolor*[21]), *Memecylon* spec.[20]),

---

[1]) Vgl. auch dieses Werk Bd. I, S. 1191.

[2]) Hesse, Berichte d. Deutsch. chem. Gesellschaft **36**, 1460 [1903]; Bericht d. Firma Schimmel & Co., April **1903**, 75; Oktober **1903**, 68.

[3]) Bericht d. Firma Schimmel & Co., Oktober **1901**, 58; April **1902**, 64.

[4]) O. Hesse, Journ. f. prakt. Chemie [2] **72**, 245 [1905].

[5]) Bericht d. Firma Schimmel & Co., April **1902**, 44; **1903**, 51.

[6]) E. Kremers u. M. James, Pharmaceutical Rev. **16**, 100 [1898].

[7]) van Romburgh, Buitenzorg **1897**, 37; **1898**, 29.

[8]) Hesse, Berichte d. Deutsch. chem. Gesellschaft **36**, 1459 [1903].

[9]) Schneegans u. Gerock, Archiv d. Pharmazie **232**, 437 [1894]. — Procter, Amer. Journ. of Pharmacy **15**, 241 [1843].

[10]) Bericht d. Firma Schimmel & Co., April **1900**, 48.

[11]) Schneegans u. Gerock, Jahrb. f. Pharmazie **1892**, 164. — Bourquelot, Compt. rend. de l'Acad. des Sc. **119**, 802 [1894].

[12]) de Vrij, Pharm. Journ. and Trans. [3] **2**, 503 [1862/63].

[13]) Bericht d. Firma Schimmel & Co., Oktober **1903**, 14; April **1904**, 21.

[14]) H. Masson, Compt. rend. de l'Acad. des Sc. **149**, 795 [1909].

[15]) van Romburgh, Recueil des travaux chim. des Pays-Bas. **13**, 425 [1894].

[16]) Power u. Lees, Journ. Chem. Soc. **81**, 1585 [1902].

[17]) Bourquelot, Compt. rend. de l'Acad. des Sc. **119**, 803 [1894].

[18]) van Romburgh, Buitenzorg **1901**, 58.

[19]) van Romburgh, Buitenzorg **1896**, 166; Bericht d. Firma Schimmel & Co., April **1898**, 53.

[20]) van Romburgh, Buitenzorg **1896**, 166.

[21]) Desmoulières, Journ. de Pharm. et de Chim. [6] **19**, 121 [1904].

Hypopithys multiflora Scop.[1]), *Gaultheria* spec.[2]), in Species der Familie der *Myrsineae*[3]), *Sapotaceae*[3]), *Ebenaceae*[3]), *Styraceae*[3]), *Oleaceae*[3]), *Apocynaceae*[3]), *Asclepiadaceae*[3]), *Borraginaceae*[3]), *Bignoniaceae*[3]), *Acanthaceae*[3]), *Rubiaceae*[3]), *Caprifoliaceae*[3]), *Compositae*[3]).

Der Salicylsäuremethylester ist in den zwischen 210—225° siedenden Anteilen des Rohöles enthalten. Er läßt sich mittels verdünnter Natronlauge dem Rohöle entziehen und kann durch Verseifung zur Salicylsäure charakterisiert werden.

Als **m-Methoxy-salicylsäure-methylester**[4]) $C_9H_{10}O_3$

$$\begin{array}{c} C\cdot OH \\ HC\diagup\diagdown C\cdot CO\cdot OCH_3 \\ CH_3O\cdot C\diagdown\diagup CH \\ CH \end{array}$$

Als sogenannter „Primulacampher" im ätherischen Wurzelöl von *Primula veris* L.[5]). Der Ester findet sich in den Ölanteilen vom Siedep. 250—260°; sein Schmelzpunkt liegt bei 49°.

Als **Anthranilsäure-methylester**[6]) $C_8H_9O_2N$

$$\begin{array}{c} COO\cdot CH_3 \\ C \\ HC\diagup\diagdown C\cdot NH_2 \\ HC\diagdown\diagup CH \\ CH \end{array}$$

Im ätherischen Öl der Tuberosenblüten[7]) (*Polyanthes tuberosa*), im Ylang-Ylangöl[8]) (*Anona odoratissima*), Neroliöl[9]) (*Citrus Bigaradia* Risso), Orangenblütenöl[10]) (*Citrus* spec.), Orangenblütenwasseröl[11]) (*Citrus* spec.), im spanischen Orangenblütenwasseröl[12]) (*Citrus* spec.), im ätherischen Öl der süßen Pomeranzenschalen[13]) (*Citrus aurantium* Risso), im italienischen Limettöl[14]) (*Citrus limetta* Risso), im westindischen Limettöl[15]) (*Citrus medica* L. var. *acida* Brandis), Petitgrainöl[16]) (*Citrus* spec.), Bergamottblätteröl[17]) (*Citrus Bergamia* Risso), süßen Orangenschalenöl[18]), im Jasminblütenöl[19]) (*Jasminum officinale*), Gardeniaöl[20]) (*Gardenia* spec.). Im Duft der Blüten von *Philadelphus coronarius*[21]) und *Robinia pseudo-Acacia*[21]). Der Anthranilsäureester siedet unter 14 mm Druck bei 132° und schmilzt bei 24—25°. Die

[1]) Bourquelot, Compt. rend. de l'Acad. des Sc. **119**, 892 [1894].

[2]) Cahours, Annalen d. Chemie u. Pharmazie **48**, 60 [1843]; **92**, 315 [1854]. — Gerhardt, Annalen d. Chemie u. Pharmazie **89**, 360 [1854].

[3]) van Rombourgh, Buitenzorg **1896**, 166.

[4]) Vgl. auch dieses Werk Bd. I, S. 1251.

[5]) Mutschler, Annalen d. Chemie u. Pharmazie **185**, 222 [1877]. — Brunner, Schweizer Wochenschr. f. Chemie u. Pharmazie **42**, 309 [1904].

[6]) Vgl. auch dieses Werk Bd. I, S. 1204.

[7]) Bericht d. Firma Schimmel & Co., April **1903**, 74; Oktober **1903**, 68. — Hesse, Berichte d. Deutsch. chem. Gesellschaft **36**, 1459 [1903].

[8]) Bericht d. Firma Schimmel & Co., April **1903**, 79.

[9]) Bericht d. Firma Schimmel & Co., April **1895**, 72; **1899**, 34. — Wallbaum, Journ. f. prakt. Chemie [2] **59**, 350 [1899].

[10]) Bericht d. Firma Schimmel & Co., Oktober **1903**, 52. — Hesse u. Zeitschel, Journ. f. prakt. Chemie [2] **66**, 513 [1902].

[11]) Hesse u. Zeitschel, Journ. f. prakt. Chemie [2] **64**, 245 [1901]. — v. Soden, Journ. f. prakt. Chemie [2] **69**, 262 [1904].

[12]) Bericht d. Firma Schimmel & Co., Oktober **1903**, 81.

[13]) Parry, Chemist and Druggist **56**, 462, 722 [1900].

[14]) Parry, Chemist and Druggist **56**, 460, 993 [1900].

[15]) Bericht d. Firma Schimmel & Co., Oktober **1904**, 54.

[16]) Bericht d. Firma Schimmel & Co., Oktober **1901**, 69.

[17]) Gonilly, Chemist and Druggist **60**, 995 [1902].

[18]) Bericht d. Firma Schimmel & Co., April **1900**, 906.

[19]) Hesse, Berichte d. Deutsch. chem. Gesellschaft **32**, 2611 [1899]; **33**, 1590 [1900]; **34**, 29, 2916 [1901]. — E. Erdmann, Bericht d. Naturforscher-Vers. in München **1899**, I, 139. — v. Soden, Journ. f. prakt. Chemie [2] **69**, 267 [1904].

[20]) Parone, Bolletino di Chim. e Farmacol. **41**, 489 [1902]; Chem. Centralbl. **1902**, II, 703.

[21]) Ed. Verschaffelt, Chem. Weekblad **1908**, No. 25, 1. — F. L. Elze, Chem.-Ztg. **34**, 814 [1910].

quantitative Bestimmung in einem ätherischen Öl beruht auf der Eigenschaft des Esters, mit Schwefelsäure krystallinisches Anthranilsäuremethylestersulfat zu geben, das sich nach Zusatz von Äther gut ausscheidet[1]).

Als **N-Methyl-anthranilsäure-methylester**[2]) $C_9H_{11}O_2N$

$$\begin{array}{c} CO \cdot OCH_3 \\ | \\ C \\ CH \diagup\diagdown C \cdot NH \cdot CH_3 \\ CH \diagdown\diagup CH \\ CH \end{array}$$

In dem ätherischen Öl aus den Früchten von *Citro madurensis* Loureiro[3]) (d. i. Mandarinenöl), im Blätteröl von *Citro madurensis* Loureiro[4]), Rautenöl[5]) (*Ruta graveolens*). Der Ester siedet unter 13 mm Druck bei 130—131°; seine Gegenwart kann durch Verseifung und Untersuchung der Spaltungsprodukte ermittelt werden. Das Sulfat und der freie Ester geben mit Kaliumferricyanid und Eisenchlorid einen charakteristischen Niederschlag[6]).

Physiologische Eigenschaften: Der Ester kann von Warmblütern in großer Menge ohne Schaden genommen werden. Er verläßt den Körper durch die Nieren und oberen Luftwege[6]).

Außerdem wird Methylalkohol in ätherischen Ölen und spirituosen Getränken, namentlich Absynth[7]), Kirsch, Rum, infolge betrügerischen Zusatzes von denaturiertem Alkohol oder Methylalkohol selber[8]) und auch in verfälschtem Kognak[9]) angetroffen. Doch findet er sich auch in echten Tresterschnäpsen[10]). In unverfälschtem Rum ist er jedoch nicht enthalten[11]). Methylalkohol kommt auch in geringer Menge in den Destillaten von Fruchtsäften, von Johannisbeeren, Pflaumen, Kirschen, Mirabellen, Weintrauben und Äpfeln vor der Gärung vor. Nach der Gärung ist die Menge an Methylalkohol bedeutend größer[12]). Er findet sich auch im japanischen Sake[13]); im Whisky und Sakedestillat an Milchsäure gebunden[14]). Im käuflichen Formaldehyd sind 3—10% Methylalkohol enthalten[15]).

Bildung: Bei der trocknen Destillation des Holzes[16]) (aus Buchen- und Birkenholz entsteht doppelt so viel Methylalkohol als aus Kiefern- und Fichtenholz)[17]). Er wird bei der trocknen Destillation der Cellulose nicht oder nur in Spuren erhalten; der bei der

1) Hesse, Berichte d. Deutsch. chem. Gesellschaft 32, 2616 [1899]; 33, 1598 [1900]. — Hesse u. Zeitschel, Berichte d. Deutsch. chem. Gesellschaft 34, 296 [1901]. — Erdmann, Berichte d. Deutsch. chem. Gesellschaft 35, 24 [1902].

2) Vgl. dieses Werk Bd. I, S. 1206.

3) Wallbaum, Journ. f. prakt. Chemie [2] 62, 135 [1900]. — Bericht d. Firma Schimmel & Co., Oktober 1900, 28.

4) Charabot, Compt. rend. de l'Acad. des Sc. 137, 85 [1903]. — E. Charabot u. G. Lalque, Compt. rend. de l'Acad. des Sc. 137, 996 [1903]; Bulletin de la Soc. chim. [3] 31, 195 [1904].

5) Bericht d. Firma Schimmel & Co., Oktober 1901, 47.

6) Kleist, Bericht d. Firma Schimmel & Co., April 1903, 125.

7) Sanglé, Ferrière u. Cuniasse, Annales de Chim. analyt. appl. 8, 82 [1903].

8) Kobert, Lehrbuch der Intoxikationen 2, 660. Stuttgart 1906. — Müller, Zeitschr. f. angew. Chemie 23, 351 [1910]. — Förster, Zeitschr. f. Spiritusind. 33, 2 [1910]. — Burner, Biochem. Centralbl. 3, Ref. Nr. 320. — A. Bukowski, Pharmaz. Post 43, 129 [1910]; Chem. Centralbl. 1910, I, 1645.

9) J. Wolff, Bulletin de l'Assoc. des Chim. de Sucre et Dist. 24, 1623 [1907]; Chem. Centralbl. 1907, II, 1450.

10) A. Trillat, Compt. rend. de l'Acad. des Sc. 128, 438 [1899]; Bulletin de la Soc. chim. 21, 439 [1899].

11) H. Quantin, Journ. de Pharm. et de Chim. [6] 12, 505 [1900].

12) J. Wolff, Compt. rend. de l'Acad. des Sc. 131, 1323 [1900]. — F. Auerbach, Berichte d. Deutsch. chem. Gesellschaft 38, 2833 [1905].

13) T. Takahashi, Bulletin of the College of Agric. Tokyo 6, 387 [1905].

14) T. Takahashi, Bulletin of the College of Agric. Tokyo 7, 565 [1906]; Chem. Centralbl. 1907, II, 1660.

15) Dujk, Annales de Chim. analyt. appl. 6, 467 [1901]; Chem. Centrallb. 1901, II, 1370. Nachweis und Bestimmung ebendaselbst.

16) Dumas u. Péligot, Annalen d. Chemie u. Pharmazie 15, 1 [1835]. — Bosnische Elektr. Akt.-Ges. D. R. P. 158 086 [1903]; Chem. Centralbl. 1905, I, 476.

17) P. Klason, G. v. Heidenstam u. E. Norlin, Arkiv för Kemi, Min. och Geol. 3, 10 [1908].

Holzdestillation entstehende Methylalkohol stammt also aus dem Lignin[1]). Bei der trocknen Destillation der Melasseschlempe[2]); des ameisensauren Calciums[3]). Bei der Elektrolyse fettsaurer Salze, z. B. Natriumacetat bei Gegenwart von Natriumperchlorat, Natriumsulfat oder Monokalium- und Dikaliumcarbonat[4]). Bei der katalytischen Reduktion von Methanal mit Nickel und Wasserstoff bei 90°[5]). Bei der Erhitzung von Zucker bis zur beginnenden Verkohlung[6]). Bei längerer Einwirkung von Bleihydroxyd auf wässerige Formaldehydlösungen entstehen außer verschiedenen Zuckerarten und anderen Verbindungen auch Ameisensäure, Acrolein und Äthylalkohol[7]). Bei Verarbeitung von Glycerin durch den aeroben Bac. boocopricus[8]). Bei der spontanen Gärung von Zuckerrohrsaft im tropischen Klima[9]). Verschiedene Varietäten sporenbildender Kahmhefen aus Saké, Koji und Sakémaische besitzen die Fähigkeit, aus Kojiextrakt Methylalkohol zu bilden[10]).

Darstellung: Der vom Teer abgegossene rohe Holzgeist, das ist das wässerige Destillat, das durch Erhitzen von Holz in eisernen Retorten auf 500° gewonnen wird, wird mit Kalk oder Soda gekocht. Der hierbei überdestillierende Holzgeist wird rektifiziert, mit Wasser verdünnt, um ölige Beimengungen auszufällen, abermals destilliert und über Kalk entwässert. Zur vollständigen Reinigung stellt man einen krystallisierenden Methylester dar (z. B. den Oxalsäureester durch Auflösen von wasserfreier Oxalsäure in siedendem Holzgeist) und zerlegt die Verbindung durch Kochen mit Wasser[11]) oder Ammoniak[12]) wieder in Säure und reinen Methylalkohol[13]). Besonders reinen Methylalkohol erhält man bei seiner Reinigung über Kaliummethylsulfat und durch Entwässerung mit Calciumfeilspänen[14]). Entwässerung des technischen Methylalkohols mit Calciumspänen. Da wasserhaltiger Methylalkohol nur sehr träge mit dem Calcium reagiert, leitet man die Reaktion durch leichtes Erwärmen auf dem Wasserbad ein. Erst wenn die größte Menge des Calciums angegriffen ist, destilliert man den Alkohol ab und destilliert ihn dann noch einigemal über wenig Calcium[15]).

Erkennung: Der Nachweis von Methylalkohol[16]) beruht fast immer auf einer Farbreaktion, die man mit den Oxydationsprodukten des Alkohols (Formaldehyd, Methylal, Ameisensäure) anstellt: Man taucht in die zu untersuchende Flüssigkeit (ca. 3 ccm) mehrmals eine oberflächlich oxydierte glühende Kupferspirale, fügt einen Tropfen einer 5 proz. Resorcinlösung zu und unterschichtet vorsichtig mit konz. Schwefelsäure. Eine rosenrote Zone an der Berührungsstelle zeigt die Anwesenheit von Methylalkohol an. Ameisensäure, sekundärer und tertiärer Butylalkohol, Dimethyläthylcarbinol und Akrolein geben dieselbe Reaktion[17]). Spuren von Furfurol verdecken die Färbung recht beträchtlicher Mengen von Methylalkohol. Daher wird die Verwendung von Gallussäure an Stelle von Resorcin empfohlen[18]).

[1]) P. Klason, G. v. Heidenstam u. E. Norlin, Zeitschr. f. angew. Chemie **22**, 1205 [1909].

[2]) Vincent, Bulletin de la Soc. chim. [2] **27**, 148 [1877].

[3]) Lieben u. Paternò, Annalen d. Chemie u. Pharmazie **167**, 293 [1873]. — Friedel u. Silva, Jahresber. d. Chemie **1873**, 526.

[4]) Hofer u. Moest, Annalen d. Chemie u. Pharmazie **323**, 284 [1902]. — M. Moest, D. R. P. 138 442; Chem. Centralbl. **1903**, I, 370.

[5]) Sabatier u. Senderens, Compt. rend. de l'Acad. des Sc. **137**, 301 [1903].

[6]) A. Trillat, Zeitschr. d. Vereins d. Rübenzuckerind. **1906**, 95; Chem. Centralbl. **1906**, I, 917.

[7]) W. Loeb u. G. Pulvermacher, Biochem. Zeitschr. **26**, 231 [1910]; Chem. Centralbl. **1910**, II, 556.

[8]) Emmerling, Berichte d. Deutsch. chem. Gesellschaft **29**, 2726 [1896].

[9]) Marcano, Compt. rend. de l'Acad. des Sc. **108**, 955 [1889].

[10]) T. Takahashi, Bulletin of the College of Agric. Tokyo **6**, 387 [1905].

[11]) Wöhler, Annalen d. Chemie u. Pharmazie **81**, 376 [1852].

[12]) Grodzki u. Krämer, Berichte d. Deutsch. chem. Gesellschaft **7**, 1494 [1874].

[13]) Carius, Annalen d. Chemie u. Pharmazie **110**, 210 [1859]. — Krämer u. Grodzki, Berichte d. Deutsch. chem. Gesellschaft **9**, 1928 [1876].

[14]) Klason u. Norlin, Chem. Centralbl. **1906**, II, 1480; Arkiv för Kemi, Min. och Geol. **2**, H. 3, Nr. 24, 7. — F. M. Perkin u. L. Pratt, Proc. Chem. Soc. **23**, 304 [1907]; Chem. Centralbl. **1908**, I, 1610.

[15]) J. Gyr, Berichte d. Deutsch. chem. Gesellschaft **41**, 4322 [1908].

[16]) G. Fendler u. C. Mannich, Arbeiten a. d. pharmaz. Inst. d. Univ. Berlin **3**, 243 [1906]; Chem. Centralbl. **1906**, II, 821. — A. Bukowski, Pharmaz. Post **43**, 129 [1910].

[17]) Mulliken u. Scudder, Amer. Chem. Journ. **21**, 266 [1899]. — H. W. Wiley, Amer. Journ. of Pharmacy **77**, 101 [1905].

[18]) Barbet u. Jandrier, Annales de Chim. analyt. appl. **1**, 325 [1896]. — E. Jandrier, Annales de Chim. analyt. appl. **4**, 156 [1899]; Chem. Centralbl. **1899**, I, 1296.

In den meisten Fällen handelt es sich beim Methylalkohol um seine Erkennung neben Äthylalkohol[1]). Man oxydiert zu diesem Zwecke beide Alkohole durch Eintauchen einer glühenden Kupferspirale zu Aldehyd[2]), zerstört den Acetaldehyd durch Wasserstoffsuperoxyd, das überschüssige Wasserstoffsuperoxyd durch Natriumthiosulfat und weist in alkalischer Lösung den Formaldehyd durch seine Färbung mit Phloroglucin nach[3]). Noch besser ist die modifizierte Methode, bei welcher man den Acetaldehyd durch bloßes Kochen bis zum Verschwinden seines Geruches entfernt[4]). Das Verfahren von Denigès beruht auf der Eigenschaft des Kaliumpermanganats, unter gewissen Bedingungen mit Äthylalkohol nur Acetaldehyd mit Methylalkohol nur Formaldehyd zu bilden und auf der Möglichkeit, mit Hilfe von Fuchsindisulfit Spuren von Formaldehyd in Gegenwart von größeren Mengen Acetaldehyd nachzuweisen[5]). Verwendung von Bromwasser als Oxydationsmittel und von Fuchsindisulfit[6]). Unterscheidung eines hochprozentigen Äthyl- von Methylalkohol mittels Selensäurelösung und Bromsilber[7]). Die Probe von Mulliken[8]) besteht darin, daß man nach der Oxydation der Alkohole Ammoniak zusetzt und bis zum Verschwinden des Ammoniakgeruches kocht, dann konz. Salzsäure zusetzt, einmal kräftig aufkocht und den Formaldehyd mittels Resorcin nachweist. Bei der Probe von Trillat[9]) oxydiert man mit Kaliumbichromat und Schwefelsäure, wobei Methylal aus dem Methylalkohol und aus dem Äthylalkohol Acetaldehyd entsteht. Letzteren entfernt man durch Destillation und kondensiert das im Destillationsrückstand verbleibende Methylal mit Dimethylanilin. Nun macht man die Lösung alkalisch, destilliert den Überschuß von Dimethylanilin ab, säuert den Rückstand an und setzt etwas Bleisuperoxyd zu. Beim Kochen zeigt eine blaue Färbung die Gegenwart von Methylalkohol an[10]). Man kann auch das durch Oxydation mit Kaliumbichromat und Schwefelsäure entstandene Methylal durch Violettfärbung mit nitrithaltiger Salzsäure bei Gegenwart einer frischen Eiweißlösung erkennen[11]). Die Anwesenheit von Formaldehyd, der aus dem oxydierten Methylalkohol stammt, kann man auch durch eine violettblaue Zone ersehen, die beim Unterschichten der mit etwas Eisenchloridlösung und Milch versetzten Flüssigkeit mit konz. Schwefelsäure entsteht[12]). Zum gleichen Zweck kann man auch die Violettfärbung des Formaldehyds mit einer Lösung von salzsaurem Morphin in konz. Schwefelsäure verwenden[13]). Zum Nachweis von Methylalkohol in Essig eignet sich das von Robine[14]) modifizierte Trillatsche[15]) Verfahren. Da der Methyl-

---

[1]) S. P. Sadtler, Amer. Journ. of Pharmacy **77**, 106 [1905].

[2]) Hier ist zu bemerken, daß auch Äthylalkohol bei der Oxydation geringe Mengen von Formaldehyd bildet. Mulliken u. Scudder, Amer. Chem. Journ. **21**, 266 [1899].

[3]) A. Prescott, Pharmaz. Archiv **4**, 86 [1901]; Chem. Centralbl. **1901**, I, 562. — Habermann u. Österreicher, Zeitschr. f. analyt. Chemie **40**, 721 [1901]. — N. Schoorl, Zeitschr. f. analyt. Chemie **41**, 426 [1902]. — Zusammenfassung: H. Scudder, Journ. Amer. Chem. Soc. **27**, 892 [1905].

[4]) Haigh, Pharmac. Review **21**, 404 [1903]. — Sanglé, Ferrière u. Cuniasse, Annales de Chim. analyt. appl. **8**, 82 [1903].

[5]) C. Denigès, Compt. rend. de l'Acad. des Sc. **150**, 529, 832 [1910]; Chem. Centralbl. **1910**, I, 1992.

[6]) C. Denigès, Bulletin de la Soc. chim. [4] **7**, 951 [1910]; Chem. Centralbl. **1910**, II, 1949.

[7]) F. Klein, Journ. of Ind. and Engin. Chem. **2**, 389 [1910].

[8]) Mulliken, Provisional Methods for Analysis of foods (U. S. Dept. Agriculture, Bureau Chemistry, Bulletin **65**, 73 [1902]). — Vgl. auch die gut brauchbaren Methoden: Mulliken u. Scudder, Amer. Chem. Journ. **21**, 266 [1899]; **24**, 444 [1900].

[9]) Trillat, Annales de Chim. analyt. appl. **4**, 42 [1899]; Compt. rend. de l'Acad. des Sc. **128**, 438 [1899]; Bulletin de la Soc. chim. [3] **21**, 445 [1899]. — Wolff, Annales de Chim. analyt. appl. **4**, 183 [1899].

[10]) Robine, Annales de Chim. analyt. appl. **6**, 128, 171 [1901]. — Euler, Berichte d. Deutsch. chem. Gesellschaft **37**, 3411 [1904]. — Bach, Berichte d. Deutsch. chem. Gesellschaft **37**, 3986 [1904].

[11]) E. Voisenet, Bulletin de la Soc. chim. [3] **35**, 748 [1906].

[12]) J. Kahn, Pharmaz. Ztg. **50**, 651 [1905]; Chem. Centralbl. **1905**, II, 711. — Utz, Pharmaz. Centralhalle **46**, 736 [1905]. — Mulliken u. Scudder, Amer. Chem. Journ. **24**, 446 [1900]. — H. Scudder u. R. Riggs, Chem. Centralbl. **1906**, II, 1285. — A. Vorisek, Journ. Soc. Chem. Ind. **28**, 823 [1909]; Chem. Centralbl. **1909**, II, 1083.

[13]) Kenntmann, zitiert bei A. Bukowski Pharmaz. Post **43**, 129 [1910]; Chem. Centralbl. **1910**, I, 1645; Nachweis von Methylalkohol in Spirituspräparaten: Fendler u. Mannich, Arbeiten aus dem pharmaz. Inst. d. Univ. Berlin **3**, 1 [1906]; daselbst Literaturübersicht.

[14]) R. Robine, Annales de Chim. analyt. appl. **6**, 128, 171 [1901].

[15]) Trillat, Annales de Chim. analyt. appl. **4**, 42 [1899].

alkohol durch Mycoderma aceti nicht angegriffen wird, kann der Nachweis von Methylalkohol im Essig als Beweis dafür dienen, daß als Ausgangsmaterial für die Essigbereitung denaturierter Spiritus verwendet worden ist. Im Formaldehyd kann man den Methylalkohol zweckmäßig nachweisen, wenn man den Aldehyd durch Zusatz von Kaliumcyanidlösung bindet, dann die Hälfte der Flüssigkeit abdestilliert und mit dem Destillat die Phenylhydrazinnitroprussidprobe vornimmt[1]). Nachweis von Methylalkohol in pharmazeutischen Präparaten[2]).

Bestimmung: Man läßt 5 ccm des Holzgeistes langsam auf 30 g Jodphosphor tropfen, erwärmt 5 Minuten am Rückflußkühler im Wasserbad und destilliert das Methyljodid ab. Nachdem man das Destillat mit Wasser bis zu 25 ccm versetzt hat, schüttelt man und bestimmt das Volumen des gebildeten Methyljodids. 7,45 ccm Methyljodid entsprechen 5 ccm chemisch reinem Methylalkohol[3]). Man kann auch die Zeiselsche Methode[4]) zur Bestimmung von Methoxyl (CH_3O) in leichtflüchtigen Körpern verwenden; sie fußt auf der Bildung von Methyljodid beim Erhitzen von Substanzen, welche die Methoxygruppe enthalten, mit Jodwasserstoffsäure. Dieses Verfahren eignet sich zur Ermittlung des Gehaltes an Methylalkohol in den Produkten der Holzdestillation und im Formaldehyd[5]). Im Formaldehyd kann man auch den Methylalkohol bestimmen, wenn man ersteren mit Natriumdisulfit kondensiert, den Methylalkohol überdestilliert und die Dichte des Destillates bestimmt[6]).

Zur Bestimmung des Methylalkohols in Gegenwart von Äthylalkohol verwendet man die Fähigkeit von Kaliumbichromat und Schwefelsäure, unter geeigneten Bedingungen den Methylalkohol vollständig zu Kohlensäure und Wasser zu verbrennen, während Äthylalkohol in Essigsäure übergeführt wird und daneben höchstens 0,5% Kohlensäure entstehen. Die Kohlensäure wird in Natronkalkröhren aufgefangen und gewogen[7]). Auch durch Bestimmung der Brechungszahl des Alkohols mittels des Immersionsrefraktometers kann man den Methylalkohol neben Äthylalkohol erkennen und quantitativ bestimmen[8]), ferner durch Verwandlung in die Jodide und Messung des spez. Gew. des Jodidgemisches[9]). Wenn eine ganz reine Lösung von Methylalkohol vorliegt, so kann man ihren Gehalt auch in großer Verdünnung colorimetrisch mittels Kaliumbichromat bestimmen[10]). Im Aceton ermittelt man den Gehalt an Methylalkohol, indem man es mit Borsäure mischt und dann die Flüssigkeit bis zur Trockne abdestilliert. Im Destillat ist der Borsäuremethylester enthalten, den man in 50 proz. Glycerin auffängt und durch Verseifen mit n-NaOH bestimmt[11]).

Physiologische Eigenschaften: Das Gesetz von Richardson[12]): Die Giftwirkung einwertiger Alkohole der Fettreihe wächst mit dem Kohlenstoffgehalt und dem Molekulargewicht (und dementsprechend mit Siedepunkt, Dampfdichte, Flüchtigkeit, Löslichkeit, Viscosität und Abnahme der Oberflächenspannung)[13]) findet im großen und ganzen auch beim Methyl-

---

[1]) H. Leffmann, Chem.-Ztg. **29**, 1086 [1905].

[2]) Hamburger, Apoth.-Ztg. **20**, 810 [1905]. — J. Gadamer, Apoth.-Ztg. **20**, 807 [1905]. — Fendler u. Mannich, Apoth.-Ztg. **20**, 788 [1905].

[3]) Krell, Berichte d. Deutsch. chem. Gesellschaft **6**, 1310 [1873]. — Grodzki u. Krämer, Berichte d. Deutsch. chem. Gesellschaft **7**, 1495 [1874]; **9**, 1928 [1876].

[4]) Zeisel, Monatshefte f. Chemie **6**, 989 [1885]; **7**, 406 [1886]. — H. Meyer, Analyse und Konstitutionsermittlung organ. Verbindungen, S. 731. Berlin 1909. — Benedikt u. Grüßner, Zeitschr. f. analyt. Chemie **29**, 362, 634 [1890]. — Ehmann, Zeitschr. f. analyt. Chemie **30**, 633 [1891].

[5]) Stritar, Zeitschr. f. analyt. Chemie **42**, 579 [1903]; **43**, 387, 401 [1904].

[6]) Bamberger, Zeitschr. f. angew. Chemie **17**, 1246 [1904]. — Gnehm u. Kaufler, Zeitschr. f. angew. Chemie **18**, 93 [1905]. — O. Blank u. Finkenbeiner, Berichte d. Deutsch. chem. Gesellschaft **39**, 1326 [1906]. — Duyk, Annales de Chim. analyt. appl. **6**, 467 [1901].

[7]) Th. E. Thorpe u. J. Holmes, Journ. Chem. Soc. **85**, 1 [1904]. — Umbgrove u. Franchimont, Recueil des travaux chim. des Pays-Bas **16**, 406 [1897].

[8]) Leach u. Lythgoe, Journ. Amer. Chem. Soc. **27**, 964 [1905].

[9]) Lam, Zeitschr. f. angew. Chemie **1898**, 125.

[10]) M. Nicloux, Bulletin de la Soc. chim. [3] **17**, 839 [1897].

[11]) F. W. Babington, Journ. Soc. Chem. Ind. **26**, 243 [1907].

[12]) B. W. Richardson, Med. Times and Gaz. **2**, 703 [1869]. — Vgl. auch H. Meyer u. Baum, Archiv f. experim. Therap. u. Pathol. **1899**.

[13]) G. Billard u. L. Dieulafé, Compt. rend. de la Soc. de Biol. **56**, 452, 493 [1904]. — J. Traube, Archiv f. d. ges. Physiol. **105**, 541 [1904].

alkohol seine Bestätigung. Das Verhältnis der Stärke der Wirkung von Methylalkohol und Äthylalkohol ersieht man aus der Tabelle[1]):

	CH_3OH Mol.-Gewicht 32	C_2H_5OH Mol.-Gewicht 46
Joffroy[2])	0,46	1,0
Picaud[3]) (bei Fischen, Tritonen, Vögeln)	0,66	1,0
Bär[4]) (Kaninchen)	0,8	1,0
Raether[5]) (bei Nerven)	$^1/_3$	1,0
Riche[6])	0,66	1,0
Baudran[7])	144	265
Fühner, Neubauer[8]) (Hämolyse)	3,24	7,34
Lesieur[9]) (bei Kaninchen)	2	3
Lesieur[9]) (bei Fischen)	4	6
Baxt[10]) (bei Muskeln)	2	1

Auch die Geruchsintensität der Alkohole nimmt mit dem Molekulargewicht zu[11]); von den höheren Alkoholen sind geringere Konzentrationen zur Eiweißfällung nötig als von den niederen[12]). Das Fällungsvermögen für Ammoniumchlorid, Kaliumchlorid, Natriumchloridlösung ist geringer als das des Äthylalkohols und Propylalkohols[13]). In einer größeren Anzahl von Untersuchungen hat sich jedoch der Methylalkohol im Widerspruch mit dem Richardsonschen Gesetz als physiologisch wirksamer erwiesen als der höher molekulare Äthylalkohol[14]). So bei Fischen[15]), bei Hunden[16]), bei Mäusen[17]), bei Fröschen[18]), bei der Hefe[19]), bei seiner Einwirkung auf den quergestreiften Muskel[20]). In einfach n-Lösung wirkt Methylalkohol auf Flimmerepithel weniger giftig als Äthylalkohol; in $^1/_5$ und $^1/_{10}$ n-Lösung ist er jedoch bedeutend giftiger als dieser[21]). Auf Agar-Kulturen von Staphylokokkus, Typhusbacillen, Bac. pyocyaneus wirken die beiden Alkohole gleich stark ein[22]). Nach anderen Versuchen fand sich das Richardsonsche Gesetz bei Staphylococcus pyog. am., Coli comm. und Pyocyaneus bestätigt[23]). Auffallend ist die bedeutend größere Giftigkeit, die der Methylalkohol

---

1) R. Förster, Zeitschr. f. Spiritusind. 33, 2 [1910]; Sammelreferat, Biochem. Centralbl. 9, 799 [1910].

2) Joffroy, Arch. de Méd. experim. 7, 8 [1895/96].

3) Picaud, Compt. rend. de l'Acad. des Sc. 124, 829 [1897].

4) Bär, Archiv f. Anat. u. Physiol. 1898, 283.

5) Raether, Diss. Tübingen 1905.

6) Riche, Bulletin de l'Acad. de Méd. [3] 48, 126 [1902].

7) Baudran, Bulletin de l'Acad. de Méd. [3] 48, 126, [1896].

8) H. Fühner u. Neubauer, Centralbl. f. Anat. u. Physiol. 20, 117 [1906].

9) Lesieur, Compt. rend. de la Soc. de Biol. 58, 471 [1906].

10) Baxt, Verhandl. d. sächs. Gesellschaft d. Wissenschaften, mathem.-phys. Kl. 124, 829 [1871].

11) Passy (bei Zwaardemaker), Physiologie des Geruches, S. 242. Leipzig 1895.

12) Spiro, Beiträge z. chem. Physiol. u. Pathol. 4, 317 [1904].

13) H. E. Armstrong u. J. N. Eyre, Proc. Roy. Soc. (Ser. A 84) [1910]; Chem. Centralbl. 1910, II, 1016.

14) R. v. Jaksch, VII. Kongr. f. inn. Medizin, Wiesbaden 1888, 86. — A. J. Kunkel, Handb. d. Toxikol., S. 402 [1893].

15) Cololian, Journ. de Physiol. et de Pathol. génér. 3, 535 [1901].

16) Dujardin-Beaumetz u. Audigé, Recherches expérim. sur la puiss. tox. des alcools, Paris 1879; Compt. rend. de l'Acad. des Sc. 81, 192 [1875]; 83, 80 [1876]; la Tempérance 5, 49 [1877]. — Bongers, Archiv f. experim. Pathol. u. Therap. 35, 429 [1895]. — J. Pohl, Archiv f. experim. Pathol. u. Pharmakol. 31, 281 [1893].

17) Reid Hunt, John Hopkins Hosp. Bull. 13, 213 [1903]; Hyg. Lab. Publ. Health and Mar. Hosp. Service of the U. S., Bull. 33; Biochem. Centralbl. 6, Ref. Nr. 1446 [1907].

18) V. Nazari, Atti R. Accad. dei Lincei Roma [5] 17, II, 166 [1908]; Arch. di Farmacol. sperim. 7, 421 [1908]; Chem. Centralbl. 1909, I, 98.

19) C. Wehmer, Zeitschr. f. Spiritusind. 1901, Nr. 14. — H. Buchner, Fuchs u. Megele, Archiv f. Hyg. 40, 347 [1901]. — Rapp, bei Lafar, Handb. d. techn. Mykol. 4, 359 [1907].

20) Blumenthal, Archiv f. d. ges. Physiol. 62, 513 [1896]. — Vgl. jedoch Verzár, Archiv f. d. ges. Physiol. 128, 400 [1909].

21) H. Breyer, Archiv f. d. ges. Physiol. 99, 481 [1903].

22) H. Buchner, Fuchs u. Megele, Archiv f. Hyg. 40, 352 [1901].

23) H. Stadler, Archiv f. Hyg. 73, 205 [1911].

im Vergleich mit dem Äthylalkohol für den menschlichen Organismus zeigt[1]). Er ist ein lähmendes Gift für das Zentralnervensystem wie der Alkohol, doch wirkt er viel protrahierter. Er bewirkt schneller und stärker grobe anatomische Veränderungen in verschiedenen Organen als der Äthylalkohol. Der Tod bei akuter Vergiftung scheint auf Atemlähmung zu beruhen. Die Dosis letalis für Menschen liegt zwischen 120 und 240 g; Blindheit ist schon nach 8—20 g beobachtet worden[2]). Er ruft ein komatöses Intoxikationsstadium hervor, das bei Äthylalkohol nicht zu beobachten ist[3]). Regelmäßige Zufuhr von Methylalkohol führt zu keiner Gewöhnung, sondern nach kurzer Zeit zum Tode der Versuchstiere[4]). Er erzeugt bei wiederholtem Gebrauch irreparable Erblindung durch Opticusatrophie[5]). Auch bei intravenöser Einführung von Methylalkohol zeigen sich ähnliche Erscheinungen wie bei der Einführung per os[6]). Die Verwendung des Methylalkohols in pharmazeutischen Präparaten, die von[7]) einer Seite empfohlen wird, wird[8]) von anderer Seite entschieden abgelehnt wegen der schweren toxischen Wirkung des Alkohols auf das Zentralnervensystem. Die Aufnahme von Methylalkoholdampf von seiten der Lunge ist sehr gering, so daß methylalkoholhaltige Luft nicht gefährlich ist[9]). Es wird nach der Einatmung nur in geringer Menge ausgeatmet[10]).

Wird im Organismus zu Ameisensäure oxydiert, deren Ausscheidung erst am 3. oder 4. Tag nach der Intoxikation ihr Maximum erreicht. Die Ameisensäure geht auch in den Harn über. Die Tatsache, daß Methylalkohol zu Ameisensäure oxydiert wird, während die höheren Alkohole alle zu Kohlensäure und Wasser verbrannt werden, erklärt die außerordentliche Giftigkeit des Methylalkohols bei andauernder Einnahme. Auch die überlebenden Organe des Tierkörpers, vor allem die Leber, verwandeln den Methylalkohol in Ameisensäure[11]). Über andere Erklärungen für die toxischen Erscheinungen bei Verabreichung von Methylalkohol[12]). In geringem Maße wird Methylalkohol auch unverändert wieder ausgeschieden[13]). Er paart sich nicht mit Glykuronsäure[14]). Methylalkohol (ebenso wie n-Propylalkohol und n-Amylalkohol) bewirkt nach Untersuchungen an phloridzindiabetischen Hunden fast immer eine Erhöhung der Zuckerausscheidung. Methylalkohol verursacht bei gleichzeitiger Verabreichung von n-Valeriansäure in geringem Maße auch eine Verminderung der Stickstoffausscheidung[15]).

Die Dämpfe von Methylalkohol bewirken bei einem durch Induktionsschläge völlig ermüdeten Froschmuskel eine Kontraktion, der eine Erschlaffung folgt. Die Ursache der Erscheinung ist wahrscheinlich die Gerinnung von Myosin und darauffolgende Lösung des

[1]) Kobert, Lehrb. d. Intoxikationen 2, 88, 661, Stuttgart 1906. — R. Müller, Zeitschr. f. angew. Chemie 23, 354 [1910]. — H. Holländer, Münch. med. Wochenschr. 57, 82 [1910]. — S. Szekely, Vegyészeti Lapok [1909]. — Strömberg, Virchow-Hirsch Jahresber. 1902, I, 598; 1906, I, 111. — A. Bukowski, Pharmaz. Post 43, 129 [1910].

[2]) Kobert, Lehrb. d. Intoxikationen 2, 663, Stuttgart 1906.

[3]) Dujardin-Beaumetz, Jahresber. über d. Fortschritte d. Tierchemie 10, 118 [1881]. — J. Pohl, Archiv f. experim. Pathol. u. Pharmakol. 31, 281 [1893].

[4]) R. Müller, Zeitschr. f. angew. Chemie 23, 352 [1910]. — Joffroy u. Serveaux, Semaine méd. 1895, 346.

[5]) Buller u. Wood, Journ. Amer. Med. Assoc. 1904, II. — Buller, Biochem. Centralbl. 3, 634 [1905]. — Cushny, Textbook of Pharmacology 1899, 144. — Burner, Rec. d'ophth. Juli 1904; Biochem. Centralbl. 3, Ref. Nr. 320, 440 [1905]. — Wilder, Ophth. Rec. 13, Maiheft; Biochem. Centralbl. 4, Ref. Nr. 561 [1905]. — Gifford, Zeitschr. f. Augenheilkde. 19, 139 [1908]. — Nagel, Journ. Amer. Med. Assoc. 18, 9 [1905]; Biochem. Centralbl. 3, Ref. Nr. 1634 [1905]. — v. Krüdener, Zeitschr. f. Augenheilkde. 16, Erg.-Heft 49 [1906]. — Scudder u. Koller, Virchow-Hirsch Jahresber. 1905, I. — Tschistjakow, Zeitschr. f. Augenheilkde. 22, 60 [1909].

[6]) Joffroy u. Serveaux, Semaine méd. 1895, 346.

[7]) G. Arends, Pharmaz. Ztg. 55, 489 [1910]; Chem. Centralbl. 1910, II, 333.

[8]) R. Kobert, Pharmaz. Ztg. 55, 518 [1910]; Chem. Centralbl. 1910, II, 905.

[9]) R. Müller, Zeitschr. f. angew. Chemie 23, 352 [1910]. — Vgl. aber auch Buller, Biochem. Centralbl. 3, 634 [1905].

[10]) A. R. Cushny, Journ. of Physiol. 40, 17 [1910]; Chem. Centralbl. 1910, II, 1146.

[11]) J. Pohl, Archiv f. experim. Pathol. u. Pharmakol. 31, 281 [1893]. — Hunt, ref. in Virchow-Hirsch 1902.

[12]) Breyer, Archiv f. d. ges. Physiol. 99, 481 [1903]. — Verzar, Archiv f. d. ges. Physiol. 128, 400 [1909]. — Fühner, Biochem. Centralbl. 3, R. Nr. 902 [1905]. — Kobert, Rev. d'Hyg. 18, 22, 358, 727 [1896].

[13]) Bongers, Archiv f. experim. Pathol. u. Pharmakol. 35, 429 [1895].

[14]) Neubauer, Archiv f. experim. Pathol. u. Pharmakol. 46, 133 [1901].

[15]) P. Höckendorf, Biochem. Zeitschr. 23, 281 [1909]; Chem. Centralbl. 1910, I.

Koagulums. Methylalkohol zeigt eine geringere Einwirkung als Äthyl- und dieser eine geringere als Propylalkohol[1]). Der Methylalkohol wirkt wasserentziehend auf das tierische Gewebe. Er erzeugt lokal in den Geweben, in die er gelangt (jedoch schwächer als Äthyl- und Propylalkohol), eine Gefäßerweiterung, besonders intensiv in der Bauchhöhle. Ein methylalkoholischer Umschlag um den Oberarm ruft in dessen Radialis Blutdruckerhöhung hervor[2]). Sowohl die Pepsin- wie die Pankreasverdauung wird nach Versuchen in vitro durch Methylalkohol gefördert[3]).

In einer Nährlösung, die im Liter 1 g Natriumnitrat, 1 g Kaliumphosphat, 0,25 g Ammoniumsulfat, 0,2 g Magnesiumchlorid, 0,1 g Ferrosulfat, 2 g Calciumcarbonat und Spuren von Kaliumsilicat und Zinkchlorid enthielt, zeigten Pflanzen im Licht, denen als Kohlenstoffquelle Methylalkohol in 0,5 proz. Lösung geboten wurde, anfangs einen Vorsprung in der Entwicklung vor den Vergleichspflanzen. Später unterschieden sie sich bloß durch kürzere Internodien und schwächere Wurzelbildung[4]). In 1 proz. Lösung kann der Methylalkohol von Mikroben als Kohlenstoffquelle verwertet werden[5]). Manche Pilze vermögen sogar noch in 5 proz. Lösung von Methylalkohol zu wachsen[6]). Durch *Sterigmatocystis nigra* wird er im Gegensatz zu Äthylalkohol nicht assimiliert[7]); auch nicht durch Bodensatzhefe[8]). Durch *Allescheria* (= *Eurotiopsis*) wird er angegriffen[9]).

Physikalische und chemische Eigenschaften: Flüssigkeit von geistigem Geruch und brennendem Geschmack. Obwohl der flüssige Methylalkohol nur einen schwachen Geruch besitzt, riecht ein 1% Dampf enthaltendes Luftgemenge schon sehr stark und ein 5 proz. Gemenge so stark, daß es kaum zu atmen ist[10]). Siedep. 64,8° bei 763 mm; spez. Gew. 0,7476 bei 64,8°/4°[11]). Siedep. $_{766,7}$ = 64,7; D_4^{20} = 0,79133[12]); D_{15}^{15} = 0,769072[13]); spez. Gew. $_{15}^{15}$ = 0,79647, Siedep. $_{760}$ = 64,56°[14]); spez. Gew. 0,79726 bei 15°; 0,78941 bei 25°[15]). Umstehende Tabelle enthält die Dichten von Gemischen des Methylalkohols mit Wasser[16]).

Schmelzp. — 94,9°[17]); —94,0[18]). Kritische Temperatur 241,9°[19]). Maximaltension bei 20°[20]); spez. Volumen des gesättigten Dampfes bei verschiedenen Temperaturen[21]). Dampftension: 72,4 mm bei 15°; 153,4 bei 29,3°; 292,4 bei 43°; 470,3 bei 53,9°; 756,6 bei 65,4°[22]). Capillaritätskonstante beim Siedep. a^2 = 5,107[23]). Oberflächendruck[24]). Molekulare Verbrennungswärme 170,6 Cal.[25]). Mittlere Verbrennungswärme 6200 bis 6230 Cal. pro Gramm[26]).

---

[1]) H. P. Kemp u. A. D. Waller, Proc. Phys. Soc. **1908**, 43; Journ. of. Physiol. **37**, 3 [1908].

[2]) H. Buchner, F. Fuchs u. L. Megele, Archiv f. Hyg. **40**, 347 [1901].

[3]) E. Laborde, Compt. rend. de la Soc. de Biol. **51**, 821 [1888].

[4]) Mazé u. Perrier, Compt. rend. de l'Acad. des Sc. **139**, 470 [1904].

[5]) M. Tsukamoto, Journ. of the College of Sc. Tokyo 6 [1894]; 7 [1895]; Jahresber. über d. Fortschritte d. Tierchemie **24**, 84 [1894].

[6]) T. H. Bokorny, Centralbl. f. Bakt. u. Parasitenkde. [II] **29**, 176 [1911]; Chem. Centralbl. **1911**, I, 996.

[7]) H. Coupin, Compt. rend. de l'Acad. des Sc. **138**, 389 [1904]; Chem. Centralbl. **1904**, I, 824.

[8]) E. Laurent, Annales de la Soc. de Belge de Microscopie **14**, 29 [1890].

[9]) Laborde, Annalen de l'Inst. Pasteur **11**, 1 [1897].

[10]) Müller, Zeitschr. f. angew. Chemie **23**, 354 [1910].

[11]) R. Schiff, Annalen d. Chemie u. Pharmazie **220**, 100 [1883].

[12]) Loomis, Zeitschr. f. physikal. Chemie **32**, 578 [1900]. — Klason u. Norlin, Arkiv för Kemi, Min. och Geol. **2**, H. 3, Nr. 27, 7; Chem. Centralbl. **1906**, II, 1480.

[13]) Richards u. Mathews, Zeitschr. f. physikal. Chemie **61**, 449 [1908].

[14]) J. Gyr, Berichte d. Deutsch. chem. Gesellschaft **41**, 4326 [1908].

[15]) Perkin, Journ. f. prakt. Chemie [2] **31**, 505 [1885].

[16]) A. Doroszewski u. M. Roshdestwenski, Journ. d. russ. physikal.-chem. Gesellschaft **41**, 977 [1909]; Chem. Centralbl. **1910**, I, 155.

[17]) Ladenburg u. Krügel, Berichte d. Deutsch. chem. Gesellschaft **32**, 1821 [1899]; **33**, 638 [1900].

[18]) Carrara u. Coppadoro, Gazzetta chimica ital. **33**, I, 329 [1903].

[19]) Schmidt, Annalen d. Chemie u. Pharmazie **266**, 287 [1891].

[20]) P. Vaillant, Compt. rend. de l'Acad. des Sc. **150**, 213 [1910].

[21]) Sidney Joung, Zeitschr. f. physikal. Chemie **70**, II, 620 [1910].

[22]) Dittmar u. Fawsitt, Zeitschr. f. physikal. Chemie **2**, 650 [1899]. — Regnault, Jahresber. d. Chemie **1860**, 39; **1863**, 68. — Richardson, Journ. Chem. Soc. **49**, 726 [1888].

[23]) R. Schiff, Annalen d. Chemie u. Pharmazie **223**, 69 [1884].

[24]) P. Walden, Zeitschr. f. physikal. Chemie **66**, 385 [1909].

[25]) Stohmann, Kleber u. Langbein, Journ. f. prakt. Chemie [2] **40**, 343 [1889].

[26]) W. Rosenhain, Journ. Soc. Chem. Ind. **25**, 239 [1906].

Gewichts-prozente Methyl-alkohol	D_{15}^{15}	Gewichts-prozente Methyl-alkohol	D_{15}^{15}	Gewichts-prozente Methyl-alkohol	D_{15}^{15}	Gewichts-prozente Methyl-alkohol	D_{15}^{15}
0	1,000 00	26	0,960 47	51	0,917 33	76	0,861 26
1	0,998 14	27	0,959 01	52	0,915 13	77	0,858 76
2	0,996 30	28	0,957 52	53	0,913 28	78	0,856 26
3	0,994 57	29	0,956 01	54	0,911 24	79	0,853 74
4	0,992 85	30	0,954 49	55	0,909 18	80	0,851 22
5	0,991 16	31	0,952 96	56	0,907 10	81	0,848 68
6	0,989 50	32	0,951 39	57	0,905 00	82	0,846 10
7	0,987 87	33	0,949 79	58	0,902 89	83	0,843 48
8	0,986 33	34	0,948 17	59	0,900 75	84	0,840 82
9	0,984 80	35	0,946 53	60	0,898 59	85	0,838 15
10	0,983 27	36	0 944 87	61	0,896 41	86	0,835 48
11	0,981 79	37	0,943 19	62	0,894 19	87	0,832 80
12	0,980 31	38	0,941 49	63	0,891 95	88	0,830 10
13	0,978 87	39	0,939 76	64	0,889 68	89	0,827 40
14	0,977 45	40	0,938 02	65	0,887 39	90	0,824 68
15	0,976 03	41	0,936 25	66	0,885 10	91	0,821 96
16	0,974 62	42	0,934 47	67	0,882 80	92	0,819 21
17	0,973 22	43	0,932 66	68	0,880 48	93	0,816 39
18	0,971 81	44	0,930 82	69	0,878 16	94	0,813 56
19	0,970 40	45	0 928 96	70	0,875 84	95	0,810 70
20	0,968 99	46	0,927 08	71	0,873 47	96	0,807 84
21	0,967 58	47	0,925 17	72	0,871 09	97	0,804 98
22	0,966 17	48	0,923 23	73	0,868 68	98	0,802 13
23	0,964 76	49	0,921 28	74	0,866 22	99	0,799 29
24	0,963 35	50	0,919 32	75	0,863 76	100	0,796 47
25	0,961 92						

Siedepunkte der Gemische von Methylalkohol und Wasser[1]):

Gewichtsproz. Alkohol	Siedep.$_{700}$	Siedep.$_{760}$	Siedep.$_{800}$
0	97,72°	100°	101,44°
10	89,51°	91,72°	93,14°
20	83,97°	86,16°	87,57°
30	80,00°	82,17°	83,56°
40	76,97°	79,10°	80,48°
50	74,44°	76,54°	77,91°
60	72,17°	74,29°	75,65°
70	69,98°	72,08°	73,44°
80	67,77°	69,87°	71,22°
90	65,32°	67,40°	68,75°
100	62,53°	64,57°	65,92°

Wärmekapazität bei 20° = 0,600; Temperaturkoeffizient $\frac{dc}{dt} = 0,0016$ [2]). Kryoskopisches Verhalten in Anilin- und Dimethylanilinlösung[3]). Absorptionsspektrum[4]). Spezifisches Brechungsvermögen[5]). Brechungsexponent[6]). Dielektrizitätskonstante 34,0 bei 15°; 3,13 bei

[1]) A. Doroszewski u. E. Polianski, Journ. d. russ. physikal.-chem. Gesellschaft **42**, 109 [1910]; Chem. Centralbl. **1910**, I. 1227.

[2]) W. Timofejow, Iswiestja des Kiewer Polytechn. Inst.; Chem. Centralbl. **1905**, II, 429.

[3]) Ampola u. Rimatori, Gazzetta chimica ital. **27**, I, 47 [1897].

[4]) Spring, Recueil des travaux chim. des Pays-Bas **16**, 1 [1898].

[5]) F. H. Getman u. F. B. Wilson, Amer. Chem. Journ. **40**, 468 [1908].

[6]) A. Doroszewsky u. Dworzanczyk, Journ. d. russ. phys.-chem. Gesellschaft **41**, 951 [1909]; Chem. Centralbl. **1910**, I, 155.

—185° [1]). Dielektrizitätskonstante und elektrische Absorption[2]). Dielektrizitätskonstante und Brechungsvermögen[3]). Elektrische Absorption[4]). Elektromagnetisches Drehungsvermögen[5]). Elektrolytische Dissoziation[6]). Elektrische Osmose in Methylalkohol[7]). Spez. Leitvermögen $x_{25} = 1 - 1,5 \times 10^6$. Eigenleitvermögen bei 25° 2×10^{-6}[8]). Über Ionenwanderung im Methylalkohol als Lösungsmittel[9]). Leitfähigkeit einer Lösung von Na in Methylalkohol[10]) ($d_{18} = 0,79326$) $= 0,44 \times 10^{-6}$. Leitfähigkeit von Elektrolyten in Methylalkohol[11]). Elektrolytische Leitfähigkeit von verschiedenen Salzen in Methylalkohol und in Gemischen von Methylalkohol mit Wasser, Äthylalkohol und Aceton[12]). Esterifikationsgeschwindigkeit $k = 0,0368$ bzw. $0,0370$ bei 25°[13]).

Der Methylalkohol mischt sich mit Wasser, Alkohol und Äther, löst Fette, Öle und Harze. Bei der Mischung mit Wasser tritt Wärmeentwicklung und Kontraktion ein. Er löst Ammoniak und viele Salze, wie: Cyankalium, Quecksilbercyanid usw.[14]). Jodnatrium wird von Methylalkohol leicht aufgenommen; aus der Lösung wird er durch Zusatz von abs. Äther nicht ausgefällt, während feuchter Äther sogleich Fällung hervorruft. Beim Abkühlen einer wässerig-methylalkoholischen Lösung scheiden sich Krystalle der Formel $NaJ \cdot 3\ CH_4O$ aus[15]). Beim Eintragen von Zinntetrachlorid in Methylalkohol und Verdampfen des Überschusses krystallisiert die Verbindung $SnCl_2(CH_3O)_2HCl$[16]). Ferrocyanwasserstoffsäure löst sich leicht in Methylalkohol; beim Abkühlen der Lösung krystallisiert ein bei $-33°$ schmelzender Körper aus, der ungefähr die Formel $H_4Fe(CN)_6 \cdot 8\ CH_3OH$ besitzt[17]). Verhalten gegen $SnCl_4$, $FeCl_3$, $SbCl_5$, BF_3, SiF_4[18]). Methylalkohol wirkt „alkohololytisch" auf Salze schwacher Säuren, indem ein Teil der Säure abgespalten wird unter Bildung von basischen Methylaten; z. B. aus Kupferacetat und Methylalkohol basisches Methylat des Kupferacetats $CH_3CO \cdot O \cdot Cu \cdot OCH_3$[19]). In ähnlicher Weise wird auch Kupfersulfat durch Methylalkohol zersetzt[20]). Er löst in beträchtlichem Maße die Sulfate von Zink, Kobalt, Nickel, Eisen, Magnesium, Kupfer und die Hydrate des Nickelsulfates wie $NiSO_4 + 7\ H_2O$[21]). Durch Zusatz verdünnter wässeriger Schwefelsäure oder einer alkoholischen Kaliumsulfhydratlösung zu einer methylalkoholischen Barytlösung oder durch Einleiten von Kohlensäure in diese entstehen gelatinöse Fällungen von Bariumsulfat, Bariumcarbonat und Bariumsulfoxydhydrat. Auch Bariumphosphat, Bariumsulfocyanat, Bariumoxalat und Bariumtannat sind in gelatinöser Form erhältlich. Das gelatinöse Bariumcarbonat und Bariumsulfoxydhydrat lösen sich in Methylalkohol glatt zu einer kolloidalen Lösung auf. Die Giftigkeit der kolloidalen Barytsalze ist ev. um das Dreifache geringer als die der gewöhnlichen Barytsalze[22]). Zur Erzielung von Eiweißfällungen bedarf es bei den niedrigen Alkoholen einer höheren Konzentration als bei den höheren; bei Methylalkohol 17—20%[23]).

---

[1]) Dewar u. Fleming, Chem. Centralbl. **1897**, II, 564. — Abbeg u. Seitz, Zeitschr. f. physikal. Chemie **29**, 246 [1899]. — H. Merczying, Compt. rend. de l'Acad. des Sc. **149**, 981 [1909]; Chem. Centralbl. **1910**, I, 598.

[2]) Drude, Zeitschr. f. physikal. Chemie **23**, 309 [1897]. — H. Merczyng, Compt. rend. de l'Acad. des Sc. **149**, 981 [1909].

[3]) Landolt u. Jahn, Zeitschr. f. physikal. Chemie **10**, 316 [1892].

[4]) P. Beaulard, Compt. rend. de l'Acad. des Sc. **151**, 55 [1910].

[5]) Schönrock, Zeitschr. f. physikal. Chemie **11**, 785 [1893].

[6]) Carrara, Gazzetta chimica ital. **27**, I, 422 [1897].

[7]) A. Baudouin, Compt. rend. de l'Acad. des Sc. **138**, 998, 1165 [1904].

[8]) Jones u. Bingham, Amer. Chem. Journ. **34**, 481 [1905]. — Walden, Zeitschr. f. physikal. Chemie **54**, 129 [1905].

[9]) Dempwolff, Physikal. Zeitschr. **5**, 637 [1904].

[10]) S. Tijmstra By, Zeitschr. f. physikal. Chemie **49**, 345 [1904].

[11]) Jones u. Carroll, Amer. Chem. Journ. **32**, 521 [1904].

[12]) S. Sserkow, Journ. d. russ. physikal.-chem. Gesellschaft **40**, 339 [1908]; **41**, 1 [1909].

[13]) A. Michael u. K. Wolgast, Berichte d. Deutsch. chem. Gesellschaft **42**, 3157 [1909].

[14]) L. de Bruyn, Berichte d. Deutsch. chem. Gesellschaft **26**, 268 [1893].

[15]) M. Loeb, Journ. Amer. Chem. Soc. **27**, 1019 [1905]; Chem. Centralbl. **1905**, II, 960.

[16]) A. Rosenheim u. R. Schnabel, Berichte d. Deutsch. chem. Gesellschaft **38**, 2777 [1905].

[17]) Mc Intosh, Journ. Amer. Chem. Soc. **30**, 1097 [1908].

[18]) Kuhlmann, Annalen d. Chemie u. Pharmazie **33**, 208 [1840].

[19]) Wislicenus u. Stoeber, Berichte d. Deutsch. chem. Gesellschaft **35**, 539 [1902].

[20]) V. Auger, Compt. rend. de l'Acad. des Sc. **142**, 1272 [1906].

[21]) L. de Bruyn, Recueil des travaux chim. des Pays-Bas **11**, 112 [1892]; **22**, 407 [1903].

[22]) C. Neuberg u. Neimann, Biochem. Zeitschr. **1**, 166 [1906].

[23]) K. Spiro, Beiträge z. chem. Physiol. u. Pathol. **4**, 300 [1903].

Methyl- und Äthylalkohol wirken ziemlich gleich stark fällend auf Rinderblutserum [1]). Methylalkohol fällt kolloidales Eisenoxyd nicht [2]). Er wirkt als „Kolloidator" in Lösungen von reinem, kochsalzfreiem Goldchlorid [3]).

Methylalkohol bildet mit Kalium, Natrium und Thallium Alkoholate; blankes Magnesium löst sich in Methylalkohol schon bei gewöhnlicher Temperatur unter Wasserstoffentwicklung zu $Mg \cdot (OCH_3)_2 + 3\ CH_3OH$ auf [4]). Auf Magnesiumnitrit Mg_3N_2 wirkt er energisch unter Bildung von Ammoniak und Trimethylamin [5]). Beim Einleiten von feuchtem Chlor in kalten reinen Methylalkohol entstehen: Methanal, Oxymethylen, Dichlormethyläther, Salzsäure und Kohlenoxyd [6]). Gibt in verdünnter Lösung, mit unterbromigsaurem Natrium versetzt, sofort einen Niederschlag von Kohlenstofftetrabromid; daneben entsteht in größerer Menge Ameisensäure. Da Äthylalkohol nicht sofort mit der unterbromigen Säure reagiert, kann diese Reaktion zur Unterscheidung der beiden Alkohole dienen [7]). Beim Glühen mit Natronkalk bilden sich unter Wasserstoffentwicklung Natriumformiat $CH_3 \cdot OH$ $+ NaOH = H \cdot COONa + 2\ H_2$. Zinnchlorür verwandelt ihn größtenteils in gasförmige Kohlenwasserstoffe C_nH_{2n+2} neben wenig Hexamethylbenzol [8]). Mit Nitrosylperchlorat gibt er sofort Methylnitrit [9]). Bei der Destillation des Methylalkohols über erhitzten Zinkstaub findet Zerfall in Kohlenoxyd, Wasserstoff und geringe Mengen Methan statt [10]). Beim Durchleiten durch eine auf Rotglut erhitzte eiserne Röhre entstehen 25% Formaldehyd, brennbare Gase und 3% Kohle [11]). Die Zersetzung durch einen mittels Elektrizität in Rotglut versetzten Draht liefert Ameisensäure, wenig Trioxymethylen, ca. 72% Wasserstoff, 20% Kohlenoxyd, 6,5% Methan und Spuren Kohlensäure [12]). Beim Überleiten von Methylalkoholdampf und Luft über spiralförmig gebogene Silber- und Kupferdrahtnetze als Katalysatoren wird der Alkohol bis zu 58% zu Formaldehyd oxydiert [13]). Beim Überleiten über Calciumcarbid, das auf 500° erhitzt wird, entstehen Acetylen, Äthylen, Kohlenoxyd, Kohlensäure, Äthylenkohlenwasserstoffe, Äthan und Wasserstoff [14]); beim Überleiten über Kohlen bei 440° Formaldehyd, Äthylen, 21,1% fette Kohlenwasserstoffe, 53,2% Wasserstoff [15]). Methylalkohol ist im allgemeinen schwerer oxydierbar als Äthylalkohol [16]). Durch Ozon wird er zu Formaldehyd oxydiert [17]). Ebenso durch die Einwirkung und Vermittlung von Eisenchlorid [18]) oder Uranylverbindungen [19]) im Sonnenlicht und, wenn er mit Luft gemischt ist, beim Überleiten über verschiedene Katalysatoren wie Kupfer, Platin, die niederen Vanadinoxyde, Koks usw. bei ca. 45° [20]). Bei der photochemischen Zersetzung von Methylalkohol bilden sich Kohlensäure, Kohlenoxyd und Wasserstoff [21]). Beim Erhitzen mit Fehlingscher Lösung im Einschlußrohr wird er zu Formaldehyd, Ameisen-

[1]) H. Buchner, Fuchs u. Megele, Archiv f. Hyg. **40**, 347 [1901].

[2]) K. Spiro, Beiträge z. chem. Physiol. u. Pathol. **4**, 300 [1903].

[3]) L. Vanino, Berichte d. Deutsch. chem. Gesellschaft **38**, 463 [1905].

[4]) Szarvasy, Berichte d. Deutsch. chem. Gesellschaft **30**, 808 [1897].

[5]) Szarvasy, Berichte d. Deutsch. chem. Gesellschaft **30**, 305 [1897].

[6]) Brochet, Annales de Chim. et de Phys. [7] **10**, 294 [1897]; Compt. rend. de l'Acad. des Sc. **121**, 13 [1896].

[7]) W. M. Dehn, Amer. Journ. Chem. Soc. **31**, 1220 [1909].

[8]) Leebel u. Greene, Jahresber. d. Chemie **1878**, 388; Compt. rend. de l'Acad. des Sc. **87**, 260 [1878].

[9]) K. A. Hofmann u. A. Zedtwitz, Journ. Chem. Soc. **95**, 656 [1909].

[10]) Jahn, Berichte d. Deutsch. chem. Gesellschaft **13**, 983 [1880].

[11]) Ipatiew, Berichte d. Deutsch. chem. Gesellschaft **34**, 596 [1901].

[12]) W. Loeb, Berichte d. Deutsch. chem. Gesellschaft **34**, 915 [1901].

[13]) M. Le Blanc u. E. Plaschke, Zeitschr. f. Elektrochemie **17**, 45 [1911].

[14]) P. Lefebvre, Compt. rend. de l'Acad. des Sc. **132**, 1221 [1901].

[15]) Lemoine, Compt. rend. de l'Acad. des Sc. **146**, 1360 1908]; Bulletin de la Soc. chim. [4] **3**, 935 [1908].

[16]) L. de Bruyn, Berichte d. Deutsch. chem. Gesellschaft **26**, 268 [1903].

[17]) Harries, Berichte d. Deutsch. chem. Gesellschaft **36**, 1933 [1903]. — Ezio Commanducci, Rendiconti della R. Accad. dei Sc. Fisiche et Mat. di Napoli **1909**; Chem. Centralbl. **1909**, I, 1530.

[18]) Benrath, Journ. f. prakt. Chemie [2] **72**, 220 [1905].

[19]) C. Neuberg, Biochem. Zeitschr. **13**, 305 [1908].

[20]) E. Orlow, Journ. d. russ. physikal.-chem. Gesellschaft **39**, 855, 1023 [1907]; Chem. Centralbl. **1908**, I, 115, 1155.

[21]) D. Berthelot u. H. Gaudechon, Compt. rend. de l'Acad. des Sc. **151**, 478 [1910].

säure und selbst bis zur Kohlensäure oxydiert[1]). Die Dehydration des Alkohols durch Tonerde führt in gewissen Fällen und wenn die Temperatur genügend niedrig gehalten wird,
zur Ätherbildung[2]). Beim Erhitzen von Methylalkohol mit weißem Phosphor im Rohr
auf mindestens 250° entstehen Phosphorwasserstoff, Phosphine, Phosphinsäuren, Phosphorsäure und vor allem Tetramethylphosphoniumhydrat[3]). Zersetzung des Methylalkohols
durch verschiedene Metalloxyde[4]). Bei der Elektrolyse einer Mischung von Holzgeist und
verdünnter Schwefelsäure entsteht Methylal $CH_2 \cdot (OCH_3)_2$ [5]). Zersetzung durch elektrische
Schwingungen[6]). Einwirkung dunkler elektrischer Entladung[7]). Verhalten bei der Einwirkung der dunklen elektrischen Entladung in Gegenwart von Stickstoff[8]). Ein Gemisch
von 1 T. Aceton und 2 T. Methylalkohol gibt bei längerer Belichtung Isobutylenglykol
$C_4H_{10}O_2$. Siedep. 177 bis 180° [9]).

Derivate: Additionsprodukte $LiCl \cdot 3 CH_4O \cdot MgCl_2 \cdot 6 CH_4O$ [10]). $NaJ \cdot 3 CH_4OH$, durch
Abkühlung einer methylalkoholischen Lösung von Natriumjodid; große Platten oder auch
verfilzte Nadeln[11]).

$CaCl_2 \cdot 4 CH_4O$, sechsseitige Tafeln, durch Wasser zerlegbar; zersetzt sich nicht bei 100° [12]).
— $BaO \cdot 2 CH_4O$ [13]). — $3 BaO \cdot 4 CH_4O$ und $BaO \cdot CH_4O + 2 H_2O$ [14]). — $CH_4O + 2 H_2O$
(Hydrat) [15]).

$Al_2Cl_6 \cdot 10 CH_3OH$. Leicht zersetzliche Krystalle. Wasser regeneriert den Alkohol.
Bildet sich bei der Einwirkung von Aluminiumchlorid in Schwefelkohlenstoff auf Methylalkohol in der Kälte[16]). $SnCl_2(CH_3O)_2 \cdot HCl$, weiße, an feuchter Luft zerfließende Krystalle[17]). —
Das Substitutionsprodukt $Al_2Cl_4(CH_3O)_2$ entsteht bei der Einwirkung von Aluminiumchlorid
in Schwefelkohlenstoff auf Methylalkohol in der Hitze. Farblose, an feuchter Luft zersetzliche Krystalle[16]). — $SbCl_5 \cdot CH_4O$. Schmelzp. 81° [18]). — $CuSO_4 \cdot CH_4O$ [19]). Über
Hydrate des Methylalkohols[20]).

Alkoholate: Sie entstehen durch Auflösen der Metalle oder Metallhydroxyde in Methylalkohol.

Natriummethylat (Mol.-Gewicht 54,02) $CH_3ONa = CH_3 \cdot ONa$. — $CH_3 \cdot ONa$
$+ 2 CH_3 \cdot OH$. Wird bei 170° alkoholfrei[21]). — $NaOH + \frac{1}{2} H_2O + CH_4O$. — $5 NaOH$
$+ 6 CH_4O$ [22]).

Kaliummethylat[23]) (Mol.-Gewicht 70,12) $CH_3OK = CH_3 \cdot OK$. — $3 KOH + 5 CH_4O$.
Tafeln. Schmelzp. 110° [24]).

Magnesiummethylat (Mol.-Gewicht 86,37) $C_2H_6O_2Mg = Mg(OCH_3)_2$. Entsteht durch
Erhitzen von Magnesium mit abs. Methylalkohol auf 200°; weiße, hygroskopische Masse;

---

[1]) F. Gaud, Compt. rend. de l'Acad. des Sc. **119**, 862 [1894].

[2]) P. Sabatier u. A. Mailhé, Compt. rend. de l'Acad. des Sc. **150**, 823 [1910].

[3]) Berthaud, Compt. rend. de l'Acad. des Sc. **143**, 1166 [1906]. — Ehrenfeld, Journ. f.
prakt. Chemie [2] **67**, 49 [1903].

[4]) Mailhe, Chem.-Ztg. **33**, 18, 29 [1909]. — P. Sabatier u. A. Mailhe, Compt. rend.
de l'Acad. des Sc. **148**, 1734 [1909].

[5]) Renard, Annales de Chim. et de Phys. [5] **17**, 290 [1879].

[6]) v. Hemptinne, Zeitschr. f. physikal. Chemie **25**, 284 [1898]; Journ. de Pharm. et de
Chim. **25**, 285 [1898].

[7]) S. M. Losanitsch, Berichte d. Deutsch. chem. Gesellschaft **42**, 4394 [1910].

[8]) Berthelot, Compt. rend. de l'Acad. des Sc. **126**, 616 [1898].

[9]) G. Ciamician u. P. Silber, Berichte d. Deutsch. chem. Gesellschaft **43**, 945 [1910].

[10]) Simon, Journ. f. prakt. Chemie [2] **20**, 374 [1879].

[11]) M. Loeb, Journ. Amer. Chem. Soc. **27**, 1019 [1905].

[12]) Cane, Annalen d. Chemie u. Pharmazie **19**, 168 [1836]. — B. Menschutkin, Iswiestja
d. Petersb. polytechn. Inst. **5**, 355 [1906]; Chem. Centralbl. **1906**, II, 1715.

[13]) Dumas u. Péligot, Annalen d. Chemie u. Pharmazie **15**, 10 [1835].

[14]) Forcrand, Bulletin de la Soc. chim. **46**, 337 [1886].

[15]) Forcrand, Annales de Chim. et de Phys. [6] **27**, 547 [1893].

[16]) Perrier u. Pouget, Bulletin de la Soc. chim. [3] **25**, 551 [1901].

[17]) Rosenheim u. Schnabel, Berichte d. Deutsch. chem. Gesellschaft **38**, 2777 [1905].

[18]) Williams, Jahresber. d. Chemie **1876**, 332.

[19]) Forcrand, Bulletin de la Soc. chim. **46**, 61 [1886].

[20]) E. Varenne u. L. Godefroy, Compt. rend. de l'Acad. des Sc. **138**, 990 [1904].

[21]) Fröhlich, Annalen d. Chemie u. Pharmazie **202**, 295 [1880].

[22]) Göttig, Berichte d. Deutsch. chem. Gesellschaft **21**, 56 [1888].

[23]) Forcrand, Annales de Chim. et de Phys. [6] **11**, 462 [1888].

[24]) Göttig, Berichte d. Deutsch. chem. Gesellschaft **21**, 1835 [1888].

fast unlöslich in Methylalkohol[1]). — $CH_3 \cdot O \cdot Mg \cdot OH$; weißer, hygroskopischer Körper[2]). — $Mg \cdot (OCH_3)_2 + 3\,CH_3OH$; durchsichtige, in Alkohol und in Benzol lösliche Säulchen[3]).

Bariummethylat $Ba(OCH_3)_2$. Durch langsames Verdunsten im Vakuum einer Lösung von $Ba(OH)_2 + 8\,H_2O$ in Methylalkohol; sternförmig angeordnete, durchsichtige Krystalle[4]).

Dimethoxyferriformiat $(CH_3O)_2 \cdot FeO_2CH$. Durch Ausziehen von Ferroformiat mit Methylalkohol in Kohlensäure-Atmosphäre; krystallinisch.

Dimethoxyferriacetat $(CH_3O)_2FeO_2C \cdot CH_3$. Aus Ferroacetat in gleicher Weise; gelbe Prismen[5]).

Methyläther.

Mol.-Gewicht 46,05.

Zusammensetzung: 52,12% C, 13,13% H, 34,75% O.

$$C_2H_6O = CH_3 \cdot O \cdot CH_3.$$

Entsteht beim Erhitzen von Methylalkohol mit konz. Schwefelsäure[6]), durch doppelte Umsetzung von Kuprooxyd und neutralem Dimethylsulfat[7]); aus Methylalkohol und Tonerde, Titanoxyd, Chromoxyd oder blauem Wolframoxyd bei Temperaturen oberhalb 300°[8]); in geringer Menge aus Methylalkohol und Kupfersulfat, Eisenchlorid oder Stannosulfat bei 170°[9]). Farbloses Gas, Siedep. $-23{,}6°$[10]). Spez. Gewicht 1,617; bei 0° und 501,37 mm 1,3790, bei 379,40 mm 1,3091; kritische Konstanten; Kompressibilitätskoeffizient bei 0°[11]). Durch Einwirkung von Chlor entstehen Substitutionsprodukte wie Chlormethyläther[12]), $CH_3 \cdot O \cdot CH_2Cl$, Dichlormethyläther $CH_3 \cdot O \cdot CHCl_2$[13]), Siedep. 105° usw.; gibt bei $-95°$ mit Brom eine krystallinische Verbindung C_2H_6OBr, Schmelzp. $-68°$[9]); tritt unter 0° mit Salzsäuregas zu einer bei $+2°$ siedenden additionellen Verbindung zusammen[14]). Die gemischten Methyläther sind bei den höheren Alkoholen abgehandelt.

Methylester anorganischer Säuren: Unterchlorigsäuremethylester, Methylhypochlorit $CH_3OCl = ClO \cdot CH_3$. Bildet sich beim Einleiten von Chlorgas in ein gekühltes Gemisch von 4 T. Natronlauge 3 T. Methylalkohol und 36 T. Wasser[15]). Siedep. 12° bei 726 mm. Explodiert, entzündet heftig.

Salpetrigsäure-methylester, Methylnitrit (Mol.-Gewicht 61,03) $CH_3O_2N = NO \cdot O \cdot CH_3$. Entsteht bei der Einwirkung von Salpetersäure auf Methylalkohol bei Gegenwart von Kupfer oder arseniger Säure[16]), durch Behandlung von Methylalkohol mit Amylnitrit[17]); aus Nitrosylperchlorat ClO_4NO und Methylalkohol[18]). Gas, das sich im Kältegemisch verflüssigt. Siedep. $-12°$. Spez. Gewicht 0,991 bei $+15°$ (in flüssigem Zustand).

Salpetersäure-methylester, Methylnitrat (Mol.-Gewicht 77,03) $CH_3O_3N = NO_2 \cdot O \cdot CH_3$. Entsteht durch Destillation von Methylalkohol und Salpetersäure bei Gegenwart von Harnstoff[19]); aus Trimethylthiophosphorsäure $SP \cdot (OCH_3)_3$ und Silbernitrat[20]). Siedep. 60°. Spez. Gewicht 1,2167 bei 15°[21]). Explosiv.

---

[1]) Tissier u. Grignard, Compt. rend. de l'Acad. des Sc. **132**, 835 [1901]; Chem. Centralbl. **1901**, I, 1000.

[2]) Szarvasy, Berichte d. Deutsch. chem. Gesellschaft **30**, 305 [1897].

[3]) Szarvasy, Berichte d. Deutsch. chem. Gesellschaft **30**, 808 [1897].

[4]) C. Neuberg, Biochem. Zeitschr. **1**, 166 [1906].

[5]) Hofmann u. Bugge, Berichte d. Deutsch. chem. Gesellschaft **40**, 3764 [1907].

[6]) Erlenmayer u. Kriechbaumer, Berichte d. Deutsch. chem. Gesellschaft **7**, 699 [1874].

[7]) A. Recoura, Compt. rend. de l'Acad. des Sc. **148**, 1105 [1909].

[8]) P. Sabatier u. A. Mailhe, Compt. rend. de l'Acad. des Sc. **148**, 1734 [1909].

[9]) G. Oddo, Gazzetta chimica ital. **31**, I, 285 [1901].

[10]) Regnault, Jahresber. über d. Fortschritte d. Chemie **1863**, 70.

[11]) Ph. A. Guye, Bulletin de la Soc. chim. [4] **5**, 339 [1909].

[12]) Friedel, Berichte d. Deutsch. chem. Gesellschaft **10**, 492 [1877].

[13]) Regnault, Annalen d. Chemie u. Pharmazie **34**, 29 [1840].

[14]) J. P. Kuenen, Zeitschr. f. physikal. Chemie **37**, 485 [1901]. — Archibald, Journ. Chem. Soc. **85**, 919 [1904].

[15]) Sandmeyer, Berichte d. Deutsch. chem. Gesellschaft **19**, 859 [1886].

[16]) Strecker, Annalen d. Chemie u. Pharmazie **91**, 82 [1854].

[17]) Bertoni, Berichte d. Deutsch. chem. Gesellschaft **16**, Ref. 786 [1883].

[18]) K. A. Hofmann u. A. Zedtwitz, Journ. Chem. Soc. **95**, 656 [1909].

[19]) Dumas u. Péligot, Annalen d. Chemie u. Pharmazie **15**, 26 [1835]. — Lea, Jahresber. d. Chemie **1862**, 367.

[20]) P. Pistschimuka, Berichte d. Deutsch. chem. Gesellschaft **41**, 3854 [1909].

[21]) Perkin, Journ. Chem. Soc. **55**, 682 [1889].

Schwefligsäure-methylester, Methylschweflige Säure (Mol.-Gewicht 96,10) CH_4O_3S = $OH \cdot SO \cdot OCH_3$. Ihr Natriumsalz CH_3O_3SNa (monokline Tafeln) entsteht beim Einleiten von SO_2 in eine stark gekühlte Lösung von Na in abs. Methylalkohol[1]).

Schwefligsäure-dimethylester, Dimethylsulfit (Mol.-Gewicht 110,11) $C_2H_6O_3S$ = $SO \cdot (OCH_3)_2$. Entsteht bei der Einwirkung von Methylalkohol auf Thionylchlorid $SOCl_2$[2]) in der Kälte. Ölige Flüssigkeit, Siedep. 121,5°. Spez. Gewicht 1,0456 bei 16,2°/4°. Siedep.$_{45}$ = 52°; Siedep.$_{756}$ = 126,5°; D_0^0 = 1,2420. Farblose, bewegliche, nach Aceton riechende Flüssigkeit[3]).

Schwefelsäure-methylester, Methylschwefelsäure.

Mol.-Gewicht 96,10.
$$CH_4O_4S = CH_3O \cdot SO_2 \cdot OH.$$

Bildet sich aus Methylalkohol und Schwefelsäure[4]) oder Chlorsulfonsäure[5]). Öl, bei —30° noch nicht fest. Sehr leicht löslich in Wasser, schwerer in Alkohol. — Kaliumsalz $CH_3SO_4 \cdot K + \frac{1}{2} H_2O$, zerfließliche Tafeln, kann zum Nachweis von Anthranilsäure verwendet werden[6]). — Barytsalz $(CH_3SO_4) \cdot Ba + 2 H_2O$, leicht verwitternde Tafeln. — Calciumsalz $(CH_3SO_4)_2 \cdot Ca$, zerfließliche Oktaeder. — Bleisalz $(CH_3SO_4)_2 \cdot Pb$, zerfließliche Prismen.

Das Natriumsalz, **methylschwefelsaures Natrium** $Na \cdot CH_3 \cdot OS_4$, krystallisiert mit 1 Mol. Wasser[7]), Nadeln aus Alkohol, wird durch den Organismus vollständig in schwefelsaures Natrium zerlegt. In Dosen von 15—20 g wirkt es leicht purgierend, in kleinen diuretisch[8]).

Schwefelsäure-dimethylester, Dimethylsulfat.

Mol.-Gewicht 110,12.
$$C_2H_6O_4SH = SO_2(OCH_3)_2.$$

Entsteht bei der Destillation von Methylalkohol mit konz. Schwefelsäure[9]) und bei der Destillation von wasserfreier Methylschwefelsäure im Vakuum[10]). Öl. Siedep. bei 188° (korr.). Spez. Gewicht 1,324 bei 22°.

Findet als Methylierungsmittel Verwendung; Dielektrizitätskonstante[11]). Bildet mit einer konzentrierten wässerigen Cyankaliumlösung in einer Ausbeute von 92% Methylcyanid[12]).

Physiologische Eigenschaften: Seine nahezu geschmack- und geruchlosen Dämpfe anästhesieren bis zu einem gewissen Grade die Schleimhäute, greifen sie aber stark an und bewirken bei Einatmung eine starke Verätzung der Respirationsorgane[13]). Es wirkt ätzend an den Applikationsstellen und allgemein auf das Zentralnervensystem, verursacht Konvulsionen, Koma und Lähmung. Tödliche Dosis 0,05 g pro Kilo Kaninchen[14]). Dymethylsulfatdämpfe bewirken eine Schädigung der Augen[15]).

---

1) Rosenheim u. Liebknecht, Berichte d. Deutsch. chem. Gesellschaft **31**, 409 [1898].

2) Carius, Annalen d. Chemie u. Pharmazie **110**, 209 [1859]; **111**, 96 [1860].

3) A. Arbusow, Journ. d. russ. phys.-chem. Gesellschaft **41**, 429 [1909]; Chem. Centralbl. **1909**, II, 684.

4) Dumas u. Péligot, Annalen d. Chemie u. Pharmazie **15**, 40 [1835]. — Claesson, Journ. f. prakt. Chemie [2] **19**, 246 [1879].

5) Claesson, Journ. f. prakt. Chemie [2] **19**, 240 [1879].

6) V. Castellana, Gazzetta chimica ital. **36**, I, 106 [1906]; Chem. Centralbl. **1906**, I, 1188.

7) Auger, Compt. rend. de l'Acad. des Sc. **145**, 1287 [1907]. — J. E. Alén, Jahresber. d. Chemie **1883**, 1237.

8) Rabuteau, Berichte d. Deutsch. chem. Gesellschaft **12**, Ref. 672 [1879]; Compt. rend. de l'Acad. des Sc. **88**, 301 [1879]; Gaz. med. 24. Okt. **1868**.

9) Claesson, Journ. f. prakt. Chemie [2] **19**, 246 [1879]; Berichte d. Deutsch. chem. Gesellschaft **28**, Ref. 31 [1895].

10) Claesson, Journ. f. prakt. Chemie [2] **19**, 243 [1879]. — Claesson u. Lundwall, Berichte d. Deutsch. chem. Gesellschaft **13**, 1699 [1880].

11) P. Walden, Zeitschr. f. physikal. Chemie **70**, II, 569 [1910].

12) Auger, Compt. rend. de l'Acad. des Sc. **145**, 1287 [1907].

13) S. Weber, Archiv f. experim. Pathol. u. Pharmakol. **47**, 113 [1901]; Chem. Centralbl. **1901**, I, 265.

14) Aktiengesellschaft f. Anilinfabrikation; Zeitschr. f. d. chem. Industrie **23**, 559 [1900]; Chem. Centralbl. **1902**, I, 364.

15) P. Erdmann, Archiv f. Augenheilk. **64**, Heft 3 [1909]; Biochem. Centralbl. **9**, Ref. 1023 [1909/10].

Phosphorigsäure-methylester, Methylphosphorige Säure (Mol.-Gewicht 96,04) CH_5O_3P $= CH_3O \cdot P(OH)_2$. Aus Methylalkohol und Phosphortrichlorid [1]). Fadenziehender Sirup. Die Salze sind meist amorph.

Phosphorigsäure-dimethylester, Dimethylphosphorige Säure (Mol.-Gewicht 110,05) $C_2H_7O_3P = P:(OCH_3)_2 \cdot OH$. Bewegliche, farblose, angenehm riechende Flüssigkeit. Siedep.$_8$ $= 56,6°$; $D_0^0 = 1,2184$; $D_0^{25} = 1,1909$. Silbersalz, glänzende Nadeln [2]).

Phosphorigsäure-trimethylester (Mol.-Gewicht 124,07) $C_3H_9O_3P = P \cdot (OCH_3)_3$. Flüssigkeit. Siedep. bei 185° unter partieller Zersetzung [3]). Seinen Eigenschaften nach ganz verschieden von diesem Ester ist der aus Natriummethylat und Phosphortrichlorid erhältliche Ester von Arbusow [2]), eine leicht flüchtige, stark lichtbrechende, betäubend riechende Flüssigkeit; Siedep. 111—112°; $D_0^0 = 1,0790$; $D_0^{20} = 1,0540$; in Wasser unter starker Wärmeentwicklung löslich; wird von konz. Schwefelsäure explosionsartig oxydiert.

Phosphorsäure-methylester, Methylphosphorsäure (Mol.-Gewicht 112,04) CH_5O_4P $= CH_3O \cdot PO \cdot (OH)_2$. Entsteht beim Eintragen von Phosphorpentoxyd in Methylalkohol, welcher mit trocknem Äther verdünnt ist [4]); durch Einwirkung von Methylalkohol auf $POCl_3$ [5]). Bariumsalz $CH_3PO_4Ba + H_2O$; Calciumsalz $CH_3PO_4Ca + 2 H_2O$; glänzende Blättchen.

Phosphorsäure-dimethylester, Dimethylphosphorsäure (Mol.-Gewicht 126,06) $C_2H_7O_4P$ $= (CH_3O)_2 \cdot PO \cdot OH$. Bildet sich beim Eingießen von Phosphoroxychlorid in Methylalkohol [6]) aus Phosphorpentoxyd und Methylalkohol [7]). Stark saurer Sirup. Calciumsalz $[(CH_3)_2PO_4]_2$ Ca; in Wasser leicht lösliche Drusen. Bariumsalz sehr leicht löslich in Wasser, schlecht krystallisierbar. Bleisalz $[(CH_3)_2PO_4]_2Pb$; feine Nadeln. Schmelzp. 155° [8]).

Phosphorsäure-trimethylester, Trimethylphosphat (Mol.-Gewicht 140,07) $C_3H_9O_4P$ $= PO \cdot (OCH_3)_3$. Siedep. 192,2° bei 762 mm (korr.). Spez. Gewicht 1,2365 bei 0° [8]). Siedep.$_{100} = 125°$; $D_0 = 1,2365$; Siedep.$_{572} = 180°$ [9]); Siedep.$_{758} = 192—193°$; $D_0 = 1,2156$; bewegliche, farblose, fast geruchlose Flüssigkeit [2]).

Arsenigsäure-trimethylester, Trimethylarsenit (Mol.-Gewicht 168,07) $C_3H_9O_3As$ $= As(OCH_3)_3$. Bildet sich aus Jodmethyl und Silberarsenit [10]). Durch Kochen von arseniger Säure mit dem Alkohol in Gegenwart von wasserfreiem Kupfersulfat [11]). Siedep. 128—129°. Spez. Gewicht 1,428 bei 9,6°/4°.

Arsensäure-trimethylester, Trimethylarseniat (Mol.-Gewicht 184,07) $C_3H_9O_4As$ $= AsO(OCH_3)_3$. Entsteht aus Jodmethyl und Silberarseniat Ag_3AsO_4 [12]). Siedep. 213—215°. Spez. Gewicht 1,559 bei 14,5°.

Trimethylantimonit (Mol.-Gewicht 213,27) $C_3H_9SbO_3 = Sb \cdot (OCH_3)_3$. Aus Antimontrioxyd beim Kochen mit Methylalkohol und entwässertem Kupfersulfat; farblose Flüssigkeit. Siedep. 65°. D = 1,025. Wird durch Wasser sofort zersetzt; löst sich leicht in den gebräuchlichen organischen Lösungsmitteln [13]).

Borsäure-trimethylester, Trimethylborat (Mol.-Gewicht 104,67) $C_3H_9BO_3 = B(OCH_3)_3$. Entsteht bei der Einwirkung von Bortrichlorid BCl_3 auf abs. Methylalkohol [14]) [15]). Durch Erhitzen von Borsäureanhydrid mit dem Alkohol im Autoklaven [15]). Farblose, durchdringend riechende Flüssigkeit. Brennt mit grüner Flamme. Siedep. bei 65°. Spez. Gewicht 0,940 bei 0°. Wird durch Wasser in seine Komponenten zerlegt. Einwirkung von magnesiumorganischen Verbindungen auf den Ester [16]).

[1]) Schiff, Annalen d. Chemie u. Pharmazie **103**, 164 [1857].

[2]) A. Arbusow, Journ. d. russ. physikal.-chem. Gesellschaft **38**, 161 [1906]; Chem. Centralbl. **1906**, II, 750.

[3]) Jähne, Annalen d. Chemie u. Pharmazie **256**, 281 [1890].

[4]) Cavalier, Bulletin de la Soc. chim. [3] **19**, 883 [1898].

[5]) Schiff, Annalen d. Chemie u. Pharmazie **102**, 337 [1857].

[6]) Schiff, Annalen d. Chemie u. Pharmazie **102**, 334 [1857].

[7]) Cavalier, Compt. rend. de l'Acad. des Sc. **126**, 1214 [1898].

[8]) Cavalier, Bulletin de la Soc. chim. [3] **19**, 886 [1898].

[9]) J. Cavalier, Annales de Chim. et de Phys. [7] **18**, 449 [1899].

[10]) Crafts, Bulletin de la Soc. chim. [2] **14**, 104 [1870].

[11]) W. R. Lang, J. F. Makey u. R. A. Gortner, Journ. Chem. Soc. **93**, 1364 [1908].

[12]) Crafts, Bulletin de la Soc. chim. [2] **14**, 101 [1870].

[13]) J. F. Mac Key, Journ. Chem. Soc. **95**, 604 [1909].

[14]) Ebelmen u. Bouquet, Annalen d. Chemie u. Pharmazie **60**, 251 [1846].

[15]) Schiff, Annalen d. Chemie u. Pharmazie, Suppl. **5**, 154 [1867].

[16]) E. Klotinsky u. M. Melamed, Berichte d. Deutsch. chem. Gesellschaft **42**, 3090 [1909].

Orthokieselsäure-methylester, Tetramethylsilicat (Mol.-Gewicht 257,07) $C_4H_{12}SiO_4$, $SiO \cdot (CH_3)_4$. Bildet sich (neben Hexamethyldisilicat $Si_2O \cdot (OCH_3)_6$) bei der Einwirkung von Methylalkohol auf Siliciumtetrachlorid[1]). Farblose, ätherisch riechende Flüssigkeit. Siedep. 120—122°. Spez. Gewicht 1,0589 bei 0°.

Kohlensäuremonomethylester, Methylkohlensäure (Mol.-Gewicht 78,04) $C_2H_4O_3$ $= OH \cdot CO \cdot OCH_3$. Bildet sich aus flüssiger Kohlensäure und abs. Methylalkohol[2]), bei —79° eine gallertartige Masse. Kaliumsalz $CH_3 \cdot CO_3K$, feine Nädelchen[3]).

Kohlensäuredimethylester, Kohlensäuremethylat (Mol.-Gewicht 90,04) $C_3H_6O_3 = CO$ $\cdot (OCH_3)_2$. Entsteht beim Kochen von Chlorkohlensäuremethylester mit Bleioxyd[4]). Schmelzp. +0,5°. Siedep. 89,7°[5]).

Chlorkohlensäuremethylester (Mol.-Gewicht 94,48) $C_2H_3O_2Cl = Cl \cdot COO \cdot CH_3$. Erhält man beim Eintragen von Methylalkohol in flüssiges, stark gekühltes Phosgen[6]). Siedep. 71,4° (korr.). Spez. Gewicht 1,263 bei 15°[7]).

Phenylcarbaminsäuremethylester (Mol.-Gewicht 151,08) $C_8H_9O_2N = C_6H_5 \cdot NH \cdot COO$ $\cdot CH_3$. Durch Vermischen von Chlorameisensäuremethylester mit etwas überschüssigem Anilin, in Gegenwart von Wasser[8]). Aus Brom, Natriummethylat und Benzamid[9]). Aus Alkohol sechseckige Blättchen[9]). Schmelzp. 47°.

Äthylalkohol (Äthanol).

Mol.-Gewicht 46,05.

Zusammensetzung: 52,12% C, 13,14% H, 34,74% O.

$$C_2H_6O = C_2H_5 \cdot OH.$$

Vorkommen: Die Angaben über das Vorkommen des Äthylalkohols in den ätherischen Ölen sind mit Vorsicht aufzunehmen, da die im Handel erscheinenden Öle mehrfach mittels Äthylalkohol verfälscht werden[10]). Daß er jedoch in einigen Fällen ein normaler Bestandteil eines ätherischen Öles ist, kann als wahrscheinlich angenommen werden. Er wurde in folgenden Ölen nachgewiesen: Palmarosaöl[11]) (*Andropogon Schoenanthus*), Indigoferaöl (*Indigofera galegoides* D. C.)[12]), Eucalyptusöl[13]) von *Eucalyptus amygdalina* Smith und *Eucalyptus globulus* Labil.[14]), Heracleumöl (*Heracleum giganteum*)[15]), Öl der Früchte des Gartenkerbels (*Anthriscus Cerefolium* Hoffm.)[16]), Pastinaköl (*Pastinaca sativa* L.)[17]), Bärenklauöl (*Heracleum Sphondylium* L.)[18]). Vielleicht kommt er auch an Essigsäure gebunden in den Blüten von *Magnolia fuscata* Andrews vor[19]). Er findet sich gelöst in den Destillationswassern, aus denen er durch Aussalzen und darauffolgende fraktionierte Destillation isoliert werden kann. Er findet sich ferner auch in frischen Pflanzenblättern.[20]) Im Boden, namentlich in humusreicher Erde,

---

[1]) Friedel u. Crafts, Annales de Chim. et de Phys. [4] **9**, 5 [1866]; Annalen d. Chemie u. Pharmazie **136**, 209 [1865].

[2]) Hempel u. Seidel, Berichte d. Deutsch. chem. Gesellschaft **31**, 3001 [1898].

[3]) Habermann, Monatshefte f. Chemie **7**, 549 [1886].

[4]) Councler, Berichte d. Deutsch. chem. Gesellschaft **13**, 1698 [1880].

[5]) Longuinine, Annales de Chim. et de Phys. [7] **13**, 289 [1898].

[6]) Hentschel, Berichte d. Deutsch. chem. Gesellschaft **18**, 1177 [1885].

[7]) Roese, Annalen d. Chemie u. Pharmazie **205**, 228 [1880].

[8]) Hentschel, Berichte d. Deutsch. chem. Gesellschaft **18**, 978 [1885]. — Jeffreys, Amer. Chem. Journ. **22**, 20 [1899].

[9]) F. M. Jaeger, Zeitschr. f. Krystall. **42**, 25 [1906].

[10]) E. u. H. Erdmann, Berichte d. Deutsch. chem. Gesellschaft **32**, 1218 [1899]. Fußnote.

[11]) Jacobsen, Annalen d. Chemie u. Pharmazie **157**, 232 [1871].

[12]) Bericht d. Firma Schimmel & Co. April **1896**, 75.

[13]) Bericht d. Firma Schimmel & Co. Oktober **1907**, 37.

[14]) Bouchardat u. Oliviero, Bulletin de la Soc. chim. [3] **9**, 429 [1893].

[15]) Gutzeit, Annalen d. Chemie u. Pharmazie **177**, 344 [1875]; **240**, 243 [1887]; Berichte d. Deutsch. chem. Gesellschaft **12**, 2016 [1879].

[16]) Gutzeit, Annalen d. Chemie u. Pharmazie **177**, 382 [1875].

[17]) Gutzeit, Annalen d. Chemie u. Pharmazie **177**, 372 [1875].

[18]) Möslinger, Annalen d. Chemie u. Pharmazie **185**, 26 [1877]; Berichte d. Deutsch. chem. Gesellschaft **9**, 998 [1876].

[19]) Göppert, Annalen d. Chemie u. Pharmazie **111**, 121 [1859].

[20]) Berthelot, Compt. rend. de l'Acad. des Sc. **128**, 1366 [1899]. — Lieben, Monatshefte f. Chemie **19**, 353 [1898].

in den Gewässern und in der Atmosphäre[1]). Im rohen Holzgeist[2]). In 100 g Weißbrot, das mit Sauerteig bereitet ist, findet sich etwa 0,08 g Alkohol, in Weißbrot, das mit Preßhefe hergestellt ist, etwas weniger[3]). Im Blute und in tierischen Organen lassen sich geringe Mengen von Äthylalkohol nachweisen, auch ohne daß vorher Alkoholzufuhr stattgefunden hatte[4]). In Leber und im Pankreas[5]), in Kuh- und Eselinnenmilch, in faulendem Fleisch und in fast allen frischen Organen[6]). In den Muskeln von Kaninchen betrug der Maximalgehalt von Alkohol 0,0017%, für faulendes Fleisch ergaben sich Werte bis zu 0,016%[7])[8]). Besonders viel Alkohol fand sich im Gehirn, und zwar auch in Gestalt von Estern. Von 1000 g der untersuchten Substanz enthielten Muskeln 31 cmm Alkohol, Herz 22 cmm, Nieren 19 cmm, Lunge 15 cmm, Hirn 16 cmm, Blut 21 cmm, Harn 17 cmm[9]). Frisches Rinderblut enthält 0,0057 g Alkohol pro Kilogramm. Es fand sich, daß der Alkoholgehalt der Organe von ihrem Blutgehalt abhängig ist[10]). Aus dem Harne von Diabetikern ließ sich ebenfalls Alkohol isolieren[11]).

Bildung: a) Chemische Bildungsweisen: Bei der Absorption des Äthylens C_2H_4 durch Schwefelsäure wird Äthylschwefelsäure gebildet, aus welcher beim Destillieren mit Wasser Alkohol entsteht[12]). Bei der Reduktion von Aldehyd durch Natriumamalgam[13]). Bei der Elektrolyse einer Lösung von essigsaurem Kalium (am positiven Pol) und glykolsaurem Kalium (am negativen Pol)[14]). Bei der Reduktion von Essigsäureamylester mit Natrium und Amylalkohol[15]) oder des Äthylesters mit Natrium und abs. Äthylalkohol[16]). Durch katalytische Reduktion mit Nickel und Wasserstoff aus Acetaldehyd[17]); mit Platin und Wasserstoff aus Diäthylperoxyd[18]). Bei der trocknen Destillation von milchsaurem Calcium mit Calciumhydroxyd[19]). Milchsaures Calcium zerfällt in wässeriger Lösung im Sonnenlicht bei Lichtzutritt auch von selber unter Bildung von Alkohol, kohlensaurem und essigsaurem Kalk[20]). *Allescheria Gayoni* aus der Familie der Aspergillaceen erzeugt übrigens ebenfalls in milchsäurehaltiger Nährlösung Alkohol[21]). In geringer Menge bei der Destillation von Invertzucker mit 50proz. Natronlauge[22]). Durch elektrolytische Zersetzung von Zuckerlösungen[23]). Die rein chemische Umwandlung von Zucker in Kohlensäure und Alkohol gelingt vermittels katalytischer Prozesse in folgender Weise: Man zerlegt Zucker in Ameisensäure und Acetaldehyd. Das Zersetzungsprodukt Ameisensäure wird durch Rhodiummohr

---

[1]) Müntz, Compt. rend. de l'Acad. des Sc. **92**, 499 [1881]; Jahresber. über d. Fortschritte d. Tierchemie **1881**, 101.

[2]) Hemilian, Berichte d. Deutsch. chem. Gesellschaft **8**, 661 [1875].

[3]) O. Pohl, Zeitschr. f. angew. Chemie **19**, 668 [1906].

[4]) Hudson u. Ford, Journ. Elliot. Soc. Nat. History **1**, Art. II, 43 [1859]. — A. Rajewsky, Archiv f. d. ges. Physiol. **12**, 122 [1875].

[5]) W. H. Ford, Journ. of Physiol. **34**, 430 [1907].

[6]) Béchamp, Compt. rend. de l'Acad. des Sc. **75**, 1830 [1872]; Annales de Chim. et de Phys. **19**, 406 [1880]. — Stoklasa, Chem.-Ztg. **31**, 1228 [1907]. — F. Maignon, Compt. rend. de l'Acad. des Sc. **140**, 1063 [1905]. — F. Reach, Biochem. Zeitschr. **3**, 326 [1907]. — P. Albertoni, Annali di Chim. e Farmacol. [4] **6**, 250 [1887]. — M. Nicloux, Compt. rend. de la Soc. de Biol. [10] **3**, 841 [1896]; Recherches expérim. sur l'élimination de l'alcool dans l'organisme. Paris 1900.

[7]) Landsberg, Zeitschr. f. physiol. Chemie **41**, 505 [1904]. — Nicloux, Zeitschr. f. physiol. Chemie **43**, 476 [1904/05].

[8]) Reach, Biochem. Zeitschr. **3**, 326 [1906].

[9]) Maignon, Compt. rend. de l'Acad. des Sc. **140**, 1063 [1905].

[10]) Ford, Journ. of Physiol. **34**, 430 [1906].

[11]) Boinet, Marseille méd. **40**, 19.

[12]) Berthelot, Annales de Chim. et de Phys. [3] **43**, 385 [1855]; Compt. rend. de l'Acad. des Sc. **128**, 862 [1899].

[13]) Würtz, Annalen d. Chemie u. Pharmazie **123**, 140 [1862].

[14]) Miller, Hofer u. Reindel, Berichte d. Deutsch. chem. Gesellschaft **28**, 2437 [1895].

[15]) Bouveault u. Blanc, Compt. rend. de l'Acad. des Sc. **137**, 60 [1908].

[16]) Bouveault u. Blanc, Compt. rend. de l'Acad. des Sc. **136**, 1676 [1908].

[17]) Sabatier u. Senderens, Compt. rend. de l'Acad. des Sc. **137**, 301 [1908].

[18]) R. Willstätter u. E. Hauenstein, Berichte d. Deutsch. chem. Gesellschaft **42**, 1839 [1909].

[19]) Hanriot, Bulletin de la Soc. chim. **43**, 417 [1885]; **45**, 80 [1886]. — Buchner u. Meisenheimer, Berichte d. Deutsch. chem. Gesellschaft **38**, 626 [1905].

[20]) E. Duclaux, Compt. rend. de l'Acad. des Sc. **103**, 881 [1886].

[21]) Mazé, Compt. rend. de l'Acad. des Sc. **134**, 191 [1902]; **135**, 113 [1902].

[22]) Buchner u. Meisenheimer, Berichte d. Deutsch. chem. Gesellschaft **38**, 624 [1905].

[23]) Brown, Chem. News **25**, 249 [1872]. — Berthelot, Compt. rend. de l'Acad. des Sc. **87**, 949 [1878].

als Katalysator in alkalischer Lösung in Kohlensäure und Wasserstoff gespalten und mittels letzterem in der gleichen Lösung befindlicher Acetaldehyd zu Alkohol reduziert. Die Etappen sind: Dextrose $\rightarrow$ Milchsäure $\rightarrow$ Acetaldehyd $+$ Ameisensäure $\rightarrow$ Alkohol $+$ Kohlensäure[1]). Auch bei der Einwirkung von Alkalien auf Dextrose bei Sonnenlicht und Zimmertemperatur entsteht in geringer Menge Äthylalkohol [2]). Alkohol kann auch aus Sägespänen und Holzabfällen[3]), die durch Inversion mit Schwefelsäure bei ca. 9 Atmosphären in Dextrose verwandelt werden, welche dann durch Hefe vergoren wird, gewonnen werden[3]). Äthylalkohol bildet sich auch bei der Destillation von Fäkalien[4]) und bei der trocknen Destillation von Holz im Chlorstrom[5]). Beim Zusammenstehen von Blättern oder Wiesengras mit saurem Wasser[6]).

b) **Physiologische Bildungsweisen**: Bei der Gärung der Glucose durch Hefe: $C_6H_{12}O_6 = 2\,C_2H_6O + 2\,CO_2$. Alkohol bildet sich auch durch Zersetzung von gärfähigen Zuckerarten vermittels des aus zerriebener Hefe durch starken Druck erhaltenen Preßsaftes[7]) oder vermittels der durch Alkoholäther[8]), oder besser Aceton[9]) erhaltenen Dauerhefe. Vgl. das Sammelreferat von Meisenheimer[10]) und R. Rapp[11]). Bei der Einwirkung des Krappfermentes auf Zucker[12]). Zu Beginn der Gärung wird mehr Alkohol als Kohlensäure produziert, doch nähert sich das Verhältnis mit fortschreitender Gärung dem Werte 1[13]). Ein anfänglicher Zusatz von Alkohol bewirkt eine Verringerung des Umsatzes beim Gärungsprozeß[14]), sowie Alkohol überhaupt die Gärkraft hemmt[15]). Nur in minimaler Konzentration erhöht er sie ein wenig[16]). Über die chemischen Vorgänge bei der alkoholischen Gärung und die bei der enzymatischen Vergärung von Zucker zu Kohlensäure und Alkohol auftretenden Zwischenprodukte[17])[18]). Alkohol bildet sich auch bei der Verarbeitung von

<hr>

[1]) H. Schade, Münch. med. Wochenschr. **52**, 1088 [1905]; Chem. Centralbl. **1905**, II, 121; Zeitschr. f. physikal. Chemie **57**, 1 [1907]; **60**, 510 [1907]; Biochem. Zeitschr. **7**, 299 [1908].

[2]) Duclaux, Compt. rend. de l'Acad. des Sc. **103**, 881 [1886]; Annales de l'Inst. Nat. Agron. **10** [1866]; Annales de l'Inst. Pasteur **10**, 168 [1896]. — Buchner u. Meisenheimer, Berichte d. Deutsch. chem. Gesellschaft **37**, 422 [1904].

[3]) E. Simonsen, Zeitschr. f. angew. Chemie **11**, 195, 219, 1007 [1898]. — Gøsta u. Ekstrøm, Chem. Centralbl. **1908**, I, 784; **1909**, I, 1296; Zeitschr. f. Spiritusind. **32**, Nr. 15 [1909]. — T. Koerner, Zeitschr. f. angew. Chemie **21**, 2353 [1908]. — A. Classen, D. R. P. Nr. 111 685 [1899], 118 540 [1899], 118 543, 118 544, 121 869 [1900]. — W. R. Gentzen u. L. Roth, D. R. P. Nr. 147 844. — G. Zemplén, Fábóe Készilett czukor és alkohol (Aus Holz gemachter Zucker und Alkohol). Budapest 1910.

[4]) E. v. Meyer, Chem.-Ztg. **28**, 11 [1904].

[5]) Bosnische Elektr.-Akt.-Ges., Chem. Centralbl. **1905**, I, 476.

[6]) Lieben, Monatshefte f. Chemie **19**, 340 [1899].

[7]) Buchner, Berichte d. Deutsch. chem. Gesellschaft **30**, 117 [1897]. — E. Buchner u. Hoffmann, Biochem. Zeitschr. **4**, 227 [1907].

[8]) R. Albert, Berichte d. Deutsch. chem. Gesellschaft **33**, 3775 [1900].

[9]) Buchner u. Rapp, Berichte d. Deutsch. chem. Gesellschaft **35**, 2376 [1902].

[10]) Meisenheimer, Biochem. Centralbl. **6**, 621 [1907].

[11]) R. Rapp, Die Enzyme und Enzymwirkungen der Hefe. Bei Lafar, Handb. d. techn. Mykologie **4**, 346 [1907].

[12]) E. Schunck, Berichte d. Deutsch. chem. Gesellschaft **31**, 309 [1898].

[13]) Lindet u. Marsais, Compt. rend. de l'Acad. des Sc. **139**, 1223 [1904].

[14]) Aberson, Recueil des travaux chim. des Pays-Bas **22**, 78 [1902]; Chem. Centralbl. **1903**, I, 1188.

[15]) E. Buchner u. W. Antoni, Zeitschr. f. physiol. Chemie **44**, 206 [1905]. — A. Bach, Berichte d. Deutsch. chem. Gesellschaft **39**, 1669 [1906]. — H. Kühl, Apoth.-Ztg. **22**, 728 [1907]. — A. Slator, Berichte d. Deutsch. chem. Gesellschaft **40**, 123 [1907]; Journ. Chem. Soc. **93**, 217 [1908]; Chem. News **98**, 175·[1908]. — R. J. Caldwell, Proc. Roy. Soc. **78**, Ser. A, 272 [1906].

[16]) M. Koymann, Biochem. Zeitschr. **16**, 391 [1909].

[17]) Baeyer, Berichte d. Deutsch. chem. Gesellschaft **3**, 73 [1870]. — Duclaux, Annales de l'Inst. Pasteur **7**, 751 [1893]; **10**, 168 [1896]. — Buchner u. Meisenheimer, Berichte d. Deutsch. chem. Gesellschaft **37**, 417 [1904]; **38**, 620 [1905]; **39**, 3201 [1906]; **43**, 1773 [1910]. — E. Buchner, Bulletin de la Soc. chim. [4] **7**, 1 [1910]; Chem. Centralbl. **1910**, II, 585. — O. E. Ashdown u. J. Th. Hewitt, Journ. Chem. Sc. **97**, 1636 [1910]. — A. Bau, Chemismus der Alkoholgärung; bei Lafar, Handb. d. techn. Mykologie **4**, 377 [1907].

[18]) Wohl, Zeitschr. f. angew. Chemie **20**, 1169 [1907]; Biochem. Zeitschr. **5**, 45 [1907]. — Nef, Annalen d. Chemie u. Pharmazie **335**, 254, 279 [1904]. — E. v. Lippmann, Chemie. der Zuckerarten. 1904. S. 1891. — E. Erlenmayer jun., Journ. f. prakt. Chemie [2] **71**, 382 [1905]. — W. Löb, Landw. Jahrb. **1906**, 574; Zeitschr. f. Elektrochemie **13**, 512 [1907]. — Slator, Berichte d. Deutsch. chem. Gesellschaft **40**, 123 [1907]; Chem. News **98**, 175 [1908].

Dextrose, Lävulose, Maltose und Galaktose durch Schimmelpilze. So besonders durch *Allescheria Gayoni* aus der Familie der Aspergillaceen[1]). Über andere Aspergillaceen, die Alkohol bilden sollen[2]). Die meisten Torulaceen sind imstande, Zucker unter Alkoholbildung zu vergären[3]). *Monilia candida*[4]) und einige andere Monilieen[5]) sind Alkoholbildner, in geringerem Maße auch *Oidium lactis*[6]). Über die Bildung von Alkohol durch *Rhizopus Chinensis*[7]) und durch verschiedene Mucorarten[8]). Auch eine große Anzahl von Bakterien ist imstande, aus Zucker neben anderen Produkten Alkohol zu bilden[9]). So Friedländers Pneumoniekokkus[10]); der Bacillus des malignen Ödems[11]); der Typhusbacillus[12]), der *Bacillus ethaceticus*[13]). *Bac. ethacetosuccinicus*[14]), *Bact. aerogenes lactis* und *Bact. ilei*[15]); ein dem Choleraerreger ähnlicher Bacillus[16]); *Bac. suaveolens*[17]), der schleimbildende Wasserbacillus von Schardinger[18]); eine dem *Bact. coli* nahestehende Art[19]). Fäulnisbakterien[20]). Milchsäure- und Buttersäurebakterien[21]). Alkohol wird bei der intramolekularen Atmung höherer Pflanzen neben Kohlensäure gebildet[22]), z. B. in der Zuckerrübenwurzel[23]), in Birnen[24]), Weintrauben[25]), keimenden Samen[26]). Bei der anaeroben Atmung von lebenden Lupinensamen und Keimlingen wird eine erhebliche Menge Alkohol gebildet, im erfrorenen Lupinensamen dagegen nicht. Erbsensamen, Ricinussamen und Weizenkeimlinge enthalten auch nach dem Erfrieren Alkohol als Produkt einer anaeroben Gärung[27]). Die Menge des gebildeten Alkohols bei der intramole-

[1]) Mazé, Compt. rend. de l'Acad. des Sc. **134**, 191 [1902]; **135**, 113 [1902].

[2]) C. Wehmer, bei Lafar, Handb. d. techn. Mykologie **4**, 253 [1906].

[3]) H. Will, bei Lafar, Handb. d. techn. Mykologie **4**, 292, 299 [1906].

[4]) E. Fischer u. P. Lindner, Berichte d. Deutsch. chem. Gesellschaft **28**, 3037 [1895]. — E. Buchner u. J. Meisenheimer, Zeitschr. f. physiol. Chemie **40**, 167 [1903]. — H. Pringsheim, Biochem. Zeitschr. **8**, 131 [1908].

[5]) Wichmann, bei Lafar, Handb. d. techn. Mykologie **4**, 334 [1906].

[6]) E. Ch. Hansen, Compt. rend. de Carlsberg **5**, 68 [1902]. — Weidenbaum, Arbeiten d. St. Petersburg. Naturforscher-Gesellschaft **1891**, 26. — Lang u. v. Freudenreich, Landw. Jahrb. d. Schweiz **7**, 229 [1893].

[7]) Saito, Centralbl. f. Bakt. [2] **13**, 154 [1904].

[8]) C. Wehmer, bei Lafar, Handb. d. techn. Mykologie **4**, 506 [1907]. — H. Pringsheim, Biochem. Zeitschr. **8**, 131 [1908].

[9]) A. Bau, bei Lafar, Handb. d. techn. Mykologie **4**, 400 [1906]. — O. Emmerling, Sammelreferat im Biochem. Centralbl. Die neueren Arbeiten auf dem Gebiete der Bakteriengärung **9**, 397 [1909/10].

[10]) Brieger, Zeitschr. f. physiol. Chemie **8**, 306 [1883]. — P. Frankland, Chem. News **63**, 136 [1891]. — L. Grimbert, Compt. rend. de la Soc. de Biol. **48**, 121, 260 [1896]; Annales de l'Inst. Pasteur **10**, 708 [1896].

[11]) R. Kerry u. S. Fraenkel, Monatshefte f. Chemie **11**, 268 [1890].

[12]) Y. Sera, Zeitschr. f. Hyg. u. Infekt. **66**, 162 [1910]; Biochem. Centralbl. **10**, Ref. 2004 [1910/11].

[13]) Frankland, Chem. News **63**, 136 [1891]; Journ. Chem. Soc. **59**, 253 [1891]; **60**, 432, 737 [1892].

[14]) P. Frankland, Journ. Chem. Soc. **60**, 254 [1892].

[15]) J. Gray, Schweiz. Wochenschr. f. Chemie u. Pharmazie **29**, 111 [1891].

[16]) V. Bovet, Annales de Microgr. **3**, 353 [1891].

[17]) Sclavo u. Gosio, Stazioni sperim. agrar. ital. **19**, 540 [1890].

[18]) F. Schardinger, Centralbl. f. Bakt. [2] **8**, 144 [1890].

[19]) L. Grimbert, Compt. rend. de la Soc. de Biol. **48**, 192, 684 [1896].

[20]) E. Salkowski, Zeitschr. f. physiol. Chemie **30**, 478 [1900].

[21]) J. Razihl, bei Lafar, Handb. d. techn. Mykologie **2**, 3.

[22]) Stoklasa, Jelinek u. Vitek, Beiträge z. chem. Physiol u. Pathol. **3**, 460 [1903] (daselbst ältere Literatur). — Stoklasa u. Czerny, Berichte d. Deutsch. chem. Gesellschaft **36**, 622 [1903].

[23]) F. Strohmer, Österr.-ungar. Zeitschr. f. Zuckerind. u. Landw. **31**, 933 [1902]; Chem. Centralbl. **1903**, I, 471, 592.

[24]) Lechartier u. Belami, Compt. rend. de l'Acad. des Sc. **75**, 1204 [1872]; **79**, 949, 1006 [1874[.

[25]) M. Traube, Berichte d. Deutsch. chem. Gesellschaft **7**, 872 [1874].

[26]) Godlewsky u. Polzenius, Anzeiger d. Akad. d. Wissensch. Krakau, Juli **1897**; Extrait du Bulletin de l'Acad. des Sc. de Cracovie, 1. April **1901**. — Godlewsky, Extrait du Bulletin de l'Acad. des Sc. de Cracovie, 1. März **1904**. — Nabokich, Berichte d. Deutsch. botan. Gesellschaft **19**, 222 [1901]; **21**, 467 [1903]. — Palladin u. Kostytschew, Zeitschr. f. physiol. Chemie **48**, 214 [1906]; Berichte d. Deutsch. botan. Gesellschaft **24**, 273 [1907]. — Mazé, Compt. rend. de l'Acad. des Sc. **128**, 1608 [1899]; Chem. Centralbl. **1902**, II, 459.

[27]) Palladin u. Kostytschew, Zeitschr. f. physiol. Chemie **48**, 214 [1906].

kularen Atmung entspricht der Gleichung: $2\,C_6H_{12}O_6 = 2\,C_2H_6O + 2\,CO_2$ [1]). Es besteht kein durchgehender Parallelismus zwischen der intramolekularen Atmung der Pflanzen und der Alkoholbildung durch Gärung. Bei etiolierten Keimlingen der Fichte besteht noch lange nach der Sistierung der Alkoholbildung eine Ausscheidung von Kohlensäure[2]). Über anaerobe Atmung ohne Alkoholbildung[3]). Auch bei der anaeroben Atmung tierischer Gewebe wird Alkohol gebildet[4]). Auch durch bakterielle Zersetzung kann der Alkohol in den Geweben gebildet. werden[5]). Vorallem wird der Alkohol aber in den Organen durch die Tätigkeit gewisser Enzyme gebildet. Derartige vergärende Enzyme konnten aus Herz, Leber, Muskel, Lunge usw. isoliert werden[6]). Alkohol bildet sich bei der durch die Preßsäfte von Pankreas, Leber, Muskeln, sowie durch Brei dieser Organe bewirkten Glykolyse[7]). Im Blute wird während des Lebens nicht viel Alkohol gebildet. Erst nach dem Tode erscheint Alkohol in größeren Mengen infolge von fermentativen Prozessen. Das Aufhören der Zirkulation und damit der Durchlüftung des Blutes begünstigt diese Bildung von Alkohol[8]). Ein großer Teil des im Blute gefundenen Alkohols kommt auch auf Rechnung des darin vorhandenen Zuckers.

Darstellung: Reiner Äthylalkohol wird aus Kartoffelspiritus gewonnen[9]). Kartoffelbrei wird durch Malzdiastase bei 57—60° in Traubenzucker verwandelt, die flüssige Maische trennt man von den Trebern und vergärt sie bei 18—20° mittels Hefe. Aus der vergorenen Maische wird der Rohspiritus abdestilliert. Der Rohspiritus ergibt bei der Destillation im Kolonnenapparat einen Sprit von 90—96%, der zur Entfernung von Fuselöl mit Wasser verdünnt und durch ausgeglühte Holzkohle filtriert wird.

Absoluter Alkohol: Man destilliert, um die letzten Mengen Wasser zu entfernen, den rektifizierten ca. 95proz. Alkohol über gebranntem Kalk[10]), Bariumoxyd[11]), geglühter Pottasche, entwässertem Kupfervitriol. Calciumchlorid ist nicht zu empfehlen, da es mit dem Alkohol eine Verbindung´eingeht, die erst bei höherer Temperatur unter Abgabe des gesamten Alkohols wieder zerfällt[12]). Die im Laboratorium am häufigsten angewendete Entwässerung mit gebranntem Kalk gelingt am besten, wenn pro Liter Alkohol von 92—94% ca. 0,55 kg Kalk verwendet und ca. 6 Stunden unter Rückfluß gekocht wird. Aus einem 92proz. Alkohol erhält man auf diese Weise einen 99,97—99,99proz.[13]). Apparat zur Darstellung von abs. Alkohol durch Kochen mit Calciumoxyd[14]). Reinigung in Rektifizierkolonnenapparaten[15]). Die vollständige Entwässerung erkennt man an einer Gelbfärbung, die auf Zusatz von etwas Ätzbaryt eintritt. Abs. Alkohol entsteht auch bei der Destillation von 90—95proz. Alkohol über Calciumcarbid; zur Entfernung des Acetylens schüttelt man das Destillat mit getrocknetem Kupfersulfat und rektifiziert[16]). Durch Aufbewahren über aktiviertem Aluminium[17]). Vollständig wasserfrei erhält man den Alkohol durch Behand-

---

[1]) Godlewsky u. Polzenius, Centralbl. f. Physiol. **11**, 527 [1897].

[2]) Bialosuknia, Jahrb. f. wissensch. Botanik **45**, 644 [1908].

[3]) S. Kostytschew, Berichte d. Deutsch. botan. Gesellschaft **25**, 188 [1907]; **26a**, 167 [1908].

[4]) Stoklasa, Archiv f. d. ges. Physiol. **101**, 311 [1904]; Berichte d. Deutsch. chem. Gesellschaft **36**, 622 [1903]; Centralbl. f. Physiol. **1903**, Nr. 3; Centralbl. f. Bakt. [2] **13**, 86 [1904]. — O. Cohnheim, Zeitschr. f. physiol. Chemie **39**, 336 [1903]; **42**, 401 [1904].

[5]) Landsberg, Zeitschr. f. physiol. Chemie **41**, 505 [1904].

[6]) J. Stoklasa, Centralbl. f. Physiol. **16**, 652 [1902]; Chem.-Ztg. **31**, 1228 [1907]; Zeitschr. f. physiol. Chemie **51**, 1228 [1907]. — Stoklasa, Czerny, Jelinek, Simacek u. Vitek, Archiv f. d. ges. Physiol. **101**, 311 [1904]. — Stoklasa u. Czerny, Berichte d. Deutsch. chem. Gesellschaft **36**, 622, 4058 [1903]; vgl. aber auch Batelli, Compt. rend. de l'Acad. des Sc. **137**, 1079 [1903]. — O. Cohnheim, Zeitschr. f. physiol. Chemie **39**, 336 [1903]; **42**, 401 [1904]. — H. Schade, Biochem. Zeitschr. **7**, 299 [1908].

[7]) Feinschmidt, Beiträge z. chem. Physiol. u. Pathol. **4**, 511 [1903].

[8]) Ford, Journ. of Physiol. **34**, 430 [1906].

[9]) Ferd. Fischer, Handbuch d. chem. Technologie **1902**, II, 353, 360.

[10]) Erlenmeyer, Annalen d. Chemie u. Pharmazie **160**, 249 [1871].

[11]) Berthelot, Jahresber. d. Chemie **1862**, 392.

[12]) H. Meyer, Analyse und Konstitutionsbestimmung organ. Verbindungen. Berlin 1909. S. 82.

[13]) Kailan, Monatshefte f. Chemie **28**, 927 [1907].

[14]) W. H. Warren, Journ. Amer. Chem. Soc. **32**, 698 [1910]; Chem. Centralbl. **1910**, I, 125.

[15]) P. Pikos, Zeitschr. f. angew. Chemie **22**, 2036 [1909]; Chem. Centralbl. **1910**, I, 334.

[16]) Yvon, Compt. rend. de l'Acad. des Sc. **125**, 1181 [1897]. — Ostermayer, Chem. Centralbl. **1898**, I, 658.

[17]) R. Brandenburg, Chem.-Ztg. **33**, 880 [1909].

lung mit Calciumspänen[1]). Abs. Alkohol entsteht auch beim Erhitzen von wasserhaltigem Alkohol mit Kieselsäure auf 100°[2]).

Zur Entfernung des Acetaldehyds aus dem Alkohol kocht man ihn mit 6—7% Ätzkali 8—10 Stunden[3]).

Nachweis: Man erwärmt die zu prüfende Flüssigkeit, setzt etwas Jod und dann Kalilauge bis zur Entfärbung hinzu. Die Abscheidung von Jodoform (unter dem Mikroskop charakteristische sechsseitige Tafeln) beim Erkalten zeigt die Anwesenheit von Alkohol an. Aceton, Aldehyd, Milchsäure u. a. geben dieselbe Reaktion, Methylalkohol und Äthyläther jedoch nicht. Zum Nachweis von Alkohol in Äther wird dieser mit etwas Wasser geschüttelt; das abgehobene Wasser wird der Jodoformprobe unterworfen[4]). Die Jodoformprobe darf nur mit großer Vorsicht angewandt werden[5]).

Beim Schütteln der auf Alkohol zu prüfenden Flüssigkeit mit etwas Benzoylchlorid und schwacher Kalilauge macht sich der fruchtesterartige Geruch von Benzoesäureäthylester bemerkbar[6]). Methode zum Nachweis von Alkoholspuren durch Umwandlung des Alkohols in Aldehyde durch Wasserstoffsuperoxyd in Gegenwart einer organischen Eisenverbindung[7]). Um Äthylalkohol im Holzgeist nachzuweisen, erhitzt man diesen mit 4 Teilen konz. Schwefelsäure. Es bildet sich Äthylen, das man in Brom auffängt[8]).

Oxydiert man das über etwas Schwefelsäure abdestillierte Flüssigkeitsgemisch mit Schwefelsäure und Kaliumpermanganat, entfärbt mit Thiosulfat und fügt Fuchsinlösung hinzu, so zeigt Violettfärbung die Anwesenheit von Äthylalkohol an[9]).

Die Erkennung von denaturiertem Branntwein in pharmazeutischen Präparaten kann durch den Nachweis von Aceton oder Methylalkohol erfolgen[10]). Über Unterscheidung einer natürlich vergorenen Flüssigkeit und einer künstlich mit Alkohol versetzten[11]). Nachweis von Alkohol in Chloroform[12]). Oxydiert man ein alkoholhaltiges Destillat (z. B. aus Leichenteilen) mit Salpetersäure, so findet sich im Abdampfrückstand Oxalsäure[13]).

Bestimmung:[14]) In Mischungen des Alkohols mit Wasser bestimmt man den Alkoholgehalt durch Ermittlung des spezifischen Gewichtes. Zu diesem Zweck bedient man sich im Laboratorium des Aräometers, der Westphalschen Wage oder des Pyknometers. Da reiner abs. Alkohol bei 15° C ein spez. Gewicht von 0,79425 besitzt, so zeigt ein um so niedrigeres spezifisches Gewicht eines Spiritus einen um so höheren Alkoholgehalt an. Der dem gefundenen spezifischen Gewicht entsprechende Alkoholgehalt, ausgedrückt in Volum- oder Gewichtsprozenten, wird in der Tafel zur Ermittlung des Alkoholgehaltes von Alkohol-Wassermischungen aus dem spez. Gewicht von K. Windisch[15]) abgelesen[16]).

---

[1]) L. W. Winkler, Berichte d. Deutsch. chem. Gesellschaft **38**, 3612 [1905]; D. R. P. 175 780 [1906]; 176 017 [1906]; Chem. Centralbl. **1906**, II, 1666. — F. M. Perkin u. L. Pratt, Proc. Chem. Soc. **23**, 304 [1907].

[2]) Friedel u. Crafts, Annales de Chim. et de Phys. [4] **9**, 5 [1866].

[3]) Pflücker, Zeitschr. f. Unters. d. Nahr.- u. Genußm. **17**, 454 [1909].

[4]) Lieben, Annalen d. Chemie u. Pharmazie, Suppl. **7**, 218 [1870].

[5]) Kostytschew, Berichte d. Deutsch. botan. Gesellschaft **25**, 188 [1907].

[6]) Berthelot, Zeitschr. f. Chemie **14**, 471 [1871]. — Baumann, Berichte d. Deutsch. chem. Gesellschaft **19**, 3219 [1886]. — Buchner u. Meisenheimer, Berichte d. Deutsch. chem. Gesellschaft **38**, 624 [1905].

[7]) E. de Stoecklin, Compt. rend. de l'Acad. des Sc. **147**, 1489; **148**, 1404 [1909]; **150**, 43 [1910]; Chem. Centralbl. **1909**, I, 499, 1387; II, 115.

[8]) Berthelot, Berichte d. Deutsch. chem. Gesellschaft **2**, 105 [1869]; **8**, 696 [1875].

[9]) Riche u. Bardy, Bulletin de la Soc. chim. **26**, 93 [1876].

[10]) F. Eschbaum, Berichte d. Deutsch. pharmaz. Gesellschaft **14**, 133 [1904]; Chem. Centralbl. **1904**, I, 1286. — Gadamer, Apoth.-Ztg. **20**, 807 [1905].

[11]) Gautier u. Halphen, Compt. rend. de l'Acad. des Sc. **136**, 1373 [1903].

[12]) A. Rusconi, Arch. Pharm. sperim. **8**, 196 [1909]; Biochem. Centralbl. **9**, Ref. Nr. 748 [1909].

[13]) Zusammenfassende Mitteilung. A. Baudrexel, Wochenschr. f. Brauerei **38**, 471 [1910]; Chem. Centralbl. **1910**, II, 1326.

[14]) M. T. Lecco, Zeitschr. f. analyt. Chemie **49**, 285 [1910]; Chem. Centralbl. **1910**, I, 1758.

[15]) K. Windisch, Berlin 1893; zit. bei Morley, Journ. Amer. Chem. Soc. **26**, 1183 [1904], findet sich eine Alkoholtafel für ganze Prozent und für jeden Grad von 15—22° C.

[16]) G. Lunge, Chemisch-technische Untersuchungsmethoden. Berlin 1905. 3. Bd. S. 550.

Alkohole.

Alkoholtafel nach K. Windisch.

Spez. Gew. des Destillates	Alkohol in 100 ccm g	Volumprozent Alkohol	Spez. Gew. des Destillates	Alkohol in 100 ccm g	Volumprozent Alkohol	Spez. Gew. des Destillates	Alkohol in 100 ccm g	Volumprozent Alkohol	Spez. Gew. des Destillates	Alkohol in 100 ccm g	Volumprozent Alkohol
1,0000	0,00	0,00	0,9904	5,45	6,86	0,9808	12,19	15,36	0,9712	19,76	24,89
0,9998	0,11	0,13	2	5,57	7,02	6	12,34	15,55	0	19,91	25,08
6	0,21	0,27	0	5,70	7,18	4	12,50	15,75	0,9708	20,06	25,27
4	0,32	0,40	0,9898	5,83	7,34	2	12,64	15,95	6	20,21	25,47
2	0,42	0,53	6	5,95	7,50	0	12,81	16,14	4	20,36	25,66
0	0,53	0,67	4	6,08	7,66	0,9798	12,97	16,34	2	20,51	25,84
0,9988	0,64	0,80	2	6,21	7,82	6	13,13	16,54	0	20,66	26,03
6	0,74	0,93	0	6,34	7,99	4	13,28	16,74	0,9698	20,81	26,22
4	0,85	1,07	0,9888	6,47	8,15	2	13,44	16,94	6	20,96	26,41
2	0,96	1,20	6	6,59	8,31	0	13,60	17,14	4	21,10	26,59
0	1,06	1,34	4	6,73	8,48	0,9788	13,76	17,34	2	21,25	26,78
0,9978	1,17	1,48	2	6,86	8,64	6	13,92	17,54	0	21,40	26,96
6	1,28	1,61	0	6,99	8,81	4	14,08	17,74	0,9688	21,54	27,14
4	1,39	1,75	0,9878	7,12	8,98	2	14,23	17,94	6	21,69	27,33
2	1,50	1,88	6	7,26	9,15	0	14,39	18,14	4	21,83	27,51
0	1,60	2,02	4	7,39	9,32	0,9778	14,55	18,34	2	21,98	27,69
0,9968	1,71	2,16	2	7,53	9,48	6	14,71	18,54	0	22,12	27,87
6	1,82	2,30	0	7,66	9,66	4	14,87	18,74	0,9678	22,26	28,05
4	1,93	2,44	0,9868	7,80	9,83	2	15,03	18,94	6	22,40	28,23
2	2,04	2,58	6	7,94	10,00	0	15,19	19,14	4	22,54	28,41
0	2,16	2,72	4	8,07	10,17	0,9768	15,35	19,34	2	22,68	28,59
0,9958	2,27	2,86	2	8,21	10,35	6	15,51	19,55	0	22,82	28,76
6	2,38	3,00	0	8,35	10,52	4	15,67	19,75	0,9668	22,96	28,94
4	2,49	3,14	0,9858	8,49	10,70	2	15,83	19,95	6	23,10	29,10
2	2,60	3,28	6	8,63	10,88	0	15,99	20,15	4	23,24	29,29
0	2,72	3,42	4	8,77	11,05	0,9758	16,15	20,35	2	23,38	29,45
0,9948	2,82	3,56	2	8,91	11,23	6	16,31	20,55	0	23,52	29,64
6	2,94	3,71	0	8,98	11,41	4	16,47	20,75	0,9658	23,65	29,81
4	3,06	3,85	0,9848	9,20	11,59	2	16,63	20,96	6	23,79	29,89
2	3,17	4,00	6	9,34	11,77	0	16,79	21,16	4	23,93	30,15
0	3,29	4,14	4	9,49	11,95	0,9748	16,95	21,36	2	24,06	30,32
0,9938	3,40	4,29	2	9,63	12,14	6	17,11	21,56	0	24,19	30,49
6	3,52	4,43	0	9,78	12,32	4	17,27	21,76	0,9648	24,33	30,66
4	3,64	4,58	0,9838	9,92	12,50	2	17,44	21,96	6	24,46	30,82
2	3,75	4,73	6	10,07	12,69	0	17,58	22,16	4	24,59	30,99
0	3,87	4,88	4	10,22	12,88	0,9738	17,74	22,35	2	24,73	31,16
0,9928	3,99	5,03	2	10,36	13,06	6	17,90	22,55	0	24,85	31,32
6	4,11	5,18	0	10,52	13,25	4	18,05	22,75	0,9638	24,99	31,49
4	4,23	5,33	0,9828	10,66	13,44	2	18,21	22,95	6	25,12	31,65
2	4,35	5,48	6	10,81	13,63	0	18,37	23,14	4	25,25	31,81
0	4,47	5,63	4	10,96	13,82	0,9728	18,52	23,34	2	25,37	31,98
0,9918	4,59	5,87	2	11,12	14,01	6	18,68	23,54	0	25,50	32,14
6	4,71	5,93	0	11,27	14,20	4	18,84	23,73	0,9628	25,63	32,30
4	4,83	6,09	0,9818	11,42	14,39	2	18,99	23,93	6	25,76	32,46
2	4,95	6,24	6	11,57	14,58	0	19,14	24,12	4	25,88	32,62
0	5,08	6,40	4	11,72	14,77	0,9718	19,30	24,32	2	26,01	32,78
0,9908	5,20	6,55	2	11,88	14,97	6	19,45	24,51	0	26,13	32,93
6	5,32	6,71	0	12,03	15,16	4	19,60	24,70			

Bei Gegenwart gelöster Stoffe in der alkoholischen Flüssigkeit destilliert man diese zur Hälfte ab, füllt das Destillat bis zum ursprünglichen Volumen der Flüssigkeit auf und bestimmt dann den Alkoholgehalt.

Auch durch Ermittlung des Siedepunktes (mit dem Ebullioskop von Malligand)[1], des Ausdehnungskoeffizienten (im Dilatometer), der Dampftension (im Geißlerschen Vaporimeter)[2] kann man den Alkoholgehalt einer Flüssigkeit bestimmen. Ferner sehr rasch und bequem durch die Gefrierpunktsbestimmung mittels eines Beckmannschen Apparates, wenn ein reiner Alkohol von nicht höherer Konzentration als 10% vorliegt[3].

Alkohol-Gehalt in Gewichtsteilen pro 100 Gewichtsteile Lösung	Gefundene Erniedrigung des Gefrierpunktes gegenüber der des Wassers		Daraus berechnete Erniedrigung für je 1% Alkohol	
	I	II	I	II
Teile	°C	°C	°C	°C
1,00	0,428	0,420	0,428	0,420
2,00	0,853	0,845	0.426	0,422
3,00	1,271	1,267	0,424	0,422
4,00	1,692	1,690	0,423	0,422
5,00	2,120	2,135	0,424	0,427
6,00	2,554	2,570	0,425	0,428
7,00	3,010	3,020	0,430	0,431
8,00	3,510	3,520	0,439	0,440
10,00	4,525	4,530	0,452	0,453
12,00	5,590	5,600	0,466	0,467

Siedepunkte der Gemische von Äthylalkohol und Wasser[4]:

Gewichtsproz. Alkohol	Siedep.700	Siedep.760	Siedep.800
0	97,72°	100°	101,44°
10	89,28°	91,47°	92,86°
20	84,89°	87,05°	88,43°
30	82,42°	84,58°	85,94°
40	81,00°	83,13°	84,49°
50	79,78°	81,91°	83,26°
60	78,92°	81,04°	82,38°
70	78,03°	80,14°	81,47°
80	77,22°	79,32°	80,64°
90	76,46°	78,54°	79,86°
100	76,26°	78,35°	79,66°
95,57	76,16°	78,23°	79,54°

Bestimmung in Lösungen, welche nur $^1/_{3000}$—$^1/_{10000}$ enthalten (Blut, Milch usw.): Titration durch Oxydation mit Kaliumbichromat und Schwefelsäure, wobei der Übergang der grünblauen Farbe des Chromsalzes in eine grüngelbe als Indicator verwendet wird[5]. Der maximale Fehler bei dieser Methode beträgt 5%. Bessere Resultate bei der Bestimmung geringer Mengen von Äthylalkohol erhält man durch Überführung des Alkohols in Jodäthyl und Bestimmung des daraus gebildeten Silberjodids[6]. Man kann den Äthylalkohol auch durch Titration mit Kalium-

[1] Malligand, Compt. rend. de l'Acad. des Sc. **80**, 1114 [1875]. — Post, Chemisch-technische Analyse **2**, 380 [1890].

[2] Post, Chemisch-technische Analyse **2**, 333 [1890].

[3] R. Gaunt, Zeitschr. f. analyt. Chemie **44**, 107 [1905].

[4] A. Doroczewski u. E. Polianski, Journ. d. russ. physikal.-chem. Gesellschaft **42**, 109 [1910]; Chem. Centralbl. **1910**, I, 1227.

[5] Nicloux u. Bauduer, Bulletin de la Soc. chim. [3] **17**, 424 [1897]. — Nicloux, Compt. rend. de la Soc. de Biol. [10] **3**, 841 [1896]; Zeitschr. f. physiol. Chemie **43**, 476 [1904]. — G. Landsberg, Zeitschr. f. physiol. Chemie **43**, 505 [1904].

[6] M. J. Stritar, Zeitschr. f. physiol. Chemie **50**, 22 [1906]. — Reach, Biochem. Zeitschr. **3**, 328 [1907].

permanganat bestimmen[1]). Zur titrimetrischen Bestimmung kleiner Mengen erhitzt man mit einer Lösung von Chromsäure in konz. Schwefelsäure von bekanntem Wirkungswert auf 90°, entfärbt mit einer titrierten Lösung von Eisenammoniumsulfat und titriert den Überschuß des letzteren mit Kaliumpermanganat zurück[2]). Etwas modifiziert eignet sich diese Methode auch gut zur Ermittlung des Alkoholgehaltes des Weines[3]). Bestimmung kleiner Alkoholmengen in der Luft[4]). Zur Bestimmung des Äthylalkohols in einem Gemisch mit Wasser und Essigsäureäthylester wendet man die Oxydationsmethode mit Kaliumbichromat und Schwefelsäure an[5]). Zur quantitativen Bestimmung von Äthylalkohol in ätherischen Ölen erwärmt man 1—2 g der alkoholhaltigen Lösung mit 25 ccm einer Mischung von ca. 120 g wasserfreiem Essigsäureanhydrid und ca. 880 g wasserfreiem Pyridin $^1/_4$ Stunde, verdünnt mit 25 ccm Wasser und titriert mit $^1/_2$ n-Lauge gegen Phenolphthalein zurück[6]). In Gemischen mit Methylalkohol kann man den Äthylalkohol durch Bestimmung der Brechungszahl mittels des Immersionsrefraktometers ermitteln und quantitativ bestimmen[7]). Medizinische Präparate und Essenzen, die ätherische Öle und flüchtige Verbindungen wie Äther enthalten, verdünnt man, um den Äthylalkoholgehalt zu bestimmen, zunächst mit Wasser, sättigt dann mit Kochsalz und schüttelt mit Ligroin aus. Den in der Kochsalzlösung verbleibenden Alkohol destilliert man ab und bestimmt ihn mittels der Dichte[8]) ev. mit dem Pyknometer, das die sichersten Werte liefern soll[9]). Bestimmung in ätherischen Ölen[6]). Im Chloroform bestimmt man den Alkohol, indem man ihn mit Wasser ausschüttelt und colorimetrisch mit Kaliumbichromat und Schwefelsäure seine Stärke ermittelt[10]). Alkohol und Ätherdämpfe kann man quantitativ voneinander trennen, wenn man sie durch Wasser von 40° leitet, das den Alkohol quantitativ zurückhält[11]). Bestimmung des Alkohols im Wein[12]) mittels des Alkoholometers[13]), mittels des Ebullioskops[14]), mittels der Entflammungstemperatur[15]). Auch durch Tierversuche (an Fröschen) kann man den Alkoholgehalt des Weines ermitteln[16]). Bestimmung des Alkohols im Branntwein und Likör[17]). Über Bestimmung des Alkoholgehaltes des Bieres mittels des Eintauchrefraktometers[18]). Ein Verfahren zur raschen und genauen Bestimmung des Alkoholgehaltes von Maische, Spiritus, Branntwein, Bier und Wein besteht darin, daß man die zu untersuchende Flüssigkeit mit Äther durchschüttelt. Es scheiden sich dann eine ätherische und eine wässerige Schicht ab. Durch Zusatz von reinem Alkohol aus einem mit Alkoholprozent-Teilung versehenen Meßgefäß kann man die Trennungsfläche der beiden Schichten zum Verschwinden bringen. Die aus dem Meßgefäß entnommene Alkoholmenge, die bis zur Erreichung dieses Punktes nötig ist, gibt dann sofort die Alkoholprozente an[19]). Zur Be-

[1]) R. O. Herzog, Annalen d. Chemie u. Pharmazie **351**, 264 [1907].

[2]) Benedict u. Norris, Journ. Amer. Chem. Soc. **20**, 293 [1898]. — Cotte, Chem. Centralbl. **1898**, I, 226. — Ph. Hamill, Journ. of Physiol. **39**, 476 [1910]; Chem. Centralbl. **1910**, I, 1273.

[3]) E. Martin, Moniteur scient. [4] **17**, 570 [1903].

[4]) M. H. Cristiani, Compt. rend. de la Soc. de Biol. **61**, 671 [1906].

[5]) Kurilow, Berichte d. Deutsch. chem. Gesellschaft **30**, 741 [1897].

[6]) A. Verley u. F. Bölsing, Berichte d. Deutsch. chem. Gesellschaft **34**, 3354 [1901].

[7]) Leach u. Lythgoe, Journ. Amer. Chem. Soc. **27**, 964 [1905].

[8]) Thorpe u. Holmes, Proc. Chem. Soc. **19**, 13 [1903]. — Lyons, Pharmac. Review **25**, 353 [1907].

[9]) E. A. Mann, Chem. Centralbl. **1906**, I, 605. — Antoni, Journ. Amer. Chem. Soc. **30**, 1276 [1908]; Chem. Centralbl. **1908**, II, 1470.

[10]) M. Nicloux, Bulletin de la Soc. chim. [3] **35**, 330 [1906]; Chem. Centralbl. **1906**, II, 362. — Vgl. aber auch Pozzi-Escot, Annales de Chim. analyt. appl. **7**, 11 [1902]; **9**, 126 [1904].

[11]) M. Nicloux, Compt. rend. de la Soc. de Biol. **61**, 671 [1906].

[12]) K. Windisch, in G. Lunge, Chemisch-technische Untersuchungsmethoden 3, 601 [1905]. — Ernst Fischer, Chem.-Ztg. **31**, 2 [1907]. — Heiduschke u. Quincke, Archiv d. Pharmazie **245**, 458 [1907].

[13]) Dugast, Bulletin de l'Assoc. de Chim. de Sucre et Dist. **23**, 549 [1905].

[14]) B. Haas, Zeitschr. f. landw. Vers. West-Österreichs **6**, 808 [1903] (daselbst Literatur über diese Methode). — Dugast, Bulletin de l'Assoc. de Chim. de Sucr. et Dist. **23**, 549 [1905].

[15]) Raikow u. Schtarbanow, Chem.-Ztg. **28**, 886 [1904].

[16]) V. Nazari, Atti della R. Accad. dei Lincei Roma [5] **17**, II, 166 [1908].

[17]) G. Schüle, in G. Lunge, Chemisch-technische Untersuchungsmethoden 3, 563 [1905].

[18]) Ackermann u. Steinmann, Zeitschr. f. d. ges. Brauwesen **28**, 259 [1905]. — A. Schmidt, Chem.-Ztg. **30**, 608 [1906]. — J. Race, Journ. Soc. Chem. Ind. **27**, 544 [1908].

[19]) Heinrich Kapeller, D. R. P. 213 259; Chem. Centralbl. **1909**, II, 1029. — Ferner D. Sidersky, Annales de Chim. analyt. appl. **15**, 105 [1910]; Chem. Centralbl. **1910**, I, 1809.

stimmung von Äthylalkohol im Fuselöl mischt man dieses mit Benzol und einer gesättigten Kochsalzlösung. Mittels der Dichte des aus der Kochsalzlösung abdestillierten Alkohols und dem genau abgelesenen Volumen der Kochsalzlösung errechnet man den Alkoholgehalt[1]), oder man schüttelt den Alkohol mit Wasser aus und entfernt aus dem nachher destillierten Alkohol das mitgenommene Fuselöl durch Ausschütteln mit einer konz. Calciumchloridlösung[2]). Von Essigsäure, Aldehyden, Methyläther, Methylamin, Phenol usw. kann Alkohol durch Kohlenstofftetrachlorid getrennt werden, in welchem diese Substanzen löslich sind[3]). Quantitative, colorimetrische Bestimmung von Aldehyd im Alkohol mit schwefligsaurer Fuchsinlösung[4]). Zur Bestimmung von Alkohol in Blut und Geweben wird die zu untersuchende Substanz mit Pikrinsäurelösung in Schlösings Apparat destilliert, und zwar 65 ccm Pikrinsäurelösung mit 10 ccm Blut resp. 40 ccm Pikrinsäurelösung mit 10—20 g Gewebe. Das Destillat wird mit 5 ccm Wasser aufgefangen. Vor dem Destillieren wird das Gewebe in einer Schale mit 2 ccm Pikrinsäurelösung zu Brei verrieben[5]). Den Alkohol bestimmt man in der verdünnten Lösung mittels Bichromat[6]).

Nachweis und Bestimmung des Fuselöls im Alkohol s. bei Isoamylalkohol, S. 446, 447.

Nachweis von Wasser in Alkohol: Wasserhaltiger Alkohol entwickelt mit Calciumcarbid Gasblasen von Acetylen[7]), wasserfreier greift es in der Kälte nicht an. Bariumoxydhydrat wird von abs. Alkohol mit gelber Farbe gelöst; er bläut entwässertes Kupfersulfat nicht; löst sich in wenig Benzol klar auf, mehr als 3% Wasser bewirken Trübung. Bringt man abs. Alkohol mit einem Gemisch von 1 mg Anthrachinon und etwas Natriumamalgam zusammen, so färbt er sich dunkelgrün, während er sich bei Gegenwart von Spuren von Wasser rot färbt[8]).

Physiologische Eigenschaften:[9]) Die Giftwirkung einwertiger Alkohole der aliphatischen Reihe wächst mit dem Kohlenstoffgehalt und dem Molekulargewicht. Gesetz von Richardson[10]). Dementsprechend nimmt die physiologische Wirkung mit Siedepunkt, Dampfdichte, Flüchtigkeit, Löslichkeit, Viscosität und Abnahme der Oberflächenspannung zu[11]). Das Gesetz wurde für den Äthylalkohol bestätigt durch Versuche an Kaninchen[12]), an Hunden[13]), Mäusen[14]), Vögeln[15]), Fischen[16]), Fröschen[17]), Kaulquappen[18]), Süßwassercrustaceen[19]),

---

[1]) S. F. Ball, Journ. Soc. Chem. Ind. **24**, 18 [1905]; Chem. Centralbl. **1905**, I, 563. — Vgl. auch Fausten u. Bengs, Chem.-Ztg. **33**, 1057 [1910].

[2]) Peters, Pharmaz. Centralhalle **46**, 563 [1905].

[3]) Cari, Zeitschr. f. analyt. Chemie **35**, 219 [1896].

[4]) Paul, Zeitschr. f. analyt. Chemie **35**, 648 [1896].

[5]) Nicloux, Compt. rend. de la Soc. de Biol. **60**, 1034 [1906].

[6]) Nicloux, Compt. rend. de la Soc. de Biol. **56**, 652 [1904]; Bulletin de la Soc. chim. [3] **35**, 330 [1906].

[7]) Yvon, Compt. rend. de l'Acad. des Sc. **125**, 1181 [1897]. — D. Vitali, Boll. di Chim. e di Farm. **37**, 257 [1898]; Chem. Centralbl. **1898**, I, 1225.

[8]) Claus, Berichte d. Deutsch. chem. Gesellschaft **10**, 927 [1877].

[9]) Eine Aufzählung der Arbeiten über den Alkohol bis zum Jahre 1903 findet sich bei Abderhalden, Bibliographie der gesamten wissenschaftlichen Literatur über den Alkohol und den Alkoholismus. Berlin-Wien 1904. Aus diesem Grunde wurde in der vorliegenden Zusammenfassung hauptsächlich die neuere Literatur über die physiologischen Eigenschaften des Alkohols berücksichtigt.

[10]) B. W. Richardson, Med. Times and Gaz. **2**, 703 [1869]. — S. Stenberg, Archiv f. experim. Pathol. u. Pharmakol. **10**, 356 [1879].

[11]) G. Billard u. L. Dieulafé, Compt. rend. de la Soc. de Biol. **56**, 452, 493 [1904]. — J. Traube, Archiv f. d. ges. Physiol. **105**, 541 [1904].

[12]) Lesieur, Compt. rend. de la Soc. de Biol. **58**, 471 [1906]. — G. Baer, Archiv f. Anat. u. Physiol., Physiol. Abt. **1898**, 283. — Schneegans u. v. Mehring, Therapeut. Monatshefte **1892**, 327.

[13]) Dujardin-Beaumetz u. Andigé, Recherches expér. sur la puiss. tox. des alcools. Paris 1879; Compt. rend. de l'Acad. des Sc. **81**, 192 [1875]; **83**, 80 [1876]. — Bongers, Archiv f. experim. Pathol. u. Therap. **35**, 429 [1895]. — Joffroy u. Serveaux, Arch. de Méd. expér. et d'Anat. pathol. **7**, 569 [1895].

[14]) Reid Hunt, John Hopkins, Hosp. Bull. **13**, 213 [1903].

[15]) Picaud, Compt. rend. de l'Acad. des Sc. **124**, 829 [1897].

[16]) Picaud, Compt. rend. de l'Acad. des Sc. **124**, 829 [1897]. — Lesieur, Compt. rend. de la Soc. de Biol. **58**, 471 [1906]. — G. Billard u. Dieulafé, Compt. rend. de la Soc. de Biol. **56**, 452 [1904]. — Rabuteau, Union médicale **1870**, 165.

[17]) V. Nazari, Atti della R. Accad. dei Lincei Roma [5] **17**, II, 166 [1908]; Arch. di Farmacol. sperim. **7**, 421 [1908].

[18]) Overton, Studien über die Narkose. Jena 1901.

[19]) J. Loeb, Biochem. Zeitschr. **23**, 93 [1910].

Hefe[1]), Seeigeleiern[2]), Algen, Pilzen und Bakterien[3]). Ferner bei der Einwirkung auf das Säugetierherz[4]), den Muskel[5]), Nerven[6]), Flimmerepithel[7]); bei der Hämolyse[8]), Pflanzenplasmolyse[9]). Nach Beobachtungen über die Umwandlungen negativ-heliotropischer Tiere (Süßwassercrustaceen) in positiv-heliotropische[10]); über die Zunahme der Fähigkeit, hämolytische Gifte zu binden[11]). Auch die Geruchsintensität der Alkohole steigt mit den Molekulargewichten[12]). Zur Eiweißfällung sind von den höheren Alkoholen geringere Konzentrationen nötig als von den niederen[13]). Das Fällungsvermögen für Ammoniumchlorid, Kaliumchlorid und Natriumchloridlösungen liegt zwischen dem des Propylalkohols und dem des Methylalkohols[14]). Die molekulare Toxizität der Alkohole ist keine additionelle Eigenschaft, sondern eine konstitutionelle[15]). Über Ausnahmen vom Richardsonschen Gesetz vgl. bei Methylalkohol dieses Werk, S. 376.

Er entfaltet schon bei einer Konzentration von 0,1% in wässeriger Lösung auf Bakterien eine wachstumhemmende Wirkung[16]), doch können sich die meisten Bakterien noch in 6proz. Alkohol entwickeln. 30proz. Alkohol tötet die meisten Mikroorganismen erst nach längerer Einwirkung[17]). Nur sporenbildende Bakterien, wie Anthrax, widerstehen seiner Wirkung. Die Entwicklungshemmung beginnt im allgemeinen bei den verschiedenen Bakterienarten bei einer Konzentration von etwa 3 bis 8%[18]). Eine Pediokokkusart (*Pediococcus Henebergi*) entwickelt sich noch in 10proz. Alkohol, und erst ein Gehalt von 15% verhindert die Entwicklung der Bakterien, die sich in verschiedenen Brauerei- und Brennereimaterialien finden[19]). Die vegetativen Zellen der Saccharomycesarten besitzen im trocknen Zustande, und die Sporen im trocknen wie im feuchten Zustande eine geringere Widerstandsfähigkeit gegen Äthylalkohol, als die Bakterien[20]). Die höchste toxische Wirkung besitzt der Alkohol in Konzentrationen von 50—60%[16]), sowohl in Lösung, wie auch als Dampf[21]). Schon 96proz. Alkohol wirkt auf trockne Keime gar nicht mehr ein, feuchte

---

[1]) P. Regnard, Compt. rend. de la Soc. de Biol. [9] **10**, 124 [1889]. — C. Wehmer, Zeitschr. f. Spiritusindustrie **1901**, Nr. 14. — Rapp, bei Lafar, Handb. d. techn Mykologie **4**, 359 [1907]. — Buchner, Fuchs u. Megele, Archiv f. Hyg. **40**, 347 [1901].

[2]) Fühner, Archiv f. experim. Pathol. u. Pharmakol. **51**, 1 [1903]; **52**, 69 [1904].

[3]) M. Tsukamoto, Journ. of the College of Sc. Tokio **6** [1894]; **7** [1895]. — Buchner, Fuchs u. Megele, Archiv f. Hyg. **40**, 347 [1901]. — H. Coupin, Compt. rend. de l'Acad. des Sc. **138**, 389 [1904]. — K. S. Iwanoff, Centralbl. f. Bakt. u. Parasitenk. [2] **13**, 139 [1904]. — G. Wirgin, Zeitschr. f. Hyg. **46**, 149 [1904]. — H. Stadler, Archiv f. Hyg. **73**, 205 [1911].

[4]) H. Dold, Archiv f. d. ges. Physiol. **112**, 600 [1906]. — Hemmeter, Med. rec. **1891**, 292.

[5]) H. O. Kemp, A. D. Waller, Proc. Phys. Soc. **1908**, 43; Journ. of Physiol. **37**, 3 [1908]. — Kemp, Proc. Phys. Soc. **1908**, 49. — F. Versár, Archiv f. d. ges. Physiol. **128**, 400 [1909].

[6]) Effron, Archiv f. d. ges. Physiol. **36**, 469 [1885]. — Breyer, Archiv f. d. ges. Physiol. **99**, 481 [1903]. — Raether, Diss. Tübingen 1905.

[7]) P. Grützner, Verhandl. d. Gesellschaft deutsch. Naturforscher u. Ärzte **1903**, II, 2. Hälfte, 433; Chem. Centralbl. **1904**, II, 1665. — H. Breyer, Archiv f. d. ges. Physiol. **99**, 490 [1903].

[8]) Fühner u. Neubauer, Centralbl. f. Physiol. **20**, 117 [1906]; Archiv f. experim. Pathol. u. Pharmakol. **56**, 333 [1907]; — Fühner, Bulletin de la Soc. chim. Belg. **21**, 221 [1907]. — A. J. Vandevelde, Bulletin de la Soc. chim. Belg. **21**, 225 [1907]; Chem.-Ztg. **29**, Nr. 41, Nr. 47 [1905]; **30**, Nr. 27 [1906].

[9]) A. J. Vandevelde, Arch. intern. de Pharmacodynamie et de Thérapie **7**, 123 [1900]. Handlingen v. d. Vlamsch Natuur en Geneeskund. Congress Antwerpen **1899**; Chem. Centralbl. **1900**, I, 681.

[10]) J. Loeb, Biochem. Zeitschr. **23**, 93 [1909]; Chem. Centralbl. **1910**, I, 942.

[11]) L. B. Walbum, Zeitschr. f. Immunitätsforsch. u. experim. Therapie [I] **7**, 544 [1910].

[12]) Passy, zit. nach F. Zwaardemaker, Physiologie des Geruchs. Leipzig 1895. S. 242.

[13]) Spiro, Beiträge z. chem. Physiol. u. Pathol. **4**, 317 [1904].

[14]) H. E. Armstrong u. J. V. Eyre, Proc. Roy. Soc. (Ser. A) **84** [1910]; Chem. Centralbl. **1910**, II, 1016.

[15]) L. Errera, Bulletin de la Soc. Roy. Sc. méd. et nature Bruxelles **58**, 18 [1900].

[16]) G. Wirgin, Zeitschr. f. Hyg. **46**, 307 [1903]. — E. Ch. Hansen, Centralbl. f. Bakt. u. Parasitenk. [1] **45**, 466 [1907].

[17]) Ruß, Centralbl. f. Bakt. u. Parasitenk. [1] **37**, 115, 280 [1904].

[18]) Stokvis, Centralbl. f. Bakt. u. Parasitenk. **48**, 438 [1909].

[19]) P. R. Sollied, Wochenschr. f. Brauerei **21**, 3.

[20]) E. Ch. Hansen, Centralbl. f. Bakt. u. Parasitenk. [1] **45**, 466 [1907].

[21]) Igersheimer, Centralbl. f. Bakt. u. Parasitenk. [1] **40**, 414 [1906].

Keime sind viel empfindlicher[1]. Über die Resistenz exsiccatortrockner pflanzlicher Organismen gegen Alkohol bei höheren Temperaturen[2]. Lufttrockne Keime können, ohne ihre Keimkraft zu verlieren, selbst in entschältem Zustand mehrere Tage in 90—100 proz. Alkohol aufbewahrt werden[3]. Feuchte Samen sind permeabel für abs. Alkohol[4]. 60 proz. Alkohol tötet den Staphylococcus aureus, Bac. typhi, coli, Pyocyaneus und Diphtheriebacillen[5]. Die verschiedenen pflanzlichen Fermente werden im allgemeinen innerhalb von 2 Minuten durch Alkoholdampf vernichtet[6]. Die desinfizierende Wirkung des 40—60 proz. Äthylalkohols, sowie der mit diesem hergestellten Seifenlösungen übertrifft manchen vegetativen Bakterien gegenüber die desinfizierende Kraft der $1^0/_{00}$ Sublimatlösung[7]. Das Minimum an Alkohol, das man zu einer alkoholfreien Nährlösung zugeben muß, um die Entwicklung der Hefezellen zu verhindern, beträgt 10 Vol.-Proz.[8]. Die einzelnen Hefestämme sind verschieden empfindlich gegen Alkohol; es gibt solche, welche sich auch noch beim Einbringen in einen 12—12,5 Vol.-Proz. Alkohol enthaltenden Nährboden vermehren. Die Sakéhefe stellt ihr Wachstum erst bei einem Gehalt von 24 Vol.-Proz. im Nährboden ein[9]. Auf die Gärung wirkt Alkohol hemmend[10]. In ganz geringen Konzentrationen scheint er beschleunigend auf die Enzymproduktion der Hefe zu wirken[11]. Um die Gärtätigkeit zu verhindern, bedarf es unter sonst gleichen Bedingungen eines größeren Alkoholzusatzes als zur Hemmung der Vermehrung der Hefezellen[12]. Über den Einfluß von Alkohol auf die Wirksamkeit von Hefepreßsaft[13]. Gloeosporium keimt noch in $1/_2$ normaler, Makrosporium in 5fach normaler Äthylalkohollösung[14]. Für Aspergillus und Penicillium ist die hemmende Konzentration 6% (5% ist etwa $1/_2$ normal)[15]. Durch Sterigmatocystis nigra wird Alkohol assimiliert[16], durch Bodensatzhefe wird er nicht assimiliert[17]. In einer Nährlösung, die in 1 l 1 g Natriumnitrat, 1 g Kaliumphosphat, 0,25 g Ammoniumsulfat, 0,2 g Magnesiumchlorid, 0,1 g Eisensulfat, 2 g Calciumcarbonat und Spuren von Kaliumsilicat und Zinkchlorid enthält, zeigen etiolierte Pflanzen, die als Kohlenstoffquelle 0,5 proz. Alkohol erhalten, eine schwache Wurzelentwicklung, und sie erreichen nur ein geringes Gewicht. Die verschiedenen Pflanzengattungen zeigen jedoch ein verschiedenes Verhalten[18]. Auf Flimmerepithelien wirken kleine Alkoholdosen stimulierend[19]. Auf contractiles Protoplasma wirkt Alkohol in geringen Mengen kontrahierend (*Medusa gonionema*). Die kontrahierende

[1]) J. Weigl, Archiv f. Hyg. **44**, 273 [1902]. — Bertarelli, Botan. Centralbl. **88**, 121 [1901]. — Harrington u. Walker, Biochem. Centralbl. **1903**, Ref. Nr. 1868. — Seige, Arbeiten aus d. Kaiserl. Gesundheitsamt **18**, 362 [1902]. — W. v. Brunn, Centralbl. f. Bakt. u. Parasitenk. [1] **28**, 309 [1900]. — Salzwedel u. Elsner, Berl. klin. Wochenschr. **1900**, Nr. 23. — E. Ch. Hansen, Centralbl. f. Bakt. u. Parasitenk. [1] **45**, 466 [1907].

[2]) W. Schubert, Flora **100**, 68 [1909]; Biochem. Centralbl. **9**, Ref. 1852 [1909/10].

[3]) L. Sukatscheff, Beiheft z. botan. Centralbl. **12**, 137 [1902]. — Dixon, Nature **64** [1901].

[4]) Becquerel, Compt. rend. de l'Acad. des Sc. **138**, 1179 [1904].

[5]) Igersheimer, Centralbl. f. Bakt. u. Parasitenk. [1] **40**, 414 [1906].

[6]) L. Aurousseau, Bulletin de la Sc. pharm. **17**, 320 [1910]; Biochem. Centralbl. **10**, Ref. 2065 [1910/11].

[7]) Hanel, Beiträge z. klin. Chirurgie **26**, 475 [1900]. — Salzwedel u. Elsner, Berl. klin. Wochenschr. **37**, 23 [1900]. — Barsikow, Pharmaz. Ztg. **46**, 49 [1901]. — R. Weil, Pharmaz. Ztg. **46**, 78 [1901].

[8]) Hayduck, Zeitschr. f. Spiritusindustrie **5**, 183 [1882]. — Laurent, Annales de la Soc. Belg. de microscopie **14**, 29 [1890].

[9]) Yabe, Bulletin of the College Agric. Tokio **2**, 219 [1896].

[10]) Aberson, Chem. Centralbl. **1903**, I, 1888. — Buchner u. Antoni, Zeitschr. f. physiol. Chemie **44**, 206 [1905]. — A. Bach, Berichte d. Deutsch. chem. Gesellschaft **39**, 1669 [1906]. — H. Kühl, Apoth.-Ztg. **22**, 728 [1907]; Chem. News **98**, 175 [1908]; Journ. Chem. Soc. **93**, 217 [1908].

[11]) Kochmann, Biochem. Zeitschr. **16**, 391 [1908].

[12]) Lafar, Handb. d. techn. Mykologie **4**, 131 [1907].

[13]) E. Buchner u. Antoni, Zeitschr. f. physiol. Chemie **43**, 206 [1905]. — R. O. Herzog, Zeitschr. f. physiol. Chemie **37**, 149 [1903]. — A. Wrobléwsky, Centralbl. f. Physiol. **13**, 284 [1899].

[14]) Stevens, Botan. Gazz. **26**, 377 [1898].

[15]) P. Lesage, Annales des Sc. nat. **1896**, No. 2.

[16]) H. Coupin, Compt. rend. de l'Acad. des Sc. **138**, 389 [1904].

[17]) E. Laurent, Annales de la Soc. Belg. de Microscopie **14**, 29 [1890].

[18]) Mazzé u. Perier, Compt. rend. de l'Acad. des Sc. **139**, 470 [1904]. — Coupin, Compt. rend. de l'Acad. des Sc. **138**, 389 [1903].

[19]) Breyer, Archiv f. d. ges. Physiol. **99** [1903]. — Grützner, Chem. Centralbl. **1904**, II, 1665.

Wirkung beruht hier nicht auf Wasserentziehung[1]). Bei Infusorien können die Teilungsvorgänge gehemmt oder gesteigert werden, je nach dem Stadium, in dem der Alkohol einwirkt. Gewöhnlich zeigt sich nach einem die Teilung anregenden Stadium eine hemmende Wirkung auf die Zellteilung, die jedoch nicht andauert. Der Zusatz von Alkohol erniedrigt die Widerstandskraft der Infusorien gegen Kupfersulfat[2]). Eine Entwicklungshemmung ist auch an den Eiern des Seeigels (*Echinus miliaris*) zu beobachten[3]). Diese Hemmung tritt noch nicht ein bei einem Alkoholgehalt von $1/2$—1%. Bei einer Konzentration von 2% wird die Entwicklung gestört, bei 4% können keine Blastulae mehr entstehen und die Furchung unterbleibt[4]). 1—7% wirkt niemals stimulierend auf die Lebensäußerungen einzelliger Organismen (Amöben), sondern immer lähmend[5]).

Im tierischen Organismus wird der Äthylalkohol fast ganz verbrannt[6]). Nur etwa 2% verlassen unverbrannt den Organismus[7]). Selbst 95 proz. Alkohol wird unter Bildung von Kohlensäure und Wasser oxydiert[8]). Dabei wirkt er in fraktionierten Dosen und bei genügender Verdünnung nicht toxisch, doch liegt die toxische Dosis sehr nahe der Nahrungsdosis[8]). Er bleibt lange im Organismus und wird nur in geringen Quantitäten durch Lunge und Haut ausgeschieden[9]). Wird nach der Einatmung nur in geringer Menge wieder ausgeatmet[10]). Die Verbrennung geht um so leichter vonstatten, je kleiner die verabfolgten Dosen sind[9]). Bei Gewöhnung an Alkohol steigt die Menge des mit dem Harn ausgeschiedenen Alkohols. Der Prozentgehalt des Körpers an Alkohol ist demnach bei Tieren, die an Alkohol gewöhnt wurden, nicht so hoch, wie bei akuter Intoxikation. Die Verbrennung findet hier schneller statt. Bei akuter Intoxikation von Tieren mit Alkohol erfolgt die Verbrennung im wesentlichen in der Leber, bei den toleranten Tieren in Herzmuskel und im Gehirn. Die Gewöhnung beruht auf schnellerer Oxydation des Alkohols im Organismus[11]). Ausscheidung von Alkohol durch die Magenschleimhaut bei intravenöser Injektion[12]). Injizierte man 50 ccm 10 proz. Alkohol in den Magen, so werden nach $1/2$ Stunde 50% der injizierten Menge im Blut gefunden[13]). Der in den Magen eingeführte Alkohol verbreitet sich gleichmäßig über den ganzen Magen-Darmkanal. Von der Mundschleimhaut wird fast nichts resorbiert. Im Magen selbst gelangen 20,8% zur Resorption[14]), im Duodenum 8,7%, im Jejunum 52,7%, im Ileum 17,8%. Äthylalkohol wird durch die Haut absorbiert[15]). Durch die menschliche Haut diffundiert er in sehr geringem Maße[16]). Bei einer tödlich verlaufenen Alkoholvergiftung bei einem $4^1/_2$ jährigen Knaben wurden in 133 g Magen, Mageninhalt und Zwölffingerdarm 0,21 g, in 491 g Leber, Milz, Nieren, Herz und Gehirn 1,01 g abs. Alkohol gefunden. In einem anderen Fall wurden in 620 g Magen und Inhalt 12,65 g, in 1730 g Dünn- und Dickdarm nebst Inhalt 9,34 g, in 1330 g Blut, Herz und Lunge 6,86 g, in 2150 g Milz, Leber, Nieren 11,87 g, in 1400 g Gehirn 5,60 g in 275 g Harn 0,99 g abs. Alkohol gefunden, also in 7,5 kg Organteilen 47,31 g[17]).

[1]) Lee, Amer. Journ. of Physiol. **8**, 19 [1903].

[2]) Woodruff, Biol. Bull. **15**, 85 [1908].

[3]) Ziegler, Bioch. Centralbl. **23**, 448 [1903].

[4]) Fühner, Archiv f. experim. Pathol. u. Pharmakol. **51**, 1 [1904]. — Rauber, Wirkung des Alkohols auf Tiere u. Pflanzen. Leipzig 1902. — Ziegler, Archiv f. Entwicklungsmechanik **6**, 257 [1898].

[5]) Kesteven, Brit. med. Journ. **1908**, 923.

[6]) Abelous u. Bardier, Compt. rend. de la Soc. de Biol. **55**, 420 [1903].

[7]) Straßmann, Archiv f. d. ges. Physiol. **49**, 315 [1891].

[8]) Hédon, Montpellier méd. **16**, 297, 328. — M. P. Gallois, Bulletin génér. de Thérap. **145**, 490 [1903]. — M. Triboulet, Bulletin génér. de Thérap. **145**, 865, 893 [1903]. — Lavernie, Cosmos **52**, 620.

[9]) Gréhaut, Journ. de Physiol. et Pathol. génér. **9**, 978 [1907].

[10]) A. R. Cushny, Journ. of Physiol. **40**, 17 [1910]; Chem. Centralbl. **1910**, II, 1146.

[11]) J. Pringsheim, Biochem. Zeitschr. **12**, 143 [1908].

[12]) Gréhaut, Compt. rend. de la Soc. de Biol. **55**, 376 [1903].

[13]) Gréhaut, Compt. rend. de la Soc. de Biol. **55**, 264 [1903].

[14]) Nemser, Zeitschr. f. physiol. Chemie **53**, 356 [1907]; VII. internat. Physiol.-Kongreß Heidelberg **8**, 13 [1907]; Centralbl. f. Physiol. **21**, 469 [1907].

[15]) Schwenkenbecher, Archiv f. Anat. u. Physiol., Physiol. Abt. **1904**, 121.

[16]) H. Buchner, F. Fuchs u. L. Megele, Archiv f. Hyg. **40**, 356, 358 [1907]. — Röhrig, Physiologie der Haut. Berlin 1876. — Fleischer, Untersuchungen über das Resorptionsvermögen der menschlichen Haut. Erlangen 1877. — R. Winternitz, Archiv f. experim. Pathol. u. Pharmakol. **28**, 405 [1891]. — Overton, Studien über Narkose. Jena 1901.

[17]) B. Fischer, Chem. Centralbl. **1903**, II, 1387. Andere Fälle: A. Juckenack, Zeitschr. f. Unters. d. Nahr.- u. Genußm. **16**, 732 [1908]; Chem. Centralbl. **1909**, I, 454.

Über Ausscheidung des Alkohols beim nicht gewöhnten und gewöhnten Tiere[1]. Über Ausscheidung von Alkohol, der an Glykuronsäure gebunden ist[2]. Alkoholzufuhr und Ausscheidung von Schwefelsäure[3]. Etwa 95% des in den Organismus eingeführten Alkohols dienen zur Ernährung[4]. Gegenüber den Gehirnlipoiden besitzt er keine gesteigerte Affinität. Normal ernährte Tiere haben nach Alkoholdarreichung einen Alkoholgehalt von 0,16—0,54% im Gehirn, Hungertiere 0,28—0,64%. Bei kurzdauernden Vergiftungen enthält das Gehirn des Hungertieres etwas mehr Alkohol, als das der normal ernährten Tiere[5].

Die Resorption der Nahrungsmittel wird durch mehrere Tage fortgesetzte Alkoholgaben nicht beeinflußt[6]. Peptonklistiere werden besser ausgenutzt, wenn 10 proz. Alkohol zugesetzt wird[7]. Bei Konzentrationen bis zu 20% bewirkt der Äthylalkohol eine Sekretionssteigerung. Es kommt dabei jedoch nur zu einer gesteigerten Absonderung von Salzsäure, doch nicht von Pepsin. Bei höherer Konzentration wird die Schleimsekretion stärker. Eine in Gang befindliche Sekretion wird bei Alkoholkonzentrationen über 50% hinaus herabgesetzt und aufgehoben. Mehr als 70 proz. Alkohol wirkt eiweißfällend und ätzt die Magenschleimhaut. Geringe Mengen verdünnten Alkohols befördern die Salzsäuresekretion, die Resorption und die Motilität[8]. Auch in den Darm injiziert verursacht der Alkohol reflektorisch eine Magensaftsekretion. Diese Saftsteigerung bleibt nämlich aus, wenn die Magennerven durchschnitten werden[9]. Die Absonderung des Pankreassaftes erfährt eine Vermehrung, seine Verdauungsfähigkeit eine Verminderung[10]. Die Pepsin- sowohl wie die Pankreasverdauung wird verlangsamt[11]. Die Lebensdauer hungernder Kaninchen wird durch kleine Alkoholgaben verlängert, größere Dosen beschleunigen den Tod[12]. Die günstige Wirkung des Alkohols ist darauf zurückzuführen, daß er eiweißsparend wirkt. Der Eiweißbestand lebenswichtiger Organe wird unter dem Einfluß von Alkohol auf Kosten anderer für das Leben minder wertvoller Gewebe erhalten[12]. Die eiweißsparende Wirkung des Alkohols ist etwas besser als die der gleichen Menge Zucker[13]. Nach Versuchen an verschiedenen gesunden Personen ist der Alkohol für den arbeitenden Muskel ein albuminsparendes Nahrungsmittel. Die dynamogene Einwirkung des Alkohols ist aber vorübergehend.

Nach gewissen Mengen beobachtet man einen deprimierenden Einfluß[14]. Auch aus ergographischen Messungen konnte man schließen, daß der Alkohol ein eiweißsparendes und die Arbeit unterstützendes Nahrungsmittel ist[15]. Er stellt eine Energiequelle dar und hemmt die Eiweißzersetzung im Körper[16]. Andererseits wird die nährende Funktion dadurch wieder aufgehoben, daß er eine giftige und protoplasmazerstörende Wirkung ausübt[17]. Durch seine Nebenwirkungen hat der Organismus einen erhöhten Energiebedarf[18]. Ver-

---

[1]) J. Pringsheim, Biochem. Zeitschr. **12**, 143 [1908].

[2]) Neubauer, Archiv f. experim. Pathol. u. Pharmakol. **46**, 133 [1901]. — J. Pringsheim, Biochem. Zeitschr. **12**, 143 [1908].

[3]) R. Hunt, Public Health- and Marine Service of the U. S. Hygienic laborat., Bulletin **33**, Washington 1907. — J. Pringsheim, Biochem. Zeitschr. **12**, 143 [1908].

[4]) Goddart, Lancet **1904**, 22.

[5]) Mansfeld u. Fejes, Arch. intern. Pharmacodynamie et de Thérapie **17**, 347 [1907]; Magyar Orvosi Archivum **7**, 239.

[6]) Leubuscher, Inaug.-Diss. Greifswald 1903.

[7]) Bial, Inaug.-Diss. Halle 1903.

[8]) Kast, Archiv f. Verdauungskrankheiten **12**, 487 [1906].

[9]) Jackson, Proc. Soc. Biol. and Med. **1904**, 20.

[10]) A. Gizelt, Centralbl. f. Physiol. **19**, 769, 851 [1906]; Archiv f. d. ges. Physiol. **111**, 620 [1906].

[11]) E. Laborde, Compt. rend. de la Soc. de Biol. **51**, 821 [1899].

[12]) Kochmann u. Hall, Archiv f. d. ges. Physiol. **127**, 6 [1909]; — Kochmann, Münch. med. Wochenschr. **61**, [1909]. — Pringsheim, Zeitschr. f. diätet. u. physikal. Therapie **10**, 275 [1907].

[13]) Rosenfeld, Centralbl. f. inn. Medizin **27**, 289 [1906]; Allgem. med. Centralztg. **1905**, Nr. 2.

[14]) V. Gradinescu, Spitalul **1909**, Nr. 23; Biochem. Centralbl. **10**, Ref. 1218 [1910/11].

[15]) Joteyko, Compt. rend. de l'Acad. des Sc. **138**, 1292 [1904]; Chem. Centralbl. **1905**, II, 1545.

[16]) Rosemann, Archiv f. d. ges. Physiol. **94**, 558 [1902]; **100**, 348 [1903]. — Caspari, Fortschritte d. Medizin **20**, Nr. 33, 1121 [1902].

[17]) Kassowitz, Fortschritte d. Medizin **21**, 105, 913 [1903]; Archiv f. d. ges. Physiol. **90**, 421 [1902]; Allgem. Physiol. **3**, 320 [1904]. — Roos u. Hédon, Revue génér. des Sc. pures et appl. **14**, 671 [1907].

[18]) E. Voit, Ergebnisse d. Physiol. **1**, 701 [1902]. — Tigerstedt, Physiologie des Menschen. 3. Aufl. 1905. S. 128. — Durig, Archiv f. d. ges. Physiol. **113**, 396 [1906].

suche mit Atwoods Respirationscalorimeter ergaben, daß Alkohol Fett und Eiweiß zu sparen imstande ist[1]). Sein Wärmewert übertrifft den des Zuckers bedeutend[2]). Äthylalkohol senkt die Körpertemperatur derart, daß eine Minimalgrenze nach etwa 45 Minuten erreicht wird. Die Wasserverdunstung wird nicht vermehrt. Nach Einführung von 30—60 ccm abs. Alkohols wird die Kohlensäureproduktion herabgesetzt, infolge einer kurzdauernden Hemmung der Oxydationsprozesse[3]). Doch wird durch die Alkoholverbrennung während der Alkoholverdauung der Wärmebedarf gedeckt[4]). In schwächeren Konzentrationen bewirkt er bei Injektionen in das Peritoneum von Fundulus heteroclitis eine Abnahme der Resistenz gegen Sauerstoffmangel[5]). Der natürliche Schutz des Körpers gegen Kälte wird durch den Einfluß des Äthylalkohols dadurch beeinträchtigt, daß der thermocutane Reflex und der Tonus muscularis abgeschwächt werden[6]). In größeren Höhen nimmt die Empfindlichkeit der Nervenzellen für Alkohol ab[7]). In geringen Dosen wirkt er erregend[8]), so auf das Gehör[9]), auf die Nerven der Muskeln[10]), des Pankreas[11]). Mäßige Mengen Alkohol per os verursachen bei Hunden eine vermehrte Absonderung des Liquor cerebrospinalis und demzufolge eine Steigerung des Subarachnoidaldruckes[12]). Bei mit Alkohol gefütterten Hunden macht sich ein Phosphatid- und Lecithinverlust in den Organen bemerkbar[13]). Bei Alkoholvergiftung geht der Gehalt der getrockneten Hundeleber an Phosphatiden, der normal ungefähr 8,4% beträgt, auf 3,9% herunter[14]). Alkohol erhöht fast unmittelbar nach dem Genuß die Leistungsfähigkeit der Muskeln[15]). 12—40 Minuten danach beginnt eine Abnahme der Leistungsfähigkeit, die 2 Stunden dauert. Bei größeren Dosen tritt die Reaktion noch früher ein[16]). Bei müden Muskeln dauert die kraftsteigernde Wirkung des Alkohols viel kürzere Zeit als bei geruhten Muskeln[17]). Auf die erhöhte Leistungsfähigkeit folgt eine Verminderung der Erregbarkeit der Nerven[18]). Der Alkohol versetzt Muskel und Nerv in einen Zustand, in welchem ihre motorische Leistungsfähigkeit gesteigert erscheint, während gleichzeitig die Vorgänge in den einzelnen Elementen eine mit Erregbarkeitsherabsetzung einhergehende Verminderung und Verlangsamung aufweisen[19]). Die Erhöhung der Arbeitsleistung tritt nur ein, wenn der Alkohol nüchtern genommen wird. Die Wirkung ist geringer, als die einer isodynamischen Eiweißnahrung. Wird Alkohol während der Mahlzeit genommen, so vermindert er die Muskelkraft[20]). Da der Äthylalkohol Kohlehydrate spart, kann er wohl bei der Steigarbeit Kraft liefern, doch liegen die hierzu nötigen Dosen der toxischen Grenze sehr nahe. $1/4$ l Schnaps kann die für Steigarbeit nötige Energie auf 1 Stunde bestreiten. Er bewirkt eine Steigerung des Stoffumsatzes[21]). Kleine Dosen

---

1) Atwater u. Benedict, Centralbl. f. Physiol. **16**, 782 [1902].

2) Gutzeit, Chem.-Ztg. **29**, 79 [1905]. — Stutzer, Chem.-Ztg. **29**, 102 [1905].

3) G. v. Wendt, Skand. Archiv f. Physiol. **19**, 171 [1907].

4) Harnack u. Laible, Arch. intern. Pharmacodynamie et Thérapie **15**, 371 [1905]. — Laible, Inaug.-Diss. Halle 1905.

5) W. H. Packard, Amer. Journ. of Physiol. **21**, 320 [1908].

6) Lussana, Arch. di Fisiologia **4**, 74 [1906].

7) Mosso u. Galeotti, Atti della R. Accad. dei Lincei Roma [5] **13**, II, 3 [1904].

8) H. Breyer, Archiv f. d. ges. Physiol. **99**, 490 [1903]. — P. Grützner, Verhandl. d. deutsch. Naturforscher u. Ärzte **1903**, II, 2. Hälfte, 433.

9) Bergmann, Skand. Archiv f. Physiol. **17**, 60 [1905]; Chem. Centralbl. **1905**, II, 345.

10) Joteyko, Bulletin de l'Assoc. des Chim. de Sucr. et Dist. **23**, 225 [1905]. — F. Verzár, Archiv f. d. ges. Physiol. **128**, 400 [1909].

11) A. Gizelt, Centralbl. f. Physiol. **19**, 851 [1905].

12) Finkelnburg, Deutsch. Archiv f. klin. Medizin **80**, 131 [1904].

13) N. Sieber, Biochem. Zeitschr. **23**, 304 [1909].

14) A. Baskoff, Zeitschr. f. physiol. Chemie **62**, 162 [1909].

15) Joteyko, Chem. Centralbl. **1905**, II, 1545; Compt. rend. de l'Acad. des Sc. **138**, 1292 [1904]. — Scheffer, Archiv f. experim. Pathol. u. Pharmakol. **44**, 24 [1900]. — v. Hellsten, Diss. Leipzig 1904.

16) Hellsten, Skand. Archiv f. Physiol. **16**, 139 [1904]. — Breyer, Archiv f. d. ges. Physiol. **99**, 481 [1903]. — Fröhlich, Chem. Centralbl. **1906**, II, 1444.

17) Hellsten, Skand. Archiv f. Physiol. **19**, 201 [1907]. — Rosenfeld, Centralbl. f. inn. Medizin **27**, 289 [1906].

18) Scheffer, Archiv f. experim. Pathol. u. Pharmakol. **44**, 24 [1900].

19) F. W. Fröhlich, Zeitschr. f. allgem. Physiol. **5**, 314 [1905].

20) Schnyder, Archiv f. d. ges. Physiol. **93**, 450 [1903].

21) Durig, Archiv f. d. ges. Physiol. **113**, 213 [1906].

von Alkohol haben keinen merklichen Einfluß auf die Ermüdung[1]). Unter manchen Bedingungen scheint er die Leistung des ermüdeten Muskels mehr zu erhöhen als eine Zufuhr von Zucker[2]). Bei ermüdeter Muskulatur bewirkt er eine vorübergehende Steigerung der Leistungsfähigkeit[3]). Muskeln, die durch Induktionsschläge völlig ermüdet und reaktionslos geworden sind, werden durch Einblasen von Alkoholdämpfen wieder zur Kontraktion gebracht[4]). Versuche über die Einwirkung von Alkohol auf die Kontraktilität des Muskels zwischen 7° und 27° ergeben, daß die pharmakodynamische Wirkung den Gesetzen über die Abhängigkeit chemischer Wirkung von der Temperatur entspricht[5]). Alkoholgenuß übt weder auf die Atemkapazität noch auf die Anzahl der Atemzüge beim arbeitenden Menschen einen Einfluß aus[6]).

Verwertung des Alkohols bei der Herztätigkeit nach Versuchen an isolierten Kaninchenherzen, die mit Alkohol durchspült werden[7]). Das isolierte Froschherz zeigt unter dem Einfluß von 3 proz. Alkohol vorübergehend eine Steigerung der Pulsfrequenz und der Energie der Kontraktionen[8]). Ein Alkoholgehalt des Blutes von 0,13—0,3 % verstärkt schon den Herzschlag[9]). Auf das Kaninchenherz ist die Einwirkung nur gering[10]). Ein sehr geringer Alkoholgehalt (0,05—0,0025 %) übt auf das isolierte und überlebende Kaninchenherz keinen Einfluß aus; größere Konzentrationen bewirken Arhythmie und Verminderung der Stärke der Kontraktionen, aber keine nutritive und stimulierende Wirkung[11]). Bei intravenöser Injektion von Alkohol bei Hunden und Katzen wurde durch Messung des Gehirnvolumens mit dem Roy-Sherringtonschen Apparat eine Erweiterung der Gehirngefäße konstatiert, der eine sekundäre schwache Kontraktion folgt[12]). Der Alkohol wirkt auch in kleinster Dosis nicht erregend. Er setzt nicht nur die dynamischen Eigenschaften des Herzens herab, sondern er hebt vor allem die innigen Regulationsmechanismen auf, mittels welcher das normale Herz die Arbeit und die Spannung in Übereinstimmung mit dem Zunehmen des Druckes und den Hindernissen der Zirkulation bringt[13]). Erregende Dosen erweitern die Coronargefäße, lähmende Dosen rufen eine Vasokonstriktion hervor[14]). Starke Dosen lähmen das Herz in der Systole. Die Lähmung des isolierten Hundeherzens kann durch physiologische Kochsalzlösung wieder aufgehoben werden. Die Wirkung des Alkohols ist qualitativ dieselbe, quantitativ verschieden bei verschiedenen Tierherzen[15]). Wenige Minuten nach Injektion von Alkohol in die Gefäße bemerkt man beim Hunde eine Erweiterung der Carotiden und eine Erniedrigung des Blutdruckes[16]). Die Blutgeschwindigkeit wird vergrößert[17]). Nach intravenöser Injektion von 0,2—1,0 ccm Alkohol wird der Blutdruck vorübergehend gesteigert. Die Drucksteigerung ist unabhängig von der Konzentration und dauert nur wenige Minuten[18]). Auch kleine Dosen von 0,2 ccm 20 proz. Alkohols steigern die Herzarbeit des isolierten Herzens. Dasselbe gilt für das nicht isolierte menschliche Herz[19]). Der Rhythmus des Herzens wird durch Alkohol beschleunigt[20]). Sehr kleine Dosen beein-

[1]) Rivers, The influence of alcohol on fatique. London 1908.
[2]) Frey, Alkohol und Muskelermüdung. Wien 1903.
[3]) Zuntz, Löwy-Müller u. Caspari, Höhenklima und Bergwanderungen. S. 374.
[4]) Kemp u. Waller, Journ. of Physiol. **37**, No. 3 [1908].
[5]) V. H. Vely u. A. D. Walla, Proc. Roy. Soc. (Ser. 13) **82**, 205 [1910].
[6]) Durig, Archiv f. d. ges. Physiol. **113**, 373 [1906].
[7]) P. H. Hanniel, Journ. of Physiol. **39**, 476 [1910]; Chem. Centralbl. **1910**, I, 1273.
[8]) Dold, Archiv f. d. ges. Physiol. **112**, 600 [1906].
[9]) Loeb, Archiv f. experim. Pathol. u. Pharmakol. **52**, 459 [1904]. — Kochmann, Arch. intern. Pharmacodynamie et Thérapie **13**, 329 [1904].
[10]) Tunicliffe u. Rosenheim, Journ. of Physiol. **25**, 15 [1903].
[11]) L. Backmann, Skand. Archiv f. Physiol. **18**, 323 [1906]; Chem. Centralbl. **1907**, I, 489.
[12]) E. Weber, Archiv f. Anat. u. Physiol., physiol. Abt. **1909**, 348; **1910**, I, 2087.
[13]) G. di Cristina u. F. Pentimalli, Arch. di Fisiologica **8**, 131 [1910]; Biochem. Centralbl. **10**, Ref. Nr. 2695 [1910/11].
[14]) Brandini, Arch. ital. Biol. **49**, 275 [1908].
[15]) Brandini, Arch. ital. Biol. **49**, 843 [1907]; Lo Sperimentale **61**, 843 [1907].
[16]) Bianchi, Lo Sperimentale **61**, 1, 157 [1907].
[17]) Wood u. Hoyt, National Acad. of Sc. U. S. A. **10** [1904].
[18]) Bachem, Arch. intern. de Pharmacodynamie et Thérapie **14**, 437 [1907]. — Kochmann, Arch. intern. de Pharmacodynamie et Thérapie **15**, 443 [1907]. — Bachem, Centralbl. f. inn. Medizin **1907**, Nr. 34.
[19]) Bachem, Archiv f. d. ges. Physiol. **114**, 508 [1906].
[20]) Andropoff, Diss. Petersburg 1907.

flussen das menschliche Herz noch nicht merklich, doch verursachen mittlere Dosen eine Verstärkung der Pulsschläge. Starke Dosen erhöhen die Frequenz[1]). Die Blutdruckschwankungen verhalten sich anfangs so, daß die Amplitude größer wird. Nach etwa 2 Stunden wird die Amplitude kleiner infolge Absinkens des systolischen Blutdrucks bei unverändertem oder nur wenig verändertem diastolischen Druck. Die Reaktionsfähigkeit der Gefäße ist herabgesetzt, wahrscheinlich infolge schlechter Füllung der peripheren Gefäße bei gleichzeitiger Überfüllung des Splanchnicusgebietes[2]). Verursacht per os bei Kaninchen eingeführt sklerotische Veränderungen in der Aorta; Bundzelleninfiltration in der Media, atheromatöse Geschwüre[3]). Die nach großen Alkoholdosen auftretende Verlangsamung der Herztätigkeit beruht auf einer Reizung der bulbären Zentren und des Vagus[4]). Nach Sektion des Vagus bleibt nämlich dieser Effekt aus. Mäßige Dosen Alkohol bedingen eine periphere Vasodilatation und eine leichte zentrale Konstriktion, starke Dosen bewirken eine zentrale Vasodilatation. Die Herzarbeit wird durch kleine Alkoholdosen gekräftigt, nach großen Dosen deprimiert[4]). In Verbindung mit Schilddrüsenextrakt steigert er die depressorische Wirkung des Extraktes[5]). Die in der Chloroformnarkose auftretende Senkung des Blutdruckes wird verhindert[6]). Nach subcutaner oder intravenöser Injektion, sowie nach Einführung per os und Inhalation ist die aus dem Ductus thoracicus fließende Lymphmenge stark vermehrt. Schwächere Lösungen wirken in dieser Beziehung besser als solche, die die Herztätigkeit beeinflussen. Die lymphtreibende Wirkung wird auf eine erhöhte Durchlässigkeit der Gefäßwand zurückgeführt. Es entsteht eine mechanische Leukocytose[7]).

Er bewirkt bei Tieren, die mit Sepsis infiziert sind, einen bedeutenden Temperaturabfall[8]). Trotzdem ist der Gebrauch des Alkohols als Antipyreticum einzuschränken, da der Blutdruck im negativen Sinne beeinflußt wird[9]). Als Maximaltagesdosis für Alkohol wird für Erwachsene eine Menge von etwa 15 g, entsprechend einem Glase voll Mosel-, Rhein- oder Rotwein, angenommen[10]). Per os eingeführt beschleunigt er die Zersetzung von artfremdem, im Blut befindlichem Eiweiß[11]). Größere Alkoholdosen entfalten, bei Schlangenbiß und anderen Vergiftungen, eine Schutzwirkung. Der Alkohol fällt das im Blute kreisende Gifteiweiß und entgiftet die Schlangengiftglobuline[12]). Er verringert die toxische Wirkung der Carbolsäure, was aber auf physikalische Einflüsse zurückzuführen ist[13]). Vermindert bei Diabetikern die Zuckerausscheidung durchschnittlich um 18%. Auch die Ausscheidung des Acetons und des Ammoniaks ist herabgesetzt. Bei Diabetes ist er ein besserer Eiweißsparer als Fett[14]). Subcutane Injektionen von 75—80 proz. Alkohol beseitigen Schmerzen bei Trigeminusneuralgie und Krämpfen[15]).

Verursacht im Blutserum tiefgreifende Veränderung aller physikalischen Konstanten (molekulare Konzentration, elektrische Leitfähigkeit, Viscosität). Die Veränderungen treten schon lange Zeit vor dem Sichtbarwerden der präcipitierenden Eigenschaften des Alkohols ein[16]). Die molekulare Konzentration des Blutes wird erhöht, Viscosität und Leitfähigkeit werden herabgesetzt[17]). Nach Injektion von 3—5 ccm 10—25 proz. Alkohols wird die Viscosität ge-

[1]) Bianchi, Lo Sperimentale 61, 157 [1907]. — John, Zeitschr. f. experim. Pathol. u. Ther. 5, 3 [1909]. — Haskovec, Lasopis lekaru ceskych 1908, 717; Wiener med. Wochenschr. 1901, 14.

[2]) John, Zeitschr. f. experim. Pathol. u. Ther. 5, 3 [1909].

[3]) W. M. Nider, Archiv f. intern. Medizin 1909, März.

[4]) Dixon, Journ. of Physiol. 35, 346 [1906]. — Haskovec, Wiener med. Wochenschr. 1901, 14; Lasopis lekaru ceskych 1908, 717.

[5]) Haskovec, Lasopis lekaru ceskych 1908, 717.

[6]) Schäfer, Transactions of Roy. Soc. Edinburgh 1904, 337.

[7]) Timofeew, Archiv f. experim. Pathol. u. Pharmakol. 59, 444 [1908]; Rousski Vratch 7, 776 [1908].

[8]) Jungbluth, Diss. Bonn 1902.

[9]) Dennig, Hindelang u. Grünbaum, Deutsches Archiv f. klin. Medizin 96, 153 [1909].

[10]) Becker, Therapeut. Monatshefte 22, 409 [1908].

[11]) Feilner, Münch. med. Wochenschr. 55, 2521 [1908].

[12]) Clemm, Archiv f. d. ges. Physiol. 93, 295 [1903].

[13]) A. E. Taylor, Journ. of biol. Chemistry 5, 319 [1908].

[14]) Benedikt u. Török, Zeitschr. f. klin. Medizin 60, 329 [1906]. — Neubauer, Münch. med. Wochenschr. 53, 790 [1906]. — Fittipaldi, Nuova rivista chlinica terapeutica 1903, 9; Archiv f. Verdauungskrankheiten 10, 326 [1904].

[15]) Harris, Lancet [8] 5 [1909]. — Patrick, Journ. of nerv. and mental diseases 36, 1 [1909].

[16]) Simon, Archivio di fisiol. 6, 594 [1907].

[17]) Buglia u. Simon, Rendiconti della R. Accad. dei Lincei Roma 16, I, 418 [1906]; Arch. ital. Biol. 48, 1 [1907]; Biochem. Centralbl. 1908, Ref. Nr. 216.

steigert, ebenso nach Einführung von 30—40 ccm 60—70 proz. Alkohols in den Magen und das Duodenum[1]). Auch die Koagulierbarkeit des Blutes wird beeinflußt. Im Verhältnis von 10 T. Alkohol zu 240 T. Blut wird die Gerinnung des Blutes verlangsamt, im Verhältnis von 1 : 4 bleibt das Blut flüssig, im Verhältnis von 1 : 1 tritt Fällung im Blute ein. Auch auf Zusatz von Serum gerinnt das durch Alkohol flüssig erhaltene Blut nicht[2]). Ein Alkoholgehalt von 75% bewirkt sofortige Koagulation. Er löst das Fett der Blutscheiben auf und wirkt hämolysierend[3]). Die Blutkörperchen des fötalen Blutes zeigen eine höhere Resistenz gegen Alkohol als die des mütterlichen Blutes[4]). Die Freßtätigkeit und Resistenz der Leukocyten wird durch kleine Alkoholgaben kaum beeinflußt; narkotisierende Dosen dagegen schwächen diese Eigenschaften der Phagocyten[5]). Auch die endocrine Funktion der Blutgefäßdrüsen wird durch Alkohol geschädigt[6]). Bei Kaninchen und Meerschweinchen, die durch subcutane Injektionen von 0,1 ccm Alkohol pro Tag und Kilogramm Körpergewicht an Alkohol gewöhnt sind, wird die Resistenz der roten Blutkörperchen gegen Hämolyse herabgesetzt. Die bactericide Wirkung des Blutes wurde nicht alteriert, ebensowenig die Hydroxyl-Ionenkonzentration des Gesamtblutes[7]). Die durch Alkohol verursachte Herabsetzung der Resistenz der Blutkörperchen gegen hämolytisches Serum wurde von anderer Seite bestritten[7]). Er selbst verursacht, auch bei stärkeren Dosen, keine Hämolyse des Blutes[8]). Wird eine Leber in Alkohol aufbewahrt, so zerstört er nicht das Glykogen. Das diastatische Ferment der Leber wird gelähmt, aber nicht getötet. Auch Muskelferment wird vom Alkohol nicht angegriffen[9]). Durch 90 proz. Alkohollösung wird die Fermentwirkung der Leber aber bedeutend herabgesetzt[10]). Injektionen von Alkohol in den Magen-Darmkanal erzeugen starken Gallenfluß[11]). Wiederholte intravenöse Injektion von wenig abs. Alkohol in Kochsalzlösung rief bei einem Kaninchen ausgesprochene Lebercirrhose und Arteriosklerose der Aorta und Pulmonalarteria der Herzklappen und kleinen Gefäße hervor[12]). 96—100 proz. Alkohol bewirkt nach einmaliger subcutaner Injektion eine Nekrose, 70 proz. Alkohol erst nach wiederholter Injektion. Nach Injektion von 50 proz. Alkohol tritt weder eine Nekrose noch eine Entzündung auf. Primäre Eiterungen werden nicht hervorgerufen, ebensowenig primäre proliferative Prozesse. Tiere, die monatelang Alkohol per os erhalten, zeigen keine cirrhotischen Veränderungen der Leber. Der einzige pathologische Befund sind hämorrhagische Erosionen der Magenschleimhaut. Nur ein geringer Prozentsatz der zur Sektion gelangten Potatoren zeigt eine Lebercirrhose. Der Alkoholmißbrauch spielt daher nur eine disponierende, nicht eine ätiologische Rolle in der Entstehung der Lebercirrhose. Infolge der gestörten Magen-Darmresorption können toxische Stoffe im Darmtrakt entstehen[13]). Durch Injektion von 15 ccm pro Kilogramm Körpergewicht abs. Alkohols in den Magen wird ein Kaninchen in 6 Stunden getötet. Das Blut des Tieres enthielt $1/4$ Vol.-Proz. Alkohol, der Magen enthielt 5 ccm abs. Alkohol. Im Urin der Blase fand sich 1,4% Alkohol[14]). Werden Tiere gleichzeitig mit der Alkoholdarreichung überernährt, so widerstehen sie der Intoxikation besser und zeigen geringere Läsionen[15]). Auf das isolierte Kaninchenherz wirkt er narkotisierend, doch ist das Herz sehr ausdauernd gegen die Einwirkung[16]). Kaninchen, die mit Absinth vergiftet wurden, zeigten

[1]) B u r t o n u. O p i t z, Journ. of Physiol. **32**, 8 [1905].

[2]) M a r c h a n d i e r, Compt. rend. de la Soc. de Biol. **56**, 315 [1904].

[3]) K ü p e r, Diss. Gießen 1905. — V a n d e v e l d e, Bulletin de la Soc. chim. Belg. **19**, 288.

[4]) V a n d e v e l d e, Annales de la Soc. de méd. de Gand **85**, 152 [1905]; Chem. Centralbl. **1905**, II, 1035.

[5]) K r u s c h i l i n, Zeitschr. f. Immunitätsforschung u. experim. Therap. **1**, 407 [1909].

[6]) S c h m i e r g e l d, Archive méd. expér. **21** [1909].

[7]) L a i t i n e n, Zeitschr. f. Hyg. **58**, 139 [1908]. — F r i e d b e r g e r u. D o e p n e r, Centralbl. f. Bakt. **46**, 5, 438 [1908].

[8]) L e v a, Mediz. Klinik **3**, 450 [1907].

[9]) S c h ö n d o r f f u. V i c t o r o w, Archiv f. d. ges. Physiol. **116**, 495 [1907]. — S e e g e n, Archiv f. Anat. u. Physiol., Physiol. Abt. **1903**, 425.

[10]) Y o s h i m o t o, Zeitschr. f. physiol. Chemie **58**, 341 [1908].

[11]) W. S a l a n t, Amer. Journ. of Physiol. **17**, 408 [1907].

[12]) S a l t y k o w, Centralbl. f. allg. Pathol., Beiheft zu Bd. **21** [1910]; Biochem. Centralbl. **10**, Ref. 3237 [1910/11].

[13]) B a u m g a r t e n, Berl. klin. Wochenschr. **44**, 1331 [1907]. — K a s t, Archiv f. Verdauungskrankheiten **12**, 487 [1906].

[14]) G r é h a u t, Compt. rend. de la Soc. de Biol. **55**, 225 [1903].

[15]) C a m u s, Compt. rend. de la Soc. de Biol. **41**, 333 [1906].

[16]) A n d r o p o w, Diss. Petersburg 1907.

nur eine Hypertrophie der Herzmuskelfasern[1]). Er erhöht die Reizbarkeit des erkrankten
Herzens und verschlechtert seine Erholungsfähigkeit[2]). Er wirkt lähmend auf das Herz[3]).
Bei künstlicher Verdauung in vitro bewirkt er erst bei einer Konzentration von 10% eine
Störung. Bis zu 5% fehlt jeder Einfluß auf die Verdauung[4]). Pawlowhunde zeigen unter
der Wirkung des per Klysma eingeführten Alkohols eine Zunahme der Magensaftsekretion,
wobei die Vermehrung der Saftmenge und der Säure eine Abnahme des Pepsingehaltes, d. h.
der verdauenden Kraft des Magensaftes, überkompensiert[5]). Nach langdauernder Einwirkung
des Alkohols wird die Sekretion infolge Zerstörung der Drüsenzellen herabgesetzt[6]). Die
Peptonisierung wird schon durch 0,5—0,75 proz. Alkohol beeinträchtigt und bei zunehmender
Konzentration gehemmt[7]). Die histologische Untersuchung der Magenschleimhaut von Tieren,
die mit Absinth gefüttert wurden, ergeben Bilder, wie sie bei chronischer Gastritis zu finden
sind[8]). Infolge der durch Alkohol verursachten gastro-intestinalen Störungen wird ein Fettansatz
bedingt. Eine Entziehung des Alkohols bewirkt Entfettung[9]). Nach Einführung von 30 proz.
Alkohol in den Magen und per rectum steigt die Pankreassekretion. Der Höhepunkt der
Sekretion tritt 1 Stunde nach Einführung des Alkohols ein, nachdem er in das Blut gelangt
ist. Er wirkt dann auf die Nervenzentren in der Medulla. Nach Durchschneidung der Vagi
tritt keine Steigerung der Sekretion ein. Auch subcutane Injektion steigert die Pankreassekretion. Der nach Einwirkung des Alkohols sezernierte Saft hat gegenüber Stärke, Fett und Eiweiß ein um die Hälfte verringertes Verdauungsvermögen. In vitro übt der Alkohol auf die
Verdauung von Eiweiß und Stärke durch Pankreassaft einen störenden Einfluß aus, er begünstigt jedoch die Fettverdauung, und zwar um so mehr, je konzentrierter er gegeben wird.
Der Alkohol befördert die Umwandlung des lipolytischen Profermentes in das entsprechende
Ferment[10]). Die Injektion von 60 proz. Alkohol in die Femoralvene bewirkte eine Verminderung der Gallensekretion. Über die Einwirkung des Alkohols auf die Gallensekretion bei seiner
Einverleibung in die Zirkulation und in den Magen oder Darm[11]). Bei alkoholischer Lebercirrhose
wurde Ikterus beobachtet[12]). Bei Kaninchen begünstigt er nicht die Anhäufung von Glykogen
in der Leber der Hungertiere. Eine fett- oder kohlehydratsparende Wirkung wurde nicht beobachtet. Auch größere Gaben von Alkohol verhindern nicht das Verschwinden von Glykogen
aus der Leber des fastenden Tieres. Stark toxische Dosen können das Verschwinden von Glykogen
aus der Leber beschleunigen[13]). Durch den Einfluß des Alkohols werden die Zellen der Leber
beim Hunde diffus getrübt, die Kerne sind weniger deutlich als normal, das Epithel der inter-
labulären Gallengänge ist geschwellt. Vereinzelt werden Zylinderepithelien abgestoßen. Der
Alkohol geht in die Galle über und bewirkt dabei eine Reizung des Leberparenchyms, die zur Ausscheidung von koagulierbarem Eiweiß führt; dies ist die Ursache der funktionellen Schädigung
der Leber durch den Alkohol[14]). Nach Alkoholvergiftung zeigen die Nieren keine Veränderung.
In den Nebennieren findet sich eine Hyperplasie der Rinde und der Marksubstanz[1]). Kleine
Dosen schränken die Diurese ein. Der Alkohol wirkt nur bei großen Dosen diuretisch[15]). Die
primäre Wirkung der Alkoholintoxikation ist die Ausscheidung von Glykuronsäure und Oxalsäure durch den Harn. Der Urin enthält Zucker[16]). Bei einem großen Teil von Alkoholdeli-

---

[1]) Aubertin, Compt. rend. de la Soc. de Biol. **63**, 206 [1907].

[2]) Rosenfeld, Deutsche med. Presse **1906**, Nr. 1; Centralbl. f. inn. Medizin **27**, 289 [1906];
Allgem. med. Centralztg. **1905**, Nr. 2.

[3]) Bunge, Lehrbuch der Physiologie. 1905. S. 167.

[4]) Fugitani, Arch. intern. de Pharmacodynamie et Thérapie **14**, 1 [1905].

[5]) Zitowitsch, Russ. med. Rundschau **4** [1906]. — Pekelharing, Centralbl. f. Physiol.
16, 785 [1902].

[6]) Koettlitz, Poliklin. **17**, 19 [1908].

[7]) Pawlowsky, Arbeiten d. med.-chem. Laborat. d. Kaiserl. Univ. Tomsk **1903**, 53—56.

[8]) Aubertin u. Hébert, Compt. rend. de la Soc. de Biol. **63**, 25 [1907].

[9]) Leveu, Compt. rend. de la Soc. de Biol. **55**, 599 [1903].

[10]) Gizelt, Archiv f. d. ges. Physiol. **111**, 620 [1906]; Centralbl. f. Physiol. **19**, 769
[1905].

[11]) Salant, Proc. Soc. exper. Biol. and Med. **1**, 42; Amer. Journ. of Physiol. **17**, 408
[1906].

[12]) Gilbert u. Lerebouillet, Compt. rend. de la Soc. de Biol. **64**, 992 [1908].

[13]) Salant, Journ. of biol. Chemistry **3**, 403 [1907].

[14]) Brauer, Zeitschr. f. physiol. Chemie **40**, 182 [1903].

[15]) Kochmann u. Hall, Archiv f. d. ges. Physiol. **127**, 6 [1909].

[16]) Kauffmann, Münch. med. Wochenschr. **54**, 2185 [1907]. — Waldvogel, Die Acetonkörper. Stuttgart 1903.

ranten zeigt sich spontane Glykosurie[1]). Nach an Hunden angestellten Versuchen zeigt es sich, daß Alkoholzufuhr eine geringe Abnahme des Gesamtstickstoffes und Gesamtschwefels im Urin ergibt, ferner eine erheblich größere des Sulfatschwefels, der anorganischen Sulfate und Phosphate, sowie des Indicans. Die Ausscheidung von Ätherschwefelsäuren ist vermehrt. Es macht sich eine Tendenz zur Zurückhaltung von Chloriden bemerkbar[2]).

Bei Phlorrhizindiabetes-Hunden wurden Fettsubstitutionen durch Alkohol ausgeführt. Hierbei zeigten Zucker und Stickstoffwert des Harns, sowie das Verhältnis Zucker : Stickstoff keine Schwankungen, die auf eine Entstehung von Zucker aus Fett schließen lassen[3]). Nach Untersuchungen an phloridzindiabetischen Hunden bewirkt Äthylalkohol keine Erhöhung der Zuckerausscheidung. Jedoch sind die Alkohole mit ungerader Kohlenstoffzahl, Methyl-, n-Propyl- und n-Amylalkohol, Zuckervermehrer[4]). Die Ausscheidung der Sulfate, Phosphate und Chloride ist herabgesetzt. Während einer Intoxikationsperiode mit 50 proz. Alkohol war die Stickstoffelimination herabgesetzt, jedoch nicht während einer Intoxikationsperiode mit 70 proz. Alkohol[5]). Einige Tage nach Genuß von Tischwein ist die Ausscheidung von Harnsäure vermehrt[6]). Wird der Alkohol mit der Nahrung gegeben, so steigt die Elimination der Harnsäure schon nach 2 Stunden und erreicht ihr Maximum nach 5 Stunden. Wird er ohne Nahrung gegeben, so wird die Harnsäureausscheidung vermindert, die Diurese erhöht[7]).

Bei Kaninchen beeinflußt er nicht die Bildung von Antikörpern[8]). Die normale Widerstandskraft gegen Infektionskrankheiten soll jedoch durch Alkohol herab gesetzt werden[9]). So zeigen tuberkulös infizierte Tiere unter seinem Einfluß schwerere Schädigungen der inneren Organe[10]). Nach einer einmaligen Dosis Alkohol zeigt das Serum von Tieren, die mit Cholera oder Typhus infiziert sind, einen höheren Schutztiter, nach fortgesetzten Gaben aber geht letzterer herunter[11]). Er erhöht bei Tieren die Schutzkraft gegen Tuberkuloseinfektion. Tiere, die mit dem Serum von Trinkern vorbehandelt sind, zeigen eine größere Resistenz gegen Tuberkulin. Alkoholtiere sind sehr resistent gegen Tuberkuloseinfektion. Das Blutserum dieser Tiere ist stark hämolytisch und bactericid[12]). Bei alkoholbehandelten Kaninchen zeigte sich eine verminderte Widerstandsfähigkeit gegen Tuberkelbakterien und die von diesen hervorgerufenen Krankheitsprozesse[13]). Nach Versuchen an Kaninchen sinkt nach Alkoholgaben der opsonische Index schnell und bedeutend. Durch die Alkoholgaben, welche dies bewirken können, wird die Widerstandsfähigkeit der Tiere gegen Staphylococcus pyogenes aureus nicht beeinflußt[14]). Die Aklimatisation von Spirostomum ambiguum und Stentor coeruleus gegen Äthylalkohol führt zu keinem erhöhten, sondern meist sogar zu einer verminderten Widerstandsfähigkeit gegen andere Chemikalien, die durch Äthylalkohol hervorgebrachte Immunität ist also eine spezifische[15]). Tiere, die an Alkohol gewöhnt sind, zeigen mehr Totgeburten. Die Neugeborenen haben ein niedrigeres Mittelgewicht und nehmen langsamer zu[9]). Ein schädigender Einfluß des Alkohols auf das Keimplasma wurde bei einem Hundepaar, das zu anhaltendem Biergenuß gezwungen worden war, festgestellt. Denn die Jungen dieser Hunde zogen dargereichtes Bier dem Wasser vor, ein Zeichen, daß der normale erbliche Instinkt der jungen Tiere zerstört worden war[16]).

---

[1]) M. Arndt, Monatsschr. f. Psych. u. Neurol. **27**, 222 [1910]; Biochem. Centralbl. **10**, Ref. 1224 [1910/11].

[2]) W. Sallant u. F. C. Hinkel, Journ. de pharmacol. et experim. Thérap. **1**, 493 [1910]; Biochem. Centralblatt **10**, Ref. Nr. 1732 [1910/11].

[3]) F. Lommel, Archiv f. experim. Pathol. u. Pharmakol. **63**, 1 [1910].

[4]) P. Höckendorf, Biochem. Zeitschr. **23**, 281 [1909]; Chem. Centralbl. **1910**, I, 947.

[5]) Hinkel u. Salant, Centralbl. f. Physiol. **1907**, 93.

[6]) Bartoletti, Riv. critica di chim. med. **8**, 23.

[7]) Beebe, Amer. Journ. of Physiol. **12**, 13 [1905]. — Chittenden u. Beebe, Amer. Journ. of Physiol. **9**, 11 [1903].

[8]) Leva, Med. Klinik **3**, 450 [1907].

[9]) Laitinen, Archiv f. Hyg. **58**, 139 [1908].

[10]) Kühn, Diss. Halle 1904.

[11]) Fraenkel, Berl. klin. Wochenschr. **42**, 53 [1905].

[12]) Mincoli, Gazzetta degli Osped. **28**, 99 [1907].

[13]) E. H. Homén, Finska Läkaresällsk. Förh. **1910**, 60; Biochem. Centralbl. **10**, Ref. 884 [1910/11].

[14]) A. C. Abbott u. N. Gildersleeve, Univ. Pennsylv. Med. Bull. **23**, 169 [1910]; Biochem. Centralbl. **10**, Ref. 3025 [1910/11].

[15]) J. F. Daniel, Journ. exper. zoolog. **6**. 571 [1909]; Biochem. Centralbl. **9**, Ref. 1194 [1909 bis 1910].

[16]) G. Kabrehl, Archiv f. Hyg. **71**. 128 [1909].

Physikalische Eigenschaften: Wasserhelle Flüssigkeit. Wird bei —129° dickflüssig. Erstarrt bei —130,5°[1]). Schmelzp. —112,3°[2]); —112,0°[3]). Siedep. 78,4° bei 760 mm[4]), 78,3°[5]); des mit Calcium getrockneten Alkohols bei 760 mm 78,3°[6]). Tension des abs. Alkohols zwischen 0° und 30°, nach Zehntelgraden fortschreitend[7]); spez. Volum gesättigten Alkoholdampfes bei verschiedenen Temperaturen[8]). Kritische Temperatur: 240,6°[9]). Spez. Gew. 0,79367 bei 15°/4°; 0,73815 bei 78,2°/4°[10]); des über Calcium getrockneten Alkohols bei 15° 0,79363. Ausdehnungskoeffizient bei hohem Druck[11]); Molekularbrechungsvermögen 20,87[12]). Absorption im äußersten Ultraviolett[13]). Absoluter Alkohol ist sehr permeabel für ultraviolette Strahlen mit Colibacillen versetzt. Wasser wird durch sie noch sterilisiert, auch wenn die Strahlen eine 1 cm starke Schicht von abs. Alkohol passiert haben[14]). Verschiebung des Absorptionsspektrums eines Stoffes in Alkohol[15]). Refraktionszahlen und Brechungsexponenten von Alkoholmischungen[16]). Reflexionsvermögen[17]). Binnendruck[18]). Dielektrizitätskonstante und Brechungsvermögen[19]). Dielektrizitätskonstante[20]). Dielektrizitätskonstante und elektrische Absorption[21]). Elektromagnetische Drehung 2,735[22]). Elektrisches Leitungsvermögen des abs. Alkohols[23]) und des wässerigen Alkohols[24]). Spezifisches Leitvermögen (an unplatinierten Elektroden) (reziproke Ohms) $x_0 = 0,1487 \times 10^{-6}$; $x_{25} = 0,1985 \times 10^{-6}$; Temperaturkoeffizient 1,34%[25]). Dissoziationsgrad[26]). Überführungszahlen von Elektrolyten in wässerigen Alkohol[27]). Latente Verdampfungswärme[28]). Molekulare Verbrennungswärme[29]). Spezifische Wärme, Verdampfungswärme[30]). Dampfspannungskurve[31]).

---

[1]) S. Wroblewski u. Olszewski, Monatshefte f. Chemie **4**, 338 [1883].

[2]) Ladenburg, Berichte d. Deutsch. chem. Gesellschaft **31**, 1968 [1898]. — Ladenburg u. Krügel, Berichte d. Deutsch. chem. Gesellschaft **32**, 1821 [1899].

[3]) Carrara u. Coppadoro, Gazzetta chimica ital. **33**, I, 329 [1903].

[4]) Kopp, Annalen d. Chemie u. Pharmazie **92**, 9 [1894].

[5]) Regnault, Jahresber. d. Chemie **1863**, 70.

[6]) L. W. Winkler, Berichte d. Deutsch. chem. Gesellschaft **38**, 3616 [1905].

[7]) Landolt u. Börnstein, Physikalisch-chemische Tabellen. 1905. S. 66. — Bunsen, Gasometrische Methoden. Tab. 3. 1877. — Sidney Young, Zeitschr. f. physikal. Chemie **70**, II, 620 [1910]. — Regnault, Jahresber. d. Chemie **1860**, 39.

[8]) Vgl. auch Richardson, Journ. Chem. Soc. **49**, 762 [1886]. — Kahlbaum, Berichte d. Deutsch. chem. Gesellschaft **16**, 2480 [1883].

[9]) Schmidt, Annalen d. Chemie u. Pharmazie **266**, 287 [1891].

[10]) R. Schiff, Annalen d. Chemie u. Pharmazie **220**, 100 [1883].

[11]) Amagat, Zeitschr. f. physikal. Chemie **2**, 246 [1887].

[12]) Kanonnikow, Journ. f. prakt. Chemie [2] **31**, 352, 360 [1885]. — Eykman, Recueil des travaux chim. des Pays-Bas **12**, 168 [1893].

[13]) Pflüger, Physikal. Zeitschr. **5**, 215 [1904].

[14]) G. Vallet, Compt. rend. de l'Acad. des Sc. **150**, 632 [1910].

[15]) E. v. Kazay, Chem. Centralbl. **1907**, II, 773.

[16]) J. Race, Chem. Centralbl. **1908**, II, 1135. — A. Doroschewski u. S. Dworzansky, Chem. Centralbl. **1908**, II, 1569.

[17]) H. Rubens u. E. Ladenburg, Chem. Centralbl. **1909**, I, 635.

[18]) G. Winter, Zeitschr. f. physikal. Chemie **60**, 563 [1907].

[19]) Landolt u. Jahn, Zeitschr. f. physikal. Chemie **10**, 316 [1892].

[20]) Abegg, Wiedemanns Annalen **60**, 56 [1897]. — Dewar u. Flemming, Chem. Centralbl. **1897**, II, 564; **1898**, I, 546. — Abegg u. Seitz, Zeitschr. f. physikal. Chemie **29**, 246 [1899].

[21]) Drude, Zeitschr. f. physikal. Chemie **23**, 309 [1897]. — P. Beaulard, Compt. rend. de l'Acad. des Sc. **151**, 55 [1910]; Chem. Centralbl. **1910**, II, 966.

[22]) Schönrock, Zeitschr. f. physikal. Chemie **11**, 785 [1893].

[23]) Pfeiffer, Poggend. Annalen [2] **26**, 31 [1885]. — P. Walden, Zeitschr. f. physikal. Chemie **54**, 129 [1906].

[24]) Pfeiffer, Poggend. Annalen [2] **26**, 226 [1885]. — P. Walden, Zeitschr. f. physikal. Chemie **54**, 129 [1906].

[25]) P. Walden, Zeitschr. f. physikal. Chemie **46**, 103 [1903]. — B. Turner, Amer. Chem. Journ. **40**, 558 [1908].

[26]) P. Walden, Zeitschr. f. physikal. Chemie **55**, 281 [1906].

[27]) H. Jahn, Zeitschr. f. physikal. Chemie **58**, 652 [1907].

[28]) H. Jahn, Zeitschr. f. physikal. Chemie **11**, 790 [1893].

[29]) Berthelot u. Matignon, Annales de Chim. et de Phys. [6] **27**, 313 [1892].

[30]) Longuinine, Annales de Chim. et de Phys. [7] **13**, 289 [1898].

[31]) Kahlbaum, Zeitschr. f. physikal. Chemie **26**, 601 [1898].

Wärmeleitfähigkeit in Alkoholdampf[1]). Kryoskopisches Verhalten in Anilinlösung[2]). Wärmekapazität $C_{20} = 0{,}593$. Temperaturkoeffizient $\dfrac{dc}{dt} = 0{,}0024$ [3]). Spezifische Wärme[4]). Capillaritätskonstante beim Siedep. $a^2 = 4{,}782$ [5]). Oberflächenspannung[6]). $\gamma = 22{,}68$; mittlere Kompressibilität[7]). Kompressibilität[8]). Viscosität[9]). Esterifikationsgeschwindigkeit[10]).

Zur Erzielung einer Eiweißfällung bedarf es bei den niederen Alkoholen einer größeren Konzentration als bei den höheren; bei Äthylalkohol 16—18%, z. B. bei Butylalkohol nur 4—6%. Äthylalkohol wirkt nicht fällend auf kolloidales Eisenoxyd[11]). Über Fällung verschiedener Eiweißstoffe durch Äthylalkohol[12]). Er wirkt als „Kolloidator" in Lösungen von reinem Goldchlorid[13]). Alkohol diffundiert durch eine tierische Membran viel langsamer als Wasser. Er nimmt daher rasch an Stärke zu, wenn man ihn in eine tierische Blase oder einen Pergamentschlauch einschließt. Dies gilt jedoch nur für eine trockne Atmosphäre; in einer feuchten entweicht der Alkohol und es bleibt schließlich Wasser zurück[14]). Der Äthylalkohol ist hygroskopisch; er mischt sich mit Wasser unter Wärmeentwicklung und Kontraktion. Das Maximum der Kontraktion entspricht ungefähr der Formel $C_2H_6O + 3\,H_2O$ [15]). „Transpiration" von Alkohol[16]). 1 T. Schnee mit 2 T. Alkohol von 99% und 0° gemengt bewirken eine Temperaturerniedrigung von $-21°$, bei 70 proz. Alkohol von $-20°$ [17]).

Chemische Eigenschaften: Beim Durchleiten von wasserfreiem Äthylalkohol durch ein eisernes, auf 710—750° erhitztes Rohr entstehen Acetaldehyd, Paraldehyd, Wasser, brennbare Gase und gegen 3,5% Kohle[18]). Beim Überleiten über Calciumcarbid, das auf 500° erhitzt wurde, entstehen Acetylen, Äthylen, Kohlenoxyd, Kohlensäure, Äthylenkohlenwasserstoffe, Äthan und Wasserstoff[19]); beim Überleiten über dunkelrotglühende Holzkohle zerfällt er in Methan, Kohlenoxyd und Wasserstoff; bei Temperaturen unterhalb der Rotglut entsteht auch noch Äthan. Beim Überleiten über noch nicht glühendes Aluminium- und Magnesiumpulver bildet er Äthylen, Wasser und Wasserstoff[20]). Über schwach erhitzten Zinkstaub geleitet, zerfällt der Äthylalkohol in Äthylen und Wasser (resp. Wasserstoff), während bei Dunkelrotglut glatte Spaltung in Methan, Kohlenoxyd und Wasserstoff eintritt[21]). Beim Durchleiten von Äthylalkohol durch ein Glasrohr bei Temperaturen über 600° entstehen Aldehyd, Wasser, Äthylen und Wasserstoff. Bei Gegenwart von Graphitstücken oder besser Aluminiumoxyd, Kupfer-, Blei- oder Nickeloxyd beginnt die Zersetzung bedeutend früher, und es bildet sich fast ausschließlich Äthylen[22]). Pyrogenetische Zersetzung des Alkohols unter Druck[23]). Beim Überleiten über Tierkohle bei 350° zerfällt er hauptsächlich in Äthylen und Wasser, ferner in Formaldehyd und Methan. Noch bedeutend größere katalytische Wirkung bei der Zersetzung von Alkoholdämpfen entfalten roter Phosphor, Aluminiumphosphat, Quarzsand,

---

[1]) E. Pauli, Annales de Chim. et de Phys. [3] **47**, 132 [1875].

[2]) Ampola u. Rimatora, Gazzetta chimica ital. **27**, I, 48 [1897].

[3]) Timofejew, Chem. Centralbl. **1905**, II, 429.

[4]) Battelli, Physikal. Zeitschr. **9**, 671 [1908].

[5]) R. Schiff, Annalen d. Chemie u. Pharmazie **223**, 69 [1887].

[6]) Th. Renard u. Guye, Chem. Centralbl. **1907**, I, 1478.

[7]) Th. W. Richards u. Mathews, Zeitschr. f. physikal. Chemie **61**, 449 [1908].

[8]) Gilbaut, Zeitschr. f. physikal. Chemie **24**, 385 [1897].

[9]) L. Gaillard, Journ. de Pharm. et de Chim. [6] **26**, 481 [1907].

[10]) A. Michael u. Wolgast, Berichte d. Deutsch. chem. Gesellschaft **42**, 3157 [1909].

[11]) K. Ipiro, Beiträge z. chem. Physiol. u. Pathol. **4**, 300 [1904].

[12]) Christine Tebb, Journ. of Physiol. **30**, 25 [1903].

[13]) L. Vanino, Berichte d. Deutsch. chem. Gesellschaft **38**, 463 [1905].

[14]) Gal, Bulletin de la Soc. chim. **39**, 6, 393 [1884].

[15]) Mendelejew, Zeitschr. f. Chemie **1865**, 262. — Coppet, Bulletin de la Soc. chim. [3] **9**, 60 [1893].

[16]) Graham, Annalen d. Chemie u. Pharmazie **123**, 102 [1862].

[17]) Beilstein, Handb. d. organ. Chemie **1**, 223 [1893].

[18]) Ipatiew, Berichte d. Deutsch. chem. Gesellschaft **34**, 596 [1901].

[19]) P. Lefèvre, Compt. rend. de l'Acad. des Sc. **132**, 1221 [1901].

[20]) Ehrenfeld, Journ. f. prakt. Chemie **67**, 49, 428 [1903]. — Ipatiew, Journ. f. prakt. Chemie **67**, 420 [1903].

[21]) Jahn, Berichte d. Deutsch. chem. Gesellschaft **13**, 987 [1880].

[22]) Ipatiew, Berichte d. Deutsch. chem. Gesellschaft **35**, 1047 [1902]; **36**, 1990 [1903]; Chem. Centralbl. **1908**, II, 1098. — Sabatier u. Mailhe, Compt. rend. de l'Acad. des Sc. **146**, 1376 [1908].

[23]) Ipatiew, Chem. Centralbl. **1904**, II, 1020, 1563; **1906**, II, 86.

Bimsstein, Dicalciumphosphat, Gips, Magnesia, Aluminiumsilicat und andere indifferente Stoffe[1]). Oxydationsmittel führen den Alkohol in Aldehyd und Essigsäure über. Bei Einwirkung von Salpetersäure bilden sich Essigsäure, Glyoxal, Glyoxylsäure, Glykolsäure, Oxalsäure und Salpetrigsäureäthylester. Durch Einwirkung von salpetersaurem Quecksilber entsteht Knallquecksilber[2]). Durch Kochen mit Quecksilberoxyd und Natronlauge entsteht das Mercarbid $C_2Hg_6O_4H_2$, eine explosive Base[3]). Bei der Elektrolyse von abs. Alkohol bei Anwesenheit von Schwefelsäure oder Natriumäthylat entsteht Aldehyd[4]). Erhitzen mit ammoniakalischer Kupferlösung auf 180° bewirken Bildung von Kupferoxydul und Essigsäure[5]). Er wird beim Kochen mit verschiedenen Diazoniumsalzen[6]) oder Azokörpern zu Aldehyd oxydiert unter Reduktion dieser Substanzen[7]). Durch Kaliumpermanganat wird der Äthylalkohol in alkoholischer Lösung quantitativ zu Essigsäure oxydiert; bei einem Überschuß von Kalilauge treten jedoch mit steigender Konzentration der Kalilauge wachsende Mengen von Kohlensäure und Oxalsäure auf[8]). Beim Überleiten von Alkoholdämpfen und Luft über Kupfer wird der Alkohol hauptsächlich zu Acetaldehyd oxydiert[9]). Beim Erhitzen mit Fehlingscher Lösung im Einschlußrohr wird er zu Acetaldehyd und Essigsäure oxydiert[10]). Er oxydiert sich schon bei gewöhnlicher Temperatur in Berührung mit Luft langsam bis zum Auftreten von Essigsäure[11]). In Weinen und in alkoholischen Flüssigkeiten der gleichen Stärke oxydiert er sich unter ähnlichen Bedingungen zu Aldehyd; auf diese Art ist das Auftreten der verschiedenen Acetale in alkoholischen Getränken zu erklären[12]). Die Aldehydbildung des Alkohols erreicht in Gegenwart der lebenden Hefezellen ihr Maximum; Hefepreßsaft ruft keine merkliche Oxydation hervor[13]); Sonnenlicht und oxydable Körper, wie Schwefeldioxyd, Eisensulfat, Manganoxydul, Eisenoxydul begünstigen diese Oxydation[14]). Durch die Einwirkung von Eisenchlorid im Sonnenlicht entstehen aus Äthylalkohol Acetaldehyd und Chloräthyl in geringer Menge[15]). Auch durch die Vermittlung von Uranylverbindungen wird er im Sonnenlicht zum Aldehyd oxydiert[16]). Bei der photochemischen Zersetzung von Äthylalkohol bilden sich Kohlenoxyd, Wasserstoff und Äthan[17]). Über die Oxydation durch Vermittlung von Bakterien zu Essigsäure[18]). Bei der Oxydation von reinem Äthylalkohol durch Chromsäuregemisch, Ozon, Wasserstoffsuperoxyd, Stickoxyd, Chlor, Hypochlorit, Mangandioxyd usw. entstehen neben Acetaldehyd stets Spuren von Formaldehyd. Das gleiche gilt für die Oxydation von Alkohol durch Katalyse oder Elektrolyse und durch Mycoderma aceti und vini[19]). Oxydation von Alkohol durch Ozon[20]). Unter dem Einfluß der stillen elektrischen Entladung entstehen aus Alkohol und Wasser: gesättigte und ungesättigte Kohlenwasserstoffe, Kohlenoxyd, Wasserstoff, Kohlensäure, Ameisensäure

---

1) J. B. Senderens, Compt. rend. de l'Acad. des Sc. **144**, 381, 1109 [1907]; Chem. Centralbl. **1907**, II, 1154; **1908**, II, 150. — G. Lemoine, Compt. rend. de l'Acad. des Sc. **144**, 357 [1907]; **146**, 1630 [1908]; Chem. Centralbl. **1908**, II, 1675.

2) E. Beckmann, Berichte d. Deutsch. chem. Gesellschaft **19**, 993 [1886]. — C. A. Lobry de Bruyn, Berichte d. Deutsch. chem. Gesellschaft **19**, 1370 [1886]. — L. Wöhler u. K. Theodorowits, Berichte d. Deutsch. chem. Gesellschaft **38**, 1345 [1905].

3) K. A. Hofmann, Berichte d. Deutsch. chem. Gesellschaft **33**, 1328 [1900].

4) Habermann, Monatshefte f. Chemie **7**, 533 [1886].

5) A. Letellier, Jahresber. d. Chemie **1879**, 489.

6) Weyl, Die Methoden der organischen Chemie 2. — O. Gerngroß, Diazo-, Azogruppe. 1910. S. 809.

7) C. Ponzio, Gazzetta chimica ital. **39**, II, 321 [1909].

8) W. Denis, Amer. Chem. Journ. **38**, 561 [1907].

9) E. Orlow, Chem. Centralbl. **1908**, II, 581, 1500.

10) F. Gaud, Compt. rend. de l'Acad. des Sc. **119**, 862 [1894].

11) Duchenin u. Dourlen, Compt. rend. de l'Acad. des Sc. **140**, 1466 [1905].

12) Trillat, Bulletin de l'Assoc. de Chim. de Sucr. et Dist. **23**, 495 [1905]; Chem. Centralbl. **1906**, I, 580.

13) Trillat u. Santon, Compt. rend. de l'Acad. des Sc. **146**, 996 [1908]; **147**, 77 [1908]; Bulletin de la Soc. chim. [4] **7**, 244 [1910].

14) L. Mathieu, Bulletin de l'Assoc. de Chim. de Sucr. et Dist. **22**, 1283 [1905]; Chem. Centralbl. **1905**, II, 782.

15) Benrath, Journ. f. prakt. Chemie [2] **72**, 220 [1905].

16) C. Neuberg, Biochem. Zeitschr. **13**, 305 [1908].

17) D. Berthelot u. H. Gaudechon, Compt. rend. de l'Acad. des Sc. **151**, 478 [1910].

18) Vgl. dieses Werk Bd. I, S. 930.

19) E. Voisenet, Compt. rend. de l'Acad. des Sc. **150**, 40 [1910].

20) Harries, Annalen d. Chemie u. Pharmazie **374**, 288 [1910].

und Formaldehyd nebst Acetaldehyd; bei Verwendung von Alkohol, Wasser und Kohlensäure zeigt außerdem die Reaktionsflüssigkeit alle Reaktionen eines Zuckers[1]). Über Bildung von Buttersäure aus Alkohol unter dem Einfluß der stillen elektrischen Entladung[2]). Chlor und Brom oxydieren ihn zunächst zu Acetaldehyd, der sich mit Alkohol zu Acetal verbindet; aus diesem entstehen Chloral- und Bromalalkoholat. Bei der Einwirkung von Chlor entstehen ferner: Trichloracetal, Chloral, Chloralhydrat, Dichloressigsäureäthylester, Trichloräthylalkohol und Dichloräthylalkohol[3]); ferner $CH_2Cl \cdot CHCl \cdot OC_2H_5$ und $CHCl_2 \cdot CHCl \cdot OC_2H_5$, die mit dem gebildeten Wasser bzw. unveränderten Alkohol $CH_2Cl \cdot CHOH \cdot O_2H_5$ bzw. $CH_2Cl \cdot CH(OC_2H_5)_2$ bilden. In neutraler Lösung bewirkt Chlor zunächst Bildung von Essigsäureäthylester, bei Gegenwart von viel Salzsäure Bildung von Chloracetaldehyd[4]). Durch Chlorkalk wird es in Chloroform verwandelt. Schließt man bei der Einwirkung von Chlorkalk auf Alkohol Wasser aus, so entsteht ein grüngelbes Öl (Unterchlorigsäureäthylester?), das sich am Lichte oder beim Erhitzen explosionsartig unter Bildung von Acetaldehyd, Salzsäure, Chlorigersäure, Monochloracetal, Dichloracetal und Chloroform zersetzt[5]). Jod erzeugt in alkalischer Lösung Jodoform (vgl. Nachweis von Alkohol S. 391). Beim Erhitzen mit Jod im Einschlußrohr auf 80° werden Jodwasserstoff, Äthyljodid und Äthyläther gebildet[6]). Jod wirkt auf Alkohol unter Bildung von Jodwasserstoffsäure, Acetaldehyd und Essigester; diese Substanzen bilden sich also mit der Zeit in Jodtinktur[7]). Durch stark wasserentziehende Mittel wird aus Alkohol stets Äthylen gebildet. Konz. Schwefelsäure bildet je nach ihrer Konzentration, Menge oder Temperatur Äthylschwefelsäure, Äther oder Äthylen. Beim Auftropfen von Alkohol auf stark erhitztes Chlorzink zerfällt er zum großen Teil nach der Gleichung: $2 C_2H_6O = H_2 + H_2O + C_2H_4 + CH_3CHO$ [8]). Die unter Bildung von Äthylen, bzw. Äther, erfolgende Reaktion zwischen Schwefelsäure und Alkohol wird durch Anwesenheit von Aluminiumsulfat als Katalysator begünstigt. Es bildet sich intermediär ein Doppelsalz der Äthylschwefelsäure $(SO_4)_3Al_2 \cdot SO_4HC_2H_5$ [9]). Bei anhaltendem Erhitzen mit Natriumäthylat auf 210° entstehen Äthylen, Wasserstoff und Essigsäure[10]). Durch Kochen mit Sublimat wird er nicht verändert; bei 120—150° gibt er nur wenig Kalomel; findet das Kochen bei Gegenwart des Natriumsalzes einer organischen Säure oder von Natriumäthylat statt, so entsteht eine Verbindung $C_2Hg_4Cl_4$ [11]). Durch Belichtung verbindet sich der Äthylalkohol mit Opiansäure zum Opiansäurepseudoester (Schmelzp. 92°); mit Alloxan bildet er Acetaldehyd und Alloxantin; mit Benzil entsteht bei längerer Insolation Benzilbenzoin, Benzoin, Benzaldehyd, Benzoesäure und Benzoesäureester neben viel Harz[12]). Chemische Lichtwirkung auf Äthylalkohol und Aceton[13]). Ein Zusatz von Äthylalkohol verlangsamt die Zersetzung von Chloroform beim Aufbewahren im Sonnenlicht[14]). Antimontrichlorid löst sich in Alkohol; beim Erhitzen auf 150° reagiert er nach der Gleichung: $SbCl_3 + 4 C_2H_5OH = SbOCl + 2 C_2H_5Cl + (C_2H_5)_2O + 2 H_2O$ [15]). Manche Salze vermögen in äthylalkoholischer Lösung mit dem Alkohol sich zu Alkoholaten zu vereinigen[16]). Äthylalkohol löst Ferrocyanwasserstoffsäure in großer Menge auf; aus der Lösung krystallisieren beim Abkühlen Krystalle einer Verbindung $H_4Fe(CN)_6 \cdot 10 C_2H_6O$ oder $H_4Fe(CN)_6 \cdot 8C_2H_6O$, die bei —45° schmelzen[17]). Lös-

[1]) W. Löb, Zeitschr. f. Elektrochemie 11, 745 [1905]; 13, 511 [1907]; Landw. Jahrb. 35, 541 [1906].

[2]) W. Löb, Biochem. Zeitschr. 20, 126 [1909].

[3]) Schäfer, Berichte d. Deutsch. chem. Gesellschaft 4, 366 [1871]. — Altschul u. V. Meyer, Berichte d. Deutsch. chem. Gesellschaft 26, 2756 [1893].

[4]) Brochet, Annales de Chim. et de Phys. [7] 10, 327 [1897]; Bulletin de la Soc. chim. [3] 17, 224, 228 [1897].

[5]) Schmidt u. Goldberg, Journ. f. prakt. Chemie [2] 19, 393 [1879]. — Goldberg, Journ. f. prakt. Chemie [2] 24, 113 [1881].

[6]) J. Traube u. O. Neuberg, Berichte d. Deutsch. chem. Gesellschaft 24, 520 [1891].

[7]) C. Courtot, Journ. de Pharm. et de Chim. 1 [7], 297, 354 [1910]; Chem. Centralbl. 1910, I, 1847.

[8]) Le Bel u. Greene, Amer. Chem. Journ. 2, 22 [1880].

[9]) J. B. Senderens, Compt. rend. de l'Acad. des Sc. 151, 392 [1910].

[10]) M. Guerbet, Compt. rend. de l'Acad. des Sc. 128, 1003 [1899].

[11]) K. A. Hofmann, Berichte d. Deutsch. chem. Gesellschaft 32, 871 [1899].

[12]) G. Ciamician u. P. Silber, Berichte d. Deutsch. chem. Gesellschaft 36, 1575 [1903].

[13]) G. Ciamician u. P. Silber, Berichte d. Deutsch. chem. Gesellschaft 43, 945 [1910].

[14]) Adrian, Apoth.-Ztg. 18, 430 [1903]; Chem. Centralbl. 1903, II, 306.

[15]) R. Schiff, Annalen d. Chemie u. Pharmazie, Suppl. 5, 218 [1867].

[16]) H. C. Jones u. Mc Master, Chem. Centralbl. 1906, I, 1528.

[17]) D. McIntosh, Journ. Amer. Chem. Soc. 30, 1097 [1908].

lichkeit von Salzen wie Quecksilberchlorid usw. in Äthylalkohol-Wassergemengen[1]). Mit wachsendem Alkoholgehalt steigt die Absorption von Radiumemanation in Wasser-Alkoholgemischen[2]). Verhalten bei der Einwirkung der dunklen elektrischen Entladung[3]). Zersetzung durch elektrische Schwingungen[4]).

Derivate: Additionsprodukte: Über die molekularen Verbindungen von Alkohol und Wasser[5]).

$C_2H_6O \cdot 6\,H_2O$.[6])

$3\,C_2H_6O \cdot H_2O \cdot 17\,CO_2$. Aus wasserhaltigem Alkohol und festem Kohlendioxyd[7]).

$LiCl \cdot 4\,C_2H_6O$.[8])

$NaJ \cdot C_2H_6O$. Krystallisiert aus einer Lösung von Natriumjodid in Äthylalkohol auf Zusatz von Äther aus[9]).

$MgCl_2 \cdot 6\,C_2H_6O$.[10])

$Mg(NO_3)_2 \cdot 6\,C_2H_6O$.[11])

$CaCl_2 \cdot 4\,C_2H_6O$.[11])

$CaCl_2 \cdot 3\,C_2H_6O$.[12]) Prismatische zerfließliche Krystalle.

$CaBr_2 \cdot 3\,C_2H_6O$. Tafeln[13]).

$Al_2Cl_6 \cdot 8\,C_2H_5OH$. Bildet sich bei Einwirkung einer Auflösung von Aluminiumchlorid in Schwefelkohlenstoff auf Äthylalkohol in der Kälte; weißes Krystallpulver, leicht veränderlich an feuchter Luft; in Wasser unter Alkoholbildung löslich[14]).

$SnCl_4 \cdot 2\,C_2H_6O$. Krystalle[15]). Zerfällt beim Erhitzen mit Alkohol in Äthylchlorid und Äther[16]).

$TiCl_4 \cdot C_2H_6O$. Durch Wasser zersetzliche Krystalle, Schmelzp. 105—110°[17]).

$AsCl_3 \cdot C_2H_6O$. An der Luft rauchende Flüssigkeit[18]).

$SbCl_5 \cdot C_2H_6O$. Nadeln. Schmelzp. 66°[19]).

$PtCl_4 \cdot 2\,C_2H_6O$.[20])

Alkoholate: Natriumäthylat (Mol.-Gew. 68,04). $C_2H_5 \cdot ONa$. Natrium löst sich in abs. Alkohol unter Wasserstoffentwicklung auf. Durch Erhitzen im Wasserstoffstrom auf 200° ist es völlig frei von Alkohol als weißes voluminöses Pulver zu erhalten[21]). Um sogleich ein alkoholfreies Produkt zu erhalten, kocht man die berechnete Menge Natrium mit einer Lösung von Alkohol in Benzol, Ligroin oder Äther[22]). Wird durch Chlor zu Acetaldehyd und Essigsäure oxydiert[23]). Durch Brom entstehen: Äthylbromid, Bromal, Essigester, Bromwasserstoff und Bromnatrium[24]). Durch Jod im wesentlichen Dijodmethyl nebst wenig Jodoform[25]). Verbindet sich bei 160° mit Kohlensäure zu Propionsäure[26]).

[1]) Herz u. Anders, Zeitschr. f. anorgan. Chemie **52**, 164 [1907].

[2]) M. Kofler, Physikal. Zeitschr. **9**, 6 [1908].

[3]) Berthelot, Compt. rend. de l'Acad. des Sc. **126**, 618, 693 [1898].

[4]) Hemptinne, Zeitschr. f. physikal. Chemie **25**, 288 [1898].

[5]) T. Fawssett, Pharm. Journ. [4] **30**, 754 [1910]; Chem. Centralbl. **1910**, II, 635.

[6]) Forcrand, Annales de Chim. et de Phys. [6] **27**, 545 [1892].

[7]) Hempel u. Seidel, Berichte d. Deutsch. chem. Gesellschaft **31**, 3000 [1898].

[8]) Simon, Journ. f. prakt. Chemie [2] **20**, 373 [1879].

[9]) W. Loeb, Journ. Amer. Chem. Soc. **27**, 1019 [1905].

[10]) Simon, Journ. f. prakt. Chemie [2] **20**, 376 [1879].

[11]) Chodnew, Annalen d. Chemie u. Pharmazie **71**, 256 [1849].

[12]) Heindl, Monatsh. f. Chemie **2**, 207 [1881]. — Menschutkin, Chem. Centralbl. **1906**, II, 1715.

[13]) Roques, Bulletin de la Soc. chim. **13**, 716 [1870].

[14]) Perrier u. Pouget, Bulletin de la Soc. chim. [3] **25**, 551 [1901].

[15]) Robiquet, Jahresber. d. Chemie **1854**, 560.

[16]) Girard u. Chapoteau, Zeitschr. f. Chemie **1867**, 454.

[17]) Demarcay, Berichte d. Deutsch. chem. Gesellschaft **8**, 75 [1875].

[18]) Luynes, Annalen d. Chemie u. Pharmazie **116**, 368 [1860].

[19]) Williams, Jahresber. d. Chemie **1876**, 331.

[20]) Schützenberger, Jahresber. d. Chemie **1870**, 388.

[21]) A. Geuther, Annalen d. Chemie **202**, 294 [1880]. — L. Claisen u. E. F. Ehrhardt, Berichte d. Deutsch. chem. Gesellschaft **22**, 1010, Fußnote [1889].

[22]) J. W. Brühl u. H. Biltz, Berichte d. Deutsch. chem. Gesellschaft **24**, 649 [1891]. — J. W. Brühl, Berichte d. Deutsch. chem. Gesellschaft **37**, 2067 [1904].

[23]) Maly, Zeitschr. f. Chemie **1869**, 345.

[24]) Barth, Berichte d. Deutsch. chem. Gesellschaft **9**, 1456 [1876].

[25]) Butlerow, Annalen d. Chemie u. Pharmazie **107**, 110 [1858].

[26]) Geuther, Annalen d. Chemie u. Pharmazie **202**, 305, 321 [1880].

$C_2H_5 \cdot ONa \cdot 3\,C_2H_6O$. Bildet sich, wenn man eine Lösung von Natrium in abs. Alkohol im Vakuum bei 20° destilliert.

$C_2H_5 \cdot ONa \cdot 2\,C_2H_6O$. Entsteht beim Erhitzen der um 1 Mol. Alkohol reicheren Verbindung im Vakuum auf 70° [1]).

$KOH \cdot 2\,C_2H_6O$. Krystalle[2]).

Kaliumäthylat C_2H_5OK (Mol.-Gew. 84,14). Krystallisiert mit 3 Mol. Alkohol[3]). Infolge Bildung von Aldehydharz färbt sich alkoholische Kalilauge nach kurzer Zeit braun.

Calcium- und Bariumäthylat. Calciumäthylat bildet sich beim Erhitzen von metallischem Calcium [4]) oder Calciumcarbid mit abs. Alkohol[5]). Aus einer Lösung von 5 g Calcium in 300 ccm abs. Alkohol krystallisiert die Verbindung $Ca(OC_2H_5)_2 \cdot 2\,C_2H_6O$ [6]). Calciumoxyd verbindet sich langsamer mit Alkohol als Bariumoxyd [7]). Bariumäthylat fällt beim Kochen einer Lösung von Bariumoxyd in abs. Alkohol aus und löst sich beim Erkalten der Lösung wieder auf[8]).

Aluminiumäthylat (Mol.-Gew. 142,22) $(C_2H_5O)_3Al$, $AlJ_3 \cdot Al(C_2H_5O)_3$. Bildet sich beim Behandeln von feingeschnittenem Aluminiumblech mit Jod und abs. Alkohol[9]), ferner aus Aluminiumschnitzeln, Zinntetrachlorid und abs. Alkohol[10]). Bei 135° schmelzendes Gummi, das bei 235—245° (unter 23 mm) siedet. Fast unlöslich in Alkohol, wenig löslich in Äther, mäßig in Benzol. Zerfällt mit Wasser in Alkohol und Tonerde[11]).

$Al_2Cl_3(C_2H_5O)_3$. Bildet sich beim Erhitzen eines Überschusses von Aluminiumchlorid in Schwefelkohlenstoff mit Äthylalkohol; weiße Krystalle, in siedendem Schwefelkohlenstoff löslich; bei Einwirkung von Wasser wird das Substitutionsprodukt unter Regenerierung von Äthylalkohol zersetzt[12]).

Thalliumäthylat $TlOC_2H_5$. Aus Thallium und abs. Alkohol bei Gegenwart von Sauerstoff. Flüssigkeit[13]).

$C_2H_5OSnCl_3 \cdot C_2H_5OH$. Rhombische Blättchen.

$C_2H_5OSn(OH)_3$. Amorpher Körper[14]).

$SnCl_2(C_2H_5O)_2 \cdot HCl$. Krystalle; entstehen, wenn man Zinnchlorid in überschüssigen Alkohol einträgt und einen Teil davon im Vakuum abdestilliert[15]).

Zinkäthylat $Zn(OC_2H_5)_2$. Aus Zinkmethyl und Äthylalkohol, weißes, leichtes, in den gewöhnlichen Solvenzien unlösliches Pulver[16]).

Bleiäthylat $Pb(OC_2H_5)_2$. Gelbes Pulver; entsteht aus dünnen über Alkohol aufgehängten Bleiplatten, wenn durch den Alkohol Ozon geleitet wird[17]).

Äther:

Diäthyläther (Äther, Schwefeläther, Äthyloxyd).

Mol.-Gewicht 74,08.

Zusammensetzung: 64,80% C, 13,60% H, 21,60% O.

$$C_4H_{10}O = C_2H_5 \cdot O \cdot C_2H_5.$$

---

[1]) **Wanklyn**, Annalen d. Chemie u. Pharmazie **150**, 200 [1869]. — **Forcrand**, Bulletin de la Soc. chim. **40**, 177 [1884].

[2]) **Engel**, Bulletin de la Soc. chim. **46**, 338 [1887].

[3]) **Forcrand**, Annales de Chim. et de Phys.. [6] **11**, 463 [1887].

[4]) **Forcrand**, Berichte d. Deutsch. chem. Gesellschaft **28**, Ref. 61 [1895]; Compt. rend. de l'Acad. des Sc. **119**, 1266 [1894]. — **F. M. Perkin** u. **L. Pratt**, Proc. Chem. Soc. **23**, 304 [1907].

[5]) **Winkler**, Berichte d. Deutsch. chem. Gesellschaft **38**, 3614 [1905].

[6]) **F. M. Perkin** u. **L. Pratt**, Journ. Chem. Soc. **95**, 159 [1909].

[7]) **Forcrand**, Bulletin de la Soc. chim. [3] **13**, 658 [1895]. — **Destrem**, Annales de Chim. et de Phys. [5] **27**, 13 [1882].

[8]) **Berthelot**, Zeitschr. f. Chemie **1868**, 352.

[9]) **Gladstone** u. **Tribe**, Jahresber. d. Chemie **1876**, 329; Journ. Chem. Soc. **39**, 3 [1881].

[10]) **Hillger** u. **Crooker**, Amer. Chem. Journ. **19**, 41 [1897].

[11]) **Gladstone** u. **Tribe**, Journ. Chem. Soc. **39**, 3 [1881].

[12]) **Perrier** u. **Pouget**, Bulletin de la Soc. chim. [3] **25**, 551 [1901].

[13]) **Lamy**, Annales de Chim. et de Phys. [4] **3**, 373 [1884].

[14]) **O. Fischer**, Monatshefte f. Chemie **5**, 427 [1884].

[15]) **A. Rosenheim** u. **R. Schnabel**, Berichte d. Deutsch. chem. Gesellschaft **38**, 2777 [1905].

[16]) **S. Tolkatschew**, Journ. d. russ. physikal.-chem. Gesellschaft **33**, 469 [1901]; Chem. Centralbl. **1901**, II, 1200.

[17]) **F. M. Perkin**, Proc. Chem. Soc. **24**, 179 [1908].

Bildung: Durch Wasserentziehung aus Äthylalkohol mittels Schwefelsäure, Phosphorsäure, Arsensäure[1]), Fluorbor[2]), Chlorzink[3]) und anderen Metallchloriden[4]) und Metallsalzen[5]). Er bildet sich unter gewissen Bedingungen bei der katalytischen Dehydratation von Alkohol durch Metalloxyde, wenn die Temperatur genügend tief gehalten wird[6]).

Er entsteht ferner aus Äthylbromid oder Äthyljodid und Mercurioxyd[7]); aus Äthyljodid und Natrium- oder Kaliumalkoholat[8]); aus Äthyljodid und Natriumoxyd bei 180° [9]); auch aus Diäthylsulfat und Cuprooxyd[10]).

Darstellung: Man erhitzt 9 T. konz. Schwefelsäure und 5 T. 90 proz. Alkohol zum Sieden und läßt langsam Alkohol nachfließen. Die Temperatur ist zwischen 130 und 140° zu halten. Zur Reinigung wird der überdestillierte Äther mit Kalkmilch geschüttelt und rektifiziert. Zur Entfernung der letzten Reste Wasser und Alkohol wird er mit Chlorcalcium geschüttelt und über Natrium oder Phosphorpentoxyd destilliert[11]). Wenn man bei der Darstellung von Äther aus Alkohol und Schwefelsäure wasserfreies Aluminiumsulfat als Katalysator verwendet, so entsteht intermediär ein Doppelsalz der Äthylschwefelsäure: $(SO_4)_3Al_2 \cdot SO_4HC_2H_5$; die Ätherbildung beginnt schon bei 110° statt bei 140° [12]). Reinigung eines technischen Äthers [13]). In bezug auf das Trocknen von feuchtem Äther erweist sich Natriumsulfat als sehr wenig wirksam und wird zweckmäßig durch Carnallit unter Magnesiumsulfat als Trockenmittel ersetzt[14]). Man läßt bei 134—135° Alkohol auf Benzolsulfosäure tropfen und reinigt den Äther durch Destillation bei 40—50° über Parafinum liquidum[15]). Man erhitzt Alkohol mit $^1/_{100}$ Mol. Chinolinchlorhydrat auf 180° [16]). Man läßt zu einem auf 140° erhitzten Gemisch von Äthylalkohol und Methionsäure Alkohol fließen, dann destilliert dauernd Äthyläther ab[17]). Um Äther von oxydierenden Verunreinigungen zu befreien, schüttelt man ihn mit Eisenoxydulhydrat, das man durch inniges Mischen von feingepulvertem Eisenvitriol und Calciumoxyd in äquimolekularen Mengen bereitet[18]).

Wasserfreier Äther trübt sich nicht beim Schütteln mit einem gleichen Volum Schwefelkohlenstoff; färbt sich beim Schütteln mit gepulvertem Rosanilinacetat rot[19]). Reinigung von Wasser durch Ausfrieren[20]). Bestimmung des Wassergehaltes[21]).

Zur Befreiung von Alkohol schüttelt man den Äther mit Wasser[22]); bläst seine Dämpfe durch Schwefelsäure oder Äthylschwefelsäure[23]).

Bestimmung des Äthers in Alkohol-Äther-Gemischen. Die Bestimmung beruht darauf, daß Alkohol-Äther-Gemische sowohl mit Wasser wie mit Benzin allein mischbar sind, sich aber bei gleichzeitigem Zugeben beider Lösungsmittel in zwei Schichten trennen. Die Volumvergrößerung des Benzins gibt den Gehalt an Äther, die des Wassers den an Alkohol.

---

[1]) Boullay, Gilberts Annalen 44, 270 [1813].

[2]) Desfosses, Annales de Chim. et de Phys. [2] 16, 72 [1821].

[3]) Masson, Annalen d. Chemie u. Pharmazie 31, 63 [1839].

[4]) Kuhlmann, Annalen d. Chemie u. Pharmazie 33, 97, 192 [1840]. — Reynoso, Annales de Chim. et de Phys. [3] 48, 385 [1856].

[5]) G. Oddo, Gazzetta chimica ital. 31, I, 285 [1900].

[6]) P. Sabatier u. E. Mailhé, Compt. rend. de l'Acad. des Sc. 150, 823 [1910].

[7]) Reynoso, Annales de Chim. et de Phys. [3] 48, 385 [1856].

[8]) Williamson, Annalen d. Chemie u. Pharmazie 77, 38 [1851]; 81, 77 [1852].

[9]) Green, Bulletin de la Soc. chim. 29, 458 [1879].

[10]) Recoura, Compt. rend. de l'Acad. des Sc. 148, 1105 [1909].

[11]) Norton u. Prescott, Amer. Chem. Journ. 6, 243 [1884]. — Lieben, Annalen d. Chemie u. Pharmazie, Suppl. 7, 218 [1870].

[12]) J. B. Senderens, Compt. rend. de l'Acad. des Sc. 151, 392 [1910].

[13]) J. Wade u. H. Tinnemore, Journ. Chem. Soc. 95, 1842 [1909].

[14]) E. v. Siebenrock, Monatshefte f. Chemie 30, 795 [1910].

[15]) Krafft, Berichte d. Deutsch. chem. Gesellschaft 26, 2831 [1894]; D. R. P. 69 115. — Ehrenberg, Zeitschr. f. analyt. Chemie 36, 245 [1897].

[16]) Van Hoove, Bulletin de l'Acad. roy. de Belg. 1906, 650.

[17]) Schroeter u. Sondag, Berichte d. Deutsch. chem. Gesellschaft 41, 1921 [1908].

[18]) G. Garbarini, Bulletin de l'Assoc. de Sucr. et Dist. 26, 1173 [1909]; Chem. Centralbl. 1909, II, 1126.

[19]) Squible, Jahresber. d. Chemie 1885, 1162.

[20]) Mylius, Zeitschr. f. anorgan. Chemie 55, 233 [1907].

[21]) Strömholm, Zeitschr. f. physikal. Chemie 44, 63 [1903]. — Bougault, Journ. de Pharm. et de Chim. [6] 18, 116 [1903].

[22]) Fritsch, Chem.-Ztg. 33, 759 [1909].

[23]) P. Fritzsche, Berichte d. Deutsch. chem. Gesellschaft 29, Ref. 748 [1896]; D. R. P. 88 051.

Soll wasserhaltiger Alkohol-Äther geprüft werden, so wird zuerst das spezifische Gewicht des Gemisches bestimmt und hierauf Wasser und Benzin zugefügt. Nach Feststellung der Volumprozente an Äther kann der Alkoholgehalt berechnet werden[1]. Bestimmung von Äther in Alkohol[2]; von Benzol in Äther[3]. Nachweis einer eingetretenen Zersetzung des Äthers mit Nesslers Reagens[4].

Physiologische Eigenschaften[5]: Beim Einatmen bewirkt Äther Gefühllosigkeit. Prüfung von Narkosenäther s. Wobbe [6]. Hofmanns Tropfen (Spiritus aethereus) sind ein Gemisch von 1 T. Äther mit 3 T. Alkohol. Besonders empfindlich ist das Nervensystem gegen Äther. Periphere Nerven verlieren in Ätherdämpfen nach kurzer Steigerung der Erregbarkeit ihr Leitungsvermögen und ihre Erregbarkeit. Mit dem Eintritt der Äthernarkose soll die Fibrillensäure, welche im normalen Nerven unter dem Einfluß des konstanten Stromes von der Anode zur Kathode wandert, ihre Wanderungsfähigkeit einbüßen. Die Zentralorgane werden früher narkotisiert als die peripheren Nerven. Bei Einwirkung von Ätherdämpfen auf die Haut bleibt der Tastsinn unverändert, die Schmerzempfindung nimmt ab, die Wärmeempfindung nimmt zu[7]. Äther hemmt das Wärmeregulierungsvermögen[8]. Bei subcutaner Injektion tritt eine Blutdrucksteigerung und Pulsbeschleunigung ein. Intravenöse Injektion bewirkt zunächst Senkung des Blutdrucks, bald darauf erhebliche Steigerung. Auf das isolierte Herz übt Äther eine depressive Wirkung. Die Drucksteigerung wird bedingt durch Gefäßverengerung[9]. Die Wirkung auf den isolierten Froschmuskel ist etwa 7—8 mal stärker in der Wirkung als Alkohol[10]. Auch die osmotische Konzentration des Blutes wird in der Äthernarkose erhöht[11]. Sie bewirkt eine leichte Abnahme der Blutdiastasen[12]. Über physikalisch-chemische Veränderung des Serums durch Äther[13]. Innerlich in großen Mengen gegeben verursacht Äther Magen- und Darmentzündung. Die Resorption erfolgt überall sehr schnell. Am schnellsten wird er in Dampfform von den Lungen aufgenommen. Von hier aus erfolgt auch die Elimination des Äthers, der im Organismus nicht verändert wird. Selten wird er durch die Niere ausgeschieden. In keinem Gewebe fand man bisher Umwandlungsprodukte des Äthers. Nach subcutaner Injektion von Äther treten venöse Cysten in der Leber auf infolge direkter Einwirkung des Äthers[14]. Nach der Äthernarkose beobachtet man Albuminurie mit Zylindern[15]. Nach der Äthernarkose besteht oft eine Glykosurie[16]. Spuren von Äther setzen die Oxydation von Phosphor herab[17]. Er wirkt etwas harntreibend; er steigert die Chlor- und Stickstoffausscheidung[18]. In vitro beschleunigt Äther die Blutgerinnung sowie die Hämolyse und verwandelt Hämoglobin in Methämoglobin. Intravenös wirkt er ebenso. Zuerst entsteht eine Hypoleukocytose. Dann findet sich eine Hyperleukocytose und leichte Eosinophilie. Durch Inhalation wird die Blutgerinnung nicht beeinflußt. Es findet dann keine Methämoglobinbildung statt[19]. Er wirkt koagulierend auf das Blut; außer der Thrombenbildung durch echte Gerinnung verursacht er auch eine Agglutination von roten und weißen Blutkörperchen.

Die Lebernekrosen nach Ätherinjektionen treten unabhängig von der Thrombenbildung auf[20]. Die hämolytische Wirkung des Äthers beruht darauf, daß er Lecithin und

---

[1] Fleischer u. Frank, Chem.-Ztg. **31**, 665 [1907].
[2] H. Wolff, Chem.-Ztg. **34**, 1193 [1910]; Chem. Centralbl. **1910**, II, 1950.
[3] H. Wolff, Chem.-Ztg. **32**, 313 [1908]; **34**, 1193 [1910]; Chem. Centralbl. **1908**, I, 492; **1910**, II, 1950.
[4] K. Feist, Apoth.-Ztg. **25**, 104 [1910]; Chem. Centralbl. **1910**, I, 1166.
[5] Kobert, Lehrbuch der Intoxikationen. Stuttgart 1906. II, S. 921.
[6] Wobbe, Apoth.-Ztg. **18**, 458 [1903].
[7] Kipiani u. Alexander, Rev. psychol. **1**, 100.
[8] Simpson, Journ. of Physiol. **28**, 37; Proc. Phys. Soc. **1902**, 37.
[9] Dervonaux, Arch. intern. Pharmacodynamie et de Thérapie.
[10] Waller, Proc. Roy. Soc. **81**, 551 [1909]; Biochem. Centralbl. **9**, Ref. Nr. 1719 [1909/10].
[11] Carlson u. Luckhardt, Amer. Journ. of Physiol. **21**, 162 [1908].
[12] Carlson u. Luckhardt, Amer. Journ. of Physiol. **23**, 157 [1909].
[13] Buglia u. Simon, Arch. ital. di Biol. **48**, 1 [1907].
[14] Loeb, Med. Bull. Univ. Pennsylvania **19**, 223 [1906].
[15] Stokvis, Gesellschaft f. Natur- u. Heilkunde Amsterdam **1893**, 186.
[16] Seelig, Archiv f. experim. Pathol. u. Pharmakol. **52**, 481 [1905].
[17] Centnerszwer, Zeitschr. f. physiol. Chemie **26**, 1 [1898].
[18] Hawk, Journ. of biol. Chemistry **4**, 321 [1908].
[19] Deronaux, Arch. intern. Pharmacodynamie et de Thérapie **19**, 631 [1909].
[20] L. Loeb u. M. K. Meyers, Virchows Archiv **201**, 78 [1910]; Biochem. Centralbl. **10**, Ref. 2527 [1910/11].

Cholesterin aus den Blutkörperchen herauslöst[1]). Er ist imstande, die Hämolysenwirkung verschiedener hämolytischer Gifte aufzuheben[2]). Die Löslichkeit des Äthers in Serum ist größer als in Wasser; vielleicht bildet der Äther instabile Aggregate mit den Proteiden des Zellkörpers[3]). Bei der Inhalation verteilt sich der Äther im Blut gleichmäßig zwischen den Blutkörperchen und dem Plasma[4]). 30 Minuten nach der Inhalation läßt sich der Äther durch Geruch im frisch entnommenen Blut der Jugularvene nachweisen, jedoch nicht im Harn[5]). 5—10 Minuten nach der subcutanen Injektion zeigt die ausgeatmete Luft den größten Äthergehalt. Nach 4 Stunden ist die Ausscheidung durch die Lungen vollständig beendet[6]). Nach Inhalation geht er auf den Foetus über, und zwar enthält die Leber des Foetus mehr Äther als die der Mutter[7]). Die Haut von Warmblütern (Mäuse, Tauben) absorbiert Äther[8]). Auf das Wachstum von Pflanzen übt er zuerst eine verzögernde, dann fördernde Wirkung aus[9]).

Über seine antibakteriellen Wirkungen[10]); er ist nur wenig entwicklungshemmend[11]).

Physikalische Eigenschaften: Wird bei —129° fest und krystallinisch. Schmelzp. —117,4°[12]), —112,6°[13]), —117,6°[14]). Siedep. 34,6° bei 762 mm. Spez. Gew. 0,6950 bei 34,6°/4°[15]); 0,70942 bei 25°[16]); 0,7183 bei 17,1°[17]). Einfluß von Wasser und Alkohol auf den Siedepunkt[18]). Spez. Volum gesättigten Ätherdampfes bei verschiedenen Temperaturen[19]). Spez. Wärme[20]); bei tiefen Temperaturen[21]). Ausdehnungskoeffizient[22]). Kritische Temperatur 194°, kritischer Druck 35,61 Atmosphären[23]); kritische Temperatur 193,6°[24]); kritische Dichte: 0,258[25]). Kritische Erscheinungen beim Äther[26]). Capillaritätskonstante beim Siedepunkt $a^2 = 4,521$[27]); Brechungsvermögen $n_D = 1,35424$ bei 17°[28]). Absorptionsspektrum[29]). Kompressibilität[30]). Dielektrizitätskonstante[31]). Binnendruck

---

1) S. Peskind, Amer. Journ. of Physiol. **12**, 184 [1904].

2) L. E. Walbum, Zeitschr. f. Immunitätsforsch. u. experim. Therapie **7**, 544 [1910]; Chem. Centralbl. **1910**, II, 1487.

3) Moore u. Roaf, Proc. Roy. Soc. **77**, Ser. B, 86 [1906]; vgl. **73**, 382 [1904].

4) Nicloux, Compt. rend. de la Soc. de Biol. **62**, 8 [1908].

5) Wood, Univers. Med. Mag. **4**, 802 [1894].

6) Achard u. Levi, Arch. méd. experim. d'Anat. pathol. **14**, 327 [1902].

7) Nicloux, Compt. rend. de la Soc. de Biol. **64**, 329 [1908].

8) Schwenkenbecher, Archiv f. Anat. u. Physiol., Physiol. Abt. **1904**, 121.

9) Nobbe u. Richter, Landw. Versuchsstationen **60**, 433 [1904]; Chem. Centralbl. **1905**, I, 116.

10) R. Koch, Mitteil. a. d. Kaiserl. Gesundheitsamt **1**, 234. — Behring, Bekämpfung der Infektionskrankheiten. Leipzig 1894.

11) Rothert, Baumgartens Jahresber. **30**, 38; zit. bei Stadler, Archiv f. Hyg. **73**, 203 [1871].

12) Olszewski, Monatshefte f. Chemie **5**, 128 [1884].

13) Ladenburg u. Krügel, Berichte d. Deutsch. chem. Gesellschaft **32**, 1821 [1899].

14) Archibald u. McIntosh, Journ. Amer. Chem. Soc. **26**, 305 [1904].

15) R. Schiff, Annalen d. Chemie u. Pharmazie **220**, 332 [1883].

16) Linebarger, Amer. Chem. Journ. **18**, 438 [1896].

17) Brühl, Berichte d. Deutsch. chem. Gesellschaft **30**, 158 [1897].

18) J. Wade u. H. Tinnemore, Journ. Chem. Soc. **95**, 1842 [1909].

19) Sidney Young, Zeitschr. f. physikal. Chemie **70**, II, 620 [1910].

20) Batelli, Atti della R. Accad. dei Lincei Roma [5] **16**, I, 243 [1907].

21) Batelli, Physikal. Zeitschr. **9**, 671 [1908].

22) A. C. Oudemans, Recueil des travaux chim. des Pays-Bas **4**, 274 [1885]. — Bein, Abhandl. d. Kaiserl. Normaleichungskommission **1908**, 1—42; Chem. Centralbl. **1908**, II, 1994. — E. H. Amagat, Zeitschr. f. physikal. Chemie **2**, 246 [1888].

23) Ramsay u. Young, Jahresber. d. Chemie **1886**, 203.

24) Travers u. Usher, Proc. Roy. Soc. **78**, Ser. A, 247 [1906].

25) Centnerzwer, Zeitschr. f. physikal. Chemie **49**, 199 [1904]; **55**, 303 [1906].

26) F. B. Young, Phylos. Mag. [6] **20**, 793 [1910]; Chem. Centralbl. **1910**, II, 1854.

27) R. Schiff, Annalen d. Chemie u. Pharmazie **223**, 74 [1884].

28) Brühl, Berichte d. Deutsch. chem. Gesellschaft **30**, 158 [1897].

29) Spring, Recueil des travaux chim. des Pays-Bas **16**, 1 [1895]. — Kazay, Pharmaz. Post **40**, 531 [1907]; Chem. Centralbl. **1907**, II, 773.

30) H. Gilbaut, Zeitschr. f. physikal. Chemie **24**, 385 [1897].

31) Drude, Zeitschr. f. physikal. Chemie **23**, 308 [1897]. — Abegg, Wied. Annalen **60**, 56 [1897]. — Dewas u. Fleming, Chem. Centralbl. **1897**, II, 564; **1898**, I, 546. — H. Merczyng, Compt. rend. de l'Acad. des Sc. **149**, 981 [1909].

= 1220[1]). Oberflächenenergie[2]). Mol.-Gewicht und Leitfähigkeit in konz. Schwefelsäure[3]).

12 T. Wasser lösen bei 17,5° 1 T. Äther und 35 T. Äther 1 T. Wasser. Bei 12° lösen 100 T. abs. Äthers 2 Vol. Wasser[4]). Die Gegenwart von Alkohol im Äther erhöht die Löslichkeit des Äthers in Wasser. Löslichkeit von Äther in Wasser und Wasser in Äther bei wechselnden Temperaturen[5]). Dampfdrucke der Gemische mit Wasser[6]). Chloroform, Phenol usw. fällen den Äther aus der wässerigen Lösung[7]). Verteilungskoeffizient des Äthers mit Wasser bei 25° im Mittel = 6,3[8]). In konz. Schwefelsäure ist Äther löslich und kann aus der Lösung durch Zusatz von Eis abgeschieden werden[9]). Bildet mit Luft explosive Gemenge.

Chemische Eigenschaften: Wird beim Glühen mit Zinkstaub in Äthylen und Wasser (resp. Wasserstoff) zerlegt[10]). Zerfällt beim Überleiten über gefällte Tonerde bei 300° in Äthylen und Wasser[11]). Wird durch Platinmohr, Chromsäure oder Salpetersäure zu Essigsäure oxydiert. Oxydation durch Kontaktsubstanzen[12]). Einwirkung von Ozon[13]). Durch Kaliumpermanganat entsteht hauptsächlich Essigsäure, daneben Oxal- und Kohlensäure[14]). Brom bildet Monobromaldehyd[15]). Mit Jodwasserstoffsäure in flüssigem oder festem Zustand bildet er fast quantitativ Äthyljodid[16]). Nachweis von Peroxyden im Äther[17]). Auf der Peroxydbildung beruht die oxydierende Wirkung unreinen Äthers[18]). Seine Reinigung von oxydierenden Substanzen erfolgt durch Schütteln mit Eisenoxydulhydrat[19]). Wasser wirkt schon bei gewöhnlicher Temperatur auf Äther unter Bildung geringer Mengen von Alkohol[20]). Bildet mit Ferrocyanwasserstoffsäure eine Verbindung[21]). Additionsverbindung mit Salzsäure[22]); mit Aluminiumchlorid und Aluminiumbromid[23]); mit Zinntetrachlorid[24]). Mit Halogenen entstehen Additionsverbindungen vom Typus: $(C_2H_5)_2O \cdot Cl_2$[25]). Durch Einwirkung von Eisenchlorid im Licht geht Äther wahrscheinlich in $C_2H_4(OH)Cl$, C_2H_5Cl und C_4H_{10} über[26]). Er reagiert unter dem Einfluß der stillen elektrischen Entladung rasch unter Gasentwicklung.

[1]) Winther, Zeitschr. f. physikal. Chemie 60, 590 [1907].

[2]) Whittaker, Proc. Roy. Soc., Ser. A 81, 21 [1908].

[3]) Hantzsch, Zeitschr. f. physikal. Chemie 61, 257 [1907]; 65, 41 [1909].

[4]) Napier, Bulletin de la Soc. chim. 29, 122 [1879].

[5]) J. Schunke, Zeitschr. f. physikal. Chemie 14, 334 [1894]. — Tollocko, Berichte d. Deutsch. chem. Gesellschaft 28, 808 [1895]. — Herz, Berichte d. Deutsch. chem. Gesellschaft 31, 2671 [1898]. — Klobbie, Zeitschr. f. physikal. Chemie 24, 615 [1899].

[6]) Marschall, Proc. Chem. Soc. 22, 154 [1906]; Bose, Physikal. Zeitschr. 8, 951 [1908].

[7]) Fühner, Berichte d. Deutsch. chem. Gesellschaft 42, 887 [1909].

[8]) Baur u. Marschall, Arbeiten aus d. Kaiserl. Gesundheitsamt 24, 572 [1906].

[9]) Riedel, D. R. P. 52982.

[10]) Jahn, Monatshefte f. Chemie 1, 675 [1880].

[11]) Senderens, Compt. rend. de l'Acad. des Sc. 146, 1211 [1908].

[12]) Orlow, Journ. d. russ. physikal.-chem. Gesellschaft 40, 799 [1908]; Chem. Centralbl. 1908, II, 1500.

[13]) Harries, Annalen d. Chemie u. Pharmazie 343, 311 [1905].

[14]) Denis, Amer. Chem. Journ. 38, 561 [1907].

[15]) Manguin, Compt. rend. de l'Acad. des Sc. 147, 744 [1908].

[16]) Cotrell u. Rogers, Amer. Chem. Journ. 21, 64 [1899].

[17]) Jorissen, Journ. de Pharm. de Liège 10, No. 2; Chem. Centralbl. 1903, I, 1278. — Mylius, Zeitschr. f. anorgan. Chemie 55, 233 [1907].

[18]) A. J. Rossolimow, Berichte d. Deutsch. chem. Gesellschaft 38, 774 [1905]. — Ditz, Berichte d. Deutsch. chem. Gesellschaft 38, 1409 [1905].

[19]) G. Garbarini, Bulletin de l'Assoc. de Chim. de Sucr. et Dist. 26, 1165 [1909]; Chem. Centralbl. 1909, II, 1126.

[20]) Lieben, Annalen d. Chemie u. Pharmazie 165, 136 [1873].

[21]) Chrétien u. Guinchaut, Compt. rend. de l'Acad. des Sc. 136, 1673; 137, 65 [1903]. — McIntosh, Journ. Amer. Chem. Soc. 30, 1097 [1908].

[22]) Archibald u. McIntosh, Proc. Chem. Soc. 20, 139 [1904]; Journ. Chem. Soc. 85, 919 [1904]. — McIntosh, Journ. Amer. Chem. Soc. 27, 1013 [1905]; Journ. of physiol. Chemistry 12, 167 [1908].

[23]) Walker u. Spencer, Journ. Chem. Soc. 85, 1106 [1904].

[24]) Ellis, Chem. News 95, 241 [1907].

[25]) Douglas u. McIntosh, Proc. Chem. Soc. 21, 64, 120 [1905]. — Tschelinzew u. Konowalow, Journ. d. russ. physikal.-chem. Gesellschaft 41, 131; Chem. Centralbl. 1909, I, 1680. — McIntosh, Journ. Amer. Chem. Soc. 32, 1330 [1910]; Chem. Centralbl. 1910, II, 1651.

[26]) Benrath, Journ. f. prakt. Chemie [2] 72, 220 [1905].

Das Gas besteht hauptsächlich aus Methan und Wasserstoff neben ungesättigten Kohlenwasserstoffen und Kohlenoxyd[1]). Aus Äther und Ammoniak entsteht unter dem Einfluß der stillen elektrischen Entladung eine dicke dunkelrote klare Flüssigkeit von unangenehmem, aminartigem Geruch[2]).

Methyläthyläther (Mol.-Gew. 60,06) $C_3H_8O = CH_3OC_2H_5$. Aus Methyljodid und Natriumäthylat oder Natriummethylat und Äthyljodid[3]), bei der Einwirkung von Silberoxyd auf ein äquivalentes Gemenge von Methyl- und Äthyljodid[4]). Bildet mit Bromwasserstoff und mit Jodwasserstoff krystallinische Verbindungen $(CH_3C_2H_5)O \cdot HJ$ und $(CH_3C_2H_5)O \cdot HBr$[5]). Siedep. 10,8°; spez. Gew. 0,7252 bei 0°[6]). Abs. Siedetemperatur 167,7°[7]). Die Äther des Äthylalkohols mit höheren Alkoholen sind bei diesen abgehandelt.

Ester anorganischer Säuren: Unterchlorigsäureäthylester (Mol.-Gew. 80,50) C_2H_5ClO. Bildet sich beim Einleiten von Chlor in kalte wässerig-äthylalkoholische Natronlauge[8]). Gelbe, heftig riechende Flüssigkeit. Siedep. 36° bei 752 mm[9]).

Überchlorsäureäthylester (Mol.-Gew. 128,50) $C_2H_5ClO_4$. Entsteht beim Destillieren von Bariumperchlorat mit äthylschwefelsaurem Barium[10]). Siedep. 74°. Ungemein zersetzliches Öl.

Salpetrigsäureäthylester (Äthylnitrit, Salpetrigäther) (Mol.-Gew. 75,05) $C_2H_5O_2N$ $= C_2H_5ONO$. Einwirkungsprodukt von Salpetersäure und salpetriger Säure auf Alkohol. Bildet sich auch bei der Umsetzung von Natriumnitrit mit Magnesiumsulfat und Zinksulfat in alkoholischer Lösung[11]); bei der Einwirkung der Natrium-, Kalium-, Barium- und Calcium-Salze der Äthylschwefelsäure auf die Alkali- und Erdalkalinitrite[12]); aus Kobaltkaliumnitrit und alkoholischer Chloroplatinsäure[13]).

Darstellung: Aus Alkohol, verdünnter Schwefelsäure, Natriumnitrit und Wasser[14]). Flüssigkeit. Siedep. 17°[15]); spez. Gew. 0,300 bei 15,5°[16]). Wird als Spiritus aetheris nitrosi, Spiritus nitri dulcis als Geschmackskorrigens gebraucht. Wird durch Alkalien sowohl in wässeriger wie in alkoholischer Lösung nur langsam angegriffen; durch Wasser und Säuren sehr rasch verseift[17]).

Salpetersäureäthylester (Salpeteräther) (Mol.-Gew. 91,05) $C_2H_5O_3N = C_2H_5ONO_2$. Aus Weingeist und Salpetersäure in Gegenwart von Harnstoff[18]). Aus Triäthylthiophosphorsäure und Silbernitrat[19]); aus Jodäthyl und Silbernitrat bei Abwesenheit eines Lösungsmittels[20]). Flüssigkeit. Schmelzp. —112° (korr.)[21]). Siedep. 86,3° bei 728,4 mm; spez. Gew. 1,1322 bei 0°; 1,1123 bei 15,5°[22]). Siedep. 87,6°. Spez. Gew. 1,1305 bei 4°; 1,1159 bei 15°; 1,1044 bei 25°[23]). Molekularbrechungsvermögen: 31,26[24]). Oberflächenspannung[25]). Ist bei

[1]) S. M. Losanitsch, Berichte d. Deutsch. chem. Gesellschaft **42**, 4394 [1909].
[2]) S. M. Losanitsch, Berichte d. Deutsch. chem. Gesellschaft **43**, 1871 [1910].
[3]) Williamson, Annalen d. Chemie u. Pharmazie **81**, 77 [1852].
[4]) Würtz, Jahresber. d. Chemie **1856**, 563.
[5]) D. McIntosh, Journ. Amer. Chem. Soc. **30**, 1097 [1908].
[6]) Dobriner, Annalen d. Chemie u. Pharmazie **243**, 2 [1888].
[7]) Nadeschdin, Journ. d. russ. physikal.-chem. Gesellschaft **15**, II, 27 [1883].
[8]) Sandmeyer, Berichte d. Deutsch. chem. Gesellschaft **18**, 1768 [1875]; **19**, 858 [1876].
[9]) Nef, Annalen d. Chemie u. Pharmazie **287**, 298 [1895].
[10]) Roscoe, Annalen d. Chemie u. Pharmazie **124**, 124 [1862].
[11]) J. Matuschek, Chem.-Ztg. **29**, 115 [1905]; Chem. Centralbl. **1905**, I, 798.
[12]) P. Ch. Ray u. P. Neogi, Proc. Chem. Soc. **22**, 259 [1906].
[13]) Hofmann u. Burger, Berichte d. Deutsch. chem. Gesellschaft **40**, 3298 [1907].
[14]) Wallach u. Otto, Annalen d. Chemie u. Pharmazie **253**, 251 [1889]. — Dunstan u. Dymond, Berichte d. Deutsch. chem. Gesellschaft **21**, II, 515 [1888]. — Feldhaus, Annalen d. Chemie u. Pharmazie **126**, 71 [1863].
[15]) Mohr, Jahresber. d. Chemie **1854**, 561. — Brown, Jahresber. d. Chemie **1856**, 575.
[16]) E. Kopp, Annalen d. Chemie u. Pharmazie **64**, 321 [1847].
[17]) W. M. Fischer, Zeitschr. f. physikal. Chemie **65**, 61 [1908].
[18]) Millon, Annalen d. Chemie u. Pharmazie **47**, 373 [1843]. — Lossen, Annalen d. Chemie u. Pharmazie, Suppl. **6**, 220 [1866]. — Bertoni, Jahresber. d. Chemie **1876**, 333.
[19]) P. Pistschimuka, Berichte d. Deutsch. chem. Gesellschaft **41**, 3854 [1908].
[20]) E. Biron, Journ. d. russ. physikal.-chem. Gesellschaft **32**, 676 [1900]; Chem. Centralbl. **1901**, I, 366.
[21]) B. v. Schneider, Zeitschr. f. physikal. Chemie **22**, 233 [1897].
[22]) Kopp, Annalen d. Chemie u. Pharmazie **98**, 367 [1856].
[23]) Perkin, Journ. Chem. Soc. **55**, 682 [1887].
[24]) Kanonikow, Journ. f. prakt. Chemie [2] **31**, 359 [1885]. — Löwenherz, Berichte d. Deutsch. chem. Gesellschaft **23**, 2180 [1890]. — Brühl, Zeitschr. f. physikal. Chemie **16**, 214 [1895].
[25]) P. Walden, Chem. Centralbl. **1909**, I, 888.

gewöhnlicher Temperatur in Wasser bis zu 1% löslich. Wird durch Wasser und durch verdünnte Salpetersäure bei Zimmertemperatur nur spurenweise verseift; im Status nasc. wird es jedoch schon bei niedrigeren Temperaturen erheblich angegriffen[1]). Durch Äthylnitrat und Aluminiumchlorid werden Benzol, Toluol usw. nitriert[2]). Eine alkoholische Lösung des Nitrates wird durch alkalische Natrium-Arsenitlösung zu Äthylnitrit reduziert[3]). Wird durch Zinn und Salzsäure zu Hydroxylamin und anderen Basen reduziert[4]).

Äthylschweflige Säure (Mol.-Gew. 110,12) $C_2H_6O_3S = C_2H_5OSOOH$. Das Kalium bzw. Natriumsalz bildet sich, wenn man trocknes Schwefeldioxyd in eine Lösung von Kalium oder Natrium in ganz abs. Alkohol einleitet[5]).

Diäthylsulfit (Mol.-Gew. 138,15) $C_4H_{10}O_3S = SO(OC_2H_5)_2$. Aus Thionylchlorid und abs. Alkohol bei 80—90°[6]) Siedep. 161,3°. Spez. Gew. 1,1063 bei 0°[7]). Siedep.$_{30}$ = 69°; Siedep.$_{25}$ = 65°; Siedep.$_{13}$ = 51°; Siedep.$_{760}$ = 158°; $D_0^{''}$ = 1,1054. Wird durch 20 proz. Kalilauge rasch verseift, wobei zunächst ausschließlich Kaliumsulfit entsteht[8]).

Äthylschwefelsäure, Ätherschwefelsäure (Mol.-Gew. 126,12) $C_2H_6O_4S = C_2H_5 \cdot O \cdot SO_2 \cdot OH$.

Bildung: Beim Erwärmen von konz. Schwefelsäure mit abs. Alkohol auf dem Wasserbad und Neutralisation mit Bariumcarbonat, Bleicarbonat oder Calciumcarbonat[9]). Isolierung der freien Säure aus dem Bleisalz mittels Schwefelwasserstoff. Reaktionsverlauf bei der Bildung der Äthylschwefelsäure[10]). Sie entsteht ferner aus Chlorsulfonsäure und Äthylalkohol[11]).

Physikalische und chemische Eigenschaften: In Wasser leicht löslicher Sirup; spez. Gew. 1,316 bei 16°. Elektrisches Leitvermögen[12]). Zerfällt beim Kochen mit Wasser in Alkohol und Schwefelsäure; beim Kochen mit Alkohol auf 140° in Äther und Schwefelsäure; liefert beim Erhitzen Schwefeldioxyd, Kohlensäure, Kohlenoxyd und Äthylen[13]).

Die Salze der Äthylschwefelsäure sind in Wasser leicht löslich[14]). Einige bilden mit Flußsäure Additionsprodukte wie $SO_4(C_2H_5)K \cdot HF$[14]).

Äthylschwefelsaures Natrium[15]) $C_2H_5O_4SNa + H_2O$. Krystallisiert mit 1 Mol. Krystallwasser. Wird zum Nachweis von Spuren von Borsäure, Ameisensäure, Essigsäure, Buttersäure, Valeriansäure, Pelargonsäure, Oxalsäure, Benzoesäure, Salicylsäure, Zimtsäure und auch β-Naphthol verwendet[16]). Wird vom Organismus unverändert wieder ausgeschieden[17]).

Schwefelsäurediäthylester (Diäthylsulfat) (Mol.-Gewicht 154,15) $C_4H_{10}O_4S = SO_2(OC_2H_5)_2$. Bildet sich bei der Einwirkung von Schwefelsäure auf Alkohol[18]); aus

[1]) E. Biron, Journ. d. russ. physikal.-chem. Gesellschaft **32**, 676 [1900]; Chem. Centralbl. **1901**, I, 365.

[2]) E. Boedtker, Bulletin de la Soc. chim. [4] **3**, 726 [1908].

[3]) A. Gutmann, Berichte d. Deutsch. chem. Gesellschaft **41**, 2052 [1908].

[4]) Lossen, Annalen d. Chemie u. Pharmazie Suppl. **6**, 220 [1866].

[5]) Rosenheim u. Liebknecht, Berichte d. Deutsch. chem. Gesellschaft **31**, 408 [1898].

[6]) Warlitz, Annalen d. Chemie u. Pharmazie **143**, 74 [1867]. — A. Arbusow, Journ. d. russ. physikal.-chem. Gesellschaft **41**, 429 [1909]; Chem. Centralbl. **1909**, II, 684.

[7]) Carius, Journ. f. prakt. Chemie [2] **2**, 279 [1870].

[8]) A. Arbusow, Journ de russ. physikal.-chem. Gesellschaft **41**, 429 [1909]; Chem. Centralbl. **1909**, II, 684.

[9]) Berthelot, Bulletin de la Soc. chim. **19**, 295 [1873].

[10]) A. Kailan, Monatshefte f. Chemie **30**, 1 [1909]; Chem. Centralbl. **1909**, I, 989.

[11]) Claesson, Journ. f. prakt. Chemie [2] **19**, 245 [1879].

[12]) Ostwald, Zeitschr. f. physikal. Chemie **1**, 76, 81 [1887].

[13]) W. Ramsay u. Rudolf, Proc. Chem. Soc. **16**, 177 [1900].

[14]) Köhler, Berichte d. Deutsch. chem. Gesellschaft **11**, 1929 [1878]. — Marchand, Poggendorffs Annalen **32**, 456 [1834]; **41**, 495 [1837]. — J. E. Alén, Oefversigt af Kongl. Vetenskaps-Akademiens Förhandlingar **1880**, Nr. 8, Stockholm; Jahresber. d. Chemie **1883**, 1238. — Regnault, Annalen d. Chemie u. Pharmazie **25**, 41 [1838]. — Krafft u. Bourgeois, Berichte d. Deutsch. chem. Gesellschaft **25**, 474 [1892]. — Schabus, Jahresber. d. Chemie **1854**, 560. — Marignac, Jahresber. d. Chemie **1855**, 608.

[15]) R. F. Weinland u. G. Kapeller, Annalen d. Chemie u. Pharmazie **315**, 357 [1901].

[16]) V. Castellana, Gazzetta chimica ital. **36**, I, 106 [1906]; Chem. Centralbl. **1906**, I, 1187.

[17]) E. Salkowski, Archiv f. d. ges. Physiol. **4**, 91 [1871]; Virchows Archiv **66**, 316 [1876].

[18]) Villiers, Bulletin de la Soc. chim. **34**, 26 [1881]. — Claesson u. Lundwall, Berichte d. Deutsch. chem. Gesellschaft **13**, 1699 [1880].

Silbersulfat und Äthyljodid[1]); aus Alkohol und Äthylschwefelsäurechlorid[2]). Flüssigkeit mit Pfefferminzgeruch; erstarrt krystallinisch. Schmelzp. gegen —24,5°[3]). Siedet unter Zersetzung bei 208°; 113,5° bei 31 mm; 118° bei 40 mm; 120,5° bei 40 mm[3]). Spez. Gew. 1,1837 bei 19°[2]). Unlöslich in Wasser, von dem es in der Kälte nur sehr langsam zersetzt wird. Beim Kochen mit Wasser zerfällt es in Alkohol und Äthylschwefelsäure, ebenso beim Erwärmen mit Barytwasser[4]).

Äthylselenige Säure (Mol.-Gewicht 157,24) $C_2H_6O_3Se = C_2H_5O \cdot SeO \cdot OH$. Das Ammoniumsalz bildet sich bei der Einwirkung von Ammoniak auf ein Gemisch von Alkohol und Selendioxyd. Sehr hygroskopische Krystalle[5]).

Selenigsäurediäthylester (Mol.-Gew. 185,28) $C_4H_{10}O_3Se = SeO(OC_2H_5)_2$. Aus $SeOCl_2$ (in trocknem Äther) und Natriumäthylat (bei 180—190° getrocknet) oder aus Silberselenit und Jodäthyl durch Erhitzen auf 85° im Rohr[6]). Dickflüssig. Siedet unter Zersetzung bei 183—185°. Spez. Gew. 1,49 bei 16,5°. Wird durch Wasser leicht und vollständig gespalten.

Äthylselensäure $C_2H_6O_4Se = C_2H_5O \cdot SeO_2 \cdot OH$. Aus Alkohol und Selensäure[7]). Sehr unbeständig.

Äthylphosphorige Säure $C_2H_7O_3P$. Aus Phosphortrichlorid und Alkohol[8]).

Phosphorigsäurediäthylester (Mol.-Gew. 138,09) $C_4H_{11}O_3P = (C_2H_5O)_2PHO$. Aus Phosphortrioxyd und abs. Alkohol[9]); aus phosphorigsaurem Blei und Jodäthyl[10]); Siedep. 184—185°. Spez. Gew. 1,0749 bei 15,5°/4°[9]). Siedep. 80—85° bei 15 mm. Spez. Gew. 1,0555 bei 20,5°[10]). Aus Phosphortrichlorid und Natriumalkoholat[11]). Siedep.$_{754,5}$ = 187—188°; $D_0^0 = 1,0912$; $D_0^{20} = 1,0722$. Farblose, leicht bewegliche Flüssigkeit mit angenehmem ätherischen Geruch. In Wasser und organischen Solvenzien leicht löslich; zersetzt sich teilweise bei der Destillation[11]). In ätherischer Lösung mit Natrium, in wässeriger Lösung mit Silbernitrat und etwas Ammoniak behandelt, entstehen aus dem Ester Salze[12]).

Phosphorigsäuretriäthylester $C_6H_{15}O_3P$ (Mol.-Gewicht 166,12) $= (C_2H_5O)_3P$. Aus Phosphortrichlorid und abs. Alkohol oder Natriumalkoholat[13]). Flüssigkeit mit ätherischem Geruch. Siedep. bei 191° (bei 188° im Wasserstoffstrome). Spez. Gew. 1,075[13]). Siedep. 192—195° (189—192° im Wasserstoffstrome)[14]). $n_D = 1,41074$ bei 13,4°[15]). Siedep.$_{741}$ = 155,5—156,5°; $D_0^0 = 0,9777$; $D_0^{17} = 0,9605$. Unlöslich in Wasser; löslich in organischen Solvenzien[11]). Verwandelt sich unter Sauerstoffabsorption direkt in Triäthylphosphat[16]); zeigt bleichende Eigenschaften.

Unterphosphorsäuremonoäthylester (Mol.-Gewicht 190,06) $C_2H_8O_6P_2 = C_2H_5OP_2 \cdot O_2(OH)_3$. Bildet sich bei 8tägigem Stehen des Triäthylesters bei 40° mit Wasser und Calciumcarbonat[17]).

Unterphosphorsäuretetraäthylester (Mol.-Gewicht 274,16) $C_8H_{20}O_6P_2 = (C_2H_5O)_4P_2O_2$. Dickflüssig. Spez. Gew. 1,1170 bei 15°[17]).

---

[1]) Stempnewsky, Berichte d. Deutsch. chem. Gesellschaft **11**, 514 [1878].

[2]) Claesson, Journ. f. prakt. Chemie [2] **19**, 257 [1879].

[3]) Villiers, Bulletin de la Soc. chim. **34**, 26 [1881].

[4]) R. Hübner, Annalen d. Chemie u. Pharmazie **223**, 208 [1883].

[5]) Divers u. Hada, Journ. Chem. Soc. **75**, 538 [1899].

[6]) Michaelis u. Landmann, Annalen d. Chemie u. Pharmazie **241**, 156 [1888].

[7]) Fabian, Annalen d. Chemie u. Pharmazie Suppl. **1**, 244 [1861].

[8]) Würtz, Annalen d. Chemie u. Pharmazie **58**, 72 [1846].

[9]) Thorpe u. North, Journ. Chem. Soc. **57**, 634 [1890].

[10]) Michaelis u. Becker, Berichte d. Deutsch. chem. Gesellschaft **30**, 1005 [1897].

[11]) A. Arbusow, Journ. d. russ. physikal.-chem. Gesellschaft **38**, 161 [1906]; Chem. Centralbl. **1906**, II, 750.

[12]) N. Levitzky, Journ. d. russ. physikal.-chem. Gesellschaft **35**, 211 [1903]; Chem. Centralbl. **1903**, II, 22.

[13]) Railton, Annalen d. Chemie u. Pharmazie **92**, 348 [1854]. — Zimmermann, Annalen d. Chemie u. Pharmazie **175**, 10 [1875]. — Jähne, Annalen d. Chemie u. Pharmazie **256**, 272 [1889]. — A. Arbusow, Journ. d. russ. physikal.-chem. Gesellschaft **38**, 161 [1906]; Chem. Centralbl. **1906**, II, 750.

[14]) Jähne, Annalen d. Chemie u. Pharmazie **256**, 272 [1889].

[15]) Zechini, Gazzetta chimica ital. **24**, I, 37 [1894].

[16]) Geuther u. Hergt, Jahresber. d. Chemie **1876**, 207.

[17]) Sänger, Annalen d. Chemie u. Pharmazie **232**, 14 [1886].

Phosphorsäuremonoäthylester (Mol.-Gewicht 126,06) $C_2H_7O_4P = C_2H_5OPO(OH)_2$. Aus sirupdicker Phosphorsäure und Alkohol[1]). Äußerst zerfließliche, faserige Krystallmasse. **Salze:**[2]) Molekulare Leitfähigkeit[3]).

Phosphorsäurediäthylester (Mol.-Gewicht 154,09) $C_4H_{11}O_4P = PO(OC_2H_5)_2OH$. Aus Phosphorpentoxyd und abs. Alkohol[4]).

Phosphorsäuretriäthylester, Triäthylphosphat (Mol.-Gewicht 182,12) $C_6H_{15}O_4P = (C_2H_5O)_3PO$. Bildet sich beim Erhitzen von diäthylphosphorsaurem Blei[5]). Aus Silberphosphat und Äthyljodid[6]). Aus Phosphoroxychlorid und Natriumäthylat[7]). Aus Phosphorpentoxyd und abs. Alkohol[8]). Aus Natriumäthylat und Phosphortrichlorid[9]). Farblose, angenehm riechende Flüssigkeit. Siedep.$_{25}$ = 103°; Siedep.$_{50}$ = 123°; Siedep.$_{112}$ = 146°; Siedep.$_{188}$ = 161°; Siedep.$_{475}$ = 190°; Siedep.$_{775}$ = 211,5°; D^0 = 1,029; $D^{12,5}$ = 1,0785; D^{55} = 1,0214; D^{85} = 1,0044[10]). Wird durch Wasser in Diäthylphosphorsäure umgewandelt[11]). Nach Arbusow ist der Ester eine fast geruchlose Flüssigkeit, die mit Wasser in jedem Verhältnis mischbar ist[9]).

Arsenigsäuretriäthylester (Mol.-Gewicht 110,12) $C_6H_{15}O_3As = (C_2H_5O)_3As$. Aus Äthyljodid und Silberarsenit; aus Arsentrichlorid und Natriumäthylat; aus Kieselsäureäthylester und arseniger Säure[12]). Auch beim Erhitzen von Arsentrioxyd mit Äthylalkohol entsteht der Arsenigsäureester in geringer Menge[13]); in etwas besserer Ausbeute erhält man ihn, wenn man noch wasserfreies Kupfersulfat zusetzt[14]). Siedep. 165—166°. Spez. Gew. 1,224 bei 0°/4°. Wird durch Wasser sofort zerlegt.

Arsensäure-Triäthylester (Mol.-Gewicht 126,12) $C_6H_{15}O_4As = (C_2H_5O)_3AsO$. Siedep. 235—238°. Spez. Gew. 1,3264 bei 0°. Wird durch Wasser in Alkohol und Arsensäure zerlegt[12]).

Äthylantimonit (Mol.-Gewicht 255,32) $Sb(OC_2H_5)_3$. Es bildet sich beim Erhitzen von Alkohol mit Antimontrioxyd und wasserfreiem Kupfersulfat. Farblose Flüssigkeit. Siedep. 115—120°. Wird durch Wasser zersetzt; löst sich leicht in den gebräuchlichen Lösungsmitteln[15]).

Borsäuremonoäthylester (Mol.-Gewicht 72,04) $C_2H_5O_2B = C_2H_5O \cdot BO$. Aus Bortrioxyd und Alkohol oder Triäthylester. Sirupöse Flüssigkeit, sehr hygroskopisch; siedet unter Zersetzung[16]).

Borsäuretriäthylester (Mol.-Gewicht 88,04) $C_6H_{15}O_3B = (C_2H_5O)_3B$. Aus Bortrioxyd und abs. Alkohol durch 24stündiges Erhitzen im Autoklaven auf 110—120°[17]). Siedep. 120°. Spez. Gew. 0,887 bei 0°; 0,861 bei 26,5°[16]). Siedep. 119,5°. Spez. Gew. 0,887 bei 0°[17]); 0,88633 bei 0°/4°[18]). n_D = 1,38076[19]). Einwirkung auf magnesiumorganische Verbindungen[20]).

<hr>

[1]) Pelouze, Annalen d. Chemie u. Pharmazie **6**, 129 [1833]. — Liebig, Annalen d. Chemie u. Pharmazie **6**, 129 [1833]. — Vögeli, Jahresber. d. Chemie **1847**/48, 694. — Lossen u. Köhler, Annalen d. Chemie u. Pharmazie **262**, 209 [1891].

[2]) Church, Jahresber. d. Chemie **1865**, 472. — Pelouze, Annalen d. Chemie u. Pharmazie **6**, 129 [1833]. — Cavalier, Compt. rend. de l'Acad. des Sc. **138**, 762 [1904].

[3]) P. Carré, Compt. rend. de l'Acad. des Sc. **141**, 764 [1905].

[4]) Vögeli, Annalen d. Chemie u. Pharmazie **69**, 183 [1849]. — Cavalier, Compt. rend. de l'Acad. des Sc. **126**, 1214 [1898].

[5]) Vögeli, Annalen d. Chemie u. Pharmazie **69**, 190 [1849].

[6]) Clermont, Annalen d. Chemie u. Pharmazie **91**, 376 [1854].

[7]) Limpricht, Annalen d. Chemie u. Pharmazie **134**, 347 [1865].

[8]) Carius, Annalen d. Chemie u. Pharmazie **137**, 121 [1866].

[9]) A. Arbusow, Journ. d. russ. physikal.-chem. Gesellschaft **38**, 161 [1906]; Chem. Centralbl. **1906**, II, 750.

[10]) J. Cavalier, Annales de Chim. et de Phys. [7] **18**, 449]1900].

[11]) Geuther, Annalen d. Chemie u. Pharmazie **224**, 275 [1884]. — Jähne, Annalen d. Chemie u. Pharmazie **256**, 275 [1889].

[12]) Crafts, Bulletin de la Soc. chim. **14**, 99 [1870].

[13]) Auger, Compt. rend. de l'Acad. des Sc. **143**, 907 [1907].

[14]) W. R. Lang, Mackey u. Gortner, Journ. Chem. Soc. **93**, 1364 [1908].

[15]) J. F. Mac Key, Journ. Chem. Soc. **95**, 604 [1909].

[16]) Schiff, Annalen d. Chemie u. Pharmazie Suppl. **5**, 172 [1867].

[17]) Capaux, Compt. rend. de l'Acad. des Sc. **127**, 719 [1898]. — Schiff, Annalen d. Chemie u. Pharmazie, Suppl. **5**, 158 [1867].

[18]) Ghiza, Gazzetta chimica ital. **23**, II, 9 [1893].

[19]) Ghiza, Gazzetta chimica ital. **23**, I, 456 [1893].

[20]) E. Khotinsky u. M. Melamed, Berichte d. Deutsch. chem. Gesellschaft **42**, 3090 [1909].

Diäthylsilicat (Mol.-Gewicht 134,38) $C_4H_{10}O_3Si = (C_2H_5O)_2SiO$. Flüssigkeit. Siedep. 360°. Spez. Gew. 1,079 bei 24°[1]).

Tetraäthylsilicat (Mol.-Gewicht 208,46) $C_8H_{20}O_4Si = (C_2H_5O)_4Si$. Siedep. 165°. Spez. Gew. 0,933 bei 20°[1]). Wird durch Wasser langsam zerlegt[2]).

Ester des Äthylalkohols mit organischen Säuren s. bei diesen.

Für die Unterscheidung von anderen Alkoholen sind wichtig:

Benzoesäureäthylester (Mol.-Gewicht 150,08) $C_9H_{10}O_2 = C_2H_5OCOC_6H_5$. Entsteht beim Kochen von Benzoesäure mit Alkohol bei Anwesenheit von etwas Schwefelsäure[3]). Siedep. 212,9° bei 745,5 mm. Spez. Gew. 1,0657 bei 0°; 1,0556 bei 10,5°[4]).

p-Nitrobenzoesäureäthylester (Mol.-Gewicht 195,08) $C_9H_9O_4N = C_2H_5O \cdot COC_6H_4NO_2$. Entsteht beim Kochen von Alkohol mit p-Nitrobenzoylchlorid. Trikline Krystalle. Schmelzpunkt 57°[5]).

Carbanilsäureäthylester (Phenylurethan) (Mol.-Gewicht 165,10) $C_9H_{11}O_2N = C_2H_5OCONHC_6H_5$. Aus Phenylisocyanat und Äthylalkohol, ferner aus Cyanameisensäureester bei 100°[6]), aus Benzamid, Brom und Natriumäthylat[7]). Lange Nadeln (aus Wasser). Täfelchen (aus 90proz. Alkohol). Schmelzp. 51,5—52°[8]). Siedep. 237—238° unter geringer Zersetzung[9]). Fast unlöslich in kaltem Wasser, leicht löslich in Alkohol und Äther. Erhitzt man Phenylurethan mit Aminen $NH_2 \cdot R$, so werden die entsprechenden Harnstoffe gebildet. $R \cdot NH \cdot CO \cdot NH \cdot C_6H_5$[10]).

Normaler (primärer) Propylalkohol [Propanol (1)].

Mol.-Gewicht 60,06.

Zusammensetzung: 59,94% C, 13,42% H, 26,64% O.

$$C_3H_8O = CH_3 \cdot CH_2 \cdot CH_2OH.$$

Vorkommen: Im Weintreberfuselöl[11]). Im Vorlauf des Rohspiritusfuselöls[12]). Im Fuselöl aus Eicheln[13]), aus Kartoffeln und Korn[14]). 1 l Kornfuselöl enthält 36,9 g, 1 l Kartoffelfuselöl 68,54 g. In den Fuselölen der verschiedensten Gärmaterialien[15]). Im Kognak[16]).

Bildung: Bei der Einwirkung von Äthylmagnesiumbromid auf Trioxymethylen[17]). Bei der Einwirkung von Wasser auf das Reaktionsprodukt von Trioxymethylen und Zinkäthyl[18]). Bei der Destillation von Trimethylen, Schwefelsäure und Wasser[19]). Beim Erhitzen von Allylalkohol mit Ätzkali[20]). Bei der Reduktion von Allylalkohol mit Aluminiumspänen in

[1]) Friedel u. Crafts, Annales de Chim. et de Phys. [4] **9**, 5 [1866].

[2]) Stokes, Amer. Chem. Journ. **13**, 244 [1891].

[3]) E. Fischer u. Speier, Berichte d. Deutsch. chem. Gesellschaft **28**, 3253 [1895].

[4]) Kopp, Annalen d. Chemie u. Pharmazie **94**, 307 [1855].

[5]) Wilbrand u. Beilstein, Annalen d. Chemie u. Pharmazie **128**, 297 [1863].

[6]) Weddige, Journ. f. prakt. Chemie [2] **10**, 207 [1874].

[7]) Jeffreys, Amer. Chem. Journ. **22**, 41 [1899].

[8]) Wilm u. Wischin, Annalen d. Chemie u. Pharmazie **147**, 157 [1868].

[9]) Hofmann, Berichte d. Deutsch. chem. Gesellschaft **3**, 654 [1870].

[10]) Manuelli u. Comanducci, Gazzetta chimica ital. **29**, II, 136 [1899].

[11]) Chancel, Jahresber. d. Chemie **1853**, 503; Annalen d. Chemie u. Pharmazie **151**, 298 [1869].

[12]) Kramer u. Pinner, Berichte d. Deutsch. chem. Gesellschaft **3**, 75 [1870]. — Fittig, Jahresber. d. Chemie **1868**, 435. — Pierre u. Puchot, Annalen d. Chemie u. Pharmazie **163**, 265 [1872].

[13]) Rudakow u. Alexandrow, Journ. d. russ. physikal.-chem. Gesellschaft **36**, 207 [1904]; Chem. Centralbl. **1904**, 1481.

[14]) Kruis u. Rayman, Zeitschr. f. Spiritusindustrie **19**, 131 [1896]. — R. C. Schüpphaus, Journ. Amer. Chem. Soc. **14**, 45 [1892].

[15]) Eine Zusammenstellung der Mitteilungen über die Zusammensetzung der Fuselöle vom Jahre 1785—1893 findet sich bei K. Windisch, Arbeiten aus d. Kaiserl. Gesundheitsamt **8**, 140 [1892]; **11**, 825 [1895]. — Pringsheim, Centralbl. f. Bakt. u. Parasitenk. [2] **15**, 300 [1905].

[16]) Ordonneau, Compt. rend. de l'Acad. des Sc. **102**, 217 [1886].

[17]) V. Grignard, Thèse de Doctorat, Lyon 1901; Annales de Chim. et de Phys. [7] **24**, 461 [1901]. — V. Grignard u. L. Tissier, Compt. rend. de l'Acad. des Sc. **134**, 107 [1902].

[18]) Tischtschenko, Journ. d. russ. physikal.-chem. Gesellschaft **19**, 483 [1887].

[19]) Gustavson, Journ. f. prakt. Chemie [2] **36**, 301 [1887].

[20]) Tollens, Zeitschr. f. Chemie **6**, 457 [1870]; **7**, 249 [1871].

25 proz. Kalilauge[1]). Aus Propionsäureanhydrid[2]) und Propionsäurealdehyd[3]) durch Reduktion mit Natriumamalgam. Bei der Elektrolyse von Natriumbutyrat[4]).

Er entsteht in kleiner Menge bei der Gärung von Glycerin durch den Bacillus butylicus[5]); von Zucker durch Chlostridium pastorianum[6]). Bei der Einwirkung von Kartoffelbakterien auf Zucker[7]). Wahrscheinlich durch hitzebeständige Mikroben im Mehl von der Art der Kartoffelheubacillen und des Saccharobutyricus mobilis non liquefaciens aus Kartoffelbrei[8]).

Darstellung: Aus dem Fuselöl durch fraktionierte Destillation.

Erkennung: Bei Gegenwart von Schwefelsäure gibt der Normalpropylalkohol mit Furfurol[9]), Salicylaldehyd, Benzaldehyd, Anisaldehyd und Vanillin rotviolette Färbungen. Auch die höheren Alkohole zeigen ähnliche Reaktionen, jedoch gibt Normalpropylalkohol eine bedeutend schwächere Färbung als der Isoamylalkohol[10]). Man kann die Identifizierung des Propylalkohols zweckmäßig durch Überführung in das Jodid bewerkstelligen, das durch Behandlung des Alkohols mit Jodphosphor entsteht[11]).

Bestimmung: Man isoliert den Alkohol durch fraktionierte Destillation und wägt ihn als solchen oder nach der Verwandlung in das entsprechende Jodid[12]).

Physiologische Eigenschaften: Bacterium aceti oxydiert ihn zu Propionsäure. (Diese Oxydation gelingt auch beim Äthylalkohol, aber nicht beim Holzgeist und Isobutylalkohol.)[13]) Wird in geringem Maße durch Allescheria (Eurotiopsis) zersetzt[14]). Wird durch Bodensatzhefe nicht assimiliert[15]). In 1 proz. Lösung von Normalpropylalkohol sterben Infusorien innerhalb 18 Stunden, Algen nach 3 Tagen[16]). Normalpropylalkohol wirkt giftiger auf die Pflanzenzelle als der Isopropylalkohol[17]). 0,47% Propylalkohol entsprechen in bezug auf den entwicklungshemmenden Einfluß dieses Alkohols auf die Eier von Echinus miliaris 1,44% Äthylalkohol und 3% Methylalkohol[18]). Das Richardsonsche Gesetz: „Die Giftwirkung einwertiger Alkohole wächst mit der Kohlenstoffzahl und dem Molekulargewicht"[19]) findet auch beim Propylalkohol seine Bestätigung. So bei seiner Einwirkung auf das Flimmerepithel[20]), auf Hefe[21]), auf Bakterien[22]), auf Süßwassercrustaceen[23]), auf Kaninchen[24]). Als Ausnahme ist anzuführen, daß er auf *Sterigmatocystis nigra* schädigender wirken soll als Amylalkohol[25]). Nach Beobachtungen über die Umwandlungen negativ-heliotropischer Tiere (Süßwassercrustaceen) in positiv-heliotropische ist der Propylalkohol 3 mal wirksamer als der Äthylalkohol und 3 mal weniger als der n-Butylalkohol[26]). In seiner hämolytischen Wirkung ent-

[1]) Speranski, Journ. d. russ. physikal.-chem. Gesellschaft **31**, 423 [1899].

[2]) Linnemann, Annalen d. Chemie u. Pharmazie **148**, 251 [1868]; **160**, 231 [1871]; **161**, 18 [1872].

[3]) Rossi, Annalen d. Chemie u. Pharmazie **159**, 80 [1871].

[4]) Hofermoest, Annalen d. Chemie u. Pharmazie **323**, 284 [1902].

[5]) Fitz, Berichte d. Deutsch. chem. Gesellschaft **13**, 1311 [1880]. — Morin, Bulletin de la Soc. chim. **48**, 803 [1887].

[6]) Winogradsky, Centralbl. f. Bakt. u. Parasitenk. [2] **9**, 54 [1902].

[7]) Emmerling, Berichte d. Deutsch. chem. Gesellschaft **37**, 3535 [1904]; **38**, 953 [1905].

[8]) Schardinger, Centralbl. f. Bakt. u. Parasitenk. [2] **18**, 748 [1907]; Ch. Centralbl. **1907**, II, 272.

[9]) G. Guérin, Journ. de Pharm. et de Chim. [6] **21**, 14 [1905].

[10]) A. Komarowsky, Chem.-Ztg. **27**, 807, 1086 [1905]. — T. Takahashi, Bulletin of the College of Agric. Tokyo 6, 437. — H. Kreis, Chem.-Ztg. **31**, 999 [1907]; Chem. Centralbl. **1907**, II, 1660.

[11]) O. Emmerling, Berichte d. Deutsch. chem. Gesellschaft **38**, 954 [1905].

[12]) Abderhalden, Handb. d. biochem. Arbeitsmethoden **2**, 10 [1909].

[13]) Brown, Journ. Chem. Soc. **49**, 177 [1886].

[14]) Laborde, Annales de l'Inst. Pasteur **11**, 1 [1897].

[15]) E. Laurent, Annales de la Soc. Belg. de Microscopie **14**, 29 [1890].

[16]) M. Tsukamoto, Journ. of the College of Sc. Tokio **6** [1894]; **7** [1895].

[17]) A. J. J. Vandevelde, Handelingen van III. Vlamish Natuur- e Geneesk.-Congr., Antwerpen **1899**; Chem. Centralbl. **1900**, I, 861; Arch. intern. de Pharmacodynamie et de Thérapie **7**, 123 [1900]. — K. S. Iwanoff, Centralbl. f. Bakt. u. Parasitenk. [2] **13**, 139 [1904].

[18]) H. Fühner, Archiv f. experim. Pathol. u. Pharmakol. **51**, 1 [1903]; **52**, 69 [1904].

[19]) Vgl. dieses Werk S. 395.

[20]) H. Breyer, Archiv f. d. ges. Physiol. **99**, 481 [1903].

[21]) P. Regnard, Compt. rend. de la Soc. de Biol. [9] **10**, 124 [1889].

[22]) H. Buchner, Fuchs u. Megele, Archiv f. Hyg. **40**, 347 [1901]. — Wirgin, Zeitschr. f. Hyg. **46**, 149 [1904]. — H. Stadler, Archiv f. Hyg. **73**, 206 [1911].

[23]) J. Loeb, Biochem. Zeitschr. **23**, 93 [1910].

[24]) G. Baer, Archiv f. Anat. u. Physiol., Physiol. Abt. **1898**, 283.

[25]) H. Coupin, Compt. rend. de l'Acad. des Sc. **138**, 389 [1904].

[26]) J. Loeb, Biochem. Zeitschr. **23**, 93 [1909]; Chem. Centralbl. **1910**, I, 942.

spricht ein 6,5 proz. Normalpropylalkohol einem 23,5 proz. Methyl- und einem 14,9 proz. Äthylalkohol[1]). Die desinfektorische Kraft einer 0,5 Normallösung des Propylalkohols entspricht der einer 1,3 und 2,5 Normallösung von Äthyl- bzw. Methylalkohol und einer 0,3 bzw. 0,1 Normallösung von Butyl- und Amylalkohol; sie ist etwa gleichgroß wie die der Isoverbindung. In 30 proz. Lösung entfaltet er die größte Wirkung[2]). In bezug auf die Giftigkeit für eine junge Forellenbrut kommt ein 18 proz. Normalpropylalkohol einem 45 proz. Äthylalkohol und einem 9 proz. Butylalkohol gleich[3]). In 1- und 2 proz. Lösung ruft er bei Injektionen bei Fröschen noch keinerlei narkotische Wirkung hervor[4]). Die letale Dosis pro Kilogramm Tier bei innerlicher Verabreichung beträgt beim Normalpropylalkohol 3,9 g[5]). 9 g Normalpropylalkohol bewirkten bei einem Kaninchen nach 9 Stunden den Tod[6]). Durch Eintauchen von Froschmuskeln in Salzlösungen, die Normalpropylalkohol enthalten, wird die Erregbarkeit der Muskeln durch Induktionsschläge vermindert bzw. vernichtet. Hierbei wirkt der Normalpropylalkohol stärker als der Isopropylalkohol[7]). Alkoholdämpfe bewirken bei einem durch Induktionsschläge völlig ermüdeten Froschmuskel eine Kontraktion, der eine Erschlaffung folgt. Die Ursache der Erscheinung ist wahrscheinlich die Gerinnung von Myosin und darauffolgende Lösung des Koagulums. Dabei wirkt Propylalkohol stärker als Äthyl- und Methylalkohol[8]). Sowohl die Pepsin- wie auch die Pankreasverdauung wird durch Propylalkohol verlangsamt[9]). Er wirkt wasserentziehend auf tierische Gewebe. In die Gewebe, in die er gelangt, bewirkt er Gefäßerweiterung; besonders stark in der Bauchhöhle. Er erzeugt — mehr als Methyl- und Äthylalkohol — eine Blutdruckerhöhung in der Radialis eines Oberarmes, dem man einen mit Propylalkohol durchtränkten Verband angelegt hat[10]). Nach Untersuchungen an phloridzindiabetischen Hunden bewirkt der n-Propylalkohol fast immer eine Erhöhung der Zuckerausscheidung und stets eine Verminderung der Stickstoffausscheidung[11]). Wird vom Organismus in geringem Maße als Glykuronsäurederivat ausgeschieden[12]). Physiologische Versuche über die Wirkung des Propylalkohols in Branntwein[13]).

Physikalische Eigenschaften: Stark alkoholisch riechende, mit leuchtender Flamme brennende Flüssigkeit. Siedep. 97,4° (korr.). Spez. Gew. 0,8205 bei 0°; 0,8066 bei 15°. Spez. Gew. 0,8044 bei 20°/4°[14]). Siedep. 97,4°. Spez. Gew. 0,8069 bei 17°. Ausdehnungskoeffizient[15]). Spez. Gew. 0,8177 bei 0°[16]). Siedep. 97,1° bei 752,4 mm; 22,3° bei 16,78 mm; 31,4° bei 30,2 mm; 35,6° bei 39,6 mm; 43,2° bei 62,18 mm[17]). Spez. Gew. 0,80798 bei 15°/4°; spez. Gew. 0,80406 bei 20°/4°. Siedep. 97,2° bei 760 mm[18]). Schmelzp. —127°[19]). Spez. Gew. des wässerigen Propylalkohols: bei 10 Gewichtsprozenten Propylalkohol spez. Gew. 0,9840 bei 20°/4°; bei 30% = 0,9510; bei 50% = 0,9141; bei 52,6% = 0,9044; bei 55% = 0,8995; bei 70% = 0,8697; bei 100% = 0,8051[20]). Spez. Wärme und Dichte in Gemischen mit Wasser[21]).

Folgende Tabelle enthält durch Interpolation berechnete Dichten von Propylalkokol-Wassergemischen.

[1]) H. Fühner u. E. Neubauer, Centralbl. f. Physiol. **20**, 118 [1906].

[2]) Wirgin, Zeitschr. f. Hyg. **46**, 149 [1904].

[3]) G. Billard u. L. Dieulafé, Compt. rend. de la Soc. de Biol. **56**, 452 [1904].

[4]) V. Nazari, Atti della R. Accad. dei Lincei Roma [5] **17**, II, 166 [1908]; Arch. di Farmacol. sperim. **7**, 421 [1908].

[5]) Dujardin-Beaumetz, Intern. Kongreß gegen den Alkoholismus, Paris. Referat: Jahresber. über d. Fortschritte d. Tierchemie **10**, 118 [1881]; Compt. rend. de l'Acad. des Sc. **81**, 192 [1875]; **83**, 80 [1876].

[6]) Schneegans u. v. Mehring, Therapeut. Monatshefte **1892**, 327.

[7]) H. P. Kemp, Proc. Phys. Soc. **1908**, 49.

[8]) H. P. Kemp u. A. D. Waller, Proc. Phys. Soc. **1908**, 43; Journ. of Physiol. **37**, 3 [1908].

[9]) E. Laborde, Compt. rend. de la Soc. de Biol. **51**, 821 [1899].

[10]) H. Buchner, F. Fuchs u. L. Megele, Archiv f. Hyg. **40**, 347 [1901].

[11]) P. Höckendorff, Biochem. Zeitschr. **23**, 281 [1909]; Chem. Centralbl. **1910**, I, 947.

[12]) Neubauer, Archiv f. experim. Pathol. u. Pharmakol. **46**, 133 [1901].

[13]) Hamberg, Physiol. Versuche m. d. flücht. Substanzen, d. sich i. Branntwein finden. Wien 1884

[14]) Brühl, Annalen d. Chemie u. Pharmazie **203**, 268 [1880].

[15]) Zander, Annalen d. Chemie u. Pharmazie **214**, 153 [1882].

[16]) Zander, Annalen d. Chemie u. Pharmazie **224**, 79 [1884].

[17]) Kahlbaum, Berichte d. Deutsch. chem. Gesellschaft **16**, 2480 [1883].

[18]) Loomis, Zeitschr. f. physikal. Chemie **32**, 578 [1900].

[19]) Carrara u. Coppadoro, Gazzetta chimica ital. **33**, I, 329 [1903].

[20]) Traube, Berichte d. Deutsch. chem. Gesellschaft **19**, 881 [1886].

[21]) A. Doroszewski, Journ. d. russ. physikal.-chem. Gesellschaft **41**, 958 [1909]; Chem. Centralbl. **1910**, I, 156.

Dichten der Gemische des Propylalkohols mit Wasser[1].

Gewichtsprozente Alkohol	D_{15}^{15}	Diff.
0	1,000 00	168
1	0,998 32	165
2	0,996 67	150
3	0,995 17	147
4	0,993 70	142
5	0,992 28	137
6	0,990 91	131
7	0,989 60	126
8	0,988 34	122
9	0,987 12	119
10	0,985 93	117
11	0,984 76	117
12	0,983 59	117
13	0,982 42	119
14	0,981 23	123
15	0,980 00	127
16	0,978 73	135
17	0,977 38	144
18	0,975 94	151
19	0,974 43	157
20	0,972 86	166
21	0,971 20	172
22	0,969 48	179
23	0,967 69	185
24	0,965 84	190
25	0,963 94	197
26	0,961 97	197
27	0,960 00	199
28	0,958 01	200
29	0,956 01	200
30	0,954 01	200
31	0,952 01	201
32	0,950 00	202
33	0,947 98	202

Gewichtsprozente Alkohol	D_{15}^{15}	Diff.
34	0,945 96	202
35	0,943 94	203
36	0,941 91	203
37	0,939 88	204
38	0,937 84	205
39	0,935 79	207
40	0,933 72	208
41	0,931 64	207
42	0,929 57	207
43	0,927 50	206
44	0,925 44	206
45	0,923 38	205
46	0,921 33	205
47	0,919 28	205
48	0,917 23	205
49	0,915 18	204
50	0,913 14	206
51	0,911 08	205
52	0,909 03	205
53	0,906 98	205
54	0,904 93	205
55	0,902 88	206
56	0,900 82	205
57	0,898 77	205
58	0,896 72	205
59	0,894 67	205
60	0,892 62	204
61	0,890 58	203
62	0,888 55	202
63	0,886 53	203
64	0,884 50	203
65	0,882 47	203
66	0,880 44	203
67	0,878 41	202

Gewichtsprozente Alkohol	D_{15}^{15}	Diff.
68	0,876 39	203
69	0,874 36	202
70	0,872 34	202
71	0,870 32	202
72	0,868 30	202
73	0,866 28	202
74	0,864 26	203
75	0,862 23	204
76	0,860 19	205
77	0,858 14	205
78	0,856 09	204
79	0,854 05	205
80	0,852 00	205
81	0,849 95	205
82	0,847 90	205
83	0,845 85	205
84	0,843 80	205
85	0,841 75	206
86	0,839 69	208
87	0,837 61	210
88	0,835 51	212
89	0,833 39	215
90	0,831 24	216
91	0,829 08	218
92	0,826 90	219
93	0,824 71	220
94	0,822 51	220
95	0,820 31	230
96	0,818 01	240
97	0,815 61	250
98	0,813 11	258
99	0,810 53	249
100	0,808 04	

Siedepunkte der Gemische von Propylalkohol + Wasser[2].

Gewichtsproz. Alkohol	Siedep.$_{700}$	Siedep.$_{760}$	Siedep.$_{800}$
9,92	89,22°	91,39°	92,79°
19,99	86,80°	88,98°	90,35°
29,99	86,22°	8 ,38°	89,76°
40,04	85,99°	88,17°	89,53°
49,96	85,82°	87,98°	89,34°
59,98	85,70°	87,85°	89,21°
69,91	85,60°	87,76°	89,12°
80,02	85,81°	87,97°	89,33°
90,02	87,20°	89,38°	90,74°
100	95,09°	97,26°	98,63°

[1] A. Doroszewski u. M. Rohsdestwenski, Journ. d. russ. physikal.-chem. Gesellschaft **41**, 1428 [1909]; Chem. Centralbl. **1910**, I, 812.

[2] A. Doroszewski u. E. Polianski, Journ. d. russ. physikal.-chem. Gesellschaft **42**, 100 [1910]; Chem. Centralbl. **1910**, I, 1227.

Spez. Volum gesättigten Propylalkoholdampfes bei verschiedenen Temperaturen[1]). Spez. Gew. und Dampftension bei verschiedenen Temperaturen[2]). Dampftension bei 1,7° bis 91,2°[3]); bei 50 mm 40,3°; 200 mm 66,5°; 350 mm 78,8°; 500 mm 86,9°; 650 mm 92,5°; bei 70,5° 247,7 mm; bei 82,1° 411,4 mm[4]). Kritische Temperatur 254,1°[5]); 270,5°[6]). Spez. Wärme 0,593 für 1 g[7]). Spez. Zähigkeit[8]). Capillaritätskonstante beim Siedep. a^2 = 4,718[9]). Absorptionsspektrum[10]). Spez. Wärme, Verdampfungswärme[11]). Oberflächenspannung[12]). Verbrennungswärme[13]). Kryoskopisches Verhalten[14]). Dielektrizitätskonstante[15]). Dielektrizitätskonstante, elektrische Absorption[16]). Elektrische Absorption[17]). Dielektrizitätskonstante und Brechungsvermögen[18]). Elektromagnetische Drehung: 3,756[19]). Esterifikationsgeschwindigkeit, K = 0,00727[20]).

Chemische Eigenschaften: n-Propylalkohol ist mit Wasser in allen Verhältnissen mischbar; in einer kalt gesättigten Chlorcalciumlösung ist er nicht löslich und kann aus seiner wässerigen Lösung durch Chlorcalcium wieder abgeschieden werden, wodurch er sich vom Äthylalkohol unterscheiden läßt, der nicht abgeschieden wird. Er löst ca. $^1/_3$ seines Gewichtes an Natriumjodid; beim Verdampfen der Lösung scheiden sich Krystalle der Formel $5 NaJ \cdot 3 C_3H_8O$ aus[21]). Beim Eintragen von Stannichlorid in Propylalkohol und Abdestillieren des überschüssigen Alkohols entsteht die krystallisierte Verbindung $SnCl_2(C_3H_7O)_2 \cdot HCl$. Schmelzp. 163°[22]).

Mit Jod und Kalilauge gibt er Jodoform[23]), mit Brom Propylbromal $CBr_3 \cdot CH_2 \cdot CHO$ und Dibrompropionaldehyd[24]). Chlorierung bei Sonnenlicht und in der Kälte ergibt 1,2 Dichlorpropyläther und etwas 2-Chlorpropanol[25]).

Mit wenig Methyljodid auf 218° erhitzt entstehen Normalpropyläther und Wasser[26]).

Bei Einwirkung von Salpetersäure entstehen Propylacetat, Oxalsäure und Kohlensäure[27]), bei anhaltendem Erhitzen mit Fehlingscher Lösung auf 240° Milchsäure und Äthylenmilchsäure. Beim Auftröpfeln auf stark erhitztes Chlorzink werden Propylen neben wenig Propionaldehyd und Ölen gebildet[28]). Beim Kochen mit Natronlauge und gelbem Quecksilberoxyd entsteht eine gelbe, beim Erhitzen explodierende Quecksilberverbindung[29]), die gegen Ammoniak und Natronlauge beständig ist und mit Cyankalium ein gelbes Cyanid liefert.

---

[1]) Sidney Young, Zeitschr. f. physikal. Chemie **70**, II, Arrhenius-Festband, S. 620 [1910].

[2]) Naccari u. Pagliani, Jahresber. über d. Fortschritte d. Chemie **1882**, 63.

[3]) Richardson, Journ. Chem. Soc. **49**, 763 [1886].

[4]) Konowalow, Poggend. Annalen [2] **14**, 41 [1881].

[5]) Nadeschdin, Journ. d. russ. physikal.-chem. Gesellschaft **14**, II, 539 [1882].

[6]) Schmidt, Annalen d. Chemie u. Pharmazie **266**, 287 [1891].

[7]) Forcrand, Jahresber. über d. Fortschritte d. Chemie **1885**, 209.

[8]) Přibram u. Handl, Monatshefte f. Chemie **2**, 664 [1881]. — Traube, Berichte d. Deutsch. chem. Gesellschaft **19**, 881 [1886].

[9]) R. Schiff, Annalen d. Chemie u. Pharmazie **223**, 70 [1884].

[10]) Spring, Recueil des travaux chim. des Pays-Bas **16**, 1 [1895].

[11]) Longuinine, Annales de Chim. et de Phys. [7] **13**, 289 [1898].

[12]) Th. Renard u. Ph. Guye, Journ. de Chim. et de Phys. **5**, 81 [1907].

[13]) Zoubow, Journ. d. russ. physikal.-chem. Gesellschaft **30**, 926 [1898].

[14]) Biltz, Zeitschr. f. physikal. Chemie **29**, 251 [1899].

[15]) Abegg u. Seitz, Zeitschr. f. physikal. Chemie **29**, 245 [1899].

[16]) Drude, Zeitschr. f. physikal. Chemie **23**, 309 [1897].

[17]) P. Beaulard, Compt. rend. de l'Acad. des Sc. **151**, 55 [1910]; Chem. Centralbl. **1910**, II, 966.

[18]) Landolt u. Jahn, Zeitschr. f. physikal. Chemie **10**, 316 [1892]. — Eykmann, Recueil des travaux chim. des Pays-Bas **12**, 277 [1893].

[19]) Schönrock, Zeitschr. f. physikal. Chemie **11**, 785 [1893].

[20]) A. Michael u. K. Wolgast, Berichte d. Deutsch. chem. Gesellschaft **42**, 3157 [1909].

[21]) M. Loeb, Journ. Amer. Chem. Soc. **27**, 1019 [1905].

[22]) A. Rosenheim u. R. Schnabel, Berichte d. Deutsch. chem. Gesellschaft **38**, 2777 [1905].

[23]) A. Lieben, Annalen d. Chemie u. Pharmazie, Suppl. **7**, 230 [1870].

[24]) Hardy, Jahresber. üb. d. Fortschritte d. Chemie **1874**, 305.

[25]) Keßler, Journ. f. prakt. Chemie [2] **48**, 237 [1893].

[26]) Wolkow, Journ. d. russ. physikal.-chem. Gesellschaft **21**, 338 [1889].

[27]) Klimenko, Berichte d. Deutsch. chem. Gesellschaft **1**, 1604 [1868].

[28]) Le Bel u. Greene, Amer. Chem. Journ. **2**, 23 [1880].

[29]) K. A. Hofmann, Berichte d. Deutsch. chem. Gesellschaft **31**, 1908 [1898].

Beim Erhitzen von Normalpropylalkohol mit Natriumpropylat im Rohr auf 220—230° entsteht Dipropylalkohol $\mathrm{{}^{CH_3}_{HOCH_2}}{>}CH \cdot C_3H_7$ [1]. Bei Destillation über Zinkstaub entstehen Propylen und Wasser (resp. Wasserstoff)[2]. Beim Überleiten über glühende Kohle bei 300° wird er hauptsächlich in Propylen und Wasser gespalten[3]. Bei 380° entstehen Aldehyd, Äthylen und Methankohlenwasserstoffe neben Wasserstoff[4]. Durch Aluminiumphosphat wird Propylalkohol bei 340° reichlich in Propylen verwandelt[5]. Durch katalytische Oxydation beim Überleiten über Kupfer in Propionaldehyd[6]. Der Propylalkohol wird durch Erhitzen mit Fehlingscher Lösung im Einschlußrohr zu Propionaldehyd und Propionsäure oxydiert[7]. Bei Gegenwart von Uranylverbindungen gehen die Alkohole durch Belichtung in Aldehyde über[8]. n-Propylalkohol wirkt fällend auf eine kolloidale Lösung von Eisenoxyd. In 11—13 proz. Lösung wirkt er eiweißfällend[9], und zwar auf Rinderblutserum etwa doppelt so stark wie Methyl- und Äthylalkohol[10]. Er besitzt ein größeres Fällungsvermögen für Ammoniumchlorid, Kaliumchlorid und Natriumchlorid als Äthyl und Äthylalkohol[11]. Verhalten von Propylalkohol gegen semipermeable Membrane[12] Bei der photochemischen Zersetzung entstehen Kohlenoxyd, Wasserstoff und Butan[13]. Verhalten bei Einwirkung der dunklen elektrischen Entladung in Gegenwart von Stickstoff[14]. Zersetzung durch elektrische Schwingungen[15].

Derivate. Additionsprodukt: $CaCl_2 + 3\,C_3H_7 \cdot OH$ [16].

Alkoholate: Bilden sich durch Auflösen der Metalle in Propylalkohol.

Natriumpropylat (Mol.-Gew. 82,06) $NaO \cdot C_3H_7$ [17]. $NaO \cdot C_3H_7 \cdot 2\,C_3H_7 \cdot OH$ [18].

Kaliumpropylat (Mol.-Gew. 98,10) $KO \cdot C_3H_7$ [17].

Calciumpropylat (Mol.-Gewicht 158,21) $Ca(OC_3H_7)_2$; lockeres weißes Pulver; entsteht beim Kochen von Calcium mit dem Alkohol[19]. **Bariumpropylat** (Mol.-Gewicht 255,49) $Ba(OC_3H_7)_2$. Propylalkohol liefert beim Kochen mit Calciumoxyd und Bariumoxyd die Alkoholate[20].

Aluminiumpropylat (Mol.-Gew. 204,27) $Al(OC_3H_7)_3$. Entsteht beim Erhitzen von Aluminium, Jod und dem Alkohol auf 100°[21]. Schmelzp. 60°. Spez. Gew. 1,026 bei 4°, ferner aus Aluminium und Propylalkohol in Gegenwart von Zinnchlorid[22]. Schmelzp. 65°. Siedep._{15} = 235—255°; Siedep._{20} = 257—262°.

Äther.

Propyläther (Mol.-Gew. 102,11) $C_6H_{14}O = C_3H_7 \cdot O \cdot C_3H_7$. Wird beim Erhitzen von Propylalkohol und Schwefelsäure auf 135° gebildet[23]. Durch Erhitzen von Propylalkohol mit $^1/_{10}$ seines Gewichtes Eisenchlorid auf 145—155°[24]; aus Propylalkohol und Chinolin-

[1] M. Guerbet, Compt. rend. de l'Acad. des Sc. **133**, 1220 [1901].
[2] Jahn, Berichte d. Deutsch. chem. Gesellschaft **13**, 988 [1880].
[3] Senderens, Compt. rend. de l'Acad. des Sc. **144**, 381 [1907]; Chem. Centralbl. **1907**, 1245.
[4] Lemoine, Compt. rend. de l'Acad. des Sc. **146**, 1360 [1908].
[5] Senderens, Compt. rend. de l'Acad. des Sc. **144**, 1109 [1907]; Chem. Centralbl. **1907**, II, 289.
[6] Orlow, Journ. d. russ. physikal.-chem. Gesellsch. **40**, 203 [1908]; Chem. Centralbl. **1908**, II, 581.
[7] F. Gaud, Compt. rend. de l'Acad. des Sc. **119**, 862 [1894].
[8] C. Neuberg, Biochem. Zeitschr. **13**, 305 [1908].
[9] K. Spiro, Beiträge z. chem. Physiol. u. Pathol. **4**, 300 [1904].
[10] H. Buchner, F. Fuchs u. L. Megele, Archiv f. Hyg. **40**, 347 [1901].
[11] H. E. Armstrong u. J. V. Eyre, Proc. Roy. Soc. (Ser. A) **84** [1910]; Chem. Centralbl. **1910**, II, 1016.
[12] S. U. Pickering, Berichte d. Deutsch. chem. Gesellschaft **24**, 3639 [1891]. — A. Findley, u. F. C. Schart, Proc. Chem. Soc. **21**, 170 [1905].
[13] D. Berthelot u. H. Gaudechon, Compt. rend. de l'Acad. des Sc. **151**, 478 [1910].
[14] Berthelot, Compt. rend. de l'Acad. des Sc. **126**, 620 [1893].
[15] Hemptinne, Zeitschr. f. physikal. Chemie **25**, 291 [1898].
[16] Göltig, Berichte d. Deutsch. chem. Gesellschaft **23**, 181 [1890].
[17] Forcrand, Annales de Chim. et de Phys. [6] **11**, 457 [1887].
[18] Fröhlich, Annalen d. Chemie u. Pharmazie **202**, 295 [1880].
[19] F. M. Perkin u. L. Pratt, Proc. Chem. Soc. **23**, 304 [1907]; Chem. Centralbl. **1908**, I, 1610.
[20] Destrem, Annales de Chim. et de Phys. [5] **27**, 15 [1882].
[21] Gladstone u. Tribe, Journ. Chem. Soc. **39**, 4 [1881].
[22] H. W. Hillyer, Amer. Chem. Journ. **19**, 601 [1897].
[23] Norton u. Prescott, Amer. Chem. Journ. **6**, 243 [1884].
[24] Oddo u. Cusmano, Gazzetta chimica ital. **33**, II, 419 [1904].

chlorhydrat beim Erhitzen im Rohr[1]). Aus Propyljodid und Kaliumpropylat[2]), oder Silberoxyd, oder Quecksilberoxyd[3]). Aus Propylalkohol und Metallsalzen[4]). Allyloxyd geht in Gegenwart von Nickel und Wasserstoff bei 130—140° glatt in Propyloxyd über[5]).

Flüssigkeit. Siedep. 90,7°. Spez. Gew. 0,7443 bei 21,2°[6]). Siedep. 89—91°[7]). Siedep. 91—91,2°. $D_{19,4} = 0,7645$[1]). Gibt unter bestimmten Bedingungen mit Salpetersäure bei gewöhnlicher Temperatur eine additionelle Verbindung: $(C_3H_7)_2O \cdot HNO_3$[8]).

Methylpropyläther (Mol.-Gew. 74,08) $C_4H_{10}O = CH_3 \cdot O \cdot C_3H_7$. Aus Natriumpropylat und Methyljodid[9]) [10]). Siedep. 38,9°. Spez. Gew. 0,7471 bei 0°[11]). Siedep.$_{752} = 36,6$ bis 37,4°. Spez. Gew. 0,7460 bei 0°[10]). Über Einwirkung von Jodwasserstoffsäure auf den Methylpropyläther[12]).

Äthylpropyläther (Mol.-Gew. 88,05) $C_5H_{12}O = C_2H_5 \cdot O \cdot C_3H_7$. Aus Natriumpropylat und Äthyljodid[13]); aus Natriumäthylat und Propyljodid. Siedep. 63,5—64°; Einwirkung von Jodwasserstoff auf den Äther[12]).

Propyl-isopropyläther[14]) (Mol.-Gew. 102,11) $C_6H_{14}O = (CH_3)_2 \cdot CH \cdot O \cdot C_3H_7$. Aus Natriumisopropylat und Propyljodid. Siedep. 82—83°; Einwirkung von Jodwasserstoff auf den Äther[15]).

Äther des Propylalkohols mit höheren Alkoholen s. bei diesen.

n-Propylbromid C_3H_7Br[16]). Siedep. 70,82° (korr.); spez. Gewicht 1,388 bei 0°; 1,3577 bei 16°. Spez. Gewicht 1,3520 bei 20°/4°.

n-Propyljodid C_3H_7J[17]). Siedep. 102,2° (korr.); spez. Gewicht 1,784 bei 0°; 1,7472 bei 16°; Siedep. 101,7° bei 740,9 mm; spez. Gew. 1,7427 bei 20°/4°.

Ester anorganischer Säuren: Propylnitrit (Mol.-Gew. 89,07) $C_3H_7O_2N = C_3H_7 \cdot O \cdot NO$. Aus Silbernitrit und Propyljodid, aus salpetriger Säure und Propylalkohol[18]). Siedep. 57°[19]). Spez. Gew. 0,9981 bei 0°. Spez. Zähigkeit[20]). Brechungsvermögen[21]). Einwirkung auf Zinkpropyl[22]).

Propylnitrat (Mol.-Gew. 105,07) $C_3H_7O_3N = C_3H_7 \cdot O \cdot NO_2$. Bildet sich beim Erhitzen von Salpetersäure, Propylalkohol und Harnstoff[23]). Siedep. 110,5°. Spez. Gew. 1,0747 bei 5°; 1,0631 bei 15°; 1,0531 bei 25°[24]).

Propylschwefelsäure (Mol.-Gew. 140,13) $C_3H_8SO_4 = C_3H_7 \cdot O \cdot SO_3H$. Aus Propylalkohol und Schwefelsäure[25]).

---

[1]) Th. v. Hove, Bulletin de l'Acad. Roy. Belg. **1906**, 650; Chem. Centralbl. **1907**, I, 235.

[2]) Chancel, Annalen d. Chemie u. Pharmazie **151**, 304 [1869].

[3]) Linnemann, Annalen d. Chemie u. Pharmazie **161**, 37 [1872].

[4]) G. Oddo, Gazzetta chimica ital. **31**, 285 [1900]; Chem. Centralbl. **1901**, II, 183.

[5]) P. Sabatier u. A. Mailhe, Annales de Chim. et de Phys. [8] **16**, 70 [1909].

[6]) Zander, Annalen d. Chemie u. Pharmazie **214**, 163 [1882].

[7]) Oddo u. Cusmano, Gazzetta chimica ital. **33**, II, 419 [1904].

[8]) J. B. Cohn u. J. Gatechiff, Proc. Chem. Soc. **20**, 194 [1904]; Chem. Centralbl. **1905**, I, 232.

[9]) G. Chancel, Annalen d. Chemie u. Pharmazie **151**, 305 [1869].

[10]) Krafft, Berichte d. Deutsch. chem. Gesellschaft **26**, 2832 [1893].

[11]) Dobriner, Annalen d. Chemie u. Pharmazie **243**, 2 [1888].

[12]) A. Michael u. F. D. Wilson, Berichte d. Deutsch. chem. Gesellschaft **39**, 2569 [1906].

[13]) A. Michael u. F. D. Wilson, Berichte d. Deutsch. chem. Gesellschaft **39**, 2574 [1906]. — Dobriner, Annalen d. Chemie u. Pharmazie **243**, 1 [1888].

[14]) Silva, Annales de Chim. et de Phys. [5] **7**, 430 [1876]. — Lippert, Annalen d. Chemie u. Pharmazie **276**, 190 [1893].

[15]) A. Michael u. F. D. Wilson, Berichte d. Deutsch. chem. Gesellschaft **39**, 2576 [1906]. — A. Michael, Journ. f. prakt. Chemie **64**, 102 [1901].

[16]) Zander, Annalen d. Chemie u. Pharmazie **214**, 159 [1882].

[17]) Brown, Jahresber. d. Chemie **1877**, 22. — Zander, Annalen d. Chemie u. Pharmazie **214**, 161 [1882].

[18]) Witt, Berichte d. Deutsch. chem. Gesellschaft **19**, 915 [1886].

[19]) Bertoni u. Troffi, Jahresber. d. Chemie **1883**, 853.

[20]) Přibram u. Handl, Monatshefte f. Chemie **2**, 655 [1881].

[21]) Brühl, Zeitschr. f. physikal. Chemie **16**, 214 [1895].

[22]) J. Bevad, Journ. d. russ. physikal.-chem. Gesellschaft **32**, 420 [1900]; Chem. Centralbl. **1900**, II, 725.

[23]) Wallach u. Schulze, Berichte d. Deutsch. chem. Gesellschaft **14**, 421 [1881].

[24]) Perkin, Journ. Chem. Soc. **55**, 683 [1889].

[25]) Chancel, Jahresber. d. Chemie **1853**, 504.

Dipropylsulfat (Mol.-Gew. 182,17) $C_6H_{14}SO_4 = (C_3H_7O)_2 \cdot SO_2$. Aus Propylalkohol und Chlorsulfonsäure[1]); bei der Absorption von Trimethylen durch Schwefelsäure[2]). Öl.

Dipropylphosphit (Mol.-Gewicht 166,12) $C_6H_{15}O_3P = P(OC_3H_7)_2OH$. Farblose, angenehm riechende, in Wasser leicht lösliche Flüssigkeit; Siedep. $91 - 91{,}2°$; $D_0^0 = 1{,}0366$; $D_0^{20} = 1{,}0207$ [3]).

Tripropylphosphit (Mol.-Gew. 208,17) $C_9H_{21}PO_3 = P(OC_3H_7)_3$. Aus Phosphortrichlorid und Natriumpropylat. Farblose, angenehm riechende Flüssigkeit; in Wasser sehr wenig löslich. Siedep.$_{759,3} = 206{-}207°$; $D_0^0 = 0{,}9705$. $D^{21,5} = 0{,}9503$ [4]).

Monopropylphosphat, Phosphorsäuremonopropylester (Mol.-Gew. 142,07) $C_3H_9PO_4 = C_3H_7 \cdot O \cdot PO(OH)_2$. Das Barytsalz entsteht aus Propylalkohol und sirupöser Phosphorsäure; fällt beim Kochen der kalten Lösung aus[5]).

Barytsalz $PO_4(C_3H_7)Ba + 2\,H_2O$ [6]).

Tripropylphosphat, Phosphorsäuretripropylester (Mol.-Gew. 224,17) $C_9H_{21}PO_4 = PO(OC_3H_7)_3$. Aus Trisilberphosphat und Jodäthyl. Farblose, bewegliche Flüssigkeit. Siedep.$_{47} = 138°$; Siedep.$_{22} = 133{,}5°$; in Wasser unlöslich[6]). Wird durch Spuren von Brom rot gefärbt. Siedep.$_8 = 120{-}121°$ [7]).

Borsäuretripropylester (Mol.-Gew. 189,17) $C_9H_{21}BO_3 = B(OC_3H_7)_3$. Aus Borsäureanhydrid und Propylalkohol. Siedep. $172{-}175°$; spez. Gew. 0,867 bei $16°$ [8]).

Tetrapropylsilicat (Mol.-Gew. 264,52) $C_{12}H_{28}SiO_4 = Si(OC_3H_7)_4$. Wird beim Sättigen des Alkohols mit Chlorsilicium gebildet[9]), entsteht beim Behandeln des Natriumpropylats mit Fluorsilicium[10]). Siedep. $225{-}227°$. Spez. Gew. 0,915 bei $18°$ [11]).

Propylarsenit (Mol.-Gew. 252,16) $C_9H_{21}O_3As = As \cdot (OC_3H_7)_3$. Entsteht beim Erhitzen von Propylalkohol mit Arsentrioxyd bei Gegenwart von wasserfreiem Kupfersulfat. Siedep. $216°$ [12]); Siedep. $217°$ [13]).

Propylantimonit (Mol.-Gew. 297,16) $C_9H_{21}O_3Sb = Sb \cdot (O \cdot C_3H_7)_3$. Bildet sich beim Erhitzen von Propylalkohol mit Antimontrioxyd; gelbe Flüssigkeit. Siedep.$_{30} = 143°$; $D = 1{,}042$. Zersetzt sich bei $200°$; wird durch Wasser zerstört; löslich in den gebräuchlichen organischen Lösungsmitteln[14]).

Ester organischer Säuren: Ameisensäurepropylester (Mol.-Gew. 88,06) $C_4H_8O_2 = HCO_2 \cdot C_3H_7$. Siedep. $81°$ bei 760 mm [15]).

Essigsäurepropylester (Mol.-Gew. 102,08) $C_5H_{10}O_2 = CH_3 \cdot CO_2 \cdot C_3H_7$. Siedep. $100{,}8°$ bei 760 mm [16]).

Propionsäurepropylester (Mol.-Gew. 116,10) $C_6H_{12}O_2 = C_2H_5 \cdot CO_2 \cdot C_3H_7$. Siedep. $122{,}4°$ (korr.)[17]).

Buttersäurepropylester (Mol.-Gew. 130,11) $C_7H_{14}O_2 = C_3H_7 \cdot CO_2 \cdot C_3H_7$. Siedep. $142{,}7°$ bei 760 mm [16]).

Isobuttersäurepropylester (Mol.-Gew. 130,11) $C_7H_{14}O_2 = (CH_3)_2CH \cdot CO_2C_3H_7$. Siedep. $133{,}9°$ bei 760 mm [16]).

---

[1]) Mazurowska, Journ. f. prakt. Chemie [2] **13**, 162 [1876].

[2]) Berthelot, Annales de Chim. et de Phys. [7] **4**, 104 [1895].

[3]) A. Arbusow, Journ. d. russ. physikal.-chem. Gesellschaft **38**, 161 [1906].

[4]) A. Arbusow, Journ. d. russ. physikal.-chem. Gesellschaft **38**, 161 [1906]; Chem. Centralbl. **1906**, II, 750. — Jähne, Annalen d. Chemie u. Pharmazie **256**, 283 [1890].

[5]) Winssinger, Bulletin de la Soc. chim. **48**, 111 [1888].

[6]) J. Cavalier u. E. Prost, Bulletin de la Soc. chim. **23**, 678 [1900].

[7]) A. Arbusow, Journ. d. russ. physikal.-chem. Gesellschaft **38**, 161 [1906]; Chem. Centralbl. **1906**, II, 750.

[8]) Cahours, Jahresber. d. Chemie **1874**, 498. — E. Khotinsky u. M. Melamed, Berichte d. Deutsch. chem. Gesellschaft **42**, 3090 [1909].

[9]) Ebelmann, Annalen d. Chemie u. Pharmazie **57**, 331 [1846].

[10]) Klippert, Berichte d. Deutsch. chem. Gesellschaft **8**, 713 [1875].

[11]) Cahours, Jahresber. d. Chemie **1874**, 497.

[12]) W. R. Lang, J. F. MacKey u. R. A. Gortner, Journ. Chem. Soc. **93**, 1364 [1908].

[13]) V. Auger, Compt. rend. de l'Acad. des Sc. **143**, 907 [1906].

[14]) J. F. MacKey, Journ. Chem. Soc. **95**, 604 [1909].

[15]) Schumann, Poggend. Annalen [2] **14**, 4 [1828].

[16]) Schumann, Poggend. Annalen [2] **14**, 41 [1828].

[17]) Linnemann, Annalen d. Chemie u. Pharmazie **161**, 31 [1872].

Benzoesäurepropylester (Mol.-Gew. 160,10) $C_{10}H_{12}O_2 = C_6H_5 \cdot CO_2C_3H_7$. Siedep. 229,5° (korr.). Spez. Gew. 1,0316 bei 16°[1]). Spez. Zähigkeit[2]).

Kohlensäuredipropylester (Mol.-Gew. 146,11) $C_7H_{14}O_3 = CO \cdot (OC_3H_7)_2$. Siedep. 168,2° (korr.). Spez. Gew. 0,949 bei 17°[3]).

Chlorkohlensäurepropylester (Mol.-Gew. 122,52) $C_4H_7ClO_2 = C \cdot ClO_2 \cdot C_3H_7$. Siedep. 115,2° (korr.). Spez. Gew. 1,094 bei 15°[4]).

Carbaminsäurepropylester (Mol.-Gew. 103,08) $C_4H_9NO_2 = NH_2 \cdot CO \cdot O \cdot C_3H_7$. Durch Erhitzen von Propylalkohol mit Harnstoff[5]). Aus Chlorkohlensäurepropylester und Ammoniak[6]). Schmelzp. 60°. Siedep. 193° bei 711 mm[7]).

Phenylcarbaminsäurepropylester (Mol.-Gew. 179,11) $C_{10}H_{13}NO_2 = C_3H_7 \cdot O \cdot CONHC_6H_5$. Nadeln. Schmelzp. 57—59°[8]). Findet zur Charakterisierung des Alkohols Verwendung. Entsteht aus Anilin und Chlorkohlensäureester, ferner aus Propylalkohol und Phenylisocyanat.

Propylcarbylamin (Mol.-Gew. 67,05) $C_4H_5N = C_3H_5 \cdot N \quad C$. Entsteht aus Silbercyanid und Propyljodid. Siedep. 99,5°. Verbrennungswärme 638,9; Bildungswärme —20,2 Cal.[9]).

Isopropylalkohol, sekundärer Propylalkohol [Propanol (2)].

Mol.-Gewicht 60,06.
Zusammensetzung: 59,94% C, 13,42% H, 26,64% O.

$$C_3H_8O = \begin{matrix} CH_3 \\ CH_3 \end{matrix}\hspace{-0.3em}\rangle CH \cdot OH.$$

Vorkommen: Im Fuselöl der Spiritusbrennereien[10]).

Bildung: Aus Propylen: Der Kohlenwasserstoff verbindet sich mit Schwefelsäure zu Isopropylschwefelsäure, die bei der Destillation mit Wasser in Alkohol und Säure zerfällt[11]); ferner bei der Reduktion von wässerigem Aceton[12]) oder wässerigem Propylenoxyd[13]) mit Natriumamalgam. Bei der Einwirkung von Natrium auf Aceton in Gegenwart von Kalilauge[14]). Durch längere Einwirkung von Wasser auf Isopropyljodid bei 100°[15]). Neben normalem Propylalkohol aus Propylamin und salpetriger Säure[16]). Im letzteren Falle beruht der abnorme Reaktionsverlauf auf der intermediären Bildung von Propylen, das sich mit Wasser zu Isopropylalkohol verbindet[17]). Bei der Elektrolyse von Natriumisobutyrat[18]). Bei der katalytischen Hydrierung von Aceton mit Nickel und Wasserstoff bei 115—125°[19]) oder mit Nickeloxyd[20]). Bei der elektrolytischen Reduktion von Aceton in Schwefelsäurelösung an Quecksilberkathoden[21]). Beim Erhitzen von milchsaurem Calcium mit über-

---

[1]) Linnemann, Annalen d. Chemie u. Pharmazie **161**, 28 [1872].
[2]) Přibram u. Handl, Monatshefte f. Chemie **2**, 695 [1881].
[3]) Roese, Annalen d. Chemie u. Pharmazie **205**, 230 [1880].
[4]) Roese, Annalen d. Chemie u. Pharmazie **205**, 229 [1880].
[5]) Cahours, Jahresber. d. Chemie **1873**, 748.
[6]) Römer, Berichte d. Deutsch. chem. Gesellschaft **6**, 1102 [1873].
[7]) Thiele u. Dent, Annalen d. Chemie u. Pharmazie **302**, 268 [1898].
[8]) Römer, Berichte d. Deutsch. chem. Gesellschaft **6**, 1103 [1873].
[9]) Guillemard, Annales de Chim. et de Phys. [8] **14**, 311 [1908]; Chem. Centralbl. **1908**, II, 584.
[10]) M. Berthelot, Compt. rend. de l'Acad. des Sc. **57**, 797 [1863]. — Rabuteau, Compt. rend. de l'Acad. des Sc. **87**, 500 [1878]. — R. C. Schüpphaus, Journ. Amer. Chem. Soc. **14**, 56 [1892]. — J. Pringsheim, Biochem. Zeitschr. **10**, 490 [1908]; **16**, 243 [1909].
[11]) Berthelot, Jahresber. d. Chemie **1855**, 611.
[12]) Friedel, Annalen d. Chemie u. Pharmazie **124**, 327 [1862].
[13]) Linnemann, Annalen d. Chemie u. Pharmazie **140**, 178 [1866].
[14]) Delacre, Bulletin de la Soc. chim. [4] 5, 884 [1909]; Chem. Centralbl. **1909**, II, 1632.
[15]) Niederist, Annalen d. Chemie u. Pharmazie **186**, 391 [1877].
[16]) Linnemann, Annalen d. Chemie u. Pharmazie **161**, 43 [1872].
[17]) Meyer, Berichte d. Deutsch. chem. Gesellschaft **9**, 535 [1876]. — Linnemann, Berichte d. Deutsch. chem. Gesellschaft **10**, 1111 [1877].
[18]) Hofer u. Moest, Chem. Centralbl. **1902**, II, 1094.
[19]) Sabatier u. Senderens, Compt. rend. de l'Acad. des Sc. **137**, 301 [1903].
[20]) Ipatiew, Berichte d. Deutsch. chem. Gesellschaft **40**, 1281 [1907].
[21]) Tafel u. Schmitz, Zeitschr. f. Elektrochemie 8, 287 [1902]. — Tafel, Berichte d. Deutsch. chem. Gesellschaft **39**, 3626 [1906].

schüssigem Calciumhydroxyd[1]). Der Bacillus der amerikanischen Kartoffeln von Pringsheim bildet aus Glucose, Melasse, Kartoffelbrei Isopropylalkohol[2]).

Darstellung: Aus dem Fuselöl durch fraktionierte Destillation[3]). Durch Reduktion
von Aceton mit Wasser und Natriumamalgam[4]).

Erkennung und Bestimmung: Der Benzoesäureester des Isopropylalkohols spaltet sich
beim Erhitzen vollständig in Benzoesäure und Propylen[4]). Isopropylalkohol gibt mit Benzaldehyd, Anisaldehyd oder Vanillin und Schwefelsäure charakteristische Färbungen[5]). Wenn
möglich, isoliert man den Alkohol durch fraktionierte Destillation und reinigt ihn durch Verwandlung in das Jodid, das man abermals fraktioniert. Man identifiziert den Alkohol durch Feststellung seines Siedepunktes und des Siedepunktes des Jodids; oder man oxydiert ihn mittels
Chromsäuregemisches zu der entsprechenden Säure, die als Bariumsalz analysiert wird[6]).

Physiologische Eigenschaften: Die Desinfektionskraft des Isopropylalkohols entspricht
beiläufig der des Normalpropylalkohols. Die kräftigste Wirkung zeigt er in 30proz. Lösung[7]).
Die physiologische Wirkung des Isopropylalkohols ist eine etwas geringere als die des Normalpropylalkohols[8]). Gegen Warmblüter zeigt sich der Isopropylalkohol fast ebenso giftig wie
der Normalpropylalkohol[9]). 4 g Isopropylalkohol mit der Schlundsonde eingeführt, verursachten bei einem Kaninchen 2stündigen Halbschlaf[10]). In verdünntem Zustand beträgt
die letale Dosis beim Isopropylalkohol pro Kilo Tier bei innerlicher Verabreichung 3,8 g[11]).
Wird nach der Einatmung nur in geringer Menge wieder ausgeatmet[12]). Er wird im
Organismus des Hundes teilweise an Glykuronsäure gekuppelt und so ausgeschieden[13]).

Physikalische Eigenschaften: Flüssigkeit. Siedet bei 82,85° (korr.). Spez. Gew. 0,7876 bei
16°; 0,7887 bei 20°/4°[14]). Siedep. 82,8. Spez. Gew. 0,7861 bei 17°. Ausdehnungskoeffizient[15]).
Siedep. 81,3 bei 763,3 mm[16]); 82,04°[17]); 82,1° bei 760 mm[18]). Schmelzp. der krystallinischen
Modifikation —85,8°, der glasigen —121°[19]). Siedetemperaturen wässeriger Lösungen des
Isopropylalkohols[20]). Spezifische Gewichte des wässerigen Isopropylalkohols[21]). Spezifische
Wärmen und Dichten in Gemischen mit Wasser[22]). Spez. Gew. 0,7329 bei 81,3°/4°[16]).
Kritische Temperatur 234,9°[23]), 234°[24]). Capillaritätskonstante beim Siedep. a² = 4,592[25]).

[1]) Buchner u. Meisenheimer, Berichte d. Deutsch. chem. Gesellschaft **38**, 626 [1905].

[2]) Pringsheim, Centralbl. f. Bakt. u. Parasitenk. [2] **15**, 316 [1906]; **16**, 795 [1906]; **20**,
248 [1908]; Biochem. Zeitschr. **10**, 495 [1908].

[3]) H. Pringsheim, Biochem. Zeitschr **10**, 490 [1908]; **16**, 243 [1909].

[4]) Linnemann, Annalen d. Chemie u. Pharmazie **136**, 38 [1865].

[5]) T. Takahashi, Bulletin of the College of Agric. Tokyo **6**, 437 [1904]; Chem. Centralbl.
1905, I, 1483.

[6]) Abderhalden, Handb. d. biochem. Arbeitsmethoden **2**, 10 [1909].

[7]) Wirgin, Zeitschr. f. Hyg. **46**, 149 [1904].

[8]) Vandevelde, Arch. intern. de Pharmacodynamie et de Thérapie **7**, 123 [1900]; Handelingen van III. Vlamsche Natuur- en Geneesk.-Congr. Antwerpen **1899**; Chem. Centralbl. **1900**,
I, 681. — H. P. Kemp, Proc. Phys. Soc. **1908**, 49.

[9]) M. Tsukamoto, Journ. of the College of Sc. Tokyo **7**, 1895; Chem. Centralbl. **1895**,
I, 657.

[10]) Schneegans u. v. Mehring, Therapeut. Monatshefte **1892**, 327.

[11]) Dujardin-Beaumetz, Jahresber. über d. Fortschritte d. Tierchemie **10**, 118 [1881];
Compt. rend. de l'Acad. des Sc. **81**, 192 [1875]; **83**, 80 [1876].

[12]) A. R. Cushny, Journ. of Physiol. **40**, 17 [1910]; Chem. Centralbl. **1910**, II, 1146.

[13]) Neubauer, Archiv f. experim. Pathol. u. Pharmakol. **46**, 136 [1901].

[14]) Brühl, Annalen d. Chemie u. Pharmazie **203**, 12 [1880].

[15]) Zander, Annalen d. Chemie u. Pharmazie **214**, 155 [1882].

[16]) R. Schiff, Annalen d. Chemie u. Pharmazie **220**, 331 [1883].

[17]) Longuinine, Annales de Chim. et de Phys. [7] **13**, 289 [1898].

[18]) Thorpe, Journ. Chem. Soc. **71**, 920 [1897].

[19]) Carrara u. Coppadoro, Gazzetta chimica ital. **33**, I, 329 [1903].

[20]) A. Doroszewski u. E. Polianski, Journ. d. russ. physikal.-chem. Gesellschaft **42**,
1448 [1910]; Chem. Centralbl. **1910**, I, 466.

[21]) Traube, Berichte d. Deutsch. chem. Gesellschaft **19**, 882 [1886]. — Přibram u. Handl,
Monatshefte f. Chemie **2**, 667 [1881]. — Duclaux, Annales de Chim. et de Phys. [5] **13**, 90 [1878].
— Thorpe, Journ. Chem. Soc. **71**, 920 [1897].

[22]) A. Doroszewski, Journ. d. russ. physikal.-chem. Gesellschaft **41**, 958 [1909]; Chem.
Centralbl. **1910**, I, 156.

[23]) Pawlewsky, Berichte d. Deutsch. chem. Gesellschaft **15**, 3035 [1882].

[24]) Nadeschdin, Journ. d. russ. physikal.-chem. Gesellschaft **14**, II, 539 [1882].

[25]) R. Schiff, Annalen d. Chemie u. Pharmazie **223**, 70 [1884].

Absorptionsspektrum[1]). Spez. Wärme, Verdampfungswärme[2]). Verbrennungswärme[3]). Kryoskopisches Verhalten[4]). Dielektrizitätskonstante[5]). Dielektrizitätskonstante und elektrische Absorption[6]). Elektromagnetische Drehung 3,966[7]). Elektrische Absorption[8]).

Chemische Eigenschaften: Mit Chlorcalcium bildet sich eine krystallisierte Verbindung. Beim Vermischen des Alkohols mit konz. Chlorcalciumlösung und Erwärmen auf 45° entstehen zwei Schichten, die beim Erkalten verschwinden. Beim Erhitzen des Alkohols mit wenig Methyljodid und Wasser auf 218° entstehen Propylen und Wasser[9]). Durch Einwirkung von Brom entsteht Aceton, sekundäres Propylbromid, α-Tribromaceton u. a., durch Einwirkung von Chlor unsymmetrisches Tetrachloraceton[10]). Isopropylalkohol ist in allen Verhältnissen mit Wasser mischbar. Die von einigen Forschern[11]) behauptete Existenz von Hydraten wird von anderen bestritten[12]). Bildet beim Erhitzen mit Natriumisopropylat im Rohr auf 195—200° Methylisobutylcarbinol und Dimethyl-2, 4-heptanol-6[13]). In Gegenwart von Aluminiumphosphat $AlPO_4$ wird Isopropylalkohol bei 300° in Propan verwandelt[14]); durch glühende Kohlen bei 380° in Wasserstoff, viel Äthylenkohlenwasserstoffe, zum größten Teil aus Trimethylen bestehend und Methankohlenwasserstoffe[15]). Zur Erzielung einer Eiweißfällung bedarf es einer 20—24proz. Lösung von Isopropylalkohol, während der Normalpropylalkohol schon bei einer Konzentration von 11—13% fällend wirkt[16]).

Derivate: Hydrate[17]).

Alkoholate. Verbindung $C_3H_7ONa + 3 C_3H_7OH$[18]).

Äther: Isopropyläther (Mol.-Gew. 102,11) $C_6H_{14}O = (CH_3)_2 \cdot CH \cdot O \cdot CH \cdot (CH_3)_2$. Aus Isopropyljodid und Silberoxyd[19]); aus Isopropylalkohol beim Erhitzen mit wenig Kupfersulfat auf 150—160°[20]). Siedep. 68,5—69°. Spez. Gew. 0,7247 bei 20,8°. Flüssigkeit mit intensiv pfefferminzartigem Geruch. Siedep. 70—70,5°[20]).

Isopropyläthyläther (Mol.-Gew. 88,10) $C_5H_{12}O = (CH_3)_2CH \cdot O \cdot C_2H_5$. Siedep. 54°. Spez. Gew. 0,7447 bei 0°[21]). Siedep. 47—48°[22]).

Isopropylpropyläther (Mol.-Gew. 102,11) $C_6H_{14}O = (CH_3)_2 \cdot CH \cdot OCH_2 \cdot CH_2 \cdot CH_3$. Durch Einwirkung von Isopropylhaloid auf das entsprechende Kalium- oder Natriumalkoholat[23]). Über Zersetzung durch Wasserstoffsäuren[24]). Die Äther des Isopropylalkohols mit höheren Alkoholen sind bei diesen abgehandelt.

Ester anorganischer Säuren: Isopropylbromid $CH_3)_2 \cdot CH \cdot Br$[25]). Siedep. 59—59,5° bei 740 mm; spez. Gew. 1,3583 bei 0°; 1,3097 bei 20°/4°.

---

[1]) Spring, Recueil des travaux chim. des Pays-Bas **16**, 1 [1895].

[2]) Longuinine, Annales de Chim. et de Phys. [7] **13**, 289 [1898].

[3]) Zoubow, Journ. d. russ. physikal.-chem. Gesellschaft **30**, 926 [1898].

[4]) W. Biltz, Zeitschr. f. physikal. Chemie **29**, 256 [1899].

[5]) Loewe, Wied. Annalen d. Physik **66**, 398 [1899].

[6]) Drude, Zeitschr. f. physikal. Chemie **23**, 309 [1897].

[7]) Schönrock, Zeitschr. f. physikal. Chemie **11**, 785 [1893].

[8]) P. Beaulard, Compt. rend. de l'Acad. des Sc. **151**, 55 [1910].

[9]) Wolkow, Journ. d. russ. physikal.-chem. Gesellschaft **21**, 337 [1889].

[10]) Brochet, Annales de Chim. et de Phys. [7] **10**, 134 [1897].

[11]) Linnemann, Annalen d. Chemie u. Pharmazie **136**, 40 [1865]. — Erlenmeyer, Annalen d. Chemie u. Pharmazie **126**, 307 [1863].

[12]) Thorpe, Journ. Chem. Soc. **71**, 920 [1897].

[13]) M. Guerbet, Compt. rend. de l'Acad. des Sc. **149**, 129 [1909].

[14]) Senderens, Compt. rend. de l'Acad. des Sc. **144**, 1109 [1907]; Chem. Centralbl. **1907**, II, 289.

[15]) Lemoine, Compt. rend. de l'Acad. des Sc. **146**, 1360 [1908].

[16]) K. Spiro, Beiträge z. chem. Physiol. u. Pathol. **4**, 317 [1904].

[17]) Erlenmeyer, Annalen d. Chemie u. Pharmazie **126**, 307 [1863]. — Linnemann, Annalen d. Chemie u. Pharmazie **136**, 40 [1865]. — E. Thorpe, Journ. Chem. Soc. **71**, 920 [1897].

[18]) Forcrand, Berichte d. Deutsch. chem. Gesellschaft **25**, II, 324 [1892].

[19]) Erlenmeyer, Annalen d. Chemie u. Pharmazie **126**, 306 [1863].

[20]) F. Southerden, Proc. Chem. Soc. **20**, 117 [1904]; Chem. Centralbl. **1904**, II, 18.

[21]) Markownikow, Annalen d. Chemie u. Pharmazie **138**, 374 [1866]. — W. Lippert, Annalen d. Chemie u. Pharmazie **276**, 158 [1893].

[22]) Reboul, Jahresber. d. Chemie **1881**, 409.

[23]) A. Williamson, Annalen d. Chemie u. Pharmazie **77**, 37 [1851]. — W. Lippert, Annalen d. Chemie u. Pharmazie **276** 154 [1893].

[24]) W. Lippert, Annalen d. Chemie u. Pharmazie **276** 190 [1893] — Silva, Annales de Chim. et de Phys. [5] **7**, 430 [1876].

[25]) Zander, Annalen d. Chemie u. Pharmazie **214**, 160 [1882].

Isopropyljodid $(CH_3)_2 \cdot CHJ$ [1]). Siedep. 89,5° (korr.); spez. Gew. 1,7109 bei 15°; Siedep. 88,6—88,9° bei 737,2 mm; spez. Gew. 1,7033 bei 20°/4°.

Isopropylnitrit (Mol.-Gew. 89,07) $C_3H_7O_2N = (CH_3)_2 \cdot CHO \cdot NO$. Siedep. 45°. Spez. Gew. 0,856 bei 0°; 0,844 bei 25° [2]). Siedep. 39—39,5° bei 752 mm [3]).

Isopropylnitrat (Mol.-Gew. 105,07) $C_3H_7O_3N = (CH_3)_2 \cdot CHO \cdot NO_2$. Siedep. 101 bis 102°. Spez. Gew. 1,054 bei 0°; 1,036 bei 19° [4]).

Schwefligsäure-diisopropylester, Diisopropylsulfid (Mol.-Gew. 166,18) $C_6H_{14}O_3S$ $= [(CH_3)_2 \cdot CH \cdot O]_2 \cdot SO$. Aus Thionylchlorid und Isopropylalkohol; Siedep.$_{15}$ = 70°; Siedep.$_{11}$ = 65°; D_0^0 = 1,0286. Farblose Flüssigkeit [5]).

Isopropylthioschwefelsäure (Mol.-Gewicht 156,20) $C_3H_8O_3S_2 = (CH_3)_2CHS \cdot SO_3H$. Das Natriumsalz $NaC_3H_7O_3S_2 + 3 H_2O$ entsteht aus Natriumthiosulfat und Isopropylchlorid [6]). Glänzende Blättchen, sehr leicht löslich in Wasser und Alkohol.

Isopropylschwefelsäure (Mol.-Gew. 140,16) $C_3H_7OSO_3H$. Aus Propylen und Schwefelsäure. Zerfällt bei der Destillation mit Wasser in Schwefelsäure und Isopropylalkohol [7]).

Diisopropylsulfat (Mol.-Gew. 182,17) $C_6H_{14}O_4S = SO_2[OCH \cdot (CH_3)_2]_2$. Entsteht bei der Absorption von Propylen durch Schwefelsäure [8]).

Diisopropylphosphit (Mol.-Gew. 166,12) $C_6H_{15}O_3P = [(CH_3)_2 \cdot CHO]_2PHO$. Durch Einwirkung von Phosphortrichlorid auf Isopropylalkohol [9]). Leicht bewegliche Flüssigkeit vom Siedep.$_{6,5}$ = 72—73°; Siedep.$_{10}$ = 76—77°; Siedep.$_{17}$ = 85—86°. Farblose, angenehm riechende, in Wasser leicht lösliche Flüssigkeit. Siedep.$_{10}$ = 76—77°; D_0^0 = 1,0159; D_0^{18} = 0,9972 [10]).

Triisopropylphosphit (Mol.-Gew. 208,16) $C_9H_{21}O_3P = P(OC_3H_7)_3$. Farblose, schwach nach Campher riechende Flüssigkeit; Siedep.$_{10}$ = 60—61°; D_0^0 = 0,9361; $D_0^{18,5}$ = 0,9187 [17]).

Mono-isopropyl-phosphorsäureester, Barytsalz $PO_4(C_3H_7)Ba + 2 H_2O$. In warmem Wasser schwerer löslich als in kaltem [11]).

Triisopropylphosphat (Mol.-Gew. 208,17) $C_9H_{21}O_4P = OP(OC_3H_7)_3$. Aus Trisilberphosphat und Jodalkyl. Angenehm riechende Flüssigkeit. Siedep.$_{88}$ = 136°. Unlöslich in Wasser; löslich in Alkohol und Äther. Durch Barytwasser schwer verseifbar [11]). Nach Arbusow [5]) fast geruchlose Flüssigkeit. Siedep.$_{763}$ = 218—220°.

Triisopropylborat (Mol.-Gew. 189,17) $C_9H_{21}BO_3 = [(CH_3)_2 \cdot CHO]_3B$. Siedep. 140° (korr.) [12]).

Ester organischer Säuren: Ameisensäureisopropylester (Mol.-Gew. 88,06) $C_4H_8O_2$ $= (CH_3)_2 \cdot CH \cdot OCHO$. Siedep. 68—71° bei 750,9 mm; spez. Gew. 0,8826 bei 0°.

Essigsäureisopropylester (Mol.-Gew. 102,08) $C_5H_{10}O_2 = (CH_3)_2 \cdot CH \cdot O \cdot CO \cdot CH_3$.

Propionsäureisopropylester (Mol.-Gew. 116,10) $C_6H_{12}O_2 = (CH_3)_2 \cdot CHO \cdot CO \cdot C_2H_5$. Siedep. 109—111° bei 749,7 mm. Spez. Gew. 0,8931 bei 0°.

Buttersäureisopropylester (Mol.-Gew. 130,11) $C_7H_{14}O_2 = (CH_3)_2 \cdot CHO \cdot CO \cdot C_3H_7$. Siedep. 128°. Spez. Gew. 0,8787 bei 0°; 0,8562 bei 13° [13]).

Isobuttersäureisopropylester (Mol.-Gew. 130,11) $C_7H_{14}O_2 = (CH_3)_2CHO \cdot CO \cdot CH$ $\cdot (CH_3)_2$. Siedep. 118—121° bei 727 mm. Spez. Gew. 0,8787 bei 0°.

Chlorkohlensäureisopropylester (Mol.-Gew. 122,52) $C_4H_7ClO_2 = (CH_3)_2 \cdot CHO \cdot COCl$. Siedep. 94—96°. Spez. Gew. 1,144 bei 4° [14]). Siedep. 103° bei 721 mm [15]).

[1]) Brown, Jahresber. d. Chemie **1877**, 22. — Zander, Annalen d. Chemie u. Pharmazie **214**, 162 [1882].

[2]) Silva, Bulletin de la Soc. chim. **12**, 227 [1869].

[3]) Bewad, Journ. d. russ. physikal.-chem. Gesellschaft **24**, 125 [1892].

[4]) Silva, Annalen d. Chemie u. Pharmazie **154**, 256 [1870].

[5]) A. Arbusow, Journ. d. russ. physikal.-chem. Gesellschaft **41**, 429 [1909]; Chem. Centralbl. **1909**, II, 685.

[6]) Purgotti, Gazzetta chimica ital. **22**, I, 419 [1892].

[7]) Berthelot, Jahresber. d. Chemie **1855**, 611.

[8]) Berthelot, Annales de Chim. et de Phys. [7] **4**, 104 [1895].

[9]) Milobendski, Journ. d. russ. physikal.-chem. Gesellschaft **30**, 730 [1898]; Chem. Centralbl. **1899**, I, 249.

[10]) A. Arbusow, Journ. d. russ. physikal.-chem. Gesellschaft **38**, 161 [1906]; Chem. Centralbl. **1906**, II, 750.

[11]) J. Cavalier u. E. Prost, Bulletin de la Soc. chim. [3] **23**, 678 [1900].

[12]) Councler, Journ. f. prakt. Chemie [2] **18**, 389 [1878].

[13]) Silva, Annalen d. Chemie u. Pharmazie **153**, 135 [1870].

[14]) Spica, Gazzetta chimica ital. **17**, 168 [1887].

[15]) Thiele u. Dent, Annalen d. Chemie u. Pharmazie **302**, 269 [1898].

Carbaminsäureisopropylester (Mol.-Gew. 103,08) $C_4H_9NO_2 = (CH_3)_2 \cdot CH \cdot O \cdot CO \cdot NH_2$. Nadeln. Schmelzp. 36—37° [1]).

Benzoesäureisopropylester [2]) (Mol.-Gew. 160,10) $C_{10}H_{12}O_2 = (CH_3)_2 \cdot CH \cdot O \cdot CO \cdot C_6H_5$. Siedep. 218°. Spez. Gew. 1,023 bei 0°; 1,013 bei 25° [3]). Siedep. 218,5°. Spez. Gew. 1,0263 bei 4°; 1,0172 bei 15°; 1,0103 bei 25°.

Phenylcarbaminsäure-isopropylester (**Carbanilsäure-isopropylester**) (Mol.-Gew. 179,11) $C_{10}H_{13}NO_2 = (CH_3)_2CH \cdot O \cdot OC \cdot NH \cdot C_6H_5$. Nadeln (aus 50proz. Alkohol). Schmelzp. 90° [4]); 42—43° [5]). Entsteht aus Chlorkohlensäureisopropylester und Anilin, sowie aus dem Alkohol und Phenylisocyanat.

Normaler Butylalkohol [Butanol (1)].

Mol.-Gewicht 74,08.

Zusammensetzung: 64,79% C, 13,61% H, 21,60% O.

$$C_4H_{10}O = CH_3 \cdot CH_2 \cdot CH_2 \cdot CH_2 \cdot OH.$$

Vorkommen: Im römischen Kamillenöl [6]) (*Anthemis nobilis* L.), an Isobuttersäure gebunden. $\dfrac{CH_3}{CH_3}\!\!>\!\!CH \cdot COO \cdot CH_2(CH_2)_2 \cdot CH_3$. Im Kornfusel in geringer Menge [7]), und zwar in 10 kg 25 g reiner Normalbutylalkohol. Im Fuselöl aus Roggen, Mais, Malz [8]). In altem Kognak [9]) neben viel Buttersäure [10]).

Bildung: Bei der Reduktion von Butylylchlorid und Buttersäure mit Natriumamalgam [11]), ferner (neben Butyraldehyd und Crotylalkohol) beim Behandeln von Crotonaldehyd oder Trichlorbutyraldehyd mit Eisenfeilen und Essigsäure [12]). Durch Einwirkung von Zinkpropyl auf Trioxymethylen und Zersetzung des Reaktionsproduktes mit Wasser [13]). Nach Grignard aus Propylmagnesiumbromid und Trioxymethylen [14]). Bei der Einwirkung von Äthylenoxyd auf Äthylmagnesiumbromid [15]). Bei der Reduktion von Buttersäuremethylester mit Natrium und siedendem Äthylalkohol [16]). In geringer Menge beim 3 mal 24 stündigen Erhitzen einer konz. Lösung von Bariumäthylat [17]) in konz. Alkohol im Rohr auf 230—240° [18]). Normalbutylalkohol bildet sich auch bei der Reduktion von Furfuran mit Nickel und Wasserstoff [19]); bei der katalytischen Hydrierung von Crotonaldehyd mit Hilfe von Platinschwarz [20]).

---

1) Spica u. Varda, Gazzetta chimica ital. **17**, 166 [1887].

2) Vgl. dieses Werk Bd. I, S. 1192.

3) Silva, Bulletin de la Soc. chim. **12**, 225 [1869].

4) Gumpert, Journ. f. prakt. Chemie [2] **32**, 279 [1885].

5) Spica u. Varda, Gazzetta chimica ital. **17**, 167 [1887].

6) Fittig u. Köbig, Annalen d. Chemie u. Pharmazie **195**, 97 [1879]. — Fittig u. Kopp, Berichte d. Deutsch. chem. Gesellschaft **9**, 1195 [1876]; **10**, 513 [1877]. — Blaise, Bulletin de la Soc. chim. [3] **29**, 327 [1903].

7) Emmerling, Berichte d. Deutsch. chem. Gesellschaft **35**, 694 [1902].

8) Windisch, Arbeiten aus d. Kaiserl. Gesundheitsamt **8**, 140 [1893]. — Pringsheim, Biochem. Zeitschr. **10**, 490 [1908]; **16**, 244, 243 [1909]. — Rabuteau, Compt. rend. de l'Acad. de Sc. **87**, 500 [1878].

9) Ordonneau, Bulletin de la Soc. chim. **45**, 333 [1884]; Compt. rend. de l'Acad. des Sc. **102**, 217 [1886].

10) Claudin u. Maurin, Bulletin de la Soc. chim. **49**, 178 [1888]. — Pringsheim, Centralbl. f. Bakt. u. Parasitenk. [2] **15**, 303 [1906].

11) Saytzew, Zeitschr. f. Chemie **1870**, 108. — Linnemann, Annalen d. Chemie u. Pharmazie **161**, 178 [1872].

12) Lieben u. Zeisel, Monatshefte f. Chemie **1**, 825, 842 [1880].

13) Tischtschenko, Journ. d. russ. physikal.-chem. Gesellschaft **19**, 484 [1887].

14) G. Dupont, Compt. rend. de l'Acad. des Sc. **148**, 1522 [1909].

15) Grignard, Compt. rend. de l'Acad. des Sc. **136**, 1260 [1903]. — Henry, Chem. Centralbl. **1907**, II, 1059.

16) Bouveault u. Blanc, Compt. rend. de l'Acad. des Sc. **137**, 60 [1903]; D. R. P. 164 294; Chem. Centralbl. **1905**, II, 1700. — Malengreau, Bulletin de l'Acad. Roy. Belg. **1906**, 802; Chem. Centralbl. **1907**, I, 1399.

17) Berthelot, Annales de Chim. et de Phys. [4] **30**, 142 [1873].

18) M. Guerbet, Compt. rend. de l'Acad. des Sc. **133**, 300 [1901].

19) A. Bourguignon, Bulletin de la Soc. chim. Belg. **22**, 87 [1908]; Chem. Centralbl. **1908**, I, 1630.

20) H. Fournier, Bulletin de la Soc. chim. [4] **7**, 23 [1910].

Physiologische Bildungsweisen. Normalbutylalkohol entsteht bei der Gärung von Glycerin und von Glucose durch Bacillus butylicus in Anwesenheit von Calciumcarbonat. Daneben entstehen Äthylalkohol, Normalbuttersäure, Essigsäure, Ameisensäure, Milchsäure, Kohlensäure und Wasserstoff[1]). Bei der Gärung des Glycerins mit den Bakterien des Ammoniumtartrates[2]). Bei der Vergärung von Glycerin, Mannit, Glykose, Rohrzucker, Maltose, Milchzucker, Arabinose, Stärke, Dextrin, Inulin durch Bac. orthobutylicus[3]). Beijerincks Granulobacter saccharobutyricum[4]) und insbesondere Granulobacter butylicum[5]) produzieren Normalbutylalkohol. Bei der Vergärung von Melasse, reiner Glucose, Kartoffelstärke durch den Bacillus aus amerikanischen Kartoffeln[6]); aus Maltose, Glucose und Glycerin durch einen anderen Stäbchenbacillus aus Kartoffeln[7]). Verschiedene im Mehl vorkommende hitzebeständige Bakterin von der Art des Saccharobutyricus mobilis non liquefac. einerseits und der Heu- und Kartoffelbacillen andererseits erzeugen in Kartoffelbrei starke Gärung unter Bildung von Normalbutylalkohol[8]). Die Bildung von Normalbutylalkohol in der Weender-Brennerei[9]) ist möglicherweise auch auf die Tätigkeit von Buttersäurebakterien zurückzuführen[10]). Bei manchen Buttersäurebakterien[11]) ist ihre Fähigkeit, Normalbutylalkohol zu bilden, nicht sicher[12]). Der Mechanismus der Buttersäuregärung und der dabei stattfindenden Bildung von Butylalkohol ist wahrscheinlich so zu erklären, daß sich aus dem Glycerin sowohl wie der Glucose zunächst Milchsäure bildet, aus welcher Acetaldehyd entsteht. Dieser kondensiert sich zu Aldol, welches sich über Crotonaldehyd in Butylalkohol verwandelt[13]).

Darstellung: Durch die butylalkoholische Gärung von Glycerin nach Fitz[14]). Die Isolierung geschieht durch fraktionierte Destillation. Durch Reduktion von Butylaldehyd in schwach saurer Lösung mittels Natriumamalgam[15]). In 67% Ausbeute aus Propylmagnesiumbromid und Trioxymethylen[16]).

Erkennung und Bestimmung: Man isoliert den Alkohol durch fraktionierte Destillation und reinigt ihn durch Verwandlung in das Jodid, das man abermals fraktioniert. Die Identifizierung erfolgt durch Feststellung des Siedepunktes des Jodids oder durch Oxydation des Alkohols mittels Chromsäuregemisches zu der entsprechenden Säure, die als Bariumsalz analysiert wird[17]), oder man schüttelt die alkoholische Flüssigkeit mit Schwefelkohlenstoff und Kochsalzlösung aus und entfernt den Alkohol aus der Schwefelkohlenstofflösung durch wiederholtes Schütteln mit wenig konz. Schwefelsäure. Dann oxydiert man den Alkohol mit Kalium-

---

[1]) **Fitz**, Berichte d. Deutsch. chem. Gesellschaft **9**, 1348 [1876]; **15**, 867 [1882]. — **Maurin**, Bulletin de la Soc. chim. **48**, 803 [1888]. — **Buchner u. Meisenheimer**, Berichte d. Deutsch. chem. Gesellschaft **41**, 1410 [1908].

[2]) **A. Vigna**, Berichte d. Deutsch. chem. Gesellschaft **16**, 1438 [1883]. — **F. König**, Berichte d. Deutsch. chem. Gesellschaft **14**, 211, 1717 [1881].

[3]) **L. Grimbert**, Annales de l'Inst. Pasteur **7**, 353 [1893].

[4]) **Beijerinck**, Kgl. Akad. Wetensch. Amsterdam **1893**. — **Grimbert u. Beijerinck**, Arch. Néerland. **29**, 1 [1895]; Kochs Jahresber. **1893**, 258. — **Emmerling**, Berichte d. Deutsch. chem. Gesellschaft **30**, 451 [1897].

[5]) **Beijerinck**, Recueil des travaux chim. des Pays-Bas **12**, 145 [1893].

[6]) **Pringsheim**, Centralbl. f. Bakt. u. Parasitenk. [2] **15**, 315 [1906].

[7]) **O. Emmerling**, Berichte d. Deutsch. chem. Gesellschaft **38**, 953 [1905].

[8]) **Schardinger**, Centralbl. f. Bakt. u. Parasitenk. [2] **18**, 748 [1907].

[9]) **H. Pringsheim**, Biochem. Zeitschr. **10**, 490 [1908]; **16**, 243 [1909].

[10]) **F. Ehrlich**, Landw. Jahrb. **1909**, Ergänzungsband V, 301.

[11]) **Pasteur**, Compt. rend. de l'Acad. des Sc. **45**, 913 [1857]. — **Van Tieghem**, Compt. rend. de l'Acad. des Sc. **26**, 25 [1879]. — **Hueppe**, Mitteil. aus d. Kaiserl. Gesundheitsamt **2**, 867 [1882]. — **Gruber**, Centralbl. f. Bakt. u. Parasitenk. **1**, 370 [1887]. — **Beijerinck**, Arch. Néerland. **29**, 1 [1895]. — **Kedrowski**, Zeitschr. f. Hyg. **16**, 445 [1895]. — **v. Clecki**, Centralbl. f. Bakt. u. Parasitenk. [2] **5**, 209, 697. — **Perdrix**, Annales de l'Inst. Pasteur **5**, 307 [1891].

[12]) **A. Schattenfroh u. R. Graßberger**, Archiv f. Hyg. **37**, 55 [1900]; **43**, 219 [1902]. — **Pringsheim**, Centralbl. f. Bakt. u. Parasitenk. **15**, 321 [1906]. — **R. Graßberger u. A. Schattenfroh**, Archiv f. Hyg. **60**, 43 [1907].

[13]) **Buchner u. Meisenheimer**, Berichte d. Deutsch. chem. Gesellschaft **41**, 1410 [1908]. — **M. Nencki**, Journ. f. prakt. Chemie [2] **17**, 123 [1878].

[14]) **Vigna**, Berichte d. Deutsch. chem. Gesellschaft **16**, 1438 [1883]. — **Emmerling**, Berichte d. Deutsch. chem. Gesellschaft **30**, 451 [1897]; **35**, 694 [1902].

[15]) **Lieben u. Rossi**, Annalen d. Chemie u. Pharmazie **158**, 137 [1871]; **165**, 145 [1873].

[16]) **G. Dupont**, Compt. rend. de l'Acad. des Sc. **148**, 1522 [1909].

[17]) **Abderhalden**, Handb. d. biochem. Arbeitsmethoden **2**, 10 [1909].

bichromat und schüttelt die hierbei entstehende Buttersäure mit Benzol aus, welche man hierauf mit alkoholischer Kalilauge in Gegenwart von Phenolphthalein titriert[1]).

Physiologische Eigenschaften: Durch *Allescheria (Eurotiopsis)* wird er in geringer Menge zersetzt[2]). Durch Bodensatzhefe wird er nicht assimiliert[3]). Auf trockne Keime wirkt er fast gar nicht ein[4]). Dem Richardsonschen Gesetz[5]) entsprechend steht er in der Intensität seiner physiologischen Wirkung zwischen dem Propyl- und dem Amylalkohol. Nur auf *Sterigmatocystis nigra* soll er mehr schädigend wirken als der Amylalkohol[6]). Eine 0,3 Normallösung Butylalkohol, 0,5 Normallösung Propylalkohol, 1,3 und 2,5 Normallösung von Äthyl- bzw. Methylalkohol entsprechen einander in bezug auf die Wirkung auf *Bac. pyogenes*[2]). 9% Normalbutylalkohol entsprechen 45% Äthyl- und 18% Propylalkohol in bezug auf Giftigkeit für eine junge Forellenbrut und in bezug auf Tropfenzahl und Oberflächenspannung[7]). 0,0454 g-Mol. Normalbutylalkohol pro Liter entsprechen 0,408 Äthylalkohol in bezug auf die Entwicklungshemmung für künstlich befruchtete Seeigeleier[8]). Nach Beobachtungen über die Umwandlungen negativ-heliotropischer Tiere (Süßwassercrustaceen) in positiv-heliotropische ist der n-Butylalkohol 3 mal wirksamer als der Propylalkohol und dieser 3 mal wirksamer als der Äthylalkohol[9]). Die „wirksame Grenzkonzentration" bei der Hämolyse beträgt für Normalbutylalkohol 2,35%, 14,9% für Äthyl-, 23,5% für Methylalkohol[10]). Sein toxisches Äquivalent ist 1 g pro Kilo, während es z. B. für Methylalkohol 20 g pro Kilo beträgt[11]). Die letale Dosis pro Kilo Tier beträgt bei innerlicher Darreichung 2 g[12]). 7 g Normalbutylalkohol bewirkten bei einem Kaninchen nach 9 Stunden den Tod[13]). Für Kaninchen ist er 3 mal giftiger als Äthylalkohol[14]). Das Richardsonsche Gesetz wurde ferner für Normalbutylalkohol bestätigt durch Versuche an Hefe[15]). Isobutylalkohol ist weniger wirksam als n-Butylalkohol[16]); in ihrer Desinfektionswirkung sind die beiden Isomeren gleich energisch[17]). In 1 proz. Lösung sterben Infusorien innerhalb von 18 Stunden, Algen in $^1/_2$ proz. Lösung nach 3 Tagen[18]). Durch Eintauchen von Froschmuskeln in eine Salzlösung, welche Normalbutylalkohol enthielt, wird die Erregbarkeit der Muskeln durch Induktionsschläge vermindert bzw. vernichtet. Normalbutylalkohol wirkt in dieser Weise stärker als der Isobutylalkohol und dieser stärker als der sekundäre und tertiäre[19]). Der Alkohol wirkt in keiner Dosis erregend. Er setzt nicht nur die dynamischen Eigenschaften des Herzens herab, sondern er hebt vor allem die innigen Regulationsmechanismen auf, mittels welcher das normale Herz die Arbeit und die Spannung in Übereinstimmung mit dem Zunehmen des Druckes und den Hindernissen der Zirkulation bringt[20]). Er bewirkt lokal in den Geweben, in die er gelangt, Gefäßerweiterung; besonders intensiv in der Bauchhöhle[21]). Er verursacht im Anfang seiner Einwirkung eine größere Leistungsfähigkeit der motorischen Nerven[22]). Wird in geringem

---

[1]) A. Lasserre, Annales de Chim. analyt. appl. **15**, 338 [1910]; Chem. Centralbl. **1910**, II, 1564.

[2]) Laborde, Annales de l'Inst. Pasteur **11**, 1 [1897].

[3]) E. Laurent, Annales de la Soc. Belg. de Microscopie **14**, 29 [1890].

[4]) G. Wirgin, Zeitschr. f. Hyg. **46**, 149 [1904].

[5]) Vgl. dieses Werk S. 395.

[6]) H. Coupin, Compt. rend. de l'Acad. des Sc. **138**, 389 [1904].

[7]) G. Billard u. L. Dieulafé, Compt. rend. de la Soc. de Biol. **56**, 452 [1904].

[8]) H. Fühner, Archiv f. experim. Pathol. u. Pharmakol. **52**, 72 [1905].

[9]) J. Loeb, Biochem. Zeitschr. **23**, 93 [1909]; Chem. Centralbl. **1910**, I, 942.

[10]) H. Fühner u. E. Neubauer, Centralbl. f. Physiol. **20**, 118 [1906].

[11]) Ch. Lesieur, Compt. rend. de la Soc. de Biol. **58**, 474 [1906].

[12]) Dujardin-Beaumetz u. Audigé, Intern. Kongreß gegen den Alkoholismus, Paris; Jahresber. über d. Fortschritte d. Tierchemie **10**, 118 [1881]; Compt. rend. de l'Acad. des Sc. 80 [1876]; **90**, 422 [1880]; Revue scient. [2] **17**, 518 [1879].

[13]) Schneegans u. v. Mehring, Therapeut. Monatshefte **1892**, 327.

[14]) G. Baer, Archiv f. Anatomie u. Physiol., Physiol. Abt. **1898**, 283.

[15]) P. Regnard, Compt. rend. de la Soc. de Biol. [9] **10**, 124 [1889].

[16]) H. O. Kemp, Proc. Phys. Soc. **1908**, 49. — Gibbs u. Reichert, Archiv f. Anat. u. Physiol., physiol. Abt. **1893**, Suppl. 209. — K. S. Iwanoff, Centralbl. f. Bakt. u. Parasitenkde. [2] **13**, 139 [1904]. — Tsukamoto, Journ. of the College of Sc. Tokyo **6** [1894]; **7** [1895].

[17]) Wirgin, Zeitschr. f. Hyg. **46**, 149 [1904].

[18]) M. Tsukamoto, Journ. of the College of Sc. Tokyo **6** [1894]; **7** [1895].

[19]) H. P. Kemp, Proc. Phys. Soc. **1908**, 49.

[20]) G. di Cristina u. F. Pentimalli, Arch. di Fisiol. **8**, 131 [1910]; Biochem. Centralbl. **10**, Ref. 2695 [1910/11].

[21]) H. Buchner, F. Fuchs u. L. Megele, Archiv f. Hyg. **40**, 347 [1901].

[22]) H. Breyer, Archiv f. d. ges. Physiol. **99**, 481 [1903].

Maße an Glykuronsäure gebunden vom Organismus ausgeschieden[1]). Nach Untersuchungen an phloridzindiabetischen Hunden bewirkt der **n-Butylalkohol** keine Erhöhung der Zuckerausscheidung. Jedoch sind die Alkohole mit ungerader Kohlenstoffzahl, Methyl-, n-Propyl- und n-Amylalkohol, Zuckervermehrer[2]). Versuche über die Giftigkeit des Butylalkohols in Wein[3]), in Wasser[4]).

Physikalische Eigenschaften: Flüssigkeit. Siedep. 116° bei 740 mm. Spez. Gew. 0,8239 bei 0°; 0,8105 bei 20°; 0,7994 bei 40°; 0,7738 bei 98,7°[5]). Siedep. 117,5°. Spez. Gew. 0,8233 bei 0°[6]). Siedep. 116,88° (korr.). Spez. Gew. 0,8099 bei 20°/4°[7]). Schmelzp. der krystallinischen Modifikation −79,9°, der glasigen −122°[8]). Spez. Gew. 0,72695 bei 116,7°/4°[9]). Siedep. 117,02°. Spez. Wärme, Verdampfungswärme[10]). Spez. Gew. 0,80978 bei 20°/4°[11]). Kritische Temperatur 287,1°[12]). Spez. Zähigkeit[13]). Spez. Zähigkeit des wässerigen Butylalkohols[14]). Brechungsvermögen[15]). Mittlere Kompressibilität $b = \beta \cdot 10^{-6} = 69{,}2$. Oberflächenspannung $\gamma = 24{,}25$ [16]). Kryoskopisches Verhalten[17]). Dielektrizitätskonstante[18]). Dielektrizitätskonstante und elektrische Absorption[19]). Elektrische Absorption[20]). Esterifikationsgeschwindigkeit[21]).

Chemische Eigenschaften: Löslich in 12 T. Wasser, wird aus der wässerigen Lösung durch Calciumchlorid gefällt. Beim Auftropfen auf stark erhitztes Chlorzink zersetzt er sich in Wasser und 2-Butylen $CH_3 \cdot CH = CH \cdot CH_3$ neben weniger Normalbutylen $CH_3 \cdot CH_2 \cdot CH = CH_2$[22]). Durch Brom entsteht Brombutyraldehyd. Durch Erhitzen von Butylalkohol, der mit Bromawsserstoffsäure kalt gesättigt wurde, im Rohr auf 100° bildet sich das bei 105° siedende Normalbutylbromid[23]). Wird durch Metallsalze bei ca. 200° ätherifiziert[24]). Durch Erhitzen von Natriumbutylat mit Butylalkohol im Rohr auf 220—230° entsteht Dibutylalkohol[25]). Bei 320° zersetzt er sich unter dem katalytischen Einfluß von Aluminiumphosphat zu einem Gemisch von Isobutylen und Buten(-1)[26]). Er läßt sich in guter Ausbeute durch Kaliumpermanganat zu Buttersäure oxydieren[27]). Schon eine 4—6proz. Lösung von Normalbutylalkohol ruft Eiweißfällung hervor, während Isobutylalkohol viel weniger wirksam ist[28]).

---

[1]) Neubauer, Archiv f. experim. Pathol. u. Pharmakol. **46**, 133 [1901].

[2]) P. Höckendorf, Biochem. Zeitschr. **23**, 281 [1909]; Chem. Centralbl. **1910**, I, 947.

[3]) Rabuteau, Compt. rend. de la Soc. de Biol. **1870, 1875, 1879**.

[4]) Hamberg, Physiologische Versuche mit den flüchtigen Substanzen, die sich im Branntwein finden. Wien 1884.

[5]) Lieben u. Rossi, Annalen d. Chemie u. Pharmazie **158**, 137 [1871].

[6]) Zander, Annalen d. Chemie u. Pharmazie **224**, 80 [1884].

[7]) Brühl, Annalen d. Chemie u. Pharmazie **203**, 16 [1880].

[8]) Carrara u. Coppadoro, Gazzetta chimica ital. **33**, I, 329 [1903].

[9]) R. Schiff, Annalen d. Chemie u. Pharmazie **220**, 101 [1883].

[10]) Zoubow, Journ. d. russ. physikal.-chem. Gesellschaft **30**, 926 [1898]; Chem. Centralbl. **1899**, I, 586.

[11]) Kahlbaum, Zeitschr. f. physikal. Chemie **26**, 628, 646 [1898].

[12]) Pawlewsky, Berichte d. Deutsch. chem. Gesellschaft **16**, 2634 [1883].

[13]) Přibram u. Handl, Monatshefte f. Chemie **2**, 668 [1881].

[14]) Traube, Berichte d. Deutsch. chem. Gesellschaft **19**, 882 [1886].

[15]) Eykman, Recueil des travaux chim. des Pays-Bas **12**, 278 [1893].

[16]) Richards u. Mathews, Journ. Amer. Chem. Soc. **30**, 8 [1908]; Zeitschr. f. physikal. Chemie **61**, 449 [1908].

[17]) W. Biltz, Zeitschr. f. physikal. Chemie **29**, 251 [1899].

[18]) Loewe, Wied. Annalen d. Physik **66**, 398 [1899].

[19]) Drude, Zeitschr. f. physikal. Chemie **23**, 309 [1897].

[20]) P. Beaulard, Compt. rend. de l'Acad. des Sc. **151**, 55 [1910]; Chem. Centralbl. **1910**, II, 966.

[21]) A. Michael u. K. Wolgast, Berichte d. Deutsch. chem. Gesellschaft **42**, 3157 [1902].

[22]) Le Bel u. Greene, Amer. Chem. Journ. **2**, 24 [1880].

[23]) Malengreau, Bulletin de l'Acad. Roy. Belg. **1906**, 802; Chem. Centralbl. **1907**, I, 1399.

[24]) G. Oddo, Gazzetta chimica ital. **31**, I, 285 [1900]; Chem. Centralbl. **1901**, I, 183.

[25]) M. Guerbet, Compt. rend. de l'Acad. des Sc. **133**, 1220 [1901].

[26]) Senderens, Compt. rend. de l'Acad. des Sc. **144**, 1109 [1907]; Chem. Centralbl. **1907**, II, 289.

[27]) H. Fournier, Compt. rend. de l'Acad. des Sc. **144**, 331 [1907].

[28]) K. Spiro, Beiträge z. chem. Physiol. u. Pathol. **4**, 317 [1904].

Derivate: Normalbutyläther (Mol.-Gew. 130,14) $C_8H_{18}O = (CH_3 \cdot CH_2 \cdot CH_2 \cdot CH_2)_2 \cdot O$.
Siedep. 140,5° bei 741,5 mm. Spez. Gew. 0,784 bei 0°; 0,7685 bei 20°; 0,7555 bei 40° [1]).
Siedep. 140,9. Spez. Gew. 0,7865 bei 0° [2]).

Methyl-n-butyläther (Mol.-Gew. 88,10) $C_5H_{12}O = C_4H_9 \cdot O \cdot CH_3$. Aus Zinkpropyl und
Chlormethyläther $CH_2Cl \cdot O \cdot CH_3$ [3]). Siedep. 70,3°. Spez. Gew. 0,7635 bei 0° [4]).

Äthyl-n-butyläther (Mol.-Gew. 102,11) $C_6H_{14}O = C_4H_9 \cdot O \cdot C_2H_5$. Siedep. 91,7° bei
742,7 mm. Spez. Gew. 0,7694 bei 0° [5]). Siedep. 91,4°. Spez. Gew. 0,7680 bei 0° [6]).

n-Propyl-n-butyläther (Mol.-Gew. 116,13) $C_7H_{16}O = C_4H_9 \cdot O \cdot C_3H_7$. Siedep. 117,1°.
Spez. Gew. 0,7773 bei 0° [7]).

n-Butylisobutyläther (Mol.-Gew. 130,14) $C_8H_{18}O = CH_3 \cdot CH_2 \cdot CH_2 \cdot CH_2 \cdot O \cdot CH_2$
$\cdot CH \cdot (CH_3)_2$. Siedep. 131,5°—132°. Spez. Gew. 0,763 bei 15,5° [8]).

Äther des Isobutylalkohols mit höheren Alkoholen siehe bei diesen.

Ester anorganischer Säuren: n-Butylbromid C_4H_9Br [9]). Siedep. 100,4 bei 744 mm;
spez. Gew. 1,3050 bei 0°; 1,2792 bei 20°; 1,2571 bei 40°; Siedep. (korr.) 99,88°.

n-Butyljodid C_4H_9J [10]). Siedep. 129,6° bei 738,2 mm; spez. Gew. 1,6476 bei 0°;
1,6136 bei 20°; 1,5894 bei 40°; Siedep. 130,4—131,4° bei 745,4 mm.

n-Butylnitrit (Mol.-Gew. 103,08) $C_4H_9NO_2 = C_4H_9O \cdot NO$. Siedep. 75°. Spez. Gew. 0,9114
bei 0° [11]).

n-Butylnitrat (Mol.-Gew. 119,08) $C_4H_9NO_3 = C_4H_9 \cdot O \cdot NO_2$. Siedep. 136°. Spez.
Gew. 1,048 bei 0° [12]).

n-Butylschwefelsäure (Mol.-Gew. 154,15) $C_4H_{10}SO_4 = C_4H_9 \cdot OSO_3H$. $(C_4H_9SO_4)_2Ba$
$+ H_2O$. Blättchen [13]).

n-Butylarsenit (Mol.-Gew. 294,22) $C_{12}H_{27}O_3As = As \cdot (OC_4H_9)_3$. Durch Erhitzen von
Arsentrioxyd mit Normalbutylalkohol. Siedep. 263° [14]).

Ester organischer Säuren: n-Butylformiat (Mol.-Gew. 102,08) $C_5H_{10}O_2 = C_4H_9 \cdot O$
$\cdot CHO$. Siedep. 106,9°. Spez. Gew. 0,9108 bei 0° [15]).

n-Butylacetat (Mol.-Gew. 116,10) $C_6H_{12}O_2 = C_4H_9 \cdot O \cdot CO \cdot CH_3$. Siedep. 125,1° bei
740 mm. Spez. Gew. 0,9000 bei 0° [16]).

n-Butylpropionat (Mol.-Gew. 130,11) $C_7H_{14}O_2 = C_4H_9 \cdot O \cdot CO \cdot C_2H_5$. Siedep. 146°.
Spez. Gew. 0,8828 bei 15° [17]).

n-Butylbutyrat (Mol.-Gew. 144,13) $C_8H_{16}O_2 = C_4H_9 \cdot O \cdot CO \cdot C_3H_7$. Siedep. 164,8°.
Spez. Gew. 0,8760 bei 15° [18]).

n-Butylbenzoat (Mol.-Gew. 178,11) $C_{11}H_{14}O_2 = C_4H_9 \cdot O \cdot CO \cdot C_6H_5$. Dickflüssig.
Siedep. 247,3° (korr.). Spez. Gew. 1,0000 bei 20°. Erstarrt nicht bei —20° [19]).

---

[1]) Lieben u. Rossi, Annalen d. Chemie u. Pharmazie **165**, 110 [1873].
[2]) Dobriner, Annalen d. Chemie u. Pharmazie **243**, 8 [1888].
[3]) Henry, Bulletin de la Soc. chim. [3] **7**, 150 [1892].
[4]) Dobriner, Annalen d. Chemie u. Pharmazie **243**, 3 [1888].
[5]) Lieben u. Rossi, Annalen d. Chemie u. Pharmazie **158**, 167 [1871].
[6]) Dobriner, Annalen d. Chemie u. Pharmazie **243**, 5 [1888].
[7]) Dobriner, Annalen d. Chemie u. Pharmazie **243**, 7 [1888].
[8]) Reboul, Bulletin de la Soc. chim. [3] **2**, 25 [1889].
[9]) Linnemann, Annalen d. Chemie u. Pharmazie **161**, 193 [1872].
[10]) Dobriner, Annalen d. Chemie u. Pharmazie **243**, 26 [1888].
[11]) Bertoni, Gazzetta chimica ital. **18**, 434 [1888].
[12]) Bertoni, Gazzetta chimica ital. **20**, 374 [1890].
[13]) Lieben u. Rossi, Annalen d. Chemie u. Pharmazie **165**, 116 [1873].
[14]) V. Auger, Compt. rend. de l'Acad. des Sc. **143**, 907 [1906].
[15]) Gartenmeister, Annalen d. Chemie u. Pharmazie **234**, 252 [1886].
[16]) Lieben u. Rossi, Annalen d. Chemie u. Pharmazie **158**, 170 [1871]. — Linnemann,
Annalen d. Chemie u. Pharmazie **161**, 193 [1872]. — Gartenmeister, Annalen d. Chemie u. Pharmazie **233**, 259 [1886].
[17]) Linnemann, Annalen d. Chemie u. Pharmazie **161**, 193 [1872]. — Gartenmeister,
Annalen d. Chemie u. Pharmazie **233**, 259 [1886].
[18]) Linnemann, Annalen d. Chemie u. Pharmazie **161**, 193 [1872]. — Lieben u. Rossi,
Annalen d. Chemie u. Pharmazie **158**, 170 [1871]. — Gartenmeister, Annalen d. Chemie u. Pharmazie **233**, 259 [1886].
[19]) Linnemann, Annalen d. Chemie u. Pharmazie **161**, 193 [1872]. — Perkin, Journ. Chem.
Soc. **69**, 1238 [1896].

Phenylcarbaminsäure - n - butylester,   **Butylphenylurethan**   (Mol. - Gew. 193,13) $C_{11}H_{15}O_2N = C_6H_5 \cdot NH \cdot CO \cdot O \cdot CH_2(CH_2)_2 \cdot CH_3$. Durch Kombination des Alkohols mit Phenylisocyanat. Farblose Nadeln. In den organischen Lösungsmitteln leicht löslich. Schmelzp. 57° [1]). Schmelzp. 61° [2]).

Angelicasäure-n-butylester (Mol.-Gew. 156,13) $C_9H_{16}O_2 = C_4H_9O \cdot CO \cdot C_4H_7$.   Im Römisch-Kamillenöle. Siedep. 177—177,5° [3]). Wurde ursprünglich für einen Isobutylester angesehen.

Isobutylalkohol [2-Methylpropanol (1)].

Mol.-Gewicht 74,08.

Zusammensetzung: 64,79% C, 13,61% H, 21,60% O.

$$C_4H_{10}O = \frac{CH_3}{CH_3}\Big\rangle CH \cdot CH_2 \cdot OH \, .$$

Vorkommen: Im Destillationswasser von *Eucalyptus amygdalina* [4]). Im Runkel-rübenfuselöl [5]). Im Fuselöl der Eicheln [6]). 1 l Kartoffelfuselöl enthält 243,5 g, 1 l Kornfuselöl 157,6 g Isobutylalkohol. In den Fuselölen der verschiedensten Gärmaterialien [7]). In altem Kognak [8]).

Bildung: Aus gechlortem Isobutylalkohol $(CH_3)_2 \cdot CCl \cdot CH_2OH$ durch Reduktion mit Natriumamalgam und Wasser [9]). Bei der Reduktion von Isobutyraldehyd durch Natrium-amalgam [10]). Durch katalytische Reduktion von Methyl-2-propanal $\frac{CH_3}{CH_3}\rangle CH \cdot CHO$ mit Wasserstoff und Nickel bei 135—160° [11]). Aus Isobutylaldehyd und Wasserstoff bei 360 bis 400°, 100 Atmosphären Druck und Eisen als Katalysator [12]).

Etwas Isobutylalkohol bildet sich bei der Vergärung von Glycerin, Mannit, Glykose, Rohrzucker, Maltose, Milchzucker, Arabinose, Stärke, Dextrin, Inulin durch den Bac. ortho-butylicus [13]). Er bildet sich wahrscheinlich bei der alkoholischen Gärung des Zuckers durch Hefe aus dem Valin, das aus den Proteinen der Gärmaterialien und der Hefe stammt [14]):

$$\frac{CH_3}{CH_3}\Big\rangle \underset{\underset{NH_2}{\big|}}{CH \cdot CH} \cdot COOH \quad \rightarrow \quad \frac{CH_3}{CH_3}\Big\rangle CH \cdot CH_2OH$$

Vielleicht bei der Einwirkung einer Agarkultur von Bac. proteus vulgaris auf d, l-Valin [15]).

Darstellung: Aus dem Kartoffelfuselöl durch Fraktionierung.

Erkennung und Bestimmung: Man fügt zu der zu untersuchenden Flüssigkeit 5—10 Tropfen einer 1—2 proz. alkoholischen Lösung von Salicylaldehyd [16]), Benzaldehyd, Anisaldehyd

---

[1]) Bouveault u. Blanc, Compt. rend. de l'Acad. des Sc. **137**, 60 [1903].

[2]) H. Fournier, Bulletin de la Soc. chim. [4] **7**, 23 [1910].

[3]) Köbig, Annalen d. Chemie u. Pharmazie **195**, 99 [1879]. — Semmler, Die ätherischen Öle. Leipzig 1906. I, S. 830.

[4]) G. Smith, Journ. Soc. Chem. Ind. **26**, 851 [1907].

[5]) A. Würtz, Annales de Chim. et de Phys. [3] **42**, 129 [1854]. — Pierre u. Puchot, Annalen d. Chemie u. Pharmazie **151**, 299 [1869]. — Kruis u. Rayman, Zeitschr. f. Spiritusindustrie **19**, 131 [1896]. — Rabuteau, Compt. rend. de l'Acad. des Sc. **87**, 500 [1878].

[6]) Rudakow u. Alexandrow, Journ. d. russ. physikal.-chem. Gesellschaft **36**, 207 [1904]; Chem. Centralbl. **1904**, I, 1481.

[7]) Windisch, Arbeiten aus d. Kaiserl. Gesundheitsamt **8**, 140 [1893]. — R. C. Schüpp-haus, Journ. Amer. Chem. Soc. **14**, 45 [1892]. — Pringsheim, Centralbl. f. Bakt. u. Parasitenk. [2] **15**, 300 [1905]. — Emmerling, Berichte d. Deutsch. chem. Gesellschaft **35**, 694 [1902].

[8]) Claudin u. Morin, Bulletin de la Soc. chim. **49**, 178 [1888].

[9]) Butlerow, Annalen d. Chemie u. Pharmazie **144**, 24 [1867].

[10]) Linnemann u. Zotta, Annalen d. Chemie u. Pharmazie **162**, 11 [1872].

[11]) Sabatier u. Senderens, Compt. rend. de l'Acad. des Sc. **137**, 301 [1903].

[12]) Ipatjew, Journ. d. russ. physikal.-chem. Gesellschaft **39**, 681 [1907]; Chem. Centralbl. **1907**, II, 2035.

[13]) L. Grimbert, Annales de l'Inst. Pasteur **7**, 353 [1893].

[14]) F. Ehrlich, Berichte d. Deutsch. chem. Gesellschaft **40**, 1044 [1907]; Zeitschr. d. Vereins f. Rübenzuckerind. **1905**, 539; Biochem. Zeitschr. **2**, 71 [1907].

[15]) P. Nawiasky, Archiv f. Hyg. **66**, 234 [1908].

[16]) A. Komarowsky, Chem.-Ztg. **27**, 1086 [1903]; Chem. Centralbl. **1903**, II, 1396. — H. Kreis, Chem.-Ztg. **31**, 999 [1907]; Chem. Centralbl. **1907**, II, 1660.

oder Orthooxybenzaldehyd und setzt vorsichtig das gleiche Volum Schwefelsäure zu. Eine charakteristische Färbung zeigt den Alkohol an; doch gelingt die Probe auch bei Propyl-, Isopropylalkohol und den Amylalkoholen[1]) (vgl. Isoamylalkohol, Fuselölreaktionen)[2]). Bei Gegenwart von konz. Schwefelsäure färbt sich Isobutylalkohol auf Zusatz von Furfurollösung blauviolett[3]). Die beim Amylalkohol kräftig stattfindende Blaufärbung beim Vermischen mit α-Naphthol, p-Phenylendiamin und Natriumcarbonat zeigt sich auch beim Isobutylalkohol, jedoch nur 4 mal schwächer als beim Isoamylalkohol[4]). Wenn größere Mengen des Alkohols vorliegen, isoliert man ihn durch fraktionierte Destillation und reinigt ihn durch Verwandlung in das Jodid, das man abermals fraktioniert. Die Identifizierung erfolgt durch Feststellung des Siedepunktes des Alkohols und des Siedepunktes des Jodids oder durch Oxydation des Alkohols zu der entsprechenden Säure, die als Bariumsalz analysiert wird[5]).

Physiologische Eigenschaften: Er wirkt auf Amylomyces β weniger giftig als Normalbutylalkohol[6]) und halb so giftig wie Amylalkohol[7]). 1 ccm einer 1 proz. Isobutylalkohollösung bringt beim Frosch noch keine toxische Wirkung hervor[8]). In $^1/_2$ proz. Lösung von Isobutylalkohol sterben Algen nach 4, von Normalbutylalkohol schon nach 3 Tagen[9]), bloß 0,3—0,6 g n-Butylalkohol rufen die gleiche Wirkung hervor wie 0,6—0,7 g Isobutylalkohol[10]). Die Desinfektionskraft des n-Butylalkohols ist gleich der der Isoverbindung[11]). Das Richardsonsche Gesetz[12]) wurde für den Isobutylalkohol bestätigt durch Versuche an Süßwassercrustaceen[13]) und Hefe[14]). Für die Erregung von positivem Heliotropismus bei Daphnien ist eine 0,04 n-Isobutylalkohollösung erforderlich, eine 0,2 n bei Äthylalkohol, eine 0,6 n bei Methylalkohol. Die minimale Konzentration für die Narkose von Daphnien beträgt bloß 0,12 n-Lösung bei Isobutylalkohol, 0,2 n bei Propylalkohol, 0,6 n bei Äthylalkohol, 1,2 n bei Methylalkohol[15]). Nach Versuchen in vitro fördert er sowohl die Pepsin- als auch die Pankreasverdauung[16]). Durch Eintauchen von Froschmuskeln in Salzlösungen, welche Isobutylalkohol enthielten, wurde die Erregbarkeit der Muskeln durch Induktionsschläge vermindert bzw. vernichtet. Isobutylalkohol wirkt dabei nicht so stark wie Normalbutylalkohol, aber stärker als sekundärer und tertiärer Butylalkohol[17]). Er wird im Organismus des Hundes an Glykuronsäure gebunden[18]).

Physikalische Eigenschaften: Flüssigkeit. Siedep. 108,4°. Spez. Gew. 0,8168 bei 0°, 0,8003 bei 18°[19]). Siedep. 106,6—106,8° bei 763,2 mm. Spez. Gew. 0,7265 bei 106,6°/4°[20]); Siedep. 107,53°. Spez. Wärme, Verdampfungswärme[21]). Spezifische Wärme und Dichten in Gemischen mit Wasser[22]). Dampftension von 25,3—107,7°[23]). Siedetemperaturen bei

[1]) Takahashi, Bulletin of the College of Agric. Tokyo **6**, 437 [1905]; Chem. Centralbl. **1905**, I, 1484.

[2]) Vgl. dieses Werk Bd. I, S. 446.

[3]) G. Guérin, Journ. de Pharm. et de Chim. [6] **21**, 14 [1905]; Chem. Centralbl. **1905**, I, 695.

[4]) H. v. Wyß, E. Herzfeld u. O. Rewidzow, Zeitschr. f. Physiol. **64**, 479 [1910]; Chem. Centralbl. **1910**, I, 1385.

[5]) Abderhalden, Handb. d. biochem. Arbeitsmethoden **2**, 10 [1909].

[6]) K. S. Iwanoff, Centralbl. f. Bakt. u. Parasitenk. [2] **13**, 139 [1904].

[7]) Vandevelde, Arch. intern. de Pharmacodynamie et de Thérapie **7**, 123 [1900].

[8]) V. Nazari, Atti della R. Accad. dei Lincei Roma [5] **17**, II, 166 [1908]; Arch. di Farmacol. sperim. **7**, 421 [1908].

[9]) Tsukamoto, Journ. of the College of Sc. Tokyo **6** [1894]; **7** [1895].

[10]) Gibbs u. Reichert, Archiv f. Anat. u. Physiol., physiol. Abt. **1893**, Suppl. 209.

[11]) Wirgin, Zeitschr. f. Hyg. **46**, 149 [1904].

[12]) Vgl. dieses Werk S. 395.

[13]) J. Loeb, Archiv f. d. ges. Physiol. **115**, 564 [1906]; Biochem. Zeitschr. **23**, 93 [1910].

[14]) P. Regnard, Compt. rend. de la Soc. de Biol. [9] **110**, 124 [1889]. — K. Yabe, Bulletin of the College of Agric. Tokyo **2**, 221 [1896].

[15]) J. Loeb, Biochem. Zeitschr. **23**, 95 [1909].

[16]) S. Laborde, Compt. rend. de la Soc. de Biol. **51**, 821.

[17]) H. P. Kemp, Proc. Phys. Soc. **1908**, 49.

[18]) Neubauer, Archiv f. experim. Pathol. u. Pharmakol. **46**, 142 [1901].

[19]) Linnemann, Annalen d. Chemie u. Pharmazie **160**, 238 [1871].

[20]) R. Schiff, Annalen d. Chemie u. Pharmazie **220**, 102 [1883].

[21]) Longuinine, Annales de Chim. et de Phys. [7] **13**, 289 [1898].

[22]) A. Doroszewski, Journ. d. russ. physikal.-chem. Gesellschaft **41**, 958 [1910]; Chem. Centralbl. **1910**, I, 156.

[23]) Richardson, Journ. Chem. Soc. **49**, 763 [1886].

verschiedenen Drucken [1]).   Siedep.$_{756}$ = 107,3° [2]);   Siedep.$_{762}$ = 108°; D_{15}^{15} = 0,8064 [3]). Schmelzp. —108° [4]). Kritische Temperatur [5]). Spez. Wärme 0,610 für 1 g [6]). Capillaritätskonstante beim Siedepunkte a^2 = 4,416 [7]). Oberflächenspannung [8]). Verbrennungswärme [9]). Spez. Zähigkeit [10]). In 10,5 T. Wasser bei 18° löslich. Spez. Zähigkeit der wässerigen Lösung [11]). Spez. Gewichte wässeriger Lösungen von Isobutylalkohol [12]). Absorptionsspektrum [13]). Kryoskopisches Verhalten [14]). Elektromagnetische Drehung 4,827 [15]). Dielektrizitätskonstante [16]). Dielektrizitätskonstante und Brechungsvermögen [17]). Dielektrizitätskonstante und elektrische Absorption [18]). Elektrische Absorption [19]). Esterifikationsgeschwindigkeit, k = 0,0074 [20]).

Chemische Eigenschaften: Metallisches Calcium zersetzt ihn bei gewöhnlicher Temperatur nur sehr schwach. Beim Erhitzen entsteht unter Wasserstoffentwicklung das Calciumisobutylat [21]). Zersetzt sich bei der Destillation über Zinkstaub in Wasser (resp. Wasserstoff und Isobutylen) [22]). Derselbe Kohlenwasserstoff entsteht neben Wasser und viel β-Butylen $CH_3 \cdot CH = CH \cdot CH_3$ beim Auftröpfeln auf erhitztes Chlorzink [23]). Bei tagelanger Berührung mit abs. Schwefelsäure scheidet sich ein Öl ab, das im wesentlichen aus gesättigten Kohlenwasserstoffen C_nH_{2n+2} besteht [24]). Chromsäure oxydiert zu Isobuttersäure, daneben entstehen Essigsäure, Kohlensäure, Aceton usw. [25]). Bei der Einwirkung von Jod auf Natriumisobutylat bildet sich ein Aldehydderivat $(CH_3)_2C(OC_4H_9) \cdot CH(OH)OC_2H_5$, ferner Isobuttersäure, eine Säure $C_8H_{16}O_3$ u. a. Körper [26]). Die Einwirkung von Brom verläuft unter Bildung von Isobutylbromid, Isobuttersäureisobutylester und Bromisobutyraldehyd. Leitet man Chlor in erhitzten Isobutylalkohol, so entstehen: α-Chlorisobuttersäureisobutylester, α, β-Dichlorisobuttersäureisobutylester, Mono- und Dichlorisobutyralaldehyd; ferner Kohlenoxyd, Kohlensäure, Methylchlorid, Isobuttersäure, Oxyisobuttersäure, Methacrylsäure u. a. Bei Einwirkung von Chlor auf wässerigen Isobutylalkohol bilden sich α-Chlorisobuttersäureisobutylester und Isobuttersäure [27]). Im Licht und in der Kälte wirkt Chlor auf wasserfreien Isobutylalkohol unter Bildung von 1, 2-Dichlorisobutyläther. Beim Erhitzen von Natriumisobutylat mit Isobutylalkohol entsteht etwas Isobuttersäure [28]). Bei der Einwirkung von Methylenjodid auf Natriumisobutylat entstehen Isobutylen, Methylisobutyläther, Methylendiisobutyläther, Iso-

[1]) Kahlbaum, Siedetemperatur und Druck. S. 87.

[2]) Piutti, Berichte d. Deutsch. chem. Gesellschaft **39**, 2766 [1896].

[3]) Doroschewski u. Dworzonczyk, Journ. d. russ. physikal.-chem. Gesellschaft **40**, 908 [1908].

[4]) Carrara u. Coppadoro, Gazzetta chimica ital. **33**, I, 329 [1903].

[5]) Nadeschdin, Journ. d. russ. physikal.-chem. Gesellschaft **14**, II, 538 [1882].

[6]) Forcrand, Jahresber. d. Chemie **1885**, 209.

[7]) R. Schiff, Annalen d. Chemie u. Pharmazie **223**, 70 [1884].

[8]) Th. Renard u. Guye, Journ. de Chim. phys. **5**, 81 [1907].

[9]) Zoubow, Journ. d. russ. physikal.-chem. Gesellschaft **30**, 926 [1898]; Chem. Centralbl. **1899**, I, 586.

[10]) Přibram u. Handl, Monatshefte f. Chemie **2**, 670 [1881].

[11]) Traube, Berichte d. Deutsch. chem. Gesellschaft **19**, 883 [1886].

[12]) Duclaux, Annales de Chim. et de Phys. [5] **13**, 91 [1878].

[13]) Spring, Recueil des travaux chim. des Pays-Bas **16**, 1 [1895].

[14]) Ampola u. Rimatori, Gazzetta chimica ital. **27**, I, 49, 59 [1897]. — W. Biltz, Zeitschr. f. physikal. Chemie **29**, 251 [1899].

[15]) Schönrock, Zeitschr. f. physikal. Chemie **11**, 785 [1893].

[16]) Abegg u. Seitz, Zeitschr. f. physikal. Chemie **29**, 245 [1899].

[17]) Landolt u. Jahn, Zeitschr. f. physikal. Chemie **10**, 317 [1892].

[18]) Drude, Zeitschr. f. physikal. Chemie **23**, 309 [1897].

[19]) P. Beaulard, Compt. rend. de l'Acad. des Sc. **151**, 55 [1910].

[20]) A. Michael u. K. Wolgast, Berichte d. Deutsch. chem. Gesellschaft **42**, 3157 [1909].

[21]) F. M. Perkin u. L. Pratt, Proc. Chem. Soc. **23**, 304 [1907].

[22]) Jahn, Berichte d. Deutsch. chem. Gesellschaft **13**, 989 [1880].

[23]) Le Bel u. Greene, Amer. Chem. Journ. **2**, 23 [1880].

[24]) G. Oddo u. E. Scandola, Gazzetta chimica ital. **39**, II, 44 [1909]; Chem. Centralbl. **1909**, II, 2115.

[25]) Krämer, Berichte d. Deutsch. chem. Gesellschaft **7**, 252 [1874]. — Schmidt, Berichte d. Deutsch. chem. Gesellschaft **7**, 1361 [1874].

[26]) Gorbow u. Keßler, Journ. d. russ. physikal.-chem. Gesellschaft **19**, 456 [1887].

[27]) Brochet, Annales de Chim. et de Phys. [7] **10**, 363 [1897].

[28]) Guerbet, Compt. rend. de l'Acad. des Sc. **128**, 1004 [1899].

buttersäure, eine Säure $C_8H_{16}O_3$. Jodoform wirkt ähnlich[1]). Beim Durchleiten durch ein rotglühendes eisernes Rohr entstehen unter anderem 40% Isobutylaldehyd und gegen 5% Kohle[2]). Über die katalytische Zersetzung von Isobutylalkohol durch die verschiedenen Metalle und deren Oxyde[3]). Beim Überleiten seiner mit Luft gemischten Dämpfe über glühendes Platin bilden sich Isobutyraldehyd, Isobuttersäure, Formaldehyd, Wasser, Äthylen, Propylen, Isobutylen und vielleicht ein Acetal[4]). Durch Kaliumpermanganat wird er in sehr guter Ausbeute zur Isobuttersäure oxydiert[5]). Durch Aluminiumphosphat wird er bei 310° in ein Gemisch von Isobutylen und Buten(-1) verwandelt[6]); durch glühende Kohlen bei 350° in Butylaldehyd, Äthylen- und Methankohlenwasserstoffe und in Wasserstoff[7]). Er hat eine geringere eiweißfällende Wirkung als der Normalbutylalkohol[8]).

Derivate:[9]) **Additionsprodukte** $CaCl_2 \cdot 3\,C_4H_{10}O$. Fettglänzende Prismen oder Blättchen[10]). $NaOH + 6\,C_4H_{10}O$. Prismen; die Verbindung verliert über Schwefelsäure 5 Mol. Isobutylalkohol[11]).

Alkoholate: C_4H_9ONa (Mol.-Gew. 96,07) und $C_4H_9ONa \cdot 3\,C_4H_{10}O$. C_4H_9OK (Mol.-Gew. 112,17)[12]). $(C_4H_9O_3)_3Al$ (Mol.-Gew. 246,31). Schmelzp. 140°. Spez. Gew. 0,9825 bei 4°[13]).

Äther: Isobutyläther (Mol.-Gew. 130,14) $C_8H_{18}O = (CH_3)_2 \cdot CH \cdot CH_2 \cdot O \cdot CH_2 \cdot CH \cdot (CH_3)_2$. Aus Isobutyljodid und Kaliumisobutylat[14]); aus Isobutylalkohol und Kupfersulfat bei ca. 200°[15]). Siedep. 122—122,5°. Spez. Gew. 0,7616 bei 15°[16]).

Methylisobutyläther (Mol.-Gew. 88,10) $C_5H_{12}O = CH_3 \cdot O \cdot CH_2 \cdot CH \cdot (CH_3)_2$. Siedep. 59° bei 741 mm[17]).

Äthylisobutyläther (Mol.-Gew. 102,11) $C_6H_{14}O = C_2H_5 \cdot O \cdot CH_2 \cdot CH : (CH_3)_2$. Siedep. 78—80°. Spez. Gew. 0,7507[18]).

Ester anorganischer Säuren: **Isobutylbromid** C_4H_9Br[19]) Siedep. 92,33° (korr.); spez. Gew. 1,2038 bei 16°; 1,25984 bei 25°; Siedep. 90,5—91° bei 758,4 mm; spez. Gew. 1,1456 bei 91°/4°.

Isobutyljodid C_4H_9J[19]). Siedep. 120,0° (korr.); spez. Gew. 1,6401 bei 0°; 1,6081 bei 19,5°; Siedep. 83—83,3° bei 250 mm; spez. Gew. 1,61385 bei 15°; 1,60066 bei 25°; spez. Gew. 1,4335 bei 120°/4°

Isobutylnitrit (Mol.-Gew. 103,08) $C_4H_9NO_2 = (CH_3)_2 : CH \cdot CH_2 \cdot O \cdot NO$. Siedep. 67 bis 68°. Spez. Gew. 0,8878 bei 4°; 0,8752 bei 15°; 0,8652 bei 25°[20]); 0,89445 bei 0°[21]). Siedep. 66—67°[22]). Spez. Gew. 0,876 bei 15°[23]). Spez. Zähigkeit[24]).

---

[1]) Gorbow u. Keßler, Journ. d. russ. physikal.-chem. Gesellschaft **19**, 448, 454 [1887].

[2]) Ipatiew, Berichte d. Deutsch. chem. Gesellschaft **34**, 596 [1901].

[3]) Ipatiew, Journ. d. russ. physikal.-chem. Gesellschaft **40**, 508 [1908]; Chem. Centralbl. **1908**, II, 1098.

[4]) v. Stepski, Monatshefte f. Chemie **23**, 773 [1902].

[5]) Fournier, Compt. rend. de l'Acad. des Sc. **144**, 331 [1907]

[6]) Senderens, Compt. rend. de l'Acad. des Sc. **144**, 1109 [1907].

[7]) Lemoine, Compt. rend. de l'Acad. des Sc. **146**, 1360 [1908].

[8]) K. Spiro, Beiträge z. chem. Physiol. u. Pathol. **4**, 300 [1904].

[9]) Chapman u. Smith, Zeitschr. f. Chemie **1869**, 434. — Reimer, Berichte d. Deutsch. chem. Gesellschaft **2**, 756 [1869]. — Pierre u. Puchot, Annalen d. Chemie u. Pharmazie **163**, 274 [1872].

[10]) Heindl, Monatshefte f. Chemie **2**, 208 [1881].

[11]) Göttig, Berichte d. Deutsch. chem. Gesellschaft **23**, 2246 [1890].

[12]) Forcrand, Annales de Chim. et de Phys. [6] **11**, 459 [1887].

[13]) Gladstone u. Tribe, Journ. Chem. Soc. **39**, 6 [1881].

[14]) Würtz, Annales de Chim. et de Phys. [3] **42**, 153 [1854].

[15]) G. Oddo, Gazzetta chimica ital. **31**, 258 [1901]; Chem. Centralbl. **1901**, II, 183.

[16]) Reboul, Bulletin de la Soc. chim. [3] **2**, 26 [1889].

[17]) Gorbow u. Keßler, Journ. d. russ. physikal.-chem. Gesellschaft **19**, 439 [1887].

[18]) Würtz, Annalen d. Chemie u. Pharmazie **93**, 117 [1861]. — Norton u. Prescott, Amer. Chem. Journ. **6**, 246 [1884].

[19]) R. Schiff, Berichte d. Deutsch. chem. Gesellschaft **19**, 563, 564 [1886]. — Perkin, Journ. f. prakt. Chemie [2] **31**, 503 [1885].

[20]) Perkin, Journ. Chem. Soc. **55**, 686 [1889].

[21]) Chapman u. Smith, Zeitschr. f. Chemie **1869**, 433.

[22]) Bertoni u. Troffi, Jahresber. d. Chemie **1883**, 853.

[23]) Dunstan u. Wolley, Jahresber. d. Chemie **1888**, 1411.

[24]) Přibram u. Handl, Monatshefte f. Chemie **2**, 658 [1881].

Isobutylnitrat (Mol.-Gew. 119,08) $C_4H_9NO_3 = (CH_3)_2 : CH \cdot CH_2 \cdot ONO_2$. Siedep. 123°. Spez. Gew. 1,0384 bei 0°[1]); 1,0334 bei 4°; 1,0215 bei 15°; 1,0124 bei 25°[2]). Molekulares Brechungsvermögen[3]).

Isobutylschwefelsäure (Mol.-Gew. 154,15) $C_4H_{10}SO_4 = (CH_3)_2 : CH \cdot CH_2 \cdot OSO_3H$. Aus Isobutylalkohol und Schwefelsäure[4]). Salze[5]). Bei der Zersetzung des Bariumsalzes durch Erhitzen auf 130° entstehen Isobutylen und Pseudobutylen[6]).

Diisobutylsulfat (Mol.-Gew. 210,21) $C_8H_{18}SO_4 = [(CH_3)_2 : CH \cdot CH_2O]_2SO_2$. Bei der Absorption von Isobutylen durch Schwefelsäure[7]).

Triisobutylphosphit (Mol.-Gew. 250,22) $C_{12}H_{27}O_3P = (C_4H_9O)_3P$. Flüssigkeit. Siedep. 248—255° (246—248° im Wasserstoffstrome). Spez. Gew. 0,952 bei 15°[8]).

Triisobutylphosphat (Mol.-Gew. 266,22) $C_{12}H_{27}O_4P = OP(OC_4H_9)_3$. Nicht unzersetzt im Vakuum destillierbar[9]). Farblose, geruchlose, in Wasser kaum lösliche Flüssigkeit. Siedep.$_{10} = 135$—136°. $D_0^0 = 0,9698°$[10]).

Monoisobutylphosphorsäureester. Aus Phosphorpentoxyd und Isobutylalkohol. Barytsalz: PO_4 [$CH_2 \cdot CH(CH_3)_2$]$Ba + 2 H_2O$; 100 g Wasser lösen bei 24,5° 5,65 T., bei 52° 3,30 T., bei 85° 2,57 T.

Diisobutylphosphorsäureester [$O \cdot CH_2 \cdot CH(CH_3)_2$]$_2PO \cdot OH$. Aus Phosphorpentoxyd und Isobutylalkohol. Bleisalz: leicht löslich in Wasser; Schmelzp. 169—170°[9]).

Triisobutylborat (Mol.-Gew. 250,21) $C_{12}H_{27}BO_3 = (C_4H_9O)_3B$. Aus Isobutylalkohol und Bortrioxyd bei 160—170°[11]). Siedep. 212°. Spez. Gew. 0,86437 bei 0°, 0,85637 bei 7,8°[12]).

Tetraisobutylsilicat (Mol.-Gew. 256,59) $C_{16}H_{36}SiO_4 = (C_4H_9)_4Si$. Siedep. 256—260°; spez. Gew. 0,953 bei 15°[13]).

Isobutylantimonit (Mol.-Gew. 294,22) $C_{12}H_{27}O_3Sb = Sb \cdot (OC_4H_9)_3$. Gelbe Flüssigkeit. Bildet sich beim Kochen von Isobutylalkohol mit Antimontrioxyd und wasserfreiem Kupfersulfat. Siedep.$_{30} = 144°$. $D = 1,058$. Bei 250° zersetzt sich der Ester. Durch Wasser wird er sogleich zerstört. In den organischen Lösungsmitteln ist er leicht löslich[14]).

Isobutylarsenit (Mol.-Gew. 246,22) $C_{12}H_{27}O_3As = As \cdot [O \cdot CH_2 \cdot CH \cdot (CH_3)_2]_3$. Entsteht beim Erhitzen von Isobutylalkohol unter Rückflußkühlung mit Arsentrioxyd bei Gegenwart von wasserfreiem Kupfersulfat. Dunkle bewegliche Flüssigkeit. Spez. Gew. 1,069. Wird rasch durch Wasser in seine Komponenten gespalten. Zersetzt sich bei 760 mm Druck bei 242° und siedet bei 157° unter 30 mm Druck[15]). Siedep. 242°[16]).

Ester organischer Säuren: Isobutylformiat (Mol.-Gew. 102,08) $C_5H_{10}O_2 = (CH_3)_2 : CH \cdot CH_2O \cdot CHO$. Siedep. 97,9° bei 760 mm. Spez. Gew. 0,90 495 bei 0°/4°[17]).

---

[1]) Chapman u. Smith, Zeitschr. f. Chemie **1869**, 433.

[2]) Perkin, Journ. Chem. Soc. **55**, 684 [1889].

[3]) Löwenherz, Berichte d. Deutsch. chem. Gesellschaft **23**, 2181 [1890]. — Brühl, Zeitschr. f. physikal. Chemie **16**, 214 [1895].

[4]) Würtz, Annalen d. Chemie u. Pharmazie **85**, 198 [1853].

[5]) Ostwald, Zeitschr. f. physikal. Chemie **1**, 76, 81 [1887]. — Krafft u. Bourgeois, Berichte d. Deutsch. chem. Gesellschaft **25**, 475 [1892]. — Würtz, Annalen d. Chemie u. Pharmazie **93**, 123 [1855]. — Clarke, Berichte d. Deutsch. chem. Gesellschaft **11**, 1506 [1878].

[6]) Biron, Journ. d. russ. physikal.-chem. Gesellschaft **29**, 697 [1897]; Chem. Centralbl. **1898**, I, 885.

[7]) Berthelot, Annales de Chim. et de Phys. [7] **4**, 105 [1895].

[8]) Jähne, Annalen d. Chemie u. Pharmazie **256**, 283 [1890].

[9]) J. Cavalier u. E. Prost, Bulletin de la Soc. chim. **33**, 678 [1900].

[10]) A. Arbusow, Journ. d. russ. physikal.-chem. Gesellschaft **38**, 161 [1906].

[11]) Councler, Journ. f. prakt. Chemie [2] **18**, 382 [1878].

[12]) Ghira, Gazzetta chimica ital. **23**, I, 456; II, 9 [1893].

[13]) Cahours, Jahresber. d. Chemie **1874**, 349.

[14]) J. F. Mackey, Journ. Chem. Soc. **95**, 604 [1909].

[15]) Lang, Mac Key u. Gortner, Journ. Chem. Soc. **93**, 1367 [1908].

[16]) V. Auger, Compt. rend. de l'Acad. des Sc. **143**, 907 [1906].

[17]) Schumann, Poggend. Annalen [2] **12**, 4 [1881]. — Elsässer, Annalen d. Chemie u. Pharmazie **218**, 324 [1883]. — Pierre u. Puchot, Annalen d. Chemie u. Pharmazie **163**, 281 [1872]. — R. Schiff, Annalen d. Chemie u. Pharmazie **220**, 106 [1883]; **223**, 76 [1884]; **234**, 309, 343 [1886]. — Traube, Berichte d. Deutsch. chem. Gesellschaft **17**, 2304 [1884]. — Bartoli, Gazzetta chimica ital. **24**, II, 164 [1894]. — Landolt u. Jahn, Zeitschr. f. physikal. Chemie **10**, 315 [1892]. — Drude, Zeitschr. f. physikal. Chemie **23**, 308 [1897].

Isobutylacetat (Mol.-Gew. 116,10) $C_6H_{12}O_2 = (CH_3)_2 : CH \cdot CH_2 \cdot O \cdot CO \cdot CH_3$. Siedep. 116,3° bei 760 mm. Spez. Gew. 0,89 210 bei 0°/4°[1]).

Carbaminsäureisobutylester (Mol.-Gew. 117,16) $C_5H_{11}NO_2 = (CH_3)_2 : CH \cdot CH_2O \cdot CONH_2$. Schmelzp. 55°. Siedep. 206—207°[2]). $D_4^{76,2} = 0,9556$[3]). Unlöslich in Wasser, löslich in Alkohol und Äther[4]). Schmelzp. 67°[5]), 61°[6]).

Phenylcarbaminsäureisobutylester (Mol.-Gew. 193,13) $C_{11}H_{15}NO_2 = (CH_3)_2 : CH \cdot CH_2O$ $\cdot CO \cdot NH \cdot C_6H_5$. Nadeln. Schmelzp. 80°. Siedet unter geringer Zersetzung bei 216°[2]). Schwer löslich in Wasser, leicht in Alkohol und Äther.

Isobutylpropionat (Mol.-Gew. 130,11) $C_7H_{14}O_2 = (CH_3)_2 : CH \cdot CH_2 \cdot O \cdot COC_2H_5$. Siedep. 136,8° bei 760 mm. Spez. Gew. 0,887 595 bei 0°/4°[7]).

Isobutylbutyrat (Mol.-Gew. 144,13) $C_8H_{16}O_2 = (CH_3)_2 : CH \cdot CH_2 \cdot O \cdot CO \cdot C_3H_7$. Siedep. 156,9° bei 760 mm. Spez. Gew. 0,8798 bei 0°[8]).

Isobutylisobutyrat (Mol.-Gew. 144,13) $C_8H_{16}O_2 = (CH_3)_2 : CH \cdot CH_2 \cdot O \cdot CO \cdot CH \cdot (CH_3)_2$. Siedep. 146,6° bei 760 mm. Spez. Gew. 0,8752 bei 0°[9]). Siedep. 147—149°[10]).

Benzoesäureester (Mol.-Gew. 178,11) $C_{11}H_{14}O_2 = (CH_3)_2 : CH \cdot CH_2 \cdot OCO \cdot C_6H_5$. Siedep. 237° bei 760 mm[11]).

Isobutylcarbylamin (Mol.-Gew. 83,08) $C_5H_9N = \dfrac{CH_3}{CH_3}{>}CH \cdot CH_2 \cdot N : C$. Siedep. 110 bis 111°[12]).

Normaler Amylalkohol [Pentanol (1)].

Mol.-Gewicht 88,10.

Zusammensetzung: 68,10% C, 13,74% H, 18,16% O.

$$C_5H_{12}O = CH_3 \cdot CH_2 \cdot CH_2 \cdot CH_2 \cdot CH_2 \cdot OH.$$

Vorkommen: Vielleicht im Fuselöl[13]).

Bildung: Aus normalem Valeraldehyd $CH_3 \cdot (CH_2)_3 \cdot COH$ und Natriumamalgam[14]); aus normalem Amylchlorid[15]); aus 1-Aminopentan $CH_3 \cdot (CH_2)_3 \cdot CH_2 \cdot NH_2$ und salpetriger

[1]) Schumann, Poggend. Annalen [2] **12**, 4 [1881]. — Elsässer, Annalen d. Chemie u. Pharmazie **218**, 324 [1883]. — R. Schiff, Annalen d. Chemie u. Pharmazie **220**, 106 [1883]; **223**, 76 [1884]; **234**, 309, 343 [1886]. — Pierre u. Puchot, Annalen d. Chemie u. Pharmazie **163**, 281 [1872]. — Pawlewski, Berichte d. Deutsch. chem. Gesellschaft **15**, 2463 [1882]. — Spring, Recueil des travaux chim. des Pays-Bas **16**, 1 [1895]. — Bartoli, Gazzetta chimica ital. **24**, II, 164 [1894]. — Landolt u. Jahn, Zeitschr. f. physikal. Chemie **10**, 315 [1892]. — Drude, Zeitschr. f. physikal. Chemie **23**, 308 [1897]. — Löwe, Wied. Annalen d. Physik **66**, 394 [1894].

[2]) Mylius, Berichte d. Deutsch. chem. Gesellschaft **5**, 973 [1872].

[3]) Schmidt, Zeitschr. f. physikal. Chemie **58**, 513 [1907].

[4]) Humann, Annalen d. Chemie u. Pharmazie **95**, 372 [1855].

[5]) Pinner, Imidoäther. 1892. S. 44.

[6]) Thiele u. Dent, Annalen d. Chemie u. Pharmazie **302**, 279 [1898].

[7]) Schumann, Poggend. Annalen [2] **12**, 4 [1881]. — Pierre u. Puchot, Annalen d. Chemie u. Pharmazie **163**, 281 [1872]. — Elsässer, Annalen d. Chemie u. Pharmazie **218**, 324 [1883]. — R. Schiff, Annalen d. Chemie u. Pharmazie **220**, 106 [1883]; **223**, 76 [1884]; **234**, 309, 343 [1886]. — Pawlewski, Berichte d. Deutsch. chem. Gesellschaft **15**, 2463 [1882]. — Přibram u. Handl, Monatshefte f. Chemie **2**, 687 [1881]. — Bartoli, Gazzetta chimica ital. **24**, II, 164 [1894].

[8]) Schumann, Poggend. Annalen [2] **12**, 4 [1881]. — Elsässer, Annalen d. Chemie u. Pharmazie **218**, 324 [1883]. — R. Schiff, Annalen d. Chemie u. Pharmazie **220**, 106 [1883]; **223**, 76 [1884]; **234**, 309, 343 [1886]. — Grünzweig, Annalen d. Chemie u. Pharmazie **162**, 207 [1872]. — Bartoli, Gazzetta chimica ital. **24**, II, 164 [1894].

[9]) Schumann, Poggend. Annalen [2] **12**, 4 [1881]. — Elsässer, Annalen d. Chemie u. Pharmazie **218**, 324 [1883]. — R. Schiff, Annalen d. Chemie u. Pharmazie **220**, 106 [1883]; **223**, 76 [1884]; **234**, 309, 343 [1886]. — Grünzweig, Annalen d. Chemie u. Pharmazie **162**, 207 [1872]. — Schmidt, Berichte d. Deutsch. chem. Gesellschaft **7**, 1362 [1874]. — Urech, Berichte d. Deutsch. chem. Gesellschaft **13**, 1693 [1880].

[10]) Tischtschenko, Chem. Centralbl. **1906**, II, 1554.

[11]) Kahlbaum, Siedetemperatur und Druck. S. 70. — Stohmann, Rodatz u. Herzberg, Journ. f. prakt. Chemie [2] **36**, 6 [1887]. — Perkin, Journ. Chem. Soc. **69**, 1238 [1896]. — Drude, Zeitschr. f. physikal. Chemie **23**, 308 [1897]. — Löwe, Wied. Annalen d. Physik **66**, 394 [1894].

[12]) Guillemard, Annales de Chim. et de Phys. [8] **14**, 311 [1908].

[13]) Wyschnegradsky, Annalen d. Chemie u. Pharmazie **190**, 350 [1877].

[14]) Lieben u. Rossi, Annalen d. Chemie u. Pharmazie **159**, 70 [1871].

[15]) Schorlemmer, Annalen d. Chemie u. Pharmazie **161**, 268 [1872].

Säure[1]); aus Normalvaleramid $CH_3 . (CH_2)_3 \cdot CO \cdot NH_2$ in äthyl- oder sekundäroctyl-alkoholischer Lösung durch Reduktion mit Natriumamalgam[2]). Aus Normalvaleriansäure-äthylester oder aus normalpropylacetessigsaurem Äthyl durch Reduktion mit Natrium und Alkohol[3]). Bei der Gärung von Glycerin durch den Bac. butylicus wandeln sich 0,44% des Glycerins in Normalamylalkohol um[4]).

Physiologische Eigenschaften: Normalamylalkohol wird durch Sterigmatocystis nigra nicht assimiliert[5]). Auf Amylomyces β wirkt er weniger giftig als der Isoamylalkohol[6]); auf Frösche giftiger. Die tödliche Dosis beträgt für den Frosch bloß 0,05 g Normalamyl-alkohol[7]). Amylalkohol ist doppelt so giftig wie Isobutylalkohol[8]). Er wirkt bei innerlicher Verabreichung beim Kaninchen 4 mal giftiger als Äthylalkohol[9]). Die wirksame Grenzkon-zentration bei der Hämolyse beträgt für den Amylalkohol 0,805%, für Propylalkohol 6,5%, für Methylalkohol 23,5%[10]). In 0,5 proz. Lösung wirkt er sehr energisch auf Ostracoden und Infusorien. In einer Verdünnung, die etwa 0,1 proz. Amylalkohol entspricht, wird er von Bak-terien als Kohlenstoffquelle benutzt. In einer 1 proz. Lösung sterben Algen nach einem Tag[11]).

Nach Untersuchungen an phloridzindiabetischen Hunden bewirkt der n-Amylalkohol fast immer eine Erhöhung der Zuckerausscheidung und stets eine Verminderung der Stick-stoffausscheidung[12]).

Physikalische Eigenschaften: In Wasser unlösliche Flüssigkeit. Siedep. 137° bei 740 mm. Spez. Gew. 0,8296 bei 0°; 0,8168 bei 20°; 0,8065 bei 40°; 0,7835 bei 99,2°[13]). Siedep. 137,8—137,9°. Spez. Gew. 0,8282 bei 0°. Ausdehnungskoeffizient[14]). Oberflächenspannung[15]).

Chemische Eigenschaften: Zur Erzielung einer Eiweißfällung bedarf es bloß einer 2—4 proz. amylalkoholischen Lösung, während von den niedrigeren Alkoholen viel größere Konzentra-tionen erforderlich sind. Amylalkohol bringt nur dann Fällung in einer kolloidalen Eisen-oxydlösung hervor, wenn seine Konzentration durch Zusatz von Methylalkohol erhöht ist[16]).

Derivate: n-Amylbromid $C_5H_{11}Br$[17]). Siedep. 128,7° bei 739,4 mm; spez. Gew. 1,246 bei 0°; 1,2234 bei 20°; 1,2044 bei 40°.

n-Amyljodid $C_5H_{11}J$[17]). Siedep. 155,4° bei 739,3 mm (korr.); spez. Gew. 1,5453 bei 0°; 1,5174 bei 20°; 1,4961 bei 40°; Siedep. 151,7°.

n-Amylnitrit (Mol.-Gew. 117,10) $C_5H_{11}O_2N = CH_3 \cdot (CH_2)_3 \cdot CH_2 \cdot NO_2$. Bildung durch Zusatz von Schwefelsäure zu einer Natriumnitritlösung, in der Amylalkohol suspendiert ist. Bewegliche, leicht gelbe Flüssigkeit. Siedep.$_{761}$ = 104°. D_{20} = 0,8528; sehr unbe-ständig. Wird leicht durch wässerige Kalilauge verseift[18]).

n-Amylantimonit (Mol.-Gew. 381,46) $C_{15}H_{33}O_3Sb = Sb \cdot (O \cdot C_5H_{11})_3$. Gelbe Flüssig-keit. Entsteht beim Kochen des Alkohols mit Antimontrioxyd und wasserfreiem Kupfer-sulfat. Siedep.$_{30}$ = 170°. D = 1,079[19]).

n-Amylarsenit (Mol.-Gew 174,26) $C_{15}H_{33}O_3As = As \cdot (O \cdot C_5H_{11})_3$. Entsteht in 54 proz. Ausbeute beim Kochen von Normalamylalkohol mit Arsentrioxyd und wasserfreiem Kupfersulfat unter Rückflußkühlung[20]).

[1]) Gartenmeister, Annalen d. Chemie u. Pharmazie **233**, 253 [1886].
[2]) Scheuble u. Loebel, Monatshefte f. Chemie **25**, 1081 [1904].
[3]) Buoveault u. Blanc, D. R. P. 164 294; Chem. Centralbl. **1905**, II, 1700.
[4]) Morin, Bulletin de la Soc. chim. **48**, 803 [1888].
[5]) H. Coupin, Compt. rend. de l'Acad. des Sc. **138**, 389 [1904].
[6]) K. Iwanoff, Centralbl. f. Bakt. u. Parasitenk. [2] **13**, 139 [1905].
[7]) V. Nazari, Atti della R. Accad. dei Lincei Roma [5] **17**, II, 166 [1908]; Arch. di Far-macol. sperim. **7**, 421 [1908].
[8]) A. J. Vandevelde, Arch. intern. de Pharmacodynamie et de Thérapie **7**, 123 [1900].
[9]) G. Baer, Archiv f. Anat. u. Physiol. **1898**, 283.
[10]) H. Fühner u. E. Neubauer, Centralbl. f. Physiol. **20**, 118 [1906].
[11]) M. Tsukamoto, Journ. of the College of Sc. Tokyo **6**, [1894]; **7** [1895]; Malys Jahresber. d. Tierchemie **24**, 84 [1894].
[12]) P. Höckendorf, Biochem. Zeitschr. **23**, 281 [1909]; Chem. Centralbl. **1910**, I, 947.
[13]) Lieben u. Rossi, Annalen d. Chemie u. Pharmazie **159**, 70 [1871].
[14]) Zander, Annalen d. Chemie u. Pharmazie **225**, 81 [1884].
[15]) Th. Renard u. Ph. Guye, Journ. de Chim. phys. **5**, 81 [1907].
[16]) K. Spiro, Beiträge z. chem. Physiol. u. Pathol. **4**, 300 [1904].
[17]) Lieben u. Rossi, Annalen d. Chemie u. Pharmazie **159**, 73, 74 [1871]. — Dobriner, Annalen d. Chemie u. Pharmazie **243**, 27 [1887].
[18]) M. Pexsters, Bulletin de l'Acad. Roy de Belg. **1906**, 796.
[19]) J. F. Mac Key, Journ. Chem. Soc. **95**, 604 [1909].
[20]) Lang, Mac Key u. Gortner, Journ. Chem. Soc. **93**, 1367 [1908].

n-Amylformiat (Mol.-Gew. 116,10) $C_6H_{12}O_2 = CH_3 \cdot (CH_2)_3 \cdot CH_2 \cdot O \cdot OCH$. Siedep. 130,4°. Spez. Gew. 0,9018 bei 0°[1]).

n-Amylacetat (Mol.-Gew. 130,11) $C_7H_{14}O_2 = C_5H_{11} \cdot O \cdot CO \cdot CH_3$. Siedep. 148,4 bei 737 mm. Spez. Gew. 0,8963 bei 0°[2]).

n-Amylbutyrat (Mol.-Gew. 158,14) $C_9H_{18}O_2 = C_5H_{11} \cdot O \cdot CO \cdot C_3H_7$. Siedep. 184,8°. Spez. Gew. 0,8832 bei 0°/4°[3]).

Isoamylalkohol, Gärungsamylalkohol [2-Methylbutanol (4)].

Mol.-Gewicht 88,10.
Zusammensetzung: 68,10% C, 13,74% H, 18,16% O.

$$C_5H_{12}O = \frac{CH_3}{CH_3}{>}CH \cdot CH_2 \cdot CH_2 \cdot OH$$

Vorkommen: Im Fuselöl, dessen Hauptanteil der Isoamylalkohol bildet. 1 l Kornfuselöl enthält 798,5 g Amylalkohol, 1 l Kartoffelfuselöl 687,6 g[4]). Im Holzteeröl[5]). Besonders reich an Isoamylalkohol ist das Fuselöl aus Kartoffel- und Getreidesprit, während das aus Melassesprit viel d-Amylalkohol neben Isoamylalkohol enthält[6]). Auch im Kirsch-[7]) und Zwetschenbranntwein[8]) sind die Hauptbestandteile des Fuselöles enthalten. Isoamylalkohol findet sich ferner im ätherischen Öl aus *Eucalyptus globulus*[9]) und *Eucalyptus amygdalina*[10]). Im römischen Kamillenöl (*Anthemis nobilis* L.)[11]), Lavendelöl[12]) (*Lavendula vera* D. C. und *Lavendula spica* D. C.), Geraniumöl[13]) (*Pelagonium roseum*). Bei den drei zuerst erwähnten Vorkommen handelt es sich um reinen Isoamylalkohol, während bei den anderen Fällen Gemische mit anderen Amylalkoholen vorliegen. Die Isolierung der Alkohole aus den Ölen geschieht durch fraktionierte Destillation. Er kommt ferner vor im römischen Kamillenöl (*Anthemis nobilis* L.) als Ester an Isobuttersäure[11]), an Angelica- und Tiglinsäure gebunden[14]). Unter den Fraktionierungsprodukten des mit alkoholischer Kalilauge verseiften Grasser Pfefferminzöles[15]). Vielleicht findet er sich auch an Normalbuttersäure gebunden in den Fraktionen vom Siedep. 155—172° des französischen Lavendelöles (*Lavendula vera* D. C.)[16]).

---

[1]) Gartenmeister, Annalen d. Chemie u. Pharmazie **233**, 254 [1884].

[2]) Lieben u. Rossi, Annalen d. Chemie u. Pharmazie **159**, 74 [1871]. — Gartenmeister, Annalen d. Chemie u. Pharmazie **233**, 260 [1884].

[3]) Gartenmeister, Annalen d. Chemie u. Pharmazie **233**, 269 [1884].

[4]) K. Windisch, Arbeiten aus d. Kaiserl. Gesundheitsamt **8**, 140 [1893]; daselbst kritische Zusammenstellung der Mitteilungen über Fuselöle von 1785—1893. — Fuselöl aus Eicheln: Rudakow u. Alexandrow, Journ. d. russ. physikal.-chem. Gesellschaft **36**, 207 [1904]; Chem. Centralbl. **1904**, I, 1481. — H. Pringsheim, Centralbl. f. Bakt. u. Parasitenk. [2] **15**, 300 [1906]. — Emmerling, Berichte d. Deutsch. chem. Gesellschaft **35**, 694 [1902]. — Marckwald, Berichte d. Deutsch. chem. Gesellschaft **37**, 1038 [1904].

[5]) Looft, Annalen d. Chemie u. Pharmazie **275**, 369 [1893].

[6]) Marckwald, Berichte d. Deutsch. chem. Gesellschaft **35**, 1596 [1902]. — F. Ehrlich, Berichte d. Deutsch. chem. Gesellschaft **40**, 1044 [1907]. — Kailan, Monatshefte f. Chemie **24**, 533 [1903]. Über die Zusammensetzung des Melassefuselöles vgl. auch Linnemann, Annalen d. Chemie u. Pharmazie **160**, 237 [1871].

[7]) Windisch, Arbeiten aus d. Kaiserl. Gesundheitsamt **9**, 336.

[8]) Windisch, Arbeiten aus d. Kaiserl. Gesundheitsamt **14**, 309 [1905].

[9]) Bouchardat u. Oliviero, Bulletin de la Soc. chim. [3] **9**, 429 [1893].

[10]) Bericht d. Firma Schimmel & Co. Oktober **1907**, 37; April **1904**, 47.

[11]) Blaise, Bulletin de la Soc. chim. [3] **29**, 327 [1903].

[12]) Bericht d. Firma Schimmel & Co. April **1903**, 41; Oktober **1903**, 42.

[13]) Bericht d. Firma Schimmel & Co. April **1904**, 50.

[14]) Köbig, Annalen d. Chemie u. Pharmazie **195**, 99 [1879]. — Blaise, Bulletin de la Soc. chim. [3] **29**, 273 [1903]. — Fittig, Annalen d. Chemie u. Pharmazie **195**, 128 [1879]. — Fittig u. Kopp, Berichte d. Deutsch. chem. Gesellschaft **9**, 1195 [1876]; **10**, 513 [1877].

[15]) Roure Bertrand fils, Wissenschaftl. u. industr. Berichte [2] **9**, 29 [1909]; Chem. Centralbl. **1909**, II, 1056.

[16]) Bericht d. Firma Schimmel u. Co. April **1903**, 40; **1904**, 60; Oktober **1903**, 42.

Bildung: Aus Isovaleraldehyd $CH_3 \cdot (CH_2)_3 \cdot CHO$. Durch Einwirkung von Natriumamalgam[1]) oder Kalk[2]). Bei der Reaktion zwischen Isobutylmagnesiumbromid und Trioxymethylen und Zersetzung des dabei entstehenden Additionsproduktes mit Wasser[3]).

$$CH_2O \xrightarrow{(CH_3)_2 \cdot CH \cdot CH_2MgBr} CH_2{\Big\langle}{}^{O \cdot MgBr}_{CH_2 \cdot CH\langle^{CH_3}_{CH_3}} \xrightarrow{H_2O} CH_2{\Big\langle}{}^{OH}_{CH_2CH\langle^{CH_3}_{CH_3}} \cdot$$

Bei der Einwirkung von salpetriger Säure auf Isoamylamin[4]). Bei der katalytischen Reduktion von Isovaleraldehyd mit Nickel und Wasserstoff bei 135—165° [5]).

Bei der alkoholischen Gärung von Kohlehydraten bildet sich neben dem Äthylalkohol das Fuselöl, ein Gemenge höherer Alkohole, das größtenteils aus Isoamylalkohol besteht[6]). Bei niederen Temperaturen soll die Gärung unter Bildung geringerer Mengen höherer Alkohole verlaufen als bei höheren Temperaturen[7]).

Hypothesen über die Bildung der Amylalkohole des Fuselöles[8]): Bildung aus Fettsäuren[9]); Bildung aus Kohlehydraten durch die Tätigkeit von Bakterien[10]).

In Wirklichkeit stammen die höheren Alkohole aus den Aminosäuren der Proteine der Gärmaterialien und der Hefe[11]), aus denen sie infolge einer enzymatischen Tätigkeit der lebenden Hefe entstehen[12]). So wird durch Einwirkung von Reinzuchthefe auf Leucin bei Gegenwart von reinem Rohrzucker Isoamylalkohol gebildet.

$$\begin{array}{l}CH_3{\Big\rangle}\\CH_3\end{array}\!\!CH \cdot CH_2 \cdot \underset{\underset{NH_2}{|}}{CH} \cdot COOH + H_2O = \begin{array}{l}CH_3{\Big\rangle}\\CH_3\end{array}\!\!CH \cdot CH_2 \cdot CH_2 \cdot OH + CO_2 + NH_3 \, .$$

Bei Verwendung von d, l-Leucin wird durch die Hefe nur die natürliche l-Komponente in Isoamylalkohol verwandelt, während d-Leucin beinahe unangegriffen bleibt[13]). Diese Umwandlung, alkoholische Gärung des Leucins, verläuft in dem Maße, wie die lebende Hefe den Stickstoff des Leucins zum Aufbau ihres Körpereiweißes verwendet[14]). Hefepreßsaft oder mit Aceton oder Alkoholäther abgetötete Hefe ist nicht imstande, das Leucin zu Isoamylalkohol zu vergären[15]). Man kann den Amylalkoholgehalt des Rohspiritus durch Zusatz von Leucin von 0,4 bis 0,7% bis auf 3% steigern, durch Zusatz von Asparagin, Ammoniumcarbonat oder -sulfat als Stickstoffquelle für die Hefe von 0,7% auf 0,5% und 0,3% herabdrücken[16]). Auch Pilze,

[1]) Friedel, Annalen d. Chemie u. Pharmazie **124**, 326 [1862].

[2]) Fittig, Annalen d. Chemie u. Pharmazie **114**, 66 [1860].

[3]) J. Rainer, Monatshefte f. Chemie **25**, 1035 [1904].

[4]) Gartenmeister, Annalen d. Chemie u. Pharmazie **233**, 253 [1886].

[5]) Sabatier u. Senderens, Compt. rend. de l'Acad. des Sc. **137**, 301 [1903].

[6]) Windisch, Arbeiten aus d. Kaiserl. Gesundheitsamt **8**, 140 [1893].

[7]) L. Lindet, Compt. rend. de l'Acad. des Sc. **107**, 182 [1888].

[8]) A. Bau, bei Lafar, Handb. d. techn. Mykologie 4, 391 [1906]. — Pringsheim, Centralbl. f. Bakt. u. Parasitenk. **15**, 300 [1906].

[9]) A. Bau, Zeitschr. f. Spiritusindustrie **27**, 317 [1904]; Chem. Centralbl. **1904**, II, 640.

[10]) Emmerling, Berichte d. Deutsch. chem. Gesellschaft **37**, 3535 [1904]. — H. Pringsheim, Berichte d. Deutsch. chem. Gesellschaft **38**, 486 [1905]; Centralbl. f. Bakt. u. Parasitenk. **15**, 300 [1906].

[11]) E. Salkowski, Zeitschr. f. physiol. Chemie **13**, 506 [1889]; **54**, 398 [1908]. — M. Schenk, Wochenschr. f. Brauerei **22**, 221 [1905].

[12]) F. Ehrlich, Zeitschr. d. Vereins d. d. Zuckerind. **55**, 539 [1905]; Chem. Centralbl. **1905**, II, 156; Bericht d. Verhandl. d. Meraner Naturforscher-Kongresses **1905**, 2, 107. — J. Effront, Bulletin de l'Assoc. des Chim. de Sucr. et Dist. **23**, 393 [1905]; Chem. Centralbl. **1905**, II, 1812.

[13]) F. Ehrlich, Zeitschr. d. Vereins d. d. Zuckerind. **55**, 539 [1905]; Chem. Centralbl. **1905**, II, 156; Bericht d. Verhandl. d. Meraner Naturforscher-Kongresses **1905**, 2, 107; Biochem. Zeitschr. **2**, 52 [1906]; **3**, 121 [1907].

[14]) F. Ehrlich, Biochem. Zeitschr. **2**, 52 [1906]; Zeitschr. d. Vereins f. Rübenzuckerind. **1906**, 1145. — Pringsheim, Berichte d. Deutsch. chem. Gesellschaft **39**, 4048 [1906].

[15]) F. Ehrlich, Berichte d. Deutsch. chem. Gesellschaft **39**, 4072 [1906]. — Vgl. auch Buchner u. Meisenheimer, Berichte d. Deutsch. chem. Gesellschaft **39**, 3201 [1906]. — Pringsheim, Berichte d. Deutsch. chem. Gesellschaft **39**, 3713 [1906]; Biochem. Zeitschr. **3**, 121 [1907].

[16]) F. Ehrlich, Berichte d. Deutsch. chem. Gesellschaft **40**, 1027 [1907]; D. R. P. 177 174; Zeitschr. d. Vereins d. d. Zuckerind. **1907**, 461. — Effront, Bulletin de l'Assoc. des Chim. de Sucr. et Dist. **23**, 393 [1905]; Chem. Centralbl. **1905**, II, 1812. — Pringsheim, Biochem. Zeitschr. **3**, 252 [1907]; **10**, 490 [1908]; Chem. Centralbl. **1908**, II, 339.

wie Mucor racemosus, Rhizopus tonkinensis, Monilia candida, Torula V können allerdings in geringerem Maße als die wachsende Hefe Leucin in Isoamylalkohol umwandeln[1]). In Spuren soll er sich bei der Tätigkeit von dem aus Pariser Leitungswasser isolierten Bacillus amylocyme[2]) und der Kartoffelbacillen[3]) bilden, in bedeutenderen Mengen bei der Einwirkung von Bac. proteus vulgaris auf Leucin[4]). Isoamylalkohol bildet sich auch bei der durch Reinhefe erzeugten Gärung im Wein. Beim Lagern des Weines sowie durch Zusatz von Bakterien während der Gärung oder nach der Gärung erhöht sich der Fuselölgehalt des Weines[5]).

Darstellung: a) Man verwandelt das im rohen Fuselöl enthaltene Gemenge von Isoamylalkohol und d-Amylalkohol in die Amylschwefelsäuren und läßt das Gemenge der Barytsalze dieser Säuren fraktioniert krystallisieren. Das Barytsalz der Isaomylschwefelsäure ist $2^{1}/_{2}$ mal schwerer löslich als das der optisch aktiven und daher (allerdings erst nach sehr häufigem Umkrystallisieren) isolierbar. Durch Verseifung des Salzes mit Schwefelsäure läßt sich der Isoamylalkohol regenerieren[6]). b) Man verestert das Gemisch der beiden Amylalkohole mit 3-Nitrophthalsäure

$$\begin{array}{c} NO_2 \\ | \\ \text{—COOH} \\ \text{—COOH} \end{array}$$

nach der Fischer - Speierschen Methode und isoliert das Isoamylderivat durch fraktionierte Krystallisation aus Schwefelkohlenstoff[7]). Den käuflichen Isoamylalkohol aus Fuselöl reinigt man durch Darstellung von isoamylschwefelsaurem Kalium, aus dem man nach mehrmaligem Umlösen aus Alkohol und Äther den Isoamylalkohol mittels 10 proz. Schwefelsäure abscheidet[8]).

Erkennung: Zur Erkennung von Fuselöl im Weingeist versetzt man 5 ccm desselben mit 2 Tropfen einer $^{1}/_{2}$ proz. wässerigen Furfurollösung und gießt unter Abkühlung 5 ccm konz. Schwefelsäure zu. Ein roter, allmählich violett werdender Farbenring an der Berührungsstelle der beiden Flüssigkeiten zeigt die Gegenwart von Fuselöl an[9]). Ähnliche Farbenreaktionen zeigen außer dem Methyl- und Äthylalkohol alle anderen Alkohole[10]). Statt Furfurol kann man auch o-Oxybenzaldehyd, p-Oxybenzaldehyd, Benzaldehyd, am besten aber Salicylaldehyd verwenden[11]). Man verwandelt den im Branntwein enthaltenen Amylalkohol in Amylacetat, das auf Zusatz von Phenylhydrazin Acetylamylphenylhydrazin bildet. Dieses gibt in der Kälte mit konz. Salzsäure eine grüne Färbung[12]). Reiner Amylalkohol zeigt beim Vermischen mit einer bestimmten alkoholisch-wässerigen Lösung von α-Naphthol, p-Phenylendiamin und Natriumcarbonat eine intensiv blauviolette Färbung[13]).

---

[1]) H. Pringsheim, Biochem. Zeitschr. **8**, 128 [1908].

[2]) Perdrix, Annales de l'Inst. Pasteur **5**, 307 [1891].

[3]) Emmerling, Berichte d. Deutsch. chem. Gesellschaft **37**, 3535 [1904]; **38**, 954 [1905]; vgl. auch Pringsheim, Berichte d. Deutsch. chem. Gesellschaft **38**, 486 [1905]; Centralbl. f. Bakt. u. Parasitenk. **15**, 306 [1906]. — G. Péreire u. Guignard, D. R. P. 139 387; Zeitschr. f. Spiritusindustrie **26**, 131 [1903]; Chem. Centralbl. **1903**, I, 677.

[4]) P. Nawiasky, Archiv f. Hyg. **66**, 236 [1908]. — Emmerling, Berichte d. Deutsch. chem. Gesellschaft **38**, 953 [1905].

[5]) W. Seifert, Chem. Centralbl. **1907**, II, 346.

[6]) L. Pasteur, Compt. rend. de l'Acad. des Sc. **41**, 296 [1855]; Annalen d. Chemie u. Pharmazie **96**, 255 [1855]. — Pedler, Annalen d. Chemie u. Pharmazie **147**, 243 [1868]. — Ley, Berichte d. Deutsch. chem. Gesellschaft **6**, 1362 [1873]. — Balbiano, Berichte d. Deutsch. chem. Gesellschaft **9**, 1437 [1876]. — Guye u. Gautier, Bulletin de la Soc. chim. [3] **11**, 1170 [1894]. — Just, Annalen d. Chemie u. Pharmazie **220**, 146 [1883].

[7]) Marckwald, Berichte d. Deutsch. chem. Gesellschaft **34**, 479 [1901]. — Marckwald u. McKenzie, Berichte d. Deutsch. chem. Gesellschaft **34**, 485 [1901].

[8]) Udránszky, Zeitschr. f. physiol. Chemie **13**, 251 [1888].

[9]) Udránszky, Zeitschr. f. physiol. Chemie **13**, 261 [1888].

[10]) G. Guérin, Journ. de Pharm. et de Chim. [6] **21**, 14 [1905].

[11]) Komarowsky, Chem.-Ztg. **27**, 807, 1086 [1903]; Chem. Centralbl. **1903**, II, 742, 1396. — Takahashi, Bulletin of the College of Agric. Tokyo **6**, 437 [1905]; Chem. Centralbl. **1905**, II, 1483. — H. Kreis, Chem. Ztg. **31**, 999 [1907]; Chem. Centralbl. **1907**, II, 1660.

[12]) H. Holländer, Münch. med. Wochenschr. **57**, 82 [1910].

[13]) H. v. Wyss, E. Herzfeld u. O. Rewitzow, Zeitschr. f. physiol. Chemie **64**, 479 [1910].

Bestimmung:[1]) Um das Fuselöl quantitativ im Branntwein zu bestimmen, verdünnt man ihn mit Wasser bis auf einen Alkoholgehalt von 12—15%, schüttelt ihn mit Chloroform durch, oxydiert den im Chloroform enthaltenen Isoamylalkohol mittels Kaliumbichromat und Schwefelsäure, destilliert, sättigt das Destillat mit Bariumcarbonat, bestimmt die als Bariumisovalerianat in Lösung gegangene Barytmenge und berechnet aus ihr das entsprechende Quantum Isovaleriansäure und Isoamylalkohol. Statt des Chloroforms verwendet man zweckmäßig Tetrachlorkohlenstoff[2]) oder auch Schwefelkohlenstoff[3]). Oder man vergleicht zur quantitativen Bestimmung des Fuselöls im Branntwein die Steighöhe des ca. 20 Volumproz. Alkohol enthaltenden Branntweins mit der Steighöhe eines gleichstarken reinen Alkohols in einem Capillarrohr[4]). Bei der in der Gärungspraxis am meisten angewandten Fuselölbestimmung ermittelt man die Volumzunahme, die eine bestimmte Menge Chloroform beim Ausschütteln einer bestimmten Menge des Spiritus erfährt und berechnet aus ihr den Fuselölgehalt[5]). Man vergleicht mittels des Stalagmometers die Anzahl der in einem bestimmten Volum enthaltenen Tropfen mit der unter sonst völlig gleichen Bedingungen sich ergebenden Tropfenzahl eines reinen Alkohols[6]). Man schüttelt das Fuselöl aus der alkoholischen Lösung mit Tetrachlorkohlenstoff aus, bindet den mitgenommenen Alkohol durch Calciumchlorid und stellt mittels Natriumnitrit den salpetrigsauren Ester des Amylalkohols dar. Man verseift ihn hierauf mit Schwefelsäure und bestimmt mit Kaliumpermanganat den Gehalt an salpetriger Säure, aus welchem die Amylalkoholmenge errechnet wird[7]). Bestimmung des Amylalkohols im Fuselöl[8]). Über eine sehr empfindliche Bestimmungsmethode von Fuselöl in destillierten Flüssigkeiten[9]). Bestimmung in ätherischen Ölen[10]).

Physiologische Eigenschaften: Er wird durch die Haut von Warmblütern (Mäusen, Tauben) absorbiert[11]). Eine gesättigte, wässerige, also 2,5 Volumproz. Isoamylalkohol enthaltende Lösung entfaltet die kräftigste bactericide Wirkung. Entsprechend der Regel von Richardson[12]), daß die Giftwirkung der einwertigen Alkohole mit dem Kohlenstoffgehalt und dem Molekulargewicht zunimmt, zeigt der Amylalkohol die stärkste keimtötende und entwicklungshemmende Wirkung in der Reihe Methyl-, Äthyl-, Propyl-, Butyl-, Amylalkohol. Eine 0,1n-Lösung des Isoamylalkohols hat die gleiche Wirkung auf Bac. pyogenes wie eine 0,3n-Lösung des Butyl-, 0,5n-Lösung des Propyl-, wie 1,3- und wie 2,5n-Lösungen des Äthyl- bzw. des Methylalkohols[13]). Dem entspricht auch die Einwirkung auf andere Bakterien[14]),

---

[1]) Abderhalden, Handb. d. biochem. Arbeitsmethoden **2**, 12 [1909].

[2]) W. Marquardt, Berichte d. Deutsch. chem. Gesellschaft **15**, 1371, 1662 [1882]. — Röse, Jahresber. d. Chemie **1886**, 1959. — Schidrowitz u. Kaye, The Analyst **30**, 190 [1905]; **31**, 181 [1906]; Chem. Centralbl. **1905**, II, 277; **1906**, II, 462. — Schidrowitz, Journ. Amer. Chem. Soc. **29**, 555 [1907]. — Bedford u. Jenks, Journ. Soc. Chem. Ind. **26**, 123 [1907].

[3]) A. Lasserre, Annales de Chim. analyt. appl. **15**, 338 [1910]; Chem. Centralbl. **1910**, II, 1564.

[4]) J. Traube, Berichte d. Deutsch. chem. Gesellschaft **19**, 894 [1886]; Zeitschr. f. analyt. Chemie **28**, 26 [1889]. — Stutzer u. Reitmeyr, Zeitschr. f. analyt. Chemie **26**, 382 [1887]. — Valson, Jahresber. d. Chemie **1867**, 14.

[5]) Stutzer u. Reitmeyr, Zeitschr. f. analyt. Chemie **26**, 377 [1887]. — Traube, Zeitschr. f. analyt. Chemie **28**, 31 [1889]. — Röse, Zeitschr. f. analyt. Chemie **26**, 375 [1887]. — Vgl. die Beschreibung der von Herzfeld modifizierten Methode in H. Lunges Chem. techn. Untersuchungsmethoden, 5. Aufl., Berlin 1905. — W. L. Dudley, Journ. Amer. Chem. Soc. **30**, 1271 [1908]. — Pringsheim, Biochem. Zeitschr. **3**, 225 [1907].

[6]) Traube, Berichte d. Deutsch. chem. Gesellschaft **20**, 2646, 2827 [1887]; Zeitschr. f. analyt. Chemie **28**, 28 [1889]. — Duclaux, Jahresber. über d. Fortschr. d. Chemie **1870**, 32; Berichte d. Deutsch. chem. Gesellschaft **7**, 596 [1874].

[7]) E. Beckmann, Zeitschr. f. Unters. d. Nahr.- u. Genußm. **4**, 1057 [1901]; **10**, 143 [1905]; Chem. Centralbl. **1902**, I, 230; **1905**, II, 790. — Windisch u. Fresenius, Berichte d. V. intern. Kongresses f. angew. Chemie **3**, 1008. — Schidrowitz u. Kaye, The Analyst **30**, 190 [1905]; Chem. Centralbl. **1905**, II, 276. — Schidrowitz, Journ. Amer. Chem. Soc. **29**, 561 [1907]; Chem. Centralbl. **1907**, II, 270.

[8]) Fausten u. Bengs, Chem.-Ztg. **33**, 1057 [1909].

[9]) H. P. Bassett, Journ. of int. and engin. Chem. **2**, 389 [1910]; Chem. Centralbl. **1910**, II, 1836.

[10]) A. Verley u. F. Bolsing, Berichte d. Deutsch. chem. Gesellschaft **34**, 3354 [1901].

[11]) Schwenkenbecher, Archiv f. Anat. u. Physiol., Physiol. Abt. **1904**, 121.

[12]) Vgl. dieses Werk S. 395.

[13]) G. Wirgin, Zeitschr. f. Hyg. **46**, 149 [1904].

[14]) H. Stadler, Archiv f. Hyg. **73**, 206 [1911].

auf Flimmerepithel[1]), die hämolytische Wirkung[2]), der entwicklungshemmende Einfluß auf künstlich befruchtete Seeigeleier[3]). Die Einwirkung auf Süßwassercrustaceen[4]), auf Hefe[5]). Die minimale Konzentration für die Erregung von positivem Heliotropismus bei Copepoden ist für Amylalkohol eine 0,011 n-Lösung, für Propylalkohol eine 0,054 n-Lösung, für Äthylalkohol eine 0,19 n-Lösung[6]). Auf Sterigmatocystis nigra soll er jedoch weniger toxisch wirken als Propyl- und Butylalkohol[7]). Die tödliche Dosis für Frösche ist 1 ccm einer 2proz. Lösung[8]). 1,7 g ist bei innerlicher Verabreichung die tödliche Dosis pro Kilo Tier[9]). Ein 3% Amylalkohol enthaltender Sprit führt den Tod bei Hunden in der Hälfte der sonst nötigen Zeit herbei[10]). 2 g Isoamylalkohol verursachten bei einem Kaninchen dreistündigen Halbschlaf[11]). Er geht reichlicher als Äthylalkohol in die Galle über und wirkt reizend und schädigend auf das Leberparenchym[12]). Der Blasenharn einer an Amylalkohol gestorbenen Hündin enthielt $3,4^0/_{00}$ Serumalbumin und $0,8^0/_{00}$ Globulin; auch im Serum war bei diesem Falle das Serumalbumin vermehrt[13]). Er bewirkt Gefäßerweiterung in den Geweben, in die er gelangt, besonders intensiv in der Bauchhöhle[14]). Der Alkohol wirkt in keiner Dosis erregend. Er setzt nicht nur die dynamischen Eigenschaften des Herzens herab, sondern er hebt vor allem die innigen Regulationsmechanismen auf, mittels welcher das normale Herz die Arbeit und die Spannung in Übereinstimmung mit dem Zunehmen des Druckes und den Hindernissen der Zirkulation bringt[15]). Subcutane Injektionen rufen keinen Diabetes hervor[16]). Häufige Zuführung kleinster Mengen von Amylalkohol führt zu besonders gearteten chronischen Alkoholvergiftungen[17]). Der Dampf von Isoamylalkohol[18]) und auch sein bloßer Geruch[19]) bewirken beim Menschen schwere Störungen, die denen bei der Fuselölvergiftung ähnlich sind. Über Tierversuche, die zum Vergleich der physiologischen Wirkungen des Rohsprits (stärker fuselhaltig) und des Reinsprits unternommen wurden[20]). Über ähnliche Versuche am Menschen[21]). Er wird zu geringem Teil im Organis-

[1]) H. Breyer, Archiv f. d. ges. Physiol. **99**, 481 [1903]. — P. Grützner, Verhandl. d. Gesellschaft deutsch. Naturforscher u. Ärzte **1903**, II, 2. Hälfte, 443; Chem. Centralbl. **1904**, II, 1665.

[2]) H. Fühner u. Neubauer, Centralbl. f. Physiol. **20**, 118 [1906].

[3]) H. Fühner, Archiv f. experim. Pathol. u. Ther. **52**, 72 [1905].

[4]) J. Loeb, Archiv f. d. ges. Physiol. **115**, 564 [1906]; Biochem. Zeitschr. **23**, 93 [1910].

[5]) P. Regnard, Compt. rend. de la Soc. de Biol. [9] **10**, 124 [1889]. — Yabe, Bulletin of the College of Agric. Tokyo **2**, 221 [1896].

[6]) J. Loeb, Biochem. Zeitschr. **23**, 94 [1909]; Chem. Centralbl. **1909**, I, 942.

[7]) H. Coupin, Compt. rend. de l'Acad. des Sc. **138**, 389 [1904].

[8]) V. Nazari, Atti della R. Accad. dei Lincei Roma [5] **17**, II, 166 [1908]; Chem. Centralbl. **1908**, II, 1277; Arch. di Farmacol. sperim. **7**, 421 [1908].

[9]) Dujardin - Beaumetz, Vortrag auf dem intern. Kongreß gegen den Alkoholismus, Paris, Ref. in Jahresber. über d. Fortschritte d. Tierchemie **10**, 118 [1881].

[10]) Straßmann, Vierteljahrsschr. f. gerichtl. Medizin **1888**. — Vgl. auch Rabuteau, Compt. rend. de la Soc. de Biol. **1870**, **1875**, **1879**.

[11]) Schneegans u. v. Mehring, Therapeut. Monatshefte **1892**, 327.

[12]) L. Brauer, Zeitschr. f. physiol. Chemie **40**, 182. [1903].

[13]) A. Estelle, Revue mens. de méd. et de chir., Thèse, Lyon **1880**, 704.

[14]) H. Buchner, Fuchs u. Megele, Archiv f. Hyg. **40**, 347 [1901].

[15]) G. di Cristina u. F. Pentimalli, Arch. di Fisiol. **8**, 131 [1910]; Biochem. Centralbl. **10**, Ref. 2695 [1910/11].

[16]) Sebold, Diss. Marburg 1874; Jahresber. über d. Fortschr. d. Tierchemie **4**, 468 [1874].

[17]) H. Holländer, Münch. med. Wochenschr. **57**, 82 [1910].

[18]) Roberts, Virchow-Hirsch **1907**, I, 924.

[19]) W. Zuntz, Verhandlungen über den Reinigungszwang. Zeitschr. f. Spiritusind., Suppl. **1889**. — R. Förster, Biochem. Centralbl. **9**, 799 [1910].

[20]) Dahlström bei Huß, Chronische Alkoholkrankheit. Stockholm 1852. (Übersetzt.) — Sten - Stenberg, Archiv f. experim. Pathol. u. Pharmakol. **1878**, 356. — Dujardin - Beaumetz et Audigé, Compt. rend. de l'Acad. des Sc. 9 [1880]. — Straßmann, Weitere Mitteilungen über die Bedeutung der Verunreinigungen des Kartoffelbranntweins. Deutsche Vierteljahrsschr. f. öffentl. Gesundheitspflege **22** [1890]. — Seydel, Vierteljahrsschr. f. gerichtl. Medizin **48** [1888]. — Daremberg, Bulletin de l'Acad. de Méd. **34**, 335 [1895]. — Joffroy u. Serveaux, Arch. de Méd. expér. **7** u. 8 [1895—1897]. — Petrow, Versammlung der Ärzte der Petersburger Klinik v. 25. Jan. 1909; Berichte im Neurol. Centralbl. **1903**. — Laborde, Revue d'Hyg. **18**, 1001 [1896]. — Zuntz, N., Freundlicherweise dem Referenten gemachte persönliche Anmerkung.

[21]) Dahlström bei Huß, Chronische Alkoholkrankheit. Stockholm 1852. (Übersetzt.). — Rabuteau, Des effets toxicologiques des alcools butylique et amylique etc. Compt. rend. de la

mus des Hundes an Glykuronsäure gebunden[1]). Er wird in kleinen Mengen von *Allescheria* (= *Eurotiopsis*) zersetzt[2]).

Physikalische Eigenschaften: Flüssigkeit von eigentümlichem, hustenreizendem Geruch. Erstarrt bei —134°. Amorph[3]). Siedep. 130,5—131° bei 759,2 mm. Spez. Gew. 0,7154 bei 130,5°/4°[4]). Siedep. 130,11°[5]). Siedep.$_{765}$ = 129,5—130,5° (131° korr.). D_4^0 = 0,823. Diese Konstanten stammen von einem synthetisch gewonnenen Isoamylalkohol[6]). Siedep. 40,9° bei 9,78 mm; 46,8° bei 14,18 mm; 53° bei 21,6 mm; 61° bei 34,66 mm; 67,8° bei 54,32 mm; 129,7° bei 760 mm[7]). Schmelzp. —117,2°[8]). Dampftensionen bei 34,7° bis 128,6°[9]). Siedep. 68,3° bei 50 mm; 96,8° bei 200 mm; 109,5° bei 350 mm; 118,5° bei 500 mm; 125,4° bei 650 mm; 129,6° bei 750 mm. Kritische Temperatur 306,6°[10]). Spez. Zähigkeit[11]). Spez. Zähigkeit des wässerigen Isoamylalkohols[12]). Capillaritätskonstante beim Siedepunkte $a^2 = 4,289$[13]). Oberflächenspannung[14]). Mittlere spez. Wärme bei t bis t_1°: $0,5012 + 0,00135$ $(t + t_1)$[15]). Ausdehnung $= 1 + 0,00106608\,t + 0,0_5176432\,t^2 + 0,0_7141189\,t^3$[16]). Löst sich bei 16,5° in 39 T. Wasser[17]); bei 13,5° in 50 T. Wasser; beim Erwärmen auf 50° trübt sich die Lösung milchig[18]). 1000 ccm Wasser lösen 32,84 ccm Isoamylalkohol; 1000 ccm Isoamylalkohol 22,14 ccm Wasser[19]). Bei 15° sind 2,4% Amylalkohol in Wasser und 8% im Serum löslich[20]). Lösungsvermögen für Wasserstoff und gasförmige Grenzkohlenwasserstoffe[21]). Absorptionsspektrum[22]). Spez. Wärme, Verdampfungswärme[23]). Verbrennungswärme[24]).

Wärmekapazität C_{20} = 0,554. Temperaturkoeffizient $\dfrac{d_c}{d_t}$ = 0,0024[25]). Kryoskopisches Verhalten[26]). Dielektrizitätskonstante[27]). Dielektrizitätskonstante und elektrische Absorption[28]). Elektrische Absorption[29]). Elektromagnetische Drehung 5,886[30]). Die Derivate des Isoamylalkohols bilden mit denen des d-Amylalkohols Mischkrystalle[31]).

Soc. de Biol. **1870, 1875, 1879.** — Gros, Action de l'alcool amylique. Thèse de Strassbourg **1869.** — Hamberg, Physiologische Versuche mit den flüchtigen Substanzen, die sich im Branntwein finden. Wien 1884. — Brockhaus, Studien am Menschen über die Giftigkeit der Verunreinigungen des Kartoffelbranntweins. Bonn 1882. — Lewin, Toxikologie 1897.

[1]) Neubauer, Archiv f. experim. Pathol. u. Pharmakol. **46**, 133 [1901].

[2]) Laborde, Annales de l'Inst. Pasteur **11**, 1 [1897].

[3]) Olszewski, Monatshefte f. Chemie **5**, 128 [1884].

[4]) R. Schiff, Annalen d. Chemie u. Pharmazie **220**, 102 [1883].

[5]) Longuinine, Annales de Chim. et de Phys. [7] **13**, 289 [1898].

[6]) R. Locquin, Bulletin de la Soc. chim. [3] **31**, 599 [1904].

[7]) Kahlbaum, Siedetemperatur und Druck. S. 94.

[8]) Carraca u. Coppadoro, Gazzetta chimica ital. **33**, I, 329 [1903].

[9]) Richardson, Journ. Chem. Soc. **49**, 764 [1886].

[10]) Pawlewski, Berichte d. Deutsch. chem. Gesellschaft **16**, 2634 [1883].

[11]) Přibram u. Handl, Monatshefte f. Chemie **2**, 672 [1881].

[12]) Traube, Berichte d. Deutsch. chem. Gesellschaft **19**, 883 [1886].

[13]) R. Schiff, Annalen d. Chemie u. Pharmazie **223**, 71 [1884].

[14]) Renard u. Guye, Journ. de Chim. phys. **5**, 81 [1907]. — Richards u. Mathews, Journ. Chem. Soc. **30**, 8 [1908].

[15]) R. Schiff, Annalen d. Chemie u. Pharmazie **234**, 325 [1886].

[16]) Thorpe u. Jones, Journ. Chem. Soc. **63**, 280 [1893].

[17]) Wittstein, Jahresber. d. Chemie **1862**, 408.

[18]) Balbiano, Berichte d. Deutsch. chem. Gesellschaft **9**, 1437 [1876].

[19]) Herz, Berichte d. Deutsch. chem. Gesellschaft **31**, 2671 [1898].

[20]) Moore u. Roaf, Journ. Chem. Soc. **77**, 86 [1905].

[21]) Friedel u. Gorgen, Compt. rend. de l'Acad. des Sc. **127**, 592 [1898].

[22]) Spring, Recueil des travaux chim. des Pays-Bas **16**, 1 [1895].

[23]) Longuinine, Annales de Chim. et de Phys. [7] **13**, 289 [1898].

[24]) Zoubow, Journ. d. russ. physikal.-chem. Gesellschaft **30**, 926 [1898]; Chem. Centralbl. **1899**, I, 586.

[25]) Timofejew, Iswiestja d. Kiewer Polytechn. Inst. **1905**, 1; Chem. Centralbl. **1905**, II, 438.

[26]) W. Biltz, Zeitschr. f. physikal. Chemie **29**, 251 [1899].

[27]) Abegg, Wied. Annalen d. Physik **60**, 56 [1897]. — Dewar u. Fleming, Chem. Centralbl. **1897**, II, 564; **1898**, I, 546. — Abegg u. Seitz, Zeitschr. f. physikal. Chemie **29**, 245 [1899]. — H. Merczyng, Compt. rend. de l'Acad. des Sc. **149**, 981 [1909].

[28]) Drude, Zeitschr. f. physikal. Chemie **23**, 309 [1897].

[29]) P. Beaulard, Compt. rend. de l'Acad. des Sc. **151**, 55 [1910].

[30]) Schönrock, Zeitschr. f. physikal. Chemie **11**, 785 [1893].

[31]) Marckwald, Berichte d. Deutsch. chem. Gesellschaft **37**, 1038 [1904].

Chemische Eigenschaften: Er reagiert in der Kälte nur sehr träge mit metallischem Calcium. In der Hitze bildet sich unter Wasserstoffentwicklung das Calciumalkoholat[1]. Die Dämpfe des Isoamylalkohols, durch ein glühendes Rohr geleitet, liefern Äthylen, Acetyeln, Propylen, Butylen usw.[2]. Beim Durchleiten durch eine rotglühende eiserne Röhre bilden sich 30—40% Isovaleraldehyd, große Mengen Gas und 5—8% Kohle[3]. Beim Durchleiten durch ein mit Graphittiegelmasse ausgekleidetes Rohr bei 600° entstehen Amylene[4]. In Gegenwart von Aluminiumphosphat wird er zwischen 300—350° in ein Gemisch von Methyl-2-buten-3 und Methyl-2-buten-1 mit geringen Mengen von Trimethyläthylen und Penten-1 verwandelt[5]. Beim Überleiten über glühende Kohlen bei 430° zerfällt er in Aldehyd, 3% Äthylen, in 43,4% Methankohlenwasserstoffe[6]. Durch Einwirkung von Chlorzink entstehen außer Amylen komplizierte Produkte[7]. Mit Chlorkalk bildet Isoamylalkohol Isovaleraldehyd und Isovaleriansäureisoamylester und ein bei 72° siedendes Chlorid $C_4H_9Cl(?)$[8]. Durch die Luft, welche er absorbiert, wird er langsam zu Isovaleraldehyd oxydiert[9]. Durch die Einwirkung von Brom entstehen Isoamylbromid, Brom- und Dibromisovaleraldehyd; durch Brom und Kalilauge Isovaleriansäure und Tetrabromkohlenstoff[10]. Chlor, in Fuselöl geleitet, gibt Amylchlorid und ölige Körper[11]. Beim längeren Kochen von Isoamylalkohol mit Natriumamylat entstehen reichliche Mengen Isovaleriansäure, ein Alkohol $C_{10}H_{22}O$, in geringerer Menge der Isovaleriansäureester dieses Alkohols $C_{10}H_{22}O$ und die ihm entsprechende Säure $C_{10}H_{20}O_2$[12]. Fuselöl liefert mit salpetersaurem Quecksilber keine dem Knallquecksilber ähnliche Verbindung, sondern Krystalle eines Doppelsalzes von Quecksilberoxalat und -nitrat $2\,Hg \cdot C_2O_4 \cdot Hg(NO_3)_2$[2]. Mit Zinntetrabromid bildet Isoamylalkohol unter Abspaltung von Bromwasserstoff die Verbindung $SnBr_3OC_5H_{11}OHC_5H_{11}$[13].

Derivate. Additionsprodukte: $CaCl_2 \cdot 3\,C_5H_{12}O$. Büschelförmige Krystalle[14].

$SnCl_4 \cdot 2\,C_5H_{12}O$. Zerfließliche, durch Wasser zersetzliche Krystalltafeln. Bei 100° entstehen Amylen und Amylenchlorid.

$$2\,(SnCl_4 \cdot 2\,C_5H_{12}O) = 3\,C_5H_{10} + C_5H_{10}Cl_2 + SnCl_4 + SnCl_2 + 4\,H_2O\;[15].$$

$SbCl_5 \cdot C_5H_{12}O$. Krystalle.

Alkoholate: Natriumisoamylat (Mol.-Gew. 110,09) $C_5H_{11}ONa$[16]) $= \dfrac{CH_3}{CH_3}{>}CH \cdot CH_2 \cdot CH_2 \cdot ONa$. $C_5H_{11}ONa \cdot 2\,C_5H_{12}O$[17]). Additionsprodukt mit Chlorsulfosäureäthylester[18]).

Kaliumisoamylat (Mol.-Gew. 126,19) $C_5H_{11} \cdot OK$[16]).

Aluminiumisoamylat (Mol.-Gew. 288,36) $C_{15}H_{33}O_3Al = (C_5H_{11}O)_3Al$. Durch Erhitzen von Aluminium, Isoamylalkohol und Jod[19]). Schmelzp. 70°. Spez. Gew. 0,9804 bei 4°.

Thalliumisoamylat (Mol.-Gew. 291,09) $C_5H_{11} \cdot OTl$. Öl. Spez. Gew. 2,5[20]).

Isoamyläther (Mol.-Gew. 158,18) $C_{10}H_{22}O = [(CH_3)_2 \cdot CH \cdot CH_2 \cdot CH_2]_2O$.

Bildung: Aus Natriumamylat und Amyljodid oder -bromid; aus Amyljodid und Amylalkohol beim Erhitzen im Rohr auf 200°[21]); aus Amylalkohol und Eisenchlorid und anderen

[1] F. M. Perkin u. L. Pratt, Proc. Chem. Soc. **23**, 304 [1907].

[2] Gilm, Jahresber. d. Chemie **1858**, 402.

[3] Ipatiew, Berichte d. Deutsch. chem. Gesellschaft **34**, 596 [1901].

[4] Ipatiew, Berichte d. Deutsch. chem. Gesellschaft **35**, 1057 [1902].

[5] Senderens, Compt. rend. de l'Acad. des Sc. **144**, 1109 [1907].

[6] Sabatier u. Mailhe, Compt. rend. de l'Acad. des Sc. **146**, 1376 [1908].

[7] Walther, Journ. f. prakt. Chemie [2] **59**, 41 [1899].

[8] Goldberg, Journ. f. prakt. Chemie [2] **24**, 116 [1881].

[9] C. Friedel u. A. Gorgeu, Compt. rend. de l'Acad. des Sc. **127**, 592 [1898].

[10] Etard, Berichte d. Deutsch. chem. Gesellschaft **25**, Ref. 501 [1892].

[11] Barth, Annalen d. Chemie u. Pharmazie **119**, 216 [1861].

[12] M. Guerbet, Compt. rend. de l'Acad. des Sc. **128**, 511, 1002 [1899].

[13] Werner, Zeitschr. f. anorgan. Chemie **17**, 106 [1898].

[14] Heindl, Monatshefte f. Chemie **2**, 209 [1881].

[15] Bauer u. Klein, Annalen d. Chemie u. Pharmazie **147**, 249 [1868].

[16] Forcrand, Annales de Chim. et de Phys. [6] **11**, 461 [1887].

[17] Fröhlich, Annalen d. Chemie u. Pharmazie **202**, 295 [1880].

[18] O. W. Willcox, Amer. Chem. Journ. **32**, 446 [1904].

[19] Gladstone u. Tribe, Journ. Chem. Soc. **39**, 7 [1881].

[20] Lancry, Jahresber. d. Chemie **1864**, 465.

[21] Friedel, Bulletin de la Soc. chim. [3] **13**, 2 [1895]. — Genvresse, Bulletin de la Soc. chim. [3] **11**, 890 [1894]. — Drude, Zeitschr. f. physikal. Chemie **23**, 308 [1897].

Salzen beim Erhitzen im Druckrohr[1]); durch Erhitzen von rohem Amylalkohol mit kleinen Mengen Methionsäure; Benzolsulfosäure und Schwefelsäure wirken auch ätherifizierend[2]); durch Erhitzen mit Chinolinchlorhydrat[3]); aus Isobutylmagnesiumbromid und Dibromdimethyläther[4]); aus Zinkäthyl und Isoamylnitrit[5]).

Physikalische und chemische Eigenschaften: Siedep. 172,5—173° (korr.). Spez. Gew. 0,78073 bei 15°; 0,77408 bei 25°[6]). Der aus dem rohen Amylalkohol dargestellte Äther, dessen Drehung $[\alpha]_D = +0,187°$ beträgt, siedet bei 760 mm von 169,9—170,6°; bei 10 mm von 59,5—60°[2]). Siedep. 172,2°[7]) spez. Wärme; latente Verdampfungswärme[8]). Birnenartig riechende Flüssigkeit; kann auch auf medizinischem Gebiet Verwendung finden[9]).

Methylisoamyläther (Mol.-Gew. 102,11) $C_6H_{14}O = (CH_3)_2 \cdot CH \cdot CH_2 \cdot CH_2 \cdot O \cdot CH_3$. Entsteht aus Isobutylmagnesiumbromid und Chlormethyläther[10]). Siedep. 91—91,3° bei 765,4 mm. Spez. Gew. 0,6871 bei 91°/4°[11]).

Äthylisoamyläther (Mol.-Gew. 116,13) $C_7H_{16}O = (CH_3)_2 \cdot CH \cdot CH_2 \cdot CH_2 \cdot O \cdot C_2H_5$. Durch Einwirkung von 85 proz. Schwefelsäure auf ein Gemisch von Äthyl- und Amylalkohol[12]). Siedep. 112°. Spez. Gew. 0,764 bei 18°[13]).

Butylisoamyläther (Mol.-Gew. 144,16) $C_9H_{20}O = (CH_3)_2 \cdot CH \cdot CH_2 \cdot CH_2 \cdot O \cdot C_4H_9$. Flüssigkeit. Siedep.$_{756} = 157°$[14]).

Propylisoamyläther (Mol.-Gew. 130,14) $C_8H_{18}O = (CH_3)_2 \cdot CH \cdot CH_2 \cdot CH_2 \cdot OC_3H_7$. Siedep. 125—130°[15]).

Ester anorganischer Säuren: Isoamylbromid $C_5H_{11}Br$. Siedep. 120,4° bei 745 mm; spez. Gew. 1,2358 bei 0°; 1,2058 bei 22°; Siedep. 118,5° bei 756,3 mm; spez. Gew. 1,0881 bei 118°/4°[16]). Siedep. 17,8° bei 10,2 mm; 24,3° bei 17,32 mm; 27,6° bei 20,76 mm; 39,0° bei 39,06 mm; 48,7° bei 65,72 mm; 118,6° bei 760 mm[17]).

Isoamyljodid $(CH_3)_2CH \cdot CH_2 \cdot CH_2 \cdot J$[18]). Siedep. 148,2° (korr.); spez. Gew. 1,4676 bei 0°; 1,4387 bei 22,3°; 1,3098 bei 148°/4°.

Isoamylnitrit, Amylnitrit (Mol.-Gew. 117,10) $C_5H_{11}NO_2 = (CH_3)_2 \cdot CH \cdot CH_2 \cdot CH_2 \cdot ONO$. Entsteht beim Einleiten von salpetriger Säure in erwärmten Isoamylalkohol[19]); bei der Destillation eines Gemisches von Kaliumnitrit, Wasser, Schwefelsäure und Isoamylalkohol[20]), oder bei der trocknen Destillation molekularer Mengen von Salpeter und isoamylschwefelsaurem Kalium[21]); durch Einleiten von Nitrosylchlorid in ein gekühltes

[1]) Oddo, Gazzetta chimica ital. **31**, 328 [1900].

[2]) G. Schroeder u. W. Sondag, Berichte d. Deutsch. chem. Gesellschaft **41**, 1924 [1909]; D. R. P. 200 150; Chem. Centralbl. **1908**, II, 551.

[3]) Th. v. Hove, Bulletin de l'Acad. Roy. de Belg. **1906**, 650; Chem. Centralbl. **1907**, I, 235.

[4]) J. Zeltner u. B. Tarrassow, Berichte d. Deutsch. chem. Gesellschaft **43**, 941 [1910].

[5]) J. Bevad, Journ. d. russ. physikal.-chem. Gesellschaft **32**, 420 [1900]; Chem. Centralbl. **1900**, II, 725.

[6]) Perkin, Journ. f. prakt. Chemie [2] **31**, 513 [1885]. — Würtz, Jahresber. d. Chemie **1856**, 564.

[7]) Oddo, Gazzetta chimica ital. **31**, I, 285 [1901]; Chem. Centralbl. **1901**, II, 183.

[8]) W. Kurbatow, Journ. d. russ. physikal.-chem. Gesellschaft **40**, 1471 [1908]; Chem. Centralbl. **1909**, I, 365.

[9]) G. Schroeder u. W. Sondag, D. R. P. 200 150; Chem. Centralbl. **1908**, II, 551.

[10]) Hamonet, Compt. rend. de l'Acad. des Sc. **138**, 813 [1904]; **146**, 482 [1908].

[11]) Williamson, Annalen d. Chemie u. Pharmazie **81**, 80 [1852]. — R. Schiff, Berichte d. Deutsch. chem. Gesellschaft **19**, 561 [1886].

[12]) Peter, Berichte d. Deutsch. chem. Gesellschaft **32**, 1419 [1899]. — Williamson, Annalen d. Chemie u. Pharmazie **81**, 82 [1852]. — Guthrie, Annalen d. Chemie u. Pharmazie **105**, 37 [1858]. — Norton u. Prescott, Amer. Chem. Journ. **6**, 246 [1884].

[13]) Reboul u. Truchot, Zeitschr. f. Chemie **1867**, 439. — Spring, Recueil des travaux chim. des Pays-Bas **16**, 1 [1895].

[14]) J. Hamonet, Compt. rend. de l'Acad. des Sc. **138**, 1609 [1904].

[15]) Chancel, Annalen d. Chemie u. Pharmazie **151**, 305 [1869].

[16]) Schiff, Berichte d. Deutsch. chem. Gesellschaft **19**, 563 [1886].

[17]) Kahlbaum, Siedetemperatur und Druck. S. 90.

[18]) R. Schiff, Berichte d. Deutsch. chem. Gesellschaft **19**, 564 [1886].

[19]) Balard, Annalen d. Chemie u. Pharmazie **52**, 315 [1844].

[20]) Rennard, Jahresber. d. Chemie **1874**, 352. — Hilger, Jahresber. d. Chemie **1874**, 352.

[21]) Nadler, Annalen d. Chemie u. Pharmazie **116**, 176 [1860].

Gemisch von Amylalkohol und Pyridin[1]). Siedep. 99°[2]); 97—98°[3]); 94—95°. Spez. Gew. 0,902[4]); 0,880 bei 75°[5]). Brechungsvermögen[6]). Reagiert leicht mit Methylalkohol unter Bildung von Isoamylalkohol und Methylnitrit. In gleicher Weise, nur weniger rasch, wirkt der Äthylalkohol ein und noch langsamer findet die Reaktion mit Propylalkohol[7]) statt. Verhalten des Isoamylnitrits gegen Natrium, Chlorzink usw.[8]). Verhalten gegen Schwefelsäure[9]). Durch Einwirkung von alkoholischer Salzsäure entstehen Stickoxyd, Ammoniak und ein bei 195—201° unter 35 mm siedendes Öl[10]).

Physiologische Eigenschaften: Intravenöse Injektion von Amylnitrit[11]) ruft bei Kaninchen[12]) und Hunden[13]) (nicht bei Fröschen) Diabetes mellitus hervor. Über Einatmung von Amylnitrit und seine Wirkung auf das Blut[14]). Amylnitrit verwandelt das Hämoglobin in Methämoglobin[15]). Es verursacht Dyspnoe und Bildung von Lungenödem und ferner Insuffizienz vornehmlich des linken Herzventrikels[16]); ferner Erschlaffung der Bronchialmuskulatur[17]). Es wirkt bei intravenöser Injektion blutdruckvermindernd und zugleich setzt es die Ausflußmenge von Blut aus künstlich gesetzten Wunden herab[18]). Während bei normalen Arterien durch geringe Mengen von Amylnitrit nur eine geringe Senkung des Blutdruckes stattfindet, ist die Senkung bei Arteriosklerose bedeutend stärker[19]). Die vasodilatorische Wirkung des Amylnitrits kommt nicht auf dem Umwege über das Zentralnervensystem zustande[20]). Die wesentlichste Veränderung, welche Amylnitrit verursacht, ist die Vermehrung des Blutvolumens, diese ist auf die Herabsetzung der Spannung der peripheren Gefäße und auf die vermehrte Stromgeschwindigkeit zurückzuführen[21]). Reagens auf die Fähigkeit der Druckausgleichung. Bei der Vergiftung von Blut mit Amylnitrit zeigt es sich, daß die Blutkörperchen auch nach der Vergiftung Sauerstoff enthalten, während im Plasma fast kein Sauerstoff gelöst ist. Selbst toxische Dosen von Amylnitrit verhindern nicht, daß die Blutkörperchen noch beträchtliche Mengen Sauerstoff enthalten, und man kann daraus schließen, daß der Tod durch Amylnitrit nicht allein durch Sauerstoffmangel begründet ist[22]).

Isoamylnitrat (Mol.-Gew. 133,10) $C_5H_{11}NO_3 = (CH_3)_2 \cdot CH \cdot CH_2 \cdot CH_2 \cdot O \cdot NO_2$. Aus Isoamylalkohol, Salpetersäure und Harnstoff[23]). Durch Eintragen des Alkohols unter Kühlung in Franchimonts absolute Salpetersäure[24]). Siedep. 147—148°. Spez. Gew. 1,000 bei 7,5°[25]). Siedep. 147,2—147,4° bei 757,8 mm. Spez. Gew. 0,8698 bei 147°/4°[26]). Moleku-

1) L. Bouveault u. A. Wahl, Compt. rend. de l'Acad. des Sc. 136, 1563 [1903].
2) Guthrie, Annalen d. Chemie u. Pharmazie 111, 82 [1895].
3) Chapman, Zeitschr. f. Chemie 1867, 734.
4) Hilger, Jahresber. d. Chemie 1874, 352.
5) Dunstan u. Williams, Jahresber. d. Chemie 1888, 1418.
6) Brühl, Zeitschr. f. physikal. Chemie 16, 215 [1895].
7) Bertoni, Gazzetta chimica ital. 12, 438 [1882].
8) Chapman, Zeitschr. f. Chemie 1866, 570; 1868, 172.
9) Bertoni u. Troffi, Jahresber. d. Chemie 1883, 853.
10) Kisel, Journ. d. russ. physikal.-chem. Gesellschaft 28, 889 [1896].
11) Eulenburg u. Guttmann, Reicherts Archiv 1873, 442.
12) F. A. Hoffmann, Archiv f. Anat. u. Physiol. 1872, 746.
13) Sebold, Diss. Marburg 1874; Jahresber. über d. Fortschritte d. Tierchemie 4, 468 [1874].
14) F. Jolyet u. P. Régnard, Gaz. méd. de Paris 1876, No. 29; 1877, 179, 190.
15) P. Giacosa, Zeitschr. f. physiol. Chemie 3, 54 [1879]. — v. Vorkampf u. Laue, Inaug.-Diss. Dorpat 1892. — F. Winkler, Zeitschr. f. klin. Med. 35, 213 [1898].
16) F. Winkler, Wiener klin. Wochenschr. 1896, 320.
17) M. Doyon, Compt. rend. de la Soc. de Biol. 61, 522 [1906].
18) F. Lisin, Arch. intern. de Pharmacodynamie et de Thérapie 17, 465 [1907].
19) C. v. Rzentowsky, Zeitschr. f. klin. Medizin 68, 111 [1909].
20) R. Burton-Opitz u. H. F. Wolf, Journ. expérim. Med. 12, 278 [1910]; Biochem. Centralbl. 10, Ref. 2228 [1910/11].
21) A. Levy, Zeitschr. f. klin. Medizin 70, 429 [1910]; Biochem. Centralbl. 10, Ref. 2161 [1910/11].
22) Slavu, Compt. rend. de l'Acad. des Sc. 147, 148 [1908].
23) Riekher, Jahresber. d. Chemie 1847/48, 699. — P. Hofmann, Jahresber. d. Chemie 1847/48, 699.
24) L. Bouveault u. Wahl, Compt. rend. de l'Acad. des Sc. 136, 1563 [1903].
25) Chapman u. Smith, Zeitschr. f. Chemie 1868, 174. — Würtz, Annalen d. Chemie u. Pharmazie 93, 120 [1855].
26) R. Schiff, Berichte d. Deutsch. chem. Gesellschaft 19, 567 [1886].

lares Brechungsvermögen 53,85 [1]). Elektrische Leitfähigkeit [2]). Dielektrizitätskonstante [3]). Über Einwirkung von alkalischer Natriumarsenitlösung auf Isoamylnitrat [4]).

Isoamylthioschwefelsäure. Blättrige Krystalle [5]).

Isoamylschwefelsäure (Mol.-Gew. 167,16) $C_5H_{12}SO_4 = (CH_3)_2 \cdot CH \cdot CH_2 \cdot CH_2 \cdot O \cdot SO_2OH$. Dünner Sirup [6]).

Isoamylschwefelsaures Natrium [7]) $C_5H_{11}SO_4Na + 1^1/_2$ Aq. wird vom Organismus nicht verändert wieder ausgeschieden [8]).

Bariumsalz $(C_5H_{11}O \cdot SO_3)_2Ba + 2$ Aq. 100 T. Wasser lösen 11,85 T. des wasserfreien Salzes bei 19,3°; 12,15 T. bei 20,5° [9]).

Diisoamylsulfat (Mol.-Gew. 238,25) $C_{10}H_{22}SO_4 = [(CH_3)_2 \cdot CH \cdot CH_2 \cdot CH_2 \cdot O]_2SO_2$. Bildet sich beim Durchleiten von Schwefeldioxyd durch erwärmtes Isoamylnitrit [10]). Nicht unzersetzt siedende Flüssigkeit.

Diisoamylphosphorige Säure (Mol.-Gew. 222,19) $C_{10}H_{23}PO_3 = [(CH_3)_2 \cdot CH \cdot CH_2 \cdot CH_2 \cdot O]_2POH$ und **isoamylphosphorige Säure** (Mol.-Gew. 152,10) $C_5H_{13}PO_3 = (CH_3)_2 \cdot CH \cdot CH_2 \cdot CH_2 \cdot O \cdot P(OH)_2$ werden bei der Einwirkung von Phosphortrichlorid auf Isoamylalkohol [11]) gebildet.

Triisoamylphosphit (Mol.-Gew. 292,26) $C_{15}H_{33}PO_3 = [(CH_3)_2 \cdot CH \cdot CH_2 \cdot CH_2 \cdot O]_3P$. Entsteht aus Phosphortrichlorid und Natriumisoamylat [12]). Siedep. 270—275° (265—270° im Wasserstoffstrome). Spez. Gew. 0,9005 bei 15° [13]).

Tetraisoamylhypophosphat (Mol.-Gew. 292,26) $C_{20}H_{44}P_2O_6 = [(CH_3)_2 \cdot CH \cdot CH_2 \cdot CH_2 \cdot O]_4P_2O_2$ [14]).

Isoamylphosphorsäure (Mol.-Gew. 168,10) $C_5H_{13}PO_4 = (CH_3)_2 \cdot CH \cdot CH_2 \cdot CH_2 \cdot O \cdot PO \cdot (OH)_2$. Aus Fuselöl und sirupdicker Phosphorsäure [15]). $_3$

Diisoamylphosphorsäure (Mol.-Gew. 238,19) $C_{10}H_{23}PO_4 = [(CH_3)_2 \cdot CH \cdot CH_2 \cdot CH_2 \cdot O]_2PO \cdot OH$. Aus Fuselöl und Bromphosphor [16]).

Triisoamylarsenit (Mol.-Gew. 236,26) $C_{15}H_{33}AsO_3 = [(CH_3)_2 \cdot CH \cdot CH_2 \cdot CH_2 \cdot O]_3As$. Siedet unter teilweiser Zersetzung bei 288°; unzersetzt unter 60 mm Druck bei 193—194° [17]). Es entsteht beim Erhitzen von Arsentrioxyd mit Isoamylalkohol in Gegenwart von wasserfreiem Kupfersulfat. Gelbe Flüssigkeit. Siedep._{30} = 185°. D = 1,050. Zersetzt sich unter 760 mm Druck bei 284° [18]).

Triisoamylarseniat (Mol.-Gew. 252,26) $C_{15}H_{33}AsO_4 = [(CH_3)_2 \cdot CH \cdot CH_2 \cdot CH_2 \cdot O]_3AsO$. Siedet selbst im Vakuum nicht unzersetzt [19]).

Triisoamylantimonit (Mol.-Gew. 381,45) $C_{15}H_{33}O_3Sb = Sb(O \cdot C_5H_{11})_3$. Gelbe Flüssigkeit; entsteht beim Kochen von Antimontrioxyd mit Isoamylalkohol und wasserfreiem Kupfersulfat. Siedep._{30} = 163°. D = 1,081. Bei 250° findet Zersetzung statt. In organischen Lösungsmitteln leicht löslich. Durch Wasser wird der Ester sogleich zersetzt [20]).

---

[1]) Kanonnikow, Journ. f. prakt. Chemie [2] **31**, 359 [1885]. — Löwenherz, Berichte d. Deutsch. chem. Gesellschaft **23**, 2180 [1890]. — Brühl, Zeitschr. f. physikal. Chemie **16**, 215 [1895].

[2]) Bartoli, Gazzetta chimica ital. **24**, II. 166 [1894].

[3]) J. H. Mathews, Journ. of Physical Chemistry **9**, 641 [1905]; Chem. Centralbl. **1906**, I, 224.

[4]) A. Gutmann, Berichte d. Deutsch. chem. Gesellschaft **41**, 2052 [1908].

[5]) Spring u. Legros, Berichte d. Deutsch. chem. Gesellschaft **15**, 1938 [1882].

[6]) Cahours, Annalen d. Chemie u. Pharmazie **30**, 291 [1839]. — Salze: Kekulé, Annalen d. Chemie u. Pharmazie **75**, 295 [1850]. — Illingworth u. Howard, Jahresber. d. Chemie **1884**, 203. — Clarke, Berichte d. Deutsch. chem. Gesellschaft **11**, 1506 [1878]. — Balbiano, Berichte d. Deutsch. chem. Gesellschaft **9**, 1437 [1876].

[7]) Kekulé, Annalen d. Chemie u. Pharmazie **75**, 285 [1850].

[8]) E. Salkowski, Virchows Archiv **66**, 315 [1875].

[9]) Marckwald, Berichte d. Deutsch. chem. Gesellschaft **35**, 1599 [1902].

[10]) Chapman, Berichte d. Deutsch. chem. Gesellschaft **3**, 920 [1870].

[11]) Würtz, Annalen d. Chemie u. Pharmazie **58**, 75 [1846].

[12]) Railton, Annalen d. Chemie u. Pharmazie **92**, 350 [1854].

[13]) Jähne, Annalen d. Chemie u. Pharmazie **256**, 285 [1890].

[14]) Sänger, Annalen d. Chemie u. Pharmazie **232**, 13 [1886].

[15]) Guthrie, Annalen d. Chemie u. Pharmazie **99**, 57 [1856].

[16]) Kraut, Annalen d. Chemie u. Pharmazie **118**, 102 [1861].

[17]) Crafts, Bulletin de la Soc. chim. **14**, 405 [1870].

[18]) R. W. Lang, MacKey u. Gortner, Journ. Chem. Soc. **93**, 1364 [1908].

[19]) Crafts, Bulletin de la Soc. chim. **14**, 101 [1870].

[20]) J. F. Mac Key, Journ. Chem. Soc. **95**, 604 [1909].

Monoisoamylborat (Mol.-Gew. 114,09) $C_5H_{11}BO_2 = (CH_3)_2 \cdot CH \cdot CH_2 \cdot CH_2 \cdot O \cdot BO$. Dickes Öl. Spez. Gew. 0,971 bei 0°[1]).

Triisoamylborat (Mol.-Gew. 272,26) $C_{15}H_{33}BO_3 = [(CH_3)_2 \cdot CH \cdot CH_2 \cdot CH_2 \cdot O]_3B$. Siedep. 254°; spez. Gew. 0,872 bei 0°[2]).

Tetraisoamylsilicat (Mol.-Gew. 376,65) $C_{20}H_{44}SiO_4 = [(CH_3)_2 \cdot CH \cdot CH_2 \cdot CH_2 \cdot O]_4Si$. Siedep. 322—325°; spez. Gew. 0,868 bei 20°[3]).

Ester organischer Säuren: Isoamylformiat (Mol.-Gew. 116,10) $C_6H_{12}O_2 = (CH_3)_2 \cdot CH \cdot CH_2 \cdot CH_2 \cdot O \cdot CHO$. Flüssigkeit mit obstartigem Geruch. Siedep. 123,3° bei 760 mm; spez. Gew. 0,894 378 bei 0°/4°[4]).

Isoamylacetat (Mol.-Gew. 130,11) $C_7H_{14}O_2 = (CH_3)_2 \cdot CH \cdot CH_2 \cdot CH_2 \cdot O \cdot CO \cdot CH_3$. Siedep. 138,6° bei 744 mm; spez. Gew. 0,8837 bei 0°[5]).

Isoamylpropionat (Mol.-Gew. 144,13) $C_8H_{16}O_2 = (CH_3)_2 \cdot CH \cdot CH_2 \cdot CH_2 \cdot O \cdot CO \cdot C_2H_5$. Siedep. 160,2° bei 760 mm. Spez. Gew. 0,887672 bei 0°/4°[6]).

Isoamylbutyrat (Mol.-Gew. 158,14) $C_9H_{18}O_2 = (CH_3)_2 \cdot CH \cdot CH_2 \cdot CH_2 \cdot O \cdot CO \cdot C_3H_7$. Siedep. 178,6° bei 760 mm. Spez. Gew. 0,882 306 bei 0°/4°[7]).

Isoamylisobutyrat (Mol.-Gew. 158,14) $C_9H_{18}O_2 = (CH_3)_2 \cdot CH \cdot CH_2 \cdot CH_2 \cdot O \cdot CO \cdot CH(CH_3)_2$. Siedep. 168,6 bei 760 mm. Spez. Gew. 0,875 365 bei 0°/4°[8]).

Isovaleriansäureisoamylester (Mol.-Gew. 172,16) $C_{10}H_{20}O_2 = (CH_3)_2 \cdot CH \cdot CH_2 \cdot CH_2O \cdot CO \cdot CH_2 \cdot CH \cdot (CH_3)_2$. Siedep. 190,3° bei 748 mm. Spez. Gew. 0,8700 bei 0°[9]).

Angelicasäure-isoamylester (Mol.-Gew. 170,14) $C_{10}H_{18}O_2 = C_5H_{11}O \cdot CO \cdot C_4H_7$. Im Römisch-Kamillenöle. Siedep. 200—201°[10]).

Tiglinsäure-isoamylester (Mol.-Gew. 170,14) $C_{10}H_{18}O_2 = C_5H_{11}O \cdot CO \cdot C_4H_7$. Im Römisch-Kamillenöle. Siedep. 204—205°[11]).

Isoamylbenzoat (Mol.-Gew. 192,13) $C_{12}H_{16}O_2 = (CH_3)_2 \cdot CH \cdot CH_2 \cdot CH_2 \cdot O \cdot CO \cdot C_6H_5$. Siedep. 260,7° bei 745,6 mm. Spez. Gew. 1,0039 bei 0°[12]).

[1) S c h i f f, Annalen d. Chemie u. Pharmazie **111**, 370 [1859]. — G h i r a, Gazzetta chimica ital. **23**, I, 456; **23**, II, 9 [1893].

2) S c h i f f, Annalen d. Chemie u. Pharmazie **111**, 370 [1859].

3) E b e l m e n, Annalen d. Chemie u. Pharmazie **57**, 331 [1847].

4) L o r i n, Bulletin de la Soc. chim. 5, 12 [1863]. — S c h u m a n n, Poggend. Annalen [2] **12**, 4 [1881]. — Elsässer, Annalen d. Chemie u. Pharmazie **218**, 329 [1883]. — R. S c h i f f, Annalen d. Chemie u. Pharmazie **220**, 106 [1883]; **223**, 76 [1884]; **234**, 343 [1886]. — T r a u b e, Berichte d. Deutsch. chem. Gesellschaft **17**, 2304 [1884]. — B a r t o l i, Gazzetta chimica ital. **24**, II, 164 [1894]. — D r u d e, Zeitschr. f. physikal. Chemie **23**, 308 [1897]. — E n g l e r u. G r i m m, Berichte d. Deutsch. chem. Gesellschaft **30**, 2921 [1897].

5) M e n d e l e j e w, Jahresber. d. Chemie **1860**, 7. — R. S c h i f f, Annalen d. Chemie u. Pharmazie **220**, 110 [1883]; **233**, 77 [1886]; **234**, 344 [1886]. — F r i e d e l u. C r a f t s, Annalen d. Chemie u. Pharmazie **133**, 207 [1865]. — S p r i n g, Recueil des travaux chim. des Pays-Bas **16**, 1 [1895]. — B a r t o l i, Gazzetta chimica ital. **24**, II, 166 [1894]. — L a n d o l t u. J a h n, Zeitschr. f. physikal. Chemie **10**, 314 [1892]. — D r u d e, Zeitschr. f. physikal. Chemie **23**, 308 [1897]. — L ö w e, Wiedemanns Annalen d. Physik **66**, 394 [1898].

6) S c h u m a n n, Poggend. Annalen [2] **12**, 41 [1881]. — Elsässer, Annalen d. Chemie u. Pharmazie **218**, 330 [1883]. — R. S c h i f f, Annalen d. Chemie u. Pharmazie **220**, 111 [1883]; **233**, 79 [1886]; **234**, 344 [1886].

7) S c h u m a n n, Poggend. Annalen [2] **12**, 41 [1881]. — Elsässer, Annalen d. Chemie u. Pharmazie **218**, 331 [1883]. — R. S c h i f f, Annalen d. Chemie u. Pharmazie **234**, 344 [1886]. — B a r t o l i, Gazzetta chimica ital. **24**, II, 166 [1894].

8) S c h u m a n n, Poggend. Annalen [2] **12**, 41 [1881]. — Elsässer, Annalen d. Chemie u. Pharmazie **218**, 331 [1883]. — R. S c h i f f, Annalen d. Chemie u. Pharmazie **234**, 344 [1886].

9) B a l b i a n o, Jahresber. d. Chemie **1876**, 348. — K a h l b a u m, Siedetemperatur und Druck. S. 85. — R. S c h i f f, Annalen d. Chemie u. Pharmazie **234**, 344 [1886]. — L o u r e n c o u. A g u i a r, Zeitschr. f. Chemie **1870**, 404.

10) K ö b i g, Annalen d. Chemie u. Pharmazie **195**, 99 [1879].

11) K ö b i g, Annalen d. Chemie u. Pharmazie **195**, 100 [1879].

12) K o p p, Annalen d. Chemie u. Pharmazie **94**, 311 [1855]. — K a h l b a u m, Siedetemperatur u. Druck. S. 91. — S t o h m a n n, R o d a t z u. H e r z b e r g, Journ. f. prakt. Chemie [2] **36**, 6 [1887]. — B a r t o l i, Gazzetta chimica ital. **24**, II, 164 [1894]. — E n g l e r u. L ö w, Berichte d. Deutsch. chem. Gesellschaft **26**, 1441 [1891]. — F r i e d e l u. C r a f t s, Annalen d. Chemie u. Pharmazie **133**, 107 [1865]. — D r u d e, Zeitschr. f. physikal. Chemie **23**, 308 [1897]. — L ö w e, Wiedemanns Annalen d. Physik **66**, 394 [1898].

Diisoamylcarbonat (Mol.-Gew. 202,18) $C_{11}H_{22}O_3 = CO \cdot [(CH_3)_2 \cdot CH \cdot CH_2 \cdot CH_2 \cdot O]_2$ $\cdot CO$. Siedep. 226°. Spez. Gew.$_{15,5} = 0,9065$ [1]).

Isoamylcarbaminat, Isoamylurethan (Mol.-Gew. 131,11) $C_6H_{13}NO_2 = (CH_3)_2 \cdot CH$ $\cdot CH_2 \cdot CH_2 \cdot O \cdot CO \cdot NH_2$. Nadeln aus Ligroin. Schmelzp. 60°. Siedep. 220°. Löslich in Alkohol, Äther und siedendem Wasser[2]). Schmelzp. 64,5°[3]). Schmelzp. 64°. Siedep.$_{760} = 220°$. $D_4^{70,6} = 0,9438$; $n_D^{70,6} = 1,41754$; Molekularrefraktion[4]).

Isoamylphenylcarbaminat, Isoamylphenylurethan (Mol.-Gew. 207,15) $C_{12}H_{17}O_2N$ $= (CH_3)_2 \cdot CH \cdot (CH_2)_2 \cdot O \cdot CO \cdot NH \cdot C_6H_5$. Weiße Krystalle aus Ligroin. Schmelzp. 55°. Entsteht aus Isoamylalkohol und Phenylisocyanat[5]). Das aus synthetischem Isoamylalkohol gewonnene Produkt hat den Schmelzp. 57—58°[6]).

Isoamylphthalimid (Mol.-Gew. 217,13) $C_{13}H_{15}O_2N = C_6H_4{<}^{CO}_{CO}{>}N \cdot C_5H_{11}$. Schmelzp. 12,5°[7]).

3-Nitrophthalsäure-1-isoamylestersäure (Mol.-Gew. 281,13) $C_{13}H_{15}NO_6$

$$\underset{}{\overset{NO_2}{\mid}}\;\; C_6H_3{<}^{COOH\;[8])}_{COO \cdot C_5H_{11}}$$

Umkrystallisierbar aus Tetrachlorkohlenstoff und aus Benzol. Existiert in zwei allotropen Modifikationen, von denen die stabilere bei 93,5°, die labile schon bei 77—78°[9]) schmilzt.

3-Nitrophthalsäure-2-isoamylestersäure (Mol.-Gew. 281,13) $C_{13}H_{15}O_6N$

$$\underset{}{\overset{NO_2}{\mid}}\;\; C_6H_3{<}^{COO \cdot C_5H_{11}}_{COOH}$$

Entsteht bei der Einwirkung von 3-Nitrophthalsäureanhydrid auf den Alkohol. Krystalle aus Benzol. Schmelzp. 165—166°[10]); 161—162°[9]).

Tetrachlorphthalsäureisoamylestersäure (Mol.-Gew. 246,28) $C_{13}H_{12}O_4Cl_4$.

$$Cl_4C_6{<}^{COO \cdot C_5H_{11}}_{COOH}$$

Aus Tetrachlorphthalsäureanhydrid und Isoamylalkohol in der Hitze. Derbe, glasglänzende Prismen aus Schwefelkohlenstoff. Schmelzp. 112—113°[9]).

Gallussäureisoamylester (Mol.-Gew. 240,13) $C_{12}H_{16}O_5$

$$\underset{}{(HO)_3}C_6H_2 \cdot COO \cdot C_5H_{11}$$

Aus esterfreier Gallussäure und Isoamylalkohol durch Salzsäure. Farblose Nadeln aus Wasser. Schmelzp. 145—146°. Sehr leicht löslich in Alkohol und in Äther, wenig in Benzol und in Wasser[11]).

---

[1]) Bruce, Annalen d. Chemie u. Pharmazie **85**, 16 [1853]. — Roese, Annalen d. Chemie u. Pharmazie **205**, 231 [1880].

[2]) Medlock, Annalen d. Chemie u. Pharmazie **71**, 106 [1849].

[3]) Marckwald, Berichte d. Deutsch. chem. Gesellschaft **37**, 1040 [1904].

[4]) Schmidt, Zeitschr. f. physikal. Chemie **58**, 513 [1907].

[5]) Marckwald, Berichte d. Deutsch. chem. Gesellschaft **37**, 1049 [1904].

[6]) R. Lorquin, Bulletin de la Soc. chim. [3] **31**, 599 [1904].

[7]) Marckwald, Berichte d. Deutsch. chem. Gesellschaft **37**, 1047 [1904]. — Neumann, Berichte d. Deutsch. chem. Gesellschaft **23**, 998 [1890].

[8]) Marckwald u. McKenzie, Berichte d. Deutsch. chem. Gesellschaft **34**, 485 [1901].

[9]) Marckwald, Berichte d. Deutsch. chem. Gesellschaft **35**, 1602 [1902].

[10]) McKenzie, Journ. Chem. Soc. **79**, 1135 [1901].

[11]) A. McKenzie u. H. A. Müller, Journ. Chem. Soc. **95**, 544 [1909].

d-Amylalkohol [2-Methylbutanol (1)].

Mol.-Gewicht 88,10.
Zusammensetzung: 68,10% C, 13,74% H, 18,16% O.

$$C_5H_{12}O = CH_3 \cdot CH_2 \cdot \underset{\underset{CH_3}{|}}{CH} \cdot CH_2 \cdot OH.$$

Vorkommen: Im Fuselöl der Spiritusfabrikation[1]). Der Amylalkohol aus Kartoffel- und Getreidesprit enthält etwa 13,5—22% d-Amylalkohol; der aus Melassesprit hingegen 48—58% [2]). Dies entspricht dem Gehalt pflanzlicher Eiweißstoffe des Gärmaterials und dem unvergorener, entzuckerter Melasse an Leucin und Isoleucin[3]).

Bildung: Der d-Amylalkohol der Fuselöle entsteht aus dem in den Proteinen der Gärmaterialien enthaltenem Isoleucin durch die Einwirkung der Hefe. Er bildet sich aus dem Isoleucin[4]) bei der Einwirkung von Reinzuchthefe bei Gegenwart von Rohrzucker[5]).

$$\underset{C_2H_5}{\overset{CH_3}{>}}CH \cdot \underset{\underset{NH_2}{|}}{CH} \cdot COOH + H_2O = \underset{C_2H_5}{\overset{CH_3}{>}}CH \cdot CH_2 \cdot OH + CO_2 + NH_3 \ .$$

Diese Umwandlung der Aminosäure in den Alkohol ist eine Folge der Lebenstätigkeit der Hefe, die den Stickstoff des Isoleucins zum Aufbau ihres Körpereiweißes verwendet. Hefepreßsaft oder Acetondauerhefe sind daher nicht imstande, das Isoleucin zum d-Amylalkohol zu vergären[6]). Man kann den Amylalkoholgehalt des Rohspiritus durch Zusatz von Leucin von 0,4—0,7 bis auf 3% steigern, durch Zusatz von Asparagin oder Ammoniumcarbonat als Stickstoffquelle für die wachsende Hefe von 0,7% auf 0,5% und 0,3% herabdrücken[7]). Mucor racemosus, Rhizopus tonkinensis, Monili candida, Torula V. vermögen auch — jedoch in geringerem Grade als die Hefe — Leucin in Amylalkohol überzuführen[8]). Ein optisch aktives Gemenge von Isoamylalkohol und 2-Methylbutanol (1) entsteht bei der Einwirkung von salpetriger Säure auf das Rohamylamin, das durch trockne Destillation von Rohleucin gebildet wird[9]).

Darstellung: a) Ein relativ starker d-Amylalkohol ($[\alpha]_D = -2,8°$, also 58,5 proz.) wurde einmal durch bloßes Fraktionieren des rohen Fuselölgemisches gewonnen[10]). — b) Man verwandelt das im Fuselöl enthaltene Gemenge von Isoamylalkohol und d-Amylalkohol durch konz. Schwefelsäure in Amylschwefelsäuren und trennt ihre Barytsalze durch fraktionierte

---

[1]) Eine kritische Zusammenstellung der Mitteilungen über die Zusammensetzung der Fuselöle verschiedener Herkunft vom Jahre 1785—1893 findet sich bei K. Windisch, Arbeiten aus d. Kaiserl. Gesundheitsamt **8**, 140 [1893]; H. Pringsheim, Centralbl. f. Bakt. u. Parasitenk. [2] **15**, 301 [1906].

[2]) Marckwald, Berichte d. Deutsch. chem. Gesellschaft **35**, 1596 [1902]. Daselbst Tabelle über den Gehalt der Fuselöle an d-Amylalkohol. — Kailan, Monatshefte f. Chemie **24**, 533 [1903]. — Rudakow u. Alexandrow, Journ. d. russ. physikal.-chem. Gesellschaft **36**, 207 [1904]; Chem. Centralbl. **1904**, I, 1481. — Marckwald, Hesse u. v. Lenski, Berichte d. Deutsch. chem. Gesellschaft **37**, 1038 [1904]. — Linnemann, Annales de Chim. et de Pharm. **160**, 231 [1871].

[3]) F. Ehrlich, Berichte d. Deutsch. chem. Gesellschaft **37**, 1839 [1904]; **40**, 1044 [1907].

[4]) F. Ehrlich, Berichte d. Deutsch. chem. Gesellschaft **37**, 1809 [1904]; **40**, 1027, 2551 [1907].

[5]) F. Ehrlich, Zeitschr. d. Vereins f. Rübenzuckerind. **1905**, 539; Chem. Centralbl. **1905**, II, 156. — J. Effront, Bulletin de l'Assoc. des Chim. de Sucr. et Dist. **23**, 393 [1905]; Chem. Centralbl. **1905**, II, 1811.

[6]) F. Ehrlich, Biochem. Zeitschr. **2**, 52 [1906]; Zeitschr. d. Vereins f. Rübenzuckerind. **1906**, 1145; **1907**, 461; Berichte d. Deutsch. chem. Gesellschaft **39**, 4072 [1906]; **40**, 1027 [1907]; Jahrb. d. Versuchs- u. Lehranstalt f. Brauerei in Berlin **10**, 515 [1907]; Chem. Centralbl. **1908**, I, 1638. — Buchner u. Meisenheimer, Berichte d. Deutsch. chem. Gesellschaft **39**, 3201 [1906]. — Pringsheim, Berichte d. Deutsch. chem. Gesellschaft **39**, 3713 [1906]; Biochem. Zeitschr. **3**, 121 [1907]. — Seifert, Chem. Centralbl. **1907**, II, 346.

[7]) F. Ehrlich, Berichte d. Deutsch. chem. Gesellschaft **40**, 1027 [1907].

[8]) Pringsheim, Biochem. Zeitschr. **8**, 128 [1908].

[9]) D. R. P. 193 166 [1906]; Chem. Centralbl. **1908**, II, 1002.

[10]) Ley, Berichte d. Deutsch. chem. Gesellschaft **6**, 1362 [1873].

Krystallisationen[1]), wobei man die Mutterlauge der schwerer löslichen Fraktion jedesmal zur Auflösung der nachfolgenden leichter löslichen Krystallisation benutzt[2]). Die Barytsalze werden dann durch Kochen mit verdünnter Schwefelsäure zerlegt. Nach der Marckwaldschen Modifikation[2]) dieser Methode läßt sich am einfachsten reiner d-Amylalkohol gewinnen. — c) Man leitet trocknen Chlorwasserstoff in den siedenden käuflichen Amylalkohol; der Isoamylalkohol wird rascher in das Chlorid verwandelt als der aktive. Durch Abdestillieren des Chlorids und mehrmalige Wiederholung der Operationen läßt sich der d-Amylalkohol bis zu einem ca. 95 proz. Produkt anreichern[3]). — d) Man verestert den nach Rogers[4]) angereicherten Amylalkohol des Handels mit 3-Nitrophthalsäure

$$\begin{array}{c}\text{NO}_2\\[-1pt]|\\[-2pt]\overset{\displaystyle\bigcirc}{}\!\!\!-\text{COOH}\\-\text{COOH}\end{array}$$

nach der Fischer-Speierschen Methode und isoliert den d-1-Amyl-3-nitrophthalsäureester durch fraktionierte Krystallisation aus Schwefelkohlenstoff. Den reinen aktiven Alkohol, den man nach dieser Methode gewinnen kann, scheidet man mittels verdünnter Natronlauge ab[5]).

Bestimmung: Der Gehalt eines Fuselöles an d-Amylalkohol wird durch die Ermittlung des Drehungswertes bestimmt. Vgl. auch Erkennung und Bestimmung vom Isoamylalkohol.

Physiologische Eigenschaften: Er wird teilweise vom Organismus, an Glykuronsäure gepaart, wieder ausgeschieden[6]).

Physikalische und chemische Eigenschaften: Siedep. 128°. $D_4^{20} = 0,816$. $[\alpha]_D^{20} = -5,90°$. Rotationsdispersion[7]). Siedep. 128,7°. $D_4^0 = 0,83302$. Ausdehnung[8]). Das Drehungsvermögen wird zunächst beim Erhitzen kleiner, steigt dann aber wieder in der Nähe des Siedepunktes[9]). Spez. Wärme, Verdampfungswärme[10]). Die Viscosität des d, l-Amylalkohols ($D_4^{25} = 0,8188$) ist 0,04476, also geringer als die des aktiven Amylalkohols ($D_4^{25} = 0,8162$), dessen Viscosität 0,4115 ist[11]). Sein Geruch reizt nicht zum Husten, doch scheint er stärker betäubend zu wirken als der des Isoamylalkohols[5]). Durch Erhitzen im Rohr oberhalb 200° findet eine teilweise Racemisierung des d-Amylalkohols statt. Kochen mit Kalilauge oder Natronlauge[12]) oder Veresterung mit Schwefelsäure[13]) verändert sein Drehungsvermögen gar nicht. Völlige Racemisierung erreicht man durch Erhitzen des aus

---

[1]) Pasteur, Compt. rend. de l'Acad. des Sc. **41**, 296 [1855]; Annalen d. Chemie u. Pharmazie **96**, 255 [1855]. — A. Pedler, Annalen d. Chemie u. Pharmazie **147**, 243 [1868]. — Ley, Berichte d. Deutsch. chem. Gesellschaft **6**, 1362 [1873]. — Balbiano, Berichte d. Deutsch. chem. Gesellschaft **9**, 1437 [1876]. — Guye u. Gautier, Bulletin de la Soc. chim. [3] **11**, 1170 [1894]. — Just, Annalen d. Chemie u. Pharmazie **220**, 146 [1883]. — Bakhoven, Journ. f. prakt. Chemie [2] **8**, 272 [1873]. — Chapman, Zeitschr. f. Chemie **1870**, 406.

[2]) Marckwald, Berichte d. Deutsch. chem. Gesellschaft **35**, 1595 [1902].

[3]) Le Bel, Compt. rend. de l'Acad. des Sc. **77**, 1021 [1873]; Bulletin de la Soc. chim. [2] **21**, 542 [1874]; **25**, 545 [1876]; Berichte d. Deutsch. chem. Gesellschaft **6**, 1314 [1873]; **9**, 358, 732 [1876]. — Guye u. Gautier, Bulletin de la Soc. chim. [3] **11**, 1170 [1894]. — Plimpton, Journ. Chem. Soc. **39**, 332 [1881]; Compt. rend. de l'Acad. des Sc. **92**, 531 [1881]. — Eine Modifikation des Verfahrens, bei welchem man den Alkohol mit rauchender Salzsäure auf 100° erhitzt, siehe Rogers, Journ. Chem. Soc. **63**, 1131 [1893]. — Vgl. auch Marckwald, Berichte d. Deutsch. chem. Gesellschaft **34**, 483 [1901].

[4]) Rogers, Journ. Chem. Soc. **63**, 1131 [1893].

[5]) Marckwald u. Mc Kenzie, Berichte d. Deutsch. chem. Gesellschaft **34**, 489 [1901]. — Klages u. Sautter, Berichte d. Deutsch. chem. Gesellschaft **37**, 649 [1904]. — Marckwald, Hesse u. v. Lenski, Berichte d. Deutsch. chem. Gesellschaft **37**, 1038 [1904].

[6]) Neubauer, Archiv f. experim. Pathol. u. Pharmakol. **46**, 142 [1901].

[7]) Marckwald u. Mc Kenzie, Berichte d. Deutsch. chem. Gesellschaft **34**, 485 [1901].

[8]) Thorpe u. Jones, Journ. Chem. Soc. **63**, 282 [1893].

[9]) Guye u. Aston, Compt. rend. de l'Acad. des Sc. **124**, 196 [1897]; **125**, 819 [1897].

[10]) Longuinine, Annales de Chim. et de Phys. [7] **13**, 289 [1898].

[11]) A. E. Dunstan u. F. B. Thole, Proc. Chem. Soc. **24**, 213 [1908]; Journ. Chem. Soc. **93**, 1815 [1908].

[12]) Frankland u. Price, Journ. Chem. Soc. **71**, 255 [1896].

[13]) Marckwald, Berichte d. Deutsch. chem. Gesellschaft **35**, 1595 [1902].

Amylalkohol und Natrium dargestellten Natriumamylates über 200° [1]). Läßt man auf eine
verdünnte wässerige, etwas schwefelsäurehaltige Lösung des linksdrehenden Fuselöles Hefe
oder Schimmel längere Zeit hindurch einwirken, so erhält man einen rechtsdrehenden Alkohol, der ein linksdrehendes Amyljodid liefert [2]). Die Derivate des d-Amylalkohols bilden
mit denen des Isoamylalkohols Mischkrystalle [3]).

Derivate: Äther des d-Amylalkohols (Mol.-Gew. 158,18) $C_{10}H_{22}O = [(CH_3)(C_2H_5) \cdot CH \cdot CH_2]_2O$. Äther mit einem aktiven und einem inaktiven Amyl: $[\alpha]_D = 0,25°$ (l = 50 mm).
Äther mit beiderseits aktivem Amyl: $[\alpha]_D = 0,49°$ (l = 50 mm). Siedep. beider Äther 169° [4]).

Isoamyl-d-amyläther (Mol.-Gew. 158,18) $C_{10}H_{22}O = \frac{CH_3}{C_2H_5}{>}CH \cdot CH_2 \cdot O \cdot CH_2 \cdot CH_2 \cdot$
$CH(CH_3)_2$. Siedep. 170,4°. Spez. Gew. 0,774. $[\alpha]_D = +0,29°$ (l = 50 mm) [4]).

Methyl-d-amyläther (Mol.-Gew. 102,11) $C_6H_{14}O = \frac{CH_3}{C_2H_5}{>}CH \cdot CH_2 \cdot O \cdot CH_3$. Siedep.
87,5—88,5° bei 731 mm. Spez. Gew. 0,754 bei 18°/4°. $n_D = 1,3849$ bei 20,2°. $[\alpha]_D = 0,39$
bei 18° [5]).

Äthyl-d-amyläther (Mol.-Gew. 116,13) $C_7H_{16}O = \frac{CH_3}{C_2H_5}{>}CH \cdot CH_2 \cdot O \cdot C_2H_5$. Siedep.
107,5—109° bei 735,7 mm. Spez. Gew. 0,759 bei 18°/4°. $n_D = 1,3900$ bei 19,9°. $[\alpha]_D = 0,61$
bei 18° [6]).

Propyl-d-amyläther (Mol.-Gew. 130,14) $C_8H_{18}O = \frac{CH_3}{C_2H_5}{>}CH \cdot CH_2 \cdot O \cdot C_3H_7$. Siedep.
125—127° bei 729 mm. Spez. Gew. 0,783 bei 18°/4°. $n_D = 1,3994$ bei 20,2°. $[\alpha]_D = 0,20$
bei 18° [6]).

n-Butyl-d-amyläther (Mol.-Gew. 144,16) $C_9H_{20}O = \frac{CH_3}{C_2H_5}{>}CH \cdot CH_2 \cdot O \cdot C_4H_9$. Siedep.
148—152° bei 729,5 mm. Spez. Gew. 0,798 bei 22°/4°. $n_D = 1,4077$ bei 20,6°. $[\alpha]_D = 1,33°$
bei 22° [6]).

Isobutyl-d-amyläther (Mol.-Gew. 144,16) $C_9H_{20}O = \frac{CH_3}{C_2H_5}{>}CH \cdot CH_2 \cdot O \cdot CH_2 \cdot CH \cdot$
$(CH_3)_2$. Siedep. 145—147° bei 729,5 mm. Spez. Gew. 0,773 bei 22°/4°. $n_D = 1,4008$ bei
20,2°. $[\alpha]_D = 0,96°$ bei 22° [6]).

Ester anorganischer Säuren: d-Amylsulfit (Mol.-Gew. 222,25)
$$C_{10}H_{22}SO_3 = \left[\frac{CH_3}{C_2H_5}{>}CH \cdot CH_2 \cdot O\right]_2 SO.$$
Siedep. 127°. $[\alpha]_D = +4,03°$. Spez. Gew. 0,9841 bei 20°/4° [7]).

d-Bariumamylsulfat (Mol.-Gew. 507,72) $C_{10}H_{26}O_{10}S_2Ba = Ba\left(\frac{CH_3}{C_2H_5}{>}CH \cdot CH_2 \cdot O \cdot SO_3\right)_2$
$+ 2 H_2O$. 100 T. Wasser von 20,5° lösen 26,1 T. des wasserfreien Salzes.

$[\alpha]_D = $ ca. $+2,06°$ in Wasser; ist von der Konzentration der wässerigen Lösung unabhängig [8]). d-Amylschwefelsaures Barium ist mit dem isoamylschwefelsauren Barium vollständig isomorph [9]). Racemverbindung [10]).

Chlorkohlensäure-d-amylester (Mol.-Gew. 150,55) $C_6H_{11}O_2Cl = Cl \cdot CO \cdot O \cdot CH_2 \cdot CH{<}\frac{CH_3}{C_2H_5}$. Krystalle aus Ligroin. Er besitzt das gleiche Drehungsvermögen wie der Alkohol, jedoch im entgegengesetzten Sinne [11]).

d-Amylchlorid (Mol.-Gew. 106,55) $C_5H_{11}Cl = \frac{CH_3}{C_2H_5}{>}CH \cdot CH_2 \cdot Cl$. Siedep.$_{760} = 97,6$
bis 99°. $D_{17,5} = 0,8812$. $[\alpha]_D^{17,5} = +1,38$. $[\alpha]_D^{24} = +0,86$ [12]).

---

[1]) G u y e u. G a u t i e r, Bulletin de la Soc. chim. [3] **11**, 1174 [1894].
[2]) L e B e l, Bulletin de la Soc. chim. **31**, 104 [1879].
[3]) M a r c k w a l d, Berichte d. Deutsch. chem. Gesellschaft **37**, 1038 [1904].
[4]) G u y e u. G a u t i e r, Bulletin de la Soc. chim. [3] **11**, 1176 [1894].
[5]) G u y e u. C h a v a n n e, Bulletin de la Soc. chim. [3] **15**, 300 [1896].
[6]) G u y e u. C h a v a n n e, Bulletin de la Soc. chim. [3] **15**, 302 [1896].
[7]) T s c h u g a e f f, Berichte d. Deutsch. chem. Gesellschaft **31**, 1781 [1898].
[8]) W. M a r c k w a l d, Berichte d. Deutsch. chem. Gesellschaft **35**, 1595 [1902].
[9]) P a s t e u r, Annalen d. Chemie u. Pharmazie **96**, 255 [1855]. — W. M a r c k w a l d, Berichte d. Deutsch. chem. Gesellschaft **37**, 1041 [1904].
[10]) W. M a r c k w a l d u. E. N o l d a, Berichte d. Deutsch. chem. Gesellschaft **42**, 1583 [1909].
[11]) W. M a r c k w a l d, Berichte d. Deutsch. chem. Gesellschaft **37**, 1040 [1904].
[12]) H a r d i n u. S i k o r s k y, Journ. de Chim. phys. **6**, 179 [1908].

d-Amylbromid (Mol.-Gew. 151,01) $C_5H_{11}Br = \frac{CH_3}{C_2H_5}{>}CH \cdot CH_2 \cdot Br$. Siedep. 118—120°. Spez. Gew.$_4^{20}$ = 1,221. $[\alpha]_D^{20} = +3,68°$ [1]).

d-Amyljodid (Mol.-Gew. 198,01) $C_5H_{11}J = \frac{C_2H_5}{CH_3}{>}CH \cdot CH_2 \cdot J$. Aus d-Amylalkohol, den man mit Jodwasserstoffsäure sättigt und auf 100° erhitzt. $[\alpha]_D^{20} = +5,64°$. $D_4^{15} = 1,5232$. $n_D = 1,4981$. Durch Behandeln mit Silberoxyd wird unveränderter Alkohol regeneriert [2]). Rotationsdispersion [1]).

d-Amylmercaptan (Mol.-Gew. 104,16) $C_5H_{12}S = (CH_3)(C_2H_5)CH \cdot CH_2 \cdot S$. Aus Amyljodid durch zweistündiges Erwärmen mit einer alkoholischen Kaliumsulfhydratlösung auf 40°. Öl. Siedep.$_{745}$ = 117,5°. $D^{13} = 0,8483$. $D^{117} = 0,7565$. $[\alpha]_D^{13} = +3,49°$. $[\alpha]_D^{117} = +2,04°$.

d-Methyläthylpropionitril, d-Amylcyanid (Mol.-Gew. 97,10) $C_6H_{11}N = (CH_3) \cdot (C_2H_5)$ $\cdot CH \cdot CH_2 \cdot CN$. Aus Amyljodid und überschüssiger alkoholischer Kaliumcyanidlösung. Farblose Flüssigkeit. Siedep.$_{743}$ = 151,4 bis 152,6°. $D^{10} = 0,8395$. $[\alpha]_D^{10} = +7,22°$ [3]). $D^{19,5} = 0,8077$. $[\alpha]_D = +8,06°$ [4]). Durch rauchende Salzsäure wird es zu **d-Capronsäureamid** verseift. $C_5H_{11} \cdot CO \cdot NH_2$. Krystalle aus Wasser. Schmelzp. 126°. $[\alpha]_D = +7,0°$ in 10 proz. wässeriger Lösung, 2 dm-Rohr [4]).

Ester organischer Säuren: d-Amylformiat (Mol.-Gew. 116,10) $C_6H_{12}O_2 = CH_3 \cdot CH \cdot (C_2H_5)$ $\cdot CH_2 \cdot O \cdot CHO$. Brechungs- und Drehungsvermögen [5]).

d-Amylacetat (Mol.-Gew. 130,11) $C_7H_{14}O_2 = CH_3 \cdot CH \cdot (C_2H_5) \cdot CH_2 \cdot O \cdot CO \cdot CH_3$. Siedep. 141,6° (korr.) bei 741,5 mm. Spez. Gew. 0,8980 bei 0° [6]). $n_D = 1,4012$ bei 20°. $[\alpha]_D = +2,53°$ bei 20° (aus optisch aktivem Alkohol von $[\alpha]_D = -4,4°$) [7]).

d-Amylpropionat (Mol.-Gew. 144,13) $C_8H_{16}O_2 = CH_3 \cdot CH \cdot (C_2H_5) \cdot CH_2 \cdot O \cdot CO \cdot C_2H_5$ (aus d-Amylalkohol von $[\alpha]_D = -4,4°$). $n_D = 1,4066$ bei 20°. $[\alpha]_D = +2,77°$ bei 20° [7]). Drehungsvermögen [8]).

d-Amylbutyrat (Mol.-Gew. 158,14) $C_9H_{18}O_2 = CH_3 \cdot CH \cdot (C_2H_5) \cdot CH_2 \cdot O \cdot CO \cdot C_3H_7$. Siedep. 173—176° bei 726 mm. Spez. Gew. 0,862 bei 20°. $n_D = 1,4112$ bei 20,4°. $[\alpha]_D = +2,69$ bei 20° [9]). Siedep. 178—179° bei 765 mm. Spez. Gew. 0,869 bei 20°. $[\alpha]_D = +2,81$ [10]).

d-Amylisobutyrat (Mol.-Gew. 158,14) $C_9H_{18}O_2 = CH_3 \cdot CH \cdot (C_2H_5) \cdot CH_2 \cdot O \cdot CO \cdot CH$ $\cdot (CH_3)_2$. Siedep. 168—171° bei 727 mm. Spez. Gew. 0,8569 bei 20°. $[\alpha]_D = +3,05°$ [11]). Siedep. 170—171° bei 765 mm. Spez. Gew. 0,8619 bei 20°. $[\alpha]_D = +3,10°$ [12]).

d-Amyl-n-valeriansäureester (Mol.-Gew. 172,16) $C_{10}H_{20}O_2 = CH_3 \cdot CH \cdot (C_2H_5) \cdot CH_2$ $\cdot O \cdot CO \cdot C_4H_9$. Siedep. 195—197° bei 733 mm. Spez. Gew. 0,860 bei 20°/4°. $n_D = 1,4162$ bei 19,8°. $[\alpha]_D = 2,52°$ bei 20° [13]). Siedep. 196—199° bei 727 mm. Spez. Gew. 0,8629 bei 15—20° [14]).

d-Amylisovaleriansäureester (Mol.-Gew. 172,16) $C_{10}H_{20}O_2 = CH_3 \cdot CH \cdot (C_2H_5) \cdot CH_2 \cdot O$ $\cdot CO \cdot CH_2 \cdot CH \cdot (CH_3)_2$. Siedep. 190—190,5° bei 727 mm. Spez. Gew. 0,8553 bei 15—20° [14]).

Methyläthylessigsäure-d-amylester (Mol.-Gew. 172,16) $C_{10}H_{20}O_2 = CH_3 \cdot CH \cdot (C_2H_5) \cdot$ $CH_2 \cdot O \cdot CO \cdot CH \cdot (C_2H_5) \cdot CH_3$. a) Aus inaktiver Säure. Siedep. 185—187°. Spez. Gew. 0,862 bei 20°. $[\alpha]_D = +2,83$ [15]). b) Aus d-Säure. Siedep. 186—188° bei 733,5 mm. Spez. Gew. 0,863 bei 18°. $[\alpha]_D = +12,32°$ [15]).

---

[1]) W. Marckwald, Berichte d. Deutsch. chem. Gesellschaft **37**, 1046 [1904].

[2]) Klages u. Sautter, Berichte d. Deutsch. chem. Gesellschaft **37**, 649 [1904]. — W. Marckwald u. E. Nolda, Berichte d. Deutsch. chem. Gesellschaft **42**, 1583 [1909].

[3]) Hardin u. Sikorsky, Journ. de Chim. phys. **6**, 179 [1908]; Chem. Centralbl. **1908**, I, 2143.

[4]) W. Marckwald u. E. Nolda, Berichte d. Deutsch. chem. Gesellschaft **42**, 1583 [1909].

[5]) Guye u. Chavanne, Bulletin de la Soc. chim. [3] **15**, 279 [1896].

[6]) Lieben u. Zeisel, Monatshefte f. Chemie **7**, 61 [1886].

[7]) Guye u. Chavanne, Bulletin de la Soc. chim. [3] **15**, 280 [1896].

[8]) Walden, Journ. d. russ. physikal.-chem. Gesellschaft **30**, 767 [1898]; Chem. Centralbl. **1899**, I, 327.

[9]) Guye u. Chavanne, Bulletin de la Soc. chim. [3] **15**, 281 [1896].

[10]) Walden, Zeitschr. f. physikal. Chemie **20**, 573 [1896]; Journ. d. russ. physikal.-chem. Gesellschaft **30**, 767 [1898]; Chem. Centralbl. **1899**, I, 327.

[11]) Guye, Bulletin de la Soc. chim. [3] **11**, 1111 [1894].

[12]) Walden, Zeitschr. f. physikal. Chemie **20**, 574 [1896].

[13]) Guye u. Chavanne, Bulletin de la Soc. chim. [3] **15**, 282 [1896].

[14]) Guye u. Guerchgorine, Compt. rend. de l'Acad. des Sc. **124**, 231 [1897].

[15]) Guye u. Gautier, Bulletin de la Soc. chim. [3] **13**, 462 [1895].

d-Amylbenzoat (Mol.-Gew. 192,13) $C_{12}H_{16}O_2 = CH_3 \cdot CH \cdot (C_2H_5) \cdot CH_2 \cdot O \cdot CO \cdot C_6H_5$. $n_D = 1,4943$ bei 20,8°. $[\alpha]_D = +4,96°$ bei 22°[1]). $[\alpha]_D$ bei verschiedenen Temperaturen[2]).

p-Nitrobenzoesäure-d-amylester (Mol.-Gew. 237,13) $C_{12}H_{15}NO_4 = CH_3 \cdot CH \cdot (C_2H_5) \cdot CH_2 \cdot O \cdot CO \cdot C_6H_4 \cdot NO_2$. Siedep. 250—252° bei 80 mm. Spez. Gew. 1,140 bei 17°. $n_D = 1,5203$. $[\alpha]_D = +6,93$ bei 17°[3]). Dient zur Charakterisierung des Alkohols.

d-Amylphthalaminsäure (Mol.-Gew. 235,15)

$$C_{13}H_{17}O_3N = C_6H_4 {<}^{COOH}_{CO \cdot NH \cdot CH_2 \cdot CH {<}^{CH_3}_{C_2H_5}} \cdot$$

Entsteht aus dem Phthalimid durch Erwärmen mit 10proz. Natronlauge. Blättchen aus Benzol. Schmelzp. 123°[4]).

d-Amylphthalimid (Mol.-Gew. 218,14) $C_{13}H_{16}O_2N = C_6H_4 {<}^{CO}_{CO} {>} NH \cdot C_5H_{11}$. Entsteht beim Erhitzen von Phthalimidkalium mit d-Amylbromid. Siedep. 303°. Erstarrt in einer Kältemischung und schmilzt wieder bei 23°. Spez. Gew.$^{25}_4 = 1,0930$. $[\alpha]_D^{25} = +7,53°$[4]).

Carbaminsäure-d-amylester, d-Amylurethan (Mol.-Gew. 131,11) $C_6H_{13}O_2N = NH_2 \cdot CO \cdot O \cdot C_5H_{11}$. Krystalle aus Ligroin. Schmelzp. 61°. $[\alpha]_D = +13,32°$ in 10proz. Benzollösung. In Alkohol, Benzol, Äther leicht, in Wasser schwer löslich[5]). Erstarrungsp. 62,2°. Racemverbindung. Schmelzp. 51,3°[6]).

Phenylcarbaminsäure-d-amylester (Mol.-Gew. 207,15) $C_{12}H_{17}O_2N = C_6H_5 \cdot NH \cdot COO \cdot CH_2 \cdot CH {<}^{CH_3}_{C_2H_5}$. Entsteht aus d-Amylalkohol und Phenylisocyanat. Weiße Kristalle aus Ligroin. Schmelzp. 30°. $[\alpha]_D = +6,4°$ in 5proz. Chloroformlösung; $+6,6°$ in 15proz. Lösung[7]). Racemverbindung[8]).

d-1-Amyl-3-nitrophthalsäure (Mol.-Gew. 291,13) $C_{13}H_{15}O_6N$

Glasglänzende Krystalle. Schmelzp. 113,5—114,5°[9]); 116°[10]). $[\alpha]_D^{17} = +6,5°$ in Aceton in 10proz. Lösung. $l = 2$ dm. In Alkohol und in Aceton sehr leicht löslich, in kaltem Benzol wenig, in heißem leicht[9]). Racemverbindung[10]).

d-2-Amyl-3-nitrophthalsäure (Mol.-Gew. 291,13) $C_{13}H_{15}O_6N$

Durch Erhitzen von Nitrophthalsäureanhydrid mit d-Amylalkohol. Blättchen aus Benzol. Schmelzp. 154—155°. Löslich in Alkohol, Aceton; sehr wenig löslich in Benzol und in Tetrachlorkohlenstoff. $[\alpha]_D = +2,6°$ in 10proz. Acetonlösung. $l = 2$ dm[11]). Racemat[10]).

Tetrachlorphthalsäure-d-amylestersäure (Mol.-Gew. 374,80) $C_{13}H_{12}O_4Cl_4$

Derbe, undurchsichtige Krystalle aus Ligroin. Schmelzp. 94—95°. Bildet sich beim Erhitzen von Tetrachlorphthalsäureanhydrid mit d-Amylalkohol[12]).

---

1) Guye u. Chavanne, Bulletin de la Soc. chim. [3] **15**, 291 [1896].

2) Guye u. Aston, Compt. rend. de l'Acad. des Sc. **124**, 196 [1897].

3) Guye u. Babel, Arch. des Sc. phys. nat. Genève [4] **7**, 23; Chem. Centralbl. **1899**, I, 467.

4) W. Marckwald, Berichte d. Deutsch. chem. Gesellschaft **37**, 1048 [1904].

5) Marckwald, Berichte d. Deutsch. chem. Gesellschaft **37**, 1041 [1904].

6) Marckwald u. Nolda, Berichte d. Deutsch. chem. Gesellschaft **42**, 1587 [1909].

7) W. Marckwald, Berichte d. Deutsch. chem. Gesellschaft **37**, 1049 [1904]. — Goldschmidt u. Freund, Zeitschr. f. physikal. Chemie **14**, 396 [1894].

8) W. Marckwald u. Nolda, Berichte d. Deutsch. chem. Gesellschaft **42**, 1583 [1909].

9) W. Marckwald u. McKenzie, Berichte d. Deutsch. chem. Gesellschaft **34**, 485 [1901].

10) W. Marckwald u. Nolda, Berichte d. Deutsch. chem. Gesellschaft **42**, 1585 [1909].

11) W. Marckwald, Berichte d. Deutsch. chem. Gesellschaft **35**, 1604 [1902].

12) W. Marckwald, Berichte d. Deutsch. chem. Gesellschaft **35**, 1605 [1902].

Gallussäure-d-amylester (Mol.-Gew. 240,13) $C_{12}H_{16}O_5$

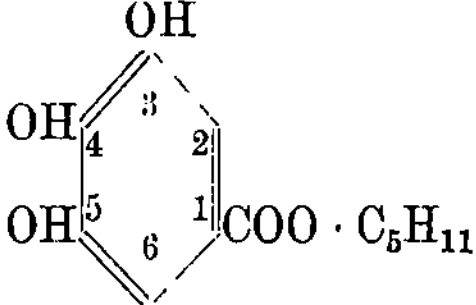

Nadeln aus Benzol oder Chloroform. Schmelzp. 108—109°. $[\alpha]_D^{17} = +4{,}0°$ in 10 proz. Acetonlösung.

Benzoylameisensäure-d-amylester (Mol.-Gew. 220,13) $C_{13}H_{16}O_3 = C_6H_5 \cdot CO \cdot COO \cdot C_5H_{11}$. Farbloses Öl. Siedep.$_{16} = 163°$. $[\alpha]_D^{19} = +4{,}1°$.

Brenztraubensäure-d-amylester (Mol.-Gew. 158,11) $C_8H_{14}O_3 = CH_3 \cdot CO \cdot COO \cdot C_5H_{11}$. Aus Brenztraubensäure und d-Amylalkohol in Gegenwart von Schwefelsäure. Farbloses Öl. Siedep.$_{10} = 81—82°$. $D_4^{13} = 0{,}9724$. $[\alpha]_D^{13} = +4{,}7°$ [1]).

Normaler Hexylalkohol [Hexanol (1)].

Mol.-Gewicht 102,11.
Zusammensetzung: 70,51% C, 13,82% H, 15,67% O.

$$C_6H_{14}O = CH_3 \cdot CH_2 \cdot CH_2 \cdot CH_2 \cdot CH_2 \cdot CH_2 \cdot OH.$$

Vorkommen: Im Weintreberfuselöl[2]), an Essigsäure und Buttersäure gebunden, im Öl des Samens von *Heracleum giganteum*[3]), im Öl der Früchte von *Heracleum spondylium*, *Pastinaca anthriscus cerefolium*[4]) und *Aspidium filix mas*[5]). Im Fuselöl aus Eicheln[6]) in sehr geringer Menge. 1 l Kornfuselöl enthält 1,33 g Hexylalkohol (Windisch). In altem Kognak[7]).

Bildung: Durch Reduktion von Capronaldehyd[8]). Durch Erhitzen von salpetrigsaurem Hexylamin mit Wasser[9]). Bei der Einwirkung von Natrium und Alkohol auf Hexylsäureamid $CH_3 \cdot (CH_2)_4 \cdot CO \cdot NH_2$[10]). Durch die Reduktion von Capronsäuremethylester mit Natrium und Alkohol[11]). Vielleicht in sehr geringer Menge aus Mannithexyljodid durch Verseifung[12]).

Physiologische Eigenschaften: Das Richardsonsche Gesetz[13]) wurde durch Versuche an der Hefe für den Normalhexylalkohol bestätigt[14]).

Physikalische und chemische Eigenschaften: Siedep. 157,2° (korr.) bei 740,8 mm. Spez. Gew. 0,8333 bei 0°; 0,8204 bei 20°; 0,8107 bei 40°[8]). Siedep. 156,4—156,8°. Spez. Gew.

---

[1]) A. Mc Kenzie u. H. A. Müller, Journ. Chem. Soc. **95**, 544 [1909].
[2]) Faget, Annalen d. Chemie u. Pharmazie **88**, 325 [1853].
[3]) Franchimont u. Zincke, Annalen d. Chemie u. Pharmazie **163**, 193 [1872].
[4]) Zincke, Annalen d. Chemie u. Pharmazie **152**, 1 [1869]; Berichte d. Deutsch. chem. Gesellschaft **4**, 822 [1871]. — Möslinger, Annalen d. Chemie u. Pharmazie **185**, 26 [1877]; Berichte d. Deutsch. chem. Gesellschaft **9**, 998 [1876]. — Guthzeit, Annalen d. Chemie u. Pharmazie **177**, 344 [1875]. — J. van Renesse, Annalen d. Chemie u. Pharmazie **166**, 80 [1873].
[5]) Ehrenberg, Archiv d. Pharmazie **231**, 345 [1893].
[6]) Rudakow u. Alexandrow, Journ. d. russ. physikal.-chem. Gesellschaft **36**, 207 [1904]; Chem. Centralbl. **1904**, II, 1481.
[7]) Ordonneau, Bulletin de la Soc. chim. **45**, 333 [1884]; Compt. rend. de l'Acad. des Sc. **102**, 217 [1886]. — Über die Zusammensetzung der Fuselöle vgl. Windisch, Arbeiten aus d. Kaiserl. Gesundheitsamt **8**, 140 [1893]. — Pringsheim, Centralbl. f. Bakt. u. Parasitenk. **15**, 300 [1906].
[8]) Lieben u. Janecek, Annalen d. Chemie u. Pharmazie **187**, 135 [1877].
[9]) Frentzel, Berichte d. Deutsch. chem. Gesellschaft **16**, 744 [1883].
[10]) Bouveault u. Blanc, Compt. rend. de l'Acad. des Sc. **138**, 148 [1904].
[11]) Bouveault u. Blanc, D. R. P. 164294 [1903]; Chem. Centralbl. **1905**, II, 1700. — Zelinsky u. Przewalsky, Chem. Centralbl. **1908**, II, 1854; Journ. d. russ. physikal.-chem. Gesellschaft **40**, 1105 [1908].
[12]) A. Michael u. Hartmann, Berichte d. Deutsch. chem. Gesellschaft **40**, 140 [1907]. Daselbst Literatur über die Konstitution des aus Mannit hergestellten Hexylalkohols.
[13]) Vgl. dieses Werk S. 395.
[14]) P. Regnard, Compt. rend. de la Soc. de Biol. [9] **10**, 124 [1889].

0,8327 bei 0°. Vol. bei t° (bei 0° = 1) = $1 + 0{,}0_38271 \cdot t + 0{,}0_512682 \cdot t^2 + 0{,}0_870955 \cdot t^3$ [1]).
Siedep. 155—156° [2]). Siedep.$_{755}$ = 157—157,5° [3]).

Derivate: n-Hexylchlorid (Mol.-Gew. 120,56) $C_6H_{13}Cl = CH_3 \cdot (CH_2)_4 \cdot CH_2 \cdot Cl$. Durch Erhitzen von Hexylalkohol, der mit Chlor gesättigt wurde, auf 100° im Rohr. Farblose, angenehm riechende und schmeckende Flüssigkeit. Unlöslich in Wasser. D^{20} = 0,8720. n = 1,42441. Mol.-Refraktion 35,26. Siedep.$_{763}$ = 134—135°.

n-Hexylbromid[4]), Siedep. 155,5° (korr.) bei 743,8 mm; spez. Gew. 1,1935 bei 0°; 1,1725 bei 20°; 1,1561 bei 40°.

n-Hexyljodid (Mol.-Gew. 212,02) $C_6H_{13}J = CH_3(CH_2)_4 \cdot CH_2 \cdot J$. Bildet sich aus dem Chlorid beim Kochen mit Natriumjodid in Methylalkohol[4]), aus Hexylalkohol, Jod und Phosphor. Siedep.$_{23}$ = 73°. Siedep.$_{747}$ = 180,5—181,5°. D_4^{20} = 1,4414 [3]).

Primäres n-Hexylnitrit (Mol.-Gew. 131,11) $C_6H_{13}O_2N = CH_3 \cdot (CH_2)_4 \cdot CH_2 \cdot O \cdot NO$. Aus dem Alkohol, Natriumnitrit und Schwefelsäure. Angenehm riechende, leicht gelbliche Flüssigkeit. Unlöslich in Wasser. D^{20} = 0,8851. n = 1,40181. Mol.-Refraktion 35,96. Siedep.$_{774}$ = 129—130° [2]).

Primäres n-Hexylmercaptan (Mol.-Gew. 118,18) $C_6H_{14}S = CH_3(CH_2)_4 \cdot CH_2 \cdot SH$. Aus Hexyljodid und Kaliumsulfhydrat. Farblose Flüssigkeit mit Brechreiz ausübendem Geruch. Unlöslich in Wasser. D^{20} = 0,8486. Siedep.$_{768}$ = 149—150°.

n-Önanthylnitril (Mol.-Gew. 111,11) $C_7H_{13}N = CH_3 \cdot (CH_2)_4 \cdot CH_2 \cdot CN$. Durch Erhitzen von n-Hexyljodid mit Kaliumcyanid. Farblose, bewegliche, angenehm riechende, sehr unangenehm schmeckende Flüssigkeit. Unlöslich in Wasser. D_{20} = 0,8153. Siedep.$_{765}$ = 183 bis 184°. n = 1,4195. Mol.-Refraktion 34,36 [5]).

Ester organischer Säuren: N-Hexylformiat (Mol.-Gew. 130,11) $C_7H_{14}O_2 = C_6H_{13} \cdot O \cdot CHO$. Nach Äpfeln riechende Flüssigkeit[6]). Siedep. 153,6. Spez. Gew. 0,8977 bei 0° [7]).

n-Hexylacetat (Mol.-Gew. 144,13) $C_8H_{16}O_2 = C_6H_{13} \cdot O \cdot CO \cdot CH_3$. Findet sich im Heracleumöl. Siedep. 169,2°. Spez. Gew. 0,8902 bei 0° [8]).

n-Hexyl-n-butyrat (Mol.-Gew. 172,16) $C_{10}H_{20}O_2 = C_6H_{13}O \cdot CO \cdot C_3H_7$. Vorkommen im Heracleumöl. Siedep. 205,1°. Spez. Gew. 0,8825 bei 0° [9]).

n-Hexyl-n-valerat (Mol.-Gew. 186,18) $C_{11}H_{22}O_2 = C_6H_{13}O \cdot CO \cdot C_4H_9$. Siedep. 223,8°. Spez. Gew. 0,8797 bei 0° [10]).

n-Hexyl-n-capronat (Mol.-Gew. 200,19) $C_{12}H_{24}O_2 = C_6H_{13} \cdot O \cdot CO \cdot C_5H_{11}$. Siedep. 245,6° (korr.). Spez. Gew. 0,865 bei 17,5° [11]).

n-Hexylisocyanat (Mol.-Gew. 127,11) $C_7H_{13}NO = C_6H_{13} \cdot N : CO$. Siedep. oberhalb 100° [12]).

n-Hexylbenzoesäureester (Mol.-Gew. 206,14) $C_{13}H_{18}O_2 = C_6H_{13} \cdot O \cdot CO \cdot C_6H_5$. Nach Äpfeln riechende Flüssigkeit. Siedep. 272°. Spez. Gew. 0,9985 bei 17° [13]).

Phenylcarbamin-n-hexylsäureester (Phenylurethanverbindung) (Mol.-Gew. 221,16) $C_{13}H_{19}O_2N = C_6H_5 \cdot NH \cdot COO \cdot CH_2 \cdot (CH_2)_4 \cdot CH_3$. Leicht löslich in Alkohol, Äther, Petroläther. Schmelzp. 42° [14]).

---

1) Zander, Annalen d. Chemie u. Pharmazie **224**, 82 [1884].

2) L. Henry, Bulletin de l'Acad. Roy. Belg. **1905**, 158; Chem. Centralbl. **1905**, II, 214.

3) Zelinsky u. Przewalsky, Journ. d. russ. physikal.-chem. Gesellschaft **40**, 1105 [1908]; Chem. Centralbl. **1908**, II, 1854.

4) Lieben u. Janecek, Annalen d. Chemie u. Pharmazie **187**, 137 [1877].

5) L. Henry, Bulletin de l'Acad. Roy. Belg. **1905**, 158; Chem. Centralbl. **1905**, II, 214.

6) Frentzel, Berichte d. Deutsch. chem. Gesellschaft **16**, 745 [1883].

7) Gartenmeister, Annalen d. Chemie u. Pharmazie **233**, 255 [1886].

8) Zincke u. Franchimont, Annalen d. Chemie u. Pharmazie **163**, 197 [1872]. — Gartenmeister, Annalen d. Chemie u. Pharmazie **233**, 261 [1872].

9) Zincke u. Franchimont, Annalen d. Chemie u. Pharmazie **163**, 198 [1872]. — Gartenmeister, Annalen d. Chemie u. Pharmazie **233**, 270 [1886].

10) Gartenmeister, Annalen d. Chemie u. Pharmazie **233**, 276 [1886].

11) Franchimont u. Zincke, Annalen d. Chemie u. Pharmazie **163**, 197 [1872].

12) Cahours u. Pelouze, Jahresber. d. Chemie **1863**, 526.

13) Frentzel, Berichte d. Deutsch. chem. Gesellschaft **16**, 745 [1883].

14) Bouveault u. Blanc, Compt. rend. de l'Acad. des Sc. **138**, 148 [1904].

Isohexylalkohol, [4-Methylpentanol (1)].

Mol.-Gewicht 102,11.

Zusammensetzung: 70,51% C, 13,82% H, 15,67% O.

$$C_6H_{14}O = \frac{CH_3}{CH_3}\!\!>\!\!CH \cdot CH_2 \cdot CH_2 \cdot CH_2 \cdot OH.$$

Vorkommen: Der im Weintreberfuselöl[1]) aufgefundene und der aus Petroleumhexan dargestellte Hexylalkohol ist vielleicht nicht normaler, sondern Isohexylalkohol[2]). Wahrscheinlich findet sich der Isohexylalkohol an Angelicasäure gebunden im Römisch-Kamillenöl[3]).

Bildung: Durch Reduktion von Isobutylessigsäurealdehyd mit Natriumamalgam in schwachsaurer Lösung[4]). Durch Einwirkung von Trioxymethylen auf Isoamylmagnesiumbromid[5]); bei Gegenwart von Zinkchlorid[6]) durch Reduktion von Isobutylacetessigester

$$CH_3 \cdot CO \cdot CH \cdot \left(\frac{CH_3}{CH_3}\!\!>\!\!C \cdot CH_2\right) \cdot COO \cdot C_2H_5$$

mit Natrium und Alkohol[7]).

Physikalische und chemische Eigenschaften: Siedep. 150°[4]). Siedep.$_{753}$ = 147—148°. Spez. Gew. 0,8243. Sein Geruch erinnert an den des Isoamylalkohols, doch ist er weniger scharf[5]).

Derivate: Isohexylacetat. Siedep.$_{755}$ = 159°[5]).

Isohexylbromid (Mol.-Gew. 165,02) $C_6H_{13} \cdot Br$. Farblose, schwachriechende Flüssigkeit, aus Bromwasserstoffsäure und Isohexylalkohol[8]). Siedep. 143—145°[8]). Siedep.$_{760}$ = 146 bis 147°. D^{20} = 1,1683. n_D = 1,44897[9]).

Isohexyljodid $C_6H_{13}J$. Hexylalkohol (aus Petroleumhexan) gibt ein Jodid vom Siedep. 172—175°; spez. Gew. 1,431 bei 19°[10]).

Methyläthyl-propylalkohol, aktiver Hexylalkohol [3-Methylpentanol (1)].

Mol.-Gewicht 102,11.

Zusammensetzung: 70,51% C, 13,82% H, 15,67% O.

$$C_6H_{14}O = \frac{CH_3}{C_2H_5}\!\!>\!\!CH \cdot CH_2 \cdot CH_2 \cdot OH.$$

Vorkommen: An Angelica- und Tigelinsäure gebunden in den über 220° siedenden Anteilen des Römisch-Kamillenöles[11]) (*Anthemis nobilis* L.).

Bildung: Aus gechlortem Diisopropyl[12]).

Darstellung: Durch Verseifung des Öles von *Anthemis nobilis* L. mit konz. Kalilauge in der Kälte[13]).

Physikalische Eigenschaften: Siedep. 152—153°. Spez. Gew. 0,8295 bei 15°[14]). Siedep. 154° bei 758 mm. $[\alpha]_D = +8,2$[15]). Siedep. 151—152°. $D^{20,5} = 0,8262$. $D^{147} = 0,7276$. $[\alpha]_D^{20,5} = +8,77$. $[\alpha]_D^{147} = +6,10$[13]).

---

[1]) **Faget**, Annalen d. Chemie u. Pharmazie **88**, 325 [1853]; Compt. rend. de l'Acad. des Sc. **37**, 730 [1853]. — **Rossi**, Annalen d. Chemie u. Pharmazie **133**, 180 [1865].

[2]) J. **Pelouze** u. A. **Cahours**, Annalen d. Chemie u. Pharmazie **124**, 289 [1862]. — **Rossi**, Annalen d. Chemie u. Pharmazie **133**, 180 [1865].

[3]) **Fittig** u. **Köbig**, Annalen d. Chemie u. Pharmazie **195**, 82 [1879].

[4]) **Rossi**, Annalen d. Chemie u. Pharmazie **133**, 180 [1865].

[5]) **Grignard** u. **Tissier**, Compt. rend. de l'Acad. des Sc. **134**, 107 [1902].

[6]) **Buelens**, Bulletin de l'Acad. Roy. Belg. **1908**, 929; Chem. Centralbl. **1909**, I, 832.

[7]) **Bouveault** u. **Blanc**, D. R. P. 164 294; Chem. Centralbl. **1905**, II, 1700.

[8]) **Fournier**, Bulletin de la Soc. chim. [3] **35**, 621 [1906]; Chem. Centralbl. **1906**, II, 1042.

[9]) **Buelens**, Bulletin de l'Acad. Roy. Belg., Classe des Sciences **1908**, 929; Chem. Centralbl. **1909**, I, 832.

[10]) **Pelouze** u. **Cahours**, Jahresber. d. Chemie **1863**, 526.

[11]) **Köbig**, Annalen d. Chemie u. Pharmazie **195**, 102 [1879]. — E. **Blaise**, Bulletin de la Soc. chim. [3] **29**, 327 [1903]. — P. v. **Romburgh**, Recueil des travaux chim. des Pays-Bas **5**, 219 [1887]; Berichte d. Deutsch. chem. Gesellschaft **20**, Ref. 375, 468 [1887]. — D. **Chardin**, Journ. de Chim. phys. **6**, 584 [1908].

[12]) **Silva**, Berichte d. Deutsch. chem. Gesellschaft **6**, 147 [1873].

[13]) D. **Chardin**, Journ. de Chim. phys. **6**, 584 [1908].

[14]) **Köbig**, Annalen d. Chemie u. Pharmazie **195**, 102 [1879].

[15]) **Romburgh**, Recueil des travaux chim. des Pays-Bas **5**, 220 [1886].

Chemische Eigenschaften: Chromsäuregemisch oxydiert ihn zu aktiver Capronsäure $C_6H_{12}O_2$.

Derivate: β-Methyläthylpropionsäure-methyläthylpropylester, Ester der aktiven Capronsäure (Mol.-Gew. 200,19) $C_{12}H_{24}O_2 = CH_3 \cdot CH \cdot (C_2H_5) \cdot CH_2 \cdot CH_2 \cdot O \cdot CO \cdot CH_2 \cdot CH \cdot (C_2H_5) \cdot CH_3$. Bildet sich bei der Oxydation von aktivem Hexylalkohol durch Chromsäuregemisch. Flüssigkeit. Siedet fast unzersetzt bei 233—234° bei 768 mm. Spez. Gew. 0,867 bei 15°. $[\alpha]_D = +12,86°$ [1]).

d-Hexylbromid (Mol.-Gew. 165,02) $C_6H_{13}Br = {CH_3 \atop C_2H_5}\!\!>\!\!CH \cdot CH_2 \cdot CH_2 \cdot Br$. Durch Erwärmen von d-Hexylalkohol und Bromwasserstoffsäure im Rohr auf 70—80°. Siedep.$_{762}$ = 146—146,8°. $D^{19} = 1,1852$. $D^{142} = 1,0319$. $[\alpha]_D^{19} = +19° 97'$. $[\alpha]_D^{142} = +13° 97'$.

d-Hexylbenzol (Mol.-Gew. 162,14) $C_{12}H_{18} = C_6H_5 \cdot (CH_2)_2 \cdot CH \cdot (CH_3) \cdot (C_2H_5)$. Aus d-Hexylbromid, Brombenzol und Natrium nach Würtz. Siedep.$_{768}$ = 219—222°. $D^{19} = 0,8521$. $D^{168} = 0,7396$. $[\alpha]_D^{19} = 16° 62'$. $[\alpha]_D^{220} = +12° 6'$ [2]).

Normaler Heptylalkohol [Heptanol (1), Önanthalkohol].

Mol.-Gewicht 116,13.
Zusammensetzung: 72,33% C, 13,89% H, 13,78% O.

$$C_7H_{16}O = CH_3 \cdot (CH_2)_5 \cdot CH_2 \cdot OH.$$

Vorkommen: Ein Heptylalkohol wurde aus Weintreberfuselöl abgeschieden[3]). Er zeigte nicht, wie der bei der Reduktion von Önanthol $CH_3 \cdot (CH_2)_5 \cdot CHO$ entstehende Normalheptylalkohol, den Siedepunkt 175,5°, sondern 155—160°; gab aber bei der Oxydation Önanthsäure $CH_3 \cdot (CH_2)_5 \cdot COOH$. In geringer Menge im Kornfuselöl[4]). In altem Kognak[5]).

Bildung: Durch Reduktion von Önanthol[6]). Durch Destillation von ricinölsaurem Natron mit Natronhydrat[7]). Aus normalem Petroleumheptan durch Chlorieren und Ersatz des Cl durch OH[8]). Durch Reduktion von Önanthylsäureamid mit Natrium in amylalkoholischer Lösung[9]). Durch Reduktion von Önanthylsäureäthylester mit Natrium in alkoholischer Lösung (90%)[10]).

Nachweis: Die beim Amylalkohol kräftig stattfindende Blaufärbung beim Vermischen mit α-Naphthol, β-Phenylendiamin und Natriumcarbonat zeigt sich auch beim Heptylalkohol, jedoch bedeutend schwächer[11]).

Physiologische Eigenschaften: Die tödliche Dosis bei innerlicher Verabreichung pro Kilo Tier beträgt beim Önanthalkohol 8 g in Substanz und 2,5 g in verdünntem Zustand[12]). Die „wirksame Grenzkonzentration" bei der Hämolyse ist für Normalheptylalkohol 0,140%, während sie z. B. für Normalamylalkohol 0,805%, für Äthylalkohol 14,9% beträgt[13]). Das Richardson-

---

[1]) Romburgh, Recueil des travaux chim. des Pays-Bas **5**, 221 [1886].

[2]) D. Chardin, Journ. de Chim. phys. **6**, 584 [1908].

[3]) Faget, Jahresber. über d. Fortschritte d. Chemie **1862**, 412.

[4]) Windisch, Arbeiten aus d. Kaiserl. Gesundheitsamt **8**, 228 [1893].

[5]) Ordonneau, Bulletin de la Soc. chim. **45**, 333 [1884]; Compt. rend. de la Soc. chim. **102**, 217 [1886]. — Claudin.u. Morin, Bulletin de la Soc. chim. **49**, 178 [1888]. — Ost, Lehrb. d. chem. Technologie **1903**, 471.

[6]) Bonis u. Carlet, Annalen d. Chemie u. Pharmazie **124**, 352 [1862]. — Jourdan, Annalen d. Chemie u. Pharmazie **200**, 102 [1880]. — Schorlemmer, Annalen d. Chemie u. Pharmazie **177**, 303 [1875]. — Cross, Annalen d. Chemie u Pharmazie **189**, 2 [1877]. — Krafft, Berichte d. Deutsch. chem. Gesellschaft **16**, 1723 [1883].

[7]) E. J. Chapman, Zeitschr. f. Chemie **1865**, 513. — Wills, Jahresber. über d. Fortschritte d. Chemie **1853**, 508. — Petersen, Annalen d. Chemie u. Pharmazie **118**, 69 [1861]. — Railton, Jahresber. über d. Fortschritte d. Chemie **1853**, 507.

[8]) Schorlemmer, Annalen d. Chemie u. Pharmazie **127**, 315 [1863]; **161**, 278 [1872].

[9]) Scheuble u. Loebel, Monatshefte f. Chemie **25**, 1081 [1904].

[10]) J. van Gysegem, Bulletin de l'Acad. Roy. Belg. **1906**, 692; Chem. Centralbl. **1907**, I, 529.

[11]) H. v. Wyss, E. Herzfeld u. O. Rewidzow, Zeitschr. f. Physiol. **64**, 479 [1910]; Chem. Centralbl. **1910**, I, 1385.

[12]) Dujardin-Beaumetz u. Audigé, Jahresber. über d. Fortschritte d. Tierchemie **10**, 118 [1881]; Recherches expérim. sur la puissance tox. des alcools, Paris **1879**; Compt. rend. de l'Acad. des Sc. **81**, 192 [1875].

[13]) H. Fühner u. E. Neubauer, Centralbl. f. Physiol. **20**, 118 [1906].

sche Gesetz[1]) wurde für den Normalheptylalkohol bei der Hämolyse[2]) durch Versuche an Hunden[3]) und Seeigeleiern[4]) bestätigt. Er wirkt, wenn er durch Vermischen mit Äthylalkohol in einen Zustand größerer Löslichkeit gebracht wird, viel toxischer als in reinem Zustand[5]).

Physikalische und chemische Eigenschaften: Siedep. 175,5° bei 755 mm[6]). Spez. Gew. 0,838 bei 0°; 0,830 bei 16°[7]). Siedep. 175,8°. Spez. Gew. 0,8342 bei 0°. Vol. bei t° (bei 0° = 1) = $1 + 0{,}_380165 \cdot t + 0{,}_622422\, t^2 + 0{,}_710972\, t^3$ [8]). Siedep.$_{758}$ = 176°[9]). Siedep. 175°[10]). Schmelzp. —36,5°[11]). Verbrennungswärme[12]). Molekulares Brechungsvermögen[13]). Kryoskopisches Verhalten[14]). Dielektrizitätskonstante und elektrische Absorption[15]). Elektrische Absorption[16]). Brechungsindex[17]). Esterifikationsgeschwindigkeit[18]).

Derivate: n-Heptyläther (Mol.-Gew. 196,24) $C_{14}H_{30}O = C_7H_{15} \cdot O \cdot C_7H_{15}$. Bildet sich neben Äthylheptyläther aus alkoholischem Kali und Normalheptyljodid[19]); durch Ätherifizierung des Heptylalkohols mit Kupfersulfat, Stannosulfat oder Eisenchlorid[20]). Siedep. 261,9°. Spez. Gew. 0,8152 bei 0°[21]).

Methylheptyläther (Mol.-Gew. 130,14) $C_8H_{18}O = C_7H_{15} \cdot O \cdot CH_3$. Siedep. 149,8°. Spez. Gew. 0,7953 bei 0°[21]).

Äthylheptyläther (Mol.-Gew. 144,16) $C_9H_{20}O = C_7H_{15} \cdot O \cdot C_2H_5$. Bildet sich beim Kochen von Normalheptylbromid oder -jodid mit alkoholischem Kali[19]). Siedep. 165° bei 748,3 mm. Spez. Gew. 0,720 bei 16°[22]). Siedep. 166,6°. Spez. Gew. 0,7949 bei 0°[21]).

n-Propyl-n-heptyläther (Mol.-Gew. 180,18) $C_{10}H_{22}O = C_7H_{15} \cdot O \cdot C_3H_7$. Siedep. 187,6°. Spez. Gew. 0,7987 bei 0°[21]).

n-Butyl-n-heptyläther (Mol.-Gew. 172,19) $C_{11}H_{24}O = C_7H_{15} \cdot O \cdot C_4H_9$. Siedep. 205,7°. Spez. Gew. 0,8023 bei 0°[23]).

n-Heptyljodid $C_7H_{15} \cdot J$ [24]) Siedep. 203,8°; spez. Gew. 1,4008 bei 0°.

n-Heptylbromid (Mol.-Gew. 179,04) $C_7H_{15}Br = CH_3 \cdot (CH_2)_5 \cdot CH_2 \cdot Br$. Aus Brom, amorphem Phosphor und Normalheptylalkohol. Siedep.$_{765}$ = 175,5—177,5°. Mit Wasserdampf flüchtig[25]).

Durch Bromieren von n-Heptan aus amerikanischem Petroleum[26]). Siedep.$_{70}$ = 93°; $D_4^0 = 1{,}1577$ [27]).

---

[1]) Vgl. dieses Werk S. 375, 395.

[2]) H. Fühner u. E. Neubauer, Centralbl. f. Physiol. **20**, 118 [1906].

[3]) Dujardin-Beaumetz u. Audigé, Jahresber. über d. Fortschritte d. Tierchemie **10**, 118 [1881]; Recherches expérim. sur la puissance tox. des alcools, Paris 1879; Compt. rend. de l'Acad. des Sc. **81**, 192 [1875].

[4]) H. Fühner, Archiv f. experim. Pathol. u. Pharmakol. **52**, 72 [1905].

[5]) A. Baer, Die Verunreinigung des Trinkbranntweins in hygienischer Beziehung. Wissenschaftliche Beiträge zum Kampf gegen den Alkoholismus **1885**, F. 2.

[6]) Schorlemmer, Annalen d. Chemie u. Pharmazie **177**, 303 [1875].

[7]) Cross, Annalen d. Chemie u. Pharmazie **189**, 2 [1877].

[8]) Zander, Annalen d. Chemie u. Pharmazie **224**, 84 [1884].

[9]) A. Piutti, Berichte d. Deutsch. chem. Gesellschaft **39**, 2766 [1906].

[10]) J. van Gysegem, Bulletin de l'Acad. Roy. Belg. **1906**, 692.

[11]) Carrara u. Coppadoro, Gazzetta chimica ital. **33**, I, 329 [1903].

[12]) Zoubow, Journ. d. russ. physikal.-chem. Gesellschaft **30**, 926 [1898]; Chem. Centralbl. **1899**, I, 586.

[13]) Eykman, Recueil des travaux chim. des Pays-Bas **12**, 168 [1893].

[14]) W. Biltz, Zeitschr. f. physikal. Chemie **29**, 251 [1899].

[15]) Drude, Zeitschr. f. physikal. Chemie **23**, 309 [1897].

[16]) P. Beaulard, Compt. rend. de l'Acad. des Sc. **151**, 55 [1910]; Chem. Centralbl. **[1910]** II, 966.

[17]) Falk, Journ. Amer. Chem. Soc. **31**, 86 [1909].

[18]) A. Michael u. K. Wolgast, Berichte d. Deutsch. chem. Gesellschaft **42**, 3157 [1909].

[19]) Welt, Berichte d. Deutsch. chem. Gesellschaft **30**, 1495 [1897].

[20]) Oddo, Berichte d. Deutsch. chem. Gesellschaft **34**, 1572 [1900].

[21]) Dobriner, Annalen d. Chemie u. Pharmazie **243**, 9 [1888].

[22]) Cross, Annalen d. Chemie u. Pharmazie **189**, 5 [1877].

[23]) Dobriner, Annalen d. Chemie u. Pharmazie **243**, 8 [1888].

[24]) Dobriner, Annalen d. Chemie u. Pharmazie **243**, 28 [1888].

[25]) M. T. Bogert, Chem. Centralbl. **1903**, I, 962. — J. van Gysegem, Chem. Centralbl. **1907**, I, 529.

[26]) Francis u. Joung, Journ. Chem. Soc. **73**, 921 [1898].

[27]) Welt, Berichte d. Deutsch. chem. Gesellschaft **30**, 1494 [1897].

n-Heptylnitrit (Mol.-Gew. 153,12) $C_7H_{15}NO_2 = C_7H_{15} \cdot O \cdot NO$. Siedep. 155°. Spez. Gew. 0,8939 bei 0° [1]).

n-Heptylmercaptan (Mol.-Gew. 132,13) $C_7H_{16}S = C_7H_{15} \cdot SH$. Flüssigkeit. Siedep. 174 bis 175° [2]).

n-Heptylsulfid (Mol.-Gew. 230,24) $C_{14}H_{30}S = (C_7H_{15})_2 \cdot S$. Flüssigkeit. Siedep. 298° [2]).

n-Heptylformiat (Mol.-Gew. 144,13) $C_8H_{16}O_2 = C_7H_{15} \cdot O \cdot CHO$. Siedep. 176,7°. Spez. Gew. 0,8937 bei 0° [3]).

n-Heptylacetat (Mol.-Gew. 158,14) $C_9H_{18}O_2 = C_7H_{15} \cdot O \cdot CO \cdot CH_3$. Siedep. 191,5° bei 758,5 mm. Spez. Gew. 0,874 bei 16° [4]); 0,8891 bei 0° [5]).

n-Heptylpropionat (Mol.-Gew. 172,16) $C_{10}H_{20}O_2 = C_7H_{15} \cdot O \cdot CO \cdot C_2H_5$. Siedep. 208°. Spez. Gew. 0,8846 bei 0° [6]).

n-Heptylbutyrat (Mol.-Gew. 186,18) $C_{11}H_{22}O_2 = C_7H_{15} \cdot O \cdot CO \cdot C_3H_7$. Siedep. 225,2° Spez. Gew. 0,8827 bei 0° [7]).

n-Heptyl-n-valerat (Mol.-Gew. 200,19) $C_{12}H_{24}O_2 = C_7H_{15} \cdot O \cdot CO \cdot C_4H_9$. Siedep. 243,6°. Spez. Gew. 0,8786 bei 0° [8]).

n-Heptyl-n-capronat (Mol.-Gew. 214,21) $C_{13}H_{26}O_2 = C_7H_{15} \cdot O \cdot CO \cdot C_5H_{11}$. Siedep. 259,4°. Spez. Gew. 0,8769 bei 0° [9]).

Önanthsäure-n-heptylester (Mol.-Gew. 228,22) $C_{14}H_{28}O_2 = C_7H_{15} \cdot O \cdot CO \cdot C_6H_{13}$. Siedep. 270—272° bei 760 mm. Spez. Gew. 0,870 bei 16° [10]). Siedep. 274,6°. Spez. Gew. 0,8761 bei 0° [11]). Siedep. 276,5—278,5°. Siedep.$_{24}$ = 157,5—158,5° [12]).

n-Caprylsäure-n-heptylester (Mol.-Gew. 242,24) $C_{15}H_{30}O_2 = C_7H_{15} \cdot O \cdot CO \cdot C_7H_{15}$. Schmelzp. —6°. Siedep. 289,8°. Spez. Gew. 0,8754 bei 0° [13]).

Bernsteinsäure-di-n-heptylester (Mol.-Gew. 314,27) $C_{18}H_{34}O_4 = C_7H_{15} \cdot O \cdot CO \cdot CH_2 \cdot CH_2 \cdot CO \cdot O \cdot C_7H_{15}$. Siedep. 350,1° (korr.). Spez. Gew. 0,95185 bei 0° [14]).

n-Heptyl-l-α-oxybutyrat (Mol.-Gew. 202,18) $C_{11}H_{22}O_3 = C_7H_{15} \cdot O \cdot CO \cdot CH \cdot OH \cdot C_2H_5$. Siedep. 245°. Spez. Gew. 0,928 bei 15°. $n_D = 1,4347$. $[\alpha]_D = -6,1$ [15]).

n-Heptyl-d-glycerat (Mol.-Gew. 204,16) $C_{10}H_{20}O_4 = C_7H_{15} \cdot O \cdot CO \cdot CH \cdot OH \cdot CH_2 \cdot OH$. Siedep. 173—175° bei 14 mm. Spez. Gew. 1,0390 bei 15°. $[\alpha]_D = -11,30$ [16]).

n-Heptylamin (Mol.-Gew. 115,16) $C_7H_{17}N = CH_3 \cdot (CH_2)_5 \cdot CH_2 \cdot NH_2$. Öl. Siedep. 153—156°. Pikrat. Gelbe Nadeln aus Äther-Petroläther. Schmelzp. 118,5—119,5° [17]).

Methylamylcarbinol, sekundärer Heptylalkohol [Heptanol (2)].

Mol.-Gewicht 116,13.

Zusammensetzung: 72,33% C, 13,89% H, 13,78% O.

$$C_7H_{16}O = CH_3 \cdot CH_2 \cdot CH_2 \cdot CH_2 \cdot CH_2 \cdot CH \cdot (OH) \cdot CH_3.$$

Vorkommen: Findet sich im Blasedestillat aus Ricinusöl (hergestellt durch Einleiten von Luft bei 160°) [18]).

[1]) Bertoni, Gazzetta chimica ital. **18**, 435 [1888].
[2]) Winssinger, Jahresber. d. Chemie **1887**, 1280.
[3]) Gartenmeister, Annalen d. Chemie u. Pharmazie **233**, 255 [1886].
[4]) Cross, Annalen d. Chemie u. Pharmazie **189**, 4 [1877].
[5]) Gartenmeister, Annalen d. Chemie u. Pharmazie **233**, 262 [1886].
[6]) Gartenmeister, Annalen d. Chemie u. Pharmazie **233**, 266 [1886].
[7]) Gartenmeister, Annalen d. Chemie u. Pharmazie **233**, 271 [1886].
[8]) Gartenmeister, Annalen d. Chemie u. Pharmazie **233**, 277 [1886].
[9]) Gartenmeister, Annalen d. Chemie u. Pharmazie **233**, 281 [1886].
[10]) Cross, Berichte d. Deutsch. chem. Gesellschaft **10**, 1602 [1877].
[11]) Gartenmeister, Annalen d. Chemie u. Pharmazie **233**, 284 [1886].
[12]) Tischtchenko u. Alexandrow, Journ. d. russ. physikal.-chem. Gesellschaft **38**, 482 [1906]; Chem. Centralbl. **1906**, II, 1554.
[13]) Gartenmeister, Annalen d. Chemie u. Pharmazie **233**, 288 [1886].
[14]) Wiens, Annalen d. Chemie u. Pharmazie **253**, 302 [1889].
[15]) Guye u. Jordan, Bulletin de la Soc. chim. [3] **15**, 477 [1896].
[16]) Frankland u. Macgregor, Journ. Chem. Soc. **63**, 513 [1893].
[17]) v. Soden u. Henle, Chem. Centralbl. **1902**, I, 256.
[18]) D. R. P. 167 137; Chem. Centralbl. **1906**, I, 796.

Bildung: Aus dem entsprechenden Chlorid[1]). Aus (Petroleum-)Heptylen und Salzsäure[2]).

Physikalische und chemische Eigenschaften: Siedep. 164—165°. Siedep. 165—169°[3]). Bildet bei der Oxydation ein Keton $C_7H_{14}O$ vom Siedep. 150—152°, ferner Essigsäure und Normalvaleriansäure.

Derivate: Methyl-sec-heptyläther (Mol.-Gew. 130,14) $C_8H_{18}O = C_5H_{11} \cdot CH \cdot (CH_3) \cdot O \cdot CH_3$. Aus der Natriumverbindung des Alkohols und Methyljodid. Siedep. 160,5—161°. Spez. Gew. 0,830 bei 16,5°[4]).

Äthyl-sec-heptyläther (Mol.-Gew. 144,16) $C_9H_{20}O = C_5H_{11} \cdot CH \cdot (CH_3) \cdot O \cdot C_2H_5$. Siedep. 177°. Spez. Gew. 0,791 bei 16°[4]).

Isoamyl-sec-heptyläther (Mol.-Gew. 186,21) $C_{12}H_{26}O = C_5H_{11} \cdot CH \cdot (CH_3) \cdot O \cdot CH_2 \cdot CH_2 \cdot CH \cdot (CH_3)_2$. Siedep. 220—221°. Spez. Gew. 0,608 bei 20°[4]).

Methylamylcarbinolacetat (Mol.-Gew. 158,14) $C_9H_{18}O_2 = C_5H_{11} \cdot CH \cdot (CH_3) \cdot O \cdot CH_3 \cdot CO$. Aus Hepten (1) und Eisessig[5]). Siedep. 169—171°[6]).

Normaler Octylalkohol [Octanol (1), Caprylalkohol].

Mol.-Gewicht 130,14.

Zusammensetzung: 73,77% C, 13,94% H, 12,29% O.

$$C_8H_{18}O = CH_3 \cdot (CH_2)_6 \cdot CH_2 \cdot OH.$$

Vorkommen: Im Bärenklauöl[7]) (Heracleum sphondylium). Ferner als Ester der Essig-, Propion-, Capron-, Buttersäure in Heracleum sphondylium, Heracleum giganteum, Pastinaca sativa L., Anthriscus cerefolium und Aspidium filix mas.[8]). Das Öl der reifen Früchte von Pastinaca sativa L. besteht fast nur aus Normaloctylbutyrat[9]).

Bildung: Durch Reduktion von Caprylsäuremethylester mit Natrium in alkoholischer Lösung[10]). Vielleicht in geringer Menge aus dem Chlorid aus Petroleumoctan[11]).

Darstellung: Die zwischen 206 und 208° überdestillierende Fraktion des ätherischen Öles wird mit alkoholischem Kali verseift, der Alkohol durch Kochsalzlösung abgeschieden, wiederholt damit gewaschen, dann durch Ätzkalk entwässert und rektifiziert[12]).

Physiologische Eigenschaften: Die „wirksame Grenzkonzentration" für Octylalkohol bei der Hämolyse ist 0,053%, während sie z. B. für Äthylalkohol 14,9% beträgt[13]). 0,00051 g-Mol. Octylalkohol pro Liter entsprechen 0,408 g-Mol. Äthylalkohol in bezug auf die Entwicklungshemmung künstlich befruchteter Seeigeleier[14]). Er wird in geringer Menge, mit Glykuronsäure gepaart, aus dem Organismus ausgeschieden[15]). Er wirkt, wenn er durch Vermischen mit Äthylalkohol leichter löslich gemacht worden ist, viel giftiger als in reinem Zustand[16]).

Physikalische und chemische Eigenschaften: Siedep. 195,5°. Spez. Gew. 0,8375 bei 0°. Vol. bei $t°$ (bei $0° = 1$) $= 1 + 0{,}0_375268\ t + 0{,}0_513293\ t^2 + 0{,}0_834642\ t^3$ [17]). Siedep.$_{758,3}$

---

[1]) Schorlemmer, Annalen d. Chemie u. Pharmazie **127**, 315 [1863]; **161**, 278 [1872].

[2]) Morgan, Annalen d. Chemie u. Pharmazie **177**, 308 [1875]. — Pelouze u. Cahours, Jahresber. d. Chemie **1863**, 528.

[3]) D. R. P. 167 137; Chem. Centralbl. **1906**, I, 796.

[4]) Wills, Jahresber. d. Chemie **1853**, 510.

[5]) Béhal u. Desgrez, Berichte d. Deutsch. chem. Gesellschaft **25**, Ref. 463 [1892].

[6]) Schorlemmer, Annalen d. Chemie u. Pharmazie **188**, 254 [1877].

[7]) Zincke, Annalen d. Chemie u. Pharmazie **152**, 1 [1869]. — Möslinger, Berichte d. Deutsch. chem. Gesellschaft **9**, 998 [1876]; Annalen d. Chemie u. Pharmazie **185**, 26 [1877].

[8]) Zincke, Berichte d. Deutsch. chem. Gesellschaft **4**, 822 [1871]. — Franchimont u. Zincke, Annalen d. Chemie u. Pharmazie **163**, 193 [1872]. — Guthzeit, Annalen d. Chemie u. Pharmazie **177**, 344 [1875]. — Ehrenberg, Archiv d. Pharmazie **231**, 345 [1893].

[9]) J. van Renesse, Annalen d. Chemie u. Pharmazie **166**, 80 [1873].

[10]) Bouveault u. Blanc, Compt. rend. de l'Acad. des Sc. **136**, 1676 [1903].

[11]) Schorlemmer, Annalen d. Chemie u. Pharmazie **152**, 155 [1869].

[12]) Zincke, Annalen d. Chemie u. Pharmazie **152**, 3 [1869].

[13]) H. Fühner u. E. Neubauer, Centralbl. f. Physiol. **20**, 118 [1906].

[14]) H. Fühner, Archiv f. experim. Pathol. u. Pharmakol. **52**, 72 [1905].

[15]) Neubauer, Archiv f. experim. Pathol. u. Pharmakol. **46**, 142 [1901].

[16]) A. Baer, Die Verunreinigung der Trinkbranntweine in hygienischer Beziehung. Wissenschaftliche Beiträge zum Kampf gegen den Alkoholismus **1885**, F. 2.

[17]) Zander, Annalen d. Chemie u. Pharmazie **224**, 84 [1884].

$= 194{,}5°$. Schmelzp. $-17{,}9°$ [1]). Kryoskopisches Verhalten [2]). Siedep.$_{17} = 96°$ [3]). Esterifikationsgeschwindgkeit [4]). Beim Erhitzen mit Aluminiumphosphat liefert er α-Octylen vom Siedep. $122—123°$ [5]).

Derivate: n-Octyläther (Mol.-Gew. 242,27) $C_{16}H_{34}O = C_8H_{17} \cdot O \cdot C_8H_{17}$. Siedep. 280 bis 282°. Spez. Gew. 0,8050 bei 17° [6]). Siedep. 291,7°. Spez. Gew. 0,82035 bei 0° [7]). Siedep. 286—287°. Aus dem Alkohol durch Kochen mit 10 proz. Kupfersulfat, Eisenchlorid und Stannosulfat [8]).

Methyl-n-octyläther (Mol.-Gew. 144,16) $C_9H_{20}O = C_8H_{17} \cdot O \cdot CH_3$. Siedep. 173°. Spez. Gew. 0,8014 bei 0° [7]). Siedep.$_{20} = 75°$. Spez. Gew.$_5 = 0{,}802$ [3]).

Äthyl-n-octyläther (Mol.-Gew.158,18) $C_{10}H_{22}O = C_8H_{17} \cdot O \cdot C_2H_5$. Siedep. 182—184°. Spez. Gew. 0,794 bei 17° [6]).

n-Propyl-n-octyläther (Mol.-Gew. 172,19) $C_{11}H_{24}O = C_8H_{17} \cdot O \cdot C_3H_7$. Siedep. 207°. Spez. Gew. 0,8039 bei 0° [7]).

n-Butyl-n-octyläther (Mol.-Gew. 186,21) $C_{12}H_{26}O = C_8H_{17} \cdot O \cdot C_4H_9$. Siedep. 225,7°. Spez. Gew. 0,8069 bei 0° [7]).

n-Heptyl-n-octyläther (Mol.-Gew. 228,25) $C_{15}H_{32}O = C_8H_{17} \cdot O \cdot C_7H_{15}$. Siedep. 278,0°. Spez. Gew. 0,8182 bei 0° [7]).

n-Octylnitrit (Mol.-Gew.159,18) $C_8H_{17}NO_2 = C_8H_{17} \cdot O \cdot NO$. Wird durch Erwärmen des mit salpetriger Säure gesättigten Alkohols auf 100° gebildet; ferner aus Nitrosylchlorid, dem Alkohol und Pyridin. Siedep. 175—177°. Spez. Gew. 0,862 bei 17° [9]).

n-Octylnitrat (Mol. - Gew. 175,18) $C_8H_{17}NO_3 = C_8H_{17} \cdot O \cdot NO_2$. Durch Eintragen des Normaloctylalkohols in die gekühlte abs. Salpetersäure von Franchimont. Farblose Flüssigkeit von ätherischem Geruch. Siedep.$_{11} = 127—128°$. $D_0^4 = 0{,}975$ [10]).

n-Octylschwefelsäure (Mol.-Gew. 210,14) $C_8H_{18}SO_4 = C_8H_{17} \cdot O \cdot SO_2 \cdot OH$. Das Bariumsalz bildet in heißem Wasser schwer lösliche Blättchen [11]).

n-Octylformiat (Mol.-Gew. 158,14) $C_9H_{18}O_2 = C_8H_{17} \cdot O \cdot CHO$. Siedep. 198,1°. Spez. Gew. 0,8929 bei 0° [12]).

n-Octylacetat (Mol.-Gew. 172,16) $C_{10}H_{20}O_2 = C_8H_{17} \cdot OCO \cdot CH_3$, Hauptbestandteil des Öles der Früchte von Heracleum spondylium [13]). Siedep. 210°. Spez. Gew. 0,8847 bei 0° [12]). Farblose Flüssigkeit. Siedep.$_{15} = 98°$. Spez. Gew.$_4 = 0{,}885°$ [14]).

n-Octylpropionat (Mol.-Gew. 186,18) $C_{11}H_{22}O_2 = C_8H_{17}O \cdot CO \cdot C_2H_5$. Siedep. 226,4°. Spez. Gew. 0,8833 bei 0° [12]).

n-Octylbutyrat (Mol.-Gew.200,19) $C_{12}H_{24}O_2 = C_8H_{17} \cdot O \cdot CO \cdot C_3H_7$. Im Heracleumöl; Hauptbestandteil des Öles der Früchte von Pastinaca sativa [15]). Siedep. 242,2°. Spez. Gew. 0,8794 bei 0° [12]).

n-Valeriansäure-n-octylester (Mol.-Gew. 214,21) $C_{13}H_{26}O_2 = C_8H_{17} \cdot O \cdot CO \cdot C_4H_9$. Siedep. 260,2°. Spez. Gew. 0,8784 bei 0° [16]).

Isovaleriansäure-n-octylester (Mol.-Gew. 214,21) $C_{13}H_{26}O_2 = C_8H_{17} \cdot O \cdot CO \cdot CH_2 \cdot CH \cdot (CH_3)_2$. Siedep. 249—251°. Spez. Gew. 0,8624 bei 16° [17]).

n-Capronsäure-n-octylester (Mol.-Gew. 228,22) $C_{14}H_{28}O_2 = C_8H_{17} \cdot O \cdot CO \cdot C_5H_{11}$. Im Heracleumöl [18]). Siedep. 275,2°. Spez. Gew. 0,8748 bei 0° [19]).

1) Carrara u. Coppadoro, Gazzetta chimica ital. **33**, I, 329 [1903].
2) Biltz, Zeitschr. f. physikal. Chemie **29**, 252 [1899].
3) Bouveault u. Blanc, Compt. rend. de l'Acad. des Sc. **136**, 1676 [1903].
4) A. Michael u. K. Wolgast, Berichte d. Deutsch. chem. Gesellschaft **42**, 3157 [1909].
5) Senderens, Compt. rend. de l'Acad. des Sc. **144**, 1109 [1907].
6) Möslinger, Annalen d. Chemie u. Pharmazie **185**, 56 [1877].
7) Dobriner, Annalen d. Chemie u. Pharmazie **243**, 10 [1888].
8) G. Oddo, Gazzetta chimica ital. **31**, I, 285 [1900]; Chem. Centralbl. **1901**, I, 183.
9) Eichler, Berichte d. Deutsch. chem. Gesellschaft **12**, 1887 [1879]. — L. Bouveault u. A. Wahl, Compt. rend. de l'Acad. des Sc. **136**, 1563 [1903].
10) L. Bouveault u. A. Wahl, Compt. rend. de l'Acad. des Sc. **136**, 1563 [1903].
11) Möslinger, Annalen d. Chemie u. Pharmazie **185**, 62 [1877].
12) Gartenmeister, Annalen d. Chemie u. Pharmazie **233**, 256 [1886].
13) Zincke, Annalen d. Chemie u. Pharmazie **152**, 2 [1869].
14) Bouveault u. Blanc, Bulletin de la Soc. chim. [3] **31**, 672 [1904].
15) Renesse, Annalen d. Chemie u. Pharmazie **166**, 80 [1873].
16) Gartenmeister, Annalen d. Chemie u. Pharmazie **233**, 277 [1886].
17) Zincke, Annalen d. Chemie u. Pharmazie **152**, 6 [1869].
18) Zincke, Annalen d. Chemie u. Pharmazie **152**, 18 [1869].
19) Gartenmeister, Annalen d. Chemie u. Pharmazie **233**, 281 [1886].

Önanthsäure-n-octylester (Mol.-Gew. 242,24) $C_{15}H_{30}O_2 = C_8H_{17} \cdot O \cdot CO \cdot C_6H_{13}$. Siedep. 290,4°. Spez. Gew. 0,8757 bei 0°[1]).

n-Caprylsäure-n-octylester (Mol.-Gew. 256,26) $C_{16}H_{32}O_2 = C_8H_{17} \cdot O \cdot CO \cdot C_7H_{15}$. Schmelzp. —9° bis —12°. Siedep. 305,9°. Spez. Gew. 0,8755 bei 0°[2]).

l-α-Oxybuttersäure-n-octylester (Mol.-Gew. 216,19) $C_{12}H_{24}O_3 = C_8H_{17} \cdot O \cdot CO \cdot CH$ $\cdot OH \cdot C_2H_5$. Siedep. 205° (?). Spez. Gew. 0,916 bei 15°. $n_D = 1,4313$. $[\alpha]_D = -5,3°$[3]).

d-Glycerinsäure-n-octylester (Mol.-Gew. 218,18) $C_{11}H_{22}O_4 = C_8H_{17} \cdot O \cdot CO \cdot CH \cdot OH$ $\cdot CH_2 \cdot OH$. Wird im Kältegemisch fest. Schmelzp. 22°. Siedep. 181—183° bei 13 mm. Spez. Gew. 1,0263 bei 15°. $[\alpha]_D = -10,22°$[4]).

Benzoesäure-n-octylester (Mol.-Gew. 276,19) $C_{15}H_{22}O_2 = C_8H_{17} \cdot O \cdot CO \cdot C_6H_5$. Flüssigkeit. Siedep. 305—306°[5]). Siedep. 259,4° bei 210 mm. Spez. Gew. 0,9758 bei 4°/4°. 0,9679 bei 15°/15°; 0,9621 bei 25°/25°[6]).

Phenylurethan (Mol.-Gew. 249,19) $C_{15}H_{23}O_2N = C_8H_{17} \cdot O \cdot CO \cdot NH \cdot C_6H_5$. Durch Einwirkung von Phenylisocyanat auf Normaloctylalkohol. Farblose Prismen aus Alkohol. Schmelzp. 69°. Löslich in Alkohol, Äther, Chloroform, Benzol. Sehr wenig löslich in Petroläther; unlöslich in Wasser[7]). Schmelzp. 74°[8]).

n-Octylchlorid (Mol.-Gew. 148,60) $C_8H_{17}Cl = CH_3 \cdot (CH_2)_6 \cdot CH_2 \cdot Cl$. Aus Octylalkohol und rauchender Salzsäure im Rohr bei 100—110°. Farblose, eigentümlich riechende Flüssigkeit. Siedep.$_{15}$ = 78°. $D^4 = 0,892$[9]).

n-Octylfluorid $C_8H_{17}F = CH_3 \cdot (CH_2)_6 \cdot CH_2 \cdot F$. Farblose Flüssigkeit. Siedep. 130—134°. $D_0 = 0,798$[10]).

n-Octylbromid $C_8H_{17} \cdot Br$[11]). Siedep. 198—200°; spez. Gew. 1,116 bei 16°; Siedep. 203—204° (korr.); spez. Gew. 1,11798 bei 15°; 1,10993 bei 25°; Siedep. 200,3—202,3°; D^{13} = 1,1178, $D^{92,1} = 1,0732$.

n-Octyljodid $C_8H_{17} \cdot J$. Siedep. 194° (i. D.) bei 330 mm. Spez. Gew. 1,34069 bei 15°; 1,33163 bei 25°. $D^{81,9} = 1,2994$[12]); Siedep. 99° bei 15 mm. Spez. Gew. 1,355 bei 0°/4°; 1,337 bei 16°/4°[13]). Siedep. 225,5 mm; spez. Gewicht 1,3533[14]).

n-Octylchloralalkoholat (Mol.-Gew. 132,14) $C_{10}H_{19}O_2Cl_3 = CCl_3 \cdot CH \cdot (OH) \cdot (O \cdot C_8H_{17})$. Aus äquimolekularen Mengen Alkohol und Chloral. Schmelzp. 5—6°[15]).

Methyl-n-hexylcarbinol, sekundärer Octylalkohol [Octanol (2)].

Mol.-Gewicht 130,14.
Zusammensetzung: 73,77% C, 13,94% H, 12,29% O.

$$C_8H_{18}O = CH_3 \cdot (CH_2)_5 \cdot CH \cdot (OH) \cdot CH_3.$$

Vorkommen: Im Öl der Früchte von Curcas purgans[16]). Im Blasedestillat aus Ricinusöl, das durch Einleiten von Luft bei 160° erhalten wird[17]).

---

[1]) Gartenmeister, Annalen d. Chemie u. Pharmazie **233**, 285 [1886].

[2]) Zincke, Annalen d. Chemie u. Pharmazie **152**, 18 [1869]. — Gartenmeister, Annalen d. Chemie u. Pharmazie **233**, 289 [1886].

[3]) Guye u. Jordan, Bulletin de la Soc. chim. [3] **15**, 482 [1896].

[4]) Frankland u. Macgregor, Journ. Chem. Soc. **63**, 513 [1893].

[5]) Zincke, Annalen d. Chemie u. Pharmazie **152**, 7 [1869].

[6]) Perkin, Journ. Chem. Soc. **69**, 1238 [1896].

[7]) A. Bloch, Bulletin de la Soc. chim. [3] **31**, 49 [1904].

[8]) Bouveault u. Blanc, Compt. rend. de l'Acad. des Sc. **136**, 1676 [1903].

[9]) Bouveault u. Blanc, Bulletin de la Soc. chim. [3] **31**, 672 [1904].

[10]) Paternò u. Spallino, Atti della R. Accad. dei Lincei Roma [5] **16**, II, 160 [1907].

[11]) Perkin, Journ. f. prakt. Chemie [2] **31**, 500 [1885]; Journ. Chem. Soc. **69**, 1237 [1896].

[12]) Perkin, Journ. f. prakt. Chemie [2] **31**, 504 [1885]; Journ. Chem. Soc. **69**, 1237 [1896].

[13]) Krafft, Berichte d. Deutsch. chem. Gesellschaft **19**, 2222 [1886].

[14]) Dobriner, Annalen d. Chemie u. Pharmazie **243**, 29 [1886].

[15]) Kuntze, Archiv d. Pharmazie **246**, 91 [1908].

[16]) Silva, Zeitschr. f. Chemie **1869**, 185.

[17]) D. R. P. 167 137; Chem. Centralbl. **1906**, I, 796.

Bildung: Aus ricinusölsaurem Natrium durch Destillation mit Ätznatron[1]). Dabei scheint zuweilen Heptylalkohol gebildet zu werden. Die Produkte sind, je nach der Bereitung der Ricinusölseife, verschieden[2]). Entsteht auch durch Chlorieren des Petroleumoctans und Verwandlung des Chlorids in den Alkohol[3]); durch Destillation der Seife aus dem Öle der Früchte von *Curcas purgans*[4]).

Darstellung: Durch Destillation von Ricinusölkaliseife mit Ätzkali, Trocknen des überdestillierenden Alkohols mit Stangenkali und Rektifikation[5]).

Physiologische Eigenschaften: Wird vom Hund, teilweise an Glykuronsäure gebunden, ausgeschieden[6]).

Physikalische Eigenschaften: Siedep. 179,5°[7]). Spez. Gew. 0,823 bei 16°[8]). Siedep. 177,6—177,8° bei 745,4 mm. Spez. Gew. 0,8193 bei 20°/4°[9]). Siedep. 179—179,2° bei 762 mm. Spez. Gew. 0,67815 bei 179°/4°[10]). Siedep. 75,5° bei 10,1 mm; 83,7° bei 23,02 mm; 93,5° bei 47,64 mm; 103,3° bei 78 mm; 108,2° bei 118,92 mm; 178,5° bei 760 mm[11]). Siedep.$_{20}$ = 86°. D_4^{20} = 0,8221. Mol.-Refraktion. D^{20} = 40,28 (ber. 40,44). $[\alpha]_D$ = +9° (1,0335 g n 20 ccm Chloroform). $[\alpha]_D$ = +9,79° (1,0923 g in 20 ccm der alkoholischen Lösung)[12]). Kritische Temperatur[13]). Kryoskopisches Verhalten[14]).

Chemische Eigenschaften: Das d, l-Methylhexylcarbinol kann durch fraktionierte Krystallisation des Brucin- und Cinchonidinsalzes seines sauren Phthalsäureesters in die optisch aktiven Komponenten gespalten werden[15]). Das aus ricinusölsaurem Natrium gewonnene Methylhexylcarbinol besitzt eine geringe optische Aktivität[16]). Auf Zusatz einiger Tropfen einer Furfurollösung zu Octanol (2) bei Gegenwart von konz. Schwefelsäure entsteht eine rotviolette Färbung[17]). Beim Überleiten über Aluminiumphosphat bei 300—350° entsteht ein Octylen vom Siedep. 120,5 — 121,5°[18]). Wird beim Erhitzen mit wenig Jodmethyl auf 218° in Octylen und Wasser gespalten[19]). Gibt bei der Oxydation ein Keton $C_8H_{16}O$, dann Essigsäure und Normalcapronsäure.

Derivate: 2-Jodoctan $CH_3 \cdot CH \cdot J \cdot C_6H_{13}$. Siedep. 210°; spez. Gew. 1,310 bei 16°[20]).

Methylhexylcarbinolnitrit (Mol.-Gew. 159,15) $C_8H_{17}NO_2$ = $CH_3 \cdot CH \cdot (C_6H_{13}) \cdot O \cdot NO$. Aus Glycerinnitrit und Methylhexylcarbinol[21]).

Methylhexylcarbinolschwefelsäure (Mol.-Gew. 210,14) $C_8H_{18}SO_4$ = $CH_3 \cdot CH \cdot (C_6H_{13}) \cdot O \cdot SO_3H$. Kalium- und Bariumsalz[22]).

Methylhexylcarbinolacetat (Mol.-Gew. 172,16) $C_{10}H_{20}O_2$ = $C_6H_{13} \cdot CH \cdot (CH_3) \cdot O \cdot CO \cdot CH_3$[23]). Siedep. 139°[20]).

[1]) Bouis, Annalen d. Chemie u. Pharmazie 97, 34 [1856]. — Moschnin, Annalen d. Chemie u. Pharmazie 87, 111 [1853]. — Dachauer, Annalen d. Chemie u. Pharmazie 106, 269 [1858]. — Schorlemmer, Annalen d. Chemie u. Pharmazie 147, 222 [1868]. — Städeler, Jahresber. d. Chemie 1857, 359. — M. Freund u. F. Schönfeld, Berichte d. Deutsch. chem. Gesellschaft 24, 3351 [1891].

[2]) Nelson, Journ. Chem. Soc. [2] 12, 301, 507, 537 [1874].

[3]) Schorlemmer, Annalen d. Chemie u. Pharmazie 152, 152 [1869]. — Pelouze u. Cahours, Jahresber. d. Chemie 1863, 528.

[4]) Silva, Zeitschr. f. Chemie 1869, 185.

[5]) Freund u. Schönfeld, Berichte d. Deutsch. chem. Gesellschaft 24, 3353 [1891].

[6]) Neubauer, Archiv f. experim. Pathol. u. Pharmakol. 46, 136 [1901].

[7]) Schorlemmer, Jahresber. d. Chemie 1875, 285.

[8]) Nelson, Journ. Chem. Soc. [2] 12, 301, 507, 537 [1874].

[9]) Brühl, Annalen d. Chemie u. Pharmazie 203, 28 [1880].

[10]) R. Schiff, Annalen d. Chemie u. Pharmazie 220, 103 [1883].

[11]) Kahlbaum, Siedetemperatur und Druck. S. 92.

[12]) H. Pickard u. Kenyon, Journ. Chem. Soc. 91, 2058 [1907]. — W. Marckwald u. Mc Kenzie, Berichte d. Deutsch. chem. Gesellschaft 34, 475 [1901].

[13]) J. C. Brown, Journ. Chem. Soc. 89, 311 [1905].

[14]) Biltz, Zeitschr. f. physikal. Chemie 29, 257 [1899].

[15]) R. H. Pickard u. Kenyon, Journ. Chem. Soc. 91, 2058 [1907].

[16]) W. Marckwald u. Mc Kenzie, Berichte d. Deutsch. chem. Gesellschaft 34, 475 [1901].

[17]) G. Guérin, Journ. de Pharm. et de Chim. [6] 21, 14 [1905].

[18]) J. B. Senderens, Compt. rend. de l'Acad. des Sc. 144, 1109 [1907].

[19]) Wolkow, Journ. d. russ. physikal.-chem. Gesellschaft 21, 337 [1889].

[20]) Bouis, Jahresber. d. Chemie 1855, 526.

[21]) Bertoni, Gazzetta chimica ital. 16, 521 [1886].

[22]) Bouis, Annalen d. Chemie u. Pharmazie 92, 397 [1854].

[23]) Béhal u. Desgrez, Berichte d. Deutsch. chem. Gesellschaft 25, Ref. 463 [1892].

Methylhexylcarbinolpalmitat (Mol.-Gew. 368,38) $C_{24}H_{48}O_2 = C_6H_{13} \cdot CH \cdot (CH_3) \cdot O \cdot CO \cdot C_{15}H_{31}$. Schmelzp. 8,5° [1]).

Methylhexylcarbinolstearat (Mol.-Gew. 396,47) $C_{26}H_{52}O_2 = C_6H_{13} \cdot CH \cdot (CH_3) \cdot O \cdot CO \cdot C_{17}H_{35}$. Schmelzp. —4,5° [1]).

Saurer Phthalsäureester von d, l-Octanol (2) (Mol.-Gew. 278,18) $C_{16}H_{22}O_4$

$$\text{C}_6\text{H}_4 \begin{cases} \text{COOH} \\ \text{COO} \cdot \text{C}_8\text{H}_{17} \end{cases}$$

Entsteht beim Erhitzen von Phthalsäureanhydrid mit molekularer Menge Octylalkohol auf 110—120°. Krystalle aus Petroläther. Schmelzp. 55°. Sehr leicht löslich in Benzol, Alkohol, Chloroform; wenig in Aceton.

Saurer Phthalsäureester von d-Octanol (2) (Mol.-Gew. 278,18) $C_{16}H_{22}O_4 = C_6H_4 \cdot COOH \cdot COO \cdot C_8H_{17}$. Wird aus seinem Brucinsalz durch Salzsäure abgeschieden. Prismen aus Petroläther. Schmelzp. 75°. $[\alpha]_D = +42,94°$ in Chloroform. $[\alpha]_D = 48,08$ in Alkohol. Dieselben Konstanten zeigt der Ester der l-Komponente[2]).

n-Nonylalkohol [Nonanol (1)].

Mol.-Gewicht 144,16.

Zusammensetzung: 74,92% C, 13,98% H, 11,10% O.

$$C_9H_{20}O = CH_3 \cdot (CH_2)_7 \cdot CH_2 \cdot OH.$$

Vorkommen: Im Pomeranzenschalenöl *(Oleum aurantii dulcis)* [3]). In einem Kartoffelfuselöl [4]).

Bildung: Durch Reduktion des entsprechenden Aldehyds $C_8H_{17} \cdot CHO$ mit Zinkstaub und Eisessig[5]). Durch Erhitzen von Önanthylalkohol, Äthylalkohol und Natrium im Rohr[6]). Durch die Einwirkung von Natrium und Alkohol auf Pelargonsäureamid $CH_3 \cdot (CH_2)_7 \cdot CO \cdot NH_2$ [7]). Durch Reduktion von Pelargonsäureäthylester mit Natrium und Alkohol[8]). Durch Reduktion von Δ'-Nonylensäureäthylester $= CH_3 \cdot (CH_2)_5 \cdot CH : CH \cdot COO \cdot C_2H_5$ mit Natrium und Alkohol[9]).

Darstellung: Er wird durch Behandlung des Rohöles mit Phthalsäureanhydrid als Phthalsäureester isoliert, aus dem er durch Verseifung gewonnen werden kann[3]).

Physikalische und chemische Eigenschaften: Schmelzp. —5°. Siedep. 107,5° bei 15 mm; 213° bei 760 mm. Spez. Gew. 0,8415 bei 0°/4°; 0,8279 bei 20°/4° [5]). Siedep. 98—101° bei 12 mm. Spez. Gew.$_{15}$ = 0,84. $n_{D_{15}}$ = 1,43582. Riecht wie Citronellöl; liefert mit konz. Ameisensäure ein Formiat; bei der Oxydation entsteht ein Aldehyd und dann Pelargonsäure $C_8H_{17}COOH$ [3]).

Derivate: **n-Nonyljodid** $C_9H_{19} \cdot J$. Siedep. 117° bei 15 mm; spez. Gew. 1,3052 bei 0°/4°; 1,2874 bei 16°/4° [10]).

Nonylphenylurethan, Phenylcarbaminsäure-n-nonylester (Mol.-Gewicht 263,21) $C_{16}H_{25}O_2N = C_9H_{19} \cdot O \cdot CO \cdot NH \cdot C_6H_5$. Aus dem Alkohol und Phenylisocyanat. Krystalle aus Alkohol. Schmelzp. 62—64° [3]). Schmelzp. 59° [11]).

Nonylaldoxim (Mol.-Gew. 157,16) $C_9H_{19}ON = CH_3 \cdot (CH_2)_7 \cdot CH : N \cdot OH$. Weiße, glänzende Blättchen aus verdünntem Alkohol. Schmelzp. 63°. Mit Wasserdampf flüchtig [12]).

---

[1]) Hanhart, Jahresber. d. Chemie **1858**, 301.

[2]) R, H. Pickard u. Kenyon, Journ. Chem. Soc. **91**, 2058 [1907].

[3]) Stephan, Journ. f. prakt. Chemie [2] **62**, 523 [1900].

[4]) A. Hilger, Forschungsber. über Lebensmittel usw. **1**, 132 [1894].

[5]) Krafft, Berichte d. Deutsch. chem. Gesellschaft **19**, 2221 [1886].

[6]) M. Guerbet, Compt. rend. de l'Acad. des Sc. **135**, 172 [1902].

[7]) Bouveault u. Blanc, Compt. rend. de l'Acad. des Sc. **138**, 148 [1904].

[8]) Bouveault u. Blanc, Bulletin de la Soc. chim. [3] **31**, 672 [1904]; Chem. Centralbl. **1905**, II, 1700.

[9]) J. Harding u. Ch. Weizmann, Journ. Chem. Soc. **97**, 299 [1910].

[10]) Krafft, Berichte d. Deutsch. chem. Gesellschaft **19**, 2221 [1886].

[11]) Bouveault u. Blanc, Compt. rend. de l'Acad. des Sc. **138**, 148 [1904]; Bulletin de la Soc. chim. [3] **31**, 672 [1904].

[12]) Ponzio, Journ. f. prakt. Chemie [2] **65**, 197 [1902].

Sekundärer Nonylalkohol, Methyl-n-heptylcarbinol [Nonanol (2)].

Mol.-Gewicht 144,16.

Zusammensetzung: 74,92% C, 13,98% H, 11,10% O.

$$C_9H_{20}O = CH_3 \cdot (CH_2)_6 \cdot CH \cdot (OH) \cdot CH_3.$$

Vorkommen: An Essigsäure gebunden im algerischen Rautenöl[1]). Das Methyl-n-heptylcarbinol ist in den zwischen 190—205° siedenden Anteilen des Rohöles enthalten[1]). In einem Kartoffelfuselöl[2]).

Bildung: Bei der Reduktion von Methylheptylketon in ätherischer Lösung über Wasser mit Natrium[3]). Aus Normalheptylmagnesiumbromid und Acetalaldehyd in ätherischer Lösung[4]).

Physikalische und chemische Eigenschaften: Etwas dickliche Flüssigkeit von ranzigem Geruch und sehr unangenehmem, bitterem Geschmack. $D^{20} = 0,84708$. Schmelzp. —35 bis —36°. Siedep.$_{747} = 197$—198°. $n = 1,43533$. [d, l-Verbindung aus Heptylmagnesiumbromid.][4]). Farblose, angenehm riechende Flüssigkeit. Siedep.$_{12} = 90$—91°. Siedep.$_{760}$ = 193—194°[5]). Siedep.$_{10} = 87,5°$[6]). Siedep.$_{765} = 198$—200°. $D^{19}_{16} = 0,8273$. $[\alpha]_D =$ —3,44° im 50 mm-Rohr[7]). Bei der Oxydation mit Kaliumbichromat in der Kälte verwandelt sich das Methylheptylcarbinol[7]) in das entsprechende Keton[8]). Bei der Oxydation in der Wärme entstehen Essigsäure und Heptylsäure[4]). Bei der Einwirkung von 60 proz. Schwefelsäure auf den sekundären Alkohol entsteht 2-Nonylen C_9H_{18}[6]).

Derivate: α-**Methylnonyläther**[4]) (Mol.-Gew. 158,18) $C_{10}H_{22}O = CH_3 \cdot CH \cdot (O \cdot CH_3) \cdot C_7H_{15}$. Bewegliche Flüssigkeit von angenehmem Geruch und bitterem Geschmack. D^{20} = 0,8228. Siedep.$_{760} = 188$—189°.

α-**Äthylnonyläther**[4]) (Mol.-Gew. 172,19) $C_{11}H_{24}O = CH_3 \cdot CH \cdot (OC_2H_5) \cdot C_7H_{15}$. Siedepunkt$_{757}$ = gegen 200°. $D^{20} = 0,8193$. $n = 1,423$.

Acetat (Mol.-Gew. 186,18) $C_{11}H_{22}O_2 = CH_3 \cdot (CH_2)_6 \cdot CH \cdot O(CO \cdot CH_3) \cdot CH_3$. Farblose Flüssigkeit mit Fruchtgeruch. Siedep. 213—215°. $D^{20,5}_{16} = 0,8605$. $[\alpha]_D =$ —3,3° im 50 mm-Rohr[9]). Aus der Bromverbindung und Silberacetat in Äther. Unlöslich in Wasser. $D^{20} = 0,8804$. Siedep.$_{752} = 214$—215°. $n = 1,42251$[4]).

2-Nonylen (Mol.-Gew. 126,15) $C_9H_{18} = CH_3 \cdot CH : CH \cdot C_6H_{13}$. Entsteht bei der Einwirkung von 60 proz. Schwefelsäure auf Methylnonylcarbinol. Wenig angenehm riechende Flüssigkeit. Siedep. 147—148°[6]). Auch aus dem α-Nonylbromid bei der Destillation über Kalilauge bildet sich ein Nonylen. $D^{20} = 0,8378$. Siedep.$_{768} = 153$—154°. $n = 1,42031$[4]).

Sek. Nonylchlorid (Mol.-Gew. 162,61) $C_9H_{19}Cl = CH_3 \cdot (CH_2)_6 \cdot CH \cdot Cl \cdot CH_3$. Aus Salzsäure und Methylheptylcarbinol. Farblose Flüssigkeit von schwachem Geruch. D^{20} = 0,8563. Siedep.$_{764} = 190°$. Bei —75° noch nicht fest.

Sek. Nonylbromid (Mol.-Gew. 207,07) $C_9H_{19}Br = CH_3 \cdot CH \cdot Br \cdot C_7H_{15}$. $D^{20} = 1,081$. Siedep.$_{100} = 140°$. Siedep.$_{767} = 208$—209° unter leichter Zersetzung. $n = 1,45357$[4]).

Sekundärer d-Nonylalkohol, d-Methyl-n-heptylcarbinol. [10])

Mol.-Gewicht 144,16.

Zusammensetzung: 74,92% C, 13,98% H, 11,10% O.

$$C_9H_{20}O = CH_3 \cdot (CH_2)_6 \cdot CH \cdot (OH) \cdot CH_3.$$

Vorkommen: Im ätherischen Cocosöl.

[1]) Power u. Lees, Journ. Chem. Soc. **81**, 1592 [1902]. — Soden u. Henle, Pharmaz. Zeitschr. **46**, 277, 1026 [1901].

[2]) A. Hilger, Forschungsber. über Lebensmittel usw. **1**, 132 [1894].

[3]) Mannich, Berichte d. Deutsch. chem. Gesellschaft **35**, 2144 [1902]. — Thoms u. Mannich, Berichte d. Deutsch. chem. Gesellschaft **36**, 2544 [1903]. — J. Houben, Berichte d. Deutsch. chem. Gesellschaft **35**, 3587 [1902].

[4]) J. v. Gysegem, Bulletin de l'Acad. Roy. Belg. **1906**, 692; Chem. Centralbl. **1907**, I, 530.

[5]) J. Houben, Berichte d. Deutsch. chem. Gesellschaft **35**, 3587 [1902]. (Nach einer privaten Mitteilung des Verfassers enthielt der Alkohol wahrscheinlich 5—10% des entsprechenden Ketons.) — Mannich, Berichte d. Deutsch. chem. Gesellschaft **35**, 2144 [1902].

[6]) Thoms u. Mannich, Berichte d. Deutsch. chem. Gesellschaft **36**, 2544 [1903].

[7]) Power u. Lees, Journ. Chem. Soc. **81**, 1592 [1902].

[8]) Vgl. dieses Werk Bd. I, S. 803.

[9]) Powers u. Lees, Journ. Chem. Soc. **81**, 192 [1902].

[10]) A. Haller u. A. Lassieur, Compt. rend. de l'Acad. des Sc. **151**, 697 [1910]; Chem. Centralbl. **1910**, II, 1913.

Darstellung: Das Öl wird mit überschüssigem Phthalsäureanhydrid 12 Stunden lang auf 225° erhitzt. Die dabei entstehenden Phthalsäureester werden mit Sodalösung aufgenommen und durch Ansäuern wieder abgeschieden, dann mit alkoholischem Alkali in der Hitze verseift. Das Gemisch der Alkohole trennt man durch Rektifikation.

Physikalische und chemische Eigenschaften: Farblose Flüssigkeit von kräftigem Geruch; Siedep. 190—195°. $D_4^{25} = 0,823$; $[\alpha]_D = + 2° 25'$; $n_D^{21} = 1,4249$; Mol.-Refraktion 44,8. Wird durch Chromsäuregemisch zu Methylheptylketon oxydiert.

Sekundärer Hendekatylalkohol, Methyl-n-nonylcarbinol [Hendekatylol (2)].

Mol.-Gewicht 172,19.

Zusammensetzung: 76,66% C, 14,05% H, 9,29% O.

$$C_{11}H_{24}O = CH_3 \cdot (CH_2)_8 \cdot CH \cdot (OH) \cdot CH_3.$$

Vorkommen: Im ätherischen Rautenöl [1] (*Ruta graveolens*).

Bildung: Durch Reduktion von Methylnonylketon mit Natrium in wässerig-ätherischer Lösung [2]. Aus Rautenöl und Natriumamalgam [3].

Physikalische und chemische Eigenschaften: Ziemlich angenehm riechende Flüssigkeit von glycerinartiger Konsistenz; in Wasser unlöslich. $D_{18} = 0,8263$ [11]. Siedep. 228—229°. Spez. Gew.$_{19} = 0,8268$ [3]. Siedep.$_{10} = 115°$. Siedep.$_{14} = 120°$ [5]. Siedep. 231—233°. $[\alpha]_D = —1,18°$ im 25 mm-Rohr [6]. Methylnonylcarbinol verwandelt sich bei der Oxydation in das entsprechende Keton [7]. Durch Einwirkung von 60proz. Schwefelsäure entsteht 2-Undecylen [4].

· **Derivate: Methylnonylcarbinolbromid** $C_{11}H_{23}Br = C_9H_{19} \cdot CH \cdot Br \cdot CH_3$ [8]. Bildet sich aus dem Alkohol $C_9H_{19} \cdot CH(OH) \cdot CH_3$, Brom und Phosphor. Zerfällt bei der Destillation in Bromwasserstoff und Undecylen $C_{11}H_{22}$.

Acetylverbindung (Mol.-Gew. 214,21) $C_{13}H_{26}O_2 = CH_3 \cdot CH \cdot O(OC \cdot CH_3) \cdot C_9H_{19}$. Siedep.$_{42} = 147—149°$ [9]. Siedep.$_{11} = 122°$ [10].

Benzoylverbindung (Mol.-Gew. 276,22) $C_{18}H_{28}O_2 = CH_3 \cdot CH \cdot O \cdot (OC \cdot C_6H_5) \cdot C_9H_{19}$. Siedep.$_{15} = 197,5—200°$ [9].

Phenylcarbaminsäureester (Mol.-Gew. 291,24) $C_{18}H_{29}O_2N = CH_3 \cdot CH \cdot O(CO \cdot NH \cdot C_6H_5) \cdot C_9H_{19}$. Schmelzp. 36,5—37° [9].

Oxalsäureester (Mol.-Gew. 398,37) $C_{24}H_{46}O_4 = \begin{array}{l} COO \cdot C_{11}H_{23} \\ | \\ COO \cdot C_{11}H_{23}. \end{array}$ Schmelzp. 34,5° [9].

2-Undecylen (Mol.-Gew. 152,17) $C_{11}H_{22} = CH_3 \cdot CH : CH \cdot C_8H_{17}$. Aus Methylnonylcarbinol und 60proz. Schwefelsäure. Öl von eigentümlichem Geruch. Siedep.$_{14} = 78.5°$. Nimmt in Chloroformlösung 2 Atome Brom auf unter Bildung eines Dibromids. Siedep.$_9 = 145—146°$ [11].

---

[1] Power u. Lees, Proc. Chem. Soc. **81**, 192 [1902]; Journ. Chem. Soc. **81**, 1593 [1902].

[2] Mannich, Berichte d. Deutsch. chem. Gesellschaft **35**, 2144 [1902]. — Thoms u. Mannich, Berichte d. Deutsch. chem. Gesellschaft **36**, 2544 [1903]. — Houben, Berichte d. Deutsch. chem. Gesellschaft **35**, 3587 [1902].

[3] Giesecke, Zeitschr. f. Chemie **1870**, 428.

[4] Thoms u. C. Mannich, Berichte d. Deutsch. chem. Gesellschaft **36**, 2544 [1903].

[5] J. Houben, Berichte d. Deutsch. chem. Gesellschaft **35**, 3587 [1902]. (Nach einer privaten Mitteilung des Verfassers enthielt der Alkohol sehr wahrscheinlich 5—10% von dem entsprechenden Keton.)

[6] Power u. Lees, Journ. Chem. Soc. **81**, 1593 [1902].

[7] Vgl. dieses Werk Bd. I, S. 803.

[8] Giesecke, Zeitschr. f. Chemie **1870**, 431.

[9] C. Mannich, Berichte d. Deutsch. chem. Gesellschaft **35**, 2143 [1902].

[10] J. Houben, Berichte d. Deutsch. chem. Gesellschaft **35**, 3587 [1902].

[11] Thoms u. C. Mannich, Berichte d. Deutsch. chem. Gesellschaft **36**, 2548 [1903].

Sekundärer d-Hendekatylalkohol, d-Methyl-n-nonylcarbinol. [1]

Mol.-Gewicht 172,19.

Zusammensetzung: 76,66% C, 14,05% H, 9,29% O.

$$C_{11}H_{24}O = CH_3 \cdot (CH_2)_8 \cdot CH \cdot (OH) \cdot CH_3.$$

Vorkommen: Im ätherischen Cocosöl.

Darstellung: Nach der Phthalsäureanhydridmethode wie beim d-Methyl-n-heptylcarbinol.

Physikalische und chemische Eigenschaften: Farblose sirupöse Flüssigkeit von aufdringlichem Geruch. Siedep. 228—233°; $D_4^{23} = 0,827$; $[\alpha]_D = + 1° 24'$; $n_D^{23} = 1,4336$; Mol.-Refraktion 54,1. Wird durch Chromsäuregemisch zu Methylnonylketon oxydiert.

Normaler Dodekylalkohol [Dodekanol (1)].

Mol.-Gewicht 186,21.

Zusammensetzung: 77,33% C, 14,08% H, 8,59% O.

$$C_{12}H_{26}O = CH_3 \cdot (CH_2)_{10} \cdot CH_2 \cdot OH.$$

Vorkommen: Ein Dodekylalkohol, wahrscheinlich der normale, gebunden an Palmitinsäure und Stearinsäure, findet sich in der Cascara sagrada-Rinde[2]. Soll auch im Döglingstran vorkommen; doch bedarf der betreffende Befund noch einer Bestätigung[3].

Bildung: Bei der Reduktion von Laurinaldehyd $C_{12}H_{24}O$[4], bei der Reduktion von Laurinsäureamid mit Natrium in amylalkoholischer Lösung[5] und bei der Behandlung von Laurinsäureäthylester mit Natrium[6] und wasserfreien Alkoholen.

Physikalische und chemische Eigenschaften: Krystallisiert aus verdünntem Alkohol in großen silberglänzenden Blättern. Schmelzp. 24—26°[2]; 22,6°[5]). Siedep. 143° bei 15 mm; 150° bei 20 mm; 255—259°[6]). Spez. Gew. im flüssigen Zustande (gegen H_2O von 4°,) 0,8309 bei 24°; 0,8201 bei 40°; 0,7781 bei 99°[4].

Derivate: Essigsäuredodekylester (Mol.-Gew. 228,22) $C_{14}H_{28}O_2 = CH_3 \cdot COO \cdot C_{12}H_{25}$. Flüssigkeit vom Siedep. 150,5—151,5° bei 15 mm, die beim Abkühlen erstarrt[4]). Siedep.$_{10} = 140°$[6]).

Valeriansäuredodekylester (Mol.-Gew. 270,27) $C_{17}H_{34}O_2 = C_4H_9 \cdot COO \cdot C_{12}H_{25}$. Siedep.$_{10} = 170°$[6]).

Palmitinsäuredodekylester (Mol.-Gew. 424,45) $C_{28}H_{56}O_2 = C_{15}H_{31} \cdot COO \cdot C_{12}H_{25}$. Wird dargestellt aus Palmitylchlorid und Dodekylalkohol (bei 160—180°)[7], krystallisiert aus Alkohol in großen Blättern. Schmelzp. 41°. Destilliert im Vakuum unzersetzt; bei der Destillation an der Luft oder unter einem Druck von 600 mm zerfällt er in Palmitinsäure und Dodekylen.

Pisangcerylalkohol.

Mol.-Gewicht 200,22.

Zusammensetzung: 77,91% C, 14,10% H, 7,99% O.

$$C_{13}H_{27} \cdot OH.$$

Vorkommen: Im Pisangwachs, dem Wachs einer wilden javanischen Banane (Musa)[8].

Darstellung: Das verseifte Wachs wird mit Bleiacetat behandelt und dann mit Äther extrahiert.

---

[1] A. Haller u. A. Lassieur, Compt. rend de l'Acad. des Sc. **151**, 697 [1910]; Chem. Centralbl. **1910**, II, 1913.

[2] A. R. L. Dohme u. H. Engelhardt, Journ. Amer. Chem. Soc. **20**, 534 [1898]; Chem. Centralbl. **1898**, II, 554. — H. A. D. Jowett, Chem. Centralbl. **1905**, I, 388.

[3] Benedikt-Ulzer, Analyse der Fette und Wachsarten. Berlin 1908. S. 1054.

[4] Krafft, Berichte d. Deutsch. chem. Gesellschaft **16**, 1719 [1880].

[5] R. Scheuble u. E. Loebl, Monatshefte f. Chemie **25**, 341 [1904]; Chem. Centralbl. **1904**, I, 1400.

[6] Bouveault u. Blanc, D. R. P. Nr. 164 294; Chem. Centralbl. **1905**, II, 1700.

[7] Krafft, Berichte d. Deutsch. chem. Gesellschaft **16**, 3019 [1880].

[8] Greshoff u. Sack, Recueil des travaux chim. des Pays-Bas **20**, 60 [1901].

Physikalische und chemische Eigenschaften: Schmelzp. 78°. Bei Trockendestillation liefert er einen Kohlenwasserstoff der Formel $C_{16}H_{34}$ und eine neue, von der Cerotinsäure verschiedene Säure der Formel $C_{27}H_{54}O_2$.

Cetylalkohol, Hexadecylalkohol (Äthal).

Mol.-Gewicht 242,27.
Zusammensetzung: 79,25% C, 14,15% H, 6,60% O.

$$C_{16}H_{33} \cdot OH.$$

Vorkommen: Findet sich an Palmitinsäure gebunden im Walrat[1]), im Döglingöl[2]), in der Talgdrüse (Bürzeldrüse) der Gänse und Enten[3]) wurde es früher angenommen, doch ist der darin vorkommende Alkohol als Octodecylalkohol erkannt worden[4]); im Fett von Ovarial-Dermoidcysten [Ludwig[5]), von Zeynek[6])]. Nach F. Ameseder[7]) ist das Vorkommen dieses Alkohols unter den Dermoidalkoholen nicht sicher erwiesen. Es handelt sich hier vor allem um Eikosylalkohol $C_{20}H_{42}O$.

Bildung: Bei der Destillation von sebacinsaurem Baryt[8]). Bei der Reduktion von Palmitinaldehyd[9]).

Darstellung: Walrat wird nach Berthelot und Péan de Saint Gilles[10]) mit einer Lösung von alkoholischer Kalilauge 48 Stunden im Wasserbad erhitzt und die kochende Lösung dann in eine lauwarme, wässerige Chlorcalciumlösung eingegossen. Der aus Kalkseife und Äthal bestehende Niederschlag wird mit Wasser gewaschen, dann mit kochendem Alkohol ausgelaugt. Das beim Verdampfen des alkoholischen Auszuges sich als ölige, nach dem Erkalten festwerdende Schicht abscheidende Äthal wird wiederholt mit Wasser ausgekocht, in heißem Äther gelöst und mit Tierkohle digeriert. Beim Erkalten scheidet sich aus dem Filtrat ein großer Teil des Cetylalkohols in rein weißen Krystallen ab; weitere Mengen werden durch Verarbeitung der Mutterlauge gewonnen. Ganz rein erhält man den Alkohol durch Verestern mit Essigsäureanhydrid und Fraktionierung im Vakuum[11]).

Physiologische Eigenschaften: Bei tetanusvergifteten Kaninchen vermag Cetylalkohol nur ein Verzögern des Vergiftungsprozesses, keine Heilung zu bewirken. Das Tetanospamin wird von Cetylalkohol gebunden, und zwar entspricht in Übereinstimmung mit dem Richardsonschen Gesetz eine Ehrlichsche Toxineinheit ca. 4,8° Cetylalkohol und ca. 1,7° Myricylalkohol. Eine Suspension von Cetylalkohol hat auf die Phagocytose keine fördernde Wirkung[12]).

Physikalische und chemische Eigenschaften: Aus Alkohol kleine Blättchen vom Schmelzp. 49—49,5°[13]), 46,8—47,3°[14]). In Wasser unlöslich; leicht löslich in Alkohol, Benzol, Schwefelkohlenstoff, Äther. Siedep. 344° bei 760 mm; 189,5° bei 15 mm[9]). Im abs. Vakuum 119°[15]). Spez. Gewicht 0,8176 bei 49,5°; 0,8105 bei 60°[11]); 0,7984 bei 79,7°. Molekulares Brechungsvermögen 126,44[16]). Ist in Chloroformlösung inaktiv[17]). Kryoskopisches Verhalten siehe Biltz[18]). Elektrisches Leitungsvermögen siehe Bartoli[19]). Geschwindigkeit

[1]) Chevreul, Recherches sur les corps gras, 170; dieses Werk **3**, 224.
[2]) Goldberg, Chem.-Ztg. Rep. **1890**, 14, 295. — Benedikt - Ulzer, Analyse der Fette und Wachsarten. 1908. S. 1053.
[3]) De Jonge, Zeitschr. f. physiol. Chemie **3**, 225 [1879].
[4]) F. Röhmann, Beiträge z. chem. Physiol. u. Pathol. **5**, 110 [1904].
[5]) Ludwig, Zeitschr. f. physiol. Chemie **23**, 38 [1897].
[6]) v. Zeynek, Zeitschr. f. physiol. Chemie **23**, 48 [1897].
[7]) F. Ameseder, Zeitschr. f. physiol. Chemie **52**, 126 [1907].
[8]) Schorlemmer, Berichte d. Deutsch. chem. Gesellschaft **3**, 616 [1870].
[9]) Krafft, Berichte d. Deutsch. chem. Gesellschaft **16**, 1721 [1883].
[10]) Berthelot u. Péan de St. Gilles, Jahresber. d. Chemie **1862**, 413.
[11]) Krafft, Berichte d. Deutsch. chem. Gesellschaft **17**, 1628 [1884].
[12]) L. E. Walbum, Zeitschr. f. Immunitätsforsch. u. Therapie [I] **7**, 544 [1910]; Chem. Centralbl. **1910**, II, 1487.
[13]) Heintz, Jahresber. d. Chemie **1852**, 504.
[14]) A. Piutti, Gazzetta chimica ital. **36**, II, 364 [1906]; Berichte d. Deutsch. chem. Gesellschaft **39**, 2766 [1906].
[15]) Krafft u. Weyland, Berichte d. Deutsch. chem. Gesellschaft **29**, 1325 [1896].
[16]) Eykman, Recueil des travaux chim. des Pays-Bas **12**, 168 [1893].
[17]) P. Walden, Chem.-Ztg. **30**, 391 [1906]; Chem. Centralbl. **1906**, II, 155.
[18]) Biltz, Zeitschr. f. physikal. Chemie **29**, 252 [1899].
[19]) Bartoli, Gazzetta chimica ital. **14**, 522 [1884].

der Esterbildung[1]). Die beim Amylalkohol kräftig stattfindende Blaufärbung beim Vermischen mit α-Naphthol, β-Phenylendiamin und Natriumcarbonat zeigt sich auch beim Cetylalkohol, jedoch bedeutend schwächer[2]). Geht mit Natronkalk erhitzt unter Entwicklung von Wasserstoff in palmitinsaures Natron über. Durch die Oxydation mit Kaliumbichromat und Schwefelsäure in essigsaurer Lösung entsteht Palmitinsäure. Durch Einwirkung von Salpetersäure in der Kälte entsteht Cetylnitrat, in der Hitze bilden sich Pimelinsäure, Sebacinsäure und Korksäure[3]). Beim Behandeln mit Chlor entsteht Cetylchloral $C_{16}H_{20}Cl_{12}O$. Über Salben, die Cetylalkohol enthalten[4]).

Derivate:[5]) **Cetyläther** (Mol.-Gew. 466,50) $C_{32}H_{66}O = C_{16}H_{33} \cdot O \cdot C_{16}H_{33}$. Entsteht aus Cetylalkohol durch Einwirkung von Stannosulfat bei 200°. Perlmutterglänzende Blättchen aus Alkohol. Schmelzp. 57—58°. Zerfällt bei 270° in Cetan $C_{16}H_{34}$ und Palmitylaldehyd $C_{16}H_{32}O$ [6]).

Äthylcetyläther (Mol.-Gew. 270,29) $C_{18}H_{38}O = C_{16}H_{33} \cdot O \cdot C_2H_5$. Krystallisiert in Blättchen. Schmelzp. 20° [7]).

Isoamylcetyläther (Mol.-Gew. 312,34) $C_{21}H_{44}O = C_{16}H_{33} \cdot O \cdot C_5H_{11}$. Schmelzp. 30°. Krystallisiert in Blättchen[7]).

d-Amylcetyläther (Mol.-Gew. 312,33) $C_{21}H_{44}O = C_{16}H_{33} \cdot O \cdot C_5H_{11}$. Schmelzp. 14°. Siedep. gegen 350°. $D_4^{22} = 0,805$; $n_D^{22} = 1,4422$; $[\alpha]_D^{22} = 0,31°$ [8]).

Salpetersäurecetylester (Mol.-Gew. 287,29) $NO_3 \cdot C_{16}H_{33}$. Ölige Flüssigkeit, spez. Gewicht 0,91, erstarrt bei 10—12° [9]).

Cetyljodid $C_{16}H_{33}J$. Siedep. 128° [10]); $D_4^{80,8} = 1,0733$ [11]).

Cetylschwefelsäure (Mol.-Gew. 322,32) $C_{16}H_{34}SO_4 = C_{16}H_{33}O \cdot SO_2 \cdot OH$. Bildet sich aus Äthal und Vitriolöl[12]). Darstellung[13]).

$K \cdot C_{16}H_{33}SO_4$ (Mol.-Gew. 360,46). Krystallisiert in Blättchen, die in kochendem Wasser wenig löslich sind.

$Ba(C_{16}H_{33}O_4S)_2$ (Mol.-Gew. 780,05). Nadeln aus verdünntem Alkohol, unlöslich in Aceton[14]).

Cetylphosphorsäure (Mol.-Gew. 322,276) $C_{16}H_{33}O \cdot PO(OH)_2$. Aus Cetylalkohol und Phosphorpentoxyd beim Erhitzen. Sehr hygroskopisches Krystallpulver. Erweicht bei ca. 60°; Schmelp. 74°. Leicht löslich in Methylalkohol, Alkohol, Äther, Aceton, Chloroform. Bildet verschiedene Metallsalze [15]).

Essigsäurecetylester (Mol.-Gew. 284,29) $C_{16}H_{33}O \cdot C_2H_3O$. Entsteht durch Verestern von Cetylalkohol mit Eisessig und Salzsäure[16]). Nadeln vom Schmelzp. 22—23°. Siedep. 199,5—205° bei 15 mm. Spez. Gewicht 0,858 bei 20°. In kaltem Alkohol schwer löslich.

Propionsäurecetylester (Mol.-Gew. 312,30) $C_{20}H_{40}O_2 = C_4H_7O_2 \cdot C_{16}H_{33}$. Siedep. 260—270° bei 202,5 mm; spez. Gew. 0,856 bei 20° [17]).

Isovaleriansäurecetylester (Mol.-Gew. 326,32) $C_{21}H_{42}O_2 = C_5H_9O_2 \cdot C_{16}H_{33}$. Eine fettartige Masse vom Schmelzp. 25°. Spez. Gew. 0,852 bei 20°. Siedep. 280—290° bei 202 mm[17]).

Dibrombernsteinsäurecetylester (Mol.-Gew. 724,38) $C_{36}H_{68}O_4Br_2 = C_2H_2Br_2 \cdot (COO\,C_{16}H_{33})_2$. Krystalle aus viel Alkohol. Schmelzp. 36—37° [18]).

---

1) **Willstädter** u. **Hocheder**, Annalen d. Chemie u. Pharmazie **354**, 250 [1907]. — A. **Michael** u. K. **Wolgast**, Berichte d. Deutsch. chem. Gesellschaft **42**, 3157 [1909].

2) H. v. **Wyss**, E. **Herzfeld** u. O. **Rewidzow**, Zeitschr. f. Physiol. **64**, 479 [1910]; Chem. Centralbl. **1910**, I, 1385.

3) A. **Claus** u. F. v. **Dreden**, Journ. f. prakt. Chemie [2] **43**, 148 [1891].

4) F. **Blatz**, Pharmaz. Centralhalle **49**, 537 [1908]; Chem. Centralbl. **1908**, II, 901.

5) F. **Fridau**, Annalen d. Chemie u. Pharmazie **83**, 1 [1852].

6) G. **Oddo**, Gazzetta chimica ital. **31**, I, 285; Chem. Centralbl. **1910**, I, 183.

7) G. **Becker**, Annalen d. Chemie u. Pharmazie **102**, 220 [1857].

8) **Guye** u. **Chavanne**, Bulletin de la Soc. chim. [3] **15**, 305 [1896].

9) **Champion**, Zeitschr. f. Chemie **1871**, 469.

10) **Krafft** u. **Weilandt**, Berichte d. Deutsch. chem. Gesellschaft **29**, 1325 [1896].

11) **Eykman**, Recueil des travaux chim. des Pays-Bas **12**, 181 [1893]; **14**, 1888 [1895].

12) **Dumas** u. **Pelligot**, Annalen d. Chemie u. Pharmazie **19**, 293 [1836].

13) **Heintz**, Jahresber. d. Chemie **1857**, 445. — **Köhler**, Jahresber. d. Chemie **1856**, 579.

14) W. v. **Cockenhausen**, Dinglers Polytechn. Journ. **303**, 284 [1897].

15) J. **Biehringer**, Berichte d. Deutsch. chem. Gesellschaft **38**, 3974 [1905].

16) **Kraft**, Berichte d. Deutsch. chem. Gesellschaft **17**, 1628 [1884].

17) **Dollfus**, Annalen d. Chemie u. Pharmazie **131**, 285 [1864].

18) R. **Meyer** u. K. **Marx**, Berichte d. Deutsch. chem. Gesellschaft **41**, 2459 [1908].

Palmitinsäurecetylester (Cetin) (Mol.-Gew. 480,51) $C_{15}H_{31} \cdot COO \cdot C_{16}H_{33}$. Bildet einen Hauptbestandteil des Walrats[1]). Entsteht durch Erhitzen von Palmitylchlorid in Cetylalkohol auf 180°[2]). Weiße Krystalle vom Schmelzp. 53,5°. Löslich in heißem, fast unlöslich in kaltem Alkohol. Zerfällt beim Destillieren unter 300—400 mm Druck in Palmitinsäure und den Kohlenwasserstoff Ceton $C_{16}H_{32}$.

Stearinsäurecetylester (Mol.-Gew. 496,54) $C_{17}H_{35} \cdot COO \cdot C_{16}H_{33}$. Synthetisch dargestellt. Große, walratähnliche Blätter vom Schmelzp. 55—60°[3]).

Cetylphenylurethan, Phenylcarbaminsäurecetylester (Mol.-Gew. 361,33). $C_{23}H_{39}NO_2$ $= C_{16}H_{33}O \cdot CO \cdot NH \cdot C_6H_5$. Entsteht aus dem Cetylalkohol und Phenylisocyanat[4]). Weiße Blättchen aus Alkohol. Schmelzp. 73°, Siedep.$_{17,5} = 244$—250°.

Octadecylalkohol.

Mol.-Gewicht 270,30.
Zusammensetzung: 79,91% C, 14,17% H, 5,92% O.

$$C_{18}H_{37} \cdot OH.$$

Vorkommen: Als Ester im Walrat[5])[6]); im Sekret der Bürzeldrüse[7]); er macht 40—45% des Bürzeldrüsenertraktes aus.

Bildung: Durch Reduktion von Stearinaldehyd[8]) und von Stearinsäureamid[9]). Bildet sich bei der Reduktion von Oleinalkohol mittels Platin und Wasserstoff[10]).

Darstellung: Das zur Darstellung des Cetylalkohols verseifte Walrat enthält außer Cetylalkohol noch etwas Octadecylalkohol. Nach Überführen in die Essigsäureester kann man die beiden Alkohole durch Destillation bei 15 mm Druck trennen, da der Octadecylester ungefähr 20° höher siedet als der Cetylester[5]).

Physikalische und chemische Eigenschaften: Große, silberglänzende Blätter vom Schmelzp. 59°, die sich bei Destillation schon unter einem Druck von 100 mm zersetzen. Siedep. 210,5° bei 15 mm. Spez. Gewicht 0,8124 bei 59°; 0,8048 bei 70°; 0,7849 bei 99,1°; alles gegen Wasser von 4°. Über Salben, die Octadecylalkohol enthalten[11]).

Derivate: Essigsäureoctadecylester (Mol.-Gew. 312,32) $C_{18}H_{37}O \cdot C_2H_3O$. Darstellung: Durch Sättigen der Eisessiglösung des Alkohols unter Erwärmen. Schmelzp. 31°. Siedep. 222—223° bei 15 mm Druck.

Palmitinsäureoctadecylester (Mol.-Gewicht 508,52) $C_{34}H_{68}O_2 = C_{16}H_{31}O_2 \cdot C_{18}H_{37}$ Krystalle vom Schmelzp. 59°[5]).

Unbenannter Alkohol.

Mol.-Gewicht 284,32.

$$C_{19}H_{40}O\,(?).$$

Vorkommen: Im Japantalg.
Physikalische und chemische Eigenschaften: Blättchen aus Petroläther. Schmelzp. 65°.
Derivate: Acetat. Schmelzp. 41°[12]).

[1]) Heintz, Annalen d. Chemie u. Pharmazie **80**, 297 [1851]; dieses Werk Bd. III, S. 224.
[2]) Krafft, Berichte d. Deutsch. chem. Gesellschaft **16**, 3023 [1883].
[3]) Berthelot, Annalen d. Chemie u. Pharmazie **112**, 360 [1859].
[4]) A. Bloch, Bulletin de la Soc. chim. [3] **31**, 49 [1904]; Chem. Centralbl. **1904**, I, 507.
[5]) Krafft, Berichte d. Deutsch. chem. Gesellschaft **17**, 1628 [1884].
[6]) Heintz, Annalen d. Chemie u. Pharmazie **92**, 299 [1854].
[7]) F. Röhmann, Beiträge z. chem. Physiol. u. Pathol. **5**, 110 [1904]; Chem. Centralbl. **1904**, I, 822.
[8]) Krafft, Berichte d. Deutsch. chem. Gesellschaft **16**, 1721 [1883].
[9]) R. Scheuble u. E. Loebl, Monatshefte f. Chemie **25**, 341 [1904].
[10]) R. Willstätter u. E. W. Mayer, Berichte d. Deutsch. chem. Gesellschaft **41**, 1475 [1908].
[11]) F. Blatz, Pharmaz. Centralhalle **49**, 537 [1908]; Chem. Centralbl. **1908**, II, 901.
[12]) H. Matthes u. W. Heintz, Archiv d. Pharmazie **247**, 650 [1910]; Chem. Centralbl. **1910**, I, 938.

Unbenannter Alkohol.

Mol.-Gewicht 298,34.
Zusammensetzung: 80,45% C, 14,19% H, 5,36% O.

$$C_{20}H_{41} \cdot OH.$$

Vorkommen: Er bildet den Hauptbestandteil des Wachses der Palme Raphia Russia von Madagaskar[1]).

Physikalische und chemische Eigenschaften: In den meisten organischen Lösungsmitteln in der Kälte fast unlöslich, in der Wärme löslich. Schmelzp. 80°. Ist nicht identisch mit Medicagol und auch nicht mit dem Arachisalkohol $C_{20}H_{42}O$, der aus dem Arachinsäureester durch Reduktion mit Natrium und Alkohol entsteht.

Derivate: Acetat (Mol.-Gew. 320,18) $C_{20}H_{41}O \cdot CO \cdot CH_3$. Entsteht beim Erhitzen des destillierten Wachses mit Acetylchlorid. Schmelzp. 65°.

Benzoat (Mol.-Gewicht 402,35) $C_{20}H_{41}O \cdot CO \cdot C_6H_5$. Schmelzp. 55°.

Medicagol.

Mol.-Gew. 298,34.
Zusammensetzung: 80,45% C, 14,19% H, 5,36% O.

$$C_{20}H_{42}O = C_{20}H_{41} \cdot OH.$$

Vorkommen: In den Blättern von Luzerne (*Medicago sativa*) [2]).

Darstellung: Die Blätter werden mit kaltem Schwefelkohlenstoff ausgelaugt.

Physiologische Eigenschaften: Medicagol wird weder durch Gärung noch beim Durchgang durch den Organismus verändert.

Physikalische und chemische Eigenschaften: Aus Essigester farblose mikroskopische Krystalle. Schmelzp. bei 80°. Siedep. 395°.

Eikosylalkohol.

Mol.-Gewicht 298,34.
Zusammensetzung 80,45% C, 14,19% H, 5,36% O.

$$C_{20}H_{42}O = C_{19}H_{39} \cdot CH_2 \cdot OH.$$

Vorkommen: Er wurde aus Dermoidgeschwülsten des Ovariums isoliert[3]).

Darstellung: Das Fett der Ovarial-Dermoidcysten wird mit alkoholischer Kalilauge verseift, der Abdampfrückstand in Wasser gelöst und mit Äther ausgeschüttelt. Bei Abdestillieren des Äthers verbleibt ein bei gewöhnlicher Temperatur flüssiger Rückstand, aus dem durch Behandeln mit Alkohol oder durch bloßes Kühlen feste Bestandteile abgeschieden werden können, die den Eikosylalkohol enthalten[4]).

Physikalische und chemische Eigenschaften: Schmelzp. 70°; gibt bei der Oxydation Arachinsäure $CH_5 \cdot (CH_2)_{18} \cdot COOH$.

Acetat. Schmelzp. 490°. Siedep. 220° [3]).

Carnaubylalkohol.

Mol.-Gewicht 354,40.
Zusammensetzung: 81,26% C, 14,22% H, 4,52% O.

$$C_{24}H_{49}OH.$$

Vorkommen: Im Wollfett[5]).

Darstellung: Die aus Wollfett gewonnenen Rohalkohole werden fraktioniert. In dem bei 67—68° schmelzenden Teil findet sich neben kleineren Mengen Cholesterin und unverseiftem Fett ausschließlich der genannte Alkohol.

[1]) Haller, Compt. rend. de l'Acad. des Sc. **144**, 594 [1907].

[2]) Etard, Compt. rend. de l'Acad. des Sc. **114**, 364 [1892]; Berichte d. Deutsch. chem. Gesellschaft **25**, Ref. 286 [1892].

[3]) F. Ameseder, Zeitschr. f. physiol. Chemie **52**, 122 [1907]; Chem. Centralbl. **1907**, II, 476.

[4]) E. Ludwig, Zeitschr. f. physiol. Chemie **23**, 38 [1897]. — v. Zeynek, Zeitschr. f. physiol. Chemie **23**, 47 [1897].

[5]) Darmstädter u. Lifschütz, Berichte d. Deutsch. chem. Gesellschaft **29**, 2890 [1896]

Physikalische und chemische Eigenschaften: Schmelzp. 68—69°. Erstarrungsp. 65—67°. In allen Lösungsmitteln leicht löslich. Sehr charakteristisch ist seine Fähigkeit, Wasser zurückzuhalten. Läßt man ihn aus verdünntem Alkohol krystallisieren, indem man ihn in Alkohol löst, etwas Wasser zusetzt und langsam erkalten läßt, so erstarrt die Lösung zu einem mikroskopisch blättrig-krystallinischen Brei. Auf Ton trocknet der Körper langsam zu einer weißen, durchscheinenden kalkähnlichen Masse, die bei Gewichtskonstanz 26,7% des wasserfreien Alkohols und 73,3% Wasser enthält. Bei Oxydation mit Kaliumbichromat in essigsaurer Lösung bildet sich Carnaubasäure $C_{24}H_{48}O_2$, Schmelzp. 72—73°.

Unbenannter Alkohol.

$$C_{25}H_{51} \cdot OH \text{ oder } C_{24}H_{49} \cdot OH.$$

Soll sich nach Angaben von Schwalb[1]) in kleiner Menge an Säure gebunden im Bienenwachs finden. Der Alkohol wurde nicht isoliert, sondern lediglich die ihm entsprechende Säure $C_{25}H_{50}O_2$ oder $C_{24}H_{28}O_2$ vom Schmelzp. 75,5° durch Oxydation gewonnen.

Cerylalkohol.

Mol.-Gewicht 382,43.
Zusammensetzung: 81,58% C, 14,23% H, 4,19% O.

$$C_{26}H_{53} \cdot OH[2]) \text{ (oder } C_{27}H_{55} \cdot OH).$$

Vorkommen: An Cerotinsäure gebunden im chinesischen Wachs (Insektenwachs von Coccus ceriferus Fabr.)[3]); an Palmitinsäure gebunden im Opiumwachs[4]); im Flachswachs[5]); im Wollfett[6])[7]); im Carnaubawachs[8]). Als Acetat in den Blüten von Tagetes glandulifera[9]); im Bienenwachs[1]); in Rumex Ecklonianus[10]). An Cerotinsäure gebunden im Palmwachs[11]), ferner im Japantalg[12]), in den Blättern von Prunus serotina[13]), im Schellackwachs[14]).

Darstellung: Chinesisches Wachs wird mit alkoholischer Kalilauge im Rohr bei 100° verseift, die Seife mit Bariumchlorid gefällt, der Rückstand getrocknet, und daraus mit Alkohol der Cerylalkohol extrahiert.

Physikalische und chemische Eigenschaften: Aus Alkohol Nadeln vom Schmelzp. 79°, die nicht unzersetzt destillierbar sind. Durch Erhitzen mit Natronkalk bildet sich Cerotinsäure, $C_{26}H_{52}O_2$. Durch Einwirkung von Chlor entsteht ein Harz $C_{27}H_{41}Cl_{13}O$[3]). Über Salben, die Cerylalkohol enthalten[15]).

Derivate: Essigsäurecerylester (Mol.-Gew. 424,44) $C_{28}H_{56}O_2 = C_{26}H_{53}O \cdot CO \cdot CH_3$. Schmelzp. 64,3°; 65,5°[16]).

---

[1]) Schwalb, Annalen d. Chemie u. Pharmazie **235**, 145, 149 [1886].

[2]) Nach R. Henriques (Berichte d. Deutsch. chem. Gesellschaft **30**, 1415 [1897]) kommt ihm mit Sicherheit die Formel $C_{26}H_{54}O$ zu.

[3]) Brodie, Annalen d. Chemie u. Pharmazie **67**, 201 [1848]. — R. Henriques, Berichte d. Deutsch. chem. Gesellschaft **30**, 1415 [1897].

[4]) Hesse, Berichte d. Deutsch. chem. Gesellschaft **3**, 637 [1870].

[5]) Cross u. Bevan, Journ. Chem. Soc. **57**, 198 [1890]. — C. Hoffmeister, Berichte d. Deutsch. chem. Gesellschaft **36**, 1047 [1903].

[6]) Buisine, Bulletin de la Soc. chim. [2] **42**, 201 [1884].

[7]) Darmstädter u. Lifschütz, Berichte d. Deutsch. chem. Gesellschaft **29**, 2897 [1896]; **31**, 97 [1898].

[8]) Stürcke, Annalen d. Chemie u. Pharmazie **223**, 293 [1884].

[9]) Hesse, Annalen d. Chemie u. Pharmazie **276**, 87 [1893].

[10]) F. Tutin u. H. W. B. Clester, Journ. Chem. Soc. **97**, 1 [1910]; Chem. Centralbl. **1910**, I, 935.

[11]) Boussingault, Annales de Chim. et de Phys. **29**, 333 [1903]. — Benedikt-Ulzer, Analyse der Fette und Wachsarten. Berlin 1908. S. 1047.

[12]) H. Matthes u. W. Heintz, Archiv d. Pharmazie **247**, 650 [1910]; Chem. Centralbl. **1910**, I, 938; Chem. Revue üb. d. Fett- u. Harzind. **17**, 56 [1910].

[13]) F. W. Power u. Ch. W. Moore, Journ. Chem. Soc. **97**, 1099 [1910]; Chem. Centralbl. **1910**, II, 399.

[14]) A. Gascard, Journ. de Pharm. et de Chim. [5] **27**, 365 [1893]. — Tschirch, Die Harze und Harzbehälter **1**, 819 [1906]. — R. Benedikt u. F. Ulzer, Monatshefte f. Chemie **9**, 581 [1888].

[15]) F. Blatz, Pharmaz. Centralhalle **49**, 537 [1908]; Chem. Centralbl. **1908**, II, 901.

[16]) C. Hoffmeister, Berichte d. Deutsch. chem. Gesellschaft **36**, 1047 [1903]. — Cross u. Bevan, Journ. Chem. Soc. **57**, 196 [1890].

Cerylschwefelsäure (Mol.-Gew. 476,49) $C_{27}H_{56}O_4S = C_{27}H_{55} \cdot SO_4H$. Darstellung[1]. $NaC_{27}H_{55}O_4S$. Krystallisiert aus verdünntem Alkohol in feinen Nadeln. Löslich in Aceton.

Palmitinsäurecerylester (Mol.-Gew. 620,67) $C_{15}H_{31} \cdot COO \cdot C_{26}H_{53}$. Bildet den Hauptbestandteil des Mohnwachses[2]. Aus heißem Alkohol kleine Prismen vom Schmelzp. 79°.

Cerotinsäurecerylester (Mol.-Gew. 760,83) $C_{25}H_{51} \cdot COO \cdot C_{26}H_{53}$. Bildet fast ausschließlich das chinesische Wachs[3], aus dem es durch Umkrystallisieren aus Petroläther isoliert werden kann. Findet sich ferner im Opiumwachs und im Wollfett. Glänzende, weiße Schuppen aus Chloroform vom Schmelzp. 82°; sehr schwer verseifbar.

Isocerylalkohol.

Mol.-Gewicht 382,43.
Zusammensetzung: 81,58% C, 14,23% H, 4,19% O.

$$C_{27}H_{55} \cdot OH.$$

Vorkommen: Im Wachse von Ficus gummiflua[4].

Physikalische und chemische Eigenschaften: Der Alkohol stellt den in kaltem Äther schwer löslichen Anteil des Wachses dar (ca. $1/20$ des Rohwachses). Schmelzp. 62°. Krystallinisch. Liefert bei Behandlung mit Phosphorpentachlorid ein Chlorür, mit Acetylchlorid ein Acetat. Schmelzp. 57°.

Unbenannter Alkohol.

Mol.-Gewicht 504,54.
Zusammensetzung: 64,22% C, 13,58% H, 22,20% O.

$$C_{27}H_{55} \cdot OH + 6\,H_2O.$$

Vorkommen: Im Wollfett[5].

Darstellung: Bei der Fraktionierung der in abs. Alkohol warm gelösten Rohalkohole findet sich der Alkohol in der ersten Fraktion, die den Schmelzp. 77—78° zeigt und ein Gemisch des Alkohols mit Cerylalkohol ist. Bei der Oxydation des Gemisches mit Chromsäure und Eisessig wird nur der Cerylalkohol in die entsprechende Säure übergeführt. Aus dem Calciumsalze des Oxydationsgemisches wird der unveränderte Alkohol mit Aceton extrahiert[6].

Physikalische und chemische Eigenschaften: Schmelzp. 69—70°. Aus Aceton schöne, silberglänzende Blättchen. Bei der Oxydation unter gelinden Oxydationsbedingungen scheint er eine im Verhältnis zur Cerotinsäure in Alkohol leichter lösliche Säure von niedrigerem Schmelzpunkt zu bilden. Leicht löslich in den gewöhnlichen organischen Lösungsmitteln.

Ein Alkohol $C_{27}H_{55}OH$ findet sich nach Stürcke[7] im Carnaubawachs. Der Schmelzpunkt dieses von Stürcke isolierten Alkohols liegt bei 76°.

Myricylalkohol (Melissylalkohol).

Mol.-Gewicht 452,51.
Zusammensetzung: 82,21% C, 14,25% H, 3,54% O.

$$(C_{30}H_{61} \cdot OH \text{ oder}) \; C_{31}H_{63} \cdot OH[8].$$

Vorkommen: Findet sich an Palmitinsäure gebunden im Bienenwachs[9]. Ferner frei und an Säure gebunden im Carnaubawachs[10][11]; im Wachs von Corypta cerifera,

---

[1] v. Cochenhausen, Dinglers Polytechn. Journ. **303**, 284 [1897].

[2] Hesse, Berichte d. Deutsch. chem. Gesellschaft **3**, 637 [1870].

[3] Brodie, Annalen d. Chemie u. Pharmazie **67**, 201 [1848]. — R. Henriques, Berichte d. Deutsch. chem. Gesellschaft **30**, 1415 [1897].

[4] Kessel, Berichte d. Deutsch. chem. Gesellschaft **11**, 2112 [1878].

[5] Darmstädter u. Lifschütz, Berichte d. Deutsch. chem. Gesellschaft **29**, 2890 [1896].

[6] Darmstädter u. Lifschütz, Berichte d. Deutsch. chem. Gesellschaft **29**, 2896 [1896].

[7] Stürcke, Annalen d. Chemie u. Pharmazie **223**, 283 [1884].

[8] Schwalb, Annalen d. Chemie u. Pharmazie **235**, 149 [1886].

[9] Brodie, Annalen d. Chemie u. Pharmazie **71**, 144 [1849]. — G. Buchner, Zeitschr. f. öffentl. Chemie **16**, 128 [1910]; Chem. Centralbl. **1910**, I, 1847.

[10] Maskelyne, Zeitschr. f. Chemie **1869**, 300.

[11] Pieverling, Annalen d. Chemie u. Pharmazie **183**, 344 [1876]. — Stürcke, Annalen d. Chemie u. Pharmazie **223**, 314 [1884].

Linn. aus den nordöstlichen Küstenprovinzen Brasiliens[1]; im Wachs auf der Rinde von Iatropha curcas[2], im Schellackwachs und Körnerlack[3]. Angeblich im Heu und Stroh[4], im Petersilienöl[5], in den Blüten des roten Klees[6], im Japantalg[7], im Lorbeerfett[8], im Palmwachs[9], im Oktotillawachs von der Rinde des Oktotillabaumes[10].

Darstellung: Durch Verseifung des aus Bienenwachs isolierten Palmitinsäuremyricylesters, welcher den bedeutendsten Teil des in Alkohol unlöslichen Teiles des Bienenwachses ausmacht, mit alkoholischer Natronlauge und Extraktion der Waschseife mit Petroläther[11].

Physiologische Eigenschaften: Bei tetanusvergifteten Kaninchen vermag Myricylalkohol nur eine Verzögerung des Vergiftungsprozesses, keine Heilung zu bewirken. Das Tetanospamin wird von Myricylalkohol gebunden, und zwar entspricht in Übereinstimmung mit dem Richardsonschen Gesetz eine Ehrlichsche Toxineinheit ca. 4,8 g Cetylalkohol und ca. 1,7 g Myricylalkohol. Eine Suspension von Myricylalkohol hat auf die Phagocytose keine fördernde Wirkung[12].

Physikalische und chemische Eigenschaften: Aus Äther kleine Nadeln vom Schmelzp. 88°[13]. Er ist in Chloroform, Amylalkohol, Äther, Alkohol, Benzol in der Kälte fast unlöslich, in der Wärme gut löslich. Beim raschen Abkühlen der Lösung entsteht eine Gallerte. Durch plötzliches Abkühlen einer 0,01 proz. Lösung in Alkohol auf —60° entsteht ein reversibles Sol. Beim langsamen Abkühlen der Chloroformlösung entstehen kleine Rhomboeder, die an der Luft rasch Chloroform verlieren[14]. Beim Erhitzen mit Natronkalk auf 200° entsteht Melissinsäure[15].

Beim Oxydieren mit Chromsäure und Eisessig entsteht ebenfalls Melissinsäure $C_{30}H_{60}O_2$[16]. Über Salben, die Myricylalkohol enthalten[17].

Essigsäuremyricylester $C_{33}H_{66}O_2$. Krystallisiert aus abs. Alkohol in Nadeln vom Schmelzp. 75°[18][19].

Benzoesäuremyricylester[18] (Mol.-Gew. 556,54) $C_6H_5 \cdot CO \cdot OC_{31}H_{63}$. Schmelzp. 70°.

Myricylphenylurethan=Phenylcarbaminsäuremyricylester (Mol.-Gew.557,54) $C_{37}H_{67}O_2N$ = $C_{30}H_{61}O \cdot CO \cdot NH \cdot C_6H_5$. Bildet sich in geringer Ausbeute aus dem Myricylalkohol und Phenylisocyanat in Chloroform oder Tetrachlorkohlenstofflösung. Krystalle. Schmelzp. 91,5°[20].

---

[1] J. Lothian, Pharmaceut. Journ. **4**, 21, 862 [1905]; Chem. Centralbl. **1906**, I, 392.

[2] J. Sack, Inspectie v. d. Landbouw i. West-Indie Bulletin No. 5; Chem. Centralbl. **1906**, I, 1106.

[3] R. Benedikt u. F. Ulzer, Monatshefte f. Chemie **9**, 581 [1888]. — Gascard, Journ. de Chim. et de Phys. **93**, 365 [1893]. — Tschirch, Die Harze und die Harzbehälter. Leipzig 1906. **1**, 819.

[4] König, Berichte d. Deutsch. chem. Gesellschaft **3**, 566 [1870].

[5] H. Matthes u. W. Heintz, Berichte d. Deutsch. pharmaz. Gesellschaft **19**, 325 [1909]; Chem. Centralbl. **1909**, II, 1137.

[6] F. B. Power u. A. H. Salway, Journ. Chem. Soc. **97**, 231 [1910]; Chem. Centralbl. **1910**, I, 1267.

[7] H. Matthes u. W. Heintz, Archiv d. Pharmazie **247**, 650 [1910]; Chem. Centralbl. **1910**, I, 938; Chem. Revue üb. d. Fett- u. Harzind. **17**, 56 [1910].

[8] H. Matthes u. H. Sander, Archiv d. Pharmazie **246**, 165 [1908]; Chem. Centralbl. **1908**, I, 1813.

[9] Benedikt u. Ulzer, Analyse der Fette und Wachsarten. Berlin 1908. S. 1047.

[10] Dieses Werk **3**, 212.

[11] Schwalb, Annalen d. Chemie u. Pharmazie **235**, 109 [1886].

[12] L. E. Walbum, Zeitschr. f. Immunitätsforsch. u. Therapie [I] **7**, 544 [1910]; Chem. Centralbl. **1910**, II, 1487.

[13] A. Gascard, Journ. de Pharm. et de Chim. [5] **27**, 365 [1893]; Chem. Centralbl. **1893**, I, 844.

[14] W. Fischer u. O. Bobertag, Jahresber. d. schles. Gesellschaft f. vaterländ. Kultur, naturwiss. Sektion **1908**; Chem. Centralbl. **1908**, I, 263; **1909**, II, 495; Biochem. Zeitschr. **18**, 58 [1909].

[15] Schwalb, Annalen d. Chemie u. Pharmazie **235**, 126 [1886].

[16] H. Matthes u. H. Sander, Archiv d. Pharmazie **246**, 170 [1908].

[17] F. Blatz, Pharmaz. Centralhalle **49**, 537 [1908]; Chem. Centralbl. **1908**, II, 901.

[18] H. Matthes u. H. Sander, Archiv d. Pharmazie **246**, 165 [1908]; Chem. Centralbl. **1908**, I, 1843.

[19] Benedikt u. Ulzer, Monatshefte f. Chemie **9**, 581 [1888].

[20] A. Bloch, Bulletin de la Soc. chim. [3] **31**, 49 [1904]; Chem. Centralbl. **1904**, I, 507.

Palmitinsäuremyricylsäureester (Myricin) (Mol.-Gew. 690,75) $C_{15}H_{31} \cdot COO \cdot C_{31}H_{63}$. Bildet nach **Brodie**[1]) den Hauptbestandteil des in Alkohol unlöslichen Anteils des Bienenwachses. Schmelzp. 72°. Federförmige Krystalle.

Cerotinsäuremyricylester (Mol.-Gew. 830,91) $C_{25}H_{51} \cdot COO \cdot C_{31}H_{63}$. Bildet den Hauptbestandteil des Carnaubawachses.

Melissinsäuremyricylester (Mol.-Gew. 886,98) $C_{29}H_{59} \cdot COO \cdot C_{31}H_{63}$. Findet sich im Schellackwachs und im Wachs von Iatropha curcas[2]). Schmelzp. 92°[3]).

Psyllostearylalkohol.

Mol.-Gewicht 480,54.
Zusammensetzung: 82,41% C, 14,26% H, 3,33% O.

$$C_{33}H_{67} \cdot OH.$$

Vorkommen: Gebunden an Psyllostearylsäure $C_{33}H_{66}O_2$ im Psyllawachs, dem Wachse von Psylla alni[4]), einer auf Erlen nistenden Blattlaus[5]); im Hummelwachs; in der Wachshülle eines Nestes von Bombus terrestris[6]).

Darstellung: Das Psyllawachs (der Psyllaester des Psyllaalkohols) wird durch halbstündiges Erhitzen im Ölbad bei 210—220° mit Bromwasserstoffsäure vom spez. Gew. 1,49 verseift. Zur Trennung der Komponenten wird zur alkoholischen Lösung der Verseifungsflüssigkeit starke Natronlauge gefügt, wobei die Säure als Natriumsalz und der Alkohol als solcher ausgeschieden werden. Dem getrockneten Gemisch wird der Alkohol mit Äther oder Benzol entzogen. Das Hummelwachs, das die gleiche Zusammensetzung zu besitzen scheint wie das Psyllawachs, wird mit alkoholischer Kalilauge verseift, der Alkohol mit viel Wasser ausgefällt, mit Benzol aufgenommen und aus Aceton umkrystallisiert.

Physikalische und chemische Eigenschaften: Feine seidenglänzende Schuppen vom Schmelzp. 69—69,5°. Er ist in heißem Petroläther, Aceton, Benzol und Äther gut löslich, in kalten organischen Solvenzien sehr schwer löslich, am leichtesten in Benzol und Chloroform. Er ist hygroskopisch und zeigt elektrische Erscheinungen. Das nicht in reinem Zustand isolierte Acetat krystallisiert in feinen Nadeln.

Derivate: Benzoesäurepsyllostearylester (Mol.-Gew. 584,58) $C_6H_5 \cdot COO \cdot C_{33}H_{67}$. Aus dem Alkohol und der berechneten Menge Benzoesäureanhydrid beim Erhitzen im offenen Gefäß bis zu 150—165°. Nach mehrmaligem Umkrystallisieren aus Benzol und Petroläther verfilzte Nadeln. Schmelzp. ca. 68—69°.

Psyllasäurepsyllostearylester (Psyllawachs), stark wasserbindend. Unlöslich in fast allen kalten organischen Lösungsmitteln, auch in heißem Äther; leicht löslich in heißem Chloroform und Benzol. Seidenglänzende Nadeln vom Schmelzp. 96°. Stark elektrisch[7]).

Tarchonylalkohol.

Mol.-Gewicht 718,82.
Zusammensetzung: 83,47% C, 14,30% H, 2,23% O.

$$C_{50}H_{102}O \ (?).$$

Vorkommen: In den Blättern von *Tarchonanthus camphoratus*[8]) (Kap der Guten Hoffnung).

Darstellung: Man kocht die getrockneten Blätter mit Alkohol aus und renigt die ausgeschiedene Masse durch Waschen mit Äther und Umkrystallisieren aus Alkohol.

Physikalische und chemische Eigenschaften: Silberglänzende Schuppen. Schmelzp. 82°. Unlöslich in Wasser und Äther; wenig löslich in kaltem Alkohol; sehr leicht in heißem. Resistent gegen Schwefelsäure, konz. Salzsäure und schmelzendes Kali.

Derivate: Chlorid. Durch Einwirkung von Phosphorpentachlorid. Glänzende kleine Platten aus Alkohol. Schmelzp. 68—70°.

1) Brodie, Annalen d. Chemie u. Pharmazie **71**, 144 [1849].
2) Sack, Chem. Centralbl. **1906**, I, 1106.
3) A. Gascard, Journ. de Pharm. et de Chim. [5] **27**, 365 [1893].
4) E. E. Sundwik, Zeitschr. f. physiol. Chemie **32**, 355 [1901].
5) E. E. Sundwik, Zeitschr. f. physiol. Chemie **17**, 425 [1893]; **25**, 116 [1898]; **32**, 353 [1901].
6) E. E. Sunwik, Zeitschr. f. physiol. Chemie **53**, 365 [1907].
7) E. E. Sundwik, Zeitschr. f. physiol. Chemie **32**, 353 [1901]; **17**, 425 [1893]; **25**, 116 [1898].
8) Canzoneri u. Spica, Gazzetta chimica ital. **12**, 227 [1882].

Ungesättigte, einwertige Alkohole der aliphatischen Reihe.

Von

Ludwig Pincussohn-Berlin.

Allylalkohol (1-Hydroxypropylen).

Mol.-Gewicht 58,05.

Zusammensetzung: 62,02% C, 10,42% H, 27,56% O.

$$C_3H_6O = CH_2 : CH \cdot CH_2OH.$$

Vorkommen: Findet sich im rohen Holzgeist[1][2] zu höchstens 0,2% (berechnet nach Verarbeitung von 25000 kg), im sog. Fuselöl.

Bildung: Entsteht aus Dichlorhydrin durch Behandlung mit Natriumamalgam[3] oder mit Natrium[4]; ferner durch Reduktion des Dichlorhydrins mit Jodkalium unter Zusatz feinverteilten Kupfers bei 150°[5]), ferner durch Reduktion des Acroleins mit Zink und Salzsäure[6]). Durch Auflösen von Oxalsäure in Glycerin und Erhitzen des Gemenges[7]). Es entsteht hierbei zuerst der Monoameisenester des Glycerins, das Monoformin, der sich durch stärkeres Erhitzen in Allylalkohol, Wasser und Kohlendioxyd spaltet. Nach Romburgh[8]) ist das entstehende Zwischenprodukt nicht Monoformin, sondern Diformin. Entsteht ferner aus Allyljodid durch Erwärmen mit überschüssigem Wasser auf 100°[9]).

Darstellung: 1 T. krystallisierte Oxalsäure wird mit 4 T. Glycerin unter Zusatz von $1/2$% Kochsalz sowie $1/4$—$1/2$% Salmiak (auf die Menge der Oxalsäure berechnet) langsam im Sandbade erhitzt (im Kolben); bei ca. 195° wird die Vorlage gewechselt, das Erhitzen sehr vorsichtig fortgesetzt und bei einer Temperatur von 260° unterbrochen. Das zwischen 195° und 260° übergegangene Destillat enthält außer Allylalkohol noch etwas Ameisensäureallyläther, Glycerin und Allylglycerinäther, zuweilen auch viel Acrolein. Durch Rektifikation dieses Gemisches, Behandlung mit kohlensaurem Kali, vorsichtiges Abdestillieren im Ölbad bei 130° und nochmaliges Entwässern mit geglühter Pottasche wird der Alkohol rein erhalten[10]). Durch Erhitzen unter Druck von Allyljodid mit der 20fachen Menge Wasser während 60 Stunden im Wasserbad oder mit reichlichem Überschuß an Wasser am Rückflußkühler entsteht fast die berechnete Menge Allylalkohol, der aus dem Reaktionsgemisch durch Pottasche abgeschieden wird[9]).

Bestimmung: Eine besonders für physiologische Zwecke brauchbare Methode beruht darauf, daß eine Bromwasserlösung durch Zusatz einer entsprechenden Menge von Allylalkohol ihre gelbbraune Farbe verliert. Um die Methode quantitativ zu verwerten, stellt man empirisch eine Bromwasserlösung her und stellt fest, durch welche Menge von Allylalkohol

---

[1]) Aronheim, Berichte d. Deutsch. chem. Gesellschaft **7**, 1381 [1874].

[2]) Grodzki u. Krämer, Berichte d. Deutsch. chem. Gesellschaft **7**, 1492 [1874].

[3]) Lourenço, Annales de Chim. et de Phys. [3] **67**, 323 [1875].

[4]) Hübner u. Müller, Annalen d. Chemie u. Pharmazie **159**, 173 [1871].

[5]) Swarts, Zeitschr. f. Chemie **11**, 259 [1868].

[6]) Linnemann, Annalen d. Chemie u. Pharmazie, Suppl. **3**, 260 [1864].

[7]) Tollens, Weber u. Kempf, Annalen d. Chemie u. Pharmazie **156**, 129ff. [1870].

[8]) Romburgh, Liebigs Jahresber. **1881**, 508; Compt. rend. de l'Acad. des Sc. **93**, 847.

[9]) Niederist, Annalen d. Chemie **196**, 350—351 [1879].

[10]) Tollens u. Henninger, Annalen d. Chemie u. Pharmazie **156**, 134ff. [1870].

die Entfärbung einer bestimmten Menge Bromwasser bewirkt wird. Läßt man nun zu der zu untersuchenden Allylalkohollösung von der eingestellten Bromwasserlösung so lange zutropfen, bis gerade Farbenumschlag in Gelbbraun eintritt, so kann man aus der Menge der verbrauchten Bromlösung die Menge des in der Flüssigkeit vorhandenen Allylalkohols ziemlich gut bestimmen[1]).

Physiologische Eigenschaften: Der Allylalkohol folgt in der Hauptsache dem Gesetz von Richardson. Er ist außerordentlich giftig. Die tödliche Dosis bei intravenöser Injektion beträgt 0,2—0,24 ccm pro Kilogramm Körpergewicht[2]). Schon in einer Konzentration von 0,1% vermag er in 24 Stunden alle Zellen abzutöten (u. a. Versuche an jungen Sojabohnen), bei einer Konzentration von 0,01% innerhalb von 3 Tagen[3]). Die Giftwirkung erfolgt wahrscheinlich durch direkten chemischen Eingriff in das Protoplasma. Ostracoden und Infusorien werden von Allylalkohol schon bei einer Konzentration von 0,005% abgetötet. Zeigt eine starke Giftigkeit gegen Schimmelpilze[4]).

Gegen Seeigeleier zeigt der Allylalkohol eine Giftigkeit, die die des Propylalkohols um das 16fache übertrifft[5]). Auf den Organismus des Warmblüters zeigt der Allylalkohol, im Gegensatz zu den gesättigten Alkoholen, keine narkotische Wirkung. Als erstes Zeichen der beginnenden Vergiftung zeigt sich eine sehr heftige Reizung der Schleimhäute der Augen und der Nase, ferner starker Druckschmerz des Kopfes, wie bei Arbeitern, die mit der Herstellung von Allylalkohol beschäftigt waren, oft beobachtet werden konnte. Bei Mäusen wie bei Kaninchen ergab sich eine starke Gefäßerweiterung, dementsprechend starke Hyperämie, Herabgehen des Blutdruckes und starke Atmungsbeschleunigung. Auftreten von Angst, Zittern, Zuckungen, oberflächliche Respiration, endlich Exitus. Die eigentliche Todesursache ist die Störung der Zirkulation; der Herzstillstand erfolgt meist in Diastole. Die Giftigkeit ist bei Warmblütern ungefähr 50mal so groß als die des Propylalkohols. Nach toxischen Dosen (0,1 ccm) tritt im Harn Eiweiß auf; die Farbe des Harns ist eine dunkelbraungelbe[1]).

Physikalische und chemische Eigenschaften: Stechend riechende Flüssigkeit, mit Wasser in allen Verhältnissen mischbar. Siedep. 96,6° (korr.); wird fest bei —50°. Spez. Gew. 0,87063 bei 0°; 0,8573 bei 15°. Siedep. 96,4—96,5° bei 753,3 mm. Spez. Gew. 0,7809 bei 96,4°, bezogen auf Wasser von 4°[6]). Capillaritätskonstante beim Siedepunkte: $a^2 = 5,006$[7]). Bei absolut entwässertem Alkohol (durch Stehenlassen während einiger Zeit mit metallischem Calcium oder Kochen mit wasserfreiem Kupfersulfat am Rückflußkühler) wurde als Siedep. 98° bei 760,5 mm festgestellt[8]). Siedep. bei 757 mm 96,3°, wird fest bei —129°[9]). Über die intensive Absorption im ultravioletten Spektrum durch Allylalkohol (infolge der doppelten Bindung) im Gegensatz zu n-Propylalkohol vgl. Magini[10]). Kritische Temperatur 271,9°[11]). Spezifische Wärme 0,6655[12]). Konstanten: $\varepsilon = 20,6$, $\vartheta = 21$, $\varkappa = 0,07!$[13]). Bei Einwirkung der dunklen elektrischen Entladung in Gegenwart von Stickstoff erfolgt Bildung eines stark alkalischen Körpers[14]). Durch elektrische Schwingungen erfolgt Zersetzung in dem Sinne $C_3H_5OH = C_3H_6 + O$[15]). Additionswärme des Broms 28456 Cal.[16]). Über Addition von Jod vgl. Herz und Mylius[17]).

Versetzt man 0,1 g Allylalkohol mit soviel Bromwasser, daß die Lösung nach vorübergehender Entfärbung noch dauernde schwachgelbe Färbung zeigt, erhitzt darauf zum

---

1) Mießner, Berl. klin. Wochenschr. **1891**, 819ff.

2) Gibbs u. Reichert, Archiv f. Anat. u. Physiol. **1893**, Suppl. 201—210.

3) Tsukamoto, Journ. of the Coll. of Sc. Tokio **1894**; zit. nach Malys Jahresber. d. Tierchemie **24**, 84 [1895].

4) Ivanoff, Chem. Centralbl. **1905** I, 41.

5) Fühner, Archiv f. experim. Pathol. u. Pharmakol. **52**, 69ff. [1904].

6) Schiff, Annalen d. Chemie **220**, 102 [1883].

7) Schiff, Annalen d. Chemie **223**, 71 [1884].

8) Piutti, Berichte d. Deutsch. chem. Gesellschaft **39**, 2766 [1906].

9) Carrara u. Coppadoro, Gazzetta chimica ital. **33**, I, 329 [1903].

10) Magini, Atti della R. Accad. dei Lincei [5] **12**, II, 356 [1903].

11) Nadeschin, Journ. d. russ. physikal.-chem. Gesellschaft [2] **14**, 538 [1882].

12) Louguinine, Annales de Chim. et de Phys. [7] **13**, 311 [1898].

13) Drude, Zeitschr. f. physikal. Chemie **23**, 309 [1897].

14) Berthelot, Compt. rend. de l'Acad. des Sc. **126**, 621 [1898].

15) Hemptinne, Zeitschr. f. physikal. Chemie **25**, 291 [1898].

16) Luginin u. Kablukow, Journ. de Chim. et de Phys. **5**, 186—202; zit. nach Chem. Centralbl. **78**, II, 134—135 [1907].

17) Herz u. Mylius, Berichte d. Deutsch. chem. Gesellschaft **40**, 2898—2904 [1907].

Sieden bis zur völligen Entfärbung und läßt dann erkalten, so kann man mit der Lösung folgende Reaktionen anstellen. Durch Mischen von 0,4 ccm mit 0,1 ccm einer 5 proz. alkoholischen Codein- oder Thymollösung und 2 ccm konz. Schwefelsäure und Erhitzen der Mischung während 2—4 Minuten im siedenden Wasserbade erhält man eine violettrote Färbung. Verwendet man eine gleichkonzentrierte Resorcinlösung, so ist die Färbung weinrot, bei Verwendung von β-Naphthol gelb mit grüner Fluorescenz. Die Farbenreaktionen beruhen auf der Bildung von Glycerinaldehyd durch die Einwirkung des Broms auf den Allylalkohol. Durch Erhitzen von 2,5 ccm dieser Glycerinaldehydlösung mit 5 ccm 0,6 proz. Bromwasser während 20 Minuten im siedenden Wasserbade und Verjagung des Überschusses an Brom erhält man eine Lösung von Dioxyaceton, mit der alle Reaktionen desselben angestellt werden können [1]).

Allylalkohol addiert direkt nur schwer nascierenden Wasserstoff aus alkalischer Lösung [2]). Natriumamalgam, sowie Zink und Salzsäure sind ohne Einwirkung. Er verbindet sich dagegen direkt mit Chlor, Brom, Chlorjod, Cyan und Ammoniumbisulfit. Durch Einwirkung von unterchloriger Säure entsteht α-Chlor-β-oxypropylalkohol. Durch Einwirkung von Zink und Schwefelsäure bei erhöhter Temperatur bilden sich durch H-Addition erhebliche Mengen Propylalkohol [3]). Beim Erhitzen mit festem Kalihydrat auf 155—170° entsteht neben Alkohol, Ameisensäure und wahrscheinlich Propionsäure Propylalkohol [4]). Beim Erhitzen mit Jod und Aluminiumschnitzeln entweicht Propylen neben Wasserstoff in großer Menge [5]). Durch Reduktion mit Aluminiumspänen in 25 proz. Kalilauge entsteht Propylalkohol in einer Ausbeute von ca. 15 % [6]). Bei 130—150° sättigt sich der Allylalkohol mit Hilfe fein verteilter Metalle durch Wasserstoffanlagerung unter Bildung von Propanol und Propanal [7]). Unter dem katalytischen Einfluß des Platinmohrs sowie des kolloidalen Platins wird Allylalkohol durch gasförmigen Wasserstoff reduziert [8]). Leitet man Allylalkohol zusammen mit überschüssigem Wasserstoff über auf eine Temperatur von 130—170° erhitztes Nickel, so erfolgt glatte Bildung von Propylalkohol mit einer geringen Menge von Propylaldehyd. Bei Anwendung von Kupfer oberhalb 180° vollzieht sich die gleiche Umwandlung, jedoch weniger glatt und langsamer [9]). Durch feinverteiltes Kupfer bei einer Temperatur von 180—300° wird der Allylalkohol zu über 50 % in Propylaldehyd, zum geringen Teil in Acrylaldehyd und Wasserstoff verwandelt [10]). Beim Kochen mit konz. Lösung von saurem Kaliumsulfit entsteht γ-Oxypropansulfosäure [11]). Bei vorsichtiger Oxydation bildet sich Glycerin, bei stärkerer Acrolein. Bei Oxydation mit Chromsäurelösung entsteht außer Acrolein noch Ameisensäure [12]); bei Oxydation mit verdünnter Salpetersäure bildet sich Ameisensäure; im Rückstand bleibt Oxalsäure [13]). Durch Kaliumpermanganat wird der Allylalkohol zu Glycerin, Acrolein und Ameisensäure oxydiert [14]). Über elektrolytische Oxydation des Allylalkohols vgl. Law [15]). Bei längerem Erhitzen mit 50 proz. Kalilauge auf 100° wird Allylalkohol nicht verändert [16]). Beim Erhitzen des Allylalkohols auf 450° bildet sich kein Acrolein [17]). Durch Phosphorpentoxyd und Schwefelsäure erfolgt heftige Einwirkung; es wird dabei kein Allylen abgeschieden [18]).

[1]) Denigès, Bulletin de la Soc. chim. [4] 5, 878 [1909].
[2]) Linnemann, Berichte d. Deutsch. chem. Gesellschaft 7, 867 [1874].
[3]) Linnemann, Berichte d. Deutsch. chem. Gesellschaft 7, 865 [1874].
[4]) Tollens, Annalen d. Chemie u. Pharmazie 159, 92 [1871].
[5]) Gladstone u. Tribe, Journ. Chem. Soc. 39, 9 [1881].
[6]) Speranski, Journ. d. russ. physikal.-chem. Gesellschaft 31, 423; Chem. Centralbl. 1899 II, 181.
[7]) Mailhe, Chem.-Ztg. 31, 1096 [1907].
[8]) Fokin, Journ. d. russ. physikal.-chem. Gesellschaft 40, 276 [1907]; zit. nach Chem. Centralbl. 1908, 1996.
[9]) Sabatier, Compt. rend. de l'Acad. des Sc. 144, 879 [1907].
[10]) Sabatier u. Senderens, Compt. rend. de l'Acad. des Sc. 136, 983 [1903].
[11]) Marckwald u. Frahne, Berichte d. Deutsch. chem. Gesellschaft 31, 1864 [1898].
[12]) Rinne u. Tollens, Annalen d. Chemie u. Pharmazie 159, 110 [1871].
[13]) Kekulé u. Rinne, Berichte d. Deutsch. chem. Gesellschaft 6, 387 [1873].
[14]) Wagner, Berichte d. Deutsch. chem. Gesellschaft 21, 3351 [1888].
[15]) Law, Proc. Chem. Soc. 22, 197 [1906].
[16]) Nef, Annalen d. Chemie 335, 247 [1904].
[17]) Nef, Annalen d. Chemie 335, 191 [1904].
[18]) Beilstein u. Wiegand, Berichte d. Deutsch. chem. Gesellschaft 18, 482 [1885].

Bariumverbindung 2 $(CH_2 : CH \cdot CH_2OH)BaO$. Sehr leicht löslich in Allylalkohol. Die Lösung trocknet über Schwefelsäure zu einer amorphen Masse ein, die oberhalb 100° verkohlt. Die allylalkoholische Lösung löst Bariumhydroxyd[1]).

Verbindung mit schwefliger Säure $C_3H_6O + SO_2$[2]).

Verbindung mit Ferrocyanwasserstoffsäure[3]). Schöne Krystalle, die 4 Mol. Alkohol enthalten.

Derivate: Allyläther $C_6H_{10}O = (CH_2 : CH \cdot CH_2)_2O$. Entsteht bei Einwirkung von Natriumallylalkoholat auf Allyljodid[4]). Flüssigkeit vom Siedep. 94,3° und einem spez. Gewicht von 0,8046 bei 18°.

Methylallyläther C_4H_8O. I. $CH_3 \cdot O \cdot CH_2 \cdot CH : CH_2$. Siedep. 46°, spez. Gew. 0,77 bei 11°[5]).

II. **Methylisopropenyläther, 2-Methoxypropen** (1) $\cdot CH_3 \cdot C(OCH_3) : CH_2$.

Äthylallyläther $C_5H_{10}O$. I. $C_2H_5O \cdot CH_2 \cdot CH : CH_2$. Siedet bei 62,5°[6]). Bei 64°[4]); bei 66—67° bei 742,9 mm Druck[7]). Kritische Temperatur 245°[8]). Erhitzt man den Äther mit 2proz. Schwefelsäure, so zerfällt er zum größten Teil in seine Komponenten, Allylalkohol und Äthylalkohol. Sättigt man den Äther mit Salzsäuregas und erhitzt, so erfolgt Spaltung in Äthylchlorid und Allylchlorid. Wendet man Bromwasserstoff an, so resultieren als Spaltprodukte die entsprechenden Bromide[9]). Bei Behandlung mit unterchloriger Säure entsteht Äthylchlorhydrin $C_3H_5Cl(OH) \cdot OC_2H_5$ vom Siedep. 230°[10]).

II. **Äthylisopropenyläther**, 2-Äthoxypropylen $C_2H_5 \cdot O \cdot C(CH_3)CH_2$. Entsteht durch Erhitzen einer Lösung von symmetrischem oder asymmetrischem Allylen in abs. Alkohol mit festem Kalihydrat auf 170—180°[11]) Entsteht ferner aus Propylenbromid bei Einwirkung von alkoholischem Kali bei 170°. Bildet sich ferner durch Kochen von Acetondiäthylacetal mit Phosphorsäureanhydrid und Chinolin in fast quantitativer Ausbeute[12]). Flüssigkeit bei 62—63° siedend. Spez. Gew. bei 0° 0,790; bei 20° 0,769. Konz. Jodwasserstoffsäure wirkt verharzend. Bei Behandlung mit 1proz. Schwefelsäure erfolgt Spaltung in Aceton und Äthylalkohol.

Propylallyläther $C_6H_{12}O = C_3H_5 \cdot O \cdot C_3H_7$. I. **Normalpropylallyläther** $CH_3CH_2 \cdot CH_2 \cdot O \cdot CH_2 \cdot CH : CH_2$. Flüssigkeit bei 90—91° siedend. Spez. Gew. bei 0° 0,8004; spez. Gew. bei 20° 0,787. Durch Jodwasserstoffgas wird der Normalpropylallyläther in Allyljodid und Propylalkohol zerlegt.

II. **Isopropylallyläther** $(CH_3)_2 : CH \cdot O \cdot CH_2 \cdot CH : CH_2$. Flüssigkeit, bei 730 mm Druck bei 82—83° siedend. Spez. Gew. bei 0° 0,7905; bei 20° 0,7764. Bromwasserstoffgas zerlegt in Allylbromid und Isopropylalkohol.

Allylisoamyläther $C_8H_{16}O = (CH_3)_2 \cdot CH \cdot (CH_2)_2 \cdot O \cdot CH_2 \cdot CH : CH_2$. Flüssigkeit, bei 120° siedend[6]).

Verbindungen mit Säuren: Allylnitrit $NO_2 \cdot CH_2 \cdot CH : CH_2$. Eiskalter Allylalkohol wird allmählich mit der äquivalenten Menge Glycerintrinitrit übergossen; das gebildete Allylnitrit wird vorsichtig abdestilliert, das Destillat mit verdünnter Kalilauge gewaschen, über Calciumnitrat entwässert und bei möglichst niedriger Temperatur rektifiziert[13]). Flüssigkeit, vom spez. Gew. 0,9546 bei 0°, bei 43,5—44,5° siedend, bei —20° noch nicht erstarrend. Beim Erhitzen auf 100° explodiert der Dampf. Ist unlöslich in Wasser. Die Verbindung hält sich nur in völlig reinem Zustande, zersetzt sich schon beim Schütteln mit Wasser. Bei Behandlung mit Äthylalkohol bildet sich Äthylnitrit.

Allylnitrat $NO_3 \cdot CH_2 \cdot CH : CH_2$. Entsteht bei Behandlung von Allylbromid mit Silbernitrat. Flüssigkeit bei 106° siedend, vom spez. Gew. 1,09 bei 10°[14]).

[1]) Vincent u. Delachanal, Liebigs Jahresber. **1880**, 606.

[2]) Slonina, Journ. d. russ. physikal.-chem. Gesellschaft **30**, 841 [1899]; Ref. Chem. Centralbl. **1899**, I, 249.

[3]) Chrétien u. Guinchant, Compt. rend. de l'Acad. des Sc. **136**, 1673 [1903].

[4]) Cahours u. Hofmann, Annalen d. Chemie u. Pharmazie **102**, 290 [1857].

[5]) Henry, Berichte d. Deutsch. chem. Gesellschaft **5**, 455 [1872].

[6]) Berthelot u. Luca, Annales de Chim. et de Phys. [3] **48**, 291 [1856].

[7]) Brühl, Annalen d. Chemie u. Pharmazie **200**, 178 [1880].

[8]) Pawlewski, Berichte d. Deutsch. chem. Gesellschaft **16**, 2634 [1883].

[9]) Kischner, Journ. d. russ. physikal.-chem. Gesellschaft **22**, 29 [1890].

[10]) Henry, Liebigs Jahresber. **1872**, 331.

[11]) Faworsky, Journ. f. prakt. Chemie [2] **37**, 532 [1888]; **44**, 215 [1891].

[12]) Claisen, Berichte d. Deutsch. chem. Gesellschaft **31**, 1021 [1898].

[13]) Bertoni, Gazzetta chimica ital. **15**, 364 [1885].

[14]) Henry, Berichte d. Deutsch. chem. Gesellschaft **5**, 452 [1872].

Allylschwefelsäure $C_3H_6SO_4 = CH_2 : CH \cdot CH_2 \cdot O \cdot SO_2 \cdot OH$. Bildet sich bei tropfenweisem Zusatz von konz. Schwefelsäure zu ungefähr dem gleichen Volumen Allylalkohol[1]). Zur Darstellung vgl. Czymanski[2]).

Salze: Vgl. Czymanski[2]).

Allylunterschweflige Säure $C_3H_6O_3S_2 = CH_2 : CH \cdot CH_2 \cdot S \cdot SO_3H$. Das Natriumsalz mit 1 Mol. Krystallwasser, in Tafeln krystallisierend, bildet sich beim Kochen einer wässerigen Lösung von unterschwefligsaurem Natrium mit einer alkoholischen Lösung vom Allylchlorid[3]). Sehr leicht löslich in Wasser und Alkohol. Beim Kochen mit Wasser tritt Zersetzung ein.

Triallylborat $C_9H_{15}BO_3 = B(OCH_2 \cdot CH : CH_2)_3$. Bildet sich beim Erhitzen von 1 T. Bortrioxyd mit 3—4 T. Allylalkohol auf 130°[4]). Siedep. 168—175°. Siedep. bei 758,3 mm 177,3—179,3° (korr.). Spez. Gew. bei 8,3°, bezogen auf Wasser von 4° 0,93392. Brechungskoeffizient 1,43327[5]). Spez. Gew. bei 0°, bezogen auf Wasser von 4°, 0,94209[6]). In Tetrachlorkohlenstoff gelöst, vermag die Verbindung sechs Atome Brom aufzunehmen und in einen Körper $(C_3H_5Br_2)_3BO_3$ überzugehen. Dicke Flüssigkeit, die sich bei 120° zersetzt und durch Wasser in Borsäure und Dibrompropylalkohol aufgespalten wird.

Allylphosphorsäure $C_3H_7PO_4 = CH_2 : CH \cdot CH_2 \cdot O \cdot PO \cdot (OH)_2$. Man trägt zur Darstellung Phosphorpentoxyd in eine abgekühlte Lösung der gleichen Volumina Allylalkohol und wasserfreiem Äther ein. Nach 24 Stunden wird der Äther verjagt, der Rückstand in Wasser gelöst, und die wässerige Lösung zuerst mit Bariumcarbonat, dann mit Barythydrat neutralisiert. Es wird vom Ungelösten abfiltriert; beim Einengen des Filtrates krystallisiert das Bariumsalz, aus dem durch Zerlegung die freie Säure gewonnen wird. Sirupöse Flüssigkeit[7]). Über Neutralisationswärme vgl. Cavalier[8]).

Diallylphosphorsäure $C_6H_{11}O_4P = PO(OC_3H_5)_2OH$. Bildet sich aus rohem Triallylphosphat, das aus Silberphosphat und Allyljodid hergestellt wird, durch Kochen mit der berechneten Menge Bariumhydrat[9]). Über Neutralisationswärme vgl. Cavalier[10]). Beim Erwärmen wird die wässerige Lösung verseift.

Allylformiat $C_4H_6O_2 = CHO_2 \cdot C_3H_5$. Entsteht als Nebenprodukt bei der Darstellung der Ameisensäure aus Glycerin und Oxalsäure bei zu starker Erhitzung[11]). Scharf senfartig riechend, siedet bei 768 mm bei 83,6°. Spez. Gew. bei 18° 0,948.

Allylacetat $C_5H_8O_2 = C_2H_3O_2 \cdot C_3H_5$. Entsteht aus Allyljodid und Silberacetat. Farblose Flüssigkeit von stechend aromatischem Geruch, zwischen 98° und 100° siedend. Wird durch Kochen mit Kali verseift[12]). Siedep. 105°[13]), 103—104° bei 733,9 mm[14]). Spez. Gew. 0,9376 bei 0°[15]). Siedep. 103—103,5° bei 753,3 mm; spez. Gew. 0,8220 bei 103°, bezogen auf Wasser von 4°[16]). Verbrennungswärme 655,828 Cal.[17]).

Allylpropionat $C_6H_{10}O_2 = C_3H_5O_2 \cdot C_3H_5$. Bei 733,8 mm bei 124—124,5° siedend[18]).

Allylbutyrat $C_7H_{12}O_2 = C_4H_7O_2 \cdot C_3H_5$. Aus Silberbutyrat mit Allyljodid und darauffolgende Destillation. Ölige Flüssigkeit, bei 142,5—143° bei 772 mm Druck siedend[12])[18])[19]).

Allylisobutyrat $C_7H_{12}O_2 = C_4H_7O_2 \cdot C_3H_5$. Flüssigkeit bei 766,4 mm zwischen 133,5° und 134° siedend.

[1]) Cahours u. Hofmann, Annalen d. Chemie u. Pharmazie **102**, 293 [1857].

[2]) Czymanski, Annalen d. Chemie **230**, 44 [1885].

[3]) Purgotti, Gazzetta chimica ital. **22**, I, 417 [1892].

[4]) Councler, Journ. f. prakt. Chemie [2] **18**, 376 [1878].

[5]) Ghira, Gazzetta chimica ital. **23**, I, 456 [1893].

[6]) Ghira, Gazzetta chimica ital. **23**, II, 9 [1893].

[7]) Cavalier, Bulletin de la Soc. chim. [3] **13**, 885 [1895].

[8]) Cavalier, Compt. rend. de l'Acad. d. Sc. **126**, I, 1142 [1898].

[9]) Cavalier, Compt. rend. de l'Acad. des Sc. **124**, 92 [1897].

[10]) Cavalier, Bulletin de la Soc. chim. [3] **19**. 958 [1898].

[11]) Tollens, Zeitschr. f. Chemie **1866**, 518; **1868**, 441.

[12]) Cahours u. Hofmann, Annalen d. Chemie u. Pharmazie **102**, 295 [1857].

[13]) Zinin, Annalen d. Chemie u. Pharmazie **96**, 361 [1855].

[14]) Brühl, Annalen d. Chemie **200**, 179 [1880].

[15]) Přibram u. Handl, Monatshefte f. Chemie **2**, 661 [1881].

[16]) Schiff, Annalen d. Chemie **220**, 109 [1883].

[17]) Luginin, Annales de Chim. et de Phys. [6] **8**, 132 [1886].

[18]) Schiff, Zeitschr. f. physiol. Chemie **1**, 385ff. [1877].

[19]) Berthelot u. Luca, Annalen d. Chemie u. Pharmazie **100**, 360 [1856].

Allylvalerat $C_8H_{14}O_2 = C_5H_9O_2 \cdot C_3H_5$. Aus Jodallyl und valeriansaurem Silber[1]). Farblose Flüssigkeit mit aromatischem Geruch, die bei 767,4 mm bei 154—155° siedet[2]).

Allylcyanat $NCO \cdot C_3H_5$. Bei Einwirkung von cyansaurem Silber auf Jodallyl. Durchsichtige farblose Flüssigkeit mit stechendem, zu Tränen reizendem Geruch, bei 82° siedend[1]).

Allyloxalat $C_8H_{10}O_4 = (C_3H_5)_2C_2O_4$. Durch Einwirkung von oxalsaurem Silber auf Jodallyl in Gegenwart von getrocknetem Äther[3]). Spez. Gew. 1,055 bei 15,5°. Siedepunkt 215,5°[4]); 217° bei 758,7 mm[2]).

Allylbenzoat $C_6H_5 \cdot CO_2(C_3H_5)$. Wird erhalten durch Einwirkung von Benzoylchlorid auf Allylalkohol oder aus benzoesaurem Silber mit Allyljodid. Bernsteingelbe Flüssigkeit, unlöslich in Wasser, löslich in Alkohol, Methylalkohol und Äther. Siedep. 228°[2]).

Allylglycin $C_5H_9NO_2 = CH_2 : CH \cdot CH_2 \cdot CH(NH_2)COOH$. Rhomboedrische Blättchen von süßem Geschmack, bei 250—252° (korr.) unter lebhafter Gasentwicklung schmelzend; ziemlich löslich in Wasser, fast unlöslich in abs. Alkohol[5]).

Allylmerkaptan $C_3H_6S = CH_2 : CH \cdot CH_2 \cdot SH$. Bei Einwirkung von Jodallyl auf eine Lösung von Kaliumsulfhydrat[3]). Flüssigkeit, bei 90° siedend. Bei Behandlung mit Quecksilberoxyd entsteht die Verbindung C_3H_5SHgCl. Perlmutterglänzende Schuppen aus kochendem abs. Alkohol. Unlöslich in kaltem Wasser, Alkohol und Äther[6]).

Halogensubstitutionsderivate: Chlorallylalkohol C_3H_5ClO. a) α-**Chlorallylalkohol**, 2-Chlor-1-hydroxypropylen $CH_2 : CCl \cdot CH_2 \cdot OH$. Entsteht bei längerem Kochen des entsprechenden Chlorids mit verdünnter Kalilauge[7]). Ferner beim Erhitzen des Jodids mit verdünntem Alkali oder Silberoxyd[8]). Flüssigkeit, bei 136—140° siedend, mit schwach aromatischem Geruch; spez. Gew. 1,164. In Vitriolöl löslich unter Entwicklung von Salzsäuregas. Bei Destillation der Lösung mit Wasser erhält man Acetylcarbinol $CH_3 \cdot CO \cdot CH_2 \cdot OH$. — b) β-**Chlorallylalkohol**, 3-Chlor-1-hydroxypropylen $CHCl : CH \cdot CH_2 \cdot OH$. Entsteht beim Erhitzen des entsprechenden Chlorids mit 1 Mol. Kalilauge auf 100°[9]). Stechend riechende Flüssigkeit, die auf die Haut stark blasenziehend wirkt. in Wasser wenig löslich. Siedep. 153° (korr.); spez. Gew. bei 15° 1,162.

2-(α-)Chlorallylnitrat $C_3H_4ClNO_3 = NO_3 \cdot CH_2 \cdot CCl : CH_2$. Bildet sich aus Chlorallyljodid und Silbernitrat[8]). Flüssigkeit unlöslich in Wasser, bei 140° siedend.

Chlorallylacetate $C_5H_7ClO_2$. a) α-**Chlorderivat** $C_2H_3O_2 \cdot CH_2 \cdot CCl : CH_2$. Bildet sich aus α-Epidichlorhydrin $C_3H_4Cl_2$ mit Kaliumacetat[10]). Siedep. 145°. — b) β-**Chlorderivat** $C_2H_3O_2 \cdot CH_2 \cdot CH : CHCl$. Entsteht aus β-Epidichlorhydrin $C_3H_4Cl_2$ und Kaliumacetat[11]). Siedet bei 156—159°.

Bromallylalkohole C_3H_5BrO. a) α-**Bromallylalkohol**, 2-Brom-1-Hydroxypropylen $CH_2 : CBr \cdot CH_2 \cdot OH$. Entsteht beim Erhitzen des Bromides mit der 3 fachen Menge Wasser auf 130°[12]). Flüssigkeit, bei 152° siedend, bei Behandlung mit Kalilauge resultiert Propargylalkohol. Siedep. bei 755 mm 153—154°[13]). — b) β-**Bromallylalkohol**, 3-Brom-1-Hydroxypropylen $CHBr : CH \cdot CH_2 \cdot OH$. Bildet sich aus dem Acetat durch Behandlung mit festem Natronhydrat[14]). Siedep. 169—170°; spez. Gew. bei 0° 1,59[13]). Bei Behandlung mit Phosphorpentachlorid entsteht die Verbindung $CHBrCl \cdot CH_2Cl$; bei Behandlung mit Ätzkali entsteht Propargylalkohol.

3-(β-)Bromallylnitrat $C_3H_4BrNO_3 = NO_3CH_2CH : CHBr$[14]). Entsteht aus Bromallylbromid $CHBr : CH \cdot CH_2Br$ bei Behandlung mit alkoholischem Silbernitrat. Siedepunkt zwischen 140—150°; spez. Gew. 1,5 bei 13°[14]).

---

[1]) Cahours u. Hofmann, Annalen d. Chemie u. Pharmazie **102**, 295 [1857].

[2]) Schiff, Zeitschr. f. physiol. Chemie **1**, 385 ff. [1877].

[3]) Cahours u. Hofmann, Annalen d. Chemie u. Pharmazie **102**, 288 ff. [1857].

[4]) Kekulé u. Rinne, Berichte d. Deutsch. chem. Gesellschaft **6**, 387 [1873].

[5]) Sörensen, Compt. rend. des traveaux du Lab. de Carlsberg-Kopenhagen **6**, 137—192 zit. nach Chem. Centralbl. **1905**, II, 400—401.

[6]) Gerlich, Annalen d. Chemie **178**, 88 [1875].

[7]) Henry, Bulletin de la Soc. chim. **39**, 526 [1883].

[8]) Romburgh, Recueil d. traveaux chim. des Pays-Bas **1**, 238 [1882].

[9]) Romburgh, Bulletin de la Soc. chim. **36**, 557 [1881].

[10]) Henry, Berichte d. Deutsch. chem. Gesellschaft **5**, 454 [1872].

[11]) Martynow, Berichte d. Deutsch. chem. Gesellschaft **8**, 1318 [1875].

[12]) Henry, Berichte d. Deutsch. chem. Gesellschaft **14**, 404 [1881].

[13]) Lespieau, Annales de Chim. et de Phys. [7] **11**, 245 [1897].

[14]) Henry, Berichte d. Deutsch. chem. Gesellschaft **5**, 453 ff. [1872].

Bromallylacetat $C_5H_7O_2Br$. a) **β-Bromderivat** $C_2H_3O_2 \cdot CH_2 \cdot CH : CHBr$. Entsteht aus β-Epidibromhydrin $C_3H_4Br_2$ bei Behandlung mit alkoholischem Kaliumacetat[1]). Spez. Gew. 1,57 bei 12°. Siedep. bei 760 mm 175—177°[2]). — b) **α-Bromderivat** $C_2H_3O_2 \cdot CH_2 \cdot CBr : CH_2$. Bildet sich bei Behandlung von α-Epidibromhydrin mit Kaliumacetat. Flüssigkeit, bei 765 mm Druck bei 157—158° siedend[2]).

α, β-Dibromallylacetat $C_5H_6Br_2O_2 = C_2H_3O_2 \cdot CH_2 \cdot CBr : CHBr$. Flüssigkeit, die bei 20 mm zwischen 106° und 109° siedet[3]).

Jodallylalkohol $C_3H_5JO = CH_2 : CJ \cdot CH_2 \cdot OH$. Entsteht durch Erwärmen einer Lösung von Allylalkoholjodid $C_3H_5(OH)J_2$ in Chloroform[4]). Nadeln vom Schmelzp. 160°, in Wasser unlöslich.

Alkohole aus Wollfett.[5])

I.

Mol.-Gewicht 156,16.
Zusammensetzung: 76,84% C, 12,91% H, 10,25% O.

$$C_{10}H_{20}O.$$

Vorkommen: Im Wollfett, in dessen alkalischen Abwässern bei der teilweisen Verseifung.

Darstellung: Die alkalischen Abwässer werden zum dicken Brei eingedampft und mit verdünntem Alkohol aufgenommen, wobei ein unlöslicher krystallinischer Rest zurückbleibt. Dieser wird erst mit verdünntem, dann mit starkem Alkohol ausgewaschen, mit Wasser aufgenommen und unter Zusatz von Schwefelsäure so lange gekocht, bis sich die ganze Masse an der Oberfläche in weichen grauen Krumen ansammelt. Die graue Masse wird abgehoben, in Wasser suspendiert und mit Äther gut ausgeschüttelt. Der im Äther unlösliche Teil wird aus abs. Alkohol wiederholt umkrystallisiert.

Physikalische und chemische Eigenschaften: Weißes, geschmack- und geruchloses Pulver, unlöslich in Wasser, Äther, Mineralsäuren und Alkalien, leicht löslich in kochendem mit Alkohol, Chloroform, Benzol, Benzin und ähnlichen Lösungsmitteln, beim Erkalten fast quantitativ wieder ausfallend. Leicht löslich in Eisessig, beim Erkalten in kleinen Nadeln ausfallend. Aus wässerigem Alkohol mikroskopisch derbblätteriges Krystallpulver mit $1/2$ Mol. Krystallwasser. Sehr hygroskopisch. Schmelzp. 105—109°. In konz. Schwefelsäure bei gelinder Wärme mit hellgelber Farbe löslich. Gibt weder Cholesterin- noch Isocholesterinreaktion. Bei der Oxydation mit Chromsäure wird eine noch nicht näher untersuchte Säure gebildet. Addiert Brom.

Derivate: Acetylderivat. Wird erhalten durch vorsichtigen Zusatz von konz. Schwefelsäure zur Lösung in Essigsäureanhydrid bei gelinder Wärme, bis die Lösung sich dunkel färbt. Durch Zusatz von verdünntem Alkohol wird die Verbindung gallertartig ausgefällt.

II.[5])

Mol.-Gewicht 170,18.
Zusammensetzung: 77,57% C, 13,03% H, 9,40% O.

$$C_{11}H_{22}O.$$

Vorkommen: Im Wollfett wie I.

Darstellung: Der bei der Ausschüttelung der grauen Masse mit Äther (s. bei I) erhaltene ätherische Auszug wurde abdestilliert und der Rückstand 3 mal aus Alkohol umkrystallisiert.

Physikalische und chemische Eigenschaften: Kleine, sternförmig zusammengefügte Nadeln, bei 82—87° unverändert schmelzend und bei 83—80° wieder krystallinisch erstarrend. Die im Vakuum über Schwefelsäure getrocknete Substanz ist nicht hygroskopisch. Der Alkohol ist in seinem Verhalten dem unter I beschriebenen außerordentlich ähnlich und wie dieser als ungesättigter Alkohol der Reihe CnH_2nO aufzufassen, dessen nächsthöheres Glied der Lanolinalkohol ist.

[1]) Henry. Berichte d. Deutsch. chem. Gesellschaft **5**, 453 ff. [1872].
[2]) Lespieau, Annales de Chim. et de Phys. [7] **11**, 245 [1897].
[3]) Lespieau, Annales de Chim. et de Phys. [7] **11**, 261 [1897].
[4]) Hübner u. Lellmann, Berichte d. Deutsch. chem. Gesellschaft **14**, 207 [1881].
[5]) Darmstaedter u. Lifschütz, Berichte d. Deutsch. chem. Gesellschaft **28**, 3133—3135 [1895].

Lanolinalkohol.[1]

Mol.-Gewicht 184,19.
Zusammensetzung: 78,18% C, 13,13% H, 8,69% O.

$$C_{12}H_{24}O.$$

Vorkommen: Im Lanolin Liebreich.

Darstellung: Das Lanolin wird mit alkoholischer Natronlauge verseift, und nun durch Äther das Cholesterin, Isocholesterin usw. entfernt. Durch Zusatz von Schwefelsäure werden die Seifen zerlegt, und das Reaktionsprodukt mit Äther behandelt. Die Fettsäuren gehen hierbei in den Äther, der Lanolinalkohol bleibt im Rückstand und wird durch Filtration von den gelösten Bestandteilen getrennt.

Physikalische und chemische Eigenschaften: Aus Chloroform weißes, geruchloses Krystallpulver. Löslich in warmem Alkohol, Benzin und Chloroform, wenig löslich in der Kälte, unlöslich in Äther. Schmelzp. 102—104°. Unlöslich in Pottasche. Gibt keine Reaktionen des Cholesterins und des Isocholesterins; hat keine Jodzahl.

Derivate: Benzoylderivat. Durch 2stündiges Behandeln des Lanolinalkohols mit einem Überschuß von Benzoesäureanhydrid während 2 Stunden auf 200° im geschlossenen Rohr, Lösen des Reaktionsproduktes in Alkohol und Fällen mit Äther. Weiße wachsartige Masse, löslich in Alkohol, unlöslich in Äther, bei 65—66° schmelzend. Durch Behandlung mit Natriumäthylat zerfällt der Ester in Benzoesäure und Lanolinalkohol.

Glutinol.[2]

Mol.-Gewicht 212,22.
Zusammensetzung: 79,12% C, 13,13% H, 7,75% O.

$$C_{14}H_{28}O.$$

Vorkommen: Im Blattwachs der Erle, Alnus glutinosa.

Darstellung: Der dünne Firniß, der die Blätter der Erle bedeckt, wird durch rasches Behandeln mit lauwarmem Benzol-Toluol abgewaschen. Nach Verdunsten des Lösungsmittels verbleibt ein harter, dunkelgrünlichgrauer Lack, der sich in warmem Benzol leicht löst. Durch Behandlung mit siedendem Petroläther geht das Harz zum Teil in Lösung; beim Verdunsten krystallisiert der Alkohol aus.

Physikalische und chemische Eigenschaften: Aus Petroläther Krystalle, aus Alkohol voluminöse, feinblätterige Krystallflocken, bei 70—71° schmelzend. Leicht löslich in Alkohol, Äther und Benzol. Aus konz. Benzollösung fast kolloidal erstarrend. Gibt nicht Salkowskis Cholesterinreaktion.

Vitol.[3]

Mol.-Gewicht 254,27.
Zusammensetzung: 80,23% C, 13,47% H, 6,30% O.

$$C_{17}H_{34}O.$$

Vorkommen: In den Blättern des Weinstocks.

Darstellung: Im Juli gepflückte Weinblätter werden mit Schwefelkohlenstoff kalt erschöpft und der Abdampfrückstand solange mit kaltem Alkohol behandelt, bis dieser nicht mehr gefärbt wird. Der in kaltem Alkohol unlösliche Rückstand wird in Benzin gelöst, mit Tierkohle behandelt und diese Behandlung mehrere Male wiederholt.

Physikalische und chemische Eigenschaften: Aus Benzin weißer, krystallinischer Körper, der bei 74° schmilzt und bei 300° destilliert[3]).

1) Marchetti, Gazzetta chimica ital. **25**, 45—47 [1895].
2) Euler, Berichte d. Deutsch. chem. Gesellschaft **40**, 1760—1763 [1907].
3) Etard, Compt. rend. de l'Acad. des Sc. **114**, 364—366 [1892].

Cerosin.

Mol.-Gewicht 352,39.
Zusammensetzung: 81,73% C, 13,73% H, 4,54% O.

$$C_{24}H_{48}O.$$

Vorkommen: Findet sich auf der Oberfläche der Rinde des Zuckerrohres, besonders der violetten Varietät und bildet daselbst einen weißen oder graugrünen adhärierenden Staub[1]. Das Zuckerrohr von Otahiti und das kreolische Rohr enthalten nur sehr geringe Mengen[2]. Ein gleicher Körper findet sich in der Cera de los Andaquies aus der Gegend des Amazonenstromes.

Darstellung: Der von der Rinde abgeschabte staubförmige Körper wird wiederholt mit kaltem Alkohol gewaschen, der verbleibende weiße Rückstand in kochendem Alkohol gelöst, und die beim Erkalten gewonnenen Krystalle mit Wasser gewaschen[3].

Physikalische und chemische Eigenschaften: Feine, perlmutterglänzende, sehr leichte Blättchen, nicht fettend und zwischen den Fingern nicht erweichend. Schmilzt bei 82°. Unlöslich in Wasser, fast unlöslich in kaltem Alkohol, leicht löslich in siedendem Alkohol; unlöslich in kaltem, schwer löslich in heißem Äther. Kochen mit konz. Kalilauge ist unwirksam. Durch Erhitzen mit Natronkalk auf 250° bildet sich eine krystallisierte Säure, die Cerosinsäure, bei 93,5° schmelzend, sehr wenig löslich in Alkohol und Äther, deren Analysenzahlen auf die Formel $C_{24}H_{48}O_2$ stimmen.

Hippokoprosterin, Chortosterin.

Mol.-Gewicht 394,43.
Zusammensetzung: 82,14% C, 13,80% H, 4,06% O.

$$C_{27}H_{54}O \text{ (oder } C_{27}H_{56}O).$$

Vorkommen: In dem Kot der Pferde[4], sowie auch in dem anderer mit Gras gefütterter Herbivoren (Kuh, Schaf, Kaninchen)[5].

Darstellung: Die getrockneten Faeces der genannten Tiere werden 5—6 Tage lang mit Äther extrahiert, und das ätherische Extrakt sodann mit alkoholischem Natriumäthylat verseift, wobei darauf zu achten ist, daß die Alkoholmenge stets nur den 10.—12. Teil des Äthervolumens beträgt. Nach gutem Umschütteln wird 20 Stunden stehen gelassen. Die Seifen werden abfiltriert, mit Äther nachgewaschen und das Filtrat zunächst mit der gleichen Menge Wasser, darauf mit kaliumcarbonathaltigem Wasser geschüttelt; die ätherische Lösung wird abgehoben, getrocknet und abgedampft. Der Rückstand wird durch Tierkohle entfärbt, in Äther gelöst und durch Alkohol gefällt, endlich durch Umkrystallisieren aus Benzin oder Essigäther und aus Äther gereinigt. Die Ausbeute beträgt ca. 0,2%, bezogen auf das Gewicht der angewandten trockenen Faeces[5].

Physikalische und chemische Eigenschaften: Leichte, weiße Masse, die sich beim Pulvern zusammenballt, sich beim Sieden leicht in fast allen Lösungsmitteln, mit Ausnahme von Wasser löst. In Benzin von 16° löst sich 0,32%. Aus Alkohol, Methylalkohol, Essigäther, Eisessig, Essigsäureanhydrid fällt die Verbindung als eine weiße, gelatinöse Masse, aus Äther, Petroläther, Benzin, Chloroform als weißes Pulver. Aus konz. Lösungen scheiden sich mikroskopische, sternförmig gruppierte Nadeln oder Rosetten aus; beim langsamen Verdunsten der ätherischen Lösung große, durchscheinende Krystallmassen. Schmilzt bei 78,5—79,5°, erstarrt bei 77°. Ist als gesättigter Alkohol aufzufassen[5]. Die Hydroxylgruppe ist nicht leicht durch Chlor ersetzbar: Phosphorpentachlorid wirkt in der Kälte nicht ein, ebensowenig Thionylchlorid. Absorbiert in Schwefelkohlenstoff gelöst kein Brom; Brom ist auch im geschlossenen Rohr bei 100° ohne Wirkung. Beim Erhitzen mit Brom auf 170° entstehen Substitutionsprodukte. Der Körper ist optisch inaktiv, er gibt auch keine Farbenreaktionen; die von Bondzyński und Humnicki angegebenen cholesterinartigen Reaktionen, ebenso die von denselben

[1] Avequin, Annalen d. Chemie u. Pharmazie **37**, 170—173 [1841].
[2] Lewy, Annales de Chim. et de Phys. [3] **13**, 451—457 [1845].
[3] Dumas, Annalen d. Chemie u. Pharmazie **37**, 173—174 [1841].
[4] Bondzyński u. Humnicki, Zeitschr. f. physiol. Chemie **22**, 409 [1896/97].
[5] Dorée u. Gardner, Proc. Roy. Soc. **80** B, 212—226 [1908].

angegebene geringe Rechtsdrehung dürfte auf Verunreinigungen zurückzuführen sein. Der Alkohol hat mit dem Cholesterin keinerlei Verwandtschaft, ist vielmehr als ein Alkohol aus Gras aufzufassen, weshalb es empfehlenswert ist, den Namen Hippokoprosterin aufzugeben und dafür den von Dorée und Gardner vorgeschlagenen Namen Chortosterin zu benutzen.

Derivate: Acetat $C_{27}H_{53}O \cdot CO \cdot CH_3$ (oder $C_{27}H_{55}O \cdot COCH_3$). Wird erhalten durch $1/2$ stündiges Erhitzen von 2 T. geschmolzenem essigsaurem Natrium, 5—6 T. Essigsäure-anhydrid und 1 T. Chortosterin. Durchscheinende, leicht zusammenballende Masse aus Essigäther, bei 61—62° schmelzend.

Benzoylderivat $C_{27}H_{53}O \cdot CO \cdot C_6H_5$ (oder $C_{27}H_{55}O \cdot COC_6H_5$). Entsteht durch 2 stündiges Erhitzen gleicher Teile Chortosterin und Benzoesäureanhydrid auf 60°. Aus Essigäther mikroskopische Nadeln, leicht löslich in Äther, Petroleum, Benzin, sehr wenig löslich in Alkohol und Essigäther. Schmelzp. 58,5—59,5°. Optisch inaktiv.

Cinnamoylderivat $C_{27}H_{53}O \cdot CO \cdot C_8H_7$ (oder $C_{27}H_{55}O \cdot COC_8H_7$). Entsteht durch 1 stündiges Erhitzen von 5 T. Chortosterin mit 3 T. Cinnamoylchlorid auf 240° und Auskochen des Reaktionsproduktes mit Alkohol. Nadelförmige Krystalle, bei 62° schmelzend, leicht löslich in Benzin, wenig löslich in Essigäther und Petroleum, sehr wenig löslich in Alkohol.

Alkohole? aus Cochenille.[1]

I.

Mol.-Gewicht 520,58.
Zusammensetzung: 82,98% C, 13,94% H, 3,08% O.

$$C_{36}H_{72}O.$$

Vorkommen: Im Fett der Cochenille, das sich in dieser in einer Menge von 12—14% findet.

Darstellung: Das Fett wird mit Kaliumhydroxyd unter Zusatz von Alkohol verseift, und nach dem Abdampfen des Alkohols die Fettsäuren mit Schwefelsäure ausgeschieden. Diese werden nochmals mit Kaliumhydrat verseift und die Seifenlösung wiederholt mit Äther ausgeschüttelt. Beim Abdampfen hinterbleibt eine gelbe, wachsähnliche Masse von aromatischem Geruch, die wiederholt heiß mit verdünnter Kalilauge gewaschen wird.

Physikalische und chemische Eigenschaften: Aus heißem Alkohol umgelöst lockere, weiße Masse, aus mikroskopisch kleinen Nadeln bestehend, mit eigentümlichem Geruch, vom Schmelzp. 66,6°.

II.

Mol.-Gewicht 222,21.
Zusammensetzung: 81,00% C, 11,80% H, 7,20% O.

$$C_{15}H_{26}O.$$

Vorkommen: Im Fett der Cochenille.

Darstellung: Aus der beim Umkrystallisieren von I bleibenden alkoholischen Mutterlauge wird nach Abdampfen des Alkohols und Zusatz von viel Wasser eine halbfeste Masse abgeschieden, die beim Schütteln von Äther aufgenommen wird. Wird die ätherische Lösung zur Trockne abgedampft, so hinterbleibt ein trübes Öl, das beim Abkühlen zu einer durchscheinenden Masse erstarrt.

Physikalische und chemische Eigenschaften: Amorphe, durchscheinende Masse, schon bei Handwärme schmelzend.

Anthemol.

Mol.-Gewicht 152,13.
Zusammensetzung: 78,88% C, 10,60% H, 10,52% O.

$$C_{10}H_{16}O.$$

Vorkommen: Im Römisch-Kamillenöl als Ester der Angelicasäure und der Tiglinsäure.

Darstellung: Es findet sich bei der fraktionierten Destillation des Kamillenöls in dem über 220° nicht ohne Zersetzung siedenden Teil. Die bei dieser Temperatur zurückgebliebene

---

[1] Raimann, Sitzungsber. d. Wiener Akad. **92 II**, 1128—1129 [1886].

dicke, dunkelbraune Flüssigkeit wird direkt in zugeschmolzenen Röhren mit Kalilauge verseift und die darin enthaltenen Säuren und Alkohole mit Wasserdampf abdestilliert. Das so abdestillierte Öl wird in einen kleineren, bei 152—153° siedenden Teil, der als ein Hexylalkohol identifiziert wurde und in einem größeren Teil, der gegen 214° nicht ohne Zersetzung siedet, zerlegt. Dieser Teil ist das Anthemol.

Physikalische und chemische Eigenschaften: Dicke farblose Flüssigkeit von eigentümlichem, campherartigem Geruch, mit dem Campher isomer. Siedet zwischen 213,5° und 214,5° bei 760 mm nicht ohne Zersetzung. Kommt im Kamillenöl als Angelica- oder Tiglinsäureester vor.

Derivate: Acetat $C_{10}H_{15}O \cdot C_2H_3O$. Durch Kochen des Anthemols während einiger Stunden mit überschüssigem Essigsäureanhydrid und Destillieren des Reaktionsproduktes. Dickflüssiges Öl, zwischen 234° und 236° siedend.

Durch eine Mischung von Kaliumbichromat und verdünnter Schwefelsäure wird das Anthemol vollständig zu Kohlensäure und Wasser verbrannt, durch verdünnte Salpetersäure wird es nur langsam angegriffen; neutralisiert man das destillierte Reaktionsprodukt und fällt mit Salzsäure aus, so scheidet sich eine schwer lösliche, noch gelb gefärbte Säure ab, die nach Behandlung mit etwas Zinn und Salzsäure und Umkrystallisieren aus siedendem Wasser als Paratoluylsäure, Schmelzp. 175—176°, identifiziert wurde. Außerdem wurde bei der Oxydation noch Terephthalsäure gebildet, wahrscheinlich auch noch Terebinsäure oder eine andere ähnliche[1]).

Ficocerylalkohol.

Mol.-Gewicht 248,22.
Zusammensetzung: 82,19% C, 11,37% H, 6,44% O.

$$C_{17}H_{28}O.$$

Vorkommen: Findet sich im Gondangwachs (Cera Fici), das von dem Gondangbaum, einem wilden Feigenbaum, Ficus ceriflua Jungh. (Ficus subracemosa Bl.), gewonnen wird.

Darstellung: Das rohe Wachs wird zuerst mit Schwefelkohlenstoff behandelt, sodann mit verdünnter Pottaschelösung, wodurch Farbstoff entfernt wird. Das so gereinigte Harz wird ziemlich lange mit alkoholischer Kalilauge verseift. Beim Abkühlen scheidet sich der unreine Alkohol als krystallinische Masse ab. Durch Auspressen wird die Mutterlauge möglichst entfernt, und durch Kochen mit Wasser vorhandene Beimischungen entzogen. Der ungelöst bleibende Rückstand, der einen Schmelzp. von 190° zeigt, wird wiederholt aus heißem Alkohol umkrystallisiert, wobei der Schmelzpunkt sich erhöht.

Physikalische und chemische Eigenschaften: Weiße, krystallinische Masse von sammetartigem Aussehen. Schmelzp. 198°[2]).

Alkohole? aus Ficus gummiflua.

I.

Mol.-Gewicht 396,45.
Zusammensetzung: 81,73% C, 14,23% H, 4,04% O.

$$C_{27}H_{56}O.$$

Vorkommen: Im Wachs (vielleicht der getrocknete Milchsaft) von Ficus gummiflua (Carnaubawachs).

Darstellung: Das Wachs wird durch Kochen mit Wasser vom Farbstoff befreit. Die erhaltene, fast weiße Masse wird mit kaltem Äther behandelt, und durch Zufügen von Alkohol bis zum bleibenden Niederschlag die Verbindung gewonnen.

Physikalische und chemische Eigenschaften: In kaltem Alkohol und Äther schwer löslich, leicht löslich in warmem Äther und beim Abkühlen hieraus krystallinisch erstarrend. Schmelzp. 62°. Bei Behandlung mit Phosphorpentachlorid wird unter gleichzeitiger Bildung von Salzsäure und Phosphoroxychlorid ein Chlorür gebildet. Bei Behandlung mit Acetylchlorid entsteht ein bei 57° schmelzendes, undeutlich krystallisierendes Acetat.

[1]) Köbig, Annalen d. Chemie **195**, 104—107 [1879].
[2]) Greshoff u. Sack, Recueil des travaux chim. des Pays-Bas et de la Belg. **20**, 65—67 [1901].

II.

Mol.-Gewicht 226,24.
Zusammensetzung: 79,56% C, 13,37% H, 7,07% O.

$$C_{15}H_{30}O.$$

Vorkommen: Im Wachs von Ficus gummiflua.

Darstellung: Fällt man die ätherische Lösung des Wachses mit Alkohol (s. oben) und engt das Filtrat vom Niederschlage ein, so erhält man ein Gemisch des unter I beschriebenen Alkohols und eines anderen leichter löslichen. Durch wiederholte Lösung in Äther und wiederholte Fällung mit Alkohol, endlich durch fraktionierte Krystallisation aus kaltem Äther; kann man den leichter löslichen Anteil rein erhalten.

Physikalische und chemische Eigenschaften: Kleine, warzenförmige Krystalle aus einem Gemisch von Äther und Alkohol; in Alkohol leichter löslich als I. Schmelzp. 73°. Verhält sich gegen Acetylchlorid und Phosphorpentachlorid ebenso wie der unter I beschriebene Alkohol. Die Lösung des Acetats bleibt flüssig.

III.

Mol.-Gewicht 100,10 · x.
Zusammensetzung: 71,93% C, 12,09% H, 15,98% O.

$$(C_6H_{12}O)_x.$$

Vorkommen: Im Wachs von Ficus gummiflua (Carnaubawachs).

Darstellung: Das vom Farbstoff befreite Wachs wird der trockenen Destillation unterworfen, wobei ein Gemenge eines krystallinischen und eines ölförmigen Körpers übergeht. Durch Abpressen zwischen Fließpapier und Umkrystallisieren aus Petroläther wird der krystallinische Körper rein erhalten.

Physikalische und chemische Eigenschaften: Perlmutterglänzende Schuppen aus Petroläther, bei 62° schmelzend, fast unzersetzt bei 345—354° siedend. Das krystallinische Acetat schmilzt bei 57°. Bei der Oxydation mit verdünnter Salpetersäure entsteht eine Säure vom Schmelzp. 62°, die aus Alkohol in Warzen krystallisiert. Das Barytsalz der Säure enthielt 15,9% Barium[1]).

---

[1]) Kessel, Berichte d. Deutsch. chem. Gesellschaft **11**, 2112—2115 [1878].

Zweiwertige Alkohole der aliphatischen Reihe.

Von

Ludwig Pincussohn-Berlin.

Unbenannter Alkohol.

Mol.-Gewicht 384,42.
Zusammensetzung: 78,04% C, 13,64% H, 8,32% O.

$$C_{23}H_{46}\begin{cases}CH_2OH\\CH_2OH\end{cases}$$

Vorkommen: Im Carnaubawachs[1]).
Darstellung: Durch Extraktion des Natronsalzes mit organischen Lösungsmitteln (Petroläther) und wiederholtes Umkrystallisieren der am höchsten schmelzenden Fraktion aus Petroläther.
Physikalische und chemische Eigenschaften: Aus einem Gemisch von Benzol und Äther rein weißes, fein krystallinisches Pulver vom Schmelzp. 103,5—103,8°. Ziemlich schwer löslich in siedendem Petroläther, leichter in einem Gemisch von Benzol und Äther. Durch Erhitzen mit Natronkalk bildet sich die Dicarbonsäure $C_{23}H_{46}(COOH)_2$. Das Bleisalz derselben ist unlöslich in siedendem Äther, Alkohol, Benzol; kaum löslich in siedendem Toluol; leicht löslich in siedendem Eisessig. Zersetzt sich beim Erhitzen auf 125°.

Coccerylalkohol.

Mol.-Gewicht 454,50.
Zusammensetzung: 79,21% C, 13,75% H, 7,04% O.

$$C_{30}H_{60}(OH)_2.$$

Vorkommen: In der Cochenille, gebunden an Coccerylsäure[2]).
Darstellung: Cochenille wird wiederholt mit Benzol ausgekocht, um den Coccerylester zu extrahieren. Der auskrystallisierende Ester wird wiederholt aus Benzol oder Eisessig umkrystallisiert, das Produkt durch längeres Kochen mit konzentrierter, alkoholischer Kalilauge verseift, die erhaltene Lösung mit Wasser, versetzt und der Alkohol verdunstet. Der Rückstand wird mit Salzsäure behandelt, der gewaschene Niederschlag in Alkohol gelöst, mit Chlorcalciumlösung gefällt, und der erhaltene Niederschlag mit Alkohol ausgekocht. Aus Alkohol krystallisiert dabei fast reiner Coccerylalkohol.
Physikalische und chemische Eigenschaften: Aus Alkohol Krystallpulver vom Schmelzp. 101—104°. Bei der Oxydation mit Chromsäure entsteht eine Pentadecylsäure $C_{15}H_{30}O_2$ vom Schmelzp. 59—60°.
Derivat: Coccerinsäurecoccerylester $(C_{28}H_{56}COO)_2 \cdot C_{30}H_{60}$. Findet sich im Cochenillewachs[2]). Aus Alkohol atlasglänzende, dünne Blättchen vom Schmelzp. 106°. Fast unlöslich in kaltem Alkohol und Äther, sehr schwer löslich in kaltem Benzol und Eisessig.

---

[1]) Stürck, Annalen d. Chemie **223**, 283 [1884].
[2]) Liebermann, Berichte d. Deutsch. chem. Gesellschaft **18**, 1981 [1885].

Glutanol.

Mol.-Gewicht 226,21.
Zusammensetzung: 74,23% C, 11,60% H, 14,17% O.

$$C_{14}H_{26}O_2.$$

Vorkommen: Im Blattwachs von Alnus glutinosa.

Darstellung: Das aus dem Blattwachs von Alnus glutinosa gewonnene Harz (vgl. Glutinol S. 490) wird in warmem Benzol gelöst; aus der konz. Lösung wird mit Äther der Alkohol als sandig-krystallinische Masse ausgefällt.

Physikalische und chemische Eigenschaften: Krystallmasse, bei 76° schmelzend, etwas weniger löslich als Glutinol, sonst aber diesem ähnlich. Gibt die Cholesterinreaktionen nicht[1]).

Vitoglykol.

Mol.-Gewicht 352,35.
Zusammensetzung: 78,33% C, 12,59% H, 9,08% O.

$$C_{23}H_{42}(OH)_2.$$

Vorkommen: Wie Vitol (S. 490) in Weinblättern.

Darstellung: Der bei der Vitoldarstellung in kaltem Alkohol lösliche Teil des Schwefelkohlenstoffextraktes wird abgedampft, und der Rückstand mit Alkali und Äther behandelt. Das Vitoglykol findet sich in der ätherischen Schicht.

Physikalische und chemische Eigenschaften: Weißer, krystallinischer Körper[2]).

---

[1]) Euler, Berichte d. Deutsch. chem. Gesellschaft **40**, 1760—1763 [1907].
[2]) Etard, Compt. rend. de l'Acad. des Sc. **114**, 364—366 [1892].

Dreiwertige Alkohole der aliphatischen Reihe.

Von

Ludwig Pincussohn-Berlin.

Glycerin.

Mol.-Gewicht 92,06.
Zusammensetzung: 39,10% C, 8,76% H, 52,14% O.

$$C_3H_5(OH)_3.$$

$$CH_2OH$$
$$|$$
$$CH \cdot OH$$
$$|$$
$$CH_2OH$$

Vorkommen: Es bildet, an Fettsäuren gebunden, einen Bestandteil aller Fette und Öle.

Bildung: Bei der alkoholischen Gärung der Kohlenhydrate[1]). Bei der Verseifung der Fette und Öle. Durch Oxydation von Allylalkohol mit Kaliumpermanganat[2]). Synthetisch aus Glyceryltrichlorid durch Erhitzen mit Wasser auf 170° [3]). Aus Hefe, auch bei Ausschluß einer alkoholischen Gärung[4]). Aus Tribromhydrin (Beweis der Konstitutionsformel). Durch Einwirkung von Silberacetat findet Umsetzung in Bromsilber und Triacetin statt, das von Baryt in Bariumacetat und Glycerin zerlegt wird[5]).

Darstellung: Diese erfolgt aus den in der Natur vorkommenden Fetten oder Ölen durch Verseifung[6]). Nach dem alten Verfahren von Scheele werden gleiche Gewichtsteile Baumöl und Bleiglätte in einem Kessel mit etwas Wasser vermischt und unter Umrühren und Ersatz des verdampften Wassers so lange gekocht, bis die Bildung des Bleipflasters vollendet ist. Das Gemisch wird noch warm mit heißem Wasser übergossen, tüchtig umgerührt und stehen gelassen, damit sich das Glycerin möglichst vollständig von dem Bleipflaster trennen kann. Die abgegossene Glycerinlösung, die noch erhebliche Mengen von Bleioxyd gelöst enthält, wird zur Entfernung dieser mit Schwefelwasserstoff behandelt, und die restierende Lösung zur Entfernung des Wassers eingedampft. Die Verseifung der Fette kann auch durch Natronlauge erfolgen; die gebildete Seife wird ausgesalzen, die untenstehende Flüssigkeit genau mit Salzsäure und Schwefelsäure neutralisiert. Aus dem Salzrückstand wird das gebildete Glycerin mit 90 proz. Alkohol extrahiert. Ferner durch Zerlegung der Fette mit heißem Wasser unter Anwendung von Druck. Im Großen wird Glycerin als Nebenprodukt bei der Seifen- und Stearinsäurefabrikation aus Fetten gewonnen. Die Fette werden mit 1—3 proz. Kalk oder besser Magnesia und Wasser im Autoklaven bei 8—10 Atm. verseift und das glycerinhaltige Wasser von den Fettsäuren getrennt, im Vakuum eingedampft und gereinigt. Nach Glaser[7]) werden zur Gewinnung von Glycerin aus Seifenunterlaugen diese zunächst durch Zusatz von Kalkmilch von Seife befreit, von dem Niederschlag abgezogen, bis zur Sättigung mit Kochsalz eingedampft, genau mit Salzsäure neutralisiert, wobei sich noch eiweißartige Stoffe abscheiden, und dann, um die letzten Spuren von gelöst gebliebenen seifigen Stoffen auszufällen, mit Salzen und darauf Oxyden von Metallen (Eisen, Mangan, Chrom, Zink, Aluminium, Zinn, Kupfer) versetzt. Die von den Niederschlägen getrennte Lauge wird bis zur Krystallisation

---

[1]) Pasteur, Annalen d. Chemie u. Pharmazie **106**, 388 [1858].
[2]) Wagner, Berichte d. Deutsch. chem. Gesellschaft **21**, 3351 [1888].
[3]) Friedel u. Silva, Bulletin de la Soc. chim. (2) **20**, 98 [1873].
[4]) Udransky, Zeitschr. f. physiol. Chemie **13**, 549 [1889].
[5]) Würtz, Annalen d. Chemie u. Pharmazie **102**, 339 [1857].
[6]) Burgemeister, Das Glycerin. Berlin 1871.
[7]) Glaser, Jahresber. üb. d. Fortschritte d. chem. Technologie **1890**.

des Kochsalzes eingedampft und schließlich auf Rohglycerin konzentriert. Das gewonnene Produkt wird mit überhitztem Wasserdampf destilliert und so gereinigt. — Durch Spaltung von Ölen und Fetten mittels eines in den Ricinussamen enthaltenen fettspaltenden Fermentes nach dem Verfahren von Connstein, Hoyer und Wartenberg[1]). Versetzt man Fette mit einer Emulsion von Preßkuchen der Ricinusölpresserei und Wasser bei schwach saurer Reaktion, so findet schon bei einer Temperatur von 15—20°, in den meisten Fällen zweckmäßiger und schneller bei einer solchen von 35—40°, eine Spaltung in Fettsäuren und Glycerin statt. Das hierbei gewonnene Glycerin hat eine Konzentration von 40—50% und enthält als Verunreinigung außer geringen Mengen von Salzen mäßige Quantitäten von Eiweißstoffen, die ohne Schwierigkeit entfernt werden können. Über Gewinnung des Glycerins aus den Rückständen der alkoholischen Gärung vgl. [2]) und [3]). Auf die vielen Modifikationen der Glycerindarstellung kann hier nicht eingegangen werden. Siehe noch Verfahren zur Gewinnung von Glycerin aus Destillationsrückständen vergorener Massen[4]). Gewinnung von Glycerin durch alkoholische Gärung[5]). Über Gewinnung von Glycerin aus Seifenunterlaugen vgl. Nagel[6]). Über Extraktion des Glycerins bei der Fabrikation von Alizarinöl[7]).

Bestimmung: Zum qualitativen Nachweis dient der beim raschen Erhitzen auftretende unangenehme, charakteristische Geruch nach Acrolein, der auch beim Erhitzen der Glyceride entsteht. Der Geruch tritt noch deutlicher auf, wenn man reines Glycerin vorher mit wasserentziehenden Substanzen, z. B. mit dem doppelten Gewichte sauren Kaliumsulfats mischt. Eine mit Glycerin oder mit glycerinhaltiger Flüssigkeit befeuchtete Boraxperle färbt die Flamme grün. Glycerin treibt Borsäure aus Boraxlösungen aus. Versetzt man die zu prüfende Flüssigkeit und eine Boraxlösung mit einigen Tropfen Lackmustinktur und vermischt die beiden Flüssigkeiten, so tritt Rotfärbung auf. Die Flüssigkeit wird beim Erwärmen blau, beim Erkalten wieder rot. Kupferoxyd wird von Glycerin nicht gelöst; mit Glycerin in genügender Menge versetzte Kupfersalzlösungen geben mit Kalilauge eine dunkelblaue Färbung, aber keinen Niederschlag. Wird Glycerin mit Silbernitratlösung im kochenden Wasserbad erwärmt und mit einigen Tropfen Ammoniak versetzt, so wird Silber ausgeschieden; wird jedoch zuerst Ammoniak zugesetzt und dann erwärmt, so findet keine Reduktion statt; nach Zusatz von Kalihydrat oder Natronhydrat wird sofort Silber ausgeschieden. Beim Erwärmen von Glycerin mit Phenolen und Vitriolöl auf 120° bilden sich Farbstoffe (Glycereine). Erhitzt man nach Reichl in einem Reagensglas zwei Tropfen Glycerin, zwei Tropfen geschmolzenes Phenol und ebensoviel Schwefelsäure vorsichtig etwas über 120°, so bildet sich in der harzartigen Schmelze bald eine braune, feste Masse, die sich nach dem Abkühlen mit prachtvoll karmoisinroter Farbe in Ammoniak löst. Kocht man eine kleine Menge der auf Glycerin zu untersuchenden Substanz mit wenig Pyrogallol und mehreren Tropfen einer 50 volumproz. Schwefelsäure, so färbt sich die Flüssigkeit bei Gegenwart von Glycerin deutlich rot, nach Zusatz von Zinnchlorid violett. Kohlenhydrate und einige Alkohole geben ähnliche Färbungen.

Weitere Reaktionen zum Nachweis und zur Identifizierung des Glycerins (Denigès)[8]). Man überführt das Glycerin zunächst in Dioxyaceton. Hierzu bringt man höchstens 0,1 g Glycerin in ein größeres Reagensglas, setzt 10 ccm einer frisch bereiteten Lösung von 0,3 ccm Brom in 100 ccm Wasser hinzu, erhitzt 20 Minuten im siedenden Wasserbad, verjagt das überschüssige Brom durch Kochen, läßt erkalten und macht mit der Lösung die beschriebenen Reaktionen. 0,1 ccm einer 0,5 proz. alkoholischen Kodein-, Resorcin- oder Thymollösung oder einer 2 proz. alkoholischen β-Naphthollösung mit 0,4 ccm der zu untersuchenden Flüssigkeit und 2 ccm konz. Schwefelsäure gibt nach Erhitzen im siedenden Wasserbad verschiedene Färbungen. Kodein: grünlichblaue Färbung mit kräftigem Absorptionsband im Rot; β-Naphthol: smaragdgrüne Färbung mit gleicher Fluorescenz und einem Absorptionsband im Grün und im Rot; Resorcin: rotgelbe oder gelbe Färbung mit je einem Absorptionsband im Blau und Gelb; Thymol: eine weinrote bis rosarote Färbung. Gibt man 0,5 ccm Flüssigkeit und 0,5 ccm einer Lösung von 1 ccm Phenylhydrazin in 4 ccm Eisessig und 20 ccm 10 proz. Natriumacetatlösung in ein Reagensglas, erhitzt 20 Minuten im Wasserbad und läßt dann

[1]) Connstein, Hoyer u. Wartenberg, Berichte d. Deutsch. chem. Gesellschaft **35**, 3988 [1902].
[2]) Sudre, D. R. P. Kl. 23e, Nr. 141 703.
[3]) Sudre u. Thierry, D. R. P. Kl. 23e, Nr. 114 492.
[4]) Sudre u. Thierry, D. R. P. Kl. 23e, Nr. 129 578.
[5]) Rivière, Bulletin de l'Assoc. des Chim. de Sucr. et Dist. **26**, 1173 [1909].
[6]) Nagel, Österr. Chem.-Ztg. **3**, 207 [1900].
[7]) Syndicat intern. des prod. de Glycerine. Les Corps gras ind. **33**, 114 [1906].
[8]) Denigès, Compt. rend. de l'Acad. des Sc. **148**, 570 [1909].

erkalten, so hat sich nach einer Stunde ein reichlicher Niederschlag von gelbem, mikrokrystallinischem Glycerosazon gebildet. Destilliert man von einem Gemisch aus 5 ccm Flüssigkeit und 1 ccm Schwefelsäure 1 ccm ab, und versetzt diesen mit der gleichen Menge des genannten Reagens, so entsteht augenblicklich eine gelblichweiße Trübung von Methyl-Glyoxalosazon, die mit der Zeit krystallinisch wird. Versetzt man 0,5 ccm Flüssigkeit mit 0,5 ccm Neßlers Reagens, gewöhnlicher oder ferrocyanidhaltiger Fehlingscher Lösung, so erhält man schon nach 2 Minuten einen schwarzen, rötlichen oder weißen Niederschlag von reduziertem Quecksilber bzw. Kupferoxydul oder Cuproferrocyanid. Am empfindlichsten ist die Kodein- und Salicylsäurereaktion, die bereits 0,002—0,003 mg Glycerin erkennen lassen.

Salicylsäure erzeugt eine himbeerrote bis rosa Färbung, das Spektrum zeigt ein Absorptionsband im Gelb und ein weniger deutliches, aber breiteres im Anfang des Blau. Gallussäure ruft eine weniger empfindliche Violettfärbung mit ähnlichem Spektrum hervor. Mit Guajacol erhält man eine purpurrote Färbung[1][2]).

Gehaltsbestimmung wässeriger Glycerinlösungen. 1. Aus dem spezifischen Gewichte. Die Messung geschieht nach den gewöhnlichen Methoden; wesentlich ist, daß im Meßgefäß keine Luftblasen vorhanden sind. Bei der Messung mit Hilfe des Pyknometers werden sie am besten durch Auspumpen entfernt. Beifolgende Tabelle, die dem Werke von Benedikt-Ulzer[3]) entnommen ist, gibt die spezifischen Gewichte von Glycerinlösungen nach Lenz[4]), Strohmer[5]), Gerlach[6]) und Nicol[7]) an.

Glycerin in Gewichtsprozenten	Lenz Spez. Gewicht bei 12—14° C. Wasser von 12° C = 1	Strohmer Spez. Gewicht bei 17,5° C. Wasser von 17,5° C = 1	Gerlach Spez. Gewicht bei 15° C. Wasser von 15° C = 1	Gerlach Spez. Gewicht bei 20° C. Wasser von 20° C = 1	Nicol Spez. Gewicht bei 20° C. Wasser von 20° C = 1
100	1,2691	1,262	1,2653	1,2620	1,26348
99	1,2664	1,259	1,2628	1,2594	1,26091
98	1,2637	1,257	1,2602	1,2568	1,25832
97	1,2610	1,254	1,2577	1,2542	1,25572
96	1,2584	1,252	1,2552	1,2516	1,25312
95	1,2557	1,249	1,2526	1,2490	1,25052
94	1,2531	1,246	1,2501	1,2464	1,24790
93	1,2504	1,244	1,2476	1,2438	1,24526
92	1,2478	1,241	1,2451	1,2412	1,24259
91	1,2451	1,239	1,2425	1,2386	1,23990
90	1,2425	1,236	1,2400	1,2360	1,23720
89	1,2398	1,233	1,2373	1,2333	1,23449
88	1,2372	1,231	1,2346	1,2306	1,23178
87	1,2345	1,228	1,2319	1,2279	1,22907
86	1,2318	1,226	1,2292	1,2259	1,22636
85	1,2292	1,223	1,2265	1,2225	1,22365
84	1,2265	1,220	1,2238	1,2198	1,22094
83	1,2238	1,218	1,2211	1,2171	1,21823
82	1,2212	1,215	1,2184	1,2144	1,21552
81	1,2185	1,213	1,2157	1,2117	1,21281
80	1,2159	1,210	1,2130	1,2090	1,21010
79	1,2122	1,207	1,2102	1,2063	1,20739
78	1,2106	1,204	1,2074	1,2036	1,20468
77	1,2079	1,202	1,2046	1,2009	1,20197
76	1,2042	1,199	1,2018	1,1982	1,19925
75	1,2016	1,196	1,1990	1,1955	1,19653
74	1,1999	1,193	1,1962	1,1928	1,19381

[1]) Denigès, Compt. rend. de l'Acad. des Sc. **148**, 282 [1909].
[2]) Denigès, Annales de Chim. et de Phys. [8] **18**, 149 [1909].
[3]) Benedikt-Ulzer, Analyse der Fette und Wachsarten. Berlin 1908.
[4]) Lenz, Zeitschr. f. analyt. Chemie **19**, 302 [1894].
[5]) Strohmer, Monatshefte f. Chemie **5**, 61 [1884].
[6]) Gerlach, Chem. Industrie **7**, 281 [1884].
[7]) Nicol, Pharm. Journ. and transact. **1887**, 279.

Glycerin in Gewichts- prozenten	Lenz Spez. Gewicht bei 12—14,° C. Wasser von 12° C=1	Strohmer Spez. Gewicht bei 17,5° C. Wasser von 17,5° C=1	Gerlach Spez. Gewicht bei 15° C. Wasser von 15° C=1	Spez. Gewicht bei 20° C. Wasser von 20° C=1	Nicol Spez. Gewicht bei 20° C. Wasser von 20° C=1
73	1,1973	1,190	1,1934	1,1901	1,19109
72	1,1945	1,188	1,1906	1,1874	1,18837
71	1,1918	1,185	1,1878	1,1847	1,18565
70	1,1889	1,182	1,1850	1,1820	1,18293
69	1,1858	1,179	—	—	1,18020
68	1,1826	1,176	—	—	1,17747
67	1,1795	1,173	—	—	1,17474
66	1,1764	1,170	—	—	1,17201
65	1,1733	1,167	1,1711	1,1685	1,16928
64	1,1702	1,163	—	—	1,16654
63	1,1671	1,160	—	—	1,16380
62	1,1640	1,157	—	—	1,16107
61	1,1610	1,154	—	—	1,15834
60	1,1582	1,151	1,1570	1,1550	1,15561
59	1,1556	1,149	—	—	1,15288
58	1,1530	1,146	—	—	1,15015
57	1,1505	1,144	—	—	1,14742
56	1,1480	1,142	—	—	1,14469
55	1,1455	1,140	1,1430	1,1415	1,14196
54	1,1430	1,137	—	—	1,13923
53	1,1403	1,135	—	—	1,13650
52	1,1375	1,133	—	—	1,13377
51	1,1348	1,130	—	—	1,13104
50	1,1320	1,128	1,1290	1,1280	1,12831
45	1,1183	—	1,1155	1,1145	1,11469
40	1,1045	—	1,1020	1,1010	1,10118
35	1,0907	—	1,0885	1,0875	1,08786
30	1,0771	—	1,0750	1,0740	1,07469
25	1,0635	—	1,0620	1,0610	1,06166
20	1,0498	—	1,0490	1,0480	1,04884
15	1,0374	—	—	—	1,03622
10	1,0245	—	1,0245	1,0235	1,02391
5	1,0123	—	—	—	1,01184
0	1,0000	—	1,0000	1,0000	1,00000

Die Berechnung des spez. Gewichtes von Glycerinlösungen für eine den Normaltemperaturen von Gerlach naheliegende Temperatur berechnet sich nach folgenden Formeln: Ist s_1 das spez. Gewicht der Glycerinlösung bei 15°, bezogen auf Wasser von 15°, und s_2 das spez. Gewicht bei 20°, bezogen auf Wasser von 20°, so gilt für s_t, das spez. Gewicht bei t°, bezogen auf Wasser von t°, die Formel: $s_t = s_1 + \dfrac{t-15}{5}(s_2 - s_1)$. Die Ermittlung des Glyceringehaltes mit Hilfe des spez. Gewichtes gibt natürlich nur dann genaue Resultate, wenn die Probe neben Wasser höchstens minimale Verunreinigungen organischer und anorganischer Natur enthält. Zur Berechnung des Glyceringehaltes in aschehaltigem Rohglycerin gilt nach A. Smetham[1] die Formel: $\text{Glycerin} = \dfrac{(G-1,000)-A \cdot 8,8}{2,66}$, in der G das spez. Gewicht bei 60° F. und A den Aschegehalt des Glycerins bedeutet.

Nach van Italie[2] ist die von Smetham zur Glycerinberechnung aufgestellte Formel nicht allgemein gültig. Bei mehreren Handelssorten von Glycerin wurden ganz abweichende Werte gefunden.

[1] Smetham, Journ. Soc. Chem. Ind. **18**, 331 [1899].
[2] Van Italie, Pharmac. Weekblad **42**, 269 [1905].

Über Bestimmung des Glyceringehaltes in Glycerinlösungen auf Grund des spez. Gewichtes vgl. auch Stiepel[1]).

2. Aus der Bestimmung des Brechungsexponenten. Diese erfolgt mit Hilfe des Refraktometers von Abbé; sie bietet den Vorteil sehr schneller Ausführung und sehr geringer zur Probe benötigter Mengen. Die Werte stimmen nach Lenz[2]) bei großen Instrumenten bis auf wenige Einheiten der vierten Dezimale überein. Sehr bequem ist die Anwendung des Zeißschen Eintauchrefraktometers, das nach Henkel und Roth[3]) sehr genaue Werte liefert. Um von kleinen Schwankungen in der Justierung des Index unabhängig zu sein, und den Einfluß der Temperatur möglichst auszuschalten, wird direkt hintereinander die Refraktion der betreffenden Lösung und die reinen Wassers gemessen. Für die erhaltenen Differenzen hat Lenz die entsprechenden Gewichtsprozente der Lösung an Glycerin berechnet, wie aus nachstehender Tabelle zu ersehen ist.

D_n Glycerin $-D_n$ Wasser	Glycerin in Gewichtsprozenten	D_n Glycerin $-D_n$ Wasser	Glycerin in Gewichtsprozenten	D_n Glycerin $-D_n$ Wasser	Glycerin in Gewichtsprozenten	D_n Glycerin $-D_n$ Wasser	Glycerin in Gewichtsprozenten
0,1424	100	0,1061	75	0,0673	50	0,0318	25
0,1410	99	0,1046	74	0,0659	49	0,0305	24
0,1395	98	0,1032	73	0,0645	48	0,0292	23
0,1381	97	0,1018	72	0,0630	47	0,0278	22
0,1366	96	0,1003	71	0,0616	46	0,0265	21
0,1352	95	0,0987	70	0,0601	45	0,0251	20
0,1337	94	0,0970	69	0,0587	44	0,0238	19
0,1323	93	0,0952	68	0,0572	43	0,0225	18
0,1308	92	0,0933	67	0,0556	42	0,0212	17
0,1294	91	0,0915	66	0,0541	41	0,0199	16
0,1279	90	0,0897	65	0,0526	40	0,0186	15
0,1264	89	0,0879	64	0,0510	39	0,0173	14
0,1250	88	0,0861	63	0,0495	38	0,0160	13
0,1235	87	0,0842	62	0,0479	37	0,0146	12
0,1221	86	0,0824	61	0,0464	36	0,0133	11
0,1206	85	0,0806	60	0,0451	35	0,0120	10
0,1191	84	0,0792	59	0,0438	34	0,0108	9
0,1177	83	0,0780	58	0,0424	33	0,0096	8
0,1162	82	0,0768	57	0,0411	32	0,0083	7
0,1148	81	0,0757	56	0,0398	31	0,0071	6
0,1133	80	0,0745	55	0,0385	30	0,0058	5
0,1119	79	0,0731	54	0,0372	29	0,0046	4
0,1104	78	0,0717	53	0,0358	28	0,0033	3
0,1090	77	0,0702	52	0,0345	27	0,0021	2
0,1075	76	0,0688	51	0,0332	26	0,0008	1
						0,0000	0

Über das Refraktometer und seine Verwendung bei der Untersuchung von Fetten, Ölen, Wachsen und Glycerin vgl. die Zusammenstellung von Utz[4]).

3. Durch Überführung in Glycerinmonoplumbat nach Morawski[5]). In einen geräumigen Porzellantiegel wird ein kurzes Glasstäbchen eingesetzt und 50—60 g Bleioxyd eingefüllt, ungefähr 2 g Glycerin eingewogen und so viel Alkohol zugefügt, daß sich das Gemenge unter Bildung einer feuchten, lockeren Masse gut mischen läßt. Der Tiegel wird zunächst im Vakuum, dann im Luftbad bei 120—130° bis zur Gewichtskonstanz getrocknet, mit einem gut passenden Uhrglas bedeckt und gewogen. Die Gewichtszunahme multipliziert mit 1,2432 gibt die Menge des in der untersuchten Glycerinlösung enthaltenen Reinglycerins.

[1]) Stiepel, Seifensieder-Ztg. **31**, 818 [1904].
[2]) Lenz, Zeitschr. f. analyt. Chemie **19**, 302 [1894].
[3]) Henkel u. Roth, Zeitschr. f. angew. Chemie **18**, 1936 [1905].
[4]) Utz, Seifensieder-Ztg. **31**, 453, 875 [1904].
[5]) Morawski, Journ. f. prakt. Chemie **22**, 416 [1880].

4. **Aus dem Lösungsvermögen für Kupferoxyd nach Muter**[1]). In einem graduierten Glaszylinder von 100 ccm Inhalt wird 1 g Glycerin mit 50 ccm 33 proz. Kalilauge übergossen und unter Umschütteln so lange mit schwacher Kupfervitriollösung versetzt, bis sich ein ziemlich beträchtlicher blauer, bleibender Niederschlag gebildet hat. Es wird dann auf 100 ccm aufgefüllt, durchgeschüttelt, und nach Absitzen des Niederschlages ein aliquoter Teil der Flüssigkeit auf die Menge des darin enthaltenen Kupferoxyds, z. B. durch Titration mit Cyankalium, untersucht. Der Wirkungswert des Glycerins wird mit reinen Glycerinlösungen festgestellt.

Quantitative Glycerinbestimmungen. 1. **Extraktionsverfahren nach Shukoff und Schestakoff**[2]). Dieses beruht darauf, daß Glycerin mit pulverförmigem, geglühten Natriumsulfat gemischt wird, und aus dieser Masse durch Behandlung mit kochendem Aceton das Glycerin entzogen wird. Zur Ausführung werden etwa vorhandene Fettsäuren unter Vermeidung eines größeren Überschusses von Mineralsäuren aus der zu untersuchenden Probe abgeschieden, die saure Glycerinlösung mit Kaliumcarbonat schwach alkalisch gemacht, bei höchstens 80° zur Sirupdicke eingedampft, und der Rückstand mit 20 g geglühtem Natriumsulfat gemischt. Die Extraktion erfolgt in einem Soxhletapparat mit Schliffverbindungen während 6 Stunden. Das Aceton wird abdestilliert, eventuell auf der Oberfläche des Glycerins schwimmende Fetttröpfchen mit siedendem Petroläther entfernt, und das Glycerin im Extraktionskölbchen im Luftbad bei 75—80° getrocknet. Die zur Anwendung kommende Probe soll höchstens 1 g reines Glycerin enthalten. Über Glycerinbestimmungsmethoden nach Shukoff und Schestakoff vgl. auch [3]).

2. **Acetinverfahren nach Benedikt und Cantor**[4]). Es beruht auf der Überführung des Glycerins in Triacetin durch Kochen mit Essigsäureanhydrid und Bestimmung des gebildeten Triacetins mit Hilfe der Verseifungszahl. Zur Ausführung werden bei der Bestimmung von Glycerin in Fett 20 g Fett mit alkoholischem Kali verseift, der Alkohol vollständig aus dem Wasserbad abgedunstet, die mit Wasser aufgenommene Seife mit verdünnter Schwefelsäure zersetzt, die Fettsäuren abfiltriert, das Filtrat mit einem geringen Überschuß von Bariumcarbonat neutralisiert und auf dem Wasserbad bis fast zur Trockne eingedampft. Der Rückstand wird wiederholt mit Äther-Alkohol extrahiert, das Lösungsmittel vertrieben und das so gewonnene Rohglycerin mit 8—10 ccm Essigsäureanhydrid und ca. 4 g wasserfreiem Natriumacetat ungefähr $1\frac{1}{2}$ Stunden lang am Rückflußkühler acetyliert. Das Reaktionsprodukt wird in warmem Wasser gelöst, von Verunreinigungen abfiltriert, und nach Erkalten im Filtrat die freie Essigsäure mit Natronlauge sorgfältig neutralisiert. Die Lösung wird dann mit 25 ccm 10 proz. Natronlauge $\frac{1}{4}$ Stunde am Rückflußkühler verseift und das freie Alkali durch $\frac{1}{2}$ n-Salzsäure zurücktitriert; zugleich wird die gleiche Menge der angewandten Natronlauge mit $\frac{1}{2}$ n-Säure titriert und aus der Differenz der Werte die für die Verseifung des Triacetins erforderliche Menge Alkali berechnet. 1 ccm Normalsalzsäure entspricht $\frac{0{,}092}{3} = 0{,}03067\,g$ Glycerin.

3. **Bestimmung durch Titration mit Ätzkali.** Die Verseifung der Glyceride durch Kali erfolgt nach der Gleichung

$$C_3H_5(OR)_3 + 3\,KOH = C_3H_5(OH)_3 + 3\,ROK,$$

worin R ein beliebiges Fettsäureradikal bezeichnet. Es entsprechen, da 3 Mol. Kalihydrat 1 Mol. Glycerin äquivalent sind, $56{,}16 \cdot 3 = 168{,}48\,g$ Kalihydrat 92,06 g Glycerin; 1 g Kalihydrat entspricht 0,54642 g Glycerin. Ist die Ätherzahl, d. h. die Differenz der Verseifungszahl und der Säurezahl bestimmt, so berechnet sich daraus der Glyceringehalt in 100 g Fett durch Multiplikation mit 0,054642. Die Methode gibt nur gute Resultate, wenn die Ätherzahl reinen Triglyceriden allein zukommt. Sie ist nicht anwendbar für ranzige Fette und geblasene Öle.

4. **Bestimmung durch Oxydation mit Kaliumpermanganat**[5]). Oxydiert man Glycerin in stark alkalischer Lösung in der Kälte mit Permanganat, so liefert 1 Mol. Glycerin genau je 1 Mol. Oxalsäure und Kohlensäure nach der Gleichung

$$C_3H_8O_3 + 6\,O = C_2H_2O_4 + CO_2 + 3\,H_2O.$$

---

[1]) **Muter**, nach Zeitschr. f. analyt. Chemie **21**, 130 [1896].
[2]) **Shukoff** u. **Schestakoff**, Zeitschr. f. angew. Chemie **18**, 294—295 [1905].
[3]) **Dynamitfabrik Schlebusch**, Zeitschr. f. angew. Chemie **18**, 1656 [1905].
[4]) **Benedikt** u. **Cantor**, Zeitschr. f. angew. Chemie **10**, 460 [1888].
[5]) **Benedikt** u. **Zsigmondy**, Chem.-Ztg. **1885**, 975.

Alkalische Permanganatlösung verbrennt Glycerin glatt zu einem Mol. Oxalsäure und Kohlensäure[1]).

Zur Ausführung werden 2—3 g Fett mit Kalihydrat und reinem Methylalkohol verseift, nach Verdampfen des Alkohols die Fettsäuren aus der in Wasser gelösten Seife mit Salzsäure abgeschieden, die abfiltrierte Lösung mit Kalilauge neutralisiert, sodann in der Kälte[2]) weitere 10 g Kalihydrat und so viel einer 5 proz. Permanganatlösung zugefügt, bis die Flüssigkeit blau oder schwärzlich erscheint. Zur Zersetzung überschüssigen Permanganats wird unter Vermeidung eines größeren Überschusses Wasserstoffsuperoxyd zugesetzt, bis die über dem Niederschlag stehende Flüssigkeit farblos geworden ist[3]). Sodann wird auf 1 l aufgefüllt, filtriert und 500 ccm des Filtrates heiß mit 5 ccm 10 proz. Chlorcalciumlösung ausgefällt. Der Niederschlag wird abfiltriert und ausgewaschen, die Oxalsäure durch Erwärmen mit verfünnter Schwefelsäure in Freiheit gesetzt, und in schwach schwefelsaurer Lösung die vorhandene dxalsäure bei ungefähr 60° titrimetrisch bestimmt. 2 Mol. Permanganat entsprechen 5 Mol. Oycerin. Das Verfahren kann natürlich nur dann angewendet werden, wenn die Gegenwart anderer Substanzen, die bei der Oxydation mit Kaliumpermanganat in alkalischer Lösung Oxalsäure liefern, ausgeschlossen ist. Vgl. Donath und Dietz[9]).

5. Bestimmung durch Oxydation mit Kaliumbichromat und Schwefelsäure. Glycerin verbrennt beim Erhitzen mit Kaliumbichromat in saurer Lösung glatt zu Kohlensäure und Wasser nach der Gleichung

$$3\,C_3H_8O_3 + 7\,K_2Cr_2O_7 + 28\,H_2SO_4 = 7\,K_2SO_4 + 7\,Cr_2(SO_4)_3 + 9\,CO_2 + 40\,H_2O.$$

Es wird entweder das unverbrauchte Bichromat gemessen oder die gebildete Kohlensäure bestimmt. a) Für die erstere Methode werden 3—4 g Fett mit alkoholischem Kali verseift, nach Abdampfen des Alkohols mit verdünnter Schwefelsäure versetzt, das erhaltene Filtrat auf die Hälfte eingedampft und 25 ccm konz. Schwefelsäure und 50 g Normal-Kaliumbichromatlösung zugefügt. Nach 2 stündigem Erhitzen wird mit einer Eisenammoniumsulfatlösung, die 240 g im Liter enthält und auf die Bichromatlösung eingestellt ist, unter Zugabe eines kleinen Überschusses zurücktitriert, und dieser mit einer $^1/_{10}$ n-Bichromatlösung unter Anwendung von Ferrocyankalium als Indicator zurückgemessen[4]). b) Nach den Verfahren von Gantter[5]), Henkel und Roth[6]) wird die aus Glycerin gebildete Kohlensäure auf gasvolumetrischem Wege bestimmt.

6. Bestimmung durch Schmelzen mit Ätzkali. Nach einer Beobachtung von Dumas spaltet Kali oder besser Kalikalk bei mäßigem Erhitzen Glycerin in Acetat, Formiat und Wasserstoff nach der Gleichung:

$$C_3H_8O_3 + 2\,KOH = CH_3 \cdot COOK + HCOOK + H_2O + 2\,H_2.$$

Bei höheren Temperaturen verläuft die Reaktion nach Buisine folgendermaßen[7]):

1. bei 280—320°: $2\,C_3H_8O_3 + 6\,KOH = 2\,CH_3COOK + 2\,H_2O + 2\,K_2CO_3 + 6\,H_2$;
2. bei 350°: $\qquad C_3H_8O_3 + 4\,KOH = 2\,K_2CO_3 + 6\,H + CH_4 + H_2O.$

Zur Ausführung werden $^1/_4$—$^1/_2$ g der glycerinhaltigen Flüssigkeit mit 5 g gepulvertem Kalihydrat und 15—20 g Kalikalk gemischt, eine Stunde lang im Quecksilberbad auf 320—350° erhitzt, und das entwickelte Gas gemessen; das Volumen wird auf 0° und 760 mm reduziert. Bei 320° C entspricht 1 mg Glycerin 0,733 ccm, bei einer Arbeitstemperatur von 350° entspricht 1 mg Glycerin 0,976 ccm.

7. Bestimmung nach dem Verfahren von Zeisel - Fanto[8]). Beim Kochen mit überschüssiger Jodwasserstoffsäure wird Glycerin vollständig in Isopropyljodid übergeführt nach der Gleichung:

$$C_3H_5(OH)_3 + 5\,JH = C_3H_7J + 3\,H_2O + 2\,J_2.$$

Dieses setzt sich beim Einleiten in Silbernitratlösung unter Bildung von Jodsilber um:

$$C_3H_7J + AgNO_3 = C_3H_6 + AgJ + HNO_3.$$

<hr>

[1]) Van Italie, Pharmac. Weekblad. **42**, 269 [1905].
[2]) Herþig, Chem. Revue üb. d. Fett- u. Harzind. **9**, 275—278 [1902].
[3]) Mangold, Zeitschr. f. angew. Chemie **4**, 400 [1891].
[4]) Hehner, Journ. Soc. Chem. Ind. **1889**, 4.
[5]) Gantter, Zeitschr. f. analyt. Chemie **34**, 421 [1895].
[6]) Henkel u. Roth, Zeitschr. f. angew. Chemie **18**, 1936 [1905].
[7]) Buisine, Compt. rend. de l'Acad. des Sc. **136**, 1204—1205 [1903].
[8]) Zeisel u. Fanto, Zeitschr. f. landw. Versuchswesen in Österreich **5**, 729—745.
[9]) Donath u. Dietz, Journ. f. prakt. Chemie [2] **60**, 566 [1899].

20 g Fett werden mit alkoholischer Lauge verseift, die in Wasser aufgenommene Seife in üblicher Weise mit Essigsäure zersetzt, ein Teil der so erhaltenen Glycerinlösung in das Kochkölbchen des speziell konstruierten Apparates eingewogen, und ein Stückchen Bimsstein und 15 ccm wässerige Jodwasserstoffsäure vom spez. Gewicht 1,9 zugefügt. Durch das Ansatzrohr des Kölbchens wird langsam Kohlensäure durchgeleitet und bei mäßigem Sieden im Glycerinbad destilliert. Das Destillat passiert eine Aufschlämmung von rotem Phosphor in Wasser, wodurch Jod und Jodwasserstoffdämpfe aus dem Destillat entfernt werden. Das so gereinigte Isopropyljodid gelangt nun in einen mit 45 ccm alkoholischer Silberlösung beschickten Erlenmeyerkolben; zur Bestimmung des gebildeten Jodsilbers wird der Inhalt der Vorlage in ein Becherglas gespült, auf ungefähr 450 ccm verdünnt, mit 10—15 Tropfen verdünnter Salpetersäure versetzt und wie üblich weiter behandelt. Das Gewicht des gefundenen Jodsilbers multipliziert mit 0,39191 ergibt die Glycerinmenge. Die Silberlösung wird bereitet, indem 40 g geschmolzenes Silbernitrat in 100 ccm Wasser gelöst werden; es wird auf einen Liter mit abs. Alkohol aufgefüllt; nach 24 Stunden wird die Lösung filtriert und zu weiterer Verwendung im Dunkeln aufbewahrt. Zu dieser Methode vgl. Fanto[1]), Zeisel u. Fanto[2]), Fanto[3]), Stritar[4]). Nach Herrmann[5]) ist das Verfahren unter sinngemäßer Abänderung für Harn gut anwendbar.

8. Zur Bestimmung von Glycerin in Wein werden 50—100 ccm in einer Schale auf 10 ccm eingedampft, der Rückstand mit 1 g Quarzsand und ca. 2 ccm Kalkmilch auf je 1 g Extrakt versetzt und fast zur Trockne eingedampft. Der Rückstand wird wiederholt mit geringen Mengen 96 proz. Alkohol auf dem Wasserbad extrahiert, die trübe Flüssigkeit filtriert und auf 100 ccm aufgefüllt. 90 ccm davon werden in einer Porzellanschale auf dem Wasserbad eingedampft, der Rückstand mit wenig Alkohol aufgenommen, die Lösung in einen geteilten Meßzylinder gegossen, auf 15 ccm aufgefüllt und 3 mal mit je 7,5 ccm Äther unter Umschütteln versetzt. Wenn die Lösung vollständig klar geworden ist, wird sie in ein Wägegläschen getan, mit Äther und Alkohol nachgespült, auf einem nicht siedenden Wasserbade eingedampft, und der Rückstand im Wassertrockenschrank getrocknet. Ist die Menge des Glycerins x g, so enthalten 100 ccm 1,111 · x g Glycerin. Über Glycerinbestimmung in alkoholischen Flüssigkeiten vgl. Schindler und Svoboda[6]), Laborde[7]), Roques[8]), Trillat[9])[10]), Lojodice[11]), Ripper[12]), Laborde[13]), Lojodice[14]), Zetsche[15]), Schindler und Svoboda[6]), Guglielmetti und Copetti[16]).

9. Bestimmung des Glycerins in Bier. 50 ccm Bier werden mit etwa 3 g Kalkhydrat versetzt, zum Sirup verdampft und dann mit etwa 10 g grob gepulvertem Marmor oder Seesand vermischt zur Trockne gebracht. Der ganze Trockenrückstand wird zerrieben und in einer Papierkapsel im Soxhletschen Extraktionsapparat 6—8 Stunden lang mit höchstens 50 ccm starkem Alkohol extrahiert. Zu dem gewonnenen Auszug wird mindestens das gleiche Volumen wasserfreien Äthers zugefügt, die Lösung nach einigem Stehen filtriert, und das Filter gut nachgewaschen. Nach Abdunsten des Ätheralkohols wird der Rückstand im Trockenschrank bei 100—110° zur Gewichtskonstanz getrocknet und gewogen. Bei sehr extraktreichen Bieren wird noch der Aschegehalt bestimmt und in Abzug gebracht.

10. Bestimmung des Glycerins als Tribenzoat. Man löst 0,1—0,2 g des zu bestimmenden Glycerins in 10—20 ccm Wasser, schüttelt die Lösung 10 Minuten lang mit 35 ccm

[1]) Fanto, Zeitschr. f. angew. Chemie 16, 413—414 [1903].
[2]) Zeisel u. Fanto, Zeitschr. f. analyt. Chemie 42, 549—578 [1903].
[3]) Fanto, Zeitschr. f. angew. Chemie 17, 420—421 [1904].
[4]) Stritar, Zeitschr. f. analyt. Chemie 42, 579—590 [1903].
[5]) August Herrmann, Beiträge z. chem. Physiol. u. Pathol. 5, 422—431 [1904].
[6]) Schindler u. Svoboda, Zeitschr. f. Unters. d. Nahr.- u. Genußm. 17, 735—741 [1909].
[7]) Laborde, Annales de Chim. analyt. appl. 10, 340—344 [1905].
[8]) Roques, Annales de Chim. analyt. appl. 10, 306—309 [1905].
[9]) Trillat, Annales de Chim. analyt. appl. 8, 4—6 [1903].
[10]) Trillat, Compt. rend. de l'Acad. des Sc. 135, 903—905 [1902].
[11]) Lojodice, Le Staz. sperim.-agr. ital. 40, 237 [1907].
[12]) Ripper, Zeitschr. f. landw. Versuchswesen in Österreich 2, 12—23 [1899].
[13]) Laborde, Annales de Chim. analyt. appl. 4, 110—114 [1899].
[14]) Lojodice, Le Staz. sperim.-agr. ital. 40, 593—605 [1907].
[15]) Zetsche, Pharmaz. Centralhalle 48, 797—803, 847—853 [1907].
[16]) Guglielmetti u. Copetti, Annales de Chim. analyt. appl. 9, 11 [1904].

Natronlauge und sammelt das gebildete Glycerinbenzoat auf ein bei 100° getrocknetes Filter, trocknet und wägt. 0,385 g des Niederschlages entsprechen 0,1 g Glycerin[1]).

11. Zur Bestimmung in Fetten werden nach einer anderen Methode 100 T. zum Schmelzen erhitzt und 65 g krystallisiertes Barythydrat zugegeben. Zu der gut durchgeriebenen Masse werden unter fortwährendem Umrühren 80 ccm 95 proz. Alkohol zugefügt, das festgewordene Gemenge mit Wasser wiederholt ausgekocht, das Extrakt mit Schwefelsäure angesäuert, eingedampft und die Schwefelsäure durch Bariumcarbonat entfernt. Das Filtrat wird bis auf etwa 50 ccm verdampft, und nach dem spez. Gewicht der Glyceringehalt bestimmt[2]).

12. Bestimmung mit Jodsäure. Jodsäure reagiert in Gegenwart von Schwefel-säure auf Glycerin glatt im Sinne der Gleichung: $5 C_3H_8O_3 + 7 J_2O_5 = 15 CO_2 + 20 H_2O + 7 J_2$. 1 g Jod entspricht 0,2587 g Glycerin. Ist das Volumen der zur Bindung des freigemachten Jods verbrauchten $1/_{10}$ n-Thiosulfatlösung bekannt, so erhält man die Menge des gesuchten Glycerins durch Multiplikation mit 0,2587 (Chaumeil)[3]). Finden sich in der zu untersuchenden Flüssigkeit keine Substanzen, die auf Jodsäure wirken könnten, bringt man 10 ccm der zu untersuchenden etwa 1 proz. Glycerinlösung in einen Mohrschen Zersetzungskolben, setzt nacheinander 25 ccm 20 proz. Jodsäurelösung, 50 ccm Schwefelsäure und ein Stückchen Marmor hinzu und destilliert das Jod in eine 20 proz. Jodkalilösung ab. Sobald der Kolbeninhalt nur noch schwach gelb gefärbt ist, läßt man etwas abkühlen, fügt 25 ccm Wasser hinzu, wodurch die Glycerinschwefelsäureester gespalten werden, und treibt das nun frei werdende Jod in die frisch beschickte Vorlage. Der Wasserzusatz wird noch ohne Wechsel der Vorlage 1—2mal wiederholt, bis eine neuerliche Jodausscheidung nicht mehr eintritt und titriert. Wenn das Glycerin Chloride enthält, bestimmt man zunächst diese in 10 ccm der Lösung mit $1/_{10}$ Silberlösung und führt in anderen 10 ccm die Destillation in der angegebenen Weise aus. Nach Bernard[4]) werden bei Verwendung reinen Glycerins zu niedrige Werte erhalten, da die Glycerinschwefelsäureester auch durch eine mehrmalige Behandlung mit Wasser nicht vollständig verseift werden.

Über Glycerinbestimmung in pharmazeutischen Präparaten vgl. Weiß[5]) und Naylor und Chappel[6]), im Rohglycerin[7]).

Von weiteren Verfahren zur Bestimmung des Glycerins sei noch erwähnt die Bestimmung durch Oxydation mit Kaliumpermanganat und Schwefelsäure nach Herbig[8]) und Suhr[9]); die Verkohlung des Glycerins mit konz. Schwefelsäure nach Laborde[10]), die jedoch nach Lewkowitsch[11]) durchaus unbrauchbar ist, während sie nach Jean[12]) sehr gute Resultate gibt. Braun[13]) oxydiert Glycerin mit Kaliumbichromat und bestimmt den Überschuß jodometrisch zurück.

Methoden zur Glycerinbestimmung im Wein vgl. Billon[14]). Zur quantitativen Bestimmung des Glycerins in Unterlaugen vgl. auch Strauß[15]).

Über den Wert der einzelnen Verfahren vgl. noch Schuch[16]), Schulze[17]), Schmatolla[18]), Lewkowitsch[19]) Landsberger[20]) (besonders für Bestimmung in den fermentativen Glycerinwässern), Schulze[21]).

[1]) Dietz, Zeitschr. f. physiol. Chemie 11, 479 [1887].
[2]) David, Zeitschr. f. analyt. Chemie 22, 271 [1883].
[3]) Chaumeil, Bulletin de la Soc. chim. [3] 27, 629 [1902].
[4]) Bernard, Pharmaz. Centralhalle 43, 541 [1902].
[5]) Weiß, Zeitschr. d. allg. österr. Apoth.-Vereins 44, 267—270 [1906].
[6]) Naylor u. Chappel, Pharm. Journ. [4] 29, 139—141 [1909].
[7]) Smetham, Journ. Soc. Chem. Ind. 18, 331 [1899].
[8]) Herbig, Inaug.-Diss. 1890.
[9]) Suhr, Inaug.-Diss. 1892.
[10]) Laborde, Annales de Chim. analyt. appl. 4, 76—80 [1899].
[11]) Lewkowitsch, The Analyst 26, 35—36 [1901].
[12]) Jean, Annales de Chim. analyt. appl. 5, 211—213 [1900].
[13]) Braun, Chem.-Ztg. 29, 763—765 [1905].
[14]) Billon, Revue intern. des Falsifications 19, 57 [1906].
[15]) Strauß, Chem.-Ztg. 29, 1099 [1905].
[16]) Schuch, Zeitschr. f. landw. Versicherungswesen in Österreich 7, 11—14 [1904].
[17]) Schulze, Zeitschr. f. landw. Versuchswesen in Österreich 8, 155—172 [1905].
[18]) Schmatolla, Pharm. Ztg. 51, 363 [1906].
[19]) Lewkowitsch, The Analyst 28, 104—109 [1903].
[20]) Landsberger, Chem. Revue. üb. d. Fett- u. Harzind. 12, 150—152 [1905].
[21]) Schulze, Chem.-Ztg. 29, 976 [1905].

Zur Bestimmung sehr kleiner Mengen Glycerin werden nach Nicloux[1] 5 ccm der zu untersuchenden Flüssigkeit in einem Reagensglas mit 5—7 ccm konz. Schwefelsäure gemischt; aus einer Bürette läßt man, indem man nach jedem Zusatz zum Sieden erhitzt, so viel Kaliumbichromatlösung (19 g Kaliumbichromat auf 1 l) zufließen, bis die Farbe von Blaugrün in Gelbgrün umschlägt. Lösungen, die über 0,1% Glycerin enthalten, müssen verdünnt werden, solche, die weniger als 0,05% Glycerin enthalten, müssen mit einer Bichromatlösung von der halben Stärke titriert werden. Das durch Titration ermittelte Resultat kann durch die Bestimmung der entwickelten Kohlensäure kontrolliert werden.

Mit Wasserdämpfen destillieren aus dem Blut Körper über, die Kaliumbichromat reduzieren und in Äther löslich sind, während Glycerin unter den gleichen Bedingungen in Äther ganz unlöslich ist. Bei der Methode gehen ferner unter anderem das Lecithin des Blutes über; ferner werden die Alkaliglycerophosphate des Blutes bei diesem Verfahren gespalten. Aus diesen Gründen gibt das Verfahren keine einwandfreie Bestimmung des freien Glycerins im Blute (Mouneyrat)[2].

Zur Bestimmung des Glycerins im Blut werden nach Nicloux[3] zunächst durch kochendes angesäuertes Wasser (100 T. eines mit 2½% 1proz. Essigsäure angesäuerten Wassers auf 10 T. Blut) die Eiweißsubstanzen ausgefällt; das Filtrat wird im Vakuum unter Benutzung einer Quecksilberpumpe zur Trockne gedampft, aus dem Rückstand das Glycerin im Vakuum mit Wasserdampf überdestilliert, das Destillat auf ein bestimmtes Volumen eingeengt und das Glycerin durch Kaliumbichromat und Schwefelsäure bestimmt. Bei Anwendung von 10 ccm Blut ist der Fehler kleiner als 10%.

Nach Tangl und Weiser[4] eignet sich das Verfahren von Zeisel und Fanto[5] auch zur Bestimmung des Glycerins im Blute. Vorher müssen die Eiweißkörper, Fette, Lecithine, Cholesterine, Sulfate und Chloride aus dem Blut völlig entfernt werden. Hierzu wird etwa 1 kg Blut in 2—3 l 96proz. Alkohol unter fortwährendem Schütteln aufgefangen. Nach längerem Stehen wird abfiltriert, der Niederschlag mit frischem Alkohol verrieben, nochmals filtriert, und der Niederschlag in der hydraulischen Presse ausgepreßt. Die vereinigten alkoholischen Auszüge werden filtriert und abdestilliert, die letzten Spuren Alkohol auf dem Wasserbad verjagt, und der mit Wasser aufgenommene Rückstand zur völligen Entfernung der Eiweißkörper mit wenig Essigsäure und Phosphorwolframsäure versetzt. Das Filtrat, einschließlich der Waschwässer, wird mit Petroläther ausgeschüttelt, die bleibende Lösung eingeengt und, nachdem die überschüssige Phosphorwolframsäure entfernt ist, in die 4—5fache Menge Alkohol eingegossen. Das Filtrat von dem entstehenden Chlorniederschlag wird unter allmählichem Zusatz von Wasser auf 50 ccm eingeengt, und 20 ccm dieser Lösung dem Zeisel-Fantoschen Verfahren unterworfen. Da nach unseren heutigen Kenntnissen Glycerin die einzige im normalen Blut vorkommende Substanz ist, die ein sekundäres Jodid liefern kann, ergibt die Methode direkte Glycerinwerte. Die erhaltenen Resultate sind quantitativ.

Zum Nachweis des Glycerins im Harn empfiehlt Leo[6] das von Partheil modifizierte v. Türringsche Verfahren der Glycerinbestimmung in Wein und Bier unter sinngemäßer Abänderung. Der Harn wird zunächst eingedampft, der Rückstand mit 96proz. Alkohol extrahiert, der alkoholische Auszug mit Äther versetzt, und die filtrierte Flüssigkeit zur Trockne eingedampft. Die wässerige Lösung des Rückstandes wird zur Ausfällung des Harnstoffs usw. abwechselnd mit einer Lösung von Mercurinitrat und Natriumbicarbonat in Substanz versetzt, bis der Niederschlag bleibende gelbbraune Farbe annimmt. Das Filtrat wird genau mit Salpetersäure neutralisiert, abgedampft, der Rückstand in Alkohol gelöst, die alkoholische Lösung mit Äther versetzt, filtriert und nach Verjagen des Alkohols und Äthers der zurückbleibende Sirup in wenig Wasser gelöst. Die Flüssigkeit wird filtriert und dann dem Partheilschen Verfahren unterworfen.

Physiologische Eigenschaften: Glycerin beschleunigt die pankreatische Spaltung von Ölen und Fetten wahrscheinlich durch Oberflächenvergrößerung[7]. Nach Berthelot wird wässerige Glycerinlösung bei Gegenwart von Sauerstoff durch Hodengewebe in einen redu-

1) Nicloux, Bulletin de la Soc. chim. [3] 29, 245—249 [1903].
2) Mouneyrat, Bulletin de la Soc. chim. [3] 31, 409 [1904].
3) Nicloux, Compt. rend. de l'Acad. des Sc. 136, 559—561 [1903].
4) Tangl u. Weiser, Archiv f. d. ges. Physiol. 115, 152—174 [1906].
5) Zeisel u. Fanto, Zeitschr. f. landw. Versuchswesen in Österreich 5, 729—745 [1902].
6) Leo, Archiv f. d. ges. Physiol. 93, 269—276 [1902].
7) Kalabukow u. Terroine, Compt. rend. de l'Acad. des Sc. 147, 712 [1908].

zierenden Zucker übergeführt. Diese Wirkung beruht nach Bertrand[1]) auf Bakterien-wirkung. Über experimentelle Hemmung einer Fermentwirkung des lebenden Tieres vgl. Luchsinger[2]). Nach Levy und Krencker[3]) werden Schimmelpilze erst bei einem Glyceringehalt von 30—35% in ihrer Entwicklung gehindert, Tuberkelbacillen in 80proz. Glycerin bei 37° in 49 Stunden abgetötet. Die Einwirkung nimmt mit höherer Temperatur zu. 10proz. Glycerinlösungen töten bei 37° Staphylokokken nach 1 Tag, Typhusbacillen nach 13 Tagen, Diphtheriebacillen nach 3 Tagen. Nach Rosenau[4]) ist Glycerin ein be-sonders starkes Gift für den Diphtheriebacillus, der stets schneller abgetötet wurde als alle anderen Krankheitserreger, während der Typhusbacillus sehr resistent ist. Innerhalb 2 Wochen zerstört Glycerin gewöhnliche Eiterkokken. Im Eisschrank halten sich diese bei Glycerin-zusatz monatelang. Die größte keimtötende Eigenschaft zeigt Glycerin in den ersten 24 Stun-den; die dann unverändert gebliebenen Mikroorganismen werden sehr langsam beeinflußt. Auf Sporen (Milzbrand) ist Glycerin ohne Einfluß; Tetanussporen in Reinkultur verlieren ihre Virulenz bei 30tägigem Aufenthalt in Glycerin bei Körpertemperatur, während sie sich im Eisschrank monatelang halten. Auf Tetanustoxin ist Glycerin ohne Wirkung.

Tuberkelbacillen verbrauchen bei ihrem Wachstum auf Glycerinbouillon erhebliche Mengen Glycerin, so daß sie als Glycerinfresser bezeichnet werden können[5]).

Ein günstiger eiweißfreier Nährboden für Tuberkelbacillen ist nach Löwenstein und Pick[6]) ein Gemisch von 6 g Asparagin, 6 g Ammoniumlactat, 3 g neutralem Natriumphos-phat, 6 g Kochsalz und 40 g Glycerin.

Glycerinhaltige Raulinsche Lösung ist nach Mazé[7]) für Eurozyopsis Gayoni eine geeignete Nährflüssigkeit; für die Neubildung der gleichen Gewichtsmenge Pilze wird jedoch mehr Glycerin verbraucht als an dessen Stelle der Lösung zugesetzter Alkohol. Die Zusammen-setzung des Pilzmycels ist bei der Glycerinernährung ganz ähnlich wie bei dem Wachstum auf Zucker oder Alkohol.

Sehr verdünntes Glycerin geht in Berührung mit Hefe nach einigen Monaten in Propion-säure über, während reines Glycerin dieses Verhalten nicht zeigt[8]). Bei der Gärung von wässe-rigem Glycerin mit Kreide und Fleisch entstehen nach Béchamp[9]) Äthylalkohol und höhere Alkohole, Essigsäure, Propionsäure, Buttersäure, Valeriansäure, Capronsäure, Kohlensäure, Wasserstoff und Stickstoff. Bei Schizomycetengärung in wässeriger Lösung mit kohlen-saurem Kalk fand Fitz[10]) Normalbutylalkohol, wenig Alkohol, Capronsäure, Milchsäure, Essigsäure, Kohlensäure und Wasserstoff, wenig Buttersäure. Nach Freund[11]) bildet sich hierbei auch Trimethylenglykol. Bei der Gärung durch den Buttersäurebacillus in Gegenwart von Calciumcarbonat entstehen Trimethylenglykol, Milchsäure, viel Buttersäure und Butyl-alkohol[12]), nach Morin Äthylalkohol, Normalpropylalkohol und Normalbutylalkohol[13]). Emmerling[14]) erhielt etwas geringere Ausbeute an Butylalkohol; derselbe fand bei der Gärung durch den Bacillus boocopricus Holzgeist, Essigsäure und Buttersäure[15]). Das Sorbose-bacterium oxydiert Glycerin zu Dioxyaceton[16]). Durch im schwedischen Güterkäse gefundene aerobe Stäbchen wird Glycerin unter Gasbildung vergoren[17]). Bei Einwirkung des Bacillus butylicus von Fitz auf Glycerin und Glucose in anorganischer Nährlösung wurden qualitativ die gleichen Produkte: n-Butylalkohol, Äthylalkohol, Buttersäure, Essigsäure, Ameisensäure, Milchsäure, Kohlensäure und Wasserstoff erhalten; bei der Glyceringärung bilden sich mehr

---

1) Bertrand, Compt. rend. de l'Acad. des Sc. **133**, 887 [1901].
2) Luchsinger, Archiv f. d. ges. Physiol. **11**, 502 [1875].
3) Levy u. Krencker, Hyg. Rundschau **18**, 323 [1908].
4) Rosenau, The antiseptic and germicidal properties of glycerin. Washington 1903.
5) Siebert, Centralbl. f. Bakt. u. Parasitenkde. **51**, I, 305 [1909].
6) Löwenstein u. Pick, Biochem. Zeitschr. **31**, 142 [1911].
7) Mazé, Compt. rend. de l'Acad. des Sc. **134**, 240 [1902].
8) Roos, Berichte d. Deutsch. chem. Gesellschaft **9**, 509 [1876].
9) Béchamp, Zeitschr. f. Chemie **1869**, 664.
10) Fitz, Berichte d. Deutsch. chem. Gesellschaft **9**, 1348 [1876]; **10**, 266 [1877]; **11**, 42 [1878]; **13**, 1311 [1880].
11) Freund, Monatshefte f. Chemie **2**, 636 [1881].
12) Fitz, Berichte d. Deutsch. chem. Gesellschaft **15**, 1876 [1882].
13) Morin, Bulletin de la Soc. chim. (2) **48**, 803 [1887].
14) Emmerling, Berichte d. Deutsch. chem. Gesellschaft **30**, 452 [1897].
15) Emmerling, Berichte d. Deutsch. chem. Gesellschaft **29**, 2727 [1896].
16) Bertrand, Compt. rend. de l'Acad. des Sc. **126**, 842 [1898].
17) Troili - Petersson, Centralbl. f. Bakt. u. Parasitenkde. [2] **24**, 333 [1909].

Alkohole, bei der der Glucose mehr Säuren[1]). Glycerin bildet sich nach Buchner und Meisenheimer[2])[3]) bei der alkoholischen zellfreien Hefegärung des Traubenzuckers. Nach Seifert und Reisch[4]) stellt Glycerin lediglich ein Stoffwechselprodukt der Hefe dar. Seine Bildung ist zur Zeit der intensivsten Gärung und Hefevermehrung, sonach in den ersten Stadien der Gärung, am größten und sinkt gegen Schluß der Gärung nahezu auf 0 herab. Die Glycerinbildung steht mit der Alkoholproduktion in keinem Zusammenhang[5])[6]). Nach Laborde[7]) scheint die Produktion an Glycerin im umgekehrten Verhältnis zur Aktivität der Hefe zu stehen. Die Menge des gebildeten Glycerins (aus Traubenmost) wächst mit der Konzentration der Zuckerlösung, mit der Zunahme der natürlichen Acidität und mit der Temperatur.

Der schädigende Einfluß von Glycerin auf die Zellteilung von Seeigeleiern und die weitere Entwicklung scheint nach Fühner[8]) hauptsächlich eine Funktion des osmotischen Druckes zu sein. Jedoch ist die durch Glycerin hervorgerufene Schädigung noch größer, als dem osmotischen Drucke der Lösungen entspricht[9]).

Glycerin kann nach Fischer[10]) in Glycerose übergeführt werden. Diese ist möglicherweise das erste Assimilationsprodukt der Kohlensäure durch die chlorophyllhaltige Pflanzenzelle. Von entstärkten Spirogyren wird nach Bokorny[11]) bei Sauerstoffausschluß Glycerin im Lichte lebhaft unter Stärkebildung assimiliert. Nach Mazé und Perrier[12]) scheint Glycerin auf das Pflanzenwachstum einen schädigenden Einfluß auszuüben.

Das Glycerin des Tierkörpers stammt hauptsächlich aus den Fetten. An die Kohlenhydrate als Quelle des Glycerins denkt Schmid[13]). Über die physiologische Bedeutung und das Verhalten des Glycerins im Tierkörper im allgemeinen vgl. Munk[14]). Eine Übersicht der einschlägigen Verhältnisse bis 1904 gibt Heffter in seinem Sammelbericht[15]).

Eingeführtes Glycerin wird nach Levites[16]) fast nicht vom Magen, jedoch vom Darm schnell und vollständig resorbiert. Führt man Glycerin per os oder subcutan Kaninchen oder Menschen in größeren Mengen zu, so geht es in den Harn über[17]). Ustemowitsch[18]) fand nach Einführung größerer Mengen im Harn von Hunden und Pferden eine stark reduzierende, inaktive, vergärbare Substanz. Nach Plosz[19]) ist diese Substanz mit Hefe nicht vergärbar. Nach Einnahme von 9 g Glycerin wurde im Harn unverändertes Glycerin nicht ausgeschieden; nach Eingabe von 20 g waren Spuren, nach Zufuhr von ungefähr 27 g bis zu 1 g unverändertes Glycerin nachweisbar[20]). Nach Nicloux enthält das normale Blut Glycerin[21]). Im Hundeblut fand Nicloux[22]) auf 100 ccm 1,9—2,5 mg Glycerin, im Kaninchenblut 4,2—4,9 mg. Nach demselben Autor[23]) nimmt nach Einspritzung von Glycerin in den Blutkreislauf von Kaninchen und Hunden der Glyceringehalt des Blutes vorübergehend zu. Er sinkt jedoch sehr schnell wieder ab und ist nach 2 Stunden zur Norm zurückgekehrt. Im Harn finden sich nach Injektion von Glycerin erhebliche Mengen davon; der prozentische Glyceringehalt des Harns ist erheblich höher als der des Blutes. Die Niere besitzt demnach ein ausgesprochenes

[1]) Buchner u. Meisenheimer, Berichte d. Deutsch. chem. Gesellschaft 41, 1410 [1908].
[2]) Buchner u. Meisenheimer, Berichte d. Deutsch. chem. Gesellschaft 39, 3201 [1906].
[3]) Buchner u. Meisenheimer, Berichte d. Deutsch. chem. Gesellschaft 43, 1782 [1910].
[4]) Seifert u. Reisch, Centralbl. f. Bakt. u. Parasitenkde. [2] 12, 574 [1904].
[5]) Reisch, zit. nach Chem. Centralbl. 1907, II, 260 (aus Central. Vers. u. Hefereinzucht-Labor. K. K. höhere Lehranstalt f. Wein- u. Obstbau).
[6]) Reisch, Centralbl. f. Bakt. u. Parasitenkde. [2] 18, 396 [1907].
[7]) Laborde, Compt. rend. de l'Acad. des Sc. 129, 344 [1899].
[8]) Fühner, Archiv f. experim. Pathol. u. Pharmakol. 51, 1 [1904].
[9]) Fühner, Archiv f. experim. Pathol. u. Pharmakol. 52, 69 [1904].
[10]) Emil Fischer, Berichte d. Deutsch. chem. Gesellschaft 23, 2114 [1890].
[11]) Bokorny, Archiv f. d. ges. Physiol. 125, 467 [1908].
[12]) Mazé u. Perrier, Compt. rend. de l'Acad. des Sc. 139, 470 [1904].
[13]) Schmid, Archiv f. experim. Pathol. u. Pharmakol. 53, 429 [1905].
[14]) I. Munk, Virchows Archiv 76, 119 [1879].
[15]) Heffter, Ergebnisse d. Physiol. 4 [1905].
[16]) Levites, Zeitschr. f. physiol. Chemie 57, 46 [1908].
[17]) Luchsinger, Diss. Zürich 1875.
[18]) Ustemowitsch, Archiv f. d. ges. Physiol. 13, 453 [1876].
[19]) Plosz, Archiv f. d. ges. Physiol. 16, 153 [1878].
[20]) Leo, Archiv f. d. ges. Physiol. 93, 269 [1902].
[21]) Nicloux, Bulletin de la Soc. chim. [3] 31, 653 [1904].
[22]) Nicloux, Compt. rend. de l'Acad. des Sc. 136, 764 [1903].
[23]) Nicloux, Compt. rend. de l'Acad. des Sc. 137, 70 [1903].

Selektionsvermögen für Glycerin. Diese Angaben werden von Mouneyrat[1]) bestritten, da die Methodik nicht einwandfrei sei, und möglicherweise die Anwesenheit von freiem Glycerin durch Stoffe vorgetäuscht werden könne, welche bei der Hydrolyse Glycerin liefern. Nach Tangl und Weiser[2]) enthalten 100 g Pferdeblut durchschnittlich 0,076 g, 100 g Rinderblut 0,070 g, 100 g Pferdeplasma 0,095 g Glycerin. Das freie Glycerin findet sich im Plasma. Nach Glyceringabe findet sich ein Sinken der Blutalkalescenz[3]). Daß Glycerin im Körper so gut wie vollständig ausgenutzt wird, folgert Munk[4]) aus dem respiratorischen Gaswechsel.

Aus Seifen und Glycerin bildet sich unter Zusatz von überlebender Darmschleimhaut nach Ewald[5]) Fett. Hamsik[6]) stellte aus der Dünndarmschleimhaut von Schwein, Schaf und Pferd Lipasen her, welche die Fähigkeit besaßen, aus Ölsäure und Glycerin Fett zu synthetisieren, während die auf gleiche Weise aus der Dünndarmschleimhaut des Hundes und des Rindes dargestellten Präparate keine derartige Wirkung zeigten. Reach[7]) beobachtete bei Zusammenbringen von Organextrakten mit Glycerin und Seife ein Verschwinden des Glycerins.

Über Glycerin und dessen Verhalten im Tierkörper vgl. die Übersichten von Cremer[8]) und Pflüger[9]). Die Leber vermag synthetisch nur in geringem Ausmaß aus Glycerin Acetessigsäure zu bilden[10]). Glycerin ist ein Zuckerbildner. Beim schweren Diabetes findet nach Külz[11]) Zuckerbildung aus Glycerin statt. Beim mit Phlorizin vergifteten Hund beobachtete Cremer[12]) Zuckerbildung aus Glycerin. Zur Zuckersynthese vgl. ferner die Versuche von Lüthje[13]) am pankreaslosen Hund, sowie die Untersuchungen von Mohr[14]) und Luchsinger[15]). Glycerin vermag im Organismus eine fettsparende Wirkung auszuüben[16]). Nach Knapp[17]) kommt ihm auch eine Sparwirkung auf den Eiweißumsatz des gesunden Organismus zu, so daß ihm ein Nährwert zugesprochen werden muß. Über den eiweißsparenden Einfluß des Glycerins und seine Wirksamkeit auf die Zersetzung des Eiweißes im Organismus vgl. Tschirwinsky[18]), L. Lewin[19]) und Arnschink[20]). Glycerin hat eine antiketogene Wirkung [Hirschfeld[21]), Satta[22])]. Dies wird durch die von Reach[10]) gemachte Beobachtung, daß Glycerin Acetessigsäure zu bilden vermag, nicht tangiert, da diese Ketonbildung nur in sehr geringem Ausmaße stattfindet. Eine Glucuronsäurepaarung wurde nach Glycerineingabe bei Kaninchen nicht beobachtet[23]). Nach Horbaczewski und Kanéra[24]) findet auf Glyceringaben eine Steigerung der Harnsäureausscheidung statt.

Der Einfluß des Glycerins auf die Zuckungskurve funktionell verschiedener Muskeln, auf Contractur und Zuckungshöhe des Musculus dorsalis scapulae und des Musculus triceps bracchii vom Frosch wurde von Gregor[25]) untersucht.

Pharmakologisch wird Glycerin in Dosen von 2—3 g als Klysma oder Suppositorium appliziert, wodurch in einigen Minuten eine kräftige Peristaltik des Mastdarmes ausgelöst wird. Es ist daher besonders bei Verstopfung, welche auf einer Trägheit des Dickdarms beruht, indiziert. In gleicher Weise bewirkt die Applikation von Glycerin in den Cervicalkanal Uterus-

---

[1]) Mouneyrat, Bulletin de la Soc. chim. [3] **31**, 409 [1904].
[2]) Tangl u. Weiser, Archiv f. d. ges. Physiol. **115**, 152 [1906].
[3]) Kose, Centralbl. f. inn. Med. **1904**, 980.
[4]) I. Munk, Archiv f. d. ges. Physiol. **46**, 303 [1890].
[5]) Ewald, Archiv f. Anat. u. Physiol. **1883**, Suppl. S. 302.
[6]) Hamsik, Zeitschr. f. physiol. Chemie **59**, 1 [1909].
[7]) Reach, Centralbl. f. d. ges. Physiol. u. Pathol. d. Stoffw. **1907**, Nr. 20.
[8]) Cremer, Ergebnisse d. Physiol. **1**, 889 [1902].
[9]) Pflüger, Das Glykogen.
[10]) Reach, Biochem. Zeitschr. **14**, 279 [1909].
[11]) Külz, Beiträge z. Pathol. u. Ther. des Diabetes **2**, 181 [1875].
[12]) Cremer, Münch. med. Wochenschr. **1902**, 944; Sitzungsber. d. Gesellschaft f. Morphol. u. Physiol. München, 27. Mai 1902.
[13]) Lüthje, Deutsches Archiv f. klin. Medizin **79**, 498 [1904]; 80, 101 [1905].
[14]) Mohr, Zeitschr. f. klin. Medizin **52**, 337 [1904].
[15]) Luchsinger, Archiv f. d. ges. Physiol. **8**, 289 [1874].
[16]) Testa, Arch. di Farmacol. sperim. **5**, 260 [1906].
[17]) Knapp, Deutsches Archiv f. klin. Medizin **87**, 340 [1906].
[18]) Tschirwinsky, Zeitschr. f. Biol. **15**, 252 [1879].
[19]) L. Lewin, Zeitschr. f. Biol. **15**, 243 [1879].
[20]) Arnschink, Zeitschr. f. Biol. **23**, 413 [1887].
[21]) Hirschfeld, Zeitschr. f. klin. Medizin **28**, 176 [1895].
[22]) Satta, Beiträge z. chem. Physiol. u. Pathol. **6**, 1 [1905].
[23]) Neubauer, Archiv f. experim. Pathol. u. Pharmakol. **46**, 133 [1901].
[24]) Horbaczewski u. Kanéra, Monatshefte f. Chemie **7**, 105 [1886].
[25]) Gregor, Archiv f. d. ges. Physiol. **101**, 71 [1904].

kontraktionen und kann deshalb zur Einleitung der künstlichen Frühgeburt bzw. Fehlgeburt benutzt werden.

Glycerin findet in der pharmazeutischen Technik Anwendung, z. B. zur Darstellung von Fluidextrakten[1]), ferner zur Extraktion bei Darstellung von Immunisierungspräparaten[2]).

Glycerin ist durch seine Fähigkeit, stark Wasser anzuziehen, ausgezeichnet. Aus diesem Grunde werden Wunden, Schleimhäute durch Aufbringen reinen Glycerins sehr erheblich gereizt. Durch seine Wasseranziehungskraft wirkt es stark fäulniswidrig. Dieser Eigenschaft dankt es seine Anwendung als Konservierungsmittel für Präparate, Blutfibrin usw. Glycerin dient zur Extraktion von Fermenten; angeblich gelingt es durch Verabreichung von Glycerin· unter Umständen Fermente aus den Organen auszuschwemmen, so daß sie im Harn erscheinen. Glycerin hat deutlich nachweisbare, aber verhältnismäßig geringe antiseptische und bactericide Eigenschaften. Nach Rosenau[3]) gilt das nicht für alle Glycerinsorten gleichmäßig. Sie sind bei 10 proz. Lösungen nur für einige Bakterienformen vorhanden, 50 proz. Glycerin dagegen ist erst imstande, sämtliche Bakterien abzutöten. Daher ist für Konservierung von Vaccinen und Organpräparaten mindestens diese Konzentration notwendig.

Glycerin wirkt stark hämolytisch. Aus diesem Grunde ist auch die Verwendung größerer Mengen zu vermeiden.

Physikalische und chemische Eigenschaften: Glycerin bildet bei gewöhnlicher Temperatur eine sirupöse, stark süß und etwas brennend schmeckende Flüssigkeit. Stark unterkühlt krystallisiert es und bildet rhombische, sehr leicht zerfließliche Krystalle[4]), die bei 17° (Henninger)[5]), nach Nitsche[6]) bei 20° schmelzen. Durch Einwerfen von Krystallen läßt sich Glycerin schon bei 0° in die krystallinische Form überführen. In dicken Schichten hat Glycerin eine blaue Farbe, die dunkler ist als die des Wassers und des Alkohols in gleich dicken Schichten[7]). Diese Färbung ist durch die OH-Gruppen bedingt. Siedep. 290° (korr.)[8]). Siedep. 179,5° bei 12,5 mm, 210° bei 50 mm[9]), Siedep. 162—163° bei 10 mm[10]), Siedep. 143° bei 0,25 mm[11]), Siedep. 115—116° bei 0,056 mm[12]). Dampftension 0,24 mm bei 118,5°; 6,53 mm bei 161,3°; 20,46 mm bei 183,3°; 45,61 mm bei 201,3°; 100,81 mm bei 220,3°; 201,23 mm bei 241,8°. Dampftensionen wässeriger Glycerinlösungen bei 100° siehe Tabelle nach Gerlach[13])[14]).

Über eine wenig beachtete Fehlerquelle bei Siedepunktsbestimmungen unter vermindertem Druck vgl. Rechenberg[15]). Spez. Gewicht $D_4^{20} = 1{,}2604$; $D_4^{40} = 1{,}2471$; $D_4^{60} = 1{,}2339$; $D_4^{80} = 1{,}2207$; $n_D^{20} = 1{,}47289$; $n_D^{40} = 1{,}46866$; $n_D^{60} = 1{,}4632$; $n_D^{80} = 1{,}45830$[16]). Erhitzt man Glycerin auf 150°, so brennt es mit ruhiger blauer, nicht leuchtender Flamme[17]). Darauf beruht seine Anwendung für die Glycerinlampe[18]). Glycerin destilliert in reinem Zustande unzersetzt. Aus wässerigen alkoholischen Lösungen verflüchtigt es sich erst, wenn Alkohol und Wasser vollständig verdampft sind. Die Verflüchtigung des Glycerins ist kein eigentlicher Destillationsvorgang, sondern eher einer Sublimation zu vergleichen[19]). Über die Flüchtigkeit des Glycerins mit Wasserdampf vgl. Nicloux[20]). Bei Destillation von Glycerin verflüchtigen sich sogleich mit Wasserdämpfen kleine Quantitäten Glycerin[21]), was mit den Angaben von Gantter[22]) in Widerspruch steht.

1) Beringer, Amer. Journ. of Pharmacy **80**, 525 [1908].
2) Chem. Fabrik auf Aktien vorm. Schering, D. R. P. Kl. 30h, Nr. 197 887.
3) Rosenau, The antiseptic and germicidal properties of glycerin. Washington 1903.
4) Lang, Liebigs Jahresber. **1874**, 338.
5) Henninger, Berichte d. Deutsch. chem. Gesellschaft **8**, 643 [1875].
6) Nitsche, Liebigs Jahresber. **1873**, 323.
7) Spring, Rec. d. trav. chim. d. Pays-Bas **27**, 110 [1908]; Bull. de la Soc. chim. de Belg. **22**, 10 [1908].
8) Mendelejeff, Annalen d. Chemie u. Pharmazie **114**, 167 [1860].
9) Bolas, Zeitschr. f. Chemie **1871**, 218.
10) Richardson, Journ. Chem. Soc. **49**, 764 [1886].
11) E. Fischer u. Harries, Berichte d. Deutsch. chem. Gesellschaft **35**, 2158 [1902].
12) Erdmann, Berichte d. Deutsch. chem. Gesellschaft **36**, 3456 [1903].
13) Gerlach, Chem. Industrie **7**, 277 [1884].
14) Nebenstehend S. 511.
15) Rechenberg, Journ. f. prakt. Chemie [2] **79**, 475 [1909].
16) Scheij, Recueil des travaux chim. des Pays-Bas **18**, 169 [1899].
17) Godeffroy, Berichte d. Deutsch. chem. Gesellschaft **7**, 1566 [1874].
18) Schering, Liebigs Jahresber. **1875**, 1152.
19) Benz, Zeitschr. f. analyt. Chemie **38**, 437 [1899].
20) Nicloux, Bulletin de la Soc. chim. [3] **29**, 283 [1903].
21) Struva, Zeitschr. f. analyt. Chemie **39**, 95 [1900].
22) Gantter, Zeitschr. f. analyt. Chemie **34**, 423 [1895].

Gewichtsteile Glycerin in 100 T. der Lösung	Spez. Gewicht der Glycerinlösungen		Siedetemperatur bei 760 mm Barometerstand	Spannkraft der Dämpfe von Glycerinlösungen bei 100° C und bei 760 mm Barometerstand
	bei 15° C. Wasser von 15° C = 1	bei 20° C. Wasser von 20° C = 1		
100	1,2653	1,2620	290	64
99	1,2628	1,2594	239	87
98	1,2602	1,2568	208	107
97	1,2577	1,2542	188	126
96	1,2552	1,2516	175	144
95	1,2526	1,2490	164	162
94	1,2501	1,2464	156	180
93	1,2476	1,2438	150	198
92	1,2451	1,2412	145	215
91	1,2425	1,2386	141	231
90	1,2400	1,2360	138	247
89	1,2373	1,2333	135	263
88	1,2346	1,2306	132,5	279
87	1,2319	1,2279	130,5	295
86	1,2292	1,2252	129	311
85	1,2265	1,2225	127,5	326
84	1,2238	1,2198	126	340
83	1,2211	1,2171	124,5	355
82	1,2184	1,2144	123	370
81	1,2157	1,2117	122	384
80	1,2130	1,2090	121	396
79	1,2102	1,2063	120	408
78	1,2074	1,2036	119	419
77	1,2046	1,2009	118,2	430
76	1,2018	1,1982	117,4	440
75	1,1990	1,1955	116,7	450
74	1,1962	1,1928	116	460
73	1,1934	1,1901	115,4	470
72	1,1906	1,1874	114,8	480
71	1,1878	1,1847	114,2	489
70	1,1850	1,1820	113,6	496
65	1,1710	1,1685	111,3	553
60	1,1570	1,1550	109	565
55	1,1430	1,1415	107,5	593
50	1,1290	1,1280	106	618
45	1,1155	1,1145	105	639
40	1,1020	1,1010	104	657
35	1,0885	1,0875	103,4	675
30	1,0750	1,0740	102,8	690
25	1,0620	1,0610	102,3	704
20	1,0490	1,0480	101,8	717
10	1,0245	1,0235	100,9	740
0	1,0000	1,0000	100	760

Glycerin ist sehr stark hygroskopisch, weshalb es außerordentlich schwer ist, ein ganz wasserfreies Glycerin zu erhalten. Nach Clausnitzer[1] läßt sich Glycerin im Vakuum über Schwefelsäure trocknen, während nach den Angaben von Struve 1,52% Wasser zurückgehalten werden. Glycerin läßt sich in allen Verhältnissen mit Wasser mischen; es tritt dabei gleichzeitig Kontraktion und Temperaturerhöhung auf. Beim Vermischen von 58 T. Glycerin mit 42 T. Wasser tritt eine Temperaturerhöhung um 5° ein (Gerlach)[2]. Über spezifische Gewichte der wässerigen Glycerinlösungen vgl. die Tabelle bei den Gehaltsbestimmungen wässeriger Glycerinlösungen (S. 499). Glycerin ist mischbar mit Alkohol, ebenso mit einem

[1] Clausnizer, Zeitschr. f. analyt. Chemie **20**, 65 [1881].
[2] Gerlach, Zeitschr. f. analyt. Chemie **24**, 110 [1885].

Gemisch von Alkohol und Äther, schwer löslich dagegen in Äther. Es ist unlöslich in Chloroform, Petroläther, Schwefelkohlenstoff, ferner in Ölen und Fetten (Lewkowitsch). 100 T. Glycerin lösen (Klever)[1] 98 T. krystallisiertes Natriumcarbonat, 60 T. Borax, 60 T. Chlorzink, 40 T. Alaun, 40 T. Jodkalium, 30 T. Kupfersulfat, 25 T. Eisenoxydulsulfat, 25 T. Bromkalium, 25 T. Bleiacetat, 20 T. Ammoniumcarbonat, 20 T. arsenige Säure, 20 T. Ammoniumchlorid, 10 T. Bariumchlorid, 10 T. Kupferacetat, 7,5 T. Quecksilberchlorid, 1,9 T. Jod, 0,2 T. Phosphor, 0,1 T. Schwefel, sowie geringe Mengen von Alkaloiden. Ferner löst Glycerin etwas Gips, sowie einige Ölsäureseifen[2].

Volumenveränderung des Glycerins (Gerlach) [3].

Ist das Volumen bei $0° = 10\,000$, so beträgt dasselbe bei

$10° = 10\,045$	$70° = 10\,350$	$120° = 10\,655$	$180° = 11\,080$	$240° = 11\,585$
$30° = 10\,140$	$90° = 10\,470$	$140° = 10\,790$	$200° = 11\,245$	$260° = 11\,755$
$50° = 10\,240$	$100° = 10\,530$	$160° = 10\,930$	$220° = 11\,415$	$280° = 11\,925$

Ausdehnung wässeriger Glycerinlösungen durch die Wärme, wenn das Volumen bei $0° = 10000$ gesetzt wird (nach Gerlach).

Wassergehalt	10%	20%	30%	50%	70%	90%
$10°$	10 010	10 020	10 025	10 034	10 042	10 045
$20°$	10 030	10 045	10 058	10 076	10 091	10 095
$40°$	10 095	10 117	10 143	10 175	10 195	10 192
$60°$	10 188	10 214	10 247	10 285	10 304	10 311
$80°$	10 307	10 335	10 365	10 404	10 421	10 424

Über Brechungsindex des Glycerins und dessen wässerige Lösungen im Vergleich mit dem spez. Gewicht siehe Tabelle nach Lenz[4].

Andere Tabellen stammen von Stohmer[5] und Skalweit[6]. Vgl. hierzu Benedikt-Ulzer[7].

Über Beeinflussung des Absorptionsspektrums siehe Pflüger[8], von Kazay[9]. Über Änderung des Brechungsindex siehe Getman und Wilson[10]. Molekulare Verbrennungswärme 396,8 Cal. (Stohmann und Langbein)[11]. Wärmeleitfähigkeit: Untersuchung von Zylindern von 8 cm Höhe und 2 cm Durchmesser, elektrisch durch einen Platindraht erwärmt. Wärmeleitfähigkeit in CGS-Einheiten, Temperatur in absoluter Zählung für

$120°$	$180°$	$240°$
0,00078	0,00082	0,00076 [12].

Nach Thörner[13] beträgt die Ausdehnung des Glycerins zwischen $0°$ und $100°$ 5 ccm; das spez. Gewicht bezogen auf Wasser $= 1$ ist gleich 1,2343.

Dielektrizitätskonstante bei tiefen Temperaturen vgl. Dewar und Fleming[14]; Dielektrizitätskonstante und elektrische Absorption vgl. Drude[15]. Über Verschiebungselastizität[16]. Dämpfung von Quecksilberwellen mit Glycerin[17]. Zersetzung durch elektrische Schwingungen[18]. Spezifische Wärme von glycerinhaltigen Laugen und rohem Glycerin[19].

[1] Klever, Bulletin de la Soc. chim. [2] 18, 372 [1872].
[2] Asselin, Liebigs Jahresber. 1873, 1063.
[3] Gerlach, Zeitschr. f. analyt. Chemie 24, 110 [1885].
[4] Lenz, Zeitschr. f. analyt. Chemie 19, 302 [1894].
[5] Strohmer, Monatshefte f. Chemie 5, 61 [1884].
[6] Skalweit, Rerpertorium d. analyt. Chemie 5, 18 [1885].
[7] Benedikt-Ulzer, Analyse der Fett- und Wachsarten. Berlin 1908.
[8] Pflüger, Physikal. Zeitschr. 5, 215 [1904].
[9] v. Kazay, Pharmaz. Post 40, 531 [1907].
[10] Getmann u. Wilson, Amer. Chem. Journ. 40, 468 [1908].
[11] Stohmann u. Langbein, Journ. f. prakt. Chemie [2] 45, 305 [1892].
[12] Lees, Proc. Roy. Soc. 74, 337 [1905].
[13] Thörner, Zeitschr. f. chem. Appar.-Kunde 3, 165 [1908].
[14] Dewar u. Fleming, Chem. Centralbl. 1898, I, 546.
[15] Drude, Zeitschr. f. physikal. Chemie 23, 309 [1897].
[16] Lauer u. Tammann, Zeitschr. f. physikal. Chemie 63, 141 [1908].
[17] Wood, Physikal. Zeitschr. 10, 429 [1909].
[18] v. Hemptinne, Zeitschr. f. physikal. Chemie 25, 296 [1898].
[19] Gill u. Miller, Journ. Soc. Chem. Ind. 21, 833 [1902].

Wasserfreies Glycerin	Spez. Gewicht bei 12—14° C	Brechungsindex bei 12,5—12,8° C	Wasserfreies Glycerin	Spez. Gewicht bei 12—14° C	Brechungsindex bei 12,5—12,8° C
100	1,2691	1,4758	50	1,1320	1,4007
99	1,2664	1,4744	49	1,1293	1,3993
98	1,2637	1,4729	48	1,1265	1,3979
97	1,2610	1,4715	47	1,1238	1,3964
96	1,2584	1,4700	46	1,1210	1,3950
95	1,2557	1,4686	45	1,1183	1,3935
94	1,2531	1,4671	44	1,1155	1,3921
93	1,2504	1,4657	43	1,1127	1,3906
92	1,2478	1,4642	42	1,1100	1,3890
91	1,2451	1,4628	41	1,1072	1,3875
90	1,2425	1,4613	40	1,1045	1,3860
89	1,2398	1,4598	39	1,1017	1,3844
88	1,2372	1,4584	38	1,0989	1,3829
87	1,2345	1,4569	37	1,0962	1,3813
86	1,2318	1,4555	36	1,0934	1,3798
85	1,2292	1,4540	35	1,0907	1,3785
84	1,2265	1,4525	34	1,0880	1,3772
83	1,2238	1,4511	33	1,0852	1,3758
82	1,2212	1,4496	32	1,0825	1,3745
81	1,2185	1,4482	31	1,0798	1,3732
80	1,2159	1,4467	30	1,0771	1,3719
79	1,2122	1,4453	29	1,0744	1,3706
78	1,2106	1,4438	28	1,0716	1,3692
77	1,2079	1,4424	27	1,0689	1,3679
76	1,2042	1,4409	26	1,0663	1,3666
75	1,2016	1,4395	25	1,0635	1,3653
74	1,1999	1,4380	24	1,0608	1,3639
73	1,1972	1,4366	23	1,0580	1,3626
72	1,1945	1,4352	22	1,0553	1,3612
71	1,1918	1,4337	21	1,0525	1,3599
70	1,1889	1,4321	20	1,0498	1,3585
69	1,1858	1,4304	19	1,0471	1,3572
68	1,1826	1,4286	18	1,0446	1,3559
67	1,1795	1,4267	17	1,0422	1,3546
66	1,1764	1,4249	16	1,0398	1,3533
65	1,1733	1,4231	15	1,0374	1,3520
64	1,1702	1,4213	14	1,0349	1,3507
63	1,1671	1,4195	13	1,0332	1,3494
62	1,1640	1,4176	12	1,0297	1,3480
61	1,1610	1,4158	11	1,0271	1,3467
60	1,1582	1,4140	10	1,0245	1,3454
59	1,1556	1,4126	9	1,0221	1,3442
58	1,1530	1,4114	8	1,0196	1,3430
57	1,1505	1,4102	7	1,0172	1,3417
56	1,1480	1,4091	6	1,0147	1,3405
55	1,1455	1,4079	5	1,0123	1,3392
54	1,1430	1,4065	4	1,0098	1,3380
53	1,1403	1,4051	3	1,0074	1,3367
52	1,1375	1,4036	2	1,0049	1,3355
51	1,1348	1,4022	1	1,0025	1,3342

Durch Kohlenoberflächen wird die Oxydation von Glycerin beschleunigt; diese Beschleunigung ist wahrscheinlich durch Adsorption bedingt (Freundlich)[1]. Glycerin zeigt be-

---

[1] Freundlich, Zeitschr. f. physikal. Chemie **57**, 385 [1907].

sonders ausgesprochenes Vermögen, Hydrate zu bilden. Die Vereinigung mit Wasser geschieht ungefähr in gleichem Umfange wie bei den ternären Elektrolyten[1]). Glycerin bildet mit Wasser und Methyl- oder Äthylalkohol binäre Mischungen, deren Eigenschaften nicht additiv sind[2]).

Über Glycerinatlösungen von Metallhydroxyden vgl. Müller[3]). Über glycerinalkalische Kobaltoxydullösungen[4]). Über Glycerin als Medium für kolloidale Metallsulfide vgl. Müller[5]). Glycerin erhöht die Lichtempfindlichkeit von Methylenblau um das 500—1000fache; auch die verhältnismäßig hohe Lichtechtheit von mit anderen reinen Farbstoffen angefärbten Gelatinen wird durch Glycerin erheblich geschädigt[6]).

Über Herstellung kolloidaler Lösungen von Bariumsulfat mit Glycerin siehe Recoura[7]). Glycerin wirkt stark beizhindernd (Hermann)[8]). Über Gleichgewichte bei der Esterbildung und über die wechselseitige Verdrängung zwischen dem Glycerin und den anderen Alkoholen siehe Berthelot[9]). Glycerin beschleunigt die Zuckerinversion in volumennormaler Lösung, indem Wassermolekeln verdrängt werden; in gewichtsprozentiger Lösung verzögert Glycerin die Zuckerinversion (Caldwell)[10]). Beeinflussung von Anion und Kation[11]). Dissoziationsvorgänge[12]).

Eine colorimetrische Methode zur Bestimmung der Molekulargrößen von Kohlenhydraten, beruhend auf Bildung intensiv roter, leicht löslicher Farbstoffe durch Zusammenbringen von aliphatischen Alkoholen in alkalischer Lösung bei Luftzutritt mit p-Phenylhydrazinsulfosäure ist von Wacker[13]) angegeben. Der bei Verwendung von Glycerin erhaltene Farbstoff bildet in unreinem Zustande ein violettes Pulver, das sich in Wasser mit gelbroter Farbe löst; durch Salzsäurezusatz wird die Lösung dunkelrot, durch Lauge rot mit einem Stich ins Blaue. —

Bindung von Kohlensäure durch Glycerin: der Quotient $\dfrac{CO_2}{S}$, der das Verhältnis der molekularen Menge Kohlensäure zur molekularen Menge der betreffenden Substanz anzeigt, ist für Glycerin 1,025[14]).

Bei der Dissoziation des Glycerins bei 450° bilden sich zunächst[15]) Acetol und Acrolein in etwa gleicher Menge; das Acetol zersetzt sich zum Teil weiter in Acetaldehyd und Formaldehyd, während sich die gebildeten Aldehyde zum Teil bei der Dissoziation und nachträglich bei der Aufarbeitung der Reaktionsprodukte mit dem unverändert vorhandenen Glycerin vereinigen. Bei Leiten von Glycerin über Zinkstaub bei 300—320° entstehen dieselben Produkte wie bei der direkten Dissoziation des Glycerins. Mit gefällter und entwässerter Tonerde als Katalysator entsteht aus Glycerin bei gelindem Erhitzen Acrolein, während ein Rückstand von Polyglycerinen bleibt (Senderens)[16]). Durch wasserentziehende Mittel, wie Chlorcalcium und Kaliumbisulfat, wird Glycerin in Acrolein übergeführt. Ozon oxydiert Glycerin bei Gegenwart von Alkali zu Kohlensäure, Ameisensäure und Propionsäure[17]). Oxydation mit Wasserstoffsuperoxyd bei Gegenwart einer Spur Eisenoxydulsulfat liefert Glycerinaldehyd[18]). Eine alkalische Kaliumpermanganatlösung wirkt unter Bildung von Kohlensäure, Oxalsäure, Ameisensäure, Essigsäure, Propionsäure und Tartronsäure ein[19]). Bei Überschuß von Alkali wird nach Fox und Wanklyn[20]) Glycerin durch Kaliumpermanganat in Oxalsäure, Kohlen-

[1]) Jones u. Getman, Amer. Chem. Journ. **32**, 308 [1904].
[2]) Schmidt u. Jones, Amer. Chem. Journ. **42**, 37 [1909].
[3]) Müller, Zeitschr. f. anorgan. Chemie **43**, 320 [1905].
[4]) Tubandt, Zeitschr. f. anorgan. Chemie **45**, 368 [1905].
[5]) Müller, Chem.-Ztg. **28**, 357 [1904].
[6]) Limmer, Zeitschr. f. angew. Chemie **22**, 1715 [1909].
[7]) Recoura, Compt. rend. de l'Acad. des Sc. **146**, 1274 [1908].
[8]) Herrmann, Färber-Ztg. **17**, 343 [1906].
[9]) Berthelot, Compt. rend. de l'Acad. des Sc. **143**, 717 [1906].
[10]) Caldwell, Proc. Roy. Soc. **78**, A, 272 [1906].
[11]) Chanoz, Compt. rend. de l'Acad. des Sc. **149**, 598 [1909].
[12]) Nef, Annalen d. Chemie **335**, 247 [1904].
[13]) Wacker, Berichte d. Deutsch. chem. Gesellschaft **41**, 266 [1908].
[14]) Siegfried u. Howwjanz, Zeitschr. f. physiol. Chemie **59**, 376 [1909].
[15]) Nef, Annalen d. Chemie **335**, 191 [1904].
[16]) Senderens, Compt. rend. de l'Acad. des Sc. **146**, 1211 [1908].
[17]) Gorup, Annalen d. Chemie u. Pharmazie **125**, 211 [1863].
[18]) Fenton u. Jackson, Chem. News **78**, 187 [1898].
[19]) Campani u. Bizzari, Gazzetta chimica ital. **12**, 1 [1882].
[20]) Fox u. Wanklyn, Zeitschr. f. analyt. Chemie **25**, 587 [1886].

säure und Wasser glatt aufgespalten nach der Gleichung $C_3H_8O_3 + O_6 = C_2O_4H_2 + CO_2 + 3 H_2O$. Beim Zusammenbringen von Glycerin mit trocknem Kaliumpermanganat tritt unter Entzündung eine explosionsartige Verbrennung auf[1]). Durch Braunstein und Schwefelsäure wird Glycerin zu Ameisensäure und Kohlensäure verbrannt. Bei Oxydation mit Ozon entsteht nach Harries[2]) Glycerinaldehyd bzw. Dioxyaceton. Beim Erhitzen von Glycerin mit Bleisuperoxyd bei Gegenwart von Alkalien entsteht Wasserstoff und Ameisensäure[3]). Bei der Oxydation mit Salpetersäure bilden sich nach Heintz[4]) Oxalsäure, Glycerinsäure, Ameisensäure, Glykolsäure, Glyoxylsäure und Traubensäure; nach Przibytek[5]) Blausäure, Zuckersäure, Mesoweinsäure und Glycerinaldehyd. Durch Kaliumbichromat und Schwefelsäure wird Glycerin vollständig zu Kohlensäure und Wasser verbrannt. Bei der Elektrolyse des mit Schwefelsäure angesäuerten Glycerins erhielt Renard[6]) Ameisensäure, Essigsäure, Oxalsäure, Glycerinsäure, Trioxymethylen und dessen Polymerisationsprodukt. Bartoli und Papasogli[7]) erhielten Acrolein, Ameisensäure, Glycerinsäure und Trioxymethylen. Bei Behandlung mit Bleisuperoxyd und Schwefelsäure entsteht eine Pentose[8]). Bei Einwirkung des Lichtes bildet sich aus Glycerin unter Zugabe von Uranverbindungen Glycerose und Glycerinaldehyd (Neuberg)[9]); Dioxyaceton bildet sich nicht. Die Umwandlung des Glycerins erfolgte nach 6stündiger Einwirkung im Hochsommer zu 42%. Nach verschiedenen Angaben soll die durch Einwirkung verschiedener Oxydationsmittel auf Glycerin entstehende Glycerose gärfähig sein. Dieses konnte Emmerling[10]) nicht bestätigen. Die Gärfähigkeit, die sich nach längerem Erwärmen der glycerosehaltigen Flüssigkeit auf 60° oder wiederholtes Eindampfen im Vakuum beobachten ließ, scheint auf Bildung eines gärfähigen Zuckers mit 6 Atom Kohlenstoff aus der Glycerose zu beruhen. Durch Einwirkung von Silberoxyd und Kalk bildet sich Ameisensäure und Glykolsäure[11]). Über Verhalten gegenüber Metalloxyden vgl. Bullnheimer[12]). Mit Ätznatron versetzte alkalische Glycerinlösung reduziert Platin-, Palladium-, Rhodium-, Gold- und Quecksilbersalzlösungen unter Metallabscheidung. Silberlösungen werden durch Glycerin unter Ammoniakzusatz unter bestimmten Bedingungen reduziert[13]). Fehlingsche Lösung wird durch konz. Glycerin nach längerem Kochen reduziert; nach 1 bis 2 Tage langem Stehen bildet sich gelber bis roter Niederschlag. Stark verdünnte Glycerinlösungen geben die Reaktion nicht. Setzt man eine Mischung von Sublimatlösung und reinem, keine reduzierende Substanz enthaltendem Glycerin dem direkten Sonnenlichte aus, so schlägt sich schon nach 2 Stunden Kalomel nieder. Die Flüssigkeit reagiert sauer und reduziert das Crismersche Aldehydreagens. Vermutlich findet eine Verwandlung des Glycerins in Glycerol statt nach der Formel $C_3H_8O_3 + 2 HgCl_2 = CH_2OH \cdot CHOH \cdot CHO + Hg_2Cl_2 + 2 HCl$. Bei weiterer Lichteinwirkung geht die Reduktion bis zur Bildung metallischen Quecksilbers. Ebenso tritt Reduktion ein zwischen Glycerin und Eisenchlorid. Nach solchen Umwandlungen erhält das Glycerin die Fähigkeit, das durch Kalilauge gefällte Eisenchlorid bei Zusatz überflüssiger Lauge zu lösen; es scheint demnach in ein Kohlenhydrat überzugehen (Archetti)[14]). Bei Erwärmen von Glycerin mit Zinkstaub entsteht Acrolein, Allylalkohol, Propylen, ein Alkohol $C_6H_{10}O$, Siedep. 140° (Jodid C_6H_9J, Siedep. 130—135°; Acetat, Siedep. 126—128°) und eine Verbindung $C_{12}H_{20}O_2$ vom Siedep. 200°)[15]).

Beim Erhitzen von Glycerin mit Schwefel auf 300° entsteht nach Keutgen[16]) Schwefelwasserstoff, Kohlensäure, Äthylen, Allylmercaptan und Diallylhexasulfid $(C_3H_5S_3)_2$.

---

[1]) Dvorak, Chem.-Ztg. **1902**, 903.

[2]) Harries, Berichte d. Deutsch. chem. Gesellschaft **36**, 1933 [1904].

[3]) Gläser u. Morawsky, Monatshefte f. Chemie **10**, 582 [1889].

[4]) Heintz, Annalen d. Chemie u. Pharmazie **152**, 325 [1869].

[5]) Przibytek, Journ. d. russ. physikal.-chem. Gesellschaft **13**, 330 [1881].

[6]) Renard, Annales de Chim. et de Phys. [5] **17**, 303 [1879].

[7]) Bartoli u. Papasogli, Gazzetta chimica ital. **13**, 287 [1883].

[8]) Loeb u. Pulvermacher, Biochem. Zeitschr. **17**, 343 [1909].

[9]) Neuberg, Biochem. Zeitschr. **15**, 305 [1908].

[10]) Emmering, Berichte d. Deutsch. chem. Gesellschaft **32**, 542 [1899].

[11]) Kiliani, Berichte d. Deutsch. chem. Gesellschaft **16**, 2415 [1883].

[12]) Bullnheimer, Forschungsber. über Lebensmittel **1897**, 12; Handbuch d. Chemie d. Fette u. Öle. Leipzig 1908.

[13]) Jaffé, Chem.-Ztg. **14**, 1493 [1890].

[14]) Archetti, Chem.-Ztg. **26**, 555 [1901].

[15]) Westphal, Berichte d. Deutsch. chem. Gesellschaft **18**, 2931 [1885].

[16]) Keutgen, Berichte d. Deutsch. chem. Gesellschaft **23**, 201 [1890].

Über die Einwirkung von Schwefelsäure auf das aus Allylmethyltertiärbutyrylcarbinol zu gewinnende Glycerin vgl. Petschnikoff[1]) und Wagner, Ljwoff und Boening[2]). Über Verhalten des Glycerins gegen Weinsäure, Bernsteinsäure und Apfelsäure, über die Einwirkung von Glycerin auf Malein- und Fumarsäure, Citronensäure, Ameisensäure, Essigsäure, Monochloressigsäure, Glyoxylsäure, Glykolsäure, Oxalsäure, Gallussäure vgl. Böttinger[3]). Erhitzt man Glycerin und phosphorige Säure in molekularen Mengen, so entsteht zum Teil glycerinphosphorige Säure[4]). Unter Einwirkung von Jodwasserstoff werden Allyljodid und Propylen gebildet; bei überschüssigem Jodwasserstoff Isopropyljodid. Aus Jodphosphor oder Jodaluminium mit Glycerin entsteht Allyljodid, Propylen und Propylenjodid[5])[6]). Bei längerem Kochen mit Eisessig wird Glycerin in ein Gemenge von Triacetin, Diacetin und Monacetin umgewandelt (Geitel)[7]). Beim Erhitzen von Glycerin mit Oxalsäure auf $100°$ wird diese in Kohlensäure und Ameisensäure zerlegt; bei einer Temperatur von $195—250°$ wird der zuerst gebildete Ameisensäureglycerinester in Allylalkohol, Kohlensäure und Wasser gespalten[8]). Beim Erwärmen von Glycerin mit Vitriolöl und konz. Bromwasserstoffsäure entstehen $\alpha\text{-}\alpha\text{-}\beta$-Tribrompropionaldehyd, $\alpha\text{-}\alpha\text{-}\beta$-Tribrompropionsäure und $CH_2 : CBr_2$. Beim Einleiten von Chlor in wässeriges Glycerin entsteht Glycerinsäure und ein in Äther lösliches chlorhaltiges Produkt[9]). Bei anhaltendem Einleiten von Chlor in jodhaltiges Glycerin entsteht Trichlormilchsäure, Chlorhydrin, Dichlorhydrin, Hexachloraceton, Oxalsäure und andere Produkte[10]). Erhitzt man Glycerin mit Brom und Wasser auf $100°$, so bildet sich Glycerinsäure, Bromoform und Kohlensäure. Wasserfreies Brom liefert Dibromhydrin, Bromessigsäure, daneben Bromwasserstoff und Acrolein[11]). Auch bei Oxydation von Glycerinblei durch Bromdampf entsteht Glycerinaldehyd und Dioxyaceton. Durch Erhitzen des Glycerinacetats mit einer bei $0°$ gesättigten Lösung von Bromwasserstoff in Eisessig auf $150°$ entsteht fast quantitativ Tribrompropan. Bei Einwirkung von Phosphortrichlorid auf wasserfreies Glycerin entsteht keine glycerophosphorige Säure; dieselbe kann sich nur dann bilden, wenn das Glycerin wasserhaltig ist, indem zunächst aus dem Phosphortrichlorid mit Wasser phosphorige Säure entsteht, die unter Bildung von glycerophosphoriger Säure mit Glycerin reagiert[12]). Über Einwirkung von Phosphortrichlorid auf die aromatischen Äther des Glycerins vgl. Boyd[13]). Beim Erhitzen von Glycerin mit Quecksilberchlorid auf $160°$ wird Glycerinaldehyd gebildet[14]).

Nach Dumas und Stas[15]) spaltet schmelzendes Alkali (Kaliumhydrat, besser Kalikalk) Glycerin bei mäßiger Hitze in Acetat, Formiat, Wasser und Wasserstoff; eine Reaktion, bei der als Zwischenprodukt Acrylsäure. nach Herter[16]) auch Gärungsmilchsäure auftreten kann. Nach Buisine[17]) spielen sich, je nachdem man das Gemisch auf 230—250, 250—280°, 280—320° erhitzt, verschiedene Reaktionen ab, von denen die erste dem von Dumas festgestellten Verlauf entspricht, während sich bei höheren Temperaturen Oxalsäure, bei den höchsten noch Kohlensäure bildet. Die Bildung von Kohlensäure dient zur Bestimmung des Glycerins (s. oben).

Bei Destillation von Glycerin mit Ammoniumsalzen bilden sich Pyridin- und Pyrazinbasen[18])[19])[20])[21]). Erwärmt man Glycerin mit einer Lösung von Wismutnitrat, so bildet sich

[1]) Petschnikoff, Journ. f. prakt. Chemie [2] **65**, 168 [1902].
[2]) Wagner, Ljwoff u. Boening, Journ. f. prakt. Chemie [2] **71**, 417 [1905].
[3]) Böttinger, Chem.-Ztg. **25**, 795 [1901].
[4]) Carré, Compt. rend. de l'Acad. des Sc. **133**, 882 [1901].
[5]) Berthelot u. Luca, Annales de Chim. et de Phys. [3] **44**, 350 [1855].
[6]) Malbot, Annales de Chim. et de Phys. [6] **19**, 347 [1890].
[7]) Geitel, Journ. f. prakt. Chemie [2] **55**, 418 [1897].
[8]) Beilstein, **1**, 273.
[9]) Hlasiwetz u. Habermann, Annalen d. Chemie u. Pharmazie **155**, 131 [1870].
[10]) Zaharia, Bulletinul societatii de sciente fizice din Bucuresci 4, 133; nach Beilstein, Ergänzungsband I.
[11]) Barth, Annalen d. Chemie u. Pharmazie **124**, 341 [1862].
[12]) Carré, Bulletin de la Soc. chim. [3] **27**, 264 [1902].
[13]) Boyd, Journ. Chem. Soc. **83**, 1135 [1903].
[14]) Fonzes-Diacon, Bulletin de la Soc. chim. [3] **13**, 863 [1895].
[15]) Dumas u. Stas, Annalen d. Chemie u. Pharmazie **35**, 158 [1840].
[16]) Herter, Berichte d. Deutsch. chem. Gesellschaft **11**, 1167 [1878].
[17]) Buisine, Compt. rend. de l'Acad. des Sc. **136**, 1082 [1903].
[18]) Etard, Compt. rend. de l'Acad. des Sc. **92**, 460, 795 [1881].
[19]) Stöhr, Journ. f. prakt. Chemie [2] **43**, 156 [1891]; **47**, 439 [1893].
[20]) Storch, Berichte d. Deutsch. chem. Gesellschaft 19, 2456 [1886].
[21]) Dennstedt, Berichte d. Deutsch. chem. Gesellschaft **25**, 259 [1892].

Wismutoxalat. Nach Erhitzen von trocknem Anilinsalz mit entwässertem Glycerin auf
215° kann eine neue Base aus der Schmelze isoliert werden; leicht löslich in Säuren, flockig
weiß gefällt durch Alkali, mit chinolinähnlichem Geruch, diazotierbar und kombinierbar
mit Phenolen[1]. Bei längerem Kochen von Glycerin mit Cholesterin wird ein doppelt-
brechender Körper erhalten[2]. Über Verhalten des Glycerins zu Diazomethan[3]. Ringester
aus Glycerin vgl. Bischoff[4]. Über Reaktionen der mehrwertigen Alkohole unter besonderer
Berücksichtigung des Glycerins vgl. Denigès[5].

Durch Einwirkung von in flüssigem Ammoniak gelöstem Glycerin auf Kalium-,
Natrium-, Ammoniumlösungen entstehen augenblicklich die krystallisierten Monometallver-
bindungen des Glycerins[6].

Über Einwirkung gemischter Organomagnesiumverbindungen auf die Halogenderivate
des Glycerins vgl. Grignard[7].

Bei Destillation von Glycerin mit Salmiak entstehen Glykolin $C_6H_{10}N_2$ und andere
Körper. Beim Einwirken von Chlorschwefel auf Glycerin wird im wesentlichen Dichlorhydrin
$C_3H_6Cl_2O$ gebildet. Beim Destillieren von Glycerin mit 2 T. Schwefelnatrium entsteht ein
zwiebelartig riechendes Öl vom Siedep. 58°, spez. Gewicht 0,825 bei 15°. Mit Quecksilberoxyd gibt es eine Verbindung, die aus Alkohol in Nadeln vom Schmelzp. 35° krystallisiert[8].
Über weitere Reaktionen vergleiche oben: Über qualitative Glycerinbestimmung.

Glycerin bildet drei Reihen von Estern, und zwar Monoglyceride, Diglyceride und Triglyceride. Glycerin verestert sich, mit Säuren erhitzt, sehr leicht, besonders wenn man durch
das Reaktionsgemisch während des Erhitzens auf 100° einen Kohlensäurestrom hindurch-
leitet. Am leichtesten erfolgt dieser Prozeß bei Gegenwart von wasserentziehenden, flüssigen
Säuren. Je nachdem die eintretenden Säureradikale gleich oder verschieden sind, unterscheidet
man einfache und gemischte Glyceride. Es ergeben sich somit eine ganze Reihe verschiedener
Kombinationen, deren Mannigfaltigkeit noch durch die verschiedene Stellung der Säureradikale im Molekül vermehrt wird. Es ergeben sich folgende Kombinationsmöglichkeiten:

CH_2OH	CH_2OH	CH_2OR'	CH_2OH
$CHOH$	$CHOR$	$CHOH$	$CHOR'$
CH_2OR	CH_2OH	CH_2OR'	CH_2OR'
α-Monoglycerid	β-Monoglycerid	α, γ-Diglycerid	α, β-Diglycerid

CH_2OR''	CH_2OH
$CHOH$	$CHOR''$
CH_2OR'	CH_2OR'
α-R', γ-R''-Diglycerid	α-R', β-R''-Diglycerid

CH_2OR	CH_2OR''	CH_2OR''	CH_2OR'''
$CHOR$	$CHOR''$	$CHOR'$	$CHOR''$
CH_2OR	CH_2OR'	CH_2OR''	CH_2OR'
R-Triglycerid	α-R', β, γ-R''-Triglycerid	α, γ-R'', β-R'-Triglycerid	α-R', β-R'', γ-R'''-Triglycerid

Als weitere Modifikationen kommen hierzu noch die Isomerien, welche dadurch entstehen, daß die Säureradikale ihre Plätze wechseln.

Zur Theorie der Verseifung der Glycerinester vgl. Wegscheider[9].

Über die Verseifung der Glycerinacetate in verdünnter salzsaurer Lösung bei 25° und
18° zum Nachweis des stufenförmigen Verlaufes siehe Meyer[10]. Es ergab sich angenähert

[1] Paul, Chem.-Ztg. 28, 702 [1904].
[2] Gaubert, Compt. rend. de l'Acad. des Sc. 145, 722 [1907].
[3] Meyer u. Hönigschmid, Monatshefte f. Chemie 26, 379 [1905].
[4] Bischoff, Berichte d. Deutsch. chem. Gesellschaft 40, 2803 [1907].
[5] Denigès, Bulletin de la Soc. chim. [4] 5, 421 [1909].
[6] Chablay, Compt. rend. de l'Acad. des Sc. 140, 1396 [1905].
[7] Grignard, Compt. rend. de l'Acad. des Sc. 141, 44 [1905].
[8] Schlagdenhauffen, Liebigs Jahresber. 1873, 323.
[9] Wegscheider, Monatshefte f. Chemie 29, 83 [1908].
[10] Meyer, Zeitschr. f. Elektrochemie 13, 485 [1907].

das erwartete Verhältnis 3 : 2 : 1, wodurch die Theorie von Abel und Annahme eines stufenweisen Zerfalles des Triacetats bestätigt wird.

Durch Erhitzen von Glycerin im Überschuß mit der betreffenden Fettsäure oder, wenn gemischte Diacylate hergestellt werden sollen, mit dem Gemisch der Fettsäuren im Vakuum bis zum Sieden des Glycerins und Erhalten des Gemisches während einiger Zeit auf dieser Temperatur, gelangt man leicht zu Diacylaten der höheren Fettsäuren, welche nur geringe Mengen von Monacylaten enthalten[1]).

Verbindungen des Glycerins mit Basen: Mononatriumglycerat $CH_2OH \cdot CHOH \cdot CH_2ONa$. Wird dargestellt durch Lösen von Natrium in abs. Alkohol und Zufügen von Glycerin. Es bildet sich hierbei ein Niederschlag von der Zusammensetzung $CH_2OH \cdot CHOH \cdot CH_2ONa + C_2H_5OH$. Äußerst zerfließliche, rhombische Krystalle[2]). Die Verbindung gibt ihren Krystallalkohol bei 100° ab; es bleibt Mononatriumglycerat als ein weißes, sehr hygroskopisches Pulver zurück, das durch Wasser verseift wird. Es verliert erst bei 174—180° im Wasserstoffstrome allen Alkohol[3]). Zersetzt sich oberhalb 245°, ohne zu schmelzen[4]), unter Bildung von Acrolein, Propylenglykol[5]), Methylalkohol und geringen Mengen Äthylalkohol und Allylalkohol[6]) [7]). Fast die gleichen Produkte werden durch Erhitzen von Natriumglycerat im Kohlenoxydstrome auf 185—190° erhalten[3]). Versetzt man Glycerin mit einer Lösung von Natrium in Methylalkohol, so scheidet sich eine Verbindung von der Zusammensetzung $CH_2OH \cdot CHOH \cdot CH_2ONa + CH_3OH$ aus, die beim Erhitzen auf 120° Mononatriumglycerat zurückläßt[8]). Ferner wurden von demselben Autor die Verbindungen des Mononatriumglycerats mit den höheren Alkoholen derselben Reihe dargestellt; $CH_2OH \cdot CHOH \cdot CH_2ONa + C_3H_7OH$; $CH_2OH \cdot CHOH \cdot CH_2ONa + C_4H_9OH$; $CH_2OH \cdot CHOH \cdot CH_2ONa + C_5H_{11}OH$. Mit Schwefelkohlenstoff verbindet sich Natriumglycerat zu dem Salze $Na \cdot C_4H_7S_2O_3$.

Dinatriumglycerat $C_3H_6O_3Na_2$. Zur Darstellung verreibt man das Mononatriumsalz in abs. Alkohol, gibt ein Mol. Natriumalkoholat dazu, kocht mehrere Stunden lang, dampft ab und erhitzt den Rückstand im Wasserstrom auf 180°[3]). Das Salz bildet eine krystallinische, sehr stark hygroskopische Masse, die bei 220° unter Zersetzung schmilzt.

Monokaliumglycerat $C_3H_7O_3K + C_2H_5OH$. Entsteht beim Eintragen von wasserfreiem Glycerin in eine konz. warme Lösung von Kalium in abs. Alkohol. Große Krystalle, bei deren Erhitzung auf 120° das alkoholfreie Glycerat bleibt. Von Forchand[8]) wurden ferner dargestellt, auf identische Weise wie die entsprechenden Natriumverbindungen die Salze: $C_3H_7O_3K + CH_3OH$; $C_3H_7O_3K + C_3H_7OH$; $C_3H_7O_3K + C_5H_{12}OH$.

Dikaliumglycerat $C_3H_6O_3K_2$. Bildet ein kleinkrystallinisches Pulver.

Calciumglycerat $C_3H_6O_3Ca$. Zur Darstellung werden 14 T. Calciumoxyd mit 23 T. wasserfreien Glycerins auf 100° erhitzt und abgekühlt, sobald heftige Reaktion auftritt[9]). Es bildet ein Krystallpulver, das durch Wasser verseift wird. Bei der Trockendestillation entstehen Acetaldehyd, Aceton, Diäthylketon, ein Keton der Formel $C_6H_{12}O_6$, Mesityloxyd, Phoron, Methylalkohol, Äthylalkohol, $C_6H_{11} \cdot OH$, Hexenylalkohol und viel Wasserstoff.

Bariumglycerat $C_3H_6O_3Ba$. 67,1 T. wasserfreies Glycerin und 100 T. Bariumoxyd werden auf 70° erwärmt, und die Mischung beim Eintreten einer heftigen Reaktion abgekühlt[9]). Zerfließliches Pulver, das durch kaltes Wasser langsam, durch heißes Wasser schnell verseift wird. Es zerfällt bei der Trockendestillation heftig in Bariumcarbonat, Wasserstoff, Propylen und wenig Methan.

Plumboglycerat $C_3H_6O_3Pb$. Zur Darstellung werden 22 g Bleizucker in 250 ccm Wasser gelöst, und der heißen Mischung 20 g Glycerin mit 15 g Kalihydrat zugefügt. Aus der filtrierten Lösung scheiden sich nach einigen Tagen feine Nadeln des Glycerats ab. Bei Anwendung von Bleiessig statt Bleizucker entstehen basische Glycerinate: $Pb_3(C_3H_5O_3)_2$ und $4(Pb \cdot C_3H_6O_3) \cdot PbO$[10]). Plumboglycerat entsteht ferner nach Fischer und Tafel[11]) durch Eintragen von

---

[1]) Ulzer, Batik u. Sommer, D. R. P. Kl. 120, Nr. 189 839.

[2]) Blaas, Monatshefte f. Chemie **2**, 785 [1881].

[3]) Löbisch u. Loos, Monatshefte f. Chemie **2**, 784 [1881].

[4]) Letts, Berichte d. Deutsch. chem. Gesellschaft **5**, 159 [1872].

[5]) Belohoubek, Berichte d. Deutsch. chem. Gesellschaft **12**, 1872 [1879].

[6]) Fernbach, Bulletin de la Soc. chim. (2) **34**, 146 [1880].

[7]) Raissonnier, Bulletin de la Soc. chim. [3] **7**, 554 [1892].

[8]) Forchand, Annales de Chim. et de Phys. [6] **11**, 490 [1887].

[9]) Destrem, Annales de Chim. et de Phys. [5] **27**, 20 [1882].

[10]) Morawski, Journ. f. prakt. Chemie [2] **22**, 406 [1880].

[11]) E. Fischer u. Tafel, Berichte d. Deutsch. chem. Gesellschaft **21**, 2635 [1888].

500 g bei 100° getrocknetem Bleihydroxyd (dargestellt durch Eingießen von warmer Blei-nitratlösung in eine stark überschüssige wässerige Ammoniaklösung) in 1000 g siedendes 85 proz. Glycerin unter ständigem Umrühren; Abkühlen durch Eiswasser und Zufügen von $2^{1}/_{2}$ l eiskaltem Alkohol. Wenn das angewandte Bleihydroxyd noch etwas salpeterhaltig ist, entsteht wahrscheinlich eine Verbindung der Zusammensetzung $2\ Pb \cdot C_3H_5O_3 \cdot PbNO_3 + (HO)Pb(NO_3)$.

Dinatriummanganoglycerat $Na_2 \cdot (C_3H_5O_3)_2Mn$. Ein Teil Glycerin vom spez. Gewicht 1,26 wird mit 1,1 T. Natronlauge vom spez. Gewicht 1,38 gekocht und 4 T. frisch gefälltes Mangan-superoxyd, eventuell auch Kaliumpermanganat zugegeben[1]). Die Umsetzung erfolgt nach der Formel $2\ C_3H_8O_3 + 2\ NaOH + MnO_2 = Na_2(C_3H_5O_3)_2Mn + 4\ H_2O$. In feuchtem Zu-stande eine lebhaft scharlachrote, in trocknem Zustand gelbrote Masse. Unlöslich in Alkohol und Äther, leicht löslich in einem Gemisch von gleichen Teilen Alkohol und Glycerin mit intensiv blutroter Farbe, leicht löslich in Wasser. Beim Kochen scheidet die wässerige Lösung leicht Braunstein ab.

Strontiummanganoglycerat $Sr(C_3H_5O_3)_2Mn$. Darstellung durch Kochen von Glycerin mit Strontiumhydroxyd und Mangansuperoxydhydrat. Hellockergelbes Pulver, mikroskopische Krystalle[1]).

Kupferlithiumglycerat $C_3H_5O_3CuLi + 6\ H_2O$. Darstellung ähnlich wie die des Natrium-salzes[2]). Blaue, sechsseitige Blättchen, nach dem Trocknen ultramarinblaues Krystallpulver, das sich in Wasser langsam löst.

Kupfernatriumglycerat $(C_3H_5O_3CuNa)_2 + C_2H_5OH + 9\ H_2O$. Entsteht durch Zu-sammenbringen von Kupferoxydhydrat, Glycerin und Ätznatron und Behandeln des Reak-tionsproduktes mit Alkohol. Lazurblaue Nadeln, die beim Erhitzen zu einem graublauen Pulver zerfallen, das sich bei höherer Temperatur zersetzt. Beim Trocknen im Vakuum bei 100° über Ätznatron geht es in eine seidenglänzende, violettblaue Verbindung $(C_3H_5O_3CuNa)_2 + 3\ H_2O$ unter Abgabe des Alkohols und des größten Teiles des Krystallwassers über. Der Körper ist leicht löslich in Wasser, unlöslich in verdünntem Alkohol. Bei Gegenwart von etwas Salpeter entsteht eine Verbindung $C_3H_5O_3CuNa + 3\ H_2O$, sechsseitige, lazurblaue Täfelchen.

Ester des Glycerins mit anorganischen Säuren: Glycerinnitrit $CH_2(ONO) \cdot CH(ONO) \cdot CH_2(ONO)$. Wird erhalten, wenn man gasförmige, trockne, salpetrige Säure in Glycerin einleitet[3]). Bisher nicht völlig rein erhalten. Gelbe Flüssigkeit, an der Luft unter geringer Zersetzung bei 150°, im Wasserstoffstrom unzersetzt bei 150—154° siedend. Löslich in Äther, Chloroform und Benzol; unlöslich in Schwefelkohlenstoff. Spez. Gewicht 1,291. An der Luft zersetzt es sich unter Abgabe von Stickoxydul und Bildung von Oxalsäure. Durch Wasser wird der Ester besonders beim Erwärmen stark zersetzt, bei Verwendung von viel Wasser in der Hauptsache in die Komponenten, durch wenig Wasser entstehen Glycerinsäure und Oxalsäure.

Glycerinnitrate. Glycerin liefert mit Salpetersäure drei Reihen von Estern. Von diesen ist bekannt

Glycerinmononitrat $CH_2OH \cdot CHOH \cdot CH_2 \cdot NO_3$. Entsteht durch Lösen von Glycerin in verdünnter Salpetersäure[4]). Flüssigkeit, die in Wasser und Alkohol sehr leicht, in Äther schwer löslich ist. Durch Schlag nicht explodierend.

Glycerintrinitrat, Nitroglycerin $CH_2 \cdot NO_3 \cdot CH(NO_3) \cdot CH_2 \cdot NO_3$. Bildet sich bei Einwirken von Salpeterschwefelsäure auf Glycerin[5][6]). Die Darstellung des Nitroglycerins erfolgt derart, daß etwa 100 T. Glycerin in 3 T. Schwefelsäure von 66° Bé gelöst werden, und diese Lösung in ein gekühltes Gemisch von 300 T. Schwefelsäure von 66° und 280 T. Salpeter-säure von 48° eingetragen wird. Nach 24 Stunden wird das Nitroglycerin abgehoben, mit Wasser und Soda gewaschen und über Schwefelsäure oder bei 30—40° getrocknet[7]). Das Verhältnis der Salpetersäure wird in der Fabrikation stets höher genommen, weil in der großen Menge des Säuregemisches die Salpetersäure nicht augenblicklich mit Glycerin in Berührung

[1]) Schottländer, Annalen d. Chemie u. Pharmazie **155**, 230 [1870].
[2]) Bullnheimer, Berichte d. Deutsch. chem. Gesellschaft **34**, 1453 [1901].
[3]) Masson, Berichte d. Deutsch. chem. Gesellschaft **16**, 1697 [1883].
[4]) Hanriot, Annales de Chim. et de Phys. [5] **17**, 62 ff. [1879].
[5]) Sobrero, Annalen d. Chemie u. Pharmazie **64**, 398 [1847].
[6]) Williamson, Annalen d. Chemie u. Pharmazie **92**, 305 [1855].
[7]) Boutmy u. Faucher, Bulletin de la Soc. chim. (2) **27**, 383 [1877].

treten kann. Die Ausbeute an Nitroglycerin beträgt in großen Fabriken ungefähr 88%. Ferner kann man zur Darstellung Glycerin tropfenweise in ein gut gekühltes Gemisch gleicher Teile Salpetersäure und Schwefelsäure so lange eintropfen, bis das Glycerin nicht mehr gelöst wird, gießt sodann die Mischung in kaltes Wasser ein, wobei das Nitroglycerin als schweres Öl zu Boden sinkt, und wäscht und trocknet, wie oben angegeben. Das Nitroglycerin stellt eine ölige, blaßgelbe Flüssigkeit dar, vom spez. Gewicht 1,6144 bei 4°; 1,6009 bei 15°; 1,5910 bei 25°[1]). Es krystallisiert bei —20° in langen Nadeln. Bei 160° unter 15 mm Druck verflüchtigt es sich[2]). Explodiert heftig durch Stoß oder Schlag[3]), sowie beim Erhitzen auf 257°[4]). Krystallisiertes Nitroglycerin explodiert durch Schlag leichter als flüssiges. In abs. Alkohol oder Holzgeist gelöstes Nitroglycerin explodiert nicht; beim langsamen Erhitzen verbrennt es ohne Explosion. Nitroglycerin hat zuckerigen, brennend gewürzhaften Geschmack; es ist giftig, der Dampf erzeugt heftige Kopfschmerzen. In reinem Zustande ist es beständig. Löst sich in ungefähr 800 T. Wasser, 4 T. abs. Alkohol, 18 T. Methylalkohol, 120 T. Schwefelkohlenstoff, kaum in Glycerin[5]). In warmem Alkohol leichter löslich als in kaltem. Mischbar mit Äther, Chloroform, Eisessig und Phenol. Konz. Kalilauge zerlegt Nitroglycerin in Salpeter und Glycerin. Durch alkoholisches Kali entsteht nach Hay[5]) kein Glycerin. Jodwasserstoff zerlegt es in Glycerin und Stickoxyd[6]).

Nitroglycerin wird zur Darstellung von Sprengstoffen und rauchlosem Pulver verwendet. Die hauptsächlichste Anwendung erfolgt als Dynamit, in dem 3 T. Nitroglycerin in 1 T. geglühtem Kieselgur aufgesaugt sind, unter Zusatz von $1/2\%$ calcinierter Soda, um etwaige während der Aufbewahrung sich entwickelnde Säurespuren zu neutralisieren. In Verbindung mit Gelatine bildet es die Sprenggelatine. In der Medizin wird es in Dosen von 0,5—1 mg in Pastillen oder Weingeist bei Zuständen gegeben, als deren Ursache krampfartige Verengerung der Gefäße der oberen Körperhälfte angesehen werden kann, besonders bei Asthma, Angina pectoris, Hemicrania spastica, an Stelle von Amylnitrit, dem gegenüber es den Vorzug anhaltender Wirkung hat. Es ist ferner empfohlen gegen Brightsche Krankheit[7]). Ferner soll intravenöse Injektion von 0,5—1 mg als Rettungsmittel bei Vergiftungen mit Kohlenoxyd und Leuchtgas günstige Erfolge zeitigen.

Über Analyse des Nitroglycerins siehe Ador und Sauer[8]), Hay und Masson[9]).

Glycerinsulfate: Glycerinmonosulfat $CH_2OSO_3H \cdot CHOH \cdot CH_2OH$. Entsteht durch Lösen von 1 T. Glycerin in 2 T. konz. Schwefelsäure[10]). Die freie Säure ist sehr unbeständig; sie zersetzt sich schon beim Konzentrieren der Lösung. Die Salze sind in Wasser leicht löslich und leicht zersetzbar.

Glycerindisulfat $CH_2OSO_3H \cdot CHOSO_3H \cdot CH_2OH$. Entsteht beim Lösen von Glycerin im großen Überschuß von Vitriolöl; ferner aus Glycerintrischwefelsäure und Wasser in der Wärme[11]). Beim Erwärmen mit Wasser zerfällt es vollständig in Glycerin und Schwefelsäure.

Glycerintrischwefelsäure $CH_2OSO_3H \cdot CHOSO_3H \cdot CH_2OSO_3H$. Bildet sich, wenn man Schwefelsäuremonochlorid $SO_3(OH)Cl$ bei 0° auf Glycerin einwirken läßt[11]). Sehr hygroskopische Krystalle, die sehr wenig beständig sind. Beim Erwärmen mit Wasser zerfällt die Glycerintrischwefelsäure in Glycerin und Schwefelsäure. Mit Wasser mischt sie sich unter Erhitzung, wobei sofort freie Schwefelsäure abgeschieden wird. Die Salze werden aus der wässerigen Lösung durch Alkohol ölartig gefällt, sie werden beim Trocknen amorph.

Glycerinphosphit $(C_3H_5)_2P_2O_6$ (?). 137 g Phosphortrichlorid werden allmählich unter Kühlung mit Wasser und 100 g Glycerin versetzt, die nach dem Abkühlen des Reaktionsproduktes dargestellte Lösung des entstandenen Sirups in Wasser wird durch Schütteln mit Silberoxyd von der Salzsäure befreit, das Filtrat mit Kalk neutralisiert, und das Calciumglycerophosphit mit Alkohol gefällt. Die freie Säure zersetzt sich beim Stehen in wässeriger

[1]) Perkin, Journ. Chem. Soc. **55**, 685 [1889].
[2]) Lobry de Bruyn, Recueil des travaux chim. des Pays-Bas **14**, 131 [1895].
[3]) De Vry, Liebigs Jahresber. **1855**, 626.
[4]) Champion, Zeitschr. f. Chemie **1871**, 351.
[5]) Hay, Liebigs Jahresber. **1885**, 1173.
[6]) Mills, Liebigs Jahresber. **1864**, 494.
[7]) Roßbach, Berl. klin. Wochenschr. **1885**, Nr. 3.
[8]) Ador u. Sauer, Zeitschr. f. analyt. Chemie **17**, 153 [1878].
[9]) Hay u. Masson, Transact. of the Soc. of Edinburgh **32**, 87; nach Beilstein, **1**, 326.
[10]) Pelouze, Annalen d. Chemie u. Pharmazie **19**, 211 [1836].
[11]) Claesson, Journ. f. prakt. Chemie [2] **20**, 1ff. [1879].

Lösung[1]). Carré[2]) ließ Phosphortrichlorid in Äther gelöst auf die äquimolekulare Menge wasserfreien Glycerins einwirken und erhitzte das Reaktionsprodukt im Vakuum in Gegenwart von Alkali so lange auf 100°, bis keine Salzsäure mehr nachweisbar war. Die Reaktion verläuft im Sinne folgender Gleichungen: 1. $2\,PCl_3 + 2\,C_3H_5(OH)_3 = 6\,HCl + P_2O_6(C_3H_5)_2$; 2. $PCl_3 + C_3H_5(OH)_3 = 2\,HCl + POH \cdot O_2C_3H_5Cl$.

Calciumglycerophosphit. Weißes, zerfließliches Krystallpulver. Sehr leicht löslich in Wasser. Das Natrium- oder Ammoniumsalz gibt mit den Salzen der Schwermetalle keine Niederschläge. Silbersalz: Weißer, sich schnell schwärzender Niederschlag.

Glycerinphosphate. Nach Carré[3]) kann die Phosphorsäure mit dem Glycerin unter normalem und vermindertem Druck drei Ester bilden, und zwar erstens einen Monoester, die gewöhnliche Glycerophosphorsäure, einsäurig gegenüber Helianthin, zweisäurig gegenüber Phenolphthalein; zweitens einen Diester, einsäurig gegenüber Helianthin und Phenolphthalein; drittens einen Triester, welcher diesen Indicatoren gegenüber neutral reagiert. Die Esterifizierungsgrenze tritt um so mehr zurück, je höher die Temperatur, und vor allem je niedriger der Druck ist.

Glycerinmonophosphat = Glycerinphosphorsäure siehe Bd. III, S. 234.

Diglycerinphosphorsäure $PO[O \cdot C_3H_5(OH)_2]_2 \cdot OH$. Entsteht bei lange fortgesetztem Erhitzen von Phosphorsäure mit Glycerin[4]). Liefert beim Erhitzen mit Wasser oder Alkohol Phosphorsäure und Glycerinphosphorsäure. Durch Alkalicarbonate wird in der Kälte langsam Glycerinphosphorsäure abgespalten.

Triglycerinphosphorsäure zerfällt ziemlich rasch unter Bildung von Glycerinphosphorsäure[5]).

Glycerinarsenit $C_3H_5 \cdot AsO_3$. $\begin{matrix} CH_2 \cdot O \\ CH \cdot O \\ CH_2O \end{matrix} \!\!\!\Big\rangle As$. Entsteht beim Erhitzen von 1 Mol. Arsentrioxyd mit 2 Mol. Glycerin auf 250°[6]). Bildet eine farblose Flüssigkeit vom Siedep. 150° bei 30 mm, die beim Abkühlen zu einer glasigen Masse erstarrt[7]).

Glycerinarseniat. Das Calciumglyceroarseniat wird nach Pagel[8]) analog dem Calciumglycerophosphat dargestellt. Glycerin wird mehrere Tage lang mit arseniger Säure erhitzt, die Flüssigkeit mit Kalk neutralisiert, filtriert, abgedampft und mit 95 proz. Alkohol behandelt. Der dabei entstehende Niederschlag wird mit Alkohol und Äther gewaschen. Das Salz ist in Wasser und Alkohol unlöslich, leicht löslich in Mineralsäuren und organischen Säuren. $O : AsOCa \cdot O \cdot C_3H_5 \cdot (OH)_2 + 2\,H_2O$. Die tödliche Dosis bei subcutaner Injektion ist für Frösche 1,23 g, für Meerschweinchen 3,1 g pro Kilogramm Körpergewicht. Auger[9]) hat den Körper nach dem genannten Verfahren nicht darstellen können, da er, wie die anderen Arsenester, sofort durch Wasser hydrolysiert wird.

Glycerinborat $C_3H_5BO_3$

$$\begin{matrix} CH_2 \cdot O \\ CH \cdot O \\ CH_2O \end{matrix} \!\!\!\Big\rangle B$$

Entsteht nach Schiff und Bechi[10]) beim Erhitzen von Glycerin mit Borsäureanhydrid. Glasige, gelbe, hygroskopische Masse, welche durch warmes Wasser leicht in Borsäure und Glycerin zerlegt wird, bei Gegenwart von Alkohol aber beständig ist. Über saure Ester der Borsäure vgl. Wohl und Neuberg[11]).

Glycerinborat $(C_3H_5O_3B)$ wird auch erhalten durch Behandeln von Glycerin mit Essigborsäureanhydrid[12]).

[1]) Lumière, Lumière u. Preein, Compt. rend. de l'Acad. des Sc. **133**, 643 [1901].
[2]) Carré, Compt. rend. de l'Acad. des Sc. **136**, 1456 [1903].
[3]) Carré, Compt. rend. de l'Acad. des Sc. **137**, 1070 [1903].
[4]) Adrian u. Trillat, Bulletin de la Soc. chim. [3] **19**, 269 [1898].
[5]) Carré, Compt. rend. de l'Acad. des Sc. **138**, 47 [1904].
[6]) Jackson, Liebigs Jahresber. **1884**, 931.
[7]) Pictet u. Bon, Bulletin de la Soc. chim. [3] **33**, 1139 [1905].
[8]) Pagel, Journ. de Pharm. et de Chim. [6] **13**, 449 [1901].
[9]) Auger, Compt. rend. de l'Acad. des Sc. **134**, 238 [1901].
[10]) Schiff u. Bechi, Zeitschr. f. Chemie **1866**, 147.
[11]) Wohl u. Neuberg, Berichte d. Deutsch. chem. Gesellschaft **32**, 3488 [1899].
[12]) Pictet u. Geleznoff, Berichte d. Deutsch. chem. Gesellschaft **36**, 2219 [1903].

Thioglycerine: Monothioglycerin $C_3H_8O_2S = OH \cdot CH_2 \cdot CH(OH) \cdot CH_2 \cdot SH$. Entsteht aus Monochlorhydrin mit Kaliumsulfhydrat und Alkohol. Zähe Flüssigkeit, die sich bei 125° unter Abgabe von Schwefelwasserstoff zersetzt (Carius)[1].

Dithioglycerin $C_3H_8OS_2 = CH_2(SH) \cdot CH(OH) \cdot CH_2 \cdot SH$. Entsteht aus Dichlorhydrin und Kaliumsulfhydrat. Zähe Flüssigkeit. Bei 130° zerfallend.

Trithioglycerin $C_3H_8S_3 = CH_2SH \cdot CHSH \cdot CH_2SH$. Aus Trichlorhydrin und alkoholischem Kaliumsulfhydrat. Zerfällt bei 140° in Schwefelwasserstoff und Dithioglycid.

Glycerintrisulfonsäure (1, 2, 3-Propantrisulfonsäure) $C_3H_8S_3O_2$. Entsteht beim Kochen von Trichlorhydrin mit Kaliumsulfitlösung[2].

Pyroglycerintrisulfonsäure $C_6H_{12}S_3O_{10}$. Zerfließliche Masse; bei der Oxydation von Dithioglycerin mit verdünnter Salpetersäure entstehend[1].

Organische Ester: a) Monoglyceride: **Monoformin** $CH_2OH \cdot CH \cdot O \cdot CHO \cdot CH_2OH$. Erhitzt man Glycerin mit Oxalsäure auf 100—110°, so zerfällt letztere in Kohlensäure und Ameisensäure, die sich mit dem Glycerin zum Monoformin vereinigt[3]. Ölige, in Wasser lösliche, leicht verseifbare Flüssigkeit. Die Verseifung tritt beim Hinzufügen von Oxalsäure durch deren Krystallwasser ein. Unter Kohlensäureabspaltung bildet die Oxalsäure wieder Ameisensäure, die sich mit dem Glycerin von neuem zu Monoformin vereinigt. Dieser Prozeß, durch den sich beträchtliche Mengen Oxalsäure mit wenig Glycerin in Ameisensäure überführen lassen, dient zur technischen Herstellung der Ameisensäure.

Monoacetin $CH_2OH \cdot CHOH \cdot CH_2O \cdot C_2H_3O$. Entsteht durch Erhitzen gleicher Volumina Eisessig und Glycerin. Farblose, dicke Flüssigkeit. Siedep. 130—132° bei 2—3 mm.

Glycerinmonobutyrin $C_3H_5(OH)_2(C_4H_7O_2)$. Entsteht aus Buttersäure mit überschüssigem Glycerin bei 200°. Flüssigkeit vom spez. Gewicht 1,088 bei 17°.

Glycerinmonoisovalerin $C_3H_5 \cdot (OH)_2(C_5H_9O_2)$. Flüssigkeit vom spez. Gewicht 1,100 bei 16°.

Glycerin-α-monolaurin $C_3H_5(OH)_2 \cdot C_{12}H_{23}O_2$. Schmelzp. 59°. Siedep. 162°.

α-Monomyristin $C_3H_5(OH)_2C_{14}H_{27}O_2$. Schmelzp. 68°. Siedep. 162°.

Monopalmitin $C_3H_5(OH)_2 \cdot C_{16}H_{31}O_2$. Zur Darstellung wird entwässertes Glycerin mit Palmitinsäure auf 180—200° erhitzt, das mit Wasser gewaschene Produkt mit Äther extrahiert und der Verdunstungsrückstand fraktioniert aus Alkohol krystallisiert. Hierbei krystallisiert zuerst Tripalmitin, zuletzt Monopalmitin[4]. Tafeln vom Schmelzp. 72°, 63°[4].

Monostearin $C_3H_5(OH)_2 \cdot (C_{18}H_{35}O_2)$. Durch Erhitzen von 1 T. Stearinsäure mit $2^1/_2$ T. Glycerin auf 220° während 50 Stunden[5]. Kleine Nadeln vom Schmelzp. 78°; 61°[5].

Monoarachin $C_3H_5(OH)_2(C_{20}H_{39}O_2)$. Körner. Schmelzp. 78—79°.

Monocerotin $C_3H_5(OH)_2 \cdot C_{26}H_{51}O_2$. Entsteht aus Monochlorhydrin und cerotinsaurem Silber bei 180°. Lange, feine Nadeln vom Schmelzp. 78,8°[6].

Monomelissin $C_3H_5(OH)_2 \cdot C_{30}H_{59}O_2$. Schmelzp. 91—92°.

Monoolein $C_3H_5(OH)_2 \cdot C_{18}H_{33}O_2$. Entsteht bei Erhitzen von Ölsäure mit überschüssigem Glycerin auf 200°. Erstarrt langsam bei 15—20°. Schmelzp. 35°.

Literatur über Monoglyceride vgl. Berthelot[7].

Monobenzoin $C_3H_5(OH)_2 \cdot C_7H_5O_2$. Durch Erhitzen von Benzoesäure mit Glycerin[8]. Zähes Öl. In Alkohol und Äther sehr leicht löslich.

b) Diglyceride: **Diformin** $C_3H_5(OH)(CHO_2)_2$. Flüssigkeit vom Siedep. 163—166° bei 20—30 mm. Bei Destillation unter gewöhnlichem Druck zerfällt die Verbindung in Kohlensäure, Wasser und Allylformiat.

Diacetin $CH_2 \cdot C_2H_3O_2 \cdot CH \cdot OH \cdot CH_2 \cdot C_2H_3O_2$. Aus Glycerin mit der 5fachen Menge Eisessig[9]. Farblose, wenig hygroskopische Flüssigkeit. Siedep. 259—261; 172—174° bei 40 mm. Durch konz. Salpetersäure entsteht Mesoxalsäure. Leicht löslich in Wasser und Alkohol, sehr wenig löslich in Benzol, unlöslich in Schwefelkohlenstoff und Ligroin.

---

[1] Carius, Annalen d. Chemie u. Pharmazie **124**, 221 [1862].
[2] Schäuffelen, Annalen d. Chemie u. Pharmazie **148**, 117 [1861].
[3] Tollens u. Henninger, Bulletin de la Soc. chim. (2) **11**, 395 [1869].
[4] Chittenden u. Smith, Amer. Chem. Journ. **6**, 225 [1884/5].
[5] Hundeshagen, Journ. f. prakt. Chemie [2] **28**, 225 [1883].
[6] Marie, Annales de Chim. et de Phys. [7] **7**, 181 [1896].
[7] Berthelot, Chim. organ. synth. — Les corps gras d'origine animal. Paris 1815.
[8] Berthelot, Chim. organ. synth.
[9] Seelig, Berichte d. Deutsch. chem. Gesellschaft **24**, 3466 [1891].

α-**Dibutyrin** $CH_2(C_4H_7O_2) \cdot CHOH \cdot CH_2(C_4H_7O_2)$. Siedep. 173—176° bei 19 mm, 279—280° bei 760 mm.

β-**Dibutyrin.** Siedep. 166—168° bei 19 mm, 273—275° bei 760 mm.

Diisovalerin $C_3H_5 \cdot (OH) \cdot (C_5H_9O_2)_2$. Spez. Gewicht 1,059 bei 16°. Flüssigkeit.

Dipalmitin $C_3H_5 \cdot (OH)(C_{16}H_{31}O_2)_2$. Lange Nadeln aus Alkohol vomSchmelzp. 61°,69°[1]).

β-**Dipalmitin.** Schmelzp. 67°.

Distearin $C_3H_5(OH)(C_{18}H_{35}O_2)_2$. Durch Erhitzen äquivalenter Mengen von Monostearin und Stearinsäure. Aus Alkohol Nadelbüschel[2]), Schmelzp. 76,5°. Löslich in heißem Alkohol, leicht löslich in warmem Äther, Ligroin, Chloroform und Benzol.

β-**Distearin.** Schmelzp. 74,5°.

Diarachin $C_3H_5(OH)(C_{20}H_{39}O_2)_2$. Feine Körner vom Schmelzp. 75°. Fast unlöslich in Äther, löslich in Schwefelkohlenstoff.

Dicerotin $C_3H_5(OH)(C_{26}H_{51}O_2)_2$. Entsteht durch Erhitzen gleicher Mengen Cerotinsäure und Glycerin. Nadeln vom Schmelzp. 79,5°[3]).

Dimelissin $C_3H_5(OH)(C_{30}H_{59}O_2)_2$. Schmelzp. 90°; 93°[3]).

Dioleïn $C_3H_5(OH)(C_{18}H_{33}O_2)_2$. Erstarrungsp. 0°.

Dierucin $C_3H_5(OH)(C_{22}H_{41}O_2)_2$. Im Rüböl als Absatz aufgefunden[4]). Aus Ätheralkohol seidenglänzende Krystalle vom Schmelzp. 31°; 47°.

Dibrassidin $C_3H_5(OH)(C_{22}H_{41}O_2)_2$. Durch Eintragen von Natriumnitrit in mit Salpetersäure emulgiertes Dierucin[5]). Krystalle vom Schmelzp. 65°. In Äther schwer löslich.

Dibenzoïn $C_3H_5(OH)(C_7H_5O_2)_2$. Durch Schütteln von Glycerin mit Benzoylchlorid und verdünnter Natronlauge[5]). Nadeln, unlöslich in Wasser, leicht löslich in organischen Lösungsmitteln. Schmelzp. 70°.

c) Triglyceride: **Triacetin** $C_3H_5(C_2H_3O_2)_3$. Wurde von Chevreul in verschiedenen Fetten entdeckt, später von Schweizer[6]) im Öle des Spindelbaumes nachgewiesen (Evonymus europaeus). Synthetisch von Würtz[7]) aus Tribromhydrin und Silberacetat dargestellt. Zur Darstellung wird Glycerin mit einer überschüssigen Menge Essigsäureanhydrid unter gleichzeitiger Verwendung eines wasserentziehenden Mittels, wie Kaliumbisulfat oder Natriumacetat, mehrere Stunden am Rückflußkühler erhitzt[8]). Farblose Flüssigkeit. $D_{15}^{15} = 1,1606$. Siedep. 172—172,5° bei 40 mm. Leicht löslich in Alkohol, Äther, Benzol; wird durch Wasser leicht verseift.

Tributyrin $C_3H_5(C_4H_7O_2)_3$. Findet sich im Butterfett (Chevreul). Nach Berthelot wird zur Darstellung Dibutyrin mit Buttersäure 20 Stunden lang erhitzt; nach Lebedew[9]) wird Glycerin ca. 60 Stunden mit 3 Mol. Buttersäure erhitzt. Butterartige Masse, die unzersetzt bei 760 mm bei 285°, bei 27 mm bei 182—184° siedet. Nicht erstarrend bei —70°. $D_8 = 1,056$; $D_{22} = 1,052$; $D_4^{20} = 1,0324$. Besitzt bitteren Geschmack.

Triisovalerin $C_3H_5(C_5H_9O_2)_3$. Im Delphintran (Chevreul), im Meerschweinchentran. Von Berthelot synthetisch dargestellt durch Erhitzen von Diisovalerin mit Isovaleriansäure auf 220°. Flüssigkeit.

Tricaproïn $C_3H_5(C_6H_{11}O_2)_3$. Durch Erhitzen von Glycerin mit überschüssiger Capronsäure im Vakuum unter gleichzeitigem Durchleiten eines schwachen Stromes heißer Luft. Geruch- und farblose Flüssigkeit[10]). Bei —25° schmelzend, bei —60° erstarrend. $D^{20} = 0,9817$; $D^{40} = 0,9651$. In der Kuhbutter, im Cocosöl vorkommend.

Tricaprylin $C_3H_5(C_8H_{15}O_2)_3$. Flüssigkeit ohne Geruch und Geschmack, bei 8° schmelzend, bei —15° erstarrend. $D^{20} = 0,9540$; $D^{40} = 0,9382$; in der Kuhbutter und im Cocosöl vorkommend.

Tricaprin $C_3H_5(C_{10}H_{19}O_2)_3$. In der Kuhbutter und im Cocosöl. Darstellung wie die beiden vorigen Verbindungen[10]). Krystalle vom Schmelzp. 31,1°. Leicht löslich in den organischen Lösungsmitteln. $D^{40} = 0,9205$; $D^{60} = 0,9057$.

---

[1]) Chittenden u. Smith, Amer. Chem. Journ. **6**, 225 [1884/85].

[2]) Hundeshagen, Journ. f. prakt. Chemie [2] **28**, 225 [1883].

[3]) Marie, Annales de Chim. et de Phys. [7] **7**, 181 [1896].

[4]) Reimer u. Will, Berichte d. Deutsch. chem. Gesellschaft **19**, 3320 [1886].

[5]) Baumann, Berichte d. Deutsch. chem. Gesellschaft **19**, 3221 [1886].

[6]) Schweizer, Liebigs Jahresber. **1851**, 444.

[7]) Würtz, Annalen d. Chemie u. Pharmazie **102**, 339 [1857].

[8]) Seelig, Berichte d. Deutsch. chem. Gesellschaft **24**, 3466 [1891].

[9]) Lebedew, Zeitschr. f. physiol. Chemie **6**, 150 [1882].

[10]) Scheij, Recueil des travaux chim. des Pays-Bas **18**, 193 [1889].

Trilaurin $C_3H_5(C_{12}H_{23}O_2)_3$. Ist ein wichtiger Bestandteil des Lorbeeröles[1]). Findet sich ferner in reichlicher Menge im Cocosfett[2]), ferner im Fett der Pichurimbohnen[3]). Gewinnung aus Lorbeer- oder Pichurimbohnen durch Auskochen mit Alkohol. Synthetisch aus Glycerin und Laurinsäure[4]), aus Silberlaurat und Tribromhydrin[5]). Nadeln vom Schmelzp. 46,4°. Siedep. 260—275°. $D^{60} = 0,8944$.

Trimyristin $C_3H_5(C_{14}H_{27}O_2)_3$. In der Muskatbutter[6]) und in der Cochenille[7]). Von Krafft durch Destillation von Muskatbutter im Kathodenvakuum rein dargestellt[8]). Darstellung durch Extraktion gepulverter Muskatnüsse mit Benzol oder Äther. Synthetisch aus Glycerin und Laurinsäure[4]). Schmelzp. 55°[9]); 56,6°. Erhitzt man geschmolzenes Trimyristin auf 57—58°, so erstarrt es porzellanartig und schmilzt wieder bei 49°. Wird es jetzt $^1/_2$ Minute auf 50° erhitzt, so wird es wieder fest und zeigt den ursprünglichen Schmelzpunkt[10]). Siedep. im abs. Vakuum 290—300°[8]). $D^{60} = 0,8944$.

Tripalmitin $C_3H_5(C_{16}H_{31}O_2)_3$. Findet sich in den meisten Tier- und Pflanzenfetten; in sehr beträchtlicher Menge im Japanwachs und Myrtenwachs. Von Stenhouse[11]) aus Palmöl gewonnen. Synthetisch nach Berthelot durch Erhitzen von Dipalmitin und Palmitinsäure auf 250°. Nach Guth aus Tribromhydrin und palmitinsaurem Natrium, nach Partheil und Velsen[5]) aus Tribromhydrin und palmitinsaurem Silber, nach Scheij[4]) aus Glycerin und Palmitinsäure. Undeutliche Krystalle vom Schmelzp. 62°[12]); 65,1°. Geschmolzenes Tripalmitin schmilzt, nachdem es erstarrt ist, schon bei 45—47°, wird dann wieder fest, um beim gewöhnlichen Schmelzpunkt wieder flüssig zu werden. $D^{80} = 0,8657$. Leichter löslich in heißem als in kaltem Alkohol, leicht löslich in heißem Chloroform und den anderen Fettlösungsmitteln.

Tristearin $C_3H_5(C_{18}H_{35}O_2)_3$. Findet sich in den meisten Tier- und Pflanzenfetten, jedoch kann das aus Fetten isolierte Tristearin nur schwierig in reinem Zustande gewonnen werden[13]). Darstellung durch Erhitzen von Distearin mit Stearinsäure (Berthelot), aus Glycerin und Stearinsäure (Scheij)[4]), aus Dibromhydrin und Stearinsäure (Guth). Schmelzp. 71,6°; schmilzt nach dem Erstarren schon vorübergehend bei 55°, dauernd bei 71,6°. Leicht löslich in heißem Alkohol, schwer löslich in kaltem. Krystallisiert beim Abkühlen aus warmen Lösungen von Schwefelkohlenstoff und Chloroform aus. $D^{80} = 0,8621$.

Triarachin $C_3H_5(C_{20}H_{39}O_2)_3$. Kommt im Erdnußöl vor. In Äther sehr wenig löslich (Berthelot).

Tricerotin $C_3H_5(C_{26}H_{51}O_2)_3$. Feine Nadeln vom Schmelzp. 76,5—77°[14]).

Trimelissin $C_3H_5(C_{30}H_{59}O_2)_3$. Schmelzp. 89°[14]).

Triolein $C_3H_5(C_{18}H_{33}O_2)_3$. Hauptbestandteil der fetten Öle; in kleinerer Menge in den festen Fetten. Synthetisch aus Glycerin und Ölsäure bei 240° (Berthelot); aus Tribromhydrin und ölsaurem Natrium (Guth). Bei Einwirkung von Pankreasextrakt auf eine Lösung von Monoolein und der 15fachen Menge Ölsäure entsteht bei 36° Triolein (Pottevin)[15]). Kühlt man feines Olivenöl ab und befreit es durch Filtration von den in der Kälte ausgefallenen festen Anteilen, so bleibt im Filtrat ziemlich reines Triolein. Siedet unzersetzt im Vakuum. Erstarrungsp. 4—5°. In Alkohol wenig löslich, leichter löslich in Äther. $D^{15} = 0,900$. Wird vom Bleioxyd und Wasser sehr langsam verseift. Mit Schwefelsäure bildet es einen neutralen Ester, der sich mit Wasser in ein Oxytristearin und Schwefelsäure spaltet[16]).

Trielaidin $C_3H_5(C_{18}H_{33}O_2)_3$. Entsteht durch Einwirkung von salpetriger Säure auf Olivenöl; ferner durch Einwirkung salpetriger Säure auf alle nicht trocknenden Öle, deren

---

[1]) Marsson, Annalen d. Chemie u. Pharmazie **41**, 330 [1842].
[2]) Görgey, Annalen d. Chemie u. Pharmazie **66**, 290 [1848].
[3]) Stahmer, Annalen d. Chemie u. Pharmazie **53**, 390 [1845].
[4]) Scheij, Recueil des travaux chim. des Pays-Bas **18**, 193 [1899].
[5]) Partheil u. van Velsen, Archiv d. Pharmazie **238**, 265 ff. [1900].
[6]) Playfair, Annalen d. Chemie u. Pharmazie **37**, 153 [1841].
[7]) Liebermann, Berichte d. Deutsch. chem. Gesellschaft **18**, 1892 [1885].
[8]) Krafft, Berichte d. Deutsch. chem. Gesellschaft **36**, 4343 [1903].
[9]) Masino, Annalen d. Chemie **202**, 173 [1880].
[10]) Reimer u. Will, Berichte d. Deutsch. chem. Gesellschaft **18**, 2013 [1885].
[11]) Stenhouse, Annalen d. Chemie u. Pharmazie **36**, 54 [1840].
[12]) Chittenden u. Smith, Amer. Chem. Journ. **6**, 225 [1884/85].
[13]) Heintz, Liebigs Jahresber. **1854**. 447.
[14]) Marie, Annales de Chim. et de Phys. [7] **7**, 181 [1896].
[15]) Pottevin, Compt. rend. de l'Acad. des Sc. **138**, 378 [1904].
[16]) Geitel, Journ. f. prakt. Chemie [2] **37**, 68 [1888].

Hauptbestandteil Ölsäure bildet. In Alkohol fast ganz unlöslich, in Äther leicht lösliche Krystallwarzen vom Schmelzp. 32° [1]); vom Schmelzp. 38° [2]).

Trierucin $C_3H_5(C_{22}H_{41}O_2)_3$. Findet sich im Öl der Kapuzinerkresse, das fast reines Trierucin enthält[3]). Synthetisch aus Dierucin und Erucasäure durch Erhitzen auf 300° [4]). Krystalle vom Schmelzp. 31°. Sehr wenig in Alkohol, sehr leicht in Äther, Benzol und Ligroin löslich.

Tribrassidin $C_3H_5(C_{22}H_{41}O_2)_3$. Entsteht durch Einwirkung von salpetriger Säure auf Trierucin, mit dem es stereoisomer ist. Schmelzp. 54—54,5°; 47°. Erhitzt man die Substanz über ihren Schmelzpunkt, so schmilzt sie schon bei 36°. In Alkohol fast unlöslich, leicht löslich in Chloroform und Äther.

Triricinolein $C_3H_5(C_{18}H_{33}O_2)_3$. Im Ricinusöl. Synthetisch aus Glycerin und Ricinolsäure durch Erhitzen auf 130° von Juillard[5]) gewonnen. Ferner von H. Meyer[6]) durch Erhitzen von Ricinolsäure mit Glycerin auf 280—300° im Kohlensäurestrom dargestellt. Das synthetische Produkt konnte bei Behandeln mit salpetriger Säure nicht in Ricinelaidin übergeführt werden. Farbloses, neutrales, abführend wirkendes Öl („künstliches Ricinusöl"). Optisch aktiv. $[\alpha]_D = 5,16°$. Spez. Gewicht 0,959—0,984. Mischbar mit abs. Alkohol und Eisessig, sehr wenig löslich in Ligroin. Läßt sich leicht verestern. Verbindungen mit Ameisensäure, Essigsäure, Milchsäure, Stearinsäure und Phthalsäure vgl. Lidoff[7]). Polymerisiert sich beim Aufbewahren, indem spez. Gewicht und Jodzahl zunehmen.

Triricinelaidin $C_3H_5(C_{18}H_{33}O_2)_3$. Entsteht nach Playfair[8]) durch Einwirkung von salpetriger Säure auf Ricinusöl. Wenig in kaltem Alkohol lösliche Warzen. Schmelzp. 43°; 45° [9]).

Tribenzoin $C_3H_5(C_7H_5O_2)_3$. Aus Monobenzoin mit Benzoesäure beim Erhitzen auf 250°. Beim Erhitzen von Epichlorhydrin mit Benzoesäureanhydrid[10]). Aus Tribromhydrin und Kaliumbenzoat bei 200° [11]). Nadeln, vom Schmelzp. 76—76,5° [12]); 70,5° [13]). Zersetzt sich beim Destillieren. Ziemlich schwer löslich in Ligroin, leicht in den anderen organischen Lösungsmitteln.

Phthalsäureester $(C_3H_5)_2[C_6H_4(CO_2)_2]_3$. Entsteht durch Einwirken von Phthalsäureanhydrid auf Glycerin. Glasartige Masse, die sich beim Erhitzen ohne scharfen Schmelzpunkt zersetzt. Unlöslich in den gebräuchlichen Lösungsmitteln, etwas löslich in kaltem Aceton[14]).

Nach Grün[15]) werden Glyceride der höheren Fettsäuren dargestellt, indem man auf die Schwefelsäureester des Glycerins bzw. der Glycerinchlorhydrine Lösungen der Fettsäuren in konz. Schwefelsäure einwirken läßt. Da die Esterifizierung des Glycerins durch Schwefelsäure auch bei Anwendung von großen Überschüssen an Säure bei der quantitativen Bildung von Glycerindischwefelsäure stehen bleibt, treten dementsprechend auch bei der Einwirkung der organischen Säuren auf diese Verbindung nur zwei Acyle in das Glycerinmolekül, und man gelangt zu Diglyceriden. Die Reaktion verläuft bei relativ niedriger Temperatur sehr schnell und gibt gute Ausbeuten. Bildung von Mono- und Triglyceriden wurde bei richtiger Versuchsanordnung nicht konstatiert, ebensowenig die Bildung anderer Nebenprodukte. Es werden bei der Reaktion anscheinend nur die beiden primären Hydroxylgruppen des Glycerins verestert, während im α-Chlorhydrin die primäre und die sekundäre Gruppe gleich leicht in Reaktion treten (Grün). Grün und Skopnik[16]) haben sodann auch für die Synthese der komplizierteren Verbindungen eine allgemein anwendbare Methode ausgearbeitet, indem sie, vom Glycerin-α-monochlorhydrin ausgehend, in diesem die primäre Hydroxylgruppe, das Chlor-

---

[1]) Meyer, Annalen d. Chemie u. Pharmazie **35**, 177 [1840].
[2]) Duffy, Liebigs Jahresber. **1852**, 511.
[3]) Gadamer, Archiv d. Pharmazie **237**, 472 [1899].
[4]) Reimer u. Will, Berichte d. Deutsch. chem. Gesellschaft **20**, 2386 [1887].
[5]) Juillard, Bulletin de la Soc. chim. [3] **13**, 240 [1895].
[6]) Meyer, Archiv d. Pharmazie **235**, 184 [1897].
[7]) Lidoff, Chem. Revue üb. d. Fett- u. Harzind. **1900**, 127.
[8]) Playfair, Annalen d. Chemie u. Pharmazie **60**, 322 [1846].
[9]) Bouis, Liebigs Jahresber. **1855**, 523.
[10]) Romburgh, Recueil des travaux chim. des Pays-Bas **1**, 46 [1882].
[11]) Romburgh, Recueil des travaux chim. des Pays-Bas **1**, 143 [1882].
[12]) Skraup, Monatshefte f. Chemie **10**, 393 [1889].
[13]) Fritsch, Berichte d. Deutsch. chem. Gesellschaft **24**, 779 [1891].
[14]) Smith, Journ. Soc. Chem. Ind. **20**, 1075 [1901].
[15]) Grün, Berichte d. Deutsch. chem. Gesellschaft **38**, 2284 [1905].
[16]) Grün u. Skopnik, Berichte d. Deutsch. chem. Gesellschaft **42**, 3750 [1909].

atom, und zuletzt das sekundäre Hydroxyl nacheinander durch die Radikale verschiedener Fettsäuren substituierten.. Ein Verfahren zur Darstellung gemischter Ester des Glycerins besteht darin, daß noch freie Hydroxylgruppen besitzende Glycerin- und Polyglycerinester der aliphatischen Säuren, besonders Acetine und Formine, mit Salpeter-Schwefelsäuremischungen, die mehr Salpetersäure als Schwefelsäure enthalten, nitriert werden[1]).

Mehrsäurige Triglyceride.

Zweisäurige Triglyceride.

Stearodipalmitin $C_3H_5\big\langle{}^{C_{18}H_{35}O_2}_{(C_{16}H_{31}O_2)_2}$. Von Hansen[2]) durch fraktionierte Krystallisation aus Kalk erhalten. Glänzende Schüppchen vom Schmelzp. 55°. Von Guth[3]) wurden die beiden Isomeren dargestellt: α-Stearodipalmitin $CH_2(C_{18}H_{35}O_2)CH(C_{16}H_{31}O_2) \cdot CH_2(C_{16}H_{31}O_2)$ aus α-Monostearin und Palmitinsäure; langgestreckte, rhombische Tafeln vom Schmelzp. 60°, Refraktometerzahl 27, bei 75°; β-Stearodipalmitin $CH_2 \cdot (C_{16}H_{31}O_2)CH(C_{18}H_{35}O_2) \cdot CH_2$ $(C_{16}H_{31}O_2)$. Blättchen vom Schmelzp. 60°, Refraktometerzahl 24 bei 75°, dargestellt aus α-Dipalmitin und Stearinsäure.

Palmitodistearin $C_3H_5\big\langle{}^{(C_{18}H_{35}O_2)_2}_{C_{16}H_{31}O_2}$. Von Hansen[2]) aus Hammel- und Rindertalg durch häufiges Umkrystallisieren erhalten. Schmelzp. 62,5°. Die Verbindung ist nach Kreis und Hafner[4]) nicht einheitlich. Von denselben Autoren wurde durch sehr sorgfältige Reinigung ein Produkt gewonnen, das in glänzenden Blättchen krystallisierte. Doppelter Schmelzpunkt 51,8° und 66°. Von Guth[3]) aus α-Monopalmitin und Stearinsäure synthetisch dargestellt, ebenso von Kreis und Hafner durch Erhitzen von Dipalmitin mit Stearinsäure unter vermindertem Druck.

Daturadistearin $C_3H_5\big\langle{}^{(C_{18}H_{35}O_2)_2}_{C_{17}H_{33}O_2}$. Von Kreis und Hafner[4]) durch fraktionierte Krystallisation des Schweinefettes aus Äther isoliert. Synthetisch dargestellt aus der isolierten Daturinsäure und α-Distearin. Schmelzp. 66,2°.

Oleodipalmitin $C_3H_5\big\langle{}^{C_{18}H_{33}O_2}_{(C_{16}H_{31}O_2)_2}$. Von Hansen wurde aus Talg durch fraktionierte Krystallisation eine Verbindung vom Schmelzp. 42° isoliert. Von Klimont[5]) wurde dieses Glycerid durch fraktionierte Krystallisation aus dem Kakaofett, dem Borneotalg und dem Oleum stillingae vom Schmelzp. 37—38° gewonnen.

Dioleostearin $C_3H_5\big\langle{}^{(C_{18}H_{33}O_2)_2}_{C_{18}H_{35}O_2}$. Wurde von Partheil und Ferié[6]) im Menschenfett gefunden.

Oleodistearin $C_3H_5\big\langle{}^{C_{18}H_{33}O_2}_{(C_{18}H_{35}O_2)_2}$. Von Heise[7]) aus dem Samenfett von Stearodendron Stuhlmanni (Mkanyfett) und aus der Cocosbutter (Samenfett von Garcinia indica) dargestellt. Ferner erhalten aus der Kakaobutter von Fritzweiler[8]), aus Borneotalg und chinesischem Talg von Klimont[9]). Schmelzp. 44—44,5°, Erstarrungsp. 40,9°. Nach schnellem Abkühlen verändert sich der Schmelzpunkt. Von Kreis und Hafner[4]) wurde synthetisch ein Oleodipalmitin vom Schmelzp. 42° aus α-Distearin und Ölsäure dargestellt.

Eläodistearin $C_3H_5\big\langle{}^{C_{18}H_{33}O_2}_{(C_{18}H_{35}O_2)_2}$. Von Henriques und Künne[10]) durch Einwirken von salpetriger Säure auf Oleodistearin erhalten. Schmelzp. 61°.

α-**Lauro-**α'-**myristin** $CH_2(C_{12}H_{23}O_2) \cdot CHOH \cdot CH_2(C_{14}H_{27}O_2)$ beim Erhitzen von α-Lauro-α-'chlorhydrin mit Kaliummyristinat auf 140°. Kleine glänzendweiße Krystalle, die sich in allen Fettlösungsmitteln leicht lösen, doppelter Schmelzp. 40—42°; 34—35° (Grün und Skopnik)[11]).

[1]) Vender, D. R. P. Kl. 78c, Nr. 209 943.
[2]) Hansen, Archiv f. Hyg. **1902**, 1.
[3]) Guth, Zeitschr. f. Biol. **44** [N. F.], 26, 98 [1902].
[4]) Kreis u. Hafner, Berichte d. Deutsch. chem. Gesellschaft **36**, 2766 [1903].
[5]) Klimont, Monatshefte f. Chemie **25**, 929 [1904]; **26**, 565 [1905].
[6]) Partheil u. Ferié, Archiv d. Pharmazie **241**, 545 [1903].
[7]) Heise, Arbeiten a. d. Kaiserl. Gesundheitsamt **12**, 540 [1896]; **13**, 302 [1897].
[8]) Fritzweiler, Arbeiten a. d. Kaiserl. Gesundheitsamt **18**, 371 [1902].
[9]) Klimont, Monatshefte f. Chemie **1904**, 557; **1905**, 565.
[10]) Henriques u. Künne, Berichte d. Deutsch. chem. Gesellschaft **32**, 387 [1899].
[11]) Grün u. Skopnik, Berichte d. Deutsch. chem. Gesellschaft **42**, 3750 [1909].

α-**Stearo-α'-laurin** $CH_2(C_{18}H_{35}O_2) \cdot CHOH \cdot CH_2(C_{12}H_{23}O_2)$ durch Erhitzen von α-Stearo-α'-chlorhydrin mit einem Überschuß von scharf getrocknetem Kaliumlaurinat während 10 Stunden in Wasserstoffatmosphäre auf 120°. Dichte, körnige, weiße Krystalle. Leicht löslich in Benzol, Chloroform und Äther; schwer löslich in kaltem Ligroin und Alkohol. Doppelter Schmelzp. 52—53°; nach dem .Erstarren 45°[1]).

α-**Stearo-α'-myristin** $CH_2(C_{18}H_{35}O_2) \cdot CHOH \cdot CH_2(C_{14}H_{27}O_2)$. Zur Darstellung werden 10 g Stearochlorhydrin mit 9 g myristinsaurem Kalium innig gemengt und unter Durchleiten von Wasserstoff 10 Stunden lang auf 140° erhitzt. · Rein weiße, körnige Krystalle, bei 47° erweichend, bei 52° und 53° schmelzend, nach dem Erstarren wieder bei 44° schmelzend.

Dreisäurige Triglyceride.

Palmitooleostearin $C_3H_5(C_{16}H_{31}O_2)(C_{18}H_{33}O_2)(C_{18}H_{35}O_2)$ ist von Hansen[2]) aus Talg isoliert worden. Kommt nach Klimont[3]) im Kakaofett vor. Schmelzp. 42°.

Oleopalmitobutyrin $C_3H_5(C_4H_7O_2)(C_{16}H_{31}O_2)(C_{18}H_{33}O_2)$ wurde von Blyth und Robertson[4]) aus der Butter isoliert.

Myristopalmitoolein $C_3H_5(C_{14}H_{27}O_2)(C_{16}H_{31}O_2)(C_{18}H_{33}O_2)$ findet sich nach Klimont[3]) im Kakaofett. Schmelzp. 25—27°.

α-**Lauro-β-stearo-α'-myristin** $CH_2(C_{12}H_{23}O_2) \cdot CH(C_{18}H_{35}O_2) \cdot CH_2(C_{14}H_{27}O_2)$. Zur Darstellung wird α-Lauro-α'-myristin mit der berechneten Menge Stearinsäurechlorid eine Stunde auf dem Wasserbad erwärmt, das Reaktionsprodukt längere Zeit über feuchte Kalistangen gestellt und in ätherischer Lösung mit Wasser gewaschen. Das Triglycerid wird mit Alkohol gefällt, mit Tierkohle gereinigt und bis zur Schmelzpunktskonstanz aus Alkohol-Äther krystallisiert. Weiße, sehr weiche Kryställchen. Fast gar nicht löslich in Alkohol, spielend leicht in anderen gewöhnlichen Fettlösungsmitteln. Schmelzp. 37—38°; 35°[1]).

α-**Stearo-β-myristo-α'-laurin** $CH_2(C_{18}H_{35}O_2) \cdot CH(C_{14}H_{27}O_2) \cdot CH_2(C_{12}H_{23}O_2)$. Darstellung analog der des Laurostearomyristins. Mattweiße, weiche Krystallkörner. Schmelzp. 48—49°, nach dem Erstarren 44—45°[1]).

α-**Stearo-β-lauro-α'-myristin** $CH_2(C_{18}H_{35}O_2) \cdot CH(C_{12}H_{23}O_2) \cdot CH_2(C_{14}H_{27}O_2)$ durch Einwirkung der berechneten Menge Laurinsäurechlorid auf α-Stearo-α'-myristin bei 100° während 3 Stunden. Undeutliche Krystalle, in den meisten Lösungsmitteln leicht, in Alkohol, wie beinahe alle Triglyceride, fast gar nicht löslich. Schmelzp. 42°, nach dem Erstarren schon bei 32°[1]).

Äther: Glycid (Oxypropylenoxyd) $C_3H_6O_2 = O{\Big\langle}^{CH_2CH_2OH}_{CH}$. Flüssigkeit, die nicht ganz unzersetzt bei 74—75° bei 15 mm siedet. Verbindet sich sehr rasch mit Wasser zu Glycerin, langsamer mit Alkohol, sehr rasch mit Glycerin zu Polyglycerinen. Reduziert bei gewöhnlicher Temperatur ammoniakalische Silberlösung[5]).

Glycerinäther $C_6H_{10}O_3 = CH_2OCH_2 \cdot CHOCH \cdot CH_2OCH_2$[6]). Siedep. 171—172°. In jedem Verhältnis mischbar mit Wasser, Alkohol, Äther. Verbindet sich mit Wasser bei 100° zu Glycerin. Beim Behandeln mit Wasserstoffgas bei 0° zerfällt er in Glycerin und Isopropyljodid.

Polyglycerine: Diglycerin (Pyroglycerin) $C_6H_{14}O_5$. Zähflüssig; wenig löslich in kaltem. leichter in heißem Wasser; unlöslich in Äther. Siedep. 220—230° bei 10 mm[7]).

Triglycerin $(C_3H_5)_3(OH)_5O_2$. Siedep. 275—285° bei 10 mm. Zähflüssig[7]).

Verbindungen mit Aminosäuren.[8])

Bis-Bromisovalerylglycerin $CH_2O(OC \cdot C_4H_9Br) \cdot HC \cdot OH \cdot CH_2O(OC \cdot C_4H_9Br)$. Zur Darstellung werden 18,2 g Bromisovaleriansäure in 27 ccm konz. Schwefelsäure gelöst, in eine Lösung von 4,5 g Glycerin in 18,4 g Schwefelsäure eingegossen und auf 70—80° erwärmt. Das Reaktionsprodukt wird in Äther aufgenommen und auf gepulverte

---

[1]) Grün u. Skopnik, Berichte d. Deutsch. chem. Gesellschaft **42**, 3750 [1909].

[2]) Hansen, Archiv f. Hyg. **1902**, 1.

[3]) Klimont, Monatshefte f. Chemie **23**, 51 [1902].

[4]) Blyth u. Robertson, Chem.-Ztg. **1899**, 128.

[5]) Breslauer, Journ. f. prakt. Chemie [2] **20**, 192 [1879]. — Hanriot, Annales de Chim. et de Phys. [5] **17**, 112 [1879]. — Bigot, Annales de Chim. et de Phys. [6] **22**, 482 [1891].

[6]) Tollens u. Loe, Berichte d. Deutsch. chem. Gesellschaft **14**, 1947 [1881]. — Zotta, Annalen d. Chemie u. Pharmazie **174**, 90 [1874].

[7]) Lourenço, Annales de Chim. et de Phys. [3] **67**, 299 [1875].

[8]) Abderhalden u. Guggenheim, Zeitschr. f. physiol. Chemie **65**, 53 [1910].

Soda gegossen, und die gewaschene ätherische Lösung getrocknet und eingedampft. Das erhaltene Öl wird bei 0,3 mm Druck und 185—200° destilliert. Farbloses, zähflüssiges Öl von bitterem Geschmack, leicht löslich in Alkohol, Äther, Benzol, unlöslich in Wasser, verdünnter Schwefelsäure, kalter Lauge, löslich in erwärmter Kalilauge. Eine Amidierung der Bromverbindung gelang nicht.

Dipalmityl-bromisovalerylglycerin $(C_{15}H_{31}CO)OCH_2 \cdot CHO(OC \cdot C_{10}H_9Br) \cdot CH_2O \cdot (COC_{15}H_{31})$. Entsteht durch Erwärmen von Dipalmitin mit überschüssigem Bromisovalerylbromid auf dem Wasserbad bis zum Aufhören der Salzsäureentwicklung, Aufnehmen des Reaktionsproduktes in Äther und Umkrystallisieren des aus der gewaschenen und getrockneten Lösung erhaltenen Rückstandes aus heißem Alkohol. Drusen mikroskopischer Nädelchen, die bei 51° zu einer trüben Flüssigkeit schmelzen, die bei 60° klar wird. Wenig löslich in kaltem Alkohol, leicht löslich in heißem Alkohol, Äther und Essigäther.

Glycerinmonotyrosin $C_9H_{10}O_3N \cdot CH_2 \cdot CH \cdot OH \cdot CH_2OH$

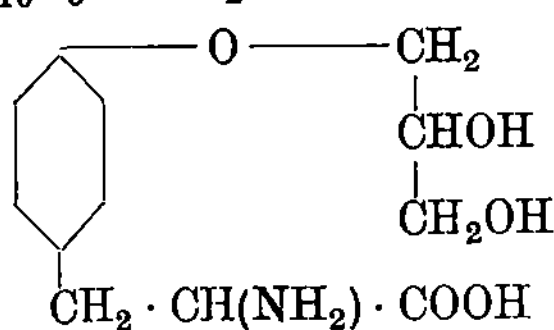

In eine Lösung von 2,3 g Natrium in abs. Alkohol werden 9 g feingepulvertes Tyrosin unter Erwärmen eingetragen, und nach dem Erkalten die Lösung in Äther gegossen, wobei sich das Natriumtyrosinat als pulverige hygroskopische Masse abscheidet. Diese wird schnell abfiltriert und dann in 150 ccm Alkohol mit 15 g α-Monochlorhydrin 2 Stunden am Rückflußkühler gekocht. Der beim Eindampfen der vom ausgefallenen Kochsalzes befreiten Lösung resultierende Sirup erstarrt beim Ansäuern mit verdünnter Essigsäure zu einem Krystallbrei. Die aus heißem Wasser umgelösten Krystalle stellen farblose Nadeln dar, die sich bei 235° bräunen und bei 245° unter Zersetzung schmelzen. Ziemlich löslich in kaltem Wasser, leicht löslich in heißem Wasser, verdünnten Säuren und Alkalien, unlöslich in Alkohol und Äther. Gibt Millons Reaktion. In wässeriger Lösung ist die Substanz optisch inaktiv. Durch Kochen mit rauchender Salzsäure wird sie nicht zerstört. Tyrosinase greift das Glycerinmonotyrosin an; die Reaktion erfolgt viel langsamer als bei Verwendung von Tyrosin. Ricinuslipase und Hefepreßsaft spalten nicht.

Glycerinmonotyrosinäthylesterchlorhydrat. Nicht näher untersuchtes Produkt, das beim Verestern von Glycerinmonotyrosinäther als dicker, nicht festwerdender Sirup erhalten wurde.

α-β-i-Glycerinsäure.

$$CH_2OH \cdot CHOH \cdot COOH.$$

$$CH_2OH$$
$$|$$
$$CH \cdot OH$$
$$|$$
$$COOH$$

Sie entsteht aus Glycerin durch vorsichtige Oxydation: durch Oxydation wässeriger Glycerinlösungen mit Salpetersäure[1])[2]). Ferner beim Erhitzen einer wässerigen Glycerinlösung mit Brom auf 100°[3]).

Zur Darstellung werden 50 T. Glycerin mit 50 T. Wasser gemischt und 50 ccm rauchende Salpetersäure zugefügt. Das Gemisch bleibt 3—4 Tage stehen, wird sodann im Wasserbad zur Sirupkonsistenz eingedampft, nach mehrtägigem Stehen mit ca. 700 ccm Wasser versetzt und durch Erwärmen mit 133,3 g Bleiweiß das Bleisalz gewonnen; dieses wird in heißem Wasser gelöst und durch Zersetzen mit Schwefelwasserstoff die freie Säure dargestellt[4]). Nach Cazeneuve[5]) werden 46 g reines Glycerin mit 80 g Natronhydrat, 25 ccm Wasser und so viel Silberchlorid, als aus 170 g Nitrat gewonnen wird, gekocht, die Lösung zur Sirupkonsistenz eingedampft, zum Rückstand 120 g Kaliumbisulfat gegeben und die Masse mit Aceton

[1]) Debus, Annalen d. Chemie u. Pharmazie **106**, 79 [1858].
[2]) Sokolow, Annalen d. Chemie u. Pharmazie **106**, 95 [1858].
[3]) Barth, Annalen d. Chemie u. Pharmazie **124**, 341 [1862].
[4]) Mulder, Berichte d. Deutsch. chem. Gesellschaft **9**, 1902 [1876].
[5]) Cazeneuve, Bulletin de la Soc. chim. [3] **15**, 763 [1896].

ausgezogen. Die abfiltrierte Lösung wird im Vakuum verdunstet und der Rückstand wiederholt auf die gleiche Weise behandelt; es wird auf diese Weise Glycerinsäure erhalten, die frei von Glycerin und Salzen ist.

Sirupöse Flüssigkeit, mischbar mit Wasser und Alkohol, unlöslich in Äther. Bei 10 stündigem Erhitzen auf 105° entsteht das Anhydrid. Die Glycerinsäure ist optisch inaktiv. Bei der trocknen Destillation liefert die Glycerinsäure Ameisensäure, Essigsäure, Brenztraubensäure, Brenzweinsäure und eine Säure der Formel $C_6H_{10}O_6$ [1]). Bei der Gärung von glycerinsaurem Kalk entsteht nach Fitz [2]) besonders Essigsäure, wenig Alkohol und Bernsteinsäure, auch Ameisensäure. Durch Penicillium glaucum entsteht aus glycerinsaurem Ammoniak linksdrehende Glycerinsäure [3]). Bei Gärung von glycerinsaurem Kalk durch den Bacillus aethaceticus entsteht nach Frankland und Frew [4]) Rechts-Glycerinsäure. Über Spaltung von Glycerinsäure in die aktiven Komponenten vgl. [5]). Über die Bildung aktiver Glycerinsäure aus d-Glucuronsäure und Kalk vgl. [6]). Über Konfiguration der aktiven Glycerinsäuren vgl. [7]). Über Spaltung der inaktiven Glycerinsäure durch Gärung und Brucin vgl. [8]).

Glycerinsäureanhydrid entsteht bei längerem Aufbewahren von Glycerinsäure [9]), ferner beim 10 stündigem Erhitzen von Glycerinsäure auf 105°. Aus Wasser dünne Nadeln, die sich bei 250° zersetzen, ohne zu schmelzen. Schwer löslich in Wasser, unlöslich in kaltem Alkohol und siedenden Äther. Es wird langsam in wässeriger Lösung, schneller durch Alkalien, am besten Kalkmilch, wieder in Glycerinsäure verwandelt.

Oenocarpol.

Mol.-Gewicht (mit Krystallwasser) 420,35.
Zusammensetzung: 74,22% C, 10,55% H, 15,23% O.

$$C_{26}H_{39}(OH)_3 + H_2O.$$

Vorkommen: In den Fruchtschalen der Weintrauben [10]).

Darstellung: Der Schwefelkohlenstoffauszug der Weintraubenfruchtschalen wird mit alkoholischer Kalilauge behandelt, und das Reaktionsprodukt mit Wasser verdünnt. Hierbei bleiben Fettsäuren und Chlorophyll in Lösung, während der Alkohol als weiße Masse ausfällt.

Physikalische und chemische Eigenschaften: Aus Äther lange Nadeln, die bei 304° schmelzen. Dreht die Ebene des polarisierten Lichtes nach rechts. In ätherischer Lösung wurde gefunden: $[\alpha]_D = +60,8°$. Durch Oxydation mit Chromsäure entsteht eine amorphe Säure $C_{26}H_{42}O_5$.

Derivate: Acetylverbindung. Entsteht durch Erhitzen des Oenocarpols mit Essigsäureanhydrid im geschlossenen Rohr auf 130°. Schmelzp. 215°.

Kaliumverbindung $C_{26}H_{39}(OH)_3 \cdot KOH \cdot H_2O$. Glänzende, wenig lösliche Nadeln. Oenocarpol bildet ferner ein Silber- und ein Bleisalz.

Anmerkung. Die mehr als dreiwertigen Alkohole vgl. bei den Kohlehydraten, Bd. III dieses Werkes.

[1]) Böttinger, Annalen d. Chemie **196**, 92 [1879].
[2]) Fitz, Berichte d. Deutsch. chem. Gesellschaft **12**, 874 [1879]; **16**, 844 [1883].
[3]) Lewkowitsch, Berichte d. Deutsch. chem. Gesellschaft **16**, 2720 [1883].
[4]) Frankland u. Frew, Journ. Chem. Soc. **59**, 96 [1891].
[5]) Neuberg u. Silbermann, Berichte d. Deutsch. chem. Gesellschaft **37**, 339 [1904].
[6]) Neuberg u. Neimann, Zeitschr. f. physiol. Chemie **44**, 97 [1905].
[7]) Neuberg u. Neimann, Zeitschr. f. physiol. Chemie **44**, 134 [1905].
[8]) Frankland u. Done, Proc. Chem. Soc. **21**, 132 [1905]; Journ. Chem. Soc. **87**, 618 [1905].
[9]) Sokolow, Berichte d. Deutsch. chem. Gesellschaft **11**, 697 [1878].
[10]) Etard, Compt. rend. de l'Acad. des Sc. **114**, 231 [1892].

Die Phenole.

Von

H. Einbeck.

Phenole sind ein- oder mehrkernige rein aromatische Verbindungen, in denen ein oder mehrere Kernwasserstoffatome durch Hydroxylgruppen ersetzt sind. Diese Hydroxylgruppen geben den Phenolen ihren spezifischen Charakter, sie bedingen die Alkalilöslichkeit, die leichte Substituierbarkeit der anderen Kernwasserstoffatome, die leichte Oxydierbarkeit zu Chinonen, hauptsächlich aber ermöglichen sie die leichte Kuppelung der Phenole mit Schwefel- und Gukuronsäure, mit Zucker- oder hochmolekularen Säuren.

Im Tierkörper sind die Bedingungen für die Entstehung von Phenolen infolge der vielfachen Oxydationsmöglichkeiten im tierischen Organismus sehr günstige. Namentlich die im Darm neben dem fortwährenden Abbau der Eiweißstoffe einhergehenden, auf Bakterienwirkung beruhenden Fäulnisprozesse lassen Phenole in verhältnismäßig großer Menge entstehen. Man findet daher unter den Stoffwechselendprodukten aller Tiergattungen Phenole, welche in der Form ihrer unschädlichen Schwefel- oder Glucuronsäurepaarlinge durch den Harn ausgeschieden werden. So verbreitet dieses Vorkommen der Phenole im Tierreich auch ist, so sind es doch nur einige wenige Formen einfachster Konstitution, welche sich aus tierischen Produkten isolieren lassen.

Im Gegensatz dazu finden wir im Pflanzenreich mannigfaltige Formen der Phenole vertreten. Es sind besonders die ätherischen Öle, welche die verschiedenartigsten Phenole in freier Form enthalten. An verschiedene Vertreter der Kohlehydratgruppe gekuppelt finden wir verschiedene Phenole in den Glucosiden. Sehr mannigfaltig sind auch die Phenole, welche sich aus den Spaltungsprodukten diverser pflanzlicher Stoffe, so der Ligninsubstanzen, der Braun- und Steinkohle, isolieren lassen. Liefert die Destillation dieser Produkte hauptsächlich einwertige Phenole, d. h. aromatische Verbindungen mit nur einer Hydroxylgruppe, so erhält man andererseits bei der Spaltung der Gerbstoffe, der Flechten- und der Farnsäuren mehr-, d. h. zwei-, drei- und vierwertige Phenole.

In der nachstehenden Aufstellung sind alle Phenole mit den wichtigsten ihrer Derivate aufgenommen, soweit sie entweder in freier Form resp. als Paarlinge in der Natur vorkommen oder aber bei der Spaltung organischer Produkte entstehen.

1. Einwertige Phenole und deren Äther.

Phenol[1]), Carbolsäure.

Mol.-Gewicht 94,05.

Zusammensetzung: 76,54% C, 6,43% H.

C_6H_6O.

Vorkommen: Das Phenol findet sich frei in sehr kleiner Menge im Bibergeil (Castoreum)[2]), im Stamm, Nadeln und Zapfen von Pinus silvestris[3]), ferner im Tierharn nach Vergiftung

---

1) Soweit biochemische Literatur in Betracht kommt, wird häufig unter Phenol nicht die chemische Verbindung als solche verstanden, sondern das Phenolgemisch (Phenol + Kresole), wie es bei der Fäulnis resultiert.

2) Wöhler, Annalen d. Chemie u. Pharmazie **67**, 360 [1848].

3) Griffiths, Chem. News **49**, 95—96 [1884]; Berichte d. Deutsch. chem. Gesellschaft **17**, Ref. 171 [1884].

mit sehr großen Mengen Phenol[1]), im Herzblut nach Einführung von 1—3 proz. Phenollösung in das Rectum noch nach 4 Stunden[2]), im Blut bei Einführung kleiner Mengen nur rasch nach derselben oder sonst nach Vergiftung mittels sehr großer Mengen von Phenol[3]).

Mit Schwefel- und Glucoronsäure gepaart findet sich Phenol im Menschen- und Tierharn weit verbreitet. So im Kuhharn[4]), im Harn von Rindern und Pferden[5]), im Menschenharn[6]). Die Beweise, daß das Phenol im Harn an Schwefelsäure gekuppelt ist, erbrachte E. Baumann[7]).

Daß Phenol im Harn auch an Glucuronsäure gebunden vorkommt, ist erst später einwandfrei bewiesen worden. Baumann und Preuße[8]) haben allerdings schon 1879 darauf hingewiesen, daß der Harn von Hunden nach größeren Phenoleingaben Linksdrehung zeigt. Schmiedeberg[9]) hatte die Phenylglucuronsäure schon, allerdings nicht in reinem Zustande, aus dem Harn eines Hundes, der innerhalb 48 Stunden 24 g Benzol erhalten hatte, isoliert. Külz[10]) gelang schließlich die Reindarstellung von Phenylglucuronsäure aus dem Harn von Kaninchen, die täglich je 0,5 g Phenol per os erhalten hatten. Desgleichen aus Hammelharn nach profuser Phenolfütterung[11]).

Phenol wurde unter anderem ferner gefunden im Darm und Harn von Neugeborenen[12]), im menschlichen Foetus und im Foetus eines Meerschweinchens[13]), im jauchigen Eiter des Menschen[14]), in den menschlichen Faeces[15]).

Die Angaben über die Mengen des im Harn ausgeschiedenen Phenols sind sehr schwankende. Munk gibt für den normalen Menschenharn 0,0165[16]) bis 0,051[17]) g Tribromphenol pro Tag an; Brieger[18]) 0,015 g Phenol pro Tag; Neuberg[19]) 0,0332 g. Bei Ileus fand Salkowski[20]) starke Erhöhung der Phenolausscheidung. Er gibt 1,5575 g Tribromphenol pro Liter an. Auch von ihm ausgeführte Darmunterbindungen führten bei Hunden und Katzen zu stark gesteigerter Phenolausscheidung[21]). Den Einfluß verschiedener Krankheiten auf die Menge der Phenolausscheidung studierten ferner Brieger[22]), Salkowski[23]), Nencki[24]), Straßer[25]) u. a.

---

[1]) Reale, Gazzetta delle chliniche **1890**; Centralbl. f. klin. Medizin **12**, 487 [1890].

[2]) Minozzi et Viviani, Il Cesalpino **1905**, 6; Jahresber. über d. Fortschritte d. Tierchemie **35**, 438 [1905].

[3]) Filippi, Arch. di farm. sperim. e scienze affini **4**, 261 [1906]; Jahresber. über d. Fortschritte d. Tierchemie **36**, 156 [1906]; Chem. Centralbl. **1910**, I, 1981. — Modica, Jahresber. über d. Fortschritte d. Tierchemie **38**, 1218 [1908].

[4]) Städeler, Annalen d. Chemie u. Pharmazie **77**, 18 [1851].

[5]) Bugilinsky, Med.-chem. Untersuchungen, herausgeg. von Hoppe-Seyler, Tübingen 1867, S. 234. — Lieben, Annalen d. Chemie u. Pharmazie, Suppl. **7**, 240 [1870]. — Hoppe-Seyler, Archiv f. d. ges. Physiol. **5**, 470 [1872].

[6]) Landolt, Berichte d. Deutsch. chem. Gesellschaft **4**, 770 [1871]. — Munk, Archiv f. d. ges. Physiol. **12**, 144 [1876]. — Salkowski, Berichte d. Deutsch. chem. Gesellschaft **9**, 1596 [1876]. — Brieger, Zeitschr. f. physiol. Chemie **2**, 241 ff. [1878/79].

[7]) Baumann, Archiv f. d. ges. Physiol. **12**, 69 [1876]; Berichte d. Deutsch. chem. Gesellschaft **9**, 54, 1389, 1715 [1876].

[8]) Baumann u. C. Preuße, Zeitschr. f. physiol. Chemie **3**, 159 [1879].

[9]) Schmiedeberg, Archiv f. experim. Pathol. u. Pharmakol. **14**, 288 306 [1881].

[10]) Külz, Archiv f. d. ges. Physiol. **30**, 484 [1883]; Zeitschr. f. Biol. **27**, 246 [1890].

[11]) Salkowski u. C. Neuberg, Biochem. Zeitschr. **2**, 307 [1907].

[12]) Senator, Zeitschr. f. physiol. Chemie **4**, 2 [1880].

[13]) Demant, Zeitschr. f. physiol. Chemie **4**, 388 [1880].

[14]) Brieger, Zeitschr. f. physiol. Chemie **5**, 366 [1881].

[15]) Brieger, Journ. f. prakt. Chemie [2] **17**, 124 [1878].

[16]) Munk, Archiv f. d. ges. Physiol. **12**, 144 [1876].

[17]) Munk, Archiv f. anat. u. physiol. Chemie, Supplementheft **26** [1880].

[18]) Brieger, Zeitschr. f. physiol. Chemie **2**, 241 [1878/79].

[19]) Neuberg, Zeitschr. f. physiol. Chemie **27**, 133 [1899].

[20]) Salkowski, Centralbl. f. d. med. Wissensch. **1876**, 819; Berichte d. Deutsch. chem. Gesellschaft **10**, 842—844 [1877]; Archiv f. Anat. u. Physiol., physiol. Abt. **1877**, 476.

[21]) E. Salkowski, Virchows Archiv **73**, 409 [1878].

[22]) Brieger, Centralbl. f. d. med. Wissensch. **1878**, 545; Zeitschr. f. physiol. Chemie **2**, 241 [1878/79].

[23]) Salkowski, Centralbl. f. d. med. Wissensch. **1878**, 563, 753.

[24]) Nencki, Centralbl. f. d. med. Wissensch. **1878**, 609.

[25]) Straßer, Zeitschr. f. klin. Medizin **24**, 547 [1894].

Nach W. Mooser erscheint das Auftreten des Phenols als normaler Bestandteil jedes tierischen Urins zweifelhaft. Er selbst hat Phenol nur im Harn eines Vegetarianers nachzuweisen vermocht. Für den normalen Kuhharn hält er die Abwesenheit von Phenol für erwiesen[1]).

Bildung: Durch Oxydation bildet sich im Organismus Phenol nach Benzoleingabe[2]). Die Hauptbildungsquelle bieten die Fäulnisvorgänge. So bildet sich Phenol bei der Fäulnis von Eiweiß[3]), neben Kresolen[4]), von Fibrin und Leberamyloid[5]), von p-Hydrocumarsäure[6]), von Tyrosin[7]). Auch nach der Verfütterung von Tyrosin findet sich im Harn vermehrtes Phenol[8]). Ebenso steigert sich die Phenolmenge im Harn nach Verfütterung von Parakresol und der daraus im Organismus, entstehenden Paraoxybenzoesäure[9]). Über die Bildungsstätten des Phenols im Darmkanal der Pflanzenfresser s. Tappeiner[10]). Über die Bildungstätte des Phenols beim Menschen s. C. A. Ewald[11]). C. Fedeli[12]) berichtet, daß unter der Einwirkung der Wasser von Tettucio der Phenolgehalt der Harne zurückgeht. C. Lewin[13]) führt die stark vermehrte Phenolausscheidung bei kachektischen Krebskranken. auf den toxischen Eiweißzerfall in den Geweben zurück. Die nach Phlorrhizininjektion bei Kaninchen und Menschen von Karl Lewin[14]) beobachtete vermehrte Phenolausscheidung scheint ebenfalls auf den durch das verabreichte Glucosid herbeigeführten Eiweißzerfall der Gewebe zurückzuführen sein. Daß nicht alle Nahrungsmittel gleichmäßig durch die Fäulnisbakterien des Darmes angegriffen werden, zeigten die Angaben von Ludwig F. Meyer[15]), der im Säuglingsharn bei künstlicher Ernährung 0,01328 g und bei Brustkindern nur 0,00419 g Phenol fand. Über phenolerzeugende Bakterien[16]).

Phenol bildet sich ferner bei der trocknen Destillation von Holz, Steinkohlen, Knochen[17]), Cellulose[18]); bei der Kalischmelze von Eiweißstoffen[19]), von Benzolsulfonsäure[20]), bei der Einwirkung von salpetriger Säure auf Anilin[21]), beim Einleiten von Luft in mit $AlCl_3$ versetztes kochendes Benzol[22]), beim Schütteln von Benzol mit Palladiumwasserstoff und Wasser unter Luftzutritt[23]), bei der Oxydation von Benzol durch Wasserstoffsuperoxyd[24]), durch Ein-

---

1) Mooser, Zeitschr. f. physiol. Chemie **63**, 200 [1909].

2) Schultzen u. Naunyn, Archiv f. Anat. u. Physiol. **1867**, 349—357. — Munk, Archiv f. d. ges. Physiol. **12**, 148 [1876].

3) Baumann, Berichte d. Deutsch. chem. Gesellschaft **10**, 685 [1877]; Zeitschr. f. physiol. Chemie **1**, 60 [1877/78]. — Brieger, Zeitschr. f. physiol. Chemie **3**, 135 [1879]. — Odermatt, Journ. f. prakt. Chemie [2] **18**, 249 [1878]; Inaug.-Diss. Bern 1878.

4) Baumann u. E. Brieger, Zeitschr. f. physiol. Chemie **3**, 149 [1879].

5) Weyl, Zeitschr. f. physiol. Chemie **1**, 339 [1877/78].

6) Baumann, Zeitschr. f. physiol. Chemie **4**, 304—321 [1880]. — E. u. H. Salkowski, Berichte d. Deutsch. chem. Gesellschaft **13**, 189 [1880].

7) Weyl, Zeitschr. f. physiol. Chemie **3**, 312 [1879].

8) Brieger, Zeitschr. f. physiol. Chemie **2**, 241 [1878/79]. — H. Blendermann, Zeitschr. f. physiol. Chemie **6**, 243—262 [1882].

9) Baumann, Zeitschr. f. physiol. Chemie **3**, 250 [1879].

10) Tappeiner, Berichte d. Deutsch. chem. Gesellschaft **14**, 2382 [1881].

11) Ewald, Virchows Archiv **75**, 409 [1879].

12) Moleschotts Untersuchungen zur Naturlehre **15**, 563; Jahresber. über d. Fortschritte d. Tierchemie **1895**, 244.

13) C. Lewin, Salkowski-Festschrift S. 225—237 [1904].

14) Karl Lewin, Beiträge z. chem. Physiol. u. Pathol. **1**, 472 [1902].

15) Meyer, Monatsschr. f. Kinderheilk. **4**, 344—351 [1906]; Jahresber. über d. Fortschritte d. Tierchemie **1906**, 633.

16) de Giacomo, Compt. rend. de la Soc. de Biol. **67**, 720 [1909]; Jahresber. über d. Fortschritte d. Tierchemie **1909**, 848. — Dobrwotski, Annales de l'Inst. Pasteur **24**, 598 [1910].

17) Reichenbach, Schweigger Journ. **66**, 301, 345; **67**, 157; **68**, 352. — Duclos, Annalen d. Chemie u. Pharmazie **109**, 136 [1859]. — Runge, Poggend. Annalen d. Phys. u. Chemie **31**, 69; **32**, 308. — Laurent, Journ. f. prakt. Chemie **25**, 401; Annales de Chim. et de Phys. [3] **3**, 195.

18) Wichelhaus, Berichte d. Deutsch. chem. Gesellschaft **43**, 2922 [1910].

19) Nencki, Journ. f. prakt. Chemie [2] **17**, 134 [1878].

20) Dusart, Zeitschr. f. Chemie **1867**, 299.

21) Hunt, Jahresber. über d. Fortschritte d. Chemie **1859**, 391.

22) Friedel u. Crafts, Annales de Chim. et de Phys. [6] **14**, 435 [1888].

23) Hoppe-Seyler, Zeitschr. f. physiol. Chemie **1**, 396; **2**, 22 [1877/78]; Berichte d. Deutsch. chem. Gesellschaft **12**, 1552 [1879].

24) Leeds, Berichte d. Deutsch. chem. Gesellschaft **14**, 976 [1881].

wirkung von Wasserstoffsuperoxyd auf Benzol in Gegenwart von Ferrosulfat neben Brenz-catechin und etwas Hydrochinon[1]). Bildung aus Schieferöl (Grünnaphthakreosot)[2]). Aus den Halogensubstitutionsprodukten aromatischer Kohlenwasserstoffe über die Organo-magnesiumverbindung[3]). Bildung von Phenol aus Hexahydrophenol durch Dehydrogeni-sierung mittels Chlor und Brom[4]).

Darstellung: Aus Steinkohlenteeröl[5]), Harn[6]) und Fäulnisgemischen[7]). Um die frei in letzterem vorhandenen Phenole zu isolieren, destilliert man, bis eine Probe des Destillats sich nicht mehr mit Millons Reagens rötet. Will man das in Form gepaarter Säuren vorliegende Phenol gewinnen, so destilliert man mindestens 200 ccm der zu untersuchenden Flüssig-keit mit 50 ccm rauchender Salzsäure, bis ungefähr die Hälfte des Destillats übergegangen ist. Die in beiden Fällen erhaltenen Destillate übersättigt man stark mit Alkali und destilliert wiederum. Es entweichen dabei Ammoniak, Indol und Skatol. Nach dem Erkalten der zurückbleibenden Flüssigkeit zerlegt man die gebildeten Phenolnatrium-verbindungen durch Übersättigen mit Kohlensäure und destilliert abermals. Das so er-haltene Phenol stellt gewöhnlich ein Gemisch von Phenol und p-Kresol dar (s. ferner unter Bestimmung).

Trennung des Phenolgemisches, welches man aus Harn oder aus Fäulnis-gemischen erhält[6]): Die Destillate werden alkalisch gemacht, eingedampft, mit wenig Wasser aufgenommen, angesäuert und mit Äther erschöpft. Nach dem Verdampfen des über Chlorcalcium getrockneten Äthers destilliert man den Rückstand. Das Destillat wird mit dem gleichen Gewicht konz. Schwefelsäure eine Stunde auf dem Wasserbade erhitzt, mit Wasser verdünnt, mit Baryt neutralisiert und filtriert. Das Filtrat dampft man nahe bis zur Krystallisation ein und versetzt es mit überschüssigem konz. Barytwasser. Es scheidet sich das basische parakresolsulfosaure Barium aus, das nach 12stündigem Stehen abfiltriert wird. In das Filtrat leitet man zur Entfernung des überschüssigen Baryts Kohlen-säure, filtriert vom ausgeschiedenen Bariumcarbonat, dampft auf ein kleines Volumen ein, fällt wiederum mit konz. Barytwasser und filtriert nach 12stündigem Stehen das etwa noch weiter abgeschiedene basische parakresolsulfosaure Barium. Durch das Filtrat leitet man Kohlensäure, filtriert, verdampft zur Trockene und wägt den Rückstand, der aus phenol-sulfo- und eventuell vorhandenem o-kresolsulfosaurem Barium besteht. Das basisch para-kresolsulfosaure Barium schlemmt man in Wasser auf und leitet Kohlensäure ein. Nachdem das Bariumcarbonat abfiltriert ist, dampft man das Filtrat ein und erhält so das para-kresolsulfosaure Barium.

Eine Trennung des phenolsulfo- und o-kresolsulfosauren Bariums ist nie durchgeführt worden. Die Ansichten, ob überhaupt das o-Kresol im Pferdeharn enthalten ist, sind geteilt, einwandfreie Beweise für das Vorhandensein sind nicht vorhanden.

Farbreaktionen des Phenols: Mit Eisenchlorid entsteht eine violette Färbung. Diese Färbung bleibt aus in sehr verdünnten wässerigen Lösungen[8]) oder in Lösungen, welche freie Mineralsäure oder Neutralsalze enthalten[9]), oder in denen mehr als 2,53 Gewichtsprozent Alkohol vorhanden ist[10]). Mechanismus dieser Reaktion[11]). An Stelle einer wässerigen Eisen-chloridlösung kann man zu der Reaktion eine 1 proz. Lösung von Kaliumferricyanid in 10 bis 20 proz. Ammoniak anwenden[12]). Die Färbung verschwindet nach Zugabe von Äther oder Essigester[13]). Auf Grund der spektroskopischen Untersuchung der mit Eisenchlorid ent-stehenden gefärbten Lösung ist eine quantitative Methode ausgearbeitet worden[14]). Ver-setzt man die wässerige Phenollösung mit $^1/_4$ Volumen Ammoniak, dann mit einigen Tropfen

[1]) Cross, Bevan u. Heiberg, Berichte d. Deutsch. chem. Gesellschaft **33**, 2018 [1900].
[2]) Gray, Journ. Soc. Chem. Ind. **21**, 845 [1902].
[3]) Bodroux, Compt. rend. de l'Acad. des Sc. **136**, 158 [1903].
[4]) Kötz u. Götz, Annalen d. Chemie u. Pharmazie **358**, 194 [1907].
[5]) D. R. P. 147999.
[6]) Baumann, Zeitschr. f. physiol. Chemie **6**, 183 [1882.]
[7]) E. Salkowski, Zeitschr. f. phyiol. Chemie. **8**, 428 [1883/84].
[8]) Saraw, Berichte d. Deutsch. chem. Gesellschaft **15**, 46 [1887].
[9]) Klimmer, Journ. f. prakt. Chemie [2] **60**, 284 Anm. [1899].
[10]) Hesse, Annalen d. Chemie u. Pharmazie **182**, 161 [1876]. — Peters, Zeitschr. f. angew. Chemie **1898**, 1078.
[11]) Raschig, Zeitschr. f. angew. Chemie **20**, 2065 [1907].
[12]) Candussio, Chem.-Ztg. **24**, 299 [1900].
[13]) Desmoulière, Journ. de Pharm. et de Chim. [6] **16**, 241 [1902].
[14]) Bonanni, Jahresber. über d. Fortschritte d. Tierchemie **1900**, 122.

Chlorkalklösung und erwärmt gelinde, so tritt nach einigen Minuten Blaufärbung ein[1]). Eine blaue Färbung entsteht ebenfalls, wenn eine mit NH_3 versetzte alkoholische Phenollösung längere Zeit mit Luft in Berührung bleibt[2]). Die ammoniakalische Phenollösung färbt sich mit H_2O_2 nach einiger Zeit grün[3]). Löst man reine Carbolsäure in wenig Alkohol, gibt einige Tropfen Ammoniak und schließlich Jod in alkoholischer Lösung hinzu, so verschwindet das Jod anfangs sehr rasch, später schwieriger und schließlich zeigt die Lösung eine wassergrüne Färbung, die auch beim Erwärmen oder bei Zugabe von Salzsäure bestehen bleibt. Salpetersäure und Schwefelsäure zerstören die Färbung[4]). Phenollösungen färben sich auf Zugabe von salpetrige Säure enthaltender Schwefelsäure rot. Colorimetrisch ist diese Färbung zu einer quantitativen Bestimmung des Phenols im Harn benutzt worden[5]). Beim Erwärmen mit Millons Reagens, einer salpetrige Säure enthaltenden salpetersauren Lösung von Quecksilbernitrat, entsteht eine rote Färbung, resp. ein roter Niederschlag[6]). Auch diese Färbung ist als quantitative colorimetrische Bestimmung des Phenols ausgearbeitet worden[7]). Gleichfalls auf colorimetrischer Grundlage ist die quantitative Bestimmung des Phenols als Pikrinsäure ausgearbeitet[5])[8]). Eine 1 proz. wässerige Phenollösung färbt sich beim Zusatz von zwei Tropfen konz. Salpetersäure weingelb, beim Unterschichten dieser Lösung mit konz. Schwefelsäure unter Trübung rotbraun[9]). Farbreaktionen der Phenole gegen Formollösung und konz. Schwefelsäure[10]), Farbenreaktionen der Phenole mit Aldehyden[11]). Flüssiges Phenol gibt mit Pfefferminzöl nach einiger Zeit eine grünlichblaue Färbung[12]). Phenol gibt mit Natriumhypobromitlösung eine grüne Färbung[13]). Zur Erkennung von Phenol neben Kresolen wird das nachfolgende Verfahren empfohlen: Man vermischt 10 ccm einer etwa 1,5 bis 2 proz. wässerigen Lösung der Reihe nach mit 1 Tropfen Anilin, 3—4 ccm Natronlauge, nach dem Schütteln mit 5—6 Tropfen H_2O_2 und nach nochmaligem Schütteln mit ca. 15 Tropfen Natriumhypochloridlösung. Die Kresole färben sich auf diese Weise blau, Phenol dagegen rot[14]).

Zum qualitativen Nachweis des Phenols im Harn eignet sich die folgende Methode: 50 ccm Harn werden mit 2 ccm Chloroform ausgeschüttelt, das Chloroform wird abgetrennt und leicht mit Kaliumhydrat erwärmt. Eine auftretende Rosafärbung zeigt Phenol an[15]). Auf derselben Grundlage beruht eine Methode, die gestattet, Phenol neben Kresol in den Sera zu bestimmen[16]).

Bestimmung: Man versetzt die verdünnte wässerige Phenollösung mit überschüssigem Bromwasser[17]), schüttelt kräftig durch, läßt im Eisschrank absitzen, filtriert und wägt das über H_2SO_4 im Vakuum zur Konstanz getrocknete Tribromphenolbrom[17]). Autenrieth[18]). Mechanismus der Reaktion[18]).

1) Lex, Berichte d. Deutsch. chem. Gesellschaft 3, 458 [1870]. — Salkowski, Zeitschr. f. analyt. Chemie 11, 316 [1872].

2) Phipson, Jahresber. d. Chemie 1873, 722.

3) Kühl, Pharmaz. Zeitschr. 50, 1001 [1905]; Chem. Centralbl. 1906, I, 345.

4) Maseau, Bulletin de la Soc. de Pharm. de Bordeaux 41, 117 [1901]; Chem. Centralbl. 1901, II, 60.

5) Bordas u. Robin, Compt. rend. de la Soc. de Biol. 50, 87 [1898]; Jahresber. über d. Fortschritte d. Tierchemie 1898, 283.

6) Vaubel, Zeitschr. f. angew. Chemie 1900, 1125.

7) Kiesel, Monatshefte f. prakt. Tierheilk. 15, 84 [1904]; Jahresber. über d. Fortschritte d. Tierchemie 1904, 104.

8) Carré, Compt. rend. de l'Acad. des Sc. 113, 139 [1888].

9) Sperling, Zeitschr. d. österr. Apoth.-Vereins 44, 51—52 [1906]; Chem. Centralbl. 1906, I, 1118.

10) Pougnet, Bulletin des Sc. Pharmacol. 16, 142 [1909]; Chem. Centralbl. 1909, I, 1508.

11) Fleig, Bulletin de la Soc. chim. [4] 3, 1038 [1908].

12) Fiora, Bolletino Chim. Farm. 40, 76 [1901]; Chem. Centralbl. 1901, I, 843.

13) Dehn u. Scott, Journ. Amer. Chem. Soc. 30, 1419 [1908].

14) Arnold u. Mentzel, Apoth.-Ztg. 18, 134 [1903].

15) Desesquelle, Compt. rend. de la Soc. de Biol. 42, 101 [1890]; Jahresber. über d. Fortschritte d. Tierchemie 1890, 180.

16) Daels u. Deleuze, Jahresber. über d. Fortschritte d. Tierchemie 1909, 90.

17) Landolt, Berichte d. Deutsch. chem. Gesellschaft 4, 770 [1871]. — Mascarelli, Gazzetta chimica ital. 39, I, 180 [1909]. — Olivier, Recueil des travaux chim. des Pays-Bas 29, 293 [1910].

18) Benedikt, Sitzungsber. d. Wiener Akad. 1879, II, Maiheft. — Weinreb u. Bondi, Monatshefte f. Chemie 6, 506 [1885]. — Autenrieth u. Beuttel, Archiv d. Pharmazie 248, 118 [1910].

Koppeschar arbeitete die erste titrimetrische Methode aus. Danach versetzt man die Phenollösung mit einer Normallösung von Brom (9 g $NaBrO_3$ + 5 g NaBr im Liter) im Überschuß, säuert an, fügt Jodkalium hinzu und titriert das ausgeschiedene Jod mit Natriumthiosulfat zurück[1]). Giacosa ändert das Verfahren dahin ab, daß man die zu analysierende Phenollösung, die ca. 0,05proz. sein soll, Tropfen für Tropfen in eine Bromwasserlösung von bekanntem Gehalt fließen läßt, bis das gesamte Brom als Tribromphenol ausgefällt ist. Den Endpunkt erkennt man an der Entfärbung der Lösung und an dem Ausbleiben der Blaufärbung von Jodkaliumstärkepapier[2]). Bei alten Phenollösungen empfiehlt es sich, gegen Ende der Reaktion 1 ccm Chloroform zuzusetzen[3]). Anstatt Bromwasser empfiehlt sich eine Hypobromidlösung, dargestellt durch Auflösen von 9 ccm Br_2 in 2 l Wasser, die 28 g Kalilauge enthalten[4]). Neuerdings wird diese Vorschrift als Verschlechterung verworfen und statt dessen die Vorschrift von Koppeschar erneut empfohlen[5]). F. Telle titriert Phenol nicht mittels Bromjodkalium, sondern er benutzt die Umsetzung einer Natriumhypochloridlösung mit KBr[6]).

Außer Brom läßt sich auch Jod zur Titration von Phenol benutzen. Die erste Methode arbeiteten Messinger und Vortmann aus[7]). Die nachfolgend eingehend geschilderten Verbesserungen dieser Methode liefern die biochemisch brauchbarsten Resultate[8]). 500 ccm Harn oder mehr werden bei schwach alkalischer Reaktion auf etwa 100 ccm eingedampft, der konz. Harn in ein passendes Destillationskölbchen übergeführt, mit so viel Schwefelsäure versetzt, daß die Flüssigkeit ca. 5% der ursprünglichen Harnmenge davon enthält, und der Destillation unterworfen. Wenn der Kölbcheninhalt so weit abdestilliert ist, daß die Flüssigkeit heftig zu stoßen beginnt, und dadurch die Gefahr des Überspritzens in die Vorlage eintritt, verdünnt man den Rückstand im Kölbchen mit nicht zu wenig Wasser und setzt die Destillation fort. Die ersten 2—3 Destillate können gemeinsam aufgefangen und weiter verarbeitet werden, die folgenden werden zweckmäßig gesondert voneinander untersucht. Die einzelnen Portionen des Destillates werden mit etwas Calciumcarbonat versetzt, ordentlich durchgeschüttelt, bis die saure Reaktion verschwunden ist und abermals abdestilliert. Das jetzt erhaltene Destillat ist für die Titration mit Jod geeignet, d. h. frei von Aceton und etwa vorhanden gewesenen Säuren. Der bei der Destillation mit Calciumcarbonat bleibende Rückstand sollte zur vollständigen Gewinnung des Phenols noch einmal mit Wasser destilliert werden. Das kann man sich sparen, wenn man diesen Rückstand mit den späteren Harndestillaten behandelt, nötigenfalls unter nochmaligem Zusatz von Calciumcarbonat. Das Destillat kann in offenen Gefäßen aufgefangen werden. Die ganze Flüssigkeit, welche durch Vereinigung der ersten Destillate erhalten wurde, oder ein aliquater Teil derselben wird in eine mit einem gut eingeschliffenen Glasstöpsel verschließbare Flasche gebracht und mit $^1/_{10}$ n-nitritfreier Natronlauge bis zur ziemlich stark alkalischen Reaktion versetzt, hierauf die Flasche für längere Zeit in ein heißes Wasserbad getaucht. Zur heißen Flüssigkeit läßt man dann $^1/_{10}$ n-Jodlösung zufließen, und zwar 15—25 ccm mehr von der $^1/_{10}$ n-Jodlösung, als man vorher $^1/_{10}$ n-Natronlauge zugesetzt hat, verschließt das Gefäß sofort und schüttelt um. Nach dem Erkalten wird angesäuert und das freigewordene Jod in der Flasche selbst mit $^1/_{10}$ n-Natriumthiosulfatlösung zurücktitriert. Ebenso wird bei allen folgenden Portionen des Destillats verfahren, solange dieselben noch Jod binden. Die gefundenen Jodmengen werden addiert. Was die Mengen des nötigen Alkalis und Jods betrifft, so kommt man für normale Harne bei den ersten Destillaten mit 20 ccm $^1/_{10}$ n-NaOH und 40 ccm $^1/_{10}$ n-Jodlösung aus. Nach Koßler und Penny braucht man etwas über 3 Mol. NaJO und etwas freies Jod[8]). Für alle Fälle empfiehlt es sich, von den vereinigten ersten Destillaten nur einen Teil zur Titration zu benutzen, um eventuell die Titration wiederholen zu können. Von der verbrauchten $^1/_{10}$ n-Jodlösung zeigt 1 ccm 1,567 mg Phenol oder

[1]) Koppeschar, Zeitschr. f. analyt. Chemie 15, 233 [1876]. — Beckurts, Archiv d. Pharmazie 1886, 561. — Seubert, Berichte d. Deutsch. chem. Gesellschaft 14, Ref. 1581 [1881].

[2]) Giacosa, Zeitschr. f. physiol. Chemie 6, 43 [1882]. — Fedeli, Jahresber. über d. Fortschritte d. Tierchemie 1895, 246.

[3]) Moerk, Amer. Journ. of Pharmacy 76, 475 [1904]; Chem. Centralbl. 1904, II, 1764.

[4]) Lloyd, Journ. Amer. Chem. Soc. 27, 19 [1904].

[5]) Olivier, Recueil des travaux chim. des Pays-Bas 28, 354—367 [1909].

[6]) Telle, Journ. de Pharm. et de Chim. [6] 13, 49 [1901]; Chem. Centralbl. 1901, I, 423.

[7]) Messinger u. Vortmann, Berichte d. Deutsch. chem. Gesellschaft 22, 2313 [1889]; 23, 2753 [1890]; Journ. f. prakt. Chemie [2] 61, 246 [1900].

[8]) Koßler u. Penny, Zeitschr. f. physiol. Chemie 17, 126 [1892].

1,8018 mg Kresol an. Eine Verbesserung dieser Methode geben Liechti und Mooser dahin an, daß statt Schwefelsäure bei der ersten Destillation sirupöse, chemisch reine Phosphorsäure zur Anwendung kommt, und daß man die zweite Destillation über Calciumcarbonat im Kohlensäurestrom ausführt[1]).

Für Harne, welche Zucker oder Substanzen enthalten, die bei der Destillation mit verdünnten Säuren Körper keton- oder aldehydartiger Natur geben, also mit Jodlösung unter Bildung von Jodoform reagieren könnten, z. B. bei Diabetes mellitus, hat Neuberg[2]) folgende Abänderung ausgearbeitet. Der Harn wird nach Kossler und Penny nach dem Einengen über Schwefelsäure destilliert und das Destillat nochmals über Calciumcarbonat destilliert. Das so erhaltene Phenolgemenge wird in einem Zweiliterkolben mit einer Auflösung von 1 g Natriumhydrat und 6 g festem Bleizucker versetzt und 15 Minuten auf dem lebhaft siedenden Wasserbad erhitzt. Hierbei entweichen die leicht flüchtigen Substanzen, die aus etwa im Harn vorhanden gewesenen Kohlehydraten entstanden sind. Eventuell erhitzt man noch den Kolbeninhalt am absteigenden Kühler 5 Minuten lang auf freier Flamme. Gibt das Destillat alsdann keine Aldehydreaktion mehr, so säuert man an und destilliert unter zweimaliger Ergänzung der Flüssigkeit die Phenole durch Wasser ab. Das Destillat wird weiter nach Koßler und Penny behandelt. Abänderung der Methode dahin, daß anstatt Lauge Na_2CO_3 zur Anwendung gelangt[3]).

Neuestens ist eine Methode ausgearbeitet worden, die gestattet, Phenol und Parakresol nebeneinander im Harn quantitativ zu bestimmen. Danach führt man in einem aliquoten Teile des Harnes zunächst alles Phenol in Tribromphenol und alles Kresol in Tribromkresol über. Zu einem zweiten aliquoten Teil gibt man nur so viel Brom hinzu, daß das Phenol gleichfalls in Tribromphenol, das Parakresol dagegen nur in Dibromkresol übergeführt wird. Aus der Differenz des verbrauchten Broms läßt sich der Gehalt der Lösung an Parakresol und Phenol berechnen[4]).

Die Phenolbestimmung in Abwässern[5]) wird ausgeführt nach Koßler und Penny mit der Vorsicht, daß einmal H_2S und Sulfide durch Zusatz von Zinkacetat entfernt werden, und daß andererseits die Flüssigkeit beim Eindampfen stark alkalisch bleibt. Phenolbestimmung in Gaswässern[6]). Phenolbestimmung durch die Abtötungsbestimmungen bei Testbakterien[7]). Darstellung der Urethane aus Diphenylharnstoffchlorid und Phenolen als quantitative Bestimmung[8]). Phenolbestimmung durch Veresterung bei Gegenwart von Pyridin[9]). Auch die Oxydation mittels überschüssigen Permanganats und Zurücktitrieren mit Oxalsäure ist empfohlen worden[10]). Um in Medikamenten befindliche freie Phenole zu bestimmen, empfiehlt Barral mehrfache Destillation[11]).

Physiologische Eigenschaften: Das Phenol findet sich im Harn zumeist an Schwefelsäure oder Glucuronsäure gekuppelt vor (siehe unter Vorkommen S. 531. Arbeiten von Schmiedeberg, Kültz usw.). Als Hauptbildungsstätte der gepaarten Phenole im Organismus dürfte die Leber anzusehen sein[12]). Baumann und Preuße[13]) erkannten zuerst, daß ein Teil des Phenols im Organismus zunächst zu Hydrochinon und zum geringen Teil auch zu Brenzcatechin oxydiert wird. Diese werden gleichfalls im Organismus gepaart und durch den Harn ausgeschieden. Wahrscheinlich stammen aus diesen Paarlingen oder aus deren Zersetzungsprodukten die grünschwarzen Stoffe her, welche sich im

---

1) Liechti u. Mooser, Landwirtsch. Jahrb. d. Schweiz 11, 580 [1907]; Jahresber. über d. Fortschritte d. Tierchemie 1907, 683. — Mooser, Zeitschr. f. physiol. Chemie 63, 155 [1909].

2) Neuberg, Zeitschr. f. physiol. Chemie 27, 123 [1899]. — Neuberg u. Hildesheimer, Biochem. Zeitschr. 28, 525 [1910].

3) Bougault, Compt. rend. de l'Acad. des Sc. 146, 1403 [1908].

4) Siegfried u. Zimmermann, Biochem. Zeitschr. 29, 368 [1909].

5) Korn, Zeitschr. f. analyt. Chemie 45, 552 [1906].

6) Skirrow, Journ. Soc. Chem. Ind. 27, 58 [1908]; Chem. Centralbl. 1908, I, 1093.

7) Blyth u. Goodban, The Analyst 32, 154 [1907]; Chem. Centralbl. 1907, I, 1446; 1908, I, 661.

8) Herzog u. Hancu, Berichte d. Deutsch. chem. Gesellschaft 41, 638 [1908].

9) Verley u. Bölsing, Berichte d. Deutsch. chem. Gesellschaft 34, 3354 [1901].

10) Tocher, Pharmac. Journ. 1901, 360; Chem. Centralbl. 1901, II, 60.

11) Barral, Journ. de Pharm. et de Chim. [6] 17, 98 [1903].

12) Christiani u. Baumann, Zeitschr. f. physiol. Chemie 2, 350 [1878/79]. — Embden u. Glässner, Beiträge z. chem. Physiol. u. Pathol. 1, 310—327 [1901]. — Satta, Jahresber. über d. Fortschritte d. Tierchemie 38, 587 [1908].

13) Baumann u. Preuße, Zeitschr. f. physiol. Chemie 3, 156—160 [1879].

Carbolharn beim Stehen an der Luft bilden. Die Menge des im Harn ausgeschiedenen Phenols hängt ab von der Größe der Eiweißfäulnis (abhängig von der zugeführten Eiweißmenge), ferner von der Verweildauer des Inhalts im Darm — je länger dieser im Darm bleibt, desto günstiger sind die Bedingungen für die Resorption der Fäulnisprodukte. Daher ist die Ätherschwefelsäuremenge bei Durchfall in der Regel vermindert. Schließlich ist auch der Zustand der Darmschleimhaut bezüglich deren Resorptionsfähigkeit von Einfluß. Um die ganze im Darm gebildete Phenolmenge kennen zu lernen, muß letztere außer im Harn auch in den Faeces bestimmt werden.

Den Einfluß verschiedener Krankheiten auf die Menge des ausgeschiedenen Phenols studierte im besondern Straßer. Er findet vermehrte Phenolausscheidung bei akuten Infektionskrankheiten (Typhus in der ersten und zweiten Woche, Pleuropneumonie), bei allen Fällen von lokalen Eiterungen und Jauchungen (Gangrän, Peritonitis). Normale Mengen bei Cystitis, Leukämie. Verringerte Mengen bei chronischer Anämie, akuter Phosphorvergiftung, hypertrophischer Lebercirrhose[1]). Bei Epileptikern tritt nach Eingabe einer bestimmten Menge von Benzol in anfallfreien Perioden mehr Phenol im Harn auf als beim Normalen. Das vermehrte Oxydationsvermögen des Epileptikers ist während der Anfallperiode vermindert[2]). Bei Pferdekolik fand J. Tereg keine Vermehrung, sondern im Gegenteil eine Verminderung bis zur Hälfte der normalen Phenolausscheidung[3]). In neuester Zeit haben Liechti und Mooser das im Kuhharn ausgeschiedene Phenol bestimmt zu 12,6 g pro Tag bei Winterfütterung und 7,54 g bei Sommerfütterung. Dieselben bestimmten im Harn eines 28jährigen Vegetariers das p-kresolfreie Phenol zu 0,0248—0,0309 g pro Tag[4]).

Bei Vergiftungen mit sehr großen Mengen von Phenol findet man sowohl im Harn wie im Blut nur an Alkali gebundenes und auch freies Phenol. Dasselbe läßt sich aus den neutralen resp. nur mit Essigsäure angesäuerten Harnen mit Wasserdampf abblasen (s. unter Vorkommen S. 531)[5]). Freies Phenol fand ferner Pugliese nach Phenolfütterung an hungernde Hunde[6]).

Versuche, durch Eingabe von schwefelsauren Salzen eine vermehrte Paarung der Phenole mit Schwefelsäure herbeizuführen, hatten keinen Erfolg[7]), dagegen gelang es Tauber, durch rechtzeitige Injektion von Natriumsulfitlösung per 10 kg Tierkörper 1 g Carbolsäure unwirksam zu machen[8]).

Giftwirkung des Phenols:[9]) Das Phenol wirkt auf Eiweißkörper koagulierend und dadurch abtötend. Es wirkt noch in 20—33facher Verdünnung irritativ und nekrotisierend, z. B. treten bei festen Verbänden mit 2—3proz. Carbolsäurelösung häufig Nekrosen ein[10]). Die Carbolsäure muß bei äußerer Anwendung als Ätzmittel von bedeutender Stärke betrachtet werden. Daneben steht die resorptive Wirkung auf das Zentralnervensystem und das Rückenmark. Die Resorption findet statt durch die äußere Haut[11]), vom Magendarmkanal, von Wunden und von den Respirationswegen aus, so z. B. durch Benetzung der Hände und Inhalation des Carbolsprays[12]). Das in toxischen Dosen eingeführte Phenol wird ausgeschieden, abgesehen von den schon erwähnten gekuppelten Phenolschwefelsäure und Phenolglucuron-

---

[1]) Straßer, Zeitschr. f. klin. Medizin **24**, 547 [1894].

[2]) Florence u. Clément, Compt. rend. de l'Acad. des Sc. **149**, 368—370 [1909].

[3]) Tereg, Archiv f. wissensch. u. prakt. Tierheilk. **1880**, 278; Jahresber. über d. Fortschritte d. Tierchemie **1880**, 290. — Munk, Archiv f. Anat. u. Physiol. **1880**, Physiol. Suppl. Fol. 1.

[4]) Liechti u. Mooser, Landw. Jahrb. der Schweiz **11**, 580; Jahresber. über d. Fortschritte d. Tierchemie **1907**, 683.

[5]) Lesser, Vierteljahresber. f. gerichtl. Medizin **14/16** [1897/98]; Jahresber. über d. Fortschritte d. Tierchemie **1898**, 684.

[6]) Pugliese, Annali di Chim. et Farmacol. **20**, 1. Juli 1894; Jahresber. über d. Fortschritte d. Tierchemie **24**, 546 [1894].

[7]) Sonnenburg, Deutsche Zeitschr. f. Chirurgie **9**, 356 [1875]. — Cerna, Philadelphia med. Times **1879**, 592. — Cafrany, Thèse de Paris **1881**.

[8]) Tauber, Archiv f. experim. Pathol. u. Pharmakol. **36**, 202 [1895].

[9]) Laubenheimer, Habilitationsschrift Gießen 1909.

[10]) Silbermann, Deutsche med. Wochenschr. **1895**, Nr. 41. — Leusser, Münch. med. Wochenschr. **1896**, 338. — Drews, Therap. Monatshefte **1898**, 524. — Sheldon, Med. Rec. **1902**, Nr. 4.

[11]) Schwenkenbecher, Archiv f. Anat. u. Physiol. **1904**, 121.

[12]) Müller, Virchows Archiv **85**, 244 [1881]. — Czerny, Deutsche med. Wochenschr. **1882**, Nr. 6. — Küster, Archiv f. klin. Chirurgie **23**, 117 [1880].

säure, als freies Phenol auch durch die Lungen und kann auf diese Weise nach innerlicher
Eingabe in den Luftwegen Entzündungen hervorrufen[1]). Nach Vergiftung mit Carbolsäure
zeigen die Einführungsstellen starke Verätzung, die Niere zeigt hämorrhagische Nephritis,
das Blut kann hämolytisch verändert sein, es wurde mehrmals Hämoglobinurie beobachtet[2]). Cianci berichtet, daß man nach Phenolgaben auf endovenösem und hypoder-
mischem Wege zunächst eine vorübergehende und rapide Hypoleukocytose erhält, die bald,
besonders bei Wiederholung der Injektion, in eine bedeutende dauernde Hyperleukocytose
übergeht[3]). „Carbol" wirkt auf das Nervensystem und zwar zunächst auf das ver-
längerte Mark (erregend und dann lähmend) und später auf Gehirn und Rückenmark[4]).

Über die Verteilung der Carbolsäure auf die einzelnen Organe des menschlichen Körpers
nach Vergiftung mit 15 g Carbolsäure berichtet C. Bischoff[5]).

242 g	Magen und Darminhalt enthielten	0,171 g	Phenol,	
112 „	Blut	„	0,026 „	„
1480 „	Leber	„	0,637 „	„
322 „	Niere	„	0,203 „	„
508 „	Herzmuskel	„	0,187 „	„
1445 „	Gehirn	„	0,314 „	„
420 „	Glutäalmuskeln	„	Spuren	„
12,5 „	Harn	„	0,001 g	„

Als letale Dosen für Tiere finden sich zahlreiche Angaben in der Literatur. So geben
Duplay und Cazin an: bei subcutaner Injektion waren ohne deutliche Wirkung 0,043 g pro
Kilogramm bei Mäusen, 0,077 g bei Ratten, 0,088 g bei Meerschweinchen, 0,106 g bei Hunden,
0,139 g bei Kaninchen. Konvulsionen traten ein nach 0,125 g bei Mäusen, 0,217 g bei Ratten,
0,266 g bei Hunden, 0,445 g bei Meerschweinchen. Tödlich waren 0,296 g bei Mäusen, 0,514 g
bei Kaninchen, 0,657 g bei Ratten, 0,680 g bei Meerschweinchen[6]). P. Marfori gibt als
Dosen, die von kleineren Tieren noch vertragen werden, 0,11 bis 0,24 g pro Kilogramm Körpergewicht an. Gibt man gleichzeitig Schwefelsäure, so erhöht sich die Dosis auf 0,33—0,57 g[7]).
Chassevant und M. Garnier geben als letale Dosis an pro Kilogramm 0,30 g bei
10 proz. wässeriger Lösung und intraperitonealer Einverleibung. Wird das Phenol in Öl
gelöst injiziert, so erhöht sich die Dosis auf 0,40 g pro Kilogramm[8]). Karl Tollens gibt
folgende Zahlen als letale Dosen: für Frösche pro 1 g Körpergewicht 0,1 mg, für Mäuse
0,35 mg und für Katzen 0,09 g[9]). Letale Dosen beim Menschen werden sehr verschieden
angegeben.

Als Grenzwerte für die störende Einwirkung auf die Lupinenwurzel werden angegeben:
$1/400$ Mol. pro Liter Wasser für reines Phenol, $1/400$ Mol. für Phenol $+1$ Mol. NaOH, $1/400$ Mol.
für Phenol $+1$ NaCl, $1/400$ Mol. für Phenol $+2$ NaCl, $1/400—1/800$ Mol. für Phenol $+3$ NaCl[10]).
Die desinfizierende Kraft der Carbolsäure untersuchten Marcus und Pinet und fanden,
daß eine 0,50 proz. Lösung die Entwicklung von Bakterien hindert, eine 4,25 proz. Lösung die
entwickelten Bakterien tötet[11]). Die letale Dosis für 10 g frische Hefe von 30% Trocken-
substanz fand Bokorny zwischen 0,05 und 0,1 g bei Anwendung 1 proz. Lösung[12]). Die
Gärkraft des Hefepreßsaftes wird durch 0,5% Phenol um höchstens $1/3$, durch 1% Phenol

---

[1]) Langerhans, Deutsche med. Wochenschr. 1893, Nr. 12 u. Nr. 38. — Wacholz,
Deutsche med. Wochenschr. 1895, Nr. 9.

[2]) Zur Nieden, Berl. klin. Wochenschr. 1881, 705.

[3]) Cianci, Arch. di farmacol. sper. e di scienze affini 5, 328, 351 [1906]; Jahresber. über
d. Fortschritte d. Tierchemie 36, 97 [1906].

[4]) Schmiedeberg, Grundriß d. Pharmakologie 1902.

[5]) Bischoff, Berichte d. Deutsch. chem. Gesellschaft 16, 1341 [1883].

[6]) Duplay u. Cazin, Compt. rend. de l'Acad. des Sc. 112, 627 [1891]; Jahresber. über
d. Fortschritte d. Tierchemie 21, 47 [1891].

[7]) Marfori, Archivo di Farmacol. e Terapia 2, Heft 17 [1894]; Jahresber. über d. Fortschritte d. Tierchemie 24, 98 [1894].

[8]) Chassevant u. Garnier, Compt. rend. de la Soc. de Biol. 55, 1584; Jahresber. über d.
Fortschritte d. Tierchemie 1903, 161 [1903].

[9]) Tollens, Archiv f. experim. Pathol. u. Pharmakol. 52, 239 [1905].

[10]) True u. Hünkel, Botan. Centralbl. 76, 289 [1898].

[11]) Marcus u. Pinet, Compt. rend. de la Soc. de Biol. 1882, 718; Jahresber. über d. Fortschritte d. Tierchemie 1882, 515.

[12]) Bokorny, Chem.-Ztg. 30, 554 [1906].

um $^1/_2$—$^2/_3$ vermindert[1]). Lebende Hefe wird durch derartige Zusätze getötet[2]). Versuche, die entgiftende Wirkung des Alkohols auf Carbolsäure auf chemische Ursachen zurückzuführen, gelangen nicht. Dieselbe scheint vielmehr auf physikalischer Basis zu beruhen[3]). H. Reichel untersucht die Desinfektionswirkung des Phenols und die Veränderung der Wirkung durch die Gegenwart von Kochsalz[4]). Durch Zusatz von Säuren, namentlich Oxalsäure, wird die Desinfektionskraft des Phenols sehr gesteigert[5]). Phenol wirkt aktivierend auf die fibrinbildende Wirkung von Staphylokokken[6]). Phenol zeigt in isomolekularer Lösung sehr schwache Wirkung gegenüber Staphylokokken[5]). Phenol besitzt stark hämolysinbindende Eigenschaften[7]).

Physikalische und chemische Eigenschaften: Große rhombische, farblose Nadeln von charakteristischem Geruch, die sich an der Luft und am Licht leicht rotfärben, infolge von Bildung von Chinon[8]). Die Phenolkrystalle sind instabil[9]). Schmelzp. 43°, Siedep.$_{770}$=183°[10]), 178,5°[11]), 180—180,5°[12]), Schmelzp. 40,7°, Siedep. 183°[13]), Siedep.$_{40}$ = 102°[14]), Siedep. 181,3°[15]). $D_{32,9} = 1,0597$, $D_{46} = 1,0561$, $D_{56} = 1,0469$[16]), $D_{40} = 1,05433$, $D_{50} = 1,04663$, $D_{60} = 1,03804$, $D_{70} = 1,02890$, $D_{80} = 1,01950$, $D_{90} = 1,01015$, $D_{100} = 1,00116$. Siedep. 183,3—184,1°[17]), 182,9°. $D_{58,5} = 1,0387$. D_0 (flüssig) $= 1,0906$[18]). Siedep. 182,6, $D_{35}^{35} = 1,0677$, $D_{50}^{50} = 1,0616$, $D_{75}^{75} = 1,053$, $D_{100}^{100} = 1,0479$. Magnetisches Drehungsvermögen 12,07 bei 39°[19]). Schmelzp. 40,0°. $D_4^{99} = 1,0046$[20]). Latente Schmelzwärme 24,93 Cal.[21]). Verbrennungswärme 734,2 Cal.[22]), 731,9 Cal. bei konstantem Volumen[23]). Neutralisationswärme durch NaOH 7,660 Cal.[24]). Neutralisationswärme des Phenols $= 7605 — 6,5$ t cal. Die Dissoziationswärme $= — 7095 + 43,5$ t cal.[25]). Molekulare Lösungswärme[26]). Schmelzp. 40°, $D_{54,80} = 1,0452$; $D_{108,20} = 0,9972$; $D_{1500} = 0,9891$; Oberflächenspannung $\gamma_{54,80} = 36,53$; $\gamma_{108,20} = 30,93$; $\gamma_{1500} = 27,34$[27]). Capillaritätskonstante[28]). Umwandlungspunkt (Phenol Schmelzp. 42,5°) schwankt zwischen —2 und —6°[29]). Ausdehnungsunterschied zwischen 100° und 0° 8,6 ccm. $D_{100}^{100} = 1,0532$[30]). Molekulares Brechungsvermögen 45,58[31]). Das spezifische Brechungsvermögen des Phenols

---

[1]) Buchner u. Hoffmann, Biochem. Zeitschr. **4**, 215 [1907]. — Ducháček, Biochem. Zeitschr. **18**, 226 [1909].

[2]) Knoesel, Centralbl. f. Bakt. II. Abt. **8**, 304 [1902].

[3]) Taylor, Journ. of biol. Chemistry **5**, 319 [1908]; Chem. Centralbl. **1909**, I, 567.

[4]) Reichel, Biochem. Zeitschr. **22**, 149, 200 [1909]; Jahresber. über d. Fortschritte d. Tierchemie **1909**, 912.

[5]) Hailer, Arbeiten a. d. Kaiserl. Gesundheitsamt **33**, 500 [1910].

[6]) Kleinschmidt, Zeitschr. f. Immunitätsforsch. u. experim. Ther. [1] **3**, 516—524 [1909].

[7]) Walbum, Zeitschr. f. Immunitätsforsch. u. experim. Ther. [1] **7**, 544—577 [1910].

[8]) Gibbs, The Philippine Journ. of Sc. **3**, Sect. A, 361—370 [1908]; **4**, Sect. A, 133—151 [1909]; Chem. Centralbl. **1909**, I, 1093; II, 598.

[9]) Tammann, Zeitschr. f. physikal. Chemie **69**, 571 [1909].

[10]) Schoorl, Pharmac. Weekblad **40**, 570 [1903]; Chem. Centralbl. **1903**, II, 459.

[11]) Béhal u. Choay, Bulletin de la Soc. chim. [3] **11**, 603 [1894].

[12]) Hamberg, Berichte d. Deutsch. chem. Gesellschaft **4**, 751 [1871].

[13]) Mascarelli u. Pestalozza, Chem. Centralbl. **1908**, I, 794.

[14]) Körner, Annalen d. Chemie u. Pharmazie **137**, 202 [1866].

[15]) Wuyts, Bulletin de la Soc. chim. [4] **5**, 409 [1909].

[16]) Ladenburg, Berichte d. Deutsch. chem. Gesellschaft **7**, 1687 [1874].

[17]) Andrieenz, Berichte d. Deutsch. chem. Gesellschaft **6**, 441 [1873].

[18]) Pinette, Annalen d. Chemie u. Pharmazie **243**, 33 [1888].

[19]) Perkin, Journ. Chem. Soc. **69**, 1239 [1896].

[20]) Scheuer, Zeitschr. f. physikal. Chemie **72**, 523 [1910].

[21]) Pettersson, Journ. f. prakt. Chemie [2] **24**, 161 [1881].

[22]) Berthelot u. Luginin, Annales de Chim. et de Phys. [6] **13**, 329 [1888].

[23]) Stohmann u. Langbein, Journ. f. prakt. Chemie [2] **45**, 305 [1892].

[24]) Werner, Journ. d. russ. physikal. chem. Gesellschaft **18**, 27 [1886].

[25]) Lundén, Chem. Centralbl. **1910**, I, 1136.

[26]) Timofejew, Iswiestja d. Kiewer Polyt. Instit. **1905**, 1; Chem. Centralbl. **1905**, II, 436.

[27]) Bolle u. Guye, Journ. de Chim. Phys. **3**, 38 [1905].

[28]) Feustel, Annalen d. Physik [4] **16**, 82 [1905].

[29]) Beck u. Ebbinghaus, Berichte d. Deutsch. chem. Gesellschaft **39**, 3872 [1906].

[30]) Thörner, Zeitschr. f. chem. Apparatenkunde **3**, 165—168 [1908]; Chem. Centralbl. **1908**, I, 2002.

[31]) Eykman, Recueil de travaux chim. des Pays-Bas **12**, 177 [1893].

in verschiedenen Lösungsmitteln (Alkohol, Essigsäure) = 0,4854 [1]). Brechungsindex (40°) 1,5409 [2]). Elektrisches Leitvermögen [3]), $K_{25} = 5,0 \times 10 - 7$ [4]). Dielektrizitätskonstante [5]). Kryoskopisches Verhalten [6]). Ebullioskopisches Verhalten in Benzollösung [7]). Feste Lösung mit Benzol [8]). Molekulare Siedepunktserhöhung für 100 ccm Phenol 34,3°, für 100 g Phenol 33,0° [9]). Das Zustandsdiagramm des Phenols [10]). Schmelzpunktserniedrigung durch Wasser [11]). Änderung des Schmelzpunktes durch Druck [12]). Verteilung zwischen Wasser und Amylalkohol und aromatischen Kohlenwasserstoffen [13]). Verteilung in Lösungsmittelgemischen [14]). Mischbarkeit der alkalischen Phenollösung mit wasserunlöslichen Verbindungen [15]). Gegenseitige Löslichkeitsbeeinflussung wässeriger Lösungen von Phenol durch Äther, Chloroform, Benzol [16]). Binäre Lösungsgleichgewichte mit Aminen (p-Toluidin, o-Toluidin, m-Xylidin und β-Naphthylamin) [17]). Die Dichten der Lösungen von Phenol und Trimethylcarbinol [18]). Isomorphie und feste Lösung zwischen Phenol und Zyklohexanol [19]). Das ultraviolette Absorptionsspektrum [20]). Phenol in 0,005 n-alkoholischer Lösung zeigt starke ultraviolette Fluorescenz [21]). Vergleichende Studien über Basizität und Stärke der Phenole [22]). Bei einer H-Konzentration 10^{-7} ist das Verhältnis von HA zu HA + NaA = 99,9 [23]). Affinitätsgröße des Phenols 0,0126 gegen 0,49 für H_2SO_4 bezogen auf NaOH [24]). Hydrolyse des Natriumphenolates [25]). Verhält sich gegen Helianthin und Phenolphthalein neutral, gegen Poirrierblau aber einbasisch [26]). Gegenseitige Löslichkeit von Phenol und Wasser [27]). 1 T. Phenol löst sich bei 16—17° in 15 T. Wasser und bei 40° in 2 Vol. NH_3 (D. 0,96) [28]). 8,2 T. lösen sich in 100 T. H_2O bei 15° und 100 T. Phenol lösen bei 15° 37,4 T. H_2O [29]). Viscosität der Lösungen von Wasser und Phenol [30]). Kolloidale Lösung in Wasser [31]). Kritische

1) Bedson u. Williams, Berichte d. Deutsch. chem. Gesellschaft 14, 2551 [1881].

2) Holleman u. Rinkes, Chem. Centralbl. 1910, II, 305.

3) Bartoli, Gazzetta chimica ital. 15, 401 [1885]. — Walker u. Cormack, Journ. Chem. Soc. 77, 20 [1900].

4) Hantzsch, Berichte d. Deutsch. chem. Gesellschaft 32, 3066 [1899].

5) Dewar u. Fleming, Proc. Roy. Soc. 61, 358 [1897]; Chem. Centralbl. 1897, II, 564. — Drude, Zeitschr. f. physikal. Chemie 23, 310 [1897]. — Philip u. Haynes, Journ. Chem. Soc. 87, 998 [1905].

6) Bruni, Gazzetta chimica ital. 28, I, 249 [1898]. — Ampola u. Rimatori, Gazzetta chimica ital. 27, I, 45, 65 [1897].

7) Mameli, Gazzetta chimica ital. 33, I, 468 [1903].

8) Robertson, Proc. Chem. Soc. 22, 82 [1906]; Chem. Centralbl. 1906, II, 5.

9) Beckmann, Zeitschr. f. physikal. Chemie 53, 141 [1905].

10) Tammann, Annalen d. Physik [4] 9, 249—270 [1902].

11) Paternò u. Ampola, Gazzetta chimica ital. 27, I, 523 [1897].

12) Hulett, Zeitschr. f. physikal. Chemie 28, 663 [1899].

13) Herz u. Fischer, Berichte d. Deutsch. chem. Gesellschaft 37, 4747 [1904]; 38, 1143 [1905].

14) Herz u. Lewy, Jahresber. d. Schles. Gesellschaft f. vaterländ. Kultur 1906; Chem. Centralbl. 1906, I, 1728.

15) Scheuble, Annalen d. Chemie u. Pharmazie 351, 473 [1907].

16) Fühner, Berichte d. Deutsch. chem. Gesellschaft 42, 887 [1909].

17) Kremann, Monatshefte d. Chemie 27, 93 [1906].

18) Paternò u. Mieli, Atti R. Accad. dei Lincei Roma [5] 17, I, 396 [1908]; Chem. Centralbl. 1908, I, 1930.

19) Mascarelli u. Pestalozza, Atti R. Accad. dei Lincei Roma [5] 17, I, 601 [1908]; Chem. Centralbl. 1908, II, 794.

20) Baly u. Ewbank, Proc. Chem. Soc. 21, 203 [1905].

21) Ley u. von Engelhardt, Berichte d. Deutsch. chem. Gesellschaft 41, 2990 [1908].

22) Thiel u. Römer, Zeitschr. f. physikal. Chemie 63, 732 [1908].

23) Henderson, Journ. Amer. Chem. Soc. 30, 958 [1908].

24) Plotnikow, Journ. d. russ. physikal.-chem. Gesellschaft 33, 51—61 [1901]; Chem. Centralbl. 1901, I, 1003.

25) Naumann, Müller u. Lautelme, Journ. f. prakt. Chemie [2] 75, 65 [1907].

26) Imbert u. Astruc, Compt. rend. de l'Acad. des Sc. 130, 36 [1900].

27) Rothmund, Zeitschr. f. physikal. Chemie 26, 452 [1898].

28) Hamberg, Berichte d. Deutsch. chem. Gesellschaft 4, 751 [1871]. — Alexejew, Berichte d. Deutsch. chem. Gesellschaft 10, 410 [1877].

29) Schoorl, Pharmac. Weekblad 40, 570 [1903]; Chem. Centralbl. 1903, II, 459.

30) Scarpa, Journ. de Chim. Phys. 2, 447 [1904].

31) Benedicks, Zeitschr. f. physikal. Chemie 52, 735 [1905].

Lösungstemperatur mit Wasser[1]). Wasserlösliches Phenol[2]). Innere Energie von Phenol-wasserlösungen[3]). Bei der Destillation bei 100° ist die Konzentration des Phenols im Destillat der jeweiligen Konzentration des Phenols in der zum Sieden erhitzten Flüssigkeit proportional, und zwar ist sie doppelt so groß als diese[4]). Adsorption durch Hautpulver[5]).

Es ist leicht löslich in verdünnter Kali- und Natronlauge, schwerer in wässerigem Ammoniak. Mischt sich in jedem Verhältnis mit Alkohol und Äther. Bei der Oxydation mit Wasserstoffsuperoxyd entstehen Hydrochinon und Chinon neben Brenzcatechin[6]). Oxy-dation mit Permanganatlösung liefert p-Diphenol, Oxalsäure und Salicylsäure[7]), Per-manganat in alkalischer Lösung inaktive Weinsäure und Kohlensäure[8]). Beim Einleiten von Chlor in eine verdünnt natronalkalische Phenollösung entstehen Trichlorphenol und Tri-chlordioxyhexolsäure. Mit Brom und Natronlauge entsteht nur symm. Tribromphenol. Beim Schmelzen von Phenol mit Kali entstehen Salicylsäure, m-Oxybenzoesäure und zwei isomere Diphenole[9]). Beim Schmelzen mit Natron werden Brenzcatechin, Resorcin und Phloroglucin (?) gebildet[10]). Bei 700—800° wird das Phenol vollständig zersetzt unter Entstehung von Kohlenoxyd, Wasserstoff und Kohle[11]). In Gegenwart von Nickel und Wasserstoff entsteht bei 200° aus Phenol Hexahydrophenol[12]). Dasselbe Produkt ent-steht bei der Hydrogenisation mit Nickeloxyd[13]). Leitet man Phenol mit überschüssigem Wasserstoff über 250—300° heißes Nickel, so entsteht Benzol[14]). Phenol wird durch Tyrosinase oxydiert[15]). Ebenso wird es oxydiert durch die Eisentannatoxydase[16]). Beim Erhitzen mit rotem Phosphor entstehen stark riechende phosphorhaltige Verbindungen, die nach Liebreich für Kaninchen ungiftig sind, aber beim Menschen Blutdruckstörungen und Kopfschmerzen verursachen[17]). Beim Erhitzen von Phenol mit Formaldehyd entstehen je nach der Art des Erhitzens und des Kondensationsmittels verschiedene Harze, wie Novolack, Bakelit[18]), Resenit[19]).

Salze des Phenols: $(NaO)C_6H_5$. Wird dargestellt durch Auflösen von 1 Atom Natrium in einem Gemisch von je 1 T. Phenol und abs. Alkohol und Verdunsten der Lösung im Wasser-stoffstrome[20]). Aus siedendem Aceton Nadeln mit $1\frac{1}{2}$ Mol. Aceton[21]).

$(KO)C_6H_5$. Entsteht durch Auflösen von Kalium in Phenol[22]) oder beim Kochen von Phenol mit Kaliumcarbonatlösung[23]).

Es ist bis jetzt noch nicht gelungen, ein **Ammoniumphenolat** zu isolieren infolge der starken hydrolytischen Dissoziation in ammoniakalischen Lösungen von Phenol. Hydrolysen-konstanten[24]).

[1]) Timmermans, Zeitschr. f. physikal. Chemie **58**, 186 [1907].

[2]) Friedländer, D. R. P. 181 288; Chem. Centralbl. **1907**, I, 1650.

[3]) Schükarew, Zeitschr. f. physikal. Chemie **62**, 601 [1908].

[4]) Naumann u. Müller, Berichte d. Deutsch. chem. Gesellschaft **34**, 224 [1901].

[5]) Herzog u. Adler, Zeitschr. f. Chemie u. Industrie d. Kolloide **2**, Supplementheft 2, 3—11 [1908].

[6]) Martinon, Bulletin de la Soc. chim. **43**, 156 [1885]. — Henderson u. Boyd, Journ. Chem. Soc. **97**, 1660 [1910].

[7]) Henriques, Berichte d. Deutsch. chem. Gesellschaft **21**, 1620 [1888].

[8]) Döbner, Berichte d. Deutsch. chem. Gesellschaft **24**, 1755 [1891]. — Kempf, Berichte d. Deutsch. chem. Gesellschaft **39**, 3718 [1906].

[9]) Barth u. Schreder, Berichte d. Deutsch. chem. Gesellschaft **11**, 1332 [1878]. — Graebe u. Kraft, Berichte d. Deutsch. chem. Gesellschaft **39**, 801 [1906].

[10]) Barth u. Schreder, Berichte d. Deutsch. chem. Gesellschaft **12**, 417 [1879].

[11]) Müller, Journ. f. prakt. Chemie [2] **58**, 27 [1898].

[12]) Ipatjew, Journ. d. russ. physikal.-chem. Gesellschaft **38**, 75 [1906]; Chem. Centralbl. **1906**, II, 87.

[13]) Ipatjew, Berichte d. Deutsch. chem. Gesellschaft **40**, 128, 1286 [1907].

[14]) Sabatier u. Senderens, Chem. Centralbl. **1905**, I, 1005.

[15]) Bertrand, Compt. rend. de l'Acad. des Sc. **145**, 1353 [1907].

[16]) de Stoecklin, Compt. rend. de l'Acad. des Sc. **147**, 1489 [1908].

[17]) Wichelhaus, Berichte d. Deutsch. chem. Gesellschaft **38**, 1727 [1905].

[18]) Baekeland, Chem.-Ztg. **33**, 317, 326, 347, 358, 857 [1909].

[19]) Lebach, Zeitschr. f. angew. Chemie **22**, 1598, 2006 [1909].

[20]) Forcrand, Annales de Chim. et de Phys. [6] **30**, 60 [1893].

[21]) Moll van Charante, Chem. Weekblad **4**, 324 [1907]; Chem. Centralbl. **1907**, II, 48.

[22]) Hartmann, Journ. f. prakt. Chemie [2] **16**, 36 [1877].

[23]) Baumann, Berichte d. Deutsch. chem. Gesellschaft **10**, 686 [1877].

[24]) Buch, Berichte d. Deutsch. chem. Gesellschaft **41**, 692 [1908]; Chem. Centralbl. **1910**, I, 1091. — Lundén, Chem. Centralbl. **1910**, I, 1136.

Ba(C₆H₅O)₂ + 2 H₂O. Löslich in 0,4 T. Wasser von 100°[1].

o-Oxyphenyl-quecksilberchlorid C₆H₅OHgCl

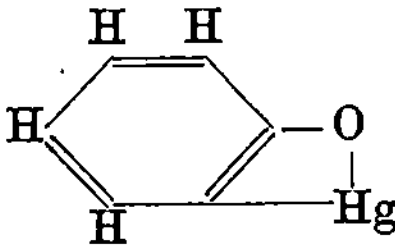

Aus HgO und Phenol in verdünnter Essigsäure. Lanzettförmige Krystalle aus Wasser. Schmelzp. 152,5°[2].

o-Phenylen-quecksilberoxyd C₆H₄OHg

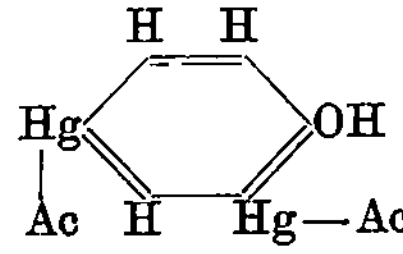

Entsteht aus der alkalischen Lösung des oberen durch CO₂. Krystalle aus Phenol. Mol.-Gew. 288 (ber.), 297, 268, 277 (gef.)[2].

p-Oxyphenyl-quecksilberchlorid C₆H₅OHgCl = HgClC₆H₄(ÓH). Entstehung wie die o-Verbindung. Glänzende Blättchen aus Aceton. Schmelzp. 224—225°[2].

p-Oxyphenyl-quecksilberoxyd C₁₂H₁₀O₃Hg₂ = (HOC₆H₄Hg)₂O. Entsteht aus der alkalischen Lösung des Parachlorids durch Kohlensäure. Krystallinisches Pulver aus Phenol. Zersetzung bei 180°[2].

Oxyphenylendi-quecksilberacetat C₁₀H₁₀O₅Hg₂

Entsteht bei der Einwirkung von Mercuriacetat auf Phenol. Feine sägeartige Krystalle aus verdünnter Essigsäure. Schmelzp. 264—265°[2].

Oxyphenylendi-quecksilberchlorid C₆H₃(OH)(HgCl)₂. Aus dem Acetat durch Kochsalz in verdünnter Essigsäure. Weißes körniges Pulver. Zersetzung bei 258°[2].

Al(OC₆H₅)₃. Behandelt man 2 g fein zerschnittenes Aluminiumblech mit 1 g Jod und 20 ccm Phenol, so erhält man Al₂(OC₆H₅)₃J₃. Destilliert man die Verbindung im Vakuum, so erhält man die Aluminiumverbindung[3]. Schmelzp. ca. 265°. D = 1,23[4]. Zerfällt bei der Destillation in Tonerde, Phenol und Phenyläther[5].

(C₆H₅O)AlCl₂. Kleine Krystalle. Schmelzp. 181—183°. Wird durch Wasser heftig zersetzt[6]. — **Al₂Cl₃(OC₆H₅)₃.** Gelbes Pulver. Wird von Wasser lebhaft zersetzt[7]. — **Al(OC₆H₅)₃AlBr₃.** Amorph. Unlöslich. Wird durch Wasser heftig zersetzt[8].

(C₆H₅O)₄TiHCl. Es bildet aus Benzol dunkelrote Krystalle. Es zersetzt sich an feuchter Luft rasch[9].

Tl(OC₆H₅). Krystalle, schwer löslich in kaltem Wasser[10].

2 C₆H₅(OH) + TeCl₄. Gelbe, krystallinische Masse. Bräunt sich bei 182—183°, ohne zu schmelzen. Leicht löslich in Wasser[11],

(C₆H₅OH)PbO. Entsteht durch Lösen von Bleioxyd in Phenol[12]. **—4C₆H₅(OH)3PbO.(?)** Erhält man beim Fällen von Phenol mit Bleiessig[12].

---

[1] Riehm, D. R. P. 53 307.

[2] Dimroth, Habilitationsschrift Tübingen 1900; Chem. Centralbl. **1901**, I, 451—452. — Desesquelle, Bulletin de la Soc. chim. [3] **11**, 267 [1894].

[3] Gladstone u. Tribe, Journ. Chem. Soc. **39**, 9 [1881].

[4] Cook, Journ. Amer. Chem. Soc. **28**, 610 [1906].

[5] Gladstone u. Tribe, Journ. Chem. Soc. **41**, 7 [1882].

[6] Perrier, Bulletin de la Soc. chim. [3] **15**, 1181 [1896].

[7] Claus u. Mercklin, Berichte d. Deutsch. chem. Gesellschaft **18**, 2933 [1885].

[8] Gustavson, Journ. d. russ. physikal.-chem. Gesellschaft **16**, 242 [1884].

[9] Schumann, Berichte d. Deutsch. chem. Gesellschaft **21**, 1079 [1888].

[10] Kuhlmann, Jahresber. über d. Fortschritte d. Chemie **1864**, 254.

[11] Rust, Berichte d. Deutsch. chem. Gesellschaft **30**, 2832 [1897].

[12] Runge u. Calvert, Zeitschr. f. Chemie **1865**, 531.

$SnCl_2(C_6H_5O)_2HCl$. Weiße Krystalle[1]).

Phenol-methylamin $C_6H_5(OH) \cdot H_2NCH_3 + CH_3NH_2$. Farblose Nadeln. Schmelzp. $+8,5$—$9,0°$ [2]).

Phenol-piperazin $2 C_6H_5(OH) \cdot C_4H_8(NH)_2$. Dicke, glasglänzende Prismen (aus Alkohol). Schmelzp. 99—101° [3]).

Phenol-hexamethylentetramin $3 C_6H_5(OH) \cdot C_6H_{12}N_4$. Aus Wasser Krystalle. Zersetzt sich bei 115—124° [4]).

Phenol-harnstoff $CO(NH_2)_2 + 2 C_6H_5(OH)$. Glänzende Blättchen. Schmelzp. 61° [5]).

Phenol-anilin $C_6H_5(NH_2) + C_6H_5(OH)$. Glänzende Tafeln aus Alkohol [6]). Schmelzp. 32° [7]), 30,8°, Siedep. 181° [8]), Schmelzp. 36—37° [9]). Aus Ligroin Blättchen. Schmelzp. 32°, Siedep. 181—184° [10]).

Phenol-nitrosodimethylanilin $2 C_6H_4(NO)N(CH_3)_2 + C_6H_5(OH)$. Feine braune Nadeln aus siedendem Wasser[11]).

Phenol-nitrosodimethylanilinhydrocyanid $2 N(CH_3)_2 \cdot C_6H_4(NO) + HCN + C_6H_5(OH)$. Glänzende Krystalle[12]).

Phenol-p-toluidin $C_7H_7(NH_2) + C_6H_5(OH)$. Aus Ligroin Nadeln. Schmelzp. 31,1° [8]). Bestandsgrenzen[13]).

Phenol-α-naphthylamin $C_{10}H_7(NH_2) + C_6H_5(OH)$. Aus Ligroin Nadeln. Schmelzp. 30,1° [8]). Bestandsgrenzen [13]).

Phenol-succinimid $C_4H_5O_2N + C_6H_5(OH)$. Monokline Krystalle. Schmelzp. 58—64°. Leicht löslich in Wasser und Aceton, unlöslich in CS_2 und Petroläther[14]).

Phenol-alloxan $CO{<}^{NH \cdot CO}_{NH \quad CO}{>}C{<}^{OH}_{OC_6H_5} \cdot H_2O$. Aus Alloxan und Phenol durch Salzsäure. Derbe Krystalle, bei 200° Gelbfärbung. Schmelzp. 256—257° unter Gasentwicklung[15]).

Phenol-hydrazin $C_6H_5(OH) \cdot H_2NNH_2 \cdot (OH)C_6H_5$. Weiße Blättchen. Schmelzp. 63—64° [16]).

Phenol-phenylhydrazin $C_6H_5(OH) \cdot H_2NNHC_6H_5$. Aus Petroläther weiße Krystalle. Schmelzp. 42° [17]).

Phenol-pikrat $C_6H_5(OH) \cdot 2 C_6H_2(NO_2)_3(OH)$. Hellgelbe Nadeln. Schmelzp. 53° [18]).

Derivate des Phenols. Phenol-methyläther, Anisol C_7H_8O

$$H{<}^{H \quad H}_{H \quad H}{>}OCH_3$$

Bildung: Bei der Destillation von Anissäure oder Gaultheriaöl (salicylsaurer Methylester) mit Baryt[19]). Aus Phenol und Jodmethyl in alkalischer Lösung[19]). Aus Phenol durch Erhitzen mit Methylalkohol und Kaliumbisulfat auf 150—160° [20]). Aus Phenol und Methylalkohol bei Gegenwart von Thorerde und einer Temperatur von 390—420° [21]). Angenehm

[1]) Rosenheim u. Schnabel, Berichte d. Deutsch. chem. Gesellschaft **38**, 2779 [1905].

[2]) Gibbs, Journ. Amer. Chem. Soc. **28**, 1395 [1906].

[3]) Schmidt u. Wichmann, Berichte d. Deutsch. chem. Gesellschaft **24**, 3242 [1891].

[4]) Moschatos u. Tollens, Annalen d. Chemie u. Pharmazie **272**, 280 [1892].

[5]) Kremann u. Rodinis, Monatshefte f. Chemie **27**, 138 [1906].

[6]) Dale u. Schorlemmer, Annalen d. Chemie u. Pharmazie **217**, 388 [1883].

[7]) Hübner, Annalen d. Chemie u. Pharmazie **210**, 342 [1881].

[8]) Dyson, Journ. Chem. Soc. **43**, 466 [1883].

[9]) Mylius, Berichte d. Deutsch. chem. Gesellschaft **19**, 1002 [1886].

[10]) Bischoff u. Fröhlich, Berichte d. Deutsch. chem. Gesellschaft **39**, 3966 [1906].

[11]) Schraube, Berichte d. Deutsch. chem. Gesellschaft **8**, 620 [1875].

[12]) Lippmann u. Fleißner, Monatshefte f. Chemie **6**, 544 [1885].

[13]) Beck, Treitschke u. Ebbinghaus, Zeitschr. f. physikal. Chemie **58**, 436 [1907].

[14]) van Breukeleveen, Recueil d. travaux chim. des Pays-Bas **19**, 33 [1900].

[15]) Böhringer & Söhne, D. R. P. 107 720; Chem. Centralbl. **1900**, I, 1113.

[16]) Caseneuve u. Moreau, Compt. rend. de l'Acad. des Sc. **129**, 1255 [1899].

[17]) Ciusa u. Bernardi, Chem. Centralbl. **1909**, II, 695; **1910**, II, 1896.

[18]) v. Gödicke, Berichte d. Deutsch. chem. Gesellschaft **26**, 3043 [1893].

[19]) Cahours, Annalen d. Chemie u. Pharmazie **41**, 69 [1842]; **48**, 65 [1843]; **52**, 327 [1844]; **74**, 298 [1850].

[20]) Akt.-Ges. f. Anilinf. D. R. P. 23 775.

[21]) Sabatier u. Mailhe, Compt. rend. de l'Acad. des Sc. **151**, 361 [1910].

ätherisch riechende Flüssigkeit. Schmelzp. —37,8° (korr.) [1]. Siedep. 154,3°, $D_0 = 1,0110$ [2]. Siedep.$_{762,3^0}$ = 155,0—155,5°, $D_{40}^{155^0}$ = 0,86075 [3]). Siedep. 155,0—155,8°, $D_{40}^{21^0}$ = 0,98784. Siedep. 153,9° (korr.), D_4^4 = 1,0077, D_{15}^{15} = 0,9988, D_{25}^{25} = 0,9915. Magnetisches Drehungsvermögen 13,941 bei 21,1° [4]), D^9 = 1,0022 und Capillaritätskonstante [5]). Molekulares Brechungsvermögen 53,45 [6]). Molekulare Verbrennungswärme 905,5 Cal. [7]).

Physiologische Eigenschaften: Das Anisol verursacht beim Hunde langanhaltende Krampfanfälle, die auf zentraler Reizung beruhen. Es verläßt den Körper ähnlich wie Phenetol, nachdem es zur Hydrochinonstufe oxydiert und teils mit Schwefelsäure, teils mit Glucuronsäure gekuppelt ist [8]).

Phenol-äthyläther, Phenetol $C_8H_{10}O$

$$\text{H}_5\text{C}_6\text{—}\text{OCH}_2\text{CH}_3$$

Bildung: Aus Salicylsäureäthylester und Baryt [9]). Aus Phenol und Äthyljodid in alkalischer Lösung [10]). Schmelzp. —33,5° (korr.) [11]), Siedep.$_{762,4}$ = 171,5—172,5°, $D_4^{171,5}$ = 0,8197 [12]). Siedep. 170,3°, D_0 = 0,9822 [13]). Siedep.$_{12}$ = 60°, Siedep.$_{31,14}$ = 77,5°, Siedep.$_{61,42}$ = 92,5°, Siedep.$_{760}$ = 172° [6]). D_4^4 = 0,9792, D_{15}^{15} = 0,9702, D_{25}^{25} = 0,9629. Magnetisches Drehungsvermögen 15,11 bei 20,5° [4]). $D^{19,2}$ = 0,9672 und Capillaritätskonstante [5]). Molekulares Brechungsvermögen 61,08 [15]). Verbrennungswärme 1057,225 Cal. [7]).

Physiologische Eigenschaften: Das Phenetol wirkt weniger giftig als das Anisol, aber sonst gleichartig [16]). Das Phenetol selbst wird im Organismus zum Äthylhydrochinon oxydiert und dann teils mit Glucuronsäure, teils mit Schwefelsäure gekuppelt durch den Harn ausgeschieden [17]). Der Glucuronsäurepaarling heißt Chinäthonsäure und bildet mit den Salzen der gepaarten Schwefelsäure schwer lösliche Doppelsalze [18]).

Phenol-propyläther $C_9H_{12}O = C_6H_5(OCH_2CH_2CH_3)$. Siedep. 190—191°, D_{20} = 0,9686 [19]), Siedep. 190,5°, D_0 = 0,9639 [13]). Siedep.$_{i.D.}$ = 183,9°, D_4^4 = 0,9617, D_{15}^{15} = 0,953, D_{25}^{25} = 0,9459. Magnetisches Drehungsvermögen 16,18 bei 17,9° [4]). Molekulare Verbrennungswärme 1213,425 Cal. [7]).

Phenol-isopropyläther $C_9H_{12}O = C_6H_5 \cdot OCH\big\langle{}^{CH_3}_{CH_3}$. Siedep.$_{i.D.}$ = 177,2°. D_4^4 = 0,9558, D_{15}^{15} = 0,9464, D_{25}^{25} = 0,9389. Magnetisches Drehungsvermögen 16,19 bei 18,3° [13]).

Phenol-normalbutyläther $C_{10}H_{14}O = C_6H_5(OCH_2CH_2CH_2CH_3)$. Siedep. 210,3°. D_0 = 0,9500 [13]).

Phenol-isobutyläther $C_{10}H_{14}O = C_6H_5 \cdot OCH\big\langle{}^{CH_3}_{CH_2CH_3}$. Siedep. 198°. D_{16} = 0,9388 [20]). Siedep.$_{i.D.}$ = 199,9°, D_{15}^{15} = 0,9331, D_{25}^{25} = 0,9262. Magnetisches Drehungsvermögen 17,31 bei 22,2° [7]).

---

[1]) Schneider, Zeitschr. f. physikal. Chemie **19**, 158 [1896].

[2]) Pinette, Annalen d. Chemie u. Pharmazie **243**, 34 [1888].

[3]) R. Schiff, Annalen d. Chemie u. Pharmazie **220**, 105 [1883]; Berichte d. Deutsch. chem. Gesellschaft **19**, 561 [1886].

[4]) Perkin, Journ. Chem. Soc. **69**, 1240 [1896].

[5]) Guye u. Baud, Compt. rend. de l'Acad. des Sc. **132**, 1482 [1901].

[6]) Eykman, Recueil d. travaux chim. des Pays-Bas **12**, 182 [1893].

[7]) Stohmann, Zeitschr. f. physikal. Chemie **10**, 415 [1892].

[8]) Kossel, Zeitschr. f. physiol. Chemie **4**, 296 [1880].

[9]) Baly, Annalen d. Chemie u. Pharmazie **70**, 269 [1849]. — Cahours, Annalen d. Chemie u. Pharmazie **74**, 314 [1850].

[10]) Cahours, Annalen d. Chemie u. Pharmazie **78**, 226 [1851].

[11]) Schneider, Zeitschr. f. physikal. Chemie **22**, 233 [1897].

[12]) Schiff, Annalen d. Chemie u. Pharmazie **220**, 105 [1883].

[13]) Pinette, Annalen d. Chemie u. Pharmazie **243**, 35 [1888].

[14]) Kahlbaum, Siedetemperatur und Druck, S. 87.

[15]) Eykman, Recueil d. travaux chim. des Pays-Bas **12**, 182 [1893]; **14**, 188 [1895].

[16]) Surmont u. Vermersch, Compt. rend. de la Soc. de Biol. **47**, 595 [1895]; Jahresber. über d. Fortschritte d. Tierchemie **25**, 69 [1895].

[17]) Kossel, Zeitschr. f. physiol. Chemie **4**, 296 [1880]. — Kühling, Inaug.-Diss. Berlin 1887.

[18]) Lehmann, Zeitschr. f. physiol. Chemie **13**, 181 [1888].

[19]) Cahours, Bulletin de la Soc. chim. **21**, 78 [1874]. — Sabatier u. Mailhe, Compt. rend. de l'Acad. des Sc. **151**, 362 [1910].

[20]) Riess, Berichte d. Deutsch. chem. Gesellschaft **3**, 780 [1870].

Phenol-isoamyläther $C_{11}H_{16}O = C_6H_5 \cdot OCH_2CH_2CH{<}^{CH_3}_{CH_3}$. Siedep. 215—220° [1]). $D_4^{21,1}$ = 0,9198. Mol. Brechungsvermögen 83,92 [2]). D_{17} = 0,9331, n_D^{17} = 1,4985, $[\alpha]^D$ = +4,01° [3]).

Phenol-normalheptyläther $C_{13}H_{20}O = C_6H_5(OC_7H_{15})$. Siedep. 266,8°, D_0 = 0,9319 [4]).

Phenol-normaloctyläther $C_{14}H_{22}O = C_6H_5(OC_8H_{17})$. Siedep. 282,8°. D_0 = 0,9221 [4]). Schmelzp. +8°, Siedep.$_{i.D.}$ = 285,2°, D_4^1 = 0,9217, D_{15}^{15} = 0,9139, D_{25}^{25} = 0,9081. Magnetisches Drehungsvermögen 21,44 bei 15,5° [5]).

Phenol-cetyläther $C_{22}H_{38}O = C_6H_5(OC_{16}H_{33})$. Blättchen aus Alkohol. Schmelzp. 41,8°, Siedep.$_1$ = 200°, $D_4^{82,4}$ = 0,8434. Molekulares Brechungsvermögen 167,03 [2]).

Phenol-vinyläther $C_8H_8O = C_6H_5(OCH : CH_2)$. Entsteht aus ω-Bromphenetol durch Erhitzen mit gepulvertem Kalihydrat, Siedep. 155—156° [6]).

Phenol-α-allyläther $C_9H_{10}O = C_6H_5(OCH_2CH = CH_2)$. Aus Allylbromid und Natrium-phenylat [7]). Aus 1, 3-Dibrompropen und Phenolnatrium [8]). Siedep. 192—195° [7]), 188 bis 193° [8]), 191,7° (korr.), D_{15}^{15} = 0,9856, D_{25}^{25} = 0,9777, D_{50}^{50} = 0,9638, D_{100}^{100} = 0,9446. Magnetisches Drehungsvermögen 17,14 bei 14,1° [9]); mit Wasserdämpfen flüchtig.

Phenol-β-allyläther $C_9H_{10}O = C_6H_5[OC(CH_3) = CH_2]$. Entsteht bei der Destillation von β-Phenoxyisocrotonsäure; flüssig. Siedep. 160—162° [10]).

Phenol-α-camphyläther $C_{16}H_{22}O = C_6H_5(OC_{10}H_{17})$. Bildet sich aus α-Camphylchlorid und Phenolnatrium. Siedep.$_{20}$ = 178—180° [11]).

Diphenyläther $C_{12}H_{10}O = C_6H_5 \cdot O \cdot C_6H_5$. Entsteht bei der trocknen Destillation von benzoesaurem Kupfer [12]), von Aluminiumphenylat $Al(OC_6H_5)_3$ [13]). Andere Darstellungen [14]). Scheidet sich aus den Lösungen ölig aus, erstarrt im Kältegemisch zu Nadeln oder vier-seitigen Säulen. Schmelzp. 28° [15]). Siedep. 252—253° [16]), 257° [13]). Riecht nach Geranium. Fast unlöslich in Wasser; leicht löslich in Alkohol. Sehr beständig.

Phenol-äthylenglykoläther $C_8H_{10}O_2 = (C_6H_5O)CH_2CH_2(OH)$. Entsteht bei 10 stündigem Erhitzen von 1 Mol. Äthylenoxyd mit 1 Mol. Phenol [17]). Bei 6 stündigem Erhitzen von Phenolnatrium mit Chloräthylalkohol [17]). Siedep. 237°, Siedep.$_{80}$ = 165° [18]).

Monophenol - glycerinäther $C_9H_{12}O_3 = (C_6H_5O)CH_2CH(OH)CH_2(OH)$. Entsteht bei 12 stündigem Erhitzen von Phenolglycidäther mit Wasser [19]). Entsteht ferner durch 12 bis 20 stündiges Erhitzen von 1 T. Phenol, 2 T. Glycerin und 1 T. geschmolzenem Natrium-acetat im siedenden Äthylbenzoatbad. Lange, farblose Nadeln (aus Benzol, Petroläther), Schmelzp. 69—70° [20]). Aus Benzol Nadeln oder Blättchen, Schmelzp. 69°, Siedep.$_{22}$ = 200° [21]).

---

[1]) Orndorff u. Hopkins, Amer. Chem. Journ. **15**, 521 [1893]. — Sabatier u. Mailhe, Compt. rend. de l'Acad. des Sc. **151**, 362 [1910].

[2]) Eykman, Recueil d. travaux chim. des Pays-Bas **12**, 182 [1893].

[3]) Welt, Annales de Chim. et de Phys. [7] **6**, 138 [1895].

[4]) Pinette, Annalen d. Chemie u. Pharmazie **243**, 35 [1888].

[5]) Perkin, Journ. Chem. Soc. **69**, 1240 [1896].

[6]) Wohl u. Berthold, Berichte d. Deutsch. chem. Gesellschaft **43**, 2180 [1910].

[7]) Henry, Berichte d. Deutsch. chem. Gesellschaft **5**, 455 [1872]. — Funk, Berichte d. Deutsch. chem. Gesellschaft **26**, 2570 [1893].

[8]) Solonina, Journ.d. russ. physikal.-chem. Gesellschaft **30**, 826 [1899]; Chem. Centralbl. **1899**, I, 248.

[9]) Perkin, Journ. Chem. Soc. **69**, 1247 [1896].

[10]) Autenrieth, Annalen d. Chemie u. Pharmazie **254**, 242 [1889].

[11]) Solonina, Berichte d. russ. physikal.-chem. Gesellschaft **30**, 446 [1898]; Chem. Centralbl. **1898**, II, 888.

[12]) Limpricht u. List, Annalen d. Chemie u. Pharmazie **90**, 209 [1854].

[13]) Gladstone u. Tribe, Journ. Chem. Soc. **41**, 8 [1882].

[14]) Niederhäusern, Berichte d. Deutsch. chem. Gesellschaft **15**, 1124 [1882]. — Klepl, Journ. f. prakt. Chemie [2] **28**, 201 [1883]. — R. Richter, Journ. f. prakt. Chemie [2] **28**, 306 [1883]. — Hirsch, Berichte d. Deutsch. chem. Gesellschaft **23**, 3705 [1890]. — Sabatier u. Mailhe, Compt. rend. de l'Acad. des Sc. **151**, 492—494 [1910].

[15]) Hoffmeister, Annalen d. Chemie u. Pharmazie **159**, 191 [1871].

[16]) Merz u. Weith, Berichte d. Deutsch. chem. Gesellschaft **14**, 189 [1881].

[17]) Roithner, Monatshefte f. Chemie **15**, 674 [1894].

[18]) Perkin, Journ. Chem. Soc. **69**, 164 [1896].

[19]) Lindeman, Berichte d. Deutsch. chem. Gesellschaft **24**, 2147 [1891].

[20]) Živković, Monatshefte f. Chemie **29**, 952 [1908].

[21]) Fourneau, Journ. de Pharm. et de Chim. [7] **1**, 58 [1910].

Phenol-glycidäther $C_9H_{10}O_2 = C_6H_5[OCH_2CHCH_2—O]$. Entsteht bei Zusatz von
92,5 g Epichlorhydrin zu einer kalten Lösung von 94 g Phenol und 50 g NaOH in 600 ccm Wasser[1]). Öl. Siedep. 234°, unter geringer Zersetzung[2]). Siedep.$_{23}$ = 133°[1]). Siedep.$_{755}$ = 242,5°[3]). Zwischenprodukt γ-Chlor-β-oxy-α-phenoxypropan $C_6H_5[OCH_2CH(OH)CH_2Cl]$. Siedep.$_{16}$ = 156°[3])[4]).

Diphenol-glycerinäther $C_{15}H_{16}O_3 = (C_6H_5O)CH_2 \cdot CH(OH) \cdot CH_2(OC_6H_5)$. Entsteht bei 4stündigem Erhitzen von Natriumalkoholat mit 94 g Phenol und 45 g Epichlorhydrin auf dem Wasserbad. Aus Alkohol Krystalle. Schmelzp. 81—82°[1]), 80—81°[5])[6]), 82°[2])[3]). Siedep. 287—288° (?)[7]), 343—345°[8]).

β-**Phenol-glykosid** $C_{12}H_{16}O_6 = C_6H_5O(C_6H_{11}O)$. Lange Nadeln aus Wasser. Schmelzp. 171 bis 172°. Rechtsdrehend. Schmeckt sehr bitter. Wird durch Emulsin gespalten in Glykose und Phenol[9]). Schmelzp. 172°[10]), 174—175° (korr.)[11]).

β-**Phenol-galaktosid** $C_{12}H_{16}O_6$. Aus wenig Wasser fadenartig gruppierte Nadeln. Schmelzp. 139—141° (korr.), $[\alpha]_D^{20}$ in wässeriger Lösung —39,83°[12]).

β-**Phenol-maltosid** $C_{12}H_{20}O_{10} \cdot OC_6H_5$. Aus Wasser kleine Prismen. Schmelzp. 96°. $[\alpha]_D^{20} = +34°$[13]).

Phenyl-sulfit $SO_2 + 4(5?)C_6H_5OH$. Rhombische Tafeln. Schmelzp. 25—30°, Siedep. 140°[14]).

Phenyl-borat $C_6H_5BO_2$. Bei 20° eine terpentinartige Substanz. Zersetzt sich nicht bei 250°, zerfällt aber bei 350° in Triborat und Tetraphenylborat[15]).

Phenyl-triborat $C_6H_5B_3O_5$. Orangefarbene glasige Masse[15]).

Phenyl-phosphorigsäuredichlorid $P(OC_6H_5)Cl_2$. Entsteht aus Phenol und Phosphortrichlorid. Stark lichtbrechende, an der Luft rauchende Flüssigkeit. Siedep. 216° unter Zersetzung. $D_{18} = 1,348$[16]). Siedep.$_{11}$ = 90°, $D_4^{20} = 1,3543$[17]). Zerfällt beim Destillieren. Wird von Wasser heftig zersetzt. Sehr unbeständig gegen Spuren von Feuchtigkeit.

Diphenyl-phosphorigsäurechlorid $C_{12}H_{10}PClO_2 = P(OC_6H_5)_2Cl$. Entsteht aus überschüssigem Phenol und PCl_3. Stark lichtbrechende Flüssigkeit. Siedep.$_{731}$ = 295°, Siedep.$_{221}$ = 265—270°, $D_{18} = 1,221$[16]). Siedep.$_{11}$ = 172°[17]).

Triphenyl-phosphit $C_{18}H_{15}PO_3 = P(OC_6H_5)_3$. Aus 3 Mol. Phenol und 1 Mol. PCl_3. Stark lichtbrechende Flüssigkeit. Siedepunkt oberhalb 360° unter Zersetzung. $D_{18°} = 1,184$[16]). Siedep.$_{11}$ = 220°[17]).

Phenyl-phosphat (Phenylphosphorsäure) $C_6H_7PO_4 = (C_6H_5O)PO(OH)_2$. Entsteht aus Phenol und Phosphorpentoxyd[18]). Derbe Nadeln. Schmelzp. 97—98°, 89°. Sehr leicht löslich in Wasser, Alkohol, Äther und Benzol, weniger in Chloroform[19]). Zerfällt bei der Destillation[20]).

Diphenyl-phosphat (Diphenylphosphorsäure) $C_{12}H_{11}PO_4 = (C_6H_5O)_2PO(OH)$. Vorkommen: Im Harn von Hunden nach Verfütterung von Triphenylphosphat[21]). Bildung:

1) Boyd u. Marle, Journ. Chem. Soc. **93**, 840 [1908].
2) Lindemann, Berichte d. Deutsch. chem. Gesellschaft **24**, 2147 [1891].
3) Fourneau, Journ. de Pharm. et de Chim. [7] **1**, 58 [1910].
4) Boyd u. Marle, Journ. Chem. Soc. **97**, 1789 [1910].
5) Živković, Monatshefte f. Chemie **29**, 952 [1908].
6) Rössing, Berichte d. Deutsch. chem. Gesellschaft **19**, 64 [1886].
7) Zunino, Chem. Centralbl. **1909**, I, 1556.
8) Boyd u. Marle, Journ. Chem. Soc. **95**, 1807 [1909].
9) Michael, Amer. Chem. Journ. **1**, 306 [1879].
10) Koenigs u. Knorr, Berichte d. Deutsch. chem. Gesellschaft **34**, 964 [1901].
11) Fischer u. Armstrong, Berichte d. Deutsch. chem. Gesellschaft **34**, 2898 [1901].
12) Fischer u. Armstrong, Berichte d. Deutsch. chem. Gesellschaft **35**, 839 [1902].
13) Fischer u. Armstrong, Berichte d. Deutsch. chem. Gesellschaft **35**, 3154 [1902].
14) Hölzer, Journ. f. prakt. Chemie [2] **25**, 463 [1882].
15) Schiff, Annalen d. Chemie u. Pharmazie, Suppl. **5**, 202 [1867].
16) Noack, Annalen d. Chemie u. Pharmazie **218**, 85 [1883].
17) Anschütz u. Emery, Annalen d. Chemie u. Pharmazie **239**, 310 [1887].
18) Rembold, Zeitschr. f. Chemie **1866**, 652. — Genvresse, Compt. rend. de l'Acad. des Sc. **127**, 522 [1898].
19) Rapp, Annalen d. Chemie u. Pharmazie **224**, 157 [1884].
20) Jacobsen, Berichte d. Deutsch. chem. Gesellschaft **8**, 1521 [1875].
21) Autenrieth u. v. Vamossy, Zeitschr. f. physiol. Chemie **25**, 440 [1898].

Aus Phenol und Phosphorpentoxyd[1]). Aus Triphenylphosphat mittels Alkali[2]). Aus Phenol und $POCl_3$ und Zersetzen des entstandenen Chlorids mit Wasser[3])[4]). Beim Schütteln von alkalischer Phenollösung mit $POCl_3$ [5]). Schmelzp. $56°$[3]). Perlmutterglänzende Blättchen, Schmelzp. $61—62°$. Leicht löslich in heißem Wasser[5]).

Triphenyl-phosphat-dichlorid $PCl_2(OC_6H_5)_3$. Entsteht als erstes Einwirkungsprodukt von 1 Mol. PCl_5 auf 3 Mol. Phenol. Leicht bewegliches, gelbes bis gelbbraunes Öl. Gibt mit Eiswasser Triphenylphosphat[6]).

Triphenyl-phosphat $C_{18}H_{15}PO_4 = PO(OC_6H_5)_3$. Entsteht aus Phenol und Phosphorpentachlorid[7]), aus Phenol und $POCl_3$ unter Zusatz von $ZnCl_2$ [8]). Feine Nadeln. Schmelzp. $45°$[9]), $48—50°$[5]), $Siedep._{11} = 245°$[10]). Leicht löslich in Äther, Chloroform und Benzol, schwerer in Alkohol, unlöslich in Wasser[3]).

Das Triphenylphosphat ist ungiftig. Bei der Verfütterung an Hunde wird es nur teilweise resorbiert, der größte Teil kann aus den Faeces durch Extraktion mit Äther zurückgewonnen werden. Der resorbierte Teil wird im Organismus in Diphenylphosphorsäure und Phenol gespalten[4]).

Triphenyl-arseniat $As(OC_6H_5)_3$. Gelbes Öl. $Siedep._{30} = 305°$, Schmelzp. $—31°$[11]).

Ameisensaurer Phenylester, Phenylformiat $C_7H_6O_2 = C_6H_5(O_2CH)$. Flüssig. Siedep. $179—180°$ unter starker Zersetzung[12]).

Chlorameisensaurer Phenylester $C_7H_5ClO_2 = C_6H_5(O_2CCl)$. Flüssig. $Siedep._{20} = 95°$, $Siedep._{25} = 97°$, unzersetzt. Riecht stechend aromatisch. Reizt die Schleimhäute heftig[13]).

Essigsaurer Phenylester, Phenyl-acetat $C_8H_8O_2 = C_6H_5(O_2C_2H_3)$. Bildung: Aus Phenol und Acetylchlorid[14]). Flüssig. Siedep. $193°$[15]), $Siedep._{737 i.D.} = 195°$, $D_4^0 = 1,0927$[16]). $Siedep._{i.D.} = 196,7°$, $D_4^4 = 1,0906$, $D_{15}^{15} = 1,0809$, $D_{25}^{25} = 1,0734$, $D_{50}^{50} = 1,0584$, $D_{95}^{95} = 1,0412$. Magnetisches Drehungsvermögen 12,95 bei $15,9°$[17]). Dargestellt mittels Camphersulfosäure als Katalysator. Siedep. $195—197°$[18]).

Chloressigsaurer Phenylester $C_8H_7ClO_2 = C_6H_5(O_2C_2H_2Cl)$. Bildung: Aus Phenol und Chloracetylchlorid. Nadeln. Schmelzp. $44°$, Siedep. $230—235°$[19]). Schmelzp. $43°$, $Siedep._{65} = 155°$[20]).

Trichloressigsaurer Phenylester $C_8H_5O_2Cl_3 = C_6H_5(OOCCCl_3)$. Siedep. $254—255°$ unter Zersetzung. Ziemlich unbeständig[21]).

Propionsaurer Phenylester $C_9H_{10}O_2 = C_6H_5(O_2C_3H_5)$. Große Prismen. Schmelzp. $20°$. Siedep. $211°$ (korr.), $D_4 = 1,06427$, $D_{15} = 1,05418$[22]), $D_{25}^{25} = 1,0467$. Magnetisches Drehungsvermögen 13,67 bei $15,6°$[17]).

---

[1]) Rembold, Zeitschr. f. Chemie **1866**, 652. — Genvresse, Compt. rend. de l'Acad. des Sc. **127**, 522 [1898].

[2]) Glutz, Annalen d. Chemie u. Pharmazie **143**, 193 [1867].

[3]) Rapp, Annalen d. Chemie u. Pharmazie **224**, 157 [1884].

[4]) Autenrieth u. v. Vamossy, Zeitschr. f. physiol. Chemie **25**, 440 [1898].

[5]) Autenrieth, Berichte d. Deutsch. chem. Gesellschaft **30**, 2373 [1897].

[6]) Autenrieth u. Geyer, Berichte d. Deutsch. chem. Gesellschaft **41**, 146 [1908].

[7]) Scrugham, Annalen d. Chemie u. Pharmazie **92**, 317 [1854].

[8]) Schiaparelli, Gazzetta chimica ital. **11**, 69 [1881]. — Heim, Berichte d. Deutsch. chem. Gesellschaft **16**, 1765 [1883].

[9]) Jacobsen, Berichte d. Deutsch. chem. Gesellschaft **8**, 1521 [1875].

[10]) Anschütz u. Emery, Annalen d. Chemie u. Pharmazie **253**, 110 [1889].

[11]) Lang, Mackey u. Gortner, Journ. Chem. Soc. **93**, 1369 [1908].

[12]) Seifert, Journ. f. prakt. Chemie [2] **31**, 467 [1885].

[13]) Hentschel, Journ. f. prakt. Chemie [2] **36**, 316 [1887]. — Barral u. Morel, Compt. rend. de l'Acad. des Sc. **128**, 1579 [1899]; Bulletin de la Soc. chim. [3] **21**, 725 [1899].

[14]) Cahours, Annalen d. Chemie u. Pharmazie **92**, 316 [1854].

[15]) Hodgkinson u. Perkin, Journ. Chem. Soc. **37**, 481 [1880].

[16]) Orndorff, Amer. Chem. Journ. **10**, 370 [1888].

[17]) Perkin, Journ. Chem. Soc. **69**, 1238 [1896].

[18]) Reychler, Bull. Soc. Chim. Belg. **21**, 428 [1907]; Chem. Centralbl. **1908**, I, 1042.

[19]) Prevost, Journ. f. prakt. Chemie [2] **4**, 379 [1871]. — Bakunin, Gazzetta chimica ital. **30**, II, 358 [1900]. — Kunckell u. Johannsen, Berichte d. Deutsch. chem. Gesellschaft **30**, 1714 [1897]. — Morel, Bulletin de la Soc. chim. [3] **21**, 958 [1899].

[20]) Fries u. Pfaffendorf, Berichte d. Deutsch. chem. Gesellschaft **43**, 214 [1910].

[21]) Anselmino, Berichte d. Deutsch. pharmaz. Gesellschaft **16**, 390 [1906]; Chem. Centralbl. **1907** I, 339.

[22]) Perkin, Journ. Chem. Soc. **55**, 546 [1889].

β-Chlorpropionsäure-phenylester $C_9H_9ClO_2 = C_6H_5(O_2C_3H_4Cl)$. Flüssig. Siedep.$_{30}$ = 154—157° [1]), $D_0 = 1,223$ [2]).

Buttersäure-phenylester $C_{10}H_{12}O_2 = C_6H_5(O_2C_4H_7)$. Flüssig. Siedep. 227—228° (korr.), $D_0 = 1,03644$, $D_{15} = 1,02685$ [3]), $D_4^4 = 1,0363$, $D_{15}^{15} = 1,0267$, $D_{25}^{25} = 1,0197$. Magnetisches Drehungsvermögen 14,76 bei 15,7° [4]).

Önanthylsaurer Phenylester $C_{13}H_{18}O_2 = C_6H_5(O_2C_7H_{13})$. Siedep. 275—280° [5]), 282,3°. $D_4^4 = 0,9905$, $D_{15}^{15} = 0,9819$, $D_{25}^{25} = 0,9756$, $D_{50}^{50} = 0,9638$, $D_{95}^{95} = 0,9510$. Magnetisches Drehungsvermögen 17,93 bei 13,1° [4]).

Caprylsaurer Phenylester $C_{14}H_{20}O_2 = C_6H_5(O_2C_8H_{15})$. Siedep. 300° [5]).

Laurinsaurer Phenylester $C_{18}H_{28}O_2 = C_6H_5(O_2C_{12}H_{23})$. Aus Alkohol perlmutterglänzende Blättchen. Schmelzp. 24,5°, Siedep.$_{15} = 210°$ [6]).

Myristinsaurer Phenylester $C_{20}H_{32}O_2 = C_6H_5(O_2C_{14}H_{27})$. Schmelzp. 36°, Siedep.$_{15}$ = 230° [6]).

Palmitinsaurer Phenylester $C_{22}H_{36}O_2 = C_6H_5(O_2C_{16}H_{31})$. Schmelzp. 45°, Siedep.$_{45}$ = 249,5° [6]).

Stearinsaurer Phenylester $C_{24}H_{40}O_2 = C_6H_5(O_2C_{18}H_{35})$. Schmelzp. 52°, Siedep.$_{15}$ = 267.° [6]).

Campholsäure-phenylester $C_{16}H_{22}O_2 = C_6H_5(O_2C_{10}H_{17})$. Erstarrt im Kältegemisch. Schmelzp. 22°, Siedep. 305° [7]), Schmelzp. 20° [9]).

Phenyl-kohlensäure, Phenyl-carbonat $C_7H_6O_3 = C_6H_5(OCOOH)$ [9]). Das Natriumsalz entsteht beim Überleiten von völlig trockener Kohlensäure über absolut trockenes Phenylnatrium [10]). Das Na-Salz trockenes Pulver, sehr empfindlich gegen Wasser.

Phenylkohlensäure-methylester $C_8H_8O_3 = C_6H_5(OCOOCH_3)$. Farblose, angenehm riechende Flüssigkeit. Siedep.$_{754} = 190$—200°, Siedep.$_{14} = 123°$, $D_0 = 1,1607$. Unlöslich in Wasser [11]), $n_D^{16,1} = 1,50221$ [12]).

Phenylkohlensäure-äthylester $C_9H_{10}O_3 = C_6H_5(OCOOC_2H_5)$. Fruchtartig riechende Flüssigkeit. Siedep. 200—210°, $D^0 = 1,1134$ [13]). Siedep. 234°, $D^0 = 1,117$ [14]). Siedep.$_{30} = 123°$, Siedep.$_{755} = 202$—210°, $D^0 = 1,1228$ [11]). Siedep.$_{762,5} = 227,5$—229,5° [15]), $n_D^{16,1} = 1,49093$ [12]).

Phenyl-kohlensäure-phenylester, Diphenyl-carbonat $C_{13}H_{10}O_3 = C_6H_5(OCOOC_6H_5)$. Entsteht aus Phenol und Phosgen. Aus Alkohol seideglänzende Nadeln. Schmelzp. 78°, Siedep. 301—302° [16]).

Phenyl-phenylurethan $C_{13}H_{11}O_2N = (C_6H_5NHCOO)C_6H_5$. Entsteht aus Phenol und Phenylisocyanat. Schmelzp. 125,5° [17]).

Phenyl-diphenylurethan $C_{19}H_{15}O_2N = [(C_6H_5)_2NCOO]C_6H_5$. Schmelzp. 104—105° [18]).

Phenyl-α-naphthylurethan $(C_{10}H_7NHCOO)C_6H_5$. Entsteht aus Phenol und Naphthylisocyanat. Schmelzp. 136—137° [19]).

Diphenyl-oxalester, Phenostal $C_{14}H_{14}O_6 = [C_2H_2O_4 + 2 C_6H_5(OH)]$. Bildet sich beim Erhitzen von 2 Mol. Phenol und 1 Mol. wasserfreier Oxalsäure. Dünne Tafeln. Schmelzp.

[1]) Moureu, Bulletin de la Soc. chim. [3] **9**, 417 [1893].
[2]) Moureu, Annales de Chim. et de Phys. [7] **2**, 73 [1894].
[3]) Perkin, Journ. Chem. Soc. **55**, 546 [1889].
[4]) Perkin, Journ. Chem. Soc. **69**, 1238 [1896].
[5]) Cahours, Compt. rend. de l'Acad. des Sc. **39**, 257 [1854].
[6]) Krafft u. Bürger, Berichte d. Deutsch. chem. Gesellschaft **17**, 1378 [1884].
[7]) Guerbet, Bulletin de la Soc. chim. [3] **11**, 496 [1894].
[8]) Guerbet, Annales de Chim. et de Phys. [7] **4**, 320 [1895].
[9]) Chemische Fabrik von Heyden, D. R. P. 117 346; Chem. Centralbl. **1901**, I, 429.
[10]) Schmitt, Journ. f. prakt. Chemie [2] **31**, 405 [1885].
[11]) Cazeneuve u. Morel, Compt. rend. de l'Acad. des Sc. **127**, 112 [1898].
[12]) Morel, Bulletin de la Soc. chim. [3] **21**, 822 [1899].
[13]) Pawlewski, Berichte d. Deutsch. chem. Gesellschaft **17**, 1205 [1884].
[14]) Cazeneuve u. Morel, Compt. rend. de l'Acad. des Sc. **126**, 1871 [1898].
[15]) Peratoner, Gazzetta chimica ital. **28**, I, 236 [1898].
[16]) Kempf, Journ. f. prakt. Chemie [2] **1**, 404 [1870]. — Hentschel, Journ. f. prakt. Chemie [2] **27**, 41 [1883]; Berichte d. Deutsch. chem. Gesellschaft **17**, 1287 [1884]; D. R. P. 24 151; Journ. f. prakt. Chemie [2] **36**, 316 [1887]. — Richter, Journ. f. prakt. Chemie [2] **27**, 41 [1883].
[17]) Hantzsch u. Mai, Berichte d. Deutsch. chem. Gesellschaft **28**, 980 [1895].
[18]) Herzog, Berichte d. Deutsch. chem. Gesellschaft **40**, 1833 [1907].
[19]) Neuberg u. Hirschberg, Biochem. Zeitschr. **27**, 342 [1910].

126—127° [1]) [2]), 122—124° [3]) [4]), 126° [5]). Gutes Desinfektionsmittel [2]) [3]) [4]). Nach neuesten Untersuchungen ist Phenostal eine Oxalsäure mit 2 Mol. Krystallphenol, die dauernd Phenol abgibt [4]).

Bernsteinsäure-diphenylester $C_{16}H_{14}O_4 = C_4H_4O_2(OC_6H_5)_2$. Bildet sich aus Succinylchlorid und Phenol. Aus Alkohol perlmutterglänzende Blättchen. Schmelzp. 118°, Siedep. 330° [6]).

Fumarsäure-diphenylester $C_{16}H_{12}O_4 = C_4H_2O_2(OC_6H_5)_2$. Bildet sich aus Fumarsäurechlorid und Phenol. Nadeln. Schmelzp. 161—162°. Schwer löslich in Alkohol [7]).

Weinsäure-diphenylester $C_{16}H_{14}O_6 = [(OH)CHCO]_2(OC_6H_5)_2$. Aus weinsaurem Kalium und Phenol mittels $POCl_3$. Nadeln. Schmelzp. 101—102° [8]).

Citronensäure-triphenylester $C_{24}H_{20}O_7 = C_6H_5O_4(OC_6H_5)_3$. Aus Trinatriumcitrat, Phenol und $POCl_3$. Nadeln aus Alkohol. Schmelzp. 124,5°. Unlöslich in Wasser [9]).

Camphersäure-monophenylester $C_{16}H_{20}O_4 = C_6H_5(OCOC_8H_{14}COOH)$. Aus Natriumphenolat und Camphersäureanhydrid in Xylol bei 90°. Nadeln aus Chloroform-Petroläther. Schmelzp. 100° [10]).

Phenyl-glucuronsäure $C_{12}H_{14}O_7 = C_6H_5(OC_5H_8O_4COOH)$. Vorkommen: Im Harn von Kaninchen nach Benzoleingabe. Schmelzp. 148° unter Zersetzung [11]), s. Bd. II, S. 523.

o-Chlor-phenol C_6H_5ClO

Entsteht beim Chlorieren von Phenol unter Abkühlen neben p-Chlorphenol [12]). Durch Einleiten von Chlor in Phenol bei 150—180° [13]). Erstarrt im Kältegemisch. Schmelzp. $+7°$, Siedep.$_{i.D.}$ = 175—176° [14]). Erstarrungsp. 8,8° [15]). Brechungsindex (40°) 1,5473 [12]). Riecht unangenehm, anhaftend. Wird nach Verfütterung an Schwefelsäure und Glucuronsäure gekuppelt zu 85% unverändert wieder ausgeschieden [16]).

m-Chlor-phenol C_6H_5ClO

Entsteht aus m-Chloranilin und salpetriger Säure [17]). Krystalle. Schmelzp. 28,5° [18]), Siedep.$_{i.D.}$ = 214° [17]). Erstarrungsp. 32,8° [15]). Brechungsindex (40°) 1,5565 [12]).

p-Chlor-phenol C_6H_5ClO

Entsteht bei der Einwirkung von SO_2Cl_2 auf Phenol [19]). Beim Chlorieren von Phenol neben der o-Verbindung [12]). Aus p-Chloranilin mit salpetriger Säure [17]). Krystalle. Schmelzp.

[1]) Claparède u. Smith, Journ. Chem. Soc. **43**, 360 [1883]. — Staub u. Smith, Berichte d. Deutsch. chem. Gesellschaft **17**, 1740 [1884].

[2]) Küster, Desinfektion **3**, 505 [1910].

[3]) Schneider, Hyg. Centralbl. **4**, 201 [1908]. — Croner u. Schindler, Desinfektion **1**, 47 [1908]. — Erb, Desinfektion **2**, 110 (1909).

[4]) Hailer, Arbeiten a. d. Kaiserl. Gesundheitsamt **33**, 500 [1910].

[5]) Schülke u. Mayr, D. R. P. 226 231; Chem. Centralbl. **1910**, II, 1174.

[6]) Weselsky, Berichte d. Deutsch. chem. Gesellschaft **2**, 519 [1869]. — Rasinski, Journ. f. prakt. Chemie [2] **26**, 23 [1882]. — Bakunin, Gazzetta chimica ital. **30**, II, 358 [1900].

[7]) Anschütz u. Wirtz, Berichte d. Deutsch. chem. Gesellschaft **18**, 1948 [1885].

[8]) Kreis, D. R. P. 101 860; Chem. Centralbl. **1899**, I, 1175.

[9]) Seifert, Journ. f. prakt. Chemie [2] **31**, 470 [1885].

[10]) Schryver, Journ. Chem. Soc. London **75**, 663 [1899].

[11]) Külz, Zeitschr. f. Biol. **27**, 246 [1890].

[12]) Faust u. Müller, Annalen d. Chemie u. Pharmazie **173**, 303 [1874]. — Varnholt, Journ. f. prakt. Chemie [2] **36**, 22 [1887]. — Holleman u. Rinkes, Chem. Centralbl. **1910**, II, 304.

[13]) Merck, D. R. P. 76 597.

[14]) Kramers, Annalen d. Chemie u. Pharmazie **173**, 331 [1874].

[15]) Holleman u. Rinkes, Chem. Centralbl. **1910**, I, 1502.

[16]) Külz, Archiv f. d. ges. Physiol. **30**, 484 [1883]. — Karpow, Inaug.-Diss. Dorpat 1893.

[17]) Beilstein u. Kurbatow, Annalen d. Chemie u. Pharmazie **176**, 39 [1875].

[18]) Uhlemann, Berichte d. Deutsch. chem. Gesellschaft **11**, 1161 [1878].

[19]) Dubois, Zeitschr. f. Chemie **1866**, 705; **1867**, 205. — Peratoner u. Condorelli, Gazzetta chimica ital. **28**, I, 210 [1898].

37°, Siedep. 217°. Erstarrungsp. 42,9° [1]). Brechungsindex (40°) 1,5579 [2]). Verhält sich im Organismus wie die Orthoverbindung [1]).

2, 6-Dichlor-phenol $C_6H_4Cl_2O = C_6H_3Cl_2(OH)$. Entsteht beim Behandeln einer wässerigen Phenollösung mit wässeriger Chlorkalklösung. Feine Nadeln. Schmelzp. 65°, Siedep. 218—220° [3]) [4]).

2, 4-Dichlor-phenol $C_6H_4Cl_2O = C_6H_3Cl_2(OH)$. Entsteht beim Einleiten von Chlor in Phenol [5]). Ferner bei der Chlorierung von Salicylsäure [4]). Lange sechsseitige Nadeln. Schmelzp. 43°, Siedep. 209—210°.

2, 4, 6-Trichlor-phenol $C_6H_3Cl_3O = C_6H_2Cl_3(OH)$. Entsteht beim Einleiten von Chlor in Phenol [6]), in mit Wasser angerührten Indigo [7]), in Saligeninlösung [8]). Nadeln oder gerade rhombische Säulen. Schmelzp. 67—68°, Siedep. 243,5—244,5°.

2, 3, 5-Trichlor-phenol (?). Lange seideglänzende Nadeln. Schmelzp. 53—54°, Siedep. 252—253° [9]).

2, 3, 4, 6-Tetrachlor-phenol $C_6H_2Cl_4O = C_6HCl_4(OH)$. Nadeln aus Ligroin. Schmelzp. 65,5° [10]). Schmelzp. 69—70° [11]).

2, 3, 4, 5-Tetrachlor-phenol $C_6H_2Cl_4O = C_6HCl_4(OH)$. Entsteht durch Einleiten von Chlor in Phenol während 14 Tagen bei 80° und Gegenwart eines Chlorüberträgers. Aus Petroläther weiße geruchlose Nadeln. Schmelzp. 67,5° [12]).

Pentachlor-phenol $C_6H_2Cl_4O = C_6Cl_5(OH)$. Entsteht bei der Einwirkung von Chlor auf Isatin [13]), auf Phenol [14]): Rhombische Säulen. Schmelzp. 186—187°, Siedep.$_{754,3}$ = 309—310° unter Zersetzung. Aus Benzol monoklin. Schmelzp. 190—191°, D^{22} = 1,978 [15]). Schmelzp. 190—191°, Siedep.$_{16}$ = 195° [11]).

o-Brom-phenol $C_6H_5BrO = C_6H_4Br(OH)$. Entsteht neben der p-Verbindung beim Bromieren von Phenol [16]). Aus o-Bromanisol durch Verseifung [17]). Unangenehm, sehr anhaftend riechendes Öl. Siedep. 194—195°, 194° [18]). Erstarrungsp. 5,6° [19]).

m-Brom-phenol $C_6H_5BrO = C_6H_4Br(OH)$. Entsteht aus m-Bromanilin und salpetriger Säure. Blätterig krystallinisch. Schmelzp. 32—33°, Siedep. 236—236,5° [20]), Siedep.$_{12}$ = 135 bis 140° [21]).

p-Brom-phenol $C_6H_5BrO = C_6H_4Br(OH)$. Entsteht beim Bromieren von Phenol in der Kälte [22]), in eisessigsaurer Lösung [16]), in CS_2 [23]), neben der o-Verbindung [16]). Durch Ver-

---

[1]) Holleman u. Rinkes, Chem. Centralbl. **1910**, I, 1502.

[2]) Holleman u. Rinkes, Chem. Centralbl. **1910**, II, 304.

[3]) Chandelon, Berichte d. Deutsch. chem. Gesellschaft **16**, 1752 [1883].

[4]) Tarugi, Gazzetta chimica ital. **30**, II, 488 [1900].

[5]) Laurent, Annalen d. Chemie u. Pharmazie **23**, 60 [1837].

[6]) Laurent, Annalen d. Chemie u. Pharmazie **43**, 209 [1842]. — Chandelon, Bulletin de la Soc. chim. **38**, 123 [1882].

[7]) Erdmann, Journ. f. prakt. Chemie [2] **19**, 332 [1879]; **22**, 276 [1880]; **25**, 472 [1882].

[8]) Piria, Annalen d. Chemie u. Pharmazie **56**, 47 [1845].

[9]) Hirsch, Berichte d. Deutsch. chem. Gesellschaft **13**, 1908 [1880]. — Lampert, Journ. f. prakt. Chemie [2] **33**, 376 [1886].

[10]) Zincke, Annalen d. Chemie u. Pharmazie **261**, 246 [1891]. — Zincke u. Schaum, Berichte d. Deutsch. chem. Gesellschaft **27**, 549 [1894].

[11]) Biltz u. Giese, Berichte d. Deutsch. chem. Gesellschaft **37**, 4013 [1904].

[12]) Barral u. Grosfillex, Bulletin de la Soc. chim. [3] **27**, 1174 [1902].

[13]) Erdmann, Annalen d. Chemie u. Pharmazie **37**, 343 [1841]; **48**, 309 [1843]. — Laurent, Annalen d. Chemie u. Pharmazie **48**, 313 [1843].

[14]) Benedikt u. Schmidt, Monatshefte f. Chemie **4**, 606 [1883]. — Barral u. Jambon, Bulletin de la Soc. chim. [3] **23**, 822 [1900].

[15]) Fels, Zeitschr. f. Krystallographie **32**, 369 [1900].

[16]) Hübner u. Brenken, Berichte d. Deutsch. chem. Gesellschaft **6**, 171 [1873]. — Meldola u. Streatfield, Journ. Chem. Soc. **73**, 681 [1898]. — Holleman u. Rinkes, Chem. Centralbl. **1910**, II, 304.

[17]) Stoermer, Berichte d. Deutsch. chem. Gesellschaft **41**, 324 [1908].

[18]) Wohlleben, Berichte d. Deutsch. chem. Gesellschaft **42**, 4373 [1909].

[19]) Holleman u. Rinkes, Chem. Centralbl. **1910**, I, 1502.

[20]) Wurster u. Nölting, Berichte d. Deutsch. chem. Gesellschaft **7**, 905, 1777 [1874]. — Fittig u. Mager, Berichte d. Deutsch. chem. Gesellschaft **8**, 364 [1875].

[21]) Diels u. Bunzl, Berichte d. Deutsch. chem. Gesellschaft **38**, 1495 [1905].

[22]) Körner, Annalen d. Chemie u. Pharmazie **137**, 200 [1866].

[23]) Hantzsch u. Mai, Berichte d. Deutsch. chem. Gesellschaft **28**, 978 [1895].

seifung von m-Bromanisol[1]). Große tetragonale Krystalle aus Chloroform[2]). Schmelzp. 63—64°, Siedep. 235—236° [1])[3]), 238°[4]).

2, 4-Dibrom-phenol $C_6H_4Br_2O = C_6H_3Br_2(OH)$. Entsteht beim Bromieren von Phenol in der Kälte[5])[6]), aus 3, 5-Dibromsalicylsäure[7]). Widerlich und anhaftend riechende Krystalle. Schmelzp. 40°[5]), 35—36°, Siedep. 238—239° (korr.)[6]), Siedep.$_{11} = 154$°[8]).

2, 6-Dibrom-phenol $C_6H_4Br_2O = C_6H_3Br_2(OH)$. Bildungen[9]): Aus Wasser lange, dünne, verfilzte Nadeln. Sublimiert bei gewöhnlicher Temperatur. Schmelzp. 55—56°.

3, 4-Dibrom-phenol $C_6H_4Br_2O = C_6H_3Br_2(OH)$. Aus 3, 4-Dibromanilin und salpetriger Säure. Aus Wasser Nadeln. Schmelzp. 79—80°[10]).

3, 5-Dibrom-phenol $C_6H_4Br_2O = C_6H_3Br_2(OH)$. Entsteht aus dem 3, 5-Tribrombenzol durch Erhitzen mit Natriummethylat. Aus Ligroin Krystalle. Schmelzp. 76,5°[11]).

2, 3, 5-Tribromphenol $C_6H_3Br_3O = (OH)C_6H_2Br_3$. Dargestellt aus 3, 5-Dibrom-2-aminophenol. Nadeln oder Tafeln. Schmelzp. 91,5—92,5°[12]).

2, 4, 6-Tribrom-phenol $C_6H_3Br_3O = C_6H_2Br_3(OH)$. Entsteht beim Bromieren von Phenol[13]), oder von Indigo[14]), von Saligenin[15]). Entsteht auch durch Reduktion des Tribromphenolbroms[16]). Aus verdünntem Alkohol haarfeine, sehr lange Nadeln. Schmelzp. 95°[17]), 92°[16])[18]), 93—94°[15]). Sublimiert leicht. Wird vom Organismus an Schwefelsäure gekuppelt ausgeschieden[19]). Wirkt stärker antiseptisch als Phenol oder Thymol[20]).

2, 3, 4, 6-Tetrabrom-phenol $C_6H_2Br_4O = C_6HBr_4(OH)$. Entsteht durch Erhitzen von Tribromphenolbrom mit konz. Schwefelsäure[21]). Nadeln aus Alkohol. Schmelzp. 120°.

Tribrom-phenol-brom, Tetrabrom-zyklohexadiënon $C_6H_2OBr_4$

$$\underset{\substack{\text{H} \quad \text{Br}}}{\overset{\substack{\text{H} \quad \text{Br}}}{\text{Br}\diagup\diagdown\text{OBr}}}\ {}^{21)} \qquad \text{oder} \qquad \underset{\substack{\text{H} \quad \text{Br}}}{\overset{\substack{\text{H} \quad \text{Br}}}{\text{Br}_2\diagup\diagdown\text{O}}}\ {}^{22)\,23)}$$

Entsteht, wenn man eine verdünnte wässerige Phenollösung mit Bromwasser versetzt (Landoltsche Reaktion). Auch aus Salicylsäurelösungen[21]). Auch aus wässerigen Lösungen von Saligenin mit Brom bei 50—60°[15]). Citronengelbe Blättchen. Schmelzp. 118° unter Zersetzung[16]). Schmelzp. 131°[15]). Aus Äthylacetat umkrystallisiert. Schmelzp. 148—149°[24]).

---

[1]) Autenrieth u. Mühlinghaus, Berichte d. Deutsch. chem. Gesellschaft **39**, 4100 [1906].

[2]) Grünling, Jahresber. d. Chemie **1883**, 900. — Lüdecke, Annalen d. Chemie u. Pharmazie **234**, 142 [1886].

[3]) Hübner u. Brenken, Berichte d. Deutsch. chem. Gesellschaft **6**, 171 [1873]. — Meldola u. Streatfield, Journ. Chem. Soc. **73**, 681 [1898]. — Holleman u. Rinkes, Chem. Centralbl. **10**, II, 304.

[4]) Fittig u. Mager, Berichte d. Deutsch. chem. Gesellschaft **7**, 1176 [1874].

[5]) Körner, Annalen d. Chemie u. Pharmazie **137**, 200 [1866].

[6]) Hewitt, Kenner u. Silk, Proc. Chem. Soc. **20**, 125 [1904].

[7]) Peratoner, Gazzetta chimica ital. **16**, 402 [1886].

[8]) Werner, Annales de Chim. et de Phys. [6] **3**, 557 [1884].

[9]) Baeyer, Annalen d. Chemie u. Pharmazie **202**, 138 [1880]. — Möhlau, Berichte d. Deutsch. chem. Gesellschaft **15**, 2494 [1882]. — Heinichen, Annalen d. Chemie u. Pharmazie **253**, 281 [1889].

[10]) Schiff, Monatshefte f. Chemie **11**, 347 [1890].

[11]) Blau, Monatshefte f. Chemie **7**, 630 [1886].

[12]) Bamberger u. Kraus, Berichte d. Deutsch. chem. Gesellschaft **39**, 4252 [1906].

[13]) Laurent, Annalen d. Chemie u. Pharmazie **43**, 212 [1842]. — Körner, Annalen d. Chemie u. Pharmazie **137**, 208 [1866].

[14]) Erdmann, Journ. f. prakt. Chemie [2] **25**, 472 [1882].

[15]) Auwers u. Büttner, Annalen d. Chemie u. Pharmazie **302**, 132, 141 [1898].

[16]) Lloyd, Journ. Amer. Chem. Soc. **27**, 7 [1905].

[17]) Sintenis, Annalen d. Chemie u. Pharmazie **161**, 340 [1872].

[18]) Post, Annalen d. Chemie u. Pharmazie **205**, 66 [1880].

[19]) Baumann u. Herter, Zeitschr. f. physiol. Chemie **1**, 264 [1877/78].

[20]) Purgotti, Gazzetta chimica ital. **16**, 529 [1886].

[21]) Benedikt, Annalen d. Chemie u. Pharmazie **199**, 128 [1879]; Monatshefte f. Chemie **1**, 360 [1880].

[22]) Thiele u. Eichwede, Berichte d. Deutsch. chem. Gesellschaft **33**, 673 [1900].

[23]) Kastle, Amer. Chem. Journ. **27**, 46 [1902].

[24]) Lewis, Proc. Chem. Soc. **18**, 177 [1902].

Die Verbindung besitzt keinen bestimmten Schmelzpunkt, sie schmilzt um so höher, je schneller sie erhitzt wird[1]). Schmelzp. 133—134° unter Zersetzung[2]).

Pentabrom-phenol $C_6H_5Br_5O = C_6Br_5(OH)$. Aus Tetrabromphenol und Brom[3]) oder aus Tetrabromphenolbrom und konz. HSO_4[4]). Entsteht bei der Bromierung von Phenol bei Gegenwart von Aluminium[5]). Diamantglänzende Nadeln. Schmelzp. 225°[6]).

Tetrabrom-phenol-brom $C_6HB_5O = C_6HBr_4(OBr)$. Entsteht aus Tetrabromphenol und Bromwasser. Gelbe, monokline Platten, Schmelzp. 121°[4]).

Pentabrom-phenol-brom $C_6Br_6O = C_6Br_5(OBr)$. Entsteht aus Pentabromphenol und Bromwasser. Gelbe Krystallkörner. Schmelzp. 128°[4]).

o-Jod-phenol $C_6H_5JO = C_6H_4J(OH)$. Entsteht aus o-Nitrophenol[7]). Beim direkten Jodieren von Phenol entstehen o- und p-Jodphenol. Nadeln. Schmelzp. 43°, Siedep.$_{160}$ = 186—187°[8]). Erstarrungsp. 40,4°, $D^{80} = 1,8757$[9]).

m-Jod-phenol $C_6H_5JO = C_6H_4J(OH)$. Entsteht aus m-Jodanilin und salpetriger Säure. Aus Ligroin Nadeln. Schmelzp. 40°[10]).

p-Jod-phenol $C_6H_5JO = C_6H_4J(OH)$. Aus p-Jodanilin und salpetriger Säure[11]), aus Phenol und Jod oder Jodsäure in alkalischer Lösung[12]), aus Phenol und Chlorjod[13]). Aus Wasser lange, flache Nadeln. Schmelzp. 92°[8]), 93—94°[14]). Erstarrungsp. 92°, $D^{112,1}$ = 1,8573[15]). Mit Wasserdämpfen flüchtig.

2, 4-Dijod-phenol $C_6H_4J_2O = C_6H_3J_2(OH)$. Entsteht aus 2, 4-Dijodanilin[16]), aus o- oder p-Jodphenol mittels konz. H_2SO_4[8]), aus Phenol und Jod und Jodkalium in Kalilauge[17]). Aus Wasser feine Nadeln. Schmelzp. 72°[17]).

3, 4 - Dijod - phenol $C_6H_4J_2O = C_6H_3J_2(OH)$. Entsteht aus Monojod-p-nitranilin $\overset{4}{C_6}H_3(\overset{1}{NH_2})(NO_2)\overset{3}{J}$ über das Dijodnitrobenzol und Dijodanilin. Farblose Nadeln. Schmelzpunkt 83°[18]).

2, 4, 6-Trijod-phenol $C_6H_3J_3O = C_6H_2J_3(OH)$. Entsteht aus Phenol oder Salicylsäure bei der Einwirkung von Jod und Kalilauge[19]) oder von Jod und Jodsäure[20]) in der Kälte. Aus Phenol und Chlorjod[21]). Aus Jodstickstoff und alkalischer Phenollösung[22]). Farblose Nadeln aus verdünntem Alkohol. Schmelzp. 156°[17]), 158°[23]).

3, 5, 6-Trijod-phenol $C_6H_3J_3O = C_6H_2J_3(OH)$. Entsteht aus dem Dijod-o-nitranilin über das Trijodnitrobenzol und das Trijodanilin. Aus Benzol und Ligroin. Schmelzp. 114°[24]).

Dijodphenol-jod $C_6H_3J_3O = C_6H_2J_2(OJ)$. Entsteht bei der Einwirkung eines großen Überschusses von Jod auf Phenol in alkalischer Lösung und bei längerem Erwärmen. Violett-

---

[1]) Olivier, Recueil d. travaux chim. des Pays-Bas **28**, 354 [1909]; Chem. Centralbl. **1910**, I, 571.

[2]) Autenrieth u. Beuttel, Archiv d. Pharmazie **248**, 117 [1910].

[3]) Laurent, Annalen d. Chemie u. Pharmazie **43**, 212 [1842]. — Körner, Annalen d. Chemie u. Pharmazie **137**, 208 [1866].

[4]) Benedikt, Annalen d. Chemie u. Pharmazie **199**, 128 [1879]; Monatshefte f. Chemie **1**, 360 [1880].

[5]) Bodroux, Compt. rend. de l'Acad. des Sc. **126**, 1283 [1898].

[6]) Bonneaud, Bulletin de la Soc. chim. [4] **7**, 776 [1910].

[7]) Nölting u. Wrzesinski, Berichte d. Deutsch. chem. Gesellschaft **8**, 820 [1875].

[8]) Neumann, Annalen d. Chemie u. Pharmazie **241**, 68 [1887].

[9]) Holleman u. Rinkes, Chem. Centralbl. **1910**, II, 304.

[10]) Nölting u. Stricker, Berichte d. Deutsch. chem. Gesellschaft **20**, 3020 [1887].

[11]) Griess, Zeitschr. f. Chemie **1865**, 427.

[12]) Körner, Annalen d. Chemie u. Pharmazie **137**, 213 [1866].

[13]) Schützenberger u. Sengenwald, Jahresber. d. Chemie **1862**, 413.

[14]) Nölting & Stricker, Berichte d. Deutsch. chem. Gesellschaft **20**, 3020 [1887]. — Wohlleben, Berichte d. Deutsch. chem. Gesellschaft **42**, 4372 [1909].

[15]) Holleman u. Rinkes, Chem. Centralbl. **1910**, II, 305.

[16]) Schall, Berichte d. Deutsch. chem. Gesellschaft **20**, 3364 [1887].

[17]) Brenans, Compt. rend. de l'Acad. des Sc. **132**, 832 [1901].

[18]) Brenans, Compt. rend. de l'Acad. des Sc. **136**, 1077 [1903].

[19]) Lautemann, Annalen d. Chemie u. Pharmazie **120**, 307 [1861].

[20]) Kékulé, Annalen d. Chemie u. Pharmazie **131**, 231 [1864]. — Körner, Annalen d. Chemie u. Pharmazie **137**, 213 [1866].

[21]) Schützenberger, Jahresber. d. Chemie **1865**, 524.

[22]) Lepetit, Gazzetta chimica ital. **20**, 105 [1890].

[23]) Raiford u. Heyl, Amer. Chem. Journ. **44**, 211 [1910].

[24]) Brenans, Compt. rend. de l'Acad. des Sc. **137**, 1065 [1903].

rot gefärbter Körper. Unlöslich in Wasser und verdünnten Säuren, löslich in Äther. Sintert bei 116°. Schmelzp. 157° unter Zersetzung[1]). Beim Kochen mit Kalilauge entsteht 2, 4, 6-Trijodphenol[1]). Nach den neuesten Untersuchungen ist das Dijodphenoljod ein Gemisch von Lautemanns Rot und 2, 4, 6-Trijodphenol[2]).

Lautemanns Rot, Tetrajoddiphenylenchinon $(C_6H_2J_2O)_x$ oder $C_6H_2J_2O - OJ_2H_2C_6$. Es ist das Endprodukt der Einwirkung von sehr viel Jod auf Phenol in alkalischer Lösung und in der Wärme. Rotbrauner bis violettroter Körper. Unlöslich in Äther, löslich in Schwefelkohlenstoff. Gegen 200° zersetzlich[3])[2])[4]).

Pseudo-jodoso-jodbenzol $(C_6H_4JOJ)_3 = C_6H_4JOJ - JOJC_6H_4$. Entsteht bei der Jodie-

$$JOJ \cdot C_6H_4$$

rung von Phenol in Boraxlösung. Gelbliche Schüppchen. Schmelzp. 144—145°[5]).

p-Nitroso-phenol, p-Benzochinon-oxim $C_6H_5NO_2$

$$ON\langle\rangle OH \quad \text{oder} \quad HON\langle\rangle O$$

Entsteht aus Phenol und HNO_2[6]), aus Chinon und salzsaurem Hydroxylamin[7]). Gelblichweiße Nadeln aus Aceton + Benzol oder aus Wasser. Beginnt sich bei ca. 124° zu zersetzen und schäumt bei ca. 144° auf[8]). Die Lösung von p-Nitrosophenol scheint ein Gemisch eines Phenols und eines Oxims zu sein[9]). Über die Konstitution[10]).

o-Nitro-phenol $C_6H_5NO_3 = C_6H_4NO_2(OH)$. Entsteht neben p-Nitrophenol beim Behandeln von Phenol mit verdünnter Salpetersäure[11]). Schwefelgelbe Nadeln oder Prismen, aromatisch riechend. Schmelzp. 44°, Siedep. 214°, D = 1,447[12]). Mit Wasserdämpfen flüchtig. Vom Organismus werden die Mononitroverbindungen als Ätherschwefelsäuren ausgeschieden[13]). Ein Teil scheint an Glykuronsäure gekuppelt den Organismus zu verlassen[14]).

m-Nitro-phenol $C_6H_5NO_3 = C_6H_4NO_2(OH)$. Entsteht aus m-Nitranilin und salpetriger Säure[15]). Schwefelgelbe Säulen. Schmelzp. 96°, Siedep.$_{70}$ = 194°; Schmelzp. 93°, $D^{19} = 1,827$[16]). Nicht mit Wasserdämpfen flüchtig.

p-Nitro-phenol $C_6H_5NO_3 = C_6H_4NO_2(OH)$. Entsteht neben o-Nitrophenol beim Nitrieren von Phenol mit verdünnter Salpetersäure in der Kälte[17]). Reinigung des rohen p-Nitrophenols[18]). Farblose Nadeln oder monokline Säulen. Schmelzp. 114°[19]), 111,49°[20]). Nicht flüchtig mit Wasserdämpfen.

---

[1]) Messinger u. Vortmann, Berichte d. Deutsch. chem. Gesellschaft **22**, 2313 [1889]; **23**, 2753 [1890].

[2]) Bougault, Compt. rend. de l'Acad. des Sc. **146**, 1403 [1908].

[3]) Lautemann, Annalen d. Chemie u. Pharmazie **120**, 307 [1887].

[4]) Kämmerer u. Benzinger, Berichte d. Deutsch. chem. Gesellschaft **11**, 557 [1878].

[5]) Orlow, Journ. d. russ. physikal.-chem. Ges. **38**, 1204 [1906]; Chem. Centralbl. **1907**, I, 1194.

[6]) Baeyer u. Caro, Berichte d. Deutsch. chem. Gesellschaft **7**, 809, 967 [1874].

[7]) Goldschmidt, Berichte d. Deutsch. chem. Gesellschaft **17**, 213 [1884]. — Bridge, Annalen d. Chemie u. Pharmazie **277**, 85 [1893].

[8]) Bamberger, Berichte d. Deutsch. chem. Gesellschaft **33**, 1939, 1955 [1900].

[9]) Hartley, Proc. Chem. Soc. **20**, 161 [1904].

[10]) Sluiter, Recueil d. travaux chim. des Pays-Bas **25**, 8 [1906]; Chem. Centralbl. **1906**, I, 756. — Vidal, Chem. Centralbl. **1905**, I, 1316.

[11]) Hofmann, Annalen d. Chemie u. Pharmazie **103**, 347 [1857]. — Fritzsche, Annalen d. Chemie u. Pharmazie **110**, 150 [1859]. — Schall, Berichte d. Deutsch. chem. Gesellschaft **16**, 1901 [1883]. — Neumann, Berichte d. Deutsch. chem. Gesellschaft **18**, 3320 [1885]. — Hart, Journ. Amer. Chem. Soc. **32**, 1105 [1910].

[12]) Schröder, Berichte d. Deutsch. chem. Gesellschaft **12**, 563 [1879].

[13]) Baumann u. Herter, Zeitschr. f. physiol. Chemie **1**, 264 [1877/78]. — Hammerbacher, Archiv f. d. ges. Physiol. **33**, 94 [1883].

[14]) Külz, Archiv f. d. ges. Physiol. **30**, 484 [1883].

[15]) Bantlin, Berichte d. Deutsch. chem. Gesellschaft **11**, 2100 [1878]. — Henriques, Annalen d. Chemie u. Pharmazie **215**, 323 [1882].

[16]) Fels, Zeitschr. f. Krystallographie **32**, 374 [1900].

[17]) Goldstein, Journ. d. russ. physikal.-chem. Gesellschaft **10**, 353 [1878].

[18]) Salkowski, Annalen d. Chemie u. Pharmazie **174**, 280 [1874]. — Kollrepp, Annalen d. Chemie u. Pharmazie **234**, 2 [1886].

[19]) Wagner, Berichte d. Deutsch. chem. Gesellschaft **7**, 77 [1874].

[20]) Mills, Philosophical Magazine [5] **14**, 27 [1882].

2, 3-Dinitro-phenol $C_6H_4N_2O_5 = C_6H_3(NO_2)_2(OH)$. Bildung und Darstellung[1]). Gelbe Nadeln aus Wasser. Schmelzp. $144°$[1]).

2, 4-Dinitro-phenol $C_6H_4N_2O_5 = C_6H_3(NO_2)_2(OH)$. Entsteht beim Nitrieren von Phenol[2]) bei der Reduktion von Pikrinsäure und Diazotierung des entstandenen Dinitro-aminophenols[3]). Darstellung[4]). Gelblichweiße, rechtwinklige, gestreifte Tafeln aus Wasser. Schmelzp. $113—114°$. Weit giftiger als Pikrinsäure (Walko).

2, 5-Dinitro-phenol $C_6H_4N_2O_5 = C_6H_3(NO_2)_2(OH)$. Entsteht beim Erwärmen von m-Nitrophenol mit Salpetersäure. Hellgelbe Nadeln aus Wasser. Schmelzp. $104°$. Mit Wasserdämpfen flüchtig[5]).

2, 6-Dinitro-phenol $C_6H_4N_2O_5 = C_6H_3(NO_2)_2(OH)$. Darstellung aus 3-Nitrosalicyl-säure und Salpetersäure[6]), aus o-Nitrophenol und Salpetersäure[7]). Hellgelbe, kurze, feine Nadeln aus Wasser. Schmelzp. $63—64°$. Etwas mit Wasserdämpfen flüchtig.

2, 4, 6-Trinitro-phenol, Pikrinsäure $C_6H_3N_3O_7$.

$$\underset{\text{H} \quad \text{NO}_2}{\overset{\text{H} \quad \text{NO}_2}{\text{NO}_2\langle\rangle\text{OH}}}$$

Bildung: Bei der Einwirkung von konz. Salpetersäure auf Indigo[8]). Bei anhaltendem Kochen von Salicin[9]), Cumarin[10]), Aloe[11]), dem Harze von Xanthorrhoea hastilis[12]) mit Salpetersäure. Bei der Einwirkung von konz. Salpetersäure auf Xanthoresinotannol aus gelbem Acaroid und auf Erithrosinotannol aus rotem Acaroid[13]), auf Aloeharze verschiedener Provenienz[14]), auf Dracoresinotannol[15]), auf Oporesinotannol aus Umbelliferen-Opo-ponax[16]), auf Toluresinotannol[17]), auf Peruresinotannol[18]), auf Asaresinotannol[19]), auf Tannole von einigen seltenen Aloesorten[20]). Bei der Einwirkung von konz. Salpetersäure auf Phenol, o-Nitro- und p-Nitrophenol und verschiedene andere Substitutionsderivate des Phenols[21]). Darstellung[22]). Zur Reinigung stellt man das schwer lösliche Kaliumsalz oder auch das Natriumsalz dar[23]).

Physiologische Eigenschaften: Schmeckt sehr bitter. Die Pikrinsäure wird nach Einführung in den Organismus zum größten Teil als solche in Gestalt von Salzen durch den Harn, der tief orangegelb bis rotbraun gefärbt ist, ausgeschieden. Vielleicht ist auch ein Teil

---

1) Bantlin, Berichte d. Deutsch. chem. Gesellschaft **11**, 2104 [1878].

2) Laurent, Annalen d. Chemie u. Pharmazie **43**, 213 [1842]. — Körner, Zeitschr. f. Chemie **1868**, 322.

3) Griess, Annalen d. Chemie u. Pharmazie **113**, 210 [1860].

4) Kolbe, Annalen d. Chemie u. Pharmazie **147**, 67 [1868].

5) Bantlin, Berichte d. Deutsch. chem. Gesellschaft **8**, 21 [1875]; **11**, 2102 [1878]; Annalen d. Chemie u. Pharmazie **215**, 324 [1882].

6) Adlerskron u. Schaumann, Berichte d. Deutsch. chem. Gesellschaft **12**, 1346 [1879].

7) Hübner u. Schneider, Annalen d. Chemie u. Pharmazie **167**, 100 [1873].

8) Woulfe **1771**. — Haussmann, Journ. de Chim. et de Phys. **1788**. — Welter, Annales de Chim. et de Phys. [1] **29**, 301 [1799]. — Fourcroy u. Vauquelin, Gehlens Journ. f. Chemie u. Physik **2**, 231. — Chevreuil, Annales de Chim. et de Phys. [1] **72**, 113 [1809]. — Liebig, Annales de Chim. et de Phys. [2] **37**, 286 [1828]; Annalen d. Chemie u. Pharmazie **9**, 82 [1834]. — Dumas, Annalen d. Chemie u. Pharmazie **9**, 80 [1834]; **39**, 350 [1841].

9) Piria, Annalen d. Chemie u. Pharmazie **56**, 63 [1845].

10) Delande, Annalen d. Chemie u. Pharmazie **45**, 337 [1843].

11) Schunk, Annalen d. Chemie u. Pharmazie **39**, 6 [1841]; **65**, 234 [1848].

12) Stenhouse, Annalen d. Chemie u. Pharmazie **57**, 88 [1846]; **66**, 243 [1848]. — Lea, Jahresber. d. Chemie **1858**, 415. — Wittstein, Jahresber. d. Chemie **1875**, 427.

13) Tschirch u. Hildebrand, Archiv d. Pharmazie **234**, 703 [1896].

14) Tschirch u. div. Mitarbeiter, Archiv d. Pharmazie **236**, 200 [1898]; **241**, 340 [1903].

15) Tschirch u. Dieterich, Archiv d. Pharmazie **234**, 423 [1896].

16) Tschirch u. Knitl, Archiv d. Pharmazie **237**, 262 [1899].

17) Tschirch u. Oberländer, Archiv d. Pharmazie **232**, 582 [1894].

18) Tschirch u. Trog, Archiv d. Pharmazie **232**, 89 [1894].

19) Tschirch u. Polášek, Archiv d. Pharmazie **235**, 132 [1897].

20) Tschirch u. Hoffbauer, Archiv d. Pharmazie **243**, 399 [1905].

21) Laurent, Annalen d. Chemie u. Pharmazie **43**, 219 [1842].

22) Schmitt u. Glutz, Berichte d. Deutsch. chem. Gesellschaft **2**, 52 [1869]. — Wenghöfer, D. R. P. 125 096; Chem. Centralbl. **1901**, II, 1105.

23) Lea, Jahresber. d. Chemie **1861**, 635.

an Schwefelsäure gekuppelt[1]). Die Resorption geht sehr schnell vor sich, die Ausscheidung geht langsam. In einem Fall ließ sich noch 17 Tage nach der Einführung Pikrinsäure im Harn nachweisen[1]). Neben der Pikrinsäure finden sich im Harn geringe Mengen Pikraminsäure, ein Phenolkörper und ein roter Farbstoff[2]). Über die letale Dosis ist nichts bekannt. In einem Falle erzeugten 5,5 g reine Pikrinsäure starkes Erbrechen, heftigen Schweißausbruch, leichten vorübergehenden Kollaps, kurze Zeit dauernde Anurie, Tenesmus und Gelbfärbung der Haut, die aber nicht durch Gallenfarbstoffe hervorgerufen wird. Nach Pikrinsäureinjektion in die Vene zeigt sich beim Kaninchen zunächst eine konstante Beschleunigung der Herzaktion. Nach weiteren Injektionen erfolgt dagegen eine starke Verlangsamung; der Tod erfolgt durch Urämie[2]). Die Pikrinsäure wirkt antifermentativ[3]). Wirkung auf Askariden[4]). Pikrinsäure ist für Algen ein starkes Gift. In 0,5 proz. Lösung starben sie binnen 15 Minuten, in 0,05 proz. Lösung innerhalb 24 Stunden. Pilze vertragen bis zu 0,2 proz. Lösung[5]). Pflanzenphysiologisch wird als Grenzwert für die Wachstumshemmung der Lupinenwurzel $1/_{3200}$ Mol. pro Liter Wasser, $+ 1$ NaOH $1/_{800}$ Mol. pro Liter angegeben[6]).

Physikalische und chemische Eigenschaften: Aus Wasser hellgelbe Blätter, aus Äther citronengelbe Säulen. Eventuell existiert eine dunkler gefärbte Modifikation der Pikrinsäure[7]). Schmelzp. 122,5°[8]), D = 1,813[9]), D = 1,763[10]). Verhalten wie eine sehr starke Säure[11]). 100 T. Wasser von 5° lösen 0,626 T., bei 15° 1,161 T., bei 20° 1,225 T., bei 26° 1,380 T., bei 77° 3,89 T.[12]). Leicht löslich in siedendem Alkohol. Benzol löst bei gewöhnlicher Temperatur 8—10%. Wasserfreier Äther (D = 0,721) löst bei 13° 10,8 g Pikrinsäure pro Liter. Durch Wassergehalt des Äthers steigert sich die Löslichkeit. Mit 1% Wasser lösen sich 40 g in 1 l Äther bei 13°[13]). Bei 20° lösen 100 g Wasser 0,60 g, 100 g abs. Alkohol 6,23 g, 100 g Äther 2,06 g, 100 g Benzol 5,27 g Pikrinsäure. Beim Sieden lösen 100 g Wasser 3,8 g, 100 g abs. Alkohol 66,22 g, 100 g Benzol 123,4 g Pikrinsäure. Die Intensität der Färbung von Wolle ist bei einer $1^0/_{00}$ Pikrinsäurelösung in Wasser = 1000, in abs. Alkohol = 256, in Äther = 2,4, in Benzol = 2,1[14]). Verbindung mit Wolle[15]). Zum Nachweis benutzt man die bei Zusatz von NH_3 und Hydrosulfit entstehende Rotfärbung[16]). Zur quantitativen Bestimmung eignet sich die Titration mittels Titanchlorür[17]). Sehr empfindliches Reagens auf Pikrinsäure ist das Nitron. Nitronpikrat: aus Wasser Nädelchen, sintern bei 255°, Schmelzp. 257—258°[18]). Pikrinsäure läßt sich acidimetrisch mit Phenolphthalein als Indicator oder jodometrisch titrieren[19]). Zur Bestimmung kann man auch den Stickstoff der Pikrinsäure durch H_2O_2 bei Gegenwart von Natronlauge in Salpetersäure überführen und diese durch Nitron bestimmen[20]).

[1]) Karplus, Zeitschr. f. klin. Medizin 22, 212 [1893].

[2]) Rymsza, Diss. Dorpat. 1889. — Kober, Intoxikationen 1906. Bd. II. S. 806. — Walko, Archiv f. experim. Pathol. u. Pharmakol. 46, 184 [1901].

[3]) Chéron, Journ. de Thérap. 7, 121 [1880]; Jahresber. über d. Fortschritte d. Tierchemie 10, 470 [1880]. — Jalan de la Croix, Archiv f. experim. Pathol. u. Pharmakol. 13, 240 [1881].

[4]) von Schroeder, Archiv f. experim. Pathol. u. Pharmakol. 19, 299 [1885].

[5]) Bokorny, Chem.-Ztg. 20, 963 [1896].

[6]) True u. Hunkel, Botan. Centralbl. 76, 289 [1898].

[7]) Georgievics, Berichte d. Deutsch. chem. Gesellschaft 39, 1536 [1906]. — Sommerhoff, Chem. Centralbl. 1906, II, 677. — Stepanow, Journ. d. russ. physikal.-chem. Gesellschaft 42, 493 [1910]; Chem. Centralbl. 1910, II, 1136.

[8]) Körner, Jahresber. d. Chemie 1867, 616.

[9]) Rüdorff, Berichte d. Deutsch. chem. Gesellschaft 12, 251 [1879].

[10]) Schröder, Berichte d. Deutsch. chem. Gesellschaft 12, 563 [1879].

[11]) Thiel u. Roemer, Zeitschr. f. physikal. Chemie 63, 736 [1908].

[12]) Marchand, Jahresber. d. Chemie 1847/48, 539. — Dolinski, Chem. Centralbl. 1905, I, 1233.

[13]) Bougault, Journ. de Pharm. et de Chim. [6] 18, 116 [1903]. — Cobet, Chem. Centralbl. 1906, I, 233, 833.

[14]) Vignon, Compt. rend. de l'Acad. des Sc. 144, 81 [1907]; 148, 844 [1909].

[15]) Vorländer u. Perold, Annalen d. Chemie u. Pharmazie 345, 301 [1906].

[16]) Aloy u. Frébault, Bulletin de la Soc. chim. [3] 33, 497 [1905].

[17]) Knecht u. Hibbert, Berichte d. Deutsch. chem. Gesellschaft 36, 1554 [1903]. — Sinnatt, Proc. Chem. Soc. 21, 297 [1906].

[18]) Busch u. Mehrtens, Berichte d. Deutsch. chem. Gesellschaft 38, 4056 [1905]. — Busch u. Blume, Zeitschr. f. angew. Chemie 21, 354 [1908].

[19]) Feder, Chem. Centralbl. 1906, II, 1087.

[20]) Utz, Zeitschr. f. analyt. Chemie 47, 140 [1908].

Salze und Derivate: $NH_3 \cdot C_6H_2(OH)(NO_2)_3$. Hellgelbe Blätter, leicht löslich in Wasser, schwer in Alkohol, existiert in einer gelben und einer roten Modifikation. Verflüchtigt sich beim Erhitzen ohne Detonation[1][2]). Läßt man aus 10 proz. NH_3 bei höherer Temperatur auskrystallisieren, so erhält man blutrote sechsseitige Prismen, die beim Umkrystallisieren in die gelbe Modifikation übergehen[3]). — $C_6H_2(NO_2)_3OH \cdot 2NH_3$[4]). — $N_2H_4 \cdot C_6H_2(OH)(NO_2)_3$. Hellgelbe Nadeln. Schmelzp. $184°$[5]). — $(LiO)C_6H_2(NO_2)_3$. $D_{20} = 1,724$ bis $1,740°$[6]). Explodiert bei 318—$323°$. Tetrahydrat gelbe Nadeln. Monohydrat dunkelorangegelbe Krystalle[1]). — $(NaO)C_6H_2(NO_2)_3$. Löst sich in 10—14 T. Wasser von $15°$, in 80 T. kaltem Alkohol von 98—99%[7]), explodiert bei 310—$315°$. Monohydrat gelbe Nädelchen[1]). — $(KO)C_6H_2(NO_2)_3$. Gelbe glänzende Nadeln, explosiv bei 311—$316°$, rhombisch[1]). — $Ba[OC_6H_2(NO_2)_3]_2 + 5 H_2O$. Gelbe Nadeln. Wasserfrei, gelbes Pulver, explodiert bei 333 bis $337°$[1]). — $Pb[OC_6H_2(NO_2)_3]_2 + 4 H_2O$ gelbe Nadeln. Wasserfreies gelbes Pulver explodiert bei 270—$275°$[1]). — $Hg[OC_6H_2(NO_2)_3]_2 + 4 H_2O$. Orangefarbene Nadeln[3][9]). — $Hg(C_6H_2O_7N_3)_2 + Hg(OH)_2$. Hellgelbes Pulver, das sich beim Erwärmen verflüchtigt[1]). — $AgOC_6H_2(NO_2)_3$. Gelbe Nadeln; explodieren bei 336—$341°$[1]). — $Be(C_6H_2O_7N_3)_2 + 3 H_2O$. Gelbe Blättchen[10]). — $Cu(C_6H_2O_7N_3)_2 + 11 H_2O$. Große grüne Prismen, $+4 H_2O$ gelblichgrünes Pulver, wasserfrei gelblichgrünes Pulver, explodiert bei 282—$287°$[1]).—$Mg(C_6H_2O_7N_3)_2 + 9 H_2O$. Gelbe Nadeln, $+6 H_2O$, $+2 H_2O$, wasserfrei, explodiert bei 367—$372°$[1]). — $Ca(C_6H_2O_7N_3)_2 + 10 H_2O$. Gelbe Tafeln, $+5 H_2O$, wasserfrei, gelbes Pulver, explodiert bei 323—$328°$[1]). — $Sr(C_6H_2O_7N_3)_2 + 5 H_2O$. Gelbe Nadeln, $+1 H_2O$; explodiert bei 340—$345°$[1]). — $Zn(C_6H_2O_7N_3)_2 + 9 H_2O$. Gelbe Nadeln, $+6 H_2O$, $+2 H_2O$, wasserfrei bräunlichgelbes Pulver, explodiert bei 350—$355°$[1]). — $Cd(C_6H_2O_7N_3)_2 + 7 H_2O$. Gelbe Tafeln, $+5 H_2O$, wasserfrei gelbes Pulver, explodiert bei 336—$341°$[1]). — $Al(C_6H_2O_7N_3)_3 + 16 H_2O$. Hellgelbe Nadeln, $+4 H_2O$, zersetzt sich ohne Explosion[1]). — $Ni(C_6H_2O_7N_3)_2 + 9^1/_2 H_2O$. Grüne Nadeln, $+6 H_2O$ grüne Lamellen, $+2 H_2O$ grünes Pulver; wasserfrei grünes Pulver, explodiert bei 335—$340°$[1]).

Phenol-pikrat $C_6H_5(OH) + 2(OH)C_6H_2(NO_2)_3$. Hellgelbe Nadeln. Schmelzp. $53°$[11]).

Äthylamin-pikrat $C_2H_5(NH_2)—(OH)C_6H_2(NO_2)_3$. Aus Alkohol gelbe Krystalle. Schmelzp. $165°$[12]).

Propylamin-pikrat $C_3H_7(NH_2)—(OH)C_6H_2(NO_2)_3$. Schmelzp. $135°$[13]).

Guanidin-pikrat $CH_5N_3—(OH)C_6H_2(NO_2)_3$. Schmelzpunkt über $280°$. Sehr schwer löslich in Wasser[14]).

Methylguanidin-pikrat $C_2H_7N_3—(OH)C_6H_2(NO_2)_3$. Nadeln. Schmelzp. $192°$. Sehr schwer löslich in Wasser[15]).

Diäthylguanidin-pikrat $C_5H_{13}N_3—(OH)C_6H_2(NO_2)_3$. Lange Nadeln. Schmelzp. $141°$[16]).

Kreatinin-pikrat $C_4H_7N_3O—(OH)C_6H_2(NO_2)_3$. Lange hellgelbe, seideglänzende Nadeln[17]). Schmelzp. gegen $240°$[15]).

Kreatinin-Pikrinsäure-Doppelsalz $C_4H_7N_3O \cdot (OH)C_6H_2(NO_2)_3 + (KO)C_6H_2(NO_2)_3$. Fügt man zu menschlichem Harn oder Hundeharn eine 5 proz. alkoholische Pikrinsäurelösung, so fällt ein Doppelsalz obiger Konstitution aus. Citronengelbe Nadeln oder dünne Prismen.

---

[1]) Silberrad u. Phillips, Journ. Chem. Soc. **93**, 474 ff. [1908].

[2]) Stepanow, Journ. d. russ. physikal.-chem. Gesellschaft **42**, 493 [1910]; Chem. Centralbl. **1910**, II, 1136.

[3]) Anselmino, Berichte d. Deutsch. chem. Gesellschaft **41**, 2996 [1908]. — Stepanow, Chem. Centralbl. **1910**, II, 1136.

[4]) Korczyński, Chem. Centralbl. **1908**, II, 2010.

[5]) Rothenburg, Berichte d. Deutsch. chem. Gesellschaft **27**, 690 [1894].

[6]) Beamer u. Clarke, Berichte d. Deutsch. chem. Gesellschaft **12**, 1068 [1879].

[7]) Hager, Zeitschr. f. analyt. Chemie **21**, 408 [1882].

[8]) Varet, Annales de Chim. et de Phys. [7] **8**, 130 [1896].

[9]) Hantzsch u. Auld, Berichte d. Deutsch. chem. Gesellschaft **39**, 1105 [1906].

[10]) Glassmann, Berichte d. Deutsch. chem. Gesellschaft **40**, 3059 [1907].

[11]) Gödicke, Berichte d. Deutsch. chem. Gesellschaft **26**, 3043 [1893].

[12]) Smolka, Monatshefte f. Chemie **6**, 917 [1885].

[13]) Chancel, Bulletin de la Soc. chim. [3] **7**, 406 [1892].

[14]) Emich, Monatshefte f. Chemie **12**, 24 [1891].

[15]) Brieger, Ptomaine **3**, 33, 41.

[16]) Noah, Berichte d. Deutsch. chem. Gesellschaft **23**, 2196 [1890].

[17]) Jaffé, Zeitschr. f. physiol. Chemie **10**, 398 [1886].

Explosiv. 100 T. Wasser lösen bei 19—20° 0,1806 T. Salz. 100 ccm 20proz. Alkohol lösen bei 15° 0,113 g Salz. In heißem Wasser leicht löslich[1]).

2, 3 - Diamino - propionsäure - pikrat $(NH_2)CH_2CH(NH_2)COOH —(OH)C_6H_2(NO_2)_3 +$ $2 H_2O$. Glänzende, gelbe Blättchen und Prismen. Zersetzt sich gegen 200°. 1 T. löst sich bei 17° in 145 T. Wasser. Schwer löslich in Alkohol[2]).

Harnstoff-pikrat $CO(NH_2)_2—(OH)C_6H_2(NO_2)_3$. Aus Alkohol feine gelbe Nadeln. Schmelzp. 142° unter Zersetzung[3]). 1 T. löst sich bei 18,5° in 54 T. Wasser und in 16,385 T. Alkohol von 95% bei 18°[3]).

Asparagin-pikrat $C_4H_8N_2O_3 · (OH)C_6H_2(NO_2)_3$. Aus Alkohol gelbe Prismen. Zersetzt sich bei 180°, ohne zu schmelzen. 1 T. löst sich bei 14,5° in 81,8 T. Wasser und bei 16,5° in 44,48 T. Alkohol von 95%[3]).

4, 6-Dinitro-2-amino-phenol, Pikraminsäure $C_6H_5N_3O_5 = C_6H_2(NH_2)(NO_2)_2(OH)$

$$\begin{array}{c} H \quad NO_2 \\ NO_2 \diagup\!\!\!\diagdown OH \\ H \quad NH_2 \end{array}$$

Entsteht bei der Reduktion von Pikrinsäure mittels Schwefelammonium[4]), mittels Essigsäure und Eisen oder durch Zinnchlorür[5]), mittels NaSH[6]), mittels Elektrolyse[7]). Aus Chloroform rote Nadeln. Schmelzp. 168—169°[8]), 169—170°[6]).

Die Pikraminsäure ist doppelt so giftig als die Pikrinsäure. Letale Dosis für Kaninchen 0,1 g subcutan, 0,07 g intravenös pro Kilogramm Tier[9]).

3, 4, 6-(β)-Trinitro-phenol $C_6H_3N_3O_7 = C_6H_2(NO_2)_3(OH)$. Entsteht beim Nitrieren von 3, 6- oder 3, 4-Dinitrophenol. · Atlasglänzende Nädelchen. Schmelzp. 96°[10]).

2, 3, 6-(γ)-Trinitro-phenol $C_6H_3N_3O_7 = C_6H_2(NO_2)_3(OH)$. Entsteht beim Nitrieren von 3, 6- oder 2, 3-Dinitrophenol. Kleine Nadeln. Schmelzp. 117—118°[10]).

2, 3, 4, 6-Tetranitro-phenol $C_6H_2O_9N_4 = C_6H(NO_2)_4(OH)$. Aus Essigäther goldgelbe Nadeln. Schmelzp. 130° (zuweilen unter Explosion)[11]).

o-Amino-phenol $C_6H_7NO = C_6H_4(NH_2)(OH)$. Entsteht bei der Reduktion von o-Nitrophenol mit Schwefelnatrium[12]), oder mittels Zinn und Salzsäure[13]), oder durch Kochen der wässerigen Lösung mit Zinkstaub bis zur Entfärbung[14]). Darstellung mittels Natriumamalgam[15]). Rhombische Schuppen. Färbt sich leicht braun. Schmelzp. 170°. Sublimierbar.

o-Oxycarbanil, Carbonyl-aminophenol $C_7H_5NO_2$

$$\begin{array}{c} H \quad H \\ H \diagup\!\!\!\diagdown O \diagdown CO \\ H \quad NH \diagup \end{array}$$

Kommt vor im Harn von Hunden nach Eingabe von Acetanilid[16]), von Formanilid[17]). Entsteht beim Erhitzen von Oxyphenylharnstoff[18]), beim Digerieren von trockenem o-Aminophenol mit einer Lösung von Phosgen $(COCl_2)$ in Chloroform oder Benzol[19]). Krystallisiert

[1]) Jaffé, Zeitschr. f. physiol. Chemie **10**, 398 [1886].
[2]) Klebs, Zeitschr. f. physiol. Chemie **19**, 328 [1894].
[3]) Smolka, Monatshefte f. Chemie **6**, 920 [1885].
[4]) Girard, Annalen d. Chemie u. Pharmazie **88**, 281 [1853]. — Pugh, Annalen d. Chemie u. Pharmazie **96**, 83 [1855].
[5]) Girard, Jahresber. d. Chemie **1855**, 535.
[6]) Brand, Journ. f. prakt. Chemie [2] **74**, 471 [1906].
[7]) Hofer u. Jacob, Berichte d. Deutsch. chem. Gesellschaft **41**, 3198 [1908].
[8]) Rudolf, Journ. f. prakt. Chemie [2] **48**, 425 [1893].
[9]) Walko, Archiv f. experim. Pathol. u. Pharmakol. **46**, 189 [1901].
[10]) Henriques, Annalen d. Chemie u. Pharmazie **215**, 331 [1882].
[11]) Nietzki u. Blumenthal, Berichte d. Deutsch. chem. Gesellschaft **30**, 184 [1897].
[12]) Hofmann, Annalen d. Chemie u. Pharmazie **103**, 351 [1857].
[13]) Fittica, Berichte d. Deutsch. chem. Gesellschaft **13**, 1536 [1880].
[14]) Bamberger, Berichte d. Deutsch. chem. Gesellschaft **28**, 251 [1895]; **31**, 150 [1898]; **33**, 1939 [1900].
[15]) Wislicenus u. Kaufmann, Berichte d. Deutsch. chem. Gesellschaft **28**, 1326 [1895].
[16]) Jaffé u. Hilbert, Zeitschr. f. physiol. Chemie **12**, 299 [1888].
[17]) Kleine, Zeitschr. f. physiol. Chemie **22**, 329 [1897].
[18]) Kalckhoff, Berichte d. Deutsch. chem. Gesellschaft **16**, 1828 [1883].
[19]) Chetmicki, Berichte d. Deutsch. chem. Gesellschaft **20**, 177 [1887]. — Jacoby, Journ. f. prakt. Chemie [2] **37**, 29 [1888].

aus heißer verdünnter Salzsäure in glänzenden platten Nadeln und Blättern, die beim Stehen zu kleinen Nädelchen zerfallen. Schmelzp. 141—142° [1]), Schmelzp. 137—139,5° [2]). Gibt mit Eisenchlorid keine Färbung. Das Absorptionsspektrum spricht für die Lactamstruktur [3]). Schwer löslich in kaltem Wasser. Leicht löslich in Alkohol, schwerer in Äther. Im Organismus von Hunden und Kaninchen wird es zu Carbonyl-o-oxyaminophenol oxydiert, das im Harn als gepaarte Schwefel- resp. Glucuronsäure erscheint [4]).

m-Amino-phenol $C_6H_7NO = C_6H_4(NH_2)(OH)$. Entsteht aus m-Nitrophenol durch Reduktion mit Zinn und Salzsäure [5]). Aus Resorcin beim 10stündigen Erhitzen auf 200° mit Salmiak und 10proz. Ammoniak [6]). Aus Toluol Prismen. Schmelzp. 122—123°.

p-Amino-phenol $C_6H_7NO = C_6H_4(NH_2)(OH)$. Kommt vor im Harn von Kaninchen nach Acetanilid- [7]) und Formanilidfütterung [8]). Entsteht bei der Reduktion von p-Nitrophenol mit Essigsäure und Eisenfeile [9]), mit Eisen und Salzsäure [10]), mit Zinkstaub und Bisulfitlösung [11]). Entsteht beim Erhitzen von p-Chlorphenol mit NH_3 bei Gegenwart von Kupferverbindungen [12]). Blättchen. Schmelzp. 184° unter Zersetzung [13]). Sublimiert zum Teil unzersetzt. Die wässerige Lösung färbt sich infolge von Oxydation dunkel. Gießt man eine Lösung von salzsaurem p-Aminophenol in Chlorkalklösung, so entsteht eine violette Färbung, die beim Umschütteln in Grün übergeht [13]).

In den Organismus eingeführtes p-Amidophenol erscheint im rotbraun gefärbten Harn in Form der Ätherschwefelsäureverbindung [14]). Die physiologische, hauptsächlich antipyretische Wirkung der p-Amidophenolderivate ist abhängig von der Möglichkeit, daß im Organismus freies p-Amidophenol entsteht. Nur die Verbindungen, welche p-Amidophenol zu regenerieren vermögen, nach deren Eingabe also im Harn Indophenolreaktion auftritt, haben sich als wirksam erwiesen, und zwar ist die Stärke der Wirkung innerhalb gewisser Grenzen der Menge des im Organismus abgespaltenen p-Aminophenols oder n-Acidylaminophenols proportional oder annähernd proportional [14]).

p-Amino-phenol-methyläther, p-Anisidin $C_7H_9NO = (CH_3O)C_6H_4(NH_2)$. Entsteht durch Reduktion von p-Nitroanisol mit $(NH_4)S$ [15]) oder mit Zinn und Salzsäure [16]). Große rhombische Tafeln. Schmelzp. 55,5—56,5° [17]), 52° [18]), Siedep. 245—246° [19]), Siedep. $_{755,5}$ $= 239,5°$ [20]), Schmelzp. 57,2°, Siedep. $_{i.D.} = 243°$, $D_{55}^{55} = 1.0866$, $D_{90}^{90} = 1,0786$. Magnetisches Drehungsvermögen 17,90 bei 68,8° [18]).

p-Amino-phenol-äthyläther, p-Phenetidin $C_8H_{11}NO = (C_2H_5O)C_6H_4(NH_2)$. Entsteht bei der Reduktion von p-Nitrophenetol durch Zinn und Salzsäure [21]). Siedep. 244° [22]), Schmelzp. +2,4° (korr.) [23]), Siedep. $_{760} = 254,2—254,7°$ (korr.), $D_{15} = 1,0613$ [24]). Erscheint im Harn nach Phenacetingebrauch [25]), und Nachweis darin [26]).

---

[1]) Leuckart, Journ. f. prakt. Chemie [2] **41**, 327 [1890].
[2]) Ransom, Berichte d. Deutsch. chem. Gesellschaft **31**, 1063, 1268 [1898].
[3]) Hartley, Dobbie u. Paliatseas, Journ. Chem. Soc. **77**, 840 [1900].
[4]) Gressly u. Nencki, Monatshefte f. Chemie **11**, 256 [1890].
[5]) Bantlin, Berichte d. Deutsch. chem. Gesellschaft **11**, 2101 [1878].
[6]) Ikuta, Amer. Chem. Journ. **15**, 40 [1893].
[7]) Jaffé, Zeitschr. f. physiol. Chemie **12**, 305 [1888].
[8]) Kleine, Zeitschr. f. physiol. Chemie **22**, 329 [1897].
[9]) Fritzsche, Annalen d. Chemie u. Pharmazie **110**, 166 [1859].
[10]) Paul, Zeitschr. f. angew. Chemie **1897**, 172.
[11]) Goldberger, Chem. Centralbl. **1900**, II, 1014.
[12]) Akt.-Ges. f. Anilinfabr., D. R. P. 205415; Chem. Centralbl. **1909**, I, 600.
[13]) Lossen, Annalen d. Chemie u. Pharmazie **175**, 296 [1875].
[14]) Hinsberg u. Treupel, Archiv f. experim. Pathol. u. Pharmakol. **33**, 247 [1894]; Centralbl. f. inn. Medizin **18**, 258 [1897].
[15]) Cahours, Annalen d. Chemie u. Pharmazie **74**, 300 [1850].
[16]) Brunck, Zeitschr. f. Chemie **1867**, 205.
[17]) Lossen, Annalen d. Chemie u. Pharmazie **175**, 324 [1875].
[18]) Perkin, Journ. Chem. Soc. London **69**, 1245 [1896].
[19]) Salkowski, Berichte d. Deutsch. chem. Gesellschaft **7**, 1009 [1874].
[20]) Körner u. Wender, Gazzetta chimica ital. **17**, 492 [1887].
[21]) Hallock, Amer. Chem. Journ. **1**, 272 [1879].
[22]) Bischoff, Berichte d. Deutsch. chem. Gesellschaft **22**, 1782 [1889].
[23]) Schneider, Zeitschr. f. physikal. Chemie **22**, 232 [1897].
[24]) Kinzel, Archiv d. Pharmazie **229**, 330 [1891].
[25]) Fr. Müller, Therapeut. Monatshefte **12**, 357 [1900].
[26]) Edlefsen, Chem. Centralbl. **1900** I, 573.

p-Acetamino-phenol-äthyläther, Acet-p-phenetidid, Phenacetin $C_{10}H_{13}O_2N$

$$CH_3COHN\underset{H\;H}{\overset{H\;H}{\diagdown\diagup}}OC_2H_5$$

Entsteht durch Acetylieren von p-Phenetidin. Weiße Blättchen. Schmelzp. 135°, löslich in 70 T. kochendem Wasser[1]. In dem nach Gebrauch von Phenacetin entleerten Harn wurden der Schwefelsäure- und der Glykuronsäurepaarling des Acetyl-p-aminophenols nachgewiesen[2]. Außerdem wird p-Phenetidin ausgeschieden[3]. Der Essigsäurerest wird durch die Einwirkung tierischer Fermente abgespalten[4]. Gesundheitsschädliche Wirkung des Phenacetins[5].

p-Äthoxyphenyl-harnstoff, Dulcin $C_9H_{12}N_2O_2 = (C_2H_5O)C_6H_4(NHCONH_2)$. Aus salzsaurem Aminophenetol und KCNO. Glänzende Blättchen. Schmelzp. 160°[6]. Dulcin spaltet im Organismus p-Aminophenol oder ein Derivat davon ab[7].

2, 4-Diamino-phenol $C_6H_8N_2O = C_6H_3(NH_2)_2(OH)$. Entsteht bei der Reduktion von 2, 4-Dinitrophenol mit Jodphosphor und Wasser[8]) oder mit Zinn und Salzsäure[9]. Schmelzp. 78—80° unter Zersetzung[10]. Es färbt sich an der Luft rasch braunschwarz.

2, 5-Diamino-phenol $C_6H_8N_2O = C_6H_3(NH_2)_2(OH)$. Entsteht bei der Reduktion von 5-Nitro-2-aminophenol[11].

2, 6-Diamino-phenol $C_6H_8N_2O = C_6H_3(NH_2)_2(OH)$. Entsteht durch Reduktion von 2, 6-Dinitrophenol mit Zinn und Salzsäure, Stuckenberg[9]. Höchst unbeständig. Die Salze färben sich am Licht rot.

3, 4-Diamino-phenol $C_6H_8N_2O = C_6H_3(NH_2)_2(OH)$. Entsteht aus 3-Nitro-4-aminophenol durch Reduktion. Sehr unbeständig. Schmelzp. 167—168°[12].

3, 5-Diamino-phenol $C_6H_8N_2O = C_6H_3(NH_2)_2(OH)$. Bildet sich bei 4wöchentlichem Stehen von Phloroglucin mit NH_3. Prismen. Schmelzp. 168—170°[13].

2, 4, 6-Triamino-phenol $C_6H_9N_3O = C_6H_2(NH_2)_3(OH)$. Entsteht bei der Reduktion von Pikrinsäure. Die Base selbst ist sehr unbeständig. Durch die Salze wird Silberlösung reduziert[14].

Phenol-2, 4-disazo-benzol $C_{18}H_{14}ON_4$

$$(OH)C_6H_3\diagdown\!\!\begin{array}{l}N:NC_6H_5\\N:NC_6H_5\end{array}$$

Entsteht aus 2 Mol. Diazobenzol und 1 Mol. Phenol. Aus Alkohol umkrystallisiert, Schmelzp. 123°[15], 131°[16].

---

[1] Hinsberg, Annalen d. Chemie u. Pharmazie **305**, 278 [1899].

[2] Mörner, Jahresber. f. d. Fortschritte d. Tierchemie **19**, 80 [1889].

[3] Fr. Müller, Theurapeut. Monatshefte **12**, 357 [1900].

[4] Minkowski, Diss. München **1909**; Jahresber. über d. Fortschritte d. Tierchemie **1909**, 875.

[5] Kebler, Morgan u. Rupp, Jahresber. über d. Fortschritte d. Tierchemie **1909, 1179.**

[6] Berlinerblau, Journ. f. prakt. Chemie [2] **30**, 103 [1884].

[7] Treupel, Münch. med. Wochenschr. **44**, 12 [1897].

[8] Gauhe, Annalen d. Chemie u. Pharmazie **147**, 66 [1868].

[9] Hemilian, Berichte d. Deutsch. chem. Gesellschaft **8**, 768 [1875]. — Stuckenberg, Annalen d. Chemie u. Pharmazie **205**, 66 [1880]. — Gattermann, Berichte d. Deutsch. chem. Gesellschaft **26**, 1848 [1893].

[10] Seyewitz u. Lumière, Berichte d. Deutsch. chem. Gesellschaft **26**, Ref. 493 [1893].

[11] Kehrmann u. Betsch, Berichte d. Deutsch. chem. Gesellschaft **30**, 2098 [1897].

[12] Hähle, Journ. f. prakt. Chemie [2] **43**, 70 [1891]. — Kehrmann u. Gauhe, Berichte d. Deutsch. chem. Gesellschaft **31**, 2403 [1898].

[13] Pollak, Monatshefte f. Chemie **14**, 425 [1893].

[14] Lautemann, Annalen d. Chemie u. Pharmazie **125**, 1 [1863]. — Heintzel, Zeitschr. f. Chemie **1867**, 338. — Beilstein, Annalen d. Chemie u. Pharmazie **130**, 244 [1864].

[15] Vignon, Compt. rend. de l'Acad. des Sc. **138**, 1279 [1904].

[16] Grandmougin u. Freimann, Berichte d. Deutsch. chem. Gesellschaft **40**, 2662, 3453 [1907]; Journ. f. prakt. Chemie [2] **78**, 387 [1908]. — Heller, Journ. f. prakt. Chemie [2] **77**, 189 [1908].

Phenol-2, 4, 6-trisazobenzol $C_{24}H_{18}N_6O$

$$C_6H_5N_2 \underset{H\ N_2C_6H_5}{\overset{H\ N_2C_6H_5}{\diagup\hspace{-0.3em}\diagdown}} OH$$

Entsteht bei der Einwirkung von 3 Mol. Benzoldiazoniumchlorid auf Phenol in ätzalkalischer Lösung[1]). Aus viel Eisessig oder Nitrobenzol feine orange gefärbte Nadeln. Schmelzp. 215°[1]). Rotbraune Krystalle. Schmelzp. 214—215°[2]).

o-Phenol-sulfonsäure $C_6H_6SO_4$

$$H \underset{H\ SO_3H}{\overset{H\ H}{\diagup\hspace{-0.3em}\diagdown}} OH$$

Entsteht neben der p-Säure aus Phenol und konz. Schwefelsäure[3]). Aus Anilin-2-sulfonsäure mit salpetriger Säure[4]). Enthält $3/4$ Mol. H_2O und schmilzt etwas über 50°[5]). Wirkt stärker antiseptisch als Phenol. „Aseptol"[6]). Trennung der o- und p-Säure. Löslichkeit der Salze[7]). Temperaturbedingungen usw.[8]). Trennung durch die Ba- und Mg-Salze[9]).

m-Phenol-sulfonsäure $C_6H_6SO_4 = C_6H_4(SO_3H)(OH)$. Entsteht aus Anilin-3-sulfonsäure und salpetriger Säure[10]), aus m- oder p-benzoldisulfonsaurem Kalium und Ätzkali[11]). Feine Nadeln, $+2 HO$.

p-Phenol-sulfonsäure $C_6H_6SO_4 = C_6H_4(SO_3H)(OH)$. Entsteht aus Phenol und konz. Schwefelsäure in der Wärme[3]). Beim Erwärmen von p-Diazobenzolsulfonsäure mit Wasser[12]). Sehr zerfließliche Nadeln[13]). Salze[14]). Trennung von der o-Säure. Löslichkeit der Salze[7]). Temperaturbedingungen usw.[8]). Trennung durch die Ba- und Mg-Salze[9]).

Phenyl-schwefelsäure $C_6H_6SO_4$

$$H \underset{H\ H}{\overset{H\ H}{\diagup\hspace{-0.3em}\diagdown}} OSO_2OH$$

Vorkommen: Normal im Menschen- und Tierharn[15]), s. Bd. IV, S. 970.

α-**Phenol-2, 4(?)-disulfonsäure** $C_6H_6S_2O_7 = (OH)C_6H_3(SO_3H)_2$. Entsteht aus Diazobenzolsulfat und konz. Schwefelsäure[16]) beim Erwärmen von Phenol mit Schwefelsäure[17]). Warzig gruppierte zerfließliche Nadeln. Salze[18]). Temperaturbedingungen usw.[8]).

β-**Phenol-disulfonsäure** $C_6H_6S_2O_7$. Entsteht aus Phenoltrisulfonsäure. Sirupöse Masse[19]).

Phenol - 2, 4, 6 - trisulfonsäure $C_6H_6S_3O_{10} = C_6H_2(SO_3H)_3(OH)$. Entsteht beim Erhitzen von Phenol mit konz. Schwefelsäure und P_2O_5 auf 180°[20]). Aus Phenol und Pyroschwefelsäure[21]). Wasserhaltige, sehr zerfließliche Nadeln oder kurze Prismen.

---

[1]) Grandmougin u. Freimann, Berichte d. Deutsch. chem. Gesellschaft **40**, 2662, 3453 [1907]; Journ. f. prakt. Chemie [2] **78**, 387 [1908]. — Heller, Journ. f. prakt. Chemie [2] **77**, 189 [1908].

[2]) Vignon, Bulletin de la Soc. chim. [4] **3**, 1030 [1908].

[3]) Kekulé, Zeitschr. f. Chemie **1867**, 199; Berichte d. Deutsch. chem. Gesellschaft **2**, 330 [1869]. — Post, Annalen d. Chemie u. Pharmazie **205**, 64 [1880].

[4]) Kreis, Annalen d. Chemie u. Pharmazie **286**, 386 [1895].

[5]) Allain, Berichte d. Deutsch. chem. Gesellschaft **22**, Ref. 686 [1889].

[6]) Serrant, Jahresber. über d. Fortschritte d. Tierchemie **1885**, 497.

[7]) Obermiller, Berichte d. Deutsch. chem. Gesellschaft **40**, 3637 [1907].

[8]) Obermiller, Berichte d. Deutsch. chem. Gesellschaft **41**, 696 [1908].

[9]) Obermiller, D. R. P. 202 168; Chem. Centralbl. **1908**, II, 1220.

[10]) Berndsen, Annalen d. Chemie u. Pharmazie **177**, 90 [1875].

[11]) Barth u. Senhofer, Berichte d. Deutsch. chem. Gesellschaft **9**, 969 [1876].

[12]) Schmitt, Annalen d. Chemie u. Pharmazie **120**, 148 [1861].

[13]) Allain, Bulletin de la Soc. chim. **47**, 879 [1887].

[14]) Barth u. Senhofer, Berichte d. Deutsch. chem. Gesellschaft **9**, 973 [1876].

[15]) Baumann, Berichte d. Deutsch. chem. Gesellschaft **9**, 55 [1876].

[16]) Griess, Annalen d. Chemie u. Pharmazie **137**, 69 [1866].

[17]) Kekulé, Zeitschr. f. Chemie **1866**, 693.

[18]) Weinhold, Annalen d. Chemie u. Pharmazie **143**, 58 [1867].

[19]) Senhofer, Jahresber. d. Chemie **1879**, 749.

[20]) Senhofer, Annalen d. Chemie u. Pharmazie **170**, 110 [1873]. — Chamot u. Pratt, Journ. Amer. Chem. Soc. **31**, 925 [1909].

[21]) Arche u. Eisenmann, D. R. P. 51 321.

2. Substituierte einwertige Phenole und deren Äther.

Kresole. Methylphenole.

$$C_7H_8O.$$

Vorkommen: Die drei isomeren Kresole finden sich im Steinkohlenteer und werden daraus zusammen mit dem Phenol gewonnen[1]). Ebenso sind sie im Fichtenholzteer[2]) und im Buchenholzteer[3]) vorhanden. Eine Trennung durch Fraktionierung ist nicht ausführbar.

Zur **Reindarstellung** der Kresole geht man am besten von den Toluidinen aus. Man löst 15 T. Toluidin in 500 T. Wasser und 15 T. Schwefelsäure (spez. Gew. 1,8), gibt die theoretische Menge (etwa 12 T.) Kaliumnitrit, in wässeriger Lösung, hinzu und erhitzt allmählich. Das Kresol wird im Dampfstrom abdestilliert, das Destillat in Natronlauge gelöst, die filtrierte Lösung mit verdünnter Schwefelsäure angesäuert und mit Äther erschöpft. Man reinigt das Kresol durch Destillation im Kohlensäurestrom[1])[4]). Eine Farbenreaktion, die gestattet, die drei Isomeren voneinander zu unterscheiden, wird von Dehn und Scott angegeben. p-Kresol gibt mit NH_3 und $NaOBr$ behandelt keine grüne Färbung. Mit $NaOBr$ allein versetzt, gibt o-Kresol eine dunkelbraune, m-Kresol eine hellbraune Färbung[5]).

Trennung von o-, m- und p-Kresol und Bestimmung des m-Kresols:[6]) Durch sehr sorgfältige und oft wiederholte fraktionierte Destillation kann man aus dem technischen Kresolgemisch, das 40% o-, 35% m- und 25% p-Kresol im Durchschnitt enthält, das o-Kresol, das bei 188° siedet, fast vollständig abscheiden. Man erhält dann ein Gemisch von ca. 60% m-Kresol und 40% p-Kresol, das sich durch Destillation nicht trennen läßt. Zur Bestimmung des m-Kresols gilt folgendes Verfahren: Genau 10 g Kresol werden in einem kleinen Erlenmeyerkolben gewogen und mit 15 ccm gewöhnlicher Schwefelsäure von 66° Bé gemischt. Der Kolben bleibt dann mindestens 1 Stunde in einem durch Dampf geheizten Trockenschrank stehen. Alsdann gießt man seinen Inhalt in einen weithalsigen Kolben von etwa 1 l Fassungsraum und kühlt diesen unter Wasserkühlung und Umschwenken ab. Dabei legt sich die in der Wärme dünnflüssige Sulfosäure als dicker Sirup an die Wände des Literkolbens. Nunmehr gießt man in den Erlenmeyerkolben, welcher zur Sulfurierung diente, zum Ausspülen der in ihm haften gebliebenen Reste genau 90 ccm gewöhnliche konz. Schwefelsäure von 40° Bé, bringt durch Umschwenken die Sulfosäurerückstände in Lösung und gibt sodann dieses ganze Quantum Salpetersäure auf einmal in den Literkolben. Dieser wird sodann sofort kräftig umgeschüttelt, bis alle Sulfosäure gelöst ist, was etwa 20 Sekunden dauern mag. Dann stellt man den Kolben sogleich unter einen Abzug. Nach Verlauf von ca. 1 Minute tritt eine heftige Reaktion ein; der Inhalt kommt in heftiges Kochen unter starker NO_2-Entwicklung, dann trübt sich die bis dahin klare Flüssigkeit plötzlich, Öltropfen scheiden sich aus. Man läßt 10 Minuten stehen, gießt dann das Reaktionsgemisch in eine Schale, welche 40 ccm Wasser enthält und spült mit 40 ccm Wasser nach. Dabei erstarrt das Trinitro-m-Kresol allmählich, welches nach 2 Stunden abfiltriert, mit 100 ccm H_2O nachgewaschen, bei 95—100° getrocknet und gewogen wird. o- und p-Kresol werden bei dieser Art der Nitrierung vollständig verbrannt. Nachprüfung der Methode durch Emde und Runne[7]). Ähnliche Bestimmung wie die von Raschig siehe Raschig und Fortmann[8]). Eine der Koppeschaarschen analoge Titration gibt Ditz[9]) an. Trennung durch Behandlung mit wasserfreier Oxalsäure oder wasserfreien sauren Oxalaten, wobei p-Kresol verestert wird, das m-Kresol dagegen nicht[10]). Trennung durch Sulfurierung mittels Natriumbisulfats bei 100 bis 110°, wobei nur das m-Kresol sulfuriert wird[11]). Eine Trennungsmethode beruht darauf, daß die m-Kresolsulfonsäure die Sulfogruppe bei der Behandlung mit Wasserdampf bei 125—130°,

---

[1]) Schotten u. Tiemann, Berichte d. Deutsch. chem. Gesellschaft **11**, 783 [1878]. — Schulze, Berichte d. Deutsch. chem. Gesellschaft **20**, 410 [1887].

[2]) Duclos, Annalen d. Chemie u. Pharmazie **109**, 136 [1859].

[3]) Marasse, Annalen d. Chemie u. Pharmazie **152**, 64 [1869].

[4]) Ihle, Journ. f. prakt. Chemie [2] **14**, 451 [1876].

[5]) Dehn u. Scott, Journ. Amer. Chem. Soc. **30**, 1420 [1908].

[6]) Raschig, Zeitschr. f. angew. Chemie **13**, 761 [1900].

[7]) Emde u. Runne, Archiv d. Pharmazie **246**, 418 [1908].

[8]) Raschig u. Fortmann, Zeitschr. f. angew. Chemie **14**, 157—160 [1901].

[9]) Ditz, Zeitschr. f. angew. Chemie **1899**, 873, 897; **1900**, 1050; **1901**, 160.

[10]) Rud. Rütgers, D. R. P. 137 584 u. 141 421; Chem. Centralbl. **1903**, I, 111, 1197.

[11]) Chemische Fabrik Ladenburg, D. R. P. 148 703; Chem. Centralbl. **1904**, I, 553.

die p-Kresolsulfonsäure dieselbe dagegen erst bei 140—160° abspaltet[1]). Bestimmung von o-Kresol nach dem Koppeschaarschen Verfahren[2]).

Über Verfahren, welche bezwecken, Kresole durch Mischen mit Seifen oder dgl. in wasserlösliche, für Desinfektionszwecke geeignete Präparate (Lysol) überzuführen vgl. u. a.[3]). Die Wertbestimmung der Kresole in Lysol und lysolähnlichen Präparaten hat eine umfangreiche Literatur gezeitigt, auf die hier nur ganz kurz eingegangen werden kann. O. Schmatolla schüttelt ein gemessenes Quantum Lysol mit einem gemessenen Quantum Petroläther und bestimmt das Kresol aus der Volumzunahme der Petroläther-schicht[4]). Arnold und Mentzel trennen das Kresol durch Destillation ab[5]). Leyd gibt eine Benzinprobe auf Wassergehalt des Lysols an[6]). Eine andere Methode der Kresol-bestimmung beruht auf der Bestimmung der Menge und der Dichte der durch verdünnte Schwefelsäure aus einem Lysol abgeschiedenen Kresolfettsäurelösung[7]). Ein anderes Ver-fahren besteht darin, daß man 10 ccm des Lysols im graduierten Reagensrohr mit 6 ccm offizineller Salzsäure schüttelt, bis zur völligen Abscheidung im Wasserbad erhitzt und dann nach Abkühlung auf 15° die abgeschiedene Flüssigkeitssäule abliest[8]). Aufrecht empfiehlt die Destillation im Dampfstrom zur Trennung der Kresole von den Fettsäuren[9]). W. Spalte-holz benutzt Essigsäure einer bestimmten Konzentration zur Bestimmung des Kresol-gehalts[10]). Die Methode wird scharf angegriffen[11]). Als Vorprobe eignet sich vielleicht die refraktometrische Untersuchung der Kresolseifenlösung, gefundene Werte von 1,4910 und darunter würden eine Bestimmung des Kresolgemisches erforderlich machen. Refraktion des Rohkresols 1,5414—1,5444[12]). Weitere Untersuchungen s.[13])[14])[15])[16])[17]). Eine biologi-sche Bestimmungsmethode durch Testbakterien geben Blyth und Goodban an[18]).

Physiologische Eigenschaften:[19]) Von den Kresolen wird m-Kresol zu 50—53% im Organismus des Hundes verbrannt, o-Kresol zu 65—69,8%, p-Kresol zu 73—76,5%[20]). Der menschliche Organismus verbrennt die Kresole nach Zuführung von Tagesgaben von 1—4 g Lysol bis auf 20—25%, die als gekuppelte Säuren durch den Harn ausgeschieden werden. Die Verteilung des so ausgeschiedenen Kresols auf Glucuron- und Schwefelsäure ist wechselnd[21]). Nach Einführung von großen Mengen von p-Kresol findet sich im Hundeharn ein Doppel-salz von p-Kresolglucuron- und p-Kresolschwefelsäure[22]). Beim Menschen kann bei Lysol-vergiftung, also einer Überschwemmung des Organismus mit Kresol, eine gewaltige Pro-duktion von Glucuronsäure stattfinden. In einem Fall ging dieses so weit, daß alle Sulfat-schwefelsäure aus dem Harn verschwand und als Ätherschwefelsäure ausgeschieden wurde[23]).

[1]) Riehm, D. R. P. 53 307.

[2]) Clauser, Chem. Centralbl. **1900**, I, 118.

[3]) Dammann, D. R. P. 52 129. — Hollmers, D. R. P. 76 133, 80 260. — Raschig, D. R. P. 87 275. — Engler u. Dieckhoff, Archiv d. Pharmazie **230**, 561 [1892]; **232**, 351 [1894]. — Adam, Journ. de Pharm. et de Chim. [6] **22**, 145 [1905]. — Roos, Pharmaz. Ztg. **54**, 118 [1909]. — Chem.-Ztg. **27**, 634 [1903]. — Deiter, Chem. Centralbl. **1909**, II, 1018.

[4]) Schmatolla, Pharmaz. Ztg. **47**, 978 [1902]; **48**, 288, 434, 560 [1903].

[5]) Arnold u. Mentzel, Apoth.-Ztg. **18**, 134 [1903]; **19**, 590 [1904]; Pharmaz. Ztg. **48**, 403 [1903].

[6]) Seyd, Apoth.-Ztg. **18**, 345 [1903].

[7]) Schmatolla, Apoth.-Ztg. **19**, 815 [1904].

[8]) Uebelmesser, Centralbl. f. Bakt. I. Abt. **37**, 469 [1904].

[9]) Aufrecht, Pharmaz. Ztg. **50**, 538 [1905].

[10]) Spalteholz, Chem.-Ztg. **33**, 181—182 [1909].

[11]) Schmatolla, Chem.-Ztg. **33**, 284 [1909].

[12]) Utz, Apoth.-Ztg. **21**, 763 [1906].

[13]) Arnold, Zeitschr. f. Medizinalbeamte **21**, 305 [1908].

[14]) Deiter, Veröffentl. a. d. Gebiete d. Militärsanitätswesens **38**, 73 [1908], **41** 38—46 [1909].

[15]) Herzog, Pharmaz. Ztg. **53**, 8, 141 [1908].

[16]) Eger, Pharmaz. Ztg. **52**, 1049 [1907].

[17]) Richter, Apoth.-Ztg. **24**, 170 [1909]. — Warnecke, Apoth.-Ztg. **24**, 650 [1909]. — Rapp, Apoth.-Ztg. **24**, 642 [1909]. — Keller, Apoth.-Ztg. **24**, 849 [1909].

[18]) Blyth u. Goodban, The Analyst **32**, 154 [1907]; Chem. Centralbl. **1908**, I, 661.

[19]) Laubenheimer, Habilitationsschrift Gießen 1909.

[20]) Jonescu, Biochem. Zeitschr. **1**, 399 [1906].

[21]) Blumenthal, Biochem. Zeitschr. **1**, 135 [1906]. — Tollens, Zeitschr. f. physiol. Chemie **67**, 154 [1910]. — Stern, Zeitschr. f. physiol. Chemie **68**, 52 [1910].

[22]) Kretschmer, Diss. Berlin 1911.

[23]) Wohlgemuth, Berl. klin. Wochenschr. **43**, 508 [1906].

Als Oxydationsprodukte wurden isoliert nach p-Kresol p-Oxybenzoesäure, nach o-Kresol Hydrotoluchinon[1]).

Als letale Dosen der Kresole werden angegeben für Kaninchen p-Kresol 0,3 g, o-Kresol 0,45 g, m-Kresol 0,5 g pro Kilogramm Tier[2]).

Für Katzen	p-Kresol 0,08 g	o-Kresol 0,09 g	m-Kresol 0,12 g	pro Kilogramm[3])		
„ Mäuse	„ 0,15 g	„ 0,35 g	„ 0,45 g	„	„	[3])
„ Frösche	„ 0,15 g	„ 0,20 g	„ 0,25 g	„	„	[3])
„ Hunde	„ 0,5—0,7 g	„ 0,75 g	„ 0,64—1,0 g	„	„	[4])

Die Giftwirkung hängt ab von dem momentanen Zustand des Magens. Bei gefülltem Magen wird die Resorption verlangsamt, ja verhindert durch unlösliche Kresolverbindungen mit Fleischeiweiß usw. An der Magen- und Darmschleimhaut machen schon 1—2 proz. Lösungen Epithelschädigungen. Stärkere Konzentrationen bringen starke Verschorfungen hervor. Die Resorption erfolgt durch die Blutbahn. Schon wenige Minuten nach Einverleibung von genügenden Mengen von 1—3 proz. Lysollösung sind Kresole im Pfortaderblut nachzuweisen, durch ausgedehnte Zerstörung der Bestandteile des Pfortaderblutes und der Gefäßintima[5]). Die Pfortader führt die Kresole zur Leber. Diese sucht, obgleich sie selbst infolge hochgradiger Zellenveränderungen, die bis zum totalen Zellschwund gehen kann, schwer geschädigt wird, die Kresole durch Kuppelung mit Glucuron- und Schwefelsäure unschädlich zu machen. Ist die Menge der Kresole zu groß, so dringen dieselben in die Gehirnlipoide ein, was nach heftigem Erregungszustand Lähmung und Tod zur Folge hat. Auch die Gallenabsonderung scheint für die Unschädlichmachung der Kresole im Organismus von Bedeutung zu sein. Die Galle entzieht der Leber große Mengen Kresols und bringt sie in den Darm zurück. Hier werden sie verdünnt, resorbiert und der Leber in weniger großer Konzentration wieder zugeführt[4]). Blumenthal und Jacoby haben quantitative Bestimmungen der Kresolmengen, welche sich in der Gehirnsubstanz von mit Lysol vergifteten Kaninchen fanden, ausgeführt. Die dabei gefundenen Resultate zeigten, daß die Kresolmengen im Gehirn unabhängig von der vergiftenden Lysolmenge waren, und führten die Verfasser zu dem Schlusse, daß der Tod der Tiere eintritt durch Eindringen von Kresol in die Gehirnsubstanz und zwar in dem Augenblick, in welchem eine ganz bestimmte Menge Kresol in der Nervensubstanz aufgespeichert ist. Verdünnt man das Lysol vor der Eingabe mit Öl anstatt mit Wasser, so findet man bei gleicher zugeführter Menge von Lysol nach gleicher Zeit sehr viel weniger Lysol im Gehirn der Versuchstiere[5]). Blumenthal faßt die Kresole als echte Zellengifte auf. Nach seiner Anschauung geschieht das Eindringen in die Zellen durch Vermittlung der Lipoide und die Zellen bilden dann aus ihren Eiweiß- und Kohlehydratvorräten Schwefel- und Glucuronsäure, um so auch ihrerseits an der Entgiftung der eingedrungenen Kresole teilzunehmen[6]).

Über die Desinfektionskraft des Rohkresols haben Fischer und Koske[7]) gearbeitet. Vergleichende Versuche über die desinfizierende Wirkung von Lysol und div. Desinfektionsmitteln, die Phenole oder Kresole enthalten, siehe Saito[8]). Der Desinfektionswert der drei Kresole scheint ziemlich der gleiche zu sein[9]). Andere Autoren konstatieren, daß das m-Kresol die beiden andern Isomeren an Desinfektionskraft übertrifft[10]). Die Desinfektionskraft der Kresole wird durch Zusatz von Säuren, namentlich von Oxalsäure, erheblich verstärkt. o-Kresol steht in der Desinfektionskraft etwas hinter der m- und p-Verbindung zurück[11]). Eine 5 proz. Lysollösung tötet die Wintereier der Phylloxera[12]).

---

[1]) Baumann u. Herter, Zeitschr. f. physiol. Chemie 1, 264 [1877/78]. — Preuße, Zeitschr. f. physiol. Chemie 5, 57 [1880].

[2]) Meili, Inaug.-Diss. Bern 1891.

[3]) Tollens, Archiv f. experim. Pathol. u. Pharmakol. 52, 239 [1905].

[4]) Wandel, Archiv f. experim. Pathol. u. Pharmakol. 56, 165 [1907]; Kongr. f. inn. Medizin 24, 317 [1907].

[5]) Blumenthal u. Jacoby, Biochem. Zeitschr. 7, 39 [1907].

[6]) Blumenthal, Deutsche med. Wochenschr. 1906, 1283.

[7]) Fischer u. Koske, Arbeiten a. d. Kaiserl. Gesundheitsamt 19, 157, 603 [1902].

[8]) Saito, Desinfektion 1, 267—274 [1908].

[9]) Rapp, Apoth.-Ztg. 22, 643 [1907]; 23, 737 [1908]. — Schneider, Archiv f. Hyg. 67, 1 [1908].

[10]) Schütz, Hyg. Rundschau 6, 289 [1896]. — Seybold, Zeitschr. f. Hyg. u. Infektionskrankheiten 29, 384 [1898]. — Laubenheimer, Habilitationsschrift Gießen 1909.

[11]) Hailer, Arbeiten a. d. Kaiserl. Gesundheitsamt 33, 500 [1910].

[12]) Cautin, Compt. rend. de l'Acad. des Sc. 138, 178 [1904]; 139, 1232 [1904].

Pflanzenphysiologisch werden die folgenden Zahlen als Grenzwerte für die Wachstums-hemmung von Lupinenwurzeln angegeben. o-Kresol $^1/_{800}$ Mol. pro Liter, o-Kresol + 1 NaOH $^1/_{400}$, m-Kresol $^1/_{800}$, m-Kresol + 1 NaOH $^1/_{400}$, p-Kresol $^1/_{1600}$, p-Kresol + 1 NaOH $^1/_{1600}$ Mol. pro Liter [1]).

o-Kresol, o-Methyl-phenol.

Mol.-Gewicht 108,06.
Zusammensetzung: 77,74% C, 7,46% H.

$$C_7H_8O.$$

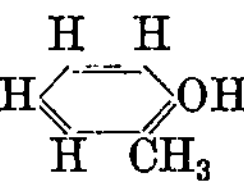

Vorkommen: Als o-Kresolschwefelsäure im Pferdeharn[2]), im Menschenharn[3]). Dieses Vorkommen ist nicht einwandfrei bewiesen[4]). Im Holzteerkreosot[5]). Im Grünnaphtha-kreosot aus Schieferöl[6]).

Bildung: Bei der Fäulnis von Eiweiß (?)[7]). Bei der Destillation von Berberin mit Zinkstaub[8]). Beim Schmelzen von o-Toluolsulfosäure mit Kali[9]). Beim Behandeln von Carvacrol mit Phosphorpentoxyd[10]). Beim Behandeln von Campher mit Zinkchlorid (?)[11]).

Darstellung: S. unter Kresole S. 561.

Physikalische und chemische Eigenschaften: Krystalle. Schmelzp. 30°, Siedep. 190,8°; $D_{65,6} = 1,0053$, $D_0 = 1,0578$ (flüssig)[12]); Siedep._{i.D.} = 191°, $D_{15}^{15} = 1,0511$, $D_{25}^{25} = 1,0477$. Magnetisches Drehungsvermögen 13,38 bei 16°[13]). Siedep._{717,8} = 187,5—188°, $D_{41,4} = 1,0292$, $D_{55,0} = 1,0174$, $D_{107,6} = 0,9704$, $D_{150,0} = 0,9296$, Oberflächenspannung $\gamma_{41,4} = 36,21$, $\gamma_{55,0} = 34,66$, $\gamma_{107,6} = 29,18$, $\gamma_{150,0} = 24,70$[14]). Capillaritätskonstante[15]). Molekulares Brechungs-vermögen 53,64[16]). Lösungswärme in Wasser —2,08 Cal., Neutralisationswärme durch Natronlauge 8,19 Cal.[17]). Molekulare Verbrennungswärme 883,0 Cal.[18]). Dampfspannungskurve[19]). Siedep. 187,0°, $D_4^{20} = 1,0482$. Mittlere Kompressibiltät 42,24[20]). Refraktion_{150} = 1,5492[21]). Dielektrizitätskonstante 5,65[22]). Assoziationsfaktor 1,12[23]). Unlöslich in verdünntem Ammoniak (Unterschied von Phenol). 100 T. Wasser lösen 2,5 T.[24]). Gibt beim Schmelzen mit Ätzkali Salicylsäure[25]). Liefert. mit konz. Schwefelsäure in der Wärme o-Kresol-5-sulfonsäure, in der Kälte entsteht daneben o-Kresol-3-sulfonsäure[26]).

[1]) True u. Hunkel, Botan. Centralbl. **76**, 289 [1898].
[2]) Preuße, Zeitschr. f. physiol. Chemie **2**, 235 [1878/79].
[3]) Brieger, Zeitschr. f. physiol. Chemie **4**, 204 [1880].
[4]) Baumann, Zeitschr. f. physiol. Chemie **3**, 250 [1879].
[5]) Béhal u. Choay, Bulletin de la Soc. chim. [3] **11**, 701 [1894].
[6]) Gray, Chem. Centralbl. **1902**, II, 608.
[7]) Baumann u. Brieger, Zeitschr. f. physiol. Chemie **3**, 149 [1879].
[8]) Scholtz, Archiv d. Pharmazie **236**, 536 [1898].
[9]) Engelhardt u. Latschinow, Zeitschr. f. Chemie **1869**, 620.
[10]) Kekulé, Berichte d. Deutsch. chem. Gesellschaft **7**, 1006 [1874].
[11]) Reuter, Berichte d. Deutsch. chem. Gesellschaft **16**, 624 [1883].
[12]) Pinette, Annalen d. Chemie u. Pharmazie **243**, 37 [1888].
[13]) Perkin, Journ. Chem. Soc. London **69**, 1239 [1896].
[14]) Bolle u. Guye, Journ. de Chim. Phys. **3**, 38 [1905]; Chem. Centralbl. **1905**, I, 868.
[15]) Feustel, Annalen d. Physik [4] **16**, 88 [1905]. — Renard u. Guye, Journ. de Chim. Phys. **5**, 81 [1907].
[16]) Eykman, Recueil d. travaux chim. des Pays-Bas **12**, 177 [1893].
[17]) Berthelot, Annales de Chim. et de Phys. [6] **7**, 201 [1886].
[18]) Stohmann, Rodatz u. Herzberg, Journ. f. prakt. Chemie [2] **34**, 312 [1886].
[19]) Kahlbaum, Zeitschr. f. physikal. Chemie **26**, 614 [1898].
[20]) Richards u. Mathews, Journ. Amer. Chem. Soc. **30**, 10 [1908].
[21]) Utz, Chem. Centralbl. **1906**, II, 1286.
[22]) Mathews, Chem. Centralbl. **1906**, I, 224. — Philip u. Haynes, Journ. Chem. Soc. **87**, 1002 [1905].
[23]) Hewitt u. Winmill, Chem. Centralbl. **1907**, I, 1573.
[24]) Gruber, Archiv f. Hyg. **1893**, 619.
[25]) Gräbe u. Kraft, Berichte d. Deutsch. chem. Gesellschaft **39**, 796 [1906].
[26]) Claus u. Jackson, Journ. f. prakt. Chemie [2] **38**, 333 [1888].

Wird durch Tyrosinase oxydiert[1]). Bei der Reduktion nach Sabatier bei 190—210° entsteht Methylcyclohexanol-(1, 2)[2]). Durch Einwirkung von H_2O_2 entstehen Toluhydrochinon und Toluchinon[3]). o-Kresol gibt mit Natriumhypobromidlösung eine dunkelbraune, mit NH_3 und NaOBr eine grüne Färbung. Die p-Verbindung wird nicht gefärbt[4]).

Salze und Derivate: $NaO—C_6H_4—CH_3$. Dargestellt aus Natriumalkoholat und Kresol. Farblose, sehr hygroskopische Masse[5]).

$Al(OC_6H_4CH_3)_3$. Wird durch Kochen von o-Kresol mit Aluminium als amorphe Masse erhalten[6]).

$Ba(OC_6H_4CH_3)_2$. Löslich in 1,5 T. Wasser von 100°[7]).

o-Kresol-pikrat $2 C_6H_4(OH)(CH_3) + 3 C_6H_2(OH)(NO_2)_3$. Orangegelbe Nadeln. Schmelzp. 88°. m- und p-Kresol liefern kein Pikrat[8]).

o-Kresol-methyläther $C_8H_{10}O$

Siedep. 171,3°, $D_0 = 0,9957$ [9]). $D_{15}^{15} = 0,9851$, $D_{25}^{25} = 0,9781$. Magnetisches Drehungsvermögen 15,19 bei 14,3° [10]). Siedep. 166—167° [11]).

o-Kresol-äthyläther $C_9H_{12}O = C_2H_5O \cdot C_6H_4CH_3$. Siedep. 180—181°, $D = 0,9577$ [12]).

o-Kresol-normal-propyläther $C_{10}H_{14}O = (C_3H_7O)C_6H_4CH_3$. Siedep. 204,1°, $D_0 = 0,9517$ [9]).

o-Kresol-normal-butyläther $C_{11}H_{16}O = (C_4H_9O)C_6H_4CH_3$. Siedep. 223,0°, $D_0 = 0,9437$ [9]).

o-Kresol-normal-heptyläther $C_{14}H_{22}O = (C_7H_{15}O)C_6H_4CH_3$. Siedep. 277,5°, $D_0 = 0,9243$ [9]).

o-Kresol-normal-octyläther $C_{15}H_{24}O = (C_8H_{17}O)C_6H_4CH_3$. Siedep. 292,9°, $D_0 = 0,9231$ [9]).

o-Tolyl-äther, o-Kresyloxyd $C_{14}H_{14}O = (CH_3C_6H_4)_2O$. Entsteht bei der trockenen Destillation von Aluminiumkresylat. Flüssig. Siedep. 272—278°[13]), 274°[14]), $D_{24,3} = 1,047$[13]).

o-Kresol-isoamyläther $C_{12}H_{18}O = (C_5H_{11}O)C_6H_4CH_3$. Siedep. 210—215°, $D_{20} = 0,9839$. $[\alpha]_D^{20} = 3,86°$ [15]).

o-Kresyl-glucosid $C_{13}H_{18}O_6 = (C_6H_{11}O_5O)C_6H_4CH_3$. Entsteht aus Acetochlorhydrose und o-Kresolkalium in Alkohol. Nadeln aus Wasser. Schmelzp. 163—165° [16]).

Di-o-kresyl-carbonat $C_{15}H_{14}O_3 = CO(OC_6H_4CH_3)_2$. Entsteht aus o-Kresol, Ameisensäure und Chlorkohlenoxyd in Pyridinlösung. Aus Alkohol Nadeln. Schmelzp. 60°[17]).

o-Kresyl-chlor-acetat $C_9H_9O_2Cl = C_6H_4(CH_3)(OCOCH_2Cl)$. Farbloses Öl. Siedep. im Vakuum 147° [18]).

Tri-o-kresyl-phosphat-dichlorid $Cl_2P(OC_6H_4CH_3)_3$. Aus o-Kresol und PCl_5. Gelbbraunes Öl. Zersetzt sich bei 180° [19]).

Tri-o-kresylphosphat $C_{21}H_{21}PO_4 = PO(OC_6H_4CH_3)_3$. Entsteht aus o-Kresol und PCl_5. Flüssig[20]).

[1]) Chodat, Chem. Centralbl. **1907**, II, 1430.
[2]) Sabatier u. Senderens, Annales de Chim. et de Phys. [8] **4**, 374 [1905].
[3]) Henderson u. Boyd, Journ. Chem. Soc. **97**, 1660 [1910].
[4]) Dehn u. Scott, Journ. Amer. Chem. Soc. **30**, 1420 [1908].
[5]) Bischoff, Berichte d. Deutsch. chem. Gesellschaft **33**, 1249 [1900].
[6]) Gladstone u. Tribe, Journ. Chem. Soc. London **49**, 26 [1886].
[7]) Gödike, Berichte d. Deutsch. chem. Gesellschaft **26**, 3044 [1893].
[8]) Riehm, D. R. P. 53307.
[9]) Pinette, Annalen d. Chemie u. Pharmazie **243**, 37 [1888].
[10]) Perkin, Journ. Chem. Soc. **69**, 1240 [1896].
[11]) Sabatier u. Mailhe, Compt. rend. de l'Acad. des Sc. **151**, 361 [1910].
[12]) Städel, Annalen d. Chemie u. Pharmazie **217**, 41 [1883].
[13]) Gladstone u. Tribe, Journ. Chem. Soc. London **49**, 27 [1886].
[14]) Sabatier u. Mailhe, Compt. rend. de l'Acad. des Sc. **151**, 493 [1910].
[15]) Welt, Annales de Chim. et de Phys. [7] **6**, 139 [1895].
[16]) Ryan, Journ. Chem. Soc. London **75**, 1056 [1899].
[17]) Einhorn u. Hollandt, Annalen d. Chemie u. Pharmazie **301**, 115 [1898].
[18]) Einhorn u. Hütz, Archiv d. Pharmazie **240**, 634 [1902].
[19]) Autenrieth u. Geyer, Berichte d. Deutsch. chem. Gesellschaft **41**, 155 [1908].
[20]) Heim, Berichte d. Deutsch. chem. Gesellschaft **16**, 1767 [1883].

o-Kresyl-arseniat $As(OC_6H_4CH_3)_3$. Dunkelbraune Flüssigkeit. Siedep.$_{30}$ über 360° [1]).

o-Kresol-arsinsäure $CH_3C_6H_3(OH)AsO(OH)_2$. Aus Wasser weiße Säulen + 1 Mol. H_2O. Schmelzp. 180°, wasserfrei 222° [2]).

o-Kresyl-phenylurethan $C_{14}H_{13}NO_2 = [(C_6H_5)NHCOO]C_6H_4CH_3$. Aus Alkohol lange seideglänzende Nadeln. Schmelzp. 145° [3]).

o-Kresyl-diphenylurethan $[(C_6H_5)_2NCOO]C_6H_4CH_3$. Aus o-Kresol und Diphenylharnstoff. Schmelzp. 72—73° [4]).

o-Kresyl-α-naphthylurethan $(C_{10}H_7NHCOO)C_6H_4(CH_3)$. Entsteht aus o-Kresol und Naphthylisocyanat. Schmelzp. unscharf 145° [5]).

o-Kresol-monoglycerinäther $[C_3H_5(OH)_2O]C_6H_4CH_3$. Aus o-Kresol, Glycerin und geschmolzenem Natriumacetat. Aus Benzolpetroläther seideglänzende Nadeln. Schmelzp. 66° [6]).

Di-o-kresol-glycerinäther $C_{17}H_{20}O_3 = [(C_7H_7O)CH_2]_2CH(OH)$. Gelbliches Öl. Siedep. 296° (?) [7]). Zwischenprodukt $CH_3C_6H_4[OCH_2CH(OH)CH_2Cl]$. Siedep.$_{14} = 165°$ [7]).

5-Chlor-o-kresol $C_7H_7ClO = (OH)C_6H_3 \cdot Cl \cdot CH_3$. Entsteht beim Einleiten von Chlorgas in die gut gekühlte, mit etwas Eisendraht versetzte eisessigsaure Lösung von o-Kresol. Schmelzp. 33°, Siedep. 220° [8]). Aus o-Kresol und SO_2Cl_2. Aus Petroläther Nadeln. Schmelzp. 48—49°, Siedep. 220—225° [9]).

3, 5-Dichlor-o-kresol $C_7H_6Cl_2O = (OH)C_6H_2 \cdot Cl_2 \cdot CH_3$. Entsteht beim Einleiten von Chlor in siedendes o-Kresol [10]), aus o-Kresol und SO_2Cl_2 [11]). Aus heißem Wasser Nadeln. Schmelzp. 55° [10]).

5-Brom-o-kresol $C_7H_7BrO = (OH)C_6H_3 \cdot Br \cdot CH_3$. Entsteht wie das 5-Chlor-o-kresol beim Bromieren des o-Kresols. Aus Alkohol lange Nadeln. Schmelzp. 64°, Siedep. 235° [8]). Schmelzp. 64° [12]).

3, 5 - Dibrom - o - kresol $C_7H_6Br_2O = (OH)C_6H_2Br_2CH_3$. Entsteht aus o-Kresol und 2 Mol. Bromwasser. Aus Alkohol Krystalle. Schmelzp. 56—57° [13]), 57° [14]).

1¹, 5-Dibrom-o-kresol, 2 Oxy-5-brombenzyl-bromid $C_7H_6Br_2O$

$$\text{H}\underset{\text{H}\quad\text{OH}}{\overset{\text{Br}\quad\text{H}}{\diamondsuit}}\text{CH}_2\text{Br}$$

Entsteht aus Saligenin und Brom in Chloroform. Nadeln. Schmelzp. 98° [15]).

1¹, 3, 5-Tribrom-o-kresol, 2 Oxy-3, 5-dibrombenzylbromid $C_7H_5OBr_3$

$$\text{H}\underset{\text{Br}\quad\text{OH}}{\overset{\text{Br}\quad\text{H}}{\diamondsuit}}\text{CH}_2\text{Br}$$

Entsteht aus Saligenin und einem großen Überschuß von Brom in Chloroform. Aus Eisessig Nadeln. Schmelzp. 98° [15]).

3, 4, 5-Tribrom-o-kresol $C_7H_5Br_3O = (OH)C_6HBr_3CH_3$. Entsteht bei der Bromierung von o-Kresol in Chloroform oder CCl_4 bei Gegenwart von Eisen. Aus Petroläther Nadeln. Schmelzp. 79° [15]).

---

¹) Lang, Mackey u. Gortner, Journ. Chem. Soc. London **93**, 1372 [1908].

²) Benda u. Kahn, Berichte d. Deutsch. chem. Gesellschaft **41**, 1678 [1908].

³) Leuckart, Journ. f. prakt. Chemie [2] **41**, 319 [1890].

⁴) Herzog, Berichte d. Deutsch. chem. Gesellschaft **40**, 1833 [1907].

⁵) Neuberg u. Hirschberg, Biochem. Zeitschr. **27**, 342 [1910].

⁶) Zivkovic, Monatshefte f. Chemie **29**, 953 [1908].

⁷) Zunino, Chem. Centralbl. **1909**, I, 1556. — Boyd u. Marle, Journ. Chem. Soc. **97**, 1790 [1910].

⁸) Claus u. Jackson, Journ. f. prakt. Chemie [2] **38**, 328 [1888].

⁹) Peratoner u. Condorelli, Gazzetta chimica ital. **28**, I, 211 [1898].

¹⁰) Claus, Berichte d. Deutsch. chem. Gesellschaft **16**, 1601 [1883]; **19**, 927 [1886].

¹¹) Martini, Gazzetta chimica ital. **29**, II, 60 [1899].

¹²) Zincke, Annalen d. Chemie u. Pharmazie **350**, 274 [1906].

¹³) Werner, Bulletin de la Soc. chim. **46**, 278 [1886]. — Claus u. Jackson, Journ. f. prakt. Chemie [2] **38**, 326 [1888].

¹⁴) Zincke, Annalen d. Chemie u. Pharmazie **350**, 275 [1906]. — Autenrieth u. Beuttel, Archiv d. Pharmazie **248**, 126 [1910].

¹⁵) Auwers u. Büttner, Annalen d. Chemie u. Pharmazie **302**, 142 [1898].

3, 4, 5, 6-Tetrabrom-o-kresol $C_7H_4OBr_4 = (OH)C_6Br_4CH_3$. Entsteht durch Einwirkung von Brom mit 1% Aluminium auf o-Kresol[1]. Aus Eisessig Nadeln. Schmelzp. 206—207°[1], 207—208°[2], 205°[3], 207—208°[4].

Dijod-o-kresol $C_7H_6J_2O = (OH)C_6H_2J_2CH_3$. Entsteht aus o-Kresol in wässerig-ammoniakalischer Lösung und festem Jod. Nadeln. Schmelzp. 69,5°[5].

5-Nitroso-o-kresol, Toluchinon-oxim $C_7H_7NO_2$

$$\underset{\overset{\displaystyle H}{\ }}{ON}\ \ \overset{\ }{H}\qquad \text{oder}\qquad \underset{\overset{\displaystyle H}{\ }}{HON}\ \ \overset{\ }{H}$$

Entsteht beim Versetzen einer Lösung von 1 T. o-Kresol in 30—40 T. Wasser mit der theoretischen Menge Nitrosylsulfat[6], beim Erwärmen von Toluchinon mit salzsaurem Hydroxylamin[7]. Aus Wasser lange Nadeln. Schmelzp. 134—135° unter Zersetzung.

3-Nitro-o-kresol $C_7H_7NO_3 = (OH)C_6H_3(NO_2)CH_3$. Entsteht neben 5-Nitro-o-kresol beim Eintropfen einer o-Kresollösung in Eisessig in ein kalt gehaltenes Gemisch von 3 T. Salpetersäure (D=1,4) und 6 T. Eisessig[8]. Aus verdünntem Alkohol lange, gelbe Prismen. Schmelzp. 69,5°. Unlöslich in Wasser. Mit Wasserdampf flüchtig.

4-Nitro-o-kresol $C_7H_7NO_3 = (OH)C_6H_3(NO_2)CH_3$. Entsteht aus 4-Nitro-2-toluidin und salpetriger Säure. Aus Ligroin lange, feine gelbe Nadeln. Schmelzp. 118°[9].

5-Nitro-o-kresol $C_7H_7NO_3 = (OH)C_6H_3(NO_2)CH_3$. Entsteht aus 5-Nitro-2-toluidin durch salpetrige Säure oder durch Kochen mit konz. Natronlauge[10]. Entsteht neben 3-Nitro-o-kresol (s. dieses)[11]. Aus Wasser feine, seideglänzende Nadeln. Nach dem Trocknen bei 100° Schmelzp. 94,6—95°[10], 79—85°[12]. Mit Wasserdämpfen nicht flüchtig.

6-Nitro-o-kresol $C_7H_7NO_3 = (OH)C_6H_3(NO_2)CH_3$. Entsteht aus 6-Nitro-2-toluidin und salpetriger Säure. Aus Wasser gelbe, wollige Nädelchen. Schmelzp. 142—143°. Schmeckt intensiv süß[12].

3, 5-Dinitro-o-kresol $C_7H_6N_2O_5 = (OH)C_6H_2(NO_2)_2CH_3$. Entsteht aus 5-Nitro-2-toluidin durch Behandeln mit salpetriger Säure und nachfolgendem Nitrieren[13]. Beim Nitrieren von o-Kresol[14]. Aus Alkohol lange, gelbe Prismen. Schmelzp. 85,8°, 86—87°[15].

3-Amino-o-kresol $C_7H_9NO = (OH)C_6H_3(NH_2)CH_3$. Entsteht durch Reduktion von 3-Nitro-o-kresol[16].

4-Amino-o-kresol $C_7H_9NO = (OH)C_6H_3(NH_2)CH_3$. Entsteht durch Reduktion von 4-Nitro-o-kresol. Farblose Blättchen oder Nadeln. Schmelzp. 159—161°[17].

5-Amino-o-kresol $C_7H_9NO = (OH)C_6H_3(NH_2)CH_3$. Entsteht durch Reduktion von 5-Nitro-o-kresol mit Zinn und Salzsäure[18], durch Reduktion von 5-Nitroso-o-kresol[19], durch Elektrolyse von m-Nitrotoluol in konz. Schwefelsäure[20]. Aus Benzol kleine Blättchen. Schmelzp. 172—173° und nach dem Sublimieren 174—175°[19].

---

[1] Auwers u. Anselmino, Berichte d. Deutsch. chem. Gesellschaft **32**, 3595 [1899].

[2] Bodroux, Compt. rend. de l'Acad. des Sc. **126**, 1283 [1898].

[3] Zincke, Annalen d. Chemie u. Pharmazie **350**, 275 [1906]. — Autenrieth u. Beuttel, Archiv d. Pharmazie **248**, 126 [1910].

[4] Bonneaud, Bulletin de la Soc. chim. [4] **7**, 779 [1910].

[5] Willgerodt u. Kornblum, Journ. f. prakt. Chemie [2] **39**, 295 [1889].

[6] Nölting u. Kohn, Berichte d. Deutsch. chem. Gesellschaft **17**, 370 [1884]. — Bridge u. Morgan, Amer. Chem. Journ. **20**, 766 [1898].

[7] Goldschmidt u. Schmid, Berichte d. Deutsch. chem. Gesellschaft **17**, 2063 [1884].

[8] Hofmann u. Miller, Berichte d. Deutsch. chem. Gesellschaft **14**, 568 [1881]. — Rapp, Annalen d. Chemie u. Pharmazie **224**, 175 [1884].

[9] Nölting, Witt u. Grandmougin, Berichte d. Deutsch. chem. Gesellschaft **23**, 3636 [1890].

[10] Neville u. Winther, Berichte d. Deutsch. chem. Gesellschaft **15**, 2978 [1882].

[11] Hirsch, Berichte d. Deutsch. chem. Gesellschaft **18**, 1512 [1885].

[12] Ullmann, Berichte d. Deutsch. chem. Gesellschaft **17**, 1961 [1884].

[13] Nölting u. Salis, Berichte d. Deutsch. chem. Gesellschaft **14**, 987 [1881].

[14] Nölting u. Salis, Annales de Chim. et de Phys. [6] **4**, 105 [1885].

[15] Cazeneuve, Bulletin de la Soc. chim. [3] **17**, 201 [1900].

[16] Hofmann u. Miller, Berichte d. Deutsch. chem. Gesellschaft **14**, 570 [1881].

[17] Nölting u. Collin, Berichte d. Deutsch. chem. Gesellschaft **17**, 270 [1884].

[18] Neville u. Winther, Berichte d. Deutsch. chem. Gesellschaft **15**, 2979 [1882].

[19] Nölting u. Kohn, Berichte d. Deutsch. chem. Gesellschaft **17**, 365 [1884].

[20] Gattermann, Berichte d. Deutsch. chem. Gesellschaft **27**, 1930 [1894].

6-Amino-o-kresol $C_7H_9NO = (OH)C_6H_3(NH_2)CH_3$. Entsteht durch Reduktion von 6-Nitro-o-kresol. Nädelchen. Schmelzp. 124—128° [1]).

o-Kresol-azobenzol $C_{13}H_{12}N_2O = (OH) \cdot C_6H_3 \cdot (NNC_6H_5)CH_3$. Entsteht aus Anilinnitrat, o-Kresol, Kaliumnitrit und Salzsäure. Goldglänzende Blättchen oder Nadeln. Schmelzp. 128—130° [2] [3]).

o-Kresol-disazobenzol $C_{19}H_{16}N_4O = (OH)C_6H_2(NNC_6H_5)_2CH_3$. Entsteht aus 2 Mol. Diazobenzolchlorid und o-Kresol in alkalischer Lösung. Aus siedendem Alkohol rotbraune Blättchen. Schmelzp. 114—115° [3]).

o-Kresol-3-sulfonsäure $C_7H_8SO_4$

$$\begin{array}{c} H \quad H \\ H\langle\!=\!\rangle CH_3 \\ SO_3H \quad OH \end{array}$$

Entsteht neben 5-Sulfonsäure aus o-Kresol und Vitriolöl in der Kälte. Aus Wasser kleine Nädelchen [4]).

o-Kresol-4-sulfonsäure $C_7H_8SO_4 = (OH)C_6H_3(SO_3H)CH_3$. Entsteht aus o-Kresol und Vitriolöl auf dem Wasserbad [5]). Aus o-Toluidin-4-sulfonsäure [6]). Amorph.

o-Kresol-5-sulfonsäure $C_7H_8SO_4 = (OH) \cdot C_6H_3(SO_3H)CH_3$. Entsteht aus o-Kresol und Vitriolöl in der Kälte [5]), aus o-Toluidin-5-sulfonsäure [7]). Zerfließliche Krystalle. Zerfällt beim Erhitzen mit Wasser.

o-Kresyl-schwefelsäure $CH_3C_6H_4O \cdot SO_2OH$. **Vorkommen:** Im Pferdeharn (?) [8]), siehe Bd. IV, S. 975.

o-Kresol-3, 5-disulfonsäure $C_7H_8S_2O_7 = CH_3C_6H_2(OH)(SO_3H)_2$. Tafeln oder Nadeln [9]). Sirup [4]).

meta-Kresol, m-Methyl-phenol.

Mol.-Gewicht 108,06.

Zusammensetzung: 77,74% C, 7,46% H.

$$C_7H_8O.$$

$$\begin{array}{c} H \quad H \\ H\langle\!=\!\rangle OH \\ CH_3 \quad H \end{array}$$

Vorkommen: Im Holzteerkreosot [10]), im Grünnaphthakreosot [11]), in diversen Myrrhenölen [12]), im Heerabolmyrrhenöl [13]).

Bildung: Es entsteht aus Thymol beim Erwärmen mit Phosphorpentoxyd [14]).

Darstellung: Aus Thymol [15]). Ferner s. Kresole S. 561. Zur Darstellung aus Rohkresol benutzt man die Schwerlöslichkeit des m-Kresolcalciums [16]).

Physikalische und chemische Eigenschaften: Erstarrt im Kältegemisch auf Zusatz von festem Phenol und schmilzt dann bei $+3$—4° [17]). Siedep. 202,8°, $D_{0^\circ} = 1,0498$ [18]). Siedep.$_{1.D.} = 202°$, $D_{15}^{15} = 1,039$, $D_{25}^{25} = 1,0333$. Magnetisches Drehungsvermögen 12,77

[1]) Ullmann, Berichte d. Deutsch. chem. Gesellschaft **17**, 1962 [1884].

[2]) Liebermann u. Kostanecki, Berichte d. Deutsch. chem. Gesellschaft **17**, 131, 879 [1884].

[3]) Nölting u. Kohn, Berichte d. Deutsch. chem. Gesellschaft **17**, 365 [1884].

[4]) Claus u. Jackson, Journ. f. prakt. Chemie [2] **38**, 333 [1888].

[5]) Hantke, Berichte d. Deutsch. chem. Gesellschaft **20**, 3210 [1887].

[6]) Hayduck, Annalen d. Chemie u. Pharmazie **174**, 345 [1874].

[7]) Gerver, Annalen d. Chemie u. Pharmazie **169**, 386 [1873]. — Neville u. Winther, Berichte d. Deutsch. chem. Gesellschaft **13**, 1946 [1880].

[8]) Preuße, Zeitschr. f. physiol. Chemie **2**, 355 [1878].

[9]) Hasse, Annalen d. Chemie u. Pharmazie **230**, 293 [1885].

[10]) Béhal u. Choay, Bulletin de la Soc. chim. [3] **11**, 701 [1894].

[11]) Gray, Journ. Soc. Chem. Ind. **21**, 845 [1902]; Chem. Centralbl. **1902**, II,608.

[12]) Lewinsohn, Archiv d. Pharmazie **244**, 412 [1906].

[13]) von Friedrichs, Archiv d. Pharmazie **245**, 435 [1907].

[14]) Engelhardt u. Latschinow, Zeitschr. f. Chemie **1869**, 621.

[15]) Southworth, Annalen d. Chemie u. Pharmazie **168**, 268 [1873]. — Städel u. Kolb, Annalen d. Chemie u. Pharmazie **259**, 209 [1890].

[16]) Ladenburg, D. R. P. 152 652; Chem. Centralbl. **1904**, II, 168.

[17]) Städel, Berichte d. Deutsch. chem. Gesellschaft **18**, 3443 [1885].

[18]) Pinette, Annalen d. Chemie u. Pharmazie **243**, 40 [1888].

bei $17,9°$[1]). Molekulares Brechungsvermögen 53,68[2]). Molekulare Verbrennungswärme 881,0 Cal.[3]). Spezifische Wärme, Verdampfungswärme[4]). Dampfspannungskurve[5]). Dielektrizitätskonstante 4,95[6]). Assoziationsfaktor $x = 1,48$[7]). $D^0 = 1,0702$ und Capillaritätskonstante[8]). m-Kresol ist monomolekular[9]). $\text{Refraktion}_{15} = 1,5402$[10]). Siedep. $201°$; $D_4^{20} = 1,0341$; mittlere Kompressibilität 42,58; Oberflächenspannung 36,82[11]). $D_9 = 1,0495$, $D_{55,4} = 1,0060$, $D_{98,7} = 0,9698$, $D_{153,1} = 0,9211$, Oberflächenspannung $\gamma_t = 37,78$, 33,01, 29,31, 24,01[12]). $D_0 = 1,049$; $\gamma_{16,5} = 39,54$[13]). 100 T. Wasser lösen 0,53 T. m-Kresol[14]). Beim Schmelzen mit Ätzkali und PbO_2 bei $260°$ entsteht m-Oxybenzoesäure[15]). Durch Einwirkung von H_2O_2 entsteht neben Toluchinon Orcin[16]). Es wird durch Tyrosinase oxydiert[17]). Bei der Reduktion nach Sabatier entsteht bei $190—210°$ Methylcyclohexanol-(1, 3)[18]). Durch NaOBr entsteht eine hellbraune Färbung, setzt man vorher einen Tropfen NH_3 hinzu, so tritt eine grüne Färbung auf. Die p-Verbindung zeigt keine Färbung[19]). Die wässerige Lösung wird durch Eisenchlorid blauviolett bis blau gefärbt.

Salze und Derivate: m-Kresol-aluminium $Al(OC_6H_4CH_3)$. Grau bis schwarz gefärbte, glasglänzende Masse von muscheligem Bruch[20]).

m-Kresol-alloxan $C_4H_2N_2O_4 \cdot (OH)C_6H_4CH_3$. Aus Wasser Nadeln. Färbt sich bei $230°$ und zersetzt sich bei $270°$ unter Gasentwicklung[21]).

m-Kresol-phenylhydrazin $CH_3C_6H_4(OH) \cdot H_2NNHC_6H_5$. Lange, dünne Nädelchen. Schmelzp. $36—37°$[22]).

m-Kresol-methyläther $C_8H_{10}O$

$$\begin{array}{c} H \quad H \\ H\diagup \overline{} \diagdown CH_3 \\ CH_3O \quad H \end{array}$$

Siedep. $177,2°$, $D_0 = 0,9891$[23]). Molekulare Verbrennungswärme 1057,252 Cal.[24]). Siedep._{i.D.} $= 176,6°$, $D_4^4 = 0,9852$, $D_{15}^{15} = 0,9766$, $D_{25}^{25} = 0,9697$. Magnetisches Drehungsvermögen 14,65 bei $14,4°$[25]). Siedep. $176°$[26]).

m-Kresol-äthyläther $C_9H_{12}O = C_2H_5OC_6H_4CH_3$. Siedep. $192°$, $D_0 = 0,9650$[23]).

m-Kresol-normal-propyläther $C_{10}H_{14}O = C_3H_7OC_6H_4CH_3$. Siedep. $210,6°$. $D_0 = 0,9484$[23]).

m-Kresol-normal-butyläther $C_{11}H_{16}O = C_4H_9OC_6H_4CH_3$. Siedep. $229,2°$. $D_0 = 0,9407$[23]).

m-Kresol-normal-heptyläther $C_{14}H_{22}O = (C_7H_{15}O)C_6H_4CH_3$. Siedep. $238,2°$. $D_0 = 0,9202$[23]).

[1]) Perkin, Journ. Chem. Soc. **69**, 1239 [1896].

[2]) Eykman, Recueil d. travaux chim. des Pays-Bas **12**, 177 [1893].

[3]) Stohmann, Rodatz u. Herzberg, Journ. f. prakt. Chemie [2] **34**, 313 [1886].

[4]) Longuinine, Chem. Centralbl. **1900**, I, 451.

[5]) Kahlbaum, Zeitschr. f. physikal. Chemie **26**, 616 [1898].

[6]) Philip u. Haynes, Journ. Chem. Soc. **87**, 1002 [1905]. — Mathews, Chem. Centralbl. **1906**, I, 224.

[7]) Hewitt u. Winmill, Chem. Centralbl. **1907**, I, 1573.

[8]) Guye u. Baud, Compt. rend. de l'Acad. des Sc. **132**, 1482 [1901]. — Feustel, Annalen d. Physik [4] **16**, 88 [1905]. — Renard u. Guye, Journ. de Chim. Phys. **5**, 81 [1907].

[9]) Guye u. Mallet, Compt. rend. de l'Acad. des Sc. **134**, 168 [1902].

[10]) Utz, Chem. Centralbl. **1906**, II, 1286.

[11]) Richards u. Mathews, Journ. Amer. Chem. Soc. **30**, 10 [1908].

[12]) Bolle u. Guye, Journ. de Chim. Phys. **3**, 38 [1905]; Chem. Centralbl. **1905**, I, 868.

[13]) Kremann u. Ehrlich, Monatshefte f. Chemie **28**, 870 [1907].

[14]) Gruber, Archiv f. Hyg. **1893**, 619.

[15]) Graebe u. Kraft, Berichte d. Deutsch. chem. Gesellschaft **39**, 797 [1906].

[16]) Henderson u. Boyd, Journ. Chem. Soc. **97**, 1660 [1910].

[17]) Chodat, Chem. Centralbl. **1907**, II, 1430.

[18]) Sabatier u. Senderens, Annales de Chim. et de Phys. [8] **4**, 375 [1905].

[19]) Dehn u. Scott, Journ. Amer. Chem. Soc. **30**, 1420 [1908].

[20]) Cook, Amer. Chem. Journ. **36**, 545 [1906].

[21]) Böhringer & Söhne, D. R. P. 107 720; Chem. Centralbl. **1900**, I, 1113.

[22]) Ciusa u. Bernardi, Chem. Centralbl. **1909**, II, 695; Gazzetta chim. ital. **40**, II, 160 [1910].

[23]) Pinette, Annalen d. Chemie u. Pharmazie **243**, 41 [1888].

[24]) Stohmann, Rodatz u. Herzberg, Journ. f. prakt. Chemie [2] **35**, 24 [1887].

[25]) Perkin, Journ. Chem. Soc. **69**, 1240 [1896].

[26]) Sabatier u. Mailhe, Compt. rend. de l'Acad. des Sc. **151**, 361 [1910].

m-Kresol-normal-octyläther $C_{15}H_{24}O = (C_8H_{17}O)C_6H_4CH_3$. Siedep. 298,9°. $D_0 = 0,9191$ [1]).

m-Tolyl-äther, m-Kresyloxyd $C_{14}H_{14}O = (CH_3C_6H_4)_2O$. Entsteht bei der trockenen Destillation von Aluminiumthymylat. $Al(OC_{10}H_{13})_3$, Siedep. 284—288°[2]). Entsteht auch bei der Destillation des m-Kresolaluminiums. $Siedep._{760} = 290,5$—291,5°, $D_{21} = 1,0323$[3]). Siedep. 284°[4]). Mit Wasserdampf flüchtig.

m-Kresol-isoamyläther $C_{12}H_{18}O = (C_5H_{11}O)C_6H_4CH_3$. Siedep. 230—240°. $D_{22} = 0,9422$. $[\alpha]_D = 3,93°$ bei 22°[5]).

Tri-m-kresyl-phosphat-dichlorid $Cl_2P(OC_6H_4CH_3)_3$. Aus m-Kresol und PCl_5. Zersetzt sich über 200°[6]).

Tri-m-kresyl-phosphit $C_{21}H_{21}O_3P = (CH_3C_6H_4O)_3P$. Entsteht aus m-Kresol und $POCl_3$. Siedep. 235—238°. $Siedep._{10} = 240$—243°[7]). $Siedep._{17} = 248$—256°[6]).

m-Kresyl-arseniat $As(OC_6H_4CH_3)_3$. Dunkelbraune Flüssigkeit. $Siedep._{30} = 346°$. $D = 1,45$[8]).

Di-m-kresyl-carbonat $C_{15}H_{14}O_3 = CO(OC_6H_4CH_3)_2$. Entsteht durch Einwirkung von Chlorkohlenoxyd auf in Wasser gelöstes m-Kresolnatrium. Schmelzp. 111°[9]).

m-Kresyl-chloracetat $CH_3C_6H_4(OCOCH_2Cl)$. $Siedep._{30} = 153°$[10]).

m-Kresyl-diphenyl-urethan $[(C_6H_5)_2NCOO]C_6H_4CH_3$. Schmelzp. 100—101,5°[11]).

m-Kresyl-α-naphthyl-urethan $(C_{10}H_7NHCOO)C_6H_4CH_3$. Entsteht aus m-Kresol und Naphthylisocyanat. Spießige Krystalle. Schmelzp. 135—136°[12]).

m-Kresol-glycerinäther $[C_3H_5(OH)_2O]C_6H_4CH_3$. Aus m-Kresol, Glycerin und geschmolzenem Natriumacetat. Aus Benzol, Petroläther farblose Nadeln. Schmelzp. 65°[13]).

Di-m-kresol-glycerinäther $C_{17}H_{20}O_3 = (C_7H_7OCH_2)_2CH(OH)$. Gelbes Öl. Siedep. 253 bis 254° (?)[14]).

6-Chlor-m-kresol $C_7H_7OCl = CH_3C_6H_3Cl(OH)$. Entsteht aus m-Kresol und SO_2Cl_2. Aus Petroläther Nadeln. Schmelzp. 52—53°, $Siedep._{757,7} = 235,9$[15]). In ricinolsaurem Kali gelöst sehr energisches Desinfiziens[16]).

Dichlor-m-kresol $C_7H_6Cl_2O = CH_3C_6H_2Cl_2(OH)$. Entsteht beim Einleiten von Chlor in siedendes m-Kresol. Nadeln. Schmelzp. 46°. Mit Wasserdämpfen flüchtig[17]).

Trichlor-m-kresol $C_7H_5Cl_3O = CH_3C_6HCl_3(OH)$. Entsteht bei der Destillation von rohem Pentachlorthymol[18]). Krystalle. Schmelzp. 96°, Siedep. 270°.

Tetrachlor-m-kresol $C_7H_4Cl_4O = CH_3C_6Cl_4(OH)$. Entsteht bei der Destillation von reinem Pentachlorthymol[18]). Nadeln. Schmelzp. 150°.

5-Brom-m-kresol $C_7H_7OBr = CH_3C_6H_3Br(OH)$. Entsteht aus 5-Brom-3-toluidin mittels salpetriger Säure[19]). Aus Wasser Nadeln. Schmelzp. 56—57°. Liefert beim Erhitzen mit Kali Orcin.

2, 4, 6-Tribrom-m-kresol $C_7H_5OBr_3 = CH_3C_6HBr_3(OH)$. Entsteht aus m-Kresol und 3 Mol. Bromwasser[20]), oder von 3 Mol. Brom in Chloroform in Gegenwart von Eisen[21]). Aus Alkohol Nadeln. Schmelzp. 81—82°, 84°[22]).

1) Pinette, Annalen d. Chemie u. Pharmazie **243**, 41 [1888].
2) Gladstone u. Tribe, Journ. Chem. Soc. London **41**, 11 [1882].
3) Cook, Amer. Chem. Journ. **36**, 546 [1906].
4) Sabatier u. Mailhe, Compt. rend. de l'Acad. des Sc. **151**, 493 [1910].
5) Welt, Annales de Chim. et de Phys. [7] **6**, 140 [1895].
6) Autenrieth u. Geyer, Berichte d. Deutsch. chem. Gesellschaft **41**, 156 [1908].
7) Michaelis u. Kaehne, Berichte d. Deutsch. chem. Gesellschaft **31**, 1051 [1898].
8) Lang, Mackey u. Gortner, Journ. Chem. Soc. London **93**, 1372 [1908].
9) von Heyden Nachf., D. R. P. 81 375.
10) Fries u. Finck, Berichte d. Deutsch. chem. Gesellschaft **41**, 4276 [1908].
11) Herzog, Berichte d. Deutsch. chem. Gesellschaft **40**, 1833 [1907].
12) Neuberg u. Hirschberg, Biochem. Zeitschr. **27**, 342 [1910].
13) Zivkovic, Monatshefte f. Chemie **29**, 954 [1908].
14) Zunino, Chem. Centralbl. **1909**, I, 1556.
15) Peratoner u. Condorelli, Gazzetta chimica ital. **28**, I, 213 [1898].
16) Laubenheimer, Habilitationsschrift Gießen 1909.
17) Claus u. Schweitzer, Berichte d. Deutsch. chem. Gesellschaft **19**, 930 [1886].
18) Lallemand, Jahresber. d. Chemie **1856**, 620.
19) Nevile u. Winther, Berichte d. Deutsch. chem. Gesellschaft **15**, 2991 [1882].
20) Werner, Bulletin de la Soc. chim. **46**, 276 [1886].
21) Claus u. Hirsch, Journ. f. prakt. Chemie [2] **39**, 59 [1889].
22) Auwers, Berichte d. Deutsch. chem. Gesellschaft **32**, 3382 [1899].

2, 4, 5, 6-Tetrabrom-m-kresol $C_7H_4OBr_4 = CH_3C_6Br_4(OH)$. Entsteht durch Eintragen von m-Kresol oder Thymol in $AlBr_3$-haltiges Brom[1]). Aus Thymol und Brom in Chloroform[2]). Aus Chloroform Nadeln. Schmelzp. 194°[1]). Schmelzp. 191—192°[2]). Aus Alkohol Nadeln. Schmelzp. 194°[3]).

Jod-m-kresol $C_7H_7OJ = CH_3C_6H_3J(OH)$. Entsteht neben Dijod-m-kresol beim Eintragen von festem Jod in eine Lösung von m-Kresol in konz. wässerigem Ammoniak und Alkohol. Flüssig[4]).

Dijod-m-kresol $C_7H_6OJ_2 = CH_3C_6H_2J_2(OH)$. Entstehung s. Jod-m-kresol. Aus Eisessig lange Nadeln. Schmelzp. 76°[4]).

Trijod-m-kresol $C_7H_5OJ_3 = CH_3C_6HJ_3(OH)$. Krystalle aus Benzol, Ligroin oder Alkohol. Schmelzp. 121,5°[5]).

6-Nitroso-m-kresol, Toluchinon-o-oxim $C_7H_7O_2N$

$$\text{H}\underset{\overset{\displaystyle|}{\text{OH}}\ \text{H}}{\overset{\overset{\displaystyle\text{NO}}{|}}{\diagup\!\!\diagdown}}\text{CH}_3 \quad \text{oder} \quad \text{H}\underset{\text{O}\ \text{H}}{\overset{\text{NOH}}{\diagup\!\!\diagdown}}\text{CH}_3$$

Entsteht aus m-Kresol und Nitrosylsulfat. Aus Wasser oder Benzol kleine Nadeln, aus Eisessig dicke Prismen. Zersetzungsp. 145—150°[6]), 155—156°[7]). Schmelzp. 155°[8]), 165°[9]).

2-Nitro-m-kresol $C_7H_7NO_2 = CH_3C_6H_3(NO_2)(OH)$. Entsteht neben dem 4- und 6-Nitroderivat bei der Nitrierung von m-Kresol in essigsaurer Lösung. Mit Wasserdämpfen flüchtig. Die Reindarstellung gelang nicht. — Methyläther. Farblose Krystalle 88—89°[10]).

4-Nitro-m-kresol $C_7H_7NO_2 = CH_3C_6H_3(NO_2)(OH)$. Entsteht neben dem 6- und dem 2-Nitroderivat beim Eintragen einer Eisessiglösung von m-Kresol in ein abgekühltes Gemisch von 400 g Eisessig und 200 g Salpetersäure ($D = 1,5$). Man destilliert im Dampfstrom, wobei das 2- und das 4-Nitroprodukt übergehen[11]). Die Trennung von 2-Nitro-m-kresol gelingt leicht dadurch, daß das 4-Nitroderivat aus dem Destillat beim Abkühlen auskrystallisiert, während das 2-Nitroderivat gelöst bleibt und ausgeäthert werden muß[10]). Aus Benzol gelbe monokline Krystalle. Schmelzp. 56°[12]). Die beste Darstellungstemperatur ist —5—8°[10]).

5-Nitro-m-kresol $C_7H_7NO_3 + H_2O = CH_3C_6H_3(NO_2)(OH)$. Entsteht aus 5-Nitro-m-toluidin und salpetriger Säure. Schmelzp. 60—62° (wasserhaltig), 90—91° (getrocknet)[13]).

6-Nitro-m-kresol $C_7H_7NO_3 = CH_3C_6H_3(NO_2)(OH)$. Darstellung s. 4-Nitro-m-kresol. Aus Wasser feine Nadeln oder lange Säulen. Schmelzp. 129°[11]). Mit Wasserdämpfen nicht flüchtig[10]).

2, 4, 6-Trinitro-m-kresol $C_7H_5N_3O_7 = CH_3C_6H(NO_2)_3(OH)$. Entsteht beim Nitrieren von m-Kresol[14]). Aus Wasser lange gelbe Nadeln. Schmelzp. 105—106°[15]).

6-Amino-m-kresol $C_7H_9NO = CH_3C_6H_4(NH_2)(OH)$. Entsteht bei der Reduktion von 6-Nitro-m-kresol mit Zinn und Salzsäure. Aus Benzol Warzen. Schmelzp. 174° unter Zersetzung[16]).

---

[1]) Auwers u. Burrows, Berichte d. Deutsch. chem. Gesellschaft **32**, 3041 [1899]. — Bodroux, Compt. rend. de l'Acad. des Sc. **126**, 1283 [1898].

[2]) Dahmer, Annalen d. Chemie u. Pharmazie **333**, 356 [1904].

[3]) Bonneaud, Bulletin de la Soc. chim. [4] **7**, 780 [1910].

[4]) Willgerodt u. Kornblum, Journ. f. prakt. Chemie [2] **39**, 297 [1889].

[5]) Kalle & Co., D. R. P. 106 504; Chem. Centralbl. **1900**, I, 741. — Bayer & Co., D. R. P. 72 996.

[6]) Bertoni, Gazzetta chimica ital. **12**, 303 [1882].

[7]) Farmer u. Hantzsch, Berichte d. Deutsch. chem. Gesellschaft **32**, 3108 [1899].

[8]) Bridge u. Morgan, Amer. Chem. Journ. **20**, 766 [1898].

[9]) Klages, Berichte d. Deutsch. chem. Gesellschaft **32**, 2568 [1899].

[10]) Khotinsky u. Jacopson-Jacopmann, Berichte d. Deutsch. chem. Gesellschaft **42**, 3097 ff. [1909].

[11]) Städel, Annalen d. Chemie u. Pharmazie **217**, 51 [1883]; **259**, 210 [1890].

[12]) Keller, Annalen d. Chemie u. Pharmazie **259**, 223 [1890].

[13]) Nevile u. Winther, Berichte d. Deutsch. chem. Gesellschaft **15**, 2986 [1882].

[14]) Nölting u. Salis, Berichte d. Deutsch. chem. Gesellschaft **14**, 987 [1881]. — Beilstein u. Kellner, Annalen d. Chemie u. Pharmazie **128**, 165 [1863].

[15]) Liebermann u. Dorp, Annalen d. Chemie u. Pharmazie **163**, 101 [1872].

[16]) Städel u. Kolb, Annalen d. Chemie u. Pharmazie **259**, 217 [1890].

m-Kresol-azobenzol $C_{13}H_{12}N_2O = (OH)C_6H_3(N_2C_6H_5)CH_3$. Entsteht aus 1 Mol. Diazo-benzolchlorid und einer alkalischen Lösung von m-Kresol. Aus Ligroin gelbe Nadeln. Schmelzp. 109°[1]).

m-Kresol-disazobenzol $C_{19}H_{16}N_4O = (OH)C_6H_2(N_2C_6H_5)_2CH_3$. Entsteht wie oben aus 2 Mol. Diazobenzolchlorid. Aus Alkohol rotbraune Blättchen. Schmelzp. 149°[1]).

m-Kresol-6-sulfonsäure $C_7H_8SO_4$

$$\begin{array}{c} H \quad SO_3H \\ H\langle\!=\!\rangle CH_3 + 2\,H_2O \\ OH \quad H \end{array}$$

Entsteht beim Erwärmen von m-Kresol mit konz. Schwefelsäure. Aus verdünnter Schwefel-säure in kleinen Blättchen oder Nadeln $+ 2\,H_2O$. Die wasserfreie Säure schmilzt bei 118°[2]). Wasserdampf spaltet bei 123—130° die Sulfogruppe ab. Unterschied von p-Kresol[3]).

m-Kresyl-schwefelsäure $CH_3C_6H_4(OSO_2OH)$. Vorkommen: Im Pferdeharn (?)[4]) (siehe Bd. IV, S. 975 ff.).

m-Kresol-2-6-disulfonsäure $C_7H_8S_2O_7 = CH_3C_6H_2(OH)(SO_3H)_2$. Entsteht aus m-Kresol und konz. H_2SO_4 in der Wärme. Öl[2]).

para-Kresol, p-Methyl-phenol.

Mol.-Gewicht 108,1.

Zusammensetzung: 77,74% C, 7,46% H.

$$C_7H_8O.$$

$$\begin{array}{c} H \quad H \\ H_3C\langle\!=\!\rangle OH \\ H \quad H \end{array}$$

Vorkommen: Frei im Cassiablütenöl (Acacia farnesiana)[5]), im Holzteerkreosot[6]), im ätherischen Jasminblütenöl[7]), im ätherischen Katzenpfötchenblütenöl (Gnaphalium are-narium)[8]). An Schwefelsäure gebunden in fast allen Harnen.

Städeler[9]) fand neben dem Phenol im Kuhharn eine Substanz, die er Taurylsäure nannte. Engelhardt und Latschinoff[10]) vermuten zuerst, daß diese identisch sei mit dem von ihnen dargestellten α-Kresol. Baumann[11]) beweist die Identität mit p-Kresol, welches als p-Kresolschwefelsäure im Harn enthalten ist. Brieger weist es im Darminhalt nach[12]). Im Menschenharn weist es de Jonge nach[13]). Brieger beweist, daß das p-Kresol die Hauptmenge des aus dem Harn und bei der Fäulnis von Eiweiß erhaltenen Phenolgemisches ausmacht[14]). Im Pferdeharn[15]). Nach neuesten Untersuchungen enthält der Kuhharn als einziges Phenol p-Kresol neben vielleicht etwas m-Kresol[16]).

Bildung: Bei der Fäulnis von Eiweiß[17]), von Tyrosin[18]), von Hydroparacumarsäure und p-Oxyphenylessigsäure[19]). Bei der Destillation von podocarpinsaurem Calcium

---

1) Nölting u. Kohn, Berichte d. Deutsch. chem. Gesellschaft **17**, 366 [1884].

2) Claus u. Krauß, Berichte d. Deutsch. chem. Gesellschaft **20**, 3089 [1887].

3) Raschig, D. R. P. 114 975; Chem. Centralbl. **1900**, II, 1141.

4) Preuße, Zeitschr. f. physiol. Chemie **2**, 356 [1878].

5) Bericht der Firma Schimmel & Co. **1904**, I, 22.

6) Béhal u. Choay, Bulletin de la Soc. chim. [3] **11**, 701 [1894].

7) Elze, Chem.-Ztg. **34**, 912 [1910].

8) Haensel, Chem. Centralbl. **1910**, II, 1539.

9) Städeler, Annalen d. Chemie u. Pharmazie **77**, 17 [1851].

10) Engelhardt u. Latschinow, Berichte d. Deutsch. chem. Gesellschaft **2**, 447 [1869].

11) Baumann, Archiv f. d. ges. Physiol. **13**; Berichte d. Deutsch. chem. Gesellschaft **9**, 1389 [1876].

12) Brieger, Berichte d. Deutsch. chem. Gesellschaft **10**, 1027 [1870]; Journ. f. prakt. Chemie [2] **17**, 134 [1878]; Zeitschr. f. physiol. Chemie **3**, 147 [1879].

13) de Jonge, Zeitschr. f. physiol. Chemie **3**, 181 [1879].

14) Brieger, Zeitschr. f. physiol. Chemie **4**, 207 [1880].

15) Preuße, Zeitschr. f. physiol. Chemie **2**, 355 [1878/79].

16) Mooser, Zeitschr. f. physiol. Chemie **63**, 182 [1909].

17) Baumann, Berichte d. Deutsch. chem. Gesellschaft **10**, 685 [1877]. — Baumann u. Brieger, Zeitschr. f. physiol. Chemie **3**, 147 [1879].

18) Weyl, Zeitschr. f. physiol. Chemie **3**, 312 [1879].

19) Baumann, Zeitschr. f. physiol. Chemie **4**, 317 [1880].

$Ca(C_{17}H_{21}O_3)_2$ [1]). Beim Glühen von p-Oxyphenylessigsäure mit Kalk[2]). Aus p-Toluidin und salpetriger Säure[3]). Durch Schmelzen von p-Toluolsulfonsäure mit Kali[4]).

Physikalische und chemische Eigenschaften: Prismen. Schmelzp. 36°[5]), Siedep. 201,8°; $D_{0°} = 1,0522$ (flüssig), $D_{65,6°} = 0,9962$ [6]). Molekulares Brechungsvermögen 53,65[7]). Molekulare Verbrennungswärme bei 17° (flüssig) 882,9 Cal.[8]). Siedep. $_{i.D.} = 202°$, $D_{15}^{15} = 1,039$, $D_{25}^{25} = 1,0336$. Magnetisches Drehungsvermögen 12,86 bei 17°[9]). $n_{15} = 1,5415$ [10]). Dielektrizitätskonstante 5,48[11]). Siedep. 200,5°; $D_4^{20} = 1,0347$. Kompressibilität 42,14. Oberflächenspannung 36,58[12]). Capillaritätskonstante[13]). p-Kresol ist in Lösungen bis zu 10% nicht wesentlich polymerisiert[14]). 100 T. Wasser lösen 1,8 T. p-Kresol[15]). Beim Schmelzen mit Ätzkali und PbO_2 bei 200—220° entsteht p-Oxybenzoesäure[16]). Durch Einwirkung von H_2O_2 entsteht Homobrenzcatechin[17]). Wird durch Tyrosinase oxydiert[18]). Bei der Reduktion nach Sabatier bei 190—210° entsteht Methylcyclohexanol-(1, 4)[19]). Durch sehr lange Einwirkung von Bromwasser in starkem Überschuß entsteht Tribromphenolbrom[20]). Die wässerige Lösung gibt mit Eisenchlorid eine blaue Färbung.

Salze und Derivate: **p-Kresol-Alloxan** $C_4H_2N_2O_4 \cdot (OH)C_6H_4CH_3$. Nadeln aus Wasser, zersetzt sich bei 228—230°[21]).

p-Kresol-succinimid $C_4H_5O_2N + (OH) \cdot C_6H_4CH_3$. Krystalle. Schmelzp. 60—70°[22]).

p-Kresol-diquecksilber-diacetat $C_6H_2(CH_3)^1 \cdot (OH)^4 \cdot (HgO \cdot COCH_3)_2^{3,5} + H_2O$. Körnige Krystalle, die sich gegen 200° völlig zersetzen[23]).

p-Kresol-quecksilber-chlorid $C_6H_3(CH_3)^1(OH)^4(HgCl)^3$. Aus Benzol baumartig verzweigte Nadeln. Schmelzp. 166°, zersetzt sich teilweise bei 176° und wird wieder fest bei 183°[23]).

p-Kresol-phenylhydrazin $CH_3C_6H_4(OH) \cdot H_2NNC_6H_5$. Aus Petroläther Krystalle, Schmelzp. 26°[24]).

p-Kresol-methyläther $C_8H_{10}O$

$$CH_3O\langle\!\langle\,\rangle\!\rangle CH_3$$

Vorkommen: Im Ylang-Ylang, bzw. im Canangaöl (Anona odoratissima)[25]).

Bildung und physikalische und chemische Eigenschaften: Entsteht beim Kochen von Anisalkohol mit alkoholischem Kali[26]). Durch Methylierung von p-Kresol[27]).

[1]) Oudemans, Annalen d. Chemie u. Pharmazie **170**, 259 [1873].

[2]) Salkowski, Berichte d. Deutsch. chem. Gesellschaft **12**, 1440 [1879].

[3]) Grieß, Jahresber. d. Chemie **1866**, 458. — Körner, Zeitschr. f. Chemie **1868**, 326.

[4]) Würtz, Annalen d. Chemie u. Pharmazie **144**, 122 [1867]; **156**, 258 [1870]. — Engelhardt u. Latschinow, Zeitschr. f. Chemie **1869**, 618.

[5]) Barth, Annalen d. Chemie u. Pharmazie **154**, 358 [1870].

[6]) Pinette, Annalen d. Chemie u. Pharmazie **243**, 43 [1888].

[7]) Eykman, Recueil d. travaux chim. des Pays-Bas **12**, 177 [1893].

[8]) Stohmann, Rodatz u. Herzberg, Journ. f. prakt. Chemie [2] **34**, 314 [1886].

[9]) Perkin, Journ. Chem. Soc. London **69**, 1239 [1896].

[10]) Utz, Chem. Centralbl. **1906**, II. 1286.

[11]) Philip u. Haynes, Journ. Chem. Soc. **87**, 1003 [1905]. — Mathews, Chem. Centralbl. **1906**, I, 224.

[12]) Richards u. Mathews, Journ. Amer. Chem. Soc. **30**, 10 [1908].

[13]) Feustel, Annalen d. Physik [4] **16**, 89 [1905].

[14]) Mameli, Gazzetta chimica ital. **33**, I, 470 [1903].

[15]) Gruber, Archiv f. Hyg. **1893**, 619.

[16]) Graebe u. Kraft, Berichte d. Deutsch. chem. Gesellschaft **39**, 797 [1906].

[17]) Henderson u. Boyd, Journ. Chem. Soc. **97**, 1660 [1910].

[18]) Chodat, Chem. Centralbl. **1907**, II, 1430. — Bertrand, Compt. rend. de l'Acad. des Sc. **145**, 1353 [1907].

[19]) Sabatier u. Senderens, Annales de Chim. et de Phys. [8] **4**, 375 [1905].

[20]) Autenrieth u. Beuttel, Archiv d. Pharmazie **248**, 124 [1910].

[21]) Böhringer & Söhne, D. R. P. 107 720; Chem. Centralbl. **1900**, I, 1113.

[22]) van Breukeleveen, Recueil d. travaux chim. des Pays-Bas. **19**, 34 [1900].

[23]) Dimroth, Berichte d. Deutsch. chem. Gesellschaft **35**, 2857 [1902].

[24]) Ciusa u. Bernardi, Chem. Centralbl. **1909**, II, 695; Gazzetta chim. ital. **40**, II, 161 [1910].

[25]) Reychler, Bulletin de la Soc. chim. [3] **11**, 407, 576, 1040 [1894]; **13**, 140 [1895]. — Bacon, The Philippine Journ. of Sc. **3**, 65 [1908]; Chem. Centralbl. **1908**, II, 946.

[26]) Cannizzaro u. Körner, Jahresber. d. Chemie **1872**, 387.

[27]) Vincent, Bulletin de la Soc. chim. **40**, 107 [1883].

Bei der Zersetzung des Anethols durch Hitze[1]). Bei der Destillation von Anisoin[2]). Flüssig. Siedep.$_{762,3}$ = 175,5°. $D_4^{175,5}$ = 0,8236 [3]). Siedep. 175°, D_0 = 0,9868 [4]). Siedep.$_{i.D.}$ = 176,5, D_4^4 = 0,9844, D_{15}^{15} = 0,9757, D_{25}^{25} = 0,9689. Magnetisches Drehungsvermögen 14,71 bei 14,5° [5]). Siedep. 174—176° [6]), 176° [7]).

p - Kresol - äthyläther $C_9H_{12}O$ = $C_2H_5O \cdot C_6H_4CH_3$. Flüssig. Siedep. 186—188° [8]), D_0 = 0,8744 [9]). Siedep. 189,8°, D_0 = 0,9662 [4]). Molekulare Verbrennungswärme 1213,12 Cal. [10]).

p - Kresol - normal - propyläther $C_{10}H_{14}O$ = $C_3H_7O \cdot C_6H_4CH_3$. Siedep. 210,4°. D_0 = 0,9497 [4]).

p - Kresol - normal - butyläther $C_{11}H_{16}O$ = $C_4H_9O \cdot C_6H_4CH_3$. Siedep. 229,5°. D_0 = 0,9419 [4]).

p - Kresol - normal - heptyläther $C_{14}H_{22}O$ = $C_7H_{15}O \cdot C_6H_4CH_3$. Siedep. 283,3°. D_0 = 0,9228 [4]).

p - Kresol - normal - octyläther $C_{15}H_{24}O$ = $C_8H_{17}O \cdot C_6H_4CH_3$. Siedep. 298°. D_0 = 0,9199 [4]).

p-Tolyl-äther, p-Kresyloxyd $C_{14}H_{14}O$ = $(CH_3C_6H_4)_2O$. Entsteht bei der trocknen Destillation von p-Kresolaluminium $Al(OC_7H_7)_3$. Prismen. Schmelzp. 50° [11]), Siedep. 285° [7]).

Tri-p-kresyl-phosphat-dichlorid $Cl_2P(OC_6H_4CH_3)$. Aus p-Kresol und PCl_5. Gelbliches Öl[12]). Zersetzungstemperatur 200—210° [13]).

Tri-p-kresyl-phosphit $C_{21}H_{21}O_3P$ = $(CH_3C_6H_4O)_3P$. Entsteht aus p-Kresol und PCl_3. Siedep.$_{10}$ = 250—255° [12]); Siedep.$_{25}$ = 265—270° [13]).

Di-p-kresylphosphat $C_{14}H_{15}O_4P$ = $(CH_3C_6H_4O)_2POOH$. Entsteht neben dem Triphosphat aus p-Kresol, $POCl_3$ und überschüssiger Natronlauge[14]).

Tri-p-kresyl-phosphat $C_{21}H_{21}PO_4$ = $(CH_3C_6H_4O)_3PO$. Entsteht aus p-Kresol und PCl_5 [14]). Aus p-Kresol, $POCl_3$ und Natronlauge[15]). Aus Äther Tafeln. Schmelzp. 77,5—78° [16]), 76° [12]). Passiert den Organismus unverändert[15]).

p-Kresyl-arseniat $As(OC_6H_4CH_3)_3$. Braune Flüssigkeit. Siedep.$_{30}$ = über 360°. D = 1,46[17]).

p-Kresyl-acetat $C_9H_{10}O_2$ = $(CH_3COO)C_6H_4CH_3$. Vorkommen: Eventuell im Ylang-Ylangöl (Unona odoratissima)[18]). Entsteht aus p-Kresolkalium und Acetylchlorid[19]). Aus p-Kresol und Essigsäureanhydrid bei Gegenwart von etwas Schwefelsäure[20]). Siedep.$_{i.D.}$ = 213°, D_4^0 = 1,0657 [21]). Siedep. 208—209° [20]).

p-Kresyl-chloracetat $CH_3C_6H_4(OCOCH_2Cl)$. Siedep.$_{45}$ = 162°. Schmelzp. 32° [22]).

Laurinsaurer p - Kresylester $C_{19}H_{30}O_2$ = $C_{12}H_{23} \cdot O_2 \cdot C_6H_4 \cdot CH_3$. Schmelzp. 28°. Siedep.$_{15}$ = 219,5° [23]).

Myristinsaurer p - Kresylester $C_{21}H_{34}O_2$ = $C_{14}H_{27} \cdot O_2 \cdot C_6H_4 \cdot CH_3$. Schmelzp. 39°. Siedep.$_{15}$ = 239,5° [23]).

Palmitinsaurer p-Kresylester $C_{23}H_{38}O_2$ = $C_{16}H_{31} \cdot O_2 \cdot C_6H_4 \cdot CH_3$. Schmelzp. 47°. Siedep.$_{15}$ = 258° [23]).

[1]) Orndorff, Terrasse u. Morton, Amer. Chem. Journ. **19**, 863 [1897].
[2]) Orndorff u. Morton, Amer. Chem. Journ. **23**, 198 [1900].
[3]) Schiff, Berichte d. Deutsch. chem. Gesellschaft **19**, 561 [1886].
[4]) Pinette, Annalen d. Chemie u. Pharmazie **243**, 44 [1888].
[5]) Perkin, Journ. Chem. Soc. London **69**, 1240 [1896].
[6]) Alleman, Amer. Chem. Journ. **31**, 26 [1904].
[7]) Sabatier u. Mailhe, Compt. rend. de l'Acad. des Sc. **151**, 493 [1910].
[8]) Engelhardt u. Latschinow, Zeitschr. f. Chemie **1869**, 619.
[9]) Fuchs, Berichte d. Deutsch. chem. Gesellschaft **2**, 624 [1869].
[10]) Stohmann, Rodatz u. Herzberg, Journ. f. prakt. Chemie [2] **35**, 25 [1887].
[11]) Gladstone u. Tribe, Journ. Chem. Soc. London **41**, 9 [1882].
[12]) Michaelis u. Kaehne, Berichte d. Deutsch. chem. Gesellschaft **31**, 1051 [1898].
[13]) Autenrieth u. Geyer, Berichte d. Deutsch. chem. Gesellschaft **41**, 155 [1908].
[14]) Autenrieth, Berichte d. Deutsch. chem. Gesellschaft **30**, 2374 [1897].
[15]) Wolkow, Zeitschr. f. Chemie **1870**, 322.
[16]) Heim, Berichte d. Deutsch. chem. Gesellschaft **16**, 1766 [1883].
[17]) Lang, Mackey u. Gortner, Journ. Chem. Soc. **93**, 1372 [1908].
[18]) Darzens, Bulletin de la Soc. chim. [3] **27**, 83 [1902].
[19]) Fuchs, Berichte d. Deutsch. chem. Gesellschaft **2**, 626 [1869].
[20]) Thiele u. Winter, Annalen d. Chemie u. Pharmazie **311**, 356 [1900].
[21]) Orndorff, Amer. Chem. Journ. **10**, 372 [1888].
[22]) Fries u. Finck, Berichte d. Deutsch. chem. Gesellschaft **41**, 4276 [1908].
[23]) Krafft u. Bürger, Berichte d. Deutsch. chem. Gesellschaft **17**, 1378 [1884].

Stearinsaurer p-Kresylester $C_{25}H_{42}O_2 = C_{18}H_{35} \cdot O_2 \cdot C_6H_4 \cdot CH_3$. Schmelzp. 54°. Siedep.$_{15}$ = 276°[1]).

Fumarsäure-di-p-kresylester $C_{18}H_{16}O_4 = C_4H_2O_2(OC_6H_4CH_3)_2$. Entsteht aus Fumarsäurechlorid und p-Kresol. Schmelzp. 162°[2]).

p-Kresol-glycidäther $C_{10}H_{12}O_2 = (CH_3C_6H_4O)CH_2CH{-}CH_2$
$\diagdown O \diagup$

Entsteht aus p-Kresol, Natronlauge und Epichlorhydrin. Aus Benzol und Alkohol weiße Krystalle. Schmelzp. 88°[3]). Siedep.$_{200}$ = 210°[4]). Siedep.$_{20}$ = 165—166°[5]).

p-Kresol-glycerinäther $[C_3H_5(OH)_2O]C_6H_4CH_3$. Entsteht aus p-Kresol, Glycerin und geschmolzenem Natriumacetat. Aus Benzolpetroläther weiße Nadeln. Schmelzp. 73—74°[6]).

Di-p-kresol-glycerinäther $C_{17}H_{20}O_3 = [(CH_3C_6H_4O)CH_2]_2CH(OH)$. Entsteht aus p-Kresol, Epichlorhydrin und Natriumäthylat. Aus Alkohol umkrystallisiert Schmelzp. 88°[4]). Zwischenprodukt[7]).

p-Kresyl-glucosid $C_{13}H_{18}O_6 = (C_6H_{11}O_5O)C_6H_4CH_3$. Entsteht aus Acetochloroglucose, p-Kresol und KOH in abs. Alkohol. Nadeln. Schmelzp. 175—177°[8]).

p-Kresyl-phenylurethan $C_{14}H_{13}NO_2 = [(C_6H_5)NHCOO]C_6H_4CH_3$. Aus Alkohol glänzende Blättchen. Schmelzp. 114°[9]).

p-Kresyl-diphenylurethan $[(C_6H_5)_2NCOO]C_6H_4CH_3$. Entsteht aus p-Kresol und Diphenylharnstoffchlorid in Pyridin. Schmelzp. 93—94°[10]).

p-Kresyl-α-naphthylurethan $[C_{10}H_7NHCOO]C_6H_4CH_3$. Entsteht aus p-Kresol und Naphthylisocyanat. Tafelförmige Blättchen. Schmelzp. 150—151°. Sintert bei 120°[11]).

3-Chlor-p-kresol $C_7H_7ClO = (OH)C_6H_3ClCH_3$. Entsteht beim Einleiten von trockenem Chlor in trockenes p-Kresolnatrium[12]), aus p-Kresol und SO_2Cl_2[13]). Siedep. 195—196°, D_{25} = 1,2106. Siedep. 194—195°[14]), Siedep.$_{24}$ = 98—108°[15]).

3, 5[16])-Dichlor-p-kresol $C_7H_6Cl_2O = (OH)C_6H_2Cl_2CH_3$. Entsteht beim Einleiten von Chlor in siedendes p-Kresol[17]). Aus Ligroin lange durchsichtige Nadeln. Schmelzp. 39°. Entsteht auch aus p-Kresol und 2 Mol. SO_2Cl_2[13]). Aus Ligroin weiße Nadeln. Schmelzp. 39°, Siedep. 235—240°[14]). Aus Wasser Nädelchen, Siedep.$_{27}$ = 130—136°, Schmelzp. 59°[15]).

Trichlor-p-kresol $C_7H_5Cl_3O = (OH)C_6HCl_3CH_3$. Entsteht bei der Chlorierung von p-Kresol in CCl_4 in Gegenwart von Eisen neben dem Mono- und dem Dichlorkresol. Aus Eisessig oder Benzin Nadeln. Schmelzp. 66—67°[14]).

Tetrachlor-p-kresol $C_7H_4Cl_4O = (OH)C_6Cl_4CH_3$. Entsteht bei der Chlorierung von p-Kresol in Eisessiglösung neben den anderen Chlorkresolen. Aus Benzin und Benzol glänzende weiße Nadeln. Schmelzp. 190°[14]).

3-Brom-p-kresol $C_7H_7BrO = (OH)C_6H_3BrCH_3$. Entsteht neben Dibromkresol, wenn man auf trockenes p-Kresolnatrium trockenes Brom in CS_2 einwirken läßt[12]). Siedep. 213 bis 214°, $D_{24,5}$ = 1,5468. Schmelzp. 17—18°[12]). Siedep. 218—219°[18]). Mit Wasserdämpfen flüchtig.

3, 5-Dibrom-p-kresol $C_7H_6Br_2O = (OH)C_6H_2Br_2CH_3$. Entsteht durch Bromieren von p-Kresol in Eisessig bei Gegenwart von Eisen[19]). Spießförmige glänzende Nadeln.

---

[1]) Krafft u. Bürger, Berichte d. Deutsch. chem. Gesellschaft **17**, 1378 [1884].

[2]) Anschütz u. Wirtz, Berichte d. Deutsch. chem. Gesellschaft **18**, 1948 [1885].

[3]) Cohn u. Plohn, Berichte d. Deutsch. chem. Gesellschaft **40**, 2601 [1907].

[4]) Lindeman, Berichte d. Deutsch. chem. Gesellschaft **24**, 2148 [1891].

[5]) Fourneau, D. R. P. 228 205; Chem. Centralbl. **1910**, II, 1790.

[6]) Zivkovic, Monatshefte f. Chemie **29**, 955 [1908].

[7]) Boyd u. Marle, Journ. Chem. Soc. **97**, 1790 [1910].

[8]) Ryan, Journ. Chem. Soc. **75**, 1056 [1899].

[9]) Leuckart, Journ. f. prakt. Chemie [2] **41**, 319 [1890].

[10]) Herzog, Berichte d. Deutsch. chem. Gesellschaft **40**, 1833 [1907].

[11]) Neuberg u. Hirschberg, Biochem. Zeitschr. **27**, 343 [1910].

[12]) Schall u. Dralle, Berichte d. Deutsch. chem. Gesellschaft **17**, 2528 [1884].

[13]) Mazzara u. Lamberti, Gazzetta chimica ital. **26**, II, 399 [1896]. — Peratoner u. Vitale, Gazzetta chimica ital. **28**, I, 217 [1898].

[14]) Zincke, Annalen d. Chemie u. Pharmazie **328**, 278 ff. [1903].

[15]) Autenrieth u. Mühlinghaus, Berichte d. Deutsch. chem. Gesellschaft **39**, 4103, 4104 [1906].

[16]) Bertozzi, Gazzetta chimica ital. **29**, II, 36 [1899].

[17]) Claus u. Riemann, Berichte d. Deutsch. chem. Gesellschaft **16**, 1599 [1883].

[18]) Zincke u. Wiederhold, Annalen d. Chemie u. Pharmazie **320**, 203 [1901].

[19]) Thiele u. Eichwede, Annalen d. Chemie u. Pharmazie **311**, 374 [1900].

Schmelzp. 49° [1]). Entsteht auch aus dem 3, 5-Dibrom-p-kresolbrom durch Einwirkung von Alkohol, Aceton oder Reduktionsmitteln. Farblose Krystalle. Schmelzp. 54° [2]). Aus Chloroform farblose Nadeln. Schmelzp. 49° [3]). Mit Wasserdämpfen flüchtig.

3, 5-Dibrom-p-kresolbrom $C_7H_5OBr_3 = (OBr)C_6H_2Br_2CH_3$. Entsteht durch Einwirkung von Bromwasser in geringem Überschuß auf p-Kresol. Gelbe Nadeln und Blättchen. Schmelzp. 102—105° [2]).

Tribrom-p-kresol $C_7H_5OBr_3$. Entsteht, wenn man den durch Einwirkung von Kaliumbromidbromatlösung auf p-Kresol entstehenden Niederschlag mit 5 proz. Jodkaliumlösung schüttelt. Aus Eisessig farblose Nadeln. Schmelzp. 142°. Aus Chloroform hellgelbe Nadeln. Schmelzp. 139° [3]).

Tetrabrom-p-kresol, Tribrom-p-kresolbrom $C_7H_4Br_4O = (OBr)C_6HBr_3CH_3$. Entsteht beim Versetzen von p-Kresol mit überschüssigem Bromwasser [4]). Kleine Blättchen. Schmelzp. 108—110° unter Bromentwicklung. Bei Bromierung in Gegenwart von etwas Eisenpulver. Aus heißem Benzin Schmelzp. 102° [1]).

2, 3, 5, 6-Tetrabrom-p-kresol $C_7H_4Br_4O = (OH)C_6Br_4CH_3$. Entsteht durch Einwirkung von Brom mit 1% Aluminium auf p-Kresol. Aus Alkohol oder Chloroform Nadeln. Schmelzp. 198—199° [5]). Aus Eisessig dicke glänzende Nadeln. Schmelzp. 196° [1]), 198—199° [6]).

2-Jod-p-kresol $C_7H_7JO = (OH)C_6H_3J(CH_3)$. Entsteht aus p-Kresolquecksilberjodid durch Einwirkung von Jod. Aus Petroläther Nadeln. Schmelzp. 35°, Siedep.$_{12} = 117°$ [7]).

3-Jod-p-kresol $C_7H_7JO = (OH)C_6H_3JCH_3$. Entsteht bei der Einwirkung von Jod in CS_2 auf trockenes p-Kresolnatrium in der Siedehitze. Gleichzeitig entsteht Dijod-p-kresol. Beide mit Wasserdämpfen flüchtig. Flüssig [8]).

Dijod-p-kresol $C_7H_6J_2O = (OH)C_6H_2J_2CH_3$. Entsteht neben dem Monojodprodukt. Schmelzp. 61—61,5° [8]).

2-Nitro-p-kresol $C_7H_7NO_3 = (OH)C_6H_3(NO_2)CH_3$. Entsteht aus 2-Nitro-p-toluidinsulfat und salpetriger Säure. Aus Äther harte, gelbe Prismen. Schmelzp. 77—77,4° [9]).

3-Nitro-p-kresol $C_7H_7NO_3 = (OH)C_6H_3(NO_2)CH_3$. Entsteht aus 3-Nitro-p-toluidin und konz. Natronlauge [9]) oder salpetriger Säure [10]), bei der vorsichtigen Nitrierung von p-Kresol [11]). Gelbe platte Nadeln. Schmelzp. 33,5°; aus Alkohol Krystalle 32,5°; Siedep.$_{7,5}$ $= 114,5°$, Siedep.$_{22} = 125°$; $D_4^{38,6} = 1,2399$; $n_D^{38,6} = 1,5763$ [12]). Mit Wasserdämpfen flüchtig.

2, 6-Dinitro-p-kresol $C_7H_6N_2O_5 = (OH)C_6H_2(NO_2)_2CH_3$. Entsteht beim Diazotieren von 2-Nitro-p-toluidin. Aus Wasser feine gelbe Nadeln. Zersetzt sich in der Hitze, ohne zu schmelzen (Knecht) [9]).

3, 5-Dinitro-p-kresol $C_7H_6N_2O_5 = (OH)C_6H_2(NO_2)_2CH_3$. Entsteht aus p-Kresol in Eisessig bei der Nitrierung mit starker Salpetersäure (Frische) [11]). Aus verdünntem Alkohol gelbe Nadeln. Schmelzp. 85° (Städel) [11]), 80,5° [13]).

2-Amino-p-kresol $C_7H_9NO = (OH)C_6H_3(NH_2)CH_3$. Entsteht durch Reduktion des 2-Nitro-p-kresols durch Zinn und Salzsäure (Knecht) [9]) [14]). Krystalle. Schmelzp. 144,5° [15]), 135° [16]).

[1]) Zincke u. Wiederhold, Annalen d. Chemie u. Pharmazie **320**, 203 [1901].

[2]) Autenrieth u. Beuttel, Archiv d. Pharmazie **248**, 123 [1910].

[3]) Siegfried u. Zimmermann, Biochem. Zeitschr. **29**, 375 [1910].

[4]) Baumann u. Brieger, Berichte d. Deutsch. chem. Gesellschaft **12**, 804 [1879]. — Werner, Bulletin de la Soc. chim. **46**, 278 [1886].

[5]) Bodroux, Compt. rend. de l'Acad. des Sc. **126**, 1283 [1898].

[6]) Bonneaud, Bulletin de la Soc. chim. [4] **7**, 780 [1910].

[7]) Dimroth, Berichte d. Deutsch. chem. Gesellschaft **35**, 2859 [1902].

[8]) Schall u. Dralle, Berichte d. Deutsch. chem. Gesellschaft **17**, 2533 [1884].

[9]) Knecht, Annalen d. Chemie u. Pharmazie **215**, 87 [1882]. — Neville u. Winther, Berichte d. Deutsch. chem. Gesellschaft **15**, 2980 [1882].

[10]) Nölting u. Wild, Berichte d. Deutsch. chem. Gesellschaft **18**, 1339 [1885]. — Brasch u. Freyss, Berichte d. Deutsch. chem. Gesellschaft **24**, 1960 [1891].

[11]) Armstrong u. Thorpe, Jahresber. d. Chemie **1876**, 452. — Hofmann u. Miller, Berichte d. Deutsch. chem. Gesellschaft **14**, 573 [1881]. — Städel, Annalen d. Chemie u. Pharmazie **217**, 53 [1883]. — Frische, Annalen d. Chemie u. Pharmazie **224**, 138 [1884].

[12]) De Vries, Recueil des travaux chim. des Pays-Bas **28**, 276 [1909]; Chem. Centralbl. **1909**, II, 980.

[13]) Chamberlain, Amer. Chem. Journ. **19**, 533 [1897].

[14]) Wallach, Berichte d. Deutsch. chem. Gesellschaft **15**, 2833 [1882].

[15]) Maassen, Berichte d. Deutsch. chem. Gesellschaft **17**, 610 [1884].

[16]) Auwers u. Eisenlohr, Annalen d. Chemie u. Pharmazie **369**, 223 [1909].

3-Amino-p-kresol $C_7H_9NO = (OH)C_6H_3(NH_2)CH_3$. Entsteht durch Reduktion von 3-Nitro-p-kresol oder von p-Kresolazobenzol durch Zinn und Salzsäure[1]). Aus Äther rhombische Krystalle. Schmelzp. 135°[2]).

p-Kresol-3-azobenzol $C_{13}H_{14}N_2O = (OH)C_6H_3(N_2C_6H_5)CH_3$. Entsteht aus Anilinnitrat, p-Kresol und KNO_2. Goldglänzende Blättchen. Schmelzp. 108—109°[3]).

p-Kresol-disazobenzol $C_{19}H_{16}N_4O = (OH)C_6H_2(N_2C_6H_5)_2CH_3$. Entsteht aus p-Aminoazobenzol, Salzsäure und Natriumnitrit. Aus Eisessig kleine braune Nadeln. Schmelzp. 160°[2])[4]).

p-Kresol-2-sulfonsäure $C_7H_8SO_4$

$$OH\langle\overset{H\ \ H}{\underset{H\ \ SO_3H}{}}\rangle CH_3 + 5\,H_2O$$

Entsteht beim Erwärmen von p-Diazotoluol-o-sulfonsäure mit Wasser. Lange Nadeln. Schmelzp. 98,5°, 187—188° (wasserfrei)[5]).

p-Kresol-3-sulfonsäure $C_7H_8SO_4 = (OH)C_6H_3(SO_3H)CH_3$. Aus p-Kresol und rauchender Schwefelsäure[6])[10]). Krystallisiert aus Schwefelsäure[7]). Wasserdampf spaltet bei 140—160°[8]).

p-Kresyl-schwefelsäure $C_7H_8SO_4 = CH_3C_6H_4OSO_2OH$. Vorkommen: Im Tier- und Menschenharn[9]) (siehe Bd. IV, S. 975 ff.).

p-Kresol-3, 5-disulfonsäure $C_7H_8S_2O_7 = (OH)C_6H_2(SO_3H)_2CH_3$. Entsteht aus p-kresolsulfonsaurem Kalium und rauchender Schwefelsäure[10]).

p-Kresol-2 (oder 6), 3-disulfonsäure $C_7H_8S_2O_7$. Entsteht aus p-Toluidindisulfonsäure mit salpetriger Säure. Krystalle[11]).

o-Phlorol, 2-Äthylphenol.

Mol.-Gewicht 122,1.

Zusammensetzung: 78,62% G, 8,25% H.

$$C_8H_{10}O.$$

$$H\langle\overset{H\ \ H}{\underset{H\ \ C_2H_5}{}}\rangle OH$$

Vorkommen: Im Holzteerkreosot[12]).

Bildung: Es entsteht durch Reduktion und folgende Diazotierung von o-Nitroäthylbenzol[3]), bei der Reduktion von Cumaron (neben Hydrocumaron) mittels Natrium und Alkohol[14]), bei der Destillation von phloretinsaurem Barium mit Kalk[15]).

Physikalische und chemische Eigenschaften: Erstarrt nicht bei —18°. Siedep. 210,78° (korr.). Siedep.$_{756}$ = 206,5—207,5°. $D_0 = 1,0371$[13]). Gibt mit Eisenchlorid eine violettblaue Färbung. Beim Schmelzen mit Kali entsteht Salicylsäure und m-Oxybenzoesäure.

Salze und Derivate: Bariumsalz $Ba(OC_6H_4 \cdot C_2H_5)_2 + 2\,H_2O$. Blättchen. Zersetzungspunkt 100°.

o-Äthylphenol-methyläther $C_9H_{12}O = CH_3O \cdot C_6H_4 \cdot C_2H_5$. Entsteht bei der Destillation von Ammoniakgummiharz mit Zinkstaub. Siedep. 185°[15]).

---

[1]) Wagner, Berichte d. Deutsch. chem. Gesellschaft **7**, 1270 [1874].

[2]) Nölting u. Kohn, Berichte d. Deutsch. chem. Gesellschaft **17**, 360 [1884].

[3]) Liebermann u. Kostanecki, Berichte d. Deutsch. chem. Gesellschaft **17**, 131, 878 [1884].

[4]) Nölting u. Kohn, Berichte d. Deutsch. chem. Gesellschaft **17**, 354 [1884].

[5]) Jenssen, Annalen d. Chemie u. Pharmazie **172**, 237 [1874].

[6]) Pechmann, Annalen d. Chemie u. Pharmazie **173**, 203 [1874].

[7]) Raschig, D. R. P. 112 545; Chem. Centralbl. **1900**, II, 463.

[8]) Raschig, D. R. P. 114 975; Chem. Centralbl. **1900**, II, 1141.

[9]) Baumann, Berichte d. Deutsch. chem. Gesellschaft **9**, 1389 [1876].

[10]) Engelhardt u. Latschinow, Zeitschr. f. Chemie **1869**, 620.

[11]) Richter, Annalen d. Chemie u. Pharmazie **230**, 322 [1885].

[12]) Béhal u. Choay, Bulletin de la Soc. chim. [3] **11**, 702 [1894].

[13]) Suida u. Plohn, Monatshefte f. Chemie **1**, 175 [1880]. — Béhal u. Choay, Bulletin de la Soc. chim. [3] **11**, 209 [1894].

[14]) Alexander, Berichte d. Deutsch. chem. Gesellschaft **25**, 2410 [1892].

[15]) Oliveri, Gazzetta chimica ital. **13**, 264 [1883].

o-Äthylphenol-äthyläther $C_{10}H_{14}O = C_2H_5O \cdot C_6H_4 \cdot C_2H_5$. Entsteht aus o-Jod-phenetol und Äthyljodid. Siedep. 189—192° [1]).

Dibrom-o-äthylphenol $C_8H_8Br_2O = (OH)C_6H_3Br \cdot C_2H_4Br$. Entsteht aus o-Phlorol und überschüssigem Brom in der Kälte[2]).

Nitro-o-äthylphenol $C_8H_9NO_3 = (OH)C_6H_3(NO_2) \cdot C_2H_5$. Entsteht als Nebenprodukt bei der Einwirkung von salpetriger Säure auf Amidoäthylbenzol. Gelbes Öl. Siedep. 212 bis 215° [2]).

Dinitro-o-äthylphenol $C_8H_8N_2O_5 = (OH)C_6H_2(NO_2)_2C_2H_5$. Entsteht beim Eintragen von o-Phlorol in kalte, rauchende Salpetersäure[2]).

o-Äthylphenol-sulfonsäure $C_8H_{10}SO_3 = (OH)C_6H_3(SO_3H)C_2H_5$. Entsteht beim Auf-lösen von o-Phlorol in konz. Schwefelsäure. Das Ba-Salz bildet perlmutterglänzende Blättchen[2]).

m-Phlorol, 3-Äthylphenol.

Mol.-Gewicht 122,1.
Zusammensetzung: 78,62% C, 8,25% H.

$$C_8H_{10}O.$$

H   H
H< >OH
H_5C_2 H

Vorkommen: Im Arnicawurzelöl (Arnica montana L.), wahrscheinlich als Methyläther und als Isobuttersäureester[3]).

Physikalische und chemische Eigenschaften: Siedep. 224—225°. $D_{12} = 1{,}015$ [3]).

Derivate: 3-Phlorol-äthyläther $C_{10}H_{14}O = C_2H_5 \cdot C_6H_4(OC_2H_5)$. Siedep. 215—217°. $D_{18} = 0{,}9323$ [3]).

1, 2-Xylenol-(4), 1, 2-Dimethyl-phenol-(4).

Mol.-Gewicht 122,1.
Zusammensetzung: 78,62% C, 8,25% H.

$$C_8H_{10}O.$$

H   H
HO< >CH_3
H CH_3

Vorkommen: Im Steinkohlenteeröl[4]), im Grünnaphthakreosot aus Schieferöl[5]).

Bildung: Es entsteht aus 1, 2, 4-Xylolsulfonsäure bei der Kalischmelze[6]) oder aus 1, 2, 4-Xylidin und salpetriger Säure[7]).

Physikalische und chemische Eigenschaften: Aus Wasser sehr lange Nadeln, aus Alkohol rhombische Oktaeder. Schmelzp. 65°. Siedep.$_{757}$ = 225°. Molekulare Verbrennungswärme 1035,4 Cal.[8]).

Salze und Derivate: $(NaO)C_6H_3(CH_3)_2$. Große, flache Nadeln.

1, 2 - Xylenol - 4 - methyläther $C_9H_{12}O = (CH_3O)C_6H_3(CH_3)_2$. Flüssig. Siedep.$_{i.\,D.}$ = 204—205° [9]).

1, 2-Xylenol-4-äthyläther $C_{10}H_{14}O = (C_2H_5O)C_6H_3(CH_3)_2$. Flüssig. Siedep. 218° (korr.) [9]).

---

[1]) **Jannasch** u. **Hinrichsen**, Berichte d. Deutsch. chem. Gesellschaft **31**, 1824 [1898].

[2]) **Suida** u. **Plohn**, Monatshefte f. Chemie **1**, 175 [1880]. — **Béhal** u. **Choay**, Bulletin de la Soc. chim. [3] **11**, 309 [1894].

[3]) **Sigel**, Annalen d. Chemie u. Pharmazie **170**, 345, 353—355 [1873].

[4]) **Schulze**, Berichte d. Deutsch. chem. Gesellschaft **20**, 410 [1887].

[5]) **Gray**, Journ. Soc. Chem. Ind. **21**, 845 [1902]; Chem. Centralbl. **1902**, II, 608.

[6]) **Jacobsen**, Berichte d. Deutsch. chem. Gesellschaft **11**, 28 [1878].

[7]) **Jacobsen**, Berichte d. Deutsch. chem. Gesellschaft **17**, 161 [1884].

[8]) **Stohmann**, **Rodatz** u. **Herzberg**, Journ. f. prakt. Chemie [2] **34**, 316 [1886].

[9]) **Moschner**, Berichte d. Deutsch. chem. Gesellschaft **33**, 743 [1900].

3, 5, 6-Tribrom-1, 2-xylenol-(4) $C_8H_7OBr_3 = (OH)C_6Br_3(CH_3)_2$. Aus Alkohol feine Nadeln. Schmelzp. 169° [1]), 171° [2]).

1^1, 3, 5, 6-Tetrabrom-1, 2-xylenol-(4) $C_8H_6OBr_4 = (CH_2Br)(CH_3)C_6Br_3(OH)$. Entsteht aus 1, 2-Xylenol-(4) und Brom bei Gegenwart von Eisessig. Silbergraue Nadeln. Schmelzp. 173° [3]).

3, 5-Dinitro-1, 2-xylenol-(4) $C_8H_8N_2O_3 = (OH)C_6H(NO_2)_2(CH_3)_2$. Aus Alkohol gelbe Nadeln. Schmelzp. 126—127° [4]).

1, 2, 4-Xylenol-sulfonsäure $C_8H_{10}SO_4 = (OH)C_6H_2(SO_3H)(CH_3)_2$. Entsteht aus 1, 2, 4-Xylenol, und Schwefelsäure. Das Ba-Salz charakteristisch [1]).

1, 3-Xylenol-(4), 1, 3-Dimethyl-phenol-(4).

Mol.-Gewicht 122,1.

Zusammensetzung: 78,62% C, 8,25% H.

$$C_8H_{10}O.$$

$$\begin{array}{c} H \quad H \\ OH\langle\quad\rangle CH_3 \\ CH_3 \quad H \end{array}$$

Vorkommen: Im Holzteerkreosot [5]).

Bildung: Es entsteht bei der Kalischmelze des 1, 3-xylol-4-sulfosauren Kaliums [1]), beim Erhitzen von Oxymesitylensäure mit konz. Salzsäure [6]), aus 1, 3-Xylidin-(4) und salpetriger Säure [7]).

Physikalische und chemische Eigenschaften: Schmelzp. 26°. Siedep.$_{i. D.}$ = 211,5° [8]). Siedep.$_{50}$ = 136° [9]). D_0 = 1,0362. Molekulare Verbrennungswärme 1037,5 Cal.[10]). Sehr wenig löslich in Wasser. Eisenchlorid färbt die wässerige Lösung blau. Bei der Kalischmelze entstehen 4-Oxytoluyl-3-säure und 4-Oxyisophthalsäure [11]).

Salze und Derivate: $NaO \cdot C_6H_3(CH_3)_2$. Leicht löslich in konz. Natronlauge [1]).

1, 3-Xylenol-4-methyläther $C_9H_{12}O = (CH_3O)C_6H_3(CH_3)_2$. Siedep.$_{i. D.}$ = 192° [1]). Siedep.$_{742}$ = 186° [12]).

1, 3-Xylenol-4-acetat $C_{10}H_{12}O_2 = (CH_3COO)C_6H_3(CH_3)_2$. Flüssig. Siedep.$_{i. D.}$ = 226° [1]).

Dibrom-1, 3-xylenol-(4) $C_8H_8Br_2O = (OH)C_6HBr_2(CH_3)_2$. Lange, feine Nadeln. Schmelzp. 73° [1]).

Tribrom-1, 3-xylenol-(4) $C_8H_7Br_3O = (OH)C_6Br_3(CH_3)_2$. Aus Alkohol lange Nadeln. Schmelzp. 179° [1]); 178—179° [13]).

1^1, 2, 5, 6-Tetrabrom-1, 3-xylenol-(4) $C_8H_6Br_4O = (CH_2Br)(CH_3)C_6Br_3(OH)$. Entsteht aus Xylenol und Brom in Eisessig neben dem Pentabromid. Aus Ligroin Nadeln. Schmelzp. 135—136° [13]) [14]).

1^1, 3', 2, 5, 6-Pentabrom-1, 3-xylenol-(4) $C_8H_5Br_5O = (CH_2Br)_2C_6Br_3(OH)$. Aus Eisessig Nadeln. Schmelzp. 172° [14]) [15]).

---

[1]) Jacobsen, Berichte d. Deutsch. chem. Gesellschaft **11**, 28 [1878].

[2]) Auwers u. Rapp, Annalen d. Chemie u. Pharmazie **302**, 160 [1898].

[3]) Auwers u. Rovaart, Annalen d. Chemie u. Pharmazie **302**, 100 [1898]. — Auwers u. v. Erggelet, Berichte d. Deutsch. chem. Gesellschaft **32**, 3032 [1899]. — Auwers, Berichte d. Deutsch. chem. Gesellschaft **34**, 4256 [1901].

[4]) Nölting u. Pick, Berichte d. Deutsch. chem. Gesellschaft **21**, 3158 (1888].

[5]) Béhal u. Choay, Bulletin de la Soc. chim. [3] **11**, 702 [1894].

[6]) Jacobsen, Berichte d. Deutsch. chem. Gesellschaft **11**, 2052 [1878].

[7]) Harmsen, Berichte d. Deutsch. chem. Gesellschaft **13**, 1558 [1880].

[8]) Jacobsen, Berichte d. Deutsch. chem. Gesellschaft **18**, 3464 [1885].

[9]) Auwers u. Camphausen, Berichte d. Deutsch. chem. Gesellschaft **29**, 1129 [1896].

[10]) Stohmann, Rodatz u. Herzberg, Journ. f. prakt. Chemie [2] **34**, 317 [1886].

[11]) Jacobsen, Berichte d. Deutsch. chem. Gesellschaft **11**, 374 [1878]. — Graebe u. Kraft, Berichte d. Deutsch. chem. Gesellschaft **39**, 797 [1906].

[12]) Stohmann, Rodatz u. Herzberg, Journ. f. prakt. Chemie [2] **35**, 25 [1887].

[13]) Auwers u. Ziegler, Berichte d. Deutsch. chem. Gesellschaft **29**, 2349 [1896].

[14]) Auwers u. Camphausen, Berichte d. Deutsch. chem. Gesellschaft **29**, 1126 [1896]. — Auwers, Berichte d. Deutsch. chem. Gesellschaft **34**, 4256 [1901].

[15]) Auwers u. Hampe, Berichte d. Deutsch. chem. Gesellschaft **32**, 2987, 3005 [1899].

5-Nitro-1, 3-xylenol-(4) $C_8H_9NO_3 = (OH)C_6H_2(NO_2)(CH_3)_2$. Entsteht aus 1, 3-Xylenol-(4) und Salpetersäure. Gelbe Nadeln. Schmelzp. 72° [1]).

5-Amino-1, 3-xylenol-(4) $C_8H_{11}ON = (OH)C_6H_2(NH_2)(CH_3)_2$. Entsteht durch Reduktion der Nitroverbindung. Aus Alkohol Blättchen. Schmelzp. 133—134° (Franke)[1]).

1, 3-Xylenol-(4)-sulfonsäure $C_8H_{10}SO_4 = (OH)C_6H_2(SO_3H)(CH_3)_2$. Entsteht aus 1, 3-Xylenol-(4) und SO_3HCl. Das Bariumsalz bildet glänzende Tafeln[1]).

1, 3-Xylenol-(5), 1, 3-Dimethyl-phenol-(5).

Mol.-Gewicht 122,1.

Zusammensetzung: 78,62% C, 8,25% H.

$$C_8H_{10}O.$$

Vorkommen: Im Steinkohlenteeröl[2]), im Holzteerkreosot[3]), im Grünnaphthakreosot aus Schieferöl[4]).

Bildung: Es entsteht aus 1, 3, 5-Xylidin und salpetriger Säure[5]).

Physikalische und chemische Eigenschaften: Aus Wasser feine Nadeln. Schmelzp. 64° [5]). 68° [6]). Siedep. 219,5° [5]). Wird durch Eisenchlorid nicht gefärbt.

Salze und Derivate: $(NaO) \cdot C_6H_3(CH_3)_2$. Große, glänzende Blätter. Sehr schwer löslich in kalter Natronlauge[5]).

1, 3-Xylenol-5-oxyacetal $C_{14}H_{22}O_3 = (CH_3)_2C_6H_3 \cdot [OCH_2 \cdot CH(OC_2H_5)_2]$. Aus 1, 3-Xylenol-(5) und Chloracetal. Siedep. 287—288°. $D^{20} = 0,998$ [7]).

Tribrom-1, 3-xylenol-(5) $C_8H_7Br_3O = (OH)C_6Br_3(CH_3)_2$. Aus Alkohol feine Nadeln. Schmelzp. 162,5° [5]), 166° [6]).

Carvacrol, Cymophenol, 1-Methyl-4-methoäthyl-phenol-(2)[8]).

Mol.-Gewicht 150,11.

Zusammensetzung: 79,94% C, 9,40% H.

$$C_{10}H_{14}O.$$

Vorkommen: Im Campheröl (Laurus Camphora)[9]), im Schinusöl (Schinus molle L.)[9]), im ätherischen Öl von Monarda punctata L. („Horse Mint")[10])[11]), im Öl von Monarda fistulosa L. („Wild Bergamot")[11])[12]), im ätherischen Öl von Monarda citriodora[13]), im Öl von Satureja montana S.[14]), im Bohnen- oder Pfefferkrautöl (Satureja hortensis L.)[15]), im Dostenöl

[1]) Lako, Annalen d. Chemie u. Pharmazie **182**, 32 [1876]. — Hodgkinson u. Limpach, Journ. Chem. Soc. **63**, 105 [1893]. — Franke, Annalen d. Chemie u. Pharmazie **296**, 199 [1897].

[2]) Schulze, Berichte d. Deutsch. chem. Gesellschaft **20**, 410 [1887].

[3]) Béhal u. Choay, Bulletin de la Soc. chim. [3] **11**, 702 [1894].

[4]) Gray, Journ. Soc. Chem. Ind. **21**, 845 [1902]; Chem. Centralbl. **1902**, II, 608.

[5]) Töhl, Berichte d. Deutsch. chem. Gesellschaft **18**, 362 [1885].

[6]) Nölting u. Forel, Berichte d. Deutsch. chem. Gesellschaft **18**, 2679 [1885].

[7]) Störmer, Annalen d. Chemie u. Pharmazie **312**, 295 [1900].

[8]) Gildemeister u. Stephan, Archiv d. Pharmazie **235**, 589 [1897].

[9]) Bericht der Firma Schimmel & Co. **1902**, II, 21.

[10]) Hendricks u. Kremers, Pharm. Archives **2**, 73 [1899].

[11]) Beck u. Brandel, Pharm. Revue **21**, 109 [1903].

[12]) Kremers, Pharm. Rundschau New York **13**, 207 [1895]. — Melzner u. Kremers, Pharm. Revue **14**, 198 [1896]; Chem. Centralbl. **1897**, II, 41.

[13]) Brandel, Pharm. Revue **22**, 153 [1904]; Chem. Centralbl. **1904**, II, 774.

[14]) Haller, Compt. rend. de l'Acad. des Sc. **94**, 132 [1882]; Bericht der Firma Schimmel & Co. **1897**, II, 65.

[15]) Jahns, Berichte d. Deutsch. chem. Gesellschaft **15**, 816 [1882].

(Origanum vulgare L.)[1]), im Triester Origanumöl (Origanum hirtum Lk.)[2]), im Smyrnaer Origanumöl (Origanum smyrnaeum L.)[3]), im ätherischen Öl von Origanum floribundum Mundy[4]), im Thymianöl (Thymus vulgaris L.)[5]), im Quendelöl (Thymus Serpyllum L.)[6]), im Öl von Thymus capitatus Lk.[7]), im kanadischen Minzöl (Mentha canadensis L., „Wild Mint")[8]), im Krautöl von Pycnanthemum lanceolatum Pursh („Mountain Mint")[9]), im Holzöl von Thuja articulata (Callitris quadrivalvis) aus Algier[10]), vielleicht im Samenöl von Monodora grandiflora[11]), im Origanumöl von Cypern[12]), im Öl aus Mentha silvestris L. auf Cypern[13]), im Krautöl von Thymbra spicata L.[14]).

Bildung: Carvacrol entsteht beim Schmelzen von Cymolsulfonsäure mit Kali[15]), aus 1-Methyl-2-amino-4-isopropylbenzol[16]), aus 5 T. Campher durch Einwirkung von 1 T. Jod[17]) aus Bromcampher und Zinkchlorid[18]), aus Carvon und 4% $POCl_3$ [19]), aus Carvon und glasiger Phosphorsäure[20]) beim Kochen von 50 T. salzsaurem Carvon mit 1 T. festem Chlorzink und 20 T. Eisessig[21]), beim Kochen von Thujon oder Tanaceton mit $FeCl_3$ und verdünnter Essigsäure[22]), beim Kochen von Nitrosopinen mit verdünnter Salzsäure[23]), beim Kochen von Ketoterpin mit verdünnter Schwefelsäure[24]), aus Carvon durch Kochen mit Ameisensäure[25]), aus Carvon über das Carvonhydrat[26]), beim Erhitzen von Buccocampher mit Salzsäure neben viel Thymol[27]), durch Erhitzen des durch Oxydation mittels Mercuriacetat aus Pinen entstehenden Ketons mit wasserfreier Oxalsäure[28]).

Carvacrol bildet sich, wenn man den nach Caron- ($C_{10}H_{16}O$) Verfütterung ausgeschiedenen Harn mit verdünnter Schwefelsäure kocht aus dem im Körper entstandenen Oxycaron[29]).

Zur **Isolierung** aus ätherischen Ölen schüttelt man dieselben mit verdünnten Laugen und zieht die alkalischen Lösungen mit Äther aus. Da Carvacrol selbst aus alkalischen Lösungen in Äther geht, muß man die ätherische Lösung mehrmals mit 10proz. Lauge ausziehen. Alsdann werden die gesammelten alkalischen Lösungen angesäuert, ausgeäthert und der Ätherrückstand fraktioniert.

Bestimmungen: Bestimmungsmethoden in ätherischen Ölen s. Thymol, S. 586.

Zur Unterscheidung von Thymol eignen sich das Carvacrylphenylurethan, Schmelzp. 140° und das Nitrosocarvacrol, Schmelzp. 153°. In fraglichen Fällen verfährt

---

[1]) Jahns, Archiv d. Pharmazie **216**, 277 [1880].

[2]) Jahns, Archiv d. Pharmazie **215**, 1 [1879]; Jahresber. d. Chemie **1879**, 942.

[3]) Gildemeister, Archiv d. Pharmazie **223**, 182 [1895].

[4]) Battandier, Journ. de Pharm. et de Chim. [6] **16**, 536 [1902].

[5]) Bericht der Firma Schimmel & Co. **1894**, II, 57.

[6]) Jahns, Archiv d. Pharmazie **216**, 277 [1882]; Berichte d. Deutsch. chem. Gesellschaft **15**, 819 [1882].

[7]) Bericht der Firma Schimmel & Co. **1889**, II, 56.

[8]) Semmler, Ätherische Öle. 1. Aufl. 1907. S. 46.

[9]) Correll, Pharm. Revue **14**, 32 [1896].

[10]) Grimal, Compt. rend. de l'Acad. des Sc. **139**, 927 [1904].

[11]) Leimbach, Wallach-Festschrift S. 502; Chem. Centralbl. **1909**, II, 1870.

[12]) Pickles, Journ. Chem. Soc. **93**, 866 [1908].

[13]) Bericht der Firma Schimmel & Co., **1910**, I; Chem. Centralbl. **1910**, I, 1720.

[14]) Bericht der Firma Schimmel & Co., **1910**, II,; Chem. Centralbl. **1910**, II, 1758.

[15]) Arndt, Berichte d. Deutsch. chem. Gesellschaft **1**, 203 [1868]. — Pott, Berichte d. Deutsch. chem. Gesellschaft **2**, 121 [1869]. — H. Müller, Berichte d. Deutsch. chem. Gesellschaft **2**, 130 [1869]. — Jacobsen, Berichte d. Deutsch. chem. Gesellschaft **11**, 1060 [1878].

[16]) Semmler, Berichte d. Deutsch. chem. Gesellschaft **25**, 3353 [1892].

[17]) Kékulé u. Fleischer, Berichte d. Deutsch. chem. Gesellschaft **6**, 934 [1873].

[18]) R. Schiff, Berichte d. Deutsch. chem. Gesellschaft **13**, 1408 [1880].

[19]) Kreysler, Berichte d. Deutsch. chem. Gesellschaft **18**, 1704 [1885].

[20]) Lustig, Berichte d. Deutsch. chem. Gesellschaft **19**, 12 [1886].

[21]) Reychler, Bulletin de la Soc. chim. [3] **7**, 32 [1892].

[22]) Wallach, Annalen d. Chemie u. Pharmazie **286**, 108 [1895].

[23]) v. Baeyer, Berichte d. Deutsch. chem. Gesellschaft **28**, 647 [1895]. — Mead u. Kremers, Amer. Chem. Journ. **17**, 608 [1895].

[24]) v. Baeyer, Berichte d. Deutsch. chem. Gesellschaft **31**, 3215 [1898].

[25]) Klages, Berichte d. Deutsch. chem. Gesellschaft **32**, 1517 [1899].

[26]) Knoevenagel u. Samel, Berichte d. Deutsch. chem. Gesellschaft **39**, 685 [1906].

[27]) Semmler u. Mc. Kenzie, Berichte d. Deutsch. chem. Gesellschaft **39**, 1163 [1906].

[28]) Henderson u. Agnew, Journ. Chem. Soc. **95**, 289 [1909].

[29]) Rimini, Gazzetta chimica ital. **39**, II, 186 [1909].

man nach Baeyer folgendermaßen: Eine alkalische, sehr verdünnte Lösung des Phenols wird mit etwas Natriumnitrit versetzt, angesäuert und über Nacht stehen gelassen. Ist Carvacrol oder Thymol vorhanden, so bilden sich bräunliche oder gelbe Nadeln, welche in NH_3 gelöst und mit verdünnter Essigsäure ausgefällt werden. Ist die zu untersuchende Substanz Thymol, so fällt ein fester amorpher Niederschlag von Nitrosothymol, ist sie Carvacrol, so scheiden sich Öltropfen ab, die sich sehr schnell in deutlich erkennbare Nadeln verwandeln[1]).

Physiologische Eigenschaften: Physiologisch verhält sich das Carvacrol durchaus dem Thymol ähnlich. Kaninchen scheiden es nach der Verfütterung an Glucuronsäure gekuppelt aus[2]). Pflanzenphysiologisch wird als Grenzwert für die Wachstumshemmung von Lupinenwurzeln $1/3200$ Mol. pro Liter angegeben[3]).

Physikalische und chemische Eigenschaften: Dickflüssiges Öl. Erstarrt bei —20°. Schmelzpunkt gegen 0°, Siedep.i.D. = 236,5—237°. $D_{15} = 0,9856$ (aus Cymolsulfosäure dargestellt)[4]); Siedep. 236—237° (korr.), $D_{15} = 0,981$, Schmelzp. +1,5—2° (aus Kretisch-Dostenöl)[5]). Siedep. 236—237°, $D_{15} = 0,981$, $n_D = 1,525$, Schmelzp. 0,5—1° (aus dem Öl von Satureja hortensis)[6]); Siedep.$_{16}$ = 119°, $D_{20} = 0,9782$. Molekulare Brechung 46,83[7]). Molekulare Verbrennungswärme 1354,82 Cal.[8]); Schmelzp. +0,5°, Siedep.$_{742}$ = 235,5—236,2°, $D_{20} = 0,976$, $n_{D\,20} = 1,52338$ (aus Origanumöl), Schmelzp. +0,5°, Siedep.$_{742}$ = 236.0 —236,5°, $D_{20} = 0,979$, $n_{D\,20} = 1,52295$ (aus Carvon)[9]); Siedep. 237,7° (korr.); $D_4^i = 0,9884$, $D_{15}^{15} = 0,981$, $D_{25}^{25} = 0,9756$. Magnetisches Drehungsvermögen 16,31 bei 15,6°[10]). Siedep.$_{10}$ = 113°, $D_4^{20} = 0,9760$, $n_{D\,18'4} = 1,52540$[11]); über das kryoskopische Verhalten vgl.[12]); Siedep.$_{760}$ = 237,97°, Siedep.$_{720}$ = 235,62°. Spezifische Wärme zwischen 233° und 24° = 0,5770. Verdampfungswärme 68,08 Cal. $\pm 2\%$. Troutonsche Zahl = 20,41. Carvacrol ist danach nicht polymerisiert[13]).

Das Carvacrol ist ein schwaches Phenol und läßt sich infolgedessen aus alkalischen Lösungen ausäthern und mit Wasserdampf abtreiben[14]). Eine alkoholische Eisenchloridlösung wird grün gefärbt. Durch Reduktion mittels P_2S_5 geht das Carvacrol in p-Cymol über[15]), mittels Jodwasserstoff und Phosphor bei 235° in $C_{10}H_{18}$ neben $C_{10}H_{16}$ (?)[16]). Nach dem Verfahren von Sabatier und Senderens bei 195—200° geht Carvacrol in Hexahydrocarvacrol = Carvacromenthol $C_{10}H_{19}OH$ über[17]). Es entstehen dabei, je nach der Temperatur (160° oder 120°) zwei Isomere[18]). Aus dem β-Hexahydrocarvacrol entsteht durch Oxydation mit Chromsäure Carvacromenthon $C_{10}H_{19}O$ oder Tetrahydrocarvon[19]). Durch Behandlung des Carvacromenthols mit fein verteiltem Kupfer wird Carvacrol zurückerhalten[20]). Durch die Oxydation mittels Ätzkali bei mäßigem Erhitzen entsteht Isooxycuminsäure $(CH_3)_2CH \cdot C_6H_3(OH) \cdot COOH$. Jacobsen[21]). Bei der Oxydation durch Chromsäure entsteht Thymochinon (s. dieses); dasselbe entsteht neben Tetrahydroxycymol bei der Oxydation mittels 30proz. H_2O_2[22]). Die Spaltung

1) v. Baeyer, Berichte d. Deutsch. chem. Gesellschaft **28**, 647 [1895].
2) Hildebrandt, Archiv f. experim. Pathol. u. Pharmakol. **44**, 297 [1900].
3) True u. Hunkel, Botan. Centralbl. **76**, 289 [1898].
4) Jacobsen, Berichte d. Deutsch. chem. Gesellschaft **11**, 1060 [1878].
5) Jahns, Jahresber. f. Chemie **1879**, 942.
6) Jahns, Berichte d. Deutsch. chem. Gesellschaft **15**, 816 [1882].
7) Semmler, Berichte d. Deutsch. chem. Gesellschaft **25**, 3353 [1892].
8) Stohmann, Rodatz u. Herzberg,. Journ. f. prakt. Chemie [2] **34**, 319 [1886].
9) Gildemeister, Archiv d. Pharmazie **233**, 188 [1895].
10) Perkin, Journ. Chem. Soc. London **69**, 1239 [1896].
11) Brühl, Berichte d. Deutsch. chem. Gesellschaft **32**, 1224 [1899].
12) Ampola u. Rimatori, Gazzetta chimica ital. **27**, I, 46, 67 [1897]. — Biltz, Zeitschr. f. physikal. Chemie **27**, 544 [1898]. — Mameli, Gazzetta chimica ital. **33**, I, 471 [1903].
13) Luginin, Journ. de Chim. Phys. **3**, 640 [1905]; Chem. Centralbl. **1905**, II, 1426.
14) Stoermer u. Kippe, Berichte d. Deutsch. chem. Gesellschaft **36**, 3995 [1903].
15) Kékulé u. Fleischer, Berichte d. Deutsch. chem. Gesellschaft **6**, 935 [1873].
16) Bamberger u. Berle, Berichte d. Deutsch. chem. Gesellschaft **24**, 3211 [1891].
17) Brunel, Compt. rend. de l'Acad. des Sc. **137**, 1269 [1903]; **140**, 252 [1905].
18) Brunel, Compt. rend. de l'Acad. des Sc. **141**, 1245 [1905].
19) Brunel, Compt. rend. de l'Acad. des Sc. **145**, 1427 [1907].
20) Brunel, Compt. rend. de l'Acad. des Sc. **150**, 1529 [1910].
21) Kékulé, Berichte d. Deutsch. chem. Gesellschaft **7**, 1006 [1874]. — Jacobsen, Berichte d. Deutsch. chem. Gesellschaft **11**, 573, 1061 [1878].
22) Hendersen u. Boyd, Journ. Chem. Soc. **97**, 1660 [1910].

mittels P_2O_5 führt zu o-Kresol und Propylen[1]). Durch Einwirkung von PCl_5 entsteht 2-Chlorcymol[2]). Aus Carvacrol, Natrium und Kohlensäure entsteht o-Carvacrotinsäure[2]). Läßt man Carvacrol in 10 proz. Natronlauge mit Formaldehyd stehen, so erhält man **Carvacrolalkohol** $C_{11}H_{16}O_2$. Aus Benzol Krystalle. Schmelzp. 96—97°[3]). Durch Einwirkung von 6 ccm Blausäure und 5 g $AlCl_3$ auf 6 g Carvacrol gelöst in 20 ccm Benzol entsteht der **p-Carvacrotinaldehyd** $C_{10}H_{12}(OH)(CHO)$. Schmelzp. 96°[4]). Unter Einwirkung von Eisenchloridlösung in sehr verdünnt alkoholischer Lösung geht Carvacrol über in **Dehydrodicarvacrol** $(C_3H_7)(CH_3)(OH)C_6H_2 \cdot H_2C_6(OH)(CH_3)(C_3H_7)$. Aus verdünntem Alkohol verfilzte Nadeln, die 2 Mol. Krystallwasser enthalten. Schmelzp. der wasserfreien Verbindung 165—166°[5]).

Salze und Derivate: $(NaO)C_{10}H_{13}$. Krystallpulver[6]).

Mit **Bleiacetat** entsteht eine feste Verbindung[7]).

Carvacrol-methyläther $C_{11}H_{16}O = CH_3O \cdot C_6H_3(CH_3)C_3H_7$. Siedep. 216,8°, $D_0 = 0,9543$, $D_{100} = 0,8704$[8]). Siedep. 217°[9]).

Carvacrol-äthyläther $C_{12}H_{18}O = C_2H_5O \cdot C_6H_3(CH_3)C_3H_7$. Siedep. 235°[10]).

Carvacrol-isoamyläther. Siedep. 250—270°; $D_{19} = 0,955$; $[\alpha]_D = 4,01$ bei 19°[11]).

Carvacrylglucosid $C_{16}H_{24}O_6 + \frac{1}{2} H_2O = C_6H_{11}O_5 \cdot O \cdot C_6H_3(CH_3)C_3H_7 + \frac{1}{2} H_2O$. Entsteht aus Carvacrol und Acetochlorhydrose. Nadeln. Schmelzp. ca. 135° (wasserfrei)[12]).

Carvacryl-phenylurethan $C_{17}H_{19}O_2N = (C_6H_5NHCOO)C_{10}H_{13}$. Entsteht aus Carvacrol und Carbanil. Schmelzp. 140°[13]).

Carvacryl-α-naphthylurethan $(C_{10}H_7NH \cdot COO)C_6H_3(C_3H_7)(CH_3)$. Entsteht aus Carvacrol und Naphthylisocyanat. Aus Aceton biegsame Nadeln. Schmelzp. 287—288°[14]).

Dicarvacrol-glycerinäther $C_{23}H_{32}O_3 = (C_{10}H_{13}OCH_2)_2CH(OH)$. Entsteht aus Carvacrolkalium und Epichlorhydrin. Flüssig. Siedep. 245—246° (?)[15]).

Tricarvacryl-phosphat $C_{30}H_{39}PO_4 = PO(OC_{10}H_{13})_3$. Tafeln oder Prismen. Schmelzp. 71,5—72°[16]), 75°[17]).

Dicarvacryl-carbonat $C_{21}H_{26}O_3 = CO(OC_{10}H_{13})_2$. Entsteht aus Carvacrol und Phosgen. Flüssig[18]).

Brom-carvacrol $C_{10}H_{13}OBr = (CH_3)(C_3H_7)C_6H_2Br(OH)$. Entsteht beim Eintragen von Brom in die Lösung von Carvacrol in Eisessig bei 15—20°. Aus Ligroin Krystalle. Schmelzp. 46°. $Siedep._{12} = 162—163°$[19]).

3,5-Dibrom-carvacrol $C_{10}H_{12}OBr_2$

$$\begin{array}{c} \text{OH} \quad \text{Br} \quad \diagup\text{CH}_3 \\ \text{CH}_3\diagup\!\!\!\diagdown\overline{}\diagdown\!\!\!\diagup\text{CH} \\ \text{H} \quad \text{Br} \quad \diagdown\text{CH}_3 \end{array}$$

Fast farblose ölige Flüssigkeit. $Siedep._{25-30} = 175—177°$, $Siedep._{140-145} = 219—220°$[20]).

<hr>

[1]) Kékulé, Berichte d. Deutsch. chem. Gesellschaft **7**, 1006 [1874]. — Jacobsen, Berichte d. Deutsch. chem. Gesellschaft **11**, 573, 1061 [1878].

[2]) Kékulé u. Fleischer, Berichte d. Deutsch. chem. Gesellschaft **6**, 1090 [1873].

[3]) Manasse, Berichte d. Deutsch. chem. Gesellschaft **35**, 3846 [1902].

[4]) Gattermann, Annalen d. Chemie u. Pharmazie **357**, 329 [1907].

[5]) Cousin u. Héressey, Compt. rend. de l'Acad. des Sc. **150**, 1333 [1910].

[6]) Bischoff, Berichte d. Deutsch. chem. Gesellschaft **33**, 1269 [1900].

[7]) Chem. Werke Byk, D. R. P. 100 418; Chem. Centralbl. **1899** I, 764.

[8]) Pisati u. Paternò, Berichte d. Deutsch. chem. Gesellschaft **8**, 71 [1875].

[9]) Sabatier u. Mailhe, Compt. rend. de l'Acad. des Sc. **151**, 361 [1910].

[10]) Lustig, Berichte d. Deutsch. chem. Gesellschaft **19**, 13 [1886].

[11]) Welt, Annales de Chim. et de Phys. [7] **6**, 141 [1895].

[12]) Ryan, Journ. Chem. Soc. **75**, 1057 [1899].

[13]) Goldschmidt, Berichte d. Deutsch. chem. Gesellschaft **26**, 2086 [1893]. — Gildemeister, Archiv d. Pharmazie **233**, 188 [1895]. — Semmler u. Mc. Kenzie, Berichte d. Deutsch. chem. Gesellschaft **39**, 1158 [1906].

[14]) Neuberg u. Hirschberg, Biochem. Zeitschr. **27**, 343 [1910].

[15]) Zunino, Chem. Centralbl. **1909**, I, 1556.

[16]) Jahns, Berichte d. Deutsch. chem. Gesellschaft **15**, 818 [1882].

[17]) Kreysler, Berichte d. Deutsch. chem. Gesellschaft **18**, 1704 [1885].

[18]) von Heyden Nachf., D. R. P. 58 129.

[19]) Wallach u. Neumann, Berichte d. Deutsch. chem. Gesellschaft **28**, 1664 [1895].

[20]) Dahmer, Annalen d. Chemie u. Pharmazie **333**, 359 [1904].

5-Nitroso-carvacrol, Thymochinon-monoxim-(5) $C_{10}H_{13}NO_2$

$$\text{CH}_3\underset{\underset{\text{H}}{}}{\overset{\overset{\text{HO} \quad \text{H}}{}}{\Big\langle\!=\!\Big\rangle}}\overset{\text{CH}_3}{\underset{\text{NO}}{\text{CH}}}\text{CH}_3$$

Entsteht aus Carvacrol in alkoholisch-alkalischer Lösung und Amylnitrit[1]). Entsteht auch bei Einwirkung von Natriumnitrit auf die Lösung von Carvacrol in alkoholischer Salzsäure[2]). Gelbliche Prismen. Schmelzp. 153°[1]). Aus Thymochinon und Hydroxylaminchlorhydrat dargestellt. Schmelzp. 160—161°[3]).

5-Nitro-carvacrol $C_{10}H_{13}NO_3 = (CH_3)(C_3H_7)C_6H_2(NO_2)(OH)$. Entsteht aus Nitrosocarvacrol mittels Alkali und rotem Blutlaugensalz. Gelbliche Nadeln. Schmelzp. 77—78°[1]). Aus Benzol + Ligroin hellgelbe prismatische Krystalle. Schmelzp. 87°[4]).

3, 5-Dinitro-carvacrol $C_{10}H_{12}N_2O_5 = (CH_3)(C_3H_7)C_6H(NO_2)_2(OH)$. Entsteht beim Behandeln von 5-Bromcarvacrol mit konz. Salpetersäure. Aus Ligroin gelbliche Nadeln. Schmelzp. 117°[5]). Entsteht auch aus Nitrosocarvacrol und N_2O_4[6]). Aus Benzin rosettenförmig gruppierte Nädelchen. Schmelzp. 116—117°[7]).

5-Amino-carvacrol $C_{10}H_{15}NO = (CH_3)(C_3H_7)C_6H_2(NH_2)(OH)$. Entsteht aus Nitrosocarvacrol durch Reduktion mittels Zinnchlorür[1]). Krystalle aus Methylalkohol. Schmelzp. 134°[8]).

3, 5-Diamino-carvacrol $C_{10}H_{16}N_2O = (CH_3)(C_3H_7)C_6H(NH_2)_2(OH)$. Entsteht durch Reduktion des 3, 5-Dinitrocarvacrols durch Zinn und Salzsäure. Amorph. Sintert gegen 190°[9]).

5-Carvacrol-azobenzol $C_{16}H_{18}N_2O = (CH_3)(C_3H_7)C_6H_2(N_2C_6H_5)(OH)$. Entsteht neben der Disazoverbindung beim Versetzen einer verdünnten alkalischen Lösung von Carvacrol mit Diazobenzolchloridlösung. Aus Ligroin rötlichgelbe Krystalle. Schmelzp. 80—85°[10]).

3, 5-Carvacrol-disazobenzol $C_{22}H_{22}N_4O = (CH_3)(C_3H_7)C_6H(N_2C_6H_5)_2(OH)$. Entsteht wie oben. Aus Cloroform und Alkohol rotbraune Krystalle. Schmelzp. 126°[10]).

α-Carvacrol-3(?)-sulfonsäure $C_{10}H_{14}SO_4 = (CH_3)(C_3H_7)C_6H_2(SO_3H)(OH)$. Aus Carvacrol und Schwefelsäure neben der β-Säure[11]).

β-Carvacrol-5-sulfonsäure $C_{10}H_{14}SO_4 = (CH_3)(C_3H_7)C_6H_2(SO_3H)(OH)$. Aus verdünnter Schwefelsäure große monokline Tafeln. Schmelzp. 65—69°[12]).

Carvacryl-schwefelsäure $C_{10}H_{14}SO_4 = (CH_3)(C_3H_7)C_6H_3(OSO_3H)$. Das Kaliumsalz bildet silberglänzende Blättchen[13]).

Thymol, 1 Methyl-4-Methoäthyl-phenol-(3).

Mol.-Gewicht 150,1.
Zusammensetzung: 79,94% C, 9,40% H.

$$C_{10}H_{14}O.$$

$$\text{CH}_3\underset{\underset{\text{H} \quad \text{H}}{}}{\overset{\overset{\text{H} \quad \text{OH}}{}}{\Big\langle\!=\!\Big\rangle}}-\overset{\text{CH}_3}{\underset{\text{CH}_3}{\text{CH}}}$$

[1]) Paternò u. Canzoneri, Berichte d. Deutsch. chem. Gesellschaft **12**, 383 [1879]. — Mazzara u. Plancher, Gazzetta chimica ital. **21**, II, 155 [1891].

[2]) Klages, Berichte d. Deutsch. chem. Gesellschaft **32**, 1518 [1899].

[3]) Semmler, Berichte d. Deutsch. chem. Gesellschaft **41**, 512 [1908].

[4]) Kehrmann u. Schön, Annalen d. Chemie u. Pharmazie **310**, 109 [1900].

[5]) Mazzara, Gazzetta chimica ital. **20**, 185 [1890].

[6]) Oliveri u. Tortorici, Gazzetta chimica ital. **28**, I, 308 [1898].

[7]) Dahmer, Annalen d. Chemie u. Pharmazie **333**, 346 [1904].

[8]) Wallach u. Neumann, Berichte d. Deutsch. chem. Gesellschaft **28**, 1661 [1895].

[9]) Mazzara, Gazzetta chimica ital. **20**, 186 [1890].

[10]) Mazzara, Gazzetta chimica ital. **15**, 214 [1885].

[11]) Paternò u. Pisati, Berichte d. Deutsch. chem. Gesellschaft **8**, 441 [1875]. — Jahns, Archiv d. Pharmazie **215**, 6 [1879].

[12]) Claus u. Fahrion, Journ. f. prakt. Chemie [2] **39**, 356 [1889].

[13]) Heymann u. Königs, Berichte d. Deutsch. chem. Gesellschaft **19**, 3309 [1886].

Vorkommen: Im ätherischen Öl von Ptychotis Ajowan D. C.[1]), im ätherischen Öl von Monarda punctata L. („Horse mint")[2]), im ätherischen Öl von Monarda didyma L.[3]), im ätherischen Öl von Satureja thymbra[4]), im ätherischen Öl von Origanum floribundum Mundy[5]) im Thymianöl (Thymus vulgaris L.)[6]), im Quendelöl (Thymus serpyllum L.)[7]), im ätherischen Öl von Thymus capitatus[8]), im kanadischen Minzöl (Mentha canadensis L., „Wild Mint")[9]), im ätherischen Öl von Mosula japonica Maxim[10]), im Cunilaöl (Cunila mariana L., „Dittany")[11]), im Ajowankrautöl[12]), im Blätteröl von Ocimum viride[13]), im französischen Lavendelöl[14]).

Bildung: Thymol bildet sich bei der Behandlung von Cumidin $C_3H_7 \cdot C_6H_2(NH_2)CH_3$ mit salpetriger Säure[15]), bei der Einwirkung von Brom auf Menthon in alkoholischer Lösung[16]), beim Kochen von Dibrommenthon mit Chinolin[17]), aus 2-Brom-p-cymol-3- oder 5-sulfonsäure durch Entbromierung und nachfolgende Kalischmelze[18]), beim Erwärmen von Dibrommenthenon $C_{10}H_{16}OBr_2$[19]), beim Erhitzen von Buccocampher mit Salzsäure[20]), bei der Reduktion des Dimethyloxystyrols mit Zinkstaub in alkalischer Lösung entsteht Thymol[21]). Aus m-Kresotinsäuremethylester entsteht über den Pseudoallyl-m-kresolmethyläther das Methylthymol, das durch Erhitzen mit Jodwasserstoff am Rückflußkühler in Thymol übergeführt wird[22]). Bei der Reduktion von 4,7-Dimethylcumarin mit Zinkstaub in alkalischer Lösung[23]). Durch 18stündiges Erhitzen auf etwa 280° geht das Umbellulon quantitativ in Thymol über[24]). Synthesevorversuche[25]).

Auch bei der **Isolierung** des Thymols ist zu beachten, daß das Thymol auch aus stark alkalischen Lösungen in Äther geht. Ist ein Gemisch von Thymol und Carvacrol vorhanden, so empfiehlt es sich, das abgeschiedene Phenol in einem Schälchen im Eisschrank stehen zu lassen, nachdem man mit einem Thymolkrystall geimpft hat. Bei Gegenwart von Thymol dürften sich nach längerer Zeit Krystalle dieses Phenols ausscheiden, während Carvacrol flüssig bleibt. Zur Identifikation eignen sich das Phenylurethan, Schmelzp. 107°, und das Nitrosothymol, Schmelzp. 160—162°.

Farbenreaktionen: Versetzt man eine wässerige Thymollösung mit $^1/_2$ Vol. Eisessig und dann mit 1 Vol. konz. Schwefelsäure und erwärmt, so färbt sich die Lösung rotviolett[26]). Die Lösung zeigt selbst bei sehr großer Verdünnung ein charakteristisches Absorptionsspektrum, welches sich gut zur Erkennung kleinster Mengen von Thymol benutzen läßt. Ein breites

[1]) Haines, Journ. Chem. Soc. 8, 289 [1856]; Jahresber. d. Chemie 1856, 622. — Stenhouse, Annalen d. Chemie u. Pharmazie 93, 289 [1855]; 98, 309 [1856]. — H. Müller, Berichte d. Deutsch. chem. Gesellschaft 2, 130 [1869].

[2]) Arppe, Annalen d. Chemie u. Pharmazie 58, 41 [1846]. — Bericht der Firma Schimmel & Co. 1885, II, 20. — Schroetter, Amer. Journ. of Pharmacy 60, 113 [1888]. — Schumann u. Kremers, Chem. Centralbl. 1897, II, 42.

[3]) Flückiger, Archiv d. Pharmazie 212, 488 [1878].

[4]) Bericht der Firma Schimmel & Co. 1899, II, 56.

[5]) Battandier, Journ. de Pharm. et de Chim. [6] 16, 536 [1902].

[6]) Kaspar Neumann 1719 (Semmler, Ätherische Öle 4, 51). — Jeancard u. Satie, Bulletin de la Soc. chim. [3] 25, 893 [1901]. — Bericht der Firma Schimmel & Co. 1902 I, 60.

[7]) Jahns, Archiv d. Pharmazie 216, 277 [1880]; Berichte d. Deutsch. chem. Gesellschaft 15, 819 [1882].

[8]) Bericht der Firma Schimmel & Co. 1889, II, 56.

[9]) Gage, Pharm. Revue 16, 412 [1898].

[10]) Shimoyama, Apoth.-Ztg. 7, 439 [1892].

[11]) Bericht der Firma Schimmel & Co. 1893, II, 44.

[12]) Bericht der Firma Schimmel & Co. 1903, II; Chem. Centralbl. 1903, II, 1125.

[13]) Goulding u. Pelly, Proc. Chem. Soc. 24, 63 [1908].

[14]) Elze, Chem.-Ztg. 34, 1029 [1910].

[15]) Widman, Berichte d. Deutsch. chem. Gesellschaft 15, 170 [1882].

[16]) Oddo, Gazzetta chimica ital. 27, II, 112 [1897].

[17]) Beckmann u. Eickelberg, Berichte d. Deutsch. chem. Gesellschaft 29, 420 [1896].

[18]) Dinesmann, D. R. P. 125 097; Chem. Centralbl. 1901, II, 1030.

[19]) Wallach, Nachrichten k. Ges. Wiss. Göttingen 1903, Heft 4; Chem. Centralbl. 1903, II, 1373.

[20]) Semmler u. Mc. Kenzie, Berichte d. Deutsch. chem. Gesellschaft 39, 1163 [1906].

[21]) Fries u. Fickewirth, Berichte d. Deutsch. chem. Gesellschaft 41, 372 [1908].

[22]) Béhal u. Tiffeneau, Bulletin de la Soc. chim. [4] 3, 729 [1908].

[23]) Fries u. Fickewirth, Annalen d. Chemie u. Pharmazie 362, 39 [1908].

[24]) Semmler, Berichte d. Deutsch. chem. Gesellschaft 41, 3993 [1908].

[25]) Hoering u. Baum, D. R. P. 208 886; Chem. Centralbl. 1909, I, 1521.

[26]) Robbert, Jahresber. über die Fortschritte d. Tierchemie 1881, 109.

dunkles Band erstreckt sich von Wellenlänge 495—560, ein schwächeres und schmäleres befindet sich bei D [1]). Löst man einige Krystalle Thymol in 1 ccm abs. Alkohol und gibt dazu einige Tropfen NH_3, so bleibt die Lösung farblos. Auf Zugabe von Jod in alkoholischer Lösung bis zur Sättigung entsteht eine fleischfarbene Färbung [2]). Mit $1^o/_{00}$ Dioxyacetonlösung und konz. Schwefelsäure entsteht in alkoholischer Lösung eine rosagelbe bis bordeauxrote Färbung [3]). Bromwasser gibt mit Thymol selbst in allergrößten Verdünnungen (1 : 60 000) sofort eine Trübung [5]). Zur Unterscheidung von Resorcin eignet sich die folgende Reaktion. Man mischt in einem trockenen Reagensglase salpetrigsaures Salz, festen Gips und Natriumbisulfat in ungefähr gleicher Menge, befeuchtet mit Wasser, setzt die zu prüfende Flüssigkeit zu und erwärmt. Bei Anwesenheit von Thymol wird die Mischung chromrot [5]). Mit Vanillin und Salzsäure entsteht Rotfärbung [6]). Schüttelt man 50 ccm Harn, der Thymol enthält, mit 2 ccm Chloroform, trennt dieses ab und erwärmt leicht mit festem Kaliumhydrat, so entsteht eine dunkelviolette Färbung [7]).

Bestimmung: Nach Kremers und Schreiner [8]). 5 ccm des fraglichen ätherischen Öles werden in eine mit Glashahn versehene Bürette gebracht und mit dem gleichen Volumen Petroläther versetzt. Man fügt 5 proz. Natronlauge hinzu, schüttelt mehrere Male gut durch und läßt absitzen. Dieses Verfahren wird wiederholt, solange sich das Ölvolumen vermindert. Die vereinigten alkalischen Thymollösungen werden mit 5 proz. Natronlauge auf 100 oder 200 ccm aufgefüllt. Von dieser Lösung nimmt man 10 ccm und fügt ihnen in einem Meßkolben von 500 ccm einen Überschuß von $1/_{10}$ n-Jodlösung hinzu, worauf sich das Thymol als dunkelrote Jodverbindung abscheidet. Sobald Jod im Überschuß vorhanden ist, säuert man mit verdünnter Salzsäure an und füllt auf 500 ccm auf. Von dieser Lösung titriert man dann 100 ccm mit $1/_{10}$ n-Thiosulfatlösung. Auf 1 Mol. Thymol treten 4 Atome Jod in Reaktion [9]). Ein der Koppeschaarschen Brommethode analoges Bestimmungsverfahren gibt Zdarek an. In einem Kölbchen mit eingeschliffenem Stöpsel werden für je 0,1 g Thymol 20 ccm Bromsalzlösung (3,571 g $NaBrO_3$ + 12,178 g NaBr: 1 l Wasser) und 4 ccm rauchende Salzsäure zugegeben, etwa 5 Minuten tüchtig geschüttelt und nach Zugabe von 10 ccm KJ-Lösung (125 g KJ : 1 l Wasser) und Stärkelösung mit Natriumthiosulfat (9,76 g $Na_2S_2O_3$ auf 1 l Wasser) auf Farblosigkeit titriert [10]).

Physiologische Eigenschaften: Das Thymol wird im Organismus des Menschen [11]) wie des Kaninchens [12]) mit Glucuronsäure gekuppelt und als solche durch den Harn ausgeschieden. In beiden Fällen erfolgte die Identifizierung im Harn durch die Dichlorthymolglucuronsäure. Es wurden außerdem im menschlichen Thymolharn gefunden Thymolschwefelsäure, Thymolhydrochinonschwefelsäure und das Chromogen eines grünen Farbstoffes [11]) [13]). Nach Verfütterung an Hunde gelang es nicht, gepaarte Glucuronsäuren im Harn aufzufinden [11]). Thymol wirkt konservierend auf defibriniertes Kaninchenblut [14]). Thymol ist viel weniger giftig als Phenol. Bei protrahierter Thymolvergiftung wurden Fälle von fettiger Leberdegeneration beobachtet [15]). 2 g und mehr bis zu 8 g werden vom Menschen gut vertragen. Dabei verschwinden die Ätherschwefelsäuren infolge der Darmdesinfektion vollständig aus dem Harn [16]). Thymol verursacht lokale Reizerscheinungen auf den Schleimhäuten. Gegen den von vielen Autoren angegebenen Wert des Thymols als Desinfiziens bei enzymologischen Arbeiten [17]) wendet sich E. W. Schmidt. Nach ihm ist das Thymol bei länger dauernden

[1]) Wolff, Zeitschr. f. analyt. Chemie **22**, 96 [1883].
[2]) Maseau, Chem. Centralbl. **1901**, II, 60.
[3]) Denigès, Chem. Centralbl. **1909**, I, 946.
[4]) Hirschsohn, Zeitschr. f. analyt. Chemie **22**, 575 [1883].
[5]) Bornträger, Zeitschr. f. analyt. Chemie **29**, 573 [1890].
[6]) Hartwich u. Winckel, Archiv d. Pharmazie **242**, 464 [1904].
[7]) Desesquelle, Jahresber. über d. Fortschritte d. Tierchemie **1890**, 181.
[8]) Kremers u. Schreiner, Pharm. Revue **14**, 221 [1896].
[9]) Messinger, Journ. f. prakt. Chemie [2] **61**, 247 [1900].
[10]) Zdarek, Zeitschr. f. analyt. Chemie **41**, 227—231 [1902].
[11]) Blum, Zeitschr. f. physiol. Chemie **16**, 514 [1892].
[12]) Külz, Zeitschr. f. Biol. **27**, 252 [1891]. — Katsuyama u. Hata, Berichte d. Deutsch. chem. Gesellschaft **31**, 2583 [1898].
[13]) Blum, Deutsche med. Wochenschr. **1891**, 186.
[14]) Zweifel, Zeitschr. f. physiol. Chemie **6**, 419 [1882].
[15]) Husemann, Zeitschr. f. experim. Pathol. u. Pharmakol. **4**, 280 [1875].
[16]) Martini, Jahresber. über d. Fortschritte d. Tierchemie **1887**, 239.
[17]) Lewin, Centralbl. f. d. med. Wissensch. **1875**, 324; Virchows Archiv **65**, 164 [1875].

Verdauungsversuchen bei alkalischer Reaktion völlig unwirksam[1]). Über seinen Wert als Anthelminticum berichtet Guillaumin[2]). Durch Zugabe von Thymol und Abkühlung läßt sich Harn gut konservieren[3]). Thymoldämpfe befördern das Reifen von Früchten[4]). — Als Grenzwert für die Wachstumshemmung von Lupinenwurzeln wird $1/_{3200}$ Mol. im Liter Wasser angegeben[5]).

Physikalische und chemische Eigenschaften: Thymol krystallisiert monoklin oder hexagonal[6]). Schmelzp. $50°$[7]). Erstarrungswärme bei $+17° = -3,77$ Cal. Molekulare Verbrennungswärme 1353,75 Cal. (flüssig). Schmelzp. $51,5°$[8]). Siedep. $231,8°$. $D_0 = 0,9941$, $D_{65,5} = 0,9401$[9]), $D_{t0} = 0,94994 - 0,0_373269 \cdot (t - 49,3) - 0,0_51739 \cdot (t - 49,3)^2$ (flüssig)[10]), $D_4^{24,4} = 0,96895$, $D_4^{77,3} = 0,92838$, $n_D = 1,51893$[11]). Schmelzp. $52°$, Siedep.$_{10} = 111°$, $D_{20} = 0,977$, $n_D = 1,52148$ (aus Umbellulon)[12]). Siedep.$_{12} = 115°$, $D_{20} = 0,9777$, $n_D = 1,52191$[13]). Molekulares Brechungsvermögen 76,95, $D_{9,6} = 0,98151$[14]). $D_4^4 = 0,9872$, $D_{15}^{15} = 0,979$, $D_{25}^{25} = 0,9723$, $D_{50}^{50} = 0,96241$[15]). Änderung des Schmelzpunktes durch Druck[16]), Capillaritätskonstante usw.[17]). Über das kryoskopische Verhalten[18]). Über die spezifische Wärme[19]). Molekulare Lösungswärme[20]). Unvereinbarkeit mit Sulfonal, Trional, Phenacetin[21]). Über die Zähigkeit von unterkühlten Lösungen in Thymol[22]). D der Lösung von Thymol in Benzol[23]). Bei $15-20°$ löst sich 1 T. Thymol in 0,24—0,28 T. 90—91proz. Alkohol, in 0,22—0,26 T. Äther, in 0,67—0,71 T. Chloroform. 1 g Thymol braucht bei $19,4°$ 1176,4 ccm H_2O[24]). Das Thymol wird durch Reduktion mittels Zinkstaub bzw. Ersetzung der OH-Gruppe durch Chlor und Reduktion mit Natriumamalgam[25]) und mittels P_2S_5[26]) in p-Cymol übergeführt. Die Reduktion nach Sabatier und Senderens führt bei $160°$ zum Hexahydrothymol = α-Thymomenthol $C_{10}H_{20}O$[27]). Dieses geht bei der Behandlung mit fein verteiltem Kupfer zurück in Thymol[28]). Die Spaltung durch P_2O_5 führt zu m-Kresol und Propylen[29]). Durch Oxydation mit Bichromat und Schwefelsäure entsteht Terephthalsäure[25]). Gegen schmelzendes Alkali ist Thymol beständig. Gegen $250-260°$ verbrennt resp. verharzt es[30]). Durch Oxydation mittels 30proz. H_2O_2 in Eisessiglösung entstehen Thymochinon und Tetraoxycymol[31]). Durch oxydierendes Pilzferment von Russula delica oder Lactarius controversus entsteht

[1]) Schmidt, Zeitschr. f. physiol. Chemie **67**, 412ff. [1910].

[2]) Guillaumin, Bulletin des Sc. Pharmacol. **17**, 373 [1910]; Chem. Centralbl. **1910**, II, 1049.

[3]) Gill u. Grindley, Journ. Amer. Chem. Soc. **31**, 695 [1909].

[4]) Vinson, Journ. Amer. Chem. Soc. **32**, 208 [1910].

[5]) True u. Hunkel, Botan. Centralbl. **76**, 289 [1898].

[6]) Miller, Annalen d. Chemie u. Pharmazie **93**, 269 [1855]; **98**, 310 [1856]. — Pope, Journ. Chem. Soc. **75**, 464 [1899].

[7]) Menschutkin, Journ. d. russ. physikal.-chem. Gesellschaft **10**, 387 [1878].

[8]) Stohmann, Rodatz u. Herzberg, Journ. f. prakt. Chemie [2] **34**, 320 [1886].

[9]) Pinette, Annalen d. Chemie u. Pharmazie **243**, 46 [1888].

[10]) Schiff, Annalen d. Chemie u. Pharmazie **223**, 260 [1884].

[11]) Nasini u. Bernheimer, Gazzetta chimica ital. **5**, 84 [1875]; **15**, 59 [1885].

[12]) Semmler, Berichte d. Deutsch. chem. Gesellschaft **41**, 3993 [1908].

[13]) Semmler, Berichte d. Deutsch. chem. Gesellschaft **39**, 1163 [1906]. — Zoppelari, Gazzetta chimica ital. **35**, I. 357 [1905].

[14]) Eykman, Recueil d. travaux chim. des Pays-Bas **12**, 177 [1893].

[15]) Perkin, Journ. Chem. Soc. **69**, 1239 [1896].

[16]) Hulett, Zeitschr. f. physikal. Chemie **28**, 663 [1899].

[17]) Feustel, Annalen d. Physik [4] **16**, 82 [1905].

[18]) Ampola u. Rimatori, Gazzetta chimica ital. **27**, I, 47, 66 [1897]. — Biltz, Zeitschr. f. physikal. Chemie **27**, 544 [1898].

[19]) Bruner, Compt. rend. de l'Acad. des Sc. **120**, 912 [1895].

[20]) Timofejew, Iswiestja des Kiewer Polytechn. Inst. **1905**, 1; Chem. Centralbl. **1905**, II, 436.

[21]) Tellera, Boll. Chim. Farm. **44**, 553 [1905]; Chem. Centralbl. **1905**, II, 1116.

[22]) Schall, Physikal. Zeitschr. **7**, 645—648 [1906].

[23]) Lumsden, Journ. Chem. Soc. **91**, 26 [1907].

[24]) Zdarek, Zeitschr. f. analyt. Chemie **41**, 227—231 [1902].

[25]) Carstanjen, Journ. f. prakt. Chemie [2] **3**, 50 [1871].

[26]) Fittica, Annalen d. Chemie u. Pharmazie **172**, 305 [1874].

[27]) Brunel, Compt. rend. de l'Acad. des Sc. **137**, 1269 [1903]; **140**, 252 [1905].

[28]) Brunel, Compt. rend. de l'Acad. des Sc. **150**, 1529 [1910].

[29]) Engelhardt u. Latschinow, Zeitschr. f. Chemie **1869**, 43.

[30]) Graebe u. Kraft, Berichte d. Deutsch. chem. Gesellschaft **39**, 797 [1906].

[31]) Henderson u. Boyd, Journ. Chem. Soc. **97**, 1662 [1910].

aus Thymol **Dithymol** $C_{20}H_{26}O_2$ [1]. Dasselbe Produkt bildet sich durch Einwirkung von Eisenchloridlösung D = 1,26 auf Thymollösung [2]. Thymol und NH_3 in Toluollösung bilden bis zu etwa 11% ein Ammoniumsalz. Fein verteilt nimmt Thymol 12,8% trockenes NH_3 auf, berechnet 1 Mol. NH_3 = 11,3% [3]). Als schwache Säure läßt sich das Thymol aus der alkalischen Lösung ausäthern und durch Wasserdampf abblasen [4].

Salze und Derivate: Al · $(OC_{10}H_{13})_3$. Gibt bei der trockenen Destillation Propylen und m-Kresol [5]. — $(AlCl_3O)C_{10}H_{13}$. Entsteht durch 1/2 stündiges Kochen von 20 g Thymol mit 80 g CS_2 und 17 g $AlCl_3$. Krystalle, Schmelzp. 142—145° [6]. — $Hg(OC_{10}H_{13})HgNO_3$. Entsteht aus Thymol und $Hg(NO_3)_2$ in alkoholischer Lösung [7]. Verfilzte Nädelchen. Färbt sich am Licht rötlich. — **Thymol-quecksilberchlorid** $C_6H_2(CH_3)(C_3H_7)(OH)HgCl$. Aus 40 proz. Alkohol haarfeine Nadeln. Schmelzp. 139,5° [22]. — **Thymol-diquecksilber-diacetat** $C_6H(CH_3)(C_3H_7)(OH)(HgOCOCH_3)_2$. Aus Essigester und Eisessig Nadeln. Schmelzpunkt 215—216° unter Zersetzung [8].

Thymol-chloral $C_{10}H_{14}(OH) \cdot CCl_3CHO$. Schmelzp. 130—134° [9].

Thymol-methyläther $C_{11}H_{16}O = (CH_3O)C_6H_3(CH_3)(C_3H_7)$. Vorkommen: Im ätherischen Seefenchelöl (Crithmum maritimum L.). Siedep.$_{15}$ = 94—96°; Siedep. 210—215°. $D_4^0 = 0,9521$; $D_4^{14} = 0,93875$ [10]). Siedep. 216,7°. $D_0 = 0,954$ [11]). Siedep. 216,2°. $D_0 = 0,9531$ [12]). Siedep. 216° [13]). Molekulare Verbrennungswärme 1524,571 Cal. [14].

Thymol-äthyläther $C_{12}H_{18}O = (C_2H_5O)C_6H_3(CH_3)(C_3H_7)$. Siedep. 226,9°. $D_0 = 0,9334$ [12]). Molekulare Verbrennungswärme 1680,142 Cal. [14].

Thymol-normal-propyläther $C_{13}H_{20}O = (C_3H_7O)C_6H_3(CH_3)(C_3H_7)$. Siedep. 243°. $D_0 = 0,9276$ [12].

Thymol-normal-butyläther $C_{14}H_{22}O = (C_4H_9O)C_6H_3(CH_3)(C_3H_7)$. Siedep. 258,3°. $D_0 = 0,9230$ [12].

Thymol-normal-heptyläther $C_{17}H_{28}O = (C_7H_{15}O)C_6H_3(CH_3)(C_3H_7)$. Siedep. 306,7°. $D_0 = 0,9097$ [12].

Thymol-normal-octyläther $C_{18}H_{30}O = (C_8H_{17}O)C_6H_3(CH_3)(C_3H_7)$. Siedep. 319,8°. $D_0 = 0,9026$ [12].

Thymol-isoamyläther $C_{15}H_{24}O = (C_5H_{11}O)C_6H_3(CH_3)(C_3H_7)$. Siedep.$_{746,5}$ = 242—243° (i. D.) unter geringer Zersetzung. $D_4^{14} = 0,90346$ [15].

Thymol-benzyläther $C_{17}H_{20}O = (C_6H_5CH_2O)C_6H_3(CH_3)(C_3H_7)$. Entsteht aus Thymolnatrium und Benzylchlorid. Siedep.$_{35}$ = 221—223°. $D_{18}^{18} = 1,0063$. $n_D^{20} = 1,5511$ [16].

Trithymyl-phosphat $PO(OC_{10}H_{13})_3$. Entsteht aus Thymol und PCl_5. Aus abs. Alkohol Prismen. Schmelzp. 59° [17]). Weitere Thymol-Phosphorsäureverbindungen [18].

Dithymyl-carbonat $C_{21}H_{26}O_3 = CO(OC_{10}H_{13})_2$. Entsteht beim Einleiten von Phosgen in eine wässerige Lösung von Thymolnatrium. Nadeln oder Prismen. Schmelzp. 48° [19]), 60° [20]).

Thymyl-acetat $C_{12}H_{16}O_2 = C_{10}H_{13}(OOCCH_3)$. Es wird dargestellt aus Thymol, Äthyl- oder Methylmagnesiumjodid und Essigsäureanhydrid. Siedep.$_{760}$ = 242—243° [21].

---

[1]) Cousin u. Hérissey, Journ. de Pharm. et de Chim. [6] **26**, 487 [1907].

[2]) Cousin u. Hérissey, Compt. rend. de l'Acad. des Sc. **146**, 292 [1908].

[3]) Hantzsch, Berichte d. Deutsch. chem. Gesellschaft **40**, 3799 [1907].

[4]) Klages, Berichte d. Deutsch. chem. Gesellschaft **32**, 1517 [1899]. — Stoermer u. Kippe, Berichte d. Deutsch. chem. Gesellschaft **36**, 3994 [1903].

[5]) Gladstone u. Tribe, Journ. Chem. Soc. **39**, 9 [1881].

[6]) Perrier, Bulletin de la Soc. chim. [3] **15**, 1183 [1896].

[7]) Merck, D. R. P. 48 539.

[8]) Dimroth, Berichte d. Deutsch. chem. Gesellschaft **35**, 2864—2865 [1902].

[9]) Mazzara, Gazzetta chimica ital. **13**, 272 [1883].

[10]) Delépine, Compt. rend. de l'Acad. des Sc. **150**, 1062 [1910].

[11]) Paternò, Bulletin de la Soc. chim. **25**, 32 [1876].

[12]) Pinette, Annalen d. Chemie u. Pharmazie **243**, 47 [1888].

[13]) Sabatier u. Mailhe, Compt. rend. de l'Acad. des Sc. **151**, 361 [1910].

[14]) Stohmann, Rodatz u. Herzberg, Journ. f. prakt. Chemie [2] **35**, 26 [1887].

[15]) Costa, Gazzetta chimica ital. **19**, 496 [1889].

[16]) Ssolonina, Journ. d. russ. physikal.-chem. Gesellschaft **39**, 751 [1907]; Chem. Centralbl. **1907**, II, 2044.

[17]) Engelhardt u. Latschinow, Zeitschr. f. Chemie **1869**, 44.

[18]) Discalzo, Gazzetta chimica ital. **15**, 278 [1885].

[19]) Richter, Journ. f. prakt. Chemie [2] **27**, 505 [1883].

[20]) Bender, Berichte d. Deutsch. chem. Gesellschaft **19**, 2268 [1886].

[21]) Houben, Berichte d. Deutsch. chem. Gesellschaft **39**, 1749 [1906].

Thymyl-trichloracetat $C_{10}H_{13}(OOCCCl_3)$. Siedep.$_{12}$ = 101—111°, sehr unbeständig[1].

Thymyl-phenylurethan $C_{17}H_{19}O_2N$ = $[(C_6H_5)NHCOO]C_{10}H_{13}$. Entsteht aus Thymol und Carbanil. Schmelzp. 104°[2], 107°[3].

Dithymol-glycerinäther $C_{23}H_{32}O_3$ = $(C_{10}H_{13}OCH_2)_2CH(OH)$. Entsteht aus Thymolkalium und Epichlorhydrin bei 70—75°. Flüssig. Siedep. 215° (?)[4]; Siedep.$_{28}$ = 270°. Schmelzp. 41,5—42°[5].

Thymol-glycidäther $C_{13}H_{18}O_2$ = $C_{10}H_{13} \cdot OCH_2\overset{\frown{O}}{CH} \cdot CH_2$. Farbloses Öl. Siedep.$_{16}$ = 158°[5]. Siedep.$_{20}$ = 176°. Schmelzp. 61°[6].

Bernsteinsäure-monothymylester $C_{14}H_{18}O_4$ = $C_{10}H_{13}(OCOCH_2CH_2COOH)$. Aus Thymolnatrium und Bernsteinsäureanhydrid in Xylol. Aus Chloroform-Petroläther Krystallaggregate. Schmelzp. 121—122°[7].

Camphersäure-monothymylester $C_{20}H_{28}O_4$ = $C_{10}H_{13}(OCOC_8H_{14}COOH)$. Aus Petroläther krystallinische Masse. Schmelzp. 89°[7].

6-Chlor-thymol $C_{10}H_{13}OCl$

$$CH_3\overset{H\quad OH}{\underset{Cl\quad H}{\left\langle\right\rangle}}-CH\begin{smallmatrix}CH_3\\CH_3\end{smallmatrix}$$

Entsteht aus Thymol und SO_2Cl_2. Aus Ligroin Tafeln. Schmelzp. 58—60°[8], 62—64°[9].

2, 6-Dichlorthymol $C_{10}H_{12}Cl_2O$ = $(C_3H_7)C_6HCl_2(CH_3)(OH)$. Gelbes Öl (s. unten)[10].

Dichlor-thymol-glucuronsäure $C_{16}H_{22}Cl_2O_8$ = $(C_3H_7)C_6HCl_2(CH_3)[OCH(OH)(CHOH)_4COOH]$. Entsteht, wenn man Harn von Kranken, denen Thymol eingegeben wurde, mit $^1/_3$ Vol. konz. Salzsäure und ebensoviel einer verdünnten Lösung von NaClO versetzt und 4 Tage stehen läßt[10]. Auch aus dem Harn von Kaninchen, denen Thymol eingegeben ist[11]. Feine Nadeln. Schmelzp. 125—126°[10], 118°[11]. Die alkoholische Lösung zeigt $[\alpha]_D$ = —66°11'. Zerfällt beim Kochen mit verdünnter Schwefelsäure in Dichlorthymol und Glucuronsäure.

Trichlor-thymol $C_{10}H_{11}Cl_3O$ = $(C_3H_7)C_6Cl_3(CH_3)(OH)$. Entsteht beim Einleiten von Chlor in Thymol. Aus Ätheralkohol schiefrhombische Prismen. Schmelzp. 61°. Zersetzungspunkt gegen 180°[12].

Pentachlor-thymol $C_{10}H_9Cl_5O$ (oder $C_{10}H_{11}Cl_5O$)? Entsteht bei anhaltender Einwirkung von Chlor auf Thymol am Licht. Krystalle. Schmelzp. 98°. Zerfällt bei 200° in Salzsäure, Propylen und Trichlor-m-kresol[2].

2-Brom-thymol $C_{10}H_{13}BrO$ = $(C_3H_7)C_6H_2Br(CH_3)(OH)$. Flüssig. Siedep. 240°[13].

6-Brom-thymol $C_{10}H_{13}BrO$ = $(C_3H_7)C_6H_2Br(CH_3)(OH)$. Entsteht aus Brom und Thymol in Eisessig. Aus Ligroin große Tafeln. Schmelzp. 55—56°[14].

2, 6-Dibrom-thymol $C_{10}H_{12}Br_2O$

$$CH_3\overset{Br\quad OH}{\underset{Br\quad H}{\left\langle\right\rangle}}-CH\begin{smallmatrix}CH_3\\CH_3\end{smallmatrix}$$

Entsteht durch Einwirkung der berechneten Menge Brom auf Thymol in Chloroformlösung. Farblose, dicke, stark lichtbrechende Flüssigkeit. Siedep.$_{34}$ = 187—188°[15], Siedep.$_{17-20}$

[1]) Anselmino, Berichte d. Deutsch. pharmaz. Gesellschaft **16**, 390 [1906]; Chem. Centralbl. **1907**, I, 339.

[2]) Leuckart, Journ. f. prakt. Chemie [2] **41**, 320 [1890].

[3]) Semmler u. Mc. Kenzie, Berichte d. Deutsch. chem. Gesellschaft **39**, 1163 [1906].

[4]) Zunino, Chem. Centralbl. **1909**, I, 1556.

[5]) Boyd u. Marle, Journ. Chem. Soc. **95**, 1808 [1909].

[6]) Fourneau, D. R. P. 228 205; Chem. Centralbl. **1910**, II, 1790.

[7]) Schryver, Journ. Chem. Soc. **75**, 664 [1899]. — Wellcome, D. R. P. 111 207; Chem. Centralbl. **1900**, II, 550.

[8]) Bocchi, Gazzetta chimica ital. **26**, II, 403 [1896].

[9]) Peratoner u. Condorelli, Gazzetta chimica ital. **28**, I, 214 [1898].

[10]) Blum, Zeitschr. f. physiol. Chemie **16**, 514 [1892].

[11]) Katsuyama u. Hata, Berichte d. Deutsch. chem. Gesellschaft **31**, 2583 [1898].

[12]) Lallemand, Annales de Chim. et de Phys. [3] **49**, 148 [1857].

[13]) Claus u. Krause, Journ. f. prakt. Chemie [2] **43**, 347 [1891].

[14]) Plancher, Gazzetta chimica ital. **23**, II, 76 [1893].

[15]) Dahmer, Annalen d. Chemie u. Pharmazie **333**, 355 [1904].

= 180—186°. Erstarrungspunkt —12—13°. Mechanismus der Reaktion. In Eisessiglösung entsteht als Zwischenprodukt zunächst das Ketobromid

$$\text{CH}_3\underset{\text{HBr}\ \text{H}}{\overset{\text{Br}\ \text{O}}{\diamondsuit}}\text{C}_3\text{H}_7\ [1)]$$

Tribromthymol $C_{10}H_{11}Br_3O = (C_3H_7)C_6Br_3(CH_3)(OH)$. Entsteht bei der Einwirkung von Alkalibromidbromat auf Thymol. Hexagonale Platten. Schmelzp. 50—51°. Nicht ganz rein[1]). Bei einem Versuch, durch Einwirkung von Brom auf Thymol in Gegenwart von Eisenfeile zum Tribromthymol zu gelangen, resultierte Tetrabrom-m-kresol[2]).

Hexabromthymol $C_{10}H_8OBr_6$

$$\text{CH}_3\underset{\text{Br}\ \text{H}}{\overset{\text{Br}\ \text{OH}}{\diamondsuit}}\text{CBr}\!\!\begin{array}{l}\text{CH}_2\text{Br}\\[-2pt]\text{CHBr}_2\end{array}$$

Entsteht bei der Einwirkung von Brom auf Thymol in Chloroformlösung. Aus Benzol Krystalle. Schmelzp. 152°[3]).

Pentabrom-thymol $C_{10}H_7Br_5O$

$$\text{CH}_3\underset{\text{Br}\ \text{H}}{\overset{\text{Br}\ \text{OH}}{\diamondsuit}}\text{C}\!\!\begin{array}{l}\text{CH}_2\text{Br}\\[-2pt]\text{CBr}_2\end{array}$$

Entsteht aus dem Hexabromthymol durch Einwirkung von Bicarbonatlösung oder Aceton und Wasser. Aus Benzin derbe prismatische Krystalle. Schmelzp. 106°[3]).

6-Jod-thymol $C_{10}H_{13}JO = (CH_3)C_6H_2J(C_3H_7)(OH)$. Entsteht aus Jod und Thymol in ammoniakalischer Lösung. Glänzende Nadeln. Schmelzp. 69°[4]). Entsteht auch aus Thymol gelöst in Natronlauge und Jodlösung. Schmelzp. 68—69°[5]).

Rotes Jodthymol, Aristol $C_{20}H_{24}J_3O_5$. Es entsteht, wenn man zu einer mindestens 2 Mol. Alkali enthaltenden Thymollösung Jodjodkaliumlösung im Überschuß hinzugibt. Es werden ca. 4 Atome Jod verbraucht. Der entstehende rote Körper läßt sich nicht unverändert isolieren, da er beim Trocknen schon Jod abgibt. Er geht dabei in einen gelben Körper über, dessen Analyse auf 2 Jod stimmt. Beide Körper sind alkaliunlöslich[6]). Konstitution der Körper[1]).

$$\text{[Strukturformeln]}\qquad\text{und}\qquad\text{[Strukturformeln]}$$

Nach Einführung des Aristols in den Organismus wird der vierte Teil des Jods als Jodalkali durch den Harn ausgeschieden[7]).

6-Nitroso-thymol, Thymochinon-oxim-(2) $C_{10}H_{13}NO_2$

$$\text{CH}_3\underset{\text{NOH}\ \text{H}}{\overset{\text{H}\ \text{O}}{\diamondsuit}}\text{CH}\!\!\begin{array}{l}\text{CH}_3\\[-2pt]\text{CH}_3\end{array}$$

Entsteht aus Thymol und HNO_2[8]) beim Erwärmen einer alkoholischen Lösung von Thymochinon mit salzsaurem Hydroxylamin[9]). Durch Einwirkung von Natriumnitrit auf Thymol

---

[1]) Dannenberg, Monatshefte f. Chemie **24**, 67 [1903].

[2]) Dahmer, Annalen d. Chemie u. Pharmazie **333**, 355 [1904].

[3]) Fries u. Fickewirth, Berichte d. Deutsch. chem. Gesellschaft **41**, 372 [1908]. — Fries, Annalen d. Chemie u. Pharmazie **372**, 215 [1910].

[4]) Willgerodt u. Kornblum, Journ. f. prakt. Chemie [2] **39**, 290 [1889].

[5]) Kalle & Co., D. R. P. 107509, Chem. Centralbl. **1900**, I, 1087.

[6]) Messinger u. Vortmann, Berichte d. Deutsch. chem. Gesellschaft **22**, 2316 [1889]; **23**, 2754 [1890].

[7]) Quinquaud u. Fournioux, Compt. rend. de la Soc. de Biol. **42**, 406 [1890]; Jahresberichte über d. Fortschritte d. Tierchemie **1890**, 61.

[8]) Schiff, Berichte d. Deutsch. chem. Gesellschaft **8**, 1500 [1875]. — Liebermann u. Ilinski, Berichte d. Deutsch. chem. Gesellschaft **18**, 3194 [1885].

[9]) Goldschmidt u. Schmid, Berichte d. Deutsch. chem. Gesellschaft **17**, 2061 [1884].

in alkoholischer Salzsäure gelöst[1]). Kleine, gelbliche Nadeln. Schmelzp. 155—156° bei langsamem, 160—162° bei raschem Erhitzen[2]).

6-Nitro-thymol $C_{10}H_{13}NO_3 = (CH_3)C_6H_2(NO_2)(C_3H_7)(OH)$. Entsteht aus dem 6-Nitrosothymol durch gelinde Oxydation mittels rotem Blutlaugensalz und Kali[3]). Durch Oxydation von Nitrosothymol mittels kalter verdünnter Salpetersäure[4]). Aus Ligroin sehr dünne, fast farblose Nadeln. Schmelzp. 137°[3]), 140°[4]), 140—142°[5]).

2, 6-Dinitro-thymol $C_{10}H_{12}N_2O_5 = (CH_3)C_6H(NO_2)_2(C_3H_7)(OH)$. Entsteht beim Behandeln von Nitrosothymol mit konz. Salpetersäure[6]), aus Bromthymol und konz. Salpetersäure[7]), aus Nitrosothymol und N_2O_4[8]). Schmelzp. 55°.

2, 5, 6-Trinitro-thymol $C_{10}H_{11}N_3O_7 = (CH_3)C_6(NO_2)_3(C_3H_7)(OH)$. Entsteht bei vorsichtiger Einwirkung von rauchender Salpetersäure auf Dinitrothymol. Aus Benzol prismatische gelbliche Nadeln. Schmelzp. 111°[9]).

6-Amino-thymol $C_{10}H_{15}NO = (CH_3)C_6H_2(NH_2)(C_3H_7)(OH)$. Entsteht aus 6-Nitrosothymol durch Reduktion mittels Zinn und Salzsäure[5]). Schmelzp. 176—177°[10]), 173 bis 174°[11]). Beim Kochen mit $FeCl_3$-Lösung entsteht Thymochinon.

Thymol-azobenzol $C_{16}H_{18}N_2O = (CH_3)C_6H_2(N_2C_6H_5)(C_3H_7)(OH)$. Entsteht beim Versetzen einer verdünnten alkalischen Thymollösung mit Diazobenzolchlorid. Glänzende, rotgelbe, monokline Nadeln. Schmelzp. 85—90°[12]).

Thymol-disazobenzol $C_{22}H_{22}N_4O = (CH_3)C_6H(N_2C_6H_5)_2(C_3H_7)(OH)$. Entsteht wie oben. Aus Chloroform + Alkohol rotbraune, seideglänzende Krystalle. Schmelzp. 168°[12]).

α-(6)-Thymol-sulfonsäure $C_{10}H_{14}SO_4 + H_2O = (CH_3)C_6H_2(SO_3H)(C_3H_7)(OH)$. Entsteht neben β- und γ-Sulfonsäure bei der Einwirkung von Schwefelsäure auf Thymol; bei der Behandlung von Thymol mit SO_3HCl entsteht nur die α-Säure[13]). Große, perlmutterglänzende rhombische Täfeln. Schmelzp. 91—92°[14]).

β-(2)-Thymol-sulfonsäure $C_{10}H_{14}SO_4$. Entsteht neben der α-Säure[15]). Zerfließliche Blättchen. Das Kaliumsalz sehr schwer löslich[13]).

γ-Thymol-sulfonsäure $C_{10}H_{14}SO_4$. Das Kaliumsalz bildet körnige Massen[13]).

Thymyl-schwefelsäure $C_{10}H_{14}SO_4 = (CH_3)C_6H_3(C_3H_7)(OSO_3H)$. Das Kaliumsalz charakteristisch. Schmelzp. 80°[16]). Vorkommen im Harn siehe Bd. IV, S. 976.

Thymol-2, 6-disulfonsäure $C_{10}H_{14}S_2O_7$. Entsteht neben α- und γ-Sulfonsäure[13])[14])[17]). Das Kaliumsalz bildet aus Alkohol lange Nadeln.

Thymochinon, 1-Methyl-4-methoäthyl-chinon-(2,5).

Mol.-Gewicht 164,1.

Zusammensetzung: 73,12% C, 7,37% H.

$$C_{10}H_{12}O_2.$$

[1]) Klages, Berichte d. Deutsch. chem. Gesellschaft **32**, 1518 [1899].
[2]) Widmann, Berichte d. Deutsch. chem. Gesellschaft **15**, 171 [1882].
[3]) Schiff, Berichte d. Deutsch. chem. Gesellschaft **8**, 1501 [1875].
[4]) Kehrmann u. Schön, Annalen d. Chemie u. Pharmazie **310**, 107 [1900].
[5]) Liebermann, Berichte d. Deutsch. chem. Gesellschaft **10**, 612 [1877].
[6]) Schiff, Berichte d. Deutsch. chem. Gesellschaft **8**, 1500 [1875].
[7]) Mazzara, Gazzetta chimica ital. **19**, 68 [1889].
[8]) Oliveri u. Tortorici, Gazzetta chimica ital. **28** I, 308 [1898].
[9]) Maldotti, Gazzetta chimica ital. **30** II, 365 [1900].
[10]) Liebermann u. Ilinski, Berichte d. Deutsch. chem. Gesellschaft **18**, 3199 [1885].
[11]) Wallach, Annalen d. Chemie u. Pharmazie **279**, 370 [1894].
[12]) Mazzara u. Possetto, Gazzetta chimica ital. **15**, 53 [1885]. — Lagodzinski u. Mateescu, Berichte d. Deutsch. chem. Gesellschaft **27**, 959 [1894].
[13]) Engelhardt u. Latschinow, Zeitschr. f. Chemie **1869**, 44.
[14]) Stebbins, Journ. Amer. Chem. Soc. **3**, 111 [1881]; **21**, 276 [1899].
[15]) Claus u. Krause, Journ. f. prakt. Chemie [2] **43**, 345 [1891].
[16]) Heymann u. Königs, Berichte d. Deutsch. chem. Gesellschaft **19**, 3307 [1886]. — Verley, Bulletin de la Soc. chim. [3] **25**, 49 [1901].
[17]) Lallemand, Annalen d. Chemie u. Pharmazie **102**, 119 [1857].

Vorkommen: Im ätherischen Öl von Monarda fistulosa (wild bergamott oil)[1], im Holzöl von Thuya articulata (Callitris quadrivalvis)[2].

Bildung: Beim Destillieren von Thymol[3], von Carvacrol[4] oder Dithymoläthan[5] mit Braunstein und verdünnter Schwefelsäure; aus Aminothymol mittels Bromwasser[6], aus Aminothymol und Eisenchloridlösung[7], bei der Oxydation des Thymohydrochinons mittels p-Benzochinon[8]. Thymol wie Carvacrol gehen bei der Oxydation mittels 30proz. H_2O_2 in Thymochinon über. Daneben entsteht Tetraoxy-cymol[9]. In der Pflanze entsteht Thymochinon aus Thymohydrochinon durch ein in den Blättern von Monarda fistulosa enthaltenes Ferment[10].

Zur **Darstellung** oxydiert man Carvacrol durch Chromsäuregemisch[11] oder Nitrosothymol ebenfalls durch Chromsäure nach Liebermann[12]. Nach neueren Arbeiten reduziert man zunächst zum Aminothymol und oxydiert dieses zu Thymochinon[13].

Physikalische und chemische Eigenschaften: Gelbe, prismatische Tafeln. Schmelzp. 45,5°, Siedep. 232°[14]. Schmelzp. 48°[15]. Molekulare Verbrennungswärme bei konstantem Druck 1274,6 Cal.[16]. Riecht durchdringend. Sehr schwer löslich in Wasser, leicht in kaltem Alkohol oder Äther. Man identifiziert das Thymochinon am besten durch Darstellung von Thymochinhydron[11]. Bei längerem Stehen einer ätherischen Thymochinonlösung am Licht entsteht Bithymochinon[11]. Durch Reduktion entsteht Thymohydrochinon.

Derivate: Thymochinon-monoxim-(2) s. Nitrosothymol S. 590.

Thymochinon-monoxim-(5) s. Nitrosocarvacrol S. 584.

Thymochinon-dioxim $C_{10}H_{14}N_2O_2$

$$\text{CH}_3\underset{\underset{\displaystyle H}{}}{\overset{\overset{\displaystyle HON \quad H}{}}{\diagup\!\!\diagdown}}\underset{NOH}{\overset{CH_3}{CH}}CH_3$$

Entsteht aus Nitrosothymol[17] oder Nitrosocarvacrol[18] und Hydroxylamin in der Wärme. Zersetzt sich bei 235°, ohne zu schmelzen[17][18].

Thymochinon-benzoylphenylhydrazon $C_{23}H_{22}O_2N_2 = C_6H_2[N_2(C_6H_5)(COC_6H_5)](C_3H_7)(CH_3)(O)$. Entsteht aus Thymochinon und Benzoylphenylhydrazinsulfat. Aus Benzol-Ligroin gelbe Platten. Schmelzp. 132°[19].

6-Chlor-thymochinon $C_{10}H_{11}O_2Cl = (CH_3)C_6HCl(O)_2(C_3H_7)$. Entsteht aus Dichlorthymol durch Oxydation mittels Chromsäure in Eisessig. Aus Ligroin gelbe, monokline[20] Krystalle. Schmelzp. 39—40°. Leicht flüchtig mit Wasserdampf[21].

3-Chlor-thymochinon. Entsteht durch Oxydation von Dichlorcarvacrol mit Natriumdichromat und Eisessig. Aus Ligroin gelbe, rhombische[20] Krystalle. Schmelzp. 41—42°[21].

---

[1] Brandel u. Kremers, Pharm. Revue **19**, 200, 244 [1901]. — Suzuki, Chem. Centralbl. **1910**, II, 1218.

[2] Grimal, Compt. rend. de l'Acad. des Sc. **139**, 927 [1904].

[3] Lallemand, Jahresber. d. Chemie **1854**, 592.

[4] Carstanjen, Journ. f. prakt. Chemie [2] **15**, 410 [1877].

[5] Steiner, Berichte d. Deutsch. chem. Gesellschaft **11**, 289 [1878].

[6] Andresen, Journ. f. prakt. Chemie [2] **23**, 172 [1881].

[7] Armstrong, Berichte d. Deutsch. chem. Gesellschaft **10**, 297 [1877].

[8] Biltris, Chem. Centralbl. **1898** I, 887. — Valeur, Annales de Chim. et de Phys. [7] **21**, 553 [1900].

[9] Henderson u. Boyd, Journ. Chem. Soc. **97**, 1660 [1910].

[10] Wakeman, Pharmac. Review **26**, 314; Chem. Centralbl. **1908**, II, 1874.

[11] Reychler, Bulletin de la Soc. chim. [3] **7**, 34 [1892].

[12] Liebermann u. Ilinski, Berichte d. Deutsch. chem. Gesellschaft **18**, 3194 [1885]. — Hendersen u. Sutherland, Journ. Chem. Soc. **97**, 1617 [1910].

[13] Kremers u. Wakeman, Pharmac. Review **26**, 329 [1909]; Chem. Centralbl. **1910**, I, 24.

[14] Carstanjen, Journ. f. prakt. Chemie [2] **3**, 53 [1871].

[15] Semmler, Berichte d. Deutch. chem. Gesellschaft **41**, 512 [1908].

[16] Valeur, Compt. rend. de l'Acad. des Sc. **125**, 872 [1897].

[17] Kehrmann u. Messinger, Berichte d. Deutsch. chem. Gesellschaft **23**, 3558 [1890].

[18] Oliveri u. Tortorici, Gazzetta chimica ital. **30**, I, 534 [1900].

[19] Mc Pherson, Amer. Chem. Journ. **22**, 375 [1899].

[20] Stroesco, Zeitschr. f. Krystallographie **30**, 75 [1899].

[21] Kehrmann u. Krüger, Annalen d. Chemie u. Pharmazie **310**, 99 [1900].

Dichlor-thymochinon $C_{10}H_{10}O_2Cl_2 = (CH_3)C_6Cl_2(O)_2(C_3H_7)$. Entsteht aus Nitrosothymol und rauchender Salzsäure. Aus Alkohol gelbe rhombische Tafeln. Schmelzp. 105°[1]).

6-Brom-thymochinon $C_{10}H_{11}O_2Br = (CH_3)C_6HBr(O)_2(C_3H_7)$. Entsteht wie 6-Chlorthymochinon aus Dibromthymol. Aus Ligroin monosymmetrische Krystalle. Schmelzp. 146—147°[2]).

3-Brom-thymochinon. Entsteht aus Dibromcarvacrol, s. oben. Orangegelbe monokline[3]) Krystalle aus Ligroin. Schmelzp. 53—54°[2]).

Dibrom-thymochinon $C_{10}H_{10}Br_2O_2 = (CH_3)C_6Br_2(O)_2(C_3H_7)$. Entsteht aus Thymochinon und Brom[4]), aus Thymochinonchlorimid und Bromwasserstoff[5]). Hellgelbe Blättchen. Schmelzp. 73,5°.

6-Jod-thymochinon $C_{10}H_{11}JO_2 = (CH_3)C_6HJ(O)_2(C_3H_7)$. Entsteht durch vorsichtige Oxydation von 2-jodthymol-6-sulfonsaurem Kalium mit verdünnter Chromsäurelösung. Aus 95% Alkohol gelbrote Prismen. Schmelzp. 61°[6]). Aus Ligroin granatrote Krystalle. Schmelzp. 61—62°[2]).

3-Jod-thymochinon. Entsteht analog aus 3-jodcarvacrol-5-sulfosaurem Kalium[7]). Aus Alkohol oder Ligroin granatrote Krystalle. Schmelzp. 64—65°[1]).

6-Methylamino-thymochinon $C_{11}H_{15}NO_2 = (CH_3)C_6H[NH(CH_3)](O)_2(C_3H_7)$. Entsteht neben der Bismethylamino-Verbindung bei der Einwirkung von Methylamin auf Thymochinon. Aus sehr verdünntem Alkohol dunkelviolette Blättchen. Schmelzp. 47°[8]).

6-Oxy-thymochinon $C_{10}H_{12}O_3 = (CH_3)C_6H(OH)(O)_2(C_3H_7)$. Entsteht beim Auflösen von 6-Bromthymochinon in Kalilauge[9]), bei der Oxydation von Diamothymol mit Eisenchlorid[10]), aus Methylamino-thymochinon durch Einwirkung von Alkohol und Salzsäure[8]). Aus Wasser oder verdünntem Alkohol gelbe Nadeln. Schmelzp. 166—167°[11]).

3-Oxy-thymochinon. Entsteht analog bei der Oxydation von Diaminocarvacrol mit $FeCl_3$. Aus verdünntem Alkohol dunkelorangegelbe Tafeln. Schmelzp. 181—183°[12]).

Dioxy-thymochinon $C_{10}H_{12}O_4 = (CH_3)C_6(OH)_2(O)_2(C_3H_7)$. Aus Alkohol hellrote Prismen. Schmelzp. 213°[8]), 220°[13]).

Thymohydrochinon,
1-Methyl-4-methoäthyl-phendiol-(2,5), Oxy-thymol.

Mol.-Gewicht 166,1.

Zusammensetzung: 72,24% C, 8,49% H.

$$C_{10}H_{14}O_2.$$

OH   H   CH₃

CH₃〈   〉—CH

H   OH   CH₃

Vorkommen: Im ätherischen Öl von Monarda fistulosa (wild bergamot oil)[14]), im Krautöl von Monarda citriodora[15]), im Holzöl von Thuya articulata aus Algier (Callitris quadrivalvis)[16]), im Bitterfenchelöl[17]).

[1]) Sutkowski, Berichte d. Deutsch. chem. Gesellschaft **19**, 2315 [1886].

[2]) Kehrmann u. Krüger, Annalen d. Chemie u. Pharmazie **310**, 99 [1900].

[3]) Stroesco, Zeitschr. f. Krystallographie **30**, 75 [1899].

[4]) Carstanjen, Journ. f. prakt. Chemie [2] **3**, 55 [1871].

[5]) Andresen, Journ. f. prakt. Chemie [2] **23**, 184 [1881].

[6]) Kehrmann, Journ. f. prakt. Chemie [2] **39**, 394 [1889].

[7]) Kehrmann, Journ. f. prakt. Chemie [2] **40**, 188 [1889].

[8]) Zincke, Berichte d. Deutsch. chem. Gesellschaft **14**, 97 [1881].

[9]) Carstanjen, Journ. f. prakt. Chemie [2] **3**, 57 [1871].

[10]) Carstanjen, Journ. f. prakt. Chemie [2] **15**, 399 [1877].

[11]) Schulz, Berichte d. Deutsch. chem. Gesellschaft **16**, 901 [1883].

[12]) Mazzara, Berichte d. Deutsch. chem. Gesellschaft **23**, 1392 [1890].

[13]) Ladenburg u. Engelbrecht, Berichte d. Deutsch. chem. Gesellschaft **10**, 1222 [1877].

[14]) Brandel u. Kremers, Pharm. Revue **19**, 200, 244 [1901]. — Brandel u. Beck, Pharm. Revue **21**, 111—114 [1903]; Chem. Centralbl. **1903**, II, 627. — Suzuki, Chem. Centralbl. **1910**, II, 1218.

[15]) Brandel, Pharm. Revue **22**, 153 [1904]; Chem. Centralbl. **1904**, II, 774.

[16]) Grimal, Compt. rend. de l'Acad. des Sc. **139**, 927 [1904].

[17]) Tardy, Bulletin de la Soc. chim. [3] **27**, 994 [1902].

Bildung und Darstellung: Es entsteht beim Behandeln von Thymochinon mit SO_2 [1]).

Physikalische und chemische Eigenschaften: Krystalle. Schmelzp. 139,5°, Siedep. 290°, Schmelzp. 143° [2]). Aus heißem, SO_2-haltigem Wasser farblose, kubische Prismen. Schmelzp. 140° [3]). Molekulare Verbrennungswärme (konstantes Volumen) 1308,1 Cal. [4]). Sehr schwer löslich in kaltem Wasser. Sublimiert unzersetzt. Geht durch Oxydationsmittel in Thymochinon über. Mit Na_2O_2 und Alkohol entsteht eine intensiv rote Färbung, die mit Wasser über weinrot langsam verschwindet [5]). Bei der Destillation im Wasserstoffstrom entsteht Menthan-2,5-diol [6]).

Dimethyläther des Thymohydrochinons $C_{12}H_{18}O_2$

$$\text{CH}_3 \underset{\text{H} \quad \text{OCH}_3}{\overset{\text{CH}_3\text{O} \quad \text{H}}{\left\langle \bigcirc \right\rangle}} - \text{CH} \underset{\text{CH}_3}{\overset{\text{CH}_3}{<}}$$

Vorkommen: Im Arnikawurzelöl (Arnica montana) [7]), im Ayapanaöl (Eupatorium triplinerve Vahl bzw. E. Ayapana Vent.) [8]).

Physikalische und chemische Eigenschaften: Flüssig. Siedep. 248—250°. $D_{22} = 0,998$ [9]). Infolge äußerer Anwendung von Arnikatinktur treten häufig Exantheme auf, die auf den Dimethyläther des Thymohydrochinons zurückzuführen sein dürften [10]).

6-Chlor-hydrothymochinon $C_{10}H_{13}ClO_2 = (CH_3)C_6HCl(OH)_2(C_3H_7)$. Entsteht, wenn man unter Abkühlen Thymochinon in bei 0° gesättigte Salzsäure einträgt. Aus Ligroin lange seideglänzende Nadeln. Schmelzp. 70° [11]).

6-Brom-hydrothymochinon $C_{10}H_{13}BrO_2$. Entsteht analog aus Thymochinon und Bromwasserstoffsäure. Nadeln. Schmelzp. 58° [11]).

Hydrothymochinon-sulfonsäure $C_{10}H_{14}SO_5 = (CH_3)C_6H(OH)_2(C_3H_7)SO_3H$. Das Kaliumsalz bildet sich beim Eintragen von Thymochinon in eine Lösung von Kaliumsulfit. Wasserfreie Krystalle [12]).

Chavicol, 1^2-Propenyl-phenol (4).

Mol.-Gewicht 134,1.

Zusammensetzung: 80,54 %C, 7,51% H.

$$C_9H_{10}O.$$

$$\text{HO} \underset{\text{H} \quad \text{H}}{\overset{\text{H} \quad \text{H}}{\left\langle \bigcirc \right\rangle}} - \text{CH}_2 - \text{CH} = \text{CH}_2$$

Vorkommen: Im ätherischen Öl der Betelblätter von Java (Piper betle L.) [13]), im Bayöl von Myrcia und Pimenta spec. [14]).

Zur **Darstellung** scheidet man das Chavicol aus den ätherischen Ölen mittels starker Kalilauge ab. Nach dem Ansäuern isoliert man das Phenol durch Äther. Das Rohprodukt unterwirft man der fraktionierten Destillation und fängt die Anteile von 235—240° auf.

---

[1]) Carstanjen, Journ. f. prakt. Chemie [2] 3, 54 [1896]. — Lallemand, Annalen d. Chemie u. Pharmazie 101, 121 [1857]; 102, 121 [1857].

[2]) Ciamician u. Silber, Atti della reale Accad. dei Lincei [5] 10, I, 96 [1901]. — Semmler, Berichte d. Deutsch. chem. Gesellschaft 41, 511 [1908].

[3]) Kremers u. Wakeman, Pharmac. Review 26, 329 [1910]; Chem. Centralbl. 1910, I, 24.

[4]) Valeur, Compt. rend. de l'Acad. des Sc. 125, 873 [1897].

[5]) Alvarez, Chem. News 91, 125 [1905]; Chem. Centralbl. 1905, I, 1146.

[6]) Henderson u. Sutherland, Journ. Chem. Soc. 97, 1617 [1910].

[7]) Sigel, Annalen d. Chemie u. Pharmazie 170, 345 [1873].

[8]) Semmler, Berichte d. Deutsch. chem. Gesellschaft 41, 509 [1908].

[9]) Reychler, Bulletin de la Soc. chim. [3] 7, 33 [1892].

[10]) Gillay, Literaturbeilage der Deutschen med. Wochenschr. 1901, Nr. 5, S. 30, Nr. 6, S. 34. — Kobert, Intoxikationen 1906, II, 531.

[11]) Schniter, Berichte d. Deutsch. chem. Gesellschaft 20, 1317 [1887].

[12]) Carstanjen, Journ. f. prakt. Chemie [2] 15, 478 [1877].

[13]) Eykman, Berichte d. Deutsch. chem. Gesellschaft 22, 2736 [1889]; Naturforscher-Versammlung Köln 1888; Chem.-Ztg. 1888, 81; Pharmaz. Centralhalle 29, 41. — Berichte der Firma Schimmel & Co. 1887, II, 34; 1890, I, 6; 1891, II, 5.

[14]) Power u. Kleber, Pharmaz. Rundschau 13, 60 [1895].

Physiologische Eigenschaften: Eykman stellte fest, daß das Chavicol ein starkes Gift für Bakterien ist, etwa 5 mal stärker als Phenol und ca. 2mal stärker als Eugenol [1].

Physikalische und chemische Eigenschaften: Das Chavicol ist eine farblose klare Flüssigkeit, die einen eigenartigen, etwas kreosotähnlichen Geruch besitzt, der an den des Carvacrols erinnert. Siedep. $237°$, $D_{13} = 1,041$, $D_{22} = 1,034$. Die gesättigte wässerige Lösung wird unter geringer milchiger Trübung auf Zusatz eines Tropfens Eisenchlorid blau gefärbt, welche Farbe auf Zusatz von Alkohol verschwindet; die alkoholische Lösung des Phenols wird von alkoholischer Eisenchloridlösung kaum blau gefärbt. Selbst bei $-25°$ konnte das Phenol nicht zum Krystallisieren gebracht werden. $n_D = 1,54682$, $MR = 41,4$ (ber. für Phenol $C_9H_{10}O\frac{1}{4} = 41,4$)[1]. $D = 1,033$, $t^0 = 18$, $MG = 134$, $MV = 129,7$, $n_\alpha = 1,5393$, $n_d = 1,5441$, $n_\beta = 1,5573$, $n_\gamma = 1,6689$, $n_A = 1,5163$, $(A-1)\,MV = 67$ (ber. 67,3), $\frac{A^2-1}{A^2+2}\,MV = 39,2$ (ber. 40), $\frac{d^2-1}{d^2+2}\,MV = 41$ (ber. 41,4), $n_\gamma - n_\alpha = 0,0296$, $n_\beta - n_\alpha = 0,0180$, $n_d - n_\alpha = 0,0047$. $\frac{n_\gamma - n_\alpha}{d} = 0,0286$, $\frac{n_\beta - n_\alpha}{d} = 0,0174$, $\frac{n_d - n_\alpha}{d} = 0,0046$ [2]. Weiteres über das Brechungsvermögen[3]. Durch Oxydation mit $KMnO_4$ entsteht ausschließlich Oxalsäure[1]. Durch Erhitzen mit Alkali geht es in Anol (Propenyl-p-kresol) über.

Derivate: Methyl-chavicol (s. dieses).

Äthyl-chavicol $C_2H_5O \cdot C_6H_4C_3H_5$. Dargestellt durch Erhitzen von Chavicol, Kali und Äthyljodid in absolut alkoholischer Lösung. Siedep. $232°$; $D_{19} = 0,955$, $D = 0,961$, $t^0 = 12,2$; $MG = 162$; $MV = 168,5$; $n_\alpha = 1,5133$, $n_d = 1,5179$, $n_\beta = 1,5299$, $n_\gamma = 1,5400$, $n_A = 1,4925$, $(A-1)\,MV = 83$ (ber. 83,2), $\frac{A^2-1}{A^2+2} \cdot MV = 48,9$ (ber. 49,0), $\frac{d^2-1}{d^2+2}\,MV = 50,8$ (ber. 50,9), $n_\gamma - n_\alpha = 0,0267$, $n_\beta - n_\alpha = 0,0166$, $n_d - n_\alpha = 0,0046$, $\frac{n_\gamma - n_\alpha}{d} = 0,0278$, $\frac{n_\beta - n_\alpha}{d} = 0,0173$, $\frac{n_d - n_\alpha}{d} = 0,0048$ [2].

Methylchavicol, Esdragol, 1²-Propenyl-phenol-(4)-methyläther.

Mol.-Gewicht 148,09.

Zusammensetzung: 81,03% C, 8,16% H.

$$C_{10}H_{12}O.$$

$$CH_3O\!\!\overset{H\quad H}{\underset{H\quad H}{\langle=\rangle}}\!\!-CH_2-CH=CH_2$$

Vorkommen: Im Anisrindenöl (Persea gratissima Gärtn.)[4], im Sternanisöl (Illicium anisatum L.)[5], im japanischen Sternanisöl (Illicium religiosum)[6], im ätherischen Blätteröl von Persea gratissima Gärtn.[7], im Lorbeerblätteröl (Laurus nobilis L.) (?)[8], im Bayöl (Myrcia- und Pimenta- spez.)[9], im Anisöl (Pimpinella anisum L.)[10], im Kerbelöl (Anthriscus cerifelium Hoffm.)[11], im Fenchelöl (Foeniculum vulgare Gärtn.)[12], im algerischen und galizi-

[1] Eykman, Berichte d. Deutsch. chem. Gesellschaft **22**, 2739 [1889].

[2] Eykman, Berichte d. Deutsch. chem. Gesellschaft **23**, 862 [1890].

[3] Eykman, Chem. Centralbl. **1896**, I, 147.

[4] Bericht der Firma Schimmel & Co. **1892**, I, 40; **1906**, II; Chem. Centralbl. **1906**, II, 1497; **1910**, II, 1755.

[5] Bericht der Firma Schimmel & Co. **1895**, II, 6. — Tardy, Thèse de Paris **1902**, 22.

[6] Eykman, Berichte d. Deutsch. chem. Gesellschaft **14**, Ref. 1720 [1881]. — Tardy, Bulletin de la Soc. chim. [3] **27**, 994 [1902].

[7] Bericht der Firma Schimmel & Co. **1894**, II, 71; **1906**, II, 55.

[8] Wallach, Annalen d. Chemie u. Pharmazie **252**, 95 [1889]. — Bericht der Firma Schimmel & Co. **1899**, I, 31. — Thoms u. Molle, Archiv d. Pharmazie **242**, 180 [1904].

[9] Power u. Kleber, Pharmaz. Rundschau New York **13**, 60 [1895].

[10] Berichte der Firma Schimmel & Co. **1895**, II, 6.

[11] Charabot u. Pillet, Bulletin de la Soc. chim. [3] **21**, 368 [1899].

[12] Tardy, Bulletin de la Soc. chim. [3] **17**, 660 [1897].

schen Bitterfenchelöl[1]), im Öl von Pseudocymopterus anisatus[2]), im Basilicumöl (Ocimum basilicum L.)[3]), im Esdragonöl von Artemisia dracunculus L.[4]), im algerischen Basilicum-öl[5]), wahrscheinlich auch im Kobuschiöl (Magnolia Kobus DC.)[6]), im Yellow Pine Oil[7]).

Bildung: Synthetisch wird das Methylchavicol dargestellt, indem man Allylbromid auf p-Brommagnesiumanisol einwirken läßt. $BrMgC_6H_4OCH_3 + C_3H_5Br = C_3H_5 \cdot C_6H_4OCH_3 + MgBr_2$[8]). Aus Chavicol und Jodmethyl in methylalkoholischer Kalilauge bildet sich gleichfalls Methylchavicol[9]).

Zur **Isolierung** aus ätherischen Ölen unterwirft man diese der fraktionierten Destillation und untersucht die Fraktion 210—220° auf Estragol. Charakteristisch für die Identifizierung ist das Monobromestragoldibromid. Schmelzp. 62,4°.

Trennung von Anethol. Das zu trennende Gemisch wird in der 10—12fachen Menge Äther gelöst und wässerige Mercuriacetatlösung) 1 : 4) hinzugegeben. Nach 24stündigem Stehen enthält die wässerige Schicht die Acetomercuriverbindung des Allylderivates (Methylchavicol) entweder gelöst oder suspendiert, während das unveränderte Propenylderivat (Anethol) sich im Äther vorfindet. Man hebt die ätherische Schicht ab, schüttelt die wässerige Schicht zweimal mit der gleichen Gewichtsmenge Äther durch, wäscht die vereinigten Ätherextrakte mit Sodalösung, destilliert den Äther ab und reinigt den Rückstand durch Umlösen oder Destillation mit Wasserdampf. Zur wässerigen Schicht gibt man Natronlauge, reduziert die Quecksilberverbindung durch 8—10stündiges Erwärmen mit Zink und destilliert im Dampf-strom[10]).

Reaktion zur Unterscheidung von Anethol. Löst man 1 ccm Estragol in 5 ccm Essig-säureanhydrid und gibt etwas geschmolzenes Chlorzink dazu, so färbt sich die Lösung blau-violett, dann tief malven, schließlich bräunlich, mit 1 Tropfen konz. Schwefelsäure zunächst purpurn, dann indigoblau, schließlich bläulichpurpurn[11]).

Physikalische und chemische Eigenschaften: Ganz schwach süß und gewürzig schmeckende Flüssigkeit mit Anisgeruch[12]). Siedep. 226°, $D_{26} = 0,967$, $D = 0,979$, $t^0 = 11,5$, $MG = 148$, $MV = 151,2$, $n_\alpha = 1,5199$, $n_d = 1,5244$, $n_\beta = 1,5371$, $n_\gamma = 1,5476$, $n_A = 1,4984$, $(A-1)$

$$MV = 75,4 \text{ (ber. 74,8)}, \quad \frac{A^2 - 1}{A^2 + 2} MV = 44,3 \text{ (ber. 44,5)}, \quad \frac{d^2 - 1}{d^2 + 2} MV = 46 \text{ (ber. 46,2)}, \quad n_\gamma - n_\alpha$$

$$= 0,0277, \quad n_\beta - n_\alpha = 0,0171, \quad n_d - n_\alpha = 0,0045, \quad \frac{n_\gamma - n_\alpha}{d} = 0,0283, \quad \frac{n_\beta - n_\alpha}{d} = 0,0175$$

$\dfrac{n_d - n_\alpha}{d} = 0,0045$ [13]). Molekulare Verbrennungswärme 1335,1 Cal.[14]); Siedep. 215—216° aus Esdragonöl[15]); Siedep.$_{35} = 124°$, $n_{D_{23}} = 1,5179$[16]), Siedep.$_7 = 86°$, Siedep.$_{12} = 97$—$97,5°$,

---

[1]) Tardy, Bulletin de la Soc. chim. [3] **27**, 994 [1902].

[2]) Berichte der Firma Schimmel & Co. **1902**, II, 7.

[3]) Bertram u. Walbaum, Archiv d. Pharmazie **235**, 176 [1897]; Berichte der Firma Schimmel & Co. **1897**, I, 9. — Dupont u. Guerlain, Bulletin de la Soc. chim. [3] **19**, 151 [1898]; Jahresber. d. botan. Gartens in Buitenzorg **1898**, 28. — van Romburgh, Over de ätherische olie uit Ocimum Basilicum L. Amsterdam **1900**, 446.

[4]) Laurent, Revue scientifique Juillet **1842**, Annalen d. Chemie u. Pharmazie **44**, 313 [1842]. — Berichte der Firma Schimmel & Co. **1892**, I, 17. — Grimaux, Compt. rend. de l'Acad. des Sc. **117**, 1089 [1893]. — Hell u. Gab, Berichte d. Deutsch. chem. Gesellschaft **29**, 344 [1896]. — Klages, Berichte d. Deutsch. chem. Gesellschaft **32**, 1439 [1899]. — Hell, Journ. f. prakt. Chemie [2] **51**, 422 [1895]. — Daufresne, Bulletin des Sc. Pharmacol. **15**, 11 [1908]; Chem. Centralbl. **1908**, I, 1058.

[5]) Roure-Bertrand Fils, Geschäftsbericht [1] 8 [1903]; Chem. Centralbl. **1904**, I, 165.

[6]) Roure-Bertrand Fils, Geschäftsbericht [2] **6**, 15 [1907]; Chem. Centralbl. **1908**, I, 465. — Berichte der Firma Schimmel & Co. **1908**, I; Chem. Centralbl. **1908**, I, 1838.

[7]) Berichte der Firma Schimmel & Co. **1910**, I; Chem. Centralbl. **1910**, I, 1720.

[8]) Verley, D. R. P. 154 654, gelöscht. — Tiffeneau, Compt. rend. de l'Acad. des Sc. **139**, 481 [1904]. — Barbier u. Grignard, Bulletin de la Soc. chim. [3] **31**, 841 [1904].

[9]) Eykman, Berichte d. Deutsch. chem. Gesellschaft **22**, 2741 [1889].

[10]) Balbiano, Berichte d. Deutsch. chem. Gesellschaft **42**, 1502—1506 [1909].

[11]) Chapman, The Analyst **25**, 313 [1901]; Chem. Centralbl. **1901**, I, 205.

[12]) Berichte der Firma Schimmel & Co. **1892**, I, 40.

[13]) Eykman, Berichte d. Deutsch. chem. Gesellschaft **23**, 862 [1890].

[14]) Stohmann, Zeitschr. f. physikal. Chemie **10**, 415 [1892].

[15]) Grimaux, Compt. rend. de l'Acad. des Sc. **117**, 1089 [1893].

[16]) Stohmann, Sitzungsber. d. Akad. d. Wissensch. zu Leipzig **1892**, 307.

$D_{15} = 0{,}9714{-}0{,}972$, $n_{D_{16}} = 1{,}52355{-}1{,}52380$ [1]); Siedep. 214—215° aus Esdragonöl [2]); Siedep. 215—216°, $D_{15} = 0{,}9755$, $n_D = 1{,}5236$ [3]). Siedep.$_{764} = 214{-}216°$. $n_D^{17,5} = 1{,}523$ [4]).

Durch Oxydation des Esdragols mit $KMnO_4$ entsteht ein Säuregemisch, in dem **Anissäure** [5]) und **Homoanissäure** [6]) nachgewiesen worden sind. Der Chavicolmethyläther wird durch alkoholisches Kali in Anethol umgewandelt. (Eykman.) Durch Behandeln mit Bromäthyl und Magnesium entsteht **Chavicol** [7]). Durch Reduktion mittels Nickel und Wasserstoff geht Methylchavicol in **n-p-Propylanisol** über [8]). Durch Natrium und Alkohol gelingt eine Reduktion nicht [2]). Durch Schütteln mit Quecksilberacetat entstehen zwei Isomere, die sich durch wässerige Kaliumchloridlösung trennen lassen. Die in Alkohol leicht lösliche Verbindung $(CH_3O)C_6H_4[C_3H_5(OH)(HgCl)]$ bildet weiße Nadeln. Schmelzp. 81—82° [9]). Das in Alkohol schwer lösliche Isomere bildet eine amorphe gelbliche Masse, die bei 55° erweicht und bei 91° scheinbar schmilzt [10]). Beide Isomeren bilden bei der Reduktion Estragol zurück.

Derivate: Methylchavicol-α-nitrosit $C_{10}H_{12}O_4N_2 = (CH_3O)C_6H_4[CH_2CH(NO)CH_2(NO_2)]$. Entsteht, wenn man zu einer gut gekühlten Mischung einer konzentrierten wässerigen Lösung von 30 g KNO_2 und 15 g Methylchavicol in 4 T. Petroläther allmählich die erforderliche Menge verdünnten Schwefelsäure tropfen läßt. Hellgelbes Pulver. Schmelzp. 147° unter Zersetzung [8]).

Methylchavicol-β-nitrosit $C_{10}H_{12}O_4N_2 = (CH_3O)C_6H_4 \cdot CH_2C \cdot CH_2NO_2$. Entsteht, wenn
$$\overset{\cdot\cdot}{N}OH$$
man das α-Produkt bis zur völligen Lösung mit abs. Alkohol am Rückflußkühler kocht. Aus Benzol weiße Krystalle. Schmelzp. 112° [11]).

Methylchavicol-dibromid $C_{10}H_{12}OBr_2=(CH_3O)C_6H_4(CH_2CHBr \cdot CH_2Br)$. Entsteht durch Bromieren von Esdragol in der Kälte in Gegenwart von CS_2. Siedep.$_{18} = 188{-}192°$, $D_{17} = 1{,}639$. Geht durch alkoholische Kaliumacetatlösung über in das **Methylchavicol-acetobromhydrin** $(CH_3O)C_6H_4[CH_2CH(OCOCH_3)CH_2Br]$. Siedep.$_{13} = 160°$ unter Zersetzung. $D = 1{,}249$. Dieses geht durch 12stündiges Erhitzen mit alkoholischem Kali über in **Anisyl-cyclopropanol**
$$(CH_3O)C_6H_4 \cdot \overset{|\quad\quad\quad|}{CH \cdot CH(OH)CH_2}.$$
Nadeln aus Benzol und Petroläther. Schmelzp. 79° [12]).

Methylchavicol-jodhydrin $(CH_3O)C_6H_4[CH_2CH(OH)CH_2J]$. Entsteht bei der Einwirkung von 1 Mol. HOJ auf Methylchavicol bei Gegenwart von alkoholfreiem, mit Wasser gesättigtem Äther. (Übergang in das Oxyd siehe dieses.) [13]).

Methylchavicol-methyljodhydrin $(CH_3O)C_6H_4[CH_2CH(OCH_3)CH_2J]$. Entsteht bei der Einwirkung von Jod und Quecksilberoxyd auf Methylchavicol gelöst in abs. Methylalkohol. Siedep.$_{14} = 178{-}180°$ unter teilweiser Zersetzung. $D_0 = 1{,}459$. Ist gegen Kalilauge in der Kälte beständig [13]).

Methylchavicol-oxyd $C_{10}H_{12}O_2 = (CH_3O)C_6H_4 \cdot \overset{-O-}{CH_2CHCH_2}$. Entsteht aus Methylchavicol, gelbem Quecksilberoxyd und Jod bei Gegenwart von wässerigem Äther und Behandeln des so erhaltenen Jodhydrins mit gepulvertem Kalihydrat. Siedep.$_{20} = 153{-}156°$, $D_0 = 1{,}149$ [14]); Siedep.$_{12} = 138°$, $D_0 = 1{,}105$ [13]).

Brom-methylchavicol-dibromid $C_{10}H_{11}OBr_3 = (OCH_3)C_6H_3Br[CH_2CHBrCH_2Br]$. Entsteht bei der Einwirkung von Brom auf Estragol in wasser- und alkoholfreiem Äther. Schmelzp. 62,4° [15]).

[1]) Semmler, Ätherische Öle **4**, 74 [1907].

[2]) Klages, Berichte d. Deutsch. chem. Gesellschaft **32**, 1439 [1899].

[3]) Verley, D. R. P. 154654, gelöscht. — Tiffeneau, Compt. rend. de l'Acad. des Sc. **139**, 481 [1904].

[4]) Abati, Gazzetta chimica ital. **40**, II, 91 [1910].

[5]) Laurent, Annalen d. Chemie u. Pharmazie **44**, 315 [1842].

[6]) Bertram u. Walbaum, Archiv d. Pharmazie **235**, 179, 182 [1897].

[7]) Grignard, Compt. rend. de l'Acad. des Sc. **151**, 322 [1910].

[8]) Henrard, Chem. Weekblad **3**, 761 [1906]; Chem. Centralbl. **1907**, I, 343. — Daufresne, Annales de Chim. et de Phys. [8] **13**, 409 [1908].

[9]) Balbiano u. Paolini, Berichte d. Deutsch. chem. Gesellschaft **36**, 3580 [1903].

[10]) Balbiano u. Tonazzi, Gazzetta chimica ital. **36**, I, 266 [1906].

[11]) Rimini, Gazzetta chimica ital. **34**, II, 284 [1904].

[12]) Tiffeneau u. Daufresne, Compt. rend. de l'Acad. des Sc. **144**, 926 [1907].

[13]) Daufresne, Compt. rend. de l'Acad. des Sc. **145**, 876 [1907].

[14]) Fourneau u. Tiffeneau, Compt. rend. de l'Acad. des Sc. **140**, 1597 [1905].

[15]) Hell u. Gab, Berichte d. Deutsch. chem. Gesellschaft **29**, 344 [1896]. — Hell, Journ. f. prakt. Chemie [2] **51**, 422 [1895].

Anethol, p-Anol-methyläther, 1^1-Propenyl-phenol-(4)-methyläther.

Mol.-Gewicht 148,09.
Zusammensetzung: 81,03% C, 8,16% H.

$$C_{10}H_{12}O.$$

$$CH_3O\diagdown\underset{H\quad H}{\overset{H\quad H}{\bigcirc}}\diagup\!\!-CH\!=\!CH\!-\!CH_3$$

Vorkommen: Im Sternanisöl (Illicium anisatum L.)[1]), im Anisrindenöl von Persea gratissima Gärtn.[2]), im Anisöl (Pimpinella anisum L.)[3]), im Fenchelöl (Foeniculum vulgare Gärtn.) (Cahours)[3]), im Osmorrhizaöl (Osmorrhiza longistylis Rafinesque)[4]), im algerischen und galizischen Bitterfenchelöl[5]), im Kobuschiöl (Magnolia Kobus DC.)[6]), im Fenchelkrautöl aus Java (Foeniculum officinale)[7]).

Bildung: Anethol entsteht beim Erhitzen von Anisyl-α-methylacrylsäure $(CH_3O)C_6H_4[CH : C(CH_3)\cdot COOH]$[8]), durch Erhitzen des Chavicolmethyläthers (Estragol) mit konz. alkoholischer Kalilauge[9]), durch Einwirkung von Äthylmagnesiumjodid auf Anisaldehyd[10]), aus Anisaldehyd (10 g) und α-Brompropionsäureäthylester (14 g), in 40 ccm Benzol gelöst bei Gegenwart von 5 g granuliertem Zink über die zunächst gebildete Anisyl-α-methylacryl-säure[11]), von Propionylanisol ausgehend über das Acetat des durch Reduktion mit Natrium und Alkohol entstehenden Carbinols. Kocht man das Acetat des p-Methoxyphenyl-äthyl-carbinols 10 Stunden mit Pyridin, so erhält man Anethol[12]).

Reaktionen: Löst man 1 ccm Anethol in 5 ccm Essigsäureanhydrid und gibt etwas geschmolzenes Chlorzink hinzu, so färbt sich die Lösung langsam blaßgelb, dann beim Stehen dunkler und schließlich rot. Mit 1 Tropfen konz. Schwefelsäure erhält die Flüssigkeit allmählich einen gelblichen Stich[13]). Löst man 3 ccm des zu prüfenden Öles in 2—3 ccm Eisessig und 5 ccm rauchender Salzsäure und erwärmt, so zeigt auftretende Grünfärbung Anethol an[14]).

Zur **Isolierung** eignet sich am besten die fraktionierte Destillation. Man prüft die Fraktion zwischen 230—236°. Von den Derivaten sind besonders charakteristisch das Anetholdibromid, Schmelzp. 67°, das Bromanetholdibromid, Schmelzp. 107—108° und das Anetholnitrit, Schmelzp. 121°.

Physiologische Eigenschaften: Das Anethol besitzt ausgesprochenen Anisgeruch und schmeckt intensiv süß, zum Unterschied von Estragol, das ähnlichen Geruch besitzt. Anethol wird bei der Verfütterung teilweise zu Anissäure oxydiert, die mit Glykokoll ge-

---

1) Cahours, Compt. rend. de l'Acad. des Sc. **12**, 1213 [1841]; Annalen d. Chemie u. Pharmazie **35**, 313 [1840]. — Tardy, Bulletin de la Soc. chim. [3] **27**, 987 [1902].

2) Berichte der Firma Schimmel & Co. **1892**, I, 40; **1910**, II; Chem. Centralbl. **1910**, II, 1755.

3) Cordus **1540**. — de Saussure, Annales de Chim. et de Phys. [2] **13**, 280 [1820]; Schweiggers Journ. **29**, 65 [1820]. — Dumas, Annalen d. Chemie u. Pharmazie **6**, 245 [1833]. — Blanchet u. Sell, Annalen d. Chemie u. Pharmazie **6**, 287 [1833]. — Cahours, Annales de Chim. et de Phys. [3] **2**, 274 [1841]; Compt. rend. de l'Acad. des Sc. **20**, 53 [1845]; Annalen d. Chemie u. Pharmazie **35**, 312 [1840]; **41**, 56 [1842].

4) Green, Amer. Journ. of Pharmacy **54**, 895 [1882]. — Eberhardt, Pharmaz. Rundschau, New York **5**, 149 [1887].

5) Tardy, Bulletin de la Soc. chim. [3] **27**, 994 [1902].

6) Roure-Bertrand Fils, Geschäftsbericht [2] **6**, 15—32 [1907]; Chem. Centralbl. **1908**, I, 465. — Berichte der Firma Schimmel & Co. **1908**, I; Chem. Centralbl. **1908**, I, 1838.

7) Berichte der Firma Schimmel & Co. **1908**, II; Chem. Centralbl. **1909**, I, 22.

8) Perkin, Jahresber. d. Chemie **1877**, 382. — Moureu u. Chauvet, Compt. rend. de l'Acad. des Sc. **124**, 404 [1897]. — Moureu, Annales de Chim. et de Phys. [7] **15**, 135 [1898].

9) Eykman, Berichte d. Deutsch. chem. Gesellschaft **23**, 859 [1890]. — Grimaux, Bulletin de la Soc. chim. [3] **11**, 35 [1894].

10) Béhal u. Tiffeneau, Compt. rend. de l'Acad. des Sc. **132**, 561 [1901]. — Hell u. Hofmann, Berichte d. Deutsch. chem. Gesellschaft **37**, 4192 [1904]. — Béhal u. Tiffeneau, Bulletin de la Soc. chim. [4] **3**, 304 [1908].

11) Wallach u. Evans, Annalen d. Chemie u. Pharmazie **357**, 76 [1907].

12) Klages, Berichte d. Deutsch. chem. Gesellschaft **35**, 2262 [1902].

13) Chapman, The Analyst **25**, 313 [1900]; Chem. Centralbl. **1901**, I, 205.

14) Varenne, Roussel u. Godefroy, Compt. rend. de l'Acad. des Sc. **137**, 1296 [1903].

kuppelt als Anisursäure im Harn erscheint[1][2]). Das Anethol wirkt schwach antiseptisch, ein Kaninchen wurde durch eine Gabe von 5 g getötet, beim Hunde riefen 5,5 g durch 5 Tage Erbrechen hervor. Beim Menschen erzeugen 2 g Kopfschmerz und leichten Rausch[2]). In Quantitäten von $1/2$ ccm eingespritzt, erzeugt das Anethol lokal nekrotisierende Infiltrationen. Die Vermehrung der Leukocyten beträgt über 100% [3]). Nach neueren Untersuchungen ist das Anethol in Dosen von 0,5—1 g täglich genommen, ohne jeden schädlichen Einfluß[4]).

Physikalische und chemische Eigenschaften: Blätter. Schmelzp. 21,6° [5]), Siedep. 232°, $D_{28} = 0,989$ [6]). D bei t° $= 0,9887 - 0,0010125 (t - 21,3) - 0,00001027 (t - 21,3)^2$ [7]). Siedep. 233—233,5°, $D_4^{14,9} = 0,99132$, $D_4^{21,6} = 0,98556$, $D_4^{34} = 0,97595$, $D_4^{77,3} = 0,94041$. Für Anethol aus Anisöl $D^{11,5} = 0,999$, $n_D = 1,5624$, $MR = 48,1$ (ber. 46,2). Für Anethol aus Methylchavicol $D_{12} = 0,997$, $n_D = 1,5624$, $MR = 48,2$ (ber. 46,2)[8]). Aus Alkohol dünne rechtwinklige Platten, Schmelzp. 22,5°. Erstarrungspunkt 21,4°, Siedep.$_{731} = 233,6°$ [9]), Schmelzp. 22,3—22,5° [10]). Siedep. i.D. $= 235,3°$, $D_{15}^{15} = 0,9936$, $D_{25}^{25} = 0,9875$, magnetisches Drehungsvermögen 21,082 bei 16,1° [11]). Schmelzp. 21,1°, Siedep.$_{751} = 233—233,5°$, $D_4^{24,6} = 0,9855$ [12]). Schmelzp. 21°, $D_{25} = 0,986$, $n_D = 1,56149$ [13]), Erstarrungsp. 21°, Schmelzp. 22,5—22,7° [14]), Siedep.$_{14} = 113,5°$ [15]). Schmelzp. 21,3°. Siedep.$_{12} = 104°$. $D_4^{99} = 0,9224$[16]). Schmelzp. 22,5° [17]). Siedep.$_{724,5} = 233—234°$, $D_{20,3} = 1,0006 (?)$, $D_{54,6} = 0,9711$, $D_{78,5} = 0,9509$, $D_{152} = 0,8876$[18]). Siedep.$_{760} = 235,2°$, Siedep.$_{700} = 231,7°$; spezifische Wärme $= 0,5113$, die Verdampfungswärme $= 71,51$ Cal. Die Troutonsche Zahl ist 20,82. Anethol ist nicht polymerisiert[19]). Molekulare Verbrennungswärme 1342,2 Cal.[20]). Über Brechungsvermögen[21]). Verteilungsgleichgewicht in Lösungen von Alkohol und Aceton[22]). Assoziationsgrad der Molekularverbindungen[23]) $\gamma_t = 36,61 (1 - 0,00236 t)$, $\alpha_i^2 = 7,59 (1 - 0,00198 t)$. $M = 147,3$ [24]). Additionswärme von Anethol $+ Br_2 = 22,89°$ Cal. [25]).

Beim Erhitzen des Anethols auf 250—275° entstehen Methyl-p-kresol und Methyl-p-propylphenol[26]). Läßt man Anethol 3 Monate an der Sonne stehen, so erhält man **Photo-anetol** $(C_{10}H_{12}O)_x$, aus 84 proz. Alkohol umkrystallisiert, Schmelzp. 207° [27]). Nach neueren Untersuchungen ist dieses Produkt nichts anderes als **p, p′-Dimethoxystilben**[17]). Gibt man zu Anethol in Acetonlösung so viel Jod, als sich auflöst, kocht einige Minuten und entfärbt mit Zinkstaub, so erhält man **Anisoin** $(C_{10}H_{12}O)_x$, Schmelzp. 140—145° [26])[28]). Denselben Körper erhält man aus Anisöl beim Schütteln mit wenig Schwefelsäure[29]).

[1]) Kühling, Inaug.-Diss. Berlin 1887.
[2]) Giacosa, Jahresber. über d. Fortschritte d. Tierchemie **16**, 81 [1886].
[3]) Winternitz, Archiv f. experim. Pathol. u. Pharmakol. **35**, 77 [1895].
[4]) Varenne, Roussel u. Godefroy, Compt. rend. de l'Acad. des Sc. **137**, 1294 [1903].
[5]) Landoldt, Zeitschr. f. physikal. Chemie **4**, 360 [1889].
[6]) Schlun u. Kraut, Jahresber. d. Chemie **1863**, 552.
[7]) Schiff, Annalen d. Chemie u. Pharmazie **223**, 261 [1884].
[8]) Eykman, Berichte d. Deutsch. chem. Gesellschaft **22**, 2736 [1889]; **23**, 862 [1890].
[9]) Orndorff u. Morton, Amer. Chem. Journ. **23**, 181 [1900].
[10]) Grimaux, Bulletin de la Soc. chim. [3] **15**, 779 [1895].
[11]) Perkin, Journ. Chem. Soc. **69**, 1247 [1896].
[12]) Moureu u. Chauvet, Bulletin de la Soc. chim. [3] **17**, 411 [1897].
[13]) Stohmann, Sitzungsber. d. Akad. d. Wissensch. zu Leipzig **1892**, 307.
[14]) Berichte der Firma Schimmel & Co. **1901**, II, 9; **1902**, II, 5.
[15]) Hoering u. Graelert, Berichte d. Deutsch. chem. Gesellschaft **42**, 1204 [1909].
[16]) Scheuer, Zeitschr. f. physikal. Chemie **72**, 517 [1910].
[17]) Abati, Gazzetta chimica ital. **40**. II, 91 [1910].
[18]) Bolle u. Guye, Journ. de Chim. Phys. **3**, 38 [1905]; Chem. Centralbl. **1905**, I, 868.
[19]) Luginin, Journ. de Chim. Phys. **3**, 640 [1905]; Chem. Centralbl. **1905**, II, 1426.
[20]) Stohmann, Zeitschr. f. physikal. Chemie **10**, 415 [1892].
[21]) Nasini u. Bernheimer, Gazzetta chimica ital. **15**, 84 [1885]. — Gladstone, Journ. Chem. Soc. **49**, 623 [1886].
[22]) Bell, Journ. of Physical Chem. **9**, 531 [1905]; Chem. Centralbl. **1905**, II, 1402.
[23]) Menschutkin, Journ. d. russ. physikal.-chem. Gesellschaft **39**, 1548 [1908]; Chem. Centralbl. **1908**, I, 1039.
[24]) Walden, Zeitschr. f. physikal. Chemie **65**, 170 [1909].
[25]) Luginin u. Kablukow, Journ. Chim. de Phys. **4**, 486 [1906]; Chem. Centralbl. **1907**, I, 410.
[26]) Orndorff, Terrasse u. Morton, Amer. Chem. Journ. **19**, 862 [1897].
[27]) de Varda, Gazzetta chimica ital. **21**, 183 [1891].
[28]) Orndorff u. Morton, Amer. Chem. Journ. **23**, 197 [1900].
[29]) Cahours, Annalen d. Chemie u. Pharmazie **41**, 63 [1842].

beim Behandeln von Anethol mit $SbCl_3$ oder $SbCl_4$[1]) oder mit Jod in Jodkalium[2]) oder mit Benzoylchlorid[3]). Durch Einwirkung von Chlorzink entsteht **Metaanethol oder festes Dianethol** $(C_{10}H_{12}O)_2$, Schmelzp. 132°, Siedep. über 300°[1])[4])[5]). Über **Isoanethol oder flüssiges Dianethol** $(C_6H_{12}O)_2$, Siedep.$_{100}$ = 245—255°, s.[1])[5])[6]). Nach den neuesten Untersuchungen ist das bisher mit den Namen flüssiges Dianethol bezeichnete Produkt identisch mit Anethol[7]). Durch Oxydation des Anethols mit verdünnter Salpetersäure entsteht zunächst Anisaldehyd $(CH_3O)C_6H_4(CHO)$ (1,4)[8]). Derselbe entsteht beim Oxydieren mit wässeriger Chromsäurelösung[9]). Stärkere Oxydation führt das Anethol in Anissäure $(CH_3O)C_6H_4(COOH)$ über[10]). Oxydation mittels alkalischen Permanganats führt zu Methoxyphenylglyoxylsäure $(CH_3O)C_6H_4(COCOOH)$[11]). Durch Einwirkung von gelbem Quecksilberoxyd und Jod auf eine 1 proz. Lösung von Anethol in 96 proz. Alkohol entsteht über ein Anlagerungsprodukt der unterjodigen Säure der p-Methoxyhydratropasäurealdehyd.

$$CH_3O \cdot C_6H_4CH : CH \cdot CH_3 \rightarrow CH_3OC_6H_4CHOH \cdot CHJCH_3 \rightarrow CH_3OC_6H_4\overset{O}{\overset{/\backslash}{CH}CHCH_3} \rightarrow$$

$$CH_3OC_6H_4CH\overset{\diagup CHO}{\diagdown CH_3}$$

Durch weitere Oxydation mit Silberoxyd entsteht p-Methoxyhydratropasäure[12]). Läßt man Mercuriacetat längere Zeit auf Anethol einwirken, so entstehen 2 isomere p-Methoxyphenylpropylenglykole $(CH_3O)C_6H_4[CH(OH)CH(OH)CH_3]$. Das β-Glykol Krystalle aus Alkohol oder siedendem Wasser, Schmelzp. 114—115° und das α-Glykol aus der Mutterlauge, Schmelzp. 62—63° bei raschem Erhitzen[13])[14]). Bei der Oxydation von Anethol mit $KMnO_4$ entsteht neben Anissäure eine Spur einer weißen, vom Glykol verschiedenen Verbindung[14]). Bei der Reduktion mit Nickel und Wasserstoff entsteht p-Propylanisol[15]). Das gleiche Produkt entsteht bei der Reduktion mittels metallischem Natrium und Alkohol[7])[16]). Bei ungeeigneter Aufbewahrung unterliegt Anethol der Polymerisation. Ein 2 Jahr lang aufbewahrtes Anethol erstarrte nicht mehr bei —20°. Es zeigte $D_{15} = 1{,}1245$, $n_{25}^D = 1{,}54906$ und enthielt Anisaldehyd neben Spuren von Anissäure[17]). Der so entstandene Anisaldehyd geht unter der Einwirkung des Lichtes über in p, p'-Dimethoxystilben $(CH_3O)C_6H_4CH : CHC_6H_4(OCH_3)$. Schmelzp. 207°. In der Literatur findet sich das Produkt unter dem Namen Photoanethol[18]). Bei 24stündigem Erhitzen von 10 T. Anethol mit 8 T. Ätzkali auf 200—230° entsteht p-Anol[19]). Erhitzt man Anethol mit der doppelten Menge Kali und der vierfachen Menge Alkohol 15 Stunden auf 180—200°, so erhält man ebenfalls in ganz guter Ausbeute Anol[20]). Durch $^1/_2$stündiges Kochen mit konz. Ameisensäure wird Anethol verharzt[21]). Trennung von Methylchavicol über die Mercuriacetatreaktion s. Methylchavicol S. 596[22]).

[1]) Gerhardt, Journ. f. prakt. Chemie **36**, 267 [1845].
[2]) Rhodius, Annalen d. Chemie u. Pharmazie **65**, 230 [1848].
[3]) Melsmann u. Kraut, Journ. f. prakt. Chemie **77**, 490 [1859].
[4]) Perrenould, Annalen d. Chemie u. Pharmazie **187**, 68 [1877].
[5]) Orndorff, Terrasse u. Morton, Amer. Chem. Journ. **19**, 858 [1897].
[6]) Schlun u. Kraut, Jahresber. d. Chemie **1863**, 552.
[7]) Orndorff u. Morton, Amer. Chem. Journ. **23**, 196 [1900].
[8]) Cahours, Annalen d. Chemie u. Pharmazie **56**, 307 [1845].
[9]) Rossel, Annalen d. Chemie u. Pharmazie **151**, 28 [1869].
[10]) Cahours, Annalen d. Chemie u. Pharmazie **41**, 65 [1849].
[11]) Garelli, Gazzetta chimica ital. **20**, 693 [1890].
[12]) Bougault, Compt. rend. de l'Acad. des Sc. **132**, 782 [1901]. — Tiffeneau, Compt. rend. de l'Acad. des Sc. **145**, 593 [1907].
[13]) Balbiano u. Paolini, Berichte d. Deutsch. chem. Gesellschaft **35**, 2995 [1902].
[14]) Balbiano u. Nardacci, Gazz. chim. ital. **36**, I, 257 [1906]; Chem. Centralbl. **1907**, II, 50.
[15]) Henrard, Chem. Weekblad **3**, 761 [1906]; Chem. Centralbl. **1907**, I, 343.
[16]) Klages, Berichte d. Deutsch. chem. Gesellschaft **32**, 1436 [1899]; **37**, 3987 [1904].
[17]) Berichte der Firma Schimmel & Co. **1904**, II; Chem. Centralbl. **1904**, II, 1469.
[18]) Hoering u. Graelert, Berichte d. Deutsch. chem. Gesellschaft **42**, 1204 [1909].
[19]) Ladenburg, Annalen d. Chemie u. Pharmazie, Suppl. **8**, 88 [1872].
[20]) Stoermer u. Kahlert, Berichte d. Deutsch. chem. Gesellschaft **34**, 1812 [1901].
[21]) Semmler, Berichte d. Deutsch. chem. Gesellschaft **41**, 2185 [1908].
[22]) Balbiano, Berichte d. Deutsch. chem. Gesellschaft **42**, 1502 [1909].

Derivate: Anethol-dihydrür $C_{10}H_{14}O$ (?). Entsteht, wenn Anethol bei Siedehitze mit Fluorbor behandelt wird. Daneben entsteht Anisol und Kohle. Erstarrt nicht im Kältegemisch. Riecht campherartig. Siedep. 220°[1]). Es ist kein Propylanisol[2]).

Anis-campher $C_{10}H_{16}O$ (?). Entsteht neben Anisaldehyd bei der Einwirkung von Salpetersäure auf Anethol. Siedep. 190—193°[1]).

Anethol-hexahydrür $C_{10}H_{18}O$ (?). Entsteht neben einer Säure (?) bei längerem Erhitzen von Aniscampher mit alkoholischer Kalilauge im Rohr[1]). Krystallisiert bei 0° in langen, feinen Nadeln, die bei 18—19° schmelzen. Siedep. 198°[1]).

Anethol-hydrochlorid $C_{10}H_{13}OCl = (CH_3O)C_6H_4(C_3H_6Cl)$. Entsteht beim Sättigen von Anethol mit Salzsäuregas. Unbeständig[3]).

Anethol-hydrobromid $C_{10}H_{13}OBr = (CH_3O)C_6H_4(C_3H_6Br)$. Entsteht wie das Hydrochlorid. Schweres Öl (Orndorff)[3]).

Anethol-dichlorid, $1^1, 1^2$-Dichlor-propyl-phenol-methyläther $C_{10}H_{12}OCl_2 = (CH_3O)C_6H_4(CHCl \cdot CHCl \cdot CH_3)$. Entsteht, wenn man 1 Mol. Anethol versetzt mit 1 Mol. Chlor gelöst in CCl_4. Bewegliche, nicht unzersetzt destillierbare Flüssigkeit[4]).

Anethol-chlorid $C_{10}H_{11}ClO = (CH_3O)C_6H_4(C_3H_4Cl)$. Entsteht beim Vermischen von Anethol mit PCl_5 [5]), bei der Vakuumdestillation von Anetholdichlorid[4]). Schmelzp. $+6°$, Siedep. 258°, $D_0 = 1{,}1154$ [5]). Siedep. 228—230°, $D_{20} = 1{,}191$. Erstarrungsp. $+3°$ [6]). Besitzt anisartigen Geruch, $D_0^0 = 1{,}1350$ [4]).

Anethol-trichlorid $C_{10}H_{11}OCl_3 = (CH_3O)C_6H_4(C_3H_4Cl_3)$ (?). Entsteht, wenn Monochloranethol mit einer Lösung von Chlor in CCl_4 behandelt wird. Weiße Krystalle. Schmelzpunkt 35°[4]).

Anethol-dibromid $C_{10}H_{12}OBr_2 = (CH_3O)C_6H_4(CHBrCHBrCH_3)$. Entsteht beim allmählichen Eintröpfeln unter Kühlung von 1 Mol. Brom in mit abs. Äther verdünntes Anethol[8]). Aus Äther kleine Nadeln. Schmelzp. 65° [5]) [9]), 67° [8]), 63—64° [7]) [10]). Umwandlungen durch Kochen mit Alkohol[10]). Einwirkung von Natriumäthylat[11]).

α-Oxy-β-brom-dihydroanethol $C_{10}H_{13}BrO_2 = (CH_3O)C_6H_4[CH(OH)CHBrCH_3]$. Entsteht aus dem Dibromid durch Einwirkung von wässeriger Acetonlösung. Schwach gelbliches Öl. $D^{18} = 1{,}420$ [9]) [12]).

α-Methoxy-β-brom-dihydroanethol $C_{11}H_{15}BrO_2 = (CH_3O)C_6H_4[CH(OCH_3)CHBrCH_3]$. Entsteht aus dem Dibromid beim Kochen mit Methylalkohol. Leicht bewegliches, hellgelbes Öl, das sich beim Destillieren auch unter vermindertem Druck zersetzt[10]).

Anethol-glykol $C_{10}H_{14}O_3 = (CH_3O)C_6H_4[CH(OH)CH(OH)CH_3]$. Entsteht durch Einwirkung alkoholischer Kalilauge auf Anetholdibromid. Ambrafarbene dickliche Flüssigkeit. Siedep. 245—250° unter langsamer Zersetzung. $D_{17} = 1{,}013$ [13]). Höchstwahrscheinlich falsch[15]).

Keto-dihydroanethol $(CH_3O)C_6H_4(COCH_2CH_3)$ oder $(CH_3O)C_6H_4(CH_2COCH_3)$ [12]). Entsteht gleichfalls beim Kochen des Anetholdibromids mit alkoholischem Kali. $\text{Siedep.}_{12} = 136—139°$, Schmelzp. 26—27° [14]). $\text{Siedep.}_{10} = 140—141°$, $\text{Siedep.}_{757} = 266—267°$. $D_{15}^{15} = 1{,}079$ [15]). Siedep. 267—269°, $\text{Siedep.}_{12} = 136—138°$, $D_{17}^{17} = 1{,}0707$ [12]).

α-Keto-β-brom-dihydro-brom-anethol $C_{10}H_{10}O_2Br_2 = (CH_3O)C_6H_3Br(COCHBrCH_3)$. Entsteht bei der Einwirkung von konz. Salpetersäure (D = 1,40) auf Anetholdibromid bei

[1]) Landolph, Berichte d. Deutsch. chem. Gesellschaft **13**, 145 [1880].
[2]) Klages, Berichte d. Deutsch. chem. Gesellschaft **32**, 1437 [1899].
[3]) Cahours, Annalen d. Chemie u. Pharmazie **41**, 60 [1842]. — Orndorff u. Morton, Amer. Chem. Journ. **23**, 183 [1900].
[4]) Darzens, Compt. rend. de l'Acad. des Sc. **124**, 564 [1897].
[5]) Ladenburg, Annalen d. Chemie u. Pharmazie, Suppl. **8**, 90 [1872].
[6]) Landolph, Berichte d. Deutsch. chem. Gesellschaft **9**, 351 [1876].
[7]) Orndorff u. Morton, Amer. Chem. Journ. **23**, 188 [1900].
[8]) Hell u. Günthert, Journ. f. prakt. Chemie [2] **52**, 198 [1895].
[9]) Mameli, Gazzetta chimica ital. **39**, II. 154 [1909]. — Mannich u. Jacobsohn, Berichte d. Deutsch. chem. Gesellschaft **43**, 191 [1910].
[10]) Pond, Erb u. Ford, Journ. Amer. Chem. Soc. **24**, 331 [1902].
[11]) Hell u. Hollenberg, Berichte d. Deutsch. chem. Gesellschaft **29**, 682 [1896].
[12]) Hoering, D. R. P. 174 496; Chem. Centralbl. **1906**, II, 1223.
[13]) Varenne u. Godefroy, Compt. rend. de l'Acad. des Sc. **140**, 591 [1905].
[14]) Wallach u. Pond, Berichte d. Deutsch. chem. Gesellschaft **28**, 2715 [1895].
[15]) Balbiano, Chem. Centralbl. **1907**, II, 50. — Paolini, Gazzetta chimica ital. **40**, I, 116 [1910].

—10°. Auch Chromsäure und $KMnO_4$ führen das Anetholdibromid in dieselbe Verbindung über. Aus Benzin große Nadeln. Schmelzp. 98—99°[1]).

Anethol-oxyd $C_{10}H_{12}O_2 = (CH_3O)C_6H_4\left[CH\overset{\overline{-O-}}{}CHCH_3\right]$. Entsteht aus dem Dibromid über die α-Oxy-β-brom- oder die α-Acetoxy-β-bromverbindung. Behandelt man diese mit alkoholischem Kali, so erhält man das Oxyd. Leicht bewegliches, angenehm riechendes Öl. Siedep.$_{11}$ = 132°, D_{17}^{17} = 1,0637. Auf 220° erhitzt, lagert es sich um in **Anisylaceton** $(CH_3O)C_6H_4(CH_2COCH_3)$[2]).

Brom - anethol - dibromid $C_{10}H_{11}OBr_3 = (CH_3O)C_6H_3Br(CHBrCHBrCH_3)$. Entsteht beim Eintröpfeln von wenig überschüssigem Brom in eine ätherische Lösung von Anethol unter Kühlung[3])[4]). Trikline Krystalle. Schmelzp. 102°[5]). Aus Ligroin Nadeln. Schmelzp. 112,5°[6]), 112,5°[7]). Durch Einwirkung von konz. Salpetersäure entsteht 1-β-Brompropanoyl-4-methoxy-3, 5-dibrombenzol. Schmelzp. 112°.

$$CH_3O\underset{Br\ H}{\overset{Br\ H}{\diagup\hspace{-0.3em}\bigcirc\hspace{-0.3em}\diagup}}CO \cdot CHBrCH_3\ {}^{7})$$

Einwirkung von Natriumäthylat[8]). Einwirkung von Methyl- und Äthylalkohol[9]).

Brom - anetholbromid $C_{10}H_{10}OBr_2 = (CH_3O)C_6H_3Br(C_3H_4Br)$. Entsteht bei mehrtägigem Kochen von 50 g Bromanetholdibromid mit abs. Alkohol. Aus Äther Prismen. Schmelzp. 62°[4]).

Monobrom-anethol $(C_{10}H_{11}OBr)_x$. Bei längerem Kochen von Bromanetholdibromid mit Zinkstaub entsteht eine braune harzige Masse, die glasig erstarrt und ein Polymeres des Bromanethols zu sein scheint[3]).

Dibrom-anethol-dibromid $C_{10}H_{10}OBr_4$

$$CH_3O\underset{Br\ H}{\overset{Br\ H}{\diagup\hspace{-0.3em}\bigcirc\hspace{-0.3em}\diagup}}CHBrCHBrCH_3$$

Entsteht, wenn man auf 200° erwärmtes Anethol in Brom rasch eintropfen läßt. Aus Petroläther umkrystallisiert, Schmelzp. 101,5°. In Alkohol, Äther, Petroläther, Benzol, Chloroform leicht löslich, in Wasser, Alkalien und Säuren unlöslich. Trägt man das Anethol langsam in das Brom ein, so daß Erwärmung verhindert wird, so entsteht zu 35% 1-β-Brompropanoyl-4-methoxy-3, 5-dibrombenzol. Schmelzp. 112°[7])[8]) s. oben. Einwirkungen von Alkohol und Natriumäthylat[7]).

Dibrom-anethol $C_{10}H_{10}OBr_2 = (CH_3O)C_6H_2Br_2(C_3H_5)$. Entsteht bei längerem Kochen von Dibromanetholdibromid mit überschüssigem Zinkstaub in ätherischer Lösung. Aus Ligroin glänzende Prismen. Schmelzp. 76°[4]).

Anethol-nitrosochlorid $[C_{10}H_{12}O_2NCl] = [CH_3O \cdot C_6H_4 \cdot CH(NO)CHClCH_3]_2$. Entsteht beim Einleiten von NOCl in abgekühltes Anethol, dem Chloroform zugefügt ist. Schmelzp. 127° unter Zersetzung[10]). Triklin. Schmelzp. 123° unter Zersetzung[11]). Schmelzp. 127—128° aus Benzol oder Benzol + Ligroin umkrystallisiert[12])[13]).

---

[1]) Hoering, Berichte d. Deutsch. chem. Gesellschaft **38**, 3470 [1905].

[2]) Hoering, Berichte d. Deutsch. chem. Gesellschaft **38**, 3479 [1905]; D. R. P. 174 496; Chem. Centralbl. **1906** II, 1223. — Fourneau u. Tiffeneau, Compt. rend. de l'Acad. des Sc. **141**, 662 [1905]. — Houben u. Führer, Berichte d. Deutsch. chem. Gesellschaft **40**, 4990 [1907]. — Mannich u. Jacobsohn, Berichte d. Deutsch. chem. Gesellschaft **43**, 191 [1910].

[3]) Hell u. Gärtner, Journ. f. prakt. Chemie [2] **51**, 424 [1895].

[4]) Hell u. v. Günthert, Journ. f. prakt. Chemie [2] **52**, 194 [1895].

[5]) Orndorff u. Morton, Amer. Chem. Journ. **23**, 186 [1900].

[6]) Hell u. Gaab, Berichte d. Deutsch. chem. Gesellschaft **29**, 345 [1896].

[7]) Hoering, Berichte d. Deutsch. chem. Gesellschaft **37**, 1544 [1904].

[8]) Hell u. Bauer, Berichte d. Deutsch. chem. Gesellschaft **36**, 204 [1903].

[9]) Pond, Erb u. Ford, Journ. Amer. Chem. Soc. **24**, 333 [1902].

[10]) Tönnies, Berichte deutsch. chem. Gesellschaft **12**, 169 [1879]. — Tilden u. Forster, Journ. Chem. Soc. **65**, 330 [1894].

[11]) Orndorff u. Morton, Amer. Chem. Journ. **23**, 188 [1900].

[12]) Wallach u. Müller, Annalen d. Chemie u. Pharmazie **332**, 326 [1904].

[13]) Schmidt, Apoth.-Ztg. **19**, 655 [1904]; Chem. Centralbl. **1904**, II, 1038 [1904].

Anethol-nitrosit, Anethol-nitrit $[C_{10}H_{12}O_4N_2]_2 = [CH_3O \cdot C_6H_4 \cdot CH(NO)CH(NO_2)CH_3]_2$. Es entsteht aus Anethol in Ligroin, konz. Natriumnitritlösung und verdünnter Schwefelsäure. Aus Benzol + Ligroin Nadeln. Schmelzp. 121°[1])[2])[3]).

β-Nitroanethol $C_{10}H_{11}NO_3 = (CH_3O)C_6H_4[CH:C(NO_2)CH_3]$. Entsteht aus dem Nitrosit durch Acetylchlorid oder alkoholisches Kali. Siedep.$_{12}$ = 180—190°. Aus Methylalkohol gelbe Nadeln. Schmelzp. 47°[1])[2])[3]).

Diisonitroso - anethol - peroxyd $C_{10}H_{10}N_2O_3 = (CH_3O)C_6H_4C$————$CCH_3$. Entsteht,
$$\ddot{N}-O-O\ddot{N}$$
wenn man eine konzentrierte Lösung von Natriumnitrit in die Lösung von 1 T. Anethol in 2 T. Eisessig tröpfelt. Aus Alkohol gelbe Nadeln. Schmelzp. 98°[4]), 97°[5]).

α-Diisonitroso-anethol $C_{10}H_{12}N_2O_3$

$$(CH_3O)C_6H_4C\text{————}C \cdot CH_3 .$$
$$\ddot{N} \qquad \ddot{N}$$
$$\diagdown OH \quad HO \diagup$$

Entsteht, wenn man eine warme alkoholische Lösung des Peroxydes mit Zinkstaub vermischt und dann, unter Umschütteln, 2 Mol. Eisessig zutropft. Kleine Prismen. Schmelzp. 125° (Boeris)[5]).

β-Diisonitroso-anethol $C_{10}H_{12}N_2O_3 = (CH_3O)C_6H_4C$————$C \cdot CH_3$. Entsteht, wenn
$$HO\ddot{N} \qquad HO\ddot{N}$$
man das α-Isomere so lange auf 125° erhitzt, bis es erstarrt. Monokline Tafeln oder Prismen. Schmelzp. 206° unter Zersetzung (Boeris)[5]).

Diisonitroso-anethol-anhydrid $C_{10}H_{10}N_2O_2 = (CH_3O)C_6H_4C$————$CCH_3$. Entsteht
$$\ddot{N}-O-\ddot{N}$$
beim Erwärmen des Peroxydes mit Zinn und Salzsäure und beim Kochen des α-Diisonitroso-anetholdiacetats mit Kalilauge oder Alkohol. Aus Alkohol lange Nadeln. Schmelzp. 63° (Boeris)[7]).

Anethol-pikrat $(CH_3O)C_6H_4(C_3H_5) \cdot (OH)C_6H_2(NO_2)_3$. Aus Alkohol carminrote Nadeln. Schmelzp. 60°[6]), ca. 70° unter Zersetzung[4]).

3. Zweiwertige Phenole und deren Äther.

Brenzcatechin 1, 2-Phendiol.

Mol.-Gewicht 110,05.
Zusammensetzung: 65,42% C, 5,49% H.

$$C_6H_6O_2$$

$$\begin{array}{c} H \quad H \\ H\diagup\overline{\quad\quad}\diagdown OH \\ H \quad OH \end{array}$$

Vorkommen: In verschiedenen Salixarten, wo es scheinbar aus Saligenin resp. aus Salicylaldehyd entsteht[7]), in der Holzsubstanz[8]), im Kraut und in der Wurzel von Ephedra monostachya L.[9]), im Puglia-Olivenöl[10]). Die älteren Beobachtungen freien Brenzcatechins

[1]) Wallach u. Müller, Annalen d. Chemie u. Pharmazie **332**, 326 [1904].
[2]) Tönnies, Berichte d. Deutsch. chem. Gesellschaft **13**, 1845 [1880]; **20**, 2982 [1887]. — Boeris, Gazzetta chimica ital. **23**, II, 165 [1893]; Berichte d. Deutsch. chem. Gesellschaft **26**, Ref. 891 [1893]. — Wieland, Annalen d. Chemie u. Pharmazie **329**, 261 [1903].
[3]) Meisenheimer u. Jochelson, Annalen d. Chemie u. Pharmazie **355**, 295 [1907].
[4]) Orndorff u. Morton, Amer. Chem. Journ. **23**, 188 [1900].
[5]) Tönnies, Berichte d. Deutsch. chem. Gesellschaft **13**, 1845 [1880]. — Boeris, Gazzetta chimica ital. **23**, II, 173, 186 [1893].
[6]) Ampola, Gazzetta chimica ital. **24**, I, 432 [1894].
[7]) Weevers, Jahrb. f. wissensch. Botanik **39**, 229 [1903].
[8]) Grafe, Monatshefte f. Chemie **25**, 1009 [1904].
[9]) Wehmer, Die Pflanzenstoffe 1911. S. 34.
[10]) Wehmer, Die Pflanzenstoffe 1911. S. 601.

in den grünen Blättern von Ampelopsis quinquefolia[1]), beim Erhitzen des Saftes von Ptero-
carpus marsopium[2]), in diversen Kinosorten[3]), in den herbstlich gefärbten Blättern überhaupt[4]), sind von Preuße[5]) bestritten und auf die in allen diesen Fällen reichlich vorhandene
Protocatechusäure zurückgeführt worden. Auch die Beobachtung im Rübenrohzucker[6]) und
bei der Destillation von pflanzlichen Resten der Steinkohle[7]), im Schwelwasser der Braunkohle[8]), in den Destillationsprodukten von Torf, Braunkohle und Steinkohle[9]), dürfte auf
die leichte Entstehung aus Protocatechusäure zurückzuführen sein. Die Dunkelfärbung von
Rübensäften dürfte gleichfalls auf vorhandenes Brenzcatechin zurückzuführen sein[10]). Mit
Schwefelsäure gekuppelt findet sich Brenzcatechin im Harn von Menschen und Herbivoren[11]).

Darstellung: Man kocht Guajacol längere Zeit mit Jodwasserstoffsäure D 1,96[12]).
Durch Einwirkung von $AlCl_3$ auf Guajacol[13]). Über die Isolierung des Brenzcatechins aus
den Destillationsprodukten bituminöser Schiefer[14]).

Bildung: Entsteht bei der trockenen Destillation von Moringerbsäure[15]), von Catechin,
dem Safte von Mimosa catechu[16]), des wässerigen Extraktes von Vaccinium myrtillus und
überhaupt der eisengrünenden Gerbstoffe[17]), neben Hydrochinon. Bei der Destillation von
Protocatechusäure[18]). Es entsteht ferner bei der trockenen Destillation des Holzes[19]). Beim
Erhitzen von Filtrierpapier, Stärke oder Rohrzucker mit Wasser auf 200—280°[20]). Beim
Schmelzen von Guajacharz[21]), von Heerabol Myrrha[22]), von Benzoesäure[23]) mit Kalihydrat.
Es entsteht im Tierkörper nach Eingabe von Benzol oder Phenol durch Oxydation[24]), nach
Verfütterung von Protocatechusäure[24]), bei gesteigerter Darmfäulnis, z. B. bei Kaninchen
bei Lyssa[25]), durch Einwirkung von Pankreasferment auf Protocatechusäure und auf Blätter
usw. von Ampelopsis hederacea[24]). Brenzcatechin ist auch beobachtet worden bei zweistün-
digem Erhitzen von Methylbaptigenetin mit 5 proz. Salzsäure auf 200°[26]). Ferner entsteht

---

[1]) Gorup-Besanez, Berichte d. Deutsch. chem. Gesellschaft **4**, 905 [1871]; Annalen d.
Chemie u. Pharmazie **161**, 225 [1872].

[2]) Eichstedt, Annalen d. Chemie u. Pharmazie **92**, 101 [1854].

[3]) Flückiger, Berichte d. Deutsch. chem. Gesellschaft **5**, 1 [1872]. — Wehmer, Die
Pflanzenstoffe 1911. S. 532.

[4]) Kraus, Neues Repertorium f. Pharmazie **23**, 180.

[5]) Preuße, Zeitschr. f. physiol. Chemie **2**, 324 [1878].

[6]) Lippmann, Berichte d. Deutsch. chem. Gesellschaft **20**, 3298 [1887].

[7]) Börnstein, Berichte d. Deutsch. chem. Gesellschaft **35**, 4324 [1902].

[8]) Rosenthal, Zeitschr. f. angew. Chemie **16**, 221 [1903].

[9]) Börnstein, Journ. f. Gasbeleuchtung **49**, 627 [1906]; Chem. Centralbl. **1906**, II, 921.

[10]) Gonnermann, Zeitschr. f. Ver. deutsch. Zuckerindustrie **1907**, 1068; Chem. Centralbl.
1908, I, 421. — Grafe, Österr.-ungar. Zeitschr. f. Zuckerindustrie u. Landwirtschaft **37**, 55 [1908];
Chem. Centralbl. **1908**, II, 1583.

[11]) Müller u. Ebstein, Virchows Archiv **62**, 554 [1875]. — Fleischer, Berl. klin. Wochenschrift **1875**, 39, 40. — Fürbringer, Centralbl. f. d. med. Wissensch. **1875**, 873. — E. Baumann,
Archiv f. d. ges. Physiol. **12**, 63 [1875]; **13**, 16 [1876]; Berichte d. Deutsch. chem. Gesellschaft **9**,
54 [1876]. — Nencki u. Giocosa, Zeitschr. f. physiol. Chemie **4**, 325 [1880].

[12]) Baeyer, Berichte d. Deutsch. chem. Gesellschaft **8**, 153 [1875]. — Perkin, Journ. Chem.
Soc. **57**, 587 [1890].

[13]) Hartmann u. Gattermann, Berichte d. Deutsch. chem. Gesellschaft **25**, 3532 [1892].

[14]) Gewerkschaft Messel, D. R. P. 68 944.

[15]) Wagner, Annalen d. Chemie u. Pharmazie **76**, 351 [1850]; **80**, 316 [1851].

[16]) Zwenger, Annalen d. Chemie u. Pharmazie **37**, 327 [1841]. — Gilson, Chem. Centralbl. **1903**, I, 883.

[17]) Uloth, Annalen d. Chemie u. Pharmazie **111**, 215 [1859].

[18]) Strecker, Annalen d. Chemie u. Pharmazie **118**, 285 [1861].

[19]) Pettenkofer, Jahresber. d. Chemie **1854**, 651. — Buchner, Annalen d. Chemie u.
Pharmazie **96**, 188 [1855].

[20]) Hoppe, Berichte d. Deutsch. chem. Gesellschaft **4**, 15 [1871].

[21]) Hlasiwetz u. Barth, Annalen d. Chemie u. Pharmazie **130**, 352 [1864].

[22]) Hlasiwetz u. Barth, Jahresber. d. Chemie **1866**, 630.

[23]) Hlasiwetz u. Barth, Annalen d. Chemie u. Pharmazie **134**, 282 [1865].

[24]) Preuße, Zeitschr. f. physiol. Chemie **2**, 329 [1878]. — Baumann u. Preuße, Zeitschr.
f. physiol. Chemie **3**, 156—160 [1878].

[25]) Moscatelli, Virchows Archiv **128**, 181 [1892].

[26]) Gorter, Archiv d. Pharmazie **245**, 572 [1907].

es beim Schmelzen von o-Jodphenol[1]), von o-Phenolsulfonsäure[2]), von o- und m-Bromphenol neben viel Resorcin[3]), mit Kalihydrat. Beim Schmelzen von Phenol mit Natriumhydrat entsteht es neben Resorcin und Phloroglucin[4]). Bei der Oxydation von Phenol durch Wasserstoffsuperoxyd entsteht es neben Hydrochinon und Chinon[5]). Es entsteht bei der Oxydation des o-Oxybenzaldehyds mittels H_2O_2 in alkalischer Lösung[6]).

Reaktionen: Eine wässerige Brenzcatechinlösung gibt mit Eisenchlorid eine smaragdgrüne Färbung, die auf Zusatz von Sodalösung schön violettrot wird[7]). Am besten verwendet man eine 4 proz. Eisenchloridlösung und macht mit Natriumbicarbonat alkalisch[8]). Durch Natriumacetat wird die Färbung gleichfalls violett[9]). Verstärkung der Reaktion tritt ein nach vorhergegangener Einwirkung aromatischer Aminosulfosäuren auf das Brenzcatechin[10]). Mit $Na_2O_2 + 8H_2O$ entsteht in alkoholischer Lösung zunächst eine hell-fleischfarbige Tönung, die über grün in braun geht. Auf Zusatz von Wasser wird die Lösung rotbraun[11]). Brenzcatechin wird im Gegensatz zu Resorcin und Hydrochinon durch $CaCl_2$ + NH_3 gefällt[12]). Brenzcatechin gibt mit Formaldehyd in saurer Lösung weißlichgelbe Flocken, die beim Kochen mit konz. Salzsäure violettbraun werden[13]). Gibt man zu einer Brenzcatechinlösung einen Tropfen NH_3 und darauf NaOBr-Lösung, so entsteht eine dunkelbraune Färbung (Hydrochinon braunrot, Resorcin grün)[14]). Mit Titanchlorür entsteht Gelbfärbung[15]). Festes Brenzcatechin mit festem Chinon zusammengebracht, färbt sich violettstichig hellbraun[16]).

Bestimmung: Zur Bestimmung fällt man die wässerige Lösung mittels einer konz. Bleizuckerlösung, wäscht den Niederschlag 5—6 mal mit Wasser, trocknet ihn bei 100° und wägt[17]).

Physiologische Eigenschaften: Brenzcatechin wird im Organismus nur in ganz kleinen Mengen durch Oxydation verändert. Schon nach Eingabe von 0,004 g ließ sich im Harn eines Kaninchens Brenzcatechin nachweisen[18]). Das eingeführte Brenzcatechin wird als Brenzcatechinschwefelsäure durch den Harn ausgeschieden[19]). Es ist giftiger als Hydrochinon und Resorcin. Ein Frosch starb nach 20 Stunden in einer Lösung von 0,005 g in 100 ccm H_2O, während beim Hydrochin 0,01 g erforderlich war. 0,3—0,5 g genügen, ein Kaninchen zu töten. Die antifermentative Wirkung zeigen folgende Zahlen. Die 1 proz. wässerige Lösung verhindert die Eiweißfäulnis und Alkoholgärung vollständig, eine $1/2$ proz. Lösung hält die Buttersäuregärung hintan[20]). Als untere Grenze der Mengen, die Vergiftungserscheinungen hervorbringen, werden angegeben 0,15 g für Meerschweinchen, Kaninchen 0,01 g, Hunde 0,3 g, Katzen 0,1 g[21]). Das Brenzcatechin wirkt, wie unmittelbar auf die Einspritzung folgende Krämpfe mit nachfolgender zentraler Lähmung zeigen, auf das Rückenmark[22]). Als letale Dosis für kleinere Tiere wird angegeben bei intraperitonealer Einverleibung 0,15 g

---

[1]) Lautemann, Annalen d. Chemie u. Pharmazie **120**, 315 [1861]. — Körner, Zeitschr. f. Chemie **1868**, 322.

[2]) Kékulé, Zeitschr. f. Chemie **1867**, 643.

[3]) Fittig u. Mayer, Berichte d. Deutsch. chem. Gesellschaft **8**, 364 [1875].

[4]) Barth u. Schreder, Berichte d. Deutsch. chem. Gesellschaft **12**, 419 [1879].

[5]) Martinon, Bulletin de la Soc. chim. **43**, 157 [1885].

[6]) Dakin, Amer. Chem. Journ. **42**, 486 [1909].

[7]) Hlasiwetz u. Barth, Annalen d. Chemie u. Pharmazie **130**, 353 [1864].

[8]) Ebstein u. Müller, Zeitschr. f. analyt. Chemie **15**, 465 [1876].

[9]) Wislicenus, Annalen d. Chemie u. Pharmazie **291**, 174 [1896]. — Traube, Berichte d. Deutsch. chem. Gesellschaft **31**, 1569 [1898].

[10]) G. Bayer, Biochem. Zeitschr. **20**, 187 [1909].

[11]) Alvarez, Chem. Centralbl. **1905**, I, 1145.

[12]) Böttinger, Berichte d. Deutsch. chem. Gesellschaft **28**, Ref. 327 [1895].

[13]) Silbermann u. Ozorovitz, Chem. Centralbl. **1908**, II, 1022.

[14]) Dehn u. Scott, Journ. Amer. Chem. Soc. **30**, 1419 [1908].

[15]) Piccard, Berichte d. Deutsch. chem. Gesellschaft **42**, 4345 [1909].

[16]) v. Liebig, Journ. f. prakt. Chemie [2] **72**, 108 Anm. [1905].

[17]) Degener, Journ. f. prakt. Chemie [2] **20**, 320 [1879].

[18]) de Jonge, Zeitschr. f. physiol. Chemie **3**, 177 [1879].

[19]) Baumann u. Herter, Zeitschr. f. physiol. Chemie **1**, 249 [1877/78]. — Baumann, Zeitschr. f. physiol. Chemie **6**, 188 [1882].

[20]) Brieger, Archiv f. Anat. u. Physiol. **1879**, Suppl. 64—65. — Masing, Diss. Dorpat 1882.

[21]) Colosanti u. Moscatelli, Jahresber. über d. Fortschritte d. Tierchemie **18**, 28 [1888].

[22]) Colosanti u. Moscatelli, Jahresber. über d. Fortschritte d. Tierchemie **19**, 83 [1889].

in 10 proz. wässeriger Lösung[1]). Pflanzenphysiologisch ist als Grenzwert für die Wachstumshemmung von Lupinenwurzeln $1/_{800}$ Mol. pro Liter ermittelt worden[2]). Als letale Dosis für Hunde bei Einspritzung in die Jugularis wird angegeben 0,04—0,05 g pro Kilogramm[3]). In äquivalenter Lösung von natürlichem oder künstlichem Meerwasser begünstigt es die Parthenogenese von Seeigeleiern[4]). Läßt man Brenzcatechin mit Maispflanzenbrei in wässeriger Lösung ca. 2 Monate stehen, so läßt sich aus dem Reaktionsgemisch ein Brenzcatechinglucosid isolieren[5]).

Physikalische und chemische Eigenschaften: Aus Benzol breite Blätter. Aus Wasser prismatische Nadeln. Aus Ligroin und Äther monokline (scheinbar hexagonale) Prismen oder Tafeln[6]). Schmelzp. 104°[7]), 105°, Siedep. 240—245°[8]), D = 1,344[9]), Siedep. 245°[10]), molekulare Verbrennungswärme bei konstantem Volumen 684,9 Cal.[11]). Lösungswärme in Wasser und Neutralisationswärme[12]). Wärmewirkung beim Behandeln mit Bromwasser[13]), kryoskopisches Verhalten[14]), spez. Gewicht der wässerigen Lösung[15]), magnetisches Drehungsvermögen 12,63 bei 15°[16]), Geschwindigkeit der Sauerstoffabsorption[17]). Das ebullioskopische Verhalten bei Konzentrationen bis zu 10% ist normal, also das Brenzcatechin nicht polymerisiert[18]). Neutralisierungskurve[19]). Das zweite Hydroxyl besitzt keinen nachweisbaren Säurecharakter, im Gegensatz zu Hydrochinon und Resorcin[20]). Die Dissoziationskonstante bei 18°, $K \cdot 10^{10} = 3,3$[21]). Die verdünnt alkoholische Lösung des Brenzcatechins zeigt bei der Temperatur der flüssigen Luft dunkelviolette Phosphorescenz[22]). Das ultraviolette Absorptionsspektrum zeigt sehr deutliche Linien in $\lambda = 2900$ bis 2500[23]). Fluorescenzspektrum[24]).

Leicht löslich in Wasser, Alkohol, Äther[25]). Löslich in kaltem Benzol (Trennung von Hydrochinon). Nicht mit Wasserdampf flüchtig. Reduziert leicht die Lösungen edler Metalle und scheidet aus Fehlingscher Lösung, beim Erwärmen, Kupferoxydul ab. Alkalische Brenzcatechinlösungen bräunen sich rasch an der Luft. Mit Bleizucker entsteht ein weißer Niederschlag (Unterschied von Hydrochinon, das durch Bleizucker nicht gefällt wird). Durch Einwirkung von Pikrylchlorid auf Brenzcatechin entsteht Dinitro-o-phenylendioxyd[26]). Brenzcatechin liefert mit Benzoylchlorid in Pyridinlösung ein Gemisch von Brenzcatechinmonobenzoat und -dibenzoat[27]). Bei der Oxydation mit Silberoxyd entsteht o-Benzochinon, hellrote durchsichtige Tafeln, die sich bei 60—70° zu zersetzen beginnen[28]). Durch Reduktion

[1]) Chassevant u. Garnier, Compt. rend. de la Soc. de Biol. **55**, 1584 [1903]; Jahresber. über d. Fortschritte d. Tierchemie **1903**, 162.

[2]) True u. Hunkel, Botan. Centralbl. **76**, 289 [1898].

[3]) Gibbs u. Hare, Archiv f. Anat. u. Physiol. **1890**, 356.

[4]) Delage u. Beauchamp, Compt. rend. de l'Acad. des Sc. **145**, 735 [1908].

[5]) Ciamician u. Ravenna, Chem. Centralbl. **1910**, I, 936.

[6]) Beckenkamp, Zeitschr. f. Krystallographie **33**, 599 [1900]. — Negri, Gazzetta chimica ital. **26**, I, 75 [1896].

[7]) Fittig u. Mayer, Berichte d. Deutsch. chem. Gesellschaft **8**, 365 [1875]. — Jona, Gazzetta chimica ital. **39**, II, 304 [1909].

[8]) Kempf, Journ. f. prakt. Chemie [2] **78**, 256 [1908].

[9]) Gräbe, Annalen d. Chemie u. Pharmazie **254**, 296 Anm. [1889].

[10]) Schröder, Berichte d. Deutsch. chem. Gesellschaft **12**, 563 [1879].

[11]) Stohmann u. Langbein, Journ. f. prakt. Chemie [2] **45**, 305 [1892].

[12]) Werner, Journ. d. russ. physikal.-chem. Gesellschaft **18**, 28 [1886]. — Forcrand, Annales de Chim. et de Phys. [6] **30**, 69 [1893].

[13]) Berthelot u. Werner, Bulletin de la Soc. chim. **43**, 544 [1885].

[14]) Auwers, Zeitschr. f. physikal. Chemie **32**, 50 [1900].

[15]) Traube, Berichte d. Deutsch. chem. Gesellschaft **31**, 1569 [1898].

[16]) Perkin, Journ. Chem. Soc. **69**, 1185 [1896].

[17]) Lepetit, Bulletin de la Soc. chim. [3] **23**, 627 [1900].

[18]) Mameli, Gazzetta chimica ital. **33**, I, 473 [1903].

[19]) Koritschoner, Zeitschr. f. angew. Chemie **20**, 644 [1907].

[20]) Thiel u. Römer, Zeitschr. f. physikal. Chemie **63**, 732 [1908].

[21]) Euler u. Bolin, Zeitschr. f. physikal. Chemie **66**, 75 [1909].

[22]) Dzierzbicki u. Kowalski, Chem. Centralbl. **1909**, II, 959.

[23]) Magini, Chem. Centralbl. **1903**, II, 718; **1904**, II, 935; Journ. de Chim. Phys. **2**, 403 [1904].

[24]) Stark u. Meyer, Physikal. Zeitschr. **8**, 250 [1907].

[25]) Eißfeldt, Annalen d. Chemie u. Pharmazie **92**, 103 [1854].

[26]) Hillyer, Amer. Chem. Journ. **23**, 125 [1900].

[27]) Einhorn u. Hollandt, Annalen d. Chemie u. Pharmazie **301**, 104 [1898].

[28]) Willstätter u. Pfannenstiel, Berichte d. Deutsch. chem. Gesellschaft **37**, 4744 [1905].

nach Sabatier bei 130° entsteht Cyclohexandiol-1, 2. Rhombische Krystalle, Schmelzp. 75—76°, Siedep. 225°[1]). Leitet man Brenzcatechin mit überschüssigem Wasserstoff über auf 200—300° erhitztes Nickel, so erhält man zunächst Phenol, später Benzol[2]).

Salze des Brenzcatechins: $(NaO)C_6H_5(OH)$ und $(NaO)_2C_6H_5$ werden erhalten durch Auflösen von 1 oder 2 Atom Natrium in einer Lösung von Brenzcatechin in abs. Alkohol[3]); $C_6H_4(OH)(ONa) \cdot C_6H_4(OH)_2$ glänzende, weiße Blätter[4]). — $Ca[OC_6H_5(OH)]_2$. Nadeln[5]). — $SbOH{<}^O_O{>}C_6H_4$. Prismen, unlöslich in Wasser[6]). — $SbJ{<}^O_O{>}C_6H_4$. Tafelförmige Krystalle[6]).

— $OHBi{<}^O_O{>}C_6H_4$. Gelbes Pulver[7]).

Brenzcatechin-aceton $C_6H_4(OH)_2 \cdot CH_3COCH_3$[8]).

Brenzcatechin-hexamethylentetramin $C_6H_{12}N_4 \cdot 2C_6H_4(OH)_2$. Nadeln. Verkohlt gegen 140°, ohne zu schmelzen[9]). Lange Nadeln. Zersetzungsp. 160°[10]).

Brenzcatechin-pikrat $C_6H_4(OH)_2 \cdot (OH)C_6H_2(NO_2)_3$. Orangegelbe Nadeln, Schmelzp. 122°. Resorcein und Hydrochinon liefern keine Pikrate[11]).

Brenzcatechin-alloxan $C_6H_4(OH)_2 \cdot C_4O_4N_2H_2$. Derbe Prismen aus Wasser. Zersetzt sich beim Erhitzen über 200°[12]).

Brenzcatechin-anilin $C_6H_4(OH)_2 \cdot C_6H_5(NH_2)$, Schmelzp. 39°[13]).

Brenzcatechin-p-nitroso-dimethyl-anilin $[ON \cdot C_6H_4 \cdot N(CH_3)_2]_2 \cdot C_6H_4(OH)_2$. Aus Benzol olivengrüne Krystalle, Schmelzp. 125° unter Zersetzung[14]).

Brenzcatechin-phenylhydrazin $C_6H_4(OH)_2 \cdot 2(H_2NNC_6H_5)$. Aus Benzol weiße Nadeln. Schmelzp. 63°[15]).

Brenzcatechin-monomethyläther siehe Guajacol, S. 611.
Veratrol, Brenzcatechin-dimethyläther $C_8H_{10}O_2$

$$\begin{array}{c} H \quad H \\ H{<}\!\!\overline{}\!\!{>}OCH_3 \\ H \quad OCH_3 \end{array}$$

Vorkommen: In den Samen von Sabadilla officinalis[16]).

Bildung und Eigenschaften: Entsteht beim Glühen von Veratrumsäure mit Baryt[17]). Aus Guajacolkalium und Methyljodid[18]). Siedep. 205—206°[16]), $D_{15} = 1{,}086$[15]), Siedep. i.D. $= 207{,}1°$, $D_4^4 = 1{,}1004$, $D_{15}^{15} = 1{,}0914$, $D_{25}^{25} = 1{,}0842$. Magnetisches Drehungsvermögen 16,83 bei 15,1°[19]). Schmelzp. 22°[20]). Molekulares Brechungsvermögen[21]). Kryoskopisches Verhalten[22]).

[1]) Sabatier u. Mailhe, Compt. rend. de l'Acad. des Sc. **146**, 1195 [1908].
[2]) Sabatier u. Senderens, Chem. Centralbl. **1905**, I, 1005.
[3]) Forcrand, Annales de Chim. et de Phys. [6] **30**, 66 [1893].
[4]) Höchster Farbwerke, D. R. P. 164 666; Chem. Centralbl. **1905**, II, 1702.
[5]) Böttinger, Berichte d. Deutsch. chem. Gesellschaft **28**, Ref. 327 [1895].
[6]) Causse, Bulletin de la Soc. chim. [3] **7**, 245 [1892]; Compt. rend. de l'Acad. des Sc. **125**, 955 [1897]; Annales de Chim. et de Phys. [7] **14**, 538 [1898].
[7]) Richard, Chem. Centralbl. **1900**, II, 629.
[8]) Schmidlin u. Lang, Berichte d. Deutsch. chem. Gesellschaft **43**, 2816 [1910].
[9]) Moschatos u. Tollens, Annalen d. Chemie u. Pharmazie **272**, 281 [1893].
[10]) Grischkewitsch-Trochimowski, Chem. Centralbl. **1910**, I, 735.
[11]) v. Gödicke, Berichte d. Deutsch. chem. Gesellschaft **26**, 3044 [1893].
[12]) Böhringer & Söhne, D. R. P. 107 720; Chem. Centralbl. **1900**, I, 1113.
[13]) Kremann u. Rodinis, Monatshefte f. Chemie **27**, 165 [1906].
[14]) Torrey u. Gibson, Amer. Chem. Journ. **35**, 246 [1906].
[15]) Ciusa u. Bernardi, Chem. Centralbl. **1909**, II, 696; **1910**, II, 1896.
[16]) Vermersch, Repertorium d. Pharmazie **1895**, 387. — Just, Botan. Jahresber. **1895**, II, 379.
[17]) Merck, Annalen d. Chemie u. Pharmazie **108**, 60 [1858]. — Koelle, Annalen d. Chemie u. Pharmazie **159**, 243 [1871].
[18]) Marasse, Annalen d. Chemie u. Pharmazie **152**, 74 [1869].
[19]) Perkin, Journ. Chem. Soc. **69**, 1240 [1896].
[20]) Einhorn, D. R. P. 224 160; Chem. Centralbl. **1910**, II, 519.
[21]) Eykman, Recueil d. travaux chim. d. Pays-Bas **12**, 277 [1893].
[22]) Ampola u. Rimatori, Gazzetta chimica ital. **27**, I, 55 [1897].

Brenzcatechin-methylenäther $C_7H_6O_2 = C_6H_4\langle{}^O_O\rangle CH_2$. Entsteht aus Brenzcatechin-natrium und Methylenjodid. Flüssig. Siedep. 172—173°. $D° = 1{,}202$ [1]). Siedep. 170—175° [2]).

Brenzcatechin-äthyläther, Guäthol $C_8H_{10}O_2 = (OH)C_6H_4(OC_2H_5)$. Siedep. 240—241° [3]). Aus o-Phenetidin. Schmelzp. 28—29°, Siedep. 217° [4]), Schmelzp. 27—28°, Siedep. 214 bis 216° [5]).

Brenzcatechin-diäthyläther $C_{10}H_{14}O_2 = (C_2H_5O)C_6H_4(OC_2H_5)$. Krystalle. Schmelzp. 43—45° [6]).

Brenzcatechin-monopropyläther $C_9H_{12}O_2 = (HO)C_6H_4(OC_3H_7)$. Siedep. 223—226° [5]).

Brenzcatechin-monobutyläther $C_{10}H_{14}O_2 = (HO)C_6H_4(OC_4H_9)$. Siedep. 231—234° [5]).

Brenzcatechin-monoisoamyläther $C_{11}H_{16}O_2 = (HO)C_6H_4(OC_5H_{11})$. Siedep. 245—248° [5]).

Brenzcatechin-diphenyläther $C_{18}H_{14}O_2 = C_6H_4(OC_6H_5)_2$. Aus Alkohol Prismen. Schmelzp. 93° [7]).

Brenzcatechin-chlorphosphin $C_6H_4\langle{}^O_O\rangle PCl$. Entsteht aus Brenzcatechin und PCl_3 bei 12stündigem Kochen. Krystallinisch. Schmelzp. 30°, Siedep.$_{65} = 140°$. Wird von Wasser lebhaft zersetzt [8]).

Brenzcatechin-phosphin $C_{18}H_{12}P_2O_6 = \left(C_6H_4\langle{}^O_O\rangle\right)_3 P_2$. Entsteht neben dem Chlorphosphin. Siedep.$_1 = 202$—203° [9]), $D_{15} = 1{,}353$ [8]).

Brenzcatechin-phosphinoxyd $C_{18}H_{12}P_2O_8 = \left(C_6H_4\langle{}^O_O\rangle\right)_3 P_2O_2$. Entsteht aus Brenzcatechin beim Kochen mit $POCl_3$. Siedep. im Vakuum über 360° [10]).

Brenzcatechin-diglycidäther $C_{12}H_{14}O_4 = C_6H_4[OCH_2CHCH_2]_2$. Entsteht aus Brenzcatechin und Epichlorhydrin in alkalischer Lösung. Aus Äther fettglänzende Krystalle. Schmelzp. 83—84° [10]).

Brenzcatechin-glycerinäther $C_9H_{10}O_3 = C_6H_4\langle{}^{OCH_2}_{OCHCH_2OH}$. Weiße Nadeln. Schmelzp. 89—90°, Siedep. 283—286° [11]).

Brenzcatechin-diacetat $C_{10}H_{10}O_4 = C_6H_4(C_2H_3O_2)_2$. Nadeln [12]). Schmelzp. 60° [13]).

Brenzcatechin-dichloracetat $C_6H_4(OOCCH_2Cl)_2$. Farblose, lange Prismen. Schmelzp. 57,5—58° [14]).

Brenzcatechin-carbonat $C_7H_4O_3 = (OCO_2)C_6H_4$. Entsteht aus Brenzcatechin, festem Kali- und Chlorameisensäureester. Lange Nadeln aus abs. Alkohol. Schmelzp. 118° [15]), Siedep. 225 bis 230° [16]). Aus Brenzcatechin, Ätznatron und Chlorkohlenoxyd. Schmelzp. 120° [17]), 118° [18]).

Brenzcatechin-phenylurethan $C_{20}H_{16}N_2O_4 = [NH(C_6H_5)CO_2]_2C_6H_4$. Aus verdünntem Alkohol Nadeln. Schmelzp. 165° [19]).

---

[1]) Moureu, Bulletin de la Soc. chim. [3] **15**, 655 [1900].

[2]) Perkin jun., Robinson u. Thomas, Journ. Chem. Soc. **95**, 1979 [1909].

[3]) Heinisch, Monatshefte f. Chemie **15**, 237 [1894].

[4]) Kalle & Co., D. R. P. 97 012; Chem. Centralbl. **1898**, II, 521.

[5]) Merck, D. R. P. 92 651.

[6]) Herzig und Zeisel, Monatshefte für Chemie **10**, 152 [1889]. — Wisinger, Monatshefte f. Chemie **21**, 1008 [1900].

[7]) Ullmann u. Sponagel, Annalen d. Chemie u. Pharmazie **350**, 96 [1906].

[8]) Knauer, Berichte d. Deutsch. chem. Gesellschaft **27**, 2569 [1884].

[9]) Anschütz u. Posth, Berichte d. Deutsch. chem. Gesellschaft **27**, 2752 [1884].

[10]) Lindemann, Berichte d. Deutsch. chem. Gesellschaft **24**, 2149 [1881].

[11]) Moureu, Compt. rend. de l'Acad. des Sc. **126**, 1427 [1898].

[12]) Nachbaur, Annalen d. Chemie u. Pharmazie **107**, 246 [1858].

[13]) Voßwinckel, Berichte d. Deutsch. chem. Gesellschaft **42**, 4652 Anm. [1909].

[14]) Abderhalden u. Kautzsch, Zeitschr. f. physiol. Chemie **65**, 77 [1910].

[15]) Bender, Berichte d. Deutsch. chem. Gesellschaft **13**, 697 [1880].

[16]) Wallach, Annalen d. Chemie u. Pharmazie **226**, 84 [1884].

[17]) Einhorn, Annalen d. Chemie u. Pharmazie **300**, 142 [1898].

[18]) Bischoff u. von Hedenström, Berichte d. Deutsch. chem. Gesellschaft **35**, 3435 [1902].

[19]) Snape, Berichte d. Deutsch. chem. Gesellschaft **18**, 2429 [1885].

Brenzcatechin-glykolsäure $C_8H_8O_4 = (HO)C_6H_4(OCH_2COOH)$. Entsteht aus Chloressigsäure und dem Mononatriumsalz des Brenzcatechins[1]), aus Brenzcatechindiglykolsäure [2]). Aus Wasser rhombische Blättchen. Schmelzp. 131°. Aus Wasser Prismen. Schmelzp. 152°[3]), 133°[4]). Das Natriumsalz ist das Guajacetin des Handels[4]).

Brenzcatechin-diglykolsäure $C_{10}H_{10}O_6 = C_6H_4(OCH_2COOH)_2$. Aus Brenzcatechin und Chloressigsäure. Aus Wasser Krystalle. Schmelzp. 178°[5]), 172—174°[6]), 177—178°[4]).

Brenzcatechin-oxalat $[C_6H_4O_2(CO)_2]_x$. Nadeln. Schmelzp. 185°[7]).

Brenzcatechin-succinat $[C_6H_4(OOCCH_2)_2]_x$. Schmelzp. 184—190°[8]).

Hippuryl-brenzcatechin $C_{15}H_{13}O_4N = [(C_6H_5CONH)CH_2COO]C_6H_4(OH)$. Aus heißem Wasser farblose Blättchen. Schmelzp. 134—136° (korr.)[9]).

4-Chlor-brenzcatechin $C_6H_5O_2Cl$

$$\begin{array}{ccc} & H\ \ H & \\ Cl & \diagdown\diagup & OH \\ & H\ \ OH & \end{array}$$

Entsteht aus je 1 Mol. Brenzcatechin und SO_2Cl_2. Aus Benzol + Petroläther Blättchen. Schmelzp. 81°[10]).

3, 5-Dichlor-brenzcatechin $C_6H_4O_2Cl_2 = (OH)_2C_6H_2Cl_2$. Entsteht aus 3, 5-Dichlor-2-oxybenzaldehyd bei der Oxydation mittels H_2O_2 in alkalischer Lösung. Lange, farblose Prismen. Schmelzp. 83—84°[11]).

4, 5-Dichlor-brenzcatechin $C_6H_4O_2Cl_2 = (OH)_2C_6H_2Cl_2$. Entsteht aus 1 Mol. Brenzcatechin und 2 Mol. SO_2Cl_2. Aus Benzol + Petroläther Nadeln. Schmelzp. 105 bis 106°[10]).

Trichlor-brenzcatechin $C_6H_3O_2Cl_3 = C_6HCl_3(OH)_2$. Hydrat $+ 1\ H_2O$. Entsteht aus einer Lösung von Chlor in Essigsäure und Brenzcatechin ebenfalls in Essigsäure. Aus Essigsäure Prismen. Schmelzp. 104—105°. Hydrat $+ \frac{1}{2}\ H_2O$. Entsteht aus obigem im Vakuum über Schwefelsäure. Aus Benzol Prismen. Schmelzp. 134—135°[12]). Wasserhaltig. Schmelzpunkt 115°. Wasserfrei. Schmelzp. 134—135°[13]).

Tetrachlor-brenzcatechin $C_6H_2O_2Cl_4 = C_6Cl_4(OH)_2$. Entsteht beim Einleiten von Chlor in eine heiße eisessigsaure Lösung von Brenzcatechin oder durch Reduktion des Hexachlordiketotetrahydrobenzols. Aus verdünntem Alkohol feine Nadeln. Schmelzp. 194—195°[14]), 178°[15]).

Hexachlor-diketo-tetrahydrobenzol $C_6Cl_6O_2$

$$\begin{array}{ccc} CCl & — CCl_2 — & CO \\ \|\ \ & & \| \\ CCl & — CCl_2 — & CO \end{array}$$

Entsteht bei langwährendem Einleiten von Chlor in eine Lösung von Brenzcatechin in 20 T. Eisessig. Aus heißem Benzin erhält man ein Monohydrat. Schmelzp. 93—94° unter Zersetzung[14]).

4-Brom-brenzcatechin $C_6H_5O_2Br = (OH)_2C_6H_3Br$. Entsteht durch Oxydation des 5-Brom-2-oxybenzaldehyds. Aus Petroläther dicke Prismen. Schmelzp. 86—87°[11]).

[1]) Moureu, Compt. rend. de l'Acad. des Sc. **127**, 276 [1898]. — Lederer, D. R. P. 108 241; Chem. Centralbl. **1900**, I, 1116.

[2]) Majert, D. R. P. 87 669.

[3]) Carter u. Lawrence, Proc. Chem. Soc. **16**, 153 [1900].

[4]) Bischoff u. Fröhlich, Berichte d. Deutsch. chem. Gesellschaft **40**, 2780 [1907].

[5]) Carter u. Lawrence, Journ. Chem. Soc. **77**, 1223 [1900].

[6]) Moureu, Bulletin de la Soc. chim. [3] **21**, 108 [1899].

[7]) Bischoff u. Hedenström, Berichte d. Deutsch. chem. Gesellschaft **35**, 3452 [1902].

[8]) Bischoff u. Hedenström, Berichte d. Deutsch. chem. Gesellschaft **35**, 4075 [1902].

[9]) E. Fischer, Berichte d. Deutsch. chem. Gesellschaft **38**, 2927 [1905].

[10]) Peratoner, Gazzetta chimica ital. **28**, I, 222 [1898].

[11]) Dakin, Amer. Chem. Journ. **42**, 489 [1909].

[12]) Cousin, Bulletin de la Soc. chim. [3] **13**, 719 [1895]; Annales de Chim. et de Phys. [7] **13**, 483 [1898].

[13]) Jackson u. Boswell, Amer. Chem. Journ. **35**, 526 [1906].

[14]) Zincke u. Küster, Berichte d. Deutsch. chem. Gesellschaft **21**, 2729 [1888].

[15]) Menke u. Bentley, Amer. Chem. Journ. **20**, 317 [1898].

3, 4- oder 4, 5-Dibrom-brenzcatechin $C_6H_4O_2B_2 = (OH)_2C_6H_2Br_2$. Entsteht beim Eintröpfeln einer 10proz. Lösung von Brom in Eisessig in eine abgekühlte Lösung von Brenzcatechin in Eisessig und Chloroform. Prismen. Schmelzp. 92—93° [1]), 120° [2]).

3, 5-Dibrom-brenzcatechin $C_6H_4O_2Br_2 = (OH)_2C_6H_2Br_2$. Entsteht aus 4, 6-Dibrom-2-aminophenol durch Diazotieren und Kochen mit Kupferpulver. Krystalle. Schmelzp. 58—60° [1]).

Tribrom-brenzcatechin $(OH)_2C_6HBr_3 + 1H_2O$. Entsteht aus Brenzcatechin und der $4^1/_3$fachen Brommenge. Beides in Chloroform. Aus Alkohol und Wasser krystallisiert es mit 1 Mol. H_2O. Schmelzp. etwa 139°. Es dient als Antisepticum [2]).

Tetrabrom-brenzcatechin $C_6H_2O_2Br_4 = (OH)_2C_6Br_4$. Entsteht beim Bromieren von Brenzcatechin in Chloroformlösung [3]). Lange Nadeln. Schmelzp. 192—193° [3]), 187° [4]), 189° [5]),

3-Nitro-brenzcatechin $C_6H_5NO_4 = (OH)_2C_6H_3(NO_2)$. Entsteht beim Nitrieren von Brenzcatechin in Äther mittels rauchender Salpetersäure. Aus verdünntem Alkohol lange, gelbe Nadeln. Schmelzp. 86° [6]). Mit Wasserdämpfen flüchtig.

4-Nitro-brenzcatechin $C_6H_5NO_4 = (OH)_2C_6H_3(NO_2)$. Entsteht wie das 3-Nitroprodukt [4]), aus Brenzcatechin, KNO_2 und verdünnter Schwefelsäure [7]), aus p-Nitrophenol und Kaliumpersulfat in alkalischer Lösung [8]). Aus Benzol lange, gelbliche Nadeln. Schmelzp. 168°, 174° [5]) [6]). Mit Wasserdämpfen nicht flüchtig.

3, 5-Dinitro-brenzcatechin $C_6H_4N_2O_6 = (OH)_2C_6H_2(NO_2)_2$. Entsteht bei der Nitrierung von Brenzcatechindiacetat mittels rauchender Salpetersäure. Aus Alkohol gelbe Nadeln. Schmelzp. 164° [9]).

4-Amino-brenzcatechin $C_6H_7NO_2 = (OH)_2C_6H_3(NH_2)$. Entsteht aus dem 4-Nitroprodukt durch Reduktion mit Zinn und Salzsäure. Die freie Base färbt sich an der Luft dunkelviolett [10]).

3, 5-Diamino-brenzcatechin $C_6H_8N_2O_2 = (OH)_2C_6H_2(NH_2)_2$. Entsteht durch Reduktion des 3, 5-Dinitroderivates mit Zinn und Salzsäure. Geht leicht in das Diiminobrenzcatechin über [11]).

Brenzcatechin-azobenzol $C_{12}H_{10}N_2O_2 = (C_6H_5N : N)C_6H_3(OH)_2$. Entsteht beim Stehen einer alkoholischen Lösung von Brenzcatechin mit Diazobenzolchloridlösung. Aus Alkohol tief granatrote Nadeln oder Prismen. Schmelzp. 165° unter Zersetzung [12]).

Brenzcatechin-4-sulfonsäure $C_6H_6SO_5 = (OH)_2C_6H_3(SO_3H)$. Entsteht beim Schmelzen von 2, 4-Phenoldisulfonsäure mit Ätzkali [13]); bei längerem Stehen von Brenzcatechin mit konz. Schwefelsäure [14]). Krystallinisch, sehr zerfließlich [13]).

Brenzcatechin-schwefelsäuren $(OH)C_6H_4(SO_4H)$ und $C_6H_4(SO_4H)_2$. Die Kaliumsalze entstehen beim Versetzen einer Lösung von Brenzcatechinkalium mit gepulvertem Kaliumpyrosulfat. Zur Trennung benutzt man den Unterschied, daß nur das Monosulfat in abs. Alkohol löslich ist [15]).

Brenzcatechin-disulfonsäure $C_6H_6S_2O_8 = (OH)_2C_6H_2(SO_3H)_2$. Entsteht bei $^1/_2$stündigem Erhitzen von 1 T. Brenzcatechin mit 5 T. rauchender Schwefelsäure von 30% Anhydrid [14]). Durch weitere Sulfurierung der 4-Monosulfonsäure [14]).

[1]) Cousin, Bulletin de la Soc. chim. [3] **13**, 720 [1895]; Annales de Chim. et de Phys. [7] **13**, 487 [1898].

[2]) v. Heyden, D. R. P. 207544, Chem. Centralbl. **1909**, I, 1283; D. R. P. 215337, Chem. Centralbl. **1909**, II, 1710.

[3]) Zinke, Berichte d. Deutsch. chem. Gesellschaft **20**, 1777 [1887].

[4]) Stenhouse, Annalen d. Chemie u. Pharmazie **177**, 187 [1875].

[5]) Dakin, Amer. Chem. Journ. **42**, 490 [1909].

[6]) Weselsky u. Benedikt, Monatshefte f. Chemie **3**, 386 [1882].

[7]) Benedikt, Berichte d. Deutsch. chem. Gesellschaft **11**, 362 [1878].

[8]) Chem. Fabrik Schering, D. R. P. 81298.

[9]) Nietzki u. Moll, Berichte d. Deutsch. chem. Gesellschaft **26**, 2183 [1893].

[10]) Benedikt, Monatshefte f. Chemie **11**, 363 [1890]. — Moureu, Bulletin de la Soc. chim. [3] **15**, 647 [1896].

[11]) Nietzki u. Moll, Berichte d. Deutsch. chem. Gesellschaft **26**, 2184 [1893].

[12]) Witt u. Mayer, Berichte d. Deutsch. chem. Gesellschaft **26**, 1073 [1893].

[13]) Barth u. Schmidt, Berichte d. Deutsch. chem. Gesellschaft **12**, 1260 [1879]. — Gilliard, Mounet u. Cartier, D. R. P. 97099; Chem. Centralbl. **1898**, II, 521. — Gentsch, Berichte d. Deutsch. chem. Gesellschaft **43**, 2018 [1910].

[14]) Cousin, Bulletin de la Soc. chim. [3] **11**, 103 [1894]; Annales de Chim. et de Phys. [7] **13**, 511 [1898].

[15]) Baumann, Berichte d. Deutsch. chem. Gesellschaft **11**, 1913 [1878].

Allyl-brenzcatechin, Allyl-1-phendiol-(3,4).

Mol.-Gewicht 150,07.
Zusammensetzung: 71,66% C, 6,69% H.

$$C_9H_{10}O_2$$

$$HO-\underset{HO\ \ H}{\overset{H\ \ H}{\bigcirc}}-CH_2CH:CH_2$$

Vorkommen: Im Betelblätteröl aus Java[1]).

Physikalische und chemische Eigenschaften: Aus Benzol + Petroläther farblose filzige Nadeln. Schmelzp. 48—49°. Siedep.$_4$ = 139°. Die alkoholische Lösung wird durch Eisenchlorid tief grün gefärbt. Durch Einwirkung von Dimethylsulfat entsteht Eugenolmethyläther[1]).

Derivate: Allylbrenzcatechin-diacetat $(CH_3COO)_2C_6H_3(C_3H_5)$. Siedep. 299°. Siedep.$_7$ = 157°[1]).

Guajacol, Brenzcatechin-methyläther, Phendiol-(1,2)-methyläther-(1).

Mol.-Gewicht 124,1.
Zusammensetzung: 69,26% C, 6,65% H.

$$C_7H_8O_2$$

$$H-\underset{H\ \ OH}{\overset{H\ \ H}{\bigcirc}}-OCH_3$$

Vorkommen: Im Buchenholzkreosot[2]), im Nadelholzteer[3]), vielleicht in den hochsiedenden Anteilen des Selleriesamenöls (Apium graveolens L.)[4]).

Bildung: Bei der trockenen Destillation des Guajacharzes[5]), von Lariciresinol[6]), von Pinoresinol[7]), von Quebrachogerbstoff[8]), bei der Kalischmelze von Barringtonin[9]); beim Glühen von vanillinsaurem Calcium mit Kalkhydrat[10]). Aus Brenzcatechin durch Methylierung[11]). Aus Anisidin[12]).

Zur **Darstellung** methyliert man Brenzcatechin mit Jodmethyl und Natriummethylat. Zur Trennung vom gleichzeitig gebildeten Veratrol benutzt man Natronlauge.

Reaktionen: Die alkoholische Lösung des Brenzcatechins gibt mit Eisenchlorid eine smaragdgrüne Färbung[13]). 1 Tropfen Guajacol gibt mit konz. Schwefelsäure eine purpurrote Färbung[14]). Mit Vanillin und Salzsäure entsteht Rotfärbung[15]). Die wässerige Lösung mit 1—2 proz. Lösung von Chromsäure behandelt gibt eine bräunliche Färbung und Fällung.

[1]) Berichte der Firma Schimmel & Co. **1907**, II, 13; Chem. Centralbl. **1907**, II, 1741.

[2]) Hlasiwetz, Annalen d. Chemie u. Pharmazie **106**, 362 [1858]. — Gorup, Annalen d. Chemie u. Pharmazie **143**, 151 [1867]. — Béhal u. Choay, Bulletin de la Soc. chim. [3] **11**, 703 [1894].

[3]) Ström, Archiv d. Pharmazie **237**, 535 [1899].

[4]) Ciamician u. Silber, Berichte d. Deutsch. chem. Gesellschaft **30**, 294, 1427 [1897].

[5]) Sobrero, Annalen d. Chemie u. Pharmazie **48**, 19 [1843]. — Deville u. Pelletier, Annalen d. Chemie u. Pharmazie **52**, 403 [1844]. — Völckel, Annalen d. Chemie u. Pharmazie **89**, 349 [1854]. — Richter, Archiv d. Pharmazie **244**, 96 [1906].

[6]) Bamberger u. Vischner, Monatshefte f. Chemie **21**, 564 [1900].

[7]) Bamberger u. Vischner, Monatshefte f. Chemie **21**, 951 [1900].

[8]) Strauß u. Geschwendner, Zeitschr. f. angew. Chemie **19**, 1123 [1906].

[9]) Drießen - Mareeuw, Pharmac. Weekblad **40**, 729 [1903]; Chem. Centralbl. **1903**, II, 842.

[10]) Tiemann, Berichte d. Deutsch. chem. Gesellschaft **8**, 1123 [1875].

[11]) Béhal u. Choay, Bulletin de la Soc. chim. [3] **9**, 142 [1893].

[12]) Smith, Chem. Centralbl. **1898**, II, 31. — Kalle & Co., Chem. Centralbl. **1898**, I, 542. — Cain u. Normann, Proc. Chem. Soc. **21**, 207 [1905].

[13]) Gorup, Annalen d. Chemie u. Pharmazie **147**, 248 [1868].

[14]) Marfori, Chem. Centralbl. **1890**, II, 155.

[15]) Hartwich u. Winckel, Archiv d. Pharmazie **242**, 464 [1904].

1- oder 2 proz. Lösung von Jodsäure ruft in der wässerigen Lösung eine orangebraune Farbe
hervor und bewirkt die Bildung eines kermesroten Niederschlages[1]).

Bestimmung des Guajacols durch Titration. Fügt man einer wässerigen Guajacollösung bei Gegenwart von Natriumacetat eine schwach salzsaure Lösung von p-Nitrodiazo-
benzol hinzu, so fällt ein unlöslicher gelber Azofarbstoff aus. Man titriert nun so lange, bis eine
filtrierte Probe mit R-Salz eine Rotfärbung gibt. Es entspricht 1 ccm einer $^1/_{10}$-normal p-Nitro-
diazobenzollösung = 0,0124 g Guajacol[2]).

Physiologische Eigenschaften: Es riecht angenehm aromatisch. Nach Einführung von
Guajacol in den Organismus des Hundes wie des Menschen erscheinen 40—70% desselben als
Guajacolschwefelsäure im Harn[2]) [3]). Es wurde auch eine geringe Linksdrehung des Harns nach
Guajacoleingabe festgestellt, die auf geringe Mengen gebildeter Guajacolglucuronsäure schließen
läßt[4]). Nach einmaliger Aufnahme genügend großer Mengen von Kreosot gelingt es auch,
freies, direkt mit Äther extrahierbares Guajacol im Harn nachzuweisen[4]). Die Resorption
erfolgt sehr rasch. Schon eine Viertelstunde nach der Eingabe ist Guajacol im Harn nachzuweisen[5]). Versuche an Mäusen zeigen, daß das Guajacol durch die Haut resorbiert wird.
Dahingehende Versuche mit Menschen, die in großer Zahl ausgeführt sind, führten bis jetzt
zu keinen eindeutigen Resultaten[6]). Außer der Guajacolschwefelsäure findet sich im Harn
ein eventuelles Oxydationsprodukt, Brenzcatechin dagegen nicht (Eschle)[3]). Auch im Schweiß
von Phthisikern, die mit Kreosot behandelt waren, läßt sich Guajacol nachweisen[7]). Was
die Derivate des Guajacols anbetrifft, so spalten das Carbonat, das Phosphit, der Glycerinäther und der Zimtsäureäther im Organismus leicht freies Guajacol ab, das sich als gepaarte
Schwefelsäure im Harn nachweisen läßt[2]). Ebenso verhalten sich das Monotal (Äthyl-
glykolsäureester des Guajacols) und das Eukol (Guajacolacetat)[8]). Das Phosphat dagegen
spaltet sich schwer[7]), das sulfosaure Kalium wird schließlich überhaupt nicht gespalten[2])[5]).
Das Guajamol (guajacolschwefelsaures Ammoniak) wird weder durch Pankreassaft,
noch vom Organismus des Hundes gespalten. Infolgedessen zeigt es keine Guajacolwirkung[9]).
Das Guajacol wurde früher seiner desinfizierenden Wirkungen wegen als „inneres Desinfiziens"
bei Lungentuberkulose angewendet. Die physiologische Wirkung des Guajacols besteht hauptsächlich in einer Erregung und dann in einer Lähmung der Nervenzentren, eine Wirkung, die
auf die eine offene Hydroxylgruppe zurückzuführen ist, da der Brenzcatechindimethyläther,
das Vasatrol, nur eine schnelle und tiefe Lähmung hervorruft. Auf Blut hat Guajacol keinen
Einfluß. In größeren Dosen bewirkt es Lähmung der vasomotorischen Zentren und des
Herzens (Marfori)[3]). Nach Versuchen von Bufalini wird Guajacol nicht durch Lunge ausgeschieden, nachdem es auf gastrischem Wege oder subcutan resorbiert ist[10]). Pflanzenphysiologisch wird als Grenzwert für die Wachstumshemmung der Lupinenwurzel $^1/_{800}$ Mol. in
1 l Wasser angegeben[11]).

Physikalische und chemische Eigenschaften: Rhomboedrische Prismen. Hexagonale Krystalle[12]). Krystallisationsgeschwindigkeit[13]). Schmelzp. 31—32°, Siedep. 205,1°, $D_0 = 1,1534$
(flüssig), $D_{15} = 1,143$ [14]). Schmelzp. 28,3°, Siedep.$_{i.D.}$ = 205°, $D_4^1 = 1,1492$, $D_{15}^{15} = 1,1395$,
$D_{40}^{40} = 1,123$. Magnetisches Drehungsvermögen 14,09 bei 15,6°[15]). Molekulares Brechungs-

[1]) Guérin, Journ. de Pharm. et de Chim. [6] **17**, 173 [1903].

[2]) Knapp u. Suter, Archiv f. experim. Pathol. u. Pharmakol. **50**, 335 [1903].

[3]) Dronke, Berl. klin. Wochenschr. **28**, 98 [1891]. — Marfori, Chem. Centralbl. **1890**,
II, 155. — Hensel, Inaug.-Diss. Königsberg 1894. — Eschle, Zeitschr. f. klin. Medizin **29**, 197
[1896].

[4]) Boruttau u. Stadelmann, Deutsches Archiv f. klin. Medizin **91**, 42 [1907].

[5]) Linossier u. Lannois, Compt. rend. de la Soc. biol. **46**, 108, 214 [1895].

[6]) Schwenkenbecher, Archiv f. Anat. u. Physiol. **1904**, 121.

[7]) Fonzes - Diacon, Journ. de Pharm. et de Chim. [6] **7**, 172 [1898]; Chem. Centralbl.
1898 I, 901.

[8]) Valeri, Jahresber. über d. Fortschritte d. Tierchemie **1909**, 1288.

[9]) Jackson u. Wallace, Med. News **1905**, 22. Juli; Jahresber. über d. Fortschritte d. Tierchemie **1905**, 92.

[10]) Bufalini, Lo sperimento **58**, 568 [1904]; Jahresber. über d. Fortschritte d. Tierchemie
1904, 668.

[11]) True u. Hunkel, Botan. Centralbl. **76**, 289 [1898].

[12]) Samoilow, Zeitschr. f. Krystallographie **32**, 503 [1900].

[13]) Friedländer u. Tammann, Zeitschr. f. physikal. Chemie **24**, 152 [1897].

[14]) Béhal u. Choay, Bulletin de la Soc. chim. [3] **11**, 703 [1894].

[15]) Perkin, Journ. Chem. Soc. **69**, 1240 [1896].

vermögen[1]). Kryoskopisches Verhalten[2]). 1 ccm löst sich bei 15° in 60 ccm Wasser[3]). Wird durch Erhitzen mit Jodwasserstoffsäure aufgespalten[4]). Beim Glühen mit Zinkstaub entsteht Anisol[5]). Durch Einwirkung von Laccase entsteht Tetraguajacochinon $C_{28}H_{28}O_8$. Dunkelpurpurrote feine Krystalle, Schmelzp. 135 — 140°[6]). Derselbe Körper entsteht durch Einwirkung von wenig Eisenchlorid in alkalischer Lösung[7]). Guajacol wird durch Manganlactat und H_2O_2 nur in Gegenwart eines Katalysators oxydiert[8]).

Salze und Derivate: Doppelsalze mit Magnesiumsalzen[9]), mit Bariumsalzen[10]), div. anderen Salzen[11]). $(KO)C_7H_7O + C_7H_8O + H_2O$. Aus abs. Alkohol glänzende Prismen[4]) — $Pb(OH)C_7H_7O_2$. Flockiger Niederschlag[12]).

Guajacol-pikrat $C_6H_4(OH)(OCH_3) \cdot C_6H_2(NO_2)_3(OH)$. Aus Wasser orangegelbe Nädelchen. Schmelzp. 80°[13]) 86°[14]).

Guajacol-alloxan $(CH_3O)C_6H_4(OH) \cdot C_4O_4N_2H_2 + H_2O$. Aus Wasser derbe Krystalle. Schmelzp. 150° unter Gasentwicklung[15]).

Triguajacol-hexamethylentetramin $3 C_6H_4(OH)(OCH_3) \cdot C_6H_{12}N_4$. Lange, glänzende Nadeln. Schmelzp. 95°[16]).

Guajacol-methyläther siehe Veratrol, S. 607.

Guajacol-äthyläther $C_9H_{12}O_2 = C_6H_4(OCH_3)(OC_2H_5)$. Siedep. 213°[17]), 207—209°[18]).

Guajacol-propyläther $C_{10}H_{14}O_2 = C_6H_4(OCH_3)(OC_3H_7)$. Siedep. 240—245°[19]).

Guajacol-cetyläther $C_{23}H_{40}O_2 = C_6H_4(OCH_3)(OC_{16}H_{33})$. Feine Nadeln. Schmelzp. 54°[20]).

Guajacol-phenyläther $C_{13}H_{12}O_2 = (CH_3O)C_6H_4(OC_6H_5)$. Glänzende Prismen. Schmelzpunkt 79°[21]).

Guajacol-vinyläther $C_9H_{10}O_2 = C_6H_4(OCH_3)(OCH:CH_2)$. Entsteht aus β-Bromäthylguajacol durch Erhitzen mit Kalihydrat. Siedep. 202—203°[22]).

Guajacol-phosphit $(CH_3O \cdot C_6H_4O)_3P$. Entsteht aus Guajacol und PCl_3 unter 160°. Oktaeder. Schmelzp. 59°. Siedep._{13} = 275—280°[23]). Schmelzp. 99°[24]).

Guajacol-phosphorsäure $C_7H_9PO_5 = [(CH_3O)C_6H_4O]PO(OH)_2$. Entsteht aus Guajacol und $POCl_3$ und durch Verseifen des daraus entstandenen Dichlorids. Zerfließliche Nadeln. Schmelzp. 94°[25]).

Diguajacol-phosphorsäure $C_{14}H_{15}O_6P = (CH_3OC_6H_4O)_2PO(OH)$. Entsteht aus Guajacol und $POCl_3$ bei höherer Temperatur. Farblose Tafeln. Schmelzp. 97°[25]).

Triguajacol-phosphorsäure, Guajacol-phosphat $C_{21}H_{21}O_7P = PO(OC_6H_4OCH_3)_3$. Entsteht aus Guajacol und PCl_5 in Benzollösung. Aus Alkohol weiße Prismen. Schmelzp. 91°[26]).

---

[1]) **Eykman**, Recueil d. travaux chim. des Pays-Bas **12**, 277 [1893].

[2]) **Auwers**, Zeitschr. f. physikal. Chemie **32**, 51 [1900].

[3]) **Marfori**, Gazzetta chimica ital. **20**, 541 [1890].

[4]) **Gorup**, Annalen d. Chemie u. Pharmazie **143**, 166 [1867].

[5]) **Marasse**, Annalen d. Chemie u. Pharmazie **152**, 64 [1869].

[6]) **Bertrand**, Compt. rend. de l'Acad. des Sc. **137**, 1269 [1903].

[7]) **Dony-Hénault**, Chem. Centralbl. **1909**, II, 1669.

[8]) **Herlitzka**, Rendiconti della R. Accad. dei Lincei [5] **15** II, 340 [1906].

[9]) **Kumpf**, D. R. P. 87 971.

[10]) **v. Heyden**, D. R. P. 56 003.

[11]) Chem. Werke Byk, D. R. P. 100 418; Chem. Centralbl. **1899**, I, 764.

[12]) **Sobrero**, Annalen d. Chemie u. Pharmazie **48**, 19 [1843]. — **Völckel**, Annalen d. Chemie u. Pharmazie **89**, 349 [1854].

[13]) **di Boscogrande**, Rendiconti della R. Accad. dei Lincei [5] **6**, II, 306 [1897].

[14]) **v. Goedicke**, Berichte d. Deutsch. chem. Gesellschaft **26**, 3045 [1893].

[15]) **Böhringer & Söhne**, D. R. P. 107 720; Chem. Centralbl. **1900**, I, 1113.

[16]) **Hoffmann u. La Roche & Co.**, D. R. P. 220 267; Chem. Centralbl. **1910**, I, 1200.

[17]) **Tiemann u. Hoppe**, Berichte d. Deutsch. chem. Gesellschaft **14**, 2017 [1881].

[18]) **Einhorn**, Berichte d. Deutsch. chem. Gesellschaft **42**, 2238 [1909].

[19]) **Cahours**, Bulletin de la Soc. chim. **29**, 270 [1878].

[20]) **Eykman**, Recueil des travaux chim. des Pays-Bas **12**, 273 [1893].

[21]) **Ullmann u. Sponagel**, Berichte d. Deutsch. chem. Gesellschaft **38**, 2212 [1905].

[22]) **Wohl u. Berthold**, Berichte d. Deutsch. chem. Gesellschaft **43**, 2181 [1910].

[23]) **Dupuis**, Compt. rend. de l'Acad. des Sc. **150**, 623 [1910].

[24]) **Ballard**, Chem. Centralbl. **1897**, II, 49.

[25]) **Auger u. Dupuis**, Compt. rend. de l'Acad. des Sc. **146**, 1151 [1908].

[26]) **Di Boscogrande**, Atti della R. Accad. dei Lincei Roma [5] **6**, II, 33 [1897].

Guajacol-kohlensäurechlorid $(CH_3O)C_6H_4(OCOCl)$. Entsteht aus Guajacol und Phosgen in Chinolinlösung. Siedep.$_{10}$ = 110°[1]).

Guajacol-kohlensäureäthylester $C_{10}H_{12}O_4$ = $(CH_3O)C_6H_4(OCO_2C_2H_5)$. Aus Guajacol und Kohlensäureäthylester. Siedep. 261°[2]).

Guajacol-carbonat, „Duotal" $C_{15}H_{14}O_5$ = $CO(OC_6H_4OCH_3)_2$. Schmelzp. 86°[3]), 87°[2]).

Guajacol-acetat, „Eucol" $C_9H_{10}O_3$ = $(CH_3O)C_6H_4(OCOCH_3)$. Aus Guajacol und Essigsäureanhydrid[4]), dito und 2 Tropfen konz. Schwefelsäure[5]). Siedep. 235—240°[4]), Siedep.$_{738}$ = 239—241°, Siedep.$_{50}$ = 143°, D_0 = 1,156[6]), Siedep. 238—239°[7]). Kann therapeutisch als Ersatz für Guajacol verwandt werden[8]). Wird im Organismus leicht gespalten[9]).

Guajacol-chloracetat $C_9H_9O_3Cl$ = $(CH_3O)C_6H_4(OCOCH_2Cl)$. Aus absolutem Alkohol. Nadeln. Schmelzp. 58—60°[10]).

Guajacol-glukosid $C_{13}H_{18}O_7$ = $(CH_3O)C_6H_4(OC_6H_{11}O_5)$. Entsteht aus Guajacolkalium und Acetochlorhydrose in abs. Alkohol[11]). Aus Wasser feine Nadeln. Schmelzp. 156,5—157°.

Pikryl-guajacol $C_{13}H_9O_8N_3$ = $(CH_3O)C_6H_4[OC_6H_2(NO_2)_3]$. Entsteht aus Pikrylchlorid und Guajacolkalium. Gelbe Nadeln. Schmelzp. 117—118°[12]).

Monoguajacol-bernsteinsäureester $C_{11}H_{12}O_5$ = $(CH_3O)C_6H_4(OOCCH_2CH_2COOH)$. Nadeln aus Chloroform und Petroläther. Schmelzp. 75°[13]).

Monoguajacol-camphersäureester $C_{17}H_{22}O_5$ = $(CH_3O)C_6H_4(OOCC_8H_{14}COOH)$. Aus Chloroform und Petroläther Nadeln. Schmelzp. 112°[13]).

Diguajacol-camphersäureester $C_{24}H_{48}O_6$ = $C_8H_{14}(COOC_6H_4OCH_3)_2$. Aus Chloroform und Petroläther Nadeln. Schmelzp. 124°[13]).

Chlor-guajacol $C_7H_7O_2Cl$ = $(CH_3O)C_6H_3Cl(OH)$. Entsteht aus Guajacol und SO_2Cl_2. Siedep.$_{757,7}$ = 239—241,5°[14]).

Dichlor-guajacol $C_7H_6O_2Cl_2$ = $(CH_3O)C_6H_2Cl_2(OH)$. Entsteht aus Guajacol und SO_2Cl_2. Aus Petroläther Nadeln. Schmelzp. 71—72°, Siedep. 260—270°[14]).

Trichlor-guajacol $C_7H_5O_2Cl_3$ = $(CH_3O)C_6HCl_3(OH)$. Entsteht aus Guajacol und SO_2Cl_2. Nadeln. Schmelzp. 107—108°[14]).

Tetrachlor-guajacol $C_7H_4O_2Cl_4$ = $(CH_3O)C_6Cl_4(OH)$. Entsteht aus dem Tetrachlorveratrol. Aus heißem Wasser Krystalle. Schmelzp. 185—186°[15]).

4-Brom-guajacol $C_7H_7O_2Br$ = $(CH_3O)C_6H_3Br(OH)$. Entsteht durch Bromieren von Guajacol in der Kälte. Nadeln. Schmelzp. 45—46°[16]).

Dibrom-guajacol $C_7H_6O_2Br_2$ = $(CH_3O)C_6H_2Br_2(OH)$. Prismatische Nadeln. Schmelzp. 94—95°[17]).

Tribrom-guajacol $C_7H_5O_2Br_3$ = $(CH_3O)C_6HBr_3(OH)$. Entsteht bei der Bromierung von Guajacol in Alkohol. Aus Wasser seideglänzende Nadeln. Schmelzp. 115—116°[18]).

Tetrabrom-guajacol $C_7H_4O_2Br_4$ = $(OCH_3)C_6Br_4(OH)$. Entsteht aus Guajacol und großem Überschuß an Brom. Aus Chloroform Prismen. Schmelzp. 162—163°, 160°[19]).

[1]) Einhorn, D. R. P. 224 108, Chem. Centralbl. **1910**, II, 518.

[2]) Einhorn, Berichte d. Deutsch. chem. Gesellschaft **42**, 2238 [1909].

[3]) Béhal u. Choay, Bulletin de la Soc. chim. [3] **11**, 704 [1894]. — v. Heyden Nachf., D. R. P. 99 057; Chem. Centralbl. **1898**, II, 1190.

[4]) Tiemann u. Koppe, Berichte d. Deutsch. chem. Gesellschaft **14**, 2020 [1881].

[5]) Freyss, Chem. Centralbl. **1899**, I, 835.

[6]) Béhal, Annales de Chim. et de Phys. [7] **20**, 426 [1900].

[7]) Mameli, Gazzetta chimica ital. **37**, II, 366 [1907].

[8]) Biscaro, Bolletino di Chim. e Farmacol. **46**, 53 [1907]; Chem. Centralbl. **1907**, I, 745.

[9]) Valeri, Jahresber. über d. Fortschr. d. Tierchemie **1909**, 1289.

[10]) Einhorn, D. R. P. 105 346; Chem. Centralbl. **1900**, I, 270.

[11]) Michael, Amer. Chem. Journ. **6**, 339 [1884].

[12]) Bouveault, Bulletin de la Soc. chim. [3] **17**, 949 [1897].

[13]) Schryver, Journ. Chem. Soc. **75**, 666 [1899]. — Wellcome, D. R. P. 111 207; Chem. Centralbl. **1900**, II, 550.

[14]) Peratoner u. Ortoleva, Gazzetta chimica ital. **28**, I, 229 [1898].

[15]) Brüggemann, Journ. f. prakt. Chemie [2] **53**, 251 [1896].

[16]) Hoffmann-La Roche & Co., D. R. P. 105 052; Chem. Centralbl. **1899**, II, 1079.

[17]) Cousin, Compt. rend. de l'Acad. des Sc. **127**, 759 [1898]; Annales de Chim. et de Phys. [7] **29**, 63 [1903].

[18]) Tiemann u. Koppe, Berichte d. Deutsch. chem. Gesellschaft **14**, 2017 [1881]. — Hill u. Jenkins, Amer. Chem. Journ. **15**, 164 [1893].

[19]) Cousin, Compt. rend. de l'Acad. des Sc. **127**, 760 [1898]. — Jackson u. Torrey, Amer. Chem. Journ. **20**, 424 [1898].

5-Jod-guajacol $C_7H_7O_2J$

$$\text{J—H / H} \langle \rangle \text{OCH}_3 / \text{H—OH}$$

Entsteht aus dem 5-Aminoguajacol durch Diazotieren und Behandeln mit KJ. Aus Petroläther farblose prismatische, nach Nelkenöl riechende Krystalle. Schmelzp. 43°, D 1,5. Mit Wasserdämpfen flüchtig[1]). Als Heilmittel **Guajadol**[2]).

4-Jod-guajacol $C_7H_7O_2J = (CH_3O)C_6H_3J(OH)$. Entsteht aus Acetylguajacol, Jod und Quecksilberoxyd in Gegenwart von CCl_4 und Essigsäureanhydrid. Aus 75 proz. Alkohol farblose glänzende Blättchen. Schmelzp. 87—88°[3]).

5-Nitroso-guajacol, 1-Methoxy-chinon-5-monoxim $C_7H_7O_3N$

$$\text{ON—H / H} \langle \rangle \text{OCH}_3 / \text{H—OH} \quad \text{oder} \quad \text{HON—H / H} \langle \rangle \text{OCH}_3 / \text{H—O}$$

Entsteht aus Guajacol gelöst in Methylalkohol unter Einwirkung von Äthylnitrit bei Gegenwart von Natriummethylat.[4]), aus alkoholischer Guajacollösung, Eisessig und Kaliumnitrit bei —2°[5]). Aus Essigester gelbe Täfelchen. Bräunt sich bei 150°, zersetzt sich bei 165°.

3-Nitro-guajacol $C_7H_7O_4N$

$$\text{H—H / H} \langle \rangle \text{OCH}_3 / \text{NO}_2\text{—OH}$$

Schmelzp. 103°[6]). Entsteht durch Nitrierung des Acetylguajacols in viel Eisessig.

4-Nitro-guajacol $C_7H_7O_4N$

$$\text{H—H / NO}_2 \langle \rangle \text{OCH}_3 / \text{H—OH}$$

Schmelzp. 104—105°[7]). Entsteht durch Nitrierung des Acetylguajacols.

5-Nitro-guajacol $C_7H_7O_4N$

$$\text{O}_2\text{N—H / H} \langle \rangle \text{OCH}_3 / \text{H—OH}$$

Schmelzp. 103—104°[1])[8]). Entsteht aus 5-Nitrosoguajacol durch Oxydation mittels Ferricyankalium in alkalischer Lösung. Aus Wasser gelbe Nadeln.

6-Nitro-guajacol $C_7H_7O_4N$

$$\text{H—NO}_2 / \text{H} \langle \rangle \text{OCH}_3 / \text{H—OH}$$

Schmelzp. 62°, 65°. Orangefarben. Entsteht bei der Nitrierung von Guajacol in Eisessiglösung[9]).

3,5-Dinitro-guajacol $C_7H_6O_6N_2 = (CH_3O)C_6H_2(NO_2)_2(OH)$. Entsteht bei der Nitrierung von Guajacol oder Nitrosoguajacol in verschiedenen Lösungsmitteln[4])[7])[9])[10]),

[1]) Mameli u. Pinna, Arch. della Farmacol. sperim. **6**, 193 [1907]; Chem. Centralbl. **1907**, II, 2045.

[2]) Chem. Centralbl. **1908**, I, 977.

[3]) Tassilly u. Leroide, Compt. rend. de l'Acad. des Sc. **144**, 757 [1907]. — Mameli, Gazzetta chimica ital. **37**, II, 375 [1907].

[4]) Rupe, Berichte d. Deutsch. chem. Gesellschaft **30**, 2444 [1897].

[5]) Pfob, Monatshefte f. Chemie **18**, 469 [1897].

[6]) Barbier, Bulletin de la Soc. chim. **21**, 562 [1899]. — Reverdin u. Crépieux, Bulletin de la Soc. chim. **29**, 876 [1903]. — Mameli, Gazzetta chimica ital. **37**, II, 375 [1907].

[7]) Meldola, Woolcatt u. Wray, Journ. Chem. Soc. **69**, 1330 [1896]. — Cousin, Journ. de Pharm. et de Chim. [6] **9**, 276 [1899]; Chem. Centralbl. **1899**, I, 877. — Paul, Berichte d. Deutsch. chem. Gesellschaft **39**, 2773 [1906]. — Mameli, Gazzetta chimica ital. **37**, II, 375 [1907].

[8]) Freyß, Chem. Centralbl. **1901**, I, 739. — Mameli, Gazzetta chimica ital. **37**, II, 375 [1907].

[9]) Komppa, Chem. Centralbl. **1898**, II, 1169. — Kauffmann u. Franck, Berichte d. Deutsch. chem. Gesellschaft **39**, 2722 [1906]. — Mameli, Gazzetta chimica ital. **37**, II, 375 [1907].

[10]) Herzig, Monatshefte f. Chemie **3**, 825 [1882].

bei der Einwirkung von verdünnter Salpetersäure auf Vanillin[1]), bei der Einwirkung von konz. Salpetersäure auf Pinoresinol[2]), auf Lariciresinol[3]). Aus verdünntem Alkohol gelbe Blättchen. Schmelzp. 123—124°[4]), 121—122°[5]), 122°[2]), 123°[1]).

3-Amino-guajacol $C_7H_9O_2N = (CH_3O)C_6H_3(NH_2)(OH)$. Entsteht durch Reduktion von o-Nitroguajacolbenzoat mit Zinn und Salzsäure. Unbeständig. Schmelzp. 127°[6]). HCl-Salz weiße Nadeln[7]) [8]).

5-Amino-guajacol $C_7H_9O_4N = (CH_3O)C_6H_3(NH_2)(OH)$. Entsteht durch Reduktion des 5-Nitrosoguajacols[4])[9]) oder des 5-Nitroguajacols[10]). Aus Wasser Prismen. Schmelzp. 176 bis 177°[4])[9]), 184°[10]), 178—180°[8])[11]).

3, 5-Diamino-guajacol $C_7H_{10}N_2O_2 = (CH_3O)C_6H_2(NH_2)_2(OH)$. Entsteht durch Reduktion des 3, 5-Dinitroderivates durch Zinn und Salzsäure. Äußerst unbeständig[12]).

5, 6-Diamino-guajacol $C_7H_{10}N_2O_2$

$$\underset{\displaystyle H \quad OH}{\overset{\displaystyle NH_2 \quad NH_2}{H\langle\rangle OCH_3}}$$

Entsteht aus dem 5-Aminoguajacol durch diverse Operationen. Geht durch den Einfluß des Luftsauerstoffes in ein unsymmetrisches Diaminophenazin über[13]).

Guajacol-5-azo-benzol $C_{13}H_{12}O_2N_2 = (C_6H_5NN)C_6H_3(OH)(OCH_3)$. Entsteht durch Vermischen einer Diazobenzolchloridlösung mit einer Lösung von Guajacol in 4 Mol. Natronlauge. Schmelzp. 71°[14]). Aus Ligroin glänzende derbe Prismen. Schmelzp. 70,5 bis 71,5°[15]).

Guajacol-disazobenzol $C_{19}H_{16}N_4O_2 = (C_6H_5NN)_2C_6H_2(OH)(OCH_3)$. Entsteht wie oben. Aus Alkohol dunkelgraue, violettschimmernde, filzige Nadeln. Schmelzp. 150—150,5°[15]).

Guajacol-4-sulfonsäure $C_7H_8O_5S$

$$\underset{\displaystyle H \quad OH}{\overset{\displaystyle H \quad H}{HO_3S\langle\rangle OCH_3}}$$

Entsteht neben der 5-Sulfonsäure bei der Sulfurierung von Guajacol unter 100°[16]) oder allein bei der Sulfurierung der Acidylguajacole[17]). Therapeutisch unwirksam (?)[18]). Schmelzp. 106 bis 108°[19]). Salze[20]). Konstitution[21]).

Guajacol-5-sulfonsäure $C_7H_8O_5S = (OCH_3)(OH)(SO_3H)C_6H_3$. Entsteht aus reinem Guajacol und konz. Schwefelsäure bei 70—80° neben der 4-Sulfonsäure. Aus Wasser oder verdünntem Alkohol weiße Blättchen, die bei 270° noch nicht schmelzen (?)[16]). Therapeutisch unwirksam (?)[18]). Konstitution[22])[23]). Aus Alkohol + Äther Nadeln. Schmelzp. 97—98°[19]).

[1]) Menke u. Bentley, Journ. Amer. Chem. Soc. **20**, 316 [1898]; **24**, 176 [1900].
[2]) Bamberger u. Landsiedl, Monatshefte f. Chemie **18**, 488 [1897].
[3]) Hermann, Monatshefte f. Chemie **23**, 1029 [1902].
[4]) Rupe, Berichte d. Deutsch. chem. Gesellschaft **30**, 2444 [1897].
[5]) Cousin, Journ. de Pharm. et de Chim. **9**, 276 [1899]; Chem. Centralbl. **1899**, I, 877.
[6]) Barbier, Bulletin de la Soc. chim. [3] **21**, 562 [1899].
[7]) Meldola u. Streatfield, Journ. Chem. Soc. **73**, 690 [1898].
[8]) Mameli, Gazzetta chimica ital. **37**, II, 375 [1907].
[9]) Pfob, Monatshefte f. Chemie **18**, 469 [1897].
[10]) Chem. Fabrik Schering, D. R. P. 76771.
[11]) Mameli u. Pinna, Arch. della Farm. sperim. **6**, 193 [1907]; Chem. Centralbl. **1907**, II, 2044.
[12]) Herzig, Monatshefte f. Chemie **3**, 825 [1882].
[13]) Fichter u. Schwab, Berichte d. Deutsch. chem. Gesellschaft **39**, 3339 [1906].
[14]) Mameli u. Pinna, Arch. della Farmacol. sperim. **6**, 193 [1907]; Chem. Centralbl. **1907**, II, 2044. — Colombano u. Bernardi, Gazzetta chimica ital. **37**, II, 464 [1907].
[15]) Jacobson, Jaenicke u. Meyer, Berichte d. Deutsch. chem. Gesellschaft **29**, 2685 [1896].
[16]) Hoffmann-La Roche, D. R. P. 109 789; Chem. Centralbl. **1900**, II, 459; D. R. P. 132 645; Chem. Centralbl. **1902**, II, 236. — Chem. Fabrik v. Heyden, D. R. P. 188 506; Chem. Centralbl. **1907**, II, 1467. — Hähle, Journ. f. prakt. Chemie [2] **65**, 95 [1902].
[17]) Hoffmann-La Roche, D. R. P. 212 389; Chem. Centralbl. **1909**, II, 569.
[18]) Knapp u. Suter, Archiv f. experim. Pathol. u. Pharmakol. **50**, 339 [1903].
[19]) Rising, Berichte d. Deutsch. chem. Gesellschaft **39**, 3690 [1906].
[20]) Tagliavini, Chem. Centralbl. **1909**, I, 1556.
[21]) Paul, Berichte d. Deutsch. chem. Gesellschaft **39**, 4093 [1906].
[22]) Herzig u. Pollak, Monatshefte f. Chemie **25**, 809 [1904].
[23]) Paul, Berichte d. Deutsch. chem. Gesellschaft **39**, 2773 [1906].

Äthyl-guajacol, 1-Äthyl-phendiol-(3,4)-3-methyläther.

$$C_9H_{12}O_2.$$

$$\text{HO} \diagup \overset{\text{H} \quad \text{H}}{\underset{\text{OCH}_3 \; \text{H}}{\diagup}} \text{CH}_2\text{CH}_3$$

Vorkommen: Im Holzteerkreosot[1]), im Nadelholzteer[2]). Siedep. 229—230°, $D_0=1{,}0959$.
Äthyl-guajacol-carbonat. Schmelzp. 108,5°[1]).

Äthyl - guajacol - pikrat $C_6H_3(C_2H_5)(OCH_3)(OH)—C_6H_2(NO_2)_3(OH)$. Orangefarbene Nadeln. Schmelzp. 90°[3]).

Propyl-guajacol,
1-Propyl-phendiol-(3,4)-3-methyläther, Cörulignol, Blauöl.

$$C_{10}H_{14}O_2.$$

$$\text{HO} \diagup \overset{\text{H} \quad \text{H}}{\underset{\text{CH}_3\text{O} \; \text{H}}{\diagup}} \text{CH}_2\text{CH}_2\text{CH}_3$$

Vorkommen: Im Buchenholzteeröl[4]), im Fichtenteerkreosot[5]), im Nadelholzteeröl[2]), im schweren Holzkreosotöl[6]).

Physikalische und chemische Eigenschaften: Kreosotähnlich riechendes Öl. Siedep. 240 bis 241°. $D_{15} = 1{,}056454$[4]). Siedep. 239—241°[2]). Siedep. 246°. $D_0 = 1{,}060$; $D_{15} = 1{,}049$[6]). Wird durch konz. Schwefelsäure rot gefärbt. Die alkoholische Lösung wird durch Eisenchlorid grün, durch Barythydrat blau gefärbt[2]).

Derivate: Cörulignol-acetat $C_{12}H_{16}O_3 = (CH_3COO)(CH_3O)C_6H_3(C_3H_7)$. Siedep. 365° unter Zersetzung[4]).

Propyl-guajacol-benzoat $(C_6H_5COO)(OCH_3)C_6H_3(C_3H_7)$. Schmelzp. 72°[6]).

Propyl-guajacol-carbonat $CO[OC_6H_3(OCH_3)C_3H_7]_2$. Schmelzp. 66°[6]).

Propylguajacol - pikrat $C_6H_3(C_3H_7)(OCH_3)(OH) \cdot C_6H_2(NO_2)_3(OH)$. Rote Nadeln. Schmelzp. 59°[2]), 61°[3]).

Nitro-propyl-guajacol $C_{10}H_{13}NO_4 = (OH)(OCH_3)C_6H_2(NO_2)(C_3H_7)$. Honiggelbe Krystalle. Schmelzp. 124° unter Zersetzung[4]).

Resorcin, m-Dioxy-benzol.

Mol.-Gewicht 110,05.
Zusammensetzung: 65,42% C, 5,49% H.

$$C_6H_6O_2.$$

$$\text{H} \diagup \overset{\text{H} \quad \text{H}}{\underset{\text{HO} \quad \text{H}}{\diagup}} \text{OH}$$

Bildung: Entsteht bei der Kalischmelze von Galbanumharz, Ammoniakgummiharz[7]), Asa foetida[8]), Acaroidharz und Sagapenum[9]). Bei der trockenen Destillation von Brasilienholzextrakt[10]). Beim Schmelzen von Sappanholzextrakt mit Natriumhydrat[11]). Bei der

[1]) Béhal u. Choay, Bulletin de la Soc. chim. [3] **11**, 704 [1894].
[2]) Ström, Archiv d. Pharmazie **237**, 538 [1899].
[3]) v. Goedicke, Berichte d. Deutsch. chem. Gesellschaft **26**, 3043 [1893].
[4]) Pastrovich, Monatshefte f. Chemie **4**, 188 [1884].
[5]) Nencki u. Sieber, Archiv f. experim. Pathol. u. Pharmakol. **33**, 7 [1886].
[6]) Parrain, Bulletin de la Soc. chim. [3] **35**, 1098 [1906].
[7]) Hlasiwetz u. Barth, Annalen d. Chemie u. Pharmazie **130**, 354 [1864].
[8]) Hlasiwetz u. Barth, Annalen d. Chemie u. Pharmazie **138**, 63 [1866].
[9]) Hlasiwetz u. Barth, Annalen d. Chemie u. Pharmazie **139**, 78 [1866].
[10]) Kopp, Berichte d. Deutsch. chem. Gesellschaft **6**, 447 [1873].
[11]) Schreder, Berichte d. Deutsch. chem. Gesellschaft **5**, 572 [1872].

Kalischmelze von Butein[1]), bei der Zersetzung des Quebrachogerbstoffes[2]). Es entsteht ferner beim Schmelzen von m-Jodphenol[3]), von p- und m-Benzoldisulfonsäure[4]) mit Kalihydrat. Aus m-Aminophenol und salpetriger Säure[5]). Ferner bei der Kalischmelze, von o-, m- und p-Bromphenol[6]), von Phenol neben Brenzcatechin und Phloroglucin[7]).

Zur **Darstellung** schmilzt man m-Benzoldisulfonsäure mit Ätzkali[8]).

Reaktionen: Mit Eisenchlorid entsteht eine dunkelviolette Färbung[9]). Erhitzt man Resorcin mit überschüssigem Phthalsäureanhydrid einige Minuten lang bis nahe zum Kochen des Anhydrids, so entsteht eine gelbrote Schmelze, welche in verdünnter Natronlauge gelöst die grüne Fluorescenz des Fluoresceins zeigt[10]). Beim Eintröpfeln von Bromwasser in eine wässerige Resorcinlösung entsteht eine Fällung von Tribromresorcin. Versetzt man eine ätherische Resorcinlösung mit einigen Tropfen einer salpetrige Säure enthaltenden Salpetersäure, läßt 24 Stunden stehen und löst die alsdann ausgeschiedenen braunroten Krystalle von Resazoin in Ammoniak, so entsteht eine blauviolette Lösung[11]). Der Farbstoff geht mit karmoisinroter Färbung, die zinnoberrot fluoresciert, in Fuselöl[12]). Befeuchtet man ein im Reagensglase befindliches Gemisch von KNO_2, $KHSO_4$ und Gips mit Wasser, gibt die Resorcinlösung hinzu und erwärmt, so wird die Flüssigkeit chromgrün, und im oberen Teil des Rohres setzen sich fuchsinrote Tropfen an[13]). Durch Quecksilberoxydnitrat wird Resorcin in wässeriger Lösung gefällt[14]). Farbenerscheinungen der alkoholischen Lösung durch Einwirkung von Natrium[15]). Mit Vanillin und Salzsäure entsteht Rotfärbung[16]). Erhitzt man etwas Resorcin mit Formaldehyd und Salzsäure oder Schwefelsäure, so fallen nach kurzer Zeit sehr voluminöse Flocken aus, die beim Eintragen in konz. Schwefelsäure oder beim Erhitzen mit konz. Salzsäure feurig carminrot werden. Resorcin gibt noch in Verdünnung von 1 : 100 000 mit Formaldehyd eine weiße Trübung, die mit viel HCl rosarot wird[17]). Gibt man zu einer Resorcinlösung einen Tropfen Ammoniak und dann NaOBr-Lösung, so entsteht eine grüne Färbung (Brenzcatechin dunkelbraun, Hydrochinon braunrot)[18]). Mit 1⁰/₀₀ Dioxyacetonlösung und konz. Schwefelsäure entsteht in der Kälte eine Färbung, die der Alkalidichromatlösung ähnelt[19]). Die alkoholische oder ätherische Lösung von Resorcin gibt mit der ammoniakalischen Lösung eines reinen Zinksalzes eine schöne blaue Färbung[20]). Versetzt man eine neutrale oder schwach saure Resorcinlösung mit 10proz. Kupfersulfatlösung und fügt 10proz. Cyankaliumlösung hinzu, so erhält man nach gehöriger Verdünnung eine rötlichgelbe Lösung, die grüne Fluorescenz zeigt[21]). Festes Resorcin mit festem Chinon zusammengebracht färbt sich über ziegelrot allmählich braun[22]). Rotfärbung mit Zuckerarten[23]).

Zum **qualitativen Nachweis** von Resorcin im Harn wird folgendes Verfahren als geeignet angegeben: 50 ccm Urin werden mit 2 ccm Chloroform ausgeschüttelt, das Chloroform wird abgetrennt und leicht mit Kaliumhydrat erwärmt. Eine auftretende Rosafärbung zeigt die

1) H u m m e l u. P e r k i n, Proc. Chem. Soc. **19**, 134 [1903].
2) N i e r e n s t e i n, Chem. Centralbl. **1905**, I, 936.
3) K ö r n e r, Zeitschr. f. Chemie **1868**, 322.
4) G a r r i c k, Zeitschr. f. Chemie **1869**, 551. — B a r t h u. S e n h o f e r, Berichte d. Deutsch. chem. Gesellschaft **8**, 1483 [1875].
5) B a n t l i n, Berichte d. Deutsch. chem. Gesellschaft **11**, 2101 [1878].
6) B l a n k s m a, Chem. Weekblad **5**, 93 [1908]; Chem. Centralbl. **1908**, I, 1051. — T i j m s t r a, Chem. Weekblad **5**, 96 [1908]; Chem. Centralbl. **1908**, I, 1051.
7) B a r t h u. S c h r e d e r, Berichte d. Deutsch. chem. Gesellschaft **12**, 420 [1879].
8) G e n v r e s s e, Bulletin de la Soc. chim. [3] **15**, 409 [1896].
9) H l a s i w e t z u. B a r t h, Annalen d. Chemie u. Pharmazie **130**, 354 [1864].
10) v. B a e y e r, Annalen d. Chemie u. Pharmazie **183**, 8 [1876].
11) W e s e l s k y, Annalen d. Chemie u. Pharmazie **162**, 276 [1872].
12) B i n d s c h e d l e r, Monatshefte f. Chemie **5**, 168 [1884].
13) B o r n t r ä g e r, Zeitschr. f. analyt. Chemie **29**, 573 [1890].
14) C r e m e r, Zeitschr. f. Biol. **36**, 121 [1898].
15) K u n z - K r a u s e, Archiv d. Pharmazie **236**, 545 [1898].
16) H a r t w i c h u. W i n c k e l, Archiv d. Pharmazie **242**, 464 [1904].
17) S i l b e r m a n n u. O z o r o v i t z, Chem. Centralbl. **1908**, II, 1022.
18) D e h n u. S c o t t, Journ. Amer. Chem. Soc. **30**, 1419 [1908].
19) D e n i g è s, Compt. rend. de l'Acad. des Sc. **148**, 173 [1909].
20) del C a m p o C e r d a n, Chem. Centralbl. **1909**, II, 474.
21) V o l c y - B o u c h e r u. G i r a r d, Chem. Centralbl. **1910**, I, 867.
22) v o n L i e b i g, Chem. Centralbl. **1905**, II, 1024.
23) P i n o f f, Berichte d. Deutsch. chem. Gesellschaft **38**, 3314 [1905].

Anwesenheit von Resorcin an[1]). Wird Harn, der Resorcin enthält, nach Zusatz von NH_3 kräftig mit Luft geschüttelt, so tritt eine Grünfärbung ein, die schnell wieder verschwindet. Versetzt man eine wässerige Resorcinlösung mit Ammoniak und einigen Tropfen Chlorzink, Aluminiumacetat- oder Magnesiumchloridlösung und läßt unter dem Einfluß von Luft und Licht 12—24 Stunden stehen, so färbt sich die Flüssigkeit prachtvoll blau und es setzt ein Niederschlag am Boden des Gefäßes ab. Dasselbe tritt ein bei Harn, der Resorcin enthält[2]).

Bestimmung: Zur quantitativen Bestimmung setzt man zu der wässerigen Lösung des Resorcins titriertes Bromwasser und bestimmt das überschüssige Brom durch Jodkalium und Natriumthiosulfat[3]). Man kann zur Titration auch Jodjodkaliumlösung bei Gegenwart von Natriumacetat benutzen und mit Natriumthiosulfat zurücktitrieren[4]).

Physiologische Eigenschaften: Es schmeckt süßlich. Nach Verfütterung an Hunde erscheint im Harn eine Resorcindiätherschwefelsäure[5]) und beim Kaninchen Resorcinglucuronsäure[6]). Die Giftigkeit des Resorcins ist geringer als die von Brenzcatechin und Hydrochinon. In Konzentrationen, in denen die beiden Isomeren töten, tritt beim Frosch keine schädliche Wirkung auf. Bei einem Kaninchen von 1,680 kg Gewicht lösten 0,3 g Resorcin eine Stunde lang heftige klonische Krämpfe aus, nach denen sich das Tier wieder erholte. 0,5 g erwiesen sich als tödlich. Ein anderes Kaninchen von 2,200 kg Gewicht vertrug dagegen 0,5 g Resorcin ohne Unbehagen[7]). Die antifermentative Wirkung ist gering. Alkoholische Gärung wird erst bei 20 proz. Lösung verhindert. Dagegen ist es wirksam gegen Schimmelpilze. Auch als Ätzmittel ist es infolge seiner Fähigkeit, Eiweiß zur Koagulation zu bringen, geeignet[8]). Als letale Dosis bei kleineren Tieren wird 0,3 g in 10 proz. wässeriger Lösung pro Kilogramm angegeben[9]). Als letale Dosis für den Hund bei Einspritzung in die Jugularis werden 0,7—1,0 g pro Kilogramm angegeben (Brenzcatechin 0,04—0,05, Hydrochinon 0,08—0,1 g)[10]). In der Behandlung von Hautkrankheiten findet Resorcin weitgehende Verwendung. Pflanzenphysiologisch sind als Grenzwerte für die Wachstumshemmung von Lupinenwerten folgende Zahlen ermittelt worden: $1/_{200}$ Mol. pro Liter bei reinem Resorcin, $1/_{400}$ Mol. bei Resorcin und 1 NaOH und $1/_{800}$ Mol. bei Resorcin und 2 NaOH[11]). Daß das Resorcin durch die Haut absorbiert wird, ist durch Versuche mit Mäusen nachgewiesen worden[12]). In äquivalenter Lösung von natürlichem oder künstlichem Meerwasser begünstigt es die Parthenogenese von Seeigeleiern[13]). Resorcin besitzt stark hämolysinbindende Eigenschaften[14]).

Physikalische und chemische Eigenschaften: Aus Benzol Nadeln. Aus Wasser, Alkohol oder Äther Tafeln oder kurze dicke, rhombische Säulen[15]). Schmelzp. 110°[16]), 118°[17]), 119°, Siedep. 276,5°, $D_0 = 1,2728$, $D_{15} = 1,2717$, $D_{118} = 1,1923$, $D_{178} = 1,1435$[18]). Siedep. 280°[19]), 274°. Schmelzp. 118°. Siedep.$_9 = 154°$ (korr.)[20]. Molekulare Verbrennungswärme

[1]) Desesquelle, Compt. rend. de la Soc. de Biol. **42**, 101 [1890]; Jahresber. über d. Fortschritte d. Tierchemie **20**, 18 [1890].

[2]) Kimmyser, Nederlandsch Tijdschrift van Geneerkunde **1883**, 725; Jahresber. über d. Fortschritte d. Tierchemie **1883**, 213.

[3]) Degener, Journ. f. prakt. Chemie [2] **20**, 322 [1879].

[4]) Richard, Journ. de Pharm. et de Chim. [6] **15**, 217 [1902].

[5]) Baumann, Zeitschr. f. physiol. Chemie **2**, 342 [1878/79].

[6]) Külz, Zeitschr. f. Biol. **27**, 251 [1890].

[7]) Brieger, Archiv f. Anat. u. Physiol. **1879**, Suppl. 65. — Stolnikow, Zeitschr. f. physiol. Chemie **8**, 235 [1883/84].

[8]) Andeer, Centralbl. f. d. med. Wissensch. **1880**, 497; **1883**, 849.

[9]) Chassevant u. Garnier, Compt. rend. de la Soc. de Biol. **55**, 1584 [1903]; Jahresber. über d. Fortschritte d. Tierchemie **1903**, 162.

[10]) Gibbs u. Hare, Archiv f. Anat. u. Physiol. **1890**, 356. — Platt, Amer. Journ. of med. Sc. **1883**, Jan.

[11]) True u. Hunkel, Botan. Centralbl. **76**, 289 [1898].

[12]) Schwenkenbecher, Archiv f. Anat. u. Physiol. **1904**, 121.

[13]) Delage u. Beauchamp, Compt. rend. de l'Acad. des Sc. **145**, 735 [1908].

[14]) Walbum, Zeitschr. f. Immunitätsforsch. u. experim. Ther., I. Teil **7**, 544—577 [1910].

[15]) Groth, Jahresber. d. Chemie **1870**, 2.

[16]) Fittig u. Mager, Berichte d. Deutsch. chem. Gesellschaft **7**, 1178 [1874]. — Bennet, Pharmaz. Journ. [4] **26**, 758 [1908]; Chem. Centralbl. **1908**, II, 240.

[17]) Jona, Gazzetta chimica ital. **39**, II, 306 [1909].

[18]) Calderon, Bulletin de la Soc. chim. **29**, 234 [1878].

[19]) Gräbe, Annalen d. Chemie u. Pharmazie **254**, 296, Anm. [1889].

[20]) Haehn, Zeitschr. f. angew. Chemie **19**, 1670 [1906].

683,1 Cal.[1]). Spez. Gewicht der wässerigen Lösung[2]). Kryoskopisches Verhalten[3]). Magnetisches Drehungsvermögen 12,1 bei 16,6°[4]). Das zweite Hydroxyl ist nachweisbar sauer, im Gegensatz zu Brenzcatechin[5]). Die Dissoziationskonstante bei 18° $K \cdot 10^{10} = 3,6$[6]). Die verdünnt alkoholische Lösung des Resorcins zeigt bei der Temperatur der flüssigen Luft grünliche Phosphorescenz[7]). Das ultraviolette Absorptionsspektrum zeigt sehr deutliche Linien in $= 2900{-}2500$[8]); Fluorescenzspektrum[9]).

100 T. Wasser von 0° lösen 86,4 T., von 12,5° 147,3 T., von 30° 228,6 T. Resorcin[10]). 100 g Resorcin lösen sich bei 15° in 62 g 90proz. Alkohol[11]). 1 g Resorcin löst sich bei 24° in 435 ccm Benzol[12]). Resorcin ist nicht unlöslich in Chloroform und Schwefelkohlenstoff[13]). Reduziert in der Wärme ammoniakalische Silberlösung und Fehlingsche Lösung. Beim Eintragen von Natriumamalgam im CO_2-Strom in eine siedende wässerige Lösung von Resorcin entsteht **Dihydroresorcin.** Aus Benzol glänzende Prismen, Schmelzp. 104—106°[14]). Beim Schmelzen mit Natriumhydrat entstehen Phloroglucin, Brenzcatechin und Diresorcin[15]). Aus Resorcin und $NaNO_2$ entsteht **Lackmoid**[16]). Beim Erhitzen mit Zinkchlorid auf 140° entstehen kleine Mengen Umbelliferon[17]). Mit Natriumacetessigester entsteht β-Methylumbelliferon, mit Natriummethylformylessigester entsteht ein isomeres Methylumbelliferon[18]). Bei der Benzoylierung in Pyridinlösung entsteht hauptsächlich das Dibenzoat[19]). Eine 5proz. Resorcinlösung gibt mit Lävulose, Sorbose, Rohrzucker und Raffinose in Schwefelsäure-Alkoholgemisch nach 1 Minute langem Erwärmen eine dunkelrote Lösung[20]). Durch Reduktion nach Sabatier bei 130° wurde sehr wenig cis-Cyclohexandiol 1, 3, Schmelzp. 65°, erhalten[21]). Leitet man Resorcin mit überschüssigem Wasserstoff über auf 250—300° erhitztes Nickel, so entsteht zunächst Phenol und nachher Benzol[22]). Durch Einwirkung von Feuchtigkeit tritt Verfärbung ein. Resorcin muß daher in gut schließender Flasche aufbewahrt werden[23]). Resorcin wird durch Bleizucker nicht gefällt. Unterschied von Brenzcatechin.

Salze und Derivate: $C_6H_6O_2 \cdot NH_3$. Entsteht beim Einleiten von trockenem Ammoniakgas in eine Lösung von Resorcin in abs. Äther. Krystalle, an der Luft zerfließend, färbt sich dabei grün, dann indigblau[24]). — $(NaO)C_6H_4(OH)$ und $Na_2O_2C_6H_4$[25]). — $(Al_2Cl_4O_2)C_6H_4$. Dickes rotbraunes Öl[26]). — **Resorcin-quecksilberchlorid** $C_6H_3(OH)_2HgCl$. Aus Chloroform Prismen. Schmelzp. 123° (chloroformfrei). Bei 170° blutrote Färbung[27]). — **Resorcindiquecksilber-dichlorid** $C_6H_2(OH)_2)HgCl)_2$. Aus Äther Pulver, das sich gegen 200° dunkel färbt, ohne zu schmelzen[27]).

---

1) Stohmann u. Langbein, Journ. f. prakt. Chemie [2] **45**, 305 [1892].

2) Traube, Berichte d. Deutsch. chem. Gesellschaft **31**, 1569 [1898].

3) Auwers, Zeitschr. f. physikal. Chemie **32**, 51 [1900].

4) Perkin, Journ. Chem. Soc. **69**, 1239 [1896].

5) Koritschoner, Zeitschr. f. angew. Chemie **20**, 644 [1907]. — Thiel u. Römer, Zeitschr. f. physikal. Chemie **63**, 732 [1908].

6) Euler u. Bolin, Zeitschr. f. physikal. Chemie **66**, 75 [1909].

7) Dzierzbicki u. Kowalski, Chem. Centralbl. **1909**, II, 959.

8) Magini, Chem. Centralbl. **1903**, II, 718.

9) Stark u. Meyer, Physikal. Zeitschr. **8**, 250 [1907].

10) Calderon, Bulletin de la Soc. chim. **29**, 234 [1878].

11) Grünhut, Pharmaz. Centralhalle **40**, 329 [1899].

12) Merz u. Straßer, Journ. f. prakt. Chemie [2] **61**, 111 [1900].

13) von Liebig, Chem. Centralbl. **1905**, II, 1024.

14) Merling, Annalen d. Chemie u. Pharmazie **278**, 28 [1894].

15) Barth u. Schreder, Berichte d. Deutsch. chem. Gesellschaft **12**, 504 [1879].

16) Traub u. Hock, Berichte d. Deutsch. chem. Gesellschaft **17**, 2615 [1884]. — Wurster, Berichte d. Deutsch. chem. Gesellschaft **20**, 2938 [1887].

17) Grimaux, Bulletin de la Soc. chim. [3] **13**, 900 [1895].

18) Michael, Berichte d. Deutsch. chem. Gesellschaft **29**, 1794 [1896].

19) Einhorn u. Hollandt, Annalen d. Chemie u. Pharmazie **301**, 104 [1898].

20) Pinoff, Berichte d. Deutsch. chem. Gesellschaft **38**, 3314 [1905].

21) Sabatier u. Mailhe, Compt. rend. de l'Acad. des Sc. **146**, 1195 [1908].

22) Sabatier u. Senderens, Chem. Centralbl. **1905**, I, 1005.

23) Dunlop, Pharmaz. Journ. [4] **28**, 580 [1909]; Chem. Centralbl. **1909**, II, 22.

24) Malin, Annalen d. Chemie u. Pharmazie **138**, 80 [1866]. — Boker, D. R. P. 40 372.

25) Forcrand, Annales de Chim. et de Phys. [6] **30**, 69 [1893].

26) Claus u. Mercklin, Berichte d. Deutsch. chem. Gesellschaft **18**, 2934 [1885].

27) Dimroth, Berichte d. Deutsch. chem. Gesellschaft **35**, 2866 [1902].

Mercuriverbindung des Mercuriaceto-resorcins $C_8H_6O_4Hg_2$

$$CH_3COOHgC_6H_3\langle{}^O_O\rangle Hg.$$

Gelbes, sich fettig anfühlendes Pulver, zersetzt sich in der Hitze, ohne zu schmelzen[1]).

Resorcin-aceton $C_6H_4(OH)_2 \cdot CH_3COCH_3$. Schmelzp. 28°[2]).

Resorcin-alloxan $C_6H_4(OH)_2 \cdot C_4O_4N_2H_2$. Aus Essigester Kryställchen. Zersetzt sich beim Erhitzen über 200° allmählich[3]).

Resorcin-dialloxan $C_6H_4(OH)_2 \cdot 2\,C_4O_4N_2H_2 + H_2O$. Krystalle. Zersetzt sich allmählich beim Erhitzen über 200°[4]).

Resorcin-cineol $C_6H_4(OH)_2 + 2\,C_{10}H_{18}O$. Glänzende rhombische Blätter. Schmelzp. unscharf 80—85°[5]).

Resorcin-antipyrin $C_6H_4(OH)_2 \cdot C_{11}H_{12}ON_2$. Krystalle. Schmelzp. 101°[6]).

Resorcin-methylamin $C_6H_4(ONH_3CH_3)_2 \cdot 3\,CH_3NH_2$. Hellgrüne Krystalle. — $C_6H_4(ONH_3CH_3)_2$. Hellgrüne Krystalle. — $C_6H_4OH(ONH_3CH_3)$. Amorphe weiße Masse, Schmelzp. 95° zu roter Flüssigkeit, die zu glänzendroten Krystallen erstarrt[7]).

Resorcin-hexamethylentetramin $C_6H_4(OH)_2 \cdot C_6H_{12}N_4$. Nadeln. Zersetzungsp. gegen 200°[8]). Große, glänzende Prismen. Zersetzungsp. 200°[9]).

Resorcin-monomethyläther $C_7H_8O_2 = (OH)C_6H_4(OCH_3)$. Entsteht aus Resorcin, Ätzkali und 1 Mol. methylschwefelsaurem Kalium bei 160°[10]), aus Resorcin, Jodmethyl und Natriummethylat[11]). Flüssig. Siedep. 243—244°, 243,3—244,3° (korr.). Ist auf dem Wasserbad erheblich flüchtig.

Resorcin-dimethyläther $C_8H_{10}O_2 = (CH_3O)C_6H_4(OCH_3)$. Entsteht wie der Monoäther[10]). Siedep.$_{759,4} = 214$—$215°$, $D_4^0 = 1,0803$, $D_4^{55,8} = 1,0317$, $D_4^{79,2} = 1,0104$, $D_4^{135,5} = 0,9566$, $D_4^{215} = 0,8752$[12]). Molekulare Verbrennungswärme 1022,97 Cal.[13]). Siedep.$_{i.D.} = 217°$ $D_4^4 = 1,0705$, $D_{15}^{15} = 1,0617$, $D_{23}^{25} = 1,0552$. Magnetisches Drehungsvermögen 15,11 bei 14,9°[14]). Mit Wasserdämpfen flüchtig.

Resorcin-monoäthyläther $C_8H_{10}O_2 = (OH)C_6H_4(OC_2H_5)$. Entsteht aus Mononatriumresorcin und Äthyljodid neben dem Diäther[15]). Schwach gelb gefärbte Flüssigkeit. Siedep. 246—247°[7]). Mit Wasserdämpfen flüchtig.

Resorcin-diäthyläther $C_{10}H_{14}O_2 = (C_2H_5O)C_6H_4(OC_2H_5)$. Lange schiefe Prismen. Schmelzp. 12,4°, Siedep.$_{756} = 234,4$—$235,2$ (korr.)[16]), sehr leicht flüchtig mit Wasserdämpfen.

Resorcin-dipropyläther $C_{12}H_{18}O_2 = C_6H_4(OC_3H_7)_2$. Siedep. 251°[17]).

Resorcin-diisoamyläther $C_{16}H_{26}O_2 = C_6H_4(OC_5H_{11})_2$. Schmelzp. 47°[18]).

Resorcin-äther $C_{12}H_{10}O_3 = O(C_6H_4OH)_2$. Entsteht beim Erhitzen von Resorcin mit konz. Schwefelsäure im Rohr[19]), mit rauchender Salzsäure im Rohr[20]), mit rauchender Schwefelsäure[21]). Braunrotes amorphes Pulver.

[1]) Leys, Journ. de Pharm. et de Chim. [6] **21**, 388 [1905].

[2]) Schmidlin u. Lang, Berichte d. Deutsch. chem. Gesellschaft **43**, 2814 [1910].

[3]) Böhringer & Söhne, D. R. P. 107 720; Chem. Centralbl. **1900**, I, 1113; D. R. P. 113 722; Chem. Centralbl. **1900**, II, 795.

[4]) Böhringer & Söhne, D. R. P. 114 904; Chem. Centralbl. **1900**, II, 1092.

[5]) Baeyer u. Villiger, Berichte d. Deutsch. chem. Gesellschaft **35**, 1209 [1902].

[6]) Garelli u. Barbieri, Gazzetta chimica ital. **36**, II, 171 [1906].

[7]) Gibbs, Journ. Amer. Chem. Soc. **28**, 1404 [1906].

[8]) Moschatos u. Tollens, Annalen d. Chemie u. Pharmazie **272**, 281 [1893].

[9]) Grischkewitsch - Trochimowski, Chem. Centralbl. **1910**, I, 735.

[10]) Habermann, Berichte d. Deutsch. chem. Gesellschaft **10**, 868 [1877]. — Wallach u. Wüsten, Berichte d. Deutsch. chem. Gesellschaft **16**, 151 [1883].

[11]) Tiemann u. Parisius, Berichte d. Deutsch. chem. Gesellschaft **13**, 2362 [1880]. — Merz u. Strasser, Journ. f. prakt. Chemie [2] **61**, 109 [1900].

[12]) Schiff, Berichte d. Deutsch. chem. Gesellschaft **19**, 562 [1886].

[13]) Stohmann, Journ. f. prakt. Chemie [2] **35**, 27 [1887].

[14]) Perkin, Journ. Chem. Soc. **69**, 1240 [1896].

[15]) Kietaibl, Monatshefte f. Chemie **19**, 537 [1898].

[16]) Herzig u. Zeisel, Monatshefte f. Chemie **11**, 301 [1890].

[17]) Kariof, Berichte d. Deutsch. chem. Gesellschaft **13**, 1677 [1880].

[18]) Kosta, Gazzetta chimica ital. **19**, 496 [1889].

[19]) Barth, Annalen d. Chemie u. Pharmazie **164**, 122 [1872].

[20]) Barth u. Weidel, Berichte d. Deutsch. chem. Gesellschaft **10**, 1464 [1877].

[21]) Kopp, Berichte d. Deutsch. chem. Gesellschaft **6**, 447 [1873]. — Annaheim, Berichte d. Deutsch. chem. Gesellschaft **10**, 976 [1877].

Tri-resorcin $C_{18}H_{14}O_4 + 2^1/_2H_2O = (OH)C_6H_4(OC_6H_4O)C_6H_4(OH) + 2^1/_2H_2O$. Entsteht bei 72stündigem Erwärmen auf 85° von 4 g Resorcin mit 5 ccm Eisessig und 4 ccm rauchender Salzsäure und Zersetzen des so entstandenen Hydrochlorats durch längeres Kochen mit Wasser. Aus kochendem Wasser metallglänzende dunkelrote Prismen[1]).

Resorcin-diphenyläther $C_{18}H_{14}O_2 = C_6H_4(OC_6H_5)_2$. Aus Eisessig tetragonale Prismen. Schmelzp. 61,5°[2]).

Resorcin-phosphat $C_{18}H_{15}O_7P + H_2O = PO(OC_6H_4OH)_3 + H_2O$. Entsteht durch Erwärmen von Resorcin mit überschüssigem PCl_5 und Zerlegen des erhaltenen Chlorids durch Wasser. Schmelzp. 75°[3]).

Resorcin-monoacetat $C_8H_8O_3 = (HO)C_6H_4(OCOCH_3)$. Entsteht aus Resorcin und Essigsäureanhydrid in der Kälte oder aus Resorcin und dem Diacetat. Sirup. Siedep. 283°[4]).

Resorcindiacetat $C_{10}H_{10}O_4 = C_6H_4(OCOCH_3)_2$. Entsteht aus Resorcin und Acetylchlorid. Siedep.$_{708} = 273$°[5]), Siedep. 278 unter Zersetzung[6]).

Resorcin-dichloracetal $C_6H_4(OOCCH_2Cl)_2$. Vierseitige, farblose Prismen. Schmelzp. 71,5—72°[7]).

Resorcin - monokohlensäureäthylester $C_9H_{10}O_4 = (OH)C_6H_4(OCO_2C_2H_5)$. Schmelzp. 55—57°. Siedep.$_{716} = 274$°. Siedep.$_{11} = 170$—173°[8]).

Resorcin-dikohlensäureäthylester $C_{12}H_{14}O_6 = C_6H_4(OCO_2C_2H_5)_2$. Entsteht aus Resorcinkalium und Chlorkohlensäureäthylester. Farbloses Öl. Siedep.$_{200-220} = 258$—260°; Siedep.$_{760} = 298$—302°[9]).

Resorcin-carbonat $(C_7H_4O_3)_x$

$$\left(\begin{array}{c} CO \begin{array}{c} O \\ | \\ O \end{array} C_6H_4 \end{array}\right)_x$$

Entsteht beim Einleiten von Phosgen in eine eisgekühlte Lösung von Resorcin in Pyridin unter häufigem Umschütteln. Amorphes Pulver. Schmelzp. 190° unter Gasentwicklung[10]). Aus Oxaläther Krystallpulver, sintert bei 197°. Schmelzp. 202°[11]).

Resorcin-phenylurethan $C_{20}H_{16}N_2O_4 = [NH(C_6H_5)CO_2]_2C_6H_4$. Aus Alkohol Tafeln. Schmelzp. 164°[12]). Durch Spuren von Na wird die Bildung des Urethans sehr beschleunigt[13]).

Resorcin-diphenylurethan $C_{32}H_{24}O_4N_2 = [N(C_6H_5)_2CO_2]_2C_6H_4$. Schmelzp. 129—130°[14]).

Arabinose-resorcin $C_{11}H_{14}O_6$. Entsteht, wenn man in die gekühlte Lösung von 5 T. Arabinose und 3,7 T. Resorcin in 6 T. Wasser Salzsäure einleitet. Amorphes Pulver. Verkohlt gegen 275°[15]).

Glucose-resorcin $C_{12}H_{16}O_7$. Entsteht wie oben. Amorphes Pulver[15]).

Resorcin-oxalat $[C_6H_4O_2(CO_2)_2]_x$. Bräunliches Pulver. Schmelzp. 260°[16]).

α-Hippuryl-resorcin $C_{15}H_{13}O_4N$. Aus Essigester Krystalle. Schmelzp. 144° (korr.)[17]).

β-Hippuryl-resorcin $C_{15}H_{13}O_4N$. Aus Alkohol farblose Nadeln. Schmelzp. 274° (korr.) unter vorheriger Bräunung von 255° an[17]).

Dihippuryl-resorcin $C_{24}H_{20}O_6N_2 = [(C_6H_5CONH)CH_2COO]_2C_6H_4$. Aus Essigester seidenglänzende Blättchen. Schmelzp. 179—180° (korr.)[17]).

---

[1]) **Hesse**, Annalen d. Chemie u. Pharmazie **289**, 62 [1896].

[2]) **Ullmann u. Sponagel**, Annalen d. Chemie u. Pharmazie **350**, 96 [1906].

[3]) **Secretant**, Bulletin de la Soc. chim. [3] **15**, 333 [1896].

[4]) **Knoll & Co.**, D. R. P. 103 857; Chem. Centralbl. **1899**, II, 948; D. R. P. 122 145; Chem. Centralbl. **1901**, II, 250.

[5]) **Nencki u. Sieber**, Journ. f. prakt. Chemie [2] **23**, 149 [1881].

[6]) **Typke**, Berichte d. Deutsch. chem. Gesellschaft **16**, 552 [1883].

[7]) **Abderhalden u. Kautzsch**, Zeitschr. f. physiol. Chemie **65**, 76 [1910].

[8]) **Einhorn**, D. R. P. 224160; Chem. Centralbl. **1910**, II, 519.

[9]) **Wallach**, Annalen d. Chemie u. Pharmazie **226**, 84 [1884].

[10]) **Einhorn**, Annalen d. Chemie u. Pharmazie **300**, 138, 152 [1898].

[11]) **Bischoff u. Hedenström**, Berichte d. Deutsch. chem. Gesellschaft **35**, 3435 [1902].

[12]) **Snape**, Berichte d. Deutsch. chem. Gesellschaft **18**, 2429 [1885].

[13]) **Vallée**, Annales de Chim. et de Phys. [8] **15**, 387 [1908].

[14]) **Herzog**, Berichte d. Deutsch. chem. Gesellschaft **40**, 1833 [1907].

[15]) **Fischer u. Jennings**, Berichte d. Deutsch. chem. Gesellschaft **27**, 1356 [1894].

[16]) **Bischoff u. Hedenström**, Berichte d. Deutsch. chem. Gesellschaft **35**, 3454 [1902].

[17]) **Fischer**, Berichte d. Deutsch. chem. Gesellschaft **38**, 2926 [1905].

Resorcin-monoglycolsäure $C_8H_8O_4 = (OH)C_6H_4(OCH_2COOH)$. Aus Wasser Prismen $+ \frac{1}{3}H_2O$, aus Toluol Nadeln. Schmelzp. 157—158°[1]), 158°[2]).

Resorcin-diglycolsäure $C_{10}H_{10}O_6 = (COOHCH_2O)C_6H_4(OCH_2COOH)$. Aus Eisessig oder Wasser Nadeln. Schmelzp. 195°[1]), 193°[2]). Mit Wasserdämpfen flüchtig.

Chlor-resorcin $C_6H_5ClO_2 = (OH)_2C_6H_3Cl$. Entsteht beim Eintragen von 1 Mol. SO_2Cl_2 in eine Lösung von Resorcin in abs. Äther. Schmelzp. 89°, Siedep. 255—256°[3]).

Dichlor-resorcin $C_6H_4Cl_2O_2 = (OH)_2C_6H_2Cl_2$. Entsteht aus Resorcin und 2 Mol. SO_2Cl_2. Aus Wasser lange rhombische Prismen. Schmelzp. 77°, Siedep. 249°. Sublimiert[3]).

Trichlor-resorcin $C_6H_3Cl_3O_2 = (OH)_2C_6HCl_3$. Entsteht beim Erwärmen von Resorcin mit überschüssigem Sulfurylchlorid auf 100°, beim Einleiten von Chlor in eine wässerige Resorcinlösung[3])[4]). Aus Wasser feine Nadeln. Schmelzp. 83°.

Tetrachlor-resorcin $C_6H_2Cl_4O_2 = (OH)_2CCl_4$. Aus Wasser lange Nadeln. Schmelzp. 141°[5]).

Brom-resorcin $C_6H_5BrO_2 = (OH)_2C_6H_3Br$. Entsteht bei 24stündigem Kochen von Brom-2, 4-dioxybenzoesäure mit Wasser. Schmelzp. 91°[6]).

Dibrom-resorcin $C_6H_4Br_2O_2 = (OH)_2C_6H_2Br_2 + H_2O$. Entsteht aus Brom und Resorcin in Schwefelkohlenstoff. Aus Wasser lange Nadeln. Schmelzp. 110—112°[6]).

2, 4-Dibrom-resorcin $C_6H_4Br_2O_2 = (OH)_2C_6H_2Br_2$. Entsteht aus Eosinkalium und 50% Natronlauge[7]) oder aus Dibrom-2, 4-dioxybenzoesäure und 30 T. Wasser bei längerem Kochen[8])[9]). Aus Wasser lange Nadeln. Schmelzp. 82—85°, 91,5—92,5°[9]).

2, 4, 6-Tribrom-resorcin $C_6H_3Br_3O_2 + H_2O = (OH)_2C_6HBr_3$. Entsteht aus Resorcin und Bromwasser[10]), aus Resorcin gelöst in Eisessig und 2 Mol. Brom[4]). Aus verdünntem Alkohol kleine Nadeln. Schmelzp. 111°[11]), 104°[2]).

Tetrabrom-resorcin $C_6H_2Br_4O_2 = (OH)_2C_6Br_4$. Entsteht beim Erwärmen des Pentabromresorcins mit konz. Schwefelsäure[12]). Aus wässerigem Alkohol kleine Nadeln. Schmelzp. 163°, 167°[13]).

Pentabrom-resorcin $C_6HBr_5O_2 = (OH)C_6Br_4(OBr)$. Entsteht beim Eintragen einer konz. wässerigen Resorcinlösung in überschüssiges Bromwasser. Aus CS_2 große tetragonale Krystalle. Schmelzp. 113,5°[14]).

Hexabrom-resorcin $C_6Br_6O_2 = (OBr)_2C_6Br_4$. Entsteht aus dem Pentabromderivat und Brom. Monokline Krystalle. Schmelzp. 136°, $D_{16,5} = 3,188$[14]).

Monojod-resorcin $C_6H_5JO_2 = (OH)_2C_6H_3J$. Entsteht, wenn man die Lösung von Resorcin und Jod in Äther nach und nach mit Bleioxyd versetzt. Rhomboedrische Prismen. Schmelzp. 67°[15]).

Trijod-resorcin $C_6H_3J_3O_2 = (OH)_2C_6HJ_3$. Entsteht aus wässeriger Resorcinlösung und Chlorjod[16]), und Kaliumjodat und Jod in KJ-Lösung[17]) und Jodkalium und Chlorkalk[18]). Aus Resorcin und Jod in wässeriger Lösung bei Gegenwart von Natriumacetat usw.[19]). Aus CS_2 Nadeln. Schmelzp. 145°.

---

[1]) Carter u. Lawrence, Journ. Chem. Soc. **77**, 1225 [1900].

[2]) Bischoff u. Fröhlich, Berichte d. Deutsch. chem. Gesellschaft **40**, 2791 [1907].

[3]) Reinhard, Journ. f. prakt. Chemie [2] **17**, 322 [1878].

[4]) Benedikt, Monatshefte f. Chemie **4**, 224 [1883].

[5]) Zinke u. Fuchs, Berichte d. Deutsch. chem. Gesellschaft **25**, 2689 [1892].

[6]) Zehenter, Monatshefte f. Chemie **8**, 293 [1887].

[7]) Baeyer, Annalen d. Chemie u. Pharmazie **183**, 57 [1876]. — Hoffmann, Berichte d. Deutsch. chem. Gesellschaft **8**, 64 [1875].

[8]) Zehenter, Monatshefte f. Chemie **2**, 478 [1881].

[9]) Meyer u. Conzetti, Berichte d. Deutsch. chem. Gesellschaft **32**, 2106 [1899].

[10]) Hlasiwetz u. Barth, Annalen d. Chemie u. Pharmazie **130**, 357 [1864].

[11]) Benedikt, Berichte d. Deutsch. chem. Gesellschaft **11**, 2168 [1878].

[12]) Claassen, Berichte d. Deutsch. chem. Gesellschaft **11**, 1440 [1878].

[13]) Benedikt, Monatshefte f. Chemie **1**, 366 [1880].

[14]) Stenhouse, Annalen d. Chemie u. Pharmazie **163**, 184 [1872].

[15]) Stenhouse, Annalen d. Chemie u. Pharmazie **171**, 311 [1874].

[16]) Michael u. Norton, Berichte d. Deutsch. chem. Gesellschaft **9**, 1752 [1876].

[17]) Claasen, Berichte d. Deutsch. chem. Gesellschaft **11**, 1442 [1878].

[18]) Degener, Journ. f. prakt. Chemie [2] **20**, 324 [1878].

[19]) Richard, Journ. de Pharm. et de Chim. [6] **15**, 217 [1902].

Dijod-resorcin-jod $C_6H_3J_3O_2 = (OH)C_6H_2J_2(OJ)$. Beim Versetzen einer alkalischen Resorcinlösung mit einer Lösung von Jod in Jodkalium entsteht ein violettroter Niederschlag, das Kaliumsalz. Säuren scheiden die freie Verbindung ab[1]).

4-Nitroso-resorcin $C_6H_5NO_3 + H_2O$

$$ON\!\!<\!\!\overset{\text{H} \quad \text{H}}{\underset{\text{OH} \;\; \text{H}}{}}\!\!>\!\!OH$$

Entsteht aus einer alkoholischen Lösung von Resorcin, 1 Mol. Natronlauge und 1 Mol. Isoamylnitrit. Aus Wasser goldgelbe Nadeln. Wenig beständig, bräunt sich bei 112°, wird bei 148° ganz schwarz[2]). Über Konstitution der Äther[3]). Ein **Isomeres** (?) lange, gelbgrüne Nadeln, bei 80—100° dunkler werdend, bei 134° verpuffend[4]).

2, 4-Dinitroso-resorcin $C_6H_4N_2O_4 + H_2O = (OH)_2C_6H_2(NO)_2$. Entsteht aus 1 Mol. Resorcin in Wasser, 2 Mol. Essigsäure und 2 Mol. Kaliumnitrit. Gelblichbraune Krystalle. Verpufft bei 115°[4])[5]).

2-Nitro-resorcin $C_6H_5NO_4$

$$H\!\!<\!\!\overset{\text{H} \quad \text{H}}{\underset{\text{OH} \;\; \text{NO}_2}{}}\!\!>\!\!OH$$

Entsteht aus einer ätherischen Resorcinlösung und salpetrige Säure enthaltender Salpetersäure[6]). Entsteht bei der Spaltung von Nitromethylumbelliferon[7]), bei der Nitrierung von Resorcindisulfonsäure und nachfolgender Abspaltung der Sulfogruppen[8]). Aus verdünntem Alkohol orangerote Prismen. Schmelzp. 85°[8]). **Mit Wasserdämpfen flüchtig.**

4-Nitro-resorcin $C_6H_5NO_4 = (OH)_2C_6H_3(NO_2)$. Entsteht ebenso wie das 2-Nitroderivat, auch bei der Oxydation des 4-Nitrosoresorcins durch Wasserstoffsuperoxyd und Kalilauge Citronengelbe, haarfeine Nadeln. Schmelzp. 115°[9]).

2, 4-Dinitro-resorcin $C_6H_4N_2O_6 = (OH)_2C_6H_2(NO_2)_2$. Entsteht aus dem 2, 4-Nitrosoderivat und salpetriger Säure[10]), oder kalter Salpetersäure. Aus verdünntem Alkohol hellgelbe Blättchen. Schmelzp. 142°[11]).

4, 6-Dinitro-resorcin $C_6H_4N_2O_6 = (OH)_2C_6H_2(NO_2)_2$. Entsteht beim Eintragen von Resorcindiacetat in das 4—5fache Volumen stark gekühlter rauchender Salpetersäure. Aus Essigäther glasglänzende gelbliche Prismen. Schmelzp. 212,5°[12]), 214,5°[13]).

2, 4, 6-Trinitro-resorcin, Styphninsäure $C_6H_3N_3O_8 = (OH)_2C_6H(NO_2)_3$. Entsteht bei längerem Kochen mit Salpetersäure aus Fernambukholzextrakt[14]), Euxanthon[15]), Ammoniakgummiharz, Asa foetida, Galbanum, Sagapenum, wässerigem Sandel- oder Gelbholzextrakt[14]), Peucedanin[16]), Ostruthin[17]), Phönicein[18]). Bei längerer Einwirkung von rauchender Salpeter-

---

[1]) Messinger u. Vortmann, Berichte d. Deutsch. chem. Gesellschaft **22**, 2320 [1889]. — Carswell, Berichte d. Deutsch. chem. Gesellschaft **27**, Ref. 81 [1894].

[2]) Fèvre, Bulletin de la Soc. chim. **39**, 585 [1883]. — Henrich, Berichte d. Deutsch. chem. Gesellschaft **35**, 4191 [1902].

[3]) Henrich, Chem. Centralbl. **1904, II**, 1539.

[4]) Barberio, Gazzetta chimica ital. **37, II**, 577 [1907].

[5]) Fitz, Berichte d. Deutsch. chem. Gesellschaft 8, 631 [1875]. — Kostanecki, Berichte d. Deutsch. chem. Gesellschaft **22**, 1345 [1889].

[6]) Weselsky u. Benedikt, Monatshefte f. Chemie 1, 887 [1880].

[7]) Pechmann u. Obermiller, Berichte d. Deutsch. chem. Gesellschaft 34, 667 [1901].

[8]) Kauffmann & de Pay, D. R. P. 145 190; Chem. Centralbl. **1903, II**, 973; Berichte d. Deutsch. chem. Gesellschaft **37**, 725 [1904].

[9]) Ehrlich, Monatshefte f. Chemie 8, 426 [1887].

[10]) Benedikt u. Hübl, Monatshefte f. Chemie **2**, 323 [1881].

[11]) Kostanecki u. Feinstein, Berichte d. Deutsch. chem. Gesellschaft **21**, 3122 [1888].

[12]) Typke, Berichte d. Deutsch. chem. Gesellschaft **16**, 552 [1883].

[13]) Schiaparelli u. Abelli, Berichte d. Deutsch. chem. Gesellschaft **16**, 872 [1883].

[14]) Will u. Böttger, Annalen d. Chemie u. Pharmazie **58**, 269 [1846].

[15]) Erdmann, Annalen d. Chemie u. Pharmazie **60**, 245 [1846].

[16]) Bothe, Annalen d. Chemie u. Pharmazie **2**, 311 [1849].

[17]) Gorup, Annalen d. Chemie u. Pharmazie **183**, 336 [1876].

[18]) Kleerekoper, Nederlandsch Tijdschrift voor Pharm. **13**, 303 [1901]; Chem. Centralbl. **1901 II**, 1086.

säure auf m-Nitrophenol[1]), auf Trinitrophenol[2]), beim Behandeln von Resorcin mit Salpeter-schwefelsäure[3]), bei der Oxydation von Dinitrosoresorcin mit verdünnter Salpetersäure[4]), aus 2, 4-Dinitroresorcin mit verdünnter Salpetersäure[5]), aus 4, 6-Dinitroresorcin mit Salpeter-schwefelsäure[6]), beim Nitrieren von Baptigenin und Baptisin[7]). Darstellung aus Sappan-holzextrakt[8]). Aus verdünntem Alkohol, große, schwefelgelbe, hexagonale Krystalle[9]). Schmelzp. 175,5°. Löslich in 88 T. Wasser von 62°. Leicht löslich in Alkohol und Äther. Verpufft bei raschem Erhitzen.

Salze siehe Will u. Böttger, Gräbe[10]), Salkowski[11]), Lippmann[12]).

4-Amino-resorcin $C_6H_7NO_2 = (OH)_2C_6H_3(NH_2)$. Entsteht durch Reduktion von 4-Nitro-resorcin mittels Zinn und Salzsäure[13]), von Benzolazoresorcin[14]) und von 4-Nitrosoresorcin[15]). Die freie Verbindung ist sehr unbeständig. Das salzsaure Salz bildet große, schiefprismatische Krystalle[15]).

5-Amino-resorcin. Phloramin $C_6H_7NO_2 = (OH)_2C_6H_3(NH_2)$. Entsteht aus Phloro-glucin und bei 0° gesättigtem, wässerigem Ammoniak. Seideglänzende Nadeln. Schmelzp. 146—152°[16]).

2, 4-Diamino-resorcin $C_6H_8N_2O_2 = (OH)_2C_6H_2(NH_2)_2$. Entsteht durch Reduktion des 2, 4-Dinitrosoderivates mittels Zinn und Salzsäure[17]). Die freie Base färbt sich an der Luft rasch braun, mit NH_3 färbt sie sich violett, scheidet aber an der Luft keine Krystalle ab. Unterschied von 4, 6-Diaminoresorcin (Typke)[18]).

4, 6-Diamino-resorcin $C_6H_8N_2O_2 = (OH)_2C_6H_2(NH_2)_2$. Entsteht bei der Reduktion von 4, 6-Dinitroresorcin mittels Zinn und Salzsäure[18]). Oxydiert sich sehr leicht an der Luft. Aus der ammoniakalischen Lösung scheiden sich beim Durchleiten von Luft kleine, dem Cu_2O ähnliche Krystalle von **Aminooxychinonimid** $O : C_6H_2(NH_2)(OH) : NH$ aus, die sich bei 310—315° zersetzen[19]).

Triamino-resorcin $C_6H_9N_3O_2 = C_6H(NH_2)_3(OH)_2$. Entsteht aus Trinitroresorcin mittels Zinn und Salzsäure[20]). Sehr unbeständig. Das salzsaure Salz bildet Nadeln.

Diazo-resorcin, Resazurin, Resazoin $C_{12}H_7NO_4$. Konstitution[21]). Entsteht aus Resorcin und salpetriger Säure[22]). Dunkelrote, kleine Krystalle mit Metallglanz aus Essigäther. Zersetzt sich beim Erhitzen.

Resorcin-2-azobenzol $C_{12}H_{10}O_2N_2 = (OH)_2C_6H_3(N_2C_6H_5)$. Entsteht neben dem 4-Azobenzolderivat aus Resorcin und Diazobenzolnitrat[23]).

[1]) Bantlin, Berichte d. Deutsch. chem. Gesellschaft **11**, 2101 [1878].

[2]) Henriques, Annalen d. Chemie u. Pharmazie **215**, 340 [1882].

[3]) Stenhouse, Jahresber. d. Chemie **1871**, 477. — Mery u. Zetter, Berichte d. Deutsch. chem. Gesellschaft **12**, 681, 2037 [1879].

[4]) Fitz, Berichte d. Deutsch. chem. Gesellschaft **8**, 631 [1875].

[5]) Benedikt u. Hübl, Monatshefte f. Chemie **2**, 326 [1881].

[6]) Kostanecky u. Feinstein, Berichte d. Deutsch. chem. Gesellschaft **21**, 3122 [1888].

[7]) Gorter, Archiv d. Pharmazie **235**, 318 [1897].

[8]) Stenhouse, Annalen d. Chemie u. Pharmazie **141**, 224 [1867].

[9]) Ditscheiner, Annalen d. Chemie u. Pharmazie **158**, 246 [1871].

[10]) Gräbe, Annalen d. Chemie u. Pharmazie **254**, 294 [1889].

[11]) Salkowski, Berichte d. Deutsch. chem. Gesellschaft **8**, 637 [1875].

[12]) Lippmann u. Fleißner, Monatshefte f. Chemie **6**, 817 [1885].

[13]) Weselsky, Annalen d. Chemie u. Pharmazie **164**, 6 [1872].

[14]) Meyer u. Kreis, Berichte d. Deutsch. chem. Gesellschaft **16**, 1330 [1883].

[15]) Henrich u. Wagner, Berichte d. Deutsch. chem. Gesellschaft **35**, 4195 [1902].

[16]) Hlasiwetz, Annalen d. Chemie u. Pharmazie **119**, 202 [1861]. — Pollak, Monats-hefte f. Chemie **14**, 1419 [1893].

[17]) Fitz, Berichte d. Deutsch. chem. Gesellschaft **8**, 633 [1875]. — Liebermann u. Kosta-necki, Berichte d. Deutsch. chem. Gesellschaft **17**, 881 [1884]. — de la Harpe u. Reverdin, Berichte d. Deutsch. chem. Gesellschaft **21**, 1405 [1888].

[18]) Typke, Berichte d. Deutsch. chem. Gesellschaft **16**, 556 [1883]. — Kostanecki, Be-richte d. Deutsch. chem. Gesellschaft **21**, 3116 [1888].

[19]) Kehrmann u. Betsch, Berichte d. Deutsch. chem. Gesellschaft **30**, 2102 [1897].

[20]) Schreder, Annalen d. Chemie u. Pharmazie **158**, 247 [1871].

[21]) Nietzki, Dietze u. Mäckler, Berichte d. Deutsch. chem. Gesellschaft **22**, 3038 [1889].

[22]) Weselsky u. Benedikt, Monatshefte f. Chemie **1**, 889 [1880]; **5**, 607 [1884]. — Brunner u. Krämer, Berichte d. Deutsch. chem. Gesellschaft **17**, 1849 [1884]. — Nietzki, Berichte d. Deutsch. chem. Gesellschaft **24**, 3367 [1891].

[23]) Pukall, Berichte d. Deutsch. chem. Gesellschaft **20**, 1146 [1887]. — Bechhold, Berichte d. Deutsch. chem. Gesellschaft **22**, 2377 [1889].

Resorcin-4-azobenzol $C_{12}H_{10}O_2N_2 = (OH)_2C_6H_3(N_2C_6H_5)$. Entsteht beim Eintragen von Diazobenzolchlorid in geschmolzenes Resorcin[1]). Entsteht in zwei stereoisomeren Formen. Schmelzp. 170°, 161°[2]). Konstitution[3]).

α-Resorcin-4, 6-disazobenzol $C_{18}H_{14}N_4O_2 = (OH)_2C_6H_2(N_2C_6H_5)_2$. Entsteht neben der γ-Verbindung aus Resorcin, Diazobenzolnitrat und Natronlauge[4]), aus Resorcylsäure, Diazobenzolchlorid und Natronlauge[5]). Braunrote, verfilzte Nadeln. Schmelzp. 213—215°[4]), 217°[5]).

β-Resorcin-disazobenzol $C_{18}H_{14}H_4O_2 = (OH)_2C_6H_2(N_2C_6H_5)_2$. Aus Alkohol rotbraune mikroskopische Nadeln. Schmelzp. 220°[3]). Wahrscheinlich unreines γ-Produkt[6]).

γ-Resorcin-2, 4-disazobenzol $C_{18}H_{14}N_4O_2 = (OH)_2C_6H_2(N_2C_6H_5)_2$. Entsteht neben dem Monoazoprodukt aus Resorcin, Diazobenzolchlorid und Natronlauge. Große breite Nadeln. Schmelzp. 220—222°[7]).

Resorcin-2, 4, 6-trisazobenzol $C_{24}H_{18}O_2N_6 = (OH)_2C_6H(N_2C_6H_5)_2$. Entsteht aus Resorcin und frisch bereiteter Diazobenzolchloridlösung. Aus Alkohol und Chloroform braune mikroskopische Nadeln. Entsteht auch aus der symmetrischen (α) und der asymmetrischen (γ) Disazoverbindung. Schmelzp. 254°[6]).

Resorcin-sulfonsäure $C_6H_6SO_5 = (OH)_2C_6H_3(SO_3H)$. Kaliumsalz $+ 2H_2O$. Krystalle[8]).

Resorcin-disulfonsäure $C_6H_6S_2O_8 + 2H_2O = (OH)_2C_6H_2(SO_3H)_2$. Aus Resorcin und H_2SO_4[8])[9]). Zerfließliche Krystallmasse.

Resorcin-trisulfonsäure $C_6H_6S_3O_{11} = (OH)_2C_6H(SO_3H)_3$. Entsteht beim Erhitzen der Disulfonsäure mit rauchender Schwefelsäure auf 200°[9]).

Resorcin - mono und - dischwefelsäure $(SO_3HO)C_6H_4(OH)$ und $(SO_3HO)_2C_6H_4$. Die Kaliumsalze entstehen aus Resorcin, Ätzkali und Kaliumpersulfat. Das dischwefelsaure Kalium ist unlöslich in Alkohol. $(KSO_4)C_6H_4(OH)$. Trikline Tafeln. Färbt sich mit Eisenchlorid violett. $(KSO_4)_2C_6H_4$. Feine Nadeln. Gibt keine Färbung mit Eisenchlorid[10]).

Hydrochinon, p-Dioxy-benzol.

Mol.-Gewicht 110,05.
Zusammensetzung: 65,42% C, 5,49% H.

$$C_6H_6O_2$$

$$OH \overset{H \quad H}{\underset{H \quad H}{\langle \ \rangle}} OH$$

Vorkommen: Mit Glucose zum Glucosid Arbutin gekuppelt, weit verbreitet. Frei nachgewiesen wurde es im Zuckerbusch (Protea mellifera)[11]), in den Blättern und Blüten der Preißelbeere (Vaccinium vitis idaea L.)[12]), in den Blattknospen des Birnbaumes (Pirus com-

---

[1]) Heumann u. Oeconomides, Berichte d. Deutsch. chem. Gesellschaft **20**, 905 [1887]. — B. Fischer u. Wimmer, Berichte d. Deutsch. chem. Gesellschaft **20**, 1578 [1887]. — Kostanecki, Berichte d. Deutsch. chem. Gesellschaft **21**, 3119 [1888].

[2]) Will u. Pukall, Berichte d. Deutsch. chem. Gesellschaft **20**, 1121 [1887].

[3]) Orndorff u. Thebaud, Amer. Chem. Journ. **26**, 159 [1901].

[4]) Wallach u. Fischer, Berichte d. Deutsch. chem. Gesellschaft **15**, 2814 [1882]. — Kostanecki, Berichte d. Deutsch. chem. Gesellschaft **21**, 3117 [1888].

[5]) Limpricht, Annalen d. Chemie u. Pharmazie **263**, 244 [1891].

[6]) Orndorff u. Ray, Berichte d. Deutsch. chem. Gesellschaft **40**, 3211 [1907]; Amer. Chem. Journ. **44**, 1 [1910].

[7]) Liebermann u. Kostanecki, Berichte d. Deutsch. chem. Gesellschaft **17**, 880 [1884]. — Kostanecki, Berichte d. Deutsch. chem. Gesellschaft **21**, 3118 [1888]. — Goldschmidt u. Pollack, Berichte d. Deutsch. chem. Gesellschaft **25**, 1341 [1892].

[8]) H. Fischer, Monatshefte f. Chemie **2**, 337 [1881].

[9]) Piccard u. Humbert, Berichte d. Deutsch. chem. Gesellschaft **9**, 1480 [1876]. — Tedeschi, Berichte d. Deutsch. chem. Gesellschaft **12**, 1267 [1879].

[10]) Baumann, Berichte d. Deutsch. chem. Gesellschaft **11**, 1911 [1878].

[11]) Hesse, Annalen d. Chemie u. Pharmazie **290**, 317 [1896].

[12]) Kanger, Archiv f. experim. Pathol. u. Pharmakol. **50**, 53 [1903]. — Karges, Justs botan. Jahresber. **1902**, II, 32.

munis)[1]), in den Röstprodukten des Kaffees[2]), im Harn eines Alkaptonurikers[3]); als Hydrochinonschwefelsäure im Harn von Hunden nach Arbutinfütterung[4]), nach Eingabe von Phenol, innerlich oder äußerlich zugeführt[5]), nach Hydrochinoneingabe[6]), nach Verfütterung von Benzol[7]); als Hydrochinonglucuronsäure im Harn von Kaninchen nach Hydrochinoneingabe[8]).

Bildung: Hydrochinon entsteht bei der trockenen Destillation der Chinasäure[9]), der Oxysalicylsäure[10]), von bernsteinsauren Salzen[11]) bei der Reduktion von Chinon[12]), bei der Spaltung von Arbutin durch Emulsin[13]), oder durch verdünnte Schwefelsäure[14]), bei der Kalischmelze von Saponarin[15]), Hydrochinon entsteht bei der Spaltung der Chinäthonsäure durch Salzsäure[16]), bei der Kalischmelze der Homogentisinsäure[17]), von p-Jodphenol[18]), bei der Einwirkung von H_2O_2 und Ferrosulfat auf Benzol bei $45°$ neben Phenol und Brenzcatechin[19]). Es entsteht bei der Oxydation des p-Oxybenzaldehyds mittels H_2O_2 in alkalischer Lösung[20]), aus Anilin durch elektrolytische Oxydation[21]).

Farbreaktionen: Mit $Na_2O_2 + 8\ H_2O$ entsteht in alkoholischer Lösung sofort eine intensiv rötlichgelbe Färbung. Ein Tropfen auf Porzellan wird flüchtig blau. Mit Wasser geht die Färbung in orange über[22]). Hydrochinon gibt mit Formaldehyd in stark salzsaurer Lösung eine violettstichig weiße Fällung, die beim Kochen mit konz. Salzsäure hellgelbbraun wird[23]). Gibt man zu einer Hydrochinonlösung einen Tropfen NH_3, so wird die Lösung goldgelb, auf weiteren Zusatz von NaOBr-Lösung braunrot (Brenzcatechin dunkelbraun, Resorcin grün)[24]). Chinon färbt festes Hydrochinon lilablau[25]). Reaktionen, welche gestatten, Hydrochinon neben Arbutin zu erkennen oder es davon zu unterscheiden, beschreibt Lemaire[26]). Zum qualitativen Nachweis von Hydrochinon im Harn eignet sich folgende Vorschrift: 50 ccm Urin werden mit 2 ccm Chloroform ausgeschüttelt, das Chloroform wird abgetrennt und leicht mit Kaliumhydrat erwärmt. Dabei tritt bei Anwesenheit von Hydrochinon eine goldgelbe Färbung auf[27]).

Zur **Bestimmung** von Hydrochinon kann man bei Gegenwart von Alkalibicarbonatlösung mit Jod titrieren[28]). Bestimmung durch Fehlingsche Lösung[29]).

[1]) Rivière u. Bailhache, Compt. rend. de l'Acad. des Sc. **139**, 81 [1904].

[2]) Bernheimer, Monatshefte f. Chemie **1**, 456 [1880].

[3]) Gigli, Chem.-Ztg. **29**, 1084 [1905].

[4]) Baumann u. Herter, Zeitschr. f. physiol. Chemie **1**, 244 [1877/78]. — L. Lewin, Virchows Archiv **92**, 517, 531 [1883].

[5]) Baumann, Zeitschr. f. physiol. Chemie **3**, 156—160 [1879].

[6]) Baumann, Archiv f. Anat. u. Physiol. **1879**, 245.

[7]) Baumann, Zeitschr. f. physiol. Chemie **6**, 190 [1882].

[8]) Külz, Zeitschr. f. Biol. **27**, 247 [1890].

[9]) Wöhler, Annalen d. Chemie u. Pharmazie **51**. 152 [1844]. — Hesse, Annalen d. Chemie u. Pharmazie **200**, 232 [1880].

[10]) Demole, Berichte d. Deutsch. chem. Gesellschaft **7**, 1441 [1874]. — Rakowski u. Leppert, Berichte d. Deutsch. chem. Gesellschaft **8**, 788 [1875]. — Hlasiwetz, Annalen d. Chemie u. Pharmazie **175**, 67 [1875].

[11]) Richter, Journ. f. prakt. Chemie [2] **20**, 207 [1879].

[12]) Nietzki, Berichte d. Deutsch. chem. Gesellschaft **19**, 1468 [1886].

[13]) Kawalier, Annalen d. Chemie u. Pharmazie **84**, 358 [1852]. — Bourquelot u. Fichtenholz, Journ. de Pharm. et de Chim. [7] **1**, 62; 104 [1910].

[14]) Strecker, Annalen d. Chemie u. Pharmazie **107**, 229 [1858] **118**, 292 [1861].

[15]) Barger, Berichte d. Deutsch. chem. Gesellschaft **35**, 1298 [1902].

[16]) Kossel, Zeitschr. f. physiol. Chemie **4**, 300 [1880].

[17]) Baumann u. Wolkow, Zeitschr. f. physiol. Chemie **15**, 251 [1891].

[18]) Körner, Zeitschr. f. Chemie **1866**, 662, 731.

[19]) Cross, Bevan u. Heiberg, Berichte d. Deutsch. chem. Gesellschaft **33**, 2018 [1900].

[20]) Dakin, Amer. Chem. Journ. **42**, 490 [1909].

[21]) Höchster Farbwerke, D. R. P. 172654; Chem. Centralbl. **1906**, II, 724.

[22]) Alvarez, Chem. News **91**, 125 [1905]; Chem. Centralbl. **1905**, I. 1145.

[23]) Silbermann u. Ozorovitz, Chem. Centralbl. **1908**, II, 1022.

[24]) Dehn u. Scott, Journ. Amer. Chem. Soc. **30**, 1419 [1908].

[25]) v. Liebig, Journ. f. prakt. Chemie [2] **72**, 108 Anm. [1905].

[26]) Lemaire, Chem. Centralbl. **1908**, I, 1579.

[27]) Desesquelle, Compt. rend. de la Soc. de Biol. **42**, 101 [1890]; Jahresber. über d. Fortschritte d. Tierchemie **20**, 180 [1890].

[28]) Casolari, Gazzetta chimica ital. **39**, I, 589 [1909].

[29]) Bourquelot u. Fichtenholz, Journ. de Pharm. et de Chim. [7] **1**, 62, 104 [1910].

Physiologische Eigenschaften: Hydrochinon schmeckt schwach süßlich. Nach Eingabe von Hydrochinon erscheint dasselbe bei Hunden im Harn wieder als Hydrochinonschwefelsäure[1]), bei Kaninchen als Hydrochinonglucuronsäure[2]). Der Harn zeigt nach der Entleerung sehr schön die Erscheinung des Carbolharns, er hat zunächst eine grünlichbraune Färbung, die allmählich, durch Bildung von Chinhydron, von der Oberfläche aus in Schwarzbraun übergeht. In bezug auf die Giftigkeit steht Hydrochinon zwischen Brenzcatechin und Resorcin. Für Frösche wirken 0,015 g tödlich. Ein Kaninchen von 2330 g Gewicht zeigt nach 1 g Hydrochinon 2 Stunden lang klonische Krämpfe, erholt sich dann aber wieder. Die antifermentative Wirkung zeigen folgende Zahlen. Die 1 proz. Lösung verhindert die Eiweißfäulnis und die Alkoholgärung vollständig, die $^1/_2$ proz. Lösung verhindert die Buttersäuregärung[3]). Nach Untersuchungen, die D a n i l e w s k y an wirbellosen Tieren, Cölenteraten, Echinodermaten, Vermes, Arthropoden, Molusken ausführte, ist Hydrochinon als starkes protoplasmatisches Gift aufzufassen[4]). Als letale Dosis bei intraperitonealer Einverleibung wird pro Kilogramm Gewicht 0,20 g in 10 proz. wässeriger Lösung angegeben[5]). Die Vergiftungserscheinungen bestehen in Erbrechen, Kopfschmerz, Kollaps. Das Herz wird geschädigt[6]). Als letale Dosis für den Hund wird bei Injektion in die Jugularis 0,08—0,1 g pro Kilogramm angegeben[7]). Die Wirkung auf das Zentralnervensystem ist dieselbe wie beim Phenol.

Pflanzenphysiologisch ist als Grenzwert für die Wachstumshemmung von Lupinenwurzeln $^1/_{1600}$ Mol. pro Liter ermittelt worden[8]). Durch Einführung von Hydrochinon in Pflanzen, welche die Einführung von Arbutin gut vertrugen, gingen dieselben nach kurzer Zeit ein[9]). Hydrochinon wirkt hemmend auf die Emulsinspaltung des Arbutins[10]). Läßt man Hydrochinon mit Maispflanzenbrei in wässeriger Lösung 2 Monate stehen, so läßt sich aus dem Reaktionsgemisch ein Hydrochinonglucosid isolieren[11]). In äquivalenten Lösungen von natürlichem oder künstlichem Meerwasser begünstigt es die Parthenogenese von Seeigeleiern[12]).

Physikalische und chemische Eigenschaften: Hydrochinon ist dimorph[13]). Aus wässeriger Lösung krystallisiert die stabile Form in langen hexagonalen Prismen[14]). Beim Sublimieren erhält man die labile Form. Dieselbe bildet monokline Blättchen. Sublimationsgeschwindigkeit in einer Stunde bei 160° und 0,5 mm Druck 4,7 g[15]). Schmelzp. 169°[16]), 172° (korr.)[17]), Siedep. 285°[18]), D = 1,326[19]). Molekulare Verbrennungswärme 685,2 Cal.[20]), 683,0 Cal.[21]), 685,4 Cal. bei konstantem Druck[22]). Spez. Gew. der wässerigen Lösung[23]). Das zweite Hydroxyl besitzt ganz schwachen Säurecharakter[24]). Die Dissoziationskonstante bei 0°

---

[1]) B a u m a n n u. P r e u ß e, Archiv f. Anat. u. Physiol. **1879**, 243. — B a u m a n n, Zeitschr. f. physiol. Chemie **6**, 183—193 [1882]. — K a n g e r, Archiv f. experim. Pathol. u. Pharmakol. **50**, 71 [1903].

[2]) K ü l z, Zeitschr. f. Biol. **27**, 247 [1890].

[3]) B r i e g e r, Archiv f. Anat. u. Physiol., Suppl. **1879**, 65—66.

[4]) D a n i l e w s k y, Archiv f. experim. Pathol. u. Pharmakol. **35**, 105 [1895].

[5]) C h a s s e v a n t u. G a r n i e r, Compt. rend. de la Sco. de Biol. **55**, 1584; Jahresber. über d. Fortschritte d. Tierchemie **1903**, 162 [1903].

[6]) S c h r ö d e r, Diss. Berlin 1883.

[7]) G i b b s u. H a r e, Archiv f. Anat. u. Physiol. **1890**, 356.

[8]) T r u e u. H u n k e l, Botan. Centralbl. **76**, 289 [1898].

[9]) C i a m i c i a n u. R a v e n n a, Gazzetta chimica ital. **38**, I, 693 [1908].

[10]) F i c h t e n h o l z, Chem. Centralbl. **1909**, II, 1561.

[11]) C i a m i c i a n u. R a v e n n a, Chem. Centralbl. **1910**, I, 936.

[12]) D e l a g e u. B e a u c h a m p, Compt. rend. de l'Acad. des Sc. **145**, 735 [1908].

[13]) L e h m a n n, Jahresber. d. Chemie **1877**, 566. — N e g r i, Gazzetta chimica ital. **26**, I, 76 [1896].

[14]) G r o t h, Berichte d. Deutsch. chem. Gesellschaft **3**, 450 [1870].

[15]) K e m p f, Journ. f. prakt. Chemie [2] **78**, 256 [1908].

[16]) H l a s i w e t z, Annalen d. Chemie u. Pharmazie **175**, 68 [1875]; **177**, 336 [1875].

[17]) J o n a, Gazzetta chimica ital. **39**, II, 306 [1909].

[18]) G r ä b e, Annalen d. Chemie u. Pharmazie **254**, 296 [1889].

[19]) S c h r ö d e r, Berichte d. Deutsch. chem. Gesellschaft **12**, 563 [1879].

[20]) B e r t h e l o t u. L u g i n i n, Annales de Chim. et de Phys. [6] **13**, 337 [1888].

[21]) S t o h m a n n u. L a n g b e i n, Journ. f. prakt. Chemie [2] **45**, 305 [1892].

[22]) V a l e u r, Compt. rend. de l'Acad. des Sc. **125**, 872 [1897].

[23]) T r a u b e, Berichte d. Deutsch. chem. Gesellschaft **31**, 1569 [1898].

[24]) T h i e l u. R ö m e r, Zeitschr. f. physikal. Chemie **63**, 732 [1908].

$K \cdot 10^{10} = 0,57$, bei $18°$ $K \cdot 10^{10} = 1,1$ [1]). Die Absorptionsreaktion gegen Ammoniak ist normal[2]). Hydrochinon in Alkohol fluoresciert ultraviolett, sein Dampf, durch Teslaströme zur Luminescenz gebracht, blauviolett[3]). Die verdünnt alkoholische Lösung des Hydrochinons zeigt bei der Temperatur der flüssigen Luft hellblaue Phosphorescenz[4]). Das ultraviolette Absorptionsspektrum zeigt sehr deutliche Linien in $\lambda = 2900$—2500[5]).

Leicht löslich in Alkohol, Äther und heißem Wasser. 100 Teile Wasser lösen bei $15°$ 5,85 T., bei $28,5°$ 9,45 T. Hydrochinon. In 1 l Benzol löst sich ungefähr 0,2 Hydrochinon[6]). Läßt sich unzersetzt destillieren[7]). Wird durch Oxydationsmittel sehr leicht in Chinon übergeführt, z. B. beim Stehen an der Luft. Hydrochinon reduziert Silbernitratlösung beim Erwärmen und Fehlingsche Lösung schon in der Kälte. Gibt mit Bleizucker keinen Niederschlag. Geschwindigkeit der Sauerstoffabsorption[8]); dieselbe wird beschleunigt durch die Anwesenheit von Manganoxydsalzen[9])[10]), durch modifiziertes Nickelacetat[11]), durch Tierkohle[10]), durch Alkali[10])[12]); Hydrochinon wird durch Quecksilberacetat zu Chinhydron[13]), durch Diazoniumsalze zu Chinon[14]) oxydiert. Durch direkt oxydierende und durch indirekt oxydierende Enzyme und H_2O_2 tritt Bildung von Chinon und Chinhydron auf, die schließlich zu einem undefinierten braunen Körper führt[15]). Eine äußerst verdünnte Lösung von Ferrocyanid mit einem kolloidalen Eisensalz oxydiert Hydrochinon bei Gegenwert von H_2O_2 ebenso wie eine Peroxydase[16]). Hydrochinon wird durch Silberpersulfatgemisch zu Maleinsäure neben CO_2, CO und Ameisensäure oxydiert[17]). Leitet man Hydrochinon mit überschüssigem Wasserstoff über auf 250—$300°$ erhitztes Nickel, so entsteht zunächst Phenol, nachher Benzol[18]). In Gegenwart von Nickel wird Hydrochinon bei $200°$ zu Chinit reduziert[19]), bei $130°$ entsteht cis-Chinit, bei 160—$170°$ cis- und trans-Chinit neben Cyclohexanol und Phenol[20]). Über gemischte Chinhydrone[21]).

Salze und Derivate: $(NaO)C_6H_4(OH)$ und $(Na_2O_2)C_6H_4$ [22]). — $C_6H_4(OH)_2 + Pb(C_2H_3O_2)_2 + 1\frac{1}{2}H_2O$. Bildet sich beim Auflösen von Hydrochinon in einer warmen Bleizuckerlösung. Schiefe, rhombische Prismen[23]).

Rhomboedrisches Hydrochinonsulfhydrat $3(C_6H_6O_2 \cdot H_2S)$[23]). — **Prismatisches Hydrochinonsulfhydrat** $4(C_6H_6O_2 \cdot H_2S)$[23]).

Hydrochinon-sulfit $3(C_6H_6O_2 \cdot SO_2)$. Gelbe rhomboedrische Krystalle. Sehr zersetzlich[24]).

Trihydrochinon-hydrochlorid $3 C_6H_4(OH)_2 \cdot HCl$. Farblose Krystalle[25]).
Dihydrochinon-hydrobromid $2 C_6H_4(OH_2)_2 \cdot HBr$ [26]).

[1]) Euler u. Bolin, Zeitschr. f. physikal. Chemie **66**, 77 [1909].
[2]) Hantzsch, Zeitschr. f. physikal. Chemie **48**, 318 [1904].
[3]) Stark u. Meyer, Physikal. Zeitschr. **8**, 250 [1907].
[4]) Dzierzbicki u. Kowalski, Chem. Centralbl. **1909**, II, 959.
[5]) Magini, Chem. Centralbl. **1903**, II, 718.
[6]) Kempf, Chem. Centralbl. **1907**, I, 33.
[7]) Barth, Annalen d. Chemie u. Pharmazie **159**, 238 [1871].
[8]) Lepetit, Bulletin de la Soc. chim. [3] **23**, 629 [1900].
[9]) Bertrand, Compt. rend. de l'Acad. des Sc. **124**, 1355 [1897].
[10]) Matsui, Chem. Centralbl. **1909**. II, 120.
[11]) Job, Compt. rend. de l'Acad. des Sc. **144**, 1266 [1907].
[12]) Dony, Bull. Acad. Roy. de Belg., Classe des sciences **1908**, 105; Chem. Centralbl. **1908**, I, 2185.
[13]) Dimroth, Berichte d. Deutsch. chem. Gesellschaft **35**, 2867 [1902].
[14]) Orton u. Everatt, Journ. Chem. Soc. **93**, 1021 [1908].
[15]) Marchadier, Journ. de Pharm. et de Chim. [6] **21**, 299 [1905].
[16]) Wolff, Compt. rend. de l'Acad. des Sc. **146**, 781 [1908].
[17]) Kempf, Berichte d. Deutsch. chem. Gesellschaft **39**, 3726 [1906].
[18]) Sabatier u. Senderens, Chem. Centralbl. **1905**, I, 1005.
[19]) Ipatiew, Journ. d. russ. physikal.-chem. Gesellschaft **38**, 75 [1906]; Chem. Centralbl. **1906**, II, 87.
[20]) Sabatier u. Mailhe, Compt. rend. de l'Acad. des Sc. **146**, 1195 [1908].
[21]) Urban, Monatshefte f. Chemie **28**, 299 [1907].
[22]) Forcrand, Annales de Chim. et de Phys. [6] **30**, 69 [1893].
[23]) Wöhler, Annalen d. Chemie u. Pharmazie **69**, 299 [1849].
[24]) Clemm, Annalen d. Chemie u. Pharmazie **110**, 357 [1859]. —Hesse, Annalen d. Chemie u. Pharmazie **114**, 300 [1860].
[25]) Schmidlin u. Lang, Berichte d. Deutsch. chem. Gesellschaft **43**, 2818 [1910].
[26]) Gomberg u. Cone, Annalen d. Chemie u. Pharmazie **376**, 238 [1910].

Hydrochinon-aceton $C_6H_4(OH)_2 \cdot CH_3COCH_3$. Krystalle. Unbeständig[1]).

Hydrochinon-blausäure $3 C_6H_4(OH)_2 \cdot HCN$. Glänzende Nadeln. Zersetzlich[2]).

Hydrochinon-diammonium $C_6H_4(OH)_2 \cdot N_2H_4$. Blättchen. Schmelzp. 154° unter Zersetzung[3]).

Hydrochinon - diäthylendiamin, Piperazin-hydrochinon $C_6H_4(OH)_2 + C_4H_8(NH)_2$. Nadeln. Schmelzp. 195° unter Zersetzung[4]).

Hydrochinon-hexamethylentetramin $C_6H_4(OH)_2 + C_6H_{12}N_4$. Mikroskopische Krystalle[5]).

Hydrochinon-anilin $C_6H_4(OH)_2 \cdot 2 C_6H_7N$. Weiße, glimmerähnliche Blättchen. Schmelzpunkt 89—90°[6]).

Hydrochinon-p-toluidin $C_6H_4(OH)_2 \cdot 2 C_7H_9N$. Schmelzp. 95—98°[6]).

Hydrochinon-pyridin $C_6H_4(OH)_2 + C_5H_5N$. Lange Blätter, aus Wasser. Nadeln. Schmelzp. 81—83°[7]).

Hydrochinon-chinolin $C_6H_4(OH)_2 + 2 C_9H_7N$. Aus Alkohol flache Prismen. Schmelzp. 98—99°[7]).

Hydrochinon-benzidin $C_6H_4 \diagup^{OHH_2N-C_6H_4}_{\diagdown OHH_2N-C_6H_4}$. Kryställchen oder Platten. Schmelzp. 230° unter Zersetzung[8]).

Hydrochinon-dianisidin $C_{20}H_{22}O_4N_2$. Schmelzp. 150—157°[8]).

Hydrochinon-antipyrin $C_6H_4(OH)_2 \cdot 2 C_{11}H_{12}ON_2$. Farblose Nadeln. Schmelzp. 127°[9]).

Hydrochinon-methylamin $C_6H_4(ONH_3CH_3)_2 \cdot 6 CH_3NH_2$. Rosa Krystalle[10]).

Hydrochinon-alloxan $C_6H_4(OH)_2 \cdot C_4O_4N_2H_2$. Aus Wasser Prismen. Zersetzungsp. 205—207[11]).

Hydrochinon-oxalester $C_6H_4(OH)_2 + C_6H_{10}O_4$. Große Blätter ohne scharfen Schmelzpunkt[7]).

Hydrochinon - zimtaldehyd $C_6H_4(OH)_2 + 2 C_9H_8O$. Spießige Krystalle. Schmelzp. 53—55°[7]).

Hydrochinon - dimethylpyron $C_6H_4(OH)_2 + C_7H_8O_2$. Aus wenig Wasser krystallwasserhaltige Prismen. Schmelzp. 107—109° wasserfrei[7]).

Hydrochinon-amylenhydrat $C_6H_4(OH)_2 + C_5H_{12}O$. Flache Nadeln, sintert bei 90—100°; bei höherer Temperatur destilliert Amylenhydrat ab[7]).

Hydrochinon-trimethylcarbinol $C_6H_4(OH)_2 + C_4H_{10}O$ [7]).

Hydrochinon-methyläther $C_7H_8O_2 = (OH)C_6H_4(OCH_3)$. Vorkommen: Als Spaltprodukt des Methylarbutins mittels verdünnter Säuren[12]). Es entsteht aus Hydrochinon und methylschwefelsaurem Kali[13]), oder Jodmethyl und Kaliummethylat[14]). Rhombische Blätter oder prismatische Tafeln. Schmelzp. 53°, Siedep. 243°. Nicht mit Wasserdämpfen flüchtig (Unterschied von Dimethyläther). Reichlich löslich in kaltem Benzol (Unterschied von Hydrochinon).

Hydrochinon-dimethyläther $C_8H_{10}O_2 = (CH_3O)C_6H_4(OCH_3)$. Entsteht aus Hydrochinon und Jodmethyl in alkalischer Lösung[15]). Große Blätter. Schmelzp. 55—56°[13]). Siedep.

---

[1]) Habermann, Monatshefte f. Chemie **5**, 329 [1884]. — Schmidtlin u. Lang, Berichte d. Deutsch. chem. Gesellschaft **43**, 2817 [1910].

[2]) Mylius, Berichte d. Deutsch. chem. Gesellschaft **19**, 1008 [1886].

[3]) Curtius u. Thun, Journ. f. prakt. Chemie [2] **44**, 191 [1891]. — Franzen u. Eichler, Journ. f. prakt. Chemie [2] **78**, 160 [1908].

[4]) Schmidt u. Wichmann, Berichte d. Deutsch. chem. Gesellschaft **24**, 3242 [1891].

[5]) Moschatos u. Tollens, Annalen d. Chemie u. Pharmazie **272**, 282 [1893].

[6]) Kremann u. Rodinis, Monatshefte f. Chemie **27**, 165 [1906].

[7]) Baeyer u. Villiger, Berichte d. Deutsch. chem. Gesellschaft **35**, 1208—1211 [1902].

[8]) Dollinger, Monatshefte f. Chemie **31**, 646 [1910].

[9]) Garelli u. Barbieri, Gazzetta chimica ital. **36**, II, 171 [1906].

[10]) Gibbs, Journ. Amer. Chem. Soc. **28**, 1403 [1906].

[11]) Böhringer u. Söhne, D. R. P. 107 720; Chem. Centralbl. **1900**, I 1113.

[12]) Schiff, Annalen d. Chemie u. Pharmazie **206**, 159 [1881]; **221**, 365 [1883].

[13]) Hlasiwetz u. Habermann, Annalen d. Chemie u. Pharmazie **177**, 338 [1875]; Monatshefte f. Chemie **4**, 753 [1883]. — Bourquelot u. Fichtenholz, Journ. de Pharm. et de Chim. [7] **1**, 104 [1910].

[14]) Hesse, Annalen d. Chemie u. Pharmazie **200**, 254 [1880]. — Tiemann u. Müller, Berichte d. Deutsch. chem. Gesellschaft **14**, 1989 [1881].

[15]) Mühlhäuser, Annalen d. Chemie u. Pharmazie **207**, 252 [1881].

212,6°, $D_{55}^{55} = 1,0526$, $D_{100}^{100} = 1,0386$. Magnetisches Drehungsvermögen 16,44 bei 55,8°[1]). Molekulare Verbrennungswärme 1015,076 Cal.[2]).

Hydrochinon-äthyläther $C_8H_{10}O_2 = (OH)C_6H_4(OC_2H_5)$. Vorkommen: In kleinen Mengen im Sternanisöl[3]). Mit Glucuronsäure gekuppelt erscheint er als Chinäthonsäure im Harn nach Phenetolfütterung[4]). Entsteht aus Hydrochinon, KOH und Jodäthyl[5]). Aus Wasser breite, sehr dünne, atlasglänzende Blättchen. Schmelzp. 66°, Siedep. 246 bis 247°.

Hydrochinon-diäthyläther $C_{10}H_{14}O_2 = (C_2H_5O)C_6H_4(OC_2H_5)$. Entsteht aus Hydrochinon, Natriumäthylat und 2 Mol. Äthylbromid[6]). Sehr flüchtige, anisartig riechende Blättchen. Schmelzp. 71—72°[5]).

Hydrochinon-diisobutyläther $C_{14}H_{22}O_2 = (C_4H_9O)C_6H_4(OC_4H_9)$. Fettglänzende Blätter. Siedep. 262°. Mit Wasserdämpfen flüchtig[7]).

Hydrochinon-diisoamyläther $C_{16}H_{26}O_2 = (C_5H_{11}O)C_6H_4(OC_5H_{11})$. Aus Alkohol seideglänzende Nadeln. Schmelzp. 65°[8]).

Hydrochinon-diphenyläther $C_{18}H_{14}O_2 = C_6H_4(OC_6H_5)_2$. Krystalle. Schmelzp. 77°, Siedep.$_{720} = 371—372°$[9]).

Hydrochinon-phosphat $C_{18}H_{15}O_7P = PO(OC_6H_4OH)_3$. Entsteht beim Erhitzen von Hydrochinon mit überschüssigem PCl_5 und Zerlegen des erhaltenen Chlorids mit Wasser. Aus Wasser prismatische Nadeln. Schmelzp. 149°[10]).

Hydrochinon-diacetat $C_{10}H_{10}O_4 = (C_2H_3O_2)C_6H_4(O_2C_2H_3)$. Entsteht aus Hydrochinon und Essigsäureanhydrid[11]) oder Acetylchlorid[12]), aus Chinon und Essigsäureanhydrid[13]). Blätter oder Tafeln. Schmelzp. 123—124°. Mit Camphersulfosäure als Katalysator dargestellt. Schmelzp. 118—121°[14]).

Hydrochinon-dichloracetat $C_6H_4(OOCCH_2Cl)_2$. Aus Methylalkohol Tafeln. Schmelzp. 127°[15]).

Hydrochinon-dipropionat $C_{12}H_{14}O_4 = (C_3H_5O_2)C_6H_4(O_2C_3H_5)$. Aus Alkohol große Blätter. Schmelzp. 113°[11]).

Hydrochinon-oxalat $[C_6H_4O_2(CO)_2]_x$. Weiße Masse. Schmelzp. oberhalb 280°[16]).

Hydrochinon - succinat $[C_6H_4(OOCCH_2)_2]_x$. Grauweißes Pulver. Schmelzp. 265 bis 268°[17]).

Hydrochinon-succinein $C_{16}H_{14}O_6 = [(OH)_2C_6H_3]_2C \cdot CH_2CH_2CO$. Entsteht aus 2 Mol. Hydrochinon und Bernsteinsäureanhydrid. Aus Alkohol oder Eisessig weiße Nadeln. Schmelzp. 217°[18]).

Hippuryl-hydrochinon $C_{15}H_{13}O_4N = [(C_6H_5CONH)CH_2COO]C_6H_4(OH)$. Aus heißem Wasser glänzende Nadeln. Schmelzp. 155—157° (korr.)[19]).

Dihippuryl-hydrochinon $C_{24}H_{20}O_6N_2 = [(C_6H_5CONH)CH_2COO]_2C_6H_4$. Aus Alkohol weiße Blättchen. Schmelzp. 220—222° (korr.) unscharf[19]).

[1]) Perkin, Journ. Chem. Soc. London **69**, 1240 [1896].
[2]) Stohmann, Journ. f. prakt. Chemie [2] **35**, 27 [1887].
[3]) Bericht d. Firma Schimmel & Co., April **1893**, 56. — Tardy, Bulletin de la Soc. chim. [3] **27**, 990 [1902].
[4]) Kossel, Zeitschr. f. physiol. Chemie **4**, 296 [1880].
[5]) Wichelhaus, Berichte d. Deutsch. chem. Gesellschaft **12**, 1501 [1879]. — Hantzsch, Journ. f. prakt. Chemie [2] **22**, 462 [1880].
[6]) Nietzki, Annalen d. Chemie u. Pharmazie **215**, 145 [1882].
[7]) Schubert, Monatshefte f. Chemie **3**, 680 [1882].
[8]) Königs u. Mai, Berichte d. Deutsch. chem. Gesellschaft **25**, 2652 [1892].
[9]) Ullmann u. Sponagel, Berichte d. Deutsch. chem. Gesellschaft **38**, 2212 [1905].
[10]) Secretant, Bulletin de la Soc. chim. [3] **15**, 361 [1896].
[11]) Hesse, Annalen d. Chemie u. Pharmazie **200**, 244 [1880].
[12]) Nietzki, Berichte d. Deutsch. chem. Gesellschaft **11**, 470 [1878].
[13]) Sarauw, Annalen d. Chemie u. Pharmazie **209**, 128 [1881].
[14]) Reychler, Bull. Soc. Chim. Belg. **21**, 428 [1907]; Chem. Centralbl. **1908**, I, 1042.
[15]) Abderhalden u. Kautzsch, Zeitschr. f. physiol. Chemie **65**, 77 [1910].
[16]) Bischoff u. Hedenström, Berichte d. Deutsch. chem. Gesellschaft **35**, 3455 [1902].
[17]) Bischoff u. Hedenström, Berichte d. Deutsch. chem. Gesellschaft **35**, 4076 [1902].
[18]) Meyer u. Witte, Berichte d. Deutsch. chem. Gesellschaft **41**, 2457 [1908].
[19]) E. Fischer, Berichte d. Deutsch. chem. Gesellschaft **38**, 2933 [1905].

Hydrochinon-dikohlensäureäthyläther $C_{12}H_{14}O_6 = C_6H_4(OCO_2C_2H_5)_2$. Entsteht aus Hydrochinonkalium und Chlorkohlensäureäthylester. Aus Alkohol lange Nadeln. Schmelzp. 101°[1]); Siedep. 310°[2]).

Hydrochinon-carbonat $(C_7H_4O_3)_x = \left(CO\big\langle{}^O_O\big\rangle C_6H_4\right)_x$. Entsteht beim Einleiten von Phosgen in eine Lösung von Hydrochinon in Pyridin. Amorphes, rotstichig-gelbes Pulver. Schmelzp. oberhalb 280°[3]). Schmelzp. oberhalb 320°[4]).

Hydrochinon-phenylurethan $C_{20}H_{16}N_2O_4 = [NH(C_6H_5)COO]_2C_6H_4$. Aus Alkohol Prismen. Schmelzp. 205—207° unter Zersetzung[5]).

Hydrochinon-glycolsäure $C_8H_8O_4 = (OH)C_6H_4(OCH_2COOH)$. Aus Toluol Nadeln, oder aus Wasser Prismen und $\frac{1}{8}$ H_2O. Schmelzp. 152°[6]).

Hydrochinon-diglycolsäure $C_{10}H_{10}O_6 = (COOHCH_2O)C_6H_4(OCH_2COOH)$. Aus Eisessig mikrokrystallinisches Pulver. Schmelzp. 251°[6]), 250—251°[7]).

Chlor-hydrochinon $C_6H_5ClO_2 = C_6H_3Cl(OH)_2$. Entsteht aus Chinon und konz. Salzsäure[8]), als Zwischenprodukt entsteht Chinhydron[9]), oder aus Chlorchinon und schwefliger Säure[10]). Monokline Blättchen. Schmelzp. 103—104°[11]), 106°, Siedep. 263° fast unzersetzt.

2, 5-Dichlor-hydrochinon $C_6H_4Cl_2O_2 = C_6H_2Cl_2(OH)_2$. Entsteht aus Chlorchinon in Chloroform und gasförmiger Salzsäure[8]), oder aus 2, 5-Dichlorchinon und schwefliger Säure. Aus siedendem Wasser lange Nadeln. Schmelzp. 166°[8]), 172°[12]). Aus Aceton monoklin. Schmelzp. 169—170°, $D^{24} = 1,815$[13]).

2, 6-Dichlor-hydrochinon $C_6H_4O_2Cl_2 = C_6H_2Cl_2(OH)_2$. Entsteht aus 2, 6-Dichlorchinon und schwefliger Säure. Aus verdünntem Alkohol schwach gelbliche Blätter. Schmelzp. 157—158°[14]), 164°[15]), 163—164°[16]).

2, 3-Dichlor-hydrochinon $C_6H_4O_2Cl_2 = C_6H_2Cl_2(OH)_2$. Entsteht aus Hydrochinon in Äther und SO_2Cl_2 oder aus dem Chinon und schwefliger Säure. Aus Wasser Nadeln. Schmelzp. 144—145°. Sublimierbar[17]).

2, 3, 5-Trichlor-hydrochinon $C_6H_3Cl_3O_2 = C_6HCl_3(OH)_2$. Entsteht aus dem 2, 3, 5-Trichlorchinon und schwefliger Säure[18]), aus 2,5- oder 2,6-Dichlorchinon und Salzsäure[19]), aus Chlorchinonchlorid oder Chinontetrachlorid und schwefliger Säure[17]). Große prismatische Krystalle. Schmelzp. 134°[18]). Molekulare Verbrennungswärme 594,5 Cal.[11]). Aus wenig Wasser Kryställchen. Schmelzp. 138°[20]).

Tetrachlor-hydrochinon $C_6H_2Cl_4O_2 = C_6Cl_4(OH)_2$. Entsteht bei der Reduktion des zugehörigen Chinons[19]), aus Chloranil und Salzsäure[11]), aus Chloranil und schwefliger Säure[21]), aus Chloranil und Hydroxylamin[11]), aus Chloranil und Jodphosphor[22]), aus Trichlorchinon und Salzsäure[23]). Aus Benzol feine, glänzende, monokline Säulen. Schmelzp. 232°[24]).

---

[1]) Bender, Berichte d. Deutsch. chem. Gesellschaft **13**, 697 [1880].
[2]) Wallach, Annalen d. Chemie u. Pharmazie **226**, 85 [1884].
[3]) Einhorn, Annalen d. Chemie u. Pharmazie **300**, 154 [1898].
[4]) Bischoff u. Hedenström, Berichte d. Deutsch. chem. Gesellschaft **35**, 3436 [1902].
[5]) Snape, Berichte d. Deutsch. chem. Gesellschaft **18**, 2429 [1885].
[6]) Carter u. Lawrence, Journ. Chem. Soc. **77**, 1226 [1900].
[7]) Bischoff u. Fröhlich, Berichte d. Deutsch. chem. Gesellschaft **40**, 2797 [1907].
[8]) Wöhler, Annalen d. Chemie u. Pharmazie **51**, 155 [1844]. — Levy u. Schultz, Annalen d. Chemie u. Pharmazie **210**, 138 [1881].
[9]) Michael u. Cobb, Journ. f. prakt. Chemie [2] **82**, 297 [1910].
[10]) Städeler, Annalen d. Chemie u. Pharmazie **69**, 307 [1849].
[11]) Schultz, Berichte d. Deutsch. chem. Gesellschaft **15**, 654 [1882].
[12]) Krafft, Berichte d. Deutsch. chem. Gesellschaft **10**, 800 [1877].
[13]) Fels, Zeitschr. f. Krystallographie **32**, 365 [1900].
[14]) Faust, Annalen d. Chemie u. Pharmazie **149**, 155 [1869].
[15]) Kehrmann u. Tiesler, Journ. f. prakt. Chemie [2] **40**, 481 [1889].
[16]) Dakin, Amer. Chem. Journ. **42**, 491 [1909].
[17]) Peratoner u. Genco, Gazzetta chimica ital. **24**, II, 377 [1894].
[18]) Städeler, Annalen d. Chemie u. Pharmazie **69**, 321 [1849]. — Gräbe, Annalen d. Chemie u. Pharmazie **146**, 25 [1868]. — Stenhouse, Annalen d. Chemie u. Pharmazie, Suppl. **6**, 214 [1868].
[19]) Levy u. Schultz, Annalen d. Chemie u. Pharmazie **210**, 153 [1881].
[20]) Biltz u. Giese, Berichte d. Deutsch. chem. Gesellschaft **37**, 4017 [1904].
[21]) Bouveault, Compt. rend. de l'Acad. des Sc. **129**, 55 [1899].
[22]) Gräbe, Annalen d. Chemie u. Pharmazie **146**, 9 [1868]; **263**, 29 [1891].
[23]) Niemeyer, Annalen d. Chemie u. Pharmazie **228**, 324 [1885].
[24]) Sutkowski, Berichte d. Deutsch. chem. Gesellschaft **19**, 2316 [1886].

Brom-hydrochinon $C_6H_5Br \cdot O_2 = C_6H_3Br(OH)_2$. Entsteht aus Chinon und konz. Bromwasserstoffsäure[1]), aus Hydrochinon und Brom[2]). Seideglänzende Blättchen. Schmelzp. 110—111°[2]), 113—115°[3]). Sublimiert in Blättchen.

2, 5(?)-Dibrom-hydrochinon $C_6H_4Br_2O_2 = C_6H_2Br_2(OH)_2$. Entsteht aus Brom und Hydrochinon, in Eisessig[4]). Aus Chinon, oder Bromchinon und Bromwasserstoffsäure[1])[2]). Aus siedendem Wasser lange Nadeln. Schmelzp. 186°.

2, 6-Dibrom-hydrochinon $C_6H_4Br_2O_2 = C_6H_2Br_2(OH)_2$. Entsteht aus dem Dibromchinon und schwefliger Säure. Blättchen. Schmelzp. 163—164°[3])[5]).

Tribrom-hydrochinon $C_6H_3Br_3O_2 = C_6HBr_3(OH)_2$. Entsteht aus Hydrochinon und Brom, in Eisessig, oder aus Chinon und Brom, ebenfalls in Eisessig[2]). Seideglänzende Nadeln. Schmelzp. 136°.

Tetrabrom-hydrochinon $C_6H_2Br_4O_2 = C_6Br_4(OH)_2$. Entsteht aus Bromanil und SO_2[6]) oder Jodphosphor[7]) oder aus Hydrochinon und Brom mit 1% Aluminium[8]). Aus Eisessig feine Nädelchen. Schmelzp. 244°.

Dijod-hydrochinon $C_6H_4J_2O_2 = C_6H_2J_2(OH)_2$. Entsteht aus Dijodchinon und Zinnchlorür[8]) oder schwefliger Säure[9]). Aus heißem Wasser lange Nadeln. Schmelzp. 144—145°[9]), 142,5°[10]).

Nitro-hydrochinon $C_6H_5NO_4 = C_6H_3(NO_2)(OH)_2$. Entsteht aus o-Nitrophenol, Natronlauge und überschwefelsaurem Ammoniak. Aus Wasser rote Pyramiden. Schmelzp. 133—134°[11]).

Dinitro-hydrochinon $C_6H_4N_2O_6 = C_6H_2(NO_2)_2(OH)_2 + 1^1/_2 H_2O$. Entsteht beim Kochen von Dinitroarbutin mit verdünnter Schwefelsäure[12]). Beim Nitrieren von Hydrochinondiacetat mittels kalter Salpetersäure und Verseifen des Acetats[13]). Aus Wasser goldglänzende Blättchen. Schmelzp. 135—136° unter Bräunung.

2, 3-Diamino-hydrochinon $C_6H_8N_2O_2 = C_6H_2(NH_2)_2(OH)_2$. Entsteht durch Reduktion des 2, 3-Dinitrohydrochinons mittels salzsauren Zinnchlorürs. Oxydiert sich rasch an der Luft[14]).

2, 5-Diamino-hydrochinon $C_6H_8N_2O_2 = C_6H_2(NH_2)_2(OH)_2$. Entsteht bei der Reduktion des entsprechenden Diaminochinons mit S_2Cl_2 und Salzsäure. Krystallinisch[15]).

Triamino-hydrochinon $C_6H_9N_3O_2 = C_6H(NH_2)_3(OH)_2$. Entsteht beim Behandeln von Nitrodiiminohydrochinon mit salzsaurem Zinnchlorür[16]).

Tetramino-hydrochinon $C_6H_{10}N_4O_2 = C_6(NH_2)_4(OH)_2$. Entsteht bei der Reduktion von Dinitrodiaminochinon mit salzsaurem Zinnchlorür. Die freie Base färbt sich an der Luft schnell violett[17]).

Hydrochinon-azobenzol $C_{12}H_{10}N_2O_2 = (C_6H_5NN)C_6H_3(OH)_2$. Entsteht aus Hydrochinonmonobenzoat, Diazobenzolchloridlösung und Sodalösung und Verseifen des Benzoats. Aus verdünnter Essigsäure granatrote Nädelchen. Schmelzp. 145—148°[18]).

Dihydrochinon-sulfonsäure $C_{12}H_{16}SO_9(?)$. Entsteht beim Auflösen von Hydrochinon in rauchender Schwefelsäure[19]).

Hydrochinon-sulfonsäure $C_6H_6SO_5 = (OH)_2C_6H_3 \cdot SO_3H$. Entsteht aus Hydrochinon und einem Gemisch von gewöhnlicher und rauchender Schwefelsäure. Zerfließliche körnige Krystalle. Das Kaliumsalz bildet lange, wasserhelle, monokline Krystalle[20]).

[1]) Wichelhaus, Berichte d. Deutsch. chem. Gesellschaft **12**, 1504 [1879].
[2]) Sarauw, Annalen d. Chemie u. Pharmazie **209**, 105 [1880].
[3]) Dakin, Amer. Chem. Journ. **42**, 491 [1909].
[4]) Benedikt, Monatshefte f. Chemie **1**, 345 [1880].
[5]) Ling, Journ. Chem. Soc. **61**, 562 [1892].
[6]) Stenhouse, Annalen d. Chemie u. Pharmazie **91**, 310 [1854].
[7]) Stenhouse, Annalen d. Chemie u. Pharmazie, Suppl. **8**, 20 [1872].
[8]) Bodroux, Compt. rend. de l'Acad. des Sc. **126**, 1285 [1898].
[9]) Seifert, Journ. f. prakt. Chemie [2] **28**, 438 [1883].
[10]) Metzeler, Berichte d. Deutsch. chem. Gesellschaft **21**, 2555 [1888].
[11]) Elbs, Journ. f. prakt. Chemie [2] **48**, 179 [1893].
[12]) Strecker, Annalen d. Chemie u. Pharmazie **118**, 293 [1861].
[13]) Nietzki, Annalen d. Chemie u. Pharmazie **215**, 143 [1882].
[14]) Nietzki u. Preußer, Berichte d. Deutsch. chem. Gesellschaft **19**, 2247 [1886].
[15]) Kehrmann u. Betsch, Berichte d. Deutsch. chem. Gesellschaft **30**, 2101 [1897].
[16]) Nietzki u. Schmidt, Berichte d. Deutsch. chem. Gesellschaft **22**, 1658 [1889].
[17]) Nietzki u. Schmidt, Berichte d. Deutsch. chem. Gesellschaft **20**, 2117 [1887].
[18]) Witt u. Johnson, Berichte d. Deutsch. chem. Gesellschaft **26**, 1909 [1893].
[19]) Hesse, Annalen d. Chemie u. Pharmazie **110**, 201 [1859].
[20]) Seyda, Berichte d. Deutsch. chem. Gesellschaft **16**, 688 [1883].

Hydrochinon-schwefelsäure $C_6H_6SO_5 = (SO_3HO)C_6H_4(OH)$. Das Kaliumsalz entsteht beim Behandeln von Hydrochinonkalium mit Kaliumpyrosulfat. Rhombische Tafeln[1]). Aus Alkohol Blättchen[2]). Siehe Bd. IV, S. 973.

α-Hydrochinon-disulfonsäure $C_6H_6S_2O_8 = (OH)_2C_6H_2(SO_3H)_2$. Entsteht aus Chinasäure und rauchender Schwefelsäure. Sirup[3]).

β-Hydrochinon-disulfonsäure $C_6H_6S_2O_8 = (OH)_2C_6H_2(SO_3H)_2$. Entsteht beim Erhitzen von Hydrochinon mit rauchender Schwefelsäure. Lange, dicke, zerfließliche Nadeln[4]).

γ-Hydrochinon-disulfonsäure $C_6H_6S_2O_8 = (OH)_2C_6H_2(SO_3H)_2$. Entsteht beim Behandeln von p-Aminophenoldisulfonsäure mit salpetriger Säure. Amorph[5]).

p-Benzo-chinon, gewöhnliches Chinon.

Mol.-Gewicht 108,03.
Zusammensetzung: 66,65% C, 3,73% H.

$$C_6H_4O_2$$

Vorkommen: Im Hautsekret des Tausendfüßlers Julus terrestris[6]). Im Sekret von Streptothrix chromogenes Gasperini[7]).

Bildung: Es entsteht bei der Einwirkung eines Gemenges von Kaliumdichromat oder Braunstein und verdünnter Schwefelsäure auf Chinasäure[8]), auf Hydrochinon[9]), auf Arbutin[10]), auf Kaffeeblätter, auf die Blätter von Ilex aquafolium und vieler anderer Pflanzen[11]), auf Anilinschwarz[12]), bei der Gärung des frischen Grases[13]), bei der Oxydation von Betit $C_6H_{12}O_4$ mit Braunstein und Schwefelsäure[14]). Entsteht aus Benzol durch Silberperoxyd bei Gegenwart von HNO_3[15]). Aus Anilin durch elektrolytische Oxydation[16]).

Die **Darstellung** erfolgt aus Anilin mittels Chromsäuregemisch[17]).

Eine sehr empfindliche **Reaktion** auf in Wasser gelöstes Chinon gibt Liebermann an. Setzt man zu 1—2 Tropfen einer farblosen alkoholischen Hydrocörulignonlösung wässerige Chinonlösung, so färbt sich die Mischung sofort gelbrot und gleichzeitig scheiden sich unter Wiederentfärbung der Lösung die stahlblauen schillernden Nadeln von Cörulignon aus[18]).

Zur **Bestimmung** von Chinon benutzt man die Titration mittels Jodkalium und Thiosulfat[17]) [19]).

Physiologische Eigenschaften: Chinon riecht durchdringend, chlorähnlich. Nach Einführung in den Organismus erscheint es als Hydrochinonätherschwefelsäure und

1) Baumann, Berichte d. Deutsch. chem. Gesellschaft **11**, 1913 [1878].
2) Chem. Fabr. Schering, D. R. P. 81 068.
3) Hesse, Annalen d. Chemie u. Pharmazie **110**, 201 [1859].
4) Seyda, Berichte d. Deutsch. chem. Gesellschaft **16**, 688 [1883].
5) Wilsing, Annalen d. Chemie u. Pharmazie **215**, 239 [1882].
6) Béhal u. Phisalix, Compt. rend. de l'Acad. des Sc. **131**, 1004 [1900].
7) Beijerinck, Arch. neerland. des sciences exactes et nat. **1900**, 326; Jahresber. über d. Fortschritte d. Tierchemie **30**, 531 [1900].
8) Woskresensky, Annalen d. Chemie u. Pharmazie **27**, 268 [1838].
9) Wöhler, Annalen d. Chemie u. Pharmazie **51**, 152 [1844].
10) Strecker, Annalen d. Chemie u. Pharmazie **107**, 233 [1858].
11) Stenhouse, Annalen d. Chemie u. Pharmazie **89**, 247 [1854].
12) Nietzki, Berichte d. Deutsch. chem. Gesellschaft **10**, 1934 [1877]. — Willstätter u. Dorogi, Berichte d. Deutsch. chem. Gesellschaft **42**, 4118 [1909].
13) Emmerling, Berichte d. Deutsch. chem. Gesellschaft **30**, 1870 [1897].
14) v. Lippmann, Berichte d. Deutsch. chem. Gesellschaft **34**, 1162 [1901].
15) Kempf, Berichte d. Deutsch. chem. Gesellschaft **38**, 3963 [1905].
16) Höchster Farbwerke, D. R. P. 172 654; Chem. Centralbl. **1906** II, 724.
17) Nietzki, Berichte d. Deutsch. chem. Gesellschaft **19**, 1468 [1886]. — Schniter, Berichte d. Deutsch. chem. Gesellschaft **20**, 2283 [1887]. — Clark, Amer. Chem. Journ. **14**, 555 [1892]. — Valeur, Compt. rend. de l'Acad. des Sc. **129**, 252 [1899]. — Willstätter u. Dorogi, Berichte d. Deutsch. chem. Gesellschaft **42**, 2165 [1909].
18) Liebermann, Berichte d. Deutsch. chem. Gesellschaft **10**, 1615 [1877].
19) Willstätter u. Majima, Berichte d. Deutsch. chem. Gesellschaft **43**, 1171 [1910].

Hydrochinonglucuronsäure im Harn. Chinon wirkt oxydierend auf das Blut unter Bildung von Methämoglobin. Das Chinon selbst wird dabei zu Hydrochinon reduziert. Versuche an Tieren zeigten zunächst starke Reizung der Nerven, welche sich an Schmerzäußerungen erkennen läßt. Bei Einführung per os tritt Erbrechen und schwere Schädigung des Intestinaltractus ein[1]). Neuere Untersuchungen an Keimpflanzen, Zweigen, Algen, Schimmelpilzen, Bakterien, Mäusen und Kaulquappen zeigen, daß das Chinon auch in starker Verdünnung sehr giftig wirkt[2]). Als letale Dosis für Meerschweinchen wird 0,0018 g angegeben bei intravenöser Applikation unter Entstehung von Peritonitis[3]).

Physikalische und chemische Eigenschaften: Aus Wasser gelbe, lange, monokline Prismen[4]). Sublimiert in goldgelben Nadeln. Die wässerige Lösung färbt die Haut braun. Schmelzp. 115,7° [5]), $D = 1,307—1,318$ [6]). Brechungsvermögen[7]), molekulare Verbrennungswärme 656,8 Cal.[8]), 658,4 Cal.[9]). Das Absorptionsspektrum zeigt ein isorropisches Band und kein Anzeichen für benzolische Struktur[10]). Schmelzp. 113,5° und Sublimationsgeschwindigkeit (innerhalb 1 Stunde bei 125° und 15 mm Druck 4 g)[11]). Benzochinon kann als schwache Säure fungieren $(K_s > 10^{-13})$ [12]). Wenig löslich in kaltem Wasser, leicht in heißem, in Alkohol und Äther, ziemlich leicht in kochendem Ligroin[13]). Setzt man eine Lösung von Chinon in ca. 15% Alkohol 5 Monate lang der Sonne aus, so wird es völlig in Hydrochinon verwandelt[14]). Auch die ätherische Lösung wird durch Belichtung reduziert[15]). Die lichtelektrische Empfindlichkeit ist inkonstant[16]). Jodwasserstoff reduziert zu Hydrochinon, ebenso freies Hydroxylamin[17]) und gelbes Schwefelammonium[18]). Die Reduktion in Gegenwart von Nickel durch Wasserstoff führt bei 190—200° glatt zum Hydrochinon, bei niedriger Temperatur entstehen eventuell die Diole des Cyclohexans[19]). Beim Kochen mit Essigsäureanhydrid und Natriumacetat entsteht Hydrochinondiacetat[20]). Benzochinon oxydiert im Lichte Äthylalkohol, Isopropylalkohol, Ameisensäure unter Übergang in Hydrochinon; Glycerin, Mannit, Erythrit, Dulcit, Glucose unter Übergang in Chinhydron[21]). Es bläut Guajacharzlösung und angesäuerte Jodkaliumstärkelösung[22]). Chinon geht allmählich in Huminsubstanz über, auch ohne Mitwirkung von freiem Sauerstoff[23]). Wird durch Persulfat-Silbersalzmischung zu Maleinsäure, Kohlensäure, Kohlenoxyd und Ameisensäure oxydiert[24]). Mit Proteinen gibt Chinon intensiv rote bis ins Braunrote übergehende Färbungen[25]). Über die außerordentlich große chemische Reaktionsfähigkeit des Chinons[26]). Chinon + NH_3 bildet bei —15° ein grünlichschwarzes Additionsprodukt[27]). Bei Vereinigung

---

[1]) Otto Schulz, Inaug.-Diss. Rostock 1892; Jahresber. über d. Fortschritte d. Tierchemie **22**, 77 [1892]. — Sally Cohn, Inaug.-Diss. Königsberg 1893.

[2]) Furuta, Bull. Coll. Agric. Tokio **4**, 407 [1902]; Chem. Centralbl. **1902**, II, 385.

[3]) Béhal u. Phisalix, Compt. rend. de l'Acad. des Sc. **131**, 955, 1004 [1900].

[4]) Henniges, Jahresber. d. Chemie **1882**, 367. — Hintze, Jahresber. d. Chemie **1882**, 777.

[5]) Hesse, Annalen d. Chemie u. Pharmazie **114**, 300 [1860].

[6]) Schröder, Berichte d. Deutsch. chem. Gesellschaft **13**, 1071 [1880].

[7]) Nasini u. Anderlini, Gazzetta chimica ital. **24**, I, 160 [1894].

[8]) Berthelot u. Recoura, Annales de Chim. et de Phys. [6] **13**, 312 [1888].

[9]) Valeur, Annales de Chim. et de Phys. [7] **21**, 475 [1900].

[10]) Baly u. Stewart, Journ. Chem. Soc. **89**, 620 [1906]. — Hartley, Proc. chem. Soc. **20**, 160 [1904]. — Hartley u. Leonard, Journ. Chem. Soc. **95**, 34 [1909].

[11]) Kempf, Journ. f. prakt. Chemie [2] **78**, 256 [1908].

[12]) Euler u. Bolin, Zeitschr. f. physikal. Chemie **66**, 74 [1909].

[13]) Hesse, Annalen d. Chemie u. Pharmazie **200**, 240 [1880].

[14]) Ciamician, Gazzetta chimica ital. **16**, 111 [1886].

[15]) Tarbouriech, Bulletin de la Soc. chim. [3] **25**, 313 [1903].

[16]) Stark u. Steubing, Physikal. Zeitschr. **9**, 481 [1908].

[17]) Goldschmidt, Berichte d. Deutsch. chem. Gesellschaft **17**, 213 [1884].

[18]) Willgerodt, Berichte d. Deutsch. chem. Gesellschaft **20**, 2470 [1887].

[19]) Sabatier u. Mailhe, Compt. rend. de l'Acad. des Sc. **146**, 457 [1908].

[20]) Buschka, Berichte d. Deutsch. chem. Gesellschaft **14**, 1327 [1881].

[21]) Ciamician u. Silber, Rendiconti della R. Accad. dei Lincei [5] **10**, I, 93 [1901]. — Ciamician u. Silber, Rendiconti della R. Accad. dei Lincei [5] **11**, II, 145 [1902].

[22]) Schaer, Zeitschr. f. Biol. **37**, 326 [1899].

[23]) Sestini, Chem. Centralbl. **1902**, I, 183.

[24]) Kempf, Berichte d. Deutsch. chem. Gesellschaft **38**, 3963 [1905]; **39**, 3715 [1906].

[25]) Raciborski, Chem. Centralbl. **1907**, I, 1595.

[26]) Michael, Journ. f. prakt. Chemie [2] **79**, 418 [1909].

[27]) Korczynski, Chem. Centralbl. **1909**, II, 807.

kalter, alkoholischer Lösungen von Chinon und Aminosäureestern entstehen Ester vom Typus des Diglycinochinons $(HO_2CCH_2NH)_2C_6H_2(O)_2$ [1]). Ähnliche Verbindungen entstehen mit Diaminen [2]).

Salze und Derivate: $C_6H_2O_4Na_2 + 2 C_6H_5OH$. Tiefblauer Niederschlag, entstanden aus Chinon, gelöst in Äther und Natriumphenolat [3]). .

Chinon - pyridinjodhydrat $C_6H_4O_2 \cdot C_5H_5NHJ$. Aus Wasser lange Nadeln [4]). Schmelzp. 254°. — **Chinon-pyridinchlorhydrat** $C_6H_4O_2 \cdot C_5H_5NHCl$. Aus Wasser dünne Nadeln. Schmelzp. 223—225° [4]). — **Chinon-pyridinbromhydrat** $C_6H_4O_2 \cdot C_5H_5NHBr$. Gelbbraune Nadeln. Schmelzp. 230° [4]). — **Chinon-pyridinfluorhydrat** $C_6H_4O_2 \cdot C_5H_5NHFl$. Aus Wasser gelbe Schuppen. Schmelzp. 240—242° [5]). — **Chinon-pyridinnitrat** $C_6H_4O_2 \cdot C_5H_5N \cdot HNO_3$. Aus Alkohol gelbe Nadeln. Schmelzp. 212—214° [5]). — **Chinon-chinolinjodhydrat** $C_6H_4O_2 \cdot C_9H_7N \cdot HJ$. Aus Wasser gelbe Nadeln und H_2O. Schmelzp. 223—225° [5]). — **Chinon-chinolinchlorhydrat** $C_6H_4O_2 \cdot C_9H_7NHCl$. Helle Nadeln. Schmelzp. 144—146° [5]).

Chinon-pikrat $C_6H_4(O)_2 \cdot (OH)C_6H_2(NO_2)_3$. Gelbe Krystalle. Schmelzp. 78—79° [6]).

Chinon - cyclopentadien $C_6H_4(O)_2 \cdot C_5H_6$. Aus Methylalkohol gelbgrüne Blättchen. Schmelzp. 77—78° [7]).

Chinon-dichlorid $C_6H_4O_2Cl_2$

Entsteht beim Einleiten von trockenem Chlorgas in mit Kältemischung gekühltes Chinon in Chloroform [8]), oder aus $1^1/_2$ Mol. SO_2Cl_2 und Hydrochinon [10]). Aus Eisessig dünne Tafeln. Schmelzp. 146°.

Chinon-tetrachlorid $C_6H_4O_2Cl_4$

Entsteht aus dem Dichlorid und Chlor [9]), oder aus 3 Mol. SO_2Cl_2 und Hydrochinon [9]). Aus Eisessig flache Nadeln. Schmelzp. 226° unter Zersetzung.

Chinon-dibromid $C_6H_4O_2Br_2$. Entsteht aus Chinon und Brom, beide in Chloroform gelöst. Aus Ligroin schwefelgelbe Nadeln. Schmelzp. 86—87° [10]).

Chinon-tetrabromid $C_6H_4O_2Br_4$. Entsteht aus Chinon und 2 Mol. Brom, bei einigem Stehen. Glänzende, äußerst schwer lösliche Schuppen. Schmelzp. 170—175° unter Zersetzung (Nef) [10]).

Gelbes Sulfo-hydrochinon $C_{12}H_{12}SO_4(?)$. Entsteht beim Sättigen einer alkoholischen Chinonlösung mit SH_2. Gelbliche, krystallinische Masse. Schmelzp. unter 100° unter partieller Zersetzung [11]).

Chinon-monosemicarbazon $C_7H_7O_2N_3 = NH_2CONHN : C_6H_4 : O$. Entsteht aus dem Chinon und der berechneten Menge Semicarbazid. Gelbe Nädelchen. Schmelzp. 172°; kann durch Lösen in Aceton und Fällen mit Ligroin vom gleichzeitig entstandenen Disemicarbazon befreit werden [12]).

Chinon - disemicarbazon $C_8H_{10}O_2N_6 = NH_2CONHN : C_6H_4 : NHNCONH_2$. Entsteht aus Chinon und 2 Mol. salzsaurem Semicarbazid, rotes krystallinisches Pulver. Schmelzp. 243° [12]).

Chinon-monoxim $C_6H_4\big<^O_{N} \cdot OH$ siehe p-Nitrosophenol S. 553.

1) E. Fischer u. Schrader, Berichte d. Deutsch. chem. Gesellschaft **43**, 525 [1910].
2) Siegmund, Journ. f. prakt. Chemie [2] **82**, 409 [1910].
3) Jackson u. Oenslager, Berichte d. Deutsch. chem. Gesellschaft **28**, 1614 [1895].
4) Ortoleva u. Stefano, Gazzetta chimica ital. **31**, II, 256 [1901].
5) Ortoleva u. Stefano, Gazzetta chimica ital. **33**, I, 164 [1903].
6) Bruni u. Tornani, Rendiconti della R. Accad. dei Lincei [5] **14**, I, 157 [1905].
7) Albrecht, Annalen d. Chemie u. Pharmazie **348**, 34 [1906].
8) Clark, Amer. Chem. Journ. **14**, 556 [1892].
9) Peratoner u. Genco, Gazzetta chimica ital. **24**, II, 384 [1894].
10) Sarauw, Annalen d. Chemie u. Pharmazie **209**, 111 [1881]. — Nef, Journ. f. prakt. Chemie [2] **42**, 182 [1890].
11) Wöhler, Annalen d. Chemie u. Pharmazie **69**, 294 [1849].
12) Thiele u. Barlow, Annalen d. Chemie u. Pharmazie **302**, 329 [1898].

Chinon-dioxim $C_6H_6N_2O_2$

$$HON \diagdown \diagup NOH$$

(Ringgerüst: H H oben, H H unten)

Entsteht aus Chinon, Hydrochinon und salzsaurem Hydroxylamin[1]), ebenso aus p-Nitroso-phenol[2]). Kurze farblose oder lange, gelbe feine Nadeln. Zersetzt sich gegen 240°.

p-Benzo-chinon-benzoyl-phenylhydrazon $C_{19}H_{14}O_2N_2$

$$H \diagdown \diagup NN : \diagdown \diagup : O$$
$$CO \cdot C_6H_5$$

Aus Benzol gelbe Nadeln oder Prismen. Schmelzp. 171°[3]). Ist dimorph. Hellgelbe Prismen, die sich mit Äther oder bei 100°, langsam auch beim Aufbewahren, in rotgelbe rhomboedrische Krystalle verwandeln. Schmelzp. 171°[4]). Durch Einwirkung von wässerigem Alkali tritt Umlagerung ein in Benzoyloxyazobenzol[4)[5]).

2-Monochlor-chinon $C_6H_3ClO_2 = (O)_2C_6H_2Cl$. Entsteht bei der Oxydation von Chlorhydrochinon mit Chromsäuregemisch[6]). Gelbrote, chinonartig riechende, rhombische Krystalle[7]). Schmelzp. 57°.

2,3-Dichlor-chinon $C_6H_2Cl_2O_2 = (O)_2C_6H_2Cl_2$. Entsteht beim Destillieren von 2,3-Dichlorhydrochinon mit Braunstein und verdünnter Schwefelsäure[8]). Gelbe glänzende Täfelchen. Schmelzp. 96°.

2,5-Dichlor-chinon $C_6H_2Cl_2O_2 = (O)_2C_6H_2Cl_2$. Entsteht bei der Oxydation von 2,5-Dichlorhydrochinon mit verdünnter Salpetersäure[6]), von 2,5-Dichloranilin mit Chrom-säuregemisch[6]). Aus Chinon, HCl und $K_2Cr_2O_7$[9]). Dunkelgelbe monokline Tafeln[10]). Schmelzp. 161°.

2,6-Dichlor-chinon $C_6H_2Cl_2O_2 = (O)_2C_6H_2Cl_2$. Entsteht aus 2,4,6-Trichlorphenol und kalter, rauchender Salpetersäure[11]), aus 2,4,6-Trichlorphenol und salpetriger Säure[12]). Aus Alkohol strohgelbe, zollange, trimetrische Prismen. Schmelzp. 120°.

Trichlor-chinon $C_6HCl_3O_2 = (O_2)C_6HCl_3$. Entsteht bei der Einwirkung von Chlor auf Chinon. Beim Kochen von Chinasäure mit Braunstein und Salzsäure[13]), beim Behandeln von Phenol mit Salzsäure und Kaliumchlorat[14]), aus p-Aminophenol, konz. Salzsäure und Chlorkalklösung[15]). Große gelbe Blättchen. Schmelzp. 165—166°[14]). Aus Chloroform + Ligroin Blättchen. Schmelzp. 169—170°[16]). Bei der Einwirkung auf Blut entsteht Methämoglobin. Gleichzeitig wirkt es eiweißfällend und verändert das entstandene Methämoglobin bis zu Hämatin[17]).

---

[1]) Nietzki u. Kehrmann, Berichte d. Deutsch. chem. Gesellsch. **20**, 614 [1887].

[2]) Nietzki u. Guiterman, Berichte d. Deutsch. chem. Gesellschaft **21**, 429 [1888]. — Lobry, Recueil de travaux chim. des Pays-Bas. **13**, 109 [1894].

[3]) Mc Pherson, Berichte d. Deutsch. chem. Gesellschaft **28**, 2415 [1895].

[4]) Willstätter u. Veraguth, Berichte d. Deutsch. chem. Gesellschaft **40**, 1434 [1907].

[5]) Auwers u. Eisenlohr, Annalen d. Chemie u. Pharmazie **369**, 239 [1909].

[6]) Levy u. Schultz, Annalen d. Chemie u. Pharmazie **210**, 145 [1881].

[7]) Grünling, Jahresber. d. Chemie **1883**, 1004.

[8]) Peratoner u. Genco, Gazzetta chimica ital. **24**, II, 379 [1894]. — Oliveri u. Tortorici, Gazzetta chimica ital. **27**, II, 584 [1897].

[9]) Ling, Journ. Chem. Soc. **61**, 558 [1892]. — Hantzsch u. Schniter, Berichte d. Deutsch. chem. Gesellschaft **20**, 2279 [1887].

[10]) Fock, Jahresber. d. Chemie **1882**, 777.

[11]) Faust, Annalen d. Chemie u. Pharmazie **149**, 153 [1869].

[12]) Weselsky, Berichte d. Deutsch. chem. Gesellschaft **3**, 646 [1870].

[13]) Staedeler, Annalen d. Chemie u. Pharmazie **69**, 318 [1849].

[14]) Gräbe, Annalen d. Chemie u. Pharmazie **146**, 22 [1868]; **263**, 28 [1891]. — Knapp u. Schultz, Annalen d. Chemie u. Pharmazie **210**, 174 [1881].

[15]) Schmitt u. Andresen, Journ. f. prakt. Chemie [2] **23**, 436 [1881]. — Andresen, Journ. f. prakt. Chemie [2] **28**, 422 [1883].

[16]) Biltz u. Giese, Berichte d. Deutsch. chem. Gesellschaft **37**, 4016 [1904].

[17]) Otto Schulz, Inaug.-Diss. Rostock 1892; Jahresbericht über die Fortschritte d. Tier-chemie **1892**, 78.

Tetrachlor-chinon, Chloranil $C_6Cl_4O_2 = (O)_2C_6Cl_4$. Entsteht bei der Einwirkung eines Gemenges von Salzsäure und Kaliumchlorat auf Phenol[1]), Chinasäure[2]), Salicylsäure, Tyrosin[3]), m-Aminobenzoesäure[4]), Phenylendiamin[5]), bei der Einwirkung von rauchender Salpetersäure auf Pentachlor-phenol[6]). Aus Benzol goldgelbe Blättchen, monokline Prismen[7]). Schmelzp. 290° im zugeschmolzenen Röhrchen[5])[8]). Einwirkung auf Blut siehe Trichlor-chinon. Nach Einführung in den Organismus erscheinen im Harn Tetrachlorhydrochinon-glucuronsäure und -ätherschwefelsäure[9]).

Brom-chinon $C_6H_3Br \cdot O_2 = C_6H_3Br(O)_2$. Entsteht aus Bromhydrochinon und Eisenchloridlösung. Aus Ligroin Tafeln. Schmelzp. 55—56°. Sublimiert in Nadeln[10]).

2, 5 - Dibrom - chinon $C_6H_2Br_2O_2 = (O)_2C_6H_2Br_2$. Entsteht aus Dibromhydrochinon und Bromwasser[10])[11]). Aus abs. Alkohol gelbe Körner oder goldglänzende Blättchen. Schmelzp. 188°. Sublimierbar.

2, 6-Dibrom-chinon $C_6H_2Br_2O_2 = (O)_2C_6H_2Br_2$. Entsteht aus 2, 6-Dibrom-4-sulfanilsäure oder 2, 6-Dibrom-4-amidophenol und Chromsäuregemisch[12]), aus Tribromphenol und 5 T. rauchender Salpetersäure[13]), aus Tribromphenolbrom in Eisessig und Bleiacetat[14]). Sublimiert, nicht unzersetzt, schon bei 100°. Aus Alkohol große, goldgelbe Blätter. Schmelzp. 131°.

Tribrom-chinon $C_6HBr_3O_2 = (O)_2C_6HBr_3$. Entsteht aus Tribromhydrochinon und Eisenchloridlösung. Aus Alkohol goldgelbe, glänzende Blättchen. Schmelzp. 147°. Sublimiert in feinen, farnkrautähnlichen Blättchen[15]).

Tetrabrom-chinon, Bromanil $C_6Br_4O_2 = (O)_2C_6Br_4$. Entsteht aus Chinon und Hydrochinon und überschüssigem Brom[16]), aus Benzoesäure und Bromwasser[17]), aus Albuminaten und Bromwasser[18]), aus Salicylsäure und überschüssigem Brom[19]), aus Phenylendiamin und Brom[20]), aus 1, 3, 5-Tribrombenzol und konz. Salpetersäure[21]), aus Cumarin oder Cumarilsäure und überschüssigem Brom[22]), aus Tribromphenol in Eisessig und Brom im Überschuß[23]). Aus Eisessig schwefelgelbe, goldglänzende, monokline Blätter[24]). Schmelzp. 300°[20]). Sublimiert in schwefelgelben Krystallen.

2, 5 - Dijod - chinon $C_6H_2J_2O_2 = (O)_2C_6H_2J_2$. Entsteht aus Hydrochinondiacetat, Kaliumjodat und verdünnter Schwefelsäure. Aus Alkohol gelbe Nadeln. Schmelzp. 157—159°[25]).

2, 6-Dijod-chinon $C_6H_2J_2O_2 = (O)_2C_6H_2J_2$. Entsteht aus 2, 6-Dijod-p-aminophenol und Chromsäuregemisch[26]), aus 2, 4, 6-Trijodphenol und Chromsäure[27]). Aus Ligroin, goldgelbe, glänzende Blättchen. Schmelzp. 177—179°, 178°[28]).

1) Hofmann, Annalen d. Chemie u. Pharmazie **52**, 57 [1844].
2) Staedeler, Annalen d. Chemie u. Pharmazie **69**, 318 [1849].
3) Staedeler, Annalen d. Chemie u. Pharmazie **116**, 99 [1860].
4) Erlenmeyer, Jahresber. d. Chemie **1861**, 404.
5) Gräbe, Annalen d. Chemie u. Pharmazie **263**, 23 [1891].
6) Merz u. Weith, Berichte d. Deutsch. chem. Gesellschaft 5, 460 [1872]. — Beilstein u. Kurbatow, Annalen d. Chemie u. Pharmazie **192**, 236 [1878].
7) Levy u. Schultz, Annalen d. Chemie u. Pharmazie **210**, 154 [1881].
8) Biltz u. Giese, Berichte d. Deutsch. chem. Gesellschaft **37**, 4106 [1904].
9) Otto Schulz, Inaug.-Diss. Rostock 1892; Jahresber. über d. Fortschritte d. Tierchemie **1892**, 78.
10) Sarauw, Annalen d. Chemie u. Pharmazie **209**, 106 [1881].
11) Benedikt, Monatshefte f. Chemie **1**, 346 [1880].
12) Heinichen, Annalen d. Chemie u. Pharmazie **253**, 286 [1889].
13) Levy u. Schultz, Annalen d. Chemie u. Pharmazie **210**, 158 [1881].
14) Thiele u. Eichwede, Berichte d. Deutsch. chem. Gesellschaft **33**, 673 [1900].
15) Sarauw, Annalen d. Chemie u. Pharmazie **209**, 120 [1881].
16) Sarauw, Annalen d. Chemie u. Pharmazie **209**, 126 [1881]. — Ling, Journ. Chem. Soc. **61**, 568 [1892].
17) Hübner, Annalen d. Chemie u. Pharmazie **143**, 255 [1867].
18) Hlasiwetz u. Habermann, Annalen d. Chemie u. Pharmazie **159**, 320 [1871].
19) Schunck u. Marchlewski, Annalen d. Chemie u. Pharmazie **278**, 348 [1894].
20) Gräbe u. Weltner, Annalen d. Chemie u. Pharmazie **263**, 33 [1891].
21) Losanitsch, Berichte d. Deutsch. chem. Gesellschaft **15**, 374 [1882].
22) Simonis u. Wenzel, Berichte d. Deutsch. chem. Gesellschaft **33**, 421 [1900].
23) Auwers u. Büttner, Annalen d. Chemie u. Pharmazie **302**, 133 [1898].
24) Arzuni, Jahresber. d. Chemie **1890**, 1371.
25) Metzeler, Berichte d. Deutsch. chem. Gesellschaft **21**, 2555 [1888].
26) Seifert, Journ. f. prakt. Chemie [2] **28**, 438 [1883].
27) Kehrmann u. Messinger, Berichte d. Deutsch. chem. Gesellschaft **26**, 2377 [1893].
28) Willgerodt u. Arnold, Berichte d. Deutsch. chem. Gesellschaft **34**, 3351 [1901].

2, 5-Diamino-chinon $C_6H_6O_2N_2 = (O)_2C_6H_2(NH_2)_2$. Violett schimmerndes, krystallinisches Pulver, zersetzt sich bei 325—330° [1]).

Pheno-chinon $C_{18}H_{16}O_4 = C_6H_4(O)_2 \cdot 2 C_6H_4(OH)$. Entsteht aus den Komponenten in kochendem Ligroin [2]). Prächtige rote Nadeln mit grünem Reflex. Schmelzp. 71°. Sehr flüchtig.

o-Kreso-chinon $C_6H_4(O)_2 + 2 CH_3C_6H_4(OH)$. Rote Nadeln. Schmelzp. 64° [3]).

p-Kreso-chinon $C_6H_4(O)_2 + 2 CH_3C_6H_4(OH)$. Rote Krystallnadeln. Schmelzp. 62° [3]).

Thymo-pheno-chinon $C_6H_4(O)_2 \cdot C_6H_5(OH) \cdot C_6H_3(CH_3)(C_3H_7)(OH)$. Rote Nadeln, die sich nach einigen Tagen in kleine schwärzliche Krystalle verwandeln. Schmelzp. unscharf gegen 127° [3]).

Resorcin-chinon $C_6H_4(O)_2 \cdot C_6H_4(OH)_2$. Fast schwarze Nadeln. Schmelzp. 90° [4]), $D_{20} = 1,405$ [5]).

Chinhydron, grünes Hydrochinon $C_{12}H_{10}O_4 = C_6H_4(O)_2 \cdot C_6H_4(OH)_2$. Entsteht beim Vermischen der wässerigen Lösungen von Chinon und Hydrochinon; durch partielle Reduktion von Chinon oder vorsichtige Oxydation von Hydrochinon [6]). Grüne metallglänzende, lange Prismen. Schmelzp. 171° [7]). Konstitution [8]). $D_{20} = 1,401$ [5]).

Brenzcatechin-chinon $C_6H_4(O)_2 \cdot C_6H_4(OH)_2$. Aus Äther lange dunkelgrüne, dunkelrot durchscheinende Nadeln, beginnt schon unter 100° zu schmelzen, ist aber erst bei 150° völlig geschmolzen [9]). — $C_6H_4(O)_2 \cdot 2 C_6H_4(OH)_2$. Aus Benzol-Petroläther tiefrote Nadeln. Schmelzp. ca. 90°. $D_{20} = 1,359$ [5]).

α-Naphthol-chinon $C_6H_4(O)_2 \cdot C_{10}H_7(OH)$. Dunkelrote Blättchen. Schmelzp. ca. 100° unter Zersetzung [9]). $C_6H_4(O)_2 \cdot 2 C_{10}H_7(OH)$ dunkelbraune Nadeln. Schmelzp. ca. 120° unter Zersetzung [9]).

β-Naphthol-chinon $C_6H_4(O)_2 \cdot C_{10}H_7(OH)$. Fast schwarze, im durchfallenden Licht rote Blättchen. Schmelzp. 85° [9]).

Purpurogallin, Pyrogallol-chinon $C_{18}H_{14}O_9$ oder $C_{11}H_8O_5$ siehe S. 674.

Chinon-sulfonsäure $C_6H_4SO_5 = C_6H_3(SO_3H)(O)_2$. Entsteht aus Hydrochinonsulfosäure oder 4-Aminophenol-2-sulfosäure durch Oxydation mit Bleisuperoxyd. Gelbliche durchsichtige Nadeln. K-Salz bräunlichgelbe Blättchen oder ziegelrote Prismen. Zersetzungspunkt 235°. NH_4-Salz goldglänzende Tafeln. Verkohlt zwischen 190—195° [10]).

4. Substituierte zweiwertige Phenole und deren Äther.

Orcin, 1-Methyl-phendiol-(3, 5).

Mol.-Gewicht 124,06.

Zusammensetzung: 67,71% C, 6,50% H.

$$C_7H_8O_2.$$

OH H
H⟨═⟩CH₃
OH H

Vorkommen: In Roccella Montagnei Bél, in Roccella tinctoria D. C. und in Dendographa leucophaea Darbish [11]), dieses Vorkommen wird bestritten [12]).

---

[1]) Kehrmann u. Betsch, Berichte d. Deutsch. chem. Gesellschaft **30**, 2100 [1897].

[2]) Wichelhaus, Berichte d. Deutsch. chem. Gesellschaft **5**, 248, 846 [1872]. — Nietzki, Annalen d. Chemie u. Pharmazie **215**, 134 [1882].

[3]) Biltris, Chem. Centralbl. **1898**, I, 887.

[4]) Nietzki, Annalen d. Chemie u. Pharmazie **215**, 136 [1882].

[5]) Siegmund, Monatshefte f. Chemie **29**, 1087 [1908].

[6]) Wöhler, Annalen d. Chemie u. Pharmazie **51**, 153 [1844]. — Liebermann, Berichte d. Deutsch. chem. Gesellschaft **10**, 1615 [1877]. — Nietzki, Annalen d. Chemie u. Pharmazie **215**, 130 [1882]. — Hesse, Annalen d. Chemie u. Pharmazie **200**, 248 [1880]. — Wichelhaus, Berichte d. Deutsch. chem. Gesellschaft **12**, 1500 [1879].

[7]) Klinger u. Standke, Berichte d. Deutsch. chem. Gesellschaft **24**, 1341 [1891].

[8]) Valeur, Annales de Chim. et de Phys. [7] **21**, 546 [1900].

[9]) Meyer, Berichte d. Deutsch. chem. Gesellschaft **42**, 1152 [1909].

[10]) Schultz u. Staeble, Journ. f. prakt. Chemie [2] **69**, 334 [1904].

[11]) Ronceray, Bulletin de la Soc. chim. [3] **31**, 1101 [1904].

[12]) Hesse, Journ. f. prakt. Chemie [2] **70**, 500 [1905].

Bildung: Orcin entsteht beim Kochen mehrerer Flechtensäuren mit Alkalien oder bei der trockenen Destillation derselben, z. B. Orsellinsäure, Lecanorsäure[1]), Ramalsäure[2]), Paraorsellinsäureester[3]), beim Schmelzen von Aloe mit Ätzkali[4]), bei der Kalischmelze von 4-Chlortoluol-3-sulfonsäure[5]), von Brom-m-kresol und von Toluol-3, 5-disulfonsäure[6]), aus Olivaceasäure durch Jodwasserstoffsäure[7]), durch Kochen der Gyrophorsäure aus Gyrophora polyphylla mit siedendem Alkohol[8]). Aus Cetrarsäure entsteht bei 1 stündigem Erhitzen mit Zinkstaub und 15 proz. Natronlauge Orcin[9]).

Zur **Darstellung** kocht man Erythrin, zweifach orsellinsauren Erythrit $C_{20}H_{22}O_{10}$ + $1^1/_2 H_2O$, mit schwach überschüssiger Kalkmilch $^1/_2$ Stunde lang, filtriert, neutralisiert genau und verdampft auf dem Wasserbad bis fast zur Trockene. Durch Benzol wird dem Rückstand nur das Orcin entzogen[10]). Das rohe Orcin kann durch Destillation gereinigt werden[11]). Die technische Darstellung des Orcins erfolgt aus Toluol[12]).

Reaktionen: Mit Vanillin und Salzsäure entsteht Rotfärbung[13]). Löst man einige Krystalle Orcin in 1 ccm Alkohol und gibt einige Tropfen NH_3 hinzu, so färbt sich die Lösung johannisbeerrot bis violett[14]). Als charakteristische Derivate sind das Tribromorcin und das Dibenzoylorcin $C_{21}H_{16}O_4$, Schmelzp. 87°, anzusehen. Mit Na_2O_2 entsteht in alkoholischer Lösung eine fleischfarbene Lösung, die auf Zusatz von Wasser rosenrot wird[15]). Beim Behandeln von Orcin mit Chloroform und wenig überschüssigem Alkali entsteht Homofluorescein, dessen alkalische Lösung feuerrot gegen gelbgrün fluoresciert[16]). **Zum Nachweis des Orcins in Flechten** kocht man die Flechte einige Minuten lang mit 5 proz. Kalilauge, gießt die klare Lösung ab, fügt Chloroform hinzu und erwärmt 10 Minuten lang. Beim Verdünnen mit Wasser zeigt die Lösung eine starke gelbgrüne Fluorescenz[16]).

Bestimmung: Man fügt zu der sehr verdünnten Orcinlösung überschüssiges, gegen reines Orcin eingestelltes Bromwasser, wobei das Orcin quantitativ als Tribromorcin ausfällt. Sodann titriert man gegen Jodkaliumlösung[17]). Eine titrimetrische Bestimmungsmethode gibt Watt an. 2 g Flechtenpulver werden mit 2 g Na_2CO_3 innig in einem Mörser vermischt und mit Wasser auf 100 ccm aufgefüllt. Man läßt unter häufigem Umschütteln 20 Minuten digerieren, filtriert 50 ccm ab und setzt gegen reines Orcin eingestellte, frisch bereitete Natriumhypochloridlösung und $^1/_{10}$ n-arsenige Säurelösung im Überschuß zu. Es wird zurücktitriert und der Endpunkt durch Tüpfeln auf einer Porzellanplatte unter Benutzung einer Jodstärkelösung festgestellt[18]).

Physiologische Eigenschaften: Es schmeckt süß. Nach Eingabe von 3 g Orcin zeigte sich beim Hund die Menge der Ätherschwefelsäuren stark vermehrt. Der Hund starb nach dieser Dosis. Der Magen zeigte sich hochgradig angeätzt[19]). Bei Kaninchen zeigt der Harn nach Orcineingabe starke Linksdrehung; außerdem erscheint nach großen Dosen neben freiem Orcin ein blauer Farbstoff im Harn[20]). In natürlichem oder künstlichem Meerwasser gelöst, begünstigt es die Parthenogenese der Seeigeleier[21]). Pflanzenphysiologisch wird als Grenzwert für die Wachstumhemmung der Lupinenwurzel $^1/_{400}$ Mol. pro Liter Wasser angegeben[22]).

[1]) Hesse, Journ. f. prakt. Chemie [2] **57**, 232 [1898].
[2]) Zopf, Annalen d. Chemie u. Pharmazie **297**, 307 [1897].
[3]) Lipp u. Scheller, Berichte d. Deutsch. chem. Gesellschaft **42**, 1971 [1909].
[4]) Hlasiwetz u. Barth, Annalen d. Chemie u. Pharmazie **134**, 288 [1865].
[5]) Vogt u. Henninger, Annalen d. Chemie u. Pharmazie **165**, 366 [1873].
[6]) Neville u. Winther, Berichte d. Deutsch. chem. Gesellschaft **15**, 2990 [1882].
[7]) Hesse, Journ. f. prakt. Chemie [2] **68**, 51 [1903].
[8]) Hesse, Journ. f. prakt. Chemie [2] **63**, 545 [1901].
[9]) Simon, Archiv d. Pharmazie **240**, 548 [1902].
[10]) Stenhouse, Annalen d. Chemie u. Pharmazie **149**, 291 [1869].
[11]) Lamparter, Annalen d. Chemie u. Pharmazie **134**, 256 [1865].
[12]) Vogt u. Henninger, Bulletin de la Soc. chim. **21**, 373 [1874]. — Winther, D. R. P. 20 713.
[13]) Hartwich u. Winckel, Archiv d. Pharmazie **242**, 464 [1904].
[14]) Maseau, Chem. Centralbl. **1901**, II, 60.
[15]) Alvarez, Chem. News **91**, 125 [1905]; Chem. Centralbl. **1905**, I, 1146.
[16]) Schwarz, Berichte d. Deutsch. chem. Gesellschaft **13**, 543 [1880].
[17]) Reymann, Berichte d. Deutsch. chem. Gesellschaft **8**, 790 [1875].
[18]) Watt, Journ. Chem. Soc. Ind. **27**, 612 [1908]; Chem. Centralbl. **1908**, II, 639.
[19]) Baumann u. Herter, Zeitschr. f. physiol. Chemie **1**, 249 [1877/78].
[20]) Heffter, Ergebnisse d. Physiol. **4**, 250 [1905].
[21]) Delage u. Beauchamp, Compt. rend. de l'Acad. des Sc. **145**, 735 [1908].
[22]) True u. Hunkel, Botan. Centralbl. **76**, 289 [1898].

Physikalische und chemische Eigenschaften: Sechsseitige, monokline Säulen[1]). Schmelzpunkt 58° (wasserhaltig)[2]), 106,5—108° (wasserfrei)[3]), 100—101° (wasserfrei)[4]). Siedep. 288[5]). $D_4 = 1,2895$[6]). Wärmewirkung durch Behandeln mit Bromwasser[7]). Lösungswärme des wasserfreien Orcins $+3,060$ Cal. Neutralisationswärme des wasserhaltigen Orcins durch NaOH 8,246 Cal. für das erste Mol., 7,029 Cal. für das zweite Mol. NaOH[8]). Molekulare Verbrennungswärme 824,72 Cal.[9]). Sehr leicht löslich in Wasser, Alkohol und Äther, wenig in Chloroform und Schwefelkohlenstoff, ziemlich löslich in Benzol. Aus einer konz. wässerigen Lösung läßt es sich durch gesättigte Kochsalzlösung aussalzen. Färbt sich an der Luft bald rot. Gibt mit Eisenchlorid eine violettschwarze Färbung. Chlorkalk erzeugt eine dunkelrote Färbung, die bald gelb wird. Es reduziert ammoniakalische Silberlösung. Absorbiert in Gegenwart von NH_3 Sauerstoff und geht in **Orcein** über. Bei der Natronschmelze entstehen hauptsächlich Resorcin und Phloroglucin[10]). Beim Erhitzen mit Zinkstaub auf 400° entstehen Toluol und m-Kresol[11]). Wird in Alkalicarbonatlösung durch Natriumamalgam zum Dihydroorcin reduziert[12]). Bei der Einwirkung von Jodalkyl auf Orcin in alkalischer Lösung entstehen neben Alkyläthern Homologe des Orcins[13]). Die Orcincholesterinverbindung zeigt die Erscheinung der flüssigen Krystalle[14]).

Salze und Derivate: Orcin-ammoniak $C_7H_8O_2 \cdot NH_3$. Farblose Krystalle[11]). — $(NaO)C_7H_6(OH)$ und $(Na_2O_2)C_7H_6$[15]).

Orcin-pikrat $C_7H_3O_2 \cdot C_6H_2(NO_2)_3(OH)$. Orangerote Krystalle. Zerfließt an der Luft[16]).

Orcin-hydrobromid $(C_7H_8O_2)_2$HBr. Farbloser krystallinischer Niederschlag[17]).

Orcin-monomethyläther $C_8H_{10}O_2 = (CH_3O)(OH)C_6H_3CH_3$. Entsteht aus Orcin in alkalischer Lösung mittels Dimethylsulfat neben dem Dimethyläther[18]). Hellgelbes Öl. Siedep. 273°[19]). Siedep.$_{18} = 144$—146°, Siedep.$_{734} = 261°$. $D_4^{21} = 1,09696$[20]). Siedep. 256 bis 260°. Schmelzp. 63°[5]). Färbt sich an der Luft rasch braunrot.

Orcin-dimethyläther $C_9H_{12}O_2 = (CH_3O)_2C_6H_3CH_3$. Entsteht wie der Monoäther aus Orcin und Dimethylsulfat[21]). Hellgelbe Flüssigkeit. Siedep. 244°[19]). Siedep.$_{720} = 222°$[21]).

Orcin-monoäthyläther $C_9H_{12}O_2 = (C_2H_5O)(OH)C_6H_3CH_3$. Siedep. 265—270°[20]).

Orcin-diäthyläther $C_{11}H_{16}O_2 = (C_2H_5O)_2C_6H_3CH_3$. Nädelchen. Schmelzp. 16—16,5°. Siedep.$_{747,5} = 251$—252° korr.[22]).

Orcin-dikohlensäureäthylester $C_{13}H_{16}O_6 = CH_3C_6H_3(OCO_2C_2H_5)_2$. Entsteht bei der Einwirkung von Chlorkohlensäureäthylester auf Orcinkalium. Siedep. 310—312°[23]).

Orcin-diacetat $C_{11}H_{12}O_4 = C_7H_6(OOCCH_3)_2$. Entsteht aus Orcin und Acetylchlorid. Nadeln. Schmelzp. 25°[24]).

Orcin-distearat $C_{43}H_{76}O_4$. Aus Orcin und Stearinsäure bei 250°. Wachsartig[25]).

---

[1]) Laurent u. Gerhardt, Jahresber. d. Chemie **1847/48**, 761.
[2]) Hesse, Annalen d. Chemie u. Pharmazie **117**, 323 [1861].
[3]) Neville u. Winther, Berichte d. Deutsch. chem. Gesellschaft **15**, 2990 [1882].
[4]) Hesse, Journ. f. prakt. Chemie [2] **57**, 270 [1898].
[5]) Henrich u. Roters, Berichte d. Deutsch. chem. Gesellschaft **41**, 4212 [1908].
[6]) Schröder, Berichte d. Deutsch. chem. Gesellschaft **12**, 1612 [1879].
[7]) Werner u. Berthelot, Bulletin de la Soc. chim. **43**, 544 [1885].
[8]) Berthelot u. Werner, Annales de Chim. et de Phys. [6] **7**, 106 [1886].
[9]) Stohmann, Rodatz u. Herzberg, Journ. f. prakt. Chemie [2] **34**, 315 [1886].
[10]) Barth u. Schreder, Monatshefte f. Chemie **3**, 645 [1882].
[11]) Luynes, Jahresber. d. Chemie **1871**, 480.
[12]) Vorländer u. Kalkow, Berichte d. Deutsch. chem. Gesellschaft **30**, 1801 [1897].
[13]) Herzig u. Mitarbeiter, Monatshefte d. Chemie **11**, 316 [1890]; **27**, 786 [1906].
[14]) Gaubert, Bulletin de la Soc. franc. Minéral **32**, 62 [1909]; Chem. Centralbl. **1909**, II, 1979.
[15]) Forcrand, Annales de Chim. et de Phys. [7] **5**, 280 [1895]. — Kunz-Krause, Archiv d. Pharmazie **236**, 545 [1898].
[16]) Luynes, Zeitschr. f. Chemie **1868**, 703.
[17]) Gomberg u. Cone, Annalen d. Chemie u. Pharmazie **376**, 237 [1910].
[18]) Henrich u. Nachtigall, Berichte d. Deutsch. chem. Gesellschaft **36**, 889 [1903].
[19]) Tiemann u. Streng, Berichte d. Deutsch. chem. Gesellschaft **14**, 2001 [1881].
[20]) Henrich, Monatshefte f. Chemie **18**, 173 [1897]; **22**, 239 [1901].
[21]) Ludwinowsky u. Tambor, Berichte d. Deutsch. chem. Gesellschaft **39**, 4039 [1906].
[22]) Herzig u. Zeisel, Monatshefte f. Chemie **11**, 316 [1890].
[23]) Wallach, Annalen d. Chemie u. Pharmazie **226**, 86 [1884].
[24]) Luynes, Annales de Chim. et de Phys. [4] **6**, 195 [1865].
[25]) Berthelot, Annalen d. Chemie u. Pharmazie **112**, 363 [1859].

Orcin-dibenzoat $C_{21}H_{16}O_4 = CH_3C_6H_4(OCOC_6H_5)_2$. Entsteht beim Erhitzen von Orcin mit Benzoylchlorid. Aus Petroläther rhombische Tafeln. Schmelzp. 86—87° [1]).

Orcin-diglykolsäure $C_{11}H_{12}O_6 = CH_3C_6H_3(OCH_2COOH)_2$. Entsteht aus Orcin, Natronlauge und Chloressigsäure. Aus heißem Wasser mikroskopische Nädelchen. Schmelzp. 216—217° [2]).

Trichlor-orcin $C_7H_5Cl_3O_2 = CH_3C_6Cl_3(OH)_2 + 2^1/_2 H_2O$. Entsteht beim Chlorieren von Orcin in Eisessig. Aus Wasser krystallwasserhaltige Nadeln. Schmelzp. wasserfrei 127° [3]).

Pentachlor-orcin, Methyl-pentachlor-1-cyclohexen-dion (3, 5) $C_7H_3Cl_5O_2$

$$
\begin{array}{c}
O \quad Cl_2 \\
Cl_2\!\!<\!\!\bigcirc\!\!>\!\!CH_3 \\
O \quad Cl
\end{array}
$$

Entsteht aus Orcin mittels Kaliumchlorat und Salzsäure [3]) [4]). Große Prismen. Schmelzp. 120,5°. Durch Reduktionsmittel wird es in Trichlororcin übergeführt.

Brom-orcin $C_7H_7BrO_2 = CH_3C_6H_2Br(OH)_2$. Entsteht aus Orcin und 1 Mol. Brom in Wasser. Krystalle. Schmelzp. 135° [5]).

Tribrom-orcin $C_7H_5Br_3O_2 = CH_3C_6Br_3(OH)_2$. Entsteht aus Orcin und Bromwasser, oder Brom in CS_2 [6]). Aus verdünntem Äthylalkohol Nadeln. Schmelzp. 98° [7]), 103° [5]), 104° [8]).

Pentabrom-orcin $C_7H_3Br_5O_2$

$$
\begin{array}{c}
O \quad Br_2 \\
Br_2\!\!<\!\!\bigcirc\!\!>\!\!CH_3 \\
O \quad Br
\end{array}
$$

Entsteht aus Orcin und Bromwasser [9]). Große, blaßgelbe trikline Krystalle [10]). Schmelzp. 126° [9]), 125—126° [1]). Durch Kochen mit Ameisensäure entsteht Tribromorcin [11]).

Jod-orcin $C_7H_7JO_2 = CH_3C_6H_2J(OH)_2$. Entsteht aus Orcin in Äther und Jod und Bleioxyd. Aus Benzol Prismen. Schmelzp. 86,5° [12]).

Trijod-orcin $C_7H_5J_3O_2 = CH_3C_6J_3(OH)_2$. Entsteht aus Orcin und Chlorjod. Aus Schwefelkohlenstoff breite, bräunliche Tafeln [13]). Aus Orcin und Jod in Wasser bei Gegenwart von Natriumacetat [14]).

2-Nitroso-orcin, Oxytolu-o-chinon-monoxim $C_7H_7O_3N$

$$
\begin{array}{ccc}
\begin{array}{c}
HO \quad H \\
H\!\!<\!\!\bigcirc\!\!>\!\!-CH_3 \\
OH \quad NO
\end{array}
& und &
\begin{array}{c}
O \quad H \\
H\!\!<\!\!\bigcirc\!\!>\!\!-CH_3 \\
OH \quad NOH
\end{array}
\end{array}
$$

Entsteht aus Orcin in absolut alkoholischer Kalilauge und Amylnitrit in zwei Modifikationen [15]), welche aber identische Alkalisalze geben [16]). Gelbe α-Modifikation. Schmelzp. 157—162° [17]). Rote β-Modifikation, Schmelzp. 160—166° [18]). Leitfähigkeit in Wasser der roten Form $k = 0,051$, der gelben Form $k = 0,037$ [19]). Konstitutionsbeweis [20]).

[1]) Lipp u. Scheller, Berichte d. Deutsch. chem. Gesellschaft **42**, 1972 [1909].
[2]) Saarbach, Journ. f. prakt. Chemie [2] **21**, 162 [1880].
[3]) Zincke, Berichte d. Deutsch. chem. Gesellschaft **26**, 318 [1893].
[4]) Stenhouse, Annalen d. Chemie u. Pharmazie **163**, 175 [1872].
[5]) Lamparter, Annalen d. Chemie u. Pharmazie **134**, 258 [1865].
[6]) Stenhouse, Annalen d. Chemie u. Pharmazie **68**, 96 [1848]; **203**, 298 [1880].
[7]) Hesse, Annalen d. Chemie u. Pharmazie **117**, 313 [1861].
[8]) Jaeger, Chem. Centralbl. **1909**, I, 1703.
[9]) Stenhouse, Annalen d. Chemie u. Pharmazie **163**, 180 [1872].
[10]) Rammelsberg, Annalen d. Chemie u. Pharmazie **169**, 255 [1873].
[11]) Claassen, Berichte d. Deutsch. chem. Gesellschaft **11**, 1440 [1878].
[12]) Stenhouse, Annalen d. Chemie u. Pharmazie **171**, 310 [1874].
[13]) Stenhouse, Annalen d. Chemie u. Pharmazie **134**, 212 [1865].
[14]) Richard, Journ. de Pharm. et de Chim. [6] **15**, 217 [1902].
[15]) Henrich, Berichte d. Deutsch. chem. Gesellschaft **32**, 3419 [1899]; Monatshefte f. Chemie **18**, 142 [1897]; **22**, 232 [1901].
[16]) Farmer u. Hantzsch, Berichte d. Deutsch. chem. Gesellschaft **32**, 3108 [1899].
[17]) Henrich, Berichte d. Deutsch. chem. Gesellschaft **33**, 1433 [1900].
[18]) Henrich, Monatshefte f. Chemie **18**, 160 [1897].
[19]) Hantzsch u. Sluiter, Berichte d. Deutsch. chem. Gesellschaft **39**, 162 [1906].
[20]) Henrich, Berichte d. Deutsch. chem. Gesellschaft **36**, 882 [1903].

Dinitroso-orcin $C_7H_6N_2O_4 = CH_3C_6H(NO)_2(OH)_2 + H_2O$. Darstellung aus Orcin, alkoholischer Kalilauge und Amylnitrit[1]). Gelbliches Krystallpulver. Färbt sich bei 110° dunkel ohne zu schmelzen[2]).

α-Nitro-orcin $C_7H_7NO_4$

$$\begin{array}{cc} OH & H \\ NO_2 & CH_3 \\ OH & H \end{array}$$

Entsteht aus einer mit Eis gekühlten ätherischen Lösung von Orcin und der molekularen Menge rauchender HNO_3 ($D = 1{,}515$). Den Ätherrückstand behandelt man mit Wasserdampf. Das α-Produkt geht über. Aus Alkohol orangefarbige Nadeln. Schmelzp. 127°[3]).

β-Nitro-orcin $C_7H_7NO_4$

$$\begin{array}{cc} OH & H \\ H & CH_3 \\ OH & NO_2 \end{array}$$

Entsteht neben dem α-Derivat, es ist aber nicht mit Wasserdämpfen flüchtig. Aus Benzol braune, krystallbenzolhaltige Krystalle. Schmelzp. 122° (benzolfrei)[3]).

2, 4-Dinitro-orcin $C_7H_6N_2O_6 = CH_3C_6H(NO_2)_2(OH)_2$. Entsteht aus Dinitrosoorcin und Salpetersäure. Tiefgelbe rhomboedrische Blättchen. Schmelzp. 164,5°[1])[2]).

β-Dinitro-orcin $C_7H_6N_2O_6$. Entsteht aus Orcin und Toluol, das mit NO_2 gesättigt ist. Aus Alkohol goldgelbe Nadeln. Schmelzp. 109—110°[4]).

Trinitro-orcin $C_7H_5N_3O_8 = CH_3C_6(NO_2)_3(OH)_2$. Entsteht durch Nitrieren von Orcin[5]), aus Homopterocarpin und rauchender Salpetersäure[6]). Lange gelbe Nadeln. Schmelzp. 162°. 163,5°. Zersetzt sich bald oberhalb des Schmelzpunktes mit schwacher Explosion.

4-Amino-orcin $C_7H_9O_2N$

$$\begin{array}{cc} HO & H \\ H_2N & CH_3 \\ OH & H \end{array}$$

Das salzsaure Salz entsteht bei der Reduktion des α-Nitroorcins mittels Zinnchlorür und Salzsäure. Das salzsaure Salz bildet weiße Nadeln ohne Krystallwasser[7]).

2-Amino-orcin $C_7H_9O_2N$

$$\begin{array}{cc} OH & H \\ H & CH_3 \\ OH & NH_2 \end{array}$$

Entsteht durch Reduktion des Nitrosoorcins und des β-Nitroorcins durch Zinnchlorür und konz. Salzsäure. Nädelchen. Sehr unbeständig. Das salzsaure Salz enthält 2 Mol. Krystallwasser und bildet beilförmige Krystalle[7])[8]).

Triamino-orcin $C_7H_{11}N_3O_2 = CH_3C_6(NH_2)_3(OH)_2$. Bei der Reduktion von Trinitroorcin mittels Zinn und Salzsäure entsteht das salzsaure Salz. Die freie Base geht an der Luft sofort in das Amino-diimino-orcin über[9]).

Amino-diimino-orcin $C_7H_9N_3O_2 + 2 H_2O = CH_3C_6(NH_2)(NH)_2(OH)_2$. Entsteht durch Reduktion des Trinitroorcins mittels Natriumamalgam. Das zuerst entstehende Triamino-orcin geht an der Luft sofort in das Aminodiiminoorcin über. Kleine dunkelgrüne, metallglänzende Nadeln[9]).

Azo-orcin $C_{14}H_{11}NO_3$. Entsteht bei der Einwirkung von salpetriger Säure auf eine ätherische Orcinlösung. Aus Eisessig dunkelbraune Krystalle[10]).

---

[1]) Henrich, Monatshefte f. Chemie **18**, 160 [1897].

[2]) Stenhouse u. Groves, Annalen d. Chemie u. Pharmazie **188**, 353 [1877].

[3]) Weselsky, Berichte d. Deutsch. chem. Gesellschaft **7**, 441 [1874]. — Henrich u. Meyer, Berichte d. Deutsch. chem. Gesellschaft **36**, 885 [1903].

[4]) Leeds, Berichte d. Deutsch. chem. Gesellschaft **14**, 483 [1881].

[5]) Stenhouse, Zeitschr. f. Chemie **1871**, 227. — Merz u. Zeller, Berichte d. Deutsch. chem. Gesellschaft **12**, 2038 [1879].

[6]) Cazeneuve u. Hugounenq, Bulletin de la Soc. chim. **50**, 643 [1888].

[7]) Henrich u. Meyer, Berichte d. Deutsch. chem. Gesellschaft **36**, 885 [1903].

[8]) Henrich, Monatshefte f. Chemie **18**, 164 [1897]; **19**, 483 [1898]; Berichte d. Deutsch. chem. Gesellschaft **30**, 1104 [1897].

[9]) Stenhouse, Annalen d. Chemie u. Pharmazie **167**, 167 [1873].

[10]) Weselsky, Berichte d. Deutsch. chem. Gesellschaft **7**, 440 [1874]. — Krämer, Berichte d. Deutsch. chem. Gesellschaft **17**, 1882 [1884].

Orcin-azobenzol $C_{13}H_{12}N_2O_2 = CH_3C_6H_2(OH_2)_2(N_2C_6H_5)$. Entsteht beim Vermischen wässeriger Lösungen von Orcin und Diazobenzolnitrat. Aus Eisessig dunkelrote Nadeln. Schmelzp. 183° [1]).

Orcin-disazobenzol $C_{19}H_{16}O_2N_4 = CH_3C_6H(OH)_2(N_2C_6H_5)_2$. Entsteht aus Orcin und $2^1/_2$ Mol. Diazoamidobenzol. Aus Alkohol oder Eisessig scharlachrote Nadeln. Schmelzp. 229—230° unter Zersetzung [2]).

Orcin-disulfonsäure $C_7H_8S_2O_8 = CH_3C_6H(SO_3H)_2(OH)_2$. Entsteht beim Erwärmen von Orcin mit überschüssiger konz. Schwefelsäure auf 60—80° [3]).

Orcein. Hauptbestandteil der käuflichen Orseille. Entsteht bei der Oxydation von Orcin an der Luft oder durch Einwirkung von H_2O_2 in Gegenwart von Ammoniak [4]).

Dimethyl-orcin $C_9H_{12}O_2$. Entsteht aus Orcin und Methyljodid in Natriumäthylatlösung. Aus Benzol farblose Nadeln. Schmelzp. 145—147°. Siedep.$_{17}$ = 160—170°. Konstitution unbekannt [5]).

Tetramethyl-orcin $C_{11}H_{16}O_2$

Entsteht gleichfalls bei der Methylierung von Orcin mittels Jodmethyl und Alkali. Siedep.$_{17}$ = 128°. Schmelzp. 63° [5]).

Triäthyl-orcin-äthyläther $C_{15}H_{24}O_2$. Entsteht aus Orcin, Jodäthyl und äthylalkoholischer Kalilauge. Siedep.$_{20}$ = 175—180° [6]).

Triäthyl-orcin $C_{13}H_{20}O_2$. Entsteht durch Verseifung des Äthylesters mittels Salzsäure. Aus abs. Alkohol Nadeln. Schmelzp. 142—144° [6]).

β-Orcin, 1,4-Dimethyl-phendiol-(3,5).

$$C_8H_{10}O_2$$

Bildung: Entsteht beim Kochen von β-Pikroerythrin mit Barytwasser [7]) oder von Barbatinsäure mit Kalk [8]), bei der Behandlung von 6-Amino-1,4,2-Xylenol mit HNO_2 [9]).

Physikalische und chemische Eigenschaften: Schmelzp. 161—163° [5]). Siedep. 277—280° [9]). In Wasser viel weniger löslich als Orcin. Färbt sich an der Luft in Gegenwart von NH_3 äußerst rasch hellrot. Gibt mit verdünnter Natronlauge und etwas Chloroform erhitzt eine tiefrote Färbung mit grüner Fluorescenz.

Derivate: β-Orcin-methyläther $C_9H_{12}O_2$

Entsteht bei der Behandlung von Orcin oder Orcincarbonsäure mit Jodmethyl und Alkali. Siedep.$_{17}$ = 160—170°. Schmelzp. 118—121° [5]).

Dichlor-β-orcin $C_8H_8Cl_2O_2$. Aus Ligroin lange Nadeln. Schmelzp. 142° [8]).

Tetrachlor-β-orcin $C_8H_6Cl_4O_2$. Aus Ligroin große Prismen. Schmelzp. 109° [8]).

Dibrom-β-orcin $C_8H_8Br_2O_2$. Aus Ligroin lange Nadeln. Schmelzp. 155° [8]).

[1]) Typke, Berichte d. Deutsch. chem. Gesellschaft **10**, 1579 [1877].

[2]) Simon, Annalen d. Chemie u. Pharmazie **329**, 304 [1903].

[3]) Hesse, Annalen d. Chemie u. Pharmazie **117**, 324 [1861].

[4]) Robiquet, Annalen d. Chemie u. Pharmazie **15**, 292 [1835]. — Dumas, Annalen d. Chemie u. Pharmazie **27**, 145 [1838]. — Kane, Annalen d. Chemie u. Pharmazie **39**, 39 [1841]. — Liebermann, Berichte d. Deutsch. chem. Gesellschaft **7**, 247 [1874]; **8**, 1649 [1875]. — Zulkowsi u. Peters, Monatshefte f. Chemie **11** 23, 1 [1890].

[5]) Herzig u. Wenzel, Monatshefte f. Chemie **24**, 912 [1903]; **27**, 787, 799 [1906].

[6]) Herzig u. Zeisel, Monatshefte f. Chemie **11**, 316 [1890].

[7]) Stenhouse, Annalen d. Chemie u. Pharmazie **68**, 104 [1848]. — Lamparter, Annalen d. Chemie u. Pharmazie **134**, 248 [1865]. — Menschutkin, Bulletin de la Soc. chim. **2**, 42 [1864].

[8]) Stenhouse u. Groves, Annalen d. Chemie u. Pharmazie **203**, 287 [1880].

[9]) Kostanecki, Berichte d. Deutsch. chem. Gesellschaft **19**, 2321 [1880].

Tetrabrom-β-orcin $C_8H_6Br_4O_2$. Aus Ligroin große Prismen. Schmelzp. 101° [1]).
Jod-β-orcin $C_8H_9JO_2$. Aus Ligroin Krystalle. Schmelzp. 93° [1]).
Nitroso-β-orcin $C_8H_9(NO)O_2$. Aus Eisessig kleine rote Prismen[1]).

1, 2-Dimethyl-phendiol-(3, 5).

$$C_8H_{10}O_2 + H_2O$$

Vorkommen: Unter den Spaltstücken der Cetrarsäure nach der Behandlung mit Zink-staub und Natronlauge[2]).

Darstellung: Es entsteht bei der Spaltung des Methylenbisorcins mittels Zinkstaub und Natronlauge[3]).

Physikalische und chemische Eigenschaften: Aus wenig heißem Wasser fast farblose Prismen. Schmelzp. 136—137° (wasserfrei). $FeCl_3$-Reaktion indigoblaue Färbung, die unter Abscheidung eines grauweißen Niederschlages verschwindet.

Derivate: Dibenzoat. Aus abs. Alkohol farblose Prismen. Schmelzp. 100—102° [3]).

Dibrom-1, 2-dimethyl-3, 4-phendiol $C_8H_8O_2Br_2$. Schmelzp. 98°. Löslich in Benzol[2]).

Tribrom-1, 2-dimethyl-3, 4-phendiol $C_8H_7O_2Br_3$. Schmelzp. 112°. Unlöslich in Benzol[2]).

Tetrabrom-dimethyl-cyclo-hexandion $C_8H_6O_2Br_4$. Aus Eisessig schwach gelbliche, am Licht sich dunkler färbende rhombische Tafeln und Säulen. Schmelzp. 128—129° unter Zersetzung[3]).

Dimethyl-phendiol-disazobenzol $(CH_3)_2C_6(N_2C_6H_5)_2(OH)_2$. Entsteht aus dem Phenol und $2^1/_2$ Mol. Diazoamidobenzol in alkoholischer Lösung. Aus Alkohol hellrote Nadeln. Schmelzp. 229° unter Zersetzung[3]).

Kreosol, Homobrenzcatechin-, Methyl-phendiol-(3, 4)-3-methyläther.

Mol.-Gewicht 138,08.
Zusammensetzung: 69,52% C, 7,30% H.

$$C_8H_{10}O_2$$

Vorkommen: Im Nadelholzteer[4]). Im Ylang-Ylang-Öl[5]).

Bildung: Bei der trockenen Destillation des Buchenholzes und des Guajacharzes[6]), des Pinoresinols[7]), beim Glühen der α-Homovanillinsäure mit Kalk[8]).

Darstellung: Zur Darstellung behandelt man die bei 217—222° siedenden Anteile des Buchenholzkreosots mit Äther und wenig verdünnter Natronlauge. Nach zweimaligem Aus-äthern säuert man an und nimmt das freie Phenol mit Äther auf. Den Ätherrückstand reinigt man über das Kaliumsalz[9]). Trennung von Guajacol[10]).

Physikalische und chemische Eigenschaften: Schwach aromatisch riechendes Öl. Siedep. 221—222°. $D_0 = 1,1112$ [11]). Siedep.$_{50} = 130,5°$. $D_{15}^{15} = 1,0956$, $D_{25}^{25} = 1,0886$. Magnetisches

---

[1]) Stenhouse u. Groves, Annalen d. Chemie u. Pharmazie **203**, 287 [1880].
[2]) Simon, Archiv d. Pharmazie **244**, 459 [1906].
[3]) Simon, Annalen d. Chemie u. Pharmazie **329**, 305 [1903].
[4]) Ström, Archiv d. Pharmazie **237**, 537 [1899].
[5]) Bericht der Firma Schimmel & Co. **1903**, I; Chem. Centralbl. **1903**, I,1087. — Bacon, The Philippine Journ. of. Sc. **3**, 65 [1908]; Chem. Centralbl. **1908**, II, 946.
[6]) Richter, Archiv d. Pharmazie **244**, 96 [1906].
[7]) Bamberger u. Vischner, Monatshefte f. Chemie **21**, 951 [1900].
[8]) Tiemann u. Nagai, Berichte d. Deutsch. chem. Gesellschaft **10**, 206 [1877].
[9]) Mendelsohn, Diss. Berlin **1877**, 12.
[10]) v. Heyden Nachf., D. R. P. 56 003. — Kumpf, D. R. P. 87 971.
[11]) Béhal u. Choay, Bulletin de la Soc. chim. [3] **11**, 704 [1894].

Drehungsvermögen 15,4 bei 17,2° [1]). Farblose Prismen. Schmelzp. 5,5°. Siedep.$_{22,5}$ = 113,5°. D_4^{25} = 1,0919; n_D^{25} = 1,5353 [2]). Dielektrizitätskonstante, elektrische Absorption [3]). In jedem Verhältnis mischbar mit Alkohol, Äther, Benzol, Chloroform, Eisessig. Liefert mit rauchender Jodwasserstoffsäure oder beim Schmelzen mit Kali Homobrenzcatechin [4]).

Salze und Derivate: $(KO)(CH_3O)C_6H_3CH_3 + 2 H_2O$. Nadeln [5]). — $Ba[O(CH_3O)C_6H_3CH_3]_2$ + 3 H_2O. Kleine Schuppen [5]).

Kreosol-methyläther, Homobrenzcatechin-dimethyläther $C_9H_{12}O_2 = (CH_3O)_2C_6H_3CH_3$. Vorkommen: Im Buchenholzkreosot [6]).

Entsteht beim Schmelzen von Papaverin mit Kali [7]), aus Kreosolkalium und Methyljodid in Methylalkohol [6]), aus Homobrenzcatechinkalium [1]). Siedep. 218°, 216—218°. D_0 = 1,0589 [8]). Siedep.$_{i.D.}$ = 220°. D_4^4 = 1,0653, D_{15}^{15} = 1,0562, D_{25}^{25} = 1,0491. Magnetisches Drehungsvermögen 17,5 bei 15° [1]). Siedep. 218°. Schmelzp. 24° [9]).

Kreosol-äthyläther $C_{10}H_{14}O_2$. Siedep. 223—224° [10]), D_0 = 1,032 [5]).

Kreosol-acetat $C_{10}H_{12}O_3$. Aus Kreosol und Essigsäureanhydrid. Siedep. 246—248° [11]).

Kreosol-chloracetat $C_{10}H_{11}ClO_3$. Schwach gelblich gefärbtes Öl [12]).

Kreosol-carbonat $C_{17}H_{18}O_5$. Aus Kreosolnatrium und Phosgen. Schmelzp. 145° [13]).

Kreosol - pikrat $C_8H_{10}O_2 \cdot C_6H_2(NO_2)_3(OH)$. Aus Alkohohl orangegelbe Nadeln. Schmelzp. 112° [2]), 96° [14]).

Kreosol-glykolsäure $C_{10}H_{12}O_4 = (CH_3O)C_6H_3CH_3(OCH_2COOH)$. Nadeln. Schmelzp. 84—85°. Siedep. 275° unter Zersetzung [15]).

Kreosol-sulfonsäure $C_8H_{10}SO_5 = (CH_3O)(OH)C_6H_2CH_3(SO_3H)$. Entsteht beim Erwärmen von Kreosol mit konz. Schwefelsäure auf 60°. Hellgelber, sehr hygroskopischer Sirup [4]) [16]).

Betelphenol, Chavibetol, 1²-Propenyl-phendiol-(3, 4)-4-methyläther.

Mol.-Gewicht 164,1.
Zusammensetzung: 73,12% C, 7,37% H.

$$C_{10}H_{12}O_2$$

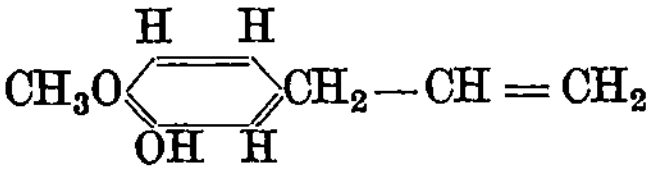

$$CH_3O\text{—}\underset{OH\ \ H}{\overset{H\ \ \ H}{\bigcirc}}\text{—}CH_2\text{—}CH = CH_2$$

Vorkommen: Im ätherischen Blätteröl von Piper Betle L. [17]).

Darstellung: Zur Isolierung aus dem ätherischen Öl behandelt man das Rohöl zunächst mit verdünnten Laugen und unterwirft das durch Ansäuern und Ausäthern erhaltene Phenolgemisch der fraktionierten Destillation im Vakuum. Zur Identifizierung benutzt man den Benzoylester, Schmelzp. 49—50°. Aus Safrol entsteht es durch Einwirkung von Bromäthyl und Magnesium bei Wasserbadtemperatur neben Allyl-4-brenzcatechin [18]).

[1]) Perkin, Journ. Chem. Soc. **69**, 1239 [1896].
[2]) de Vries, Recueil d. travaux chim. des Pays-Bas **28**, 276 [1909]; Chem. Centralbl. 1909, II, 979.
[3]) Drude, Zeitschr. f. physikal. Chemie **23**, 310 [1897].
[4]) Tiemann u. Koppe, Berichte d. Deutsch. chem. Gesellschaft **14**, 2025 [1881].
[5]) Hlasiwetz, Annalen d. Chemie u. Pharmazie **106**, 339 [1858].
[6]) Tiemann u. Mendelsohn, Berichte d. Deutsch. chem. Gesellschaft **8**, 1137 [1875].
[7]) Goldschmiedt, Monatshefte f. Chemie **4**, 705 [1883].
[8]) Cousin, Annales de Chim. et de Phys. [7] **13**, 524 [1898].
[9]) Luff, Perkin jun. u. Robinson, Journ. Chem. Soc. **97**, 1134 [1910].
[10]) Hlasiwetz, Annalen d. Chemie u. Pharmazie **106**, 352 [1858].
[11]) Tiemann u. Mendelsohn, Berichte d. Deutsch. chem. Gesellschaft **10**, 58 [1877].
[12]) Einhorn u. Hütz, Archiv d. Pharmazie **240**, 639 [1902].
[13]) v. Heyden Nachf., D. R. P. 58 129.
[14]) Gödicke, Berichte d. Deutsch. chem. Gesellschaft **26**, 3045 [1893].
[15]) Lederer, D. R. P. 83 538.
[16]) Biechele, Annalen d. Chemie u. Pharmazie **151**, 109 [1869].
[17]) Bericht der Firma Schimmel & Co. **1889**, I, 6; **1891**, II, 5; **1907**, II, 13. — Bertram u. Gildemeister, Journ. f. prakt. Chemie [2] **39**, 349 [1889].
[18]) Grignard, Compt. rend. de l'Acad. des Sc. **151**, 324 [1910].

Physikalische und chemische Eigenschaften: $Siedep._{12-13} = 131\text{--}132°$, Siedep. 254 bis 255°. $D_{15} = 1{,}067$ (Bertram u. Gildemeister)[1]. $Siedep._{15} = 138\text{--}140°$[2]. Schmelzp. 8,5°, $Siedep._4 = 107\text{--}109°$, $D_{15} = 1{,}0690$, $n_D^{20} = 1{,}54134$[1], $D_{16} = 1{,}065$, $n_D = 1{,}5397$, $MR = 48{,}3$ (ber. für Phenoläther $C_{10}H_{12}O_2, \bar{1} = 47{,}7$)[3]. Molekulare Verbrennungswärme 1286,9 Cal.[4].

Die alkoholische Lösung wird durch $FeCl_3$ intensiv grün gefärbt. Durch Oxydation des Acetylchavibetols mit wässeriger $KMnO_4$-Lösung entsteht **Acetisovanillinsäure** $(CH_3O)(CH_3COO)C_6H_3COOH$[5].

Derivate: Chavibetol-methyläther $C_{11}H_{14}O_2 = (CH_3O)_2C_6H_3(C_3H_5)$. Entsteht aus der Natriumverbindung und Jodmethyl in methylalkoholischer Lösung. Siedep. 247 bis 248°. Er ist identisch mit dem Methyläther des Eugenols. Das **Tribromid des Methyläthers** $C_{11}H_{13}Br_3O_2$ schmilzt bei 78—79°[5]. Bei der Oxydation mit $KMnO_4$ entsteht **Protocatechusäure**.

Chavibetol-äthyläther $C_{12}H_{16}O_2$

$$CH_3O\!\!\big/\!\!\overset{H\quad H}{\underset{H}{\big\langle\big\rangle}}\!\!CH_2\!\!-\!\!CH=CH_2$$
$$CH_3CH_2O$$

$D = 1{,}013$, $t^0 = 11{,}5$, $n_D = 1{,}5276$, $MR = 58{,}3$ (ber. 57,2)[6].

Acetylbetelphenol, Chavibetolacetat $C_{12}H_{14}O_3 = (CH_3O)(CH_3COO)C_6H_3(C_3H_5)$. Entsteht beim Kochen von Betelphenol mit Essigsäureanhydrid und Natriumacetat. $Siedep._{11} = 150°$, Siedep. 275—277°. Es erstarrt im Kältegemisch und schmilzt bei —5°[5]. $Siedep._{12} = 160\text{--}163°$[2].

Benzoylbetelphenol, Chavibetolbenzoat $C_{17}H_{16}O_3 = (CH_3O)(C_6H_5COO)C_6H_3(C_3H_5)$. Entsteht beim Kochen von Betelphenol mit überschüssigem Benzoylchlorid. Schmelzp. 49 bis 50°[5].

Eugenol, 1^2-Propenyl-phendiol-(3,4)-3-methyläther.

Mol.-Gewicht 164,1.
Zusammensetzung: 73,12% C, 7,37% H.

$$C_{10}H_{12}O_2.$$

$$HO\!\!\big/\!\!\overset{H\quad H}{\underset{H}{\big\langle\big\rangle}}\!\!-\!\!CH_2\!\!-\!\!CH=CH_2$$
$$CH_3O$$

Vorkommen: In den ätherischen Ölen: Galgantöl (Alpinia officinarum Hance)[7], Kalmusöl (Acorus Calamus)[8], ätherischen Öl aus den Blättern und dem Rhizom von Asarum arifolium[9], japanischen Sternanisöl (Illicium religiosum Sieb)[10], Ylang-Ylang-Öl (Cananga odorata)[11], Canangaöl[12], Boldoblätteröl (Peumus Boldus Mol)[13], Zimtblätteröl (Cinnamomum zeylanicum Breyne)[14], Ceylonzimtrindenöl[15], Rindenöl von Cinnamomum

[1]) Bericht der Firma Schimmel & Co. **1889**, I, 6; **1891**, II, **5**; **1907**, II, 13. — Bertram u. Gildemeister, Journ. f. prakt. Chemie [2] **39**, 349 [1889].

[2]) Grignard, Compt. rend. de l'Acad. des Sc. **151**, 324 [1910].

[3]) Eykman, Berichte d. Deutsch. chem. Gesellschaft **23**, 862 [1890].

[4]) Stohmann, Zeitschr. f. physikal. Chemie **10**, 415 [1892].

[5]) Bertram u. Gildemeister, Journ. f. prakt. Chemie [2] **39**, 349 [1889].

[6]) Eykman, Berichte d. Deutsch. chem. Gesellschaft **23**, 861 [1890].

[7]) Horst, Pharmaz. Ztg. f. Rußland **39**, 378 [1900].

[8]) Thoms u. Beckström, Berichte d. Deutsch. chem. Gesellschaft **35**, 3187, 3195 [1902].

[9]) Miller, Archiv d. Pharmazie **240**, 373 [1902].

[10]) Eykman, Berichte d. Deutsch. chem. Gesellschaft **14**, Ref. 1720 [1881]; **18**, Ref. 281 [1885]. — Tardy, Thèse Paris **1902**.

[11]) Bericht der Firma Schimmel & Co. **1896**, I, 62; **1899**, I, 9; **1901**, II, 57; **1902**, I, 64; **1903**, I, 79. — Bacon, The Philippine Journ. of Sc. **3**, 65 [1908]; Chem. Centralbl. **1908**, II, 946.

[12]) Bericht der Firma Schimmel & Co. **1899**, I, 9.

[13]) Tardy, Journ. de Pharm. et de Chim. [6] **19**, 132 [1904].

[14]) Stenhouse, Annalen d. Chemie u. Pharmazie **95**, 103 [1855]. — Schoer, Archiv d. Pharmazie **220**, 492 [1882]. — Weber, Archiv d. Pharmazie **230**, 232 [1892].

[15]) Bericht der Firma Schimmel & Co. **1902**, I, 69.

pedatinervium[1]), japanischen Zimtöl (Cinnamomum Loureirii Nees [Nickeiöl][2]), Campheröl (Laurus camphora)[3]), Culilavanrindenöl (Cinnamomum culilavan Nees)[4]), Nelkenzimtöl (Persea caryophyllata Mart.)[5]), Sassafrasöl (Sassafras officinale Nees)[6]), Massoyrindenöl (Massoya aromatica)[7]), Lorbeerblätteröl (Laurus nobilis)[8]), Apopinöl (Laurus spec.)[9]), Blätteröl von Umbellularia californica[10]), Rosenöl[11]), Cassieblütenöl (Acacia Farnesiana und Acacia Cavenia)[12]), Cascarillrindenöl (Croton Eluteria Bennett)[13]), Weißzimtöl (Canella alba Murray)[14]), Pimentöl (Pimenta officinalis Lindl.)[15]), Blätteröle von Myrcia und Pimenta-arten[16]), Grünblätteröl von Pimenta acris[17]), westindischen Bayölen[18]), Öl aus Baybeeren von den Bermudainseln[19]), Nelkenöl (Eugenia caryophyllata Thunb.)[20]), ätherischen Öl von Ocimum Basilicum[21]), Blätteröl von Selasih besar[22]), Öl von Labiaten aus dem Sachsenwalde und von Amani in Deutsch-Ostafrika[23]), ätherischen Öl von Geum urbanum[24]), Patschuliöl (Pogostemon Patschouly Pellett.)[25]), Blätteröl von Psidium Guayava (Djamboe)[26]), Myrrhen-öl[27]), ätherischen Öl der Muskatnuß von Ceylon[28]), im Zimtrindenöl von Mahé (Seychellen)[29]), im Basilicumöl (Ocimum minimum L.)[30]), in einem Nelkenöl von den Seychellen[31]), im Wurzelrindenöl von Cinnamomum zeylanicum Breyn.[32]), im Blätteröl von Cinnamomum Tamala, dem sog. Mutterzimt[33]), im Holzöl von Dacrydium Franklinii[34]), im Puglia-Olivenöl[35]).

[1]) Goulding, Diss. London 1903; Journ. Chem. Soc. 83, 1097 [1903].

[2]) Bericht der Firma Schimmel & Co. 1904, II, 100. — Keimatsu, Journ. Pharm. of Japan 1906, 105; Apoth.-Ztg. 21, 306 [1906].

[3]) Bericht der Firma Schimmel & Co. 1886, I, 5.

[4]) Bericht der Firma Schimmel & Co. 1897, I, 12.

[5]) Trommsdorff, Neues Journ. d. Pharmazie 23, I, 7 [1831].

[6]) Grimaux u. Ruotte, Compt. rend. de l'Acad. des Sc. 68, 928 [1869]. — Pomeranz, Monatshefte f. Chemie 11, 101 [1890]. — Power u. Kleber, Pharmaz. Revue 14, 101 [1896].

[7]) Bericht der Firma Schimmel & Co. 1888, II, 43.

[8]) Bericht der Firma Schimmel & Co. 1899, I, 31. — Molle, Diss. Basel 1903.

[9]) Keimatsu, Journ. of the Pharm. Soc. of Japan 1903, No. 253.

[10]) Power u. Lees, Journ. Chem. Soc. 85, 629 [1904].

[11]) von Soden u. Treff, Berichte d. Deutsch. chem. Gesellschaft 37, 1094 [1904].

[12]) Bericht der Firma Schimmel & Co. 1903, II, 17.

[13]) Thoms u. Fendler, Apoth.-Ztg. 14, 562 [1899]; Archiv d. Pharmazie 238, 680 [1900].

[14]) Meyer u. von Reiche, Annalen d. Chemie u. Pharmazie 47, 224 [1843]. — Brunn, Proc. Wiscon. Pharm. Assoc. 1893, 36.

[15]) Bonastre, Trommsdorffs Neues Journ. f. Pharmazie 11, I, 127 [1825]; Journ. de Pharm. 11, 187 [1825]; 13, 466 [1827]. — Oeser, Annalen d. Chemie u. Pharmazie 31, 277 [1864]. — Bericht der Firma Schimmel & Co. 1889, I, 39; 1904, I, 80.

[16]) Markoe, Pharm. Journ. London [3] 8, 1005 [1878]. — Power u. Kleber, Pharmaz. Rundschau New York 13, 60 [1895]. — Mittmann, Archiv d. Pharmazie 227, 529 [1889].

[17]) Bericht der Firma Schimmel & Co. 1903, II, 13.

[18]) Bericht der Firma Schimmel & Co. 1904, II, 13.

[19]) Bericht der Firma Schimmel & Co. 1905, I, 86; 1910, II; Chem. Centralbl. 1910, II, 1755.

[20]) Erdmann, Journ. f. prakt. Chemie [2] 56, 143 [1897]. — Umney, Pharmac. Journ. London [3] 25, 950 [1895]. — Verley u. Boelsing, Berichte d. Deutsch. chem. Gesellschaft 34, 3354 [1901]. — Bericht der Firma Schimmel & Co. 1903, I, 53. — Spurge, Pharmac. Journ. 70, 701 [1903]. — Bericht der Firma Schimmel & Co. 1903, II, 52. — Thoms, Archiv d. Pharmazie 241, 592 [1903].

[21]) Jahresber. d. Botan. Gartens von Buitenzorg 1898, 28.

[22]) van Romburgh, Acad. Wissensch. Amsterdam 1900, 446.

[23]) Walter Busse, Über Heil- und Würzpflanzen Deutsch-Ostafrikas 1904.

[24]) Bourquelot u. Hérissey, Journ. de Pharm. et de Chim. [6] 18, 369 [1903].

[25]) Bericht der Firma Schimmel & Co. 1904, I, 71.

[26]) Altan, Pharmaz. Post 37, 713 [1904]; Chem. Centralbl. 1905, I, 266.

[27]) Lewinsohn, Archiv d. Pharmazie 244, 418 [1906].

[28]) Power u. Salway, Journ. Chem. Soc. 91, 2041 [1907].

[29]) Berichte der Firma Schimmel & Co. 1908, II; Chem. Centralbl. 1909, I, 23.

[30]) Berichte der Firma Schimmel & Co. 1909, I; Chem. Centralbl. 1909, I, 1564.

[31]) Haensel, Geschäftsbericht 1908/09; Chem. Centralbl. 1909, I, 1477.

[32]) Pilgrim, Pharmac. Weekblad 46, 50 [1909]; Chem. Centralbl. 1909, I, 534.

[33]) Berichte der Firma Schimmel & Co. 1910, I; Chem. Centralbl. 1910, I, 1720.

[34]) Berichte der Firma Schimmel & Co. 1910, II; Chem. Centralbl. 1910, II, 1757.

[35]) Canzoneri, Gazzetta chimica ital. 27, II, 1 [1897]. — Wehmer, Die Pflanzen-stoffe 1911. S. 601.

Bildung: Entsteht bei der Destillation von Olivil oder Pyrolivilsäure [aus dem Harz des Olivenbaumes](?)[1]. Eugenol bildet sich aus Coniferylalkohol durch Behandlung mit Natriumamalgam[2]. Entsteht aus dem Gein, einem Eugenolglykosid, welches sich in der Wurzel von Geum urbanum findet, durch Einwirkung eines spezifischen Enzyms, Gease, das in derselben Wurzel vorkommt[3].

Isolierung aus ätherischen Ölen: Nach der Abscheidung des Eugenols mittels 3 proz. Kalilauge usw. unterwirft man die erhaltenen Rohphenole der fraktionierten Destillation und benutzt zur Prüfung die zwischen 250—255° siedenden Anteile. Von chemischen Reaktionen ist hervorzuheben, daß Eisenchlorid mit Eugenol in alkoholischer Lösung eine blaue Färbung gibt. Zur weiteren Identifizierung dient das Acetat, Schmelzp. 31°, und das Benzoat, Schmelzp. 69—70°.

Reaktionen: Löst man 1 ccm Eugenol in 5 ccm Essigsäureanhydrid und gibt dazu etwas geschmolzenes Chlorzink, so entsteht eine blaßgelbe Färbung, die beim Stehen verschwindet. Mit 1 Tropfen konz. Schwefelsäure wird die Lösung erst braun, dann schnell purpurn, schließlich weinrot[4]. Gibt man gleiche Mengen Eugenol und konz. Schwefelsäure in einem trockenen Reagensglase zusammen, so erhält man nach dem Erkalten eine fast schwarze feste Masse, die in dünner Schicht rot erscheint. Gibt man auf 10 Tropfen Eugenol 1 Tropfen konz. Schwefelsäure, so wird die Mischung zuerst violettrot, dann blauviolett[5]. Gibt man zu wenig Eugenol die 2—2$^1/_2$ fache Menge einer 10 proz. Lösung von Mercurisulfat in 25 proz. Schwefelsäure, so erscheint ein schwaches, eine Zeitlang andauerndes Violett[6]. Mit Vanillin und Salzsäure entsteht Rotfärbung[7].

Zur **quantitativen Bestimmung** des Eugenols im Nelkenöl empfiehlt Thoms die Darstellung und Wägung des Benzoyleugenols[8]. Verley und Bölsing empfehlen zur Bestimmung des Eugenols die Veresterung mit Acetanhydrid und Pyridin als Katalysator[9]. Nach Umney bringt man eine bestimmte Menge Nelkenöl in ein Schimmelsches Cassiakölbchen mit graduiertem Hals, setzt 10 proz. wässerige Kalilauge hinzu und erwärmt. Nach dem Abkühlen auf 15° wird mit Wasser aufgefüllt, das nicht in Reaktion getretene Öl wird in den Hals getrieben und sein Volumen abgelesen[10]. Durch vorhergehendes Verseifen des im Nelkenöl enthaltenen Aceteugenols und Anbringung einer Korrektur soll sich diese Methode auf 2% Genauigkeit bringen lassen[11]. Schimmel & Co. empfehlen als Verbesserung der Methode Anwendung von 5- oder auch 3 proz. Natronlauge[12]. Thoms hat seine Methode dahin abgeändert, daß man zunächst 5 g Nelkenöl mit 20 g 15 proz. Natronlauge $^1/_2$ Stunde auf dem Wasserbad erwärmt. Auf der Flüssigkeit scheidet sich alsbald das Sesquiterpen ab. Man trennt durch einen Scheidetrichter diese Schicht ab und benzoyliert das in der alkalischen Lösung befindliche Eugenol[13]. Nach einer neueren Methode wird das Eugenol zunächst als Eugenolnatrium dem ätherischen Öl entzogen, dann nach dem Ansäuern das Eugenol selbst mit Pentan ausgeschüttelt. Nach Vertreibung des Pentans kann das Eugenol als solches gewogen werden[14].

Physiologische Eigenschaften: Das Eugenol widersteht im Körper den oxydativen Angriffen des Organismus. Es verläßt den Tierkörper zum größeren Teil in Form einer sehr unbeständigen Ätherschwefelsäure, zum geringen Teil in ungebundenem Zustand. Die toxische Wirkung scheint nicht bedeutend zu sein[15][16]. Ein mittelgroßer Hund vertrug täglich

[1] Sobrero, Annalen d. Chemie u. Pharmazie **54**, 88 [1845].

[2] Tiemann, Berichte d. Deutsch. chem. Gesellschaft **9**, 418 [1876].

[3] Bourquelot u. Hérissey, Compt. rend. de l'Acad. des Sc. **140**, 870 [1905].

[4] Chapman, The Analyst **25**, 313 [1900]; Chem. Centralbl. **1901**, I, 205.

[5] Klunge, Zeitschr. f. analyt. Chemie **23**, 76 [1884].

[6] Burgess, The Analyst **25**, 256 [1900]; Chem. Centralbl. **1900**, II, 1164.

[7] Hartwich u. Winckel, Archiv d. Pharmazie **242**, 464 [1904].

[8] Thoms, Zeitschr. f. analyt. Chemie **30**, 738 [1891].

[9] Verley u. Bölsing, Berichte d. Deutsch. chem. Gesellschaft **34**, 3359 [1901].

[10] Umney, Pharmac. Journ. London [3] **25**, 950 [1895].

[11] Spurge, Pharmac. Journ. [4] **16**, 70, 757 [1903]; Chem. Centralbl. **1903**, II, 1093.

[12] Bericht der Firma Schimmel & Co. **1903**, II, 52.

[13] Thoms, Archiv d. Pharmazie **241**, 601 [1903].

[14] Reich, Zeitschr. f. Unters. d. Nahr.- u. Genußm. **16**, 497 [1908]; **18**, 401 [1909]; Chem. Centralbl. **1908**, II, 1895; **1909**, II, 1704.

[15] Kühling, Inaug.-Diss. Berlin 1887; Centralbl. f. d. med. Wissensch. **1888**, 27.

[16] Giacosa, Annali di Chimie e Farmacol. **4**, Ser. III, 273 [1886]; Jahresber. über d. Fortschritte d. Tierchemie **16**, 80 [1886].

7—8 g. Danach trat regelmäßig starke Polyurie auf, zuweilen auch Durchfall[1]). Vom
Menschen werden 3 g in geteilten Dosen innerhalb 12 Stunden ohne nennenswerte Störung
vertragen. Größere Dosen bewirkten Schwindel und rauschartigen Zustand. Die fäulnis-
widrige Wirkung des Eugenols übertrifft die des Phenols. 0,25% verhindern die Fäulnis
von Harn und von Bouillon[2]).

Physikalische Eigenschaften: Nach Nelken riechendes Öl. Siedep. 251°, $D_8 = 1,06$[3]).
Siedep.$_{723,5} = 246°$, Siedep.$_{760} = 247,5°$, $D_0 = 1,0779$, $D_{18,5} = 1,0630$[4]). Siedep. 253—254°[5]),
$D_{14} = 1,0703$[6]), Siedep.$_{12-13} = 128$—129°; Siedep. 250—251°. $D_{15} = 1,072$[7]). Siedep.$_{15} =$
127°[8]). $D_{14,5} = 1,072$, $n_\alpha = 1,5385$, $n_d = 1,5439$, $n_\beta = 1,5574$, $n_\gamma = 1,5692$; MR = 48,3, (ber. 47,7)[9]).
Siedep.$_{12-13} = 123°$, Siedep.$_{749} = 252°$[10]), Siedep.$_{i.D.} = 253,5°$, $D_4^4 = 1,0785$, $D_{15}^{15} = 1,0696$,
$D_{25}^{25} = 1,0633$. Magnetisches Drehungsvermögen 18,72 bei 15,8°[11]). Molekulare Verbrennungswärme 1286,9 Cal.[12]). Dielektrizitätskonstante 6,0[13]). Destillationsgeschwindigkeit mit
Wasserdampf[14]). $D_{15} = 1,0702$. Siedep.$_{747} = 253$—254°, $n_D^{19} = 1,54205$. Benzoat Schmelzp.
69—70°[15]). Siedep. 244,5°. $D_{20} = 1,0689$; $n_D = 1,54437$. Verbrennungswärme 1304 Cal.
Spezifische Wärme 0,5024[16]). Molekulare, magnetische Empfindlichkeit $= -1063 \cdot 10^{-7}$, berechnet $-1072 \cdot 10^{-7}$[17]).

Chemische Eigenschaften: Durch Oxydation mittels Chromsäure verbrennt das Eugenol
vollständig zu Kohlensäure und Essigsäure[18]). Durch Oxydation mittels $KMnO_4$ entsteht
Vanillinsäure[19]). Bei der Oxydation des Methyleugenols mittels $KMnO_4$ erhält man
Veratrumsäure[20]). Aus dem Eugenoläthyläther entsteht durch Oxydation mit Chromsäuregemisch Methyläthylprotocatechusäure[18]). Durch Oxydation des Aceteugenols mittels
$KMnO_4$ in essigsaurer Lösung entsteht Acet-α-homovanillinsäure und weiter Acetvanillinsäure[21]). Überführung in Propylbrenzcatechin[15]). Bei der Entmethylierung von
Eugenol wird die Allylseitenkette angegriffen[22]). Aus Hüblscher Lösung absorbiert Eugenol
6 Atome J, aus Wallerscher Lösung 2 Atome Jod[23]). Durch Schmelzen mit Ätzkali wird
Eugenol im wesentlichen in Isoeugenol umgelagert[24]). Durch den Glycerinauszug von Russula delica wird das Eugenol zu **Dehydrodieugenol** $C_{20}H_{22}O_4$, Schmelzp. 105—106° oxydiert. Dasselbe Produkt entsteht durch Einwirkung von $FeCl_3$-Lösung[25]). Durch Erhitzen
von Eugenol in 20 proz. Natronlauge mit Formaldehyd auf 60° entsteht **Eugenolalkohol.**
Nadeln aus Petroläther. Schmelzp. 37—38°[26]). Als schwaches Phenol wird es der ätz-
alkalischen Lösung durch Äther usw. entzogen und durch Wasserdampf abgeblasen[27]).

---

[1]) Kühling, Inaug.-Diss. Berlin 1887; Centralbl. f. d. med. Wissensch. **1888,** 27.

[2]) Giacosa, Annali di Chimie e Farmacol. **4,** Ser. III, 273 [1886]; Jahresber. über d.
Fortschritte d. Tierchemie **16,** 80 [1886].

[3]) Oeser, Annalen d. Chemie u. Pharmazie **131,** 279 [1864].

[4]) Wassermann, Annalen d. Chemie u. Pharmazie **179,** 369 [1875].

[5]) Jahrb. d. Pharmazie **1893,** 462.

[6]) Tiemann u. Kraatz, Berichte d. Deutsch. chem. Gesellschaft **15,** 2066 [1882].

[7]) Bertram u. Gildemeister, Journ. f. prakt. Chemie [2] **39,** 352 [1889].

[8]) Fournier, Bulletin de la Soc. Chim. [4] **7,** 27 [1910].

[9]) Eykman, Berichte d. Deutsch. chem. Gesellschaft **23,** 862 [1890].

[10]) Erdmann, Journ. f. prakt. Chemie [2] **56,** 146 [1897].

[11]) Perkin, Journ. Chem. Soc. **69,** 1247 [1896].

[12]) Stohmann, Zeitschr. f. physikal. Chemie **10,** 415 [1892].

[13]) Mathews, Journ. of Physical Chem. 9, 641 [1905]; Chem. Centralbl. **1906,** I, 224.

[14]) Hardy u. Richens, The Analyst **32,** 197 [1907]; Chem. Centralbl. **1907,** II, 560.

[15]) Walbaum, Journ. f. prakt. Chemie [2] **68,** 238 [1903].

[16]) Frankforter u. Lando, Journ. Amer. Chem. Soc. **27,** 641 [1905].

[17]) Pascal, Bulletin de la Soc. chim. [4] **5,** 1118 [1909].

[18]) Wassermann, Annalen d. Chemie u. Pharmazie **179,** 369, 387 [1875].

[19]) Erlenmeyer, Berichte d. Deutsch. chem. Gesellschaft **9,** 273 [1876].

[20]) Graebe u. Borckmann, Annalen d. Chemie u. Pharmazie **158,** 282 [1871]. — Bertram
u. Gildemeister, Journ. f. prakt. Chemie [2] **39,** 354 [1889].

[21]) Tiemann u. Nagai, Berichte d. Deutsch. chem. Gesellschaft **10,** 201 [1877].

[22]) Delange, Compt. rend. de l'Acad. des Sc. **130,** 659 [1900].

[23]) Ingle, Journ. Soc. Chem. Ind. **23,** 422 [1904]; Chem. Centralbl. **1904,** II, 506.

[24]) Graebe u. Kraft, Berichte d. Deutsch. chem. Gesellschaft **39,** 797 [1906].

[25]) Cousin u. Hérissey, Compt. rend. de l'Acad. des Sc. **146,** 1413 [1908]; Journ. de
l'harm. et de Chim. [6] **28,** 49 [1908]; Chem. Centralbl. **1908,** II, 508.

[26]) Manasse, Berichte d. Deutsch. chem. Gesellschaft **35,** 3845 [1902].

[27]) Störmer u. Kippe, Berichte d. Deutsch. chem. Gesellschaft **36,** 3994 [1903].

Eugenol wird in ätherisch-salzsaurer Lösung durch Sonnenlicht nicht polymerisiert[1]). Durch Reduktion mittels Platinschwarz entsteht **Dihydroeugenol** $(CH_3O)(OH)C_6H_3(C_3H_7)$. Siedep.$_{15}$ = 124°; Siedep. 246—248°[2]).

Salze und Derivate: $Ba(OC_{10}H_{11}O)_2$. Blättchen, wenig löslich in kaltem Wasser[3]). — **Lithium-eugenolat** $(LiO)C_9H_8(OCH_3)$. Aus Alkohol gut krystallisiertes Salz. Nur im Vakuum haltbar[4]). — **Blei-eugenolat** $Pb[OC_9H_8(OCH_3)]_2$. Undeutlich krystallinisch, sehr hoch schmelzend. Wird durch Wasser zersetzt[4]).

Eugenol-hexamethylentetramin $C_6H_{12}N_4 \cdot (CH_3O)(OH)C_6H_3(C_3H_5)$. Nach Nelken riechende Krystalle. Schmelzp. 80—85°[5]).

Eugenol-methyläther s. diesen S. 654.

Eugenol-äthyläther $C_{12}H_{16}O_2$

$$CH_3CH_2O\!\!<\!\!\overset{\text{H}\quad\text{H}}{\underset{\text{CH}_3\text{O}\quad\text{H}}{}}\!\!>\!\!-CH_2-CH=CH_2$$

Entsteht aus Äthylbromid, Eugenol und Kalilauge[6]). Flüssig. Siedep. 254°, $D_0 = 1,0260$, $D_{18,5} = 1,0117$[6]), $D = 1,021$, $t^0 = 9,5$, $MG = 192$, $MV = 188,1$. $n_\alpha = 1,5256$, $n_d = 1,5301$, $n_\beta = 1,5426$, $n_\gamma = 1,5529$, $MR = 58,1$, (ber. 57,2)[7]).

Polymerer Eugenol-äthyläther $(C_{12}H_{16}O_2)_x$. Entsteht bei der Destillation von Eugenoläthyläther. Aus Alkohol Blättchen. Schmelzp. 125°. Sublimierbar[6]).

Eugenol-β-bromäthyläther $C_3H_5 \cdot C_6H_3(OCH_3)(OCH_2CH_2Br)$. Entsteht aus Eugenol, Äthylenbromid und Natronlauge. Aus verdünntem Alkohol weiße Krystalle. Schmelzp. 26 bis 27°. Siedep.$_7$ = 160—170°[8]).

Eugenol-vinyläther $C_3H_5 \cdot C_6H_3(OCH_3)(OCH:CH_2)$. Entsteht aus dem β-Bromäthyläther durch Destillation über Ätzkali. Flüssig. Siedep. 260—262°[8]).

Eugenol-propyläther $C_{13}H_{18}O_2 = (CH_3CH_2CH_2O)(CH_3O)C_6H_3(C_3H_5)$. Siedep. 263—265°, $D_{16} = 1,0024$[9]). Siedep. 270,5°, $D_{15} = 1,0032$[10]). Wird durch verdünnte $KMnO_4$-Lösung in Methylpropylprotocatechusäure übergeführt.

Eugenol-isopropyläther $C_{13}H_{18}O_2 = [(CH_3)_2CHO](CH_3O)C_6H_3(C_3H_5)$. Siedep. 252 bis 254°, $D_{17} = 0,999$[9]).

Eugenol-allyläther $C_{13}H_{16}O_2 = (C_3H_5O)(CH_3O)C_6H_3(C_3H_5)$. Siedep. 267—270°, $D_{15} = 1,018$[9]).

Eugenol-isobutyläther $C_{14}H_{20}O_2 = (C_4H_9O)(CH_3O)C_6H_3(C_3H_5)$. Siedep. 272—274°, $D_{15} = 0,985$[9]).

Eugenol-isoamyläther $C_{15}H_{22}O_2 = (C_5H_{11}O)(CH_3O)C_6H_3(C_3H_5)$. Siedep.$_{746,5}$ = 300,6 bis 301,7°, nicht unzersetzt. $D_4^{14,8} = 0,97291$, $n_d = 1,51284$, $MR = 71,76$ (ber. 70,36)[11]).

Eugenol-hexyläther $C_{16}H_{24}O_2 = (C_6H_{13}O)(CH_3O)C_6H_3(C_3H_5)$. Siedep. 296—300°[9]).

Acetonyl-eugenol $C_{13}H_{16}O_3 = (CH_3COCH_2O)(CH_3O)C_6H_3(C_3H_5)$. Entsteht beim Erwärmen von Eugenol und Chloraceton, gelöst in Alkohol, mit KOH. Gelbbraunes Öl, nicht destillierbar[12]).

Eugenol-methylenäther, Safrol s. dieses S. 660.

Dieugenol-äthylenäther $C_{22}H_{26}O_4 = (CH_3O \cdot C_9H_8O)_2C_2H_4$. Schuppen. Wenig löslich in kaltem Alkohol und Äther[9]).

Dieugenol-isopropylenäther $C_{23}H_{28}O_4$. Nadeln. Schmelzp. 56—58°[9]).

Dieugenol-normal-propylenäther $C_{23}H_{28}O_4$. Rhombische Prismen. Schmelzp. 82,5°[9]).

Eugenol-pikryläther $C_{16}H_{13}N_3O_8 = [(NO_2)_3C_6H_2O](CH_3O)C_6H_3(C_3H_5)$. Entsteht aus Eugenol und Pikrylchlorid. Aus Eisessig feine gelbe Nadeln. Schmelzp. 92—93°[12])

[1]) **Francesconi** u. **Puxeddu**, Gazzetta chimica ital. **39**, I, 203 [1909].
[2]) **Fournier**, Bulletin de la Soc. chim. [4] **7**, 27 [1910].
[3]) **Williams**, Annalen d. Chemie u. Pharmazie **107**, 241 [1858].
[4]) **Frankforter** u. **Lando**, Journ. Amer. Chem. Soc. **27**, 642 [1905].
[5]) **Moschatos** u. **Tollens**, Annalen d. Chemie u. Pharmazie **272**, 285 [1893].
[6]) **Wassermann**, Annalen d. Chemie u. Pharmazie **179**, 375 [1875].
[7]) **Eykman**, Berichte d. Deutsch. chem. Gesellschaft **23**, 862 [1890].
[8]) **Wohl** u. **Berthold**, Berichte d. Deutsch. chem. Gesellschaft **43**, 2179—2181 [1910].
[9]) **Cahours**, Jahresber. d. Chemie **1877**, 580.
[10]) **Pond, Maxwell** u. **Norman**, Journ. Amer. Chem. Soc. **21**, 960 [1899].
[11]) **Costa**, Gazzetta chimica ital. **19**, 496 [1889].
[12]) **Einhorn** u. **Hofe**, Berichte d. Deutsch. chem. Gesellschaft **27**, 2465 [1894].
[13]) **Einhorn** u. **Frey**, Berichte d. Deutsch. chem. Gesellschaft **27**, 2458 [1894].

Eugenol-2,4-dinitrophenyläther $C_{16}H_{14}N_2O_6 = [(NO_2)_2C_6H_3O](CH_3O)C_6H_3(C_3H_5)$. Entsteht aus Eugenol und Chlor-2,4-dinitrobenzol. Aus Alkohol gelbe Nadeln. Schmelzp. 114 bis 115°[1]).

Eugenol-schwefelsäure $C_{10}H_{12}O_5S = [(OH)SO_2O](CH_3O)C_6H_3(C_3H_5)$. Entsteht aus Eugenol und Chlorsulfonsäure. **Kaliumsalz.** Schmelzp. 203° unter Zersetzung[2]). **Äthylester.** Siedep. 240° unter Zersetzung[3]).

Eugenol-phosphit $C_{10}H_{13}PO_4 = [(OH)_2PO](CH_3O)C_6H_3(C_3H_5)$. Entsteht neben Eugenolanhydrid beim Erwärmen von Eugenol mit dem gleichen Volumen PCl_3. Gelbes Pulver[4]).

Eugenol-phosphorsäure $C_{10}H_{13}O_5P = [PO(OH)_2O](CH_3O)C_6H_3(C_3H_5)$. Entsteht aus Eugenol und $POCl_3$. Wasserhaltig, aus Benzol oder Äther feine Nädelchen. Schmelzp. 46—50°. Wasserfrei aus Benzol kurze derbe Prismen. Schmelzp. 105°, an der Luft zerfließlich[5]).

Trieugenol-phosphat $C_{30}H_{33}PO_7 = PO[O(CH_3O)C_6H_3(C_3H_5)]_3$. Entsteht aus Eugenol und $POCl_3$. Braungelbes Öl[1]).

Eugenol-formiat $C_{11}H_{12}O_3 = (HCOO)(CH_3O)C_6H_3(C_3H_5)$. Entsteht aus Eugenol, Ameisensäure und Phosgen in Pyridinlösung. Farblose Flüssigkeit. $Siedep._{20} = 150°$ [6]).

Eugenol-acetat $C_{12}H_{14}O_3$

$$CH_3COO\underset{CH_3O\ \ H}{\overset{H\quad H}{\left\langle\underline{\quad\quad}\right\rangle}}CH_2CH:CH_2$$

Vorkommen: Im Nelkenöl[7]).

Entsteht aus Eugenol und Essigsäureanhydrid beim Kochen[8]), oder in Gegenwart von konz. Schwefelsäure, Acetylchlorid, Natriumacetat, Pyridin oder Chlorzink in der Kälte[9]). Aus Alkohol rhombische, farblose Tafeln. Schmelzp. 30—31°. Siedep. 270°[8]). $D_{15} = 1{,}0842$[7]). Schmelzpunkt 29°, $Siedep._{8,5} = 145—146°$, $Siedep._{752} = 281—282°$, $Siedep._{750} = 278—279°$[9]). Molekulare Verbrennungswärme 1498,5 Cal.[10]). Mit Wasserdämpfen flüchtig. Durch Oxydation mit Essigsäure und Kaliumpermanganat entstehen **Acet-α-homovanillinsäure** und darauf **Acetvanillinsäure.**

Acetsalicylsäureester des Eugenols $C_{19}H_{18}O_5$

$$CH_3COO \cdot C_6H_4COO-\underset{CH_3O\ \ H}{\overset{H\quad H}{\left\langle\underline{\quad\quad}\right\rangle}}-CH_2-CH=CH_2$$

Vorkommen: Im Nelkenöl[11]).

Eugenol-kohlensäurechlorid $(ClOCO)(CH_3O)C_6H_3(C_3H_5)$. Entsteht aus Eugenol und Phosgen in Chinolin. Gelbliches Öl. $Siedep._{17} = 174°$ [12]).

Eugenol-carbonat $C_{21}H_{22}O_5 = CO[O(CH_3O)C_6H_3(C_3H_5)]_2$. Entsteht durch Einleiten von Phosgen in wässerige Eugenolnatriumlösung. Schmelzp. 93—94°[13]).

Eugenol-glykolsäure $C_{12}H_{14}O_4 = (HOOCCH_2O)(CH_3O)C_6H_3(C_3H_5)$. Entsteht aus Chloressigsäure, Eugenol und Natronlauge[14]). Aus siedendem Wasser lange Nadeln. Schmelzpunkt 80—81°, 75°[15]), 94°[16]). Aus Wasser krystallisiert die Säure mit 1 Mol. Krystallwasser. Schmelzp. 81°. Schmelzp. der wasserfreien Säure 100°[17]). Geht beim Erhitzen mit Kalilauge auf 150° in **Isoeugenolglykolsäure** über.

[1]) Einhorn u. Frey, Berichte d. Deutsch. chem. Gesellschaft **27**, 2458 [1894].

[2]) Verley, Bulletin de la Soc. chim. [3] **25**, 46 [1901].

[3]) Bayer & Co., D. R. P. 73 165.

[4]) Oeser, Annalen d. Chemie u. Pharmazie **131**, 280 [1864].

[5]) Böhringer & Söhne, D. R. P. 98 552; Chem. Centralbl. **1898** II, 950.

[6]) Einhorn u. Hollandt, Annalen d. Chemie u. Pharmazie **301**, 113 [1898].

[7]) Erdmann, Journ. f. prakt. Chemie [2] **56**, 143 [1897].

[8]) Tiemann u. Nagai, Berichte d. Deutsch. chem. Gesellschaft **10**, 202 [1877].

[9]) Freyss, Chem. Centralbl. **1899** I, 835. — Merck, D. R. P. 103 581; Chem. Centralbl. **1899**, II, 927; D. R. P. 109 445; Chem. Centralbl. **1900**, II, 407.

[10]) Stohmann, Zeitschr. f. physikal. Chemie **10**, 421 [1892].

[11]) Erdmann, Journ. f. prakt. Chemie [2] **56**, 152 [1897].

[12]) Eichhorn, D. R. P. 224 108; Chem. Centralbl. **1910**, II, 518.

[13]) v. Heyden Nachf., D. R. P. 58 129.

[14]) Saarbach, Journ. f. prakt. Chemie [2] **21**, 158 [1880]. — Gassmann, Bulletin de la Soc. chim. [3] **15**, 826 [1896].

[15]) Krafft, Berichte d. Deutsch. chem. Gesellschaft **28**, 1870 [1895].

[16]) Lambling, Bulletin de la Soc. chim. [3] **17**, 360 [1897].

[17]) Clauser, Monatshefte f. Chemie **22**, 123 [1901].

Eugenol-glucosid $C_{16}H_{22}O_7 = (C_6H_{11}O_5O)(CH_3O)C_6H_3(C_3H_5)$. Entsteht aus Eugenol-kalium und Acetochlorhydrose. Aus Wasser Nadeln. Schmelzp. 132° [1]).

Eugenol-benzoat $(C_6H_5COO)(CH_3O)C_6H_3(C_3H_5)$. Monokline Prismen [2]) aus Alkohol. Schmelzp. 67—69° [3]).

Phenylcarbamidsaures Eugenol, Eugenol-phenylurethan $C_{17}H_{17}NO_3 = [NH(C_6H_5)COO]$ $(CH_3O)C_6H_3(C_3H_5)$. Entsteht aus Eugenol und Phenylcarbonimid bei 100°. Aus Ligroin Nadeln. Schmelzp. 95,5° [4]).

Eugenol-diphenylurethan $[N(C_6H_5)_2COO](CH_3O)C_6H_3(C_3H_5)$. Entsteht aus Eugenol und Diphenylharnstoffchlorid in Pyridinlösung. Schmelzp. 107—108° [5]).

Dieugenol-bernsteinsäureester $C_{24}H_{26}O_6 = C_2H_4[COO(CH_3O)C_6H_3(C_3H_5)]_2$. Entsteht aus Bernsteinsäurechlorid und Eugenol. Aus Eisessig oder Alkohol treppenförmig angeordnete Prismen. Schmelzp. 89,5—90° [6]).

Eugenol-camphersäureester $C_{20}H_{26}O_5 = (HO_2CC_8H_{14}COO)(CH_3O)C_6H_3(C_3H_5)$. Krystalle. Schmelzp. 115,5° [7]).

Eugenol-pentachlorid, Trichlor-eugenol-dichlorid $C_{10}H_9Cl_5O_2 = (OH)(OCH_3)C_6Cl_3$ $(CH_2 \cdot CHCl \cdot CH_2Cl)$. Entsteht beim Einleiten von Chlor in Eugenol in Chloroformlösung bei starker Kühlung bis zur Sättigung. Krystallartige Masse [8]).

Trichlor-eugenol-hydroxyd $C_{10}H_{11}Cl_3O_4 = (OH)(OCH_3)C_6Cl_3[CH_2CH(OH)CH_2(OH)]$. Entsteht aus dem Pentachlorid beim Erwärmen mit verdünnter Kalilauge. Amorphes, braunes Pulver [8]).

Brom-eugenol-bromid $C_{10}H_{12}O_2Br_2 = (OH)(OCH_3)C_6H_2Br(CH_2CHBrCH_3)$. Entsteht unter gewissen Bedingungen bei der Einwirkung von 1 Mol. Brom auf Eugenol in Chloroformlösung bei stark erniedrigter Temperatur. Durch Kochen der Verbindung mit verdünnter Kalilauge geht dieses Dibromid über in

Brom-eugenol-hydroxyd $(OH)(OCH_3)CH_2Br[CH_2CH(OH)CH_3]$. Schmelzp. 79—82° [8]).

Dibrom-eugenol-dibromid $C_{10}H_{10}O_2Br_4 = (OH)(CH_3O)C_6HBr_2(CH_2 \cdot CHBr \cdot CH_2Br)$. Entsteht durch Einwirkung vom Brom auf eine ätherische Lösung von Eugenol. Schmelzp. 118—119°. Wird durch Kochen mit Alkohol oder wässerigem Aceton nicht verändert, unlöslich in Äther [9]).

Dibrom-eugenol $C_{10}H_{10}O_2Br_2 = (OH)(OCH_3)C_6HBr_2(CH_2 \cdot CH = CH_2)$. Entsteht aus dem Dibromid durch Kochen mit Zinkstaub in alkoholischer Lösung. Aus Alkohol hexagonale Prismen. Schmelzp. 59° [9]).

Tribrom-eugenol-dibromid $C_{10}H_9O_2Br_5 = (OH)(CH_3O)C_6Br_3(C_3H_5Br_2)$. Entsteht bei der Einwirkung von 1 Mol. Brom auf das Dibromeugenol-dibromid im Rohr bei 100°. Amorph [10]).

Tribrom-eugenol $C_{10}H_9O_2Br_3 = (OH)(CH_3O)C_6Br_3(C_3H_5)$. Entsteht aus dem Dibromid durch Kochen mit Zinkstaub. Aus Petroläther Krystalle. Schmelzp. 74° [10]).

Tribrom-eugenol-bromid $C_{10}H_{10}O_2Br_4 = (OH)(CH_3O)C_6Br_3(CH_2CHBrCH_3)$. Entsteht ebenso wie das Bromeugenolbromid bei Einwirkung von 3 Mol. Brom. Aus Alkohol trikline Krystalle. Schmelzp. 118,5° [8]). Löslich in Äther. Durch Erwärmen mit verdünnter Kalilauge entsteht das

Tribrom-eugenol-hydroxyd $(OH)(OCH_3)C_6Br_3[CH_2CH(OH)CH_3]$. Schmelzp. 137° [8]).

5-Nitro-eugenol $C_{10}H_{11}NO_4 = (CH_3O)(OH)C_6H_2(NO_2)(C_3H_5)$. Entsteht aus Eugenol und rauchender Salpetersäure in abs. Äther. Aus Ligroin große, gelbrote, trikline Krystalle. Schmelzp. 43—44°. Mit Wasserdämpfen flüchtig [11]).

---

[1]) Michael, Amer. Chem. Journ. **6**, 340 [1884].

[2]) Blaß, Chem. Centralbl. **1910**, II, 872.

[3]) Power u. Salway, Journ. Chem. Soc. **91**, 2041 [1907].

[4]) Snape, Berichte d. Deutsch. chem. Gesellschaft **18**, 2432 [1885].

[5]) Herzog, Berichte d. Deutsch. chem. Gesellschaft **40**, 1834 [1907].

[6]) Rogow, Journ. d. russ. physikal.-chem. Gesellschaft **29**, 198 [1897]; Berichte d. Deutsch. chem. Gesellschaft **30**, 1795 [1897].

[7]) Schryver, Journ. Chem. Soc. London **75**, 666 [1899].

[8]) Frankforter u. Lando, Journ. Amer. Chem. Soc. **27**, 641 [1905].

[9]) Hell u. Chasanowitz, Berichte d. Deutsch. chem. Gesellschaft **18**, 823 [1885]. — Auwers u. Müller, Berichte d. Deutsch. chem. Gesellschaft **35**, 124 [1902].

[10]) Hell u. Anwandter, Berichte d. Deutsch. chem. Gesellschaft **28**, 2085 [1895].

[11]) Weselsky u. Benedikt, Monatshefte f. Chemie **3**, 388 [1882].

5-Amino-eugenol $C_{10}H_{14}O_2N = (CH_3O)(OH)C_6H_2(NH_2)(C_3H_5)$. Entsteht aus Eugenol-5-azobenzol durch Reduktion mittels Zinn und Salzsäure in alkoholischer Lösung. Aus Ligroin oder kochendem Wasser weiße Schuppen. Schmelzp. 114° [1]).

Eugenol-5-azobenzol $C_{16}H_{16}O_2N_2$

$$\begin{array}{c} C_6H_5NN \quad H \\ HO\langle\overline{}\rangle CH_2CH : CH_2 \\ H_3CO \quad H \end{array}$$

Entsteht aus Eugenol und frisch bereiteter Diazobenzollösung in ätzalkalischer Lösung. Aus Alkohol dunkelrote Nadeln. Schmelzp. 76—77° [2]). Aus sehr verdünntem Alkohol gelbe Blättchen. Schmelzp. 79—80°, die bei 1stündigem Erhitzen auf 60° in die roten Nadeln, Schmelzp. 75—76°, übergehen[1]).

Eugenolmethyläther.

$$C_{11}H_{14}O_2$$

$$\begin{array}{c} H \quad H \\ CH_3O\langle\overline{}\rangle - CH_2 - CH = CH_2 \\ CH_3O \quad H \end{array}$$

Vorkommen: Im Citronellöl (Andropogon Nardus L.)[3]), im Maticoöl[4]), im ätherischen Öl von Asarum europaeum[5]), im kanadischen Schlangenwurzelöl (Asarum canadense L.)[6]), im ätherischen Öl von Asarum arifolium[7]), im Ylang-Ylangöl[8]), im Paracotorindenöl[9]), im Rindenöl von Cinnamomum pedatinervium[10]), im Culilawanrindenöl (Cinnamomum Culilawan Nees)[11]), im kalifornischen Lorbeerbaumöl (Umbellularia californica Nuttal)[12]), im Cassieöl (Acacia Cavenia)[13]), im Bayblätteröl (Myrcia und Pimenta spec.)[14]), im Pimentöl (Pimenta officinalis Lindl.)[15]), im Laserpitiumfruchtöl[16]), im Öl von Evodia simplex Cordem. (Rutaceae)[17]), im Lorbeerblätteröl[18]), im ätherischen Holzöl von Dacrydium Franklinii[19]), in einem Betelblätteröl von Java[20]), im Champacablütenöl (Michelia spec.)[21]).

Bildung: Durch Erwärmen von Eugenolnatrium mit Jodmethyl in methylalkoholischer Lösung entsteht Eugenolmethyläther[22]). Durch Methylierung von Bethelphenol[23]). Aus Veratrol, Allyljodid und Zinkstaub, $1/2$ Stunde lang gekocht[24]).

---

1) Oddo u. Puxeddu, Gazzetta chimica ital. **35**, I, 62 [1904]; Gazzetta chimica ital. **36**, II, 1 [1906].

2) Borsche u. Streitberger, Berichte d. Deutsch. chem. Gesellschaft **37**, 4135 [1904].

3) Bericht der Firma Schimmel & Co. **1898**, II, 17; **1899**, II, 20; **1900**, I, 11.

4) Bericht der Firma Schimmel & Co. **1898**, II, 36.

5) Petersen, Berichte d. Deutsch. chem. Gesellschaft **21**, 1063 [1888].

6) Power, Diss. Straßburg **1880**; Proc. Amer. Pharm. Assoc. **28**, 464 [1880]; Pharmaz. Rundschau New York **6**, 101 [1888]. — Power u. Lees, Journ. Chem. Soc. **81**, 67 [1902].

7) Miller, Archiv d. Pharmazie **240**, 380 [1902].

8) Bericht der Firma Schimmel & Co. **1903**, I, 79.

9) Wallach u. Rheindorff, Annalen d. Chemie u. Pharmazie **271**, 300 [1892].

10) Goulding, Diss. London **1903**; Journ. Chem. Soc. **83**, 1097 [1903].

11) Bericht der Firma Schimmel & Co. **1897**, I, 12. — Gildemeister u. Stephan, Archiv d. Pharmazie **235**, 583 [1897].

12) Power u. Lees, Journ. Chem. Soc. **85**, 631 [1904].

13) Bericht der Firma Schimmel & Co. **1903**, II, 17.

14) Markoe, Pharmac. Journ. London [3] **8**, 1005 [1878]. — Power u. Kleber, Pharmaz. Rundschau New York **13**, 60 [1895]. — Mittmann, Archiv d. Pharmazie **227**, 529 [1889].

15) Bericht der Firma Schimmel & Co. **1904**, I, 79.

16) Heinrich Hänsel, Geschäftsbericht **1906**, April—Sept.; Chem. Centralbl. **1906**, II, 1496.

17) Bericht der Firma Schimmel & Co. **1906**, II; Chem. Centralbl. **1906**, II, 1497.

18) Bericht der Firma Schimmel & Co. **1906**, I; Chem. Centralbl. **1906**, I, 1498.

19) Bericht der Firma Schimmel & Co. **1910**, II; Chem. Centralbl. **1910**, II, 1757.

20) Bericht der Firma Schimmel & Co. **1907**, II, 13; Chem. Centralbl. **1907**, II, 1741.

21) Bericht der Firma Schimmel & Co. **1907**, II, 18; Chem. Centralbl. **1907**, II, 1741.

22) Graebe u. Borckmann, Annalen d. Chemie u. Pharmazie **158**, 282 [1871].

23) Bertram u. Gildemeister, Journ. f. prakt. Chemie [2] **39**, 349 [1889].

24) Moureu, Bulletin de la Soc. chim. [3] **15**, 652 [1896]; Annales de Chim. et de Phys. [7] **15**, 119 [1898].

Zur **Darstellung** aus ätherischen Ölen ist man auf die fraktionierte Destillation angewiesen. Zur Identifizierung stellt man das Tribromid, Schmelzp. 78—79°, dar, indem man die ätherische Lösung mit Brom versetzt.

Physikalische Eigenschaften: Siedep. 244—245° [1]), Siedep.$_{11}$ = 128—129°, Siedep. 248 bis 249° [2]). D_{11} = 1,041; n_α = 1,5328, n_d = 1,5373, n_β = 1,5511, n_γ = 1,5631; MR = 53,4 (ber. 52,6) [3]). Siedep.$_{14}$ = 142—145°. D_{15} = 1,043, $n_{D_{15}}$ = 1,5367 [4]), n_D^{17} = 1,5383 [5]).

Chemische Eigenschaften: Bei der Oxydation mittels Kaliumpermanganat entsteht Veratrumsäure neben wenig 4,5-Dimethoxyphenylessigsäure [6]). Die Reduktion mittels Natrium und abs. Alkohols führt zum Dimethoxy-propyl-benzol $(CH_3O)_2C_6H_3$ (C_3H_7) [7]). Bei der Behandlung mit Mercuriacetat entsteht ein Additionsprodukt $(CH_3O)_2$ · C_6H_3 · $[C_3H_5(OH)(HgC_2H_3O_2)]$, und zwar ein Gemisch von zwei Isomeren, von denen das eine durch Behandlung mit wässeriger KCl-Lösung eine Chlorverbindung gibt $(CH_3O)_2C_6H_3$ $[C_3H_5(HgCl)(OH)]$. Schmelzp. 112—113°, löslich in Alkohol, fast unlöslich in Wasser [4]) [8]). Durch Einwirkung von alkoholischem Alkali geht der Eugenolmethyläther in den Isoeugenol-methyläther über [9]). Wird durch Bestrahlung bei Gegenwart von Jod nicht verändert [10]).

Derivate: Ein isomerer Eugenol-methyläther (?) soll beim Erhitzen von Eugenol mit Baryt und Zink entstehen. Siedep. 237° [11]).

Bromeugenol-methyläther-dibromid $C_{11}H_{13}Br_3O_2 = (CH_3O)_2C_6H_2Br(CH_2CHBrCH_2Br)$. Entsteht, wenn man die ätherische Methyleugenollösung mit Brom versetzt. Lange, feine Nadeln. Schmelzp. 77—78° [12]). Dasselbe Bromid entsteht aus Methylchavibetol und Brom.

Bromeugenol-methyläther $C_{11}H_{13}BrO_2 = (CH_3O)_2C_6H_2Br(C_3H_5)$. Entsteht aus dem Bromid durch Behandeln mit Zinkstaub in alkoholischer Lösung. Flüssig. Siedep.$_{20}$ = 190°. D_0 = 1,3959 [12]).

Dibromeugenol-methyläther $C_{11}H_{12}Br_2O_2 = (CH_3O)_2C_6HBr_2(C_3H_5)$. Entsteht durch Behandlung des Dibromeugenolkaliums mit Jodmethyl. Aus Alkohol. Schmelzp. 29,5° [13]).

Dibromeugenol-methyläther-dibromid $C_{11}H_{12}Br_4O_2 = (CH_3O)_2C_6HBr_2(C_3H_5Br_2)$. Entsteht durch Bromierung des Dibromeugenol-methyläthers. Aus Alkohol silberglänzende Blättchen. Schmelzp. 65° [13]).

Eugenol-methyläter-nitrit $C_{11}H_{14}O_2 · N_2O_3$. Entsteht beim Versetzen einer essigsauren Lösung des Methyläthers mit $NaNO_2$. Feine gelbe Nadeln. Schmelzp. 118° [14]), 125° [15]). Unlöslich in Wasser. Siehe auch Methyleugenol-α-nitrosit.

Methyleugenol-α-nitrosit $(OCH_3)_2C_6H_2(CH_2CHNOCH_2NO_2)$. Aus Methyleugenol und HNO_2. Amorphes Pulver. Schmelzp. 130° unter Zersetzung [16]).

Methyleugenol-β-nitrosit. Entsteht aus dem α-Produkt durch Kochen mit abs. Alkohol. Sirupös. [16]).

Methyleugenol-monoozonid $C_{11}H_{14}O_2 · O_3$. Entsteht bei 10stündiger Einwirkung von 6proz. Ozon. Dicker Sirup, der in Flamme mäßig heftig verpufft [17]).

Methyleugenol-triozonid $C_{11}H_{14}O_2 · O_9$. Entsteht, wenn man eine Lösung von Methyleugenol 10 Stunden mit 15proz. Ozon behandelt. Leicht gelblich gefärbte, halbfeste Masse, die an der Flamme heftig explodiert [17]).

---

[1]) Matsmoto, Berichte d. Deutsch. chem. Gesellschaft **11**, 123 [1878].

[2]) Bertram u. Gildemeister, Journ. f prakt. Chemie [2] **39**, 353 [1889].

[3]) Eykman, Berichte d. Deutsch. chem. Gesellschaft **23**, 862 [1890]; Recueil d. travaux chim. des Pays-Bas **14**, 189 [1895].

[4]) Bernardini u. Balbiano, Gazzetta chimica ital. **36**, I 277 [1906].

[5]) Abati, Gazzetta chimica ital. **40**, II. 91 [1910].

[6]) Petersen, Berichte d. Deutsch. chem. Gesellschaft **21**, 1062 [1888]. — Luff, Perkin jun. u. Robinson, Journ. Chem. Soc. **97**, 1139 [1910].

[7]) Delange, Compt. rend. de l'Acad. des Sc. **130**, 659 [1900].

[8]) Balbiano u. Paolini, Berichte d. Deutsch. chem. Gesellschaft **36**, 3581 [1903].

[9]) Ciamician u. Silber, Berichte d. Deutsch. chem. Gesellschaft **23**, 1165 [1890].

[10]) Ciamician u. Silber, Chem. Centralbl. **1909**, I, 1558.

[11]) Church, Berichte d. Deutsch. chem. Gesellschaft **7**, 1551 [1874].

[12]) Wassermann, Berichte d. Deutsch. chem. Gesellschaft **10**, 286 [1877]; Jahresber. d. Chemie **1879**, 520.

[13]) Hell, Berichte d. Deutsch. chem. Gesellschaft **28**, 2083 [1895].

[14]) Petersen, Berichte d. Deutsch. chem. Gesellschaft **21**, 1061 [1888].

[15]) Wallach, Annalen d. Chemie u. Pharmazie **271**, 307 [1892].

[16]) Rimini, Gazzetta chimica ital. **34**, II, 288 [1904].

[17]) Riko Majima, Berichte d. Deutsch. chem. Gesellschaft **42**, 3668 [1909].

Methyleugenol-oxyd $C_{11}H_{14}O_3$

$$\text{CH}_3\text{O}\overset{\text{H}\ \ \text{H}}{\underset{\text{CH}_3\text{O}\ \ \ \text{H}}{\diagdown\diagup}}\text{CH}_2\text{CH}\cdot\text{CH}_2$$

Entsteht aus Methyleugenol und Jod und gelbem Quecksilberoxyd bei Gegenwart von wässerigem Äther und Behandeln des so gebildeten Jodhydrins mit gepulvertem Kalihydrat. Siedep.$_{15}$ = 165—170° [1]).

Isoeugenol, 1¹-Propenyl-phendiol-(3, 4)-3-methyläther.

Mol.-Gewicht 164,1.
Zusammensetzung: 73,12% C, 7,37% H.

$$C_{10}H_{12}O_2$$

$$\text{HO}\overset{\text{H}\ \ \text{H}}{\underset{\text{CH}_3\text{O}\ \ \ \text{H}}{\diagdown\diagup}}\!\!-\text{CH}=\text{CH}-\text{CH}_3$$

Vorkommen: Frei in ätherischen Ölen. Im Ylang-Ylangöl (Cananga odorata)[2]). Im ätherischen Öl der Muskatnuß von Ceylon[3]).

Bildung: Es entsteht beim Glühen von Homoferulasäure mit Kalk[4]). Bei 16—20stündigem Erhitzen auf 140° von 5 T. Eugenol mit 12 T. KOH und 18 T. Fuselöl[5]). Aus Eugenol und 10% amylalkoholischem Natrium[6]). Aus Vanillin durch Einwirkung von Magnesiumäthyljodid[7]). Bei der trockenen Destillation des Pinoresinols[8]). Durch Erhitzung von Eugenolkalium auf 200° im Vakuum oder indifferenter Gasatmosphäre[9]).

Zur **Isolierung** aus ätherischen Ölen schüttelt man zunächst mit Natronlauge aus und fraktioniert die Rohphenole im Vakuum. Man fängt die Fraktion 142—147° bei ca. 12 mm Druck auf und identifiziert durch die Acetylverbindung, Schmelzp. 79,8°, oder das Benzoat, Schmelzp. 103—104°. Charakteristisch ist auch das Dibromid des Isoeugenolmethyläthers. Schmelzp. 101—102°.

Reaktionen: Löst man 1 ccm Isoeugenol in 5 ccm Essigsäureanhydrid und gibt etwas geschmolzenes Chlorzink hinzu, so färbt sich die Lösung hellrosa, mit 1 Tropfen konz. Schwefelsäure rosa, schnell in hellbraun übergehend[10]). Die alkoholische Lösung wird durch Eisenchlorid olivgrün gefärbt.

Dem Isoeugenol sollen **antiseptische Eigenschaften** zukommen[11]).

Physikalische und chemische Eigenschaften: Erstarrt im Kältegemisch zu Nadeln. Siedep. 258—262°, D_{16} = 1,0804), D = 1,09, t^0 = 18, n_d = 1,5680. MR = 49,3 (ber. 47,7)[12]). Molekulare Verbrennungswärme 1278,1 Cal.[13]). Siedep.$_{20}$ = 150—152° [5]). Siedep.$_{16}$ = 140 bis 142° [14]). Siedep.$_{12}$ = 137—140° (synthetisch)[7]). Siedep.$_{100}$ = 193,5° (i. D.), Siedep.$_{i.D.}$ = 267,5, D_4^4 = 1,0994, D_{15}^{15} = 1,0907, D_{25}^{25} = 1,0839. Magnetisches Drehungsvermögen 21,45 bei 19,3° [15]). n_D^{18} = 1,5785[16]). Als schwaches Phenol läßt es sich aus alkalischer Lösung durch

1) Fourneau u. Tiffeneau, Compt. rend. de l'Acad. des Sc. **141**, 662]1905].

2) Bericht der Firma Schimmel & Co. **1901**, II, 57; Chem. Centralbl. **1903**, I, 1087. — Bacon, The Philippine Journ. of Sc. **3**, 65 [1908]; Chem. Centralbl. **1908**, II, 946.

3) Power u. Salway, Journ. Chem. Soc. **91**, 2041 [1907].

4) Tiemann u. Kraaz, Berichte d. Deutsch. chem. Gesellschaft **15**, 2063 [1882].

5) Tiemann, Berichte d. Deutsch. chem. Gesellschaft **24**, 2871 [1891]. — Einhorn u. Frey, Berichte d. Deutsch. chem. Gesellschaft **27**, 2455 [1894].

6) Gassmann, Compt. rend. de l'Acad. des Sc. **124**, 39 [1897].

7) Béhal u. Tiffeneau, Compt. rend. de l'Acad. des Sc. **132**, 563 [1901]; Bulletin de la Soc. chim. [4] **3**, 308 [1908].

8) Bamberger u. Vischner, Monatshefte d. Chemie **21**, 952 [1900].

9) Fritzsche & Co., D. R. P. 179 948; Chem. Centralbl. **1907**, I, 434.

10) Chapman, The Analyst **25**, 313 [1900]; Chem. Centralbl. **1901**, I, 205.

11) Kobert, Chem. Centralbl. **1907**, I, 419.

12) Eykman, Berichte d. Deutsch. chem. Gesellschaft **23**, 862 [1890].

13) Stohmann, Zeitschr. f. physikal. Chemie **10**, 415 [1892].

14) Fournier, Bulletin de la Soc. chim. [4] **7**, 27 [1910].

15) Perkin, Journ. Chem. Soc. **69**, 1247 [1896].

16) Abati, Gazzetta chimica ital. **40**, II, 91 [1910].

Äther usw. ausziehen und durch Wasserdampf abblasen[1]). Durch Oxydation beim Überleiten über eine glühende Platinspirale entsteht wenig Vanillin[2]). Durch Oxydation mit Eisenchloridlösung in alkoholischer Lösung entsteht das **Dehydrodiisoeugenol** $C_{20}H_{22}O_4$. Farblose Nadeln oder flache Blättchen. Schmelzp. 133° (korr.). Durch den Glycerinauszug von Russula delica unter Luftdurchleiten entsteht dasselbe Produkt[3]). Durch Reduktion mittels Platinschwarz entsteht **Dihydroeugenol** $(CH_3O)(OH)C_6H_3(C_3H_7)$. Siedep. 246—248°. Siedep.$_{15}$ = 124—125°[4]). Durch mehrstündiges Erhitzen von Isoeugenol in Alkohol mit rauchender Salzsäure entsteht **Diisoeugenol** $C_{20}H_{24}O_4$. Weiße Nadeln. Schmelzp. 180°[5]). Auch durch direktes Sonnenlicht bei Gegenwart von konz. Salzsäure erfolgt Polymerisation[6]).

Derivate: Isoeugenol-methyläther (s. diesen S. 659).

Isoeugenol-äthyläther $C_{12}H_{16}O_3$

$$CH_3CH_2O \underset{CH_3O\quad H}{\overset{H\quad H}{\diagdown\!\diagup}} CH = CH\cdot CH_3$$

Entsteht aus Isoeugenol und Diäthylsulfat in alkalischer Lösung. Aus Alkohol fast farblose Schuppen. Schmelzp. 64°. Unlöslich in Wasser[7]).

Isoeugenol - propyl - äther $C_{13}H_{18}O_2 = (C_3H_7O)(CH_3O)C_6H_3(C_3H_5)$. Entsteht aus Eugenolpropyläther und alkoholischem Kali oder aus Isoeugenolkalium und Propylbromid. Prismen. Schmelzp. 53—54°. Siedep. 280—281°[8]).

Acetonyl - isoeugenol $C_{13}H_{16}O_3 = (CH_3COCH_2O)(CH_3O)C_6H_3(C_3H_5)$. Gelbes dickflüssiges Öl[9]).

Isoeugenol-pikryläther $C_{16}H_{13}N_3O_8 = [(NO_2)_3C_6H_2O](CH_3O)C_6H_3(C_3H_5)$. Aus Eisessig glänzende gelbe Nadeln. Schmelzp. 145—146°[10]).

Isoeugenol-2, 4-dinitrophenyläther $C_{16}H_{14}N_2O_6 = [(NO_2)_2C_6H_3O](CH_3O)C_6H_3(C_3H_5)$. Aus abs. Alkohol glänzende gelbe Nadeln. Schmelzp. 129—130°[10]).

Isoeugenol-benzoat $(C_6H_5COO)(CH_3O)C_6H_3(C_3H_5)$. Schmelzp. 103—104°[11]).

Isoeugenol-acetat $C_{12}H_{14}O_3 = (CH_3COO)(CH_3O)C_6H_3(C_3H_5)$. Entsteht aus Isoeugenol und Essigsäureanhydrid. Aus Benzol-Ligroin glänzende rhombische[12]) Nadeln. Schmelzp. 79—80°. Siedep. 282—283°[13]). Molekulare Verbrennungswärme 1489 Cal.[14])[15])

Di - isoeugenol - diacetat $C_{24}H_{28}O_6 = C_{20}H_{22}O_2(OOC_2H_3)_2$. Entsteht aus Isoeugenol und $1^1/_2$ Mol. CH_3COCl bei 54—80°. Aus Alkohol Nadeln. Schmelzp. 150—151°[13]).

Di - isoeugenol $= C_{20}H_{22}O_2(OH)_2$. Entsteht durch Verseifung des Diacetats durch 5 % alkoholisches Kali[13])[15]). Entsteht auch durch Erhitzen von Isoeugenol mit starker alkoholischer Salzsäure[7]). Aus verdünntem Alkohol feine Nadeln. Schmelzp. 180—181°, 178°[16]), 180°[5]).

Isoeugenol-glykolsäure $C_{12}H_{14}O_4 = [HO_2CCH_2O](CH_3O)C_6H_3(C_3H_5)$. Entsteht durch Umlagerung der Eugenolglykolsäure mittels alkoholischen Kalis oder aus Isoeugenol und Chloressigsäure. Schmelzp. 116°. 1 T. löst sich in 1727 T. Wasser[17]). Schmelzp. 92 bis 94°[18]).

[1]) Stoermer u. Kippe, Berichte d. Deutsch. chem. Gesellschaft **36**, 3994 [1903].
[2]) Trillat, Compt. rend. de l'Acad. des Sc. **133**, 823 [1901].
[3]) Cousin u. Hérissey, Compt. rend. de l'Acad. des Sc. **147**, 247 [1908].
[4]) Fournier, Bulletin de la Soc. chim. [4] **7**, 27 [1910].
[5]) Puxeddu, Gazzetta chimica ital. **39**, I, 136 [1909].
[6]) Puxeddu, Gazzetta chimica ital. **39**, I, 204 [1909].
[7]) Puxeddu, Gazzetta chimica ital. **39**, I, 134 [1909].
[8]) Pond, Maxwell u. Norman, Amer. Chem. Journ. **21**, 961 [1899].
[9]) Einhorn u. Hofe, Berichte d. Deutsch. chem. Gesellschaft **27**, 2465 [1894].
[10]) Einhorn u. Frey, Berichte d. Deutsch. chem. Gesellschaft **27**, 2457 [1894].
[11]) Power u. Salway, Journ. Chem. Soc. **91**, 2042 [1907].
[12]) Blaß, Chem. Centralbl. **1910**, II, 872.
[13]) Tiemann, Berichte d. Deutsch. chem. Gesellschaft **24**, 2873 [1891].
[14]) Stohmann, Zeitschr. f. physikal. Chemie **10**, 421 [1892].
[15]) Haarmann & Reimer, D. R. P. 57 568. — Merck, D. R. P. 103 581; Chem. Centralbl. **1899**, II, 927; D. R. P. 109 445; Chem. Centralbl. **1900**, II, 407.
[16]) v. Heyden Nachf., D. R. P. 70 274.
[17]) Denozza, Gazzetta chimica ital. **23**, I, 554 [1893].
[18]) Gassmann, Bulletin de la Soc. chim. [3] **15**, 827 [1896]. — Krafft, Berichte d. Deutsch. chem. Gesellschaft **28**, 1870 [1895].

Isoeugenol-schwefelsäure $C_{10}H_{12}O_5S = (SO_2OHO)(CH_3O)C_6H_3(C_3H_5)$. Das Kaliumsalz entsteht durch 2stündiges Kochen des eugenolschwefelsauren Kaliums mit 10 proz. Kalilauge. Kaliumsalz, Schmelzp. 223°. Sehr schwer löslich in kaltem Wasser[1].

Isoeugenol-phosphorsäure $C_{10}H_{13}O_5P = [PO(OH)_2O](CH_3O)C_6H_3(C_3H_5)$. Entsteht aus der Eugenolphosphorsäure beim Erhitzen mit verdünnter wässeriger Kalilauge. Krystallisiert $+ 1$ Mol. H_2O. Schmelzp. 105—106°, wasserfrei 133°[2].

Isoeugenol-formiat $C_{11}H_{12}O_3 = (HCOO)(CH_3O)C_6H_3(C_3H_5)$. Siedep.$_{20}$ = 155—160°[3].

Isoeugenol-propionat $C_{13}H_{16}O_3 = (C_2H_5COO)(CH_3O)C_6H_3(C_3H_5)$. Öl. Siedep. 288 bis 292°, Siedep.$_{40}$ = 181—185°[4].

Isoeugenol-kohlensäurechlorid $C_6H_3(C_3H_5)(OCH_3)(OCOCl)$. Entsteht aus Isoeugenol und Phosgen in Chinolinlösung. Öl. Siedep.$_{15}$ = 155—157°[5].

Isoeugenol - carbonat $C_{21}H_{22}O_5 = CO[O(CH_3O)C_6H_3(C_3H_5)]_2$. Entsteht durch Erhitzen von 1 Mol. Diphenylcarbonat und 2 Mol. Isoeugenol. Schmelzp. 112—113°[6].

Isoeugenol-dibromid $C_{10}H_{12}O_2Br_2 = (OH)(CH_3O)C_6H_3(CHBr \cdot CHBr \cdot CH_3)$. Entsteht auf Zusatz von Brom in CS_2 zu einer Lösung von Isoeugenol in CS_2. Ziemlich zersetzlich. Färbt sich an der Luft violett oder blau. Aus Ligroin Prismen. Schmelzp. 94—95°[7]. Aus Benzin silbergraue Krystallflittern. Schmelzp. 95°[8]. Durch Stehenlassen einer mit Wasser versetzten Lösung des Dibromids in Aceton und Eindunsten derselben entsteht

α-**Oxy-β-brom-dihydro-isoeugenol** $(OH)(CH_3O)C_6H_3[CH(OH)CHBrCH_3]$. Sirup, der sich auch im Vakuum nicht unzersetzt destillieren läßt[7].

Monobrom - isoeugenol - dibromid $C_{10}H_{11}O_2Br_3 = (OH)(CH_3O)C_6H_2Br[(CHBr)_2CH_3]$. Entsteht wie das Isoeugenol-dibromid bei längerer Einwirkung des Broms, z. B. beim Verdunsten der CS_2-Lösung. Aus Eisessig. Schmelzp. 132—133°[7]. Aus Eisessig oder Benzin. Schmelzp. 138°[8]. Beim Stehenlassen wie oben entsteht

α-**Oxy-β-brom-monobrom-dihydro-isoeugenol** $(OH)(CH_3O)C_6H_2Br[CH(OH)CHBrCH_3]$. Aus Eisessig farblose Krystalle. Schmelzp. 135—136°[7].

5-Monobrom-isoeugenol $C_{10}H_{11}O_2Br = (OH)CH_3O)C_6H_2Br(CH = CH - CH_3)$. Entsteht bei der Reduktion des Dibromids mittels Jodwasserstoffsäure. Weißes, amorphes Pulver[8].

2, 5-Dibrom-isoeugenol-dibromid $C_{10}H_{10}O_2Br_4 = (OH)(CH_3O)C_6HBr_2[(CHBr)_2CH_3]$. Entsteht beim direkten Bromieren des Monobromisoeugenoldibromids. Aus Benzin und etwas Benzol oder Eisessig dicke, glänzende Krystalle. Schmelzp. 124°[8], 118—119°[7].

2, 5-Dibrom-isoeugenol $C_{10}H_{10}O_2Br_2 = (OH)(CH_3O)C_6HBr_2(CH = CH - CH_3)$. Entsteht bei der Reduktion des Dibromids mittels Zink und Bromwasserstoffsäure. Aus Benzol oder Eisessig farblose Nadeln. Schmelzp. 102°[8].

2, 5, 6-Tribrom-isoeugenol-dibromid $C_{10}H_9O_2Br_5 = (OH)(CH_3O)C_6Br_3[(CHBr)_2CH_3]$. Entsteht aus dem Tetrabromid durch Erhitzen mit 1 Mol Brom im Einschlußrohr bei Wasserbadtemperatur. Aus Eisessig oder Benzin Nädelchen. Schmelzp. 130°[8].

2, 5, 6-Tribrom-isoeugenol $C_{10}H_9O_2Br_3 = (OH)(CH_3O)CBr_3(CH = CH - CH_3)$. Entsteht bei der Reduktion des Dibromids mittels Jodwasserstoffsäure in Eisessiglösung oder beim Erhitzen mit wässerigem Aceton. Aus verdünntem Eisessig seideglänzende Nadeln. Schmelzp. 118°[8].

Isoeugenol-5-azobenzol $C_{16}H_{16}O_2N_2$

$$\begin{array}{l} C_6H_5NN \quad H \\ OH \langle\ \rangle - CH = CH - CH_3. \\ H_3CO \quad H \end{array}$$

Entsteht aus Isoeugenol und frisch bereiteter Diazobenzollösung in ätzalkalischer Lösung. Braunes amorphes Pulver[9][10].

[1]) **Verley**, Bulletin de la Soc. chim. [3] **25**, 47 [1901].

[2]) **Böhringer & Söhne**, D. R. P. 98 522; Chem. Centralbl. **1898**, II, 950.

[3]) **Einhorn u. Hollandt**, Annalen d. Chemie u. Pharmazie **301**, 114 [1898].

[4]) **Merk**, D. R. P. 103 581, 109 445; Chem. Centralbl. **1899**, II, 927; **1900**, II, 407.

[5]) **Einhorn**, D. R. P. 224 108; Chem. Centralbl. **1910**, II, 518.

[6]) **v. Heyden Nachf.**, D. R. P. 99 057; Chem. Centralbl. **1898**, II, 1190.

[7]) **Auwers u. Müller**, Berichte d. Deutsch. chem. Gesellschaft **35**, 117 ff. [1902].

[8]) **Hell u. Portmann**, Berichte d. Deutsch. chem. Gesellschaft **28**, 2089 [1895]. — **Zincke u. Hahn**, Annalen d. Chemie u. Pharmazie **329**, 1 [1903].

[9]) **Borsche u. Streitberger**, Berichte d. Deutsch. chem. Gesellschaft **37**, 4135 [1904].

[10]) **Puxeddu**, Chem. Centralbl. **1906**, II, 1124.

5(?)-Nitro-isoeugenol $C_{10}H_{11}O_4N = (OH)(CH_3O)C_6H_2(NO_2)(C_3H_5)$. Entsteht aus Isoeugenol und Salpetersäure (D = 1,48) in Eisessiglösung. Aus Amyl- oder Isobutylalkohol amorphes gelbes Pulver. Zersetzt sich gegen 150°, ohne zu schmelzen[1]).

Isoeugenol-methyläther

$$C_{11}H_{14}O_2 = CH_3O\overset{H\ \ H}{\underset{CH_3O\ \ H}{\bigcirc}}-CH=CH-CH_3$$

Vorkommen: Im ätherischen Öl von Asarum arifolium Michx.[2]).

Darstellung: Entsteht beim Erwärmen von Eugenolmethyläther mit alkoholischem Kali[3]). Entsteht ferner, wenn man Methylvanillin bei gelinder Hitze auf einen Überschuß von Äthylmagnesiumbromid einwirken läßt[4]). Zur Darstellung methyliert man Isoeugenol mittels Dimethylsulfat (Francesconi u. Puxeddu)[3]).

Zur **Isolierung** aus ätherischen Ölen ist man auf die fraktionierte Destillation angewiesen. Zur **Identifizierung** stellt man das Dibromid vom Schmelzp. 99—101° dar.

Physikalische und chemische Eigenschaften: Flüssig. Siedep. 263°[3]), 260—263° (synthetisch)[4]). $D_{11,5} = 1,064$, $n_d = 1,5720$. MR = 55,0, 52,6 (ber.)[5]). Siedep.$_{23}$ = 157—158,5°. $D_{15} = 1,069$, $n_D^{15,5} = 1,5676$[6]). Molekulare Verbrennungswärme 1448,0 Cal.[7]). Bei der Behandlung mit Jod und gelbem Quecksilberoxyd entsteht **Dimethoxy-3,4-hydratropaaldehyd**, Schmelzp. 44°[8]). Durch Mercuriacetat entstehen zwei Verbindungen $C_{10}H_{16}O_4$, Schmelzp. 120—121° und 88—89°, die identisch sind mit den aus Methyleugenol und $KMnO_4$ erhaltenen Glykolen[9]), α-Glykol, aus Alkohol glänzende Prismen, Schmelzp. 120—121°, β-Glykol, aus wässerigem Alkohol glänzende Prismen, Schmelzp. 87,5—88,5°[10]). Leitet man in eine ätherische Isoeugenolmethylätherlösung Salzsäure bis zur Sättigung, so erhält man daraus den **Methyläther des Diisoeugenols,** aus wenig Alkohol und Petroläther Nädelchen. Schmelzp. 106°[11]), aus Wasser und Alkohol weiße Nadeln. Schmelzp. 106°[12]). Setzt man Isomethyleugenol bei Gegenwart von Jod über ein Jahr dem Licht aus, so entsteht gleichfalls **Diisomethyleugenol,** Schmelzp. 96°[13]). Bei der Oxydation mit Chromsäure-Essigsäure entstehen **Methylvanillin** und **Acetaldehyd,** mit $KMnO_4$ **Veratrumsäure**[14]). Durch Reduktion mittels Natrium und Alkohol entsteht **1-Propyl-3,4-dimethoxybenzol.** Siedep. 246—247°[15]).

Derivate: Isoeugenol-methyläther-dibromid $C_{11}H_{14}O_2Br_2 = (CH_3O)_2C_6H_3(CHBr \cdot CHBr \cdot CH_3)$. Entsteht beim Eintröpfeln unter Kühlung von Brom in die Lösung von Isoeugenolmethyläther in Äther. Schmelzp. 101°[16])[17]). Durch Einwirkung von Aceton und Wasser entsteht daraus

α-Oxy-β-bromdihydro-isoeugenol-methyläther $(CH_3O)_2C_6H_3[CH(OH) \cdot CHBr \cdot CH_3]$, weiße Krystalle. Aus Ligroin Schmelzp. 78°[17]).

[1]) Puxeddu u. Comella, Gazzetta chimica ital. **36,** II, 450 [1906].

[2]) Miller, Archiv d. Pharmazie **240,** 381 [1902].

[3]) Ciamician u. Silber, Berichte d. Deutsch. chem. Gesellschaft **23,** 1165 [1890]. — Francesconi u. Puxeddu, Gazzetta chimica ital. **39,** I, 207 [1909]. — Mannich u. Jacobsohn, Archiv d. Pharmazie **248,** 151 [1910].

[4]) Béhal u. Tiffeneau, Bulletin de la Soc. chim. [4] **3,** 309 [1908].

[5]) Eykman, Berichte d. Deutsch. chem. Gesellschaft **23,** 862 [1890].

[6]) Bernardini u. Balbiano, Gazzetta chimica ital. **36,** I, 279 [1906].

[7]) Stohmann, Zeitschr. f. physikal. Chemie **10,** 415 [1892].

[8]) Bougault, Annales de Chim. et de Phys. [7] **25,** 559 [1902].

[9]) Kolokolow, Berichte d. russ. physikal.-chem. Gesellschaft **29,** 23 [1897]; Chem. Centralbl. **1897,** 1, 915.

[10]) Balbiano, Paolini u. Bernardini, Berichte d. Deutsch. chem. Gesellschaft **36,** 3581 [1903]. — Bernardini u. Balbiano, Gazzetta chimica ital. **36,** I, 279 [1906].

[11]) Tibor Széki, Berichte d. Deutsch. chem. Gesellschaft **39,** 2422 [1906].

[12]) Francesconi u. Puxeddu, Gazzetta chimica ital. **39,** I, 208 [1909].

[13]) Ciamician u. Silber, Chem. Centralbl. **1909,** I, 1558.

[14]) Ciamician u. Silber, Berichte d. Deutsch. chem. Gesellschaft **23,** 1164 [1890].

[15]) Thoms, Berichte d. Deutsch. chem. Gesellschaft **36,** 860 [1903].

[16]) Hell u. Portmann, Berichte d. Deutsch. chem. Gesellschaft **28,** 2090 [1895].

[17]) Mannich u. Jacobsohn, Archiv d. Pharmazie **248,** 151 [1910].

Isoeugenol-methyläther-pikrat $(CH_3O)_2C_6H_3(C_3H_5) \cdot (OH)C_6H_2(NO_2)_3$.   Rotbraune Nadeln. Schmelzp. 40—45° [1]).

Isomethyleugenol-nitrosit $[C_{11}H_{14}N_2O_5]_2$

$$\left[(CH_3O)_2C_6H_3\begin{pmatrix} NO \cdot NO_2 \\ CH—CHCH_3 \end{pmatrix}\right]_2$$

Entsteht, wenn man eine Lösung von Isoeugenolmethyläther in Ligroin mit einer wässerigen Lösung von Natriumnitrit versetzt und dann verdünnte Schwefelsäure hinzutropft[2][3]). Unbeständiges Pulver. Schmelzp. 107° unter Zersetzung[2]).

β-Nitro-isomethyleugenol $C_{11}H_{13}NO_4 = (CH_3O)_2C_6H_3[CH : CH(NO_2)CH_3]$. Entsteht bei der Behandlung des Nitrosits mit alkoholischem Kali. Aus Methylalkohol goldgelbe Nadeln. Schmelzp. 72° [3]).

Isomethyleugenol-nitrosochlorid $[C_{11}H_{14}O_3NCl]_2 = [(CH_3O) \cdot C_6H_3 \cdot CH(NO)CHClCH_3]_2$. Entsteht aus Isomethyleugenol, Amylnitrit und Salzsäure in Eisessiglösung. Aus Benzol + Äther. Schmelzp. 110° unter Zersetzung[3]).

α-Diisonitroso-isomethyleugenol-superoxyd $C_{11}H_{12}N_2O_4$

$$(CH_3O)_2C_6H_3—C\underset{\overset{\cdot\cdot}{N}O \cdot O \cdot \overset{\cdot\cdot}{N}}{\text{———}}CCH_3$$

Entsteht aus Isoeugenolmethyläther, gelöst in Eisessig und konz. KNO_2-Lösung. Aus Alkohol goldgelbe Krystalle. Schmelzp. 118° [2]).

β-Derivat $C_{11}H_{12}N_2O_4$

$$(CH_3O)_2C_6H_3C\underset{\overset{\cdot\cdot}{C} \cdot NOH}{\text{———}}\overset{\displaystyle N—O \cdot CH_2}{} \quad (?)$$

Entsteht durch Kochen des α-Derivates mit konz. alkoholischem Kali. Schmelzp. 171 bis 172° unter Zersetzung[2]).

α-Diisonitroso-isomethyleugenol $C_{11}H_{14}N_2O_4$

$$(CH_3O)_2C_6H_3C\underset{\overset{\cdot\cdot}{N}OH \quad HO\overset{\cdot\cdot}{N}}{\text{———}}CCH_3 + H_2O$$

Entsteht beim Behandeln des Superoxydes mit Zinkstaub und Eisessig in abs. alkoholischer Lösung. Aus Alkohol Krystalle. Schmelzp. 112° [2]).

β-Diisonitroso-isomethyleugenol $C_{11}H_{14}N_2O_4$

$$(CH_3O)_2C_6H_3C\underset{HO\overset{\cdot\cdot}{N} \quad HO\overset{\cdot\cdot}{N}}{\text{———}}CCH_3$$

Entsteht aus dem α-Derivat bei mehrstündigem Erhitzen auf oberhalb 112°. Krystalle. Schmelzp. 196° [2]).

Diisonitroso-isomethyleugenol-anhydrid $C_{11}H_{12}N_2O_3$

$$(CH_3O)_2C_6H_3C—CCH_3 \atop N—O—N$$

Entsteht aus dem Superoxyd und konz. Salzsäure oder dem α-Diisonitrosomethylisoeugenol und verdünnter Kalilauge. Stäbe. Schmelzp. 75° [2]).

Safrol, 1^2-Propenyl-phendiol-(3,4)-methylenäther.

Mol.-Gewicht 162,1.

Zusammensetzung: 74,03% C, 6,22% H.

$$C_{10}H_{10}O_2$$

$$\underset{CH_2 \quad O \quad\; H}{\overset{H \quad\; H}{O\diamondsuit}}—CH_2—CH = CH_2$$

1) **Bruni** u. **Tornani**, Chem. Centralbl. **1904**, II, 954.

2) **Angeli**, Berichte d. Deutsch. chem. Gesellschaft **24**, 3996 [1891]. — **Malagnini**, Gazzetta chimica ital. **24**, II, 19 [1894].

3) **Wallach** u. **Beschke**, Annalen d. Chemie u. Pharmazie **332**, 335 [1904].

Vorkommen: Im ätherischen Öl von Asarum arifolium Mich.[1]), im japanischen Stern
anisöl (Illicium religiosum Sieb.)[2]), im Kobuschiöl (Magnolia Kobus D. C.)[3]), im Sassafrasö
(Sassafras officinalis Nees.)[4]), im Campheröl (Laurus camphora)[5]), im Apopinöl (Laurus
spec.)[6]), im Zimtblätteröl (Cinnamomum zeylanicum Breyne)[7]), im Rinden-[8]) und Blätteröl[9]) von Cinnamomum Oliveri Bail., im Rindenöl von Cinnamomum pedatinervium[10]), im
ätherischen Pichurimbohnenöl (Nectandra Puchury major Nees und N. P. minor Nees)[11]), im
kalifornischen Lorbeerbaumblätteröl (Umbellularia californica Nutt.)[12]), im Massoyrindenöl
(Massoya spec.)[13]), im Campherrotöl[14]), im ätherischen Öl der Muskatnuß von Ceylon[15]),
im Rindenöl von Cinnamomum Mercadoi Vid.[16]), im Wurzelrindenöl von Cinnamomum
zeylanicum Breyn[17]), im Rindenöl von Atherosperma moschatum Lab.[18]), im Ylang-Ylangöl
(Anonacee cananga odorata Hook f. A. Thoms)[19]).

Bildung: Synthesenversuch ausgehend von Piperonal und Methylalkohol[20]).

Zur **Isolierung** aus den ätherischen Ölen ist man auf die Destillation angewiesen. Man
fängt die von 230—235° übergehenden Anteile und läßt in einer Kältemischung krystallisieren[21]). Zur **Identifizierung** eignet sich das Pentabromid, Schmelzp. 169—170°, und die Überführung in das Isosafrol durch Kochen mit alkoholischem Kali, wodurch der Siedepunkt auf
254° und das Volumgewicht auf 1,127 steigt. Auch die durch Oxydation mittels $KMnO_4$
herbeigeführte Bildung von Piperonal ist charakteristisch.

Reaktionen: Löst man 1 ccm Safrol in 5 ccm Essigsäureanhydrid und gibt etwas geschmolzenes Chlorzink hinzu, so färbt sich die Lösung blaßblau, verblassend und allmählich
in hellbraun übergehend, mit 1 Tropfen konz. Schwefelsäure hell smaragdgrün, dann braungrün,
schließlich bräunlich[22]). Mit Vanillin und Salzsäure entsteht Rotfärbung[23]).

Physiologische Eigenschaften: Bei Verfütterung zeigt ein großer Hund schon bei 0,75 g
Erbrechen. Der größte Teil des eingeführten Safrols wird durch die Lunge unverändert
ausgeschieden. Im Harn findet sich bei Hunden wie bei Kaninchen Piperonylsäure. Eine
Vermehrung von Ätherschwefelsäure findet nicht statt. Die letale Dose vom Magen aus
oder subcutan injiziert beträgt 1,0 g pro Kilogramm, intravenös zugeführt 0,2 g pro Kilogramm Gewicht. Das Safrol wirkt lähmend. Es tritt Narkose ein und schließlich geht das
Tier an einer Lähmung des Atemzentrums zugrunde. Läßt man Warmblüter längere Zeit

---

[1]) Miller, Archiv d. Pharmazie **240**, 376 [1902].

[2]) Eykman, Mitteil. d. Deutsch. Gesellschaft f. Natur- u. Völkerkunde Ostasiens **23** [1881];
Berichte d. Deutsch. chem. Gesellschaft **14**, Ref. 1720 [1881]; Recueil des travaux d. chim. Pays-
Bas. **4**, 32 [1885]; Berichte d. Deutsch. chem. Gesellschaft **18**, Ref. 281 [1885]. — Bericht der Firma
Schimmel & Co. **1885**, II, 29; **1893**, II, 46. — Tardy, Thèse Paris **1902**; Bulletin de la Soc. chim.
[3] **27**, 987 [1902]. — Berichte der Firma Schimmel & Co. **1909**, I; **1910**, I, 99; Chem. Centralbl. **1909**,
I, 1565; **1910**, I, 1719.

[3]) Bericht der Firma Schimmel & Co. **1903**, II, 81.

[4]) Saint Evre, Annales de Chim. et de Phys. [3] **12**, 107 [1844]; Annalen d. Chemie u.
Pharmazie **52**, 396 [1844]. — Power u. Kleber, Pharmaz. Revue **14**, 101 [1896]; Chem. Centralbl.
1897, II, 42.

[5]) Bericht der Firma Schimmel & Co. **1885**, II, 7.

[6]) Keimatzu, Journ. Pharm. Soc. of Japan **1903**, No. 253.

[7]) Weber, Archiv d. Pharmazie **230**, 232 [1892]; Bericht der Firma Schimmel & Co. **1902**, II, 86.

[8]) Baker, Pharmaz. Ztg. **42**, 859 [1897].

[9]) Bericht der Firma Schimmel & Co. **1887**, I, 38.

[10]) Goulding, Diss. London **1903**; Journ. Chem. Soc. **83**, 1099 [1903].

[11]) Semmler, Ätherische Öle **4**, 146 [1907].

[12]) Power u. Lees, Journ. Chem. Soc. **85**, 638 [1904].

[13]) Bericht der Firma Schimmel & Co. **1888**, II, 43.

[14]) Bericht der Firma Schimmel & Co. **1902**, II; Chem. Centralbl. **1902**, II, 1207.

[15]) Power u. Salway, Journ. Chem. Soc. **91**, 2053 [1907].

[16]) Bacon, Chem. Centralbl. **1909**, II, 1449.

[17]) Pilgrim, Pharmac. Weekblad **46**, 50 [1909]; Chem. Centralbl. **1909**, I, 534.

[18]) Flückiger, Pharmaz. Centralhalle **29**, 9 [1888]. — Wehmer, Die Pflanzenstoffe,
1911. S. 234.

[19]) Bacon, The Philippine Journ. of Sc. **3**, 65 [1908]; Chem. Centralbl. **1908**, II, 946. —
Mücke, Der Pflanzer **4**, 257 [1908]; Chem. Centralbl. **1909**, I, 173.

[20]) Medinger, Monatshefte f. Chemie **27**, 237 [1906].

[21]) Nakazo Sugiyama, Berichte der Firma Schimmel & Co. **1902**, II, 16.

[22]) Chapman, The Analyst **25**, 313 [1900]; Chem. Centralbl. **1901**, I, 205.

[23]) Hartwich u. Winckel, Archiv d. Pharmazie **242**, 464 [1904].

hindurch unter dem Einfluß kleiner Safroldosen, so bewirkt es wie Phosphor hauptsächlich in der Leber und der Niere hochgradige fettige Einlagerung, beobachtet an Katzen und Kaninchen. Eine lokal reizende Wirkung kommt dem Safrol nicht zu[1]).

Physikalische und chemische Eigenschaften: Monokline Krystalle[2]). Schmelzp. 8°. Siedep. 232°, $D_{18} = 1,0956$[3]), Siedep.$_{16} = 110$—$111°$[4]). $D_0 = 1,1141$ (flüssig)[5]), $D = 1,110$, $t^0 = 12°$, $n_d = 1,5420$; $MR = 45,9$, ber. $= 45,8$[6]), $n_d = 1,5728$[7]), $n_D^{17} = 1,5430$[8]). $D_{15} = 1,1058$ bis $1,1060$, $n_D^{17,5} = 1,53917$; Erstarrungspunkt $+ 11,2°$[9]), $D_{15} = 1,105$—$1,107$, $\alpha_D \pm 0°$, $n_D^{20} = 1,536$—$1,540$. Erstarrungspunkt etwa $+ 11°$. Siedep.$_{759}$ etwa $233°$[10]). Molekulare Verbrennungswärme $1244,7$ Cal.[11]). Dielektrizitätskonstante $= 2,52$[12]). Sehr beständig gegen Reduktionsmittel. Beim Erwärmen mit alkoholischem Kali entsteht Isosafrol.

Bei der Oxydation des Safrols mit Permanganat wird Piperonal und Piperonylsäure erhalten[13]). Bei sehr vorsichtiger Oxydation mittels $^1/_2$ proz. Permanganatlösung entsteht zunächst das Methylen-p-m-dioxybenzylglykol $(CH_2O_2)C_6H_3(CH_2CHOHCH_2OH)$ und daraus die α-Homopiperonylsäure $(CH_2O_2)C_6H_3(CH_2COOH)$ neben Piperonal- und Piperonylsäure[14]). Durch Einwirkung von Jod und gelbem Quecksilberoxyd entsteht zunächst das Jodhydrin[15]), das durch Eisessig und Zinkstaub in Safrol zurückverwandelt wird[16]). Bei der Einwirkung von Mercuriacetat entstehen 2 Additionsverbindungen, deren HgCl-Verbindungen sich durch Behandeln der Quecksilberacetatverbindungen mit wässeriger NaCl-Lösung darstellen lassen. $(CH_2O_2)C_6H_3[C_3H_5(HgCl)(OH)]$, α ein weißes, krystallinisches Pulver. Zersetzungspunkt 170°. β prismatische Nadeln aus Alkohol. Schmelzp. $138°$[17]). Beide Verbindungen regenerieren Safrol[18]). Bei der Reduktion nach Sabatier entstehen **Dihydrosafrol,** Siedep. 228° und m-Propylphenol[19]). Dihydrosafrol, Siedep.$_{14} = 105°$, entsteht gleichfalls bei der Reduktion mittels Platinschwarz[4]). Durch $^1/_2$ stündiges Kochen mit konz. Ameisensäure wird Safrol fast gar nicht angegriffen[20]). Läßt man auf eine Lösung von Safrol in Benzol und Wasser 4 Stunden einen lebhaften Ozonstrom einwirken, so hinterbleibt nach der Zersetzung Homopiperonal $(CH_2O_2)C_6H_3(CH_2CHO)$, Siedep.$_{10} = 143$ bis $144°$[21]).

Bei der Belichtung in Gegenwart von Jod bleibt Safrol fast ganz unverändert; bei Gegenwart von Benzaldehyd entsteht eine Verbindung C_7H_6O, $C_{10}H_{10}O_2$. Schmelzp. 150—180°[22]). Safrol wird auch in ätherisch-salzsaurer Lösung durch Sonnenlicht nicht verändert[23]). Trennung von Isosafrol durch die Mercuriacetatreaktion s. bei Methylchavicol S. 596[24]). Erhitzt man Safrol mit äthylalkoholischem Kali unter Druck auf etwa 150°, so findet Umlagerung in der Seitenkette statt und gleichzeitig Anlagerung von Äthylalkohol unter Bildung von

[1]) **Heffter,** Archiv f. experim. Pathol. u. Pharmakol. **35,** 350 [1895].

[2]) **Arzruni,** Jahresber. d. Chemie **1876,** 910.

[3]) R. **Schiff,** Berichte d. Deutsch. chem. Gesellschaft **17,** 1935 [1884].

[4]) **Fournier,** Bulletin de la Soc. chim. [4] **7,** 27 [1910].

[5]) **Grimaux** u. **Ruotte,** Annalen d. Chemie u. Pharmazie **152,** 88 [1870].

[6]) **Eykman,** Berichte d. Deutsch. chem. Gesellschaft **23,** 862 [1890]. — **Muraoka,** Recueil d. travaux chim. des Pays-Bas **4,** 43 [1885].

[7]) **Tiemann,** Berichte d. Deutsch. chem. Gesellschaft **24,** 2872 [1891].

[8]) **Abati,** Gazzetta chimica ital. **40, II,** 91 [1910].

[9]) Bericht der Firma Schimmel & Co. **1902, I,** 102; Chem. Centralbl. **1902, I,** 1060.

[10]) Bericht der Firma Schimmel & Co. **1904, I,** 140.

[11]) **Stohmann,** Zeitschr. f. physikal. Chemie **10,** 415 [1892].

[12]) **Drude,** Zeitschr. f. physikal. Chemie **23,** 310 [1897]. — **Mathews,** Chem. Centralbl. **1906, I,** 224.

[13]) **Polek,** Berichte d. Deutsch. chem. Gesellschaft **22,** 2861 [1889].

[14]) **Tiemann,** Berichte d. Deutsch. chem. Gesellschaft **24,** 2883 [1891]. — **Luff, Perkin jun.** u. **Robinson,** Journ. Chem. Soc. **97,** 1139 [1910].

[15]) **Bougault,** Compt. rend. de l'Acad. des Sc. **131,** 529 [1900].

[16]) **Bougault,** Bulletin de la Soc. chim. [3] **25,** 446 [1901].

[17]) **Balbiano** u. **Luzzi,** Chem. Centralbl. **1902, II,** 844; Berichte d. Deutsch. chem. Gesellschaft **36,** 3579 [1903].

[18]) **Balbiano, Paolini** u. **Luzzi,** Gazzetta chimica ital. **36, I,** 273 [1906].

[19]) **Henrard,** Chem. Weekblad **4,** 630 [1907]; Chem. Centralbl. **1907, II,** 1512.

[20]) **Semmler,** Berichte d. Deutsch. chem. Gesellschaft **41,** 2185 [1908].

[21]) **Semmler** u. **Bartelt,** Berichte d. Deutsch. chem. Gesellschaft **41,** 2751 [1908].

[22]) **Ciamician** u. **Silber,** Chem. Centralbl. **1909, I,** 1558.

[23]) **Francesconi** u. **Puxeddu,** Gazzetta chimica ital. **39, I,** 202 [1909].

[24]) **Balbiano,** Berichte d. Deutsch. chem. Gesellschaft **42,** 1502—1506 [1909].

Äthoxymethyl-isoeugenol $(OH)(OCH_2OC_2H_5)C_6H_3(C_3H_5)$. Siedep.$_{22}$ = 172° [1]. Durch Erwärmen mit Bromäthyl und Magnesium auf dem Wasserbad entsteht neben Allyl-4-brenzcatechin etwas Chavibetol [2]. Bei der Einwirkung von Nitrosobenzol auf Safrol entsteht neben Azoxybenzol die Verbindung $(CH_2O_2)C_6H_3(CH:CH\cdot CH:NC_6H_5)$. Aus Alkohol lichtempfindliche gelbe Nadeln. Schmelzp. 193° [3].

Derivate: α-Safrol-nitrosit $C_{10}H_{10}N_2O_5$

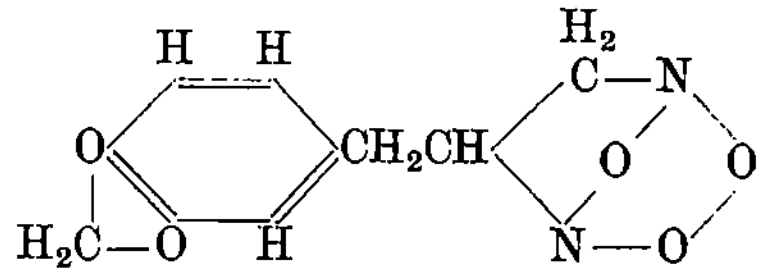

Entsteht beim Einleiten von N_2O_3 in eine ätherische Safrollösung [4] oder auch durch Eintröpfeln von verdünnter Schwefelsäure in ein Gemisch von Safrol, gelöst in Ligroin, und $NaNO_2$, gelöst in Wasser. Pulver. Schmelzp. gegen 130° unter Zersetzung [5].

β-Safrol-nitrosit, 1^3-Nitro-piperyl-acetoxim $C_{10}H_{10}N_2O_5$

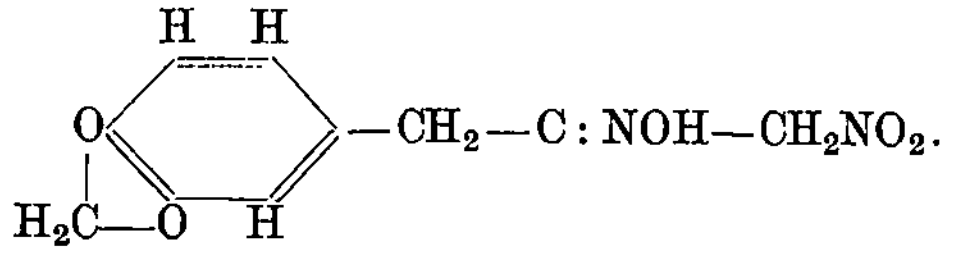

Entsteht aus dem α-Nitrosit beim Kochen mit abs. Alkohol [4], oder beim Kochen 25 proz. Schwefelsäure. Schmelzp. 92° [5].

Safrol-oxyd $C_{10}H_{10}O_3$

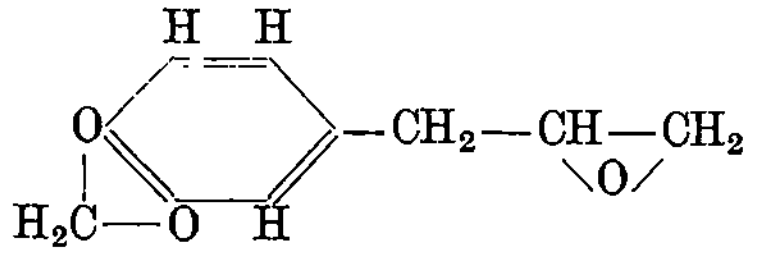

Es entsteht bei der Einwirkung von J und gelbem Quecksilberoxyd auf Safrol in Gegenwart von wässerigem Äther und Behandlung des dabei gebildeten Jodhydrins mit gepulvertem Kalihydrat. Siedep.$_{15}$ = 160—165° [6].

Bromsafrol - dibromid $C_{10}H_9O_2Br_2$ = $(CH_2O_2)C_6H_2Br[CH_2CHBrCH_2Br]$. Entsteht aus Safrol in ätherischer Lösung und Brom. Schmelzp. 54° [7].

Safrol-pentabromid $C_{10}H_5Br_5O_2$(?) Entsteht bei Einwirkung von Brom auf Safrol. Schmelzp. 169—170° [8].

Isosafrol, 1^1-Propenyl-phendiol-(3,4)-methylenäther.

$C_{10}H_{10}O_2$

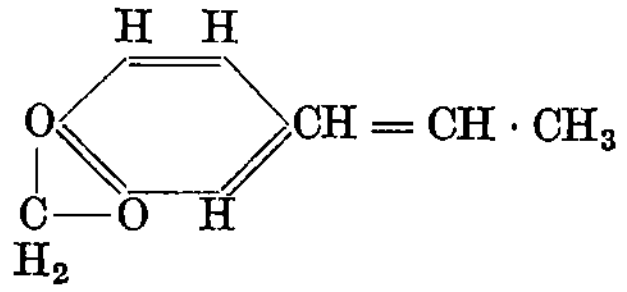

Vorkommen: Vielleicht im Ylang-Ylangöl (Cananga odorata) [9].

---

[1] Pomeranz, D. R. P. 122701; Chem. Centralbl. **1901**, II, 447.
[2] Grignard, Compt. rend. de l'Acad. des Sc. **151**, 324 [1910].
[3] Angeli, Alessandri u. Pegna, Atti della R. Accad. dei Lincei [5] **19**, I, 650 [1910]; Chem. Centralbl. **1910**, II, 302.
[4] Angeli, Gazzetta chimica ital. **23**, II, 127 [1893].
[5] Angeli u. Rimini, Gazzetta chimica ital. **25**, II, 200 [1895].
[6] Fourneau u. Tiffeneau, Compt. rend. de l'Acad. des Sc. **141**, 662 [1905].
[7] Woy, Berichte d. Deutsch. chem. Gesellschaft **23**, Ref. 204 [1890].
[8] Grimaux u. Ruotte, Annalen d. Chemie u. Pharmazie **152**, 88 [1869]. — Schiff, Berichte d. Deutsch. chem. Gesellschaft **17**, 1937 [1884].
[9] Bacon, The Philippine Journal of Science **3**, 65 [1908]; Chem. Centralbl. **1908**, II, 946.

Bildung: Entsteht aus Safrol bei 24stündigem Erwärmen auf dem Wasserbad mit alkoholischer Kalilauge[1]), bei mehrstündigem Erhitzen mit 5% trockenem Natriumäthylat auf 200°[2]), beim Kochen mit einer 10proz. Lösung von Natrium in Amylalkohol[3]), beim Erhitzen mit $^1/_5$ Teil trockenen, gepulverten Kalis[4]). Entsteht neben Methylenäther-homokaffeesäure beim 5stündigen Kochen von Piperonal mit Propionsäureanhydrid und propionsaurem Natrium[5]). Durch Einwirkung von Magnesiumäthyljodid auf Piperonal entsteht Äthylpiperonylalkohol, der durch Erwärmen Wasser verliert und so in Isosafrol übergeht[6]). Synthese aus Piperonal und α-Brompropionsäureäthylester bei Gegenwart von Zink[7]).

Reaktionen: Löst man 1 ccm Isosafrol in 5 ccm Essigsäureanhydrid und gibt etwas geschmolzenes Chlorzink hinzu, so färbt sich die Lösung zunächst rosa, dann bräunlichrosa, schließlich braun, mit 1 Tropfen konz. Schwefelsäure vorübergehend schwach rosa, beim Stehen rötlich[8]).

Physiologische Eigenschaften: Beim Hund tritt schon bei kleinen Dosen Erbrechen ein. Beim Kaninchen verläßt der größte Teil des Isosafrols den Organismus durch die Lunge. Im Harn läßt sich Piperonylsäure nachweisen. Frösche bieten bei der Vergiftung das Bild einer vollkommenen zentralen Lähmung. Die letale Dose beim Kaninchen beträgt bei intravenöser Applikation 0,3 g pro Kilogramm. Bei mehrfacher Verabreichung kleiner Dosen treten nur nervöse Symptome auf. Eine fettige Entartung der Leber usw. wie beim Safrol tritt nicht auf[9]). Versuche mit Isosafrol an Kaninchen zeigten intensive Wirkung auf das Nervensystem, die Gefäße und Parenchymzellen der lebenswichtigen Bauchorgane. Nach Einatmung, wie auch nach Resorption vom subcutanen Gewebe aus, bewirkt es als hervorstechendste Erscheinung Venenerweiterung. Diese läßt sich beim Menschen bereits durch Aufpinseln hervorrufen. Als Folgeerscheinung der Gefäßveränderungen wurde beim Menschen sehr starker Juckreiz beobachtet[10]).

Physikalische und chemische Eigenschaften: Erstarrt nicht bei —18°. Siedep. 246 bis 248°. Molekulare Verbrennungswärme 1234,5 Cal.[11]). $D = 1,128$, $t^0 = 12,0°$, $n_d = 1,5763$; $MR = 47,6$ (ber. 45,8), $D_{11,5} = 1,126$. Siedep. 247—249°[12]). Siedep.$_{761} = 254,0$ bis 254,5°. Siedep.$_4 = 105$—106°. $D_{15} = 1,1275$; $n_D^{15} = 1,58066$[13]). Siedep.$_{16} = 125$—126°[14]). Siedep. 244° (synthetisch)[7]). Nach den neuesten Untersuchungen existieren 2 Modifikationen des Isosafrols, ein cis-(I) und ein trans-Isosafrol (II)

$$CH_2\!\!<\!\!^O_O\!\!>\!\!C_6H_3-\overset{\|}{C}-H \qquad und \qquad CH_2\!\!<\!\!^O_O\!\!>\!\!C_6H_3-\overset{\|}{C}-H$$
$$H_3C-C-H \qquad\qquad\qquad\qquad H-C-CH_3$$
$$I \qquad\qquad\qquad\qquad\qquad II$$

Die Trennung der Isomeren gelang bei Aufarbeitung eines Handelsproduktes. Zunächst wurde durch Pikrinsäure das schwerlösliche, bereits bekannte Pikrat der β-Verbindung gefällt. Die völlige Trennung von α- und β-Isosafrol erfolgte sodann durch Destillation mit Wasserdampf im Vakuum, wobei nur Safrol und α-Isosafrol übergehen, während das β-Safrol als Pikrat zurückbleibt. Die auf diese Weise erhaltene α-Verbindung zeigte sich durch Safrol ver-

---

[1]) Ciamician u. Silber, Berichte d. Deutsch. chem. Gesellschaft **23**, 1160 [1890]. — Eykman, Berichte d. Deutsch. chem. Gesellschaft **23**, 859 [1890].

[2]) Angeli, Gazzetta chimica ital. **23**, II, 101 [1893].

[3]) Gassmann, Compt. rend. de l'Acad. des Sc. **124**, 40 [1897].

[4]) Wagner, Journ. d. russ. physikal.-chem. Gesellschaft **29**, 16 [1897]; Chem. Centralbl. **1897**, I, 914.

[5]) Moureu, Bulletin de la Soc. chim. [3] **15**, 659 [1896]. — Eykman, Berichte d. Deutsch. chem. Gesellschaft **22**, 2749 [1889].

[6]) Mameli, Gazzetta chimica ital. **34**, II, 409 [1904].

[7]) Wallach, Annalen d. Chemie u. Pharmazie **357**, 77 [1907].

[8]) Chapman, The Analyst **25**, 313 [1900]; Chem. Centralbl. **1901**, I, 205.

[9]) Heffter, Archiv f. experim. Pathol. u. Pharmakol. **35**, 364 [1895].

[10]) Waldvogel, Münch. med. Wochenschr. **52**, 206 [1905].

[11]) Stohmann, Zeitschr. f. physikal. Chemie **10**, 415 [1892].

[12]) Eykman, Berichte d. Deutsch. chem. Gesellschaft **23**, 859 [1890].

[13]) Bericht der Firma Schimmel & Co. **1905**, I, 45. — Semmler, Ätherische Öle 1907, S. 149.

[14]) Fournier, Bulletin de la Soc. chim. [4] **7**, 27 [1910].

unreinigt, welches mittels der Mercuriacetatreaktion entfernt werden konnte. Die reinen Verbindungen zeigten folgende Konstanten:

α-**Isosafrol** Siedep.$_9$ = 108,7—109,2°; Siedep.$_{13,5}$ = 116,2—116,5°; Siedep.$_{760}$ = 242,2 bis 242,5°; Siedep.$_{743}$ = 241,3—242,5°. $D^{18,5}$ = 1,1073; n_D^{18} = 1,5678. Mol.-Refr. gef. 47,55, ber. 45,39. Pikrat nicht beständig.

β-**Isosafrol** Siedep.$_9$ = 116,5—117,2°; Siedep.$_{11,5}$ = 123°; Siedep.$_{768}$ = 252,4—252,7°; Siedep.$_{743}$ = 251,0—251,3°. $D^{21}_{17,5}$ = 1,1227; n_D^{18} = 1,5786. Mol.-Refr. gef. 47,93, ber. 45,39. Pikrat Schmelzp. 74°. Durch Addition von Brom liefern beide dasselbe Isosafroldibromid und bei der Oxydation mittels Mercuriacetat dasselbe Glykol[1]). Dielektrizitätskonstante[2]). Molekulare magnetische Empfindlichkeit = —1015 · 10⁻⁷, berechnet —1011 · 10⁻⁷ [3]). Durch Oxydation entsteht aus Isosafrol zunächst die Piperonoylcarbonsäure $(CH_2O_2)C_6H_3(COCOOH)$ und aus dieser durch weitere Oxydation Piperonal und Piperonylsäure[4])[5]). Die Reduktion des Isosafrols mittels Natrium und abs. Alkohol führt zum Dihydrosafrol $(CH_2O_2)C_6H_3(C_3H_7)$, Öl, Siedep. 228°, und außerdem zum m-Propylphenol $(OH)C_6H_4(C_3H_7)$ [5])[6])[7]). Dieselben Produkte entstehen bei der Reduktion nach Sabatier und Senderens[8]). Die Reduktion mittels Platinschwarz führt gleichfalls zum Dihydrosafrol, Siedep.$_{14}$ = 105° [9]). Einwirkung von Mercuriacetat führt zum Glykol $(CH_2O_2)C_6H_3[C_3H_5(OH)_2]$. Schmelzp. 101 bis 102° [1])[10]). Bei der Behandlung mit Jod und gelbem Quecksilberoxyd entsteht der Methylen-3, 4-dioxyhydratropaaldehyd [11]). Isosafrol lagert beim Einleiten von trockenem Salzsäuregas 1 Mol. HCl an. Die entstehende Verbindung tauscht bei Einwirkung von Na-Alkoholat das Halogen gegen den betreffenden Alkylrest aus. Methylat $C_{10}H_{10}O_2 + CH_4O$, Siedep.$_5$ = 110—112°, D_{15} = 1,1116, n_D^{15} = 1,51619. Äthylat, Siedep.$_{3,5}$ = 110—111°, D_{15} = 1,0796, n_D^{15} = 1,50884. Amylat, Siedep.$_{13,5}$ = 136—137°, D_{15} = 1,0258, n_D^{15} = 1,49775. Durch Essigsäure entsteht aus dem Methylat ein polymeres Isosafrol. Schmelzp. 90 bis 91°, Siedep.$_3$ = 220° [12]). Läßt man PCl_5 auf Isosafrol einwirken, so entsteht ein Produkt, das durch Kochen mit starkem alkoholischen Kali in das Keton $(CH_2OO)C_6H_3(COCH_2CH_3)$, Schmelzp. 39° übergeht[12]). Setzt man ein Gemisch von Isosafrol und Benzaldehyd längere Zeit dem Lichte aus, so erhält man eine Verbindung $C_7H_6O \cdot C_{10}H_{10}O_2$, weißes amorphes Pulver. Schmelzp. 170—180° [13]). Trennung von Safrol durch die Mercuriacetatreaktion s. Methylchavicol S. 596 [14]).

Derivate: Di-isosafrol $(C_{10}H_{10}O_2)_2$. Entsteht bei 5stündigem Erhitzen auf 160° von Isosafrol mit dem gleichen Volumen Alkohol, der mit Salssäuregas gesättigt ist[15]). Dasselbe Produkt entsteht durch langdauernde Bestrahlung in Gegenwart von Jod[16]) und durch Einwirkung von PCl_5 auf Isosafrol[17]). Feine Nadeln. Schmelzp. 145°.

Methoxymethyl-isoeugenol $C_{11}H_{14}O_3$ = $(CH_3OCH_2O)(OH)C_6H_3(C_3H_5)$. Entsteht durch 6—8stündiges Erhitzen von Isosafrol mit methylalkoholischem Kali auf 160—170°. Dickes Öl. Siedep.$_{16}$ = 173° [18]).

β-**Isosafrol-pikrat** $(CH_2O_2)C_6H_3(C_3H_5) \cdot (OH)C_6H_2(NO_2)_3$. Glänzende rote stabile Nadeln. Schmelzp. 73° [19]).

[1]) Hoering u. Baum, Berichte d. Deutsch. chem. Gesellschaft **42**, 3076 [1909.
[2]) Drude, Zeitschr. f. physikal. Chemie **23**, 310 [1897].
[3]) Pascal, Bulletin de la Soc. chim. [4] **5**, 1118 [1909].
[4]) Eykmann, Berichte d. Deutsch. chem. Gesellschaft **23**, 859 [1890],
[5]) Ciamician u. Silber, Berichte d. Deutsch. chem. Gesellschaft **23**, 1159 [1890].
[6]) Delange, Compt. rend. de l'Acad. des Sc. **130**, 660 [1900].
[7]) Semmler, Berichte d. Deutsch. chem. Gesellschaft **36**, 1034 [1903].
[8]) Henrard, Chem. Weekblad **4**, 630 [1907]; Chem. Centralbl. **1907**, II, 1512.
[9]) Fournier, Bulletin de la Soc. chim. [4] **7**, 27 [1910].
[10]) Bouschmakin, Berichte d. Deutsch. chem. Gesellschaft **24**, 3490 [1891]. — Balbiano u. Luzzi, Chem. Centralbl. **1902**, II, 844; Berichte d. Deutsch. chem. Gesellschaft **36**, 3580 [1903].
[11]) Bougault, Annales de Chim. et de Phys. [7] **25**, 548 [1902].
[12]) Vorländer, Annalen d. Chemie u. Pharmazie **341**, 28 [1905]. — Bericht der Firma Schimmel & Co. **1905**, I; Chem. Centralbl. **1905**, I, 1470.
[13]) Ciamician u. Silber, Chem. Centralbl. **1909**, I, 1558.
[14]) Balbiano, Berichte d. Deutsch. chem. Gesellschaft **42**, 1502 [1909].
[15]) Angeli u. Mole, Gazzetta chimica ital. **24**, II, 127 [1894].
[16]) Ciamician u. Silber, Chem. Centralbl. **1909**, I, 1557.
[17]) Hoering u. Baum, Berichte d. Deutsch. chem. Gesellschaft **41**, 1914 [1908].
[18]) Ciamician u. Silber, Berichte d. Deutsch. chem. Gesellschaft **25**, 1472 [1892].
[19]) Bruni u. Tornani, Chem. Centralbl. **1904**, II, 954.

Isosafrol - nitrosit, Isosafrol - nitrit $[C_{10}H_{10}O_5N_2]_2 = [(CH_2O_2)C_6H_3 \cdot CH(NO)CH(NO_2)CH_3]_2$. Entsteht neben Isosafroldioximsuperoxyd aus Isosafrol, gelöst in Eisessig und Kaliumnitrit. Mikroskopische Krystalle. Schmelzp. 132°[1]), 128°[2]).

β - **Nitro - isosafrol**, **Piperonyl - β - nitro - propylen** $C_{10}H_9NO_4 = (CH_2O_2)C_6H_3[CH : C(NO_2)CH_3]$. Beim Übergießen von Isosafrolnitrosit mit alkoholischem Kali[3]). Aus Alkohol goldglänzende Schuppen. Schmelzp. 98°[1])[2])[3]).

Isosafrol-nitrosochlorid $[C_{10}H_{10}O_3NCl]_2 = [(CH_2O_2)C_6H_3(CH(NO)CHClCH_3)]_2$. Entsteht aus Isosafrol in Eisessig und Isoamylnitrit oder durch Einleiten von NOCl in ein abgekühltes Gemisch aus gleichen Teilen Isosafrol und Chloroform[4]). Aus Benzol kleine Krystalle. Schmelzp. 150° unter Zersetzung. Sehr schwer löslich. Durch Einwirkung von Natriummethylat entsteht ein Oxim $C_{11}H_{13}NO_4 = (CH_2O_2)C_6H_3[C : (NOH)CH(OCH_3)CH_3]$. Schmelzpunkt 74°. Siedepunkt im Vakuum 200—205°[2]).

Diisonitroso-isosafrol-peroxyd $C_{10}H_8N_2O_4 = (CH_2O_2)C_6H_3C{-}{-}{-}{-}CCH_3$. Entsteht

$$\overset{\cdot\cdot}{N} \cdot O \cdot O \cdot \overset{\|}{N}$$

neben Isosafrolnitrit aus Isosafrol und Kaliumnitrit[5]), bei mehrstündigem Kochen des Nitrits mit Alkohol[1]), bei der Oxydation des α-oder β-Dioxims mittels rotem Blutlaugensalz und Kalilauge[5]). Gelbe Nadeln. Schmelzp. 124°.

α-**Diisonitroso-isosafrol** $C_{10}H_{10}N_2O_4 = (CH_2O_2)C_6H_3C{-}{-}{-}{-}CCH_3$. Entsteht bei der

$$\overset{\cdot\cdot}{N}OH \quad HO\overset{\cdot\cdot}{N}$$

Reduktion des Superoxyds durch Zinkstaub und Eisessig in absolut alkoholischer Lösung. Aus Benzol Prismen. Schmelzp. 159°[5]).

β-**Diisonitroso-isosafrol** $C_{10}H_{10}N_2O_4 = (CH_2O_2) \cdot C_6H_3C{-}{-}{-}CCH_3$. Entsteht aus dem

$$HO\overset{\cdot\cdot}{N} \quad HO\overset{\cdot\cdot}{N}$$

α-Produkt durch Umlagerung mittels Erwärmen auf 159°. Aus Alkohol Prismen. Schmelzpunkt 209° unter Zersetzung[5]).

Diisonitroso-isosafrol-anhydrid $C_{10}H_8N_2O_3 = (CH_2O_2)C_6H_3C{-}{-}{-}CCH_3$. Entsteht

$$N{-}O{-}N$$

beim Erhitzen von Diisonitroso-isosafrolperoxyd mit Zinn und konz. Salzsäure. Aus Alkohol Blättchen. Schmelzp. 86°[5]).

Isosafrol-dichlorid $C_{10}H_{10}O_2Cl_2 = (H_2CO_2)C_6H_3[(CHCl)_2CH_3]$. Entsteht, wenn man Chlor unter Kühlung in Isosafrol, das in der 5fachen Menge CCl_4 gelöst ist, einleitet. Dickflüssiges, gelbliches Öl, das sich beim Stehen leicht dunkler färbt. Siedepunkt ca. 270° unter Zersetzung. Siedep.$_{11} = 164$—166° nicht ganz ohne Zersetzung[6]). $D_{18} = 1,31$[7]). Durch Erwärmen mit wässeriger Acetonlösung bei Gegenwart von gekörntem Marmor erhält man das

α - **Oxy - β - chlor - dihydroisosafrol** $(CH_2O_2)C_6H_3[CH(OH)CHClCH_3]$. Bräunlichgelbes Öl, das auch im Vakuum nicht unzersetzt destilliert. $D^{17,5} = 1,28$[7]).

Isosafrol - dibromid $C_{10}H_{10}O_2Br_2 = (CH_2O_2)C_6H_3(CHBrCHBrCH_3)$. Entsteht aus Isosafrol in Äther gelöst und Brom unter starker Kühlung und Umschütteln. Farbloses Öl[8]). Schmelzp. 51°[9]), 52—53°[10]). Durch Erwärmen mit wässeriger Acetonlösung entsteht das

α-**Oxy-β-brom-dihydro-isosafrol** $(CH_2O_2)C_6H_3[CH(OH)CHBrCH_3]$. Schwach gelbliches Öl. $D^{18} = 1,568$[7]). Siedep.$_{20} = 150$—160°[11]).

α-**Keto-dihydro-isosafrol** $(CH_2O_2)C_6H_3(COCH_2CH_3)$. Entsteht durch Einwirkung von Natriummethylalkoholat auf das Dibromid. Siedep.$_{13} = 153$—154°. Schmelzp. 39°[8]), 38°[12]).

α -**Methoxy-β-brom - dihydroisosafrol** $(CH_2O_2)C_6H_3[CH(OCH_3)CHBrCH_3]$. Entsteht durch Kochen des Dibromids mit Methylalkohol[13]). Schmelzp. 75—76,5°[13]). Siedep.$_{15} = 166$

1) **Angeli**, Gazzetta chimica ital. **22, II**, 336, 464 [1892].
2) **Wallach** u. **Müller**, Annalen d. Chemie u. Pharmazie **332**, 331 [1904].
3) **Bruni** u. **Tornani**, Chem. Centralbl. **1904**, II, 954.
4) **Tilden** u. **Forster**, Journ. Chem. Soc. **65**, 332 [1894].
5) **Angeli**, Gazzetta chimica ital. **22**, II, 464 [1892]; **24**, II, 336 [1894].
6) **Böttcher**, Berichte d. Deutsch. chem. Gesellschaft **42**, 263 [1909].
7) **Höring**, D. R. P. 174 496; Chem. Centralbl. **1906**, II, 1223.
8) **Wallach** u. **Pond**, Berichte d. Deutsch. chem. Gesellschaft **28**, 2719 [1895].
9) **Höring** u. **Baum**, Berichte d. Deutsch. chem. Gesellschaft **42**, 3080 [1909].
10) **Mannich** u. **Jacobsohn**, Archiv d. Pharmazie **248**, 166 ff. [1910].
11) **Mameli**, Gazzetta chimica ital. **39**, II, 163 [1909].
12) **Höring**, Berichte d. Deutsch. chem. Gesellschaft **38**, 3468 [1905].
13) **Pond**, **Erb** u. **Ford**, Journ. Amer. Chem. Soc. **24**, 340 [1902].

bis 169°[1]). Siedep.$_8$ = 158—164°[2]). Siedep.$_4$ = 148—149°[3]). Geht durch Erhitzen mit Natriummethylat über in

α-**Methoxy-isosafrol** $(CH_2O_2)C_6H_3[C(OCH_3)CHCH_3]$. Siedep.$_{12}$ = 143—146°[1]).

Isosafrol-oxyd $C_{10}H_{10}O_3 = (CH_2O_2)C_6H_3\left(CH \cdot CH \cdot CH_3\atop \underline{\quad O\quad}\right)$. Entsteht aus dem Dibromid über die α-Acetoxy-β-bromverbindung durch alkoholisches Kali. Siedep.$_9$ = 140—142°[4]), Siedep.$_{12}$ = 143—147°, D_{17} = 1,2128[5]). Siedep.$_{13}$ = 144—148°[3]). Bei der Destillation unter gewöhnlichen Druck entsteht das

β-**Keto-dihydro-isosafrol** $(CH_2O_2)C_6H_3(CH_2COCH_3)$. Siedep. 283—284°[4]), Siedep.$_{760}$ = 283—284°, Siedep.$_{10}$ = 149—151°, $D_{17,5}$ = 1,2107 [5]).

Monobrom-isosafrol-dibromid $C_{10}H_9O_2Br_3 = (CH_2O_2)C_6H_2Br[(CHBr)_2CH_3]$. Entsteht bei der Einwirkung von 2 Mol. Brom auf ätherische Isosafrollösung. Aus Aceton und Äther farblose Krystalle. Schmelzp. 110—111°[6]). Kochen mit wässeriger Acetonlösung unter Zusatz von gekörntem Marmor[2]) führt zum

α-**Oxy**-β-**brom-dihydro-bromisosafrol** $(CH_2O_2)C_6H_2Br[CH(OH)CHBrCH_3]$. Große farblose Krystalle. Schmelzp. 89°[2])[6]).

Kochen mit Methylalkohol führt zum

α-**Methoxy**-β-**brom**-**dihydro**-**bromisosafrol** $(CH_2O_2)C_6H_2Br[CH(OCH_3)CHBrCH_3]$. Aus Methylalkohol Nadeln oder Prismen. Schmelzp. 75—76,5°[6])[7]).

Brom-isosafrol $(CH_2O_2)C_6H_2Br(CH : CH \cdot CH_3)$. Entsteht durch Behandeln des Dibromids mit Zinkstaub in einer Lösung von Benzol und Alkohol. Siedep.$_{16}$ = 165—170°. Aus Petroläther umkrystallisiert, Schmelzp. 30—33°[8]).

Dibrom-isosafrol-dibromid $C_{10}H_8O_2Br_4 = (CH_2O_2)C_6HBr_2[(CHBr)_2CH_3]$. Man erhält es durch Eintragen von Isosafrol in überschüssiges Brom. Aus Benzin große Nadeln. Schmelzpunkt 130°[2]). Kocht man das Tetrabromid mit einem Alkohol 2—3 Stunden auf dem Wasserbade, so wird das α-Bromatom gegen den betreffenden Alkylrest ausgetauscht[2]).

α-**Methoxy**-β-**brom**-**dihydro**-**dibromisosafrol** $(CH_2O_2)CHBr_2[CH(OCH_3)CHBrCH_3]$. Aus Methylalkohol Krystalle. Schmelzp. 111°[3]).

Dibrom-isosafrol $(CH_2O_2)C_6HBr_2(CH : CH \cdot CH_3)$. Entsteht durch Behandlung des Dibromids mit Zinkstaub in einer Lösung von Benzol und Alkohol. Feine Nadeln. Schmelzpunkt 149—150°[8]).

Tribrom-isosafrol-dibromid $C_{10}H_7O_2Br_5 = (CH_2O_2)C_6Br_3[(CHBr)_2CH_3]$. Entsteht beim Zutropfen von viel Brom zu Isosafrol bei 32—35°. Aus Benzol-Alkohol kleine Wärzchen. Schmelzp. 196,5—197°[8]).

Tribrom-isosafrol $(CH_2O_2)C_6Br_3(CH : CH \cdot CH_3)$. Entsteht durch Behandlung des Dibromids mit Zinkstaub in einer Lösung von Benzol und Alkohol. Aus Benzol-Alkohol umkrystallisiert Schmelzp. 110—111°[8]). Aus Ligroin glänzende Nadeln, Schmelzp. 109—110°[9]).

Tribrom-dihydroisosafrol $(CH_2O_2)C_6Br_3 \cdot CH_2CH_2CH_3$. Entsteht, wenn man das Pentabromid mit konz. Jodwasserstoffsäure kocht. Aus Petroläther Nadeln, Schmelzp. 72—74°[8]).

5. Dreiwertige Phenole und deren Äther.

Pyrogallol, 1,2,3-Phentriol.

Mol.-Gewicht 126,05.

Zusammensetzung: 57,12% C, 4,80% H.

$$C_6H_6O_3$$

[1]) Höring, Berichte d. Deutsch. chem. Gesellschaft **41**, 3082 [1908].
[2]) Höring, Berichte d. Deutsch. chem. Gesellschaft **38**, 3464 [1905].
[3]) Mannich u. Jacobsohn, Archiv d. Pharmazie **248**, 166 ff. [1910].
[4]) Höring, Berichte d. Deutsch. chem. Gesellschaft **38**, 2297 ff. [1905].
[5]) Höring, Berichte d. Deutsch. chem. Gesellschaft **38**, 3481 [1905].
[6]) Pond u. Siegfried, Journ. Amer. Chem. Soc. **25**, 265 [1903].
[7]) Pond, Erb u. Ford, Journ. Amer. Chem. Soc. **24**, 340 [1902].
[8]) Höring, Berichte d. Deutsch. chem. Gesellschaft **40**, 1602 ff. [1907].
[9]) Ciamician u. Silber, Berichte d. Deutsch. chem. Gesellschaft **23**, 1163 [1890]

Bildung: Es entsteht bei der trockenen Destillation der Gallussäure[1]), bei der Destillation des Hämatoxylins[2]), beim Erhitzen von α- oder β-Chlorphenolsulfonsäure mit Ätzkali auf 180—190°[3]), durch Einwirkung von Alkali auf 2, 6-Dihalogen-1-phenol-4-sulfosäure und Abspaltung der Sulfogruppe aus der entstandenen Pyrogallol-5-sulfosäure[4]). Zur Darstellung destilliert man ein Gemenge von 1 T. Gallussäure mit 2 T. grob gepulvertem Bimsstein im Kohlensäurestrom[5]). Man reinigt das Rohprodukt durch Destillation im Vakuum.

Reaktionen: Reine Eisenoxydullösungen geben mit Pyrogallol nur eine weiße Trübung; bei Gegenwart von wenig Eisenoxyd entsteht eine blaue Färbung, die rasch in braunrot übergeht[6]). Ein empfindliches Reagens auf Pyrogallol bildet die salpetrige Säure, welche die wässerige Lösung sofort bräunt[7]). Durch Jodlösung wird Pyrogallol in wässeriger oder alkoholischer Lösung purpurrot gefärbt[8]). Essigsaures Blei gibt einen weißen Niederschlag von $C_6H_3(OH)_2[OPb(OH)]$. Löst man Pyrrogallol in wenig Alkohol und gibt einige Tropfen Ammoniak hinzu, so färbt sich die Lösung schwärzlichbraun, auf Zusatz von Jod in alkoholischer Lösung bis zur Sättigung geht die Farbe in schwarz über[9]). Mit $Na_2O_2 + 8\,H_2O$ entsteht in alkoholischer Lösung eine rötlichbraune oder trübrote Färbung, die auf Zusatz von Wasser in intensiv rot mit gelbem Rand übergeht[10]). Mit Vanillin und Salzsäure entsteht Rotfärbung[11]). Beim Erhitzen mit Weinsäurelösung entsteht intensive Violettfärbung[12]). Zum qualitativen Nachweis von Pyrogallol im Harn wird folgendes Verfahren empfohlen: 50 ccm Harn werden mit 2 ccm Chloroform ausgeschüttelt, das Chloroform wird abgetrennt und leicht mit festem Kaliumhydrat erwärmt. Eine violette Färbung zeigt Pyrogallol an[13]).

Physiologische Eigenschaften: Pyrogallol schmeckt bitter. Das in den Organismus eingeführte Pyrogallol wird teilweise als gepaarte Schwefelsäure durch den Harn wieder ausgeschieden. Der Urin hat eine schwarzbraune Färbung[14]). Außerdem findet sich im Harn noch ein Umwandlungsprodukt, das mit konz. Salpetersäure eine feuerrote Färbung gibt[2]). Die Ausscheidung geht außerordentlich rasch vor sich[15]). Im Organismus selbst wirkt das Pyrogallol sehr intensiv auf die roten Blutkörperchen ein infolge von Sauerstoffabsorption[16]). Infolgedessen tritt bei Pyrogallolvergiftung Methämoglobinurie auf[14])[17]). Das Blut erscheint bei den Sektionen braun und dicklich. In den Nieren sind die Harnkanälchen von dunkelbraunroten, bisweilen schwarzen Pigmentmassen erfüllt[17])[18]). Nach Pyrogalloleingabe entstehen ausgedehnte Gefäßveränderungen[19]). Als Nebenwirkung ist die Steigerung der Chloridausscheidung im Harn zu erwähnen[20]). Läßt man konz. wässerige Pyrogallollösung unter Luftabschluß auf Blut einwirken, so wird das Blut in eine in Wasser und Alkohol ganz unlösliche eigenartige Substanz von rotbrauner Farbe verwandelt, die unter dem Namen Hämogallol als Arzneimittel eingeführt ist[21]). Wiederholte Einspritzung kleiner Mengen von

---

1) **Braconnot**, Annalen d. Chemie u. Pharmazie **1**, 26 [1832]. — **Pelouze**, Annalen d. Chemie u. Pharmazie **10**, 159 [1834].

2) **Perkin** u. **Yates**, Journ. Chem. Soc. **81**, 245 [1902].

3) **Petersen** u. **Baehr**, Annalen d. Chemie u. Pharmazie **157**, 136 [1871].

4) **Aktien-Gesellschaft f. Anilinfabrikation**, D. R. P. 207374; Chem. Centralbl. **1909**, I, 1128.

5) **Liebig**, Annalen d. Chemie u. Pharmazie **101**, 48 [1857]. — **Luynes** u. **Esperandieu**, Zeitschr. f. Chemie **1865**, 702. — **Thorpe**, Jahresber. d. Chemie **1881**, 558.

6) **Jaquemin**, Bulletin de la Soc. chim. **21**, 222 [1874]. — **Cazeneuve** u, **Linossier**, Bulletin de la Soc. chim. **44**, 114 [1885].

7) **Schönbein**, Zeitschr. f. analyt. Chemie **1**, 319 [1862].

8) **Nasse**, Berichte d. Deutsch. chem. Gesellschaft **17**, 1166 [1884].

9) **Maseau**, Chem. Centralbl. **1901**, II, 60.

10) **Alvarez**, Chem. News **91**, 125 [1905]; Chem. Centralbl. **1905**, I, 1145.

11) **Hartwich** u. **Winckel**, Archiv d. Pharmazie **242**, 464 [1904].

12) **Carletti**, Chem. Centralbl. **1909**, II, 934.

13) **Desesquelle**, Compt. rend. de la Soc. de Biol. **42**, 101 [1890]; Jahresber. über d. Fortschritte d. Tierchemie **20**, 180 [1890].

14) **E. Baumann** u. **Herter**, Zeitschr. f. physiol. Chemie **1**, 249 [1877/78].

15) **Jüdell**, Med.-chem. Untersuchungen. Tübingen 1868, Heft 3. S. 422.

16) **Personne**, Compt. rend. de l'Acad. des Sc. **69**, 749 [1870].

17) **Albert Neißer**, Zeitschr. f. klin. Medizin **1**, 88 [1879].

18) **Afanassiew**, Virchows Archiv **68**, 472 [1884].

19) **Silbermann**, Virchows Archiv **117**, 304 [1889].

20) **Kast**, Zeitschr. f. physiol. Chemie **12**, 279 [1888].

21) **Wedl**, Sitzungsber. d. Wiener Akad. **64**, 405 [1871]. — **R. Kobert**, Sitzungsber. d. Dorpater Naturforscher-Gesellschaft **1891**, 446.

Pyrogallol unter die Haut bewirkt beim Kaninchen 1. eine konstante starke Steigerung der Gesamtschwefelausscheidung (von 0,0290 g auf 0,0469 g resp. 0,0477 g auf 0,0589 g); 2. eine Veränderung des Verhältnisses zwischen Gesamtschwefel und Neutralschwefel, und zwar in dem Sinne, daß sie eine Herabsetzung der Oxydationsvorgänge im Organismus beweist; 3. eine Abnahme der ausgeschiedenen gepaarten Benzoesäure, so daß auch die synthetischen Funktionen unter der Pyrogalloleinwirkung herabgesetzt erscheinen[1]). Neißer[2]) hat die Einwirkung des Pyrogallols auf Kaninchen sehr genau untersucht. Bei 1 g pro Kilogramm Tier zeigt der Harn Methämoglobinurie, in den Nieren fand sich der bekannte Methämoglobininfrakt der Harnkanälchen. Bei 2 g pro Kilogramm trat nach 1—2 Stunden der Tod ein, das Blut zeigt schokoladenartige Farbe. Auch nach äußerlicher Applikation können schwere Vergiftungserscheinungen, selbst nach ganz geringen Dosen, eintreten[3]). Durch protrahierte Vergiftung mit Pyrogallol werden beim Kaninchen Organveränderungen erzeugt, die mit denen menschlicher perniziös anämischer Organe die weitgehendste Ähnlichkeit besitzen. Sie bestehen in lymphoider Umwandlung des Knochenmarks und myeloider Umwandlung der Milz und der Leber[4]). Nach Pyrogallolvergiftung von Kaninchen zeigt das Blut, das ausgesprochen sepiafarben aussah, eine starke Verminderung der Alkalescenz[5]). In äquivalenter Lösung von natürlichem oder künstlichem Meerwasser begünstigt es die Parthenogenese von Seeigeleiern[6]). Der Tod nach Pyrogallolvergiftung erfolgt durch Erstickung infolge Sauerstoffmangels[7]), durch Kollaps oder auf mechanischem Wege durch Gerinnselbildung. Als letale Dosis für den Hund ist angegeben 0,025 g pro Kilogramm[8]). Das Kaninchen dürfte ca. 3—4mal soviel pro Kilogramm vertragen[8]). Bei Einspritzung in die Jugularis liegt die letale Dosis beim Hund zwischen 0,08—0,1 g[9]). Bei intraperitonealer Applikation sind neuerdings 0,80 g in 10 proz. wässeriger Lösung pro Kilogramm angegeben[10]). Pflanzenphysiologisch ist als Grenzwert für die Wachstumshemmung von Lupinenwurzeln eine Lösung von $1/1600$ Mol. pro Liter, frisch verwendet, und $1/6400$ Mol. pro Liter nach längerem Aufbewahren der Lösung gefunden worden[11]). Über Pyrogallol als Desinficiens hat V. Bovet gearbeitet[12]). Pyrogallol wirkt auf die Bildung von Antikörpern günstig ein[13]).

Physikalische und chemische Eigenschaften: Dünne Blätter und Nadeln. Schmelzp. 132,5 bis 133,5°, $D = 1,453$[14]). Molekulare Verbrennungswärme 639,0 Cal.[15]). Neutralisationswärme[16]). Magnetisches Drehungsvermögen 13,03 bei 16°[17]). Leicht löslich in Wasser, Alkohol und Äther. Die Lösung in Alkalien absorbiert rasch Sauerstoff und bräunt sich dabei (Anwendung zur Gasanalyse). Am wirksamsten ist eine Lösung von ca. 0,25 g Pyrogallol in 10 ccm Kalilauge $D = 1,050$, bei stärkerer Konzentration wird weniger Sauerstoff absorbiert[18]). Ist Kalilauge im Überschuß vorhanden, so wird bei der Sauerstoffabsorption sehr wenig Kohlenoxyd gebildet; 1 Mol. Pyrogallol vermag 3 Atome Sauerstoff aufzunehmen[19]).

---

[1]) Bonnani, Bull. Accad. med. di Roma **26**, Heft 8 [1900]; Jahresber. über d. Fortschritte d. Tierchemie **1900**, 571.

[2]) Albert Neißer, Zeitschr. f. klin. Medizin **1**, 88 [1879].

[3]) Vollmar, Deutsche med. Wochenschr. **1896**, 45.

[4]) v. Domarus, Archiv f. experim. Pathol. u. Pharmakol. **58**, 341 [1908].

[5]) Kraus, Archiv f. experim. Pathol. u. Pharmakol. **26**, 212 [1890].

[6]) Delage u. Beauchamp, Compt. rend. de l'Acad. des Sc. **145**, 735 [1908].

[7]) Personne, Zeitschr. f. Chemie **1869**, 728. — Quinquaud, Compt. rend. de la Soc. de Biol. **1885**, 86; Jahresber. über d. Fortschritte d. Tierchemie **1886**, 115.

[8]) Vitali, Bolletino di Chim. e Farmacol. **1893**, 449.

[9]) Gibbs u. Hare, Archiv f. Anat. u. Physiol. **1890**, 359.

[10]) Chassevant u. Garnier, Compt. rend. de la Soc. de Biol. **55**, 1584 [1903]; Jahresber. über d. Fortschritte d. Tierchemie **1903**, 162.

[11]) True u. Hunkel, Botan. Centralbl. **76**, 289 [1898].

[12]) Bovet, Journ. f. prakt. Chemie **19**, 445 [1879].

[13]) Madsen u. Tallquist, Zeitschr. f. Immunitätsforsch. u. experim. Ther. [1] **2**, 469 [1909]; Jahresber. über d. Fortschritte d. Tierchemie **1909**, 1070.

[14]) Schröder, Berichte d. Deutsch. chem. Gesellschaft **12**, 563 [1879].

[15]) Stohmann u. Langbein, Journ. f. prakt. Chemie [2] **45**, 305 [1892].

[16]) Forcrand, Annales de Chim. et de Phys. [6] **30**, 81 [1893].

[17]) Perkin, Journ. Chem. Soc. **69**, 1240 [1896].

[18]) Weil u. Zeitler, Annalen d. Chemie u. Pharmazie **205**, 264 [1880]. — Schaer, Archiv d. Pharmazie **243**, 203 [1905].

[19]) Berthelot, Compt. rend. de l'Acad. des Sc. **126**, 1066 [1898].

Über die Produkte, die bei der Sauerstoffabsorption entstehen[1]). Bei Gegenwart von Natronlauge absorbiert Pyrogallol am besten Sauerstoff bei 0,25 g in 10 ccm von D = 1,03, bei Gegenwart von Soda 0,25 g in 10 ccm von D = 1,03[2]). Es reduziert Gold-, Silber- und Quecksilberoxydullösungen. Mit überschüssigem Eisenoxydsalz entsteht Purpurogallin, dasselbe entsteht auch bei der Oxydation mittels Chromsäure, Silbernitrat, $KMnO_4$ und freiem Sauerstoff oder mittels elektrolytischer Oxydation[3]). Verbindet sich nicht mit Hydroxylamin[4]). Bei der Einwirkung von Bromäthyl und Kali tritt Kernsubstitution auf unter teilweiser Reduktion zu Brenzcatechinderivaten[5]). Pyrogallol ist auf Grund der Messung der Leitfähigkeit als einbasisch zu betrachten[6]). Pyrogallol als solches wirkt auf die photographische Platte ein[7]). Durch Reduktion nach Sabatier entsteht bei sehr niedrig gehaltener Temperatur Cyclo-hexan-triol (1, 2, 3-). Sehr hygroskopische Tafeln. Schmelzp. 67°[8]). Bei der Oxydation von Pyrogallol mittels Laccase wird stets CO_2, kein CO gebildet[9]). Bei der Einwirkung von Arsensäure auf Pyrogallol entsteht die Dipyrogallusarsensäure $(OH)_2C_6H_3O-As(OH)(O)-OC_6H_3(OH)_2$. Auch Antimonsäure und Phosphoroxychlorid reagieren mit Pyrogallol[10]).

Salze und Derivate: $C_6H_6O_3 \cdot NH_3$. Voluminöser Niederschlag[11]). — $NaC_6H_5O_3$, $Na_2C_6H_4O_3$, $Na_3C_6H_3O_3$[12]). — $4\,C_6H_6O_3 \cdot 3\,PbO$. Entsteht beim Fällen von Pyrogallol mit Bleizucker[13]). — $C_6H_4O_3 : SbOH$. Farblose Krystalle. $C_6H_4O_3 : SbF, (Cl, Br, J)$[14]). — $C_6H_3O_3 : Sb$. Mikroskopische Krystalle[15]). — $C_6H_3O_3\,Bi$. Gelber krystallinischer Niederschlag[16]). — $C_6H_4O_3 : BiJ$[17]).

Pyrogallol-aceton $C_6H_3(OH)_3 \cdot 3\,(CH_3COCH_3)$[18]).

Pyrogallol-hexamethylentetramin $2\,C_6H_3(OH)_3 \cdot C_6H_{12}N_4$. Blättchen. Zersetzt sich bei 160—170°, ohne zu schmelzen[19]). $C_6H_3(OH)_3 \cdot C_6H_{12}N_4$. Kleine Nadeln. Zersetzungsp. 145°[20]).

Pyrogallol-anilin $C_6H_3(OH)_3 \cdot 2\,C_6H_5NH_2$. Schmelzp. 55—56°[21]).

Pyrogallol-alloxan $C_6H_3(OH)_3 \cdot C_4O_4N_2H_2 + 2\,H_2O$. Nadeln oder Prismen. Zersetzt sich gegen 230°[22]).

Pyrogallol-trialloxan $C_6H_3(OH)_3 \cdot 3\,C_4O_4N_2H_2$. Feine Nadeln, allmähliche Zersetzung über 200°[23]).

Pyrogallol-cineol $C_6H_3(OH)_3 + C_{10}H_{18}O$. Flächenreiche Prismen ohne scharfen Schmelzpunkt[24]).

Pyrogallol-chinolin $C_6H_3(OH)_3 \cdot 3\,C_9H_7N$. Flache Prismen. Schmelzp. 56—57°[24]).

Pyrogallol-kaffein $C_6H_3(OH)_3 \cdot C_8H_{10}O_2N_4 + 4\,H_2O$. Nadelförmige Krystalle. Schmelzpunkt ca. 70°[25]).

1) Berthelot, Compt. rend. de l'Acad. des Sc. **126**, 1459 [1898].

2) Weil u. Goth, Berichte d. Deutsch. chem. Gesellschaft **14**, 2666 [1881].

3) Perkin u. Perkin, Proc. Chem. Soc. **19**, 58 [1903]; **20**, 18 [1904].

4) Baeyer, Berichte d. Deutsch. chem. Gesellschaft **19**, 163 [1886].

5) Hirschel, Monatshefte f. Chemie **23**, 181 [1902].

6) Thiel u. Römer, Zeitschr. f. physikal. Chemie **63**, 732 [1908].

7) Ward, Proc. Cambridge Philos. Soc. **13**, I, 3 [1905]; Chem. Centralbl. **1905**, I, 1105.

8) Sabatier u. Mailhe, Compt. rend. de l'Acad. des Sc. **146**, 1196 [1908].

9) Foà, Biochem. Zeitschr. **11**, 395 [1908].

10) Biginelli, Gazzetta chimica ital. **39**, II, 281 [1909].

11) Hantzsch, Berichte d. Deutsch. chem. Gesellschaft **32**, 3076 [1899].

12) Forcrand, Annales de Chim. et de Phys. [6] **30**, 83 [1893].

13) Stenhouse, Annalen d. Chemie u. Pharmazie **45**, 4 [1843].

14) Causse, Annales de Chim. et de Phys. [7] **14**, 550 [1898].

15) Causse u. Bayard, Bulletin de la Soc. chim. [3] **7**, 794 [1892].

16) Causse, Bulletin de la Soc. chim. [3] **9**, 704 [1893]. — Richard, Chem. Centralbl. **1900**, II, 629.

17) Hoffmann-La Roche, D. R. P. 94287; Chem. Centralbl. **1898**, I, 230; D. R. P. 100419; Chem. Centralbl. **1899**, I, 764.

18) Schmidlin u. Lang, Berichte d. Deutsch chem. Gesellschaft **43**, 2818 [1910].

19) Moschatos u. Tollens, Annalen d. Chemie u. Pharmazie **272**, 283 [1893].

20) Grischkewitsch-Trochimowski, Chem. Centralbl. **1910**, I, 735.

21) Mylius, Berichte d. Deutsch. chem. Gesellschaft **19**, 1003 [1886].

22) Böhringer & Söhne, D. R. P. 107720; Chem. Centralbl. **1900**, I, 1113; D. R. P. 113722; Chem. Centralbl. **1900**, II, 795.

23) Böhringer & Söhne, D. R. P. 114904; Chem. Centralbl. **1900**, II, 1092.

24) Baeyer u. Villiger, Berichte d. Deutsch. chem. Gesellschaft **35**, 1208 ff. [1902].

25) Ultée, Chemisch Weekblad **7**, 32 [1910]; Chem. Centralbl. **1910**, I, 519.

α- oder 1-Pyrogallol-monomethyläther $C_7H_8O_3$

$$H \quad H$$
$$H\langle\rangle OCH_3$$
$$OH \quad OH$$

Entsteht bei der Methylierung von Pyrogallolcarbonsäureester durch Diazomethan, Trennung der Äthersäuren und Abspaltung von Kohlensäure. Wasserhelles Öl, das zu Nadeln erstarrt. Schmelzp. 37—40°, Siedep.$_{15-16}$ = 146—147° [1]). Schmelzp. 38—41°, Siedep.$_{48}$ = 163—164° [2]).

β- oder 2-Pyrogallol-monomethyläther $C_7H_8O_3$

$$H \quad H$$
$$H\langle\rangle OH$$
$$HO \quad OCH_3$$

Entsteht aus Guajacolsulfonsäure durch Kalischmelze. Schmelzp. 66—67° [3]). Aus Benzol. Schmelzp. 85—87°, Siedep.$_{24}$ = 154—155° [2]).

Pyrogallol-1, 2-dimethyläther $C_8H_{10}O_3$

$$H \quad H$$
$$H\langle\rangle OCH_3$$
$$HO \quad OCH_3$$

Entsteht über den Pyrogallolcarbonsäuredimethylester. Wasserhelle Flüssigkeit. Siedep. 233—235°, Siedep.$_{17}$ = 122—123° [1]).

Pyrogallol-1, 3-dimethyläther $C_8H_{10}O_3$

$$H \quad H$$
$$H\langle\rangle OCH_3$$
$$CH_3O \quad OH$$

Vorkommen: Im Buchenholzkreosot[4]), im Scheihöl[5]).

Entsteht aus Pyrogallol, Ätzkali und Methyljodid. Aus Wasser Prismen. Schmelzp. 51—52°, Siedep. 253° [4]). Schmelzp. 51° [5]), 49°, Siedep.$_{14}$ = 140—141° [6]). Aus Syringasäure durch Erhitzen auf 240—270°. Schmelzp. 54,8°, Siedep. 262,7° [7]). Siedep. 258°. Schmelzp. 55—56° [8]). — **Pikrat** $C_8H_{10}O_3 \cdot C_6H_3N_3O_7$. Gelbe Nadeln. Schmelzp. 53° [9]), 61° [7]).

Pyrogallol-trimethyläther $C_9H_{12}O_3$ = $(CH_3O)_3C_6H_3$. Entsteht aus Pyrogallol, Jodmethyl und Kalilauge[10]). Auch aus Pyrogallol und Dimethylsulfat. Schmelzp. 45° [11]). Aus verdünntem Alkohol lange Nadeln. Schmelzp. 47°, Siedep. 235° (korr.)[10]), 241° (korr). $D_{45}^{45} = 1{,}1118$, $D_{75}^{75} = 1{,}0987$, $D_{100}^{100} = 1{,}0925$. Magnetisches Drehungsvermögen 17,0 bei 48,7° [12]).

Pyrogallol-monoäthyläther $C_8H_{10}O_3$ = $(OH)_2C_6H_3(OC_2H_5)$. Entsteht neben dem Di- und Triäthyläther aus Pyrogallol, Ätzkali und äthylschwefelsaurem Kali in abs. Alkohol[13]). Trennung der 3 Äther[14]). Nadeln. Schmelzp. 95° [13]). Schmelzp. 102—104° [15]). Mit Wasserdämpfen flüchtig.

Pyrogallol-diäthyläther $C_{10}H_{14}O_3$ = $(OH)C_6H_3(OC_2H_5)_2$. Darstellung s. oben. Aus sehr verdünntem Alkohol Krystalle. Schmelzp. 79°, Siedep. 262° [13])[14]), 263—65°, Schmelzp. 79—80° [16]). Mit Wasserdämpfen flüchtig.

---

[1]) Herzig u. Pollack, Monatshefte f. Chemie **25**, 507 ff. [1904].

[2]) Herzig u. Pollack, Monatshefte f. Chemie **25**, 813 ff. [1904].

[3]) Hoffmann - La Roche & Co., D. R. P. 109 789; Chem. Centralbl. **1900**, II, 459.

[4]) Hofmann, Berichte d. Deutsch. chem. Gesellschaft **11**, 333 [1878].

[5]) Jeancard u. Satie, Bulletin de la Soc. chim. [3] **31**, 480 [1904].

[6]) Rosauer, Monatshefte f. Chemie **19**, 557 [1898].

[7]) Gräbe u. Heß, Annalen d. Chemie u. Pharmazie **340**, 235 [1905].

[8]) Basler Chem. Fabrik, D. R. P. 162 658; Chem. Centralbl. **1905**, II, 1062.

[9]) v. Gödicke, Berichte d. Deutsch. chem. Gesellschaft **26**, 3045 [1893].

[10]) Will, Berichte d. Deutsch. chem. Gesellschaft **21**, 607 [1888].

[11]) Perkin u. Weizmann, Journ. Chem. Soc. **89**, 1650 [1906].

[12]) Perkin, Journ. Chem. Soc. **69**, 1241 [1896].

[13]) Benedikt, Berichte d. Deutsch. chem. Gesellschaft 9, 125 [1876]. — Hofmann, Berichte d. Deutsch. chem. Gesellschaft **11**, 798 [1878].

[14]) Weselsky u. Benedikt, Monatshefte f. Chemie **2**, 212 [1881].

[15]) Perkin u. Wilson, Proc. Chem. Soc. **18**, 215 [1902].

[16]) Basler Chem. Fabrik D. R. P. 162 658: Chem. Centralbl. **1905**, II, 1062.

Pyrogallol-triäthyläther $C_{12}H_{18}O_3 = C_6H_3(OC_2H_5)_3$. Aus verdünntem Alkohol Krystalle. Schmelzp. $39°$[1][2]), Siedep.$_{15} = 136—138°$[3]).

Pyrogallol-anhydrid $C_{24}H_{14}O_7 = 2\,C_{12}H_6O_3 + H_2O$. Entsteht beim Erhitzen von Pyrogallol mit rauchender Salzsäure auf $160—180°$. Schwarzes Pulver[4]).

Pyrogallol-monoacetat $C_8H_8O_4 = (OH)_2C_6H_3(OCOCH_3)$. Entsteht aus Pyrogallol und Acethylchlorid auf dem Wasserbad. Aus Wasser glänzende Nädelchen. Schmelzp. $171°$[5]), Siedep.$_{25} = $ ca. $185°$[6]).

Pyrogallol-diacetat $C_{10}H_{10}O_5 = (OH)C_6H_3(OCOCH_3)_2$. Entsteht aus Pyrogallol und Essigsäureanhydrid. Schmelzp. $110—111°$ (Knoll)[5]).

Pyrogallol-triacetat $C_{12}H_{12}O_6 = C_6H_3(OCOCH_3)_3$. Entsteht aus Pyrogallol, Essigsäureanhydrid und Natriumacetat[7]) oder Essigsäureanhydrid bei Gegenwart einer Mineralsäure[8]). Schmelzp. $165°$[7]).

Pyrogallol-urethan $C_9H_9N_3O_6 = (NH_2CO_2)_3C_6H_3$. Aus Alkohol glänzende Blätter. Schmelzp. $178°$[9]).

Pyrogallol-phenylurethan $C_{27}H_{21}N_3O_6 = [NH(C_6H_5)CO_2]_3C_6H_3$. Aus Äther-Alkohol mikroskopische Nadeln. Schmelzp. $178°$[10]).

Pyrogallol-diphenylurethan $C_{33}H_{25}N_3O_6 = [N(C_6H_5)_2CO_2]_3C_6H_3$. Schmelzp. $211,5$ bis $212,5°$[11]).

Benzolsulfonsaures Pyrogallol $C_{24}H_{18}S_3O_9 = (C_6H_5SO_3)_3C_6H_3$. Schmelzp. $140—142°$[12]).

Pyrogallol-triskohlensäureäthylester $C_{15}H_{18}O_9 = C_6H_3(OCO_2C_2H_5)_3$. Entsteht aus Pyrogallol und Chlorameisensäureester in Pyridinlösung. Aus Alkohol Prismen. Schmelzp. $58—60°$[5]).

Pyrogallol-carbonat $C_7H_4O_4$

$$\begin{array}{c} H \quad H \\ H\!\!-\!\!\overbrace{}\!\!-\!\!O \\ HO \quad O\!\!-\!\!CO \end{array}$$

Entsteht beim Einleiten von Phosgen in eine Lösung von Pyrogallol in Pyridin und Xylol. Aus Benzol Nadeln oder Tafeln. Schmelzp. $132—133°$[13]).

Dipyrogallol-tricarbonat $C_{15}H_6O_9 = CO\left[O\cdot C_6H_9\!\!\begin{array}{c}O\\O\end{array}\!\!CO\right]_2$

Entsteht wie oben bei Anwendung von mehr Phosgen. Aus viel Benzol Blättchen. Schmelzp. $177°$[13]).

Pyrogallol-glykolsäure $C_6H_3\!\!\begin{array}{c}(OH)_2\\OCH_2COOH\end{array}$. Entsteht aus Pyrogallol, Chloressigsäure und Natronlauge. Aus Wasser umkrystallisiert. Schmelzp. $153—154°$. Die alkalische Lösung färbt sich an der Luft schnell braun. Weniger giftig als Pyrogallol[14]).

Pyrogallol-diglykolsäure $C_6H_3\!\!\begin{array}{c}OH\\(OCH_2COOH)_2\end{array}$. Entsteht wie die Monosäure. Die alkalische Lösung bleibt an der Luft unverändert. Weniger giftig als Pyrogallol[14]).

Pyrogallol-triglykolsäure $C_{12}H_{12}O_9 = C_6H_3(OCH_2COOH)_3$. Entsteht aus Pyrogallol, Monochloressigsäure und Natronlauge. Aus Wasser lange rhombische Nadeln. Schmelzpunkt $198°$[15]).

[1]) **Benedikt**, Berichte d. Deutsch. chem. Gesellschaft **9**, 125 [1876]. — **Hofmann**, Berichte d. Deutsch. chem. Gesellschaft **11**, 798 [1878].

[2]) **Weselsky** u. **Benedikt**, Monatshefte f. Chemie **2**, 212 [1881].

[3]) **Hirschel**, Monatshefte f. Chemie **23**, 182 [1902].

[4]) **Böttinger**, Annalen d. Chemie u. Pharmazie **202**, 280 [1880].

[5]) **Einhorn** u. **Hollandt**, Annalen d. Chemie u. Pharmazie **301**, 107 [1898]. — Knoll & Co., D. R. P. 104 663; Chem. Centralbl. **1899**, II, 1037.

[6]) **Knoll & Co.**, D. R. P. 122 145; Chem. Centralbl. **1901**, II, 250.

[7]) **Knoll & Co.**, D. R. P. 105 240; Chem. Centralbl. **1900**, I, 270.

[8]) **Lederer**, D. R. P. 124 408; Chem. Centralbl. **1901**, II, 903.

[9]) **Gattermann**, Annalen d. Chemie u. Pharmazie **244**, 46 [1888].

[10]) **Snape**, Berichte d. Deutsch. chem. Gesellschaft **18**, 2430 [1885].

[11]) **Herzog**, Berichte d. Deutsch. chem. Gesellschaft **40**, 1834 [1907].

[12]) **Georgescu**, Berichte d. Deutsch. chem. Gesellschaft **24**, 418 [1891].

[13]) **Einhorn**, **Cobliner** u. **Pfeiffer**, Berichte d. Deutsch. chem. Gesellschaft **37**, 106 ff. [1904].

[14]) **Akt.-Ges. für Anilinfabrikation**, D. R. P. 155 568; Chem. Centralbl. **1904**, II, 1443.

[15]) **Giacosa**, Journ. f. prakt. Chemie [2] **19**, 398 [1879].

Arabinose-Pyrogallol $C_{11}H_{14}O_7$. Amorphes Pulver. Zersetzt sich gegen 240° [1]).

Glucose-Pyrogallol $C_{12}H_{16}O_8$. Amorphes Pulver [1]).

Monochlor-pyrogollol $C_6H_5O_3Cl = C_6H_2Cl(OH)_3$. Entsteht aus Pyrogallol und SO_2Cl_2. Schmelzp. 143° [2]).

Dichlor-pyrogallol $C_6H_4O_3Cl_2 = C_6HCl_2(OH)_3$. Entsteht wie oben. Schmelzp. 128° [2]).

Trichlor-pirogallol $C_6H_3O_3Cl_3 = C_6Cl_3(OH)_3 + 3 H_2O$. Entsteht beim Einleiten von Chlor in Pyrogallol in Eisessig [3]), aus Pyrogallol und SO_2Cl_2 [2]), aus Gallussäure und Chlor [4]), aus Leukogallol oder Mairogallol und Zinkstaub [5]). Feine Nadeln. Schmelzp. (wasserfrei) 177° [5]), 175° [2]).

Mairogallol $C_{18}H_7Cl_{11}O_{10}$. Entsteht aus Pyrogallol gelöst in Eisessig und gasförmigem Chlor. Rhombische Prismen. Schmelzp. 190° unter Bräunung [6]).

Leukogallol $C_{18}H_8Cl_{12}O_{12} + 2 H_2O$. Entsteht aus Pyrogallol und Chlor. Krystallinische Krusten. Schmelzp. 104° unter Entwicklung von HCl und H_2O [5])[6]).

Monobrom-pyrogallol $C_6H_5BrO_3 = C_6H_2Br(OH)_3$. Entsteht aus dem entsprechenden Carbonat durch Kochen mit Wasser. Aus Benzol derbe Prismen. Zersetzungsp. 140°, nachdem bei 120° Schwärzung eingetreten ist [7]).

Dibrom-pyrogallol $C_6H_4Br_2O_3 = C_6HBr_2(OH)_3$. Entsteht gleichfalls über das entsprechende Carbonat. Aus Benzol lange Nadeln. Schmelzp. 158° unter Dunkelfärbung [7]).

Tribrom-pyrogallol $C_6H_3Br_3O_3 = C_6Br_3(OH)_3$. Entsteht aus Pyrogallol und Brom [8]) oder aus Tannin und Brom [3]). Glänzende flache Nadeln.

Xanthogallol $C_{18}H_4Br_{14}O_6$. Entsteht beim Erhitzen von Pyrogallol oder Tribrompyrogallol mit Brom und Wasser. Glänzende gelbe Blättchen. Schmelzp. 122° [9]). Sublimiert bei 130° teilweise unzersetzt [10]).

5-Nitro-pyrogallol $C_6H_2(NO_2)(OH)_3 + H_2O$

$$\begin{array}{c} O_2N\quad H \\ H\langle\!\!=\!\!\rangle OH \\ OH\quad OH \end{array}$$

Entsteht beim Einleiten von salpetriger Säure in Pyrogallol, gelöst in Äther, bei 0°. Lanne dünne, bräunlichgelbe Nadeln oder dicke Prismen. Verliert bei 100° das Krystallwasser und schmilzt dann unter Zersetzung bei 205° [11]).

5-Amino-pyrogallol $C_6H_2(NH_2)(OH)_3$. Entsteht durch Reduktion des 5-Nitropyrogallolsmittels Zinn und Salzsäure. Oxydiert sich äußerst leicht [11]).

4-Nitro-pyrogallol $C_6H_5O_5N = C_6H_2(NO_2)(OH)_3$. Entsteht aus dem Nitropyrogallolcarbonat. Aus Wasser oder Benzol gelbe, zu Warzen vereinigte Nadeln. Schmelzp. 162° [12]).

4-Amido-pyrogallol-hydrochlorid $C_6H_2(OH)_3(NH_2) \cdot HCl$. Entsteht aus dem 4-Nitroprodukt durch Reduktion mittels Zinn und Salzsäure. Aus Alkohol und Essigester Nadeln [12]).

4, 6-Dinitro-pyrogallol $C_6H_4N_2O_7 = C_6H(NO_2)_2(OH)_3$. Entsteht bei der Einwirkung von Salpeterschwefelsäuregemisch auf das Pyrogallolcarbonat. Aus viel Wasser gelbe Nadeln. Schmelzp. 208° [12]).

4, 6-Diamido-pyrogallol-hydrochlorid $C_6H(OH)_3(NH_2)_2 \cdot 2 HCl$. Entsteht durch Reduktion der zugehörigen Nitroverbindung. In konz. Salzsäure und Essigester unlösliche Nadeln. Die wässerige Lösung oxydiert sich sehr rasch an der Luft [12]).

Pyrogallol-azobenzol $C_{12}H_{10}N_2O_3 = (OH)_3C_6H_2(N_2C_6H_5)$. Entsteht beim Versetzen einer alkalischen Pyrogallollösung mit Diazobenzolnitrat. Aus Eisessig kleine rote Nadeln [13]).

[1]) E. Fischer u. Jennings, Berichte d. Deutsch. chem. Gesellschaft **27**, 1361 [1894].

[2]) Peratoner, Gazzetta chimica ital. **28**, I, 227 [1898].

[3]) Webster, Journ. Chem. Soc. **45**, 205 [1884].

[4]) Biétrix, Bulletin de la Soc. chim. [3] **15**, 906 [1896].

[5]) Hantzsch u. Schniter, Berichte d. Deutsch. chem. Gesellschaft **20**, 2035 [1887].

[6]) Stenhouse u. Groves, Annalen d. Chemie u. Pharmazie **179**, 237 [1875].

[7]) Einhorn, Cobliner u. Pfeiffer, Berichte d. Deutsch. chem. Gesellschaft **37**, 112 ff. [1907].

[8]) Hlasiwetz, Annalen d. Chemie u. Pharmazie **142**, 250 [1867].

[9]) Stenhouse, Annalen d. Chemie u. Pharmazie **177**, 191 [1875].

[10]) Theurer, Annalen d. Chemie u. Pharmazie **245**, 335 [1888].

[11]) Barth, Monatshefte f. Chemie **1**, 882 [1880].

[12]) Einhorn, Cobliner u. Pfeiffer, Berichte d. Deutsch. chem. Gesellschaft **37**, 114 [1904].

[13]) Stelbins, Berichte d. Deutsch. chem. Gesellschaft **13**, 44 [1880].

Purpurogallin, Pyrogallol-chinon $C_{18}H_{14}O_9$, nach Perkin u. Steven[1] $C_{11}H_8O_5$. Entsteht bei der Oxydation von Pyrogallol mit Silberlösung[2]), mit Chromsäurelösung[3]), mit Platinschwarz[4]), beim Stehen einer Pyrogallollösung an der Luft[5]), aus den Komponenten[6]), aus Gallussäure und KNO_2[7]), bei der elektrolytischen Oxydation[8]). Rote Nadeln. Schmelzp. über 220°. Sublimiert nicht unzersetzt in granatroten Nadeln.

Pyrogallol-schwefelsäure $C_6H_6SO_6 = (OH)_2C_6H_3(OSO_2OH)$. Entsteht aus Pyrogallol, Kalilauge und Kaliumpersulfat. Das Kaliumsalz bildet Nadeln[9]).

Pyrogallol-sulfonsäure $C_6H_6SO_6 + \frac{1}{2}H_2O = (OH)_3C_6H_2(SO_3H) + \frac{1}{2}H_2O$. Entsteht beim Auflösen von Pyrogallol in Schwefelsäure[10]), aus Pyrogallol und $H_2S_2O_7$[11]), beim Erwärmen von Pyrogallol und Schwefelsäure (D = 1,84) auf dem Wasserbad[12]). Außerordentlich leicht in Wasser löslich. Kaliumsalz bildet spießartige Krystalle[13]). $(C_6H_5O_6S)_2Sr + 2H_2O$, kleine weiße Krystalle[14]).

Pyrogallol-disulfonsäure $C_6H_6O_9S_2 + 4H_2O = (OH)_3C_6H(SO_3H)_2 + 4H_2O$. Entsteht aus Pyrogallol, konz. Schwefelsäure und krystallisierter Pyroschwefelsäure[15]). $C_6H_4O_9S_2Sr + 3H_2O$, weiße Krystallmasse[14]).

Methyl-pyrogallol-dimethyläther $C_9H_{12}O_3 = CH_3 \cdot C_6H_2(OH)(OCH_3)_2$.

Vorkommen: Im Buchenholzkreosot[16]). Krystalle. Schmelzp. 36°, Siedep. 265°[16]). Schmelzp. 29—30°, Siedep.$_{12}$ = 145—146°[17]).

Propyl-pyrogallol-methyläther, Propyl-phentriol-(3, 4, 5)-methyläther $C_{10}H_{14}O_3 = C_3H_7 \cdot C_6H_2(OH)_2OCH_3$.

Vorkommen: Im Birkenrindenteer[18]), in den Destillationsprodukten des Pinorecinols[19]). Stark lichtbrechende Flüssigkeit. Siedep. 290° (korr.). D_{15} = 1,10228[18]).

Pikamar, Propyl-pyrogallol-dimethyläther $C_{11}H_{16}O_3 = C_3H_7 \cdot C_6H_2(OH)(OCH_3)_2$.

Vorkommen: Im Buchenholzkreosot[20]). Flüssig. Siedep. 285°[21]), Siedep.$_{18}$ = 153 bis 158°[22]).

Phloroglucin, 1, 3, 5-Phentriol.

Mol.-Gewicht 126,05.
Zusammensetzung: 57,12% C, 4,80% H.

$$C_6H_6O_3 + 2H_2O$$

$$\mathrm{H}\!\!<\!\!\overset{\text{HO \quad H}}{\underset{\text{OH \quad H}}{\bigcirc}}\!\!>\!\!\mathrm{OH} + 2H_2O$$

Vorkommen: Phloroglucin kommt in der Natur als Bestandteil der Glucoside Phloridzin, Glycyphyllin, Hesperidin, Naringin und der Farnsäuren vor. Das freie Vorkommen ist nach

[1]) Perkin u. Steven, Proc. Chem. Soc. **18**, 74 [1902].
[2]) Girard, Zeitschr. f. Chemie **1870**, 86.
[3]) Wichelhaus, Berichte d. Deutsch. chem. Gesellschaft **5**, 848 [1872].
[4]) Clermont u. Chautard, Jahresber. d. Chemie **1882**, 683.
[5]) Struve, Annalen d. Chemie u. Pharmazie **163**, 162 [1872]. — Loew, Journ. f. prakt. Chemie [2] **15**, 322 [1877].
[6]) Nietzki u. Steinmann, Berichte d. Deutsch. chem. Gesellschaft **20**, 1278 [1887].
[7]) Hooker, Berichte d. Deutsch. chem. Gesellschaft **20**, 3260 [1887].
[8]) Perkin u. Perkin, Proc. Chem. Soc. **19**, 58 [1903]; **20**, 18 [1904].
[9]) Baumann, Berichte d. Deutsch. chem. Gesellschaft **11**, 1913 [1878].
[10]) Personne, Bulletin de la Soc. chim. [2] **12**, 169 [1869]; **20**, 531 [1873].
[11]) Schiff, Annalen d. Chemie u. Pharmazie **178**, 179 [1875].
[12]) Delage, Compt. rend. de l'Acad. des Sc. **131**, 450 [1900].
[13]) Aktien-Ges. f. Anilinfabrikation, D. R. P. 207 374; Chem. Centralbl. **1909**, I, 1128.
[14]) Delage, Compt. rend. de l'Acad. des Sc. **136**, 760 [1903].
[15]) Delage, Compt. rend. de l'Acad. des Sc. **132**, 421 [1901].
[16]) Hofmann, Berichte d. Deutsch. chem. Gesellschaft **12**, 1371 [1879].
[17]) Rosauer, Monatshefte f. Chemie **19**, 557 [1898].
[18]) Pastrovich, Monatshefte f. Chemie **4**, 182 [1883].
[19]) Bamberger u. Vischner, Monatshefte f. Chemie **21**, 955 [1900].
[20]) Reichenbach, Annalen d. Chemie u. Pharmazie **8**, 224 [1833].
[21]) Hofmann, Berichte d. Deutsch. chem. Gesellschaft **8**, 67 [1875].
[22]) Niederist, Monatshefte f. Chemie **4**, 487 [1883].

den neuesten kritischen Untersuchungen zweifelhaft[1]). Die Rotfärbung mit Vanillinsalzsäure[2]) und mit Toluidinnitrat und Kaliumnitrit[3]), Reaktionen, die zu der Annahme geführt haben, daß das Phloroglucin in den Pflanzen weit verbreitet vorkäme[4]), sind, soweit das Phloroglucin nicht aus etwa vorhandenen Glucosiden durch die für die Reaktion nötige Säure abgespalten wird, meist auf die Tannoide der betreffenden Pflanzenteile, wie Platanrinde, Eichenrinde, Chinarinde, Tee, Rhizoma Filicis usw. zurückzuführen. Die Reaktionen treten ein bei allen Phloroglykotannoiden, beim Eichenrinden- und Chinarindentannoid. Bei den Gallussäuretannoiden usw. treten sie nicht ein (Hartwich und Winckel).

Bildung: Phloroglucin entsteht bei der Spaltung des Phloretins mit Kalilauge[5]), der Felixsäure[6]), des Filmarons durch Natronlauge und Zinkstaub[7]), des Apigenins[8]), des Luteolins, des Genisteins[9]), des Methylluteolins[10]), des Robinins[11]), des Vitexins und des Saponaretins[12]) des Homoeriodictyols (Eriodictyon californicum)[13]), des Quebrachogerbstoffes[14]) durch Kochen mit Alkali; bei der Kalischmelze von Quercetin[15]), Maclurin[16]), Catechin und Kino[17]), Gummigutt[18]), Scoparin[19]), Drachenblut[20]), Nataloin[21]), Lotoflavin[22]), Styrax[23]), des Phlobaphens von Butea frondosa[24]), des Pannatannins[25]), des Farbstoffs aus Rosa gallica[26]); beim Behandeln von Morin $C_{12}H_8O_5$ mit Natriumamalgam oder mit Kalilauge[27]), bei der Natronschmelze von Benzoltrisulfonsäure, von Phenol[28]), von Resorcin[29]), von Orcin[30]), bei der Kalischmelze von Phloroglucintricarbonsäuretriäthylester[31]), von 3, 5-Dibromphenol[32]). Erhitzt man Malonsäureäthylester mit Natriummalonester auf 145°, so entsteht Phloroglucindicarbonsäureäthylester[33]). Es entsteht ferner bei der Kalischmelze des Trimethylquercetins aus Fagopyrum-Rutin[34]), bei der Kalischmelze des Sakuranetins (aus der Rinde von Prunus Pseudo-Cerasus Lindl. var. Sieboldi Maxim)[35]).

---

[1]) Möller, Berichte d. Deutsch. pharmaz. Gesellschaft **7**, 344 [1897]; Chem. Centralbl. **1897**, II, 1157. — Hartwich u. Winckel, Archiv d. Pharmazie **242**, 462 [1904].

[2]) Lindt, Zeitschr. f. wissensch. Mikroskopie **2**, 495 [1885].

[3]) Weselsky, Berichte d. Deutsch. chem. Gesellschaft **9**, 216 [1876].

[4]) Waage, Berichte d. Deutsch. botan. Gesellschaft **8**, 250 [1890]. — Tunmann, Chem. Centralbl. **1909**, II, 1813.

[5]) Hlasiwetz, Annalen d. Chemie u. Pharmazie **96**, 120 [1855].

[6]) Boehm, Annalen d. Chemie u. Pharmazie **302**, 175 [1898].

[7]) Kraft, Archiv d. Pharmazie **242**, 493 [1904].

[8]) Perkin, Journ. Chem. Soc. **71**, 809 [1897]. — Vongerichten, Berichte d. Deutsch. chem. Gesellschaft **33**, 2904 [1900].

[9]) Perkin, Proc. Chem. Soc. **16**, 181 [1900].

[10]) Vongerichten, Berichte d. Deutsch. chem. Gesellschaft **33**, 2342 [1900].

[11]) Perkin, Proc. Chem. Soc. **17**, 87 [1901].

[12]) Barger, Journ. Chem. Soc. **89**, 1210 [1906].

[13]) Power u. Tutin, Journ. Chem. Soc. **91**, 892 [1907].

[14]) Nierenstein, Chem. Centralbl. **1905**, I, 936.

[15]) Hlasiwetz, Annalen d. Chemie u. Pharmazie **112**, 98 [1859].

[16]) Hlasiwetz u. Pfaundler, Annalen d. Chemie u. Pharmazie **127**, 357 [1863].

[17]) Hlasiwetz, Annalen d. Chemie u. Pharmazie **134**, 118 [1865].

[18]) Hlasiwetz u. Barth, Annalen d. Chemie u. Pharmazie **138**, 68 [1866].

[19]) Hlasiwetz, Annalen d. Chemie u. Pharmazie **138**, 190 [1866].

[20]) Hlasiwetz u. Barth, Annalen d. Chemie u. Pharmazie **134**, 283 [1865].

[21]) Tschirch u. a., Archiv d. Pharmazie **239**, 240 [1901].

[22]) Dunstan u. Henry, Chem. Centralbl. **1901**, II, 594.

[23]) L. van Itallie, Nederlandsch Tijdschrift voor Pharm. **13**, 193 [1901]; Chem. Centralbl. **1901**, II, 553.

[24]) Hill, Proc. Chem. Soc. **19**, 133 [1903].

[25]) Altan, Journ. de Pharm. et de Chim. [6] **18**, 497 [1903].

[26]) Naylor u. Chappel, Pharmaceut. Journ. [4] **19**, 231 [1904]; Chem. Centralbl. **1904**, II, 1405.

[27]) Hlasiwetz, Annalen d. Chemie u. Pharmazie **143**, 297 [1867].

[28]) Barth u. Schreder, Berichte d. Deutsch. chem. Gesellschaft **12**, 417 [1879].

[29]) Barth u. Schreder, Berichte d. Deutsch. chem. Gesellschaft **12**, 506 [1879].

[30]) Barth u. Schreder, Monatshefte f. Chemie **3**, 649 [1882].

[31]) Baeyer, Berichte d. Deutsch. chem. Gesellschaft **18**, 3458 [1885].

[32]) Blau, Monatshefte f. Chemie **7**, 632 [1886].

[33]) Moore, Proc. Chem. Soc. **19**, 276 [1903]; Journ. Chem. Soc. London **85**, 165 [1903].

[34]) Wunderlich, Archiv d. Pharmazie **246**, 248 [1908].

[35]) Asahina, Archiv d. Pharmazie **246**, 269 [1908].

Zur **Darstellung** schmilzt man 1 T. Maclurin mit 3 T. KOH und etwas Wasser, bis die Masse anfängt breiig zu werden. Dann löst man die Schmelze, säuert an und äthert aus. Den Ätherrückstand löst man in Wasser und fällt mit Bleizucker, wodurch die gleichzeitig entstandene Protocatechusäure gefällt wird. Das Filtrat wird durch Schwefelwasserstoff entbleit und ausgeäthert[1]). Darstellung aus Resorcin[2]), aus Trinitrobenzol[3]). Zur Reinigung löst man 11 g käufliches Phloroglucin in 1500 ccm Salzsäure D = 1,06. Aus dieser Lösung krystallisiert nach mehrtägigem Stehen etwa vorhandenes Diresorcin aus[4]).

Reaktionen: Phloroglucin gibt mit Eisenchloridlösung eine blauviolette Färbung[5]). Vermischt man eine stark verdünnte wässerige Phloroglucinlösung mit Anilinnitrat und Kaliumnitrit, so scheidet sich nach kurzer Zeit der zinnoberrote Niederschlag von Benzolazophloroglucin ab[6]). Diese Reaktion zeigen auch andere Phenole[7]). Eine frisch bereitete Lösung von 1 T. Vanillin in 100 T. Alkohol, 100 T. Wasser und 600 T. konz. Salzsäure wird von Phloroglucin hellrot gefärbt[8]). Diese Reaktion ist aber auch nicht typisch für Phloroglucin, denn auch Thymol, Guajacol, Resorcin, Orcin, Pyrogallol, Eugenol, Safrol und noch andere Phenole zeigen dieselbe, wenn auch in verschiedenen Nuancen[9]). Mit Na_2O_2 + $8 H_2O$ entsteht in alkoholischer Lösung sofort eine blauviolette Färbung, die auf Zusatz von Wasser zunächst immer intensiver violett wird, bald aber nimmt sie langsam ab und ist nach 24 Stunden fast verschwunden[10]). Gibt man zu einer Phloroglucinlösung einen Tropfen NH_3 und darauf NaOBr-Lösung, so entsteht eine tiefviolette Färbung[11]). Mit Holzstoff und Salzsäure entsteht eine kirschrote Färbung, wobei in etwas konz. Lösungen ein violetter Niederschlag entsteht[12]). Beim Erwärmen mit Formalin und Salzsäure entsteht eine weißliche Trübung[13]).

Physiologische Eigenschaften: Es schmeckt süßlich. Phloroglucin besitzt keine eiweißgerinnenden Eigenschaften, es verhindert vielmehr die Blutgerinnung. Auf Bakterien wirkt es nicht ein, Fäulnisvorgänge werden verlangsamt, Schimmelbildung eher befördert als verhindert[14]). Nach anderen Angaben soll es ähnlich dem Pyrogallol wirken[15]). Die Angaben darüber, ob es den Organismus verändert oder unverändert verläßt, sind widersprechend[16]). Angaben über die Giftigkeit von Stolnikow[17]), wonach es für Frösche ebenso giftig sein soll als Pyrogallol, dürften unrichtig sein. Nach neueren Untersuchungen ist es für Frösche unwirksam[18]). Die letale Dosis für Hunde bei Einspritzung in die Jugularis liegt zwischen 1,0—1,2 g pro Kilogramm Tier[15]). Intraperitoneal wird 1,0 g in 10proz. wässeriger Lösung angegeben[19]). Bei Kaninchen bringt es in Dosen von 0,5 g subcutan gegeben gar keine Wirkung hervor[16]). Pflanzenphysiologisch wird als Grenzwert für die Wachstumshemmung von Lupinenwurzeln angegeben $1/_{400}$ Mol. im Liter Wasser[20]). Die Lösung von Phloroglucin in künst-

---

[1]) Hlasiwetz u. Pfaundler, Annalen d. Chemie u. Pharmazie **127**, 358 [1863]. — Benedikt, Annalen d. Chemie u. Pharmazie **185**, 114 [1877].

[2]) Barth u. Schreder, Berichte d. Deutsch. chem. Gesellschaft **12**, 503 [1879]. — Tiemann u. Will, Berichte d. Deutsch. chem. Gesellschaft **14**, 954 [1881]; **18**, 1323 [1885]. — Skraup, Monatshefte f. Chemie **10**, 724 [1889].

[3]) Weidel u. Pollak, Monatshefte f. Chemie **21**, 20 [1900].

[4]) Fraps, Amer. Chem. Journ. **24**, 270 [1900].

[5]) Baeyer, Berichte d. Deutsch. chem. Gesellschaft **19**, 159 [1886].

[6]) Weselsky, Berichte d. Deutsch. chem. Gesellschaft **8**, 967 [1875]; **9**, 216 [1876].

[7]) Cazeneuve u. Hugounenq, Bulletin de la Soc. chim. **49**, 339 [1888].

[8]) Lindt, Zeitschr. f. analyt. Chemie **26**, 260 [1887].

[9]) Hartwich u. Winckel, Archiv d. Pharmazie **242**, 464 [1904].

[10]) Alvarez, Chem. News **91**, 125 [1905]; Chem. Centralbl. **1905**, I, 1146.

[11]) Dehn u. Scott, Journ. Amer. Chem. Soc. **30**, 1418 [1908]; Chem. Centralbl. **1908**, II, 1638.

[12]) Czapek, Zeitschr. f. physiol. Chemie **27**, 161 [1899].

[13]) Goldschmidt, Journ. f. prakt. Chemie [2] **72**, 536 [1905].

[14]) Andeer, Centralbl. f. d. med. Wissensch. **1884**, 193.

[15]) Gibbs u. Hare, Archiv f. Anat. u. Physiol. **1890**, 314 u. 344.

[16]) Pittinger, Inaug.-Diss. Würzburg 1895. — Heffter, Ergebnisse d. Physiol. **4**, 251 [1905].

[17]) Stolnikow, Zeitschr. f. physiol. Chemie **8**, 235 [1884].

[18]) Straub, Archiv f. experim. Pathol. u. Pharmakol. **48**, 20 [1902].

[19]) Chassevant u. Garnier, Compt. rend. de la Soc. de Biol. **55**, 1584 [1903]; Jahresber über d. Fortschritte d. Tierchemie **1903**, 162.

[20]) True u. Hunkel, Botan. Centralbl. **76**, 289 [1898].

lichem oder natürlichem Meerwasser begünstigt die Parthenogenese von Seeigeleiern[1].
Phloroglucin besitzt stark hämolysinbindende Eigenschaften[2].

Physikalische und chemische Eigenschaften: Aus Wasser große rhombische Tafeln[3]
Das Hydrat $C_6H_6O_3 + 2\,H_2O$ schmilzt im geschlossenen Röhrchen bei 113—116°[4]. Verliert das Krystallwasser bei 100°. Schmelzpunkt bei raschem Erhitzen 217—219°, bei langsamem Erhitzen 200—209°[5]. Lösungswärme in Wasser —1,643 Cal. (wasserfrei), Hydrat —6,670 Cal. Neutralisationswärme für das erste Mol. NaOH 8,347 Cal., für das zweite Mol. NaOH 8,386 Cal., für das dritte 1,536; total = 18,269 Cal.[6]. Molekulare Verbrennungswärme 617,650 Cal.[7]. Nach den Ergebnissen der Untersuchung des Absorptionsspektrums besitzt Phloroglucin die Enolstruktur[8]. Gegen sauerstoffhaltige Radikale reagiert Phloroglucin immer als Phenol[4]. Phloroglucin liefert in wässeriger Lösung bei 50° mit KHCO₃ phloroglucincarbonsaures Salz. Der mittlere Wert der Gleichgewichtskonstante $\dfrac{(\text{Phl} \cdot \text{H}) + \alpha_\text{I}(\text{KHCO}_3)}{\alpha_\text{II}\,(\text{Phl} \cdot \text{CO}_2\text{K})}$ ergibt sich zu 0,11[9]. Phloroglucin ist nach Messung der Leitfähigkeit als zweibasisch zu betrachten[10]. Phloroglucin ist gegen Bestrahlung empfindlich, wie die Inkonstanz der lichtelektrischen Empfindlichkeit zeigt[11]. Phloroglucin reagiert auch bei Abwesenheit von Alkali mit Phenylisocyanat[12]. Nach der Art, wie Phloroglucin mit tertiären Aminen reagiert, ist es als Hydroxydiketotetrahydrobenzol aufzufassen[13].

Sublimiert zum Teil unzersetzt. Löst sich wasserfrei in 118 T., wasserhaltig in 93 T. Wasser von gewöhnlicher Temperatur[14]. Ist leicht löslich in Alkohol und Äther. Wird aus der wässerigen Lösung zum Teil durch NaCl ausgesalzen. Läßt sich aus neutralen Lösungen leichter ausäthern als aus sauren[15]. Phloroglucin absorbiert in alkalischer Lösung Sauerstoff[16], reduziert Fehlingsche Lösung. Wird von Natriumamalgam in neutral gehaltener Lösung zu Cyclohexantriol $C_6H_{12}O_3$ reduziert[17]. Durch Einwirkung von Jodmethyl und Jodäthyl und alkoholischem Kali entstehen Homologe des Phloroglucins[18]. Gibt mit Metallsalzen außer Bleiessig keine Fällung. Gelatine wird durch Phloroglucin nicht gefällt[19]. Phloroglucin gibt mit K_2CO_3 und Glycerin im Kohlensäurestrom bei gewöhnlicher Temperatur Phloroglucincarbonsäure. Bei 180° entsteht eventuell eine Dicarbonsäure[20]. Verwendung zur quantitativen Bestimmung des Holzschliffs[21]. Ein Zusatz von Natriumbisulfit in sehr kleiner Menge hindert die Veränderung der wässerigen Pyrogallollösung[22]. Bei der Einwirkung von Formaldehyd auf 2 Mol. Phloroglucin entstehen neben Methylenbisphloroglucin Kondensationsprodukte, die bei der Spaltung mittels Natronlauge und Zinkstaub neben Phloroglucin Dimethyl- und Trimethylphloroglucin geben[23].

---

[1] Delage u. Beauchamp, Compt. rend. de l'Acad. des Sc. **145**, 735 [1908].

[2] Walbum, Zeitschr. f. Immunitätsforsch. u. experim. Ther. [1] **7**, 544 [1910].

[3] Wülfing, Berichte d. Deutsch. chem. Gesellschaft **20**, 298 [1887].

[4] Kaufler, Monatshefte f. Chemie **21**, 994 [1900].

[5] Baeyer, Berichte d. Deutsch. chem. Gesellschaft **19**, 2186 [1886].

[6] Werner, Journ. d. russ. phys.-chem. Gesellschaft **19**, 29 [1887].

[7] Stohmann u. a., Journ. f. prakt. Chemie [2] **33**, 469 [1886].

[8] Hartley, Dobbie u. Lauder, Proc. Chem. Soc. **18**, 171 [1902]; Journ. Chem. Soc. **81**, 929 [1902]. — Hedley, Proc. Chem. Soc. **22**, 106 [1906].

[9] af Hällström, Berichte d. Deutsch. chem. Gesellschaft **38**, 2288 [1905].

[10] Thiel u. Römer, Zeitschr. f. physikal. Chemie **63**, 732 [1908].

[11] Stark u. Steubing, Physikal. Zeitschr. **9**, 481 [1908].

[12] Michael u. Cobb, Annalen d. Chemie u. Pharmazie **363**, 75 [1908].

[13] Michael u. Smith, Annalen d. Chemie u. Pharmazie **363**, 55 [1908].

[14] Boehm, Annalen d. Chemie u. Pharmazie **302**, 175 [1898].

[15] Tiemann u. Will, Berichte d. Deutsch. chem. Gesellschaft **14**, 954 [1881]; **18**, 1323 [1885].

[16] Weyl u. Goth, Berichte d. Deutsch. chem. Gesellschaft **14**, 2673 [1881].

[17] Wislicenus, Berichte d. Deutsch. chem. Gesellschaft **27**, 358 [1894].

[18] Herzig u. Zeisel, Monatshefte f. Chemie **9**, 221, 898 [1888]. — Margulies, Monatshefte f. Chemie **9**, 1046 [1888]. — Spitzer, Monatshefte f. Chemie **11**, 104 [1890]. — Reisch, Monatshefte f. Chemie **20**, 493 [1899]. — Herzig u. Theuer, Monatshefte f. Chemie **21**, 852 [1900]. — Herzig u. Erthal, Monatshefte f. Chemie **31**, 827 [1910].

[19] Nierenstein, Chem. Centralbl. **1906**, I, 941.

[20] Brunner, Annalen d. Chemie u. Pharmazie **351**, 324 [1907].

[21] Cross, Bevan u. Briggs, Chem.-Ztg. **31**, 725 [1907].

[22] Lumière u. Seyewitz, Chem. Centralbl. **1908** I, 309.

[23] Boehm, Annalen d. Chemie u. Pharmazie **318**, 261 [1901]; **329**, 269 ff. [1903].

Salze und Derivate: $C_6H_3(OH)_3 \cdot 3\,PbO$. Entsteht beim Fällen von Phloroglucin durch Bleiessig.

Phloroglucin-ammoniak $C_6H_3(OH)_3 \cdot NH_3$. Weißer, krystallinischer Niederschlag. Schmelzp. 88—91°. Unbeständig[1]).

Phloroglucin-hexamethylentetramin $C_6H_{12}N_4 \cdot C_6H_3(OH)_3$. Nadeln[2]).

Phloroglucin-trialloxan $C_6H_3(OH)_3 \cdot 3\,C_4H_2O_3N_2 + H_2O$. Nadeln. Zersetzt sich allmählich beim Erhitzen über 200°[3]).

Phloroglucin-trimethylammonium $(C_6H_6O_3)_2N(C_2H_3)_3$. Schmelzp. 165—167°[4]).

Phloroglucin-triäthylammonium $(C_6H_6O_3)_2N(C_2H_5)_3$. Schmelzp. 103—104°[4]).

Phloroglucin-tripropyl-ammonium $(C_6H_6O_3)_2N(C_3H_7)_3$. Schmelzp. 87—91°[4]).

Phloroglucin-triisoamyl-ammonium $(C_6H_6O_3)_2N(C_4H_9)_3$. Schmelzp. 97—100°[4]).

Phloroglucin-triisobutyl-ammonium $(C_6H_6O_3)_2N(C_5H_{11})_3$. Schmelzp. 103—107°[4]).

Phloroglucin-kaffein $C_6H_3(OH)_3 \cdot C_8H_{10}O_2N_4 + 2\,H_2O$. Schmelzp. ca. 185°[5]).

Phloroglucin-hydrobromid $(C_6H_6O_3)_2HBr$. Farblos[6]).

Phloroglucin-monomethyläther $C_7H_8O_3 = (CH_3O)C_6H_3(OH)_2$. Entsteht beim Kochen von Trimethylquercetin aus Fagopyrum - Rutin mit alkoholischer Kalilauge[7]), auch durch Digestion des Cotoins mit Natronlauge und Zinkstaub[8]), aus Rhamnetin und Quercetintetramethyläther mittels alkoholischem Kali[9]). Entsteht aus Phloroglucin und mit Salzsäure gesättigtem Methylalkohol neben dem Dimethyläther[10]), aus 3,5-Diaminophenolmethyläther[11]). Krystallmasse. Schmelzp. 75—78°, $\text{Siedep.}_{16} = 213°$[10]). $\text{Siedep.}_{12} = 188$ bis 189°[11]). — **Phloroglucin-monomethyläther-disazobenzol** $(CH_3O)C_6H(N_2C_6H_5)_2(OH)_2$. Orangerote Nadeln. Schmelzp. 251—252°[9]).

Phloroglucin-dimethyläther $C_8H_{10}O_3 = (CH_3O)_2C_6H_3(OH)$. Entsteht neben dem Monomethyläther. Aus Benzol + Ligroin Kryställchen. Schmelzp. 36—38°, $\text{Siedep.}_{17} = 172$ bis 175°[12]).

Phloroglucin-trimethyläther $C_9H_{12}O_3 = (CH_3O)_3C_6H_3$. Entsteht aus dem Dimethyläther oder direkt aus Phloroglucin[13]). Darstellung aus Cotorindenrückständen[14]). Aus Petroläther zentimeterlange Nadeln. Schmelzp. 52°[15]), Siedep. 255,5°[13]). Aus Petroläther weiße Nadeln. Schmelzp. 52°[16]). Entsteht auch aus Phloroglucin und Diazomethan. Schmelzp. 52,5°[17]), 50—52°[18]). Mit Wasserdämpfen flüchtig.

Phloroglucin-monoäthyläther $C_8H_{10}O_3 = (C_2H_5O)C_6H_3(OH)_2$. Entsteht aus salzsaurem Diaminophenetol durch Kochen mit Wasser[19]), bei der Darstellung des Diäthyläthers als Nebenprodukt[20]). Entsteht auch bei der Zersetzung von Quercetintetraäthyläther mittels alkoholischer Kalilauge[9]). Aus Wasser lichtgelbe Blätter $+ 2\,H_2O$. Schmelzp. 84—86°, $\text{Siedep.}_{15} = 220°$[19]). Schmelzp. 72—73°[20]), $\text{Siedep.}_{30} = 220—221°$[21]).

Phloroglucin-diäthyläther $C_{10}H_{14}O_3 = (C_2H_5O)_2C_6H_3(OH)$. Entsteht beim Behandeln von Phloroglucincarbonsäure oder von Phloroglucin mit Alkohol und Salzsäure neben Phloro-

---

1) Michael u. Hibbert, Berichte d. Deutsch. chem. Gesellschaft **40**, 4387 [1907].

2) Moschatos u. Tollens, Annalen d. Chemie u. Pharmazie **272**, 283 [1893].

3) Böhringer u. Söhne, D. R. P. 114 904; Chem. Centralbl. **1900**, II, 1091.

4) Michael u. Smith, Annalen d. Chemie u. Pharmazie **363**, 55 [1908].

5) Ultée, Chemisch Weekblad **7**, 32 [1910]; Chem. Centralbl. **1910**, I, 519.

6) Gomberg u. Cone, Annalen d. Chemie u. Pharmazie **376**, 237 [1910].

7) Wunderlich, Archiv d. Pharmazie **246**, 248 [1908].

8) Boehm, Annalen d. Chemie u. Pharmazie **329**, 273 [1903].

9) Perkin u. Allison, Proc. Chem. Soc. **16**, 181 [1900]; Journ. Chem. Soc. **81**, 471 [1902].

10) Weidel u. Pollak, Monatshefte f. Chemie **21**, 23 [1900].

11) Herzig u. Aigner, Monatshefte f. Chemie **21**, 435 [1900].

12) Pollak, Monatshefte f. Chemie **18**, 737 [1897].

13) Will, Berichte d. Deutsch. chem. Gesellschaft **21**, 603 [1888]. — Herzig u. Kaserer, Monatshefte f. Chemie **21**, 876 [1900].

14) Friedländer u. Schnell, Berichte d. Deutsch. chem. Gesellschaft **30**, 2152 [1897].

15) Hesse, Annalen d. Chemie u. Pharmazie **276**, 328 [1893].

16) Mannich, Archiv d. Pharmazie **242**, 505 [1904].

17) Nierenstein, Chem. Centralbl. **1906** I, 553.

18) Herzig u. Wenzel, Monatshefte f. Chemie **27**, 784 [1906].

19) Herzig u. Aigner, Monatshefte f. Chemie **21**, 444 [1900].

20) Weidel u. Pollak, Monatshefte f. Chemie **18**, 357 [1897].

21) Pollak, Monatshefte f. Chemie **18**, 745 [1897].

glucid[1])[2]). Aus Wasser lange glänzende Nadeln. Schmelzp. 75°[2]), 88—89°; Siedep.$_{20}$ = 188 bis 189°[1]). Mit Wasserdämpfen flüchtig.

Phloroglucin-triäthyläther $C_{12}H_{18}O_3 = (C_2H_5O)_3C_6H_3$. Entsteht aus Phloroglucin, Alkohol und Jodäthyl[2])[3]). Krystalle. Schmelzp. 43°[2]), Siedep.$_{24}$ = 175°[4]). Mit Wasserdämpfen flüchtig.

Phloroglucin-triphenyläther $C_{24}H_{18}O_3 = C_6H_3(OC_6H_5)_3$. Entsteht aus Phenolat, symm. Tribrombenzol und Kupferpulver. Aus Alkohol Nadeln oder Prismen. Schmelzp. 112° (korr), Siedep.$_{20}$ = 290—293°[5]).

Phloroglucin-triacetat $C_{12}H_{12}O_6 = C_6H_3(C_2H_3O_2)_3$. Entsteht aus Phloroglucin und Acetylchlorid[6]). Aus Alkohol kleine Prismen. Schmelzp. 104—106°[7]).

Phloroglucin-monobenzoat $C_{13}H_{10}O_4 = C_6H_3(OH)_2(OOCC_6H_5)$. Entsteht aus der entsprechenden Carbonsäure. Dünne Blätter oder Nadeln. Schmelzp. 194—195° (198—199° korr.)[8]).

Phloroglucin - phenylurethan $C_{27}H_{21}N_3O_6 = C_6H_3(OCONHC_6H_5)_3$. Entsteht aus Phloroglucin und 3 Mol. Phenylcarbonimid. Gelbliches Pulver. Schmelzp. 123°[9]). Ein **isomeres Produkt** entsteht aus Phloroglucin und Phenylisocyanat. Aus Benzol oder Alkohol weiße Nadeln, bei 186° erweichend und bei 190—192° schmelzend[10]). Aus Alkohol oder Eisessig farblose Krystalle. Schmelzp. 190—191°[11]).

Phloroglucin-benzolsulfonsäureester $C_{24}H_{18}S_3O_9 = C_6H_3(OSO_2C_6H_5)_3$. Entsteht aus Phloroglucin und Benzolsulfonsäurechlorid. Schmelzp. 115—117°[12]).

Phloroglucin - tris - kohlensäuremethylester $C_{12}H_{12}O_9 = C_6H_3(OCO_2CH_3)_3$. Entsteht aus Phloroglucin und Chlorkohlensäuremethylester in alkalischer Lösung. Glänzende Prismen. Schmelzp. 99—100° (korr.)[13]).

Phloroglucin - tris - kohlensäure - äthylester $C_{15}H_{18}O_9 = C_6H_3(OCOOC_2H_5)_3$. Entsteht aus Phloroglucin, Chlorkohlensäureäthylester und Alkali. Siedep.$_{19}$ = 245,5—247°[14]).

d-Glucose-phloroglucin $C_{12}H_{16}O_8 = (C_6H_{11}O_5O)C_6H_3(OH)_2$. Entsteht aus d-Glucoseapigenin durch Spaltung mittels konz. NaOH. Aus Alkohol und Äther weiße amorphe Masse, sehr hygroskopisch. $[\alpha]_D^{20}$ = 24,20 in Wasser (C = 3,100), $[\alpha]_D^{20}$ = —24,95° in Alkohol (C = 5,25)[15]).

Xylose-phoroglucid $(C_{11}H_{12}O_6)$. Amorph[16]).

Arabinose-phloroglucid $(C_{11}H_{12}O_6)$. Bleiglättefarbiges Pulver[17]).

d-Glucose-phloroglucid $(C_{12}H_{12}O_6)$. Gelbbrauner amorpher Niederschlag. Zersetzt sich gegen 200°[17]).

d-Fruktose-phloroglucid $C_{36}H_{34}O_{17}$. Blaugrünes amorphes Pulver. Zersetzungspunkt über 250°[17]).

d-Galaktose-phloroglucid $C_{36}H_{38}O_{19}$. Ziegelrotes amorphes Pulver. Zersetzungspunkt 210°[17]).

d - Mannose - phloroglucid $C_{36}H_{38}O_{19}$. Ledergelb, amorph. Färbt sich bei 250° dunkel[17]).

Furfurol-phloroglucid $C_{11}H_8O_4$. Dunkler Niederschlag[18]).

[1]) Pollak, Monatshefte f. Chemie **18**, 745 [1897].
[2]) Will u. Albrecht, Berichte d. Deutsch. chem. Gesellschaft **17**, 2106 [1884].
[3]) Benedikt, Annalen d. Chemie u. Pharmazie **178**, 97 [1875].
[4]) Herzig u. Zeisel, Monatshefte f. Chemie **9**, 218 [1888].
[5]) Ullmann u. Sponagel, Annalen d. Chemie u. Pharmazie **350**, 102 [1906].
[6]) Hlasiwetz, Annalen d. Chemie u. Pharmazie **119**, 201 [1861].
[7]) Herzig, Monatshefte f. Chemie **6**, 888 [1885].
[8]) E. Fischer, Annalen d. Chemie u. Pharmazie **371**, 309 [1910].
[9]) Goldschmidt u. Meißler Berichte d. Deutsch. chem. Gesellschaft **23**, 269 [1890].
[10]) Michael, Berichte d. Deutsch. chem. Gesellschaft **38**, 48 [1905].
[11]) Dieckmann, Hoppe u. Stein, Berichte d. Deutsch. chem. Gesellschaft **37**, 4637 [1904].
[12]) Georgescu, Berichte d. Deutsch. chem. Gesellschaft **24**, 418 [1891].
[13]) Fischer, Annalen d. Chemie u. Pharmazie **371**, 304 [1910].
[14]) Kaufler, Monatshefte f. Chemie **21**, 994 [1900].
[15]) Vongerichten u. Müller, Berichte d. Deutsch. chem. Gesellschaft **39**, 243 [1906].
[16]) Councler, Chem.-Ztg. **1894**, 1617.
[17]) Councler, Berichte d. Deutsch. chem. Gesellschaft **28**, 27 [1895].
[18]) Goodwin u. Tollens, Berichte d. Deutsch. chem. Gesellschaft **37**, 315 [1904].
Votoček u. Krauz, Chem. Centralbl. **1909**, II, 1652.

Phloroglucid, Pentaoxy-diphenyl $C_{12}H_{10}O_5 + 2H_2O = (OH)_2C_6H_3—C_6H_2(OH)_3$ [1]). Entsteht beim Erhitzen von Phloroglucin mit Jodwasserstoffsäure $(D = 1,5)$ oder mit Salzsäure auf $140°$ [2]), mit konz. Salzsäure auf $100°$ [3]), beim Erhitzen von Phloroglucin für sich[4]), mit Phloretinsäure oder mit Protocatechusäure[5]) oder mit $POCl_3$ [6]). Aus Wasser mikroskopische Blättchen. Verliert das Krystallwasser bei $120°$. Ist auf den tierischen Organismus ohne Einwirkung [1]).

Triphloroglucid $C_{18}H_{14}O_7 + 2H_2O$. Entsteht bei 24stündigem Erhitzen von Phloroglucin, Eisessig und Salzsäure $D = 1,19$ im Rohr auf $85°$ und Verseifen des so erhaltenen Chlorids. Dunkelgelbes Krystallpulver[7]).

Trichlor-phloroglucin $C_6H_3Cl_3O_3 = C_6Cl_3(OH)_3 + 3H_2O$. Entsteht beim Einleiten von trockenem Chlor in Phloroglucin mit Chloroform[8]), mit Eisessig[9]). Aus Hexachlortriketo-hexylen $C_6Cl_6O_3$ und Zinnchlorür oder Jodwasserstoff[10]), aus Phloroglucin und SO_2Cl_2 [11]). Aus Alkohol oder Essigsäure dicke, farblose Nadeln, die 3 Mol. Krystallwasser enthalten. Schmelzp. $134°$ [10]).

Hexachlor-triketo-R-hexylen $C_6Cl_6O_3$

$$\text{Cl}_2\!\!\underset{\text{O}\quad\text{Cl}_2}{\overset{\text{O}\quad\text{Cl}_2}{\big\langle\big\rangle}}\!\!\text{O}$$

Entsteht beim Einleiten von trockenem Chlor in eine Lösung von scharf getrocknetem Phloroglucin in Chloroform oder Tetrachlorkohlenstoff. Siedep. $_{18-20} = 150—151°$, $268—269°$, Schmelzp. $48°$. Durch Zinnchlorür wird es zu Trichlorphloroglucin $C_6Cl_3(OH)_3$ reduziert. Durch Einwirkung von Wasser entstehen Tetrachloraceton und Dichloressigsäure[9]).

Tribrom-phloroglucin $C_6H_3Br_3O_3 = C_6Br_3(OH)_3 + 3H_2O$. Entsteht aus Phloroglucin und Bromwasser[12]) oder aus Brom und Phloroglucin in Eisessig[13]). Durch Reduktion von Hexabromtriketohexylen[14]). Prismatische Krystalle. Schmelzp. $149—151°$ [15]), $152—153°$ [14]). Über die Zersetzung durch Alkalien[16]).

Pentabrom-diketo-oxy-R-hexenhydrat $C_6H_3Br_5O_4$

$$\text{Br}_2\!\!\underset{\text{O}\quad\text{Br}_2}{\overset{\text{O}\quad\text{Br}}{\big\langle\big\rangle}}\!\!\text{OH} \cdot H_2O$$

Entsteht aus Phloroglucin in wässeriger Lösung und Brom, das in zwei Portionen zugesetzt wird, bei $45°$. Durch Umlösen aus Ätherbenzin und eindichten lassen bernsteingelbe große Krystalle. Schmelzp. $119—120°$ unter Zersetzung. Durch Einwirkung von Wasser entsteht Tribromphloroglucin, ebenso beim Erhitzen und durch Reduktion[14]).

Hexabrom-triketo-R-hexylen $C_6Br_6O_3$

$$\text{Br}_2\!\!\underset{\text{O}\quad\text{Br}_2}{\overset{\text{O}\quad\text{Br}_2}{\big\langle\big\rangle}}\!\!\text{O}$$

Entsteht aus Phloroglucin in wässeriger Lösung und viel Brom, das in 3 Portionen zugesetzt wird. Aus Schwefelkohlenstoff große monokline Tafeln. Schmelzp. $146—147°$, bei $170—180°$

[1]) Herzig u. Kohn, Monatshefte f. Chemie **29**, 679 [1908].
[2]) Vongerichten u. Müller, Berichte d. Deutsch. chem. Gesellschaft **39**, 243 [1906].
[3]) Herzig u. Pollak, Monatshefte d. Chemie **15**, 703 [1894].
[4]) Piccard, Berichte d. Deutsch. chem. Gesellschaft **7**, 891 [1874].
[5]) Benedikt, Annalen d. Chemie u. Pharmazie **185**, 118 [1877].
[6]) Schiff, Annalen d. Chemie u. Pharmazie **172**, 358 [1874].
[7]) Hesse, Annalen d. Chemie u. Pharmazie **276**, 336 [1893].
[8]) Webster, Journ. Chem. Soc. **47**, 423 [1885].
[9]) Hazura u. Benedikt, Monatshefte f. Chemie **6**, 706 [1885].
[10]) Zincke u. Kegel, Berichte d. Deutsch. chem. Gesellschaft **22**, 1476 [1889].
[11]) Peratoner u. Finocchiaro, Gazzetta chimica ital. **24**, I, 243 [1894].
[12]) Hlasiwetz, Jahresber. d. Chemie **1855**, 702.
[13]) Herzig, Monatshefte f. Chemie **6**, 885 [1885].
[14]) Zincke u. Kegel, Berichte d. Deutsch. chem. Gesellschaft **23**, 1732 [1890].
[15]) Hazura u. Benedikt, Monatshefte f. Chemie **6**, 704 [1885].
[16]) Herzig u. Kaserer, Monatshefte f. Chemie **23**, 573 [1902].

tritt Zersetzung ein. Durch die Einwirkung des Lichtes entsteht **Phlorobromin** $C_5Br_8O_2$, durch Erhitzen mit Wasser und durch Reduktion Tribromphloroglucin[1]).

Phlorobromin, Oktobrom-acetyl-aceton $C_5Br_8O_2 = CBr_3\text{-}CO\text{-}CBr_2\text{-}CO\text{-}CBr_3$. Entsteht aus einer kalten, stark verdünnten wässerigen Lösung von Phloroglucin und 8 T. Brom. Aus heißem Benzol stark glänzende dicke Nadeln. Schmelzp. 154—155°[1])[2]).

Trinitroso-phloroglucin $C_6H_3N_3O_6 = C_6(NO)_3(OH)_2$. Entsteht aus Phloroglucin, Kaliumnitrit und Eisessig. Warzig gruppierte Nadeln[3]).

Nitro-phloroglucin $C_6H_5NO_5 = C_6H_2(NO_2)(OH)_3$. Entsteht aus Phloroglucin und schwacher Salpetersäure. Aus Wasser rotgelbe Schuppen oder Blättchen[4]).

Trinitro-phloroglucin $C_6H_3N_3O_9 = C_6(NO_2)_3(OH)_3 + H_2O$. Entsteht aus Trinitroso-phloroglucin und Salpeterschwefelsäure[5]). Aus Phloroglucintriacetat und rauchender Salpetersäure[6]). Aus Wasser gelbe hexagonale Krystalle. Verliert das Krystallwasser bei 100°, beginnt bei 130° zu sublimieren, schmilzt entwässert bei 167° und explodiert bei höherer Temperatur.

Triamino-phloroglucin $C_6H_9N_3O_3 = C_6(NH_2)_3(OH)_3$. Entsteht bei der Reduktion des Trinitrophloroglucins mittels Zinnchlorür und Salzsäure[6]).

Phloroglucin-disazobenzol $C_{18}H_{14}N_4O_3 = (OH)_3C_6H(N:NC_6H_5)_2$. Entsteht beim Mischen warmer alkoholischer Lösungen von 1 Mol. Phloroglucin und 2 Mol. Diazoaminobenzol[7]). Goldbraune, mikroskopische Blättchen. Schmelzp. 228—230° unter Zersetzung[8]).

Phloroglucin-trisazobenzol $C_{24}H_{18}N_6O_3 = (OH)_3C(N_2C_6H_5)_3$. Entsteht aus Phloroglucin mit überschüssigem Diazobenzolsulfat in verdünnter Sodalösung. Aus Nitrobenzol und Alkohol grünglänzende, feine Nadeln, die bei 300° noch nicht geschmolzen sind[9]).

Phloroglucin-sulfonsäure $C_6H_6SO_6 = (OH)_3C_6H_2(SO_3H)$. Entsteht beim Zusammenreiben von Phloroglucin und Pyroschwefelsäure. Das Kaliumsalz bildet aus verdünntem Alkohol lange abgeplattete Nadeln[10]).

Methyl-phloroglucin, 2, 4, 6-Trioxy-toluol.

$$C_7H_8O_3.$$

H OH
HO⟨ ⟩CH$_3$
H OH

Vorkommen: Unter den Spaltungsprodukten der Filixsäure durch Natronlauge und Zinkstaub[11]), des Rottlerins durch Barythydrat oder Natronlauge[12]), des Filmarons mittels Natronlauge und Zinkstaub.

Physikalische und chemische Eigenschaften: Es entsteht aus 2, 4, 6-Triaminotoluol durch Kochen mit Wasser[13]), bei der Kalischmelze von Durasantalin[14]). Aus Essigester + Xylol Nadeln. Aus Wasser Tafeln. Wird bei 170—180° braungelb. Schmelzp. 214—216° unter Zersetzung[13]). Sublimiert unzersetzt[11]). 0,006 g töten Frösche von mittlerer Größe. Die Erscheinungen sind zentralnervöser Natur[15]).

Methyl-phloroglucin-disazobenzol $C_{19}H_{16}O_3N_4 = C(OH)_3(CH_3)(N_2C_6H_5)_2$. Rote haarfeine Nadeln. Schmelzp. 236—237°[11]).

Methyl-phloroglucin-tribenzoat $(CH_3)C_6H_2(OCOC_6H_5)_3$. Aus Alkohol derbe abgeschrägte Prismen. Schmelzp. 111—112°[11]).

[1]) Zincke u. Kegel, Berichte d. Deutsch. Chem. Gesellschaft **23**, 1732 [1890].

[2]) Hazura u. Benedikt, Monatshefte f. Chemie **6**, 704 [1885].

[3]) Benedikt, Berichte d. Deutsch. chem. Gesellschaft **11**, 1375 [1878].

[4]) Hlasiwetz, Annalen d. Chemie u. Pharmazie **119**, 200 [1861].

[5]) Benedikt, Berichte d. Deutsch. chem. Gesellschaft **11**, 1376 [1878].

[6]) Nietzki u. Moll, Berichte d. Deutsch. chem. Gesellschaft **26**, 2185 [1893].

[7]) Weselsky u. Benedikt, Berichte d. Deutsch. chem. Gesellschaft **12**, 226 [1879].

[8]) Perkin, Journ. Chem. Soc. **71**, 190 [1897].

[9]) Perkin, Journ. Chem. Soc. **71**, 1154 [1897].

[10]) Schiff, Annalen d. Chemie u. Pharmazie **178**, 191 [1875].

[11]) Boehm, Annalen d. Chemie u. Pharmazie **302**, 177 ff. [1898].

[12]) Telle, Archiv d. Pharmazie **244**, 455 [1906]. — Thoms, Archiv d. Pharmazie **244**, 640 [1906]. — Herrmann, Archiv d. Pharmazie **245**, 572 [1907].

[13]) Weidel, Monatshefte f. Chemie **19**, 224 [1898]; Chem. Centralbl. **1899, II**, 504.

[14]) Perkin, Journ. Chem. Soc. **97**, 222 [1910].

[15]) Straub, Archiv f. experim. Pathol. u. Pharmakol. **48**, 20 [1902].

Methyl-phloroglucin-α-methyläther $C_8H_{10}O_3$

$$\text{H}_3\text{CO}\underset{\text{H}\quad\text{OH}}{\overset{\text{H}\quad\text{OH}}{\bigcirc}}\text{CH}_3$$

Entsteht durch Einleiten von Salzsäure in trockenes in absolutem Methylalkohol gelöstes Methylphloroglucin. Aus Xylol farblose, glänzende, dünne Krystallnadeln. Schmelzp. 124°. Siedep.$_{20}$ = 195—198° [1]).

Methylphloroglucin-trimethyläther $C_6H_2(OCH_3)_3(CH_3)$. Schmelzp. +10—13°. Siedep.$_{16}$ = 149—151° [2]).

Methylphloroglucin-butanon.

$$C_{11}H_{14}O_4 = (CH_3)C_6H(OH)_3(COC_3H_7).$$

Vorkommen: Unter den Spaltstücken der Flavaspidsäure nach längerem Kochen mit absolutem Alkohol[3]).

Physikalische und chemische Eigenschaften: Aus heißem Wasser farblose Nadeln. Schmelzpunkt 161—162° [3]).

Derivate: Methylphloroglucinbutanon - azobenzol $(CH_3)C_6(NNC_6H_5)(OH)_3(COC_3H_7)$. Scharlachrote Krystalle. Schmelzp. 182° [4]). Dieselbe Verbindung entsteht auch bei der Behandlung von Flavaspidsäure[4]), von Phloraspin[5]) und von Filmaron[6]) mit Diazoamidobenzol.

Methyl-phloroglucin-β-methyläther.

$$C_8H_{10}O_3.$$

$$\text{OH}\underset{\text{H}\quad\text{OCH}_3}{\overset{\text{H}\quad\text{OH}}{\bigcirc}}\text{CH}_3$$

Vorkommen: Unter den Spaltungsprodukten des Aspidins[7]), des α-Kosins[8]) durch Zinkstaub und 15 proz. Natronlauge, des Filmarons durch die Kalischmelze[6]). Aus Wasser rechtwinklige Tafeln oder Prismen und 1 H_2O. Schmelzp. 91° (wasserhaltig), 117—119° (wasserfrei)[7]), 117—118° [6]).

Methyl-phloroglucin-β-methyläther-disazobenzol $C_{20}H_{18}O_3N_4$

$$\text{HO}\underset{\text{H}_5\text{C}_6\text{N}_2\quad\text{OCH}_3}{\overset{\text{H}_5\text{C}_6\text{N}_2\quad\text{OH}}{\bigcirc}}\text{CH}_3$$

Aus Alkohol rote Nadeln. Schmelzp. 204° [9]).

Aspidinol, Methylphloroglucin-methyläther-butanon.

$$C_{12}H_{16}O_4 = C_6H(CH_3)(OH)_2(OCH_3)(COC_3H_7).$$

Vorkommen: Im Filixextrakt[10])[11]). In den Rhizomen von Aspidium filix mas, Aspidium spinulosum und Athyrium filix femina[12]). In den Spaltprodukten des Filmarons[13]).
Eigenschaften, Derivate usw. s. unter Farnsäuren Bd. I, S. 890 ff.

---

[1]) Weidel, Monatshefte f. Chemie **19**, 224 [1898]; Chem. Centralbl. **1899**, II, 504.
[2]) Herzig u. Theuer, Monatshefte f. Chemie **21**, 855 [1900].
[3]) Boehm, Annalen d. Chemie u. Pharmazie **329**, 317 ff. [1903].
[4]) Boehm, Annalen d. Chemie u. Pharmazie **317**, 282 ff. [1901].
[5]) Boehm, Annalen d. Chemie u. Pharmazie **329**, 338 [1903].
[6]) Kraft, Chem. Centralbl. **1902**, II, 533; Archiv d. Pharmazie **242**, 493 [1904].
[7]) Boehm, Annalen d. Chemie u. Pharmazie **302**, 177 ff. [1898].
[8]) Lobeck, Archiv d. Pharmazie **239**, 678 [1901].
[9]) Boehm, Annalen d. Chemie u. Pharmazie **318**, 251 [1901].
[10]) Boehm, Archiv f. experim. Pathol. u. Pharmakol. **38**, 48 [1896]. — Kraft, Chem. Centralbl. **1902**, II, 533.
[11]) Hausmann, Archiv d. Pharmazie **237**, 559 [1899].
[12]) Boehm, Annalen d. Chemie u. Pharmazie **318**, 245 [1901].
[13]) Kraft, Archiv d. Pharmazie **242**, 493 [1904].

Dimethyl-phloroglucin, 2, 4, 6-Trioxy-1, 3-dimethyl-benzol.

$$C_8H_{10}O_3$$

H   OH
OH⟨⎓⟩CH$_3$
CH$_3$ OH

Vorkommen: Unter den Spaltprodukten der Filixsäure[1]), des Kosins[2]), des Rottlerins[3]), des Filmarons[4]), durch Zinkstaub und 15 proz. Natronlauge.

Physikalische und chemische Eigenschaften: Es entsteht aus 2, 4, 6-Triaminoxylol durch Kochen mit Wasser. Krystallisiert aus Wasser mit 3 Mol. H_2O, die bei 100° entweichen. Schmelzp. 163°[5]). 0,020 g bringen vorübergehend die Initialerscheinungen der Monomethylphloroglucinvergiftung hervor[6]).

Dimethyl-phloroglucin-azobenzol $C_{14}H_{14}O_3N_2 = C(OH)_3(CH_3)_2(N_2C_6H_5)$. Braune Nadeln. Schmelzp. 200°[7]).

Dimethyl-phloroglucin-4-methyläther $C(OCH_3)(OH)_2(CH_3)_2$. Aus Benzol Blättchen. Schmelzp. 100—101°, Siedep.$_{21}$ = 188°[5]).

Filicinsäure, sek. 1, 1-Dimethyl-phloroglucin.

$$C_8H_{10}O_3$$

CH$_3$ CH$_3$ CH$_3$ CH$_3$
OH⟨⟩OH   oder   O⟨⟩OH
H   H   H   H
O   OH

Vorkommen: Unter den Spaltprodukten von Filixsäure, Aspidin, Flavaspidsäure, Albaspidin, Albopannin und Flavopannin mittels Natronlauge und Zinkstaub[8]), unter den Spaltprodukten des Filmarons[4]).

Darstellung, Eigenschaften und Derivate s. unter Farnsäuren Bd. I, S. 890 ff.

Filicinsäure-butanon.

$$C_{12}H_{16}O_4 = (CH_3)_2C_6H(OH)_2(O)(COC_3H_7).$$

Vorkommen: Unter den Spaltprodukten der Filixsäure mittels Natronlauge und Zinkstaub[9]). Unter den Spaltprodukten des Filmarons[4]).

Darstellung, Eigenschaften und Derivate s. unter Farnsäuren Bd. I, S. 890 ff.

Pharmakologisch ist dieser Körper als die spezifisch wirksame Komponente der Körper der Filixsäuregruppe anzusehen, da er auf den Tierkörper die gleichen charakteristischen Wirkungen, wenn auch in geringerer Intensität, ausübt wie die Stammsubstanzen[9]).

Trimethyl-phloroglucin, 2, 4, 6-Trioxy-1, 3, 5-trimethyl-benzol.

$$C_9H_{12}O_3$$

H$_3$C   OH
HO⟨⎓⟩CH$_3$
CH$_3$ OH

[1]) Boehm, Annalen d. Chemie u. Pharmazie **302**, 181 [1898].

[2]) Lobeck, Archiv d. Pharmazie **239**, 672 [1901].

[3]) Telle, Archiv d. Pharmazie **244**, 455 [1906]. — Thoms, Archiv d. Pharmazie **244**, 640 [1906]. — Herrmann, Archiv d. Pharmazie **245**, 572 [1907].

[4]) Kraft, Archiv d. Pharmazie **242**, 493 [1904],

[5]) Weidel u. Wenzel, Monatshefte f. Chemie **19**, 237 [1898]; Chem. Centralbl. **1899**, II, 504.

[6]) Straub, Archiv f. experim. Pathol. u. Pharmakol. **48**, 20 [1902].

[7]) Boehm, Annalen d, Chemie u, Pharmasie **318**, 251 [1901].

[8]) Boehm, Archiv f. experim. Pathol. u. Pharmakol. **38**, 35 [1896]; Annalen d. Chemie u. Pharmazie **302**, 171 [1898]; **307**, 249 [1899]; **318**, 231, 253, [1901]; **329**, 269, 310, 321, 338 [1903].

[9]) Boehm, Annalen d. Chemie u. Pharmazie **318**, 230 ff. [1901].

Vorkommen: Unter den Spaltprodukten der Filixsäure[1]), des Rottlerins[2]), des Kosins[3]), des Filmarons[4]), durch Zinkstaub und 2proz. Natronlauge.

Physikalische und chemische Eigenschaften: Es entsteht durch Kochen von Triamino-mesitylen mit Wasser[5]) und bei der Einwirkung von Jodmethyl auf Phloroglucin neben anderen Homologen[6]). Aus Eisessig oder Xylol Nadeln. Schmelzp. 184° [6]). Aus Wasser prismatische Nadeln mit 3 Mol. H_2O. Ist pharmakologisch ganz unwirksam[7]).

Methyl-filicinsäure, sek. 1,1-(3 oder 5)-Trimethyl-phloroglucin.

$$C_9H_{12}O_3$$

$$\underset{H\quad OH}{\overset{CH_3\quad O}{OH\langle\ \rangle(CH_3)_2}} \quad oder \quad \underset{CH_3\quad OH}{\overset{H\quad O}{HO\langle\ \rangle(CH_3)_2}} \quad oder \quad \underset{CH_3\quad OH}{\overset{H\quad OH}{O\langle\ \rangle(CH_3)_2}}$$

Vorkommen: Unter den Spaltungsprodukten der Filixsäure bei Behandlung mit Zinkstaub und Natronlauge[8]).

Darstellung, Eigenschaften und Derivate s. unter Farnsäuren Bd. I, S. 890 ff.

6. Substituierte dreiwertige Phenole und deren Äther.

Asaron, 1[1]-Propenyl-phentriol-(2,4,5).

Mol.-Gewicht 208,12.

Zusammensetzung: 69,19% C, 7,75% H.

$$C_{12}H_{16}O_3$$

$$\underset{H\quad OCH_3}{\overset{CH_3O\quad H}{CH_3O\langle\ \rangle}}-CH=CH-CH_3$$

Vorkommen: Im ätherischen Öl der Haselwurz (Asarum europaeum)[9]), im Calmusöl (Acorus calamus)[10]), im Maticoöl (Piper angustifolium Ruiz und Par)[11]), im Blätter- und Wurzelöl von Asarum arifolium[12]); das Asaron scheint beim Trocknen der Rhizome von Asarum europaeum und Acorus calamus zu verschwinden[13]).

Bildung: Es entsteht durch 7stündiges Erhitzen von Asarylaldehyd mit Propionsäureanhydrid und Natriumpropionat auf 150° neben 2,4,5-Trimethoxy-β-methylzimtsäure[14]).

---

1) Boehm, Annalen d. Chemie u. Pharmazie **302**, 181 [1898].

2) Telle, Archiv d Pharmazie **244**, 455 [1906]. — Thoms, Archiv d. Pharmazie **244**, 640 [1906]. — Herrmann, Archiv d. Pharmazie **245**, 572 [1907].

3) Lobeck, Archiv d. Pharmazie **239**, 672 [1901].

4) Kraft, Archiv d. Pharmazie **242**, 439 [1904].

5) Herzig, Pollak u. Rohm, Monatshefte f. Chemie **21**, 507 [1900].

6) Margulies, Monatshefte f. Chemie **9**, 1046 [1888].

7) Straub, Archiv f. experim. Pathol. u. Pharmakol. **48**, 20 [1902].

8) Boehm, Annalen d. Chemie u. Pharmazie **329**, 292 [1903].

9) Goertz, Pfaff, System der Materia medica **3**, 229 [1814]. — Lassaigne u. Feneuille, Journ. de Pharm. et de Chim. **6**, 561 [1820]. — Schmidt, Annalen d. Chemie u. Pharmazie **53**, 156 [1845].

10) Thoms u. Beckström, Berichte d. Deutsch. chem. Gesellschaft **35**, 3187, 3195 [1902]. — Beckström, Inaug.-Diss. Berlin 1902.

11) Bericht der Firma Schimmel & Co. **1898**, II, 37. — Thoms, Naturforscher-Versammlung Breslau; Pharmaz. Ztg. **49**, 811 [1904].

12) Miller, Archiv d. Pharmazie **240**, 384 [1902].

13) Brissemoret u. Combes, Bulletin des Sciences Pharmacol. **13**, 368 [1906]; Chem. Centralbl. **1907**, I, 130.

14) Gattermann u. Eggers, Berichte d. Deutsch. chem. Gesellschaft **32**, 290 [1899].

Darstellung: Die Isolierung des Asarons erfolgt am besten durch fraktionierte Destillation im Vakuum. Man fängt dabei die unter 10 mm Druck bei 165° übergehenden Anteile auf und bestimmt deren physikalische Konstanten. Von Derivaten sind das Pikrat, Schmelzpunkt 81—82°, das Dibromid, Schmelzp. 83°, und die Oxydationsprodukte Asarylaldehyd und Asaronsäure hervorzuheben.

Pharmakologisch ist das Haselwurzelöl seit Jahrhunderten als Brechmittel und gelegentlich als Abortivmittel benutzt worden. Selbst bei innerer Anwendung kann es erysipelartige Schwellung und Rötung der äußeren Haut hervorrufen[1].

Physikalische und chemische Eigenschaften: Monokline Krystalle. Schmelzp. 59°, Siedep. 296°[2], Schmelzp. 61°[3], $D_{18} = 1,165$, Schmelzp. 67°[4]. Molekulare Verbrennungswärme (fest) 1576,7 Cal.[5], $D_{11} = 1,091$, $n_\alpha = 1,5648$, $n_d = 1,5719$, $n_\beta = 1,5931$, $n_\gamma = 1,6142$, M. R. = 62,5 (gef.), 59,0 (ber.)[6]. Schmelzp. 61°[7]. Etwas löslich in siedendem Wasser, leicht in Ligroin, Alkohol, Äther, Chloroform und Eisessig. Bei der Oxydation mittels alkalischer MnO_4-Lösung entstehen neben CO_2 Essigsäure, Oxalsäure[3], Asarylaldehyd, $(OCH_3)_3C_6H_2(CHO)$, Schmelzp. 114°[8], und Asaronsäure $(CH_3O)_3C_6H_2COOH$, Schmelzp. 144°[9][10]. Bei der Reduktion mit Natrium und Alkohol geht es über in **Dihydroasaron** = 2, 4, 5-Trimethoxypropylbenzol. Siedep. 258—260°, Siedep.$_{38}$ = 159—160°[11]. Mit alkoholischer Salzsäure behandelt entsteht das **Diasaron** $C_{24}H_{32}O_6$. Aus wenig Alkohol Nadeln. Schmelzp. 100°[12]. Durch Einwirkung von Arsen- oder Phosphorsäure auf eine 50 proz. Lösung von Asaron in Pinen entsteht **Paraasaron** $(C_{12}H_{16}O_3)_3$, glasartige, krystallinische Masse, die bei 173° durchsichtig wird und bei 203° schmilzt[13]. Durch Einwirkung von Mercuriacetat in Wasser auf Asaron in Benzol entsteht α-**Trimethoxybenzylacetaldehyd** $(CH_3O)_3C_6H_2(CH_2CH_2CHO)$. Krystallaggregate. Schmelzp. 47—48°, Siedep.$_{15}$ = 184°[14]. Siedep.$_{760}$ = 275°[15]. Durch Addition von Salzsäure entsteht eine intensiv gefärbte Verbindung, die aber nicht isoliert werden konnte[16].

Derivate: Asaron-dibromid $C_{12}H_{16}Br_2O_3 = (CH_3O)_3C_6H_2(CHBrCHBrCH_3)$. Entsteht aus Asaron und Brom in CCl_4-Lösung[17]. Hellgelbe, sehr veränderliche Krystalle. Schmelzp. 83°[15]. 85—86°[19]. Durch Einwirkung von Natriummethylat in der Kälte entsteht

α-**Methoxy-β-brom-dihydroasaron** $(OCH_3)_3C_6H_2[CH(OCH_3)CHBrCH_3]$. Am Licht sich allmählich grau bis schwarz färbende blätterige Nadeln. Schmelzp. 77,5°[18].

Bei Einwirkung von überschüssigem Natriummethylat auf das Dibromid in der Hitze bildet sich ein Öl. Siedep.$_{9,5}$ = 176—177°[18]. Durch Reinigung wurde daraus das **Keto-dihydroasaron** $(CH_3O)_3C_6H_2(COCH_2CH_3)$, farblose Nadeln, Schmelzp. 108°, Siedep.$_{13}$ = 186°, erhalten[19].

Asaron-pikrat $C_{18}H_{19}O_{10}N_3 = (CH_3O)_3C_6H_2(C_3H_5) \cdot C_6H_2(OH)(NO_2)_3$. Braunschwarze Nadeln. Schmelzp. 81—82°[20].

---

[1] Mitchel, Med. News **1891**. — Kobert, Intoxikationen 1906. S. 132.

[2] Butlerow u. Rizza, Berichte d. Deutsch. chem. Gesellschaft **17**, 1159 [1884].

[3] Poleck, Berichte d. Deutsch. chem. Gesellschaft **17**, 1415 [1884].

[4] Will, Berichte d. Deutsch. chem. Gesellschaft **21**, 615 [1888].

[5] Stohmann, Zeitschr. f. physikal. Chemie **10**, 415 [1892].

[6] Eykmann, Berichte d. Deutsch. chem. Gesellschaft **22**, 3172 [1889]; **23**, 862 [1890].

[7] Gattermann u. Eggers, Berichte d. Deutsch. chem. Gesellschaft **32**, 290 [1899].

[8] Fabinyi u. Széki, Berichte d. Deutsch. chem. Gesellschaft **39**, 1211 [1906].

[9] Fabinyi u. Széki, Berichte d. Deutsch. chem. Gesellschaft **39**, 3680 [1906].

[10] Butlerow u. Rizza, Journ. d. russ. physikal.-chem. Gesellschaft **19**, 1 [1887]. — Thoms u. Beckström, Berichte d. Deutsch. chem. Gesellschaft **35**, 3190 [1902].

[11] Ciamician u. Silber, Berichte d. Deutsch. chem. Gesellschaft **23**, 2294 [1890]. — Klages, Berichte d. Deutsch. chem. Gesellschaft **32**, 1440 [1899].

[12] Tibor Széki, Berichte d. Deutsch. chem. Gesellschaft **39**, 2423 [1906].

[13] Thoms u. Beckström, Berichte d. Deutsch. chem. Gesellschaft **35**, 3191 ff. [1902].

[14] Cirelli u. Balbiano, Gazzetta chimica ital. **36** I, 283 [1906].

[15] Tibor Széki, Berichte d. Deutsch. chem. Gesellschaft **39**, 2419 [1906].

[16] Vorländer, Annalen d. Chemie u. Pharmazie **341**, 28 [1905].

[17] Butlerow u. Rizza, Berichte d. Deutsch. chem. Gesellschaft **17**, 1160 [1884].

[18] Beckström, Archiv d. Pharmazie **242**, 100 [1904].

[19] Paolini, Gazzetta chimica ital. **40**, I, 113 [1910].

[20] Bruni u. Tornani, Chem. Centralbl. **1904**, II, 954.

Myristicin, 1²-Propenyl-phentriol-3,4-methylen-5-methyläther.

Mol.-Gewicht 192,09.
Zusammensetzung: 68,72% C, 6,29% H.

$$C_{11}H_{12}O_3$$

$$H_3CO-C_6H_2(H)(H)(O-CH_2-O)-CH_2-CH=CH_2$$

Vorkommen: In den hochsiedenden Anteilen des Muskatblüten- bzw. Macisöls (Myristica fragans Houtt.)[1], im Petersiliensamenöl (Petroselinum sativum Hoffm.[2]), im ätherischen Öl aus Muskatnüssen von Ceylon[3]).

Zur **Darstellung** befreit man das Petersilienöl durch Behandlung mit Natriumcarbonatlösung, 2 proz. Kalilauge und Natriumbisulfitlösung von Säuren, Phenolen, Aldehyden und Ketonen und fraktioniert sodann (Thoms)[2]). Man benutzt die bei einem Druck von 10 mm bei 140—145° siedende Fraktion. Zur **Identifizierung** dient das Dibromdibromid und die Umlagerung in das Isomyristicin.

Reaktionen: Erhitzt man 1 Tropfen Myristicin mit 1 ccm 90 proz. Lösung von Trichloressigsäure in Salzsäure, so tritt eine rotviolette Färbung auf, bei Isomyristicin ist dieselbe blauviolett, während Apiol diese Reaktion nicht gibt[4]).

Das Myristicin ist in seiner **physiologischen Wirkung** verglichen mit dem Apiol nahezu wirkungslos[5]). Bei Fröschen und Fischen tritt allmähliche zentrale Lähmung ein. Bei Hühnern zeigen sich Reizerscheinungen der Magenschleimhäute und vakuoläre Degeneration der Leberzellen. Bei Meerschweinchen und Kaninchen zentrale Lähmungserscheinungen. Blutaustritte in den Magen, Leber schwer verändert, teilweise ähnlich Phosphorvergiftung. Die injizierten Dosen betrugen bei den Kaninchen 1—1,76 g innerhalb 3 Tagen[6]). Die physiologische Wirkung reinen Myristicins ist geringer als die narkotische Wirkung der Muskatnuß[7]).

Physikalische und chemische Eigenschaften: Siedep.$_{10}$ = 142°, D_{25} = 1,141[8]). Siedep.$_{15}$ = 149,5, D_{19} = 1,1425. Es läßt sich durch starke Abkühlung nicht zum Erstarren bringen[9]). Siedep.$_{40}$ = 171—173°, D_{20}^{20} = 1,1437, α_d = +0° 6′, n_D^{20} = 1,54032, $n_D^{45,5}$ = 1,52927[10]).

Es läßt sich durch Natrium und Alkohol nicht reduzieren. Bei der Oxydation mittels $KMnO_4$ entstehen **Myristicinaldehyd** und **Myristicinsäure**[11]). Durch Erhitzen mit alkoholischem Kali tritt Umlagerung in **Isomyristicin** ein. Daneben entsteht ein Körper vermutlich folgender Konstitution $(CH_3O)(OH)(OCH_2OC_2H_5)C_6H_2(C_3H_5)$[9]). Bei der Behandlung mit Mercuriacetat entsteht neben einer isomeren Verbindung eine **Additionsverbindung** $(CH_2O_2)(CH_3O)C_6H_2C_3H_5(OH)HgC_2H_3O_2$. Aus Benzol weiße Kryställchen. Schmelzp. 111°. Sie gibt mit einer gesättigten Chlorkaliumlösung die Verbindung $(CH_2O_2)(CH_3O)C_6H_2C_3H_5$ $(OH)HgCl$. Aus Alkohol weiße Krystalle. Schmelzp. 127°[12]). Bei der Einwirkung von 1 Mol. HgO und Jod auf 2 Mol. Myristicin entsteht ein Jodhydrin des Myristicins[16]). Über die Trennung von Isomyristicin durch die Mercuriacetreaktion siehe Methylchavicol S. 596).

---

[1]) Semmler, Berichte d. Deutsch. chem. Gesellschaft **23**, 1803 [1890].

[2]) Bignami u. Testoni, Gazzetta chimica ital. **30**, I, 240 [1900]. — Thoms, Berichte d. Deutsch. chem. Gesellschaft **36**, 3451 [1903]; **41**, 2756 [1908].

[3]) Power u. Salway, Journ. Chem. Soc. **91**, 2054 [1907]; **93**, 1653 [1908].

[4]) Jürß, Bericht der Firma Schimmel & Co. **1904**, I, 159.

[5]) Lutz u. Oudin, Bulletin des Sc. de Pharmacol. **16**, 68 [1909]; Chem. Centralbl. **1909**, I, 1254. — Chevalier, Chem. Centralbl. **1910**, I, 1799.

[6]) Jürß, Bericht der Firma Schimmel & Co. **1904**, I, 161—165.

[7]) Power u. Salway, Amer. Journ. of Pharmacy **80**, 563 [1908]; Chem. Centralbl. **1909**, I, 1102.

[8]) Semmler, Berichte d. Deutsch. chem. Gesellschaft **23**, 1803 [1890].

[9]) Thoms, Berichte d. Deutsch. chem. Gesellschaft **36**, 3447 ff. [1903].

[10]) Power u. Salway, Journ. Chem. Soc. **91**, 2055 [1907].

[11]) Semmler, Berichte d. Deutsch. chem. Gesellschaft **24**, 3818 [1891]. — Salway, Journ. Chem. Soc. **95**, 1208 [1909].

[12]) Rimini, Gazzetta chimica ital. **34**, II, 291 [1904].

[13]) Rimini u. Olivari, Chem. Centralbl. **1907**, II, 234.

Derivate: Dibrom-myristicin-dibromid $C_{11}H_{10}O_3Br_4$

$$\begin{array}{c} CH_3O \quad Br \\ O \langle \bigcirc \rangle - CH_2CHBr \cdot CH_2Br \\ H_2C - O \quad Br \end{array}$$

Entsteht bei Einwirkung überschüssigen Broms auf Myristicin in Eisessig. Weißes Krystallpulver. Schmelzp. 130°[1]). Aus Alkohol + Essigester. Schmelzp. 128—129°[2]).

Myristicin-α-nitrosit $C_{11}H_{12}N_2O_6 = (CH_2O_2)(CH_3O)C_6H_2(C_3H_5N_2O_3)$. Entsteht neben viel Harz aus Myristicin und salpetriger Säure. Gelbliches Pulver. Schmelzp. 130°[3]).

Myristicin-β-nitrosit ließ sich nicht isolieren, sondern wurde durch Schwefelsäure sofort übergeführt in Dioxymethylenmethoxyphenyl-nitroaceton $(CH_2O_2)(CH_3O)C_6H_2$ [$CH_2COCH_2NO_2$]. Aus Alkohol glänzende Schuppen. Schmelzp. 132—133°[3]).

Isomyristicin, 1¹-Propenyl-phentriol-3, 4-methylen-5-methyläther.

$$C_{11}H_{12}O_3$$

$$\begin{array}{c} CH_3O \quad H \\ O \langle \bigcirc \rangle - CH = CH \cdot CH_3 \\ H_2C - O \quad H \end{array}$$

Bildung: Es entsteht aus Myristin bei der Vakuumdestillation über Natrium[4]) oder durch Erwärmen von Myristicin mit Kalihydrat und abs. Alkohol auf dem Wasserbad[1]).

Zur Identifizierung dient das Dibromid, Schmelzp. 109°, und das Dibromdibromid, Schmelzp. 156°.

Reaktion: Erhitzt man 1 Tropfen Isomyristicin mit 1 ccm einer 90proz. Lösung von Trichloressigsäure in Salzsäure, so tritt eine intensive blauviolette Färbung auf. Myristicin gibt eine rotviolette, Apiol gar keine Färbung[5]).

Das **physiologische Verhalten** ist dem des Myristicins durchaus ähnlich, nur wird das Isomyristicin sehr schwer resorbiert. Auch hierbei zeigt die Leber fettige Degeneration[5]).

Physikalische und chemische Eigenschaften: Aus verdünntem Alkohol farblose Prismen. Schmelzp. 44—45°[4]). Aus Alkohol Nadeln. Schmelzp. 44°, Siedep.$_{18}$ = 166°, $n_D^{45,5}$ = 1,56551 [2]). Durch Oxydation mittels $KMnO_4$ entsteht **Myristicinaldehyd** $(CH_2O_2)(CH_3O)C_6H_2(CHO)$, Schmelzp. 130°, Siedep. 290—295°[1])[6]), und weiter **Myristicinsäure** $(CH_2O_2)(CH_3O)C_6H_2$ (COOH.) Schmelzp. 208—210°. Selbst im Vakuum nicht ganz ohne Zersetzung destillierbar[1])[6]). Durch Reduktion mittels Natrium in alkoholischer Lösung entsteht **Dihydromyristicin** (CH_2O_2) $(CH_3O)C_6H_2(C_3H_7)$. Siedep.$_{17}$ = 149—150°[1]). Als Nebenprodukt entsteht 1-Propyl-5-methoxy-3-phenol[1]), durch dessen Oxydation man nach erfolgter Methylierung zur 3, 5-Methoxybenzoesäure gelangt[7]). Bei der Einwirkung von 2 Mol. HgO und J bei Gegenwart von wässerigem Äther entsteht der Methoxy-methylendioxy-hydratropaaldehyd. Öl. Siedep. 288—290° ohne Zersetzung. Bei der Einwirkung von 1 Mol. HgO und J entsteht ein Jodhydrin des Isomyristicins[8]). Trennung von Myristicin durch Mercuriacetreaktion siehe bei Methylchavicol S. 596[9]).

<hr>

[1]) Thoms, Berichte d. Deutsch. chem. Gesellschaft **36**, 3447 ff. [1903].

[2]) Power u. Salway, Journ. Chem. Soc. **91**, 2055 [1907].

[3]) Rimini, Gazetta chimica ital. **34**, II, 291 [1904].

[4]) Semmler, Berichte d. Deutsch. chem. Gesellschaft **23**, 1803 [1890].

[5]) Jürß, Bericht der Firma Schimmel & Co. **1904**, I, 159.

[6]) Semmler, Berichte d. Deutsch. chem. Gesellschaft **24**, 3818 [1891]. — Salway, Journ. Chem. Soc. **95**, 1208 [1909].

[7]) Richter, Berichte d. Deutsch. pharmaz. Gesellschaft **17**, 152 [1907]; Chem. Centralbl. **1907**, I, 1742.

[8]) Rimini u. Olivari, Atti R. Accad. dei Lincei [5] **16**, I, 663 [1907]; Chem. Centralbl. **1907**, II, 234.

[9]) Balbiano, Berichte d. Deutsch. chem. Gesellschaft **42**, 1506 [1909].

Derivate: **Isomyristicin - pikrylchlorid** $(CH_2O_2)(CH_3O)C_6H_2(C_3H_5) \cdot ClC_6H_2(NO_2)_3$. Es entsteht aus Isomyristicin in alkoholischer Lösung und Pikrylchlorid. Rote, glänzende Prismen. Schmelzp. 65—66° [1]).

Isomyristicin-pikrat $(CH_2O_2)(CH_3O)C_6H_2(C_3H_5) \cdot (OH)C_6H_2(NO_2)_3$. Aus Alkohol rote Nadeln. Schmelzp. 86° [2]).

Diisonitroso-isomyristicin-peroxyd $C_{11}H_{10}O_5N_2$

$$(CH_2O_2)(CH_3O)C_6H_2C\!\!-\!\!\!-\!\!\!-\!\!C \cdot CH_3$$
$$\overset{\ddots}{N}\qquad\overset{\ddots}{N}$$
$$\diagdown O\!\!-\!\!O \diagup$$

Entsteht aus Isomyristicin und salpetriger Säure. Aus Alkohol glänzende, gelbliche Krystalle. Schmelzp. 103° [2]).

Diisonitroso-isomyristicin $C_{11}H_{12}O_5N_2$

$$(CH_2O_2)(CH_3O)C_6H_2C\!\!-\!\!\!-\!\!\!-\!\!CCH_3$$
$$\overset{\ddots}{N}OHHO\overset{\ddots}{N}$$

Entsteht aus dem Peroxyd in alkoholischer Lösung durch überschüssiges Zinkpulver und Eisessig. Aus Alkohol + wenig Wasser weiße Kryställchen. Schmelzp. 136°. Durch verdünnte Kalilauge und konz. Ferrocyankaliumlösung wird es wieder in das Peroxyd übergeführt [2]).

Dihydroxy - isomyristicin, Isomyristicin - glykol $C_{11}H_{12}O_5 = (CH_2O_2)(CH_3O)C_6H_2[CH(OH)CH(OH)CH_3]$. Entsteht, wenn man das Einwirkungsprodukt von 4 Mol. Mercuriacetat in Wasser auf 1 Mol. Isomyristicin in Benzol der Reduktion mittels Zink und 50 proz. Kalilauge unterwirft. Aus Alkohol und Äther Kryställchen. Schmelzp. 114—115° [2]).

Isomyristicin-nitrosit $[C_{11}H_{12}N_2O_6]$

$$\left[(CH_2O_2)(CH_3O)C_6H_2\overset{\overset{\textstyle NO}{\textstyle \cdot}}{C}H\!-\!\overset{\overset{\textstyle NO_2}{\textstyle |}}{C}HCH_3\right]_2$$

Entsteht, wenn man zu einer Lösung von Isomyristicin in 8 T. Äther 4 Mol. einer 15 proz. $NaNO_2$-Lösung hinzufügt und dann unter Kühlung mit verdünnter Schwefelsäure zersetzt. Gelblichweiße Krümchen. Schmelzp. 130—131° [3]).

Isomyristicin-nitrosat $C_{11}H_{12}N_2O_7 = (CH_2O_2)(CH_3O)C_6H_2\left[\overset{NO_2}{C}H\!-\!\overset{NO_2}{C}HCH_3\right]$. Findet sich in der Mutterlauge des Nitrosits. Aus Alkohol glänzende, gelbe Blättchen. Schmelzp. 147° unter Zersetzung [3]).

β-Nitro-isomyristicin $C_{11}H_{11}NO_5 = (CH_2O_2)(CH_3O)C_6H_2CH = C(NO_2)CH_3$. Entsteht bei gelindem Erwärmen des in Alkohol suspendierten Nitrosits mit Pyridin auf dem Wasserbad bis zur völligen Lösung. Aus Alkohol lange goldgelbe, glänzende Nadeln. Schmelzp. 112° [3]).

Isomyristicin-dibromid $C_{11}H_{12}O_3Br_2$

$$CH_3O\quad H$$

$$O\diagup\!\!\!\diagdown\!\!-CHBr \cdot CHBrCH_3$$

$$H_2C\!-\!O\quad H$$

Entsteht bei der Einwirkung von Brom auf Isomyristicin in ätherischer Lösung. Aus Petroläther Nadeln. Schmelzp. 109°. Leicht löslich in Alkohol, Äther und Benzol. Schmelzp. 105° [4]), 109° [5]).

Dibrom - isomyristicin - dibromid $C_{11}H_{10}O_3Br_4 = (CH_2O_2)(CH_3O)C_6Br_2[(CHBr)_2CH_3]$. Entsteht durch Einwirkung von überschüssigem Brom auf Isomyristicin in Eisessiglösung. Farblose Nadeln. Schmelzp. 156° [5]).

---

[1]) Bruni u. Tornani, Atti R. Accad. dei Lincei [5] **14**, I, 154 [1905]; Chem. Centralbl. **1905**, I, 1147.

[2]) Rimini, Gazzetta chimica ital. **34**, II, 293 [1904].

[3]) Rimini, Gazzetta chimica ital. **35**, I, 406 [1905].

[4]) Semmler, Berichte d. Deutsch. chem. Gesellschaft **23**, 1809 [1890].

[5]) Thoms, Berichte d. Deutsch. chem. Gesellschaft **36**, 3448 [1903]. — Power u. Salway, Journ. Chem. Soc. **91**, 2055 [1907].

Elemicin, 1²-Propenyl-phentriol-(3, 4, 5)-trimethyläther.

Mol.-Gewicht 208,1.
Zusammensetzung: 69,19% C, 7,75% H.

$$C_{12}H_{16}O_3.$$

$$\begin{array}{l} CH_3O\quad H \\ CH_3O\diagup\quad\diagdown CH_2\text{—}CH\text{=}CH_2 \\ CH_3O\quad H \end{array}$$

Vorkommen: Unter den hochsiedenden Anteilen des Elemiöls (Canarium commune L.)[1].

Physikalische und chemische Eigenschaften: Nach der Reinigung durch Erhitzen mit Ameisensäure zeigt das Elimicin den Siedep.$_{10}$ = 144—147°. D^{20} = 1,063 und n_D = 1,52848[2]. Bei der Reduktion mittels Natrium und Alkohol entsteht eine Verbindung $C_{12}H_{18}O_3$, während die Oxydation mittels Kaliumpermanganat in Acetonlösung zur Trimethylgallussäure führt[1]. Durch Behandlung mit Ozon entsteht Trimethyl-homogallussäurealdehyd $(CH_3O)_3C_6H_2(CH_2CHO)$, Siedep.$_{10}$ = 162—165° und Trimethyl-homogallussäure $(CH_3O)_3C_6H_2(CH_2COOH)$. Schmelzp. 119—120°[3]. Durch Behandlung mit Alkalien oder durch Destillieren über Natrium geht das Elemicin in das Isoelemicin über.

Isoelemicin, 1²-Propenyl-phentriol-(3, 4, 5)-trimethyläther.

$$C_{12}H_{16}O_3.$$

$$\begin{array}{l} CH_3O\quad H \\ CH_3O\diagup\quad\diagdown CH\text{=}CH\text{—}CH_3 \\ CH_3O\quad H \end{array}$$

Physikalische und chemische Eigenschaften: Entsteht aus dem Elemicin durch Behandlung mit Alkalien oder durch Destillation über Na. Dabei steigt der Siedepunkt. Siedep.$_{10}$ = 153 bis 156°, D^{20} = 1,073, n_D = 1,54679[2]. Bei der Oxydation mittels Ozon entsteht der Trimethylgallusaldehyd $(CH_3O)_3C_6H_2(CHO)$. Siedep.$_{10}$ = 163—165°, Schmelzp. 75°[3]. Durch Reduktion mittels Natrium und Alkohol entsteht 3, 5-Dimethoxy-1-n-propylbenzol

$$\begin{array}{l} CH_3O\quad H \\ H\diagup\quad\diagdown CH_2CH_2CH_3 \\ CH_3O\quad H \end{array}$$

Es wird also neben der Reduktion der Propenylkette das paraständige OCH_3 durch H ersetzt[4].

Isoelemicin-dibromid $C_{12}H_{16}O_3Br_2$ = $(CH_3O)_3C_6H_2(CHBr \cdot CHBr \cdot CH_3)$. Entsteht aus Isoelemicin und Brom in Tetrachlorkohlenstofflösung. Aus Petroläther Krystalle. Schmelzp. 89—90°[2].

7. Substituierte vierwertige Phenole.

Apiol, 1²-Propenyl-phentetrol-3, 4-methylen-2, 5-dimethyläther, Petersiliencampher.

Mol.-Gewicht 222,11.
Zusammensetzung: 64,83% C, 6,35% H.

$$C_{12}H_{14}O_4.$$

$$\begin{array}{l} CH_3O\quad H \\ O\cdot\diagup\quad\diagdown CH_2CH\text{=}CH_2 \\ H_2C\text{——}O\quad OCH_3 \end{array}$$

<hr>

[1] Semmler, Berichte d. Deutsch. chem. Gesellschaft **41**, 1768 ff. [1908].
[2] Semmler, Berichte d. Deutsch. chem. Gesellschaft **41**, 2185 ff. [1908].
[3] Semmler, Berichte d. Deutsch. chem. Gesellschaft **41**, 1919 ff. [1908].
[4] Semmler, Berichte d. Deutsch. chem. Gesellschaft **41**, 2556 ff. [1908].

Vorkommen: In den Petersiliensamen (Petroselinum sativum Hoffm.)[1]. Hauptbestandteil des venezuelanischen Campherholzöles[2].

Darstellung: Zur Isolierung aus den ätherischen Ölen ist man auf die fraktionierte Vakuumdestillation angewiesen. Man fängt die bei 10 mm Druck bis ca. 150° übergehenden Anteile gesondert auf und versucht den Rückstand durch Abkühlen zum Erstarren zu bringen. Gelingt dies nicht, so fraktioniert man weiter bei gewöhnlichem Druck und isoliert die Fraktion gegen 290—295°. Charakteristische Derivate sind das Tribromapiol, Schmelzp. 88—89°, das Isoapiol, Schmelzp. 55—56° und dessen Dibrom- und Monobromprodukt.

Physiologische Eigenschaften: Es gelang nicht, nach Verfütterung von Apiol an Hunde und Kaninchen, Stoffwechselprodukte zu isolieren. Das Apiol dürfte vom Körper sehr schwer resorbiert werden. Die Wirkung ist qualitativ ähnlich der des Safrol. Quantitativ ist zur Erzeugung derselben Erscheinungen ungefähr die 6fache Menge erforderlich. Um beim Frosch Narkose zu erzeugen, bedarf es 0,03 g. Kleinere Dosen zeigen Wirkung auf das Herz. Beim Warmblüter gelang es nicht, Symptome einer akuten Apiolwirkung zu erzielen. Bei Einspritzung von Apiol zeigtesich stets am Applikationsort eine nekrotisch-eitrige Infiltration. Eine länger fortgesetzte Zufuhr von Apiol wurde dagegen nie länger als 8, höchstens 10 Tage vertragen. Es zeigt sich sodann neben einer fettigen Degeneration der Leber eine starke Verätzung der Schleimhaut des Darmes[3]. Albuminurie und Hämaturie[4]. Eine pharmakologische Untersuchung der bei der Destillation des Petersiliensamens erhaltenen Fraktionen ist von Lutz und Oudin ausgeführt, ohne daß eindeutige Resultate dabei erzielt worden wären[5]. Nach weiteren Versuchen an Hunden ruft die Injektion Blutdruckverminderung hervor, außerdem tritt Apnoe auf[6]. Die beiden Apiole sind Erreger der motorischen Nerven. Giftigkeit[7].

Physikalische und chemische Eigenschaften: Sehr lange Nadeln von Petersiliengeruch. Schmelzp. 30°, $D = 1,015$[8], Siedep. 294°, $Siedep._{34} = 179°$[9]. Molekulare Verbrennungswärme 1499,6 Cal.[10], $D_{14} = 1,176$, $n_\alpha = 1,533$, $n_d = 1,538$, $n_\beta = 1,5510$, $n_\gamma = 1,5619$, M. R. $= 59$ (ber. 58,6)[11]. Krystallisationsgeschwindigkeit[12], Schmelzwärme und spez. Wärme[13]. Unlöslich in Wasser, leicht löslich in Alkohol und Äther. Löst sich in konz. Schwefelsäure mit blutroter Farbe. Bei der Oxydation mit Chromsäuregemisch entsteht **Apiolaldehyd** $(CH_3O)_2(CH_2O_2)C_6H(CHO)$. Bei der Oxydation mit $KMnO_4$ entsteht **Apiolsäure** $(CH_3O)_2(CH_2O_2)C_6H(COOH)$. Bei längerem Kochen mit alkoholischem Kali entsteht **Isoapiol**[14]. Aus der Benzollösung des Apiols erhält man mittels einer wässerigen Mercuroacetatlösung die Verbindung $(CH_2O_2)(CH_3O)_2C_6H[C_3H_5(OH)(HgC_2H_3O_2)]$, aus Alkohol Nadeln. Schmelzp. 157—158°[15]. Durch Zink und Natronlauge wird Apiol zurückgebildet[16]. Trennung von Isoapiol durch die Mercuriacetatreaktion siehe Methylchavicol (S. 596)[17].

Derivate: Brom-apiol-dibromid $C_{12}H_{13}B_3O_4 = (CH_3O)_2(CH_2O_2)C_6Br(CH_2CHBrCH_2Br)$. Entsteht, wenn man 2 Mol. Brom in Schwefelkohlenstoff zu einer Lösung von Apiol ebenfalls in Schwefelkohlenstoff unter Kühlung zufließen läßt. Aus abs. Alkohol farblose flache Nadeln. Schmelzp. 88—89°[18].

---

[1]) Blanchet u. Sell, Annalen d. Chemie u. Pharmazie **6**, 301 [1833]. — Gerichten, Berichte d. Deutsch. chem. Gesellschaft **9**, 1477 [1876].

[2]) Bericht der Firma Schimmel & Co. **1897**, I, 52.

[3]) Heffter, Archiv f. experim. Pathol. u. Pharmakol. **35**, 368 [1895]. — Jürss, Berichte der Firma Schimmel & Co. **1904**, I, 165.

[4]) Jaksch, Vergiftungen, in Notnagels Handbuch 1897.

[5]) Lutz u. Oudin, Bulletin des Sc. de Pharmacol. **16**, 68 [1909]; Chem. Centralbl. **1909** I, 1254.

[6]) Lutz, Bulletin des Sc. de Pharmacol. **17**, 7 [1910]; Chem. Centralbl. **1910**, I, 1275.

[7]) Chevalier, Bulletin des Sc. de Pharmacol. **17**, 128 [1910]; Chem. Centralbl. **1910**. I. 1799.

[8]) Gerichten, Berichte d. Deutsch. chem. Gesellschaft **9**, 1477 [1876].

[9]) Ciamician u. Silber, Berichte d. Deutsch. chem. Gesellschaft **21**, 913 [1888].

[10]) Stohmann, Zeitschr. f. physikal. Chemie **10**, 415 [1892].

[11]) Eykmann, Berichte d. Deutsch. chem. Gesellschaft **23**, 862 [1890].

[12]) Bruni u. Padoa, Chem. Centralbl. **1903**, II, 876.

[13]) Tammann, Zeitschr. f. physikal. Chemie **29**, 70 [1899].

[14]) Ciamician u. Silber, Berichte d. Deutsch. chem. Gesellschaft **21**, 1623 [1888].

[15]) Balbiano, Paolini u. Mammola, Berichte d. Deutsch. chem. Gesellschaft **36**, 3582 [1903].

[16]) Balbiano, Paolini u. Mammola, Gazzetta chimica ital. **36**, I, 286 [1905].

[17]) Balbiano, Berichte d. Deutsch. chem. Gesellschaft **42**, 1502 [1909].

[18]) Ginsberg, Berichte d. Deutsch. chem. Gesellschaft **21**, 2514 [1888].

Apiol-nitrosit $C_{12}H_{14}O_7N_2 = (CH_2O_2)(CH_3O)_2C_6H(CH_2CHNOCH_2NO_2)$. Entsteht äußerst schwer bei der Einwirkung von salpetriger Säure auf Apiol. Citronengelbes Pulver. Schmelzp. 138° unter Zersetzung[1].

Isoapiol, 1^1-Propenyl-phentetrol-3, 4-methylen-2, 5-dimethyläther.

$$C_{12}H_{14}O_4.$$

$$CH_3O \quad H$$
$$O\!\!\diagup\!\!\diagdown\!\!CH = CHCH_3$$
$$H_2C - O \quad OCH_3$$

Bildung: Entsteht bei 10—15stündigem Kochen von 25 g Apiol mit 50 g KOH und 250 ccm abs. Alkohol[2].

Physiologisch übt das Isoapiol eine ausgesprochene Wirkung auf das vasomotorische System aus. Sonst wirkt es ähnlich wie Apiol. Es verursacht Kopfschmerzen, Trunkenheit, Verdauungsstörungen, Fieber[3].

Physikalische und chemische Eigenschaften: Aus verdünntem Alkohol große Blätter oder quadratische monokline[4] Tafeln. Schmelzp. 55—56°, Siedep. 303—304°, Siedep.$_{33}$ = 189°[2]). Molekulare Verbrennungswärme 1489,0 Cal.[5]), $D_{12} = 1,197$, $D_{11} = 1,200$, n_α = 1,5639, $n_d = 1,5703$, $n_\beta = 1,5892$, $n_\gamma = 1,6062$, MR = 60,9 (ber. 58,6)[6]). Unlöslich in Wasser, leicht löslich in Äther, Essigäther, Aceton, Benzol und in heißem Alkohol. $KMnO_4$ oxydiert zu Apiolsäure $(CH_3O)_2(CH_2O_2)C_6H(COOH)$. Schmelzp. 175°[7]), Apionyl-glyoxylsäure $(CH_3O)_2(CH_2O_2)C_6H(COCOOH)$, Schmelzp. 160—172° und Apiolaldehyd $(CH_3O)_2(CH_2O_2)C_6H(CHO)$, Schmelzp. 102°, Siedep. 315°[2]). Beim Erhitzen mit methyl-alkoholischem Kali entsteht 1^2-Propenylphentetroldimethyläther $(CH_3O)_2(OH)_2$ $C_6H(C_3H_5)$. Mit Natrium und abs. Alkohol entstehen **Dihydroapiol** $C_{12}H_{16}O_4$, Schmelzpunkt 35°, Siedep. 292°. und ein **Phenol** $(C_3H_7)C_6H_2(OH)(OCH_3)_2$, Siedep.$_{36}$ = 168°, Siedep. 277—278°[7]), Siedep.$_{12}$ = 149,5—151°[8]). Im Anschluß an dieses Phenol gelang der Konstitutionsbeweis für das Petersilienapiol[9]). Durch Einwirkung von Jod und gelbem Quecksilberoxyd bei Anwesenheit von feuchtem Äther entsteht der **Dimethoxy-methylen-dioxy-hydratropa-aldehyd** $(CH_3O)_2(CH_2O_2)C_6H\!\left(CH\!\diagdown\!{}^{CH_3}_{CHO}\right)$ Farblose Flüssigkeit. Siedep. 305°, $D_{15} = 1,246$[10]). Aus Isoapiol entsteht unter Einwirkung von Mercuriacetat das **Glykol** $(CH_2O_2)(CH_3O)_2C_6H[(CHOH)_2CH_3]$. Weiße Nadeln. Schmelzp. 120°[11]). Trennung von Apiol durch die Mercuriacetatreaktion s. Methylchavicol S. 596[12]). Mit Salzsäure entsteht ein ge-färbtes Additionsprodukt, das sich jedoch nicht isolieren läßt[13]).

Derivate: Isoapiol-dibromid $C_{12}H_{14}Br_2O_4 = (CH_3O)_2(CH_2O_2)C_6H[(CHBr)_2CH_3]$. Entsteht beim vorsichtigen Eintragen (bei —18°) von Brom in eine Lösung von Isoapiol in wasserfreiem Äther. Rhombische Täfelchen. Schmelzp. 75°[14]).

Brom-isoapiol-dibromid $C_{12}H_{13}Br_3O_4 = (CH_3O)_2(CH_2O_2)C_6Br[(CHBr)_2CH_3]$. Entsteht, wenn man 2 Mol. Brom unter Umschütteln zu einer Lösung von Isoapiol in Eisessig zutropfen

---

[1]) Rimini, Gazzetta chimica ital. **34**, II, 290 [1904].

[2]) Ciamician u. Silber, Berichte d. Deutsch. chem. Gesellschaft **21**, 1621 [1888]. — Gins-berg, Berichte d. Deutsch. chem. Gesellschaft **21**, 1192 [1888].

[3]) Ciamician u. Silber, Berichte d. Deutsch. chem. Gesellschaft **21**, 1632 [1888].

[4]) Blaß, Chem. Centralbl. **1910**, II, 872.

[5]) Stohmann, Zeitschr. f. physikal. Chemie **10**, 415 [1892].

[6]) Eykmann, Berichte d. Deutsch. chem. Gesellschaft **23**, 862 [1890].

[7]) Ciamician u. Silber, Berichte d. Deutsch. chem. Gesellschaft **23**, 2285 [1890].

[8]) Thoms, Berichte d. Deutsch. chem. Gesellschaft **36**, 1718 [1903].

[9]) Thoms, Archiv d. Pharmazie **242**, 344 [1904].

[10]) Bougault, Annales de Chim. et de Phys. [7] **25**, 567 [1902].

[11]) Balbiano, Paolini u. Mammola, Berichte d. Deutsch. chem. Gesellschaft **36**, 3583 [1903]; Gazzetta chimica ital **36**, I, 286 [1906].

[12]) Balbiano, Berichte d. Deutsch. chem. Gesellschaft **42**, 1506 [1909].

[13]) Vorländer, Annalen d. Chemie u. Pharmazie **341**, 28 [1905].

[14]) Ciamician u. Silber, Berichte d. Deutsch. chem. Gesellschaft **23**, 2287 [1890].

läßt. Aus Eisessig farblose, glänzende Blättchen. Schmelzp. 120°[1])[2]). Durch Kochen mit wässerigem Aceton entsteht

α-**Oxy-β-brom-dihydro-bromisoapiol** $(CH_3O)_2(CH_2O_2)C_6Br[CH(OH)CHBrCH_3]$. Aus Alkohol große Krystalle. Schmelzp. 85—86°[2]).

Brom-isoapiol $C_{12}BrH_{13}O_4 = (CH_3O)_2(CH_2O_2)C_6Br(C_3H_5)$. Entsteht beim 20stündigen Kochen einer alkoholischen Lösung des Tribromids mit Zinkstaub. Aus Alkohol Nadeln. Schmelzp. 51°[3]).

β-**Nitro-isoapiol** $C_{12}H_{13}O_6N = (CH_2O_2)(CH_3O)_2C_6H[CH : C(NO_2)CH_3]$. Entsteht aus dem Nitrosit in Alkohol mit Piperidin erhitzt. Aus Alkohol gelbe, glänzende Nadeln. Schmelzp. 96°[4]).

Diisonitroso-isapiol-peroxyd $C_{12}H_{12}N_2O_6$

$$(CH_3O)_2(CH_2O_2)C_6HC———CCH_3$$
$$\ddot{N}\cdot O\cdot O\ddot{N}$$

Entsteht beim Eintröpfeln einer konzentrierten wässerigen Lösung von 30 g KNO_2 in eine heißgesättigte eisessigsaure Lösung von 30 g Isapiol. Aus Alkohol gelbe Nadeln. Schmelzp. 169—170°. Sehr schwer löslich in kaltem Alkohol[5]).

α-**Diisonitroso-isapiol** $C_{12}H_{14}N_2O_6$

$$(CH_3O)_2(CH_2O_2)C_6HC———CCH_3$$
$$\ddot{N}OHHO\ddot{N}$$

Entsteht beim Kochen des Peroxyds in Eisessig mit Zinkstaub und Alkohol. Aus Essigäther Krystalle. Schmelzp. 154°. Geht durch gelinde Oxydation wieder in das Peroxyd über[5]).

β-**Diisonitroso-isapiol** $C_{12}H_{14}N_2O_6$

$$(CH_3O)_2(CH_2O_2)C_6HC———CCH_3$$
$$HO\ddot{N}\quad HO\ddot{N}$$

Entsteht bei einstündigem Erhitzen des α-Derivates auf 165°. Aus Alkohol glänzende Krystalle. Schmelzp. 197—198°[5]).

Diisonitroso-isapiol-anhydrid $C_{12}H_{12}N_2O_5$

$$(CH_3O)_2(CH_2O_2)C_6HC———CCH_3$$
$$\ddot{N}—O—\ddot{N}$$

Entsteht beim Kochen von Diisonitrosoisapiolperoxyd mit Zinn in alkoholisch-salzsaurer Lösung. Nadeln. Schmelzp. 138°[5]).

Isapiol-pikrat $C_{18}H_{17}O_{11}N_3 = (CH_2O_2)(CH_3O)_2C_6H(C_3H_5)\cdot(OH)C_6H_2(NO_2)_3$. Entsteht beim Mischen der ätherischen Lösungen der Komponenten. Feine rotbraune Nadeln. Schmelzpunkt 89—90°[6]).

Isoapiol-trinitrobenzol $(CH_2O_2)(CH_3O)C_6H(C_3H_5)\cdot H_3C_6(NO_2)_3$. Entsteht beim Mischen äquimolekularer Mengen in der Wärme. Nadelförmige, dunkelorange Krystalle. Schmelzp. 66—67°[7]).

Isoapiol-pikrylchlorid $(CH_2O_2)(CH_3O)C_6H(C_3H_5)\cdot ClC_6H_2(NO_2)_3$. Entsteht wie oben. Glänzend rote Krystallnadeln. Schmelzp. 55—56°[7]).

Diisoapiol $(C_{12}H_{14}O_4)_2$. Entsteht, wenn man eine ätherische Isoapiollösung mit Salzsäure sättigt und 24 Stunden stehen läßt. Nach dem Verdunsten des Äthers erhitzt man den Rückstand im Rohr $1^1/_4$ Stunden auf 200°. Aus Alkohol Krystalle. Schmelzp. 97°[8]).

---

[1]) Ginsberg, Berichte d. Deutsch. chem. Gesellschaft **21**, 2515 [1888].
[2]) Pond u. Siegfried, Journ. Amer. Chem. Soc. **25**, 268 [1903].
[3]) Ciamician u. Silber, Berichte d. Deutsch. chem. Gesellschaft **23**, 2287 [1890].
[4]) Rimini u. Olivari, Chem. Centralbl. **1906**, II, 1125.
[5]) Angeli u. Bartolotti, Gazzetta chimica ital. **22**, II, 496 [1892].
[6]) Bruni u. Tornani, Chem. Centralbl. **1904**, II, 954.
[7]) Bruni u. Tornani, Atti d. R. Accad. dei Lincei [5] **14**, I, 155 [1905].
[8]) Széki, Berichte d. Deutsch. chem. Gesellschaft **39**, 2422 [1906].

Dillapiol, 1^2-Propenyl-5,6-dimethoxy-3,4-methylendioxy-benzol.

$$C_{12}H_{14}O_4.$$

$$CH_3O \quad OCH_3$$

(Strukturformel: Benzolring mit CH_3O und OCH_3 oben, O und $H_2C—O$ als Methylendioxygruppe, $CH_2—CH=CH_2$ Seitenkette)

Vorkommen: Im ostindischen und japanischen Dillöl (Anethum Sowa D. C.)[1]), im Matticoöl (Piper angustifolium Ruiz. und Pav.)[2]), im Dillkrautöl aus spanischem Dillkraut[3]), im spanischen Dillöl[4]), im Seefenchelöl (Crithmum maritimum L.)[5]), im Maticoöl aus Blättern noch nicht blühender Exemplare von Piper acutifolium R. et P. var. subverbascifolium. In Ölen anderer Abarten von Piper und in Blättern anderer Vegetationsperioden wurde kein Dillapiol gefunden[6]).

Zur **Isolierung** aus den ätherischen Ölen ist man auf die fraktionierte Vakuumdestillation angewiesen. Die Anteile, die bei ca. 10 mm zwischen 155 und 165° sieden, sind auf Apiol zu untersuchen. Ein charakteristisches Derivat ist das Tribromdillapiol. Schmelzp. 110°.

Physikalische und chemische Eigenschaften: $Siedep._{11} = 162°$, Siedep. $285°$[7]), $Siedep._8 = 155{-}156°$[4]). Siedep. $294{-}295°$ (korr.). $Siedep._{13} = 157{-}158°$. $D_4^0 = 1,1753$, $D_4^{13} = 1,1644$, $n_D^{25} = 1,52778$[5]). Jodzahl 119, $[\alpha]_D = 0$. Siedep. $285{-}295°$, $D = 1,1753$[8]). Es ist eine dicke, ölige, nahezu geruchlose Flüssigkeit, die auch durch starkes Abkühlen nicht zum Erstarren gebracht werden kann. Durch Erhitzen mit alkoholischem Kali oder mit getrocknetem Natriumäthylat geht es in das isomere Dillisoapiol über.

Derivate:

Brom-dillapiol-dibromid $C_{12}H_{13}Br_3O_4 = C_6Br(OCH_3)_2(O_2CH_2)(CH_2CHBrCH_2Br)$. Schmelzp. 110°[7]).

Dillapiol-nitrosit $(O_2CH_2)(OCH_3)_2C_6H(CH_2CHNOCH_2NO_2)$. Entsteht aus Dillapiol und salpetriger Säure. Schmelzp. 139° unter Zersetzung[9]).

Dillisapiol, Tetraoxy-3,4,5,6-propenyl-1^1-benzol.

$$C_{12}H_{14}O_4.$$

$$CH_3O \quad OCH_3$$

(Strukturformel: Benzolring mit CH_3O und OCH_3 oben, O und $H_2C—O$ als Methylendioxygruppe, $CH=CH \cdot CH_3$ Seitenkette)

Bildung: Entsteht bei 6—10stündigem Erhitzen auf 160° von 10 g Dillölapiol mit 1 g gepulvertem trockenem Natriumäthylat[7]).

Physikalische und chemische Eigenschaften: Monokline[10]) Krystalle. Schmelzp. 44°, Siedep. 296°[7]). Durch Hydrierung mittels Natrium und Alkohol und nachfolgendem Erhitzen mit Natriumäthylat im Autoklaven auf 140° erhält man ein Phenol $C_6H_2(C_3H_7)(OCH_3)_2$ (OC_2H_5). $Siedep._{11} = 144{-}150°$. Durch Behandlung mit rauchender Salpetersäure entsteht daraus das 1-Propyl-5-methoxy-3,6-chinon. Schmelzp. 78—79°[11]). Durch Oxydation mittels alkalischer Permanganatlösung entsteht aus dem Dillisoapiol der Dillapiolalde-

[1]) Ciamician u. Silber, Berichte d. Deutsch. chem. Gesellschaft **29**, 1799 [1896].
[2]) Thoms, Archiv d. Pharmazie **242**, 336 [1904].
[3]) Bericht der Firma Schimmel & Co. **1908**, II; Chem. Centralbl. **1909**, I, 22.
[4]) Bericht der Firma Schimmel & Co. **1903**, I, 24.
[5]) Delépine, Compt. rend. de l'Acad. des Sc. **149**, 215 [1909]; **150**, 1061 [1910].
[6]) Thoms, Archiv d. Pharmazie **247**, 591—612 [1909].
[7]) Ciamician u. Silber, Berichte d. Deutsch. chem. Gesellschaft **29**, 1801 [1896]. — Thoms, Archiv d. Pharmazie **242**, 340 [1904].
[8]) Borde, Bulletin des Sc. pharmacol. **16**, 393 [1909]; Chem. Centralbl. **1909**, II, 1335.
[9]) Rimini, Gazzetta chimica ital. **34**, II, 290 [1904].
[10]) Blaß, Chem. Centralbl. **1910**, II, 872.
[11]) Thoms, Archiv d. Pharmazie **242**, 344 [1904].

hyd $C_{10}H_{10}O_5$. Schmelzp. 75°, und die Dillapiolsäure, Schmelzp. 151—152°[1]). Durch
Einwirkung von HgO und J entsteht der **5, 6-Dimethoxy-3, 4-methylendioxy-hydratropa-
aldehyd** $(CH_2O_2)(CH_3O)_2C_6H[CH(CHO)CH_3]$. Dickes, fast farbloses Öl. Siedep.$_{17}$ = 189°.
$D_4^0 = 1.2567$, $D_4^{17} = 1,2407$, $n_D^{25} = 1,53191$ [2]).

Derivate: Brom-dillisoapiol-dibromid $C_{12}H_{13}Br_3O_4$

$$CH_3O \quad OCH_3$$
$$O\diagup\overline{\diagdown}(CHBr)_2CH_3$$
$$CH_2 \quad O \quad Br$$

Schmelzp. 115°. Geht beim Kochen mit abs. Alkohol über in

α-**Äthoxy-β-brom-dihydrobromisoapiol** $(CH_2O_2)(CH_3O)_2C_6Br[CH(OC_2H_5)\cdot CHBr\cdot CH_3]$.
Aus 75—80 proz. Alkohol farblose Nadeln. Schmelzp. 82—83° [2]).

Dillisoapiol-nitrosit $[C_{12}H_{14}O_7N_2]_2$

$$\left[(CH_2O_2)(CH_3O)_2C_6H\cdot \overset{NO}{CH}-\overset{NO_2}{CH}\cdot CH_3\right]_2$$

Feines, gelbes Pulver. Schmelzpunkt gegen 134° unter Zersetzung [3]).

β-**Nitro-dillisoapiol** $C_{12}H_{13}O_6N = (CH_2O_2)(CH_3O)_2C_6H[CH : C(NO_2)CH_3]$. Aus Alkohol gelbe Masse. Schmelzp. 94—95° [3]).

1^2-Propenyl-2, 3, 4, 5-tetramethoxybenzol.

Mol.-Gewicht 238,14.
Zusammensetzung: 65,51% C, 7,62% H.

$$C_{13}H_{18}O_4.$$

$$CH_3O \quad H$$
$$CH_3O\diagup\overline{\diagdown}CH_2CH : CH_2$$
$$CH_3O \quad OCH_3$$

Vorkommen: Im französischen Petersilienöl [4]).

Zur **Darstellung** wurde die bei 15 mm Druck zwischen 165—170° siedende Fraktion
des französischen Petersilienöls durch feste Kohlensäure zum Erstarren gebracht. Durch
fraktioniertes Auftauen erhält man eine in einem Öl ungelöst bleibende Krystallmasse. Dieselbe wird auf gekühlten Ton gestrichen und in Kältemischung aufbewahrt.

Physikalische und chemische Eigenschaften: Aus Alkohol + Wasser erhält man
farblose Tafeln. Schmelzp. 25°. $n_C = 1,51022$, $n_D = 1,51462$, $n_F = 1,52595$, $n_G = 1,53579$,
MR = 65,7, ber. 64,77. Wird der Körper zunächst mit alkoholischem Kali gekocht und
dann mit Natrium hydriert, so liefert Salpetersäure in Eisessig einen **Nitrokörper**
$C_6H(C_3H_7)(OCH_3)_3(NO_2)$. Schmelzp. 65°. Oxydation durch KMnO$_4$ führt zur **2, 3, 4, 5-Tetra-
methoxybenzol-1-carbonsäure** [4]).

Iretol, 1, 2, 3, 5-Phentetrol-2-methyläther.

Mol.-Gewicht 156,06.
Zusammensetzung: 53,83% C, 5,17% H.

$$C_7H_8O_4.$$

$$HO \quad H$$
$$H\diagup\overline{\diagdown}OH$$
$$OH \quad OCH_3$$

Bildung: Bildet sich neben **Iridinsäure** $(CH_3O)_2C_6H(OH)(CH_3)COOH$ und Ameisensäure, bei mehrstündigem Erhitzen von Irigenin mit Kalilauge [5]), aus Diaminodioxybenzolmethyl-

[1]) **Ciamician** u. **Silber**, Berichte d. Deutsch. chem. Gesellschaft **29**, 1801 [1896].
[2]) **Delépine**, Compt. rend. de l'Acad. des Sc. **149**, 215 [1909]; Bulletin de la Soc. chim.
[4] **5**, 928 [1909].
[3]) **Rimini** u. **Olivari**, Atti R. Accad. dei Lincei [5] **15**, II, 139 [1906].
[4]) **Thoms**, Berichte d. Deutsch. chem. Gesellschaft **41**, 2753 ff. [1908].
[5]) **Laire** u. **Tiemann**, Berichte d. Deutsch. chem. Gesellschaft **26**, 2015 [1893].

äther[1]). Aus Essigäther + Chloroform Nadeln. Schmelzp. 186° [2]). Mittels Natriumamalgam entsteht Phloroglucin.

Iretolmethyläther $C_6H_2(OCH_3)_2(OH)_2$. Aus Benzol Blättchen. Schmelzp. 87° [1]).

Antiarol, 1, 2, 3, 5-Tetraoxybenzol-1, 2, 3-trimethyläther.

Mol.-Gewicht 184,09.

Zusammensetzung: 58,67% C, 6,57% H.

$$C_9H_{12}O_4.$$

Vorkommen: Im eingedickten Milchsaft (Pfeilgift) von Antiaris toxicaria (Indien). In Indien „Ipooh" genannt[3]).

Bildung: Entsteht durch Methylierung des Methyläthers des Iretols durch CH_3J und Kalilauge[4]).

Physikalische und chemische Eigenschaften: Aus verdünntem Alkohol lange Nadeln. Schmelzp. 146° [4]), 146° [3]).

Benzoylderivat. Glänzende Nadeln. Schmelzp. 117° [3]).

8. Naphthochinone. Lapachol, Juglon.

Lapachol, Oxy-amylen-naphthalin-chinon, Grönhartin, Taigusäure.

Mol.-Gewicht 242,11.

Zusammensetzung: 74,35% C, 5,83% H.

$$C_{15}H_{14}O_3.$$

Vorkommen: In Holz und Rinde von Nectandra Rodioei Hook[6]). Im Taigu- oder Lapachoholz, das von verschiedenen südamerikanischen Bignoniaceen (Tecoma Leucoxylon) abstammt[7]). Im Bethabanaholz (Westküste von Afrika)[8]).

Zur **Darstellung** kocht man das Holz mit verdünnter Sodalösung aus und filtriert nach dem Erkalten. Das Ungelöste wird noch 2—3 Male mit Sodalösung behandelt und dann werden die Auszüge mit Salzsäure gefällt. Die gefällte Säure reinigt man durch Auskochen mit Magnesiumoxyd und Fällen der Säure durch Salzsäure[9]).

Physikalische und chemische Eigenschaften: Aus Benzol oder Äther kleine gelbe, monokline Prismen[10]). Schmelzp. 138° [7]), 139,5—140,5° [8]). Sehr leicht löslich in kochendem Alkohol, unlöslich in kochendem Wasser. Beim Glühen mit Zinkstaub liefert es Isobutylen und Naphthalin[7]). Löst sich in ätzenden und kohlensauren Alkalien mit roter Farbe.

Salze und Derivate: $NH_4O(C_{15}H_{13}O_2)$. Große ziegelrote Nadeln. Verliert leicht NH_3. — $NaO(C_{15}H_{13}O_2) + 5 H_2O$. Tiefrote, krystallinische Masse. — $KO(C_{15}H_{13}O_2)$. Gleicht dem

[1]) Kohner, Monatshefte f. Chemie **20**, 933 [1899].

[2]) Laire u. Tiemann, Berichte d. Deutsch. chem. Gesellschaft **20**, 2015 [1893].

[3]) Kiliani, Archiv d. Pharmazie **234**, 438 [1896].

[4]) Will, Berichte d. Deutsch. chem. Gesellschaft **21**, 612 [1888].

[5]) Hooker, Journ. Chem. Soc. **69**, 1360 [1896].

[6]) Stein, Journ. f. prakt. Chemie **99**, 1 [1866]; Zeitschr. f. Chemie **1867**, 92.

[7]) Paternò, Gazzetta chimica ital. **12**, 337 [1882]; — Arnaudon, Jahresberichte d. Chemie **1858**, 264. — Wehmer, Die Pflanzenstoffe **1911**, 704.

[8]) Greene u. Hooker, Amer. Chem. Journ. **11**, 267 [1889].

[9]) Paternò u. Caberti, Gazzetta chimica ital. **21**, 381 [1891].

[10]) Panebianco, Gazzetta chimica ital. **10**, 80 [1880].

Na-Salz. — $Ca(OC_{15}H_{13}O_2)_2 + 1^1/_2 H_2O$. Ziegelroter amorpher Niederschlag. — $Ba(OC_{15}H_{13}O_2)_2$ $+ 7 H_2O$. Sehr feine lange Nadeln. — $Pb(OC_{15}H_{13}O_2)_2$. Orangeroter pulveriger Niederschlag. — $AgO(C_{15}H_{13}O_2)$. Scharlachroter pulveriger Niederschlag[1]).

Lapachol-anilin $C_6H_5NH_2 \cdot OH(C_{15}H_{13}O_2)$. Kleine orangegelbe prismatische Nadeln aus Alkohol. Schmelzp. 121—122°[1]).

Lapachol-o-toluidin $C_7H_7NH_2 \cdot OH(C_{15}H_{13}O_2)$. Gelbe Tafeln. Schmelzp. 135°[1]).

Lapachol-p-toluidin $C_7H_7NH_2 \cdot OH(C_{15}H_{13}O_2)$. Orangegelbe Tafeln. Schmelzp. 129,5 bis 130°[1]).

Lapachol-acetat $C_{17}H_{16}O_4 = (C_{15}H_{13}O_2)(OCOCH_3)$. Entsteht beim Erwärmen von Lapachol, Natriumacetat und Essigsäureanhydrid. Aus Alkohol schwefelgelbe kurze Prismen. Schmelzp. 82—83°[1]).

Lapachol-diacetat $C_{19}H_{18}O_5 = (C_{15}H_{13}O)(OCOCH_3)_2$. Entsteht bei längerem Erhitzen eines Gemenges wie beim Monoacetat. Schmelzp. 131—132°. Konstitution[2]).

α-Lapachon $C_{15}H_{14}O_3$

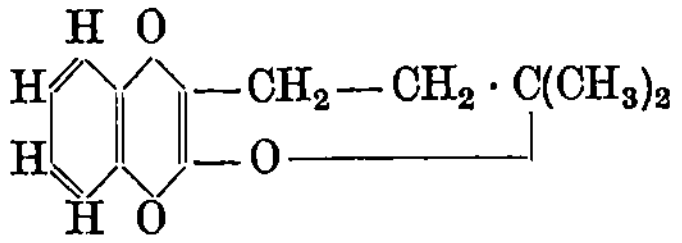

$$\text{H } C_{15}H_{14}O_3 \text{ Struktur} \quad -CH_2-CH_2 \cdot C(CH_3)_2$$

Entsteht beim Erhitzen von Lapachol mit Eisessig und HCl (D = 1, 2). Aus β-Lapachon und Salzsäure (D = 1, 2). Aus Alkohol hellgelbe Nadeln. Schmelzp. 117°[3]).

β-Lapachon $C_{15}H_{14}O_3$

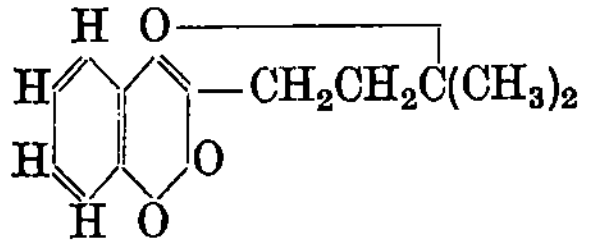

$$\text{Struktur} \quad -CH_2CH_2C(CH_3)_2$$

Entsteht beim Auflösen von Lapachol in konz. Schwefelsäure oder in eiskalter Salpetersäure[4]). Aus α-Lapachon und konz. Schwefelsäure[5]). Orangerote, seidenglänzende, flache Nadeln. Schmelzp. 155—156°.

Brom-β-lapachon $C_{15}H_{13}BrO_3$

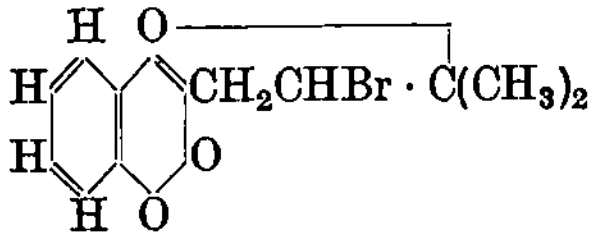

$$\text{Struktur} \quad CH_2CHBr \cdot C(CH_3)_2$$

Entsteht aus Lapachol und Brom und Eisessig[4]), oder Brom und Chloroform[5]). Orangerote, glasglänzende Täfelchen aus Alkohol. Schmelzp. 139—140°.

Chlor-dihydro-lapachol $C_{15}H_{15}ClO_3$

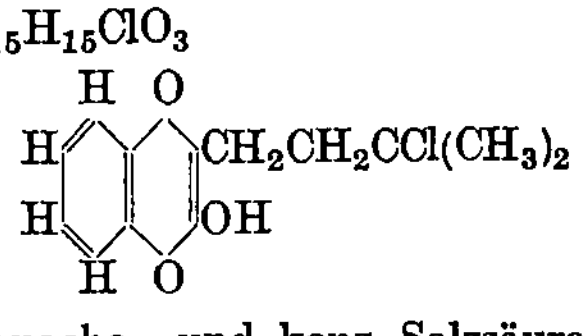

$$\text{Struktur} \quad CH_2CH_2CCl(CH_3)_2 \quad OH$$

Entsteht aus Lapachol oder β-Lapachon und konz. Salzsäure. Aus Alkohol gelbe Täfelchen. Schmelzp. 113°. Verliert durch konz. Schwefelsäure, verdünnte Lauge oder Erhitzen mit Essigsäure oder Salzsäure HCl und geht zurück in α- und β-Lapachon[5]).

Dibrom-dihydro-lapachol $C_{15}H_{14}Br_2O_3$

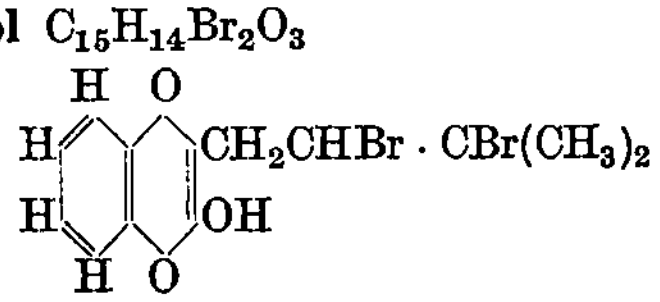

$$\text{Struktur} \quad CH_2CHBr \cdot CBr(CH_3)_2 \quad OH$$

Entsteht neben n-Brom-β-lapachon aus Lapachol und Brom. Aus Alkohol gelbe Tafeln, die Krystallalkohol enthalten. Schmelzp. der alkoholfreien Substanz 132°[5]).

---

[1]) Paternò, Gazzetta chimica ital. **12**, 337 ff. [1882].
[2]) Paternò u. Minunni, Gazzetta chimica ital. **19**, 606 [1889].
[3]) Hooker, Journ. Chem. Soc. **61**, 635 [1892].
[4]) Paternò, Gazzetta chimica ital. **12**, 372 [1882].
[5]) Hooker, Journ. Chem. Soc. **61**, 634 [1892].

Dibrom-β-lapachon $C_{15}H_{12}Br_2O_3$

$$\text{(Formelbild)}\quad -CH_2-CHBrC(CH_3)_2$$

Entsteht aus Lapachol und Brom, beides in Chloroform, nach 48 Stunden bei 40°. Orangerote Nadeln. Zersetzt sich beim Schmelzen[1]).

n-Brom-lapachol $C_{15}H_{13}BrO_3$

Entsteht aus Dibrom-β-lapachon mittels Natronlauge und Zinkstaub. Aus Alkohol goldglänzende Schuppen. Schmelzp. 170—171°[1]).

n-Brom-β-lapachon $C_{15}H_{13}BrO_3$

Entsteht aus n-Brom-lapachol oder aus n-Brom-α-lapachon und konz. Schwefelsäure. Aus Alkohol orangerote Nadeln. Schmelzp., rasch erhitzt, gegen 205° unter Zersetzung[1]).

n-Brom-α-lapachon $C_{15}H_{13}BrO_3$

Entsteht aus n-Brom-β-lapachon beim Erhitzen mit Bromwasserstoffsäure. Aus Alkohol blaßgelbe Tafeln. Schmelzp. 172,5—173,5°. Geht durch konz. Schwefelsäure zurück in die β-Modifikation[1]).

Lapachol-oxim $C_{15}H_{15}NO_3 = (OH)C_{15}H_{13}(O)(NOH)$. Entsteht aus Lapachol und salzsaurem Hydroxylamin. Aus Alkohol gelbe Tafeln. Schwärzt sich oberhalb 160°[2])[3]).

α-Lapachon-oxim $C_{15}H_{15}NO_3$. Entsteht aus α-Lapochon und salzsaurem Hydroxylamin. Aus Alkohol Täfelchen. Schmelzpunkt, rasch erhitzt, 204° unter Zersetzung. Geht durch konz. Schwefelsäure in die β-Form über. Löslich in Natronlauge. Na-Salz charakteristisch[3]).

β-Lapachon-oxim $C_{15}H_{15}NO_3$. Entsteht aus β-Lapachon und salzsaurem Hydroxylamin. Aus Alkohol orangegelbe, seideglänzende, kleine Prismen. Schmelzp. 168,5—169,5°. Unlöslich in Natronlauge von 1%[2])[3]).

Lapachol-phenylhydrazon $C_{21}H_{20}N_2O_2 = (OH)C_{15}H_{13}(O)(N_2HC_6H_5)$. Entsteht aus Lapachol und Phenylhydrazin. Ziegelrote Nadeln. Schmelzp. 108—109°[2]).

Lapachon-phenylhydrazon $C_{21}H_{20}N_2O_2$. Entsteht aus α-Lapachon- und Phenylhydrazin. Orangegelbe Nadeln. Schmelzp. 188—189°[2]).

Lomatiol, α-Oxy-lapachol.

Mol.-Gewicht 258,11.

Zusammensetzung: 83,69% C, 5,46% H.

$$C_{15}H_{14}O_4$$

$$\text{(Formelbild)}\quad CH:CH\cdot C(OH)\begin{smallmatrix}CH_3\\CH_3\end{smallmatrix}\ ^4)$$

---

[1]) Hooker u. Gray, Journ. Chem. Soc. **63**, 426 [1893]. — Hooker, Journ. Chem. Soc. **65**, 17 [1894].

[2]) Paternò u. Minunni, Gazzetta chimica ital. **19**, 612 [1889].

[3]) Hooker u. Wilson, Journ. Chem. Soc. **65**, 721 [1894].

[4]) Hooker, Journ. Chem. Soc. London **69**, 1382 [1896].

Vorkommen: In den Samen von Lomatia ilicifolia und Lom. longifolia (Australien)[1].

Darstellung und physikalische und chemische Eigenschaften: Es wird den Samen durch Auskochen mit essigsäurehaltigem Wasser entzogen. Gelbe Nadeln. Schmelzp. 127°. Leicht löslich in Alkohol, Äther und Alkalien. Konz. Schwefelsäure. Salze[1].

Derivate: Diacetat $C_{19}H_{18}O_6 = C_{15}H_{12}O_2(O_2C_2H_3)_2$. Aus Alkohol gelbe Nadeln. Schmelzp. 82°[1].

Anhydrid, Dehydro-lapachon $C_{15}H_{12}O_3$

$$\begin{array}{l} H\ O\!-\!\!-\!\!-\!\!-\!\!-\!\!\diagdown\ \diagup CH_3 \\ H\diagup\!\diagdown CH:CHC\qquad\ ^{2)} \\ H\diagdown\!\diagup O\qquad\qquad \diagdown CH_3 \\ \quad H\ O \end{array}$$

Entsteht, wenn man α-Oxylapachol in möglichst wenig konz. Schwefelsäure löst und die Lösung sofort durch Eiswasser fällt. Aus verdünntem Alkohol rote, seideglänzende Nadeln. Schmelzp. 110 bis 111°[1].

β-Oxy-lapachol, Isolomatiol $C_{15}H_{14}O_4$. Entsteht beim Kochen obigen Anhydrids mit konz. Kalilauge. Aus essigsäurehaltigem Wasser gelbe Nadeln. Schmelzp. 109—110°[3].

Dioxy-dihydro-lapachol $C_{15}H_{16}O_5$

$$\begin{array}{l} H\ O\qquad\qquad\ \diagup CH_3 \\ H\diagup\!\diagdown CH_2CH(OH)CH(OH)\ ^{2)} \\ H\diagdown\!\diagup OH\qquad\quad \diagdown CH_3 \\ \quad H\ O \end{array}$$

Entsteht bei $1/4$stündigem Kochen von Brom-β-lapachon mit viel 1proz. Natronlauge[4]. Entsteht auch beim Kochen von Oxy-α-lapachon mit Natronlauge von 1%[5]. Aus Alkohol kleine Prismen oder lange feine Nadeln. Schmelzp. 181—182°.

Oxy-β-lapachon $C_{15}H_{14}O_4$

$$\begin{array}{l} H\ O\!-\!\!-\!\!-\!\!-\!\!-\!\!-\!\!-\!\!\diagdown\ \diagup CH_3 \\ H\diagup\!\diagdown CH_2\cdot CH(OH)C \\ H\diagdown\!\diagup O\qquad\qquad \diagdown CH_3 \\ \quad H\ O \end{array}$$

Entsteht aus Dioxyhydrolapachol nach einstündigem Stehen mit Salzsäure ($D = 1,2$). Aus verdünntem Alkohol rote Nadeln. Schmelzp. 201,5°[3][4].

Acetoxy-α-lapachon $C_{17}H_{16}O_5$

$$\begin{array}{l} \qquad\qquad (OOCCH_3) \\ H\ O\qquad\quad |\quad \diagup CH_3 \\ H\diagup\!\diagdown CH_2CHC \\ H\diagdown\!\diagup O\!-\!\!-\!\!\diagup \diagdown CH_3 \\ \quad H\ O \end{array}$$

Entsteht aus Dioxyhydrolapachol beim Erhitzen mit Essigsäure und konz. Schwefelsäure. Aus Alkohol Nadeln. Schmelzp. 179,5°[5].

Oxy-hydro-lapachol $C_{15}H_{16}O_4$

$$\begin{array}{l} \quad H\ O \\ H\diagup\!\diagdown CH_2CH(OH)CH(CH_3)_2 \\ H\diagdown\!\diagup OH \\ \quad H\ O \end{array}$$

Entsteht aus β-Lapachon beim Erwärmen mit Kalilauge. Aus Alkohol gelbe Krystalle. Schmelzp. 125°[4].

[1] Rennie, Journ. Chem. Soc. London **67**, 787 [1895].
[2] Hooker, Journ. Chem. Soc. **69**, 1382 [1896].
[3] Rennie, Journ. Chem. Soc. London **67**, 793 [1895].
[4] Hooker, Journ. Chem. Soc. London **61**, 649 [1892].
[5] Hooker, Journ. Chem. Soc. London **69**, 1374 [1896].

Juglon, 5-Oxy-α-naphthochinon.

Mol.-Gewicht 174,05.
Zusammensetzung: 68,95% C, 3,47% H.

$$C_{10}H_6O_3$$

$$\begin{array}{c} \text{OH O} \\ \text{H} \diagup \diagdown \diagdown \text{H} \\ \text{H} \diagdown \diagup \diagup \text{H} \\ \text{H O} \end{array}$$

Vorkommen: In Juglans regia, Juglans nigra, Juglans cinerea, Carya olivaeformis, Pterocarya caucasica[1]).

Bildung: Es entsteht bei der Oxydation des in den grünen Teilen des Walnußbaumes (Juglans regia) vorkommenden Hydrojuglons[2]). Bei eintägigem Stehen von 1, 5- Dioxynaphthalin mit Chromsäuregemisch[3]). Juglon läßt sich auch von 1, 8-Amidonaphthol ausgehend synthetisieren[4]). α-Naphthochinon liefert unter der Einwirkung von Diäthylsalpetersäure Juglon[5]).

Zur **Darstellung** aus frischen Nüssen müssen dieselben unter möglichster Verhütung einer Verletzung des Pericarps geerntet werden. Man löst die Schale erst im Moment der Extraktion ab und trägt sie sofort in Äther ein, der sich daraufhin stark gelb färbt. Nach beendigter Extraktion verdampft man den Äther, nimmt sofort mit Benzol den Rückstand auf, wobei zahlreiche Verunreinigungen ungelöst bleiben, destilliert das Benzol ab und erschöpft den Rückstand mit einem Gemisch aus 100 g Nickelacetat, 10 g $CaCO_3$ und 1000 ccm Wasser, wodurch das Juglon in Form seiner Nickelverbindung mit violettroter Farbe gelöst wird. Die wässerige Juglonlösung säuert man mit 10 proz. Essigsäure an, bis die Flüssigkeit grün geworden ist, nimmt das in Freiheit gesetzte Juglon mit Äther oder Chloroform auf und krystallisiert das Rohprodukt aus Benzol um. Bei der Darstellung aus nicht frischen Nüssen muß man den Rohauszug mit Chromatgemisch behandeln, da der größte Teil des Juglon beim Lagern in Hydrojuglon übergegangen ist[6]).

Physikalische und chemische Eigenschaften: Aus Chloroform gelbrote bis braunrote Nadeln. Schwärzt sich bei 125° allmählich und schmilzt bei 151—154°[7]). Geht durch Reduktion in α-Hydrojuglon über. Beim Glühen mit Zinkstaub entsteht Naphthalin. Sehr leicht löslich in Chloroform, schwer in Äther, unlöslich in Wasser. Färbt die Haut langsam tiefschwarz unter Blasenbildung[1]). Mit Cr, Fe oder Al gebeizte Wolle wird bräunlichgelb, ungebeizte Wolle orangegelb gefärbt[8]).

Zum **Nachweis** in Pflanzen maceriert man 10 g des zu prüfenden Pflanzenteils 24 Stunden mit abs. Äther, dampft die ätherische Lösung ein, nimmt mit 10 ccm 90 proz. Alkohol auf und versetzt die Lösung mit 5 ccm einer 5 proz. Nickelacetatlösung. Bei Anwesenheit von Juglon entsteht eine violette Färbung. Die gleiche Färbung gibt Chinon von Drosera intermedia und rotundifolia[9]). Oder aber man legt die zu prüfenden Schnitte zuerst in 5 proz. Kochsalzlösung und läßt dann darauf Ammoniak einwirken. Die juglonhaltigen Zellen färben sich schön rot. In der Walnuß kommt das Juglon an Tannin gebunden in allen parenchymatischen Geweben vor, ausgenommen die Keimwurzel und die Keimblätter[10]).

[1]) Brissemoret u. Combes, Compt. rend. de l'Acad. des Sc. **141**, 838 [1905].
[2]) Mylius, Berichte d. Deutsch. chem. Gesellschaft **17**, 2411 [1884].
[3]) Bernthsen u. Semper, Berichte d. Deutsch. chem. Gesellschaft **20**, 939 [1887].
[4]) Friedländer u. Silberstern, Monatshefte f. Chemie **23**, 513 [1902].
[5]) Pictet u. Krijanowski, Archiv des sciences phys. et nat. Genève [4] **16**, 191 [1903]; Chem. Centralbl. **1903** II, 1109.
[6]) Combes, Bull. de la Soc. chim. [4] **1**, 800 [1907].
[7]) Bernthsen u. Semper, Berichte d. Deutsch. chem. Gesellschaft **17**, 1947 [1884].
[8]) Möhlau u. Steimmig, Chem. Centralbl. **1904** II, 1353.
[9]) Brissemoret u. Combes, Journ. de Pharm. et de Chim. [6] **25**, 53 [1907]; Chem. Centralbl. **1907**, I, 995.
[10]) Cheminau, Jahresber. über d. Fortschritte d. Tierchemie **1904**, 850. — Brissemoret u. Combes, Compt. rend. de l'Acad. des Sc. **141**, 839 [1905].

Derivate: Juglon-acetat $C_{12}H_8O_4 = C_{10}H_5(O)_2(OOCCH_3)$. Entsteht bei mehrstündigem Kochen von Juglon mit Essigsäureanhydrid. Aus Alkohol hellgelbe, fettglänzende Blättchen. Schmelzp. 154—155° unter Zersetzung[1]).

Juglon-monooxim $C_{10}H_7NO_3 = C_{10}H_5(OH)(O)(NOH)$. Entsteht aus Juglon in Alkohol und 1 Mol. Hydroxylaminchlorhydrat. Aus Eisessig rote, starkglänzende Nadeln. Schmelzp. 187—187,5° unter heftiger Zersetzung. Sehr wenig löslich in Wasser[1]).

Juglon-dioxim $C_{10}H_8N_2O_3 = C_{10}H_5(OH)(NOH)_2$. Entsteht aus Juglon und 2 Mol. salzsaurem Hydroxylamin. Aus Eisessig bräunlichgelbe Nadeln. Verpufft bei 225°. Schwer löslich in Alkohol[2]).

α-Hydrojuglon, 1, 4, 5-Naphthentriol.

Mol.-Gewicht 176,06.
Zusammensetzung: 54,14% C, 4,58% H.

$$C_{10}H_8O_3$$

$$\begin{array}{c} \text{OH} \quad \text{OH} \\ \text{H} \diagup \text{\Large \diagdown} \text{H} \\ \text{H} \diagdown \text{\Large \diagup} \text{H} \\ \text{H} \quad \text{OH} \end{array}$$

Vorkommen: In allen grünen Teilen des Walnußbaumes (Juglans regia) neben wenig β-Hydrojuglon[3]).

Bildung: Es entsteht bei der Reduktion von 5-Oxynaphthochinon (1, 4)[3]).

Darstellung: Die unreifen Walnußschalen werden mit salzsäurehaltigem Wasser und etwas Zinnchlorür, welches die Luftoxydation nach Möglichkeit ausschließen soll, ausgekocht, die wässerigen Auszüge mit Äther ausgeschüttelt und der Äther verdunstet. Den Rückstand behandelt man nochmals mit zinnchlorürhaltigem Wasser und Äther, verdunstet die ätherische Lösung und behandelt den Rückstand mit Chloroform. Hierdurch wird β-Hydrojuglon gelöst, während α-Hydrojuglon ungelöst bleibt[4]).

Physikalische und chemische Eigenschaften: Aus Wasser Blättchen oder Nadeln. Schmelzp. 168—170°. Löslich in 200 T. Wasser von 25°, sehr leicht löslich in Alkohol und Äther, unlöslich in Chloroform. Wird durch Brom oder Eisenchlorid in Juglon übergeführt. Leicht löslich in Alkalien mit intensiv gelber Farbe, die an der Luft schnell in rot übergeht. Beim Schmelzen mit Alkali entsteht m-Oxybenzoesäure neben Phenol, Salicylsäure und Brenzcatechin[5]). Säureanhydride führen α-Hydrojuglon in die β-Verbindung über. Giftig.

β-Hydrojuglon, 1, 4, 5-Naphthentriol.

$$C_{10}H_8O_3$$

$$\begin{array}{c} \text{OH} \quad \text{OH} \\ \text{H} \diagup \text{\Large \diagdown} \text{H} \\ \text{H} \diagdown \text{\Large \diagup} \text{H} \\ \text{H} \quad \text{OH} \end{array}$$

Vorkommen: Findet sich neben α-Hydrojuglon in den grünen Teilen des Walnußbaumes (Juglans regia), aber in sehr geringer Menge[3])[4]).

Darstellung s. α-Hydrojuglon.

Physikalische und chemische Eigenschaften: Aus Alkohol silberglänzende, dünne, sechsseitige Tafeln. Schmelzp. 96—97°. Löslich in 900—1000 T. Wasser von 25°. Schwer löslich in Alkohol und Äther, leicht in Chloroform. Mit Wasserdämpfen flüchtig. Wandelt sich bei längerem Kochen mit verdünnter Schwefelsäure in α-Hydrojuglon um. Geht durch Kochen mit Eisenchloridlösung in Juglon über[5]).

[1]) Bernthsen u. Semper, Berichte d. Deutsch. chem. Gesellschaft **18**, 206 [1885]; **20**, 940 [1887].
[2]) Bernthsen u. Semper, Berichte d. Deutsch. chem. Gesellschaft **19**, 168 [1886].
[3]) Mylius, Berichte d. Deutsch. chem. Gesellschaft **17**, 2412 [1884].
[4]) Mylius, Berichte d. Deutsch. chem. Gesellschaft **18**, 2567 [1885].
[5]) Mylius, Berichte d. Deutsch. chem. Gesellschaft **18**, 475 [1885].

Derivate: Triacetyl-hydrojuglon $C_{16}H_{14}O_6 = C_{10}H_5(O_2CCH_3)_3$. Entsteht durch Behandlung von α- oder β-Hydrojuglon mit Essigsäureanhydrid. Aus Alkohol Prismen. Schmelzp. 129—130°. Wird durch Alkalien oder Schwefelsäure gespalten in Essigsäure und β-Hydrojuglon[1]).

Tribenzoyl - hydrojuglon $C_{31}H_{20}O_6 = C_{10}H_5(O_2CC_6H_5)_3$. Aus Alkohol Nadeln. Schmelzp. 228—229°[1]).

9. Phenole unbekannter Zusammensetzung.

Phenole unbekannter Zusammensetzung und phenolartige Substanzen werden erwähnt als Bestandteile folgender ätherischer Öle und Pflanzenstoffe[2]).

Im Calmusöl (Acorus calámus L.)[2]), im ostindischen Sandelholzöl (Santalum album)[3]), im ätherischen Öl von Asarum arifolium[4]), im ätherischen Samenöl von Monodora myristica Dunal[5]), im Macisöl[6]), im Campheröl (Laurus Camphora L.)[7]), im Öl aus Toddalea aculeata Pers.[8]), im „Petitgrain mandarier"-Öl aus Südfrankreich[9]), im Rautenöl (Ruta graveoleus L.)[10]), im Destillationsrückstand des Selleriesamenöls (Apium graveoleus L.)[11]), im Petersilienöl (Petroselinum sativum Hoffm.)[12]), im Bohnenkrautöl (Satureja hortensis L.)[13]), im frischen Krautöl von Origanum vulgare L.[14]), im Spanisch-Hopfenöl (Origanum Spec.)[15]), im Thymianöl (Thymus vulgaris)[16]), im Quendelöl (Thymus serpyllum L.)[17]), im ätherischen Öl von Thymus capitatus[18]), im ätherischen Öl von Satureja montana L.[19]), im Edelschafgarbenöl (Achille anobilis)[20]), im Blätteröl von Barosma pulchellum (L.) Bartl et Wendel. Schmelzp. des Benzoats 109—110°[21]). Im Curcumaöl, Wurzelöl von Curcuma longa. Riecht nach Guajacol[22]). Im Origanumöl von Cypern ($C_{11}H_{16}O_2$)[23]).

Im alkoholischen Auszug von Micromeria chamissonis Greene (M. Douglasii Benth) **Xanthomicrol** $C_{15}H_{12}O_6 = C_{15}H_{10}O_4(OH)_2$. Aus Alkohol citronengelbe, seidenglänzende Nadeln. Schmelzp. 225°. Diacetylderivat. Aus Essigester hellgelbe Nadeln. Schmelzp. 116°. Außerdem **Micromerol** $C_{33}H_{52}O_4 + 2H_2O$. Farblose Nadeln. Schmelzp. 277°. Acetylderivat, feine farblose Nadeln, Schmelzp. 188°. Methylprodukt, Schmelzp. (wasserfrei) 167°[24]).

Im Ingwer **(Gingerol)**[25]).

[1]) Mylius, Berichte d. Deutsch. chem. Gesellschaft **18**, 2567 [1885].

[2]) Semmler, Ätherische Öle **4**, 193 [1907].

[3]) v. Soden u. Müller, Pharmaz. Ztg. **44**, 258 [1899].

[4]) Miller, Archiv d. Pharmazie **240**, 371 [1902].

[5]) Thoms, Berichte d. Deutsch. pharmaz. Gesellschaft **14**, 24 [1904].

[6]) Semmler, Berichte d. Deutsch. chem. Gesellschaft **23**, 1803 [1890]; **24**, 3818 [1891].

[7]) Berichte der Firma Schimmel & Co. **1902**, II, 21.

[8]) Berichte der Firma Schimmel & Co. **1900**, I, 49.

[9]) Berichte der Firma Schimmel & Co. **1902**, I, 81.

[10]) Houben, Berichte d. Deutsch. chem. Gesellschaft **35**, 3588 [1892]. — Thoms, Berichte d. Deutsch. chem. Gesellschaft **11**, 8 [1878]. — Power u. Lees, Journ. Chem. Soc. **81**, 1585 [1902].

[11]) Ciamician u. Silber, Berichte d. Deutsch. chem. Gesellschaft **30**, 492, 501 [1897].

[12]) Thoms, Berichte d. Deutsch. chem. Gesellschaft **36**, 3452 [1903].

[13]) Jahns, Berichte d. Deutsch. chem. Gesellschaft **15**, 816 [1882].

[14]) Jahns, Archiv d. Pharmazie **216**, 277 [1880].

[15]) Jahns, Archiv d. Pharmazie **215**, 1 [1879]. — Gildemeister, Archiv d. Pharmazie **233**, 182 [1895].

[16]) Semmler, Ätherische Öle **4**, 194 [1907].

[17]) Jahns, Archiv d. Pharmazie **216**, 277 [1880]; Berichte d. Deutsch. chem. Gesellschaft **15**, 819 [1882]. — Bouri, Archiv d. Pharmazie **212**, 285 [1878].

[18]) Berichte der Firma Schimmel & Co. **1889**, II, 56.

[19]) Berichte der Firma Schimmel & Co. **1897**, II, 65.

[20]) Echtermeyer, Archiv d. Pharmazie **243**, 238 [1905].

[21]) Bericht der Firma Schimmel & Co. **1909**, II; Chem. Centralbl. **1909**, I, 1566.

[22]) Rupe, Luksch u. Steinbach, Berichte d. Deutsch. chem. Gesellschaft **42**, 2516 [1909].

[23]) Pickles, Proc. Chem. Soc. **24**, 91 [1908].

[24]) Power u. Salway, Journ. Amer. Chem. Soc. **30**, 251 [1908].

[25]) Garnett u. Grier, Chem. Centralbl. **1907**, II, 924.

Panicol.

$$C_{12}H_{17} \cdot OCH_3.$$

Vorkommen: Im Hirseöl.

Physikalische und chemische Eigenschaften: Krystalle. Schmelzp. 285°. Durch Erhitzen mit Jodwasserstoffsäure wird Jodmethyl abgespalten. Durch Oxydation mittels Chromsäure in essigsaurer Lösung entsteht die Panicolsäure $(OCH_3)C_{10}H_{13}(COOH)_2$ [1]).

Cynanchol.

$$C_{15}H_{24}O.$$

Vorkommen: Im Milchsaft von Cynanchum acutum L. [2]), zerfällt beim öfteren Umkrystallisieren in **Cynanchocerin**, platte Nadeln, Schmelzp. 145—146°, und **Cynanchin**, breite Blätter, Schmelzp. 148—149° [3]).

Paracotol.

$$C_{15}H_{24}O \quad \text{oder} \quad C_{15}H_{26}O\,?$$

Vorkommen: Im flüchtigen Öl der Paracotorinde [4]).

Physikalische und chemische Eigenschaften: Siedep. 220—222°. $D_{15} = 0{,}9262$. $[\alpha]_D^{15} = -11{,}87$ [4]).

Urushiol, Urushinsäure, Urushin.

$$C_{20}H_{30}O_2 = (OH)_2C_6H_3 \cdot C_{14}H_{25}.$$

Vorkommen: Im Japanlack, Milchsaft von Rhus vernicifera DC. [5])[6]).

Zur **Darstellung** wird der Japanlack durch ein leinenes Tuch gepreßt, das Filtrat mit 10 T. abs. Alkohol versetzt, gut geschüttelt und filtriert. Nach Abdampfen des Alkohols hinterbleibt die rohe Urushinsäure. Zur weiteren Reinigung wird in 2 T. Petroläther gelöst, mit Wasser gewaschen und über Chlorcalcium getrocknet. Gibt man jetzt mehr Petroläther hinzu, bis zu 50 T., so scheidet sich ungefähr $1/8$ der ursprünglichen Menge aus. Davon wird abfiltriert und nach Verjagung des Petroläthers mehrfach im hohen Vakuum destilliert, wobei leider ein großer Teil des Urushiols durch Polymerisation verloren geht [7]).

Physikalische und chemische Eigenschaften: $\text{Siedep.}_{0{,}4-0{,}6} = 200—210°$, $D_4^{21,5} = 0{,}9687$, $n_D^{21,5} = 1{,}52341$, $n_\alpha^{21,5} = 1{,}51906$; $n_\gamma^{21,5} = 1{,}54301\,(?)$. MR_D gef. 95,30. M_5R_D berechnet für $(OH)_2C_6H_3 \cdot C_{14}H_{25}|_5 = 93{,}13$ [7]). Die alkoholische Lösung reduziert Silberlösung, mit Eisenchlorid entsteht eine schwarzgrüne Färbung. Die alkalische Lösung wird an der Luft unter Schwarzgrünfärbung oxydiert. Bei der trockenen Destillation. entsteht neben diversen Kohlenwasserstoffen Brenzcatechin. Bei der Oxydation mittels Salpetersäure entstehen Korksäure, Bernsteinsäure und Oxalsäure [5]).

Derivate: Urushiol-dimethyläther $(CH_3O)_2C_6H_3 \cdot C_{14}H_{25}$. Entsteht aus rohem Urushiol, Jodmethyl und Natriumalkoholat. $\text{Siedep.}_{0{,}4-0{,}6} = 185—200°$, $D_4^{21,5} = 0{,}9419$; $n_D^{21,5} = 1{,}51400$; $n_\alpha^{21,5} = 1{,}51009$, $n_\gamma^{21,5} = 1{,}53405$. MR_D gef. 105,47. Mol. Dispersion gef. 4,099; berechnet für $(CH_3O)_2C_6H_3 \cdot C_{14}H_{25}|_5$. $MR_D = 102{,}66$; Mol. Dispersion 3,256 [7]).

Urushiol-diacetat $(CH_3COO)_2C_6H_3 \cdot C_{14}H_{25}$. Entsteht beim Kochen des destillierten Urushiols mit Essigsäureanhydrid. Gelblich gefärbte, dicke Flüssigkeit [8]).

---

[1]) Kassner, Berichte d. Deutsch. chem. Gesellschaft **20**, Ref. 558 [1887]; **21**, Ref. 840 [1888]; **22**, Ref. 506 [1889].

[2]) Butlerow, Annalen d. Chemie u. Pharmazie **180**, 349 [1875].

[3]) Hesse, Annalen d. Chemie u. Pharmazie **192**, 183 [1878].

[4]) Jobst u. Hesse, Annalen d. Chemie u. Pharmazie **199**, 79 [1879].

[5]) Yoshida, Journ. Chem. Soc. **43**, 472 [1883]. — Tschirch u. Stevan, Archiv d. Pharmazie **243**, 504 [1905]. — Majima u. Cho, Berichte d. Deutsch. chem. Gesellschaft **40**, 4390 [1907].

[6]) Majima, Journ. of the College of Engineering, Tokyo **4**, 89 [1908]; Chem. Centralbl. **1908**, I, 1938.

[7]) Majima, Berichte d. Deutsch. chem. Gesellschaft **42**, 1421 [1909].

[8]) Majima, Berichte d. Deutsch. chem. Gesellschaft **42**, 3664 [1909].

Urushioldimethyläther-tetraozonid $C_{22}H_{34}O_2 \cdot O_{12}$. Entsteht nach 10stündiger Ozonisation mit 15% Ozon in Chloroformlösung. Leicht gelblich gefärbte, halbfeste Masse, die in der Flamme sehr heftig explodiert. Bei der Spaltung in Eisessiglösung entstehen Acetaldehyd, Oxalsäure, Önanthol und Azelainsäure[1]).

Urushioldimethyläther-diozonid $C_{22}H_{34}O_2 \cdot O_6$. Entsteht aus dem Dimethyläther in Chloroformlösung bei 34stündiger Ozonisation mit 6% Ozon. Dünnflüssig. Explodiert viel weniger stark als das Tetraozonid. Bei der Spaltung mit Wasser wurden gefunden Kohlensäure, Acetaldehyd, Önanthol, Heptansäure (?), Azelainsäure, ein Körper $C_{15}H_{22}O_3$, Siedep.$_{15}$ = 209—215°, und Oxalsäure[1]).

Urushioldimethyläther-triozonid $C_{22}H_{34}O_2 \cdot O_9$. Es wurde erhalten bei 16stündiger Ozonisation mit 6% Ozon. Leicht gelblich gefärbt und heftig explodierend. Es wurden bei der Spaltung mittels Eisessig oder Wasser dieselben Spaltstücke aufgefunden wie beim Diozonid[1]).

Pratol.

$$C_{16}H_{12}O_4 = C_{15}H_8O_2(OH)(OCH_3).$$

Vorkommen: In den Blüten des roten Klees (Trifolium pratense L.)[2]). In den Blüten von Trifolium incarnatum[3]).

Darstellung: Die Kleeblüten werden mit Alkohol erschöpft. Nach Vertreibung des Alkohols wird mit Wasser aufgenommen. Aus der wässerigen Lösung läßt sich das Partol mit Äther ausziehen[2]).

Physikalische und chemische Eigenschaften: Aus Alkohol farblose Nadeln. Schmelzp. 253°. Wenig löslich in heißem Alkohol, sehr wenig löslich in Wasser, Äther, Chloroform; löslich in Sodalösung. Es scheint ein Isomeres des 2- oder 3-Methoxyflavonols zu sein.

Derivate: Pratolacetat $C_{15}H_8O_2(OCH_3)(OOCCH_3)$. Entsteht aus Pratol beim Kochen mit Essigsäureanhydrid. Aus Alkohol Nadeln. Schmelzp. 166°[2]).

Pratensol.

$$C_{17}H_{12}O_5 = C_{17}H_9O_2(OH)_3.$$

Vorkommen: In den Blüten des roten Klees (Trifolium pratense L.)[2]).

Darstellung: Die getrockneten Kleeblüten werden mit Alkohol erschöpft, der Alkohol wird abgedampft, der Rückstand mit wenig Wasser aufgenommen und dann ausgeäthert. Nach dem Einengen fällt zunächst Pratol aus. Alsdann wird das Filtrat davon geschüttelt gegen eine Ammoniumcarbonatlösung und dann gegen eine Sodalösung. Beim Ansäuern dieser Lösung fällt das Pratensol neben einem gelben Harz[4]).

Physikalische und chemische Eigenschaften: Aus Benzol farblose Nadeln. Schmelzp. 210°. Sehr leicht löslich in Alkohol und Eisessig, sehr wenig löslich in Wasser. Die Lösung in Alkalicarbonat ist gelb. Mit Eisenchlorid gibt die alkoholische Lösung eine grünschwarze Färbung[4]).

Derivate: Pratensol-triacetat $C_{23}H_{18}O_8 = C_{17}H_9O_2(OOCCH_3)_3$. Aus Alkohol Krystalle. Schmelzp. 189°[4]).

Phenol $C_{15}H_{10}O_6$.

$$C_{15}H_{10}O_6 = C_{15}H_7O_3(OH)_3.$$

Vorkommen: In den Blüten des roten Klees (Trifolium pratense L.)[4]).

Darstellung: Siehe Pratensol. Der ätherische Auszug, der gegen Ammoniumcarbonat und gegen Soda geschüttelt ist, wird darauf gegen verdünnte Natronlauge geschüttelt. Beim Ansäuern fällt diese Substanz[4]).

Physikalische und chemische Eigenschaften: Aus Alkohol farblose Nadeln. Schmelzp. 225°. Eisenchlorid färbt die alkoholische Lösung dunkelgrün[4]).

Derivate: Triacetylderivat $C_{15}H_7O_3(OOCCH_3)_3$. Aus Alkohol Nadeln. Schmelzp. 209°[4]).

---

[1]) Majima, Berichte d. Deutsch. chem. Gesellschaft **42**, 3664]1909].
[2]) Power u. Salway, Journ. Chem. Soc. **97**, 233 ff. [1910].
[3]) Rogerson, Journ. Chem. Soc. **97**, 1008 [1910].
[4]) Power u. Salway, Journ. Chem. Soc. London **97**, 237 [1910].

Olenitol.

$$C_{14}H_{10}O_6.$$

Vorkommen: Im alkoholischen Extrakt der Olivenrinde (Olea europaea) [1].

Darstellung: Der alkoholische Extrakt wird eingedampft, dann mit kaltem Wasser ausgezogen. Nach dem Konzentrieren der wässerigen Lösung wird ausgeäthert. Schüttelt man den Ätherauszug gegen Sodalösung und säuert an, so erhält man das Olenitoll [1].

Physikalische und chemische Eigenschaften: Aus Alkohol gelbe Nadeln. Schmezp. ca. 265°. Wenig löslich in Wasser, Äther, Essigester. Löslich in Alkohol. Die verdünnte gelbliche Lösung in Wasser fluoresciert blau. Die Lösung in Alkalien ist intensiv gelb. Eisenchlorid färbt die wässerige Lösung grün [1].

Derivate: Olenitol-acetat. Aus Alkohol fast farblose Blättchen. Schmelzp. 130° [1].

Aloesoltetrachlorderivat.

$$C_{11}H_4O_3Cl_4.$$

Vorkommen: Unter den Einwirkungsprodukten von Kaliumchlorat auf die salzsaure Lösung von Kap- oder Ugandaaloe [2].

Zur **Darstellung** wird Kap- oder Ugandaaloe mit Salzsäure und Kaliumchlorat gekocht [2].

Physikalische und chemische Eigenschaften: Aus Eisessig umkrystallisiert gelblichweiße Nadeln. Schmelzp. 267,7° (korr.), dargestellt aus Kapaloe; 268,9° (korr.) aus Ugandaaloe. Unlöslich in Wasser, löslich in heißer Sodalösung, in kaltem Ammoniak und verdünnten Laugen. Die essigsaure Lösung ist farblos, die alkalische gelbgefärbt. Durch konz. Salpetersäure wird es in der Hitze zu Oxalsäure und Perchlorchinon oxydiert. Ammoniakalische Silberlösung und Kaliumpermanganat werden durch das Tetrachloraloesol reduziert [2].

Derivate: Tetrachlor-aloesol-acetat $C_{11}H_3O_2Cl_4(OCOCH_3)$. Entsteht aus Tetrachloraloesol und Acetylchlorid. Schwach gelbliche Prismen. Schmelzp. 125° korr.) [2].

Dichlor-hydroaloesol $C_{11}H_8O_3Cl_2$. Entsteht durch Einwirkung von Zink auf die siedende Eisessiglösung des Tetrachlorproduktes. Aus farblosen mikroskopischen Nadeln bestehende Körner. Schmelzp. 275° (korr.) [2].

Dichlor-hydroaloesol-acetat $C_{11}H_7O_2Cl_2(OCOCH_3)$. Durch Einwirkung von Essigsäureanhydrid auf das Dichlorhydroaloesol entsteht ein farbloses, durch Acetylchlorid ein gelbes Acetat. Prismatische Nadeln. Schmelzp. 150—151° (korr.) [2].

Phenol unbekannter Konstitution im Kuhharn.

Urogol.

$$C_7H_8O.$$

Vorkommen: Erschöpft man auf $^1/_{10}$ seines Volumens eingedampften angesäuerten Kuhharn mit reinstem Petroläther, so erhält man einen Körper (Städelers Öl) **Urogon** $(C_7H_8O)_x$. Bei Behandlung mit 10proz. Kalilauge wird derselbe gespalten in einen Kohlenwasserstoff **Urogen** $C_{21}H_{42}$ und das Phenol **Urogol** C_7H_8O [3].

Physikalische und chemische Eigenschaften: Siedep. 207,6° (korr.) gegen Siedep. 202,3° für p-Kresol. $n_{26} = 1,53054$. Mol.-Gewicht 113,3. Eisenchlorid gibt die gleiche Färbung wie p-Kresol. Mit Millons Reagens entsteht ein intensiv roter Niederschlag. In konz. Schwefelsäure löst sich Urogol mit Rotfärbung. 1 g Urogol löst sich in 100 ccm H_2O erst nach Zugabe von 140 ccm Alkohol. Urogol ist mit Wasserdämpfen flüchtig [3].

---

[1] Power u. Tutin, Proc. Chem. Soc. **24**, 118 [1908].
[2] Léger, Compt. rend. de l'Acad. des Sc. **145**, 1179 [1907]; **147**, 806 [1908].
[3] Mooser, Zeitschr. f. physiol. Chemie **63**, 196—198 [1909].